Ausgeschieden von
UB Erlangen-Nürnberg

UB Erlangen-Nürnberg
028032863740

+ 1 DVD (hinten)!

Wirkstoffdesign

Gerhard Klebe

Wirkstoffdesign

Entwurf und Wirkung von Arzneistoffen

2. Auflage

Autor
Prof. Dr. Gerhard Klebe
Institut für Pharmazeutische Chemie
Philipps-Universität Marburg
Marbacher Weg 6
35032 Marburg
klebe@mailer.uni-marburg.de
www.agklebe.de

Wichtiger Hinweis für den Benutzer
Der Verlag und der Autor haben alle Sorgfalt walten lassen, um vollständige und akkurate Informationen in diesem Buch und der beiliegenden DVD-ROM zu publizieren. Der Verlag übernimmt weder Garantie noch die juristische Verantwortung oder irgendeine Haftung für die Nutzung dieser Informationen, für deren Wirtschaftlichkeit oder fehlerfreie Funktion für einen bestimmten Zweck. Ferner kann der Verlag für Schäden, die auf einer Fehlfunktion von Programmen oder ähnliches zurückzuführen sind, nicht haftbar gemacht werden. Auch nicht für die Verletzung von Patent- und anderen Rechten Dritter, die daraus resultieren. Eine telefonische oder schriftliche Beratung durch den Verlag über den Einsatz der Programme ist nicht möglich. Der Verlag übernimmt keine Gewähr dafür, dass die beschriebenen Verfahren, Programme usw. frei von Schutzrechten Dritter sind. Die Wiedergabe von Gebrauchsnamen, Handelsnamen, Warenbezeichnungen usw. in diesem Buch berechtigt auch ohne besondere Kennzeichnung nicht zu der Annahme, dass solche Namen im Sinne der Warenzeichen- und Markenschutz-Gesetzgebung als frei zu betrachten wären und daher von jedermann benutzt werden dürften. Der Verlag hat sich bemüht, sämtliche Rechteinhaber von Abbildungen zu ermitteln. Sollte dem Verlag gegenüber dennoch der Nachweis der Rechtsinhaberschaft geführt werden, wird das branchenübliche Honorar gezahlt.

Bibliografische Information der Deutschen Nationalbibliothek
Die Deutsche Nationalbibliothek verzeichnet diese Publikation in der Deutschen Nationalbibliografie; detaillierte bibliografische Daten sind im Internet über http://dnb.d-nb.de abrufbar.

Springer ist ein Unternehmen von Springer Science+Business Media
springer.de

2. Auflage 2009
© Spektrum Akademischer Verlag Heidelberg 2009
Spektrum Akademischer Verlag ist ein Imprint von Springer

09 10 11 12 13   5 4 3 2 1

Für Copyright in Bezug auf das verwendete Bildmaterial siehe Abbildungsnachweis.

Das Werk einschließlich aller seiner Teile ist urheberrechtlich geschützt. Jede Verwertung außerhalb der engen Grenzen des Urheberrechtsgesetzes ist ohne Zustimmung des Verlages unzulässig und strafbar. Das gilt insbesondere für Vervielfältigungen, Übersetzungen, Mikroverfilmungen und die Einspeicherung und Verarbeitung in elektronischen Systemen.

Planung und Lektorat: Frank Wigger, Dr. Meike Barth
Redaktion: Dr. Angela Simeon
Herstellung: Detlef Mädje
Umschlaggestaltung: SpieszDesign, Neu–Ulm
Satz: TypoDesign Hecker GmbH, Leimen

Titelbild:
Die tRNA-Guanin-Transglycosylase ist ein Schlüsselenzym zur Bereitstellung von Pathogenitätsfaktoren bei der Ausbreitung der Shigellen-Ruhr. Die Hemmung dieses Proteins (Kapitel 21) stellt einen Therapieansatz für eine selektive Antibiotikumbehandlung der Shigellen-Infektion dar. Das Design potenter Inhibitoren verlangt eine Auswahl geeigneter Seitenketten für eine vorgegebene Leitstruktur. Bei der Entwicklung dieser Verbindungen war es sehr wichtig, die Funktion und Rolle von Wasser bei der Ligandbindung zu verstehen und korrekt zu berücksichtigen (der Autor dankt Herr Dr. Matthias Zentgraf, einem ehemaligen Mitglied seiner Arbeitsgruppe, für den Entwurf dieser Abbildung).

ISBN 978-3-8274-2046-6

Die Wissenschaft sucht nach einem Perpetuum mobile.
Sie hat es gefunden. Sie ist es selbst.

Victor Hugo

Vorwort und Danksagung

Die vollständig überarbeitete Neuschrift dieses Buchs wäre nicht ohne die Hilfe vieler Kollegen und Mitarbeiter möglich gewesen. Zunächst möchte ich meinen beiden Mitautoren der ersten Auflage, Herrn Prof. Dr. Hans-Joachim Böhm (Roche) und Herrn Prof. Dr. Hugo Kubinyi (Universität Heidelberg), herzlich für die Überlassung ihrer ursprünglichen Textpassagen aus der ersten Fassung danken. Sie dienten an vielen Stellen als Vorlage für die verändert entstandenen Kapitel. In den 12 Jahren, die seit Herausgabe der ersten Auflage vergangen sind, ist das Arbeitsgebiet des Wirkstoffdesigns förmlich explodiert. Anders als damals ist es heute ein fester Bestandteil der Wirkstoffforschung. Umso mehr stellte sich die Frage, wie vermittelt man dann noch einen Überblick über dieses Arbeitsgebiet? Vieles kann und soll nur exemplarisch und repräsentativ für viele andere ungenannt bleibende Arbeiten vorgestellt werden. Auch kann man die Frage stellen, was bringt einen Autor dazu, angesichts einer solchen Situation ein Lehrbuch neu zu schreiben? Zum einen ist es der Wunsch, das Arbeitsgebiet mit zu prägen, Akzente zu setzen und die eigene Begeisterung für diesen Forschungszweig an junge Wissenschaftler weiterzugeben. Wie gelingt dies besser als über ein Lehrbuch? Zum anderen sind es die vielen Studierenden, die immer wieder nach Vorlesungen fragten, wo die vorgestellten Inhalte nachzulesen seien. Die Antwort „*in der Originalliteratur oder in geeigneten Übersichtsartikeln*" ist nicht wirklich befriedigend. Es sind aber auch die vielen kleinen Erlebnisse drum herum, die einen Autor zu einer solchen Aufgabe anstacheln. Eine Episode soll repräsentativ genannt werden. Lange nach dem abgelegten Staatsexamen traf ich zufällig eine ehemalige Studentin auf einer Zugfahrt wieder und sie erinnerte mich daran, dass sie bei mir die Prüfung abgelegt hatte. Als guter Professor hatte ich dies natürlich schon längst vergessen. Plötzlich dankte sie mir dafür, dass die Prüfung bei mir sie dazu gezwungen hätte, das Wirkstoffdesign-Buch zu lesen. Sie hätte dieses Buch mit großer Freude und viel Spannung genossen. Was kann einem Autor mehr Freude bereiten als so ein Kommentar? Da die Prüfung schon lange zurücklag und keine weitere zu erwarten war, können prüfungsopportune Absichten ausgeschlossen werden.

Der Autor ist seiner ganzen Arbeitsgruppe, vor allem für eine sehr fruchtbare Seminarwoche in Hirschegg dankbar, die mit dazu beigetragen hat, Beispiele für dieses Buch aus der Originalliteratur auszuwählen. Zahlreiche Kollegen haben durch ihr kritisches Korrekturlesen verschiedener Kapitel und durch viele Hinweise mit zum Gelingen dieses Buchs beigetragen. Als erstes möchte ich Herrn Prof. Kubinyi nennen, der mit großer Sorgfalt die letzte Fassung des Manuskripts Korrektur gelesen hat. In Marburg möchte ich mich vor allem bei Herrn Prof. Dr. Christof Friedrich, Herrn Prof. Dr. Martin Schlitzer, Herrn Prof. Dr. Torsten Steinmetzer, Frau Jun.-Prof. Dr. Wibke Diederich, Herrn Dr. Michael Mederos y Schnitzler, Herrn Dr. Klaus Reuter, Herrn Dr. Andreas Heine und Herrn Dr. Ralf Köhler für viele Hinweise und geduldiges Korrekturlesen bedanken. Von außerhalb gebührt gleicher Dank Herrn Prof. Dr. Bernd Clement (Univ. Kiel), Herrn Prof. Dr. Christoph Sotriffer (Univ. Würzburg), Herrn Prof. Dr. Thomas Schrader (Univ. Essen), Herrn Prof. Dr. Dingermann und Frau Dr. Ilse Zündorf (Univ. Frankfurt), Herrn Prof. Dr. Giulio Superti-Furga (Univ. Wien), Herrn Dr. Han van der Waterbeemd (AstraZeneca), Herrn Dr. Manfred Kansy (Roche, Basel), Herrn Dr. Hans Matter (Sanofi-Aventis, Frankfurt), Herrn Dr. Gerhard Müller (München), Herrn Prof. Dr. Eduard Maser (Univ. Kiel), Frau Dr. Martina Düfer (Univ. Tübingen), Herrn Dr. Frank Momburg (DKFZ, Heidelberg) und Herrn Dr. Daniel Rauh (MPI, Dortmund).

Frau Angela Scholz gilt mein besonderer Dank für die Übertragung der meist handschriftlichen Manuskriptseiten in eine getippte Reinform, die sie vor allem immer wieder montags morgens ohne Murren und um den Preis vieler Überstunden angefertigt hat. Herrn Dr. Matthias Zentgraf (Boehringer Ingelheim) danke ich für einen gelungenen Entwurf des Titelbildes. Herr Dipl.-Chem. Sven Siebler hat dankenswerterweise die Erstellung der DVD-Version tatkräftig unterstützt. Der Firma Accelrys Inc. danke ich für die Bereitstellung des Active-X Executable für die Anfertigung der DVD. Frau Dr. Angela Simeon gilt mein

Dank für sorgfältiges Korrekturlesen der finalen Version dieses Buches. Dem Spektrum Akademischer Verlag danke ich, vor allem Herrn Frank Wigger und Frau Dr. Meike Barth, für ihre vorbildliche Betreuung bei der Erstellung dieses Buchs.

Gerhard Klebe   Marburg, Oktober 2008

Dieses Symbol verweist auf die interaktiven Molekülmodelle auf der beiliegenden DVD.

Inhaltsübersicht

Vorwort und Danksagung   VII

Einführung   1

Teil I   Grundlagen der Arzneimittelforschung   7
1   Arzneimittelforschung gestern, heute, morgen   9
2   Am Anfang stand der glückliche Zufall   23
3   Klassische Arzneimittelforschung   33
4   Protein-Ligand-Wechselwirkungen als Grundlage der Arzneistoffwirkung   49
5   Optische Aktivität und biologische Wirkung   69

Teil II   Die Suche nach der Leitstruktur   85
6   Die klassische Suche nach der Leitstruktur   87
7   Screening-Technologien zur Leitstruktursuche   97
8   Die Optimierung der Leitstruktur   113
9   Der Entwurf von Prodrugs   125
10   Peptidomimetika   137

Teil III   Experimentelle und theoretische Methoden   151
11   Kombinatorik: Chemie mit großen Zahlen   153
12   Gentechnologie in der Arzneimittelforschung   169
13   Experimentelle Methoden zur Strukturaufklärung   189
14   Beschreibung der Struktur von Biomolekülen   207
15   Molecular Modelling   225
16   Konformationsanalyse   239

Teil IV   Quantitative Struktur-Wirkungsbeziehungen und Design-Methoden   247
17   Pharmakophorhypothesen, Molekülvergleiche und Datenbanksuchen   249
18   Quantitative Struktur-Wirkungsbeziehungen   265
19   Von *in vitro* zu *in vivo*: Optimierung von ADME-Tox-Eigenschaften   283
20   Proteinmodellierung und strukturbasiertes Wirkstoffdesign   303
21   Ein Beispiel: Strukturbasiertes Design von Inhibitoren der tRNA-Guanintransglycosylase   317

Teil V   **Erfolge beim rationalen Design von Wirkstoffen**   333
22   Wie wirken Arzneistoffe: Angriffspunkte für eine Therapie   335
23   Inhibitoren für Hydrolasen mit Acylenzym-Zwischenstufe   351
24   Aspartylprotease-Inhibitoren   381
25   Inhibitoren von hydrolytisch spaltenden Metalloenzymen   403
26   Hemmstoffe für Transferasen   427
27   Hemmstoffe für Oxidoreduktasen   459
28   Agonisten und Antagonisten für nucleäre Rezeptoren   499
29   Agonisten und Antagonisten von membranständigen Rezeptoren   515
30   Liganden für Kanäle, Poren und Transporter   531
31   Liganden für Oberflächenrezeptoren   555
32   Biopharmaka: Peptide, Proteine, Nucleotide und Makrolide als Wirkstoffe   581

Inhaltsverzeichnis

Vorwort und Danksagung   VII

Einführung   1

I   Grundlagen der Arzneimittelforschung   7

1   Arzneimittelforschung gestern, heute, morgen   9

1.1   Mit der Volksmedizin fing es an   10
1.2   Der Tierversuch als Grundlage der Arzneimittelforschung   11
1.3   Der Kampf gegen die Infektionskrankheiten   12
1.4   Biologische Konzepte in der Arzneimittelforschung   13
1.5   *In vitro*-Modelle und molekulare Testsysteme   14
1.6   Erfolge bei der Therapie psychischer Erkrankungen   15
1.7   Modelling und computergestütztes Design   17
1.8   Ergebnisse der Arzneimittelforschung und der Arzneimittelmarkt   19
1.9   Konfliktstoff Arzneimittel   20

2   Am Anfang stand der glückliche Zufall   23

2.1   Acetanilid statt Naphthalin – ein neues, wertvolles Fiebermittel   23
2.2   Narkotika und Schlafmittel – reine Zufallsentdeckungen   23
2.3   Befruchtende Synergie: Farbstoffe und Arzneistoffe   24
2.4   Pilze töten Bakterien und helfen bei Synthesen   26
2.5   Die Entdeckung der halluzinogenen Wirkung des LSD   27
2.6   Der Syntheseweg bestimmt die Struktur des Wirkstoffs   28
2.7   Überraschende Umlagerungen führen zu Arzneistoffen   28
2.8   Eine lange Liste von Zufällen   29
2.9   Wo wären wir ohne den glücklichen Zufall?   30

3   Klassische Arzneimittelforschung   33

3.1   Aspirin – eine unendliche Geschichte   33
3.2   Malaria – Erfolge und Misserfolge   36
3.3   Morphin-Analoga – ein Molekül wird zerschnitten   41
3.4   Cocain – Droge und wertvolle Leitstruktur   43
3.5 H_2-Antagonisten – Ulcustherapie ohne Operation   44

4	Protein-Ligand-Wechselwirkungen als Grundlage der Arzneistoffwirkung	49
4.1	Das Schlüssel-Schloss-Prinzip	50
4.2	Die wichtige Rolle der Membranen	52
4.3	Die Bindungskonstante K_i beschreibt die Stärke von Protein-Ligand-Wechselwirkungen	52
4.4	Wichtige Typen von Protein-Ligand-Wechselwirkungen	54
4.5	Die Stärke von Protein-Ligand-Wechselwirkungen	56
4.6	Wasser ist an allem schuld!	57
4.7	Entropische Beiträge zu Protein-Ligand-Wechselwirkungen	57
4.8	Wie groß ist der Beitrag einer Wasserstoffbrücke zur Stärke von Protein-Ligand-Wechselwirkungen?	59
4.9	Die Stärke hydrophober Protein-Ligand-Wechselwirkungen	62
4.10	Bindung und Beweglichkeit: Kompensation von Enthalpie und Entropie	63
4.11	Lektionen für das Wirkstoffdesign	66
5	Optische Aktivität und biologische Wirkung	69
5.1	Louis Pasteur sortiert Kristalle	69
5.2	Die strukturelle Basis der optischen Aktivität	69
5.3	Isolierung, Synthese und Biosynthese von Enantiomeren	72
5.4	Lipasen trennen Racemate	73
5.5	Unterschiede in der Wirkstärke und Wirkqualität von Enantiomeren	76
5.6	Bild und Spiegelbild: Warum für den Rezeptor verschieden?	80
5.7	Ein Ausflug in die Welt der Antipoden	81

II Die Suche nach der Leitstruktur 85

6	Die klassische Suche nach der Leitstruktur	87
6.1	Wie es anfing: Treffer durch Testen unter *in vivo*-Bedingungen	87
6.2	Leitstrukturen aus Inhaltsstoffen von Pflanzen	88
6.3	Leitstrukturen aus tierischen Giften und Inhaltsstoffen	89
6.4	Leitstrukturen aus Mikroorganismen	90
6.5	Farbstoffe und Zwischenprodukte führen zu neuen Arzneimitteln	92
6.6	Mimikry: Die Nachbildung endogener Liganden	93
6.7	Nebenwirkungen eröffnen neue Therapiemöglichkeiten	94
6.8	Von der klassischen Suche zum Durchmustern riesiger Substanzbestände	95
7	Screening-Technologien zur Leitstruktursuche	97
7.1	Screening auf biologische Wirkung im HTS	97
7.2	Eine Farbreaktion zeigt Wirkung an	98
7.3	Schneller zu immer größeren Zahlen mit immer weniger Substanz	98
7.4	Von der Bindung zur Funktion: Tests an ganzen Zellen	100
7.5	Zurück zum Ganztiermodell: Screening an Fadenwürmern	101
7.6	Screening von virtuellen Substanzbanken auf dem Computer	102
7.7	Die Biophysik hilft beim Screening	104
7.8	Screening mit der kernmagnetischen Resonanz	106

7.9	Kristallographisches Screening nach kleinen Molekülfragmenten	108
7.10	Liganden an der Leine kundschaften Proteinoberflächen aus	109

8	Die Optimierung der Leitstruktur	113
8.1	Strategien der Wirkstoffoptimierung	113
8.2	Isosterer Ersatz von Atomen und Gruppen	114
8.3	Systematische Variation aromatischer Substituenten	115
8.4	Optimierung des Wirkspektrums und der Selektivität	116
8.5	Von Agonisten zu Antagonisten	118
8.6	Optimierung der Bioverfügbarkeit und der Wirkdauer	119
8.7	Variationen des räumlichen Pharmakophors	120
8.8	Optimierung auf Affinität, Bindungsenthalpie, Bindungsentropie und Bindungskinetik	121

9	Der Entwurf von Prodrugs	125
9.1	Grundlagen des Arzneistoffmetabolismus	125
9.2	Ester sind ideale Prodrugs	127
9.3	Chemisch geschickt verpackt: vielfältige Prodrugkonzepte	129
9.4	Die L-Dopa-Therapie, ein elegantes Prodrug-Konzept	131
9.5	Drug Targeting, Trojanische Pferde und Pro-Prodrugs	132

10	Peptidomimetika	137
10.1	Die therapeutische Bedeutung von Peptiden	137
10.2	Der Entwurf von Peptidomimetika	139
10.3	Erste Schritte der Abwandlung: Modifizierung der Seitenketten	139
10.4	Einen Schritt mutiger: Abwandlung der Hauptkette	140
10.5	Versteifung des Rückgrats durch Stabilisierung der Konformation	142
10.6	Peptidomimetika zum Blockieren von Protein-Protein-Wechselwirkungen	143
10.7	Mit dem Ala-Scan selektiven NK-Rezeptorantagonisten auf der Spur	146
10.8	CAVEAT: Ein Ideengenerator zum Entwurf von Peptidomimetika	148
10.9	Design von Peptidomimetika: Quo vadis?	149

III	**Experimentelle und theoretische Methoden**	**151**

11	Kombinatorik: Chemie mit großen Zahlen	153
11.1	Wie erzeugt die Natur chemische Vielfalt?	153
11.2	Die Proteinbiosynthese als Werkzeug zum Aufbau von Substanzbibliotheken	154
11.3	Organische Chemie einmal anders: Zufallsgesteuerte Synthesen von Verbindungsgemischen	155
11.4	Was beherbergt der Chemische Raum?	155
11.5	Substanzbibliotheken auf festem Trägermaterial: Vollständige Umsetzung und leichte Reinigung	156
11.6	Substanzbibliotheken am festen Träger erfordern ausgeklügelte Synthesestrategien	158
11.7	Welche Verbindung der kombinatorischen Festphasen-Bibliothek ist biologisch aktiv?	158

11.8	Kombinatorische Bibliotheken mit großer Diversität: Eine Herausforderung an die präparative Chemie 160	
11.9	Nanomolare Liganden für G-Protein-gekoppelte Rezeptoren 160	
11.10	Wirkstärker als Captopril: Ein Treffer in einer kombinatorischen Bibliothek von substituierten Pyrrolidinen 161	
11.11	Parallel oder kombinatorisch, in Lösung oder auf dem festen Träger? 162	
11.12	Das Protein sucht sich selbst einen Liganden: Click-Chemie und Dynamische Kombinatorische Chemie 164	

12	Gentechnologie in der Arzneimittelforschung 169	
12.1	Geschichte und Grundlagen der Gentechnologie 169	
12.2	Die Gentechnologie ist eine Schlüsseltechnologie für das Wirkstoffdesign 172	
12.3	Genomprojekte entschlüsseln biologische Baupläne 172	
12.4	Was beherbergt der Biologische Raum aller humanen Proteine? 174	
12.5	Knock-In, Knock-Out: Die Überprüfung therapeutischer Konzepte 177	
12.6	Rekombinante Proteine für molekulare Testsysteme 178	
12.7	Stummstellen von Genen durch RNA-Interferenz 178	
12.8	Proteomik und Metabolomik 180	
12.9	Expressionsmuster auf dem Chip: Mikroarray-Technologie 182	
12.10	SNPs und Polymorphismus oder: Was uns verschieden macht 184	
12.11	Das persönliche Genom: Zugang zur individuellen Therapie? 185	
12.12	Wenn genetische Unterschiede zur Krankheit werden 186	
12.13	Möglichkeiten und Grenzen der Gentherapie 187	

13	Experimentelle Methoden zur Strukturaufklärung 189	
13.1	Kristalle: Ästhetisch nach außen, regelmäßig nach innen 189	
13.2	Wie bei Tapeten: Symmetrien bestimmen das Packungsmuster 190	
13.3	Kristallgitter beugen Röntgenstrahlen 191	
13.4	Die Kristallstrukturbestimmung: Auswertung der Anordnung und Intensitäten der Röntgenreflexe 195	
13.5	Streuvermögen und Auflösung bestimmen die Genauigkeit einer Kristallstruktur 196	
13.6	Elektronenmikroskopie: Mit zweidimensionalen Kristallen den Membranproteinen auf der Spur 200	
13.7	Strukturen in Lösung: Das Resonanzexperiment in der NMR-Spektroskopie 200	
13.8	Vom Spektrum zur Struktur: Aus Abstandsmustern entsteht eine Raumstruktur 202	
13.9	Wie relevant sind Strukturen im Kristall oder im NMR-Röhrchen für ein biologisches System? 202	

14	Beschreibung der Struktur von Biomolekülen 207	
14.1	Die Amidbindung: Das Rückgrat der Proteine 207	
14.2	Proteine falten im Raum zu α-Helices und β-Faltblättern 208	
14.3	Von der Sekundärstruktur über Motiv und Domäne zur Tertiär- und Quartärstruktur 211	
14.4	Sind die Faltungsstruktur und die biologische Funktion von Proteinen aneinander gekoppelt? 212	
14.5	Proteasen erkennen und spalten ihre Substrate in maßgeschneiderten Taschen 214	
14.6	Vom Substrat zum Inhibitor: Screening von Substratbibliotheken 215	
14.7	Wenn Kristallstrukturen laufen lernen: Von der statischen Kristallstruktur zur Dynamik und Reaktivität 216	

14.8	Verschiedene Lösungen zum gleichen Problem: Serinproteasen unterschiedlicher Faltung haben identische Funktion 219	
14.9	Die DNA als Zielstruktur für Wirkstoffe 220	

15 Molecular Modelling 225

15.1	3D-Strukturmodelle werden in der Chemie seit langem verwendet 225
15.2	Die Vorgehensweise beim Molecular Modelling 226
15.3	Wissensbasierte Ansätze 227
15.4	Kraftfeldmethoden 227
15.5	Quantenmechanische Rechenverfahren 229
15.6	Berechnung und Analyse von Moleküleigenschaften 231
15.7	Moleküldynamik: Die Simulation der Bewegung 232
15.8	Die Dynamik eines flexiblen Proteins in Wasser 234
15.9	Modell und Simulation: Wo liegt der Unterschied? 235

16 Konformationsanalyse 239

16.1	Viele drehbare Bindungen erzeugen große konformative Vielfalt 240
16.2	Konformationen sind lokale Energieminima eines Moleküls 240
16.3	Wie kann man den Konformationsraum möglichst effektiv absuchen? 241
16.4	Muss man überall im Konformationsraum suchen? 241
16.5	Probleme bei der Suche nach Minima, die dem rezeptorgebundenen Zustand entsprechen 243
16.6	Effektive Suche nach relevanten Konformationen mit einem wissensbasierten Ansatz 244
16.7	Was ist der Nutzen einer Konformationssuche? 244

IV Quantitative Struktur-Wirkungsbeziehungen und Design-Methoden 247

17 Pharmakophorhypothesen, Molekülvergleiche und Datenbanksuchen 249

17.1	Der Pharmakophor verankert den Wirkstoff in der Bindetasche 249
17.2	Strukturelle Überlagerung von Wirkstoffmolekülen 249
17.3	Logische Operationen mit Molekülvolumina 250
17.4	Der Pharmakophor ändert seine Gestalt mit der Konformation 252
17.5	Systematische Konformationssuche und Pharmakophorvergleiche: Der „*active analog approach*" 254
17.6	Molekulare Erkennungseigenschaften bestimmen die Ähnlichkeit von Molekülen 255
17.7	Automatische Vergleiche und Überlagerungen anhand molekularer Erkennungseigenschaften 257
17.8	Starre Analoga kreisen die biologisch aktive Konformation ein 258
17.9	Falls starre Referenzen fehlen: Modellverbindungen legen die aktive Konformation fest 259
17.10	Das Protein definiert den Pharmakophor: Analyse der „*hot spots*" der Bindung 259
17.11	Suche nach Pharmakophormustern in Datenbanken liefern Ideen für neue Leitstrukturen 262

18	Quantitative Struktur-Wirkungsbeziehungen	265
18.1	Struktur-Wirkungsbeziehungen von Alkaloiden	265
18.2	Von Richet, Meyer und Overton zu Hammett und Hansch	266
18.3	Bestimmung und Berechnung der Lipophilie	267
18.4	Lipophilie und biologische Aktivität	267
18.5	Die Hansch-Analyse und das Free-Wilson-Modell	268
18.6	Struktur-Wirkungsbeziehungen an Molekülen im Raum	270
18.7	Strukturelle Überlagerungen als Voraussetzung für den relativen Vergleich von Molekülen	270
18.8	Bindungsaffinitäten als Substanzeigenschaft	271
18.9	Wie führt man eine CoMFA-Analyse durch?	272
18.10	Welche Felder dienen als Kriterien für die vergleichende Analyse?	272
18.11	3D-QSAR: Korrelation der molekularen Felder mit den biologischen Eigenschaften	274
18.12	Ergebnisse und grafische Auswertung einer vergleichenden Feldanalyse	275
18.13	Anwendungen, Grenzen und Erweiterungen der CoMFA-Methode	276
18.14	Ein Blick hinter die Kulissen: Vergleichende Feldanalyse von Carboanhydrase-Inhibitoren	277
19	Von *in vitro* zu *in vivo:* Optimierung von ADME-Tox-Eigenschaften	283
19.1	Die Geschwindigkeitskonstanten des Substanztransports	284
19.2	Die Absorption organischer Verbindungen: Modelle und experimentelle Daten	285
19.3	Die Rolle der Wasserstoffbrücken	286
19.4	Verteilungsgleichgewichte von Säuren und Basen	287
19.5	Absorptionsprofile von Säuren und Basen	288
19.6	Wie lipophil soll ein Arzneistoff sein?	291
19.7	Computermodelle und Regeln zum Abschätzen von ADME-Parametern	292
19.8	Von der *in vitro-* zur *in vivo*-Wirkung	293
19.9	Natürliche Liganden wirken oft unspezifisch	293
19.10	Spezifität und Selektivität der Arzneistoffwirkung	294
19.11	Von Mäusen und Menschen: Der Wert von Tiermodellen	296
19.12	Toxizität und Nebenwirkungen	298
19.13	Tierschutz und alternative Testmethoden	300
20	Proteinmodellierung und strukturbasiertes Wirkstoffdesign	303
20.1	Pionierarbeiten zum strukturbasierten Wirkstoffdesign	303
20.2	Die Vorgehensweise beim strukturbasierten Wirkstoffdesign	304
20.3	Werkzeuge zum Suchen in Datenbanken experimentell aufgeklärter Proteinstrukturen	306
20.4	Vergleich von Proteinen anhand ihrer Bindetaschen	307
20.5	Hohe Sequenzhomologie macht den Modellbau einfach	307
20.6	Sekundärstrukturvorhersagen und Austauschwahrscheinlichkeiten erleichtern den Modellbau bei geringer Identität	308
20.7	Ligandendesign: Einlagern, Aufbauen, Verknüpfen	310
20.8	Einpassung von Liganden in die Bindetasche: Docking	310
20.9	*Scoring*-Funktionen: Bewerten einer konstruierten Bindungsgeometrie	312
20.10	*De novo*-Design: Von LUDI bis zur automatischen Konstruktion neuer Liganden	313
20.11	Kann man Proteinliganden heute am Computer entwerfen?	314

21	Ein Beispiel: Strukturbasiertes Design von Inhibitoren der tRNA-Guanintransglycosylase	317
21.1	Die Shigellen-Ruhr: Krankheitsbild und Therapieansätze 317	
21.2	Unterdrücken der Pathogenitätsentwicklung auf molekularer Ebene 317	
21.3	Startpunkt: Kristallstruktur der tRNA-Guanintransglycosylase 318	
21.4	Ein Funktionsassay zur Bestimmung von Bindungskonstanten 321	
21.5	LUDI findet erste Leitstrukturen 323	
21.6	Überraschung: Eine gedrehte Amidbindung und ein Wasser 323	
21.7	*Hot spot*-Analyse und virtuelles Screening liefern eine Flut neuer Synthesevorschläge 324	
21.8	Vom Füllen einer hydrophoben Tasche und Zerstören eines Wassernetzwerks 325	
21.9	Eine Salzbrücke: Endlich nanomolar 327	

V Erfolge beim rationalen Design von Wirkstoffen 333

22	Wie wirken Arzneistoffe: Angriffspunkte für eine Therapie	335
22.1	Das „*druggable*" Genom 335	
22.2	Enzyme als Katalysatoren im Stoffwechselgeschehen 336	
22.3	Wie bereiten Enzyme Substrate auf den Übergangszustand vor? 337	
22.4	Enzyme und ihre Inhibitoren 340	
22.5	Rezeptoren als Zielstrukturen für Arzneistoffe 340	
22.6	Wirkstoffe regulieren Ionenkanäle, unsere extrem schnellen Schalter 343	
22.7	Blockade von Transportern und Wasserkanälen 343	
22.8	Wirkmechanismen – ein Kapitel ohne Ende 345	
22.9	Resistenzen und ihre Ursachen 347	
22.10	Kombinationen von Arzneimitteln 348	

23	Inhibitoren für Hydrolasen mit Acylenzym-Zwischenstufe	351
23.1	Serinabhängige Hydrolasen 351	
23.2	Struktur und Funktion der Serinproteasen 352	
23.3	Die S_1-Tasche der Serinproteasen bestimmt ihre Spezifität 353	
23.4	Auf der Suche nach niedermolekularen Thrombin-Inhibitoren 357	
23.5	Der Entwurf niedermolekularer, oral wirksamer Elastase-Inhibitoren 364	
23.6	Serinprotease-Hemmstoffe: Thrombin war nur ein erster Anfang 365	
23.7	Serin, ein beliebtes Nucleophil in spaltenden Enzymen 369	
23.8	Triaden in allen Variationen: Threonin als Nucleophil 374	
23.9	Cysteinproteasen: Schwefel, der große Bruder des Sauerstoffs als Nucleophil in der Triade 375	

24	Aspartylprotease-Inhibitoren 381	
24.1	Struktur und Funktion der Aspartylproteasen 381	
24.2	Der Entwurf von Renin-Inhibitoren 384	
24.3	Entwurf von substratanalogen HIV-Protease-Hemmern 390	
24.4	Strukturbasierter Entwurf nichtpeptidischer HIV-Protease-Hemmer 393	
24.5	Resistenzbildung gegenüber HIV-Protease-Hemmern 396	
24.6	Ein basischer Stickstoff als Partner für die Aspartate der katalytischen Diade 397	
24.7	Andere Zielstrukturen aus der Familie der Aspartylproteasen 401	

25 Inhibitoren von hydrolytisch spaltenden Metalloenzymen 403

25.1 Struktur der Zink-Metalloproteasen 403
25.2 Der Schlüssel zum Entwurf von Metalloprotease-Hemmern: Bindung an das Zinkion 405
25.3 Thermolysin: Der gezielte Entwurf von Enzym-Inhibitoren 407
25.4 Captopril, ein Metalloprotease-Hemmer zur Behandlung des Bluthochdrucks 408
25.5 Am Ende die Kristallstruktur von ACE: Muss eine Erfolgsstory neu geschrieben werden? 411
25.6 Inhibitoren von Matrix-Metalloproteasen: Ein Ansatz zur Behandlung von Krebs und rheumatischer Arthritis? 413
25.7 Carboanhydrasen: Katalysatoren einer simplen, aber essenziellen Reaktion 417
25.8 Ein Fall für zwei: Zink und Magnesium im katalytischen Zentrum von Phosphodiesterasen 421
25.9 Was Zink kann, schafft Eisen auch 422

26 Hemmstoffe für Transferasen 427

26.1 Der Kinase-„Goldrausch" 428
26.2 Struktur von Proteinkinasen: Mehr als 530 Varianten mit gleichem Aufbau 428
26.3 Isosterie mit ATP und trotzdem Selektivität? 430
26.4 Glivec: Erfolgsstory sucht Nachahmer! 436
26.5 Der Selektivität und Spezifität auf der Spur: Die *bump* & *hole*-Methode 439
26.6 Metalle machen Kinaseinhibitoren selektiv 441
26.7 Phosphatasen schalten Proteine wieder aus 444
26.8 Inhibitoren der PTP-1B: Behandlung von Diabetes und Adipositas? 445
26.9 Inhibitoren der Catechol-O-Methyltransferase 450
26.10 Hemmung des Transfers von Prenylankern 452

27 Hemmstoffe für Oxidoreduktasen 459

27.1 Redoxreaktionen in biologischen Systemen verwenden Cofaktoren 459
27.2 Chemotherapeutika für Krebs und Bakterien: Hemmung der Dihydrofolatreduktase 463
27.3 Hemmstoffe der HMGCoA-Reduktase: Das wechselvolle Schicksal von Arzneistoffentwicklungen 467
27.4 Treffer auf ein bewegliches Ziel: Hemmstoffe für Aldose-Reduktase 472
27.5 Inhibitoren der 11β-Hydroxysteroid-Dehydrogenase 477
27.6 Die Familie der Cytochrom P450-Enzyme 480
27.7 Was schnelle und langsame Metabolisierer unterscheidet 485
27.8 Wo Glückshormone ein Ende finden: Hemmstoffe der Monoaminoxidase 485
27.9 Cyclooxygenase: Schlüsselenzym in der Schmerzempfindung 492

28 Agonisten und Antagonisten für nucleäre Rezeptoren 499

28.1 Nucleäre Rezeptoren sind Transkriptionsfaktoren 499
28.2 Struktureller Aufbau der nucleären Rezeptoren 500
28.3 Steroidhormone: Wie sich kleine Unterschiede auf die Rezeptorbindung auswirken 501
28.4 Helix auf, Helix zu: So wird Agonist von Antagonist unterschieden 503
28.5 Agonisten und Antagonisten der Steroidhormon-Rezeptoren 504
28.6 Liganden der PPAR-Rezeptoren 509
28.7 Liganden nucleärer Rezeptoren aktivieren den Metabolismus 511

29 Agonisten und Antagonisten von membranständigen Rezeptoren 515

- 29.1 Die Familie der G-Protein-gekoppelten Rezeptoren 515
- 29.2 Rhodopsine liefern erste Modelle für G-Protein-gekoppelte Rezeptoren 517
- 29.3 Struktur des humanen β_2-adrenergen Rezeptors 518
- 29.4 Auf der Suche nach selektiven Dopamin D_1-Agonisten 521
- 29.5 Peptidbindende Rezeptoren: Entwicklung von Angiotensin II-Antagonisten 523
- 29.6 Binden peptidische Agonisten und niedermolekulare Antagonisten an die gleiche Stelle im AT_1-Rezeptor? 524
- 29.7 Von der Nase lernen: Wir riechen mit GCPRs 525
- 29.8 Rezeptortyrosinkinasen und Cytokinrezeptoren: Wo Insulin und EPO ihre Wirkung entfalten 528

30 Liganden für Kanäle, Poren und Transporter 531

- 30.1 Spannungen und Ionengefälle bringen Zellen auf Trab 532
- 30.2 Wirkungsweise eines Kaliumkanals auf atomarer Ebene 533
- 30.3 Bindung unerwünscht: hERG-Kaliumkanal als Antitarget 538
- 30.4 Winzige Liganden steuern riesige Ionen-Kanäle 540
- 30.5 Liganden steuern als Agonisten oder Antagonisten die Funktion eines Ionenkanals 542
- 30.6 Bremskraftverstärker für GABA-gesteuerte Chlorid-Kanäle 543
- 30.7 Wirkungsweise eines spannungsgesteuerten Chloridkanals 546
- 30.8 Transporter: Die Schleuser der Zellen 548
- 30.9 Membranpassage in Bakterien: Poren, Carrier und Kanalbildner 549
- 30.10 Aquaporine regulieren den zellulären Wasserhaushalt 551

31 Liganden für Oberflächenrezeptoren 555

- 31.1 Die Familie der Integrinrezeptoren 555
- 31.2 Entwurf von Peptidomimetika als Fibrinogen-Rezeptor-Antagonisten 557
- 31.3 Selektine: Oberflächenrezeptoren, die Kohlenhydrate erkennen 559
- 31.4 Fusionshemmstoffe vereiteln die Virusinvasion 563
- 31.5 Neuraminidase-Hemmer verhindern das Abschnüren von ausknospenden Viren 565
- 31.6 Dem gemeinen Schnupfen einen Riegel vorschieben: Hemmstoffe für das Hüllprotein des Rhinovirus 569
- 31.7 MHC-Moleküle: Wo das zelluläre Immunsystem Peptidbruchstücke zur Schau stellt 573

32 Biopharmaka: Peptide, Proteine, Nucleotide und Makrolide als Wirkstoffe 581

- 32.1 Die gentechnologische Produktion von Proteinen 582
- 32.2 Maßgeschneiderte Änderungen beim Insulin 583
- 32.3 Monoklonale Antikörper als Impfstoffe, Chemotherapeutika und Rezeptorantagonisten 583
- 32.4 Antisense-Oligonucleotide als Arzneimittel? 588
- 32.5 Wenn der Schein trügt: Hemmung durch Nucleoside und Nucleotide als falsche Substrate 591
- 32.6 Makrolide: Wie aus mikrobiellen Kampfstoffen potente Cytostatika, Antimykotika, Immunsuppressiva oder Antibiotika werden 596

Bildnachweise   607

Personen, Firmen und Institutionen   613

Sachregister   617

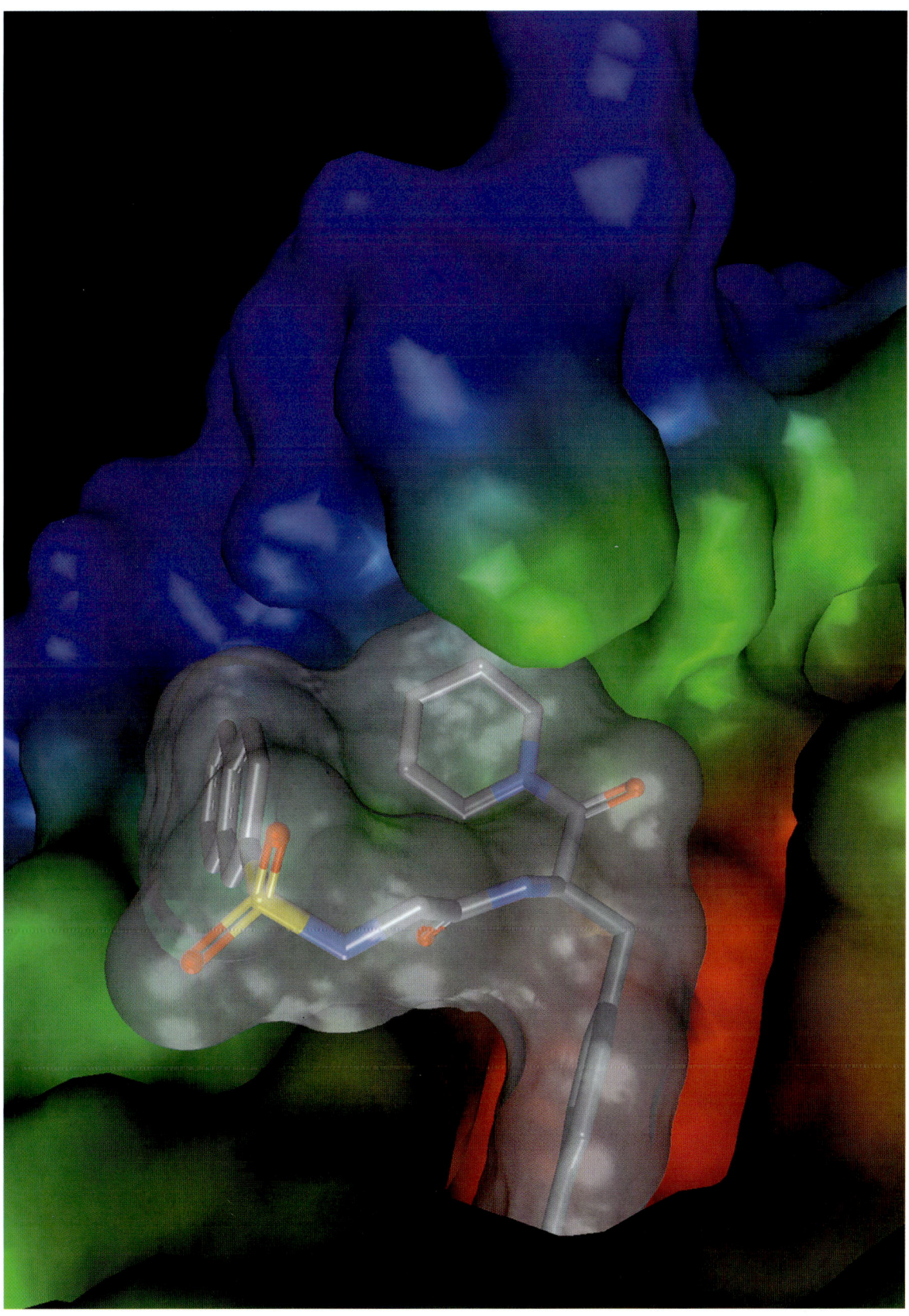

Napap war einer der ersten hoch potenten Thrombininhibitoren und hat über viele Jahre als Leitstruktur für die Entwicklung von Hemmstoffen für Trypsin-ähnliche Serinproteasen gedient. Der Inhibitor ist atomcodiert mit einer durchscheinenden weißen Oberfläche gezeigt, seine Bindestelle im Protein ist durch eine plastische Oberfläche dargestellt, die abhängig von der Tiefe der Einbuchtung der Bindestelle die Farbe von blau über grün nach rot wechselt.

Einführung

Wirkstoffdesign ist Wissenschaft, Technologie und Kunst zugleich. Eine **Erfindung** entsteht als Folge eines schöpferischen Akts, eine **Entdeckung** ist das Aufspüren einer bereits bestehenden Realität. **Design** schließt beide Prozesse ein, betont aber den gezielten Entwurf, ausgehend vom vorhandenen Wissen und den zur Verfügung stehenden Technologien. Zusätzlich spielen die Kreativität und Intuition des Forschers eine entscheidende Rolle.

Wirkstoffe sind alle Substanzen, die einen bestimmten Effekt hervorrufen, eine Wirkung auf ein System ausüben. Im Kontext dieses Buchs sind es Stoffe, die eine biochemische oder pharmakologische Wirkung aufweisen, in den meisten Fällen Arzneistoffe, die einen therapeutischen Effekt beim Menschen erzielen.

Der Gedanke des rationalen **Entwurfs von Wirkstoffen** ist nicht neu. Schon vor über einem Jahrhundert wurden organische Verbindungen gezielt synthetisiert, um zu neuen Arzneimitteln zu gelangen. Die Schlafmittel Chloralhydrat (1869) und Urethan (1885) und die fiebersenkenden Medikamente Phenacetin (1888) und Acetylsalicylsäure (1897) sind frühe Beispiele, wie ausgehend von einer Arbeitshypothese gezielt Verbindungen mit günstigen therapeutischen Eigenschaften hergestellt wurden. Dass die zugrunde liegenden Hypothesen in allen vier Fällen mehr oder weniger falsch waren (Abschnitte 2.1, 2.2 und 3.1), zeigt zugleich eines der Hauptprobleme beim Design neuer Wirkstoffe auf.

Beim künstlerischen Design, dem Entwurf eines Plakats oder eines Gebrauchsgegenstands, oder beim Ingenieurdesign, dem Entwurf eines Autos, eines Computers oder einer Maschine, ist das Ergebnis meist direkt vorhersagbar. Im Unterschied dazu ist das Wirkstoffdesign bis heute nicht exakt planbar. Zu vielfältig und auch bislang zu wenig verstanden sind die Konsequenzen auch kleinster struktureller Änderungen auf die biologischen Eigenschaften des Wirkstoffs und des Wirkorts.

Bis in unsere Zeit haben Naturwissenschaftler nach der **Methode des Versuchs und Irrtums** gearbeitet, um neue Arzneistoffe zu finden. Die dabei meist empirisch abgeleiteten Regeln haben zu einer Wissensbasis für das rationale Design von Wirkstoffen geführt, die vom einzelnen Forscher mehr oder weniger erfolgreich in die Praxis umgesetzt werden. Heute stehen für die Wirkstoffsuche neue Technologien zur Verfügung, z. B. die kombinatorische Chemie, die Gentechnik und automatisierte Screeningmethoden mit hohem Durchsatz, die Proteinkristallographie mit dem Fragmentscreening, das virtuelle Screening und die Ansätze der Bio- und Chemoinformatik.

In vielen Fällen verstehen wir bereits die **molekularen Mechanismen** der Wirkung von Arzneistoffen, in anderen Fällen stehen wir an der Schwelle des Verständnisses. Viele dieser Mechanismen werden in diesem Buch vorgestellt. Methodische Fortschritte in der Proteinkristallographie und NMR-Spektroskopie erlauben heute die routinemäßige **Aufklärung der dreidimensionalen Struktur** (3D-Strukturen) von Proteinen und ihrer Ligandkomplexe. Wie auf vielen Abbildungen in diesem Buch gezeigt wird (allgemeine Erläuterung zum „Lesen" dieser Abbildungen, siehe im Buchdeckel am Ende dieser Monographie), leisten sie einen ganz entscheidenden Beitrag für den gezielten Entwurf von Wirkstoffen. 3D-Strukturen bis hin zu atomarer Auflösung sind von rund 450 000 kleinen Molekülen und mehr als 50 000 Proteinen und Protein-Ligand-Komplexen bekannt. Ihre Zahl nimmt weiter exponentiell zu. Methoden zur Vorhersage der 3D-Strukturen kleiner Moleküle sind ausgereift, semiempirische quantenchemische Rechnungen an Wirkstoffen sind Routine. Die **Sequenzierung des humanen Genoms** ist abgeschlossen und nahezu wöchentlich wird die Aufklärung von Genomen weiterer Organismen bekannt gegeben, darunter viele von wichtigen humanpathogenen Spezies. Das Zeitalter der **strukturellen Genomik** ist eingeläutet und es ist nur eine Frage der Zeit, bis alle Raumstrukturen einer gesamten Genfamilie aufgeklärt sind. Bei ausreichender Sequenzhomologie haben Modellierungsprogramme eine beachtliche Zuverlässigkeit erreicht. Das Erbgut ganzer Genome wird inzwischen durch solche

Strukturvorhersageprogramme gejagt. Zur *de novo*-Vorhersage der 3D-Strukturen von Proteinen gibt es interessante Ansätze und erste korrekte 3D-Strukturvorhersagen sind gelungen.

Das **struktur- und computergestützte Design** neuer Wirkstoffe ist aus der praktischen Arzneimittelforschung inzwischen nicht mehr wegzudenken. Computerprogramme dienen der Suche, Modellierung und dem gezielten Entwurf neuer Wirkstoffe. In unzähligen Fällen haben diese Techniken zur Auffindung und Optimierung neuer Arzneistoffe beigetragen. Eine zu enge und einseitige Ausrichtung auf die Ergebnisse des Computers birgt aber gleichzeitig die Gefahr des Verlusts von bestehendem Wissen über die Zusammenhänge zwischen chemischen Strukturen und biologischen Wirkungen. Eine weitere Gefahr ist die Beschränkung auf die Wechselwirkung des Pharmakons mit einem einzigen biologischen Target, ohne Berücksichtigung weiterer Aspekte, die für einen Arzneistoff unerlässliche Voraussetzungen sind, z. B. die **pharmakokinetischen und toxikologischen Eigenschaften**. So hat sich die Forschung des letzten Jahrzehnts intensiv mit der Erstellung eines empirischen Regelwerks zum Abschätzen von Bioverfügbarkeiten, toxikologischen Profilen und metabolischen Eigenschaften (**ADME-Parameter**) auseinander gesetzt. Noch träumt man davon, den Abbau von Xenobiotika durch das Arsenal der Cytochrome vorhersagen zu können oder für jeden Patienten sein individuelles Verstoffwechselungsprofil zu erstellen. Aber eine solche Einstellung der Patienten auf ihre optimale, individuelle Therapie und Dosierung rückt in den Bereich des Möglichen. Auch wird die Gensequenzierung jedes Einzelnen von uns in absehbarer Zeit mit einem finanziell erschwinglichen und zeitlich vertretbaren Aufwand möglich werden. Dies wird der Wirkstoffforschung ganz neue Perspektiven eröffnen. Ob es das Tor zum **individuellen Arzneimittel** aufstößt, wird eine Frage der Kosten sein. Den Weg zu neuen Arzneistoffen unter diesen sich ständig verändernden Randbedingungen zu beschreiben, Designmethoden vorzustellen und Wirkstoffentwicklungen anhand bekannter Wirkmechanismen und herausgegriffener Fallbeispiele exemplarisch zu diskutieren, ist das Thema dieses Buchs.

Arzneimittelforschung ist ein multidisziplinäres Arbeitsgebiet, in dem Chemiker, Pharmazeuten, Technologen, Molekularbiologen, Biochemiker, Pharmakologen, Toxikologen und Kliniker zusammenarbeiten, um einer Substanz den Weg zum neuen Therapeutikum zu bereiten. Aus diesen Gründen findet die Arzneimittelentwicklung zum überwiegenden Teil in der **Industrie** statt. Nur hier existieren die finanziellen Voraussetzungen und vor allem die organisatorischen Strukturen, die für ein erfolgreiches Zusammenspiel aller Disziplinen erforderlich sind und die Forschung in der notwendigen Weise zielgerichtet kanalisiert. Die Grundlagen und zukunftsorientierten Innovationen der Arzneimittelforschung werden aber zunehmend, auch aus Kostengründen, im **akademischen Bereich** erarbeitet. Interessanterweise widmen sich in jüngsten Jahren mehr und mehr Forschungsinitiativen an Universitäten der Entwicklung von Arzneistoffen für **Infektionskrankheiten** und **Krankheitsbildern aus der Dritten Welt**, die von der rein kommerziell orientierten Pharmaindustrie der Ersten Welt sträflich vernachlässigt werden. Dies erscheint umso alarmierender, berücksichtigt man, dass unsere gestiegene Lebensqualität und längere Lebenserwartung vor allem auf einen Siegeszug über die verheerendsten Infektionskrankheiten zurückzuführen sind. Es bleibt zu hoffen, dass **Politiker** diese Situation rechtzeitig erkennen und die Voraussetzungen schaffen, sodass die akademische Forschung an dieser Stelle effizient und zielorientiert einspringen kann.

Steigende **Kosten der Forschung und Entwicklung**, ein bereits bestehender hoher Therapiestandard in vielen Indikationsgebieten, ein deutlich verstärktes Sicherheitsbewusstsein und damit zunehmende Anforderungen vonseiten des Gesetzgebers haben dazu geführt, dass die Zahl der in die Therapie neu eingeführten Wirkstoffe (NCE, von engl. *new chemical entity*) in den letzten Jahrzehnten stetig abgenommen hat, von 70–100 in den Jahren 1960–1969, über 60–70 in den Jahren 1970–1979, durchschnittlich 50 in den Jahren 1980–1989, bis hin zu 40–45 in den 1990er-Jahren und im neuen Jahrtausend. Trotzdem sind es neben Indikationsausweitungen bereits länger bekannter Präparate gerade die Neuentwicklungen, die deutliche Fortschritte in der Therapie, z. B. psychischer Erkrankungen, des Bluthochdrucks, der Magen- und Darmgeschwüre und Leukämieerkrankungen gebracht haben. Bei den marktführenden Präparaten findet sich ein überproportional hoher Anteil an Wirkstoffen, die in den letzten Jahren mit rationalen Ansätzen gefunden wurden.

Die Kosten für die Entwicklung und Einführung eines neuen Arzneimittels sind stetig gestiegen, derzeit auf etwa 800–1 600 Millionen US-$. Nur große Pharmafirmen können sich einen solchen Aufwand noch leisten, mit dem damit verbundenen Risiko eines Fehlschlags in den letzten Phasen der klinischen Prüfung oder der Fehleinschätzung des therapeutischen Potenzials eines neuen Wirkstoffs.

In der Pharmaforschung wird oft von **Paradigmenwechseln** gesprochen. In der Forschung betrifft dies die **Anwendung neuer Technologien**, in der Struktur des Marktes einen rasch zunehmenden Konzentrationsprozess durch **Firmenübernahmen** und Zusammenschlüsse. Die letzte Dekade hat uns weltweit viele solcher „Elefantenhochzeiten" beschert. Immer höhere Umsatzzahlen werden von zunehmend weniger Firmen am Markt vorgelegt. Daneben ist aber gleichzeitig eine sehr dynamische, kaum überschaubare Szene von kleinen und mittleren **Biotech-Unternehmen** hoher Flexibilität entstanden. Besonders bei der Gentechnologie, bei der kombinatorischen Chemie, in der Substanzprofilierung und beim rationalen Design konkurriert inzwischen eine Vielzahl solcher Firmen. Große Firmen versuchen risikoreiche Forschungskonzepte an diese kleinen Firmen auszulagern und nehmen deren Dienste bis hin zur Entwicklung von klinischen Kandidaten in Anspruch. Doch Erfolg in dieser Szene führt meist dazu, dass die „Guten" von den „Großen" gefressen werden. Viele ehemalige Mitarbeiter aus „**BigPharma**" haben mit einer innovativen Idee ihr eigenes kleines Unternehmen auf die Beine gestellt. War die Idee gut und erfolgreich, fand sich so mancher dieser „Ausgründer" nach einigen Jahren des Erfolgs wieder einverleibt in der Organisation eines Unternehmens aus „BigPharma".

Zudem ändert sich die **Verschreibungspraxis** im gesamten **Gesundheitsbereich**. Früher war allein der Arzt, manchmal in Rücksprache mit dem Apotheker, für die Therapie verantwortlich. Heute beeinflussen Kostendruck, Negativlisten, Krankenkassen, die Einkaufsorganisationen der Kliniken bzw. Apotheken und das allgegenwärtige Internet bis hin zur öffentlichen Meinung die Therapie in einem immer größeren Ausmaß.

Der **Arzneimittel-Markt** ist mit weltweit über 600 Milliarden US-$ Jahresumsatz ein überaus attraktiver Markt. Zudem ist dieser Markt geprägt von einem dynamischen Wachstum, das deutlich über dem anderer Märkte liegt. Das in 2005 umsatzstärkste Arzneimittel, Sortis® bzw. Lipitor®, erzielte 12,2 Milliarden US-$ **Jahresumsatz**. Noch höhere Umsätze haben nur die illegalen Rauschdrogen wie Heroin und Cocain.

Arzneimittel nach Maß – werden die neuen Technologien dazu beitragen, diesen Anspruch zu realisieren? Was macht die Arzneimittelforschung so überaus schwierig? Um eine Parabel zu verwenden, es ist wie das Spiel gegen einen übermächtigen Schachcomputer. Die Regeln sind beiden Seiten bekannt, aber die Konsequenzen eines einzigen Zugs in einer komplizierten Mittelstellung sind schwer überschaubar. Ein biologischer Organismus ist ein überaus komplexes System. Die Wirkungen eines Arzneistoffs auf das System und die Wirkungen des Systems auf den Arzneistoff sind vielfältiger Natur. Jede strukturelle Änderung, mit dem Ziel, eine bestimmte Eigenschaft zu verändern, wird gleichzeitig die feinabgestimmte Balance anderer Eigenschaften des Wirkstoffs ins Ungleichgewicht bringen.

Das Wissen um die Zusammenhänge zwischen **chemischer Struktur und biologischer Wirkung** muss mit neuen Technologien und Erkenntnissen aus der Genforschung verschmolzen werden, um zielgerichtet neue Arzneimittel zu entwickeln. Für die neuen Techniken gilt es, ihre Anwendungsbreite und ihre Grenzen zu definieren. Theorie und Modellierung können nicht losgelöst vom Experiment existieren. Die Ergebnisse von Rechnungen hängen stark von den Randbedingungen der Simulationen ab. Die in einem System erzielten Resultate sind nur bedingt auf andere Systeme übertragbar. Allein der erfahrene Experte ist in der Lage, das besondere Potenzial theoretischer Ansätze in ihrer vollen Tiefe auszuschöpfen. Der Anspruch mancher Software- und Venture-Kapital-Firmen, ihre Lösungen führten automatisch zum Erfolg, muss immer wieder kritisch hinterfragt werden. Auch hier soll dieses Buch helfen, die Spreu vom Weizen zu trennen und neben der **Anwendungsbreite** die **Grenzen** der einzelnen Methoden aufzeigen.

Dieses Buch ist ein **Lehrbuch über Arzneistoffforschung und die Wirkprinzipien von Arzneistoffen**. Von den klassischen Lehrbüchern der Pharmazeutischen Chemie grenzt es sich ab, sowohl durch seinen Aufbau als auch durch seine Ziele. Die Grundlagen, Methoden, Erfolge und Probleme bei der Suche nach neuen Arzneimitteln sind das Thema. Nicht Gruppen von Arzneimitteln werden besprochen, sondern der Weg zum Wirkstoff und die strukturellen Voraussetzungen für seine Wirkung an einem bestimmten Zielprotein. Entsprechend seinem Titel wendet sich das Buch an Studierende und Wissenschaftler der Fachrichtungen Chemie, Pharmazie, Biochemie, Biologie und Medizin, die an der Kunst des Entwurfs neuer Arzneistoffe unter Verwendung der Erkenntnisse über die strukturellen Grundlagen ihrer Wirkung am Wirkort interessiert sind.

Im **ersten Teil** werden nach einer Einführung in die Geschichte der Arzneimittel und der Beschreibung des glücklichen Zufalls als ein kaum planbares, aber stets höchst erfolgreiches Konzept der Wirkstoffforschung Beispiele aus der klassischen Arzneimittelforschung vorgestellt. Eine Diskussion der Grundlagen der Arzneistoffwirkung, der Ligand-Rezeptor-Wechselwirkungen und des Einflusses der dreidimensionalen Raumstruktur eines Arzneimittels auf seine Wirkung runden diesen Teil ab. Im **zweiten Teil** des Buches werden die Suche nach neuen Leitstrukturen und deren Optimierung auch unter Verwendung von Prodrug-Strategien vorgestellt. Neue Screening-Technologien, aber auch die systematische Abwandlung von Strukturen unter Verwendung von Regeln der Bioisosterie und eines peptidomimetischen Ansatzes, werden diskutiert. Der **dritte Teil** beschreibt experimentelle und theoretische Methoden der Wirkstoffforschung. Die kombinatorische Chemie eröffnet den Zugang zu einer Vielfalt an Testverbindungen. Die Gentechnologie stellt die Zielproteine in reiner Form dar und charakterisiert deren Eigenschaften und Funktionen auf molekularer Ebene, über den zellulären Verband bis hin zum Gesamtorganismus. Sie stellt das Brückenglied zum Verstehen einer Arzneistofftherapie im komplexen Gefüge einer Zelle und im systembiologischen Zusammenhang eines Organismus dar. Die Raumstruktur von Proteinen und Protein-Ligand-Komplexen werden durch die Kristallographie und NMR-Spektroskopie zugänglich. Ihre Bauprinzipien werden immer besser verstanden und lassen sich zunehmend auf die Bindungsgeometrie von Wirkstoffen abbilden. Aber auch die Computermethoden einschließlich molekulardynamischer Simulationen und komplexer Konformationsanalysen schärfen das Verständnis für einen gezielten Arzneistoffentwurf. Der **vierte Teil** stellt Designtechniken zur Modellierung von Pharmakophor- und Rezeptormodellen vor und diskutiert den Einsatz von Methoden der quantitativen Struktur-Wirkungsbeziehungen (QSAR). Es werden Einblicke in die Beschreibung des Transports und der Verteilung von Wirkstoffen in biologischen Systemen gegeben sowie verschiedene Verfahren des strukturbasierten Designs präsentiert. Ein Fallbeispiel aus der Forschung des Autors schließt dieses Kapitel ab. Der **fünfte Teil** dieses Buchs beschäftigt sich mit der Kernfrage des Arbeitsgebiets, wie Arzneistoffe eigentlich ihre Wirkung erzielen. Enzyme, Rezeptoren, Kanäle, Transporter und Oberflächenproteine werden kapitelweise in Familien von Zielproteinen eingeteilt. Über den Wirkmechanismus und die Raumstruktur dieser Proteine wird versucht zu verdeutlichen, warum ein dort angreifender Arzneistoff eine bestimmte Geometrie und chemische Struktur aufweisen muss. Exemplarisch werden Erfolge des struktur- und computergestützten Entwurfs neuer Arzneistoffe in diesen Kapiteln vorgestellt, wobei wechselnd andere Aspekte ins Rampenlicht gerückt werden.

Bedingt durch das **Konzept des Buches** bleiben viele wichtige Arzneistoffe unberücksichtigt oder werden nur kurz erwähnt. Gleiches gilt für Rezeptortheorien, Pharmakokinetik und Metabolismus, die Grundlagen der Gentechnik und statistische Methoden. Die biochemischen, molekularbiologischen und pharmakologischen Grundlagen der Wirkung von Arzneistoffen werden nur in dem Umfang erläutert, wie es für das Verständnis des Themas Wirkstoffdesign erforderlich ist. Andere Disziplinen, die für die weitere Entwicklung eines Arzneistoffs zum Arzneimittel für die Anwendung am Patienten relevant sind, wie die pharmazeutische Formulierung, die toxikologische und klinische Prüfung, sind nicht Thema dieses Buchs.

Die Auswahl der Beispiele aus einzelnen Therapiegebieten wurde subjektiv unter didaktischen Gesichtspunkten vorgenommen und beabsichtigt, anhand einzelner Fallstudien jeweils andere Facetten der Wirkstoffforschung in den Vordergrund zu rücken. Es wird versucht, eine ausgewogene Darstellung der Methoden des Wirkstoffdesigns und ihrer praktischen Anwendung zu präsentieren. Der interessierte Leser muss dieses Buch nicht chronologisch vom ersten bis zum letzten Kapitel lesen. Ist er rein an Wirkstoffen und Wirkmechanismen interessiert, kann er auch mit Kapitel 22 beginnen. Durch viele Querverweise im Text wird versucht, einem solchen Leser zu helfen, die Passagen, die für das genauere Verständnis an einer bestimmten Stelle erforderlich sind, in anderen Abschnitten zu finden. Das nachfolgende Literaturverzeichnis zitiert besonders empfehlenswerte Monographien und, alphabetisch geordnet, Zeitschriften und Fortsetzungswerke zum Thema, die in den späteren Kapiteln nicht mehr einzeln erwähnt werden.

Literatur

Monographien

E. Mutschler, Arzneimittelwirkungen, 9. Auflage, Wissenschaftliche Verlagsgesellschaft mbH, Stuttgart, 2008

M. E. Wolff, Hrsg., Burger's Medicinal Chemistry, 5. Auflage, Band I, John Wiley & Sons, New York, 1995

T. L. Lemke und D. A. Williams, Foye's Principles of Medicinal Chemistry, 6. Auflage, Williams & Wilkins, Baltimore, 2008

L. Brunton, J. Lazo und K. Parker, Goodman & Gilman's The Pharmacological Basis of Therapeutics, 11. Auflage, McGraw-Hill, Europe, 2005

H. Auterhoff, J. Knabe und H.-D. Höltje, Lehrbuch der Pharmazeutischen Chemie, 14. Auflage, Wissenschaftliche Verlagsgesellschaft mbH, Stuttgart, 1999

H. J. Roth und H. Fenner, Pharmazeutische Chemie III. Arzneistoffe. Struktur – Bioreaktivität – Wirkungsbezogene Eigenschaften, 2. Auflage, Georg Thieme Verlag, Stuttgart, 1994

R. B. Silverman, Medizinische Chemie, VCH Weinheim, 1995

F. D. King, Hrsg., Medicinal Chemistry: Principles and Practice, 2. Auflage, The Royal Society of Chemistry, Cambridge, UK, 2003

C. R. Ganellin und S. M. Roberts, Hrsg., Medicinal Chemistry. The Role of Organic Chemistry in Drug Research, 2. Auflage, Academic Press, London, 1993

D. Lednicer, Hrsg., Chronicles of Drug Discovery, Vol. 3, American Chemical Society, Washington, DC, USA, 1993, und frühere Bände dieser Reihe

C. G. Wermuth, N. Koga, H. König und B. W. Metcalf, Hrsg., Medicinal Chemistry for the 21st Century, Blackwell Scientific Publications, Oxford, 1992

P. Krogsgaard-Larsen und H. Bundgaard, Hrsg., A Textbook of Drug Design and Development, Harwood Academic Publishers, Chur, Schweiz, 1991

C. Hansch, P. G. Sammes und J. B. Taylor, Hrsg., Comprehensive Medicinal Chemistry, 6 Bände, Pergamon Press, Oxford, 1990

R. A. Maxwell und S. B. Eckhardt, Drug Discovery. A Casebook and Analysis, Humana Press, Clifton, NJ, USA, 1990

D. Steinhilber, M. Schubert-Zsilavecz und H. J. Roth, Medizinische Chemie, Deutscher Apotheker Verlag, Stuttgart, 2005

R. Mannhold, H. Kubinyi und G. Folkers, Hrsg., Methods and Principles in Medicinal Chemistry, Wiley-VCH, Weinheim, Serie mit Gastherausgebern

Zeitschriften und Fortsetzungswerke

Annual Reports in Medicinal Chemistry
Chemistry & Biology
ChemMedChem
Drug Discovery Today
Drug News and Perspectives
Fortschritte der Arzneimittelforschung / Progress in Drug Research
Journal of Computer-Aided Molecular Design
Journal of Medicinal Chemistry
Methods and Principles in Medicinal Chemistry
Nature
Nature Reviews Drug Discovery
Perspectives in Drug Discovery and Design
Pharmacochemistry Library
Pharmazie in unserer Zeit
Reviews in Computational Chemistry
Quantitative Structure-Activity Relationships
Science
Spektrum der Wissenschaft
Trends in Pharmacological Sciences

Teil I

Grundlagen der Arzneimittelforschung

Abbildung auf der Vorderseite
Dieser kolorierte Kupferstich aus dem wohl schönsten Pflanzenbuch, dem *Hortus Eystettensis* von Basilius Besler, Eichstätt, 1613, zeigt die Meerzwiebel, *Scilla alba* (heutige Name *Urginea maritima L.*). Sie war bereits den alten Ägyptern, Griechen und Römern als Heilmittel gegen vielerlei Krankheiten, z. B. Wassersucht (heute: Herzinsuffizienz), bekannt. Als allgemeines Abwehrmittel gegen Unheil wurde sie auch kultisch verehrt. Erst in unserem Jahrhundert wurden die in der Meerzwiebel enthaltenen herzwirksamen Glykoside Scillaren und Proscillavidin rein isoliert und als solche bzw. in Form des besser bioverfügbaren Derivats Meproscillarin (Clift®) als Arzneistoff in die Therapie eingeführt.

Arzneimittelforschung gestern, heute, morgen

Der gezielte Weg zum Arzneimittel ist ein alter Menschheitstraum. Schon die Alchemisten haben das *Elixir*, das *Arcanum*, gesucht, das alle Krankheiten zu heilen vermag. Gefunden wurde es bis heute nicht. Ganz im Gegenteil, die Arzneitherapie ist mit der zunehmenden Kenntnis der verschiedenen Krankheitsursachen noch komplexer geworden.

Dennoch, die **Erfolge der Arzneimittelforschung** sind beeindruckend. Über Jahrhunderte waren Alkohol, Opium und Solanaceenalkaloide (aus Stechapfelkraut) die einzigen vorbereitenden Maßnahmen bei Operationen. Narkose, Neuroleptanalgesie und örtliche Betäubung mit Lokalanästhetika erlauben heute absolut schmerzfreie chirurgische Eingriffe und Zahnbehandlungen. Seuchen und Infektionserkrankungen haben bis in unser Jahrhundert mehr Menschen getötet als alle Kriege. Dank Hygiene, Impfungen, Chemotherapeutika und Antibiotika sind diese Krankheiten heute, zumindest in den industrialisierten Ländern, stark zurückgedrängt. Bei vielen bakteriellen Infektionskrankheiten, z. B. der Tuberkulose, und Viruserkrankungen entstanden aber durch die gefährlich zunehmende Zahl therapieresistenter Krankheitserreger neue Probleme. Sie machen die Entwicklung immer neuer Arzneimittel dringend erforderlich. Die H_2-Blocker und die Protonenpumpen-Hemmer haben die Zahl der operativen Eingriffe bei Magen- und Zwölffingerdarm-Geschwüren drastisch reduziert. Kombinationen mit Antibiotika bringen hier einen weiteren Therapiefortschritt, da sie eine ursächliche Therapie erlauben (Abschnitt 3.5). Herz- und Kreislaufkrankheiten, Diabetes und psychische Erkrankungen (Erkrankungen des Zentralnervensystems, ZNS-Krankheiten) werden meist symptomatisch behandelt. Nicht die Krankheitsursache wird beseitigt, sondern die negativen Auswirkungen der Krankheit auf den Organismus. Oft beschränkt sich die Therapie auf die Verlangsamung des Fortschreitens der Erkrankung oder auf eine Erhöhung der Lebensqualität. So führen synthetische Corticosteroide bei chronischen Entzündungserkrankungen (z. B. Rheuma, Arthritis) zur signifikanten Schmerzreduktion und zur Verlangsamung krankhafter Knochenveränderungen. Bei der Krebstherapie reicht das Spektrum von Heilung, besonders in Kombination mit chirurgischen Maßnahmen und Strahlenbehandlung, bis zum vollständigen Versagen therapeutischer Maßnahmen.

In der **Geschichte der Arzneimittelforschung** lassen sich mehrere zeitlich aufeinanderfolgende Phasen erkennen:

- die Anfänge, mit der Empirie als einziger Quelle neuer Arzneimittel,
- gezielte Isolierung von Wirkstoffen aus Pflanzen,
- der Beginn einer systematischen Suche nach neuen synthetischen Stoffen mit biologischer Wirkung und der Einsatz des Tierversuchs als Modell für den kranken Menschen,
- die Verwendung molekularer und anderer *in vitro*-Testsysteme als präzisere Modelle und als Ersatz für den Tierversuch,
- der Einsatz experimenteller und theoretischer Methoden, wie Proteinkristallographie, Molecular Modelling und quantitative Struktur-Wirkungsbeziehungen, zum gezielten struktur- und computergestützten Design von Wirkstoffen, sowie die
- Entdeckung neuer Zielstrukturen und Validierung ihrer therapeutischen Bedeutung durch Genom-, Transkriptom- und Proteomanalytik, Knock-in- und Knock-out-Tiermodelle und Stummschalten von Genen mittels siRNA.

Jede vorangehende Phase hat durch den Eintritt in die jeweils nächste Phase an Bedeutung verloren. Interessanterweise werden in der modernen Arzneimittelforschung die einzelnen Phasen in umgekehrter Richtung durchlaufen. Zunächst muss eine neue Zielstruktur in dem sequenzierten Genom eines Organismus entdeckt und die Modulierung ihrer Funktion für die denkbare Arzneistofftherapie validiert werden. Anschließend erfolgt das struktur- und computergestützte Design eines neuen Wirkstoffs in enger Rückkopplung mit der Testung in mehreren *in vitro*-Modellen, zur Abklärung der Wirkung und des Wirkspektrums. Dann schließt sich der Tierversuch an zur Bestätigung der therapeutischen Relevanz und als letzte Instanz folgt die klinische Prüfung zur Überprüfung der Eignung als Arzneimittel beim kranken Menschen.

1.1 Mit der Volksmedizin fing es an

Die Anfänge der Arzneitherapie liegen in der Volksmedizin. Die narkotische Wirkung des Milchsafts des Mohns, die Wirkung der Herbstzeitlosen bei Gicht und der Meerzwiebel bei Wassersucht (heute: Herzinsuffizienz) waren bereits im Altertum bekannt. Getrocknete Drogen und Extrakte aus diesen und anderen Pflanzen stellten über mehr als 5000 Jahre die wichtigste Quelle für Arzneistoffe dar. Die ältesten schriftlichen Überlieferungen dazu stammen aus dem 3. Jahrtausend vor Christus.

Der altägyptische *Papyrus Ebers*, um 1550 v. Chr., listet rund 800 Verschreibungen, von denen viele (zusätzlich) rituelle Formeln enthalten, um die Hilfe der Götter in Anspruch zu nehmen. Das fünfbändige Buch *De Materia Medica* des Dioskurides (griech. Arzt, 1. Jh. n. Chr.) ist die wissenschaftlich anspruchsvollste Arzneimittellehre des Altertums. Es enthält die Beschreibungen von 800 arzneilichen Pflanzen, 100 Tierprodukten und 90 Mineralien. Sein Einfluss reichte bis in die späte arabische Medizin und die frühe Neuzeit.

Wohl das berühmteste Arzneimittel des Altertums war der Theriak. Sein Vorläufer, das Mithridatum, diente dem König von Pontus, Mithridates VI. (120–63 v. Chr.), als Antidot gegen alle Arten von Vergiftungen. Der Theriak geht auf den Leibarzt des Kaisers Nero, Andromachus, zurück und enthielt ursprünglich 64 Ingredienzien. Bis ins 18. Jahrhundert war dieses Mittel sehr weit verbreitet. Es wurde in vielfältigen Abwandlungen hergestellt, mit bis zu hundert Ingredienzien. In manchen Städten geschah dies sogar unter öffentlicher Aufsicht, um die Vollständigkeit der Zutaten zu überprüfen! Mehr und mehr galt es als Allheilmittel gegen alle Arten von Krankheiten. Daneben waren allerlei wunderliche Mittel in Gebrauch, wie Regenwurmöl, Einhornpulver, Bezoarsteine, menschliches Craniumpulver (neu-lat. *cranium*, der Schädel), Mumienstaub und viele andere.

Im Altertum bereits sehr weit entwickelt war die chinesische Volksmedizin. Eine Besonderheit ihrer Zubereitungen war und ist der Umstand, dass für die Wirkung vier Qualitäten verantwortlich gemacht werden. Der Chef (*jun*) als Träger der Wirkung, der Adjutant (*chen*), der die Wirkung unterstützt oder eine zweite Wirkung ausübt, ein Assistent (*zuo*), der ebenfalls unterstützen kann oder die Nebenwirkungen mildert, und ein oder mehrere Boten (*shi*), die den gewünschten Effekt moderieren. Die chinesische Pen-Ts'ao-Schule (1. und 2. Jahrhundert n. Chr.), deren Ziel es war, lange zu leben, ohne alt zu werden (!), empfiehlt zur Dosierung

> »wenn man eine Krankheit mit Arzneien bekämpft, die eine starke Wirkung haben, soll man mit einer Dosierung beginnen, die nicht größer ist als ein Hirsekorn. Wenn das die Krankheit heilt, sollte man die Arznei sofort absetzen. Wenn es die Krankheit nicht heilt, sollte man die Dosierung verdoppeln. Wenn auch das die Krankheit nicht heilt, sollte man die Dosierung verzehnfachen. Man sollte die Behandlung immer abbrechen, wenn die Krankheit geheilt ist.«

Die chinesische *Materia Medica* des Li Shizhen, um 1590, besteht aus 52 Bänden. Sie erwähnt knapp 1900 medizinische Prinzipien, Pflanzen, Insekten, Tiere und Mineralien, in 10 000 detailliert beschriebenen Zubereitungen. Die *Chinesische Pharmakopöe* des Jahres 1990 besteht nur mehr aus zwei Bänden. Einer davon enthält 784 traditionelle Drogen der Volksmedizin, der andere 967 Arzneimittel der „westlichen" Medizin.

Paracelsus, eigentlich Theophrastus Bombastus von Hohenheim (ca. 1493/4–1541), wirkte bahnbrechend für die wissenschaftliche Arzneiforschung. Er verstand den Menschen als „chemisches Laboratorium" und machte die Inhaltsstoffe der Drogen, die *Quinta essentia*, für deren heilende Wirkung verantwortlich. Trotzdem waren bis zum Anfang des 19. Jahrhunderts alle therapeutischen Prinzipien entweder Extrakte von Pflanzen, tierische Inhaltsstoffe oder Mineralien, in den seltensten Fällen organische Reinstoffe. Das änderte sich grundlegend mit dem Entstehen der organischen Chemie. Die große Zeit der pflanzlichen Naturstoffe, z. B. 1.1–1.9 (Abb. 1.1), und der davon abgeleiteten Wirkstoffe begann.

Voreilige Hoffnungen, die um die vorige Jahrhundertwende in einzelne dieser Substanzen gesetzt wurden, z. B. in Heroin (Abschnitt 3.3) oder Cocain (Abschnitt 3.4), haben sich zwar rasch wieder zerschlagen, aber die pflanzlichen Naturstoffe haben die Grundlage für einen überaus großen Teil unseres Arzneimittelschatzes gelegt (Abschnitte 3.1–3.4 und 6.2). Auch bei den umsatzstärksten Präparaten finden sich im-

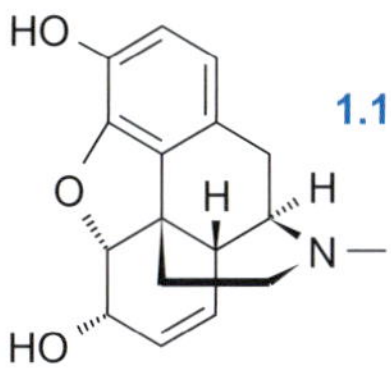

1.1 Morphin

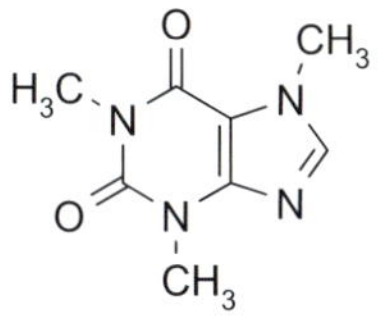

1.2 Coffein

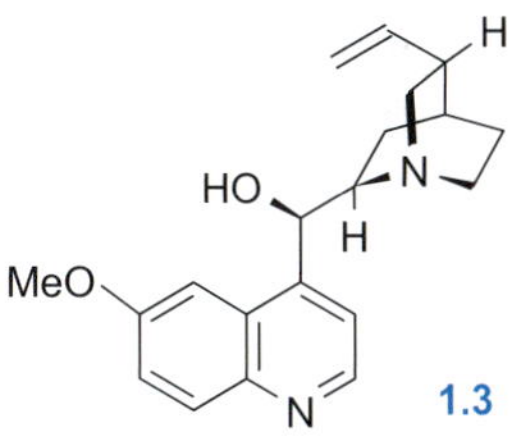

1.3 Chinin

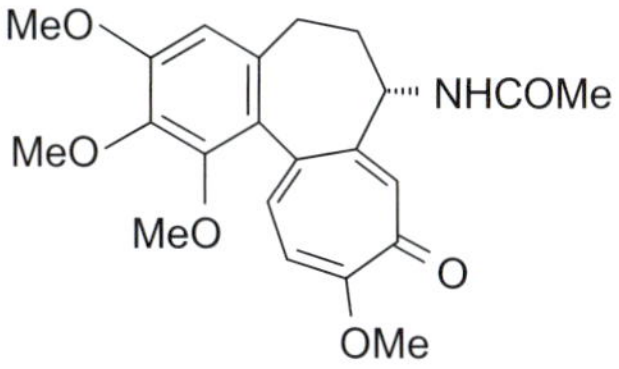

1.4 Colchicin

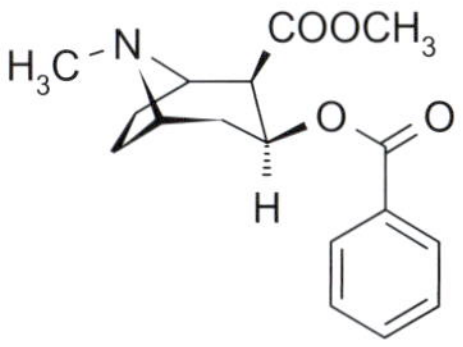

1.5 Cocain

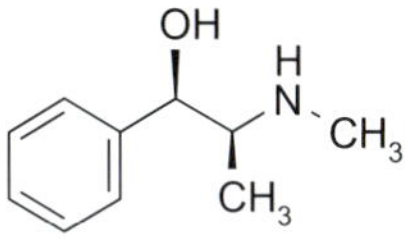

1.6 Ephedrin

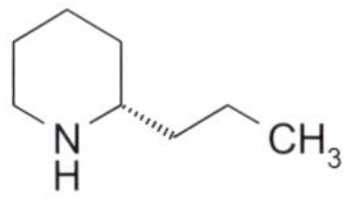

1.7 Coniin

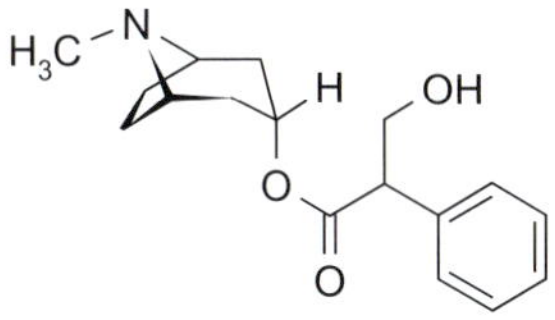

1.8 Atropin (Racemat)

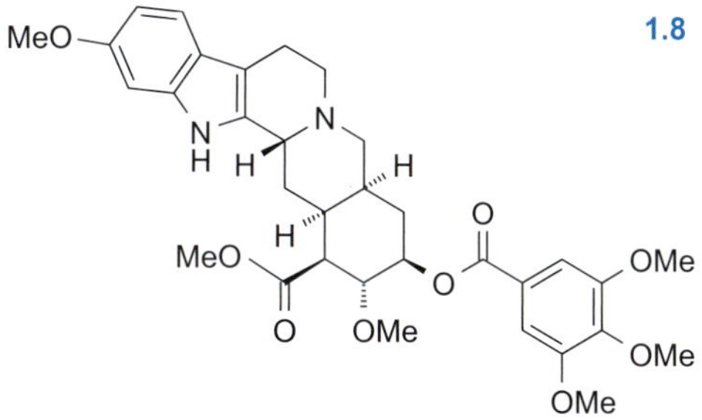

1.9 Reserpin

Abb. 1.1 Viele wichtige Naturstoffe wurden im 19. Jahrhundert isoliert und zum Teil bereits synthetisiert. Morphin **1.1** wurde 1806 von Friedrich Wilhelm Adam Sertürner aus Opium isoliert, Coffein **1.2** aus Kaffee und Chinin **1.3** aus Chinarinde 1819 von Friedlieb Runge. Chinin wurde auch unabhängig von Pierre Joseph Pelletier und Joseph Bienaimé Caventou entdeckt, die bereits ein Jahr später, 1820, das Colchicin **1.4** aus der Herbstzeitlose isolierten. Cocain **1.5** wurde 1860 von Albert Niemann aus Cocablättern gewonnen, Ephedrin **1.6** von Nagayoshi Nagai aus der chinesischen Pflanze Ma Huang (*Ephedra vulgaris*). 1886 wurde das erste Alkaloid von Albert Ladenburg synthetisiert, das Coniin **1.7** des Schierlings, 1901 das Atropin **1.8** der Tollkirsche von Richard Willstätter. Reserpin **1.9** aus der Pflanze *Rauwolfia serpentina* wurde erst zur Mitte unseres Jahrhunderts isoliert und in seiner Struktur aufgeklärt.

mer wieder Naturstoffe oder davon abgeleitete Derivate und Analoga.

1.2 Der Tierversuch als Grundlage der Arzneimittelforschung

Der Erfahrungsschatz der Volksmedizin geht auf mehrere tausend Jahre teilweise zufälliger, teilweise gezielter Beobachtungen von therapeutischen Wirkungen am Menschen zurück. Geplante Untersuchungen an Tieren waren eher selten. Berühmt geworden ist das biophysikalische Experiment des Luigi Galvani, Anatomieprofessor in Bologna, über das er 1791 in seinem Buch *De viribus electricitatis in motu musculari* berichtete. Schon 1780 hatten seine Studenten beobachtet, dass Froschschenkel beim Präparieren eines Nerves zucken, wenn im gleichen Raum Reibungselektrisiermaschinen, damals Standardausrüstung vieler Laboratorien, bedient werden. In systematischen Versuchen wollte er feststellen, ob das Zucken auch während eines Gewitters auftritt. Er hängte die Schenkel mit einem Kupferhaken an einem eisernen Fenstergitter auf – sie zuckten bereits bei jeder Berührung des Gitters. Allein die Spannungsdifferenz zwischen den Metallen bewirkt eine Nervenreizung, auch ohne elektrische Entladungen.

Die systematische Untersuchung der biologischen Wirkungen von Pflanzenextrakten, tierischen Giften und synthetischen Substanzen am Tier begann im vorletzten Jahrhundert. 1847 wurde an der Kaiserlichen Universität in Dorpat (heute: Tartu, Estland) das erste pharmakologische Institut gegründet. Seit rund hundert Jahren ist der Tierversuch die Grundlage der Pharmaforschung. Der berühmte Pharmakologe Sir James W. Black, der bei ICI die ersten Betablocker (Mittel zur Behandlung des Bluthochdrucks, Abschnitt 29.3) entwickelte und anschließend bei Smith, Kline und French maßgeblich an der Auffindung der ersten H_2-Antagonisten (Mittel zur Behandlung von Magen- und Darmgeschwüren, Abschnitt 3.5) beteiligt war, vergleicht pharmakologische Tests mit einem Prisma: Was Pharmakologen von den Eigenschaften eines Wirkstoffs wahrnehmen, hängt direkt von den verwendeten Modellen ab.

Aber wie ein Prisma verzerren die Modelle unsere Sicht auf unterschiedliche Weise. Es gibt kein depressives Kaninchen und keine schizophrene Ratte. Selbst wenn es sie gäbe, könnten sie uns ihr subjektives Empfinden, ihre Gefühlslage nicht mitteilen. Auch gentechnisch modifizierte Tiere (Abschnitt 12.5), z. B. die Alzheimer-Maus, sind im Sinn von Black nur durch ein Prisma verzerrte Annäherungen an die Wirklichkeit. Diese Tatsache wird in der industriellen Praxis allzu oft unterschätzt. Naturwissenschaftler neigen dazu, isoliert auf ein bestimmtes Modell hin zu optimieren. Dabei werden weitere Faktoren und Eigenschaften, die für einen Arzneistoff essenzielle Voraussetzung sind, z. B. Selektivität oder Bioverfügbarkeit, oft nicht ausreichend berücksichtigt.

Es gibt aber keinen Ausweg aus diesem Dilemma. Wir brauchen einfache *in vitro*-Modelle (Abschnitt 1.5), um große Serien potenzieller Wirkstoffe zu untersuchen, und wir brauchen das Tiermodell, um über die Korrelation der Daten auf die therapeutische Wirkung am Menschen zu schließen. In der Vergangenheit wurde ein Therapiefortschritt bevorzugt dann erzielt, wenn ein neues pharmakologisches Modell, *in vivo* oder *in vitro*, für eine neue Wirkqualität zur Verfügung stand, z. B. bei den H_2-Blockern (Abschnitt 3.5).

Typische Fehler bei der Auswahl von Modellen, der Interpretation und dem Vergleich von Versuchsergebnissen sind unterschiedliche Applikationsformen und die Korrelation von Ergebnissen, die mit verschiedenen Tierarten erhalten wurden. Es macht wenig Sinn, die therapeutische Breite eines Wirkstoffs über den Vergleich der gewünschten Wirkung an einer Spezies und der toxischen Wirkung an einer anderen Spezies zu optimieren. Der Vergleich der Wirkung nach fixen Dosen, ohne die Bestimmung einer effektiven Dosis, verfälscht die Ergebnisse, da besonders stark und besonders schwach wirksame Substanzen außerhalb des Messbereichs liegen. Ebenfalls fragwürdig ist die Messung einer Wirkung nach festen Zeiten. Hier erfasst man weder die Zeitspanne bis zum Auftreten eines Effektes, die so genannte Latenzzeit, noch den maximalen biologischen Effekt. Bei Ganztiermodellen ist meist eine Begleitmedikation erforderlich, die zusätzlichen Einfluss auf die Versuchsergebnisse nimmt. Narkotisierte Tiere liefern oft völlig andere Ergebnisse als wache Tiere.

1.3 Der Kampf gegen die Infektionskrankheiten

Seuchen und Infektionskrankheiten, an erster Stelle die Malaria und die Tuberkulose, haben über die Zeiten mehr Todesfälle verursacht als alle Kriege der Menschheitsgeschichte. Während der Grippewelle des Jahres 1918 („Spanische Grippe") starben 22 Millionen Menschen, doppelt so viele, wie dem Ersten Weltkrieg zum Opfer fielen. An Malaria starben bis zur Mitte des letzten Jahrhunderts jedes Jahr mehrere Millionen Menschen und leider schnellen die Zahlen heute wieder in die Höhe (Abschnitt 3.2). Bis zur Jahrhundertwende waren die Anwendung von Brechwurz und Chinarinde die einzigen therapeutischen Ansätze für diese Krankheit. Die beeindruckenden Erfolge im Kampf gegen Seuchen und Infektionskrankheiten resultieren zu einem großen Teil aus den letzten achtzig Jahren Arzneimittelforschung. In erster Linie verdanken wir sie den Sulfonamiden (Abschnitt 2.3) und ihren Kombinationen mit Hemmstoffen des Enzyms Dihydrofolatreduktase (Abschnitt 27.2), den Antibiotika (Abschnitte 2.4, 6.4 und 32.6) und den synthetischen Tuberkulostatika (Abschnitt 6.5). Als Selman A. Waksman (1888–1973) 1952 für seine Entdeckung des Streptomycins (Abschnitt 6.4) den Nobelpreis erhielt, gratulierte ein kleines Mädchen mit einem Blumenstrauß. Sie war die erste Patientin, deren tuberkulöse Hirnhautentzündung mit Streptomycin geheilt wurde. Die Atmosphäre der Tuberkulosekliniken kennen wir heute nicht mehr aus eigenem Erleben, sondern einzig aus Thomas Manns *Zauberberg*.

Aber die Infektionskrankheiten, auch die Tuberkulose, sind wieder auf dem Vormarsch. Viele Antibiotika wurden in der Vergangenheit zu breit eingesetzt. Dies und die Ausbreitung resistenter Erreger in den Krankenhäusern haben dazu geführt, dass viele Fälle nur mehr mit ganz bestimmten Antibiotika therapierbar sind. Entstehen auch dagegen Resistenzen, sind unsere Waffen stumpf geworden. Neue virale Infektionskrankheiten drohen. Vor dem breiten Auftreten der Immunschwächekrankheit AIDS (engl. *acquired immune deficiency syndrome*) gab es nur einige wenige Fälle der durch den Pilz *Pneumocystis carinii* verursachten Pneumonie, jetzt hat ihre Zahl massiv zugenommen. Diese Form der Lungenentzündung ist zur primären Todesursache von AIDS-Kranken und Patienten mit Immunsuppression nach Organtransplantation geworden. Bei der Suche nach Mitteln gegen AIDS und seinen Folgeerkrankungen wird ein hoher Aufwand betrieben. Viele weit verbreitete Tropenkrankheiten, z. B. die Malaria und die Chagaskrankheit, werden dagegen zurzeit nur unzureichend beforscht, und vermehrte Resistenzen gegen vorhandene Arzneimittel stellen zunehmend ein weltweites Problem dar. Da diese Krankheiten in Regionen der Welt grassieren, wo die Bevölkerung nicht über die für eine Chemotherapie ausreichende Wirtschaftskraft verfügt, ziehen sich mehr und mehr Pharmafirmen aus wirtschaftlichen Erwägungen aus diesem Feld zurück. Es bestehen kaum Chancen, die hohen Kosten für eine Arzneimittelentwicklung für diese Bevölkerungsschichten wieder einzuspielen. Hier ist die weltweite Politik gefordert, Strukturen zu schaffen, damit auch diese Menschen von den technologischen Fortschritten der modernen Arzneimittelforschung profitieren können. Beispielgebend sind hier private Initiativen wie die von Melinda und Bill Gates gegründete Stiftung, die die Behandlung und Bekämpfung von Krankheiten in der ganzen Welt, vornehmlich in Entwicklungsländern, zum Ziel hat.

Verbesserte Hygiene hat ebenfalls zur Reduktion der Infektionsgefahr, z. B. beim Wundfieber oder der in Kapitel 21 angesprochenen Shigellen-Ruhr, beigetragen. Es waren aber vor allem die Impfstoffe, die zur Ausrottung vieler ansteckender Krankheiten beigetragen haben. Auf neuen und kombinierten Impfstoffen ruhen nach wie vor Hoffnungen sowohl für die AIDS- wie Malariatherapie, als auch für die Verhütung von Magen- und Zwölffingerdarm-Geschwüren, bei denen man inzwischen weiß, dass sie durch eine Infektion mit dem Bakterium *Helicobacter pylori* (Abschnitt 3.5) verursacht werden.

1.4 Biologische Konzepte in der Arzneimittelforschung

Acetylcholin 1.10 (Abb. 1.2), eine bereits 1867 von Adolf v. Baeyer synthetisierte Substanz, ist ein **Neurotransmitter**, ein Überträgerstoff für Nervenimpulse. Der Nachweis seiner Wirkung gelang dem Pharmakologen Otto Loewi im Jahr 1921 mit einem eleganten Experiment. Zwei isolierte Froschherzen wurden mit der gleichen Flüssigkeit durchströmt. Reizung des *Nervus vagus* des einen Herzens hatte eine Verlangsamung des Herzschlags, eine bradykarde Wirkung, zur Folge. Kurz darauf schlug auch das zweite Herz langsamer, ein eindeutiger Nachweis einer *humoralen* Übertragung (lat. *humor, umor*, die Flüssigkeit). Kurz darauf wurde Acetylcholin als „Vagus-Stoff" als verantwortlich für diese Wirkung erkannt. Acetylcholin selbst ist allerdings wegen seines raschen Abbaus durch Acetylcholinesterase therapeutisch nicht einsetzbar (Abschnitt 23.7).

Thomas Bell Aldrich (1861–1938) und Jokichi Takamine (1854–1922) isolierten 1901 das erste menschliche **Hormon**, das Adrenalin 1.11. Dieses Hormon und sein *N*-Desmethylderivat Noradrenalin 1.12 (Abb. 1.2) werden an einer zentralen Stelle des Organismus, dem Nebennierenmark, produziert und bei Stress in den Blutkreislauf ausgeschüttet. Sie überfluten das gesamte System, mit Ausnahme des Zentralnervensystems und der Placenta, die eigene Barrieren für die meisten polaren Stoffe besitzen. An verschiedenen Stellen des Organismus reagieren sie mit den entsprechenden Rezeptoren. Die Spezifität der Wirkung ist gering, eine Fülle pharmakodynamischer Wirkungen resultiert. Wie nach der intravenösen Gabe eines Arzneimittels ist ein generalisierter Effekt zu beobachten. Puls und Blutdruck steigen, der Organismus ist „fluchtbereit" – eine im Lauf der Evolution überaus wichtige Funktion, die von diesen Hormonen übernommen wurde.

Noradrenalin und Adrenalin sind aber auch Neurotransmitter (Abschnitt 29.3), ebenso wie das Acetylcholin, die biogenen Amine 1.13–1.15, die Aminosäuren 1.16–1.19 und Peptide, z. B. 1.20 und 1.21 (Abb. 1.2). Als Neurotransmitter werden diese Substanzen lokal in den Nervenzellen produziert, gespeichert und bei Nervenreizung ausgeschüttet. Nach Wechselwirkung mit **Rezeptoren** der direkt benachbarten Nervenzellen werden sie rasch abgebaut oder wieder in die ausschüttende Nervenzelle aufgenommen. Abgeleitet von den Namen der Neurotransmitter spricht man vom adrenergen, cholinergen, dopaminergen, etc. System. Durch Adrenalin ausgelöste Wirkungen

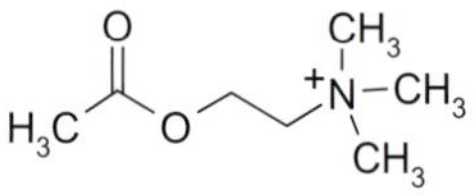

1.10 Acetylcholin

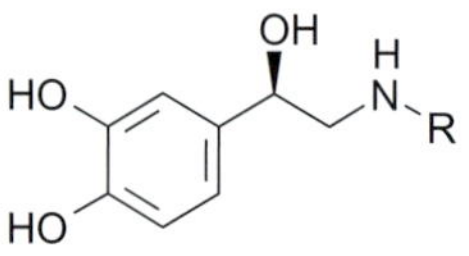

1.11 Adrenalin, R = CH₃

1.12 Noradrenalin, R = H

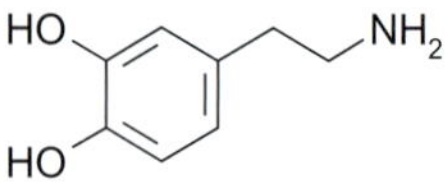

1.13 Dopamin

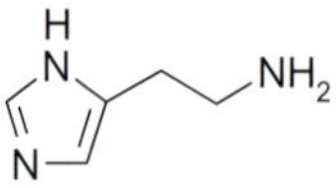

1.14 Histamin

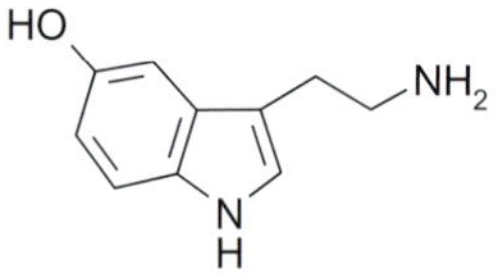

1.15 Serotonin

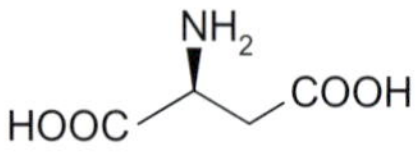

1.16 Asparaginsäure

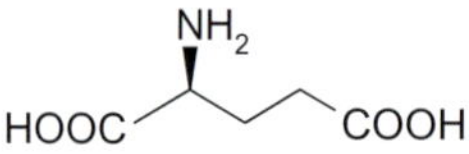

1.17 Glutaminsäure

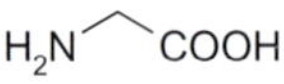

1.18 Glycin

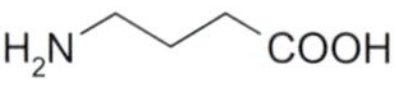

1.19 γ-Aminobuttersäure

Tyr-Gly-Gly-Phe-Met **1.20** Met-Enkephalin

Tyr-Gly-Gly-Phe-Leu **1.21** Leu-Enkephalin

Abb. 1.2 Die natürlichen Hormone und Neurotransmitter Acetylcholin **1.10**, Adrenalin **1.11**, Noradrenalin **1.12**, Dopamin **1.13**, Histamin **1.14** und Serotonin **1.15**, die exzitatorischen Aminosäuren Glutaminsäure **1.16** und Asparaginsäure **1.17**, die inhibitorischen Aminosäuren Glycin **1.18** und γ-Aminobuttersäure (GABA) **1.19** und einige Peptide, wie die Enkephaline **1.20** und **1.21**, Substanz P und andere dienten als Leitstrukturen für Arzneimittel gegen verschiedenste Herz-, Kreislauf- und ZNS-Krankheiten (vgl. Kapitel 3, 29 und 30).

bezeichnet man als adrenerg, die der Antagonisten als antiadrenerg. Diese Nomenklatur wird aber nicht konsequent verwendet. Üblicher sind Kombinationen des Namens des jeweiligen Neurotransmitters mit den Begriffen **Agonist** und **Antagonist** bzw. Blocker, z. B. Dopaminagonist, Histaminantagonist oder Betablocker, für einen Antagonisten des β-adrenergen Rezeptors. Aus der strukturellen Abwandlung der Neurotransmitter ist eine Fülle wichtiger Arzneimittel hervorgegangen.

Ab dem Ende der 1920er-Jahre erfolgte in rascher Folge die Isolierung und Strukturaufklärung der Steroidhormone (Abschnitt 28.5). Insgesamt haben diese Entdeckungen Mitte des vorletzten Jahrhunderts das „goldene" Zeitalter der Arzneimittelforschung eingeläutet. Die systematische Variation biologisch aktiver Prinzipien, basierend auf der Kenntnis ihrer Wirkmechanismen, hat zur Synthese von Enzyminhibitoren, Rezeptoragonisten und -antagonisten geführt, die zusammen mit den Derivaten pflanzlicher Naturstoffe den größten Teil unseres Arzneimittelschatzes ausmachen.

1.5 *In vitro*-Modelle und molekulare Testsysteme

Vor rund 40 Jahren hat man begonnen, über die Prüfung von Substanzen in einfachen *in vitro*-Modellen nachzudenken. Bei diesen Modellen findet die biologische Prüfung nicht mehr am Tier, sondern im Reagenzglas statt. Für den Wunsch, Tierversuche zu vermeiden, waren mehrere Gründe maßgebend. Tierversuche waren zunehmend in die Kritik der Öffentlichkeit geraten und sind zeit- und kostenaufwendig. Anfangs gelangten vor allem Zellkulturmodelle, z. B. Tumor-Zellkulturen zur Prüfung von Cytostatika oder embryonale Hühnerherzzellen zur Untersuchung von herzaktiven Substanzen, zum Einsatz. Später gesellten sich Rezeptor-Bindungsstudien dazu. Die ersten molekularen Testmodelle waren Enzym-Hemmtests, bei denen die inhibitorische Wirkung einer Substanz auf ein ganz bestimmtes molekulares Zielprotein, frei von allen störenden Nebeneffekten, untersucht werden konnte (Kapitel 7). Mit dem Fortschritt der gentechnologischen Methoden (Kapitel 12) ist nicht nur die Herstellung der Enzyme einfacher geworden, es können auch Rezeptor-Bindungsstudien mit molekular einheitlichen Präparationen durchgeführt werden. Für jede Substanz ist heute eine exakte Untersuchung ihres Wirkspektrums an beliebigen Enzymen, Rezeptoren aller bekannten Typen und Subtypen, Ionenkanälen und Transportern möglich. In der industriellen Wirkstoffsuche ist diese Vorgehensweise inzwischen Routine.

Vor der biologischen Prüfung eines potenziellen Wirkstoffs sind die Fragen zu klären: Welches therapeutische Ziel soll erreicht werden und wie ist dieses Ziel zu realisieren? Therapeutische Konzepte gehen von der Pathophysiologie, einer für das Krankheitsgeschehen ursächlichen Veränderung, aus. Regulatorische Eingriffe mit einem Arzneimittel sollen den physiologischen Normalzustand möglichst exakt wiederherstellen. Dabei tritt jedoch ein ganz entscheidendes Problem auf. Die Natur arbeitet mit zwei orthogonalen Prinzipien, der Spezifität der Wirkung und einer oft sehr ausgeprägten räumlichen Trennung der Wirkung, einer Kompartimentierung. Adrenalin, das in der Nebenniere produziert wird, wirkt im gesamten Körper, außer im Gehirn. Wird es dagegen dort ausgeschüttet, wirkt es nur im synaptischen Spalt zwischen zwei Nervenzellen. Bei der Spezifität der Wirkung haben die Chemiker die Natur in den meisten Fällen übertroffen, bei der räumlichen Trennung haben sie weitgehend versagt.

Durch die Fortschritte der Gentechnologie (Kapitel 12) können wir unsere Wirkstoffe viel genauer als bisher untersuchen. Bei isolierten Enzymen und bei Bindungsstudien an gentechnisch hergestellten Rezeptoren sind wir aber von der Realität des Tiermodells und vom Menschen einen weiteren Schritt entfernt. Analog zum Tierversuch ist auch bei einem Organpräparat, einer Zellkultur und einem einfachen *in vitro*-Testmodell eine Korrelation der erhaltenen Daten mit dem gewünschten therapeutischen Effekt die Voraussetzung für den erfolgreichen Einsatz des Modells. Über quantitative Beziehungen zwischen verschiedenen biologischen Wirkungen (Kapitel 18) wird dieser Bezug zum Tiermodell und zum Menschen hergestellt.

Besonders auf dem Gebiet der ZNS-wirksamen Substanzen, aber auch bei herz- und kreislaufwirksamen Verbindungen und bei Antihistaminika hat sich in unserer Zeit ein Forscher in den Vordergrund gestellt. Paul Janssen war über Jahrzehnte Direktor der Firma Janssen in Beerse, Belgien. In seinem Unternehmen wurden in den Jahren nach dem Zweiten Weltkrieg über 70 neue Wirkstoffe gefunden, präklinisch und klinisch entwickelt und in die Therapie eingeführt. Damit gehört seine Firma zu den erfolgreichsten der gesamten Pharmageschichte. Sein Erfolgsrezept ist aber kein Geheimnis. Paul Janssen war und ist ein Meister der strukturellen Variation, ein Beethoven der Wirkstoffsuche. Die systematische Kombination pharmakologisch interessanter Teilstrukturen und die elegante Auswertung eines Bündels von Rezeptor-Bindungsstudien, *in vitro*-Modellen und Tierversuchen haben seine Erfolge begründet.

1.6 Erfolge bei der Therapie psychischer Erkrankungen

Bis zur Mitte des letzten Jahrhunderts waren psychiatrische Krankenhäuser reine Bewahranstalten, in der Einschränkung der persönlichen Freiheit des Einzelnen von Gefängnissen kaum zu unterscheiden. Die Auffindung der Neuroleptika, Antidepressiva und Tranquilizer hat eine Revolution der Psychiatrie bewirkt. Typische Vertreter dieser Arzneimittel sind in Abb. 1.3 wiedergegeben. Mit dem heute vorhandenen breiten Repertoire von Mitteln zur Behandlung der Schizophrenie, chronischer Angstzustände und Depressionen überwiegt die offene Psychiatrie. Viele Patienten können sogar ambulant behandelt werden.

1933 stellte Manfred Sakel (1901–1957) an der Psychiatrischen Universitätsklinik in Wien fest, dass sich Schizophrene, denen er zur Appetitanregung niedrige Dosen von Insulin gegeben hatte, ruhiger verhielten. Dadurch ermutigt, erhöhte er die Dosen bis zum Auftreten des hypoglykämischen Komas, einer durch zu niedrige Blutzuckerspiegel ausgelösten Bewusstlosigkeit. Insulinschocks, Pentetrazol- und Elektroschocks waren über die folgenden beiden Jahrzehnte klinischer Standard bei der Behandlung psychotischer Erkrankungen, ein eindrucksvoller und erschreckender Beweis für das Fehlen therapeutischer Alternativen.

Diese Situation änderte sich erst in den 1950er-Jahren mit der Auffindung des pflanzlichen Naturstoffs Reserpin **1.9** (Abb. 1.1, Abschnitt 1.1). Diese Substanz entfaltet ihre Wirkung über die Entleerung der Speicher der Nervenzellen für die Neurotransmitter Noradrenalin, Serotonin und Dopamin. Reserpin war die erste Substanz mit ausgeprägt neuroleptischer, d. h. erregungsdämpfender und aggressionshemmender Wirkung, und sie war das erste Mittel zur Behandlung psychotischer Erkrankungen, bei dem der biologische Effekt über den Wirkmechanismus erklärt werden konnte. Zusätzlich wurde Reserpin als Blutdrucksen-

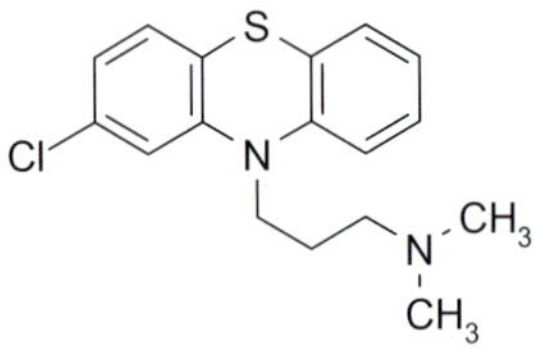

Abb. 1.3 Die Revolution in der Therapie psychischer Erkrankungen geht auf die Auffindung wirksamer Neuroleptika, z. B. Chlorpromazin **1.22**, Tranquilizer, z. B. Diazepam **1.23**, und Antidepressiva, z. B. Imipramin **1.24**, zurück. Diese Stoffe erlaubten erstmals eine gezielte Behandlung der Schizophrenie, chronischer Angstzustände und Depressionen. Neuere Antidepressiva mit spezifischer Wirkung auf die Transportsysteme (Abschnitt 4.6) für Noradrenalin bzw. Serotonin sind Desipramin **1.25** und Fluoxetin **1.26**.

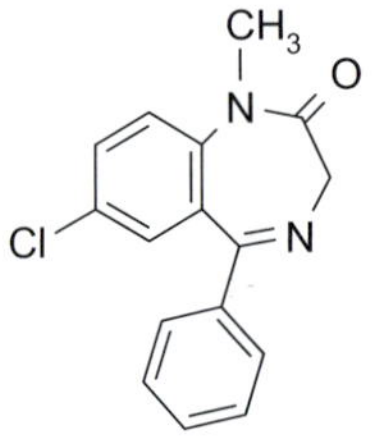

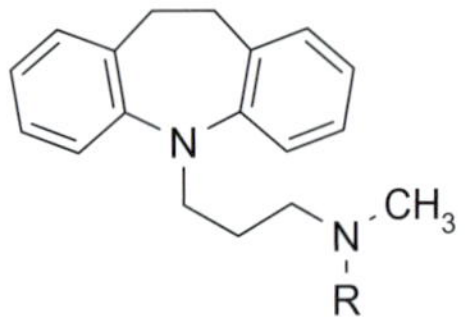

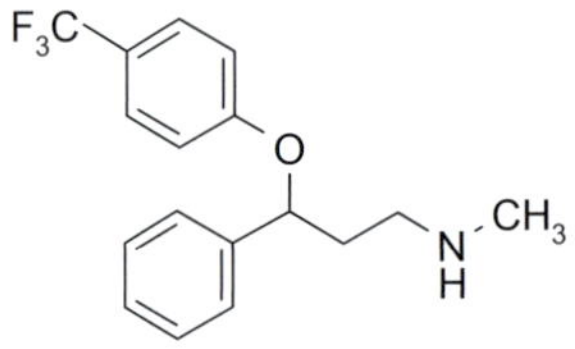

ker eingesetzt. Heute wird es wegen seiner zu breiten und unspezifischen Wirkung kaum mehr verwendet, weder bei psychischen Erkrankungen noch zur Therapie des Bluthochdrucks.

Die Rolle des Dopamins **1.13** (Abb. 1.2, Abschnitt 1.4) für die Entstehung der Schizophrenie wurde klar, als mit Chlorpromazin **1.22** (Abb. 1.3, Abschnitte 8.5 und 19.10) eine Substanz zur Verfügung stand, die günstige klinische Effekte zeigte, aber im Gegensatz zum unspezifischen Reserpin ein Antagonist der Dopaminrezeptoren ist. Die Gabe von Chlorpromazin und analogen tricyclischen Neuroleptika löst Symptome aus, die auch bei der Parkinsonschen Krankheit auftreten. Damit gab es erste Hinweise auf einen endogenen Dopamin-Mangel als Ursache dieser Erkrankung.

Chlordiazepoxid (Librium®, Abschnitt 2.7), der erste Tranquilizer aus der Gruppe der Benzodiazepine, wurde zufällig gefunden. Tranquilizer vereinen in ihrem Wirkspektrum sedierende, krampfhemmende und vor allem angstlösende Effekte. Das chemisch nahe verwandte Folgepräparat Diazepam **1.23** (Valium®, Abb. 1.3) war bereits ein Jahr nach seiner Einführung und über viele weitere Jahre das weltweit umsatzstärkste Arzneimittel. Die Rolling Stones widmeten ihm beziehungsreich den Song „Mothers Little Helper". Bei vielen Firmen starteten groß angelegte Syntheseprogramme, Chemiker und Pharmakologen setzten ihr gesamtes Arsenal an Methoden ein. Ihre Erfolge rechtfertigten den Aufwand. Substanzen mit unterschiedlichem Wirkprofil resultierten, weitere Tranquilizer, Schlafmittel, Hypnotika und sogar Anta-

gonisten. Die Gruppe der Benzodiazepine (Abschnitt 30.5) gehört auch heute noch zu den populärsten und am weitesten verbreiteten Arzneimitteln.

Auch das erste Antidepressivum, Iproniazid (Abschnitte 6.7 und 27.8) wurde zufällig gefunden. Es wirkt über die Hemmung des Abbaus der biogenen Amine Dopamin, Serotonin, Noradrenalin und Adrenalin durch das Enzym Monoaminoxidase (Abschnitt 27.8). Bei den ersten, unspezifischen Vertretern traten aber neben anderen schweren Nebenwirkungen hypertone Krisen auf, nach dem Genuss bestimmter Nahrungsmittel sogar vereinzelte Todesfälle. Das in Käse (daher die Bezeichnung „cheese effect"), Wein oder Bier enthaltene Tyramin wird nicht mehr ordnungsgemäß abgebaut. Dies löst einen lebensbedrohlichen Anstieg des blutdrucksteigernden Noradrenalins aus.

Das Antidepressivum Imipramin **1.24** (Abb. 1.3, Abschnitt 8.5) resultierte aus der Synthese von Analoga des Chlorpromazins. Interessanterweise ist es jedoch trotz der nahen strukturellen Verwandtschaft kein Neuroleptikum, sondern wirkt genau entgegengesetzt. Seine Blockade der Transporter (Abschnitt 30.7) für Noradrenalin und Serotonin bewirkt eine Hemmung der Wiederaufnahme dieser Neurotransmitter aus dem synaptischen Spalt. Selektiver wirken Desipramin **1.25** und Fluoxetin **1.26** (Abb. 1.3), die jeweils nur den Noradrenalin- bzw. Serotonintransport in die Nervenzelle blockieren.

1.7 Modelling und computergestütztes Design

Für das Modellieren der Eigenschaften und Reaktionen von Molekülen, besonders ihrer intermolekularen Wechselwirkungen, steht uns heute ein überaus leistungsfähiges Werkzeug zur Verfügung: der Computer. Neben der Bearbeitung komplexer numerischer Probleme ist es vor allem die farbgrafische Umsetzung der Ergebnisse, die der menschlichen Fähigkeit, Bilder leichter und schneller zu erfassen als Texte oder Zahlenkolonnen, überaus entgegenkommt. Das überrascht auch nicht. Unser Gehirn verarbeitet Schrift sequenziell, Bilder werden eher parallel erfasst. Die Röntgenstrukturanalyse und mehrdimensionale NMR-Techniken (Kapitel 13) tragen als experimentelle Methoden ebenso zum Verständnis der Eigenschaften von Molekülen bei wie quantenchemische und Kraftfeld-Rechnungen (Kapitel 15).

Ist das Modellieren von Molekülen eine Erfindung unserer Tage? Ja und Nein. Friedrich August Kekulé (1829–1896) soll seine cyclische Formel für Benzol von der Vision einer Schlange, die kreisend ihren eigenen Schwanz fasst (als Schlange *Uroberos* übrigens eines der uralten alchemistischen Symbole) abgeleitet haben. Der berühmt gewordene Traum dürfte allerdings eher auf die Erinnerung an das Buch *Constitutionsformeln der Organischen Chemie* des österreichischen Schullehrers Joseph Loschmidt (1821–1895) zurückgehen (Abb. 1.4). Die von Kekulé eingeführte Schreibweise für die Konstitution organischer Verbindungen hat sich durchgesetzt und die organische Chemie außerordentlich befruchtet. Loschmidt hätte allerdings seine Freude daran, Bilder des Modelling zu betrachten, die seinen Formeln sehr ähnlich sind.

Mehr und mehr stellen wir heute den dreidimensionalen Charakter, die sterische Ausdehnung und die elektronischen Eigenschaften von Molekülen in den Vordergrund. Möglich machen dies die Fortschritte der theoretischen organischen Chemie und der Röntgenstrukturanalyse.

Das erste strukturgestützte Design eines Wirkstoffs wurde in der Arbeitsgruppe von Peter Goodford beim Hämoglobin, dem roten Blutfarbstoff, durchgeführt (Abschnitt 20.1). Seine Affinität für Sauerstoff wird durch Moleküle, die im Inneren dieses tetrameren Proteins binden, so genannte allosterische Effektoren, beeinflusst. Aus der dreidimensionalen Struktur des Hämoglobins leitete er einfache Dialdehyde und deren Bisulfit-Additionsprodukte ab. Die Substanzen binden in der vorhergesagten Weise an das Hämoglobin und verschieben die Sauerstoffbindungskurven in die erwartete Richtung.

Der erste Arzneistoff, der strukturgestützt entwickelt wurde, ist der Blutdrucksenker Captopril, ein Hemmstoff des Angiotensin-Konversionsenzyms (ACE, Abschnitt 25.4). Obwohl die Leitstruktur ein Schlangengiftpeptid war, gelang der entscheidende Durchbruch nach Modellierung der Bindestelle. Dazu wurde die Bindestelle der Carboxypeptidase benutzt, die wie ACE eine Zinkprotease ist und deren dreidimensionale Struktur zu diesem Zeitpunkt bereits bekannt war.

Der Weg zum neuen Arzneimittel ist schwierig und langwierig. Einen gerafften Überblick zum Zusammenspiel der verschiedenen Methoden und Disziplinen aus heutiger Sicht gibt das Schema in Abb. 1.5. In den letzten Jahren hat das Molecular Modelling (Kapitel 15), besonders das Modellieren der Ligand-Rezeptor-Wechselwirkungen (Kapitel 4), in der Arzneimittelforschung zunehmend an Bedeutung ge-

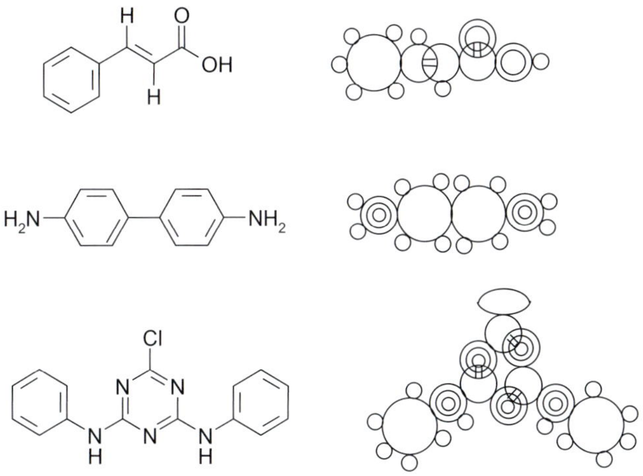

Abb. 1.4 Loschmidts Buch *Constitutionsformeln der Organischen Chemie* (1861) enthält Strukturen, die sowohl die Formulierung des Benzolrings als auch heutige Modelling-Strukturen vorwegnehmen. Kekulé muss dieses Buch gekannt haben, denn in einem Brief an Emil Erlenmeyer im Januar 1862 verspottete er Loschmidts Formeln als „*Confusionsformeln*". Bekannt wurde Loschmidt nicht durch sein Buch, sondern durch die 1865 durchgeführte Bestimmung der später nach ihm benannten Zahl der Moleküle in einem Mol, $6{,}02 \times 10^{23}$.

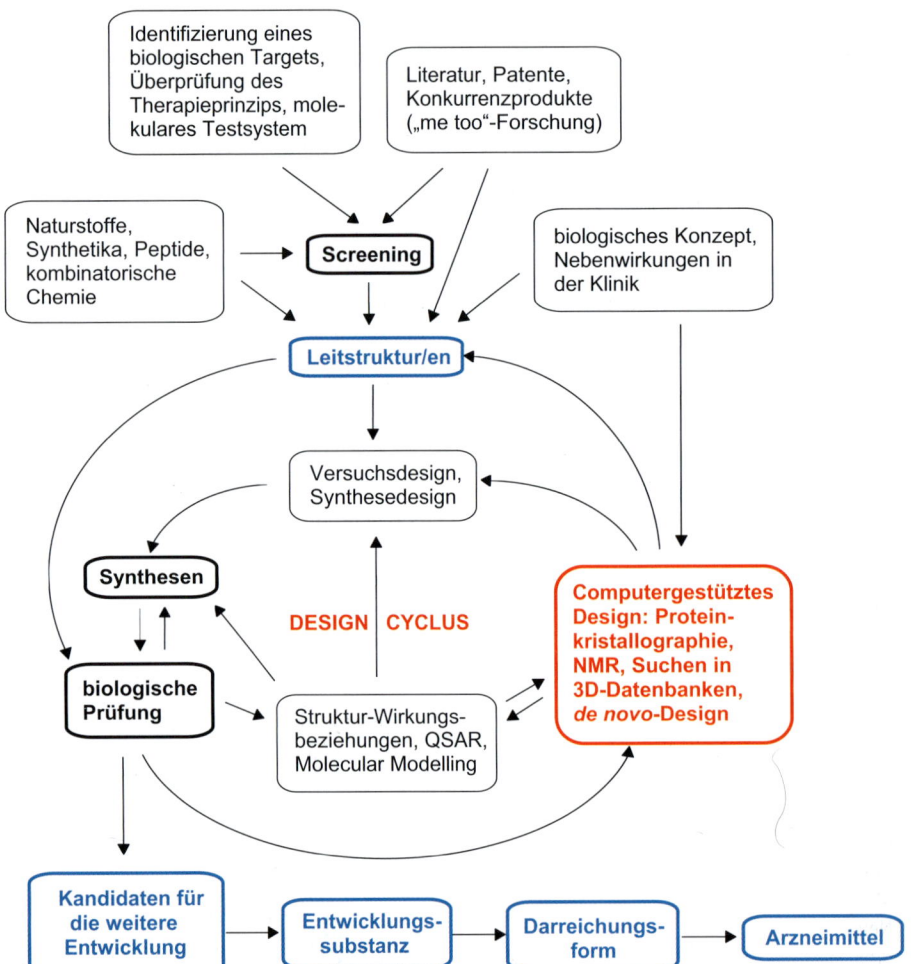

Abb. 1.5 Lang ist der Weg zum Arzneimittel. Der obere Teil der Abbildung zeigt Wege zur Leitstruktur. Der mittlere Teil beschreibt den Design-Cyclus, der in praktisch allen Fällen mehrfach durchlaufen werden muss. Jede einzelne dieser Phasen ist in den nachfolgenden Kapiteln ausführlich beschrieben. Das Ergebnis der iterativen Optimierung sind Kandidaten für die weitere Entwicklung, aus denen nach präklinischer und toxikologischer Prüfung Entwicklungssubstanzen ausgewählt werden. Pharmazeutische Formulierung, klinische Prüfung und Zulassung führen dann zum Arzneimittel. Diese letzten Phasen sind nicht Gegenstand dieses Buchs.

wonnen. Während das eigentliche Modellieren vor allem zur gezielten strukturellen Modifikation von Leitstrukturen eingesetzt wird, eignet sich das struktur- und computergestützte Design von Wirkstoffen (Kapitel 20) sowohl zur Auffindung neuer Leitstrukturen (Abschnitt 7.6) als auch zu deren Optimierung. Beispiele für diese Vorgehensweise finden sich in den Kapiteln 23–32.

Neben dem Modelling und dem computergestützten Design haben vor allem quantitative Struktur-Wirkungsanalysen (Kapitel 18) zum Verständnis der Zusammenhänge zwischen der chemischen Struktur von Substanzen und ihrer biologischen Wirkung beigetragen. Der Einfluss der Lipophilie, elektronischer und sterischer Faktoren auf die Variation der biologischen Aktivität und auf den Transport und die Verteilung von Arzneistoffen in biologischen Systemen (Kapitel 19) konnte erst mit diesen Methoden auf eine statistisch signifikante Grundlage gestellt werden.

1.8 Ergebnisse der Arzneimittelforschung und der Arzneimittelmarkt

Die Entwicklung verschiedener Methoden der Arzneimittelforschung wurde in den vorangegangenen Abschnitten beschrieben. Tabelle 1.1 gibt einen kurzen historischen Überblick über die wichtigsten Ergebnisse.

Die Prüfung auf **Wirkung und Sicherheit** eines Arzneimittels hat heute einen außerordentlich hohen Standard erreicht. Zum Teil steht uns diese Entwicklung bei unserem Ziel, neue Wirkstoffe für die Therapie zu finden, aber auch im Weg. Acetylsalicylsäure (Aspirin®) wird unbestritten als wertvolles Arzneimittel bezeichnet. Heute hätte diese Substanz wohl Schwierigkeiten, in der klinischen Prüfung zu bestehen. Acetylsalicylsäure ist ein irreversibler Enzyminhibitor, sie ist relativ schwach wirksam, sie verursacht in höheren Dosen Magenblutungen und sie hat eine

Tabelle 1.1 Wichtige Meilensteine in der Arzneimittelforschung

Jahr	Substanz	Wirkung/Einsatzbereich	Jahr	Substanz	Wirkung/Einsatzbereich
1806	Morphin	Hypnotikum	1995	Losartan	ATII-Antagonist (Blutdrucksenker)
1875	Salicylsäure	Entzündungshemmer	1995	Dorzolamid	Glaukom (Carboanhydrase-Hemmer)
1884	Cocain	Stimulans, Lokalanästhetikum			
1888	Phenacetin	Analgetikum und Antipyretikum	1996	Saquinavir	HIV-Protease-Hemmer
1889	Acetylsalicylsäure	Analgetikum und Antipyretikum	1996	Ritonavir	HIV-Protease-Hemmer
1903	Barbiturate	Schlafmittel	1996	Indinavir	HIV-Protease-Hemmer
1909	Arsphenamin	Syphilismittel	1996	Nevirapin	HIV-Reverse-Transkriptase-Hemmer
1921	Procain	Lokalanästhetikum	1997	Sibutramin	Fettleibigkeit (*uptake*-Hemmer)
1922	Insulin	Antidiabetikum	1997	Orlistat	Fettleibigkeit (Lipase-Hemmer)
1928	Estron	weibliches Sexualhormon	1997	Tolcapon	Parkinsonmittel (COMT-Hemmer)
1928	Penicillin	Antibiotikum	1998	Sildenafil	Erektionsstörungen (PDE5-Hemmer)
1935	Sulfachrysoidin	Bakteriostatikum			
1944	Streptomycin	Antibiotikum	1998	Montelukast	Broncholyticum (Leukotrienrezeptorantagonist)
1945	Chloroquin	Malariamittel			
1952	Chlorpromazin	Neuroleptikum	1999	Infliximab	Antirheumatikum (TNFα-Antagonist)
1956	Tolbutamid	orales Antidiabetikum			
1960	Chlordiazepoxid	Tranquillizer	2000	Celecoxib	Artitismittel (COX-2-Hemmer)
1962	Verapamil	Calciumkanalblocker			
1963	Propranolol	Blutdrucksenker (Betablocker)	2000	Verteporfin	Makuladegeneration (Photodyn. Therapie)
1964	Furosemid	Diuretikum			
1971	L-Dopa	Parkinsonmittel	2001	Imatinab	Akute Myeloische Leukämie (Kinase-Hemmer)
1973	Tamoxifen	Brustkrebs (Estrogenrezeptoragonist)			
1975	Nifedipin	Calciumkanalblocker	2002	Boscutan	Hypertonie (Endothelin-1-Rezeptorantagonist)
1976	Cimetidin	Ulcusmittel (H_2-Blocker)			
1981	Captopril	Blutdrucksenker (ACE-Hemmer)	2002	Aprepitant	Antiemetikum (Neurokinin-Rezeptorantagonist)
1981	Ranitidin	Ulcusmittel (H_2-Blocker)			
1983	Cyclosporin A	Immunsuppressivum	2003	Enfuvirtid	HIV-Fusionshemmer (Oligopeptid)
1984	Enalapril	Blutdrucksenker (ACE-Hemmer)	2004	Ximelagatran	Gerinnungshemmer (Thrombinhemmstoff)
1985	Mefloquin	Malariamittel			
1986	Fluoxetin	Antidepressivum (5-HT-Transport)	2004	Bortezomib	Multiples Myelom (Proteasom-Hemmer)
1987	Artemisinin	Malariamittel	2005	Bevacizumab	Cytostatikum (Angiognese-Hemmer)
1987	Lovastatin	Cholesterinbiosynthese-Hemmer			
1988	Omeprazol	Ulcusmittel (H^+/K^+-ATPase-Hemmer)	2006	Natalizumab	Multiple Sklerose (Antikörper, Integrin-Hemmer)
1990	Ondansetron	Atiemetikum (5-HT_3-Blocker)	2006	Aliskiren	Blutdrucksenker (Reninhemmstoff)
1991	Sumatriptan	Migränemittel (5-HT_1-Blocker)	2007	Maraviroc	HIV-Fusionsinhibitor (CCR5-Antagonist)
1993	Risperidon	Antipsychotikum (D_2/5-HT_2-Blocker)			
			2007	Sitagliptin	Diabetes-Typ 2 (DPP IV-Hemmer)
1994	Famciclovir	Herpesmittel (DNA-Polymerase-Hemmer)	2008	Raltegravir	HIV-Integrase-Hemmer

sehr kurze biologische Halbwertszeit. Jedes einzelne dieser Probleme würde heute in der Entwicklung als schwerwiegendes Argument gegen die Fortführung der Arbeiten angesehen werden. Wahrscheinlich würde die Substanz bereits im Screening durchfallen. Bei einer kritischen Nutzen-Risiko-Abschätzung ist sie dennoch den meisten Alternativen überlegen. Wo liegt das Problem? Wahrscheinlich in der analytisch-deterministischen Denkweise, die in der Naturwissenschaft und damit auch in der Arzneimittelforschung dominiert. Oft wird dabei übersehen, dass ein solcher Ansatz der Komplexität des Systems Mensch, mit dem wir in der Arzneimitteltherapie zu tun haben, nicht immer gerecht werden kann.

Trotz öffentlicher Gesundheitssysteme mit ihren Barrieren zwischen Anbieter und Endverbraucher unterliegt der **Arzneimittelmarkt** mit einem Weltumsatz von mehr als 600 Milliarden US-$ einem starken Wettbewerb. Zwei Ströme bestimmen diesen Markt: der Stand des naturwissenschaftlichen und technologischen Wissens und die Bedürfnisse der Menschen. Mit wenigen Präparaten wird ein Großteil des Umsatzes bestritten. Zeitnah findet man im Internet die sich stetig verändernden „Hitlisten" der umsatzstärksten Wirkstoffe. In den letzten Jahren ist durch Zusammenschlüsse etablierter Pharmaunternehmen der Markt auf immer weniger Großkonzerne zusammengeschrumpft. Häufig ist zu beobachten, dass ein einziges erfolgreiches Arzneimittel über Wohl und Wehe eines Unternehmens entscheiden kann. Oft sind es zwei bis drei Präparate, die mehr als 50 % des Umsatzes eines Großunternehmens ausmachen. Ein Beispiel aus der Vergangenheit ist Glaxo. Dieses Unternehmen hat mit Ranitidin seinen Weg aus dem Mittelfeld an die Weltspitze gemacht. Einen vergleichbaren Aufschwung, auf niedrigerem Niveau, hat Astra durch Omeprazol erfahren. Im Zusammenschluss mit Zeneca gehört es heute zu den größten Vertretern der Branche. Auch bei Sankyo hat ein einziger Wirkstoff, das Lovastatin, den Umsatz überproportional gesteigert. Die Firma Pfizer konnte durch Sildenafil (Viagra®) und Atorvastatin (Sortis® und Lipidor®) ihre Gewinne in ungeahnte Höhen schnellen lassen.

Gerade in den letzten Jahren haben wir bei den Pharmafirmen eine zunehmende **Konzentration** beobachten können, sodass der Markt mehr und mehr in ein Oligopol übergeht, beherrscht von einigen wenigen global operierenden Firmen. Man bedenke, dass solche Umsatzriesen wie GlaxoSmithKline (GSK), Novartis, Sanofi-Aventis, Bayer-Schering, Bristol-Myers-Squibb oder AstraZeneca erst in den letzten zehn Jahren durch Zusammenschlüsse entstanden sind. Firmen wie Pfizer oder Roche sind durch Übernahmen deutlich in ihrem Umfang angewachsen. Welche Bedeutung die **Forschung** für die Pharmaunternehmen spielt, sieht man an den Ausgaben für diesen Bereich, die üblicherweise bei etwa 15–20 % des Umsatzes liegen. Sicher ist das Ende der Konzentration des Arzneimittelmarkts noch nicht erreicht. Man wird sehen, wie sich die Landschaft fast schon im Jahresrhythmus weiter verändert und verschiebt.

1.9 Konfliktstoff Arzneimittel

Arzneimittel stehen im Brennpunkt des öffentlichen Interesses. Während über Jahrzehnte allein der Arzt den Einsatz eines Arzneimittels verordnete, will der Patient heute, aufgeschreckt durch Publikationen der Laienpresse oder auch besser informiert durch Beipackzettel und seriöse Literatur, sein Schicksal selbst bestimmen oder zumindest mitbestimmen.

Die Problematik soll mit nur einem Beispiel belegt werden. Psychopharmaka üben eindrucksvolle Wirkungen auf Persönlichkeit und Verhalten aus. Spätestens seit der Einführung von Valium® stehen sie im Rampenlicht der Medien. Als Therapeutika zur Behandlung psychischer Störungen sind sie von unschätzbarem Wert. Andererseits ist die **Gefahr des Missbrauchs** und ihr Suchtpotenzial besonders hoch. Einige dieser Arzneimittel werden in der Selbstmedikation auch ohne enge Indikationsstellung eingesetzt. Fluoxetin **1.26** (Prozac®, Abb. 1.3, Abschnitt 1.6), 1988 von Eli Lilly in die Therapie eingeführt, brachte einen eindeutigen Fortschritt in der Therapie der Depressionen. Aber allein zu diesem Arzneimittel existieren inzwischen über zehn populärwissenschaftliche Bücher mit kontroversem Inhalt. Peter Kramers Buch *Listening to Prozac* ist insgesamt positiv eingestellt, mit der Aussage, dass depressive Patienten sich nach Behandlung mit Fluoxetin besser denn je fühlen und mit ihrer Persönlichkeit „besser in Einklang" stehen. Über 21 Wochen führte dieses Buch die Bestseller-Listen der *New York Times* an! Peter Breggins Buch *Talking back to Prozac* kritisiert Fluoxetin, das Unternehmen Eli Lilly und die amerikanische Zulassungsbehörde FDA in polemischer Form. Die Nebenwirkungen, Risiken und besonders die Suchtgefahr werden in den Vordergrund gestellt. Beide Bücher beinhalten korrekte Aussagen und beide verleiten zu falschen Schlussfolgerungen. Für die Therapie klinisch manifester Depressionen ist Prozac ein wertvolles Arzneimittel, für die Behandlung banaler Befindlichkeitsstörungen oder als allgemeines Anregungsmittel ist es eine Droge mit vielen Risiken.

Zur **Nutzen-Risiko-Abwägung** eines Arzneimittels ist es wichtig, nicht nur den gewünschten Effekt, sondern auch die Schwere der Krankheit und die objektiven und subjektiven Nebenwirkungen zu beurteilen. Bei der Krebsbehandlung wird man selbst schwere Nebenwirkungen in Kauf nehmen, wenn der Zustand des Patienten dadurch gebessert wird. Verweigerung einer effektiven Schmerztherapie unter Hinweis auf das Suchtrisiko muss bei einem Krebspatienten, der seinen Tod vor sich hat, als ärztliches Versagen gesehen werden. Auf der anderen Seite gehen viele Menschen zu sorglos mit hochwirksamen Arzneimitteln um. Die falsche Einnahme eines Antibiotikums, das Vertrauen auf die Wunderkraft von Tranquilizern und Antidepressiva oder die chronische Einnahme von Schmerz- und Abführmitteln richten mehr Schaden als Nutzen an.

Literatur

Allgemeine Literatur

R. Schmitz, Geschichte der Pharmazie, Bd. 1, GOVI-Verlag, Eschborn 1998

C. Friedrich und W.-D. Müller-Jahncke, Von der Frühen Neuzeit bis zur Gegenwart, Bd. 2, GOVI-Verlag, Eschborn 2005

W.-D. Müller-Jahnke und C. Friedrich, Arzneimittelgeschichte, Wissenschaftliche Verlagsgesellschaft, Stuttgart 2005

S. H. Barondes, Molecules and Mental Illness, Scientific American Library, W. H. Freeman and Company, New York, 1993

R. M. Restak, Receptors, Bantam Books, New York, 1994

T. J. Perun und C. L. Propst, Hrsg., Computer-Aided Drug Design. Methods and Applications, Marcel Dekker, New York, 1989

C. R. Beddell, Hrsg., The Design of Drugs to Macromolecular Targets, John Wiley & Sons, Chichester, 1992

E. C. Herrmann und R. Franke, Hrsg., Computer Aided Drug Design in Industrial Research, Ernst Schering Research Foundation Workshop 15, Springer-Verlag, Berlin, 1995

K. Müller, Hrsg., De Novo Design, Persp. Drug Discov. Design, Band 3, Escom, Leiden, 1995

B. Werth, The Billion-Dollar Molecule. One Company's Quest for the Perfect Drug, Touchstone, New York, 1994

D. Fischer und J. Breitenbach, Hrsg., Die Pharmaindustrie, Spektrum Akademischer Verlag, Heidelberg, Berlin, 2003

Verband Forschender Arzneimittelhersteller e.V.:

http://www.vfa.de/de/presse/statcharts/arzneimittelmarkt/

Spezielle Literatur

E. Mutschler, Arzneimittel – Erfolge, Misserfolge, Hoffnungen, Deutsche Apoth.-Ztg. **127**, 2025–2033 (1987)

D. J. Newman und G. M. Cragg, Natural Products as Sources of New Drugs over the last 25 Years, J. Nat. Prod. **70**, 461–477 (2007)

C. R. Noe und A. Bader, Facts Are Better Than Dreams, Chem. Britain 1993, 126–128 (Kekulés und Loschmidts Formeln)

C. R. Beddell, P. J. Goodford, F. E. Norrington et al., Compounds Designed to Fit a Site of Known Structure in Human Hemoglobin, Br. J. Pharmac. **57**, 201–209 (1976)

P. Kramer, Listening to Prozac, Viking, New York, 1993

P. R. Breggin und G. R. Breggin, Talking Back to Prozac, St. Martin's Press, New York, 1994

Am Anfang stand der glückliche Zufall

2

»*Ein glücklicher Zufall hat uns ein Präparat in die Hand gespielt*«, so beginnt eine Veröffentlichung von Arnold Cahn und Paul Hepp im *Centralblatt für Klinische Medizin*, erschienen am 14. August 1886. Die Geschichte der Arzneimittelforschung ist geprägt vom glücklichen Zufall. In aller Regel fehlten detaillierte Kenntnisse über das biologische System. So erstaunt es nicht, dass die Arbeitshypothesen oft falsch waren und die Ergebnisse von den Erwartungen abwichen. Mit den Jahren rückte der Zufall mehr und mehr in den Hintergrund. Heute hat er einem gezielten und zähen Ringen um den geradlinigen Weg zum Arzneimittel Platz gemacht. Ausgenommen davon ist nur die Testung einer möglichst großen Zahl chemisch diverser Verbindungen, mikrobieller Extrakte oder Pflanzeninhaltsstoffe, die zu vollkommen neuen chemischen Strukturen führen sollen. Hier ist der Zufall erwünscht, um zu einer möglichst breiten Palette von Leitstrukturen (Kapitel 6 und 7) zu gelangen, die dann gezielt weiter optimiert werden (Kapitel 8 und 9).

2.1 Acetanilid statt Naphthalin – ein neues, wertvolles Fiebermittel

Zurück zu Cahn und Hepp. Was war geschehen? Um diesen Zufall ranken sich zahlreiche Legenden. Die plausibelste Version spricht davon, dass an einem Hund die fiebersenkende Wirkung von Naphthalin (sic!), das aus dem Steinkohlenteer inzwischen gut zugänglich war, überprüft werden sollte. Die getestete Substanz zeigte tatsächlich ausgeprägt fiebersenkende Eigenschaften. Aber nicht Naphthalin, sondern eine ganz andere Substanz, Acetanilid 2.1 (Abb. 2.1), war geprüft worden. Weitere Versuche bestätigten die gute Wirkung. Kalle & Co. brachte das Mittel kurz darauf unter dem Namen Antifebrin auf den Markt.

Das kurz darauf entwickelte Fiebermittel Phenacetin 2.2 (Abb. 2.1) geht hingegen auf ein gezieltes Design zurück. Bei Bayer in Elberfeld lagen 30 Tonnen *p*-Nitrophenol 2.3 auf Halde, ein Nebenprodukt der Farbenproduktion. Der 25-jährige Carl Duisberg, später Vorstandsvorsitzender der Bayer Farbenfabriken AG und 1924 maßgeblich an der Gründung der I.G. Farbenindustrie AG beteiligt, wollte es für ein Analogon des Acetanilids einsetzen, da es sich durch Reduktion leicht in *p*-Aminophenol umwandeln ließ. Die bereits bekannte toxische Wirkung freier Phenolgruppen führte zum Design des *p*-Ethoxy-acetanilids 2.2 (Phenacetin), das tatsächlich die gewünschten Eigenschaften aufwies und ein Jahrhundert lang als Mittel gegen Fieber und Kopfschmerzen breit verwendet wurde.

Leider führt das Stoffwechselprodukt 2.4, mit noch erhaltener Ethoxygruppe, zur Bildung von Methämoglobin, einer oxidierten Form des roten Blutfarbstoffs, die keinen Sauerstoff mehr übertragen kann. Außerdem treten bei chronischem Missbrauch, nach der lebenslangen Einnahme von Kilogrammmengen Phenacetin, Nierenschäden auf. Beides hat dazu geführt, dass die Substanz heute therapeutisch nicht mehr eingesetzt wird. Paradoxerweise ist *p*-Hydroxy-acetanilid 2.5 (Abb. 2.1, Paracetamol), der Hauptmetabolit und eigentliche Träger der Wirkung, besser verträglich und weniger toxisch als Phenacetin. Allein in den USA hat Paracetamol, dort bekannt als Acetaminophen, einen jährlichen Umsatz von über 1,3 Milliarden US-$. Damit liegt dieser Wirkstoff noch deutlich vor der Acetylsalicylsäure (Abschnitt 3.1).

2.2 Narkotika und Schlafmittel – reine Zufallsentdeckungen

1799 entdeckte Humphry Davy (1778–1829) die euphorisierende Wirkung des Distickstoffmonoxids (Stickoxidul, N_2O), das wegen dieses Effekts den Namen Lachgas erhielt. Der Zahnarzt Horace Wells (1815–1848) beobachtete 1844 bei der „Schnüffelpar-

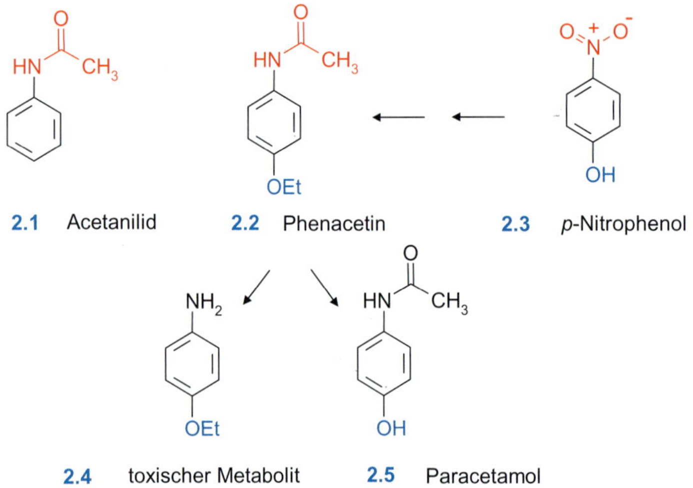

2.1 Acetanilid   **2.2** Phenacetin   **2.3** p-Nitrophenol

2.4 toxischer Metabolit   **2.5** Paracetamol

Abb. 2.1 Ausgehend von der Zufallsentdeckung Acetanilid **2.1** plante Carl Duisberg die Synthese von Phenacetin **2.2** aus Nitrophenol **2.3**. Im Gegensatz zum toxischen Stoffwechselprodukt **2.4** ist der Hauptmetabolit mit der freien Phenolgruppe, das Paracetamol **2.5**, gut verträglich.

ty" mit N_2O einer Wanderbühne, dass sich ein Teilnehmer eine Fleischwunde am Bein zuzog, offensichtlich ohne Schmerzen zu empfinden. Um diesen Effekt zu überprüfen, ließ sich Wells einen Zahn ziehen, ebenfalls schmerzlos. Auch die Wiederholung an mehreren anderen Personen war erfolgreich. Eine öffentliche Demonstration misslang jedoch, was Wells vier Jahre später in den Selbstmord trieb.

Den gleichen Effekt wie Wells hatte Crawford W. Long (1815–1878) bereits 1842 mit Ether beobachtet, jedoch nicht sofort beschrieben. Nach der Inhalation von Ether konnte er bei einem Freiwilligen ein Geschwür am Nacken entfernen. In der gleichen Klinik wie Wells führte William T. Morton (1819–1868) eine erfolgreiche Ethernarkose durch. Ab 1847 wurde auch Chloroform zur Betäubung verwendet. Wenige Jahre später war die Narkose bereits Standard bei chirurgischen Eingriffen, ein wahrer Segen für die leidende Menschheit.

Oskar Liebreich (1839–1908) wollte 1868 eine Depotform für Chloroform **2.6** entwickeln. Da Chloralhydrat **2.7** durch Basen im wässrigen Milieu zu Chloroform gespalten wird, hoffte er, dass dies auch im Körper geschehen könnte. Chloralhydrat wirkt tatsächlich als Schlafmittel, aber nicht über die Freisetzung von Chloroform, sondern über den aktiven Metaboliten Trichlorethanol **2.8** (Abb. 2.2).

Noch ein weiteres Schlafmittel wurde aufgrund einer falschen Annahme gefunden. Oswald Schmiedeberg (1838–1921) testete 1885 das Urethan **2.9** (Ethylcarbamat, Abb. 2.3), da er dachte, die Verbindung würde im Organismus Ethanol freisetzen. Aber Urethan selbst ist das wirksame Agens. Seine Optimierung führte später zum Isoamylcarbamat **2.10** (Hedonal®, 1899). Daraufhin untersuchte man verstärkt offene und cyclische Carbamate und Harnstoffe. 1903 resultierte als erstes Barbiturat-Schlafmittel das Barbital (Veronal®) **2.11** (Abb. 2.3). In den nachfolgenden Jahrzehnten wurde eine Fülle weiterer Barbiturate mit besserer Verträglichkeit und einem breiten Spektrum günstiger pharmakokinetischer Eigenschaften aufgefunden und in die Therapie eingeführt.

2.3 Befruchtende Synergie: Farbstoffe und Arzneistoffe

Farb- und Arzneistoffe haben sich gegenseitig befruchtet. Der erste synthetische Farbstoff geht auf eine missglückte Arzneistoffsynthese zurück. Nur ausgehend von den Bruttoformeln hatte August Wilhelm v. Hofmann (1818–1832) im Jahr 1856 den 17-jähri-

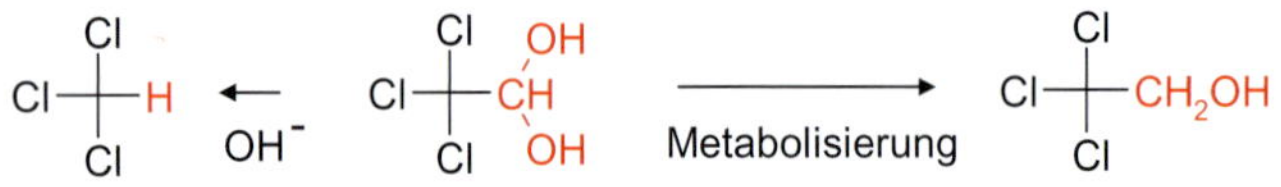

2.6 Chloroform   **2.7** Chloralhydrat   **2.8** Trichlorethanol

Abb. 2.2 Das Narkotikum Chloroform **2.6** entsteht aus dem Schlafmittel Chloralhydrat **2.7** durch alkalische Zersetzung. Im Organismus läuft diese Reaktion aber nicht ab. Als aktiver Metabolit von **2.7** entsteht Trichlorethanol **2.8**.

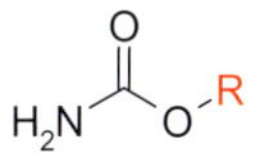

2.9 Urethan, R = -CH$_2$CH$_3$

2.10 Isoamylcarbamat, R = -CH$_2$CH$_2$CH(CH$_3$)$_2$

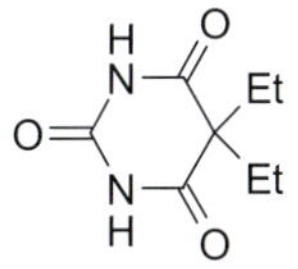

2.11 Barbital

Abb. 2.3 Vom hypothetischen „Prodrug" des Ethanols, dem Urethan **2.9**, führte die weitere Entwicklung über Isoamylcarbamat **2.10** zum ersten Barbiturat, dem Barbital **2.11**.

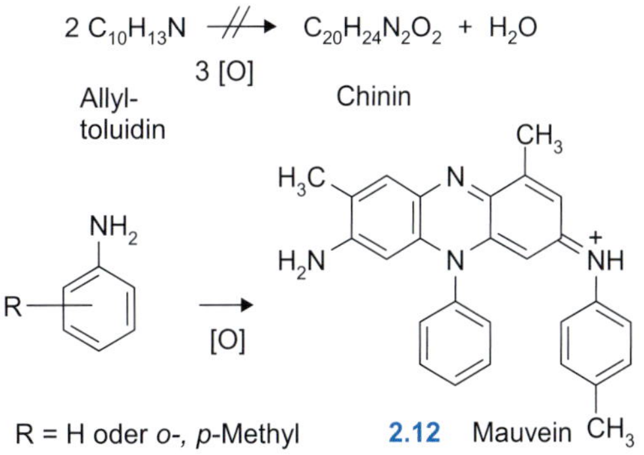

$2\ C_{10}H_{13}N \not\rightarrow C_{20}H_{24}N_2O_2 + H_2O$
$3\ [O]$
Allyltoluidin   Chinin

R = H oder o-, p-Methyl

2.12 Mauvein

Abb. 2.4 Eine missglückte Chininsynthese begründete die Farbenindustrie. Zur Mitte des 19. Jahrhunderts war die Konstitution vieler organischer Verbindungen noch vollkommen unbekannt. Der Versuch, auf einfachem Weg Chinin herzustellen (obere Gleichung), konnte nicht gelingen. Die Oxidation eines verunreinigten Anilins (unten) lieferte 1856 das Mauvein **2.12**, das Seide leuchtend violett färbt – der erste synthetische Farbstoff!

gen William Henry Perkins (1838–1907) beauftragt, das zur Behandlung der Malaria eingesetzte Alkaloid Chinin (Abschnitte 1.1 und 3.2) durch Oxidation eines allylsubstituierten Toluidins herzustellen (Abb. 2.4). Heute, da die Konstitutionsformeln dieser Verbindungen bekannt sind, weiß man: Das konnte einfach nicht gelingen! Bei der Oxidation eines mit o- und p-Toluidin verunreinigten Anilins erhielt Perkins einen dunklen Niederschlag. Der enthielt einen Farbstoff, der Seide leuchtend violett färbt, das Mauvein **2.12** (Abb. 2.4). Dem Mauvein folgten rasch weitere synthetische Farbstoffe. Das Entstehen und die spätere Blüte der Farbenindustrie in der zweiten Hälfte des 19. Jahrhunderts, in Deutschland und in England, gehen auf diese zufällige Entdeckung zurück.

Gegen Ende des vorletzten Jahrhunderts entstand auch eine industrielle Pharmaforschung als Reaktion auf den zunehmenden Wettbewerb und die dadurch wirtschaftlich ungünstig gewordene Situation bei den Farbstoffen. Im Jahr 1896 wurde bei den 33 Jahre zuvor gegründeten Farbenfabriken Bayer ein pharmazeutisch-wissenschaftliches Laboratorium eingerichtet. Zu diesem Zeitpunkt waren bereits unzählige synthetische Farbstoffe bekannt, es überrascht daher nicht, dass zunächst diese Substanzen auf eventuelle pharmakologische Wirkungen geprüft wurden.

Für die Auffindung des ersten synthetischen Laxans (Mittel gegen Verstopfung) spielten jedoch Weinpanscher eine wichtige Rolle. Um ihnen das Handwerk zu legen und zu verhindern, dass Tresterweine (so genannte Nachweine) als Naturweine deklariert werden, sollte im Jahr 1900 Phenolphthalein **2.13** (Abb. 2.5) als leicht nachweisbarer Indikator eingesetzt werden. Der ungarische Pharmakologe Zoltán von Vámossy (1868–1953) untersuchte die Wirkungen dieser Substanz. Damals waren die Sitten bei den Pharmakologen offensichtlich noch ziemlich rau. Die intravenöse Gabe von 0,01–0,03 g führte bei Kaninchen »*mit lautem Geschrei unter Krämpfen und Lähmungen*« sofort zum Tod. Vámossy entschied sich daraufhin, 1–2 g an Kaninchen und 5 g an einen 4 kg schweren Schoßhund zu verfüttern. Da alle Dosen gut vertragen wurden, nahmen Vámossy 1,5 g und ein Freund 1,0 g Phenolphthalein ein. Die Wirkung war im wahrsten Sinn des Wortes durchschlagend: Knurren in den Gedärmen, Durchfälle und zwei weitere Tage lang breiige Stühle. Später stellte sich heraus, dass bereits 150–200 mg als therapeutisch wirksame Dosis genügt hätten.

Eine ganze Palette antibakterieller und antiparasitärer Farbstoffe geht auf die Arbeiten von Robert Koch (1843–1910) zurück. Er hatte gezeigt, dass Bakterien und Parasiten Farbstoffe spezifisch anreichern. Davon ausgehend hoffte Paul Ehrlich (1854–1915), dass man diese Krankheitserreger mit geeigneten

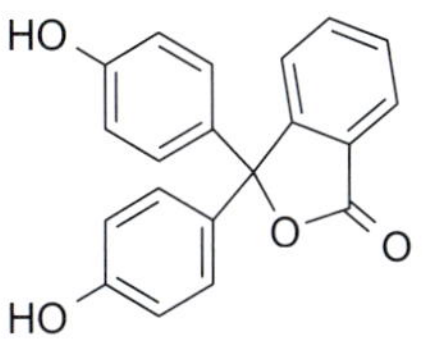

2.13 Phenolphthalein

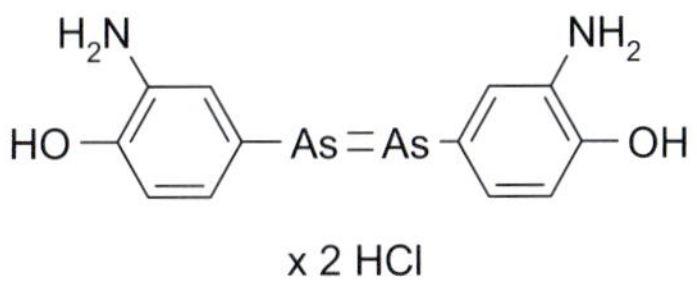

2.14 Arsphenamin

Abb. 2.5 Bei der Prüfung des Farbstoffs Phenolphthalein **2.13** als Indikator für billige Weine fiel seine abführende Wirkung auf. Das Syphilismittel Arsphenamin **2.14** (Salvarsan®) entspricht einem Azofarbstoff, bei dem die –N=N-Gruppe durch –As=As– ersetzt ist.

Farbstoffen auch selektiv abtöten könnte. Bereits 1891 heilte er zwei leichte Fälle von Malaria durch Behandlung der Patienten mit Methylenblau. In den nächsten Jahren prüfte er hundert verschiedene Farbstoffe, später wurden in den Laboratorien von Bayer und Hoechst weiter Tausende von Analoga synthetisiert und getestet. 1909 folgte Paul Ehrlich einem rationalen Design, als er die Stickstoffe der –N=N-Gruppe der Azofarbstoffe durch das giftige Arsen ersetzte. Arsphenamin 2.14 (Salvarsan®, Abb. 2.5) war das erste wirksame Syphilismittel, ein erstes „Chemotherapeutikum". Für die Hoechstwerke wurde es zu einem außerordentlichen wirtschaftlichen Erfolg.

Der Durchbruch bei den Chemotherapeutika gelang dem Arzt Gerhard Domagk (1895–1964). Im Alter von 31 Jahren übernahm er 1927 die Leitung eines neu geschaffenen Instituts für experimentelle Pathologie bei Bayer in Elberfeld. Obwohl die von den Chemikern Fritz Mietzsch und Josef Klarer entworfenen neuen Azofarbstoffe mit Sulfonamidgruppen *in vitro* keine Wirkung zeigten, testete er die Substanzen an Mäusen, die mit Streptokokken infiziert waren. Mit diesem Modell fand er 1932 die ersten wirksamen Substanzen. 1935 resultierte das Sulfachrysoidin 2.15 (Prontosil rubrum®, Abb. 2.6), ein dunkelroter Farbstoff, der selbst bei schweren Streptokokkeninfektionen zum Erfolg führte. Weltweit bekannt wurden die Sulfonamide, als ein Jahr später der Sohn des amerikanischen Präsidenten Theodor D. Roosevelt, der an einer eitrigen Nebenhöhleninfektion schwer erkrankt war, geheilt werden konnte. Aber auch hier hatte eine falsche Hypothese zum Erfolg geführt. Nicht der Azofarbstoff selbst, sondern sein Stoffwechselprodukt Sulfanilamid 2.16 ist der Träger der Wirkung. Sulfanilamid verdrängt *p*-Aminobenzoesäure 2.17 (Abb. 2.6), die von den Bakterien zur Biosynthese eines wichtigen enzymatischen Cofaktors, der Dihydrofolsäure, benötigt wird.

2.4 Pilze töten Bakterien und helfen bei Synthesen

Die Entdeckung der antibiotischen Wirkung von *Penicillium notatum* durch Alexander Fleming (1881–1955) im Jahr 1928 ist das wohl bekannteste Beispiel einer Zufallsentdeckung. Fleming beobachtete eine verdorbene Staphylokokkenkultur, bei der sich auf dem Nährmedium um eine Schimmelinfektion ein Hof gebildet hatte, in dem keine Bakterien wuchsen. Weitere Untersuchungen zeigten, dass dieser Pilz auch andere Bakterien hemmte. Den noch unbekannten Wirkstoff nannte Fleming Penicillin. Erst 1940 gelang Ernst Boris Chain (1906–1979) und Howard Florey (1910–1985) die Isolierung und Charakterisierung. 1941 war ein englischer Polizist der erste Patient, der mit Penicillin behandelt wurde. Trotz vorübergehender Besserung und trotz der Rückgewinnung des Penicillins aus seinem Urin starb er nach einigen Tagen, als kein weiteres Penicillin mehr für die Behandlung zur Verfügung stand.

Eine angeschimmelte Melone von einem Markt im Bundesstaat Illinois lieferte den Pilz *Penicillium chrysogenum*, der nicht nur viel mehr Penicillin als *Penicillium notatum* produziert, sondern auch sehr einfach zu züchten ist. Der mühsame Weg zur Strukturaufklärung von Penicillin und die erfolgreichen Arbeiten zur systematischen Variation des Penicillins sind wissenschaftliche Meisterleistungen ersten Ranges. Zusätzlich waren für die Optimierung der Herstellung bis hin zur biotechnologischen Massenproduktion weitere schwierige Probleme zu überwinden. Heute steht uns mit modifizierten Penicillinen 2.18 und Cephalosporinen 2.19 (Abb. 2.7) eine breite Palette ausgezeichnet bioverfügbarer Antibiotika zur Verfügung. Die neueren Analoga haben Breitbandwirkung gegen viele Erreger und zeichnen sich durch eine mehr oder minder große Stabilität gegen das penicillinabbauende Enzym β-Lactamase aus (Abschnitt 23.7).

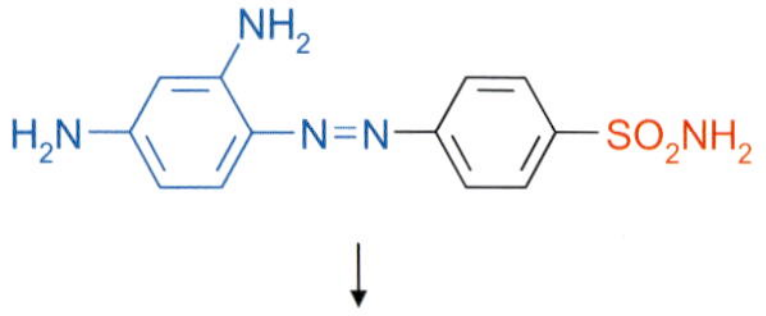

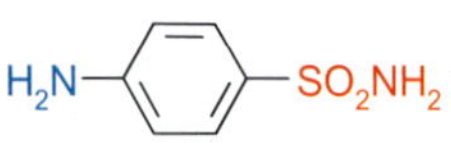

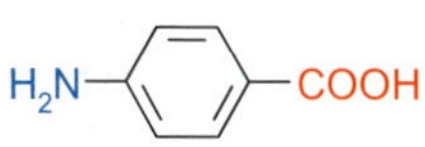

Abb. 2.6 Der rote Azofarbstoff Sulfachrysoidin 2.15 wirkt erst nach Spaltung zum farblosen Sulfanilamid 2.16, das für Bakterien ein Antimetabolit der *p*-Aminobenzoesäure 2.17 ist.

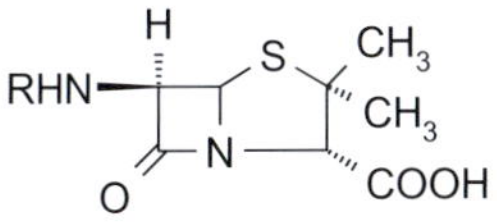

Abb. 2.7 Eine breite Palette verschiedener Penicilline **2.18** und Cephalosporine **2.19** mit unterschiedlichsten Resten R geht auf Flemings zufällige Entdeckung der antibiotischen Wirkung von Schimmelpilzen zurück.

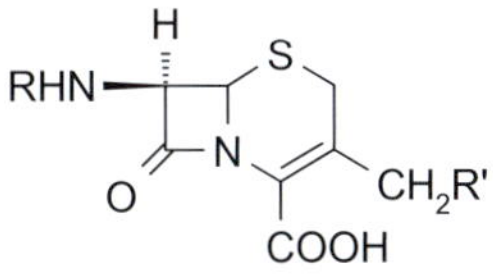

Fleming war ein Forscher, für den Pasteurs These »*der Zufall begünstigt den vorbereiteten Geist*« volle Gültigkeit hatte. Bereits 1921 hatte er, erkältet im Labor arbeitend, ein etwas eigenwilliges Experiment durchgeführt. Er gab einige Tropfen seines Nasenschleims zu einer Bakterienkultur und stellte Tage später fest, dass die Bakterien abgetötet wurden. Dieses „Experiment" führte zur Entdeckung des Enzyms Lysozym, das bakterielle Zellwände hydrolysiert. Für die Therapie ist es leider wenig geeignet, da es die meisten humanpathogenen Keime nicht angreift.

Der Zufall und ein Pilz spielten auch für die industrielle Corticosteroid-Synthese eine wichtige Rolle. Ein wichtiger Schritt der Synthese ist die Einführung eines Sauerstoffatoms in einer ganz bestimmten Position des Steroidgerüsts, der 11-Position. Chemiker der Firma Upjohn suchten 1952 nach einem Bodenbakterium, das Steroide an dieser Position hydroxyliert. Als sie sich endlich entschlossen, eine Agarplatte auf das Fensterbrett des Labors zu stellen, landete dort *Rhizopus arrhizus*. Dieser Pilz setzt Progesteron (Abschnitt 28.5) zu 11α-Hydroxyprogesteron um. Die Ausbeute konnte bis auf 50 % gesteigert werden. Der nahe verwandte Pilz *Rhizopus nigricans* liefert sogar bis zu 90 % des gewünschten Produkts.

2.5 Die Entdeckung der halluzinogenen Wirkung des LSD

Albert Hofmann (1906–2008) beschäftigte sich in den 1930er-Jahren bei Sandoz mit teilsynthetischen Umwandlungsprodukten von Mutterkornalkaloiden. Im Jahr 1938 wollte er die atmungs- und kreislaufanregende Wirkung des Nicotinsäurediethylamids **2.20** auf diese Substanzklasse übertragen. In Analogie zu **2.20** stellte er Lysergsäurediethylamid **2.21** (Abb. 2.8) her, in der Hoffnung, auf diesem Weg ein Kreislauf- und Atmungsstimulans zu erhalten. Außer, dass sich die Versuchstiere trotz der Narkose unruhig verhielten, zeigte die Substanz keine besondere Wirkung. Sie wurde daher vorerst nicht weiter verfolgt.

Fünf Jahre später stellte Hofmann die Substanz aber ein zweites Mal her, weil er sie nochmals vertieft prüfen lassen wollte. Bei der Reinigung und Kristallisation wurde er von einer »*merkwürdigen Unruhe, verbunden mit leichtem Schwindelgefühl*« befallen. Zu Hause versank er »*in einen nicht unangenehmen rauschartigen Zustand, der sich durch eine äußerst angeregte Phantasie kennzeichnete … nach etwa zwei Stunden verflüchtigte sich dieser Zustand*«. Hofmann vermutete einen Zusammenhang mit der von ihm hergestellten Substanz und führte wenige Tage später einen Selbstversuch mit 0,25 mg durch. Das war die kleinste Dosis, bei der er von einem Mutterkornalkaloid noch irgendwelche Effekte erwartete. Die Wirkung war drastisch, die Empfindungen wie beim ersten Mal, nur viel intensiver. Immerhin ließ er sich auf dem Heimweg mit dem Fahrrad von einer Laborantin begleiten. Bereits während der Fahrt nahm sein Zustand bedrohliche Formen an, er geriet in eine schwere Krise. Schwindel- und Angstzustände dominierten, die Außenwelt verwandelte sich ins Groteske. Später stellte sich heraus, dass beim Menschen bereits Dosen von 0,02–0,1 mg halluzinogen wirken. Die Substanz war vorübergehend sogar als Delysid® im Handel, zur unterstützenden Anwendung bei der psychotherapeutischen Behandlung von Angst- und Zwangsneurosen.

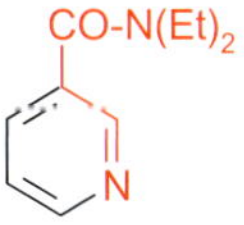

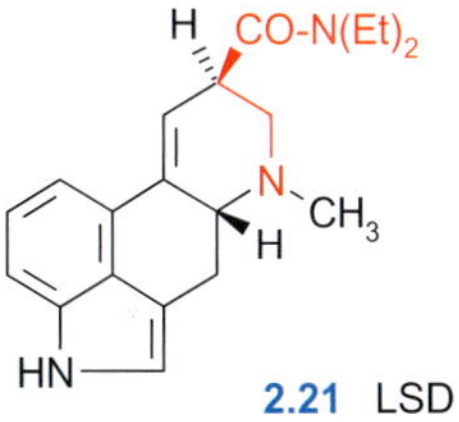

Abb. 2.8 Nicotinsäurediethylamid **2.20** ist ein zentral wirksames Derivat der Nicotinsäure. In struktureller Analogie wollte Hofmann durch Herstellung des Diethylamids der Lysergsäure ein allgemeines Stimulans erhalten. Es resultierte das Halluzinogen Lysergsäurediethylamid **2.21** (LSD).

2.6 Der Syntheseweg bestimmt die Struktur des Wirkstoffs

Die Struktur des ersten Calciumantagonisten Verapamil **2.22** ergab sich aus der Synthese (Abb. 2.9). Verapamil hebt die Wirkung β-adrenerger Agonisten auf, ist aber kein Betablocker. Erst nach der Markteinführung des Verapamils entdeckte Albrecht Fleckenstein das Wirkprinzip, die Blockierung des membranpotenzialgesteuerten Einstroms von Calciumionen durch Calciumkanäle (Abschnitt 30.1) in Herz- und Gefäßzellen. Die anfänglich eher als Nebenwirkung empfundene Blutdrucksenkung sollte in den folgenden Jahren zum wichtigsten Anwendungsgebiet werden.

Auch beim zweiten therapeutisch wichtigen Calciumantagonisten, dem Nifedipin **2.23**, hat ein einfaches Syntheseprinzip Pate gestanden. Es war eine Reaktion aus dem Jahr 1882, die Hantzsch-Synthese von Dihydropyridinen (Abb. 2.9). Bemerkenswert ist der Umstand, dass pharmakologische Experimente wegen der hohen Lichtempfindlichkeit des Nifedipins in abgedunkelten Räumen durchgeführt werden müssen. Umso mehr ist zu begrüßen, dass der Wirkstoff trotzdem zum Arzneimittel entwickelt wurde.

2.7 Überraschende Umlagerungen führen zu Arzneistoffen

Leo Sternbach (1908–2005), Chemiker bei Hoffmann-La Roche, beteiligte sich Mitte der 1950er-Jahre an einem Programm zur Suche nach strukturell neuartigen Tranquilizern. Sternbach erinnerte sich an ein Jahrzehnte früher durchgeführtes Syntheseprogramm zur Herstellung von Farbstoffen. Im Laufe der Arbeiten wurde auch das N-Oxid **2.24** (Abb. 2.10) hergestellt. Es lieferte mit sekundären Aminen die erwarteten Umsetzungsprodukte, die pharmakologisch aber absolut uninteressant waren. Die Arbeiten waren 1957 praktisch beendet, als bei Aufräumarbeiten im Labor eine kristalline Base und ihr Hydrochlorid auffielen. Die Substanz war durch Umsetzung des N-Oxids **2.24** mit Methylamin angefallen, wegen anderer Prioritäten aber nie getestet worden. Bei der pharmakologischen Prüfung überzeugte sie sofort durch ihre hervorragenden Eigenschaften. Erst danach stellte sich heraus, dass eine unerwartete Ringumlagerung zum Chlordiazepoxid **2.25** (Librium®, Abb. 2.10) eingetreten war.

Es gibt ein weiteres Beispiel dieser Art. W. Berney arbeitete 1974 an Spirodihydronaphthalinen **2.26**

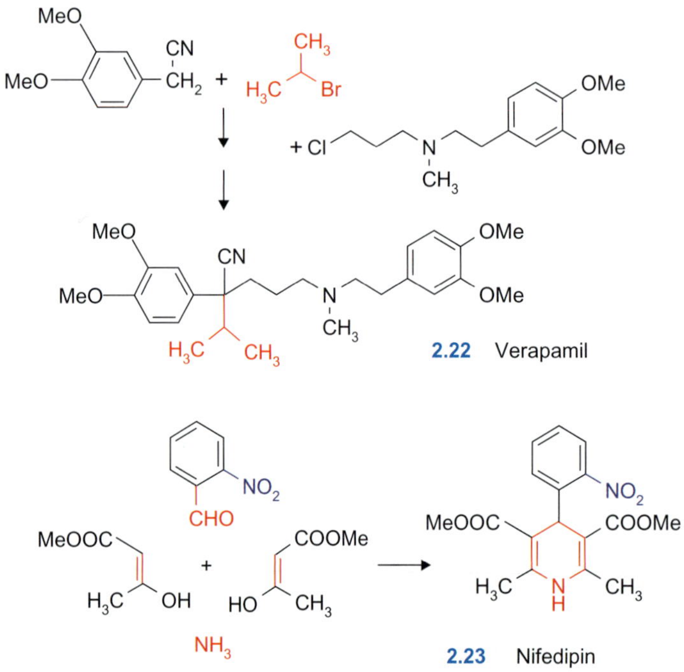

Abb. 2.9 Ferdinand Dengel, Chemiker bei der ehemaligen Knoll-AG, wollte durch Alkylierung eines Nitrils ein Koronartherapeutikum erhalten. Um eine Substitution mit zwei identischen Resten zu vermeiden, führte er zuerst eine sterisch anspruchsvolle Isopropylgruppe ein. Daraus resultierte der erste Calciumantagonist, das Verapamil **2.22**. Die Isopropylgruppe ist der optimale Alkylrest, denn sie stabilisiert die biologisch aktive Konformation. Auch beim zweiten Calciumantagonisten, dem Nifedipin **2.23**, spielte der Syntheseweg eine wichtige Rolle. Friedrich Bossert hatte 1948 bei Bayer den Auftrag erhalten, nach Substanzen zu suchen, die eine Erweiterung der Herzkranzgefäße bewirken. Nach langjähriger Bearbeitung anderer Strukturklassen wandte er sich 1964 den leicht herstellbaren Dihydropyridinen zu, die zur großen Überraschung die gewünschten Wirkungen zeigten. Hier begünstigt die raumerfüllende Nitrogruppe die biologisch aktive Konformation (Abschnitt 17.9).

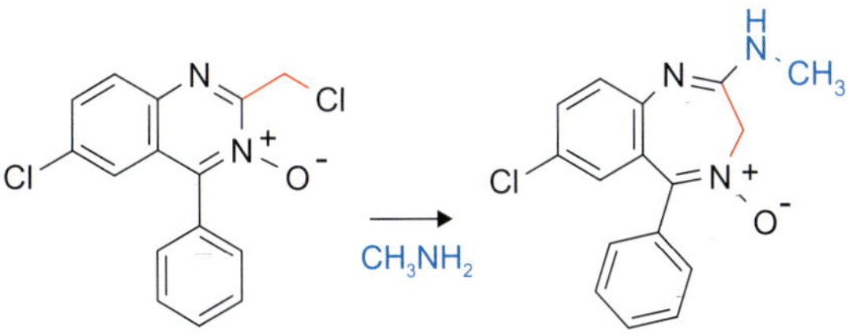

Abb. 2.10 Die Umsetzung von **2.24** mit Methylamin lieferte nicht die erwartete Verbindung, sondern das Umlagerungsprodukt Chlordiazepoxid **2.25** (Librium®). Diese erste Versuchssubstanz wurde auch das erste Handelsprodukt aus der Gruppe der Benzodiazepine.

(Abb. 2.11) mit dem Ziel, ZNS-wirksame Substanzen herzustellen. Nach Säurebehandlung einer solchen Struktur erhielt er eine Verbindung, die sich in einem breiten Routine-Screening im Sandoz-Forschungsinstitut in Wien als *in vitro* und *in vivo* hochwirksam gegen eine Reihe humanpathogener Pilze herausstellte. Die Substanz wurde 1985 als Naftifin **2.27** in die Therapie eingeführt, später folgte das deutlich stärker wirksame Analogon Terbinafin **2.28** (Abb. 2.11). Beide Substanzen zeigten ein bis dahin unbekanntes Wirkprinzip. Sie schädigen die Membran der Pilze, indem sie ihre Ergosterinbiosynthese blockieren. Dies geschieht in einer sehr frühen Stufe über die Hemmung des Enzyms Squalenepoxidase.

2.8 Eine lange Liste von Zufällen

Die Liste der zufälligen Entdeckungen, von denen hier einige geschildert wurden, lässt sich beliebig verlängern. Ohne chemische Formeln seien in aller Kürze einige weitere genannt:

- Pethidin (Abschnitt 3.3), das erste vollsynthetische Schmerzmittel vom Morphintyp, wurde in den 1930er-Jahren bei der Suche nach neuen Spasmolytika entdeckt, ausgehend von der Struktur des Atropins.
- Die Eignung der Antihistamine als Mittel gegen Reise- und Seekrankheit wurde in Boston festgestellt, bei der Behandlung eines Hautausschlags. Die Patientin berichtete, dass ihr immer auftretendes Übelsein beim Fahren in der Bostoner Straßenbahn verschwand. Die „klinische Prüfung" fand 1947 bei Hunderten von Marinesoldaten während einer Atlantiküberquerung mit dem Schiff „*General Ballou*" statt.
- Haloperidol (Abschnitt 3.3) sollte eigentlich ein starkes Schmerzmittel werden, es resultierte aber ein Neuroleptikum.
- Imipramin ist dem Neuroleptikum Chlorpromazin strukturell sehr nahe verwandt (Abschnitte 1.6 und 8.5). Trotzdem wirkt es genau entgegengesetzt, als Antidepressivum.
- Phenylbutazon war als Lösungsvermittler für den schwerlöslichen Entzündungshemmer Aminophenazon gedacht. Aber die Substanz selbst wirkt entzündungshemmend, ebenso ihr Metabolit Oxyphenbutazon.
- Der Versuch, aus dem Urin manisch depressiver Patienten einen für die Krankheit verantwortlichen Faktor zu isolieren, lieferte nur Harnsäure. Da sie sehr schwer löslich ist, wurde ihr Lithiumsalz getes-

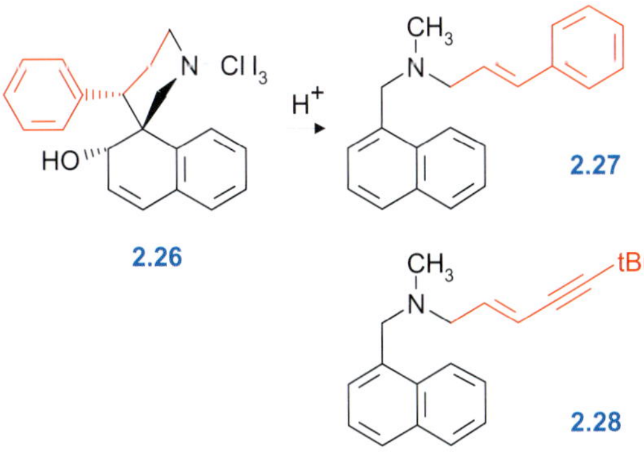

Abb. 2.11 Statt einer zentralnervös wirksamen Verbindung resultierte aus der Spiroverbindung **2.26** das antimykotisch wirksame Naftifin **2.27**. Der Vergleich mit dem wirksameren Terbinafin **2.28** zeigt, dass der Phenylrest vorteilhaft durch eine *tert*-Butylethinylgruppe ersetzt werden kann.

tet. Dies führte zur Auffindung der antidepressiven Wirkung von Lithiumsalzen.
- Clonidin sollte eigentlich ein Mittel zum Abschwellen der Nasenschleimhaut werden, zur lokalen Begleittherapie von Erkältungen. Statt der erwarteten Wirkung fand man überraschend eine ausgeprägte Blutdrucksenkung. Trotz intensiver struktureller Variation wurde Clonidin in seiner Wirkung durch spätere Analoga nicht mehr übertroffen.
- Levamisol wurde als Breitband-Wurmmittel entwickelt. Durch Zufall fand man eine immunmodulierende Wirkung, die heute therapeutisch im Vordergrund steht.
- Praziquantel sollte eigentlich ein Antidepressivum werden. Wegen seiner hohen Polarität kann es aber die Blut-Hirn-Schranke nicht überwinden. Bei einer breiten biologischen Prüfung wurde seine hervorragende Eignung zur Behandlung der Tropenkrankheit Bilharziose gefunden.
- Ein Chemiker bei Searle, der sich mit Dipeptiden beschäftigte, leckte beim Umblättern eines Buches seinen Finger ab. Der süße Geschmack, der ihm dabei auffiel, führte zum Süßstoff Aspartam. Auch der Süßstoff Saccharin wurden auf ähnliche Weise entdeckt. Bei Cyclamat fiel einem Raucher der süßliche Geschmack seiner Zigarette auf.
- Auch heute, wo vermeintlich rationale Konzepte die Arzneimittelforschung prägen, verhilft der glückliche Zufall zu „*Blockbustern*". Auf der Suche nach Phosphodiesterase-Hemmstoffen, die den Abbau von cyclischem Guanosinmonophosphat katalysieren, wurde man nicht wie geplant bei verbesserten Wirkstoffen zur Behandlung der Angina pectoris fündig (Abschnitt 25.8). Dagegen fiel auf, dass männliche Probanden das Mittel nicht mehr hergeben wollten. Nachdem die Nebenwirkung einer verstärkten Peniserektion erkannt war, wurde diese Nebenwirkung zur Hauptwirkung. Der Wirkstoff Sildenafil wurde von Pfizer als Viagra® zur Therapie von Erektionsstörungen vermarktet und entwickelte sich schnell zu einem Milliardenprodukt.

2.9 Wo wären wir ohne den glücklichen Zufall?

Im englischen Sprachraum gibt es ein Wort, das sich nur unvollkommen übersetzen lässt, die **serendipity**. Dieser Begriff, als Ausdruck für eine glückliche Fügung, wurde 1754 von Sir Horace Walpole geprägt. Er ist abgeleitet aus einem persischen Märchen, das von den drei Prinzen von Serendip (früher Ceylon, jetzt Sri Lanka) berichtet. Die Prinzen machen, zufällig und unerwartet, glückliche und interessante Entdeckungen, ganz analog zu den Wissenschaftlern in den vielen Beispielen dieses Kapitels.

Serendipity hat ganz allgemein in der Wissenschaft und besonders in der Arzneimittelforschung eine überaus wichtige Rolle gespielt. Wie würde unser Arzneischatz ohne all diese glücklichen Zufälle aussehen? Damit soll keineswegs einem planlosen Vorgehen das Wort geredet werden, im blinden Vertrauen auf den Zufall. Ganz im Gegenteil, Chemiker und Pharmakologen haben zu jeder Zeit ganz konkrete Vorstellungen entwickelt, wo und weshalb sie bestimmte strukturelle Variationen an einer Leitstruktur vornehmen wollen. Manche dieser Hypothesen waren richtig, andere falsch. Eines war den Forschern, denen der Zufall zu Hilfe kam, gemeinsam: Beim Scheitern einer Hypothese oder bei unerwarteten Resultaten haben sie die Tragweite der Ergebnisse erkannt, die entsprechenden Schlüsse gezogen und richtig gehandelt.

Die folgenden Kapitel werden zahlreiche Beispiele eines erfolgreichen, zielgerichteten Entwurfs von Arzneimitteln beschreiben, bei denen korrekte Arbeitshypothesen umgesetzt wurden. Die Suche nach dem neuen Wirkstoff ist allerdings kein Prozess, der mit einem rein technisch orientierten Management durchgezogen werden kann. Kurzfristige Planung und bürokratische Kontrolle haben in aller Regel nur negative Konsequenzen. Auf der anderen Seite erfordert die Wirkstoffsuche die gemeinsamen Anstrengungen vieler Gruppen von Spezialisten, die in geeigneten Organisationsformen zusammenarbeiten müssen. Die der Auffindung eines neuen Wirkstoffs folgende präklinische und klinische Entwicklung ist ein extrem teurer und zeitaufwendiger Prozess, der sorgfältig geplant, durchgeführt und kontrolliert werden muss. Hier sind andere Instrumente einzusetzen als bei der Wirkstoffsuche.

Literatur

Allgemeine Literatur

A. Burger, A Guide to the Chemical Basis of Drug Design, John Wiley & Sons, New York, 1983

G. de Stevens, Serendipity and Structured Research in Drug Discovery, Fortschr. Arzneimittelforsch. **30**, 189–203 (1986)

E. Verg, Meilensteine. 125 Jahre Bayer, 1863–1988, Bayer AG, 1988

R. M. Roberts, Serendipity. Accidental Discoveries in Science, John Wiley & Sons, New York, 1989

W. Sneader, Chronology of Drug Introductions, in: Comprehensive Medicinal Chemistry, C. Hansch, P. G. Sammes und J. B. Taylor, Hrsg., Band 1, P. D. Kennewell, Hrsg., Pergamon Press, Oxford, 1990, S. 7-80

R. M. Restak, Receptors, Bantam Books, New York, 1994

H. Kubinyi, Chance Favors the Prepared Mind. From Serendipity to Rational Drug Design, J. Receptor & Signal Transduction Research **19**, 15-39 (1999)

T. A. Ban, The Role of Serendipity in Drug Discovery, Dialogues in Clinical Neuroscience, **8**, 335-344 (2006)

Spezielle Literatur

A. Cahn und P. Hepp, Das Antifebrin, ein neues Fiebermittel, Centralblatt für Klinische Medizin **7**, 561-564 (1886)

Z. von Vámossy, Ist Phenolphthalein ein unschädliches Mittel zum Kenntlichmachen von Tresterweinen? Chemiker-Zeitung **24**, 679-680 (1900)

L. H. Sternbach, The Benzodiazepine Story, Fortschr. Arzneimittelforsch. **22**, 229-266 (1978)

A. Hofmann, LSD – mein Sorgenkind, dtv / Klett-Cotta, 1993

A. Stütz, Allylamin-Derivate – eine neue Wirkstoffklasse in der antifungalen Chemotherapie, Angew. Chemie **99**, 323-331 (1987)

Klassische Arzneimittelforschung

3

Hundert Jahre Arzneimittelforschung, von 1880 bis 1980, waren geprägt von Zufall und Irrtum, aber auch von eleganten Konzepten und ihrer gezielten Umsetzung zu therapeutisch wertvollen Prinzipien. Viele Leitstrukturen wurden zufällig aufgefunden (vgl. Kapitel 2), andere stammten aus der Naturheilkunde oder von einem biochemischen Konzept. Gegenüber der heutigen Arzneimittelforschung resultierte das klassische Design von Arzneistoffen aus einem begrenzten Wissen über die Pathophysiologie, die zellulären und molekularen Ursachen des Krankheitsgeschehens, und aus der Beschränkung auf den Tierversuch. Trotzdem war diese Phase, vor allem in ihren letzten fünfzig Jahren, überaus erfolgreich. Der gezielte Kampf gegen die Infektionskrankheiten, die erfolgreiche Behandlung vieler psychischer und anderer wichtiger Krankheiten geht auf die in dieser Zeit entwickelten Arzneimittel zurück. Damit verbunden war ein deutlicher Zuwachs an Lebensqualität und dem erreichten Lebensalter. In den folgenden Abschnitten werden exemplarisch einige Beispiele herausgegriffen, die unterschiedliche Aspekte der klassischen Arzneimittelforschung vorstellen.

3.1 Aspirin – eine unendliche Geschichte

Die Geschichte der Acetylsalicylsäure (ASS, z. B. Aspirin®) spiegelt wie kaum ein anderes Beispiel die Fortschritte der Arzneimittelforschung wider. Dies gilt vor allem für die Aufklärung des Wirkmechanismus und die daraus resultierenden Konsequenzen für eine gezielte Therapie. Weidenrindenextrakte wurden bereits im Altertum zur Behandlung von Entzündungen eingesetzt. Als Napoleon 1806–1813 die Kontinentalsperre durchsetzte, wurde die Rinde sogar als Ersatz für Chinarinde (Abschnitt 3.2) verwendet. Für die Wirkung verantwortlich ist Salicin 3.1, ein Glycosid des o-Hydroxybenzylalkohols, des Saligenins. Nach Hydrolyse und Oxidation entsteht daraus der eigentliche Wirkstoff, die Salicylsäure 3.2 (Abb. 3.1).

1897 begann der 29-jährige Bayer-Chemiker Felix Hoffmann systematisch nach Derivaten der Salicylsäure zu suchen. Sein Vater, der an schwerer rheumatischer Arthritis litt, hatte ihn darum gebeten. Hohe Dosen von Salicylsäure verursachten ihm unangenehme Magenreizungen und Erbrechen. Hoffmann stellte einfache Derivate der Salicylsäure her und war noch im selben Jahr erfolgreich. Am 10. Oktober 1897 synthetisierte er Acetylsalicylsäure 3.3 (ASS, Abb. 3.1) erstmals in reiner Form.

Es war ein Glücksgriff. Obwohl ASS im Plasma nur eine sehr kurze Halbwertszeit hat, wirkt sie in hohem Maß schmerzstillend, fiebersenkend und entzündungshemmend. Klinisch geprüft wurde sie an 50 Patienten des Diakonissenkrankenhauses in Halle an der Saale. Am 1. Februar 1899 ließ Bayer die ASS unter dem Namen Aspirin® (von A = Acetyl und *Spiraea*, Spierstrauch, eine ebenfalls Salicylsäure enthaltende Pflanze) unter der Nummer 36 433 in die Warenzeichenrolle eintragen. Anschließend wurde sie als Pulver, in Briefchen zu 1 g, kurz darauf in Tablettenform verkauft. Spötter behaupteten, die Tablette sei nur entwickelt worden, um das inzwischen schon berühmte Bayerkreuz einprägen zu können. Aspirin eroberte sich rasch einen führenden Platz in der Therapie. 100 Jahre nach der Markteinführung wurden weltweit etwa 40 000 t ASS pro Jahr produziert und zu Tabletten verarbeitet. Allein in den USA sind es 16 000 t. Im Ende 1994 fertig gestellten Werk Bitterfeld der Bayer AG werden stündlich 400 000 Aspirin-Tabletten hergestellt, 3,5 Milliarden pro Jahr. Welche Bedeutung das Warenzeichen Aspirin für Bayer hat, erkennt man daran, dass die Firma 1994 eine Milliarde US-$ bezahlte, um das Selbstmedikationsgeschäft von Sterling-Winthrop zu übernehmen und damit die in den USA im Jahr 1918 verloren gegangenen Warenzeichenrechte für Aspirin wieder zu erhalten.

Der spanische Philosoph José Ortega y Gasset nannte das vorige Jahrhundert das „*Zeitalter des Aspi-*

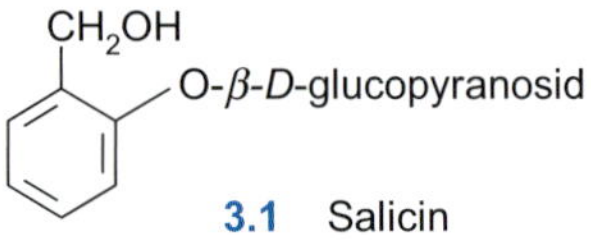

Abb. 3.1 Aus dem Salicin **3.1** der Weidenrinde entsteht nach Spaltung und Oxidation die Wirksubstanz Salicylsäure **3.2**. Die von Hoffmann hergestellte Acetylsalicylsäure (ASS) **3.3** ist aber nicht bloß ein Prodrug der ASS, sondern ein Arzneimittel mit eigenständigem Wirkmechanismus.

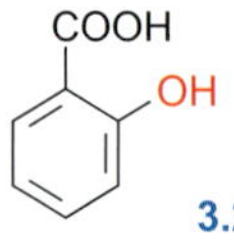

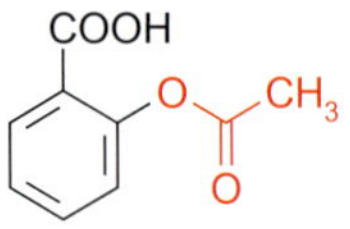

rins". In seinem Buch *Aufstand der Massen* schreibt er 1931:

> »Der gewöhnliche Mensch lebt heute leichter, bequemer und sicherer als früher der Mächtigste. Was schert es ihn, dass er nicht reicher ist als andere, wenn die Welt es ist und ihm Straßen, Eisenbahnen, Hotels, Telegraph, körperliche Sicherheit und Aspirin zur Verfügung stehen«.

Literarisch beschäftigten sich mit Aspirin auch Jaroslav Hasek, Kurt Tucholsky, Giovanni Guareschi, Graham Greene, John Steinbeck, Agatha Christie, Truman Capote, Hans Helmut Kirst und Edgar Wallace. Der Sänger Enrico Caruso behandelte seine Kopfschmerzen prinzipiell nur mit „deutschem Aspirin". Auch Franz Kafka und Thomas Mann schwärmten in ihren Briefen von der hervorragenden Wirkung. 1986 formulierte die britische Königin Elisabeth II. bei ihrem Staatsbesuch in Deutschland:

> »Deutsche Erfolge überspannen die ganze Breite menschlichen Lebens, von der Philosophie über Musik und Literatur bis zur Entdeckung der Röntgenstrahlen und der Massenproduktion von Aspirin«.

Bei aller Freude über dieses schöne Kompliment muss man doch berücksichtigen, dass die naturwissenschaftlichen Entdeckungen, die hier zitiert wurden, etwas mehr als hundert Jahre zurückliegen!

ASS galt als Prodrug (Kapitel 9) der Salicylsäure und als Arzneimittel mit unbekanntem Wirkmechanismus, bis John Robert Vane (Nobelpreis 1982) und Sergio H. Ferreira 1971 entdeckten, dass Salicylsäure und andere nichtsteroidale Entzündungshemmer Inhibitoren der Prostaglandin-G/H-Synthase (Cyclooxygenase, COX) sind. COX, ein ubiquitär vorkommendes, membrangebundenes Enzym, überführt Arachidonsäure **3.4** über ein cyclisches Endoperoxid in PGH_2 **3.5**, aus dem Prostacyclin **3.6**, Thromboxan **3.7** und weitere Prostaglandine entstehen (Abb. 3.2). Im entzündeten Gewebe werden große Mengen von Prostaglandinen gebildet, eine Hemmung der Cyclooxygenase greift also ursächlich in das Geschehen ein.

Die ASS ist tatsächlich eine metabolische Vorstufe der Salicylsäure. Sie hat aber im Gegensatz zu allen anderen Entzündungshemmern, einschließlich der Salicylsäure, ihren eigenen, verblüffenden Wirkmechanismus (Abschnitt 27.9). Schon länger war bekannt, dass ASS in der Cyclooxygenase die Aminosäure Serin 530 an der Hydroxylgruppe selektiv acetyliert. 1995 wurde erstmals die dreidimensionale Komplexstruktur eines Bromanalogen der ASS mit Cyclooxygenase bestimmt. Sie legt nahe, dass ASS analog zu anderen COX-Inhibitoren in der Nähe dieses Serins in die Bindestelle für die Arachidonsäure eingelagert wird (Abschnitt 27.9). Damit ist trotz relativ schwacher Bindung der ASS eine ausgezeichnete Voraussetzung für die Acetylierung dieses Serins geschaffen. Das Serin 530 ist am katalytischen Geschehen nicht beteiligt, das zusätzliche Volumen der Acetylgruppe behindert aber die Bindung der Arachidonsäure und damit die Bildung der Prostaglandinvorstufen. Eine COX-Mutante, die statt Serin 530 ein Alanin trägt, ist enzymatisch noch voll aktiv und wird von allen anderen Entzündungshemmern inhibiert. Durch ASS wird diese Mutante erwartungsgemäß nur mehr schwach gehemmt.

Aufregend für die weitere Forschung bei den nichtsteroidalen Entzündungshemmern war die Entdeckung einer zweiten Cyclooxygenase COX-2 im Jahr 1991. Die bisher eingesetzten Entzündungshemmer wirken zu unselektiv oder überwiegend auf COX-1 und nur in geringem Maß auf COX-2. Die wichtigste Nebenwirkung der ASS und anderer Entzündungshemmer, das Auftreten von Schädigungen der Magen- und Darmwand bei hohen Dosierungen, resultiert aus der Hemmung der COX-1-vermittelten Synthese des Prostacyclins **3.6**, das den Schutz der Magenschleimhaut bewirkt. In Gegensatz zum ubiquitär vorkommenden COX-1 ist COX-2 vor allem für die rasche Bildung von Prostaglandinen im entzündeten Gewebe verantwortlich. Eine spezifische Hemmung der COX-2 würde also die Entzündung zurückdrän-

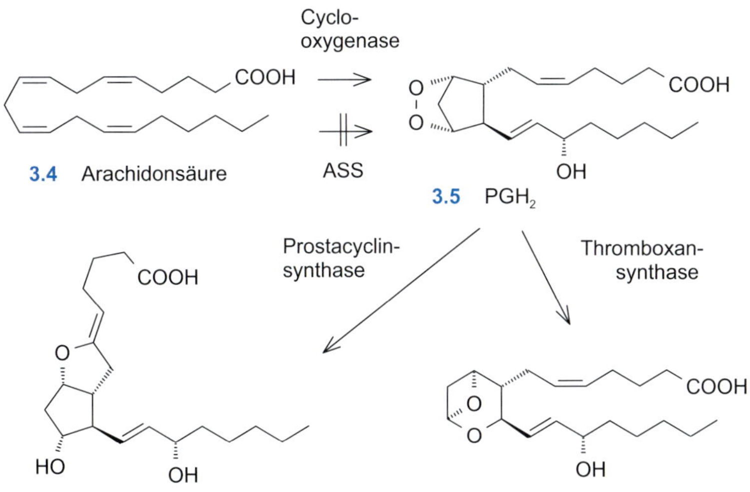

3.4 Arachidonsäure

3.5 PGH_2

3.6 Prostacyclin

3.7 Thromboxan A_2

Abb. 3.2 Aus der mehrfach ungesättigten Arachidonsäure **3.4** entsteht durch oxidative Cyclisierung und Peroxidase-Reaktion das Primärprodukt PGH_2 **3.5** der Prostaglandinbiosynthese. Anschließend wandelt die Prostacyclinsynthase PGH_2 in Prostacyclin **3.6** um, das u. a. die Magenschleimhaut schützt, Blutgefäße erweitert und die Aggregation der Blutplättchen (Thrombocyten) hemmt. Die Thromboxansynthase der Blutplättchen stellt aus PGH_2 das Thromboxan A_2 **3.7** her, das diese Aggregation fördert. ASS hemmt die Cyclooxygenase irreversibel. Durch Gabe niedriger ASS-Dosen erreicht man, dass die Thromboxan A_2-Bildung in den Blutplättchen stärker gehemmt wird als die Bildung des Prostacyclins in der Wand der Blutgefäße.

gen, ohne im Magen die Synthese des schleimhautschützenden Prostacyclins zu beeinträchtigen. Es ist gelungen, zahlreiche Wirkstoffe auf den Markt zu bringen, die gegenüber COX-2 mehr als 1000fach wirksamer sind als gegen COX-1, z. B. **3.8** und **3.9** (Abb. 3.3 und Abschnitt 27.9).

Aber keine Sorge, Aspirin wird ewig leben! Auf einem anderen Gebiet nehmen seine Erfolge noch weiter zu. ASS hemmt schon in niedrigen Dosen die Synthese des Thromboxan A_2 **3.7**, das über ein Verklumpen der Blutplättchen (Thrombocyten) die Blutgerinnnung einleitet. Wegen der irreversiblen Hemmung der Cyclooxygenase durch ASS und der Unfähigkeit der Blutplättchen, ihre Enzyme neu zu synthetisieren, reicht bereits der einmalige Kontakt mit der Substanz, um die Synthese für etwa eine Woche, die Lebensdauer eines Thrombocyten, zu unterdrücken. Außerhalb der Thrombocyten wird das Enzym aber immer wieder neu gebildet. Dadurch kann der physiologische Gegenspieler des Thromboxans, das aggregationshemmende Prostacyclin, in der Wand der Blutgefäße nachgebildet werden (Abb. 3.2).

Bezogen auf den Zustand erhöhter Gerinnungsneigung verschiebt ASS also die Biosynthese vom „bösen“ Thromboxan zum „guten“ Prostacyclin. Dieser Effekt ist die Grundlage der therapeutischen Anwendung von ASS bei erhöhter Gerinnungsneigung, z. B. vor und nach Herzinfarkt und Schlaganfall. In Kenntnis des Mechanismus der antithrombotischen Wirkung konnten die zur Therapie eingesetzten Dosen sogar um den Faktor 10 reduziert werden! Damit verringert sich auch das Risiko für Magen- und Darmblutungen als mögliche Nebenwirkungen. Aus dieser Beobachtung resultiert auch die Empfehlung, ASS vorbeugend bei Langstreckenflügen einzunehmen. Fehlende Bewegung, beengtes Sitzen, gepaart mit trockener Luft und reduziertem Druck in der Kabine, führen zum Flüssigkeitsverlust und bedingen ein „Eindicken“ des Bluts. Dieses „*Economy-Class-Syndrom*“ führt zu typischen „*jet legs*“ und erhöht das Risiko für Embolien und Venenthrombosen. Hier mag

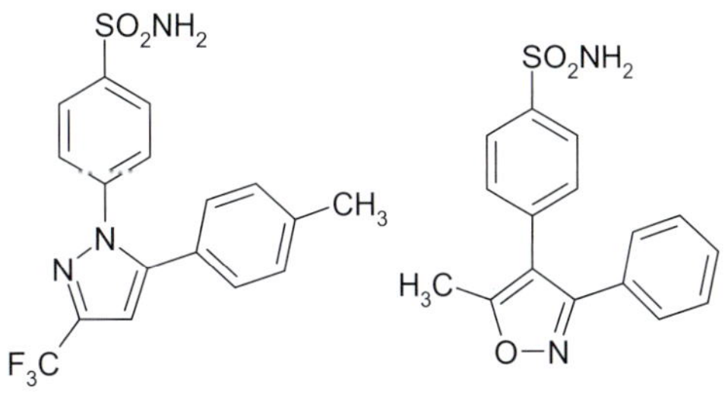

3.8 Celecoxib 3.9 Valdecoxib

Abb. 3.3 Celecoxib **3.8** und Valdecoxib **3.9** sind spezifische Hemmstoffe der Cyclooxygenase COX-2, die stärker als COX-1 für die rasche Biosynthese der Prostaglandine im entzündeten Gewebe verantwortlich ist.

ASS einen Schutz bieten. Dagegen wird seine Einnahme vor chirurgischen Eingriffen nicht empfohlen. Kein Operateur wünscht sich erhöhte Blutungsneigung seiner Patienten durch herabgesetzte Gerinnungsfähigkeit während des Eingriffs.

Der Ansatz Felix Hoffmanns, über eine simple Derivatisierung zu einer besser verträglichen Substanz zu kommen, hat vor fast 100 Jahren zu einem neuen therapeutischen Prinzip geführt, dessen Wert nicht hoch genug eingeschätzt werden kann. Der Siegeszug der ASS war und ist nicht aufzuhalten. Eine deutschösterreichische Studie an 13 300 Patienten belegte, dass unter ASS-Therapie die Sterblichkeit bei Herzinfarkt um 17 % und die Zahl der nicht tödlichen wiederholten Infarkte um 30 % zurückgehen. Am 9. Oktober 1985 verlautbarte die sonst eher zurückhaltende amerikanische Gesundheitsbehörde FDA, dass die tägliche Einnahme von ASS das Risiko eines nochmaligen Herzinfarkts um 20 %, bei einer Gruppe besonders gefährdeter Patienten sogar um mehr als 50 % senkte. An einer weiteren Studie zum Einfluss einer regelmäßigen ASS-Einnahme auf das Risiko, einen Herzinfarkt zu erleiden, beteiligten sich 22 000 Ärzte. Hier waren sie einmal nicht die Prüfer, sondern die Patienten. Die Studie wurde vorzeitig beendet, als feststand, dass es in der Kontrollgruppe 18 tödliche und 171 nicht tödliche Herzinfarkte, in der mit ASS behandelten Gruppe dagegen nur 5 tödliche und 99 nicht tödliche Herzinfarkte gab, insgesamt eine Reduktion um rund 50 %. Eine Studie an 90 000 Krankenschwestern zeigte die gleiche Schutzwirkung auch bei Frauen: Das Risiko eines ersten Herzinfarkts wurde um rund 30 % verringert. Das war der Einstieg von ASS als „Vorbeuge-Medikament".

Einen Eintrag in das Guinness-Buch der Rekorde ist eine sechsjährige Beobachtung von 600 000 freiwilligen Probanden wert. Nach deren Auswertung scheint ASS das Risiko von tödlichem Darmkrebs um 40 % zu reduzieren. Auch für diese Wirkung gibt es eine plausible Erklärung. Malondialdehyd, ein Abbauprodukt der Prostaglandine, schädigt die Erbsubstanz DNA. Mutationen des so genannten Tumorsuppressor-Gens p53 treten in menschlichen Darmtumoren besonders häufig auf. Dadurch verlieren die Krebszellen die Eigenschaft, ihr Zellwachstum zu kontrollieren, sie wachsen ungehemmt. Es könnte aber auch ganz anders sein. Wegen der Magen- und Darmblutungen als möglichen Nebenwirkungen der ASS war die Darmbeobachtung in der behandelten Gruppe wahrscheinlich intensiver als in der unbehandelten Vergleichsgruppe. Es ist durchaus denkbar, dass dadurch Dickdarmkrebs häufiger in einem frühen, operativ noch behandelbaren Stadium entdeckt wurde.

Seit 1992 gibt es eine Aspirin-Kautablette. Hier ist ASS mit Calciumcarbonat gepuffert, die Resorption erfolgt rascher, die Nebenwirkungen sind reduziert. ASS blickt auf eine fast unglaubliche Karriere zurück, vor allem wenn man bedenkt, dass dieser Arzneistoff unter heutigen Bedingungen kaum noch eine Chance hätte. Seine kurze Plasmahalbwertszeit, die irreversible Proteinhemmung oder seine hohen Verschreibungsdosen könnten heute Ausschlusskriterien sein. Einen definitiven Schlusspunkt unter seine Entwicklung hätte allerdings die Beobachtung einer fruchtschädigenden Wirkung an der Ratte gesetzt. Auffälligkeit in diesem Tiermodell bei Toxizitätsstudien führen zum definitiven Abbruch, denn wer würde wagen abzuschätzen, dass eine teratogene Wirkung zwar beim Nager, aber nicht beim Menschen auftritt. Aspirin®– wirklich eine unendliche Geschichte!

3.2 Malaria – Erfolge und Misserfolge

Die Therapie der Malaria beginnt mit der Entdeckung der Chinarinde, um die sich zahlreiche Legenden ranken. Die schönste und am häufigsten zitierte Version ist die Heilung der fieberkranken Gräfin Cinchon, der Gattin des spanischen Vizekönigs in Lima, Peru, durch den Arzt Juan de Vega, im Jahr 1638. Auf Anraten des Stadtrichters von Loja wurde aus der 800 km entfernten Stadt Loja die *Quinquina*, die „Rinde der Rinden" (daher später der irreführende Name „Chinarinde"), herbeigeschafft. Die Gräfin wurde angeblich gesund und teilte von dieser Zeit an selbst das Pulver aus. Später ließ sie es über die Jesuiten verbreiten. In alten Werken wird Chinarinde daher auch als „Gräfin-Pulver" oder „Jesuiten-Pulver" bezeichnet. Vielleicht war es auch nur so, dass die Indios, die von ihren christlichen Eroberern zum Frondienst in den Silberminen gezwungen wurden, die Rinde gegen Kältezittern kauten. Die schlauen Jesuiten nahmen diese Beobachtung zum Anlass, dass vielleicht auch das Kauen der Rinde gegen das Zittern bei Malariaanfällen helfen könnte. Durch die Ordensmänner kam die Chinarinde dann nach Europa.

Malaria, das Wechselfieber, ist eine in den Tropen und Subtropen weit verbreitete Krankheit. Wegen der Übertragung durch die Anopheles-Mücke tritt sie besonders in Feuchtgebieten auf. Selbst vor der Stadt Buenos Aires (span. „gute Lüfte") machte die Malaria (ital. *mala aria* = schlechte Lüfte) nicht halt. Alexander der Große, der Gotenkönig Alarich und die deutschen Kaiser Otto II. und Heinrich VI. starben an ihr. Auch Albrecht Dürer (1471–1528) litt offenbar an Malaria. Seinem Leibarzt schickte er eine Zeichnung von sich, auf der er nur mit einem Lendenschurz bekleidet ist. Die rechte Hand weist auf die Milz, zusätzlich findet sich der Text »*do der gelb Fleck ist vnd mit dem Finger drawff dewt, do ist mir we*«. In Europa war die Malaria bis zur Mitte des letzten Jahrhunderts noch weit verbreitet. In Norddeutschland gab es die letzten Malariaepidemien in den Jahren 1896, 1918 und 1926.

Das Miasma, Ausdünstungen aus Erdboden, Sümpfen und Leichen, wurde lange Zeit als ursächlich für die Malaria und andere Epidemien angesehen. Aber bereits der römische Schriftsteller Marcus Terrentius Varrus (116–27 v. Chr.) vermutete, dass kleine unsichtbare Organismen dafür verantwortlich sein könnten. Gegen Ende des 19. Jahrhunderts wurden die Anopheles-Mücke als Überträger und Plasmodien (Sporentierchen) als Verursacher der Malaria erkannt.

Um 1930 waren etwa 700 Millionen Menschen infiziert, im Jahr 2003 lagen die Schätzungen der Zahl der Erkrankten bei 300–500 Millionen. Bis zu 1,2 Millionen Menschen sterben jährlich, meist Kinder unter fünf Jahren, viele andere behalten bleibende Schäden. Dabei kommt es auch zu psychischen Veränderungen. Der Begriff Spleen, für Verrücktheit, steht ursprünglich für die durch Malaria vergrößerte Milz (engl. *spleen* = Milz).

Nicht unerwähnt sollte bleiben, dass heterocygote (d. h. genetisch nicht einheitliche) Träger der Sichelzellanämie gegen Malaria geschützt sind. Diese erbliche Form einer Anämie war die erste Erkrankung, deren molekulare Ursache aufgeklärt werden konnte (Abschnitt 12.12). Im Hämoglobin der Kranken ist eine einzige Aminosäure mutiert. Dadurch aggregiert dieses Hämoglobin, die roten Blutkörperchen schrumpfen zusammen. Die Malariaparasiten können sich in solchen Blutkörperchen nur ungenügend vermehren. Wegen eines dadurch bedingten teilweisen Schutzes vor Malaria ist die Ausbreitung der Sichelzellanämie in malariagefährdeten Gebieten begünstigt, in den anderen Gebieten dagegen nicht.

Als wirksamer Inhaltsstoff der Chinarinde wurde 1820 das Alkaloid Chinin **3.10** (Abb. 3.4) isoliert. Neben seiner guten therapeutischen Wirkung hat es auch erhebliche Nebenwirkungen, dennoch war es bis vor einigen Jahren eines der wichtigsten Malariatherapeutika, insbesondere zur parenteralen Behandlung der schweren Malaria. Als Alternative stand erst 1927 ein synthetisches Präparat, das Plasmochin **3.11**, zur Verfügung, das wegen seiner Nebenwirkungen jedoch nur wenig eingesetzt wurde. Die später entwickelten, wirksameren Analoga **3.12–3.14** zeigen eine deutliche

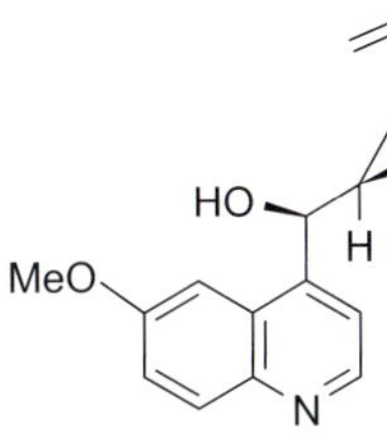

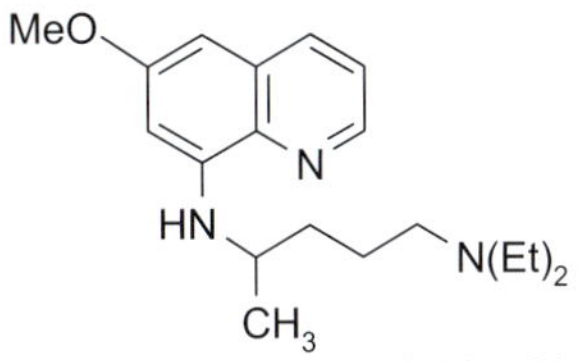

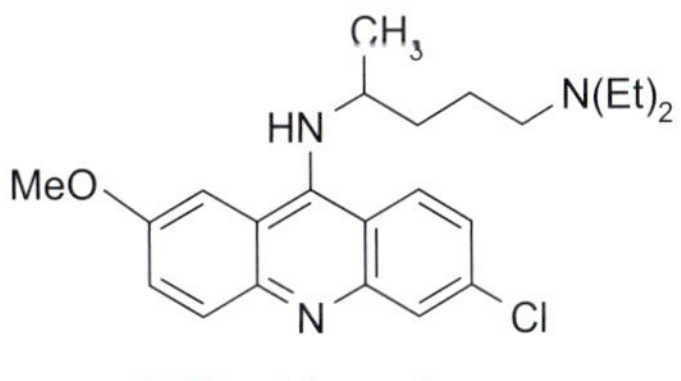

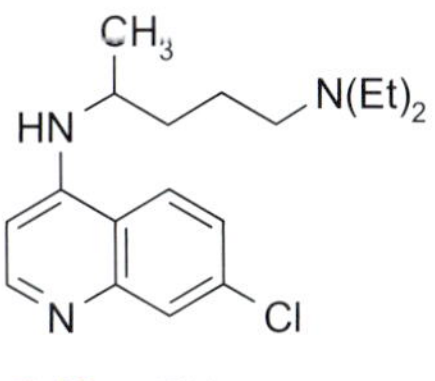

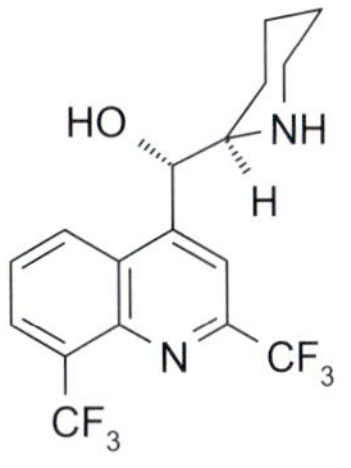

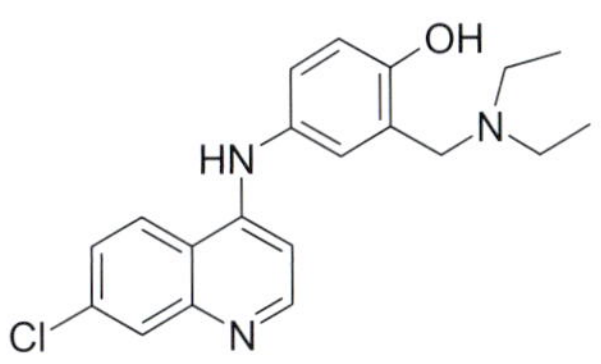

Abb. 3.4 Vom Chinin **3.10** wurden einfache synthetische Analoga mit Malariawirkung abgeleitet. Plasmochin **3.11** enthält noch den Methoxychinolinring des Chinins, die basische Seitenkette ist allerdings an anderer Stelle angefügt. Die später entwickelten Analoga Mepacrin **3.12** und Chloroquin **3.13** zeigen größere Ähnlichkeit zu Chinin. Die neueren Derivate Mefloquin **3.14** und Amodiaquin **3.15** liegen ebenfalls nahe an der Struktur des Chinins.

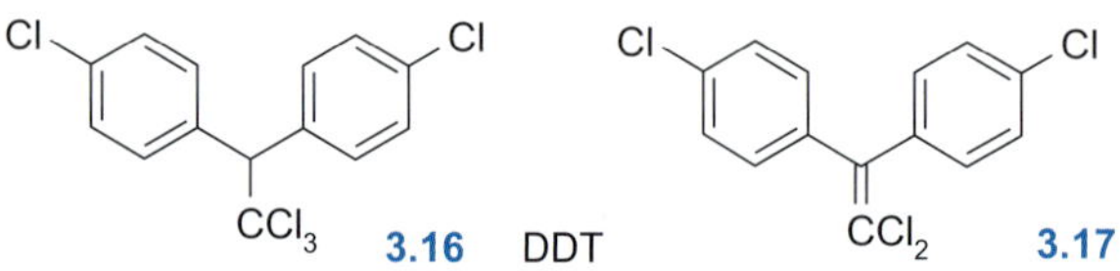

Abb. 3.5 Das Insektizid Dichlordiphenyltrichlorethan **3.16** (DDT) hat mehr Menschen das Leben gerettet als alle Malariamittel zusammen. Jüngste Untersuchungen belegen aber, dass der im Gewebe angereicherte Hauptmetabolit p,p'-Dichlordiphenyldichlorethylen **3.17** (DDE) wegen seiner antiandrogenen Wirkung möglicherweise hauptverantwortlich für Reproduktionsstörungen bei Tieren und ggf. auch beim Menschen ist.

strukturelle Verwandtschaft zur Leitstruktur Chinin (Abb. 3.4). Erst der Schutz gegen Malaria machte die Ausbeutung der Kolonien möglich.

Die Weltgesundheitsorganisation WHO beschloss 1955 ein weltweites Programm zur Ausrottung der Malaria, vor allem über den Einsatz des Insektizids Dichlordiphenyltrichlorethan **3.16** (DDT, Abb. 3.5). Die Erfolge waren überwältigend, die Zahl der Erkrankten und der Todesfälle gingen praktisch auf Null zurück (Tabelle 3.1). Eine Schätzung aus dem Jahr 1953 geht damals bereits von fünf Millionen geretteten Menschenleben seit 1942 aus. Allein in Indien ist in den späten 1960er-Jahren die Zahl der Erkrankungen von 75 Millionen auf 750 000 und die Zahl der jährlichen Todesfälle durch Malaria auf 1500 zurückgegangen. Insgesamt hat DDT mehr Menschen das Leben gerettet als alle Antimalariamittel zusammen! Die akute Toxizität des DDT ist für Säugetiere und den Menschen gering und daher eigentlich kein Problem. Es stellte sich aber leider heraus, dass DDT in der Umwelt nur äußerst langsam abgebaut und über die Nahrungskette besonders in Fischen und Vögeln angereichert wird. Auch im menschlichen Fettgewebe und in der Muttermilch wird es angereichert. Bei Verweilzeiten im Organismus von einem Jahr und länger wird damit die chronische Toxizität zu einem schwerwiegenden Problem.

1962 erschien in den USA das aufrüttelnde Buch *Silent Spring* (*Der stumme Frühling*) von Rachel Carson. Als daraufhin 1963 in Sri Lanka die Mückenbekämpfung mit DDT trotz Warnungen von Experten eingestellt wurde, schnellte die Zahl der Malariakranken bis 1968/69 wieder auf 2,5 Millionen empor. Für die nochmalige Anwendung von DDT war es aber zu spät. In der Zwischenzeit hatten sich bei den Mücken bereits Resistenzen entwickelt, zum Teil sicher auch durch die unterschwellige DDT-Belastung in der Zwischenzeit.

Weitere Untersuchungen zeigten, dass ein besonders lange im Gewebe verbleibender DDT-Meta-

Tabelle 3.1 Zahl der Malaria-Erkrankungen in verschiedenen Ländern, vor und nach dem Einsatz von DDT **3.16** (Abb. 3.5). Die Zahlen in Klammern bezeichnen die Jahre (Quelle: T. H. Jukes, Naturwiss. **61**, 6–16, 1974).

Land	Malaria-Erkrankungen/Jahr	
	vor DDT-Einsatz	nach DDT-Einsatz
Italien	411 602 (1946)	37 (1969)
Spanien	19 644 (1950)	28 (1969)[a]
Jugoslawien	169 545 (1937)	15 (1969)[a]
Bulgarien	144 631 (1946)	10 (1969)[a]
Rumänien	338 198 (1948)	4 (1969)[a]
Türkei	1 188 969 (1950)	2173 (1969)
Indien	~ 75 Millionen pro Jahr	~ 750 000 (1969)
Sri Lanka	2,8 Millionen (1946)	110 (1961)
		31 (1962)
		17 (1963)
		2,5 Millionen (1968/69)[b]
Taiwan	> 1 Million (1945)	9 (1969)
Venezuela	817 115 (1943)	800 (1958)
Mauritius	46 395 (1948)	17 (1969)

[a] eingeschleppte Fälle
[b] nach Abbruch des DDT-Einsatzes im Jahr 1963

bolit, das Dichlordiphenyldichlorethylen 3.17 (DDE, Abb. 3.5), überraschend stark antiandrogen wirkt, d. h. die Wirkung der männlichen Sexualhormone aufhebt. Damit ist DDE für DDT-bedingte Fortpflanzungs- und Entwicklungsstörungen bei einzelnen Tierspezies, möglicherweise auch beim Menschen, verantwortlich zu machen. Bemerkenswert ist, dass die Wirkung dieses Stoffwechselprodukts erst 50 Jahre nach der Einführung des DDT entdeckt wurde.

Nicht nur die Mücken entwickelten Resistenzen gegen das DDT, auch die Malaria-Erreger wurden resistent gegen die eingesetzten Arzneimittel. Daher ist die weitere Entwicklungsgeschichte von Chemotherapeutika gegen Malaria ein ständiges Wechselbad von neuen hoffnungsvollen Wirkstoffen und dem mehr oder weniger schnellen Entstehen und Verbreiten resistenter Parasiten.

Chloroquin 3.13, das nach seiner Synthese in den Bayer-Laboratorien 1934 zunächst als „zu toxisch" beurteilt worden war, wurde nach seiner „Wiederentdeckung" durch die Amerikaner zu dem Malariatherapeutikum schlechthin. Wirksam, gut verträglich und vor allem preiswert herzustellen, hat es neben der oben beschriebenen Bekämpfung der Mücken durch DDT und landschaftsbaulichen Maßnahmen den Sieg über die Malaria in greifbare Nähe rücken lassen. Jedoch entstanden in den 1960er-Jahren an verschiedenen Orten in Südostasien, Ozeanien und Südamerika unabhängig voneinander und nahezu gleichzeitig resistente Parasiten. Sie besaßen ein mutiertes Transportprotein in der Membran ihrer Nahrungsvakuole, das Chloroquin als Substrat erkennt. Über dieses Protein wird Chloroquin somit wieder von seinem Wirkort herausgeschleust. Die entstandenen resistenten Parasiten haben sich in der Folgezeit über fast den gesamten Verbreitungsraum der Malaria ausgedehnt. Chloroquin verlor seine einstmals überragende Bedeutung für die Therapie der Malaria tropica. Seitdem jagt die Forschung einem Malariatherapeutikum ähnlicher Qualität wie Chloroquin nach – bisher allerdings ohne Erfolg. Das strukturverwandte Amodiaquin 3.14 (Abb. 3.4) ist zwar gegen schwach chloroquinresistente Stämme noch ausreichend wirksam, gegen hochresistente Stämme (vor allem in Südostasien) ist es aber weitgehend wirkungslos. Darüber hinaus birgt es bei längerer Anwendung zur Prophylaxe die Gefahr, die Leber irreparabel zu schädigen oder zu lebensbedrohlicher Agranulozytose zu führen. Kurzfristig sah es so aus, als ob die Antifolat-Kombination Sulfadoxin/Pyrimethamin 3.18/3.19 (Fansidar®) Chloroquin in seiner Bedeutung hätte ablösen können (Abb. 3.6). Doch entstanden erste Resistenzen noch viel schneller als bei Chloroquin. Ausgehend von ihrem Entstehungsort in Südostasien haben auch sie sich inzwischen über die ganze Welt verbreitet.

Auch Kriege im letzten Jahrhundert haben die Suche nach Malariamitteln gefördert. Enorme Anstrengungen wurden am Walter Reed-Armee-Forschungsinstitut in den USA unternommen. Im Lauf von vierzig Jahren wurden, besonders während des Zweiten Weltkriegs und des Vietnamkriegs, mehr als 250 000 Substanzen auf Antimalaria-Wirkung getestet. Gemessen an dem betriebenen Aufwand war der Erfolg eher mäßig: So resultierten aus diesen Anstrengungen nur die beiden Arylaminoalkohole Halofantrin 3.20 und Mefloquin 3.14 und das 8-Aminochinolin Tafenoquin 3.21, das immer noch nicht über das Stadium der klinischen Prüfung hinausgekommen ist (Abb. 3.4 und 3.6). Halofantrin musste nach seiner Einführung wegen der Auslösung tödlicher Herzrhythmusstörungen wieder vom Markt genommen werden (Abschnitt 30.3). Gegen Mefloquin entwickelten sich im südostasiatischen Raum bald nach seiner Einführung Resistenzen, sodass es in diesen Gegenden nur noch in Kombination mit Artesunat 3.22 eingesetzt wird. Wo Mefloquin wegen seines Preises bisher wenig verwendet wurde, sind die meisten Parasitenstämme noch empfindlich. Daher stellt Mefloquin derzeit eines der wichtigsten Prophylaktika für westliche Touristen dar. Artesunat ist ein partialsynthetisches Derivat des Dihydroartemisinins 3.24, das seinerseits durch Reduktion des Artemisinins, einem Inhaltsstoff des einjährigen Beifuss (*Artemisia annua*), gewonnen wird. Ungewöhnlich an den Artemisininen ist ihre Endoperoxid-Struktur, die für die Wirkung essenziell ist. Ob Artemisinine nach Eisen-II-katalysierter Bildung von Radikalen mit allen Zellbestandteilen reagieren, die sich in ihrem Wirkungskreis befinden (engl. *iron-triggered cluster bomb*) oder ob sie sehr spezifisch eine Calcium Pumpe hemmen, ist Gegenstand intensiver Forschung. Sie sind jedenfalls derzeit die wirksamsten Malariapräparate, um die Parasiten schnell zu bekämpfen. Manche Wissenschaftler halten es aber nur für eine Frage der Zeit, bis auch gegen Artemisinine Resistenzen auftreten. Die artemisininbasierte Kombinationstherapie ist heute die Empfehlung der WHO. Kombiniert wird mit allem, was irgendwie erhältlich ist, auch mit Substanzen, gegen die massive Resistenzbildung beobachtet wurde. Eine Kombination wird mit dem zurzeit meist noch gut wirksamen, in China entwickelten Arylaminoalkohol Lumefantrin 3.23 gebildet. In fortgeschrittenem Stadium der klinischen Prüfung sind die Kombinationen Dihydroartemisinin/Piperaquin 3.24/3.25 und Artesunat/Pyronaridin 3.22/3.26 (Abb. 3.6). Beide Artemisinin-

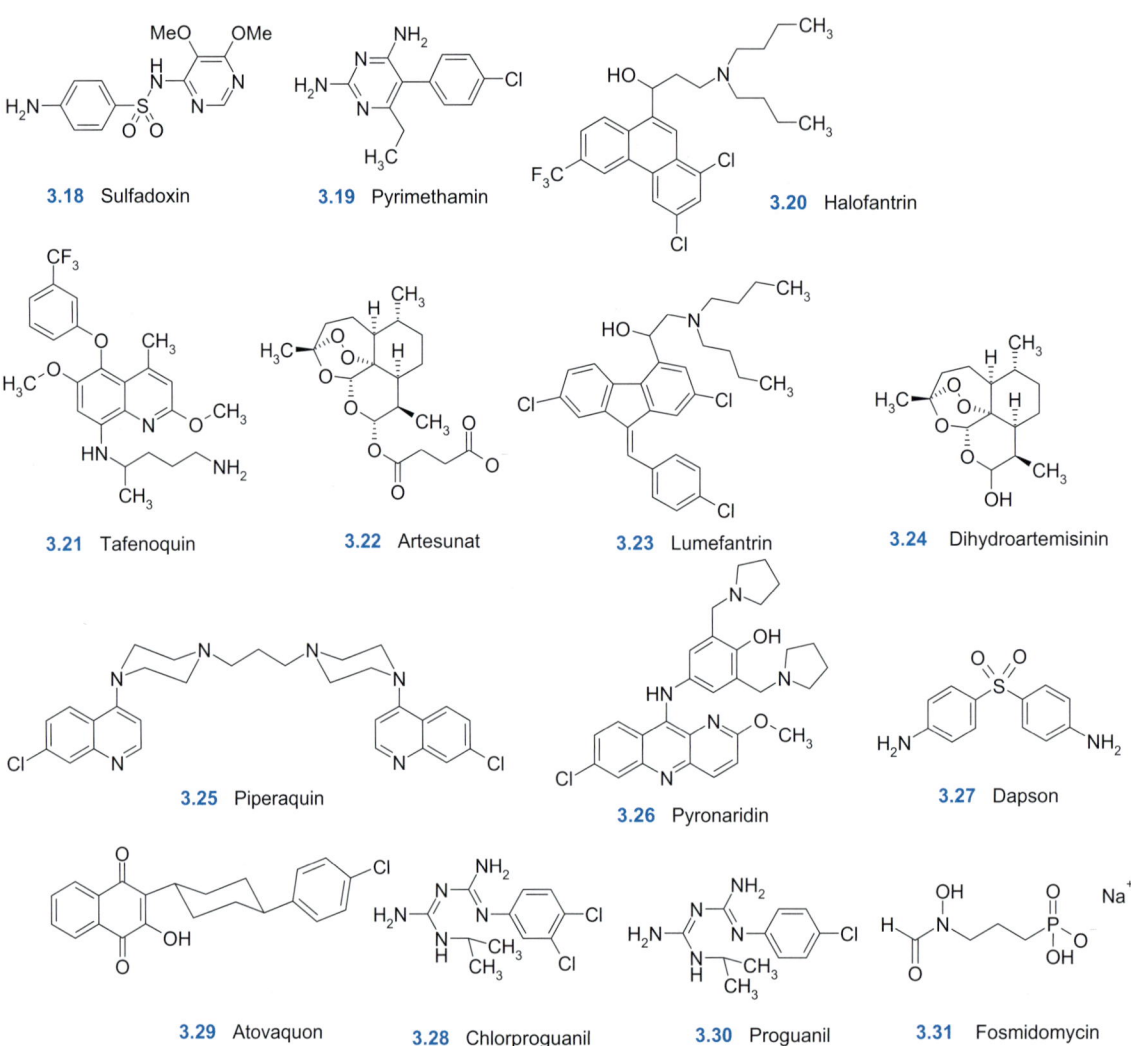

Abb. 3.6 Aus der jüngeren Forschung nach Arzneistoffen zur Malariatherapie sind zahlreiche Produkte beschrieben worden, die häufig in Kombination eingesetzt werden. Zunächst galt Fansidar, eine Kombination von Sulfadoxin 3.18 und Pyrimethamin 3.19, als Mittel der Wahl. Resistenzentwicklungen haben auch diesen Hoffnungsträger inzwischen unbrauchbar gemacht. Derzeit liegen die Hoffnungen auf den Artemisinin-Derivaten 3.22 und 3.24. Ein Hoffnungsträger mit neuem Wirkprofil stellt Fosmidomycin 3.31 dar, das den Mevalonat-unabhängigen Biosyntheseweg zur Isoprenoidsynthese hemmt.

Kombinationspartner wurden in China in den 1960er- bzw. 1980er-Jahren entwickelt. Sie gehören, auch wenn Pyronaridin ein Azaacridin anstelle des Chinolin-Grundkörpers aufweist, zur selben Wirkstoffklasse wie Chloroquin. In Südostasien sind Resistenzen gegen diese beiden Wirkstoffe bereits verbreitet. Auch die erst vor wenigen Jahren eingeführte Substanzkombination Dapson/Chlorproguanil (Lap-Dap®) 3.27/3.28 gehört zu einer lange eingesetzten Wirkstoffklasse, den Antifolaten. Auch hier sind die meisten südostasiatischen Stämme bereits resistent. Wirkliche Neuheiten bezüglich ihres Wirkmechanismus sind rar. Im Jahr 1997 wurde die sehr teure Kombination Atovaquon/Proguanil 3.29/3.30 (Malarone®) eingeführt, die synergistisch die mitochondrale Atmungskette inhibiert. In klinischer Prüfung befindet sich Fosmidomycin 3.31, das einen parasitenspezifischen, von Mevalonat unabhängigen Stoffwechselweg zur Isoprenoidsynthese hemmt. Vermehrte Anstrengungen sind erforderlich, neue Substanzen zu finden. Idealerweise verfolgen sie bisher ungenutzte Wirkmechanismen. Nur so können wir für den Zeitpunkt gewappnet sein, wenn sich Resistenzen auch gegen Artemisinine ausbreiten.

3.3 Morphin-Analoga – ein Molekül wird zerschnitten

Die Forschung auf dem Morphingebiet lehrt, wie aus einem komplexen Naturstoff durch systematische Vereinfachung strukturell einfache Analoga mit identischer Wirkung, zum Teil sogar mit höherer Spezifität der Wirkung gewonnen werden. Sie zeigt aber auch, dass es für bestimmte Probleme offensichtlich keine Lösung gibt. Die Trennung von schmerzstillender Wirkung und Suchtpotenzial konnte nicht bzw. nur sehr unvollkommen erreicht werden.

Die schlafanregende, schmerzstillende und euphorisierende Wirkung des aus dem Schlafmohn gewonnenen Opiums ist seit mindestens fünf Jahrtausenden bekannt. Opium wurde zur Operationsvorbereitung eingesetzt, es ist aber auch ein traditionelles Suchtmittel. Welche Bedeutung diese missbräuchliche Verwendung in der Kulturgeschichte der Menschheit hatte, zeigt u. a. der im vorletzten Jahrhundert geführte „Opiumkrieg". Als die Chinesen den Engländern im Jahr 1840 die Einfuhr von Opium nach China verwehren wollten und 20 000 Kisten Opium verbrannten, führte dieser Vorfall beide Völker in einen zwei Jahre dauernden Krieg.

Der Apothekergehilfe Friedrich Wilhelm Adam Sertürner isolierte 1804/5 in der Hof-Apotheke zu Paderborn das schlafbringende Prinzip. Er nannte es Morphium (später Morphin), nach *Morpheus*, dem griechischen Gott des Traumes, einem Sohn des *Hypnos*. Eine neue Dimension bekam die Morphiumsucht nach 1853, dem Jahr der Erfindung der Injektionsspritze durch Charles G. Pravaz und Alexander Wood. Die dadurch begünstigte weite Verbreitung der Morphin- und Heroinsucht ist in der Geschichte der Menschheit nur eines der vielen Beispiele des Missbrauchs einer an sich segensreichen Entdeckung.

Morphin **3.32** (Abb. 3.7) ist eines der wenigen Beispiele eines Naturstoffs, der auch heute noch in seiner ursprünglichen Form in der Therapie eingesetzt wird.

Es gehört zu den potentesten bekannten Schmerzmitteln. Bei kontrollierter, in Dosis und zeitlicher Verabreichung korrekter Anwendung ist die Gefahr der Erzeugung von Abhängigkeiten gering. Die Suchtgefahr wird von Ärzten häufig überschätzt, sodass Patienten mit starken Schmerzen oft nicht ausreichend mit Opioiden versorgt werden. Morphin ist aber auch das Paradebeispiel für die Erfolge einer systematischen Strukturvariation, sowohl in Richtung leichter Herstellbarkeit von einfachen Analoga als auch in Richtung einer selektiven Wirkung. Die ersten Abwandlungsprodukte waren einfache Derivate, wie der ebenfalls im Mohn vorkommende Methylether Codein **3.33**. Codein ist zwar schwächer wirksam als Morphin, aber nach oraler Gabe gut bioverfügbar. Es weist eine ausgeprägte hustenstillende Wirkung und ein geringes Suchtpotenzial auf. Für das stark und rasch wirkende Diacetylderivat Heroin **3.34** trifft leider das Gegenteil zu. Sein Suchtpotenzial ist enorm hoch. Heute klingt es wie eine Ironie des Schicksals, dass Heinrich Dreser, Ende des 19. Jahrhunderts leitender Pharmakologe der Firma Bayer, die klinische Prüfung von Aspirin wegen vermeintlicher Kardiotoxizität mit einem Veto verhindern wollte, andererseits aber Heroin als wirksames und gut verträgliches (sic!) Hustenmittel forcierte – bis er diese Fehleinschätzung erkannte. Codein und Heroin haben von allen Morphinderivaten die weiteste Verbreitung: Codein in zahlreichen Kombinationspräparaten, Heroin in der Drogenszene. *N*-Alkylderivate des Morphins und nahe Analoga, z. B. Naloxon **3.35**, sind Morphinantagonisten, d. h. sie heben die Wirkung von Morphin auf (Abb. 3.7).

Die Strukturaufklärung des Morphins nahm über 120 Jahre in Anspruch, die Synthese und damit der endgültige Strukturbeweis gelang Marshall Gates und Gilg Tschudi erst im Jahr 1952. Morphin enthält fünf Ringe: den aromatischen Benzolring, zwei ungesättigte Sechsringe, den stickstoffhaltigen Piperidinring und einen sauerstoffhaltigen Fünfring. Systematische strukturelle Abwandlungen hatten das

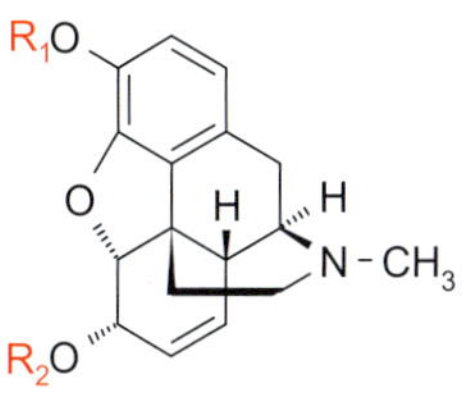

3.32 Morphin, $R_1 = R_2 = H$
3.33 Codein, $R_1 = Me, R_2 = H$
3.34 Heroin, $R_1 = R_2 = Acetyl$

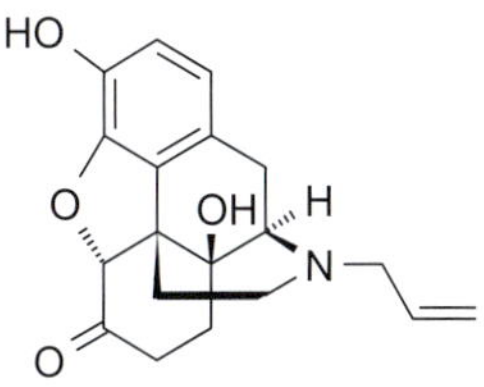

3.35 Naloxon

Abb. 3.7 Von den Leitstrukturen Morphin **3.32** und Codein **3.33** leiten sich das zentral besser verfügbare Heroin **3.34** und der Morphinantagonist Naloxon **3.35** ab.

Ziel, die Struktur zu vereinfachen, z. B. einen oder mehrere dieser Ringe aufzuschneiden oder ganz zu entfernen.

Das stark wirksame Pethidin 3.36 (Abb. 3.8), 1939 das erste vollsynthetisch hergestellte starke Schmerzmittel, leitete sich ursprünglich vom krampflösenden Atropin 3.37 ab (Abschnitt 2.8). Trotzdem erkennt man auch Analogien zum Morphin. In Levomethadon 3.38 ist der Piperidinring des Pethidins aufgeschnitten, ein Sauerstoffatom der Estergruppe entfernt und ein weiterer aromatischer Ring angefügt. Daneben gibt es Tausende von Analoga, von denen viele auch in die Therapie eingeführt wurden. Neben dem Zerschneiden des Morphins hat der Aufbau eines zusätzlichen Rings zu Analoga mit überraschend hoher Wirksamkeit geführt, z. B. zum Etorphin 3.39 (Abb. 3.8).

Über lange Zeit rätselhaft war der Umstand, weshalb unser Körper für einen Inhaltsstoff der Mohnpflanze eigene Rezeptoren, die so genannten Opiatrezeptoren, bereithält. Erst die Entdeckung der körpereigenen, morphinartig wirkenden Peptide Met- und Leu-Enkephalin (Abschnitt 1.4), die endogene Agonisten dieses Rezeptors sind, brachte die Lösung. Diese Entdeckung stimulierte eine intensive Suche nach oral wirksamen Peptiden bzw. Peptidomimetika ohne suchterzeugende Wirkung. Das Ergebnis der Arbeiten war mehr als ernüchternd. Obwohl oral wirksame Analoga gefunden wurden, war ihr Suchtpotenzial identisch mit dem des Morphins und den meisten davon abgeleiteten Derivaten.

Einige synthetische Morphinanaloga haben neben ihrer agonistischen Wirkung auf die Morphinrezeptoren auch eine schwache antagonistische Wirkung. Das Potenzial dieser Substanzen für den Missbrauch durch Süchtige ist geringer als bei den klassischen Morphinanaloga. Auch Kombinationspräparate aus Agonisten und Antagonisten sind im Handel. Bei bestimmungsgemäßer Anwendung überwiegt die Wirkung des schmerzstillenden Agonisten, da er im Überschuss vorliegt. Bei missbräuchlicher intravenöser Anwendung verdrängt aber der stärker bindende Antagonist den Agonisten, der gewünschte euphorisierende Effekt kann sich nicht einstellen.

Auch bezüglich höherer Selektivität waren die Arbeiten erfolgreich. Heute stehen für die Therapie spezifisch hustenstillende Mittel und durchfallhemmende Substanzen ohne zentrale morphinartige Wirkung, z. B. Loperamid 3.40 (Abb. 3.9), zur Verfügung. Diese Substanz überwindet zwar die Blut-Hirn-Schranke, wird aber über einen aktiven Transport sofort wieder ausgeschleust. Nach Hemmung dieses Transporters, z. B. mit Chinidin, entfaltet auch Loperamid die klassische Opiat-Wirkung. Es vereinigt in seiner Struktur sowohl Elemente des Pethidins 3.36 als auch des Levomethadons 3.38.

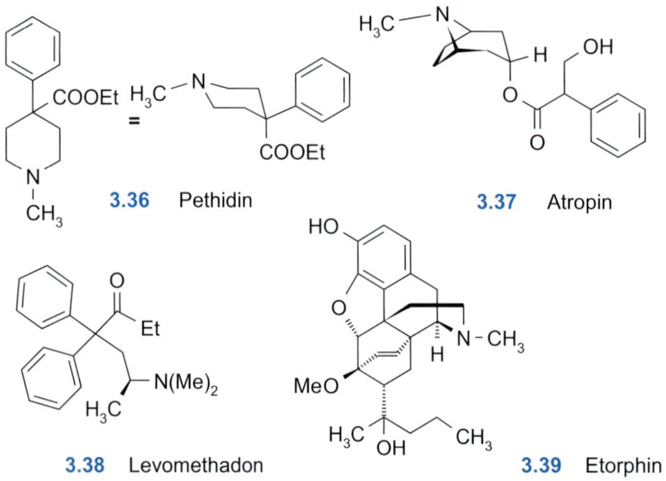

Abb. 3.8 Das Gerüst des Morphins wurde in vielfältiger Weise zerschnitten. Das stark wirksame Pethidin **3.36**, das erste vollsynthetische Schmerzmittel vom Morphintyp, wurde in den 1930er-Jahren bei der Suche nach krampflösenden Mitteln entdeckt, durch Variation der Struktur des Atropins **3.37**. Man erkennt aber, dass Pethidin sowohl den Benzolring des Morphins als auch dessen Piperidin-Ring enthält. Levomethadon **3.38** leitet sich vom Pethidin ab. Das Anfügen eines weiteren Rings an das Morphingerüst führte zu Substanzen, die in ihrer Wirkstärke alle anderen Analoga um Größenordnungen übertreffen. Etorphin **3.39** ist bei Tieren etwa 2000–10 000fach wirksamer als Morphin. Seit 1963 wird es in afrikanischen Wildparks zum Immobilisieren von Großtieren, z. B. Elefant und Nashorn, eingesetzt.

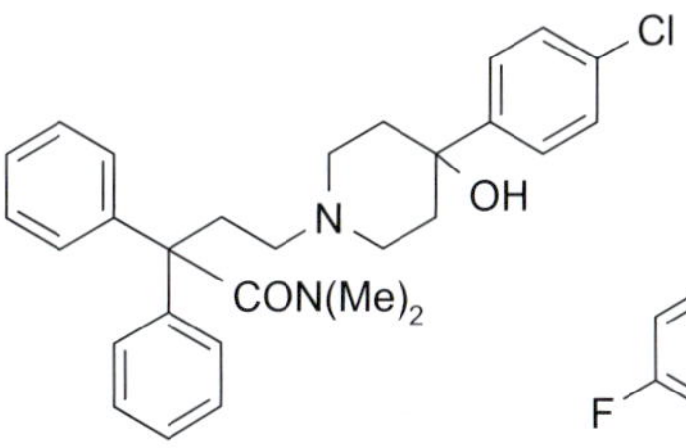

| 3.40 Loperamid | 3.41 Haloperidol |

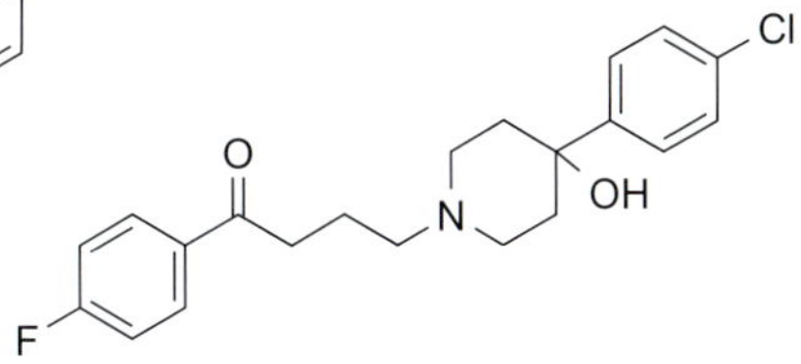

Abb. 3.9 Strukturelle Abwandlungen des Morphins und seiner Analoga haben sowohl zum selektiv antidiarrhoischen (durchfallhemmenden) Loperamid **3.40** als auch zum Neuroleptikum Haloperidol **3.41** geführt.

In diesem Abschnitt konnten nur wenige Vertreter der vieltausendfachen strukturellen Abwandlung des Morphins vorgestellt werden. Nicht unerwähnt sollte bleiben, dass der Ansatz von Paul Janssen, ausgehend von Pethidin **3.36** zu einem stark wirksamen Schmerzmittel zu kommen, zu einem unerwarteten Erfolg auf einem anderen Gebiet geführt hat. Es resultierte das Neuroleptikum Haloperidol **3.41** (Abb. 3.9), ein Mittel zur Behandlung der Schizophrenie, das seine Wirkung bevorzugt über einen Antagonismus an Dopamin-D_2-Rezeptoren entfaltet (Abschnitt 29.4).

3.4 Cocain – Droge und wertvolle Leitstruktur

Kein anderer Stoff schillert in so vielen Facetten wie das Cocain. Bereits in der Einleitung wurde erwähnt, dass es mit weitem Abstand an der Spitze aller illegalen Drogen steht. Cocain war aber auch der chemische Ausgangspunkt für eine breite Palette wertvoller Lokalanästhetika und Antiarrhythmika. Örtliche Betäubung zur schmerzfreien Zahnbehandlung und die Leitungsanästhesie bei kleinen chirurgischen Eingriffen verdanken wir der Leitstruktur Cocain. Die Übertragung der zum Teil durchaus positiven zentralen Wirkungen des Cocains auf Analoga ohne Suchtgefahr steht noch aus. Das Beispiel des Morphins lässt aber befürchten, dass auch dieses Ziel nicht zu erreichen ist.

Coca-Blätter und Cocain **3.42** (Abb. 3.10) gehören zu den am längsten bekannten Drogen. Das Kauen getrockneter Cocablätter hat in Peru und Bolivien lange Tradition. Garcilaso de la Vega beschrieb 1744, dass Coca »*die Hungrigen sättigt, den Müden und Erschöpften neue Kräfte verleiht und die Unglücklichen ihre Sorgen vergessen lässt*«. Der schottische Schriftsteller Robert Louis Stevenson (*Die Schatzinsel*) schrieb seinen Roman *The Strange Case of Dr. Jekyll and Mr. Hyde*, der die Persönlichkeitsspaltung eines Arztes unter dem Einfluss von Drogen skizziert, in nur drei Tagen und Nächten unter dem Einfluss von Cocain.

Bereits 1863 hatte sich der amerikanische Chemiker Angelo Mariani (1838–1914) ein Gemisch aus Coca-Extrakten und Wein als „*Vin Mariani*" patentieren lassen. Er wurde damit ein reicher Mann. 1886 entwickelte der Apotheker John S. Pemberton ein cocahaltiges Stimulans und Kopfschmerzmittel, das er Coca-Cola nannte. Die Rechte verkaufte er 1891 an seinen Kollegen A. G. Candler, der bereits ein Jahr später die Coca-Cola Company gründete. Bis zum Jahr 1906 enthielt Coca-Cola tatsächlich geringe Mengen Cocain, heute nur noch das harmlose Anregungsmittel Coffein. Cocain war schon um die damalige Jahrhundertwende „in Mode", besonders in Künstlerkreisen. Intensiv und ziemlich unkritisch hat sich der Wiener Psychiater Siegmund Freud (1856–1939) mit Cocain beschäftigt. Er hielt es für ein wahres Wundermittel, nahm es selbst regelmäßig ein und empfahl die breite Anwendung in der Therapie, selbst zur Behandlung von Magenschmerzen und Verstimmungen. Später, nach massiver Kritik durch seine Kollegen, rückte er davon ab.

Cocain setzt den Neurotransmitter Dopamin aus seinem Transporter (vgl. Abschnitt 30.7) frei. Meist wird es geschnupft, seltener intravenös gespritzt oder, mit Drinks vermischt, oral zugeführt. Besonders beim Schnupfen gelangt die Substanz sehr rasch ins Gehirn und führt dort über die Verdrängung von der Bindestelle des Transporters zu einer verstärkten Ausschüttung von Dopamin in den synaptischen Spalt. Bei der freien Base, die mit Natriumbicarbonat vermischt (*Crack*) geraucht wird, ist das durch die rasche Resorption in der Lunge bedingte euphorische Glücksgefühl noch stärker ausgeprägt als beim Schnupfen des Salzes (*Koks, Schnee*). Da Cocain nicht sehr lange an den Transporter bindet, wird dieser neu mit Dopamin beladen. Der gleiche Effekt lässt sich nach einiger Zeit wieder neu auslösen. Bei Cocain-Analoga, die länger binden, lässt sich der Effekt dagegen über Stunden nicht mehr wiederholen. Eine psychische Abhängigkeit von Cocain entsteht rasch, bei Crack oft schon nach einer einzigen Anwendung. Physische Entzugserscheinungen, wie bei Heroinsüchtigen, werden aber in den meisten Fällen nicht beobachtet.

Das Verdienst, die lokalanästhetische Wirkung des Cocains aufgefunden zu haben, geht nicht auf Freud zurück, sondern auf dessen Freund, den Augenarzt Carl Koller (1857–1944). Freud hatte diese Untersuchungen geplant, wollte aber im Jahr 1884 vorher noch schnell seine Freundin Martha Bernays in New York besuchen. Koller griff die Anregungen Freuds auf und führte während seiner Abwesenheit die entscheidenden Experimente zum Nachweis der Wirkung am Auge durch. Die anfangs zur Lokalanästhesie eingesetzten synthetischen Benzoesäureester und Anilide leiten sich nicht von Cocain 3.42 ab, sondern vom p-Aminobenzoesäureethylester, dem bereits 1902 in die Therapie eingeführten Benzocain 3.43. Bei den heute verwendeten Wirkstoffen Lidocain 3.44, Mepivacain 3.45 und weiteren Analoga ist dagegen der strukturelle Bezug zum Cocain zu erkennen (Abb. 3.10).

3.5 H$_2$-Antagonisten – Ulcustherapie ohne Operation

Die Geschichte der Behandlung von Magen- und Zwölffingerdarm-Geschwüren ist lang und lehrreich. Die Grundlagenforschung hat hier wichtige Wirkmechanismen aufgeklärt, ohne die es neue Arzneimittel nicht gegeben hätte. Die Entwicklung in der Therapie ging über mehrere Phasen. Immer wieder war das Bessere der Feind des Guten. Am Anfang der Behandlung standen Antacida, später Anticholinergika. Bei schweren Fällen half nur eine Operation. Die H$_2$-Antagonisten brachten den Durchbruch, die rein medikamentöse Behandlung. Anschließend erlebten wir den Siegeszug der Protonenpumpen-Hemmer, die in verschiedenen Kombinationen mit Antibiotika eingesetzt werden. Möglicherweise werden sie in Zukunft durch Impfstoffe ergänzt bzw. abgelöst.

Ein Ulcus ist ein Geschwür. Magen- oder Zwölffingerdarm-Geschwüre, meist chronischer Art, sind in der Bevölkerung außerordentlich weit verbreitet. Jede Schädigung der Schleimhautoberfläche führt dazu, dass die darunter liegenden Gewebezellen durch die Magensäure und durch proteolytische Enzyme angegriffen werden. Die Stimulation der Säureproduktion des Magens erfolgt durch Acetylcholin 3.46, Histamin 3.47 (Abb. 3.11) und Gastrin, ein Gemisch von Peptiden mit 17 („*little*" Gastrin) bzw. 34 Aminosäuren („*big*" Gastrin).

Über Jahrzehnte bestand die Behandlung von Magen- und Zwölffingerdarm-Geschwüren nur in der Reduktion der Säuremenge, z. B. durch Natriumhydrogencarbonat, Calciumcarbonat, basische Magnesiumsalze und Aluminiumoxidhydrat. Weiter fortgeschrittene Geschwüre mussten chirurgisch behandelt werden. Anticholinergika, Antagonisten des Acetylcholinrezeptors, sollten im Prinzip für eine Behandlung geeignet sein. Unspezifische Antagonisten kamen aber wegen zu starker Nebenwirkungen nicht in Frage. Erst Pirenzepin 3.48 (Abb. 3.11), ein selektiver Antagonist des muscarinischen Acetylcholinrezeptors, ein so genannter M$_1$-Antagonist, konnte zur Therapie eingesetzt werden. Die unerwünschten Nebenwirkungen unspezifischer Anticholinergika treten hier erst bei relativ hohen Dosen auf.

Die Rolle des Histamins für die Säuresekretion wurde anfangs infrage gestellt, da klassische Antihistaminika, später als H$_1$-Antihistaminika definiert, die Säuresekretion nicht reduzieren konnten. Diese Substanzen, z. B. das Diphenhydramin 3.49 (Abb. 3.11),

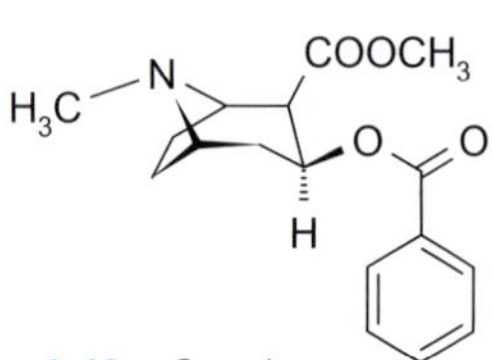

3.42 Cocain

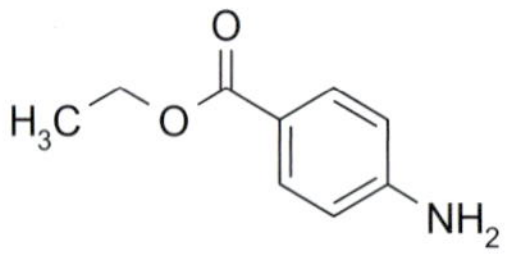

3.43 Benzocain

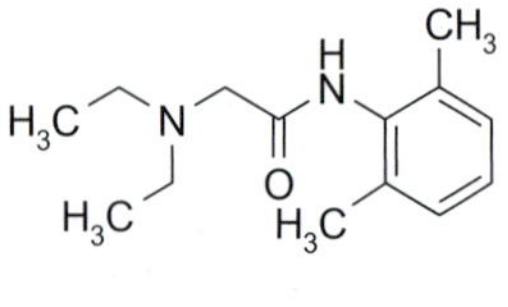

3.44 Lidocain

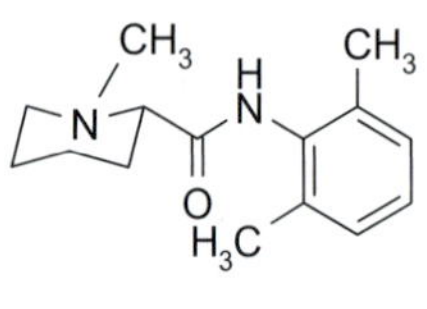

3.45 Mepivacain

Abb. 3.10 Die lokalanästhetische Wirkung des Cocains **3.42** wurde schon früh erkannt. Die unabhängig aufgefundene Leitstruktur Benzocain **3.43** und der basische Rest des Cocains waren Vorbild für synthetische Lokalanästhetika. Bei Lidocain **3.44**, das auch antiarrhythmisch wirkt, und Mepivacain **3.45** ist die strukturelle Verwandtschaft zu beiden Vorbildern klar zu erkennen.

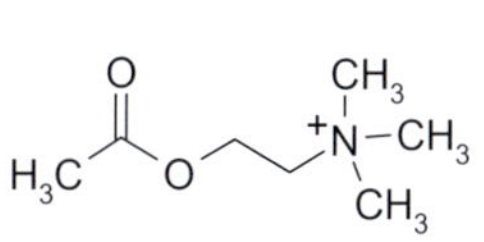

3.46 Acetylcholin

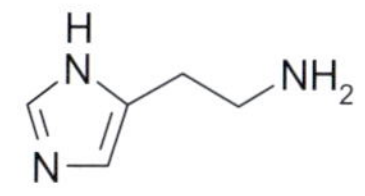

3.47 Histamin

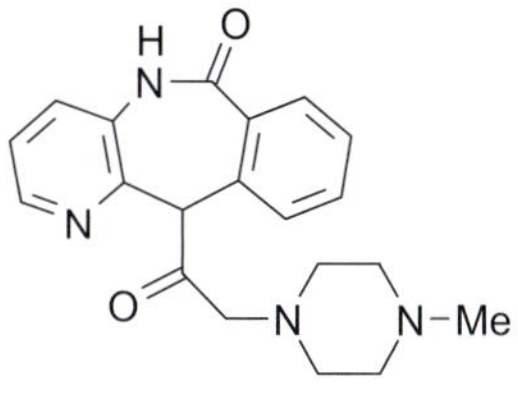

3.48 Pirenzepin

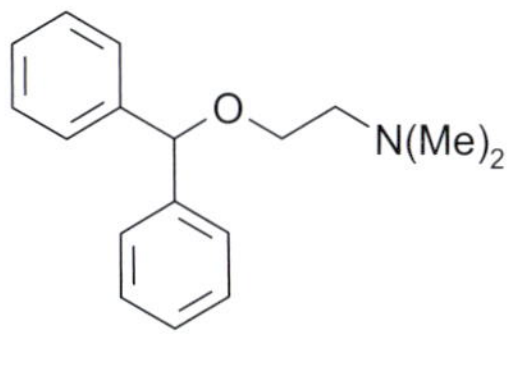

3.49 Diphenhydramin

Abb. 3.11 Acetylcholin **3.46** und Histamin **3.47** stimulieren die Säureproduktion des Magens. Der Acetylcholinrezeptor-Antagonist Pirenzepin **3.48** war das erste Arzneimittel für eine spezifische Ulcustherapie. Klassische H_1-Antihistaminika, wie das Diphenhydramin **3.49**, können die Histaminwirkungen am Magen dagegen nicht antagonisieren.

antagonisieren Histamin am Darm, an der Lunge und bei allergischen Reaktionen. Für die Behandlung des Heuschnupfens und anderer Allergien steht heute eine breite Palette unterschiedlicher Histaminantagonisten zur Verfügung. Wichtigste Nebenwirkung, vor allem der älteren Substanzen, ist ein mehr oder weniger stark ausgeprägter sedativer Effekt.

Die durch Histamin ausgelöste Säuresekretion des Magens, die Wirkung am Herzen und Uteruskontraktionen werden durch Diphenhydramin und andere Analoga nicht gehemmt. 1948 vermutete man daher erstmals, dass es zwei verschiedene Histaminrezeptoren H_1 und H_2 gibt. Der H_1-Typ wird durch Diphenhydramin gehemmt, der H_2-Typ, der für die oben genannten Wirkungen zuständig ist, nicht. Beide gehören zu der Familie der G-Protein-gekoppelten Rezeptoren (Abschnitt 29.1). Inzwischen hat man mit dem H_3- und H_4-Rezeptor zwei weitere Mitglieder der Familie entdeckt. 1964 begann James W. Black (1924) bei SmithKline & French in England drei Modelle zur Testung der Hemmung dieser anderen Effekte, der H_2-Wirkung des Histamins, zu entwickeln. Es waren ein *in vivo*-Modell, die Durchströmung des Magens bei der anästhesierten Ratte, und zwei *in vitro*-Modelle, die Hemmung der histamininduzierten Stimulation des Meerschweinchenherzens und des Rattenuterus. James Black hat später nicht nur den Nobelpreis, sondern auch den britischen Adelstitel erhalten, zwei ziemlich seltene Ehrungen für einen industriellen Pharmaforscher.

Eine jahrelange Suche nach H_2-Antagonisten blieb aber erfolglos, trotz Anwendung aller Strategien, die von der Entwicklung anderer Rezeptorantagonisten bekannt waren. Die amerikanische Zentrale des Unternehmens in Philadelphia wurde ungeduldig, sie wollte das Programm beenden. Gerade zu dieser Zeit gab es aber die ersten erfolgversprechenden Ergebnisse. Da alle lipophilen Analoga absolut unwirksam waren, hatte man sich wieder den bereits früher untersuchten polaren Verbindungen zugewandt. Eine schon 1928 synthetisierte und damals unwirksam gefundene Substanz, N_α-Guanylhistamin **3.50** (Abb. 3.12), erwies sich jetzt doch als schwacher Antagonist. Dieser Effekt war nicht aufgefallen, da **3.50**, genau betrachtet, ein partieller Agonist ist und daher schwache Histaminwirkung zeigt. Innerhalb weniger Tage wurde mit dem S-(2-Imidazolyl-4-yl-ethyl)-isothioharnstoff **3.51** eine erste Leitstruktur mit interessanter Aktivität gefunden (Abb. 3.12).

Die Verlängerung der Seitenketten dieser beiden Verbindungen lieferte partielle Agonisten, deren antagonistische Wirkungen aber zu schwach waren. Erst das Verlassen der Hypothese, dass ein basischer Stickstoff in der Seitenkette für die Wirkung erforderlich sei, führte 1972, nach Kettenverlängerung und N-Methylsubstitution der Thioharnstoffgruppe, zum ersten klinisch einsetzbaren H_2-Antagonisten, dem Burimamid **3.52**. Die Prüfung am Menschen bestätigte die Wirkung, die Bioverfügbarkeit war aber zu niedrig. Der nächste Meilenstein in der Entwicklung war Metiamid **3.53** (Abb. 3.12), das insgesamt um den Faktor 5–10 wirksamer war als Burimamid und klinisch den gewünschten ulcusheilenden Effekt aufwies. Bei einigen Patienten trat allerdings eine Granulozytopenie auf, eine gefährliche Verminderung der weißen Blutkörperchen, die als Nebenwirkung nicht toleriert werden konnte.

Die Not war groß. Es war nicht abzusehen, ob dieser Effekt nicht etwa ursächlich mit dem H_2-Antagonismus verbunden war. Es ist dem Unternehmen zu danken, dass es das Risiko einging, weiterzuforschen. Das Schwefelatom der Thioharnstoffgruppe wurde als Schuldiger verdächtigt. Isosterer Austausch gegen Sauerstoff lieferte ein deutlich schwächer wirkendes Harnstoff-Analogon. Austausch gegen =NH führte zu einem Guanidin zurück, das stark basisch, aber trotzdem antagonistisch wirksam war. Substitution der Iminogruppe mit einer NO_2- oder CN-Gruppe führte zu schwach basischen Analoga, die in ihrer antagonistischen Wirkung dem Metiamid vergleichbar waren. Das etwas aktivere der beiden Analoga, das Cimetidin **3.54** (Abb. 3.12), wurde klinisch geprüft. Im November 1976 wurde es in England, im August 1977 auch in den USA in die Therapie eingeführt. 1979 war die Substanz schon in über hundert Ländern im Han-

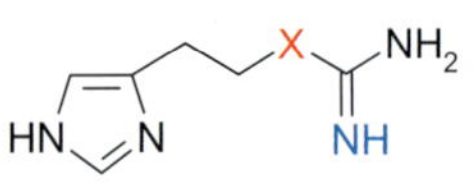

3.50 X = -NH-
3.51 X = -S-

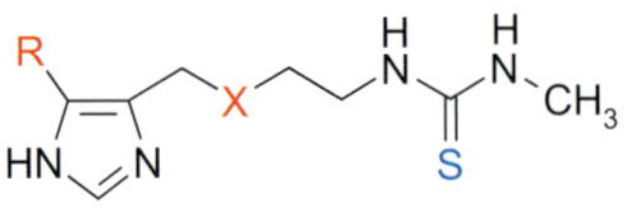

3.52 Burimamid, R = H, X = -CH$_2$-
3.53 Metiamid, R = CH$_3$, X = -S-

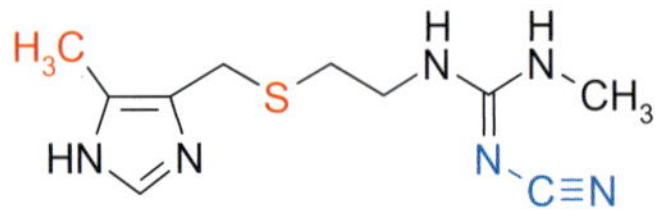

3.54 Cimetidin

Abb. 3.12 N_α-Guanylhistamin **3.50** und S-(2-Imidazolyl-4-yl-ethyl)-isothioharnstoff **3.51** dienten als Leitstrukturen für Antihistaminika vom H$_2$-Typ. Die ersten klinisch geprüften H$_2$-Antagonisten Burimamid **3.52** und Metiamid **3.53** waren für die Therapie noch ungeeignet. Erst die Entwicklung des Cimetidins **3.54** führte zum Durchbruch und zu einem überaus erfolgreichen Arzneimittel.

del. Bereits kurz darauf, 1983, war Cimetidin (Tagamet®) in vielen Ländern das meistverordnete Arzneimittel, der Weltumsatz lag bei rund einer Milliarde US-$.

Ein so erfolgreiches Arzneimittel lässt andere Unternehmen nicht zur Ruhe kommen. In der Arzneimittelgeschichte gibt es viele Fälle, dass bedeutende neue Prinzipien von Entwicklungen anderer Firmen wirtschaftlich überholt wurden. Beispiele dafür sind die strukturell ganz unterschiedlichen Calciumantagonisten Verapamil und Nifedipin (Abschnitt 2.6) und die Inhibitoren des Angiotensin-Konversionsenzyms Captopril und Enalapril (Abschnitt 25.4).

So verlief die Entwicklung auch bei den H$_2$-Antagonisten. Bei Allen and Hanburys, einer Tochterfirma von Glaxo, wurde schon seit 1960 auf dem Gebiet der Ulcustherapie geforscht. Eine erste Leitstruktur **3.55** (Abb. 3.13), ein Aminotetrazol mit etwa gleicher Wirkstärke wie Burimamid, wurde systematisch abgewandelt, ohne jeden Erfolg. Auch hier wollte das Management die Forschung schon einstellen, zugunsten der weiteren Bearbeitung von Anticholinergika. Der Durchbruch gelang über den Ersatz des Tetrazolrings durch einen Furanring. Das war eine nicht gerade nahe liegende Idee, denn alle vorher hergestellten Substanzen hatten in diesem Ring mindestens einen Stickstoff enthalten! Die –CH$_2$SCH$_2$CH$_2$-Kette wurde vom Metiamid **3.53** übernommen, zur Verbesserung der Wasserlöslichkeit wurde noch eine Dimethylaminomethylengruppe eingeführt und fertig war der Wirkstoff AH 18665 **3.56** (Abb. 3.13).

Die Chemiker synthetisierten auch das Cyanoguanidin AH 18801 **3.57**, das in seiner Wirkstärke bereits mit Cimetidin **3.54** vergleichbar war. Die Substanzeigenschaften waren aber unbefriedigend, der Schmelzpunkt lag zu niedrig. Das Nitrovinyl-Analogon **3.58** sollte in dieser Beziehung den Erfolg bringen. Es wurde synthetisiert und war ein Öl! Nicht weiter schlimm, denn zum Trost war es bei der Ratte um den Faktor 10 wirksamer als das Cyanoguanidin **3.57**. Ranitidin **3.58** (Abb. 3.13) wurde zum Arzneimittel entwickelt und 1981 als Zantac® und Sostril® in die Therapie eingeführt. Gegenüber Cimetidin hat Ranitidin eine um den Faktor 4–5 höhere Wirkstärke beim Menschen und den Vorteil einer höheren Selektivität.

1987 überholte Ranitidin im Umsatz bereits das Cimetidin. Mit vier Milliarden US-$ Weltumsatz im Jahr 1994 wurde es das bis dahin wirtschaftlich erfolgreichste Arzneimittel, bezogen auf den jährlich erzielten Umsatz. Innerhalb weniger Jahre hat es die Firma Glaxo an die Spitze der Weltrangliste aller Pharmaunternehmen katapultiert. Glaxo hat diese Chance genutzt. Die Forschung des Unternehmens und seine Strategie in der Arzneimittelentwicklung gehören heute „zum Feinsten" in der Branche. Durch Übernahmen und Vereinigungen mit Konkurrenten ist Glaxo heute als „GSK" eine der größten Pharmafirmen am Markt.

Für Cimeditin **3.54** wurde inzwischen über eine Antitumorwirkung bei Kolon-, Magen- und Nierenkrebs berichtet. Offensichtlich unterdrückt die Verbindung die tumorvermittelte, durch Interleukin-1 induzierte Aktivierung von Selektinen (Abschnitt 31.3). Aus der chemischen Struktur des Cimetidins ist zu verstehen, dass es hohe Affinität zu Cytochrom-P450-Enzymen, vor allem CYP 3A4, besitzt (Abschnitt 27.6). In Folge treten deutliche Interaktionen mit anderen, gleichzeitig verabreichten Wirkstoffen auf, die über CYP 3A4 metabolisiert werden. Der zunächst als unverzichtbar angesehene Imidazolbaustein in **3.54** blockiert in den P450-Enzymen das katalytische Eisenzentrum. Beim Ranitidin **3.58**, das an der gleicher Stelle einen Furanring trägt, fehlt die P450-hemmende Wirkung. Nur wenige Arzneistoffe haben nach Cimetidin und Ranitidin den Weg zum Marktprodukt erfolgreich beschritten. Nizatidin **3.59** und Famotidin **3.60** enthalten einen Thiazolring als

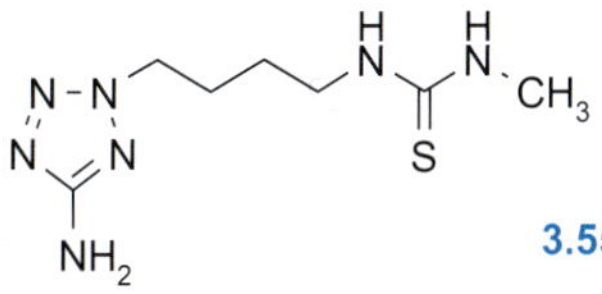

3.55

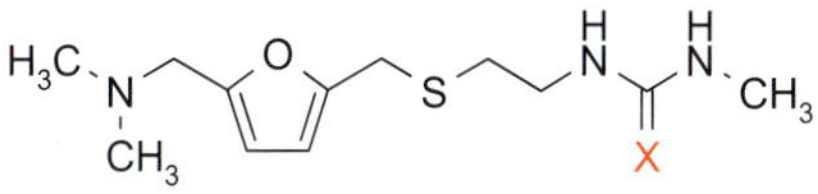

3.56 AH 18665, X = S
3.57 AH 18801, X = N-CN
3.58 Ranitidin, X = CH-NO$_2$

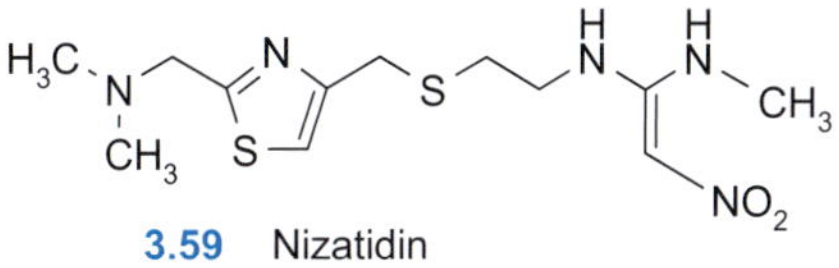

3.59 Nizatidin

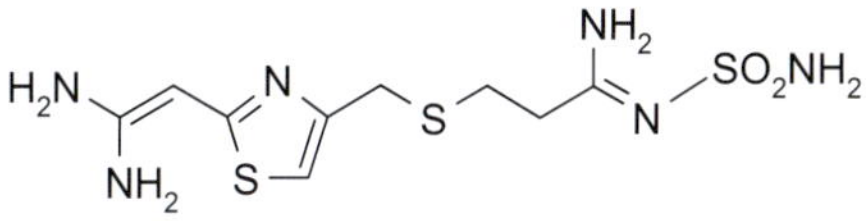

3.60 Famotidin

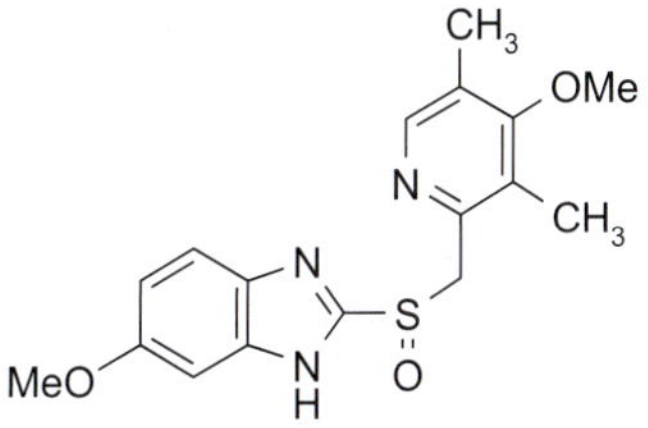

3.61 Omeprazol

Abb. 3.13 Die Leitstrukturen **3.55–3.57** waren Stationen auf dem Weg zum Ranitidin **3.58**, dem in den 1980er-Jahren wirtschaftlich bedeutendsten Arzneistoff. Neuere Entwicklungen stellen Nizatidin **3.59** und Famotidin **3.60** dar. Omeprazol **3.13** ist ein Hemmstoff der Protonenpumpe.

Heterocyclus (Abb. 3.13). Die elektronenziehende Gruppe am Guanidinrest wird in **3.60** durch eine Sulfonamidgruppe gebildet.

Aber auch für die H$_2$-Blocker gilt: Gute Präparate werden durch bessere abgelöst. Nachgeschaltet zur Stimulation der säureproduzierenden Zellen wird die H$^+$/K$^+$-ATPase aktiv, ein Enzym, das unter Energieverbrauch Protonen aus der Zelle pumpt, im Austausch gegen Kaliumionen. Wenn man auf dieser Stufe „den Hahn zudreht", ist nicht nur die histamininduzierte, sondern auch die acetylcholin- und gastrinvermittelte Säuresekretion unterbunden. Als Hemmer dieser Protonenpumpe wurde Omeprazol **3.61** entwickelt, ein Prodrug, das erst nach Umlagerung zu einem irreversiblen Hemmstoff wird (Abschnitt 9.5). Die Wirkung von Omeprazol hält dadurch länger an, die Reduzierung der Säuresekretion ist stärker als bei den H$_2$-Antagonisten. Magen- und Zwölffingerdarmgeschwüre heilen schneller und zuverlässiger ab. Auch diese Substanz hat voll eingeschlagen. In der Summe hatten die Präparate Losec®, Antra® (beide Astra) und Prilosec® (Merck & Co., USA) Ende des letzten Jahrtausends über sechs Milliarden US-$ Weltumsatz, trotz ihrer gegenüber Ranitidin viel späteren Markteinführung. Die später eingeführte enantiomerenreine Form Esomeprazol (Nexium®) erreichte 2007 sogar sieben Milliarden US-$ Umsatz.

Aber auch das ist noch nicht das Ende der Geschichte. Obwohl im Prinzip bereits seit 1983 bekannt, wurde 1994 auf einer Konferenz des National Institute of Health (NIH), USA, erstmals umfassend die Bedeutung des Bakteriums *Helicobacter pylori* für die Entstehung von Magengeschwüren diskutiert. Dieses Bakterium infiziert einen Großteil der Menschheit bereits in der Kindheit. Häufig wird es innerhalb der Familie weitergegeben, schon ein Kuss kann zum Anstecken reichen. Bei einem Teil der Betroffenen verursacht es Schädigungen der Magen- bzw. Darmwand, die dann Geschwüre auslösen. In der Zwischenzeit wird es aber nicht nur für Geschwüre, sondern auch für mindestens zwei verschiedene Formen des Magenkrebses verantwortlich gemacht. Viele antibakterielle Wirkstoffe übersteht es ebenso unbeschadet wie das saure Milieu des Magens. Es besitzt eine Urease, die durch Freisetzung von Ammoniak in der lokalen Umgebung die Magensäure abpuffert.

Mittel der Wahl zur Behandlung solcher Infektionen sind Kombinationen von H$_2$-Blockern und Protonenpumpen-Hemmern mit Antibiotika. Allerdings scheint *Helicobacter* gegen viele Antibiotika rasch resistent zu werden. Für die weitere Forschung auf diesem wichtigen Gebiet ist es daher als Erfolg zu verbuchen, dass seit Anfang 1995 ein erstes Tiermodell zur Verfügung steht, eine anhaltende *Helicobacter*-Infektion bei der Maus. Es wird an der Entwicklung von Impfstoffen gearbeitet. Bei einem Teil der geimpften Patienten reicht die Immunantwort aus, das Bakterium abzuwehren. Für den Praxiseinsatz muss die Zuverlässigkeit allerdings noch gesteigert werden. Vielleicht könnte in absehbarer Zukunft die Ulcustherapie wieder anders aussehen, z. B. über eine Schluckimpfung mit lebenslänglichem Schutz. Die daraus folgende Revolution ist absehbar – eine einmalige Behandlung ohne wiederholte Magenspiegelungen. Den Patienten kann es freuen. Andere werden diesen dramatischen Wechsel in der Therapie mit eher gemischten Gefühlen sehen.

Literatur

Allgemeine Literatur

G. Ehrhart und H. Ruschig, Arzneimittel. Entwicklung, Wirkung, Darstellung, 2. Auflage, Verlag Chemie GmbH, Weinheim, 1972

A. Burger, A Guide to the Chemical Basis of Drug Design, John Wiley & Sons, New York, 1983

E. Verg, Meilensteine. 125 Jahre Bayer, 1863–1988, Bayer AG, 1988

W. Sneader, Drug Prototypes and their Exploitation, John Wiley & Sons, Chichester, 1996

J. Ryan, A. Newman und M. Jacobs, Editors, The Pharmaceutical Century. Ten Decades of Drug Discovery, Supplement to ACS Publications, American Chemical Society, Washington, 2000

W. Sneader, Drug Discovery. A History. John Wiley & Sons, Chichester, 2005

Spezielle Literatur

Aspirin – eine unendliche Geschichte, Research. Das Bayer-Forschungsmagazin, Heft 6, S. 4–21 (1992) und weitere Artikel in diesem Heft.

C. Patrono, Aspirin and Human Platelets: From Clinical Trials to Acetylation of Cyclooxygenase and Back, Trends Pharm. Sci. **10**, 453–458 (1989)

B. Battistini, R. Botting und Y. S. Bakhle, COX-1 and COX-2: Toward the Development of More Selective NSAIDs, Drug News & Perspectives **7**, 501–512 (1994)

R. H. Schirmer und K. Becker, Malaria – Geschichte und Geschichten, Futura **4**, 15–21 (1993)

J. Wiesner, R. Ortmann, H. Jomaa und M. Schlitzer, New Antimalarial Drugs. Angew. Chem., Int. Ed. Engl. **42**, 5274–5293 (2003)

M. Schlitzer, Malaria Chemotherapeutics Part I: History of Antimalarial Drug Development, Currently Used Therapeutics, and Drugs in Clinical Development, ChemMedChem **2**, 944–986 (2007)

W. R. Kelce et al., Persistent DDT Metabolite p,p'-DDE is a Potent Androgen Receptor Antagonist, Nature **375**, 581–585 (1995)

K.-L. Täschner und W. Richtberg, Koka und Kokain. Konsum und Wirkung, 2. Auflage, Deutscher Ärzte-Verlag, Köln, 1988

H. Kubas und H. Stark, Medizinische Chemie von Histamin-H_2-Rezeptorantagonisten, Pharm. u. Z. **36**, 24–32 (2007)

Protein-Ligand-Wechselwirkungen als Grundlage der Arzneistoffwirkung

4

Für den gezielten Entwurf eines Arzneistoffs gilt es zunächst die Frage zu beantworten: **Wie wirkt überhaupt ein Arzneistoff?** Wie findet Aspirin® die Kopfschmerzen, warum senkt ein Betablocker den Blutdruck, wo greift ein Calciumantagonist an, wie wirkt Cocain, wie verhindern Sulfonamide die Vermehrung von bakteriellen Krankheitserregern? Ein Wirkstoff muss, um seine Wirkung zu entfalten, im Körper an ein ganz bestimmtes Zielmolekül binden. Meistens handelt es sich dabei um ein Protein, aber auch Nucleinsäuren in Form von RNA und DNA können Zielstrukturen für Wirkstoffe sein. Die wichtigste Voraussetzung für die Bindung ist zunächst, dass der Wirkstoff die richtige Größe und Gestalt aufweist, um optimal in eine Vertiefung an der Oberfläche des Proteins, die Bindetasche, hineinzupassen. Darüber hinaus ist es aber auch notwendig, dass die Oberflächeneigenschaften von Ligand und Protein zueinander passen, damit sich spezifische Wechselwirkungen ausbilden können. Emil Fischer verglich 1894 die genaue Passform eines Substrats für das Katalyse-Zentrum eines Enzyms mit dem Bild von **Schlüssel und Schloss**. Paul Ehrlich formulierte 1913 »*Corpora non agunt nisi fixata*«, wörtlich übersetzt „die Körper wirken nicht, wenn sie nicht gebunden sind". Damit wollte er ausdrücken, dass Arzneistoffe, die Bakterien oder Parasiten abtöten sollen, von diesen „fixiert", d. h. an ihre Strukturen gebunden werden müssen. Beide Konzepte bildeten den Ausgangspunkt rationaler Arzneistoffforschung. Im weitesten Sinne gelten sie auch heute noch. Ein Arzneistoff muss nach der Einnahme an seinen Wirkort gelangen und dort mit einem **biologischen Makromolekül** in Wechselwirkung treten. Spezifische Wirkstoffe haben eine hohe Affinität zu einer Bindestelle dieses Makromoleküls und ausreichende Selektivität. Nur so entfalten sie die gewünschte biologische Wirkung weitgehend ohne Nebenwirkungen.

Die wichtigsten Begriffe, die mit der Wirkung von Arzneistoffen zusammenhängen, sind in Tabelle 4.1 in kurzen Definitionen aufgelistet. Im Detail werden diese Begriffe an exemplarischen Vertretern von Zielstrukturen für eine Arzneistoffwirkung in den Kapiteln 22–32 beschrieben. Oft wirken Arzneistoffe als Inhibitoren von Enzymen bzw. als Agonisten oder Antagonisten von Rezeptoren. Enzyminhibitoren und Rezeptorantagonisten besetzen eine Bindestelle und verhindern so die Anlagerung eines Substrats oder eines endogenen Rezeptorliganden. Agonisten weisen eine zusätzliche Qualität auf, die so genannte **intrinsische Wirkung**. Sie hat zur Folge, dass der Rezeptor eine dreidimensionale Struktur einnimmt, die in Form eines nachgeschalteten Prozesses eine Antwort auslöst.

Obwohl Ionenkanäle, Poren und Transportersysteme im weitesten Sinn ebenfalls Rezeptoren oder Enzyme sind, behandelt man sie als eigenständige Gruppen. Oft wird die Bezeichnung „**Rezeptor**" sehr ungenau verwendet, als übergeordneter Begriff für jedes biologische Makromolekül, das mit einem Arzneistoff in Wechselwirkung tritt.

Biomoleküle kommunizieren häufig untereinander über die Erkennung und Ausbildung großer gemeinsamer Kontaktflächen. Über solche Kontakte verlaufen beispielsweise der primäre Angriff und die anschließende Aufnahme von Viren, Bakterien und Parasiten in Wirtszellen. Viele Zellen bekommen durch die Bindung eines Makromoleküls an einen Oberflächenrezeptor ein Signal vermittelt. Auch das Rollverhalten von Erythrozyten in Blutgefäßen wird über solche Rezeptoren an Zelloberflächen gesteuert. Diese Systeme werden zunehmend für die Arzneistofftherapie erschlossen (Kapitel 31), wobei häufig auch makromolekulare Wirkstoffe, so genannte „*biologicals*" oder Biopharmaka (Kapitel 32) als Therapeutika Einzug in den Arzneischatz finden.

Tabelle 4.1 Kurze Definitionen der wichtigsten Begriffe

Begriff	Definition
Ligand	Ein (meist kleineres) Molekül, das an ein biologisches Makromolekül bindet.
Enzym	Ein körpereigener Biokatalysator, der ein oder mehrere Substrate zu ein oder mehreren Produkten umsetzt.
Substrat	Ein Ligand, der Edukt für eine enzymatische Reaktion ist.
Inhibitor	Ein Ligand, der die Bindung eines Substrats an ein Enzym direkt (kompetitiv), indirekt (allosterisch), reversibel oder irreversibel verhindert.
Rezeptor	Ein membrangebundenes oder lösliches Protein (bzw. ein Proteinkomplex), das nach Bindung eines Agonisten einen Effekt auslöst.
Agonist	Ein Ligand eines Rezeptors, der einen intrinsischen Effekt aufweist, d. h. eine Rezeptorantwort erzeugt.
Antagonist	Ein Ligand eines Rezeptors, der die Bindung eines Agonisten direkt (kompetitiv) oder indirekt (allosterisch) verhindert.
partieller Agonist	Ein schwacher Agonist, der hohe Affinität zur Bindestelle hat, d. h. auch als Antagonist wirkt.
inverser Agonist	Ein Ligand, der die inaktive Konformation eines Rezeptors oder Ionenkanals stabilisiert.
funktioneller Antagonist	Eine Substanz, die über einen anderen Wirkmechanismus eine Rezeptorantwort verhindert.
allosterischer Effektor	Ein Ligand, der die Funktion eines Proteins über eine Änderung der 3D-Struktur dieses Proteins beeinflusst.
Ionenkanal	Eine von Proteinen gebildete Pore, die bestimmte Ionen entlang eines Konzentrationsgradienten durch die Zellmembran ein- oder ausströmen lässt. Öffnen und Schließen erfolgt über die Bindung eines Liganden oder über die Änderung des Membranpotenzials.
Transporter	Ein Protein, das unter Energieverbrauch Moleküle oder Ionen gegen einen Gradienten durch die Zellmembran transportiert.
Antimetabolit	Eine Substanz, die in die Biosynthese eines zentralen Stoffwechselprodukts eingreift, als falsches Substrat oder als Inhibitor.

4.1 Das Schlüssel-Schloss-Prinzip

Emil Fischer untersuchte in den frühen achtziger Jahren des 19. Jahrhunderts die Spaltung von Glucosiden mit verschiedenen Enzymen, die sich nur in der Stereochemie am glycosidischen Kohlenstoffatom unterschieden. Dabei fiel ihm auf, dass bestimmte Glucoside nur von einer Gruppe Enzyme gespalten werden. Andere Glucoside werden dagegen nur von einer anderen Gruppe von Enzymen gespalten. Er zog den richtigen Schluss aus seiner Beobachtung und formulierte 1894 in den Berichten der Deutschen Chemischen Gesellschaft:

»Die beschränkte Wirkung der Enzyme auf die Glucoside ließe sich also auch durch die Annahme erklären, dass nur bei ähnlichem geometrischen Aufbau diejenige Annäherung der Moleküle stattfinden kann, welche zur Auslösung des chemischen Vorganges erforderlich ist. Um ein Bild zu gebrauchen, will ich sagen, dass Enzym und Glucosid wie Schloss und Schlüssel zueinander passen müssen, um eine chemische Wirkung aufeinander ausüben zu können. Diese Vorstellung hat jedenfalls an Wahrscheinlichkeit und an Wert für die stereochemische Forschung gewonnen, nachdem die Erscheinung selbst aus dem biologischen auf das rein chemische Gebiet verlegt ist.«

Noch im gleichen Jahr hat er dieses Bild verfeinert:

»Hier übt offenbar der geometrische Bau auf das Spiel der chemischen Affinitäten einen so großen Einfluss, dass mir der Vergleich der beiden in Wirkung tretenden Moleküle mit Schlüssel und Schloss erlaubt zu sein schien. Will man der Thatsache, dass einige Hefen eine grössere Zahl von Hexosen als andere vergähren können, gerecht werden, so ließe sich das Bild noch durch die Unterscheidung von Haupt- und Specialschlüssel vervollständigen.«

Emil Fischer hat dieses Bild nicht mehr weiter verfolgt, später sogar kritisiert, dass es zu oft in unpassendem Zusammenhang zitiert wurde. Die Konfiguration der Zucker interessierte ihn, die der isomeren Glucoside aber nicht. Zu rein theoretischen Überlegungen hatte er eine eher distanzierte Haltung. In einem Brief schreibt er dazu 1912: »*Ich selbst habe an theoretischen Dingen nicht so viel Vergnügen.*« Eine bemerkenswerte Bescheidenheit dieses Mannes, der al-

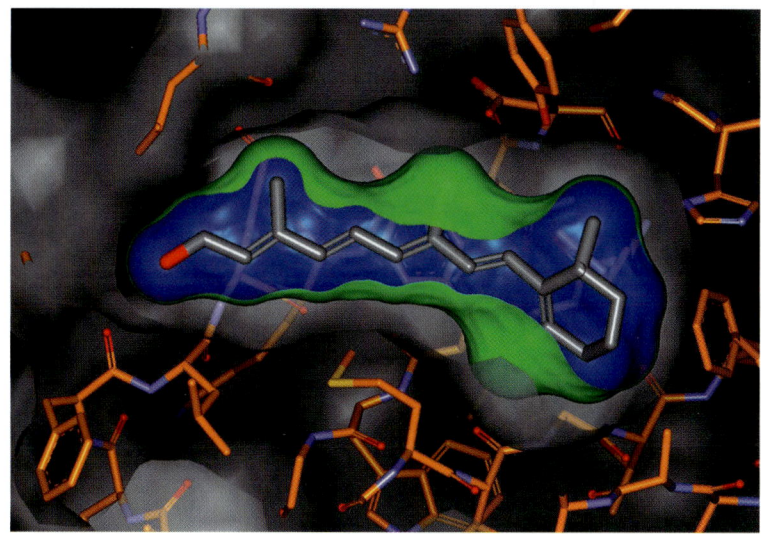

Abb. 4.1 Wie ein Schlüssel im Schloss liegt das Vitamin A (= Retinol) in der Bindetasche seines Transportproteins. Die Oberfläche des Liganden ist grün dargestellt. Vom Protein ist nur die direkte Umgebung der Bindetasche zu sehen. Zur besseren Übersichtlichkeit wurde der vor und hinter der Bindestelle liegende Teil des Proteins ausgeblendet.

lein mit seinem Bild von Schlüssel und Schloss einen solch großen Einfluss auf die Wirkstoffforschung ausgeübt hat! Emil Fischer wäre sicher glücklich und stolz gewesen, hätte er die Ergebnisse der Röntgenstrukturanalysen von Protein-Ligand-Komplexen sehen können, z. B. von Retinol (= Vitamin A), eingelagert in das Retinol-Bindeprotein, ein Transportprotein dieses Moleküls (Abb. 4.1).

Viele Bindestellen diskriminieren überaus spezifisch zwischen chemisch nahe verwandten Analoga. Bei der Proteinbiosynthese darf nicht das kleinste Missgeschick passieren. Friedrich Cramer hat die Erkennungsmechanismen des Einbaus der Aminosäuren Valin und Leucin genauer untersucht. Diese beiden Aminosäuren unterscheiden sich in ihren Seitenketten nur durch den Austausch einer Methylgruppe gegen eine Ethylgruppe. Das kleinere Valin sollte ohne Weiteres in das „Schloss" für Leucin passen, aber vielleicht etwas weniger fest binden. Eine eindeutige Unterscheidung, wie sie für eine fehlerfreie Proteinsynthese unbedingt erforderlich ist, kann nur über eine mehrfach wiederholte Erkennung erfolgen. Genau das ist der Fall. Eine unter Energieverbrauch mehrfach wiederholte „misstrauische" Prüfung lässt den Fehler auf eine Quote von unter 1 : 200 000 sinken. Wegen dieser scharfen Kontrolle mit Rückkopplung haben aber auch die richtigen Bindungspartner nur zum Teil Erfolg. Über 80 % werden als „zweifelhaft" abgewiesen. In der Bilanz gibt das immer noch eine Genauigkeit von etwa 1 : 40 000.

Weniger selektiv ist das Retinol-Bindeprotein. Hier ist offensichtlich eine so hohe Genauigkeit für eine einwandfreie Funktion nicht erforderlich. Neben dem „gestreckten" Retinol bindet es auch ein „geknicktes" Isomeres und chemisch verwandte Substanzen. Wieder andere Proteine diskriminieren nur sehr wenig. Beispiele dafür sind die Verdauungsenzyme (Abschnitt 23.3), Enzyme für metabolische Umsetzungen, z. B. die Cytochrome (Abschnitt 27.6), und das Glycoprotein GP-170, das für die Resistenz von Tumorzellen verantwortlich ist (Abschnitt 30.7). Ein Transportprotein aus Bakterien, das Oligopeptid-bindendes Protein A (OppA), kann in seiner Bindetasche beliebige Peptide mit zwei bis fünf Aminosäuren mit etwa gleicher Affinität binden, ein extremer Fall von „chemischer Promiskuität".

Linus Pauling übertrug das Schlüssel-Schloss-Prinzip auf den **Übergangszustand** einer enzymatischen Umsetzung. Während der Bindung des Substrats erfolgt oft eine flexible Anpassung. Der Übergangszustand der Reaktion bindet fester an das Enzym als das Substrat oder das Produkt (Abschnitt 22.3). Er wird durch die funktionellen Gruppen der Bindestelle stabilisiert. Das Schlüssel-Schloss-Prinzip wurde wegen der Beweglichkeit des Liganden und der Bindestelle mehrfach in Frage gestellt. Aber auch bei einem Sicherheitsschloss sind die Zapfen beweglich und damit ein essenzieller Bestandteil des Mechanismus.

Daniel E. Koshland entwickelte in den 1950er-Jahren die Theorie des *induced fit*, der induzierten Anpassung. Sie besagt, dass ein Ligand durch seine Bindung an das Protein eine Änderung der Konformation induziert. Sie schafft erst die Voraussetzung für einen bestimmten Effekt, z. B. die enzymatische Spaltung des Substrats. Dieser Mechanismus widerspricht nicht dem Schlüssel-Schloss-Prinzip, denn, wie beschrieben, auch bei einem Sicherheitsschloss gibt es bewegliche Teile. Kleine induzierte Anpassungen spielen eine sehr große Rolle bei der Bildung von Ligand-Rezeptor-Komplexen. Aber auch Umlagerungen ganzer Einheiten (Domänen) werden beobachtet. In aller Regel hat die Anpassungsfähigkeit eines Proteins etwas mit dessen Funktion zu tun. Oft müssen Proteine hinreichende Flexibilität besitzen, um ihrer biologischen Aufgabe nachkommen zu können.

Für den rationalen Entwurf von Liganden gibt es zwei grundverschiedene Ausgangssituationen, die sich durch den Informationsgehalt über das System unterscheiden. Entweder ist die exakte dreidimensionale Struktur der Bindestelle bekannt oder sie ist unbekannt. Im ersten Fall kennt man also das Schloss sehr genau und muss „nur" den passenden Schlüssel dafür feilen (Kapitel 20). Im anderen Fall entsprechen wirksame und unwirksame Analoga passenden bzw. nicht passenden Schlüsseln. Durch Vergleiche der Schlüssel und systematische Variation versucht man, noch besser passende Schlüssel zu entwerfen (Kapitel 17).

Im nachfolgenden Teil dieses Kapitels soll die Bindung eines niedermolekularen Arzneistoffs („Liganden") an einen makromolekularen Rezeptor genauer beleuchtet werden. Solche Zielstrukturen für Wirkstoffe können sowohl außerhalb wie innerhalb von Zellen vorkommen, oder sie sind in die Zellwand eingebettet. Daher wollen wir uns zunächst kurz mit dem Aufbau und der Funktion von Zellmembranen befassen, bevor die Protein-Ligand-Wechselwirkungen im Vordergrund stehen.

4.2 Die wichtige Rolle der Membranen

Die meisten biologischen Vorgänge in unserem Körper laufen in Zellen ab. Diese Zellen sind von einer Membran umgeben, die den Zellinhalt vor dem „Auslaufen" schützt. Sie erschwert das Eindringen unerwünschter Fremdstoffe und vermittelt Kontakte zu Nachbarzellen. Auch innerhalb der Zellen befinden sich Membranen, die Strukturen bilden (so genannte Kompartimente) und einzelne Zellbestandteile voneinander trennen. Bei Säugerzellen besteht die Außenmembran aus einer **Lipid-Doppelschicht**, in die Proteine und vereinzelte Cholesterinmoleküle eingebettet sind (Abb. 4.2). Alle Moleküle können sich relativ frei bewegen. Man spricht deshalb von einer „fluiden Mosaikmembran".

Lipidmembranen dieses Typs wirken als Barrieren für polare Stoffe und als durchlässige Schichten für unpolare Moleküle. Die Bedeutung der Membranen für den Transport und die Verteilung von Arzneistoffen wird in Kapitel 19 ausführlich diskutiert. Hier soll nur die wichtige Funktion der Lipidmembranen für die Wirkung eines Arzneistoffs diskutiert werden. Die in Membranen eingebetteten Proteine gehören ganz unterschiedlichen Klassen an. Zu ihnen zählen membranverankerte und membranständige Enzyme, die große Klasse der G-Protein-gekoppelten Rezeptoren (Kapitel 29), Ionenkanäle, Poren und Transporter (Kapitel 30) oder Oberflächenrezeptoren (Kapitel 31).

Die beiden Außenseiten der Lipid-Doppelschicht sind wegen der kopfständigen Phosphat- und Ethanolamingruppen der Membranlipide sehr polar. Innen finden sich nur Alkylreste, dort ist die Membran unpolar. Viele Wirkstoffe sind ebenfalls unpolar und liegen hier in viel höheren Konzentrationen vor als in Lösung. Amphiphile („seifenartige") Stoffe, d. h. Substanzen, die einen unpolaren Charakter mit einer polaren Gruppe vereinen, richten sich in der Membran so aus, dass die polare Gruppe zur Oberfläche der Membran orientiert ist, die unpolaren Reste tauchen dagegen in das Innere ein (Abb. 4.2). Diese Orientierung durch die Membran wird dann eine besondere Rolle spielen, wenn die polare Gruppe ein positiv geladener Stickstoff ist, der mit den Phosphatgruppen der Lipide zusätzliche elektrostatische Wechselwirkungen eingeht.

Diese Vorstellungen konnten inzwischen mit mehreren unabhängigen Methoden auch experimentell nachgewiesen werden. Für viele Rezeptoren gilt als gesichert, dass die Liganden an einer Stelle des Proteins binden, die vom Inneren der Membran aus zugänglich ist (z. B. Lipasen, Abschnitt 23.7, oder Cyclooxygenase, Abschnitt 27.9). Daher spielt die Anreicherung und Ausrichtung eines Wirkstoffs in der Membran eine wichtige Rolle für den optimalen Zugang zur Bindestelle. Nur bei korrekter Ausrichtung kann der Wirkstoff an seine Bindestelle anlagern. Nimmt er dagegen eine falsche Orientierung ein, so erschwert dies seine Anlagerung.

4.3 Die Bindungskonstante K_i beschreibt die Stärke von Protein-Ligand-Wechselwirkungen

Die Bindung eines Liganden an sein Zielprotein lässt sich messen. Als charakteristische Bindungsgröße wird die **Bindungskonstante** (Gl. 4.1) erfasst. Genau

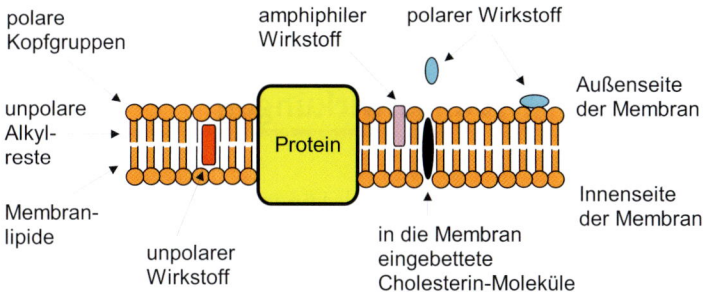

Abb. 4.2 Membranen von Säugerzellen sind aus Lipid-Doppelschichten aufgebaut, in die Proteine (gelb) und einzelne Cholesterinmoleküle (schwarz) eingelagert sind. Die einzelnen Lipidmoleküle (orange) zeigen mit ihren polaren Gruppen zu den Außenseiten der Membran, mit ihren Alkylketten nach innen. Daher lagern sich polare Wirkstoffe (hellblau) nur an die Außenseite der Membran an. Unpolare Wirkstoffe (rot) werden im Inneren der Membran angereichert. Amphiphile Wirkstoffe (violett) werden entsprechend ihrer Struktur in der Membran ausgerichtet. Trotzdem können sich alle Moleküle in der Membran relativ frei bewegen. Man spricht daher von einer „fluiden Mosaikmembran".

genommen ist sie eine Dissoziationskonstante K_d, ihr Kehrwert die Assoziationskonstante K_a. Bei Enzymen bestimmt man in einem Assay (Abschnitt 7.2) die Inhibitionskonstante K_i. Obwohl nicht genau gleich definiert, werden die Größen in der Regel äquivalent verwendet. Im Folgenden soll die Abkürzung K_i verwendet werden. Die Bindungskonstante beschreibt die Stärke der Wechselwirkung zwischen Protein und Ligand. Sie ist eine thermodynamische Gleichgewichtsgröße, die angibt, welcher Mengenanteil des Liganden im Mittel an das Protein gebunden ist. Folgendes Massenwirkungsgesetz lässt sich aufstellen:

$$K_i = \frac{[\text{Ligand}] \times [\text{Protein}]}{[\text{Ligand-Protein-Komplex}]} \quad \text{(Gl. 4.1)}$$

K_i hat die Dimension einer Konzentration mit der Einheit mol/l (M). Je kleiner der K_i-Wert ist, desto stärker bindet der Ligand an das Protein. Liegt die Konzentration des Liganden deutlich unter K_i, ist nur ein sehr geringer Anteil der Proteinmoleküle mit gebundenen Ligandmolekülen belegt. Ein biologischer Effekt, wie etwa die Hemmung eines Enzyms, wird nicht zu beobachten sein. Entspricht die Ligandkonzentration K_i, so ist die Hälfte aller vorhandenen Proteinmoleküle durch Ligandmoleküle belegt. Durch eine Beziehung aus der Thermodynamik lässt sich die Bindungskonstante in die **freie Bindungsenthalpie** ΔG (engl. *Gibbs free energy*) umrechnen (Gl. 4.2).

$$\Delta G = RT \ln K_i \quad \text{(Gl. 4.2)}$$

In Gl. 4.2 ist R die Gaskonstante und T die absolute Temperatur in Kelvin. Eine Bindungskonstante von $K_i = 10^{-9}$ M = 1 nM, ein respektabler Wert für einen Wirkstoff, entspricht bei Körpertemperatur einer freien Bindungsenthalpie von −53,4 kJ/mol. Eine Änderung von K_i um eine Größenordnung bedeutet eine Änderung der freien Bindungsenthalpie um 5,9 kJ/mol bzw. 1,4 kcal/mol.

Häufig wird statt des K_i-Wertes ein so genannter IC$_{50}$-Wert angegeben. Diese Größe gibt an, bei welcher Ligandkonzentration die Aktivität des Proteins (meist Enzyms) auf die Hälfte abgesunken ist. Im Gegensatz zum K_i-Wert hängt der IC$_{50}$-Wert von der Enzymkonzentration ab. Die Erfahrung zeigt, dass beide Größen in erster Näherung parallel laufen, sodass die einfacher zu bestimmenden IC$_{50}$-Werte zur Charakterisierung eines Liganden im Vergleich zu anderen Strukturen gut geeignet sind.

Warum wird an dieser Stelle die **freie Enthalpie** zur Beschreibung der energetischen Verhältnisse bei der Bildung eines Komplexes verwendet? In der Chemie und Biologie laufen Prozesse in offenen Systemen unter Atmosphärendruck ab. Da das Volumen der Umgebung riesig groß ist, kann man davon ausgehen, dass auch bei Vorgängen, die unter Entwicklung eines Gases ablaufen, der äußere Druck unverändert bleibt. Daher betrachtet man diese Prozesse unter konstanten Druckbedingungen. Dennoch muss ein Gas, das bei einer Reaktion gebildet wird, sich zunächst seinen Platz gegen die umgebenden Teilchen der Luft verschaffen. Dazu muss es Arbeit leisten. Diese so genannte **Volumenarbeit** wird die maximal von einem System zu leistende Arbeit („**innere Energie**" ΔU) vermindern. Man bezeichnet die um die Volumenarbeit verringerte Energie als die **Enthalpie** (ΔH). Sie ist somit die bei einem Prozess umgewandelte Energie korrigiert um den Anteil der Volumenarbeit.

Jetzt ist die Enthalpie noch nicht die ganze Antwort, warum ein bestimmter Vorgang wie die Bildung eines Protein-Ligand-Komplexes freiwillig abläuft. Nehmen wir einen heißen und einen kalten Metallklotz und bringen die beiden in Kontakt. Jeder weiß, dass jetzt Wärme von dem heißen Metallstück auf das kalte hinüberfließt. Das Gegenteil lässt sich nicht beobachten, obwohl auch bei diesem Vorgang der Energieinhalt des betrachteten Systems unverändert bleiben würde. Warum fließt also Energie freiwillig von dem heißen auf den kalten Gegenstand und nicht umgekehrt? Dies hat etwas mit dem Bestreben aller Prozesse in der Natur zu tun, Energie gleichmäßig zu verteilen. In dem heißen Metallblock schwingen die Metallatome sehr stark um ihre Ruhelagen. Daher ist das Metallstück heiß. Einige **Schwingungsfreiheitsgrade** sind stark angeregt. Bringt man jetzt den kalten mit dem heißen Metallblock in Kontakt, so übertragen sich die Schwingungen. Am Ende schwingen in beiden Blöcken die Metallatome um ihre Ruhelagen, nur alle im Mittel nicht mehr so heftig wie zuvor die Atome in dem heißen Block. Der Energieinhalt ist zwar in der Summe konstant geblieben, er ist aber über viel mehr Freiheitsgrade verteilt. Man kann es auch so beschreiben, dass das System in einen **ungeordneteren Zustand** (es schwingen viel mehr Atome als zu Anfang) übergegangen ist. Dies passiert bei allen freiwillig ablaufenden Vorgängen. Als Maßzahl zur Beschreibung dieser Gleichverteilung oder Unordnung verwendet man die **Entropie** S. Um die Vorgänge bei der Bildung eines Protein-Ligand-Komplexes richtig beschreiben zu können (Gl. 4.3), benötigen wir nicht nur die Enthalpie (ΔH), die bei dem Vorgang zwischen den Bindungspartnern ausgetauscht wird. Es ist auch zu betrachten, wie sich die Verteilung über die Freiheitsgrade ändert und ob das System bei dem Vorgang in einen Zustand höherer Unordnung übergeht. Deshalb verwendet man an dieser Stelle eine freie Enthalpie (ΔG), denn sie berücksichtigt nicht nur die Energiebilanz des Vorgangs. Sie trägt auch den Veränderungen (Entropieänderungen $T\Delta S$) Rechnung, die die freiwillige Verteilung der Energie über die Freiheitsgrade des Systems betrifft.

$$\Delta G = \Delta H - T\Delta S \qquad \text{(Gl. 4.3)}$$

Wie Gl. 4.3 zeigt, besteht ΔG aus einer enthalpischen Komponente ΔH und einer entropischen Komponente $-T\Delta S$. Die entropische Komponente wird mit der Temperatur gewichtet. Es spielt eine große Rolle, ob sich die Entropie in einem System bei tiefer Temperatur verändert, wo alle Teilchen weitgehend geordnet vorliegen, oder bei hoher Temperatur, wo ohnehin die Unordnung schon sehr hoch ist. Wegen des negativen Vorzeichens bedeutet eine Erhöhung der Entropie eine Erniedrigung von ΔG und damit eine Erhöhung der Bindungsaffinität.

4.4 Wichtige Typen von Protein-Ligand-Wechselwirkungen

Organische Moleküle können an Proteine sowohl unter Ausbildung einer chemischen Bindung zwischen Ligand und Protein als auch über nichtkovalente Wechselwirkungen binden. Omeprazol beispielsweise reagiert chemisch mit dem Protein und bildet eine kovalente Verknüpfung aus (Abschnitt 9.5). Im Folgenden wollen wir uns jedoch auf Liganden beschränken, die über nichtkovalente Wechselwirkungen an ein Protein binden. Zur weiteren Diskussion ist es hilfreich, die Protein-Ligand-Wechselwirkungen in verschiedene Kategorien einzuteilen. Die verschiedenen Arten der Wechselwirkung sind in Abb. 4.3 zusammengefasst.

Sehr häufig werden **Wasserstoffbrücken** (kurz H-Brücken) zwischen Protein und Ligand beobachtet. Der das Proton tragende Partner, in biologischen Systemen in aller Regel eine >NH oder –OH Gruppe, wird als **Wasserstoffbrückendonor** bezeichnet. Die Gegengruppe ist ein elektronegatives Atom mit einer negativen Partialladung und wird als **Wasserstoffbrückenakzeptor** bezeichnet. Wasserstoffbrückenakzeptoren sind beispielsweise Sauerstoff- und Stickstoffatome. Wasserstoffbrücken beruhen überwiegend auf elektrostatischen Wechselwirkungen. Ihre außergewöhnliche Stärke erzielen sie, da das Proton der Donorgruppe an ein stark elektronegatives Atom gebunden ist, wodurch die Elektronendichte vom Proton zum Nachbaratom verschoben wird. Die Einflusssphäre des Wasserstoffatoms wird „quasi" kleiner. Dies wiederum gestattet es dem Akzeptor, in der H-Brücke näher an das Proton heranzurücken, als es die Summe der van der Waals-Radien eigentlich zulassen sollte. Die elektrostatische Anziehung zwischen den Partnern wird dadurch größer. Die Geometrie einer H-Brücke ist in Abb. 4.4 gezeigt. Eine Wasserstoffbrücke ist durch eine ausgeprägte Abstands- und Winkelabhängigkeit gekennzeichnet. Sie ist direktional, ihre Geometrie ist innerhalb enger Grenzen definiert.

Häufig wird gefunden, dass geladene Gruppen des Liganden an entgegengesetzt geladene Gruppen des Proteins binden. Solche **ionischen Wechselwirkungen** (auch als Salzbrücken bezeichnet) sind durch die elektrostatische Anziehung zwischen den 2,7–3,0 Å voneinander entfernten Ladungen besonders stark. Häufig überlagert sich eine ionische Wechselwirkung mit einer Wasserstoffbrücke. Dann spricht man von einer **ladungsunterstützten Wasserstoffbrücke**. Wir

4. Protein-Ligand-Wechselwirkungen als Grundlage der Arzneistoffwirkung

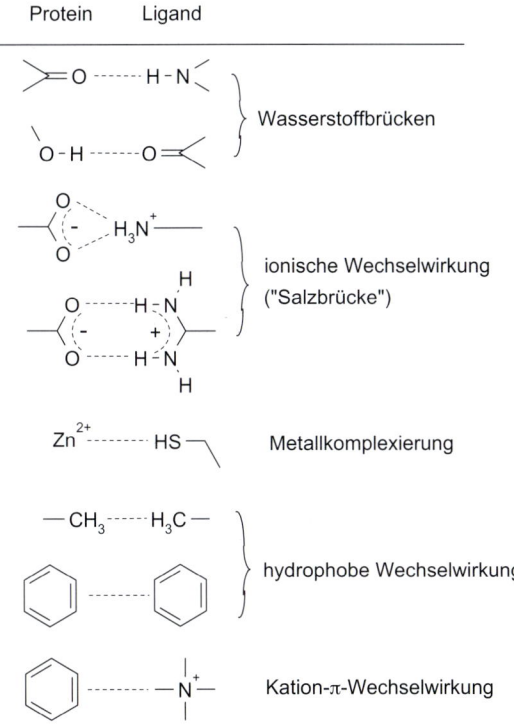

Abb. 4.3 Häufig auftretende Protein-Ligand-Wechselwirkungen. Wichtige polare Wechselwirkungen sind Wasserstoffbrücken und ionische Wechselwirkungen. Metalloproteasen enthalten als Cofaktor Zinkionen, deren Wechselwirkung mit dem Liganden häufig wichtige Beiträge zur Bindungsaffinität liefert. Unpolare Teile des Proteins und des Liganden tragen durch hydrophobe Wechselwirkungen zur Bindung bei. Aufgrund der besonderen Elektronenverteilung in Aromaten ist die Wechselwirkung zwischen ungesättigten Ringsystemen besonders groß.

werden sehen, dass in vielen Protein-Ligand-Komplexen die Assoziation zu einem wesentlichen Teil durch solche ionischen Wechselwirkungen bestimmt wird. Einige Proteine enthalten Metallionen als Cofaktoren, z. B. Zn^{2+} in Metalloproteasen (Kapitel 25). In diesen Strukturen ist oft eine anziehende Wechselwirkung zwischen dem Metallion und einer gegensätzlichen Ladung im Liganden ein entscheidender Beitrag zur Affinität. Außerdem gibt es einige Gruppen, die sich besonders gut zur Komplexierung eines Übergangsmetallions eignen. Dazu gehören Thiole RSH, Hydroxamsäuren R-CONHOH, Säuregruppen und viele Stickstoffheterocyclen.

Ob Ladungen den Affinitätsbeitrag von Wasserstoffbrücken verstärken können, hängt davon ab, in welchem Protonierungszustand die beteiligten funktionellen Gruppen vorliegen. Arzneistoffe sind meist schwache Säuren und Basen, d. h. sie enthalten viele so genannte **titrierbare Gruppen** (Abschnitt 19.4). Je nach den vorliegenden pH-Verhältnissen können diese Gruppen, z. B. einer Carbonsäure, eines Sulfonamids oder eines Sickstoffheterocyclus, durch Abgabe bzw. Aufnahme eines Protons in einen geladenen Zustand übergehen. Das Gleiche kann mit den funktionellen Gruppen der sauren und basischen Aminosäuren des Proteins passieren. Dann sind diese Gruppen in der Lage, ladungsunterstützte Wasserstoffbrücken einzugehen, die einen höheren Beitrag zur Bindungsaffinität leisten (Abschnitt 4.8).

Um abzuschätzen, ob eine Gruppe protoniert oder deprotoniert vorliegt, betrachtet man ihren **pK_a-Wert**. Er gibt an, bei welchem pH-Wert die beiden im Gleichgewicht stehenden Formen mit gleicher Konzentration vorliegen. Die Situation wird noch dadurch komplizierter, dass sich pK_a-Werte durch die lokale Umgebung verschieben lassen. In einer hydrophoben Umgebung werden saure bzw. basische Gruppen weniger gerne einen geladenen Zustand annehmen, d. h. eine Verschiebung zu weniger saurem bzw. basischem Charakter ist die Folge. Steht einer durch Protonierung positiv geladenen basischen Gruppe im Liganden eine Aminosäure des Proteins mit gleicher Ladung gegenüber, wird die Protonierung schwerer erfolgen. Die Gruppe erscheint damit weniger basisch. Das Gegenteil ist der Fall, wenn die vermeintlich positiv geladene basische Gruppe in eine Proteinumgebung mit negativen Ladungen bindet. Hier wird der geladene Zustand umso leichter gebildet, was einem stärker basischen Charakter gleich kommt. Für die sauren Gruppen ergeben sich ganz analoge Betrachtungen, nur mit umgekehrten Vorzeichen. Hier lässt eine positiv geladene Proteinumgebung eine saure Gruppe acider, ein negativ geladenes Umfeld weniger sauer erscheinen. Somit kann die Proteinumgebung deutliche **pK_a-Verschiebungen titrierbarer Gruppen** eines Liganden induzieren. Ungeladene H-Brücken können so zu ladungsunterstützten Verknüpfungen

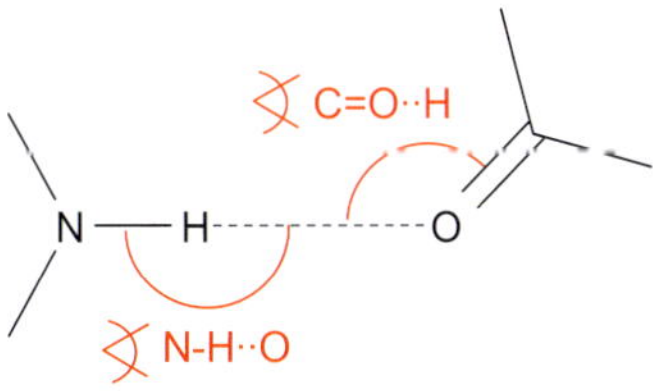

Abb. 4.4 Geometrie einer Wasserstoffbrücke. Die Atome N, H und O nehmen eine nahezu lineare Anordnung zueinander an. Der Abstand N···O liegt zwischen 2,8 und 3,2 Å. Der Winkel N–H···O ist praktisch immer größer als 150°. Für den Winkel C=O···H wird eine größere Schwankungsbreite beobachtet. Er liegt typischerweise zwischen 100 und 180°.

werden (Abschnitt 21.9) und deutlich zur Bindungsaffinität beitragen. Anhand von Elektrostatikrechnungen versucht man diese pK_a-Verschiebungen bei der Komplexbildung abzuschätzen (Abschnitt 15.4).

Hydrophobe Wechselwirkungen entstehen durch enge Nachbarschaft zwischen unpolaren Aminosäure-Seitenketten des Proteins und lipophilen Gruppen des Liganden. Lipophile Gruppen sind aliphatische bzw. aromatische Kohlenwasserstoffreste, aber auch Halogensubstituenten (z. B. Chlor) und viele Heterocyclen, wie beispielsweise Thiophen und Furan (Abb. 4.5). Zu den lipophilen Teilen der Oberfläche eines Proteins und Liganden zählen alle Bereiche, die selbst keine H-Brücke bzw. keine andere polare Wechselwirkung ausbilden können. Hydrophobe Wechselwirkungen sind im Gegensatz zu Wasserstoffbrücken nicht gerichtet. Es kommt also nicht darauf an, in welcher relativen Orientierung die lipophilen Gruppen zueinander stehen. Eine Ausnahme bilden Wechselwirkungen zwischen Aromaten, für die es bevorzugte relative Anordnungen gibt.

Es hat sich gezeigt, dass hydrophobe Wechselwirkungen für Liganden mit großen lipophilen Gruppen häufig einen sehr wichtigen Beitrag zur Bindungsaffinität liefern. Der Einfluss direkter Anziehungskräfte zwischen den lipophilen Gruppen ist hierbei gering. Vielmehr wird die hydrophobe Wechselwirkung hauptsächlich durch die Verdrängung, oder genauer gesagt die **Freisetzung von Wassermolekülen** aus der lipophilen Umgebung der Bindetasche verursacht. Weiterhin verlässt der Ligand mit seinen lipophilen Substituenten die wässrige Umgebung um das Protein. Die „Höhle", in der sich der Ligand im Wasser befand, fällt zusammen. Auch dieser Schritt ist mit Änderungen der freien Energie verbunden. Die Rolle der Wassermoleküle wird in Abschnitt 4.6 diskutiert.

Noch eine weitere wichtige Wechselwirkung soll hier erwähnt werden. Offensichtlich binden quartäre Amine besonders gerne in Bindetaschen, die von aromatischen Seitenketten des Proteins gebildet werden.

Dieser Kontakt beruht im Wesentlichen auf einer Polarisationswechselwirkung zwischen der positiven Ladung und dem Elektronensystem der Aromaten.

4.5 Die Stärke von Protein-Ligand-Wechselwirkungen

Zur Beurteilung der Stärke von Protein-Ligand-Wechselwirkungen ist es sinnvoll, zunächst die nichtkovalenten Wechselwirkungen zwischen isolierten kleinen Molekülen zu betrachten. Informationen darüber sind sowohl aus quantenmechanischen Rechnungen (Abschnitt 15.5) als auch aus spektroskopischen Untersuchungen verfügbar. So lassen sich Molekülpaare in der Gasphase experimentell untersuchen. Die hierbei beobachteten Assoziationsenergien der Moleküle liefern einen Eindruck über die Stärke direkter Wechselwirkungen. Die Einflüsse von Effekten, die von der Freisetzung aus dem Lösungsmittel Wasser (**Desolvatation**) stammen, fehlen bei solchen Untersuchungen natürlich. In Tabelle 4.2 sind einige Daten zusammengefasst.

Die Ergebnisse zeigen, dass **elektrostatische Wechselwirkungen** der dominierende energetische Faktor sind. Die Wechselwirkung zwischen einem Kation und einem Anion beträgt im Vakuum mehr als 400 kJ/mol. Dies entspricht der Stärke einer kovalenten Bindung! Verglichen mit den in Abschnitt 4.4 aufgeführten typischen Protein-Ligand-Wechselwirkungen in Wasser ist dies ein enormer Betrag. In der Gasphase ist die Bindungsenergie eines Ionenpaars also wesentlich größer als die typische Stärke von Protein-Ligand-Wechselwirkungen in Wasser. Zwei Wassermoleküle binden mit 22 kJ/mol aneinander. Diese Wechselwirkung ist ebenfalls überwiegend elektrostatischer Natur, wobei das recht große Dipolmoment für die starke Bindung verantwortlich ist. Wesentlich schwä-

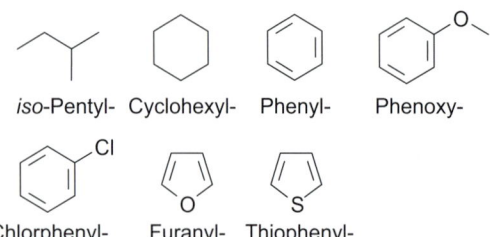

Abb. 4.5 Typische lipophile Gruppen in Liganden sind aliphatische und aromatische Kohlenwasserstoffe, Halogensubstituenten sowie unpolare Heterocyclen wie Furan und Thiophen.

Tabelle 4.2 Experimentell bzw. mit quantenmechanischen Rechnungen bestimmte Assoziationsenergien in der Gasphase.

Dimer	Bindungsenergie in kJ/mol
$CH_4 \cdots CH_4$	−2,0
$C_6H_6 \cdots C_6H_6$	−10
$H_2O \cdots H_2O$	−22
$NH_3 \cdots NH_3$	−18
$Na^+ \cdots H_2O$	−90
$NH_4^+ \cdots CH_3COO^-$	< −400
$Na^+ \cdots Cl^-$	

cher sind Wechselwirkungen zwischen kleinen, unpolaren Molekülen. Zwei Methanmoleküle binden nur mit etwa 2 kJ/mol aneinander. Dies ist weniger als 10 % der $H_2O \cdots H_2O$-Wechselwirkung. Entsprechend siedet Methan bei 90 K, während Wasser bei Raumtemperatur flüssig ist. Die direkten Wechselwirkungen zwischen polaren Gruppen sind also um Größenordnungen stärker als diejenigen zwischen unpolaren Gruppen.

4.6 Wasser ist an allem schuld!

Die im vorherigen Abschnitt aufgeführten Daten könnten den Schluss nahelegen, dass Protein-Ligand-Wechselwirkungen hauptsächlich durch H-Brücken und ionische Wechselwirkungen bestimmt sind. Umso verblüffender ist der Befund, dass das Acetat-Ion CH_3COO^- in Wasser mit dem Guanidinium-Ion $H_2NC(=NH_2^+)NH_2$ keine Dimeren bildet. Ebenso assoziieren Amide in Wasser praktisch nicht, obwohl doch gerade die Wasserstoffbrücke zwischen zwei Amidgruppen in Proteinstrukturen häufig auftritt. Wie kann das sein? Die Antwort lautet: Das Wasser ist Schuld!

Alle biochemischen Reaktionen finden in Wasser statt, und nur aus diesem Grund laufen sie auch ab! Die Bindung eines Liganden an ein Protein erfolgt in **wässriger Umgebung**. Die „leere" Bindetasche des Proteins ist zunächst mit Wassermolekülen gefüllt. Einige der Wassermoleküle bilden Wasserstoffbrücken zum Protein aus und befinden sich in einer energetisch günstigen Anordnung. Andere Wassermoleküle sind in Kontakt mit lipophilen Bereichen der Proteinoberfläche und können kein perfektes **Wasserstoffbrückennetz** ausbilden. Auch der Ligand ist solvatisiert. Wenn er in die Bindetasche diffundiert, verdrängt er die dort befindlichen Wassermoleküle und muss zusätzlich einen Teil seiner eigenen **Wasserhülle** abstreifen. Gleichzeitig fällt die „Höhle", in der sich der Ligand im Wasser befunden hat, zusammen. Es werden also nicht nur direkte Wechselwirkungen zwischen Protein und Ligand gebildet, es werden auch zahlreiche H-Brücken zu Wassermolekülen gebrochen.

Wir wollen die Bildung einer Wasserstoffbrücke sowie eines lipophilen Kontakts zwischen Protein und Ligand etwas genauer betrachten. Beide Vorgänge sind in Abb. 4.6 dargestellt. Wie wird eine H-Brücke zwischen Protein und Ligand gebildet? Nehmen wir an, die polaren Gruppen beider Partner seien solvatisiert. Dann müssen zur Bildung einer H-Brücke zwischen ihnen mindestens zwei Wassermoleküle verdrängt werden. Diese können wieder H-Brücken mit anderen Wassermolekülen ausbilden. Somit werden genau so viele H-Brücken gebrochen wie neue entstehen. Die Gesamtzahl der H-Brücken bleibt demnach konstant! Der Gewinn an freier Bindungsenthalpie wird durch die relative Stärke der verschiedenen H-Brücken sowie durch entropische Beiträge, die sich auf Veränderungen im Ordnungsgrad des Systems beziehen, bestimmt (Abschnitt 4.7). Welcher Gesamtbeitrag für die freie Enthalpie dabei resultiert, ist quantitativ schwer vorhersagbar. Gelingt es einem Liganden, mehr Wasserstoffbrücken zum Protein auszubilden, als dies mit seiner Solvathülle möglich war, so führt dies zu einer sehr festen Bindung. Das ist dann der Fall, wenn in der Bindetasche des Proteins die polaren, H-Brücken bildenden Gruppen so angeordnet sind, dass es Wassermolekülen alleine nicht gelingt, alle diese Gruppen abzusättigen. Dem Liganden ist dies aber durch eine optimale Anordnung seiner Donor- und Akzeptorgruppen möglich.

Die Bildung eines hydrophoben Kontakts führt weiterhin zur Freisetzung von Wassermolekülen aus der nur durch sie besetzten Bindetasche. Sie bilden nun untereinander H-Brücken (Abb. 4.6). Da für sie zuvor weder eine H-Brücke zum Liganden noch zum Protein möglich war, erhöht sich jetzt die Gesamtzahl der H-Brücken. Zudem sind die Wassermoleküle nicht mehr in der Bindetasche fixiert. Die erhöhte Bewegungsfreiheit der Wassermoleküle vergrößert die Unordnung und erhöht damit die Entropie, was sich thermodynamisch günstig auf die freie Bindungsenthalpie ΔG auswirkt. Neuere Erkenntnisse haben gezeigt, dass Bindetaschen nicht immer gleich dicht gepackt mit Wassermolekülen aufgefüllt sein müssen. Vor allem enge hydrophobe Taschen sind nicht perfekt solvatisiert. Das hat Konsequenzen für die energetischen Verhältnisse bei der Bindung, da gerade das Verdrängen der Wassermoleküle entscheidend für die hydrophoben Wechselwirkungen ist.

4.7 Entropische Beiträge zu Protein-Ligand-Wechselwirkungen

Bei der Beurteilung der Stärke von Protein-Ligand-Wechselwirkungen muss neben energetischen Beiträgen auch die entropische Komponente berücksichtigt werden. Wie beschrieben, ist die **Entropie** S ein Maß für die Ordnung eines Systems. Mit ihr lässt sich ab-

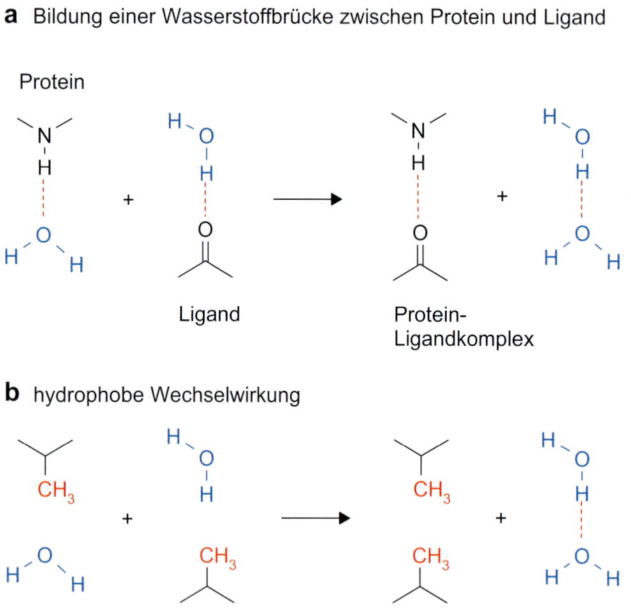

a Bildung einer Wasserstoffbrücke zwischen Protein und Ligand

b hydrophobe Wechselwirkung

Abb. 4.6 Einfluss von Wassermolekülen auf die Stärke von Protein-Ligand-Wechselwirkungen. (a) Bei der Bildung einer H-Brücke zwischen Protein und Ligand müssen Wassermoleküle verdrängt werden, die selbst H-Brücken zum Protein bzw. zum Liganden bilden. Die H-Brückenbilanz, d. h. die Anzahl der vor und nach der Bindung vorhandenen H-Brücken, ist ausgeglichen. (b) Bei der Bildung eines hydrophoben Kontakts werden Wassermoleküle aus einer für sie ungünstigen Umgebung freigesetzt. Die Zahl der H-Brücken steigt an.

schätzen, über wie viele **Freiheitsgrade** eine bestimmte Energiemenge über das System verteilt ist. Ein Freiheitsgrad kann z. B. eine bestimmte Schwingung des Systems oder eine Rotation einzelner Gruppen umeinander bedeuten. Ein hoch geordnetes System, in dem die Energie in nur wenigen Freiheitsgraden steckt, hat eine niedrige Entropie, zunehmende Unordnung erhöht die Entropie und erniedrigt damit die freie Enthalpie G.

Bei Raum- oder Körpertemperatur können sich Protein und Ligand in alle Raumrichtungen bewegen. Zudem ist natürlich auch die Wasserhülle beweglich, die Wassermoleküle diffundieren hin und her. Einige von ihnen sind über lange Zeiträume örtlich fixiert, dann nämlich, wenn sie durch mehrere H-Brücken an das Protein gebunden sind. Solche Wassermoleküle können bei der Röntgenstrukturanalyse eines Proteins identifiziert werden. Eine örtliche Fixierung eines Moleküls ist aber entropisch ungünstig. Andere Wassermoleküle sind frei beweglich und werden dementsprechend nicht in einer Röntgenstrukturbestimmung erfasst. Solche Wassermoleküle befinden sich in einem entropisch günstigen Zustand, da ihr $T\Delta S$-Beitrag positiver ist als für ein räumlich fixiertes Wassermolekül.

Die hydrophobe Protein-Ligand-Wechselwirkung ist, wie wir gesehen haben, im Wesentlichen entropischer Natur. Einzelne Wassermoleküle werden aus der Bindetasche verdrängt und in das umgebende wässrige Medium entlassen. Der entropische Beitrag zur Protein-Ligand-Wechselwirkung beruht also nicht auf direkten Wechselwirkungen, sondern er rührt daher, dass sich für das System Protein-Ligand-Wasser die Zahl der Freiheitsgrade durch die Assoziation des Liganden an das Protein ändert. Je mehr Wassermoleküle aus der hydrophoben Umgebung freigesetzt werden, desto größer ist der Beitrag zur Bindungsaffinität. Die Zahl der freigesetzten Wassermoleküle ist in erster Näherung proportional zur Größe der hydrophoben Oberfläche, die bei der Bindung des Liganden an das Protein nicht mehr dem Wasser zugänglich ist, also quasi „vergraben" wird. Daher dient dieser Oberflächenbeitrag oft als Richtgröße zum Abschätzen dieses entropischen Anteils.

Neben der Freisetzung von Wassermolekülen gibt es noch weitere entropische Beiträge zur Bindungsenergie. So führt die Assoziation des Liganden an das Protein zu einem Verlust an Translations- und Rotationsfreiheitsgraden und damit zu einem Entropieverlust. Vor der Assoziation bewegen sich Protein und Ligand frei und voneinander unabhängig. Sie verfügen jeweils über drei Translations- und Rotationsfreiheitsgrade. Nach der Bindung diffundieren und drehen sich das Protein und der Ligand gemeinsam, es gehen also drei Translations- und Rotationsfreiheitsgrade verloren. Ein frei beweglicher, flexibler Ligand nimmt zudem unterschiedliche Konformationen (Kapitel 16) ein und ist daher entropisch begünstigt. Der an das Protein gebundene Ligand wird in seinen konformativen Freiheitsgraden eingeschränkt auf eine oder wenige Konformationen, die in die Bindetasche des Proteins hineinpassen. Er befindet sich in einem entropisch ungünstigeren Zustand. In Abb. 4.7 sind verschiedene enthalpische und entropische Beiträge zur Bindung zusammengefasst.

Man wird zunächst annehmen, dass der entropische Beitrag $-T\Delta S$ positiv und der enthalpische Beitrag ΔH negativ zu ΔG beiträgt. Tatsächlich wird eine solche **enthalpiegetriebene Bindung** sehr häufig beobachtet. Aber es sind auch viele Fälle bekannt, vor allem für große lipophile Liganden, bei denen die Bindung **entropiegetrieben** ist. Das bedeutet, dass die Ligandbindung enthalpisch ungünstig ist, dieser Effekt jedoch durch eine starke Entropiezunahme überkompensiert wird, d. h. ΔG wird insgesamt negativ. Die Entropiezunahme entsteht, wie erwähnt, zum einen durch die Freisetzung von Wassermolekülen. Dies sind aber nicht die einzigen Entropiebeiträge, die sich bei der Ligandenbindung ändern. Auch das Protein verändert sich. Beispielsweise sind viele Seitenketten in Proteinen über mehrere Konformationszustände verteilt. Bei der Aufnahme eines Liganden kann sich diese Verteilung ändern. Je nach der Gesamtbilanz kann dadurch die Entropie zunehmen oder abnehmen. Das Gleiche gilt für die Rotation von Seitenketten, hauptsächlich von Methylgruppen. Ändert sich deren Rotationsverhalten, so beeinflusst dies ebenfalls die Gesamtentropie des Ligandenbindungsvorgangs.

Das Bild kann sogar so verwickelt werden, dass bei der Bindung manche Bereiche des Proteins in geordnetere, andere in weniger geordnete Zustände übergehen. Somit kompensieren sich die entropischen Beiträge zum Teil. Man ist oft davon ausgegangen, dass die Änderungen der entropischen Anteile an der Bindung innerhalb einer Serie sehr ähnlicher Liganden gleich sind. Dann bräuchte man sich um solche Beiträge bei einem relativen Vergleich der Liganden untereinander nicht zu kümmern. Doch leider hat sich dieses vereinfachte Bild als ein Trugschluss erwiesen. In Abschnitt 4.10 wird ein solches Beispiel vorgestellt.

4.8 Wie groß ist der Beitrag einer Wasserstoffbrücke zur Stärke von Protein-Ligand-Wechselwirkungen?

Naturgemäß taucht bei der Diskussion von Protein-Ligand-Wechselwirkungen die Frage auf, wie groß der Beitrag einer bestimmten Wasserstoffbrücke zur Bindungsaffinität nun tatsächlich ist. Experimentell lässt sich die Frage beantworten, wenn zwei Protein-Ligand-Komplexe miteinander verglichen werden, die

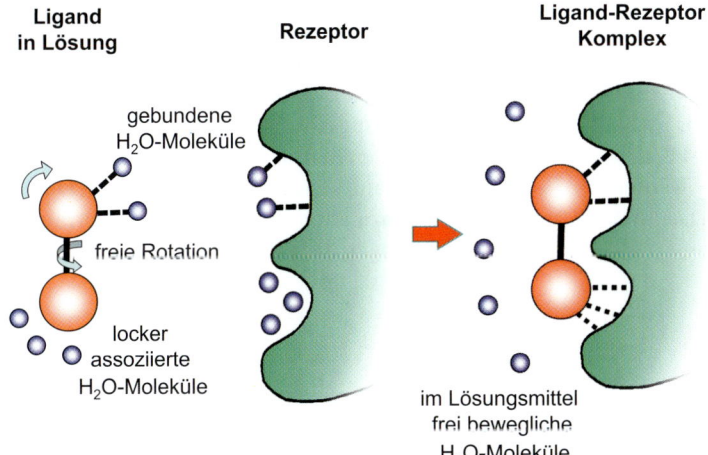

Abb. 4.7 Illustration thermodynamischer Beiträge zur freien Bindungsenthalpie ΔG. Vor der Bindung kann sich der Ligand frei bewegen. Er verfügt über eine bestimmte Translations- und Rotationsentropie. Darüber hinaus ist der Ligand meist flexibel und nimmt unterschiedliche Konformationen ein. Protein und Ligand sind solvatisiert, wobei H-Brücken zu Wassermolekülen eingegangen werden. Einige Wassermoleküle befinden sich in losem Kontakt mit dem Protein oder dem Liganden, ohne dabei H-Brücken zu bilden. Bei der Bindung gehen Translations- und Rotationsfreiheitsgrade verloren. Die damit verbundene Erniedrigung der Entropie ist für die Bindung ungünstig. Außerdem müssen Protein und Ligand einen Teil ihrer Hydrathülle abstreifen, ebenfalls ein für die Bindung ungünstiger Vorgang. Die Bindung des Liganden führt zur Ausbildung direkter Wechselwirkungen zum Protein und setzt Wassermoleküle frei. Beides sind Beiträge, die die Bindung begünstigen. H-Brücken sind als gestrichelte Linien dargestellt, hydrophobe Kontakte mit gepunkteten Linien.

sich in der Bilanz nur durch eine Wasserstoffbrücke voneinander unterscheiden. Möglich ist ein solcher Vergleich z. B. durch die Verwendung von Proteinmutanten, in denen eine Aminosäure, die eine H-Brücke zum Liganden bildet, gegen eine andere Aminosäure ausgetauscht wird, die hierzu nicht in der Lage ist. Ein elegantes Experiment wurde von Alan Fersht für das Protein Tyrosyl-RNA-Synthase im Komplex mit dem Substrat Tyrosyladenylat durchgeführt (Abb. 4.8). Zwischen Protein und Substrat bilden sich zahlreiche H-Brücken, z. B. zwischen den phenolischen OH-Gruppen des Tyrosin 34 und des Substrats. Die Mutante Tyr 34 → Phe, bei der Tyrosin durch das unpolare Phenylalanin ersetzt ist, wurde hergestellt und die Bindung des Substrats an die Proteinmutante getestet. Sie wird durch diese Mutation um 2 kJ/mol geschwächt. Analog wurden andere Mutanten untersucht. Der Verlust einer neutralen H-Brücke führt zu einem Verlust an Bindungsaffinität zwischen 2 und 6 kJ/mol. Stärker wirken sich H-Brücken aus, bei denen ein Partner geladen ist. Die Mutation Tyr 169 → Phe verringert die Bindungsenergie um 15,6 kJ/mol.

Fidarestat **4.1** ist ein potenter Inhibitor der Aldose-Reduktase (Abschnitt 27.5). Mit seiner Carboxamidgruppe formt er eine Wasserstoffbrücke zur NH-Funktion der Amidgruppe von Leu 300 (Abb. 4.9). Tauscht man das Leucin gegen Prolin aus, so geht die Möglichkeit zur Ausbildung der H-Brücke verloren, da Prolin keine freie NH-Gruppe besitzt. Dieser Austausch bedeutet einen Verlust an freier Enthalpie von 7,8 kJ/mol. Bestimmt man mikrokalorimetrisch (Abschnitt 7.7) die Aufteilung in Enthalpie ΔH und Entropie $-T\Delta S$, so zeigt sich, dass dieser Verlust einer H-Brücke im Wesentlichen enthalpischer Natur ist (Abb. 4.9). Im Vergleich soll der Inhibitor Sorbinil **4.2**, dem die Carboxamidgruppe fehlt, betrachtet werden. Interessanterweise ist dort die freie Bindungsenthalpie für Wildtyp und Leu 300 → Pro-Mutante praktisch gleich. Da Sorbinil die Gruppe zur Bildung der H-Brücke mit der NH-Gruppe von Leu 300 fehlt, macht sich das Wegfallen der NH-Funktion im Protein kaum bemerkbar. Dies erklärt die praktisch unveränderte freie Bindungsenthalpie. Dennoch unterscheiden sich der Sorbinil-Komplex des Wildtyps und der Mutante. Die Bindung an den Wildtyp ist enthalpisch günstiger, entropisch aber teurer als bei der Mutante. Die Kristallstruktur verweist auf ein Wassermolekül, das bei der Bindung von Sorbinil zwischen dessen Ethergruppe und der NH-Funktion von Leu 300 eine H-Brücke vermittelt (Abb. 4.9). Dies bringt einen Gewinn an Enthalpie von ca. 5 kJ/mol. Gleichzeitig ist aber das Einfangen eines Wassermoleküls entropisch ungünstig. Dieser Beitrag von ca. −6 kJ/mol kompensiert gerade den enthalpischen Gewinn, sodass in der Bilanz praktisch kein Affinitätsgewinn in ΔG übrig bleibt. Die Prolin-Mutante kann wegen der fehlenden NH-Funktion keinen wasservermittelten Kontakt zu Sorbinil aufbauen. Daher fehlt dort der enthalpische Gewinn durch die H-Brücke. Es tritt aber auch kein entropischer Verlust durch das Einfangen des Wassermoleküls auf.

Für eine große Zahl von Protein-Ligand-Komplexen ist die dreidimensionale Struktur aufgeklärt. Viele dieser Komplexe bilden Wasserstoffbrücken zwischen Protein und Ligand aus. Die ganze Problematik der Frage des Beitrags einer Wasserstoffbrücke zur Bindungsaffinität wird in Abb. 4.10 deutlich. Hier sind für 80 Protein-Ligand-Komplexe die experimentell bestimmten Bindungskonstanten gegen die Zahl der Wasserstoffbrücken aufgetragen. Für eine gegebene Anzahl von Wasserstoffbrücken erstrecken sich die gemessenen Bindungskonstanten über einen beachtlichen Bereich. Der Beitrag einer H-Brücke ist also keineswegs konstant, sondern variiert deutlich. Durch ungünstige Desolvatationseffekte kann der Beitrag einer H-Brücke sogar die Bindungsaffinität herabset-

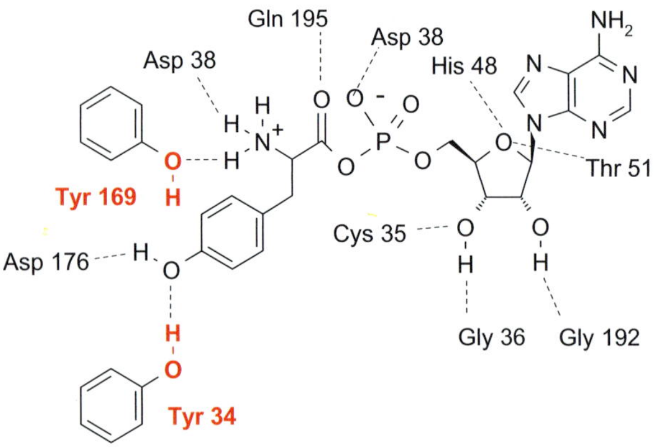

Abb. 4.8 Im Komplex der Tyrosyl-RNA-Synthase mit dem Substrat Tyrosyladenylat werden zahlreiche zwischenmolekulare Wasserstoffbrücken gebildet. Der Austausch der Aminosäuren Tyr 34 gegen Phe bzw. Tyr 169 gegen Phe führt dazu, dass jeweils eine Wasserstoffbrücke nicht mehr gebildet werden kann. Dies resultiert in einem Verlust an Bindungsaffinität.

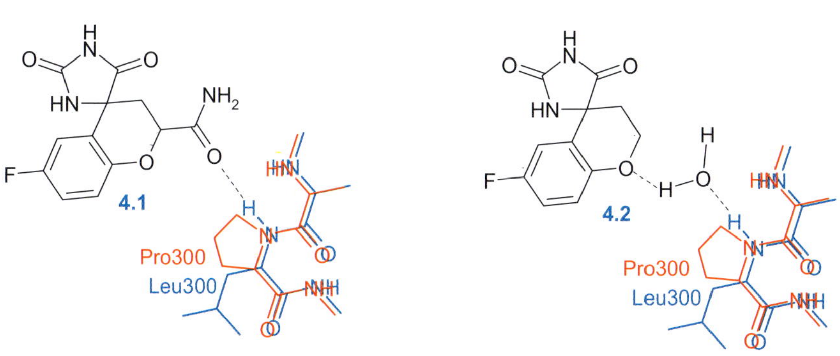

Abb. 4.9 Fidarestat **4.1** (links) bildet mit seiner Carboxamidgruppe eine Wasserstoffbrücke zur NH-Funktion von Leu 300 (blau). Durch den Austausch von Leucin gegen Prolin (rot) kann die H-Brücke nicht mehr gebildet werden. Dies führt zu einen $\Delta\Delta G$-Verlust von 7,8 kJ/mol, der im Wesentlichen durch einen enthalpischen Preis ($\Delta\Delta H$: 6,9 kJ/mol) bezahlt wird. Sorbinil **4.2** (rechts) fehlt die Carboxamidgruppe. Der Austausch Leucin → Prolin lässt die freie Bindungsenthalpie $\Delta\Delta G$ praktisch unverändert. Sorbinil bindet aber an den Wildtyp (Leucin, blau) enthalpisch günstiger und entropisch ungünstiger als an die Prolin-Mutante (rot). Ein eingelagertes Wassermolekül vermittelt eine H-Brücke zwischen Sorbinil und Leu 300. Dies bringt dem Wildtyp einen Enthalpievorteil von ca. 5 kJ/mol. Gleichzeitig ist das Einfangen eines Wassermoleküls für den Wildtyp entropisch ungünstig ($-T\Delta\Delta S$: ca. -6 kJ/mol) und kompensiert den enthalpischen Vorteil.

zen. Vergleicht man zwei Liganden, die sich nur in der funktionellen Gruppe unterscheiden, die die H-Brücke zum Protein ausbilden, so kann dabei die Affinität zunehmen, gleich bleiben oder sogar abnehmen.

Ein eindrucksvolles Beispiel für die Bedeutung von Wasserstoffbrücken stellen die in der Arbeitsgruppe von Paul Bartlett synthetisierten Inhibitoren **4.3** der Metalloprotease Thermolysin dar. Dort wurde ein Phosphonamid –PO$_2$NH– gegen ein Phosphinat –PO$_2$CH$_2$– bzw. ein Phosphonat –PO$_2$O– ersetzt. Die Resultate dieses Austauschs sind in Tabelle 4.3 zusammengefasst. Obwohl die Röntgenstruktur zeigt, dass die NH-Gruppe eine H-Brücke bildet, kann sie trotzdem ohne Verlust an Bindungsaffinität gegen eine CH$_2$-Gruppe ersetzt werden. Dieses Ergebnis wird verständlich, wenn wir analog zu Abb. 4.6 die Zahl der Wasserstoffbrücken vor und nach der Bindung des Liganden für das Phosphonamid und für das Phosphinat miteinander vergleichen. In beiden Fällen bleibt die Anzahl der H-Brücken unverändert. Wird die NH-Gruppe hingegen durch ein Sauerstoffatom ersetzt, sinkt die Bindungsaffinität um den Faktor 1000. In Wasser kann das Sauerstoffatom, das an die Stelle der NH-Gruppe getreten ist, eine Wasserstoffbrücke zu Wasser bilden. Im Protein-Ligand-Komplex des Phosphonats –PO$_2$O– befindet sich jedoch das elektronegative Sauerstoffatom genau gegenüber dem Sauerstoffatom der Carbonylgruppe von Ala 113. Zwei Akzeptorgruppen stehen sich gegenüber. Eine Wasserstoffbrücke kann hier nicht gebildet werden. Die Bilanz an H-Brücken verbleibt unausgeglichen. Zusätzlich stoßen sich beide Gruppen ab, woraus die schlechtere Bindung resultiert. Ein ähnlich gelagerter Fall ist in Tabelle 4.4 zu sehen. Hier sind die Bin-

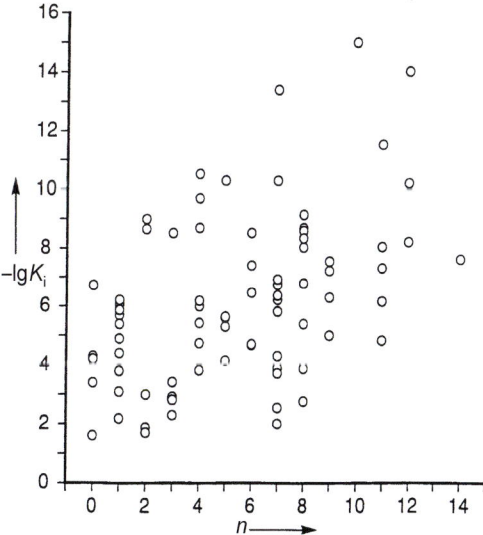

Abb. 4.10 Eine Auftragung der Bindungskonstante K_i von 80 kristallographisch untersuchten Protein-Ligand-Komplexen zeigt, dass K_i keine direkte Funktion der Zahl der zwischen Protein und Ligand gebildeten Wasserstoffbrücken ist.

Tabelle 4.3 Bindungskonstanten K_i für Thermolysin-Inhibitoren **4.3**, die entweder ein Phosphonamid (X = –NH–), ein Phosphonat (X = –O–) oder ein Phosphinat (X = –CH$_2$–) enthalten. Die Phosphonamidgruppe -PO$_2$NH- komplexiert das Zinkion und bildet gleichzeitig eine H-Brücke zu Alanin 113.

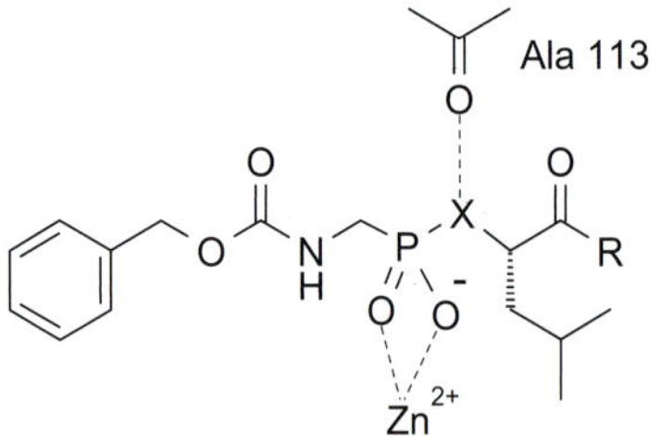

R	Bindungskonstanten K_i in µM		
	X= –NH–	–O–	–CH$_2$–
OH	0,76	660	1,4
Gly-OH	0,27	230	0,3
Phe-OH	0,08	53	0,07
Ala-OH	0,02	13	0,02
Leu-OH	0,01	9	0,01

Tabelle 4.4 Bindung von **4.4** an die Serinproteasen Thrombin bzw. Trypsin

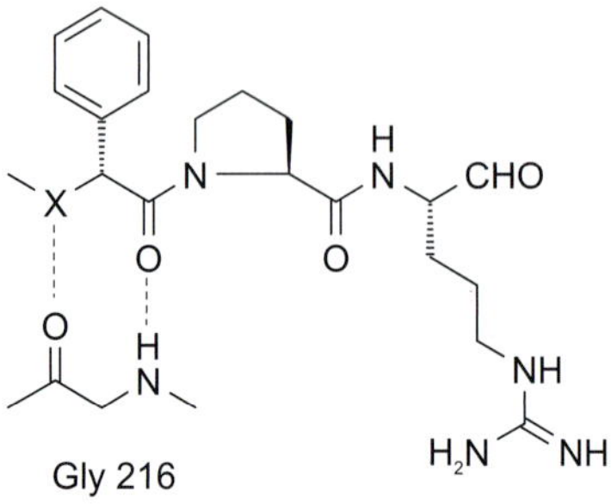

Enzym	IC$_{50}$-Werte in mg/ml		
	X = –NH–	–O–	–CH$_2$–
Thrombin	0,009	52	0,07
Trypsin	0,009	43	0,018

dungsaffinitäten von drei bei der Firma Eli Lilly synthetisierten Thrombin-Hemmern **4.4** miteinander verglichen. Das Amin (X = –NH–) kann eine H-Brücke zu Gly 216 ausbilden und bindet am stärksten. Der Ether (X = –O–) bindet wegen der elektrostatischen Abstoßung zwischen Ethersauerstoff und Carbonylgruppe des Proteins 5000fach schlechter. Die aliphatische Verbindung (X = –CH$_2$–) zeigt beachtliche Bindung, die gegenüber X = –NH– lediglich um den Faktor 8 (Thrombin) bzw. 2 (Trypsin) reduziert ist.

4.9 Die Stärke hydrophober Protein-Ligand-Wechselwirkungen

Wir hatten gesehen, dass die direkten anziehenden Kräfte zwischen lipophilen Gruppen wesentlich kleiner sind als die zwischen polaren Gruppen. Hydrophobe Wechselwirkungen beruhen hauptsächlich auf der Verdrängung von Wassermolekülen. In vielen Experimenten hat sich gezeigt, dass ihr Beitrag zur Bindungsaffinität in erster Näherung proportional zur lipophilen Oberfläche ist, die durch die Bindung des Liganden belegt wird und damit nicht mehr wasserzugänglich ist. Typischerweise wird gefunden, dass der Beitrag ungefähr –50 bis –200 J/mol pro Å^2 lipophiler Kontaktfläche beträgt. Ein Beispiel dafür ist Retinol. Es bindet an das Retinol-Bindeprotein (Abb. 4.1) ausschließlich durch lipophile Kontakte, mit einer Bindungskonstante von 190 nM. Dies entspricht einer freien Bindungsenthalpie von –39,8 kJ/mol. Als Resultat der Bindung werden 250 Å^2 lipophiler Fläche vergraben. Der Beitrag pro Å^2 beträgt für dieses Beispiel –39 800/250 = –159 J/mol.

In Abb. 4.11 sind sechs Inhibitoren der HIV-Protease (Abschnitt 24.6) aufgeführt. Im Rahmen einer Leitstrukturoptimierung wurde **4.5** durch Anfügen hydrophober Gruppen in seiner hydrophoben Oberfläche vergrößert. Kristallographisch ließ sich kontrollieren, dass sich dabei der Bindungsmodus nicht ändert. Trägt man die Veränderung des Molekülvolumens in dieser Serie gegen die Affinität auf, ergibt sich ein linearer Zusammenhang. Die Bindungsaffinität nimmt hier mit –65 J/molÅ^2 zu.

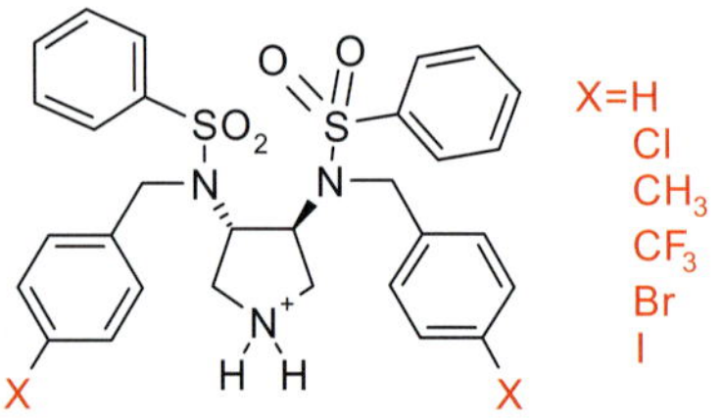

Abb. 4.11 Das Gerüst des HIV-Protease-Inhibitors **4.5** wurde im Rahmen einer Leitstrukturoptimierung durch Anfügen hydrophober Gruppen am Aromaten der N-Benzylgruppe in seiner hydrophoben Oberfläche vergrößert. Kristallographisch ließ sich ein unveränderter Bindungsmodus nachweisen. Das zunehmende Molekülvolumen verbessert linear die Bindungsaffinität um –65 J/mol pro Å^2.

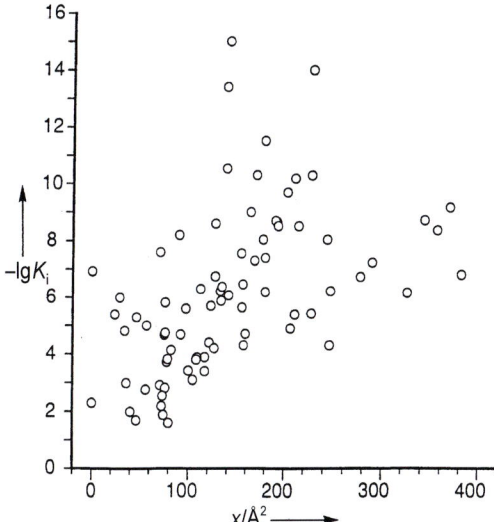

Abb. 4.12 Eine zu Abb. 4.10 analoge Auftragung der Bindungskonstante K_i von 80 kristallographisch untersuchten Protein-Ligand-Komplexen gegen die bei der Bindung vergrabene hydrophobe Oberfläche zeigt, dass K_i auch keine einfache Funktion dieser Größe ist.

Die hydrophoben Wechselwirkungen sind in vielen Fällen der dominante Beitrag zur freien Bindungsenthalpie. In Abb. 4.12 sind für die gleichen 80 Protein-Ligand-Komplexe wie in Abb. 4.10 die lipophilen Oberflächenbeiträge, die bei der Komplexbildung vergraben werden, gegen die experimentell bestimmten Bindungskonstanten aufgetragen. Auch hier ergibt sich eine Streuung der Werte über einen weiten Bereich.

4.10 Bindung und Beweglichkeit: Kompensation von Enthalpie und Entropie

Enthalpie und Entropie stehen nach Gl. 4.3 in engem Zusammenhang und ergeben in der Summe die freie Bindungsenthalpie. Betrachtet man die Bildung von Protein-Ligand-Komplexen, so fällt ΔG zwischen schwach bindenden millimolaren Komplexen und stark bindenden nanomolaren Beispielen in ein Fenster von ca. 35–55 kJ/mol. Eine Leitstrukturoptimierung (Kapitel 8) überstreicht meist einen kleineren Bereich. Typischerweise wird die Bindungskonstante über 5–6 Größenordnungen verbessert, was ca. 25–30 kJ/mol entspricht. Dabei variiert die Enthalpie ΔH beim Austausch funktioneller Gruppen in einer Leitstruktur meist über einen wesentlich weiteren Bereich. Wenn die Änderung von ΔG bei diesem Wechsel viel kleiner ausfällt, muss, alleine schon aus numerischen Gründen, die Änderung der Enthalpie ΔH durch eine gegenläufige Änderung der Entropie $-T\Delta S$ kompensiert werden. Nur so können große Schwankungen in den beiden zuletzt genannten Größen dazu führen, dass ΔG in einem kleinen Fenster verbleibt. Daraus leitet sich eine wichtige Frage ab: Gibt es einen Zusammenhang, warum Enthalpie und Entropie Gegenspieler sind und sich bei einer Optimierung zumindest teilweise kompensieren? Wie kann man es dennoch erreichen, dass beide Größen optimiert werden, ohne dass sich beide Effekte gegenseitig aufheben und ΔG praktisch unverändert bleibt?

Entropische Optimierung zielt auf die Vergrößerung der hydrophoben Oberfläche, die bei der Bindung vergraben wird. Diese sehr anschauliche Größe bringt zum Ausdruck, dass vergrößerte Liganden eine zunehmende Anzahl Wassermoleküle bei der Bindung verdrängen. Die Synthese eines starren Liganden mit korrekt eingefrorenen konformativen Freiheitsgraden führt in aller Regel ebenfalls zu einer Verbesserung der entropischen Bindungsbeiträge (Abschnitt 24.6). Um **enthalpisch** die Bindung eines Liganden an ein Protein zu steigern, müssen vor allem zusätzliche polare Wechselwirkungen eingebracht werden. Doch dies geschieht in aller Regel um den Preis, dass die zusätzlichen polaren Gruppen erst einmal ihre Wasserhülle abstreifen müssen. Dieser Beitrag zur Desolvatation muss aufgebracht werden. Bringt man in dem Thrombinhemmstoff **4.6** an einen der beiden unsubstituierten Phenylreste in *para*-Stellung eine Amidinogruppe an, so erhält man für **4.7** eine deutliche Affinitätsverbesserung, die mit einer starken Zunahme der Enthalpie einhergeht (Abb. 4.13). Mit der Benzamidingruppe bildet der Inhibitor eine Salzbrücke zu einem im Thrombin vorhandenen Aspartat. Er wird dadurch räumlich stark fixiert, was entropisch ungünstig ist. Der Hemmstoff **4.6**, dem die polare Gruppe fehlt, bindet mit ähnlicher Geometrie. Er kann die Salzbrücke allerdings nicht bilden. Die Struktur verweist auf eine erhöhte Restbeweglichkeit dieses Inhibitors in der Bindetasche, was aus entropischer Sicht einen Vorteil bringt.

Die beiden Verbindungen **4.8** und **4.9** stellen ebenfalls Thrombinhemmstoffe dar. Sie unterscheiden sich nur in der Größe des Cycloalkylrests, der zum Auffüllen einer hydrophoben Tasche des Proteins an das Grundgerüst angefügt wurde. Beide Inhibitoren besitzen praktisch die gleiche Bindungsaffinität für Thrombin. Allerdings spaltet ihre freie Bindungsenthalpie sehr unterschiedlich in Enthalpie und Entropie auf.

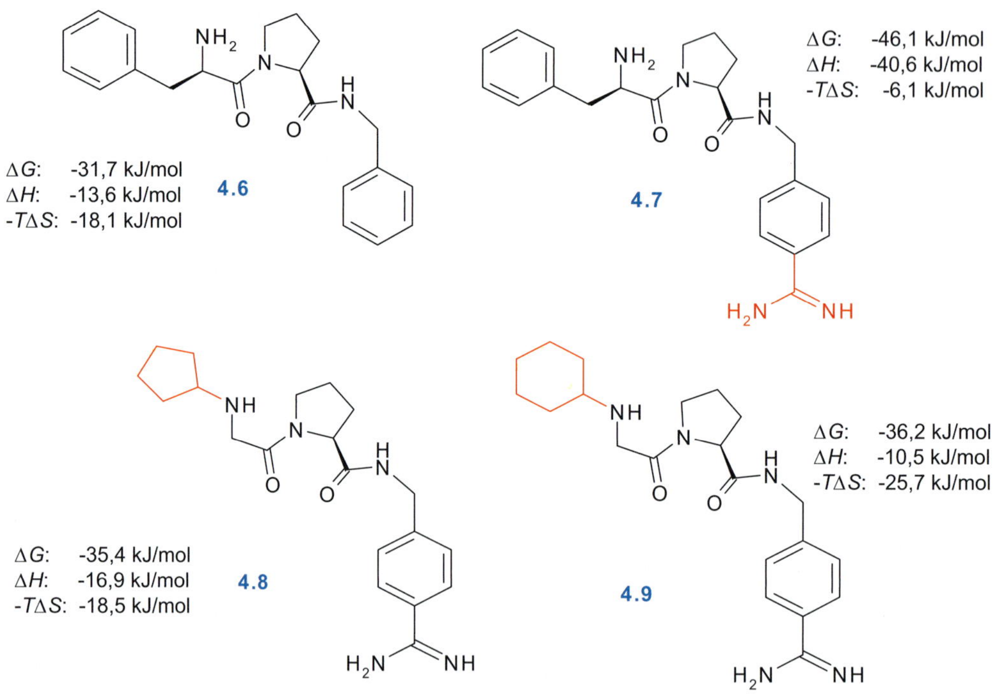

Abb. 4.13 Ersatz des Phenylrests in **4.6** durch eine *para*-Benzamidinophenylgruppe in **4.7** führt für diesen Thrombinhemmstoff zu einer deutlichen Affinitätsverbesserung, die im Wesentlichen auf einem enthalpischen Gewinn beruht. Dies wird durch die Ausbildung einer Salzbrücke zu Asp 189 (Abschnitt 23.3) bedingt. Die homologen Liganden **4.8** und **4.9** binden gleich stark an Thrombin, allerdings spalten die Bindungsaffinitäten ganz anders in enthalpische und entropische Beiträge auf. **4.9** besitzt eine wesentlich höhere Restmobilität in der Bindetasche als **4.8**, was diesem Derivat einen entropischen Vorteil, aber wegen der im Mittel schlechteren Kontakte zu dem Protein einen enthalpischen Nachteil verschafft.

Die Verbindung mit dem Cyclopentylsubstituenten besitzt einen enthalpischen Vorteil und einen entropischen Nachteil verglichen mit dem Sechsringderivat.

Wo rührt dieser überraschende Effekt her? Die Kristallstrukturen beider Derivate mit Thrombin zeigen einen wichtigen Unterschied in Bezug auf den Cycloalkylrest. Während der Fünfring gut in der Elektronendichte (Abschnitt 13.5) zu erkennen ist, kann man praktisch keine Dichte in dem Bereich erkennen, wo eigentlich der Sechsring anzutreffen sein sollte. Eine solche Beobachtung in einer Kristallstruktur verweist auf eine erhöhte Unordnung einer bestimmten Baugruppe in einem Protein-Ligand-Komplex. Diese Unordnung kann rein statisch bedingt sein, wobei der Sechsring dann über viele Anordnungen verstreut ist. Alternativ kann er aber auch eine viel höhere Restmobilität im proteingebundenen Zustand besitzen als das Fünfringderivat. Molekulardynamische Simulationen (Abschnitt 15.7) bestätigen diesen Unterschied. Im Fall der Fünfring-Verbindung verbleibt der Cyclopentylrest in einer hydrophoben Tasche und vollzieht von Zeit zu Zeit eine so genannte Sprungrotation. Dabei springt der flachliegende Ring zwischen zwei Anordnungen und vertauscht seine Ober- und Unterseite. Dies ändert die Platzierung des Rings in der Tasche praktisch nicht. Zu der Carbonylgruppe von Gly 216 bildet **4.8** keine Wasserstoffbrücke aus (Abschnitt 23.4). Das Sechsringderivat **4.9** verhält sich ganz anders. Hier bewegt sich der Cyclohexylrest im Verlauf der Simulation aus der Bindetasche heraus und kehrt nach einiger Zeit wieder dorthin zurück. Gleichzeitig formt **4.9** intermediär eine Wasserstoffbrücke zu Gly 216. Somit besitzt **4.9** im gebundenen Zustand eine hohe Restmobilität.

Dieser Unterschied im dynamischen Verhalten von **4.8** und **4.9** erklärt deren abweichendes thermodynamisches Profil. Das Cyclopentylderivat besitzt einen entropischen Nachteil, da es stärker fixiert in die Bindetasche bindet. Die eindeutige Orientierung verschafft ihm aber Vorteile für die enthalpischen Wechselwirkungen. Die guten und stabilen Kontakte zum Protein sorgen für einen erhöhten Beitrag zur Wechselwirkungsenergie. Für das Sechsringderivat sieht dies anders aus. Seine geringere Fixierung in der Bindetasche bedeutet einen kleineren Verlust an Freiheitsgraden bei der Komplexbildung. Das bedingt einen entropischen Vorteil. Enthalpisch ist dieses Verhalten aber von Nachteil. Durch das zwischenzeitliche Verlassen der Bindetasche können Wechselwirkungen mit dem Protein nur mit verminderter Stärke ausgebildet werden.

Was lässt sich aus diesem Beispiel lernen? Auch wenn Liganden eine sehr ähnliche chemische Struktur besitzen, kann ihr Bindungsverhalten deutlich verschieden sein. Ihre Restmobilität in der Bindetasche kann ausschlaggebend für die thermodynamischen Bindungsbeiträge sein. Offensichtlich führt eine **wechselseitige Kompensation von Enthalpie und Entropie** zu einer nahezu unveränderten freien Enthalpie. Dieses Wechselspiel aus Restmobilität in der Bindetasche und Güte der sich ausbildenden Wechselwirkungen hat natürlich Konsequenzen für den Optimierungsprozess. Medizinische Chemiker denken gerne in Gruppenbeiträgen, die der Austausch bestimmter Reste für die Bindungsaffinität bringen könnte. Statistische Analysen solcher Gruppenbeiträge sind durchgeführt worden und können als Regelsatz für Optimierungsstrategien herangezogen werden. Meist wird dabei additiv gedacht. Wie viel bringt es, wenn eine bestimmte Gruppe mit einer anderen an einem zu optimierenden Molekül kombiniert wird?

Doch ist bei diesen Betrachtungen Vorsicht geboten. Kleine Unterschiede im Bindungsverhalten bringen solche einfachen Regeln zum Scheitern.

Als Beispiel soll die Optimierung des Thrombinhemmstoffs **4.10** zu **4.11** betrachtet werden (Abb. 4.14). Zwei Änderungen sollen durchgeführt werden. Zum einen lässt sich am einen Ende des Molekülgerüsts ein hydrophober Substituent von einem *n*-Propyl- zu einem Phenylethylrest vergrößern. Dies bedeutet eine deutliche Zunahme der hydrophoben Moleküloberfläche. Als zweiter Optimierungsschritt wird benachbart zu der hydrophoben Gruppe eine Aminogruppe eingeführt, die eine Wasserstoffbrücke zu Gly 216 formen soll. Die beiden Veränderungen von **4.10** zu **4.11** führen zu einer Affinitätsverbesserung von $\Delta\Delta G = -18{,}6$ kJ/mol. Die beiden Abwandlungen können natürlich auch sukzessive über die Zwischenstufen **4.12** bzw. **4.13** eingeführt werden. Vergrößert man zuerst den hydrophoben Rest von **4.10** zu **4.12**, so gewinnt man nur wenig Bindungsaffinität. Optimiert man **4.12** weiter durch Einführen der Aminogruppe zu Endprodukt **4.11**, erhält man einen deutlichen Affinitätszugewinn. Bringt die Aminogruppe so viel für die Affinität? Man kann umgekehrt vorgehen und erst die Aminogruppe an **4.10** zu **4.13** einführen. Für die-

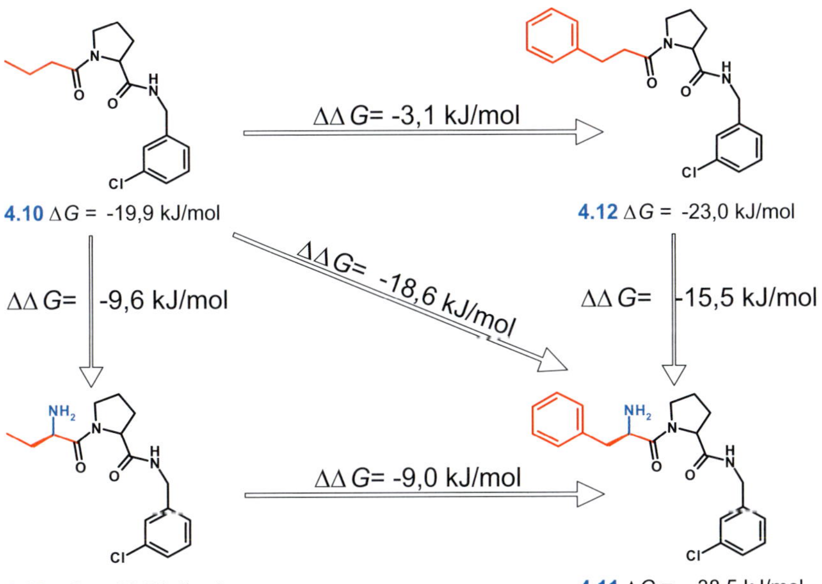

Abb. 4.14 Die Optimierung des Thrombinhemmstoffs **4.10** zu **4.11** bringt eine Affinitätssteigerung von $\Delta\Delta G = -18{,}6$ kJ/mol. Dazu wird die hydrophobe Seitenkette (rot) von *n*-Propyl- zu Phenylethylrest vergrößert und eine Aminogruppe (blau) angefügt. Die Änderungen können auch schrittweise durchgeführt werden. Vergrößerung der hydrophoben Oberfläche zu **4.12** verbessert die Affinität nur um −3,1 kJ/mol, den wesentlichen Beitrag von −15,5 kJ/mol liefert die anschließend eingeführte Aminogruppe. Addiert man zuerst die Aminogruppe zu **4.13**, bringt dies −9,6 kJ/mol, und die dann erfolgende Substitution des hydrophoben Rests steigert die Affinität um weitere −9 kJ/mol. Der Grund für die nicht gegebene Additivität ist in dem komplexen Wechselspiel von Restmobilität, Desolvatation und Festigkeit der sich ausbildenden enthalpischen Wechselwirkungen zu suchen.

se Änderung ist lediglich eine Verbesserung von ΔΔG = −9,6 kJ/mol zu verbuchen. Die anschließende Vergrößerung der hydrophoben Oberfläche von **4.13** zu **4.11** erzielt weitere −9,0 kJ/mol an Affinitätszugewinn.

Dieses Beispiel zeigt, dass simple Additivitätsregeln versagen. Wie in dem Beispiel mit den Fünf- und Sechsringderivaten **4.8** und **4.9** nimmt die Bilanz von verbleibender Restmobilität, partieller Solvatation der Bindetasche und Güte ausgebildeter Wechselwirkungen entscheidenden Einfluss auf die Affinitätszunahme. Das Wechselspiel von sich teilweise kompensierenden enthalpischen und entropischen Bindungsbeiträgen ist verantwortlich für dieses komplexe Bild.

4.11 Lektionen für das Wirkstoffdesign

Dieses Kapitel soll nicht den Eindruck vermitteln, dass eine quantitative Vorhersage der Stärke von Protein-Ligand-Wechselwirkungen unmöglich ist. Trotz des komplexen Charakters der Protein-Ligand-Wechselwirkungen sollte man immer zunächst auf die einfachen Regeln zurückgreifen.

- Viele starke Protein-Ligand-Wechselwirkungen sind durch extensive lipophile Kontakte gekennzeichnet. Eine Vergrößerung der lipophilen Kontaktfläche zwischen Protein und Ligand führt häufig zu einer Verbesserung der Bindungsaffinität. Dies bedeutet, dass die Suche nach unbesetzten lipophilen Taschen im Protein einer der ersten Schritte beim Entwurf und der Optimierung neuer Liganden sein sollte. Allerdings darf dieses Vorgehen nicht übertrieben werden, da eine zu starke Erhöhung der Gesamtlipophilie eines Moleküls dessen Wasserlöslichkeit zunehmend reduziert.
- Eine Erhöhung der Bindungsaffinität durch zusätzliche H-Brücken ist nicht garantiert. Für die Gesamtbilanz bringt eine H-Brücke nur dann einen Beitrag, wenn im Protein-Ligand-Komplex eine stärkere Wechselwirkung der interagierenden Gruppen ausgebildet wird als in Wasser. Andererseits führt ein Vergraben polarer Atome, ohne dass diese durch eine H-Brücke abgesättigt werden, fast immer zu einem Verlust an Bindungsaffinität. Beim Ligandendesign muss dafür gesorgt werden, dass polare Atome Bindungspartner finden, falls sie im Protein-Ligand-Komplex nicht mehr wasserzugänglich sind.
- Jeder Ligand verdrängt bei der Proteinbindung Wassermoleküle. Es gibt Proteinbindetaschen, die so zugeschnitten sind, dass sie von Wasser nicht optimal solvatisiert werden können. In diesen Fällen kann ein Ligand in der Lage sein, mehr H-Brücken zum Protein auszubilden, als dies Wassermolekülen möglich ist. Die Bindungsaffinität solcher Liganden kann sehr hoch sein.
- Starre Liganden können fester als flexible Liganden binden, da der Verlust an inneren Freiheitsgraden für starre Liganden geringer ist.
- Wasser kann starke H-Brücken ausbilden, ist aber für Übergangsmetallionen häufig kein so guter Ligand wie Thiole, Säuren, Hydroxamate und einige andere Gruppen. Dementsprechend ist für die meisten Proteine, die ein Übergangsmetallion enthalten (Kapitel 25), eine direkte Wechselwirkung mit dem Metallion wichtig. Generell tragen alle direkten Protein-Ligand-Wechselwirkungen, die nicht oder nur schlecht durch Wassermoleküle ersetzt werden können, stark zur Affinität bei.

Wichtig für die Charakterisierung der Ligandbindung sind die relativen Anteile von Enthalpie und Entropie zur Bindungsaffinität ΔG, der eigentlichen Größe, die bei einer Wirkstoffentwicklung zu optimieren ist. Dieses Ziel kann sowohl durch Verbessern der enthalpischen, entropischen oder beider Beiträge gleichzeitig erreicht werden. Dazu muss man sich allerdings auf unterschiedliche Parameter der Protein-Ligand-Wechselwirkung konzentrieren (Abschnitt 8.8). Offen ist dabei die Frage, ob eine enthalpisch oder entropisch bestimmte Bindung Vorteile für einen bestimmten Arzneistoff bedeuten. Die einzuschlagende Strategie wird davon abhängen, ob für die Bindung des zu entwickelnden Wirkstoffs Toleranz gegen schnell entstehende Resistenzmutationen (Abschnitte 24.5, 31.4, 32.5) verlangt wird, hohe Target-Selektivität oder eher breite Bindungspromiskuität innerhalb einer Proteinfamilie erwünscht sind (Abschnitte 25.6, 26.4., 27.5).

Literatur

Allgemeine Literatur

T. E. Creighton, Proteins: Structures and Molecular properties, 2nd Ed., W.H. Freeman, New York, 1992

P. R. Andrews, Drug-Receptor Interactions, in H. Kubinyi, Hrsg., 3D-QSAR in Drug Design. Theory, Methods and Applications, Escom, Leiden, 1993, S. 13–40

P. R. Andrews, D.J. Craik und J.L. Martin, Functional Group Contributions to Drug-Receptor Interactions, J. Med. Chem. **27**, 1648–1657 (1984)

I. D. Kuntz, K. Chen, K.A. Sharp und P.A. Kollman, The Maximal Affinity of Ligands, Proc. Natl. Acad. Sci. USA **96**, 9997–10002 (1999)

H. J. Böhm und G. Klebe, Was lässt sich aus der molekularen Erkennung in Protein-Ligand-Komplexen für den Entwurf neuer Wirkstoffe lernen, Angew. Chem. **108**, 2750–2778 (1996)

H. Gohlke und G. Klebe, Ansätze zur Vorhersage und Beschreibung der Bindungsaffinität niedermolekularer Liganden an makromolekulare Rezeptoren, Angew. Chem. **114**, 2764–2798 (2002)

H.-J. Böhm und G. Schneider, Hrsg., Protein-Ligand Interactions. From Molecular Recognition to Drug Design (Band 19, Methods and Principles in Medicinal Chemistry, R. Mannhold, H. Kubinyi und G. Folkers, Hrsg.), Wiley-VCH, Weinheim, 2003

Spezielle Literatur

Ehrlich, P. Chemotherapeutics: Scientific Principles, Methods and Results. Lancet **182**, 445–451 (1913)

F. W. Lichtenthaler, Hundert Jahre Schlüssel-Schloss-Prinzip: Was führte Emil Fischer zu dieser Analogie? Angew. Chem. **106**, 2456–2467 (1994)

R. P. Mason, D. G. Rhodes und L. G. Herbette, Reevaluating Equilibrium and Kinetic Binding Parameters for Lipophilic Drugs Based on a Structural Model for Drug Interaction with Biological Membranes, J. Med. Chem. **34**, 869–877 (1991)

A. R. Fersht, J. P. Shi, J. Knill-Jones, et al., Hydrogen Bonding and Biological Specificity Analysed by Protein Engineering, Nature **314**, 235–238 (1985)

B. P. Morgan, J. M. Scholtz, M. D. Ballinger, I. D. Zipkin und P. A. Bartlett, Differential Binding Energy: A Detailed Evaluation of the Influence of Hydrogen-Bonding and Hydrophobic Groups on the Inhibition of Thermolysin by Phosphorous-Containing Inhibitors, J. Am. Chem. Soc. **113**, 297–307 (1991)

T. Petrova, H. Steuber et al., Factorizing Selectivity Determinants of Inhibitor Binding toward Aldose and Aldehyde Reductases: Structural and Thermodynamic Properties of the Aldose Reductase Mutant Leu300Pro-Fidarestat Complex, J. Med. Chem. **48**, 5659–5665 (2005)

C. Gerlach, M. Smolinski, et al., Thermodynamic Inhibition Profile of a Cyclopentyl- and a Cyclohexyl Derivative Towards Thrombin: The Same, but for Deviating Reasons, Angew. Chem. Int. Ed. **46**, 8511–8514 (2007)

Optische Aktivität und biologische Wirkung

5

Von entscheidendem Einfluss auf die biologische Wirkung eines Moleküls ist seine dreidimensionale Gestalt. Die **Konfiguration** eines Moleküls ergibt sich aus der Verknüpfung seiner Atome. Substanzen mit einem **Asymmetriezentrum**, die hier betrachtet werden sollen, sind **optisch aktiv** und liegen in zwei unterschiedlichen Formen vor. Sie sind asymmetrisch aufgebaut und verhalten sich zueinander wie **Bild und Spiegelbild**. Man nennt sie **chiral**. Ohne Lösen und neues Verknüpfen einer Bindung können beide Formen nicht ineinander überführt werden. Für den Chemiker ist dies oft ohne Bedeutung, weil sich Bild und Spiegelbild in einer symmetrischen Umgebung chemisch identisch verhalten. Bringt man sie jedoch in eine asymmetrische Umgebung, z. B. an die Bindestelle eines Proteins, so gilt dies nicht mehr. Von den daraus resultierenden Konsequenzen für das Wirkstoffdesign und die Therapie handelt dieses Kapitel.

Zu Beginn des 19. Jahrhunderts beobachtete Jean Baptiste Biot, dass manche Quarzkristalle die Ebene des linear polarisierten Lichts nach rechts drehen, andere dagegen nach links. Makroskopisch prägt sich diese **optische Aktivität** in einer asymmetrischen, händigen (enantiomorphen) Gestalt der Kristalle aus, sie liegen als spiegelbildliche links- und rechts-Formen vor. Wenig später fand Biot, dass nicht nur Kristalle, sondern auch organische Verbindungen wie Terpentinöl oder Zuckerlösungen die Ebene des polarisierten Lichts in eine bestimmte Richtung drehen.

5.1 Louis Pasteur sortiert Kristalle

Ein entscheidendes Experiment führte der 26-jährige Louis Pasteur 1848 in Paris durch. Einige Literaturbefunde stimmten nicht mit seiner Theorie überein, nach der zwischen Kristallform und optischen Eigenschaften eine sichtbare Beziehung bestehen müsse. Bei einer sorgfältigen Untersuchung des Natrium-Ammonium-Salzes der optisch inaktiven Traubensäure entdeckte er, dass die Kristalle unterschiedliche Formen aufwiesen. Sie waren rechts- oder linkssymmetrisch und konnten von Hand ausgelesen werden. Die Kristalle der Enantiomere 5.1 und 5.2 (Abb. 5.1) ergaben Lösungen mit entgegengesetztem Drehsinn. Damit war seine Vermutung bewiesen. Bevor Pasteur die Ergebnisse der Akademie der Wissenschaften vortragen durfte, musste er sie aber in Anwesenheit von Biot am Collège de France öffentlich (!) wiederholen. Er hatte Glück. Nur dem Umstand, dass er seine Lösungen bei Raumtemperatur langsam eindunsten ließ, ist es zu verdanken, dass dieses Experiment erfolgreich war. Oberhalb der kritischen Übergangstemperatur von 28 °C wäre das stöchiometrische 1 : 1-Gemisch der beiden enantiomeren Formen, das **Racemat**, als einheitliche Kristallform angefallen.

Einige Jahre später gelang Pasteur eine weitere wichtige Beobachtung: Schimmelbefall einer racemischen Traubensäurelösung erzeugte optische Aktivität. Ein Enantiomer der Weinsäure wird deutlich rascher verstoffwechselt als das andere. Damit hatte er bereits zwei wichtige Methoden entdeckt, Racemate in die Enantiomere zu spalten. Während die mechanische Auslese auf sehr wenige Beispiele beschränkt blieb, haben enzymatische Racemattrennungen breite Anwendung gefunden (Abschnitt 5.4)

5.2 Die strukturelle Basis der optischen Aktivität

Die Erklärung der optischen Isomerie gelang erst mithilfe der **Theorie des tetraedrischen Kohlenstoffs**, die 1874 unabhängig von Jacobus Henricus van't Hoff und Joseph Achille Le Bel entwickelt wurde. Immer dann, wenn ein Kohlenstoffatom vier unterschiedliche Substituenten trägt, entsteht ein asymmetrisches oder, wie man auch sagt, **stereogenes Zentrum**. Diese Eigenschaft ist nicht auf den Kohlenstoff beschränkt;

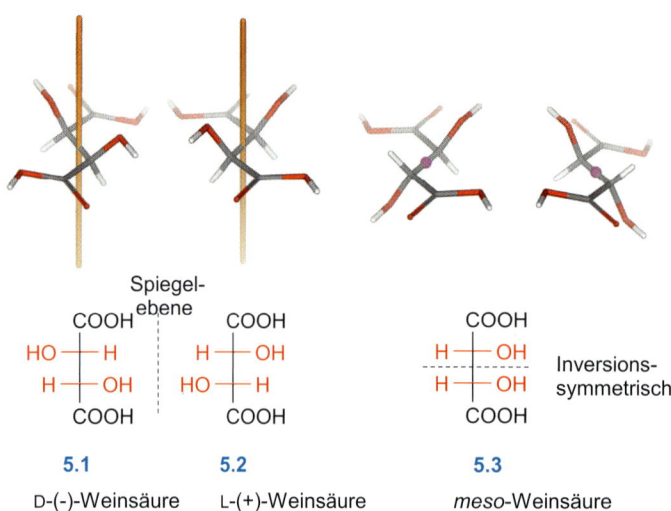

Abb. 5.1 Optische Isomerie bei der Wein- und Traubensäure. Die enantiomeren Verbindungen (–)-Weinsäure **5.1** (Fp. = 168–170 °C, $[\alpha]_D^{20}$ = –12°) und (+)-Weinsäure **5.2** (Fp. = 168–170 °C, $[\alpha]_D^{20}$ = +12°) können in der angegebenen Schreibweise weder in der Papierebene noch räumlich zur Deckung gebracht werden. Sie besitzen einzig eine zweizählige Drehachse (orange Achse), die durch die Mitte der zentralen C–C-Bindung verläuft. Als spiegelbildliche Formen drehen sie die Ebene des polarisierten Lichts in entgegengesetzte Richtungen. Im Unterschied dazu weist die *meso*-Weinsäure **5.3** (Fp. = 140 °C) eine Inversionssymmetrie (violettes Zentrum der zentralen C–C-Bindung) auf. Lösungen von *meso*-Weinsäure zeigen makroskopisch keine optische Aktivität, weil sich die Beiträge der stereogenen Zentren kompensieren. Auch die Traubensäure (Fp. = 206 °C, keine Drehung), ein 50 : 50-Gemisch der enantiomeren Weinsäuren, ist optisch inaktiv. Solche Enantiomerengemische bezeichnet man als Racemate (lat. *racemus*, die Traube).

auch Stickstoff- (in Ammoniumsalzen) oder Siliciumatome mit vier verschiedenen Substituenten, Phosphoratome, z. B. in Phosphon- oder Phosphorsäureestern, oder auch Schwefelatome in Sulfoxiden (mit zwei verschiedenen Substituenten zusätzlich zu dem gebundenen Sauerstoffatom und dem freien Elektronenpaar) können Anlass zur Asymmetrie geben. In der räumlichen Anordnung der Bindungen ergeben sich zwei spiegelbildliche Isomere, die polarisiertes Licht gleich stark, aber in entgegengesetzte Richtung drehen. Diese Formen werden **Enantiomere** (früher: **Antipoden**) genannt. Mit Ausnahme ihrer optischen Aktivität verhalten sich Enantiomere in allen chemischen und physikochemischen Eigenschaften identisch, natürlich nur so lange, wie sie sich in einer achiralen Umgebung befinden.

Verbindungen mit zwei Chiralitätszentren, die innerhalb des Moleküls wie Bild und Spiegelbild konfiguriert sind, weisen makroskopisch keine optische Aktivität auf. *meso*-Weinsäure **5.3** (Abb. 5.1) liegt als racemisches Gemisch chiraler Konformere vor. Jedes Konformer ist in gleicher Menge als Bild und Spiegelbild im dynamischen Gleichgewicht vorhanden. Daher können sie nicht in Enantiomere gespalten werden.

Optische Aktivität findet man auch bei anderen Formen molekularer Asymmetrie. Ein Beispiel ist jede reguläre oder verzerrte tetraedrische Anordnung unterschiedlicher Substituenten an einem anderen Gerüst als einem einzelnen Kohlenstoffatom. Ein anderer Fall sind Verbindungen, bei denen die Rotation zweier Reste um die ihnen gemeinsame Bindung stark behindert ist. Entsteht dadurch ein Asymmetriezentrum, so resultieren optisch aktive Rotationsisomere (Abb. 5.2).

Zur Charakterisierung enantiomerer Verbindungen gibt man den experimentell bestimmten Drehwert der Verbindung mit (+) oder (–) an (früher auch klein *d*- oder *l*-). Zur Angabe der räumlichen Konfiguration an einem stereogenen Zentrum in einem Molekül verwendet man D bzw. L (lat. *dextro, laevo*). Diese Bezeichnung geht auf die **Fischerkonvention** zurück und bezieht sich auf die absolute Konfiguration des D- bzw. L-Glycerinaldehyds, **5.7** und **5.8** (Abb. 5.3). Die meisten Zucker, z. B. Glucose **5.9**, lassen sich auf den D-Glycerinaldehyd **5.7** zurückführen, die natürlichen Aminosäuren der Proteine, z. B. Alanin **5.10**, auf den L-Glycerinaldehyd **5.8**. Aus diesem Grund wird für Zucker und Aminosäuren auch heute noch meistens die D/L-Nomenklatur verwendet. Die enan-

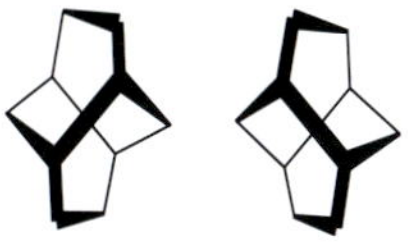

5. Optische Aktivität und biologische Wirkung 71

5.4 Twistan

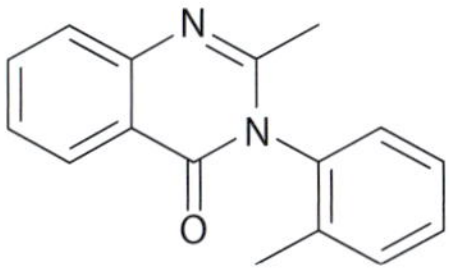

5.5 Methaqualon

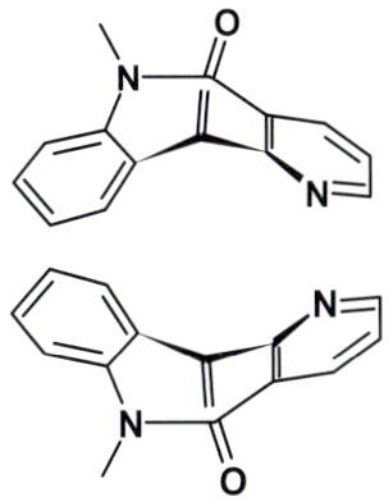

5.6

Abb. 5.2 Moleküle ohne stereogene Zentren können auch durch ihren räumlichen Aufbau in Bild und Spiegelbild aufspalten, z. B. Twistan **5.4**. Wenn Drehungen um die verknüpfende Bindung stark eingeschränkt sind, wie in dem Hypnotikum Methaqualon **5.5**, lassen sich ebenfalls Enantiomere trennen. Bei nichtplanaren fusionierten Ringsystemen wie dem Dibenzocycloheptadien-Derivat **5.6** hängt es von der Barriere für das Durchschwingen des Ringsystems ab, ob Enantiomere zu trennen sind.

hung, liegt die (R)-Konfiguration vor, im anderen Fall die (S)-Konfiguration (von lat. *rectus*, *sinister*). Der einzige Nachteil dieser Nomenklatur ist, dass sich die Bezeichnung eines Stereozentrums allein durch Änderung der Ordnungszahl, der Wertigkeit oder der Oxidationsstufe eines Substituenten ändern kann. So werden die homologen L-Aminosäuren Serin und Cystein, die bis auf den Schwefel, der das Sauerstoffatom ersetzt, stereochemisch strukturanalog sind, als S-Serin und R-Cystein klassifiziert.

Bei Vorliegen nur eines optischen Zentrums im Molekül gibt es zwei Enantiomere. Jedes zusätzliche, in der Symmetrie unabhängige optische Zentrum erhöht die Zahl der Enantiomere um den Faktor zwei. Für n asymmetrische Zentren ergeben sich 2^n optische Isomere. Sie liegen als 2^{n-1} Racemate vor, da sich jeweils zwei Isomere wie Bild und Spiegelbild verhalten. **Diastereomere** können weder im Raum noch durch Spiegelung ineinander überführt werden, da sich die Chiralität der Stereozentren, relativ zueinander, unterscheidet. Demgemäß haben sie auch unterschiedliche physikochemische und chemische Eigenschaften. Alle einzelnen Racemate eines Diastereomerengemisches liegen als exakte 1 : 1-Gemische der jeweiligen Enantiomere vor, ihre relativen Anteile im Gesamtgemisch können aber sehr verschieden sein.

Labetalol **5.11** (Abb. 5.5) ist ein solches Diastereomerenpaar, das aus zwei Racematen, d. h. zwei Enantiomerenpaaren zusammengesetzt ist. Als „gemischter" Antagonist greift es an α-, $β_1$- und $β_2$-adrenergen Rezeptoren an (vgl. Abschnitt 29.3). Wegen der asymmetrischen Struktur biologischer Makromoleküle unterscheiden sich aber die einzelnen Komponenten dieses Gemisches deutlich in ihren biologischen Eigenschaften, quantitativ wie qualitativ (Abschnitte 5.5–5.7).

tiomeren Weinsäuren entsprechen der D-(–)- bzw. L-(+)-Form.

Eine stereochemisch eindeutige Zuordnung erlaubt die **Cahn-Ingold-Prelog-Regel** (Abb. 5.4). Definitionsgemäß wird das optische Zentrum so ausgerichtet, dass der Substituent mit der kleinsten Ordnungszahl (z. B. Wasserstoff oder ein freies Elektronenpaar) nach hinten zeigt. Die Bindung zu diesem Substituenten bildet die Säule eines Lenkrads, die anderen Substituenten liegen in der Ebene des Lenkrads. Folgen sie in dieser Anordnung mit fallender Ordnungszahl der Atome bzw. der nächst benachbarten Atome des jeweiligen Substituenten einer Rechtsdre-

Fischer-Projektion:

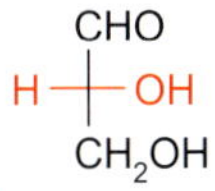

5.7 D-Glycerinaldehyd

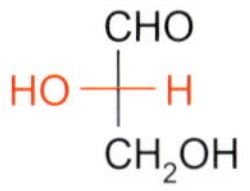

5.8 L-Glycerinaldehyd

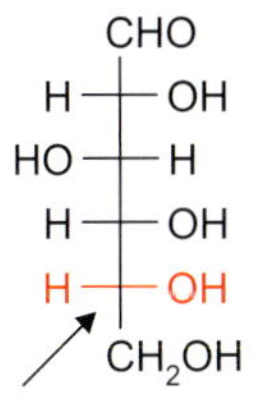

5.9 D-Glucose

Stereo-Projektion:

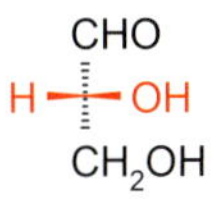

5.7

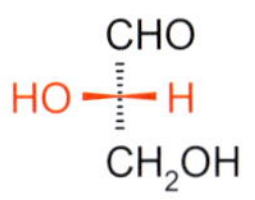

5.8

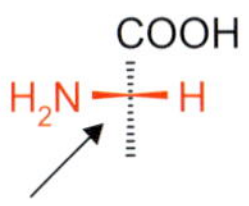

5.10 L-Alanin

Abb. 5.3 Zur Charakterisierung optisch aktiver Verbindungen gibt man den Drehsinn (+ oder –) und nach der Fischerkonvention die Zugehörigkeit zur D- oder L-Reihe an. Dazu schreibt man die längste Kohlenstoffkette vertikal und legt den höher oxidierten Kohlenstoff nach oben (z. B. **5.9**). Der Standard dafür ist das Paar D- und L-Glycerinaldehyd **5.7** und **5.8** am asymmetrischen C (rot). Bei Zuckern, z. B. der Glucose **5.9**, und Aminosäuren, z. B. Alanin **5.10**, entscheidet die Konfiguration an dem mit einem Pfeil markierten Kohlenstoffatom über die Zugehörigkeit zur D- oder L-Reihe.

Cahn-Ingold-Prelog-Regel

- hohe Ordnungszahl vor niedriger, z. B. I > Br > Cl > F > O > N > C > H
- freie Elektronenpaare erhalten immer die niedrigste Priorität
- hohe Massenzahl vor niedrigerer, z. B für Isotope D > H
- falls Substituenten in 1. Sphäre identisch (z. B. C), nächste Sphäre betrachten

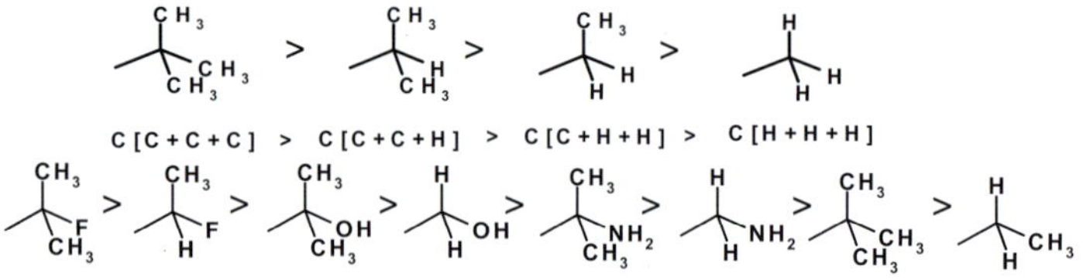

C [C + C + C] > C [C + C + H] > C [C + H + H] > C [H + H + H]

- Mehrfachbindungen gedanklich in mehrere Einfachbindungen aufspalten, z. B. Aldehydgruppe CHO = C [O + O + H] > CH$_2$OH = C [O + H + H]
- bei gleichen Substituenten, die selbst chiral sind, gilt: (R) > (S) und (R,R) > (R,S) sowie (S,S) > (S,R)
- falls unterschiedlich konfigurierte Doppelbindungen vorliegen: Z > E (Z = zusammen, E = entgegen für die Konfiguration an der Doppelbindung)

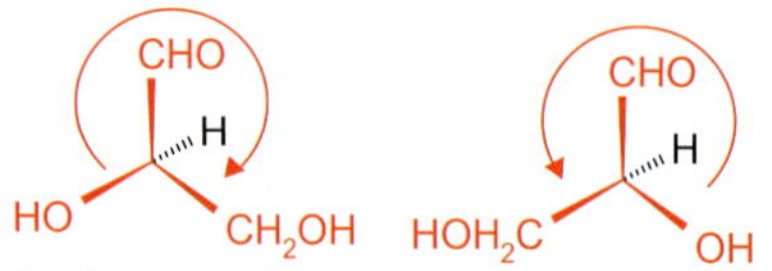

(R)-Glycerinaldehyd
5.7

(S)-Glycerinaldehyd
5.8

Abb. 5.4 Eindeutig ist die (R/S)-Nomenklatur, die von R. S. Cahn, C. K. Ingold und V. Prelog vorgeschlagen wurde. Dazu müssen Prioritäten-Regeln für die vier unterschiedlichen Substituenten am tetraedrischen stereogenen Zentrum festgelegt werden. Der Substituent mit der niedrigsten Priorität wird nach hinten orientiert und Reihung der verbleibenden Substituenten in absteigender Priorität legt den Drehsinn an dem Zentrum fest.

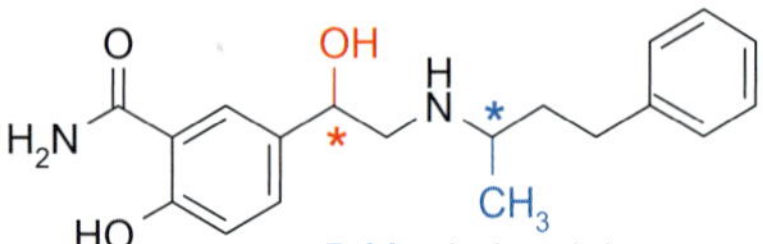

5.11 Labetalol

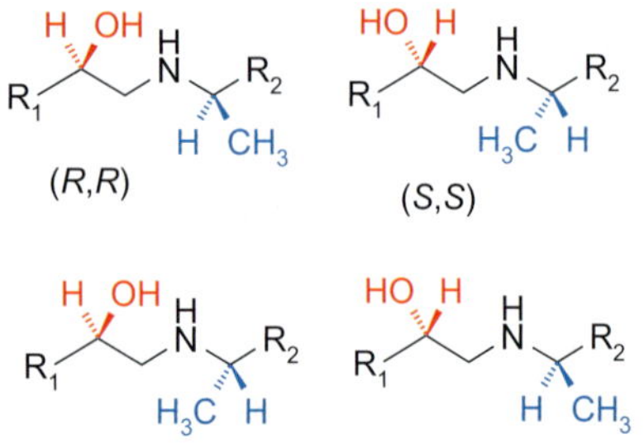

(R,R)

(S,S)

(R,S)

(S,R)

Abb. 5.5 Für einen Rezeptor ist das Diastereomerengemisch Labetalol **5.11** wegen seiner beiden Asymmetriezentren ein Gemisch aus vier ganz verschiedenen Verbindungen mit unterschiedlichem Wirkspektrum. Die Abstufung der antagonistischen Wirkstärken der (R,R)-, (R,S)-, (S,R)- und (S,S)-Isomeren beträgt am α_1-Rezeptor S,R » S,S ~ R,R > R,S, am β_1-Rezeptor R,R » R,S > S,S ~ S,R und am β_2-Rezeptor R,R » R,S » S,S ~ S,R.

5.3 Isolierung, Synthese und Biosynthese von Enantiomeren

Bei racemischen Säuren und Basen gelingt die Trennung sehr oft mit enantiomerenreinen optisch aktiven Basen bzw. Säuren, die diastereomere Salze von unterschiedlicher Löslichkeit bilden. Durch chemische Umsetzung von racemischen Säuren, Aminen und Alkoholen mit optisch aktiven Alkoholen bzw. Säuren lassen sich diastereomere Reaktionsprodukte herstellen. Wegen ihrer unterschiedlichen Eigenschaften kann man sie trennen und anschließend zu den gewünschten optisch aktiven Produkten spalten.

Synthesen, die nicht von optisch aktiven Vorstufen ausgehen und bei denen keine optisch aktiven Hilfsreagenzien verwendet werden, führen immer zu Racematen, d. h. zu exakten 50 : 50-Gemischen der beiden Enantiomeren. Man kann sich aber einen Zugang zu optisch aktiven Verbindungen verschaffen, indem man für die Synthesen Reaktionskomponenten aus dem „*chiralen Pool*" einsetzt. Darunter versteht man die Gesamtheit aller optisch aktiven Naturstoffe, ihrer

Derivate und Abbauprodukte, sowie leicht zugängliche Synthesebausteine, die in optisch einheitlicher Form verfügbar sind. Besonders elegant sind Synthesen mit chiralen Katalysatoren. In den meisten Fällen erfordern sie aber einen erheblichen Entwicklungsaufwand für die Optimierung der Ausbeute und der Enantiomerenreinheit, die über den **ee-Wert** (*ee* = *enantiomeric excess*, engl. enantiomerer Überschuss) charakterisiert wird. Mehr für analytische oder halbpräparative Anwendungen geeignet ist die chromatographische Trennung von Racematen an optisch aktiven Trägern.

In den letzten Jahren gewinnen zunehmend enzymatische und biotechnologische Verfahren an Bedeutung. Proteasen, Esterasen, Lipasen oder Hydantoinasen setzen mehr oder weniger selektiv bzw. mit deutlich unterschiedlicher Geschwindigkeit nur ein Enantiomer eines Racemats zu einem Reaktionsprodukt um. Durch geeignete Wahl des Mediums und der sonstigen Reaktionsbedingungen können die Selektivität und Ausbeute solcher Reaktionen optimiert werden.

Die industrielle Anwendung einer biotechnologischen Synthese, die seit Jahrzehnten großtechnisch genutzt wird, ist die Herstellung von optisch reinem Ephedrin. Dieser pflanzliche Wirkstoff wird in Kombinationspräparaten zur begleitenden Therapie von Schnupfen, Bronchitis und Asthma eingesetzt. Aus Benzaldehyd, Zucker und Hefe erhält man das Zwischenprodukt 5.12 (Abb. 5.6). Dieses wird chemisch weiter zum (1R,2S)-(−)-Ephedrin 5.13 umgesetzt, das in der Konfiguration seiner beiden optischen Zentren mit dem pflanzlichen Naturstoff identisch ist. Das an C1 isomere (1S,2S)-(+)-Pseudoephedrin 5.14 ist ein Diastereomeres des Ephedrins. Es unterscheidet sich von Ephedrin u. a. im Drehwert, im Schmelzpunkt und in seinen biologischen Eigenschaften.

Unzählige weitere mikrobielle Synthesen liefern optisch reine Produkte, mit oder ohne den Einsatz von achiralen, racemischen oder enantiomerenreinen Vorstufen. Von besonderer wirtschaftlicher Bedeutung sind die biotechnologischen Synthesen verschiedenster Antibiotika, an erster Stelle der Penicilline und Cephalosporine (Abschnitt 2.4 und 23.7). Aber auch die biotechnologische Herstellung enantiomerenreiner Zwischenprodukte für chirale Arzneistoffe nimmt in ihrer Bedeutung immer weiter zu.

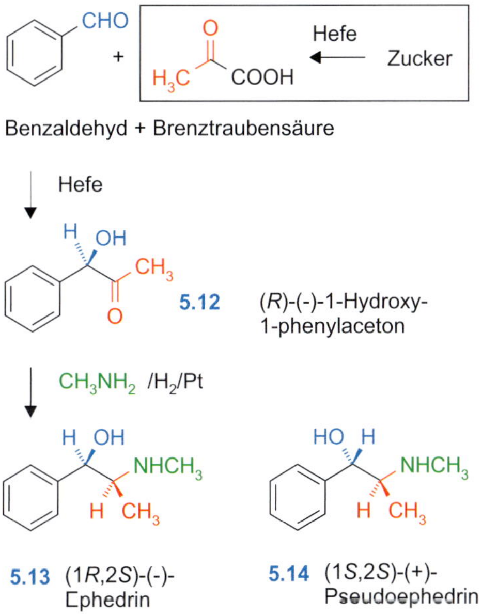

5.4 Lipasen trennen Racemate

Enzyme sind durch ihren asymmetrischen Aufbau zur Spaltung von Racematen geeignet. Dies kann entweder dadurch erfolgen, dass eines der beiden **enantiomeren Substrate** besser gebunden und schneller umgesetzt wird, oder aber eine chemische Reaktion erfolgt in der Bindetasche des Proteins mit unterschiedlicher Effizienz. Lipasen werden gerne für **kinetische Racematspaltungen** eingesetzt, da sie durch ihren Aufbau und ihre lipophile Oberfläche auch in organischen Lösungsmitteln stabil sind. Sie gehören zu der großen Gruppe der hydrolysierenden Enzyme (Kapitel 23). Im katalytischen Zentrum weisen sie ein nucleophiles Serin auf, das unter Spaltung eines Amid- oder Estersubstrats einen Acyl-Enzymkomplex bildet. Dabei wird das Protein über die OH-Gruppe des Serins zu einem Ester, die so genannte Acylform, umgesetzt (Abschnitt 23.2). Einem solchen Komplex kann man nun ein anderes Nucleophil, z. B. ein Amin, zur Reaktion anbieten. Das Amin greift den inneren Enzymester an, trennt die Bindung zum Serin-OH und bildet eine neue Amidbindung aus. Setzt man die links- und rechtshändige Form des Amins ein, so reagiert nur eine Form bevorzugt. Eine Trennung des Racemats lässt sich dadurch erreichen.

Abb. 5.6 Bei der biotechnologischen Herstellung von Ephedrin entsteht durch Vergärung von Zucker mit Bäckerhefe *Saccharomyces cerevisiae* die Brenztraubensäure. Unter Decarboxylierung wird sie mit dem zugegebenen Benzaldehyd enantioselektiv zum optisch aktiven (R)-(−)-1-Hydroxy-1-phenylaceton 5.12 verknüpft. Nach weiterer chemischer Umsetzung erhält man (1R,2S)-(−)-Ephedrin 5.13 in optisch einheitlicher Form. (1S,2S)-(+)-Pseudoephedrin 5.14 ist diastereomer zu Ephedrin. Es unterscheidet sich in der Konfiguration eines der beiden Chiralitätszentren.

Wie gelingt es nun dem Enzym, zwischen beiden Enantiomeren des Amins zu unterscheiden? Die Reaktion von *R*- und *S*-Phenylethylamin **5.15** und **5.16** mit der *Candida antarctica*-Lipase wurde genauer untersucht (Abb. 5.7). Für die schneller reagierende *R*-Form muss dazu eine niedrigere Energiebarriere überwunden werden als für die langsamere *S*-Form. Eine genauere Auswertung der kinetischen Parameter der Reaktion ergab, dass diese niedrigere Barriere vor allem durch einen enthalpischen Vorteil des schnelleren *R*-Amins bedingt wird. Entropisch besitzt dagegen die langsamere *S*-Form einen Vorteil. Insgesamt ist aber der enthalpische Beitrag überwiegend, sodass dadurch die freie Enthalpie (ΔG) die *R*-Form begünstigt wird (Abb. 5.7). Wie lässt sich diese Diskriminierung verstehen? Es wurden strukturelle **Analoga des Übergangszustands** der Reaktion synthetisiert. Dazu führt man an Stelle des instabilen intermediär tetraedrisch vorliegenden Kohlenstoffatoms ein Phosphoratom (**5.17** und **5.18**, Abb. 5.8) ein. Über diesen Trick bekommt man stabile Verbindungen in die Hand, die dem Übergangszustand mit dem Kohlenstoff sehr ähnlich sehen. Mit beiden enantiomeren Aminen wurden diese Analoga synthetisiert und Komplexe mit der Lipase hergestellt. Von beiden gelang Marco Bocola eine Kristallstrukturbestimmung. Interessanterweise ist das Übergangszustandsanalogon der schneller reagierenden *R*-Form strukturell gut in der Bindetasche des Enzyms zu erkennen (Abb. 5.8). Dagegen weist das Analogon der *S*-Form eine hohe Beweglichkeit im katalytischen Zentrum auf. Computersimulationen der Moleküldynamik mit beiden Formen bestätigten das Bild: Wogegen sich das *R*-Analogon gut definiert und zeitlich stabil in einer Geometrie befindet, die ideal für die Umsetzungsreaktion ist, erscheint das *S*-Analogon ziemlich beweglich und verharrt viel seltener in einer Anordnung, die die katalytische Reaktion in der Lipase erlaubt. Viel seltener erfolgt somit eine erfolgreiche Umsetzung dieses Substrats. Das wie in einem Schraubstock fixierte und auf seine Umsetzung wartende *R*-Analogon formt gute enthalpische Kontakte mit dem Enzym. Es nimmt praktisch eine zur Enzymtasche komplementäre Gestalt an. Daher resultiert sein großer enthalpischer Vorteil. Entropisch kostet diese Fixierung aber ihren Preis. Mit seiner Methylgruppe am stereogenen Zentrum verkrallt es sich in einer kleinen Nische der Bindetasche. Dem *S*-Analogen fehlt diese Möglichkeit, denn dort ist diese entscheidende Methylgruppe in die gespiegelte Richtung orientiert. Ihm fehlt somit dieser Anker zum Verkrallen in der Bindetasche. Es besitzt eine hohe Beweglichkeit im katalytischen Zentrum, verliert also nicht so viele Freiheitsgrade im Vergleich zur Situation vor der Enzymbindung. Entropisch ist dies günstig. Aber enthalpisch entzieht sich dieses Substrat einer guten Wechselwirkung, die zum Protein komplementäre Passform wird selten erreicht. Letztlich überwiegt die enthalpische Komponente

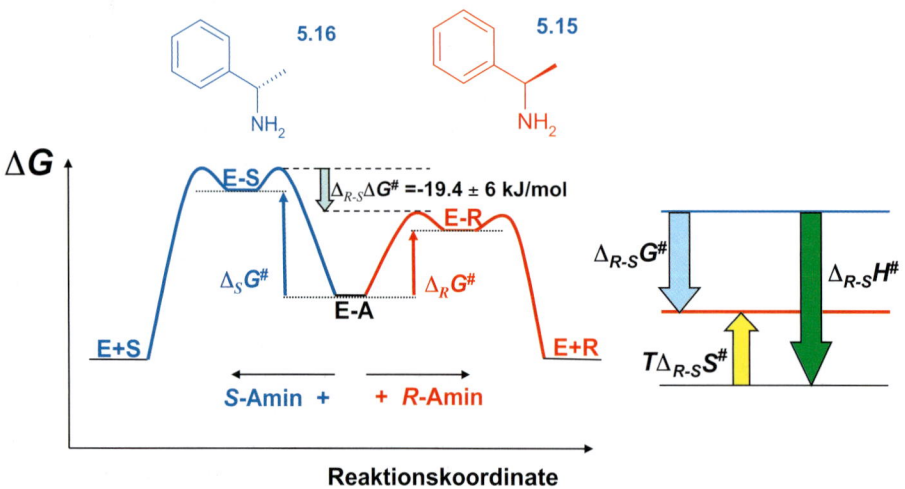

Abb. 5.7 Die Reaktion von *R*- und *S*-Phenylethylamin **5.15** und **5.16** mit der *Candida antarctica*-Lipase beginnt mit dem Acyl-Enzymkomplex E–A. Mit dem schneller reagierenden *R*-Amin **5.15** (rot) bildet sich über die niedrigere Energiebarriere der Übergangszustand E–R, der in das freie Enzym und *R*-Amid (E+R) weiterreagiert. Analog entsteht das *S*-Amid (E+S) (blau) über den energetisch höher liegenden E–S-Übergangszustand aus dem *S*-Amin **5.16**. Die $\Delta G^{\#}$-Differenz beträgt –19,4 kJ/mol und bevorzugt die *R*-Form. Der $\Delta G^{\#}$ Unterschied setzt sich aus einem enthalpischen und entropischen Beitrag zusammen, wobei die *R*-Form enthalpisch begünstigt, entropisch aber eher benachteiligt wird. Die *S*-Form ist dagegen enthalpisch weniger günstig, zeigt aber einen entropischen Vorteil.

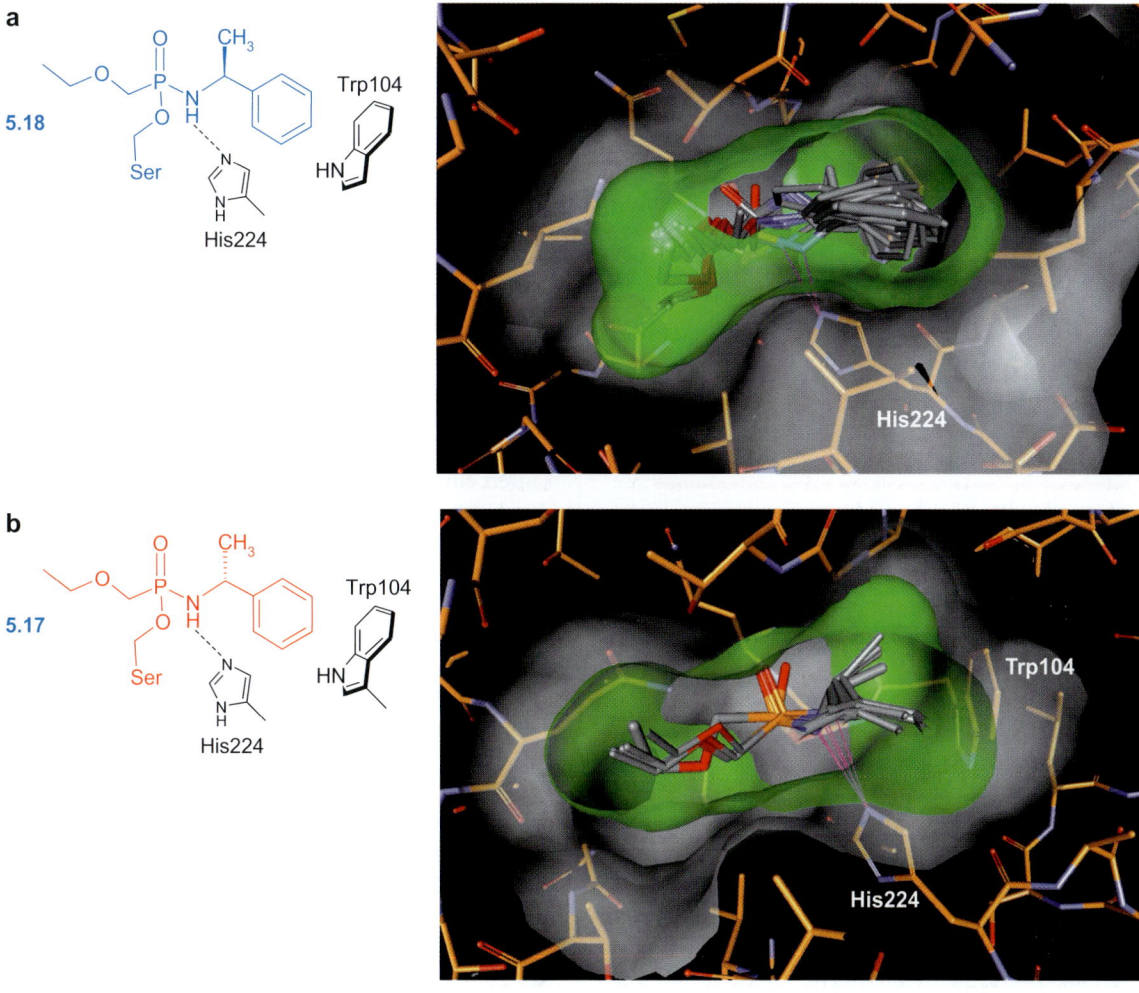

Abb. 5.8 Oben ist der Phosphor analoge Übergangszustand **5.18** der Reaktion von Lipase mit dem S-Amin zu sehen (a). Die Kristallstruktur und Simulationen legen nahe, dass er im Protein wenig fixiert wird und nur selten eine für die Reaktion entscheidende Geometrie mit einer H-Brücke (violett) zu dem Histidin (am unteren Rand der Bindetasche) ausbildet; (b) zeigt den entsprechenden Komplex mit dem Übergangszustandsanalogon **5.17** des schneller reagierenden R-Amins. Dieses Substrat verbleibt gut fixiert in der Bindetasche. Es verkrallt sich mit seiner Methylgruppe (oben rechts) in einer kleinen Nische der Bindetasche. Das Substrat bildet ausschließlich mit dem Enzym Geometrien aus, die die H-Brücke zum Histidin bilden. Diese Anordnung ist Voraussetzung für eine erfolgreiche Umsetzung des Substrats. Das R-Amin **5.17** reagiert deshalb schneller mit dem Enzym.

und führt dazu, dass das R-Amin deutlich schneller umgesetzt wird. Dies ist völlig ausreichend, sodass mit hoher Ausbeute praktisch nur das R-Amid gebildet wird. Man kann die Lipase auf einem Festkörperträger aufbringen und damit eine Glassäule befüllen. Nachdem die Acylform auf der Säule hergestellt ist, muss nur noch das racemische Gemisch des Amins über die Säule gegeben werden. Im Sammelkolben lassen sich S-Amin und das R-Amid nebeneinander auffangen. Bei geeigneter Wahl des Lösungsmittels kristallisiert das Amid dort direkt aus und kann mechanisch abgetrennt werden.

Interessant ist, dass mit steigender Temperatur oder bei Vergrößerung der Enzymtasche die **Enantiopräferenz** dieser Racematspaltung verloren geht. Die Vergrößerung kann durch Austausch eines Tryptophans am Rand der Tasche gegen ein Histidin erreicht werden. Die höhere Temperatur bzw. der zunehmende Platz in der Bindetasche steigern die Beweglichkeit beider Substrate in der Lipase. Dadurch geht der enthalpische Vorteil des schneller reagierenden R-Amins verloren. Die entropischen Verhältnisse gleichen sich für beide Substrate unter diesen Bedingungen an.

Dieses Beispiel zeigt, wie eine Lipase auf molekularer Ebene die Racematspaltung bewerkstelligt. Mit der Kenntnis dieser strukturellen und energetischen Parameter kann man versuchen, eine Lipase für andere Umsetzungen maßzuschneidern. Wegen der Bedeutung solcher Reaktionen entwickelt sich der gezielte Entwurf von Enzymkatalysatoren zu einem immer wichtigeren Thema für die Synthese chiraler Bausteine in neuen Wirkstoffen.

5.5 Unterschiede in der Wirkstärke und Wirkqualität von Enantiomeren

Flora und Fauna zeichnen sich durch besondere Symmetrie aus. Man denke nur an ein Gesicht, an Arme und Beine, die Rippen oder eine Orchideenblüte. Ausnahmen, z. B. Schneckengehäuse, sind selten oder ergeben sich, wie bei der Scholle, nur unter besonderen Evolutionsbedingungen. Die inneren Organe von Wirbeltieren sind zum Teil paarig, zum Teil asymmetrisch angelegt.

Auf der molekularen Ebene gibt es keine entsprechende Symmetrie, optisch aktive Bausteine herrschen vor. Alle spezifischen Wechselwirkungspartner biologisch aktiver Moleküle sind chiral. Enzyme und Rezeptoren sind aus L-Aminosäuren aufgebaut. Die Nucleinsäuren haben ein Gerüst aus D-Ribose- bzw. D-Desoxyribose-Bausteinen. Die meisten natürlich vorkommenden Zucker gehören der D-Reihe an. Wichtige Vitamine, Hormone und Überträgerstoffe liegen ebenfalls in optisch einheitlicher Form vor. Dementsprechend ist zu erwarten, dass Enantiomere eines optisch aktiven Liganden sich in ihrer Wirkung unterscheiden. Das ist mit vielen tausenden Beispielen belegt. Sowohl die Wirkstärke als auch die Wirkqualität von Enantiomeren zeigen meist deutliche Unterschiede.

Nach einem Vorschlag von Everhardus J. Ariëns bezeichnet man biologisch aktive Enantiomere als **Eutomere**, die inaktiven Enantiomere als **Distomere**. Der Quotient der beiden Affinitäten oder Wirkungen definiert das **eudismische Verhältnis**, der Logarithmus dieses Wertes wird als **eudismischer Index** bezeichnet. Es ist aber zu bedenken, dass zur Festlegung dieses Werts sehr saubere Verbindungen vorliegen müssen. Bereits 1 % Eutomer als Verunreinigung in einem völlig unwirksamen Distomer täuschen 1 % relative Aktivität des Distomers vor!

Je mehr sich die Enantiomere eines Racemats in ihrer Wirkstärke unterscheiden, desto stärker weicht ihr eudismisches Verhältnis vom Wert eins ab. Beispiele dafür sind die Verbindungen 5.20–5.22 (Abb. 5.9). Für einen Hemmstoff des Transports von Chloridionen durch Zellmembranen wurde sogar ein eudismischen Verhältnis von 500 000 beobachtet. Hier haben die Chemiker bei der Reinigung des weniger wirksamen Enantiomeren wirklich ganze Arbeit geleistet! Theoretisch sollte es für nanomolar wirksame Verbindungen sogar noch höhere Werte geben.

Einige natürlich vorkommende **Peptid-Antibiotika** enthalten D-**Aminosäuren**. Dadurch sind sie metabolisch stabiler. Aus dem gleichen Grund wurden auch in viele synthetische Peptidwirkstoffe D-Aminosäuren eingebaut. In günstigen Fällen erhält man dadurch stärker und länger wirksame Analoga. Einen Sonderfall stellen synthetische Analoga von Peptiden mit *Retro-inverso*-**Konfiguration** dar. Bei diesen Substanzen wird die Laufrichtung der Peptidkette oder von Teilen der Peptidkette umgekehrt, d. h. Amino- und Carboxylgruppen (einzelner) Aminosäuren sind gegenüber dem Peptid vertauscht. Um die relative Konfiguration beizubehalten, werden statt der L-Aminosäuren die entsprechenden D-Aminosäuren bzw. deren Analoga eingesetzt. Auf diese Weise lassen sich einige Enzyme oder Rezeptoren täuschen, sie binden das natürliche Peptid und das *Retro-inverso*-Peptid in gleicher Weise. Bei Thiorphan 5.23 und seiner *Retro-inverso*-Form 5.24 trifft dies für zwei Enzyme zu, für ein drittes aber nicht (Abb. 5.10). *Retro-inverso*-Peptide sind in aller Regel metabolisch stabiler als die peptidischen Ausgangsstrukturen.

Enantiomere unterscheiden sich nicht nur in der Wirkstärke, sondern auch in ihren Wirkqualitäten. Diese Unterschiede können sich als unerwünschte Nebenwirkung eines Antipoden manifestieren, z. B. beim chiralen Barbiturat 5.25 (Abb. 5.11). Die schwerwiegendste Arzneimittelnebenwirkung der letzten 50 Jahre, die durch das Schlafmittel Thalidomid 5.26 (Contergan®) ausgelösten embryonalen Missbildungen, ist anscheinend nur auf eines der beiden Enantiomere zurückzuführen (Abb. 5.11). Thalidomid war in den 1950er-Jahren das am besten verträgliche Schlafmittel, mit den geringsten Nebenwirkungen. Es wurde 1957 in den Handel gebracht und war in Apotheken rezeptfrei erhältlich. Es bestanden keine Bedenken, dass auch Frauen in den ersten Monaten ihrer Schwangerschaft diese Schlafmittel einnahmen. 1961 musste es wegen seiner teratogenen Wirkung vom Markt genommen werden. Wäre die Arzneimittelprüfung damals bereits auf dem heutigen Stand gewesen, wäre diese Katastrophe mit Sicherheit

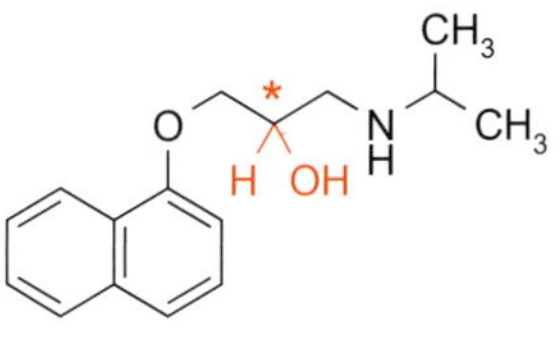

5. Optische Aktivität und biologische Wirkung

	Eudismisches Verhältnis
5.19 Propranolol	
β-Blockade	100
Membranwirkung	1
5.20 Metacholin	
cholinerge Wirkung	320
5.21 anticholinerger Wirkstoff	
Zentrum Estergruppe	50–100
Zentrum Aminoalkohol	2–4
5.22 Butaclamol, (+)-Enantiomer	
α_1-Rezeptor	73
D_2-Rezeptor	1250
5-HT_1-Rezeptor	8
5-HT_2-Rezeptor	73
Muscarin-Rezeptor	0,5

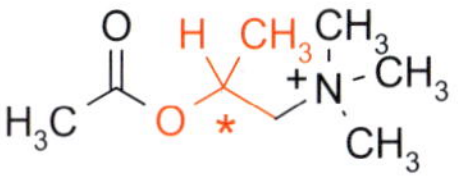

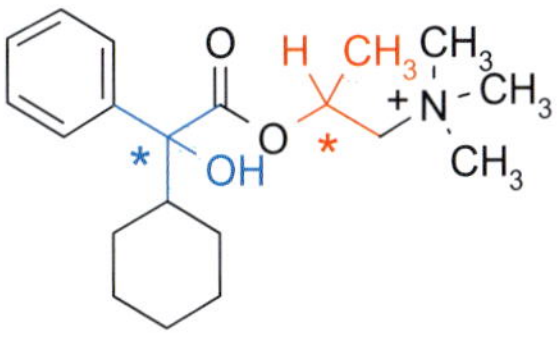

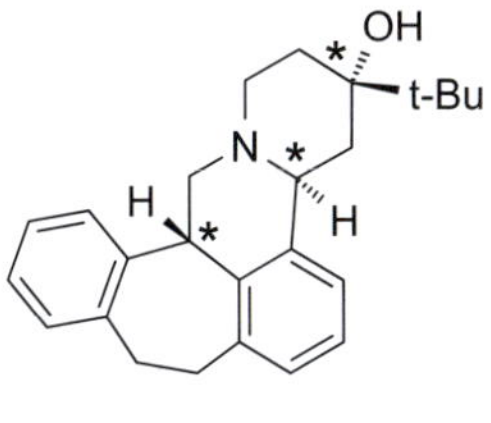

Abb. 5.9 Enantiomere haben unterschiedliche biologische Wirkungen. Das eudismische Verhältnis ist der Quotient ihrer Wirkstärken. Für Propranolol **5.19** liegt er für die rezeptorvermittelte β-antagonistische Wirkung bei 100, für die unspezifische Membranwirkung dagegen erwartungsgemäß bei 1. Identische Teilstrukturen können am selben Rezeptor durchaus unterschiedliche eudismische Verhältnisse liefern, z. B. das optische Zentrum im Alkoholteil des Cholinergikums Metacholin **5.20**, verglichen mit dem identischen Zentrum des Anticholinergikums **5.21**. Der Wirkstoff **5.21** belegt auch, dass die eudismischen Verhältnisse verschiedener Zentren einer Verbindung voneinander unabhängig sind. Das Beispiel Butaclamol **5.22** zeigt, dass ein und dieselbe Substanz gegenüber verschiedenen Rezeptoren sehr unterschiedliche eudismische Verhältnisse aufweist.

viel früher erkannt und vermutlich weitgehend verhindert worden. Ob sie bei der Gabe nur eines Enantiomers ausgeblieben wäre, ist mehr als fraglich. Beide Enantiomere racemisieren bereits *in vitro*, d. h. sie gehen schon im Reagenzglas ineinander über. Dementsprechend wurde auch *in vivo*, nach Gabe des vermeintlich sicheren Enantiomers, im Tiermodell teratogene Wirkung nachgewiesen.

Das jeweils „andere" Enantiomer kann neue therapeutische Möglichkeiten eröffnen. So haben die schmerzstillend und narkotisch schwach wirksamen Enantiomere einiger synthetischer Opiate, z. B. des Propoxyphens **5.27** (Abb. 5.11), gute hustenstillende Wirkung. Enantiomere können sich in ihrer Wirkung auch gegenseitig beeinflussen, ja sogar aufheben. Beim Calciumkanal-Liganden **5.28** wirkt ein Enantiomer agonistisch, das andere antagonistisch.

Von den im Zeitraum von 1983–2002 zugelassenen Arzneistoffen waren 38 % achiral, 39 % enantiomerenrein und 23 % racemisch bzw. diastereomere Gemische. Tatsache ist, dass Racemate chiraler Arzneistoffe in früheren Jahrzehnten viel gelassener hingenommen wurden als dies heute der Fall ist. Sicher wurde das nicht durch eine Stereophobie der chemischen Industrie verursacht. Es war eher ein Ausdruck von mangelndem Verständnis für die Stereospezifität der Wechselwirkungen, vielleicht auch für zu vordergründige Wirtschaftlichkeitsüberlegungen, denn Racematspaltungen bzw. enantioselektive Synthesen sind sehr teuer. Man sieht allerdings, dass der Anteil enantiomerenreiner Wirkstoffe am Markt zunimmt (Abb. 5.12).

Ariëns ist ab den 1970er-Jahren mit aller Entschiedenheit gegen die Verwendung von Racematen in der Therapie aufgetreten. Racemate sind aus seiner Sicht Verbindungen mit 50 % Verunreinigung. Das nicht oder schwächer wirksame Enantiomer wird als isomerer Ballast bezeichnet. Als exemplarisches Beispiel führt er das Diastereomerengemisch Labetalol **5.11** (Abb. 5.5, Abschnitt 5.2) an, das kein „gemischter α,β-

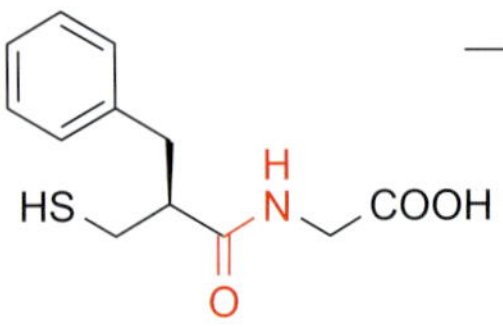

	Enzym	K_i-Wert in µMol
5.23 Thiorphan	NEP 24.11	0,0019
	Thermolysin	1,8
	ACE	0,14
5.24 retro-Thiorphan	NEP 24.11	0,0023
	Thermolysin	2,3
	ACE	>10

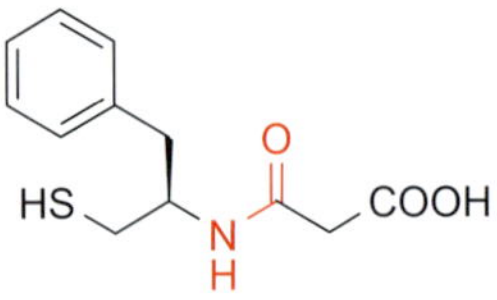

Abb. 5.10 Thiorphan **5.23**, ein Hemmstoff des metabolischen Abbaus der Enkephaline, enthält eine β-Mercaptopropionsäure, deren absolute Konfiguration dem L-Phenylalanin entspricht. Anwendung des *Retro-inverso*-Konzepts führt zum β-Aminothiol **5.24**, dessen absolute Konfiguration wegen des in der Gegenrichtung erfolgten Einbaus dem D-Phenylalanin entspricht. Für Thiorphan **5.23** und *retro*-Thiorphan **5.24** wurde identischer Bindungsmodus an die Zinkprotease Thermolysin nachgewiesen (Abschnitt 25.3). Thermolysin und die Neutrale Endopeptidase 24.11 (NEP 24.11, früher Enkephalinase) werden durch beide Verbindungen in gleicher Weise gehemmt. Das Angiotensin-Konversionsenzym (ACE), ebenfalls eine Zinkprotease, diskriminiert dagegen deutlich zwischen beiden Substanzen.

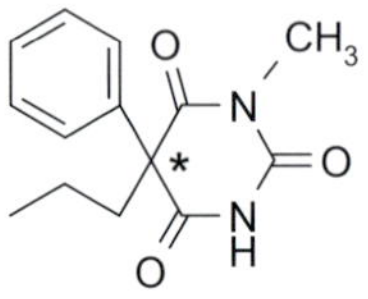

5.25 *N*-Methyl-phenyl-propylbarbitursäure

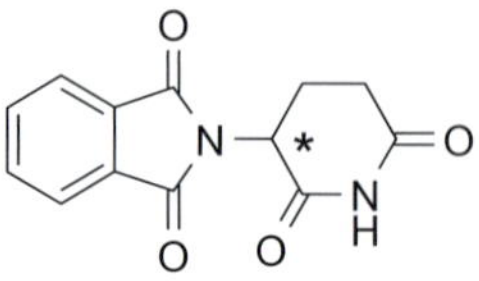

5.26 Thalidomid

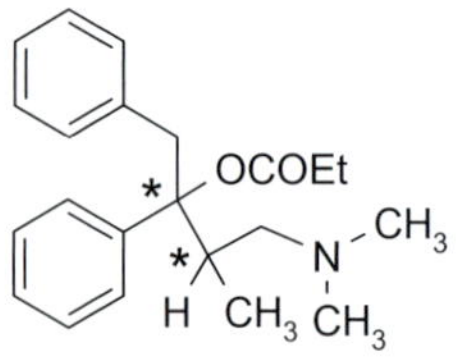

5.27 Propoxyphen

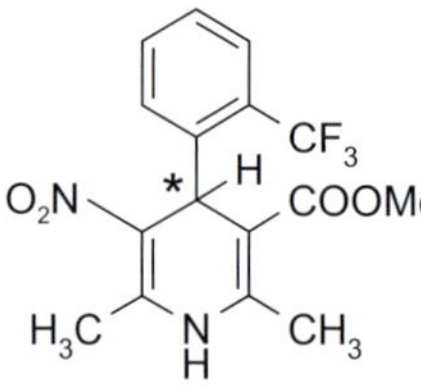

5.28 Bay K 8644

Abb. 5.11 Enantiomere unterscheiden sich auch in ihren Wirkqualitäten. Beim Barbiturat **5.25** wirkt das (*R*)-(–)-Enantiomer narkotisch, das (*S*)-(+)-Enantiomer krampferregend. Bei Ratten und Mäusen hat nur das (*S*)-(–)-Enantiomer des Thalidomids **5.26** (Contergan®) teratogene, d. h. fruchtschädigende Wirkung. **5.26** racemisiert aber sowohl *in vitro* als auch nach Anwendung beim Kaninchen. Daher wirkt das (*R*)-(+)-Enantiomer beim Kaninchen ebenfalls teratogen. Propoxyphen **5.27** ist ein starkes Schmerzmittel, dessen Wirkung überwiegend auf das (2*S*,3*R*)-(+)-Enantiomer Dextropropoxyphen zurückzuführen ist. Das (2*R*,3*S*)-(–)-Enantiomer Levopropoxyphen wirkt hustendämpfend. Beim Calciumkanal-Liganden Bay K 8644 **5.28** ist das (*R*)-(+)-Enantiomer ein schwacher Calciumantagonist. Das (*S*)-(–)-Enantiomer stabilisiert den Calciumkanal in der offenen Form und wirkt daher agonistisch als Calciumkanal-Öffner.

Antagonist" ist, sondern ein Gemisch aus vier verschiedenen Wirkstoffen. Die Wirkung dieser „Kombination" resultiert aus den unterschiedlichen Wirkungen der einzelnen Enantiomere. Die Kritik von Ariëns ist in den meisten Fällen voll gerechtfertigt. Beim Entwurf und bei der Entwicklung eines neuen Arzneimittels muss darauf geachtet werden, dass seine biologische Aktivität möglichst spezifisch und seine Nebenwirkungen minimal sind. Das wird in aller Regel für ein Enantiomer, das ja eine einheitliche Verbindung ist, eher erfüllt sein als bei einem Racemat, dem Gemisch zweier Wirkstoffe, oder gar einem Diastereomerengemisch.

Die Wahl des richtigen Enantiomers kann sogar unerwünschte Nebenwirkungen von Metaboliten verhindern oder reduzieren. Selegilin **5.29**, ein Monoaminoxidase-Hemmer, wird zu den zentralnervös wirksamen Stoffen Methamphetamin **5.30** und Amphetamin **5.31** abgebaut (Abb. 5.13). Das stärker wirksame Enantiomer von **5.29** bildet glücklicherweise die schwächer wirksamen Enantiomere dieser beiden Metabolite! Setzt man statt des Racemats das richtige Enantiomer ein, lässt sich die gewünschte Wirkung erhöhen, die unerwünschte zentralnervöse Nebenwirkung reduzieren.

Es gibt einige wenige Gegenbeispiele. Beim Calciumantagonisten Verapamil (Abschnitt 2.6) ist das (–)-Enantiomer *in vitro* und nach *i.v.*-Applikation fünffach wirksamer als das (+)-Enantiomer. Das therapeutische Wirkspektrum der beiden Enantiomere ist praktisch identisch. Nach peroraler Applikation wird das (–)-Enantiomer rascher verstoffwechselt. Damit trägt auch das (+)-Enantiomer deutlich zur gewünschten Wirkung bei. Hier wäre es nicht sehr wirtschaftlich, eine Racemattrennung anzustreben.

Ein besonderer Fall ist der Entzündungshemmer Ibuprofen **5.32**, ein Entzündungshemmer aus der Reihe der Arylpropionsäuren (Abb. 5.14 und Abschnitt 27.9). Die Wirkstärken der Enantiomere sind *in vitro* signifikant verschieden. *In vivo* wird jedoch das unwirksame (*R*)-(–)-Enantiomer unter Inversion des Stereozentrums zu einem großen Teil in das (*S*)-(+)-Enantiomer umgewandelt. Die umgekehrte Reaktion

5. Optische Aktivität und biologische Wirkung

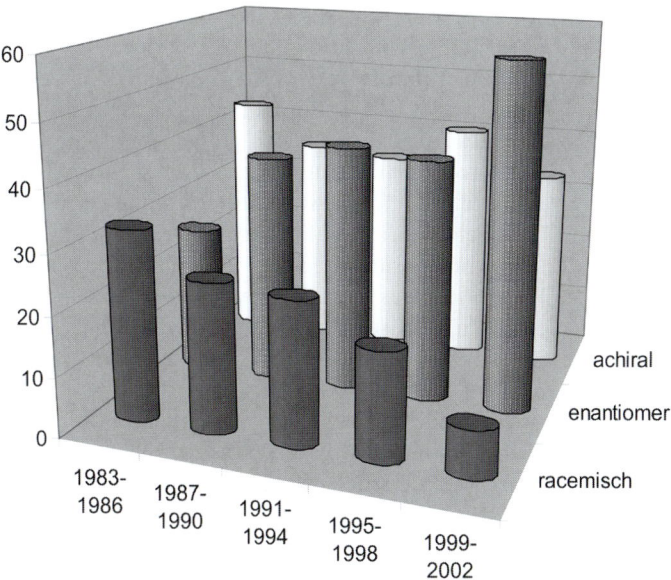

Abb. 5.12 Anteile der im Zeitraum von 1983–2002 weltweit zugelassenen achiralen, enantiomerenreinen und racemischen bzw. diastereomeren Arzneistoffen. Für die Neueinführungen der letzten Jahre hat sich dieses Verhältnis deutlich in Richtung zu enantiomerenreinen Verbindungen verschoben.

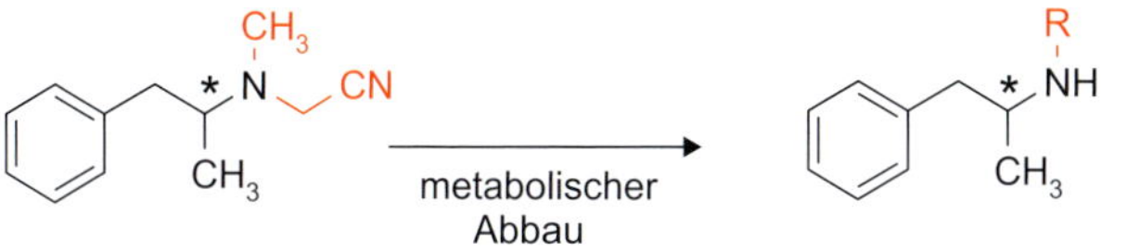

Abb. 5.13 Beim metabolischen Abbau des Monoaminoxidase-Hemmers Selegilin **5.29**, der für die Therapie der Parkinsonschen Krankheit eingesetzt wird, entstehen aus dem stärker wirksamen (R)-(−)-Enantiomer durch metabolischen Abbau die schwach wirksamen Enantiomere von Methamphetamin **5.30** und Amphetamin **5.31**. Metabolischer Abbau des nur schwach wirksamen (S)-(+)-Selegilins liefert die unerwünschten stark wirksamen Enantiomere dieser zentral wirksamen Stimulanzien.

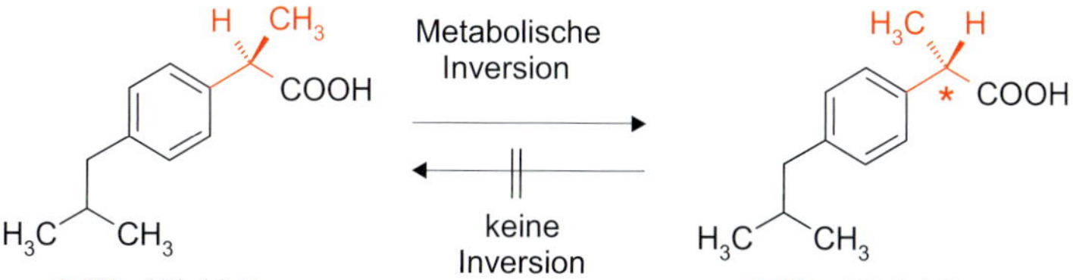

Abb. 5.14 Bei Ibuprofen **5.32** tritt beim (R)-(−)-Enantiomer eine metabolische Inversion des Stereozentrums auf, es entsteht das (S)-(+)-Enantiomer. *In vitro*, als Cyclooxygenase-Hemmer, ist die (S)-(+)-Form stark wirksam, die (R)-(−)-Form nur schwach. *In vivo* wird die inaktive Form in das aktive Enantiomer übergeführt. Im Tierversuch wirken daher beide Verbindungen stark entzündungshemmend.

findet nicht statt. Daher zeigen sowohl das Racemat als auch jedes der beiden Enantiomere identische therapeutische Effekte, bei gleicher Dosierung. Nur das Nebenwirkungsspektrum ist verschieden, da die Inversion des (R)-(−)-Enantiomers nicht zu 100 % erfolgt. Manchmal ist der Aufwand zur Herstellung eines reinen Enantiomers aber wirtschaftlich kaum vertretbar. In solchen Fällen sind die Wirkungen und Nebenwirkungen beider Formen zu vergleichen. Je nach Ergebnis kann in besonderen Fällen auch weiterhin der Einsatz des Racemats oder die Entwicklung eines achiralen Analogons erwogen werden. Auf jeden

Fall müssen heute aber bei Arzneimittel-Neuzulassungen diese Daten vollständig vorgelegt werden.

5.6 Bild und Spiegelbild: Warum für den Rezeptor verschieden?

Enantiomere und Diastereomere besitzen unterschiedliche biologische Eigenschaften, da die Proteine, an die sie binden, eine Händigkeit besitzen. Sie kommen in der Natur nur in einer Form vor. Für diese Eigenschaft sind die Aminosäuren mit ihren Chiralitätszentren und die Sekundärstrukturbausteine (Abschnitt 14.2) mit ihrem helicalen Drehsinn verantwortlich. Bietet man einem Protein einen rechts- oder linkshändigen Wirkstoff an, so sind unterschiedliche Bindungsmoden zu erwarten, ähnlich wie zwischen zwei rechten Händen ein anderer Händedruck zustande kommt als zwischen einer rechten und einer linken Hand.

Bisher war es nur für wenige Beispiele erfolgreich, die Strukturen der Proteinkomplexe sowohl mit der links- als auch der rechtshändigen Form des Liganden zu bestimmen. Es gelingt auch nur, wenn beide Enantiomere ausreichende Affinität zum Zielprotein besitzen, d. h. so stark an das Protein binden, dass sie auch in der Röntgenstruktur gefunden werden.

Die Serinprotease Trypsin (Abschnitt 23.3) wird durch das *R*- bzw. *S*-Enantiomer der Verbindung DX9065a (**5.33**) etwa gleich gut gehemmt. Sie weist ein stereogenes Zentrum benachbart zur Säurefunktion auf. Die Kristallstrukturbestimmung mit dem Racemat erklärt diese fehlende Diskriminierung. Die Inhibitoren orientieren ihre Säuregruppen aus der Bindetasche des Enzyms heraus, sodass sie keine spezifischen Wechselwirkungen mit dem Protein eingehen können (Abb. 5.15). Es kann keine Stereopräferenz entstehen.

Die beide Enantiomere **5.34** und **5.35** binden an die Carboanhydrase II, eine Zinkhydrolase (Abschnitt 25.7). Sie unterscheiden sich um den Faktor 100 in ihren Affinitäten. Wie die Röntgenstrukturen mit beiden Enantiomeren zeigen, nehmen sie einen ähnlichen Bindungsmodus ein (Abb. 5.16). Alle Eigenschaften, die die Solvatation der Liganden betreffen, müssen für die Enantiomere identisch sein. Die Affinitätsdifferenz muss somit auf Unterschiede im Bindungsmodus zurück zu führen sein. Beide spiegelbildlichen Liganden binden mit ihren Sulfonamidgruppen nahezu identisch an das katalytische Zink. Weiterhin formen die endocyclischen SO_2-Gruppen sehr ähnliche Wasserstoffbrücken zu Gln 92. Die hydrophoben *iso*-Butylseitenketten werden in einen ähnlichen Bereich in der Bindetasche platziert. Dazu

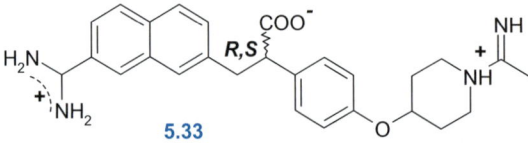

5.33

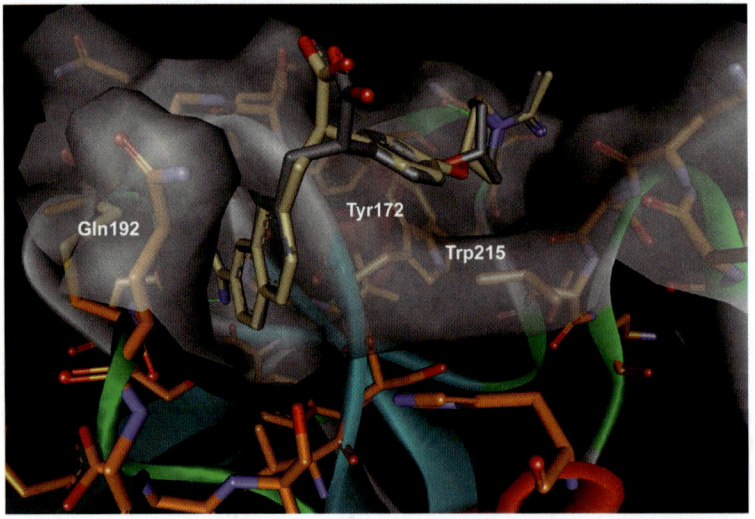

Abb. 5.15 Das *R*- (grau) und das *S*-Enantiomere (beige) des Inhibitors DX9065a **5.33** binden mit nahezu gleicher Affinität an Trypsin. Da das Protein praktisch die gleiche Geometrie mit beiden Liganden annimmt, ist nur eine Struktur gezeigt. Die Kristallstruktur zeigt für beide fast identische Bindungsmodi. Die Säurefunktion am stereogenen Zentrum steht aus der Bindetasche heraus in das umgebende wässrige Medium und kann nicht zur stereochemischen Diskriminierung beitragen.

5. Optische Aktivität und biologische Wirkung 81

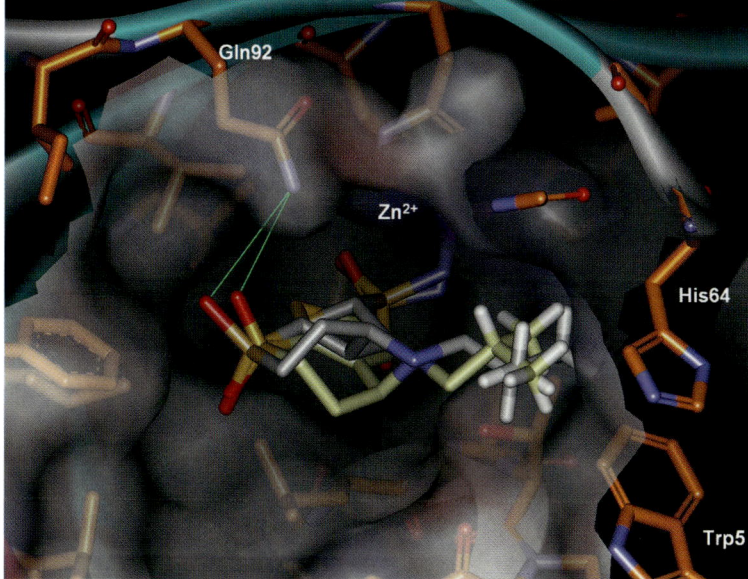

Abb. 5.16 Die enantiomeren Sulfonamide **5.34** (grau) und **5.35** (beige) binden vergleichbar an das Enzym Carboanhydrase. Da das Protein praktisch die gleiche Geometrie mit beiden Liganden annimmt, ist nur eine Struktur gezeigt. Mit ihren Sulfonamidgruppen koordinieren sie an das Zinkion im katalytischen Zentrum (violette Kugel). Die SO$_2$-Gruppen im Sechsring bilden eine Wasserstoffbrücke zu Gln 92 (grün). Die hydrophoben *iso*-Butylamino-Reste am Chiralitätszentrum ragen in eine hydrophobe Tasche und füllen diese weitgehend identisch aus. Dazu muss der Sechsring in beiden Enantiomeren eine abweichende Konformation annehmen. In dem einen Stereoisomer ist diese deutlich mehr gespannt als in dem anderen und bedingt den Verlust an Bindungsaffinität.

muss aber der Sechsring eine andere Konformation annehmen, die im Falle des schwächer bindenden Enantiomers eine höhere interne Spannung aufweist. Der Preis für das Einnehmen dieser weniger günstigen Konformation wird mit einer reduzierten Bindungsaffinität an das Enzym bezahlt.

Die beiden enantiomeren Agonisten **5.36** und **5.37** binden mit einer um den Faktor 1000 unterschiedlichen Affinität an die Ligandenbindungsdomane des Retinsäurerezeptors (Abschnitt 28.2). Der Rezeptor selbst nimmt dabei nahezu identische Geometrie an (Abb. 5.17). Die Alkoholfunktion in der Mitte der Moleküle befindet sich am stereogenen Zentrum. In beiden Fällen bildet sie eine H-Brücke zum Schwefel des Met 272 aus. Dadurch muss die benachbarte Amidbindung eine abweichende Orientierung in der Bindetasche einnehmen. Auf der „rechten" Seite wird der Tetralin-Baustein für beide Stereoisomere sehr ähnlich platziert. Auf der „linken" Seite bilden die Enantiomere mit ihrem Benzoesäureteil ein Wasserstoffbrücken-Netzwerk zu Arg 278, Ser 289 und Leu 233 aus. Der fluorsubstituierte Phenylring nimmt dabei in beiden Fällen eine um 180° verdrehte Anordnung ein. Diese unterschiedliche Platzierung zusammen mit der abweichenden Orientierung der Amidbindung ist für den starken Unterschied in der Bindungsaffinität der spiegelbildlichen Agonisten verantwortlich.

5.7 Ein Ausflug in die Welt der Antipoden

Eine triviale Erfahrung lehrt: Kristallisiert ein Enantiomer mit einer bestimmten Hilfsbase oder Säure, so kristallisiert das andere Enantiomer mit dem Antipoden des Hilfsreagenz in gleicher Weise, identische Reaktionsbedingungen einmal vorausgesetzt. Polypeptide aus L-Aminosäuren bilden rechtshändige α-Helices, aus D-Aminosäuren aufgebaute dagegen linkshändige Helices.

Einige natürlich vorkommende Peptide bilden in Lipidschichten Ionenkanäle aus. Auch ihre synthetisch hergestellten optischen Antipoden sind dazu in der Lage. Spannender ist aber die Frage: Wie verhält sich denn das Spiegelbild eines Enzyms? Stephen Kent

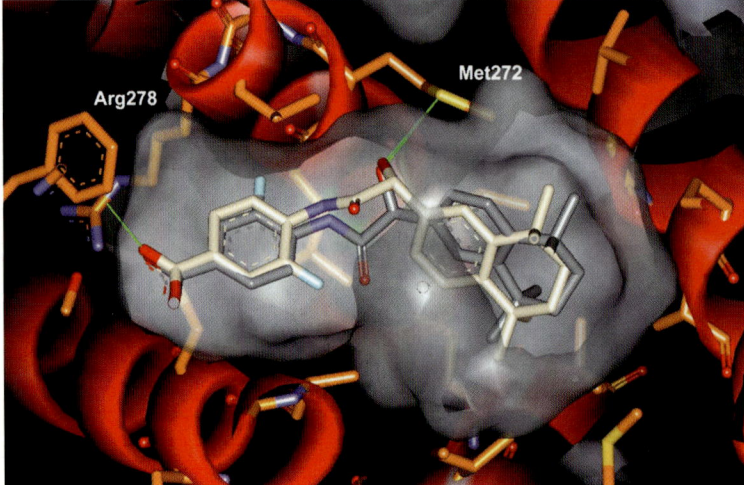

Abb. 5.17 Die beiden enantiomeren Agonisten **5.36** (beige) und **5.37** (grau) binden mit einer 1000fach unterschiedlichen Affinität an den Retinsäurerezeptor. Da das Protein praktisch die gleiche Geometrie mit beiden Liganden annimmt, ist nur eine Struktur gezeigt. Beide Liganden bilden über ihre OH-Gruppe am stereogenen Zentrum eine H-Brücke zum Schwefel in Met 272. Dadurch nehmen der Aromat des Benzoesäurerests auf der linken Seite mit seinem Fluorsubstituenten und die zentrale Amidbindung in beiden Enantiomeren eine abweichende Orientierung ein. Der Tetrahydronaphthylteil kommt dagegen in beiden weitgehend an der gleichen Stelle zu liegen.

und Mitarbeiter haben 1992 die HIV-Protease, ein Homodimer aus 2 × 99 Aminosäuren, totalsynthetisch aus D-Aminosäuren aufgebaut. Parallel dazu wurde auch die Synthese des natürlichen Proteins durchgeführt. Das L-Enzym reagiert nur mit seinem L-Peptidsubstrat, das D-Enzym nur mit dessen all-D-Enantiomer. Analoges gilt für chirale Inhibitoren der HIV-1-Protease. Ein achiraler Hemmstoff inhibiert dagegen beide Enzyme in gleicher Weise.

Auch Rubredoxin, ein Elektronentransportprotein, wurde als D-Protein synthetisiert, nur zu dem Zweck, es für eine Kristallstrukturanalyse mit dem natürlichen L-Protein zum Racemat zu mischen! Bedenkt man den dafür erforderlichen Aufwand, ist dies sicher ein etwas gewöhnungsbedürftiges Vorgehen. Der Lohn dieser Arbeit waren Kristalle von hoher Güte. Das Racemat kristallisiert in einer zentrosymmetrischen Raumgruppe (Abschnitt 13.2) und erlaubte eine besser aufgelöste Bestimmung der 3D-Struktur als das natürliche all-L-Enantiomer.

Wie sieht ein Besuch in der spiegelbildlichen Welt aus? Achirale Arzneistoffe hätten für uns identische Wirkqualität und Wirkstärke. Viele enantiomerenreine Arzneimittel wären dagegen unbrauchbar. Vor chiralen Barbituraten wie **5.25** sollten wir uns hüten. Sie würden eher Krämpfe auslösen als beruhigend zu wirken. Bei der Behandlung bakterieller Infektionen mit chiralen Antibiotika wäre zu prüfen, ob die Bakterien aus der normalen Welt oder der spiegelbildlichen Welt stammen. Die Gabe einer Kombination von Trimethoprim (Abschnitt 27.2) mit einem Sulfonamid (beide achiral) würde in jedem Fall helfen.

Enorme Probleme gäbe es bei der Ernährung. Der Kohlenhydrat- und Proteinabbau würden nicht mehr funktionieren, ebenso die Resorption der Monomere im Gastrointestinaltrakt. Einige Pflanzen könnten wir nicht mehr an ihrem Geruch erkennen. *R*-Carvon riecht nach Kümmel, *S*-Carvon nach grüner Minze. Unsere vertrauten Zucker hätten ihre Süßkraft weitgehend verloren, Fruchtsäfte und Limonaden würden sehr schal schmecken. Bei Kaffee, Tee und Colagetränken wäre die anregende Wirkung noch zu beobachten, denn Coffein ist achiral. Für Diätgetränke sollten wir die achiralen Süßstoffe Saccharin oder Cyclamat (achiral) gegenüber dem chiralen Süßstoff Aspartam vorziehen.

Also doch lieber zurück in die normale Welt! Doch zuvor noch schnell ein Gläschen Wodka. Es könnte auch Cognac, Whisky oder trockener Rotwein sein. Der Geschmack wäre ähnlich wie in der normalen Welt. Oder doch nicht? Bei den vielen hundert Geschmacksstoffen des Weins könnte schon der Austausch eines einzigen Chiralitätszentrums zur Folge haben, dass der Kenner das Chateau wechselt. Die euphorisierende Wirkung wäre natürlich identisch, sehr im Unterschied zu den harten, optisch aktiven Drogen Heroin, Cocain oder LSD.

Literatur

Allgemeine Literatur

E. J. Ariëns, W. Soudijn und P. B. M. W. M. Timmermans, Stereochemistry and Biological Activity of Drugs, Blackwell Scientific Publishers, Oxford, 1983

D. F. Smith, Ed., CRC Handbook of Stereoisomers: Therapeutic Drugs, CRC Press, Boca Raton, Florida, 1989

B. Holmstedt, H. Frank und B. Testa, Chirality and Biological Activity, Alan R. Liss, Inc., New York, 1990

C. Brown, Ed., Chirality in Drug Design and Synthesis, Academic Press, London, 1990

M. Eichelbaum, B. Testa, A. Somogyi, Handbook of Experimental Pharmacology, Stereochemical Aspects of Drug Action and Disposition, Springer Verlag, Heidelberg, 2002

G. Klebe, Differences in Binding of Stereoisomers to Protein Active Sites, in Supramolecular Structure and Function 8, Ed. Greta Pifat-Mrzljak, Kluwer Academic/Plenum Pub., New York, S. 31–53, 2004

H. Caner, E. Groner und L. Levy, Trends in the Development of Chiral Drugs, Drug Discov. Today **9**, 105–110 (2004)

Spezielle Literatur

E. J. Ariëns et al., Stereoselectivity and Affinity in Molecular Pharmacology, Fortschritte der Arzneimittelforschung **20**, 101–142 (1976)

E. J. Ariëns, Stereochemistry, a Basis for Sophisticated Nonsense in Pharmacokinetics and Clinical Pharmacology, Eur. J. Clin. Pharmacol. **26**, 663–668 (1984)

M. Bocola, M. T. Stubbs, C. Sotriffer, B. Hauer, T. Friedrich, K. Dittrich, G. Klebe, Structural and Energetic Determinants for Enantiopreferences in Kinetic Resolution of Lipases, Protein Eng. **16**, 319–322 (2003)

S. Mason, The Origin of Chirality in Nature, Trends Pharmacol. Sci. **7**, 20–23 (1986), und weitere Artikel anderer Autoren, S. 60–64, 112–116, 155–158, 200–205, 227–230 und 281–285

E. J. Ariëns, Nonchiral, Homochiral and Composite Chiral Drugs, Trends Pharmacol. Sci. **14**, 68–75 (1993)

S. C. Stinson, Chiral Drugs, Chemical & Engineering News, 19. September 1994, S. 38–72, und 9. Oktober 1995, S. 44–74

G. Jung, Proteine aus der D-chiralen Welt, Angew. Chemie **104**, 1484–1486 (1992)

M. T. Stubbs, R. Huber, W. Bode, Crystal structures of Factor Xa specific Inhibitors in Complex with Trypsin: Structural Grounds for Inhibition of Factor Xa and Selectivity against Thrombin, FEBS Lett. **375**, 103–107 (1995)

J. Greer, J. W. Erickson, J. J. Baldwin, M. D. Varney, Application of the Three-dimensional Structures of Protein Target Molecules in Structure-based Drug Design. J. Med. Chem. **37**, 1035–1054 (1994)

B. P. Klaholz, A. Mitschler, M. Belema, C. Zusi, D. Moras, Enantiomer Discrimination Illustrated by High-resolution Crystal Structures of the Human Nuclear Receptor hRARγ, Proc. Natl. Acad. Sci. USA **97**, 6322–6327 (2002)

Teil II

Die Suche nach der Leitstruktur

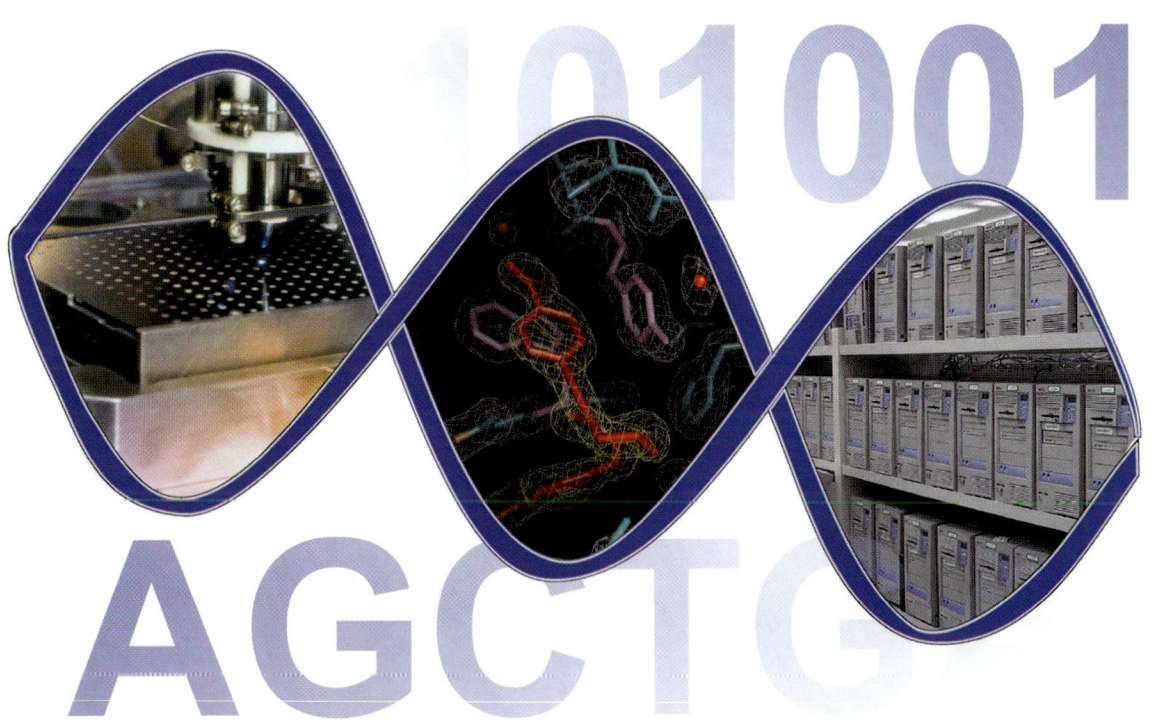

Abbildung auf der Vorderseite
Ausgangspunkt für die Entwicklung eines neuen Arzneimittels ist die Suche nach einer geeigneten Leitstruktur für ein Zielprotein. Zunächst muss eine solche therapeutische Zielstruktur als relevanter Angriffspunkt im Genom bzw. Proteom einer Zelle erkannt werden. Gentechnologische Verfahren erlauben die Reindarstellung dieser Zielstruktur. Nach Aufbau eines *High-throughput Screening* Assays werden Tausende von Testmolekülen auf eine Bindung an das Zielprotein durchmustert. Die Röntgenstruktur wird aufgeklärt und dient anschließend zur Suche und Optimierung von Leitstrukturen. Ohne eine massive Unterstützung durch Verfahren der Bio- und Chemoinformatik, des Molecular Modellings und Computerchemie ist heute die Leitstruktursuche und Optimierung nicht mehr denkbar (Ankündigungsposter aus der Arbeitsgruppe des Autors anlässlich einer Tagung 2003, Rauischholzhausen, Marburg).

Die klassische Suche nach der Leitstruktur

6

Der Ausgangspunkt der Suche nach einem neuen Arzneistoff ist die **Leitstruktur**. Eine solche Substanz besitzt bereits eine erwünschte biologische Wirkung, für den therapeutischen Einsatz fehlen aber noch bestimmte Eigenschaften. Zur Definition des Begriffs Leitstruktur gehört, dass durch gezielte chemische Variationen Analoga hergestellt werden können, die diese Leitstruktur z. B. bezüglich ihrer Wirkstärke oder der Selektivität der Wirkung übertreffen. Das Ziel ist die Optimierung aller Eigenschaften, bis hin zum fertigen Wirkstoff für die Therapie.

Der größte Teil unseres Arzneischatzes stammt direkt oder indirekt von Naturstoffen ab, von pflanzlichen, tierischen oder mikrobiellen Inhaltsstoffen und von endogenen (körpereigenen) Substanzen, z. B. Hormonen und Neurotransmittern. Nur wenige Naturstoffe sind selbst Arzneistoffe geworden. Dazu gehören z. B. Morphin, Codein, Papaverin, Digoxin, Ephedrin, Cyclosporin und der Blutegelwirkstoff Hirudin. Beispiele für endogene Wirkstoffe sind das Schilddrüsenhormon T_3, das Insulin, der Bluterfaktor VIII und weitere Proteine zur Substitutionstherapie.

Die meisten natürlich vorkommenden Verbindungen dienten als Leitstrukturen. Sie wurden chemisch weiter bearbeitet, mit dem Ziel der Optimierung ihrer erwünschten Eigenschaften und der Minimierung ihrer Nebenwirkungen (Kapitel 8). Beispiele sind viele Naturstoffe und endogene Rezeptoragonisten, die zu selektiv wirkenden Agonisten und Antagonisten abgewandelt wurden (Abschnitte 6.2–6.4 und 6.6). Arzneistoffe werden auch aus Enzymsubstraten abgeleitet (Abschnitt 6.6 und Kapitel 23–27). Das können sowohl Substrate körpereigener Enzyme sein, die z. B. bei der Blutdruckregulation oder bei Entzündungsprozessen eine wichtige Rolle spielen, oder Substrate der Enzyme von Viren, Bakterien oder Parasiten, deren Stoffwechsel spezifisch ausgeschaltet werden soll.

Nicht nur bei der systematischen Abwandlung, sondern auch bei der Auffindung von Leitstrukturen hat die präparative organische Chemie in den letzten hundert Jahren eine bedeutende Rolle gespielt. Die Suche nach neuen Wirkstoffen hat viele Arzneimittel hervorgebracht, die keinen strukturellen Bezug zu körpereigenen Vorbildern haben. Bei anderen Substanzen wurden solche Zusammenhänge erst viel später nach der Entdeckung ihrer biologischen Wirkung und der nachfolgenden Aufklärung des Wirkmechanismus gefunden.

6.1 Wie es anfing: Treffer durch Testen unter *in vivo*-Bedingungen

Ein erstes Beispiel, wie durch gezieltes Testen im 18. Jahrhundert ein Wirkprinzip entdeckt wurde, ist die Wirkung von Digitalis. Der in England arbeitende schottische Arzt William Withering wurde 1773 von einem Patienten aufgesucht, der an massiver Herzschwäche litt. Nachdem ihm der Arzt keine Hilfe anbieten konnte, besuchte der kranke Mann eine Zigeunerin, die ihm eine Kräutertherapie verschrieb. In kurzer Zeit erholte sich der Patient von seinen Herzbeschwerden. Beeindruckt durch die Genesung seines Patienten suchte Withering die Zigeunerin auf und bat sie um die Rezeptur. Gegen gute Bezahlung gab sie ihr Geheimnis preis: Ihre Mixtur enthielt einen Extrakt aus dem (giftigen) roten Fingerhut *Digitalis purpurea*. Der Arzt untersuchte die Wirksamkeit unterschiedlicher Aufbereitungen der Pflanze, indem er sie an 163 Patienten verabreichte! Mit diesem Experiment fand er heraus, dass die beste Formulierung in den getrockneten, pulverisierten Blättern bestand. Nach der Beobachtung, dass eine toxische Dosis schnell erreicht wird, empfahl er die Einnahme einer verdünnten Präparation in wiederholten Dosen, bis der gewünschte therapeutische Effekt eintrat. Obwohl auch heute noch die Inhaltsstoffe aus Digitalis gegen Herzinsuffizienz eingesetzt werden, würde wohl niemand mehr das von Withering durchgeführte Verfahren zum Testen auf das therapeutische Potenzial eines Wirkstoffs empfehlen. Dieses Vorgehen ist weder ethisch zu vertreten noch sehr praktikabel.

6.2 Leitstrukturen aus Inhaltsstoffen von Pflanzen

Das Beispiel im voranstehenden Abschnitt hat gezeigt, dass die Natur in den Pflanzen hoch potente Wirkstoffe bereitstellt. So ist eine Fülle von Sekundärmetaboliten zu finden, z. B. Alkaloide, Terpene, Flavone und Glycoside. Die Inhaltsstoffe aus rund hundert Pflanzenarten haben direkt oder in Form abgewandelter Analoga Eingang in die Therapie gefunden. Die Volksmedizin verwendet etwa 5000–10 000 Pflanzen aus dem insgesamt bekannten, mehrere hunderttausend Arten umfassenden Pflanzenreichtum. Morphin, Coffein, Chinin, Colchicin, Cocain, Ephedrin, Coniin, Atropin und Reserpin wurden bereits in Abschnitt 1.1 erwähnt. Weitere pflanzliche Inhaltsstoffe, die therapeutisch eingesetzt werden oder als Leitstrukturen für die Entwicklung von Arzneimitteln dienten, sind **6.1**–**6.7** (Abb. 6.1), daneben noch Emetin, Pilocarpin, Podophyllotoxin und die Vinca-Alkaloide Vinblastin und Vincristin.

Warum enthalten gerade Pflanzen so viele wertvolle therapeutische Prinzipien? Eine auf den Menschen bezogene Antwort gibt es nicht, denn die Evolution der Pflanzen ist nicht in Richtung auf eine therapeutische Anwendung erfolgt. Aber die Pflanzen müssen sich mit ihrer Umwelt auseinandersetzen und im Wettstreit der Arten bestehen. Der entscheidende Nachteil einer Pflanze ist: Sie kann nicht davonlaufen! Für die Fortpflanzung ist das kein Nachteil. Den ersten Teil erledigen die Bienen, für eine räumliche Ausbreitung sorgen flugfähige Samen. Ein effektiver Schutz vor Mikroorganismen, z. B. Pilzbefall, und vor Fraßfeinden, z. B. Schmetterlingsraupen, Schafen und Kühen, hat manchen Pflanzen einen Selektionsvorteil verschafft. Die Stoffe, die solche Vorteile bieten, sind entweder toxisch, scharf oder bitter. Sie üben diese

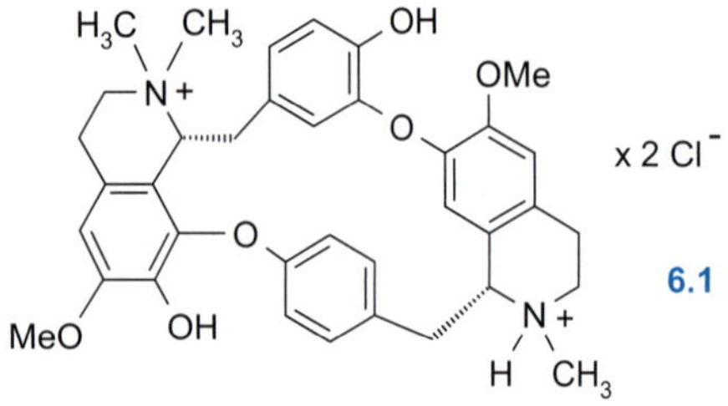

Abb. 6.1 Pflanzliche Naturstoffe, die in der Therapie eingesetzt werden oder als Leitstrukturen für neue Arzneistoffe dienten, sind neben den bereits in Abschnitt 1.1 erwähnten Substanzen u. a. Tubocurarin (Curare) **6.1**, Papaverin **6.2**, Digitoxin **6.3**, Digoxin **6.4** und verwandte herzwirksame Glycoside. Neuere pflanzliche Naturstoffe mit hohem therapeutischen Potenzial sind Taxol **6.5** für die Tumortherapie, Artemisinin **6.6** für die Malariatherapie (Abschnitt 3.3) und der Acetylcholinesterase-Hemmer Huperzin A **6.7** zur Therapie der Alzheimerschen Krankheit.

6.1 Tubocurarin
6.2 Papaverin
6.3 Digitoxin, R = H
6.4 Digoxin, R = OH
6.5 Taxol
6.6 Artemisinin
6.7 Huperzin A

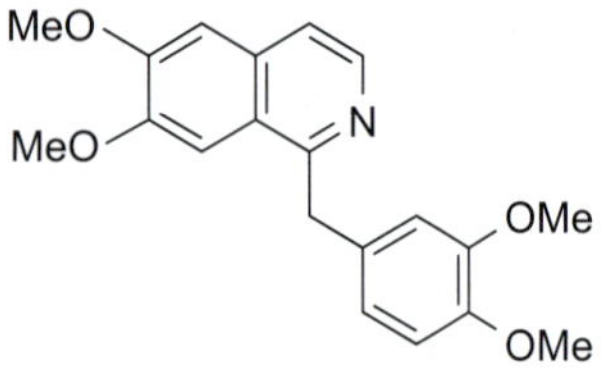

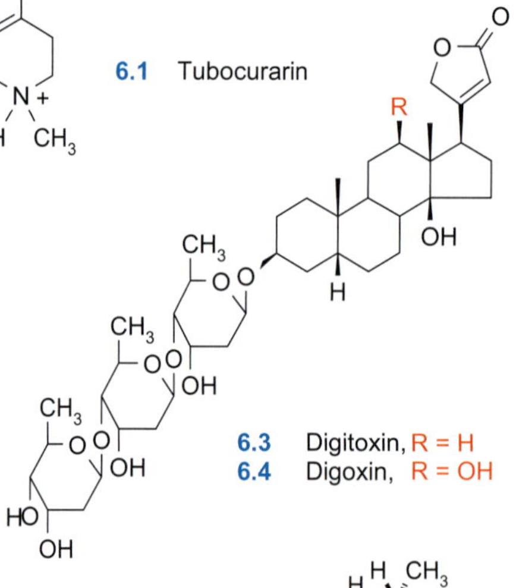

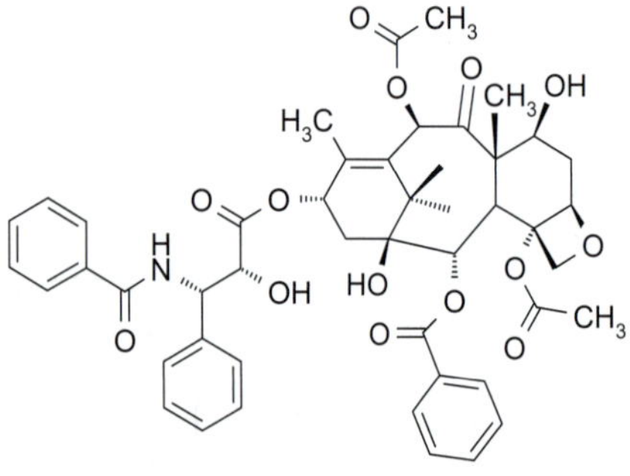

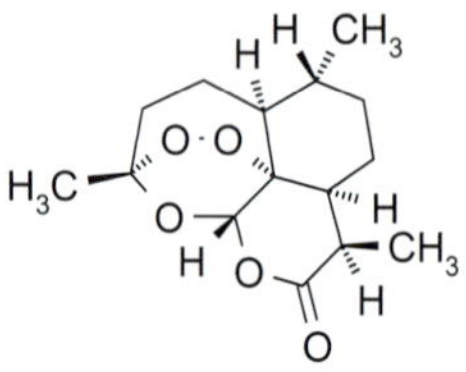

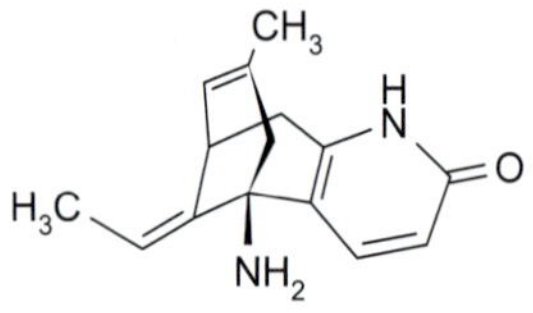

Wirkung aus, indem sie mit Enzymen oder Rezeptoren des „Gegners" in Wechselwirkung treten. Je stärker die Wirkung, desto effektiver der Schutz. Ein erfolgreiches Prinzip der Evolution ist die Entwicklung von Abwehrstoffen, die nicht töten, sondern über ein unangenehmes Erlebnis beim Gegner einen Lerneffekt bewirken. Davon leben Schmetterlinge, die giftige Pflanzeninhaltsstoffe in ihrem Körper anreichern und sogar solche, die nur das Aussehen dieser Schmetterlinge imitieren. Um beide machen die Vögel nach ihrer ersten Erfahrung mit einem „echten" Vertreter einen großen Bogen!

Pflanzeninhaltsstoffe wurden an biologisch relevanten Proteinen selektiert, sie haben im Lauf der Evolution Rezeptoren und deren Bindestellen „gesehen". Darüber hinaus sind sie im Lauf ihrer Biosynthese in der Bindestelle eines Proteins entstanden, d. h. sie weisen Funktionalitäten auf, die Affinität zu einem Protein vermitteln. So gibt es sicher viele Pflanzeninhaltsstoffe, deren biologische Wirkung beim Menschen rein zufällig ist. Morphin enthält einen basischen Stickstoff, eine phenolische Hydroxylgruppe, eine Etherbrücke und hydrophobe Bereiche: Eine solche Mischung funktioneller Gruppen, ohne die komplizierte Ringstruktur, würde auch ein Medizinischer Chemiker entwerfen, wenn er einen neuen Wirkstoff konzipieren will.

Die Isolierung pflanzlicher Naturstoffe zur Auffindung neuer Leitstrukturen hat in den vergangenen Jahrzehnten eine wechselvolle Bewertung erfahren. Immer wieder starteten große Pharmafirmen umfangreiche Programme zur Aufklärung von Wirkprinzipien der Volksmedizin, um sie nach einiger Zeit enttäuscht wieder zu verlassen. Diese Enttäuschungen resultieren in erster Linie aus einem ungünstigen Verhältnis von Aufwand und Nutzen. Zu oft wurde statt einer wertvollen Leitstruktur nur ein Toxin isoliert und zu oft wurden bereits bekannte Prinzipien gefunden. Trotzdem, die Suche wird weitergehen. Die Natur bietet eine strukturelle Vielfalt, von der die Chemiker nur träumen können.

6.3 Leitstrukturen aus tierischen Giften und Inhaltsstoffen

Im Gegensatz zu den Pflanzen ist die Evolution tierischer Gifte meist in Hinblick auf das Erlegen einer Beute oder das Verteidigen gegen einen Feind abgelaufen. Viele dieser Stoffe sind Proteine, Peptide und Alkaloide. Sie wirken als starke Gifte, die ein Opfer rasch lähmen oder töten sollen. Dementsprechend sind viele tierische Wirkstoffe für die Therapie ungeeignet, andere stellen gerade deshalb interessante Leitstrukturen dar.

Dass Inhaltsstoffe aus Tieren noch viele Überraschungen bieten werden, soll an zwei Beispielen illustriert werden. Epibatidin **6.8** (Abb. 6.2) aus dem ecuadorianischen Giftfrosch *Epipedobates tricolor* hat trotz seiner einfachen Struktur eine, bezogen auf Morphin, 100fach stärkere schmerzstillende Wirkung! Es greift aber nicht an Opiatrezeptoren an, sondern ist ein Agonist am nicotinischen Acetylcholinrezeptor (Abschnitt 30.4). Bei der großen strukturellen Ähnlichkeit zum Wirkstoff des Tabaks, dem Nicotin **6.9**, überrascht das auch nicht weiter. Epibatidin weist aber für den nACh-Rezeptor eine Bindungskonstante von 0,04 nM auf, es bindet 50fach stärker als Nicotin! Seine schmerzstillende Wirkung wird leider von einer ausgeprägten Senkung der Körpertemperatur begleitet.

Aus dem Seehasen *Dolabella auricularia*, einer Meeresschnecke, wurden Dolastatine, z. B. **6.10** (Abb. 6.2) isoliert. Sie sind interessante Leitstrukturen für neue Antitumormittel. Synthetische Analoga von **6.10** führen in bestimmten Tiermodellen zum vollständigen Verschwinden der Tumoren. Gerade der Artenreichtum von Meerestieren hat in der Vergangenheit immer wieder interessante Leitstrukturen und Wirkprinzipien entdecken lassen.

Andere tierische Inhaltsstoffe haben Bedeutung für die experimentelle Pharmakologie erlangt. Dazu gehören das Gift des berühmt-berüchtigten Fugu-Fisches, das Tetrodotoxin **6.11**, und das Steroidalkaloid Batrachotoxin **6.12** aus der Haut eines kolumbianischen Pfeilgift-Frosches (Abb. 6.2). Während Tetrodotoxin in niedrigsten Dosen Natriumkanäle spezifisch blockiert, stabilisiert Batrachotoxin den Natriumkanal in der offenen Form.

Zur Entwicklung blutdrucksenkender Hemmstoffe des Angiotensin-Konversionsenzyms haben Peptide aus einem Schlangengift ganz entscheidend beigetragen (Abschnitt 25.4). In den vergangenen Jahren hat sich die Forschung auf dem Gebiet der Thrombininhibitoren (Abschnitt 23.4) dem aktiven Prinzip des Blutegels, dem Hirudin, zugewandt. Neben der direkten Verwendung des Hirudins wurden auch länger wirksame Derivate, verkürzte Peptide, die nur an die Fibrinogenbindestelle anlagern, und Konjugate dieser Peptide mit anderen Thrombininhibitoren aus der Struktur abgeleitet.

Tierische und menschliche Proteine sowie polymere Kohlenhydrate sind für eine Substitutionstherapie beim Menschen von außerordentlicher Bedeutung.

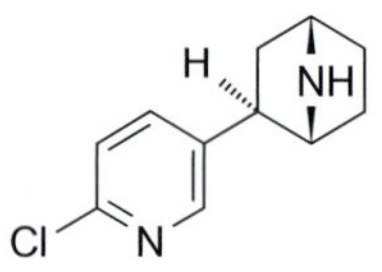

6.8 Epibatidin 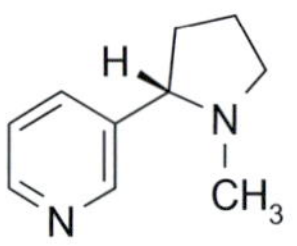   **6.9** Nicotin

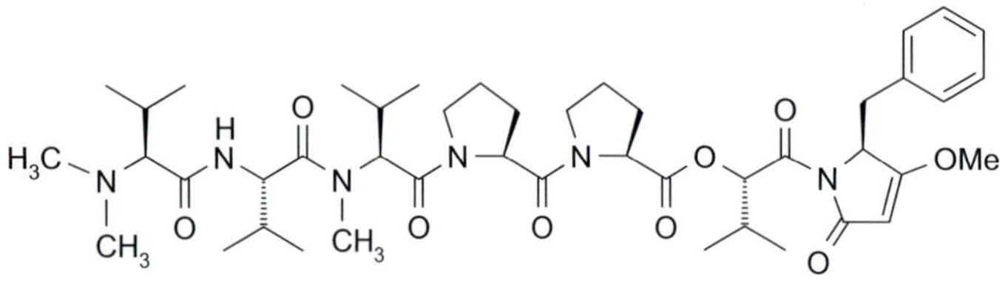

6.10 Dolastatin-15

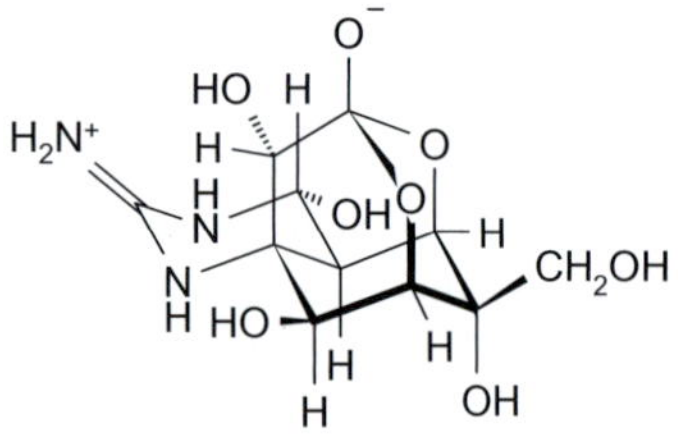

6.11 Tetrodotoxin

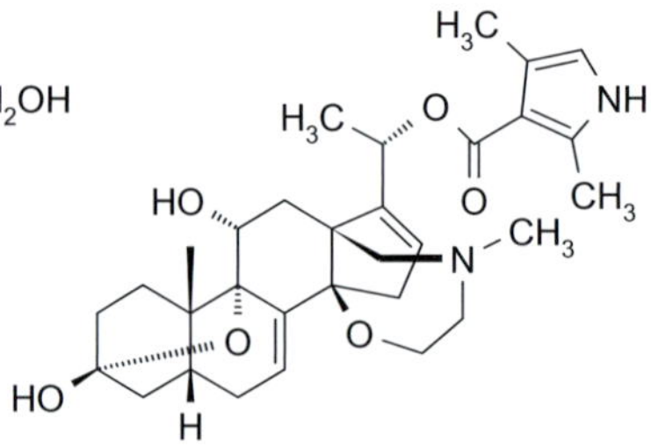

6.12 Batrachotoxin

Abb. 6.2 Aus einem südamerikanischen Frosch stammt das Epibatidin **6.8**, ein nicht morphinartiges Analgetikum, das etwa 50fach stärker an den nicotinischen Acetylcholinrezeptor bindet als Nicotin **6.9** (Abschnitt 30.4). Dolastatin-15 **6.10** aus einer Meeresschnecke ist eine interessante Leitstruktur für den Entwurf neuer Krebstherapeutika. Keine Leitstruktur, sondern ein spezifischer Natriumkanalblocker für die experimentelle Forschung ist das Gift des Fugu-Fisches, das Tetrodotoxin **6.11**. Das Steroidalkaloid Batrachotoxin **6.12** ist das stärkste tierische Gift überhaupt. Für Mäuse liegt die akute LD_{50}, die Dosis, die 50 % der Versuchstiere innerhalb von 24 Stunden tötet, bei 200 ng/kg Körpergewicht.

An erster Stelle zu nennen sind das Insulin (aus Bauchspeicheldrüsen von Schweinen), der Protease-Hemmer Aprotinin (aus Rinderlunge), Verdauungsenzyme und das gerinnungshemmende Heparin. Mit der Möglichkeit zur gentechnischen Herstellung von Humaninsulin ist die Bedeutung der Isolierung aus tierischen Organen zurückgegangen. Andere Proteine, z. B. das blutbildende Erythropoietin (Abschnitt 29.8), das menschliche Wachstumshormon, der Gewebs-Plasminaktivator tPA, die Urokinase und der Bluterfaktor VIII, werden inzwischen ebenfalls gentechnologisch hergestellt (Abschnitt 32.1). Damit sind diese Proteine in praktisch beliebigen Mengen für die Therapie verfügbar.

Die Protease Ancrod, aus dem Gift der malaiischen Grubenotter *Agkistrodon rhodostoma*, spaltet die Vorstufe des Fibrins, das Fibrinogen, zu nicht mehr aggregierenden Produkten. Die Gerinnungsfähigkeit und die Viskosität des Blutes nehmen ab (Abschnitt 23.4). Auf diese Weise wird ein erhöhtes Thromboserisiko signifikant reduziert. Zur Gewinnung solcher Enzyme werden spezielle Schlangenfarmen betrieben. Mehrere hundert Schlangen werden regelmäßig „gemolken", um aus dem so erhaltenen Gift den Wirkstoff isolieren zu können.

6.4 Leitstrukturen aus Mikroorganismen

Bei den Wirkstoffen aus Mikroorganismen müssen an erster Stelle die Antibiotika genannt werden. Als besonders wertvolle Leitstrukturen stellten sich die β-Lactame Penicillin und Cephalosporin (Abschnitt 2.4 und 23.7) heraus. Neben oraler Bioverfügbarkeit waren die therapeutischen Ziele vor allem Breitbandwirkung und metabolische Stabilität. Auch das Tetracyclin **6.13** (Abb. 6.3) wurde strukturell intensiv abgewandelt. Es greift am Ribosom in die Proteinbiosynthese ein (Abschnitt 32.6). Andere mikrobielle Antibiotika, z. B. das Streptomycin **6.14**, werden direkt für die Therapie eingesetzt.

Aus Mikroorganismen stammen auch die Immunsuppressiva Cyclosporin A (Abschnitte 4.7 und

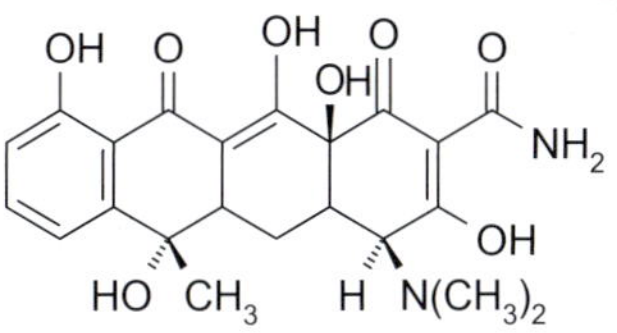

6.13 Tetracyclin

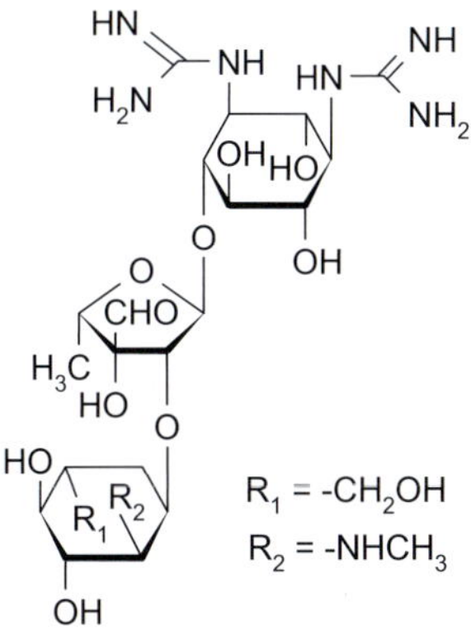

6.14 Streptomycin

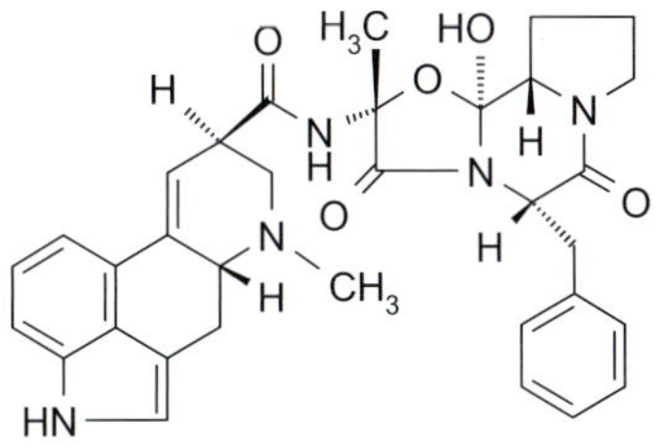

6.15 Ergotamin

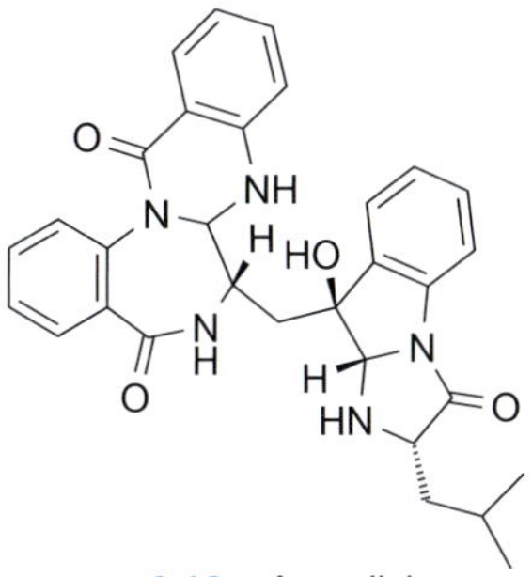

6.16 Asperlicin

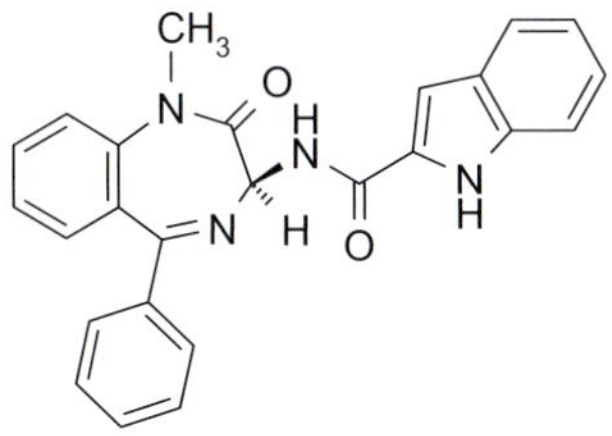

6.17 Devazepid

Abb. 6.3 Die Penicilline und Cephalosporine (Abschnitt 2.4 und 23.7) und das Tetracyclin **6.13** waren wichtige Leitstrukturen für die Entwicklung verbesserter Antibiotika. Streptomycin **6.14** wird dagegen selbst in der Therapie eingesetzt. Ergotamin **6.15** ist ein typischer Vertreter der Mutterkornalkaloide, aus denen eine Fülle verschiedener Arzneimittel hervorgegangen sind. Asperlicin **6.16** ist ebenfalls ein strukturell komplexer mikrobieller Naturstoff. Durch strukturelle Vereinfachung wurde daraus das 10 000fach wirksamere Devazepid **6.17** abgeleitet.

10.1), FK 506 und Rapamycin. Cyclosporin A ist ein überzeugendes Beispiel dafür, wie schwierig es ist, das Potenzial einer neuen Therapie abzuschätzen. Die Entwicklung dieses Arzneimittels wäre bei Sandoz wegen „fehlender Marktchancen" fast abgebrochen worden. Mit fatalen Konsequenzen, denn die heutigen Erfolge der Transplantationschirurgie sind zu einem guten Teil auf diese Substanz zurückzuführen. Mit Milliardenumsätzen wurde Cyclosporin zu einem der umsatzstärksten Produkte dieses Unternehmens.

Der Pilz *Claviceps purpurea*, der in Getreide das Mutterkorn (*Secale cornutum*) bildet, enthält toxische Alkaloide. Über Jahrhunderte war der Genuss von Brot, das aus verunreinigtem Mehl zubereitet wurde, die Ursache schwerster Vergiftungen. Die Strukturen dieser Alkaloide, z. B. Ergotamin **6.15** (Abb. 6.3), wurden vor allem bei Sandoz aufgeklärt. Ihre systematische Abwandlung führte zu Wirkstoffen in vielen Indikationen, z. B. zur Wehenförderung, Migränetherapie, der Behandlung von Durchblutungsstörungen und erhöhtem Blutdruck. Wegen eingeschränkter therapeutischer Breite haben sie heute nur geringe Bedeutung. Ein weiterer Vertreter dieser Substanzgruppe ist das halluzinogene Lysergsäurediethylamid (Abschnitt 2.5), das zufällig entdeckt wurde.

Therapeutisch überaus wichtige Wirkstoffe aus Mikroorganismen sind Lovastatin und seine Analoga (Abschnitte 9.2 und 27.3), die in die Cholesterinbiosynthese eingreifen. Cholecystokinin (CCK) ist ein Peptidhormon, das an einem G-Protein-gekoppelten Rezeptor GPCR angreift (Abschnitt 29.1). Es entfaltet vielfältige Wirkungen im Zentralnervensystem und im Verdauungstrakt. Der nichtpeptidische CCK-Antagonist Asperlicin **6.16** (IC$_{50}$ = 1,4 μM) stammt aus Extrakten von *Aspergillus alliaceus*. Nach intensiver struktureller Variation resultierte das strukturell viel einfachere Devazepid **6.17** (IC$_{50}$ = 80 pM), eine Substanz mit mehr als 10 000fach höherer Affinität zum CCK-Rezeptor (Abb. 6.3). Dieser Antagonist ist oral verfügbar und besitzt eine appetitstimulierende Wirkung.

Beispiele für therapeutisch wichtige Proteine aus Mikroorganismen sind die Enzyme Streptokinase zur Auflösung von Blutgerinnseln und bakterielle Kollagenase zur Wundbehandlung.

6.5 Farbstoffe und Zwischenprodukte führen zu neuen Arzneimitteln

Paul Ehrlich untersuchte 1903 hundert verschiedene Farbstoffe an Mäusen, die mit Trypanosomen infiziert waren. Aus dieser Forschung resultierte Naganarot, ein erster Wirkstoff gegen *Trypanosoma crucei*, den Erreger der Rinder-Nagana-Krankheit. Andere Farbstoffe folgten, auch „farblose", die Amidbindungen statt Azogruppen enthielten. Erst nach Ehrlichs Tod im Jahr 1916 resultierte bei Bayer im Rahmen der Testung von mehr als tausend verschiedenen Analoga das „Wundermittel" Suramin **6.18** (Abb. 6.4). Die Arbeiten auf diesem Gebiet führten in den 1930er-Jahren zur Entdeckung der antibakteriellen Sulfonamide (Abschnitt 2.3). Auch hier wurden Tausende, wenn nicht sogar Zehntausende von Analoga synthetisiert und getestet. Viele davon wurden in die Therapie eingeführt. Je nach Struktur decken sie ein außerordentlich breites Spektrum verschiedener pharmakokinetischer Eigenschaften ab.

Von einem Zwischenprodukt der Synthese eines Wirkstoffs erwartet man eigentlich keine Wirkung. Er dient nur als Ausgangsmaterial für das gewünschte Endprodukt. Trotzdem wurden und werden viele Zwischenprodukte routinemäßig auf mögliche biologische Wirkungen geprüft. Und das ist gut so!

Gerhard Domagk, der Entdecker des ersten Sulfonamids (Abschnitt 2.3), untersuchte neben vielen gezielt hergestellten Substanzen auch ein solches Zwischenprodukt, das überraschend gute Wirkung gegen Tuberkulose zeigte. Strukturelle Optimierung ergab Thiazetazon **6.19** (Abb. 6.5), das leider lebertoxisch war. Zur Suche nach einem Nachfolger startete die Firma Bayer ein gezieltes Programm mit 5000 Verbindungen. Im Jahr 1951 war es dann wiederum das Zwischenprodukt einer Synthese, das überlegene tuberkulostatische Wirkung zeigte. Isoniazid **6.20** (Abb. 6.5) war 15-mal wirksamer als das damals beste Tuberkulosemittel, das Antibiotikum Streptomycin **6.14** (Abb. 6.3). Die Entdeckung hatte wohl „in der Luft gelegen". Zwei weitere Arbeitsgruppen, beide in den USA, entdeckten gleichzeitig und unabhängig die Wirkung dieser Substanz, die nach enzymatischer Radikalbildung irreversibel an den Cofaktor NADH eines Fettsäure synthetisierenden Enzyms der Tuberkulose-Bazillen bindet. Die Hypothese der metabolischen Spaltung zu Isonicotinsäure **6.21**, als Antimetabolit der Nicotinsäure **6.22** (Abb. 6.5), trifft offenbar nicht zu.

Hemmstoffe des Enzyms Dihydrofolatreduktase, z. B. Methotrexat **6.23** (Abb. 6.6), werden zur Behandlung der Leukämie eingesetzt (Abschnitt 27.2). Bei der Untersuchung von Analoga wurde auch ein einfaches Zwischenprodukt, das Mercaptopurin **6.24**, getestet. Es zeigte Wirkung, war aber zu toxisch. Die Weiterentwicklung lieferte Azathioprin **6.25**, das im Organismus Mercaptopurin freisetzt (Abb. 6.6). Als Immunsuppressivum war das Azathioprin den bis dahin

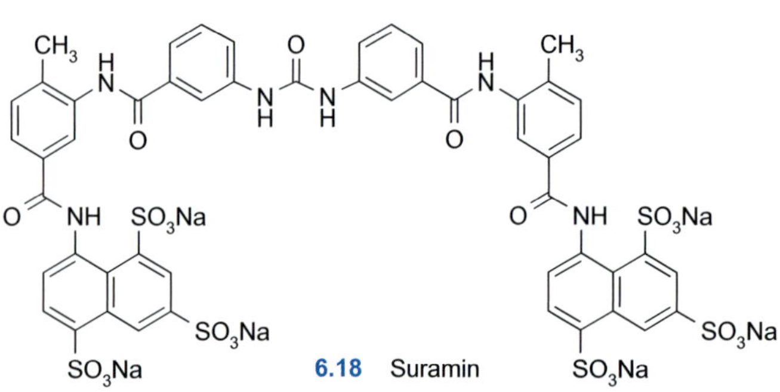

6.18 Suramin

Abb. 6.4 Von strategischer Bedeutung für die Kolonien war das bei Bayer gefundene Suramin **6.18**, auch E 205 oder Germanin genannt. 1921 wurde es erstmals am Menschen eingesetzt. Ein englischer Ingenieur, der an Schlafkrankheit litt und trotz Behandlung mit verschiedensten Antimon- und Arsenpräparaten kurz vor seinem Tod stand, wurde mit wenigen Injektionen der Substanz geheilt. Bei der klinischen Prüfung in den Tropen erfolgte die intravenöse Anwendung durch Lösen der Substanz in Regenwasser (!). Bereits nach kurzer Zeit galt Suramin als „Wundermittel". Trotz Geheimhaltung der Struktur von deutscher Seite gelang französischen Forschern binnen kurzer Zeit die Synthese. Suramin wird wegen seiner lang anhaltenden und guten Wirkung auch heute noch zur Therapie der Schlafkrankheit eingesetzt.

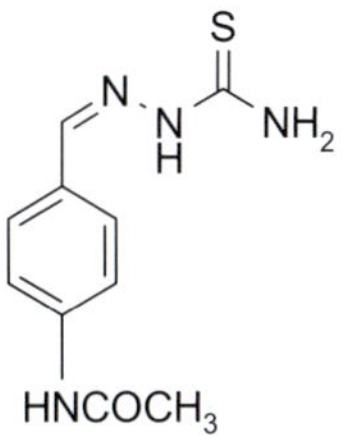

Abb. 6.5 Thiazetazon **6.19** und Isoniazid **6.20** sind Tuberkulostatika, die aus organisch-chemischen Zwischenprodukten resultierten. Isoniazid dringt in die Zelle ein und bindet irreversibel nach enzymatischer Radikalbildung an den Cofaktor NADH. Die ursprünglich angenommene Hypothese einer metabolischen Spaltung zu Isonicotinsäure **6.21** als Antimetabolit der Nicotinsäure **6.22** erwies sich als falsch.

6.19 Thiazetazon
6.20 Isoniazid, R = -NH-NH₂
6.21 Isonicotinsäure, R = -OH
6.22 Nicotinsäure

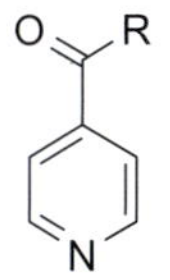

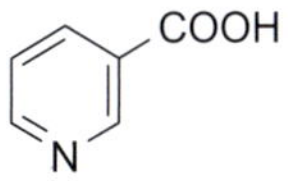

verwendeten Corticosteroiden (Abschnitt 28.5) überlegen. Bis zur Einführung des Cyclosporins (Abschnitt 10.1) wurde es bei allen Organtransplantationen eingesetzt. Ein weiteres Zwischenprodukt aus dieser Reihe, das Allopurinol **6.26** (Abb. 6.6), ist ein Hemmstoff der Xanthinoxidase. Es wird zur Therapie der Gicht eingesetzt.

6.6 Mimikry: Die Nachbildung endogener Liganden

Ab der Mitte des 19. Jahrhunderts wurden zunehmend biologische Prinzipien, Enzymsubstrate, Neurotransmitter und Hormone, als Vorbilder für neue Arzneistoffe verwendet. Der gezielte Entwurf von Wirkstoffen, ausgehend von diesen Leitstrukturen, führte zum „goldenen Zeitalter" der Arzneimittelforschung (Abschnitt 1.4).

Das prinzipielle Vorgehen soll am Beispiel von Enzyminhibitoren erläutert werden. Enzyme katalysieren chemische Reaktionen, indem sie die Übergangszustände dieser Reaktionen stabilisieren. Damit erniedrigen sie die Aktivierungsenergie, die Reaktion kann bei niedrigerer Temperatur ablaufen (Abschnitt 22.3). Dieses Spezifikum lässt sich für den Entwurf und die Optimierung von Enzyminhibitoren besonders wirkungsvoll nutzen. Ausgehend von der Kenntnis des Reaktionsmechanismus werden in die Substrate Gruppen eingebaut, die zum Übergangszustand strukturanalog sind (Abb. 6.7). Sie imitieren diesen, führen aber zu keinem Produkt. So kann ein Substrat in einem Schritt, durch eine ganz gezielte chemische Änderung, in einen selektiven und aktiven Inhibitor überführt werden.

Bei korrekter Bindungsgeometrie des Inhibitors steigt die Affinität, verglichen mit dem Substrat, um mehrere Zehnerpotenzen an. Zwei Hemmstoffe der enzymatischen Umsetzung von Adenosin **6.27** zu Inosin **6.28**, die Naturstoffe Pentostatin **6.29** und Nebularin **6.30** (Abb. 6.8), sind eindrucksvolle Beispiele für solche Übergangszustands-Mimetika. Die Einführung einer einzigen Hydroxygruppe mit der richtigen Stereochemie erhöht die Affinität des Liganden zum Enzym um viele Zehnerpotenzen.

Nie zuvor war die Suche nach neuen Wirkstoffen so erfolgreich wie in den zwei bis drei Jahrzehnten des „goldenen Zeitalters". Anschließend ging die Erfolgsquote wieder zurück. Die Forschung wurde teurer und aufwendiger. Wie ist diese Entwicklung zu erklären? Gerade durch die Erfolge dieser Zeit ist in vielen Indikationsgebieten ein hoher Standard der Therapie erreicht worden. Er macht es den heutigen Forschern schwer, in gleicher Weise erfolgreich zu sein, selbst bei

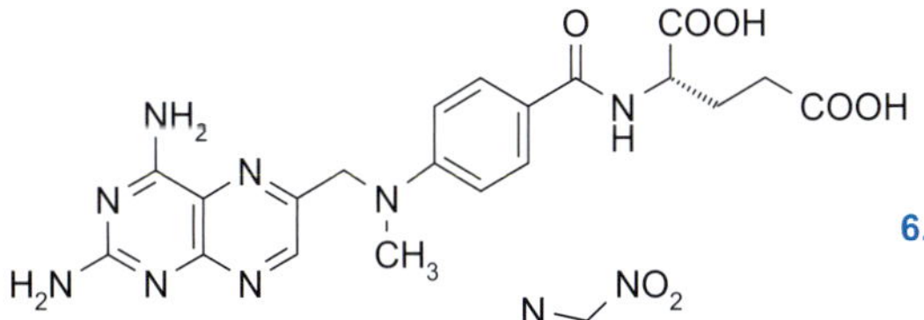

6.23 Methotrexat
6.24 Mercaptopurin 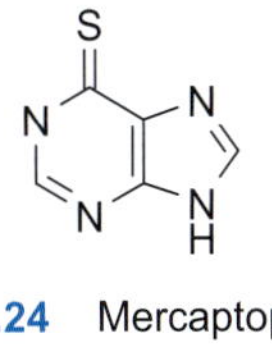
6.25 Azathioprin 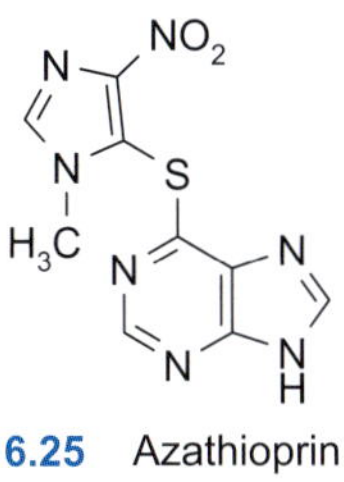
6.26 Allopurinol 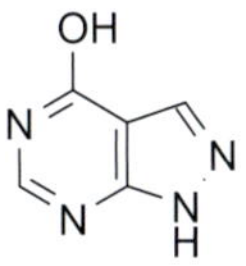

Abb. 6.6 Ausgehend von Methotrexat **6.23** führten einfache Zwischenprodukte zu neuen Arzneistoffen. Mercaptopurin **6.24** und Azathioprin **6.25** wirken immunsuppressiv, Allopurinol **6.26** ist ein Gichtmittel.

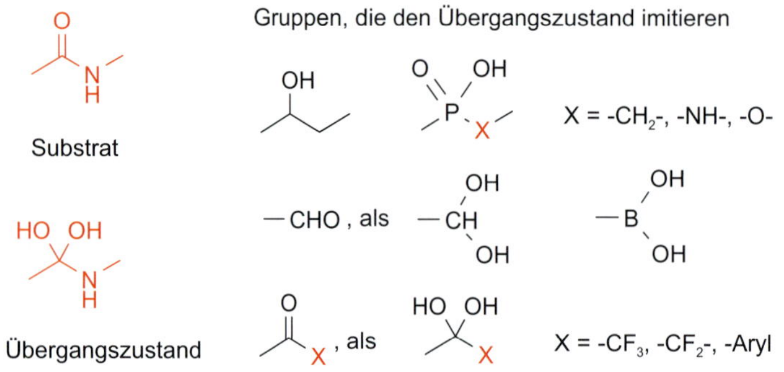

Abb. 6.7 Beispiele für Substrat, Übergangszustand und Gruppen, die den Übergangszustand einer enzymatischen Amidspaltung imitieren. Einige der Gruppen bilden eine reversible kovalente Bindung zum katalytisch aktiven Serin der Serinproteasen aus (vgl. Abschnitt 23.2).

Einsatz überlegener Werkzeuge. Andere Gründe, z. B. erhöhte Anforderungen an Wirksamkeit und Unbedenklichkeit, kommen dazu.

6.7 Nebenwirkungen eröffnen neue Therapiemöglichkeiten

Viele Arzneimittel gehen auf die Beobachtung von Nebenwirkungen in der Klinik oder in der praktischen Anwendung zurück (vgl. Abschnitt 2.8). So wurde die diuretische Wirkung organischer Quecksilberverbindungen rein zufällig entdeckt (Abschnitt 30.9). 1919 erprobten Ärzte der 1. Medizinischen Universitätsklinik in Wien ein neues Mittel zur Behandlung der Syphilis. Bei einer 21-jährigen Frau beobachtete man als Nebenwirkung einen Anstieg der täglich ausgeschiedenen Harnmenge von 200–500 ml vor der Therapie auf 1,2–2,0 l am dritten Tag der Substanzgabe. Dieser Befund führte zur Entwicklung der ersten wirksamen Diuretika (Mittel zur Erhöhung der Harnausscheidung). Glücklicherweise sind wir heute auf die extrem giftigen Quecksilberverbindungen nicht mehr angewiesen, weder für die Therapie der Geschlechtskrankheiten noch zur Förderung der Harnausscheidung!

1948 wurde in Vulkanisieranstalten beobachtet, dass das Antioxidans Disulfiram **6.31** (Abb. 6.9) bei Arbeitern zu Unverträglichkeitserscheinungen gegenüber alkoholischen Getränken führte. Auf diese Entdeckung geht der Einsatz der Substanz zur Therapie des chronischen Alkoholismus zurück. Der bei der

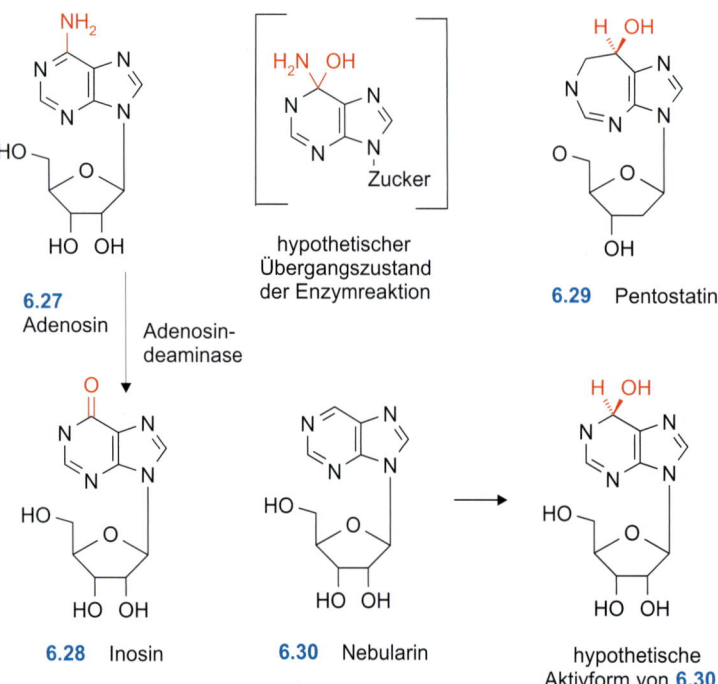

Abb. 6.8 Die enzymatische Umsetzung von Adenosin **6.27** zu Inosin **6.28** wird durch die Naturstoffe Pentostatin **6.29** bzw. Nebularin **6.30** in picomolaren Konzentrationen gehemmt. Gegenüber dem Substrat Adenosin steigt die Affinität von **6.29** um sieben Zehnerpotenzen (K_i = 2,5 pM) an, die der Aktivform von **6.30** sogar um acht Zehnerpotenzen (K_i = 0,3 pM). Sowohl Pentostatin als auch die Aktivform des Nebularins entsprechen in ihrer Struktur dem hypothetischen Übergangszustand der enzymatischen Reaktion.

Verstoffwechselung von Ethanol intermediär gebildete Acetaldehyd wird nicht weiter umgesetzt. Das führt zu allgemeinen Vergiftungserscheinungen, Übelkeit, Herzklopfen und Schweißausbruch. Die Wirkung ist allerdings schwer kontrollierbar. Alkoholkonsum nach der Therapie hat sogar zu vereinzelten Todesfällen geführt.

Das klassische Beispiel der Entdeckung wichtiger neuer Einsatzgebiete über die Beobachtung von Nebenwirkungen in der Klinik sind die Sulfonamide. Die Sulfonamid-Diuretika und die oralen Antidiabetika (Abschnitt 30.2), Mittel zur Behandlung bestimmter Formen der Zuckerkrankheit, gehen darauf zurück (Abschnitt 8.4).

Iproniazid 6.32 (Abb. 6.9) ist ein Derivat des Isoniazids 6.20 (Abb. 6.5). Eine 1957 bei Tuberkulosepatienten beobachtete deutliche Stimmungsaufhellung führte zu einem breiten Einsatz zur Behandlung chronisch depressiver Patienten. Die Substanz musste aber wenige Jahre nach ihrer Einführung wegen schwerer Nebenwirkungen wieder vom Markt genommen werden (Abschnitt 27.8).

Süßklee wird in Europa seit Jahrhunderten als Viehfutter verwendet. Die Einführung in den USA und Kanada, in den zwanziger Jahren des 19. Jahrhunderts, hatte verheerende Folgen, da er anfangs falsch gelagert wurde. Massive Blutungen und Todesfälle bei Rindern ließen sich auf die Verfütterung verdorbenen Süßklees zurückführen. Der Wirkstoff, das antithrombotisch wirkende Dicoumarol 6.33 (Abb. 6.9), wurde 1942 in die Therapie eingeführt, die therapeutische Wirkung war aber unzuverlässig. Die Wisconsin Alumni Research Foundation untersuchte 150 Analoga und führte 1948 das Warfarin 6.34 als Rattengift ein. Sein Name leitet sich vom Firmen-Acronym WARF und der Endung „arin" des Cumarins ab. 1951 wollte ein amerikanischer Armeekadett mit einer hohen Warfarin-Dosis Selbstmord verüben. Da er überlebte, wurden auch mit dieser Substanz klinische Prüfungen durchgeführt. Trotz der Notwendigkeit zur ständigen Kontrolle der Gerinnungswerte ist die Anwendung von Warfarin heute eine Standardtherapie nach Herzinfarkt und Schlaganfall.

Ein Beispiel für eine wichtige Indikationsausweitung ist das Penicillamin 6.35 (Abb. 6.9). Eingeführt wurde es zur Behandlung des Wilson-Syndroms, einer Erbkrankheit, die zu Kupferanreicherung im Gewebe führt. Als Komplexbildner ist es auch zur Ausschleusung von Schwermetallen bei Vergiftungen geeignet. Erst später, in der praktischen Anwendung, wurde seine viel größere Bedeutung zur Basistherapie rheumatischer Erkrankungen erkannt. Der Wirkmechanismus ist noch weitgehend ungeklärt.

6.8 Von der klassischen Suche zum Durchmustern riesiger Substanzbestände

Die in den vorangehenden Abschnitten beschriebenen Ansätze werden auch heute noch in der industriellen Pharmaforschung verfolgt. Doch wegen der

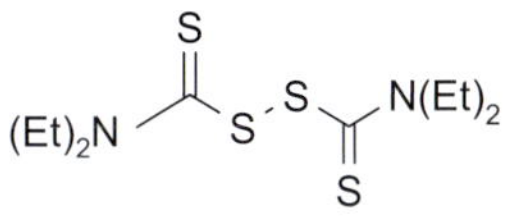

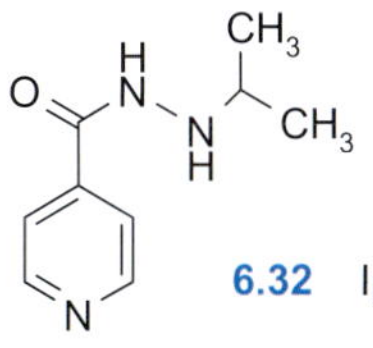

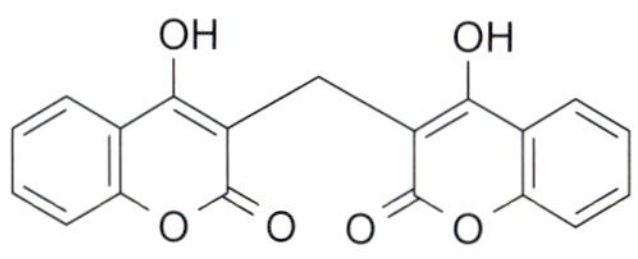

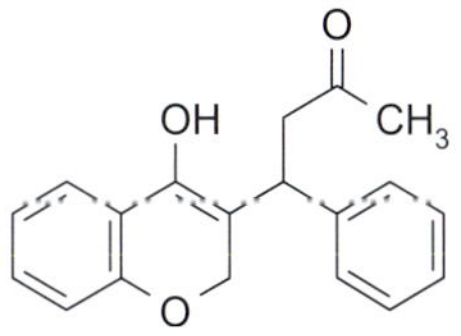

Abb. 6.9 Tetraethylthiuramdisulfid 6.31 (Disulfiram), besser bekannt unter seinem Handelsnamen Antabus®, ist ein Hemmstoff der Aldehyd-Dehydrogenase. Die Anreicherung des toxischen Acetaldehyds führt zu Übelkeit. Iproniazid 6.32, ein einfaches Derivat des Isoniazids 6.20 (Abb. 6.5), ist ein Monoaminoxidase-Hemmer (Abschnitt 27.8). Über die Verlängerung der Wirkung biogener Amine wirkt es antidepressiv. Von Dicoumarol 6.33 leitet sich das Rattengift Warfarin 6.34 ab. Obwohl seine Wirkung auf die Blutgerinnung sorgfältig überwacht werden muss, ist Warfarin heute der Standard zur Therapie von Krankheiten, die mit einer erhöhten Gerinnungsneigung einhergehen, z. B. Herzinfarkt oder Schlaganfall. Penicillamin 6.35 ist ein Komplexbildner für Schwermetalle, u. a. zur Behandlung des Wilson-Syndroms, einer Erbkrankheit, die zur Anreicherung von Kupfer im Gewebe führt. Erst später wurde entdeckt, dass die Substanz bei chronisch rheumatischen Erkrankungen wirksam ist.

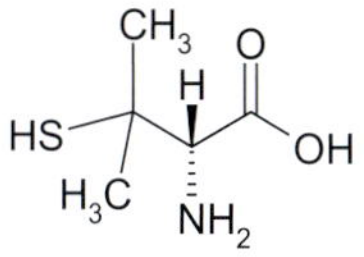

enormen Kosten, die mit der Entwicklung eines Arzneimittels verbunden sind, ist die Suche nach originären Leitstrukturen ein zunehmend wichtigeres Ziel. Für neuartige therapeutische Ansätze, Testmodelle oder die 3D-Strukturen von neuen Zielproteinen werden hohe Summen bezahlt. Solche Informationen können zu einem Wettbewerbsvorsprung führen, der zwar einige Zeit vorhält, aber mit aller Kraft verteidigt und weiter ausgebaut werden muss.

Nach dem Prinzip der Risikostreuung und der maximalen Nutzung aller denkbaren Ressourcen verfolgen Pharmafirmen heute das breit angelegte Durchmustern riesiger Substanzbestände aus Pflanzenextrakten, mikrobiellen Brühen und synthetisch hergestellten Verbindungen. Letztere stammen aus der hauseigenen Chemie, sind zugekauft oder werden als kombinatorische Substanz-Bibliotheken hergestellt (Kapitel 11). Daneben findet heute ein großer Teil der Leitstruktursuche im Computer statt.

Eine immer größere Rolle für die Auffindung neuer Leitstrukturen spielt die Identifizierung therapeutisch relevanter Proteine. Die Aufklärung des menschlichen Genoms (Abschnitt 12.3) hat uns die Sequenzen aller humanen Proteine geliefert. Vergleiche der Expressionsmuster von gesunden und kranken Zellen erlauben es, bestimmte Proteine als Ursache oder Folge eines Krankheitsgeschehens zu erkennen (Abschnitt 12.8). Gelingt es, ein solches Protein aufzuspüren, sind die nächsten Schritte vorgegeben. Es erfolgt die Prüfung des therapeutischen Konzepts an einem gentechnisch veränderten Tier (Abschnitt 12.5) oder des Stummschaltens der beteiligten Gene (Abschnitt 12.7), die Etablierung eines molekularen Testsystems und die 3D-Strukturaufklärung des Proteins. Parallel dazu werden alle verfügbaren Verfahren zur Leitstruktursuche aufgegriffen. Da diese Prozesskette mit immer höherem Durchsatz beschritten wird, müssen die Kapazitäten für die Leitstruktursuche stetig ausgebaut werden.

Viele Firmen bemühen sich, in den von ihnen bearbeiteten Indikationen mehrere, chemisch voneinander unabhängige Leitstrukturen zu entwickeln. Die Ausarbeitung von Tiermodellen für die präklinische Prüfung und die Vorbereitung der klinischen Prüfungen erfordern einen derart hohen personellen und finanziellen Aufwand, dass es unvertretbar erscheint, mit nur einer einzigen Verbindungsklasse ein solches Programm zu starten. Streuung und damit Minimierung des Risikos sind gefragt, sowohl bei der Suche wie auch bei der Entwicklung eines neuen Arzneimittels. Techniken, die heute zum Aufspüren neuer Leitstrukturen Einsatz finden, werden im nächsten Kapitel vorgestellt.

Literatur

Allgemeine Literatur

A. Burger, A Guide to the Chemical Basis of Drug Design, John Wiley & Sons, New York, 1983

E. Verg, Meilensteine. 125 Jahre Bayer, 1863–1988, Bayer AG, 1988

W. Sneader, Chronology of Drug Introductions, in: Comprehensive Medicinal Chemistry, C. Hansch, P. G. Sammes und J. B. Taylor, Hrsg., Band 1, P. D. Kennewell, Hrsg., Pergamon Press, Oxford, 1990, S. 7–80

Spezielle Literatur

M. Suffness, Taxol: From Discovery to Therapeutic Use, Ann. Rep. Med. Chem. **28**, 305–14 (1993)

P. J. Hylands und L. J. Nisbet, The Search for Molecular Diversity (I): Natural Products, Ann. Rep. Med. Chem. **26**, 259–269 (1991)

M. S. Tempesta und S. R. King, Ethnobotany as a Source for New Drugs, Ann. Rep. Med. Chem. **29**, 325–330 (1994)

A. D. Buss und R. D. Waigh, Natural Products as Leads for New Pharmaceuticals, Burger's Medicinal Chemistry and Drug Discovery, M. Wolff, Hrsg., John Wiley & Sons, 1995, S. 983–1033

G. R. Pettit et al., Isolation of Dolastatins 10–15 from the Marine Mollusc *Dolabella Auricularia*, Tetrahedron **41**, 9151–9170 (1993)

B. Badio et al., Epibatidine: Discovery and Definition as a Potent Analgesic and Nicotinic Agonist, Med. Chem. Res. **4**, 440–448 (1994), und nachfolgende Arbeiten (Sonderheft zu Epibatidin)

Screening-Technologien zur Leitstruktursuche

7.1 Screening auf biologische Wirkung im HTS

Im letzten Kapitel wurden Beispiele vorgestellt, wie durch gezieltes Suchen, vor allem mithilfe von Vorbildern aus der Natur oder Verbindungen mit bekanntem Wirkprinzip, neue Leitstrukturen entdeckt werden können. Selbst wenn eine riesige Zahl von Testsubstanzen aus Naturstoffen oder Synthetika zur Verfügung steht, ist es nicht einfach, aus dieser Menge die aktiven Moleküle herauszufiltern und ihren Wert für eine bestimmte Indikation zu entdecken. Es erfordert ein zeitaufwendiges und kostenintensives Durchmustern oder **Screening** riesiger Substanzbestände (von engl. *to screen*, „durchmustern", durch Eliminierung auswählen). Man versteht darunter die mehr oder weniger gezielte biologische Prüfung großer Zahlen von Substanzen. Obwohl man heute dazu praktisch ausschließlich molekulare Testsystemen und Zellkulturmodelle verwendet, liegen die Kosten für eine getestete Substanz zwischen 2 und 5 US-$. Da üblicherweise bis zu mehreren Millionen Verbindungen getestet werden, kostet eine Screening-Kampagne sehr viel Geld!

Der Suchprozess kann in drei Phasen aufgeteilt werden. Zunächst erfolgt das automatisierte und von Robotern durchgeführte **Eingangsscreening** einer riesigen Substanzbank von bis zu mehreren Millionen Verbindungen. Dabei werden erste „**Hits**" als wechselwirkende Substanzen ermittelt. Danach erfolgt ein vertieftes Screening, bei dem bereits um die aufgefundenen Treffer herum der chemische Strukturraum ausgelotet wird. Ziel ist es, einfache Struktur/Wirkungsbeziehungen aufzustellen (Kapitel 18) und die pharmakologischen und physikochemischen Eigenschaften (Kapitel 19) zu verbessern. Auf diesem Weg werden Leitstrukturen (so genannte „*leads*") entdeckt. Danach erfolgt in der letzten Phase die **Optimierung einer Leitstruktur** durch vertiefte biologische Testung hin zu einem Arzneistoffkandidaten („**Drug**"), der in eine klinische Prüfung überführt werden kann (Kapitel 8). Wie entdeckt man nun geeignete Treffer aus der riesigen Menge Testkandidaten, die das Potenzial zur Entwicklung zu einem Arzneistoff besitzen? Diese Frage wird durch das Screening auf biologische Wirkung beantwortet.

Voraussetzung für ein groß angelegtes Screening war die Entwicklung von *in vitro*-**Testsystemen** als Ersatz für den Tierversuch. Als erstes wurden isolierte Enzyme und Membranhomogenate für Rezeptorbindungsstudien verwendet. Später ermöglichte die Gentechnologie (Abschnitt 12.6) reine Proteine für die Entwicklung molekularer Testsysteme in ausreichender Menge bereitzustellen. Dies führt zu dem Vorteil, dass einheitliche Proteine, ja sogar humane Proteine für die biologischen Tests eingesetzt werden können.

Automatisierte Testsysteme mit extrem hohem Durchsatz (engl. *high-throughput screening,* **HTS**) führten Mitte der 1990er-Jahre zu einem gewaltigen Aufschwung. Unter Einsatz des gesamten Methodenarsenals der modernen Biochemie wird versucht, Kandidaten für eine Wirkstoffentwicklung im Reagenzglas zu entdecken. Man versteht heute Zellen und Organismen so umzuprogrammieren, dass sie die Funktion von einzelnen Genen anzeigen. Der besondere Trick bei diesen Testverfahren besteht darin, den gesuchten Effekt auf molekularer Ebene in ein makroskopisch beobachtbares Signal zu übersetzen.

Trotz des sehr großen Aufwands, der im HTS getrieben werden muss, und den nicht immer rechtfertigenden Trefferquoten ist das HTS nicht mehr aus der Pharmaforschung wegzudenken. Es sind auch immer wieder interessante Leitstrukturen auf diesem Wege entdeckt worden (Kapitel 23–32). Eine Schwachstelle mag die **eingeschränkte Diversität** synthetischer Substanzen sein, verglichen mit der **strukturellen Komplexität** pflanzlicher und mikrobieller Sekundärmetabolite. Eine weitere ist die Beschränkung auf *in vitro*-Testsysteme, die weder das gesamte Wirkspektrum einer Substanz noch viele andere wichtige Effekte, wie Transport, Verteilung, Metabolismus und Ausscheidung (Kapitel 19), erfassen können.

Äußerst kritisch ist die Zusammenstellung einer geeigneten Screening-Bibliothek. Häufig werden Moleküle als Testkandidaten verwendet, die in anderen Wirkstoff-Entwicklungsprojekten hergestellt wurden. Sie besitzen somit bereits die Größe eines typischen Wirkstoffs. Üblicherweise weisen Treffer aus dem Screening nur mäßige, fast immer mikromolare Bindung an den Testrezeptor auf. Um einen solchen Treffer in seinen Eigenschaften zu verbessern, muss er strukturell verändert werden. Dies erfolgt in aller Regel durch Anfügen weiterer chemischer Gruppen. Dabei nimmt der Wirkstoff schnell in seiner Größe zu und überschreitet eine molare Masse von 500–600 Da. Dieser Wert wird als kritische Obergrenze für gute Bioverfügbarkeit gesehen (Abschnitt 9.1). Die Optimierung eines typischen Screeningtreffers bedingt also, dass er zunächst einmal in seiner Größe reduziert werden muss, um anschließend in einer zielgerichteten Optimierung wieder größer zu werden. Doch häufig geht die Größenreduktion mit einem Verlust an Bindung einher. Daher hat man zum Abschätzen des Entwicklungspotenzials von Treffern aus dem Screening das Kriterium der „*ligand efficiency*" eingeführt. Man setzt dazu die Zahl an Nichtwasserstoffatomen eines Treffers mit der erzielten Bindungsstärke in Bezug. Vor allem kleine und für ihre Größe gut bindende Substanzen eignen sich besonders als aussichtsreiche Kandidaten für eine Optimierung.

7.2 Eine Farbreaktion zeigt Wirkung an

Wichtige Zielproteine für eine Wirkstoffentwicklung sind Proteasen und Esterasen, Enzyme, die Peptid- und Esterbindungen spalten (Kapitel 23–25). Wie kann man deren enzymatische Aktivität sichtbar machen? Man stellt synthetische Substrate her, die den natürlichen Substraten sehr ähnlich sind. Sie tragen allerdings über eine Peptidbindung oder Esterbindung verknüpft einen *para*-Nitroanilid- oder -Phenolatrest (Abb. 7.1). Wenn das Enzym dieses Substrat spaltet, wird Nitroanilid oder Nitrophenolat freigesetzt, das sich durch veränderte Absorptionseigenschaften als gelber Farbstoff bemerkbar macht. Dies lässt sich einfach spektroskopisch beobachten. Wenn nun beim Screening eine Verbindung als Inhibitor des Enzyms auffällt, so wird sie die Spaltung des synthetischen Substrats mehr oder weniger stark unterdrücken und die Gelbfärbung der Lösung vermindern. Auf diesem Wege lässt sich quantitativ die Hemmstärke einer Testsubstanz bestimmen (Abb. 7.1).

Es konnte eine breite **Palette von farbgebenden Reaktionen** entwickelt werden, die zur Charakterisierung enzymatischer Aktivität geeignet sind. Viele Enzyme, z. B. Dehydrogenasen, benötigen als natürlichen Cofaktor NAD(P)H, das zu NAD(P)$^+$ oxidiert wird (Abschnitt 27.1). Da das Edukt NAD(P)H im Gegensatz zum Produkt bei 340 nm absorbiert, kann das Fortschreiten der Enzymreaktion über Beobachtung der Absorption bei dieser Wellenlänge verfolgt werden. Als eine Variante kann man auch zwei Enzymreaktionen miteinander koppeln. Dieser Weg ist dann interessant, wenn das Substrat, das für eine spektroskopische Verfolgung der Enzymreaktion geeignet ist, erst durch die vorgelagerte Enzymreaktion gebildet wird. Dann wird nicht die Reaktion im eigentlich interessierenden Enzym beobachtet. Vielmehr registriert man dessen Aktivität anhand der Umsetzung des aus der vorgelagerten Reaktion hervorgehenden Produkts in der nachfolgenden Enzymreaktion.

Obwohl **absorptionsspektroskopische Assays** aus technischen Gründen vorzuziehen sind, spielen Tests, die auf der Umsetzung radioaktiv markierter Verbindungen beruhen, noch immer eine wichtige Rolle. Die Aktivität von Kinasen wird z. B. über Phosphor-32-markiertes Adenosin-Triphosphat verfolgt. Das an der endständigen Phosphatgruppe markierte Substrat wird auf das durch die Kinase (Abschnitt 26.3) zu phosphorylierende Protein übertragen. Die Einbaurate dient als Maß für die Aktivität der Kinase. Für Rezeptorbindungsstudien wird ein bekannter Ligand radioaktiv markiert. Im Assay wird nun untersucht, inwieweit Testverbindungen den radioaktiv markierten Liganden von der Rezeptorbindestelle verdrängen können. Ein solcher Test stellt noch nicht zwingend einen Funktionsassay dar. Agonistische und antagonistische Bindung (Kapitel 28 und 29) müssen noch unterschieden werden.

7.3 Schneller zu immer größeren Zahlen mit immer weniger Substanz

Antikörper spielen eine wichtige Rolle in der Assayentwicklung. Die enorme Spezifität einer Antikörper-Antigen-Wechselwirkung lässt sich als hoch sensitives System ausnutzen (Abschnitt 32.3). Als Beobachtungsgröße verwendet man in den klassischen Im-

7. Screening-Technologien zur Leitstruktursuche

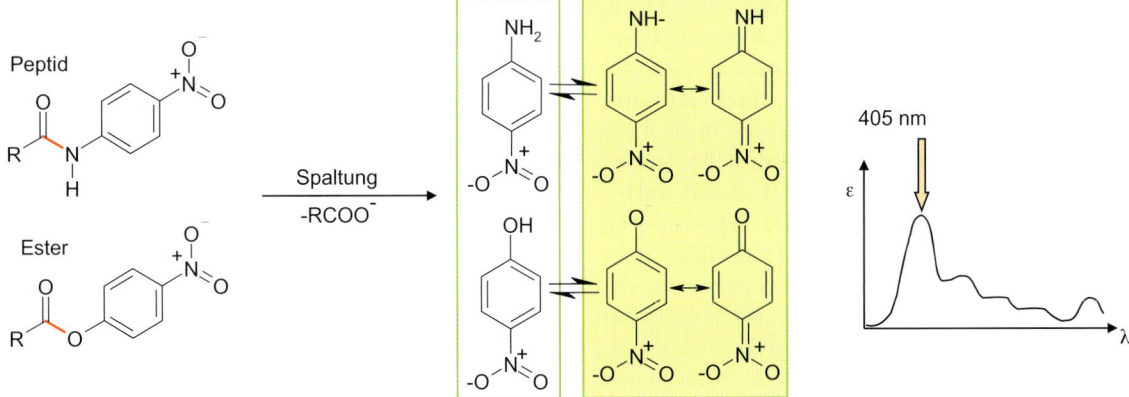

Abb. 7.1 An das natürliche Substrat einer Protease oder Esterase wird am Ende ein *p*-Nitrophenolat bzw. *p*-Nitroanilidrest angefügt. Das Enzym spaltet *p*-Nitrophenolat oder *p*-Nitroanilid ab, das sich als gelb gefärbtes mesomerstabilisiertes Anion (Absorptionsmaximum bei 405 nm) bemerkbar macht. Wird kompetitiv zum Substrat ein Inhibitor dem Enyzm zugesetzt, so unter drückt er je nach seiner Bindungsstärke die Umsetzungsrate der Spaltreaktion. Dies macht sich in einer mehr oder weniger starken Gelbfärbung der Messlösung bemerkbar und kann quantitativ ausgewertet werden.

munassays entweder die Freisetzung einer radioaktiv markierten Verbindung (**R**adio**i**mmun**a**ssay, RIA) oder das Auslösen einer enzymatischen Umsetzung (**E**nzyme **L**inked **I**mmuno**s**orbent **A**ssay, ELISA). Das letztere Verfahren erfreut sich eines deutlich größeren Einsatzbereichs, vor allem weil versucht wird, die Radioaktivität als Beobachtungsgröße zu vermeiden. Die Immunassays sind nicht nur hoch spezifisch, da sie nur eine molekulare Spezies erkennen, sie sind auch extrem vielseitig einsetzbar.

Screeningverfahren werden auf **Automatisierung** und **Miniaturisierung** optimiert. Angetrieben durch den Wunsch nach immer größerem Durchsatz, werden heute die Tests kaum noch in 96er (8×12) Mikrotiterplatten durchgeführt. In den Vertiefungen dieser Platten umfassen die Reaktionsvolumina ca. 0,3 ml. Inzwischen versucht man mit 384er (16×24) oder 1536er (32×48) Platten auszukommen, wo die Testvolumina nur noch wenige Mikroliter umfassen. Ein großes Problem stellt das **Aggregationsverhalten** mancher **hydrophober Testverbindungen** dar. In der wässrigen Pufferlösung des Assays kann es zu einer Aggregation dieser Verbindungen kommen. Durch ihre Zusammenballung bilden sich hydrophobe Oberflächen aus, an die das zu testende Protein adsorbieren kann. Die freie Konzentration des Proteins in Lösung nimmt dadurch ab, was praktisch den Effekt einer Hemmung des Proteins vorspiegelt. Zusätze von **Detergenzien** können diesen Effekt aufheben.

Mit ausgeklügelten **Robotersystemen** werden bis zu 100 000 Assays pro Tag ausgeführt. Dies führt zu einer enormen Datenflut, die zu verarbeiten ist. Die reduzierten Testvolumina haben den Vorteil einer deutlichen Verringerung der benötigten Probenmengen. Außerdem lassen sich die Messungen in kürzerer Zeit durchführen. Gleichzeitig wird aber die Handhabung der Proben immer schwieriger. Man denke nur an die Verdunstung aus so kleinen Probenmengen, die enorm ansteigende **Logistik**, so viele Daten parallel erfassen zu müssen, oder die Reproduzierbarkeit der Ergebnisse und die notwendige Empfindlichkeit, das schwache Messsignal gesichert zu bestimmen.

Um gerade diesen letzten Aspekt zu verbessern, ist man auf immer empfindlichere Nachweisverfahren übergegangen. Besonders empfindlich sind **Fluoreszenzmessverfahren**. Im einfachsten Fall verwendet man ein fluoreszierendes Substrat wie Cumarin (Abschnitt 14.6), das beispielsweise in einem Protease-Assay anstelle des *para*-Nitroanilids eingebaut wird. Die Protein-Ligand-Bindung kann auch über **Fluoreszenzanisotropie** (oder Polarisation) beobachtet werden. Ein bekannter Ligand wird mit einem Fluorophor verknüpft und mit polarisiertem Licht angeregt. Die abgestrahlte Fluoreszenz ist in diesem Fall ebenfalls polarisiert. Mit der Zeit, in der das angeregte Molekül in Lösung frei diffundieren kann, wird die vorgegebene Polarisation abnehmen. Da ein kleines Molekül viel schneller diffundiert als ein großes, fällt die Polarisation des Fluoreszenzsignals des ungebundenen Liganden viel schneller ab, als wenn er an ein Protein fixiert wird. Dieser Unterschied wird durch die Diffusionseigenschaften des großen Proteins bestimmt und kann als Messsignal aufgenommen werden.

Noch größere Empfindlichkeit erreichen so genannte **FRET-Messverfahren** (**F**luoreszenz-**R**esonanz-**E**nergie-**T**ransfer). Ein Resonanzenergietransfer erfolgt zwischen einem **Donor-** und **Akzeptorfluorophor** ähnlicher Absorption, wenn beide nicht mehr als ca. 50 Å voneinander entfernt sind. Will man beispielsweise einen Phosphatase-Assay damit entwickeln, so muss ein phosphoryliertes Peptidsubstrat mit einem kovalent verknüpften Donorfluorophor versehen werden. Man gibt dieses Substrat zu der Phosphatase, die mit einem zu testenden Inhibitor versetzt wurde. Je nach Hemmstärke der Testverbindung wird das Enzym in seiner Aktivität absinken und weniger Substrat spalten. Man gibt einen Antikörper zu, der an das unverbrauchte, phosphorylierte Substrat bindet. Der Antikörper ist aber zusätzlich mit einem Fluoreszenz-Akzeptor versehen, dessen Absorptionsmaximum mit dem Emissionsspektrum des Donorfluorophors überlappt. Ist noch viel phosphoryliertes Substrat vorhanden, da z. B. die zu testende Verbindung einen potenten Hemmstoff darstellt, wird die räumliche Nähe zwischen Donor- und Akzeptorfluorophor zu einem starken FRET-Signal führen. Dies kann quantitativ ausgewertet werden.

Fortschritte bei der Miniaturisierung der Assays erlauben inzwischen die Beobachtung einzelner Moleküle. Dies gelingt mit der **Fluoreszenz-Korrelationspektroskopie** (FCS). Ein konfokales Lasermikroskop durchstrahlt etwa einen Femtoliter Messlösung. Wenn ein einzelner Fluorophor durch das Beobachtungsvolumen diffundiert, erzeugt er eine zeitliche Fluktuation des Fluoreszenzsignals. Bei genauer Analyse dieses Signals erhält man Informationen über Konzentration und Diffusionskonstante. Die Diffusionsgeschwindigkeit hängt wiederum davon ab, ob die mit einem Fluoreszenzmarker versehene Substanz an ein Protein gebunden ist oder nicht. Werden sowohl Protein wie auch Ligand mit unterschiedlichen Markern gekennzeichnet, so kann sogar deren Assoziation und Dissoziation verfolgt werden.

7.4 Von der Bindung zur Funktion: Tests an ganzen Zellen

Die Bindung eines Liganden an ein Protein sagt noch nichts über die damit einhergehende Funktion bzw. ausgelöste **Funktionsänderung** aus. Bei einem Enzymassay ist es oft einfach, die beobachtete Hemmung mit einer Funktion in Beziehung zu setzen. Bei Rezeptoren und Ionenkanälen liegt diese Korrelation weniger offensichtlich auf der Hand (Kapitel 28–30). Betrachtet man die **biochemischen Pfade und Regelkreise** in einer Zelle, so werden auch die Überlegungen zur Funktionszuordnung für Enzyme komplizierter. Diese Zusammenhänge lassen sich nicht so einfach im Reagenzglas nachstellen. Daher müssen zum Studium der Funktion ebenfalls Assays entwickelt werden, die das Verhalten ganzer Zellen bei der Bindung eines Liganden beobachten. Für viele Gewebe lassen sich Zellkulturen züchten, die dann das Studium gewebespezifischer Rezeptoren ermöglichen.

Üblicherweise wurde das Verhalten von Ionenkanälen über Bindungstests oder radioaktive Durchfluss-Assays untersucht. Um den Einfluss eines Entwicklungskandidaten für einen Arzneistoff besser zu charakterisieren, sind die so genannten *patch-clamp*-Techniken entwickelt worden. Eine Elektrode wird an die Oberfläche einer Zelle herangeführt und eine Spannung bzw. ein Strom angelegt. Auf diesem Wege kann das Öffnen bzw. Schließen einzelner Kanäle registriert werden, vor allem wenn bei diesen Messungen Testmoleküle zugegeben werden. Dieses Verfahren dringt sicher nicht in die Dimensionen der Hochdurchsatztechniken vor. Es dient eher dazu, die Treffer aus einem ersten Vorscreening genauer auf ihre Funktion zu beleuchten. Für diesen ersten Schritt werden wiederum gerne Fluoreszenzmethoden eingesetzt. Beispielsweise kann man bei Ca^{2+}-Kanälen den Anstieg der intrazellulären Calciumkonzentration über einen Farbstoff beobachten, der sensitiv bei dem Auftreten von Calciumionen fluoresziert.

Andere Tests verwenden die Kopplung an **Reportergene**. Die Stimulation eines Rezeptors löst eine Signalkaskade aus, die für einige der Rezeptoren letztlich zu der Transkription der Genprodukte führt und durch entsprechende Promotoren gesteuert wird (Abschnitt 28.1). Ersetzt man nun die Sequenz des angesteuerten Gens durch die eines Reporters wie *β*-Galactosidase, Luciferase oder das Grünfluoreszierende Protein (GFP), so wird dieses Protein von den Zellen produziert. Dies kann an einem einfach zu beobachtenden Signal abgelesen werden (Abb. 7.2). Beispielsweise spaltet die produzierte *β*-Galactosidase X-gal und setzt einen blauen Farbstoff frei, Luciferase entwickelt ATP-abhängig eine Chemilumineszenz, und das Grünfluoreszierende Protein fällt durch seine intrinsische Fluoreszenz auf.

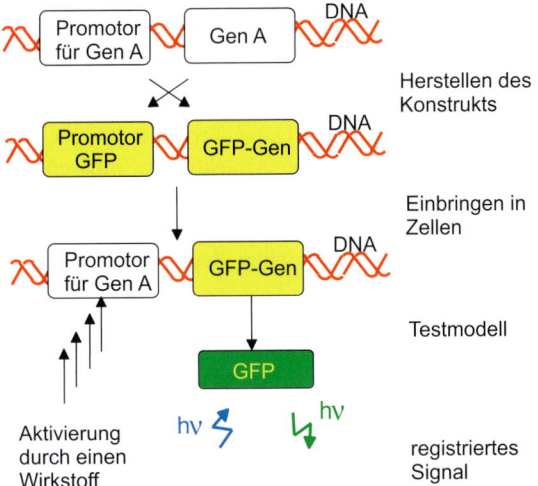

Abb. 7.2 Gene werden durch Promotoren gesteuert. Eine durch den Promotor initiierte Aktivierung des Gens führt zur Biosynthese des entsprechenden Proteins. Unter Verwendung des Grünfluoreszierenden Proteins (GFP) kann man mit diesem Prinzip einen einfach zu beobachtenden Assay aufbauen. Dazu wird der Promotor des Gens, der durch Bindung eines Agonisten aktiviert wird, mit dem Gen für das GF-Protein verknüpft. Die Aktivierung des Promotors liefert folglich nicht mehr das ursprüngliche Genprodukt, sondern es führt zur Synthese des GF-Proteins. Die Gegenwart des GF-Proteins lässt sich leicht über eine Fluoreszenz, angeregt durch ultraviolettes Licht, beobachten.

7.5 Zurück zum Ganztiermodell: Screening an Fadenwürmern

Das früher durchgeführte primäre Testen von Substanzen an Tieren ist heute aus ethischen Gründen kaum noch zu vertreten. Außerdem ist für ein targetorientiertes Optimieren der Tierversuch nicht aussagekräftig genug. Dennoch hat er seine Vorteile. Die **Reaktion des gesamten Organismus** auf eine Substanz wird unmittelbar transparent, die Bioverfügbarkeit lässt sich direkt überprüfen und Nebenwirkungen sowie positiv synergistische Effekte werden sofort offensichtlich. Schon 1963 verwies Sydney Brenner auf die Komplexität der Molekularbiologie, indem er die genetische und biochemische Kontrolle zellulärer Entwicklungen hervorhob. Er schlug vor, den **Fadenwurm** als einen der einfachsten Vielzeller zu untersuchen. Dieser Nematode mit dem Namen *Caenorhabditis elegans* lebt normalerweise im Erdreich und ernährt sich von Bakterien. Man kann ihn aber auch sehr gut in Mikrotiterplatten züchten und mit *Escherichia coli*-Bakterien füttern. Er ist ein Zwitter, besitzt kurze Lebenserwartung, vermehrt sich binnen drei Tagen, legt Eier, lässt sich bei der Temperatur des flüssigen Stickstoffs konservieren, ist durchsichtig, und für 60–80 % unserer Gene sind Homologe bei ihm gefunden worden. Sein Genom wurde aufgeklärt und man versteht sehr gut, sein Erbgut zu mutieren. Bedingt durch seine Transparenz lässt sich jede Veränderung in seinem Inneren mit dem Mikroskop verfolgen, so z. B. Proteine, die mit Fluoreszenzsonden markiert wurden. Seine nur 959 somatischen Körperzellen bilden viele unterschiedliche Organe aus, einschließlich eines Nervensystems mit 302 Neuronen. Kann man an einem solchen Lebewesen eine Substanztestung durchführen? Die ethische Schwelle hierzu dürfte niedrig sein. Aber welche Aussagekraft erzielen solche Tests? Kann man an einem solchen Tier die Behandlung von Stimmungsschwankungen, Depressionen oder übermäßigem Fressverhalten im Hinblick auf Fettleibigkeit testen? Dies kann nur gelingen, wenn man auf molekularer Ebene die Ursache einer Erkrankung erkannt hat, beispielsweise einen Defekt, der durch die serotoningesteuerte Signalvermittlung ausgelöst wird. In einer solchen Situation kann der **Wurm als Modell** dienen. Ein erster Schritt zum Entdecken potenzieller Targets ist das gezielte **Stummschalten von Genen**. Dies gelingt mit der RNA-Interferenz (Abschnitt 12.7). Setzt man den Fadenwurm einer Substanzbibliothek aus, so versucht man zu beobachten, wie sich sein Erscheinungsbild oder sein Verhalten verändert. Verkürzt oder verlängert sich seine Lebenserwartung? Dies sind Hinweise auf Substanzen, die den Alterungsprozess beeinflussen. Veränderungen an seinen Muskelzellen verweisen auf Verbindungen, die vielleicht bei degenerativen Muskelerkrankungen eingreifen. Neben makroskopischen Veränderungen im Aufbau werden Verschiebungen im Genexpressionsmuster analysiert (Abschnitt 12.9). Sind eventuell Mutationen von Proteinen zu beobachten? Sicher hat der Fadenwurm nicht die gleiche Ausstattung an metabolischen Pfaden wie wir. Auch geben seine Krankheitsmodelle nur partiell die Pathophysiologie einer humanen Erkrankung wieder. Dennoch scheint das direkte Testen von Verbindungen an dem Fadenwurm eine neue Perspektive für das Screening von Substanzbanken abzugeben. Alternativ haben auch die Fruchtfliege *Drosophila melanogaster* oder der Zebrafisch Bedeutung als solche Testorganismen erhalten. Sie helfen, frühzeitig die Validität eines Therapieansatzes zu überprüfen.

7.6 Screening von virtuellen Substanzbanken auf dem Computer

Wie in den voranstehenden Abschnitten beschrieben, wurde mit großem Aufwand das experimentelle Hochdurchsatz-Screening (HTS) automatisiert. Gefüttert durch Verbindungen aus der kombinatorischen Chemie (Kapitel 11), lassen sich innerhalb weniger Tage viele hunderttausend Verbindungen durchmustern. Zunächst dachte man, dass dies das Ende aller rationalen, strukturbasierten Verfahren der Leitstruktursuche eingeläutet hätte. Aber diese anfängliche Euphorie ist angesichts des enormen finanziellen Aufwands und der doch eher enttäuschend geringen Trefferraten einer merklichen Ernüchterung gewichen. Daher hat man als Alternative das Durchforsten großer Datenbanken auf dem Computer durch Einpassen (Docking, Abschnitt 20.8) kleiner Moleküle in eine vorgegebene Bindetasche entwickelt (**virtuelles Screening**).

Die geringen Trefferquoten im HTS hängen mit der Größe, strukturellen Vielfalt und der für das untersuchte Zielprotein kaum angepassten Zusammensetzung der Substanzbibliotheken zusammen. Die gezielte Erkennung **falsch-positiver** und **falsch-negativer Treffer** im biologischen Testsystem bereitet große Probleme. Enttäuschende Erfolgsquoten wurden für das Überführen aktiver Treffer in potenzielle Leitstrukturen für eine Wirkstoffoptimierung berichtet. Umso mehr versucht man, die Verfahren des virtuellen Screenings als eine komplementäre und alternative Methode zu entwickeln. Die Voraussetzungen für eine erfolgreiche Anwendung dieser Verfahren sind ganz anders als bei dem technologiegetriebenen HTS: Nur wenn man verstanden hat, welche Faktoren auf der molekularen Ebene dafür verantwortlich sind, dass ein denkbarer Wirkstoff an ein Zielprotein bindet, kann man virtuelles Screening sinnvoll einsetzen.

Ausgangspunkt ist die **Raumstruktur eines Zielproteins**, die in aller Regel durch Röntgenstrukturanalyse oder NMR-Spektroskopie (Kapitel 13) bestimmt wird (Abb. 7.3). Zunehmend lassen sich auch Modelle aus homologen, strukturell bekannten Proteinen ableiten (Abschnitt 20.5). Um erfolgreich an ein Protein zu binden, muss ein Ligand eine Gestalt annehmen können, die komplementär zu der Bindetasche ist. Moleküle sind flexibel, durch energetisch kaum aufwendige Bindungsdrehungen können sie ihre Gestalt verändern (Kapitel 16). Doch neben der geeigneten Passform müssen die Eigenschaften der funktionellen Gruppen eines potenziellen Liganden komplementär zu denen der funktionellen Gruppen des Proteins in der Bindetasche sein. Wasserstoffbrücken können zwischen Ligand und Protein ausgebildet werden, hydrophobe Molekülteile müssen ihr Gegenstück im Protein finden (Kapitel 4). Dazu analysiert man zunächst die Proteinbindetasche, um die für eine Bindung essenziellen Bereiche hervorzuheben.

Für einen bestimmten Atomtyp, beispielsweise einen Wasserstoffbrückendonor oder Akzeptor, tastet man systematisch die Bindetasche ab. Mithilfe der Computergrafik lässt man sich anzeigen, wo die Platzierung dieser funktionellen Gruppe in einem denkbaren Liganden besonders günstig wäre (Abschnitt 17.10). Fasst man für verschiedene Atomtypen alle Schwerpunkte dieser so ermittelten Bereiche zusammen, bekommt man ein räumliches Muster der Eigenschaften, die ein Ligand unbedingt aufweisen muss, um an das Protein zu binden („**hot spots**", Abschnitte 17.1 und 17.10). Mit diesen Kriterien sucht man in Moleküldatenbanken, die sich entweder aus bereits synthetisierten Kandidaten zusammensetzen oder die zunächst nur auf dem Computer für die Suche generiert werden. Falls sich Treffer aus der letzten Gruppe ergeben, kann man sie anschließend synthetisieren. Die Suche teilt sich in mehrere Filterschritte auf, die sich mit sukzessiver Reduktion der Suchmenge immer aufwendiger gestalten. Anhand schneller **Dockingprogramme** (Abschnitt 20.8) werden die Moleküle in die Bindetasche eingepasst und die erzeugten Bindungsgeometrien im Hinblick auf die erwartete Bindungsaffinität bewertet. Dieser Schritt ist natürlich der entscheidende, leider aber auch der schwierigste (Abschnitt 20.9). In Kapitel 21 werden Beispiele vorgestellt, wie durch virtuelles Screening erste Treffer gefunden werden konnten.

Die Bewertung der erzeugten Bindungsgeometrien gelingt heute vielleicht für 70 % der Fälle mit einer ausreichenden Genauigkeit. Eine Verbesserung dieser Vorhersagen setzt allerdings voraus, dass wir den Ligand-Protein-Erkennungsprozess besser verstehen (Kapitel 4). Noch sind die Rolle des Wassers bei der Bindung, die induzierte sterische und dielektrische Anpassung, das plastische Verhalten von Proteinen und die dynamischen Veränderungen bei der Komplexbildung zu wenig verstanden. Auch spielt die Zusammensetzung der Datenbanken für die Suche eine entscheidende Rolle. Die alleinige Vergrößerung einer Datenbank ist nicht ausreichend. Die Anreicherung mit Verbindungen, die die Suchanfrage erfüllen könn-

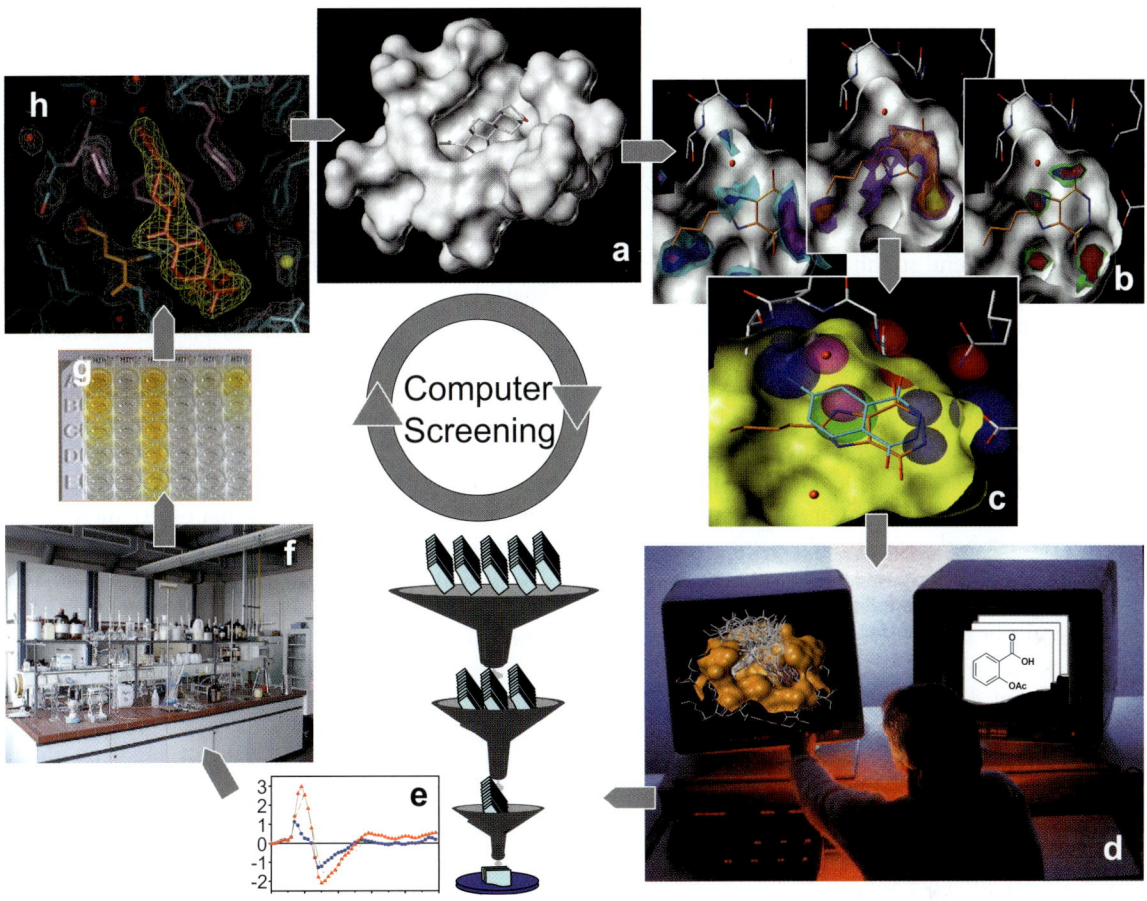

Abb. 7.3 Virtuelles Screening benötigt als Startpunkt die Raumstruktur des Zielproteins (a). Die Bindetasche wird mit unterschiedlichen Sondenatomen, z. B. für einen Wasserstoffbrückenakzeptor oder Donor, abgetastet (b). Regionen, die besonders günstig für eine solche wechselwirkende Gruppe sind, werden auf der Computergrafik farblich hervorgehoben. Fasst man die Schwerpunkte der so ermittelten Bereiche zusammen, ergibt sich ein räumliches Muster der Eigenschaften, die ein denkbarer Ligand unbedingt besitzen sollte (c). Dieses Muster nennt man „Pharmakophor" und es dient als Randbedingung, um Datenbanksuchen zu definieren (d). Durch Docking werden potenzielle Liganden aus einer großen Datenbank herausgefiltert und energetisch bewertet (e). Die gefundenen Treffer sind entweder kommerziell erhältlich oder lassen sich im Labor chemisch synthetisieren (f). Dann erfolgt ihre biologische Testung (g) und bei guter Bindung gelingt die Kristallisation der neuen Leitstruktur mit dem Protein. Die anschließende Strukturbestimmung (h) dient nun zum Starten eines weiteren Designcyclus.

ten, ist ausschlaggebend. Screening wird oft mit dem Suchen nach der **Nadel im Heuhaufen** verglichen. Wenn man eine solche Nadel sucht, bringt es nichts, alleine den Heuhaufen in seiner Größe zu verdoppeln! Er muss mit mehr potenziellen Nadeln gespickt werden. Um dieses Ziel zu erreichen, muss das gesamte verfügbare Wissen über die Struktur, Funktion und das dynamische Verhalten des Zielproteins zur Definition der Datenbanksuche herangezogen werden. Vergleichende Betrachtungen zwischen Proteinen und Proteinbindetaschen, vor allem von Mitgliedern einer Proteinfamilie, können an dieser Stelle entscheidende Hinweise liefern (Abschnitte 20.3–20.6). Im Prinzip steckt in den strukturellen und interaktionsgeometrischen Eigenschaften einer Bindetasche bereits die Antwort über die Zusammensetzung einer geeigneten Verbindungsbibliothek für die virtuelle Suche! Diese gilt es richtig umzusetzen. Als weiteres entscheidendes Kriterium müssen die Suchverbindungen ein ausreichendes pharmakokinetisches Profil besitzen, damit eine befriedigende Bioverfügbarkeit erreicht wird (Kapitel 19).

7.7 Die Biophysik hilft beim Screening

Das **Oberflächen-Plasmonenresonanz-Verfahren** wird zunehmend zum Screening nach neuen Leitstrukturen eingesetzt. Dazu wird ein Zielmolekül auf der goldbeschichteten Oberfläche eines Sensorchips verankert. Anschließend strahlt man von der Unterseite eines Glasträgers Licht ein (Abb. 7.4). Änderungen im **Brechungsindex**, die sich über eine Verschiebung des Winkels der internen Totalreflexion verfolgen lassen, sind ein Maß für Massenänderungen auf der Sensoroberfläche. Wenn nun eine Verbindung mit einer Masse von mehr als 100 Da bindet, kann die verursachte Massenänderung auf der Goldoberfläche registriert werden. Da das Verfahren schnell arbeitet und einen zeitlichen Verlauf beobachten kann, werden neben der Stöchiometrie kinetische Parameter der Assoziation bzw. Dissoziation verfügbar. Ein Problem, das ein Screening in Mikrotiterplatten mit sich bringt, besteht in der enormen Zeit, die benötigt wird, die Verbindungen auf der Platte abzulegen. Ein Weg diesen Engpass zu umgehen besteht darin, ganze Verbindungsbibliotheken auf dem Sensorchip mit Sprayverfahren in Mikroarray-Format aufzubringen. Gibt man nun das zu testende Rezeptorprotein zu einem solchen Chip, so tritt dort, wo das Protein bindet, eine große Massendifferenz auf. Aufgrund der ortsaufgelösten Belegung des Chips mit Testverbindungen lässt sich einfach feststellen, welche Bibliotheksmoleküle mit dem Testrezeptor in Wechselwirkung getreten sind. Nachteil dieses Verfahrens ist allerdings, dass die zu testenden Verbindungen alle mit einem chemischen Anker versehen werden müssen, der eine Immobilisierung auf der Chipoberfläche erlaubt. Das Oberflächen-Plasmonenresonanz-Verfahren hat inzwischen eine Empfindlichkeit erreicht, die die Detektion auch sehr kleiner Testverbindungen erlaubt. In Abschnitt 7.1 war die „*ligand efficiency*" angesprochen worden. Um gerade kleine, aber dennoch gut bindende Treffer finden zu können, bestückt man zunehmend die Testbibliotheken mit Verbindungen, die ein Molekulargewicht unter 250 Da aufweisen. Inzwischen hat sich der Begriff der „**Fragmente**" für diese Suchkandidaten eingebürgert. Dieser Begriff ist etwas unglücklich gewählt, da es sich hier um „vollständige", allerdings recht kleine Moleküle handelt und nicht etwa um chemische „Fragmente", die als zusätzliche Baugruppen an eine Leitstruktur angefügt werden.

Proteine denaturieren, wenn man sie erhitzt. Man spricht von der so genannten „**Schmelztemperatur**", wenn der **Entfaltungsprozess** (Abschnitt 14.2) eintritt. Diese Temperatur kann man mit einem empfindlichen Thermofühler bestimmen. Jetzt bewirkt die Bindung eines Liganden an ein Protein eine Verschiebung dieser Schmelztemperatur. Wie in Abschnitt 7.3 beschrieben, stellt die Fluoreszenz bzw. eine Änderung dieser Eigenschaft eine extrem empfindliche Nachweissonde dar. Um diesen Effekt auszunutzen, lässt man das beim „Aufschmelzen" entfaltende Protein mit einem Fluoreszenzfarbstoff reagieren und detektiert das ausgelöste Fluoreszenzsignal. Die durch die Ligandenbindung verursachte Temperaturverschiebung kann man als Nachweis verwenden, ob ein Ligand an ein Protein gebunden hat. Auf dieser Basis ist es ebenfalls gelungen, quantitative Bindungsassays zu entwickeln. Dieses sehr empfindliche Nachweisverfahren ist auch geeignet, schwach bindende Fragmente zu detektieren.

Insbesondere die **Massenspektrometrie** hat in der Biophysik in den letzten Jahrzehnten eine gewaltige Entwicklung genommen. Vor allem sind es sehr schonende Verfahren, mit denen es gelingt, aus riesigen

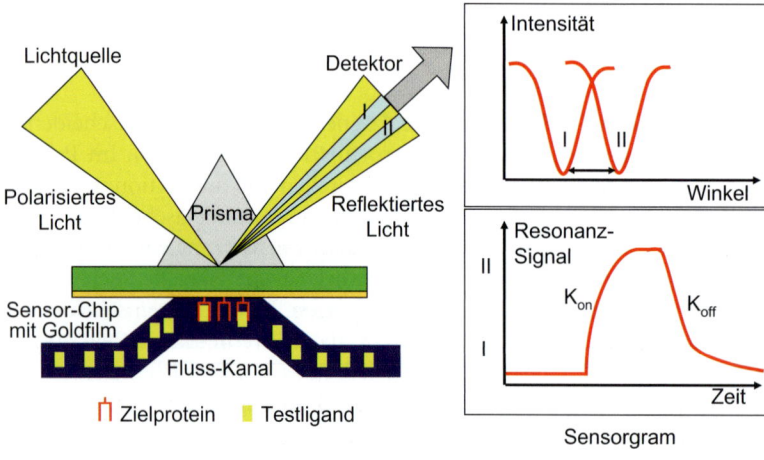

Abb. 7.4 Prinzip der Oberflächen-Plasmonen-Resonanz (SPR). Die Methode registriert Änderungen des Brechungsindex an der Oberfläche eines Sensorchips (grün). Das Ausmaß der Massenänderung auf der Goldoberfläche, die durch Bindung eines Substratmoleküls (gelb) an einen dort verankerten Rezeptor (rot) bedingt wird, führt zu einer Verschiebung des Resonanzwinkels des reflektierten Lichts (I und II). Dadurch wird nicht nur die Bindungsaffinität vermessen, es gelingt auch, kinetische Parameter der Assoziation (K_{on}) und Dissoziation (K_{off}) zu ermitteln.

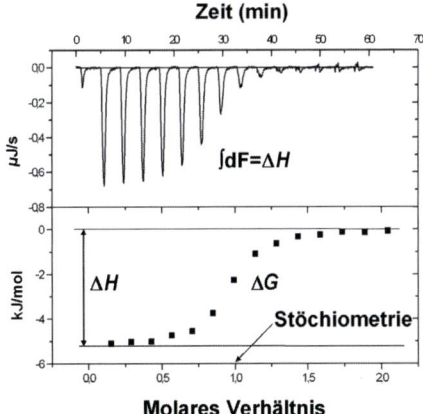

Abb. 7.5 Bei der isothermalen Titrationskalorimetrie gibt man tropfenweise den gelösten Liganden in eine vorgelegte Lösung des Proteins. Die Bindung an das Protein führt zu einer exothermen bzw. endothermen Reaktion. Die mit jedem eingebrachten Tropfen geflossene Wärmemenge deutet sich als Fläche unter den einzelnen Signalspitzen (engl. *peaks*) an. Ihre Summe (Integration) ergibt die bei der Bindung übertragene Bindungsenthalpie ΔH. Mit zunehmender Zugabe des Liganden wird das Protein gesättigt, sodass die Wärmesignale in ihrer Intensität abnehmen. Aus dem Kurvenverlauf kann die Bindungskonstante (Dissoziationkonstante) und über $\Delta G = -RT \ln K_d$ die Freie Bildungsenthalpie ΔG ermittelt werden. Gleichzeitig ergibt sich die Stöchiometrie der Umsetzung. Die Entropie der Bindung wird nach $\Delta G = \Delta H - T\Delta S$ berechnet.

Makromolekülen nur einzelne Elektronen herauszuschlagen oder gar negativ geladene Teilchen zu erzeugen. Im besten Fall gelingt es, das zu untersuchende Protein in intakter Form als einfach geladenes Ion herzustellen. Geladene Teilchen kann man zwischen aufgeladenen Kondensatorplatten beschleunigen. Es entsteht ein Strom bewegter geladener Teilchen, die sich durch Anlegen eines Magnetfelds ablenken lassen. Welche Flugbahn ein bestimmtes Teilchen einschlägt, hängt von dessen Masse und Ladung ab. Daher gelingt es, Teilchen nach ihrem **Masse-zu-Ladungsverhältnis** zu separieren und durch eine passende Elektronik nachzuweisen. Dieses Prinzip ist mit äußerst ausgefeilter Technik und durch geschickte Kombination unterschiedlicher elektrischer und magnetischer Felder so weit verfeinert worden, dass es heute möglich ist, selbst bei riesigen Proteinen einzelne Massenunterschiede weniger Dalton gesichert nachzuweisen. Ausgeklügelte Versuchsbedingungen ermöglichen es, eine Situation aus dem gelösten Zustand, beispielsweise einen gebildeten Protein-Ligand-Komplex, unzerstört in die Gasphase zu überführen. Dort wird er ionisiert und im Massenspektrometer nachgewiesen. Somit steht auch über dieses Verfahren ein Assay bereit, die Bindung sehr kleiner Liganden an Proteine nachzuweisen. Ja, es gelingt sogar durch Variation der Beschleunigungsspannung den gebildeten Komplex zum Zerfall zu bringen. Über die Registrierung der Spannung, bei der dieser Zerfall eintritt, lässt sich auf die Stärke eines Protein-Ligand-Komplexes schließen. Da dieser Zerfall in der Gasphase passiert, werden Angaben zur Bindungsstärke solcher Komplexe im wasserfreien Medium verfügbar.

Liganden lassen sich auch mit einem Protein „fischen". Dazu exponiert man das Protein, für das ein Ligand gesucht wird, in wässriger Lösung einer ganzen Bibliothek von Testverbindungen. Was aus dieser Bibliothek an das Zielprotein binden kann, wird dort gefangen. Anschließend trennt man das Protein über einen Mikrofilter ab und setzt die gebundenen Liganden frei, indem man das Protein über einen chemischen Prozess denaturiert. Die Lösung mit den freigesetzten Liganden wird aufgearbeitet und einer **Mikro-HPLC-Trennung** unterworfen. Die chromatographisch getrennten Liganden müssen dann einer empfindlichen Analytik zugeführt werden, um festzustellen, welche Mitglieder aus der ursprünglichen Bibliothek von dem Protein herausgefischt wurden.

Der Bindungsvorgang eines Liganden an ein Protein entspricht einer chemischen Reaktion. Jede Reaktion ist mit einer mehr oder weniger starken **Wärmetönung** verbunden. Somit kann bei dem Prozess entweder Wärme frei (exotherm) oder aufgebraucht werden (endotherm). Dieses Wärmesignal kann zur Registrierung der Bindung eines Liganden an ein Protein dienen. Es benötigt dazu ein sehr empfindliches **Kalorimeter**. Mit einer elektronisch gesteuerten Kompensationsheizung versehen, erreichen diese Geräte eine erstaunliche Empfindlichkeit. Beispielsweise wurde ein solches Gerät umgebaut, um in einem Tierversuch die Aktivität eines Schmetterlings zu studieren, wenn er mit verschiedenen Lockstoffen (Pheromonen) angeregt wird. Die beim Flügelschlag des Schmetterlings erzeugt Wärme in der Messkammer wurde als Signal durch das Kalorimeter registriert.

In einem solchen **Kalorimeter** wird tropfenweise aus einer Dosierspritze der gelöste Ligand in eine vorgelegte Lösung des Zielproteins **titriert**. Bei jedem Tropfen tritt ein Wärmesignal auf. Mit fortschreitender Sättigung des Proteins nimmt das Wärmesignal ab, sodass man aus dem Kurvenverlauf auf die Bindungskonstante des Liganden an das Protein schließen kann (Abb. 7.5). Integriert man über alle Messsignale, die sich beim Eintropfen ergeben haben, so resultiert daraus die gesamte Wärmetönung, die bei dem Bindungsprozess geflossen ist. Damit sind zwei wichtige **thermodynamische Größen des Bindungsvorgangs** erfasst. Aus der Gleichgewichtskonstante folgt die freie Enthalpie ΔG, und die summierte Wärmemenge entspricht der Enthalpie ΔH (Abschnitt 4.3). Unter Verwendung von Gleichung 4.3 lässt sich dann die Entropie für den Bindungsvorgang berechnen. Wichtig ist, dass neben dem Nachweis der Bindung eines Liganden an das Protein in einem einzigen Experiment bei einer vorgegebenen Temperatur die wichtigen thermodynamischen Größen ΔG, ΔH, und ΔS zugänglich werden.

Das Verfahren der **isothermalen Titrationskalorimetrie** ist kein Verfahren für den hohen Durchsatz. Es wird eher zur Analyse und Beschreibung des Bindungsvorgangs eingesetzt. Wegen seiner Wichtigkeit, vor allem im Hinblick auf die Optimierung von Liganden, werden wir die Methode nochmals in Abschnitt 8.8 aufgreifen.

7.8 Screening mit der kernmagnetischen Resonanz

Das Verfahren der **NMR-Spektroskopie** wird in Abschnitt 13.7 genauer vorgestellt. An dieser Stelle sei verraten, dass es hierbei um die Ausrichtung der magnetischen Momente von Atomkernen in einer Substanzprobe geht. Es gelingt durch geschickt gewählte räumliche und zeitliche Anordnungen und Abfolgen von elektromagnetischen Feldern, die Kerne in einem von außen angelegten Magnetfeld spezifisch anzuregen. Dies kann man z. B. mit einer Kernsorte im Protein durchführen. Gibt man in eine solche Lösung einen Testliganden oder ein ganzes Gemisch Liganden, so können diese, falls sie geeignet sind, an das Protein binden. Je nach Bindungsstärke verweilen sie für einen gewissen Zeitraum an dem magnetisch gesättigten Protein. Dabei **überträgt sich Magnetisierung** von dem Protein auf die zwischenzeitlich gebundenen Liganden. Nachdem diese wieder abdissoziiert sind, kann man sie mit veränderten magnetischen Eigenschaften spektroskopisch nachweisen, da im unkomplexierten Zustand die übertragenen Magnetisierungen auf dem Liganden schneller abklingen. Man vermisst die Lösung der Liganden mit und ohne magnetisiertes Protein. Dann wertet man die Differenzen zwischen den Spektren aus. Dort werden nur Signale für Liganden zu erkennen sein, die zwischenzeitlich an das Protein gebunden haben und auf die über diesen Weg Magnetisierung übertragen wurde. Diese so genannten **Sättigungstransferdifferenz-Spektren** (STD) können somit auch zum Screening nach möglichen Liganden eingesetzt werden (Abb. 7.6). Für das beschriebene Prinzip des Transfers von Magnetisierung sind viele Varianten und ausgefeilte Messprotokolle entwickelt worden. Auch verwendet man so genannte **Reporter**- oder **Spionliganden**, die ein einfach zu vermessendes NMR-Signal abgeben können. Gerne wird dazu die Resonanz von Fluoratomen verwendet. Man braucht dazu einen an das Protein bindenden fluorhaltigen Reporterliganden, dessen Bindung allerdings nicht zu stark sein darf. Er soll nämlich durch die zugesetzten Testliganden wieder vom Protein verdrängt werden. Seine Freisetzung macht sich dann im veränderten NMR-Spektrum bemerkbar und verrät darüber die Bindung eines Testliganden an das Protein. Wie in Abschnitt 13.7 genauer ausgeführt wird, lässt sich durch Isotopenmarkierung und die Vermessung geschickt gekoppelter NMR-Spektren auch die **räumliche Struktur** von Proteinen ermitteln. Entsprechend lässt sich an einem markierten Protein durch selektive Verschiebung von Resonanzen feststellen, wo der Testligand an das Protein bindet. Im günstigen Fall gelingt es sogar zu beobachten, dass zwei Liganden gleichzeitig oder unterschiedliche Liganden an nicht überlappenden Stellen in einer Bindetasche an ein Protein binden. Bei der Firma Abbott

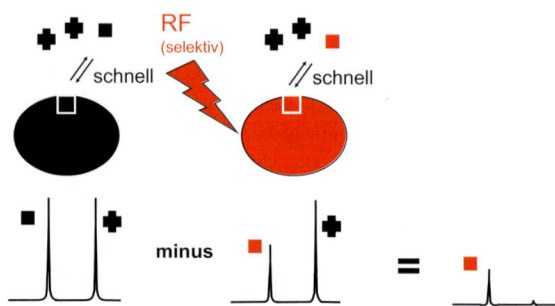

Abb. 7.6 Zur Bestimmung von Sättigungstransferdifferenz-Spektren (STD) mit der NMR-Methode gibt man eine Bibliothek von Testliganden (■) zu dem Zielprotein (Ellipse). Potenzielle Binder (hier: ■) werden für einige Zeit gebunden an dem Protein verweilen. Sättigt man eine Kernsorte in dem Protein selektiv (rot) durch Einstrahlung einer geeigneten Resonanzfrequenz (RF), so kann von dem Protein Magnetisierung auf den zwischenzeitlich gebundenen Liganden (■) übertragen werden (NOE-Effekt, s. Abschnitt 13.7). Diese Liganden verraten sich durch veränderte Spektren im wieder freigesetzten Zustand. Bildet man nun die Differenz der Spektren (unten) zwischen der Situation mit gesättigtem und nicht gesättigtem Protein, so lassen sich die Liganden ermitteln, die zwischenzeitlich an das Protein gebunden haben. Für das beschriebene Prinzip des Transfers von Magnetisierung sind viele Varianten und ausgefeilte Messprotokolle entwickelt worden.

wurde in der Gruppe von Steven Fesik diese Methode entwickelt. Sie ist unter dem Begriff „*SAR-by-NMR*" bekannt geworden und wird für die Leitstruktursuche und Optimierung eingesetzt. Für die Matrixmetalloproteinase Stromelysin (Abschnitt 25.6) konnte mit dieser Methode ein nanomolarer Inhibitor gefunden werden. Zunächst wurde eine potente Gruppe gesucht, die an das Zinkion im katalytischen Zentrum dieser Protease binden kann. Mit Acetohydroxamsäure 7.1 wurde ein solches Molekül entdeckt, das mit $K_d = 17$ mM zwar schwach, aber spezifisch bindet (Abb. 7.7). Nach Auffinden dieses Liganden wird die Bindestelle am Zinkion damit gesättigt. Die weiteren NMR-Messungen konzentrieren sich auf die Suche nach einem Liganden für die benachbarte S_1'-Bindetasche. Dazu wurde eine kleinere Bibliothek von Heteroarylphenyl- und Biphenylderivaten eingesetzt. Als ein Treffer erwies sich 4-Cyano-4'-hydroxy-biphenyl 7.2. Auf der rechten Seite in Abb. 7.7 sind die beiden Liganden in der Bindetasche gezeigt. Die Auswertung der Strukturdaten ergab, dass der hydroxylierte Phenylring in räumlicher Nähe zur Methylgruppe der Acetohydroxamsäure bindet. Daher lag es auf der Hand, beide Fragmente zu verknüpfen. Als Brücke

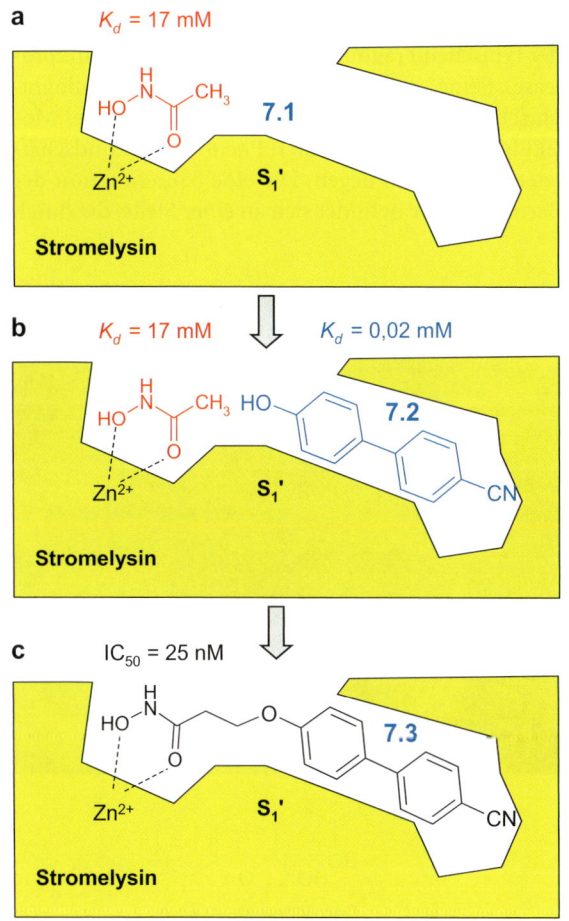
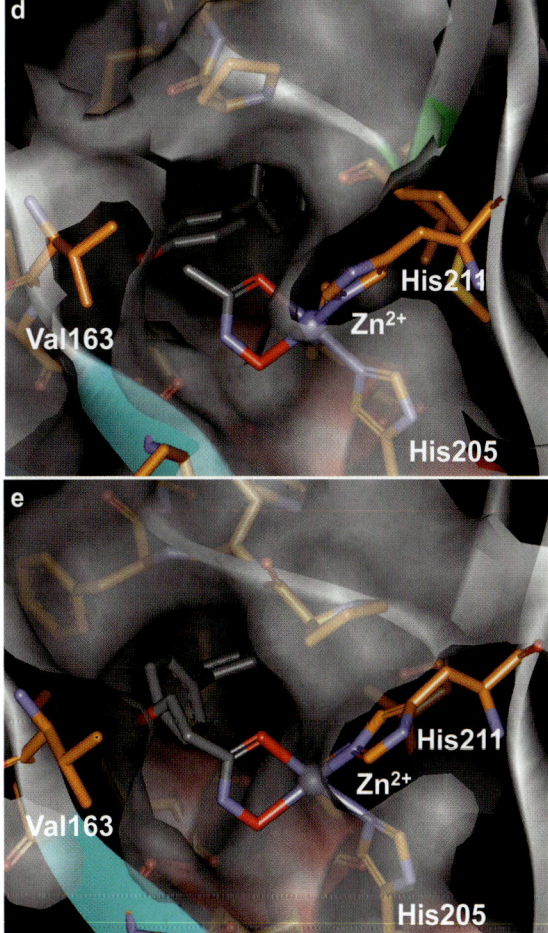

Abb. 7.7 Bei der „*SAR-by-NMR*"-Methode wird in großen, komplexen Mischungen nach kleinen, schwach affinen Liganden eines Proteins, hier Stromelysin, gesucht. Man verwendet dazu ^{15}N-markierte Proteine und vermisst so genannte ^{15}N-^{1}H-HSQC-Spektren. Macht sich ein Ligand wie Acetohydroxamsäure 7.1 durch spezifische Verschiebung einiger Resonanzen von Aminosäuren bemerkbar, die in die Bindetasche ragen, so kann daraus seine Bindungsgeometrie ermittelt werden (a, d). Anschließend sättigt man die Bindestelle mit diesem Liganden. Mit weiteren NMR-Messungen wird jetzt nach anderen Liganden für benachbarte Bindestellen gesucht. Diese verraten sich durch Verschiebung der Resonanzen räumlich benachbarter Aminosäuren. So wurde 4-Cyano-4'-hydroxy-biphenyl 7.2 als Treffer entdeckt (b, d). Chemische Verknüpfung der beiden Treffer 7.1 und 7.2 mit einer CH$_2$–CH$_2$–O-Brücke ergab mit 7.3 einen nanomolaren Inhibitor der Protease Stromelysin (c, e).

wurde eine Ethylenoxygruppe ausgewählt und mit dem Biphenylcyanorest verknüpft. Die NMR-Spektroskopie konnte die Strukturhypothese bestätigten und ein Inhibitor **7.3** mit Affinität von 25 nM war gefunden!

7.9 Kristallographisches Screening nach kleinen Molekülfragmenten

Die Kristallstrukturanalyse liefert die genaue räumliche Position eines Moleküls in der Bindetasche eines Proteins. Selbst die Geometrie von kleinen, sehr schwach bindenden Molekülen lässt sich gut erkennen. In Strukturen, die unter 2–2,5 Å aufgelöst sind (Abschnitt 13.5), erkennt man in aller Regel Wassermoleküle als diskrete Dichtemaxima. Oft deuten sie Positionen in der Bindetasche an, die analog durch polare funktionelle Gruppen eines Liganden besetzt werden können (Abb. 7.8). Dagmar Ringe in der Gruppe von Greg Petzko setzte Anfang der 1990er-Jahre gezielt Proteinkristalle Lösungsmittelmolekülen aus, um diese in die Kristalle eindiffundieren zu lassen (Abschnitt 20.2). Findet man sie anschließend in der Bindetasche populiert, so spionieren diese Moleküle als kleine Sonden bevorzugte Bindebereiche in der Proteintasche aus. In Abb. 7.8 ist für Thermolysin, eine Zinkprotease (Abschnitt 25.3), gezeigt, wo Lösungsmittelmoleküle wie Isopropanol, Acetonitril oder Aceton anzutreffen sind.

Auch Phenol gelingt es, als kleines organisches Molekül in die Bindetasche des Thermolysins einzudiffundieren. Phenylbernsteinsäure, eine Leitstruktur der typischen Fragmentgröße, bindet an die Zinkprotease. Seine Bindungsposition konnte kristallographisch aufgeklärt werden. Der Phenylring dieses Moleküls kommt auf der durch Phenol ausgekundschafteten Position zu liegen. Die eine Säurefunktion der Bernsteinsäure befindet sich an einer Stelle, die durch

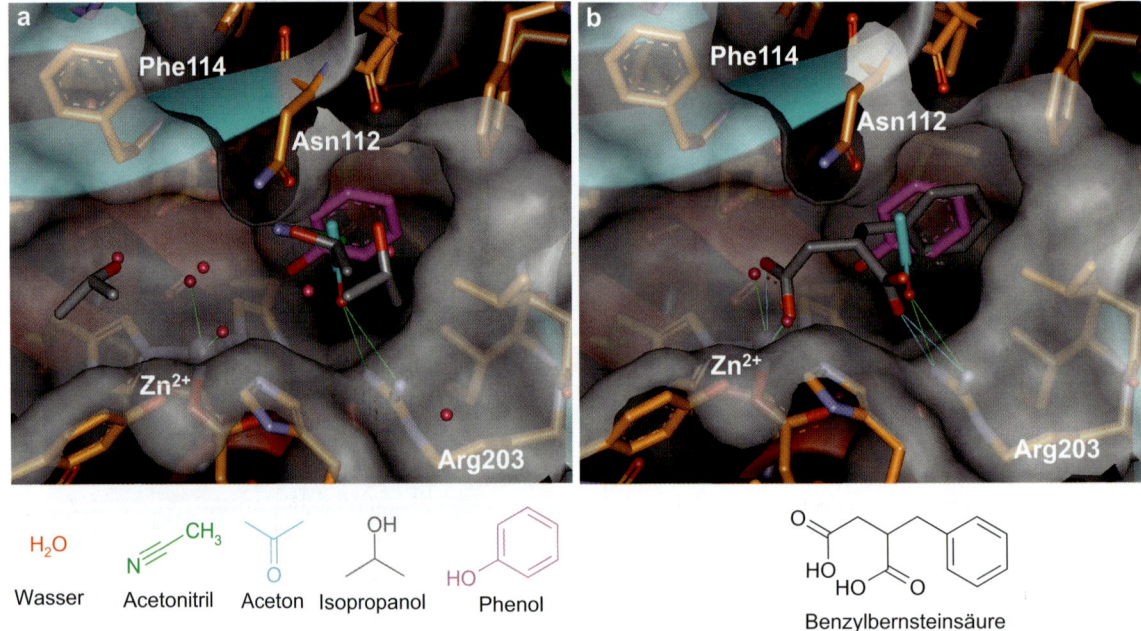

Abb. 7.8 In Kristalle des Proteins Thermolysin gelang es, kleine Sondenmoleküle (so genannte „Fragmente") einzudiffundieren. (a) Überlagerung mehrerer Strukturen, in die Wasser (rote Kugeln), Isopropanol (C-Atome grau), Aceton (C-Atome hellblau), Acetonitril (C-Atome grün) und Phenol (C-Atome violett) eingedrungen sind. Sie beschreiben potenzielle Positionen für funktionelle Gruppen eines Liganden. In (b) ist zusätzlich die Struktur von Benzylbernsteinsäure gezeigt, einem schwach bindenden Inhibitor des Thermolysins. Das Molekül koordiniert mit seiner einen Säurefunktion das katalytische Zinkion (links). Die beiden Sauerstoffatome der Säuregruppe verdrängen zwei Wassermoleküle, die in der unkomplexierten Struktur zu finden sind. Die andere Carboxylatgruppe bildet mit dem benachbarten Arg 223 eine Salzbrücke. An nahezu gleicher Stelle war das Sauerstoffatom eines Acetonmoleküls gefunden worden. Der Phenylring der Benzylbernsteinsäure fällt nahezu auf die gleiche Position, an der das Phenol in einer Fragmentstruktur gefunden worden war. Benzylbernsteinsäure kann als Startstruktur für eine weitere Optimierung genutzt werden.

den Carbonylkohlenstoff des Acetons angedeutet wurde. Die zweite Säuregruppe koordiniert an das Zinkion und besetzt Positionen, die im unkomplexierten Zustand durch Wassermoleküle eingenommen werden (Abb. 7.8). Es gibt viele Protein-Ligand-Komplexe, in die neben dem Liganden noch andere kleine Moleküle aus dem Kristallisations- oder Kryopuffer aufgenommen wurden. Man kann sie nachher als kleine Sonden in der Bindetasche wieder finden. Ein kreativer Wissenschaftler wird ihre Positionen direkt für das Design neuer Wirkstoffkandidaten ausnutzen. Somit lag es auf der Hand, die Kristallstruktur auch gleich gezielt zum Screening kleiner Moleküle oder „Fragmente" (molare Masse < 250 Da) auszunutzen.

Eine Kristallstrukturbestimmung ist auch heute noch ziemlich aufwendig. Dennoch kann man sie weitgehend automatisieren und so Substanzbanken einiger hundert Moleküle durchmustern. Dazu nutzt man aus, dass kleine Moleküle in fertige Proteinkristalle eindiffundieren können (so genanntes „*soaking*", Abschnitt 13.9). Verwendet man einen „Cocktail" von mehreren Testliganden, so kann man das Screening beschleunigen. Bis zu zehn Verbindungen setzt man gleichzeitig den Proteinkristallen aus. Man stellt sie so in den Cocktails zusammen, dass die gemischt vorliegenden Verbindungen recht unterschiedliche Gestalt (lang gestreckt, gewinkelt, kugelförmig etc.) besitzen. So lassen sie sich nachher gut in der Elektronendichte (s. Abschnitt 12.5) unterscheiden. Um den Aufwand und die Ausbeuten für das kristallographische Screening zu optimieren, stellt man häufig ein anderes und schnelleres Screeningverfahren voran, um mögliche Treffer aus einer Fragmentbibliothek vorzufiltern. Nur die dort aufgefallenen Treffer gibt man in das kristallographische Screening. Allerdings sind nur wenige der in den voranstehenden Abschnitten beschriebenen Screeningverfahren wirklich geeignet, die kleinen, sehr schwach bindenden Kandidaten aus einer Fragmentbibliothek auch wirklich nachzuweisen. Häufig handelt es sich nur um millimolar bindende Kandidaten.

Die mit dem kristallographischen Fragmentscreening entdeckten Treffer lassen sich weiterentwickeln (Abschnitt 20.7). Eine Möglichkeit besteht darin, analog der im Abschnitt 7.6 vorgestellten „SAR-by-NMR"-Methode zwei Treffer, die in unterschiedlichen Regionen der Bindetasche aufgefunden werden, chemisch über eine Brücke zu verknüpfen. Eine andere, in aller Regel erfolgreichere Variante versucht Fragmenttreffer chemisch zu erweitern. Dazu werden auf der Basis der Kristallstruktur zusätzliche Reste an das Treffermolekül angefügt. Nach dessen Synthese wird eine erneute Kristallstruktur bestimmt. Über diesen Weg können ursprüngliche Treffer, die als Keime dienen, zu vergrößerten und fester an das Protein bindenden Liganden in der Bindetasche heranwachsen.

7.10 Liganden an der Leine kundschaften Proteinoberflächen aus

In flachen, zum umgebenden Lösungsmittel hin geöffneten Taschen binden Liganden nur mit sehr geringer Affinität. Daher ist es extrem schwierig, ihre Bindung nachzuweisen oder eine Kristallstruktur mit derart gebundenen Liganden zu bestimmen. James Wells entwickelte mit seinen Mitarbeitern in der Firma Sunesis bei San Francisco die Idee, **Liganden** für solche Bindetaschen einfach **an die Leine** zu legen. Chemisch gesehen heißt dies, man führt eine Reaktion an einem Cysteinrest an der Proteinoberfläche nahe der Bindetasche durch. Dazu muss entweder ein solches Cystein bereits in dem natürlichen Protein vorliegen oder man führt es durch Mutagenese ein (Abschnitt 12.2). An der Thiolgruppe des exponierten Cysteins kann man anschließend über die Bildung einer **Disulfidbindung** unter geeigneten Reaktionsbedingungen Liganden verankern (Abb. 7.9). Dort reagieren nur die Kandidaten aus einer Verbindungsbibliothek, die geeignet sind, in der Oberflächenregion nahe der Thiolgruppe des Cysteins eine Wechselwirkung aufzubauen. Sie kundschaften praktisch die umliegende Region aus, reagieren mit dem Cystein und verbleiben durch die gebildete Disulfidbrücke fest mit der Oberfläche verknüpft. Erfolgreiche Komplexbildung wird massenspektrometrisch nachgewiesen. James Wells und Robert Strout wählten Thymidylatsynthase als ein erstes Testbeispiel aus. Dieses Enzym spielt eine wichtige Rolle bei der Neusynthese von Thymidin, einem essenziellen Baustein für die DNA. Zellen mit hoher Teilungsrate brauchen vor allem diesen Baustein, sodass Inhibitoren dieses Enzyms potente Antiinfektiva oder Krebsmittel darstellen (Abschnitt 27.2).

Thymidylatsynthase besitzt einen Cysteinrest in Position 146 nahe dem katalytischen Zentrum. Aus einer Bibliothek von 1200 Disulfiden erwiesen sich die Verbindungen 7.4–7.7 als Binder, wogegen die sehr ähnlichen Derivate 7.8–7.11 nicht selektiert wurden (Abb. 7.10). Demnach erscheint ein Phenylsulfonamid zusammen mit einem Prolinrest essenziell für die Bindung. Als nächstes wurde der Disulfidanker entfernt

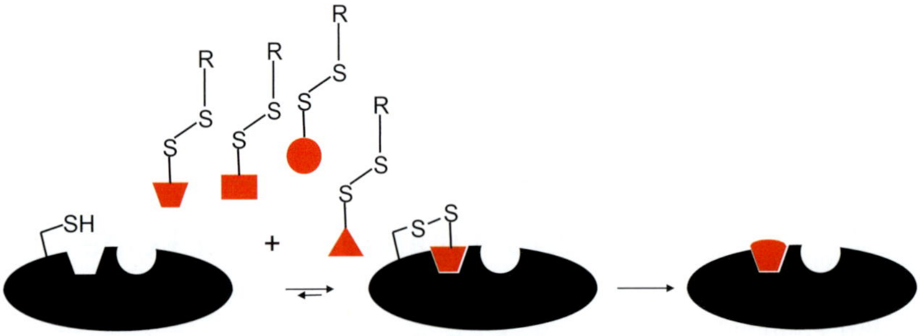

Abb. 7.9 Die Thiolgruppe des exponierten Cysteins wird als Ankergruppe zur Bildung einer Disulfidbindung mit Ligandenkandidaten aus einer Verbindungsbibliothek verwendet. Dort reagieren nur Liganden, die geeignet sind, zu der Oberflächenregion nahe der Thiolgruppe des Cysteins eine Wechselwirkung aufzubauen. Von einem solchen kovalent verknüpften Komplex wird eine Kristallstruktur bestimmt (Abb. 7.12). Nach Optimierung des primär entdeckten Treffers kann man auf den Disulfidanker verzichten und hat einen nichtkovalenten Inhibitor entwickelt.

und für *N*-Tosyl-D-Prolin **7.12** ließ sich eine 1,1-millimolare Bindungskonstante nachweisen (Abb. 7.11). Um das Konzept weiter zu überprüfen, wurde Cys 146 gegen ein Serin ausgetauscht (Abb. 7.12). Nachdem mit dieser Mutante keine Bindung mehr nachzuweisen war, wurde das benachbarte His 147 zu Cystein mutiert. Doch konnte auch diese Mutante den *N*-Tosylprolylrest nicht herausfischen. Dagegen erwies sich die Mutante in Position 143 erfolgreich (Abb. 7.12). Hier wird ein Leucin gegen Cystein ersetzt. In den anschließend bestimmten Kristallstrukturen zeigte sich, dass die beiden kovalent über Disulfidbrücken verankerten Komplexe den *N*-Tosylprolylbaustein nahezu identisch fixieren, so wie er auch ohne den S–S-Anker gebunden wird (Abb. 7.12). Dies ist ein überzeugender Beweis, dass nicht die kovalente Verknüpfung für die Bindungsgeometrie verantwortlich ist. Vielmehr erlaubt das Verfahren kleine, zunächst nur schwach bindende Liganden aus einer großen Bibliothek herauszufischen. Aus dem eingangs millimolaren Treffer **7.12** konnte durch Übertragen der Seitenkette aus dem natürlichen Cofaktor Methylentetrahydrofolsäure **7.13**

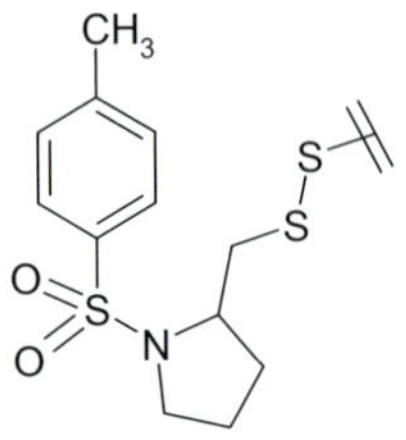

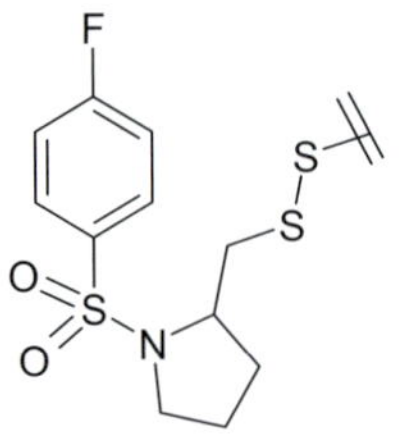

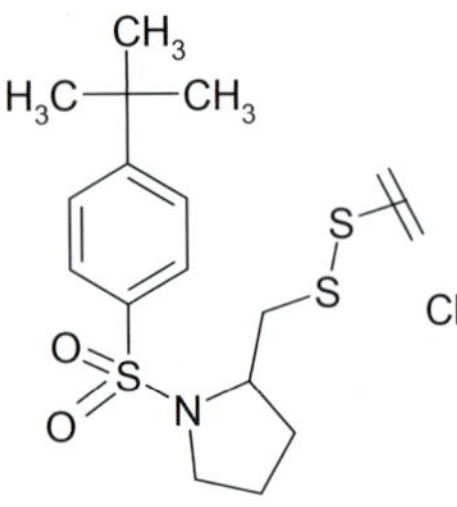

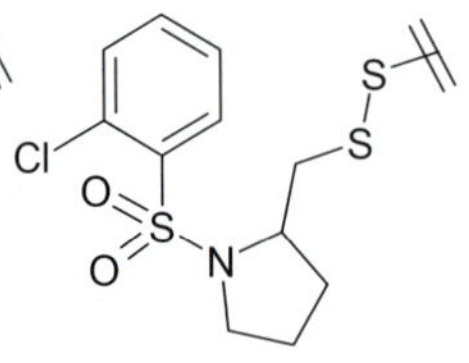

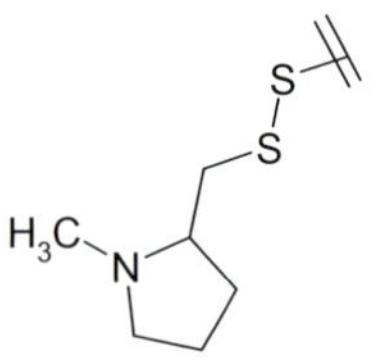

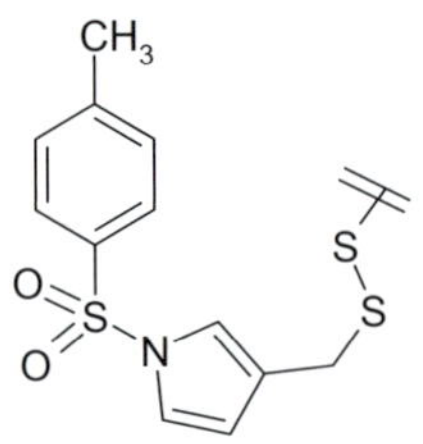

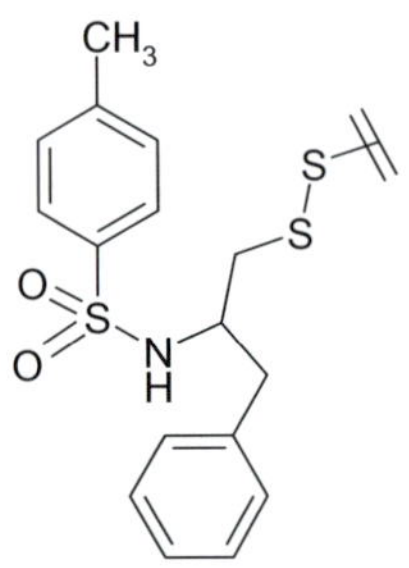

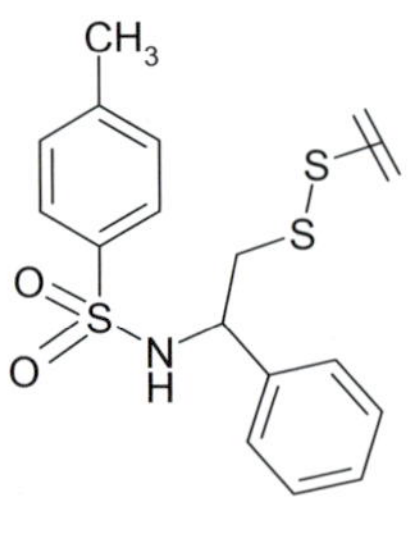

Abb. 7.10 Aus einer Bibliothek von 1200 Disulfiden erwiesen sich die auf der linken Seite aufgeführten Verbindungen **7.4–7.7** als Binder, wogegen die strukturell ähnlichen Derivate **7.8–7.11** (rechts) nicht als an das Protein bindend selektiert wurden.

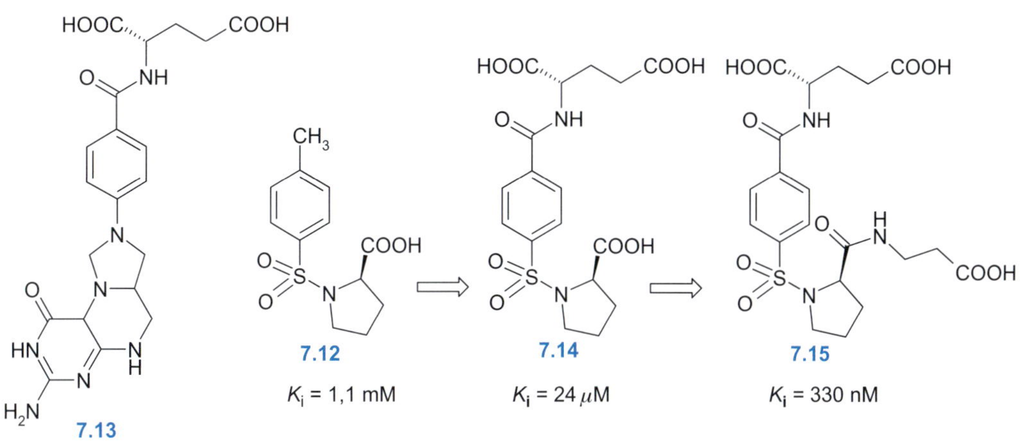

Abb. 7.11 Aus dem millimolaren *N*-Tosyl-D-Prolin **7.12** konnte durch Übertragen der Seitenkette aus dem natürlichen Cofaktor Methylentetrahydrofolsäure **7.13** in zwei Schritten der nanomolare Inhibitor **7.15** entwickelt werden.

über zwei Schritte ein nanomolarer Inhibitor **7.15** entwickelt werden (Abb. 7.11).

Die Methode des „*tethering*" (engl. Anbinden) kann ziemlich generell eingesetzt werden. Sie hat vor allem bei der Suche nach Liganden, die die Ausbildung von **Protein-Protein-Kontaktflächen blockieren** (Abschnitt 10.6) Erfolge erzielt. Dabei erweist sich als großer Vorteil, dass nicht zusätzlich ein biochemischer Bindungsassay zu entwickeln ist. Schwach bindende Liganden werden kovalent „an die Leine" gelegt und können nicht einfach bei der Komplexbildung mit dem anderen Protein „weggewaschen" werden. Außerdem erlauben die kovalent angebrachten chemischen Sonden vor allem, die Adaptionsfähigkeit von Oberflächenregionen auszukundschaften.

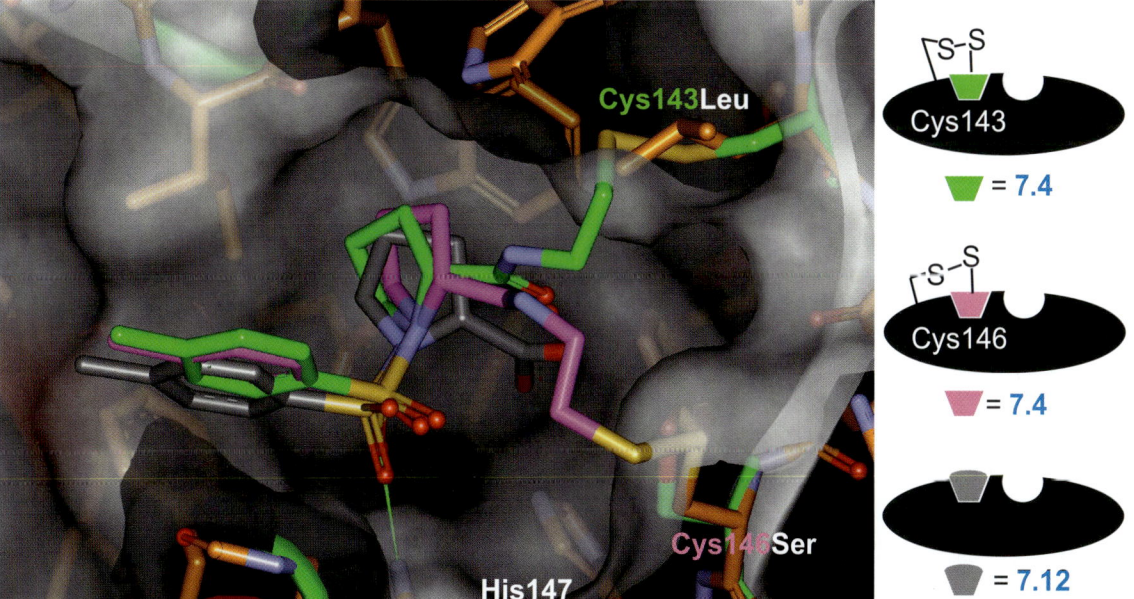

Abb. 7.12 Überlagerung der Kristallstrukturen des Enzyms Thymidylatsynthase mit zwei an Cys 143 (C-Atome des Liganden **7.4** grün) bzw. Cys 146 (C-Atome des Liganden **7.4** violett) kovalent über S–S-Brücken verankerten *N*-Tosyl-D-Prolin-Derivaten. Nach Abtrennen des Disulfidankers erwies sich das freie *N*-Tosyl-D-Prolin (C-Atome grau, **7.12**) als Ligand mit einer Affinität von 1,1 mM. Seine Bindungsgeometrie ist sehr ähnlich den beiden kovalent verankerten Derivaten.

Literatur

Allgemeine Literatur

M.T.S. Stubbs und G. Klebe, in Die Pharmaindustrie, Eds. D. Fischer, J. Breitenbach, Spektrum Akademischer Verlag, Heidelberg, Berlin, 2005

M. Vogtherr und K. Fiebig, NMR-Based Screening Methods for Lead Discovery S. 183–202, in *Modern Methods of Drug Discovery*, Ed. A. Hillisch und R. Hilgenfeld, Birkhäusen Verlag, 2003 ISBN: 376436081X

G. Klebe, Virtual Ligand Screening: Strategies, Perspectives and Limitations, Drug Discov. Today **11**, 580–592 (2006)

T. L. Blundell, H. Jhoti und C. Abell, High-Throughput Crystallography for Lead Discovery in Drug Design, Nat. Rev. Drug Discov. **1**, 45–54 (2002)

P. J. Hajduk und J. Greer, A Decade of Fragment-based Drug Design: Strategic Advances and Lessons Learned. Nat. Rev. Drug Discov. **6**, 211–219 (2007)

M. M. Siegel, Early Discovery Drug Screening Using Mass Spectrometry, Current Topics in Medicinal Chemistry **2**, 13–33 (2002)

A. K. Jones, S. D. Buckingham und D. B. Sattelle, Chemistry-to-Gene Screens in Caenorhabitis Elegans, Nat. Rev. Drug Discov. **4**, 321–330 (2005)

S. Löfås, Optimizing the Hit-to-Lead Process Using SPR Analysis. Assay Drug Dev. Technol. **2**, 407–415 (2004)

W. Jahnke und D. A. Erlanson, Fragment-based Approaches in Drug Discovery (Band 34 in Methods and Principles in Medicinal Chemistry, R. Mannhold, H. Kubinyi und G. Folkers, Hrsg., Wiley-VCH, Weinheim, 2006

Spezielle Literatur

P. J. Hajduk, G. Sheppard, D. G. Nettesheim, E. T. Olejniczak, S. B. Shuker, R. P. Meadows, D. H. Steinman, G. M. Carrera, Jr., P. A. Marcotte, J. Severin, K. Walter, H. Smith, E. Gubbins, R. Simmer, T. F. Holzman, D. W. Morgan, S. K. Davidsen, J. B. Summers und S. W. Fesik, Discovery of Potent Nonpeptide Inhibitors of Stromelysin Using SAR by NMR, J. Am. Chem. Soc. **119**, 5818–5827 (1997)

D. A. Erlanson, A. C. Braisted, D. R. Raphael, M. Randal, R. M. Stroud, E. M. Gordon und J. A. Wells, Site-directed Ligand Discovery, PNAS **97**, 9367–9372 (2000)

Die Optimierung der Leitstruktur

8

Eine Leitstruktur ist erst der Anfang auf dem Weg zum Arzneistoff. In einem meist langwierigen, iterativen Prozess müssen die Wirkstärke, Spezifität und Wirkdauer optimiert, die Nebenwirkungen und die Toxizität minimiert werden. Jede Änderung der chemischen Struktur einer Substanz ändert ihre 3D-Struktur, die physikalisch-chemischen Eigenschaften und das biologische Wirkspektrum. Der isostere Ersatz von Atomen oder Gruppen, die Einführung hydrophober Bausteine, das Zerschneiden von Ringen bzw. die Einbindung flexibler Molekülteile in cyclische Strukturen und die Optimierung des Substitutionsmusters sind nur einige Möglichkeiten zur gezielten strukturellen Abwandlung einer Leitstruktur.

Kreativität und Glück sind immer noch wichtige Voraussetzungen für den Erfolg in der Arzneimittelforschung. Trotzdem gibt es einen über die Jahrzehnte gewachsenen Schatz an Erfahrung, der beim Prozess der rationalen Optimierung außerordentlich hilfreich ist. Gerade hier können die computergestützten Methoden ihre volle Leistungsfähigkeit ausspielen. In den Abschnitten dieses Kapitels werden einige generelle Überlegungen und Ansätze der Wirkstoffoptimierung präsentiert. Die Diskussion der struktur- und computergestützten Optimierung von Leitstrukturen erfolgt in den Kapiteln 17 und 20, Beispiele für Anwendungen in unterschiedlichen Indikationen werden in den Kapiteln 23–32 vorgestellt.

8.1 Strategien der Wirkstoffoptimierung

Die Optimierung von Wirkstoffen folgt einem Prozess, der sich am besten mit den Worten des Philosophen Sir Karl Popper charakterisieren lässt:

> »Die Wahrheit ist objektiv und absolut. Aber wir können niemals sicher sein, dass wir sie gefunden haben. Unser Wissen ist immer Vermutungswissen. Unsere Theorien sind Hypothesen. Wir prüfen auf Wahrheit, indem wir das Falsche ausscheiden« (*Objective Knowledge*, 1972).

Dementsprechend folgt die Optimierung der Wirkstärke einer Verbindung einer Arbeitshypothese, und in einem iterativen Prozess aus Versuch und Irrtum wird diese Hypothese verfeinert. Die ermittelten Daten über die Zusammenhänge zwischen chemischer Struktur und biologischer Wirkung dienen dem Entwurf neuer Strukturen. Diese werden synthetisiert und getestet und die Arbeitshypothese gegebenenfalls modifiziert. Im negativen Fall wird sie verworfen und eine neue Hypothese erstellt, die mit den biologischen Daten in Einklang steht.

Bei der Struktur eines Wirkstoffs unterscheidet man zwischen dem

- eigentlichen **Pharmakophor** (Abschnitte 8.7 und 17.1), der für die spezifische Bindung verantwortlich ist und bei dem eine chemische Variation meist nur in relativ engen Grenzen erfolgen kann,
- zusätzlichen Gruppen („**Haftgruppen**"), die höhere Affinität und damit höhere biologische Aktivität bewirken,
- weiteren Gruppen, die nicht die Bindung, sondern nur die **Lipophilie** des Moleküls und damit den **Transport und die Verteilung** im biologischen System beeinflussen (Kapitel 19), und
- Gruppen, die erst abgespalten oder modifiziert werden müssen, um im Organismus die **eigentliche Wirkform freizusetzen** (Kapitel 9).

Die wichtigsten Schritte bei der **Optimierung einer Leitstruktur** sind die gezielte Änderung der Gestalt und Form, d. h. der dreidimensionalen Struktur und/oder der physikochemischen Eigenschaften. Einzelne Schritte auf diesem Weg sind u. a.

- Änderung der Lipophilie und der elektronischen Eigenschaften durch Einführung oder Entfernung hydrophober bzw. hydrophiler Gruppen,

- Variation der Substituenten eines aromatischen oder heterocyclischen Rings,
- Einführung oder Eliminierung von Heteroatomen in Ketten oder Ringen,
- Variation der Substituenten an Heteroatomen,
- Änderung der Kettenlänge eines aliphatischen Rests oder eines Brückenglieds,
- Einführung raumerfüllender Substituenten zur Stabilisierung einer bestimmten Konformation,
- Änderung der Ringgröße alicyclischer oder heterocyclischer Ringe,
- Einbau flexibler Teilstrukturen in Ringe,
- Einbau von Verzweigungen oder Anfügen von Ringen (Rigidisierung),
- Aufschneiden von Ringen und
- Eliminierung von Chiralitätszentren zur Vereinfachung der Struktur,
- Einführung eines Chiralitätszentrums zur Erhöhung der Selektivität

oder

- Verschiebung des thermodynamischen Bindungsprofils.

Bei der klassischen Wirkstoffoptimierung läuft dieser Prozess meist unidirektional, d. h. die Optimierung erfolgt jeweils nur an einer Position des Moleküls, in einer einzigen Richtung. Solche unidirektionalen Optimierungen haben in der Vergangenheit zu vielen Enttäuschungen geführt, weil gegenseitige Einflüsse struktureller Änderungen oder das Überschreiten einer optimalen Gesamtlipophilie vernachlässigt werden. Für die Variation aromatischer Substituenten zur Optimierung der biologischen Wirkung hat John Topliss ein Schema ausgearbeitet, das erlaubt, mit einer minimalen Zahl von Schritten das Wirkoptimum zu erreichen (Abschnitt 8.3). Der Einsatz von Versuchsplänen zur simultanen Änderung mehrerer Bereiche des Moleküls und die Auswertung der Ergebnisse mithilfe quantitativer Struktur-Wirkungsbeziehungen (Kapitel 18) erlaubt in aller Regel eine rasche und effektive Optimierung. Bei der struktur- und computergestützten Optimierung von Wirkstoffen führt die 3D-Struktur des Zielproteins und seiner Komplexe zu einer gezielten Strukturvariation der Wirkstoffe. Aber auch hier dürfen Aspekte der Gesamtlipophilie oder des Metabolismus nicht außer Acht gelassen werden.

8.2 Isosterer Ersatz von Atomen und Gruppen

Isosterer Ersatz ist der Austausch bestimmter Gruppen eines Moleküls gegen sterisch und elektronisch verwandte Gruppen. Bleibt die biologische Wirkung dabei im Wesentlichen erhalten, verwendet man den Begriff **bioisosterer Ersatz** (Abb. 8.1). Im einfachsten Fall ist das der Austausch eines einzelnen Atoms, z. B. Cl– (lipophil, schwach elektronenanziehend) gegen Br– (gleiche Eigenschaften wie Cl) oder Methyl– (lipophil, schwach elektronenliefernd), bzw. –O– (polarer H-Brückenakzeptor) gegen –NH– (polarer H-Brückendonor) oder –CH$_2$– (lipophil, keine Fähigkeit zur Ausbildung von H-Brücken). Daneben versteht man unter bioisosterem Ersatz auch den Austausch ganzer Gruppen, z. B. –COOH, ein H-Brückenakzeptor und -donor, gegen andere Gruppen mit gleichen

Substituenten: F-, Cl-, Br-, CF$_3$-, NO$_2$-
Methyl-, Ethyl-, Isopropyl-, Cyclopropyl-, *tert*-Butyl-,
-OH, -SH, -NH$_2$, -OMe, -N(Me)$_2$

Brückenglieder: -CH$_2$-, -NH-, -O-
-COCH$_2$-, CONH-, -COO-
>C=O, >C=S, >C=NH, >C=NOH, >C=NOAlkyl

Atome und Gruppen in Ringen: -CH=, -N=
-CH$_2$-, -NH-, -O-, -S-
-CH$_2$CH$_2$-, CH$_2$O- -CH=CH-, -CH=N-

Größere Gruppen: -NHCOCH$_3$, -SO$_2$CH$_3$
-COOH, -CONHOH, -SO$_2$NH$_2$,

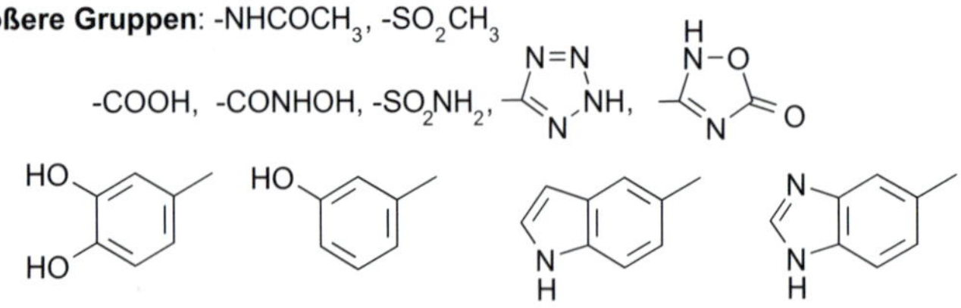

Abb. 8.1 Einige Möglichkeiten zum isosteren Austausch von Atomen bzw. Gruppen.

bzw. modifizierten Eigenschaften, z. B. gegen das ebenfalls saure Tetrazol. Ein anderes Beispiel stellt der Austausch eines Phenylrings gegen einen Thiophen- oder Furanbaustein dar. Auch eine *sec*-Butylgruppe kann isoster einen Phenylring ersetzen (Abb. 8.1).

Was an isosterem Ersatz möglich ist, illustriert der Austausch aller drei Iodatome des Schilddrüsenhormons Trijodthyronin T3 **8.1** gegen Alkylreste zum 3,5-Dimethyl-3'-isopropyl-thyronin **8.2** (Abb. 8.2), das immer noch beachtliche Affinität und agonistische Wirkung am Thyroidhormonrezeptor aufweist. Im Gegensatz zum Trijodthyronin, das durch eine Deiodinase sowohl iodiert als auch abgebaut werden kann, lassen sich die Alkylreste von **8.2** aber metabolisch nicht mehr abspalten.

Bioisosterer Ersatz war und ist eine der wichtigsten Strategien der Arzneistoffforschung. Trotzdem gibt es dabei auch Überraschungen. Bei den Lokalanästhetika (Abschnitt 3.4) führt der Ersatz einer Estergruppe durch eine Amidgruppe erwartungsgemäß zu erhöhter metabolischer Stabilität. Bei der Acetylsalicylsäure **8.3** (Abb. 8.2) darf dieser Austausch nicht vorgenommen werden. Beim analogen Ersatz von –COO– gegen –CONH– geht die Wirkung verloren, da das Amid das Enzym Cyclooxygenase nicht mehr acylieren kann (Abschnitt 27.9). Bei der *p*-Aminobenzoesäure **8.4** (R = –COOH, Abb. 8.2) führt der Austausch der Carboxylgruppe gegen eine Sulfonamidgruppe zum Sulfanilamid **8.4** (R = –SO$_2$NH$_2$), einem Antimetaboliten der *p*-Aminobenzoesäure (Abschnitt 2.3).

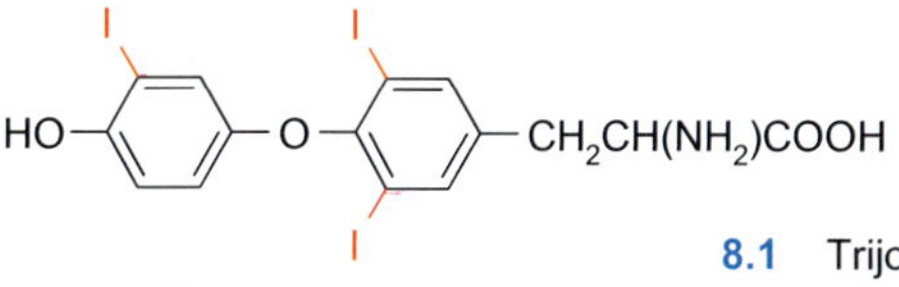

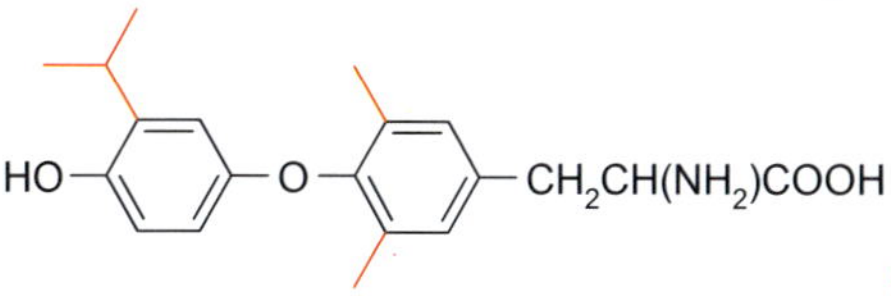

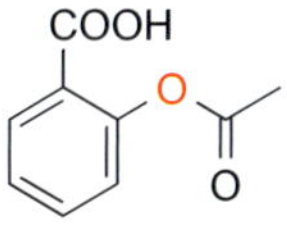

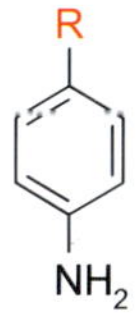

Relativ selten wird eine Leitstruktur ausschließlich von einer Arbeitsgruppe beforscht. Andere Firmen übernehmen erfolgreiche Vorbilder, spätestens nach dem wirtschaftlichen Erfolg eines neuen Arzneimittels. Ziel dieser so genannten „*me too*"-Forschung ist es, durch Abwandlung der Leitstrukturen der Konkurrenz zu patentfreien Analoga zu kommen, die wirksamer, selektiver oder besser verträglich sind. Man muss akzeptieren, dass gerade diese Form der Konkurrenz in vielen Indikationsgebieten erst zu den therapeutisch wertvollsten Verbindungen geführt hat. Einerseits ist eine Fülle von Doppelarbeit geleistet worden, andererseits sind immer wieder neue Analoga mit besseren Eigenschaften entstanden, die sich langfristig in der Therapie durchgesetzt haben. Penicilline der dritten und vierten Generation, mit Breitbandwirkung und metabolischer Stabilität, Betablocker mit verbesserter Selektivität und viele andere spezifische Arzneimittel hätte es ohne die vielfach geschmähte „*me too*"-Forschung einfach nicht gegeben.

8.3 Systematische Variation aromatischer Substituenten

Das Ziel der Optimierung einer Leitstruktur hat Rückwirkungen auf die Planung der entsprechenden Versuchsreihe. Will man den Einfluss bestimmter struktureller Änderungen auf die biologische Wirkung mit minimalem Aufwand überprüfen, muss ein sorgfältiges **Design** der zu synthetisierenden Substanzen vorausgehen. Dabei entsteht ein fast unlösbares Problem, da der Austausch eines Substituenten oder einer Gruppe in aller Regel zu einer komplexen Änderung mehrerer Eigenschaften führt. Methyl gegen Ethyl ändert nur die Lipophilie und die Größe des Substituenten. Methyl gegen Chlor ändert die Polarisierbarkeit, die elektronischen Eigenschaften und darüber hinaus noch den Metabolismus. Bei anderen Substituenten können sich H-Brücken-Donor- und Akzeptor-Eigenschaften sowie die Ionisation und die Dissoziation ändern.

Paul Craig hat 1971 vorgeschlagen, für die strukturelle Variation aromatischer Substituenten ein ein-

Abb. 8.2 Isosterer Ersatz mit Erhalt, Verlust und Umkehr der biologischen Wirkung. Im Schilddrüsenhormon Thyroxin **8.1** können alle drei Iodatome gegen Alkylreste ausgetauscht werden, die Verbindung **8.2** ist immer noch wirksam. Bei der Acetylsalicylsäure **8.3** führt der Austausch von –OCOCH$_3$ gegen –NHCOCH$_3$ zum Verlust der acylierenden Eigenschaften und damit zum weitgehenden Verlust der biologischen Wirkung. Aus *p*-Aminobenzoesäure **8.4** (R = COOH), einer von den Bakterien benötigten Zwischenstufe für die Dihydrofolat-Synthese, entsteht durch Austausch der Carboxylgruppe gegen eine isostere Sulfonamidgruppe der Antimetabolit Sulfanilamid **8.4** (R = SO$_2$NH$_2$).

faches Diagramm zu verwenden, in dem wichtige Eigenschaften dieser Substituenten, z. B. Lipophilie und elektronische Eigenschaften, gegeneinander aufgetragen sind. Eine Auswahl von Substituenten aus unterschiedlichen Quadranten dieses Diagramms erlaubt die Überprüfung verschiedener Kombinationen von Eigenschaften. Das Konzept lässt sich auf mehrere Dimensionen ausweiten, gegebenenfalls unter Zuhilfenahme mathematisch-statistischer Methoden.

John Topliss hat 1972 einen weiter gehenden Vorschlag gemacht, den wir heute als evolutive Strategie bezeichnen würden. Zur Optimierung des Substitutionsmusters einer aromatischen Verbindung wird jeweils ein Substituent, z. B. Wasserstoff, gegen einen anderen, z. B. Chlor, ausgetauscht. Die Planung der nächsten Verbindung orientiert sich daran, welche der beiden Substanzen zu überlegener Wirkung führt. Verbessert der neue Substituent die Wirkung, so wählt man einen Substituenten, der gleiche physikochemische Eigenschaften in stärkerem Ausmaß besitzt oder führt mehrere dieser Substituenten ein. Verschlechtert der neue Substituent die biologische Wirkung, dann wird ein Substituent gewählt, der entgegengesetzte physikochemische Eigenschaften hat. Bei etwa gleichem Effekt zweier unterschiedlicher Substituenten auf die biologische Wirkung wird überprüft, ob verschiedene physikochemische Eigenschaften die Wirkung gegenläufig beeinflussen. Trotz ihrer Eleganz scheitert diese Strategie oft ganz banal am zeitlichen Aufwand, der für ein solches schrittweises Vorgehen erforderlich ist.

Infolge der Arbeiten von Craig und Topliss wurden weitere Design-Methoden ausgearbeitet. Keine dieser Methoden darf zu eng gesehen werden. Syntheseplane müssen sich sowohl an der Herstellbarkeit der Substanzen als auch an einer größtmöglichen strukturellen Vielfalt, d. h. einer Vielfalt ihrer physikochemischen Eigenschaften und 3D-Strukturen messen lassen. Seit Einführung der kombinatorischen Chemie (Kapitel 11) hat das rationale Design diverser Substanzbibliotheken ganz andere Möglichkeiten und Perspektiven bekommen.

8.4 Optimierung des Wirkspektrums und der Selektivität

Die strukturelle Variation einer Leitstruktur beeinflusst nicht nur ihre Wirkstärke, sondern auch ihr **Wirkspektrum**. Das kann durchaus von Vorteil sein, birgt aber das Risiko, dass die Selektivität auch schlechter werden kann. Als einfache Faustregel gilt, dass die Vergrößerung eines Moleküls, die Einführung optisch aktiver Zentren und eine Rigidisierung die Selektivität erhöhen, vorausgesetzt, die Wirkung geht dabei nicht ganz verloren. Umgekehrt resultiert nach Entfernung chiraler Zentren, Flexibilisierung oder Verkleinerung des Moleküls meist eine unspezifische und schwächere Wirkung.

Durch die Aufklärung des humanen Genoms ist für ein bearbeitetes Zielprotein heute bekannt, zu welcher **Genfamilie** es gehört und wie viele Mitglieder diese Genfamilie umfasst. Mit der Gentechnologie gelingt es, für die einzelnen Isoformen Testsysteme (Assays) aufzubauen. Erst dadurch ist die Wirkstoffforschung heute in der Lage, aussagekräftige **Selektivitätsprofile** zu erstellen. Dies hat die Anstrengungen, selektive Wirkstoffe zu entwickeln, stimuliert. Interessante Begleiterscheinung dieser Bemühungen ist das Faktum, dass Wirkstoffmoleküle in den letzten Jahren statistisch signifikant in ihrem Molekulargewicht zugenommen haben, eine Bestätigung der oben aufgestellten Faustregel.

Bei Verbindungen, die auf Neurorezeptoren des Gehirns einwirken sollen, entscheidet ihre Polarität, ob sie die **Blut-Hirn-Schranke durchdringen** können. Polare Verbindungen sind dazu nicht in der Lage, sie wirken nur in der Peripherie, z. B. auf den Kreislauf. Beispiele dafür sind Adrenalin **8.5** und Dopamin **8.6** (Abb. 8.3). Die schrittweise Entfernung bzw. Maskierung polarer Gruppen bringt jedoch die zentrale Wirkung in den Vordergrund. Ephedrin **8.7** greift im Gehirn und in der Peripherie an, es wirkt zentral anregend und blutdruckerhöhend. Amphetamin **8.8** („Speed") und das Rauschmittel MDMA **8.9** (die Designer-Droge „Ecstasy") sind schwache Basen. Ihre relativ unpolaren Neutralformen überwinden spielend die Blut-Hirn-Schranke, die zentralnervöse Wirkung überwiegt (Abb. 8.3).

Auch hier gibt es Ausnahmen. L-Dopa **8.10** (Abb. 8.3) ist eine extrem polare Aminosäure. Über passive Diffusion könnte sie die Blut-Hirn-Schranke nie überwinden. Sie wird aber vom Aminosäure-Transporter erkannt und aktiv ins Gehirn und durch Membranen geschleust. Damit ist gleichzeitig das Problem gelöst, Dopamin **8.6** zur Therapie der Parkinsonschen Krankheit ins Gehirn zu bringen, denn L-Dopa wird dort zu Dopamin decarboxyliert (Abschnitte 9.4 und 27.8).

Welch entscheidenden Einfluss selbst geringfügige Änderungen der Struktur haben können, zeigt das Wirkspektrum der Hormone und Neurotransmitter Noradrenalin und Adrenalin und ihrer synthetischen

8. Die Optimierung der Leitstruktur

polare Moleküle:

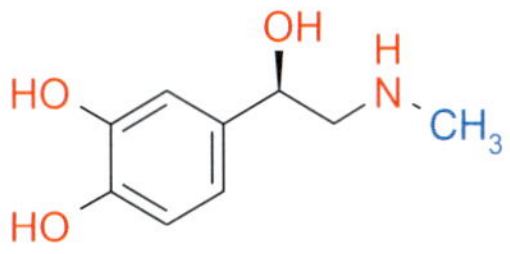

8.5 Adrenalin

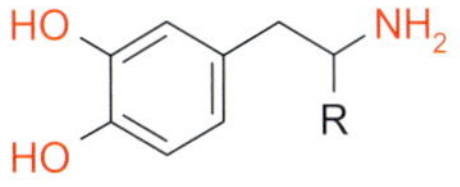

8.6 Dopamin, R = H
8.10 L-Dopa, R = COOH

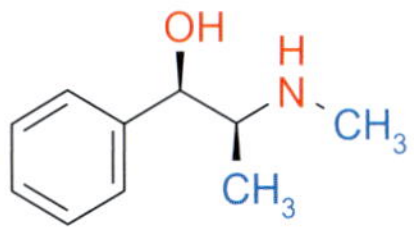

mittlere Polarität:

8.7 Ephedrin

unpolare Moleküle:

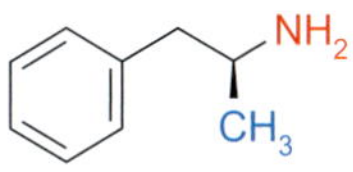

8.8 Amphetamin

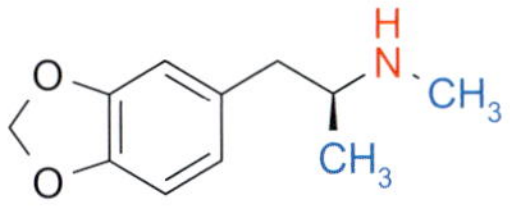

8.9 MDMA

Abb. 8.3 Die polaren Verbindungen Adrenalin **8.5** und Dopamin **8.6** sind bei intravenöser Gabe nur im Kreislauf (peripher) wirksam. Ephedrin **8.7** ist lipophiler und zeigt dementsprechend periphere und zentrale Effekte. Beim noch unpolareren Amphetamin **8.8** („Speed") überwiegt die zentralnervöse stimulierende Wirkung. Das 3,4-Methylendioxymethamphetamin **8.9** (MDMA, „Ecstasy") wirkt halluzinogen. Polare Gruppen sind rot, neutrale bzw. lipophile Gruppen blau eingefärbt.

Analoga. Während Noradrenalin **8.11** (Abb. 8.4) überwiegend an α-adrenergen Rezeptoren angreift, wirkt sein N-Methylderivat Adrenalin **8.5** (Abb. 8.3) an α- und β-Rezeptoren, es ist ein gemischter α/β-Agonist. Dieser Unterschied wurde genutzt, um durch Vergrößerung des N-Alkylrestes zum spezifischen β-Agonisten Isoprenalin **8.12** (Abb. 8.4) zu gelangen. Innerhalb der Klasse der β-adrenergen Substanzen konnte eine weitere Differenzierung der Wirkung erreicht werden. Dem Dobutamin **8.13** fehlt die alkoholische Hydroxygruppe des Adrenalins. Trotz der strukturellen Verwandtschaft zu Dopamin **8.6** (Abb. 8.3) ist die Substanz ein β_1-Agonist mit kardioselektiver Wirkung. Spezifische β_2-Agonisten, z. B. Salbutamol **8.14** und Clenbuterol **8.15** (Abb. 8.4), werden zur Behandlung von Asthma eingesetzt, da sie bronchodilatorisch wirken, ohne die kardiostimulierenden Nebenwirkungen der unspezifischen β-Agonisten aufzuweisen (Abschnitt 29.3).

Die **Sulfonamide** sind ein Paradebeispiel für die **gezielte Optimierung** von Leitstrukturen in verschiedenen therapeutischen Indikationen. Aus den ersten antibakteriell wirksamen Vertretern resultierten sowohl Diuretika (Entwässerungsmittel) als auch Antidiabetika. Bereits 1940 wurde die Beobachtung gemacht, dass Sulfanilamid (Abschnitt 2.3) auch das Enzym Carboanhydrase hemmt und daher zu vermehrter Harnausscheidung führen sollte (Abschnitt 25.7). Therapeutische Bedeutung erlangten u. a. Hydrochlorothiazid **8.16**, Furosemid **8.17** (Abb. 8.5) und strukturell verwandte Substanzen. In den frühen 1940er-Jahren wurde in der Klinik auch die blutzuckersenkende Wirkung einiger Sulfonamide beobachtet. Das zugleich antibakterielle und blutzuckersenkende Car-

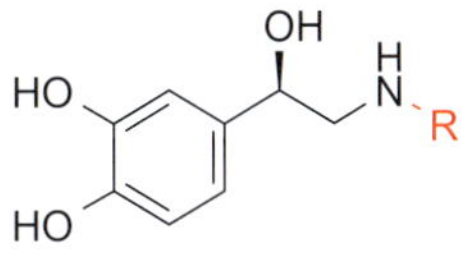

8.11 Noradrenalin, R = H
überwiegend α-mimetisch

8.5 Adrenalin, R = CH$_3$
α- und β-mimetisch

8.12 Isoprenalin, R = -CH(CH$_3$)$_2$
β-mimetisch

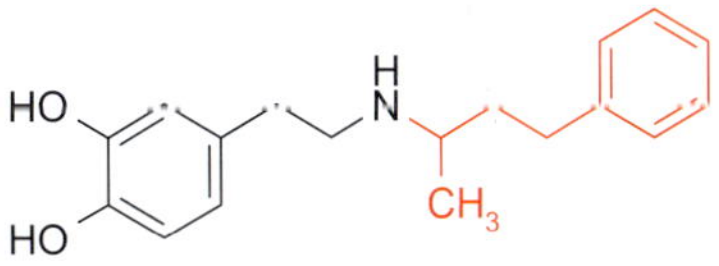

8.13 Dobutamin
β_1-mimetisch

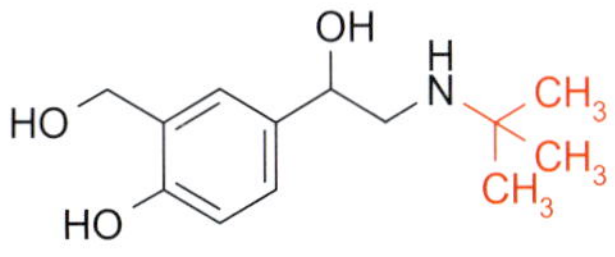

8.14 Salbutamol
β_2-mimetisch

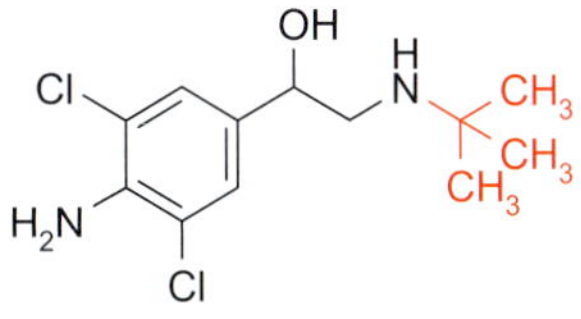

8.15 Clenbuterol
β_2-mimetisch

Abb. 8.4 Noradrenalin **8.11**, Adrenalin **8.5** und Isoprenalin **8.12** greifen in unterschiedlichem Ausmaß an α- und β-Rezeptoren an. Selektive β_1- und β_2-Agonisten, z. B. **8.13** bzw. **8.14** und **8.15**, wirken spezifisch als Kardiostimulanzien bzw. Broncholytika.

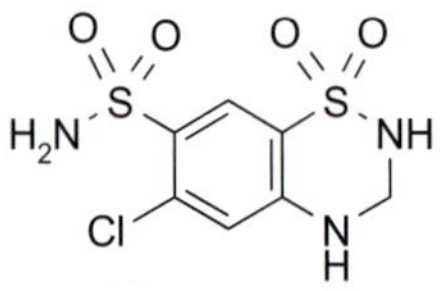

8.16 Hydrochlorothiazid
8.17 Furosemid 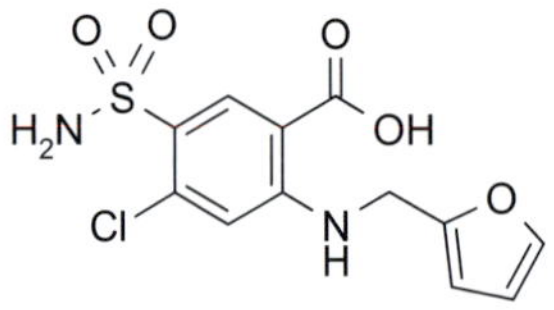
8.18 Carbutamid, R = NH$_2$ 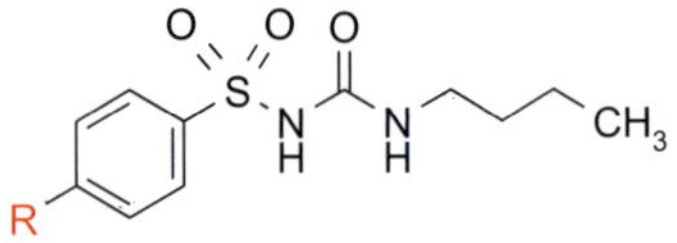
8.19 Tolbutamid, R = CH$_3$
8.20 Glibenclamid 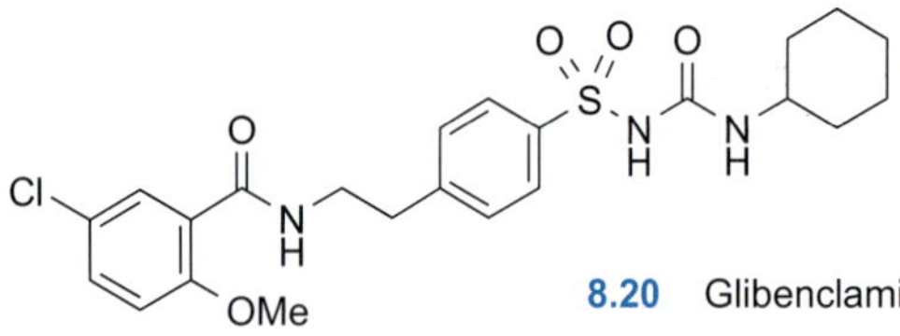

Abb. 8.5 Hydrochlorothiazid **8.16**, Furosemid **8.17** und dazu strukturell verwandte diuretisch wirkende Sulfonamide zeichnen sich gegenüber den meisten antibakteriellen Analoga durch eine unsubstituierte Sulfonamidgruppe aus. Carbutamid **8.18** und Tolbutamid **8.19** waren erste unspezifische Sulfonamide mit blutzuckersenkender Wirkung, die später von spezifischen Antidiabetika vom Typ des Glibenclamids **8.20** abgelöst wurden.

butamid **8.18** wurde 1955 in die Therapie eingeführt, später das lipophile und damit besser bioverfügbare Tolbutamid **8.19**. Systematische strukturelle Variation führte schließlich zum deutlich stärker und spezifisch wirkenden Glibenclamid **8.20** (Abb. 8.5 und Abschnitt 30.2).

8.5 Von Agonisten zu Antagonisten

Es gibt kein allgemeines Rezept zur Überführung eines Agonisten in einen Antagonisten. Ein Beispiel dafür, der langwierige Weg vom Agonisten Histamin zu den H$_2$-Antagonisten, wurde in Abschnitt 3.5 ausführlich beschrieben. Dennoch gibt es gewisse Prinzipien, die sich bewährt haben. So führt z. B. der Austausch von polaren zu unpolaren Substituenten oder die Einführung großer Reste, z. B. zusätzlicher aromatischer Ringe, bei einigen Rezeptor-Agonisten zu Antagonisten. Der Ersatz der beiden phenolischen Hydroxygruppen des Isoprenalins **8.12** (Abb. 8.4) gegen zwei Chloratome (DCI, **8.21**) oder einen weiteren aromatischen Ring (Pronethalol, **8.22**) lieferte die ersten β-adrenergen Antagonisten, die Betablocker (Abb. 8.6). Die Einfügung eines Sauerstoffatoms in die Seitenkette und weitere strukturelle Optimierung ergab β$_1$-selektive Antagonisten, z. B. Practolol **8.23** und Metoprolol **8.24**. Der β$_1$-selektive partielle Agonist Xamoterol **8.25** ist sowohl Blocker als auch Agonist (Abb. 8.6). Er besetzt β$_1$-Rezeptoren und entfaltet dort eine mäßig stimulierende Wirkung. Durch die Rezep-

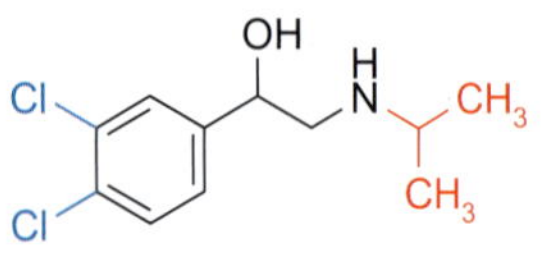

8.21 DCI
8.22 Pronethalol 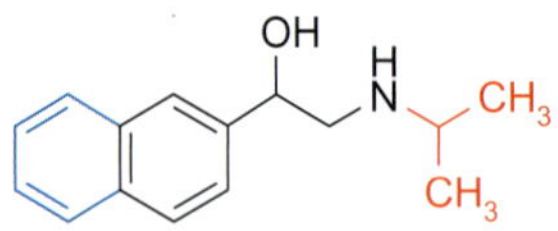
8.23 Practolol, R = -NHCOCH$_3$ 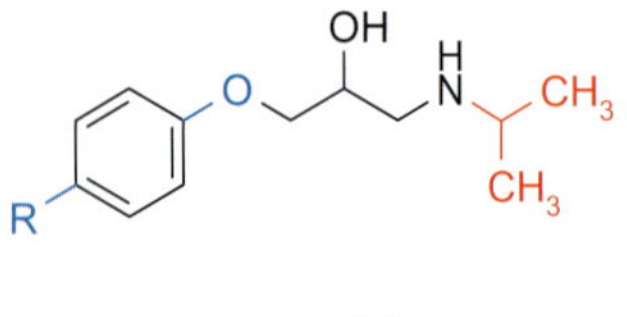
8.24 Metoprolol, R = -CH$_2$CH$_2$OMe
8.25 Xamoterol

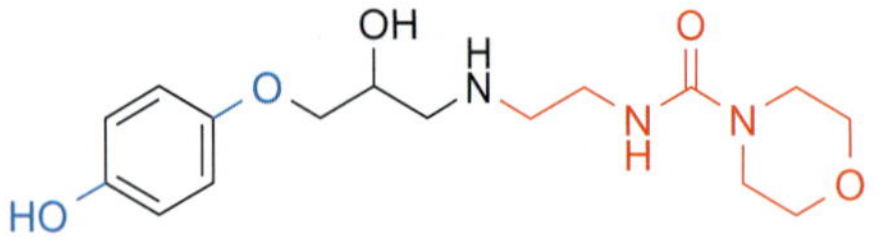

Abb. 8.6 Die von Isoprenalin **8.12** (Abb. 8.4) abgeleiteten Wirkstoffe 3,4-Dichlorisoprenalin **8.21** (DCI) und Pronethalol **8.22** waren die ersten, noch unspezifischen β-Blocker. Practolol **8.23** und Metoprolol **8.24** sind spezifische β$_1$-Antagonisten. Xamoterol **8.25** ist ein partieller β$_1$-Agonist, ein Mischtyp aus Agonist und Antagonist.

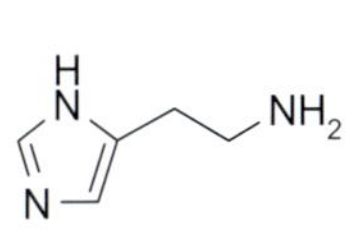

8.26 Histamin H-Agonist

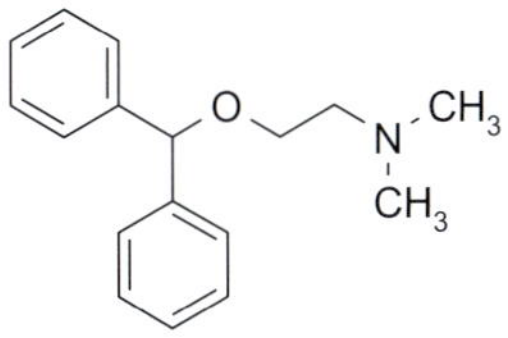

8.27 Diphenhydramin unpolarer H₁-Antagonist (sedierend)

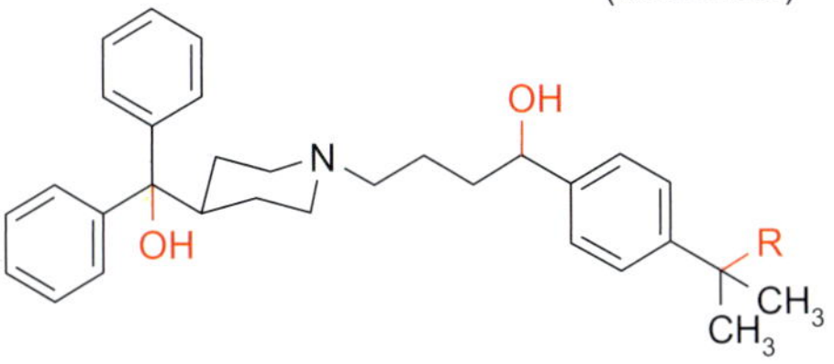

8.28 Terfenadin, R = CH₃
polarer H₁-Antagonist (nicht sedierend)
Fexofenadin, wirksamer Metabolit: R = -COOH

Abb. 8.7 Ausgehend von Histamin **8.26** erhält man durch Einführung großer hydrophober Reste H₁-Antagonisten, z. B. Diphenhydramin **8.27**. Das nicht sedierende Terfenadin **8.28** (R = CH₃) passiert zwar gut die Blut-Hirn-Schranke, wird aber durch einen Transporter sofort wieder ausgeschleust. Inzwischen ist der aktive Metabolit Fexofenadin mit R = COOH auf dem Markt.

torbesetzung schützt er aber vor einer übersteigerten Rezeptorantwort bei erhöhter Ausschüttung von Adrenalin, z. B. bei körperlicher Anstrengung oder Stress.

Analog führt der Austausch des Imidazolrings des Histamins **8.26** gegen große hydrophobe Gruppen zu H₁-Antagonisten, z. B. Diphenhydramin **8.27** (Abb. 8.7). Die bedeutendste Nebenwirkung der klassischen H₁-Antagonisten, die zur Therapie von Allergien eingesetzt werden, ist ihre sedierende Wirkung. Das nicht sedierende Terfenadin **8.28** (R – H) passiert zwar aufgrund seiner hohen Lipophilie ebenfalls die Blut-Hirn-Schranke, wird aber durch einen Transporter sofort wieder ausgeschleust. Wegen seiner Kardiotoxizität wurde Terfenadin inzwischen aus dem Handel genommen und durch seinen aktiven Metaboliten Fexofenadin **8.28** (R = COOH) ersetzt

Die sedierende Nebenwirkung der Antihistaminika hat letztlich auch zu Neuroleptika und Antidepressiva (Abschnitt 1.6) geführt. Hier zeigen sich aber die Grenzen rationaler Wirkstoffoptimierung. Promethazin **8.29** ist ein Antihistaminikum mit antiallergischer Wirkung und sedierender Nebenwirkung. Das Neuroleptikum Chlorpromazin **8.30** wirkt zentral dämpfend und damit antipsychotisch, das strukturell außerordentlich nahe verwandte Imipramin **8.31** wirkt dagegen anregend, es ist ein Antidepressivum (Abb. 8.8). Alle drei Substanzen haben unterschiedliche Wirkmechanismen. Auch bei anderen Rezeptoragonisten, z. B. den Neurotransmittern Acetylcholin und Dopamin (Abschnitt 1.4), hat die Einführung zusätzlicher aromatischer Ringe zu Antagonisten geführt.

8.6 Optimierung der Bioverfügbarkeit und der Wirkdauer

Die Resorption oder Absorption der meisten Wirkstoffe hängt nur von ihrer Lipophilie ab. Dem englischen Sprachgebrauch angelehnt soll im Folgenden auch im Deutschen der Begriff „Absorption" verwendet werden. Je polarer ein Arzneistoff ist, desto schlechter kann er durch Lipidmembranen durchtreten und desto geringer ist seine Absorption (Abschnitt 19.6). Die Erhöhung seiner Lipophilie verbessert die Absorption. Extrem lipophile Verbindungen sind aber wasserunlöslich, die Absorption verläuft zu langsam. Lipophile Säuren und Basen bieten hier Vorteile, falls ihre Aciditätskonstanten nicht zu weit vom Neutralpunkt pH = 7 entfernt sind. Als ionisierte Formen sind sie gut wasserlöslich, ihre im Gleichgewicht dazu stehenden Neutralformen sind lipophil und gut membrangängig. Diese Zusammenhänge werden in

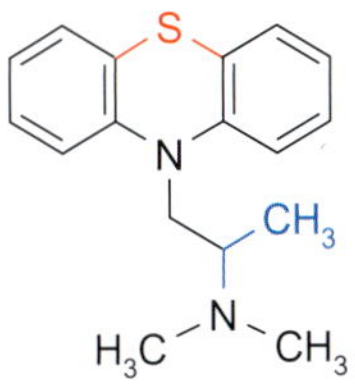

8.29 Promethazin H₁-Antagonist

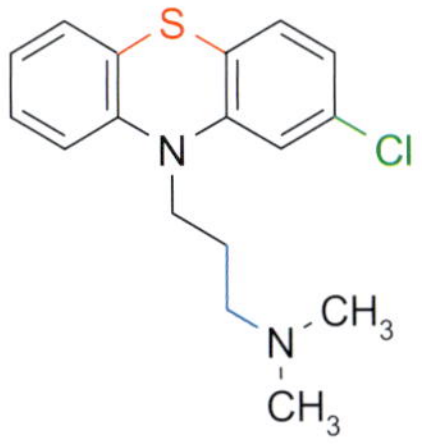

8.30 Chlorpromazin Neuroleptikum

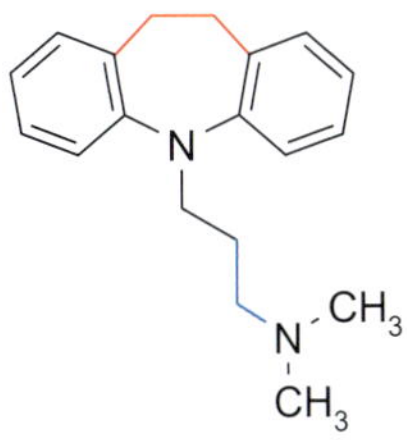

8.31 Imipramin Antidepressivum

Abb. 8.8 Strukturell nahe verwandte Wirkstoffe können qualitativ sehr unterschiedliche Wirkungen aufweisen. Von Promethazin **8.29**, einem H₁-Antagonisten mit antiallergischer Wirkung, leiten sich sowohl das Chlorpromazin **8.30** ab, ein Dopaminantagonist mit neuroleptischer Wirkung, als auch das Imipramin **8.31**, ein Hemmstoff des Dopamintransporters mit antidepressiver Wirkung.

Abschnitt 19.5 ausführlicher diskutiert. Die Molekülgröße beeinflusst die Bioverfügbarkeit insofern, als Substanzen mit Molekulargewichten über 500–600 Da allein wegen ihrer Molekülgröße in der Leber abgefangen und über die Galle rasch ausgeschieden werden. Daneben gibt es Arzneistoffe, die unabhängig von ihrer Polarität durch Membranen durchtreten. Sie werden von Transportern (Abschnitt 30.7) in die Zelle aufgenommen oder aus der Zelle ausgeschieden. Dazu gehören u. a. Strukturanaloga von Aminosäuren und Nucleosiden.

Klassische Strategien zur Wirkverlängerung sind die Veretherung von freien Hydroxygruppen (vgl. Abschnitt 9.2), der Ersatz von Estergruppen durch Amidgruppen und von metabolisch labilen Amidgruppen durch isostere Gruppen. In einigen Fällen sind solche strukturellen Änderungen mit einer Abschwächung der Wirkung verbunden, die durch ihre längere Wirkdauer allerdings mehr als kompensiert wird. Bei Peptiden hat sich besonders der Austausch der L-Aminosäuren durch D-Aminosäuren, die Inversion von Amidgruppen und der Ersatz größerer Strukturelemente zu einem Peptidomimetikum (Abschnitt 10.4) bewährt.

Die Metabolisierung aliphatischer Aminogruppen lässt sich durch Alkyl-Substitution oder durch Verzweigung am α-Kohlenstoff zurückdrängen. Sekundäre Alkohole werden durch eine Ethinylgruppe am gleichen Kohlenstoffatom in die besser bioverfügbaren tertiären Alkohole überführt (Abschnitt 28.5). In Phenylringen verhindert die Einführung des zu Wasserstoff **isosteren Fluoratoms** in der *para*-Stellung die metabolische Hydroxylierung in dieser Position. Falls sterische Faktoren keine Rolle spielen, kann die *para*-Stellung auch mit einem größeren Rest blockiert werden, z. B. einer Chlor- oder Methoxygruppe. Bei den in 3- und 4-Stellung des Phenylrings hydroxylierten Neurotransmittern Dopamin, Adrenalin und Noradrenalin hat die Abwandlung zu monohydroxylierten Analoga, zu 3,5-Dihydroxyverbindungen oder auch zu den –NH-isosteren Indolen (Abb. 8.1, Abschnitt 8.2) zu metabolisch stabilen und damit länger wirksamen Verbindungen geführt.

8.7 Variationen des räumlichen Pharmakophors

Das rationale Design zeichnet sich dadurch aus, dass aus gemeinsamen Merkmalen aktiver Verbindungen und Unterschieden zu schwächer wirksamen bzw. unwirksamen Analoga Hypothesen zur Struktur des Pharmakophors abgeleitet werden. Ein **Pharmakophor** (Abb. 8.9) ist eine definierte räumliche Anordnung bestimmter Funktionalitäten, die mehreren Wirkstoffen gemeinsam ist und die Grundlage der biologischen Wirkung bildet (Abschnitt 17.1).

Bei der rationalen Optimierung verändert man das Molekülgerüst und die Substituenten des Pharmakophors, um unter Erhalt der Wirkqualität zu höherer Wirkstärke oder besserer Selektivität zu kommen. Um Ideen für einen räumlichen isomorphen Ersatz von Ligandengerüsten zu erhalten, sind sehr viele Computermethoden entwickelt worden. Sie durchkämmen Datenbanken, um unter Berücksichtigung der konformativen Eigenschaften von Molekülen (Kapitel 16) möglichst Kandidaten herauszusuchen, die sich trotz eines anderen Grundgerüsts, Seitenketten und interagierenden Gruppen analog im Raum ausrichten können. Beispiele für solche Ansätze werden in Abschnitt 10.8 und in Kapitel 17 vorgestellt. Aber auch der Umweg über die Proteinstruktur ist eingeschlagen worden. Dazu geht man von der Raumstruktur eines Protein-Ligand-Komplexes aus und schneidet den Teil der **Bindetasche** heraus, für den man einen neuen Baustein in einem Liganden sucht. Anschließend werden die Gestalt und Interaktionseigenschaften der herausgeschnittenen Tasche mit der Datenbank aller bekannten Protein-Ligand-Komplexe verglichen (Abschnitt 20.4). Wird ein Taschenbereich entdeckt, der zu der Suchtasche Ähnlichkeit aufweist, so interessiert der dort bindende Ligand. Die Struktur des Bausteins, der den entdeckten Taschenbereich besetzt, kann eine neue Idee für ein isosteres Strukturelement eines veränderten Liganden abgeben.

Eine andere Strategie kann ebenfalls unter Berücksichtigung des Pharmakophors eingeschlagen werden. Dabei soll der Pharmakophor beibehalten werden, und es werden nur solche Gruppen modifiziert, die für die **pharmakokinetischen Eigenschaften**, den Transport, die Verteilung, den Metabolismus und die Aus-

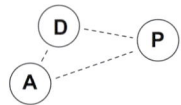

8.26 Histamin Pharmakophor
(bei pH = 7 vorliegende, positiv geladene Form)

Abb. 8.9 Der Wirkstoff Histamin **8.26** und der dieser Struktur zugewiesene Pharmakophor (A = Akzeptor, D = Donor, P = positiv geladene Gruppe).

scheidung verantwortlich sind. Wichtig für die strukturelle Abwandlung ist ein möglichst ökonomisches Vorgehen. Dazu ist es erforderlich, dass nicht zu viele Änderungen zur gleichen Zeit und nicht zu einseitige Abwandlungen vorgenommen werden. Mit wenigen Synthesen muss ein möglichst breites Spektrum verschiedener physikochemischer Eigenschaften und dreidimensionaler Strukturen abgedeckt werden.

Inzwischen hat man erkannt, dass die Bindung an humane **Plasmaproteine** wie das Serumalbumin und das saure k_1-Glycoprotein für den **Transport** und die pharmakokinetischen Eigenschaften von entscheidender Bedeutung sind. Daher wird bereits in früher Phase einer Arzneistoffentwicklung auf die Optimierung einer Bindung an diese Proteine geachtet (Kapitel 19). Umgekehrt versucht man die Bindung an den **Ionenkanal hERG** (so genanntes „**Antitarget**") zu verhindern, da ein Blockieren dieses Kanals zu Herzrhythmusstörungen führen kann (Abschnitt 30.3). Der Metabolismus von Arzneistoffen stellt ein sehr wichtiges Thema dar und muss ebenfalls in früher Phase einer Entwicklung berücksichtigt werden. Für den überwiegenden Teil der chemischen Veränderung von körperfremden Substanzen sind die P450-Cytochrome verantwortlich (Abschnitt 27.6). Um an dieser Stelle das zu erwartende Verhalten von Wirkstoffkandidaten aus der Entwicklung abschätzen zu können, betrachtet man in früher Phase der Optimierung deren zu erwartende Wechselwirkungen mit diesen metabolisierenden Enzymen. Die Bereitstellung von P450-Enzymen kann auch durch körperfremde Substanzen induziert werden. Auslösend dazu kann die Bindung an einen Transkriptionsfaktor wie den PXR-Rezeptor sein (Abschnitt 28.7). Um diesen unerwünscht verstärkten Metabolismus zu vermeiden, prüft man im Vorfeld einer Entwicklung, ob Kandidaten an den Transkriptionsfaktor binden.

8.8 Optimierung auf Affinität, Bindungsenthalpie, Bindungsentropie und Bindungskinetik

In aller Regel wird im Rahmen einer Optimierung zunächst die **Bindungsaffinität** gegen ein Zielprotein verbessert. Stehen mehrere Kandidaten zur Auswahl, wird man sich neben der chemischen Zugänglichkeit vor allem von der *ligand efficiency* (Abschnitt 7.1) leiten lassen. Kleine potente Leitstrukturen geben berechtigte Hoffnung, dass sie noch gut zu optimieren sind. Problematisch können sehr kleine Verbindungen sein, die trotz ihres geringen Molekulargewichts bereits nanomolare Bindung zeigen. Meist bilden sie ein optimales Wechselwirkungsmuster mit dem Zielprotein aus. Es ist nur sehr schwer möglich, dieses Muster durch ein anderes Molekülgerüst vergleichbar gut nachzuahmen. Medizinische Chemiker haben sich ein **Regelwerk** zusammengestellt, das auf vielfältigen **Erfahrungswerten** beruht (Abschnitt 4.10). Nach diesem Katalog lässt sich abschätzen, wie viel eine bestimmte Gruppe, korrekt platziert, zur Bindungsaffinität beitragen kann.

In Abschnitt 4.10 war gezeigt worden, dass sich die Affinität aus einem enthalpischen und entropischen Bindungsbeitrag zusammensetzt. Meist beginnt man mit einer Leitstruktur, die Bindungsaffinität im mikromolaren Bereich aufweist. In **freier Bindungsenthalpie ΔG** ausgedrückt, bedeutet dies einen Wert von ca. 30 kJ/mol. Eine Steigerung um 4–5 Größenordnungen geht mit einer Verbesserung von ΔG um 20–30 kJ/mol einher. Um eine Optimierung einer Leitstruktur vorzunehmen, an welcher Schraube soll man drehen? Ist es sinnvoller, die Bindungsenthalpie zu verbessern, oder ist man besser beraten, die Bindungsentropie zu steigern? Ja, kann man überhaupt aufgrund der in Abschnitt 4.10 beschriebenen Enthalpie/Entropie-Kompensation eine unabhängige Optimierung dieser beiden Größen vornehmen? Voraussetzung, ein solches Konzept in die Optimierung einfließen zu lassen, ist natürlich zunächst die Bestimmung beider Größen für eine Leitstruktur. Helfen sie bei der Auswahl des richtigen Kandidaten für eine Optimierung? Kennt man beispielsweise für mehrere alternative Leitstrukturen die thermodynamischen Bindungsparameter, sollte man dann eher einen **enthalpie- oder entropiegetriebenen Binder** zur Optimierung aufgreifen? Es ist interessant, die über mehrere Generationen entwickelten Marktprodukte auf ihre thermodynamische Signatur zu vergleichen. In Abb. 8.10 sind die Bindungsprofile für HIV-Proteaseinhibitoren (Abschnitt 24.3) bzw. HMG-CoA-Hemmer (Abschnitt 27.3) aufgeführt. Bemerkenswerterweise hat man es verstanden, das Profil von zunächst stärker entropisch getriebenen Bindern zu enthalpischen Bindern zu verschieben. Diese Beobachtung suggeriert, dass es erstmal einfacher ist, für eine Substanz ihren entropischen Bindungsanteil zu optimieren als ihren enthalpischen Beitrag. Meist lässt sich leicht an einer ersten Leitstruktur ablesen, wo durch Vergrößerung der hydrophoben Oberfläche bessere Bindung zu erzielen ist. Ein dann gewonnener Affinitätszugewinn erklärt sich aus dem Verdrängen von Wassermolekülen bzw. verbesserten Solvatationseigenschaften (Abschnitt 4.6). Beide Beiträge sollten

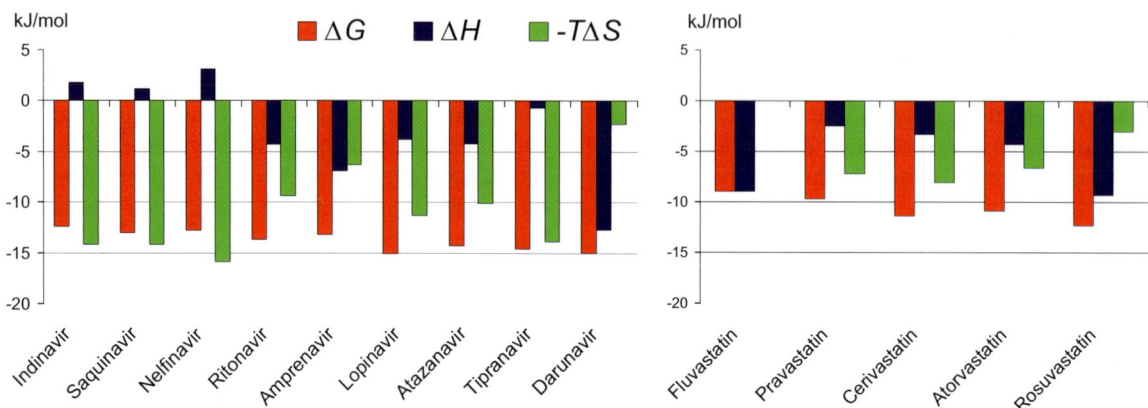

Abb. 8.10 Über mehrere Entwicklungsgenerationen konnte in den Jahren 1995 bis 2006 das Profil der HIV-Proteaseinhibitoren (links, Formeln s. Abb. 24.15) bzw. Statine als HMG-CoA-Hemmer (rechts, Formeln s. Abb. 27.13) in ihrer thermodynamischen Signatur von entropisch getrieben zu enthalpisch getrieben optimiert werden. Die freie Enthalpie ΔG ist in rot, die Enthalpie ΔH in blau und der entropische Beitrag $-T\Delta S$ in grün aufgetragen. Je weiter die Säule in den negativen Bereich (nach unten) reicht, umso stärker ist Bindungsaffinität und umso mehr wird das Profil durch die Enthalpie bzw. Entropie bestimmt. Die zunächst entwickelten Verbindungen wie Indinavir, Saquinavir, Nelfinavir oder Pravastatin waren entropische Binder, dagegen weisen die neueren Derivate wie Darunavir oder Rosuvastatin ein verbessertes enthalpisches Profil auf.

im Wesentlichen entropisch begünstigt sein. Auch kann man Strategien verfolgen, eine Leitstruktur durch **Einführen von Ringen starrer** zu machen. Sie verliert dadurch an Freiheitsgraden. Wenn die Geometrie im gebundenen Zustand korrekt eingefroren wird, verbessert dies die Bindung aus entropischen Gründen. Beispielsweise bindet der weitgehend starre Thrombininhibitor 8.32 fast ausschließlich entropisch getrieben an das Protein (Abb. 8.11). Dagegen weist der deutlich flexiblere Ligand 8.33 einen hohen enthalpischen Bindungsbeitrag auf. 8.32 stellt das Ergebnis einer Optimierung dar, die zu einer Verbindung mit einstellig nanomolarer Bindung und mit optimaler starrer Passform für die Bindetasche des Thrombins führte.

Wie es scheint, liegen allgemein anwendbare Konzepte zur entropiegetriebenen Optimierung der Ligandbindung auf der Hand. Wenn man „entropisch immer gewinnen" kann, sollte man aus theoretischen Erwägungen möglichst mit einer enthalpisch bevorzugten Leitstruktur seine Optimierung beginnen.

Doch ist an dieser Stelle Vorsicht geboten. Es muss geklärt sein, warum ein Ligand ein bestimmtes thermodynamisches Profil besitzt. Die beiden Inhibitoren 8.34 und 8.35 wurden in einem virtuellen Screening als Hemmstoffe der Aldose-Reduktase entdeckt (Abb. 8.12). Ihre chemische Struktur ist sehr ähnlich. Dennoch ist die eine Verbindung ein enthalpisch, die andere ein entropisch getriebener Binder. Die Kristallstruktur beider Liganden mit dem Protein liefert den

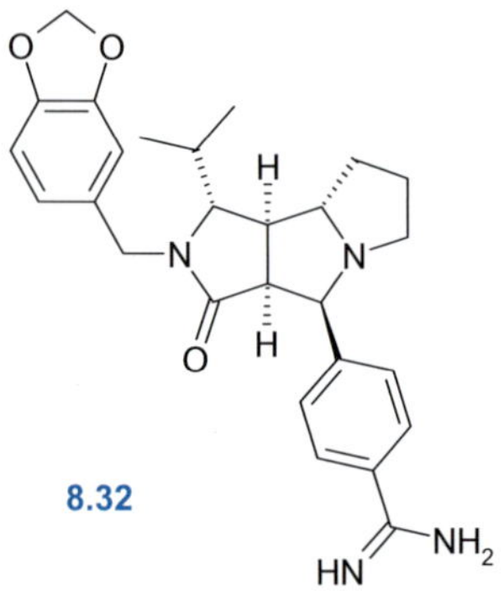

8.32

ΔG: −42,3 kJ/mol
ΔH: −6,2 kJ/mol
$-T\Delta S$: −36,1 kJ/mol

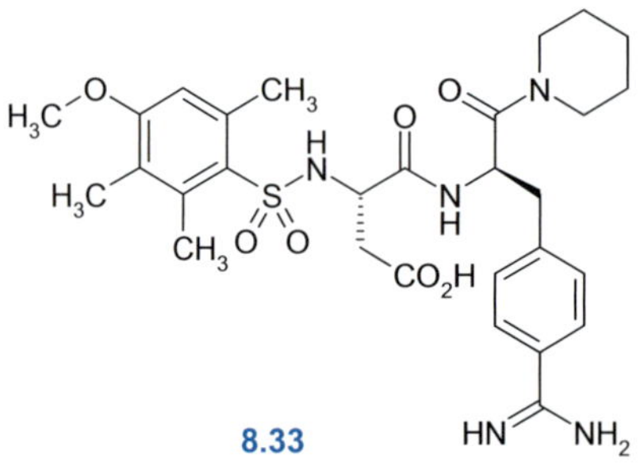

8.33

ΔG: −49,2 kJ/mol
ΔH: −48,5 kJ/mol
$-T\Delta S$: −0,7 kJ/mol

Abb. 8.11 Der starre Thrombininhibitor **8.32** besitzt nur noch zwei drehbare Bindungen. Er weist optimale Passform für die Bindetasche des Thrombins auf. Seine Bindung ist im Wesentlichen entropiegetrieben. Dagegen zeigt der deutlich flexiblere Ligand **8.33** einen hohen enthalpischen Bindungsbeitrag.

Grund: Der enthalpisch bevorzugte Inhibitor **8.34** fixiert bei seiner Bindung ein Wassermolekül zwischen Ligand und Protein, die andere Verbindung tut dies nicht. Diese Aufnahme eines Wassermoleküls ist entropisch ungünstig und lässt so das Profil eines enthalpischen Binders erscheinen. In der Gruppe von Ernesto Freire an der Johns Hopkins Universität in Baltimore wurden Resistenzprofile von Inhibitoren gegen Mutanten der viralen HIV-Protease untersucht (Abschnitt 24.5). Interessanterweise ergab sich dabei, dass eine Resistenz viel schneller gegen entropiebegünstigt bindende Inhibitoren entwickelt werden kann als gegen Hemmstoffe mit enthalpischem Vorteil. Diese Beobachtung spricht dafür, sich bei Zielstrukturen, für die Resistenzentwicklungen zu erwarten sind, auf enthalpische Binder zu konzentrieren. In dem untersuchten Beispiel besaßen die enthalpisch getriebenen Binder einen weniger starren Aufbau (Abb. 8.11). Dies erlaubt es ihnen, leichter einer mutationsbedingten Veränderung auszuweichen. Starre, aus entropischen Gründen bindende Liganden können solchen sterischen Abwandlungen auf der Proteinseite viel schwerer „aus dem Weg" gehen.

Wenn geklärt ist, dass eine Leitstruktur ein enthalpisch getriebener Binder ist, und überlagerte Effekte wie das Einfangen eines Wassermoleküls das Profil nicht verzerren, wie geht man vor, um enthalpisch eine Leitstruktur zu optimieren? Erinnern wir uns an die Betrachtungen in den Abschnitten 4.5 und 4.8, so sind es im Wesentlichen Wasserstoffbrücken, elektrostatische Wechselwirkungen und günstige van der Waals-Kontakte, die die Bindungsenthalpie bestimmen. Häufig ist allerdings die Änderung einer solchen Wechselwirkungseigenschaft des Moleküls mit der **Kompensation von Enthalpie und Entropie** verknüpft. Im Resultat ändert sich dann für ΔG und die Bindungsaffinität nichts! Der Optimierungsprozess lässt sich mit der Kunst vergleichen, der inhärenten thermodynamischen Enthalpie/Entropie-Kompensation immer wieder ein Schnippchen zu schlagen. Enthalpisch günstige Wasserstoffbrücken sollten optimale Geometrie aufweisen und nicht durch ihre Ausbildung starke strukturelle Änderungen in der lokalen Proteinumgebung induzieren. Sonst kann dies zu einer entropischen Kompensation durch die Verschiebung dynamischer Freiheitsgrade führen. Es erscheint daher günstiger, eine Verstärkung von H-Brücken in strukturell fixierten Regionen einer Proteinbindetasche vorzunehmen. Dort lässt sich enthalpisch mehr gewinnen, da die genannte Kompensation durch Verschieben dynamischer Parameter weniger wahrscheinlich ist. Auch sollten eingeführte Wasserstoffbrücken nicht den Grad der Desolvatation eines gebundenen Liganden verringern, indem sie durch kleine Verzerrungen der Bindungsgeometrie eine hydrophobe Baugruppe stärker dem umgebenden Lösungsmittel zuwenden. Wichtig ist auch, dass die lokale Wasserstruktur in der Bindetasche nicht verändert wird.

Eine andere essentielle Frage richtet sich darauf, welche **Bindungskinetik** ein optimaler Ligand besitzen soll. In Abschnitt 7.7 war die Oberflächen-Plasmonen-Resonanz als Messmethode vorgestellt worden. Mit ihr lässt sich bestimmen, ob ein Ligand schnell oder langsam an ein Protein bindet und mit welcher Geschwindigkeit er wieder abgelöst wird. Wie lange soll er idealer Weise an dem Zielprotein verweilen (engl. *residence time*)? Die Bindungsaffinität wird durch das relative Verhältnis von Assoziations- (k_{on}) zu Dissoziationsgeschwindigkeit (k_{off}) bestimmt. Es hat sich gezeigt, dass strukturell ähnliche Liganden durchaus stark abweichende kinetische Bindungsprofile besitzen können. Welches Profil stellt ein Optimum dar? Ein Verlust an Affinität kann sowohl durch

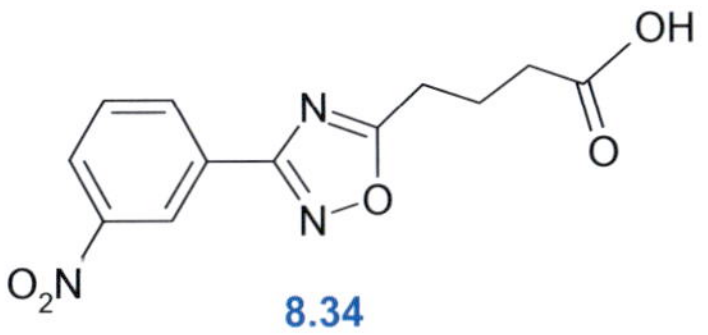

8.34
ΔG: -35,4 kJ/mol
ΔH: -25,6 kJ/mol
$-T\Delta S$: -9,8 kJ/mol

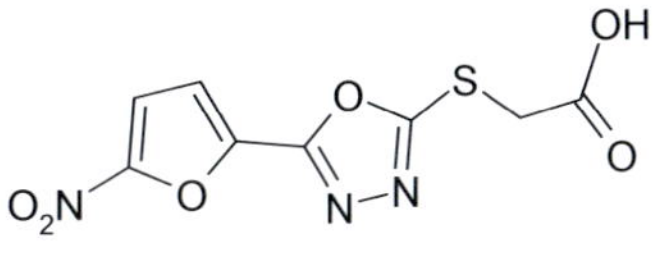

8.35
ΔG: -31,3 kJ/mol
ΔH: -8,7 kJ/mol
$-T\Delta S$: -22,6 kJ/mol

Abb. 8.12 In einem virtuellen Screening fielen die beiden Verbindungen **8.34** und **8.35** als erste Leitstrukturen zur Hemmung der Aldose-Reduktase auf. Obwohl sie strukturell sehr ähnlich sind, bindet **8.34** stärker enthalpie-, **8.35** bevorzugt entropiegetrieben. Die anschließend bestimmten Kristallstrukturen im Komplex mit der Reduktase zeigten, dass **8.34** bei der Bindung ein Wassermolekül einfängt, bei **8.35** ist dies nicht zu beobachten. Da die Fixierung eines Wassermoleküls entropisch ungünstig ist, resultiert für **8.34** insgesamt eine enthalpisch bevorzugte Bindung.

eine gesteigerte Dissoziationsrate oder eine verlangsamte Assoziationsrate als auch durch eine Kombination beider Effekte bedingt werden. In der Gruppe von Helena Danielson in Uppsala konnte für therapeutisch eingesetzte HIV-Proteasehemmstoffe gezeigt werden, dass sie in Hinblick auf die Resistenzentwicklung gegen Mutanten der Protease abweichende Bindungsprofile besitzen. Dabei zeichnete sich ab, dass eine vermehrte Resistenzbildung gegen einen Wirkstoff auftritt, wenn er eine erhöhte Dissoziationsrate aufweist. Dies ist ein ganz entscheidendes Kriterium, die Wirkstoffoptimierung in die korrekte Richtung zu lenken. Sicher muss man in Zukunft der Einstellung der kinetischen Bindungsprofile einen höheren Stellenwert einräumen. Dazu ist allerdings die Korrelation von Struktur mit Bindungskinetik besser zu erfassen, damit diese Erkenntnisse in ein gezieltes Design einfließen können. Bisher ist nur für sehr wenige Fälle verstanden, was den Vorgang eines „schnellen" bzw. „langsamen" Binders unterscheidet. Es sind Parameter, die mit der Adaptionsfähigkeit bzw. mit induzierten Umlagerungen des Proteins einhergehen. Man wird ein vermehrtes Augenmerk auf Änderungen dieser proteinbezogenen Eigenschaften bei der Ligandbindung lenken müssen.

Literatur

Allgemeine Literatur

J. Büchi, Grundlagen der Arzneimittelforschung und der synthetischen Arzneimittel, Birkhäuser Verlag, Basel, 1963

G. Ehrhart und H. Ruschig, Arzneimittel. Entwicklung, Wirkung und Darstellung, Verlag Chemie, Weinheim, 1972

O. May, Molekülvariationen. Basis für therapeutischen Fortschritt, MPS Medizinisch Pharmazeutische Studiengesellschaft e.V., Edition Cantor, Aulendorf, 1980

W. Sneader, Drug Discovery: The Evolution of Modern Medicines, John Wiley & Sons, New York, 1985

J. B. Taylor und D. J. Triggle, Eds., Comprehensive Medicinal Chemistry II, Elsevier, Oxford, 2007

C. G. Wermuth, Ed., "The Practice of Medicinal Chemistry", 3rd Edition, Elsevier-Academic Press, New York, 2008

Spezielle Literatur

C. Hansch, Bioisosterism, Intra-Science Chem. Rept. **8**, 17–25 (1974)

C. W. Thornber, Isosterism and Molecular Modification in Drug Design, Chem. Soc. Rev. **8**, 563–580 (1979)

C. A. Lipinski, Bioisosterism in Drug Design, Ann. Rep. Med. Chem. **21**, 283–291 (1986)

P. P. Mager, Zur Entwicklung von bioaktiven Leitstrukturen. Versuch einer Systematik, Pharmazie in unserer Zeit **16**, 97–121 (1987)

A. Burger, Isosterism and Bioisosterism in Drug Design, Fortschr. Arzneimittelforsch. **37**, 287–371 (1991)

J. Fokkens und G. Klebe, A Simple Protocol to Estimate Protein Binding Affinity Differences for Enantiomers without Prior Resolution of Racemates, Angew. Int. Ed. Engl. **45**, 985–989 (2006)

H. Steuber, A. Heine und G. Klebe, Structural and Thermodynamic Study on Aldose Reductase: Nitro-substituted Inhibitors with Strong Enthalpic Binding Contribution, J. Mol. Biol. **368**, 618–638 (2007)

H. Ohtaka und E. Freire, Adaptive Inhibitors of the HIV-1 Pprotease, Prog. Biophys. and Mol. Biol. **88**, 193–208 (2005)

C. F. Shuman, P-O. Markgren, M. Hämäläinen, U. H. Danielson, Elucidation of HIV-1 Protease Resistance by Characterization of Interaction Kinetics between Inhibitors and Enzyme Variants, Antiviral Research **58**, 235–242 (2003)

R. A. Copeland, D. L. Pompliano und T. D. Meek, Drug–target Residence Time and its Implications for Lead Optimization, Nat. Rev. Drug Discov. **5**, 730–740 (2006)

Der Entwurf von Prodrugs

9

Nach der Optimierung der Wirkung einer Leitstruktur gibt es immer noch Probleme. Vielen Substanzen fehlen wichtige, für die Therapie beim Menschen notwendige Eigenschaften, z. B. ausreichende Bioverfügbarkeit, Wirkdauer und metabolische Stabilität, die Fähigkeit zum Durchdringen der Blut-Hirn-Schranke, Selektivität oder gute Verträglichkeit. Oft erweist es sich als unmöglich, diese Eigenschaften durch chemische Strukturvariation zu erzielen oder zu verbessern. Dann geht man den Umweg über besondere Zubereitungen, z. B. bei schlecht wasserlöslichen Substanzen, oder über die Derivatisierung zu einem **Prodrug**. Unter diesem inzwischen auch im Deutschen üblichen Begriff versteht man eine nicht oder nur schwach wirksame Vorstufe bzw. ein Derivat des Wirkstoffs. Im Organismus setzt diese Form dann den eigentlichen Wirkstoff frei. In den meisten Fällen geschieht dies durch enzymatische Reaktionen, in einigen Fällen auch über spontanen chemischen Zerfall.

Daneben gibt es einige Arzneistoffe, deren Metabolite ebenfalls günstige therapeutische Eigenschaften zeigen. In Einzelfällen haben sich daraus neue, bessere Arzneimittel ergeben, in anderen Fällen wurde der ursprüngliche Wirkstoff als Prodrug beibehalten.

9.1 Grundlagen des Arzneistoffmetabolismus

Für Absorption (im Deutschen wird gleichbedeutend der Begriff „Resorption" verwendet), Bioverfügbarkeit und Wirkdauer eines Arzneistoffs sind mehrere Faktoren von ausschlaggebender Bedeutung. Die wichtigsten sind die Löslichkeit und Lipophilie des Arzneistoffs, die in erster Näherung parallel gehen, ferner die Molekülgröße und metabolische Stabilität. Die Begriffe Absorption und Bioverfügbarkeit haben sehr unterschiedlichen Inhalt. Bei der **Absorption** betrachtet man die gesamte aus dem Magen/Darmtrakt aufgenommene Wirkstoffmenge. Für die **Bioverfügbarkeit** interessiert nur derjenige Anteil des Wirkstoffs, der im Kreislauf nach der ersten Leberpassage zur Verfügung steht.

Nach oraler Gabe eines Arzneistoffs beginnt der Abbau der Substanz durch Enzyme. Ester- und Amidbindungen werden hydrolysiert, oft schon im Magen und Darm bzw. beim Durchtritt durch die Magen- und Darmwand. Das gesamte Blut, das den Darm durchströmt, gelangt zuerst über die Pfortader in die Leber (Abb. 9.1). Diese Passage bezeichnet man als den „*first pass*". Wegen ihres reichen Spektrums an hydrolysierenden, oxidierenden, reduzierenden und konjugierenden Enzymen ist die Leber der hauptsächliche Ort des Abbaus von Arzneistoffen, der Metabolisierung. Bei raschem und ausgeprägtem Abbau in der Leber kann ein Arzneistoff trotz guter Absorption schlecht bioverfügbar sein. Für viele Stoffe bedeutet die erste Leberpassage das „Ende ihrer Laufbahn". Sie werden zwar gut absorbiert, aber sofort abgebaut oder über die Galle ausgeschieden. Bei einem solchen, schon während der ersten Passage erfolgenden weitgehenden Abbau des Wirkstoffs spricht man von einem *first pass*-Effekt. Einem besonders intensiven *first pass*-Effekt unterliegen lipophile Wirkstoffe und Substanzen mit Molekulargewichten größer als 500–600 Dalton (Da). Natürlich strömt das Blut immer wieder durch die Leber, und so findet auch immer weiter metabolischer Abbau statt. Die Substanzen liegen aber dann im Blut nicht mehr in so hohen Konzentrationen vor wie bei der ersten Leberpassage, sie sind somit bereits im Gewebe verteilt.

Hydrolytische Spaltungen von Ester- oder Amidgruppen führen in aller Regel zu gut wasserlöslichen Metaboliten, die über die Niere leicht ausgeschieden werden können. Auch die **Konjugation**, die Verknüpfung der Wirkstoffe mit körpereigenen polaren Substanzen, z. B. mit Sulfatgruppen, mit der Aminosäure Glycin oder dem Glucose-Oxidationsprodukt Glucuronsäure, führt zu leicht ausscheidbaren Metaboliten. Der Konjugation mit Glucuronsäure kommt im Menschen die größte Bedeutung zu. Kritischer ist es, wenn eine Substanz weder eine leicht abbaubare funktionel-

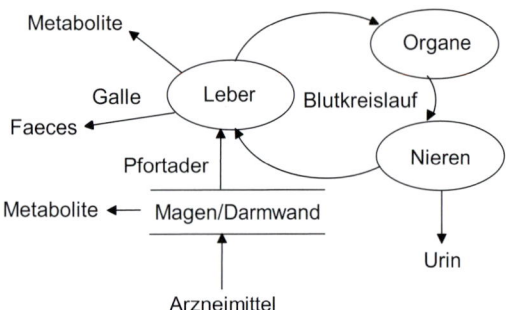

Abb. 9.1 Schematische Darstellung des „Schicksals" eines Arzneistoffs nach oraler Gabe. Bereits beim Durchtritt durch die Magen- und/oder Darmwand und vor allem bei der ersten Leberpassage wird der Arzneistoff metabolisiert. Die Ausscheidung erfolgt für lipophile Arzneistoffe und Substanzen mit Molekulargewichten über 500–600 Da über die Galle. Für polare Substanzen erfolgt sie über die Nieren, in freier Form, konjugiert und/oder als Stoffwechselprodukte (Metabolite).

le Gruppe noch eine Konjugationsstelle aufweist. Allerdings verfügt der Mensch über Enzyme, die Fremdstoffe metabolisieren können. Dazu zählen insbesondere die Cytochrom P450-Isoenzyme, die in der Lage sind, ein Molekül oxidativ an unzähligen Positionen chemisch zu verändern. Dies führt meist zu besser wasserlöslichen und damit leicht ausscheidbaren Substanzen. Da diese Enzyme allerdings nicht vorhersehen können, welche Eigenschaften der durch Biotransformation gebildete Metabolit besitzt, können in vereinzelten Fällen auch toxische Verbindungen mit z. B. mutagenen oder cancerogenen Eigenschaften entstehen (Abschnitt 27.6).

Die Evolution hat über Jahrmillionen Zeit gehabt, sich auf den Abbau und die Ausschleusung von Fremdsubstanzen aus einem Organismus einzustellen. Bei vielen Stoffen versagt dieses System aber. Statt Entgiftung erfolgt das Gegenteil, eine „**Giftung**". Die krebserregende Wirkung der polycyclischen Kohlenwasserstoffe geht auf einen oxidativen Angriff zurück, ebenso die durch Benzol **9.1** verursachten Knochenmarksschädigungen und Blutkrankheiten. Das einfachste Alkylhomologe des Benzols, Toluol **9.2**, ist allein deswegen weniger giftig, weil es bevorzugt zu Benzoesäure **9.3** oxidiert wird, die nach Konjugation z. B. mit der Aminosäure Glycin als Hippursäure **9.4** ausgeschieden wird (Abb. 9.2). Aber noch weitere Wege der Konjugation bestehen für die entstandene Benzoesäure.

Man kann spekulieren, weshalb es der Evolution nicht gelungen ist, einen Multienzym-Komplex zu entwerfen, der solche durch Oxidation entstehenden toxischen Zwischenprodukte sofort in polare, ungiftige Konjugate überführt. Ohnehin ist dies eine nahezu unlösbare Aufgabe, da bei jedem Fremdstoff zu erkennen wäre, welche Eigenschaften ein daraus entstehender Metabolit besitzt. Was bei einem Molekül zu höherer Wasserlöslichkeit führt, kann bei einem anderen mutagene Wirkung hervorrufen. Zu seinem Schutz verfügt der Mensch aber über Mechanismen zum Abfangen reaktiver Metabolite. Hier sei besonders auf das Glutathion und die Glutathion-Transferasen verwiesen, die Elektrophile sehr gut entgiften können. Häufig tritt erst dann Toxizität auf, wenn die Glutathionspiegel erschöpft sind (Abschnitt 27.7). Vielleicht war toxische bzw. cancerogene Wirkung für die Evolution bisher kein so entscheidendes Thema. Für die meisten Tiere spielen Tumore wegen ihres ohnehin kurzen Lebens eine untergeordnete Rolle. Selbst beim Menschen waren bis vor wenigen Generationen Kriege und Infektionskrankheiten die primäre Todesursache. Erst in jüngster Zeit ist unsere mittlere Lebenserwartung deutlich angestiegen. Im Sinne der Evolution spielen alternde Individuen auch nur eine untergeordnete Rolle. Ist die Fortpflanzung erfolgt, wird das Elternteil höchstens noch für die Brutpflege benötigt. Man denke nur an Spinnenweibchen, die ihre Partner unmittelbar nach der Paarung als die nächste Beute betrachten!

Aus den oben aufgeführten Beispielen toxischer Chemikalien darf nicht der falsche Schluss gezogen werden, dass nur vom Menschen hergestellte Stoffe Krebs auslösen können. Das trifft auch für einige Naturstoffe zu, z. B. die Aflatoxine. Diese mikrobiellen

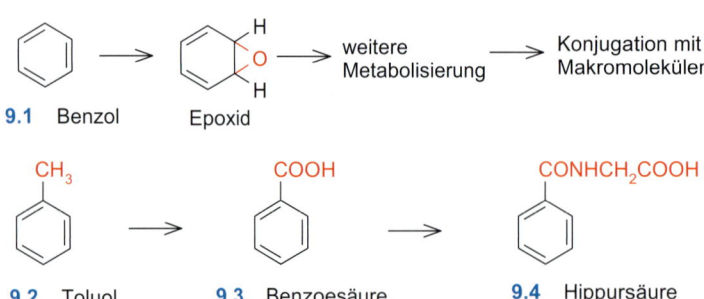

Abb. 9.2 Oxidation von Benzol **9.1** führt zu einem reaktiven und toxischen Zwischenprodukt. Im Gegensatz dazu entsteht aus Toluol **9.2** durch Oxidation Benzoesäure **9.3**, die als ungiftiges Glycin-Konjugat **9.4** über die Niere ausgeschieden wird.

Sekundärmetabolite, die in verschimmelten Nüssen und anderen verdorbenen Nahrungsmitteln entstehen, sind hochwirksame Cancerogene. Auch bestimmte Alkaloide, z. B. aus dem Kreuzkraut oder einigen Wolfsmilchgewächsen, sind starke Cancerogene bzw. krebsfördernde Substanzen, so genannte Tumorpromotoren.

Bei Arzneimitteln werden nach dem Grundsatz des „*nil nocere*" (lat. nicht schaden) sehr strenge Kriterien angewendet und erst langsam legt man ähnliche Maßstäbe bei anderen Stoffen in unserer Umwelt an. Für die Prüfung und Entwicklung von Wirkstoffen bedeutet dies, dass sie besonders genau auf krebserregende, mutagene und fruchtschädigende Wirkung untersucht werden müssen. Schon der begründete Verdacht, dass ein tatsächlicher oder möglicher Metabolit solche Wirkungen haben könnte, führt dazu, dass eine Substanz nicht weiter entwickelt wird.

9.2 Ester sind ideale Prodrugs

Die Einstellung einer für den passiven Transport über Membranen geeigneten Substanz bei gleichzeitig befriedigender Wasserlöslichkeit ist eine hohe Kunst in der Wirkstoffoptimierung. Heute wird schon in der Frühphase einer Entwicklung auf die korrekte Einstellung dieser Parameter geachtet (Kapitel 19). Gelingt es nicht, dieses Optimum für die eigentliche Wirkkomponente einer Substanz zu erreichen, stellt man häufig Ester als geeignete Prodrugs dar. Ester werden leicht durch überall vorkommende Esterasen gespaltet. Die verbesserte Lipophilie eines Esters hilft beim passiven Transport durch **Diffusion über Membranbarrieren**, wie sie im Darm, aber vor allem auch bei der **Blut-Hirn-Schranke** vorliegen.

Ein Prodrug, das traurige Berühmtheit erlangt hat, ist das Heroin **9.5** (Abb. 9.3), die Diacetylverbindung des Morphins (Abschnitt 3.3). Aufgrund seines deutlich lipophileren Charakters durchdringt Heroin die Blut-Hirn-Schranke schneller. Der Pharmakologe Heinrich Dreser, der bei Bayer auch die Acetylsalicylsäure prüfte, führte 1898 das Heroin wegen seiner geringeren atmungsdämpfenden Wirkung als Schmerz- und Hustenmittel in die Therapie ein. Aber Heroin gehört zu den Substanzen mit dem höchsten Suchtpotenzial. Sein Missbrauch ist heute in vielen Ländern ein außerordentliches soziales Problem. Therapeutisch eingesetzt wird es nur noch ausnahmsweise, z. B. zur Schmerzlinderung bei Krebskranken, vor allem bei nicht mehr therapierbaren Fällen.

Viele andere Prodrugs sind ebenfalls Ester. Die Umwandlung einer Säure- oder Alkoholgruppe zum Ester führt meist zu leichter absorbierbaren Produkten. Der früher verwendete Lipidsenker Clofibrat **9.6** (Abschnitt 28.6) ist ein solcher gut bioverfügbarer Ester der biologisch aktiven freien Säure **9.7**. Auch der blutdrucksenkende Angiotensin-Konversionshemmer Enalapril **9.8** (Abschnitt 25.4) und einige seiner Analoga sind Prodrugs. Die freie Säure **9.9** wird nicht absorbiert, ist aber *in vitro* die aktive Form (Abb. 9.3). Der Diester ist chemisch instabil, er bildet sehr rasch das inaktive Diketopiperazin **9.10**. Essenziell ist hier also die Veresterung nur einer Säuregruppe, um die Bildung dieses Nebenprodukts zu vermeiden. Der

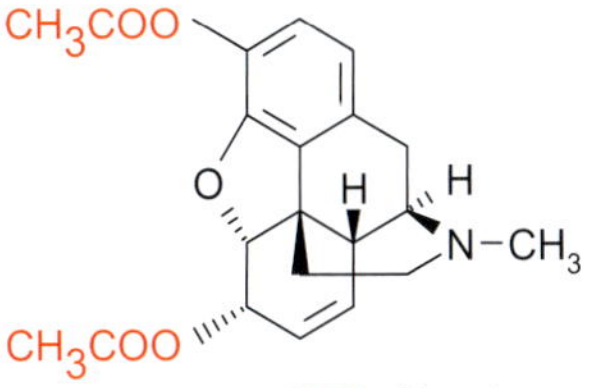

Abb. 9.3 Die Diacetylverbindung des Morphins, das Heroin **9.5**, wirkt zuverlässig und rasch, „heroisch". Es wird zwar wie Morphin nur langsam und wenig effizient aufgenommen, kann aber nach intravenöser Applikation die Blut-Hirn-Schranke 100-mal schneller durchdringen als Morphin. Dort wird der Ester durch das Enzym Pseudocholinesterase zu Morphin abgebaut, das wegen seiner hohen Polarität das Gehirn nicht mehr verlassen kann. Der Cholesterinspiegelsenker Clofibrat **9.6** ist ein Prodrug des eigentlichen Wirkstoffs, der freien Säure **9.7**. Auch der Blutdrucksenker Enalapril **9.8** ist ein Prodrug der Wirkform **9.9**. Hier vermittelt aber nicht die höhere Lipophilie die Absorption, sondern es findet ein aktiver Transport über die Bindung an einen Dipeptid-Transporter statt. Der Diester des Enalaprils ist als Wirkstoff ungeeignet, da er spontan in das unwirksame Diketopiperazin **9.10** übergeht.

9.5 Heroin

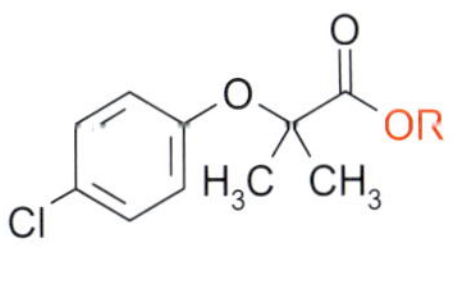

9.6 Clofibrat, R = Et
9.7 Clofibrinsäure, R = H

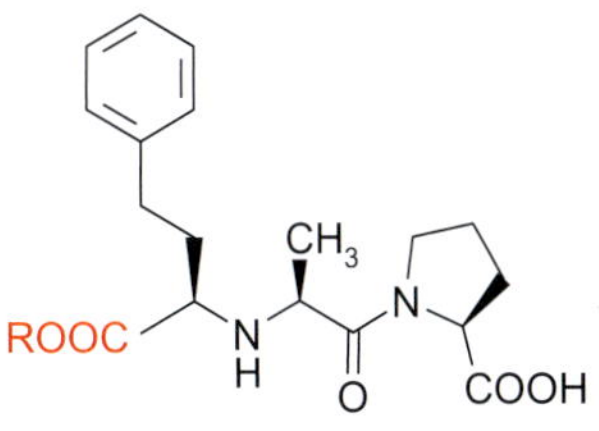

9.8 Enalapril, R = Et
9.9 Enalaprilat, R = H

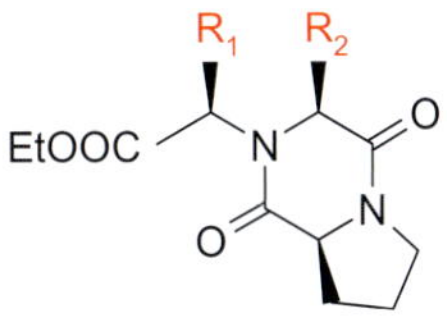

9.10 Diketopiperazin
R_1 = Phenethyl, R_2 = Me

Monoester **9.8** wird als Dipeptid „interpretiert" und von einem Oligopeptid-Transporter durch die Zellmembran geschleust (Abschnitt 30.7). Auch die β-Lactam-Antibiotika (Abschnitt 23.7) werden über diesen Transporter aufgenommen.

Bei der Biosynthese des Cholesterins wird Hydroxymethylglutaryl-Coenzym A **9.11** (HMG-CoA) enzymatisch zu Mevalonsäure **9.12** reduziert. Der Lipidsenker Lovastatin **9.13** (Abschnitt 27.3) verhindert diese Reaktion über eine Hemmung der HMG-CoA-Reduktase. Er enthält einen Lactonring, der durch Hydrolyse in die aktive offene Form **9.14** übergeht (Abb. 9.4). Diese Form ist dem Produkt der enzymatischen Reaktion, der Mevalonsäure **9.12**, strukturell sehr ähnlich.

Andere Ester-Prodrugs wurden für Depotformen entwickelt, um bei subkutanen oder intramuskulären öligen Injektionen längere Wirkdauer zu erzielen. Bambuterol **9.15** ist an seinen phenolischen Hydroxygruppen als Carbamat maskiert. Aus diesem Prodrug wird Terbutalin **9.16** (Abb. 9.5) durch unspezifische Cholinesterasen hydrolysiert (Abschnitt 23.7). Durch diese Prodrug-Strategie ist ein lang wirksames Bronchospasmolytikum entstanden, das im Gegensatz zu der dreimal täglich einzunehmenden Wirkform nur einmal am Tag verabreicht werden muss.

In Einzelfällen dient ein Prodrug nur der Geschmacksverbesserung, z. B. beim extrem bitteren Chloramphenicol **9.17**. Durch die Umsetzung zum Palmitat **9.18** (Abb. 9.5) geht die Wasserlöslichkeit stark zurück, die Substanz schmeckt nicht mehr bitter. Dass parallel auch die Absorbierbarkeit zurückgeht, ist unwesentlich. Schon im Zwölffingerdarm wird die Substanz durch das Enzym Pankreaslipase wieder zum leicht löslichen und gut absorbierbaren Chloramphenicol hydrolysiert.

Das Glucosid Salicin (Abschnitt 3.1) entspricht einem echten Prodrug, das über Hydrolyse und Oxidation in die entzündungshemmende Salicylsäure übergeführt wird. Dagegen ist die Acetylsalicylsäure (ASS) ein Mischtyp. Über die irreversible Hemmung der Cyclooxygenase hat sie eine hohe Eigenwirkung, vor allem als gerinnungshemmende Substanz. Andererseits hat ASS auch Prodrug-Charakter, denn die metabolisch freigesetzte Salicylsäure trägt einen kleinen Teil zur entzündungshemmenden Wirkung bei (Abschnitt 27.9). Außerdem ist ASS weniger schleimhautreizend und schmeckt weniger unangenehm als die Salicylsäure. Für einen Wirkstoff mit dem Molekulargewicht 180 Da ist diese Kombination von günstigen Eigenschaften in einer Struktur eine stolze Leistung.

Veresterungen können aber auch bei unzureichender Wasserlöslichkeit eines Wirkstoffs helfen. Dazu werden Ester mit Phosphorsäure oder Halbester mit Dicarbonsäuren wie der Bernsteinsäure gebildet. Die angefügten Estergruppen liegen geladen vor und erhöhen so die Wasserlöslichkeit der Wirkstoffe. Im Organismus werden die Estergruppen wieder leicht hydrolysiert. Die antikonvulsiv wirkende Verbindung Phenytoin lässt sich als hydrophileres Phosphat-Prodrug **9.19** (Abb. 9.5) in eine besser wasserlösliche Form überführen, die leicht durch Phosphatasen (Abschnitt 26.8) hydrolysiert wird. Acetyliert man eine endständige Sulfonamidgruppe wie in den Prodrug-Formen des Celecoxibs (**9.21**, **9.22** Abb. 9.5), so lassen sich besser wasserlösliche Salze darstellen. Auch die Acylgruppe wird im Darm leicht hydrolysiert.

Zur Lösungsvermittlung können auch Veresterungen mit Polyethylenglycolresten (PEG) vorgenommen werden. Dieses gut wasserlösliche Polymer wurde über eine Estergruppe an den Naturstoff Taxol (Abschnitt 6.2, 6.5) angeheftet. Als PEG-Paclitaxel dient diese Verbindung als intravenös anwendbares Chemotherapeutikum.

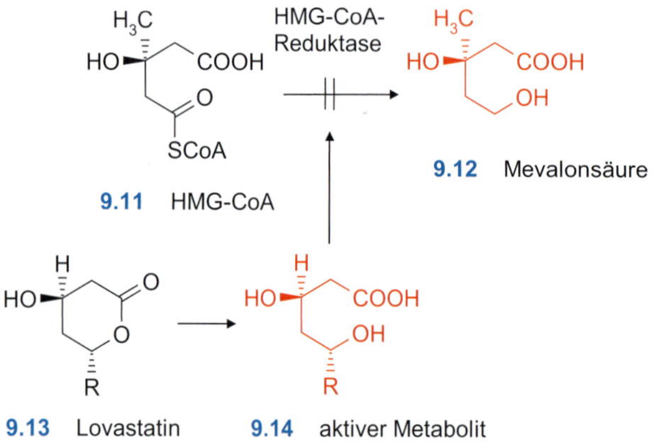

Abb. 9.4 Die enzymatische Reduktion von Hydroxymethylglutaryl-Coenzym A **9.11** (HMG-CoA) zu Mevalonsäure **9.12** wird durch den aktiven Metaboliten des Lovastatins **9.13** (Abschnitt 27.3), die im Lactonring geöffnete Form **9.14**, gehemmt.

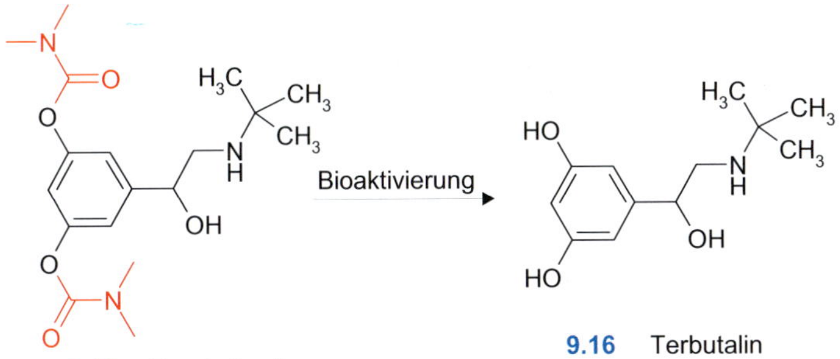

9.15 Bambuterol

9.16 Terbutalin

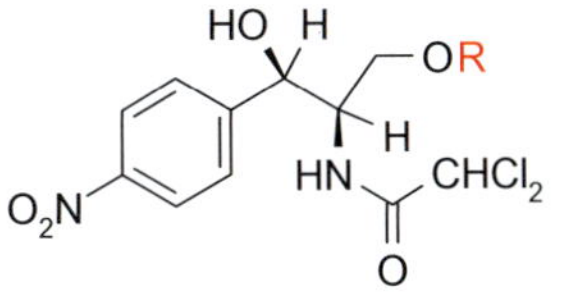

9.17 R = H

9.18 R = $CO(CH_2)_{14}CH_3$

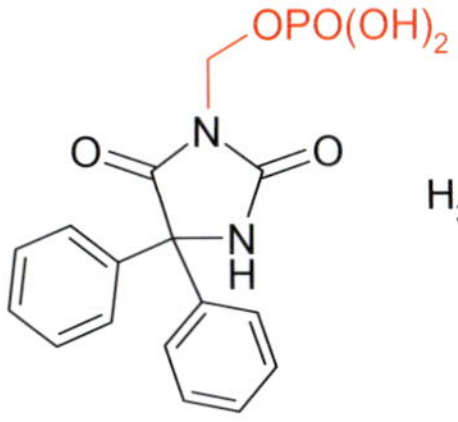

9.19 Fosphenytoin

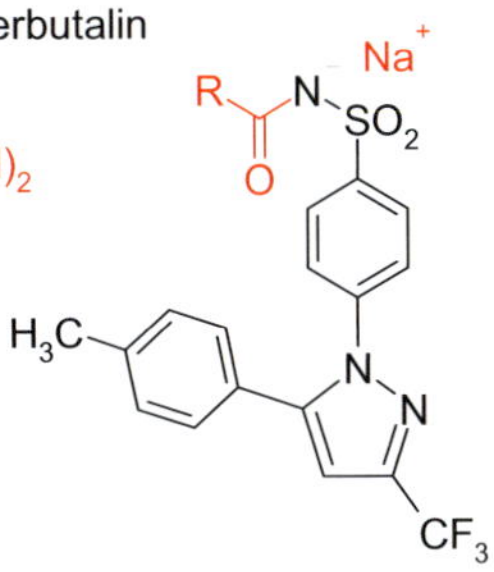

9.20 R = Methyl

9.21 R = Ethyl

Celecoxib Prodrugs

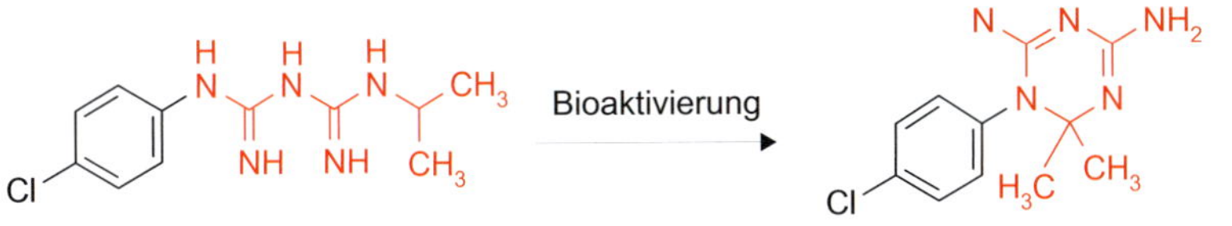

9.22 Proguanil

9.23 Cycloguanil

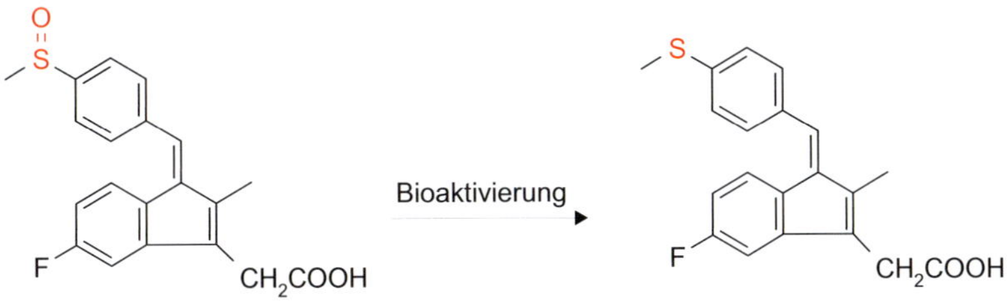

9.24 Sulindac

9.25

Abb. 9.5 Bambuterol **9.15** stellt ein als Carbamat maskiertes Prodrug des Bronchospasmolytikums Terbutalin **9.16** dar. Es wird langsam durch Hydrolyse in die Wirkform überführt. Beim Chloramphenicol **9.17** beseitigt die Prodrug-Form **9.18** nur den extrem bitteren Geschmack der Verbindung. Phenytoin lässt sich durch Überführen in einen Phosphorsäureester **9.19** deutlich in seiner Wasserlöslichkeit steigern. Der Cycloxygenase-Hemmer Celecoxib lässt sich durch Anfügen einer Acylgruppe in Prodrugs (**9.20–9.21**) überführen, die als Natriumsalze deutlich bessere Wasserlöslichkeit aufweisen. Durch metabolische Cyclisierung entsteht aus der unwirksamen Vorstufe Proguanil **9.22** das gegen Malariaerreger wirksame Cycloguanil **9.23**. Der Entzündungshemmer Sulindac **9.24** hat eine um den Faktor 100 bessere Wasserlöslichkeit als die eigentliche Wirkform, das Sulfid **9.25**. Neben dieser reversiblen enzymatischen Reduktion findet auch eine irreversible enzymatische Oxidation zum biologisch inaktiven Sulfon statt.

9.3 Chemisch geschickt verpackt: vielfältige Prodrugkonzepte

Das antibakteriell wirksame Sulfonamid Sulfachrysoidin (Abschnitt 2.3) ist ein Prodrug. Erst das nach Spaltung der Azo-Bindung entstehende Stoffwechselprodukt Sulfanilamid wirkt als Antimetabolit der von den Mikroorganismen benötigten *p*-Aminobenzoesäure. Weitere Prodrugs sind Proguanil **9.22**, das durch Cyclisierung in Cycloguanil **9.23** übergeht (Abschnitt 27.2) oder der Entzündungshemmer Sulindac **9.24**, der metabolisch in das wirksame Sulfid **9.25** umgewandelt wird (Abb. 9.5).

Amidine werden als Bausteine in Inhibitoren des Thrombins (Abschnitt 23.4) und Antagonisten des Integrinrezeptors $\alpha_{IIb}\beta_3$ (Abschnitt 31.2) verwendet. Diese stark basischen Gruppen sind abträglich für eine gute Bioverfügbarkeit. Durch Oxidation zu entsprechenden Amidoximen entsteht eine weniger basische Gruppe, die unter physiologischen Bedingungen nicht protoniert vorliegt. Reduktasen, die in der Leber,

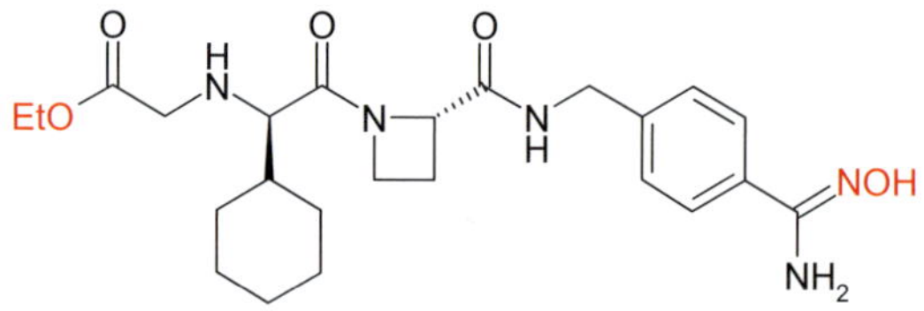

9.26 Ximelagatran

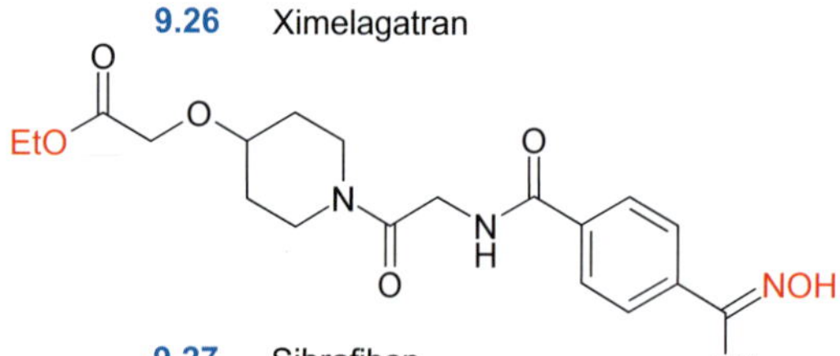

9.27 Sibrafiban

Abb. 9.6 Zur Verbesserung der oralen Bioverfügbarkeit wurden Ximelagatran **9.26** und Sibrafiban **9.27** entwickelt, die zum einen eine ungeladene Amidoximgruppe, zum anderen eine Esterfunktion als doppeltes Prodrug enthalten.

Niere, Lunge oder dem Gehirn vorkommen, setzen die aktive Amidinstruktur wieder frei. Dieses Konzept wurde zusammen mit einer Veresterung der terminalen Säurefunktion in einer doppelten Prodrug-Strategie bei dem für zwei Jahre auf dem Markt befindlichen Thrombininhibitor Ximelagatran **9.26** und dem Rezeptorantagonisten Sibrafiban **9.27** angewendet (Abb. 9.6).

Die Bombardierung eines alliierten Schiffs, das 1943 mit 100 Tonnen Lost **9.28** (Senfgas, Bis-β-chlorethyl-sulfid, Abb. 9.7) in einem italienischen Hafen lag, führte zur Beobachtung, dass bei vielen Vergifteten die Zahl der weißen Blutkörperchen stark vermindert war. Diese hohe Giftigkeit für Zellen, die sich rasch teilen, wollte man zur Abtötung von Tumorzellen nutzen. Die cytotoxische Wirkung beruht vor allem auf der Alkylierung von Nucleinsäuren in der DNA und hat multiple Veränderungen dieses Moleküls zur Folge. Dadurch wird dessen Reduplikation und somit die Zellteilung beeinträchtigt. Eine gezielte Suche nach Analoga des Lost mit geringerer Toxizität führte über *N*-Lost **9.29** zu aromatisch substituierten *N*-Lost-Derivaten **9.30**, bei denen Verträglichkeit und Tumorspezifität aber ebenfalls noch unzureichend waren. Tumorzellen sind besonders reich an Phosphatasen. Deshalb ging H. Arnold bei der deutschen Firma Chemie Grünenthal davon aus, dass Phosphorsäurederivate des *N*-Lost geeignete Prodrugs für eine spezifische Tumortherapie sein könnten. Die interessanteste Verbindung war Cyclophosphamid **9.31**, eine Substanz, die im Tierversuch zum vollständigen Verschwinden von Tumoren führen kann. Der ursprünglich angenommene Mechanismus trifft jedoch nicht zu, denn *in vitro*, in Zellkulturen von Tumoren, ist die Substanz unwirksam. Die metabolische Aktivierung erfolgt außerhalb des Tumors in der Leber durch oxidativen Abbau (Abb. 9.7).

Im Falle des Krebstherapeutikums 5-Fluoruracil **9.33** gelingt eine solche Aktivierung durch tumorspezifische Enzyme. Das dreifache Prodrug Capecitabin **9.34** wird zunächst durch eine Carboxylesterase in der Leber zu **9.35** aktiviert (Abb. 9.8) Dann spaltet sowohl

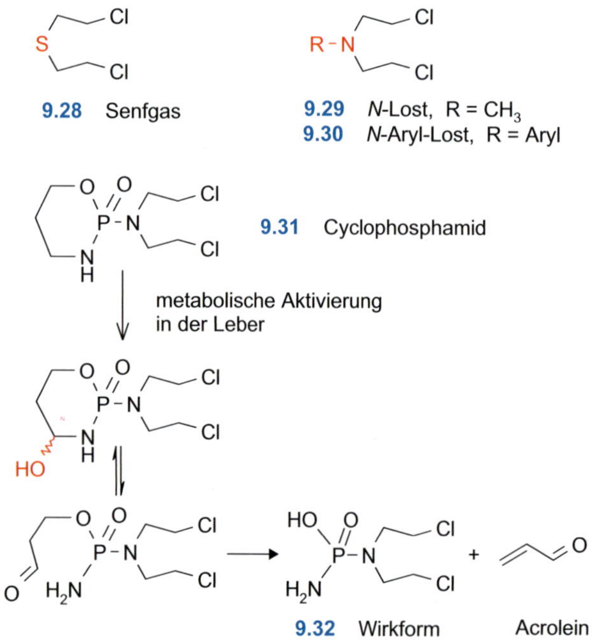

9.28 Senfgas

9.29 *N*-Lost, R = CH₃
9.30 *N*-Aryl-Lost, R = Aryl

9.31 Cyclophosphamid

metabolische Aktivierung in der Leber

9.32 Wirkform   Acrolein

Abb. 9.7 Vom Senfgas **9.28** leiten sich die cytostatischen *N*-Methyl- und *N*-Arylverbindungen **9.29** und **9.30** ab. Die Aktivierung des Prodrugs Cyclophosphamid **9.31** verläuft im ersten Schritt über eine metabolische Hydroxylierung des Kohlenstoffs in Nachbarstellung zum Stickstoffatom. Das biologisch aktive Agens **9.32** und das giftige Nebenprodukt Acrolein entstehen aus labilen Zwischenprodukten durch enzymatischen Abbau und spontanen Zerfall.

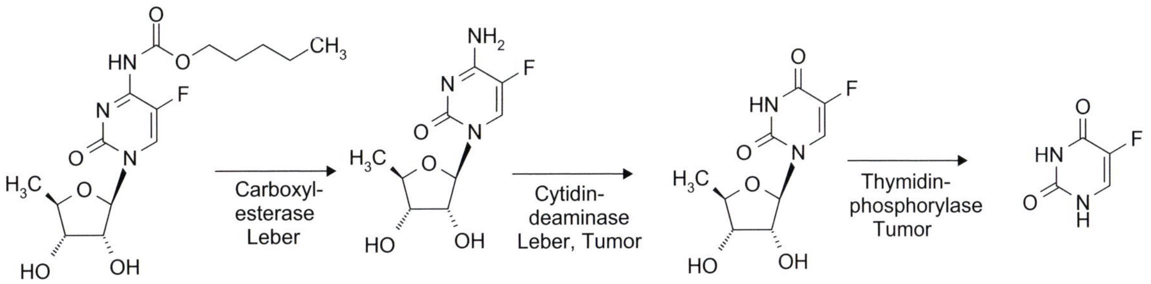

9.34 Capecitabin 9.35 9.36 9.33 5-Fluoruracil

Abb. 9.8 Das dreifache Prodrug Capecitabin 9.34 wird über eine Carboxylesterase in der Leber zu 9.35 aktiviert, um anschließend im Tumor mit einer Cytidin-Deaminase in 9.36 und mit einer Thymidin-Phosphorylase in das Krebstherapeutikum 5-Fluoruracil 9.33 überführt zu werden.

in der Leber wie im Tumor eine Cytidin-Deaminase eine Aminogruppe zu 9.36 ab. Zuletzt setzt die Thymidin-Phosphorylase der Tumorzellen den Wirkstoff 9.33 frei. Er entfaltet seine Wirkung durch Blockieren der Thymidylatsynthase, einem Enzym, das bei der Thyminbiosynthese eine wichtige Rolle spielt (Abschnitt 27.2). Es liefert Bausteine für die DNA-Synthese. Da sich Krebszellen rascher teilen als gesunde Zellen, sind sie somit von der Aktivität der Thymidylatsynthase stärker abhängig als gesunde Zellen.

9.4 Die L-Dopa-Therapie, ein elegantes Prodrug-Konzept

Die Neurotransmitter Dopamin und Acetylcholin erfüllen in bestimmten Bereichen des Zentralnervensystems gegensätzliche Aufgaben. Die **Parkinsonsche Krankheit**, auch Schüttellähmung genannt, entsteht durch Zerstörung von dopaminproduzierenden Zellen in der *Substantia nigra* des Mittelhirns. Das dadurch verursachte Ungleichgewicht zwischen dopaminergen und cholinergen Nervenimpulsen führt zu anfallartigen und chronischen Bewegungsstörungen, wie Starre, Schütteln, Zittern und ruckartigen, willkürlich nicht mehr beeinflussbaren Bewegungen. Ähnliche Nebenwirkungen werden auch durch Substanzen verursacht, die Dopaminrezeptoren blockieren, z. B. von tricyclischen Neuroleptika (Abschnitt 1.6). Die intravenöse Gabe von Dopamin 9.37 (Abb. 9.9) zur Substitution dieses Neurotransmitters führt nicht zum gewünschten Effekt, da die Substanz die Blut-Hirn-Schranke nicht durchdringen kann. Wegen ihrer rein peripheren Wirkung werden nur unerwünschte Wirkungen auf Herz und Kreislauf beobachtet, z. B. Blutdruckanstieg und Erhöhung der Pulsfrequenz.

Das gewünschte Gleichgewicht im Gehirn sollte sich durch eine Dämpfung des cholinergen Systems wiederherstellen lassen. Dieser Weg wurde therapeutisch auch beschritten, mit der Gabe von Anticholinergika, d. h. Antagonisten der cholinergen Rezeptoren. Eine elegantere Möglichkeit zur Dopamin-Substitution ist die Gabe der Aminosäure L-Dopa 9.38 (Abb. 9.9). Diese metabolische Vorstufe des Dopamins ist ein oral bioverfügbares und zentralnervös wirksames Arzneimittel. Sie ist zwar noch polarer als Dopamin und könnte über passive Diffusion weder absorbiert werden, noch die Blut-Hirn-Schranke

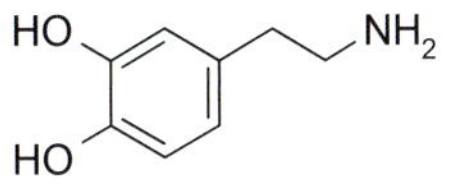

9.37 Dopamin

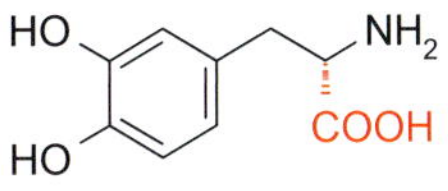

9.38 L-Dopa

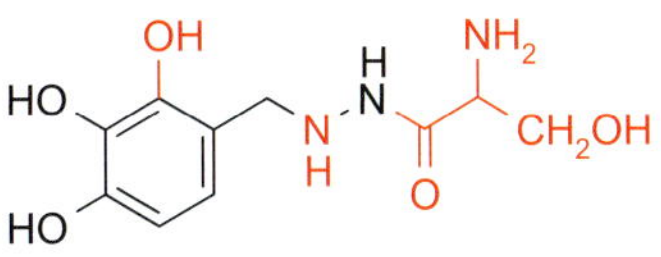

9.39 Benserazid (Racemat)

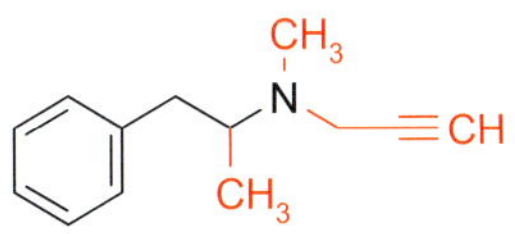

9.40 Selegilin

Abb. 9.9 Da Dopamin 9.37 nicht ins Zentralnervensystem gelangen kann, wird die metabolische Vorstufe L-Dopa 9.38 eingesetzt. Zur Reduktion von dopaminbedingten Kreislaufwirkungen kombiniert man die Substanz mit dem nur peripher wirksamen Decarboxylase-Hemmer Benserazid 9.39. Die Gabe eines Monoaminoxidase-Hemmers, z. B. Selegilin 9.40, verhindert den raschen Abbau des Dopamins.

überwinden. Als Aminosäure benutzt sie aber den Aminosäure-Transporter (Abschnitt 30.7).

Damit ist das erste Ziel, die zentralnervöse Wirkung, erreicht. Nach L-Dopa-Gabe werden aber immer noch zu viele periphere Nebenwirkungen beobachtet. Außerdem wirkt L-Dopa nur kurz, das entstehende Dopamin wird im Gehirn zu rasch abgebaut. Man muss also versuchen, den Abbau der Substanz zu verhindern und gleichzeitig ihre Konzentration im Kreislauf zu verringern. Die Kombination von L-Dopa mit dem nur peripher wirksamen Decarboxylase-Hemmer Benserazid 9.39 und dem auch zentralnervös wirksamen Monoaminoxidase-Hemmer Selegilin 9.40 (Abschnitt 27.8) löst diese Probleme weitgehend. In der Kombination sind die peripheren Nebenwirkungen reduziert, die zentralnervöse Wirkung ist verlängert (Abb. 9.9). Trotz dieser Meisterleistung des Wirkstoffdesigns, die zu einem signifikanten Therapiefortschritt führte, wirkt das metabolisch entstehende Dopamin immer noch an zu vielen Stellen. Neben restlichen peripheren Nebenwirkungen sind plötzliche Wechsel zwischen übersteigerten Bewegungen, normaler Beweglichkeit und Starre, Schlaflosigkeit, Unruhe und Halluzinationen Ausdruck einer generalisierten ZNS-Wirkung.

In Zusammenhang mit dieser Beobachtung wird darüber spekuliert, ob neben endogenen und genetischen Faktoren auch Umwelteinflüsse für die Auslösung der Parkinsonschen Krankheit verantwortlich gemacht werden müssen, z. B. metabolische Umsetzungen von strukturanalogen Fremdstoffen.

9.5 Drug Targeting, Trojanische Pferde und Pro-Prodrugs

Als **Drug Targeting** bezeichnet man den Entwurf von Wirkstoffen, die ihre Wirkung nur oder überwiegend in einem bestimmten Organ entfalten. Neben allgemeinen Prinzipien, z. B. einer optimalen Lipophilie als Voraussetzung für das Durchdringen der Blut-Hirn-Schranke, werden auch spezifische metabolische Umsetzungen genutzt. Das in letzten Abschnitt beschriebene Parkinsonmittel L-Dopa ist ein solches Prodrug.

Das krampfhemmende Mittel Progabid 9.41 ist ein doppeltes Prodrug, da beide funktionelle Gruppen des Neurotransmitters 9.42 maskiert sind. Nach Überwindung der Blut-Hirn-Schranke und Freisetzung der Amino- und Carboxylgruppen entsteht daraus der eigentliche Wirkstoff, die γ-Aminobuttersäure (GABA, Abb. 9.10).

Die Eigenschaft der Blut-Hirn-Schranke, polare Substanzen zurückzuhalten, kann ebenfalls für ein Prodrug-Konzept genutzt werden. Dazu wird ein Wirkstoff über eine metabolisch labile Gruppe an ein Dihydropyridin gekoppelt. Das neutrale Konjugat 9.43 kann die Blut-Hirn-Schranke überwinden. Oxidation führt zu einer permanent geladenen Verbindung 9.44, die das Gehirn nicht mehr verlassen kann. Nach metabolischer Spaltung entsteht der freie Wirkstoff an Ort und Stelle (Abb. 9.11). Erfolgt die Oxidation in der Peripherie, wird der gut wasserlösliche Komplex bereits vor der Freisetzung des Wirkstoffs ausgeschieden. So schön dieses Prinzip erscheint, es hat bisher noch keinen Eingang in die Therapie gefunden.

Einige Analoga von Nucleosidbasen und Nucleosiden sind **Trojanische Pferde**. Das Herpesmittel Aciclovir 9.45 gelangt als unwirksame Form in alle Zellen. Aber nur in den virusinfizierten Zellen erfolgt die erste Monophosphorylierung durch eine virusspezifische Thymidinkinase. Anschließend bewerkstelligen zelluläre Kinasen die Bildung des Triphosphats, der eigentlichen Wirkform. Dadurch wirkt Aciclovir gezielt antiviral. Die Substanz wird allerdings nur schlecht absorbiert. Das besser geeignete Valaciclovir 9.46 (Abb. 9.12) ist als **Pro-Prodrug** anzusehen. Im Organismus wird es zuerst zu Aciclovir hydrolysiert und anschließend vom viralen Enzym in die Aktivform übergeführt. Valaciclovir ist lipophiler als Aciclovir, trotzdem besser wasserlöslich und zu ungefähr 55 % bioverfügbar.

Omeprazol 9.47 ist das Prodrug eines irreversiblen Inhibitors des Enzyms H^+/K^+-ATPase, der so genann-

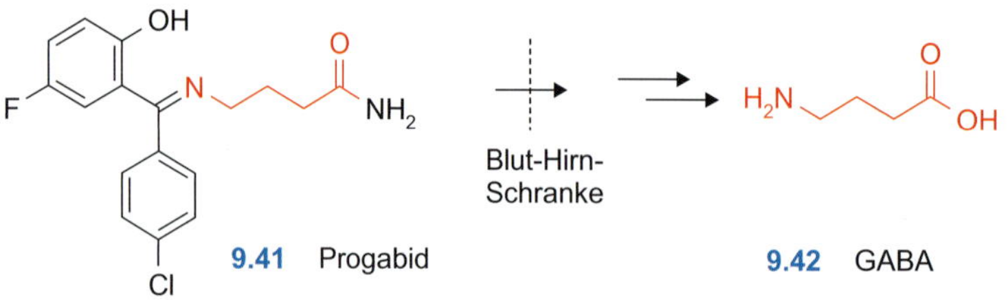

Abb. 9.10 Progabid 9.41 kann als lipophiles Neutralmolekül die Blut-Hirn-Schranke überwinden. Nach metabolischer Freisetzung der Amino- und Carboxylgruppen geht es in den Neurotransmitter γ-Aminobuttersäure 9.42 (GABA) über.

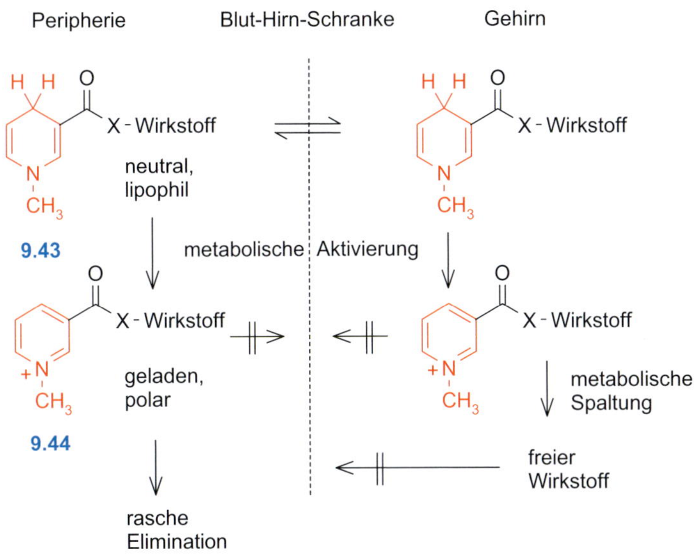

Abb. 9.11 Drug Targeting ins Gehirn erfolgt über ein Wirkstoff-Dihydropyridin-Konjugat **9.43**. Diese Substanz kann leicht ins Zentralnervensystem gelangen. Metabolische Oxidation führt zum permanent geladenen Pyridin **9.44**, das nicht mehr durch die Blut-Hirn-Schranke treten kann. In den Gehirnzellen erfolgt die Freisetzung des Wirkstoffs, in der Peripherie eine rasche Ausscheidung des polaren Konjugats.

ten Protonenpumpe. Nur in stark saurer Umgebung, in den säureproduzierenden Zellen des Magens, erfolgt eine Umlagerung zur Sulfensäure **9.48**, die im Gleichgewicht mit dem cyclischen Sulfenamid **9.49** steht (Abb. 9.13). Dieses reagiert unter Bildung eines Disulfids irreversibel mit SH-Gruppen des Enzyms. Omeprazol wirkt effektiver als die H_2-Antagonisten (Abschnitt 3.5), da es nicht nur die histaminstimulierte Säuresekretion, sondern alle Formen der Säuresekretion hemmt.

Zur selektiven Wirkung in einem bestimmten Organ kann man auch die unterschiedliche metabolische Aktivität der verschiedenen Gewebe nutzen. Adrenalin (Abschnitt 1.4) und einige Betablocker (Abschnitt 8.5) sind prinzipiell für die Therapie des Glaukoms (grüner Star) geeignet, da sie den erhöhten Augeninnendruck auf normale Werte herabsetzen. Allerdings haben die Substanzen unerwünschte Nebenwirkungen auf die Herzfunktion und den Kreislauf. Dies vermeidet man über die Gabe von Prodrugs, die im Auge rascher bzw. nur im Auge metabolisiert werden, z. B. dem schwer spaltbaren Ester **9.50** des Adrenalins **9.51** oder einem Keton-Oximether **9.52** des Timolols **9.53** (Abb. 9.14).

Das Gebiet des **Drug Targeting** hat sich in den letzten Jahren zu einem spannenden Gebiet entwickelt. Neben den geschilderten Prodrugs, die aktive Wirkstoffe erst im Zielgebiet freisetzen, verfolgt man das Konzept **antikörpergekoppelter Wirkstoffe**, besonders für die Entwicklung neuartiger Krebstherapeutika. Ein weiterer Ansatz ist die Kopplung von Wirkstoffen mit zellspezifischen Erkennungssequenzen. Das Ziel dieser Arbeiten ist es, die Membrantransporter ganz bestimmter Zellen zu täuschen, damit sie die Wirkstoff-Konjugate in diese Zellen einschleusen.

In Abschnitt 9.3 waren vom *N*-Lost abgeleitete Derivate als interessante Tumortherapeutika vorgestellt worden. Allerdings sind diese cytotoxischen alkylierenden Verbindungen sehr reaktiv und sollten wirklich nur im gewünschten Zielgebiet aktiv sein. Man hat dazu z. B. folgende Strategie entwickelt. Aus dem Prodrug **9.54** lässt sich das aromatische *N*-Lostderivat

9.45 Aciclovir, X = H
9.46 Valaciclovir, X = (valyl group)

Abb. 9.12 Aciclovir **9.45** ist ein Trojanisches Pferd. Nur in den virusinfizierten Zellen entsteht aus dem Prodrug durch enzymatische Phosphorylierung seiner alkoholischen Hydroxygruppe mit einer viralen Kinase die monophosphorylierte Form, die weiter durch zelleigene Kinasen in das aktive Triphosphat umgewandelt wird. Valaciclovir **9.46** ist ein Pro-Prodrug, da es durch Hydrolyse in Aciclovir überführt und anschließend aktiviert wird.

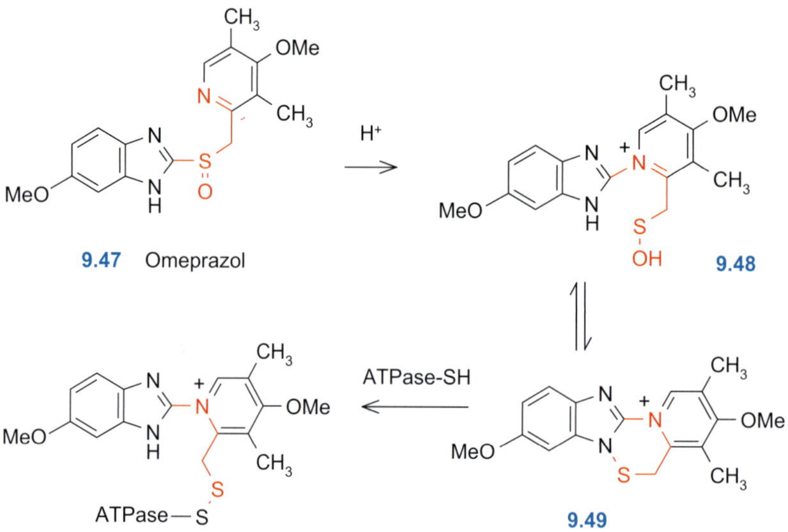

9.47 Omeprazol

9.48

9.49

Abb. 9.13 Omeprazol **9.47** wird durch Säuren in die Sulfensäure **9.48** umgelagert, die im Gleichgewicht mit dem cyclischen Sulfenamid **9.49** steht. Dieses reagiert irreversibel mit SH-Gruppen einer H^+/K^+-ATPase, der so genannten Protonenpumpe.

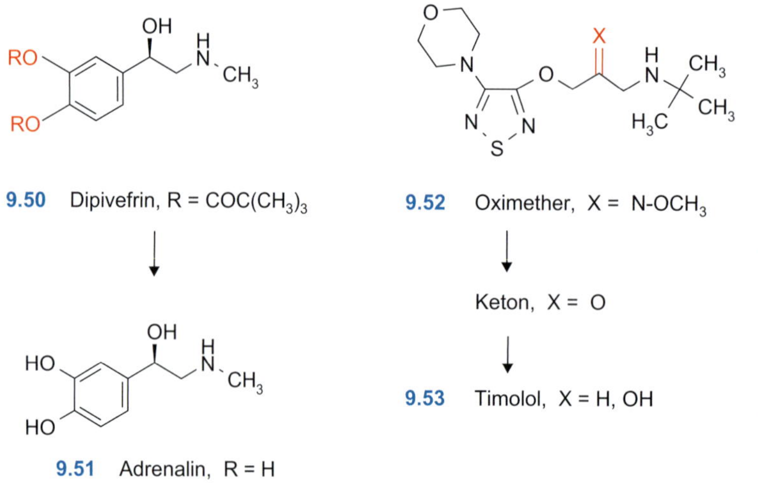

9.50 Dipivefrin, R = COC(CH$_3$)$_3$

9.51 Adrenalin, R = H

9.52 Oximether, X = N-OCH$_3$

Keton, X = O

9.53 Timolol, X = H, OH

Abb. 9.14 Drug Targeting zur Glaukomtherapie nutzt die metabolischen Besonderheiten des Auges. Der Bis-pivaloylester Dipivefrin **9.50** des Adrenalins **9.51** wird nach Durchtritt durch die Hornhaut im Auge fast 20-mal schneller hydrolysiert als in der Peripherie. Der Oximether des Timolols **9.52** wird nur im Auge über das Keton zur Wirkform Timolol **9.53** metabolisiert.

9.55 (Abb. 9.15) durch spezifische Peptidspaltung mit der Carboxypeptidase G2, einem nur in Bakterien vorkommenden Enzym, freisetzen. Dieses Enzym wurde mit einem spezifischen monoklonalen Antikörper (Abschnitt 32.3) verknüpft, der gezielt humane kolorektale Krebszellen erkennt. Damit wird das Enzym, das das Krebstherapeutikum für die Zerstörung der Krebszellen „scharf macht", gezielt in deren unmittelbare Nähe gebracht. Diese antikörpergesteuerte enzymaktivierte Prodrug-Therapie könnte in Zukunft durch die lokale Freisetzung der Wirkform eine deutlich gezieltere und für den Patienten schonendere Therapie ermöglichen.

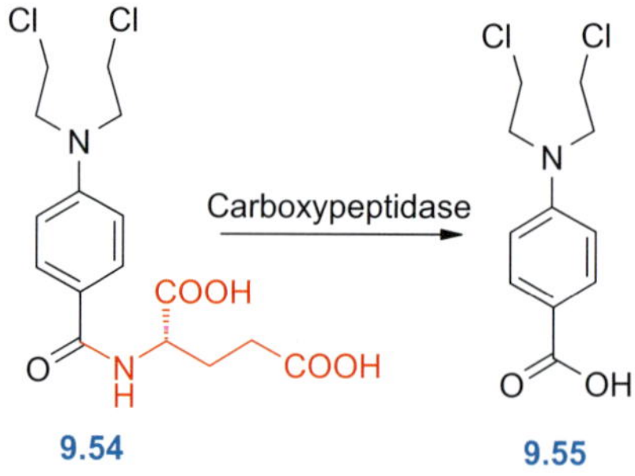

9.54

9.55

Abb. 9.15 Aus dem Prodrug **9.54** wird durch eine spezifische Carboxypeptidase, die über einen angefügten Antikörper an Krebszellen herangeführt wird, das hoch reaktive Krebstherapeutikum **9.55** vom N-Lost-Typ freigesetzt.

Literatur

Allgemeine Literatur

H. Bundgaard, Hrsg., Design of Prodrugs, Elsevier, Amsterdam, 1985

N. Bodor, Prodrugs and Site-Specific Chemical Delivery Systems, Ann. Rep. Med. Chem. **22**, 303–313 (1987)

H. Bundgaard, Design and Application of Prodrugs, in: A Textbook of Drug Design and Development, P. Krogsgaard-Larsen und H. Bundgaard, Hrsg., Harwood Academic Publishers, Chur, 1991, S. 113–191

G. G. Gibson, Introduction to Drug Metabolism, Blackie, London, 1994

R. B. Silverman, Medizinische Chemie, VCH Weinheim, 1994, Kapitel 7, Metabolisierung von Wirkstoffen, und Kapitel 8, Prodrugs und Systeme zum Transport und zur Freisetzung von Medikamenten

L. P. Balant und E. Doelker, Metabolic Considerations in Prodrug Design, in: Burger's Medicinal Chemistry, M. E. Wolff, Hrsg., 5. Auflage, Band I, John Wiley & Sons, New York, 1995, S. 949–982

P. Ettmayer, G. L. Amidou, B. Clement und B. Testa, Learned from Marketed and Investigational Prodrugs, J. Med. Chem. **47**, 2394–2404 (2004)

B. Testa und J. M. Mayer, Hydrolysis in Drug and Prodrug Metabolism – Chemistry, Biochemistry and Enzymology, Wiley-VHCA, Zürich, 2003

B. Testa, Prodrug and Soft Drug Design, Comprehensive Medicinal Chemistry II, J. B. Taylor und D. J. Triggle, Hrsg., Band 5, Elsevier, Oxford, 2007, S. 1009–1041

V. J. Stella, R. T. Borchardt, M. J. Hageman, R. Oliyai, H. Maag und J. W. Tilley, Eds., Prodrugs: Challenges and Rewards. 2 Bände, Springer, New York, 2007

Spezielle Literatur

M. E. Brewster, E. Pop und N. Bodor, Chemical Approaches to Brain-Targeting of Biologically Active Compounds, in: Drug Design for Neuroscience, A. P. Kozikowski, Hrsg., Raven Press, New York, 1993

N. Bodor und P. Buchwald, Ophthalmic Drug Design Based on the Metabolic Activity of the Eye: Soft Drugs and Chemical Delivery Systems, The AAPS Journal **7**, E820-833 (2005)

M. P. Napier, S. K. Sharma et al. Antibody-directed Enzyme Prodrug Therapy: Efficacy and Mechanism of Action in Colorectal Carcinoma. Clin. Cancer Res. **6**, 765–772 (2000)

Peptidomimetika

10

Peptide sind aus **Aminosäuren** aufgebaute, kettenförmige Moleküle (Abb. 10.1). Ihre Hauptkette besteht aus einer alternierenden Abfolge von Amidgruppen –CONH– und als C_α bezeichneten aliphatischen Kohlenstoffatomen. Die Seitenketten zweigen von der Hauptkette am C_α-Atom ab. Die Amidgruppe ist eben und kaum flexibel (Abschnitt 14.1). Hingegen ist eine Drehung um die Bindungen zum C_α-Atom möglich. Ebenso sind die Seitenketten flexibel. Dadurch kann jede einzelne Aminosäure in einem Peptid mehrere Konformationen einnehmen. In Folge sind Peptide meist sehr flexible Moleküle mit vielen drehbaren Bindungen und einer Vielzahl von Möglichkeiten, sich unterschiedlich räumlich anzuordnen. Formal gesehen unterscheidet sich der Aufbau von Peptiden und Proteinen nicht. Dennoch bezeichnet man Oligomere aus den Aminosäuren bis zu einer Größe von ca. 30–50 Monomerbausteinen als **Peptide**, oberhalb dieser Grenze wählt man bevorzugt den Begriff **Proteine** für diese Substanzklasse.

10.1 Die therapeutische Bedeutung von Peptiden

Peptide sind im menschlichen Organismus als Enzymsubstrate oder als Botenstoffe für zahlreiche biologische Funktionen verantwortlich. Einige wichtige Vertreter sind in Tabelle 10.1 zusammengefasst. Dementsprechend sind Peptide auch für die Therapie interessant und in der Tat sind einige wichtige Arzneistoffe Peptide (Abb. 10.2).

Der Einsatz von Peptiden als Medikamente wird allerdings durch einige Faktoren wesentlich eingeschränkt:

- Peptide werden nach oraler Gabe meist schlecht absorbiert, im Wesentlichen bedingt durch ihr hohes Molekulargewicht und die ausgeprägte Polarität.

- Peptide werden durch Proteasen im Magen-Darm-Trakt und im Serum leicht gespalten und sind daher metabolisch nicht stabil.

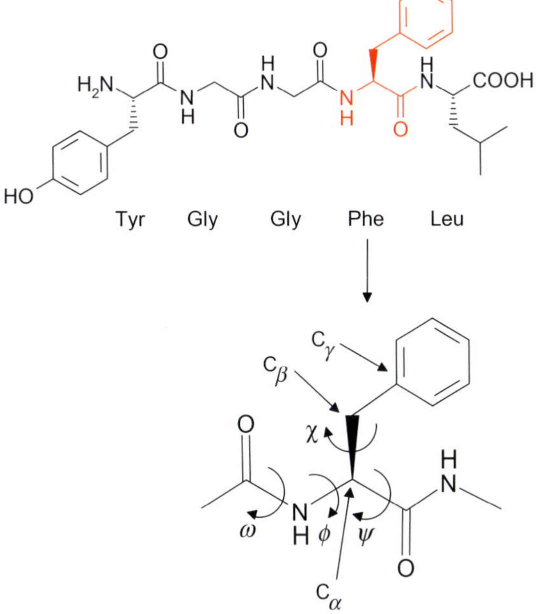

Abb.10.1 Das Pentapeptid Leu-Enkephalin als Beispiel für eine Peptidstruktur. Das linke Ende, mit der freien NH_2-Gruppe, wird als N-Terminus bezeichnet, das andere Ende ist der C-Terminus. Jede Aminosäure trägt mit drei Atomen zur Peptidkette bei. Die Natur setzt zum Aufbau von Peptiden fast ausschließlich die zwanzig natürlichen (proteinogenen) L-Aminosäuren ein (siehe Abb. im Einband). In Abhängigkeit von den funktionellen Gruppen der Seitenkette unterscheidet man hydrophile, saure und basische Aminosäuren und solche mit hydrophoben aliphatischen und aromatischen Seitenketten. Die Aminosäuren werden mit einem Code aus drei Buchstaben bezeichnet. Auch eine Kurzbezeichnung durch einen Buchstaben ist gebräuchlich. Am Beispiel der Aminosäure Phenylalanin ist die Definition der Torsionswinkel ω, ϕ, ψ und χ gezeigt. Der Winkel ω liegt praktisch immer bei 180°. Der Verlauf des Peptidrückgrats im Raum wird durch die Winkel ϕ und ψ bestimmt (vergl. Abschnitt 14.2). Das erste Atom in der Seitenkette wird als C_β-Atom bezeichnet, das nächste trägt den Index γ.

Tabelle 10.1 Einige wichtige peptidische Botenstoffe

Peptid	Funktion
Leu-Enkephalin, Met-Enkephalin	Ligand des Morphin-Rezeptors (Analgetikum)
Fibrinogen	Blutplättchenaggregation
Angiotensin II	Blutdrucksteigerung
Endothelin	u. a. Blutdrucksteigerung
Neuropeptid Y	u. a. Blutdrucksteigerung
Substanz P	u. a. Bronchokonstriktion und Schmerzleitung

- Der Körper ist in der Lage, Peptide über die Leber und die Nieren sehr schnell wieder auszuscheiden.

Da Peptide in unserem Körper sehr viele biologische Funktionen wahrnehmen, besteht ein großes Interesse, Wirkstoffe ohne die oben genannten abträglichen Eigenschaften zu finden, die analog den Peptiden am gleichen Rezeptor binden bzw. das Enzym blockieren, das sonst ein peptidisches Substrat umsetzt. Auf der Suche nach solchen Verbindungen geht man schrittweise vor. Man versucht die peptidische Struktur durch isosteren Ersatz einzelner Baugruppen so abzuwandeln, dass zwar das Aussehen und die molekularen Erkennungseigenschaften des Peptids erhalten bleiben, die unerwünschten Eigenschaften aber reduziert werden. Solche **Peptidomimetika** sollen folgende Eigenschaften aufweisen:

- wenige bzw. nicht spaltbare Amidbindungen zur Erhöhung der metabolischen Stabilität,
- reduziertes Molekulargewicht zur Erhöhung der oralen Verfügbarkeit,
- die gleiche räumliche Anordnung der für die Rezeptor- bzw. Enzymbindung verantwortlichen Gruppen wie im Peptid, um eine feste Bindung zu gewährleisten.

Bakterien sind wahre Meister in der Darstellung von Peptidstrukturen, die häufig die gewünschte metabolische Stabilität erlangen. Sie bauen dazu Aminosäuren in die Peptide ein, die nicht zu den 20 Resten gehören und üblicherweise für den Aufbau von Proteinen verwendet werden. Auch auf stereochemisch invertierte Aminosäuren wird zurückgegriffen, und viele dieser Strukturen weisen einen cyclischen Aufbau auf. Sie haben dafür eine eigene Synthese-Maschinerie entwickelt, die **nichtribosomale Peptidsynthese** (Abschnitt 32.6). Dieses System aus modular miteinander verknüpften Enzymen arbeitet wie ein Fließband. Es werden je nach gewünschtem Produkt unterschiedliche enzymatische Funktionseinheiten hintereinander gereiht, die die Peptidkette sukzessive aus einzelnen Aminosäuren aufbauen und am Ende cyclisieren. Der Austausch einer enzymatischen Syntheseeinheit bedingt, dass andere Aminosäuren in das sonst unveränderte Peptid eingebaut werden. Auch Esterbindungen können über einen ganz ähnlichen Multienzymkomplex aufgebaut werden. Viele Leitstrukturen bis hin zu fertigen Arzneistoffen leiten sich von diesen ursprünglich bakteriellen Peptiden ab, so das in Abb. 10.1 gezeigte Cyclosporin. Es stellt ein wichtiges Immunsuppressivum dar. Eine Großzahl der Makrolid-Antibiotika (Abschnitt 32.6) wird auf diesem Weg synthetisiert.

In jüngster Zeit wurde zur Darstellung solcher Makrolide eine so genannte chemoenzymatische Synthesestrategie entwickelt. Wie im Abschnitt 11.6 vorge-

H-Cys-Tyr-Ile-Gln-Asn-Cys-Pro-Leu-Gly-NH₂   Oxytocin

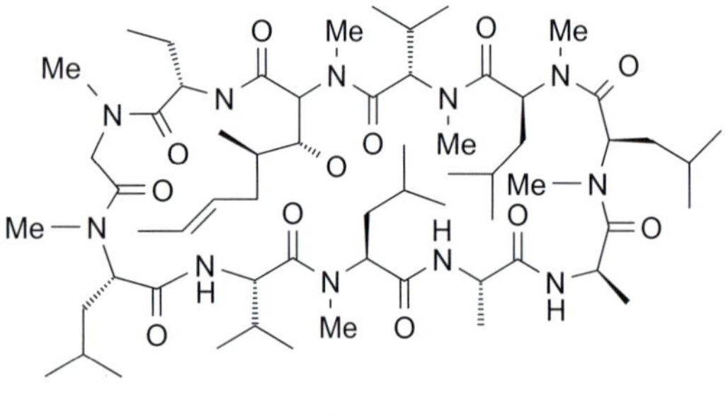

Cyclosporin

pGlu-His-Trp-Ser-Tyr-D-Leu-Leu-Arg-Pro-NHEt   Leuprolid

Abb. 10.2 Peptide als Arzneistoffe. Oxytocin wird zur Einleitung und Verstärkung von Geburtswehen verwendet. Das Immunsuppressivum Cyclosporin verhindert Abstoßungsreaktionen nach Organtransplantationen. Leuprolid (pGlu = *pyro*-Glutamat) ist ein Analoges des LHRH (*luteinizing hormone-releasing hormone*), eines Hypothalamus-Hormons, das über das Hormon LH die Biosynthese der weiblichen und männlichen Sexualhormone steuert. Leuprolid wird zur Behandlung von Prostatakrebs im fortgeschrittenen Stadium eingesetzt.

stellt wird, lassen sich lineare Oligopeptide mit der Merrifieldsynthese leicht synthetisieren. Dabei können natürliche wie nicht natürliche Aminosäuren mit L- und D-Konfiguration eingesetzt werden. Eine hohe kombinatorische Vielfalt lässt sich erzeugen. Mit chemisch-synthetischen Methoden ist es schwierig, diese linearen Oligopeptide zu den gewünschten Makroliden zu cyclisieren. Hier bedient man sich der enzymatischen Maschinerie der nichtribosomalen Peptidsynthese. Die synthetisch hergestellten Peptide werden in die enzymatische Prozesskette eingeschleust und die von den Bakterien bereitgestellten Cyclisierungsdomänen katalysieren den Ringschluss der Peptide: eine perfekte Symbiose aus Synthesechemie und Enzymbiologie!

10.2 Der Entwurf von Peptidomimetika

Anfang der 1980er-Jahre gab es nur ein allgemein akzeptiertes Beispiel für einen niedermolekularen Wirkstoff, der die Funktion eines körpereigenen Peptids übernimmt: die Opiate. Es wird angenommen, dass Morphin **10.1** ein **Mimetikum** des körpereigenen Peptids β-Endorphin **10.2** (Abb. 10.3) ist. Ein Vergleich beider Strukturen macht sofort klar, dass Morphin unmöglich alle funktionellen Gruppen des Peptids simulieren kann. Offensichtlich sind nicht alle für seine biologische Aktivität notwendig. Dies legte die Vermutung nahe, dass auch andere Peptide mit nur wenigen funktionellen Gruppen an einen Rezeptor binden. Wenn diese Hypothese stimmt, sollte es möglich sein, die essenziellen funktionellen Gruppen zu identifizieren, um dann ein kleines organisches Molekül zu finden, das die benötigten Gruppen in der richtigen relativen Anordnung enthält.

Ausgangspunkt für den Entwurf eines Peptidomimetikums ist zunächst die Identifizierung des biologisch aktiven Peptids, dessen Funktion man nachbilden will. Im ersten Schritt werden dazu einzelne Aminosäuren weggelassen, um festzustellen, ob nicht auch ein Teil des Peptids ausreichende Wirkung zeigt. Danach wird die Bedeutung einzelner Seitenketten untersucht. In einem so genannten **Alanin-Scan** (Abschnitt 10.7) wird jede Aminosäure sukzessive gegen Alanin ausgetauscht. Ein starker Abfall der Aktivität ist Indiz dafür, dass die entfernte Seitenkette wichtig ist. Bis zu diesem Punkt wurden nur Peptide mit den 20 in Proteinen vorkommenden Aminosäuren untersucht. Im nächsten Schritt folgt die Einführung von Strukturelementen, die in den 20 **proteinogenen Aminosäuren** nicht vorkommen. Im Prinzip bieten sich folgende Möglichkeiten zur Abwandlung einer Peptidstruktur an:

- Verwendung von D- statt L-Aminosäuren,
- Modifizierung der Seitenkette von Aminosäuren,
- Veränderung der Peptidhauptkette,
- Cyclisierung zur Konformationsstabilisierung und die
- Verwendung von Templaten, die eine bestimmte Sekundärstruktur erzwingen, oder an die sich Seitenketten in einer definierten räumlichen Anordnung anfügen lassen.

10.3 Erste Schritte der Abwandlung: Modifizierung der Seitenketten

Eine Verbesserung der Bindungseigenschaften eines Peptids lässt sich häufig durch Verwendung anderer Seitenketten erreichen. Als Beispiel sind in Abb. 10.4 einige Analoga der Aminosäure Phenylalanin aufgeführt, die als möglicher Ersatz in Frage kommen. Eine Erhöhung der Bindungsaffinität kann z. B. erreicht werden, wenn die Verwendung einer nicht proteinogenen Aminosäure zu einer besseren Ausfüllung der Bindetasche führt. Rigide Analoga führen dann zu ei-

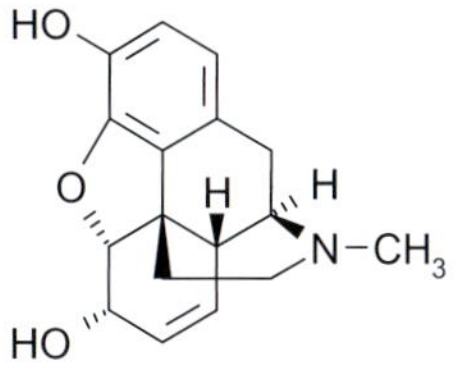

Tyr-Gly-Gly-Phe-Met-Thr-Ser-Glu-Lys-Ser-Gln-Thr-Pro-Leu-Val-Thr-Leu-Phe-Lys-Asn-Ala-Ile-Ile-Lys-Asn-Ala-Tyr-Lys-Lys-Gly-Glu

Abb. 10.3 Morphin **10.1** ist ein Peptidomimetikum für die endogenen Peptide β-Endorphin **10.2** und die Enkephaline (Abschnitt 1.4). Es bindet als Agonist an den Opiatrezeptor.

10.1 Morphin

10.2 β-Endorphin

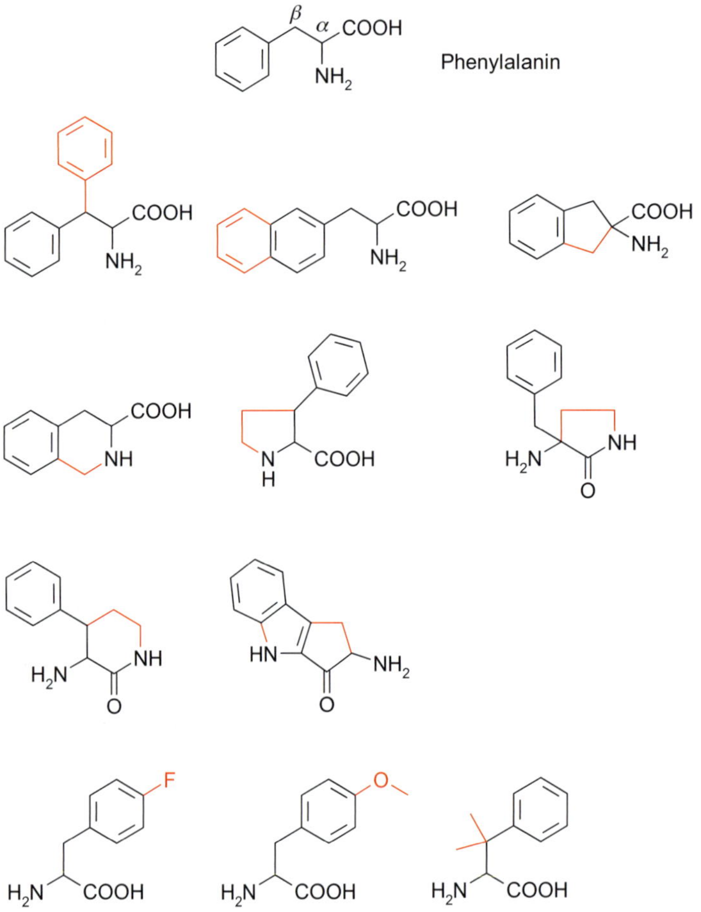

Abb. 10.4 Sterisch anspruchsvolle, konformativ fixierte oder metabolisch stabile Analoga der Aminosäure Phenylalanin, die strukturellen Erweiterungen sind in rot angedeutet.

---

ner verbesserten Bindung, wenn die **biologisch aktive Konformation**, also die am Rezeptor eingenommene Konformation, fixiert wird.

Die Einführung nicht proteinogener Aminosäuren kann die metabolische Stabilität erhöhen. Die Hydroxylierung aromatischer Seitenketten lässt sich durch einen Substituenten in *para*-Position, z. B. Fluor oder eine Methoxygruppe, unterdrücken. Die Stabilität gegen eine Spaltung durch das Verdauungsenzym Chymotrypsin wird durch Einführung zusätzlicher Substituenten am C_β-Atom verbessert, da die modifizierte Seitenkette nicht mehr in das aktive Zentrum dieser Protease hineinpasst. Die proteolytische Stabilität eines Peptids lässt sich auch durch den Austausch von L- gegen D-Aminosäuren steigern. Wie oben beschrieben, haben diesen Trick die Bakterien erkannt. Durch das Einstreuen von D-Aminosäuren in ihre Peptide können sie diese Wirksubstanzen mit einer erstaunlichen metabolischen Stabilität versehen.

10.4 Einen Schritt mutiger: Abwandlung der Hauptkette

Ein wichtiger Schritt beim Entwurf eines Peptidomimetikums ist der **Ersatz der Amidbindungen** in der Hauptkette. Einige hierfür häufig verwandte Gruppen sind in Abb. 10.5 zusammengestellt. Für Amidgruppen, bei denen sowohl die C=O- als auch die N–H-Gruppe Wasserstoffbrücken zum Protein ausbilden, kann es schwierig oder sogar unmöglich sein, einen Ersatz zu finden, der die Bindungsaffinität nicht deutlich verringert. Verbrückt die Amidgruppe lediglich funktionelle Gruppen miteinander, ohne selbst essenzielle H-Brücken zum Protein auszubilden, bietet sich eine größere Bandbreite unterschiedlicher Gruppen als Ersatz an. Eine Substitution des Amidstickoffs führt zu einer metabolischen Stabilisierung, da ***N*-methylierte Amidbindungen** durch Proteasen kaum gespalten werden. Führt die *N*-Methylierung einer Hauptketten-Amidgruppe zu einem Verlust an Bindungsaffinität, dann kommen verschiedene Erklärungen in Frage. Die *N*-methylierte Verbindung kann keine H-Brücke mehr ausbilden. Möglicherweise geht so eine essenzielle H-Brücke verloren, an der die NH-Gruppe beteiligt ist. Weiterhin kann es zu einer unerwünschten **Konformationsänderung** durch die zusätzliche Methylgruppe kommen oder die Methylgruppe blockiert aus sterischen Gründen die Bindung an das Protein. Umgekehrt verweist eine Verbesserung der Bindung in Folge der *N*-Methylierung darauf, dass die biologisch aktive Konformation stabilisiert wird. Eine Amidbindung liegt bei Raumtemperatur praktisch ausschließlich in der *trans*-Geometrie vor. Daher kann man sie auch durch eine Esterbindung ersetzen, die die gleiche Geometrie einnimmt. Allerdings verzichtet man dabei auf die Wasserstoffbrücken-Donoreigenschaften der Amidbindung.

Eine *N*-Methyl-Substitution verbessert die Stabilität der um 180° gedrehten Konformation einer Amidbindung. Im Falle des **Prolins**, der einzigen proteinogenen Aminosäure mit einer **N-Alkylsubstitution,** kann sowohl die **cis-** wie **trans-Konfiguration der Amidbindung** gefunden werden. Der Austausch gegen ein 1,5-substituiertes Tetrazol kann die *cis*-Anordnung eines Prolins ersetzen. Auch *trans*-konfigurierte Doppelbindungen geben die Geometrie einer Amidbindung gut wieder. Es gehen aber ihre polaren Eigenschaften verloren. Zu gewissem Grad können diese kompensiert werden, wenn die Doppelbindung mit Fluor substituiert wird. Reduktion einer Amid- bzw. isosteren Esterbindung bedeutet den Verlust der Carbonylgruppe und führt zu erhöhter Flexibilität. Tauscht man die Carbonylgruppe dagegen gegen –S=O, –SO$_2$- oder –PO$_2$-Gruppen, verstärkt man die H-Brückenakzeptoreigenschaften, nimmt allerdings auch Abwandlungen der Geometrie in Kauf. Der Austausch von Amid gegen **Thioamid** resultiert in einer Abschwächung des H-Brückenakzeptorverhaltens und kann zum Überprüfen einer eventuellen Bedeutung einer H-Brücke zur Carbonylgruppe im Peptidrückgrat dienen. Allerdings ist gewisse Vorsicht geboten, da die Desolvatation einer Thiocarbonylgruppe weniger aufwendig ist als die einer Carbonylgruppe. Dies überlagert sich mit den erzielten Affinitäten und kann den Effekt des Verlusts einer Wasserstoffbrückenbildung überdecken. Der **Retro-inverso-Austausch** einer Amidbindung kann zur deutlichen proteolytischen Stabilisierung eines Peptids führen, ohne dass dessen Bindungseigenschaften verloren gehen (Abschnitt 5.5).

Ein ganz anderes Konzept verfolgt der Einbau von ***β*-Aminosäuren** (Abschnitt 31.7). Diese Reste verfügen im Gegensatz zu den proteinogenen *α*-Aminosäuren über vier Kettenglieder pro Monomereinheit. Die Amidbindungen werden durch zwei aliphatische Kohlenstoffatome getrennt. Peptide aus diesen Aminosäuren bauen ebenfalls sekundäre Strukturelemente auf (Abschnitt 10.5 und 14.2). Sie konnten bereits erfolgreich als Mimetika in natürliche Peptide eingebaut werden und Peptid-Protein-Wechselwirkung simulieren. Durch die veränderte Abfolge der Amidbindungen sind sie allerdings stabil gegen proteolytischen Abbau.

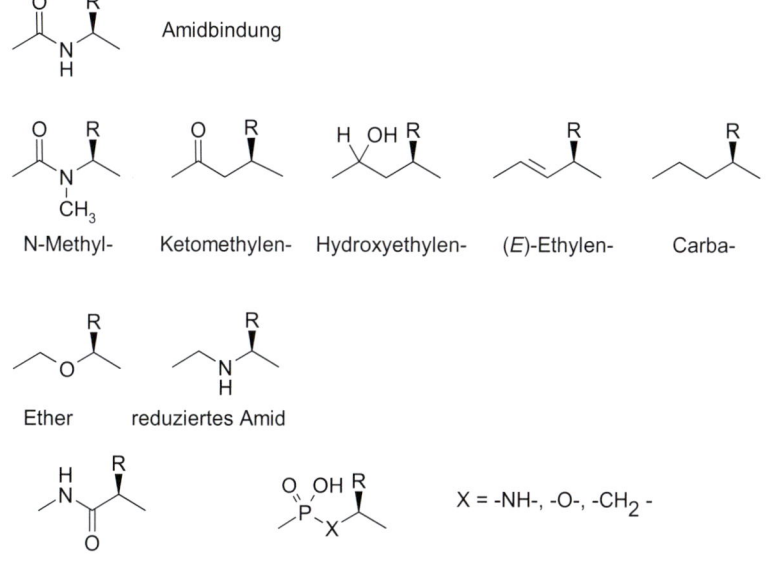

Abb. 10.5 Verschiedene funktionelle Gruppen, die in Peptidomimetika als Ersatz für eine Amidbindung dienen.

Wird in dem Substrat einer Protease die zu spaltende Amidbindung durch eine isostere, nicht spaltbare Gruppe ersetzt, so kann aus dem **Substrat ein Inhibitor** werden (Abschnitt 6.6). Falls die neu eingeführte Gruppe mit dem aktiven Zentrum des Enzyms besonders günstige Wechselwirkungen ausbildet, kann auf diese Weise ein äußerst potenter Enzym-Inhibitor resultieren. Beispielsweise ist die Ketomethylengruppe in Serin- und Cysteinprotease-Hemmern ein möglicher Ersatz der zu spaltenden Amidbindung (Kapitel 23). Die Hydroxyethylengruppe ist besonders geeignet für Aspartylprotease-Hemmer (Kapitel 24). Phosphonamide, Phosphonate und Phosphinate sind häufig starke Inhibitoren von Metalloproteasen (Kapitel 25).

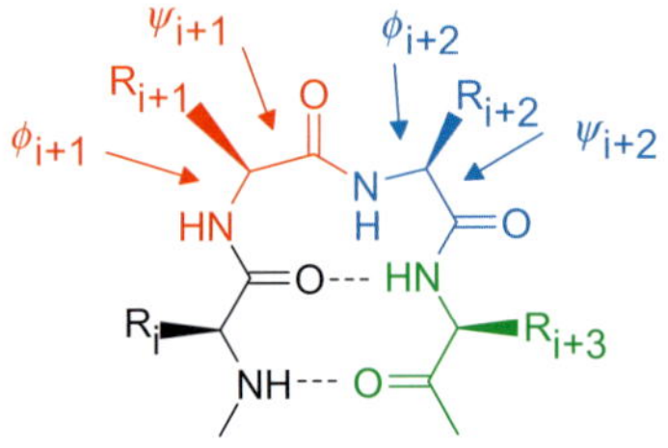

Abb. 10.6 Eine β-Schleife ist eine Peptidkonformation, in der zwischen den Aminosäuren i und i + 3 eine Wasserstoffbrücke gebildet wird. Kennzeichnend für eine β-Schleife sind bestimmte Wertebereiche für die Torsionswinkel ϕ_{i+1}, ψ_{i+1}, ϕ_{i+2}, und ψ_{i+2}.

10.5 Versteifung des Rückgrats durch Stabilisierung der Konformation

Ein wichtiger Aspekt beim Entwurf von Peptidomimetika betrifft die **Peptidkonformation**. Peptide sind flexible Moleküle und können unterschiedliche Konformationen einnehmen. Es hat sich aber gezeigt, dass bestimmte Konformationen in Proteinen und auch in einigen Peptiden bevorzugt eingenommen werden. Hierzu gehören zunächst die beiden wichtigsten Sekundärstruktur-Elemente, die α-Helix und das β-Faltblatt (Abschnitt 14.2). Darüber hinaus gibt es jedoch an den Enden dieser Sekundärstruktur-Elemente Schleifen oder Kehren („*turns*"), für die ebenfalls bevorzugte Muster gefunden werden, insbesondere β-**Schleifen** (Abb. 10.6).

Eine β-Schleife wird dann ausgebildet, wenn eine Wasserstoffbrücke zwischen der Carbonylgruppe der Aminosäure i und der NH-Gruppe der Aminosäure i + 3 auftritt. Es liegt auf der Hand, dass sich eine solche Wasserstoffbrücke nur für ganz bestimmte Kombinationen der Torsionswinkel ϕ und ψ (Abschnitt 14.2) der dazwischen liegenden Aminosäuren i + 1 und i + 2 ausbilden kann.

β-Schleifen sind von besonderem Interesse, da viele Peptide in einer β-**Schleifen-Konformation** an ein Protein binden. Nehmen wir einmal an, die Hauptkette des Peptids dient alleine dazu, die Seitenketten so zu positionieren, dass sie optimal mit dem Rezeptor wechselwirken können. Dann sollte es möglich sein, die Peptidkette durch einen ganz anderen Grundkörper zu ersetzen, an den Substituenten mit funktionellen Gruppen anzubringen sind, die die gleiche räumliche Anordnung wie die Aminosäure-Seitenketten annehmen.

Wenn ein Peptid als β-Schleife an einen Rezeptor bindet, dann sollte ein starres Analogon, das die β-Schleifen-Konformation „einfriert", zu einer verbesserten Bindung führen. Die einfachste Möglichkeit zum Erzwingen einer β-Schleife ist der Einbau der erforderlichen Sequenz in ein kleines **cyclisches Peptid**. Aus experimentellen Strukturbestimmungen ist bekannt, dass cyclische Penta- und Hexapeptide fast immer eine β-Schleife enthalten. Die Konformationen dieser Peptide sind in der Arbeitsgruppe von Horst Kessler an den Universitäten Frankfurt und München ausführlich untersucht worden. Es konnte gezeigt werden, dass die Position der β-Schleife in einer Sequenz steuerbar ist. Prolin sowie D-Aminosäuren befinden sich bevorzugt in der Position i + 1 einer solchen Schleife. Die Einführung einer D-Aminosäure begünstigt die Bildung einer β-Schleife gegenüber anderen, ebenfalls denkbaren Konformationen.

Eine β-Schleife lässt sich auch durch ein **nichtpeptidisches Templat** erzwingen. Eine Vielzahl von β-Schleifenmimetika sind hierfür vorgeschlagen worden (Abb. 10.7). Ein Teil der Strukturen dient als Templat, mit dem zwei Peptidketten in eine antiparallele Anordnung gebracht werden können. Allerdings ist eine Substitution zur Einführung der Seitenketten R_2 und R_3 synthetisch schwierig. Interessanter sind Gerüste wie das Benzodiazepin, an die sich alle vier Seitenketten R_1–R_4 anknüpfen lassen.

Auch andere Peptidkonformationen können durch Einführung starrer Gruppen fixiert werden. Einige Beispiele für solche konformationsstabilisierende Ringsysteme sind in Abb. 10.8 aufgeführt.

Ein besonders schönes Beispiel für ein **Gerüstmimetikum** ist der Entwurf eines Analogons des Thyrotropin-Releasing-Hormons (TRH) durch P. N. Olson und Mitarbeiter. TRH ist das Tripeptid *p*Glu–His–Pro–NH$_2$ **10.3**. Die Vorgehensweise ist in Abb. 10.9 ge-

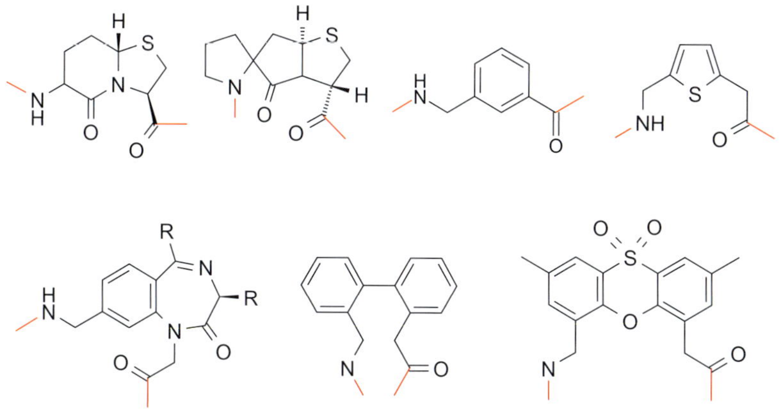

Abb. 10.7 Einige typische β-Schleifen-Mimetika. Die Aminosäuren werden an den farbig markierten Stellen an das Templat angefügt.

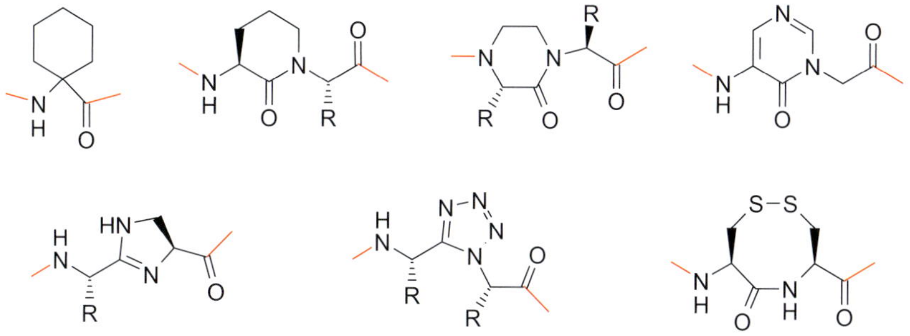

Abb. 10.8 Die dargestellten konformationsstabilisierenden Cyclen ersetzen eine oder zwei Aminosäuren und erzwingen so eine bestimmte Konformation.

zeigt. Nach Ableitung einer Pharmakophorhypothese wurde nach einem starren Gerüstmolekül gesucht, an das sich die Seitenketten in der richtigen relativen Orientierung anfügen lassen. Die Wahl fiel auf Cyclohexan als Gerüst. Verbindung **10.4** ist ein potenter Ligand für den TRH-Rezeptor. Die Substanz wirkt als Agonist und löst damit die gleichen Effekte aus wie TRH. In Tierversuchen konnte nach Gabe von **10.4** eine deutliche Verbesserung der kognitiven Fähigkeiten beobachtet werden.

10.6 Peptidomimetika zum Blockieren von Protein-Protein-Wechselwirkungen

Proteine kommunizieren miteinander und reichen Informationen und Signale weiter, indem sie über ihre Oberflächen Komplexe miteinander eingehen. Meist erstrecken sich die Bereiche, die dabei zu einer gemeinsamen Kontaktfläche ausgebildet werden, über mehr als tausend Quadrat-Angström ($Å^2$). Dies ist ein sehr großer Wert, wenn man ihn mit der Oberfläche vergleicht, die bei der Bindung eines kleinen organischen Moleküls der typischen Wirkstoffgröße vergraben wird. Des Weiteren sind die **Kontaktflächen zwischen zwei Proteinen** in der Regel nur geringfügig zerklüftet. Sie ähneln kaum den tiefen Bindetaschen in Enzymen, die kleine Liganden aufnehmen können. Dennoch würde sich eine ganz neue Perspektive für die Arzneimitteltherapie eröffnen, wenn solche Protein-Protein-Kontaktflächen durch niedermolekulare Substanzen blockiert werden könnten. Diese Aufgabe erscheint auf den ersten Blick nahezu unmöglich.

Wie kann ein kleines Molekül an der flachen, kaum strukturierten Oberfläche eines Proteins durch eine so starke Wechselwirkung haften, dass es bei der Ausbildung des **Protein-Protein-Kontakts** nicht einfach heruntergewaschen würde? Dazu kommt das Problem, dass Aminosäureresten an der konvexen Oberfläche eines Proteins in aller Regel viel mehr Raum zur Verfügung steht, sich flexibel in ihrer Konformation anzupassen. Eine statistische Analyse der Aminosäure-Zusammensetzung in den Kontaktflächen hat eine Präferenz für aromatische Reste, für Aspartat und Arginin sowie für die aliphatischen Reste Prolin und Isoleucin ergeben. Der gezielte Austausch von Amino-

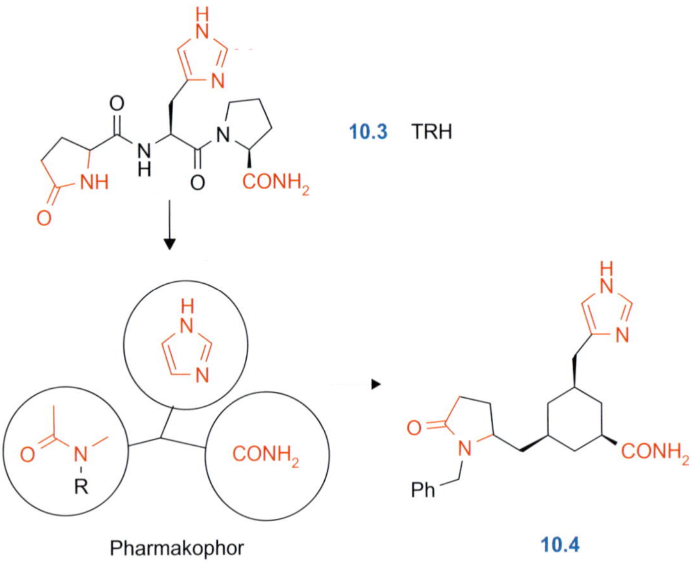

Abb. 10.9 Ausgehend von der Struktur des Tripeptids TRH **10.3** und einer Hypothese über die für die Bindung essenziellen funktionellen Gruppen wurde ein nichtpeptidisches Molekül **10.4** entworfen, das ebenfalls an den TRH-Rezeptor bindet.

säuren in den Kontaktflächen hat weiterhin gezeigt, dass es einige herausragende Reste gibt, die die Wechselwirkung dominieren (so genannte „**hot spots**", Abschnitt 17.10). Die Suche nach möglichen Bindestellen für ein kleines Molekül, das mit der Ausbildung der Kontakflächen konkurrieren kann, startet mit einer genauen Analyse der komplementären Strukturierung der Oberflächen. Gibt es angehäufte Bereiche mit geladenen Resten oder dringt einer der Proteinpartner über ein Strukturelement wie eine β-Schleife oder eine α-Helix doch etwas tiefer in die gegenüberliegende Kontaktfläche ein? Als nächstes werden Peptidsequenzen synthetisiert, die den Oberflächensegmenten einer Kontaktfläche entstammen. Dies können Abschnitte sein, die bevorzugt helikale Struktur annehmen oder die als Cyclopeptid in einem Schleifenmuster fixiert werden. Ist ein solches aktives Peptid gefunden, muss es im Komplex mit der gegenüberliegenden Kontaktfläche strukturell charakterisiert werden.

In Abb. 10.10 ist der Komplex des BCL-X_L-Proteins (engl. *B-cell lymphoma*) mit einem 16er-Peptid gezeigt, das aus dem BAK-Protein herausgeschnitten wurde. BCL-X_L gehört zu den Proteinen, die den programmierten Zelltod unterbinden. Durch Bindung von pro- bzw. antiapoptotischen Faktoren wie BAK wird es in seiner Funktion reguliert. Inhibitoren dieser Kontaktbildung könnten somit potenzielle Arzneistoffe für eine Antikrebstherapie abgeben. Die Bindung des helikalen Peptids erfolgt in einer langgestreckten Furche. Es ließen sich erfolgreich kleine Moleküle finden, die diese Spalte ausfüllen (Abb. 10.11). In der Gruppe von Andrew Hamilton an der Yale University suchte man nach einem Grundgerüst, das den Verlauf einer Helix imitieren kann und gleichzeitig Seitenketten zu einer Seite hin orientiert. Das Design fiel auf Terphenylderivate **10.5–10.7**, die in einer gestaffelten Konformation ihre Seitenketten analog einer Helix ausrichten (Abb. 10.11). Ein Alanin-Scan entlang des BAK-Peptids zeigte, dass vier hydrophobe Reste (Val 74, Leu 78, Ile 81, Ile 85) wesentlich für seine Bindung sind. Zusätzlich bildet Asp 83 eine Salzbrücke zu BCL-X_L. Das Terphenylgerüst wurde daher am Ende mit Säuregruppen versehen und an den *ortho*-Positionen mit Alkyl- bzw. Arylresten dekoriert. **10.6** bindet mit einer Affinität von 114 nM an das BCL-X_L-Protein.

Bei Abbott ging man einen anderen Weg. Mit der NMR-Methode (Abschnitt 7.8) wurde nach kleinen Molekülen gesucht, die mit dem BCL-Protein interagieren. Dabei entdeckte man *para*-Fluorbiphenylcarbonsäure **10.8** (Abb. 10.11) und 1-Hydroxy-tetralin **10.9** als millimolare Hemmstoffe. Beide binden an verschiedenen, aber zueinander benachbarten Positionen. Sie ersetzen im BAK-Peptid den Bindebereich von Asp 83 und Leu 78, während **10.9** die Position von Ile 85 okkupiert. Die Wissenschaftler bei Abbott entwickelten aus den beiden entdeckten Fragmenten die Verbindung **10.10**, die bereits zweistellig nanomolar an das Protein bindet. Weitere Optimierung führte zu **10.11**, einem hoch potenten Antagonisten. Er blockiert die gesamte Familie der antiapoptotischen BCL-2-Proteine. Die synergistische Wirkung von ABT-737 zusammen mit Chemotherapeutika und einer Strahlentherapie bei der Tumorbekämpfung konnte im Tierversuch gezeigt werden.

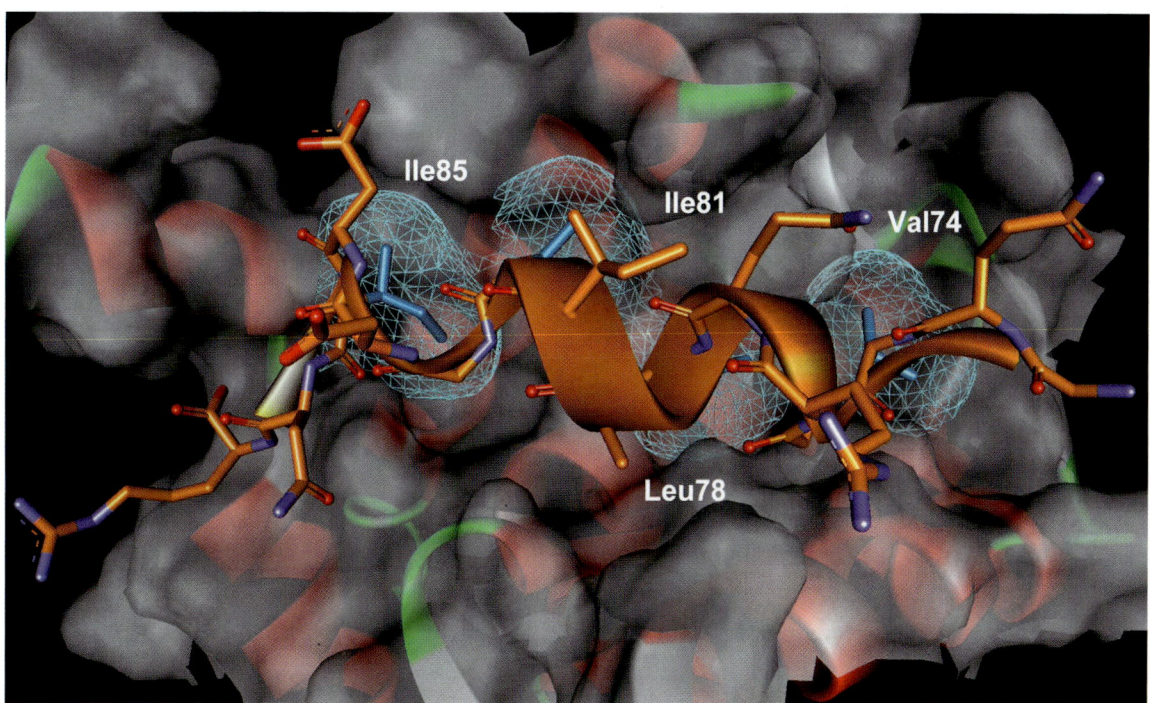

Abb. 10.10 NMR-Struktur des BCL-X$_L$-Proteins mit dem α-helicalen 16er-Peptid aus dem BAK-Protein (orange). Das Peptid bindet mit Ile 85, Ile 81, Leu 78 und Val 74 (von links nach rechts, Seitenketten in hellblau) in eine tiefe Furche. Die Oberfläche des BCL-Proteins ist in weiß gezeigt, die Kontaktflächen der hydrophoben Aminosäuren des Peptids ragen alle in die Furche und sind als hellblaues Netz angedeutet.

Ein ganz analoger Fall konnte mit dem **MDM2-Protein** bei Roche bearbeitet werden. MDM2 wird in vielen humanen Tumoren überexprimiert. Es bindet das Tumor-Suppressorprotein p53, das Zellen davor schützt, in einen malignen Zustand über zu gehen. Es ist somit das am häufigsten inaktivierte Protein im Krebsgeschehen. Die Inhibition der Komplexbildung zwischen dem überexprimierten MDM2-Protein und p53 könnte somit ein Ansatz für eine mögliche Krebstherapie darstellen. Auch hier bindet das p53-Protein über einen α-helicalen Peptidstrang in eine hydrophobe Furche des MDM2-Proteins. Im Screening fielen *cis*-Imidazoline als Inhibitoren mit Affinitäten von 100–300 nM auf. Mit **10.12** (Abb. 10.11) gelang eine Kristallstruktur. Das Imidazolingerüst imitiert die eine Seite der α-Helix des Peptids aus dem p53-Protein. Die beiden *p*-Bromphenylringe ersetzen ein Trp und ein Leu. Die Ethylethergruppe am dritten Aromaten orientiert sich in eine Tasche, die im Peptid durch ein Phenylalanin ausgefüllt wird. Durch die kompetitive Bindung dieser Helixmimetika wird das MDM2-Protein blockiert und der Spiegel an freiem p53 steigt an. Dadurch wird der p53-Pfad in Krebszellen aktiviert und der Zellcyclus kommt zum Stillstand. Die Zellen gehen in den programmierten Zelltod. Im Tiermodell konnte die Wachstumshemmung von Tumoren bereits nachgewiesen werden.

Eine andere große Klasse von Proteinen, die über Kontaktbildung mit anderen Proteinen gesteuert werden, sind die Integrine. Für diese Klasse konnten zahlreiche niedermolekulare Inhibitoren entdeckt werden. In Abschnitt 31.2 wird ein Beispiel für einen erfolgreichen Entwurf von Antagonisten ausgehend von cyclischen Peptiden vorgestellt. Viele G-Protein-gekoppelte Rezeptoren (Abschnitt 29.1) werden durch endogene Peptide oder Proteine gesteuert. Dazu bindet das Peptid oder Protein an den Rezeptor. Auch hier wurde versucht, die Sequenz der Peptide durch ein organisches Molekül zu ersetzen, das als Mimetikum die Bindung des natürlichen Liganden nachahmt. In den Abschnitten 29.5 und 29.6 wird ein Beispiel für den Entwurf solcher Wirkstoffe vorgestellt. Obwohl erfolgreich, erwies sich das verfolgte Designkonzept als falsch: Das aktive Peptid und die daraus abgeleiteten synthetischen Mimetika binden nicht in einem überlappenden Bindebereich an den Rezeptor.

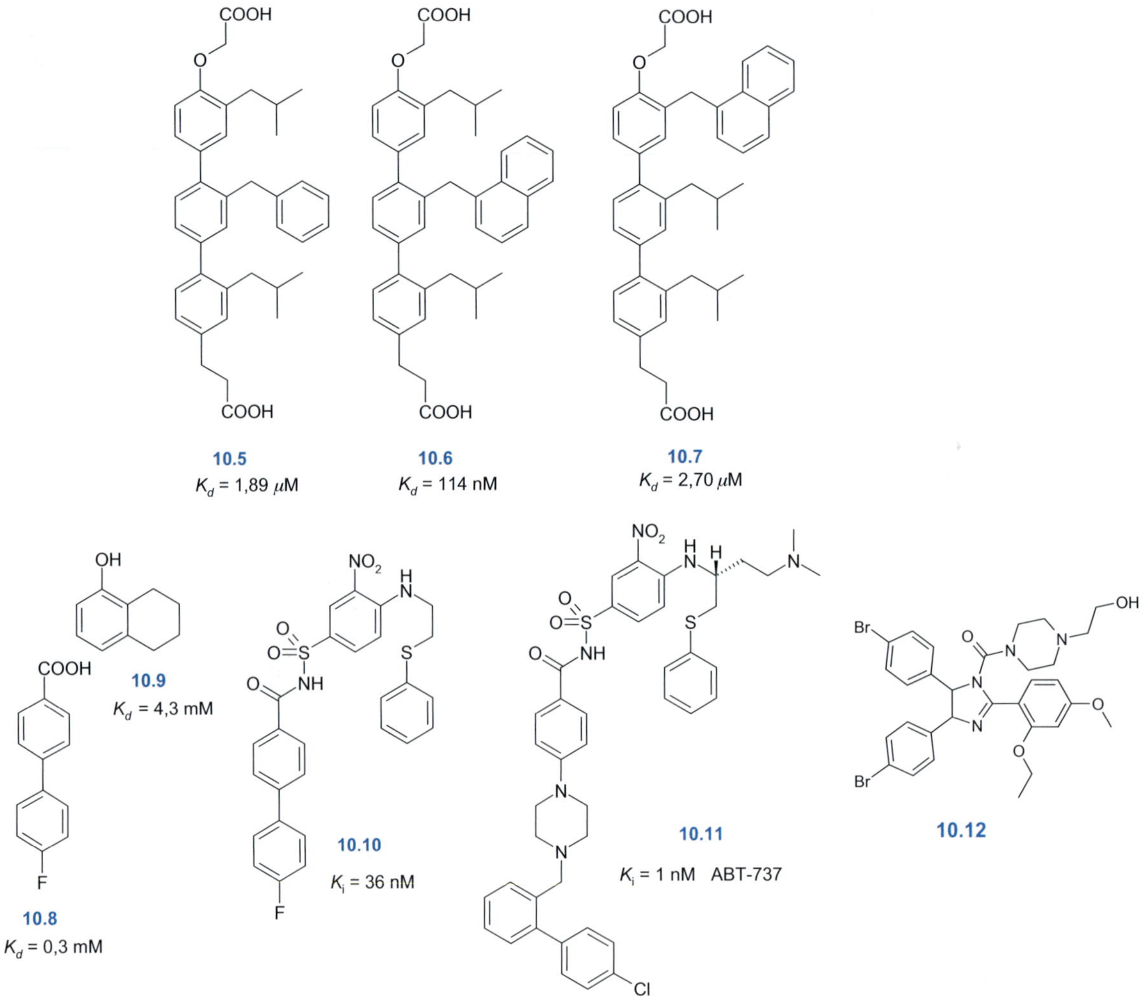

Abb. 10.11 Verschiedene Inhibitoren von Protein-Proteinkontakten, die α-helicale Strukturbausteine in der Kontaktfläche nachahmen. Die Terphenylderivate **10.5–10.7** binden an das BCL-X$_L$-Protein in eine ausgeprägte Furche und blockieren die Bindestelle einer Helix. Im gleichen Bereich wurden im NMR-Screening die kleinen Fragmente **10.8** und **10.9** entdeckt, die zu den potenten Inhibitoren **10.10** und **10.11** weiterentwickelt wurden. **10.12** stellt ein anderes Helixmimetikum dar, das den Kontakt zwischen dem MDM2- und p53-Protein unterbindet.

10.7 Mit dem Ala-Scan selektiven NK-Rezeptorantagonisten auf der Spur

Tachykinine sind Neuropeptide, die alle den gleichen lipophilen C-Terminus enthalten: –Phe–X–Gly–Leu–Met–NH$_2$. Ein gut untersuchter Vertreter der Tachykinine ist Substanz P, Arg–Pro–Lys–Pro–Gln–Gln–Phe–Phe–Gly–Leu–Met–NH$_2$ (**10.13**, Tabelle 10.2). Tachykinine binden an mindestens drei unterschiedliche Tachykinin-Rezeptoren, den NK$_1$, NK$_2$ und NK$_3$ Rezeptor. Alle drei gehören zur Klasse der G-Protein-gekoppelten Rezeptoren (Abschnitt 29.1). Sie vermitteln eine ganze Reihe biologischer Effekte, beispielsweise bei der Bronchokonstriktion sowie bei der Schmerzleitung. Ein Rezeptorantagonist könnte daher zur Behandlung von Asthma hilfreich sein, ebenso zur Schmerzbekämpfung.

Die bei Parke-Davis in Cambridge durchgeführten Arbeiten zur Entwicklung eines **NK$_2$-Rezeptorantagonisten** sind ein Schulbeispiel für die systematische Abwandlung eines **Peptids zu** einem **Peptidomimetikum** (Tabelle 10.2 und Abb. 10.12). Gesucht wurde

Tabelle 10.2 Der rationale Entwurf von NK$_2$-Rezeptor-Liganden

	Nr.	Struktur	Rezeptor-Bindung K_i (nM)
Substanz P	10.13	Arg-Pro-Lys-Pro-Gln-Gln-Phe-Phe-Gly-Leu-Met-NH$_2$	295
Minimalfragment	10.14	Leu-Gln-Met-Trp-Phe-Gly-NH$_2$	11,7
Ala-Scan	10.15	**Ala**-Gln-Met-Trp-Phe-Gly-NH$_2$	40
	10.16	Leu-**Ala**-Met-Trp-Phe-Gly-NH$_2$	138
	10.17	Leu-Gln-**Ala**-Trp-Phe-Gly-NH$_2$	156
	10.18	Leu-Gln-Met-**Ala**-Phe-Gly-NH$_2$	>10 000
	10.19	Leu-Gln-Met-Trp-**Ala**-Gly-NH$_2$	8300
	10.20	Leu-Gln-Met-Trp-Phe-**Ala**-NH$_2$	28
	10.21	Leu-Gln-Met-Trp-Phe-NH$_2$	200
Dipeptid	10.22	Z-Trp-Phe-NH$_2$	2700
Fixiere die biologisch aktive Konformation	10.23	Z-Trp-(R,S)-(α-Me)Phe-NH$_2$	327
Optimiere den N-Terminus	10.24	(2,3-di-OCH$_3$)C$_6$H$_3$CH$_2$OCO-Trp-(R,S)-(α-Me)Phe-NH$_2$	37,6
Optimiere die Stereochemie	10.25	(2,3-di-OCH$_3$)C$_6$H$_3$CH$_2$OCO-Trp-(R)-(α-Me)Phe-NH$_2$	10 000
	10.26	(2,3-di-OCH$_3$)C$_6$H$_3$CH$_2$OCO-Trp-(S)-(α-Me)Phe-NH$_2$	17,2
Füge zusätzliche Gruppe an	10.27	(2,3-di-OCH$_3$)C$_6$H$_3$CH$_2$OCO-Trp-(S)-(αMe)Phe-Gly-NH$_2$	1,4

nach einer Verbindung, die an den gleichen Rezeptor wie Substanz P bindet. Ausgangspunkt der Arbeiten war das aus der Literatur bekannte Hexapeptid Leu–Gln–Met–Trp–Phe–Gly–NH$_2$ (**10.14**), das mit nanomolarer Affinität an den NK$_2$-Rezeptor bindet (K_i = 11,7 nM). Dieses Peptid war aus früheren, bei Merck durchgeführten Arbeiten bekannt.

Im ersten Schritt wurde jede Aminosäure systematisch **gegen Alanin ausgetauscht** (**10.15–10.20**). In einigen Fällen resultierte der Ersatz durch Alanin nur in einem schwachen Abfall der Bindungsaffinität. Beispielsweise konnte das N-terminale Leucin gegen Alanin ausgetauscht werden (**10.15**). Hieraus folgte, dass die Leu-Seitenkette für die Rezeptorbindung nur von untergeordneter Bedeutung sein kann. Die Verbindungen, in denen Tryptophan oder Phenylalanin durch Alanin ersetzt wurden, zeigten hingegen nur noch geringe Affinität für den NK$_2$-Rezeptor. Dies legte den Schluss nahe, dass diese beiden Aminosäuren für die Bindung essenziell sind. Die Entfernung der C-terminalen Aminosäure Glycin (**10.21**) verringerte die Affinität um den Faktor 7. Offensichtlich hat auch diese Aminosäure eine gewisse Bedeutung für die Rezeptorbindung. Die Testung mehrerer N-terminal geschützter Dipeptide führte dann zu Z–Trp–Phe–NH$_2$ (**10.22**, K_i = 2700 nM) als Leitstruktur für die weiteren

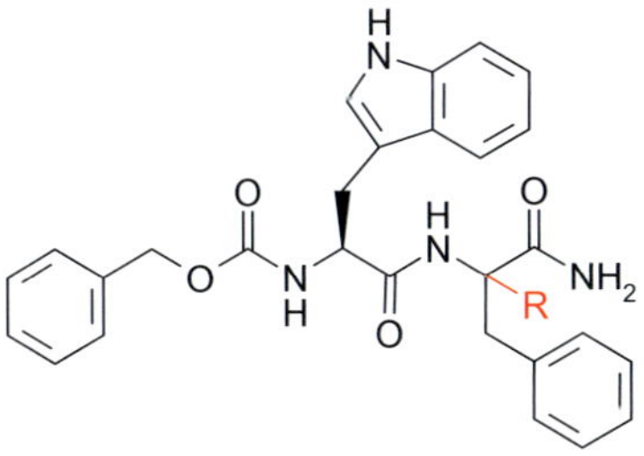

10.22, R = H
K_i = 2700 nM

10.23, R = CH$_3$
K_i = 327 nM

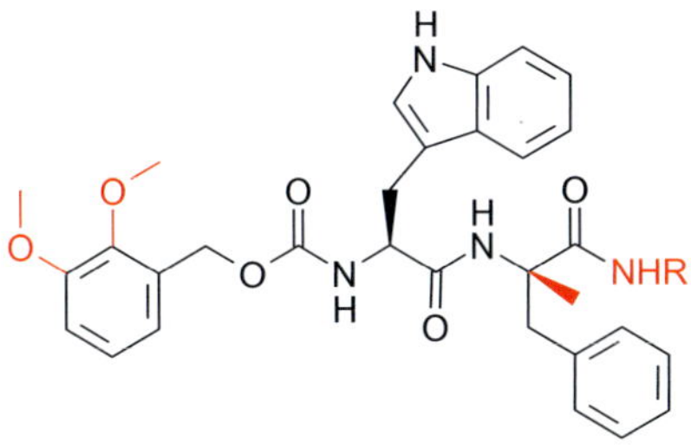

10.26, R = H
K_i = 17,2 nM

10.27, R = CH$_2$CONH$_2$
K_i = 1,4 nM

Abb. 10.12 Wichtige Zwischenstufen auf dem Weg zum selektiven NK$_2$-Rezeptorantagonisten **10.27**.

Arbeiten. Damit war das erste Etappenziel des Projekts erreicht. **10.22** stellte als Dipeptid eine interessante Leitstruktur für die weiteren Arbeiten dar.

Als Nächstes wurden an unterschiedlichen Stellen des Moleküls zusätzliche Methylgruppen eingeführt. Hierdurch wird eine Einschränkung der Zahl der möglichen Konformationen erreicht. Für viele untersuchte Verbindungen mit **konformativer Einschränkung** wurde eine Abnahme der Bindungsaffinität beobachtet. Eine Methylgruppe am C_α-Atom des Phenylalanins steigerte die Bindungsaffinität um den Faktor 8 (**10.23**, K_i = 327 nM). Eine mögliche Erklärung für diesen Befund ist, dass die am Rezeptor eingenommene Konformation durch die zusätzliche Methylgruppe stabilisiert wird. Danach wurde der N-terminale Teil der Verbindung variiert. Der Ersatz des endständigen Phenylrings gegen eine 2,3-Dimethoxyphenylgruppe ergab eine weitere Steigerung der Bindungsaffinität um den Faktor 10 (**10.24**, K_i = 37,6 nM). Dieser Wert gilt bei Verwendung von racemischem α-Methylphenylalanin. Die enantiomerenreine Verbindung **10.26** mit diesem Baustein in der (S)-Konfiguration bindet mit K_i = 17,2 nM. Die Wiedereinführung des C-terminalen Glycins führte schließlich zu der hoch potenten Verbindung **10.27** (K_i = 1,4 nM).

Unabhängig von den Arbeiten bei Parke-Davis wurde bei Merck, Sharp und Dohme (MSD) die im Screening gefundene Leitstruktur **10.28** zu den NK$_1$-spezifischen Rezeptorantagonisten **10.32** und **10.33** optimiert. Während **10.28–10.32** nur *in vitro* wirksam sind, ist **10.33** wegen ihrer höheren metabolischen Stabilität auch *in vivo* wirksam (Abb. 10.13). MSD war letztlich mit dem strukturell verwandten Aprepitant **10.34** erfolgreich. Die Verbindung wurde als Medikament zur Vermeidung der akuten Emesis (Erbrechen) bei hoch brechreizender Chemotherapie in die Therapie eingeführt.

10.8 CAVEAT: Ein Ideengenerator zum Entwurf von Peptidomimetika

In den vorherigen Abschnitten klang häufig an: Die Seitenketten der Aminosäuren sind für die Bindung an einen Rezeptor verantwortlich. Meist spielt die Hauptkette lediglich die Rolle eines Gerüsts, das dazu dient, die Seitenketten in die zur Bindung notwendige räumliche Ausrichtung zu bringen. Somit sollte ein starres nichtpeptidisches Gerüst, an das sich die Seitenketten in der gleichen räumlichen Anordnung anfügen lassen, geeignet sein, Moleküle mit ähnlichen Eigenschaften wie die Peptide zu entwerfen. In der Gruppe von Paul Bartlett an der University of California in Berkeley wurde diese Idee in ein Computerprogramm eingebunden. Das **Programm CAVEAT** ermöglicht die Suche nach einem rigiden Molekül, das einen ganz bestimmten Abschnitt eines Peptidgerüsts nachahmt. Dazu werden die Bindungen am **Peptidrückgrat durch Vektoren** beschrieben (Abb. 10.14). Als Voraussetzung muss die 3D-Struktur des Peptids, für das ein Peptidomimetikum gesucht wird, gegeben sein. Die Orientierung der Seitenketten wird durch den Bindungsvektor C_α–C_β bestimmt. Die relative Anordnung von z. B. drei Aminosäure-Seitenketten ergibt sich dann durch die Lage der entsprechenden C_α–C_β-Vektoren zueinander. Mit diesem räumlichen Muster von Vektoren durchsucht man eine 3D-Datenbank nach Molekülgerüsten, die drei substituierbare

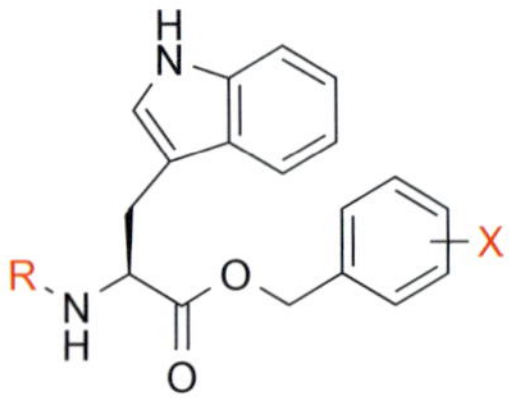

10.28, R = Et, X = H	IC$_{50}$ =	3800 nM
10.29, R = H, X = H	IC$_{50}$ >	10000 nM
10.30, R = H, X = 3,5-di-CH$_3$	IC$_{50}$ =	1533 nM
10.31, R = Ac, X = 3,5-di-CH$_3$	IC$_{50}$ =	67 nM
10.32, R = Ac, X = 3,5-di-CF$_3$	IC$_{50}$ =	1,6 nM

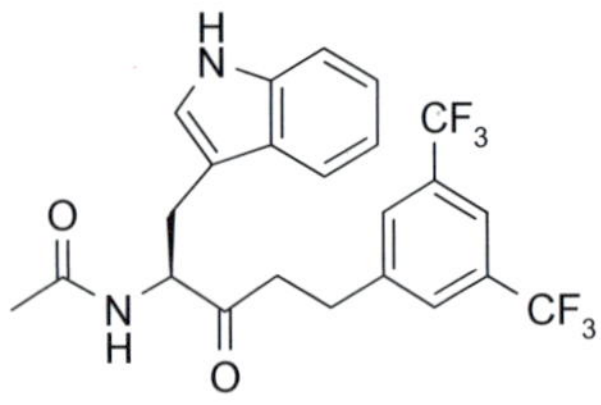

10.33, IC$_{50}$ = 3 nM

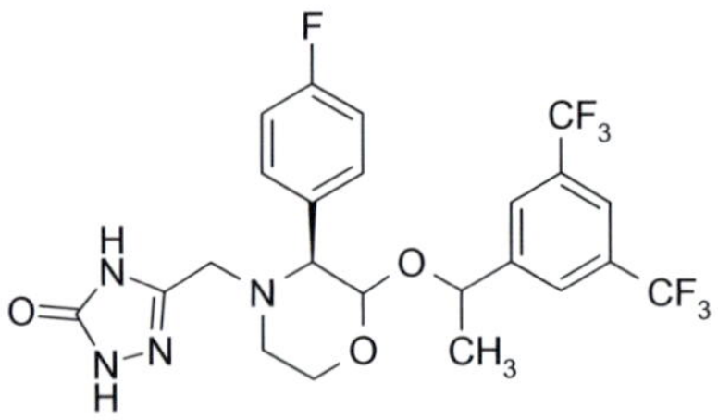

10.34 Aprepitant

Abb. 10.13 Die Optimierung der im Screening gefundenen Leitstruktur **10.28** zu den selektiven NK$_1$-Rezeptorantagonisten **10.32** und **10.33**. Im Gegensatz zu den metabolisch labilen Benzylestern **10.28–10.32** ist das Keton **10.33** auch im Tierversuch wirksam. Mit Aprepitant **10.34** konnte MSD erfolgreich einen Antagonisten des NK$_1$-Rezeptors als Medikament zur Vermeidung des akuten Erbrechens auf den Markt bringen.

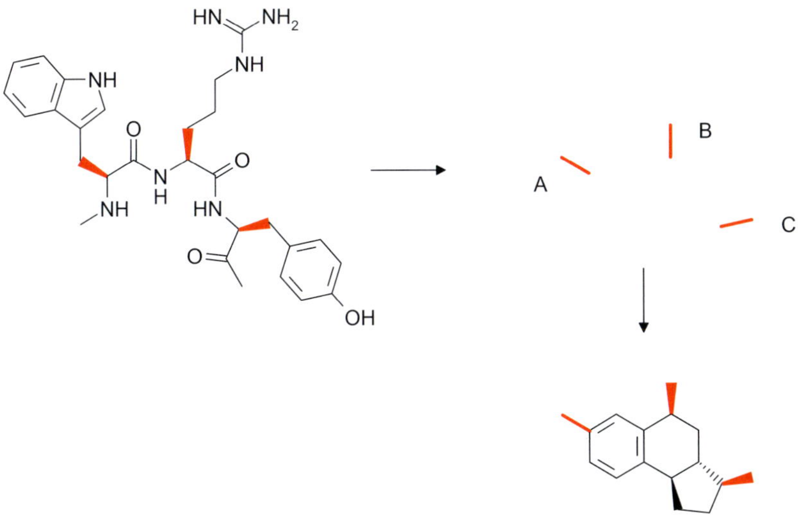

Abb. 10.14 Prinzip einer 3D-Suche nach Gerüstmimetika mit dem Programm CAVEAT. In einer peptidischen Leitstruktur wird zunächst die relative Orientierung der für die biologische Wirkung verantwortlichen Seitenketten durch Angabe der C_α–C_β-Vektoren definiert. In diesem Beispiel sind dies die drei aufeinanderfolgenden Aminosäuren Trp, Arg und Tyr. Die drei Vektoren A, B und C sind die wesentliche Information, mit der in einer 3D-Datenbank nach starren Grundstrukturen gesucht wird, die drei substituierbare Bindungen in der gleichen relativen Anordnung aufweisen. Als Resultat erhält man eine Liste cyclischer Strukturen, die mögliche Template für Peptidometika darstellen.

chemische Bindungen enthalten, die analog wie die C_α–C_β-Vektoren angeordnet sind. Als Resultat erhält man eine Liste starrer, meist cyclischer Molekülgerüste, mit deren freien Positionen die Seitenketten der Aminosäuren verknüpft werden können.

10.9 Design von Peptidomimetika: Quo vadis?

In diesem Kapitel wurden systematische Vorgehensweisen zum Entwurf von Peptidomimetika beschrieben. Diese Ansätze haben sich in vielen Fällen bewährt und zu einer Vielzahl attraktiver Wirkstoffe geführt. Allerdings gibt es auch Schwierigkeiten. Das erste Problem besteht in dem schrittweisen Vorgehen. Ein Peptid wird systematisch modifiziert, wobei die zunächst synthetisierten Strukturen nur dazu dienen, die essenziellen funktionellen Gruppen zu identifizieren. Die Synthese vieler daraus resultierender Derivate, z. B. praktisch aller, in denen eine Amidgruppe durch eine der in Abb. 10.4 aufgeführten Gruppen ersetzt wird, ist mit erheblichem Aufwand verbunden. Zudem dienen diese Verbindungen nur als Werkzeug, da meist modifizierte Peptide mit hohem Molekulargewicht resultieren und deren orale Verfügbarkeit problematisch sein kann.

Gerade bei Rezeptorantagonisten konnten in der Vergangenheit durch Massenscreening viele neue nichtpeptidische Wirkstoffe gefunden werden, die häufig in relativ kurzer Zeit zu einem klinischen Kandidaten weiterentwickelt werden konnten. Diese Erfolge haben die rationalen Konzepte, die bei der Entwicklung von Peptidomimetika aus Peptiden im Vordergrund stehen, etwas in Vergessenheit geraten lassen. Trotzdem wird der Entwurf von Peptidomimetika ein wichtiges Arbeitsgebiet des Wirkstoffdesigns bleiben. Als ein Beispiel mögen die Helixmimetika auf der Basis von Terphenylgerüsten dienen. Auch ist vielen Enzyminhibitoren, wie sie in den Kapiteln 23–25 vorgestellt werden, der peptidische Charakter weiterhin anzusehen. Hier hat ganz klar das **peptidische Substrat Pate** für das **Design eines Mimetikums** gestanden. Nach wie vor spielen somit peptidomimetische Konzepte eine wichtige Rolle bei der Leitstrukturoptimierung.

Literatur

Allgemeine Literatur

R. Hirschmann, Die Medizinische Chemie im Goldenen Zeitalter der Biologie: Lehren aus der Steroid- und Peptidforschung, Angew. Chem. **103**, 1305-330 (1991)

A. Giannis und T. Kolter, Peptidmimetika für Rezeptorliganden – Entdeckung, Entwicklung und medizinische Perspektiven, Angew. Chem. **105**, 1303-1326 (1993)

J. Gante, Peptidmimetika – maßgeschneiderte Enzyminhibitoren, Angew. Chem. **106**, 1780-1802 (1994)

J.-M. Ahn, N. A. Boyle, M. T. MacDonald und K. D. Janda Peptidomimetics and Peptide Backbone Modifications, Mini Rev. Med. Chem. **2**, 463-473 (2002)

S. A. Sieber und M. A. Marahiel, Antibiotika vom molekularen Fliessband: Modulare Peptidsynthetasen als Biokatalysatoren, Biospektrum **9**, 474-477 (2003)

Spezielle Literatur

G. L. Olson, D. R. Bolin, M. P. Bonner *et al.*, Concepts and Progress in the Development of Peptide Mimetics, J. Med. Chem. **36**, 3039-3049 (1993)

W. Howson, Rational Design of Tachykinin Receptor Antagonists, Drug News & Perspectives **8**, 97-103 (1995)

A. M. McLeod, K. J. Merchant, M. A. Cascieri *et al.*, *N*-Acyl-L-tryptophan Benzyl Esters: Potent Substance P Receptor Antagonists, J. Med. Chem. **36**, 2044-2045 (1993)

K. J. Merchant, R. T. Lewis und A. M. MacLeod, Synthesis of Homochiral Ketones Derived from L-Tryptophan: Potent Substance P Receptor Antagonists, Tetrahedron Letters **35**, 4205-4208 (1994)

G. Lauri und P. A. Bartlett, CAVEAT: A Program to Facilitate the Design of Organic Molecules, J. Comput.-Aided Mol. Design **8**, 51-66 (1994)

G. Lelais und D. Seebach, $β^2$-Amino Acids-Synthesis, Occurrence in Natural Products, and Components of β-Peptides, Biopolymers, **76**, 206-243 (2004)

Teil III

Experimentelle und theoretische Methoden

Abbildung auf der Vorderseite
Voraussetzung für die 3D-Strukturaufklärung eines Proteins mit der Methode der Röntgenstrukturanalyse ist das Vorliegen eines Kristalls (Kapitel 13). Die Abbildung zeigt Kristalle eines Komplexes der Proteinkinase A, mit deren Hilfe die Struktur und der Reaktionsmechanismus dieser Klasse von Enzymen (Kapitel 26) aufgeklärt werden konnte. (Mit freundlicher Genehmigung von Dr. Dirk Bossenmeyer, Deutsches Krebsforschungszentrum Heidelberg.)

Kombinatorik: Chemie mit großen Zahlen

11

Die Suche nach neuen Leitstrukturen und deren systematische Abwandlung zur Optimierung ihres Wirkprofils gehören zu den zeit- und kostenaufwendigen Schritten in der Wirkstoffforschung. Als Beispiel mag die Optimierung eines kleinen organischen Moleküls dienen. Selbst wenn man sich auf relativ wenige unterschiedliche Reste pro Position beschränkt, ergeben sich z. B. für eine mehrfach substituierte Tetrahydroisochinolin-carbonsäure 11.1 (Abb. 11.1) bereits mehrere Millionen mögliche Strukturen. Die kombinatorische Explosion der denkbaren Substitutionsmöglichkeiten kann mit klassisch-chemischen Verfahren nicht mehr realisiert werden. Die Vielfalt steigt weiter, wenn man verschiedene Stereoisomere berücksichtigt. Ihre Zahl ist damit schon deutlich größer als die Zahl aller in Chemical Abstracts (33 Mio. Verbindungen) oder im Beilstein (10 Mio. Verbindungen) erfassten chemischen Strukturen.

Zu Zeiten der Testung von Substanzen am Ganztier oder in komplexen pharmakologischen *in vitro*-Modellen war die biologische Prüfung der geschwindigkeitsbestimmende Schritt. Mit der Einführung molekularer Testmodelle, z. B. Enzym- oder Rezeptorbindungstests, und der weitgehenden Automatisierung der Substanzprüfung hat sich diese Situation grundlegend gewandelt. Die Testung von vielen tausend Verbindungen pro Tag ist technisch kein Problem (Abschnitt 7.3). Um die enorme Kapazität dieser Testmodelle ausschöpfen zu können, erscheint jetzt die Synthese von tausenden, ja sogar zehntausenden oder hunderttausenden unterschiedlichen Molekülen wünschenswert. Die Strategie kann dazu entweder auf die **automatisierte Parallelsynthese** einer großen Zahl Einzelverbindungen oder die simultane Herstellung von Verbindungsgemischen mit der **Kombinatorischen Chemie** ausgelegt sein.

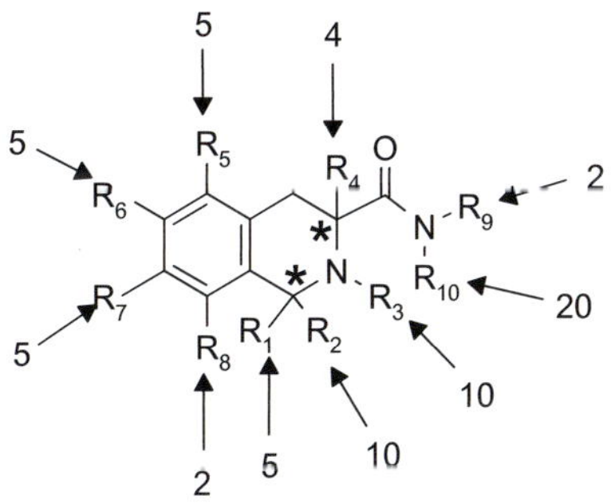

11.1 Wie erzeugt die Natur chemische Vielfalt?

In den Nucleinsäuren und Proteinen hat die Natur einen Weg aufgezeigt, wie kombinatorische Vielfalt zu erreichen ist. Eine DNA-Sequenz von 600 Basenpaaren codiert ein Protein mit 200 Aminosäuren. Aus dem „Pool" der vier Nucleinsäuren, die als Dreiersequenz jeweils eine der 20 proteinogenen Aminosäuren codieren, ergeben sich 4^{600} (eine Zahl mit 360 Stellen!) verschiedene DNA-Sequenzen. Diese lassen sich in 20^{200} (eine Zahl mit 260 Stellen!) unterschiedliche Aminosäuresequenzen für das resultierende Protein übersetzen.

Bereits mit den **20 proteinogenen Aminosäuren** lassen sich kurze Peptide mit einer enormen strukturellen Vielfalt aufbauen. Geht man von den proteinogenen Aminosäuren A zu einer noch überschaubaren Zahl von modifizierten Aminosäuren M über, erhöht sich die Zahl der möglichen Analoga noch weiter (Tabelle 11.1).

Peptide spielen in biologischen Systemen eine wichtige Rolle. In freier Form oder als einfache Derivate findet man sie als Proteinliganden. Peptidsequen-

Abb. 11.1 Das Tetrahydroisochinolin-carbonsäureamid 11.1 soll an 10 Positionen mit Substituenten versehen werden. Die Reste an diesen Positionen umfassen eine Vielfalt von insgesamt 68 Bausteinen (R_1–R_{10} = 5, 10, 10, 4, 5, 5, 5, 2, 2, 20 Reste). Damit lassen sich bereits 20 Millionen Verbindungen konstruieren. Berücksichtigt man die strukturelle Vielfalt, die durch die beiden Stereozentren (*) erzeugt wird, vergrößert sich diese Zahl nochmals um den Faktor vier.

Tabelle 11.1 Mit den 20 natürlichen Aminosäuren A lassen sich 400 Dipeptide, 8000 Tripeptide, 160 000 Tetrapeptide und 64 Millionen Hexapeptide erzeugen. Erweitert man die Palette durch modifizierte, nicht natürliche Aminosäuren M auf 100 Ausgangskomponenten, erhöht sich die kombinatorische Vielfalt dramatisch.

Substanzen	Anzahl
natürliche Aminosäuren, **A**	20
Dipeptide, **A-A**	400
Tripeptide, **A-A-A**	8 000
Tetrapeptide, **A-A-A-A**	160 000
Hexapeptide, **A-A-A-A-A-A**	64 000 000
modifizierte Aminosäuren, **M**	z. B. 100
modifizierte Hexapeptide, **M-M-M-M-M-M**	1 000 000 000 000
Zahl aller bekannten Stoffe	» 33 000 000

zen an der Oberfläche von Proteinen bestimmen deren Erkennung durch einen Rezeptor. Zu dieser selektiven Erkennung schöpft die Natur die volle kombinatorische Vielfalt der variablen Sequenzen in den Oberflächenregionen (Epitope) der Proteine aus. Diese Prinzipien der Natur kann man sich zu eigen machen, um riesige Substanzbibliotheken mit stark variierender Zusammensetzung herzustellen.

11.2 Die Proteinbiosynthese als Werkzeug zum Aufbau von Substanzbibliotheken

Wie kann man den biochemischen Syntheseapparat als Vehikel benutzen, um eine Vielfalt von Peptidsequenzen zu synthetisieren? Es ist möglich, kurze Sequenzen in ein Trägerprotein so einzufügen, dass sie sich an dessen Oberfläche befinden und in einem molekularen Testsystem mit dem Zielprotein in Wechselwirkung treten können. Das Testsystem ist so aufgebaut, dass die Bindung an das Zielprotein über ein leicht registrierbares Signal, z. B. ein Fluoreszenzsignal oder eine Farbreaktion, festgestellt werden kann (Abschnitt 7.2).

Um die **Proteinbiosynthese** für den Aufbau einer solchen **Bibliothek** auszunutzen, muss man die Information über die zufällig zusammengesetzten Peptide als „Erbgut" in ein DNA-Molekül einbringen. Dieses codiert die Sequenz des Proteins, an dessen Oberfläche die Bibliothek präsentiert wird. Beliebig zusammengewürfelte, doppelsträngige DNA-Sequenzen gilt es an der korrekten Stelle in die DNA einzuführen.

Nach der Herstellung einer riesigen Zahl identischer Kopien (Klonierung) können die erhaltenen Gene exprimiert werden. Es entsteht eine große Population von Proteinen, die in einem ganz bestimmten Bereich, meist am Anfang oder Ende des Polymerstrangs, die zufällig zusammengesetzten Peptidsequenzen tragen. Diese Proteine werden in einem Testsystem untersucht. Die Verteilung der 20 proteinogenen Aminosäuren über den variablen Sequenzabschnitt wird nicht völlig gleichförmig sein. Dies liegt daran, dass manche Aminosäuren durch eine einzige Dreierbasensequenz (Codon), andere durch bis zu fünf verschiedene Codons repräsentiert werden (Abschnitt 32.6). Dadurch entstehen zwangsläufig verzerrte Bibliotheken.

Als Expressionssystem erfreut sich der **Bakteriophage M13** großer Beliebtheit. M13 ist ein Virus, das *Escherichia coli*-Bakterienstämme zu infizieren vermag. Das Virus trägt sechs Proteine auf seiner Hülle. An zwei dieser Hüllproteine lassen sich am einen Ende die zufällig **zusammengewürfelten Peptidabschnitte** anbringen. Mit diesem M13-System ist eine Bibliothek aus zwanzig Millionen modifizierten 15er-Peptiden aufgebaut worden. Getestet wurde ihre Bindung an das Protein Streptavidin. Dabei fielen 58 Kandidaten als Bindungspartner auf. Sie hatten alle den Sequenzabschnitt –His–Pro–Gln– gemeinsam. Mit einem dieser Oligopeptide gelang die Kristallstrukturbestimmung im Komplex mit Streptavidin. Das Peptid besetzt mit dem His–Pro–Gln-Abschnitt die Bindetasche, die normalerweise durch Biotin eingenommen wird. Dies beweist, dass man über eine solche Strategie selektiv bindende Peptidsequenzen finden kann.

Der biochemische Ansatz zum Erzeugen und Präsentieren einer Substanzbibliothek hat den gewaltigen Vorteil, dass man die leistungsfähige **Proteinbiosynthese** für sich arbeiten lässt. Zudem kann man sich der ausgefeilten Protein- und DNA-Synthesetechnik bzw. Nachweisanalytik (Abschnitt 11.7) zur Charakterisierung der „Screening-Hits" bedienen. Er hat aber auch Nachteile. Die molekulare Vielfalt **beschränkt** sich auf die **20 proteinogenen L-Aminosäuren**. Als Leitstrukturen resultieren nur Peptide. Oft stellen diese zwar den Startpunkt einer Wirkstoffentwicklung dar. Aber man will weg von den metabolisch instabilen, kaum bioverfügbaren Peptiden. Daher sucht man Strukturen mit **klassisch organischen Molekülgerüsten**. Zumindest sind **Peptidomimetika** oder Peptide mit metabolisch stabilen, nicht natürlichen Aminosäuren gewünscht. Der Schritt weg vom Peptid, hin zu alternativen Gerüsten unter Erhalt der biologischen Aktivität ist aber leider nicht trivial (Kapitel 10).

11.3 Organische Chemie einmal anders: Zufallsgesteuerte Synthesen von Verbindungsgemischen

Alternativ zu den biologischen Verfahren zur Erzeugung von Substanzbibliotheken werden daher organisch-präparative Methoden ausgearbeitet. Einen einfachen Zugang zu einer Substanzbibliothek erhält man, indem man einen reaktiven Molekülbaustein vorgibt, zum Beispiel ein oligofunktionelles Säurechlorid (**11.2–11.4**, Abb. 11.2). Diese Komponente wird simultan mit einer Vielzahl von Reagenzien umgesetzt, beispielsweise mit Aminen oder Aminosäuren. In unkontrollierter Weise entsteht dabei ein **Gemisch aus einer großen Zahl von Produkten**. Entgegen der allgemeinen Lehrmeinung, dass organische Reaktionen nur einheitliche Produkte liefern sollten, ist hier eine möglichst große Produktvielfalt erwünscht. Der Vorteil der Methode ist, dass sie sehr einfach durchführbar ist. Eine Automatisierung lässt sich leicht realisieren. Diese Synthesestrategie hat aber auch Nachteile. Die Kupplungskomponenten haben unterschiedliche Reaktivität. Folglich werden die Produkte nicht gleich verteilt anfallen. Die Umsetzung an einer bestimmten funktionellen Gruppe des Zentralbausteins kann davon abhängen, mit welchen Komponenten er bereits an seinen anderen funktionellen Gruppen reagiert hat.

Die so erzeugte Bibliothek wird getestet. Falls Bindung an das Zielprotein nachgewiesen wird, gilt es, in dem Gemisch die aktiven Substanzen zu charakterisieren, eine nicht gerade einfache Aufgabe. Auf der einen Seite kann man auf eine ausgefeilte Analytik, wie die Flüssigkeitschromatographie unter Ankopplung der NMR-Spektroskopie und Massenspektrometrie zurückgreifen. Andererseits kann man versuchen, die Bibliothek zu „**entfalten**". Dazu führt man gezielte Resynthesen der Bibliothek durch, bei denen über die definierte Auswahl der eingesetzten Bausteine Teilbibliotheken entstehen. Diese kleineren Bibliotheken werden erneut getestet. Iterativ wird auf die Zusammensetzung der aktiven Mischungen geschlossen. Diese Strategie muss bis auf die Ebene definiert zusammengesetzter Reaktionsprodukte zurückverfolgt werden.

11.4 Was beherbergt der Chemische Raum?

An dieser Stelle muss man eine grundsätzliche Frage stellen: Wie viele organische Moleküle sind prinzipiell möglich, aus denen der Wirkstoffchemiker seine Kandidaten schöpfen kann? Was beherbergt ein solcher zunächst virtueller Chemischer Raum? Über diese Frage ist viel spekuliert worden. Zahlen zwischen 10^{20} und 10^{200} mögliche Moleküle wurden genannt. Die

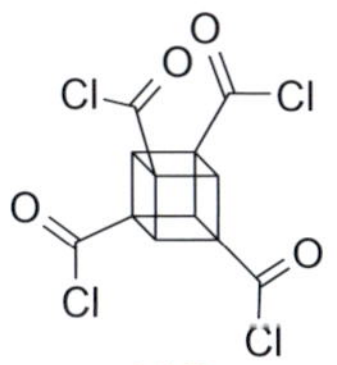

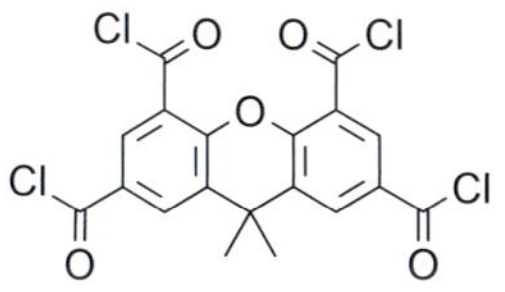

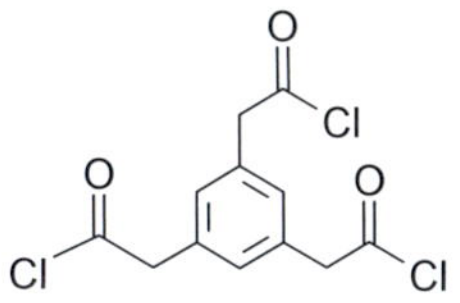

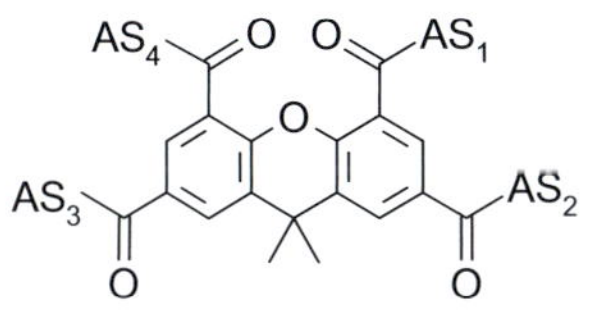

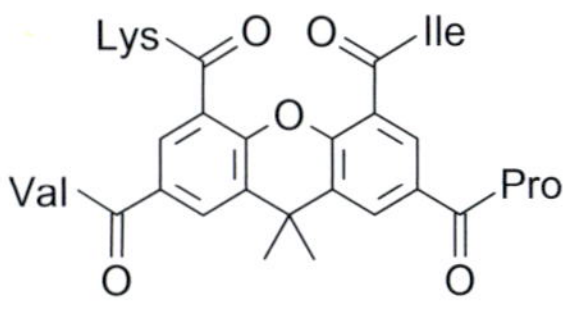

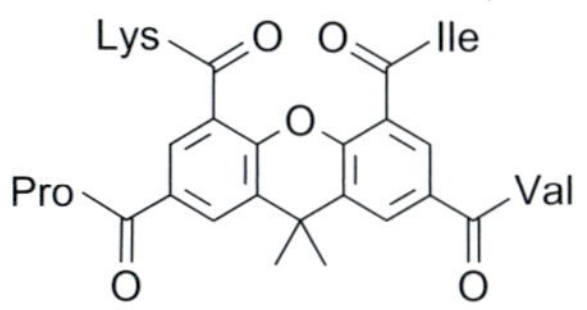

Abb. 11.2 Die Zentralbausteine Cuban **11.2**, Xanthen **11.3** und Benzol **11.4** werden als oligofunktionelle Säurechloride mit geschützten Aminosäuren umgesetzt. Eine mit Xanthen erhaltene Bibliothek hemmt das Verdauungsenzym Trypsin. Zur Charakterisierung der aktiven Komponenten wird die Bibliothek durch gezielte Resynthesen entfaltet. Am Ende verbleiben die beiden Isomere **11.5** und **11.6** als potenteste Verbindungen. Das Derivat **11.5** hemmt mit $K_i = 9{,}4\ \mu M$.

letzte Angabe umfasst so viele Moleküle, dass die gesamte Masse des Universums nicht ausreichen würde, wenigstens einen molekularen Vertreter jeder Verbindung zu synthetisieren! Es ist Tobias Fink und Jean-Louis Reymond von der Universität Bern zu verdanken, dass wir inzwischen etwas konkretere Vorstellungen über die prinzipielle Besetzung des Chemischen Raums besitzen. Beginnend mit mathematischen Graphen, die einfache Kohlenwasserstoffgerüste beschreiben, wurden Moleküle mit bis zu 11 C-, N-, O- und F-Atomen auf dem Computer erzeugt. Kombinatorisch wurden über die erzeugten Molekülgraphen Heteroatome und ungesättigte Bindungen verteilt. Verschiedene Filter, die die chemische Stabilität der eingebrachten funktionellen Gruppen, die Spannung erzeugter Ringsysteme und die Ausbildung tautomerer Formen berücksichtigen, ergaben am Ende eine Datenbank mit 26,4 Millionen Strukturen. Erzeugt man dann alle möglichen Stereoisomere werden im Schnitt 4,2 Isomere pro Eintrag gebildet. Die Datenbank umfasst anschließend über 110 Millionen Moleküle. Es ist interessant zu sehen, dass die Zahl der Einträge exponentiell mit dem Quadrat der Atomzahl steigt. Daher entsprechen bereits 90 % der Datenbank Molekülen mit 11 Nichtwasserstoffatomen. Schätzt man damit ab, wie viele Moleküle es mit 25 Nichtwasserstoffatomen geben könnte, so erhält man ca. 10^{27} denkbare Produkte. Die 25 Atome entsprechen ungefähr der mittleren Größe eines typischen Wirkstoffmoleküls.

Es lohnt sich allerdings, noch etwas genauer in die Datenbank der Moleküle mit einer Größe bis 11 Nicht-H-Atomen zu schauen. Die mittlere Molmasse in dieser Datenbank beträgt 153 ± 7 Da. Damit fallen die Moleküle in den Bereich typischer Fragmente oder „lead-like"-Moleküle (Abschnitt 7.9). Für sie wurden Ausschlusskriterien vorgeschlagen, die sie zu aussichtsreichen Kandidaten für eine Wirkstoffentwicklung hervorheben. Diese so genannte „rule of three" lehnt sich an die bei Pfizer von Chris Lipinski aufgestellte „rule of five" an (Abschnitt 19.7). Filtert man die Datenbank mit diesen Regeln, verbleibt etwa die Hälfte der Einträge. Davon entsprechen ca. 15 % acyclischen Verbindungen und etwa 43 % enthalten einen Ring. Es ist sehr aufschlussreich zu sehen, dass nur etwa 55 % der in der virtuellen Datenbank vorhandenen Ringsysteme bisher in Chemical Abstracts oder der Beilstein-Datenbank beschrieben wurden. Ein Vergleich mit eine Datensammlung, in die nur bereits synthetisierte Moleküle der gleichen Größe aufgenommen wurden, verdeutlicht, wo der Chemische Raum bis heute nur lückenhaft ausgekundschaftet wurde. Es scheinen noch große Lücken zu existieren!

Über 99,8 % der Einträge in der virtuellen Datenbank warten auf ihre Synthese. Ein Vergleich der physikochemischen Eigenschaften der Moleküle in beiden Datensammlungen suggeriert, dass noch weite Bereiche bestehen, die bisher noch nicht exploriert wurden. Beschränkt man den Vergleich auf Moleküle mit nur 7, 8 oder 9 Atomen, so scheint dort der Chemische Raum mit den bekannten Molekülen bereits recht gut abgedeckt zu sein. Etwa 2/3 aller Moleküle mit 10 bzw. 11 Atomen in der virtuellen Datenbank sind chiral. Vor allem unter ihnen sind viele Kandidaten zu finden, die den Kriterien *lead-like* entsprechen. Dies stellt eine echte Herausforderung an den Synthetiker. Chirale fusionierte Carbo- oder Heterocyclen sind schwierig herzustellen. Auf der anderen Seite hat es uns die Natur vorgemacht: Viele biologisch aktive Naturstoffe enthalten gerade diese Bausteine.

11.5 Substanzbibliotheken auf festem Trägermaterial: Vollständige Umsetzung und leichte Reinigung

Eine interessante Variante zur klassischen Chemie in Lösung bietet die Synthese von Substanzbibliotheken auf festem Trägermaterial. Als Träger werden organische Polymere verwendet, in der Regel vernetzte Polystyrole. Dieses Material wird chemisch so modifiziert, dass es eine Vielzahl reaktiver funktioneller Gruppen einer bestimmten Sorte trägt, z. B. Carboxylat- oder Aminogruppen. Über eine dieser Gruppen bleibt das Umsetzungsprodukt während der Synthese über viele Reaktionsschritte kovalent mit dem unlöslichen Trägermaterial verbunden. Es wird durch Kupplung mit geeignet geschützten Bausteinen, z. B. Aminosäuren, und nachfolgende Abspaltung der Schutzgruppen schrittweise verlängert. Große Überschüsse an Reagenzien bewirken schnelle und nahezu vollständige Umsetzungen. Die Ausgangsmaterialien lassen sich durch einfaches Waschen entfernen. Nach dem Aufbau der Zielsequenz werden alle Schutzgruppen entfernt. Das Produkt wird am Ende entweder direkt am Träger getestet oder abgespalten und in Lösung auf seine biologische Aktivität untersucht (Abschnitt 11.7).

Das Verfahren lässt sich leicht automatisieren. Robert Bruce Merrifield entwickelte Anfang der 1960er-Jahre die **Festphasensynthese** für Peptide und kleine Proteine (Abb. 11.3). Anfang der 1980er-Jahre tauchte erstmals der Gedanke auf, bei Peptidsynthesen kombinatorische Prinzipien zu nutzen. H. Mario Geysen arbeitete eine Multipin-Synthese von Peptiden aus. Mithilfe einer konventionellen **Merrifield-Festphasensynthese** werden auf Polymerstiften in einer 8 × 12-Anordnung simultan 96 verschiedene Peptide bzw. definierte Peptidgemische synthetisiert. Dieses Konzept war so revolutionär, dass ein 1984 von Geysen eingereichtes Manuskript ursprünglich nicht zur Publikation angenommen wurde. Die Gutachter waren zu sehr dem traditionellen Denken verhaftet. Für Geysen stand nicht mehr die absolute Kontrolle über Stöchiometrie und Ausbeute im Vordergrund, sondern die Erzeugung einer kombinatorischen Vielfalt mit möglichst geringem Aufwand. Pro Woche lassen sich auf diesem Weg einige tausend unterschiedliche Peptide synthetisieren. Damit können ganze Bibliotheken von Substanzen hergestellt und getestet werden. Die neuen Methoden wurden anfangs zum „Epitop-Mapping" eingesetzt, d. h. zum strukturellen Abtasten der Oberfläche eines Proteins mit unterschiedlichen Antikörpern (Abschnitt 32.1). Dieses Verfahren erlaubt die Erkennung der Bereiche einer Polypeptidkette, die an der Oberfläche eines Proteins exponiert werden. Später dienten sie der Suche nach optimalen Sequenzen von Protease-Substraten (Abschnitt 14.6) und zur Synthese biologisch aktiver Peptide. Neben der Multipin-Methode haben sich weitere leistungsfähige Methoden etabliert, z. B. die Teebeutel-Methode. Trägerkügelchen werden in Teebeutel eingefüllt und jeweils in diejenigen Lösungen geschützter Aminosäuren eingetaucht, mit denen die Peptidsequenz verlängert werden soll.

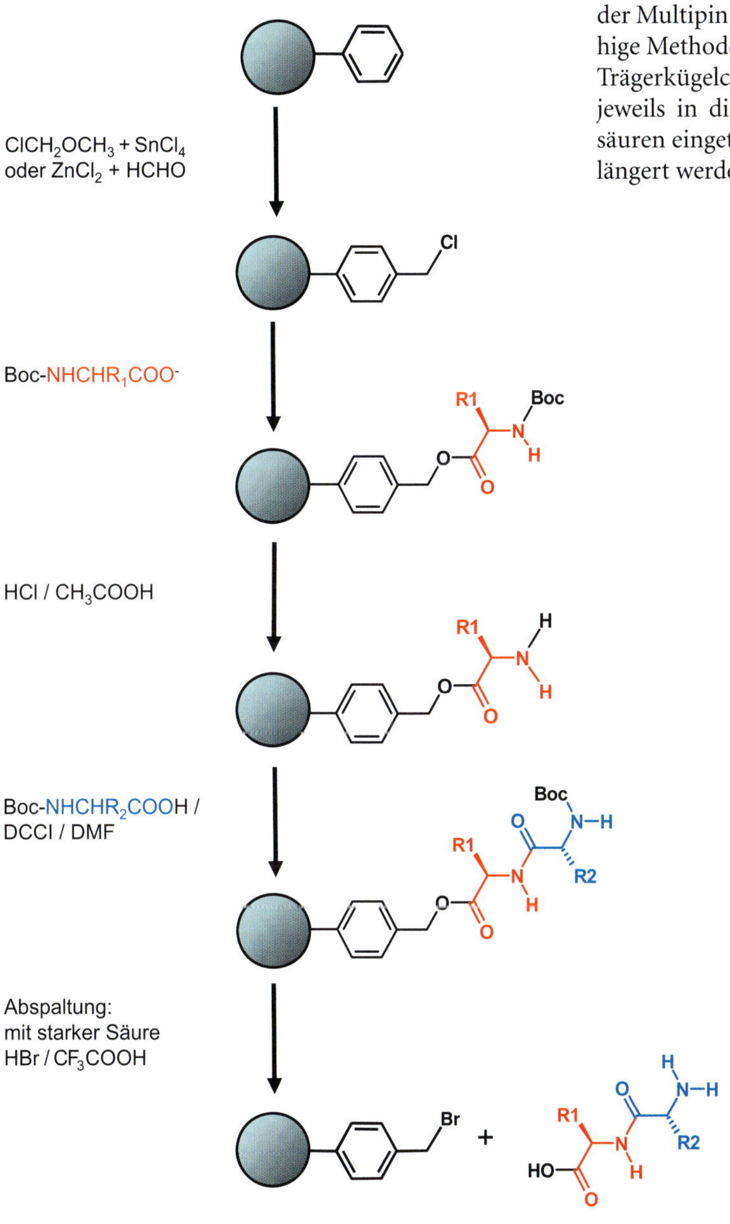

Abb. 11.3 Die Merrifield-Peptidsynthese baut auf einem polymeren Trägerharz auf, das in geeigneter Weise funktionalisiert wird. An die Chlormethylengruppe wird die erste, am N-Terminus geschützte Aminosäure gekuppelt (Boc = tert-Butoxycarbonyl-Schutzgruppe). Dann setzt man die Aminofunktion frei, aktiviert mit Dicyclohexylcarbodiimid (DCCI) und kuppelt mit der zweiten Aminosäure. Das entstandene Dipeptid kann am N-Terminus entschützt und anschließend verlängert werden. Es kann aber auch unter stark sauren Bedingungen als Peptid vom Harz abgetrennt werden.

11.6 Substanzbibliotheken am festen Träger erfordern ausgeklügelte Synthesestrategien

Zum Aufbau der Substanzbibliothek benötigt man eine besonders ausgefeilte Synthesestrategie. Als Beispiel sollen Hexapeptide betrachtetet werden. Im Prinzip könnte man alle 20 proteinogenen Aminosäuren verwenden und damit 20^6 = 64 Millionen Hexapeptide herstellen und getrennt voneinander testen – ein unmögliches Unterfangen. Daher braucht man intelligente Strategien, um schneller die biologisch aktiven Sequenzen zu identifizieren. So versucht man die 64 Millionen Peptide in Teilbibliotheken zusammenzufassen. Sie besitzen in vorgegebenen Positionen festgelegte Aminosäuren. An den verbleibenden Positionen sind sie zufällig zusammengesetzt. Beispielsweise sollen alle 400 Teilbibliotheken möglicher Hexapeptide der Form XXABXX hergestellt werden (A, B = fest vorgegebene Aminosäuren, X = beliebiges Gemisch aller natürlichen Aminosäuren). Nach Testung dieser 400 Teilbibliotheken stellt das biologisch aktivste Gemisch den Ausgangspunkt für einen zweiten Synthesecyclus dar. Es werden wiederum 400 Teilbibliotheken erzeugt, die jetzt die Form $XA(As_1)(As_2)BX$ besitzen. As_1 und As_2 sind die Aminosäuren aus dem aktivsten Gemisch der ersten Testung. Auch sie werden der Testung zugeführt. Man findet die „besten" Aminosäuren für die Positionen 2 und 5. Diese Strategie verfolgt man Schritt für Schritt bis die aktivsten Sequenzen ermittelt sind.

In einem einfacheren Verfahren variiert man die Aminosäuren nur in einzelnen Positionen. Ausgehend von 20 Bibliotheken AXXXXX bestimmt man zunächst die aktivste Aminosäure in der ersten Position. Im nächsten Synthesecyclus geht man von der aktivsten Mischung As_1XXXXX aus. Durch Variation der nächsten Position legt man die zweite Aminosäure fest. Dies wiederholt man, bis über 6 x 20 = 120 Hexapeptid-Bibliotheken der Form AXXXXX, As_1AXXXX, …, $As_1As_2As_3As_4As_5$A die „besten" Aminosäuren in allen Positionen ermittelt sind.

Eine andere Methode erlaubt den gezielten Aufbau einer Bibliothek in wenigen Arbeitsschritten. Durch die Konzeption der Synthese wird gewährleistet, dass auf einem Kügelchen (engl. *bead*) des polymeren Trägermaterials eine definierte Verbindung entsteht (engl. *one-bead-one-compound*). Man erreicht dies durch die so genannte „***split-and-combine***"-Technik (engl., Trennen und Mischen, Abb. 11.4). Beispielsweise gelingt die Synthese aller 8000 möglichen Tripeptide aus den 20 proteinogenen Aminosäuren in nur 60 Reaktionsschritten. Man erhält sie als 20 Mischungen von jeweils 400 Substanzen. Am Ende befindet sich auf jedem Harzkügelchen eine definierte Verbindung. Die einzelnen Kügelchen liegen als Gemenge vor, die sich mechanisch gut separieren und einzeln testen lassen.

11.7 Welche Verbindung der kombinatorischen Festphasen-Bibliothek ist biologisch aktiv?

Die auf dem Träger erzeugten Bibliotheken werden biologisch getestet. Das kann direkt mit den auf dem Polymer immobilisierten Verbindungen erfolgen. Ähnlich wie bei der Testung der Bibliothek auf Bakteriophagen besteht allerdings die Gefahr, dass das Trägermaterial den Test beeinflusst, z. B. durch sterische Hinderung oder unspezifische Wechselwirkungen. Schwerer wiegt die Tatsache, dass das Testprotein in löslicher Form vorliegen muss. Membrangebundene Rezeptoren entziehen sich damit einer Testung. Alternativ kann man die Substanzbibliothek vom Harz abspalten. Dazu muss die Verknüpfung zwischen den Bibliothekskomponenten und dem Harz über geeignete „Linker" erfolgen, die ein gezieltes Freisetzen der Bibliothek erlauben. Diese Linker werden z. B. bei niedrigem pH oder photochemisch durch UV-Strahlung gespalten. Sie dürfen mit dem synthetischen Aufbau einer Bibliothek keinesfalls interferieren und nicht bereits während der Synthese gespalten werden. Die Abtrennung vom Harz darf die Produkte nicht zerstören. Eine Testung im abgespaltenen Zustand entspricht sicherlich besser den physiologischen Bedingungen. Durch Ausbreiten auf einer großen Fläche oder Einbettung in ein Gel kann man erreichen, dass die vom Harz freigesetzten Verbindungen räumlich getrennt, in lokal hohen Konzentrationen mit dem Testprotein interagieren. Auf diesem Weg lässt sich auch die Bindung an unlösliche, z. B. membranständige Rezeptoren testen. Der Vorteil der mechanischen Manipulation einer an das Polymer gekuppelten Substanzbibliothek geht allerdings durch ihre Freisetzung verloren.

Wenn im Test biologische Wirkung gefunden wird, bleibt nachzuweisen, welche Verbindung der Bibliothek dafür verantwortlich ist. Ist die Bibliothek über das Syntheseprogramm genau definiert, so weiß man, welche Verbindungen getestet wurden. Durch Entfaltung und Resynthese von Teilbibliotheken kreist man die aktiven Komponenten immer weiter ein. Bei der

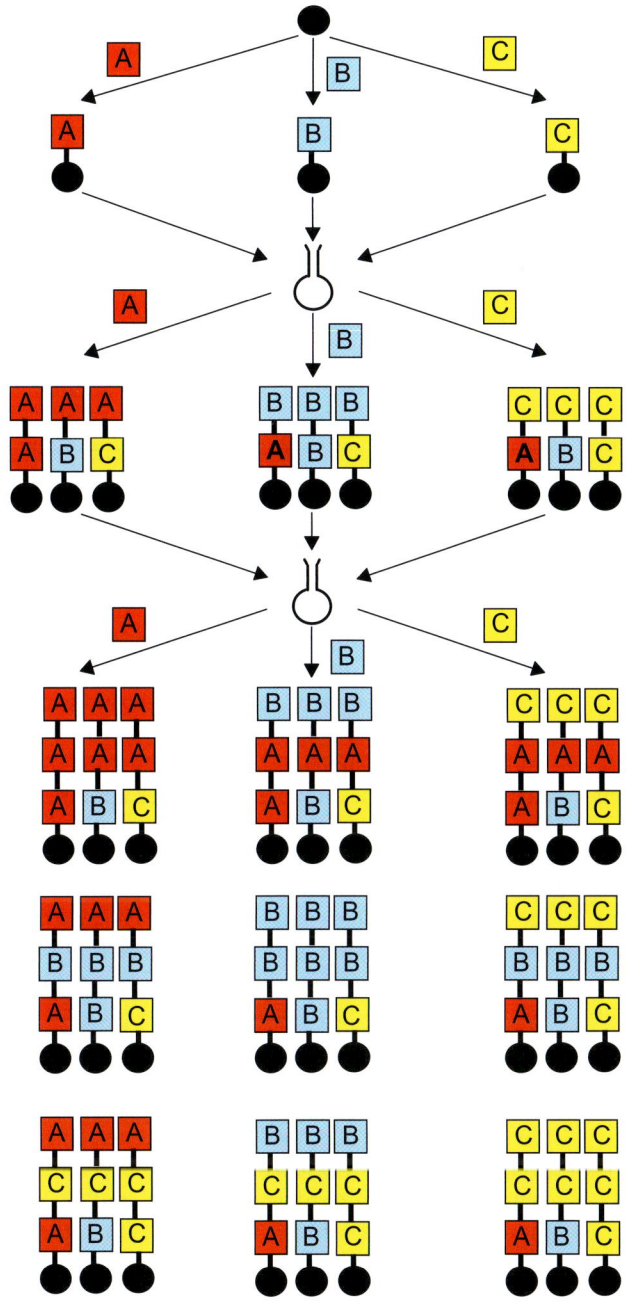

Abb. 11.4 Der Aufbau einer Substanzbibliothek nach der *split-and-combine*-Technik geht von einer vorgegebenen Menge polymerer Harzkügelchen aus. Sie werden gleichmäßig auf *n* Reaktionsgefäße aufgeteilt. Aus Gründen der Übersichtlichkeit sollen nur drei Reaktionsgefäße betrachtet werden. Im ersten Kolben wird Reagenz A, z. B. die Aminosäure A, an das Harz gekuppelt. In Kolben 2 bzw. 3 geht man analog mit Reagenz B und C vor. Im nächsten Schritt soll ein Dipeptid aufgebaut werden. Um das Problem unterschiedlicher Reaktionsgeschwindigkeiten bei gleichzeitiger Umsetzung mit verschiedenen Aminosäuren A, B und C zu lösen, setzt man zu einer Mischung Festphasen-gebundener Edukte nur einen gelösten Reaktionspartner im Überschuss ein. Dazu wird nach dem ersten Syntheseschritt das mit einer Aminosäure beladene Harz aus allen drei Kolben vereinigt und durchmischt. Dann trennt man wieder auf drei (oder mehr) Reaktionsgefäße auf. Die nächste Reaktion wird durchgeführt. Im Fall einer Peptidsynthese setzt man wieder in Kolben 1 mit Aminosäure A, in 2 mit B und in 3 mit C um. Man vereinigt und mischt das Harz. Auf den Kügelchen liegen inzwischen alle neun möglichen Dipeptide vor. Nach erneuter Aufspaltung folgt der dritte Umsetzungsschritt. Falls man die Peptidkette um eine weitere Aminosäure verlängern will, fügt man wieder Aminosäure A in Kolben 1, B in 2 und C in 3 hinzu. Am Harz liegen nun nach drei sequenziell ausgeführten Reaktionsschritten aus jeweils drei Parallelreaktionen alle 27 denkbaren Tripeptide vor. Auf jedem Harzkügelchen befindet sich eine eindeutig definierte Verbindung. Die Bibliothek kann direkt am Polymer oder unter Abspaltung vom Träger in Lösung getestet werden.

one-bead-one-compound-Technik liegt auf jedem Harzkügelchen nur eine definierte Verbindung vor. Man weiß aber nicht, welche vorliegt. Erst nachdem sie aufgefallen ist, versucht man, sie zu charakterisieren. Dazu bieten sich folgende Wege an: Testet man auf dem Harz, so können die aufgefallenen Harzkügelchen abgetrennt und die Verbindungen analysiert werden. Liegen Peptide oder Oligonucleotide als Bibliothek vor, so nimmt man eine Peptidsequenzierung über den Edman-Abbau vor (sie gelingt schon mit Zehnteln eines Picomols!) oder man setzt die Polymerase-Kettenreaktion (Abschnitt 12.1) ein, die eine Vervielfältigung und Anreicherung des Oligonucleotids erlaubt.

Aber noch raffiniertere Techniken sind verwendet worden. Man lässt während der Synthese die zu testende Bibliothek auf mehreren verschiedenen Linkern „aufwachsen". Von diesen Linkern lassen sich die einzelnen Bibliotheksverbindungen bei unterschiedlichen Bedingungen freisetzen, z. B. bei verschiedenen pH-Werten oder photochemisch bei verschiedenen Wellenlängen. Es wird zuerst vom ersten Linker abgespalten, um die Testung durchzuführen. Die Trennung vom zweiten Linker erfolgt dann zum analytischen Nachweis nach mechanischer Selektion der aufgefallenen Harzkugel. Diese Methode dient praktisch zum „**Etikettieren**" der Harzkugeln. Das Verfahren ist somit eine elegante Variante der Testung einer Bibliothek im abgelösten Zustand. Die an den verschiedenen Linkern befindlichen Substanzen auf einer Harzkugel müssen nicht identisch sein. So kann die Testbibliothek aus Peptiden, die Bibliothek zum Etikettieren der Harzkügelchen aus Oligonucleotiden bestehen. Es wurden auch halogenierte Aromaten als Etiketten vorgeschlagen, die sich selbst in geringsten Mengen massenspektrometrisch gut nachweisen lassen. Die Etiketten können anhand ihrer Sequenz codiert sein oder über die Auswahl der Monomerbausteine durch einen geeigneten Binärcode verschlüsselt sein.

Das Verfahren der Etikettierung der Harzkügelchen erfordert einen erheblichen Syntheseaufwand beim Herstellen der Bibliothek. Deutlich mehr Synthesestufen sind erforderlich. Die Umsetzungsschritte zum Aufbau der Bibliothek und der Etiketten dürfen sich nicht gegenseitig stören. Auch das anschließende Lesen der Etiketten kann mehrere Arbeitsschritte benötigen. Die Alternative über das programmierte Synthesekonzept mit Entfaltung und Resynthese bedeutet zwar einen erhöhten Aufwand durch den wiederholten Aufbau der Bibliothekskomponenten. Es sind aber immer wieder die gleichen Arbeitsschritte, nur mit unterschiedlicher Zusammenstellung der Einsatzstoffe durchzuführen. In Hinblick auf eine Automatisierung stellt dies sicherlich einen Vorteil dar.

11.8 Kombinatorische Bibliotheken mit großer Diversität: Eine Herausforderung an die präparative Chemie

Ein weiterer Aspekt spricht für das zuletzt genannte Konzept. Inzwischen konnte eine Vielzahl organischer Reaktionen der Festphasensynthese zugänglich gemacht werden. Für jeden Träger der gebundenen Synthese müssen eine Strategie, ein spezifischer Linker und eine geeignete Spaltmethode ausgearbeitet werden. Jeder einzelne Syntheseschritt muss mit den verwendeten Schutzgruppen, dem polymeren Träger und dem Linker kompatibel sein. Es wird aber eine ganz andere Dimension von chemischer Vielfalt erschlossen, als dies über Peptide und Oligonucleotide möglich ist.

Für die Kombinatorische Chemie ist daher ein Design sinnvoller Strukturen unerlässlich. Beschränkungen ergeben sich einerseits aus der Herstellbarkeit, d. h. der Entwicklung geeigneter Syntheseschemata, andererseits aus der gewünschten strukturellen **Diversität** der resultierenden Substanzbibliotheken. Computermethoden helfen, eine „sinnvolle" Auswahl der Synthesekomponenten zu treffen. Wie erhält man eine optimale Zusammensetzung? Dies richtet sich sehr stark nach der Frage, woran die erstellte Bibliothek getestet werden soll. So können Bibliotheken für ein allgemeines Eingangsscreening entwickelt werden. Sie sollten dann „**optimal divers**" sein. Ihre Zusammenstellung orientiert sich an allgemein gültigen Kriterien, wie dem Molekulargewicht, der Gesamtlipophilie, einer ausgewogenen Verteilung von Wasserstoffbrücken-Donor- und -Akzeptorgruppen sowie der Größe der hydrophoben Oberfläche. Sie sind wichtig für die Ähnlichkeit bzw. Verschiedenheit von Wirkstoffmolekülen (Kapitel 17). Die gewünschte Diversität einer Bibliothek ist aber in Hinblick auf ihre biologischen Eigenschaften an einem Rezeptor (**targetorientiert**) zu betrachten. Kriterien, die Moleküle für einen Rezeptor „ähnlich" oder „divers" machen, sind für einen anderen Rezeptor nicht identisch (Abschnitt 17.7). In Hinblick auf die breite Palette von Proteinen, an denen kombinatorische Bibliotheken getestet werden sollen, gibt es somit kein absolutes Maß für Diversität. Andererseits spielt die Kombinatorische Chemie eine wichtige Rolle beim Erstellen erster Struktur-Wirkungsbeziehungen für ein Zielprotein. Dazu müssen sehr schnell in verschiedenen Positionen einer als geeignet entdeckten Leitstruktur chemische Variationen vorgenommen werden. Das Design und die Synthese solcher zielgerichteter Verbindungsbibliotheken eröffnen hier einen schnellen Zugang.

11.9 Nanomolare Liganden für G-Protein-gekoppelte Rezeptoren

Mitarbeiter der Firma Chiron synthetisieren eine Bibliothek aus trimeren N-substituierten Oligoglycinen (Peptoide) nach dem *split-and-combine*-Verfahren (Abb. 11.5). Die Wissenschaftler hatten beim Design ihrer Stickstoff-Substituenten die G-Protein-gekoppelten Rezeptoren (GPCR, Abschnitt 29.1) als Testsysteme im Auge. Diese Rezeptoren sind das Ziel vieler Neurotransmitter und Hormone. Für den Aufbau ihrer Peptoide kombinierten sie wenigstens einen aromatischen Rest und eine Seitenkette mit einem H-Brückendonor in Form einer Hydroxygruppe (Abb. 11.5, Gruppen A und O). Außerdem ist in den Molekülen mit X = H ein basischer, protonierbarer Stickstoff vorhanden. Genau diese Gruppen kommen auch in den Neurotransmittern und Hormonen vor. Für den verbleibenden dritten Substituenten wählten sie eine möglichst diverse Zusammensetzung (Gruppe D). Mit diesen Resten entstand eine Peptoid-Bibliothek aus ca. 5000 Di- und Tripeptoiden.

Unterschiedliche Gemische wurden am adrenergen Rezeptor getestet. Als aktive Teilbibliothek fiel H–ODA–NH$_2$ auf. Sie diente als Ausgangspunkt für die schrittweise Entfaltung. Teilbibliotheken wurden resynthetisiert, zuerst unter Festlegung der Hydroxy-Seitenkette O, dann der Mitglieder der diversen Gruppe D und zuletzt der aromatischen Substituenten A. Am Ende verblieb **11.7** als nanomolarer Ligand (Abb. 11.6).

Die gleiche Peptoidbibliothek wurde an einem anderen GPCR, dem Opiatrezeptor, getestet. Hier fiel in der ersten Stufe als aktive Teilbibliothek die Sequenz H–ADO–NH$_2$ auf. Eine entsprechende Entfaltung durch Resynthese lieferte **11.8** als nanomolaren Liganden. Das Molekül enthält einen *p*-Hydroxyphenethylrest und eine Diphenylmethangruppe an den Enden des Tripeptoids. Aus detaillierten Studien am Met-Enkephalin **11.9** weiß man, dass die Aminosäuren Tyrosin und Phenylalanin essenziell für eine Wirkung sind. Für beide Reste finden sich analoge Gruppen im Tripeptoid (Abb. 11.6).

11.10 Wirkstärker als Captopril: Ein Treffer in einer kombinatorischen Bibliothek von substituierten Pyrrolidinen

Bei der Firma Affymax wurde die 1,3-dipolare Cycloaddition zur *split-and-combine*-Synthese einer Bibliothek von ca. 500 unterschiedlich substituierten Pyrrolidinen verwendet. Im ersten Schritt wurde das Harz mit einer geschützten Aminosäure (Gly, Ala, Leu und

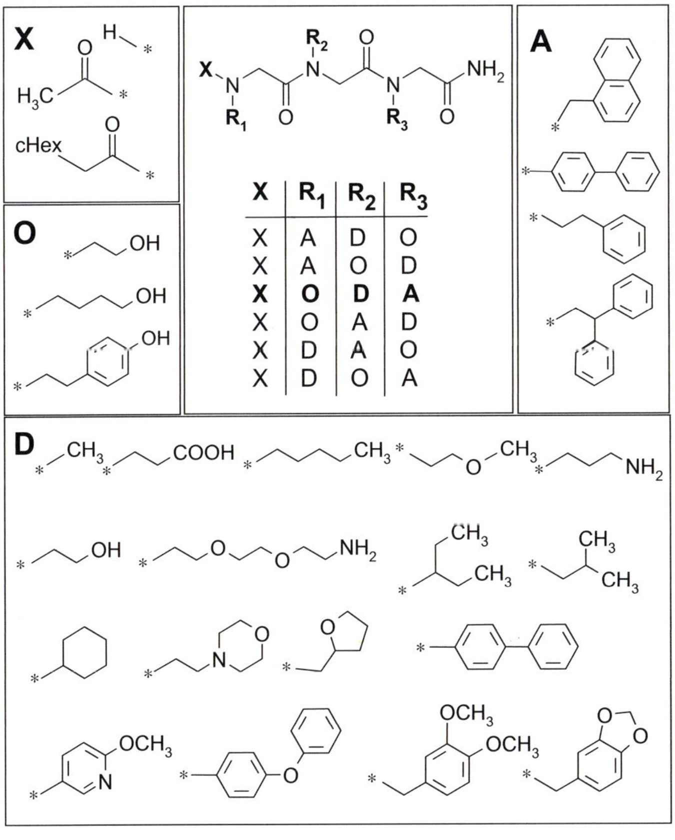

Abb. 11.5 Peptoide sind am Stickstoff substituierte Oligoglycine. Eine Bibliothek aus Di- und Tripeptoiden wurde nach dem *split-and-combine*-Verfahren aufgebaut. N-terminal wurden drei Reste **X** eingesetzt. Als Stickstoff-Seitenketten wurden verwendet: 3 Reste **O** mit Hydroxy-Funktion, 4 Reste **A** mit Aromaten und 17 Reste **D** mit diversen Gruppen. 18 Mischungen (6 Permutationen von A, O und D mit 3 Endgruppen) ergeben ca. 5000 Di- und Tripeptoide. Am α-adrenergen Rezeptor fällt die H-ODA-NH$_2$-Bibliothek durch Bindung auf. Zuerst werden die Reste der Hydroxy-Gruppe **O** entfaltet. Die Verbindungen mit *p*-Hydroxyphenethyl-Rest sind am aktivsten. In der nächsten Synthese-Runde stellt man 17 Teilbibliotheken mit diesem Rest aus der **O**-Gruppe und definierten Resten aus der diversen Gruppe **D** zusammen. Verbindungen mit einem Diphenyl- bzw. Diphenylether-Rest sind besonders aktiv. Mit diesen Resten der **D**-Gruppe wird weitergearbeitet. Die Aufspaltung der aromatischen Seitenkette **A** an der letzten Position führt zu acht Einzelverbindungen.

X	R$_1$	R$_2$	R$_3$
X	A	D	O
X	A	O	D
X	O	D	A
X	O	A	D
X	D	A	O
X	D	O	A

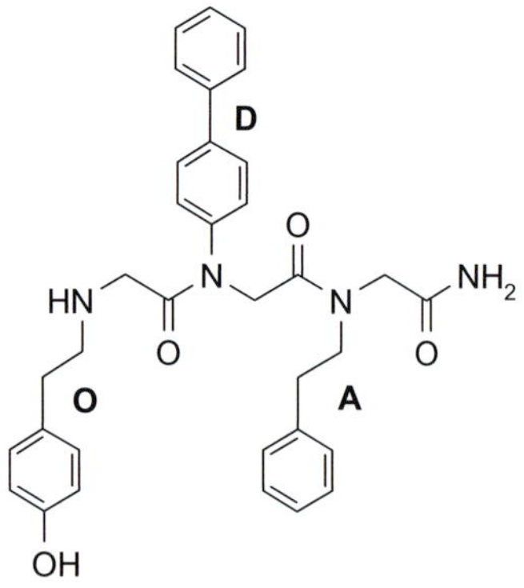

Abb. 11.6 Das Derivat **11.7** ist am α-adrenergen Rezeptor mit K_i = 5 nM die potenteste Verbindung der H–ODA–NH$_2$-Bibliothek. Testung am Opiatrezeptor ergibt nach Entfaltung der H–ADO–NH$_2$-Bibliothek **11.8** als affinsten Kandidaten (K_i = 6 nM). Met-Enkephalin **11.9** ist ein potenter Ligand des Opiatrezeptors. Man kann eine strukturelle Verwandtschaft zwischen dem p-Hydroxyphenethylrest in **11.8** und der Tyrosin-Seitenkette in **11.9** bzw. einem Phenylrest der Diphenylmethangruppe in **11.8** und dem Benzylrest des Phenylalanins in **11.9** entdecken. Tyr und Phe sind für die Wirkung des Met-Enkephalins essenziell.

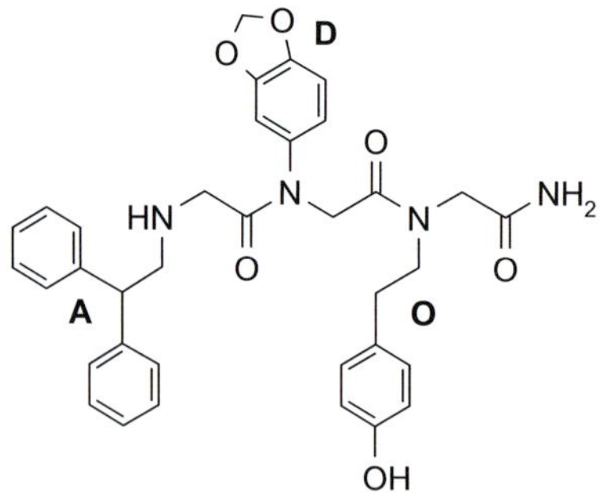

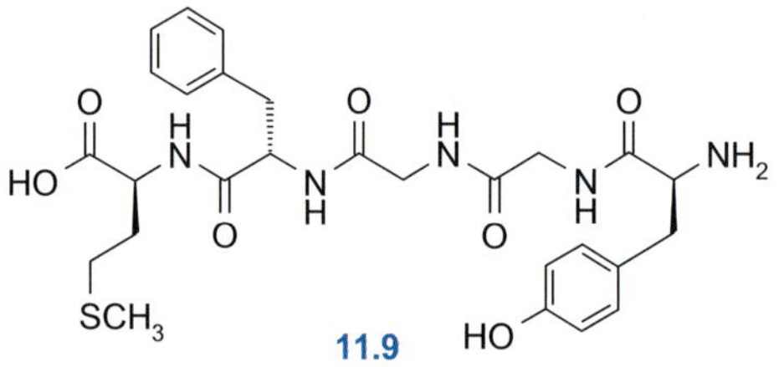

Phe) beladen (Abb. 11.7). Dann folgte mit vier verschiedenen aromatischen Aldehyden eine Umsetzung zu den Iminen. Cycloaddition mit fünf unterschiedlichen Olefinen führte zu Fünfringheterocyclen. Im letzten Schritt wurde das Pyrrolidin mit drei verschiedenen Mercaptoverbindungen *N*-substituiert.

Dieser letzte Syntheseschritt erfolgte in Hinblick auf eine Testung der Liganden am Angiotensin-Konversionsenzym (ACE, Abschnitt 25.4). Inhibitoren dieses Enzyms weisen als *C*-Terminus funktionalisierte Prolinreste auf. Sie besitzen eine Carboxylfunktion und eine Gruppe, die an das katalytische Zinkion koordiniert, z. B. eine Thiolgruppe (Abschnitt 25.4). Diese Kenntnisse beeinflussten die Auswahl der Thiolseitenketten. Die iterative Entfaltung der Bibliothek lieferte **11.10** als potenten ACE-Inhibitor (Abb. 11.7, K_i = 160 pM). Er ist deutlich affiner als das Marktprodukt Captopril und gehört zu den wirkstärksten thiolhaltigen Inhibitoren des ACE.

11.11 Parallel oder kombinatorisch, in Lösung oder auf dem festen Träger?

Die Kombinatorische Chemie am Festkörperträger eröffnet die automatisierte Synthese einer Vielzahl von Molekülen. Sie bereitet aber auch Probleme. Auf die Schwierigkeit einer Testung am Harz oder die Entfaltung und Resynthese von Bibliotheken, die für die Testung vom Harz abgespalten wurden, ist verwiesen worden. Das Etikettieren stellt zwar eine elegante, aber dennoch aufwendige Alternative dar. Ein anderer Weg, der die Entfaltung einer Bibliothek vermeidet, aber die Vorteile der Kombinatorischen Chemie verwendet, stellt die Parallelsynthese in räumlich getrennten Reaktionsgefäßen dar. Entlang der ganzen Reaktionsfolge bleibt eindeutig, in welchem Gefäß welche Reaktanden und Produkte vorliegen. Ein aufwendiges Entfalten entfällt. Zunächst erscheint diese Strategie unpraktikabel. Wie sollen tausend Reaktionskomponenten in tausend Reaktionskolben sinnvoll umgesetzt werden? Dazu darf man nicht an die Reaktionsgefäße der klassischen organischen Chemie denken. Eher werden miniaturisierte Reaktionsautomaten entwickelt, in denen parallel alle Reaktionsschritte durchgeführt werden. Alternativ sind Verfahren entwickelt worden, bei denen Harzkügelchen in viele kleine Reaktionskapseln verfüllt werden. Sie sind für einen Substanztransport über die gelöste Phase offen, umschließen die Kügelchen aber mechanisch. Jede Kapsel ist mit einem Etikett versehen, das sich mit einem Radiosender auslesen lässt. Alle Kapseln gibt man in klassische Rundkolben und vollführt damit die übliche Chemie. Mechanisch lassen sich die Reaktionskapseln auftrennen und mit unterschiedlichen Reaktanden in Kontakt bringen. Welche Reaktionsfolge jede Kapsel durchläuft, verfolgt das Registriersys-

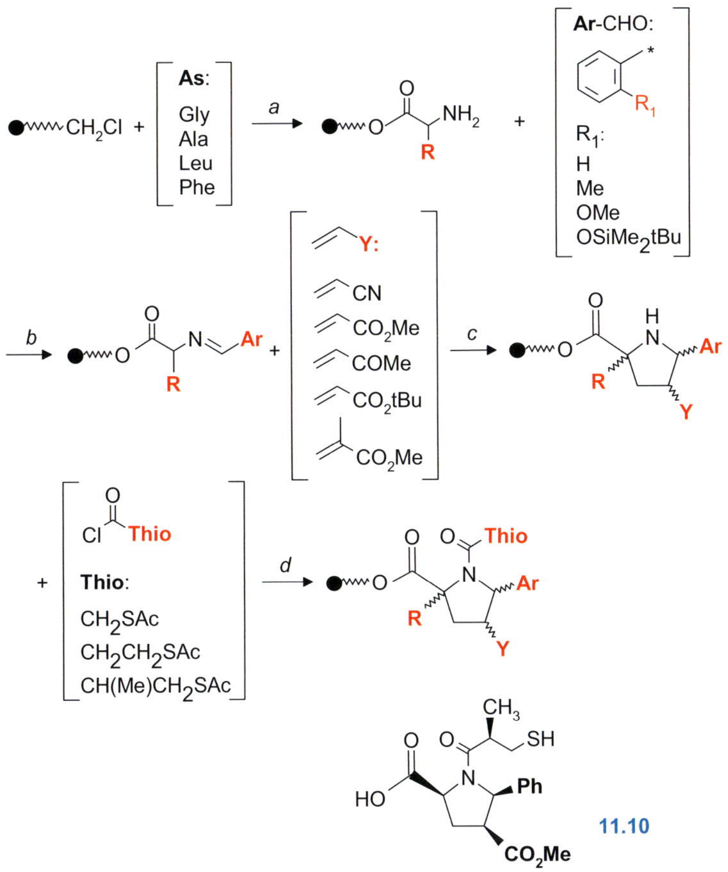

Abb. 11.7 An das Trägerharz wird eine der Aminosäuren **As** = Gly, Ala, Leu oder Phe gekuppelt (a). Anschließend setzt man mit vier verschiedenen aromatischen Aldehyden (**Ar–CHO**) zum Imin um (b), das unter 1,3-dipolarer Cycloaddition mit fünf verschiedenen Olefinen zu Pyrrolidinen weiterreagiert (c). In der letzten Stufe wird das freie NH-Proton am Heterocyclus mit drei unterschiedlichen Mercaptoverbindungen (**Thio**-COCl) umgesetzt (d). Die mithilfe der *split-and-combine*-Technik gewonnene Bibliothek spaltet man unter Freisetzung einer Säurefunktion vom Polymer ab. Es wird die Hemmung des Angiotensin-Konversionsenzyms getestet. Durch Resynthese und erneute Testung wird die Bibliothek bis auf die aktiven Einzelmoleküle entfaltet. Dabei fällt **11.10** als hoch affiner Inhibitor auf.

tem mit dem Radiosender. So kann eindeutig pro Rektionskapsel eine Verbindung nach kombinatorischen Prinzipien hergestellt werden, praktisch wie in einer Parallelsynthese. Zur Testung stehen dann Einzelverbindungen bereit.

Die Synthese auf festem Trägermaterial hat auch Nachteile im Vergleich zur Chemie im gelösten Zustand. Meist verlaufen die Umsetzungen langsamer und die Analytik zur Verfolgung der Umsetzung ist wesentlich aufwendiger durchzuführen. Die Kupplung an den Festkörper verlangt einen geeigneten Linker. Eine solche Verankerungsgruppe soll möglichst spurlos von der Bibliothek vor deren Testen entfernt werden. Vor allem soll nicht nach dem Abspalten des Linkers („**traceless linkers**") eine Gruppe in der Bibliothek verbleiben, die später einen wichtigen Teil des Pharmakophors ausmacht. Die Chemie, die das Anbringen und Entfernen des Linkers betrifft, muss verträglich mit allen anderen Reaktionen bei der Synthese der Bibliothek auf dem Harz sein. Dies kann zu Einschränkungen in der verwendbaren Chemie führen. Die präparative Chemie versucht vor allem, Moleküle nach einer **konvergenten Synthesestrategie** aufzubauen. Dazu entwickelt man eine Vorgehensweise, die über mehrere, wenige Stufen umfassende Syntheseschritte die Komponenten des endgültigen Moleküls bereitstellt. In nachfolgenden Reaktionsschritten werden dann die zuvor hergestellten Komponenten miteinander zu dem fertigen Endprodukt verknüpft. Eine solche Strategie ist effizienter und führt zu höheren Ausbeuten als ein **linearer Syntheseweg**.

Eine konvergente Strategie lässt sicher allerdings nicht bei sukzessivem Aufbau einer Verbindung auf dem Harz realisieren. Deshalb hat man für manche Synthesen inzwischen den Spieß umgedreht. Nicht die entstehende Bibliotheksverbindung befindet sich auf dem festen Trägermaterial, sondern die Reagenzien, mit denen sie umgesetzt werden. Die Vorteile der Reaktionen auf festem Trägermaterial bleiben bestehen. Dazu gehören die gute mechanische Abtrennung von Reaktionskomponenten, das einfache Arbeiten mit erhöhten Reaktionsüberschüssen oder die Automatisierbarkeit der Reaktionsführung. Als Vorteil lassen sich jetzt auch konvergente Synthesen durchführen. Es kann mit toxischen Reagenzien gearbeitet werden, da ihre Abtrennung durch das Fixieren auf einem festen Träger sicher gewährleistet ist. Die übliche Analytik, die für die gelöste Phase entwickelt wurde, kann verwendet werden.

Manche intramolekulare Reaktion, vor allem Ringschlussreaktionen oder Kondensationen, steht mit intermolekularen Umsetzungen in Konkurrenz. Um diese zu vermeiden, arbeitet man in hohen Verdünnungen. Verwendet man dagegen einen Reaktanden, der an einen festen Träger gekoppelt ist, kann man auf diesem Wege über die Nachbarschaft der festen Phase die lokale Konzentration an Reaktanden reduzieren. Auch Reaktionen, die über ein Abfangen entstehender Reaktionsprodukte verlaufen, lassen sich vereinfachen, wenn man die Reagenzien für die Abfangreaktion an einen festen Träger koppelt. Ein mechanisches Filtrieren reicht zum Abtrennen der abgefangenen Komponente. Genauso kann man Produkte durch ein Abfangen am Harz abtrennen und reinigen.

Säuren und Basen kann man zu ihrer Reinigung mit einem immobilisierten Amin oder einer Sulfonsäure abtrennen. Zwischenzeitliches Anheften von metallkomplexierenden Gruppen oder hydrophoben Haftgruppen werden auch schon zur Reinigung von kombinatorisch hergestellten Substanzbibliotheken verwendet.

Wie wird sich die Kombinatorische Chemie weiterentwickeln? Die Miniaturisierung von Reaktionsgefäßen und Syntheseautomaten erscheint eine zukunftsträchtige Perspektive. Das „**lab-on-a-chip**"-Konzept wird heute schon intensiv für bioanalytische Verfahren eingesetzt. Kleine Reaktionsvolumina, integrierte Trennsäulen, minaturisierte, über Piezoelemente gesteuerte Ventile und Pumpen werden auf kleinen *chip*-Karten integriert. Es bleibt abzuwarten, ob solche hintereinandergeschalteten Reaktionsautomaten das chemische Labor der Zukunft bestimmen.

11.12 Das Protein sucht sich selbst einen Liganden: Click-Chemie und Dynamische Kombinatorische Chemie

Kann ein Protein nicht einfach selbst seinen besten Hemmstoff synthetisieren? Er sollte mit idealer Geometrie unter Ausbildung optimaler Wechselwirkungen direkt in der Bindetasche des Zielenzyms synthetisiert werden. Welche chemischen Reaktionen könnten für ein solches Konzept geeignet sein? Es muss sich um Reaktionen handeln, die in wässrigem Medium durchführbar sind und die mit hoher Zuverlässigkeit, enthalpisch getrieben, schnell und mit nahezu vollständigem Umsatz ablaufen. Solche Reaktionen wurden in den letzten Jahren unter dem Begriff „**Click-Chemie**" in der Gruppe von Barry Sharpless in La Jolla, Kalifornien genauer untersucht. Cycloadditionen ungesättigter Verbindungen (1,3-dipolare Cycloaddition, Diels-Alder Reaktion), nucleophile Substitutionen, vor allem Ringöffnungsreaktionen, nicht aldolartige Carbonylreaktionen und Additionen an C–C-Mehrfachbindungen erfüllen die geforderten Bedingungen. Sie lassen sich unter Ausnutzung kombinatorischer Prinzipien einsetzen. Vornehmlich die 1,3-dipolare Cycloaddition (**Huisgen-Reaktion**) kann zum Aufbau fünfgliedriger Triazol- und Tetrazolheterocyclen verwendet werden (Abb. 11.8). Aus einer Azid- und Alkinkomponente lassen sich unter Anwesenheit von Cu(I)-Salzen bei Raumtemperatur regiospezifisch 1,4-disubstituierte 1,2,3-Triazole gewinnen. Die Reaktion läuft in einem weiten pH-Bereich zwischen pH 4 und 12 ab. Der Reaktionstyp kann auf Tetrazole ausgedehnt werden. Dazu sind Nitrile unter Anwesenheit von Zinkionen als dipolarophile Reaktionspartner notwendig.

Einen anderen Weg wählen Mitarbeiter der Gruppe von Jean-Marie Lehn in Strassburg. Sie entwickelten die „**Dynamische Kombinatorische Chemie**"

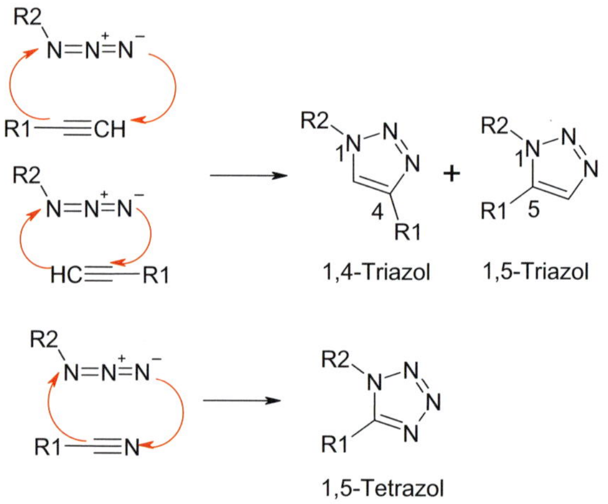

Abb. 11.8 Die 1,3-dipolare Cycloaddition (Huisgen-Reaktion) ist eine typische Reaktion aus der Click-Chemie und führt zu fünfgliedrigen Triazol- und Tetrazolheterocyclen. Aus einer Azid- und Alkinkomponente lassen sich unter Anwesenheit von Cu(I)-Salzen bei Raumtemperatur regiospezifisch 1,4- bzw. 1,5-disubstituierte 1,2,3-Triazole gewinnen. Setzt man anstelle der Alkinkomponente Nitrile unter Katalyse von Zinkionen ein, so erhält man 1,5-disubstituierte Tetrazole als Produkte.

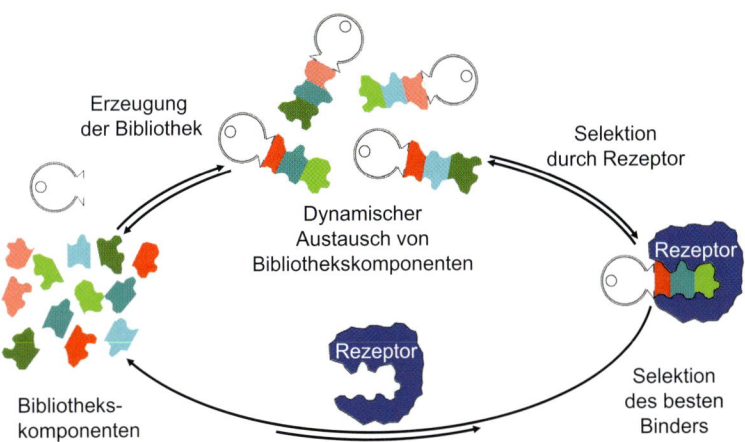

Abb. 11.9 Bei der Dynamischen Kombinatorischen Chemie legt man ein Gemisch unterschiedlicher Bibliothekskomponenten vor, die miteinander in Gleichgewichtsreaktionen reagieren. Eine Vielzahl von Produkten kann im Gleichgewicht entstehen. Sie stellen alle potenzielle „Schlüssel" dar, die in das „Schloss" des Zielrezeptors passen können. Das zugefügte Rezeptorprotein bindet den am besten passenden Liganden aus dem Verbindungsgemisch und verschiebt so das Gleichgewicht in Richtung einer vermehrten Bildung dieses Produkts. Es wird durch Proteinbindung dem Gleichgewicht entzogen (nach O. Ramström und J.-M. Lehn).

durch spontanen Zusammenbau von Molekülen aus geeigneten Startmaterialien über reversibel ablaufende chemische Reaktionen (Abb. 11.9). Aus einem Gemisch verschiedener Bausteine bilden sich alle denkbaren Kombinationsprodukte. Zwischen ihnen stellt sich ein dynamisches Austauschgleichgewicht ein. Einem solchen Gleichgewichtssystem wird ein Zielrezeptor in Form eines Proteins hinzugefügt. Dadurch entsteht eine treibende Kraft, die den Gemischkomponenten mit den besten Proteinbindungseigenschaften einen Vorteil verschafft. Das Protein fängt den besten Binder ab und verschiebt dadurch das Gleichgewicht. Es führt so zu einer selbstgesteuerten Auswahl des am besten auf die Bindetasche des Zielproteins angepassten Liganden. Somit sucht sich das zugefügte Protein praktisch selbst seinen besten Inhibitor.

Auch die Click-Chemie kann durch die Zugabe eines Proteins zu einem solchen selektierenden Syntheseprozess umgesteuert werden. Als Zielprotein wurde Acetylcholinesterase (AChE, Abschnitt 23.7) einem Gemisch potenzieller Azid- und Alkin-Reaktanden für die Huisgen-Reaktion hinzugefügt. Aus der Vielfalt denkbarer Reaktionsprodukte lässt sich ein femtomolarer Inhibitor des Enzyms selektieren! Versehen mit einem Phenylphenanthridinrest für das eine Ende und einer Tacrin-Kopfgruppe für den flachen Eingang reagieren in der Mitte der schlauchförmigen Bindetasche Azid und Alkin zu einem Triazol (Abb. 11.10). Nur wenige Produkte entstehen. Sie sind vorgegeben durch die mögliche Platzierung der Startverbindungen. Mit zwei potenten Produkten konnten die Kristallstrukturen bestimmt werden. Der gebildete Triazolring formt, vermittelt über ein Wassermolekül, eine H-Brücke zum katalytisch aktiven Ser 203 des Proteins. Der Triazolring bildet sich nicht ausschließlich als entropisch begünstigtes Produkt einer simplen Verbrückung, die polare Wechselwirkung zum Ser 203 erscheint richtunggebend.

In ähnlicher Weise wurde die Carboanhydrase II (Abschnitt 25.7) als Zielprotein zur Selektion geeigneter Reaktanden der Huisgen-Reaktion verwendet. Hier wurde zunächst eine Alkinkomponente über einen Benzylsulfonamidanker an das katalytische Zinkion des Enzyms gekoppelt. Anschließend konnten in der trichterförmigen Bindetasche strukturell passende Azidkomponenten zur Reaktion gebracht werden. Es entstehen nanomolare Inhibitoren. In analoger Weise war man inzwischen für die HIV-Protease (Abschnitt 24.3) und das ACh-Bindeprotein (Abschnitt 30.5) erfolgreich. Zielorientierte kombinatorische Bibliotheken werden für diese Reaktionen als Ausgangskomponenten der Reaktion gebraucht. Es bleibt abzuwarten, welchen Stellenwert diese *in situ*-Inhibitorsynthese für die praktische Wirkstoffforschung erlangen wird.

Tacrin

11.11   Phenantridin   **11.12**

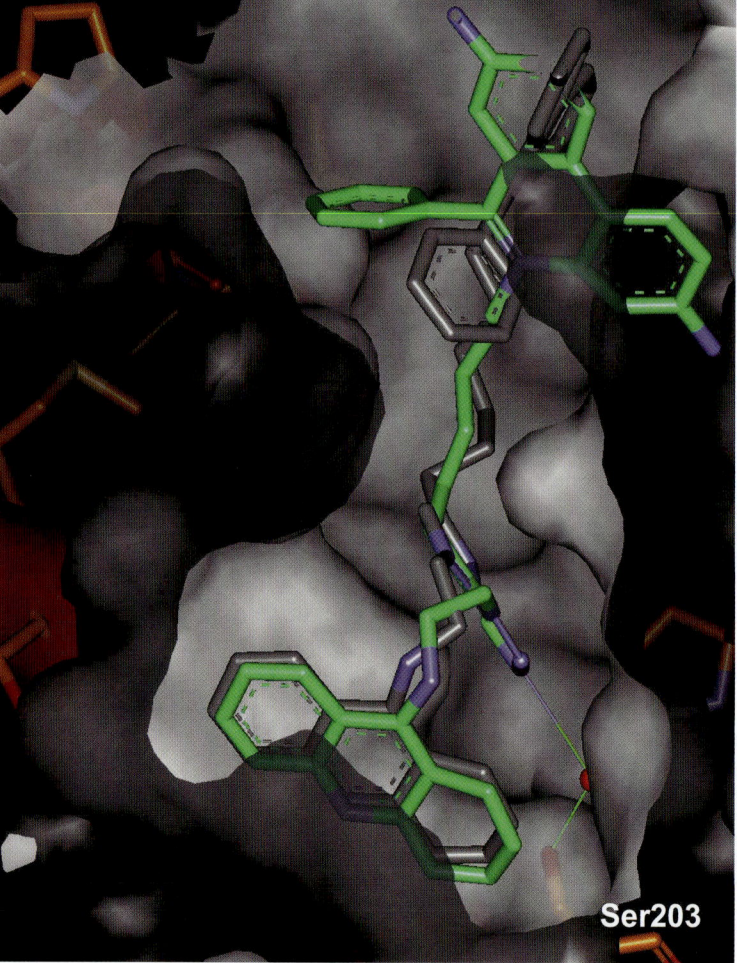

Abb. 11.10 Eine in Anwesenheit von Acetylcholinesterase (AChE) durchgeführte Click-Reaktion einer Verbindungsbibliothek von Alkinen mit einer für AChE geeigneten Tacrin-Seitenkette und Aziden, die einen auf AChE zurecht geschnittenen Phenanthridinrest tragen, führen zu den Produkten **11.11** (grün) und **11.12** (grau), die sich als potente Inhibitoren des Enzyms erweisen. Sie unterscheiden sich in der Verknüpfungstopologie am Fünfring. Mit beiden Inhibitoren gelang eine Kristallstrukturbestimmung. Die Oberfläche um das Protein ist mit dem gebundenen Liganden **11.12** gezeigt. Sie füllen die lange schlauchförmige Bindetasche der AChE aus. **11.11** bindet über ein Wassermolekül (rote Kugel) an die Hydroxylfunktion von Ser 203.

Literatur

Allgemeine Literatur

G. Jung und A. G. Beck-Sickinger, Methoden der multiplen Peptidsynthese und ihre Anwendungen, Angew. Chem. **104**, 357–391 (1992)

W. H. Moos, G. D. Green und M. R. Pavia, Recent Advances in the Generation of Molecular Diversity, Ann. Rep. Med. Chem. **28**, 315–324 (1993)

L. Weber, Kombinatorische Chemie – Revolution in der Pharmaforschung, Nachr. Chem. Tech. Lab. **42**, 698–702 (1994)

R. M. Baum, Combinatorial Approaches Provide Fresh Leads for Medicinal Chemistry, Chemical & Engineering News, 7. Februar 1994, S. 20–26

M. A. Gallop, R. W. Barrett, W. J. Dower, S. P. A. Fodor und E. M. Gordon, Applications of Combinatorial Technologies to Drug Discovery. 1. Background and Peptide Combinatorial Libraries, J. Med. Chem. **37**, 1233–1251 (1994)

E. M. Gordon, R. W. Barrett, W. J. Dower, S. P. A. Fodor und M. A. Gallop, Applications of Combinatorial Technologies to Drug Discovery. 2. Combinatorial Organic Synthesis, Library Screening Strategies, and Future Directions, J. Med. Chem. **37**, 1385–1401 (1994)

D. Madden, V. Krchnak, M. Lebl, Synthetic Combinatorial Libraries: Views on Techniques and Their Application, Persp. in Drug Discov. Design **2**, 2690–285 (1994)

B. K. Kay, Biologically Displayed Random Peptides as Reagents in Mapping Protein-Protein Interactions, Persp. in Drug Discov. Design **2**, 251–268 (1994)

F. Balkenhohl, C. von dem Bussche-Hünnefeld, A. Lansky und C. Zechel, Kombinatorische Synthese niedermolekularer organischer Verbindungen, Angew. Chem. **108**, 2436–2488 (1996)

S. V. Ley und I. R. Baxendale, New Tools and Concepts for Modern Organic Synthesis, Nat. Rev. Drug Discov. **1**, 573–586 (2002)

H. C. Kolb, M. G. Finn und K. Barry Sharpless, Click-Chemie: Diverse chemische Funktionalität mit einer Handvoll guter Reaktionen, Angew. Chem. **113**, 2056–2075 (2001)

O. Ramström und J.-M. Lehn, Drug Discovery by Dynamic Combinatorial Libraries, Nat. Rev. Drug Discov. **1**, 27–36 (2002)

B. A. Bunin, The Combinatorial Index, Academic Press, San Diego, 1998

G. Jung, Combinatorial Chemistry, Wiley-VCH, Weinheim, 1999

N. K. Terrett, Kombinatorische Chemie, Springer, Berlin, 2000

P. Seneci, Solid-Phase Synthesis and Combinatorial Technologies, Wiley-Interscience, New York, 2000

A. G. Beck-Sickinger und P. Weber, Combinatorial Strategies in Biology and Chemistry, Wiley, 2002

K. C. Nicolaou, R. Hanko und W. Hartwig, Handbook of Combinatorial Chemistry. Drugs, Catalysts, Materials, Wiley-VCH, Weinheim, 2002

W. Bannwarth und B. Hinzen, Combinatorial Chemistry. From Theory to Application (Band 26 in Methods and Principles in Medicinal Chemistry, R. Mannhold, H. Kubinyi und G. Folkers, Hrsg.), Wiley-VCH, Weinheim, 2006

Spezielle Literatur

H. M. Geysen, R. Meloen und S. Barteling, Use of Peptide Synthesis to Probe Viral Antigens for Epitopes to a Resolution of a Single Amino Acid, Proc. Nat. Acad. Sci. USA **81**, 3998–4002 (1984)

T. Carell, E. A. Wintner, A. J. Sutherland, J. Rebek, Y. M. Dunayevskiy und P. Vouros, New Promise in Combinatorial Chemistry: Synthesis, Characterization, aus Screening of Small-Molecule Libraries in Solution, Chemistry & Biology **2**, 171–183 (1995)

C. T. Dooley, N. N. Chung, P. W. Schiller und R. A. Houghton, Acetalins: Opioid Receptor Antagonists Determined Through the Use of Synthetic Peptide Combinatorial Libraries, Proc. Nat. Acad. Sci. USA **90**, 10811–10815 (1993)

R. N. Zuckermann, E. J. Martin, D. C. Spellmeyer et al., Discovery of Nanomolar Ligands for 7-Transmembrane G-Protein-Coupled Receptors from a Diverse N-(Substituted)glycine Peptoid Library, J. Med. Chem. **37**, 2678–2685 (1994)

M. M. Murphy, J. R. Schullek, E. M. Gordon und M. A. Gallop, Combinatorial Organic Synthesis of Highly Functionalized Pyrrolidines: Identification of a Potent Angiotensin Converting Enzyme Inhibitor from a Mercaptoacyl Proline Library, J. Am. Chem. Soc. **117**, 7029–7030 (1995)

T. Fink und J.-L. Reymond, Virtual Exploration of the Chemical Universe up to 11 Atoms of C, N, O, F: Assembly of 26.4 Million Structures (110.9 Million Stereoisomers) and Analysis for New Ring Systems, Stereochemistry, Physicochemical Properties, Compound Classes, and Drug Discovery, J. Chem. Inf. Model. **47**, 342–353 (2007)

Y. Bourne, H. C. Kolb, Z. Radic, K. B. Sharpless, P. Taylor und P. Marchot, Freeze-frame Inhibitor Captures Acetylcholinesterase in a Unique Conformation, PNAS **110**, 1449–1454 (2004)

Gentechnologie in der Arzneimittelforschung

12

Ingenieure und Schriftsteller haben viele Entwicklungen der Wissenschaft und Technologie vorausgeahnt. Leonardo da Vinci hat neben anderen raffinierten Maschinen das Prinzip des Hubschraubers beschrieben. Charles Babbage entwarf Anfang der zwanziger Jahre des 19. Jahrhunderts einen weit in die Zukunft weisenden Rechenautomaten. Über 160 Jahre später wurde dieser mechanische Vorläufer eines programmierbaren Computers tatsächlich gebaut und er funktionierte! Jules Verne hat U-Bootfahrten und eine Reise zum Mond beschrieben und Hans Dominik die Gewinnung von Energie aus der Atomspaltung. Alle diese Visionen sind Wirklichkeit geworden. Von einer der bahnbrechendsten Entwicklungen unserer Zeit, der Gentechnik, ist nur eine einzige Anwendung vorbeschrieben, die Klonierung identischer Individuen in Aldous Huxleys „Schöne neue Welt". Die Klonierung von Säugetieren ist bereits durchgeführt worden. Es bleibt zu hoffen, dass Forscher ethische Grenzen respektieren und trotz einer greifbaren Machbarkeit von Huxleys Idee niemals davon Gebrauch machen werden.

Mit den Methoden der **Gentechnologie** ist es möglich, neue Gene in eine Zelle einzubringen, sie zu vervielfachen, auszutauschen oder zu entfernen. Bei Entfernung oder Veränderung kann die Zelle das aus dem ursprünglichen Gen abgeleitete Protein nicht mehr herstellen. Bei Einbringung eines neuen Gens und geschickter Wahl der Methode stellt die Zelle aber ein für sie fremdes Produkt her, entweder ein gezielt abgewandeltes oder ein vollkommen neues Protein.

Für viele Krankheiten sind als molekulare Ursachen das Fehlen oder die genetisch bedingte Veränderung eines Proteins bekannt. Nur einige wenige, allgemein bekannte Beispiele seien hier erwähnt:

- Diabetes als Folge eines Insulinmangels,
- bestimmte erbliche Krebsformen (familiärer Enddarmkrebs, Melanome),
- Veitstanz (*Chorea Huntington*), eine chronische Hirnatrophie,
- Sichelzellanämie, eine Erbkrankheit (Abschnitt 12.13), und
- Bluter-Krankheiten, die durch das Fehlen bestimmter Gerinnungsfaktoren ausgelöst werden (vgl. Abschnitt 12.13).

Aus der Möglichkeit, beliebige Proteine gezielt herzustellen, ergeben sich die **Hauptanwendungsgebiete der Gentechnologie**:

- die Identifizierung von Genen und Proteinen, die für die Behandlung einer Krankheit eine wichtige Rolle spielen können,
- die Entwicklung von Tiermodellen zur Überprüfung eines Therapieprinzips,
- die Herstellung von Proteinen zur Therapie von Krankheiten, bei denen bestimmte Proteine fehlen,
- die Herstellung monoklonaler Antikörper und Impfstoffe,
- die Herstellung von Proteinen für molekulare Testsysteme und zur Aufklärung der 3D-Strukturen von Enzymen und anderen löslichen Proteinen,
- die Erzeugung von Proteinen, bei denen durch ortsgerichtete Mutagenese eine oder mehrere Aminosäuren ausgetauscht sind, zur Aufklärung des Wirkmechanismus von Enzymen und zur Charakterisierung der Bindestellen von Rezeptoren, sowie
- die somatische, auf den einzelnen Patienten gerichtete Gentherapie.

Andere Anwendungsmöglichkeiten, z. B. Eingriffe in die menschliche Keimbahn oder die genetische Veränderung von Nutzpflanzen zur Erzielung einer Herbizidresistenz oder zur Verlängerung der Haltbarkeit von Früchten sollen hier nur kurz erwähnt werden.

12.1 Geschichte und Grundlagen der Gentechnologie

Die Grundlagen der Gentechnik wurden erst ab der Mitte des 20. Jahrhunderts erarbeitet. Der Startschuss fiel wohl im Jahr 1953. Damals klärten James Watson und Francis Crick die dreidimensionale Struktur der Erbsubstanz aller Lebewesen, der **Desoxyribonucleinsäure** (engl. *desoxyribonucleic acid*, DNA) auf. Aus der Struktur ergaben sich unmittelbar Hinweise auf den Mechanismus der Vererbung und auf den genetischen Code für die Biosynthese der Proteine. Wenige Jahre später fand Werner Arber Enzyme, die an ganz bestimmten Stellen der Doppelhelix angreifen und die DNA sequenzspezifisch spalten, die **Restriktionsenzyme**. Was anfangs als wissenschaftliches Kuriosum angesehen wurde, sollte sich bald als eine überaus wichtige Entdeckung für die Gentechnologie erweisen. Mit diesen Enzymen ist es möglich, DNA gezielt zu zerschneiden und neue Teile einzufügen. Anschließend erfolgt das Verschmelzen der neuen Information mit der ursprünglichen DNA, die **Rekombination** des Erbguts, mit **Ligasen** aus bestimmten Viren, den Bakteriophagen. Auch die Techniken zur Sequenzierung von DNA machten entscheidende Fortschritte. Schon bald wurde die Aminosäure-Sequenz eines Proteins nicht mehr direkt, sondern durch Analyse der entsprechenden DNA bestimmt. Heute geht man oft den Umweg über die zur RNA komplementäre cDNA (Abschnitt 12.6).

Im Jahr 1973 gelang es Stanley Cohen und Herbert Boyer, zum ersten Mal das Erbgut eines Bakteriums neu zu kombinieren (Abb. 12.1). Dann ging alles Schlag auf Schlag: Schon zwei Jahre später wurde der auch heute noch verwendete Bakterienstamm *Escherichia coli* K12 entwickelt. Ihm fehlen Teile seines Erbguts, sodass er nur unter speziellen Bedingungen im Labor lebensfähig ist. Dieses Bakterium kann man genetisch beliebig manipulieren, ohne befürchten zu müssen, dass es Schaden anrichten könnte. Die britischen Wissenschaftler H. Williams-Smith und E. S. Anderson führten unabhängig voneinander Selbstversuche durch, bei denen sie Milliarden der *Escherichia coli* K12-Bakterien oral einnahmen. Sie konnten nachweisen, dass diese im Darm nur kurz überleben und dass K12-Gene, z. B. die für eine Selektion der transformierten Zellen erforderlichen Antibiotika-Resistenzen, nicht auf die *Escherichia coli*-Zellen der normalen Darmflora übertragen werden. Auf einer Tagung im kalifornischen Asilomar diskutierten Experten über die möglichen Gefahren von Gen-Experimenten und definierten verschiedene Risiko- und Sicherheitsklassen. 1976 erfolgte die Gründung der Firma Genentech. Ihr Gründer Herbert Boyer musste sich dafür 500 US-$ leihen! Als er mit seinem Unternehmen 1980 an die Börse ging, wurde er durch die Wertsteigerung seiner Aktien binnen weniger Minuten zum Millionär. Bereits 1982 brachte Genentech das erste gentechnisch hergestellte Medikament, ein humanes Insulin (Humulin®), auf den Markt.

Einen ganz entscheidenden Beitrag zur Gentechnologie lieferte auch die von Kary Mullis im Jahr 1983 bei der bereits 1971 gegründeten kalifornischen Firma Cetus entwickelte **Polymerase-Kettenreaktion** (engl. *polymerase chain reaction*, PCR): Beim Erhitzen zer-

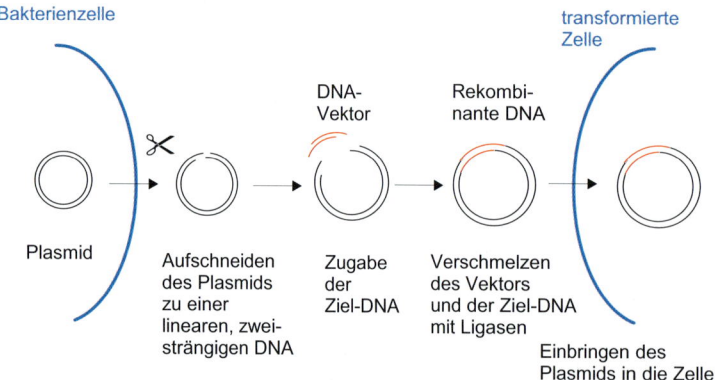

Abb. 12.1: Das Prinzip der gentechnologischen Rekombination von Erbinformation. Bakterien enthalten neben ihrem „Chromosom" häufig zusätzliches genetisches Material in Form ringförmiger **Plasmide**, die in der Gentechnik als **Vektoren** zum Einbringen von Fremdgenen benutzt werden. Die Plasmide werden den Zellen entnommen und mit bakteriellen Enzymen, den so genannten **Restriktionsenzymen**, sequenzspezifisch aufgeschnitten. An die überstehenden einsträngigen Enden wird *in vitro* nun die Ziel-DNA gebunden, welche die gewünschte in das Bakterium einzubringende Erbinformation trägt und typischerweise mit den gleichen Restriktionsenzymen behandelt wurde wie die Plasmid-DNA. Mit dem Enzym **DNA-Ligase** werden nun die DNA-Enden verknüpft und das veränderte, rekombinante Plasmid, in eine Bakterienzelle eingebracht. Die in der Gentechnik verwendeten Plasmidvektoren tragen neben dem DNA-Abschnitt, der für ihre Replikation erforderlich ist, zusätzliche Information, die die Erkennung und Selektion der **transformierten Zellen** erlaubt (meist ein Resistenzgen gegen ein Antibiotikum). In Anwesenheit des selektionierenden Agens wachsen daher ausschließlich plasmidhaltige Zellen.

fällt doppelsträngige DNA in ihre Einzelstränge. Fügt man die vier DNA-Nucleotide hinzu sowie zwei kurze einzelsträngige DNA-Stücke, die in ihrer Sequenz komplementär zu Bereichen der Ausgangs-DNA sind, so genannte **Primer**, so gelingt im Reagenzglas mit einer Polymerase die DNA-Neusynthese. Das heißt ausgehend von den Primern entsteht ein neuer Doppelstrang (Abb. 12.2). Für die DNA-Synthese verwendet man eine hitzestabile DNA-Polymerase aus dem Bakterium *Thermus aquaticus*, das in den heißen Quellen des Yellowstone-Nationalparks vorkommt. Jede Wiederholung dieser Schritte liefert eine Verdoppelung der ursprünglichen DNA-Menge. So können in wenigen Stunden Milliarden und Abermilliarden DNA-Moleküle aus einem einzigen Startmolekül hergestellt werden. Diese Menge genügt bereits für eine Sequenzierung des betreffenden DNA-Abschnitts.

Die PCR-Methode wird inzwischen vielfältig angewendet. Aus einzelnen DNA-Molekülen lässt sich die genetische Information eines Individuums ableiten. In der medizinischen Diagnostik dient dies zum Nachweis von Erbkrankheiten, Krebs, Infektionskrankheiten und Risikofaktoren. Auch bei Vaterschafts-Untersuchungen und in der Kriminalistik wird die PCR-Methode zur Erstellung eines genetischen Fingerabdrucks eingesetzt.

Nicht nur in Bakterienzellen, sondern auch in Hefen, virusinfizierten Insektenzellen und sogar in Säugerzellen kann neue genetische Information eingebracht werden. In erster Näherung gilt aber: Je komplexer der Organismus ist, vom Bakterium bis zur Säugerzelle, desto schwieriger bzw. aufwendiger wird die Produktion des Proteins in diesen Zellen. Zusätzlich haben Insekten- und Säugerzellen den Vorteil, dass sie nicht nur einfache kleine Proteine, sondern auch komplexe Produkte, z. B. glycosylierte Proteine, in funktionsfähiger Form produzieren. In vielen Fällen ist man daher auf solche Organismen angewiesen.

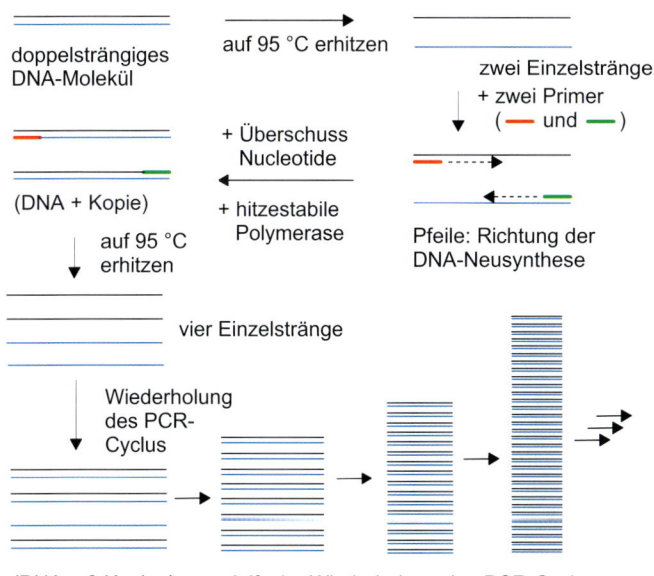

Abb. 12.2 Mit der **Polymerase-Kettenreaktion** lassen sich aus einem DNA-Molekül beliebig viele identische Kopien herstellen. Dazu wird die DNA zuerst erhitzt, um den Doppelstrang in die komplementären Einzelstränge zu trennen. In ihrer Sequenz ebenfalls komplementäre, synthetische Oligonucleotide mit etwa 20 Basen, so genannte **Primer**, werden an die Enden dieser DNA-Stränge angelagert. Dazu muss jeder der Primer an einen der beiden DNA-Stränge binden. Die beiden Primer begrenzen die zu amplifizierende DNA. Außerdem muss ein Überschuss an Primer zugegeben werden, da in jedem Cyclus pro DNA-Doppelstrang ein paar Primer verbraucht werden. Sie werden im weiteren Verlauf nicht mehr explizit dargestellt. Die Primer sind erforderlich, um in Anwesenheit einer DNA-**Polymerase** mit einem Überschuss der vier verschiedenen Nucleotide eine DNA-Neusynthese zu bewirken. Bedingt durch die Gegenläufigkeit der DNA-Stränge und die Spezifität der Polymerase geschieht dies bei den beiden DNA-Strängen in entgegengesetzter Richtung (gestrichelte Pfeile). Der neu synthetisierte DNA-Abschnitt kann einige hunderte bis tausende Basenpaare lang sein. Das Ergebnis sind zwei identische doppelsträngige DNA-Moleküle. Nach Erhitzen erhält man wieder Einzelstränge und das oben beschriebene Verfahren wird wiederholt. Da die DNA-Polymerase hitzestabil ist, muss sie nicht neu zugegeben werden. Jede Wiederholung der oben angegebenen Schritte führt zu einer Verdoppelung der DNA-Moleküle. Ihre Zahl wächst exponentiell an. 10 Cyclen führen zu rund 1000 DNA-Molekülen, 20 zu einer Million und 30 bereits zu einer Milliarde. So kann ein einziges DNA-Molekül in wenigen Stunden zu einer biochemisch analysierbaren Menge vervielfältigt werden.

12.2 Die Gentechnologie ist eine Schlüsseltechnologie für das Wirkstoffdesign

Die 1970er- und 1980er-Jahre waren die große Zeit der Rezeptorbindungs-Tests mit Membranpräparationen. Radioaktiv markierte Liganden wurden eingesetzt, um die spezifische Bindung neuer Substanzen über die Verdrängung dieser Liganden zu bestimmen. Man kannte die wichtigsten Rezeptoren für Hormone und Neurotransmitter und unterschied in einigen Fällen zwischen prä- und postsynaptischen Rezeptoren. Die verschiedenen Subtypen und ihre Aminosäuresequenzen kannte man nicht. Dementsprechend ungenau waren die Ergebnisse dieser Untersuchungen.

Die Methoden der Gentechnologie erlauben die Herstellung einheitlicher **rekombinanter Proteine** in praktisch beliebigen Mengen. Schon beim allerersten Schritt, der **Identifizierung eines Zielproteins**, spielen sie daher eine wichtige Rolle. Methodische Fortschritte führen zur Entdeckung immer neuer Rezeptoren mit zum Teil noch unbekannter Funktion oder Spezifität. Die nächsten Schritte sind die **Überprüfung des therapeutischen Konzepts** mit gentechnisch veränderten Tieren. Ein weiterer wichtiger Beitrag ist die **Bereitstellung von Proteinen** für molekulare Testsysteme und die Gewinnung ausreichender Mengen für die Aufklärung der 3D-Struktur von Proteinen (Kapitel 13). Sieht man von ganz wenigen Proteinen ab, die aus Blut oder anderen natürlichen Quellen isoliert werden können, so ist man für die Herstellung größerer Proteinmengen in allen Fällen auf die Methoden der Gentechnologie angewiesen. Man ist heute mit der Aufreinigung von Proteinen aus Tieren oder Humanblut sehr vorsichtig geworden. Das Risiko, Viren oder Infektionen zu übertragen, erscheint zu hoch.

Die Gentechnologie bietet auch die Möglichkeit zur gezielten strukturellen Variation von Proteinen. Die **Erzeugung von Punktmutationen** (engl. *site-directed mutagenesis*) erlaubt es, bestimmte Eigenschaften von Proteinen zu verbessern und die Binde- und Katalyse-Eigenschaften von Enzymen gezielt zu verändern. Membrangebundene Rezeptoren lassen sich positionsweise abtasten, um festzustellen, welche Aminosäuren für die Aufrechterhaltung der 3D-Struktur, für die Einnahme einer bestimmten Konformation oder für die Wechselwirkung mit einem Liganden von entscheidender Bedeutung sind. 3D-Strukturmodelle von Rezeptoren können auf diese Weise erstellt bzw. auf ihre Relevanz hin überprüft werden.

Auch bei der **Herstellung von Proteinen für die 3D-Strukturaufklärung** hat es sich in vielen Fällen bewährt, Punktmutationen einzuführen, die zu anderen Oberflächeneigenschaften führen. Manchmal müssen für den Erfolg bei der Kristallisation eines Proteins erst die Ladungen einzelner Aminosäuren verändert werden. Bei Proteinen, die mit einem Teil ihrer Sequenz in der Membran verankert sind, wird man vor der Kristallisation zuerst diesen Membrananker, der die Kristallisation behindert, abschneiden. Bei löslichen Rezeptoren hat es sich bewährt, einzelne Domänen herauszuschneiden, zu kristallisieren und in ihrer Struktur aufzuklären. Natürlich müssen solche veränderten Proteine ihre Teilfunktionen noch erfüllen, d. h. einen Liganden binden oder sich an DNA anlagern. Ist der schwierige Schritt der Kristallisation gelungen, dann ist die eigentliche Strukturaufklärung in den meisten Fällen nur eine Angelegenheit von wenigen Wochen (Kapitel 13).

Betrachtet man den aus all diesen Beiträgen für die Menschheit resultierenden Fortschritt, so fragt man sich unwillkürlich: Woher rühren die Ängste breiter Schichten der Bevölkerung gegenüber der Gentechnik? Es bereitet wenig Mühe, diese Vorbehalte zu verstehen. Mit der Gentechnologie ist auf dem Gebiet der Vererbung fast alles machbar, was theoretisch vorstellbar ist. Das Vertrauen der Menschen in die Wissenschaft ist nicht mehr so unerschüttert wie vor der Atombombe. Jetzt, wo deutlich mehr Chancen als Risiken gegeben sind, rächen sich die Sünden unserer Väter und Vorväter. Zu oft haben Wissenschaftler in der Vergangenheit mögliche Risiken unterschätzt und ethische Bedenken hintangestellt. Die Wissenschaftler haben es bisher nicht geschafft, die Ängste vieler Menschen abzubauen. Wir müssen sie ernst nehmen und durch verantwortungsbewusstes Handeln neues Vertrauen erwerben.

12.3 Genomprojekte entschlüsseln biologische Baupläne

Die gesamte **menschliche Erbinformation** ist auf 23 Chromosomen angeordnet. Im Jahr 1990 startete in den USA die mit einem Etat von 3 Milliarden US-$ ausgestattete **Human Genome Organization** (HUGO) mit dem damals überaus ehrgeizigen Ziel, innerhalb von etwa 15 Jahren die gesamte Erbinformation des Menschen aus der DNA zu entschlüsseln. Bereits Ende 1993 stand eine erste Genomkarte mit Markierungen zur Verfügung, die später schrittweise weiter verfeinert wurde. 2001 war es dann so weit, das gesamte Genom wurde parallel von zwei Konsortien in Science und Nature veröffentlicht.

Die beiden miteinander konkurrierenden Konsortien haben unterschiedliche Strategien verfolgt. Das öffentlich geförderte internationale Konsortium wählte zur kompletten Analyse des Genoms einen Ansatz über das Setzen von immer engeren Markierungen, das schrittweise Zerschneiden des Genoms und die **systematische Aufklärung** seiner Sequenz. Beim Menschen bedeutet dies aber, dass neben den ca. 5 % DNA, die Genen entsprechen, weitere 95 % DNA aufgeklärt werden, deren zunächst unbekannte Funktion etwas abfällig zu dem Begriff „*junk* DNA" (engl. Abfall) führte. Heute weiß man, dass diese Bereiche wichtige Aufgaben in der Regulierung der Genexpression übernehmen (Abschnitt 12.7). Die zweite Strategie eines privatwirtschaftlich finanzierten Konsortiums bediente sich der so genannten **Schrotflintenmethode**. Dazu wird ein langer DNA-Strang mehrfach kopiert und dann zufällig in viele kleine Bruchstücke zerhackt. Nachdem diese Bruchstücke sequenziert worden sind, versucht man deren Sequenzen mithilfe leistungsfähiger Computerprogramme wieder zu der Sequenz des ursprünglichen langen DNA-Strangs zusammen zu fügen. Dies kann natürlich nur gelingen, wenn die Sequenzen der zerhackten Bruchstücke untereinander ausreichende Überlappungen aufweisen. Dieses Verfahren erwies sich als bedeutend schneller als die herkömmlichen systematischen Sequenzierungsmethoden. Es profitierte vor allem von der Entwicklung von immer schneller arbeitenden Sequenzierautomaten und leistungsfähigen Programmen der Bioinformatik. Es fällt dann am Ende nicht mehr ins Gewicht, dass bei der Schrotflintenmethode das Genom praktisch mit sehr hoher Redundanz mehrfach sequenziert werden muss. Interessanterweise wurde bei dem systematischen Ansatz des internationalen Konsortiums am Ende in lokalen Sequenzbereichen auch die Schotflintenmethode eingesetzt. Da zunächst in der Privatwirtschaft die Absicht bestand, das sequenzierte Genom zu patentieren, war der Wettlauf zwischen beiden Initiativen groß. Der amerikanische Präsident Bill Clinton erklärte im März 2000 die Nichtpatentierbarkeit des humanen Genoms und sprach sich für seine Verwendung als für jedermann zugängliches Allgemeingut aus.

Wie war es zu der konkurrierenden Initiative aus der Privatwirtschaft gekommen? Im Frühjahr 1995 identifizierten Craig Venter und seine Gruppe in nur 15 Monaten die vollständige Bauanleitung des Bakteriums *Haemophilus influenzae* über die Schotflintenmethode. Die gewaltige Menge von 1 830 121 Basenpaaren, die insgesamt 1749 Gene codieren, wurde dazu sequenziert. Die kompletten Genome einzelner Viren waren schon früher bekannt, aber dies war die erste Entschlüsselung der Erbinformation eines eigenständigen Lebewesens. Nur vier Monate dauerte die Entschlüsselung der Sequenz der 580 067 Basenpaare des Genoms von *Mycoplasma genitalium* durch Venters Ehefrau Claire Fraser.

Venter und seine Gruppe arbeiteten mit der Schrotflintenmethode auf das gesamte Genom, dem „*whole-genome shotgun sequencing*". Der von Venter gewählte statistische Ansatz erschien zunächst als so ungewöhnlich und utopisch, dass sein Antrag auf finanzielle Förderung vom amerikanischen National Institute of Health (NIH) abgelehnt wurde. So kam es zur Gründung von *The Institute for Genomic Research* (TIGR) und der Firma *Celera Genomics*. Dort konnte Venter die Forschung nach seinen Ideen und Plänen weiter vorantreiben. Letztlich belegte der Erfolg die Machbarkeit der vorgeschlagenen Strategie.

Wessen Genom wurde eigentlich bestimmt? In beiden Initiativen mischte man die DNAs mehrerer Menschen und individuelle Unterschiede wurden absichtlich herausgerechnet. Somit wurde die „Konsensus-Sequenz" des humanen Genoms aufgeklärt. Es blieb nicht beim humanen Genom stehen. Es folgten die vollständige Aufklärung der Genome der Bäckerhefe *Saccharomyces cerevisiae*, der Ackerschmalwand *Arabidopsis thaliana*, der Reispflanze *Oryza sativa*, des Fadenwurms *Caenorhabditis elegans*, der Fruchtfliege *Drosophila melanogaster*, des Schimpansen *Pan troglodytes*, der Maus *Mus musculus* und vieler anderer Organismen (Tabelle 12.1). Inzwischen kommen fast wöchentlich neue hinzu. Dies wirft neue Fragen auf: Wie ist mit der Fülle dieser Informationen umzugehen? Wie kann die genetische Information in nutzbares Wissen umgesetzt werden? Die **Bioinformatik** ist gefordert. Computerprogramme zum intelligenten Vergleich von Sequenzen und Auswerten metabolischer Pfade und Signalkaskaden existieren bereits. Neue Initiativen wurden gegründet, die sich zum Ziel setzen, von allen oder zumindest vielen Sequenzen die Raumstrukturen zu bestimmen. Der Strukturraum aller in der Natur realisierten Proteine füllt sich langsam. Schon sind von manchen Proteinfamilien des humanen Genoms die Kristallstrukturen aller Vertreter aufgeklärt. Somit ist es nur eine Frage der Zeit, bis wir neben den Katalog aller Sequenzen in unserem Genom denjenigen mit allen räumlichen Bauplänen legen können.

Tabelle 12.1 Beispiele für sequenzierte Genome unterschiedlicher Organismen

Organismus	Genomgröße[1)]	Gene
HI Virus	$9,2 \times 10^{3}$ [2)]	9
HI-9,2 Virus, Phage λ	$4,85 \times 10^{4}$	70
Darmbakterium *Escherichia coli*	$4,6 \times 10^{6}$	4800
Bäckerhefe, *Saccharomyces cerevisiae*	2×10^{7}	6275
Fadenwurm, *Caenorhabditis elegans*	8×10^{7}	19 000
Ackerschmalwand, *Arabidopsis thaliana*	1×10^{8}	25 500
Taufliege, *Drosophila melanogaster*	2×10^{8}	13 600
Grüner Kugelfisch, *Tetraodon nigroviridis*	$3,85 \times 10^{8}$	
Mensch, *Homo sapiens*	$3,2 \times 10^{9}$	~25 000
Teichmolch, *Triturus vulgaris*	$2,5 \times 10^{10}$	
Äthiopischer Lungenfisch, *Protopterus aethiopicus*	$1,3 \times 10^{11}$	
Amöbe, *Amoeba dubia*	$6,70 \times 10^{11}$	

1) Zahl der Basenpaare, 2) einsträngige RNA

http://www.genomesize.com/

12.4 Was beherbergt der biologische Raum aller humanen Proteine?

Nachdem das humane Genom durchsequenziert war, stellte sich die spannende Frage, für welche Genprodukte alle diese DNA-Sequenzen stehen. Zunächst muss angemerkt werden, dass ein Genom nicht statisch ist, es unterliegt ständigen Veränderungen. Nur so kommt es zu den genetischen Variationen, die die Vielfalt aller Lebewesen ausmachen. Im Verlauf der Evolution hat sich das Erbgut erweitert. Einfache Einzeller ohne Zellkern (Prokaryoten) verfügen über ein zirkulares Genom, auf dem fast ausschließlich codierende Gene abgelegt sind. Einzeller mit einem Zellkern (Eukaryoten), wie z. B. Hefe, haben ein größeres Genom, bei dem etwa 20 % für codierende Gene stehen. Vielzeller wie wir Menschen haben ein im Vergleich zur Hefe 200fach umfangreicheres Genom (Tabelle 12.1). Die Zahl der codierenden Gene ist dabei nicht viel größer. Ja, es gibt sogar Organismen wie Amöben, die über ein 200fach umfangreicheres Genom als der Mensch verfügen. So hat die vermeintliche Krone der Schöpfung nicht unbedingt auch das umfangreichste Genom. Offensichtlich ist in der Evolution nur eine geringe Zahl zusätzlicher DNA-Sequenzen entstanden, die tatsächlich für neu hinzugekommene Genprodukte codieren. Viele Gene in den höherentwickelten Organismen ähneln denen der einfacheren Spezies. Wenn also die Zahl der codierenden Gene von den Einzellern bis zum Menschen kaum angewachsen ist und sogar ähnliche Genprodukte verschlüsselt werden, wo liegt dann die Erklärung für die massiv angestiegene Komplexität des Genoms in den höher entwickelten Organismen? Die Antwort liegt nicht in der Vielfalt der benötigten Genprodukte, vielmehr ist es die fein abgestimmte **Regulation der Genexpression**. In höheren Organismen ist es von entscheidender Bedeutung, wo und zu welchem Zeitpunkt bestimmte Gene exprimiert bzw. Genprodukte bereitgestellt werden. Gerade die 95 % der DNA des Menschen, die nicht für Proteine codieren, enthalten eine Vielzahl von Sequenzen und Signalen, die diese Regulation steuern. Somit scheint bei höher entwickelten Lebewesen die Gesamtzahl der Gene nicht wesentlich anzusteigen, vielmehr nimmt die Gendichte ab. Durchschnittlich findet man im menschlichen Erbgut nur ca. 12 Gene pro 1 Million Basen, während es bei der Taufliege 118, beim Fadenwurm 197 und bei der Ackerschmalwand 221 Gene sind. Dazu sind sie auf dem menschlichen Genom sehr stark zersplittert angeordnet. Wie es scheint, ist für den Entwicklungsstand eines Organismus nicht die Zahl der Gene entscheidend, sondern eher wie sie genutzt und ihre Bereitstellung geregelt wird. Dabei ist zu bedenken, dass ein Vielzeller in hohem Grade eine Differenzierung von Zellen für unterschiedliche Organe und Aufgaben benötigt. Diese Vorgänge müssen zuverlässig gesteuert und kontrolliert werden. Weiterhin erzielen höhere Organismen eine weitaus größere Vielfalt in ihrer Proteinzusammensetzung durch ein so genanntes **alternatives Spleißen**. Auch spielen sich der Biosynthese nachgeschaltete Abwandlungen der Proteine ab (**posttranslationale Modifikationen**). Sie werden z. B. bei Prokaryoten in deutlich geringerem Umfang beobachtet. Der Spleißvorgang schneidet beim Übersetzen der DNA in RNA die nicht für ein Protein codierenden Einschübe heraus. Beim alternativen Spleißen wird während des Spleißens entschieden, was herausgeschnitten und was für die Übersetzung verwendet wird. Damit kann eine DNA-Sequenz für mehrere unterschiedliche Proteine codieren.

Das bislang größte Genom eines Prokaryoten wurde in dem pathogenen Bakterium *Trichomonas vaginalis* gefunden. Es besteht aus 160 Millionen Basenpaaren. Vom Menschen wird dieser Erreger beim Geschlechtsverkehr übertragen und verursacht Entzündungen der Harnwege. Sein großes Genom verlangt eine Zelle von überdimensionalem Ausmaß. Dies könnte dem Erreger einen Vorteil verschaffen, da er bedingt durch seine große Oberfläche leichter an der vaginalen Schleimhaut haften bleibt. Alleine 800 Gene hat man erkannt, die dem Erreger nutzen könnten, sich an Schleimhautzellen zu heften. Außerdem hat das Immunsystem Probleme, den überdimensionalen Parasiten anzugreifen und zu vertilgen. Auch das Genom des Bodenbakteriums *Sorangium cellulosum* ist mit 13 Million Basen und ca. 10 000 Genen viermal größer als das durchschnittliche Genom anderer Bakterien. Möglicherweise hat dies auch etwas damit zu tun, dass dieses Bodenbakterium zu besonderen Leistungen befähigt ist, die es für therapeutische Anwendungen interessant machen. Es ist ein vielseitiger Produzent von komplexen Naturstoffen wie z. B. den Epothilonen, die als potente Chemotherapeutika hohes Potenzial für die Krebstherapie besitzen.

Nach dem Stand der Auswertungen im Jahr 2007 umfasst das humane Genom über 3,25 Milliarden Basen. Es enthält ca. 25 000 Gene, von denen einige tausend als RNA-Gene erkannt wurden (auch heute ist die Zahl noch nicht exakt zu beziffern, da nur 92 % voll sequenziert sind). Das frühere Lehrbuchwissen, dass hinter jeder DNA-Sequenz ein Protein als Genprodukt steht, muss erweitert werden. Es darf nicht übersehen werden, dass unser Genom viele tausend Gene enthält, die für nichtcodierende RNA-Abschnitte stehen. Die resultierenden RNA-Moleküle besitzen wichtige Funktionen in unserem Körper. Zunächst ist die große Gruppe der tRNAs zu nennen, die bei der Proteinbiosynthese am Ribosom als Adaptermoleküle für ein Ablesen und Übersetzen der Basentripletts im Genom in korrekte Aminosäuresequenzen sorgen. Weiterhin hat sich gezeigt, dass das Ribosom selbst, die molekulare Maschinerie für die Synthese von Proteinsequenzen, zu einem großen Teil aus RNAs besteht. Auch das Spliceosom, die komplexe Maschinerie zum Entfernen nichtcodierender Abschnitte aus dem Genom, enthält RNA-Moleküle (so genannte snRNAs). Dann gibt es noch viele kleine RNA-Moleküle (snoRNAs), die für die Prozessierung anderer RNA-Moleküle bzw. deren Modifikation verantwortlich sind.

Inzwischen weiß man, dass über 21 500 Gene unseres Genoms in Proteine übersetzt werden. Man weiß damit allerdings noch nicht, welcher Funktion alle diese Proteine nachkommen. Zur Klassifizierung ihrer biochemischen Funktion, d. h. ob es sich bei den Proteinen um ein Enzym wie z. B. eine Protease, Kinase oder Oxidoreduktase handelt oder ob dahinter ein Rezeptor, ein Ionenkanal oder ein Transporter steht, hat die Bioinformatik wesentliche Beiträge geleistet. Über Sequenzvergleiche mit bereits annotierten Proteinen lässt sich entdecken, zu welcher Funktion oder Proteinklasse eine neue Sequenz gehört. Oft gelingt es nur durch so genannte multiple Sequenzvergleiche, innerhalb von Proteinfamilien eine signifikante Ähnlichkeit zu erkennen. Auch kann die Information über den räumlichen Aufbau und die Faltung (Abschnitt 14.2) von Proteinen zum Entdecken von Verwandtschaften ausgewertet werden, da der räumliche Aufbau von Proteinen über die Evolution viel stärker konserviert wurde als die sequenzielle Zusammensetzung der gefalteten Proteinketten. Dabei sind es einzelne Motive oder charakteristische Sequenzabschnitte, mit denen sich Proteine einer bestimmten biochemischen Funktion verraten. Als ein weiteres Hilfsmittel bei dieser detektivischen Meisterleistung zur Funktionsannotation erwies sich der Vergleich von Proteinsequenzen über die Genome anderer Spezies.

Mit der Zuweisung einer biochemischen Funktion zu einer Proteinsequenz wird Einblick in deren molekulare Aufgabe gewährt. Es wird damit angezeigt, ob sie beispielsweise als Katalysator eine Peptidsequenz spaltet, im Metabolismus eine Reduktion vornimmt oder als Rezeptor ein Signal an die Zelle vermittelt. Doch was dieses Steuern bzw. Regeln für einen Organismus bedeutet, ist noch lange nicht geklärt. Genauso wenig ist klar, ob ein bestimmtes Protein, bedingt durch eine Fehlfunktion oder Dysregulation, Verursacher einer Erkrankung ist. Korrektur eines solchen Fehlverhaltens könnte zu einer erfolgreichen Arzneistofftherapie führen.

In der Science-Publikation der Venter-Gruppe aus dem Jahr 2001 ging man von einem humanen Genom aus, das für mehr als 26 500 Proteine codiert. Zu diesem Zeitpunkt ließ sich bei 40 % der Sequenzen keine eindeutige Funktion zuweisen. Im verbleibenden Teil wurden ca. 10 % als Enzyme detektiert. Weitere 12 % erwiesen sich als an der Signaltransduktion beteiligt,

13,5 % als Nucleinsäure bindende Proteine. Der große verbleibende Rest entfiel auf viele verschiedene Funktionen wie Proteine des Cytoskeletts, Oberflächenrezeptoren, Ionenkanäle, Transporter, Proteine der extrazellulären Matrix, des Immunsystems oder Faltungshelferproteine. Sieben Jahre später konnte dieses Bild verfeinert werden. Die größte Proteinfamilie mit mehr als 7000 Mitgliedern verfügt über so genannte Zinkfingerdomänen (Abschnitt 28.2). Diese Proteine übernehmen eine wichtige Rolle beim Abschreiben von Sequenzabschnitten der DNA in RNA. Die meisten Zinkfingerproteine gehören daher zur Gruppe der Transkriptionsfaktoren. Eine weitere große Proteinfamilie verfügt über Immunglobulindomänen. Diese aus β-Faltblättern aufgebauten Domänen (Abschnitt 32.1) kommen z. B. in Antikörpern vor. In Tabelle 12.2 sind einige Proteinfamilien aufgeführt, die in den Kapiteln 23–32 dieses Buchs genauer besprochen werden. Interessant ist eine Zusammenstellung, welche Proteinfamilien besonders häufig mit Krankheitsbildern in Zusammenhang gebracht werden (Abb. 12.3). Diese Liste wird von den Proteinkinasen (Kapitel 26) angeführt. Daher darf es nicht verwundern, dass sich die derzeitige Suchforschung in der Pharmaindustrie intensiv auf die Steuerung und Blockierung von Proteinkinasen konzentriert. Gefolgt wird diese Proteingruppe von den Cadherinen. Diese Proteine sind bei der Stabilisierung von Zell-Zell-Kontakten von Bedeutung. So spielen sie eine Rolle bei der embryonalen Morphogenese, bei Signaltransduktionen und greifen in den Aufbau des Cytoskeletts von Zellen ein. Aber auch die G-Protein-gekoppelten Rezeptoren, Ionenkanäle, trypsinähnliche Serinproteasen oder RAS-Proteine gehören zu dieser Liste von potenziell am häufigsten mit genetischen Veränderungen bzw. Krankheitsbildern im Zusammenhang stehenden Proteinen.

Zum Schluss soll noch kurz betrachtet werden, wodurch sich der Mensch in seinem Genom von anderen Eukaryoten unterscheidet. Von über 2200 Proteinfamilien, die ausschließlich in Lebewesen mit einem Zellkern entdeckt werden, fehlen über 1000 im humanen Genom. Die meisten dieser Familien übernehmen spezifische Aufgaben in betreffenden Organismen oder erklären sich abstammungsgeschichtlich. Dazu gehören beispielsweise Toxine, wie sie in Schlangen, Skorpionen oder Insekten angetroffen werden. Im Bereich der Pflanzen treten Proteine auf, die ganz bestimmte Funktionen in den Pflanzen übernehmen, z. B. bei der Nährstoffspeicherung in Pflanzensamen oder der Abwehr eines Krankheitsbefalls. In der Regel werden von diesen im Menschen fehlenden Proteinen biochemische Funktionen übernommen, die für unseren Organismus irrelevant sind, bzw. sie übernehmen für die niedrigen Eukaryoten eine hoch spezifische Aufgabe.

Tabelle 12.2 Beispiele für Proteinfamilien im humanen Genom mit der Anzahl ihrer Mitglieder

Protein-Superfamilie	Anzahl
Zinkfinger (C2H2 und C2HC)	7707
Proteinkinase-ähnlich	876
G-Protein-gekoppelter Rezeptor-ähnlich	784
α/β-Hydrolasen	151
Cysteinproteasen	164
Trypsin-ähnliche Serinproteasen	155
Metalloprotease („Zincine"), katalytische Domäne	132
FAD/NAD(P)-Bindungsdomäne	79
Cytochrom P450	79
Integrin α, N-terminale Domäne	51
Cytokine	52
cycl. Nucleotid-Phosphodiesterase, katalyt. Domäne	50
Caspase-ähnlich	39
Carboanhydrasen	23
Aquaporin-ähnlich	20
Integrindomänen	18
Aspartylproteasen	16
ClC-Chloridkanal	16
Subtilisin-ähnlich	14

http://hodgkin.mbu.iisc.ernet.in/~human/

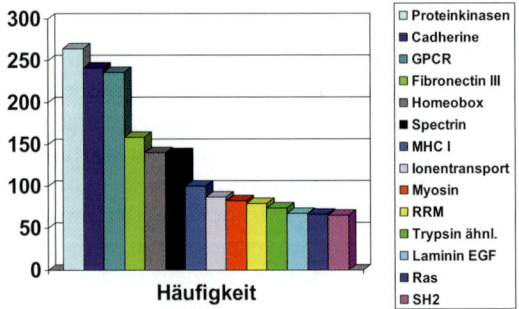

Abb. 12.3 Zusammenstellung von Proteinfamilien, die besonders häufig mit humanen Krankheitsbildern in Zusammenhang gebracht werden (*GPCR*: G-Protein-gekoppelte Rezeptoren; *Fibronectin*: extrazelluläre Glycoproteine im Gewebeaufbau; *Homeobox*: Proteine, die die morphogenetische Entwicklung beeinflussen; *Spectrin*: Proteine des Cytoskeletts; *MHC I*: *Major histocompatibility complex*, Proteine, die an der Immunerkennung beteiligt sind; *Myosin*: Motorproteine bei der Muskelsteuerung; *RRM*: RNA-Erkennungsmotiv, Transkriptionsfaktor; *Trypsin ähnl.*: trypsinähnliche Serinproteasen; *Laminin EGF*: Wachstumsfaktoren aus der extrazellulären Matrix; *Ras*: Onkoproteine bei der Tumorentstehung; *SH2*: Proteindomänen in Signalwegen bei Phosphorylierungen)

12.5 Knock-In, Knock-Out: Die Überprüfung therapeutischer Konzepte

Die Molekularbiologie liefert eine Fülle von Information, wie Krankheiten entstehen und wie ihr Verlauf zu beeinflussen ist. Davon ausgehend kann man den langen Weg der Suche und Entwicklung eines neuen Arzneimittels gehen. Am Ende wird man vielleicht feststellen, dass das Ergebnis, auch wenn alles noch so schön geplant war, in der Klinik nicht zum gewünschten Erfolg führt. Es ist daher wichtig, zur Überprüfung eines therapeutischen Konzepts ein Tiermodell zur Verfügung zu haben. Klassische Testmodelle sind oft nicht vorhanden, weil die entsprechenden Krankheiten beim Tier nicht vorkommen.

Seit Anfang der 1980er-Jahre setzt man in der pharmakologischen Forschung zunehmend **transgene Tiere** ein. Das sind Tiere, bei denen ein bestimmtes Gen vollständig oder teilweise ausgeschaltet bzw. durch ein menschliches Gen ersetzt ist. Ein Tier, bei dem das Gen vollständig ausgeschaltet ist, entspricht einem Tier, bei dem das entsprechende Protein nicht vorhanden oder funktionsunfähig ist. Ein heterozygotes Tier, bei dem das Gen nur eines Elternteils vorhanden ist, entspricht einem Tier, bei dem das entsprechende Protein nur zum Teil blockiert ist. Handelt es sich um das Gen eines Enzyms oder eines Rezeptors, so kann man damit den Einfluss eines Inhibitors bzw. eines Antagonisten simulieren. An solchen Tieren lässt sich das Entstehen und Fortschreiten einer Krankheit oder der Einfluss der Hemmung eines Proteins auf ein Krankheitsbild beobachten. So verschafft man sich bereits vor einem überaus langen Forschungs- und Entwicklungsprozess Gewissheit über die Relevanz des therapeutischen Konzepts. Durch Vervielfältigung eines Gens kann man auch die verstärkte Produktion eines bestimmten Proteins induzieren. Es wird auch transparent, ob das Fehlen eines Gens die Überexpression eines anderen Gens induziert. Das dadurch vermehrt bereitgestellte Genprodukt kann die weggefallene Funktion des abgeschalteten Gens auffangen. In einem solchen Fall würde das geplante Therapieprinzip nur greifen, wenn auch das andere Genprodukt in seiner Funktion blockiert würde. Bei der Hemmung von Kinasen spielt diese Fragestellung eine wichtige Rolle (Abschnitt 26.2).

Bei der so genannten **Knock-out-Methode** wird ein ganz bestimmtes Gen spezifisch ausgeschaltet. Die Technik wurde 1987 von Mario Capecchi an der Universität in Utah entwickelt. Die Sequenz des auszuschaltenden Gens muss bekannt sein. Man erzeugt ein strukturell homologes Gen, das aber nicht funktionsfähig ist, z. B. über den Einbau eines Stoppsignals. Das Gen wird in ein Tier eingebracht und das intakte Gen an Ort und Stelle ersetzt. Diesen Vorgang nennt man **homologe Rekombination** oder auch *gene targeting*. Mäuse sind dafür besonders gut geeignet, da die Technologie zur Manipulation ihrer embryonalen Stammzellen besonders weit fortgeschritten ist. Man kann aber auch ein fremdes Gen, z. B. ein humanes Gen, einbringen. Auch dafür sind Mäuse gut geeignet, da ihr Genom dem menschlichen Genom überraschend ähnlich ist.

Zur Erzeugung einer **transgenen Maus** werden weibliche Mäuse so behandelt, dass sie eine große Zahl von Eizellen produzieren. Nach Befruchtung werden den Embryonen in einem sehr frühen Stadium, dem **Blastocysten-Stadium**, Stammzellen entnommen. Sie werden im Reagenzglas vermehrt und das gewünschte Gen in die Zellen injiziert. Dieser Vorgang funktioniert nur mit geringer Ausbeute. Man hat daher Techniken ausgearbeitet, um transfizierte von nicht transfizierten Zellen zu unterscheiden. Dazu wird das Gen, das übertragen werden soll, vorher mit einem Gen gekoppelt, das eine Resistenz gegen das Zellgift Neomycin vermittelt. Bei Behandlung der Zellen mit Neomycin überleben nur die transformierten Zellen. Man vereinigt sie mit den Blastocyten anderer Mäuse und lässt die derart veränderten Embryonen durch Mäuse austragen. Die Nachkommen der „Leihmütter" sind Chimären, die Erbinformation sowohl der Spender- als auch der Empfängermäuse tragen. Da hierfür Mäuse mit unterschiedlicher Fellfarbe gewählt werden, erkennt man die transformierten Mäuse leicht am gefleckten Fell.

Eine andere Methode besteht darin, die Fremd-DNA direkt in Embryonen im Frühstadium zu injizieren. Nachteilig beim ungezielten Einbau eines Gens ist die Möglichkeit der Zerstörung eines anderen Gens, eine fehlende Expression des neuen Gens oder ein mehrfacher Einbau. Bei beiden Methoden zur Erzeugung transgener Mäuse werden die Tiere des ersten Wurfs weiter vermehrt, um neben genetisch gemischten, heterozygoten Tieren auch genetisch einheitliche, homozygote Tiere zu erhalten. Besonders raffinierte Techniken erlauben sogar das gezielte An- und Abschalten der neuen Gene.

Auf diese Weise hat man transgene Tiere erzeugt, an denen man **Erbkrankheiten**, z. B. cystische Fibrose, Morbus Crohn (eine chronische Darmentzündung), Phenylketonurie u. a. studieren kann. Aber auch für Krankheiten, die verschiedene oder mehrere genetische Ursachen haben, z. B. Krebs, Diabetes,

Rheuma und die Alzheimersche Krankheit, existieren inzwischen entsprechende Tiermodelle. Seit 1988, als das amerikanische Patentamt erstmals die Patentierung einer transgen veränderten Maus zuließ, ist ein Streit darüber entbrannt, ob Lebewesen überhaupt patentiert werden können. Inzwischen gibt es zwar eine ganze Reihe von Patenten für gentechnisch veränderte Tiere, u. a. auch europäische und deutsche Patente, der Streit um die ethische und rechtliche Gültigkeit dieser Patente hält aber weiter an.

12.6 Rekombinante Proteine für molekulare Testsysteme

Schon früh standen für *in vitro*-Tests reine oder angereicherte Enzyme zur Verfügung, allerdings nur in solchen Fällen, in denen dieses Material leicht verfügbar war, z. B. humanes Thrombin aus Blut. In anderen Fällen musste auf tierisches Material zurückgegriffen werden, mit allen Risiken, die sich daraus für ein gezieltes Design ergeben (vgl. Abschnitt 19.11). Es gibt aber viele Proteine, die sich nicht in ausreichenden Mengen oder einheitlicher Form isolieren lassen. Die Sequenzbestimmung und die Herstellung solcher Proteine sind heute einfach. Die unglaublich kleine Menge von wenigen Picomol (1 pmol = 10^{-12} mol) eines Proteins genügt, um eine kurze Sequenz seiner Primärstruktur zu bestimmen. Über die dort aufgefundene kurze Aminosäureabfolge lässt sich nach der Übersetzungsvorschrift des genetischen Codes die Basenabfolge im Gen rekonstruieren. Dabei ist zu berücksichtigen, dass mehrere Basentripletts für eine bestimmte Aminosäure stehen können (so genannter degenerierter Code, Abschnitt 32.6). Man synthetisiert eine Schar einzelsträngiger Oligonucleotide, die alle theoretisch möglichen Basenabfolgen des ursprünglichen Peptidabschnitts abdeckt. Diese Moleküle kann man nun verwenden, um in einer **cDNA-Bibliothek** die entsprechende komplementäre Sequenz zu finden. Die **cDNA** (engl. *complementary DNA*), ist eine zur **Boten-RNA** (*messenger RNA*, mRNA) **komplementäre DNA**. Man gewinnt sie aus der mRNA, die ja lediglich die zur Biosynthese der Proteine erforderlichen Sequenzen enthält, durch Umschreiben mit einer Reversen Transkriptase (Abschnitt 32.5). Anschließend produziert man das Gen mit der PCR-Technik in größerer Menge und bestimmt über die Basensequenz der DNA die Sequenz seiner Aminosäuren.

Dann bringt man das Gen in Zellen ein, die vermehrt werden. Bei diesem Schritt kann es in einigen Fällen Schwierigkeiten geben. In Bakterien, wie dem Darmbakterium *Escherichia coli*, oder in Hefezellen lassen sich nur einfache lösliche Proteine produzieren. Manche Proteine fallen in Einschlusskörpern an. Sie müssen aufgeschlossen, gelöst und unter spezifischen Bedingungen zurückgefaltet werden. Der Genabschnitt für ein kleines Protein wird oft mit der Information für ein anderes Protein verknüpft und beide Proteine werden dann zusammen exprimiert. Das in der Zelle entstehende größere Protein-Konjugat ist gegen einen metabolischen Abbau besser geschützt als das kleine Protein. Bei der Aufarbeitung spaltet man die nicht benötigten Teile des Protein-Konjugats ab. Probleme kann es geben, wenn die Faltung der Proteine nicht korrekt erfolgt oder wenn mehrere Ketten, z. B. beim Insulin, erst nachträglich über Disulfidbrücken verknüpft werden. Größere Proteine, die für ihre Funktionsfähigkeit mit Zuckerresten versehen (glycosyliert) sein müssen, können nur in Zellen höherer Organismen, z. B. in Säugerzellen, produziert werden. Besonders attraktiv ist die Herstellung komplexer Proteine in Insektenzellen geworden. Diese Zellen werden mit dem so genannten Baculovirus infiziert, in dessen Genom die gewünschte Information eingebracht wird. Das Virus codiert das Protein, die Insektenzellen besorgen die Produktion und die nachfolgende Glycosylierung. Nicht nur Enzyme, auch Rezeptoren und Ionenkanäle, ja sogar ganze Signalketten lassen sich auf diese Weise in Zellen herstellen.

12.7 Stummstellen von Genen durch RNA-Interferenz

In Abschnitt 12.5 ist vorgestellt worden, wie durch Eingriffe in die Keimbahn von Organismen genetisch veränderte Spezies entstehen können, denen ein bestimmtes Gen und damit Genprodukt fehlt oder in die ein neues Gen eingebracht wurde. Über diesen Weg lässt sich die Funktion bestimmter Gene für ein Lebewesen studieren. Vor der Entwicklung eines potenten Arzneistoffs wird transparent, welche Konsequenzen z. B. die Blockierung des codierten Genprodukts für den Organismus bedeutet. Vor zehn Jahren wurde eine andere Technik entdeckt, die ein Stummschalten von Genen ermöglicht ohne molekularbiologisch in das Erbgut eines Organismus einzugreifen. Diese Arbeiten wurden von Andrew Fire und Craig Mello durchgeführt. Für diese Leistung, deren Tragweite sich erst langsam abzeichnet, bekamen sie im Jahr 2006 den Nobelpreis verliehen.

Gene sind auf der DNA abgelegt. Zur Genexpression wird zunächst eine Abschrift der codierenden Teile des Genoms auf die mRNA vorgenommen. Anhand dieser kopierten Information setzt dann das Ribosom die Basenabfolge in eine Peptidsequenz um. Schon Anfang der 1980er-Jahre hatte man die Idee, die ungeschriebene Information auf der einsträngigen mRNA durch Zugabe eines gegensinnigen RNA-Komplementärstrangs abzufangen. Die beiden Stränge können sich durch Hybridisierung, d. h. durch Ausbildung eines zueinander passenden Doppelstrangs, verbinden. Die dabei entstehende doppelsträngige RNA taugt nicht mehr als Vorlage für die Proteinbiosynthese. Dieses Antisense-Prinzip (Abschnitt 32.4) lieferte in der Praxis aber nicht die erhofften durchschlagenden Ergebnisse. Gene werden teilweise nur schwach unterdrückt, ja sogar kann die Zugabe des normalen RNA-Strangs eine Suppression erzielen. Fire und Mello vermuteten, dass weder der normale noch der Antisense-Strang die Genblockade hervorrufen, sondern die doppelsträngige Form, die als Verunreinigung zugegen war. Erneut durchgeführte Experimente bestätigten ihre Annahmen. Interessanterweise genügen sogar kleine Mengen der doppelsträngigen RNA, um gleich eine Vielzahl von mRNA-Molekülen aus dem Verkehr zu ziehen. Bei Verwendung von Antisense-Strängen sind dagegen stöchiometrische Mengen erforderlich. Auch zeigte sich, dass kurze, ca. 20 Nucleotide umfassende doppelsträngige RNA-Bruchstücke ausreichen, um ganze mRNA-Gensequenzen stumm zu schalten. Fire und Mello nannten das Phänomen RNA-Interferenz. Was war geschehen? Ein Enzym mit dem Namen *dicer* (engl., Würfelschneider) zerhackt die doppelsträngige RNA in 21–23 Basen lange Stücke, die dann die Blockade erzielen. Dazu werden die doppelsträngigen RNA-Stücke in einem Enzymkomplex **RISC** (engl. *RNA-induced silencing complex*) eingebaut und in Einzelstränge aufgetrennt. Der eine Strang löst sich von dem Komplex wieder ab, während der andere praktisch wie eine Matrize zum Abfangen von mRNA-Molekülen dort verbleibt.

Die Sequenz des abgefangenen Strangs erlaubt es dem RISC-Komplex, alle mRNAs mit einer komplementären Basenabfolge zu erkennen und in Folge zu zerschneiden. Anschließend werden sie durch Enzyme des Zellplasmas weiter abgebaut. Über diesen Weg eliminiert die Zelle gezielt nur alle die mRNAs, die ein Sequenzmuster enthalten, das komplementär zu der des kurzen RNA-Strangs im RISC-Komplex ist. In der Praxis erweist sich diese Genblockade als einfacher und zuverlässiger als das Antisense-Verfahren. Die RNA-Interferenz erlaubt es somit, entdeckte Gene systematisch zu blockieren und über die resultierenden Auswirkungen auf einen Organismus auf deren Funktion zu schließen. Doch nicht nur für analytische Zwecke kann die RNA-Interferenz dienen. Schon gibt es Biotech-Unternehmen, die mit kleinen RNA-Schnipseln krank machende Gene ausschalten wollen.

Es stellt sich ein weiteres großes Problem: Wie gelingt der Transport der ca. 22 Basen umfassenden RNA-Moleküle in die Zelle an den Ort des Geschehens? Die stark geladenen Moleküle überwinden nicht die Zellmembran. Dazu benötigt es spezieller Fährsysteme, die diese Aufgabe erlauben. An der Entwicklung solcher Systeme wird intensiv gearbeitet, doch kann man das Problem heute noch lange nicht als gelöst bezeichnen. Allerdings ist abzusehen, dass ein zuverlässiges und hoch effizientes System, dem die gezielte Einführung solcher polaren und gegen Abbau durch Nucleasen empfindlichen Moleküle in das Zellinnere gelingt, eine ganz neue und derzeit kaum absehbare Perspektive für die Therapie von Krankheiten eröffnen wird.

Ziel ist es, Fährsysteme zu bauen, die die fragile und polare Fracht von RNA-Molekülen verpacken und an eine Zelle andocken. Dort muss die Hülle um diese Fähren mit der Zellmembran verschmelzen oder gezielt eine Penetration erreichen, um in das Zellinnere zu gelangen. Anschließend erfolgt die Ausschüttung der RNA-Bausteine ins Cytosol. Ein Konzept verfolgt die Verpackung und Kompaktierung von RNA in Polymeren wie Polyethylenimin. Durch die auf dem Polymerrückgrat vorhandenen positiven Ladungen kann ein solches Polymer Moleküle mit negativen Ladungen wie RNA- oder DNA-Bausteinen gut binden und umschließen. Andere Systeme versuchen die RNA- bzw. DNA-Moleküle durch eine membranähnliche Umhüllung für Zellen bioverfügbar zu machen. Diese Verpackung in Liposomen führen zu einem gezielten Anheften der künstlichen Zellen an die Membran der Zielzelle, und über einen der Endozytose ähnlichen Prozess verschmilzt das Liposom mit der Zielzelle.

Ein weiteres Problem besteht in der Gefahr, dass kleine, stummstellende RNA-Moleküle (siRNAs) eine Immunreaktion auslösen können. Ein Ausweg aus diesem Dilemma stellt die chemische Modifikation der siRNAs dar. Dazu werden RNA-Moleküle so abgewandelt, dass sie zwar weiterhin optimal mit dem zu adressierenden Abschnitt in der mRNA hybridisieren, aber verbesserte Eigenschaften im Hinblick auf Transport, Immunogenität und Stabilität aufweisen. Man hat dazu bereits in den Nucleotiden am Ribosebaustein OH-Gruppen gegen Fluor, Methoxygruppen oder Wasserstoff ausgetauscht.

Sicher steckt die siRNA-Forschung noch in den Kinderschuhen. Das Potenzial der Methode erscheint beeindruckend, nutzt man doch Prinzipien, die die Natur selbst zur Genregulation verwendet. Wie beschrieben haben wir in unserem Erbgut Gene, die für mikroRNAs codieren und die über weite Strecken Sequenzkomplementaritäten aufweisen. Strukturell liegen sie als Doppelstränge vor. Diese werden durch das *dicer*-Protein zurechtgeschnitten und können dann zur RNA-Interferenz dienen. Im Ergebnis führt dies zu einem alternativen Weg der Genregulation. Für einen breiten therapeutischen Einsatz extern zugeführter RNA-Schnipsel sind sicher noch wichtige Voraussetzungen zu erfüllen wie der Transport in die Wirtszelle und die Unterbindung einer Immunantwort. Derzeit dient die Technik daher vor allem zum Aufbau von Modellorganismen, um die Konsequenzen eines Abschaltens von Genen zu studieren. Aber schon längst hat die Validierung der Methode zum Einsatz unter *in vivo*-Bedingungen begonnen.

12.8 Proteomik und Metabolomik

Die in den Abschnitten 12.5 und 12.7 beschriebenen Ansätze verfolgen das Ziel, ein krankheitsauslösendes oder im Krankheitsgeschehen beteiligtes Gen auszuschalten. Doch wie erkennt man, ob bestimmte Gene oder Genprodukte überhaupt an einem Krankheitsgeschehen beteiligt sind? Entscheidende Hinweise zur Beantwortung dieser Frage lassen sich aus der Proteinzusammensetzung in einer Zelle herauslesen. Diese Zusammensetzung verändert sich dynamisch. Man bezeichnet sie als das so genannte **Proteom**. Es spiegelt die Gesamtheit aller Proteine in einer Zelle, genau genommen in einem gesamten Lebewesen, zu einem bestimmten Zeitpunkt unter exakt definierten Randbedingungen wider. Konzentrieren wir uns auf das Proteinmuster einer Zelle aus einem bestimmten Organ, so sind wichtige Variablen der Stoffwechselzustand, das Entwicklungsstadium des Wirtsorganismus, der Zeitpunkt des Zellcyclus oder die Umgebungstemperatur. Aber auch bei einem Krankheitsgeschehen bzw. unter einer Arzneistofftherapie wird sich dieses Muster verändern. Im **Transkriptom** sind als statische Erbinformation alle prinzipiell zu exprimierenden Proteine codiert. Im Unterschied dazu spiegelt das Proteom die zu einem bestimmten Zeitpunkt daraus entstehende Proteinkomposition wider. Als ein eindrucksvolles Beispiel für die unterschiedlichen Spielweisen von Genom und Proteom mag der Vergleich eines Schmetterlings in seiner adulten und Raupenphase dienen. Das Genom von beiden ist gleich, das Proteom aber deutlich verändert, was in einem völlig veränderten Phänotyp zum Ausdruck kommt.

Im Hinblick auf ein Krankheitsgeschehen bzw. eine Arzneistofftherapie bietet es sich an, das Proteom von Zellen im gesunden, im kranken sowie im Zustand unter Einfluss eines Arzneistoffs zu vergleichen. Zunächst erscheint dies als eine ungeheuer komplexe, kaum lösbare Aufgabe. Eine Zelle enthält Tausende von Proteinen, von denen viele nach ihrer Expression noch modifiziert werden. So werden z. B. erste Aminosäuren in der Sequenz abgespalten (Abschnitt 25.9), Phosphatgruppen übertragen (Abschnitt 26.3), Zuckerbausteine angeheftet, Disulfidbrücken geknüpft, prosthetische Gruppen hinzugefügt, Ubiquitin- oder Prenylinreste addiert (Abschnitt 26.10). Zusätzlich tritt ein alternatives Spleißen der RNA auf, das als Mechanismus der Genregulation erfolgt und die Vielfalt des Proteoms auf Basis einer vergleichsweise geringen Zahl von Genen weiter erhöht. Dies alles steigert die Vielfalt der Proteinzusammensetzung dramatisch, vermutlich um den Faktor 5–10 im Vergleich zur Genomzusammensetzung. Dennoch hat man heute eine ausgefeilte Analytik entwickelt, mit der es gelingt, das Proteom einer Zelle zu einem bestimmten Zeitpunkt zu analysieren. Zunächst muss eine Zelle so denaturiert werden, dass alle verändernden Vorgänge abrupt abgestoppt werden und sich der Zellinhalt aufschliessen lässt. Das Zelllysat wird dann einer Trennung unterzogen. Proteine enthalten viele saure und basische Aminosäuren, sodass sich für jedes Protein für einen genau vorgegebenen pH-Wert durch Protonierung bzw. Deprotonierung ein Zustand einstellt, der in der Summe elektrische Neutralität nach außen vorgibt. Dieser pH-Wert ist spezifisch für jedes Protein und von dessen Aminosäurezusammensetzung abhängig (**isoelektrischer Punkt**). Man gibt das Proteingemisch auf einen Festkörperträger (ein Polyacrylsäure-Gel), wie man ihn üblicherweise für Chromatographiezwecke einsetzt. Dann legt man eine Spannung an. Tragen die Proteine eine Ladung, so wandern sie über diesen Träger in Richtung des Pols mit der entgegengesetzten Ladung. Der Festkörperträger ist so aufgebaut, dass sich der pH-Wert kontinuierlich über den Träger von einem Pol zum anderen ändert. Damit kommen die aufgetragenen Proteine irgendwann bei ihrer Wanderung über das Gel mit den sich kontinuierlich ändernden pH-Bedingungen in eine Situation, wo sie nach außen hin ungeladen erscheinen. Ist diese Position auf dem Festkörperträger erreicht, wandert das Protein nicht mehr weiter. Mit dieser so genannten isoelektrischen Fokussierung werden Proteine somit nach ihrem isoelektrischen Punkt aufgetrennt. Alle Proteine mit gleichem isoelektrischen Punkt sind gleich weit gewandert und liegen als Mischung vor. Jetzt dreht man die Chromoatographieplatte um 90° und trennt alle Proteine mit gleichem isoelektrischen Punkt nach einem anderen Prinzip auf. Dazu denaturiert man die Proteine thermisch und maskiert ihre Ladungen mit Natriumdodecylsulfat, einem stark geladenen anionischen Tensid, sodass sie nach außen hin praktisch alle gleich geladen erscheinen (SDS-Page). Die so denaturierten Proteine werden wiederum durch Anlegen eines elektrischen Feldes zur Wanderung gebracht. Jetzt ist die Wanderungsgeschwindigkeit allerdings von der Masse der Proteine abhängig. Da die Wanderungsrichtung senkrecht zu der ersten, isoelektrischen Trennung erfolgt, liegt am Ende das ursprünglich aufgetragene Proteom weit verteilt und gut getrennt auf der Trägerplatte vor. Über diese **2D-Gelelektrophorese** gelingt es, viele tausend Proteine zu trennen. Die separierten Proteine müssen nun in ihrer Quantität und sequenziellen Zusammensetzung charakterisiert werden. Für die quantitative Analyse hat man viele verschiedene Färbe- und Fluoreszenztechniken entwickelt. Sie erlauben Mengenbestimmungen, vor allem im Vergleich zu Proteomen analoger Zellen, die sich in einem anderen Zustand befinden. So gelingt der quantitative Vergleich der Proteinzusammensetzung im kranken wie im gesunden Zustand. Es lässt sich bestimmen, wie sich das Proteom unter Anwendung eines Arzneistoffs verändert (Abb. 12.4). Doch wie erkennt man, was sich hinter jedem einzelnen Flecken auf einem solchen 2D-Gel als Protein verbirgt? Dazu löst man das Protein von der Platte herunter und unterwirft es einem Verdau mit Trypsin. Diese Protease (Abschnitt 23.3) zerschneidet das denaturierte Protein in kurze Peptidbruchstücke, die anschließend massenspektrometrisch (Abschnitt 7.7) analysiert werden. Ausgefeilte Techniken, zusammen mit Computeranalysen vorgerechneter Fragmentierungsmuster von Proteinen, erlauben es, die Proteine wieder zusammenzusetzen und anhand ihrer Sequenz zu charakterisieren. Auf diesem Weg lassen sich die in einem Krankheitsgeschehen hoch- bzw. heruntergeregelten Proteine aus dem Proteom einer Zelle aufspüren. Ob allerdings das abweichende Expressionsmuster durch den pathologischen Zustand verursacht wird oder in dessen Folge auftritt, bleibt weiterhin durch unabhängige Experimente zu klären.

Wie beschrieben, wird sich das Proteom einer Zelle unter der Therapie mit einem Arzneistoff verändern. Was sind die Interaktionspartner für einen vorgegebenen Wirkstoff? Sind die ausgelösten Effekte stets die gleichen, wenn es zum Einsatz von Wirkstoffen kommt, die der gleichen Substanzklasse angehören? In der Gruppe von Giulio Superti-Furga in Wien sind dazu die Eigenschaften von drei Kinaseinhibitoren, die zur Therapie der chronisch-myeloischen Leukämie (Abschnitt 26.5) entwickelt wurden, genauer untersucht worden. Dazu muss an die Wirkstoffe zunächst eine chemisch indifferente Ankergruppe angefügt werden. Es ist sicher eine Kunst, die richtige Stel-

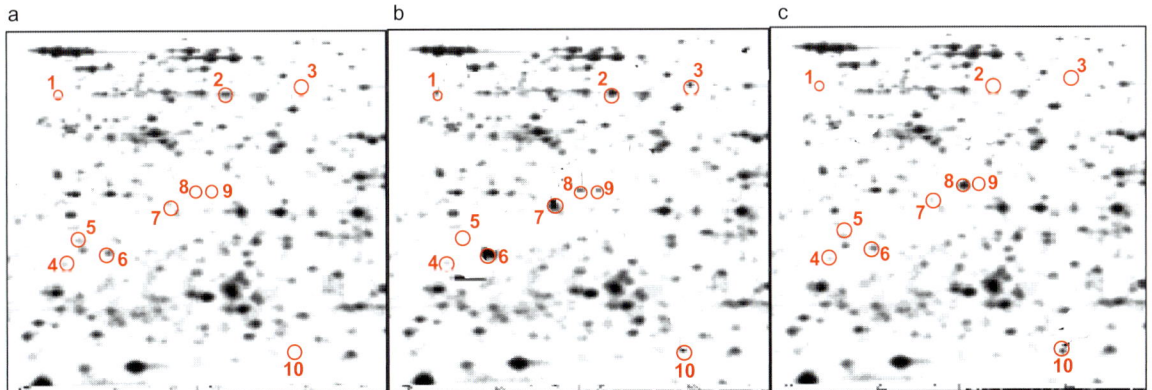

Abb. 12.4 2D-Gelelektrophorese zur Proteomanalyse einer Zelle: (a) Proteom einer normalen Zelle. (b) Proteom einer pathologisch veränderten Zelle. (c) Pathologisch veränderte Zelle unter Einfluss eines Arzneistoffs. Änderungen in der Proteinkonzentration sind durch rote Kreise angedeutet. Vor allem die Proteine an den Stellen 2, 6 und 7 sind im Krankheitsfall deutlich hochreguliert. Einige der pathologischen Veränderungen werden unter der Arzneistofftherapie korrigiert, aber neue Veränderungen des Proteoms (z. B. bei 2, 8 und 10) werden möglicherweise durch Nebenwirkungen induziert. Abb. nach F. Lottspeich, Angew. Chem. **111**, 2630–2647 (1999).

le in einem Wirkstoffmolekül für diesen Anker auszusuchen, sodass ihr Wirkprinzip nicht wesentlich verändert wird. In der Regel sind mehrere Positionen entlang eines Molekülgerüstes für diesen Zweck auszuprobieren. Anschließend werden die Wirkstoffe über die kovalent angefügten Ankergruppen auf einer Chromatographiesäule irreversibel fixiert. Mit diesen „Fängern" versehen, wird das Proteom aus dem Lysat einer Zelle auf die Säule gegeben. Proteine, die Affinität zu dem immobilisierten Wirkstoff zeigen, werden auf der Säule hängen bleiben. Anschließend muss man die so detektierten Bindungspartner des untersuchten Arzneistoffs von der Säule freisetzen und analog den oben beschriebenen Verfahren trennen und charakterisieren. Man erhält ein Abbild aller Proteine, die Affinität zu dem Wirkstoff besitzen. Zunächst ist es schwierig, über diese Analyse quantitative Aussagen über die Affinität der Bindungspartner zu treffen, zumal ja auch die Proteinmengen in ihrer Zusammensetzung im Lysat stark variieren. Aber es gelingt, ein Profil für jeden Wirkstoff über dessen proteinogene Wechselwirkungspartner zu erstellen. Dies führte zu dem überraschenden Resultat, dass Wirkstoffe, obwohl sie zur gleichen oder einer ähnlichen Substanzklasse gehören bzw. für die gleiche therapeutische Indikation entwickelt wurden, durchaus ein signifikant anderes Wechselwirkungsprofil in der Zelle aufzeigen. Dies ist zunächst eine sehr beeindruckende Beobachtung, deren Auswertung und konsequente Umsetzung für die Therapie noch viel Forschungsarbeit erfordern wird. Wir werden aber in den nächsten Abschnitten sehen, dass sich damit unterschiedliche Wirksamkeit, therapeutische Schwankungen und abweichende Nebenwirkungsprofile bei Patienten erklären lassen.

Die Verfahren der Proteomanalytik (kurz Proteomik) können auch in der klinischen Diagnostik eingesetzt werden. Ohne genau die Zusammensetzung des Analysats aufzulösen, können signifikante Veränderungen in Form eines Massen-Fingerabdrucks erkannt werden. Tumorerkrankungen verraten sich durch Veränderungen in der Proteinzusammensetzung. Diese können bereits sehr frühzeitig erkannt werden, was die Therapie einer Tumorerkrankung in einem noch hoffentlich heilbaren Stadium ermöglicht.

Eine andere Technik, die Analogie zur Proteomik besitzt, ist die Analyse der in einem Organismus gebildeten Metabolite. Unter dem Metabolom versteht man die Gesamtheit der in einem Organismus zu einem bestimmten Zeitpunkt vorliegenden Metabolite (Abbauprodukte im Stoffwechsel). Die Verfahren der Metabolomik versuchen die Metabolitenzusammensetzung zu quantifizieren, um auf diesem Weg auf den Zustand einer Zelle zu schließen. Dies gilt vor allem dann, wenn die Zelle einem von außen zugeführten Fremdstoff ausgesetzt wird. Gelingt es dabei auch die Metabolitenausstattung zu einem bestimmten Zeitpunkt, vor allem bei pathophysiologischen oder genetischen Veränderungen zu studieren, spricht man von der Metabolomik. Ziel dieser Verfahren ist es, aus Körperflüssigkeiten wie dem Urin, dem Blutserum oder dem Liquor Rückschlüsse auf die molekulare Zusammensetzung in Zellen zu ziehen. Dies kann zum einen zu einer verbesserten und ausgefeilteren Diagnostik und dadurch zu einer erleichterten Früherkennung von Krankheiten führen. Zum anderen dienen diese Verfahren aber auch dazu, Proteine für eine Arzneistofftherapie zu charakterisieren bzw. die übergeordnete Beeinflussung des Geschehens in einer Zelle unter Anwendung eines Arzneistoffs zu analysieren. Es bleibt zu hoffen, dass diese Verfahren den Einsatz von Arzneistoffen in ihrer Gesamtheit besser verstehen lassen, um letztendlich einen höheren Sicherheitsstandard der Therapie zu erreichen.

12.9 Expressionsmuster auf dem Chip: Mikroarray-Technologie

Bei der Analyse des Genoms, Transkriptoms, Proteoms oder Metaboloms fallen vor allem Tausende von Molekülen an, deren Auftreten charakterisiert werden muss. Diese Datenflut benötigt ungeheure Messkapazitäten. Daher hat man Ende der 1980er-Jahre mit der Entwicklung von Mikroarray-Technologien begonnen. Auf einem nur wenige Zentimeter großen Träger aus Glas, Silizium, Gold oder Nylon, der für die jeweilige Anwendung speziell beschichtet wird, fixiert man Tausende von Molekülen, die sich anschließend mit einem automatisierbaren Verfahren parallel nachweisen lassen (Abb. 12.5). Nur sehr geringe Mengen der Biomoleküle werden benötigt. Mittlerweile haben diese Techniken eine Reife erlangt, die ihren Einsatz in der Routineanalytik erlauben. Neben der geeigneten Präparation der Oberflächen ist es vor allem die Kunst der gesicherten und standardisierten **Immobilisierung** der für die Analytik benötigten Moleküle, die den Erfolg der Verfahren garantiert. Immobilisieren lassen sich neben Proteinen und Proteindomänen auch Antikörper, Antigene und vor allem DNA, Oligonucleotide und RNA. Proteine verankert man häufig, indem man das interessierende Protein zusammen mit einem Verankerungsprotein wie Streptavidin als so genanntes Fusionsprotein exprimiert. Den Strepavidin-Anker koppelt man über Biotin an die Oberfläche. Weiterhin wird die Chemie mit Thiolgruppen verwendet. Unter Ausbildung von Disulfidbrücken erfolgt die Kopplung an die Oberfläche, die zuvor mit geeigneten reaktiven Gruppen versehen werden muss. Andere Strategien verwenden Aminogruppen z. B. des Lysins und koppeln diese an reaktive Aldehydgruppen auf dem Trägermaterial. Zum Nachweis der Zusammensetzung eines Analysats gibt man ein solches Gemisch in gelöster Form über den vorbereiteten Chip. Finden sich bei dieser Umsetzung Bindungspartner, so bleibt die Komponente aus der zu analysierenden Lösung auf der Oberfläche haften.

Eine solche Bindung muss einfach und auf dem Chip ortsaufgelöst nachweisbar sein. Zunächst sind Farb- und Fluoreszenzverfahren die Methoden der Wahl (Abb. 12.5). Dazu werden z. B. grüne und rote Fluoreszenzfarbstoffe verwendet, die sich sehr gut ortsaufgelöst anregen und detektieren lassen. Treten Mischsignale einer gleichzeitigen roten und grünen Fluoreszenz auf, erscheint ein gelbes Lichtsignal. Mittlerweile hat die Oberflächenplasmonenresonanz in der **Bioanalytik** einen immer größeren Stellenwert erlangt (Abschnitt 7.7). Alternativ wird daher dieses Verfahren zum Nachweis einer Bindung verwendet. Darüber hinaus kommen auch Verfahren zum Einsatz, die analog dem ELISA-Verfahren funktionieren (Abschnitt 7.3).

Zur Analyse der **Expressionsmuster** aus biologischen Systemen werden häufig Mikroarrays verwendet. Man untersucht dazu das Transkriptom einer Zelle bei unterschiedlichen Bedingungen, beispielsweise im gesunden wie im kranken Zustand. Die ersten Moleküle, die erfolgreich auf den Chips verankert werden konnten, waren einsträngige DNA-Oligonucleotide. Um die codierende mRNA einer Zelle in einem bestimmten Zustand studieren zu können, schreibt man

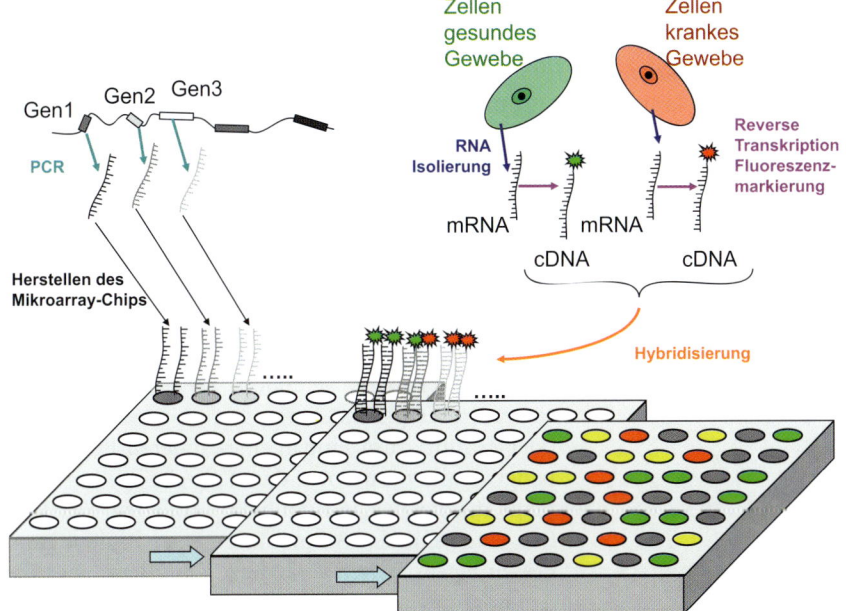

Abb. 12.5 Herstellung und Testung eines Expressionsmusters mit der Mikroarray-Technologie. Aus dem Genom eines Organismus werden einzelne Gen-Abschnitte herausgeschnitten und über PCR vervielfältigt (links oben). Anschließend werden sie auf einem Mikrochipträger als einsträngige Oligonucleotide immobilisert (unten links). Neben der isolierten und vervielfältigten DNA können aber auch synthetisch hergestellte DNA-Bausteine oder durch reverse Transkription erhaltene cDNA-Moleküle auf den Träger gebracht werden. An jedem Punkt auf dem Träger liegt eine Sorte Fängermolekül vor. Aus Zellen in gesundem (grün) und krankem Gewebe (rot) wird RNA-Material isoliert, in mRNA übersetzt und durch reverse Transkription in cDNA umgeschrieben. Die cDNA wird mit einem farbigen Fluoreszenzmarker versehen. Dann gibt man die Testmoleküle in einsträngiger Form auf die Mikroarrayplatte und, falls Komplementarität gegeben ist, kommt es zur Hydridisierung (unten Mitte). Anschließend wird die Bindung im Fluoreszenslicht analysiert (rechts unten). Gelb aufleuchtende Bereiche deuten an, dass sowohl mRNA-Moleküle aus gesunden als auch kranken Zellen gebunden haben. Dort bindende mRNA wird sowohl im gesunden wie kranken Zustand exprimiert. Bereiche, die dunkel bleiben, deuten an, dass weder im gesunden noch im kranken Zustand eine solche mRNA hochgeregelt wird. Bereiche, die entweder nur grün oder nur rot fluoreszieren, verweisen auf Unterschiede im Expressionsmuster zwischen Zellen aus gesundem und krankem Gewebe.

diese Moleküle über die reverse Transkriptase in einen komplementären DNA-Abschnitt, die so genannte cDNA um (Abb. 12.5). Diese cDNA-Moleküle bzw. daraus durch Zerstückeln gewonnene Abschnitte der cDNA werden auf dem Chip immobilisiert und in Einzelstränge aufgespalten. Gibt man das Zelllysat mit einsträngiger mRNA (Transkriptom-Analyse) oder daraus umgeschriebene cDNA über einen solchen Chip, so hybridisieren passende mRNA-Stränge mit den dort verankerten einsträngigen Oligonucleotidfragmenten. Wichtig ist dabei, dass die zu analysierenden Proben, je nach Herkunft, mit unterschiedlichen Fluoreszenzfarbstoffen versehen werden. Beispielsweise markiert man die mRNA aus einer gesunden Zelle in grün, aus einer kranken Zelle in rot. Nach der Hybridisierung auf dem Chip ergeben sich Bereiche, die bei Anregung grün, rot oder gelb fluoreszieren, andere verbleiben ohne jede Fluoreszenz. Im Fluoreszenzlicht gelb aufleuchtende Bereiche deuten an, dass sowohl mRNA-Moleküle aus der gesunden wie kranken Zelle gebunden haben. Offensichtlich wird der dort bindende Teil der mRNA sowohl im gesunden wie im kranken Zustand in gleicher Weise bereitgestellt. Bereiche, die überhaupt nicht fluoreszieren, deuten an, dass weder im gesunden noch im kranken Zustand eine solche mRNA übersetzt wird. Interessant sind Bereiche, die entweder nur grün oder nur rot fluoreszieren, da sie die Unterschiede in den Expressionsmustern zwischen einer gesunden und einer kranken Zelle andeuten. Auf diesem Weg können Genprodukte entdeckt werden, die an einem Krankheitsgeschehen beteiligt sind. Liegt eine Fehlregulation vor, kann durch Arzneistofftherapie eine Korrektur dieses Zustands vorgenommen werden.

12.10 SNPs und Polymorphismus oder: Was uns verschieden macht

Was macht die Lebewesen einer bestimmten Gattung verschieden und führt zu der unser Leben so bereichernden Vielfalt einer Bevölkerung? Wir sprechen von dem humanen Genom, doch müssen darin so viele interessante Abweichungen auftreten, dass wir alle anders aussehen und unterschiedliche Charakterzüge besitzen. Polymorphien, d. h. Abweichungen in der Zusammensetzung des Genoms, bedingen die beobachtete Vielgestalt in Form unterschiedlicher **Phänotypen** einer Art. Der offensichtlichste phänotypische Unterschied unserer Spezies ist die Aufspaltung in männliche und weibliche Individuen. Natürlich ist dies nicht der einzige Unterschied, den wir für die Spezies Mensch kennen. Auf der Genomebene treten sehr viele Sequenzvariationen innerhalb einer Population auf. Betrifft es mehr als 1 % der Population, spricht man von unterschiedlichen **Allelen**, ansonsten von Mutationen, die sich evolutionär noch nicht durchgesetzt haben. **Genetische Polymorphismen** werden z. B. als Insertionen und Deletionen beobachtet, bei denen wenigstens ein Nucleotid teilweise aber auch komplette Gene in das Erbgut eingebaut werden oder verloren gehen. Als häufigste Sequenzvariation treten allerdings Austausche nur eines einzelnen Nucleotids auf. Hier spricht man von so genannten SNPs (gesprochen snips) was für die englische Abkürzung *single nucleotide polymorphisms* steht. Im Vergleich zum gesamten Genom umfassen Polymorphien nur einen kleinen Teil. Man schätzt ihn auf weniger als 1 % des gesamten Genoms, also ca. 3 Millionen Basen. Dabei machen die SNPs mit ca. 90 % den überwiegenden Anteil aus. Somit ist der größte Teil unseres Genoms über die gesamte Spezies Mensch identisch, obwohl wir phänotypisch diese ungeheure Vielfalt zwischen uns beobachten.

Unter den SNPs unterscheidet man codierende und nicht codierende Veränderungen, je nach dem, ob diese Austausche in Abschnitten des Genoms beobachtet werden, die in Proteine übersetzt werden oder nicht. In den codierenden Regionen des Genoms kann ein Einzelaustausch eines Nucleotids zu einer veränderten Proteinsequenz führen. Im Abschnitt 32.6 wird die Übersetzungsvorschrift eines Basentripletts in eine Aminosäure vorgestellt. Wird eine Base in dem codierenden Triplett verändert, so kann entweder weiterhin die gleiche Aminosäure übersetzt werden, oder es führt zum Einbau eines anderen Rests. Dies hängt damit zusammen, dass teilweise mehrere Tripletts für die gleiche Aminosäure codieren. Der Einbau einer anderen Aminosäure in ein Protein kann dessen Eigenschaften verändern. Zum Beispiel ist die Aminosäurezusammensetzung in einer Glycosyltransferase entscheidend für die Blutgruppe, der wir angehören. Im Abschnitt 29.7 wird ein Beispiel vorgestellt, wie der veränderte Einbau von wenigen Aminosäuren in einen G-Protein-gekoppelten Rezeptor Einfluss auf unser Riechempfinden nimmt. Die Menschheit spaltet sich bezüglich ihrer Riechintensität und der dabei empfundenen Riechqualität in unterschiedliche Allele auf.

Aber nicht nur SNPs in den codierenden Regionen des Genoms führen zu einer Differenzierung unserer Spezies. SNPs in den nicht codierenden Abschnitten des Genoms können zu Veränderungen in der Genregulation führen. Aus der Blickrichtung der Wirkstoffforschung und Arzneistofftherapie können auch SNPs relevant werden, die zunächst keine erkennbaren Auswirkungen auf den Phänotyp nehmen. Man geht davon aus, dass manche SNPs Krankheiten begünstigen oder die Antwort einer Zelle auf die Anwendung eines Arzneistoffs beeinflussen. Man bedenke an dieser Stelle nur, dass SNPs durchaus auch in den Bindebereichen von Arzneistoffen auftreten, die nicht zwingend identisch mit der Bindestelle des natürlichen Substrats sein müssen. Dann nehmen sie direkten Einfluss auf die Affinität und die Bindungsprofile von Wirkstoffen. Als Resultat erzielt ein Wirkstoff in einer Bevölkerungsgruppe mit dem beobachteten SNP eine stärkere oder schwächere Hemmung einer Proteinfunktion als in Patienten, die diesen SNP nicht aufweisen.

12.11 Das persönliche Genom: Zugang zur individuellen Therapie?

Die Genomsequenzierung und die Analyse von SNPs und Polymorphien haben in eindrucksvoller Weise aufgedeckt, wo die Gründe für die Disposition für Krankheiten liegen, weshalb es zu abgestuften Verträglichkeiten und unterschiedlichen Nebenwirkungsprofilen bei Arzneistofftherapien kommt. Sie ergeben eine Erklärung, warum unerwünscht hohe Schwankungen in der Wirksamkeit bei unterschiedlichen Patienten auftreten können. Umso mehr fragt man sich, ob eine **Sequenzierung des individuellen Genoms** jedes einzelnen Menschen nicht eine hoffnungsvolle Perspektive zur **angepassten Individualtherapie** eröffnet? Es ist keinesfalls Utopie, dass in einigen Jahren die volle Sequenzierung jedes einzelnen Menschen zu erschwinglichem Preis und mit akzeptablem Zeitaufwand möglich wird.

In der Medizin weiß man seit langem, dass bei Bluttransfusionen die Blutgruppen von Spender und Empfänger passen müssen. Eine Genomanalyse würde das Auffinden passender Spenderorgane für Transplantationen erleichtern. Gerade im Bereich der Proteine, die im Immunsystem Antigene auf ihrer Oberfläche präsentieren und zur Auslösung einer Immunantwort beitragen (Abschnitte 31.7 und 32.3), hat man eine besonders hohe Dichte an SNPs im Genom entdeckt. Eine **SNPs-Analyse** jedes einzelnen Individuums kann ein Indikator sein, mit welcher Wahrscheinlichkeit eine bestimmte Krankheit entwickelt werden könnte. Frühzeitiges Erkennen dieses Risikos und eine mögliche Anpassung der Lebensgewohnheiten können hier besser als jede spätere Therapie sein. Schon heute erlauben hoch auflösende DNA-Chips (Abschnitt 12.9) die gleichzeitige Bestimmung von mehr als 500 000 **genetischen SNP-Markern**. Entdeckte SNPs können die erhöhte Disposition z. B. für die Ausbildung der Alzheimerschen Krankheit im fortgeschrittenen Lebensalter anzeigen. Ein einfaches Durchmustern der individuellen DNA würde die Prädisposition für bestimmte Krankheitsbilder erlauben. Craig Venter, der in seiner Firma das humane Genom mithilfe der Schrotflintenmethode über die mRNA bestimmen konnte, hat sein eigenes Genom analysieren lassen und veröffentlicht. Aus einer Genanalyse dieser Daten wurde ihm die Veranlagung für Adipositas und Herzkreislauferkrankungen nachgewiesen. Sein eigener Vater ist mit 59 Jahren an einem Herzinfarkt gestorben. Venter zog aufgrund der Entschlüsselung die Konsequenzen und nimmt vorbeugend Lipidsenker aus der Klasse der Statine ein (Abschnitt 27.3). Aus dem persönlichen Genom könnte der Arzt einfach ablesen, ob ein Patient SNPs-Muster aufweist, die Unverträglichkeiten für eine bestimmte Arzneistofftherapie erwarten lassen. Weiterhin könnte er sehen, zu welchem Typ Metabolisierer (Abschnitt 27.7) sein Patient gehört. Dies könnte Unverträglichkeiten bei der gleichzeitigen Gabe von mehreren Arzneistoffen reduzieren und ließe eine sicherere Einstellung der individuellen Dosierung erlauben. Es kann auch helfen, den richtigen Arzneistoff für eine Therapie auszuwählen, vor allem wenn mehrere Wirkstoffe für eine Indikation bereit stehen.

Der Traum einer Entwicklung „**personalisierter Medikamente**" für die Individualtherapie wird aus Kostengründen kaum zu realisieren sein. Schon die Einführung einer weiteren Methylgruppe in einen Arzneistoff verlangt das volle toxikologische und pharmakologische Testprogramm, um eine Zulassung zu erreichen. Das würde Millionen an Entwicklungskosten verschlingen. Wie immer hat allerdings die Bestimmung des individuellen Genoms und damit die Aufklärung aller denkbaren **Prädispositionen für mögliche Erkrankungen** ihre Kehrseite. Diese Informationen in den Händen der behandelnden Ärzte wären ein Segen. Doch was könnte ein zukünftiger Arbeitgeber über die Perspektive eines einzustellenden Mitarbeiters aus den Daten herauslesen? Versicherungen könnten sich anhand von Genomdaten nur die risikolosen Patienten als Klientel heraussuchen – eine horrorhafte Vorstellung, dass die individuelle Genomzusammensetzung über den zu erhebenden Versicherungstarif entscheiden würde!

Bei allen Betrachtungen unserer genetischen Unterschiede und den denkbaren Konsequenzen für eine denkbare Arzneistofftherapie darf man nicht vergessen, dass vor allem unser Gastrointestinaltrakt von vielen Millionen Mikroorganismen bevölkert ist. Diese Flora nimmt entscheidenden Einfluss auf unser Wohlergehen, unsere gesundheitliche Stabilität, unseren Metabolismus aber auch auf das Ansprechen einer Arzneistofftherapie. Die **individuelle Magendarmflora** baut sich nach der Geburt auf und wird in entscheidendem Maße von der Mutter mitgeprägt. Sie schwankt deutlich mit den Lebensgewohnheiten, der Esskultur und der Exposition einer regional bedingten Mikroorganismen-Landschaft. In Indien, China oder Europa findet sich eine andere Mikrobenkultur vor als z. B. in Amerika. Interessanterweise ändert sich diese, wenn ein Mensch seinen Lebensraum zwischen den Kontinenten wechselt. Andere Mikroorganismen bedingen eine veränderte Ausstattung von Sekundärmetaboliten und tragen zu einem verlagerten gesundheitlichen Gleichgewicht bei. Vermutlich sind diese Unterschiede zwischen Individuen genauso wichtig wie die genetischen Differenzen, die uns verschieden machen.

12.12 Wenn genetische Unterschiede zur Krankheit werden

Erbkrankheiten haben eine molekulare Ursache. Ein Gen ist verändert (Allele), manchmal auch die von beiden Eltern stammenden Gene. Jeder von uns trägt in sich eine große Zahl solcher veränderter Gene, die durch zufällige Basenaustausche, den SNPs, entstanden sind. Auf diesen zufälligen Mutationen beruht das Prinzip der **Evolution**. Sorgt eine Mutation für eine bessere Anpassung eines Individuums an seine Umwelt, so steigen dessen Überlebens- und Fortpflanzungschancen. Mit steigender Wahrscheinlichkeit gibt es sein verändertes Erbgut weiter. Beschleunigte Auswirkungen auf die Evolution nimmt der so genannte horizontale Gentransfer bei sich ungeschlechtlich vermehrenden Arten. Dort werden ganze DNA-Fragmente zwischen Individuen oder sogar Arten ausgetauscht. Bei der geschlechtlichen Vermehrung spielt an dieser Stelle das **Crossover** eine wichtige Rolle. Hier handelt es sich um eine ebenfalls zufällige, überkreuzend verlaufende neue Verknüpfung benachbart liegender Gensequenzen der beiden Eltern. Ohne Mutation und Crossover bliebe es bei einer absoluten Konstanz der Arten.

Die Mechanismen der Evolution produzieren im Einzelfall aber auch viele Fehler. Einige dieser Fehler sind die Ursache von Erbkrankheiten. Bei der **Sichelzellanämie** ist eine einzige Aminosäure des roten Blutfarbstoffs Hämoglobin ausgetauscht, und zwar eine Glutaminsäure in Position 6 der β-Kette des Hämoglobin A (HbA) gegen Valin. Das veränderte Hämoglobin aggregiert, es „verklebt" in den Blutkörperchen. Die Zellen fallen ein und erhalten so ihre charakteristische Sichelform. Homozygote Träger, d. h. Individuen, bei denen das „kranke" Gen von Vater und Mutter vererbt wurde, sind nicht lebensfähig. Heterozygote Träger, die ein „krankes" und ein „gesundes" Gen tragen, produzieren normales und verändertes Hämoglobin nebeneinander. Diese Menschen sterben zwar früh, meist aber erst nach Erreichen eines fortpflanzungsfähigen Alters. In malariagefährdeten Gebieten gibt es einen **Selektionsdruck** für diese Erbkrankheit. Heterozygote Träger der Sichelzellanämie sind resistenter gegen Malaria als Gesunde (Abschnitt 3.2). Hier sind wir Zeugen eines Großversuchs der Natur. Wie wird er ausgehen? Auch der Mensch greift ein. Bei erfolgreicher Behandlung der Malaria hätten HbA-Gesunde keinen Nachteil mehr, der evolutionäre Vorteil der Sichelzell-Kranken und der dadurch bedingte Selektionsdruck in Richtung dieser Krankheit fiele weg. Möglicherweise würde diese Erbkrankheit bereits nach einigen Generationen „aussterben". Könnten wir andererseits, konventionell oder gentherapeutisch, die Sichelzellanämie behandeln, dann hätten diese Menschen wieder ganz normale, „gesunde" rote Blutkörperchen. Die Malaria-Erreger könnten sich in ihnen wieder gut vermehren. Der Schutz vor dieser Krankheit würde entfallen und die Anfälligkeit dieser Menschen gegenüber Malaria auf das normale Risiko ansteigen.

Neben der Sichelzellanämie sind rund viertausend weitere Erbkrankheiten und deren molekulare Ursachen bekannt. Einige, z. B. die cystische Fibrose, die Phenylketonurie und erbliche Bluter-Krankheiten, treten relativ häufig auf. Viele andere sind eher selten, zum Teil nur ein einziges Mal beschrieben. In den letzten Jahren wird für eine zunehmende Zahl von Krankheiten eine multifaktorielle genetische Ursache nachgewiesen, z. B. für Diabetes, Rheuma, bestimmte Krebserkrankungen, Asthma und die Alzheimersche Krankheit. Das Auftreten dieser Krankheiten wird durch das Zusammentreffen mehrerer genetischer Veränderungen ausgelöst oder zumindest begünstigt.

Die Mechanismen der Evolution sind auch verantwortlich für das Entstehen von Resistenzen (Abschnitt

4.8). Hier wird der Selektionsdruck durch den Arzneistoff oder durch ein Insektizid erzeugt, z. B. bei der Bekämpfung der Mücken als Überträger der Malaria. Bakterien und Viren passen sich wegen ihrer raschen Vermehrung schnell an eine „feindliche" Umwelt an. Wahre Künstler sind die Retroviren, die wegen ihrer hohen Mutationsraten besonders rasch Resistenzen entwickeln und damit den Erfolg eines Arzneimittels mit einem Schlag zunichte machen können (Abschnitt 24.5).

12.13 Möglichkeiten und Grenzen der Gentherapie

Die vierjährige Ashanti DeSilva war im September 1990 die erste Patientin, die gentherapeutisch behandelt wurde. Die Allele des Gens beider Eltern für das Enzym Adenosindesaminase waren defekt. Da dieses Enzym für die Funktion des Immunsystems ganz entscheidend ist, litt das Mädchen an einer schweren Immuninsuffizienz, die klassisch nicht mehr behandelt werden konnte. Zur Therapie wurden die weißen Blutkörperchen der Patientin mehrfach mit einem Virus infiziert, das die korrekte genetische Information für das fehlende Enzym enthielt. Die früher hospitalisierte, ständig infektionsgefährdete Patientin hat sich inzwischen zu einem Menschen mit ganz normaler Gesundheit entwickelt.

Unter **Gentherapie** versteht man jede Technik, bei der ein Gen in Körperzellen eines Patienten eingeführt wird, um ein defektes oder fehlendes Gen zu ersetzen. Im Prinzip ist alles ganz einfach. Die Viren machen es uns tagtäglich vor: Sie bringen ihre eigene Erbinformation in fremde Zellen ein und codieren damit einige Schlüsselenzyme, die für ihre Vermehrung nötig sind. Im Übrigen benutzen sie den Biosynthese-Apparat der von ihnen befallenen Zellen. Die Retroviren, deren Erbinformation in einer RNA codiert ist, überschreiben diese Information in DNA und integrieren sie in die Wirts-DNA. So wird auch bei der Gentherapie in das Genom eines Virus ein Nucleinsäure-Abschnitt eingesetzt, der das Protein codiert, das man im Patienten substituieren will. Das **Konstrukt**, so nennt man dieses abgewandelte Virusgen, wird mit der Virushülle umgeben und in Körperzellen des Patienten eingebracht. Das kann entweder außerhalb des Körpers erfolgen, z. B. in vorher entnommene Knochenmarkszellen oder weiße Blutkörperchen, oder innerhalb des Körpers, z. B. durch Injektion in Tumorgewebe oder in ein bestimmtes Organ.

Als Träger für Gene sind Viren geeignet, die ihre Erbinformation in Säuger-DNA einbauen, z. B. Adenoviren, Herpesviren oder Retroviren. Während Retroviren die genetische Information erst bei einer Zellteilung übertragen, bringen Adenoviren auch sich nicht teilende Zellen dazu, die fremde genetische Information aufzunehmen und zu verwerten. Experimentiert wird auch mit Plasmiden, DNA in Liposomen und reinen DNA-Konstrukten. Die Raten für den Transfer der neuen Information in die zelluläre DNA liegen hier aber noch deutlich unter denen der Viren.

Inzwischen liefen weltweit über 1000 klinische Studien zur Gentherapie, die meisten in den USA und überwiegend zur Tumortherapie. Krebs ist zwar keine Erbkrankheit, aber die genetische Information, die von Zelle zu Zelle weitergeben wird, macht ihn zu einer „lokalen" Erbkrankheit. Onkogene sind eine große Gruppe von Proteinen, die für die Entstehung von Tumoren verantwortlich sind. Tumorsuppressorgene codieren Proteine, die in den Zellcyclus eingreifen und die Teilung der Zellen anhalten. Mit der rasch wachsenden Kenntnis der molekularen Struktur dieser Proteine ergeben sich viele verschiedene Ansätze für eine Gentherapie von Tumoren.

Auch andere Krankheiten können gentherapeutisch angegangen werden. Bei kardiovaskulären Erkrankungen, bei denen ein überschießendes Wachstum von Gefäßwandzellen eine Einengung dieser Gefäße bewirkt, erfolgt als Standardtherapie oft eine mechanische Ausweitung mit einem Ballonkatheter. Das hilft, aber nur vorübergehend. Nach einigen Monaten wuchern die Zellen erneut und die Blutversorgung in den nachgeschalteten Gebieten nimmt wieder bedrohlich ab. Hier könnte eine Gentherapie ansetzen. Bei der Ballonkatheter-Behandlung lassen sich lokal Adenoviren freisetzen. Diese tragen die genetische Information für ein Protein, das die Zellteilung hemmt, das so genannte Retinoblastoma-Protein. Dadurch können die Zellen nicht weiterwachsen.

AIDS-Kranke sterben an Infektionen, weil Teile ihres Immunsystems geschädigt sind. Es sind die so genannten T-Zellen, die zu Grunde gehen. Als Therapie bieten sich Knochenmarkstransplantationen an. Dabei ist es entscheidend, dass Spender und Empfänger in ihren immunologischen Eigenschaften möglichst exakt übereinstimmen. Viele Menschen scheiden daher als Spender aus, ganz zu schweigen von Tieren. Oder doch nicht? Ein neuer Ansatz für Knochenmarksübertragungen, später vielleicht sogar für Organtransplantationen, ist die **Humanisierung von Tieren**. Dazu werden unreife menschliche Knochenmarkszellen, die Stammzellen, z. B. auf einen Pavian übertragen. Durch Behandlung mit Immunsuppressiva wird eine Abstoßungsreaktion der körperfremden Zellen verhindert. Nicht mehr der menschliche Empfänger trägt das Risiko einer Immunreaktion, eines Fehlschlags, sondern der tierische Spender. Nach der Vermehrung der menschlichen Zellen im Tier können die Zellen ohne größeres Risiko wieder auf den menschlichen „Pro-Spender" übertragen werden.

Wird die Gentherapie die klassische Arzneitherapie ablösen? Die Antwort lautet mit absoluter Sicherheit: Nein. Das Verfahren ist sehr aufwendig und jeder Patient braucht eine individuell angepasste Therapie. Auch sind die Ergebnisse der bisherigen klinischen Studien eher enttäuschend, ja teilweise vernichtend. So kam es zu Todesfällen oder infolge der Gentherapie wurden bei Kindern Leukämien beobachtet. Für bestimmte Krankheiten wird sich die Gentherapie aber ihren Platz erobern, denn sie bringt Heilung, nicht nur symptomatische Therapie. Mit wachsender Erfahrung und besserer Abschätzung der möglichen Risiken werden auch Eingriffe in das menschliche Erbgut bei solchen Erkrankungen akzeptabel. Denn damit wäre es möglich, eine Erbkrankheit für das Individuum und für seine Nachkommen ein für alle Mal aus der Welt zu schaffen.

Die Gentechnik löst nicht nur Probleme, sie erzeugt auch Probleme. Die technische Barriere zur Schaffung eines *Homo perfectus* ist so niedrig wie noch nie zuvor in der Geschichte der Menschheit. Dem möglichen Missbrauch scheint Tür und Tor geöffnet. Es ist zu hoffen, dass Ethik und Vernunft dies auch weiterhin verhindern. Zu enge gesetzliche Regelungen schaden den nützlichen Anwendungen der Gentechnik mehr, als sie zur Verhinderung des Missbrauchs beitragen können. Das haben die Verantwortlichen erkannt und einen Rahmen geschaffen, in dem sich die Gentechnologie weiter zum Wohl der Menschheit entwickeln kann.

Literatur

Allgemeine Literatur

B. R. Glick und J. J. Pasternak, Molekulare Biotechnologie, Spektrum Akademischer Verlag, Heidelberg, 1995

S. Unternährer-Rosta, B. Dalle Carbonare, C. Manzoni und S. Ryser, Gentechnik – worum geht es? Editiones Roche, Basel, 1994

K. B. Mullis, F. Ferré und R. A. Gibbs, Hrsg., The Polymerase Chain Reaction, Birkhäuser, Boston, 1994

N. G. Cooper, Ed., The Human Genome Project. Deciphering the Blueprint of Heredity, University Science Books, Mill Valley, CA, USA, 1994

T. Strachan, Das menschliche Genom, Spektrum Akademischer Verlag, Heidelberg, 1994

G. M. Monastersky und J. M. Robel, Hrsg., Strategies in Transgenic Animal Science, Blackwell Science, Oxford, 1995

J. A. Wolff, Gene Therapeutics. Methods and Applications of Direct Gene Transfer, Birkhäuser, Boston, 1994

L. E. Post, Gene Therapy: Progress, New Directions, and Issues, Ann. Rep. Med. Chem. **30**, 219–226 (1995)

J. S. Kiely, Recent Advances in Antisense Technology, Ann. Rep. Med. Chem. **29**, 297–306 (1994)

S. B. Pandit, S. Balaji und N. Srinivasan, Structural and Functional Characterization of Gene Products Encoded in the Human Genome by Homology Detection, IUBMB Life **56**, 317–331 (2004)

P. E. Slagboom und I. Meulenbelt, Organisation of the Human Genome and our Tools for Identifying Disease Genes, Biological Psychology **61**, 11–31 (2002)

E. S. Lander, et al., Initial Sequencing and Analysis of the Human Genome, Nature **409**, 860–921 (2001)

J. C. Venter, et al., The Sequence of the Human Genome, Science **291**, 1304–1351 (2001)

Spezielle Literatur

K. B. Mullis, Eine Nachtfahrt und die Polymerase-Kettenreaktion, Spektr. Wiss. 1990 (6), 60–67

R. D. Fleischmann *et al.* (40 Autoren, u.a. J. C. Venter), Whole Genome Random Sequencing and Assembly of *Haemophilus influenzae Rd*, Science **269**, 496–512 (1995)

M. D. Adams *et al.* (85 Autoren, u.a. J. C. Venter), Initial Assessment of Human Gene Diversity and Expression Patterns Based Upon 83 Million Nucleotides of cDNA Sequence, Nature **377**, Suppl., 3–174 (1995)

M. W. Chang, E. Barr, J. Seltzer, Y.-Q. Jiang, G. J. Nabel, E. G. Nabel, M. S. Parmacek und J. M. Leiden, Cytostatic Gene Therapy for Vascular Prolieferative Disorders with a Constitutively Active Form of the Retinoblastoma Gene Product, Science **267**, 518–522 (1995)

C. Craig, Bristol-Myers to Pay $2.7M for Transgenic Goats that Make Human Antibodies, BioWorld Today **6**, 1 (1995)

R. K. Seide und A. Giaccio, Patenting Animals, Chemistry & Industry **16**, 656–659 (1995)

http://www.ensembl.org/Homo_sapiens/index.html (*Explore the Homo sapiens genome*)

http://hodgkin.mbu.iisc.ernet.in/~human/ (*Human genome database with functional predictions*)

J. M. Carlton et al., Draft Genome Sequence of the Sexually Transmitted Pathogen Trichomonas vaginalis, Science **315**, 207–212 (2007)

S. Schneiker et al., Complete Genome Sequence of the Myxobacterium Sorangium cellulosum. Nature Biotech. **25**, 1281–1289 (2007)

Experimentelle Methoden zur Strukturaufklärung 13

In diesem Kapitel wollen wir uns den experimentellen Methoden zur Strukturbestimmung von Liganden und Proteinen zuwenden. Es sind vor allem zwei Verfahren, die Informationen über die dreidimensionale Struktur von kleinen organischen Molekülen bis hin zu Proteinen liefern: die **Kristallstrukturanalyse** und die **hochauflösende NMR-Spektroskopie**. Das erste Verfahren ist die ältere Methode. Es geht auf ein Experiment von Max von Laue im Jahr 1912 zurück. Gerade 17 Jahre zuvor hatte Wilhelm Röntgen eine elektromagnetische Strahlung entdeckt, die ihm zu Ehren später als Röntgenstrahlung bezeichnet wurde. Zusammen mit seinen Mitarbeitern Walter Friedrich und Paul Knipping konnte Laue mit dieser Strahlung an Kupfersulfat-Kristallen die Wellennatur der Röntgenstrahlen demonstrieren. Gleichzeitig bewiesen sie damit den Gitteraufbau von Kristallen. Nur ein Jahr später ernteten William Lawrence Bragg und sein Vater William Henry Bragg die Früchte dieses Experiments. Sie bestimmten als erste die Kristallstruktur von Kochsalz. Über die Jahre ist das Verfahren immer weiter entwickelt worden. Heute hat man bereits Strukturen von Proteinen mit 4000 Aminosäuren aufgeklärt. In den letzten Jahren erweist sich die Elektronenmikroskopie als ein weiteres sehr leistungsfähiges kristallographisches Beugungsverfahren zur Strukturaufklärung membrangebundener Proteine und Viren. Die NMR-Spektroskopie ist ebenfalls ein relativ junges Verfahren. Im Jahr 1945 beobachteten die Gruppen um Felix Bloch und Edward Purcell in den USA zum ersten Mal die Resonanzanregung von Wasserstoffatomkernen in einem Magnetfeld. Ausgehend von diesem Experiment ist die Methode inzwischen, vor allem durch apparative Fortschritte, so weit entwickelt worden, dass die Strukturaufklärung von Proteinen mit mehr als 800 Aminosäuren gelungen ist. Allerdings ist dazu eine ausgiebige Markierung der Proteine mit unterschiedlichen Isotopen erforderlich.

13.1 Kristalle: Ästhetisch nach außen, regelmäßig nach innen

Beim Begriff **Kristall** denkt man sofort an wohlgeformte Minerale oder funkelnde Edelsteine mit prächtigem Schliff. Erst in zweiter Linie fallen einem die Strukturen der Moleküle ein, die unser Leben bestimmen. Der Kristall wird üblicherweise mit „totem" Material assoziiert. Als Jack Dunitz Ende der 1950er-Jahre sein Amt als Professor für Organische Chemie an der ETH Zürich übernahm, hat der bekannte Naturstoffchemiker Leopold Ruzicka ihm gegenüber die Kristalle als „chemischen Friedhof" abqualifiziert. Doch über viele Jahre konnte Dunitz mit seiner Arbeitsgruppe zeigen, dass ein Kristall keinesfalls auf den „Friedhof" gehört, sondern der Schlüssel zum Verständnis der Struktur, Dynamik und Reaktivität von Molekülen ist.

Betrachtet man ein Mineral, so fällt der regelmäßige Aufbau der einzelnen Kristalle auf. Auch organische Materie ist in der Lage, wohlgeformte Kristalle zu bilden. Man denke nur an die faszinierenden Kristalle des Kandiszuckers. Ist diese äußere Regelmäßigkeit ein Abbild des inneren Aufbaus? Vor der Beantwortung dieser Frage wollen wir klären, wie Kristalle zu erhalten sind. Ein Mineraloge hat es einfach. Die Natur hat über Jahrtausende viele wohlgeformte Kristalle entstehen lassen. Organische Moleküle und Proteine findet man in der Natur nur selten kristallin. Es müssen Bedingungen gefunden werden, unter denen sie kristallisieren.

Im Allgemeinen züchtet man Kristalle aus einer Lösung. Für einfache organische Substanzen kann dies auch aus der Schmelze oder durch Sublimation gelingen. Beide Kristallisationsverfahren kennen wir vom Wasser beim Zufrieren eines Sees oder bei der Bildung wunderschöner Rauhreifkristalle. Bei der **Kristallisation aus Lösung** ist ein Lösungsmittel zu suchen, in dem die Verbindung ausreichend löslich ist. Durch Änderung der Bedingungen wird dann der **Sättigungspunkt** der Lösung überschritten. Geschieht dies langsam, bilden sich wenige Kristallisationskeime, die zu großen Kristallen heranwachsen. In aller Regel nimmt die Löslichkeit einer Verbindung mit sinkender Temperatur ab. Das Überschreiten des Sättigungspunktes kann man also durch Verändern der Temperatur erreichen. Man kann aber auch die Lösung „eindicken", d. h. man entfernt einen Teil des Lösungsmittels. Eine weitere Möglichkeit besteht in der Zugabe eines zweiten Lösungsmittels, in dem die Verbindung schlechter löslich ist. Bei richtiger Abstimmung der Löslichkeit in den beiden Lösungsmitteln kann man sich langsam an den Sättigungspunkt herantasten. Für Verbindungen mit sauren oder basischen Gruppen können durch Wahl des pH-Werts Bedingungen gefunden werden, unter denen sie als Salze vorliegen. Wegen starker ionischer Wechselwirkungen bilden Salze häufig bessere Kristalle. Man kann sie auch „**Aussalzen**". Dazu wird der wässrigen Lösung einer gelösten Verbindung ein anorganisches Salz zugesetzt, z. B. Kochsalz. Das Kochsalz „verbraucht" Wassermoleküle, um in Lösung zu gehen. Es umgibt sich mit einer Wasserhülle. Dadurch entzieht es der organischen Verbindung, die sich ebenfalls mit einer Wasserhülle umgeben hat, das Lösungsmittel. Der Sättigungspunkt der Verbindung wird überschritten, die Kristallisation beginnt.

Proteine sind komplexe Gebilde, die in aller Regel nur in wässrigen Medien löslich sind. Bedingt durch ihren Aufbau aus Aminosäuren tragen sie an ihrer Oberfläche geladene, ionische Gruppen. Auch bei Proteinen gilt es nun, Bedingungen zu finden, unter denen sie geordnet assoziieren. Dies gelingt durch langsames Verändern der Wassermenge, in der das Protein gelöst vorliegt. Dabei kann man in beiden Richtungen Erfolg haben. Hydrophobe Proteine beginnen zu aggregieren, wenn die Wassermenge ansteigt. Die an der Oberfläche stärker polaren Proteine aggregieren eher, wenn ihnen Wassermoleküle von ihrer Oberfläche entzogen werden. Einstellen des richtigen pH-Werts, Auswahl geeigneter Salze zum Aussalzen und verschiedene Temperaturen sind die Bedingungen, die optimiert werden müssen. Neben Salzen können auch oberflächenaktive Substanzen (Detergenzien) zur Beeinflussung der Solvathülle bei der Kristallisation dienen. Trotzdem ist die Kristallisation eine hohe Kunst. Für die Suche nach geeigneten Bedingungen sind Kreativität und Fleiß gefordert. Heute sind die Kristallisationstechniken allerdings so weit ausgefeilt, dass die mühsame Arbeit des Ansetzens tausender verschiedener Testbedingungen von Robotern übernommen wird.

Teilweise wird in die Strukturbestimmung ein erheblicher Aufwand investiert. So gelang 1995 die Kristallisation und Strukturaufklärung der HIV-Integrase, eines Schlüsselenzyms im Generationscyclus des Virus, erst mit der vierzigsten Punktmutante des ursprünglichen Proteins. Diese Punktmutationen hatten zum Ziel, die Oberflächeneigenschaften des Proteins so zu verändern, dass eine regelmäßige Aggregation zu einem Kristall resultiert.

Kehren wir zur Frage zurück, ob das regelmäßige Äußere eines Kristalls seinen inneren Aufbau widerspiegelt. Ein Kristall ist chemisch einheitlich zusammengesetzt. Das organische Molekül bzw. das Protein stellt den Grundbaustein dar. Nur wenn man diesen Baustein regelmäßig im Raum anordnet, erhält man eine sich wiederholende, optimale Füllung des Raums. Im täglichen Umfeld fallen viele Lösungen zu diesem Packungsproblem auf, z. B. Zuckerstücke, die nur bei richtiger Schichtung in eine Zuckerschachtel passen, oder Pflastersteine, die nur bei regelmäßiger Anordnung eine ebene Fläche lückenlos schließen können (Abb. 13.1).

Ein einzelner Pflasterstein stellt, richtig aneinandergesetzt, die sich wiederholende Einheit im Flächennetz dar. Der Kristallograph bezeichnet diese Einheit als **Elementarzelle** und das Aneinandersetzen als **Translation**. In den einfachsten organischen Kristallstrukturen entspricht die Elementarzelle einem Molekül (Abb. 13.2).

13.2 Wie bei Tapeten: Symmetrien bestimmen das Packungsmuster

Der Inhalt einer Elementarzelle kann auch komplizierter zusammengesetzt sein, z. B. wie bei einem Tapetenmuster. Man sucht nach dem Grundmotiv, das sich wiederholt und so die Flächenfüllung erzeugt. Das Grundmotiv nennt der Kristallograph die **asymmetrische Einheit**. In Abb. 13.3 ist dieses Motiv ein Blütenzweig. Durch reines Verschieben kann man nicht alle anderen Zweige erzeugen, man muss das Motiv zusätzlich noch spiegeln. Ein Paar aus Bild und Spiegelbild entspricht hier der Elementarzelle. Mit diesem Baustein kann man jetzt durch Verschiebungen die gesamte Fläche füllen. Neben der Spiegelung lassen sich mit dem Grundmotiv z. B. auch Drehungen ausführen. Durch Anwendung von Drehungen und Spiegelungen, den so genannten **Symmetrieoperationen,** erzeugt man aus der asymmetrischen Einheit den Inhalt der Elementarzelle. Diese Zelle wird in alle drei Raumrichtungen zu einem regelmäßigen

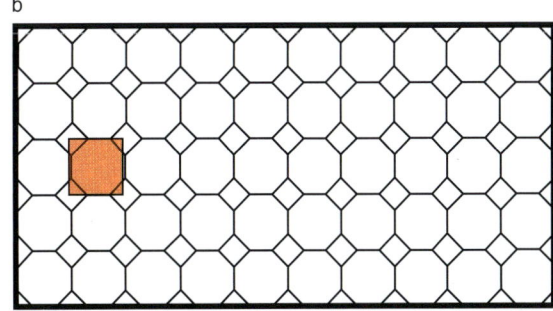

Abb. 13.1 Pflastersteine bedecken eine Oberfläche ohne Lücken (a). Dies gelingt nur, wenn sie sich von bestimmten geometrischen Grundtypen, z. B. einem Parallelogramm, Rechteck, Quadrat, Dreieck oder Sechseck, ableiten. Dieser Grundtyp kann durch komplementäre Einbuchtungen und Auswölbungen stark moduliert werden. Mit gleichseitigen fünf- oder achteckigen Pflastersteinen kann man eine Straße nicht lückenlos bedecken. Kombiniert man einen achteckigen mit einem quadratischen Stein, so gelingt die vollständige Flächenfüllung. Dies wird sofort klar, wenn man den quadratischen Stein entlang seiner beiden Diagonalen in vier Dreiecke zerschneidet. Mit den so erhaltenen Teilen kann das Achteck zu einem Quadrat ergänzt werden (b).

Kristallgitter aneinandergesetzt. Auch als dreidimensionales Gebilde muss die Elementarzelle für eine vollständige Raumerfüllung ganz bestimmte Formen annehmen. Kombiniert man die Grundtypen der Elementarzellen mit den möglichen Symmetrieoperationen, ergeben sich genau 230 Möglichkeiten, den Raum mit einem Grundmotiv zu füllen. Der Kristallograph spricht von 230 **Raumgruppen**.

13.3 Kristallgitter beugen Röntgenstrahlen

Max von Laue hat Kristalle verwendet, um durch **Beugung** die **Wellennatur der Röntgenstrahlen** zu beweisen. Zur Erläuterung wollen wir Wasserwellen betrachten. Beim Auftreffen eines Regentropfens auf eine Pfütze bilden sich kreisförmige Wellenzüge, die vom Zentrum nach außen laufen. Der Tropfen erzeugt beim Eintauchen eine so genannte Elementarwelle. Treffen zwei Tropfen in gewissem räumlichen Abstand gleichzeitig auf die Wasseroberfläche, so laufen von beiden Eintauchstellen kreisförmige Wellen nach außen. Besser lässt sich das Experiment beobachten, wenn man eine stetige „Anregung" der Wasseroberfläche vornimmt, z. B. mit konstant tropfenden Wasserhähnen. Die kreisförmig nach außen laufenden Wellenzüge treffen irgendwann aufeinander. Was passiert? Es bildet sich ein streifenförmiges Muster, in dem bestimmte Bereiche der Wasseroberfläche in Ruhe, andere heftig bewegt zu sein scheinen (Abb. 13.4). Im Querschnitt bewegt sich die Wasserober-

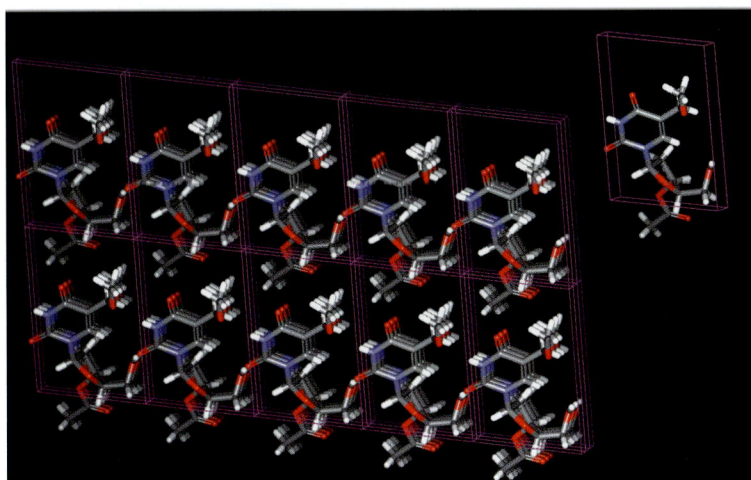

Abb. 13.2 Im einfachsten Fall wird eine Molekülpackung durch reines Verschieben eines Moleküls in die drei Raumrichtungen erzeugt. Die generierende Einheit, die Elementarzelle, leitet sich von einem schiefwinkligen Körper, einem Spat (oben rechts, violett), ab. Greift man einen Punkt nahe dem Molekül heraus und verbindet dessen Position in allen Molekülen der Kristallpackung, so erhält man ein dreidimensionales Gitter.

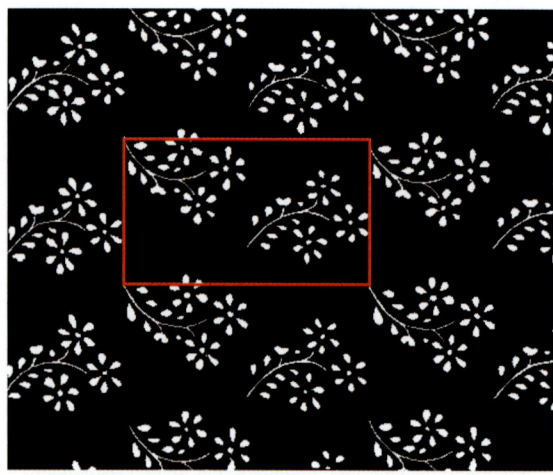

Abb. 13.3 Eine Fläche lässt sich nicht nur durch reines Verschieben eines Objekts, der asymmetrischen Einheit, vollständig bedecken. Zusätzlich lassen sich Symmetrieoperationen, wie Spiegelungen und Drehungen, auf dieses Objekt anwenden. Dadurch werden mehrere Kopien des Objekts erzeugt. Im vorliegenden Fall ergibt der Blütenzweig zusammen mit seinem Spiegelbild die Einheit (Elementarzelle, rot umgrenzt), die durch Verschiebungen die Fläche regelmäßig und vollständig bedeckt.

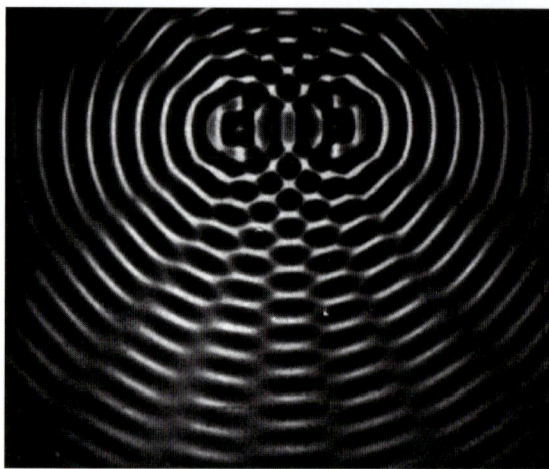

Abb. 13.4 Zwei Regentropfen treffen auf eine Wasseroberfläche und bilden kreisförmig nach außen laufende Wasserwellen. Diese überlagern sich und bilden ein streifenförmiges Interferenzmuster. Entlang der Streifen gibt es Bereiche, in denen die Wasseroberfläche in Ruhe ist. An anderen Stellen bewegt sie sich umso stärker.

che sinusförmig (Abb. 13.5). Wie verhalten sich zwei Wellenzüge, die aufeinander zulaufen und sich überlagern? Treffen Wellenberg und Wellenberg bzw. Tal und Tal aufeinander, verstärkt sich die Welle. Fällt dagegen ein Wellenberg mit einem Tal zusammen, so lö-

schen sie sich gegenseitig aus. Die Wasseroberfläche bleibt in Ruhe. Das Streifenmuster von bewegter und ruhiger Wasseroberfläche zwischen den nach außen laufenden Wellenzügen entsteht durch diese Überlagerung. Sie wird als **Interferenz** bezeichnet. Die Streifendichte hängt davon ab, wie weit die Eintauchstellen der Tropfen voneinander entfernt sind. Das entstehende Interferenzmuster enthält also die Information über die relative Lage der Punkte, an denen die Elementarwellen erzeugt wurden.

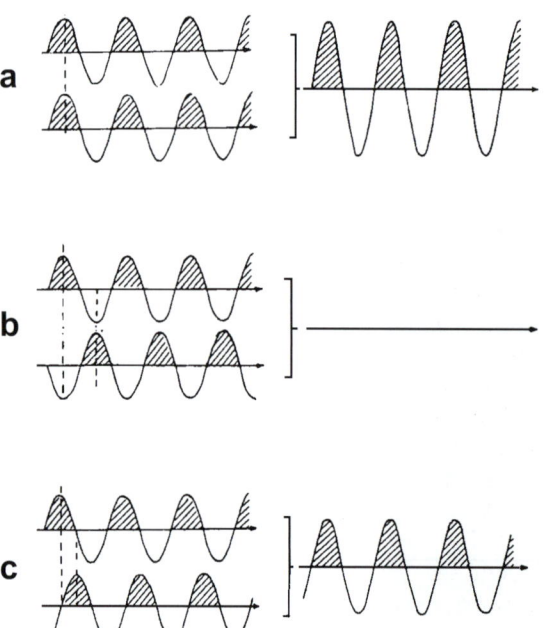

Abb. 13.5 Im Querschnitt verläuft eine Wasserwelle sinusförmig. Den Abstand zwischen zwei Wellenbergen nennt man Wellenlänge. Die Höhe der Wasserwelle im Scheitelpunkt bezeichnet man als Amplitude. Die Position, an der eine Welle durch die Ruhelage geht, bestimmt ihre Phase. (a) Treffen zwei Wellenzüge mit gleicher Phase aufeinander, so addieren sie sich und man erhält eine verdoppelte Amplitude. Diese Situation liegt in Abb. 13.4 an den Stellen vor, an denen die Wasseroberfläche in starker Bewegung ist. (b) Besteht zwischen ihnen eine Phasendifferenz von einer halben Wellenlänge, so treffen ein Wellenberg und ein Wellental aufeinander. Die beiden Wellen löschen sich gegenseitig aus. Dies entspricht in Abb. 13.4 den Bereichen mit ruhiger Wasseroberfläche. (c) Bei jeder anderen Phasenverschiebung entsteht durch die Überlagerung eine Welle, deren Amplitude zwischen den beiden Extrema (a) und (b) liegt.

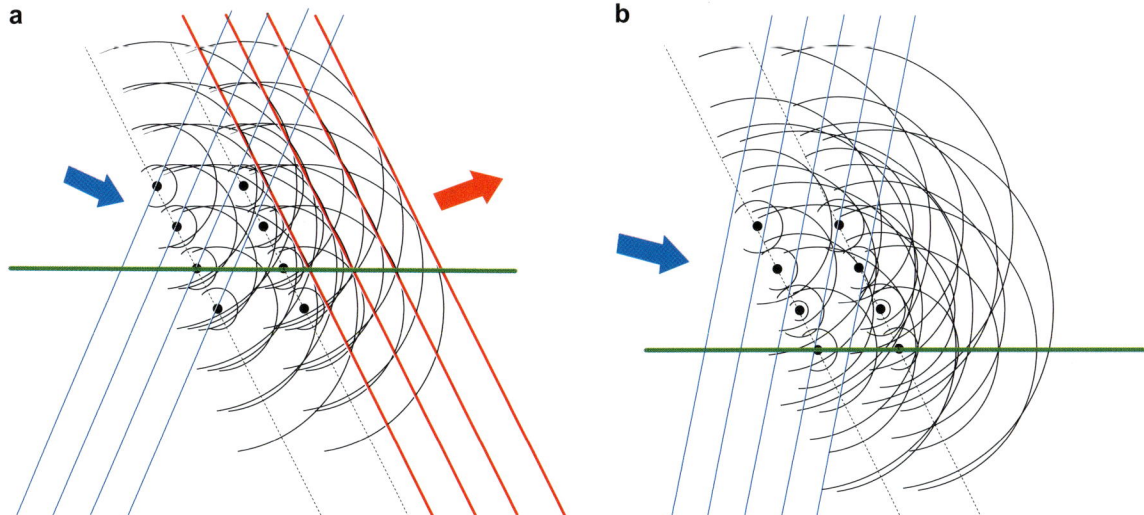

Abb. 13.6 Trifft eine ebene Wellenfront (blau) auf eine Atomreihe (schwarze Punkte auf den gestrichelten Linien), so stellt jedes Atom dieser Reihe den Ausgangspunkt einer kreisförmigen Welle dar. Dies ist ganz analog zum Auftreffen eines Regentropfens auf der Wasseroberfläche einer Pfütze. Die hinter der Atomreihe entstehenden kreisförmigen Wellen überlagern sich, ganz ähnlich wie dies bei den Wasserwellen der Fall ist (Abb. 13.4). Unter der gezeigten Einfallrichtung werden alle kreisförmigen Wellen mit gleicher Phase erzeugt (a). Als Resultat dieser Überlagerung entsteht eine neue Wellenfront (rot), die den Kristall mit veränderter Richtung verlässt. Bezogen auf die Einfallrichtung weist sie einen Winkel auf, der einer formalen Reflexion der einfallenden Wellenfront an der durch die grüne Linie markierten Atomreihe entspricht. Bei einer anderen Einfallrichtung werden die Kreiswellen nicht zum gleichen Zeitpunkt erzeugt (b), d. h. es besteht zwischen ihnen eine Phasendifferenz. Ihre Überlagerung führt zu keiner neuen Wellenfront.

Wenn parallele Wasserwellen, z. B. eine Wellenfront an der Küste, auf ein Hindernis mit einer kleinen Öffnung, z. B. eine Hafeneinfahrt, laufen, bilden sich dahinter halbkreisförmige Wellenzüge aus. Besitzt dieses Hindernis zwei nebeneinander liegende Öffnungen (Doppelspalt), so entstehen hinter jeder Öffnung halbkreisförmige Wellenzüge, die sich überlagern. Man erhält das gleiche Bild wie bei den beiden Regentropfen (Abb. 13.4). Die Wellen interferieren hinter dem Doppelspalt-Hindernis, es entsteht ein **Beugungsmuster**. Die Dichte dieses Musters, d. h. die Abfolge der Streifen, hängt von der Geometrie des Doppelspalts ab.

Die Beugungsvorgänge an einem Kristallgitter sind, formal gesehen, ganz analog. Die gleichen Prinzipien gelten, nur die Überlagerungen sind komplexer. Es soll ein sehr einfaches Gitter betrachtet werden, das aus nur einer Atomsorte besteht. Ein Röntgenstrahl läuft als paralleler Wellenzug auf diesen Kristall. Er trifft auf eine Atomreihe und tritt mit dieser in Wechselwirkung, vergleichbar dem Auftreffen des Regentropfens auf die Pfütze. Durch die Wechselwirkung der Röntgenwelle mit den Elektronen der Atome erzeugt jedes Atom eine kreisförmige Kugelwelle. Der Kreiswelle auf der Wasseroberfläche entspricht also einer Kugelwelle im Raum. Alle auslaufenden Kugelwellen überlagern sich und bilden einen Wellenzug, der den Kristall mit veränderter Richtung verlässt (Abb. 13.6). Formal gesehen stehen einfallender und auslaufender Wellenzug in einer Winkelbeziehung zueinander, die einer Reflexion der Welle an einer Ebene senkrecht zur betrachteten Atomreihe entspricht. Deshalb behandelt man die Beugung an einem dreidimensionalen Kristallgitter auch formal als eine Reflexion an Gitterebenen.

Viele Scharen solcher Gitterebenen, die man durch einen Kristall legen kann (Abb. 13.7), unterscheiden sich durch ihren relativen Abstand und ihre Besetzungsdichte mit Atomen. Die reflektierten Wellenzüge enthalten die Information über die Geometrie (Abstand) und Besetzungsdichte (Streuvermögen) dieser Ebenen. Zur Vermessung eines Kristalls muss jede der Ebenenscharen eines Kristalls so zum Röntgenstrahl orientiert werden, dass sie zur Reflexion kommt. In Abhängigkeit vom relativen Winkel zum Röntgenstrahl vermisst man die Intensität der reflektierten Röntgenstrahlung. Diese aufwendige Arbeit übernimmt ein computergesteuertes Diffraktometer.

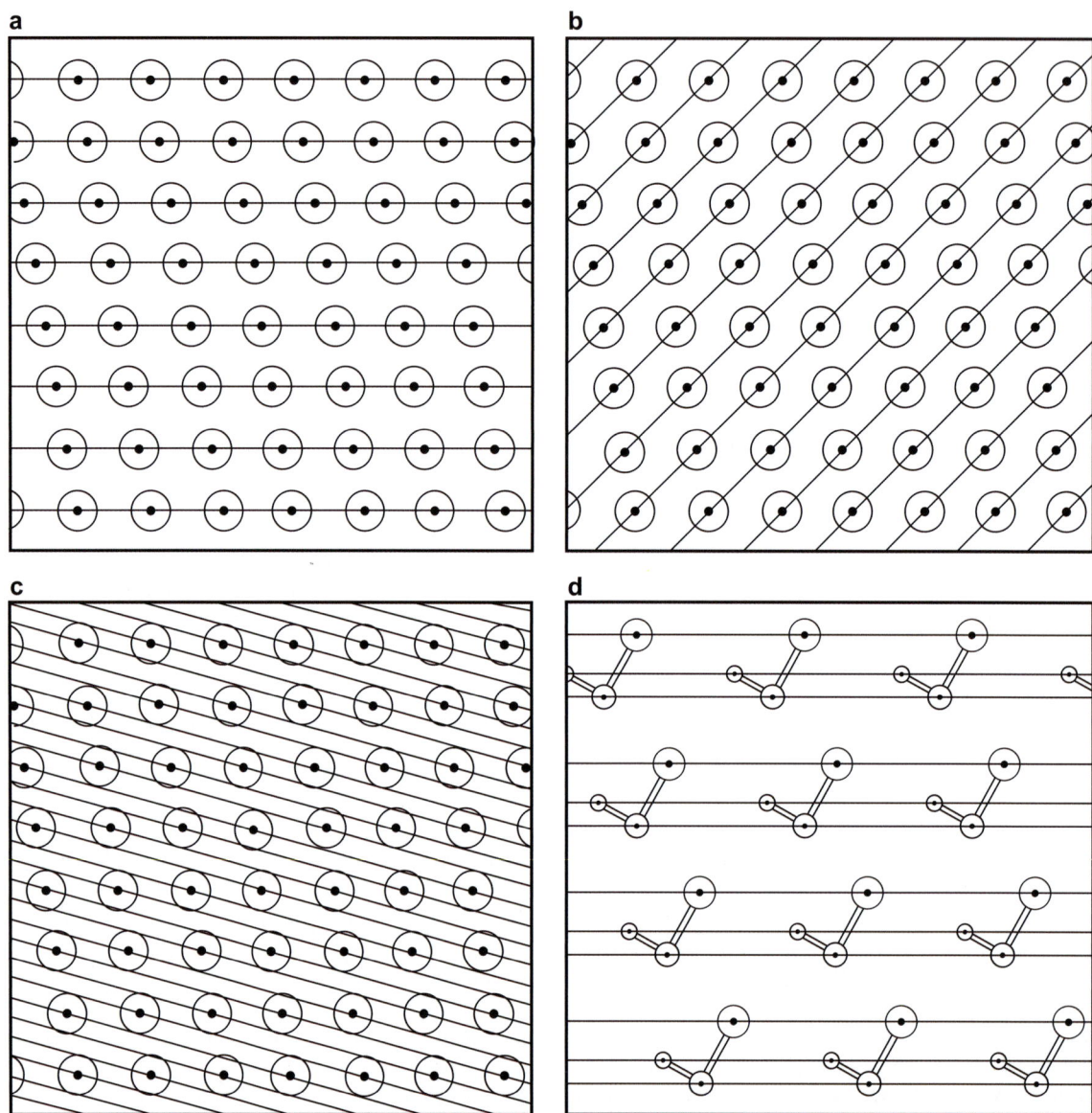

Abb. 13.7 Durch die Atome eines Kristallgitters kann man Scharen von parallelen Ebenen legen (a, b, c). Sie unterscheiden sich in ihrem relativen Abstand und in der Besetzungsdichte mit Atomen. Jede kann in einem Beugungsexperiment zur „Reflexion" von Röntgenstrahlen Anlass geben. Dazu muss der Kristall in die jeweils korrekte Orientierung zum einfallenden Strahl gebracht werden. Das Zählrohr ist so zu positionieren, dass es den auslaufenden Strahl auffängt. Aus dieser Geometrie lässt sich auf die räumliche Lage der Ebenenschar im Kristall schließen. Die Besetzungsdichte mit Atomen entscheidet, wie „gut" eine bestimmte Ebenenschar die Strahlung reflektiert. Diese Information ist in der Intensität bzw. Amplitude der auslaufenden Welle enthalten. (d) In einem Molekülkristall liegen verschiedene Sorten von Atomen in räumlichem Bezug zueinander vor. Durch jedes Atom des Moleküls (hier: dreiatomiges Molekül) kann man parallele Ebenenscharen legen. Die Amplitude des auslaufenden Strahls resultiert aus der Überlagerung von Wellenzügen, die an diesen Ebenen reflektiert werden.

13.4. Die Kristallstrukturbestimmung: Auswertung der Anordnung und Intensitäten der Röntgenreflexe

Um zu demonstrieren, dass unterschiedliche Gitter auch tatsächlich verschiedene Beugungsmuster erzeugen, soll ein einfaches Experiment betrachtet werden. Man benötigt dazu einen Laserpointer und unterschiedliche Lochblenden. Diese Lochblenden kann man ganz einfach erzeugen. Ein Schwarzweiß-Ausdruck der periodischen Anordnung, wie sie in Abb. 13.8 gezeigt ist, wird sehr stark verkleinert. Zum Schluss wird sie auf einen hochauflösenden Fotofilm gebracht. Diese so erzeugten Lochblenden stellen zweidimensionale periodische Gitter dar. Der Laserstrahl wird an den Lochmasken gebeugt und erzeugt auf einem Schirm die in Abb. 13.8 gezeigten Beugungsbilder. In den ersten beiden Blenden wurden die Abstände und Symmetrien der Lochmasken verändert. Das sich wiederholende Motiv besteht aus jeweils gleich großen Löchern. In der dritten und vierten Blende besteht das Motiv aus drei bzw. fünf unterschiedlich großen Löchern, entsprechend einem Molekül aus zwei Atomsorten. Diese Motive lassen aneinandergereiht das periodische Gitter entstehen. Es besitzt die gleiche Metrik wie die Maske in der ersten Reihe. Vergleicht man die Beugungsbilder, so ist die Verteilung der Intensitäten in den einzelnen Lichtpunkten unterschiedlich. Darin steckt die Information über den Aufbau der Motive, die ein Gitter erzeugen. Genau diese Information nutzt man zur Bestimmung einer Kristallstruktur.

Die **Reflexe**, d. h. die Intensitäten der einzelnen Lichtpunkte des Beugungsbildes, enthalten die Information über die Gestalt der Moleküle. Es gibt ein mathematisches Verfahren, die **Fouriertransformation**, mit dem man aus einem Beugungsbild auf das dem Gitter zugrunde liegende Motiv schließen kann. Eine Fouriertransformation ist die Überlagerung vieler Sinus- und Cosinusfunktionen. Die Beiträge der Funktionen werden durch die Intensitäten der Beugungsre-

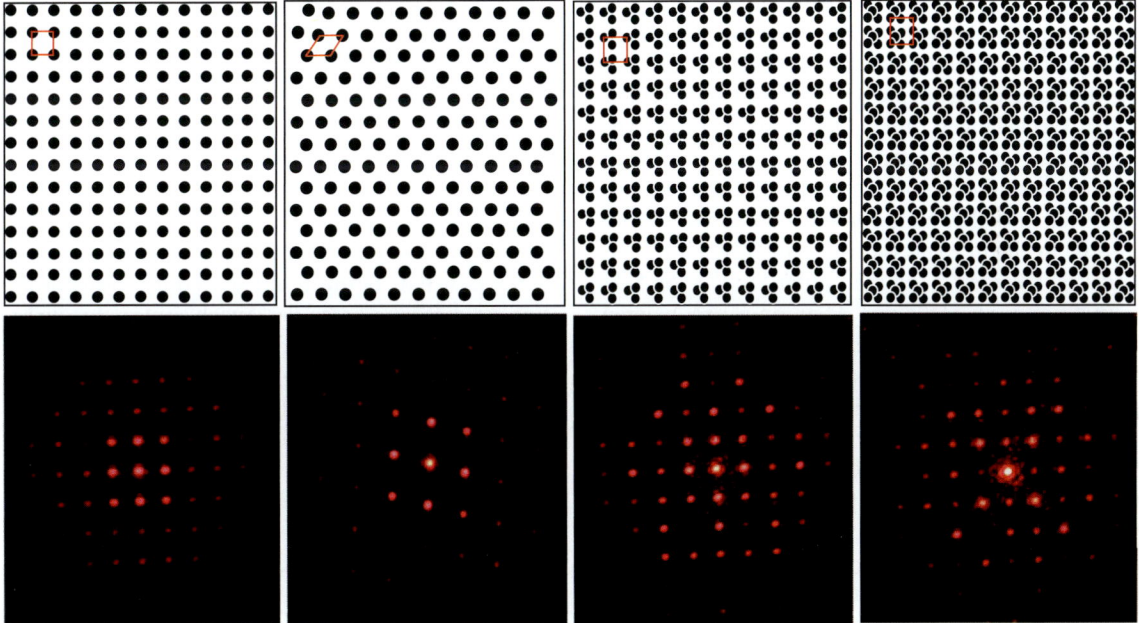

Abb. 13.8 Lochblenden können zu Beugungsexperimenten mit einem Laserstrahl verwendet werden. Dazu müssen die gezeigten Lochmuster (oben) in der Größenordnung der Wellenlänge des Laserlichts liegen. Unten sind die Beugungsbilder gezeigt, die durch diese Lochblenden erzeugt werden. In den linken beiden Blenden besitzen alle Löcher jeweils gleiche Größe, vergleichbar einem Gitter aus einer Atomsorte. Die Lochanordnung ändert sich von weitmaschig quadratischer zu schiefwinkliger Anordnung. Die Beugungsbilder spiegeln diese Lochabstände und Symmetrien wider. In den beiden rechten Lochblenden ist der Abstand für die Wiederholung der erzeugenden Einheit identisch mit der ersten Maske. Die Zusammensetzung des Motivs, das die wiederholende Einheit darstellt, variiert aber. Es besteht aus mehreren Löchern. Man kann dies mit den unterschiedlichen Atomen eines Moleküls vergleichen. Der Abstand zwischen den gebeugten Lichtreflexen (untere Reihe) ist in den Beugungsbildern der ersten bzw. dritten und vierten Maske identisch. Die Intensität der gebeugten Strahlung variiert aber von Reflex zu Reflex. Sie enthält die Information über die Zusammensetzung und die Geometrie des erzeugenden Motivs.

flexe bestimmt, aber auch durch ihre relative Phasenlage. Die Wichtigkeit dieses Aspekts wurde bereits bei der Interferenz von Wellenzügen hervorgehoben (Abb. 13.5). Leider geht gerade diese wichtige Information über die relative Phasenlage beim Beugungsexperiment verloren. Das Diffraktometer registriert nur die Intensität der Reflexe. Die fehlende Phaseninformation bezeichnet man als das **Phasenproblem der Kristallstrukturbestimmung**. Sie muss für die einzelnen Reflexe mit geeigneten Messtechniken und Rechenverfahren wieder erzeugt werden. Häufig werden dazu große elektronenreiche Elemente, z. B. Schwermetallionen, in das Protein eingelagert, z. B. durch Koordination an Histidine oder Cysteine. Diese Schweratome dominieren das Beugungsbild und verraten dadurch ihre Position im Kristallgitter. Eine andere Methode wertet die so genannte anomale Dispersion aus. Dieser Effekt beruht auf einer Wechselwirkung der Röntgenstrahlung mit den Elektronen vor allem schwerer Elemente. Dies führt dazu, dass eine auf ein Atom einlaufende Kugelwelle mit einer Phasenverschiebung wieder abgegeben wird. Vereinfacht dargestellt, wird sie zeitlich verzögert abgegeben. Dieser Effekt ist von der Wellenlänge abhängig und kann zur Phasenbestimmung ausgenutzt werden. Man vermisst einen Kristall am Synchroton und führt die Beugungsexperimente bei mehreren unterschiedlichen Wellenlängen durch. Der **anomale Effekt** verlangt Schweratome in der Proteinstruktur. Für Metalloproteine sind diese bereits in der Struktur vorhanden. Man geht aber häufig einen anderen Weg. Proteine, die in einem Expressionssystem (Abschnitt 12.6) hergestellt werden, kann man unter Einbau von Selenomethionin an Stelle von Methionin produzieren. Das schwerere Selen dient dann als anomaler Streuer für die Beugungsexperimente. Bei kleinen Molekülen gibt es Verfahren, die eine direkte Rekonstruktion der Phaseninformation aus der Intensitätsverteilung erlauben, so genannte „**direkte Methoden**". Für Proteinstrukturbestimmungen arbeitet man an der Entwicklung solcher Verfahren. Häufig kann man aber auch ein Startmodell für seine Strukturbestimmung aus einer bereits bekannten mit dem neuen Protein verwandten Struktur entnehmen (**Methode des molekularen Ersatzes**). Mit dem Computer wird das Modell so lange in der Elementarzelle gedreht und verschoben, bis sich ein berechnetes Beugungsbild ergibt, das mit den Daten, die an Kristallen des unbekannten Proteins vermessen wurden, übereinstimmt.

Mit diesen Verfahren gelingt die Phasenbestimmung am Anfang einer Strukturanalyse nur näherungsweise. Insgesamt ist die Wiedergewinnung der Phaseninformation leider nicht trivial. Noch in den 1960er-Jahren hat die Phasenberechnung einen Wissenschaftler sogar bei kleinen organischen Molekülen mehrere Jahre beschäftigt. Durch methodische Fortschritte und die gestiegene Leistung der Computer gelingt dies inzwischen in wenigen Minuten. Für Proteine kann dieser Schritt jedoch auch heute noch eine erhebliche Herausforderung bedeuten. Es zeichnet sich aber ab, dass für Proteine mittlerer Größe die Strukturbestimmung immer mehr zur Routine wird. Die Vergangenheit hat gezeigt, dass es von der Kristallisation bis zur Strukturbestimmung manchmal sehr lange dauern kann. Ein Kuriosum ist sicherlich die Urease. Sie war das erste Protein, das mit Erfolg kristallisiert werden konnte. Dies gelang James B. Sumner bereits im Jahr 1926. Ihre 3D-Struktur wurde aber erst 1995, d. h. 70 Jahre später aufgeklärt!

13.5 Streuvermögen und Auflösung bestimmen die Genauigkeit einer Kristallstruktur

Als Ergebnis der Fouriertransformation erhält man ein Abbild des Inhalts einer Elementarzelle. Es wird in Form einer **Elektronendichte** im Raum dargestellt (Abb. 13.9). Bis zu welchem Detail diese Elektronendichte ermittelt werden kann, hängt von der räumlichen Auflösung ab, mit der man das Beugungsbild vermessen hat. Bezogen auf die Fouriertransformation ist dies eine Frage der Anzahl unterschiedlicher Wellenzüge, die miteinander bei korrekter Amplitude und Phase überlagert werden. In den Beugungsbildern mit dem Laserstrahl (Abb. 13.8) lässt sich feststellen, dass die Intensitäten zu den Randzonen deutlich abnehmen. Wie weit das Beugungsbild nach außen hin registrierbar ist, begrenzt die Genauigkeit, mit der man das erzeugende Motiv räumlich auflösen kann. Für kleine organische Moleküle erreicht man leicht eine Auflösung, bei der Atome als getrennte Maxima in der Elektronendichte zu sehen sind. Nimmt die Qualität der Kristalle durch zunehmende Baufehler und Unordnungen ab, so wird auch die Auflösung schlechter. Bei Proteinkristallen liegt die Auflösung üblicherweise zwischen 1,5 und 3 Å. Im besten Fall erreicht man also eine Auflösung in der Größenordnung einer Bindungslänge. An der oberen Grenze liegt sie etwa beim Durchmesser eines Benzolrings. Es ist aber auch schon gelungen, Auflösung weiter unter 1 Å zu erreichen (Abb. 13.9). Dort erkennt man viele De-

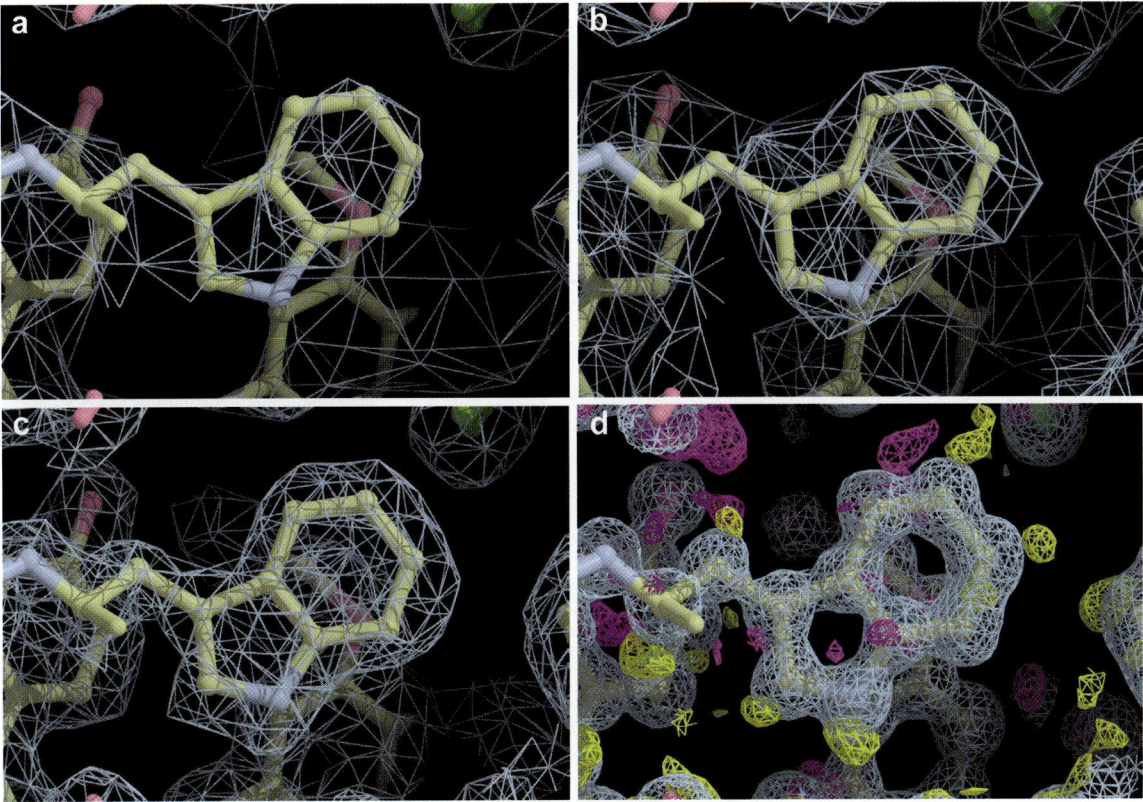

Abb. 13.9 Ausschnitt aus einer Kristallstruktur der Aldose-Reduktase (Abschnitt 27.4). Die Elektronendichte (so genannte 2F$_o$-F$_c$-Dichte, 1σ-Niveau) ist um einen Tryptophanrest als blaues Netz auf einem vorgegebenen Konturniveau dargestellt. In (a) wurden Beugungsdaten bis zu einer Auflösung von 4 Å zur Berechnung der Elektronendichte über die Fouriertransformation verwendet. Die Auflösung steigert sich von (a) bei 4 Å zu (b) 3 Å, (c) 2 Å und (d) 0,66 Å. Bei der zuletzt gezeigten Konturdichte ist die Auflösung so hoch, dass in der Differenzdichte (positiv gelb, negativ violett, F$_o$-F$_c$-Differenzdichte, 2σ-Niveau) Wasserstoffatome als einzelne Dichtezentren erkennbar werden. Bei 2 Å ist die Elektronendichte so klar strukturiert, dass ein Einpassen des Indolbausteins einfach ist. Bei einer Auflösung von 4 Å wird diese Zuweisung allerdings problematisch und kann leicht zu Fehlern führen.

tails, so selbst einzelne Wasserstoffatome oder mehrfache Anordnungen von Seitenketten.

Bei hoher Auflösung werden die Maxima der Elektronendichte direkt den Atomen des Moleküls zugewiesen (Abb. 13.10). Anfangs ist diese Zuweisung noch recht grob, die in die Fouriertransformation eingesetzten Phasen stimmen nur näherungsweise. Die gefundenen Maxima müssen in ihrer Lage noch optimiert werden. Man sagt, die Struktur muss noch „verfeinert" werden. Dazu gleicht man das experimentell beoachtete Beugungsbild auf das Beugungsbild ab, das sich aus den Atompositionen des vorläufigen Modells berechnen lässt. Bei sehr guten Messungen wird am Ende der Strukturbestimmung von der beoachteten Elektronendichte die Dichte eines „Pseudomoleküls" aus kugelförmigen Atomen abgezogen. Es verbleibt die Elektronenverteilung in den Bindungen zwischen den Atomen des Moleküls (Abb. 13.10).

Allerdings ist dies nur bei sehr hoch aufgelösten Messungen möglich. Bei geringer Auflösung, wie bei mittelmäßig aufgelösten Proteinstrukturbestimmungen, kann man keine direkte Zuordnung der Atome des Proteins zu den Maxima der Elektronendichte vornehmen (Abb. 13.11). Vielmehr wird der Kettenverlauf des Proteins in die Elektronendichte eingepasst. Da Proteine insgesamt nur aus 20 unterschiedlichen Aminosäuren aufgebaut sind, die bevorzugt in typischen Geometrien auftreten, vereinfacht sich die Interpretation der Elektronendichte (Abb. 13.11). Wie bei niedermolekularen Strukturen wird das Modell iterativ durch Verfeinerung der Strukturdaten verbessert.

Röntgenstrahlen werden an Elektronen gebeugt. Daher bestimmt die Zahl der Elektronen eines Atoms, wie gut es in der resultierenden Dichte zu erkennen ist. Wasserstoffatome besitzen in ihrer Hülle nur ein

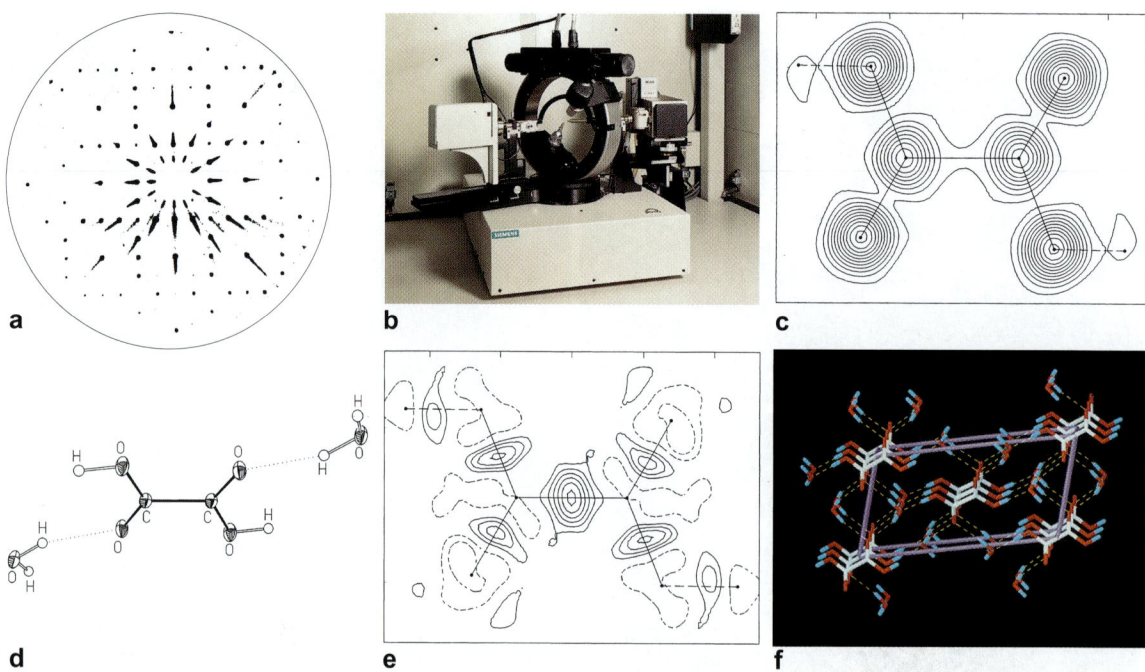

Abb. 13.10 Die Strukturbestimmung kleiner organischer Moleküle benötigt Kristalle mit ca. 0,1–0,3 mm Kantenlänge. (a) Im Röntgenstrahl erhält man ein Beugungsbild (vergl. Abb. 13.8), das auf einer Fotoplatte abgebildet oder (b) mit einem Diffraktometer-Zählrohr registriert wird. Aus den Reflexen wird auf das Molekül zurückgerechnet, das, periodisch im Kristall angeordnet, dieses Beugungsbild erzeugt hat. (c) Mit genäherten Phasen führt man eine Fouriertransformation durch und erhält eine Elektronendichte im Raum, die nach ihrer Höhe konturiert wird. Den Maxima weist man die Atome des Moleküls zu (hier Oxalsäure). (d) Die räumliche Verschmierung der Elektronendichte assoziiert man mit einer thermischen Bewegung der Atome. Sie wird durch Ellipsoide dargestellt, die 50 % der Aufenthaltswahrscheinlichkeit der Atome umfassen. (e) Sehr gut streuende Kristalle erlauben die Bestimmung der Elektronendichte in den Bindungen zwischen den Atomen. (f) Die Anwendung von Symmetrieoperationen erzeugt die Packung der Moleküle im Kristallgitter. Sie liefert die Information über die nichtkovalenten Wechselwirkungen zwischen den Molekülen.

Elektron. Daher lassen sie sich oft nicht oder nur mit geringer Genauigkeit in der Elektronendichte lokalisieren. Bei Strukturbestimmungen kleiner Moleküle kann man Wasserstoffe als Maxima in der Dichte erkennen, bei Proteinstrukturen ist dies nur für Daten unter 1 Å Auflösung möglich. Das wiegt nicht schwer, solange es sich um Wasserstoffe handelt, deren Position durch die Molekülgeometrie eindeutig festliegt, z. B. bei Wasserstoffatomen an Phenylringen. Problematischer sind Wasserstoffe an beweglichen Resten oder an Gruppen, die protoniert bzw. deprotoniert werden können. Für eine Carboxylgruppe würde man gerne wissen, ob sie ionisiert oder als freie Säure vorliegt und in welche Richtung sich der Wasserstoff orientiert. Solche Hinweise lassen sich aus Proteinstrukturen nur indirekt gewinnen, etwa durch die genaue Analyse der räumlichen Anordnung der umgebenden Wasserstoffbrücken-Partner.

Die **Genauigkeit einer Strukturbestimmung** hängt davon ab, bis zu welcher Auflösung sich Messdaten an einem Kristall erfassen lassen. Auch wenn die Struktur eines Proteins auf dem Bildschirm genau so wie die eines kleinen organischen Moleküls dargestellt wird, darf dies nicht darüber hinwegtäuschen, dass seine Geometrie mit wesentlich geringerer Genauigkeit bekannt ist. In kleinen Molekülen betragen die Fehlergrenzen für Bindungslängen ca. 0,01 Å, für Winkel ca. 0,1°, und für Torsionswinkel (Kapitel 16) 1–2°. Für Proteine sind deutlich größere Fehler anzunehmen, die schwieriger zu quantifizieren sind. Dies hängt damit zusammen wie die Strukturen verfeinert werden. Die Elektronendichte lässt keine Auflösung einzelner Atome zu. Daher platziert man die Aminosäuren mit idealisierten Bindungslängen und Winkeln in die Elektronendichte. In der anschließenden Verfeinerung belässt man ihre Geometrie bei den vorgegebenen Erfahrungswerten. Teilweise beruht die Zuweisung von Atomtypen bei der Platzierung der Seitenketten auf Annahmen. Es werden Erfahrungswerte verwendet oder versucht, das Netzwerk der Wasser-

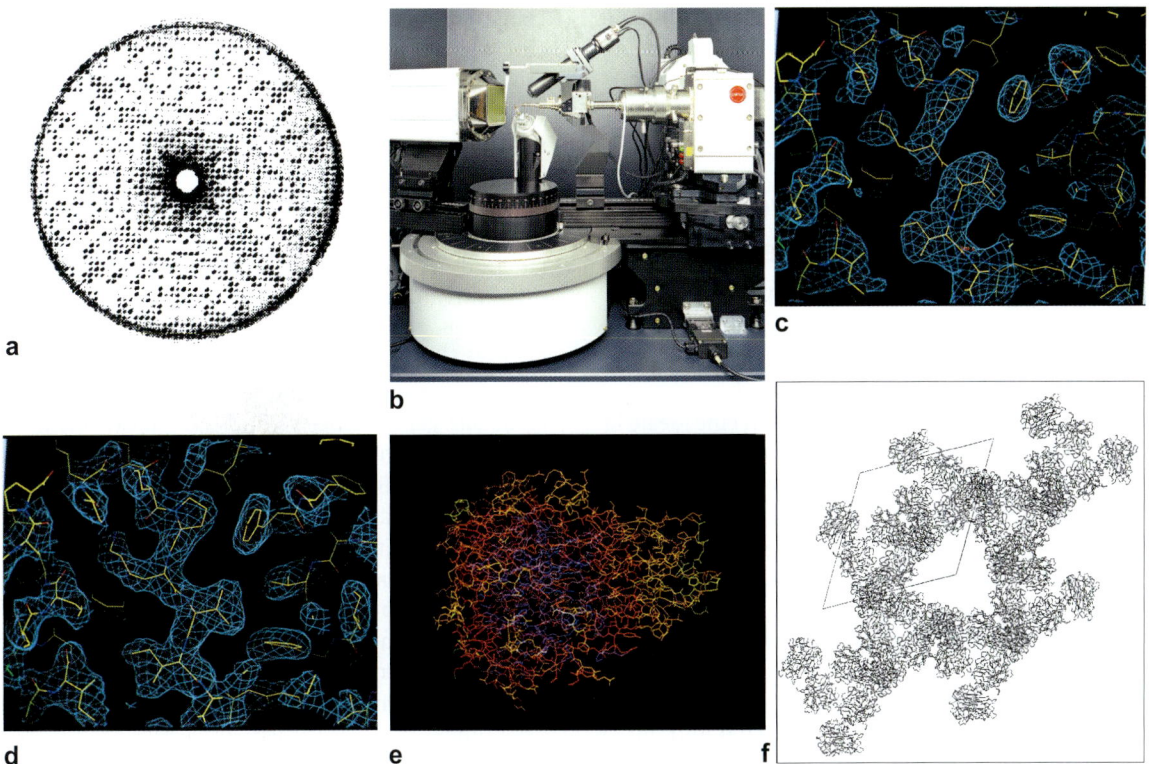

Abb. 13.11 (a) Das Beugungsbild eines Proteinkristalls weist deutlich mehr Reflexe auf. Wegen der schlechteren Streuqualität der Kristalle lassen sich die Daten aber nur bis zu einer geringeren Auflösung registrieren. (b) Die enorme Datenflut registriert man auf einem automatischen Diffraktometer mit Flächenzähler. Dieser erlaubt die simultane Registrierung vieler Reflexe. (c) Eine Fouriertransformation mit Phasen aus einem ersten Modell liefert die Verteilung der Elektronendichte (blaues Netz) im Raum. Da in dieser Dichte keine Atomzentren aufgelöst werden, muss der Verlauf der Proteinkette (hier: Ausschnitt aus einem β-Faltblatt des Tumor-Nekrose-Faktors, TNF) in die Elektronendichteverteilung eingepasst werden. (d) Das erhaltene Strukturmodell wird analog wie bei kleinen Molekülen verfeinert, bis alle Atome des Proteins optimal in die Dichte passen. (e) Die thermische Bewegung der Moleküle wird farbcodiert über das Molekül dargestellt. Blau über gelb nach rot zeigt den Übergang von geringer zu starker Bewegung. (f) Symmetrieoperationen erzeugen die Molekülpackung im Kristallgitter. Es fallen „leere" Bereiche auf, die von einer Vielzahl von Wassermolekülen besetzt werden. Wegen ihrer starken thermischen Bewegung und der dadurch verursachten Unordnung werden sie in der Elektronendichte nicht gefunden.

stoffbrücken konsistent zu halten. Diese Aspekte sind bei der Beurteilung der Genauigkeit einer Proteinstruktur zu berücksichtigen. Das Ergebnis einer Kristallstrukturbestimmung gibt das zeitlich und räumlich gemittelte Bild eines für den Kristall repräsentativen Moleküls wider. Oft entdeckt man dabei, dass in manchen Bereichen die Elektronendichte nur für eine reduzierte Besetzung mit einer Seitenkette oder eines Teils eines gebundenen Liganden spricht. Auch lässt sich entdecken, dass zwei alternative Anordnungen (Konformationen) zu erkennen sind. Manchmal fehlen aber auch ganze Teile in der Elektronendichte. Dies verweist auf eine „Unordnung", sprich die Verteilung über mehrere Anordnungen im Kristall. Diese Unordnungen können dynamisch sein, d. h. die entsprechende Gruppe springt zwischen zwei oder mehreren Anordnungen hin und her. Oder sie ist statisch, d. h. es treten mehrere Anordnungen nebeneinander auf. Da die Struktur ein gemitteltes Bild erfasst, liegen diese Anordnungen verstreut über den Kristall mit den verschiedenen Ausrichtungen vor. Ist ein Molekülteil gänzlich ungeordnet, d. h. über eine Vielzahl Orientierungen verstreut, erkennt man ihn in aller Regel nicht in der Struktur. Heute werden, alleine schon um den Strahlenschaden zu reduzieren, Strukturen bei ca. 100 K in einem Stickstoffkaltgasstrom vermessen. Bei dieser Temperatur sind viele Bewegungen in Kristallen eingefroren und man beobachtet die statischen Unordnungen. Dennoch hat sich gezeigt, dass das ermittelte Bild sehr gut den Verhältnissen bei Raum- oder Körpertemperatur entspricht. Diese Rückschlüsse lassen sich durch analoge Ergebnisse aus

NMR-spektroskopischen Untersuchungen (Abschnitt 13.7) und molekulardynamischen Simulationen (Abschnitt 15.8) ziehen.

13.6 Elektronenmikroskopie: Mit zweidimensionalen Kristallen den Membranproteinen auf der Spur

Die Kryo-Elektronenmikroskopie stellt eine ideale Ergänzung zur Röntgenstrukturanalyse dar, da sie die Strukturen sehr großer, membrangebundener Proteine zugänglich macht. Als Strahlung werden Elektronen verwendet. Diese dringen nur geringfügig in das kristallin vorliegende Probenmaterial ein und belasten es weniger als Röntgenstrahlen. Elektronen werden von Molekülen erheblich stärker gestreut als Röntgenstrahlen. Daher können wesentlich kleinere Kristalle verwendet werden. Es genügen sogar Kristalle, die in einer Richtung hauchdünn sind und nur eine oder wenige Molekülschichten umfassen. Selbst Einzelmoleküle lassen sich abbilden, allerdings muss ihr Molekulargewicht dann mehrere Millionen Dalton überschreiten. Kleinere Molmassen machen periodisch angeordnete Verbände aus mehreren Molekülen erforderlich. Für Membranproteine ist es inzwischen mehrfach gelungen, Kristalle in einer zweidimensional periodischen Molekülanordnung zu züchten. Der Versuch, von solchen Proteinen ausreichend große Kristalle für eine Röntgenstrukturanalyse zu gewinnen, gelang nur in wenigen Fällen und verlangt ganz spezielle Zusätze zu der Kristallisation.

Neben dem Arbeiten mit leichter herstellbaren Kristallen besitzen Elektronenstrahlen aber noch einen weiteren Vorteil gegenüber Röntgenstrahlen. Man kann mit ihnen sowohl Beugungsexperimente durchführen als auch direkte Abbildungen eines Objekts anfertigen. Mit den Röntgenstrahlen gelingt die mikroskopische Abbildung leider nicht, da man für Röntgenstrahlen keine Sammellinsen bauen kann. Für Elektronen gelingt dies aber durch die Magnetfelder geeigneter Spulen.

Warum verwendet man dann nicht generell Elektronenmikroskope zur Abbildung von Molekülen? Trotz der geringeren Strahlenbelastung zerstören Elektronen die Proben immer noch erheblich. Man muss bedenken, dass die eingesetzten Kriställchen nur etwa ein Milliardstel der Probenmenge eines Kristalls für die Röntgenstrukturbestimmung darstellen. Die Daten für eine Röntgenstruktur kann man häufig an einem einzigen Kristall vermessen. Im Elektronenmikroskop benötigt man dagegen einige hundert der winzigen, oft nur 5 μm großen Kristalle. Im Hochvakuum werden sie schockgefroren direkt dem Elektronenstrahl ausgesetzt. Das sind Bedingungen, die Proteine nur nach spezieller Präparation überstehen. Es wird mit einer sehr geringen Strahlendosis gearbeitet. Dadurch sind die Aufnahmen stark verrauscht, man muss über viele Abbildungen mitteln. Um eine detaillierte Auflösung senkrecht zur zweidimensionalen Kristallebene zu erhalten, müssen Kristalle in vielen Orientierungen vermessen werden. Feine Strukturdetails gehen dabei verloren. Im Elektronenbeugungsdiagramm, analogen Aufnahmen, wie man sie aus den Experimenten mit Röntgenstrahlen erhält, lassen sie sich aber mit geeigneten Rechenverfahren korrigieren. Mithilfe der Fouriertransformation erhält man auch hier eine Elektronendichte der Moleküle. Ihre Interpretation bzw. Verfeinerung erfolgt wie bei den Röntgenexperimenten. Die Phasen, die für die Fouriertransformation erforderlich sind, lassen sich im Elektronenmikroskop über direkte Abbildungen bestimmen.

Das Verfahren ist noch relativ jung und wird methodisch weiter entwickelt. Hier sind noch einige Entwicklungsarbeiten zu leisten. Strukturbestimmungen dauern immer noch mehrere Jahre und nur wenige Laboratorien verfügen über ausreichend leistungsfähige Mikroskope. Dennoch beziehen sich unsere heutigen Kenntnisse über die Strukturen membrangebundener Rezeptoren oft auf Ergebnisse, die mit dieser Methode erzielt wurden (Kapitel 30).

13.7 Strukturen in Lösung: Das Resonanzexperiment in der NMR-Spektroskopie

Viele Atomkerne besitzen einen Drehimpuls, den **Spin**. Unter den in biologischen Systemen vorkommenden Kernen besitzen das Wasserstoffisotop ^{1}H, das Kohlenstoffisotop ^{13}C, das Stickstoffisotop ^{15}N, das Fluorisotop ^{19}F und das Phosphorisotop ^{31}P einen geeigneten Kernspin. Ähnlich einem Kreisel rotieren die Kerne um ihre Achse. Solange kein Magnetfeld anliegt orientieren sich diese Kreisel in alle möglichen Raumrichtungen. In einem Magnetfeld zwingt man sie zu einer Ausrichtung (Abb. 13.12). Bringt man einen Spielzeugkreisel zur Drehung, so bewegt auch er sich in einem Feld, dem Gravitationsfeld. Dieses Feld gibt eine Vorzugsrichtung vor. Stimmen die Rotationsachse des Kreisels und die Richtung des Gravitationsfelds, die auf den Erdmittelpunkt ausgerichtet ist, nicht miteinander überein, so „eiert" der Kreisel. Das obere Ende der Achse läuft auf einem Kreisbogen mit einer ganz bestimmten Umlaufgeschwindigkeit. Sie hängt von der Masse und Geometrie des Kreisels ab. In der Physik bezeichnet man diese Bewegung als **Präzession**.

Atomkerne mit einem Spin verhalten sich ganz ähnlich. Im Gegensatz zu einem Kreisel gehorchen sie jedoch den Gesetzen der Quantenmechanik. Dies bedeutet, dass ihre Rotationsachse bei einer Präzessionsbewegung um die angelegte Feldrichtung nur ganz bestimmte Winkel zu dieser Richtung einnehmen kann. Für die Kerne ^1H, ^{13}C, ^{15}N, ^{19}F und ^{31}P ergibt sich, dass die Rotationsachse entweder in oder gegen die Feldrichtung auf einem Kreisbogen präzessiert. Die Orientierung in Richtung des Feldes ist energetisch etwas günstiger als der Umlauf gegen die Feldrichtung. Im statistischen Mittel werden sich in einer Substanzprobe daher mehr Kernspins in Feldrichtung orientieren. Legt man zu dem äußeren Magnetfeld ein zusätzliches elektromagnetisches Feld an und stimmt dessen Frequenz auf die Umlauffrequenz des Kernspins ab, kann man die Besetzung von „in Feld"- zu „gegen Feld"-Richtung kreiselnden Kernen umkehren und eine **Resonanzabsorption** der Probe registrieren. Über einen gewissen Zeitraum stellt sich dann wieder die Ausgangssituation ein (**Relaxation**).

Die Umlaufgeschwindigkeit der Kreiselachse bei der Präzessionsbewegung ist für jede Kernsorte charakteristisch. Sie hängt aber davon ab, in welcher chemischen Umgebung sich ein Kern befindet. Ein Kohlenstoffatom eines Phenylrings besitzt eine andere Resonanzabsorptionsfrequenz wie das einer aliphatischen Kette. Die relative Lage der Resonanzabsorption, bezogen auf eine Standardreferenz, bezeichnet man auch als **chemische Verschiebung**. Darüber hinaus spüren die einzelnen Kerne die Spineinstellungen der Nachbarkerne. Eine Einstellung in gleicher Richtung zum Nachbarkern unterscheidet sich energetisch von der mit entgegengesetzter Orientierung. Auch dieser Einfluss moduliert die Umlaufgeschwindigkeit des Spins des betrachteten Kerns. Diese Informationsübertragung bezüglich der Einstellrichtung bzw. des Magnetisierungszustands der Kerne in der Nachbarschaft kann sich über mehrere Bindungen erstrecken. Aber auch über den Raum erfolgt diese Übermittlung, ohne direkte kovalente Verknüpfung.

Um ein **NMR-Spektrum** (engl. *nuclear magnetic resonance*) aufzunehmen, muss man die Lösung der Substanz in ein starkes Magnetfeld bringen. Zusätzlich wird ein veränderliches elektromagnetisches

a
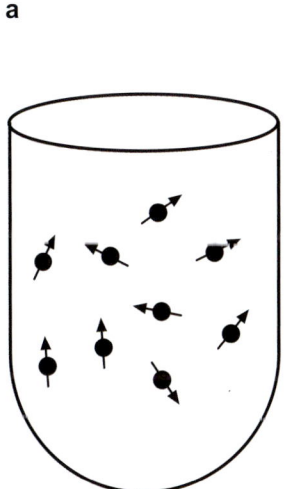

b
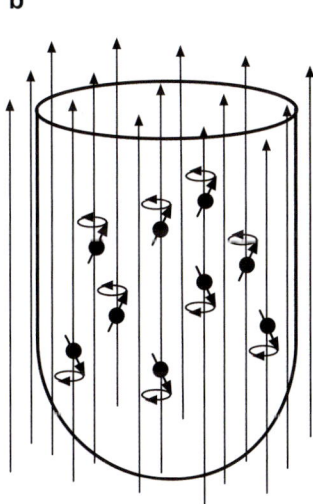

Abb. 13.12 Atomkerne mit einem Drehimpuls verhalten sich wie Kreisel. Ohne Anlegen eines äußeren Magnetfeldes sind sie in alle möglichen Raumrichtungen orientiert (a). Nach Anlegen eines Feldes richten sich ihre Rotationsachsen in oder gegen die Feldrichtung aus (b). Sie präzessieren auf Kreisbögen um die angelegte Feldrichtung. Die Einstellungen in bzw. gegen die Feldrichtung unterscheiden sich energetisch. Dementsprechend besteht ein kleiner Besetzungsunterschied zwischen beiden Zuständen. Durch Anlegen eines elektromagnetischen Strahlungsfeldes mit einer Frequenz, die der Umlaufgeschwindigkeit der Kreiselachsen entspricht, lässt sich diese Besetzung invertieren. Die Resonanzabsorption, deren genaue Frequenz von der Kernsorte und ihrer näheren chemischen Umgebung abhängt, wird mit einem Spektrometer registriert.

Strahlungsfeld an die Probe angelegt. Man registriert, bei welchen Frequenzen die Kerne der Probe in Resonanz treten, d. h. zum Umklappvorgang veranlasst werden. Aus dem resultierenden Spektrum lassen sich Hinweise auf die Zusammensetzung und chemische Umgebung der Atomkerne einer Probe entnehmen. Ein solches Spektrum enthält auch Informationen über die Raumstruktur der untersuchten Moleküle. In den letzten 30 Jahren sind, ausgehend von Arbeiten der Gruppe um Richard Ernst, mehrdimensionale NMR-Techniken entwickelt worden. Durch geeignete Messtechniken und selektive Einstrahlung elektromagnetischer Felder wird die Information über die wechselseitige Beeinflussung der Resonanzfrequenzen der einzelnen Kerne separiert und analysiert. Diese wechselseitig induzierte Informationsübertragung der Magnetisierungszustände benachbarter Kerne drückt sich in der Signalform mehrdimensionaler Spektren aus und wird in Form von Kreuzsignalen registriert. Nur das Wasserstoffisotop ^{1}H kommt in der Natur zu nahezu 100 % vor. Somit kann man hier davon ausgehen, dass zwei ^{1}H-Kerne direkt benachbart in Molekülen auftreten. Dagegen kommen die Isotope ^{13}C und ^{15}N nur sehr verdünnt vor. Folglich werden sie statistisch gesehen sehr selten benachbart vorliegen. Für die Spektren braucht man aber die gegenseitige Beeinflussung der Magnetisierung dieser Kerne. Daher ist es erforderlich, die Proteine mit Isotopen anzureichern. Dazu füttert man Bakterien mit isotopenmarkierter Nahrung und lässt sie die isotopenangereicherten Proteine produzieren. Für die Strukturuntersuchungen an den sehr großen Proteinen ist es sogar erforderlich, deuterierte Proteine herzustellen.

Mit den zahlreichen spektroskopischen Techniken ist es heute bereits gelungen, die Spektren von Proteinen bis zu 800 Aminosäuren zu interpretieren. Aus den registrierten Spektren entnimmt man:

- Welche Atomkerne kommen in welcher chemischen Umgebung vor?
- Welche unmittelbare, über kovalente Bindungen verknüpfte Nachbarschaft besitzen diese Kerne? In diesen spektralen Parametern stecken auch Hinweise auf die räumliche Anordnung der Atome in der Nachbarschaft.
- Welche Geometriebeziehungen gibt es zwischen unterschiedlichen Abschnitten der Polypeptidkette? Diese resultieren aus der Informationsübertragung der Magnetisierungszustände zwischen Kernen, die nicht direkt über kovalente Bindungen miteinander verknüpft sind.

13.8 Vom Spektrum zur Struktur: Aus Abstandsmustern entsteht eine Raumstruktur

Diese zuletzt genannten Messgrößen, die aus dem **nuklearen Overhauser-Effekt** (NOE) resultieren, ergeben für räumlich benachbarte, aber nicht direkt kovalent verbundene Atome ihre intramolekularen Abstände. Aus der Konnektivität, d. h. einer Liste aller kovalenten Verknüpfungen innerhalb eines Moleküls, und der Liste dieser intramolekularen Abstände gilt es die Struktur des Moleküls zu erzeugen (Abb. 13.13). Man verwendet dazu **Distanzgeometrie-Rechnungen**, mit denen die Raumkoordinaten der Atome berechnet werden.

Bei komplexen Molekülen erfüllen häufig mehrere gleichwertige Strukturmodelle die experimentell bestimmten Abstandsbedingungen. Wenn in Teilbereichen einer Struktur die spektralen Parameter zu dünn gesät sind, gelingt es kaum, eine eindeutige räumliche Bedingung für die Atome festzulegen. Daher wird die Erzeugung eines Strukturmodells mit Moleküldynamiksimulationen gekoppelt (Abschnitt 15.7). Diese Rechnungen liefern Moleküle in energiegünstigen, den spektralen Parametern genügenden 3D-Strukturen. In Bereichen mit wenigen spektralen Bedingungen ergeben sie mehrere leicht divergierende Modelle. Deshalb geben die NMR-Spektroskopiker für Proteine stets eine Schar von Strukturvorschlägen an (Abb. 13.14).

Häufig wird versucht, die Güte von Röntgen- und NMR-Strukturen zu vergleichen. Beide Methoden vermessen unterschiedliche Eigenschaften, die Strukturen leiten sich von anderen Messgrößen ab. Dies ist beim direkten Vergleich zu berücksichtigen. Die Genauigkeit der NMR-Struktur schwankt in Abhängigkeit von der Dichte und Zahl der Abstandsbedingungen, die der Röntgenstruktur hängt vom Auflösungsvermögen des Beugungsexperiments ab.

13.9 Wie relevant sind Strukturen im Kristall oder im NMR-Röhrchen für ein biologisches System?

Die diskutierten Strukturbestimmungsverfahren untersuchen Moleküle im Kristallverband oder in Lösung im NMR-Röhrchen. Sind die dort angetroffenen

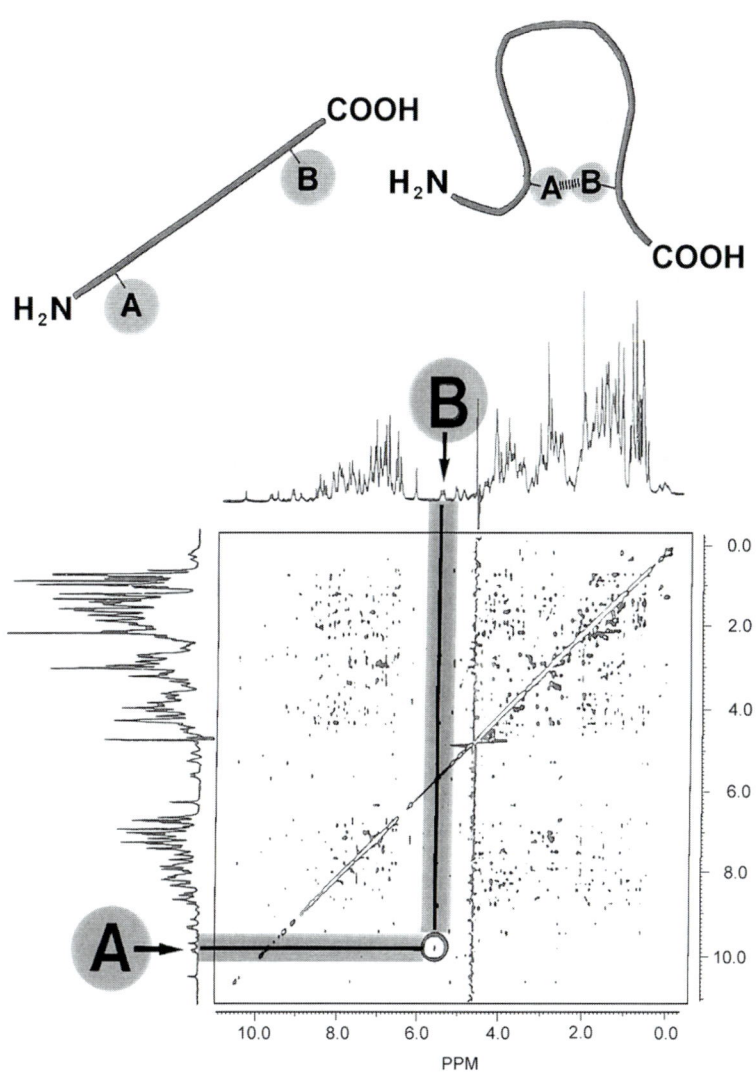

Abb. 13.13 In einem mehrdimensionalen NMR-Spektrum sind Informationen über die räumliche Nachbarschaft der Atomkerne in einem Molekül (hier: der Trypsin-Inhibitor aus der Bauchspeicheldrüse von Rindern) enthalten. Sie drücken sich in den so genannten Kreuzsignalen aus. Aus ihnen lassen sich Angaben über Abstände zwischen nichtkovalent verknüpften Atomen eines Moleküls herauslesen. Die einzelnen Signale der Spektren werden den Atomen des Moleküls zugeordnet (z. B. A und B). Aus der Sequenz eines Proteins weiß man, an welcher Stelle sich diese Atome in der Polypeptidkette befinden (links oben). Die Intensität des Kreuzsignals verrät, welchen räumlichen Abstand die Kerne A und B in der gefalteten Polypeptidkette einnehmen (oben rechts). Ganz analog wie für A und B werden die vielen anderen Kreuzsignale ausgewertet und in Abstandsbedingungen umgesetzt.

Bedingungen überhaupt relevant für die biologischen Verhältnisse in einem Organismus?

Kleine, flexible Moleküle ändern ihre Geometrie in Abhängigkeit von der Umgebung. Im Kristall, in Lösung oder in der Bindetasche eines Proteins werden sie im Allgemeinen eine andere Gestalt annehmen. Daher kann man die Frage stellen, ob Daten aus einer niedermolekularen Kristallstruktur geeignet sind, Hinweise auf die Molekülgeometrie in einer Bindetasche zu liefern. Aus der Vielzahl der bekannten Kristallstrukturen, es sind mittlerweile über 450 000, lassen sich allgemeine Prinzipien über die molekulare Architektur organischer Verbindungen herauslesen. Im Cambridge Crystallographic Data Center in England werden alle veröffentlichten Kristallstrukturen elektronisch gespeichert. So können sie per Computer recherchiert und miteinander verglichen werden. In den Kapiteln 14 und 16 wird belegt, dass statistische Auswertungen dieser Daten wertvolle Hinweise auf mögliche **Molekül- und Wechselwirkungsgeometrien** in der Proteinbindetasche bereithalten.

Sind aber für Proteine die Strukturen im Kristall nicht viel zu weit von den Verhältnissen in einem biologischen System entfernt, viel weiter als beispielsweise im gelösten Zustand? Es liegen eine ganze Reihe von parallel durchgeführten Strukturbestimmungen im Kristall und in Lösung vor. Die Erfahrung zeigt, dass es meist große Übereinstimmung gibt. Abweichungen findet man bevorzugt an der Oberfläche der Proteine. Dort treten die Seitenketten der Aminosäuren mit der jeweiligen Umgebung in Wechselwirkung. Deshalb dürfen Abweichungen in diesem Bereich nicht verwundern. In Abb. 13.11 ist die Kristallpackung des Tumor-Nekrose-Faktors (TNF) vorgestellt

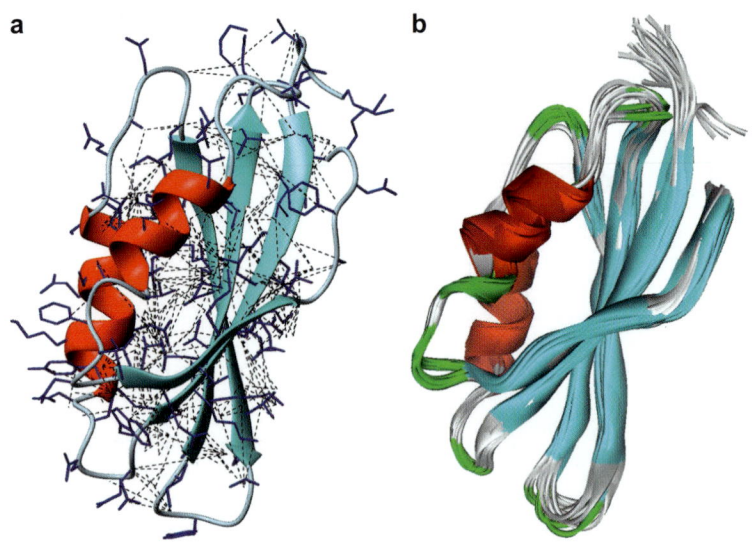

Abb. 13.14 Die Genauigkeit einer NMR-Struktur hängt von der Dichte der experimentell bestimmten Atomabstände ab. Sie stammen aus Experimenten, die Informationen über den Austausch der Magnetisierungszustände räumlich benachbarter, aber nicht direkt miteinander verknüpfter Atome vermitteln (so genannte **N**ukleare **O**verhauser-**E**ffekte, NOEs). Mit der Konnektivitätsliste und den NOE-Bedingungen werden mehrere Strukturmodelle (rechts, nur Hauptketten) erzeugt. Diese Modelle entsprechen energiegünstigen Geometrien, die auch den spektralen Parametern genügen. Im linken Teil der Abbildung sind, verteilt über die gemittelte 3D-Struktur einer Domäne des Guanin-Nucleotid-Austauschfaktors, experimentell gemessene NOEs (schwarz gestrichelte Linien) eingetragen (a). Aus Gründen der Übersichtlichkeit sind nur „*long range*" (engl., weitreichende) NOEs angegeben. Auch die meisten Aminosäureseitenketten wurden unterdrückt; viele dieser NOEs weisen daher auf Positionen nicht gezeigter Atome. In Bereichen, in denen nur wenige Abstände (z. B. in den grün angegebenen Schleifenbereichen oder den Termini) ermittelt werden können, ist das Modell nicht eindeutig definiert. Mehrere Modelle stehen mit den experimentellen Daten im Einklang (b). Die Hauptkette des Proteins fächert auf. In Bereichen mit einer großen Zahl von NOE-Bedingungen, z. B. die beiden Helices und die zentralen β-Stränge rechts, weichen die erzeugten Strukturmodelle nur wenig voneinander ab.

worden. In der Kristallpackung fallen große „Löcher" auf. Diese Bereiche sind mit Wassermolekülen gefüllt, die so locker in den Kristall eingelagert sind, dass sie sich weitgehend frei bewegen können. Deshalb sind sie in der Elektronendichte auch nicht lokalisierbar. Mit Wasser gefüllte Kanäle in Proteinkristallen können bis zu 70 % des Kristallgewichts ausmachen! Man kann daher einen Kristall auch als hoch konzentrierte, geordnete Lösung ansehen. Für NMR-Messungen benötigt man ebenfalls relativ hohe Konzentrationen. Sie liegen deutlich höher als in biologischen Systemen, sind aber dennoch um den Faktor 10–100 niedriger als in Proteinkristallen.

Der hohe Wassergehalt in Proteinkristallen bietet die Möglichkeit, kleine Moleküle in die Kristalle diffundieren zu lassen. In den Wasserkanälen bewegen sie sich ähnlich wie in wässriger Lösung. Im günstigen Fall stößt die Bindetasche der Proteine an einen solchen Kanal. Durch Einlegen der Proteinkristalle in eine Lösung des Wirkstoffs (engl. *soaking*) kann dieser durch die Kanäle in den Kristall eindringen, an die Bindetasche herandiffundieren und sich dort anlagern. Mit einem so beladenen Kristall führt man ein erneutes Beugungsexperiment durch. Man vermisst seine Reflexe und erzeugt anhand der bekannten Struktur des Proteins eine Elektronendichte. Davon wird die Dichte des unkomplexierten Proteins abgezogen. Es verbleibt eine Differenzdichte für den eingelagerten Liganden. Für das Verständnis der Wechselwirkungen kleiner Moleküle mit Proteinen ist diese Information von essenzieller Bedeutung.

Immer noch nicht beantwortet ist die Frage, ob die experimentellen Strukturen für die biologischen Bedingungen auch wirklich relevant sind. Kristallines Hämoglobin vermag reversibel Sauerstoff aufzunehmen und wieder abzugeben. An Kristallen des Enzyms Purin-Nucleosid-Phosphorylase (PNP) konnte gezeigt werden, dass das Enzym auch im Kristall noch katalytisch aktiv ist (Abb. 13.15).

An dem Enzym Cyp 3, einer Peptidylprolyl-Isomerase, konnte in der Gruppe von Malcolm Walkinshaw an der Universität von Edinburgh sogar eine quantitative Übereinstimmung der Bindung im kristallinen wie gelösten Zustand nachgewiesen werden. In Kristalle wurden aus unterschiedlich konzentrierten Lösungen inhibierende Prolyldipeptide eindiffundiert.

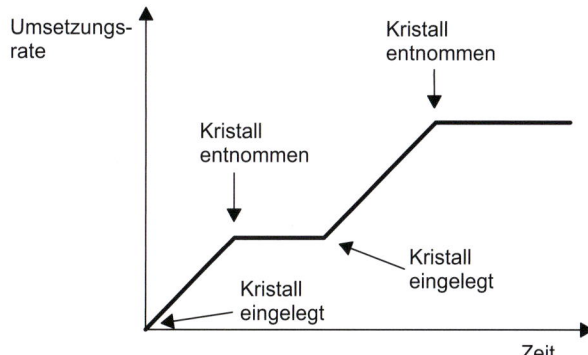

Abb. 13.15 Das Enzym Purin-Nucleosid-Phosphorylase (PNP) setzt Guanosin und Phosphat zu Guanin und Ribose-1-phosphat um. Wird ein Proteinkristall in eine Lösung der Reaktanden eingelegt, so beginnt die Umsetzung. Diese könnte auch durch teilweises Auflösen des Enzymkristalls verursacht sein. Entfernt man den Kristall aus der Lösung, wird die Reaktion gestoppt. Bei erneutem Einbringen des Kristalls schreitet sie weiter fort. Dieses Experiment demonstriert, dass auch das kristalline Enzym katalytisch aktiv ist. Daher muss es im Kristall in einer Geometrie vorliegen, die der biologisch aktiven Form entspricht.

Kristallographisch gelang nachher die Bestimmung der Besetzungsdichte dieser Inhibitoren aus den unterschiedlich konzentrierten *soaking*-Lösungen. Aus diesen Besetzungsdaten lassen sich Bindungskonstanten ermitteln. Sie stimmen quantitativ mit den Inhibitionskonstanten überein, die durch einen funktionalen Assay im gelösten Zustand bestimmt wurden.

Mit intensiver Röntgenstrahlung aus einem Synchrotron kann man Beugungsreflexe sehr schnell vermessen (so genannte **Laue-Technik**). Mit diesen Experimenten ist es gelungen, stabile Zwischenstufen von Enzymreaktionen zu beobachten. An zweidimensionalen Kristallen des Acetylcholin-Rezeptors (Abschnitt 30.4) konnten elektronenmikroskopisch Strukturänderungen nach Beladen mit dem natürlichen Liganden beobachtet werden. Diese und andere Experimente beweisen, dass die Proteine im Kristallgitter in einer Geometrie vorliegen, die der biologisch aktiven Form zumindest sehr ähnlich sein muss.

Literatur

Allgemeine Literatur

J. P. Glusker und K. N. Trueblood, Crystal Structure Analysis, A Primer, 2. Auflage, Oxford Univ. Press, New York, 1985

J. P. Glusker, M. Lewis and M. Rossi, Crystal Structure Analysis for Chemists and Biologists, VCH, Weinheim, 1994

T. L. Blundell und L. N. Johnson, Protein Crystallography, Academic Press, London, 1976

J. D. Dunitz, X-Ray Analysis and the Structure of Organic Molecules, Cornell Univ. Press, Ithaca, 1979

J. Drenth, Principles of Protein X-ray Crystallography, Springer Verlag, Berlin, 1994

H. Friebolin, Ein- und Zweidimensionale NMR-Spektroskopie, VCH, Weinheim, 1992

K. Wüthrich, NMR of Proteins and Nucleic Acids, Wiley, New York, 1986

M. Pellecchia, I. Bertini, D. Cowburn et al., Perspectives on NMR in Drug Discovery: A Technique Comes of Age, Nature Rev. Drug Discov. 7, 738–745 (2008)

Spezielle Literatur

R. Boese, Kann man chemische Bindungen sehen?, Chemie in unserer Zeit **23**, 77–85 (1989)

E. Keller, Röntgenstrukturanalyse von Molekülen I, II, Chemie in unserer Zeit **16**, 71–88 und 116–123 (1982)

A. McPherson, Proteinkristalle, Spektr. Wiss. **5**, 108–116 (1989)

D. J. DeRosier, Turn-of-the-Century Electron Microscopy, Curr. Biol. **3**, 690–692 (1993)

M. A. Wear, D. Kan, A. Rabu und M. D. Walkinshaw, Experimental Determination of van der Waals Energies in a Biological System, Angew. Chem. Int. Ed. **46**, 6453–6456 (2007)

Beschreibung der Struktur von Biomolekülen   14

Im Wirkstoffdesign steht der Ligand im Vordergrund, in der Regel ein kleines organisches Molekül mit einem Molekulargewicht unter 500 Da. Er geht Wechselwirkungen mit einem makromolekularen Rezeptor ein und nimmt Einfluss auf dessen Eigenschaften. Umgekehrt bestimmt aber auch der umgebende Rezeptor die Eigenschaften des gebundenen Wirkstoffs. Gezielte Eingriffe in diese Wechselwirkungen setzen nicht nur das Verständnis des strukturellen Aufbaus der Liganden, sondern auch der Rezeptoren voraus. Nachdem im letzten Kapitel die Methoden zur Bestimmung der Struktur von Biomolekülen vorgestellt wurden, wollen wir sehen, was aus diesen Strukturen über ihre **Bauprinzipien und Eigenschaften** zu lernen ist. Proteine setzen sich aus 20 Grundbausteinen, den Aminosäuren (Abb. im Einband), zusammen. Durch die Verknüpfung zweier Aminosäuren entsteht unter Ausbildung einer Amidbindung ein Dipeptid. Über weitere Amidbindungen entstehen größere Peptide und Proteine.

14.1 Die Amidbindung: Das Rückgrat der Proteine

Das einfachste Molekül mit einer Amidbindung ist Formamid **14.1**. Seine Struktur ist in Abb. 14.1 gezeigt. In Proteinen kommt diese Verknüpfung viele hundert Male vor, z. B. in der Hülle des Rhinovirus über 50 000-mal. Aus der Kristallstruktur des Formamids kann man die Bindungslängen zwischen Kohlenstoff, Sauerstoff und Stickstoff ermitteln. Auch das Mikrowellen-Spektrum des gasförmigen Formamids liefert solche Bindungslängen. Es ergeben sich aber andere Werte. In der Gasphase liegt Formamid „isoliert" vor, d. h. es „spürt" in seiner unmittelbaren Umgebung keine Nachbarn. Die C=O-Doppelbindung ist kürzer, die C–N-Einfachbindung länger als im kristallinen Formamid. Im Kristallverband sind die Formamidmoleküle nicht „allein". Sie sind über Wasserstoffbrücken mit Nachbarmolekülen verknüpft. Eine

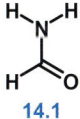
14.1

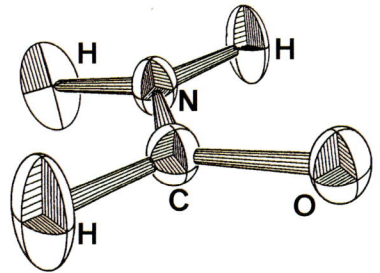

Formamid	Bindungslänge in Å	
	C=O	C-N
Kristallverband	1,241	1,318
Gasphase	1,219	1,352

Abb. 14.1 Formamid **14.1** ist das kleinste Molekül, das eine Amidgruppe enthält. Auf der linken Seite ist seine Molekülstruktur dargestellt. Aufgrund thermischer Bewegungen im Festkörper führen die Moleküle Schwingungsbewegungen aus. Ihre Elektronendichte wird dadurch über einen größeren Bereich des Raums verteilt. Man beschreibt diese Bewegungen durch Ellipsoide, die 50 % der Aufenthaltswahrscheinlichkeit der Atome umfassen. In der Kristallpackung des Moleküls geht die Carbonylgruppe zwei Wasserstoffbrücken zu Amidgruppen benachbarter Moleküle ein. Ein ausgedehntes H-Brücken-Netzwerk stabilisiert die Kristallstruktur und polarisiert die Amidgruppe. Die Bindungslängen (in Å) der Amid- bzw. Carbonylgruppe unterscheiden sich im Kristallverband und in der Gasphase (rechts).

Wasserstoffbrücke ist eine nichtkovalente Wechselwirkung. Sie verknüpft eine funktionelle Gruppe, die ein Wasserstoffatom trägt (z. B. NH oder OH), mit einem elektronegativen Heteroatom (z. B. N, O, Abschnitt 4.2). Offensichtlich bewirkt das Einbinden eines Moleküls in ein Netzwerk von Wasserstoffbrücken eine Veränderung seiner Geometrie. Die Elektronendichte zwischen den Atomen wird so verschoben, dass die C=O-Doppelbindung länger und damit schwächer wird. Die C–N-Einfachbindung wird gleichzeitig kürzer und starrer. Verdrillungen des Moleküls um diese Bindung, weg von der Planarität, werden somit erschwert.

Die Amidbindung ist ein ganz wesentlicher Baustein der Proteine. Jede dritte Bindung in der Polymerkette ist eine Amidbindung. Wie wir am Formamid gesehen haben, liegt sie mit planarer Geometrie vor, d. h. man kann durch ihre Atome eine Ebene legen. Die Faltung der Polymerkette und damit der räumliche Aufbau eines Proteins wird durch die Verdrillungswinkel der Ebenen der Amidbindungen gegeneinander bestimmt (Abb. 14.2). Ihre Steifheit und damit die Planarität ist entscheidend für die Stabilität eines im Raum gefalteten Proteins. In Proteinen liegt die Amidbindung praktisch nur in der *trans*-Konfiguration vor. Als Freiheitsgrade verbleiben der Polymerkette also nur die Verdrehungen der Amidbindungsebenen gegeneinander. Diese Torsionen (Kapitel 16) treten um die Bindungen auf, die vom dazwischen liegenden Kohlenstoffatom C_α ausgehen. Wie der Bindungslängenvergleich an gasförmigem und kristallinem Formamid gezeigt hat, ergibt sich eine entscheidende, zusätzliche Versteifung der Amidbindung durch Einbinden ihrer funktionellen Gruppen in Wasserstoffbrücken-Netzwerke.

14.2 Proteine falten im Raum zu α-Helices und β-Faltblättern

Für die beiden dem C_α-Atom benachbarten Torsionswinkel, sie werden üblicherweise als ϕ- und ψ-Winkel bezeichnet, treten Wertepaare vor allem in zwei Bereichen auf. Sie entsprechen dem helicalen bzw. faltblatt-

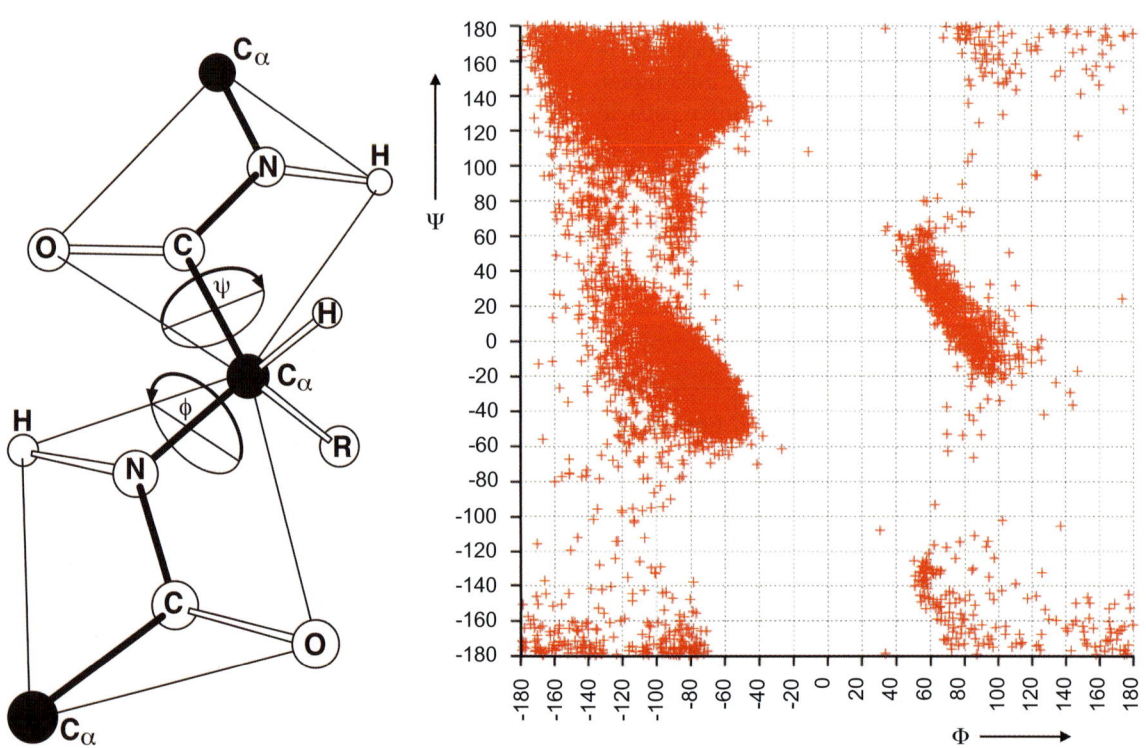

Abb. 14.2 Der räumliche Verlauf einer Polypeptidkette wird durch die relative Orientierung der planaren Peptidbindungen bestimmt (links). Die Verdrillung dieser Ebenen gegeneinander misst man anhand der beiden Verdrillungs- oder Torsionswinkel ϕ und ψ. Sie nehmen nicht alle Werte um die jeweiligen Bindungsachsen an, sondern sind auf einige Kombinationen von Wertebereichen beschränkt. Im Diagramm der Werte für beide Winkel (rechts), einem so genannten Ramachandran-Plot, entspricht der Bereich in der Mitte links einer α-Helix (Abb. 14.3), der Bereich links oben einem β-Faltblatt (Abb. 14.4).

artigen Verlauf einer Polymerkette (Abb. 14.2). In der α-Helix, die einen rechtshändigen Drehsinn besitzt, stehen alle CO- und NH-Gruppen jeweils in die gleiche Richtung (Abb. 14.3). Sie bilden untereinander ein Netzwerk von H-Brücken. Jede Aminosäure einer Helix steht mit der viertnächsten Aminosäure der Sequenz in Kontakt. Diese gleichsinnige Ausrichtung der polaren Gruppen der Amidbindungen in einer α-Helix hat Konsequenzen für die elektrostatischen Eigenschaften (Abschnitt 15.4). Während eine Helix aus Aminosäuren eines einzelnen Sequenzabschnitts gebildet wird, müssen beim β-Faltblatt die Aminosäuren wenigstens zweier Sequenzabschnitte des Polymerstrangs zusammenkommen. Bezogen auf die Abfolge der Aminosäuren in der Polymerkette können beide Stränge entweder in paralleler oder antiparalleler Ausrichtung über Wasserstoffbrücken miteinander verknüpft sein (Abb. 14.4). Dieses Netzwerk weist für beide Ausrichtungen eine unterschiedliche Abfolge der H-Brücken auf. Die Seitenketten stehen alternierend oberhalb bzw. unterhalb des gewellten Faltblatts. Der gesamte Strang ist leicht in sich verdreht. Dadurch weist ein Faltblatt aus mehreren Strängen in der Seitenansicht eine Verdrillung auf (Abb. 14.5).

Neben diesen beiden häufigen Sekundärstrukturen treten weitere typische Kombinationen von Torsionswinkeln auf. Eine Polymerkette, die sich im Raum zu einer globulären Struktur faltet, muss ihre Richtung umkehren. Dies erreicht sie in so genannten Schleifenbereichen. Im englischen Sprachgebrauch verwendet man dazu den Begriff des *turns* oder *loops*, was diese Umkehr der Kette anschaulich zum Ausdruck bringt. Schleifen lassen sich nach der Zahl beteiligter Aminosäuren und der die Spange der Kehre verknüpfenden Wechselwirkung klassifizieren. Man unterscheidet Schleifen, die in Laufrichtung der Polymerkette eine C=O···H–N-Wasserstoffbrücke bilden, inverse Schleifen mit H-Brücken in umgekehrter Orientierung und offene Kehren der Kette, die über van der Waals-Kontakte und polare Wechselwirkungen zusammengehalten werden (Abb. 14.6). Eine neuere Auswertung von Oliver Koch konnte insgesamt 158 *turn*-Klassen zusammenstellen.

Welche Kraft bewirkt die Organisation eines Proteins? Aminosäuren besitzen hydrophile und hydrophobe Seitenketten. Hydrophobe Gruppen weichen einer wässrigen Umgebung aus (Abschnitt 4.2). Während der Faltung der Polymerkette im wässrigen Medium lagern die hydrophoben Aminosäuren aneinan-

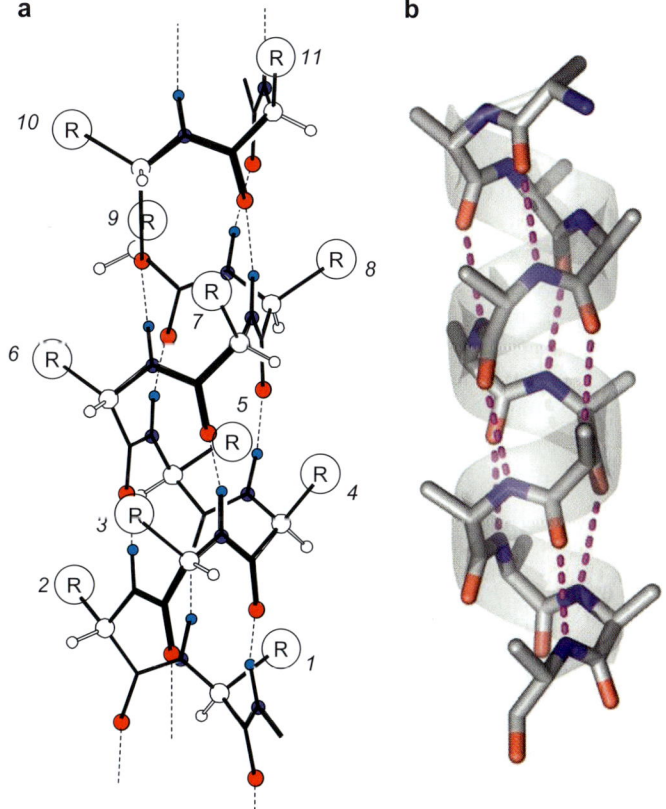

Abb. 14.3 Die α-Helix ist eine häufig beobachtete Sekundärstruktur. Die Polypeptidkette bildet eine rechtshändige Wendel mit einer Ganghöhe von ca. 7 Å und 3,6 Aminosäuren pro Windung (a). Alle Carbonylgruppen (Sauerstoffe rot) werden parallel zur Helixachse in die gleiche Richtung orientiert. Die NH-Funktionen (Stickstoffe blau, Wasserstoffe hellblau) stehen in die entgegengesetzte Richtung. Untereinander bilden die Gruppen ein ausgeprägtes H-Brücken-Netzwerk (violett gestrichelte Linien) (b). Die Seitenketten (R) an den C_β-Atomen stehen nach außen, von der Helixachse weg. Dadurch ergibt sich auf der Oberfläche einer Helix ein typisches Rillenmuster, das sich spiralförmig über die Oberfläche zieht. Dieses „Berg-und-Tal"-Muster bestimmt die gegenseitige Packung von α-Helices in Proteinen.

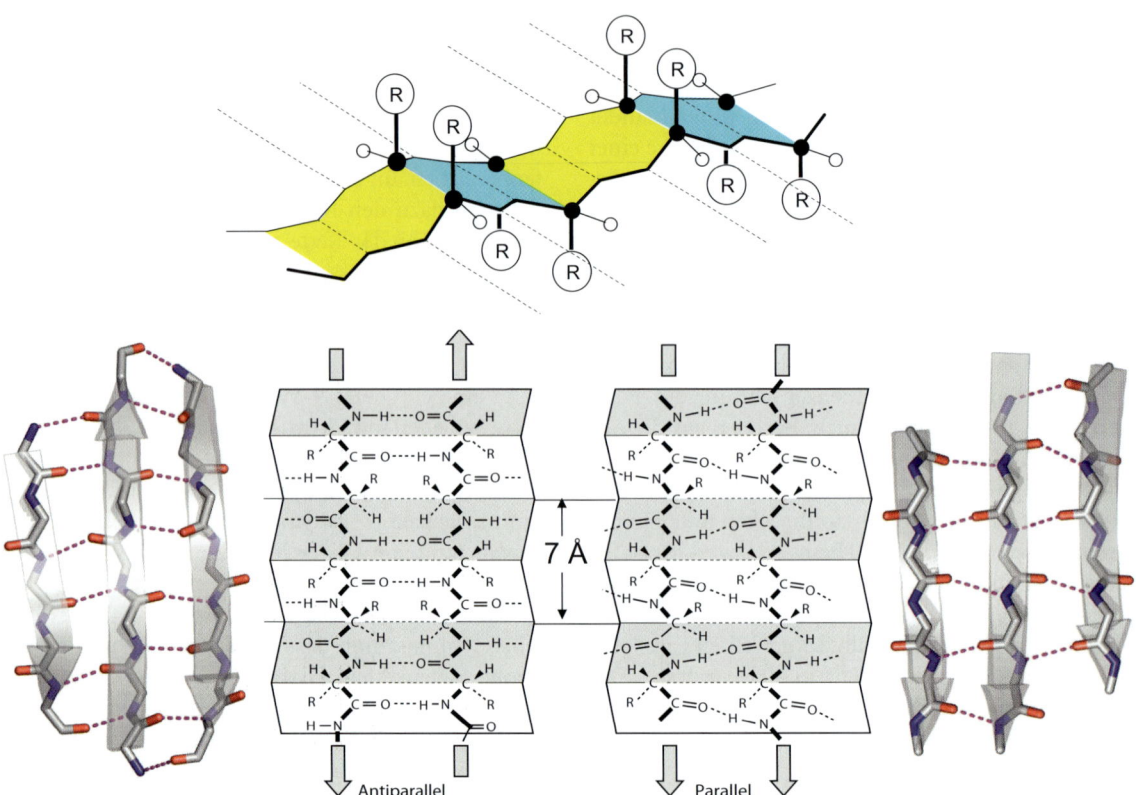

Abb. 14.4 Eine zweite wichtige Sekundärstruktur, der β-Strang, baut sich aus mehreren Abschnitten der Polymerkette auf, die jeweils in gestreckter Konformation vorliegen (oben). Die Stränge können parallel oder antiparallel verlaufen. Untereinander sind sie über Wasserstoffbrücken (violett) vernetzt. Die blattartige Struktur weist eine zickzackförmige Faltung auf und wird als β-Faltblatt bezeichnet. Die Seitenketten (R) der Aminosäuren stehen alternierend nach oben bzw. nach unten vom Faltblatt weg.

der und verringern so ihre gemeinsame hydrophobe Oberfläche. Daher trifft man hydrophobe Aminosäuren hauptsächlich im Inneren eines gefalteten Proteins an. Die polaren Gruppen der Amidbindungen der Hauptkette sättigen sich in den Sekundärstrukturen über Wasserstoffbrücken ab. Seitenketten polarer Aminosäuren sind im Inneren eines Proteins nur dann zu finden, wenn sie mit einer anderen Aminosäure in ihrer Nachbarschaft eine polare Wechselwirkung eingehen können. Sonst orientieren sie sich an die Oberfläche des Proteins, sie ragen in das umgebende Wasser. Proteine können auch eine Zellmembran durchspannen. Sie besitzen dann in dem Bereich, der mit der unpolaren Membran in Kontakt steht, eine große, zusammenhängende hydrophobe Oberfläche (Abschnitt 14.7). Betrachtet man die

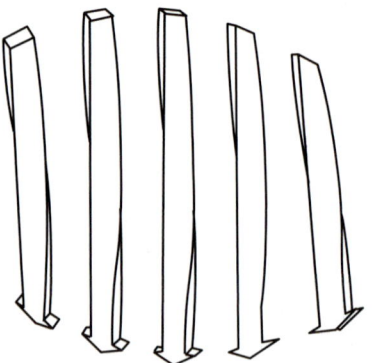
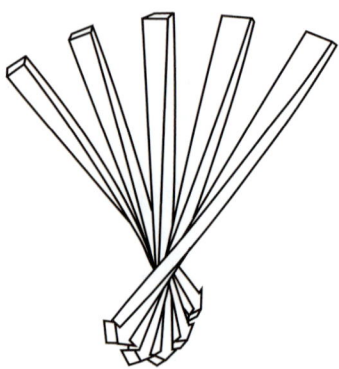

Abb. 14.5 Innerhalb eines β-Faltblatts aus mehreren Strängen, hier mit paralleler Ausrichtung gezeigt, tritt eine rechtshändige Verdrillung auf. Zur Vereinfachung stellt man den einzelnen β-Strang durch einen perspektivischen Pfeil dar. Die Verdrillung lässt sich durch die interne Verdrehung der Pfeile veranschaulichen. Das Faltblatt ist hier aus zwei zueinander senkrechten Blickrichtungen gezeigt.

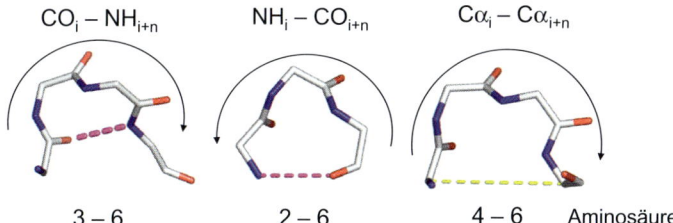

Abb. 14.6 Die Polymerkette eines globulären Proteins dreht in Schleifenbereichen (engl. *turn* oder *loop*) ihre Richtung. Eine Vielzahl von Schleifenmustern konnte aufgefunden werden. Sie werden durch 2–6 Aminosäuren zusammengesetzt. Die normalen *turns* (links) bilden in Laufrichtung der Polymerkette eine C=O•••HN-Wasserstoffbrücke (violett). Inverse *turns* (Mitte) gehen diese Wasserstoffbrücke in unterschiedlicher Reihenfolge ein. Eine weitere Gruppe offener *turns* (rechts) wird über van der Waals-Kontakte und polare Wechselwirkungen (gelb) zusammengehalten.

Packungsdichte im Inneren eines Proteins, so liegt sie in der gleichen Größenordnung wie in Kristallen kleiner organischer Moleküle. Die Wechselwirkungen, die in beiden Fällen die Molekülpackung bestimmen, sind identisch.

14.3 Von der Sekundärstruktur über Motiv und Domäne zur Tertiär- und Quartärstruktur

Proteine organisieren ihre Sekundärstrukturabschnitte in **Motiven**. Beispielsweise bildet die Abfolge einer α-Helix, eines β-Strangs und einer weiteren α-Helix ein Motiv. Mehrere Motive falten zu **Domänen** und ergeben die **Tertiärstruktur** eines Proteins. Domänen können bevorzugt aus Helices, Faltblättern oder einer Kombination beider Bausteine aufgebaut sein. Häufig ist die Domäne Träger einer bestimmten Funktion. Viele Proteine bestehen aus einer einzelnen Domäne. Komplexe Proteine können auch aus mehreren Domänen aufgebaut sein. Bildet sich ein solcher komplexer Verband aus mehreren getrennten Polymerketten, wie z. B. beim Hämoglobin, so spricht man von einer **Quartärstruktur**.

Trotz der ungeheuren Kombinationsvielfalt, Aminosäuren zu einer Sequenz zu verknüpfen, scheint es nur eine begrenzte Zahl von Faltungsmöglichkeiten für Domänen zu geben. Man kann darüber spekulieren, wie viele **Faltungsmuster** es insgesamt gibt. In den heute bekannten Kristallstrukturen hat man über 1150 verschiedene Faltungsmuster gefunden. Da in den letzten Jahren trotz intensiver Bemühungen kaum neue Beispiele gefunden wurden, kann man davon ausgehen, dass es vielleicht 1200 stabile Muster gibt. Diese Zahl beruht im Wesentlichen auf Daten globulärer Enzyme und Transportproteine. Etwa 30 % gehören zu einer der in Abb. 14.7 gezeigten Klassen. Aus der Gruppe der membranständigen Proteine kennt man bisher nur ca. 100 Strukturen. Auf der Basis dieser Beispiele erscheint es schwierig, zuverlässige Prognosen über möglicherweise zusätzliche Faltungsklassen in Membranproteinen aufzustellen.

Das Wirkstoffdesign konzentriert sich auf die Wechselwirkung eines Liganden mit einem Protein. Deshalb beschränken sich die Strukturbetrachtungen des Chemikers in der Regel auf Aminosäurereste, die in die Bindetasche des Proteins ragen. Doch das Faltungsmuster eines Proteins nimmt in der Umgebung der Bindetasche einen Einfluss auf die dort vorliegenden Eigenschaften. So bestimmt z. B. eine auf die Bindetasche ausgerichtete Helix maßgeblich das vorherrschende elektrostatische Potenzial. Auch dieses kann man zum Design selektiver Liganden ausnutzen, die nur an Proteine einer Faltungsklasse binden.

Trotz methodischer Fortschritte bei den Strukturbestimmungsverfahren kann es immer wieder vorkommen, dass die Strukturbestimmung eines wichtigen Proteins nicht gelingt, aber z. B. die Struktur eines verwandten Proteins aufgeklärt werden kann. Aus dieser lässt sich ein Modell des gesuchten Proteins aufbauen (Abschnitt 20.5). Dazu sind Kenntnisse über die Bau- und Faltungsprinzipien der Proteine notwendig. Sie lassen verstehen, welche Teile eines Proteins sein Gerüst stabilisieren, welche die Funktion bestimmen und welche die Unterschiede zwischen homologen Vertretern ausmachen.

Eine ausführliche Diskussion dieser Prinzipien würde hier zu weit führen. Exemplarisch soll aber auf ein Faltungsmuster, das „β-Barrel" (engl. *barrel*, Fass) eingegangen werden. Ein ausgedehntes Faltblatt aus mehreren β-Strängen besitzt eine interne Verdrillung (vgl. Abb. 14.5). Wenn sich beispielsweise acht solche Stränge nebeneinander anordnen, können sie einen

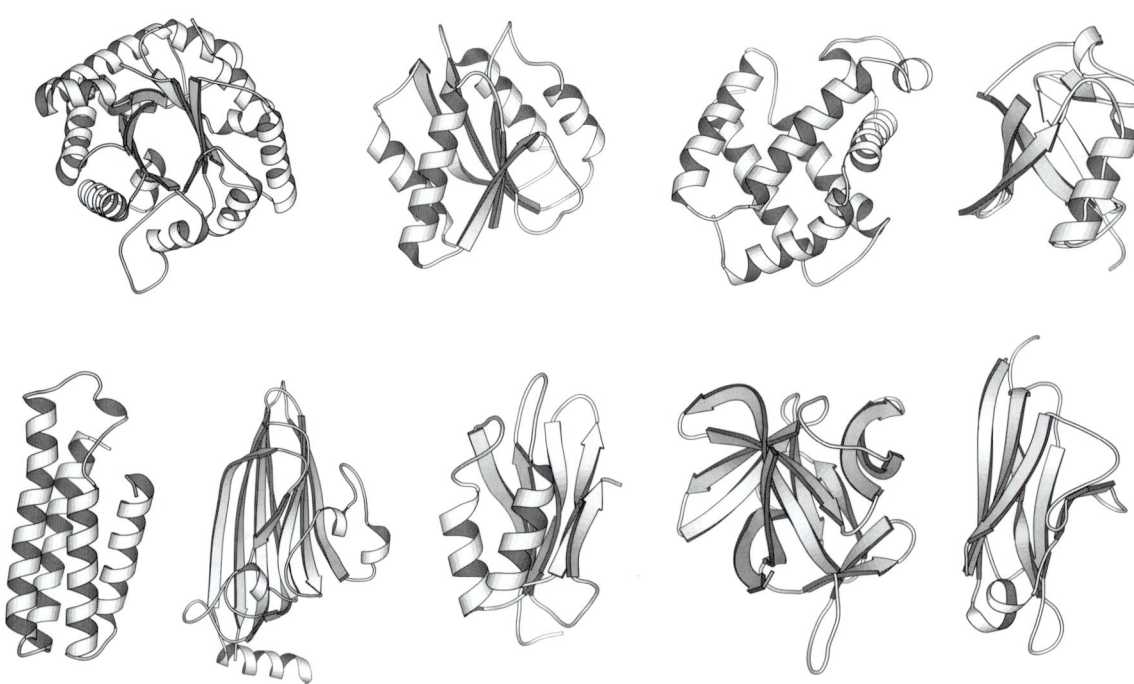

Abb. 14.7 Der Verlauf der Polypeptidkette wird für α-Helices durch Spiralen, für β-Faltblätter durch Pfeile und für Schleifenabschnitte durch Fäden symbolisiert. Etwa 30 % der strukturell bekannten Proteine lassen sich einer der neun gezeigten Faltungsklassen zuordnen. Das erste Faltungsmuster (links oben) entspricht einem „TIM-Barrel", das zweite einer offenen Faltblattstruktur.

Zylinder formen. Dieses fassartige Faltungsmuster aus acht und mehr Strängen wird häufig beobachtet. In Abb. 14.8 sind einige Varianten dieses Faltungsmusters dargestellt, die zeigen, nach welchen Prinzipien sich eine Polypeptidkette im Raum falten kann.

In den Beispielen der Abb. 14.8 wurden nur Schleifen als verbindende Elemente zwischen den Faltblattsträngen des β-Barrels betrachtet. Auch α-Helices können als Verbindungsglieder dienen (Abb. 14.7). Es entsteht eine fassartige Struktur, auf deren Oberfläche sich die überbrückenden α-Helices anordnen. Dieses Faltungsmuster hat man zuerst in der **T**riosephos**p**hat-**Is**o**m**erase entdeckt. Man bezeichnet es daher als „**TIM-Barrel**" (Abb. 14.7). Eine andere wichtige Faltungsklasse aus α-helicalen und β-Faltblatt-Segmenten sind die **offenen Blattstrukturen** (Abb. 14.7). In dieser Klasse schließt sich das Faltblatt nicht zu einem Zylinder, sondern bleibt offen. Um das Blatt gruppieren sich oberhalb und unterhalb Helices.

14.4 Sind die Faltungsstruktur und die biologische Funktion von Proteinen aneinander gekoppelt?

Wie ist die Struktur eines Proteins mit seiner Funktion verknüpft? Weisen z. B. alle Proteasen das gleiche Faltungsmuster auf? Eine große Zahl von Enzymen, die deutlich unterschiedliche Funktionen besitzen, gehört dem TIM-Barrel-Typ oder den offenen Blattstrukturen an. So gibt es viele Oxidasen, Isomerasen, Kinasen, Aldolasen, Synthasen, Dehydrogenasen oder Proteasen, die sich diesen beiden Klassen zuordnen lassen. Hier hat sich die Natur von einem gemeinsamen Ursprung ausgehend divergent entwickelt. Somit ist die **Funktion eines Proteins** nicht zwingend an ein bestimmtes **Faltungsmuster** gekoppelt. Analysiert man den Aufbau der Enzyme genauer, zeigt sich, dass die **katalytischen Zentren der Proteine** einer Faltungsklasse aber an der gleichen Stelle liegen. In den TIM-Barrel-Strukturen befinden sie sich am Ende des Fasses, bei den offenen Blattstrukturen beim Wechsel der verknüpfenden Helices von der Ober- auf die

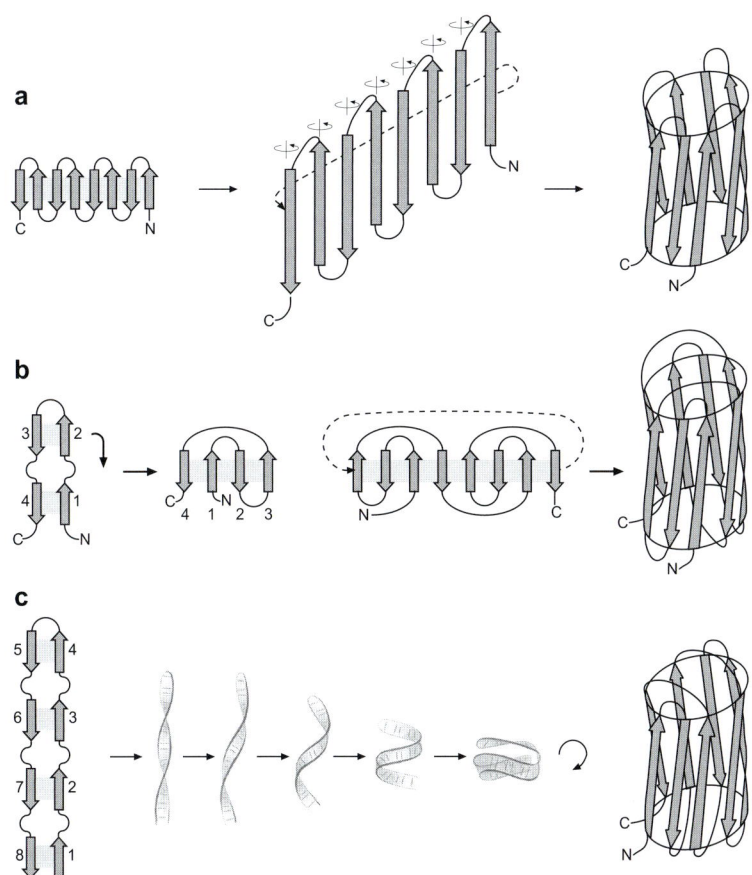

Abb. 14.8 Faltungsmuster verschiedener β-Barrel-Strukturen kann man sich aus einer Polymerkette mit acht getrennten β-Strängen (Pfeile) entstanden denken. Sie sind durch Schleifenbereiche getrennt. (a) Ein *up-and-down*-Barrel entsteht, wenn die Faltung der Polymerkette aus acht β-Strängen einem Zickzack-Muster folgt. Die antiparallelen Abschnitte bilden untereinander Wasserstoffbrücken zu einem Faltblatt, das sich an den Enden zu einem Zylinder schließt. (b) Die Polypeptidkette aus vier β-Strängen legt sich so nebeneinander, dass der erste mit dem vierten und der zweite mit dem dritten β-Strang wechselwirkt. Anschließend faltet sich der Doppelstrang, und das erste Paar kommt neben dem zweiten zu liegen. Da der entstandene Verlauf der Polymerketten an Gravuren auf griechischen Vasen erinnert, bezeichnet man ihn als *Greek key*. Zwei solche Muster können sich zu einer zylinderförmigen Anordnung zusammenfinden und einen *Greek key*-Barrel formen. (c) Ein weiteres Faltungsmuster entsteht aus einem zusammengelagerten Doppelstrang nach interner Verdrillung. Der Doppelstrang wickelt sich zylinderförmig zu einer Struktur auf, die auf Englisch als *jelly roll* bezeichnet wird.

Unterseite des Blattes (Abb. 14.9). Die funktionsbestimmenden Aminosäurereste fallen in die Schleifenbereiche zwischen benachbarten Faltblättern und Helices.

Warum verfolgt die Natur dieses Prinzip der Trennung von Faltungsstruktur und Funktion? Die Aminosäurereste, die eine stabile Faltung einer Domäne ermöglichen, werden von denen getrennt, die eine spezifische Funktion induzieren. Dieses Vorgehen ist eine sehr effiziente Strategie der Evolution. Zwei Bereiche hat sie gleichzeitig optimiert:

- die Stabilität des Proteingerüsts in einem bestimmten Faltungsmuster und
- den Zuschnitt der Aminosäuresequenz auf eine bestimmte Funktion.

Durch die räumliche Trennung und Verlagerung der funktionstragenden Reste in die strukturell wenig festgelegten Schleifenbereiche lassen sich beide Aufgaben parallel optimieren. Durch den Austausch einer einzelnen Aminosäure in einem Sekundärstruktur-Baustein könnte das Faltungsmuster destabilisiert und aufgebrochen werden. Dies wird vermieden, wenn die Aminosäuresequenz in Hinblick auf eine Funktionsoptimierung auf einem stabilen Gerüst aufsetzt, das bei dieser Optimierung unangetastet bleibt.

Eine Proteinklasse, die dieses Prinzip mit großer Perfektion umsetzt, sind die **Immunglobuline**. Als **Antikörper** erkennen und binden sie körperfremde Substanzen, die **Antigene**. Für die Ausschleusung eines Antigens müssen in wenigen Tagen Immunglobuline mit hoch spezifischen Bindetaschen und hoher Affinität zur Verfügung stehen. Die erkannten Substanzen können kleine organische Moleküle bis hin zu großen Proteinen sein. In ihrer variablen Region, der Bindestelle, unterscheiden sich die verschiedenen Antikörper in ihren Aminosäuresequenzen. Jede Antikörper produzierende Zelle stellt nur ein bestimmtes Immunglobulin her. Trotzdem schätzt man, dass rund 10^{12} verschiedene variable Sequenzen gebildet werden, bei nur etwa 10^5 menschlichen Genen. Die schwierige Aufgabe, eine solch hohe Diversität zu erzielen, lösen die Zellen des Immunsystems durch Kombination verschiedener variabler Genabschnitte und exzessive Aminosäureaustausche in diesen Abschnitten während der Reifung der Lymphocyten. Dadurch entstehen variable Schleifenbereiche, die auf dem stabilen Gerüst einer fassähnlichen Faltblattstruktur aufsetzen (Abb. 14.10). Den Wert solcher Biomoleküle (engl. *biologicals*) für die Therapie hat man erkannt. Daher befinden sich viele humanisierte Antikörper als Therapeutika in der Entwicklung (Abschnitt 32.3).

14.5 Proteasen erkennen und spalten ihre Substrate in maßgeschneiderten Taschen

Proteasen spalten Polypeptidketten, z. B. beim enzymatischen Abbau oder bei der Freisetzung eines aktiven Proteins oder Peptids aus einer inaktiven Vorgängerform. Dazu besitzen diese Enzyme ein katalytisches Zentrum, in dem die Spaltung abläuft (Abschnitt 14.6 und Kapitel 23–25). Um ein bestimmtes Substrat spezifisch zu erkennen, weisen sie an ihrer Oberfläche mehrere Bindetaschen auf. Diese sind strukturell komplementär zu den Seitenketten des Substrats, die sich um das katalytische Zentrum anordnen. Israel Schechter und Arieh Berger haben

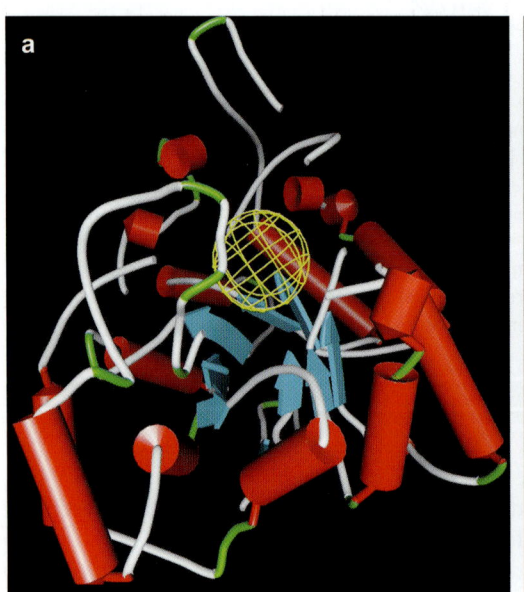 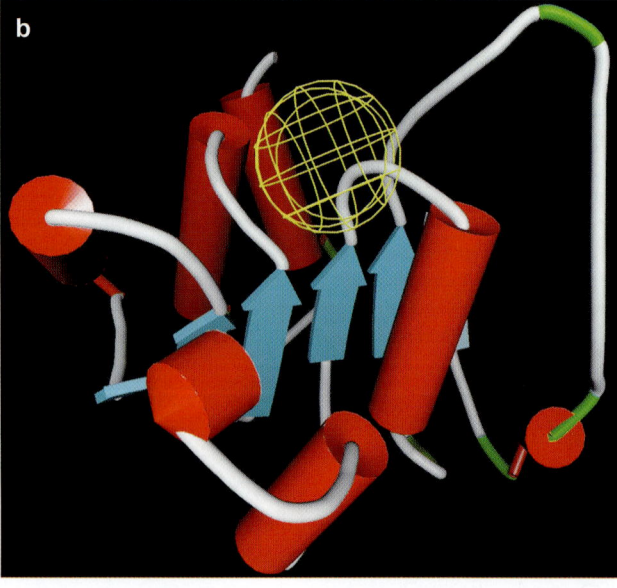

Abb. 14.9 In Proteinen befinden sich die faltungsbestimmenden und funktionstragenden Aminosäurereste in unterschiedlichen Regionen. (a) In Strukturen vom TIM-Barrel-Typ (α-Helices: rote Zylinder, β-Stränge: hellblaue Pfeile) liegt das katalytische Zentrum (durch gelbe Kugel symbolisiert), das ein Substrat bindet und umsetzt, am Ende des Fasses, dort, wo man einen „Deckel" erwarten würde. Die Schleifen der Polymerkette, die diesen „Deckel" umgeben (graue und grüne Fäden), tragen die funktionsbestimmenden Aminosäurereste. (b) In offenen Faltblattstrukturen treten die funktionsbestimmenden Aminosäurereste in Schleifenbereichen zwischen Faltblattsträngen und Helices auf, wo die verknüpfenden Helices von der Ober- auf die Unterseite des Faltblatts wechseln.

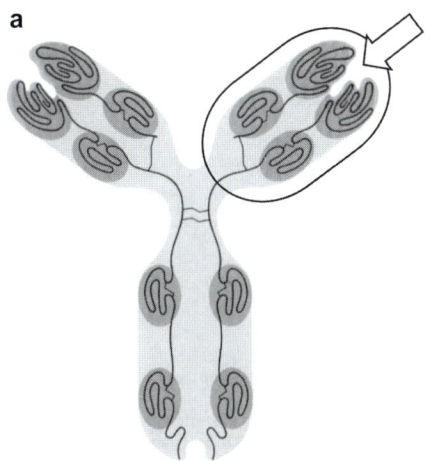 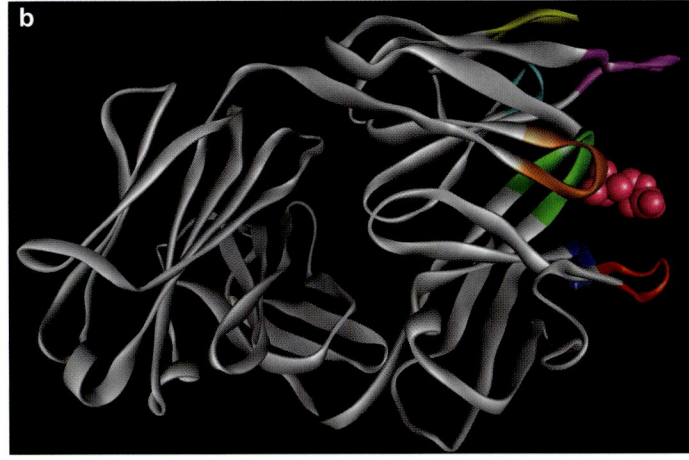

Abb. 14.10 Die Immunglobuline bilden hoch spezifische Bindetaschen aus, in denen sie körperfremde Substanzen, die Antigene, erkennen. Die enorm große strukturelle Vielfalt dieser Bindetaschen erreichen sie durch Variationen von Aminosäuren in Schleifenbereichen. Die Immunglobuline besitzen Y-förmige Gestalt, die sich in einen Stamm (konstante Domäne F_c) und zwei identische Äste F_{ab} gliedert (a). Der Polymerkettenverlauf dieser Äste entspricht dem Barrel-Typ. Die Antigenbindestelle ist durch einen Pfeil markiert. In Teilbild (b) ist der umkreiste Ast aus (a) im Ausschnitt dargestellt. An seinem rechten Ende befinden sich die Schleifen (farbig), die für die Erkennung der körperfremden Substanzen verantwortlich sind. Sie umklammern das Antigen, hier Phosphocholin (weinrot), wie die Finger zweier Hände.

1967 eine Nomenklatur zur Beschreibung dieser Taschen vorgeschlagen (Abb. 14.11). Die Positionen der Aminosäuren des Peptidsubstrats werden mit P_3, P_2, P_1, P_1', P_2', P_3', usw. bezeichnet. Vom Aminoterminus aus gesehen, befindet sich die Aminosäure auf Position P_1 unmittelbar vor, die in Position P_1' unmittelbar hinter der Spaltstelle. Die Bindetasche des Enzyms für die Seitenkette der Aminosäure P_1 wird S_1 genannt, entsprechendes gilt für die anderen Seitenketten. Diese sehr nützliche Nomenklatur ist zunächst rein formal. Die Übertragung der Bezeichnungen auf ein bestimmtes Enzym bedeutet nicht, dass die genannten Bindetaschen auch wirklich vorhanden sind. Zwei Bindetaschen können sich in der 3D-Struktur als eine große Tasche erweisen. So bilden S_3 und S_4 in der Serinprotease Thrombin in Wirklichkeit eine große lipophile Tasche (Abschnitt 23.3). Ebenso kann es passieren, dass für eine Aminosäure des Substrats keine komplementäre Bindetasche im Enzym vorhanden ist. Dann ragt sie einfach ins Wasser hinaus.

14.6 Vom Substrat zum Inhibitor: Screening von Substratbibliotheken

Peptide lassen sich sehr leicht mit ungeheurer Vielfalt synthetisieren (Abschnitt 11.5). Versieht man diese Peptide an ihrem Ende mit einer Sonde, die ihre Freisetzung durch einen Farbwechsel oder eine Fluoreszenzänderung anzeigt (Abschnitt 7.2), so kann man mit diesen markierten Peptiden das Substratprofil von Proteasen ermitteln. Dazu bietet man eine große Bibliothek (Abschnitt 11.1) dieser Peptide der Protease an und vermisst, welche wie gut gespalten werden. In Abb. 14.12 ist für markierte Tetrapeptide angegeben, bei welcher Aminosäurezusammensetzung sie durch die Proteasen Trypsin, Faktor Xa, Plasmin und Chymotrypsin bevorzugt gespalten werden. Peptide mit einem basischen Rest wie Arginin oder Lysin in der ersten Position werden durch Trypsin, Plasmin und Faktor Xa umgesetzt. Dabei bevorzugt Trypsin das Arginin, Plasmin dagegen Lysin. Faktor Xa verarbeitet fast ausschließlich Peptide mit Arginin in der P_1-Position. Chymotrypsin verhält sich völlig anders. Es bevorzugt aromatische Aminosäuren wie Tyrosin, Phenylalanin und Tryptophan in P_1. Für die Positionen P_2 bis P_4 ist die Selektivität nicht annähernd so

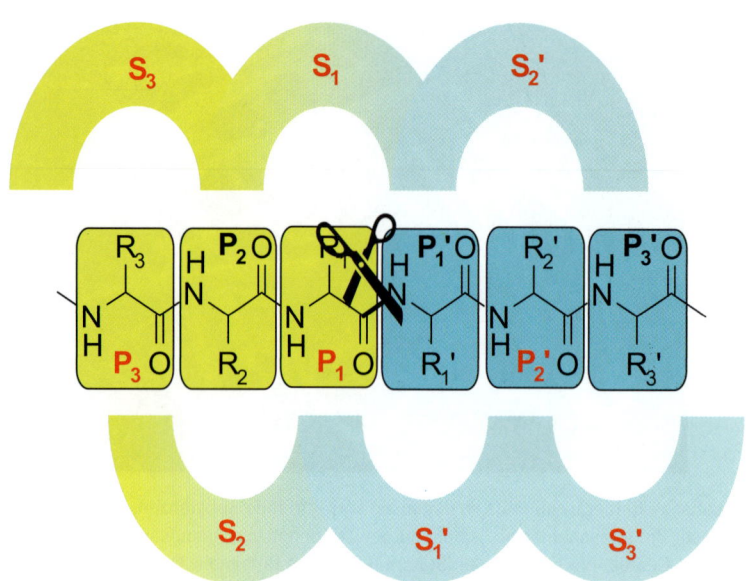

Abb. 14.11 Die Seitenketten eines Peptidsubstrats und die dazu gehörenden Bindetaschen einer Protease klassifiziert man auf der *N*-terminalen Seite des Peptids durch … P_3, P_2, P_1 bzw. … S_3, S_2, S_1 (links), auf der *C*-terminalen Seite durch P_1', P_2', P_3' … bzw. S_1', S_2', S_3'… (rechts).

gut ausgeprägt. Setzt man Tetrapeptide um, die an P_1 ein Arginin tragen, so verarbeitet Trypsin schlechter Peptide, die in P_2 große verzweigte Reste wie Phe, Tyr, Trp, Ile oder Val aufweisen. Auch basische Reste sind hier wenig bevorzugt. Bei P_3 und vor allem P_4 lässt sich dem Trypsin praktisch keine Selektivität mehr nachweisen. Bei Faktor Xa sticht vor allem die Präferenz des kleinen Glycins in der P_2 Position hervor. Reste in P_3 Stellung erzielen kaum Unterschiede für dieses Enzym. Dagegen wird hinsichtlich verschiedener Reste in P_4 wieder stärker selektiert. Diese Substratbindeprofile helfen, die Selektivitätseigenschaften von Enzymen aufzudecken. Sie bilden die komplementären Eigenschaften der Bindetaschen ab und helfen, erste Ideen für den Entwurf denkbarer Inhibitoren abzuleiten.

In der Gruppe von Jonathan Ellman an der Berkeley Universität in Kalifornien ist dieses Konzept auf Cysteinproteasen angewendet worden. Es wurden Substratmoleküle synthetisiert, die an einem Ende eine zu spaltende Amidbindung mit einem Fluoreszenzmarker tragen. Auf der anderen Seite wurden sehr unterschiedliche organische Molekülbausteine angebracht. Wenn ein solches Substratmolekül durch die Protease gespalten wird, so muss es mit seinem organischen Rest durch das Enzym in seiner Bindetasche gebunden werden. Daher zeigt die Umsetzung die Bindung eines Testmoleküls an. Das Verfahren kann optimal zum Screening verwendet werden. Ein auf diesem Weg entdeckter Treffer lässt sich chemisch sehr leicht von einem Substratmolekül zu einem Inhibitor abwandeln. Ersetzt man die zu spaltende Amidbindung z. B. durch eine Aldehydfunktion, so hat man einen Cysteinprotease-Inhibitor (Abschnitt 23.9) entwickelt, der nur noch wenig mit einem natürlichen Peptidsubstrat gemein hat.

14.7 Wenn Kristallstrukturen laufen lernen: Von der statischen Kristallstruktur zur Dynamik und Reaktivität

Welche Informationen lassen sich aus Kristallstrukturen über die Dynamik und Reaktivität von Molekülen entnehmen? Auch im Festkörper führen Moleküle Schwingungsbewegungen aus. Dies spiegelt sich in einer räumlichen Unschärfe der Elektronendichte wider. Wenn ein Molekül eine Reaktion eingeht, werden Bindungen gelöst und neue geschlossen. Die Bildung bzw. Spaltung einer Amidbindung ist eine zentrale Aufgabe in vielen biochemischen Prozessen. Das Molekül 14.2 enthält eine Amidgruppe und eine Estergruppe (Abb. 14.13). Führt man einem Kristall dieser Verbindung thermische Energie zu, so findet im Festkörper eine Reaktion zu 14.3 statt. Hier liegt das Molekül also mit einer Geometrie vor, die günstig für den Eintritt in den Reaktionspfad ist.

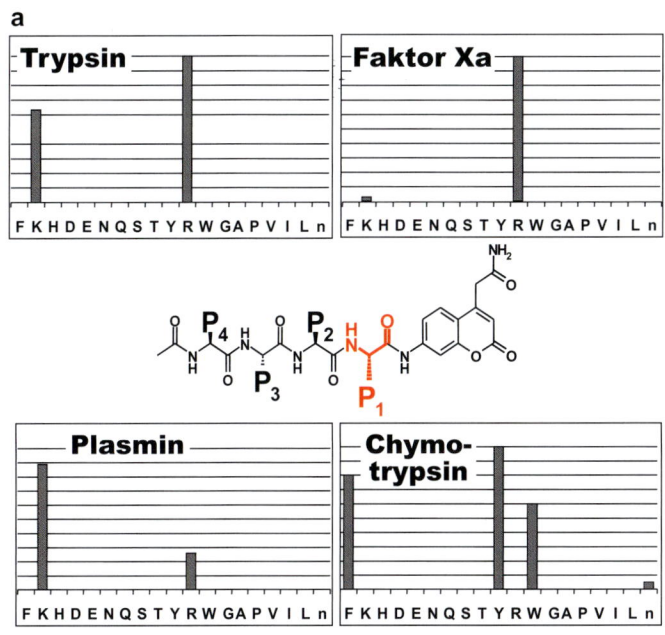

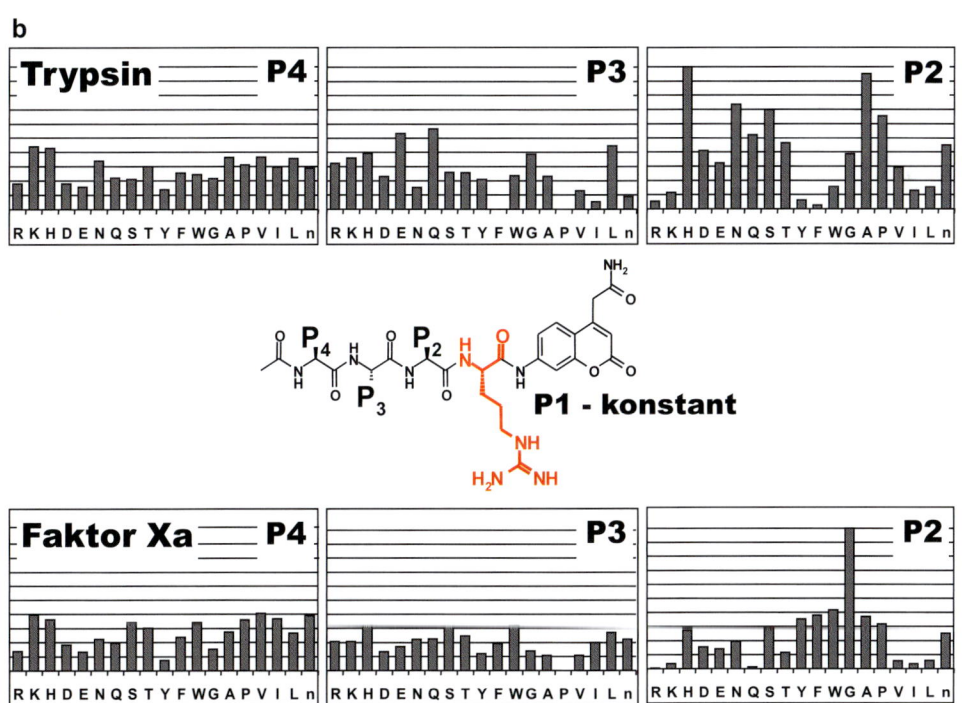

Abb. 14.12 Eine Tetrapeptidbibliothek, die in den Positionen P_2 bis P_4 konstant gehalten wurde und in der Position P_1 zwischen 19 Aminosäuren (Einbuchstabennotation, n = Norleucin) variiert wurde, wird von Trypsin nach Arginin und Lysin, von Faktor Xa nach Arginin und von Plasmin nach Lysin gespalten (a). Gibt man dagegen auf der Position P_1 einen Arg-Rest vor und variiert die verbleibenden drei Positionen, so zeigt sich für Trypsin praktisch keine Selektivität für P_2-, P_3- und P_4-Reste. Faktor Xa dagegen weist eine Bevorzugung für Glycin in Position P_2 auf (b).

Hinweise auf die Änderung der geometrischen Anordnung funktioneller Gruppen entlang chemischer Reaktionen sind entscheidend für das Verständnis der dabei auftretenden strukturellen Änderungen. Für das Design von Übergangszustandsinhibitoren sind diese Kenntnisse Voraussetzung (Abschnitte 6.6 und 22.3). In Hinblick auf die Bildung bzw. Spaltung einer Amidbindung stellt sich die Frage: Aus welcher Richtung greift eine Aminogruppe im Verlauf einer nucleophilen Addition den Carbonylkohlenstoff an, um eine neue Bindung zu knüpfen?

Anfang der 1970er-Jahre haben Hans-Beat Bürgi und Jack Dunitz begonnen, Hinweise auf Geometrieänderungen entlang solcher Reaktionsschritte aus Kristallstrukturen herauszulesen. Als es noch kein Kino oder Fernsehen gab, entwickelten die Menschen kreative Ideen, um Bildern das Laufen beizubringen, z. B. das Daumenkino (Abb. 14.14). Es vermittelt den Eindruck des dynamischen Ablaufs einer Geschichte. Durch häufige Benutzung sei das Büchlein „aus dem Leim" gegangen: Die einzelnen Seiten befinden sich in Unordnung. Sie müssen wieder in eine korrekte Folge gebracht werden. Dazu benötigt man Ordnungskriterien. Beim Ordnen der Strukturdaten einer Reaktion stellt sich eine ähnliche Aufgabe. Man sucht aus der Datenbank bekannter Kristallstrukturen (Abschnitt 13.9) diejenigen heraus, in denen sich eine Aminogruppe in räumlicher Nachbarschaft zu einer Carbonylgruppe befindet, etwa die Struktur von **14.2**. Anschließend bringt man sie in die logische Reihenfolge (Abb. 14.15).

Der systematische Vergleich von Kristallstrukturdaten liefert Erkenntnisse über strukturelle Moleküleigenschaften, z. B. über ihre bevorzugte Konformation (Abschnitt 16.4). Auch die Geometrie nichtkovalenter Wechselwirkungen kann man auf diesem Weg auswerten. Die Seitenkette der Aminosäure Histidin enthält einen Imidazolring mit zwei Stickstoffatomen. Im ungeladenen Zustand ist einer dieser Stickstoffe ein Wasserstoffbrücken-Akzeptor, der andere ein -Donor. In der Datenbank niedermolekularer Kristallstrukturen finden sich viele hundert Beispiele von Molekülen mit einem Imidazolring. In diesen Strukturen geht der Imidazolring tatsächlich sowohl als Akzeptor wie als Donor Wechselwirkungen, meist mit Nachbarmolekülen, ein. Alle diese Strukturen werden anhand ihrer Imidazolringe zu einem gemeinsamen Bild überlagert (Abb. 14.16). Es zeigt, in welchen Raumrichtungen um die Imidazolstickstoffe die Wasserstoffbrückenpartner zu finden sind. Die Aufgabe, in der Bindestelle eines Proteins mögliche Wechselwirkungspositionen für funktionelle Gruppen eines Liganden abzuschätzen, stellt sich im Rahmen des *de novo*-Designs von Wirkstoffen (Kapitel 20). Weiterhin braucht man diese Informationen beim Vergleich der Bindungseigenschaften von Molekülen (Kapitel 17) oder zum Auskundschaften von Bindetaschen nach bevorzugten Bindestellen (engl. *hot spots*) für Liganden (Abschnitt 17.10). Am Cambridge Crystallographic Data Center wurde die Datenbank Isostar aufgebaut, die eine Vielzahl solcher Kontaktgeometrien als räumliche Verteilungen bereithält.

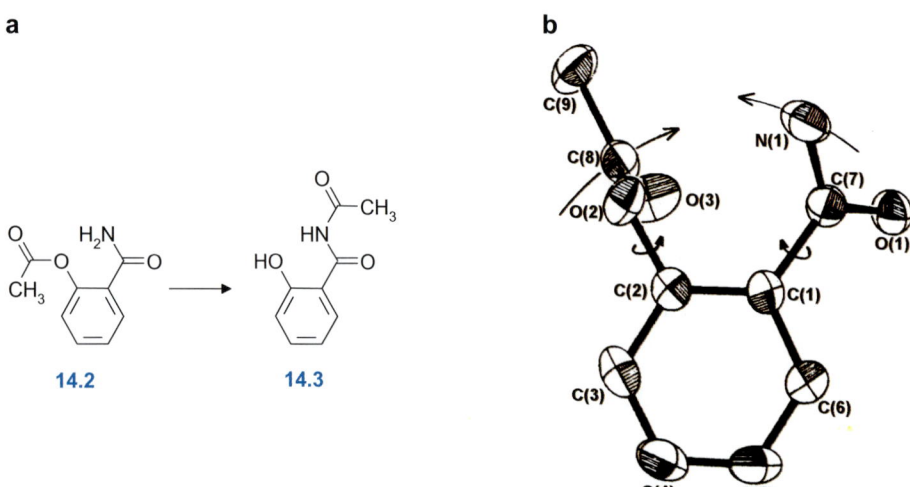

Abb. 14.13 Führt man einem Kristall von **14.2** thermische Energie zu, so reagiert die Carbonylgruppe der Esterfunktion mit der Amid-NH_2-Gruppe unter Ausbildung einer Imidbindung zwischen N1 und C8 zu **14.3** (a). Dazu muss die angedeutete Schwingungsbewegung (b) in eine Reaktion einmünden. Gleichzeitig wird während dieses Reaktionsschritts die Esterbindung zwischen C(8) und O(2) gespalten.

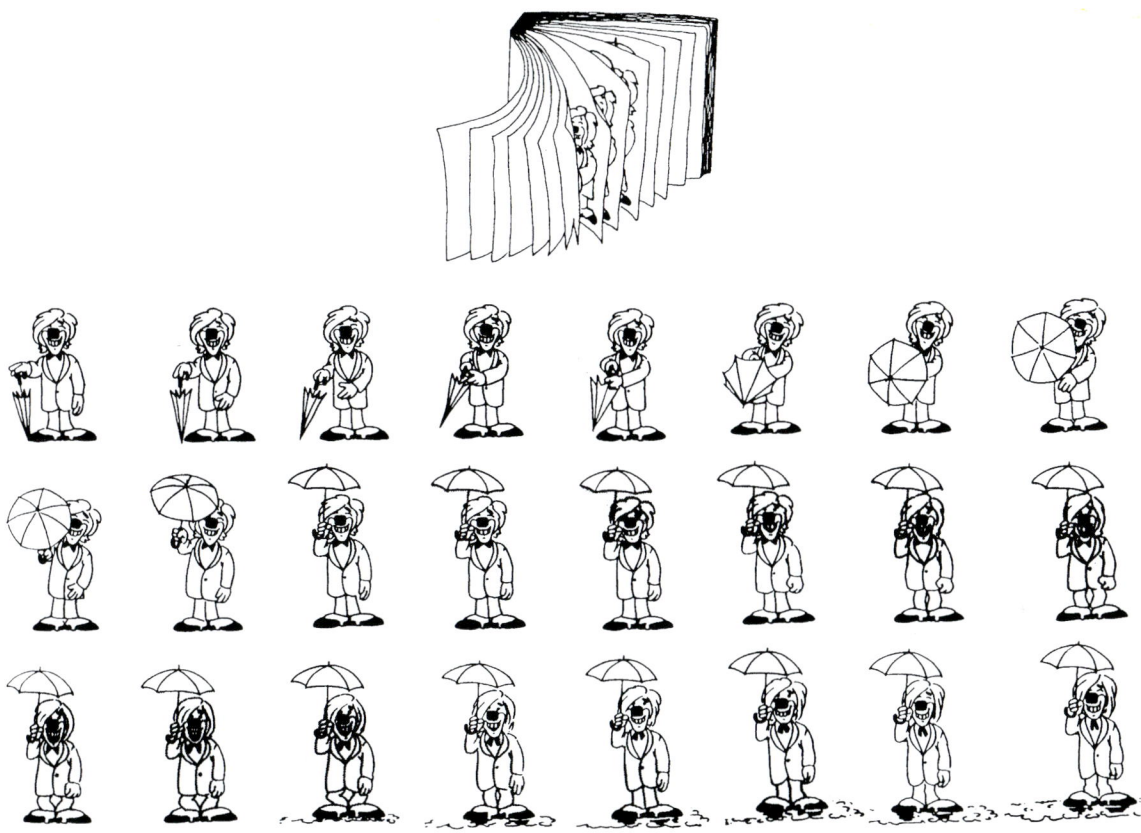

Abb. 14.14 Auf den Seiten eines Daumenkinos ist eine Geschichte in statischen Bildern festgehalten. Lässt man die verschiedenen Seiten dieser Geschichte schnell genug vor den Augen vorbeihuschen, so erhält man den Eindruck eines dynamischen Vorgangs.

14.8 Verschiedene Lösungen zum gleichen Problem: Serinproteasen unterschiedlicher Faltung haben identische Funktion

In Abschnitt 14.4 wurde gezeigt, dass die Aminosäuren, die Faltung und Funktion eines Proteins bestimmen, in getrennten Bereichen der Struktur auftreten. Für Enzyme mit gleicher Funktion ist die Natur durch unterschiedliche Faltung zu identischen Lösungen gekommen.

Die Funktion und therapeutische Bedeutung der Serinproteasen wird in Kapitel 23 genauer diskutiert. Eine Einheit aus drei Aminosäuren, die so genannte **katalytische Triade**, spielt eine Schlüsselrolle bei der Beschleunigung der Hydrolyse einer Amidbindung durch diese Enzyme. Die beiden Aminosäuren Serin und Histidin und eine saure Aminosäure, Asparagin- oder Glutaminsäure, befinden sich in einer charakteristischen räumlichen Anordnung. Sie ist durch die in engen Grenzen festgelegte Reaktionsgeometrie einer nucleophilen Addition definiert (Abschnitt 14.6 und 23.2). Ihre Zusammensetzung ist ideal für die Spaltung einer Amidbindung geeignet.

Das Enzym Trypsin ist aus zwei barrelförmigen Untereinheiten aufgebaut (Abb. 14.17a). An der Schnittstelle zwischen diesen Untereinheiten befindet sich das katalytische Zentrum. Subtilisin ist eine andere Serinprotease, die zur Klasse der offenen Faltblattstrukturen gehört. Die katalytische Triade fällt dort in Schleifenbereiche am Rande des Faltblatts (Abb. 14.17b). Nimmt man die an der Katalyse beteiligten Aminosäuren aus beiden Proteinen heraus und überlagert ihre Raumpositionen, wird die identische Geometrie der Triade offensichtlich. Außer bei den beiden geschilderten Enzymen trifft man diese katalytische Triade noch in Lipasen und Esterasen an (Abschnitt 23.7), die ebenfalls Peptid- oder Esterbindungen spalten. Obwohl auch sie abweichende Gerüstfaltung aufweisen, ist die geometrische Anordnung ihrer Triaden wiederum identisch.

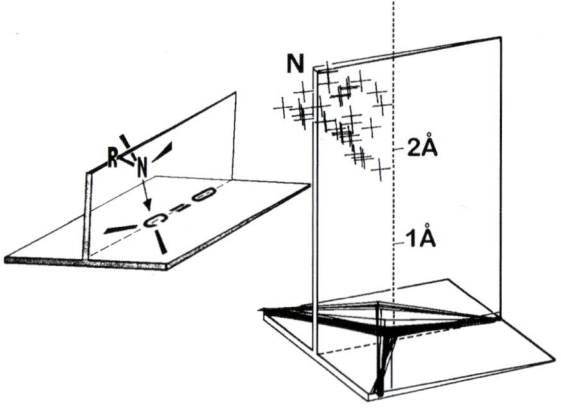

Abb. 14.15 Die Bildung bzw. Spaltung einer Amidbindung verläuft über eine nucleophile Addition. Ein Nucleophil, z. B. ein Sauerstoff- oder Stickstoffatom, nähert sich dem planaren Carbonylkohlenstoff. Während der Reaktion erhebt er sich aus der Ebene seiner drei Nachbarn und geht in eine tetraedrische Anordnung über. Aus niedermolekularen Kristallstrukturen werden alle Beispiele herausgesucht, in denen sich in der Kristallpackung ein Stickstoffatom im Abstand zwischen einer Einfachbindung und einem van der Waals-Kontakt einer Carbonylgruppe nähert. Aus der Überlagerung dieser Daten erkennt man, dass die Annäherung des nucleophilen Stickstoffs „schräg" hinter der Carbonylgruppe erfolgt. Bei dieser Annäherung wandert der Kohlenstoff aus der Ebene in Richtung auf das Nucleophil. Die Geometrie dieses Reaktionsschritts bestimmt auch den strukturellen Aufbau der katalytischen Zentren verschiedener Hydrolasen (Abschnitt 22.3).

14.9 Die DNA als Zielstruktur für Wirkstoffe

Unser Erbgut ist auf dem DNA-Molekül abgelegt. Es stellt ein fadenförmiges Molekül dar, das ca. 20 Å im Durchmesser umfasst und eine Länge von mehreren Millimetern bis Zentimetern erreicht. Es ist als eine Doppelhelix aufgebaut (Abb. 14.18). Außen spannt sich wie ein Geländer eine Polymerkette aus Zucker- und Phosphatbausteinen um die Basenpaare. Diese bilden auf jeder Treppenstufe ein komplementäres Paar aus. Untereinander sind die Basenpaare durch ein Wasserstoffbrückenmuster verknüpft. Dabei wechselwirkt immer eine Purinbase (Adenin A und Guanin G) mit einer Pyrimidinbase (Cytosin C und Thymin T, Abb. 14.18 und 14.19). Die sich ausbildende Wendeltreppe besitzt eine Ganghöhe von 34 Å und erreicht eine vollständige Drehung nach zehn Stufen. Die beiden miteinander verwundenen Polymerstränge bilden an der Oberfläche zwei Furchen unterschiedlicher Größe aus (Abb. 14.18). Blickt man von der Seite entlang einer Treppenstufe auf die DNA in die große bzw. kleine Furche, so werden dort Eigenschaften der jeweiligen Basen sichtbar. In die kleine Furche stehen sie mit drei Funktionalitäten, die die Wechselwirkungen mit anderen Molekülen bestimmen. Bei der großen Furche sind es vier. Interessanterweise ist das Ablesemuster in der großen Furche aufgrund der exponierten Eigenschaften eindeutig für ein gegebenes Basenpaar auf einer Stufe. Für die kleine Furche kann nur zwischen AT/TA bzw. GC/CG unterschieden werden. (Abb. 14.19).

Die Basenpaare auf jeweils drei benachbarten Treppenstufen codieren für eine Aminosäure (Abschnitt 32.6). Um hier diese Information eindeutig von der DNA ablesen zu können, müssen Proteine, die beispielsweise die Genexpression regulieren (so genannte Promotoren oder Supressoren), die Information aus der großen Furche von der Seite her ablesen (s. Ab-

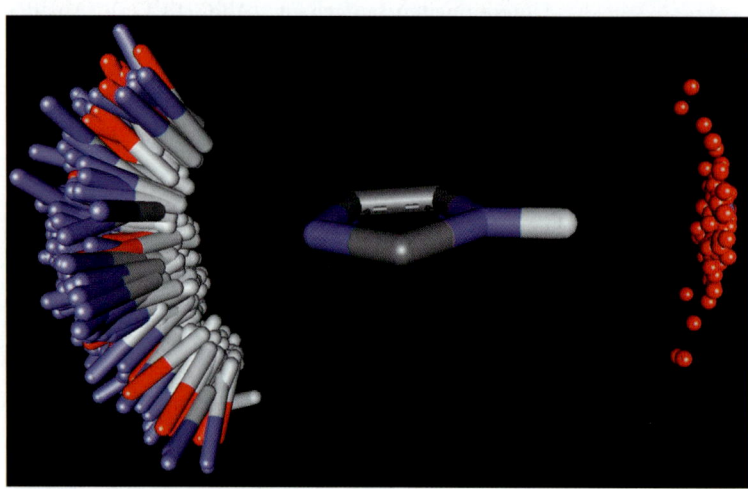

Abb. 14.16 Einen Überblick über mögliche Wechselwirkungsgeometrien von Wasserstoffbrückendonor- (links) bzw. -Akzeptorgruppen (rechts) um die Stickstoffatome eines Imidazolrings erhält man aus den Kristallpackungen niedermolekularer Verbindungen. Dazu werden alle Strukturen mit einem Imidazolring herausgesucht, in denen mindestens eines der beiden Stickstoffatome eine Wasserstoffbrücke bildet. Die Überlagerung der Strukturen zeigt an, wo Positionen von wechselwirkenden Partnern zu erwarten sind.

schnitt 28.2). Nur hier kann die auf jeder Treppenstufe durch die Basenpaarung vorgegebene Codierung (AT, TA, GC, CG) eindeutig abgelesen werden. Durch die vielen nach außen gerichteten Phosphatgruppen besitzt das DNA-Molekül eine hohe Ladung. Diese Ladung wird durch die Bildung von Ionenpaaren, meist mit Magnesiumionen, ausgeglichen. Wegen ihrer wichtigen Rolle in der Vermittlung der genetischen Information richten sich einige bedeutende Arzneistoffe auf die DNA. Zwei Beispiele sollen kurz erwähnt werden. Cisplatin **14.4** ist ein reaktiver Metallkomplex, der unter Austausch seiner beiden Chlor-Substituenten mit den Stickstoffatomen zweier Nucleobasen auf benachbarten Treppenstufen der DNA reagieren kann (Abb. 14.20). Diese Quervernetzung verzerrt die DNA in einer Weise, dass ein Ablesen der Sequenzinformation nicht mehr möglich ist. Cisplatin und analoge Derivate wie Carboplatin werden als potente Chemotherapeutika in der Krebstherapie eingesetzt. Daunorubicin **14.5** ist ein Vertreter mit einem etwas anderen Wirkprinzip, das aber auch den Ablesevorgang der Basensequenz von der DNA unterbindet. Unter geringer Aufweitung der DNA entlang des Kettenstrangs schiebt sich der weitgehend planare Molekülteil von **14.5** zwischen zwei benachbarte Basenpaare und sorgt so für eine strukturelle Verzerrung der DNA. Mit dem

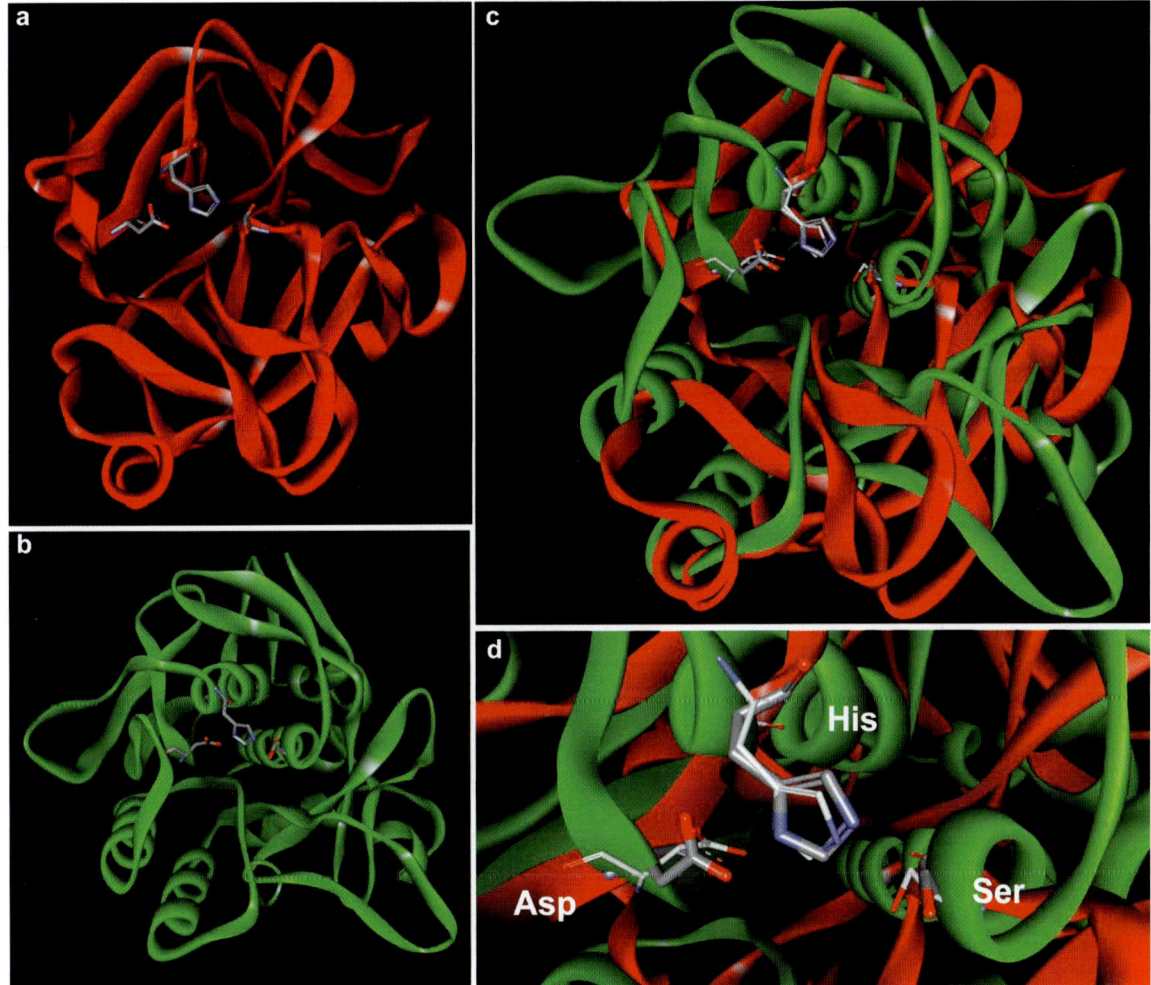

Abb. 14.17 Trypsin (a, rot) und Subtilisin (b, grün) sind Serinproteasen. Sie besitzen die gleiche katalytische Triade aus Serin, Histidin und Asparaginsäure. Diese für die Funktion entscheidenden Aminosäuren setzen aber auf völlig verschiedenen Faltungsmustern auf. In der rechten oberen Bildhälfte sind die Kettenverläufe beider Proteine überlagert (c). Trotzdem liegen die Seitenketten der Aminosäuren der katalytischen Triade im Raum an den gleichen Positionen (d). Die Verläufe der Polymerketten sind durch farbige Bänder, die räumlichen Anordnungen der drei katalytischen Aminosäuren durch die Geometrie der Seitenketten dargestellt.

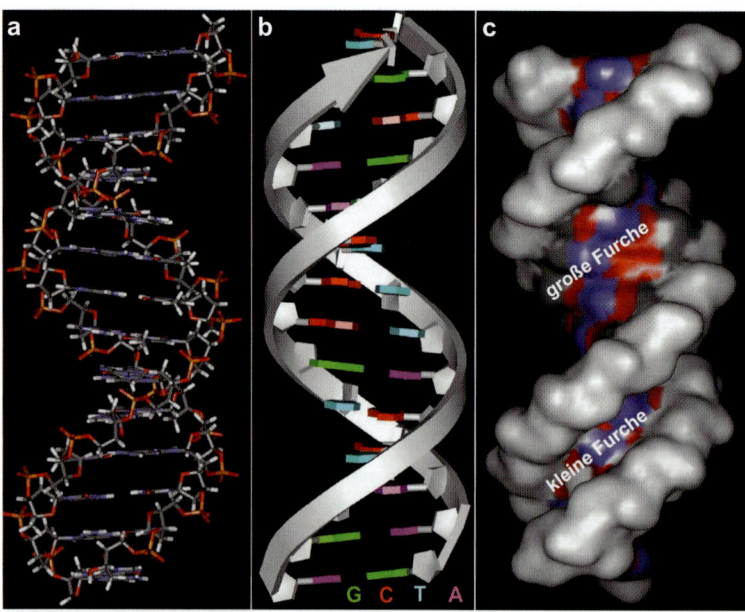

Abb. 14.18 Das DNA-Molekül baut sich aus einzelnen Treppenstufen auf. Jede Treppenstufe wird durch ein Basenpaar gebildet. Die Zuckerphosphatkette umspannt wie ein doppelläufiges Geländer die einzelnen Treppenstufen. Es bildet sich eine große und kleine Furche an der Oberfläche aus. (a) Ausschnitt aus der DNA mit 14 Basenpaaren, (b) schematische Darstellung mit dem Zuckerphosphatrückgrat als grauem Pfeil, Thymin (hellblau), Adenin (rot), Cytosin (violett) und Guanin (hellgrün). (c) Modellierung einer DNA-Oberfläche, wodurch der Größenunterschied zwischen kleiner und großer Furche verdeutlicht wird. In die Furchen richten die einzelnen Basen Wechselwirkungseigenschaften (blau: Wasserstoffbrückendonor, rot: Wasserstoffbrückenakzeptor, grau: hydrophober Kontakt).

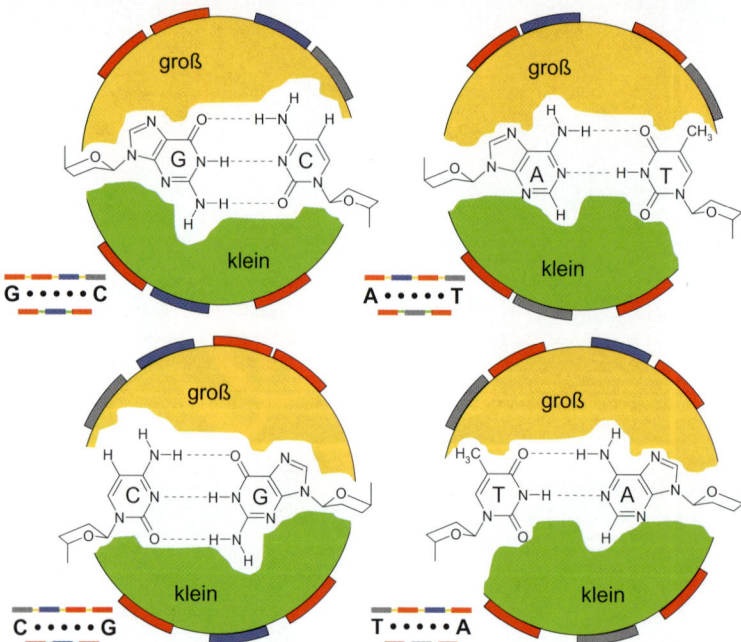

Abb. 14.19 Auf den einzelnen Treppenstufen der DNA bilden sich Basenpaarungen von Cytosin (C) mit Guanin (G) bzw. Thymin (T) mit Adenin (A) über komplementäre Wasserstoffbrückenbindungen aus. Jede Base trägt eine Zuckerphosphatgruppe die sich miteinander zur Polymerkette verknüpfen. Es ergibt sich ein doppelhelicaler Aufbau mit einer kleinen (grün) und großen (gelb) Furche (vgl. Abb. 14.18). Schaut man parallel zu einer Treppenstufe in die große bzw. kleine Furche, so stehen vier Gruppen in die große Furche, die entweder Wasserstoffbrückendonor- (blau), Akzeptor- (rot) oder hydrophobe Eigenschaften (grau) besitzen. In die kleine Furche richten sich nur drei solche Gruppen. Versucht man von dieser Seite aus die Wechselwirkungsmuster auf einer Stufe abzulesen, so ergeben ein GC- bzw. CG-Paar und ein AT- bzw. TA-Paar identische Abfolgen. Hier kann am Wechselwirkungsmuster nicht abgelesen werden, welches Basenpaar in welcher Orientierung vorliegt. In der großen Furche ist dagegen das exponierte Muster der Wechselwirkungseigenschaften eindeutig. Daher lesen Proteine an der DNA Informationen in der großen Furche ab.

14. Beschreibung der Struktur von Biomolekülen

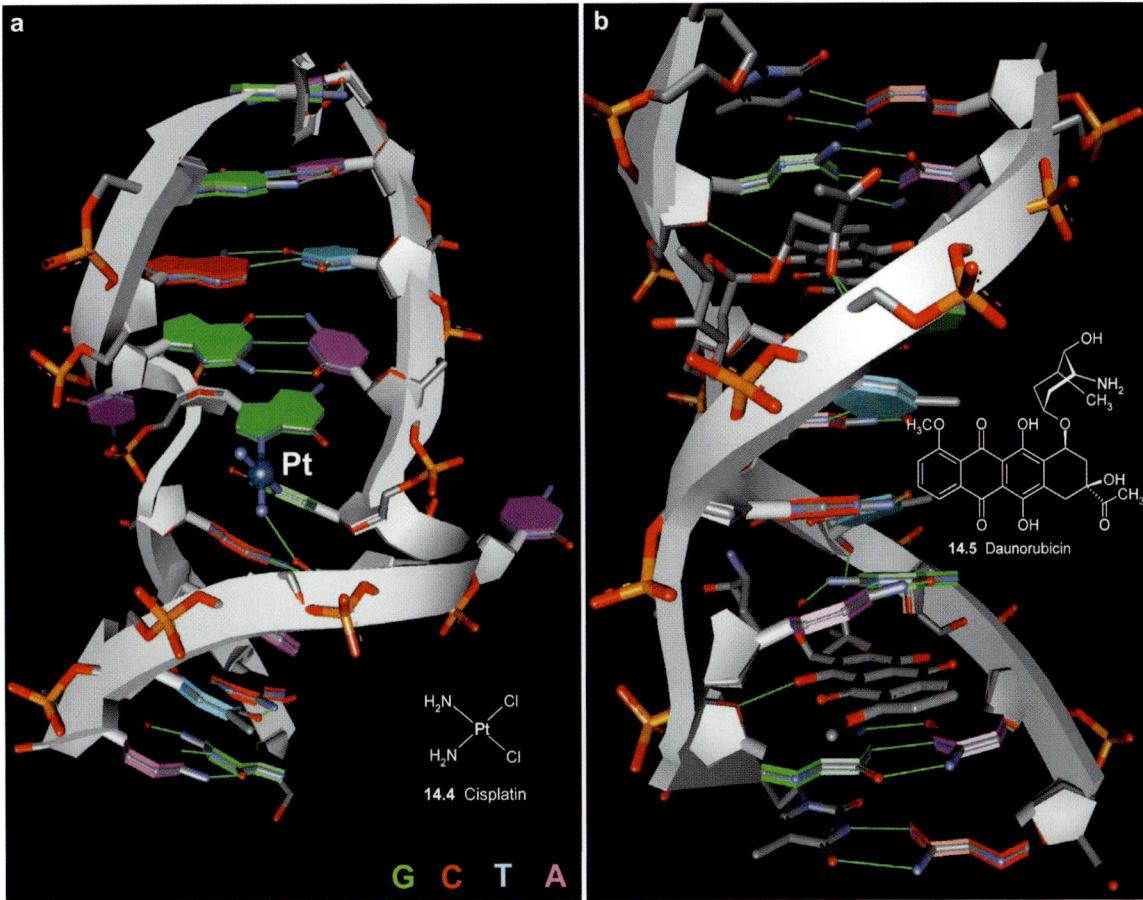

Abb. 14.20 Kristallstrukturen oligomerer DNA-Abschnitte nach Reaktion mit Cisplatin **14.4** (a) bzw. Interkalation von Daunorubicin **14.5** (b). In beiden Fällen wird das DNA-Molekül stark verzerrt und die auf der DNA abgelegte Erbinformation kann bei der Zellteilung nicht mehr abgelesen werden. Cisplatin reagiert unter Substitution der beiden Chloratome mit den Stickstoffen zweier Nucleobasen (hier Guanin) auf benachbarten Treppenstufen der DNA. Unter Aufweitung der DNA entlang der Helixachse interkaliert Daunorubicin mit seinem planaren tetracyclischen Ringsystem zwischen zwei benachbarte Basenpaare. Mit seinem Aminozucker legt sich die Verbindung in die kleine Furche der DNA.

angefügten Zuckerbaustein legt sich Daunorubicin in die kleine Furche der DNA. Dieses intravenös anzuwendende Cytostatikum wird als Kombinationschemotherapeutikum bei akuten Leukämien eingesetzt. Diesen so genannten Interkalationsmechanismus verfolgen auch viele Naturstoffe mit einem antibakteriellen Wirkungsspektrum. Andere Ansätze der Arzneimittelforschung versuchen, Ausschnitte aus der DNA selbst in Moleküle für die Therapie zu überführen. Solche veränderten Oligonucleotid-Therapeutika werden in Abschnitt 32.4 vorgestellt.

Literatur

Allgemeine Literatur

C. Branden und J. Tooze, Introduction to Protein Structure, 2nd Ed., Garland Publ. Inc., New York, 1999

G. A. Jeffrey und W. Saenger, Hydrogen Bonding in Biological Structures, Springer Verlag, Berlin, 1991

H. B. Bürgi und J. D. Dunitz, Structure Correlation, Bd. 1 und 2, VCH, Weinheim, 1994

G. E. Schulz und R. H. Schirmer, Principles of Protein Structure, Springer Verlag, New York, 1978

Spezielle Literatur

P. I. Lario ud A. Vrielink, Atomic Resolution Density Maps Reveal Secondary Structure Dependent Differences in Electronic Distribution, J. Am. Chem. Soc. **125**, 12787–12794 (2003)

F. A. Allen, O. Kennard und R. Taylor, Systematic Analysis of Structural Data as a Research Technique in Organic Chemistry, Acc. Chem. Res. **16**, 146–153 (1983)

C. A. Orengo, D. T. Jones und J. M. Thornton, Protein Superfamilies and Domain Superfolds, Nature **372**, 631–634 (1994)

K. Vyas, H. Monahar und K. Venkatesan, Thermally Induced O to N Acyl Migration in Salicylamides. Thermal Motion Analysis of the Reactants, J. Phys. Chem. **94**, 6069–6073 (1990)

G. Klebe, The Use of Composite Crystal-Field Environments in Molecular Recognition and the *De Novo* Design of Protein Ligands, J. Mol. Biol. **237**, 212–235 (1994)

W. J. L. Wood, A. W. Patterson, et al., Substrate Activity Screening: A Fragment-Based Method for the Rapid Identification of Nonpeptidic Protease Inhibitors, J. Am. Chem. Soc. **127**, 15521–15527 (2005)

O. Koch und G. Klebe, Turns Revisited: A Uniform and Comprehensive Classification of Normal, Open, and Reverse Turn Families Minimizing Unassigned Random Chain Portions, Proteins: Struct., Funct. Bioinform., **74**, 353–367 (2008)

pdb-Datenbank: http://www.rcsb.org/pdb/home/home.do
CSD-Datenbank: www.ccdc.cam.ac.uk/products/csd/

Molecular Modelling

15

Moleküle werden in der Chemie bevorzugt anhand zweidimensionaler Strukturformeln kommuniziert. Dieser Formalismus hat sich bewährt und als enorm fruchtbar erwiesen. Nicht zu unterschätzen ist die Fähigkeit eines Chemikers, Strukturformeln schnell zu erfassen und intellektuell zu verarbeiten. Die Schreibweise hat aber auch ihre Grenzen. Insbesondere ist aus der chemischen Formel die dreidimensionale Gestalt eines Moleküls nicht ohne Weiteres ersichtlich. Diese ist aber für die physikalischen, chemischen und biologischen Eigenschaften von Wirkstoffen und damit auch für das Wirkstoffdesign von großer Bedeutung. Daher kommt der Strukturbestimmung (Kapitel 13) besondere Bedeutung zu. Wann immer möglich wird man versuchen, zur Erklärung von Struktur-Wirkungsbeziehungen experimentell bestimmte 3D-Strukturen des Wirkstoffs und des Zielproteins heranzuziehen. Allerdings besteht immer noch häufig das Problem, dass diese Strukturen nicht verfügbar sind. In diesem Fall bleibt zur Erklärung experimenteller Befunde durch Strukturbetrachtungen nur die Erzeugung eines Modells.

15.1 3D-Strukturmodelle werden in der Chemie seit langem verwendet

Dreidimensionale Strukturmodelle werden in der Chemie seit Jacobus H. van't Hoff und Joseph Le Bel eingesetzt. Emil Fischer berichtet in seinem Buch *Aus meinem Leben* von einem Ferienaufenthalt in Italien:

»Im voraufgegangenen Winter 1890/91 hatte ich mich mit der Aufgabe beschäftigt, die Konfiguration der Zucker aufzuklären, ohne ganz zum Ziel zu gelangen. Da kam mir in Bordighera der Gedanke, die Entscheidung über die Konfiguration der Pentosen durch ihre Beziehung zu den Trioxyglutarsäuren zu treffen. Leider konnte ich wegen Mangel eines Modells nicht feststellen, wieviel solcher Säuren nach der Theorie möglich seien, und ich legte die Frage deshalb Baeyer vor. Er griff solche Dinge mit großer Wärme auf und konstruierte gleich aus Zahnstochern und Brotkügelchen Kohlenstoffatome. Aber nach langem Probieren gab auch er die Sache auf, angeblich weil es ihm zu schwer wurde. Es ist mir erst später in Würzburg durch lange Betrachtungen von guten Modellen gelungen, die endgültige Lösung zu finden.«

Linus Pauling schlug als erster die α-Helix als Sekundärstruktur von Proteinen vor.

»Der Schlüssel zu Paulings Erfolg war sein Vertrauen auf die einfachen Gesetze der Strukturchemie. Die Alpha-Spirale war nicht etwa durch ewiges Anstarren von Röntgenaufnahmen gefunden worden. Der entscheidende Trick bestand vielmehr darin, sich zu fragen, welche Atome gern nebeneinander sitzen. Statt Bleistift und Papier war das wichtigste Werkzeug bei dieser Arbeit ein Satz von Molekülmodellen, die auf den ersten Blick dem Spielzeug der Kindergartenkinder glichen.«

Mit diesen Sätzen beschreibt der Nobelpreisträger James Watson in seinem Buch *Die Doppel-Helix* die Vorgehensweise von Pauling. Der Erfolg Paulings beruhte aber auch auf fundierten Kenntnissen der theoretischen Chemie. So wusste Pauling, dass die Amidbindung starr und eben ist, während seine Konkurrenten William Bragg, Max Perutz und John Kendrew der Auffassung waren, sie sei flexibel. Bei der Suche nach der DNA-Struktur gingen James Watson und Francis Crick den gleichen Weg wie Pauling:

»Wir sahen also keinen Grund, warum wir das DNA-Problem nicht auf die gleiche Weise (wie Pauling) lösen sollten. Alles, was wir zu tun hatten, war, einen Satz Molekülmodelle zu bauen und dann damit zu spielen – wenn wir ein bisschen Glück hatten, würde die Struktur eine Spirale sein.«

Das Arbeiten mit Molekülmodellen muss damals nicht die reine Freude gewesen sein. An einer Stelle des Buchs heißt es beispielsweise:

> »Die ersten fünf Minuten mit unseren Modellen waren allerdings nicht sehr erfreulich. Obwohl nur etwa fünfzig Atome im Spiel waren, fielen sie immer wieder aus den verfluchten Klammern, die sie in der richtigen Entfernung voneinander halten sollten.«

Später ist dann von anderen Problemen die Rede:

> »Mehrere Tage wurden jedoch überhaupt keine vernünftigen Modelle gebaut. Zum einen fehlte es an den notwendigen Purin- und Pyrimidinkomponenten, zum anderen hatten wir in der Werkstatt noch nie Phosphoratome zusammensetzen lassen. Unser Mechaniker brauchte drei Tage, um auch nur die einfachsten Phosphoratome zustande zu bringen.«

Vor diesem Hintergrund erscheint die Leistung von Watson und Crick umso beeindruckender. Für die Aufklärung der Doppelhelix-Struktur der DNA wurde ihnen 1962 der Nobelpreis verliehen. Dieses Beispiel soll die Bedeutung von Modellen in der Wissenschaft verdeutlichen. Um es mit den Worten von Francis Crick zu sagen: »*A good model is worth its weight in gold.*«

15.2 Die Vorgehensweise beim Molecular Modelling

Im Gegensatz zu den 1950er- und 1960er-Jahren sind heute Computer mit beeindruckenden Grafikleistungen und hoher Rechengeschwindigkeit verfügbar. Dementsprechend sind auch Rechenprogramme zum Arbeiten mit Molekülmodellen verfügbar. Das neue Arbeitsgebiet **Molecular Modelling** hat sich etabliert. Wir verstehen unter diesem Begriff die Berechnung, Darstellung und Bearbeitung von realistischen dreidimensionalen Molekülstrukturen und ihren physikochemischen Eigenschaften. Die wichtigsten Methoden, die im Rahmen des Molecular Modelling eingesetzt werden, sind in Tabelle 15.1 zusammengestellt.

Im Prinzip kann man das Molecular Modelling von zwei Seiten angehen. Eine Möglichkeit besteht darin, von bekannten experimentellen Daten auf die Geometrie und physikochemischen Eigenschaften der zu untersuchenden Struktur zu extrapolieren. Der andere Ansatz versucht, ausgehend von den physikalischen Naturgesetzen mit möglichst genauen Rechenverfahren Aussagen zu erhalten. Hierzu gehören die quantenchemischen Verfahren und die Kraftfeldrechnungen. In der Praxis werden beide Ansätze parallel und zunehmend miteinander verknüpft eingesetzt. Falls relevante experimentell bestimmte Strukturen vor-

Tabelle 15.1 Übersicht über die wichtigsten Methoden des Molecular Modelling in der Pharmaforschung

Verfahren	Zielsetzung
Interaktive Computergrafik	Darstellung von 3D-Strukturen
Modellierung kleiner Moleküle	Strukturerzeugung (CONCORD, CORINA)
	Molekülmechanik – Kraftfelder
	Moleküldynamik
	Quantenmechanische Verfahren
	Konformationsanalyse
	Berechnung physikochemischer Eigenschaften
Molekülvergleich	Überlagerung von Molekülen nach ihrer Ähnlichkeit
	Volumenvergleich
	3D-QSAR (z. B. CoMFA-Methode)
Modellierung von Proteinen	Sequenzvergleiche von Proteinen
	Protein-Homologiemodelling
	Simulation der Proteinfaltung
Modellierung von Protein-Ligand-Wechselwirkungen	Berechnung von Bindungskonstanten
	Docking von Liganden
Liganden-Design	Suche in 3D-Datenbanken
	strukturbasiertes Ligandendesign
	de novo-Design
	virtuelles Screening

handen sind, wäre es unsinnig, diese nicht zum Modellbau zu verwenden. Andererseits sind quantenchemische und molekülmechanische Ansätze breit anwendbar und liefern in sich schlüssige Resultate.

Der **Aufbau eines Strukturmodells** erfolgt in drei Schritten:

- Erzeugung eines Startmodells,
- Optimierung und Analyse,
- Arbeiten mit dem Modell.

Bei der Erzeugung eines Startmodells ist man gut beraten, möglichst nahe an experimentellen Strukturen zu bleiben. Dazu kann auf die Kristallstruktur eines Wirkstoffs zurückgegriffen werden. Man sucht in der Cambridge Crystallographic Database, in der experimentell bestimmte Strukturen kleiner Moleküle abgespeichert sind, und verwendet diejenige Geometrie, die der gesuchten möglichst nahe kommt. Im nächsten Schritt wird die Struktur durch eine Kraftfeldrechnung optimiert.

Zur Erzeugung eines Startmodells gibt es aber auch Standardprogramme, die nach dem Prinzip eines molekularen Baukastens eine 2D-Strukturformel in eine 3D-Raumstruktur übersetzen. Diese „elektronischen Molekülbaukästen" haben Listen von Bindungslängen und -winkeln sowie bevorzugte Geometrien von Fragmenten abgespeichert und bauen Moleküle nach einem ausgeklügelten Regelwerk auf. In Bruchteilen von Sekunden ermitteln sie aus einer 2D-Strukturformel eine 3D-Raumstruktur. Zu den wichtigsten Programmen zählen *CONCORD* von Robert Pearlman aus Austin/Texas sowie *CORINA* von Johann Gasteiger und Jens Sadowski von der Universität Erlangen. Beide Programme werden zur Erzeugung von 3D-Strukturen kleiner Moleküle eingesetzt. Die 3D-Struktur eines Proteins kann damit nicht gebaut werden. Hierzu sind komplexere Verfahren erforderlich (Abschnitt 20.1).

15.3 Wissensbasierte Ansätze

Das vielleicht am häufigsten angewendete Vorgehen beim Molekular Modelling sind die so genannten wissensbasierten Ansätze (engl. *knowledge-based*). Hier wird versucht, das enorme Wissen, das sich in Form von experimentell bestimmten Molekülstrukturen, Kristallpackungen, Proteinstrukturen, Proteinsequenzen, Struktur-Wirkungsbeziehungen von Protein-Ligand-Komplexen usw. angesammelt hat, in effizienter Weise zur Beantwortung aktueller Problemstellungen auszunutzen. Im Grunde wird hier nichts anderes gemacht, als die Vorgehensweise eines sorgfältig arbeitenden Wissenschaftlers mit einem Computerprogramm nachzuahmen. Zunächst werden möglichst viele experimentelle Daten zusammengetragen und analysiert. Wichtige Informationsquellen sind die Cambridge Crystallographic Database mit über 450 000 Kristallstrukturen kleiner organischer Moleküle sowie die Proteindatenbank (PDB) mit mehr als 53 000 Protein- und DNA-Strukturen. Auch physikochemische Eigenschaften sind in Datenbanken verfügbar. Die Beilstein-Datenbank mit fast 10 Millionen chemischen Strukturen enthält beispielsweise die pK_a-Werte von mehr als 20 000 Verbindungen. Das Problem besteht nun darin, aus der enormen Fülle elektronisch verfügbarer Information die für die aktuelle Fragestellung benötigten Daten zu extrahieren. Zu bedenken ist weiterhin, dass die Daten aus unterschiedlichen Quellen stammen und zum Teil fehlerhaft sein können.

Den größten Zuwachs an elektronisch zugänglichen Daten hat es in der jüngsten Vergangenheit auf dem Gebiet der DNA-Sequenzen gegeben. Hunderte von Genomen sind bereits durchsequenziert und in Wochenfrist kommen neue hinzu. Die schier endlose Zahl von Sequenzen lässt sich nur noch mit intelligenten Suchverfahren bewältigen. Auf diesem Gebiet und bei der Modellierung von Proteinstrukturen spielen wissensbasierte Ansätze eine zentrale Rolle.

15.4 Kraftfeldmethoden

Kraftfeldmethoden, auch **Molekülmechanik** genannt, sind empirische Verfahren zur Berechnung von Molekülgeometrien und -energien. Ziel einer **Kraftfeldrechnung** ist die Ermittlung einer energetisch günstigen dreidimensionalen Struktur eines Moleküls oder eines aus mehreren Molekülen bestehenden Komplexes. Die zwischen den Atomen wirkenden Kräfte werden in Form einer analytischen Funktion mit anpassbaren Parametern beschrieben. Hierbei werden sowohl kovalente als auch nichtkovalente Kräfte berücksichtigt. Die zentrale Idee der Molekülmechanik ist die Annahme, dass Bindungslängen und -winkel in Molekülen Werte nahe von Standardwerten einnehmen. Sterische Wechselwirkungen, d. h. die Abstoßung zweier nicht direkt miteinander verknüpfter Atome, können dazu führen, dass bestimmte Bindungslängen und Winkel nicht ihre Idealwerte annehmen können. Diese abstoßenden Wechselwirkungen werden auch als van der Waals-Wechselwirkungen be-

$$E = E_{\text{Bindungslänge}} + E_{\text{Bindungswinkel}} + E_{\text{Torsion}} + E_{\text{nichtkovalent}}$$

$$E = \frac{1}{2} \sum_{\text{Bindungen}} K_b (b - b_0)^2$$

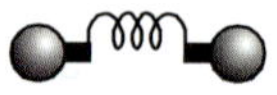

$$+ \frac{1}{2} \sum_{\text{Bindungswinkel}} K_\Theta (\Theta - \Theta_0)^2$$

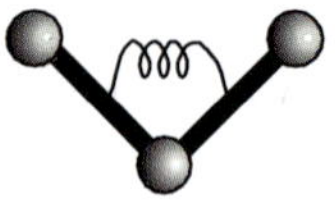

$$+ \frac{1}{2} \sum_{\text{Torsionswinkel}} K_\Phi (1 + \cos(n\Phi - \delta))^2$$

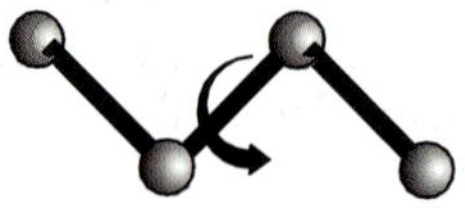

$$+ \sum_{\text{nichtgebundeneAtompaare}} (A_{ij} r_{ij}^{-12} - C_{ij} r_{ij}^{-6} + q_i q_j / \varepsilon r_{ij})$$

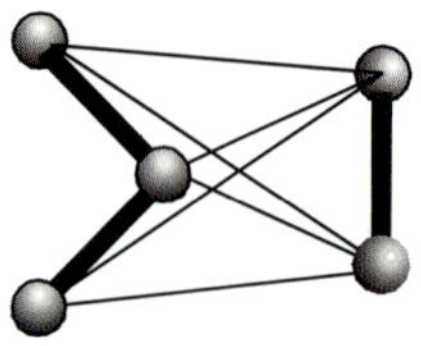

Abb. 15.1 E ist die Gesamtenergie eines Moleküls oder eines Komplexes aus mehreren Molekülen. Sie setzt sich aus mehreren Beiträgen zusammen. Der erste Term beschreibt die Energieänderung bei Dehnung oder Stauchung einer chemischen Bindung. Im vorgestellten Beispiel handelt es sich um ein so genanntes harmonisches Potenzial mit der Kraftkonstante K_b und der Gleichgewichtsbindungslänge b_0 als Parameter. Die Energie als Funktion der Bindungswinkel Θ wird durch den zweiten Term erfasst. Auch hier wird ein harmonisches Potenzial mit einer Kraftkonstanten K_Θ und einem Gleichgewichtswert Θ_0 verwendet. Der dritte Beitrag beschreibt die Änderung der Energie bei der Änderung der Torsionswinkel und der letzte Term steht für nichtkovalente Wechselwirkungen. Für diesen letzten Beitrag wird eine Summe aus drei Termen verwendet. Der erste Term A_{ij}/r_{ij}^{12} ist immer positiv und steigt mit abnehmendem Abstand schnell an. Er beschreibt die Abstoßung zwischen Atomen, die sich zu nahe kommen. Der Parameter A_{ij} ist proportional zur Summe der Atomradien der Atome i und j. Der Beitrag $-C_{ij}/r_{ij}^6$ ist immer negativ und geht mit zunehmendem Abstand r_{ij} gegen Null, wenn auch nicht ganz so schnell wie der Abstoßungsterm. Er beschreibt anziehende Wechselwirkungen, die auch als Dispersionswechselwirkungen bezeichnet werden. Zwischen polaren Molekülen existieren weitere anziehende Wechselwirkungen, die ebenfalls proportional zu $1/r_{ij}^6$ sind (zum Potenzialverlauf siehe Abschnitt 18.10, Abb. 18.5). Der letzte Term $q_i q_j/Dr_{ij}$ beschreibt die elektrostatischen Wechselwirkungen, dargestellt mit einem Punktladungsmodell. ε ist die Dielektrizitätskonstante. Die nichtkovalenten Beiträge zur Gesamtenergie, ohne den elektrostatischen Term, werden auch als **van der Waals-Energie** bezeichnet.

zeichnet. Im Jahr 1946 wurde zum ersten Mal vorgeschlagen, dass die Verwendung der drei Terme **van der Waals-Wechselwirkung**, **Bindungsstreckung** und **Winkeldeformation** ausreichen sollte, um die Struktur und Energie von Molekülen zu berechnen. Allerdings war zu diesem Zeitpunkt die Durchführung der entsprechenden Rechnungen noch extrem schwierig. Erst mit der Verfügbarkeit von Computern gewannen die Molekülmechanikrechnungen an Bedeutung. Ein typisches heute verwendetes Kraftfeld enthält zusätzlich zu den ursprünglich vorgeschlagenen drei Termen mindestens einen zusätzlichen Beitrag, der die Verdrehung von Diederwinkeln berücksichtigt (Abb. 15.1). Weiterhin verwenden viele Kraftfelder einen Term für die elektrostatischen Wechselwirkungen. Dazu muss man jedem Atom eine Partialladung zuweisen. Die Summe dieser Ladungen ergibt für das gesamte Molekül dessen Formalladung. In der Regel wird diese auf Null gesetzt.

Zur Beschreibung der Kräfte, die zwischen Ladungen auftreten, verwendet man das Coulomb-Gesetz. Dieses Gesetz wertet das Produkt der wechselwirkenden Ladungen im reziproken Verhältnis zu deren Abstand aus. Kritisch für eine korrekte Behandlung der elektrostatischen Energiebeträge sind die Zuweisung relevanter Ladungen und die Wahl eines richtigen Dielektrikums. Diese Größe steht im Nenner des Coulomb-Gesetzes und kann Werte zwischen $\varepsilon = 80$ für Wasser und $\varepsilon = 1$ für Vakuum annehmen. Damit werden elektrostatische Wechselwirkungen in Wasser sehr schnell abgedämpft, im Vakuum sind sie eher von langer Reichweite. Die Wahl der Dielektritizitätskonstante für Kraftfeldrechnungen an Proteinen ist sehr schwierig. Viele Werte zwischen $\varepsilon = 4$ bis $\varepsilon = 20$ wurden ausprobiert. Teilweise wurde die Größe auch umgebungsabhängig eingestellt, sodass größere Werte an der Oberfläche im Vergleich zum Proteininneren gewählt wurden. Die van der Waals-Wechselwirkungen werden meist durch das Lennard-Jones-Potenzial beschrieben. Diese Wechselwirkung besitzt einen attraktiven Term, der mit $1/r^6$, und eine repulsiven Term, der mit $1/r^{12}$ abfällt (Abb. 15.1). Aus der Kombination der beiden Terme resultiert ein Verlauf, der nahe den Atomen schnell sehr groß wird und bei größeren Distanzen gegen Null strebt. Dazwischen durchläuft es ein Potenzialminimum (Abb. 18.5). Neben dem $1/r^6$-$1/r^{12}$-Verlauf sind auch Abstandsabhängigkeiten mit anderen Potenzen bzw. exponentielle Verläufe in Kraftfeldern verwendet worden.

Die Ableitung eines Kraftfelds erfolgt durch Kalibrierung an experimentellen Daten und an Resultaten möglichst genauer quantenmechanischer Rechnungen. Hierzu dienen vor allem 3D-Strukturen kleiner Moleküle sowie aus Infrarot- und Ramanspektren abgeleitete Kraftkonstanten. Es ist klar, dass für eine Einfachbindung zwischen zwei Kohlenstoffatomen andere Parameter verwendet werden müssen als für eine Doppelbindung. Daher werden in einem Kraftfeld mehrere unterschiedliche Atomtypen pro Element verwendet. Kristallpackungen kleiner organischer Moleküle können zur Ableitung der Parameter für nichtbindende Wechselwirkungen herangezogen werden. Aminosäuren und viele funktionelle Gruppen von Wirkstoffen können je nach den vorliegenden **pH-Verhältnissen protoniert** oder **deprotoniert** auftreten (so genannte **titrierbare Gruppen**). Die Stärke von Wechselwirkungen hängt ganz entscheidend von dem Ladungszustand einer funktionellen Gruppe ab. Die Säure- bzw. Basenstärke einer Gruppe misst man über den pK_a-Wert. Er gibt an, wie leicht eine Gruppe ein Proton aufnimmt oder abgibt. Diese Eigenschaft hängt wiederum stark davon ab, welche Partialladung diese Gruppe trägt und welche weiteren Ladungen in der Umgebung der Gruppe auftreten. Damit verschieben sich pK_a-Werte, wenn eine funktionelle Gruppe in eine veränderte Umgebung kommt. So wird beispielsweise eine Carbonsäurefunktion saurer, wenn sie in die Nähe einer positiven Ladung gebracht wird. Ihr saurer Charakter reduziert sich dagegen, wenn ihr eine partiell negativ geladene Gruppe gegenüber steht. Diese Effekte müssen bei einer zuverlässigen Kraftfeldrechnung berücksichtigt werden. Mit solchen Rechnungen kann man auch versuchen, die Protonierungszustände in einem Protein-Ligand-Komplex abzuschätzen. Dazu wertet man die durch Kombination aller möglichen Zustände der titrierbaren Gruppen erhaltenen Beiträge zum Energieinhalt des Komplexes aus. Über diesen Weg lassen sich Verschiebungen von pK_a-Werten von funktionellen Gruppen bei der Komplexbildung abschätzen.

In Kapitel 4 war die Wichtigkeit von Wasser als Bindungspartner bei der Bildung von Protein-Ligand-Komplexen hervorgehoben worden. Die Komplexbildung bedingt einen Wechsel der Solvatationsverhältnisse für die beteiligten Moleküle. Diese müssen bei Kraftfeldrechnungen berücksichtigt werden. Man kombiniert dazu ein Kraftfeld mit Abschätzungen für die Solvatationsbeiträge. Neuere Methoden wie das MM-PBSA- oder MM-GBSA-Verfahren versuchen, oberflächenabhängig diesen Beitrag über die lokale Umgebung aufzusummieren.

Wichtig für eine Kraftfeldrechnung ist die Wahl einer relevanten Startgeometrie. Eine Kraftfeldrechnung führt zu einer Energieminimierung. Ausgehend von einer energetisch ungünstigen Geometrie führt die Kraftfeldrechnung energetisch „bergab" zum nächsten lokalen Minimum auf der hochdimensionalen Energiefläche (Abschnitt 16.2). Startet man von zwei unterschiedlichen Geometrien, die sich voneinander unterscheiden, so können auch die minimierten Strukturen unterschiedlich sein. Viele Moleküle und erst recht Protein-Ligand-Komplexe können zahlreiche energetisch günstige Konformationen einnehmen. Im Zweifelsfall sollten also mehrere Kraftfeldrechnungen durchgeführt werden, die mit unterschiedlichen Startgeometrien beginnen.

15.5 Quantenmechanische Rechenverfahren

In quantenmechanischen Ansätzen wird die elektronische Struktur von Molekülen mit der **Schrödingergleichung** berechnet. Ihre mathematisch geschlossene Lösung ist allerdings nur für simple Fälle, wie das Wasserstoffatom oder das Wasserstoffmolekülion H_2^+, möglich. Für Moleküle mit mehreren Elektronen ist man zur Lösung des quantenmechanischen Vielteilchenproblems auf Näherungen angewiesen. Die am häufigsten benutzte Näherung ist das so genannte **Hartree-Fock-Verfahren**. Hierbei wird das Vielteilchenproblem auf viele Einteilchenprobleme zurückgeführt. Die Summe der Elektron-Elektron-Wechselwirkungen eines Moleküls wird durch ein effektives Feld ersetzt, das sich schrittweise verfeinern lässt. Daher stammt auch der häufig benutzte Name SCF-Verfahren (engl. *self-consistent field*). Jedes Elektron „sieht" in diesem Modell neben dem Potenzial der Kerne das gemittelte Potenzial der übrigen Elektronen. Der Zustand jedes Elektrons eines Moleküls wird durch eine Einteilchen-Funktion, das so genannte **Atom-** (AO) bzw. **Molekülorbital** (MO) beschrieben. Die Wellenfunktion des gesamten Moleküls wird als antisymmetrisches Produkt dieser vielen Orbitale angesetzt. Die Hartree-Fock-Gleichungen erhält man aus der Bedingung, dass optimal gewählte Orbitale zu einer minimalen Energie führen. Den wesentlichen Fehler des Hartree-Fock-Ansatzes, nämlich die Vernachlässigung der Elektronenkorrelation, kann man mit weitergehenden Verfahren korrigieren, wobei jedoch die Rechenzeit stark zunimmt.

Quantenmechanische ***ab initio*-Rechenverfahren** erlauben die Berechnung der Molekülstruktur und der Elektronendichteverteilung sowie molekularer Eigenschaften, ohne die in Kraftfeldverfahren notwendigen Annahmen. In vielen Fällen ist es z. B. schwierig, *a priori* Aussagen über den Hybridisierungszustand von Atomen zu machen. Bei Aminen und Sulfonamiden ist es häufig nicht möglich vorherzusagen, ob die an das Stickstoffatom gebundenen Atome zusammen mit diesem eine gemeinsame Ebene aufspannen oder ob sich das Stickstoffatom in einer pyramidalen Umgebung befindet. Bei einer Kraftfeldrechnung muss man sich bereits vor ihrer Durchführung entscheiden, welchen Atomtyp man dem Atom zuweisen will (d. h. für den genannten Fall, ob es sich um einen planaren oder pyramidalen Stickstoff handeln soll). Hat man den falschen Atomtyp gewählt, so ist die daraus resultierende Struktur natürlich unsinnig. Quantenmechanische Rechnungen benötigen keine solchen Annahmen.

Die meisten derzeit gebräuchlichen Kraftfelder verwenden ein Punktladungsmodell zur Beschreibung der elektrostatischen Wechselwirkungen. Eine Möglichkeit zur Ableitung der Atomladungen besteht in der quantenmechanischen Berechnung des elektrostatischen Potenzials eines kleinen Moleküls, das die fragliche Gruppe enthält. Anschließend wird ein Satz von Partialladungen auf den Atomkernen so gewählt, dass das quantenmechanisch berechnete Potenzial möglichst gut wiedergegeben wird. Die Ladungen können dann in einer Kraftfeldrechnung an großen Systemen verwendet werden.

Eine weitere wichtige Anwendung quantenmechanischer Rechnungen im Wirkstoffdesign besteht in der Berechnung von Konformationsenergien kleiner Moleküle zur Kalibrierung von Kraftfeldern. Die für Peptide und Proteine entwickelten Kraftfehler beruhen auf quantenmechanisch berechneten Konformationsenergien kleiner Peptide.

Quantenmechanische Verfahren sind im Gegensatz zu den Kraftfeldmethoden in der Lage, Verschiebungen der Elektronendichte durch den Einfluss benachbarter Gruppen zu berücksichtigen. Beispielsweise sind in einer α-Helix alle Amidbindungsdipole gleichsinnig orientiert, sodass sie sich zu einem signifikanten Gesamtdipolmoment summieren. In Folge können solche großen zusammengesetzten Dipole andere Gruppen, die sich am Ende einer Helix befinden, polarisieren. Auf diese Weise induzierte Dipole werden von Kraftfeldverfahren nur unvollständig beschrieben. Sie sind aber für quantenmechanische Ansätze kein Problem. Ein weiteres wichtiges Anwendungsgebiet sind chemische Reaktionen, für die Kraftfelder bis auf wenige Spezialfälle kaum parametrisiert wurden. Hier sind quantenmechanische Verfahren die einzige Möglichkeit zur theoretischen Beschreibung.

Quantenmechanische Verfahren sind wesentlich aufwendiger als Kraftfeldverfahren. Die genauesten Methoden, die allerdings auch die meiste Rechenzeit verschlingen, sind die so genannten ***ab initio*-Verfahren**. Bei sehr großen Systemen stoßen diese Verfahren an ihre Grenzen. Daher hat man andere, weniger rechenintensive Verfahren entwickelt. Bei diesen **semiempirischen Methoden** werden gewisse Integrale, deren Bestimmung bei den *ab initio*-Verfahren den geschwindigkeitsbestimmenden Schritt darstellt, durch einfach auszurechnende Näherungen ersetzt. Die dadurch erzielte drastische Verkürzung der Rechenzeit, bei allerdings reduzierter Genauigkeit, ermöglicht eine routinemäßige Anwendung semiempirischer Rechnungen auf Wirkstoffmoleküle und Proteine. Ein anderes schnelleres *ab initio*- Verfahren stellt die **Dichtefunktionaltheorie** dar. Mit dieser Methode wird für ein Vielteilchensystem direkt die ortsabhängige Elektronendichteverteilung im Grundzustand berechnet, der Umweg über die vollständige Lösung der Schrödingergleichung für das Vielteilchensystem ist nicht erforderlich. Aus der Elektronendichte werden dann alle anderen interessierenden Eigenschaften abgeleitet. Für große Protein-Ligandsysteme hat man Verfahren entwickelt, die den interessierenden Bereich, z. B. die Bindestelle oder das katalytische Reaktionszentrum, quantenchemisch behandelt. Die Umgebung wird dagegen mit einem schnelleren Kraftfeldverfahren approximiert (QM/MM-Methoden).

15.6 Berechnung und Analyse von Moleküleigenschaften

Das Resultat einer Molekülmechanik- oder quantenchemischen Rechnung liefert zunächst einen Satz von Atomkoordinaten, der die dreidimensionale Gestalt des Moleküls definiert. Was kann man damit anfangen? Eine wichtige Anwendung der Rechnungen ist die Ermittlung von Konformationsenergien. Darunter versteht man die relative Energie einer Molekül-

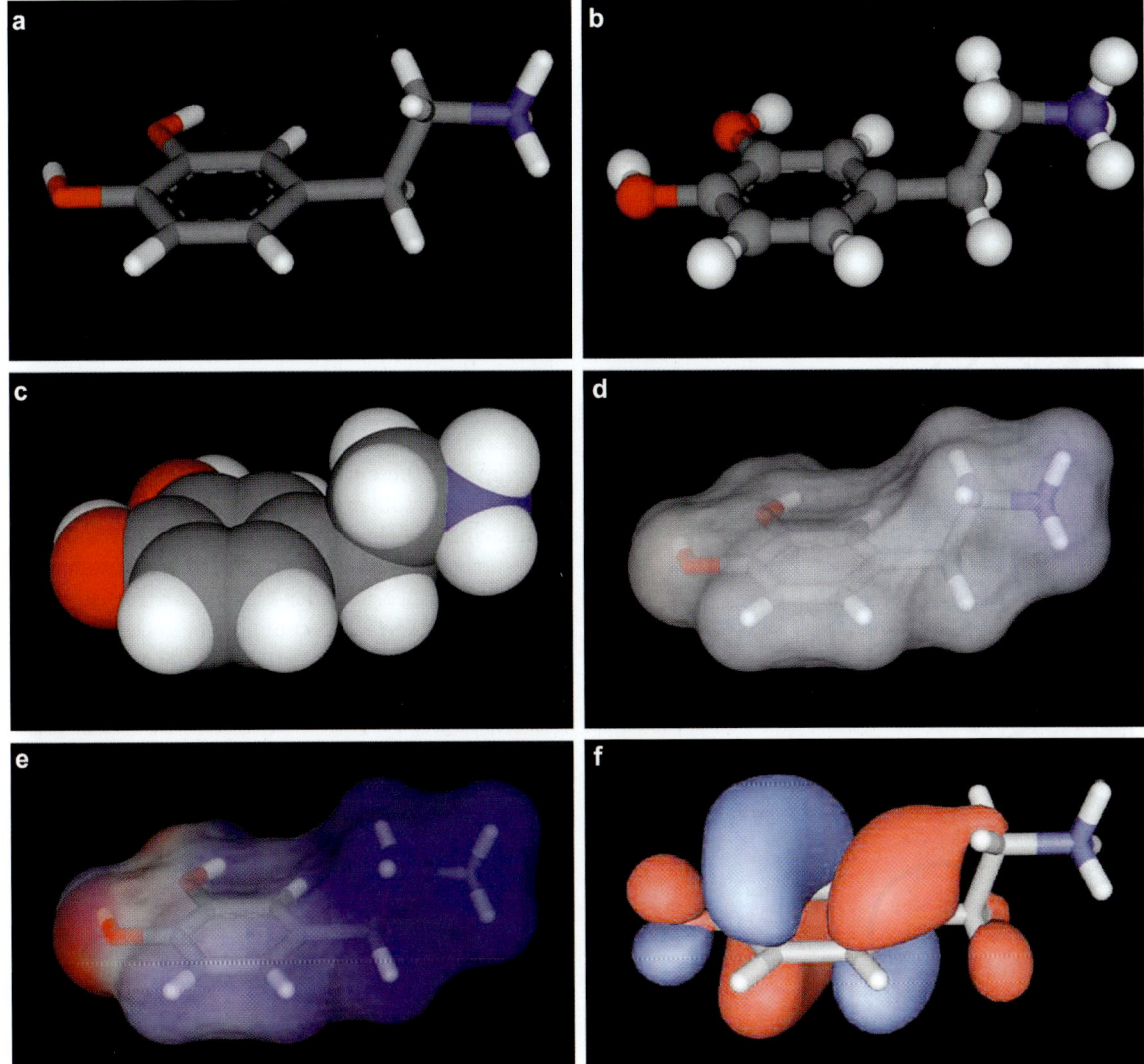

Abb. 15.2 Verschiedene computergrafische Darstellungen von Dopamin (Abschnitt 1.4, Formel 1.13). Kohlenstoffatome sind grau gefärbt, Wasserstoffatome weiß, Stickstoffatome blau und Sauerstoffatome rot. (a) Dreidingmodell. (b) Kugel-und-Stab-Darstellung (*ball and stick*), (c) Kalottenmodell (CPK-Darstellung), (d) lösungsmittelzugängliche Oberfläche, (e) elektrostatisches Potenzial auf der Oberfläche (positiv geladenen Bereiche blau, negativ geladenen Bereiche rot gefärbt), (f) höchstes besetztes Molekülorbital (HOMO), berechnet für das ungeladene Dopaminmolekül. In den blauen bzw. roten Bereichen weist die Wellenfunktion ein unterschiedliches Vorzeichen auf.

konformation im Vergleich zu einer anderen (Abschnitt 16.1).

Zwei weitere Moleküleigenschaften können damit berechnet werden: die Gestalt und Größe eines Moleküls und dessen elektrostatische Eigenschaften. Alle derzeit gebräuchlichen Grafikprogramme verfügen über mehrere unterschiedliche Darstellungsformen, die Raumstruktur von Molekülen wieder zu geben. Die wichtigsten sind in Abb. 15.2 zusammengestellt.

Am häufigsten wird eine Strich- oder Stäbchendarstellung verwendet (Dreiding-Modell), manchmal werden dabei die Atome als kleine Kugeln repräsentiert. In aller Regel verwendet man eine Farbcodierung für die Atome: Stickstoff: blau, Sauerstoff: rot, Schwefel: gelb, Fluor: türkis, Chlor: grün, Brom: braun, Iod: violett. Wasserstoffe werden weiß dargestellt, meist aber aus Gründen der Übersichtlichkeit weggelassen. Kohlenstoffe werden in aller Regel schwarz oder grau dargestellt. In dem überwiegenden Teil der Abbildungen in diesem Buch werden Kohlenstoffe, die zum Protein gehören, in orange wiedergegeben, die Kohlenstoffe des Liganden in grau. Eine andere Darstellung sind Kalottenmodelle, die Moleküle mit ihrer **van der Waals-Oberfläche** angeben. Hierzu wird um jeden Atomkern eine Kugel gezeichnet, deren Größe dem van der Waals-Radius entspricht. Werte für diese Radien stammen aus Kristallpackungen oder sehr genauen *ab initio*-Rechnungen. Entsprechende Darstellungen werden auch als CPK-Modelle (benannt nach den Wissenschaftlern Corey, Pauling und Koltun) bezeichnet.

Daneben gibt es noch andere Optionen der Oberflächendarstellung (Abb. 15.3). Für Proteine hat sich besonders die „lösungsmittelzugängliche Oberfläche" (engl. *solvent accessible surface*) bewährt. Sie wird in den meisten der in diesem Buch verwendeten Proteindarstellungen als durchscheinende (engl. *transparent-opaque*) weiße Oberfläche angegeben. Die van der Waals-Oberfläche in Abb. 15.3a vermittelt den Eindruck, dass an der mit dem Pfeil markierten Stelle eine Spalte vorhanden sei. Allerdings ist diese Spalte so eng, dass kein anderes Atom hineinpasst. Weniger irreführend ist daher die lösungsmittelzugängliche Oberfläche (Abb. 15.3b). Sie wird erzeugt, indem eine Kugel mit 1,4 Å Radius, entsprechend der Größe eines Wassermoleküls, über die Oberfläche des Moleküls gerollt wird. Diese Oberfläche wirkt viel glatter. Noch vorhandene Höhlen bedeuten, dass dort auch wirklich kleine Moleküle, zumindest ein Wassermolekül, hineinpassen. Weniger gebräuchlich, jedoch sehr hilfreich ist die Lee-Richards-Oberfläche. Sie ist so gewählt, dass die in Kontakt mit der betrachteten Oberfläche stehenden Ligandenatome direkt auf dieser Fläche liegen (Abb. 15.3c).

Die Oberfläche kann eingefärbt werden. Beispielsweise kann man jedem Atomtyp eine Farbe zuweisen und dann für die Oberfläche die Farbe des jeweils nächstliegenden Atoms verwenden. Sehr instruktiv ist eine Darstellung, bei der die Moleküloberfläche entsprechend einer anderen Eigenschaft eingefärbt wird, z. B. des elektrostatischen oder hydrophoben Potenzials eines Moleküls.

a

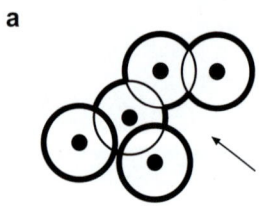

b

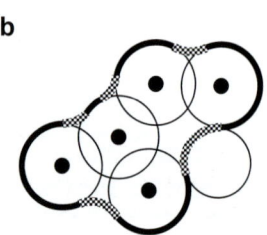

c

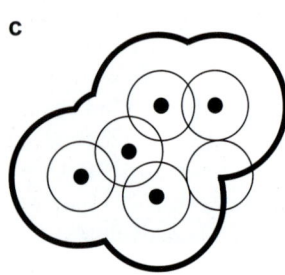

Abb. 15.3 Definitionen der molekularen Oberfläche: (a) van der Waals-Oberfläche. An der durch einen Pfeil markierten Stelle befindet sich eine Höhle, die jedoch zu schmal ist, um ein Wassermolekül aufzunehmen. (b) Lösungsmittelzugängliche Oberfläche, (c) Lee-Richards-Oberfläche.

15.7 Moleküldynamik: Die Simulation der Bewegung

Alle uns interessierenden Vorgänge laufen nicht bei 0 Kelvin, sondern bei Körpertemperatur, etwa 310 Kelvin, ab. Es ist somit klar, dass nicht nur die potenzielle Energie, sondern auch die kinetische Energie berücksichtigt werden muss. Moleküle bewegen sich bei Raumtemperatur. Sie diffundieren und ändern ihre Gestalt, indem sie unterschiedliche Konformationen einnehmen. Bei der Protein-Ligand-Wechselwirkung spielt die Flexibilität und Adaptionsfähigkeit beider Partner eine wichtige Rolle. Voraussetzung für die Proteinbindung eines Liganden ist, dass er eine Konformation einnehmen kann, die der Gestalt der Proteinbindetasche entspricht. Umgekehrt sind auch Proteine in gewissem Umfang flexibel. Zum Beispiel können an der Oberfläche befindliche Seitenketten unterschiedliche Konformationen einnehmen oder ganze Domänen bewegen sich relativ zueinander. Gerade bei der Ausbildung eines Protein-Ligand-Komplexes spielt die wechselseitige Anpassung der Gestalt von Protein und Ligand eine wichtige Rolle.

Die **Moleküldynamiksimulation** (**MD**) ist ein theoretisches Verfahren zur Beschreibung dieser Effekte. Bei moleküldynamischen Simulationen verfolgt man die Bewegung von Atomen bzw. Molekülen unter der Einwirkung des gewählten Kraftfelds. Bei diesen Rechnungen wird angenommen, dass die Wechselwirkung zwischen den Teilchen den Gesetzen der klassischen Mechanik gehorcht. Die Newtonschen Bewegungsgleichungen werden dazu mit einem numerischen Verfahren schrittweise für alle Teilchen gleichzeitig gelöst. Meist wird angenommen, dass die zwischen zwei Teilchen wirkende Kraft nicht von weiteren Teilchen beeinflusst wird.

In der Praxis geht man so vor, dass zunächst eine Startgeometrie erzeugt wird (Abb. 15.4). Ist eine experimentell bestimmte Struktur, z. B. die Kristallstruktur eines Protein-Ligand-Komplexes, verfügbar, so wird man von dieser ausgehen. Um die umgebenden Wasserhülle zu berücksichtigen, taucht man den Komplex in ein „Wasserbad", d. h. man umgibt ihn mit einer großen Zahl von Wassermolekülen. Man fügt auch eine ausreichende Zahl Ionen hinzu, um das gesamte System im elektrisch neutralen Zustand zu halten. Zur Vermeidung von Randeffekten an den „Wänden" des verwendeten Wasserbads wird ein Trick angewandt, den man als „periodische Randbedingungen" bezeichnet. Nähert sich der simulierte Proteinkomplex einer solchen Wand und will durch diese das Wasserbad verlassen, so behandelt man diesen Vorgang auf dem Rechner so, als würde der Komplex auf der gegenüberliegenden Seite wieder in das Wasserbad eintreten. Formal hebt man damit praktisch die Begrenzungsflächen des Wasserbads auf.

Zu Beginn der eigentlichen Simulation wird jedem Atom zufällig eine Startgeschwindigkeit zugewiesen. Die Geschwindigkeiten sind so gewählt, dass sie im

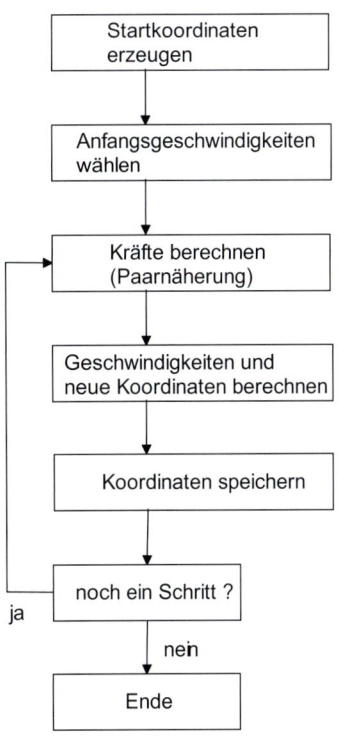

Abb. 15.4 Schematischer Ablauf einer Moleküldynamiksimulation. Die Startgeometrie ist entweder eine experimentell bestimmte Struktur oder eine durch Kraftfeldrechnung optimierte Geometrie. Jedem Atom wird eine passende Anfangsgeschwindigkeit zugewiesen. Mit diesen Startbedingungen werden dann schrittweise die Bewegungsgleichungen gelöst und die Koordinaten periodisch abgespeichert.

Mittel der gewünschten Temperatur entsprechen (Boltzmann-Verteilung). Dann wird für jedes Atom die Kraft ausgerechnet, die durch die umgebenden Atome auf dieses Teilchen einwirkt. In einem vorgegeben Zeitintervall wird mit den Newtonschen Bewegungsgleichungen die nächste Position errechnet, und so weiter. Die Schrittweite beträgt typischerweise eine Femtosekunde (1 fsec = 10^{-15} Sekunden). Diese kleine Schrittweite ist notwendig, da es auf molekularer Ebene viele extrem schnell ablaufende Prozesse gibt. Es wird dann die Entwicklung der Bewegung über mehrere Nanosekunden verfolgt und in Form einer **Trajektorie** aufgezeichnet. Zehn Nanosekunden sind ausreichend, um die Bewegung von Seitenketten, manchmal sogar von Proteindomänen zu verfolgen. Sie reichen aber nicht aus, um die Diffusion eines Wirkstoffs in die Bindetasche zu beschreiben. Dafür sind längere Simulationen erforderlich. Auch lässt sich mit diesem Verfahren kaum die Faltung eines Proteins simulieren. Die dazu erforderliche Zeit benötigt auf der tatsächlichen Zeitskala zwischen zwanzig Millisekunden und einer Stunde. Selbst auf den schnellsten Computern liegt die Berechnung eines Zeitschritts (1 fsec) immer noch im Sekundenbereich. Allerdings werden neue Algorithmen und Rechner mit spezifischer Architektur entwickelt, die in absehbarer Zeit solche Simulationen ermöglichen werden.

Noch eine weitere Anwendung der MD-Simulation, die **Berechnung von Bindungsaffinitäten**, soll hier erwähnt werden. Im Prinzip lässt sich die freie Enthalpie ΔG für ein gegebenes System berechnen. Aus Sicht der statistischen Thermodynamik bestimmt man dazu die so genannte Zustandssumme, in der die energetischen Beiträge aller möglichen Konfigurationen eines Systems Berücksichtigung finden. Automatisch wird dabei durch die Bestimmung der Verteilung über die vielen Zustände auch der Entropieinhalt des Systems berechnet. Im Zusammenhang mit Protein-Ligand-Wechselwirkungen sind besonders Differenzen der freien Bindungsenergien verschiedener Liganden von Interesse. In der Praxis hat sich allerdings gezeigt, dass sich nur Differenzen der Bindungsenthalpien zwischen ähnlichen Liganden zuverlässig berechnen lassen. Da man bei den heutigen Anwendungen vor allem sehr große Datenmengen auswertet (Abschnitt 7.4), kann man sich den Aufwand dieser Rechnungen kaum leisten. Außerdem ist es nach wie vor so, dass viele einfache empirische Energiefunktionen eine ähnlich gute Abschätzung von Affinitäten erlauben. Daher greift man gerne auf diese schnellen Verfahren zurück.

15.8 Die Dynamik eines flexiblen Proteins in Wasser

Die wichtigste Anwendung der moleküldynamischen Simulation ist sicher die Verfolgung der Bewegung eines oder mehrerer Moleküle in Lösung. Zum Beispiel kann man an einem Protein-Ligand-Komplex die Frage untersuchen, welche Teile der Proteinbindetasche bzw. eines Liganden im Komplex starr bleiben und welche flexibel sind.

Das Enzym Aldose-Reduktase erweist sich als ein sehr flexibles Protein. Es vermag seine Bindetasche auf vielfältige Weise der Gestalt eines gebundenen Liganden anzupassen. Diese Eigenschaft steht mit der biologischen Aufgabe dieses Proteins im Zusammenhang. Es reduziert eine sehr breite Palette von Aldehyden als Substrate. Seine genaue Funktion und Rolle als Zielstruktur für eine Arzneistofftherapie wird im Abschnitt 27.5 besprochen. Hoch flexible und adaptive Proteine stellen ein Problem im Wirkstoffdesign dar. Durch eine Vielzahl von Kristallstrukturbestimmungen wurde man darauf aufmerksam, dass es mehrere Basis-Konformationen der Aldose-Reduktase gibt, die vermutlich untereinander im dynamischen Gleichgewicht stehen. Ein zu bindender Ligand pickt sich eine für ihn passende Konformation aus diesem Gleichgewicht heraus und stabilisiert sie durch seine Bindung. Diese Überlegungen gelten vor allem auch bei Rezeptoren wie den GPCRs, die in Kapitel 29 vorgestellt werden.

An dem Enzym Aldose-Reduktase hat Matthias Zentgraf aufwendige molekulardynamische Simulationen durchgeführt. Dabei ergab sich ein mit den kristallographischen Strukturbestimmungen konsistentes Bild. Aminosäuren, die in den Kristallstrukturen immer wieder mit veränderter Geometrie in den vielen Protein-Ligand-Komplexen gefunden wurden, erweisen sich auch in den MD-Simulationen als sehr flexibel. Wertet man die Trajektorie einer solchen Simulation aus, so zeigt sich, dass das Protein zwischen diesen Basiskonformationen hin- und herklappt. Zusätzlich treten dabei aber viele Geometrien auf, die nur kleine aber dennoch strukturell entscheidende Variationen dieser Basiskonformationen bedeuten. So öffnen sich kleine Bereiche in der Bindetasche, die in der Lage sind, beispielsweise eine zusätzliche Methylgruppe oder einen Phenylring an einem Liganden aufzunehmen. Solche Hinweise können direkt für das Design neuer Inhibitoren verwendet werden.

Um sich einen Überblick über die Flexibilität eines Proteins zu verschaffen, berechnet man die Abweichungen der Atompositionen von einem Simulationszustand zum nächsten entlang der Trajektorie. Wie bei einem fotografischen Film bezeichnet man solche Momentaufnahmen des Komplexes als „Schnappschüsse". Vor allem wird transparent, ob das Protein für eine bestimmte Zeit um eine Konformation fluktuiert, um dann in eine andere Geometrie umzuklappen. Im weiteren Fortgang kann es nach einiger Zeit entweder wieder in die alte Geometrie zurückkehren oder in eine weitere Basiskonformation umklappen. In Abb. 15.5 ist eine solche Orientierungskarte gezeigt. Aus ihr ist zu entnehmen, dass das Protein in mehreren Basis-Konformationen verweilt. Überlagert man repräsentative Momentaufnahmen aus diesen Verweilbereichen (Clustern) solcher Basiskonformationen, so erhält man ein sehr gutes Bild, welche Reste in einer Bindetasche vor allem erhöhte Flexibilität aufweisen. In dem vorliegenden Beispiel sind es vor allem die Seitenketten zweier benachbarter Phenylala-

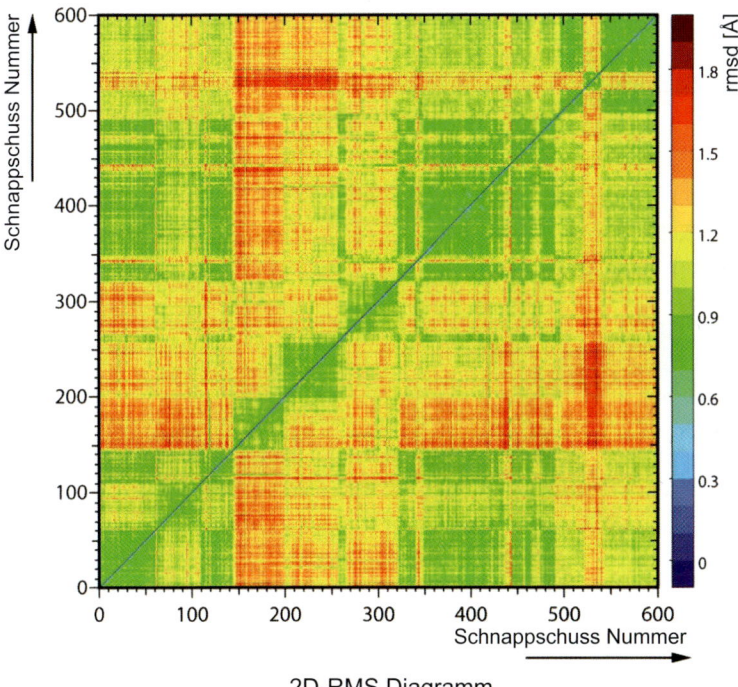

Abb. 15.5 In dieser Übersichtkarte werden in zeitlicher Abfolge die räumlichen Abweichungen (RMS-Abweichungen) von Momentaufnahmen („Schnappschüsse") entlang einer Simulationstrajektorie aufgetragen. Farbcodiert werden große Abweichungen mit roten, mittlere mit grünen und kleine Abweichungen mit blauen Farbtönen wiedergegeben. Entlang der Hauptdiagonale sind grün abgegrenzte quadratische Bereiche zu erkennen. Dort verweilt der Komplex nahe einer Basiskonformation. Beim Übergang in den nächsten quadratischen Bereich klappt er in eine neue Geometrie um. Sind die Sektoren außerhalb der Hauptdiagonale vermehrt rot angefärbt, so weicht die erreichte Geometrie stark von der zuvor eingenommenen Konformation ab. Wird ein Bereich erreicht, der außerhalb der Diagonale in grüner Farbe mit einem zuvor eingenommenen Bereich korreliert, so unterscheidet sich die erreichte Geometrie nur wenig von einem Zustand, den das System schon einmal eingenommen hat. Über eine solche Karte lässt sich leicht herausfinden, zwischen wie vielen Basiskonformationen ein Komplex hin und her schwankt.

nine (Phe 121 und Phe 122, Abb. 15.6). Sie können aus dem Weg schwingen und somit eine neue, zuvor verschlossene Höhle in der Bindetasche freigeben. Im Rahmen des Wirkstoffdesign lassen sich solche Hinweise in den Entwurf neuer Inhibitoren übersetzen, die diese neue Bindetasche ausfüllen. Dadurch kann verbesserte Affinität oder Selektivität gegen das betrachtete Zielprotein erreicht werden. In Abbildung 15.7 ist ein Ligand gezeigt, der mit einer zusätzlichen Benzylgruppe (rot) versehen wurde, die optimal die neu geöffnete Höhle in dem hellblau dargestellten Schnappschuss aus Abb. 15.6 ausfüllen kann.

15.9 Modell und Simulation: Wo liegt der Unterschied?

Zum Schluss dieses Kapitels sollen kurz die Begriffe Modell und Simulation einander gegenüber gestellt werden. **Molekülmodelle** werden verwendet, um Fragestellungen nachzugehen, die experimentell nicht oder nur schwierig zu beantworten sind. Welche unterschiedlichen Konformationen kann ein Molekül einnehmen? Diese Frage ist derzeit experimentell nur schwer zu beantworten. Passt ein möglicher Wirkstoffkandidat in eine Protein-Bindetasche? Auch diese Frage ist nur mittels aufwendiger Experimente zu beantworten. Die Verwendung von Modellen ist ein elementarer Bestandteil jeder naturwissenschaftlichen Disziplin. Besonders in der Chemie haben Modelle immer eine zentrale Rolle gespielt. In den Kapiteln 23–32 wird gezeigt, wie auf den Kristallstrukturen von

Protein-Ligand-Komplexen aufbauende Modelle wichtige Beiträge zum Wirkstoffdesign liefern, vor allem bei der Vorselektion möglicher Molekülkandidaten für die Synthese.

Der Begriff **Simulation** bezeichnet das Rechnen mit Modellen. Auf dem Computer lassen sich für ein gegebenes mathematisches Modell mehrere Optionen oder Variablenkombinationen rasch durchspielen.

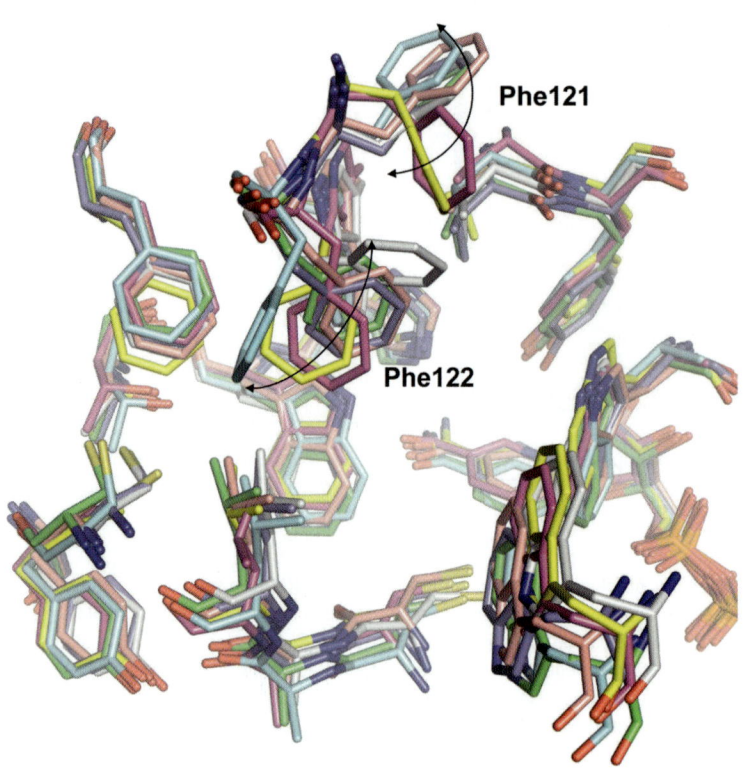

Abb. 15.6 Aus den verschiedenen quadratischen Bereichen entlang der Hauptdiagonalen in Abb. 15.5 wurden repräsentative Momentaufnahmen herausgenommen und miteinander überlagert. Es zeigt sich, dass vor allem die Seitenketten der Phenylalanine Phe 121 und Phe 122 in der Bindetasche starke Bewegungen vollführen. Dabei können sie auch Konformationen einnehmen (z. B. hellblaue Geometrie), die zum Öffnen einer neuen hydrophoben Höhle in der Bindetasche führen.

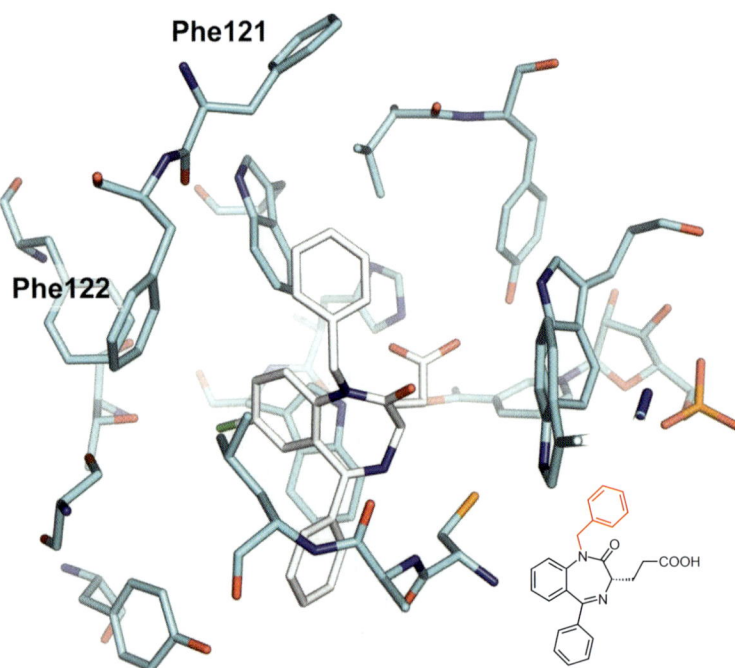

Abb. 15.7 Entlang der Trajektorie treten Konformationen des Proteins auf, die durch das Wegschwingen der Seitenkette eines Phenylalanins eine neue hydrophobe Tasche freigegeben (Abb. 15.6, z. B. hellblaue Geometrie). Diese Tasche kann durch die Seitekette eines Liganden besetzt werden. Dazu wurde an das Gerüst des gezeigten Benzodiazepin-ähnlichen Inhibitors ein Benzylrest (rot) angefügt, der die während der Simulation geöffnete Tasche besetzen kann.

Solche Untersuchungen können zu einem besseren Verständnis des Systems wesentlich beitragen. Computersimulationen sind neben Theorie und Experiment als dritte Säule der exakten Wissenschaften bezeichnet worden.

Für den Bereich des Wirkstoffdesigns sei aber vor zu hohen Erwartungen gewarnt! Es darf nicht übersehen werden, dass die Durchführung einer sinnvollen Simulation voraussetzt, dass die zugrunde liegenden Modelle genau und ihre Anwendungsgrenzen gut verstanden sind. Diese Voraussetzung ist für viele Bereiche der Ingenieurwissenschaften wohl hinreichend gut erfüllt, sodass die Simulation beim Entwurf neuer Autos oder Chips eine wichtige Rolle spielt. In der Chemie liegen die Dinge leider komplizierter. Die uns derzeit zur Verfügung stehenden Molekülmodelle erlauben die Aufstellung von Rangfolgen zur Synthese anstehender Verbindungen. Sie können auch zum Entwurf neuer Liganden mit verbesserten Bindungseigenschaften benutzt werden. Allerdings sind die Modelle derzeit häufig noch nicht genau genug, um detaillierte Simulationen eines Protein-Ligand-Komplexes mit einer ausreichenden Genauigkeit zur Ermittlung der Bindungsenergie zu erlauben. In Anbetracht der Wichtigkeit dieses Arbeitsgebiets kann das eigentlich nur bedeuten, dass noch mehr Anstrengungen in die Erfassung experimenteller Daten zur Entwicklung besserer Modelle unternommen werden müssen.

Literatur

Allgemeine Literatur

K. B. Lipkowitz und D. B. Boyd, Hrg., Reviews in Computational Chemistry, VCH, Weinheim, 1990 ff.

U. Burkert und N. L. Allinger, Molecular Mechanics, ACS Monograph 177, American Chemical Society, Washington, 1982

P. Birner, H. J. Hofmann und C. Weis, MO-theoretische Methoden in der organischen Chemie, Akademie-Verlag, Berlin, 1979

G. Barnickel, Molecular Modelling – von der Theorie zur Wirklichkeit, Chemie in unserer Zeit **29**, 176–185 (1995)

R. W. Kunz, Molecular Modelling für Anwender, Teubner Studienbücher, 1991

J. M. Goodfellow, Hrsg., Computer Modelling in Molecular Biology, VCH, Weinheim, 1995

A. Leach, Molecular Modelling: Principles and Applications, 2. Ed. Prentice Hall, 2001

Spezielle Literatur

E. Fischer, Aus meinem Leben, Springer, Berlin, 1922, S.134

J. D. Watson, Die Doppel-Helix, Rowohlt, 1969

D. J. Cram, Von molekularen Wirten und Gästen sowie ihren Komplexen, Angew. Chem. **100**, 1041–1052 (1988)

B. Pullman, Molecular Modelling, With or Without Quantum Chemistry, in: Modelling of Molecular Structures and Properties, J. L. Rivail, Hrg., Studies in Physical and Theoretical Chemistry, Band 71, S. 1–15, Elsevier, Amsterdam, 1990

W. D. Cornell et al., A Second Generation Force Field for the Simulation of Proteins, Nucleic Acids, and Organic Molecules, J. Am. Chem. Soc. **117** 5179–5197 (1995)

W. F. van Gunsteren und P. K. Weiner, Computer Simulations of Biomolecular Systems, ESCOM, Leiden, 1989

Konformationsanalyse

16

Schon beim Zusammenstecken eines mechanischen Molekülmodells lässt sich feststellen, dass man um einzelne Bindungen Drehungen ausführen kann. Man gibt dem Molekül dabei eine andere Gestalt, oder wie der Chemiker sagt, man überführt es in eine andere **Konformation**. In einem realen Molekül sind die Drehungen um diese Bindungen nicht völlig frei. Sie unterliegen einem Potenzial, das Molekül „rastet" während der Drehungen bei bestimmten Winkeln in energetisch günstigen Lagen ein. Den einfachsten Fall stellt *n*-Butan dar (Abb. 16.1). Der zentrale **Torsionswinkel** gibt die relative Stellung der beiden Bindungen zu den Methylgruppen an. Dreht man *n*-Butan aus der „*trans*"-Lage bei 180° heraus, so stehen bei 120° und 240° eine Methylgruppe am „vorderen" und ein Wasserstoffatom am „hinteren" Kohlenstoff auf Deckung (engl. *eclipsed*). Sie kommen sich nahe, daher ist diese Geometrie aus sterischen Gründen ungünstig. Bei 60° und 300° stehen die Reste wieder auf Lücke, eine gestaffelte, energetisch günstigere Situation ist erreicht (engl. *staggered*). Durch die räumliche Nachbarschaft der Methylgruppen, die jetzt, wie man sagt, „*gauche*" zueinander stehen, ist diese Geometrie aber etwas ungünstiger als die „*trans*"-Anordnung. Noch ungünstiger wird die Situation, wenn die beiden Methylgruppen „hintereinander" auf Deckung stehen (0°, 360°). Drehungen um die Bindungen zu den endständigen Methylgruppen beeinflussen die Konformationsenergie nur geringfügig.

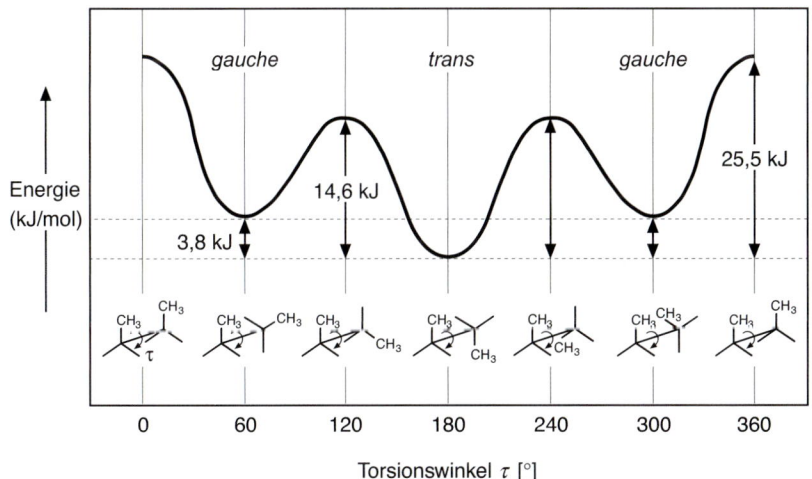

Abb. 16.1 Butan, CH$_3$CH$_2$CH$_2$CH$_3$, besteht aus einer linearen Kette von vier Kohlenstoffatomen. Stehen bei Drehungen um die zentrale C–C-Bindung die beiden terminalen Methylgruppen auf Deckung, so beträgt der Torsionswinkel der mittleren Bindung 0°. Bei 60° halbiert die Bindung zur „hinteren" Methylgruppe den Winkel zwischen „vorderer" Methylgruppe und einem Wasserstoff. Diese Situation bezeichnet man als *gauche*-Anordnung. Bei 120° befinden sich eine Methylgruppe und ein Wasserstoffatom auf Deckung zueinander. Bei 180° stehen sich die endständigen Methylgruppen gegenüber. Hier ist die energetisch günstigste Lage, die *trans*-Anordnung, erreicht. Von nun an verläuft die Drehung spiegelsymmetrisch, um nach 360° wieder bei der Ausgangslage zu enden. Die Anordnung bei 120° und 240° ist gegenüber der Anordnung bei 180° energetisch um 14,6 kJ/mol ungünstiger. Die *gauche*-Anordungen bei 60° und 300° stellen relative oder lokale Minima dar. Sie liegen um 3,8 kJ/mol höher als das globale Minimum bei 180°. Die Geometrie bei 0° und 360° ist am ungünstigsten und liegt um 25,5 kJ/mol höher. Will man mit einem Minimierungsverfahren, das nur „bergab" laufen kann, die drei Minima der Potenzialkurve erreichen, so kann man beispielsweise bei den Punkten 110°, 130° und 350° starten.

16.1 Viele drehbare Bindungen erzeugen große konformative Vielfalt

Je nachdem, welche Atome und Gruppen an einer drehbaren Bindung beteiligt sind, können die Potenzialverläufe eine Vielzahl von Maxima und Minima entlang einer vollen Umdrehung aufweisen. Sie liegen, relativ zueinander, auf unterschiedlichen Energieniveaus. Das tiefste Minimum bezeichnet man als globales Minimum, die höher liegenden als lokale Minima. Ihre Kenntnis ist wichtig, da Moleküle vor allem Geometrien einnehmen, die Energieminima entsprechen. Rechnungen sind notwendig, um diese Minima zu finden. Ein möglicher Weg besteht in der systematischen Drehung um die drehbaren Bindungen, z. B. in 10°-Schritten. Bei jedem Schritt wird die Energie des Moleküls mit einem Kraftfeld berechnet. Alle relativen Minima entsprechen möglichen Konformationen des Moleküls.

Die meisten Wirkstoffmoleküle besitzen viele Einfachbindungen und daher mehr als eine drehbare Bindung. Für jede dieser Bindungen kann der Torsionswinkel mehrere mögliche Werte einnehmen. Diese Werte sind für alle drehbaren Bindungen des Moleküls miteinander zu kombinieren. Die Zahl der möglichen Kombinationen steigt dadurch multiplikativ an. Das Molekül *n*-Hexan besitzt drei drehbare Bindungen. Nimmt man in Analogie zum *n*-Butan (Abb. 16.1) für jede drehbare Bindung drei Minima bei ± 60°, 180° und 300° an, so ergeben sich bereits $3 \cdot 3 \cdot 3 = 27$ Minima. Zur systematischen Suche nach diesen Minima in 10°-Schritten sind aber schon $36 \cdot 36 \cdot 36 = 46\,656$ Einstellungen nötig. Im Prinzip muss man für jede Einstellung die Energie berechnen. Nicht alle Winkeleinstellungen werden zu sinnvollen Geometrien führen. Es kann passieren, dass sich Molekülteile durch Zurückfaltung miteinander überlagern müssten. Solche Kollisionen werden in einem Computerprogramm erkannt und die Geometrien von der weiteren Betrachtung ausgeschlossen. Man kann sich leicht vorstellen, dass mit einer steigenden Zahl von drehbaren Bindungen die Zahl der lokalen Minima und der einzustellenden Geometrien bei einer systematischen Suche gewaltig ansteigt.

16.2 Konformationen sind lokale Energieminima eines Moleküls

Im Kapitel 15 wurde gezeigt, dass man mithilfe eines Kraftfelds oder eines quantenmechanischen Verfahrens die Energie und Geometrie eines Moleküls berechnen kann. Somit lassen sich für jede beliebige Winkeleinstellung der drehbaren Bindungen in einem Molekül die herausfinden, die einem energetisch günstigen Zustand entsprechen. Das mathematische Verfahren, das nach einer solchen Minimumstruktur sucht, kann auf einem Potenzialgebirge nur „bergab" laufen (Abschnitt 15.5). Dazu soll nochmals das Potenzial des *n*-Butans betrachtet werden (Abb. 16.1). Startet man mit einem Winkel von 130°, so wird die Minimierung bei der *trans*-Geometrie enden. Beginnt man dagegen bei 110°, also bei einem nur 20° kleineren Winkel, so führt die Optimierung zur *gauche*-Anordnung. Damit sind zwei der drei möglichen Minima gefunden. Das dritte Minimum, das dem gespiegelten *gauche*-Konformeren entspricht, wird z. B. von einem Startpunkt bei 350° erreicht. Damit hat man für den einfachsten Fall alle möglichen Konformationen aufgefunden.

Wie geht man bei komplexeren Molekülen vor? Im Prinzip genauso. Da man meist nicht weiß, bei welchen Torsionswinkeln die einzelnen Einfachbindungen Potenzialminima, d. h. stabile Konformationen aufweisen, muss mit einer Vielzahl von Startwinkeln für die einzelnen Bindungen begonnen werden. Von diesen Werten läuft die Minimierung stets „bergab". So findet man letztlich alle Minima der Potenzialfläche. Die Kunst besteht in einer effizienten Auswahl der Startpunkte, von denen aus minimiert wird. Bei großen Molekülen ist dies ein sehr aufwendiges Verfahren. Es kommt der Aufgabe eines Wanderers gleich, in den Alpen das am tiefsten liegende Tal zu suchen.

Adenosinmonophosphat 16.1 soll als Beispiel dienen (Abb. 16.2). Die Analyse konzentriert sich auf den fünfgliedrigen Ribosering, die Bindung zum Stickstoff des Adenins und die drei Bindungen der Zuckerphosphat-Seitenkette. Welche Konformationen kann dieses Molekül einnehmen? Es wird in 10°-Schritten um die offenkettigen Bindungen gedreht. Bei einer systematischen Suche für den Ribosering werden nur solche Anordnungen berücksichtigt, für die sich der Ring schließen lässt. Um eine grobe Beschreibung für das Aussehen der erhaltenen Geometrien zu bekommen, wird der Abstand zwischen dem Zentrum des Adeningerüsts und dem Phosphoratom in jeder ein-

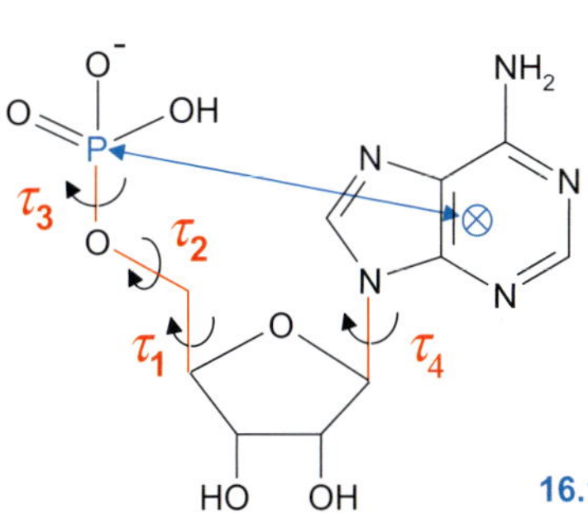

Abb. 16.2 In Adenosinmonophosphat **16.1** liegen ein konformativ flexibler Ribosering und vier offenkettige Torsionswinkel τ_1–τ_4 vor. Bei einer Konformationsanalyse dreht man um jeden dieser Torsionswinkel. Um eine grobe Beschreibung der dabei erzielten Geometrien zu erhalten, wird der Abstand zwischen dem Phosphoratom in der Seitenkette und dem Zentrum des Adeningerüsts (⊗) vermessen.

gestellten Geometrie vermessen. Für die mehr als 300 000 generierten Geometrien liegt er zwischen 4,5 und 9,3 Å. Um eine Abschätzung des Energieinhalts eines Moleküls in einer beliebigen Geometrie zu erhalten, wird seine van der Waals-Energie (Kapitel 15) berechnet. Eine solche Berechnung lässt sich sehr schnell durchführen. Die 300 000 Geometrien fallen in den Bereich zwischen 0 und 64 kJ/mol.

Die so generierten Strukturen befinden sich noch nicht in lokalen Potenzialminima. Um diese zu erreichen, muss man alle Startstrukturen minimieren (vgl. Potenzialkurve von *n*-Butan in Abb. 16.1). Die erhaltenen Konformationen werden miteinander verglichen um festzustellen, ob eventuell gleiche Minima von verschiedenen Punkten aus erreicht wurden. Bei 300 000 Startstrukturen ist dies ein ziemlich aufwendiges Unterfangen! Es kommt dem Ansinnen gleich, den Wanderer auf seiner Suche nach dem tiefsten Tal der Alpen jedes Planquadrat ablaufen zu lassen. Hoffentlich ist ihm ein langes Leben beschert, sodass er das Ergebnis seiner Suche noch erleben darf! Kann man diese Suche effektiver gestalten?

16.3 Wie kann man den Konformationsraum möglichst effektiv absuchen?

Manchmal ist Würfeln besser als systematisches Ausprobieren! Der Wanderer könnte zufällige Punkte in den Alpen auswählen, um von dort aus in das nächstliegende Tal abzusteigen. Mit etwas Glück findet er das tiefste Tal mit wesentlich geringerem Aufwand. In der Konformationsanalyse sind solche **Monte Carlo-Verfahren** sehr beliebt. Dabei werden die Startwinkel für die Konformationssuche rein zufällig gewählt. Ein anderer Ansatz bedient sich der **Moleküldynamik**. Der Wanderer müsste dazu ein Flugzeug besteigen, das mit hoher Geschwindigkeit zwischen den Bergen kreuzt und vor jedem Hindernis seine Richtung ändert. Nach festen Zeitintervallen springt er vom Flugzeug ab und wandert nach der Landung in die Talsohle. Je höher das Flugzeug fliegt, desto weniger Bergspitzen stellen sich in den Weg und desto schneller wird es die Alpen flächendeckend durchkreuzen können. Im Rahmen der Moleküldynamik verfolgt man die Trajektorie (Abschnitt 15.8) eines Moleküls und speichert in festen Zeitintervallen Geometrien ab, um sie als Startpunkte für Energieminimierungen bei einer Konformationsanalyse zu verwenden. Durch Erhöhen der Temperatur (höheres Fliegen) kann man größere Bereiche des Konformationsraums in kürzeren Zeitabschnitten absuchen.

16.4 Muss man überall im Konformationsraum suchen?

Bisher lagen die betrachteten Moleküle nur im isolierten Zustand vor. Wie verhält sich ihre Flexibilität, wenn man sie in eine Umgebung, z. B. in die Bindetasche eines Proteins bringt? An ihrer konformativen Flexibilität ändert sich im Prinzip nichts. Es kann aber sein, dass die Minima wegen der sterischen und elektrostatischen Wechselwirkungen mit der Bindetasche an anderen Stellen liegen und andere relative Energien besitzen. Es fragt sich, ob man für einen Liganden, der sich in einer Bindetasche befindet, überhaupt in allen Bereichen der Torsionswinkel suchen muss. Kommen Energieminima bei bestimmten Torsionswinkeln bevorzugt vor, so ist es sinnvoll, die Suche auf diese Winkel zu beschränken. Der Wanderer könnte beispielsweise die Erkenntnis gewinnen, dass Ortschaften vermehrt in Tälern und kaum auf Bergspitzen oder an Abhängen liegen. Damit wären alle Ortschaften lohnende Ausgangspunkte für seine Minimumsuche.

Moleküle stehen in der Bindetasche eines Proteins unter dem Einfluss gerichteter Wechselwirkungen der dort befindlichen Aminosäuren. Ähnliche Verhältnisse gelten für ein Molekül in einem Kristallgitter. Dort wird seine Umgebung durch identische Nachbarmoleküle gebildet (Kapitel 13). Diese gehen mit dem Molekül, analog den Aminosäuren in der Bindetasche, gerichtete Wechselwirkungen ein. Interessanterweise ist die molekulare Packungsdichte im Inneren eines Proteins ähnlich der in Kristallgittern organischer Moleküle. Wie schon in Abschnitt 13.9 vorgestellt, sind die Kristallstrukturen einer Vielzahl organischer Moleküle bekannt und in einer Datenbank hinterlegt. Die Erfahrung zeigt aber leider, dass die Konformation eines flexiblen Moleküls in seiner Kristallstruktur oft nicht identisch oder auch nur ähnlich zur Geometrie des Moleküls in der Bindetasche eines Proteins ist. Entsprechendes gilt auch für die in Lösung vorliegenden Konformationen.

Die rezeptorgebundene Konformation eines Moleküls kann man also aus seiner niedermolekularen Kristallstruktur oder der Konformation in Lösung nicht eindeutig ableiten. Trotzdem lässt sich aus den Kristallstrukturen eine Menge lernen. Als Beispiel soll nicht das gesamte Molekül betrachtet werden, sondern nur einzelne Torsionswinkel. In Abbildung 16.1 ist die Potenzialkurve für den zentralen Torsionswinkel des n-Butans dargestellt. Entnimmt man einer Datenbank niedermolekularer Kristallstrukturen die Winkel für C–CH$_2$–CH$_2$–C-Fragmente (Abb. 16.3), so fallen sie vor allem in Bereiche um die Potenzialminima des n-Butans. Im Adenosinmonophosphat **16.1** liegen vier offenkettige Torsionswinkel τ_1–τ_4 vor (Abb. 16.2). So bildet die Verknüpfung zwischen dem Ribosering und dem Adeningerüst ein Fragment mit dem Torsionswinkel τ_4. Ein weiteres Fragment ist die Phosphatgruppe mit dem Sauerstoff und dem benachbarten Kohlenstoff in der Kette (τ_3). In der Datenbank kommt dieses Fragment in einer Vielzahl unterschiedlicher Strukturen vor. Es ist ein repräsentatives Bild zu erwarten, denn bei einer ausreichenden Zahl von Kristallstrukturen liegen diese Fragmente in sehr vielen verschiedenen Umgebungen vor. In Abb. 16.4 sind die Ergebnisse solcher Suchen für die vier Torsionswinkel τ_1–τ_4 als Häufigkeitsverteilungen, so genannte Histogramme, angegeben. Die Erfahrung zeigt, dass für viele Torsionswinkel eine klare Bevorzugung bestimmter Werte auftritt. Für τ_1, τ_2 und τ_3 ist das hier der Fall. Man kann sich fragen, warum man diese statistischen Auswertungen nicht besser an den Liganden der kristallographisch untersuchten Protein-Ligand-Komplexe durchführt. Leider ist die Vielfalt dieser Daten immer noch beschränkt und sie sind für die gewünschten Auswertungen meist nicht genau genug. Dennoch zeigen vergleichende Untersuchungen, dass dort die gleichen Torsionswinkel bevorzugt werden wie in den niedermolekularen Kristallstrukturen.

Die Erfahrung, dass Torsionswinkel bestimmte Werte bevorzugen, kann man natürlich für die Konformationssuche nutzen. Der Winkel τ_4 zwischen Ribosering und Adeningerüst weist eine breite Verteilung vieler möglicher Werte auf (Abb. 16.4). Hier lässt sich die Suche leider nicht beschränken. Für die anderen drei Winkel τ_1–τ_3 sieht es besser aus. Es treten nur ganz bestimmte Werte auf. Begrenzt man die systematische Suche auf diese Bereiche und sucht in 10°-Schritten um die Mittelwerte, so werden nur noch 6340 Geometrien erzeugt. Mit 5,9–9,3 Å Abstand zwischen Phosphor und Adenin decken sie annähernd den gleichen Bereich ab wie bei der vollen Suche. Führt man für diese Geometrien eine Berechnung der van der Waals-Energien durch, so fallen sie in einen Bereich zwischen 0 und 16,3 kJ/mol. Gegenüber dem Ergebnis aus Abschnitt 16.2 fehlen also alle Geometrien, die dem ungünstigen „oberen" Energiebereich entsprechen.

Wie kann man überprüfen, ob die Suche auch den Konformationsbereich abdeckt, in dem die rezeptorgebundenen Konformationen angetroffen werden? Adenosinmonophosphat **16.1** tritt häufig als Bestandteil von Cofaktoren in Proteinstrukturen auf, sodass für dieses spezielle Beispiel genügend Information über seine rezeptorgebundenen Konformationen vorliegt. Sie stammt aus Röntgenstrukturanalysen von Proteinen mit diesen Cofaktoren. Die Abstände von 5,9–9,2 Å zwischen dem Adeningerüst und dem Phosphor in den rezeptorgebundenen Strukturen decken den gleichen Bereich ab, der in der verkürzten systematischen Suche gefunden wurde. Man kann also annehmen, dass eine ausreichende Menge Geometrien erzeugt wurde, die zu den lokalen Minima der gebun-

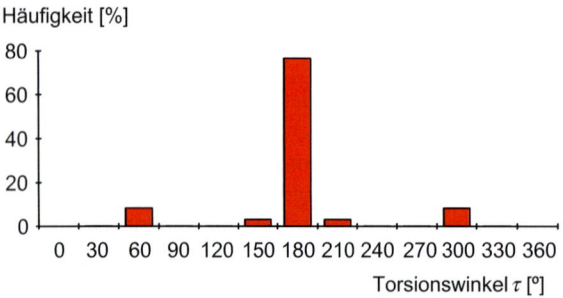

Abb. 16.3 Für das C–CH$_2$–CH$_2$–C-Fragment findet man in der Datenbank niedermolekularer Kristallstrukturen eine Werteverteilung der Torsionswinkel, die Häufungen bei 60°, 180° und 300° aufweist. Die meisten Werte werden bei 180° gefunden. Im Diagramm sind die Torsionswinkel zwischen 0° und 360° als relative Häufigkeiten in Prozent aufgetragen. Die Maxima der Verteilung liegen an den Stellen, wo auch die Potenzialkurve des n-Butans (Abb. 16.1) ihre Energieminima aufweist.

16. Konformationsanalyse

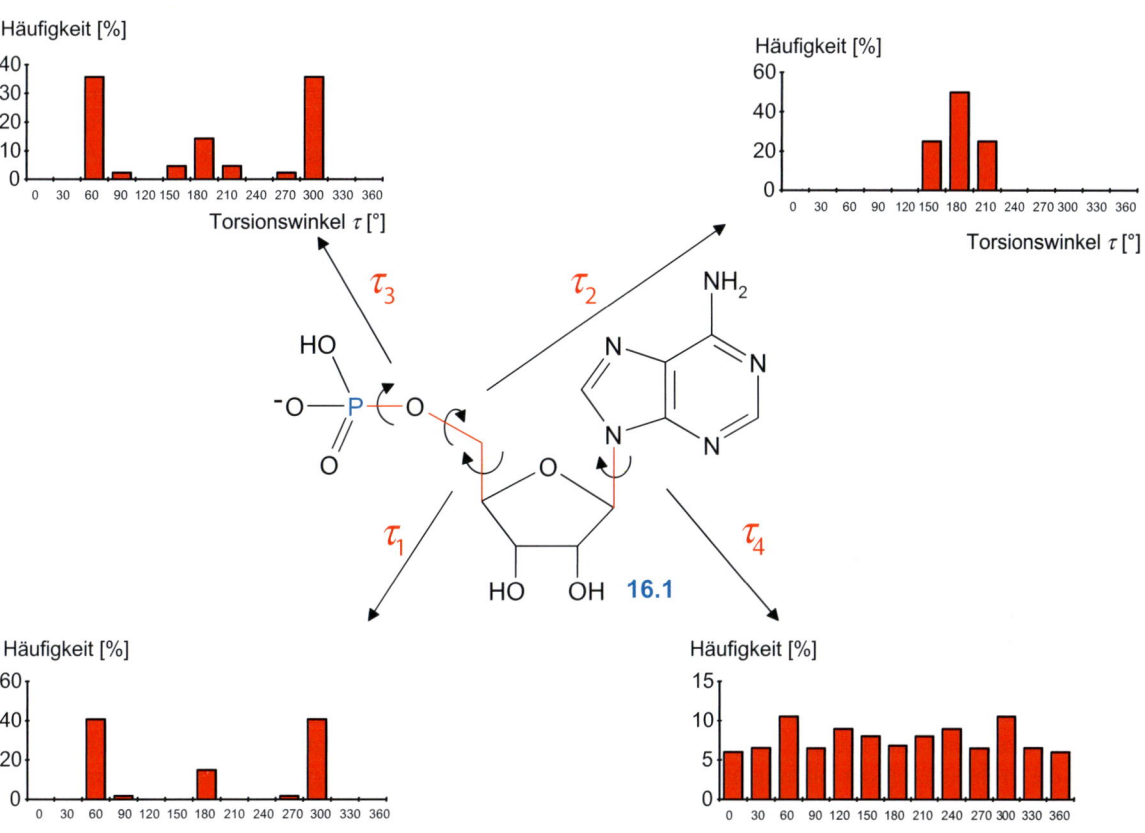

Abb. 16.4 Den offenkettigen Bindungen des Adenosinmonophosphats sind Häufigkeitsverteilungen der Torsionswinkel zugeordnet, wie sie in Kristallstrukturen niedermolekularer organischer Moleküle gefunden werden. Diese Torsionswinkel-Histogramme sind für Fragmente zusammengestellt, die repräsentativ für die Fragmente des Testmoleküls sind. Für die Winkel τ_1–τ_3 ergeben sich klare Bevorzugungen bestimmter Werte, τ_4 entspricht einer breiten Verteilung aller möglichen Winkel. Man verwendet dieses Wissen in der Konformationsanalyse und beschränkt die Suche für τ_1–τ_3 auf die bevorzugten Wertebereiche.

denen Zustände des Adenosinmonophosphats führen. Übertragen auf das einfache Butan-Beispiel (Abb. 16.1) bedeutet dies, dass man die Startpunkte so geschickt gewählt hat, dass alle Minima erreicht werden.

16.5 Probleme bei der Suche nach Minima, die dem rezeptorgebundenen Zustand entsprechen

Wie bereits beschrieben, erhält man bei einer systematischen Konformationsanalyse die lokalen Minima, indem alle erzeugten Geometrien einer Optimierung mit einem Kraftfeld unterworfen werden.

Dabei kann es aber Probleme geben. Um dies zu erklären, soll ein anderes Molekül, die Zitronensäure 16.2, in der Bindetasche der Citratsynthase betrachtet werden. Mit ihren drei Carboxylatgruppen und der OH-Gruppe bildet sie sieben Wasserstoffbrücken zu drei Histidinen und zwei Argininen (Abb. 16.5). Betrachtet man jedoch das freie, nicht proteingebundene Molekül und minimiert dessen Geometrie im isolierten Zustand, so wird es eine Konformation annehmen, in der sich die Wasserstoffbrücken intramolekular absättigen (Abschnitt 15.5). Natürlich kann man von anderen Geometrien starten, doch immer wieder wird die Minimierung zu Konformationen mit intramolekularen Wasserstoffbrücken führen. Solche Wasserstoffbrücken liegen aber im proteingebundenen Zustand äußerst selten vor. Daher besitzen die im isolierten Zustand minimierten Konformationen keine Relevanz für die Verhältnisse im Protein.

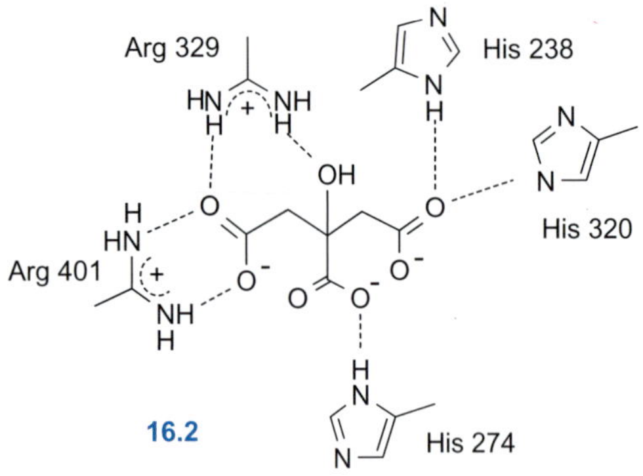

Abb. 16.5 Wechselwirkungen zwischen Zitronensäure **16.2** und dem Enzym Citratsynthase. Das Molekül wird über sieben Wasserstoffbrücken an drei Histidine und zwei Arginine gebunden.

Allgemein gilt, dass Liganden nur ganz selten in einer Konformation an Proteine binden, die eine intramolekulare Wasserstoffbrücke enthält. Die H-Brücken bildenden Gruppen dienen in aller Regel der Wechselwirkung mit dem Protein.

Um die Probleme mit der Bildung intramolekularer H-Brücken zu umgehen, kann man auf eine Minimierung der erzeugten Startstrukturen verzichten und alle aus der systematischen Suche stammenden Geometrien für die weiteren Vergleiche verwenden (Kapitel 17). Doch dann müsste man sehr viele Geometrien behandeln. Dies würde, allein schon aus rechentechnischen Gründen, die Möglichkeiten, solche Vergleiche durchzuführen, sehr einschränken. Außerdem könnten die so erzeugten Geometrien stark verzerrten Zuständen entsprechen. Denkbar wäre auch, in dem verwendeten Kraftfeld die Potenzialterme abzuschalten, die zur Ausbildung der intramolekularen Wasserstoffbrücken führen. Doch wie zuverlässig wäre solch ein „Rumpfkraftfeld"? Man kann auch versuchen, die erzeugten Geometrien einer systematischen Suche so geschickt zusammenzufassen, dass Gruppen ähnlicher Konformationen durch jeweils einen repräsentativen Vertreter beschrieben werden.

16.6 Effektive Suche nach relevanten Konformationen mit einem wissensbasierten Ansatz

Ein wissensbasierter Ansatz analysiert zunächst experimentell bestimmte Konformationen und erzeugt dann für neue Moleküle nur diejenigen, die mit den experimentellen Daten im Einklang stehen. Dadurch werden von vornherein nicht so viele Geometrien erzeugt. Es soll nochmals das Beispiel des Adenosinmonophosphats **16.1** aufgegriffen werden. Der Ansatz erkennt einen flexiblen fünfgliedrigen Ring und vier offenkettige, drehbare Bindungen. Energiegünstige Konformationen für den Ring werden aus einer Datenbank ausgewählt. Dort hat man die Konformationen sehr vieler verschiedener Ringe aufgenommen, wie sie z. B. in Kristallstrukturen organischer Moleküle gefunden werden. Im vorliegenden Fall schlägt der Ansatz fünf energiegünstige Ringkonformationen vor, von denen zwei in den proteingebundenen Cofaktoren tatsächlich angetroffen werden. Für die offenkettigen Molekülteile orientiert sich das Verfahren an den erwähnten Häufigkeitsverteilungen der Torsionswinkel (Abb. 16.4). Startgeometrien werden nur in Bereichen gesetzt, in denen diese Verteilungen Häufigkeiten aufzeigen. Das dabei verwendete Raster ist recht grob. Im abschließenden Schritt werden die erzeugten Geometrien durch Nachjustieren der Torsionswinkel optimiert. Kontakte zwischen nicht kovalent gebundenen Atomen werden vermieden. Gleichzeitig werden die eingestellten Torsionswinkel möglichst nahe an den bevorzugten Werten gehalten. Dieses Vorgehen kommt mit vergleichsweise wenigen Konformationen aus. Sie sind aber recht gleichmäßig in dem Teil des Konformationsraums verteilt, der für die rezeptorgebundenen Konformationen relevant ist (Abb. 16.6).

16.7 Was ist der Nutzen einer Konformationssuche?

Viele Wirkstoffe sind flexible Moleküle. Sie können, je nach Umgebung, deutlich unterschiedliche Konformationen einnehmen. Eine von diesen wird die rezeptorgebundene Konformation sein. In der Regel wird sie nicht die energetisch günstigste Konformation im isolierten Zustand sein, sie wird aber in einem energetisch günstigen Bereich liegen. Für die Konformationsanalyse bedeutet dies, dass nicht unbedingt das tiefste Minimum gesucht wird. Vielmehr soll das „richtige", dem gebundenen Zustand entsprechende Minimum aufgespürt werden. Nur wenn man die Kriterien zur Suche dieses Minimums kennt, wird man eine Chance haben, es zu finden. In der Schwierigkeit der Aufgabe besteht kein Unterschied, das energetisch günstigste oder das zu einer Bindestelle „passende"

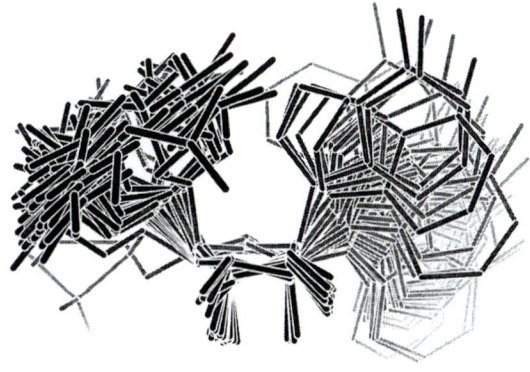

Abb. 16.6 Zur Illustration der Bereiche im Raum, die Adenosinmonophosphat 16.1 im proteingebundenen Zustand erreichen kann, sind 81 Konformere aus experimentell bestimmten Protein-Ligand-Komplexen miteinander überlagert (oben). Im Zentrum ist der Ribosering zu sehen, der in zwei Ringkonformationen auftritt. Rechts sind die möglichen Orientierungen des Adeninrings gezeigt, links die Konformationen der flexiblen Phosphatseitenkette. Eine ähnliche Abdeckung des Konformationsraums wird durch die überschaubare Zahl von 14 Konformationen erreicht, die ein wissensbasierter Ansatz erzeugt (unten).

Minimum zu finden. Ein wichtiges Werkzeug bei der Suche nach neuen Leitstrukturen stellt die Einpassung von möglichen Molekülkandidaten in die Bindetasche eines vorgegebenen Proteins dar. Programme, die diese Einpassung vornehmen, müssen das beschriebene Konformationsproblem lösen. Es gibt zahlreiche Methoden, die diese Suche heute auf Computerclustern für Moleküle der Wirkstoffgröße effizient lösen (Abschnitt 7.6 und 20.8).

Literatur

Allgemeine Literatur

J. Dale, Stereochemie und Konformationsanalyse, VCH, Weinheim, New York 1978

H. B. Kagan, Organische Stereochemie, Georg Thieme Verlag, Stuttgart, 1977

P. Rademacher, Strukturen organischer Moleküle, VCH, Weinheim, 1987

G. Quinkert, E. Egert und C. Griesinger, Aspekte der Organischen Chemie, Band I. Struktur, Verlag Helvetica Chimica Acta, Basel, 1995

Spezielle Literatur

G. Klebe, Structure Correlation and Ligand/Receptor Interactions, in: Structure Correlation, H. B. Bürgi und J. D. Dunitz, Hrsg., VCH, Weinheim, 1994, S. 543–603

G. R. Marshall und C. B. Naylor, Use of Molecular Graphics for Structural Analysis of Small Molecules, in: Comprehensive Medicinal Chemistry, C. Hansch, P.G. Sammes und J.B. Taylor, Hrsg., Band 4, Pergamon Press Oxford, 1990, S. 431–458

G. Klebe und T. Mietzner, A Fast and Efficient Method to Generate Biologically Relevant Conformations, J. Comput.-Aided Mol. Design **8**, 583–606 (1994)

H. J. Böhm und G. Klebe, Was lässt sich aus der molekularen Erkennung in Protein-Ligand-Komplexen für den Entwurf neuer Wirkstoffe lernen?, Angew. Chem. (1996)

G. Klebe, Toward a More Efficient Handling of Conformational Flexibility in Computer-Assisted Modelling of Drug Molecules, Persp. Drug Design and Discov. **3**, 85–105 (1995)

Teil IV

Quantitative Struktur-Wirkungsbeziehungen und Design-Methoden

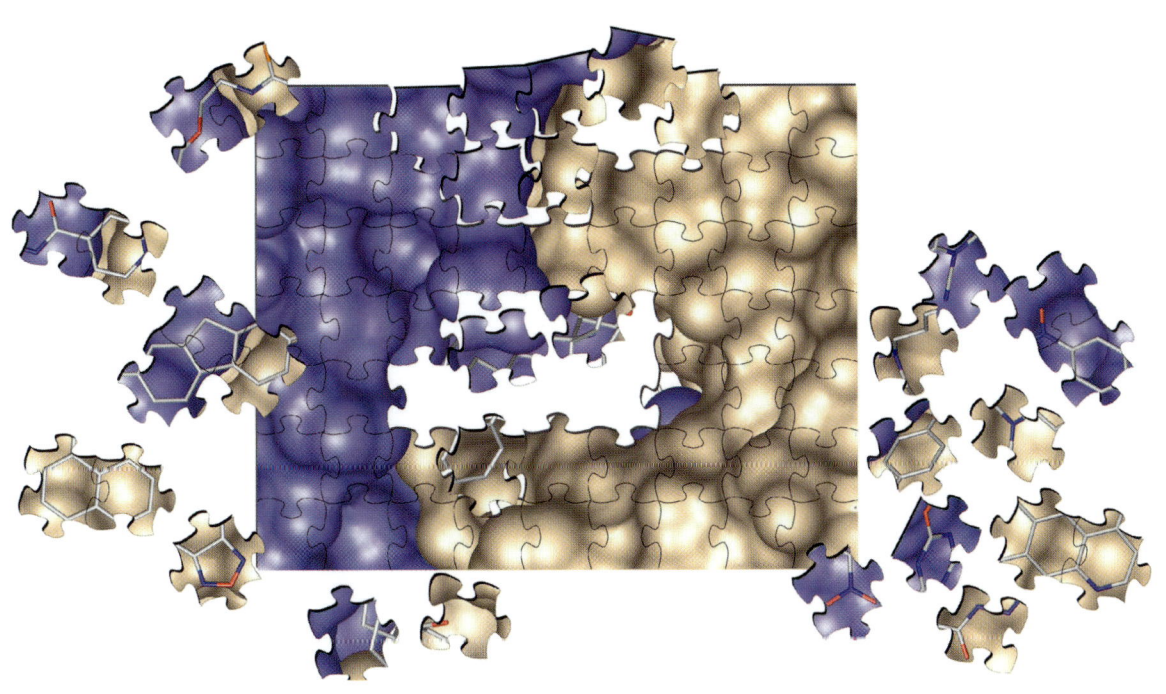

Abbildung auf der Vorderseite
Das Wirkstoffdesign wird heute durch eine Vielzahl von Computermethoden unterstützt, die alle, einem Puzzlespiel gleichend, ihre Beiträge von der Entwicklung einer ersten Designhypothese bis hin zu einem klinischen Wirkstoffkandidaten leisten (Ankündigungsposter aus der Arbeitsgruppe des Autors anlässlich einer Tagung 2005, Rauischholzhausen, Marburg).

Pharmakophorhypothesen, Molekülvergleiche und Datenbanksuchen

17

Emil Fischers Schlüssel/Schloss-Prinzip (Abschnitt 4.1) dient zur Veranschaulichung der spezifischen Wechselwirkung eines Wirkstoffs mit seinem Rezeptor. Beim Schlüssel sind es die Zacken seines Barts, die mit den Zapfen des Schlosses in Wechselwirkung treten, um das Schloss zu öffnen. Bei Wirkstoffen sind es ganz bestimmte Teile des Moleküls, die mit den funktionellen Gruppen der Aminosäuren in der Bindetasche des Rezeptors Wechselwirkungen eingehen. Im Wirkstoffdesign werden häufig ähnliche Moleküle miteinander verglichen, um daraus Ideen für neue Strukturen abzuleiten. In diesem Kapitel sollen die Kriterien erarbeitet werden, die solche Vergleiche ermöglichen. Weiterhin kann man diese Kriterien verwenden, um damit in Datenbanken nach alternativen Molekülen zu suchen, die in gleicher Weise an ein Protein binden können.

17.1 Der Pharmakophor verankert den Wirkstoff in der Bindetasche

Die Struktur der Bindetasche legt fest, welche funktionellen Gruppen auf der Seite der niedermolekularen Liganden für eine Bindung erforderlich sind. Die räumliche Anordnung dieser funktionellen Gruppen im Liganden bezeichnet man als den **Pharmakophor** (Abschnitt 8.7, Abb. 8.9). Wegen seiner Wichtigkeit für das Wirkstoffdesign und die Modellvorstellungen der Medizinischen Chemie ist eine offizielle IUPAC-Definition durch Camille G. Wermuth aufgestellt worden (Tabelle 17.1). Abstrahiert vom speziellen Molekülgerüst definiert der Pharmakophor im Raum, welche Interaktionsgruppen ein Ligand besitzen muss, um erfolgreich mit einem Protein wechselwirken zu können. Man zählt dazu Wasserstoffbrücken bildende Gruppen oder hydrophobe Molekülteile. Eine weiter ins Detail gehende Betrachtung unterscheidet noch positiv und negativ geladene Gruppen in einem Molekül. Diese verallgemeinerte Beschreibung wird als **ligandbasierter Pharmakophor** bezeichnet, wenn dieser von einem Satz analog bindender Liganden abgeleitet wurde. Umgekehrt kann man aber auch von der Proteinstruktur ausgehen. Hierzu analysiert man, welche Aminosäurereste mit ihren funktionellen Gruppen in die Bindetasche stehen. Sie definieren, mit welcher Eigenschaft ein Ligand an sie binden könnte. Damit gibt die Proteinstruktur praktisch vor, wie der Pharmakophor eines Liganden auszusehen hat, um erfolgreich an das Protein binden zu können. Diese Beschreibung wird als **proteinbasierter Pharmakophor** bezeichnet. Im Gegensatz zu Schlüssel und Schloss sind Liganden und Proteine jedoch flexibel. Im Liganden müssen sich die funktionellen Gruppen des Pharmakophors in Richtung auf die Gegengruppen im Protein orientieren. Daher ist eine detaillierte Kenntnis der konformativen Eigenschaften des Liganden essenziell. Nur so lässt sich abschätzen, ob ein Ligand eine Geometrie annehmen kann, die alle Wechselwirkungen mit dem Protein befriedigt. Auf der Seite des Rezeptors kann sich die Gestalt der Bindetasche an die Form des Liganden anpassen, ähnlich wie sich ein Handschuh an die Hand seines Trägers anpasst (*induced fit*, Abschnitt 4.1). Die Bindetaschen befinden sich zwar im Inneren oder in vergrabenen Furchen an der Oberfläche von Proteinen, dennoch treten dort kleine, aber entscheidende Konformationsänderungen auf der Seite des Proteins auf. In Abschnitt 15.8 ist ein Beispiel für die Anpassungsfähigkeit eines Proteins vorgestellt worden. Über moleküldynamische Simulationen versucht man, diese induzierte Anpassung zu beschreiben.

17.2 Strukturelle Überlagerung von Wirkstoffmolekülen

Für den Augenblick wollen wir uns auf Beispiele mit unbekannter Struktur des Rezeptors beschränken. Al-

Tabelle 17.1 Offizielle IUPAC-Definition eines Pharmakophors von Camille G. Wermuth et al., Pure Appl. Chem. **70**, 1129–1143 (1998)

- A pharmacophore is the ensemble of steric and electronic features that is necessary to ensure the optimal supramolecular interactions with a specific biological target structure and to trigger (or to block) its biological response.
- A pharmacophore does not represent a real molecule or a real association of functional groups, but a purely abstract concept that accounts for the common molecular interaction capacities of a group of compounds towards their target structure.
- A pharmacophore can be considered as the largest common denominator shared by a set of active molecules. This definition discards a misuse often found in the medicinal chemistry literature which consists of naming as pharmacophores simple chemical functionalities such as guanidines, sulfonamides or dihydroimidazoles (formerly imidazolines), or typical structural skeletons such as flavones, phenothiazines, prostaglandins or steroids.
- A pharmacophore is defined by pharmacophoric descriptors, including H-bonding, hydrophobic and electrostatic interaction sites, defined by atoms, ring centers and virtual points.

le Effekte, die eine Ligandenbindung auf der Seite des Proteins auslösen, bleiben daher außer Betracht. Ein Beispiel soll dies erläutern. Die Früchte des Strauchs *Anamirta cocculus*, die Kokkelskörner, enthalten das Terpen Picrotoxinin **17.1**, das Krämpfe auslöst. Diese Verbindung wirkt auf den Chlorid-Kanal (Abschnitt 30.5). Wegen ihrer zentral erregenden Wirkung wurde sie früher als Antidot bei Schlafmittelvergiftungen verwendet. Da sie aber hochgradig toxisch ist, besitzt sie heute keine Bedeutung mehr. Die Struktur des Picrotoxinins konnte kristallographisch bestimmt werden (Abb. 17.1).

Synthetische Abwandlungen des cyclischen Grundkörpers haben zu aktiven und inaktiven Derivaten geführt (Abb. 17.2). Mit dem Computer lassen sich die Raumstrukturen der einzelnen Derivate aus der Kristallstruktur der Referenzverbindung aufbauen und miteinander überlagern, um Strukturunterschiede zu erkennen. Für diese Überlagerung bringt man die Molekülteile, die im Rahmen eines ligandbasierten Pharmakophormodells als äquivalent angesehen werden, räumlich zur Deckung. In Abb. 17.3 ist die Überlagerung zusammen mit dem gemeinsamen Volumen aller aktiven und inaktiven Derivate gezeigt. Zwischen den beiden Volumina wird die Differenz gebildet. Sie beschreibt Bereiche im Raum, die nur von Teilen der inaktiven Moleküle besetzt werden.

17.3 Logische Operationen mit Molekülvolumina

Welche Hinweise sind aus solchen Volumina zu entnehmen? Als Arbeitshypothese ist anzunehmen, dass

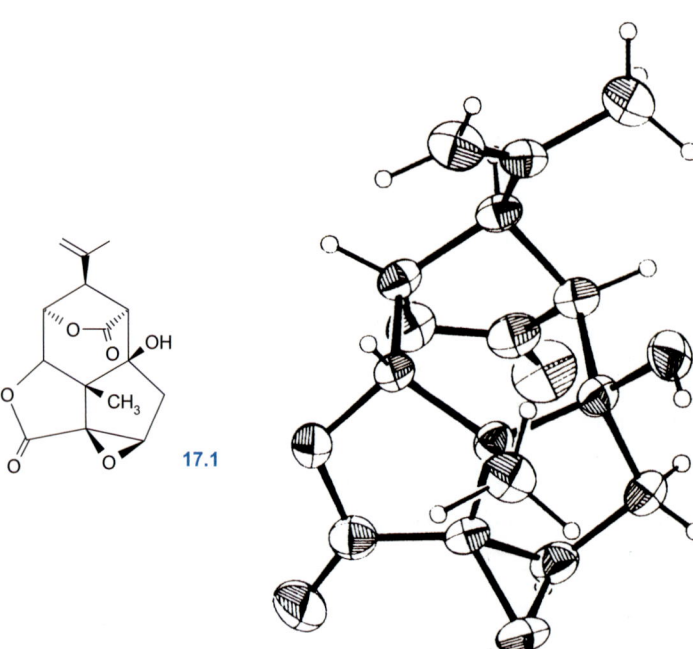

Abb. 17.1 Picrotoxinin **17.1** ist verantwortlich für die zentral erregende Wirkung der Extrakte aus Kokkelskörnern. Seine Struktur und der räumliche Aufbau wurden durch Röntgenstrukturanalyse gesichert.

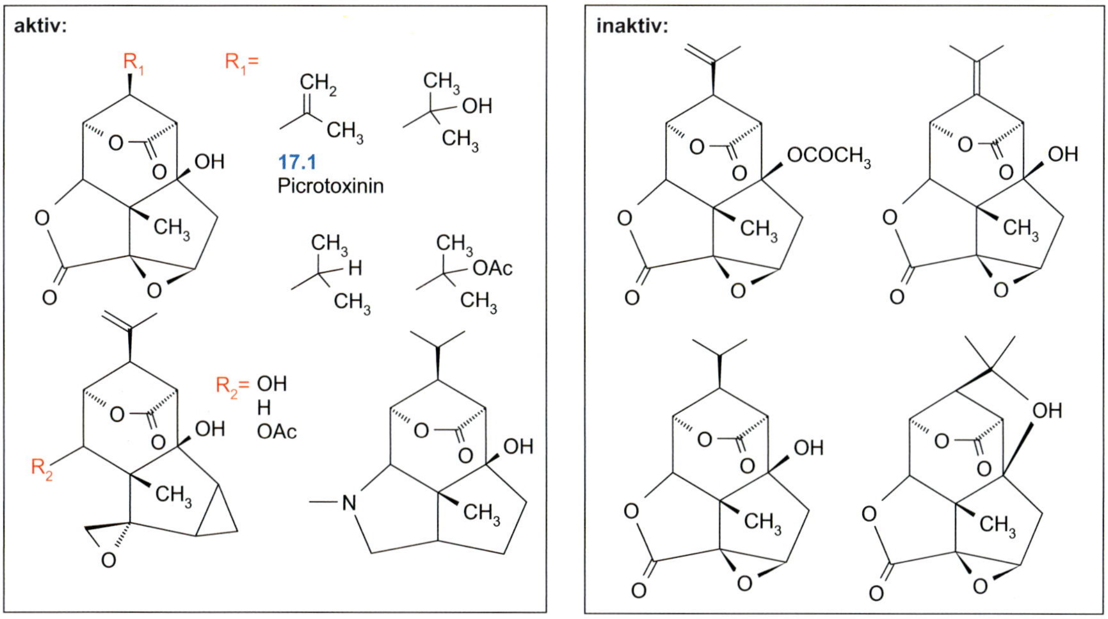

17. Pharmakophorhypothesen, Molekülvergleiche und Datenbanksuchen

Abb. 17.2 Ausgehend von Picrotoxinin **17.1** wurden aktive und inaktive Derivate synthetisiert.

ein Molekül nur dann an einen Rezeptor gebunden wird, wenn seine Größe den dort maximal verfügbaren Platz nicht überschreitet. Wie groß ist der maximal verfügbare Platz? Um sich darüber ein Bild zu verschaffen, wird das gemeinsame Volumen aller aktiven Derivate betrachtet und mit dem Volumen aller inaktiven Derivate verglichen. Eine mögliche Erklärung für die fehlende Aktivität eines Moleküls kann sein, dass es Bereiche in der Bindetasche besetzt, die bereits vom Protein eingenommen werden.

Volumenvergleiche zwischen aktiven und inaktiven Derivaten liefern Hinweise auf die mögliche Gestalt der Rezeptortasche. Für das Wirkstoffdesign können solche Vergleiche sehr hilfreich sein. Hat man die „verbotenen" Volumenbereiche für eine Stoffklasse gefunden, so lässt sich für neue Verbindungen noch vor ihrer Synthese überprüfen, ob sie diese „verbotenen" Bereiche auch wirklich unbesetzt lassen.

Wegen der Starrheit der Moleküle ist es bei den Picrotoxinin-Analoga recht einfach, die Moleküle miteinander zu überlagern. Beim Übergang zu flexiblen Molekülen ist kaum zu erwarten, dass sie nach einer Umwandlung der 2D-Strukturformel in eine 3D-Raumstruktur (Kapitel 15 und 16) in Konformatio-

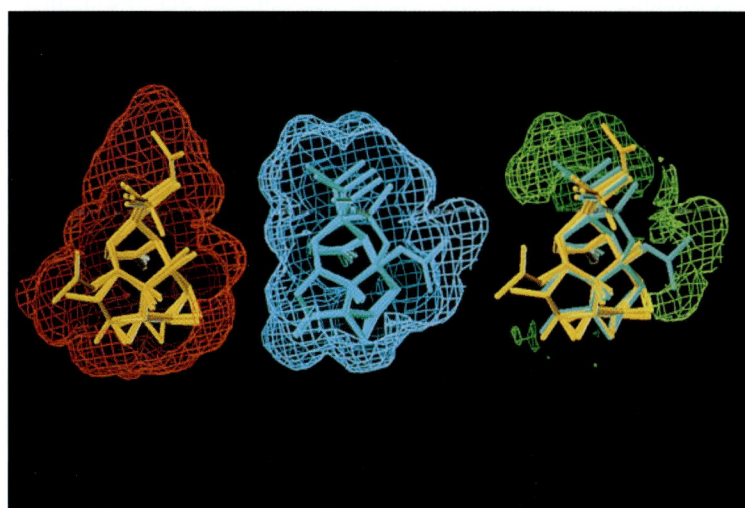

Abb. 17.3 Überlagerung der Raumstrukturen aktiver (gelb) und inaktiver (blau) Derivate des Picrotoxinins. Das Vereinigungsvolumen um die aktiven Derivate ist durch das rote umhüllende Netz angegeben. Das gemeinsame Volumen um die inaktiven Derivate ist blau dargestellt. Zwischen beiden Volumina wird die Differenz gebildet. Das verbleibende Volumen (grün) gibt die Bereiche an, die nur von den inaktiven Molekülen besetzt werden. Eine Erklärung für die fehlende Aktivität dieser Derivate kann sein, dass sie in der Bindetasche Volumenbereiche zu besetzen versuchen, die bereits von Teilen des Rezeptorproteins besetzt sind. Bei den aktiven Derivaten treten diese räumlichen Überlappungen nicht auf.

nen vorliegen, die in allen Molekülen die funktionellen Gruppen des Pharmakophors im Raum analog orientieren. Es sind also zwei Probleme zu lösen:

- Man muss herausfinden, welche Gruppen der verschiedenen Moleküle einander entsprechen und den Pharmakophor definieren.
- Es wird ein Verfahren benötigt, das die Moleküle in Konformationen bringt, in denen äquivalente Gruppen des Pharmakophors im Raum analog orientiert werden.

17.4 Der Pharmakophor ändert seine Gestalt mit der Konformation

Um das erste Problem anzugehen, ist zu überlegen, welche Aufgabe den funktionellen Gruppen der Wirkstoffe beim Kontakt mit dem Rezeptor zukommt. Sie müssen Wasserstoffbrücken und hydrophobe Wechselwirkungen mit dem Protein eingehen. Die Ähnlichkeit funktioneller Gruppen bedeutet, dass sie analoge Wechselwirkungen zum Protein ausbilden können. Um einen Pharmakophor im Raum zu definieren, braucht man wenigstens drei wechselwirkende Gruppen. Dies wird sofort klar, wenn man sich überlegt, mit wie vielen Fingern einer Hand ein beliebig geformter Körper, z. B. eine Kartoffel, im Raum fixiert wird. Mit nur zwei Fingern kann er sich noch um eine Achse drehen. Dagegen legen drei Ankerpunkte seine Position im Raum fest. Bei der Zuordnung der pharmakophoren Gruppen kommt einem häufig die praktische Erfahrung in einer Substanzklasse zuhilfe. Beispielsweise benötigen die Inhibitoren des Angiotensin-Konversionsenzyms (Abb. 17.4 und Abschnitt 25.5) eine endständige Carboxylatgruppe, eine Carbonylgruppe und eine Gruppe, die an das katalytische Zink koordiniert.

Wie lässt sich herausfinden, ob es für die als äquivalent angenommenen Gruppen in den verschiedenen Molekülen eine gemeinsame Orientierung im Raum gibt? In einem **Rechenverfahren** werden an diesen Gruppen **„virtuelle" Federn** angebracht, die sie miteinander verknüpfen. Unter dem Zug dieser Federn werden sie räumlich aufeinander gezwungen. Um dabei nicht zu völlig verzerrten Molekülgeometrien zu gelangen, berücksichtigt man für jedes der Moleküle gleichzeitig ein Kraftfeld (Kapitel 15). Als Beispiel sollen das Steroid 17.2 und drei verschiedene Inhibitoren 17.3–17.5 betrachtet werden (Abb. 17.5).

Sie treten als Liganden eines Enzyms der Ergosterin-Biosynthese auf. Zwischen den mit gleichen Nummern markierten Atomen werden Federkräfte angelegt. Die Minimierung dieser Kräfte, zusammen mit den individuellen Kraftfeldern der vier Moleküle, führt zu der in Abb. 17.5 gezeigten Überlagerung.

Leider hängt die gefundene Lösung von den Startbedingungen ab. Orientiert man die Moleküle zu Beginn der Rechnung anders im Raum oder geht von anderen Konformationen aus, so können unterschiedliche Überlagerungen resultieren. Dieser Punkt ist vielleicht auf den ersten Blick nicht einleuchtend. Es ist aber zu bedenken, dass Moleküle nicht nur unter Wirkung der „virtuellen" Federkräfte, sondern auch ihrer Kraftfelder betrachtet werden. In Kapitel 16 wurde vorgestellt, dass Molekül-Kraftfelder viele Minima besitzen. Sie spielen auch hier eine wichtige Rolle. Der Wanderer aus dem letzten Kapitel soll helfen, diese Problematik zu erläutern. Er steht auf einem Berggipfel und will von dort in ein möglichst tiefes Tal absteigen. Gleichzeitig verspürt er als „Zusatzkraft" großen Durst. Er will sich mit seinen Freunden in einem Gasthof treffen. Die Freunde kommen von anderen Punkten in den Alpen. In allen Tälern sieht er Gasthöfe. Doch welcher ist der seiner Wahl? Für den gemeinsamen Treffpunkt würde er auch ein weniger tiefes Tal in Kauf nehmen. Am Anfang seiner Wanderung sucht er den steilsten Abstieg, um schnell nach unten zu kommen. Nach einer Weile entschwinden die anderen Täler aus seinem Blickfeld. Wenn er am Ende vor einem anderen Gasthof ankommt, so fehlt ihm die Energie, noch nach weiteren Gasthöfen zu suchen. Wäre er von einem anderen Berg aus gestartet, so hätte er vielleicht ein ähnlich tiefes Tal gefunden, dort allerdings den Gasthof seiner Wahl und zwar gleichzeitig mit seinen Freunden. Ganz ähnlich liegt die Problematik bei der Wahl der Startbedingungen für die Molekülvergleiche mit „virtuellen" Federkräften. Wie soll hier geprüft werden, ob auch wirklich die bestmögliche Lösung gefunden wurde? Hier kann nur das Experiment weiterhelfen. Dazu ist es beispielsweise nötig, Moleküle zu synthetisieren, die in bestimmten Bereichen durch Einbau von Ringen konformativ fixiert sind. Sie legen eine Anordnung des Pharmakophors fest. Besitzen sie weiterhin Aktivität, so verweist ihre Geometrie auf den richtigen Pharmakophor (vgl. Abschnitt 17.9).

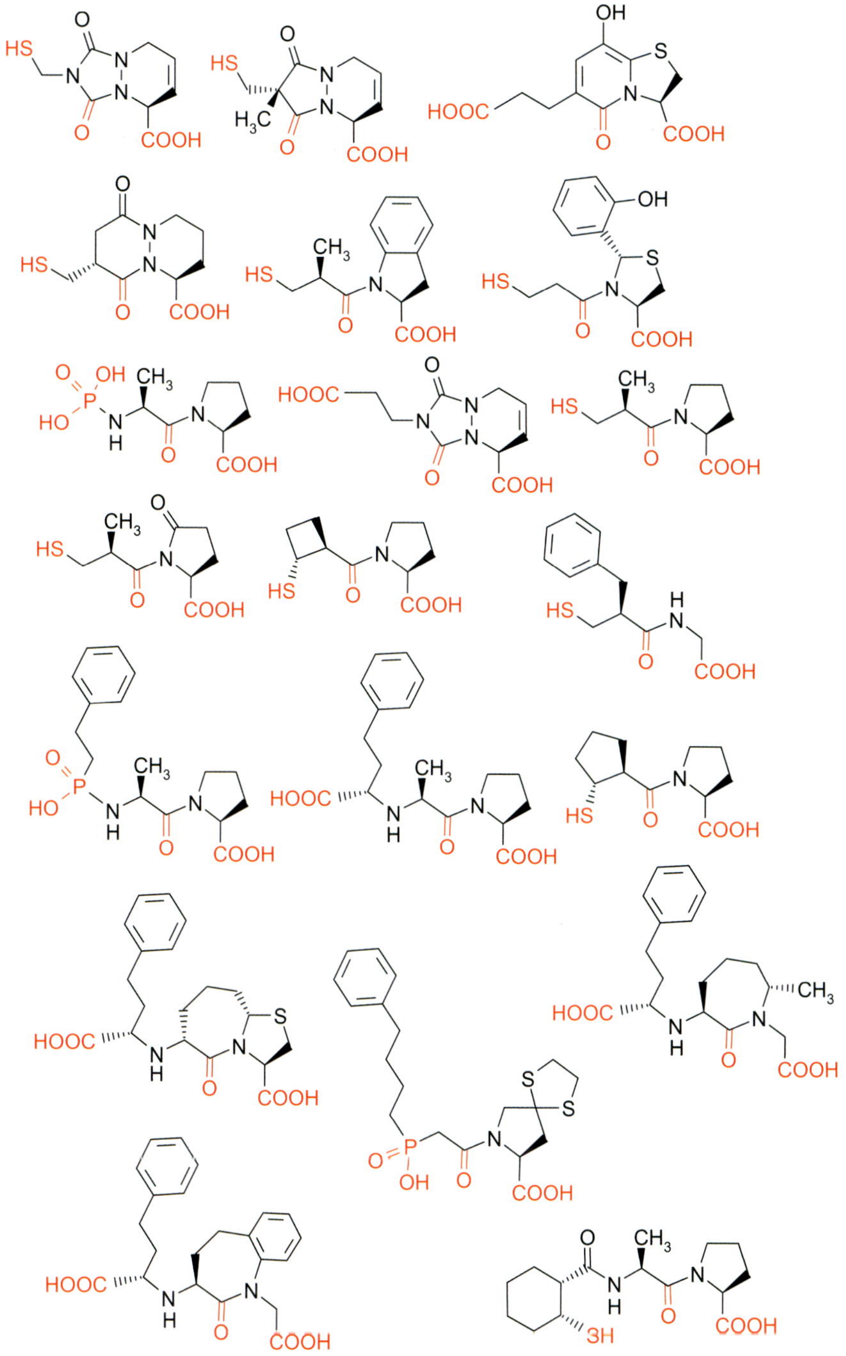

17. Pharmakophorhypothesen, Molekülvergleiche und Datenbanksuchen

Abb. 17.4 Inhibitoren des Angiotensin-Konversionsenzyms. Für eine Bindung an das Enzym ist ein Pharmakophor, bestehend aus einer endständigen Carboxylatgruppe, einer Carbonylgruppe und einer Gruppe, die an das katalytische Zink koordiniert, erforderlich. Diese Funktionen übernehmen eine Thiol-, Phosphorsäure-, Phosphonsäure- oder Carbonsäuregruppe. Die einzelnen Derivate besitzen in unterschiedlichen Bereichen konformative Flexibilität.

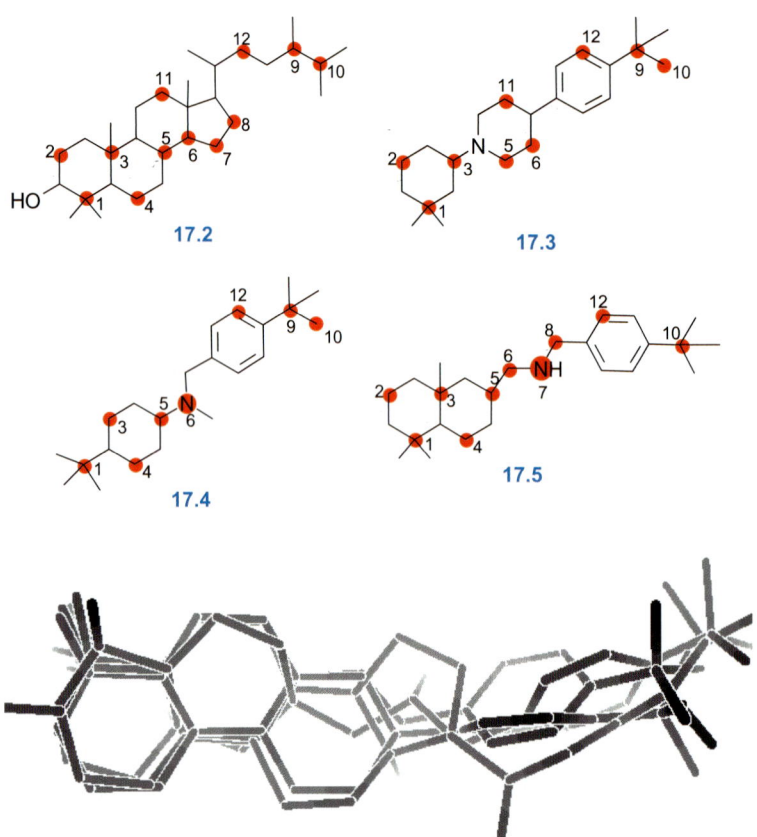

Abb. 17.5 Um das Steroid **17.2** und die drei davon abgeleiteten Inhibitoren **17.3**–**17.5** zu vergleichen, werden die mit Nummern markierten Atome mit „virtuellen" Federn verknüpft. Unter dem Zugzwang dieser Federn, bei gleichzeitiger Berücksichtigung der Molekülkraftfelder, wird die gezeigte strukturelle Überlagerung (unten) ermittelt.

17.5 Systematische Konformationssuche und Pharmakophorvergleiche: Der „*active analog approach*"

Im letzten Kapitel stellten Konformationsanalysen das zentrale Thema dar. Könnte man die dort beschriebenen Verfahren, z. B. das systematische Drehen um bestimmte Bindungen, nicht mit der Suche nach dem Pharmakophor verbinden? Ein solches Verfahren, *active analog approach* genannt, hat Garland Marshall Ende der 1970er-Jahre entwickelt. Als erstes muss man allen Molekülen eines Datensatzes einen Pharmakophor zuweisen. Es ist zu definieren, welche Gruppen zueinander äquivalent sein sollen. Dann führt man für das erste Molekül des Datensatzes eine systematische Konformationssuche durch. Während der Suche bestimmt man in jeder eingestellten Geometrie die Abstände zwischen den funktionellen Gruppen des Pharmakophors. Diese Abstände werden gespeichert. Da Moleküle nicht jede beliebige Geometrie annehmen können, werden die Abstände in bestimmte Intervalle fallen. Mit dem zweiten Molekül des Datensatzes geht man analog vor. Im Prinzip muss jetzt nur noch in den Abstandsbereichen des ersten Moleküls gesucht werden. Es kann sein, dass sich mit dem zweiten Molekül alle Abstände, die beim ersten Molekül gefunden wurden, ebenfalls einstellen lassen. Es kann aber auch sein, dass sich bestimmte Bereiche ausschließen und damit die „erlaubten" Abstandsbereiche eingegrenzt werden. So werden alle Moleküle des Datensatzes geprüft.

Wenn die konformative Beweglichkeit der Moleküle in unterschiedlichen Bereichen ihrer Gerüste eingeschränkt ist, so besteht die Chance, dass für die funktionellen Gruppen des Pharmakophors nur ein oder wenige Abstandsmuster übrig bleiben. Daraus ergeben sich die möglichen Bindungsgeometrien der pharmakophoren Gruppen in den Liganden. Es kann abschließend noch eine Geometrieoptimierung vorgenommen werden, wobei sich das Verfahren mit den „virtuellen" Federn anbietet. Dieses Verfahren ist jetzt ideal geeignet, da man schon sehr nahe an der Lösung ist, die es zu erreichen gilt. Es ist leicht vorstellbar, dass die Reihenfolge, mit der man seine Moleküle untersucht, entscheidend für die Effizienz des Verfahrens ist. Am besten fängt man mit dem starrsten Molekül des Datensatzes an. Hat man Glück, schränkt dies bereits zu Beginn einen großen Teil des erreichbaren Konformationsraums ein. Die Liste mit den möglichen Abständen bleibt dann klein. Durch konsequentes Ausnutzen solcher Einschränkungen konnte Garland Marshall mit seiner Gruppe im Jahr 1987 ein Modell für die rezeptorgebundene Konformation der in Abb. 17.4 aufgeführten ACE-Inhibitoren vorschlagen. Was kann es Erfreulicheres geben, als Jahre später dieses Modell selbst validieren zu können um festzustellen, dass es sich als in erstaunlich engen Abweichungsgrenzen als korrekt erweist! Diese Überprüfung gelang, da in der Zwischenzeit die Kristallstruktur des Enzyms mit Inhibitoren aus diesem Datensatz gelungen war (vgl. Abschnitt 25.5).

17.6 Molekulare Erkennungseigenschaften bestimmen die Ähnlichkeit von Molekülen

Man muss die Frage stellen, ob bei den bisherigen Überlegungen die Eigenschaften der Moleküle angemessen berücksichtigt wurden? Oft fällt die Entscheidung nicht leicht, eine eindeutige Zuordnung der funktionellen Gruppen zu den einzelnen „Zähnen" eines Pharmakophors zu treffen. Analoge funktionelle Gruppen müssen in allen Molekülen in ähnliche Raumrichtungen orientiert werden. Bei den ACE-Inhibitoren (Abb. 17.4) gerät man für einen Teil der Verbindungen bereits bei der Auswahl der funktionellen Gruppen in Konflikte. So tragen einige Derivate zwei Carboxylatgruppen, deren eindeutige Zuordnung zum Pharmakophor für die Vergleiche unbedingt erforderlich ist.

Die Bindung eines niedermolekularen Liganden an ein Protein ist ein wechselseitiger, zielgerichteter Erkennungsprozess. Beide Partner müssen zueinander passen, damit sie eine feste Bindung miteinander eingehen können. Teile des Liganden, die vergleichbare bzw. komplementäre **Erkennungseigenschaften** besitzen, werden die Bindung an den Rezeptor bestimmen. Unter Erkennungseigenschaften wollen wir alle Größen verstehen, die zur spezifischen Wechselwirkung zwischen Molekülen beitragen. Bisher standen Eigenschaften und Ähnlichkeiten im Vordergrund, die man direkt aus den Molekülgerüsten ablesen kann. Doch ist das ausreichend? Wie sähe diese Welt aus, wenn wir uns gegenseitig nur über „Gerüste", d. h. anhand von Knochen, erkennen würden? Noch nicht einmal Männlein und Weiblein könnten auf Anhieb voneinander unterschieden werden! Alle Reize zwischenmenschlicher Beziehungen, die über persönliche Erscheinung und Ausstrahlung vermittelt werden, gingen verloren. Moleküle wurden bislang nur anhand ihrer „Skelette" betrachtet. Warum sollten Ligand-Rezeptor-Wechselwirkungen auf diesem Niveau beschreibbar sein? Auch Moleküle erkennen sich über ihre Gestalt und Oberfläche sowie über Eigenschaften, mit denen sie in ihre unmittelbare Umgebung ausstrahlen und Kontakte eingehen.

Das folgende Beispiel soll der Erläuterung dienen. Sowohl Methotrexat **17.6** (MTX) als auch Dihydrofolat **17.7** (DHF) binden an das Enzym Dihydrofolatreduktase (Abb. 17.6 und Abschnitt 27.2). Die Seitenketten beider Moleküle sind nahezu identisch, im Heterocyclus unterscheiden sie sich aber. Aus NMR-spektroskopischen Messungen weiß man, dass MTX in protonierter Form an das Protein bindet. Beim Betrachten der Strukturformeln ist man geneigt, die beiden Heterocyclen zum Vergleich direkt übereinander zu legen (Abb. 17.6). Es ergibt sich eine schöne Äquivalenz der Bindungsgerüste, und in beiden Molekülen fallen die Heteroatome aufeinander. Doch der Rezeptor schert sich nicht um diese vordergründigen Äquivalenzen der Molekülskelette. Von Interesse ist vielmehr die Wechselwirkung mit der Moleküloberfläche. Polare Moleküle wie MTX oder DHF werden über viele Wasserstoffbrücken an das Protein gebunden. Die Pfeile in Abb. 17.6 charakterisieren **H-Brückendonor-** und **Akzeptorgruppen**. Sie werden auf das Molekül gerichtet, wenn eine Akzeptoreigenschaft vorliegt, bei Donorgruppen stehen sie davon weg. Zu Beginn werden die Moleküle so im Raum angeordnet wie es einem direkten Atom/Atom-Vergleich entspricht. Man ignoriert für einen Augenblick die zugrunde liegenden Molekülskelette und betrachtet die Verteilung der H-Brückendonor- und Akzeptorgruppen. Die erzielte Äquivalenz erscheint nicht sehr überzeugend. Also ist eine andere Variante in Erwägung zu ziehen, bei der man den Heterocyclus des DHF um die Bindung zwischen Heterocyclus und Seitenkette klappt. Die Bindung selbst verbleibt dabei an der gleichen Stelle. Die räumliche Überlappung beider Moleküle ist nicht mehr optimal, aber das Muster von Donor- und Akzeptorgruppen zeigt jetzt für beide Moleküle eine viel bessere Übereinstimmung (Abb. 17.6). In eine andere Konformation gebracht, präsentieren sich die Moleküle jetzt mit ganz anderen molekularen Erkennungseigenschaften. Diese Unterschiede kann auch ein geschultes Auge kaum von der Strukturformel ablesen, selbst in einem so klaren Fall wie hier.

Modelle sind schön, doch sind sie auch korrekt? Hier kann nur das Experiment eine Antwort geben. In dem vorliegenden Fall ist man in der glücklichen Lage, dass für beide Liganden Kristallstrukturen im Komplex mit DHFR vorliegen. Die beobachteten Bindungsgeometrien sind in Abb. 17.7 gezeigt. Für die Erkennung in der Bindetasche sind ein Aspartat, zwei Carbonylgruppen der Hauptkette und zwei Wassermoleküle verantwortlich. Die Wassermoleküle vermitteln H-Brücken zwischen Ligand und Protein. Die experimentell bestimmten Bindungsgeometrien zeigen, dass die Überlegungen zu den Ähnlichkeiten der Wasserstoffbrücken-Eigenschaften korrekte Schlussfolgerungen liefern. Eine auf den ersten Blick überraschende und „nicht äquivalent" erscheinende Orientierung beider Liganden in der Bindetasche klärt sich ganz einfach auf. Man muss die Eigenschaften miteinander vergleichen, die für den wechselseitigen Erkennungsprozess verantwortlich sind. Nur diese zählen bei den Vergleichen! Es ist zu bemerken, dass diese experimentelle Bestätigung der oben beschriebenen Überlegungen erst acht Jahre nach der zuvor aufgestellten Arbeitshypothese gelang. Somit liegt uns hier ein schönes Beispiel für die Leistungsfähigkeit von Modellbetrachtungen vor.

Neben Wasserstoffbrücken können noch andere Eigenschaften als Kriterien für eine Analogie der molekularen Erkennungseigenschaften dienen. Das **elektrostatische Potenzial** (Kapitel 15) der heterocyclischen Ringsysteme von DHF und MTX (Abb. 17.7) führt zu sehr ähnlichen Schlussfolgerungen. Neben den bereits angesprochenen Wasserstoffbrücken-Eigenschaften und dem elektrostatischen Potenzial spielen die sterische Raumerfüllung und die Verteilung von hydrophoben Eigenschaften auf der Oberfläche beider Liganden eine wichtige Rolle. Wenn Moleküle überlagert werden um die mögliche Geometrie in der Bindetasche vorherzusagen, darf dabei die konformative Flexibilität der Moleküle nicht aus dem Auge verloren werden.

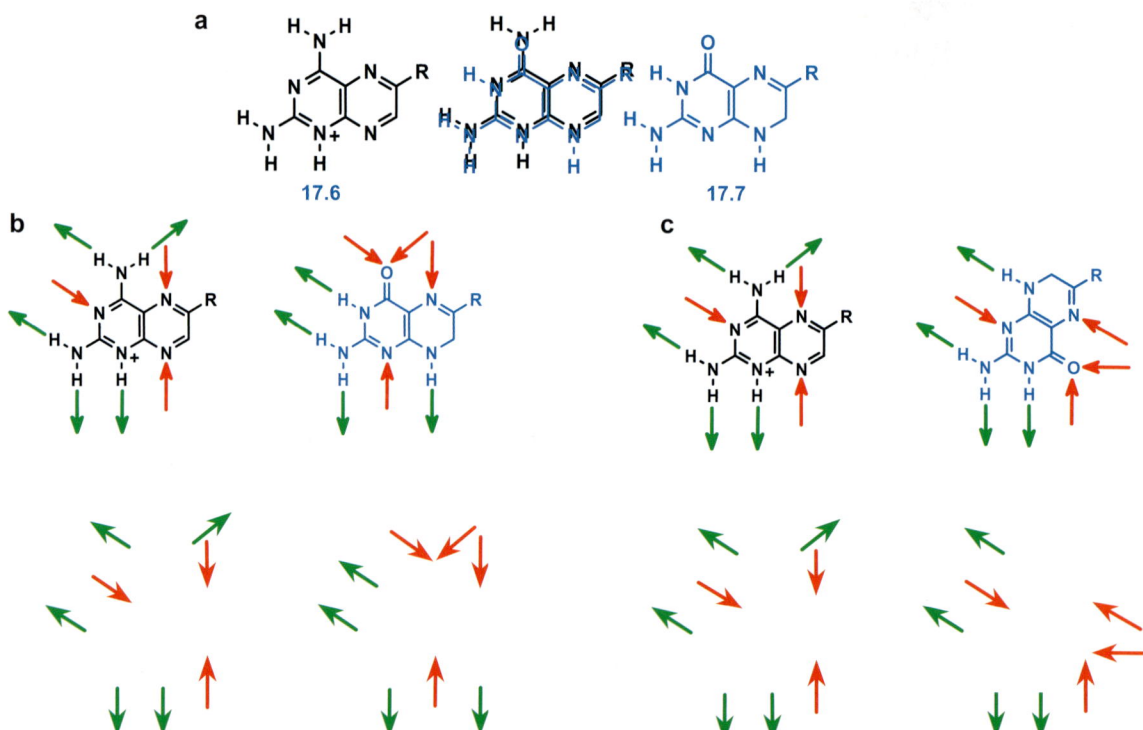

Abb. 17.6 Methotrexat **17.6** und Dihydrofolat **17.7** sind Liganden der Dihydrofolat-Reduktase. In der Seitenkette R (vgl. Abschnitt 27.2, Abb. 27.9) sind sie bis auf eine Methylgruppe am Stickstoff identisch. Im Heterocyclus unterscheiden sie sich. (a) Bei einem Strukturvergleich ist man geneigt, die beiden Heterocyclen direkt übereinander zu legen. Heteroatome fallen dabei paarweise aufeinander. (b) Zum Vergleich der Wasserstoffbrücken-Eigenschaften verteilt man Pfeile um die Moleküle. Sie sind auf das Molekül gerichtet, wenn ein Akzeptor vorliegt. Bei Donorgruppen stehen sie vom Molekül weg. Blendet man die Molekülskelette aus und konzentriert sich nur auf die Verteilung von H-Brückendonor- und Akzeptorgruppen, ergibt sich bei einer Atom/Atom-Überlagerung keine überzeugende Äquivalenz. (c) Klappt man in **17.7** den Heterocyclus um die Verbindungsachse zwischen Heterocyclus und Seitenkette R, so zeigt das erzielte Muster von Donor- und Akzeptorgruppen eine überzeugende Äquivalenz.

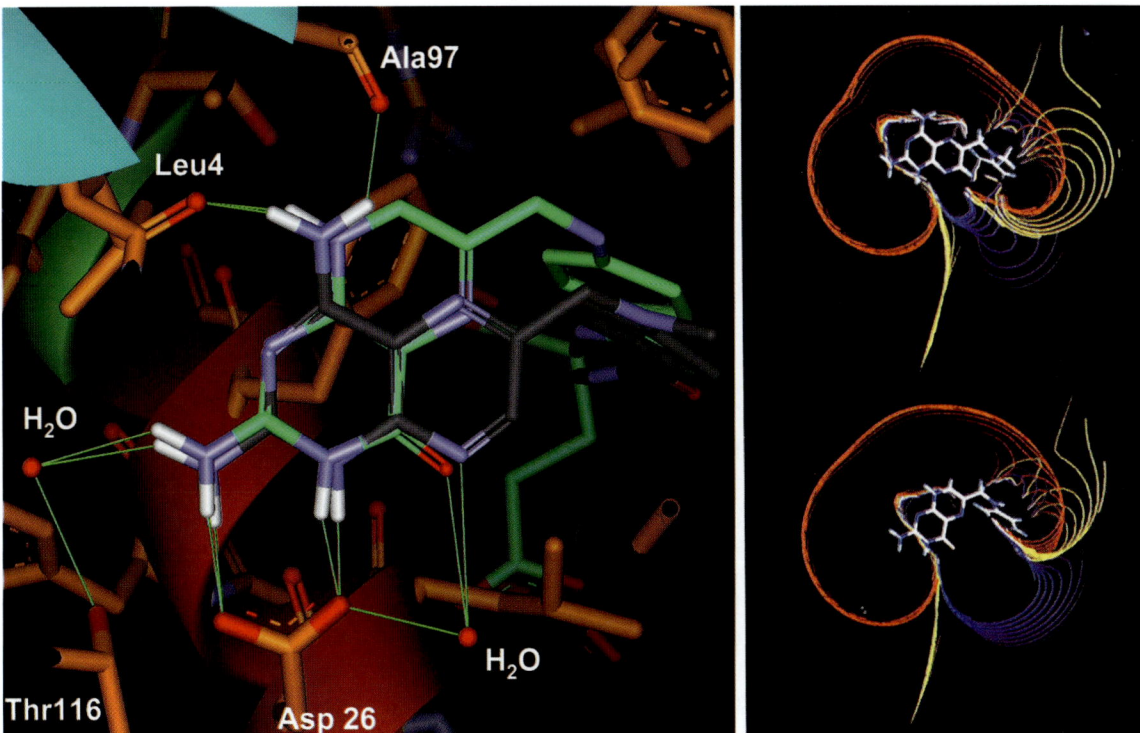

Abb. 17.7 Experimentell bestimmte Bindungsgeometrie von Methotrexat (grüne Kohlenstoffatome) und Dihydrofolat (graue Kohlenstoffatome) in Dihydrofolat-Reduktase. Die Heterocyclen der Liganden werden über Wasserstoffbrücken an die Carboxylat- bzw. Carbonylgruppen der in die Bindetasche orientierten Aminosäuren gebunden. Zwei Wassermoleküle (rote Kugeln) vermitteln zusätzliche Wasserstoffbrücken zwischen den Liganden und dem Protein. Die in Abb. 17.6 (c) diskutierten Unterschiede im Bindungsmodus sind deutlich zu erkennen. Auf der rechten Seite sind die elektrostatischen Potenziale um Methotrexat (oben) und Dihydrofolat dargestellt. Die Moleküle befinden sich in der räumlichen Orientierung, wie sie röntgenstrukturanalytisch bestimmt wurde. Das elektrostatische Potenzial ist durch Konturen gleicher Werte (blau: negatives Potenzial, gelb: Nulllinie, rot: positives Potenzial) dargestellt. Qualitativ betrachtet, haben die Felder beider Moleküle in dieser Anordnung eine sehr ähnliche Form.

17.7 Automatische Vergleiche und Überlagerungen anhand molekularer Erkennungseigenschaften

Ist es möglich, in einem **Überlagerungsverfahren** alle im letzten Abschnitt aufgeführten Eigenschaften gleichzeitig zu berücksichtigen? Dazu muss ein Ähnlichkeitsmaß für die Eigenschaften berechnet werden. Dieses Maß wird mit einer räumlichen Abstandsfunktion verknüpft. Anschließend kann eine Optimierung der räumlichen Überlagerung vorgenommen werden. Gleichzeitig wird das Maximum der Ähnlichkeit der gewählten Eigenschaften gesucht. Das Programm SEAL von Simon Kearsley und Graham Smith ermittelt die räumliche Äquivalenz verschiedener Eigenschaften, verteilt über die Molekülgerüste. Gleichzeitig wichtet es diese Äquivalenz mit dem während der Überlagerung erzielten Überlappungsvolumen der Moleküle. Damit gelingt es, die Überlagerung von MTX und DHF dem Experiment entsprechend korrekt vorherzusagen. Auch die konformative Flexibilität wird bei dieser Analyse berücksichtigt. Dazu greift man entweder auf vorberechnete Konformere zurück und vergleicht diese sukzessive miteinander. Dies ist in dem Programm ROCS von Anthony Nicchols bei OpenEye realisiert worden. Einen anderen Weg ging Christian Lemmen an der GMD in St. Augustin in dem Programm FlexS. Zunächst wird ein Referenzligand durch einen Satz eigenschaftsbehafteter Gaußfunktionen wiedergegeben. Man beschreibt das Molekül praktisch als eine Dichteverteilung von pharmakophoren Eigenschaften im Raum. Dann nimmt man das Vergleichsmolekül, das mit dem Referenzmolekül überlagert werden soll. Es wird in Fragmente zerlegt. Als erstes wird ein zentrales Basisfragment so auf die Referenz gelegt, dass seine Beschreibung durch Gaußfunktionen möglichst optimal mit der Referenz überlappt. Anschließend werden die weiteren Fragmente an das Basisfragment angefügt, bis am Ende der vollständige Ligand wieder hergestellt ist. Bei diesem Anfügen wird darauf geachtet, dass die hinzukommenden Fragmente ebenfalls optimal in die Gaußbeschreibung der Referenz hinein passen. Gleichzeitig wird beim Anfügen der Bausteine die konformative Flexibilität eines Liganden berücksichtigt.

Eine Komplikation entsteht bei der Ähnlichkeitsanalyse der Moleküle über diese Verfahren. Angenommen, die relevanten Eigenschaften, die eine Ähnlichkeit definieren, seien gefunden. Es stellt sich aber die Frage, was man als „ausreichend" ähnlich für eine vergleichbare Wirkung an einem Rezeptor akzeptiert. Es gibt ein Spielzeug, bei dem Kinder versuchen, unterschiedlich geformte Klötzchen durch vorgestanzte Löcher in eine Kiste zu werfen. Für jede Klötzchenform, Würfel, Quader und Zylinder mit kreisförmigem oder elliptischem Querschnitt, gibt es ein passendes Loch. In einer **Ähnlichkeitsanalyse** ist man geneigt, Würfel und Quader, bzw. „kreisförmigen" und „elliptischen" Zylinder wegen ihrer Gestalt als verwandt zu gruppieren. Versucht man die Teile durch die Löcher in die Kiste zu stecken, so mag sich herausstellen, dass der Quader nicht nur durch das rechteckige Loch, sondern, vielleicht mit etwas Mühe, auch durch das Loch für den elliptischen Zylinder passt. Der Würfel ist nur geringfügig zu groß, um zusätzlich zu dem quadratischen Loch auch noch durch das Loch für den kreisförmigen Zylinder zu passieren. Sind daher Quader und elliptischer Zylinder bzw. Würfel und kreisförmiger Zylinder einander nicht ähnlicher? Das **Ähnlichkeitsmaß**, das auf die Moleküle anzuwenden ist, kalibriert sich am Rezeptor, zu dem die Moleküle passen sollen. Es ist daher immer ein relatives Maß!

Thiorphan und *retro*-Thiorphan (Abschnitt 5.5, Formeln 5.23 und 5.24) unterscheiden sich nur in der Laufrichtung ihrer Amidbindung. Sie binden mit nahezu identischer Affinität an die Zinkproteasen Thermolysin bzw. NEP 24.11. Daher würde man sie als sehr ähnlich einstufen. An die Zinkprotease ACE bindet Thiorphan mindestens um den Faktor 100 stärker als *retro*-Thiorphan (Abschnitt 5.5, Abb. 5.10). Bezogen auf dieses Enzym müsste man beide Substanzen als unähnlich bezeichnen. Ein anderes Extrem stellt das Oligopeptid-bindende Protein A dar (Abschnitt 4.1)! Es vermag jedes Tri- bis Pentapeptid mit einem zentralen Lys–Xxx–Lys-Motiv mit nahezu gleicher Affinität zu binden. Eine Ähnlichkeitsanalyse benötigt also im Prinzip die Information über die Gestalt der Bindestelle. Nur dann lässt sie sich den Erfordernissen entsprechend definieren. Doch für viele Projekte im Wirkstoffdesign kennt man die Struktur des Rezeptors nicht. Hier bleibt keine Wahl: Man muss sich durch Hypothesen und deren experimentelle Überprüfung in kleinen Schritten an die strukturellen Erfordernisse des Rezeptors herantasten.

17.8 Starre Analoga kreisen die biologisch aktive Konformation ein

Die Überlegungen in Kapitel 16 zeigten, dass man für viele Wirkstoffe leicht eine enorm große Zahl von Konformeren erzeugen kann. Will man in den Vergleichen alle Konformere berücksichtigen, so wird ein solches Unterfangen schnell sehr rechenaufwendig. Wann wird man eine Chance haben, ein relevantes Bild der gebundenen Konformationen zu bekommen? Entweder eine Verbindung im Datensatz ist sehr starr und legt dadurch die denkbaren Anordnungen des Pharmakophors im Raum fest, oder die betrachteten Moleküle sind in unterschiedlichen Bereichen ihres Molekülgerüstes rigide. In Abb. 17.8 ist die strukturelle Überlagerung des Steroids 17.2 mit den bereits oben diskutierten Inhibitoren 17.3–17.5 gezeigt. Dieses Ergebnis wurde durch eine Ähnlichkeitsanalyse mit mehreren Konformeren gewonnen. Das erzielte Ergebnis ist der Rechnung mit den „virtuellen" Federkräften sehr ähnlich. Es hat aber einen entscheidenden Vorteil: Es wird keine vorgefasste Definition von äquivalenten Zentren benötigt, zwischen denen die Federkräfte ansetzen. Diese Äquivalenz ergibt sich automatisch durch den Ähnlichkeitsvergleich der Eigenschaften, die über die Moleküle verteilt sind.

Abb. 17.8 Überlagerung des Steroids 17.2 und der drei Inhibitoren 17.3–17.5 (Abb. 17.5) entsprechend dem räumlichen Vergleich ihrer molekularen Eigenschaften. Dieses Verfahren verlangt im Gegensatz zur Methode mit den „virtuellen" Federkräften keine vorgefasste Definition der Äquivalenz von Molekülgruppen. Sie ergibt sich automatisch aus dem Ähnlichkeitsvergleich vieler verschiedener Konformationen.

17.9 Falls starre Referenzen fehlen: Modellverbindungen legen die aktive Konformation fest

Im letzten Beispiel lag eine weitgehend starre Referenzverbindung vor. Wie soll man aber vorgehen, wenn eine solche Referenz nicht bekannt ist? Hier kann nur das Experiment weiterhelfen. Man muss rigidisierte Analoga synthetisieren. Diese werden auf ihre biologische Aktivität überprüft. Besitzen sie weiterhin Affinität zum Rezeptor, so ist davon auszugehen, dass die aktive Konformation eingefroren wurde.

Ein Beispiel soll zeigen, wie man sich durch die Synthese **rigider Modellverbindungen** an die rezeptorgebundene Konformation herantasten kann. Der Calciumantagonist Nifedipin 17.8 (Abschnitt 2.5) besitzt mehrere drehbare Bindungen (Abb. 17.9). Er kann daher eine Vielzahl von Konformationen einnehmen. Welche Anordnung nimmt zum Beispiel der Phenylring relativ zum Dihydropyridinring ein? Diese Frage hat Wolfgang Seidel bei Bayer durch die Synthese und Kristallstrukturbestimmung cyclisierter Derivate 17.9 sehr elegant klären können. In Abhängigkeit von der Ringgröße eines zusätzlich eingeführten Lactonrings ändert sich die biologische Aktivität der Derivate. In der Verbindung mit einem sechsgliedrigen Lacton liegen Phenyl- und Dihydropyridinring praktisch in einer Ebene. Im Derivat mit dem zwölfgliedrigen Ring steht der Phenylring senkrecht zum Dihydropyridinring. Die Affinität dieser Verbindung ist um ca. fünf Zehnerpotenzen höher als die des Derivats mit dem sechsgliedrigen Lacton. Daher muss angenommen werden, dass Nifedipin seine Wirkung in einer Konformation entfaltet, in der Phenyl- und Dihydropyridinring senkrecht zueinander stehen.

Nachdem diese Frage beantwortet ist, lassen sich neue Moleküle entwerfen. Eine relevante, den Bedingungen der Proteinbindetasche entsprechende Überlagerung der Wirkstoffe wird möglich. Solchen Überlagerungen kommt im Zusammenhang mit 3D-Struktur-Wirkungsbeziehungen (Kapitel 18) eine ganz entscheidende Bedeutung zu. Im Abschnitt 29.4 wird ein Beispiel vorgestellt, wie die strukturelle Fixierung der biologisch aktiven Konformation eines Liganden den Designprozess unterstützt hat.

17.10 Das Protein definiert den Pharmakophor: Analyse der „hot spots" der Bindung

In Abschnitt 17.1 war beschrieben worden, dass ein Pharmakophor auch aus der Proteinstruktur abgelesen werden kann. Das **Computerprogramm GRID** von Peter Goodford ist ein zu diesem Zweck häufig eingesetztes Werkzeug. Es berechnet für funktionelle Gruppen eines potenziellen Liganden günstige Positionen in Proteinbindetaschen. Dies können z. B. eine Carboxylatgruppe, eine Hydroxygruppe oder ein aliphatisches Kohlenstoffatom sein. Die Potenzialfunktion für GRID wurde für eine Vielzahl funktioneller Gruppen an den Kristallstrukturen organischer Moleküle kalibriert. Das Resultat einer GRID-Rechnung ist ein Satz von Wechselwirkungsenergien für jeden Schnittpunkt eines in die Bindetasche einbeschriebenen Gitters. Die Energien werden grafisch dargestellt, beispielsweise durch Markierung des Raumbereiches, in dem die Wechselwirkungsenergie einen vorgegebenen Wert erreicht oder überschreitet. Sie deuten die Brennpunkte (engl. **hot spots**) für die Platzierung der funktionellen Gruppen eines potenziellen Liganden an. In Abb. 17.10 sind für das Enzym Thermolysin die Bereiche angegeben, in denen die Wechselwirkungen mit einem aromatischen Kohlenstoffatom oder alkoholischen Sauerstoffatom günstig sind. Solche Rechnungen werden mit einem Satz unterschiedlicher Sonden durchgeführt, z. B. einem Wassermolekül, einem aromatischen Kohlenstoff, einem Wasserstoffbrücken-Akzeptor bzw. -Donor oder einer positiv bzw. negativ geladenen Gruppe. Die Ergebnisse liefern wertvolle Hinweise über die Gestalt und die elektronischen Eigenschaften der Bindetasche.

Ein weiterer Weg zur Analyse von Proteinstrukturen geht von der Überlegung aus, dass die physikalische Natur nichtbindender Wechselwirkungen in Protein-Ligand-Komplexen und in **Kristallpackungen kleiner organischer Moleküle** identisch ist. Letztere sind für diesen Zweck besonders interessant, da sich die Kristallstrukturen kleiner organischer Moleküle routinemäßig mit großer Präzision bestimmen lassen. In der Cambridge-Datenbank sind über 450 000 Kristallstrukturen abgespeichert (Abschnitt 13.9). Diese Sammlung ist geradezu ideal, um durch statistische Analysen relevante und zuverlässige Daten für das Ligandendesign zu erhalten (Abschnitt 14.7). Angenommen, in der Proteinstruktur befindet sich eine Carboxylatgruppe $-COO^-$, die in die Bindetasche hineinragt. Wo muss eine Gegengruppe positioniert wer-

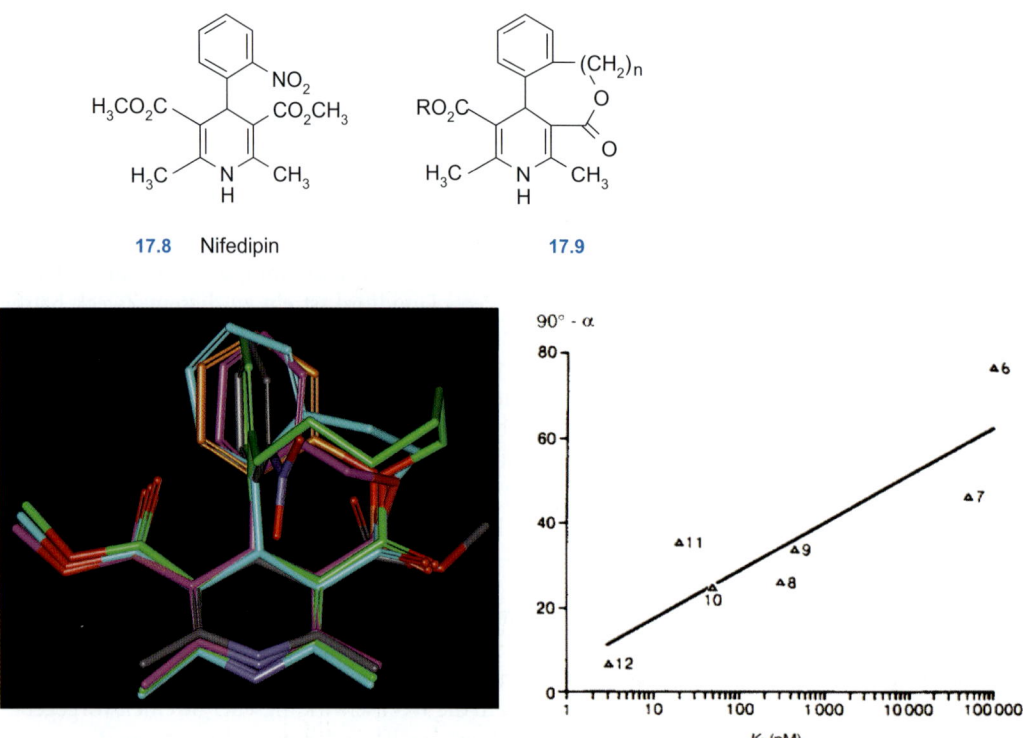

Abb. 17.9 Der Calciumantagonist Nifedipin **17.8** besitzt mehrere drehbare Bindungen. Der Phenylring kann in der Ebene des Dihydropyridinrings liegen oder dazu senkrecht stehen. Zur Unterscheidung dieser Möglichkeiten wurden Lactone unterschiedlicher Ringgröße (**17.9**) synthetisiert und ihre Kristallstrukturen bestimmt. In der Verbindung mit dem Sechsringlacton (orange) liegt der Phenylring nahezu parallel zum Dihydropyridinring ($\alpha \approx 0°$). Mit steigender Ringgröße wächst der Winkel zwischen beiden Ringen an, um im zwölfgliedrigen Derivat (grün) eine Senkrechtstellung beider Ringe ($\alpha \approx 80°$) zu erreichen. Die biologische Aktivität steigt vom praktisch unwirksamen Sechsringlacton bis zur Verbindung mit dem Zwölfring um fast fünf Zehnerpotenzen an. Die bioaktive Konformation des Nifedipins (grau) erfordert also eine Senkrechtstellung der beiden Ringe.

den, um eine günstige Wechselwirkung auszubilden? Zur Beantwortung dieser Frage wird die Cambridge-Datenbank zunächst nach Verbindungen mit Carboxylatgruppen durchsucht und dann für jede gefundene Gruppe die Position der Gegengruppe abgespeichert, die mit der Carboxylatgruppe eine H-Brücke bildet. Anschließend wird die Gesamtheit der gefundenen H-Brücken überlagert, wobei die Carboxylatgruppen aller Beispiele exakt übereinander gelegt werden. Die Verteilung der H-Brückendonorgruppen (Abb. 17.11) ergibt ein gutes Bild der erlaubten Bereiche der H-Brückengeometrien. Nun überlagert man eine solche Verteilung mit der Proteinstruktur, indem sie auf die Carboxylatgruppe des Proteins gelegt wird. Der Bereich der Verteilung, der mit anderen Atomen des Proteins überlappt, wird weggelassen. So erhält man für die Gegengruppe den energetisch günstigen Bereich innerhalb der Bindetasche. In Abb. 17.12 werden diese Verteilungen mit einem Protein-Ligand-Komplex verglichen. Wie zu erwarten, liegen die im Komplex gefundenen Wasserstoffbrückengeometrien innerhalb der Spannweite, die in den Kristallpackungen organischer Moleküle gefunden wird. Aus der statistischen Verteilung für alle in Proteinen auftretenden Gruppen ergibt sich ein **Regelwerk für nichtbindende Wechselwirkungen** in Protein-Ligand-Komplexen. Diese Regeln wurden am Cambridge Crystallographic Data Center in der Datenbank Isostar zusammengestellt. Sie können mit dem Programm SuperStar zur Anzeige von *hot spots* der Bindung konturiert werden.

Ein weiteres Verfahren zur Anzeige eines proteinbasierten Pharmakophors stellen wissensbasierte Potenziale dar. Dazu wertet man die Kontaktgeometrien in Protein-Ligand-Komplexen aus. Es werden histographische Verteilungen erstellt, die angeben, wie oft ein bestimmter Kontakt zwischen einer funktionellen Gruppe eines Liganden und einer Aminosäure im

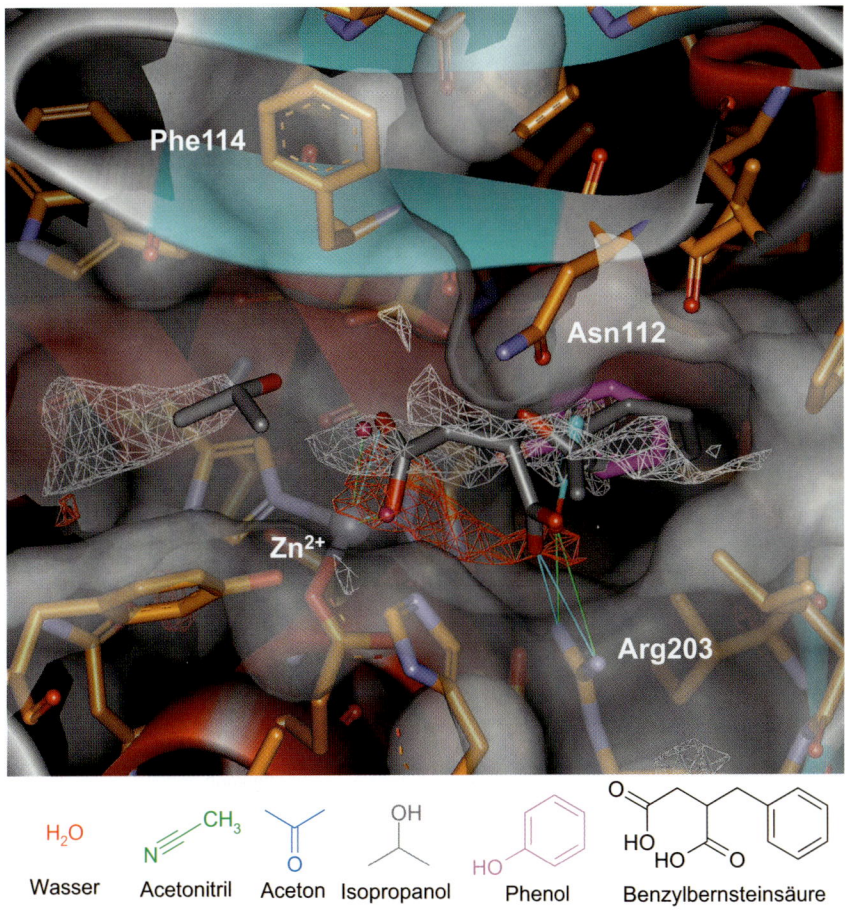

Abb. 17.10 Analyse der Bindetasche von Thermolysin. Für eine aromatische Kohlenstoffsonde (weiß) und ein alkoholisches Sauerstoffatom (rot) wurden Bereiche günstiger Wechselwirkungen berechnet und auf einem vorgegebenen Niveau konturiert. Es sind ebenfalls die in Abb. 7.8 aufgeführten Fragmente angegeben, die durch Eindiffusion der kleinen Molekülsonden in Proteinkristalle bestimmt werden konnten. Die berechneten *hot spots* stimmen gut mit den Positionen der kristallographisch bestimmten Molekülsonden überein.

Protein auftreten. Bezieht man eine solche statistische Häufigkeitsverteilung auf einen mittleren Referenzzustand, so kann man daraus eine Energiefunktion berechnen. In dieser Funktion wird angenommen, dass Kontakte, die häufiger als eine mittlere Verteilung auftreten, energetisch günstig sind. Sind sie selten, werden sie als ungünstig bewertet. Diese statistischen Potenziale sind in die Bewertungsfunktion DrugScore eingeflossen. Sie können ebenfalls zur Analyse von Bindetaschen verwendet werden und helfen, *hot spots* der Ligandenbindung anzuzeigen.

In der Gruppe von Martin Karplus ist die MCSS-Methode entwickelt worden. Dazu werden zufällig viele tausend kleine Sondenmoleküle wie Aceton, Wasser, Methanol und Benzol in eine Bindetasche platziert. Man startet eine Simulationsrechnung, bei der sich die einzelnen Sondenmoleküle in optimale Positionen bewegen. Sie werden dabei durch ein der Rechnung zugrunde liegendes Kraftfeld gesteuert. Die Sondenmoleküle spüren die Wechselwirkung mit dem Protein. Sie „sehen" sich aber untereinander nicht. Am Ende der Rechnung ergibt sich eine Häufigkeitsverteilung der Sondenmoleküle. Wertet man ihre Verteilungsdichte aus, so erhält man ebenfalls die Brennpunkte für eine Interaktion mit dem Protein. Fasst man die so erhaltenen *hot spots* zu einem gemeinsamen Bild zusammen, so ergibt sich ein durch das Protein definierter Pharmakophor.

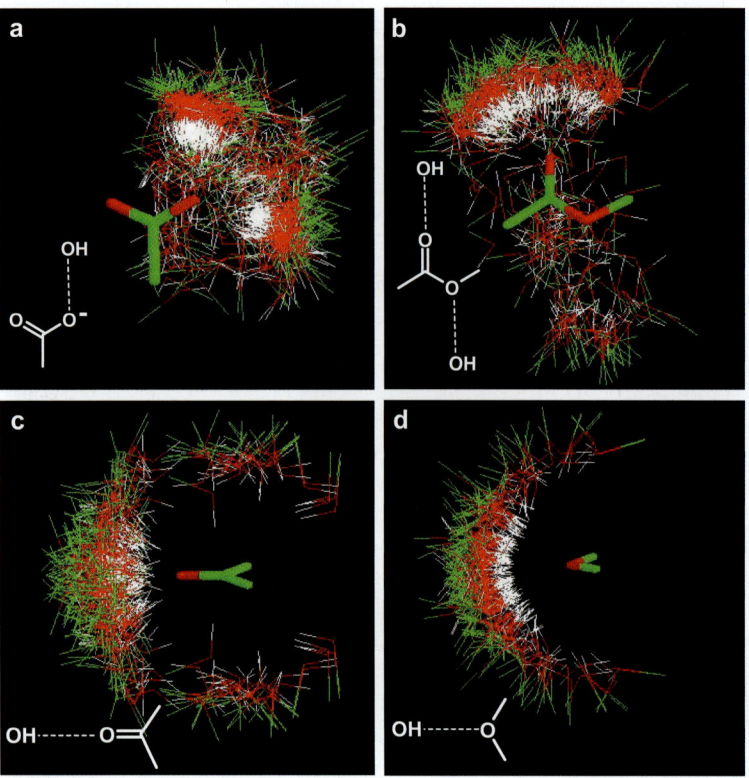

Abb. 17.11 Wasserstoffbrückengeometrien (Kohlenstoffatome grün, Sauerstoffatome rot, Wasserstoffatome weiß) um eine Carboxylatgruppe (a), Estergruppe (b), Carbonylgruppe (c) und Ethergruppe (d). Aus der Cambridge-Datenbank wurden Strukturen mit diesen Zentralgruppen extrahiert, die intermolekulare Wasserstoffbrücken mit OH-Gruppen als Donorfunktionen bilden. Diese Beispiele wurden anhand der Geometrie der Zentralgruppen überlagert. Es ist zu erkennen, dass eine beachtliche Schwankungsbreite der Wechselwirkungsgeometrien besteht, aber auch bevorzugte Anordnungen zu finden sind. Auch zeigt sich, dass z. B. das Wechselwirkungsmuster um eine Estergruppe (b) nicht einfach als Überlagerung der Verteilungen um eine Carbonylgruppe (c) und eine Ethergruppe (d) aufgefasst werden kann.

17.11 Suche nach Pharmakophormustern in Datenbanken liefert Ideen für neue Leitstrukturen

Ein **Pharmakophor** kann verwendet werden, um aus einer Datenbank aussichtsreiche Kandidaten für die Bindung an ein Protein herauszusuchen. Er kann sowohl von einem Satz miteinander überlagerter Liganden abgeleitet sein, oder eine vorgegebene Proteinstruktur definiert sein Aussehen. Wie eine solche **Datenbanksuche** durchgeführt wird und was dabei herausgefunden wird, hängt davon ab, wie viel Information in der Datenbank abgespeichert wurde. Wenn nur 2D-Strukturformeln vorliegen, kann man alle Beispiele heraussuchen, die bestimmte funktionelle Gruppen oder Substrukturen enthalten. Um den Verwandtschaftsgrad zwischen Molekülen mit einem automatischen Algorithmus zu bestimmen, werden auf der Basis der Topologie unterschiedliche Ähnlichkeitskriterien definiert. Wenn die Festlegung des Pharmakophors sehr allgemein gehalten ist, z. B. Aromat, Säuregruppe und basischer Stickstoff, wird man eine Vielzahl von Treffern finden. Wie bereits erwähnt, kommt es auf die relativen Abstände der Gruppen im Raum an. Bei der Suche in einer Datenbank mit 2D-Strukturen werden solche Aspekte aber nicht berücksichtigt. Matthias Rarey und Scott Dixon haben das Verfahren Feature-Trees entwickelt, mit dem nach topologischen Kriterien Datenbanken durchkämmt werden können. Allerdings wird dabei nicht die Konnektivität chemischer Konstitutionsformeln miteinander verglichen. Vielmehr sind die Datenbankeinträge zuvor danach klassifiziert worden, in welcher topologischen Abfolge sie bestimmte Eigenschaften, z. B. das Vorkommen einer H-Brückendonorgruppe oder eines hydrophoben Ringbausteins, aufweisen. Ein solches Verfahren kann extrem schnell Moleküle vergleichen und Kandidaten herausfinden, die pharmakophore Eigenschaften in vergleichbarer topologischer Abfolge besitzen.

Datenbanken, die 3D-Geometrien von Molekülen enthalten, lassen Suchen nach dem räumlichen Muster eines Pharmakophors zu. Beispielsweise kann man die Cambridge-Datenbank der Kristallstrukturen organischer Moleküle (Abschnitt 13.9) für diese Suche verwenden. Es werden Moleküle gefunden, deren experimentelle Geometrie dem Pharmakophor genügt.

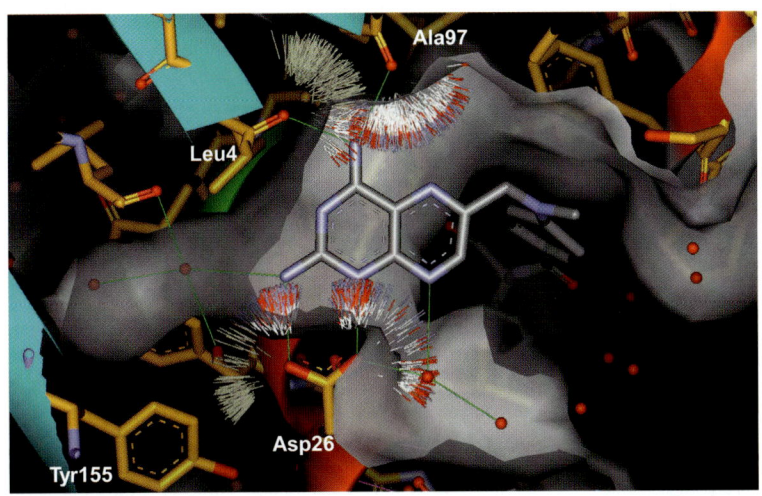

Abb. 17.12 Die Verteilungen der Wasserstoffbrücken-Donorgruppen (Kohlenstoffatome weiß, Sauerstoffatome rot, Stickstoffatome blau) um eine Carboxylatgruppe bzw. eine Carbonylgruppe sind mit der 3D-Struktur des Komplexes von Methotrexat mit Dihydrofolatreduktase (Abb. 17.7) überlagert. Die Verteilungen wurden auf die Säuregruppe von Asp 26 bzw. die Carbonylgruppen von Leu 4 und Ala 97 gelegt. Die zwischen Protein und Ligand gebildeten Wasserstoffbrücken fallen in den Bereich, der auch häufig in den Kristallstrukturen kleiner organischer Moleküle gefunden wird.

Bei der Suche nach Liganden für die HIV-Protease (Abschnitt 24.3) wurde das Pharmakophormuster aus der bekannten Kristallstruktur des Enzyms abgeleitet und in der Cambridge-Datenbank nach einem Molekül gesucht, das dieses Muster erfüllt. Das Ergebnis dieser Suche wird in Abschnitt 24.4 (Abb. 24.16) genau vorgestellt. Es hat den Forschern bei Dupont-Merck entscheidende Hinweise geliefert, die zur Entwicklung der ersten Klasse nichtpeptidischer HIV-Protease-Hemmer geführt hat.

Neben Datenbeständen mit experimentellen Strukturen verwendet man heute Datenbanken, in denen 3D-Molekülmodelle gespeichert sind, die aus der 2D-Strukturformel erzeugt wurden, oder man generiert die Raumstruktur während der Suche mit einem solchen Programm (Abschnitt 15.2). Hier, wie bei den meisten Einträgen der Cambridge-Datenbank, liegt für jedes Molekül nur eine Konformation vor. Moleküle können aber viele verschiedene Konformationen einnehmen (Kapitel 16). Es wird daher eher die Ausnahme sein, dass ein flexibles Molekül in der für die Suche „richtigen" Konformation vorliegt. Also muss die konformative Flexibilität während der Datenbanksuche berücksichtigt werden. Eine aufwendige Suche, beispielsweise unter Verwendung des *active analog approach*, würde zuviel Rechenzeit erfordern. Deshalb versucht man, durch schnelle Algorithmen herauszufinden, ob bestimmte Gruppen der Moleküle in vorgegebene Abstandsbereiche fallen können. Es reicht dabei, den minimal oder maximal erreichbaren Abstand abzuschätzen. Dieses Konzept ist beispielsweise in dem Programm UNITY der Fa. Tripos realisiert. Man kann aber auch von einer Datenbank ausgehen, in der mehrere vorberechnete Konformere abgespeichert sind. Dabei ist es von entscheidender Bedeutung, dass die abgespeicherten Konformere möglichst repräsentativ im Konformationsraum verteilt sind (Abschnitt 16.6). Für die einzelnen Konformere wird dann geprüft, ob sie auf einen vorgegebenen Pharmakophor passen. Dieses Konzept verfolgt das Programm Catalyst der Fa. Accelrys.

Es ist nicht zu erwarten, dass solche Datenbanksuchen unmittelbar Kandidaten für eine klinische Prüfung liefern. Als Ideengenerator können sie aber den Wirkstoffforscher auf neue Leitstrukturen bringen und seine Synthesepläne auf ganz andere Pfade lenken. Datenbanksuchen werden heute in großem Umfang im Rahmen des virtuellen Screenings (Abschnitt 7.6) durchgeführt. Dazu durchkämmt man die firmeneigenen Substanzsammlungen oder sucht in Zusammenstellungen kommerziell verfügbarer Verbindungen. John Irwin und Brian Shoichet an der UCSF in San Francisco haben die Initiative übernommen, in der Datenbank ZINC laufend die kommerziell angebotenen Substanzen abzuspeichern und für eine Datenbanksuche bereit zu halten. Voreingestellte Filter helfen, aus der Ansammlung mehrerer Millionen Verbindungen gewünschte Untermengen für die eigene Suche herauszufiltern. Auf diesem Weg gefundene Treffer können kommerziell bezogen und in einem Assay experimentell überprüft werden. Über diese Leitstruktursuche per Einkaufsliste (engl. *lead discovery by shopping*) sind bereits viele Kandidaten für neue Leitstrukturen entdeckt worden (z. B. Abschnitt 21.7).

Literatur

Allgemeine Literatur

T. Langer und R. D. Hoffmann, Pharmacophores and Pharmacophore Searches (Band 32 in Methods and Principles in Medicinal Chemistry, R. Mannhold, H. Kubinyi und G. Folkers, Hrsg.), Wiley-VCH, Weinheim, 2006

G. R. Marshall, Computer-Aided Drug Design, in: Computer-Aided Molecular Design, W. G. Richards, Hrsg., IBC Technical Services Ltd, London, 1989, S. 91–104

G. Klebe, Structural Alignment of Molecules, in: 3D-QSAR in Drug Design. Theory, Methods and Application, H. Kubinyi, Hrsg., ESCOM, Leiden, 1993, S. 173–199

Spezielle Literatur

W. E. Klunk, B. L. Kalman, J. A. Ferrendelli und D. F. Covey, Computer-Assisted Modeling of the Picrotoxinin and γ-Butyrolactone Receptor Site, Mol. Pharmacol. **23**, 511–518 (1983)

M. F. Mackay und M. Sadek, The Crystal and Molecular Structure of Picrotoxinin, Austr. J. Chem. **36**, 2111–2117 (1983)

G. R. Marshall, C. D. Barry, H. E. Bossard, R. A. Dammkoehler und D. A. Dunn, The Conformational Parameter in Drug Design: The Active Analog Approach, in: Computer-Assisted Drug Design, ACS Symp. Series 112, E. C. Olson und R. E. Christoffersen, Hrsg., Amer. Chem. Soc., Washington DC., 1979, S. 205–226

D. Mayer, C. B. Naylor, I. Motoc und G. R. Marshall, A Unique Geometry of the Active Site of Angiotensin-Converting Enzyme Consistent with Structure-Activity Studies, J. Comput.-Aided Mol. Design **1,** 3–16 (1987)

D. J. Kuster und G. R. Marshall, Validated Ligand Mapping of ACE Active Site, J. Comput.-Aided Mol. Design **19**, 609–615 (2005)

Y. C. Martin, 3D Database Searching in Drug Design, J. Med. Chem. **35,** 2145–2154 (1992)

J. T. Bolin, D. J. Filman, D. A. Matthews, R. C. Hamlin und J. Kraut, Crystal Structure of *Eschericha coli* and *Lactobacillus casei* Dihydrofolate Reductase Refined at 1.7 Å Resolution, J. Biol. Chem. **257**, 13650–13662 (1982)

S. K. Kearsley und G. M. Smith, An Alternative Method for the Alignment of Molecular Structures: Maximizing Electrostatic and Steric Overlap, Tetrahedron Comput. Methodol. **3**, 615–633 (1990)

G. Klebe, T. Mietzner und F. Weber, Different Approaches Toward an Automatic Structural Alignment of Drug Molecules: Applications to Sterol Mimics, Thrombin and Thermolysin Inhibitors, J. Comput.-Aided Mol. Design **8**, 751–778 (1995)

W. Seidel, H. Meyer, L. Born, S. Kazda und W. Dompert, Rigid Calcium Antagonists of the Nifedipine-Type: Geometric Requirements for the Dihydropyridine Receptor, in: QSAR as Strategies in the Design of Bioactive Compounds, J. K. Seydel, Hrsg., VCH, Weinheim, 1984, S. 366–369

Quantitative Struktur-Wirkungsbeziehungen

18

Die quantitativen Struktur-Wirkungsbeziehungen, **QSAR** (meist [kju:sar] ausgesprochen, von engl. *quantitative structure-activity relationships*), versuchen Zusammenhänge zwischen **chemischer Struktur** und **biologischer Wirkung** zu erfassen und quantitativ zu beschreiben. Die untersuchten Substanzen sollten aus einer chemisch einheitlichen Serie stammen und müssen am gleichen biologischen Target angreifen. Dort sollten sie einen identischen Wirkmechanismus aufweisen. Mit QSAR-Verfahren kann man z. B. strukturell analoge Hemmstoffe eines bestimmten Enzyms untereinander vergleichen, nicht aber verschiedene Blutdrucksenker, die an unterschiedlichen Zielproteinen mit abweichenden Wirkmechanismen angreifen. Die Korrelation mit den physikochemischen Eigenschaften bezieht sich immer auf relative Wirkstärken in einem Modell, nicht auf unterschiedliche Wirkqualitäten.

Grundlage für quantitative Zusammenhänge zwischen chemischer Struktur und biologischer Wirkung ist die durchaus berechtigte Annahme, dass die Unterschiede in den physikochemischen Eigenschaften der Substanzen für die relative Stärke ihrer Wechselwirkungen mit einem biologischen Makromolekül verantwortlich sind. In erster Näherung wird angenommen, dass sie additiv zur Affinität eines Wirkstoffs an seinem Rezeptor beitragen. Daraus leitet sich das Konzept ab, biologische Aktivitäten von Wirkstoffen mit mathematischen Modellen zu beschreiben.

Für die Testsysteme gilt: Je einfacher sie aufgebaut sind, desto eher sollte es möglich sein, eine quantitative Struktur-Wirkungsbeziehung abzuleiten. In besonderem Maß gilt dies für *in vitro*-Systeme, wie die Hemmung eines Enzyms oder die Bindung an einen Rezeptor, die nur die Wechselwirkung der Substanzen mit der Bindestelle am Protein beinhalten. Je komplexer das System ist, z. B. eine zentralnervöse Wirkung am Tier nach peroraler Gabe, desto mehr verschiedene Prozesse sind zu berücksichtigen. In diesem Fall überlagern sich die Absorption, die Verteilung, das Überwinden der Blut-Hirn-Schranke und der weitere Transport zum Wirkort, der Metabolismus und die Ausscheidung mit der eigentlichen Wechselwirkung am Rezeptor. Im Prinzip gilt für jeden dieser Schritte eine eigene Struktur-Wirkungsbeziehung. Um hier gesicherte und relevante Modelle aufstellen zu können, müssen entsprechende Testsysteme vorhanden sein, die die einzelnen Schritte erfassen. In günstig gelagerten Fällen kann es möglich sein, den komplexen Mehrschrittprozess mit einer einzigen Gleichung zu erfassen. Dies gelingt, wenn ein Prozess, z. B. der Durchtritt durch die Blut-Hirn-Schranke, die gesamte Struktur-Wirkungsbeziehung dominiert.

18.1 Struktur-Wirkungsbeziehungen von Alkaloiden

Das südamerikanische Pfeilgift Tubo-Curare (Abschnitt 7.1) war wohl das erste therapeutische Prinzip, dessen Wirkmechanismus exakt aufgeklärt wurde. Bereits 1851 erkannte Claude Bernard, dass dieses quartäre Alkaloid zwar eine Muskellähmung verursacht, dass aber sowohl der Nerv als auch der Muskel getrennt erregbar bleiben. Curare muss also an der Verbindungsstelle zwischen Nerv und Muskel angreifen. Die schottischen Pharmakologen Alexander Crum-Brown und Thomas Fraser beschäftigten sich daraufhin etwas eingehender mit der Frage, wie die Quaternierung des Stickstoffatoms verschiedener Alkaloide (Abb. 18.1) deren biologische Wirkungen beeinflusst. Aus völlig unterschiedlichen Effekten vor und nach der Umsetzung der Alkaloide formulierten sie 1868 eine allgemeine Gleichung zur Beschreibung von **Struktur-Wirkungsbeziehungen** (Gl. 18.1).

$$\Phi = f(C) \tag{18.1}$$

Diese Gleichung ist zwar genial einfach, sagt aber nur, dass Φ (griech. Buchstabe *Phi*), die biologische Aktivität, eine Funktion von C, der chemischen Struktur, ist. Zu jener Zeit war noch nicht einmal die Tetraeder-

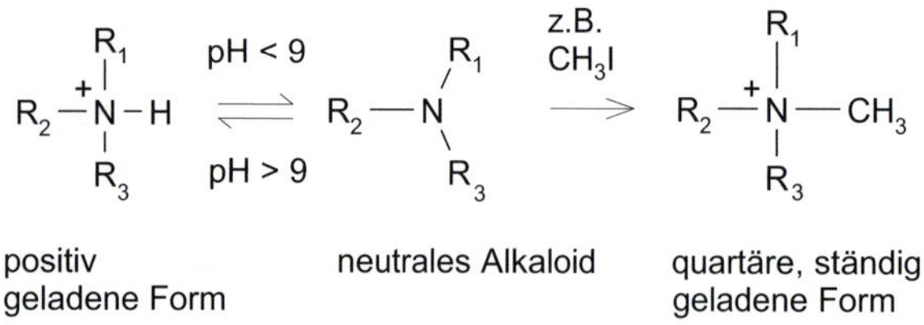

Abb. 18.1 Die Protonierung eines tertiären Amins ist vom pH-Wert des Mediums abhängig (links). Dagegen führt die Quaternierung eines Stickstoffs zu einer permanent positiv geladenen Verbindung (rechts).

struktur des Kohlenstoffs aufgeklärt und die Konstitution vieler organischer Verbindungen, vor allem komplexer Naturstoffe, war völlig unbekannt.

18.2 Von Richet, Meyer und Overton zu Hammett und Hansch

Charles Richet veröffentlichte 1893 eine Untersuchung über die Toxizität organischer Verbindungen. Aus dem Vergleich der Wasserlöslichkeiten von Ethanol, Diethylether, Urethan, Paraldehyd, Amylalkohol und Absinth-Extrakt (!) mit ihren tödlichen Dosen am Hund folgerte er »*plus ils sont solubles, moins ils sont toxiques*«, d. h. je besser löslich sie sind, desto weniger toxisch sind sie. Dies war der erste Nachweis einer linearen, inversen Beziehung zwischen Wasserlöslichkeit und biologischer Aktivität.

Um die vorletzte Jahrhundertwende begründeten der Pharmakologe Hans Horst Meyer und der Botaniker Charles Ernest Overton unabhängig voneinander die **Lipidtheorie der Narkose**, die drei wichtige Aussagen vereint:

- Alle chemisch unreaktiven Substanzen, die fettlöslich sind und sich im biologischen System verteilen können, wirken narkotisch.
- Der biologische Effekt tritt deswegen in Nervenzellen auf, weil Fette für deren Funktion eine wichtige Rolle spielen.
- Die relative Wirkstärke der Narkotika hängt von ihren Verteilungskoeffizienten (Abschnitt 19.2) in einem Gemisch aus Fetten und Wasser ab.

Man kann die Arbeiten von Crum-Brown, Fraser und Richet oder die Beiträge von Meyer und Overton als Ursprung der quantitativen Struktur-Wirkungsbeziehungen ansehen. In der Tat wurden nach der Formulierung der Narkosetheorie zahlreiche weitere lineare, später auch nichtlineare Abhängigkeiten biologischer Wirkungen von der Lipophilie, der „Fettaffinität", von Wirkstoffen gefunden. Aber all diese Aktivitäten waren relativ unspezifische Effekte, „Membraneffekte".

Mitte der 1930er-Jahre formulierte Louis P. Hammett eine Beziehung zwischen den elektronischen Eigenschaften der Substituenten und den Reaktivitäten aromatischer Verbindungen. Danach sind die relativen Beiträge elektronenziehender und elektronenliefernder Substituenten zur Elektronendichte in einem aromatischen Ringsystem immer konstant. Sie sind durch den elektronischen Parameter des Substituenten, die **Hammett-Konstante** σ, bestimmt. Elektronenakzeptor-Substituenten mit positiven σ-Werten sind u. a. die Nitrogruppe, die Cyanogruppe und die Halogene. Elektronendonor-Substituenten mit negativen σ-Werten sind Hydroxy- und Aminogruppen, die Methoxygruppe und Alkylsubstituenten. Akzeptor-Substituenten erhöhen die Acidität von Benzoesäuren und Phenolen, sie reduzieren die Basizität von Anilinen und sie erleichtern die alkalische Verseifung von Benzoesäureestern. Elektronendonor-Substituenten üben einen umgekehrten Einfluss aus.

Allerdings muss für jeden Reaktionstyp aromatischer Verbindungen eine eigene Reaktionskonstante ρ verwendet werden. Mithilfe der Gleichung 18.2, später allgemein **Hammett-Gleichung** genannt, lassen sich aus den Konstanten ρ und σ für beliebige Reaktionen die Gleichgewichtskonstanten K berechnen. R–X und R–H stehen für die mit der Gruppe X substituierte und die entsprechende unsubstituierte aromatische Verbindung.

$$\rho\,\sigma = \log K_{R-X} - \log K_{R-H} \qquad (18.2)$$

Akzeptor- und Donorsubstituenten beeinflussen die Elektronendichte an einem Heteroatom und reduzieren bzw. erhöhen damit seine Fähigkeit, eine Wasserstoffbrücke auszubilden. Daraus erklärt sich u. a. der elektronische Einfluss aromatischer Substituenten auf die biologische Wirkung. Die Hammett-Gleichung wurde daher von Wirkstoffchemikern und Biologen als Herausforderung angesehen, dieses Konzept zur Ableitung quantitativer Struktur-Wirkungsbeziehungen einzusetzen. Viele Gruppen bemühten sich, Zusammenhänge zwischen biologischen Wirkungen und der Hammett-Konstante σ zu finden, bzw. σ- und ρ-analoge Substituenten- und Testparameter für biologische Systeme abzuleiten. Trotz vereinzelter interessanter Ergebnisse resultierte jedoch kein allgemeingültiges Konzept.

Es waren Corwin Hansch und Toshio Fujita, die mit einer 1964 veröffentlichten Arbeit den Grundstein für die quantitativen Struktur-Wirkungsbeziehungen legten. Darin beschreiben sie:

- die Definition eines Lipophilieparameters π, analog zum elektronischen Term σ der Hammett-Gleichung,
- die Kombination verschiedener Parameter in einem Modell und
- die Formulierung eines parabolischen Modells zur Beschreibung nichtlinearer Lipophilie-Wirkungsbeziehungen.

18.3 Bestimmung und Berechnung der Lipophilie

Corwin Hansch hatte zuvor bereits die Struktur-Wirkungsbeziehungen von Phenoxyessigsäuren untersucht, die wachstumsfördernde Wirkung bei Pflanzen aufweisen. Neben ihrer biologischen Aktivität interessierte ihn besonders ihre **Lipophilie**, die er über die Verteilungskoeffizienten im System Octanol/Wasser (Abschnitt 19.1) bestimmte. Bei der Analyse der Daten fiel ihm auf, dass die Lipophilie ein additiver Molekülparameter ist. Die Logarithmen der **Octanol/Wasser-Verteilungskoeffizienten** P (von engl. *partition coefficient*) lassen sich als Summe von Gruppenbeiträgen einzelner Teile des Moleküls angeben. Hansch definierte analog zur Hammett-Gleichung einen **Lipophilieparameter** π (Gl. 18.3). R–X und R–H haben hier die gleiche Bedeutung wie in Gl. 18.2. Das Fehlen eines reaktionsspezifischen ρ-Terms in der Gl. 18.3 ergibt sich aus dem Bezug der π-Werte auf ein einziges Verteilungssystem, n-Octanol und Wasser.

$$\pi = \log P_{R-X} - \log P_{R-H} \qquad (18.3)$$

n-Octanol wurde aus theoretischen und praktischen Gründen gewählt. Es hat eine lange aliphatische Kette und eine Hydroxygruppe, die sowohl H-Brückendonor als auch Akzeptor ist. Damit ähnelt es in seiner Struktur in gewisser Weise den Membranlipiden. Es löst eine große Zahl organischer Stoffe, es hat einen niedrigen Dampfdruck und kann trotzdem leicht entfernt werden. Besonders vorteilhaft für die quantitative Bestimmung von Verteilungskoeffizienten ist seine Durchlässigkeit für UV-Strahlung über einen extrem weiten Bereich.

Mithilfe des Lipophilieparameters π können die log P-Werte neuer Verbindungen und damit ihre Lipophilie berechnet werden. Dazu müssen nur die Lipophilie des Grundgerüsts und die π-Werte der Substituenten bekannt sein. So können biologische Wirkungen korreliert werden, ohne die im Einzelfall mühsame experimentelle Bestimmung der Verteilungskoeffizienten. Neben den π-Werten aller wichtigen Substituenten ist eine sehr große Zahl experimentell bestimmter Octanol/Wasser-Verteilungskoeffizienten in der Literatur verfügbar.

18.4 Lipophilie und biologische Aktivität

Viele quantitative Struktur-Wirkungsbeziehungen belegen die überragende Rolle der Lipophilie zur Beschreibung der Abhängigkeit biologischer Wirkungen von der chemischen Struktur. Das ist leicht zu verstehen, denn biologische Systeme bestehen aus wässrigen Phasen, die durch Lipidmembranen getrennt sind. Der Transport und die Verteilung in solchen Systemen müssen daher von der Lipophilie abhängen. Für polare Substanzen stellen Lipidmembranen Barrieren dar, die sie nicht überwinden können. Lipophile Substanzen sind in wässrigen Phasen schlecht löslich, sie verbleiben bevorzugt in den Membranen. Nur Substanzen **mittlerer Lipophilie** haben eine gute Chance, sowohl wässrige als auch Lipidphasen gut zu „durchwandern" und in ausreichender Konzentration an den Wirkort zu gelangen (Kapitel 19).

Während lösliche Proteine an ihrer Oberfläche überwiegend polare Aminosäurereste tragen, sind die mehr oder weniger vergrabenen Bindestellen für Liganden aus polaren und unpolaren Bereichen aufgebaut. In den hydrophoben Teilen der Taschen binden hydrophobe Teile der Liganden. Die Größe dieser hydrophoben Oberflächenbereiche ist in ihrer Ausdehnung aber immer begrenzt. Der lipophile Anteil der Liganden muss in Größe und Gestalt zu den hydrophoben Oberflächenbereichen in den Bindetaschen passen. Da die natürlichen Liganden, die normalerweise in diesen Taschen gebunden werden, selbst eine ausreichende Wasserlöslichkeit besitzen, sind die lipophilen Bereiche in Bindetaschen von begrenzter Ausdehnung. In diesem Faktum begründet sich eine weitere Ursache für die komplexen, im Allgemeinen nichtlinearen Lipophilie-Wirkungsbeziehungen.

Viele lineare und nichtlineare Lipophilie-Wirkungsbeziehungen beschreiben relativ unspezifische biologische Effekte, wie narkotische, bakterizide, fungizide und hämolytische Wirkungen. Sie sollen hier nicht weiter diskutiert werden. Andere beschreiben den Transport und die Verteilung im biologischen System. Solche Struktur-Wirkungsbeziehungen werden in Kapitel 19 diskutiert.

18.5 Die Hansch-Analyse und das Free-Wilson-Modell

Mehr intuitiv als theoretisch haben Corwin Hansch und Toshio Fujita 1964 ein mathematisches Modell abgeleitet, das Struktur-Wirkungsbeziehungen quantitativ beschreiben kann, die **Hansch-Analyse** (Gl. 18.4).

$$\log 1/C = -k_1 (\log P)^2 + k_2 \log P + k_3 \sigma + ... k \quad (18.4)$$

In Gl. 18.4 ist C eine molare Konzentration, die einen bestimmten biologischen Effekt hervorruft. Bezogen auf eine Reihe von Substanzen sind dies gleich stark wirkende, **äquieffektive molare Dosen**. Log P ist der Logarithmus des Octanol/Wasser-Verteilungskoeffizienten P und σ ist die Hammettkonstante. Der quadratische log P-Term erlaubt die quantitative Beschreibung nichtlinearer Lipophilie-Wirkungsbeziehungen. Bei linearer Abhängigkeit entfällt dieser Term. Genauso entfällt jeder andere Term, wenn er für die Struktur-Wirkungsbeziehung nicht relevant ist. Andere Terme, wie die Polarisierbarkeit, sterische Parameter, etc. können zusätzlich auftreten.

Die Koeffizienten k_1, k_2, ... und k werden mit der Methode der **Regressionsanalyse** ermittelt. Die Hansch-Analyse stellt somit ein hypothetisches Modell zur quantitativen Beziehung zwischen biologischer Aktivität und physikochemischen Parametern her. Biologische Daten sind fehlerbehaftet, gleiches gilt für die physikochemischen Eigenschaften. Trotzdem ist die Zuverlässigkeit dieser Parameter meist größer als die der biologischen Daten. Das Ergebnis einer Rechnung beurteilt man über die quadrierten Differenzen zwischen den gemessenen biologischen Daten und den durch das Modell berechneten Werten, so genannte Fehler- oder Abweichungsquadrate. Deren Summe muss über alle untersuchten Verbindungen einen kleinstmöglichen Wert aufweisen. Er stellt ein wichtiges Kriterium dar für die Beurteilung der Güte eines Modells bzw. für den Vergleich verschiedener Modelle unterschiedlicher Güte.

Als Beispiel sei die quantitative Struktur-Wirkungsbeziehung der antiadrenergen Wirkung von N,N-Dimethyl-β-brom-phenethylaminen **18.1** (Tabelle 18.1) betrachtet. Je nach ihrer Struktur heben diese Substanzen die agonistischen Wirkungen einer Adrenalin-Gabe mehr oder weniger auf. Der Wert C ist diejenige Dosis eines Antagonisten, die den Adrenalin-Effekt zu 50 % blockiert. Die Daten lassen sich mit dem in Abb. 18.2 erläuterten Hansch-Modell beschreiben.

Mit der abgeleiteten Gleichung gelingt die Beschreibung des gesamten Datensatzes durch ein mathematisches Modell. Über die Abspaltung von Br$^-$ binden die Substanzen nach Ausbildung eines Carbokations irreversibel an den adrenergen Rezeptor. Dementsprechend findet sich in der Hansch-Glei-

Tabelle 18.1 *meta*- und *para*-Substituenten der Phenethylamine **18.1** und biologische Wirkung (Ratte, i.v.-Applikation; C in mol/kg Ratte)

meta (X)	para (Y)	log 1/C
H	H	7,46
H	F	8,16
H	Cl	8,68
H	Br	8,89
H	I	9,25
H	Me	9,30
F	H	7,52
Cl	H	8,16
Br	H	8,30
I	H	8,40
Me	H	8,46
Cl	F	8,19
Br	F	8,57
Me	F	8,82
Cl	Cl	8,89
Br	Cl	8,92
Me	Cl	8,96
Cl	Br	9,00
Br	Br	9,35
Me	Br	9,22
Me	Me	9,30
Br	Me	9,52

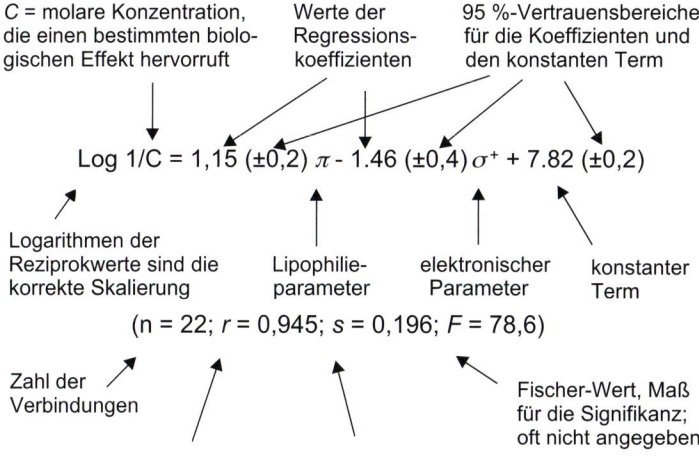

Abb. 18.2 Eine QSAR-Gleichung liefert einzelne Parameter für ein quantitatives Modell zur Vorhersage der biologischen Aktivität, hier am Beispiel von substituierten N,N-Dimethyl-β-brom-phenethylaminen (Tabelle 18.1).

chung (Abb. 18.2) ein σ^+-Term, der zur Beschreibung eines solchen Reaktionstyps besonders gut geeignet ist. Lipophile Substituenten erhöhen die biologische Aktivität (positiver π-Term), elektronenziehende setzen sie herab (negativer σ^+-Term). Optimal für die Wirkung sollten daher lipophile, elektronenliefernde Substituenten sein, z. B. größere Alkylsubstituenten. Zweitens kann innerhalb bestimmter Grenzen die Wirkung weiterer Verbindungen vorhergesagt werden. Interpolationen, d. h. Schlüsse auf sehr ähnliche Substituenten, haben dabei höhere Zuverlässigkeit als Extrapolationen, d. h. Vorhersagen außerhalb des Parameterraums, z. B. für deutlich lipophilere, polarere oder größere Substituenten. Zu den statistischen Parametern r, s und F (Abb. 18.2) kann in erster Näherung gesagt werden, dass der Korrelationskoeffizient r nahe dem Wert 1,00 liegen sollte, die Standardabweichung s möglichst klein und der F-Wert möglichst groß sein sollten. Je besser diese Kriterien erfüllt sind, desto besser ist das quantitative Modell, d. h. desto besser stimmen die experimentellen und berechneten Werte überein.

S. R. Free und J. W. Wilson haben ebenfalls 1964, unabhängig von Hansch und Fujita, ein ganz anderes Modell für die quantitative Struktur-Wirkungsanalyse entwickelt. Da der ursprüngliche Ansatz verwirrend formuliert und umständlich zu rechnen ist, soll hier nur eine später von Fujita und T. Ban vorgeschlagene Variante der **Free-Wilson-Analyse** diskutiert werden. Die Free-Wilson-Analyse geht davon aus, dass in einer Reihe chemisch verwandter Substanzen eine Referenzverbindung, meist die unsubstituierte Ausgangsverbindung, per se einen ganz bestimmten Beitrag μ zur biologischen Wirkung liefert. Jeder Substituent an diesem Gerüst liefert einen „additiven und konstitutiven" Beitrag a_i zur biologischen Aktivität (Abb. 18.3). Additiv, ohne Rücksicht auf strukturelle Variationen in anderen Positionen des Moleküls, konstitutiv, weil es sehr wohl darauf ankommt, an welcher Stelle des Moleküls eine bestimmte strukturelle Änderung vorgenommen wird. Trotz dieser relativ einfachen Annahmen liefert die Free-Wilson-Analyse für viele Struktur-Wirkungsbeziehungen gute quantitative Modelle.

Im Gegensatz zur Hansch-Analyse, die Eigenschaften vergleicht, ist die Free-Wilson-Analyse eine echte „Struktur-Wirkungsanalyse", da sie Parameter, die strukturelle Information codieren (1 für vorhanden, 0 für nicht vorhanden), mit biologischen Wirkungen korreliert. Sie ist einfach durchzuführen, allein die Strukturen und die biologischen Daten müssen bekannt sein. Leider hat die Free-Wilson-Analyse auch Nachteile:

- Die strukturelle Variation muss an mindestens zwei unterschiedlichen Substitutionsorten vorliegen, da sonst nicht genügend Freiheitsgrade für die Anwendung einer statistischen Methode gegeben sind.
- Die meist große Zahl von Variablen mindert die Aussagefähigkeit und Zuverlässigkeit der Analysen und
- Vorhersagen sind nur für neue Kombinationen der in der Analyse bereits berücksichtigten Substituenten möglich, nicht für neue Substituenten.

Wendet man die Free-Wilson-Analyse auf das oben genannte Beispiel der antiadrenergen Phenethylami-

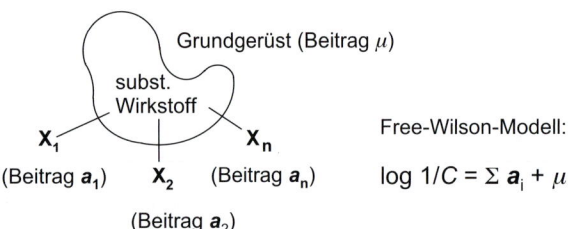

Abb. 18.3 Die Free-Wilson-Analyse verwendet eine Additivität von Gruppenbeiträgen zur Beschreibung der biologischen Aktivität. Entsprechend der angeführten Gleichung setzt sich die biologische Aktivität eines Moleküls aus der Aktivität μ des Grundgerüsts und den konstanten Gruppenbeiträgen a_i der Substituenten X_i zusammen.

ne an, so erhält man die in Tabelle 18.2 angegebenen Werte für das Gerüst und die Substituentenbeiträge. Bereits ein kurzer Blick macht einen Anstieg der Werte von F–, zu Cl–, Br– und I–, d. h. den Einfluss der Lipophilie deutlich. Trotz etwa gleicher Lipophilie unterscheiden sich Methyl- und Chlor-Substituent. Dies erklärt sich durch ihre unterschiedlichen elektronischen Eigenschaften. Auch die Unterschiede in der *meta*- und *para*-Stellung können auf die verschiedenen elektronischen Einflüsse zurückgeführt werden. Für eine qualitative Analyse von Substituenteneffekten hat die Free-Wilson-Analyse also durchaus ihre Vorteile.

Tabelle 18.2 Free-Wilson-Gruppenbeiträge für die Phenethylamine

Position	H	F	Cl	Br	I	Me
meta	0,00	–0,30	0,21	0,43	0,58	0,45
para	0,00	0,34	0,77	1,02	1,43	1,26

μ = 7,82
(n = 22; r = 0,97; s = 0,19) [a]

[a] zur Bedeutung dieser Werte s. Abb. 18.2

18.6 Struktur-Wirkungsbeziehungen an Molekülen im Raum

Wie in den voranstehenden Abschnitten gezeigt, versucht man bei den Struktur-Wirkungsbeziehungen biologische Eigenschaften mit substanzspezifischen Parametern zu korrelieren. Diese Parameter sind Größen, die für das Gesamtmolekül oder bestimmte Gruppen von Substituenten berechnet bzw. gemessen werden, z. B. ihr Volumen, ihre Polarisierbarkeit oder ihre Lipophilie. Der **3D-Struktur** von Molekülen wird mit diesen **Deskriptoren** nur bedingt Rechnung getragen. Daher haben sich mit zunehmender Kenntnis der Raumstrukturen von Protein-Ligand-Komplexen die QSAR-Methoden auf Kenngrößen fokussiert, die von der 3D-Struktur abgeleitet werden. In aller Regel ist bei diesen Ansätzen das Ziel, Bindungsaffinitäten zu berechnen. Die Verfahren sind aber auch zur Beschreibung anderer biologischer Eigenschaften, wie z. B. der Bioverfügbarkeit oder metabolischer Reaktivitäten (Kapitel 19), herangezogen worden. Zur Unterscheidung zu den oben beschriebenen klassischen QSAR-Verfahren bezeichnet man sie als 3D-QSAR-Methoden.

Idealerweise möchte man aus Parametern, die man aus der 3D-Struktur der Wirkstoffe ablesen kann, direkt auf deren Bindungsaffinitäten schließen. Die Zusammenhänge zwischen diesen Parametern und der Aktivität sind aber sehr komplex und bis heute noch keineswegs voll verstanden. Außerdem gibt es immer noch viele Systeme, auf die man die 3D-QSAR-Methoden anwenden möchte, für die man aber die Strukturen der entsprechenden Zielproteine nicht kennt. Viele pharmakologisch relevante Rezeptoren sind membranständig und ihre Strukturbestimmung erweist sich als äußerst schwierig. Das Vorliegen von Strukturen ist aber Voraussetzung für eine sinnvolle Abschätzung der Bindungsaffinität eines Liganden aus der Komplexgeometrie (Kapitel 4). Aus der Not dieser unvollständigen Information heraus versucht man, nicht die Absolutwerte der Affinitäten zu berechnen. Vielmehr konzentriert man sich auf die relativen Unterschiede zwischen Wirkstoffmolekülen eines Datensatzes. Die graduellen Änderungen der substanzspezifischen Parameter werden dann mit den biologischen Daten korreliert.

18.7 Strukturelle Überlagerungen als Voraussetzung für den relativen Vergleich von Molekülen

Auch schon bei den klassischen QSAR-Verfahren fließen Vorstellungen über die Raumstruktur von Molekülen mit ein. Unterschiedliche Positionen von Substituenten, z. B. in *meta*- und *para*-Stellung eines Aromaten, werden oft mit eigenen Parametern beschrieben. Sie gehen in dieser Form sowohl in Hansch-Gleichungen als auch in die Free-Wilson-Analyse (Abschnitt 18.5) ein. Darüber hinaus werden in klassischen QSAR-Modellen auch Indikatorvariablen für unterschiedliche Konfigurationen von Substituenten bzw. für die Zugehörigkeit eines Stereoisomeren zu einer bestimmten Konfiguration definiert. Bei der Anwendung dieser Parameter wird eine analoge Orientierung der Moleküle in einer hypothetischen Bindetasche angenommen. Beispielsweise geht man davon aus, dass alle an einem Phenylring *ortho*-substituierten Derivate diesen Rest zur „gleichen Seite" orientieren. Struktur-Wirkungsbeziehungen, die eine Korrelation der biologischen Aktivitäten mit Eigenschaften der 3D-Strukturen zum Ziel haben, benötigen als Grundlage eine räumliche Überlagerung der Wirkstoffmoleküle. Diese Überlagerung soll die relative Orientierung in der Bindetasche so gut wie möglich annähern. In Kapitel 17 wurden Verfahren diskutiert, die zur Berechnung dieser räumlichen Überlagerungen eingesetzt werden.

18.8 Bindungsaffinitäten als Substanzeigenschaft

Welche substanzspezifischen Größen kann man verwenden, um die Eigenschaften der 3D-Strukturen mit Bindungsaffinitäten zu korrelieren? Wie in Kapitel 4 vorgestellt wurde, setzen sich **Bindungsaffinitäten** aus einem **enthalpischen** und einem **entropischen Anteil** zusammen. Der erste Beitrag fasst alles zusammen, was mit direkten energetischen Wechselwirkungen zusammenhängt. Diese sind vorwiegend sterischer (van der Waals-Potenzial, Abschnitt 15.4) bzw. elektrostatischer Natur (Coulomb-Potenzial). Der zweite Beitrag konzentriert sich auf den Ordnungsgrad und die Verteilung der Energiebeiträge über die verschiedenen Freiheitsgrade des betrachteten Systems. Sowohl die Liganden wie auch die Bindetaschen eines Proteins sind im unkomplizierten Zustand durch Wassermoleküle solvatisiert. Bei der Komplexbildung gehen die enthalpischen Wechselwirkungen zu diesen Wassermolekülen verloren. Sie werden durch direkte Wechselwirkungen zwischen Ligand und Protein ersetzt. Da nur die relativen Unterschiede zwischen den Molekülen eines Datensatzes von Interesse sind, bleiben Effekte unberücksichtigt, die für alle Derivate gleich sind. Dazu gehören praktisch alle Einflüsse, die das Protein betreffen. Diese Vernachlässigung ist sicher eine grobe Vereinfachung, denn das Protein ändert bei der Ligandenbindung seinen Solvatisierungsgrad. Wassermoleküle werden aus der Bindetasche verdrängt. Denkbar sind auch ligandinduzierte Umlagerungen von Seitenketten in der Bindetasche oder die Änderung von Rotationsfreiheitsgraden wie Methylgruppen an Seitenketten (Abschnitt 4.10). Diese Effekte bleiben unberücksichtigt bzw. werden als gleich für alle Liganden des Datensatzes angenommen. Vermutlich gilt diese Annahme in vielen Fällen. Dennoch zeigen neuere Untersuchungen immer deutlicher, dass Änderungen, die das Protein oder die Dynamik der Liganden betreffen, häufig innerhalb einer Verbindungsserie nicht konstant sind. Hier müssen die Methoden versagen.

Zu Beginn sollen nur **sterische und elektrostatische Wechselwirkungen**, die ein Wirkstoff in einer Bindetasche eingehen kann, in Betracht gezogen werden. Wie lassen sich diese Eigenschaften für eine Reihe von Liganden vergleichen? Ein erster Ansatz dazu waren hypothetische Wechselwirkungsmodelle von Hans-Dieter Höltje und Lemont B. Kier. Als entscheidende Voraussetzung benötigten diese Modelle eine Auswahl und räumliche Positionierung von Aminosäure-Seitenketten um die Liganden. Von diesen Annahmen wird man unabhängig, wenn man die Moleküle in ein Gitter einbettet und sie systematisch mit einer Wechselwirkungssonde abtastet. Richard Cramer und M. Milne haben 1978 ein solches Modell vorgestellt. Es hat aber weitere zehn Jahre gedauert, bis daraus ein allgemein anwendbares Verfahren wurde, die CoMFA-Methode (engl. *comparative molecular field analysis*, vergleichende molekulare Feld-Analyse). Trotz vieler theoretisch und praktisch begründeter Probleme in ihrer Anwendung hat sich die Methode rasch durchgesetzt. Sie wird heute in vielen verschiedenen Varianten eingesetzt.

Vor der praktischen Durchführung einer solchen Analyse sollen ein paar grundlegende Gedanken angestellt werden. Berücksichtigen die sterischen und elektrostatischen Wechselwirkungen alle Beiträge, die zu einer relativen Abstufung der Bindungsaffinitäten führen? Wie schon erwähnt, setzen sich die Bindungsaffinitäten aus einem enthalpischen und einem entropischen Beitrag zusammen. Ein Abtasten der Eigenschaften liefert sicherlich ein Maß dafür, wie gut ein Molekül energetisch günstige Wechselwirkungen eingehen kann. Wie steht es aber mit den entropischen Beiträgen? Ein wesentlicher Anteil rührt von **Solvatations**- und **Desolvatationsvorgängen** her (Abschnitt 4.6). Bei diesen Vorgängen ändert sich die lokale Wasserstruktur um einen Liganden und in der Bindetasche. Im gelösten Zustand muss in unmittelbarer Umgebung um den hydrophoben Oberflächenanteil eines Liganden die **Wasserstruktur** einen höher geordneten Zustand annehmen, als dies in reinem Wasser der Fall ist. Die Überführung eines solchen Liganden aus dem Wasser in die Proteinbindetasche bedingt somit, dass eine bestimmte Anzahl von Wassermolekülen in der Wasserphase in einen deutlich weniger geordneten Zustand übergeht. Dies erhöht die Entropie des Systems und begünstigt so den spontanen Ablauf des Bindungsvorgangs. Die Anzahl Wassermoleküle, die in diesen Prozess involviert sind, hängt von der Größe der hydrophoben Oberfläche des Liganden ab. Weiterhin erhöht das Verdrängen von gebundenen Wassermolekülen aus der Bindetasche durch den zu bindenden Liganden die Unordnung des betrachteten Systems und vergrößert damit seine Entropie. In der oben angesprochenen Näherung nimmt man an, dass dieser Effekt für alle Moleküle des Datensatzes gleich ist. Bei einem relativen Vergleich fällt er nicht ins Gewicht. Zusätzlich kann sich in wässriger Lösung ein Molekül „frei" bewegen und unterschiedliche Konformationen einnehmen. In der Bindetasche wird es in einer bestimmten Konformation fixiert. Rotations-, Translations- und interne Konformationsfreiheitsgrade werden eingefroren. Dadurch verliert das System Entropie. Für eine korrekte Behandlung von Affinitäten sind alle diese Einflüsse in Betracht zu ziehen.

18.9 Wie führt man eine CoMFA-Analyse durch?

Das wichtigste und am häufigsten benutzte Verfahren der 3D-Struktur-Wirkungsanalyse ist die CoMFA-Methode. Die Durchführung einer CoMFA-Studie erfordert zunächst die Auswahl eines Datensatzes von geeigneten Verbindungen. Dieser **Datensatz** sollte etwa 50–100 Verbindungen mit ähnlichem Aufbau umfassen. Es sollte gewährleistet sein, dass alle Substanzen am gleichen Protein an der gleichen Stelle binden und für sie Bindungsaffinitäten vorliegen. Die Liganden müssen, bezogen auf ihre strukturelle Variation, eine gewisse Vielfalt besitzen. Ihre **Bindungsaffinitäten** sollten sich über wenigstens **drei Zehnerpotenzen** erstrecken. Von allen Molekülen werden Konformationen erzeugt (Kapitel 16) und nach einem der in Kapitel 17 besprochenen Verfahren überlagert. In aller Regel bezieht man sich dabei, wenn vorhanden, auf die Raumstruktur des Zielproteins und passt die betrachteten Liganden in die Bindetasche ein. Anschließend bettet man die so **überlagerten Moleküle** in ein Gitter ein (Abb. 18.4), das sie weiträumig umfasst. Die Punkte des Gitters weisen einen regelmäßigen Abstand von 1 oder 2 Å Maschenweite auf. An jeden Gitterpunkt setzt man eine Sonde, z. B. ein Atom mit den Eigenschaften eines Wasserstoff-, Kohlenstoff- oder Sauerstoffatoms. Man berechnet die Wechselwirkungsenergien zwischen dieser Sonde und jedem Molekül des Datensatzes (Abb. 18.4). Die Gesamtheit der Wechselwirkungsbeiträge an den Gitterpunkten bezeichnet man als Feld des Moleküls. Daher rührt der Name dieser Methode. Anschließend werden die Felder der Moleküle des Datensatzes miteinander verglichen. Bei einer Kantenlänge von 10–20 Å und einer Maschenweite des Gitters von 1–2 Å sind pro Molekül des Datensatzes mehrere tausend Feldpunkte zu behandeln. Diese Datenflut bedingt, dass die vergleichende Auswertung der Felder sehr rechenaufwendig werden kann.

18.10 Welche Felder dienen als Kriterien für die vergleichende Analyse?

In Kraftfeldern (Abschnitt 15.4) werden sterische und elektrostatische Wechselwirkungen mit einem Lennard-Jones- bzw. Coulomb-Potenzial beschrieben (Abb. 18.5). Wenn der Abstand zwischen der Sonde und einem Atom des Moleküls gegen Null geht, nehmen das Lennard-Jones- und das Coulomb-Potenzial bei gleich geladenen Teilchen unendlich große Werte an. Bei entgegengesetzt geladenen Teilchen strebt das Coulomb-Potenzial gegen negativ unendliche Werte. Diese dem Betrag nach extrem großen Feldbeiträge werden an Gitterpunkten erreicht, die nahe der Oberfläche bzw. innerhalb eines Moleküls liegen. Sie müssen bei einer CoMFA-Analyse vermieden werden. Daher limitiert man Feldbeiträge oberhalb und unterhalb eines vorgegebenen Grenzwerts auf den dort erreichten Wert. Nach diesen „Vorschriften" kann man von jedem Gitterpunkt aus das Lennard-Jones- bzw. Coulomb-Potenzial berechnen. Als Sonde kommt zum Beispiel ein aliphatischer Kohlenstoff in Frage. Um die elektrostatischen Verhältnisse zu studieren, gibt man dieser Sonde eine positive oder negative Ladung. In Abschnitt 17.10 ist das Programm GRID von Peter Goodford vorgestellt worden. Mit ihm kann man für eine Vielzahl von Sonden, die unterschiedliche funktionelle Gruppen beschreiben, Molekülfelder

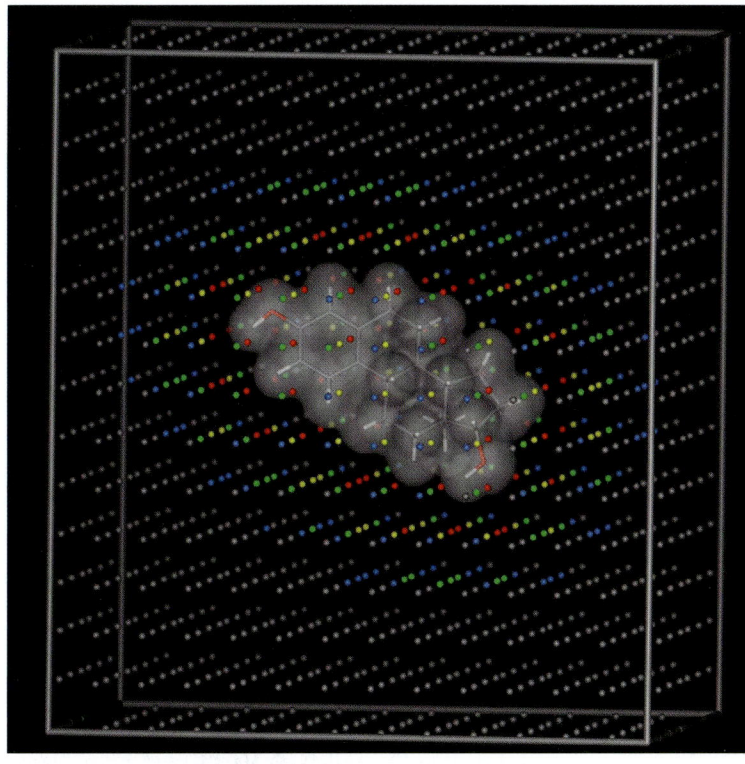

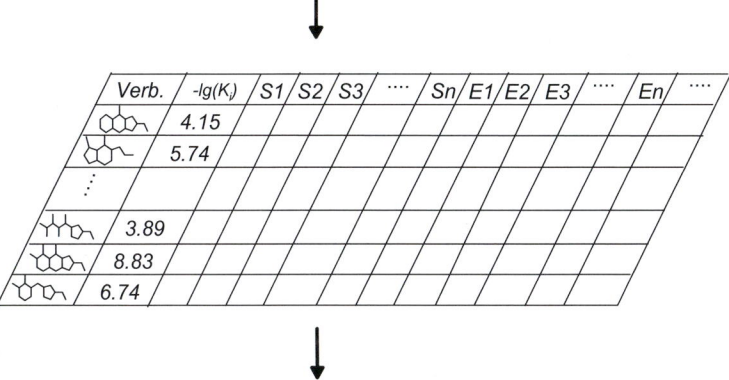

$-\lg(K_i) = y + a\,S1 + b\,S2 + c\,S3 + \ldots + h\,Sn + k\,E1 + m\,E2 + n\,E3 \ldots + z\,En$

Abb. 18.4 Zur Berechnung molekularer Felder erzeugt man ein Gitter, das ein Molekül weiträumig umfasst. Farbcodiert sind die Gitterpunkte mit zunehmendem Abstand vom Liganden hervorgehoben (rot < gelb < grün < blau < grau). In den Schnittpunkten des Gitters mit einer Maschenweite von 1–2 Å berechnet man die Beiträge der gewählten Felder. Für jeden Gitterpunkt werden die Feldbeiträge (S1, S2 ... Sn, E1, E2 ... En) in eine Tabelle eingetragen. Die Auswertung erfolgt für alle Moleküle des Datensatzes. Die Bindungsaffinitäten werden z. B. als $-\log(K_i)$ in die Tabelle aufgenommen. Mit einer besonderen statistischen Methode, der PLS-Analyse, werden die Feldbeiträge gewichtet mit den anpassbaren Koeffizienten (a, b, ... z) mit den Affinitäten in Bezug gesetzt. Man erhält ein Modell, das in Form einer Gleichung angibt, an welchen Gitterpunkten und mit welchem Gewicht die verschiedenen Felder Beiträge zur Erklärung der biologischen Wirkung liefern.

auf einem Gitter berechnen. Für eine vorgegebene Sonde findet man so die Bereiche im Raum, an denen günstige bzw. ungünstige Wechselwirkungen zwischen der Sonde und dem betrachteten Molekül zu erwarten sind.

Neben Feldern, die sterische und elektrostatische Eigenschaften von Molekülen abtasten, lassen sich auch andere Felder definieren. Weiter oben wurde diskutiert, dass die hydrophobe Oberfläche eines Moleküls ein Maß für die entropischen Wechselwirkungsbeiträge, vor allem für die Überführung aus der Wasserphase, darstellt. In der Gruppe von Donald Abraham sind molekulare Felder entwickelt worden, die hydrophobe Eigenschaften von Molekülen abtasten (Programm HINT). Sie werden nach einer ganz ähnlichen abstandsabhängigen Funktion berechnet. Die resultierenden molekularen Felder beschreiben die Lipophilie-Verteilung auf der Oberfläche eines Moleküls.

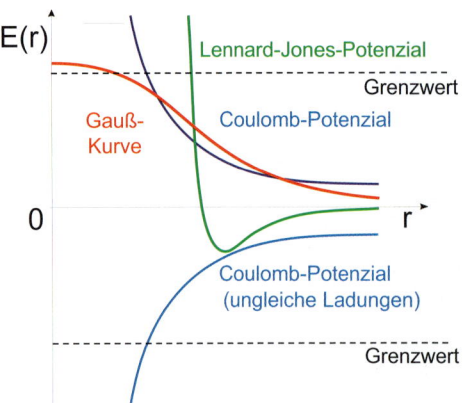

Abb. 18.5 Das Lennard-Jones-Potenzial (grün) ist ein Modell zur Beschreibung der zwischenmolekularen Wechselwirkung zweier Atome ohne Berücksichtigung ihrer Ladungen. Negative Potenzialwerte entsprechen einer gegenseitigen Anziehung, positive Werte einer Abstoßung der Teilchen. Wird ihr wechselseitiger Abstand unendlich, strebt das Potenzial gegen Null. Bei Annäherung durchläuft es wegen der wechselseitigen Polarisation ein flaches Minimum, um dann wegen der Abstoßung der Atome sehr rasch zu positiv unendlichen Werten anzusteigen. Das Coulomb-Potenzial (blau) berücksichtigt nur elektrostatische Wechselwirkungen, die formal als Punktladungen auf den Kernen der Atome sitzen. Es wird bei gleichsinnig geladenen Teilchen für verschwindenden Abstand ebenfalls unendlich groß. Sind sie entgegengesetzt geladen, so resultieren negativ unendliche Werte. Der hyperbolische Verlauf des Coulomb-Potenzials ist deutlich flacher, sodass sich die Teilchen auch noch bei großen Abständen gegenseitig „spüren". In einer CoMFA-Analyse setzt man Grenzwerte für diese Potenziale an. Im Rahmen des CoMSIA-Modells wird zur Beschreibung der Abstandsabhängigkeit des Wechselwirkungspotenzials zwischen den Teilchen eine Gaußfunktion (rot) verwendet, die einen glockenförmigen Verlauf (nur die rechte Hälfte der „Glocke" ist dargestellt) nimmt. Bei verschwindendem Abstand, wenn die Teilchen aufeinanderfallen, erreicht sie ihren maximalen Wert, der aber endlich ist.

18.11 3D-QSAR: Korrelation der molekularen Felder mit den biologischen Eigenschaften

Angenommen, man hat für jedes Molekül des Datensatzes mehrere molekulare Felder berechnet und will die Unterschiede in diesen Feldern mit den Bindungsaffinitäten korrelieren. Wie drücken sich diese Unterschiede aus? Dazu wollen wir drei hypothetische Beispiele substituierter Phenylderivate betrachten.

- Als erstes sollen in einer Verbindungsreihe die Substituenten am Phenylring so variiert werden, dass beim Abtasten mit einer positiv geladenen Sonde in der Umgebung der Substituenten zunehmend größere Werte der Feldbeiträge resultieren. Wenn die Bindungsaffinitäten mit den größer werdenden Feldbeiträgen in gleicher Weise ansteigen, wird sich dies in der quantitativen Analyse niederschlagen. Sie ergibt, dass Derivate mit zunehmend positiv geladenen Gruppen in dieser Molekülregion die affineren Substanzen sind.

- Ein zweites Beispiel soll etwas anders gelagert sein. Jetzt befinden sich am Phenylring Substituenten mit positiven bzw. negativen Partialladungen. Ihre Variation hat keinen Einfluss auf die Wirksamkeit der Substanzen. Die quantitative Analyse stellt fest, dass die Änderungen der elektrostatischen Feldbeiträge nicht mit den biologischen Eigenschaften korrelieren. Eine mögliche Erklärung wäre, dass sich der elektronische Effekt und eine andere Eigenschaft, z. B. die Größe der Substituenten, in ihrem Einfluss gegenseitig aufheben. Es könnte aber auch sein, dass die biologische Aktivität durch andere Eigenschaften der Substituenten, z. B. ihren hydrophoben Charakter, beeinflusst wird.

- Im dritten Fall sollen die elektrostatischen Eigenschaften von Substituenten, die für die Bindung an den Rezeptor wichtig sind, an der betrachteten Position kaum variieren. Es liegen zwar unterschiedliche Substituenten vor, jedoch alle mit vergleichbaren Partialladungen. Das Modell, das die Feldbeiträge in der Umgebung dieser Gruppen analysiert, erkennt keine Unterschiede und daher auch keine Korrelation mit den Bindungsaffinitäten. Es kann also durchaus sein, dass eine Klasse von Substituenten an einer bestimmten Position des Molekülgerüsts sehr wichtig ist und trotzdem in der Analyse als nicht signifikant erscheint. Dies hängt damit zusammen, dass eine QSAR-Analyse immer nur relative Vergleiche innerhalb eines Datensatzes vornimmt.

Diese Beispiele sind noch leicht überschaubar. Man kann sich fragen, ob man dafür wirklich ein aufwendiges Korrelationsverfahren mit dem „Umweg" über Molekülfelder braucht. In der Praxis ist die Situation komplizierter, vor allem wenn man Moleküle mit unterschiedlichen Gerüsten betrachtet. Die Substituenten fallen bei der Molekülüberlagerung nicht exakt aufeinander. Ihre Beiträge müssen als Feld im Raum beschrieben werden und sind nur so auszuwerten. In jedem Fall belegen diese Beispiele die Wichtigkeit einer sorgfältigen Versuchsplanung. Die Strukturen des Datensatzes müssen so gewählt werden, dass eine größtmögliche Variation der Substituenten und ihrer Eigenschaften erzielt wird.

18.12 Ergebnisse und grafische Auswertung einer vergleichenden Feldanalyse

Betrachtet man die Gesamtheit aller Feldbeiträge als mehrdimensionale Matrix, so kann die Regressionsanalyse zur Erklärung der abhängigen Variablen, z. B. der Bindungsaffinität, nicht eingesetzt werden. Die **PLS-Analyse** (engl. *partial least squares*) ist eine statistische Methode, die aus einer großen Datenmenge relevante und erklärende Faktoren, die so genannten PLS-Vektoren, extrahiert. Bei CoMFA-Analysen beschreiben diese Vektoren die Bereiche der Felder, die mit den experimentell bestimmten Affinitäten am besten korrelieren. Das Ergebnis ist eine Gleichung, analog zu den Ergebnissen der klassischen QSAR-Methoden. Sie gibt an, in welchem Ausmaß bestimmte Gitterpunkte der einzelnen Felder zu den Bindungsaffinitäten beitragen. Bedingt durch die vielen Feldpunkte, die in der Analyse auszuwerten sind, muss eine strenge Kontrolle der statistischen Signifikanz der abgeleiteten Ergebnisse vorgenommen werden. Diese Signifikanz wird durch einen besonderen Test, die **Kreuzvalidierung** (engl. *cross-validation*), überprüft. Man entnimmt dem Datensatz zufällig eine oder mehrere Verbindungen. Mit den verbleibenden Derivaten wird ein Modell erstellt und anhand dieses Modells die Affinitäten der herausgenommenen Verbindungen vorhergesagt. Das Herausnehmen von Strukturen aus dem Datensatz wiederholt man mehrere Male, im einfachsten Fall so oft, bis alle Substanzen einmal entnommen wurden. Die Güte der Vorhersagen stellt ein Maß für die Zuverlässigkeit und Signifikanz des Modells dar. Das erzielte Ergebnis drückt man durch den Wert q^2 aus, der sich aus den Abweichungsquadraten der Vorhersagen berechnen lässt. Er nimmt Werte zwischen $-\infty$ und $+1$ an. Ein Wert von $+1$ sagt aus, dass ein perfektes Modell erzielt wurde. Alle Vorhersagen treffen exakt die gemessenen Bindungsaffinitäten. Es gibt keine Abweichungen. Ein Wert von $q^2 = 0$ sagt aus, dass die Vorhersagen des Modells nicht besser oder schlechter sind, als kein Modell, d. h. als der Mittelwert aller Affinitäten. Wenn q^2 gar negative Werte annimmt, ist das Modell schlechter als die Mittelwerte, d. h. schlechter als kein Modell. Einem Modell ist daher nur dann Vertrauen zu schenken, wenn die q^2-Werte oberhalb von 0,4–0,5 liegen.

Um die Vorhersagekraft eines trainierten Modells zu überprüfen, muss man noch einen Schritt weitergehen. Dazu benötigt man einen Testdatensatz aus Molekülen, die zwar den Molekülen des Trainingsdatensatzes ähnlich sind, aber nicht für das Training verwendet wurden. Für diese Moleküle sagt man die Bindungsaffinitäten vorher. Nur wenn sich dort ein analog dem q^2 berechneter Korrelationskoeffizient ähnlicher Größe ergibt, besitzt das Modell ausreichende Vorhersagekraft.

Das abgeleitete Modell kann man jetzt dazu nutzen, die Affinitäten neuer, noch nicht synthetisierter Verbindungen abzuschätzen. Wieder werden deren Konformationen berechnet und mit den anderen Strukturen überlagert. Sie müssen in das für den Trainingssatz definierte Gitter fallen. Anschließend berechnet man die Feldbeiträge. Mit der Korrelationsgleichung lässt sich feststellen, welche Gitterpunkte bei der Berechnung der Bindungsaffinitäten zu berücksichtigen sind.

Das CoMFA-Verfahren erstellt eine Korrelation zwischen Wirkdaten und Moleküleigenschaften. Aus ihrem relativen Vergleich innerhalb des Trainingssatzes leitet man ein Modell ab und schließt auf die Eigenschaften neuer Moleküle. Es sind nur dann relevante Vorhersagen zu erwarten, wenn die Strukturvariationen in den neuen Molekülen im Rahmen des Modells bleiben. Mit anderen Worten, das Modell kann keine Angaben über den Einfluss von Substituenten machen, die in Bereichen auftreten, in denen die Moleküle des Trainingssatzes keine strukturelle Variation aufweisen. CoMFA-Modelle interpolieren zwischen Feldbeiträgen von Molekülen. Eine Extrapolation auf Bereiche, die von den Strukturen des Datensatzes nicht abgedeckt werden, ist nicht möglich.

Die Ergebnisse einer CoMFA-Analyse lassen sich grafisch auswerten. Aus dem Modell weiß man, an welchen Gitterpunkten Feldbeiträge auftreten, die signifikant zur Erklärung der Bindungsaffinitäten beitragen. Diese Beiträge lassen sich nach ihrer Wichtigkeit für die verschiedenen Felder konturieren. Sie verweisen auf Volumenbereiche um die Moleküle, in denen Änderungen der Feldbeiträge parallel oder gegenläufig zu Affinitätsänderungen im Datensatz laufen. Für das Design neuer Wirkstoffe sind diese **Konturdiagramme** (engl. *contour maps*) ein wichtiges Hilfsmittel (Abschnitt 18.14). Sie geben an, an welchen Stellen die Eigenschaften einer Leitstruktur zu verändern sind, damit eine Affinitätssteigerung erzielt wird.

18.13 Anwendungen, Grenzen und Erweiterungen der CoMFA-Methode

In CoMFA-Analysen werden meist nur sterische und elektrostatische Feldbeiträge ausgewertet. Ein hydrophobes Feld kann die Größe der hydrophoben Oberfläche und damit zum Teil den entropischen Beitrag zur Affinität quantifizieren. Da CoMFA-Auswertungen auch ohne explizite Verwendung hydrophober Felder brauchbare Modelle liefern, müssen diese Feldbeiträge zumindest bereits teilweise in den Lennard-Jones- und Coulomb-Feldern enthalten sein. Die Lipophilie eines Moleküls steigt bei der Vergrößerung einer ungeladenen, sterisch anspruchsvollen Gruppe, z. B. von Methyl zu Butyl. Hier können sterische Feldbeiträge Änderungen der lipophilen Oberfläche korrekt wiedergeben. Aber auch eine Korrelation mit den elektrostatischen Eigenschaften ist denkbar. Hydrophobe Molekülteile tragen in aller Regel nur geringe Partialladungen. Positiv bzw. negativ geladene Gruppen stellen hydrophile Regionen dar. Somit werden über Ladungsunterschiede auch die lipophilen bzw. hydrophilen Oberflächenregionen quantifiziert.

Die von einem CoMFA-Modell nicht erklärten Abweichungen schließen neben den Fehlern der experimentellen Daten auch alle nicht ausreichend beschriebenen Bindungsanteile ein. Dazu gehören Änderungen auf der Seite des Proteins, die nicht für alle Verbindungen des Datensatzes identisch sind. Entropische Beiträge, die auf die konformative Fixierung der Wirkstoffmoleküle in der Bindetasche zurückgehen oder die eine Restmobilität der Liganden in der Bindetasche bedingen, werden in den Feldern ebenfalls nicht berücksichtigt.

Neben diesen Unzulänglichkeiten bereiten die Felder selbst einige Probleme. Durch ihren Verlauf werden nahe der Oberfläche oder innerhalb der Moleküle sehr große bzw. sehr kleine Werte erreicht (Abb. 18.5). Da das Lennard-Jones-Potenzial bei Annäherung an die Atome schneller anwächst als das Coulomb-Potenzial, erreichen beide die willkürlich festgesetzten Grenzwerte (Abschnitt 18.10) in unterschiedlicher Distanz von den Molekülen. Das extrem steile Lennard-Jones-Potenzial kann seine Funktionswerte innerhalb einer Distanz von 2 Å, der üblicherweise gewählten Maschenweite des Gitters, von praktisch Null bis zum Grenzwert ändern! Diese Unstetigkeiten und die durch Grenzwert-Festsetzungen von jeder Varianz ausgeklammerten Bereiche nahe der Oberfläche bereiten erhebliche Probleme in der Auswertung. Außerdem bedingen sie oft „zerrissene" und daher schwer interpretierbare Konturdiagramme der einzelnen Felder.

Die Unzulänglichkeiten der Felder haben zur Suche nach anderen Lösungen geführt. In einem Verfahren wird die Ähnlichkeit von Molekülen über ihre sterischen und physikochemischen Eigenschaften im Raum ermittelt und mit den Bindungsaffinitäten korreliert (**CoMSIA-Methode**, engl. *comparative molecular similarity indices analysis*). Die Moleküle werden ganz analog wie beim CoMFA-Verfahren miteinander überlagert. Dann wird ihre relative Ähnlichkeit über die Verwandtschaft zu einer Sonde, beispielsweise einem Kohlenstoffatom, bestimmt. Dazu tastet man für jedes Molekül an den Schnittpunkten eines umgebenden Gitters die Ähnlichkeit mit dieser Sonde ab. Das Ähnlichkeitsmaß zwischen der Sonde und dem Molekül wird abstandsabhängig definiert. Dafür wählt man eine Gauß-Funktion (Abb. 18.5). Im Gegensatz zum hyperbolischen Verlauf der oben beschriebenen Potenziale strebt die Gaußsche Glockenkurve für kleiner werdende Abstandswerte nicht gegen unendlich. Es müssen also keine Grenzwerte festgesetzt werden. An allen Gitterpunkten wird für eine Vielzahl von Eigenschaften ein Ähnlichkeitsmaß bestimmt. Voraussetzung ist die Beschreibung der Eigenschaften über atombasierte Werte (z. B. Partialladungen, Atomvolumina). Für alle Eigenschaften wird die gleiche Abstandsabhängigkeit verwendet. Man erhält eigenschaftsspezifische **Ähnlichkeitsfelder**. Diese werden mit den Bindungsaffinitäten korreliert.

Die Auswertung der Feldbeiträge erfolgt analog der CoMFA-Methode. Der Vorteil der Methode liegt vor allem in der einfacheren Interpretierbarkeit der erhaltenen Konturdiagramme. Wenn eine bestimmte Eigenschaft im Bereich der überlagerten Moleküle signifikant mit den Bindungsaffinitäten korreliert, wird diese Region hervorgehoben. Im Gegensatz dazu konturiert das CoMFA-Verfahren Bereiche außerhalb der Moleküle, in denen eine Eigenschaft veränderte Beiträge hervorrufen muss, um sich positiv oder negativ auf die Affinitäten auszuwirken. Die Festsetzung von Grenzwerten blendet aber ganze Bereiche gerade dieser Feldbeiträge nahe der Oberfläche aus (Abb. 18.5).

Die 3D-QSAR Analysen waren zunächst zur Auswertung von Struktur-Wirkungsbeziehungen gedacht, für die keine Strukturen des Zielproteins als Referenz vorliegen. Die Praxis zeigt aber, dass die Verfahren vor allem auf Fälle angewendet werden, für die diese Referenz bekannt ist. Sie dient vor allem dazu, eine sinnvolle und relevante Überlagerung der Wirkstoffe in ihrer bioaktiven Konformation zu erzeugen. Umso mehr scheint es widersinnig, die Information über die umgebende Proteinumgebung nur für die wechselseitige Überlagerung der Moleküle zu verwenden und dann in der vergleichenden Feldanalyse auf diese wertvollen Daten zu verzichten. Es wurden Verfahren entwickelt, die diese Information berücksichtigen. In der Gruppe von Rebecca Wade am EMBL in Heidelberg wurde das **COMBINE-Verfahren** entwickelt. Dazu errechnet man aus einem Satz modellierter Protein-Ligand-Komplexe eine Datentabelle. Sie enthält die Wechselwirkungsenergien zwischen den einzelnen Ligandatomen der Moleküle des Datensatzes und den Aminosäureresten und Wassermolekülen des umgebenden Proteins. Die Auswertung dieser riesigen Datentabelle erfolgt über ein Verfahren, das der CoMFA-Methode gleicht. Die grafische Auswertung des mit der COMBINE-Methode erhaltenen Korrelationsmodells gibt an, welche Regionen des Proteins entscheidende Beiträge zur Erklärung der Affinitätsunterschiede im Liganden-Datensatz beisteuern. Dies sind sehr wertvolle Hinweise, helfen aber nur wenig direkte Entscheidungen zu treffen, wie die Moleküle des Datensatzes zu verändern sind, um eine verbesserte Affinität zu erzielen.

Der Variante **AFMoC** (*adaptation of fields for molecular comparison*), die Holger Gohlke in Marburg entwickeln konnte, gelingt es, die Information über die Proteinumgebung in das feldbasierte Modell einfließen zu lassen. Es muss dabei nicht auf die Vorteile der intuitiven Auswertung der Feldbeiträge im Hinblick auf die strukturelle Optimierung der Liganden verzichten. Dazu bildet man zunächst auf den Gitterpunkten des üblicherweise für CoMFA verwendeten Gitters anhand der empirischen Bewertungsfunktion *DrugScore* (Abschnitt 17.10) Werte ab, die eine Proteinumgebung als Interaktion auf jedem einzelnen Gitterpunkt verspüren würde, wenn sie mit einer bestimmten atomaren Sonde abgetastet würde. Auf dieses durch die Proteinumgebung praktisch „vorpolarisierte" Gitter werden nun die Liganden des Trainingssatzes platziert (mithilfe eines Docking- oder Überlagerungsverfahrens). Immer dann, wenn ein Ligand mit einem Atom auf einen Bereich des Gitters zu liegen kommt, an dem das Protein diesen Atomtyp als vorteilhaft ansieht, verstärkt sich der Feldbeitrag. Andernfalls wird der Interaktionsbeitrag auf dem Gitter reduziert. Auf diese Weise entsteht für den gesamten Trainingsdatensatz eine Datentabelle analog dem CoMFA-Verfahren. Diese Tabelle wird entsprechend ausgewertet und liefert eine QSAR-Gleichung. Die einzelnen Beiträge lassen sich auf dem Gitter anzeigen. Sie verdeutlichen, wo bestimmte Atomtypen eine Affinitätsverbesserung bzw. einen Abfall bedingen.

Man hat die vergleichenden Feldanalysen auch zur Korrelation und Vorhersage von **Selektivitätsunterschieden** zwischen Liganden verwendet. Viele Enzyme treten als Isoformen auf. Sie besitzen daher Verwandtschaften in ihren Bindetaschen. In Folge weisen Liganden abgestufte Affinitäten oder wie man sagt „Selektivitätsprofile" gegen diese Isoformen auf. Möchte man Liganden im Hinblick auf eine verbesserte Selektivität optimieren, muss man wissen, an welcher Stelle die Veränderung einer Eigenschaft das Profil verbessert. Dazu erstellt man für die Isoenzyme 3D-QSAR-Modelle. Man kann entweder die Differenzen der Affinitätswerte bilden und sie als vorherzusagende Größe in das Modell einfließen lassen. Alternativ dazu kann man zwei Korrelationsmodelle erstellen und an jedem Gitterpunkt die Feldbeiträge voneinander abziehen. Die nach beiden Verfahren erhaltenen Modelle lassen sich ebenfalls grafisch auswerten. Konturdiagramme geben jetzt an, wo Moleküle in welcher Weise zu verändern sind, um ihre Selektivität im Hinblick auf das eine oder andere Isoenzym zu verbessern.

18.14 Ein Blick hinter die Kulissen: Vergleichende Feldanalyse von Carboanhydrase-Inhibitoren

Vergleichende Feldanalysen gehören heute zum Standardrepertoire der Wirkstoffforschung. Als ein Beispiel soll die Bindung von Inhibitoren an die Carboanhydrase I und II betrachtet werden. Die biologische Funktion dieser Enzyme wird genauer im Abschnitt 25.7 beschrieben. Beide Isoformen besitzen untereinander eine Sequenzidentität von 60 %. Die Liganden des Trainingsdatensatzes leiten sich von den in Abb. 18.6 aufgeführten Grundstrukturen ab. Zunächst wurde durch Einpassung der Liganden in die Proteine ein Überlagerungsmodell erzeugt (Abb. 18.7). Die trichterförmige Bindetasche der Enzyme wird dabei in vielfältiger Weise von den Inhibitoren besetzt. Mit den drei Verfahren CoMFA, CoMSIA und AFMoC ergeben sich sehr gute Korrelationsmodelle. Auch für einen vom Training unabhängigen Testdatensatz erreichen die Modelle überzeugende Vorhersagekraft.

In Abb. 18.8 sind Konturen für die Akzeptoreigenschaften hinsichtlich einer Hemmung der Carboanhydrase II (CA II) gezeigt. Moleküle des Datensatzes,

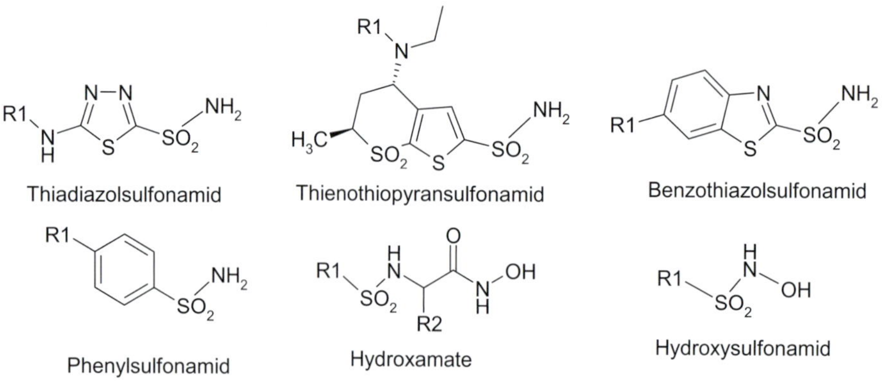

18 278 Teil IV · Quantitative Struktur-Wirkungsbeziehungen und Design-Methoden

Strukturen der Inhibitoren

- **Thiadiazolsulfonamid**
- **Thienothiopyransulfonamid**
- **Benzothiazolsulfonamid**
- **Phenylsulfonamid**
- **Hydroxamate**
- **Hydroxysulfonamid**

Abb. 18.6 Grundgerüste von Inhibitoren, die in verschiedenen vergleichenden Feldanalysen zum Aufstellen von Affinitäts- (pK_i[CA II]) und Selektivitätsmodellen (pK_i[CA II] – pK_i[CA I] = ΔpK_i[CA II – CA I]) zur Beschreibung der Hemmung der Carboanhydrasen CA I und CA II verwendet wurden. An den mit R1 bzw. R2 markierten Positionen sind unterschiedliche Substituenten im Datensatz durchvariiert worden.

die eine Akzeptorfunktion in den rot markierten Bereich orientieren, fallen in ihrer Wirksamkeit ab. Umgekehrt kann eine Akzeptorfunktion in dem blauen Bereich die Wirkstärke steigern. Die Verbindung **18.2** ist ein schwacher CA II-Inhibitor, der die beiden Akzeptorfunktionen einer SO_2-Gruppe in den für die Affinität abträglichen rot markierten Akzeptorbereich orientiert. Weiterhin platziert er seine NH-Gruppe in die Region (blau), die mit einer Akzeptorgruppe besetzt werden sollte. Die um ca. vier Zehnerpotenzen

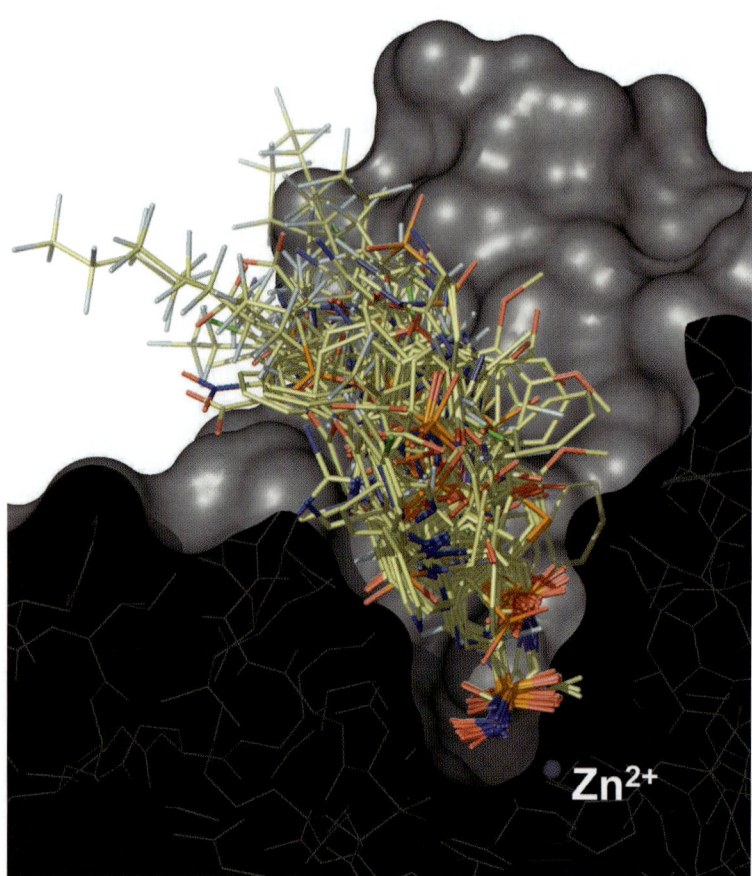

Abb. 18.7 Überlagerung von Inhibitoren aus dem Datensatz in der trichterförmigen Bindetasche der CA II, das Zinkion ist als blaugraue Kugel angegeben, Kohlenstoffe in hellgelb, Sauerstoff in rot, Stickstoff in blau, Schwefel in orange und Wasserstoff in weiß.

besser hemmende Verbindung **18.3** lässt den durch die Sauerstoffe von **18.2** besetzten Bereich frei und legt ihren Thiadiazolring in Richtung auf die gewünschte Akzeptorfunktionalität. Sie erzielt eine deutlich bessere Hemmung gegenüber dem Zielenzym. Ganz entsprechend wie für die Akzeptoreigenschaften lassen sich Konturdiagramme für die sterischen, elektrostatischen, hydrophoben und Wasserstoffbrückendonor-Eigenschaften erstellen. Ihre Auswertung hilft zu erkennen, wo bestimmte Eigenschaften die Bindungsaffinität verbessern bzw. reduzieren. Dem Synthetiker helfen solche Korrelationsanalysen, gezielt Veränderungen bei der Optimierung seiner Leitstrukturen zu planen.

In Abb. 18.9 sind Konturdiagramme für sterische Eigenschaften gezeigt, die einen Selektivitätsunterschied zwischen CA I und CA II bedingen. Eine Besetzung der grünen Bereiche durch Hemmstoffe wird deren Selektivität gegenüber CA I erhöhen. Ein räumliches Ausfüllen der gelb angezeigten Regionen verstärkt dagegen die Selektivität gegenüber CA II. Die Verbindung **18.4** bindet unselektiv mit gleicher Affinität an beide Isoformen. Dagegen kann **18.5** deutlich zwischen beiden diskriminieren. Das gezeigte Modell ist rein durch die Korrelation der Ligandenbindungsdaten abgeleitet worden. Die relative Ausrichtung der Moleküle des Datensatzes erfolgte in den Bindetaschen der Proteine. Daher soll die Proteinumgebung um diese Bindetaschen genauer betrachtet werden, um zu sehen, ob sich die abgeleiteten Konturen verstehen lassen. Vergleicht man die Aminosäureaustausche zwischen beiden Isoformen (Abb. 18.9 links), so fällt auf, dass in CA I mit Phe 91 und Leu 131 zwei große Reste die Bindetasche unten links begrenzen. In CA I steht dort im Vergleich zu CA II den Inhibitoren weniger Platz zur Verfügung. In der Tat erzeugt die vergleichende Feldanalyse in dieser Region eine gelbe Kontur (nahe Position 91), deren Besetzung für die Hemmung der CA II günstig sein sollte. Auch an der Position 204 gibt CA II mit Leu 204 statt Tyr 204 in CA I einen größeren Raum für die Inhibitoren frei. Wieder entdeckt man eine gelbe Kontur, die auf eine günstige Ausfüllung dieses Bereichs verweist. Der deutlich stärker an CA II bindende Hemmstoff **18.5** orientiert seinen Pentafluorphenylrest in genau diese Region (Abb. 18.9, rechts). Nahe der Position 131 (Leu 131/Phe 131) treten direkt nebeneinander, aber räumlich versetzt, sowohl ein grüner wie gelber Bereich auf, deren Ausfüllen für jeweils CA I- bzw. CA II-Inhibition günstig sein sollte. Die Verbindung **18.4**, die kaum zwischen beiden Isoformen diskriminieren kann, besetzt am oberen Rand die beiden angezeigten Bereiche gleich gut. Darüber hinaus lässt sie praktisch alle Regionen frei, die aus sterischen Gründen entweder für CA I oder CA II zu einer besseren Hemmung führen sollten. So wird verständlich, warum diese Verbindung keine ausgeprägte Selektivität aufweist.

Als letztes soll die Bindung der stark diskriminierenden Verbindung **18.6** betrachtet werden (Abb. 18.10). Die Auswertung der Akzeptoreigenschaften

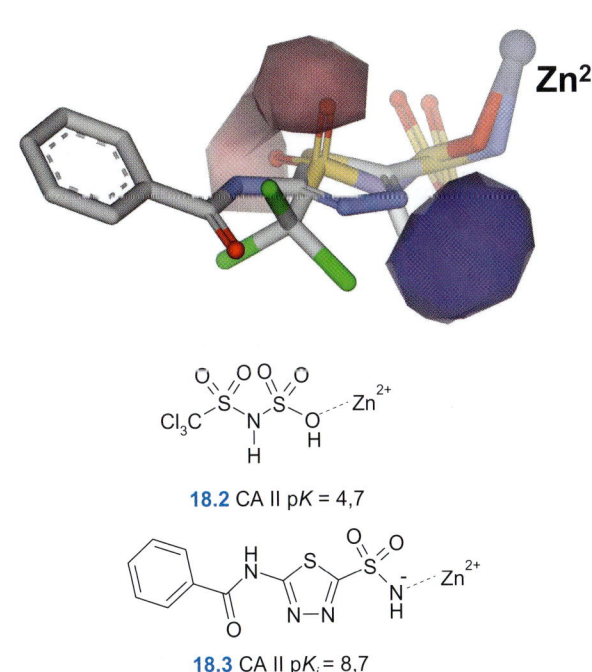

Abb. 18.8 Konturdiagramm zur Beschreibung der Bindungsbeiträge von H-Brückenakzeptor-Eigenschaften. Inhibitoren, die den roten Konturbereich mit H-Brückenakzeptorgruppen besetzen, fallen in der Hemmung der CA II ab, das Ausfüllen des blauen Bereichs mit Akzeptorgruppen führt zur Wirksteigerung. **18.2** besetzt mit seinen beiden Sauerstoffen der Sulfonamidgruppe den rot konturierten, für Akzeptoreigenschaften ungünstigen Bereich. **18.3** lässt diesen Bereich dagegen unbesetzt, platziert aber seine basischen Stickstoffe nahe der blau angezeigten Region, die für die Besetzung mit Akzeptorgruppen günstig ist. Dies erklärt die deutlich bessere Bindung von **18.3** an CA II.

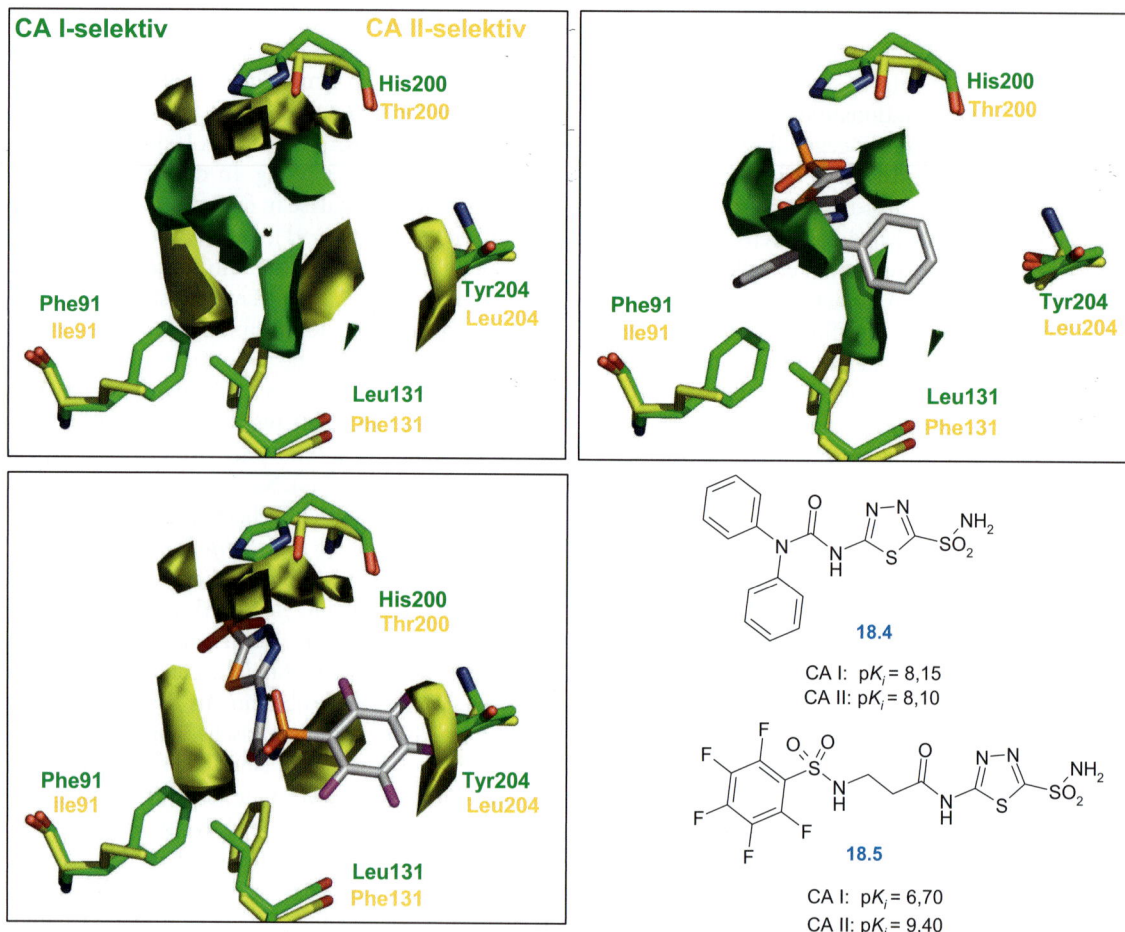

Abb. 18.9 Die Selektivität kann durch sterische Besetzung eines gelb konturierten Bereichs hinsichtlich einer CA II-Hemmung gesteigert werden. Ausfüllen eines grünen Bereichs mit sterisch anspruchsvollen Gruppen bedingt eine Selektivitätszunahme bezüglich CA I (links oben). **18.4** besetzt praktisch keine Bereiche, die ausgesprochen selektivitätsdiskriminierend sind, die Verbindung ist nicht isoenzymspezifisch (links oben und rechts oben). Dagegen besetzt **18.5** benachbart zur Position 204 eine gelbe Kontur, die auf eine Selektivitätsverbesserung hinsichtlich CA II verweist (links unten). **18.5** hemmt CA II deutlich stärker als CA I.

der Liganden des Datensatzes zeigt, dass die Besetzung der roten Regionen mit Akzeptorgruppen für H-Brücken die Selektivität zugunsten von CA II verschiebt. Ausfüllen der blauen Kontur erzielt eine Wirksteigerung bezüglich CA I. **18.6** platziert seine Sauerstoffe der endocyclischen SO_2-Gruppe nahe der roten CA II selektiven Bereiche. Dazu benachbart befindet sich in Position 92 sowohl in CA I wie CA II ein Glutamin. Diese Aminosäure kann mit der NH_2-Funktion ihrer Carboxamidgruppe eine Wasserstoffbrücke vom Inhibitor aufnehmen. Allerdings erlauben dies nur die strukturellen Gegebenheiten in CA II. In CA I ist zu Gln 92 benachbart Asn 69 und Glu 58 zu finden. Mit diesen Resten und mit His 94 bildet die Carboxamidgruppe von Gln 92 ein durchgängiges H-Brücken-Netzwerk. Daher steht die NH_2-Gruppe nicht für

Wechselwirkungen mit gebundenen Inhibitoren bereit. Dies drückt sich in einer schlechteren Bindungsaffinität von Hemmstoffen aus, die dort hin, wie **18.6**, eine Akzeptorfunktion platzieren. In CA II stellt sich die Situation ganz anders dar. Die benachbarten Reste Glu 69 und Arg 58 bilden untereinander eine Salzbrücke. Für Gln 92 stehen sie somit nicht als H-Brückenpartner zur Verfügung. Die Carboxamidgruppe von Gln 92 sucht sich daher mit seiner C=O-Gruppe His 94 und mit seiner NH_2-Gruppe die Akzeptorgruppe eines gebundenen Liganden als Wechselwirkungspartner. Es resultiert eine deutlich verstärkte Bindung an CA II und dies drückt sich in einem Selektivitätsvorteil aus.

Alexander Hillebrecht an der Univ. Marburg hat noch eine weitere Auswertung mit dem Datensatz von

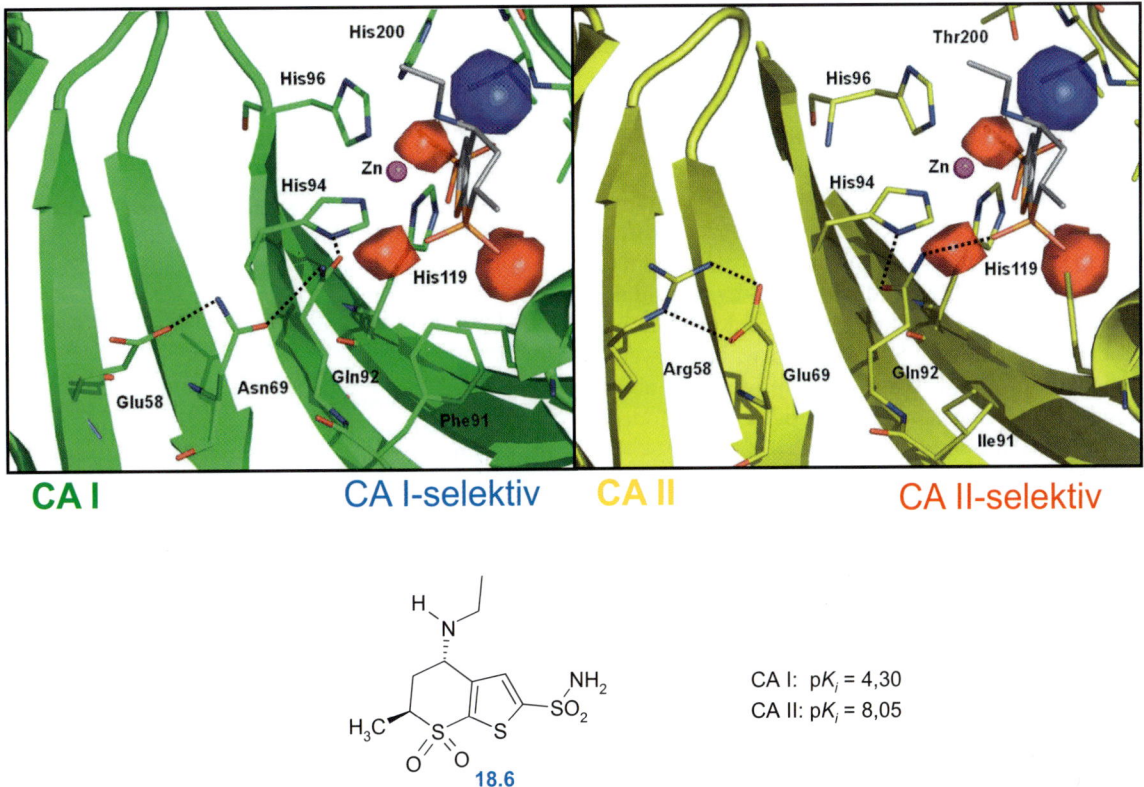

Abb. 18.10 Die Verbindung **18.6** hemmt CA II signifikant stärker als CA I. Ihre Sulfonsauerstoffe liegen nahe der roten Konturen, deren Füllen eine Selektivitätszunahme der CA II-Bindung anzeigt. Interessanterweise ist in dieser Region in beiden Isoformen Gln 92 zu finden. Aber nur in CA II kann dieser Rest eine H-Brücke vom Inhibitor aufnehmen und so zu dessen Bindungsaffinität beitragen. In CA I ist der vergleichbare Rest in ein Netzwerk von H-Brücken mit benachbarten Aminosäuren eingebunden. Daher steht er dort als Bindungspartner nicht zur Verfügung und ein Abfall der Affinität gegen CA I ist die Folge.

Carboanhydrase-Inhibitoren unternommen, der den Übergang bzw. die Unterschiede zwischen 3D-, 2D- bzw. 1D-QSAR Analysen unterstreicht. Zunächst wurden für alle Moleküle des Datensatzes 32 so genannte eindimensionale Deskriptoren mit dem Programm MOE berechnet. Es handelt sich dabei um oberflächenbasierte Deskriptoren, die die Lipophilie (log P), die molare Refraktion (und damit Polarisation) und die über die Moleküle verteilten Partialladungen beschreiben. Diese 32 Deskriptoren wurden für alle Moleküle des Datensatzes mit der Bindungsaffinität gegen CA II bzw. der Selektivitätsdifferenz zwischen CA I und CA II in Bezug gesetzt und ein QSAR-Modell abgeleitet. In einem weiteren Modell wurden Verknüpfungspfade in den chemischen Formeln (so genannte Molekülgraphen) als Deskriptoren verwendet. Dazu wandert man entlang aller Bindungen durch den topologischen Verknüpfungsbaum einer Molekülformel und schreibt auf, wie oft entlang eines Molekülgraphen z. B. die Verknüpfung N–S–C–C–N oder C–N–C–C–C etc. auftritt (so genannte MACCS keys). Insgesamt wurden so 166 verschiedene Verknüpfungsfragmente auf ihre Häufigkeit abgeprüft. Solche Deskriptoren codieren indirekt für die molekulare Zusammensetzung der einzelnen Inhibitoren des Datensatzes, ähnlich wie es oben bei der Free-Wilson-Analyse vorgestellt wurde (Abschnitt 18.5). Ganz analog werden diese topologischen (2D) Deskriptoren dann mit den Bindungsaffinitäten bzw. Selektivitätsdaten in Bezug gesetzt. Sowohl mit den 1D- wie 2D-Deskriptoren lassen sich gute Korrelationsmodelle ableiten, die Affinitäten mit den Deskriptoren in einem Modell in Bezug setzen. Die 1D-Modelle erweisen sich aber als nicht prädiktiv. Versucht man ein Molekül, das nicht im Datensatz Berücksichtigung fand, damit vorherzusagen, scheitern diese Modelle.

Besser verhalten sich die topologischen Deskriptoren. Sie besitzen eine gewisse Vorhersagekraft, die aber im Vergleich zu den weiter oben beschriebenen räumlichen 3D-Deskriptoren der vergleichenden Feldanalysen abfällt. Dieser Vergleich verdeutlicht, dass mit Zunahme der Komplexität des Modells und der strukturellen Aussagekraft der Deskriptoren auch deren Vorhersagekraft bezüglich der Bindeeigenschaften neuer, im Trainingsdatensatz nicht vorkommender Moleküle steigt. Aber gerade die Prädiktivität und die einfache Übersetzung der erhaltenen Korrelationsmodelle in chemische Strukturen bzw. in Hinweise, wie diese im Hinblick auf eine Optimierung abzuwandeln sind, machen den Wert der QSAR-Modelle für das Wirkstoffdesign aus.

Literatur

Allgemeine Literatur

C. A. Ramsden, Hrsg., Quantitative Drug Design, Band 4 von: Comprehensive Medicinal Chemistry, C. Hansch, P. G. Sammes und J. B. Taylor, Hrsg., Pergamon Press, Oxford, 1990

H. Kubinyi, QSAR: Hansch Analysis and Related Approaches, VCH, Weinheim, 1993

H. van de Waterbeemd, Chemometric Methods in Molecular Design, VCH, Weinheim, 1995

H. van de Waterbeemd, Advanced Computer-Assisted Techniques in Drug Discovery, VCH, Weinheim, 1995

C. Hansch and A. Leo, Exploring QSAR. Fundamentals and Applications in Chemistry and Biology, 2 Bände, American Chemical Society, Washington, 1995

H. Kubinyi, Hrsg., 3D-QSAR in Drug Design: Theory, Methods, and Applications, ESCOM, Leiden, 1993

H. Kubinyi, G. Folkers und Y.C. Martin, 3D QSAR in Drug Design, Vol. 1-3, Kluwer/ESCOM, Dordrecht, Boston, London, 1998

Spezielle Literatur

S. H. Unger und C. Hansch, On Model Building in Structure-Activity Relationships. A Reexamination of Adrenergic Blocking Activity of β-Halo-β-arylalkylamines, J. Med. Chem. **16**, 745–749 (1973)

J. M. Blaney, C. Hansch, C. Silipo und A. Vittoria, Structure-Activity Relationships of Dihydrofolate Reductase Inhibitors, Chem. Rev. **84**, 333–407 (1984)

C. Hansch und T. E. Klein, Quantitative Structure-Activity Relationships and Molecular Graphics in Evaluation of Enzyme-Ligand Interactions, Methods Enzymol. **202**, 512–543 (1991)

R. D. Cramer, D. E. Patterson, und J. D. Bunce, Comparative Molecular Field Analysis (CoMFA). 1. Effect of Shape on Binding of Steroids to Carrier Proteins, J. Am. Chem. Soc. **110**, 5959–5967 (1988)

S. A. DePriest, D. Mayer, C. B. Naylor und G. R. Marshall, 3D-QSAR of Angiotensin-Converting Enzyme and Thermolysin Inhibitors: A Comparison of CoMFA Models Based on Deduced and Experimentally Determined Active Site Geometries, J. Am. Chem. Soc. **115**, 5372–5384 (1993)

G. Klebe, U. Abraham und T. Mietzner, Molecular Similarity Indices in a Comparative Analysis (CoMSIA) of Drug Molecules to Correlate and Predict Their Biological Activity, J. Med. Chem. **37**, 4130–4146 (1994)

P. J. Goodford, A Computational Procedure of Determining Energetically Favorable Binding Sites on Biologically Important Macromolecules, J. Med. Chem. **28**, 849–857 (1985)

G. E. Kellogg und D. J. Abraham, Key, Lock and Locksmith: Complementary Hydrophathic Map Predictions of Drug Structure from a Known Receptor-Receptor Structure from Known Drugs, J. Mol. Graphics **10**, 212–217 (1992)

A. R. Ortiz, , M.T. Pisabarro, F. Gago and R.C. Wade, Prediction of Drug Binding Affinities by Comparative Binding Energy Analysis, J. Med. Chem., **38**, 2681–2691 (1995)

H. Gohlke und G. Klebe, DrugScore Meets CoMFA: Adaptation of Fields for Molecular Comparison (AFMoC) or How to Tailor Knowledge-based Pair-Potentials to a Particular Protein J. Med. Chem. **45**, 4153–4170 (2002)

A. Weber, M. Böhm, C. T. Supuran, A. Scozzafava, C. A. Sotriffer und G.Klebe, 3D QSAR Selectivity Analyses of Carbonic Anhydrase Inhibitors: Insights for the Design of Isozyme Selective Inhibitors, J. Chem. Inf. Model. **46**, 2737–2760 (2006)

A. Hillebrecht, C. T. Supuran und G. Klebe. Integrated Approach Using Protein and Ligand Information to Analyze Affinity and Selectivity Determining Features of Carbonic Anhydrase Isozymes, ChemMedChem **1**, 839–853 (2006)

A. Hillebrecht und G. Klebe, The Use of 3D QSAR Models for Database Screening: A Feasibility Study, J. Chem. Inf. Model. **48**, 384–396 (2008)

Von *in vitro* zu *in vivo*: Optimierung von ADME-Tox-Eigenschaften 19

Die Wechselwirkung einer Substanz mit der Bindestelle eines therapeutisch relevanten biologischen Makromoleküls ist die entscheidende Grundlage für ihre Eignung als Arzneistoff. Eine andere, nicht minder wichtige Voraussetzung ist die Fähigkeit der Substanz, vom Ort der Applikation auf einem oft sehr verschlungenen Weg zum Wirkort zu gelangen. Dazu muss die Substanz wässrige Phasen und Lipidmembranen durchdringen. Je nach ihrer Wasser- und Lipidlöslichkeit wird sie auf diesem Weg in unterschiedliche Bereiche (Kompartimente) des biologischen Systems gelangen. Durch metabolisierende Enzyme wird sie chemisch verändert. Nach Konjugation oder Abbau wird sie schließlich über die Niere, die Galle und/oder den Darm ausgeschieden (Abschnitt 9.1).

Im Unterschied zur biologischen Wirkung eines Arzneistoffs, die man als **Pharmakodynamik** bezeichnet, summiert man alle Vorgänge, die Aufnahme (Absorption), Verteilung, Metabolismus und Ausscheidung betreffen, die so genannten **ADME-Parameter** (von engl. *absorption, distribution, metabolism, excretion*) unter dem Begriff der **Pharmakokinetik** einer Substanz. Grob vereinfacht kann man die Pharmakodynamik als »*die Wirkung der Substanz auf den Organismus*« und die Pharmakokinetik als »*die Wirkung des Organismus auf die Substanz*« ansehen. In letzter Zeit beginnt diese klare Trennung der Definitionen zu schwinden. Der Begriff Pharmakodynamik wird mehr und mehr auch auf Prozesse der Pharmakokinetik ausgedehnt. Dies hängt vor allem mit der zunehmenden Erkenntnis zusammen, dass auch für Eigenschaften wie Aufnahme, Verteilung oder Metabolismus spezielle Transporter oder Enzymsysteme verantwortlich sind. Für sie werden immer mehr Strukturen aufgeklärt und es lassen sich in Folge eigene Struktur-Wirkungsbeziehungen etablieren (Abschnitt 27.6 und 30.7).

Mit mathematischen Modellen beschreibt die Pharmakokinetik für eine Substanz und ein beliebiges biologisches System die Abhängigkeit der Absorptions-, Verteilungs- und Ausscheidungsvorgänge von der Zeit. Vor dem Eintritt in die **klinische Prüfung** und besonders während der klinischen Phasen I und II, der Prüfung auf Verträglichkeit und auf Wirksamkeit beim Menschen, wird die Pharmakokinetik jedes neuen Arzneistoffs sehr eingehend untersucht und das optimale Dosierschema ermittelt. Die Isolierung und Strukturaufklärung der Stoffwechselprodukte beim Menschen dient dazu, diejenigen Tierarten zu finden, die bezüglich ihres **Metabolismus** dem Menschen am ähnlichsten sind. Diese Spezies werden anschließend für chronische Toxizitätsstudien, Studien zur möglichen Fruchtschädigung und Langzeitstudien zur Prüfung auf krebserregende Wirkung ausgewählt. Parallel dazu werden einzelne Metabolite eines Arzneistoffs auf toxische Nebenwirkungen untersucht.

Bezogen auf das rationale Design neuer Wirkstoffe ergibt sich in Hinblick auf die pharmakokinetischen Parameter und die Toxizität ein gewichtiges Problem: Wegen des erheblichen experimentellen Aufwands und der hohen Kosten solcher Untersuchungen werden sie nur für sehr wenige Verbindungen durchgeführt, und zwar für solche, die für eine klinische Entwicklung vorgesehen sind. Bei diesem Vorgehen stellt sich allerdings eine gravierende Gefahr: Ungenügende pharmakokinetische Eigenschaften werden erst auf einer sehr späten Entwicklungsstufe erkannt, dann, wenn bereits erhebliche Summen in die Entwicklung eines neuen Arzneimittels gesteckt wurden. Mitte der 1990er-Jahre wurden Studien vorgelegt, die nahe legten, dass eine Vielzahl der erfolglosen Entwicklungsvorhaben an einer unbefriedigenden Pharmakokinetik und intolerablen Toxizität scheiterten. Aus diesen Gründen hat man in den letzten 15 Jahren verstärkt nach *in vitro*-Modellen gesucht, um ADME-Tox-Eigenschaften abzuschätzen. Daher wird nicht die Pharmakokinetik einzelner Substanzen im Detail studiert, sondern vielmehr die Abhängigkeit verschiedener pharmakokinetischer Parameter von den Eigenschaften einer Vielzahl von Substanzen. Dies erlaubt ein besseres Verständnis der Zusammenhänge zwischen chemischer Struktur und Pharmakokinetik. Gleichzeitig führte es zur Ableitung allgemeiner Regeln und einer Vielzahl von Computermodellen, die heute gleich zu Beginn in das Design neuer Wirkstoffe einfließen.

19.1 Die Geschwindigkeitskonstanten des Substanztransports

Die Verteilung einer Substanz in Phasen unterschiedlicher Lipophilie wird durch den **Verteilungskoeffizienten P** (von engl. *partition coefficient*) zwischen diesen Phasen bestimmt (Abschnitt 18.3). Diese Definition gilt für Gleichgewichtssysteme. Als Modellsystem betrachtet man dazu die Verteilung zwischen einer **Wasser- und Octanolphase**. Man setzt die Konzentrationen der nichtionisierten Form einer betrachteten Verbindung in den zwei Phasen ins Verhältnis. Dazu wird der pH-Wert bei der Messung so eingestellt, dass die untersuchte Verbindung überwiegend in der nichtionisierten Form auftritt. Betrachtet wird in der Regel **log P**, der Logarithmus dieser Größe.

$$\log P_{(Octanol/Wasser)} = \log \frac{\text{Konz. (gelöster Stoff)}_{Octanol}}{\text{Konz. (gelöster Stoff)}_{Wasser, nichtionisiert}}$$

Biologische Systeme sind offene Systeme, die kinetisch kontrolliert sind. Vorübergehend können sie sich in einem **Fließgleichgewicht** befinden. Dieser Zustand kann mit einem chromatographischen Prozess verglichen werden, bei dem sich eine Substanz in ständigem Austausch zwischen einer Trägerphase und einer mobilen Phase befindet. Lokal ergeben sich immer wieder Gleichgewichte, die durch das Fortwandern der mobilen Phase stetig gestört werden. Im Gegensatz zu den relativ einfachen Verhältnissen bei der Chromatographie gibt es in einem biologischen System aber eine Unmenge verschiedener Phasen. Ein Wirkstoff wird zwischen all diesen Phasen verteilt. Zusätzlich laufen parallel die Stoffwechselvorgänge ab, die zu den verschiedenen Metaboliten führen.

Zur Analyse dieser Fließgleichgewichte muss man die **Geschwindigkeitskonstanten des Substanztransports** aus den wässrigen Phasen in die Lipidphasen und in der umgekehrten Richtung kennen. Es ist erstaunlich, dass solche grundlegenden experimentellen Untersuchungen mit organischen Substanzen erst Mitte der 1970er-Jahre von Bernhard Lippold durchgeführt wurden, später auch von Han van de Waterbeemd. Lippold benutzte ein Dreiphasensystem Wasser/*n*-Octanol/Wasser (Abb. 19.1). Nach Zugabe der Substanz in eine der beiden Wasserphasen ermittelte er die Zeitabhängigkeit der Substanzkonzentrationen in den verschiedenen Phasen. Daraus können die Geschwindigkeitskonstanten k_1 des Transports aus dem Wasser in das Octanol und die Geschwindigkeitskonstanten des Transports k_2 in der entgegengesetzten Richtung berechnet werden.

Neben der Definition des Verteilungskoeffizienten P durch Gleichung 19.1 ließ sich für die wechselseitige Abhängigkeit von k_1 und k_2 ein sehr einfacher Zusammenhang nachweisen (Gleichung 19.2); β und c sind Konstanten, die nur vom System, nicht aber von den Strukturen der Substanzen abhängen.

$$P = k_1/k_2 \quad (19.1)$$

$$k_2 = -\beta k_1 + c \quad (19.2)$$

Aus der Kombination beider Gleichungen resultieren die Abhängigkeiten der Geschwindigkeitskonstanten k_1 und k_2 vom Verteilungskoeffizienten P. Die Gleichungen werden meist in logarithmischer Form angegeben (Gl. 19.3 und 19.4).

$$\log k_1 = \log P - \log(\beta P + 1) + \text{const.} \quad (19.3)$$

$$\log k_2 = -\log(\beta P + 1) + \text{const.} \quad (19.4)$$

In Abb. 19.2 sind die von Han van de Waterbeemd bestimmten experimentellen k-Werte von 30 verschiedenen Sulfonamiden und 15 weiteren Substanzen angegeben. Unter den letzteren befinden sich neutrale, saure, basische und sogar quartäre, geladene Verbin-

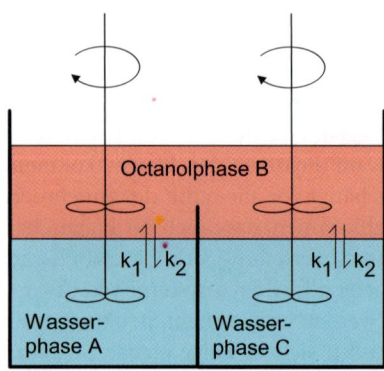

Abb. 19.1 Dreikompartimentsystem zur Bestimmung der Geschwindigkeitskonstanten k_1 und k_2. Zu Beginn des Experiments wird die Substanz in der wässrigen Phase A gelöst. Anschließend werden nach verschiedenen Zeiten die Substanzkonzentrationen in den Phasen A, B und C ermittelt, bis zur Einstellung eines Gleichgewichts zwischen den einzelnen Phasen.

dungen mit sehr unterschiedlichen Molekulargewichten. Der charakteristische Verlauf der Kurven sagt aus: Die Geschwindigkeitskonstante k_1 für den Transfer von der wässrigen Phase in die organische Phase hängt für relativ polare Substanzen linear vom Verteilungskoeffizienten P ab. Sie ist thermodynamisch kontrolliert, d. h. mit zunehmender Lipophilie nimmt sie zu. Es wird aber ein Punkt erreicht, an dem die Diffusion der Substanz den maximal erreichbaren Wert von k_1 begrenzt. Noch lipophilere Substanzen können einfach nicht mehr schneller in die organische Phase eindringen. Für diese Substanzen wird der Transport nur durch die Diffusion kontrolliert, unabhängig von ihrer Lipophilie. Analoges gilt für den Transport in umgekehrter Richtung, von der organischen Phase in die wässrige Phase, der durch die Geschwindigkeitskonstante k_2 beschrieben wird. Die chemische Struktur spielt in beiden Fällen nur insofern eine Rolle, als sie den Wert des Verteilungskoeffizienten P bestimmt. Wegen der Begrenzung der Geschwindigkeitskonstanten durch die Diffusion müsste in diesem Bereich eine Abhängigkeit von der Molekülgröße zu beobachten sein. Nach dem Diffusionsgesetz sollte sie proportional zum Radius der Teilchen verlaufen, in erster Näherung also parallel zur dritten Wurzel des Volumens. Wegen der relativ geringen Varianz der Molekülgröße organischer Wirkstoffe und ihrer konformativen Flexibilität geht dieser Effekt vermutlich im Rauschen des Versuchsfehlers unter. Weiterhin darf nicht vergessen werden, dass das hier diskutierte Octanol/Wasser-System sehr einfach ist und den komplexen strukturellen Verhältnissen wirklicher Membransysteme nur wenig nahe kommt. Man verwendet daher heute zunehmend für die Erhebung experimenteller Verteilungsdaten relevantere Modelle wie das weiter unten genannte PAMPA- oder Caco-2-Modell (Abschnitt 19.6). Hier deuten sich komplexere Korrelationen an. Offensichtlich spielt es für die Verteilung eine Rolle, wie sich Verbindungen in der lipophilen Phase nahe der Membran strukturieren und verteilen. Diese Eigenschaften bestimmen mit, wie der Durchtritt und damit die Distribution zu beschreiben ist.

19.2 Die Absorption organischer Verbindungen: Modelle und experimentelle Daten

Für die Geschwindigkeitskonstante k des Durchtritts durch eine Lipidmembran, von einer wässrigen Phase in eine andere, gilt Gleichung 19.5. Die Geschwindigkeitskonstanten k_1 und k_2 stehen auch hier für den Eintritt in die organische Phase bzw. für den Transport in die Gegenrichtung.

$$\log k = \log k_1 + \log k_2 + \text{const.} \quad (19.5)$$

In erster Näherung sollte diese Gleichung auch Transportvorgänge in Mehrkompartimentsystemen beschreiben. Modellrechnungen an beliebig komplizierten Systemen zeigen, dass dies tatsächlich der Fall ist. Sie bestätigen eine **bilineare Abhängigkeit** des Transports in die verschiedenen Phasen von der Gesamtlipophilie einer Substanz. Für mehrere Gruppen von Arzneistoffen, z. B. für Barbiturate, wurde das auch experimentell in einfachen *in vitro*-Modellsystemen nachgewiesen (Abb. 19.3, unten). Die log k-Werte nehmen beim Durchtritt durch eine organische Membran mit steigender Lipophilie linear zu, entsprechend der Zunahme von k_1 bei konstantem k_2. Nach Durchlaufen eines Maximums nehmen sie bei konstantem k_1 und abnehmendem k_2 wieder ab. Diese Abhängigkeit hat Hugo Kubinyi in dem so genannten **bilinearen Modell** (Gleichung 19.6) quantitativ zusammengefasst; a, b, β und c sind Konstanten, die durch nichtlineare Regressionsanalyse ermittelt werden.

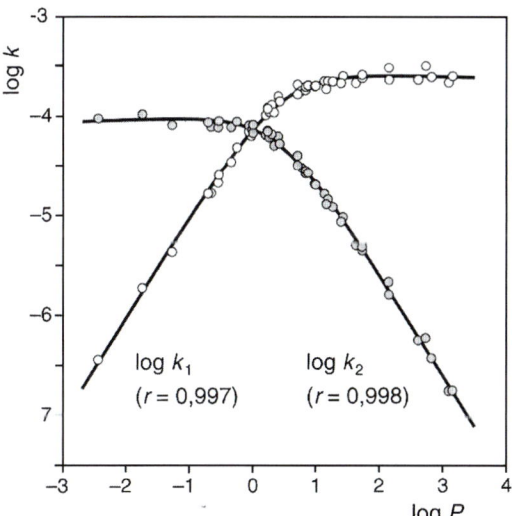

Abb. 19.2 Experimentell bestimmte Geschwindigkeitskonstanten k_1 und k_2 des Transports von 30 Sulfonamiden und 15 weiteren, chemisch unterschiedlichen Substanzen mit Molekulargewichten zwischen 100 und 500 Dalton. Die Kurven und Korrelationskoefffizienten r entsprechen der Anpassung der Daten mit den Gleichungen 19.3 und 19.4.

$$\log k = a \log P - b \log(\beta P + 1) + c \qquad (19.6)$$

Ganz analoge Abhängigkeiten beobachtet man bei der Absorption von Verbindungen, z. B. aus dem Magen oder dem Darm (Abb. 19.3, Mitte). Wirkstoffe, die oral verfügbar sein sollen, dürfen also weder zu polar noch zu unpolar sein. Substanzen mit mittlerer Lipophilie können auch die Blut-Placentaschranke leichter durchdringen als sehr polare oder sehr unpolare Stoffe (Abb. 19.3, oben). Besonders ausgeprägt ist die Nichtlinearität der Abhängigkeit des Substanzdurchtritts von der Lipophilie bei der Blut-Hirn-Schranke (Abb. 19.4). Das Optimum dieser Barriere liegt im Bereich um $\log P = 1{,}5\text{–}2{,}5$. Für zentralnervös wirksame Substanzen sollte eine Lipophilie im optimalen Bereich um $\log P = 2{,}0$ angestrebt werden, um ihren Durchtritt durch die Blut-Hirn-Schranke zu erleichtern.

19.3 Die Rolle der Wasserstoffbrücken

Die eben gezeichnete, einfache Vorstellung der Abhängigkeit der Absorption von den Octanol/Wasser-Verteilungskoeffizienten ist in den letzten Jahren etwas ins Wanken geraten. Octanol ist zwar in vieler Hinsicht ein brauchbares Modell für Lipidmembranen (Abschnitt 4.2), den Einfluss von Wasserstoffbrücken kann es aber nur unvollkommen modellieren. Nach Einstellen eines Gleichgewichts im System Octanol/Wasser enthält die organische Phase erhebliche Mengen Wasser, entsprechend einem Molverhältnis Octanol : Wasser = 4 : 1. Beim Übertritt von Substan-

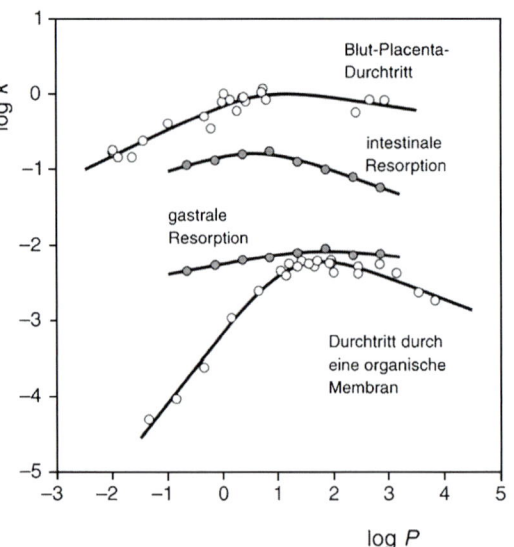

Abb. 19.3 Die Geschwindigkeitskonstanten k des Transports von Arzneistoffen hängen nichtlinear von der Lipophilie ab. Dies gilt sowohl für einfache *in vitro*-Modelle als auch für biologische Systeme. Die untere Kurve beschreibt die log k-Werte des Transports von Barbituraten in einem *in vitro*-Absorptionsmodell, aus einer wässrigen Phase durch eine organische Membran in eine andere wässrige Phase. Die beiden Kurven in der Mitte (graue Punkte) beschreiben die Abhängigkeit der Absorptionsgeschwindigkeitskonstanten k von der Lipophilie für die Aufnahme homologer Carbamate aus dem Magen (gastrale Absorption) bzw. dem Darm (intestinale Absorption) von Ratten. Die obere Kurve wurde für den Übertritt verschiedener Arzneistoffe aus dem Blutkreislauf in die Placenta ermittelt. In allen Fällen ist für polare Substanzen mit steigender Lipophilie ein Anstieg von log k in Abhängigkeit von log P zu beobachten, bis zu einem mehr oder weniger ausgeprägten Maximum für Substanzen mit mittlerer Lipophilie. Für sehr unpolare Substanzen folgt ein Abfall dieser Kurve, in seltenen Fällen auch ein Plateau. Die Kurven für die gastrale und intestinale Absorption und für den Eintritt in die Placenta verlaufen flacher als die Kurve für den *in vitro*-Transport der Barbiturate (unten), da hier keine reinen Lipidbarrieren vorliegen.

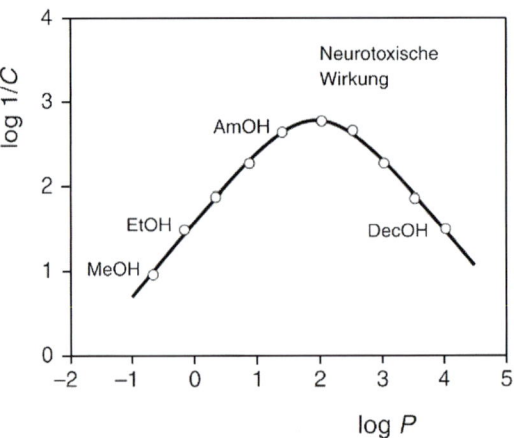

Abb. 19.4 Die Neurotoxizität (C = molare Dosis, die eine bestimmte toxische Wirkung hervorruft) homologer primärer Alkohole bei der Ratte ist ein Maß für ihre Fähigkeit, die Blut-Hirn-Schranke zu überwinden. Polare Substanzen verbleiben überwiegend im Blutkreislauf. Substanzen mit mittlerer Lipophilie können dagegen leicht ins Zentralnervensystem gelangen. Dementsprechend weisen weder Methanol (MeOH) noch Ethanol (EtOH) eine ausgeprägte Neurotoxizität auf. Die hohe allgemeine Toxizität des Methanols (Erblindungen) beruht nicht auf seiner Eigenwirkung, sondern auf der Bildung der stark giftigen Stoffwechselprodukte Formaldehyd und Ameisensäure (Acidose). Wesentlich stärker neurotoxisch als kurzkettige Alkohole wirken die Fuselalkohole, z. B. Amylalkohol (AmOH). Das sehr lipophile Decanol (DecOH) weist wieder geringere Toxizität auf.

zen mit polaren, hydratisierten Gruppen aus der Wasserphase in die Octanolphase müssen sie ihre Wasserhülle daher nicht oder zumindest nicht vollständig abstreifen. Beim Durchtritt durch biologische Membranen ist das offensichtlich anders. Neben der Abhängigkeit von der Lipophilie beobachtet man eine umso schlechtere Membrangängigkeit, je mehr Wasserstoffbrücken ein Wirkstoff ausbilden kann. Auch ein Ligand eines Proteins muss meist seine Wasserhülle abstreifen, bevor er an die Bindestelle anlagern kann.

Besser geeignet für die Beschreibung solcher Prozesse ist das System Wasser/Cyclohexan. Beim Übergang von Wasser zu Cyclohexan kann das Molekül wegen des unpolaren Charakters dieses Kohlenwasserstoffs seine Hydrathülle nicht mitnehmen. Vor vielen Jahren hat P. Seiler aus der Differenz der Verteilungskoeffizienten in Cyclohexan/Wasser (Abstreifen der Hydrathülle) und Octanol/Wasser (kein Abstreifen der Hydrathülle) Inkremente I_H (Gleichung 19.7) für verschiedene funktionelle Gruppen abgeleitet. Diese I_H-Werte charakterisieren die Tendenz der Gruppen, Wasserstoffbrücken auszubilden.

$$\log P_{Cyclohexan} + \Sigma\, I_H = 1,00 \log P_{Octanol} + 0,16 \quad (19.7)$$

Das Konzept von Seiler blieb aber weitgehend unbeachtet. Erst 1988 haben Robin Ganellin und Mitarbeiter die zentrale Verfügbarkeit verschiedener Substanzen, d. h. ihre Fähigkeit, die Blut-Hirn-Schranke zu überwinden, als lineare Funktion eines $\Delta \log P$-Werts beschrieben. Dieser $\Delta \log P$-Wert ist die Differenz der $\log P$-Werte in den Systemen Cyclohexan/Wasser und Octanol/Wasser. Auch die Verfügbarkeit von Peptiden geht in erster Näherung parallel zum $\Delta \log P$-Wert bzw. zur Zahl ihrer Gruppen, die Wasserstoffbrücken eingehen können. Die Methylierung aller –NH-Gruppen eines Peptidgerüsts kann tatsächlich gut bioverfügbare Substanzen liefern. Die Voraussetzungen für gute Membrangängigkeit ähneln denen für hohe Affinität zu einer Bindestelle (Kapitel 4). Auch hier ergibt sich aus der Notwendigkeit zur Ablösung relativ fest gebundener Wassermoleküle oft ein negativer Einfluss auf die Bindungsaffinität.

Als Alternative zu den Systemen Octanol/Wasser bzw. Cyclohexan/Wasser sind einige andere Verteilungssysteme, z. B. Heptan/Ethylenglycol, für die Simulation des Durchtritts durch Lipidmembranen vorgeschlagen worden. Aber auch diese Systeme können die Struktur von Membranen, mit ihrer lipophilen Innenzone und den polaren, negativ geladenen Oberflächen nicht exakt wiedergeben. Einen Ausweg bietet die Bestimmung von Membran/Wasser-Verteilungskoeffizienten, die allerdings experimentell recht aufwendig ist. Dazu werden künstliche Membrane oder Liposomen als Modell verwendet.

19.4 Verteilungsgleichgewichte von Säuren und Basen

Viele Arzneistoffe sind Säuren (HA) oder Basen (B). Durch ihre Dissoziation (Gleichung 19.8) bzw. Protonierung (Gleichung 19.9) liegen jeweils zwei Formen vor, eine meist unpolare Neutralform und eine polare, ionische Form. Die Werte der Verteilungskoeffizienten der ionischen Spezies sind im Allgemeinen um drei bis fünf Zehnerpotenzen niedriger als die der entsprechenden Neutralmoleküle.

$$HA + H_2O \rightleftharpoons A^- + H_3O^+ \quad (19.8)$$

$$B + H_3O^+ \rightleftharpoons BH^+ + H_2O \quad (19.9)$$

Das Verteilungsgleichgewicht einer Säure und ihres Anions hängt in einem Zweiphasensystem sowohl vom pK_a-Wert und dem pH-Wert der wässrigen Phase als auch von den Verteilungskoeffizienten P_u und P_i (Abb. 19.5) der Substanz ab. Für den Gleichgewichtszustand des Gesamtsystems müssen alle Komponenten jeder Phase untereinander im Gleichgewicht stehen. Die Abhängigkeit der Verteilungskoeffizienten P vom pH-Wert, die **pH-Verteilungsprofile**, nehmen dabei in aller Regel einen sigmoiden, d. h. S-förmigen Verlauf. Es ergeben sich Plateaus für die ungeladene Neutralform und für pH-Werte, bei denen so wenig Neutralform vorliegt, dass nur die Verteilung der geladenen Spezies in die organische Phase den Wert des gemessenen Verteilungskoeffizienten bestimmt (Abb. 19.6). Die geladene Spezies geht dabei mit einem Gegenion als **Ionenpaar** in die organische Phase über. Als Gegenionen kommen entweder das entsprechende Ion des Salzes oder die im Überschuss vorliegenden Ionen des wässrigen Puffers in Frage. Der Verteilungskoeffizient des Ionenpaars hängt ganz entscheidend von der Lipophilie des Gegenions ab. Das Tetrabutylammoniumsalz der Salicylsäure hat einen nur geringfügig niedrigeren Verteilungskoeffizienten als die Neutralform der Salicylsäure. Im Gegensatz dazu zeigt das Natriumsalz der Salicylsäure überhaupt keine Tendenz, in die organische Phase überzugehen. Aminosäuren und andere gemischt saure und basische Verbindungen liefern pH-Verteilungsprofile mit einem

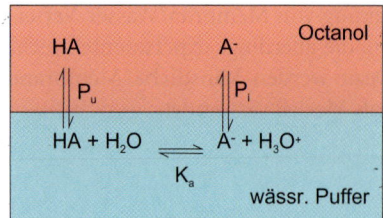

Abb. 19.5 Zweiphasensystem mit Verteilungs- und Dissoziationsgleichgewichten für eine Säure HA (Gleichung 19.8). K_a ist die Dissoziationskonstante, P_u und P_i sind die Verteilungskoeffizienten der nichtdissoziierten und der ionischen Form, d. h. der neutralen und der geladenen Spezies. Da zwischen den P_u- und den P_i-Werten meist ein Unterschied von mehreren Zehnerpotenzen besteht, kann der P_i-Wert in vielen Fällen in erster Näherung vernachlässigt werden. Dies führt zu einer deutlichen Vereinfachung der entsprechenden mathematischen Modelle.

Maximum zwischen den pK_a-Werten der beiden ionisierbaren Gruppen (Abb. 19.6).

Bei Kenntnis des log P-Werts der Neutralform und des pK_a-Werts lässt sich der Verteilungskoeffizient einer Substanz bei neutralem pH-Wert berechnen. Diese Gesetzmäßigkeiten erlauben es, beim Wirkstoffdesign auch die Absorptions- und Verteilungseigenschaften neuer Substanzen abzuschätzen. Natürlich gelten alle diese Überlegungen nur für Arzneistoffe, für deren Membrandurchtritt kein Transporter (Abschnitt 22.7 und 30.7) existiert.

Wegen ihrer Wichtigkeit werden pK_a-Werte heute routinemäßig in der Pharmaforschung durch potenziometrische Titration erfasst. Dabei bleibt allerdings auch unberücksichtigt, dass die Definition der pK_a-Werte von Säuren und Basen für wässrige Lösungen gilt. Bereits der Zusatz eines organischen Lösungsmittels, d. h. eine Änderung der Dielektrizitätskonstanten, verschiebt diesen Wert (Abschnitt 4.4). Umso mehr gilt dies für die Bindestelle eines Proteins oder das Innere einer Membran. Vereinzelt ist es durch NMR-Untersuchungen und die isothermale Titrationskalorimetrie gelungen, hier experimentelle Werte zu bestimmen.

19.5 Absorptionsprofile von Säuren und Basen

Die Absorption eines Wirkstoffs, z. B. aus dem Darm ins Blut, sollte in ähnlicher Weise vom pH-Wert des umgebenden Mediums und dem pK_a-Wert der Substanz abhängen wie die Verteilung zwischen einem wässrigen Puffersystem und einer organischen Phase. Sie sollte also ganz analogen Profilen folgen wie die Verteilung. Dementsprechend wurde bereits in den 1950er-Jahren von Brodie, Hogben und Schanker die **pH-Verteilungstheorie** formuliert. Sie besagt, dass die Abhängigkeit der Absorption vom pH-Wert, das **pH-Absorptionsprofil**, mit dem pH-Verteilungsprofil (Abschnitt 19.4) identisch ist. Bestätigt wurde diese Theorie u. a. durch die Untersuchung der Geschwindigkeitskonstanten der Absorption einiger Säuren und Phenole aus dem Dickdarm der Ratte, bei pH = 6,8. Die Neutralformen der starken Säuren 5-

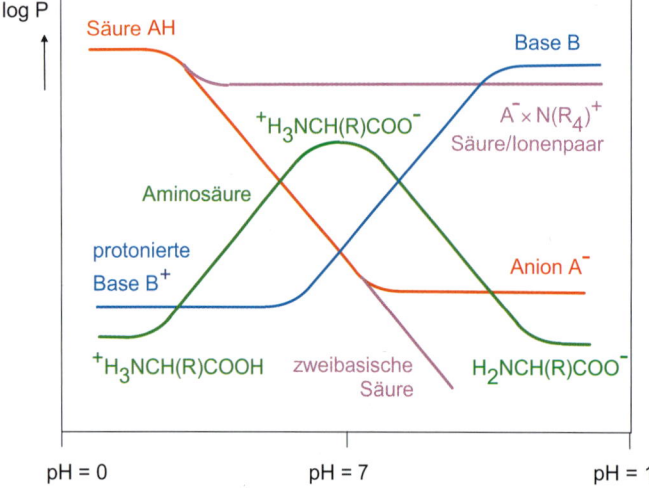

Abb. 19.6 Die pH-Abhängigkeiten der Verteilungsgleichgewichte von Säuren und Basen, die so genannten pH-Verteilungsprofile, folgen einfachen Gesetzmäßigkeiten. Typischerweise werden bei Vorliegen nur einer sauren bzw. basischen Gruppe sigmoide, d. h. S-förmige Kurven beobachtet. Für eine zweibasische Säure, z. B. die Oxalsäure, setzt sich der Abfall des Verteilungskoeffizienten mit steigendem pH-Wert noch weiter fort. In Anwesenheit lipophiler Gegenionen, z. B. beim Tetrabutylammoniumsalz der Salicylsäure, weist das Ionenpaar jedoch einen sehr hohen Verteilungskoeffizienten auf. Aminosäuren mit neutraler Seitenkette tragen eine basische Aminogruppe und eine saure Carboxylgruppe. Dementsprechend durchläuft ihr Verteilungskoeffizient beim Neutralpunkt ein Maximum. Hier liegt zwar der Großteil der Substanz als Zwitterion vor, daneben findet sich aber ein größerer Anteil der Neutralform als bei niedrigeren oder höheren pH-Werten.

Nitrosalicylsäure (pK_a = 2,3), Salicylsäure (pK_a = 3,0), *m*-Nitrobenzoesäure (pK_a = 3,4) und Benzoesäure (pK_a = 4,2) weisen vergleichbare Lipophilie auf, mit log *P*-Werten zwischen 1,8 und 2,3. Bei den Versuchsbedingungen nahe dem Neutralpunkt sind sie weitgehend dissoziert. Weniger als 0,1 % liegen in der Neutralform vor. Daher werden sie deutlich langsamer absorbiert als die vergleichbar lipophilen, schwach sauren Phenole *p*-Hydroxypropiophenon (pK_a = 7,8) und *m*-Nitrophenol (pK_a = 8,2), die bei pH = 6,8 zu mehr als 90 % als Neutralmoleküle vorliegen.

Neutralformen können leicht durch Membranen diffundieren, geladene Formen sind gut wasserlöslich. Im wässrigen Medium, also auch an den Phasengrenzflächen, stellt sich das Gleichgewicht der beiden Formen sehr rasch ein. Falls die pK_a-Werte der Substanzen nicht mehr als 2–3 Einheiten vom Neutralwert pH = 7 entfernt sind, liegen in den wässrigen Phasen mit 0,1–1 % durchaus ausreichende Konzentrationen der Neutralform vor. Diese dringt in die Membran ein. In der wässrigen Phase wird sie über das Dissoziationsgleichgewicht sofort wieder nachgebildet. In einem biologischen System erfolgt die Verteilung solcher Substanzen daher relativ gut und rasch (Abb. 19.7), und zwar umso besser, je näher die pK_a-Werte beim Neutralwert pH = 7 liegen. Das erklärt auch, warum so viele Arzneistoffe organische Säuren oder Basen sind. Wegen der unterschiedlichen pH-Werte im Magen und im Darm liegen für Neutralstoffe, Säuren und Basen an irgendeiner Stelle des Verdauungstrakts Bedingungen vor, bei denen sie gut absorbiert werden. Liegen die pK_a-Werte zu weit im basischen Bereich, z. B. bei Amidinen oder Guanidinen mit ihren extrem hohen pK_a-Werten, kann die Absorption zum Problem werden. Das gilt auch für zwitterionische Verbindungen, z. B. Aminosäuren, und für Verbindungen mit mehreren sauren oder basischen Gruppen im Molekül. Wegen des großen Verteilungsvolumens erfolgt die Diffusion überwiegend aus dem Magen-Darm-Trakt in das Blut und die Gewebe und nur in untergeordnetem Ausmaß in umgekehrter Richtung (Abb. 19.7).

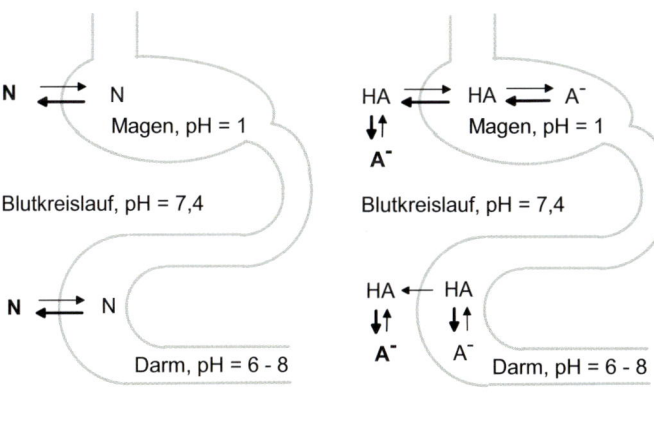

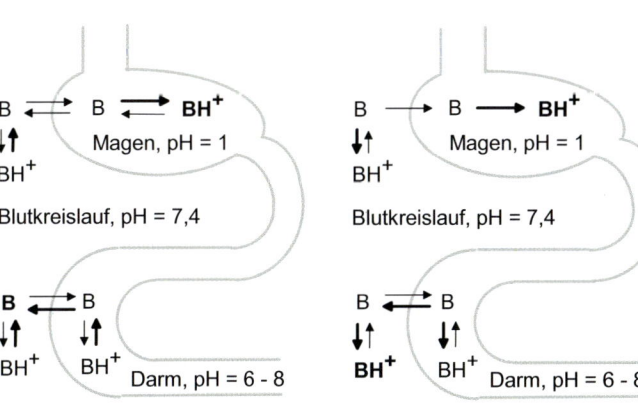

Abb. 19.7 (a) Eine nicht zu polare Neutralsubstanz N wird sowohl aus dem Magen als auch aus dem Darm sehr gut absorbiert. Im Blutkreislauf verteilt sie sich sehr rasch, sodass der Rücktransport keine besondere Rolle spielt. (b) Eine organische Säure HA (pK_a = 4) wird, falls sie nicht zu polar ist, aus dem Magen gut absorbiert, da sie hier überwiegend in ihrer Neutralform vorliegt. Begünstigt wird die Absorption dadurch, dass die freie Säure im Blut in deutlich geringeren Konzentrationen vorliegt als im Magen. Die Bildung des Anions „zieht" das Konzentrationsgefälle in diese Richtung. Aus dem Darm verläuft die Absorption langsamer, da das Gleichgewicht hier überwiegend auf der Seite der ionisierten Form liegt. (c) Eine schwache Base (pK_a = 5) wird aus dem Magen relativ schlecht absorbiert, da sie überwiegend in der polaren, protonierten Form vorliegt. Im Darm wird sie sehr gut absorbiert, da sie hier als Neutralform vorliegt. (d) Eine starke Base mit pK_a = 9 kann aus dem Magen nicht absorbiert werden. Im Darm liegt das Gleichgewicht zwar ebenfalls bei der protonierten Form, die unpolare Neutralform wird aber in ausreichender Menge nachgeliefert. Die Substanz kann daher absorbiert werden. Erst für Substanzen mit pK_a-Werten > 11 reicht auch hier die Konzentration an bioverfügbarer Neutralform für eine gute Absorption nicht mehr aus.

Die Absorption stark saurer Verbindungen nimmt außerhalb des Bereichs, in der die Verbindungen als neutrale Moleküle vorliegen, in erster Näherung parallel zur Differenz pH – pK_a ab, die von Basen entsprechend der Differenz pK_a – pH. Zu dieser Näherung gibt es aber Ausnahmen. Sehr lipophile Verbindungen erfordern eine differenzierte Betrachtung der pH-Absorptionsprofile. Die Neutralformen dieser Substanzen treten in der Nähe einer Membran sofort in diese Lipidphase ein. Dem in der wässrigen Phase eingestellten Dissoziationsgleichgewicht wird dadurch ständig die Neutralform entzogen. Über eben dieses Gleichgewicht wird sie aber auch sehr rasch wieder nachgeliefert. In der Bilanz erfolgt so ein stetiger Transport der Substanz aus der wässrigen Phase in die Membran. Die kleine Menge ungeladener Neutralform ist die Drehscheibe, über die sich dieser Vorgang abspielt. Die Geschwindigkeit des Übergangs in die Lipidschicht hängt nicht von der (oft sehr niedrigen) Konzentration dieser Neutralform ab, sondern von

- der Gesamtkonzentration der Verbindung,
- den Geschwindigkeitskonstanten des Dissoziationsgleichgewichts und
- der Diffusionskonstante der Verbindung.

Dementsprechend werden in einem biologischen System für lipophile Säuren und Basen **Verschiebungen der pH-Absorptionsprofile** gegenüber den pH-Verteilungsprofilen beobachtet, die man als **pH shift** bezeichnet. Dieser erfolgt immer in Richtung zum Neutralpunkt, d. h. bei Säuren zu höheren und bei Basen zu niedrigeren pH-Werten (Abb. 19.8). Je größer die Lipophilie einer Säure oder Base ist, desto größer ist die beobachtete Verschiebung des Absorptionsprofils. Für die Beurteilung der Frage, wie gut eine Substanz absorbiert wird, dürfen der log P-Wert und der pK_a-Wert also nicht isoliert betrachtet werden. Entscheidend ist ihr Zusammenwirken. Für das Design neuer Wirkstoffe bedeutet dies, dass ein an sich ungünstiges Verteilungsverhalten einer Substanz mit sehr hohem oder sehr niedrigem pK_a-Wert durch Erhöhung der Lipophilie durchaus in die gewünschte Richtung verändert werden kann. Um der pH-Abhängigkeit der Verteilungsgleichgewichte Rechnung zu tragen, hat man in Ergänzung zum Verteilungskoeffizienten P den **Distributionskoeffizienten D** (von engl. *distribution coefficient*) eingeführt. Hierzu setzt man die Summe aller Konzentrationen ionisierter und nichtionisierter Formen einer betrachteten Verbindung in den zwei Phasen ins Verhältnis. Bei der Messung wird der pH-Wert mit einem Puffersystem so eingestellt, dass die untersuchte Verbindung bei ihrer Zugabe den pH-Wert nicht verschiebt. Diskutiert wird in der Regel **log D**, der Logarithmus dieser Größe.

$$\log D_{\text{(Octanol/Puffer)}} = \log \frac{\text{Summe (Konz.(gelöster Stoff)}_{\text{Octanol, ionisierte/nichtionisierte Formen}})}{\text{Summe (Konz.(gelöster Stoff)}_{\text{Puffer, ionisierte/nichtionisierte Formen}})}$$

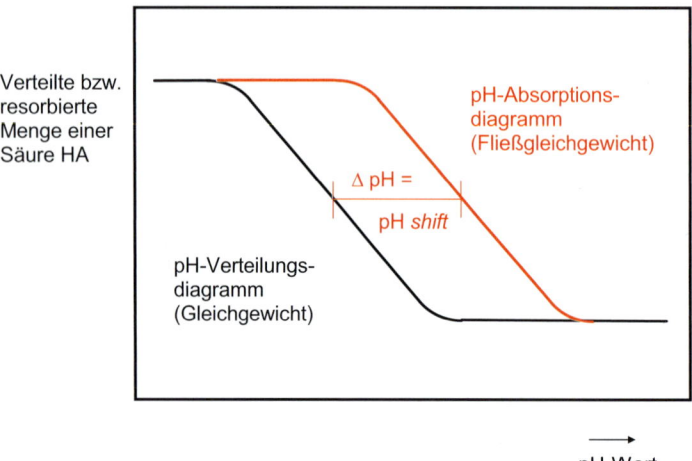

Abb. 19.8 Die Abhängigkeit der Absorption lipophiler Säuren vom pH-Wert, das pH-Absorptionsprofil (rote Kurve), weicht vom pH-Verteilungsprofil (schwarze Kurve, vgl. Abb. 19.6) deutlich ab. Während das pH-Verteilungsprofil für ein Gleichgewichtssystem gilt, stellt sich bei der Absorption ein Fließgleichgewicht ein. Selbst bei relativ hohen pH-Werten, d. h. bei Vorliegen sehr kleiner Konzentrationen der neutralen Spezies, erfolgt eine rasche Absorption dieser wenigen Moleküle. Durch die hohen Anionen-Konzentrationen und die ständig stattfindende rasche Einstellung des Dissoziationsgleichgewichts wird eine für die Absorption minimal erforderliche Konzentration der neutralen Spezies aufrechterhalten. Die dadurch auftretende Verschiebung des pH-Absorptionsprofils bezeichnet man als *pH shift*. Analoge Verschiebungen werden in der entgegengesetzten Richtung für lipophile Basen beobachtet.

19.6 Wie lipophil soll ein Arzneistoff sein?

Für die Beurteilung der therapeutischen Eignung eines Arzneistoffs spielt die Lipophilie eine wichtige Rolle. Dies gilt sowohl für die Absorption als auch für die Verteilung, den Metabolismus und die Ausscheidung. Die Absorption ist, abgesehen von Substanzen, die über einen aktiven Transport (Abschnitt 30.7) aufgenommen werden, in aller Regel umso besser, je höher die Lipophilie der Verbindung ist. Eingeschränkt wird dieser Vorteil nur durch die **Löslichkeit** in wässrigen Phasen, die mit zunehmender Lipophilie stark abnimmt. Die Solvatationsenthalpie und die Geschwindigkeit, mit der sich eine Festsubstanz im Magen-Darmtrakt auflöst, sind ebenfalls für ihre Bioverfügbarkeit bestimmend. Diese Größen hängen von den intermolekularen Wechselwirkungen im kristallinen Festkörper ab und können von einer polymorphen Kristallmodifikation zur nächsten stark schwanken. Darum enthalten Korrelationen neben der Lipophilie und der Löslichkeit als zusätzlichen Parameter die Schmelztemperatur. Für eine galenische Formulierung, z. B. die fertige Arzneistoffzubereitung, ist neben der Löslichkeit vor allem die **Lösegeschwindigkeit** wichtig. Sie bestimmt die Substanzmenge, die während der Magen- und Darmpassage in Lösung geht. Diese Größe kann auf verschiedenste Weise erhöht werden, z. B. durch

- Vergrößerung der Oberfläche nach Zermahlen der Kristalle in kleinste Teilchen (Mikronisieren),
- Züchtung einer Kristallmodifikation mit besserem Löseverhalten,
- Kristallisation unter besonderen Bedingungen, um Kristalle einheitlicher (meist kleiner) Größe oder Kristalle mit Gitterfehlstellen zu erhalten,
- Änderung der Salzform,
- Zugabe lösungsvermittelnder Additive oder
- Einbetten in amorphe feste Lösungen leicht löslicher Polymerstoffe.

Wegen ihrer Wichtigkeit wurden in den letzten Jahren im großen Stil Messverfahren zur Bestimmung der Löslichkeit etabliert.

Auch werden verstärkt Zellkulturen als *in vitro*-Modelle für die Absorption von Substanzen eingesetzt. Man züchtet dazu in einem Zweikammersystem einen Zellrasen von Karzinomzellen des menschlichen Magen-Darm-Trakts (so genannte **Caco-2-**, HT-29- oder MDCH-Zelllinien). In diesem Kammersystem kann sowohl der Stofftransport von Arzneistoffen von der Vorder- wie der Rückseite (apikal und basolateral) verfolgt werden. Da diese Zellen auch Transporter exprimieren, wird deren Beteiligung an der spezifischen Überführung von Substanzen ebenfalls erfasst. Weniger geeignet sind diese Modelle, um die möglichen Konsequenzen eines Substanzmetabolismus zu studieren, da metabolisierende Enzyme (Abschnitt 27.6) nur vermindert in diesen Zellen bereitgestellt werden. Auch für die Bestimmung des Durchtritts durch die Blut-Hirn-Schranke wurden entsprechende *in vitro*-Testmodelle entwickelt. Diese Modelle sind experimentell relativ aufwendig und die Ergebnisse können oft nur innerhalb einer strukturell verwandten Serie miteinander verglichen werden. Mit artifiziellen Membranen konnten Assaysysteme (PAMPA, engl. ***p**arallel **a**rtificial **m**embrane-**p**ermeability **a**ssay*) aufgebaut werden, die ein Hochdurchsatzscreening erlauben. Weiterhin erfasst man über die Oberflächenplasmonen-Resonanz das Penetrationsverhalten in Liposomen.

Bei der experimentellen Bestimmung der Absorption verschiedener Substanzen dürfen Ergebnisse, die mit gesättigten Lösungen der Substanzen erhalten werden, nicht mit Ergebnissen aus Lösungen mit konstanten Konzentrationen verglichen werden. Im ersten Fall nimmt die Geschwindigkeit der Absorption sehr lipophiler Substanzen wegen der mit der Lipophilie abnehmenden Löslichkeit linear ab. Im zweiten Fall bleibt die Absorptionsgeschwindigkeit auch für sehr lipophile Substanzen oft bei einem mehr oder weniger konstanten Wert. Ein Vergleich solch unterschiedlicher Versuchsbedingungen muss zu falschen Schlüssen führen. Eine andere Konfusion entsteht durch eine Verwechslung der Begriffe Absorption und Bioverfügbarkeit (Abschnitt 9.1). Die Absorption einer Substanz kann hervorragend sein, ihre Bioverfügbarkeit aber trotzdem gering. Lipophile Verbindungen und Substanzen mit Molekulargewichten größer 500–600 Da werden oft gut absorbiert, aber biliär (d. h. über die Galle) sehr rasch wieder eliminiert. Das geschieht meist schon bei der ersten Leberpassage (*first pass*-Effekt, Abschnitt 9.1), direkt nach der Absorption aus dem Darm. Für eine gute Bioverfügbarkeit darf die Lipophilie also nicht zu groß werden. Auch der Ausscheidungsweg hängt von der Lipophilie ab. Stark lipophile Substanzen werden in der Regel schneller metabolisiert, sind aber auch toxikologisch bedenklicher. Hydrophile Substanzen und polare Metabolite werden, ggf. nach Konjugation mit noch polareren Gruppen, renal, d. h. über die Niere, ausgeschieden. Die Ausscheidung lipophiler Substanzen erfolgt meist biliär, letztendlich also über den Darm. Solche Substanzen unterliegen oft einem oxidativen

Metabolismus, mit der Möglichkeit des intermediären Auftretens toxischer Stoffwechselprodukte.

Substanzen, die mit membrangebundenen Rezeptoren oder Ionenkanälen in Wechselwirkung treten, können ihre Bindestelle oft leichter erreichen, wenn sie in der umgebenden Membran angereichert werden. Dafür sollten die Substanzen insgesamt lipophil sein oder einen großen lipophilen Rest tragen, mit dem sie in der Membran verankert werden können (Abschnitt 4.2, Abb. 4.2).

19.7 Computermodelle und Regeln zum Abschätzen von ADME-Parametern

Neben dem Aufbau geeigneter Testsysteme zur systematischen Erfassung von Parametern, die pharmakokinetische Eigenschaften bestimmen, hat man sich intensiv bemüht, Regeln und Computermodelle abzuleiten, die eine Vorhersage günstiger ADME-Parameter erlauben. An erster Stelle sind die bei Pfizer unter Chris Lipinski entwickelten „*rule of five*" zu nennen. Danach sollte ein Wirkstoff nicht mehr als zwei der Fünferregeln in Tabelle 19.1 verletzen. Diese simplen Regeln wurden aus Erfahrungswerten abgeleitet und werden heute praktisch immer als Eingangsfilter für eine Substanzauswahl verwendet. Tudor Oprea hat diese Regeln weiter verfeinert und dehnt sie auf das Auftreten bestimmter Baugruppen wie beispielsweise die Maximalzahl von Ringen bestimmter Größe aus. Zur Abschätzung von Lipophilien und pK_a-Werten sind Programme wie CLOGP oder ACD/pKa, Pallas/pKa entwickelt worden. Zur Löslichkeitsvorhersage versucht man Solvatationsenthalpien zu berechnen. Permeabilitäts-, Absorptions- und Bioverfügbarkeitsmodelle bauen auf abgeleitete Korrelationsmodelle. Dazu verknüpft man experimentell erfasste Beobachtungen mit der chemischen Struktur der betrachteten Moleküle. Die eingesetzten Methoden leiten sich von den in Kapitel 18 beschriebenen QSAR-Modellen ab. Die vorherzusagende Größe versucht man mit einem Modell durch einen Satz mehr oder weniger offensichtlicher Deskriptoren zu beschreiben. Dazu werden alle möglichen molekularen Parameter bemüht, häufig von der Oberfläche her abgeleitete Größen, die bestimmend für die Zielgrößen sein können. Neben der Regressionsanalyse werden auch neuere mathematische Modelle wie Neuronale Netze, Nächste-Nachbarn-Klassifizierer, Entscheidungsbäume oder Verfahren des maschinellen Lernens, z. B. „*support vector machines*" eingesetzt.

Neben der leicht zu überprüfenden *rule of five* sollte man für das rationale Design folgende Aspekte berücksichtigen: Substanzen, die peripher, d. h. im Kreislauf wirken, sollten relativ polar sein. Natürlich brauchen sie für eine gute Bioverfügbarkeit auch eine gewisse minimale Lipophilie. Wegen des Risikos zentraler Nebenwirkungen oder der Entstehung toxischer Metabolite sollte diese Lipophilie aber nicht zu stark überschritten werden. Hier gilt sogar das Motto: Lieber etwas geringere Wirksamkeit als all die anderen Probleme! Eine gute therapeutische Breite ist schließlich für die Therapie interessanter als die pikomolare Affinität zu einem Protein. Substanzen, die an membrangebundenen Proteinen angreifen und Substanzen, die im Zentralnervensystem wirken, sollten eine mittlere bis hohe Lipophilie mit log P-Werten > 1 aufweisen. Zur Vermeidung des Entstehens toxischer Metabolite empfiehlt sich hier der Einbau von

- leicht konjugierbaren Gruppen, z. B. Hydroxyl-, Amino- oder Carboxylgruppen,
- Sollbruchstellen, z. B. Ester- oder Amidbindungen, oder
- oxidierbaren Gruppen, die zu ungiftigen und leicht ausscheidbaren Metaboliten führen, z. B. Methylgruppen.

Natürlich darf auch diese Strategie nicht übertrieben werden, sonst erfolgt die Ausscheidung der Substanz zu rasch. Die biologische Halbwertszeit geht dann auf Werte zurück, die eine therapeutische Anwendung beim Menschen unmöglich machen.

Bei der Suche nach neuen Wirkstoffen stellt die strukturelle Berücksichtigung von Eigenschaften, die zu einer optimalen Bioverfügbarkeit, einer ausreichenden biologischen Halbwertszeit und ungiftigen Stoffwechselprodukten führen, ein Problem dar. Das strukturbasierte Design von Wirkstoffen konzentriert sich zunächst auf die Anpassung eines Liganden an seine Bindestelle. Oft werden dabei Aspekte, die sich auf die Pharmakokinetik und den Metabolismus beziehen, in dieser Phase nicht ausreichend berücksichtigt. Enttäuschungen zum Ende einer erfolgreichen Optimierung, in der vorklinischen Phase oder spätestens in der Kli-

Tabelle 19.1 Kriterien für die „*rule of five*"

Molekulargewicht ≤ 500 Da
Verteilungskoeffizient log P ≤ 5
Nicht mehr als 5 H-Brücken-Donorgruppen
Nicht mehr als 2 • 5 H-Brücken-Akzeptorgruppen

nik, strafen ein solch einseitiges Vorgehen. Da aber zunehmend die Raumstrukturen von Transportern, Kanälen und metabolisierenden Enzymen bekannt werden, kann das strukturbasierte Design dazu eingesetzt werden, die Kreuzreaktivität vorgeschlagener oder entwickelter Liganden an diesen Zielstrukturen zu testen. Die Bindung an den Kaliumionen transportierenden hERG-Ionenkanal führt zu dessen Blockierung. Folge können schwere Herzrhythmusstörungen sein (Abschnitt 30.3). Daher wurden QSAR-Modelle entwickelt, die Moleküle auf eine mögliche hERG-Kanalbindung überprüfen können. Auch Modelle zur direkten Einpassung von Liganden in Strukturmodelle des Kanals sind entwickelt worden. Ein anderes System, das in jüngster Zeit strukturell erfasst werden konnte, stellt das membranständige Glycoprotein GP 170 dar. Es ist ein Transporter, der Arzneistoffe aus Zellen herausschleusen kann (Abschnitt 30.8). Wechselwirkung mit diesem Transporter will man möglichst vermeiden. Ein anderes großes Gebiet stellen die metabolisierenden Enzyme vom Cytochrom P450-Typ dar (Abschnitt 27.6). Auch hier versucht man abzuschätzen, wie Arzneistoffe mit diesen Proteinen wechselwirken und wie sie abgebaut werden. Hier eröffnet sich dem strukturbasierten Design ein weites Feld.

19.8 Von der *in vitro*- zur *in vivo*-Wirkung

Wirkstoffe werden zunächst in einfachen *in vitro*-Testmodellen, z. B. auf Enzymhemmung oder Rezeptorbindung, oder in Zellkulturen untersucht, später an Organpräparaten und in Tiermodellen. In aller Regel wird man das einfachste Modell wählen, dessen Ergebnisse auf die Wirkung beim Tier bzw. auf den gewünschten therapeutischen Effekt beim Menschen schließen lassen. Dazu ist es erforderlich, quantitative Beziehungen zwischen den verschiedenen Testmodellen abzuleiten, so genannte Wirkungs-Wirkungsbeziehungen. Sie beschreiben Zusammenhänge zwischen biologischen Aktivitäten, z. B. zwischen *in vitro*- und *in vivo*-Daten. Im besten Fall erlauben sie aus der Bestimmung der Affinität in einem Bindungs- oder Hemmtest sogar die Extrapolation auf die therapeutische Wirkung am Menschen.

Die Bestätigung einer Korrelation zwischen einem einfachen Testmodell und einem therapeutischen Effekt ist oft noch wichtiger als die Ableitung einer Struktur-Wirkungsbeziehung. Nach Auffindung eines entsprechenden quantitativen Zusammenhangs lassen sich einfache, billige und rasch durchführbare Tests statt aufwendiger Tierversuche einsetzen. Die Zahl der Versuchstiere reduziert sich dadurch deutlich. Das ist aber nicht der einzige Vorteil. Der Einsatz automatisierter molekularer Testsysteme erlaubt eine zuverlässige Charakterisierung der Profile von Wirkstoffen.

19.9 Natürliche Liganden wirken oft unspezifisch

Vor der biologischen Prüfung eines potenziellen Wirkstoffs sind folgende Fragen zu klären: Welches therapeutische Ziel soll erreicht werden und wie ist dieses Ziel zu realisieren? Therapeutische Konzepte gehen von der Pathophysiologie des Krankheitsgeschehens aus. Regulatorische Eingriffe mit einem Arzneistoff sollen den ursprünglichen, physiologischen Zustand weitgehend wiederherstellen. Dabei treten jedoch Probleme auf: Um natürliche Liganden von Enzymen und Rezeptoren zu imitieren, müssen Arzneistoffe eine ausreichende Spezifität sowohl bezüglich des Wirktyps als auch des Wirkorts aufweisen.

Bei den körpereigenen Wirkstoffen arbeitet die Natur mit zwei orthogonalen Prinzipien: Der **Spezifität der Wirkung** und einer meist sehr ausgeprägten räumlichen **Kompartimentierung**. Hormone wirken überwiegend systemisch, d. h. sie werden an einer Stelle des Organismus ausgeschüttet und über den Kreislauf zu einer oder mehreren ganz anderen Stellen transportiert. Erst dort entfalten sie ihre Wirkungen. Andere Stoffe, z. B. die Neurotransmitter, werden streng lokalisiert eingesetzt. Bezogen auf das Bild von Schlüssel und Schloss (Abschnitt 4.1) bevorzugt die Natur hier meist Generalschlüssel, die an verschiedenen „Schlössern" angreifen. Sie wirken nur am Ort ihres Entstehens und werden nach Erfüllung ihrer Aufgabe sofort wieder entfernt. Die Neurotransmitter werden in einer Nervenzelle synthetisiert, gespeichert und bei Reizung der Zelle in den synaptischen Spalt ausgeschüttet (Abschnitte 22.5). Dort binden sie an spezifische Rezeptoren und bewirken damit eine Erregung der benachbarten Nervenzelle. Nach Wiederaufnahme in die Zelle bzw. nach Abbau, z. B. durch Monoaminoxidase (Amine), Esterasen (Acetylcholin) oder Peptidasen, klingt der Effekt sehr rasch wieder ab.

Die Effizienz der Natur dokumentiert sich besonders eindrucksvoll in der Vielseitigkeit, mit der sie kleine Moleküle, z. B. Adrenalin und Noradrenalin (Abschnitt 1.4), sowohl als Hormone wie auch als Neurotransmitter nutzt. Für diese Substanzen steht eine Fülle unterschiedlicher Rezeptoren und Rezeptorsubtypen zur Verfügung, bei denen ein und derselbe Wirkstoff ganz unterschiedliche Effekte auslösen kann. Die Umcodierung der Aminosäuresequenz eines bestimmten Rezeptors und damit eine Änderung seiner Bindestelle sind auf der Gen-Ebene relativ leicht zu realisieren. Deutlich aufwendiger ist dagegen die Evolution der komplexen Biosynthesewege eines nichtpeptidischen Liganden, die oft über mehrere enzymkatalysierte Stufen ablaufen. Dementsprechend leiten sich fast alle Neurotransmitter und viele Hormone auf einfache Weise von zentralen Zwischenprodukten des Stoffwechsels, z. B. den Aminosäuren, ab. Andererseits hat die Natur bei den Steroidhormonen (Abschnitt 28.3) bewiesen, dass mit einem Satz chemisch ähnlicher Strukturen an evolutionär und strukturell verwandten Rezeptoren sehr unterschiedliche Effekte, wie östrogene, gestagene, androgene, gluco- und mineralocorticoide Wirkungen, erzielt werden.

Sehr oft spielt die regionale Verteilung der Biosynthese oder Ausschüttung eines Rezeptorliganden bzw. die Verteilung von membrangebundenen Rezeptoren oder Enzymen eine entscheidende Rolle für die Spezifität einer Wirkung. Unterschiedliche Wirkungen desselben Liganden erzielt der Organismus durch eine lokale Begrenzung der Substanzausschüttung oder durch die Anwesenheit verschiedener Rezeptoren. Dabei wird nicht nur zwischen bestimmten Organen oder Arealen, sondern sogar zwischen einzelnen Zellen und Zellkompartimenten unterschieden. So wurden z. B. die Dopaminkonzentrationen in verschiedenen Hirnregionen der Ratte bestimmt. Während einige Regionen, z. B. der *Nucleus caudatus*, eine wichtige Schaltstelle des motorischen Systems, und das Riechzentrum, Konzentrationen bis zu 100 ng/mg erreichen, enthalten die meisten anderen Areale nur zwischen 0,2 und 10 ng Dopamin pro mg Protein. Auch in der *Substantia nigra* des Mittelhirns liegen normalerweise nur 5–8 ng Dopamin/mg Protein vor. Die Degeneration dopaminerger Neuronen dieses Bereichs führt zu beim Menschen zur Parkinsonschen Krankheit. Aus Markierungsexperimenten weiß man, dass auch die Verteilung und Belegungsdichte von Rezeptorsubtypen in verschiedenen Arealen des Gehirns und anderer Gewebe sehr unterschiedlich sein kann.

19.10 Spezifität und Selektivität der Arzneistoffwirkung

Wie spezifisch soll ein Arzneistoff wirken? Darauf gibt es keine verbindliche Antwort. Da Arzneistoffe fast immer oral oder intravenös appliziert werden, wirken sie systemisch, d. h. im gesamten Organismus. Die fehlende Begrenzung auf ein bestimmtes Organ oder ein bestimmtes Kompartiment muss durch höhere Spezifität ausgeglichen werden. In jedem Fall muss der Arzneistoff so spezifisch wirken, wie es für eine erfolgreiche Therapie notwendig und von den Nebenwirkungen her vertretbar ist.

Bei Enzyminhibitoren wird man Substanzen vorziehen, die so spezifisch wirken, dass sie nur ein bestimmtes Enzym hemmen. Unspezifische Inhibitoren, die gleichzeitig mehrere Serin- oder Metalloproteasen hemmen, würden im Organismus allerlei Unheil anrichten. Ein Thrombininhibitor, der ein erhöhtes Gerinnungsrisiko reduzieren soll, darf nicht gleichzeitig ein Hemmstoff des nahe verwandten Plasmins sein, das eine Fibrinolyse, d. h. die Auflösung bereits gebildeter Blutgerinnsel bewirkt. Etwas anders liegt die Situation bei Kinasehemmstoffen (Abschnitt 26.3). Wegen der hohen Ähnlichkeit vieler Kinasen kann oft eine verwandte Kinase die Aufgabe einer blockierten Kinase übernehmen und so den angestrebten therapeutischen Effekt zunichte machen. Hier kann es sein, dass Breitband-Kinasehemmstoffe gewünscht sind, die gleich alle Mitglieder einer ganzen Proteinfamilie ausschalten. Auch für antibakteriell oder antiparasitär wirkende Substanzen kann eine Breitbandwirkung, die gleichermaßen mehrere Isoenzyme des Schädlings trifft, einen Vorteil bedeuten (z. B. Plasmepsine, Abschnitt 24.7).

Rezeptoragonisten und -antagonisten sollten wiederum einen hohen Grad an Spezifität aufweisen. β-Agonisten, die zur Behandlung des Asthmas eingesetzt werden (Abschnitt 29.3), müssen β_2-spezifisch wirken, da sie sonst eine unerwünschte Steigerung der Herzfrequenz und des Blutdrucks hervorrufen. Oft lassen sich die für die Therapie erforderlichen Wirkungen eines Arzneistoffs nicht mit einem einzigen Wirkstoff erreichen. So ist z. B. zur Blutdrucksenkung beim Menschen oft der gleichzeitige Einsatz verschiedener Arzneistoffe angezeigt (Abschnitt 22.10). Ein komplexer, durch mehrere Faktoren verursachter Krankheitsprozess muss auch über mehrere Mechanismen behandelt werden. Wegen der geringen Dosierungen der verschiedenen Komponenten treten die unspezifischen Nebenwirkungen einzelner Wirkstoffe dabei in den Hintergrund.

Kritisch ist die Spezifität der Wirkung bei zentralnervös wirksamen Arzneistoffen. Der Fortschritt der Gentechologie hat uns eine Explosion des Kenntnisstands bei den Rezeptoren beschert, aber auch ein Dilemma. Von etablierten Substanzen kennen wir die genauen Rezeptorprofile. Wir wissen, welche Spezifitäten erfüllt sein müssen, um einen bestimmten Wirktyp zu imitieren. Aber in vielen Fällen wissen wir nicht, welches Profil vorliegen soll, um einen besseren therapeutischen Effekt zu erzielen. Ein Beispiel soll dies erläutern. Neuroleptika und viele Antidepressiva (Abschnitt 1.6) greifen an Neurorezeptoren an. Die zur Behandlung der Schizophrenie verwendeten klassischen Neuroleptika Chlorpromazin **19.1** und Haloperidol **19.2** (Abb. 19.9) sind relativ unspezifische Dopamin-Rezeptorantagonisten (Tabelle 19.2). Auch der neuroleptisch/antidepressive Mischtyp Sulpirid **19.3** wirkt gleichzeitig auf D_2- und D_3-Rezeptoren ein. Alle diese Substanzen verursachen Nebenwirkungen auf den Bewegungsapparat, wie sie bei dem durch die Parkinsonsche Krankheit (Abschnitt 9.4) verursachten Dopaminmangel beobachtet werden. Wegen ihres Wirkmechanismus nahm man die Nebenwirkungen der Neuroleptika aber als zwangsläufige Folge des Antagonismus an den Dopaminrezeptoren hin. Dann kam ein atypisches Neuroleptikum, das Clozapin **19.4** (Abb. 19.9). Es wies die beschriebenen Nebenwirkungen nicht auf. Heute wissen wir, dass Clozapin im Gegensatz zu den anderen Neuroleptika viel stärker an den D_4-Rezeptor bindet als an D_2- und D_3-Rezeptoren (Tabelle 19.2). In den Konzentrationen, in denen Clozapin am D_4-Rezeptor wirkt und die auch in der Rückenmarksflüssigkeit behandelter Patienten nachgewiesen werden können, bindet Clozapin aber auch an bestimmte Serotonin- und Muscarinrezeptoren, zum Teil sogar mit höherer Affinität. Somit könnte auch sein, dass die antagonistische Wirkung des Clozapins an diesen Rezeptoren für seine atypische Wirkung verantwortlich ist.

Viele Arzneistoffe werden wegen ihres vielfältigen Angriffs an mehreren, ganz unterschiedlichen Rezeptoren als „dirty drugs" bezeichnet. Vom Standpunkt des Pharmakologen mag eine solche Charakterisierung zutreffen. Eine allgemeine Aussage über den therapeutischen Wert kann daraus nicht abgeleitet werden. Es mag sogar sein, dass viele *dirty drugs* gerade wegen ihres ausgewogenen Angriffs an mehreren Rezeptoren optimal für die Therapie sind. Neuerdings bezeichnet man diese Verbindungen als „rich in pharmacology" und definiert eine „polypharmacology". Über Eignung oder Nichteignung eines Arzneistoffs entscheiden nur die klinische Prüfung und die späteren Erfahrungen aus der breiten Anwendung am kranken Menschen.

Die Verschiedenheit von Enzymen und Rezeptoren in unterschiedlichen Spezies bietet aber auch eine Chance, erwünschte Selektivität für die Therapie zu nutzen. Speziesdifferenzen spielen immer dann eine Rolle, wenn ein unerwünschter Organismus abgetötet werden soll, d. h. bei Antibiotika, Antimykotika, antiviralen und antiparasitären Arzneistoffen. Um Nebenwirkungen beim Menschen zu vermeiden, greift man gezielt in die Stoffwechselvorgänge der Bakterien, Pilze, Viren oder Parasiten ein, entweder über ausreichende Selektivität oder über einen Angriffspunkt, der bei den höheren Organismen nicht vorliegt (vgl. Abschnitte 23.7, 24.3, 27.2 oder 30.8).

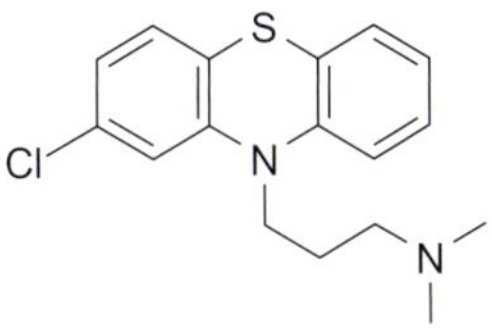

19.1 Chlorpromazin

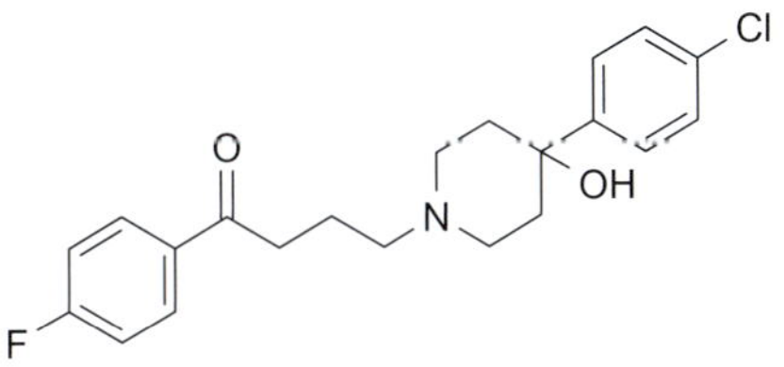

19.2 Haloperidol

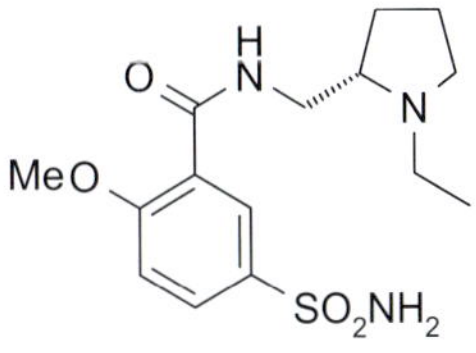

19.3 Sulpirid

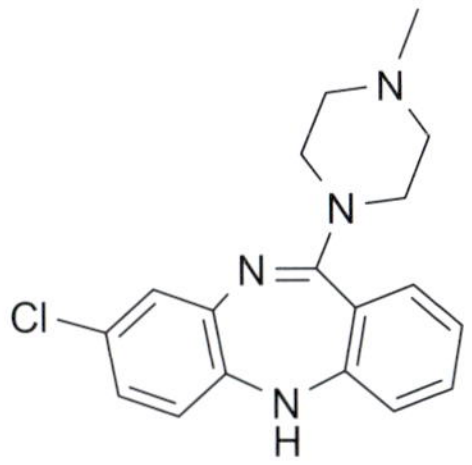

19.4 Clozapin

Abb. 19.9 Chlorpromazin **19.1**, Haloperidol **19.2** und Sulpirid **19.3** sind Neuroleptika mit den typischen Nebenwirkungen unspezifischer Dopaminantagonisten. Clozapin **19.4** unterscheidet sich von diesen Substanzen sowohl im Bindungsprofil an Dopaminrezeptoren (Tabelle 19.2) als auch in den Nebenwirkungen.

Tabelle 19.2 Der natürliche Neurotransmitter Dopamin bindet mit hoher Affinität an Dopaminrezeptoren vom D_1-Typ. Die klassischen Neuroleptika Chlorpromazin 19.1, Haloperidol 19.2 und (S)-Sulpirid 19.3 unterscheiden sich von Clozapin 19.4 (Abb. 19.9) in einem Punkt: Sie weisen keine vergleichbare Selektivität für den D_4-Rezeptor auf.

Substanz	Bindung an Dopaminrezeptoren, K_i in nM				
	D_1-Typ		D_2-Typ		
	D_1	D_5	D_2	D_3	D_4
Dopamin	0,9	< 0,9	7	4	30
Chlorpromazin 19.1	90	130	3	4	35
Haloperidol 19.2	80	100	1,2	7	2,3
(S)-Sulpirid 19.3	45000	77000	15	13	1000
Clozapin 19.4	170	330	230	170	21

19.11 Von Mäusen und Menschen: Der Wert von Tiermodellen

Um vom Tier auf den Menschen zu schließen, aber auch um verschiedene biologische Modelle miteinander vergleichen zu können, bedient man sich quantitativer Wirkungs-Wirkungsbeziehungen. Aus der großen Fülle der in der Literatur beschriebenen Beispiele sollen hier nur einige typische Beziehungen erwähnt werden.

Noch vor der Charakterisierung der unterschiedlichen Dopaminrezeptoren (Abschnitt 19.10, Tabelle 19.2) wurden 25 klinisch eingesetzte Neuroleptika untersucht, um Zusammenhänge zwischen Ergebnissen aus *in vitro*-Modellen, Tierversuchsdaten und der Wirkstärke dieser Substanzen beim Menschen aufzudecken. Zur Charakterisierung der Bindung wurden zwei radioaktiv markierte Liganden verwendet, die jeweils bevorzugt am D_1-Typ bzw. am D_2-Typ der Dopaminrezeptoren angreifen, und zwar Dopamin und Haloperidol 19.2 (Abschnitt 19.10, Abb. 19.9). Es zeigte sich, dass die mittleren klinischen Dosen signifikant mit der kompetitiven Verdrängung des D_2-Typ-Liganden Haloperidol 19.2 korrelieren. Für die Verdrängung des D_1-Typ-Liganden Dopamin werden deutlich höhere Konzentrationen benötigt. Eine Korrelation mit diesen Daten ist praktisch nicht gegeben. Nicht nur die klinische Wirksamkeit, auch die Daten aus Tiermodellen, die zur Prüfung auf neuroleptische Wirkung eingesetzt werden, korrelieren besser mit der Verdrängung von Haloperidol als mit der von Dopamin (Tabelle 19.3). Aus heutiger Sicht leiden die Befunde unter der mangelnden Spezifität der Liganden und der Rezeptorheterogenität der verwendeten Präparationen, denn die Kalbshirn-Homogenate waren bezüglich des Vorhandenseins verschiedener Rezeptorsubtypen ebenfalls uneinheitlich. Alle Substanzen wurden also mit *dirty ligands* in *dirty test models* untersucht. Nur bei Verwendung gentechnisch hergestellter, einheitlicher Rezeptorsubtypen können Selektivitäten und neuartige Profile von Wirkstoffen eindeutig zugeordnet werden (vgl. Tabelle 19.2).

Es gibt aber viele Fälle, in denen Beziehungen zwischen verschiedenen Testmodellen stark von der verwendeten Spezies abhängen. Untersuchungen an isolierten Arterien und Venen der Lungen von Kaninchen, Schaf, Schwein und Mensch zeigten, dass die Gefäßpräparate von Kaninchen und Mensch auf Noradrenalin in vergleichbarer Weise reagieren. Schaf- und Schweinearterien sind bereits deutlich weniger empfindlich. Isolierte Schweinevenen können durch

Tabelle 19.3 Korrelation der klinischen Wirksamkeit (Abb. 19.10) von 25 verschiedenen Neuroleptika und ihrer Wirkstärke in verschiedenen Tiermodellen, die typischerweise zur Prüfung auf neuroleptische Wirkung eingesetzt werden, mit der Verdrängung von Dopamin bzw. Haloperidol 19.2. Die klinischen Daten und die Ergebnisse der Tiermodelle korrelieren deutlich besser mit der Verdrängung des D_2-Typ-Liganden Haloperidol als mit der Verdrängung des D_1-Typ-Liganden Dopamin (r = Korrelationskoeffizient).

Modell	Korrelation mit der Dopamin-Verdrängung	Korrelation mit der Haloperidol-Verdrängung
Mittlere klinische Dosis beim Menschen	$r = 0,27$	$r = 0,87$
Hemmung des stereotypen Verhaltens nach Gabe von Apomorphin, Ratte	$r = 0,46$	$r = 0,94$
Hemmung des stereotypen Verhaltens nach Gabe von Amphetamin, Ratte	$r = 0,41$	$r = 0,92$
Schutz gegen apomorphin-induziertes Erbrechen, Hund	$r = 0,22$	$r = 0,93$

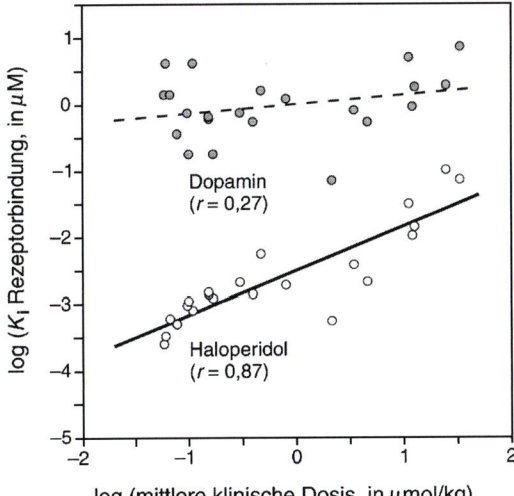

Abb. 19.10 Der Agonist Dopamin bindet bevorzugt an den D$_1$-Typ, der Antagonist Haloperidol **19.2** an den D$_2$-Typ der Dopaminrezeptoren (Tabelle 19.2). Mit Membranhomogenaten durchgeführte Bindungsstudien belegten schon sehr früh, dass die Wirkstärke klinisch verwendeter Neuroleptika mit der Verdrängung von Haloperidol korreliert ($r = 0{,}87$), nicht dagegen mit der Dopaminbindung ($r = 0{,}27$).

Noradrenalin in vergleichbaren Dosen überhaupt nicht erregt werden. Bei der Stimulierung durch Acetylcholin sind die Versuchsergebnisse noch heterogener und noch schwieriger zu interpretieren. Es darf auch nicht vergessen werden, dass sich der Metabolismus im Menschen von dem in Tierspezies unterscheidet und so Einfluss auf Testergebnisse nimmt.

Tachykinine sind kurzkettige Peptide, die eine Fülle physiologischer und pathophysiologischer Prozesse auslösen. Ihre zentrale Rolle bei der Schmerzauslösung und beim Asthma ist gesichert. Sie wirken über drei Rezeptorsubtypen NK$_1$, NK$_2$ und NK$_3$, die jeweils spezifisch die Peptid-Agonisten Substanz P, Neurokinin A und Neurokinin B binden (Abschnitt 10.7). CP 96 345 **19.5**, ein nichtpeptidischer NK$_1$-Antagonist, verdrängt Substanz P in zwei Humanzellkultur-Modellen und an Meerschweinchen- und Kaninchenmembranpräparationen mit hoher Affinität. Bei Membranpräparationen aus Mäuse-, Ratten- und Hühnerhirn, die Substanz P mit durchaus vergleichbarer Affinität binden, weist **19.5** aber um den Faktor 60–500 höhere IC$_{50}$-Werte auf (Tabelle 19.4). Aus sequenzspezifischen Punktmutationen weiß man, dass der Agonist Substanz P und der Antagonist CP 96 345 an verschiedene Bereiche dieses Rezeptors binden (vgl. Abschnitt 29.7).

Die Unterschiede zwischen dem Menschen und einzelnen Tierarten überraschen nicht, wenn man bedenkt, dass sich die Rezeptorproteine in ihrer Aminosäuresequenz meistens in mehreren Positionen unterscheiden. Genau wie für die Bestimmung der 3D-Strukturen (Kapitel 13 und 14) ist also auch bei molekularen Testsystemen die Verwendung humaner Proteine ganz entscheidend für die Relevanz der Ergebnisse. Dies lässt sich sehr schön mit Ergebnissen an der Aspartylprotease Renin (Abschnitt 24.2) belegen. Die Inhibitoren Remikiren **19.6** und Aliskiren **19.7** wurde an Reninen verschiedener Spezies getestet. Die Renine zweier Affenarten und des Menschen werden bereits bei sehr niedrigen Konzentrationen gehemmt, die Renine der üblicherweise in der Herz-Kreislaufpharmakologie eingesetzten Versuchstiere Ratte und Hund dagegen erst bei deutlich höheren Konzentrationen (Tabelle 19.5). Bei der klassischen Prüfung auf blutdrucksenkende Wirkung wäre Remikiren bei diesen Tierarten zwar gefunden, aber als viel zu schwach wirksam bewertet worden. Der Vergleich der Röntgenstrukturanalysen der Renine der Maus und des Menschen zeigt einen auch gegenüber anderen Aspartylproteasen konservierten Bindungsmodus der Hauptkette der peptidischen Inhibitoren. Am Rand der Binderegion finden sich aber subtile Unterschiede, die für die Speziesdifferenzen verantwortlich gemacht werden können.

Tabelle 19.4 Bindung von Substanz P und Verdrängung durch den Antagonisten CP 96 345 **19.5** (getestet als Racemat) bei Zellen unterschiedlicher Herkunft

19.5 CP 96 345

System	Bindung von Substanz P, IC$_{50}$ in nM	Verdrängung von Substanz P durch **19.5**, IC$_{50}$ in nM
Humane Zelllinie U 373	0,13	0,40
Humane Zelllinie IM 9	0,20	0,35
Meerschweinchen, Hirn	0,07	0,32
Meerschweinchen, Lunge	0,04	0,34
Kaninchen, Hirn	0,16	0,54
Maus, Hirn	0,19	32
Ratte, Hirn	0,20	35
Huhn, Hirn	0,26	156

Tabelle 19.5 Hemmung der Renine des Menschen und verschiedener Tierarten durch Remikiren **19.6** und Aliskiren **19.7**

19.6 Remikiren

19.7 Aliskiren

Renin von	IC$_{50}$ in nM Remikiren	IC$_{50}$ in nM Aliskiren
Mensch	0,8	0,6
Affe	1,0–1,7	2
Hund	107	7
Ratte	3600	80

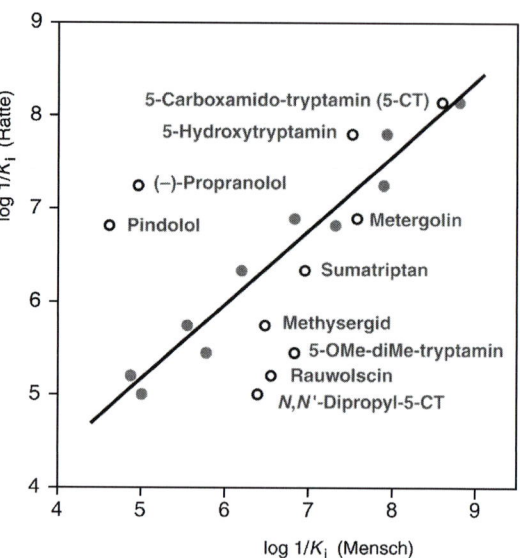

Abb. 19.11 Verschiedene Serotoninrezeptor-Liganden und die β-Blocker (–)-Propranolol und Pindolol zeigen bei strukturell sehr ähnlichen 5-HT-Rezeptoren von Ratte und Mensch sehr unterschiedliche Bindungsaffinitäten. Die offenen Kreise beziehen sich auf den Wildtyp des Humanrezeptors. Sie sind unregelmäßig über das Diagramm verteilt (Korrelationskoeffizient $r = 0{,}27$). Tauscht man eine einzige Aminosäure des Humanrezeptors gegen die entsprechende Aminosäure des Rattenrezeptors aus, so ändert sich das Bindungsprofil. Bezogen auf die Affinitäten der Liganden wird aus dem Humanrezeptor ein Rattenrezeptor. Die grau gefüllten Kreise beziehen sich auf diese Asn 355-Mutante (Korrelationskoeffizient $r = 0{,}98$).

Die Sequenzen der 5-HT$_{1B}$- und 5-HT$_{1D\beta}$-Subtypen der Serotoninrezeptoren von Mensch und Ratte zeigen mehr als 90 % identische Aminosäuren. Berücksichtigt man zusätzlich die Verwandtschaftsbeziehungen zwischen einzelnen Aminosäuren, so ergibt sich sogar eine Homologie von 95 %. Trotz dieser Ähnlichkeit binden eine Reihe von Wirkstoffen aber mit ganz unterschiedlichen Affinitäten an diese beiden Rezeptoren. Dass die Unterschiede praktisch auf eine einzige Aminosäure zurückzuführen sind, zeigt der Austausch von Threonin 355 gegen Asparagin (Abb. 19.11). Durch diese Mutation wird aus dem Humanrezeptor, bezogen auf den Gang der Bindungsaffinitäten, ein Rattenrezeptor! Nach dem Austausch dieser Aminosäure weisen die β-Blocker Propranolol und Pindolol um etwa drei Zehnerpotenzen höhere Affinitäten auf. Die Affinität vieler anderer Liganden ist dagegen deutlich reduziert. Interessant ist, dass in den verschiedenen β-adrenergen Rezeptoren an dieser Stelle ein Asparagin konserviert ist. Dies mag zwar nur ein schwacher Hinweis sein, aber man darf doch spekulieren, dass die beiden β-Blocker in ähnlicher Weise an den mutierten 5-HT-Rezeptor binden wie an den β-Rezeptor (vgl. Abschnitt 29.3).

19.12 Toxizität und Nebenwirkungen

Eines der schwierigsten Kapitel der präklinischen Forschung ist die Abschätzung der Toxizität eines Stoffes, vor allem der Humantoxizität, aus Daten, die an anderen Spezies gewonnen wurden. Solche Überlegungen müssen angestellt werden, um das Gefährdungspotenzial einer Substanz vor ihrem Einsatz in der Klinik möglichst genau vorhersagen zu können.

Gibt es einen Arzneistoff ohne Toxizität und ohne Nebenwirkungen? Paracelsus erkannte schon im 16. Jahrhundert:

»Alle Dinge sind Gift und nichts ist ohne Gift, allein die Dosis macht, dass ein Ding kein Gift ist«.

Friedrich Schiller lässt seinen Fiesko sagen:

»*Ein verzweifeltes Übel braucht eine verwegene Arznei*«

und der Pharmakologe Gustav Kuschinski formuliert:

»*Wenn behauptet wird, dass eine Substanz keine Nebenwirkungen zeigt, so besteht der dringende Verdacht, dass sie auch keine Hauptwirkung hat*«.

Routine ist die Bestimmung der akuten Toxizität an mehreren Tierarten und die Bestimmung der chronischen Toxizität an mindestens zwei Tierarten vor Eintritt in die Klinische Prüfung, Phase I, die Verträglichkeitsprüfung am freiwilligen, gesunden Probanden. Dabei gilt als Standard, dass die Spezies für chronische Toxizitätsuntersuchungen vor allem danach ausgesucht werden, welche Tierarten bei der entsprechenden Substanz in ihrer Pharmakokinetik und ihrem Metabolismus dem Menschen am nächsten stehen.

Katzen und Meerschweinchen reagieren auf Herzglycoside extrem empfindlich. Sie sind daher früh als Modelle für die Wirkung am Menschen verwendet worden. Die Ratte reagiert wesentlich unempfindlicher. Das Halluzinogen Lysergsäurediethylamid (LSD **2.21**, Abschnitt 2.5) zeigt bei mehreren Tierarten deutliche unterschiedliche Toxizität. Ein Versuch, LSD auch beim Elefanten auf seine halluzinogene Wirkung zu prüfen, führte zu einem Desaster! Man wollte dem Tier eine halluzinogene, aber keine toxische Dosis verabreichen. Trotz vorsichtiger Schätzung dieser Dosis starb ein Elefant, dem 0,3 g LSD (entspricht ca. 0,06 mg/kg) gegeben wurden, innerhalb weniger Minuten. Gegenüber der Maus, die relativ unempfindlich ist (Tabelle 19.6), reagiert der Elefant also mindestens 1000fach empfindlicher. Dieses Experiment wurde nie wiederholt! Der Entdecker des LSD, Albert Hofmann, hatte bei seinem ersten kontrollierten Selbstversuch 0,25 mg LSD eingenommen. Mit etwa 0,0035 mg/kg war er damit noch deutlich unter der Dosis geblieben, die dem Elefanten das Leben kostete. Trotzdem ist anzunehmen, dass LSD für den Menschen weniger toxisch ist als für den Elefanten. Direkte Todesfälle durch LSD sind nicht bekannt geworden, nur solche, bei denen aus Verwirrtheitszuständen Unfälle oder auch Selbstmorde resultierten.

Sehr genau untersucht wird die Toxizität von Giften, die in unsere Umwelt gelangen. Chlorierte Dibenzodioxine und -furane entstehen beim unkontrollierten Verlauf der chemischen Umsetzung von entsprechend substituierten Chlorphenolen. Auf einen solchen Zwischenfall ist das Seveso-Unglück zurückzuführen. Toxische chlorierte Dioxine und Furane entstehen aber auch bei vielen Verbrennungsvorgängen. Das Tetrachlordibenzodioxin **19.8** (TCDD, das „Seveso-Dioxin") gehört bezüglich seiner Toxizität zu den am besten untersuchten Substanzen. Auch hier reagieren verschiedene Spezies sehr unterschiedlich (Tabelle 19.7). Zwischen den relativ nahe verwandten Spezies Hamster und Meerschweinchen besteht ein Toxizitätsunterschied von etwa drei Zehnerpotenzen. Dementsprechend schwierig ist es, auf die Toxizität beim Menschen zu schließen. Extrapoliert man vom Affen auf den Menschen, so wäre TCDD als relativ ungiftig einzustufen. Im Zusammenhang mit dem Menschen ist die Definition einer akuten LD_{50} jedoch absolut unangemessen. Um auch nur einen Todesfall pro 1 Million Menschen ausschließen zu können, müsste eine $LD_{0,000001}$ bestimmt oder berechnet werden. Bei TCDD stehen wegen seiner ausgeprägt mutagenen Wirkung Langzeitschäden im Vordergrund. Ob hier überhaupt ein absoluter *no effect level*, d. h. eine unterste unwirksame Dosis, definiert werden kann, ist fraglich. Ganz anders sieht jedoch die Einschätzung des Gefährdungspotenzials umweltrelevanter Chemikalien aus, wenn man sich auf die durch toxische Naturstoffe, natürliche Radioaktivität, Höhenstrahlung, etc. oder gar durch Genussmittel, wie Alkohol oder Nicotin, verursachten Risiken bezieht. Hier relativiert sich manches, was in der Öffentlichkeit sehr heftig diskutiert wird!

Bei der Diskussion von Struktur-Wirkungsbeziehungen muss auch auf die schwierige Problematik von *in vitro*-Untersuchungen zur Abschätzung der Mutagenität und Cancerogenität einer Substanz hingewiesen werden. Solche Tests liefern zwar wertvolle Hinweise, die sorgfältig überprüft werden müssen – im Einzelfall sind sie jedoch weder im positiven, noch im negativen Sinn beweisend.

Theoretische Modelle zur **Abschätzung der Toxizität und Cancerogenität** mit einer ausreichenden Zuverlässigkeit und Vorhersagekraft zu versehen, er-

Tabelle 19.6 Akute Toxizität von Lysergsäurediethylamid (LSD **2.21**, Abschnitt 2.5, Abb. 2.8) bei verschiedenen Tierarten und beim Menschen (LD_{50} = Dosis, die 50 % aller Tiere tötet).

Spezies	Toxizität LD_{50} in mg/kg
Maus	50–60
Ratte	16,5
Kaninchen	0,3
Elefant	« 0,06
Mensch	» 0,003

Tabelle 19.7 Akute Toxizität des Tetrachlordibenzodioxins 19.8 bei verschiedenen Tierarten

19.8 2,3,7,8-Tetrachlordibenzodioxin

Spezies	Toxizität LD$_{50}$ in µg/kg
Maus	114–280
Ratte	22–320
Hamster	1150–5000
Meerschweinchen	0,5–2,5
Nerz	4
Kaninchen	115–275
Hund	> 100 < 3000
Affe	< 70
Mensch	?

weist sich als äußerst schwierig. Zu vielfältig und verschieden sind die Mechanismen, die für die Wirkungen verantwortlich sind, zu unterschiedlich die chemischen Strukturen und die in einzelnen Substanzklassen geltenden Struktur-Wirkungsbeziehungen.

Die Prüfungen auf toxische, kanzerogene und teratogene Nebenwirkungen haben heute einen hohen Standard erreicht. **Arzneistoffkatastrophen** früherer Jahrzehnte, wie

- frühkindliche Hirnschädigungen und der Tod vieler Früh- und Neugeborener durch Sulfonamide in den späten 1930er-Jahren,
- über hundert Todesfälle in den USA durch Verwendung von Diethylenglycol als Lösungsvermittler für Sulfanilamid (dieser Vorfall führte zur Gründung der amerikanischen Gesundheitsbehörde, der *Food and Drug Administration*, FDA),
- die durch zu lange und zu häufige Einnahme eines Mittels gegen Durchfallerkrankungen verursachte SMON-Erkrankung (**s**ubakute **M**yelo-**o**ptiko-**n**europathie) von tausenden Japanern und die
- durch Thalidomid (Contergan®) in den späten 1950er-Jahren hervorgerufenen schwerwiegenden Missbildungen bei weltweit etwa 10 000 Kindern

dürften nach menschlichem Ermessen heute kaum mehr möglich sein. Allerdings können kriminelle Machenschaften, wie z. B. die unkontrollierte Abgabe verfälschter Arzneimittel aus Internet-Bestellungen oder das skrupellose Verfolgen wirtschaftlicher Vorteile auch heute noch solche Katastrophen auslösen. Als Beispiel sei auf die mit Melamin versetzte Babynahrung (täuscht höheren Proteingehalt in minderwertiger oder wasserverdünnter Milch vor) in China verwiesen, durch die im September 2008 mehrere tausend Kleinkinder erkrankten und einige sogar verstarben.

Zusätzlich zu den deutlich verschärften Prüfrichtlinien für Arzneistoffe existieren heute in den meisten Ländern Meldesysteme, die Arzneimittelzwischenfälle registrieren und überprüfen. Beim geringsten Verdacht auf ursächliche Zusammenhänge erfolgt eine Information und Warnung der Öffentlichkeit, bis hin zum Widerruf der Zulassung eines Arzneimittels.

Eine Komplikation für die Abschätzung der Toxizität ist das Entstehen toxischer, insbesondere reaktiver Metabolite, auch in kleinen Mengen. Ein idealer Wirkstoff sollte, wie bereits in den Abschnitten 9.1 und 19.6 diskutiert, neben einer fein abgestimmten Pharmakodynamik und Pharmakokinetik auch Bruch- und/oder Konjugationsstellen enthalten, die einen einfachen Metabolismus zulassen. Je eher diese Voraussetzung erfüllt ist, desto geringer wird das chronische Toxizitätsrisiko der Substanz sein.

Manche Toxizitätsstudien leiden unter der Tatsache, dass wegen unphysiologisch hoher Dosen eine Übertragung der Ergebnisse auf den Menschen meist eine größere Gefahr vorspiegelt als tatsächlich gegeben ist. Andererseits können auch umfangreichste Untersuchungen nicht das Risiko eliminieren, dass bei der breiten therapeutischen Anwendung am Menschen in außerordentlich seltenen Fällen gravierende Nebenwirkungen auftreten. Eine Nebenwirkungsquote von 1 : 10 000 oder darunter kann auch bei der sorgfältigsten präklinischen und klinischen Prüfung unentdeckt bleiben.

Toxische Nebenwirkungen beim Menschen werden besonders nach chronischem Arzneimittelmissbrauch beobachtet. So summiert sich die lebenslange Einnahme großer Mengen von Schmerzmitteln zu Kilogramm- und Zentner-Mengen. Beim Phenacetin (Abschnitt 2.1) hat dies dazu geführt, dass ein wirksamer, im Prinzip gut verträglicher Wirkstoff wegen der nach missbräuchlicher Anwendung resultierenden Nierenschädigungen vom Markt genommen werden musste.

19.13 Tierschutz und alternative Testmethoden

Bereits 1780 hat der Philosoph Jeremy Bentham Rechte der Tiere diskutiert. Massive Proteste gegen Tierversuche gab es erstmals vor über hundert Jahren. 1875 gründete die engagierte Tierversuchsgegnerin Frances Power Cobbe in England die erste Gesellschaft gegen Vivisektionen, deren Forderungen nach Anesthesie bei Experimenten mit Tieren ein Jahr später zu einem ersten Tierschutzgesetz führten. 1879 wurde in Deutschland eine *„Internationale Gesellschaft zur Bekämpfung der Wissenschaftlichen Thierfolter"* gegründet, 1883 folgte die Amerikanische Anti-Vivisektionsgesellschaft. Eine neue, militante Form des Protests gegen Tierversuche, mit gewaltsamer Befreiung von Versuchstieren bis hin zu Anschlägen auf Wissenschaftler, entstand in den 1970er-Jahren. Das 1975 erschienene Buch *Animal Liberation* von Peter Singer 1975 wurde zur Bibel aller Tierversuchsgegner. Die oft zitierte Mär von Tierfängern, die ihre Beute an die Pharmaindustrie verhökern, gehörte allerdings schon früher ins Reich der Phantasie. Jeder Pharmakologe weiß, dass an solch unterschiedlichen Tieren ohne Kenntnis deren gesundheitlicher Vorgeschichte erhobene Befunde absolut wertlos wären.

Eher parallel zur Entwicklung des Tierschutzgedankens als dadurch ausgelöst setzten sich ab den späten 1960er-Jahren in der pharmakologischen Forschung Ersatzmethoden durch, in erster Linie Bindungsstudien an Membranhomogenaten und Zellkulturuntersuchungen. Schon allein aus wirtschaftlichen Motiven, wegen der enorm hohen Kosten der Versuchstierzüchtung und -haltung, aber auch wegen des rasanten Fortschritts der Gentechnologie ist die Zahl der Tierversuche in den letzten Jahrzehnten signifikant zurückgegangen. Auch werden, wie in Abschnitt 7.5 erläutert, vermehrt Modelle mit niederen Tieren zum Screening eingesetzt, die Organismen wie den Fadenwurm oder die Fruchtfliege verwenden. Hier liegt die ethische Schwelle zur Akzeptanz von Tierversuchen sicher niedriger.

Über 50 % der eingesetzten Versuchstiere werden zur Prüfung von Arzneistoffen eingesetzt, je 12–15 % zur Grundlagenforschung, zur Erforschung medizinischer Methoden und zur Erkennung von Umweltgefahren. Etwa die Hälfte aller Versuchstiere sind Mäuse. Die restlichen Tiere sind Ratten und sonstige Nager, zu einem kleineren Teil auch Fische und Vögel. Nur etwa 1,5 % der Gesamtzahl aller Tiere sind Katzen, Hunde, Schweine und sonstige Tiere. Ein großer Teil der Untersuchungen an diesen zuletzt genannten Tieren sind gesetzlich vorgeschriebene chronische Toxizitätsstudien.

Der Rückgang dieser Zahlen ist deshalb bemerkenswert, weil in den Pharmafirmen heute mehr Substanzen denn je auf ihre biologische Wirkung untersucht werden. Jedes Jahr werden zehntausende oder hunderttausende Stoffe in vielen, meist automatisierten *in vitro*-Tests genauestens charakterisiert. Nur wenige dieser Substanzen gelangen in ein Tierexperiment. Die Zahlen der Versuchstiere sind aber auch vor dem Hintergrund zu sehen, dass die gesetzlichen Anforderungen an den Nachweis der Wirksamkeit und der Unbedenklichkeit neuer Arzneistoffe eher steigen als sinken. Solche Untersuchungen müssen immer noch überwiegend am Tier durchgeführt werden.

Literatur

Allgemeine Literatur

H. Kubinyi, Lipophilicity and Drug Activity, Progr. Drug Res. **23**, 97–198 (1979)

J. K. Seydel und K.-J. Schaper, Quantitative Structure-Pharmacokinetic Relationships and Drug Design, Pharmac. Ther. **15**, 131–182 (1982)

J. M. Mayer und H. van de Waterbeemd, Development of Quantitative Structure-Pharmacokinetic Relationships, Environ. Health Perspect. **61**, 295–306 (1985)

J. C. Dearden, Molecular Structure and Drug Transport, in: Quantitative Drug Design, C. A. Ramsden, Hrsg., Band 4 von: Comprehensive Medicinal Chemistry, C. Hansch, P. G. Sammes und J. B. Taylor, Hrsg., Pergamon Press, Oxford, 1990, S. 375–411

H. Kubinyi, QSAR: Hansch Analysis and Related Approaches, VCH, Weinheim, 1993

H. Kubinyi, Der Schlüssel zum Schloss. II. Hansch-Analyse, 3D-QSAR und *De novo*-Design, Pharmazie in unserer Zeit **23**, 281–290 (1994)

C. Hansch and A. Leo, Exploring QSAR. Fundamentals and Applications in Chemistry and Biology, Band 1, American Chemical Society, Washington, 1995

E. Kutter, Arzneistoffentwicklung. Grundlagen – Strategien – Perspektiven, Georg Thieme Verlag, Stuttgart, 1978

R. L. Lipnick, Selectivity, in: General Principles, P. D. Kennewell, Hrsg., Band 1 von: Comprehensive Medicinal Chemistry, C. Hansch, P. G. Sammes und J. B. Taylor, Hrsg., Pergamon Press, Oxford, 1990, S. 239–247

H. Kubinyi, QSAR: Hansch Analysis and Related Approaches, VCH Weinheim, 1993

H. Kubinyi, Lock and Key in the Real World: Concluding Remarks, Pharmac. Acta Helv. **69**, 259–269 (1995)

C. A. Reinhardt, Hrsg., Alternatives to Animal Testing, VCH, Weinheim, 1994

R. Mannhold, Ed. Molecular Drug Properties, Wiley-VCH, Weinheim, 2008

D. A. Smith, H. van der Waterbeemd und D. K. Walker, Pharmacokinetics and Metabolism in Drug Design, Wiley-VCH, Weinheim, 2006

B. Testa und H. van de Waterbeemd, (Eds)., ADME-Tox Approaches, Vol. 5 of Comprehensive Medicinal Chemistry II, Elsevier, 2007

Spezielle Literatur

B. C. Lippold und G. F. Schneider, Zur Optimierung der Verfügbarkeit homologer quartärer Ammoniumverbindungen, 2. Mitteilung: *In-vitro*-Versuche zur Verteilung von Benzilsäureestern homologer Dimethyl-(2-hydroxyäthyl)-alkylammoniumbromide, Arzneim.-Forsch. **25**, 843–852 (1974)

H. Kubinyi, Drug Partitioning: Relationships between Forward and Reverse Rate Constants and Partition Coefficient, J. Pharm. Sci. **67**, 262–263 (1978)

H. van de Waterbeemd, P. van Bakel und A. Jansen, Transport in Quantitative Structure-Activity Relationships VI: Relationship between Transport Rate Constants and Partition Coefficients, J. Pharm. Sci. **70**, 1081–1082 (1981)

C. Hansch, J. P. Björkroth und A. Leo, Hydrophobicity and Central Nervous System Agents: On the Principle of Minimal Hydrophobicity in Drug Design, J. Pharm. Sci. **76**, 663–687 (1987)

H. van de Waterbeemd und M. Kansy, Hydrogen-Bonding Capacity and Brain Penetration, Chimia **46**, 299–303 (1992)

A. Tsuji, E. Miyamoto, N. Hashimoto und T. Yamana, GI Absorption of β-Lactam Antibiotics II: Deviation from pH-Partition Hypothesis in Penicillin Absorption through *In Situ* and *In Vitro* Lipoidal Barriers, J. Pharm. Sci. **67**, 1705–1711 (1978)

P. Seeman und H. H. M. Van Tol, Dopamine Receptor Pharmacology, Trends Pharm. Sci. **15**, 264–270 (1994)

B. D. Gitter *et al.*, Species Differences in Affinitites of Non-Peptide Antagonists for Substance P Receptors, Eur. J. Pharmacol. **197**, 237–238 (1991)

J.-P. Clozel und W. Fischli, Discovery of Remikiren as the First Orally Active Renin Inhibitor, Arzneim.-Forsch. **43**, 260–262 (1993)

V. Dhanaraj *et al.*, X-Ray Analyses of Peptide-Inhibitor Complexes Define the Structural Basis of Specificity for Human and Mouse Renins, Nature **357**, 466–472 (1992)

E. M. Parker, D. A. Grisel, L. G. Iben und R. S. Shapiro, A Single Amino Acid Difference Accounts for the Pharmacological Distinctions Between the Rat and Human 5-Hydroxytryptamine-1B Receptors, J. Neurochem. **60**, 380–383 (1993)

D. J. Hanson, Dioxin Toxicity: New Studies Prompt Debate, Regulatory Action, Chem. Eng. News (August 12, 1991), 7–14

M. J. Matfield, Animal Liberation or Animal Research? Trends Pharm. Sci. **12**, 411–415 (1991)

Proteinmodellierung und strukturbasiertes Wirkstoffdesign

20

Im **strukturbasierten Wirkstoffdesign** stehen die Suche, der Entwurf und die Optimierung eines kleinen Moleküls im Vordergrund, das möglichst gut in die Bindetasche eines Zielproteins passt, um dort energetisch günstige Wechselwirkungen mit dem Protein auszubilden. Am Anfang steht die genaue Analyse des Proteins. Alle Informationen über dessen Struktur und die verwandter Proteine werden ausgewertet. Anschließend werden die Eigenschaften der Bindetasche genau ausgekundschaftet und nach den Zentren gesucht, die eine möglichst gute Bindung erwarten lassen. Sowohl experimentelle Techniken als auch Computermethoden werden zu Rate gezogen, erste Leitstrukturen aus Screening-Bibliotheken zu entdecken (Kapitel 7). Ansätze, die mit einem kleinen „Keim" in der Bindetasche beginnen und diesen dann in einem schrittweise iterativen Design zu einem potenten Liganden heranwachsen lassen, werden alternativ eingesetzt. Dieses Vorgehen verwendet schnelle **Docking-Verfahren**, die eine relevante Bindungsgeometrie vorschlagen. Mit *Scoring*-Funktionen wird bewertet, ob diese Geometrien als energetisch günstig einzustufen sind.

Entscheidende Voraussetzung für den Einsatz des strukturbasierten Wirkstoffdesigns ist aber die Kenntnis einer Referenzstruktur des Zielproteins. Beeindruckende Fortschritte auf dem Gebiet der Proteinstrukturaufklärung (Kapitel 13 und 14) haben dazu geführt, dass für viele therapeutisch relevante Proteine die 3D-Strukturen bekannt sind bzw. zu Beginn eines Projekts aufgeklärt werden. Trotzdem darf nicht übersehen werden, dass immer noch für viele interessierende Zielproteine keine experimentell bestimmte Raumstruktur bereit steht.

Durch die Aufklärung des menschlichen Genoms liegen inzwischen auf der Sequenzebene die Baupläne aller Proteine unserer Spezies vor. Für viele Pathogene sind die Genome ebenfalls aufgeklärt und im Wochentakt kommen neue hinzu. Wie lässt sich dieser ungeheure Informationszuwachs für das Design neuer Wirkstoffe nutzen? Leider ist der Weg von der Primärstruktur, d. h. der Aminosäuresequenz, zur 3D-Struktur sehr schwierig und bis heute nur über experimentelle Strukturbestimmungsmethoden (Kapitel 13) gesichert beschreitbar. Verfahren zur *ab initio*-Vorhersage der Raumstruktur sind Gegenstand intensiver Grundlagenforschung. Sie sind aber immer noch weit von einem zuverlässigen Routineeinsatz entfernt und liefern nicht die strukturelle Genauigkeit, wie sie für ein strukturbasiertes Design gegeben sein muss. Das „Faltungsproblem", d. h. die Vorhersage der 3D-Struktur eines Proteins aus der Aminosäuresequenz, ist nach wie vor ungelöst. Zunehmend häufiger ergibt sich allerdings die Situation, dass für ein interessierendes Protein unbekannter Struktur die eines anderen damit verwandten Vertreters bereits aufgeklärt wurde. In einer solchen Situation lässt sich anhand der Raumkoordinaten des charakterisierten Biopolymers ein Modell des unbekannten Proteins konstruieren. Aus diesem Grund ist zu befürchten, dass die aus Sicht der Grundlagenforschung höchst spannende Frage nach dem Regelsatz zum Lösen des Faltungsproblems zunehmend aus Perspektive der Anwendung an Bedeutung verliert.

20.1 Pionierarbeiten zum strukturbasierten Wirkstoffdesign

Bedenkt man, dass die meisten Strukturen therapeutisch relevanter Proteine erst in den letzten 15 Jahren bestimmt wurden, ist es umso bemerkenswerter, dass erste Arbeiten zum strukturbasierten Wirkstoffdesign bereits Anfang der 1970er-Jahre durchgeführt wurden. Die Pioniere auf diesem Gebiet waren Chris Beddell und Peter Goodford, die 1973 im Forschungslabor von Wellcome in England begannen, Methoden zum Design von Liganden zu entwickeln. Als Protein wurde Hämoglobin ausgewählt, weil es zu dem damaligen Zeitpunkt die einzige bekannte Proteinstruktur war, der eine gewisse Relevanz für ein Krankheitsbild zukam. Ziel dieser Arbeiten war es, einen Liganden zu finden, der einen analogen, allosterisch modulierenden Effekt wie Diphosphoglycerinsäure 20.1 (DPG) auf das Protein ausübt (Abb. 20.1). Man versprach sich davon einen Therapieansatz, der homozygoten Patienten mit einer letalen Sichelzellanämie helfen könnte (Abschnitt 12.13). DPG wird in den roten Blutkörperchen synthetisiert. Es bindet an die Desoxyform von Hämoglobin und setzt dessen Affinität gegen Sauerstoff herab. Dadurch kann der in der Lunge angelagerte Sauerstoff im Gewebe besser freigegeben werden.

Der Teil des Hämoglobins, der DPG bindet, enthält eine größere Anzahl positiv geladener Aminosäuren (Abb. 20.1). Ein optimaler Ligand sollte daher negativ geladene Gruppen enthalten, um genau wie DPG mehrere Salzbrücken zum Protein ausbilden zu können. Solche Verbindungen können allerdings die Membran eines roten Blutkörperchens nicht durchdringen. Daher wurden von der Wellcome-Arbeitsgruppe Strukturen in Betracht gezogen, die mit Hämoglobin auf andere Weise wechselwirken. Die Wahl fiel schließlich auf Verbindungen, die reaktive Gruppen enthalten, die an die Aminogruppen der in der Bindetasche vorhandenen Lysine bzw. der aminoendständigen Valine binden könnten. Die Idee war, eine Verbindung zu entwerfen, die im richtigen Abstand zwei reaktive Gruppen enthält, die mit zwei dieser Aminogruppen so genannte Schiffsche Basen bilden. Die Wahl fiel auf den Dibenzyl-4,4'-dialdehyd 20.2 (Abb. 20.2) als Grundkörper. Der angenommene Bindungsmodus dieser Verbindung ist in Abb. 20.3 gezeigt. 20.2 wurde synthetisiert, erwies sich jedoch für die Testung als zu wenig löslich. Durch Einführung einer zusätzlichen Carboxylgruppe in 20.3 konnte eine ausreichende Wasserlöslichkeit erreicht werden. Zudem sollte diese Verbindung mit ihrer Carboxylgruppe eine zusätzliche günstige Wechselwirkung mit einer Lysinseitenkette des Proteins aus-

Abb. 20.1 Schematischer Bindungsmodus von Diphosphoglycerinsäure 20.1 (DPG) an der allosterischen Bindestelle des Hämoglobins. Der Ligand wird durch mehrere ladungsunterstützte Wasserstoffbrücken (*N*-terminale Aminogruppe, His 2, Lys 82 und His 143) aus der β_1- und β_2-Untereinheit gebunden.

bilden. Die Verbindungen 20.4 und 20.5 sind die Bisulfitaddukte der entsprechenden Aldehyde. Diese Verbindungen wurden getestet und zeigten tatsächlich den erhofften allosterischen Effekt. Allerdings binden sie an die Oxyform des Proteins und erhöhen dessen Sauerstoffaffinität. Sie erwiesen sich als potente Inhibitoren der Versichelung von Erythrozyten, da sie die Oxyform des Proteins stabilisieren. Die Versichelung beginnt mit der Aggregation der Desoxyform. Der gezielte Entwurf dieser Dibenzyldialdehyde ist das erste Beispiel für ein rationales, strukturgestütztes Design von Proteinliganden.

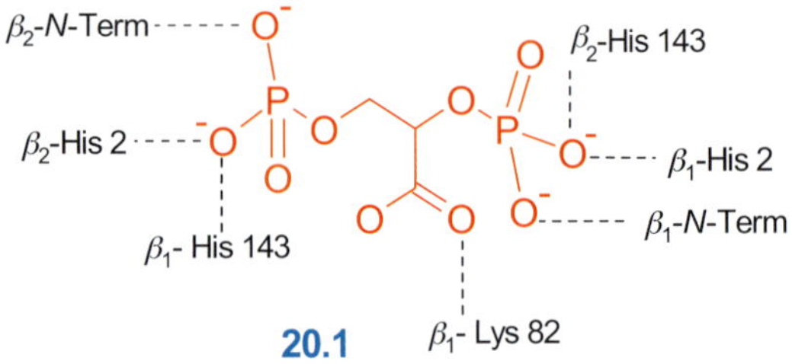

20.2 Die Vorgehensweise beim strukturbasierten Wirkstoffdesign

Der erste Schritt zum Entwurf von Liganden für ein Protein mit bekannter 3D-Struktur ist die genaue Analyse dessen Struktur. Wie sieht die Proteinbindetasche aus? Wo befinden sich *hot spots*, d. h. wo kön-

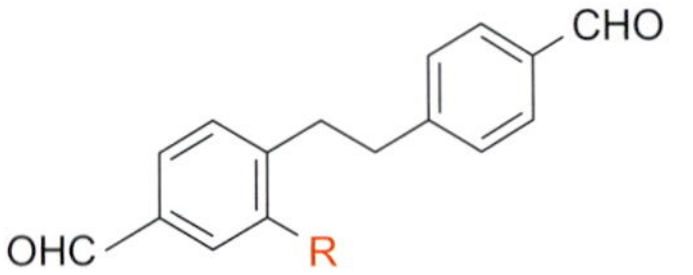

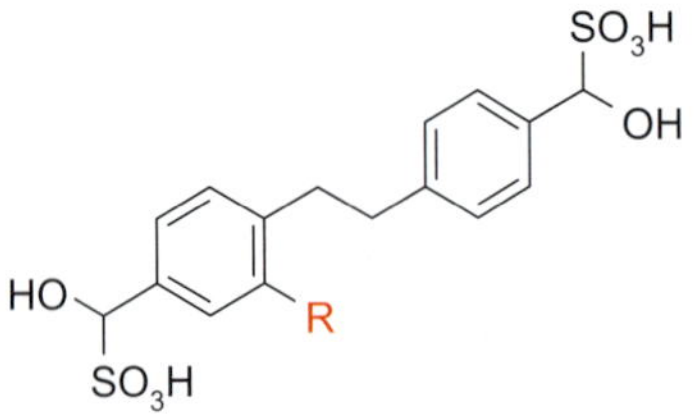

Abb. 20.2 Strukturen der von Beddell und Goodford entworfenen, zu Diphosphoglycerinsäure kompetitiven Hämoglobin-Liganden 20.2–20.5.

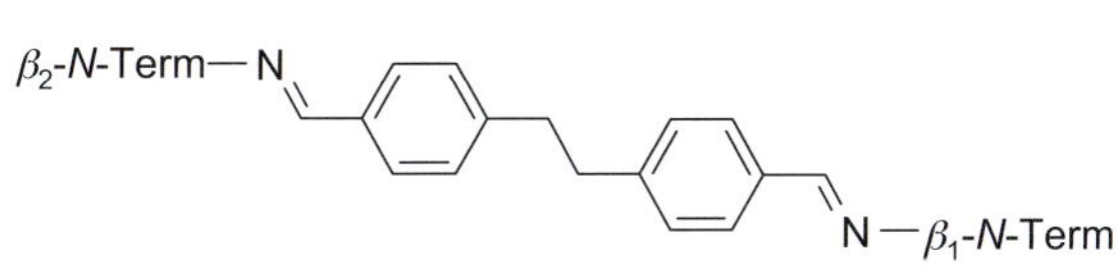

Abb. 20.3 Postulierter Bindungsmodus der Hämoglobin-Liganden **20.2** und **20.5** nach chemischer Reaktion zur Schiffschen Base bzw. zum Bisulfit-Additionsprodukt. Für beide Verbindungen wird angenommen, dass sie kovalent an die N-terminalen Aminosäuren der β_1- und β_2-Untereinheiten von Hämoglobin binden. **20.5** sollte zusätzlich in der Lage sein, mit seinen geladenen Gruppen Wasserstoffbrücken zu den Seitenketten der Aminosäuren His 2 und His 143 der β_1- und β_2-Untereinheiten sowie zu Lys 82 der β_1-Untereinheit zu bilden.

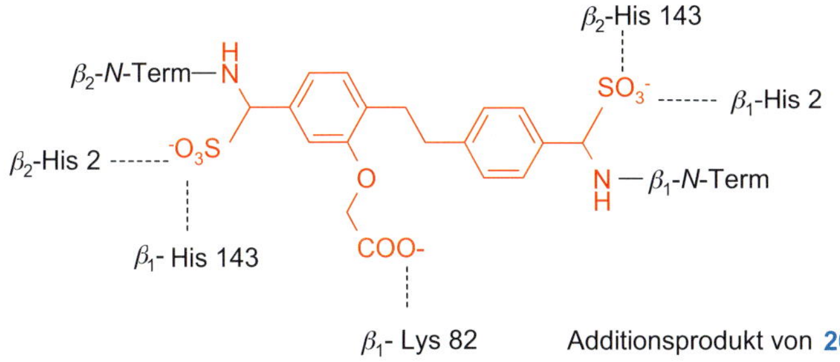

nen funktionelle Gruppen eines Liganden besonders gut an das Protein binden? Für solche Analysen stehen heute Computerprogramme zur Verfügung. Sie suchen die Oberfläche eines Proteins nach geeigneten Bindestellen für verschiedene funktionelle Gruppen ab. Diese Methoden sind in Abschnitt 17.10 vorgestellt worden.

Auch experimentelle Verfahren können bei dem Auffinden der *hot spot*s helfen. Als Methoden sind vor allem die Röntgenstrukturanalyse und die NMR-Spektroskopie geeignet (Abschnitte 7.8 und 7.9). Als Erste haben Alexander Klibanov und Dagmar Ringe diesen Weg beschritten. Sie züchteten zunächst in Wasser Kristalle des Enzyms Elastase und bestimmten deren Röntgenstruktur. Dann wurden die Kristalle in das organische Lösungsmittel Acetonitril eingelegt und die 3D-Struktur erneut bestimmt. Es zeigt sich, dass das Protein seine Struktur praktisch beibehält. Signifikante Änderungen werden dagegen in der Solvatstruktur gefunden. Wassermoleküle aus der zuvor bestimmten Struktur sind durch Acetonitrilmoleküle verdrängt worden. Andere Wassermoleküle sind nach wie vor in ihren ursprünglichen Positionen vorhanden. Dieses Experiment erlaubt zum einen, zwischen verdrängbaren bzw. nicht verdrängbaren Wassermolekülen zu unterscheiden, was vermutlich mit deren starker bzw. schwacher Bindung einhergeht. Zum anderen identifiziert es zusätzlich **bevorzugte Bindestellen** der organischen Lösungsmittelmoleküle. Sie können als Hinweis dienen, wo sich energetisch günstige Bindestellen in der Proteintasche befinden. Bei Abbott hat man die NMR-Spektroskopie in ganz entsprechender Weise zum Ausleuchten von Bindetaschen durch kleine Molekülsonden eingesetzt.

Oft sind zum Zeitpunkt der Strukturaufklärung des Zielproteins bereits Bindungsaffinitäten erster Liganden bekannt. Anhand der Proteinstruktur versucht man, eine grobe Struktur-Wirkungsbeziehung dieser ersten Treffer aufzustellen. Hieraus lassen sich Schlüsse über die essenziellen Wechselwirkungen zwischen dem Protein und den Liganden ziehen. Sind beim Massenscreening (Abschnitt 7.3) weitere Substanzen aufgefallen, werden sie in die Bindetasche eingepasst, um Ideen für eine sich anschließende Strukturoptimierung zu erhalten. Auf diesem Weg lassen sich zusätzliche Bereiche in der Bindetasche identifizieren, die von bekannten Liganden noch nicht belegt werden. Mit geeignet modifizierten Verbindungen nutzt man diese zusätzlichen Wechselwirkungen, um zu stärkerer und selektiverer Bindung zu kommen. Aus der Kenntnis der 3D-Struktur ergeben sich auch Ideen zu einer möglichen Vereinfachung eines Liganden: Ein Substituent des Inhibitors, der mit dem Protein nicht in Kontakt steht, kann häufig weggelassen werden. Andererseits kann ein solcher Substituent auch gezielt abgeändert werden, um die Löslichkeit, Lipophilie oder Transport- und Verteilungseigenschaften (ADME-Eigenschaften) eines Wirkstoffs zu verbessern (vgl. Kapitel 19).

Im Prinzip gibt es zum Entwurf neuer Wirkstoffe zwei Vorgehensweisen. Entweder versucht man, eine völlig neue Struktur zu finden (Abschnitt 20.10), oder eine bereits bekannte Leitstruktur, die mit einer der in Kapitel 7 beschriebenen Techniken entdeckt wurde, wird modifiziert. Die Modifikation einer bekannten Struktur hat den Vorteil, dass man relativ schnell zu potenten und selektiven Proteinliganden kommen kann. Darüber hinaus ergeben sich bei bekannter 3D-Struktur des Proteins in der Regel klare Struktur-Wirkungsbeziehungen. Allerdings werden die Strukturvorschläge sehr nahe an der Leitstruktur bleiben. Häufig wird die 3D-Struktur eines Enzyms am Anfang im Komplex mit einem peptidischen Inhibitor gelöst. Modifikationen einer solchen Leitstruktur sind zunächst ebenfalls Peptide. Der Weg zu einem oral verfügbaren Arzneistoff ist dann unter Umständen recht langwierig (Kapitel 10). Die zweite Vorgehensweise stellt das *de novo*-Design dar. Entsprechende Verfahren werden am Ende dieses Kapitels vorgestellt. Das *de novo*-Design kann zu völlig neuartigen, nichtpeptidischen Strukturen führen. Das Problem besteht dann allerdings darin, dass diese Methode oft zu einer enormen Vielfalt möglicher Strukturen führt, die sich nur schwer ordnen und in eine sinnvolle Rangfolge bringen lassen.

Wesentliche Voraussetzung für den Erfolg beim strukturbasierten Wirkstoffdesign ist eine iterative Vorgehensweise. Die 3D-Struktur des Proteins ist Ausgangspunkt für den Entwurf eines Liganden, der synthetisiert und getestet wird. Im Fall einer guten Bindung wird versucht, die 3D-Struktur des Protein-Ligand-Komplexes mit der neuen Verbindung zu bestimmen. Diese Struktur ist Startpunkt des nächsten Designcyclus. Schematisch ist der Ansatz in Abb. 20.4 zusammengefasst. Der große Vorteil des Verfahrens ist, dass man nach jedem Cyclus alle getroffenen Annahmen überprüfen kann. Überraschende, dem Design nicht entsprechende Bindungsmodi, die anschließend eine Struktur-Wirkungsbeziehung verschleiern würden, werden sofort erkannt. An dieser Stelle lohnt es sich, vor allem auch die 3D-Struktur eines schlecht bindenden Liganden im Komplex mit dem Protein zu bestimmen. Diese 3D-Struktur liefert dann meist eine Erklärung für die schlechte Bindung und Erkenntnisse, die in Vorschläge für neue Strukturen umgesetzt werden können.

20.3 Werkzeuge zum Suchen in Datenbanken experimentell aufgeklärter Proteinstrukturen

Die Zahl experimentell aufgeklärter Proteinstrukturen wächst in den letzten Jahren exponentiell an. Befanden sich 1988 noch 200 3D-Strukturen in der **Protein-Datenbank (PDB)**, so sind es inzwischen über 53 000 Einträge, hauptsächlich von Proteinen und Protein-Ligand-Komplexen. Dieses rasante Anwachsen bekannter Raumstrukturen stimuliert die Entwicklung von Methoden zur Nutzung dieser Strukturinformation für den Entwurf neuer Wirkstoffe. Immer noch handelt es sich bei den vorliegenden Beispielen überwiegend um globuläre, wasserlösliche Enzyme. Aber die Zahl neuer membranständiger Proteine steigt stetig an. Um einen solchen Strukturschatz wirklich nutzen zu können, benötigt man Datenbankwerkzeuge, die Strukturen und Strukturelemente finden, korrelieren und analysieren. Eine Vielzahl von Programmen zum Vergleich der Sequenz- und Faltungsstruktur von Proteinen sind bekannt geworden. Die Datenbank Relibase wurde dezidiert für die Analyse von Protein-Ligand-Komplexen entwickelt. Mit ihr kann man sowohl nach Sequenzmustern in Proteinen suchen als auch Konnektivitäten der gebundenen niedermolekularen Liganden vergleichen. Die Datenbank nimmt automatisch eine Überlagerung von Proteinen vor, wobei sie sich um eine optimale Überlagerung der Bindetaschen bemüht. So ausgerichtete Strukturen lassen sich systematisch auswerten. Welche Aminosäuren sind in die Wechselwirkungen mit Liganden einbezogen? Welche funktionellen Gruppen verwenden die Liganden, um mit den Aminosäuren des Proteins zu interagieren? Welche Reste in der Bindetasche liegen immer wieder in identischer Geome-

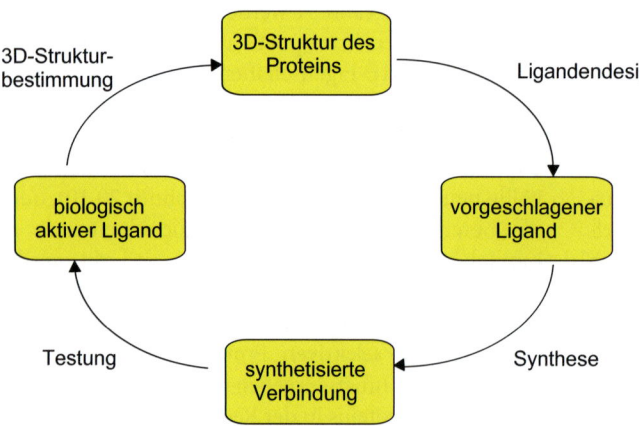

Abb. 20.4 Startpunkt eines Designcyclus ist die Bestimmung der 3D-Struktur des Zielproteins. Diese Information wird zum Entwurf neuer Proteinliganden ausgenutzt, die anschließend synthetisiert und getestet werden. Zeigen sie Aktivität, so wird ihre 3D-Struktur im Komplex mit dem Protein bestimmt. Auf der Basis dieser Struktur werden im nächsten Designcyclus Liganden mit verbesserten Bindungseigenschaften entworfen.

trie vor oder welche erweisen sich als hochgradig flexibel? Die Wasserstruktur an der Schnittstelle zwischen Protein und Ligand kann im Detail studiert werden. Eine statistische Auswertung ergab überraschenderweise, dass in etwa zwei Drittel aller Protein-Ligand-Komplexe zumindest ein Wassermolekül an der Bindung eines Liganden beteiligt ist. Dies unterstreicht die Wichtigkeit, Wassermoleküle adäquat bei den Modellierungen zu berücksichtigen. Doch leider sind gerade an dieser Stelle die Konzepte zur Behandlung des Wassers auch heute noch ziemlich rudimentär.

20.4 Vergleich von Proteinen anhand ihrer Bindetaschen

Eine andere wichtige Frage richtet sich an die Form und Gestalt von Bindetaschen. Gibt es andere Proteine, in denen eine Tasche analoger Form und mit ähnlicher Aminosäurezusammensetzung vorkommt? Dabei sind weniger die tatsächlich auftretenden Aminosäuren entscheidend. Vielmehr ist wichtig, dass eine analoge physikochemische Eigenschaft, wie beispielsweise ein Wasserstoffbrückendonor oder -Akzeptor, in die Bindetasche gerichtet wird. Programme, die diese Vergleiche ermöglichen, beschreiben die Form und Oberfläche von Proteintaschen zusammen mit den dort platzierten Eigenschaften. Die Funktion von Proteinen ist in aller Regel an die Erkennung und Bindung kleiner Liganden oder Ausschnitten aus Peptidsequenzen (z. B. Proteasen) gekoppelt. Einmal gebunden, werden diese Moleküle im Fall von Enzymen durch eine chemische Reaktion verändert. Bei Rezeptoren vermögen die Liganden einen Effekt auszulösen, der z. B. eine aktive oder inaktive Konformation des Proteins stabilisiert. So kann ein Signal weitergereicht werden. Das Auffinden von Gemeinsamkeiten in Bindetaschen kann folglich auch dazu führen, funktionelle Verwandtschaften zwischen Proteinen zu entdecken. Dies gelingt unabhängig davon, ob eine Sequenz- oder Faltungshomologie zwischen den Proteinen vorliegt. Auch besteht auf diesem Weg die Chance, über die Gemeinsamkeiten in Form und Eigenschaft von Proteinbindetaschen eine unerwartete Kreuzreaktivität mit anderen Proteinen zu finden. Häufig ist eine solche unterwartete Bindung Auslöser unerwünschter Nebenwirkungen. Durch die Auswertung von Ähnlichkeiten bzw. Unterschieden in solchen Taschen kann auch erkannt werden, wie Liganden zu verändern sind, damit sie eine gewünschte Selektivität für das Zielprotein erlangen. Wertvolle Ideen für das Design neuer oder veränderter Proteinliganden können erhalten werden, wenn man die gebundenen Moleküle oder Molekülbausteine in den als gemeinsam entdeckten Taschen genauer ansieht und vergleicht. Sie vermitteln Vorschläge für einen denkbaren isosteren Ersatz bei der strukturbasierten Optimierung erster Leitstrukturen. Das in die Datenbank Relibase implementierte Suchprogramm Cavbase ermöglicht solche Taschenvergleiche.

20.5 Hohe Sequenzhomologie macht den Modellbau einfach

Unabdingbare Voraussetzung für die Anwendung des Methodenarsenals des strukturbasierten Wirkstoffdesigns ist das Vorliegen einer Raumstruktur. Nicht immer lässt sich eine Kristallstruktur bestimmen. Unter welchen Voraussetzungen kann man aus einer gegebenen Sequenz ein Modell des unbekannten Proteins bauen?

Proteine gleicher Funktion aus unterschiedlichen Spezies differieren in ihren Aminosäuresequenzen. Mit zunehmendem Abstand in der stammesgeschichtlichen Entwicklung nehmen diese Abweichungen zu. Nehmen wir als Beispiel Cytochrom C (Abb. 20.5). Dieses weit verbreitete Protein der Mitochondrien spielt eine wichtige Rolle in der Atmungskette. Es besteht aus einer Polypeptidkette mit etwa 100 ± 20 Aminosäuren. In Abb. 20.6 sind drei Cytochrome gezeigt, die trotz unterschiedlicher Länge und Zusammensetzung der Peptidkette eine sehr ähnliche Faltung besitzen. Die Proteine aus den stammesgeschichtlich verwandten Spezies Mensch und Schimpanse besitzen 100 % Sequenzidentität. Dagegen zeigt das Enzym aus Hefe nur noch 45 % Identität mit diesen Säugern. Bei sehr hoher Homologie und nur wenigen Mutationen ist der Modellbau relativ einfach durchzuführen. Bei einer Sequenzidentität von mehr als 90 % lassen sich Modelle erstellen, deren Unsicherheit an die Fehlergrenzen der experimentellen Methoden zur Strukturbestimmung heranreicht (Abschnitt 13.5). Sinkt die Sequenzidentität, so wird auch der Modellbau weniger genau. Bei 50 % kann der mittlere Fehler der Koordinaten schon einige wenige Angström betragen. Unterhalb einer Identität von 25–30 % wird das Erkennen struktureller Verwandtschaften sehr problematisch.

Der überwiegende Teil der Sequenzunterschiede zwischen homologen Proteinen befindet sich an der

(a) NEGDAAKGEKEF-NKCKACHMIQAPDGTDIKGGKTGPNLY
(b) -EGDAAAGEKVS-KKCLACHTFDQGGAN-----KVGPNLF
(c) --GDVAKGKKTFVQKCAQCHTVENGGKH-----KVGPNLW

(a) GVVGRKIASEEGFKYGEGILEVAEKNPDLTWTEANLIEYV
(b) GVFENTAAHKDNYAYSESYTEMKAK--GLTWTEANLAAYV
(c) GLFGRKTGQAEGYSYTDA-----NKSKGIVWNNDTIMEYI

(a) TDPKPLYKKMTDDKGAKTKMTFKMGKNQADVVAFLAQBBP
(b) KDPKAFVLEKSGDPKAKSKMTFKLTKDD-------EIEN
(c) ENPKKYI--------PGTKMIFAGIKKKGER-------QD

(a) BAGZGZAAGAGSBSZ
(b) VIAYLK------TLK
(c) LVAYLKSATS

Abb. 20.5 Die Primärsequenzen, im üblichen Einbuchstabencode dargestellt, von drei Cytochrom C-Proteinen aus (a) dem Atmungsbakterium *Paracoccus denitrificans* (134 Aminosäuren), (b) dem Photosynthese-Bakterium *Rhodospirillum rubrum* (112 Aminosäuren) und (c) den Mitochondrien des *Thunfischs* (103 Aminosäuren). Die Proteine variieren in ihrer Länge und Zusammensetzung. Der Sequenzvergleich zeigt die Überlagerung mit der besten Übereinstimmung. Invariante bzw. konservierte Positionen in der Sequenz sind durch Fettdruck markiert. Die Abkürzungen stehen für A = Ala, C = Cys, D = Asp, E = Glu, F = Phe, G = Gly, H = His, I = Ile, K = Lys, L = Leu, M = Met, N = Asn, P = Pro, Q = Gln, R = Arg, S = Ser, T = Thr, V = Val, W = Trp, Y = Tyr. Striche stehen für Bereiche, in denen die anderen Proteine zusätzliche Aminosäuren (Insertionen) tragen. Die roten Balken unter den Sequenzen geben bevorzugt helicale Bereiche an.

Aufweitung, räumlichen Verschiebung oder zur Verdrehung von Strukturbausteinen der Proteine führen.

Bei sehr hoher Identität müssen nur einige Seitenketten von Aminosäuren ausgetauscht werden. Die Konformationen dieser Seitenketten lassen sich durch den Vergleich mit strukturell charakterisierten Proteinen ableiten, in denen sich die Aminosäure in einer ähnlichen Umgebung befindet. Mit sinkender Identität müssen Insertionen und Deletionen in Schleifenbereichen, d. h. eine Verlängerung bzw. Verkürzung der Polypeptidkette berücksichtigt werden. Für den Modellbau dieser Schleifen hat man zur Vorhersage ihrer Konformationen Bibliotheken aus bekannten Proteinstrukturen zusammengestellt. Anhand der Länge und Sequenz werden diese Schleifen in Konformationsfamilien eingeteilt. Sie können mit dem Computer recherchiert werden und helfen bei der Konstruktion des räumlichen Verlaufs einer modifizierten Schleife. Die Überprüfung der Relevanz der modellierten Proteinstrukturen folgt empirischen Regeln. Diese prüfen, ob die aufgebaute Geometrie mit experimentellen Befunden im Einklang steht. Beispielsweise muss gewährleistet sein, dass sich hydrophobe Reste ins Innere, hydrophile weitgehend nach außen orientieren. Die Kontakte zwischen Aminosäureresten werden überprüft und die gewählten Torsionswinkel mit den üblicherweise beobachteten Werten verglichen.

Oberfläche in Schleifenregionen, die unkritisch für die Faltung der Proteine sind (Abschnitt 14.4). Austausche im Inneren eines Proteins haben deutlich größere Auswirkungen auf seinen Aufbau. Sie beschränken sich meist auf Aminosäuren mit sehr ähnlichen physikochemischen Eigenschaften bei vergleichbarem Volumen, wie z. B. der Austausch von Leucin gegen Isoleucin. Häufig zieht der Wechsel einer Aminosäure den komplementären Austausch einer oder mehrerer anderer Aminosäuren in der direkten räumlichen Nachbarschaft nach sich. Dies gilt vor allem, wenn polare Aminosäuren ausgetauscht werden, die im Proteininneren einen anderen Rest zur internen Absättigung über die Ausbildung einer Salzbrücke gefunden haben. In der neuen, mutierten Proteinvariante ergeben diese Aminosäuren wieder eine stabile Anordnung. Da eine räumliche Nähe von Aminosäureresten in der Faltung keinesfalls mit einer Nachbarschaft in der Kette einhergehen muss, wird das Erkennen einer solchen strukturellen Verwandtschaft deutlich erschwert. Mutationen im Kernbereich können zu einer

20.6 Sekundärstrukturvorhersagen und Austauschwahrscheinlichkeiten erleichtern den Modellbau bei geringer Identität

Sinkt die Sequenzidentität zwischen der bekannten Proteinstruktur und dem zu modellierenden Protein unter ca. 30 %, wird das Feststellen einer Strukturhomologie schwierig. Als Hilfsmittel müssen zusätzliche Informationen herangezogen werden. Für die Sequenz des zu modellierenden Proteins wird versucht abzuschätzen, in welchen Abschnitten der Polymerkette bestimmte Sekundärstrukturmuster zu erwarten sind (Abschnitt 14.2). Wertet man die Häufigkeit, mit der einzelne Aminosäuren in Helices, Faltblättern oder Schleifen auftreten, aus, so ergeben sich signifikante Abstufungen. Beispielsweise gilt Prolin als „Helixbrecher". Es tritt höchstens in der ersten Windung

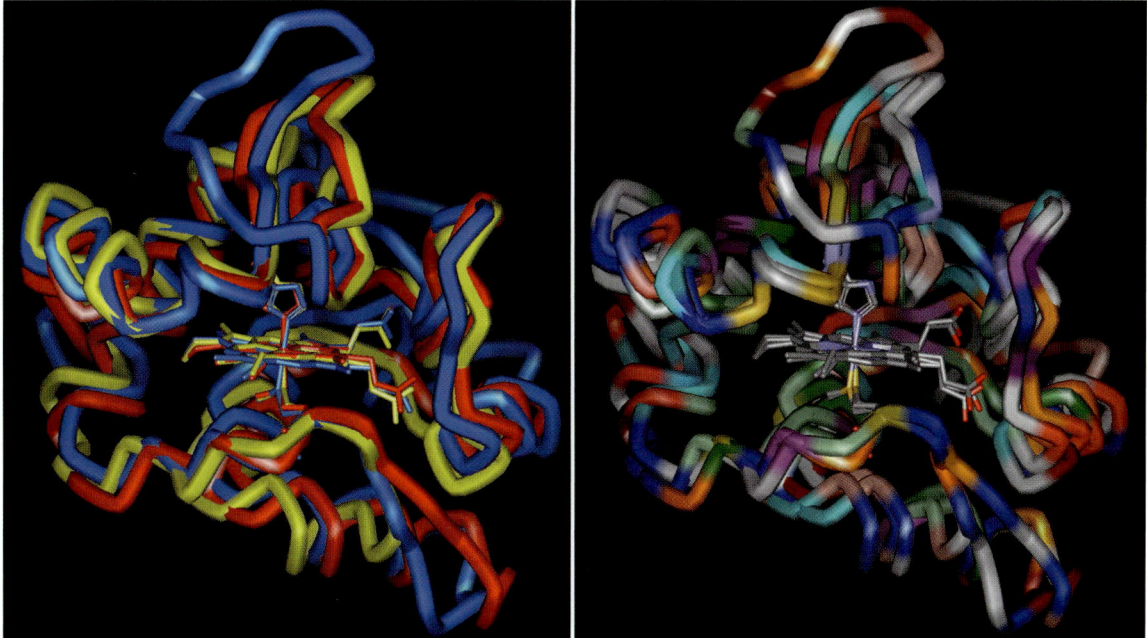

Abb. 20.6 Überlagerung der Faltungen der drei Cytochrom C-Proteine aus Abb. 20.5 anhand eines Bändermodells: *Paracoccus denitrificans* in blau, *Rhodospirillum rubrum* in rot und *Thunfisch* in gelb (links). Die Cytochrome binden über ein Histidin und ein Methionin ein Eisen-Häm-Zentrum. Die Strukturen wurden röntgenkristallographisch bestimmt. Strukturelle Abweichungen treten vor allem in den Schleifenbereichen auf. Auf der rechten Seite ist die gleiche Überlagerung gezeigt, nur sind hier die einzelnen Aminosäuren mit einer Farbcodierung dargestellt. Gleiche Farbe in allen drei Bändermodellen zeigt identische Aminosäuren an den entsprechenden Positionen an (Farbcodierung: Ala: hellgrau, Val: hellgrün, Gly: weiß, Ile: lindgrün, Leu: olivgrün, Pro: rosa, Phe: violett, Tyr: dunkelviolett, Trp: hellviolett, Asp: dunkelrot, Glu: weinrot, Asn: türkis, Gln: cyan, Lys: blau, His: hellblau, Arg: mittelblau, Ser: hellorange, Thr: dunkelorange, Cys: hellgelb, Met: dunkelgelb).

einer Helix auf, an anderen Positionen stört es die Geometrie und induziert einen Knick. Um festzustellen, ob ein bestimmter Sequenzabschnitt eher als Helix, Faltblatt oder Schleife faltet, wird diese Information überlappend für jeweils mehrere benachbarte Aminosäuren ausgewertet.

Die derart analysierte Primärsequenz wird dann mit dem Referenzprotein bekannter Geometrie verglichen. Da die 3D-Struktur hier vorliegt, ist die Zuordnung der Sequenz zu den Sekundärstrukturelementen bekannt. Kennt man nicht nur eine, sondern mehrere 3D-Strukturen einer homologen Proteinfamilie, wird versucht, durch multiple Sequenzvergleiche ein repräsentatives Profil der zu erwartenden Sekundärstrukturen zu erstellen. Dieses Profil dient dann als Referenz für den wechselseitigen Abgleich der Sequenzen von strukturell bekannten bzw. unbekannten Proteinen.

Der Abgleich lässt sich in seiner Zuverlässigkeit verbessern. In der Gruppe von Tom Blundell in London und Cambridge gelang in den 1980er-Jahren die Zusammenstellung eines Regelwerks über die Wahrscheinlichkeit des wechselseitigen Austauschs einzelner Aminosäuren. Dazu werden neben den physikochemischen Eigenschaften der Aminosäuren auch ihre lokalen Konformationseigenschaften, ihre Haupt- und Seitenkettenorientierungen, ihre Zugänglichkeit für Lösungsmittelmoleküle oder ihre Einbindung in Wasserstoffbrücken analysiert. Gleichzeitig berücksichtigt man für diese Aminosäureaustausche die Wahrscheinlichkeiten, mit denen eine solche Mutation auf der Ebene der DNA-Sequenz stattfinden kann. Diese Größen lassen sich an Proteinen mit bekannter Raumstruktur leicht ermitteln. Durch den Vergleich der Strukturen innerhalb eines Satzes homologer Proteine ergeben sich Wahrscheinlichkeiten zum wechselseitigen Ersatz der Aminosäuren. Beispielsweise trägt Glycin im Unterschied zu allen anderen Aminosäuren keine Seitenkette (Abb. in der vorderen Buchklappe). Es kann daher in der Polymerkette Konformationen ausbilden, die anderen Aminosäuren aus sterischen Gründen verwehrt sind. Solche Konformationen nimmt die Polymerkette in Bereichen nahe der Proteinoberfläche an, wo sie ihren Verlauf umkehrt. Dort spielen die konformativ flexiblen Glycine eine wichtige Rolle. So erweisen sich gerade die dem Lösungsmittel exponierten Glycine mit ungewöhnlichen Torsionswinkeln zwischen faltungshomologen Proteinen als weitgehend konserviert. Beim Sequenzabgleich mit einem zu modellierenden Protein kann nach solchen konservierten Glycinen gesucht werden. Sie stellen damit Ankerpunkte im Sequenzabgleich dar. Viele ähnliche Regeln lassen sich aufstellen. Sie dienen als Kriterien zum Erkennen der strukturtragenden Sequenzabschnitte. Anschließend werden sie auf die zu modellierende Sequenz übertragen. Auch bei relativ geringer Sequenzidentität lassen sich so Strukturhomologien zwischen einer Primärsequenz und einem Protein bekannter 3D-Struktur erkennen. Sie fließen als Kriterien in die Homologiemodellierung ein. Bei der Modellierung von G-Protein-gekoppelten Rezeptoren, der wichtigsten Gruppe von membranständigen Rezeptoren, werden zusätzliche Kriterien berücksichtigt. Die Modellierung muss gewährleisten, dass die helicalen Bereiche, die in die Membran eingebettet sind, hydrophobe Aminosäurereste in die Membranumgebung orientieren. Die Homologiemodellierungsprogramme haben inzwischen eine hohe Automatisierung erlangt. Am Biozentrum in Basel wurde ein Server aufgesetzt, der eingeschickte Sequenzen vollautomatisch in 3D-Strukturen übersetzt. Das Programm Modeller aus der Gruppe von Andrej Šali in San Francisco ist in der Lage, die Sequenzen ganzer Genome *in silico* zu Proteinmodellen zusammen zu fügen. Trotz der sicherlich groben Strukturen, unter denen auch viele falsch sein mögen, erlaubt ein solcher Ansatz, nach Ähnlichkeiten in Erkennungsdeterminanten von Proteinen zu suchen. Auf diesem Weg lassen sich mögliche Interaktionen zwischen Proteinen entdecken oder Gemeinsamkeiten in metabolischen Pfaden werden transparent.

Die Modellierung von Proteinen gelingt vor allem dort gut, wo die Proteine untereinander hohe Homologie aufweisen. Dies ist im Bereich des Faltungsgerüsts gegeben. Bindetaschen liegen aber im Bereich von Schleifenregionen (Abschnitt 14.4). Gerade dort differieren auch homologe Proteine sehr stark. Somit erzielt ein Modellbau in diesen Regionen nicht die gewünschte Genauigkeit. Eine Verbesserung kann hier erreicht werden, wenn man während des Modellbaus bereits einen Liganden in die angenommene Bindungsregion platziert. Modell und Platzierung müssen anschließend in einem iterativen Prozess unter Verwendung geeigneter Energiefunktionen optimiert werden. Auf diesem Weg konnten für G-Protein-gekoppelte Rezeptoren Modelle gebaut werden (Abschnitt 29.2), die sich als ausreichend genau für ein erfolgreiches virtuelles Screening erwiesen.

20.7 Ligandendesign: Einlagern, Aufbauen, Verknüpfen

Nach der Analyse der Bindetasche des entweder experimentell bestimmten oder modellierten Proteins ist der nächste Schritt das eigentliche Ligandendesign. Hier bieten sich unterschiedliche Vorgehensweisen zum **computergestützten Entwurf** neuer Proteinliganden an. Es kann ein Dockingprogramm verwendet werden, mit dem sukzessive vorgegebene Liganden aus einer Datenbank in die Bindetasche eingepasst werden (Abb. 20.7). Üblicherweise bestückt man die Datenbank mit Molekülkandidaten, die selbst in der Größenordnung typischer Wirkstoffmoleküle liegen (Abschnitt 7.6). Ein anderer Ansatz startet mit einem kleinen „Keim" in der Bindetasche. Ausgehend von diesem Punkt wächst ein Ligand schrittweise in der Bindetasche. Dieses Prinzip wird in den meisten *de novo*-Designprogrammen verfolgt. Kritisch ist die Platzierung des ersten „Keims". Erfolgreich sind solche Ansätze vor allem dann, wenn es einen ausgezeichneten *hot spot* in der Bindetasche gibt, von dem aus die weitere Optimierung startet. Salzbrücken zu geladenen Aminosäuren oder die Koordination an Metallionenzentren zeichnen sich besonders für dieses Vorgehen aus. Am Beispiel der Serinproteasen Trypsin und Thrombin (Abschnitt 23.4) oder der zinkhaltigen Carboanhydrasen (Abschnitt 25.7) ist dieses Konzept erfolgreich eingesetzt worden. Ein anderer Ansatz startet mit mehreren kleinen Fragmenten, deren Platzierung in der Proteinbindetasche vorgenommen wird. Anschließend versucht man die eingepassten Bausteine miteinander über eine Brücke zu verknüpfen. Diese Strategie konnte mehrfach bei der *SAR-by-NMR*-Methode (Abschnitt 7.8) erfolgreich angewendet werden.

20.8 Einpassung von Liganden in die Bindetasche: Docking

Das Docking versucht, potenzielle Proteinliganden mit dem Computer in die Bindetasche einzupassen. Dazu entnimmt ein **Dockingprogramm** aus einer zu-

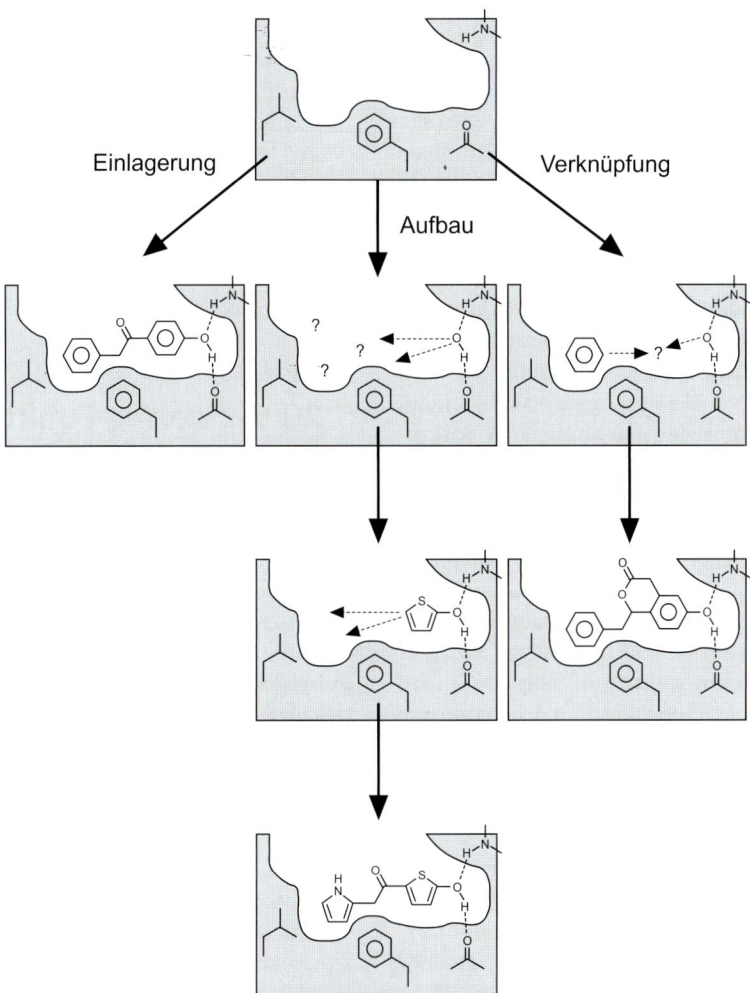

Abb. 20.7 Mögliche Strategien beim Ligandendesign. Beim Docking werden komplette 3D-Strukturen möglicher Liganden in die Bindetasche eingepasst (linker Bildteil, Einlagerung). Die Konstruktion neuer Moleküle ist in der Mitte und im rechten Bildteil skizziert. Im Prinzip gibt es hier zwei Möglichkeiten. Man kann mit einem Fragment als Keim beginnen und Schritt für Schritt weitere Reste anfügen (Mitte). Alternativ werden zunächst mehrere kleine Moleküle unabhängig voneinander in der Bindetasche platziert und anschließend miteinander verknüpft (rechts).

vor zusammengestellten Molekül-Datenbank sukzessive einen Kandidaten nach dem anderen. Für jeden Eintrag wird eine 3D-Struktur erzeugt. Handelt es sich um ein flexibles Molekül, werden entweder mehrere Konformere abgespeichert oder während des Dockingvorgangs generiert. Im nächsten Schritt wird jedes Molekül in die Bindetasche eingepasst. Zunächst werden die Strukturen ausgesiebt, die aus sterischen Gründen auf keinen Fall an das Protein binden können. Zusätzlich kann man auch Strukturen herausfiltern, die offensichtlich Probleme bereiten, z. B. dann, wenn in der eingepassten Orientierung eine elektrostatische Abstoßung zum Protein auftritt. Üblicherweise erzeugt ein Dockingprogramm eine Vielzahl von Lösungen. Diese werden anhand der erzeugten Bindungsgeometrie bewertet und ihre Affinität wird abgeschätzt.

Pionier auf dem Gebiet der Dockingprogramme ist Irwin Kuntz, in dessen Gruppe an der UCSF in San Fransisco das Programm **DOCK** entwickelt wurde. In der ursprünglichen Version aus dem Jahr 1982 wurde alleine die sterische Komplementarität des Liganden zum Protein ausgewertet. Dazu beschreibt man der Form der Bindetasche einen Satz unterschiedlicher Kugeln ein, die zunächst so angeordnet sind, dass sie die Bindetasche vollständig ausfüllen. Anschließend wird ein mathematisches Verfahren eingesetzt, um die Testliganden auf diese Verteilung von Kugeln zu legen. Als Bewertungsfunktion diente die Komplementarität, ein Maß für direkte Protein-Ligand-Kontakte.

Seit dieser ersten Version hat sich DOCK sehr viel weiter entwickelt. Das Programm benutzt jetzt ein Kraftfeld zur Bewertung und berechnet Beiträge der Desolvatation. Auch die Platzierung des Liganden wird flexibel unter Berücksichtigung drehbarer Bindungen vorgenommen. Ein anderer Docking-Prototyp wurde in der Gruppe von Thomas Lengauer an der GMD in Bonn von Matthias Rarey entwickelt. Das Programm **FlexX** stellte das erste Programm zur schnellen Behandlung der Ligandenflexibilität beim Docking dar. Es zerlegt den Testliganden in einzelne Fragmente, indem es das Molekül entlang von drehbaren Bindungen zerschneidet. Dann platziert es das erste Fragment mit einem Algorithmus, der sehr ähnlich der Positionierung in dem Programm LUDI (Abschnitt 20.10) funktioniert. Nach der Platzierung dieses ersten Bausteins wird der Ligand sukzessive wieder in der Bindetasche aufgebaut. Dabei werden unterschiedliche Konformere entlang der drehbaren Bindungen berücksichtigt. Das Programm hält sich dabei an Tabellen bevorzugter Torsionswinkel, ähnlich wie es in Abschnitt 16.6 beschrieben wurde. Auf jeder Stufe wird eine energetische Bewertung der Platzierung vorgenommen. Das Programm **AutoDock** aus der Gruppe von Art Olson am Scripps in La Jolla, San Diego, verwendet einen Gitteralgorithmus zur Platzierung. Mithilfe einer Kraftfeldfunktion werden ähnlich dem Programm GRID Potenzialwerte auf einem in die Bindetasche einbeschriebenen Gitter abgelegt. Der Ligand wird, ausgehend von zufällig gewählten Startorientierungen, auf dem Gitter hin und her geschoben, bis ein Optimum gefunden ist. Dabei „fühlt" er das Wechselwirkungspotenzial mit dem Protein. Da das Potenzial zuvor auf dem Gitter abgelegt wurde, verläuft diese Auswertung recht schnell. Gleichzeitig werden Drehungen um rotierbare Bindungen vorgenommen. Auch das Programm **GOLD**, das Gerrith Jones in der Gruppe von Peter Willett in Sheffield entwickelt hat, verwendet ein Gitter zur Platzierung. Wechselwirkungspotenziale sind dort allerdings an Kristalldaten parametrisiert worden. Zur Optimierung der Geometrie verwendet GOLD einen genetischen Algorithmus. Inzwischen sind eine Vielfalt von Dockingprogrammen entwickelt worden. Alle verfolgen etwas unterschiedliche Strategien, bauen aber auf den beschriebenen Konzepten auf. Manche verfolgen die Idee, lieber eine gut verteilte Zahl starrer Konformere des Liganden zu erzeugen und diese dann sehr schnell als starre Körper zu docken.

Heute sind es im Wesentlichen drei Probleme, die dem Docking Grenzen auferlegen. Zum einen ist die energetische Bewertung der erzeugten Geometrien ein Schwachpunkt. Darauf wird gesondert im nächsten Abschnitt eingegangen. Zum anderen spielt Wasser bei der Ligandenbindung eine entscheidende Rolle (Abschnitt 20.3). Bis heute ist noch keine wirklich überzeugende Lösung zur Behandlung des Wassers beim Docking gefunden worden. Als Drittes ist die flexible Adaption der Proteine zu nennen (Abschnitt 15.8). Meist sind es kleine Adaptionen auf der Seite des Proteins, die die Gestalt der Bindetasche nur wenig verändern. Doch sind sie ausreichend groß, um Dockingprogramme auf die falsche Fährte zu locken.

20.9 *Scoring*-Funktionen: Bewerten einer konstruierten Bindungsgeometrie

Essenziell für den Erfolg aller Docking und *de novo*-Design-Ansätze im strukturbasierten Wirkstoffdesign ist eine relevante **Bewertung der erzeugten Bindungsgeometrien**. Unter einer Vielzahl von geometrisch plausiblen Platzierungen sind diejenigen herauszufiltern, die eine sinnvolle, dem Experiment entsprechende Lösung abgeben. Im Kapitel 4 waren die enthalpischen und entropischen Beiträge beschrieben worden, die nach heutigem Kenntnisstand die Affinität eines Liganden gegenüber seinem Zielprotein bestimmen. In einer *Scoring*-Funktion geht es somit darum, sehr schnell von einer gegebenen Wechselwirkungsgeometrie die zu erwartende Bindungsaffinität abzulesen. Schon die Theorie lehrt, dass eine Geometrie dazu nicht ausreichen kann. Molare Energien werden durch eine endliche Menge Moleküle bestimmt. Sie sind als ein so genanntes „Ensemble" über mehrere Zustände verteilt. Diese sind unterschiedlich populiert. Eine Gruppe von Verfahren zu energetischen Bewertungen versucht dieser Tatsache Rechnung zu tragen. Es sind die theoretisch saubersten Ansätze. Für ein Ensemble (meist entnommen der Trajektorie einer moleküldynamischen Simulation, Abschnitt 15.7) werden alle Energiebeiträge aufsummiert. Diese so erhaltene **Zustandssumme** vermag die **freie Enthalpie ΔG** (Abschnitt 4.3) abzuschätzen. Die für solche Auswertungen notwendigen Rechnungen sind allerdings sehr zeitintensiv und schließen sich praktisch für das strukturbasierte Design aus.

Daher verfolgt man mit den **regressionsbasierten** *Scoring*-**Funktionen** einen anderen Ansatz. Unter der Annahme, dass ein bestimmter Zustand zu überwiegendem Maß populiert ist, mag es gerechtfertigt erscheinen, nur einen Zustand in der *Scoring*-Funktion zu berücksichtigen. Man überlegt sich, welche Enthalpie- und Entropiebeiträge die Bindungsaffinität bestimmen könnten. Das Vorgehen erinnert stark an das Aufstellen einer QSAR-Gleichung (Abschnitt 18.2). Terme werden in einer Energiefunktion zusammengestellt. Es wird dann nach Moleküldeskriptoren gesucht, die die Beiträge zu diesen Termen korrekt wiedergeben. Dabei macht man die sicher falsche Annahme, dass sich die einzelnen Beiträge zur Beschreibung der Freien Enthalpie additiv zusammensetzen (Abschnitt 4.10). Die einzelnen Terme der Gleichung werden jeweils mit einem anpassbaren Gewichtsfaktor versehen. Ähnlich wie bei den QSAR-Gleichungen wird nun durch ein mathematisches Verfahren eine optimale Anpassung dieser Gewichtsfaktoren an einen vorgegebenen Trainingsdatensatz vorgenommen. Dieser Satz besteht aus kristallographisch bestimmten Protein-Ligand-Komplexen, für die experimentelle Bindungsaffinitäten vorliegen.

Ein dritter Ansatz verfolgt ein so genanntes **wissensbasiertes Konzept**. Wie bereits in Abschnitt 17.10 erläutert, wertet man dazu statistisch die Häufigkeit von einzelnen Kontaktgeometrien in Kristallstrukturen von Protein-Ligand-Komplexen aus. Man definiert eine Art „Normalverteilung" als Referenz. Dann lassen sich alle Kontakte, die häufiger als das Mittel auftreten, als energetisch günstig klassifizieren. Alle selteneren Kontakte gelten als ungünstig. Zunächst kann eine so abgeleitete Funktion nur eine relative energetische Bewertung eines Satzes von Liganden gegen das gleiche Referenzprotein vornehmen. Trainiert man hier allerdings in analoger Weise wie bei den regressionsbasierten *Scoring*-Funktionen gegen einen Trainingsdatensatz bekannter Geometrie und Bindungsaffinität, so gelingt eine Affinitätsvorhersage. Die Bewertung mit einer regressionsbasierten oder wissensbasierten Funktion geht sehr schnell. Inzwischen ist eine kaum noch überschaubare Zahl von *Scoring*-Funktionen entwickelt worden. Keine erweist sich als ideal. So muss in jedem Fall geprüft werden, welche Funktion für welches Protein die besten Dienste leistet.

20.10 *De novo*-Design: Von LUDI bis zur automatischen Konstruktion neuer Liganden

Das erste Programm zu einem schrittweise aufbauenden *de novo*-Design war GROW von Jeffrey Howe und Joseph Moon von der Firma Upjohn. Es konzentriert sich auf Peptide als Leitstrukturen. Als Startgruppe wird an günstiger Stelle in der Bindetasche eine Amidgruppe positioniert. Anschließend werden schrittweise Aminosäuren angefügt. Pro Schritt werden alternativ sehr viele verschiedene Konformationen aller 20 proteinogenen Aminosäuren mit dem bereits platzierten Keim verknüpft. Die jeweils „besten" Lösungen werden weiterverfolgt. Auf diese Weise konstruiert GROW in der Bindetasche einen peptidischen Liganden mit wachsender Länge.

Das Programm LUDI zum *de novo*-Design von Proteinliganden wurde von Hans-Joachim Böhm bei der BASF Anfang der 1990er-Jahre entwickelt. Ihm liegt die Idee zugrunde, kleine Moleküle oder Molekülfragmente aus einer 3D-Strukturbibliothek einzulesen und sie so in der Bindetasche zu positionieren, dass Wasserstoffbrücken mit dem Protein gebildet und hydrophobe Taschen mit unpolaren Resten ausgefüllt werden. Als Eingabe benötigt das Programm lediglich die Koordinaten des Proteins sowie eine Bibliothek der 3D-Strukturen von Fragmenten oder Molekülen.

Entscheidend ist die Vorberechnung von so genannten Wechselwirkungszentren. Diese werden in Form von Stützpunkten bzw. Richtungsvektoren um Aminosäurereste in die Bindetasche gelegt (Abb. 20.8). Das Programm verwendet dazu Regeln, die sich aus Analysen nichtbindender Wechselwirkungen in Kristallpackungen organischer Moleküle ableiten (Abschnitt 14.7 und 17.10). Als nächstes liest LUDI aus einer 3D-Bibliothek kleine Moleküle bzw. Molekülfragmente ein. Für jedes wird versucht, es so in der Bindetasche des Proteins zu positionieren, dass es gleichzeitig mit mehreren dieser Zentren zur Deckung gebracht wird (Abb. 20.8 und Abb. 17.12). Anschließend werden alle eingepassten Fragmente in eine Rangfolge gebracht. Die dafür verwendete Bewertungsfunktion berücksichtigt die Zahl und Güte der zwischen dem Protein und dem Liganden gebildeten H-Brücken und ionischen Wechselwirkungen, die hydrophobe Kontaktfläche, sowie als ungünstigen Faktor die Zahl der drehbaren Bindungen im Liganden. Ein Beispiel für die erfolgreiche Anwendung dieses Programms wird in Abschnitt 21.5 beschrieben.

LUDI hat als erster Prototyp Pate für viele später entwickelten *de novo*-Designprogramme gestanden. So wurden in diese Ansätze verbesserte *Scoring*-Funktionen eingebaut und die Fragmentbibliotheken verbessert. Den Programmen wurden vor allem Syntheseregeln beigebracht, sodass bei der Erzeugung der Moleküle ihre spätere Synthetisierbarkeit nicht aus dem Auge verloren wird. Der Suchraum für die Programme wurde vergrößert, wodurch mehr Konformationen und Konfigurationen durchkämmt werden.

Ein *de novo*-Designprogramm stellt einen Ideengenerator dar. Sein Wert wird natürlich zum einen durch die Konzepte bestimmt, die in seine Modellierung eingeflossen sind. Zum anderen hängt der Wert aber auch stark von dem Benutzer ab, wie er die Vorschläge eines solchen Programms interpretiert und für sein weiteres Design benutzt.

20.11 Kann man Proteinliganden heute am Computer entwerfen?

Sicherlich haben viele Beispiele die Leistungsfähigkeit des *de novo*-Designs, des virtuellen Screenings und des Dockings unter Beweis gestellt. Das in Kapitel 21 beschriebene Beispiel ist durch massiven Einsatz solcher Methoden zum Erfolg gekommen. Entscheidend ist allerdings, dass die Computermethoden eng verwoben im iterativen Prozess aus Synthese und experimenteller Strukturbestimmung eingesetzt werden. Es bleibt zu bedenken, dass nicht immer Treffer aus dem Computerscreening aufgrund korrekter Annahmen gefunden und anschließend weiterverfolgt werden.

Die Vorhersagekraft der verfügbaren Methoden ist noch immer begrenzt. Die synthetische Zugänglichkeit eines Strukturvorschlags wird zu wenig berücksichtigt, die Flexibilität des Proteins vernachlässigt und die Verfahren zur Abschätzung der Bindungsaffinität sind noch zu ungenau. Dies liegt auch darin begründet, dass Vorgänge und Parameter, die für die molekulare Erkennung und Bindung eines Liganden an ein Protein gelten, immer noch zu wenig verstanden sind. Große Probleme stellen hier die korrekte Beschreibung von Solvatationseffekten und die Einbeziehung von Wassermolekülen in den Bindungsvorgang dar. Der Beitrag einer Wasserstoffbrücke zur Bindungsstärke lässt sich trotz größter Bemühungen bislang nur abschätzen. Für lipophile Wechselwirkungen kann man zumindest sagen, dass das Auffüllen einer unbesetzten, lipophilen Tasche mit zusätzlichen unpolaren Substituenten in den meisten Fällen mit einem Gewinn an Bindungsaffinität einhergeht.

Weitgehend ungeklärt ist, wie Veränderungen der entropischen Bindungsbeiträge bei der Ligandenbindung zu berücksichtigen sind. Zumindest zeichnet sich immer deutlicher ab, dass die grob vereinfachende Annahme, die entropischen Beiträge innerhalb einer homogenen Ligandenserie seien gleich, wohl nicht zu halten ist.

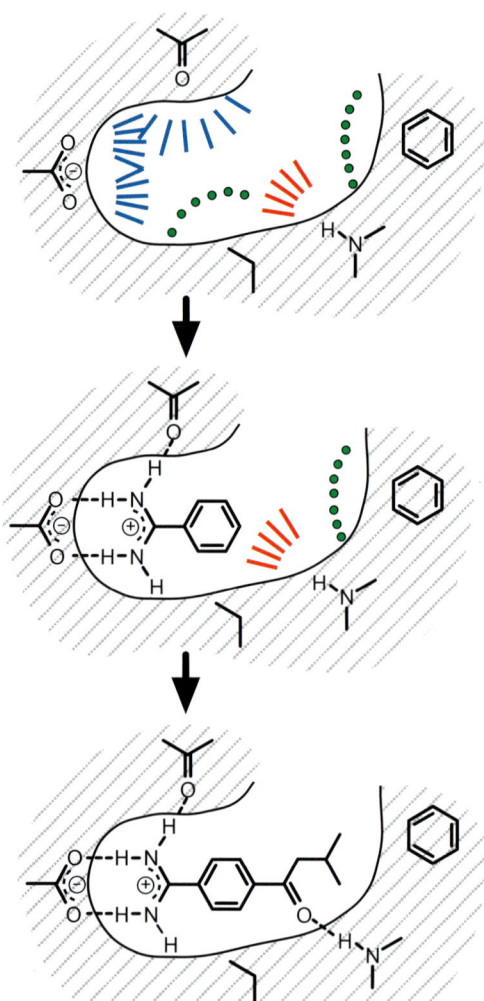

Abb. 20.8 Arbeitsweise des Programms LUDI zum *de novo*-Design von Proteinliganden. Im ersten Schritt werden die Wechselwirkungszentren ermittelt (oben). Donorzentren sind durch blaue Striche, Akzeptorzentren durch rote Striche dargestellt. Die grünen Punkte symbolisieren lipophile Zentren. Danach werden kleine Moleküle aus einer vorbereiteten Datenbank in die Bindetasche eingepasst, indem sie mit den Wechselwirkungszentren zur Deckung gebracht werden (Mitte). Schließlich kann LUDI Gruppen oder Moleküle zu größeren Strukturen verknüpfen, um so die die restlichen Wechselwirkungszentren abzudecken und die ganze Bindetasche auszufüllen (unten).

Es gibt aber noch eine Reihe weiterer, grundlegender Einschränkungen dieses Ansatzes. Die wichtigste besteht sicher darin, dass sich die Verfahren auf die Optimierung der direkten Wechselwirkungen mit dem Zielprotein beschränken. Eine gute Bindung an das Zielprotein ist für jeden Wirkstoff von zentraler

Bedeutung. Um allerdings als Arzneistoff geeignet zu sein, müssen zusätzliche Bedingungen erfüllt werden. Hierzu gehören gute Selektivität, metabolische Stabilität, ausreichende Wirkdauer, geringes Suchtpotenzial und vernachlässigbare Toxizität. Zumindest die Selektivität einer Verbindung in Hinblick auf die Bindung an Proteine aus der gleichen Strukturfamilie lässt sich heute in gewissem Rahmen abschätzen.

Der vollautomatische Molekülentwurf am Computer ist wohl auch auf lange Sicht noch nicht möglich. Die Methoden des strukturbasierten Designs sind als Ideengeneratoren zu werten. Die erzielten Vorschläge müssen überprüft und gegebenenfalls modifiziert werden. Es bleibt abzuwarten, ob sich die Methoden dem „Heiligen Gral" des Wirkstoffdesign, dem Entwurf von Arzneistoffen am Reißbrett, annähern.

Literatur

Allgemeine Literatur

C. Branden und J. Tooze, Introduction to Protein Structure, Garland Publishing, Inc. New York, 1991, 2. Auflage, 1999

T. J. P. Hubbard und A. M. Lesk, Modelling Protein Structures, in Computer Modelling in Molecular Biology, J. M. Goodfellow, Hrsg., VCH, Weinheim, 1995

C. Hutchins und J. Greer, Comparative Modeling of Proteins in the Design of Novel Renin Inhibitors, Crit. Reviews Biochem. Molec. Biol. **26**, 77–127 (1991)

P. Goodford, Drug Design by the Method of Receptor Fit, J. Med. Chem. **27**, 557–564 (1984)

J. Greer, J. W. Erickson, J. J. Baldwin und M. D. Varney, Application of the Three-Dimensional Structures of Protein Target Molecules in Strucure-Based Drug Design, J. Med. Chem. **37**, 1035–1054 (1994)

C. R. Beddell, Hrsg., The Design of Drugs to Macromolecular Targets, Wiley, Chichester, 1992

I. D. Kuntz, Structure-Based Strategies for Drug Design and Discovery, Science **257**, 1078–1082 (1992)

S. Borman, New 3-D Search and De Novo Design Techniques Aid Drug Development, Chem. & Eng. News, 10. August 1992, S. 18–26

Y. C. Martin, 3D Database Searching in Drug Design, J. Med. Chem. **35**, 2145–2154 (1992)

I. D. Kuntz, E. C. Meng und B. K. Shoichet, Structure-Based Molecular Design, Acc. Chem. Res. **27**, 117–123 (1994)

H. J. Böhm, Ligand Design, in: 3D QSAR in Drug Design, H. Kubinyi, Hrsg., Escom, Leiden, 1993, S. 386–405

K. Müller, Hrsg., De Novo Design, Persp. Drug Discov. Design, Band 3, Escom, Leiden, 1995

H. J. Böhm und G. Schneider, Molecular Recognition in Protein-Ligand Interactions (Band 19, in Methods and Principles in Medicinal Chemistry, R. Mannhold, H. Kubinyi und G. Folkers, Hrsg.), Wiley-VCH, Weinheim, 2006

G. Schneider und K. H. Baringhaus, Molecular Design, Wiley-VCH, Weinheim, 2008

Spezielle Literatur

J. Overington, M. S. Johnson, A. Sali und T. L. Blundell, Tertiary Structural Constraints on Protein Evolutionary Diversity: Templates, Key Residues and Structure Prediction, Proc. Royal Soc. Lond. **B 241**, 132–145 (1990)

A. Sali und T. L. Blundell, Definition of General Topological Equivalence in Protein Structures, J. Mol. Biol. **212**, 403–428 (1990)

M. Hibert, S. Trumpp-Kallmeyer, J. Hoflack und A. Bruinvels, This is Not a G-Protein-Coupled Receptor, Trends Pharm. Sci. **14**, 7–12 (1993)

J. Hoflack, S. Trumpp-Kallmeyer und M. Hibert, Re-evaluation of Bacteriorhodopsin as a Model for G-Protein-Coupled Receptors, Trends Pharm. Sci. **15**, 7–9 (1994)

R. Henderson, J. M. Baldwin, T. A. Ceska, F. Zemlin, E. Beckmann und K. H. Downing, Model of the Structure of Bacteriorhodopsin Based on High-Resolution Electron Cryo-Microscopy, J. Mol. Biol. **213**, 899–929 (1990)

G. F. X. Schertler, C. Villa und R. Henderson, Projection Structure of Rhodopsin, Nature **362**, 770–772 (1993)

J. Travis, Proteins and Organic Solvents Make an Eye-Opening Mix, Science **262**, 1374 (1993)

C. S. Ring et al., Structure-based Inhibitor Design by Using Protein Models for the Development of Antiparasitic Agents, Proc. Natl. Acad. Sci. **90**, 3583–3587 (1993)

H. J. Böhm, The Computer Program LUDI: A New Method for the De novo Design of Enzyme Inhibitors, J. Comp.-Aided Molec. Design **6**, 61–78 (1992)

H. J. Böhm, LUDI: Rule-Based Automatic Design of New Substituents for Enzyme Inhibitor Leads, J. Comp.-Aided Molec. Design **6**, 593–606 (1992)

Ein Beispiel: Strukturbasiertes Design von Inhibitoren der tRNA-Guanintransglycosylase

21

Eine exemplarische Fallstudie soll den zahlreichen Anwendungsbeispielen im letzten Teil dieses Buches (Kapitel 22–32) vorangestellt werden. Für das tRNA-modifizierende Enzym tRNA-Guanintransglycosylase (TGT) soll gezeigt werden, welche Möglichkeiten sich für die Inhibitor-Entwicklung aus einer iterativen Anwendung mehrerer Cyclen des im voranstehenden Kapitel beschriebenen strukturbasierten Designs (Kapitel 20) eröffnen. Das Beispiel greift auf Arbeiten zurück, die in den Arbeitsgruppen von François Diederich an der ETH Zürich und des Autors an der Universität Marburg durchgeführt wurden. Dadurch, dass die Arbeiten in einem akademischen Umfeld durchgeführt wurden, bestand die Gelegenheit, unterschiedliche Werkzeuge des strukturbasierten Designs für die Arbeiten einzusetzen und manche mehr akademische Fragestellung zu den Hintergründen des Projekts zu verfolgen.

21.1 Die Shigellen-Ruhr: Krankheitsbild und Therapieansätze

Die Shigellen-Ruhr ist eine schwerwiegende **Durchfallerkrankung**, die durch **Shigella-Bakterien** verursacht werden. Die Bakterien werden mit verunreinigtem Trinkwasser oder kontaminierten Speisen aufgenommen und befallen die Endothelzellen in der Darmschleimhaut. Sie sind extrem ansteckend, bereits 10–100 Keime können eine Infektion auslösen. Weltweit stellt die Shigellen-Ruhr ein ernsthaftes Problem dar. Jährlich werden fast 170 Millionen Erkrankungen registriert, wovon über eine Million tödlich verlaufen. Die Krankheit tritt vermehrt in Entwicklungsländern auf, dennoch wird auch in den Ländern der ersten Welt über 1,5 Millionen Fälle berichtet. Vor allem unter Bedingungen mangelnder Hygiene, in Kriegswirren, bei Unterversorgung mit sauberem Wasser, bei Naturkatastrophen oder Hungersnöten in Flüchtlingslagern kann die Krankheit grassieren. Dann sind es vor allem Kinder, die an den Folgen der Infektion sterben. In Afrika stellt die Ruhr ein erhöhtes Problem dar, wenn sie zusammen mit einer AIDS-Infektion auftritt.

Wie jede **Infektionskrankheit** kann die Shigellen-Ruhr zunächst mit Antibiotika bekämpft werden. Auf diesem Wege werden in den Industrieländern auftretende Infektionen gestoppt. Leider neigen die Shigellen, die eine hohe Ähnlichkeit zu den *Escherichia coli*-Bakterien in der natürlichen Darmflora besitzen, zu einer extrem schnellen **Resistenzbildung** gegen Antibiotika. Eine Antibiotikatherapie tötet neben den Shigellen auch die Bakterien der natürlichen Darmflora ab. Dies geht ebenfalls mit Durchfallerscheinungen und einem starken Flüssigkeitsverlust für die behandelten Patienten einher. Vor allem bei Kleinkindern kann dies zu einer lebensbedrohlichen Störung ihres Flüssigkeitshaushalts führen. Daher sucht man nach spezifischen Therapieansätzen, die die **Pathogenitätsentwicklung der Shigellen-Ruhr** unterdrücken.

21.2 Unterdrücken der Pathogenitätsentwicklung auf molekularer Ebene

Die Shigellen befallen die Endothelzellen im Darm. Um sich Zugang zu den Zellen zu verschaffen, produzieren die Bakterien eigene Virulenzfaktoren, so genannte Invasine. Dies sind Proteine, die zusammen mit Proteinen der Endothelzellen einen raffinierten Apparat bilden, der das Eindringen und die weitere Vermehrung der Bakterien in den befallenen Zellen gestattet. Die Gene für die Virulenzfaktoren sind auf einem Plasmid abgelegt. Ihre Expression im Infektionsfall wird durch verschiedene **Transkriptionsfaktoren** gesteuert. Besonders der Faktor *VirF* ist für die Pathogenitätsentwicklung der Bakterien verantwortlich. Damit er effizient im Ribosom synthetisiert werden kann, werden besonders veränderte tRNA-Moleküle benötigt. Die tRNA ist eine Ribonucleinsäure aus ca. 80 Nucleotiden (Abb. 32.15, Abschnitt 32.6). Sie ist am Ende mit einer Aminosäure beladen, die zu ihrem spezifischen Basentriplett in der mittleren Schleife, der so genannten Anticodon-Schleife, passt. Bei der Übersetzung der Geninformation von der mRNA wird für jede dort codierte Aminosäure, die als Basentriplett abgelegt ist, eine korrespondierende tRNA im Ribosom gebunden. Diese tRNA trägt die richtige Aminosäure, sodass in die heranwachsende Peptidkette des entstehenden Proteins der korrekte Rest eingebaut wird. Die Veränderungen der benötigten tRNA betreffen die Base in der Position 34, der so genannten Wobble-Region. Dort muss eine modifizierte Base eingebaut sein. Fehlen diese Veränderungen, so ist die Übersetzung ineffizient. Die Shigellen produzieren dann kaum noch die für den Befall der Endothelzellen erforderlichen Invasine. Ihre Pathogenität ist somit stark reduziert.

Die Bakterien verfügen über Enzyme, die diese Veränderungen der Base in der tRNA vornehmen. Im ersten Schritt wird aus dem tRNA-Molekül in der Position 34 ein Guanin **21.1** herausgeschnitten und durch die veränderte Base preQ$_1$ **21.2** ersetzt (Abb. 21.1) Dieser Schritt wird durch das Enzym **tRNA-Guanintransglycosylase (TGT)** katalysiert. Anschließend wird in einer Enzymkaskade die ausgetauschte Base in der tRNA weiter modifiziert, bis sich dort als Endprodukt die Base Queuin befindet. Inhibitoren der TGT stellen somit ein **spezifisches Therapieprinzip** dar, um selektiv in die Pathogenitätsentwicklung der Shigellen einzugreifen. Entgegen einer Therapie mit Breitbandantibiotika werden die Bakterien nicht abgetötet, sondern am krankheitserregenden Befall der Endothelzellen gehindert.

21.3 Startpunkt: Kristallstruktur der tRNA-Guanintransglycosylase

Zunächst gelang die Kristallstrukturbestimmung der TGT im Komplex mit preQ$_1$ aus einer verwandten Spezies. Sie weist im aktiven Zentrum nur einen für

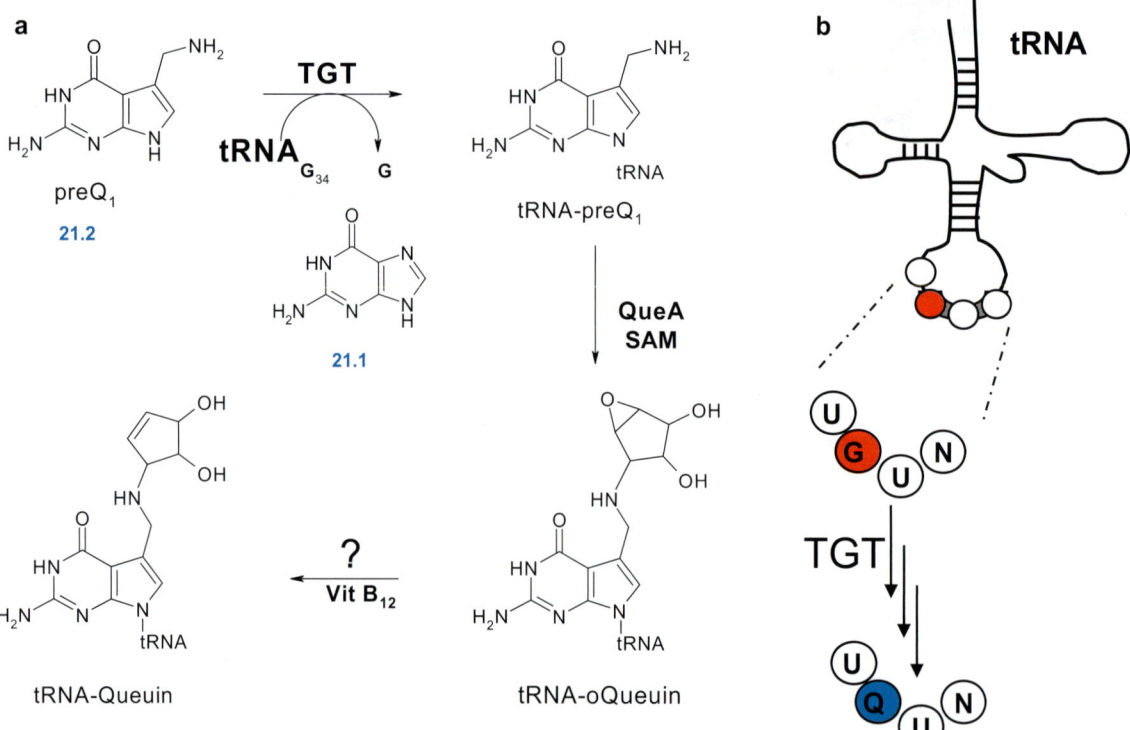

Abb. 21.1 Das Enzym tRNA-Guanintransglycosylase (TGT) katalysiert den Austausch von Guanin **21.1** gegen preQ$_1$ **21.2** in der tRNA (a). Anschließend erfolgt eine weitere Modifikation dieser Base über andere Enzyme zu dem in der tRNA eingebauten Queuin. Der Austausch der Base wird in der Wobbleposition der Anticodon-Schleife der tRNA durchgeführt (b).

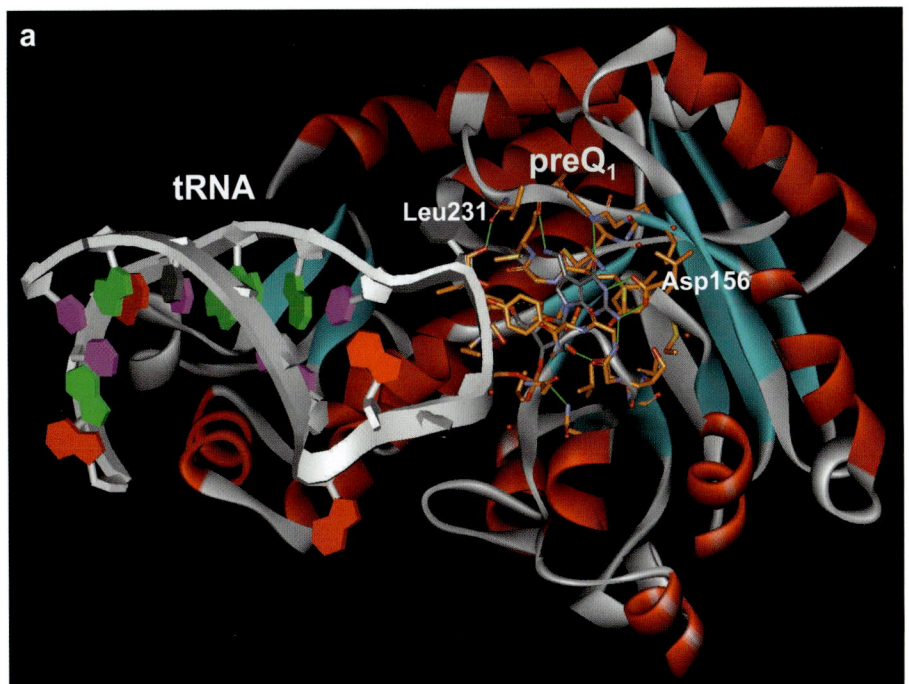

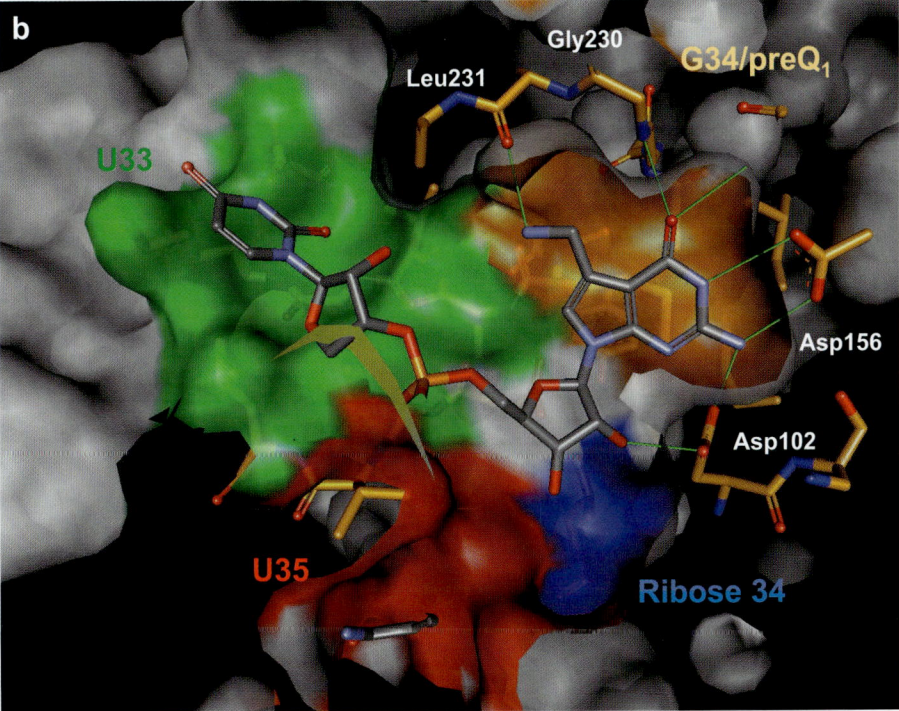

Abb. 21.2 Kristallstruktur der TGT mit einem Ausschnitt aus der tRNA. Das Protein nimmt eine TIM-Barrel-Faltung an. Die tRNA bindet nahe dem katalytischen Zentrum mit den Basen U33, G34, U35 an das Protein, wobei die auszutauschende Base in Position 34 vollständig aus dem tRNA-Molekül herausgeklappt wird (a). Unten ist ein Blick in die Bindetasche zu sehen (b). Die bereits eingebaute modifizierte Base preQ$_1$ wird in der Guanin-Erkennungstasche (orange) durch Asp 156, Asp 102, Gly 230 und Leu 231 in Position gehalten. Der Ribosebaustein orientiert sich in eine kleine hydrophobe Tasche (blau). Die in der Sequenz voranstehende Base Uracil 33 legt sich in den grün markierten Teil der Bindetasche, wogegen der nachfolgende Uracil 35-Rest in dem rot angezeigten Bindebereich zu liegen kommt.

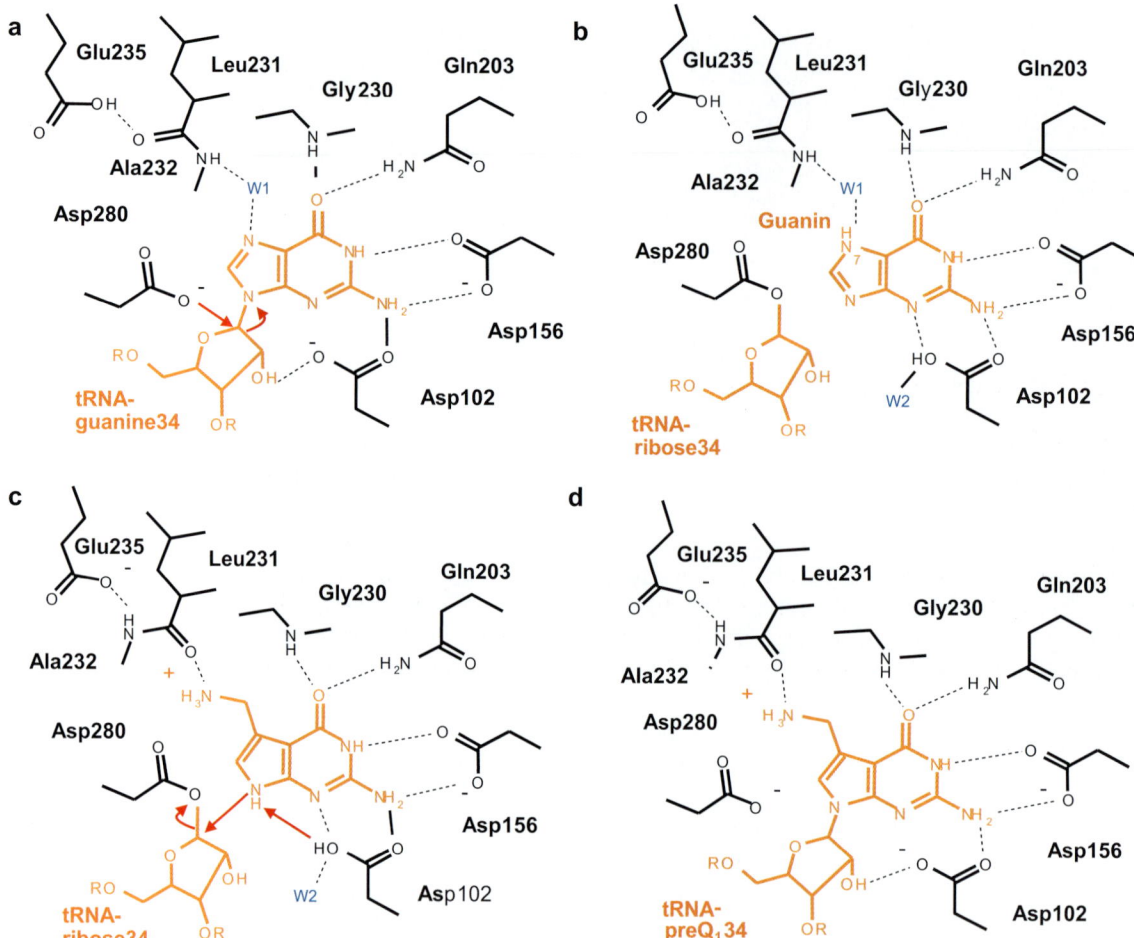

Abb. 21.3 Mechanismus der Basenaustauschreaktion in der Glycosylase. Die tRNA mit Guanin 34 wird gebunden, ein Wassermolekül vermittelt den Kontakt zum Stickstoffatom in 3-Position. Asp 280 greift als Nucleophil das C1- Kohlenstoffatom des Riboserings an (a). Die C1–N Bindung wird gebrochen und Guanin freigesetzt (b). Zusammen mit einem Wassermolekül verlässt es die Bindetasche. In die gleiche Bindestelle wird preQ₁ aufgenommen, wobei die Peptidbindung zwischen Leu 231 und Ala 232 umklappt (c). Nach Deprotonierung führt das basische Stickstoffatom von preQ₁ einen nucleophilen Angriff auf den kovalent mit Asp 280 verknüpften Ribosebaustein durch und eine neue Bindung zur tRNA wird gebildet (d). Die veränderte tRNA verlässt das Enzym.

die Ligandenbindung unerheblichen Austausch eines Phe gegen Tyr auf. Später konnte auch die Struktur im Komplex mit einem Teil der tRNA aufgeklärt werden (Abb. 21.2). Danach läuft der **Basenaustausch** nach folgendem **Reaktionsschema** ab (Abb. 21.3): Zunächst wird die tRNA mit der kovalent verknüpften Base Guanin gebunden. Die Base klappt mit dem Ribosebaustein aus dem tRNA-Molekül heraus und wird durch Asp 102, Asp 156, Gln 203, Gly 230 und Leu 231 spezifisch erkannt. Asp 280 greift als Nucleophil am Kohlenstoffatom C1 des Riboserings an. Die C1–N-Bindung wird gebrochen und Guanin freigesetzt. Diese Base verlässt zusammen mit einem Wassermolekül die Bindetasche und preQ₁ wird in die gleiche Bindestelle aufgenommen. Dazu muss die Peptidbindung zwischen Leu 231 und Ala 232 umklappen. Durch Abgabe eines Protons führt der basische Stickstoff von preQ₁ einen nucleophilen Angriff auf den kovalent mit Asp 280 verknüpften Ribosebaustein durch. Ist die neue Bindung zur tRNA gebildet, verlässt die veränderte tRNA das Enzym. Asp 102 ist entscheidend an dem Erkennungsprozess der gebundenen Base beteiligt. Weiterhin liefert diese Aminosäure vermutlich das für den **Mechanismus** benötigte Proton bzw. nimmt es in einem anderen Schritt wieder auf.

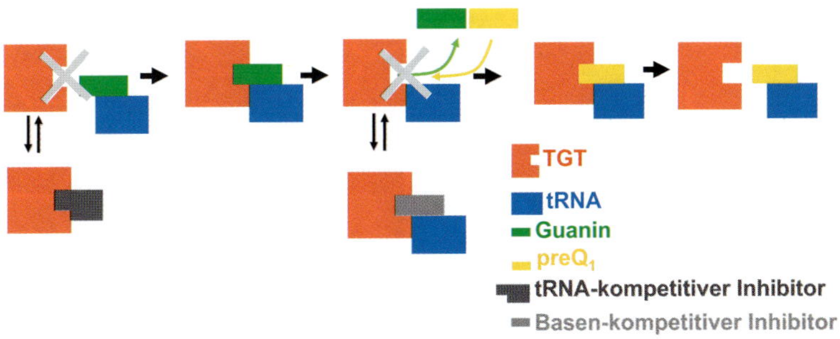

21. Ein Beispiel: Strukturbasiertes Design von Inhibitoren der tRNA-Guanintransglycosylase

Abb. 21.4 Die Basenaustauschreaktion verläuft in zwei Schritten. Inhibitoren können sowohl mit der Bindung der kompletten tRNA (links, dunkelgrau) wie dem Austausch der kleinen Nucleobase (Mitte, hellgrau) konkurrieren.

- TGT
- tRNA
- Guanin
- preQ$_1$
- tRNA-kompetitiver Inhibitor
- Basen-kompetitiver Inhibitor

21.4 Ein Funktionsassay zur Bestimmung von Bindungskonstanten

Die **Basenaustauschreaktion** erfolgt in zwei Schritten. Prinzipiell können beide Schritte durch Inhibitoren blockiert werden. Dies muss in einem **funktionalen Assay** berücksichtigt werden. Im ersten Schritt wird die unveränderte tRNA gebunden (Abb. 21.4). Ausreichend große Inhibitoren können kompetitiv diesen Schritt unterbinden. Nachdem die tRNA kovalent mit dem Enzym verknüpft ist, wird die Base Guanin freigesetzt und verlässt das Protein. Als nächstes bindet preQ$_1$. Doch kann auch mit dessen Aufnahme in die Bindestelle ein potenzieller Inhibitor konkurrieren. Er darf allerdings nicht viel größer als Guanin oder preQ$_1$ sein. Somit werden kleine Inhibitoren ein anderes Inhibitionsprofil als die strukturell größeren Hemmstoffe aufweisen.

Zur Vermessung der Hemmung wird radioaktiv markiertes Guanin verwendet. Setzt man dieses Guanin mit der tRNA um, so katalysiert die TGT seinen Einbau, das tRNA-Molekül wird radioaktiv markiert. Trennt man die tRNA nach festen Zeitschritten der Reaktion ab und vermisst die eingebaute Radioaktivität, kann damit die Reaktionskinetik des Einbauvorgangs und damit die Katalyserate des Enzyms verfolgt werden. Werden potenzielle Inhibitoren zugefügt, so stehen wenige TGT-Moleküle für die Umsetzung bereit und die Einbaurate reduziert sich. Dies macht sich in der beobachteten **Enzymkinetik** bemerkbar. Durch detaillierte Auswertung der Kinetik lassen sich Inhibitionskonstanten bestimmen. Es kann auch getrennt bestimmt werden, ob die Inhibitoren kompetitiv mit der Bindung der gesamten tRNA interagieren oder ob sie nur mit dem Austausch der kleinen Base in Konkurrenz treten.

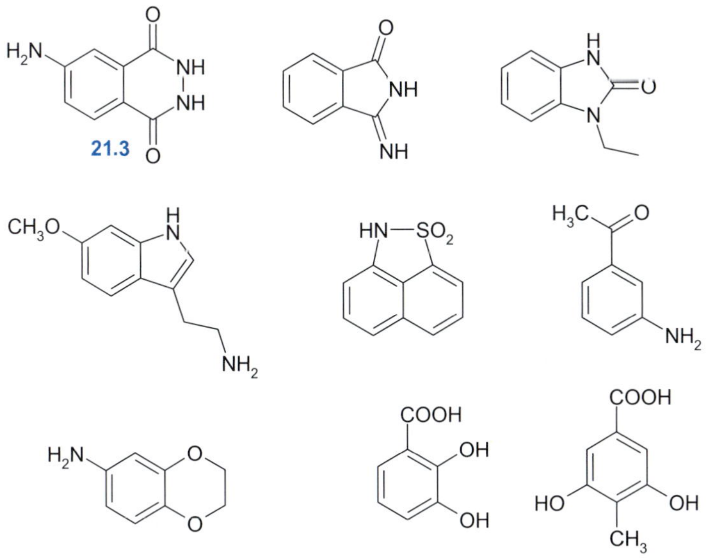

Abb. 21.5 Vorschläge für erste Leitstrukturen mit LUDI. Unter ihnen erwies sich **21.3** als zweistellig mikromolarer Inhibitor.

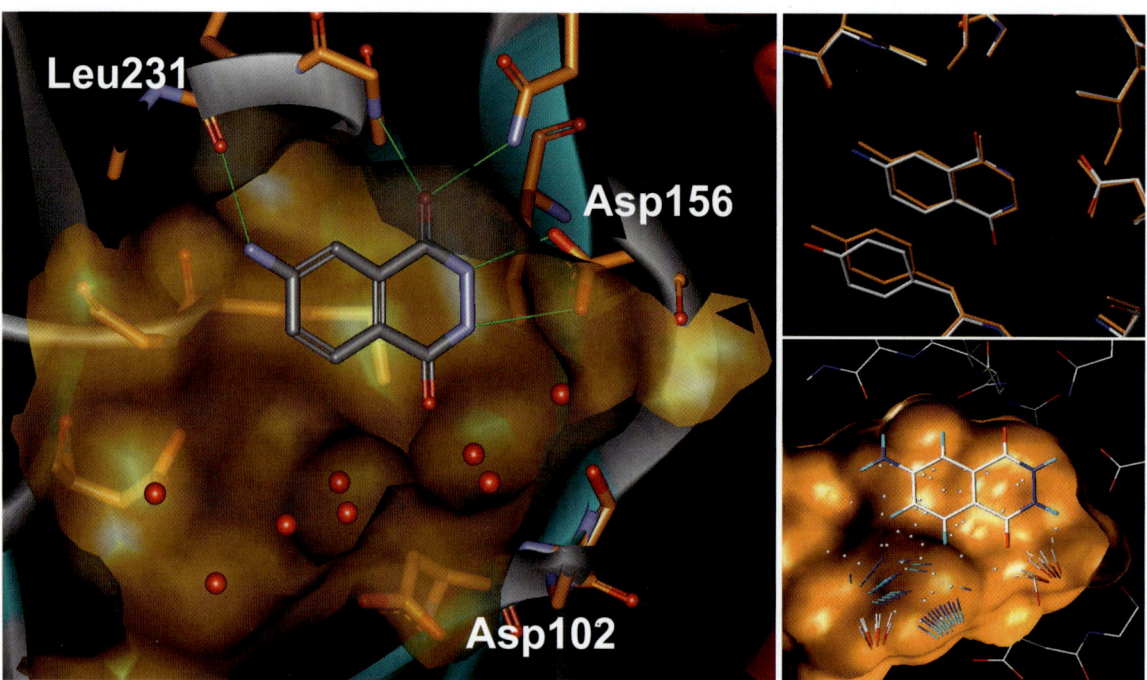

Abb. 21.6 Kristallstruktur der TGT mit **21.3**, dem ersten Treffer aus LUDI. Die Übereinstimmung zwischen Vorhersage (rechts oben) und anschließendem Experiment ist nahezu perfekt. LUDI deutet in dem unteren Teil der Bindetasche auf noch ungenutzte Wechselwirkungszentren an.

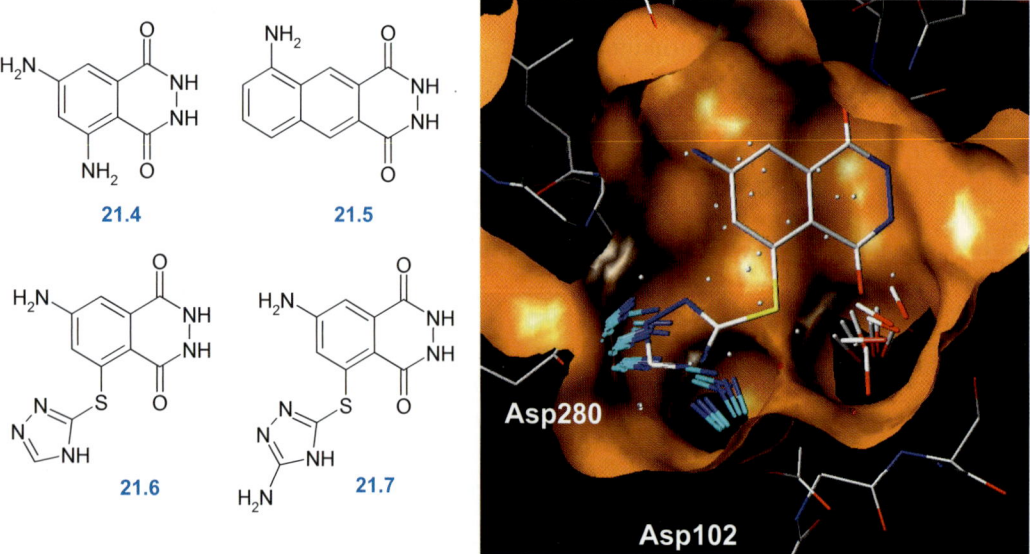

Abb. 21.7 Ausgehend von **21.3** wurden die um den Faktor 10 besser bindenden Inhibitoren **21.4** und **21.5** entwickelt, die den in **21.3** angedeuteten unbesetzten Bereich der Bindetasche besser ausfüllen können. Zum Ausnutzen der ungenutzten zusätzlichen Wechselwirkungsmöglichkeiten (rechts) wurden Heterocyclen (**21.6** und **21.7**) am Grundgerüst eingeführt. Beide Derivate zeigten abfallende Bindungsaffinität, vermutlich aufgrund repulsiver Wechselwirkungen mit den beiden benachbarten Asp 102 und Asp 280. Die Heterocyclen weisen nicht die gewünschte positive Partialladung auf.

21.5 LUDI findet erste Leitstrukturen

Zu Beginn der Arbeiten war nur die Struktur des binären Komplexes aus TGT mit preQ$_1$ bekannt. Auch der im letzten Abschnitt beschriebene zweistufige Inhibitionsmechanismus war noch nicht aufgeklärt. Diesen Prozess genau aufzuspalten, ist Bernhard Stengl erst im Verlauf des Projekts gelungen. Ulrich Grädler hat die binäre TGT·preQ1-Struktur als Referenz verwendet und mit **LUDI** (Abschnitt 20.10) eine Suche nach potenziellen Inhibitoren gestartet. In einem Chemikalienkatalog konnte er mit LUDI fündig werden. Die in Abb. 21.5 aufgelisteten Verbindungen wurden vorgeschlagen. Darunter erwies sich **21.3** als mikromolarer Inhibitor. Mit diesem Treffer konnte eine Kristallstruktur bestimmt werden (Abb. 21.6). Die Freude war groß, als sich zeigte, dass 4-Aminophthalsäurehydrazid **21.3** genau in der durch LUDI vorhergesagten Weise an das Enzym bindet.

Als nächstes wurde LUDI konsultiert, weitere Reste für den Inhibitor vorzuschlagen, die den noch unbesetzten Bereich der Bindetasche ausfüllen könnten. Zum einen wurde eine Erweiterung des Ringsystems um einen weiteren aromatischen Cyclus vorgeschlagen. Zum anderen wurden Platzierungen eines Stickstoffheterocyclus auf die unbesetzten Wechselwirkungszentren nahe Asp 102 und Asp 280 in Erwägung gezogen. Hans-Dieter Gerber konnte die Derivate **21.4**–**21.6** (Abb. 21.7) synthetisieren. **21.4** und **21.5** ergaben im Assay eine um den Faktor 10 verbesserte Inhibition des Enzyms. Umso enttäuschender war der Befund, dass das heterocyclische Derivat **21.6** in der Hemmwirkung deutlich gegenüber der Leitstruktur **21.3** zurückblieb. Ulrich Grädler konnte die Kristallstrukturen mit diesen Inhibitoren aufklären. Sie weisen den erwarteten Bindungsmodus auf. In der Struktur mit **21.6** zeigte sich, dass der Heterocyclus nahe der terminalen Amidgruppe von Asn 70 zu liegen kommt. Somit lag es auf der Hand, **21.6** mit einer zusätzlichen Aminogruppe zu versehen, um einen weiteren Kontakt zum Protein aufzubauen. Die Synthese gelang und die Kristallstruktur mit **21.7** zeigt tatsächlich den erwarteten Bindungsmodus mit der zusätzlichen H-Brücke. Aber auch dieses Derivat fiel in seiner Hemmwirkung gegenüber der ursprünglichen Leitstruktur ab. Bei genauerer Analyse der Strukturdaten zeichnete sich für **21.6** und **21.7** eine Unordnung des angefügten heterocyclischen Bausteins ab, und die Wasserstoffbrücken zwischen der exocyclischen Aminogruppe und der Carbonylgruppe Leu 231 im Peptidrückgrat erwiesen sich als sehr lang. Der Einbau des Heterocyclus erfolgte mit der Idee, ihn als geladene Gruppe, die zudem noch H-Brücken ausbilden kann, zwischen die beiden benachbarten Aspartatreste zu legen. Vermutlich nehmen diese beiden Reste einen deprotonierten Zustand an. Dann wäre eine positive Ladung auf dem Triazolbaustein ideal für eine Wechselwirkung. Doch in welchem **Protonierungszustand** liegt diese Gruppe vor? An einer Modellverbindung wurden pK_a-Messungen durchgeführt. Unter den gleichen Pufferbedingungen, unter denen die Proteinstruktur kristallisiert, gelang es, Kristalle für eine kleine Molekülstrukturbestimmung zu gewinnen. Beide Messungen ergaben, dass der Heterocyclus ohne Ladung, d. h. an den beiden benachbarten Stickstoffen deprotoniert vorliegt. Obwohl nicht zwingend der gleiche Protonierungszustand in der Proteinbindetasche geben sein muss, erschien folgendes Modell plausibel, die abfallende Bindungsaffinität von **21.6** und **21.7** zu erklären: Zwischen den beiden negativ geladenen Asp-Resten muss ein ungeladener Triazolring zumindest zu einem der beiden sauren Reste repulsive Wechselwirkungen erfahren. Dies könnte die abfallende Bindungsaffinität, die beobachtete Unordnung und die aufgeweitete H-Brücke zur Carbonylgruppe erklären.

21.6 Überraschung: Eine gedrehte Amidbindung und ein Wasser

Freundlicherweise stellte Novo Nordisk mit **21.8** eine weitere Verbindung bereit, die das Wechselwirkungsmuster der ursprünglichen Leitstruktur nachbildet (Abb. 21.8). Allerdings zeigte sich beim Eindocken dieses Derivats, dass der Abstand zwischen dem polaren Stickstoffatom im zentralen Pyridazinonring und der Carbonylgruppe an Leu 231 zu weit war. Dennoch stellte sich die Verbindung als Treffer heraus. Die mit dem sehr ähnlichen Derivat **21.9** bestimmte Kristallstruktur lieferte eine Erklärung. Die **Peptidbindung**, die **aus mechanistischen Gründen als Schalter** in zwei Konformationen auftritt, nimmt eine andere Orientierung an! Umgeklappt präsentiert sie jetzt ihre NH-Funktion in die Bindetasche. Über ein **eingelagertes Wassermolekül** wird die Verknüpfung zwischen dieser NH-Gruppe und dem polaren Stickstoff im Liganden weitergereicht. Da zu diesem Zeitpunkt die Details des oben beschriebenen Enzymmechanismus noch unbekannt waren, konnte keiner mit

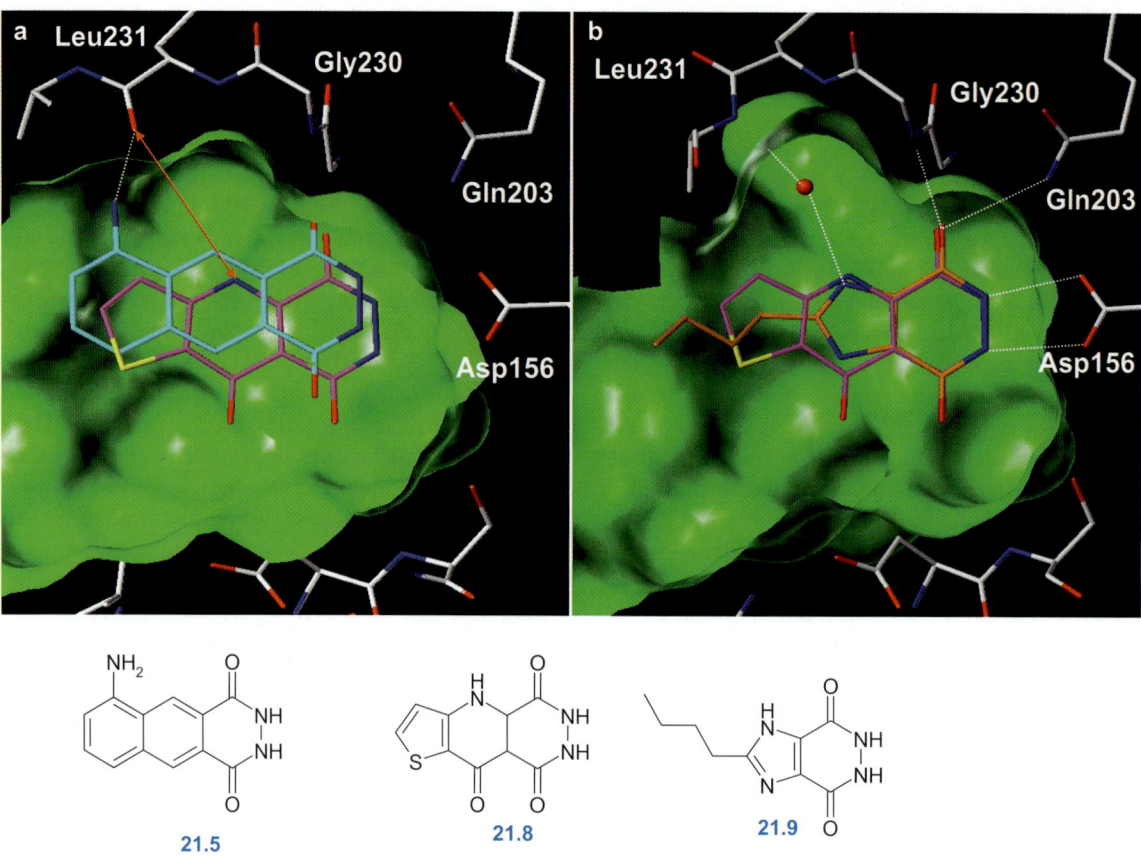

Abb. 21.8 Auch **21.8** sollte das Wechselwirkungsmuster der ursprünglichen Leitstruktur nachbilden (a). Platziert man dieses Derivat in die Bindetasche (violett), so erscheint der Abstand zwischen dem polaren Stickstoffatom im zentralen Pyridazinonring und der Carbonylgruppe an Leu 231 zu weit für eine H-Brücke. Dennoch bindet **21.8** mikromolar an das Protein. Die mit dem sehr ähnlichen Inhibitor **21.9** (orange) bestimmte Kristallstruktur (b) zeigt zwei Überraschungen: Die Peptidbindung dreht ihre Orientierung und richtet jetzt ihre NH-Gruppe zur Bindetasche aus, und ein Wassermolekül (rote Kugel) reicht die Wechselwirkung zum Liganden weiter!

diesem Umlegen des Peptidschalters rechnen. Weiterhin stellt der Einbau des Wassermoleküls eine große Überraschung dar. Es unterstreicht die Wichtigkeit, immer wieder Kristallstrukturen mit den aufgefundenen Leitstrukturen zu bestimmen.

21.7 *Hot spot*-Analyse und virtuelles Screening liefern eine Flut neuer Synthesevorschläge

Wie lässt sich aus der Not multipler Bindungsmoden eine Tugend machen? Ruth Brenk verwendet sowohl das Proteinkonformere in der Struktur mit **21.3** als auch die Geometrie aus dem Komplex mit **21.9**, um damit eine *hot spot*-Analyse (Abschnitt 17.10) durchzuführen. Das Ergebnis dieser Auswertung ist in Abb. 21.9 gezeigt. Mit dem daraus abgeleiteten Pharmakophor wurde ein **virtuelles Screening** (Abschnitt 7.6) durchgeführt, das eine Fülle alternativer Molekülgerüste zur Besetzung der Guaninbindestelle (Abb. 21.2) ans Licht förderte (Abb. 21.10). Viele auf diesem Weg entdeckte Treffer erwiesen sich als mikromolare Hemmstoffe. Sie lieferten viele neue Ideen für Synthesevorschläge möglicher Inhibitoren. Aus diesen wurden drei Grundgerüste für die folgenden Arbeiten ausgewählt. Sie leiten sich von einem Pyridazinon (Trione, **21.10**), Pteridin (**21.11**) bzw. 6-Amino-chinazolinon-Gerüst (**21.12**) ab (Abb. 21.11). Das letzte Gerüst kann man sich aus der rechten Hälfte des natürlichen Substrats Guanin **21.1** und aus der linken Hälfte des ersten Treffers **21.3** aus LUDI zusammengesetzt denken.

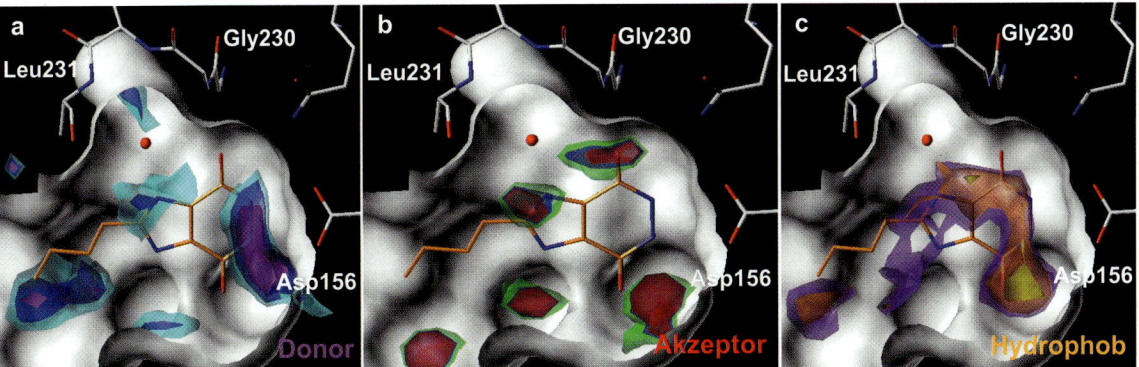

Abb. 21.9 *Hot-spot*-Analyse bevorzugter Bindebereiche für einen Wasserstoffbrücken-Donor (a), Akzeptor (b) und eine hydrophobe Gruppe (c). Zusätzlich ist **21.9** (s. Abb. 21.8) gezeigt, das mit seinen polaren Gruppen in diesen bevorzugten Bindebereichen zu liegen kommt. In der unteren linken Ecke der Bindetasche (nahe der Bindestelle des Ribosebausteins, Abb. 21.2, blau) deuten sich weitere Bindungsbereiche an, die im folgenden Designschritt adressiert wurden.

Kehren wir nochmals zu der Verteilung der *hot spots* in der Bindetasche zurück. Die neuen Leitstrukturen besetzen alle Wechselwirkungszentren im oberen Teil der Bindetasche. Doch deutet sich „unten links" über der Bindungsstelle der beiden Aspartate 102 und 280 hinaus weitere günstige Bereiche sowohl für Donoreigenschaften wie hydrophobe Bausteine in der Bindetasche an. Sie wurden in dem bisherigen Design nicht genutzt. Vergleicht man mit dem Bindungsmodus der gebundenen tRNA (Abb. 21.2), so wird in diesen Bereich der Ribosebaustein an der Position 34 aufgenommen. Die *hot spot*-Analyse schlägt dort die Besetzung mit einem hydrophoben Molekülteil vor. Etwas weiter oben kommt ein günstiger Bereich für einen H-Brückendonor zu liegen. Diese Region entspricht der Bindestelle zwischen den beiden Aspartaten, der bereits durch die beiden heterocyclischen Derivate **21.6** und **21.7** zu besetzten versucht wurde. Seitlich in dieser Tasche deutet sich noch ein günstiger Bereich für eine Akzeptorgruppe an. Dorthin platziert die tRNA den Ribosebaustein mit seinen beiden 2'- bzw. 3'-Hydroxygruppen.

21.8 Vom Füllen einer hydrophoben Tasche und Zerstören eines Wassernetzwerks

Eine goldene Regel im Wirkstoffdesign besagt, dass das **Besetzen einer ungenutzten hydrophoben Tasche** mit einem lipophilen Rest zu einem Affinitätsgewinn führt (Abschnitte 4.9 und 20.11). Inhibitoren mit solchen Seitenketten wurden entworfen und führten zu den in Abb. 21.12 aufgeführten Derivaten. Enttäuschenderweise zeigten sie nur eine geringfügige Verbesserung. Neben den Pteridinen und Aminochinolinonen wurden jetzt auch in Zürich die *lin*-Benzoguanine **21.13** in das Syntheseprogramm aufgenommen. Durch die Mitarbeit von Emanuel Meyer und Simone Hörner an der ETH Zürich stand bald eine ganze Serie von Inhibitoren bereit, die zu vertieften kristallographischen Studien und zum Aufstellen detaillierter Struktur-Wirkungsbeziehungen führten. Interessanterweise konnte an keinem der in Abb. 21.12 aufgeführten Derivate eine wirklich durchschlagende Verbesserung der Affinität gefunden werden. Sie besetzen, wie geplant, die kleine hydrophobe Tasche zwischen Val 45, Leu 68 und Asn 70. Ein Vergleich der einzelnen Kristallstrukturen zeigt, dass das Protein bei der Aufnahme der Inhibitoren, aber auch des natürlichen Substrats tRNA, **massive Adaptionen** der Aminosäurereste durchläuft (Abb. 21.13). Diese Adaptionen sind sehr ähnlich zu denen, die auch bei der Bindung der tRNA durchlaufen werden. Daher erscheint es unwahrscheinlich, dass sie einen hohen energetischen Preis fordern. Das Enzym hätte sonst Probleme, sein eigenes Substrat noch ausreichend zu binden. Somit schied ein möglicherweise zu hoher energetischer Preis für diese Adaption als einfache Erklärung für den ausgebliebenen Affinitätszugewinn aus. Bernhard Stengl und Tina Ritschel nahmen sich die einzelnen Derivate nochmals vor. Es war überraschend, dass die kleinen Grundgerüste meist bereits einstellig mikromolare Bindung zeigten. Das Anfügen eines weiteren kleinen Substituenten, der in Richtung auf die hydrophobe Tasche orientiert wurde, führte zunächst zu einem Verlust an Bindungsaffinität. Erst durch Ausfüllen der kleinen hydrophoben Tasche mit

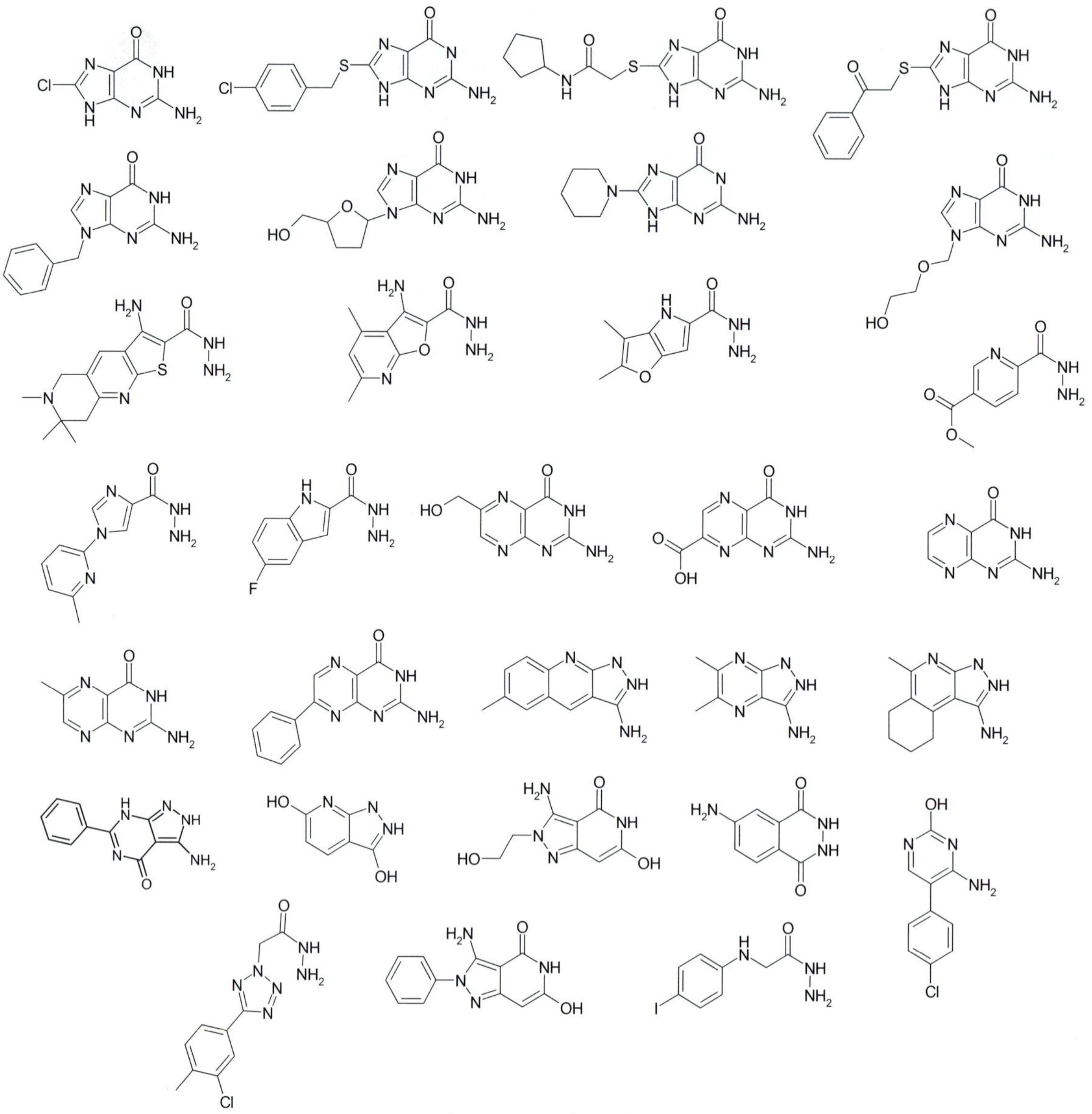

Abb. 21.10 Vorschläge aus einem virtuellen Screening, von denen einige Beispiele experimentell getestet wurden und sich als mikromolare Hemmstoffe erwiesen.

21.10

21.11

21.12

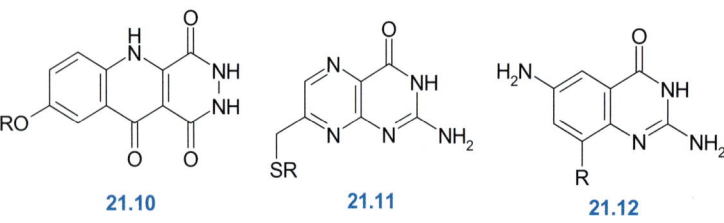

Abb. 21.11 Die Pyridazinon- (Trione, **21.10**), Pteridin- (**21.11**) bzw. 6-Amino-chinazolinon-Gerüste (**21.12**) wurden als mögliche Leitstrukturen für die weitere Synthese und Optimierung ausgesucht. Durch Anfügen von geeigneten Resten R ließen sich zahlreiche Derivate synthetisch realisieren.

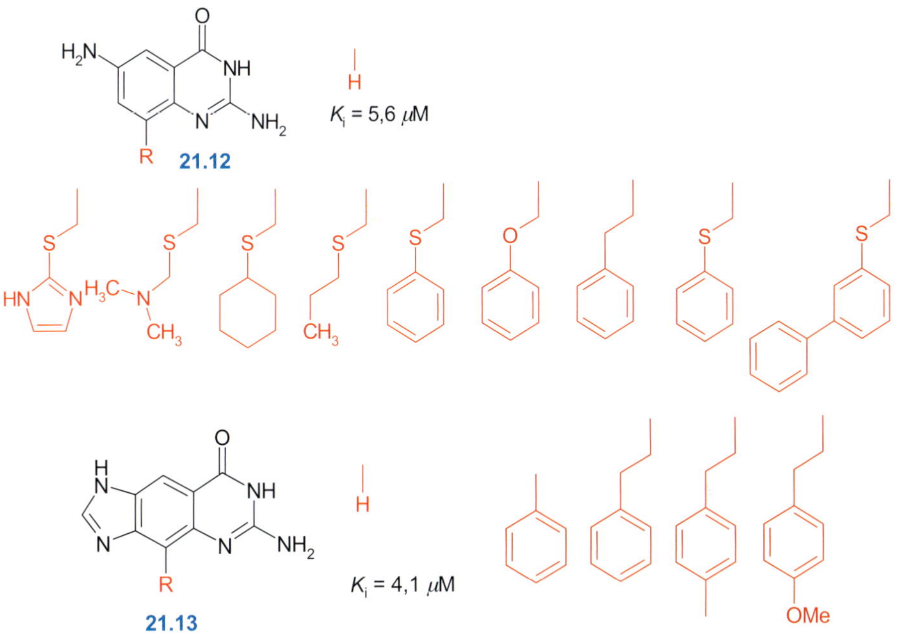

Abb. 21.12 Vom 6-Amino-chinazolinon-Gerüst **21.12** konnten durch Anfügen von verschiedenen Substituenten R die aufgeführten Derivate synthetisiert und getestet werden. Zur Überraschung verblieben selbst die besten Verbindungen aus dieser Serie im einstellig mikromolaren Bereich. Als ein alternatives Inhibitorgerüst dienten *lin*-Benzoguanine **21.13**, die in 4-Position mit hydrophoben Resten versehen wurden. Trotz sehr guter Inhibition des Grundgerüsts konnten die substituierten Derivate keine signifikante Verbesserung der Affinität erzielen.

einem aromatischen Rest ließ sich dieser Affinitätsverlust wieder kompensieren. Aufschlussreich war ein Vergleich der Anordnung der Wassermoleküle in den unterschiedlichen Inhibitorstrukturen. In den unsubstituierten Derivaten bilden **mehrere Wassermoleküle ein Netzwerk** zwischen den beiden vermutlich geladenen Aspartaten 102 und 280 aus. Dieses Netzwerk stellt einen entscheidenden Beitrag zur Solvatation der beiden polaren Säurereste dar. Vermutlich ist es auch in der Lage, den hohen Ladungszustand der beiden Gruppen in diesem Bereich abzupuffern. Alle in Abb. 21.12 aufgeführten Derivate durchspannen mit einer hydrophoben Brücke diesen Bereich des Wassernetzwerks, um am Ende ihren hydrophoben Substituenten in die kleine hydrophobe Tasche zu platzieren. Dabei zerstören sie zwangsläufig das Wassernetzwerk. Dies fordert seinen Preis!

Auffällig war ein Affinitätsvergleich der Verbindungen **21.15** und **21.16** (Abb. 21.14). Das Derivat mit einer 7-Dimethylaminogruppe am Chinazolinongerüst (**21.15**) verliert um einen Faktor von mehr als 10 in der Bindungsstärke im Vergleich zu dem unsubstituierten Derivat. Ersetzt man jetzt eine der beiden Methylgruppen durch eine Benzylgruppe (**21.16**), so erhält man wieder eine Wirksteigerung. Die Kristallstruktur mit diesem Derivat zeigte, dass sich die Benzylgruppe nicht in Richtung auf die kleine hydrophobe Tasche orientiert, sondern eine Platzierung in Richtung auf die Tasche sucht, die im natürlichen Substrat durch Uracil 33 besetzt wird (Abb. 21.2). Somit lag ein neues Konzept für das weitere Vorgehen auf der Hand. Das Wassernetzwerk zwischen Asp 102 und Asp 280 sollte keinesfalls durch hydrophobe Brückenglieder durchspannt werden. Dagegen sollte ein hydrophober Rest so an das Grundgerüst der Liganden angebracht werden, dass er sich in Richtung auf die Uracil 33-Tasche orientiert.

21.9 Eine Salzbrücke: Endlich nanomolar

Synthetisch ließ sich die gewünschte Ausrichtung der Reste besser mit dem *lin*-Benzoguanin-Grundkörper realisieren. Das unsubstituierte *lin*-Benzoguanin **21.13** zeigt ein Wassernetzwerk aus fünf Wassermolekülen in seiner Kristallstruktur (Abb. 21.15). Fügt man in 2-Position eine Methylgruppe (**21.17**) an, so

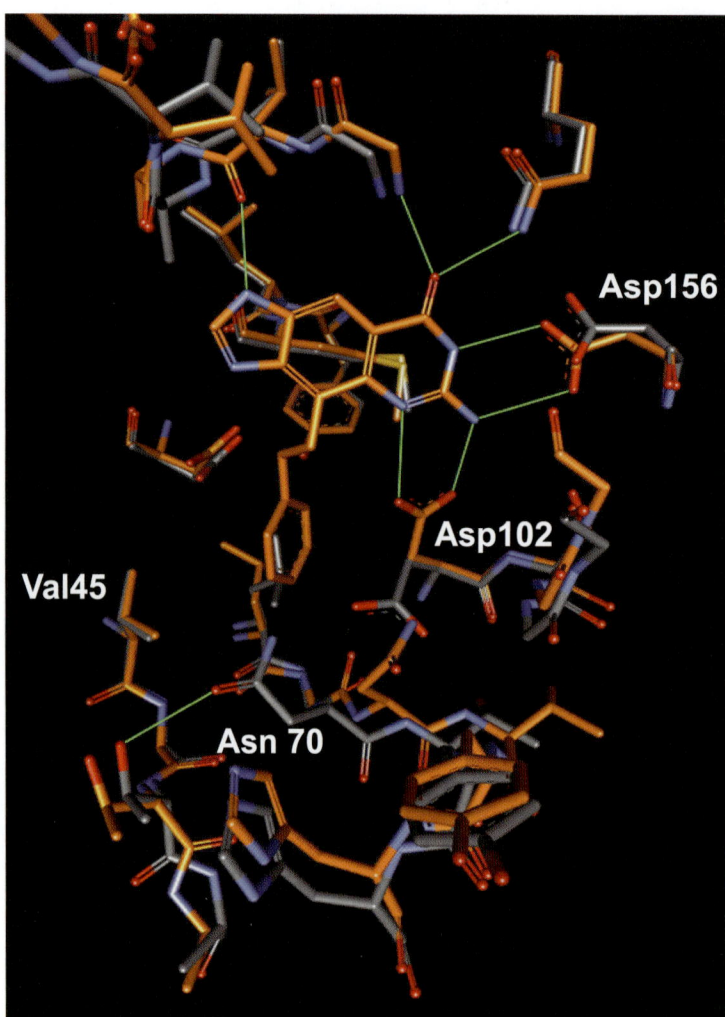

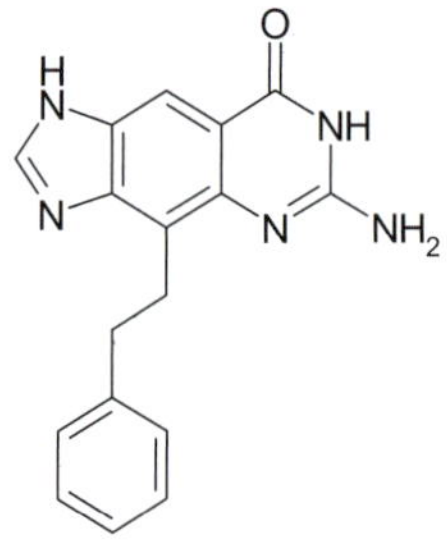

Abb. 21.13 Wie ein Vergleich der unkomplexierten (grau) mit der durch **21.14** inhibierten Kristallstruktur (braun) zeigt, durchläuft das Protein bei der Aufnahme des Liganden, aber auch bei der Bindung des natürlichen Substrats tRNA, massive Adaptionen seiner Aminosäurereste. Sie führen zum Öffnen einer kleinen hydrophoben Tasche, die durch Val 45, Leu 68 und Asn 70 begrenzt wird.

verbessert sich die Affinität um den Faktor 2,7 (Abb. 21.16). Tauscht man dann die Methylgruppe gegen eine Aminogruppe (**21.18**) aus, so verbessert sich die Bindungskonstante drastisch um den Faktor 20. Die Einführung einer Aminogruppe in 2-Position des *lin*-Benzoguanins verbessert somit die Bindungsaffinität um mehr als den Faktor 50! Wie lässt sich diese Überraschung erklären? Im Abschnitt 21.5 war auf die Wasserstoffbrücke zur Carbonylgruppe der Hauptkette in Leu 231 verwiesen worden. Diese funktionel-

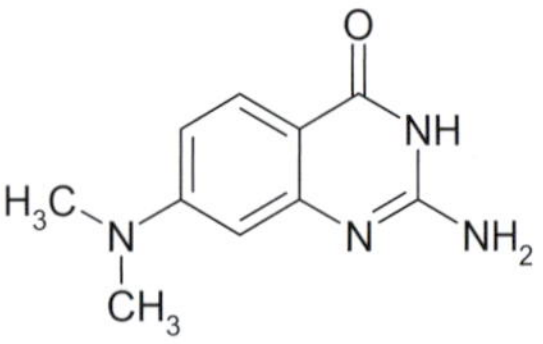

21.15 $K_i = 31 \pm 10\,\mu M$

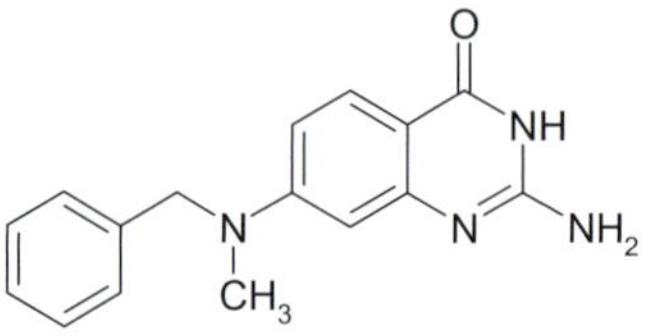

21.16 $K_i = 7{,}6 \pm 3{,}7\,\mu M$

Abb. 21.14 Das Chinazolinon-Derivat mit einer 7-Dimethylaminogruppe (**21.15**) verliert um einen Faktor 10 in seiner Bindungsaffinität im Vergleich zum unsubstituierten Derivat. Ersetzt man jetzt eine der beiden Methylgruppen durch eine Benzylgruppe (**21.16**), so erhält man wieder eine Wirksteigerung. Die Kristallstruktur mit diesem Derivat zeigte, dass sich die Benzylgruppe nicht in Richtung auf die kleine hydrophobe Tasche orientiert, sondern in die Uracil 33-Tasche steht.

21. Ein Beispiel: Strukturbasiertes Design von Inhibitoren der tRNA-Guanintransglycosylase

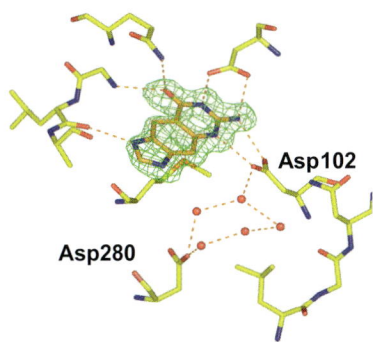

Abb. 21.15 Das Grundgerüst der *lin*-Benzoguanine bindet mit 4,1 μM an das Protein und lässt das Wassernetzwerk (rote Kugeln) zwischen den beiden vermutlich negativ geladenen Aspartaten 102 und 280 intakt.

Beitrag zur Affinität liefert (vgl. **21.21**/**21.22** und **21.23**/**21.24**, Abb. 21.16). Das *lin*-Benzoguaningerüst formt ebenfalls diese Wasserstoffbrücke zur Carbonylgruppe von Leu 231. Die Einführung der Aminogruppe in 2-Position verwandelt das Imidazolsystem allerdings in eine guanidinähnliche Gruppierung. Ein solcher Wechsel erhöht die Basizität des Gerüsts deutlich. Messungen der pK_a-Werte bestätigen diesen Sprung um mehr als eine pK_a-Einheit. Rechnungen zur Beschreibung der **pK_a-Verschiebung** bei der der Komplexbildung verweisen auf eine weitere Verschiebung in den basischen Bereich. Die Verbindungen sollten deshalb in protonierter Form an das Protein binden. Sie tragen daher eine positive Ladung auf dem substituierten Imidazolbaustein. In Folge wird die Wasserstoffbrücke zu Leu 231 zusammen mit dem dahinter befindlichen Glu 235 jetzt in eine Salzbrücke verwandelt. Sie leistet dann einen wichtigen Beitrag zur Bindungsaffinität.

le Gruppe befindet sich an der Peptidbindung, die sich später als ein Schalter in der Proteinfunktion erwies. Im Rahmen der synthetisierten Derivate zeigte sich auch, dass diese zunächst als sehr wichtig angesehene Wasserstoffbrücke zwischen Protein und Ligand in einem Teil der Verbindungen keinen entscheidenden

Es hatte sich ja bereits abgezeichnet, dass ein Füllen der Uracil 33-Bindetasche mit einem Affinitätsgewinn einhergeht. Daher wurden jetzt Reste an die 2-Aminogruppe angefügt (vgl. Titelbild auf dem Einband). Allerdings wurde eine Methylengruppe als Brücken-

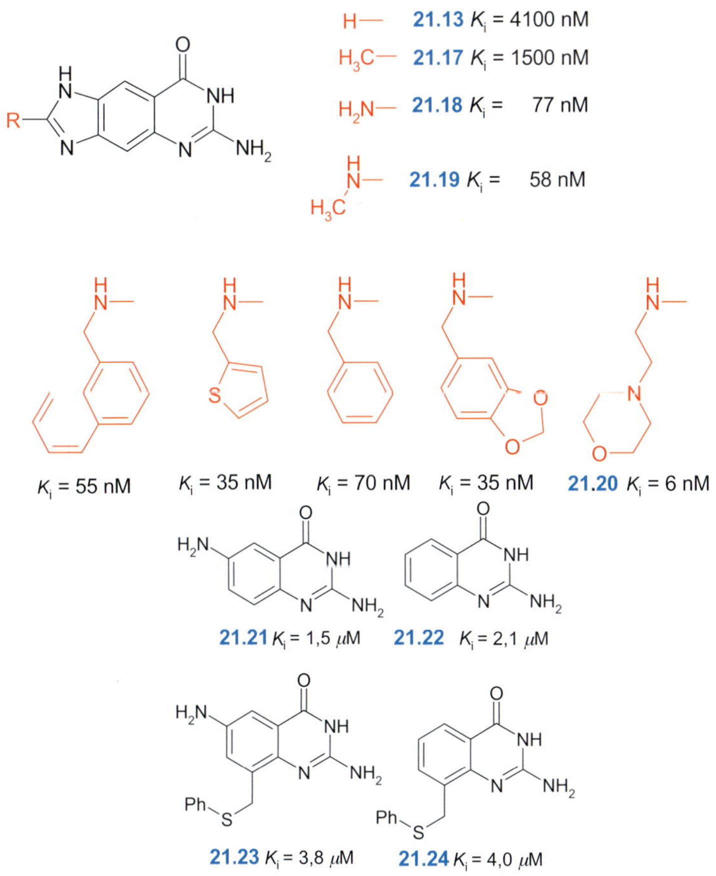

R—		
H—	**21.13**	K_i = 4100 nM
H$_3$C—	**21.17**	K_i = 1500 nM
H$_2$N—	**21.18**	K_i = 77 nM
H$_3$C-NH—	**21.19**	K_i = 58 nM

K_i = 55 nM K_i = 35 nM K_i = 70 nM K_i = 35 nM   **21.20** K_i = 6 nM

21.21 K_i = 1,5 μM   **21.22** K_i = 2,1 μM

21.23 K_i = 3,8 μM   **21.24** K_i = 4,0 μM

Abb. 21.16 Substitution des *lin*-Benzoguanin-Grundgerüsts **21.13** in 2-Position führt zu einer deutlichen Verbesserung der Bindungsaffinität. Vor allem durch Einführung einen 2-Aminogruppe (**21.18**) werden die Derivate in ihrer Basizität so stark verschoben, dass sie in positiv geladener Form binden. Dadurch bilden sie mit der Carbonylgruppe von Leu 231 eine ladungsunterstützte Wasserstoffbrücke, die stark zu der Bindungsaffinität beiträgt. Ein Vergleich von **21.21** mit **21.22** oder **21.23** mit **21.24** unterstreicht, dass diese Wasserstoffbrücke nur im Falle einer Ladung auf diesem Molekülteil diesen Affinitätsgewinn bringt. Fehlt die Ladung, kann ohne Verlust auf die H-Brücken bildende Aminogruppe verzichtet werden. Das Morpholinoderivat **21.20** erweist sich als nanomolarer Inhibitor und orientiert seine Seitenkette in die Uracil 33-Tasche.

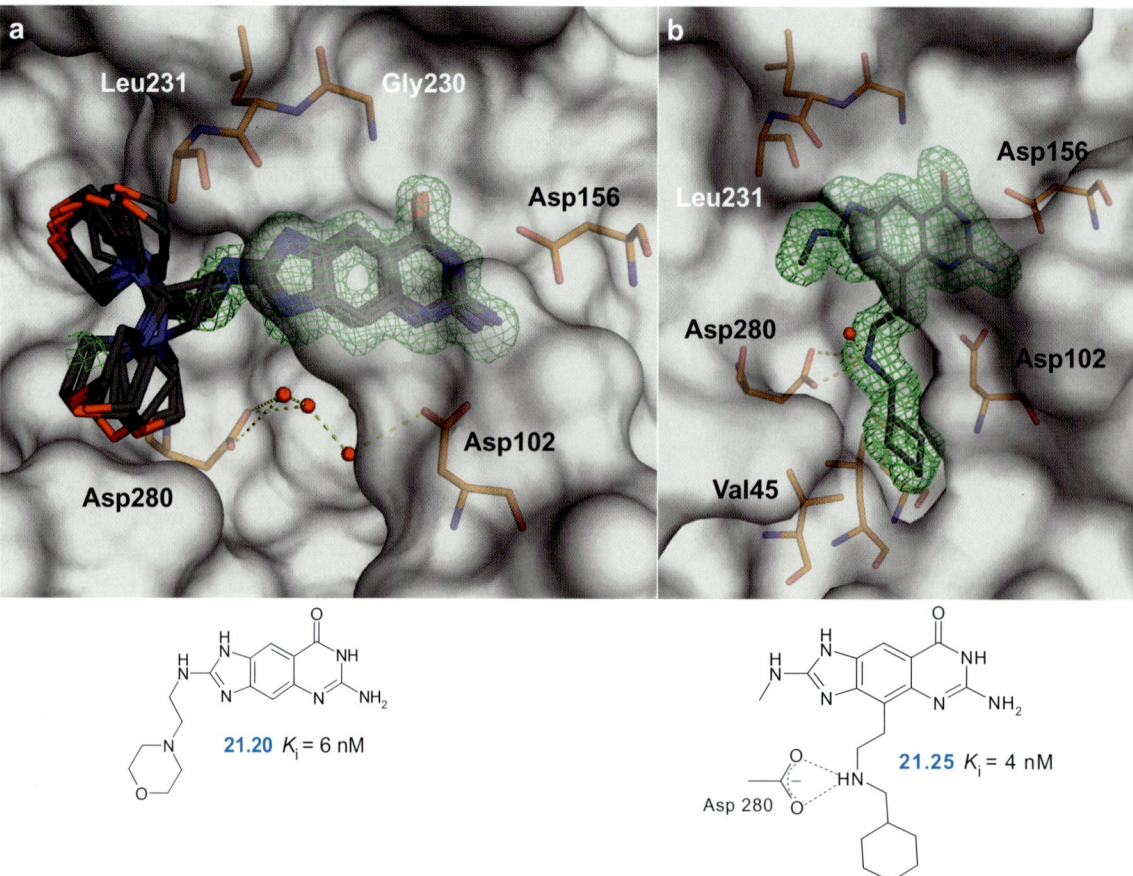

Abb. 21.17 (a) Die Kristallstruktur mit dem Morpholinoderivat **21.20** zeigt keine wohl definierte Differenzelektronendichte (grünes Konturnetz) um die Morpholinoseitenkette im Bereich der Uracil 33-Tasche. Diese Beobachtung ist ein Indiz für eine starke Unordnung dieses Substituenten über mehrere räumliche Orientierungen. Computersimulationen bestätigen diese Hypothese und verweisen auf zwei mögliche Platzierungen der Seitenkette. (b) Durch Einbau eines basischen Stickstoffatoms in eine Seitenkette in 4-Position des *lin*-Benzoguaningerüsts in **21.25** kann das Wasserstoffbrückennetzwerk zwischen Asp 120 und Asp 280 aktiv aufgenommen werden und führt nicht zu dem Einbruch der Bindungsaffinität durch Zerstören des Wassernetzwerks. **21.25** ist deutlich in der Differenzelektronendichte zu erkennen, bildet H-Brücken zu Asp 280 und füllt die kleine hydrophobe Tasche. Es bindet mit K_i = 4 nM an das Enyzm.

glied verwendet, damit die Aminogruppe konjugativ entkoppelt zu den angefügten aromatischen Substituenten verbleibt. Unter den dargestellten Derivaten erweist sich das Morpholinoderivat **21.20** als stärkster Binder. Es besitzt auch die beste Wasserlöslichkeit. Interessanterweise sind alle angefügten Seitenketten in diesem Bereich nicht eindeutig in der Elektronendichte zu erkennen. Vermutlich liegen sie ungeordnet in der Bindetasche vor (Abb. 21.17). Dies spricht zwar gegen eine gute enthalpische Wechselwirkung dieser Gruppen in dem Bereich. Aber aus entropischen Gründen sollte dieser Effekt kompensiert werden, sodass in der Summe ein guter Beitrag zur freien Enthalpie gewonnen werden kann und die Bindungsaffinität verbessert wird. Diese Situation ist an einem Beispiel in Abschnitt 4.10 erläutert worden.

Mit dem neuen Molekülgerüst der *lin*-Benzoguanine wurde nochmals die Frage aufgegriffen, ob mit einer geeigneten Seitenkette am Liganden das Wasserbrückennetzwerk zwischen Asp 120 und Asp 280 aktiv aufgenommen werden kann. Das Derivat **21.25** platziert eine geladene Seitenkette mit einem basischen Stickstoffatom, das vermutlich in protoniertem Zustand vorliegt, zwischen die beiden sauren Reste. Die Kristallstruktur (Abb. 21.17) mit **21.25** bestätigt den angenommenen Bindungsmodus, und die Bindungsaffinität von K_i = 4 nM unterstreicht die Relevanz der urspünglich vorgeschlagenen Designhypothese.

Die Entwicklung nanomolarer Inhibitoren der TGT hat einige Umwege nehmen müssen. Entscheidend für den Durchbruch waren sicher die vielen Kristallstrukturen, die mit dem System bestimmt werden konnten. Die grundlegenden Erkenntnisse für den Optimierungsprozess lassen sich in drei Punkten zusammenfassen: Das **Zerstören eines Wassernetzwerks** kann sehr abträglich für einen Affinitätsgewinn sein. Das **Füllen einer hydrophoben Tasche** ist sicher affinitätsverbessernd, allerdings muss kontrolliert werden, ob auch ein Anker zum Platzieren dieser Gruppe eine optimale Wechselwirkungsgeometrie annehmen kann. Ganz entscheidend ist für den Optimierungsprozess der Austausch einer neutralen gegen eine **ladungsunterstützte Wasserstoffbrücke**. Dies kann durch Einführen von Resten in einem Molekülbaustein gelingen, die eine deutliche Veränderung der pK_a-Eigenschaften des Liganden zur Folge haben.

Literatur

U. Grädler, H.-D. Gerber, D. A. M. Goodenough-Lashua, G. A. Garcia, R. Ficner, K. Reuter, M. T. Stubbs and G. Klebe. A New Target for Shigellosis: Rational Design and Crystallographic Studies of Inhibitors of tRNA-Guanine Transglycosylase J. Mol. Biol. **306**, 455–467 (2001)

E. A. Meyer, R. Brenk, R. K. Castellano, M. Furler, G. Klebe, F. Diederich. De Novo Design, Synthesis, and in Vitro Evaluation of Inhibitors for Prokaryotic tRNA-Guanine Transglycosylase (TGT): A Dramatic Sulfur Effect on Binding Affinity, ChemBioChem **2**, 250–253 (2002)

R. Brenk, L. Naerum, U. Grädler, H.-D. Gerber, G. A. Garcia, K. Reuter, M. T. Stubbs and G. Klebe. Virtual Screening for Submicromolar Leads of TGT based on a New Unexpected Binding Mode Detected by Crystal Structure Analysis J. Med. Chem. **46**, 1133–1143 (2003)

B. Stengl, K. Reuter and G. Klebe. Mechanism and Substrate Specificity of tRNA – Guanine Transglycosylases (TGTs): tRNA Modifying Enzymes from thee Three Different Kingdoms of Life Seem to Share a Common Mechanism. ChemBioChem **6**, 1–15 (2005)

B. Stengl, E. A. Meyer, A. Heine, R. Brenk, F. Diederich and G. Klebe. Crystal Structures of tRNA-Guanine Transglycosylase (TGT) in Complex with Novel and Potent Inhibitors Unravel Pronounced Induced-fit Adaptations and Suggest Dimer Formation upon Substrate Binding. J. Mol. Biol. **370**, 492–511(2007)

S. Hörtner, T. Ritschel, B. Stengl, Ch. Kramer, G. Klebe, F. Diederich. Design, Synthesis, and Biological Evaluation of Inhibitors of tRNA-Guanine Transglycosylase, an Enzyme linked to the Pathogenicity of the Shigella Bacterium. Angew. Chem. Int. Ed. **46**, 8266–8269 (2007)

Teil V

Erfolge beim rationalen Design von Wirkstoffen

Abbildung auf der Vorderseite
Das Design und die Entwicklung des richtigen Wirkstoffkandidaten als einem niedermolekularen Liganden für eine vorgegebene makromolekulare Zielstruktur aus dem Universum aller möglichen Proteine bedeutet, aus dem Chemischen Raum aller denkbaren Pharmamoleküle die am besten geeignete Substanz herauszusuchen. Diese Aufgabe kommt einer Vereinigung von Chemischem und Biologischem Raum gleich. Die Abbildung versucht die Schnittmenge dieser beiden Räume durch die ineinander verschmelzenden Spiralnebel aus Protein- und Ligandstrukturen zu symbolisieren (Ankündigungsposter aus der Arbeitsgruppe des Autors anlässlich einer Tagung 2007, Rauischholzhausen, Marburg).

Wie wirken Arzneistoffe: Angriffspunkte für eine Therapie

22

Wie viele Angriffspunkte bestehen für eine Arzneimitteltherapie? Es gibt Abschätzungen, die von derzeit etwa **500 Zielstrukturen** oder Targets ausgehen, an denen die heute im Handel befindlichen Arzneimittel ihre Wirkung entfalten. Optimistische Prognosen behaupten, dass diese Zahl vielleicht um den Faktor 10 zu steigern wäre. Doch ist auch diese Anzahl immer noch klein gegen die Vielfalt von Proteinen, die in unserem Organismus eine Rolle spielen. Die Aufklärung unseres Genoms ist abgeschlossen. Wir wissen, dass die Anzahl unserer Gene mit ca. 25 000 weit geringer ausfällt als dies ursprünglich angenommen wurde (Abschnitt 12.3). Die Zahl **relevanter Proteine**, für die diese Gene codieren, ist deutlich größer, u. a. wegen der vielfältigen **posttranslationalen Modifikationen** und des **alternativen Spleißens**, die eine Auffächerung der Geninformation auf mehrere Proteinvarianten bedingen. Unser Genom ist somit kartiert, aber wissen wir bereits, welche Funktion hinter dem einzelnen Gen steht? Wie lassen sich aus dieser Flut von Sequenzinformationen Aussagen zu Proteinen, deren Funktion und möglicher Rolle in einem Krankheitsgeschehen ableiten? Für viele der im Genom entdeckten Proteine kann heute aufgrund von Sequenzvergleichen angegeben werden, zu welcher Proteinfamilie sie gehören. Dennoch wartet ein nicht zu vernachlässigender Teil der Erbinformation noch auf seine Annotierung. Damit ist ein erster Schritt getan. Doch wie sieht die Raumstruktur der Proteine aus, für die diese Sequenzen stehen? Welche Liganden werden von diesen Proteinen erkannt und welche biochemische Funktion übernehmen sie in unserem Organismus? Die **biochemische Funktion**, d. h. die Zuweisung, ob ein Protein z. B. eine Protease, einen Ionenkanal oder einen Transporter darstellt, gibt noch lange keine Auskunft darüber, welche **systemische Aufgabe** das Protein für Funktionsabläufe in einer Zelle oder in einem gesamten Organismus übernimmt. Die Raumstruktur eines Proteins ist verantwortlich für dessen Funktion. Deshalb werden intensiv die Strukturen der Proteine in unserem Genom aufgeklärt. Es ist das Ziel, den Strukturraum aller Proteine möglichst gut zu kartieren. Dann könnte es gelingen, für jede entdeckte Sequenz eine räumlich aufgeklärte und ausreichend homologe Referenzstruktur zu finden, die einen erfolgreichen Modellbau ermöglicht. Es ist schon heute gelungen, für einige Genfamilien die Strukturen aller Mitglieder dieser Familie aufzuklären. Somit ist es nur eine Frage der Zeit, bis wann wir über die Raumstrukturen aller relevanten Proteine verfügen. Der Weg dahin mag zwar noch weit und beschwerlich sein, er ist aber klar vorgezeichnet. Wird dies den Markt an potenziellen Arzneimitteln revolutionieren und ganz neuartige Therapieansätze ermöglichen? In den Abschnitten 11.4 und 12.4 ist beschrieben worden, was der Chemische Raum aller denkbaren Wirkstoffmoleküle und der Biologische Raum aller möglicherweise krankheitsrelevanten Proteine enthält. Das Wirkstoffdesign versucht, beide Räume miteinander zu vereinen. Für die Schnittmenge beider Räume sind Moleküle als Kandidaten für potenzielle Wirkstoffe zu finden.

22.1 Das *„druggable"* Genom

Im Jahre 2002 haben Andrew Hopkins und Colin Groom eine Zusammenstellung veröffentlicht, die den derzeitigen **Arzneimittelmarkt** genauer beleuchtet (Abb. 22.1). Da zurzeit etwa 20 Arzneistoffe pro Jahr neu in den Markt eingeführt werden, beobachten wir im Augenblick nur sehr geringe Veränderungen dieses Angebots. Etwa die Hälfte der heutigen Arzneimittel hemmen Enzyme. Weitere 30 % beeinflussen das Verhalten von G-Protein-gekoppelten Rezeptoren (GPCRs). Etwa 7 % entwickeln ihre therapeutische Bedeutung an Ionenkanälen und jeweils 4 % beeinflussen Transporter, nucleäre Hormonrezeptoren oder andere Rezeptoren für Wachstumsfaktoren, Interleukine oder Peptide ähnlich dem Insulin. Dann verbleibt noch ein kleiner Teil, der an zelloberflächenexponierte Integrine bindet oder die DNA beeinflusst. Diese Marktanteile decken sich aber keinesfalls mit der Häufigkeit dieser Zielstrukturen in unserem Genom. Beispielsweise stellen die GPCRs nur 2,3 % unseres Genoms, wenn man die sensorischen GPCRs außer Acht lässt. Ca. 15 % des „*druggable*" Genoms, also des Teils, der im günstigen Fall durch eine Arzneistofftherapie in seiner Funktion beeinflusst werden könnte, wird den GPCRs zugeordnet. Für die Kinasen, die über 22 % des durch Arzneistoffe modulierbaren Genoms ausmachen, befinden sich derzeit erst neun Hemmstoffe als Arzneimittel im Handel. Allerdings sind geschätzte 100 Substanzen in der vertieften Prüfung. Somit ist zu erwarten, dass sich der Arzneimittelmarkt in den nächsten Jahren verändern wird.

In den folgenden Kapiteln werden exemplarisch die einzelnen Zielstrukturen vorgestellt, die Angriffspunkte für eine Arzneistofftherapie abgeben. Sie werden anhand ihrer wichtigsten Strukturmerkmale diskutiert, denn in aller Regel definiert die Struktur eines Arzneistofftargets, wie ein Hemmstoff, ein Agonist, Antagonist oder allosterischer Regulator auszusehen hat. Diese Prinzipien dienen als allgemeine Konzepte für den Entwurf neuer Wirkstoffe. Die heutige Arzneimittelforschung weiß in aller Regel um die Zielstruktur für einen neuen Wirkstoff. Bei vielen der älteren Entwicklungen war dies zunächst nicht der Fall. Doch kennt man auch für diese Wirkstoffe inzwischen viele der Wirkprinzipien. Peter Imming hat mit seiner Arbeitsgruppe eine Zusammenstellung erarbeitet, die für eine umfangreiche Sammlung der heute eingesetzten Arzneistoffe die aufgeklärten Wirkmechanismen aufführt. Weiterhin bietet die WOMBAT-Datenbank von Tudor Oprea von der Universität in Albuquerque, New Mexico, einen schnellen Zugriff auf die funktional annotierten Wirkstoffe zusammen mit ihren charakterisierten Eigenschaften.

22.2 Enzyme als Katalysatoren im Stoffwechselgeschehen

Alle Stoffwechselvorgänge, die Biosynthesewege und die Regulation wichtiger physiologischer Prozesse werden durch Enzyme vermittelt. Enzyme sind **makromolekulare Biokatalysatoren**, die auch komplexe chemische Reaktionen im wässrigen Medium, normalerweise bei 37 °C, und unter Normaldruck ablaufen lassen. Im Verlauf der Evolution haben sich Familien von Enzymen mit analogem Baumuster und identischen katalytischen Zentren entwickelt. Kleine Unterschiede in der Struktur der Bindestellen führen aber zu ganz verschiedenen Substratspezifitäten, die diese Enzyme, je nach erforderlicher Funktion, hochspezifisch oder ausgeprägt promiskuitiv machen.

Enzyme binden ihre Substrate und Umsetzungsprodukte nicht sehr fest. Die gebundene Konformation des Liganden ist oft verschieden von der energetisch günstigsten Konformation in wässriger Lösung. Ein Enzym bindet das Substrat in einer Geometrie, die es auf den **Übergangszustand** der Reaktion vorbereitet. Zusätzlich können polare Gruppen entsprechende Ladungsverschiebungen induzieren. Durch die Struktur und Anordnung seiner reaktiven Gruppen stabilisiert das Enzym den Übergangszustand einer chemischen Umsetzung. Gleichzeitig erniedrigt es die Aktivierungsenergie der Reaktion und ermöglicht die teilweise dramatische Beschleunigung einer chemischen Umsetzung. Nach Ablösung der Produkte steht das Enzym für die Umwandlung des nächsten Substratmoleküls zur Verfügung.

Die Enzyme werden nach den Reaktionen, die sie katalysieren, klassifiziert. Eine internationale Kommission hat sie in sechs Klassen unterteilt und dazu einen **Vier-Ziffern-Code** vergeben (Tabelle 22.1). Die Hauptklasse gibt an, welcher Reaktionstyp (Redoxreaktion, Transferreaktion, Transfer funktioneller Gruppen auf Wasser, Spalt- und Eliminationsreaktionen, Isomerisierung von Gruppen innerhalb eines Substrats oder Kondensationen unter Verknüpfen von Molekülgruppen) katalysiert wird. Die weiteren Ziffern klassifizieren, welche Gruppen beispielsweise transferiert werden, oder ob die Proteine über Cofaktoren reguliert werden. Einen schnellen Zugriff und breiten Überblick über Proteasen, ihre Substrate, Reaktionsmechanismen und Selektivitäten ermöglicht über das Internet die MEROPS-Datenbank, die am Sanger-Institut in Cambridge, England, gepflegt wird. In den nachstehenden Kapiteln 23–27 werden wichtige Enzymklassen abgehandelt, für die erfolgreich Arzneimittel entwickelt wurden.

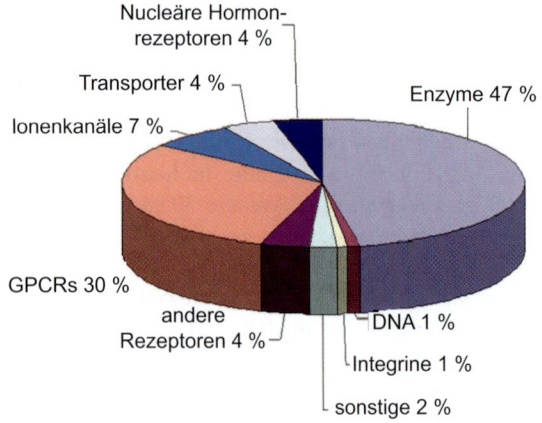

Abb. 22.1 Verteilung der Zielproteine (Targets) für die heute auf dem Markt befindlichen Arzneimittel.

Tabelle 22.1 Enzym-Klassifizierung anhand eines vierstelligen Zahlencodes

Klasse	Bezeichnung	Biochemische Funktion	Beispiele	Coenzyme
EC 1.x.x.x	Oxidoreduktasen	Katalyse von Redoxreaktionen Transfer von H- und O-Atomen oder Elektronen zwischen Molekülen	Dehydrogenasen Oxidasen Oxygenasen Hydroxylasen	NAD^+, $NADP^+$, FAD, FMN, Liponsäure
EC 2.x.x.x	Transferasen	Transfer funktioneller Gruppen wie Methyl-, Acyl-, Amino- oder Phosphatgruppen von einem Molekül zu einem anderen	Phosphotransferasen (inklusive Kinasen) Aminotransferasen	S-Adenosyl-methionin, Biotin, cAMP, ATP, Thiaminpyrophosphat (TPP), Tetrahydrofolsäure
EC 3.x.x.x	Hydrolasen	hydrolytische Spaltung von Molekülen	Esterasen, Lipasen Phosphatasen Peptidasen	benötigen keine Coenzyme
EC 4.x.x.x	Lyasen	nichthydrolytische Addition oder Abspaltung von Gruppen von Molekülen vor allem an Doppelbindungen, Spaltung von C–C-, C–N-, C–O-, C–S-Bindungen	Decarboxylasen Aldolasen Synthasen	TPP, Pyridoxalphosphat
EC 5.x.x.x	Isomerasen	intramolekulare Umlagerungen und Isomerisierungen innerhalb eines Moleküls	Racemasen Mutasen	Glucose-1,6-bisphosphat Vitamin B 12
EC 6.x.x.x	Ligasen	Verknüpfen zweier Moleküle durch Bildung von C–C-, C–N-, C–O-, C–S-Bindungen unter Verbrauch von ATP	Synthetasen Carboxylasen	ATP, NAD^+

22.3 Wie bereiten Enzyme Substrate auf den Übergangszustand vor?

Um zu erläutern, wie ein Enzym sein Substrat auf den Übergangszustand einer Reaktion vorbereitet, wollen wir uns ein Beispiel vornehmen. In der Gruppe von Robert Huber am MPI in Martinsried wurde die Kristallstruktur der Kreatinase mit einem dem natürlichen Substrat Kreatin 22.1 sehr ähnlichen Inhibitor, Carbamoylsarkosin 22.2, aufgeklärt. Das Enzym katalysiert die Spaltung von Kreatin zu Harnstoff und Sarkosin (Abb. 22.2). Dazu muss im Guanidinteil des Kreatins durch den **nucleophilen Angriff eines Wassermoleküls** auf den zentralen Kohlenstoff die C–N-Bindung im Zentrum des Moleküls gespalten werden. Durch die elektronische Delokalisation besitzen alle drei C–N-Bindungen im Guanidinteil partiellen Doppelbindungscharakter und der Molekülbaustein weist planare Geometrie auf. Wie schafft es nun das Enzym, das Kreatin in Richtung auf den Übergangszustand der Reaktion zu verzerren und auf den nucleophilen Angriff sowie den Bindungsbruch vorzubereiten? Das zwitterionische Kreatin wird mit seiner Guanidinfunktion von zwei Glutamatresten über salzartige Wasserstoffbrücken gebunden (Abb. 22.3 und 22.4).

Die gegenüberliegende Säurefunktion findet mit zwei Argininresten stark polarisierende Bindungspartner. Weiterhin treffen wir in der Kristallstruktur ein Wassermolekül nahe dem zentralen iminähnlichen Kohlenstoff des Guanidinteils an. Benachbart ist ein Histidin in der Bindetasche zu finden. Dieses Histidin positioniert das Wasser exakt an der erforderlichen Position, dient aber auch zur Abspaltung eines Protons vom Wasser. Dies erhöht die Nucleophilie des Wassers in Form einer OH-Gruppe. Die schraubstockartige Fixierung der Guanidingruppe durch die beiden Glutamatreste bewirkt eine Verdrillung des im ungebundenen Zustand planaren Bausteins. Dadurch reißt die Konjugation auf und die im Folgenden zu spaltende C–N-Bindung wird deutlich geschwächt. Es erfolgt der nucleophile Angriff, ein tetraedrischer Übergangszustand wird gebildet. Gleichzeitig vermag das nun protonierte Histidin den methylsubstituierten Stickstoff zu polarisieren und in eine Wasserstoffbrücke einzubeziehen. Dies bereitet unser Substrat weiter auf den **Übergangszustand des Bindungsbruchs** vor. Nach Übertragung des Protons vom Histidin auf das Substrat entsteht an dem Stickstoffatom in der zu spaltenden Bindung eine positive Ladung. Das Histidin übernimmt ein Proton vom Sauerstoff des tetraedrischen Übergangszustands. Gleichzeitig bildet sich eine C=O-Doppelbindung aus und die zentrale C–N-Bindung wird getrennt. Die Produkte verlassen die

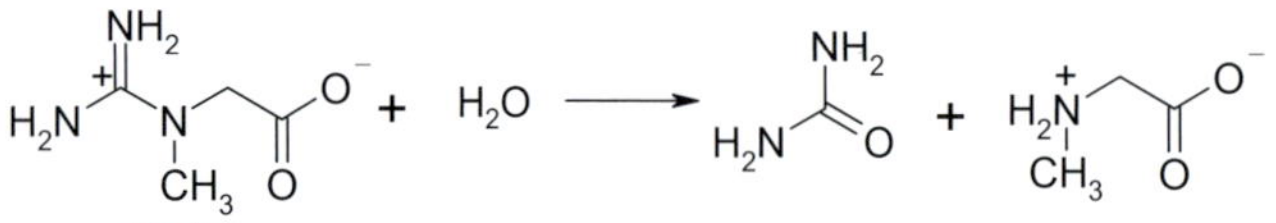

Abb. 22.2 Das Enzym Kreatinase spaltet Kreatin **22.1** mit Wasser in Harnstoff und Sarkosin. Das strukturell sehr ähnliche Molekül Carbamoylsarkosin **22.2** stellt einen Inhibitor des Enzyms dar.

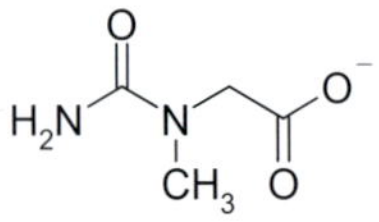

Bindetasche. Das Enzym schafft somit eine **stereoelektronisch komplementäre Umgebung** für die Spaltreaktion. Seine polaren Reste platzieren das Wassermolekül korrekt für den nucleophilen Angriff und das Histidin bewirkt eine Pyramidalisierung des Stickstoffs in der zu spaltenden Bindung. Gleichzeitig dient es während der Reaktion sowohl als Protonendonor wie auch als Akzeptor.

Die Kristallstruktur in Abb. 22.4 wurde zusammen mit Carbamoylsarkosin bestimmt. Dieses Molekül unterscheidet sich vom Substrat Kreatin nur durch den Austausch eines Sauerstoffs gegen einen Stickstoff. Doch dadurch trägt dieser Molekülbaustein keine positive Ladung wie das Kreatin. Die Addition des Nucleophils Wasser als OH$^-$ führt beim Kreatin zum Abbau und Ausgleich von Ladungen im Guanidiniumteil. Ein vergleichbarer Angriff auf das Carbamoylsarkosin würde aber zum Entstehen einer negativen Ladung benachbart zu den beiden negativ geladenen Glutamaten führen. Dies ist energetisch sehr ungünstig. Folglich läuft die Spaltreaktion an diesem Molekül nicht ab, es blockiert die Umsetzung. Das Beispiel zeigt, wie genau Substrat und Enzym strukturell und elektronisch aufeinander abgestimmt sein müssen. Kleine Änderungen können dieses System drastisch verändern und ein Substratmolekül in einen Hemmstoff der Umsetzungsreaktion verwandeln.

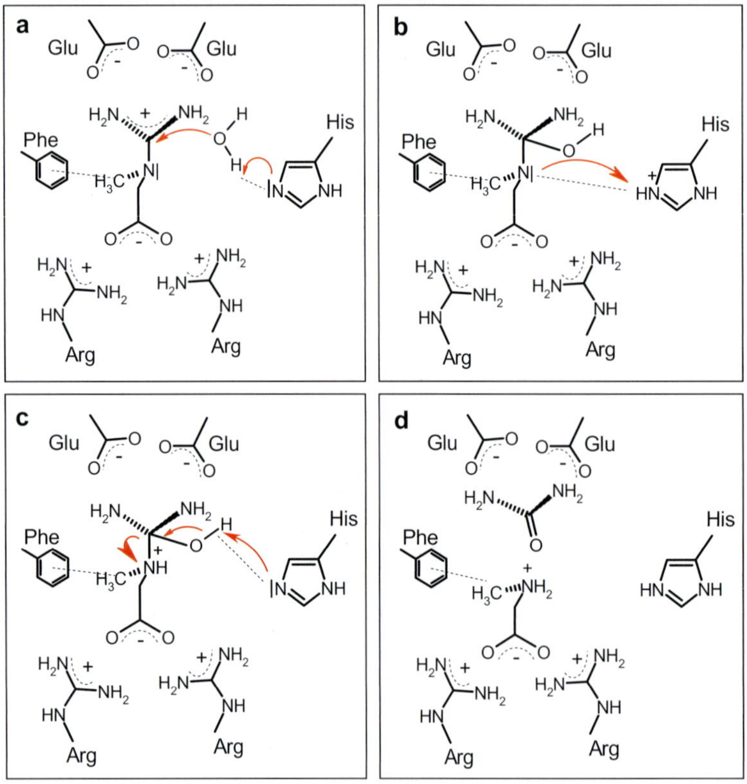

Abb. 22.3 (a) Im ersten Schritt wird ein Wassermolekül durch das benachbarte Histidin so polarisiert, dass es einen nucleophilen Angriff auf den iminähnlichen Kohlenstoff ermöglicht. (b) Anschließend überträgt das Histidin ein Proton auf den zentralen Stickstoff. (c) Das Substrat reagiert weiter, indem sich eine C=O-Doppelbindung ausbildet und die C–N-Bindung gespalten wird. (d) Die Produkte Harnstoff und Sarkosin verlassen die Bindetasche.

22. Wie wirken Arzneistoffe: Angriffspunkte für eine Therapie

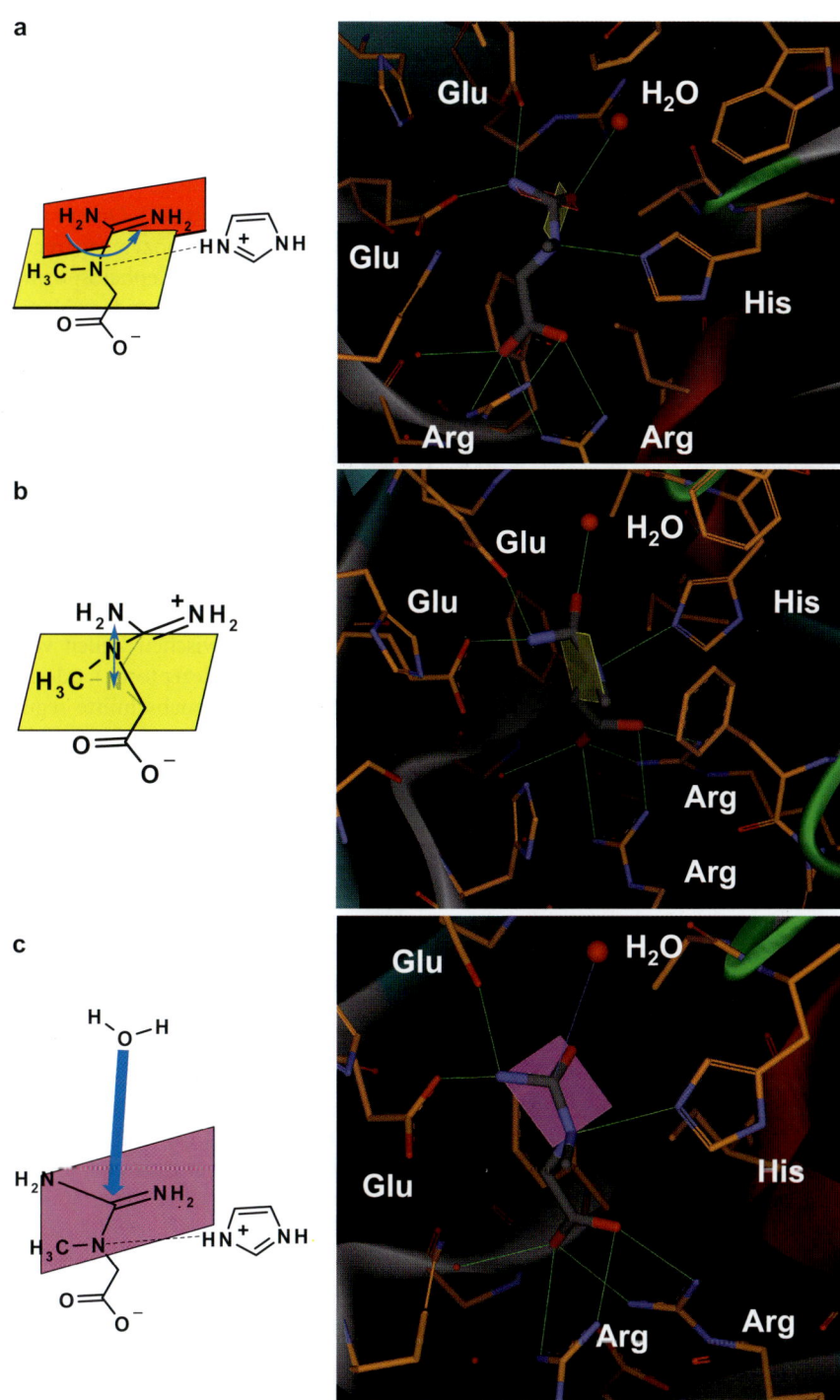

Abb. 22.4 (a) Die schraubstockartige Fixierung der Guanidingruppe durch die beiden Glutamatreste bewirkt eine Verdrillung dieses im ungebundenen Zustand planaren Bausteins. Dadurch reißt die Konjugation auf und die zu spaltende C–N-Bindung wird geschwächt. Die Verdrillung wird durch die rote bzw. gelbe Ebene angedeutet, die durch die Atome der Guanidiniumgruppe gelegt wurden. (b) Das benachbarte protonierte Histidin polarisiert den methylsubstituierten Stickstoff zusätzlich und bezieht ihn in eine Wasserstoffbrücke ein. Dadurch nimmt dieser Stickstoff eine pyramidale Konfiguration an, d. h. er weicht aus der Ebene (gelb) seiner drei nächsten Nachbarn ab. (c) In der Struktur mit den substratähnlichen Inhibitor Carbamoylsarkosin lässt sich ein Wassermolekül in der Position finden, aus der es den nucleophilen Angriff auf das Substrat Kreatin einleitet. Der Angriff erfolgt von oberhalb und schräg hinter der C=N-Bindung.

22.4 Enzyme und ihre Inhibitoren

Enzyme können zu Multienzymkomplexen organisiert sein, die an einem Substrat mehrere aufeinander folgende Reaktionen ausführen. Sie können miteinander aber auch Kaskaden bilden, bei denen ein Enzym die inaktive Vorstufe des nächsten Enzyms aktiviert. Dieses aktiviert seinerseits ein weiteres Enzym und so weiter. Bei der Blutgerinnungs-Kaskade (Abschnitt 23.3) erfolgt die Aktivierung über zwei unabhängige Wege entlang jeweils mehrerer Stufen, die am Ende der Kaskade in einen gemeinsamen Pfad einmünden. Damit wird ein schwacher auslösender Effekt in Windeseile um mehrere Größenordnungen verstärkt. Für die normale Blutgerinnung nach einer Verletzung ist dies gut, bei krankheitsbedingter erhöhter Gerinnungsneigung kann es aber verheerende Folgen haben!

Etliche Inhibitoren verhindern die katalytische Wirkung eines Enzyms durch Belegung der Stelle, an der auch das Substrat binden würde. Solche Hemmstoffe werden als **kompetitive Inhibitoren** bezeichnet. Daneben gibt es **allosterische Inhibitoren**, die an anderer Stelle an das Enzym binden und seine dreidimensionale Struktur oder dynamischen Eigenschaften verändern. Dies kann die Ausbildung einer für die Katalyse erforderlichen Konformation des Enzyms behindern und zu einer Abschwächung der katalytischen Aktivität führen. Detaillierte Untersuchungen der Enzymkinetik erlauben es, zwischen kompetitiver und nichtkompetitiver Hemmung zu unterscheiden.

Je nach der Art der Wechselwirkung mit dem Enzym unterscheidet man **reversible** und **irreversible Inhibitoren**. Bei den reversiblen Inhibitoren muss die Affinität zum Enzym hoch sein, damit die Umsetzung des Substrats zuverlässig verhindert wird. Manche reversible Inhibitoren bilden eine kovalente Bindung zum katalytischen Zentrum aus, die aber chemisch labil und damit voll reversibel ist, z. B. eine Halbacetalbindung. Irreversible Inhibitoren reagieren mit dem Enzym unter Bildung einer chemisch stabilen Bindung. Die Inhibitoren oder die reagierende Gruppe können nicht wieder abgelöst werden, für die restliche Verweilzeit bis zum Proteinabbau im Organismus ist das Enzym gehemmt. Daneben gibt es natürlich vorkommende Protease-Inhibitoren, die zwar reversibel binden, aber so fest haften, dass der Komplex abgebaut wird, bevor sich der Inhibitor ablöst.

Das rationale Design eines Enzyminhibitors geht meist von der Struktur des Substrats aus. Besonders erfolgreich ist der Ansatz, den Übergangszustand mit einer chemisch analogen Gruppe zu imitieren, die vom Enzym nicht angegriffen wird. In den folgenden Kapiteln werden viele Beispiele für das Design solcher Enzyminhibitoren gegeben. Irreversible Enzyminhibitoren spielen insgesamt zwar eine geringere Rolle als reversible Inhibitoren, aber so wichtige Arzneimittel wie die Acetylsalicylsäure (Abschnitt 3.1), Omeprazol (Abschnitt 3.5), Clopidogrel (Thrombozytenaggregationshemmer), die Penicilline und Cephalosporine (Abschnitt 23.7) und einige Monoaminoxidase-Hemmer (Abschnitt 27.8) gehören zu dieser Gruppe.

22.5 Rezeptoren als Zielstrukturen für Arzneistoffe

Rezeptoren sind Proteine oder Proteinkomplexe, die

- den Informationsaustausch zwischen Zellen vermitteln (membrangebundene Rezeptoren), oder
- hormongesteuert bestimmte Genabschnitte regulieren (lösliche Rezeptoren bzw. Transkriptionsfaktoren), oder
- direkt an Ionenkanäle gekoppelt sind und den Ionenfluss in die Zelle bzw. aus der Zelle entlang eines Konzentrationsgradienten steuern.

Wichtige **membranständige Rezeptoren** sind die Rezeptoren für Adrenalin, Serotonin, Dopamin, Histamin, Acetylcholin, Adenosin und Thromboxan, für Peptide, z. B. die Enkephaline (Opiatrezeptoren), Neurokinine und Endotheline, für Glycoproteine, sowie die Gruppe der Sinnesrezeptoren. Endogene Agonisten vieler membrangebundener Rezeptoren sind die **Neurotransmitter** (Abschnitt 1.4). Nervenzellen sind durch **Synapsen** miteinander verbunden, das sind Zonen, in denen die chemische Informationsübertragung durch Neurotransmitter erfolgt. Zwischen der sendenden Zelle (**präsynaptische Nervenzelle**) und der empfangenden Zelle (**postsynaptische Nervenzelle**) befindet sich der so genannte **synaptische Spalt**. Die Neurotransmitter werden in der präsynaptischen Nervenzelle synthetisiert und in Vesikeln gespeichert. Bei Nervenreizung werden sie in den synaptischen Spalt ausgeschüttet. Dort bewirken sie über die Bindung an spezifische Rezeptoren z. B. der postsynaptischen Nervenzellen eine Änderung des Membranpotenzials und damit eine Erregung dieser Zellen. Nach aktiver Wiederaufnahme in die Zelle, Rückspeicherung in Vesikeln bzw. nach Abbau, z. B. durch das Enzym Monoaminoxidase (Amine), durch

Esterasen (Acetylcholin) und Peptidasen oder in Gliazellen durch die Catechol-*O*-Methyltransferase, klingt der Effekt rasch wieder ab (vgl. Abb. 22.7).

Innerhalb der Zelle wirken diese Rezeptoren auf die **G-Proteine** ein (Abb. 22.5), deren Name sich auf die Bindung von Guanosin-di- und -tri-phosphat bezieht. Alle **G-Protein-gekoppelten Rezeptoren** (GPCR) haben ein identisches Bau- und Funktionsprinzip. Sie bestehen aus einer Proteinkette mit sieben hydrophoben Abschnitten, die durch die Zellmembran gehen und den Rezeptor darin verankern. Diese einzelnen Abschnitte sind durch Schleifen miteinander verbunden. Bisher sind ca. 1000 verschiedene GPCR-Sequenzen bekannt, es werden aber immer wieder neue entdeckt und charakterisiert (Abschnitt 29.1).

Nach Anlagerung eines **Agonisten** wird eine „aktive" Konformation des Rezeptors stabilisiert. **Antagonisten** verhindern die Anlagerung des Agonisten, **inverse Agonisten** stabilisieren die inaktive Konformation des Rezeptors.

Die Auslösung der Rezeptorantwort verläuft trotz Verschiedenartigkeit der Rezeptoren über identische Drehscheiben, um sich dann wieder zu verzweigen. Dies ist ein ökonomisches Prinzip der Natur, das in anderen Fällen, z. B. bei der Regulation der Zellteilung, ebenfalls realisiert ist. Die mehr oder weniger ausgeprägte Spezifität der Wirkung wird erzielt über

- die unterschiedlichen Strukturen der Agonisten und Rezeptoren und die daraus resultierende Aktivierung verschiedener G-Proteine und Effektorproteine,
- die unterschiedliche Rezeptorbelegung und -dichte verschiedener Zellen und
- die Lokalisierung der Zellen, die ein Hormon oder einen Neurotransmitter erzeugen und ausschütten. Dies geschieht nur in ganz bestimmten Zellen, benachbarte Zellen oder Organe sind nicht beteiligt.

Das Bild solcher Rezeptoren kann sehr komplex sein. Bei den Acetylcholinrezeptoren (AChR) unterscheidet man z. B. zwei Gruppen, die entweder bevorzugt Muscarin, einen Giftstoff des Fliegenpilzes *Amanita muscaria*, oder Nicotin, den Inhaltsstoff der Tabakpflanze *Nicotiana tabacum*, binden. Im Gegensatz zu den muscarinischen Acetylcholinrezeptoren, die G-Protein-gekoppelte Rezeptoren sind, ist der nicotinische Acetylcholinrezeptor (nAChR) ein ligand-gesteuerter Ionenkanal (Abschnitt 30.4). Er besitzt einen komplexen Aufbau aus fünf in die Zellmembran eingelagerten Proteinketten (Abb. 22.6 a). Für den nAChR aus dem elektrischen Organ des Zitterrochens, einem Proteinkomplex mit dem Molekulargewicht von 290 kD, liegen elektronenmikroskopische Bilder der geschlossenen und der durch Acetylcholin geöffneten Struktur des Kanals vor (Abschnitt 30.4).

Viele Hormonrezeptoren, z. B. für das Schilddrüsenhormon, die Sexualhormone, die Corticosteroide und die Retinsäure, sind **lösliche Rezeptoren**, die sich in der Zellflüssigkeit, dem Cytosol, frei bewegen. Nach Bindung des Agonisten wandert der Komplex in den Zellkern. Dort bindet er als Dimer an Signalsequenzen der DNA, die Operator- und Repressor-Gene, und induziert damit die Neusynthese bzw. unterdrückt die Synthese bestimmter Proteine (Abb. 22.6 b).

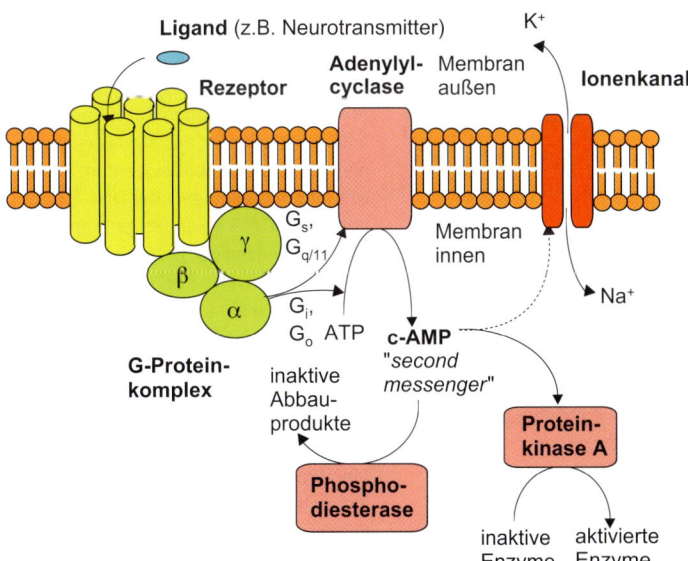

Abb. 22.5 Schematische Darstellung der Struktur und Funktion eines G-Protein-gekoppelten Rezeptors (GPCR). Die sieben Zylinder symbolisieren sieben durch die Membran gehende Helices. Die extra- bzw. intrazellulären Schleifen, die diese Helices verbinden, sind nicht eingezeichnet. Nach Bindung eines Agonisten dissoziiert die α-Untereinheit des so genannten G-Proteinkomplexes ab. Liegen ein G_s- oder $G_{q/11}$-Protein vor, dann aktivieren sie ein Enzym, das einen internen Botenstoff, den *„second messenger"* erzeugt. Zum Beispiel bildet das membrangebundene Enzym Adenylylcyclase aus Adenosintriphosphat (ATP) das cyclische Monophosphat (cAMP). Der *second messenger* kann über Proteinkinase A die Aktivierung weiterer Zielproteine bewirken oder einen Ionenkanal öffnen. Um eine überschießende Reaktion zu vermeiden, wird cAMP ständig durch das Enzym Phosphodiesterase abgebaut. $G_{i/o}$-Proteine hemmen Enzyme, die *second messenger* bilden.

Alle **cytosolischen Hormonrezeptoren** oder **nucleären Rezeptoren** sind nach vergleichbaren Prinzipien aufgebaut (Abschnitt 28.2). Sie weisen eine Domäne mit der DNA-Bindestelle und eine mit der Liganden-Bindestelle auf. Die **DNA-Bindestelle** ist hoch konserviert, d. h. sie unterscheidet sich bei verschiedenen Rezeptoren in der Aminosäuresequenz nur wenig. Sie enthält zwei „Zink-Finger", Zn^{2+}-bindende, hoch konservierte Motive, die an ganz bestimmte DNA-Abschnitte, die Erkennungssequenzen, binden. Die **Liganden-Bindestelle** ist deutlich variabler. Für die Wechselwirkung mit der DNA werden Dimere gebildet, entweder aus zwei identischen Rezeptoren (Homodimere) oder aus unterschiedlichen Rezeptoren (Heterodimere). Im Dimer erkennen vier Zinkfinger eine Sequenz von insgesamt zwölf Basenpaaren der DNA.

Dimerisierung findet man auch bei einer anderen Klasse von membrangebundenen Rezeptoren, die nicht zum GPCR-Typ gehören. Dazu zählen die **Rezeptoren** einiger **Wachstumsfaktoren**, z. B. für das menschliche Wachtumshormon (engl. *human growth hormone*, hGH), den epidermalen Wachstumsfaktor (engl. *epidermal growth factor*, EGF) und für Insulin (Abschnitt 29.8). Diese Rezeptoren dimerisieren in der Membran nach Bindung des Faktors an die extrazellulären Domänen. Dadurch werden intrazellulär Kinasen aktiviert, die Teil des Rezeptorproteins sind (Abb. 22.6 c). Daneben gibt es Rezeptoren, bei denen mehr als zwei Einheiten einen Komplex bilden müssen, um die Rezeptorantwort auszulösen. Dazu gehören eine Reihe immunologisch bedeutender Rezeptoren sowie die Rezeptoren für den Nervenwachstumsfaktor (NGF) und den Tumornekrosefaktor (TNF).

In diesem Abschnitt sind mehrere Beispiele von Proteinen vorgestellt worden, die als Oligomere ihre Funktion ausüben. Auch bei Enzymen ist die Oligomerbildung weit verbreitet. Es gibt mehrere Gründe, warum eine solche Oligomerisierung vorteilhaft ist. Zum einen sind es die funktionalen Erfordernisse, die, wie oben beschrieben, mehrere benachbarte Domänen verlangen. Zum anderen können sich mechanistische Vorteile ergeben, vor allem bei Enzymen. Einzelne Domänen eines Oligomers sind nicht zwingend unabhängig voneinander. Ihre katalytische Effizienz kann z. B. davon abhängen, in welchem Zustand sich eine andere Domäne des Oligomers gerade befindet.

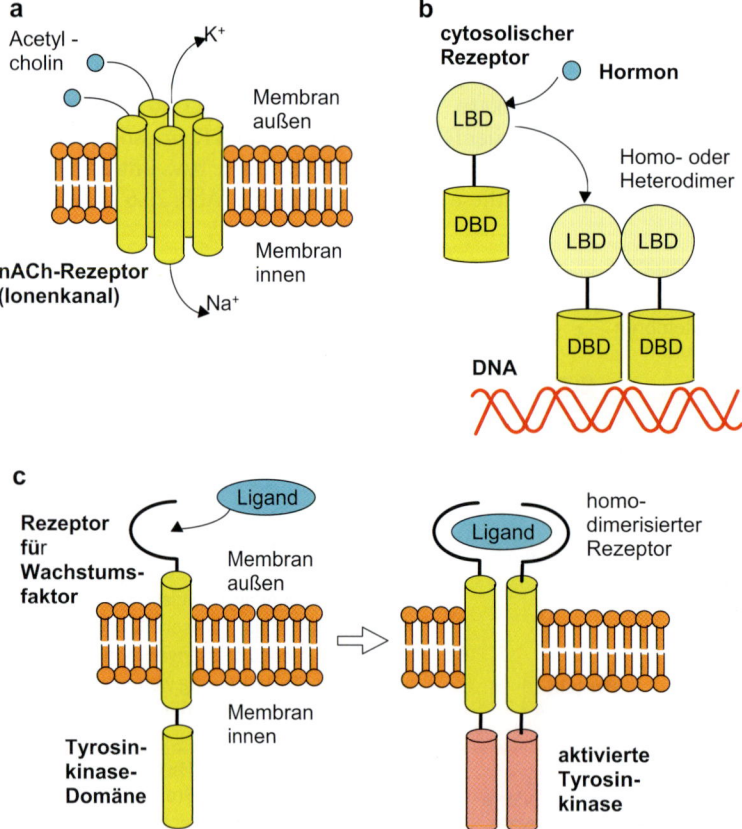

Abb. 22.6 (a) Der nicotinische Acetylcholinrezeptor (nAChR) ist ein ligandgesteuerter Ionenkanal (Abschnitt 30.4). Hier stehen die Zylinder nicht für Segmente, sondern für fünf getrennte Proteine, von denen jedes vier Transmembrandomänen aufweist. Nach der Bindung von Acetylcholin erfolgt eine rasche Öffnung des Kanals. (b) Lösliche Rezeptoren dimerisieren nach Anlagerung des Agonisten an ihre Liganden-Bindedomäne (LBD). Dabei können sowohl Homodimere aus zwei identischen Rezeptoren als auch Heterodimere aus zwei verschiedenen Rezeptoren gebildet werden. Die so genannten „Zinkfinger" der DNA-Bindedomänen (DBD) erkennen ganz spezifische Sequenzen der DNA. Durch die Dimerisierung zweier Rezeptoreinheiten ergibt sich eine eindeutige Adressierung eines bestimmten DNA-Abschnittes.
(c) Auch membrangebundene Rezeptoren für Wachstumsfaktoren und für Insulin dimerisieren. Durch die Bindung des Liganden formen zwei Rezeptoren in der Membran einen Komplex und aktivieren dadurch eine intrazelluläre Domäne des Rezeptors, in diesem Fall eine Tyrosinkinase.

Dies ergibt eine zusätzliche Möglichkeit der Regulation von Proteinfunktionen. Die Oligomerisierung kann aber noch eine andere Bedeutung besitzen. Das Innere einer Zelle ist vollgestopft mit Proteinen, Liganden, Substraten und Ionen. Man muss sich die Verhältnisse wie auf einer Fanmeile nach Rückkehr einer siegreichen Fußballmannschaft vorstellen, ein hektisches Gedränge und Geschiebe! Ein Weg, diese Zahl zu reduzieren ohne die katalytische Produktivität durch einen Verzicht auf enzymatische Zentren zu beschränken, besteht in der Bildung von Oligomeren.

22.6 Wirkstoffe regulieren Ionenkanäle, unsere extrem schnellen Schalter

In die Zellmembran eingebettete **Ionenkanäle** lassen im geöffneten Zustand Ionen entsprechend einem elektrochemischen Konzentrationsgradienten ein- oder ausströmen. Das Öffnen oder Schließen des Kanals kann **spannungs-** oder **ligand-** bzw. **rezeptorgesteuert** sein. Alle diese Vorgänge laufen außerordentlich rasch ab (Abschnitt 30.1).

Die intrazelluläre Ca^{2+}-Ionenkonzentration liegt für alle Körperzellen um einige Zehnerpotenzen unter der des umgebenden Mediums. Im Moment der Erregung einer Zelle werden spannungsgesteuerte Calciumkanäle durch das Eintreffen eines elektrischen Signals kurzzeitig geöffnet. Es erfolgt ein Einstrom von Ca^{2+}-Ionen in die Zelle. Die intrazelluläre Konzentration steigt rasch an, ohne die extrazellulären Konzentrationen zu erreichen. Bei Muskel- und Herzzellen wird durch diesen Vorgang eine Kontraktion ausgelöst. Anschließend werden die überschüssigen Ca^{2+}-Ionen wieder aus der Zelle gepumpt, eine Ruhephase folgt. Diese Vorgänge wiederholen sich sehr rasch, bei Herzzellen in einem Rhythmus von weniger als einer Sekunde, entsprechend der Dauer eines Herzschlags.

Verapamil und Nifedipin (Abschnitt 2.6) greifen an solchen spannungsabhängigen **Calciumkanälen** an und hemmen den Einstrom der Calciumionen. Die im Deutschen gebräuchliche Bezeichnung „Calciumantagonist" ist etwas irreführend, der englische Begriff *calcium channel blocker* beschreibt den Wirkmechanismus der Substanzen präziser. Durch die Hemmung des Ca^{2+}-Einstroms sinkt die Erregbarkeit, z. B. von Herzzellen, es wird weniger Energie verbraucht, die Muskelarbeit wird ökonomischer. Außerdem bieten Calciumantagonisten in schlecht versorgten Arealen, z. B. bei Herzinfarkt, einen Schutz gegen die durch zu hohe Calciumkonzentrationen ausgelöste Zerstörung der Zellen. Ein für die Therapie besonders günstiger Effekt ist ihre blutdrucksenkende Wirkung.

Der nicotinische Acetylcholinrezeptor (nAChR, Abb. 22.6 a) und die Familie der Glutamatrezeptoren gehören zur Klasse der ligand- bzw. rezeptorgesteuerten Ionenkanäle. Hier erfolgt das Öffnen und Schließen des Kanals nicht durch einen elektrischen Impuls, sondern über die Bindung eines Liganden.

Viele Arzneistoffe greifen an Ionenkanälen an (Kapitel 30). Lokalanästhetika und davon abgeleitete Antiarrhythmika sind Natriumkanalblocker, sie setzen die Erregbarkeit der Nervenzellen herab. Auch das Gift des Fugu-Fisches, das Tetrodotoxin (Abschnitt 6.2) blockiert diesen Kanal. Andere Antiarrhythmika blockieren **Kaliumkanäle**. Substanzen, die den K^+-Kanal in der offenen Form stabilisieren, so genannte K^+-Kanalöffner, wirken gefäßerweiternd und blutdrucksenkend. Antidiabetische Sulfonylharnstoffe sind K^+-Kanalblocker, die an den insulinproduzierenden Zellen der Bauchspeicheldrüse angreifen (Abschnitt 30.2).

Tranquilizer vom Typ der Benzodiazepine (Abschnitt 30.6) verstärken die Bindung des Neurotransmitters γ-Aminobuttersäure (GABA) an den **Chloridkanal**. Über eine längere Öffnung des Kanals bewirken sie einen erhöhten Einstrom von Chloridionen und damit eine Änderung des Reaktionsverhaltens der Nervenzellen. Auch Barbiturate und Inhalationsnarkotika greifen an den GABA-Rezeptoren an, allerdings an einer anderen Domäne.

22.7 Blockade von Transportern und Wasserkanälen

Transporter sind Proteine, die eine aktive Aufnahme von Molekülen oder Ionen in Zellen bewirken. Bei der Verwertung unserer Nahrung spielen sie eine ganz entscheidende Rolle. Da Aminosäuren und Zucker selbst nicht membrangängig sind, können sie nur mithilfe von **Transportern** aus dem Verdauungstrakt aufgenommen werden.

Aber auch für die Signalübertragung von Nervenzellen sind sie überaus wichtig. Ein Neurotransmitter muss nach seiner Ausschüttung in den synaptischen Spalt rasch wieder entfernt werden, um keine andauernde Erregung der Nervenzelle zu bewirken. Dies geschieht zum Teil durch metabolischen Abbau. Für die ausschüttende Zelle ist dies aber reine Verschwendung. Eine Wiederaufnahme (engl. *uptake*, fälschlich oft *re-uptake*) mithilfe eines spezifischen Transporters ist ökonomischer. Der Neurotransmitter wird wieder in den Vesikeln gespeichert und für die nächste Freisetzung bereitgehalten.

Transporter arbeiten gegen einen Konzentrationsgradienten. Der Transport verläuft relativ langsam, viel langsamer als bei einem Ionenkanal, und er verbraucht Energie. Für viele Neurotransmitter, Aminosäuren, Zucker und Nucleoside ist die Aminosäuresequenz der spezifischen Transporter bekannt. Wie bei den G-Protein-gekoppelten Rezeptoren unterscheidet man mehrere Familien. Die meisten haben eine noch komplexere Struktur mit zwölf Transmembrandomänen (Abschnitt 30.8).

Einige Wirkstoffe greifen direkt an Transportern an und verdrängen den natürlichen Liganden. So geht die euphorisierende Wirkung des Cocains (Abschnitt 3.4) auf die Bindung an Transporter wie z. B. den Dopamin-Transporter zurück, der für den aktiven Transport und die Wiederaufnahme von Dopamin in die Nervenzelle verantwortlich ist. Ein rasches Anfluten von Cocain bewirkt eine verzögerte Wiederaufnahme von Dopamin aus dem synaptischen Spalt, dessen Vorliegen für die typischen psychischen und physischen Reaktionen verantwortlich ist. Einige Antidepressiva sind Liganden der Transporter für Noradrenalin und Serotonin (Abschnitt 1.4). Sie werden gebunden, aber nicht in die Zelle transportiert. Im Gegensatz dazu werden einige Analoga von Aminosäuren mit dem Transporter in die Nervenzelle eingeschleust. Einen Überblick über das komplexe Zusammenspiel von Neurotransmittern, Enzymen, Rezeptoren, Ionenkanälen und Transportern gibt Abb. 22.7. Bestimmte Gichtmittel binden an den Harnsäuretransporter. Sie verdrängen die Harnsäure, hemmen ihre Resorption aus dem Primärharn und beschleunigen damit die Ausscheidung der Harnsäure über den Urin. Auch für die Gallensäuren gibt es spezifische Transporter.

Neben den bisher beschriebenen Transportern haben andere Vertreter dieser Proteinklasse Bedeutung für die Aufnahme bzw. Ausschleusung von Fremdstoffen in bzw. aus den Zellen. Tumorzellen reagieren auf therapeutische Maßnahmen oft mit der Entwicklung einer Mehrfachresistenz gegen viele, strukturell ganz verschiedene Stoffe (Abschnitt 30.8). Verantwortlich dafür ist das Glycoprotein GP 170, ebenfalls ein Transporter mit zwölf Transmembrandomänen.

Auch **Transporter für Ionen** arbeiten, im Gegensatz zu den Ionenkanälen, gegen einen Konzentrationsgradienten. Es handelt sich dabei um einen aktiven Prozess, der unter Energieverbrauch abläuft. Auch sie werden durch Arzneimittel beeinflusst. Ein Beispiel sind Mittel, die den Harnfluss erhöhen, die Diuretika. Sie hemmen unterschiedliche Ionen-Transporter. Die Na^+/K^+-ATPase, eine Pumpe, die den Austausch von Natrium- und Kaliumionen bewirkt, wird

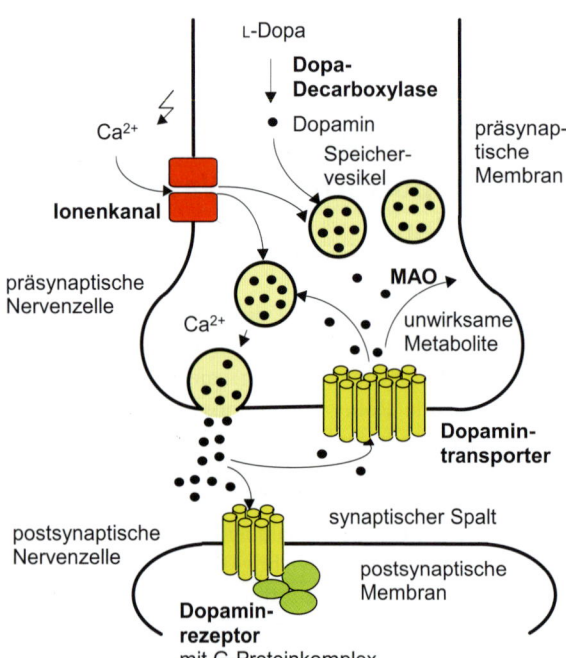

Abb. 22.7 Die Nervenübertragung durch Neurotransmitter beruht auf einem komplexen Zusammenwirken von Enzymen, Rezeptoren, Ionenkanälen und Transportern. Dopamin entsteht aus der Aminosäure L-Dopa durch enzymatische Decarboxylierung. Wie andere Neurotransmitter wird es in speziellen Vesikeln gespeichert. Beim Eintreffen eines elektrischen Reizes strömen Ca^{2+}-Ionen in die Zelle. Dadurch wird der Neurotransmitter in den synaptischen Spalt ausgeschüttet. Durch Wechselwirkung mit den postsynaptischen Rezeptoren leitet er den Nervenimpuls weiter. Anschließend erfolgt die Wiederaufnahme (*uptake*) in die präsynaptische Zelle durch einen Transporter und erneute Speicherung in den Vesikeln oder der Abbau des Neurotransmitters durch das Enzym Monoaminoxidase (MAO).

durch herzwirksame Glycoside gehemmt, die bei Herzinsuffizienz gegeben werden. Substanzen vom Typ des Omeprazols (Abschnitte 3.6 und 9.5) hemmen die H$^+$/K$^+$-ATPase, die so genannte **Protonenpumpe**. Zur Regulierung des Wasserhaushalts, aber auch zum schnellen und selektiven Transport kleiner ungeladener Moleküle wie z. B. Glycerol oder Harnstoff über die Zellmembran, bedient sich die Natur spezieller **Wasserkanäle**. Im Gegensatz zu den Transportern, aber analog zu den Ionenkanälen lassen sie das Wasser entlang eines osmotischen Gradienten fließen (Abschnitt 30.9). In Säugern hat man zehn Isoformen entdeckt, die unterschiedliche Durchlässigkeiten zeigen. Sie sind als Tetramere aus sechs transmembranären Helices aufgebaut. Jede Monomereinheit besitzt einen Kanal. Zur Regulierung des Wasserhaushalts werden die Kanäle teilweise im Bedarfsfall durch Freisetzen aus cytosolischen Vesikeln bereitgestellt, bzw. eine Aktivierung kann über Phosphorylierung erfolgen. Eine Regulierung der Wasserkanäle durch Arzneistoffe stellt ein Therapiekonzept bei der Diurese dar, aber auch zur Bekämpfung parasitärer Krankheiten wurde die Blockierung der Wasserkanäle diskutiert.

22.8 Wirkmechanismen – ein Kapitel ohne Ende

Bei der Therapie **viraler, bakterieller** und **parasitärer Erkrankungen** versucht man, ganz spezifisch den Erreger zu treffen. Dazu werden Mechanismen genutzt, z. B. Biosynthesewege, die beim Menschen in identischer Form nicht vorhanden sind oder keine wichtige Rolle spielen. So lässt sich die Gefahr unerwünschter Nebenwirkungen von Beginn an minimieren.

Als **Antimetabolite** bezeichnet man Substanzen, die statt der natürlichen als falsche Substrate in biologische Strukturen, z. B. als Cofaktoren von Enzymen oder in DNA, eingebaut werden. Ein Beispiel ist das Sulfonamid Sulfachrysoidin. Sein Spaltprodukt Sulfanilamid (Abschnitt 2.3) ähnelt der *p*-Aminobenzoesäure, die Ausgangsprodukt der Biosynthese eines wichtigen bakteriellen Cofaktors, der Dihydrofolsäure, ist. Nur Bakterien nehmen dadurch Schaden. Der Mensch ist auf diese Biosynthese nicht angewiesen. Wie andere Säuger muss er Dihydrofolsäure aus der Nahrung aufnehmen. Einige **Virustatika** und **tumorhemmende Wirkstoffe** sind **Nucleosid-Analoga**. Je nach Strukturtyp verwenden sie eine modifizierte Base, einen modifizierten Zucker, oder beide Gruppen sind abgewandelt. Alle beeinflussen die DNA- oder RNA-Synthese. Aciclovir und einige andere Analoga werden wie **Trojanische Pferde** als inaktive Formen in die Zellen eingeschleust und erst in der Zelle „scharf gemacht". Bei ihrer Aktivierung durch virale Enzyme geschieht dies nur in den Zellen, die mit dem Virus infiziert sind (Abschnitt 9.5 und 32.5). Ein anderes Wirkprinzip versucht, in den Translationsprozess einzugreifen, sodass bestimmte Proteine durch die Proteinbiosynthese erst gar nicht bereitgestellt werden. Dazu wird die Übersetzung der mRNA durch Komplexierung an so genannte **Antisense-Oligonucleotide** blockiert (Abschnitt 32.4). Die ausgebildete doppelsträngige mRNA ermöglicht kein Ablesen mehr im Ribosom. Eine solche Therapie kann bei Krebserkrankungen, überschießenden Immunreaktionen, septischem Schock, Bluthochdruck, Lungenemphysem oder Bauchspeicheldrüsen-Entzündungen eine Anwendung finden.

Viele **Antibiotika**, z. B. die Penicilline und Cephalosporine (Abschnitt 23.7), hemmen die **Zellwandbiosynthese** von Bakterien. Dort blockieren sie das katalytische Zentrum einer Transpeptidase, die eine Wirkungsweise wie eine Serinhydrolase zeigt (Abschnitt 23.7). Das Antibiotikum D-Cycloserin, ebenfalls ein Hemmstoff des Zellwand-Aufbaus, gelangt über die Bindung an den D-Alanin-Transporter ins Innere der Bakterien. Andere Antibiotika sind **Hemmstoffe der Proteinbiosynthese** (Abschnitt 32.6). Auch Tetracyclin (Abschnitt 6.3), Streptomycin (Abschnitt 6.3) und Chloramphenicol (Abschnitt 9.2) hemmen diese Synthesemaschinerie der Proteine. Sie treten mit der 30S- oder 50S-Untereinheit des Ribosoms in Wechselwirkung und blockieren die ribosomale Peptidsynthese. Durch die Aufklärung der Raumstruktur des Ribosoms wurde die Grundlage geschaffen, die Wirkungsweise einer großen Anzahl von Makrolidantibiotika zu verstehen und Einblicke in die Entwicklung von Resistenzmechanismen zu erhalten (Abschnitt 32.6). Antibakterielle Chinoloncarbonsäuren hemmen die Gyrase, die eine Verdrillung und dadurch eine dichte Packung der DNA in der Bakterienzelle bewirkt. Ohne diese Verdrillung findet das Erbmaterial im wahrsten Sinn des Wortes keinen Platz mehr in der Zelle. Die so genannten Polyen-Antibiotika wirken bevorzugt gegen Pilzinfektionen. Sie bilden in der Zellmembran der Pilze Kanäle, die zum Verlust intrazellulärer Ionen und damit zum Zelltod führen. Azole hemmen die Biosynthese des Ergosterols, das für den Aufbau einer intakten Zellmembran unbedingt erforderlich ist.

Alkylierende Agenzien spielen eine wichtige Rolle in der Tumortherapie. Durch Alkylierung von

DNA-Basen entstehen Lese- und Schreibfehler, die sich bei den rasch teilenden Tumorzellen viel stärker auswirken als bei den restlichen Körperzellen, allerdings auch erhebliche Nebenwirkungen zur Folge haben. **Interkalierende Tumortherapeutika** sind planare Moleküle, die sich zwischen je zwei Basenpaare der DNA einschieben (Abschnitt 14.9). Die dadurch bedingte Störung der Struktur führt ebenfalls zu Fehlern bei der Zellteilung. Andere DNA-Liganden binden in die große oder kleine Furche (engl. *major, minor groove*) an der Außenseite der Doppelhelix. Taxol (Abschnitt 6.1) und die Epothilone sind wichtige Wirkstoffe für die Krebsbehandlung. Sie greifen am Tubulin an, einem Protein, das in der Zelle röhrenartige Gebilde formt, die so genannten „Mikrotubuli". Da die Ausbildung solcher Strukturen eine Voraussetzung für die Zellteilung ist, hemmen Taxol oder die Epothilone diesen Vorgang auf ganz spezifische Weise.

Das Immunsuppressivum Cyclosporin (Kapitel 10, Abb. 10.2) blockiert die **Aktivierung des Immunsystems** durch die so genannten „Helferzellen". Zwei Enzyme sind an diesem Prozess beteiligt. Das eine, Cyclophilin, ist eine Prolyl-*cis-trans*-Isomerase. Das andere, Calcineurin, ist eine Ca^{2+}/Calmodulin-abhängige Phosphatase. Cyclosporin wirkt als „Kitt" zwischen diesen beiden Proteinen. Die Komplexbildung hemmt die Aktivierung der Helferzellen und damit die Auslösung einer Immunantwort. Ohne das Immunsuppressivum Cyclosporin und Substanzen mit analogem Wirkmechanismus wären die Erfolge der modernen Transplantationschirurgie unmöglich.

Die so genannten RAS-Proteine spielen bei der Tumorentstehung eine wichtige Rolle. Sie sind eine Familie von Enzymen mit relativ niedrigem Molekulargewicht. Im aktiven Zentrum mutierte RAS-Proteine verlieren ihre Fähigkeit zur Kontrolle der Zellteilung, die Zellen teilen sich unaufhörlich. Damit wirken sie als Oncogen, d. h. sie erzeugen Tumore. 50 % aller Lungen- und Enddarmtumore enthalten mutierte *ras*-Gene, bei Tumoren der Bauchspeicheldrüse sind es sogar 95 %. Es gibt aber einen Ansatz für die Therapie. Für das Signal zur Zellteilung müssen die RAS-Proteine zuerst vom Cytosol, der Zellflüssigkeit, in die Zellmembran wandern. Dazu werden sie enzymatisch mit einem Farnesylrest versehen, der das Protein in der Zellmembran verankert. Die **Verhinderung der Membraneinbettung** über eine Hemmung der Farnesyltransferase stellt zurzeit einen attraktiven Ansatzpunkt für eine gezielte Krebsbehandlung dar (Abschnitt 26.10). Inzwischen hat sich gezeigt, dass dieses Prinzip der Blockade der Farnesylierung von Proteinen auch zur Bekämpfung parasitärer Krankheiten angewendet werden kann. Dazu stellen die Farnesyltransferasen dieser Parasiten die Zielstruktur einer Arzneistoffentwicklung dar.

Tumorsuppressorgene produzieren Proteine wie das p53-Protein, die im Fall von DNA-Schäden eine Zellteilung verhindern. Jeder genetische Defekt einer Zelle, der zu niedrigeren Konzentrationen eines oder mehrerer dieser Proteine führt, hat zur Folge, dass sich Zellen mit defekter DNA vermehren können. Die **Zellteilung** gerät außer Kontrolle, ein Tumor mit zusätzlichen genetischen Defekten und unkontrolliertem Zellwachstum entsteht.

Ein Gefäßverschluss wird durch die Aggregation von Blutplättchen ausgelöst. Eine wichtige Rolle spielen dabei **Proteine der Zelloberflächen**, die Integrine, z. B. das Adhäsions-Glycoprotein $\alpha_{IIb}\beta_3$. Zwei dieser Moleküle bilden mit Fibrinogen einen Komplex, die Zellen „verkleben". Der gezielte Entwurf niedermolekularer Peptidomimetika (Abschnitt 10.6), ausgehend von einem RGD-Motiv (RGD steht für Arg-Gly-Asp), ist ein schöner Erfolg des rationalen Wirkstoffdesigns (Abschnitt 31.2). Ein anderes System, das bei der Zell/Zell-Erkennung zwischen Leukozyten und Endothelzellen eine wichtige Rolle spielt, sind Selektine. Im Entzündungsfall wird durch Hochregulation von E- und P-Selektinen auf der Endotheloberfläche das Rollverhalten der Leukozyten in Blutgefäßen behindert (Abschnitt 31.3). Nach ihrer Fixierung treten die Leukozyten aus den Gefäßen aus und wandern zum Entzündungsherd, um ihn zu bekämpfen. Bei manchen Krankheitsbildern führt eine exzessive Leukozyten-Infiltration zu Gewebeschädigungen. Um diese zu verhindern, versucht man, in die Entzündungskaskade mit Verbindungen einzugreifen, die die **oberflächenexponierten Selektine** blockieren. Diese Rezeptoren erkennen zuckerähnliche Molekülbausteine auf der Leukozytenoberfläche, sodass hier die Entwicklung von geeigneten Antagonisten auf der Basis von Kohlenhydraten erforderlich ist.

Zwischen einem Grippevirus und einer zu befallenden Wirtszelle muss ebenfalls zunächst ein Oberflächenkontakt ausgebildet werden. Zum Einleiten seiner **Endozytose** dockt das Virus mit seinem Hüllprotein Hämagglutinin auf der Wirtszelle an. Nach seiner Aufnahme verwendet es den Proteinbiosyntheseapparat der befallenen Zelle, um Kopien von sich selbst herstellen zu lassen. Nach der Reifung eines neuen Virus muss dieser wieder aus der Zelle ausgeschleust werden. Dazu knospt der neue Virus aus der Zellwand heraus und schnürt sich ab. Im letzten Schritt spaltet die virale Neuraminidase Sialinsäure ab. Über sie ist das virale Hämagglutinin an die Wirtszelle gebunden. Diesen letzten Schritt kann man durch Inhibitoren der Neuraminidase blockieren (Abschnitt 31.4). Sehr erfolgreich ließen sich hier die Hemmstoffe Zanamivir und Oseltamivir in den Markt einführen. Auch auf dem Gebiet der HIV-Therapie konnte mit Maraviroc, einem neu entwickelten Antagonisten des CCR5-Rezeptors, der praktisch eine Eingangspforte in die Zelle darstellt, eine Verbindung gefunden werden, die das Eindringen des Virus in die Wirtszellen blockiert.

Das körpereigene Immunsystem hat sehr effiziente Abwehrmechanismen entwickelt. Eine solche Abwehrwaffe wird durch die **Antikörper** repräsentiert. Diese Proteine sind in der Lage, sehr selektiv körperfremde Substanzen hoch affin zu binden und dem Abbau durch die Fresszellen zuzuführen. Dieses ausgeklügelte Prinzip einer hoch spezifischen Erkennung von Molekülen, die von sehr kleinen, niedermolekularen Antigenen bis zu komplexen makromolekularen Systemen reichen, hat man der Arzneimitteltherapie erschlossen (Abschnitt 32.3). Bereits heute finden sich zahlreiche künstlich hergestellte Antikörper in der Therapie, die sich gegen sehr unterschiedliche Zielmoleküle in vielfältigen Krankheitsgeschehen richten. Es ist kein Ende abzusehen, denn etwa 200 neu entwickelte Antikörper befinden sich derzeit in der klinischen Prüfung.

Es gibt nur sehr wenige wirklich „unspezifisch" wirkende Arzneimittel. Antazida gehören dazu, die rein chemisch die Magensäure neutralisieren, ebenso wie rein oberflächenaktive Substanzen, z. B. amphiphile Bakterizide, Fungizide und Hämolytika. Selbst für Barbiturate, Lokalanästhetika, Inhalationsnarkotika und Alkohol, die lange als unspezifische Agenzien galten, hat man spezifische Wirkmechanismen erkannt. Häufig gelang der Nachweis einer spezifischen Wirkung über die unterschiedlichen Wirkungen der reinen Enantiomere eines Racemats. Die β-antagonistische Wirkung optisch aktiver Betablocker ist an ein Enantiomer gebunden (Abschnitt 5.5). Die unspezifische Wechselwirkung mit Membranen geht dagegen von beiden Enantiomeren in gleicher Weise aus.

Wird denn überhaupt noch Neues gefunden? Eine absolute Überraschung war der Befund, dass Stickstoffmonoxid NO, dieses winzige Molekül, ebenfalls ein Neurotransmitter ist. Stoffe, die NO freisetzen bzw. hemmend in die **NO-Biosynthese** eingreifen, senken bzw. erhöhen den Blutdruck (Abschnitt 25.8). Aber auch bei den etablierten Rezeptoren werden ständig neue Sequenzen, d. h. neue Subtypen entdeckt. Ein ungelöstes Problem ist die Frage, wie weit es überhaupt sinnvoll ist, einen Wirkstoff auf absolute Rezeptorspezifität zu optimieren. Es ist durchaus so, dass manche Wirkstoffe mit gezieltem Angriff auf mehrere Rezeptoren oder deren Subtypen besser für die Therapie geeignet sind als hoch selektive Analoga. Dies zeichnet sich vor allem für Wirkstoffe ab, die an GPCRs binden. Hier ist das Wirkprofil gegen eine ganze Palette von Rezeptorsubtypen bestimmend für das Wirkpotenzial einer Verbindung. Auch unser Riechsystem in der Nase, das eine Vielzahl von GPCRs einsetzt, verfolgt dieses Prinzip der multiplen abgestuften Rezeptorantwort (Abschnitt 29.7). Nur so kann die feinabgestufte und nuancenreiche Vielfalt an Riechempfindungen erreicht werden. Für die Forschung ist das noch ein weites Feld. Vor allem bei zentralnervös wirksamen Substanzen entscheidet zurzeit allein das Ergebnis der klinischen Prüfung über deren therapeutische Brauchbarkeit.

22.9 Resistenzen und ihre Ursachen

Pathogene Viren, Bakterien und Parasiten wehren sich gegen die Arzneitherapie. In der Vergangenheit führte unsachgemäßer und zu breiter Einsatz von Antibiotika zu einem **Selektionsdruck für resistente Stämme**. Leider sind vor allem die Kliniken ein Ort für die Entstehung und Verbreitung resistenter Stämme. Durch die räumliche Nähe und Konzentration unterschiedlichster Erreger ist dies praktisch unvermeidbar. In einigen Fällen gibt es nur noch wenige wirksame Waffen, z. B. die Glycopeptid-Antibiotika. Sie sollten gezielt und bedacht eingesetzt werden, auch wenn dies kommerziellen Vermarktungsinteressen entgegensteht.

Gegen Penicilline und Cephalosporine wehren sich bakterielle Erreger überwiegend mit der Produktion von β-Lactamasen (Abschnitt 23.7). Das sind Enzyme, die den viergliedrigen Lactamring dieser Antibiotika zu unwirksamen Spaltprodukten öffnen. In der langen Zeit der Strukturoptimierung dieser Substanzklasse sind aber sowohl metabolisch stabile Analoga als auch spezifische β-Lactamaseinhibitoren entwickelt worden.

Der Erreger der Immunschwäche-Krankheit AIDS (Abschnitt 1.3 und 24.3), das HI-Virus, ist ein Retrovirus, d. h. es überträgt seine genetische Information von der RNA zurück auf die DNA. Dieser Vorgang ist mit der überaus hohen Fehlerrate von etwa einer Basenmutation pro Generation behaftet. Die hohe Mutationsrate führt zu einer raschen Entstehung und Selektion resistenter Stämme. Gegen das HI-Virus konnten zwar in den letzten zehn Jahren viele Wirkstoffe mit ganz unterschiedlichen Angriffspunkten auf den Markt gebracht werden, doch bei vielen Hemmstoffen beobachtete man schon sehr schnell Resistenzen, gegen Hemmer der HIV-Protease (Abschnitt 24.3) oder der Reversen Transkriptase (Abschnitt 32.5) sogar multiple Resistenzen. Die mutierten Viren sind gegen mehrere, strukturell verschiedene Inhibitoren resistent! Die Kombination verschiedener Wirkstoffe gegen ein und dasselbe Target hilft hier nicht mehr weiter. Einen Ausweg bietet nur die Kombination von Wirkstoffen, die das Virus an ganz verschiedenen Stellen seines Stoffwechsels treffen.

Auch die Tuberkulose ist wieder auf dem Vormarsch. Resistente Erreger erfordern die Entwicklung immer neuer Therapeutika. Die Malaria nimmt nach den überzeugenden Erfolgen der Mückenbekämpfung mit DDT und der Therapie mit synthetischen Malariamitteln heute vor allem in Entwicklungsländern wieder zu (vgl. Abschnitt 3.2).

Das größte Problem bei der Therapie von Tumoren ist die während der Behandlung auftretende, arzneistoffinduzierte **Mehrfachresistenz** (engl. *multidrug resistance*, MDR). Nicht nur gegen das verursachende Agens, sondern auch gegen strukturell ganz unterschiedliche Tumortherapeutika entwickeln sich simultan Resistenzen. Diese Mehrfachresistenz wird auf die Überexpression eines Transporters (Abschnitt 22.7 und 30.8), des Glycoproteins GP 170, zurückgeführt, der weitgehend strukturunabhängig Fremdstoffe aus der Zelle eliminiert. Während GP 170 kationische Substanzen bevorzugt, eliminiert ein weiterer Transporter, das *multidrug resistance-associated protein* MRP, vor allem amphiphile anionische Substanzen, Stoffe mit gleichzeitig polarem und unpolarem Charakter. Amphiphile Substanzen sind aber auch in der Lage, die Resistenz von Tumorzellen zu brechen. Quantitative Struktur-Wirkungsbeziehungen zeigen, dass die Resistenz von Tumorzellen gegen einen bestimmten Wirkstoff in erster Linie von der Ähnlichkeit des Molekulargewichts, d. h. der Größe des induzierenden Agens und von seiner Lipophilie abhängt.

22.10 Kombinationen von Arzneimitteln

Kombinationspräparate sind bei Pharmaherstellern, Ärzten und Patienten gleichermaßen beliebt. Die Pharmahersteller schätzen sie, weil sie die Indikationsfelder einer Substanz ausweiten und den Umsatz eines erfolgreichen Arzneimittels oft neu beleben.

Manche Ärzte freut, dass sich die Therapie in vielen Fällen einfacher gestaltet, andere lehnen solche Präparate ab. Ein Vorteil für ältere Patienten ist, dass sie nicht mehr viele verschiedene Arzneimittel zu verschiedenen Zeiten in unterschiedlichen Dosen einnehmen müssen, sondern nur eine oder wenige Kombinationen. Damit verbessert sich auch die Zuverlässigkeit der Einnahme, die **Compliance**. Einer der häufigsten Gründe für das Versagen einer Therapie ist in der Tat ein fehlerhaftes Verhalten des Patienten. Entweder vergisst er die regelmäßige Einnahme, oder er gönnt sich eine Wochenend- oder Urlaubspause von seiner Therapie. Besonders ausgeprägt sind solche Verhaltensweisen bei älteren Menschen, bei Präparaten, die keinen vordergründig sichtbaren Erfolg zeigen, oder bei Präparaten mit subjektiv unangenehm empfundenen Nebenwirkungen.

Bei klinischen Pharmakologen, theoretischen Medizinern und vielen kritisch eingestellten Ärzten bestehen gegen **Kombinationspräparate** erhebliche Bedenken. Man kann dies nachvollziehen, wenn man berücksichtigt, dass die Einstellung eines Patienten auf ein bestimmtes Arzneimittel eine Beobachtung der Dosis-Effektbeziehung über eine längere Zeit und anschließend eine individuelle Therapie erfordert. Bei einer Kombination liegt aber immer ein festes Verhältnis der einzelnen Bestandteile vor. Viele Kombinationen, z. B. Schmerzmittel, enthalten Bestandteile mit unterschiedlichen Wirkungen. Sie werden häufig missbräuchlich, ohne strenge medizinische Indikationsstellung, eingenommen und sind daher kritisch zu bewerten.

Es gibt jedoch sehr **sinnvolle Kombinationen**, die auch von Gegnern einer allgemeinen Kombinationstherapie ohne jede Einschränkung akzeptiert werden. Dazu gehören

- L-Dopa-Präparate, bei denen durch gezielte Kombination (Abschnitte 9.4, 26.9 und 27.8) die Nebenwirkungen reduziert werden,
- Blutdrucksenker und Diuretika, deren unterschiedliche Wirkprinzipien sich sinnvoll ergänzen,
- antibakterielle Präparate, in denen ein Dihydrofolatreduktase-Hemmer (Abschnitt 27.2) mit einem geeigneten Sulfonamid kombiniert ist,
- hormonale Kontrazeptiva (Abschnitt 28.5) und
- Mehrfach-Impfstoffe, bei denen mit einer Gabe ein umfassender Schutz gegen mehrere Krankheiten erzielt wird.

Bei der L-Dopa-Therapie werden nur durch die Kombination mehrerer Wirkstoffe die Nebenwirkungen auf ein erträgliches Maß reduziert. Bei den Blutdrucksenkern und den Diuretika würde ein einzelnes Prinzip oft nicht die gleiche Wirkung erzielen wie die Kombination. Bei den Sulfonamid-Kombinationen und bei Tuberkulosemitteln wird durch den Angriff über verschiedene Wirkmechanismen eine Resistenzentwicklung verhindert oder verzögert. Bei teuren oder in sehr hoher Dosis einzusetzenden Arzneimitteln kann eine Kombination mit Hemmstoffen sinnvoll sein, die die metabolisierenden Enzyme der P450-Familie hemmen. Darüber kann der Spiegel eines anderen Arzneistoffs länger auf höherem Niveau gehalten werden (Abschnitt 27.7.). Eine wichtige Voraussetzung für alle Kombinationspräparate sind ausreichende therapeutische Breite und eine angepasste Pharmakokinetik der Bestandteile, zumindest der Komponenten, die das eigentliche Wirkprinzip unterstützen.

Literatur

Allgemeine Literatur

G. Folkers, Hrsg., Lock and Key – A Hundred Years After, Emil Fischer Commemorate Symposium, Pharmaceutica Acta Helvetiae **69**, 175–269 (1995)

A. L. Hopkins und C. R. Groom, The druggable Genome. Nature Rev. Drug Discov. **1**, 727–730 (2002)

P. Imming, C. Sinning und A. Meyer - Drugs, their targets and the nature and number of drug targets, Nature Rev. Drug Discov., **5**, 821–834 (2006)

J. P. Overington, B. Al-Lazikani und A. L. Hopkins - How many drug targets are there? Nature Rev. Drug Discov., **5**, 993–996 (2006)

Die Zeitschriften *Trends in Pharmacological Sciences, Chemistry & Biology, Nature Reviews Drug Discovery* oder *Pharmazie in unserer Zeit* enthalten in praktisch jedem Heft hochaktuelle Artikel zum Wirkmechanismus biologisch aktiver Prinzipien.

Spezielle Literatur

R. B. Westkaemper, Serotonin Receptors: Molecular Genetics and Molecular Modeling, Med. Chem. Res. **3**, 269–272 (1993) und weitere Arbeiten in diesem Heft

F. Saudou und R. Hen, 5-HT Receptor Subtypes: Molecular and Functional Diversity, Med. Chem. Res. **4**, 16–84 (1994)

D. J. Austin, R. Crabtree und S. L. Schreiber, Proximity versus Allostery: The Role of Regulated Protein Dimerization in Biology, Chemistry & Biology **1**, 131–136 (1994)

J. D. Hayes und C. R. Wolf, Molecular Mechanisms of Drug Resistance, Biochem. J. **272**, 281–295 (1990)

N. D. Rawlings, F. R. Morton und A. J. Barrett, *MEROPS*: The Peptidase Database. Nucleic Acids Res. **34**, D270-D272 (2006)

http://merops.sanger.ac.uk/

Inhibitoren für Hydrolasen mit Acylenzym-Zwischenstufe 23

Peptidasen und Esterasen sind hydrolysierende Enzyme. Alleine 2–3 % aller Genprodukte werden dieser Gruppe zugeordnet. Daher sind sie eine wichtige Gruppe von Zielproteinen für den Entwurf neuer Arzneistoffe und haben besondere Bedeutung für das strukturbasierte Wirkstoffdesign. Dies zeigt sich nicht alleine dadurch, dass zurzeit etwa 14 % aller bekannten humanen Peptidasen als mögliche Zielstrukturen für eine Arzneimitteltherapie geprüft werden.

Die Aufgabe dieser Enzyme ist die Spaltung von Peptid- oder Esterbindungen. Für den Angriff auf die Carbonylgruppe in der zu spaltenden Amid- oder Esterbindung benötigen sie ein Nucleophil. Eine große Gruppe der Proteine verwendet dazu die OH- oder SH-Gruppe eines Serins, Threonins oder Cysteins. In den nachfolgenden Kapiteln werden wir noch weitere Enzyme kennen lernen, die einen anderen Mechanismus verwenden. Entlang des Reaktionspfads der Spaltreaktion kommt es zwischenzeitlich zu einer kovalenten Verknüpfung zwischen Substrat und Protein. Diese Zwischenstufe, die so genannte **Acylenzym-Form**, tritt bei **Serin**-, **Threonin**- und **Cysteinproteasen** auf, aber auch **Lipasen**, **Esterasen**, **Transpeptidasen** und **β-Lactamasen** nutzen diesen Reaktionsmechanismus. In diesem Kapitel soll der Entwurf von Inhibitoren für diese Enzyme, die über eine **Acylenzym Zwischenstufe** spalten, besprochen werden. In den beiden folgenden Kapiteln stehen dann Peptidasen zur Diskussion, die ein Wassermolekül für den primären Angriff auf die zu hydrolysierende Peptidbindung verwenden: die Aspartyl- und Metallopeptidasen. Die Peptidasen werden, je nach dem ob sie Aminosäureketten vom *N*- oder *C*-Terminus abtrennen oder eine Kette in der Mitte spalten, als **Amino**-, **Carboxy**- oder **Endopeptidasen klassifiziert**. Manche dieser Proteasen sind relativ unspezifisch, während andere hoch spezifisch nur ganz bestimmte Substrate spalten. Für sie besteht vor allem die Chance, selektive Inhibitoren zu finden, die in einer späteren Therapie wenige Nebenwirkungen verursachen. Auch Bakterien und Viren besitzen eigene Peptidasen, deren Hemmung sich für deren chemotherapeutische Bekämpfung ausnutzen lässt. Da diese Proteine vom Menschen nicht gebildet werden und somit auch keine Funktion bei uns besitzen, sollte ihre Blockierung ohne gravierende Nebenwirkungen zu einem Therapieerfolg führen.

23.1 Serinabhängige Hydrolasen

Die **Serinproteasen** sind die umfangreichste und am besten untersuchte Klasse der Peptidasen. Sie sind eng verwandt mit den Esterasen und Lipasen (Hydrolasen), die Esterbindungen hydrolysieren. Der menschliche Körper bedient sich dieser Enzymklassen in vielfältiger Weise. Manche Serinproteasen, z. B. die **Verdauungsenzyme** Trypsin und Chymotrypsin, spalten ein breites Spektrum von Peptiden und Proteinen. Andere, wie die **Blutgerinnungsenzyme** Thrombin und Faktor Xa, sind hochgradig selektiv und spalten nur ganz bestimmte Substrate. Häufig werden Proteasen in einer nichtaktiven Vorgängerform, dem so genannten **Zymogen**, exprimiert. Um sie in ihre aktive Form zu überführen, werden in vielen Fällen Sequenzabschnitte der Polypeptidkette des Zymogens abgespalten, die teilweise zuvor als endogene Inhibitoren der aktivierten Prozesse gedient haben. Die Freisetzung der aktiven Form kann entweder durch Eigenkatalyse (z. B. Trypsin) oder durch andere aktivierende Proteasen erfolgen (z. B. Blutgerinnungskaskade). Für den **katalytischen Mechanismus** der Serinproteasen, Esterasen und Lipasen spielt die Seitenkette eines Serins im aktiven Zentrum die entscheidende Rolle. Es zeichnet sich durch eine außergewöhnlich hohe chemische Reaktivität aus. So reagiert in Chymotrypsin nur dieses eine Serin mit Diisopropylfluorophosphat (DFP), während 27 weitere Serinreste des Enzyms nicht modifiziert werden. Durch die chemische Umsetzung und irreversible

Hemmung mit DFP verliert das Enzym vollständig seine katalytische Aktivität.

23.2 Struktur und Funktion der Serinproteasen

Das Verdauungsenzym Chymotrypsin war die erste Serinprotease, für die 1967 David Blow in Cambridge, England, die 3D-Struktur aufklärte. Die Nummerierung der Aminosäuren in den Serinproteasen vom Chymotrypsin-Typ bezieht sich meist auf die Sequenz des Chymotrypsins. Von einer großen Zahl Serinproteasen sind inzwischen Raumstrukturen bekannt. Einige sind in Tabelle 23.1 aufgeführt. Ein Vergleich der Strukturen zeigt eine außerordentlich große Ähnlichkeit ihrer aktiven Zentren. Dies gilt sogar für Proteasen, die ein ganz anderes Faltungsmuster aufweisen (Abschnitt 14.7, Vergleich Trypsin/Subtilisin). Charakteristisch für Serinproteasen ist die so genannte **katalytische Triade Ser-His-Asp**. In manchen dieser Enzyme kann das Aspartat auch durch ein Glutamat ersetzt sein. Einige Transpeptidasen und β-Lactamasen mit einem katalytischen Serin besitzen anstelle des Histidins ein Lysin im aktiven Zentrum.

In der Sequenz liegen diese drei Aminosäuren weit auseinander. Das Protein muss sich also in geeigneter Weise falten, um die drei Seitenketten in räumliche Nähe zueinander zu bringen. In den trypsinähnlichen Proteasen befindet sich das katalytische Serin an der Position 195. Es führt den eigentlichen Angriff auf die zu spaltende Amidgruppe durch (Abb 23.1). Der Sauerstoff einer unaktivierten Hydroxylgruppe wäre hierfür jedoch nicht reaktiv genug. Seine **Nucleophilie**, d. h. die Neigung, ein elektronenarmes Carbonyl-Kohlenstoffatom anzugreifen, wird durch eine benachbarte Histidinseitenkette verstärkt. Die Imidazolseitenkette des Histidins kann das Proton der Serin-Hydroxygruppe ablösen und ermöglicht dadurch einen nucleophilen Angriff des nunmehr negativ geladenen Sauerstoffs auf den positivierten Kohlenstoff der Amid-Carbonylgruppe. Das benachbarte Aspartat kann ein Proton des His-Imidazolrings aufnehmen und später wieder abgeben. Es kompensiert somit die positive Ladung, die auf dem Histidinrest entsteht. Zur Stabilisierung des **Übergangszustands**, der sich nach dem Angriff auf die Carbonylgruppe ausbildet, verfügen Serinproteasen noch über ein weiteres charakteristisches Strukturmotiv, das so genannte O^--**Loch** (engl. *oxyanion hole*). Hierbei handelt es sich um eine kleine Tasche neben der Seitenkette des Ser 195, die von zwei Hauptketten-NH-Gruppen gebildet wird (Abb. 23.1). In einigen Fällen kann auch die terminale Amidgruppe eines Asparagins oder Glutamins diese Aufgabe übernehmen. Die Funktion des O^--Lochs besteht darin, die negative Ladung des tetraedrischen Übergangszustands zu stabilisieren und die Geometrie des angegriffenen Carbonyl-Kohlenstoffatoms von einer **trigonal-planaren** in eine **tetraedrische Anordnung** zu verzerren. Der gebildete Übergangszustand zerfällt unter Freisetzung des *C*-terminalen Spaltprodukts, das eine freie Aminogruppe trägt. Zurück bleibt das *N*-terminale Spaltprodukt, das zunächst mit der Protease das kovalent verknüpfte Acylenzym-Zwischenprodukt bildet. In einem nachfolgenden Schritt führt der nucleophile Angriff eines Wassermoleküls wiederum zu einem tetraedrischen Übergangszustand. Dieser zerfällt unter Freisetzung des *N*-terminalen Spaltprodukts. Der Enzymkatalysator steht dann für die nächste Umsetzung bereit.

Was geschieht, wenn man die Aminosäuren Serin, Histidin und Aspartat der katalytischen Triade einer Serinprotease einzeln oder gemeinsam gegen Aminosäuren ohne funktionelle Gruppen austauscht? Paul Carter und James Wells haben 1988 bei Genentech verschiedene Mutanten der bakteriellen Serinprotease Subtilisin (Abschnitt 14.7) hergestellt. Der Austausch der an der Katalyse beteiligten Aminosäuren Serin oder Histidin gegen Alanin führt jeweils zu einer Reduktion der katalytischen Aktivität um mehr als sechs Zehnerpotenzen. Überraschend ist, dass selbst der entsprechende Austausch des Aspartats, dessen einzige Aufgabe es ist, mit dem Histidin ein Proton auszutauschen, die katalytische Aktivität um mehr als vier Zehnerpotenzen reduziert. Die gleichzeitige Entfer-

Tabelle 23.1 Serinproteasen mit physiologischer Bedeutung (X = beliebige Aminosäure). Die 3D-Strukturen aller aufgeführten Enzyme sind bekannt.

Enzym	Spaltstelle	Funktion bzw. Therapieansatz
Trypsin	Arg-X, Lys-X	Verdauung
Chymotrypsin	Tyr-X, Phe-X, Trp-X	Verdauung
Elastase	Val-X	Gewebeabbau
Thrombin	Arg-Gly	Blutgerinnung
Faktor Xa	Arg-Ile, Arg-Gly	Blutgerinnung
Faktor VIIa	Arg-Ile	Blutgerinnung
Tryptase	Arg-X	Asthma
Matriptase	Arg-X	Krebs
Urokinase	Arg-X	Krebs
DPP IV	Ala-X, Pro-X	Diabetes
Furin	Arg-X	virale Infektion

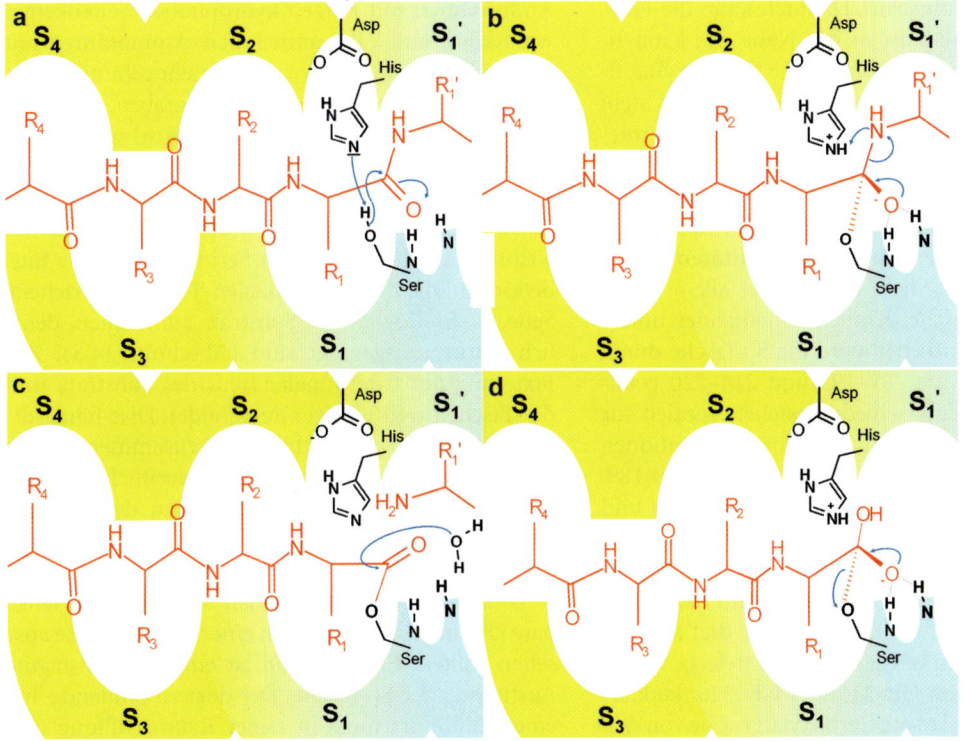

Abb. 23.1 Katalysemechanismus der Serinproteasen. (a) Das Peptidsubstrat wird in dem Enzym über die Spezifitätstaschen beiderseits der Spaltstelle gebunden. (b) Der nucleophile Angriff erfolgt durch das Sauerstoffatom der Serinseitenkette. Er wird durch die benachbarte Histidinseitenkette begünstigt, die, unterstützt durch ein Aspartat, das Proton der Hydroxylgruppe aufnehmen kann. (c) Der Übergangszustand zerfällt unter Bildung einer Acylenzym-Zwischenstufe. (d) Diese wird nach dem Angriff eines Wassermoleküls unter Freisetzung des N-terminalen Spaltprodukts hydrolysiert.

nung mehrerer Aminosäuren der katalytischen Triade hat keinen weiteren Effekt auf den Abfall der katalytischen Aktivität. Eine dreifache Alanin-Mutante, bei der die katalytische Triade vollständig entfernt ist, spaltet Peptidsubstrate aber immer noch mehr als 1000fach schneller als die reine Pufferlösung! Dafür verantwortlich sind die dem Enzym verbliebene Bindestelle für das Substrat und das O⁻-Loch, dessen Struktur und Eigenschaften die spaltbare Bindung in Richtung auf den tetraedrischen Übergangszustand ausrichten und diese Geometrie stabilisieren.

Nun ist es sicher keine große Kunst, die Bindestelle eines Enzyms oder seine katalytische Aktivität zu zerstören. Schwieriger ist es schon, seine Spezifität oder Funktion in gezielter Weise zu verändern. Die Mutante des Subtilisins, bei der das Histidin der katalytischen Triade gegen Alanin ausgetauscht ist, spaltet Substrate mit der Sequenz –Phe–Ala–X–Phe– (X = z. B. Ala, Gln) um sechs Zehnerpotenzen langsamer als das unveränderte Subtilisin, mit einer Ausnahme: Ein Substrat mit der Sequenz –Phe–Ala–**His**–Phe– wird nur um vier Zehnerpotenzen langsamer gespal-

ten. Das Histidin dieses Substrats kann in gewissem Ausmaß die Funktion des aus dem katalytischen Zentrum entfernten Histidins übernehmen! Diesen Vorgang nennt man substratunterstützte Katalyse. Die Umsetzung verläuft zwar immer noch relativ langsam, die Spezifität dieser Mutante ist aber deutlich erhöht. Die –Phe–Ala–His–Phe-Sequenz wird um den Faktor 200 rascher gespalten als die anderen –Phe–Ala–X–Phe-Sequenzen.

23.3 Die S$_1$-Tasche der Serinproteasen bestimmt ihre Spezifität

Proteasen erkennen Polypeptidketten als Substrate. Dazu verwenden sie, wie in Kapitel 14 vorgestellt, auf ihrer Oberfläche eine Abfolge mehr oder weniger stark ausgeprägter Bindetaschen. Diese sind strukturell und elektronisch komplementär zu den Seitenketten des Substrats aufgebaut. Dadurch kann die Polypeptidkette des Substrats in der Nähe des katalytischen Zentrums auf der Oberfläche des Enzyms fixiert werden. Die Zerklüftung der Oberfläche sieht sehr verschieden aus, je nach dem, um welche Protease es sich handelt. In Abb. 23.2 sind Oberflächenausschnitte von vier Serinproteasen aus der Trypsinfamilie gezeigt. Ein Vergleich verschiedener Serinproteasen mit unterschiedlichen **Substratspezifitäten** (Abb. 23.3) zeigt, dass sich diese Enzyme vor allem in der Struktur der S_1-Tasche deutlich voneinander unterscheiden. Im Wesentlichen wird die S_1-Tasche durch die Sequenzabschnitte 189–195 und 214–220 gebildet. Signifikante Unterschiede bestehen speziell für die Seitenketten der Aminosäuren an den Positionen 189, 216 und 226. In Chymotrypsin sind dies Ser 189, Gly 216 und Gly 226. Damit ist die S_1-Tasche tief und maßgeschneidert für die aromatischen Seitenketten der Aminosäuren Phenylalanin, Tyrosin und Tryptophan. Dementsprechend spaltet Chymotrypsin Peptidketten bevorzugt hinter einer dieser drei Aminosäuren. Auch Trypsin verfügt über eine tiefe, geräumige S_1-Tasche, die von Gly 216 und Gly 226 flankiert wird. Die negativ geladene Carboxylatgruppe von Asp 189 am Boden der Tasche ist entscheidend für die Erkennung langer, positiv geladener Seitenketten der Aminosäuren Lysin und Arginin im zu spaltenden Substrat. In Elastase wird die S_1-Tasche durch die Aminosäuren Val 216 und Thr 226 geprägt. Die Tasche ist dadurch wesentlich kleiner. Sie kann nur Aminosäuren mit kurzen hydrophoben Seitenketten wie Alanin und Valin aufnehmen. Aminosäuren mit großen Resten werden dort nicht mehr gebunden. Die Aminosäure 189, ein Serin, ist vergraben. Die Substratspezifität dieser Serinproteasen wird somit in erster Linie über die Erkennung der **Aminosäure** in der P_1-**Position** erreicht. Aber auch die benachbarten Taschen sind für die Substratbindung und Selektivität wichtig. Es fällt auf, dass für Serinproteasen die Bindetaschen, die den N-terminalen Teil (ungestrichene Seite, S_1–S_4-Tasche) des Substrats aufnehmen, deutlich stärker ausgeprägt sind (Abschnitt 14.5). Zur Fixierung des C-terminalen Teils des Substrats sind die Taschen weit weniger ausgebildet. Dies hängt direkt mit dem Enzymmechanismus zusammen. Da das N-terminale Spaltprodukt zwischenzeitlich kovalent verknüpft als Acylenzym-Komplex an der Protease verbleibt, muss vor allem zu diesem Substratteil eine selektive Bindung erfolgen.

Diese strukturellen Merkmale legen fest, wie denkbare kompetitive Inhibitoren einer Serinprotease aussehen sollten: Entscheidend ist eine möglichst gute Ausfüllung der S_1-**Tasche**. Der dort zu bindende Teil eines Inhibitors muss in seiner Raumerfüllung und seinem chemischen Aufbau komplementär zur S_1-Tasche sein. In einigen Fällen reicht allein schon die Besetzung der S_1-Tasche, um zu selektiven Serinprotease-Hemmern mit beachtlicher Bindungsaffinität zu kommen. So wurden 1967 von Marcos Mares-Guia und Elliott Shaw kleine Moleküle als Trypsin-Inhibi-

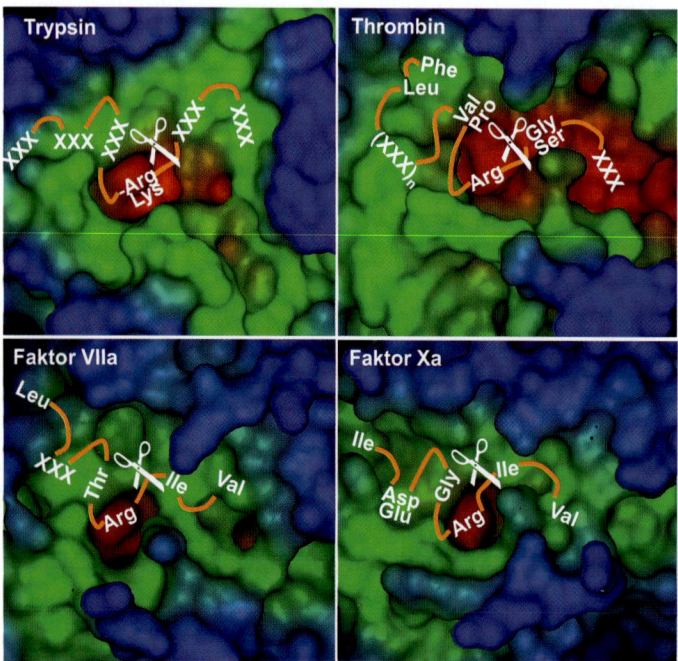

Abb. 23.2 Die Oberflächen der trypsinähnlichen Serinproteasen Trypsin, Thrombin, Faktor VIIa und Faktor Xa weisen starke Zerklüftung im Bereich des katalytischen Zentrums auf. Um diese Oberflächenstrukturierung besser hervorzuheben, wechselt die Farbe der Oberfläche mit zunehmender Tiefe der Einbuchtungen von blau über grün nach rot. In den Vertiefungen bestimmen die exponierten physikochemischen Eigenschaften die Substratselektivität der Proteasen. Die jeweils bevorzugten Spaltsequenzen sind in den Strukturen angedeutet, wobei XXX eine beliebige Aminosäure an dieser Stelle bedeutet.

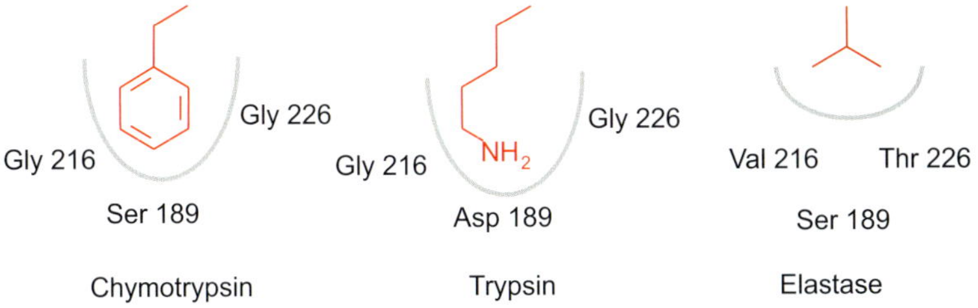

Abb. 23.3 Vergleich der S_1-Taschen in Chymotrypsin, Trypsin und Elastase. Die Bindetasche von Chymotrypsin ist auf große lipophile Seitenketten zugeschnitten. Die S_1-Tasche von Trypsin bindet über das negativ geladene Asp 189 Aminosäuren mit positiv geladenen Seitenketten. Bedingt durch die Raumerfüllung der Seitenketten von Thr 216 und Val 226 hat Elastase eine relativ kleine lipophile S_1-Tasche und bindet daher kleine hydrophobe Aminosäuren wie Alanin und Valin.

toren mit mikromolarer Bindung beschrieben, die nur in der S_1-Tasche binden. Es ist unschwer zu sehen, dass die in Abb. 23.4 gezeigten Moleküle **23.1–23.4** allesamt die Seitenketten der basischen Aminosäuren Arginin bzw. Lysin in P_1-Position der Substrate imitieren.

Ein erster Ansatz zum Entwurf von Serinprotease-Hemmern könnte also davon ausgehen, nach einer geeigneten Gruppe zur Besetzung der S_1-Tasche zu suchen, um diese dann mit einer chemisch reaktiven Gruppe zu verknüpfen, die an das katalytische Serin bindet. Die hierzu in der Literatur beschriebenen unterschiedlichen Gruppen sind in Tabelle 23.2 zusammengefasst. Auch Naturstoffe verfolgen dieses Prinzip. So enthält der Thrombin-Hemmstoff Cyclotheonamid A aus dem Meeresschwamm *Theonella sp.*, ein makrocyclisches Pentapeptid, eine α-Ketofunktion benachbart zu einer Amidbindung. Wie die Röntgenstruktur zeigt, bildet diese Ketogruppe mit der OH-Gruppe des Serins eine tetraedrische Hemiketalstruktur aus (Abb. 23.5).

Ist die Sequenz des Peptidsubstrats einer Serinprotease bekannt, so kann durch Verknüpfung der *N*-terminalen Aminosäuren vor der Spaltstelle mit einer der Gruppen aus Tabelle 23.2 mit hoher Wahrscheinlichkeit ein Inhibitor gewonnen werden. Ein Beispiel hierfür ist der Elastase-Hemmer *N*-(Methylsuccinoyl)–Ala–Ala–Pro–Val–CF$_3$ (Substanz **23.21**, Abb. 23.14), der sich von der Substratsequenz Pro–Val ableitet. In günstigen Fällen reicht auch schon das P_1-Äquivalent aus, beispielsweise in den Trypsin- und Thrombin-Inhibitoren **23.5** und **23.6** (Abb. 23.4). Allerdings ist bei **kovalent bindenden Serinprotease-Hemmern** die meist hohe chemische Reaktivität der funktionellen Gruppe, die mit dem katalytisch aktiven Serin wechselwirkt, problematisch. Aufgrund ih-

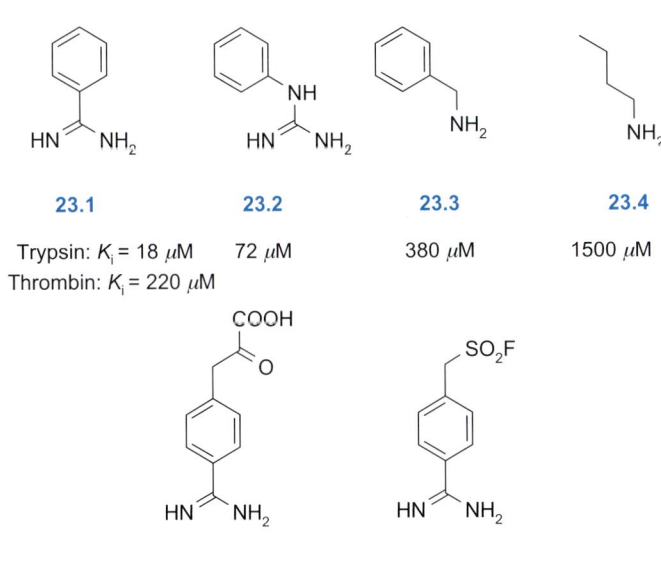

Abb. 23.4 Die Moleküle **23.1–23.4**, die in der S_1-Tasche von Trypsin binden, sind mikromolare Inhibitoren. Alle Moleküle enthalten eine stark basische Gruppe, die unter physiologischen Bedingungen protoniert, d. h. positiv geladen vorliegt und so eine Salzbrücke zur negativ geladenen Seitenkette von Asp 189 ausbilden kann. Die Thrombin-Inhibitoren **23.5** und **23.6** enthalten zusätzlich eine funktionelle Gruppe, die mit dem katalytisch aktiven Serin eine kovalente Verknüpfung eingehen können.

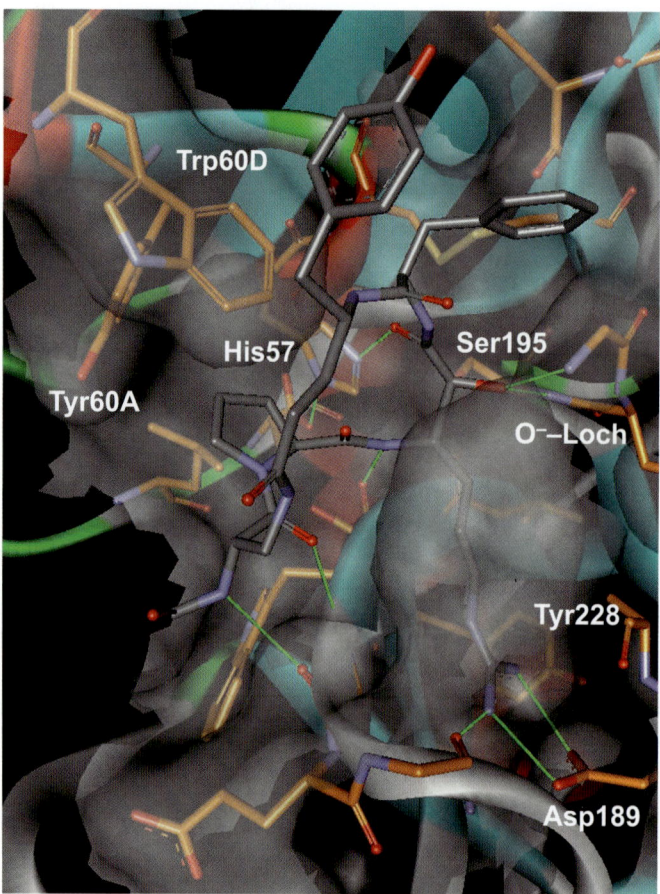
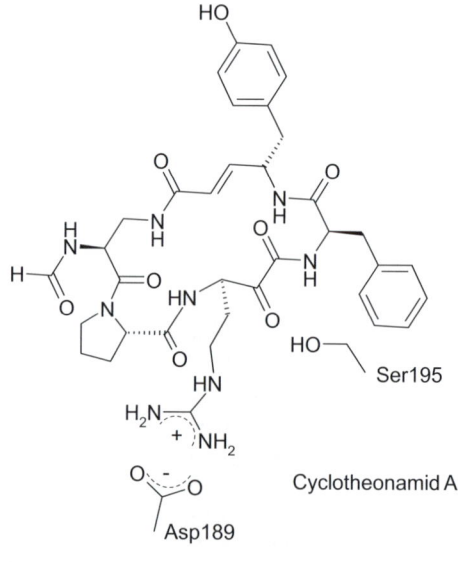

Abb. 23.5 Kristallstruktur des Inhibitors Cyclotheonamid mit Thrombin. Der Inhibitor bildet mit seiner α-Ketogruppe eine kovalente Verknüpfung mit dem katalytischen Serin unter Bildung einer Ketalstruktur aus. Der nunmehr negativ geladene Sauerstoff wird über zwei Wasserstoffbrücken im O$^-$-Loch stabilisiert.

Tabelle 23.2 Reaktive Gruppen, die kovalent mit dem katalytisch aktiven Serin reagieren können

Inhibitortyp	funktionelle Gruppe	
irreversibel	Chlormethylketon	–COCH$_2$Cl
	Sulfonylfluorid	–SO$_2$F
	Ester*)	–COOR
	Boronsäure*)	–B(OR)$_2$
reversibel	Aldehyd	–CHO
	Keton	–COR (R = Alkyl, –Aryl)
	Trifluormethylketon	–COCF$_3$
	α-Ketocarbonsäure	–COCOOH
	α-Ketoamid	–COCONHR
	α-Ketoester	–COCOOR

*) sowohl reversible wie irreversible Beispiele bekannt

rer Reaktivität können solche Gruppen auch mit den nucleophilen Serinresten anderer Enzyme unerwünschte Reaktionen eingehen und dadurch Nebenwirkungen verursachen. Das Design hoch affiner und selektiver Hemmstoffe erfordert zumindest teilweise die Besetzung der S$_2$-, S$_3$- und S$_4$-Taschen. Ein weiteres Strukturmerkmal fällt auf, das alle Serinproteasen teilen: Ihre Substrate werden über zwei zueinander antiparallel angeordnete Wasserstoffbrücken zum Peptidrückgrat gebunden. Diese Anordnung von zwei Wasserstoffbrückenpartnern führt zu einer faltblattähnlichen Geometrie. In den meisten Inhibitoren wird versucht, dieses Wasserstoffbrückenmuster nachzubilden (Abb. 23.6).

23. Inhibitoren für Hydrolasen mit Acylenzym-Zwischenstufe

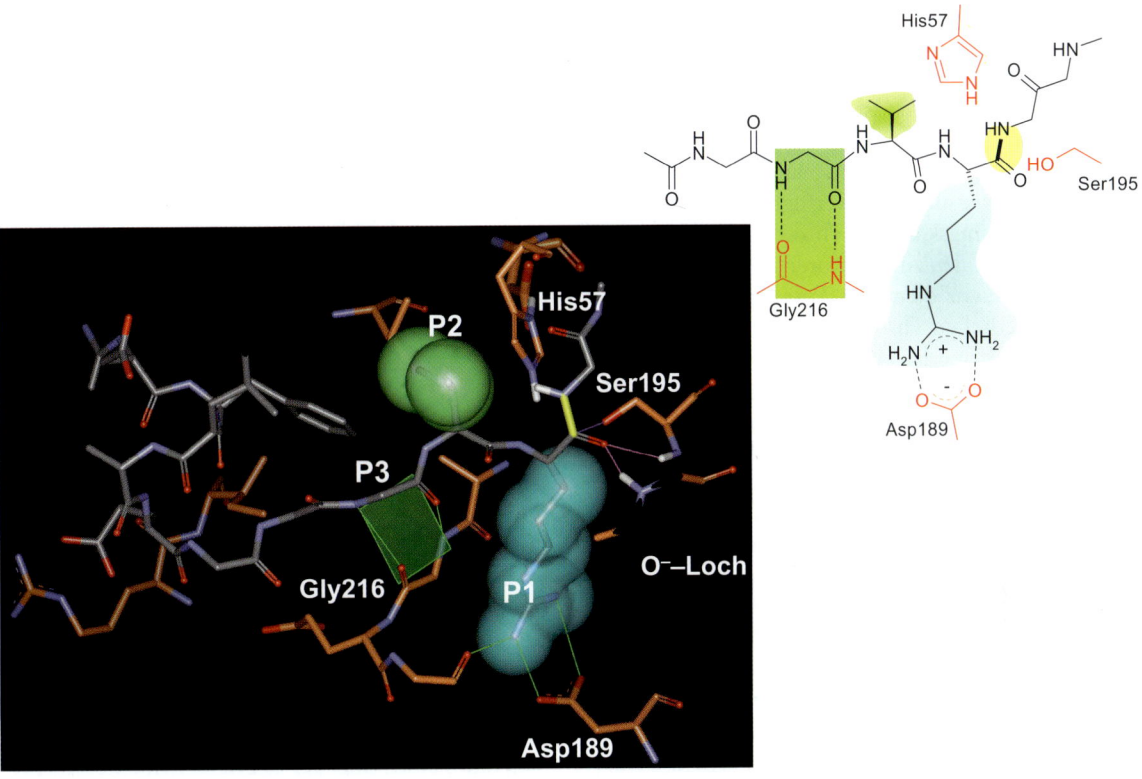

Abb. 23.6 Allgemeiner Bindungsmodus einer zu spaltenden Peptidkette (graue Kohlenstoffatome) im katalytischen Zentrum einer Serinprotease. Die zu spaltende Amidbindung ist in gelb dargestellt. Der P$_1$-Rest (hellblau) und der P$_2$-Rest (grün) des Substrats werden mit einer Oberfläche hervorgehoben, sie binden in die S$_1$- und S$_2$-Taschen des Proteins. Zur Hauptkette der Protease werden zwei antiparallel zueinander angeordnete Wasserstoffbrücken ausgebildet (grün). Die H-Brücken zum O$^-$-Loch sind in violett und die Angriffsrichtung des nucleophilen Sauerstoffatoms von Serin 195 auf den Carbonylkohlenstoff ist in blau angedeutet.

23.4 Auf der Suche nach niedermolekularen Thrombin-Inhibitoren

Die Serinprotease Thrombin spielt eine zentrale Rolle bei der Kontrolle der **Blutgerinnung**. Thrombin steht am Ende einer komplex regulierten Kaskade von Serinproteasen. Eine Verletzung des Gefäßsystems führt dazu, dass ein membrangebundener Gewebefaktor, der sich außerhalb der Gefäße befindet, mit der Vorform der Serinprotease Faktor VII im Blut in Kontakt kommt. Die Vorform wird zu der Protease Faktor VIIa aktiviert und leitet die extrinsische Blutgerinnung ein. Entlang einer Kaskade werden unterschiedliche Faktoren durch die Protease auf der voranstehenden Stufe in aktiver Form aus einer inaktiven zymogenen Vorform freigesetzt. Neben der extrinsischen Aktivierung gibt es den intrinsischen Weg der Gerinnung. Er wird durch reduzierten Blutfluss oder pathogen veränderte Gefäßwände ausgelöst. Auf einer unteren Stufe, an der der Faktor X steht, münden beide Wege ineinander. Alle auf den verschiedenen Stufen beteiligten Proteasen stellen denkbare Zielstrukturen für eine Arzneistofftherapie dar. Bisher wurden Entwicklungen vor allem für die Enzyme Thrombin, Faktor Xa und Faktor VIIa in Angriff genommen. Für die beiden ersten hat dies bereits zu Entwicklungskandidaten und Marktprodukten geführt.

Thrombin wandelt das inaktive Fibrinogen in reaktives Fibrin um. Zusammen mit aggregierten Blutplättchen bildet sich ein Polymergeflecht, in dem sich verschiedene Blutkörperchen verfangen. Es entsteht ein Thrombus, der in Folge durch die Transglutaminase Faktor XIII (Abschnitt 23.8) weiter vernetzt und dadurch mechanisch stabilisiert wird. Dies ist ein notwendiger Schutzmechanismus des Körpers, um den Wundverschluss zu gewährleisten. Bei bestimmten

Krankheitsbildern oder Situationen, z. B. nach einer Operation, nach einem Herzinfarkt oder zur Schlaganfallprävention bei Vorhofkammerflimmern oder tiefen Venenthrombosen ist es notwendig, die Gerinnungsfähigkeit des Bluts zu reduzieren. Aus diesem Grund besteht großes Interesse an der Entwicklung selektiver und vor allem oral verfügbarer Hemmstoffe der Blutgerinnungskaskade. Thrombin spaltet Fibrinogen zwischen den Aminosäuren Arginin und Glycin. Diese Sequenz diente als Ausgangspunkt für die ersten synthetischen Thrombininhibitoren, die daher alle entweder Arg oder einen Arg-analogen Baustein besaßen.

In diesem Abschnitt sollen drei unterschiedliche Ansätze zur Entwicklung von Thrombin-Inhibitoren dargestellt werden: Substratanaloga, Benzamidine und strukturell stärker abgewandelte Analoga.

Einen Ansatz zum **Entwurf von Thrombininhibitoren** bildete die $P_3 \cdots P_3'$-Substratsequenz Gly–Val–Arg–Gly–Pro–Arg des Fibrinogens. Aus der japanischen Gruppe um Hamao Umezawa war zu Beginn der 1970er-Jahre bekannt geworden, dass aus Bakterien isolierte Peptidaldehyde mit einem *C*-terminalen Arginin potente Hemmstoffe einiger trypsinähnlichen Serinproteasen waren. Von Sándor Bajusz wurden Tripeptidaldehyde untersucht, die sich von den Aminosäuren P_3–P_1 bzw. P_3'–P_1' des Substrats ableiten, also den drei Aminosäuren „vor" bzw. „hinter" der Spaltstelle. Die relativen Bindungsaffinitäten einiger Peptidaldehyde sind in Tabelle 23.3 zusammengestellt. Interessanterweise zeigte der direkte Vergleich von Gly–Val–Arg–H und Gly–Pro–Arg–H, dass Prolin

Tabelle 23.3 Relative Bindungsaffinitäten von Tripeptid-Aldehyden an Thrombin. Arg-H steht für den aus Arginin durch Reduktion der Carboxylgruppe abgeleiteten Aldehyd. Je größer der Wert der relativen Hemmwirkung ist, umso stärker binden die Inhibitoren an Thrombin.

Peptid	relative Hemmwirkung
Gly–Val–Ar–H	1
Gly–Pro–Arg–H	9
Phe–Pro–Arg–H	57
D-Ala–Pro–Arg–H	469
D-Val–Pro–Arg–H	1273
D-Phe–Pro–Arg–H	7370

an P_2-Position Thrombin ca. 9fach stärker hemmt. Die Einführung von Phenylalanin statt Glycin in P_3-Position führte zu einer weiteren deutlichen Bindungssteigerung. Dann wurden in der Position P_3 auch D-Aminosäuren untersucht. Überraschenderweise führte dies zu einer dramatischen Verbesserung der Bindungsaffinität. Dieser Befund war nicht ohne Weiteres zu erwarten, wenn man bedenkt, dass die Substratsequenz P_5 bis P_3 **Gly–Gly–Gly**–Val–Arg nur achirale Glycinreste ohne lipophile Seitenkette enthält, die kaum eine der D-Phe-Seitenkette entsprechende Wechselwirkung ausbilden können.

Als die hier beschriebenen Arbeiten durchgeführt wurden, war die Raumstruktur des Thrombins noch nicht ermittelt. Wolfram Bode und Milton Stubbs gelang es, die Struktur des Thrombin-Komplexes mit einem chemisch aktivierten Fibrinopeptid, Gly–Asp–Phe–Leu–Ala–Glu–Gly–Gly–Gly–Val–Arg–CH$_2$Cl,

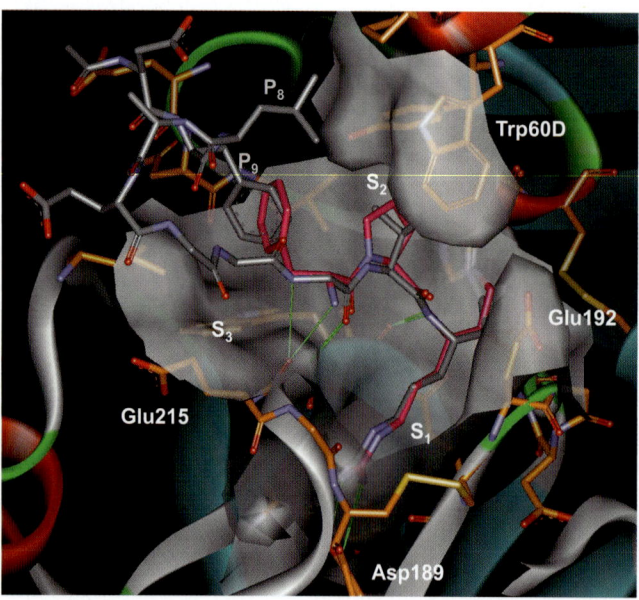

Abb. 23.7 Vergleich des Bindungsmodus des irreversibel an Thrombin bindenden Inhibitors D-Phe–Pro–Arg–CH$_2$Cl (dunkelrote Kohlenstoffatome) mit dem des Fibrinopeptid-Derivats (graue Kohlenstoffatome). Beide Inhibitoren binden in die S$_1$-Tasche mit einer Argininseitenkette. Die S$_2$-Tasche wird vom Fibrinopeptid durch eine Valinseitenkette besetzt. Seine weitere Peptidkette ist so gefaltet, dass die Seitenketten der an den Positionen P$_8$ und P$_9$ befindlichen Aminosäuren Leu und Phe in die lipophile S$_3$-Bindetasche gerichtet sind. Im Falle des D-Phe–Pro–Arg–CH$_2$Cl bindet der Phenylring des D-Phe in diese Tasche.

aufzuklären. Dieses Peptid entspricht in seiner Sequenz dem N-terminalen Teilstück P_{11} bis P_1, das Thrombin vom Fibrinogen abspaltet. Der Vergleich dieser Struktur mit der des D-Phe–Pro–Arg–Chlormethylketons (Abb. 23.7) liefert eine zwanglose Erklärung für die von Sándor Bajusz gefundenen Struktur-Wirkungsbeziehungen. Die S_3-Tasche wird von beiden Liganden ausgefüllt, wobei dies beim Fibrinopeptid durch die Seitenketten von Leucin und Phenylalanin auf den Positionen P_8 und P_9 geschieht. Das Peptid bildet eine β-Schleife, wodurch es möglich ist, diese in der Sequenz voranstehenden Aminosäuren in die S_3-Tasche zu positionieren. Die gleiche Tasche wird vom Tripeptid aber bereits durch die Seitenkette einer D-Aminosäure an der Position P_3 erreicht.

Die von Bajusz synthetisierte Verbindung D-Phe–Pro–Arg–H ist ein hoch affiner Thrombin-Inhibitor (K_i = 75 nM). Allerdings erwies sich die Verbindung als chemisch instabil. Dieses Problem konnte durch N-Methylierung der freien NH$_2$-Gruppe beseitigt werden: N-Methyl-D-Phe–Pro–Arg–H **23.7** (Gyki 14766/Efegatran, Abb. 23.8) ist chemisch stabil.

Einen anderen Weg beschritten Jörg Stürzebecher und Fritz Marquardt. Sie verfolgten das Ziel, ohne kovalente Verknüpfung auszukommen. Ihr Ansatz basierte auf dem Befund, dass Benzamidin **23.1** (Abb. 23.4, Abschnitt 23.3) außer Trypsin (K_i = 18 μM) auch Thrombin hemmt (K_i = 220 μM). Die Kombination der Benzamidingruppe mit einer reaktiven Gruppe aus Tabelle 23.2 ergab potente Thrombin-Hemmer. Der erste niedermolekulare Thrombin-Hemmer, der in den 1970er-Jahren klinisch getestet wurde, war die p-Amidinophenyl-brenztraubensäure **23.5** (Abb. 23.4, Abschnitt 23.3). Diese Verbindung erwies sich als wirksam, ihre Selektivität war aber unbefriedigend. Die einfachen Benzamidinderivate **23.8** und **23.9** (Abb. 23.8) sind weitere typische Vertreter mit mikromolarer Affinität für Thrombin, allerdings ohne Selektivität gegenüber Trypsin.

Die Verknüpfung der Benzamidingruppe mit einer peptidischen Struktur brachte eine wesentliche Verbesserung. $N^α$-(β-Naphthylsulfonyl-glycyl)-D,L-p-amidino-phenylalanyl-piperidid, **23.10** (NAPAP, Abb. 23.9) war das Resultat dieser mehr als zehn Jahre währenden systematischen Suche nach potenten und selektiven Thrombin-Inhibitoren. NAPAP war lange Zeit der wirkstärkste Vertreter aus der Klasse der niedermolekularen reversiblen Inhibitoren des Thrombins (K_i = 6 nM), hat allerdings nur eine geringe Selektivität gegenüber Trypsin.

Wolfram Bode klärte 1989 am Max-Planck-Institut für Biochemie in Martinsried die Kristallstruktur von Thrombin mit einem gebundenen Inhibitor auf.

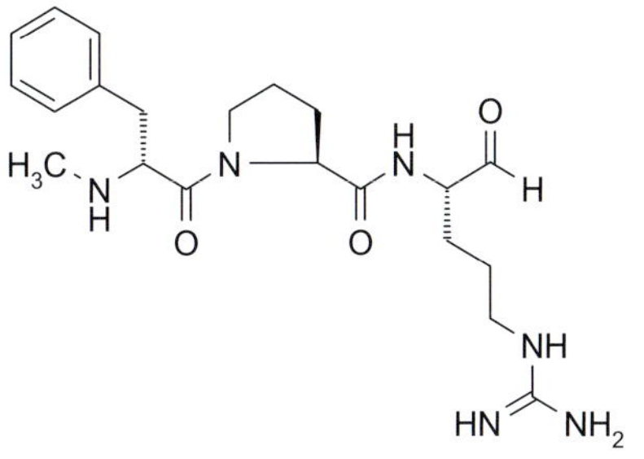

23.7 Gyki 14766, Efegatran K_i = 1,8 μM

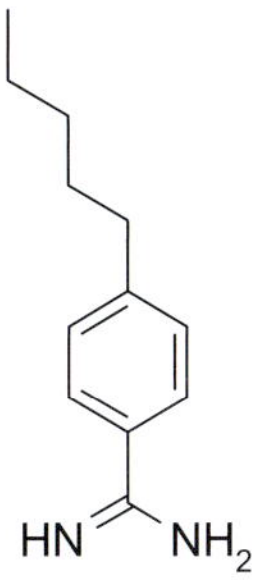

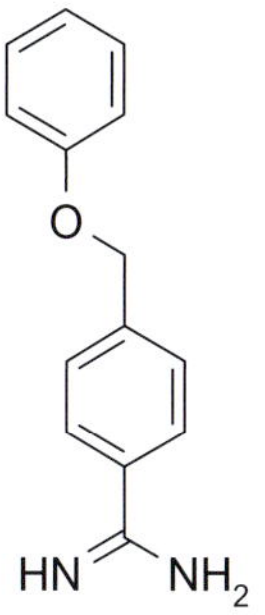

23.8   **23.9**

Abb. 23.8 Der Inhibitor **23.7** (Gyki 14766, Efegatran) enthält eine Aldehydgruppe, die reversibel an Ser 195 bindet. **23.8** und **23.9** sind einfache Derivate des Benzamidins, die nichtkovalent das Enzym inhibieren.

Zunächst gelang die Strukturbestimmung im Komplex mit dem irreversiblen Inhibitor D-Phe–Pro–Arg–CH$_2$Cl, kurz danach auch mit NAPAP. Die 3D-Struktur des Thrombin-NAPAP-Komplexes ist in Abb. 23.10 zu sehen. Bei der Kokristallisation wurde NAPAP in racemischer Form eingesetzt. Eine ziemliche Überraschung war der Befund, dass das p-Amidino-phenylalanin als D-Aminosäure an Thrombin bindet. Da das Substrat aus natürlichen L-Aminosäuren besteht, hätte man eigentlich erwartet, dass auch p-Amidino-phenylalanin in der L-Konfiguration bindet.

Aus der Struktur lässt sich ableiten, welche Gruppen des Liganden direkte polare Wechselwirkungen zum Protein eingehen. Für NAPAP sind dies die Glycineinheit in der Molekülmitte (doppelte Wasserstoffbrücke zum Peptidrückgrat) und die Amidiniumgruppe in der S_1-Tasche. Ein Weglassen der positiv geladenen Amidiniumgruppe führt zu einer Einbuße der Bindungsaffinität, da die doppelte Salzbrücke zu Asp 189 nicht mehr ausgebildet werden kann. Neuere Arbeiten haben aber gezeigt, dass auch chlorsubstituierte Aromaten in die S_1-Tasche binden können und dort eine hydrophobe Wechselwirkung zu Tyr 228

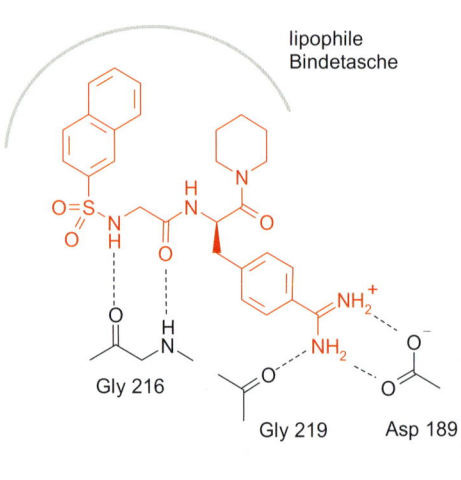

	Thrombin	Trypsin
23.10 rac-NAPAP K_i =	0,006 µM	0,69 µM
L-Napap K_i =	1,4 µM	25,5 µM
D-Napap K_i =	0,0021 µM	0,21 µM

Thrombin:Trypsin 1:100

23.11 CRC220
Behringwerke
K_i = 6 nM
Thrombin:Trypsin 1:200

23.12 (racemisch)
IC_{50} = 15 nM
Thrombin:Trypsin 1:600

Abb. 23.9 Der Thrombin-Hemmer NAPAP **23.10**, die in den ehemaligen Behringwerken entwickelte Verbindung CRC 220 **23.11** und **23.12**, ein von **23.10** abgeleitetes Derivat. Die beiden letzteren Verbindungen besitzen deutlich verbesserte Affinität für Thrombin mit einer verbesserten Selektivität gegenüber Typsin. Die IC_{50}-Werte für **23.10** und **23.12** beziehen sich auf die Racemate. Der Inhibitor **23.11** wurde enantiomerenrein vermessen.

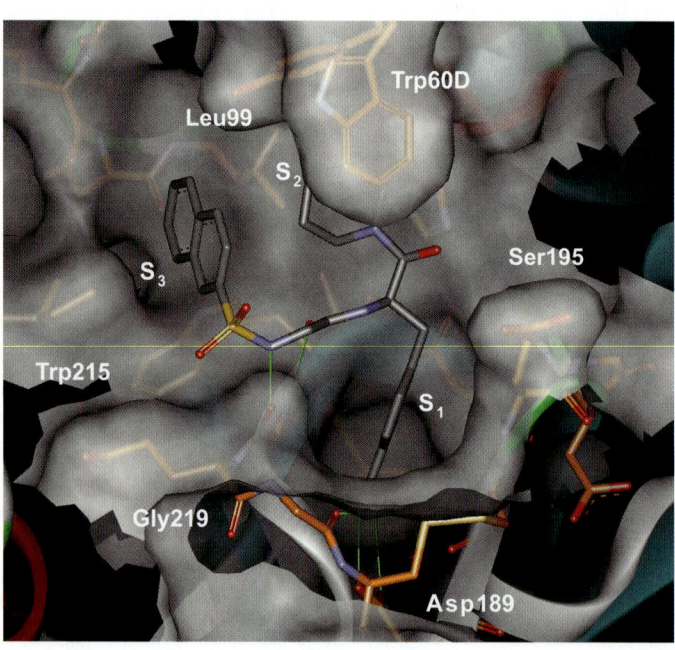

Abb. 23.10 Struktur des Thrombin-NAPAP-Komplexes. Auf der linken Seite sind die wichtigsten Wechselwirkungen skizziert. Die positiv geladene Benzamidingruppe besetzt die S_1-Tasche und bildet eine Salzbrücke zur negativ geladenen Seitenkette von Asp 189. Mit der Aminosäure Gly 216 werden zwei Wasserstoffbrücken gebildet. Die Piperidyl- und die Naphthylgruppe füllen gemeinsam zwei große lipophile Taschen aus.

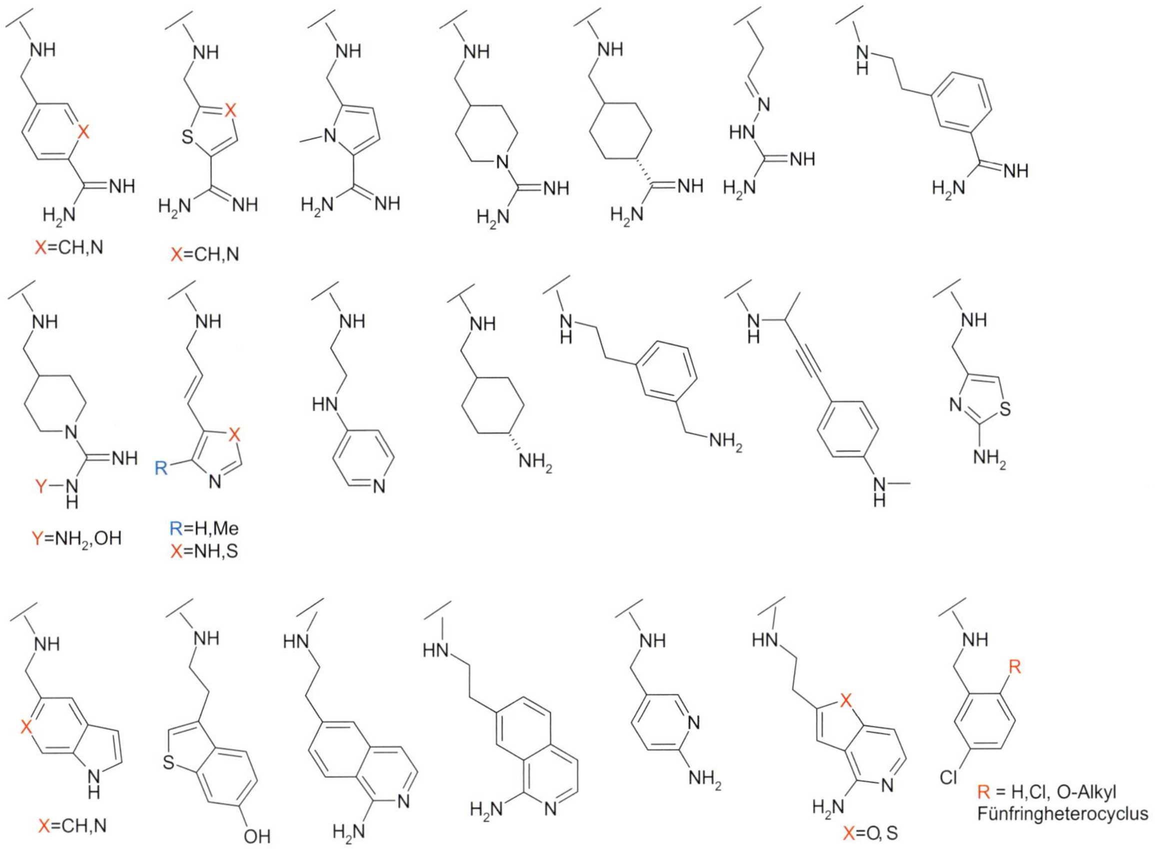

Abb. 23.11 Eine Vielzahl von Baugruppen konnten entwickelt werden, die als Mimetika des Arginins in die S$_1$-Tasche des Thrombins binden.

aufbauen. Heute steht ein ganzes Arsenal an Baugruppen bereit, die als Mimetika für die Argininseitenkette zum Ausfüllen der S$_1$-Tasche im Thrombin geeignet sind (Abb. 23.11).

NAPAP füllt mit seiner Naphthyl- und Piperidylseitenkette die lipophile S$_3$-Tasche und die nach oben begrenzte S$_2$-Tasche weitgehend aus (Abb. 23.10). Allerdings erscheint es, als ob noch etwas größere Substituenten in die S$_3$-Tasche passen könnten. Ein Schwachpunkt von NAPAP war dessen mangelnde Selektivität gegenüber dem Verdauungsenzym Trypsin. Hier ergibt sich die glückliche Situation, dass die Strukturen von NAPAP sowohl im Komplex mit Thrombin als auch mit Trypsin bekannt sind (Abb. 23.12). Ein Vergleich der 3D-Strukturen zeigt, dass ein wesentlicher Unterschied im Bindungsmodus zwischen beiden Enzymen in der S$_3$-Tasche besteht, der zu einer um ca. 180° gedrehten Orientierung des Naphthylrests um die Bindung zum Schwefel führt. Im Thrombin ist die S$_3$-Tasche deutlich ausgeprägt und von mehreren lipophilen Aminosäure-Seitenketten umgeben. In Trypsin ist diese Tasche nach oben

hin offen und wird räumlich kaum begrenzt. Offensichtlich ist ihre Strukturierung in dem weitgehend unspezifischen Verdauungsenzym nicht erforderlich. Also sollte sich die Selektivität durch eine möglichst optimale Besetzung der S$_3$-Tasche von Thrombin erhöhen lassen. Betrachtet man den Thrombin-NAPAP-Komplex genauer, so liegt es auf der Hand, dass ein zusätzlicher Methoxysubstituent am Naphthylring hierzu geeignet sein sollte. In der Tat bindet der Inhibitor **23.12** (Abb. 23.9) 600fach stärker an Thrombin als an Trypsin.

In den ehemaligen Behringwerken in Marburg konnte die Verbindung CRC220 (**23.11**, Abb. 23.9) entwickelt werden, die aufgrund ihres Substitutionsmusters am Aromaten die hydrophobe S$_3$-Tasche viel besser als NAPAP ausfüllt. Aus diesem Grund ist CRC220 im Vergleich zu Trypsin ein fast 200fach wirksamerer Thrombin-Hemmstoff.

Einen anderen Weg bei der Suche nach einem Thrombin-Inhibitor beschritten die Forscher bei Hoffmann-La Roche. Zunächst konzentrierten sie sich auf eine optimale Ausfüllung der S$_1$-Tasche. Ben-

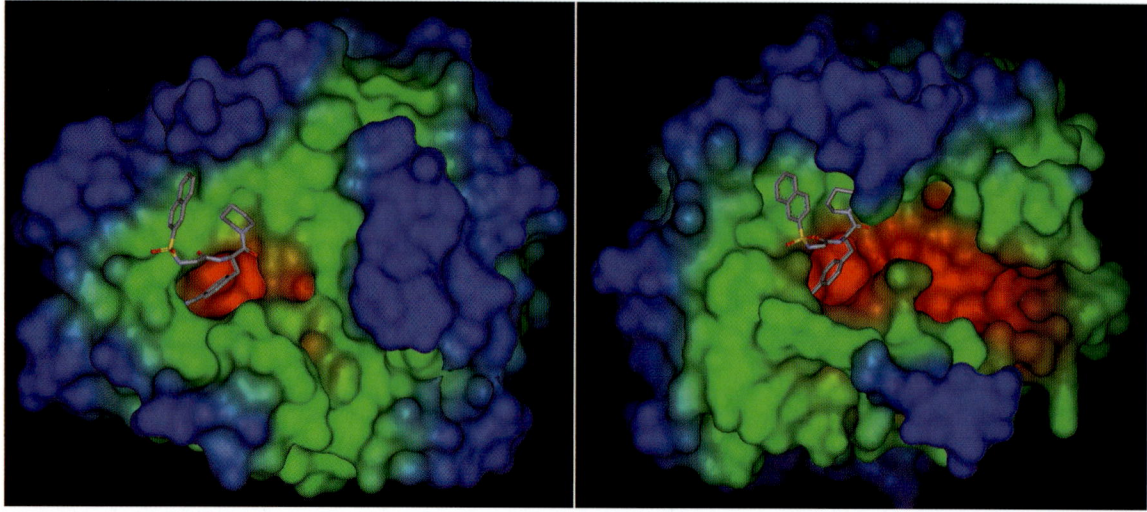

Abb. 23.12 Vergleich der 3D-Strukturen von Trypsin (links) und Thrombin (rechts), jeweils im Komplex mit NAPAP. Im Thrombin ist das aktive Zentrum durch eine zusätzliche Schleife von oben eingeengt. Wieder ist die Taschentiefe mit einer Farbcodierung veranschaulicht (s. Abb. 23.2).

zamidin war als schwacher Thrombin-Hemmer bekannt, der die S_1-Tasche besetzt. Es besitzt jedoch den Nachteil, deutlich stärker an Trypsin zu binden (Abb. 23.4). Entsprechend suchten die Forscher in Basel zunächst nach einem kleinen Molekül, das stärker an Thrombin als an Trypsin bindet. Bei dieser eng fokussierten Suche wurden mehr als 200 kleine Moleküle getestet. Ausgewählt wurden nur Strukturen, deren funktionelle Gruppen in der Lage sein sollten, mit der negativ geladenen Seitenkette des Asp 189 in Wechselwirkung zu treten. Untersucht wurden also Guanidine, Amidine und Amine. *N*-Amidinopiperidin (**23.13**, Abb. 23.13) fiel hierbei als interessante Leitstruktur auf: Im Gegensatz zum Benzamidin bindet Amidinopiperidin fester an Thrombin (K_i = 150 µM) als an Trypsin (K_i = 300 µM). Eine systematische Derivatisierung führte zu **23.14**, einem mäßig aktiven Thrombin-Inhibitor (K_i = 0,48 µM). Das Strukturmodell mit der Protease legte nahe, dass ein Ersatz der Glycin-Einheit durch eine D-Aminosäure, z. B. D-Phe, zur Ausfüllung einer lipophilen Tasche und somit zu einer deutlichen Affinitätssteigerung führen sollte. Die Verbindung war schnell hergestellt und getestet. In der Tat bindet **23.15** zehnfach stärker an Thrombin. Daraufhin wurden weitere D-Aminosäuren untersucht, und es konnte eine weitere Bindungssteigerung erzielt werden. Ermutigend war auch die hohe Selektivität gegenüber Trypsin; **23.16** bindet 840fach stärker an Thrombin als an Trypsin. Die Überraschung war groß, als die 3D-Struktur von **23.16** im Komplex mit Thrombin bestimmt wurde: Die Verbindung bindet anders als vorhergesagt in die Bindetasche! Entgegen der ursprünglichen Annahme hatten Naphthylsulfonylgruppe und Benzylrest ihre Positionen getauscht.

Der Einbau einer nicht natürlichen Aminosäure erwies sich unter synthetischen Gesichtspunkten als ungünstig. Es wurde daher nach anderen zentralen Bausteinen gesucht, die präparativ einfacher zugänglich waren. Diese Arbeiten führten schließlich zu Napsagatran **23.17**, einer hoch potenten, äußerst selektiven Substanz. Da sie aber nur intravenös anwendbar ist, hat sie nie den Weg zum Marktprodukt gefunden, zumal mit der schon weit früher entdeckten Verbindung Argatroban ein Handelsprodukt zur intravenösen Anwendung bereit steht.

Die Suche nach niedermolekularen, oral verfügbaren Thrombin-Hemmern hat zahlreiche große Pharmafirmen über viele Jahre intensiv beschäftigt. Es hat sehr lange gedauert, bis AstraZeneca Ximelagatran (**23.18**, Abb. 23.13) als ersten oral verfügbaren Thrombin-Hemmer in den Markt einführte. Die Verbindung ist ein doppeltes Prodrug der eigentlichen Wirkform Melagatran. Man sieht ihr noch deutlich die Verwandtschaft zu den anfänglichen Leitstrukturen wie der Tripeptidsequenz D-Phe–Pro–Arg an. Die Kopfgruppe des Argininrests wurde durch ein Benzamidin ersetzt, der Fünfring des Prolins auf einen Vierring verengt und die endständige Benzylgruppe zu einem Cyclohexylring verkürzt. Der *N*-Terminus wurde mit einem Methylencarbonsäurerest substituiert. Als extrem schwierig erwies sich, die Thrombininhibitoren ausreichend bioverfügbar zu machen und die notwendigen Plasmaspiegel über ausreichende Zeit aufrecht zu erhalten. In Hinblick auf die Bio-

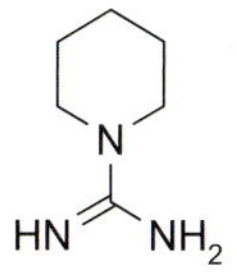

23. Inhibitoren für Hydrolasen mit Acylenzym-Zwischenstufe

23.13 $K_i = 150\ \mu M$

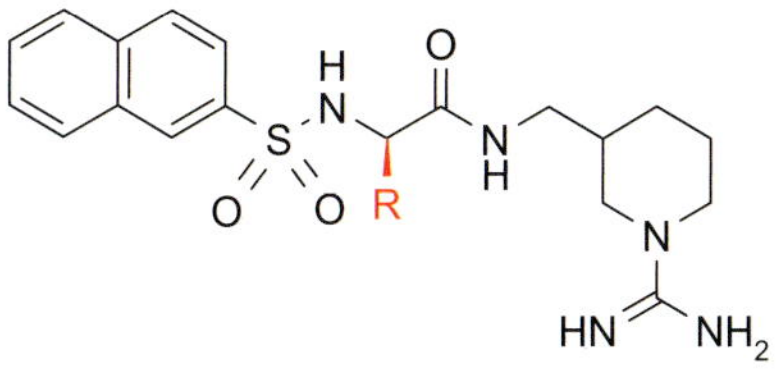

23.14 R = H, $K_i = 0{,}48\ \mu M$

23.15 R = CH$_2$Ph, $K_i = 0{,}047\ \mu M$

23.16 R = CH$_2$-(m-NO$_2$-Ph), $K_i = 0{,}024\ \mu M$

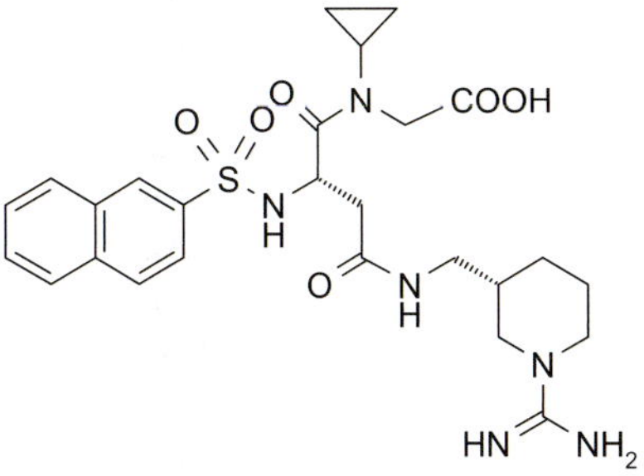

23.17 Napsagatran Roche, $K_i = 0{,}27$ nM

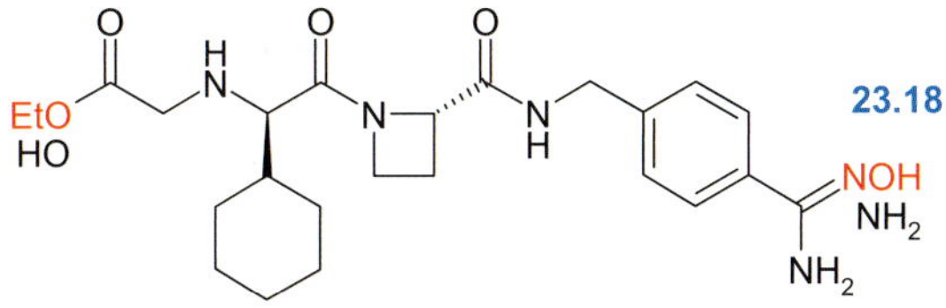

23.18 Ximelagatran (Exanta®) AstraZeneca Prodrug von Melagatran

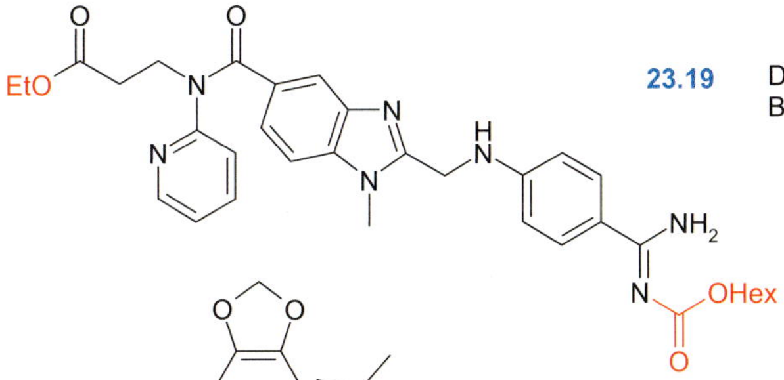

23.19 Dabigatran (Rendix®) Boehringer Ingelheim

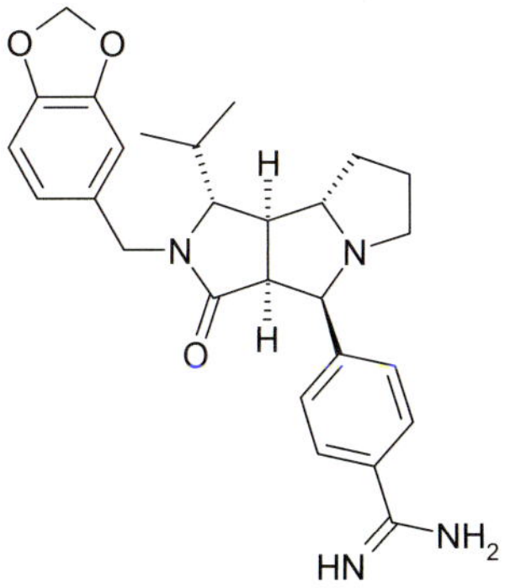

23.20

Abb. 23.13 Ein Ansatz zum strukturbasierten Entwurf von Thrombininhibitoren begann mit **23.13** in der S$_1$-Tasche. Von dieser Leitstruktur wurde **23.14** abgeleitet. Ihre Einpassung in das aktive Zentrum des Thrombins lieferte die Idee zur Synthese von **23.15**. Die systematische Variation der Seitenkette R ergab Verbindungen mit verbesserter Bindungsaffinität, wie **23.16** und **23.17**. Letztere Verbindung wurde unter dem Namen Napsagatran in der Klinik vertieft geprüft. Sie erreichte aber nicht die erwünschte orale Verfügbarkeit. Die Verbindung Melagatran der Firma AstraZeneca kam als doppeltes Prodrug Ximelagatran **23.18** als erster oral verfügbarer Thrombin-Hemmer auf den Markt. Er leitet sich von der Tripeptidsequenz D-Phe–Pro–Arg ab. Ein weiterer, oral verfügbarer Inhibitor, Dabigatran **23.19**, wurde von der Firma Boehringer Ingelheim bis zur Marktreife entwickelt. Gänzlich auf einen peptidischen Charakter verzichtet wurde bei dem tricyclischen Inhibitor **23.20**, der an der ETH Zürich entwickelt wurde.

verfügbarkeit verfolgte AstraZeneca zusammen mit der Gruppe von Bernd Clement an der Universität Kiel eine doppelte Prodrug-Strategie: Die terminale Säurefunktion wurde als Ester kaschiert und die Benzamidingruppe in ein N-Hydroxyamidin überführt. Die Freisetzung der Wirkform Melagatran ermöglichen im Körper überall vorhandene Esterasen bzw. Reduktasen. Da in der Praxis nach mehrwöchiger Einnahme von Ximelagatran in einigen wenigen Fällen Probleme durch Lebertoxizität beobachtet wurden, nahm AstraZeneca das unter dem Namen Exanta® vertriebene Arzneimittel nach gut zwei Jahren wieder vom Markt.

Viele Jahre der Thrombinforschung führten auch bei Boehringer Ingelheim am Ende zum Erfolg. Die Verbindung Dabigatran (**23.19**, Abb. 23.13) wurde im Frühjahr 2008 als Medikament (Rendix®) zur Schlaganfallprävention nach Vorhofflimmern in den Markt eingeführt. Auch sie besitzt einen Benzamidinanker. Für die hydrophobe S$_3$-Tasche weist sie einen Pyridinrest auf. Als Bindeglied zwischen diesen Gruppen wurde ein Benzimidazolbaustein mit angefügter Amidbindung ausgewählt. Wie Ximelagatran verwendet sie am *N*-Terminus einen Carbonsäurerest. Sie zeigt einen deutlich geringeren peptidischen Charakter als die zuvor vorgestellten Leitstrukturen. Auch für diesen Arzneistoff wurde eine doppelte Prodrug-Strategie verwendet, um ihn ausreichend bioverfügbar zu machen. Neben der Veresterung der Säuregruppe wurde die Amidinogruppe in einen Carbamoylbaustein eingebunden.

Der Gruppe von François Diederich an der ETH Zürich gelang es, Thrombininhibitoren (23.20, Abb. 23.13) zu entwickeln, die gänzlich auf einen peptidomimetischen Charakter verzichten. Genaues Design in der Bindetasche hat zu Inhibitoren mit einem zentralen Tricyclus geführt, der sich gut über eine 1,3-dipolare Additionsreaktion herstellen lässt. Mit einem Benzamidinanker für die S_1-Tasche und einen Piperonylrest für die S_3-Tasche versehen, stoßen diese sehr starren Derivate in den Bereich nanomolarer Inhibitoren vor.

23.5 Der Entwurf niedermolekularer, oral wirksamer Elastase-Inhibitoren

Humane Leukozyten-Elastase (HLE) ist eine Serinprotease, die vom Körper in der Lunge freigesetzt wird, um abgestorbenes Gewebe und eingedrungene Bakterien zu zersetzen. Das zerstörerische Potenzial dieses Enzyms wird normalerweise durch eine Reihe körpereigener (endogener) Inhibitoren, wie beispielsweise dem $α_1$-Protease-Inhibitor oder einem Leukozytenprotease-Inhibitor, kontrolliert. Wird die Balance zwischen Protease und Inhibitor verschoben, etwa durch eine genetisch bedingte Unterexpression eines Inhibitors oder durch toxische Substanzen, die mit der Atemluft aufgenommen werden, greift Elastase auch gesundes Lungengewebe an. Zigarettenrauch enthält Verbindungen, die eine essenzielle Methioninseitenkette des körpereigenen $α_1$-Protease-Inhibitors oxidieren und damit das Protein deaktivieren. Über die chronische Zerstörung von Zellen der Lungenbläschen führt dies zu einem lebensbedrohlichen Krankheitsbild, dem **Lungenemphysem**.

Ein möglicher Ansatz zur medikamentösen Behandlung dieser Krankheit besteht somit in der Anwendung eines Elastase-Inhibitors. Im Gegensatz zu Thrombin besitzt die Elastase keine tief ausgeprägte S_1-Tasche mit einer sauren Aminosäure, über die sich ein polarer Kontakt zu einem gebundenen Liganden aufbauen lässt. Sie akzeptiert nur Substrate mit kleinen hydrophoben Aminosäuren wie Valin (Abb. 23.3). Wenn sich durch die Besetzung der S_1-Tasche kein so großer Bindungsbeitrag wie im Falle des Thrombins gewinnen lässt, bietet sich an, das katalytische Serin durch eine kovalente Verbrückung zu dem Inhibitor in die Wechselwirkungen mit einzubeziehen. Bei der ehemaligen ICI (heute Teil von AstraZeneca) verfolgte man ein solches Konzept und startete mit einem Trifluormethylketon R–COCF$_3$ als reversibel kovalent bindendem Serinprotease-Hemmer. Ausgehend von der Substratsequenz wurden so potente Elastase-Hemmer gefunden, z. B. 23.21 und 23.22 (Abb. 23.14).

ICI 200880 (23.22) erwies sich bei der klinischen Prüfung als wirkstarker Elastase-Hemmer, jedoch ohne orale Verfügbarkeit und mit zu kurzer biologischer Halbwertszeit. In der Zwischenzeit war auch die Raumstruktur des verwandten Inhibitors Ac–Ala–Pro–Val–CF$_3$ im Komplex mit Elastase bestimmt worden. Die wichtigsten Wechselwirkungen zwischen Elastase und dem Inhibitor sind in Abb. 23.15 dargestellt. Der Inhibitor bindet in einer β-Faltblatt-Konformation an Elastase, wobei zwei H-Brücken zu Val 216 und eine zu Ser 214 ausgebildet werden. Die

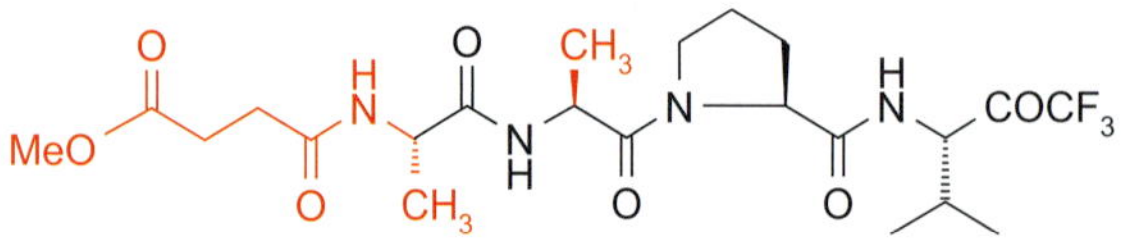

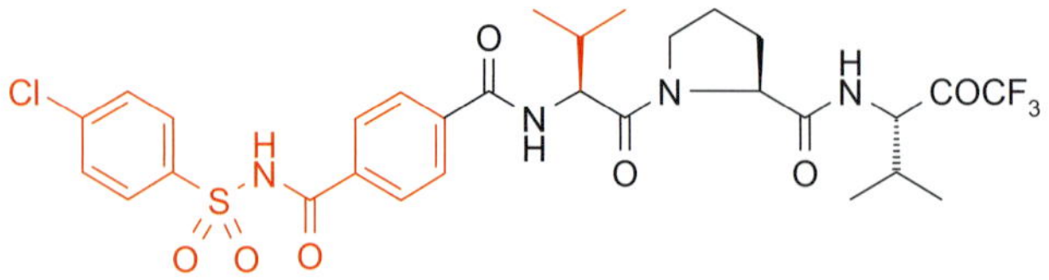

Abb. 23.14 Substratanaloge Elastase-Hemmer 23.21 und 23.22 (ICI 200880). 23.22 ist zwar eine hoch aktive Verbindung, aber oral nicht verfügbar.

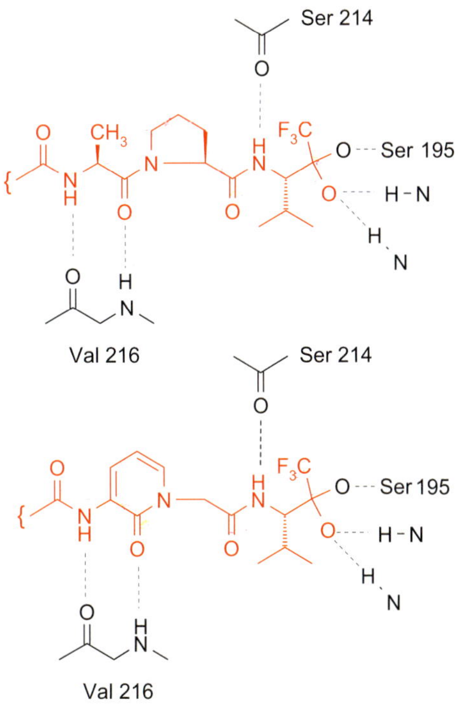

Abb. 23.15 Vergleich des Bindungsmodus des Elastase-Hemmers Ac–Ala–Pro–Val–CF$_3$ mit dem postulierten Bindungsmodus der Pyridone (z. B. **23.23**, Abb. 23.16). Beide Verbindungen sollten in der Lage sein, die doppelte H-Brücke mit Val 216 zu bilden.

Valinseitenkette füllt die S$_1$-Tasche und die Carbonylgruppe bindet als Halbketal kovalent an die Seitenkette von Ser 195. Die Forschung konzentrierte sich auf nichtpeptidische Strukturen mit funktionellen Gruppen, die in der Lage sein sollten, die gleichen Wechselwirkungen wie der peptidische Inhibitor auszubilden.

Ausgehend von der 3D-Struktur des Protein-Ligand-Komplexes fiel die Wahl auf Pyridone als aussichtsreichen peptidomimetischen Ersatz. In Abb. 23.15 ist der postulierte Bindungsmodus der Pyridone mit dem Bindungsmodus des peptidischen Inhibitors verglichen. Verbindungen dieses Strukturtyps wurden bei Zeneca (heute AstraZeneca) synthetisiert und erwiesen sich tatsächlich als sehr wirksame Inhibitoren der Elastase. **23.23** (Abb. 23.16) bindet mit einem K_i = 5,6 nM an das Protein. Diese Verbindung weist jedoch mehrere ungünstige Eigenschaften auf. Sie ist oral nicht verfügbar und hemmt neben Elastase auch Chymotrypsin (K_i = 60 nM). Die schlechte orale Verfügbarkeit wurde auf eine zu hohe Lipophilie (log P > 4) und die daraus resultierende geringe Wasserlöslichkeit zurückgeführt.

Synthetisch einfacher und daher breiter variierbar erschien die Klasse der Pyrimidone, bei der ein Kohlenstoffatom des Heterocyclus gegen ein Stickstoffatom ausgetauscht ist. Die Verbindung **23.24** ist weniger lipophil (log P = 2,1) als **23.23**, zehnmal besser wasserlöslich und oral verfügbar. Ihre Bindung an Elastase erwies sich als praktisch unverändert (K_i = 6,6 nM), während die Chymotrypsin-Hemmung wesentlich geringer ausfiel (K_i = 1000 nM).

In der neuen Substanzklasse wurden zahlreiche Vertreter synthetisiert und auf ihre Hemmwirkung und Bioverfügbarkeit getestet. Dabei zeigte sich, dass starke Hemmwirkung und *in vivo*-Aktivität nicht parallel laufen. Beispielsweise ist **23.25** im Enzymtest ein hoch affiner Elastase-Hemmer, oral jedoch nicht verfügbar. Als Optimum erwies sich Verbindung **23.26** (K_i = 100 nM) mit einer 60–90%igen oralen Verfügbarkeit im Tiermodell. Die Kristallstruktur mit dem analogen Derivat **23.27**, das nur eine zusätzliche Sulfonamidgruppe trägt, bestätigte den erwarteten Bindungsmodus (Abb. 23.17).

Die japanische Firma ONO Pharmaceutical Co. hat die von **23.26** abgeleitete Verbindung **23.28** entwickelt, die statt der Trifluormethylgruppe am Keton einen 1,3,4-Oxadiazolring und am Pyrimidon einen unsubstituierten Phenylring trägt. Die Entwicklung der Verbindung ONO-6818 wurde allerdings in der Klinischen Phase II aufgrund abnormal erhöhter Leberwerte abgebrochen. Erfolg hatte ONO jedoch mit dem Wirkstoff ONO-5046 **23.29**, der unter dem Namen Sivelestat (Elaspol®) entwickelt wurde (Abb. 23.16). Dieser Inhibitor reagiert spezifisch mit der Elastase und acyliert das katalytische Serin reversibel.

23.6 Serinprotease-Hemmstoffe: Thrombin war nur ein erster Anfang

Faktor Xa und VIIa treten entlang der Blutgerinnungskaskade oberhalb von Thrombin auf und werden als Targets fur **Antithrombotika** bearbeitet. Sie besitzen beide ähnlich dem Thrombin eine Asparaginsäure am Boden ihrer tiefen S$_1$-Tasche. Weiterhin spezifisch für **Faktor Xa** ist seine enge und tiefe S$_3$-Tasche, die ausschließlich durch aromatische Aminosäuren (Tyr 99, Trp 215, Phe 174) begrenzt wird (Abb. 23.18). Damit ist diese Tasche in idealer Weise für die Aufnahme aromatischer Reste von Inhibitoren geeignet. Wie schon erwähnt, fiel Mitte der 1990er-Jahre das Dogma, die S$_1$-Tasche der trypsinähnlichen Serinproteasen könne

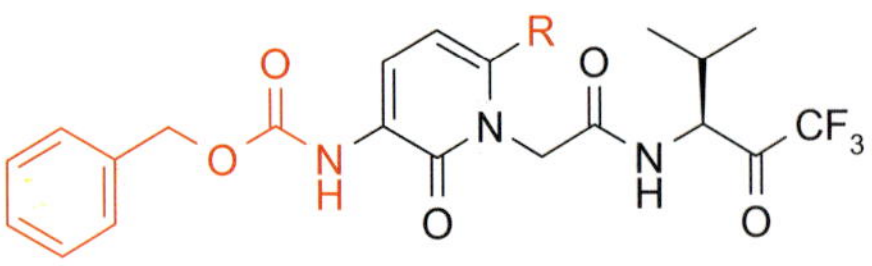

23.23 R = Phenyl
K_i = 5,6 nM

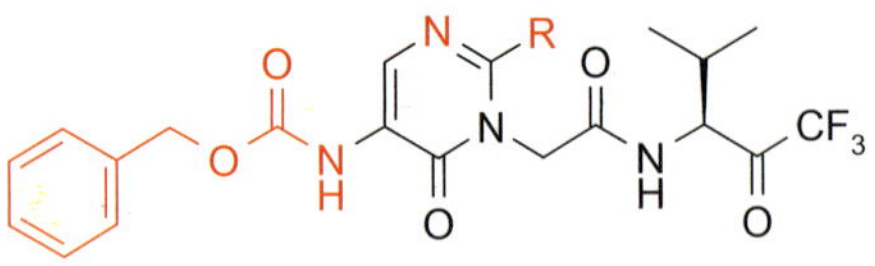

23.24 R = Phenyl
K_i = 6,6 nM

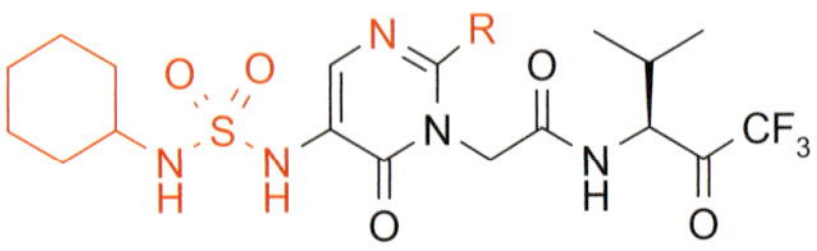

23.25 R = *p*-F-Phenyl
K_i = 1,6 nM

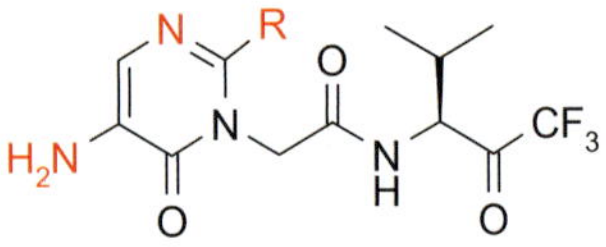

23.26 R = *p*-F-Phenyl
K_i = 100 nM

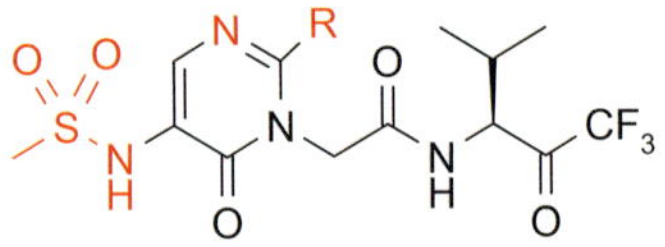

23.27 R = *p*-NH$_2$-Phenyl
K_i = 15 nM

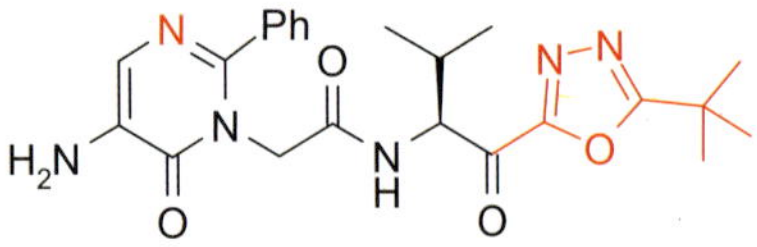

23.28 ONO-6818

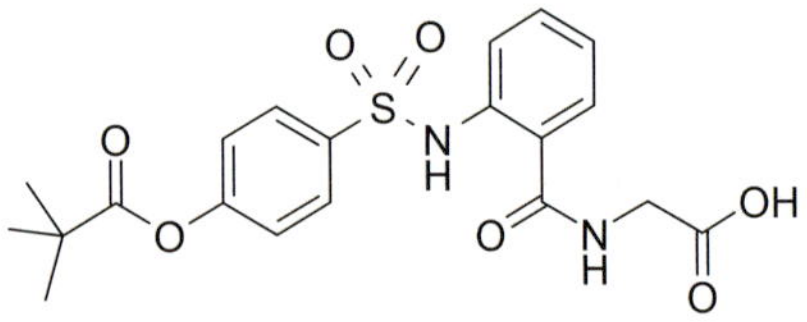

23.29 Sivelestat
ONO-5046

Abb. 23.16 Entwurf oral verfügbarer Elastase-Hemmer bei Zeneca. Die ursprüngliche Idee, die Ala–Pro-Einheit durch ein Pyridon zu ersetzen, lieferte **23.23**. Später wurden überwiegend Pyrimidone untersucht. Im Heterocyclus ist hier ein weiteres Stickstoffatom eingefügt. In dieser Strukturklasse finden sich sehr wirkstarke Verbindungen, z. B. **23.25**. Über die besten *in vivo*-Eigenschaften verfügt **23.26**. Die *p*-Fluorphenyl-Gruppe (in **23.26**) bzw. die *p*-Aminophenyl-Gruppe (in **23.27**) erhöhen den lipophilen Kontakt zum Enzym. Die Verbindung ONO-6818 **23.28** wurde in Japan bis zu klinischen Studien entwickelt, zeigte dann aber abnormal erhöhte Leberwerte bei den behandelten Patienten und ihre weitere Entwicklung wurde abgebrochen. Als weitere Verbindung befand sich **23.29** unter dem Namen Sivelestat (ONO-4056) in der klinischen Testung. Diese Verbindung überträgt spezifisch eine Acylgruppe auf das katalytische Serin und blockiert das Enzym reversibel.

nur Reste mit basischem Charakter aufnehmen. Für Thrombin konnte vor allem bei Merck & Co. in den USA die Bindung von Chloraromaten nachgewiesen werden. Bei Hemmstoffen für Faktor Xa gelang mit solchen Resten ein Durchbruch. Verschiedene Gruppen konnten hoch potente Hemmstoffe mit in die S$_1$-Tasche ragenden Chlorphenyl-, Chlornaphthyl- oder Chlorthiophenresten entwickeln. Durch Aufnahme zusätzlicher Reste in die tiefe aromatische S$_3$-Tasche gewinnen Inhibitoren so viel an Affinität, dass sie auch ohne Benzamidinanker einstellig nanomolar an diese Protease binden (Abb. 23.18). Von AstraZeneca wurde ein solches Derivat vorgestellt (**23.30**, Abb. 23.19). Neben der Entwicklung von Verbindungen mit einem chlorsubstituierten Aromaten für die S$_1$-Tasche wurden aber auch Inhibitoren mit Benzamidinresten als Faktor Xa-Inhibitoren synthetisiert. Mit ihnen ist es deutlich schwieriger, ausreichende Selektivität im Vergleich zu den anderen trypsinähnlichen Serinproteasen zu erreichen. Weiterhin weisen sie im Hinblick auf eine mangelnde Bioverfügbarkeit ähnliche Probleme wie die Thrombininhibitoren auf. Die Firma Bayer konnte im September 2008 den neuen Faktor Xa-Hemmstoff Rivaroxaban (Xarelto®, **23.31**, Abb. 23.19) auf den Markt bringen, der einen Chlorthiophenrest in die S$_1$-Tasche platziert.

Andere Firmen arbeiten an Hemmstoffen mit vergleichbaren Chloraromaten zum Ausfüllen der S$_1$-Ta-

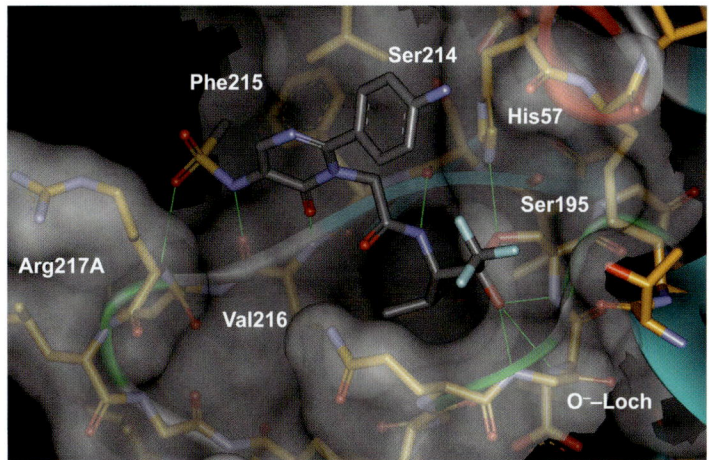

Abb. 23.17 Kristallstruktur von **23.27** (Abb. 23.16) im Komplex mit Elastase. Der Inhibitor bildet jeweils zwei H-Brücken zu Val 216 und eine H-Brücke zu Ser 214. Zusätzlich wird das O⁻-Loch des Enzyms durch ein Sauerstoffatom besetzt.

sche. Der subnanomolar bindende Inhibitor Apixaban **23.32** der Firma Bristol-Myers-Squibb verzichtet sogar völlig auf einen Halogenrest für die Wechselwirkung in der S_1-Tasche. Die zuletzt genannten Verbindungen, die keine Benzamidingruppe aufweisen, zeigen bessere Bioverfügbarkeiten und gute Selektivitäten für Faktor Xa.

Faktor VIIa steht am Anfang des extrinsischen Wegs der Blutgerinnungskaskade. Auch dieses Enzym gehört zur Familie der trypsinähnlichen Serinproteasen, und es wird seit einigen Jahren nach spezifischen Inhibitoren für dieses Enzym gesucht. Interessant ist für diesen Fall die Aktivierung der Protease. Im Verletzungsfall kommt Blut mit Gewebe in Kontakt. Dadurch kann sich zwischen Faktor VIIa und dem membranständigen Gewebefaktor ein Komplex ausbilden, der eine Konformationsänderung in der katalytischen Domäne der Protease bedingt. Ein Peptidabschnitt benachbart zum katalytischen Zentrum geht von einer ungefalteten Konformation in einen helicalen Verlauf über. Dies führt dazu, dass sich die Geometrie des katalytischen Zentrums verändert. Die Protease verfügt somit erst im komplexierten Zustand über eine Struktur, die eine affine Bindung ihres Substrats erlaubt und die Gerinnungskaskade anstößt. Obwohl auch für diese Protease inzwischen zahlreiche nanomolare Inhibitoren vorliegen, ist es bisher noch nicht gelungen, auf die basische Gruppe am P_1-Aromaten zu verzichten.

Neben den Serinproteasen aus der Blutgerinnungskaskade sind noch weitere Proteasen dieser Familie zur Arzneistoffentwicklung ausgewählt worden. Das Wirkstoff-Design für diese Zielenzyme profitiert stark von den Erfahrungen auf dem Thrombingebiet. Dort

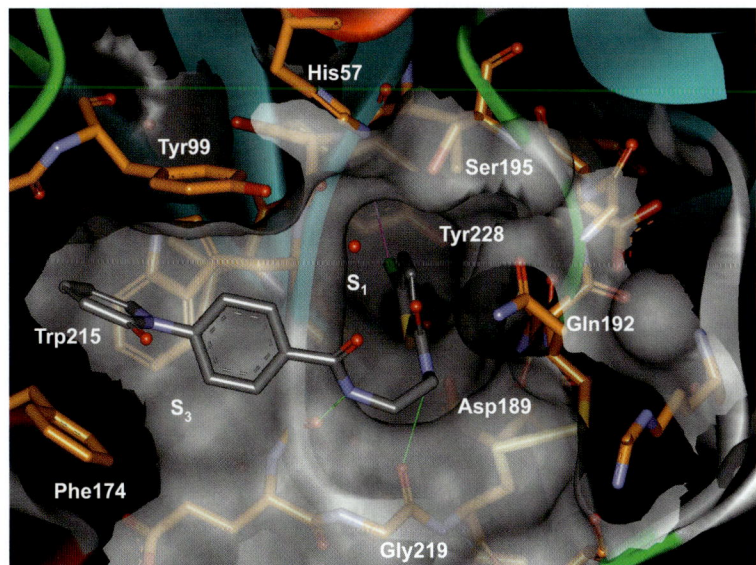

Abb. 23.18 Kristallstruktur von Rivaroxaban **23.31** (Abb. 23.19) in Faktor Xa. Der Inhibitor bindet mit seiner Chlorthiophengruppe in die tiefe S_1-Tasche, an deren Ende sich Tyr 228 und Asp 189 befinden. Das Chloratom bildet Wechselwirkungen mit dem Aromaten aus. In die durch die drei aromatischen Reste Tyr 99, Phe 174 und Trp 215 begrenzte S_3-Tasche legen sich der Phenylring und terminale Lactamring des Hemmstoffs.

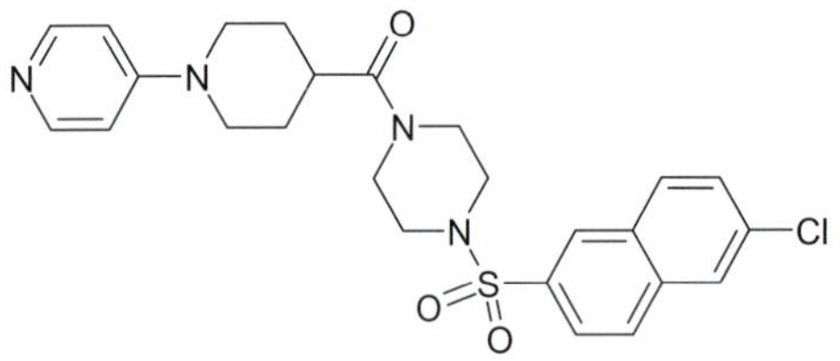

Abb. 23.19 Drei potente Inhibitoren des Faktor Xa. Die beiden ersten Beispiele binden mit einer chloraromatischen Gruppe in die S_1-Tasche des Enzyms. **23.30** wurde von der Firma AstraZeneca entwickelt. Rivaroxaban **23.31** ist 2008 von der Firma Bayer als oral verfügbares Antithrombotikum in den Markt eingeführt worden. Apixaban **23.32** der Firma BMS bindet subnanomolar mit einem methoxysubstituierten Aromaten in der S_1-Tasche des Faktors Xa.

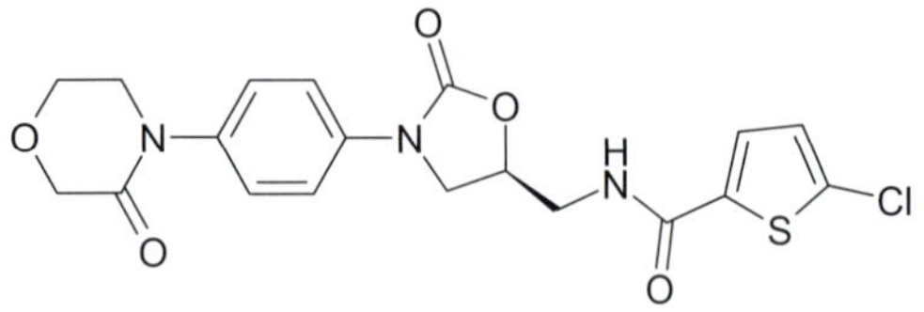

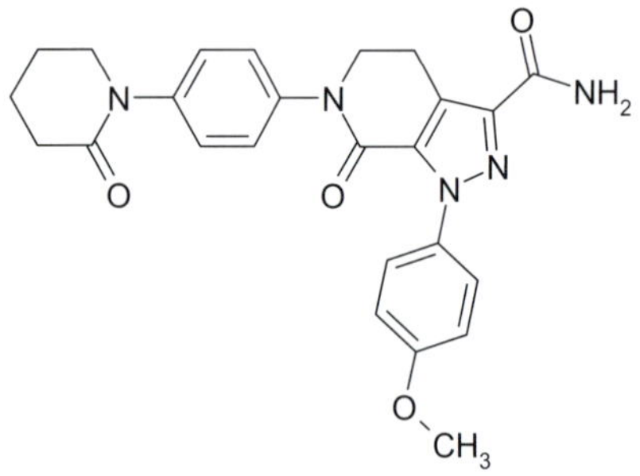

gelernte Konzepte werden auf die speziellen Gegebenheiten dieser Proteine übertragen. **Tryptase**, **Urokinase** oder **Matriptase** gehören zu dieser Familie. Tryptase-Inhibitoren werden als Therapieansatz zur Asthmabehandlung untersucht, die beiden anderen sind Zielstrukturen zur Entwicklung möglicher **Krebsmittel**. Tryptase tritt als Tetramer mit vier trypsinartigen katalytischen Zentren auf. Diese Zentren sind mehrere Ångström voneinander getrennt. Um selektive Inhibitoren zu entwickeln, wurden Verbindungen entworfen, die zwei benzamidinähnliche Ankergruppen tragen und über eine ausreichend lange Brücke miteinander verknüpft sind. So können sie gleichzeitig zwei der vier Zentren in einem tetrameren Tryptasemolekül blockieren. Nachteil eines solchen Designkonzepts ist allerdings, dass die entwickelten Inhibitoren sehr groß werden. Sie fallen kaum unter die Molmassengrenze von 600 Da, die für eine gute Bioverfügbarkeit nicht überschritten werden sollte. Auch die Protease **Furin** gehört zu der Familie der Serinproteasen, allerdings nimmt sie die Faltung der Subtilisin-Familie an (Abschnitt 14.8). Sie ist an der Reifung von Proproteinen beteiligt. So werden durch Furin die Hüllproteine von Viren geschnitten, um sie in ihre aktive Form zu überführen. Seine Beteiligung am „Scharfmachen" von Viren wurde sogar von der Boulevard-Presse aufgegriffen: In der *BILD-Zeitung* vom 28.08.2003 wird Furin als „brutalster Eiweißstoff der Welt" vorgestellt, der „Seuchen für Menschen erst zur tödlichen Gefahr macht und wie der Zünder einer Bombe" wirkt. Es spaltet Oligoarginin- und Lysin-Substrate. Hemmstoffe könnten dieses „Scharfmachen" der Viren verhindern. Allerdings wird die Übersetzung solcher hoch geladenen Substrate in Inhibitoren, die den üblichen Regeln einer guten Bioverfügbarkeit genügen, eine große Herausforderung. Interessant ist auch die Beobachtung, dass durch die Einführung einer Arg–Arg–Arg–Lys–Lys-Sequenz vor die Spaltstelle der Proform des Virus-Hüllproteins Hämagglutinin aus dem für den Menschen nur wenig pathogenen Vogelgrippe-Virus (engl. *avian influenza virus*) eine hoch pathogene Form entsteht. Durch diesen Trick wird die zu spaltende Peptidkette zu einem guten Substrat für Furin. Im Ergebnis ist das so veränderte Virus jetzt hoch infektiös für den Menschen.

Zu Beginn der 1990er-Jahre wurde die interessante Beobachtung gemacht, dass die **Inkretinhormone** GIP und GLP-1, die den Pankreas nach der Nahrungsaufnahme zur Insulinausschüttung anregen, Substrate der Dipeptidylaminopeptidase IV (**DPP IV**) sind. Sie werden durch die **Serin-Aminopeptidase** schnell abgebaut. Da Inkretine bereits damals selbst interessante Kandidaten für eine **Antidiabetes-Therapie** waren, kam sofort der Gedanke auf, eine Hemmung der DPP IV könne sich als ein Prinzip zur Behandlung des Diabetes Typ II (Altersdiabetes) erweisen. Die membranständige Protease spaltet von ihren Substraten Dipeptide ab, wenn an der zweiten Stelle

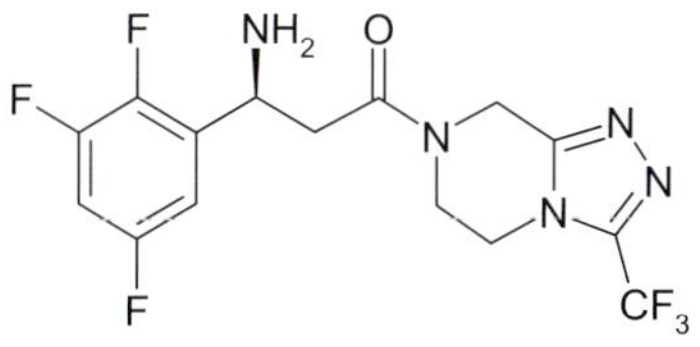

23.33 Sitagliptin (MK-0431)
Merck

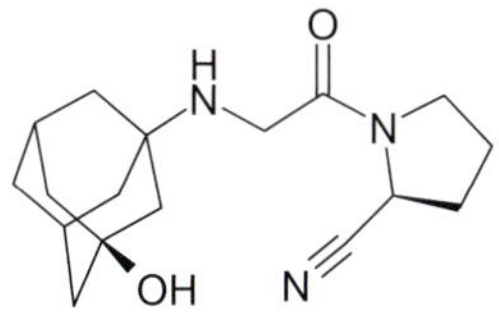

23.34 Vildagliptin (LAF 237)
Novartis

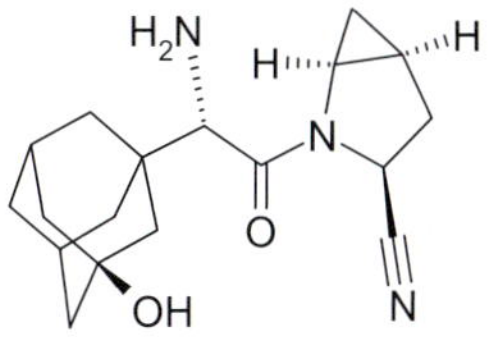

23.35 Saxagliptin (BMS-47718)

Abb. 23.20 Sitagliptin **23.33** Vildagliptin **23.34**, Saxagliptin **23.35** und sind Inhibitoren der Serin-Aminopeptidase DPP IV zur Behandlung des Diabetes Typ II.

vom *N*-Terminus ein Prolyl- oder Alanylrest steht. Sitagliptin (Januvia®) **23.33** (Abb. 23.20) wurde 2006 zur Behandlung des Diabetes Typ II zugelassen. Es blockiert die Protease, ohne eine kovalente Verknüpfung mit ihr einzugehen. Mit Vildagliptin (Galvus®) **23.34** steht seit Kurzem eine weitere Verbindung für die klinische Nutzung bereit. Vildagliptin und der Entwicklungskandidat Saxagliptin **23.35** (Onglyza®) verwenden beide ein vom Prolin abgeleitetes Cyanopyrrolidin, das reversibel kovalent an das katalytische Serin bindet.

Es bleibt abzuwarten, für welche der vielen derzeit bearbeiteten Serinproteasen in den nächsten Jahren Wirkstoffe auf den Markt kommen. Das Gebiet profitiert zunehmend von der Erfahrung, die an den einzelnen Mitgliedern dieser Proteinfamilie gesammelt wird, sodass beim Aufgreifen neuer Zielstrukturen schnell geeignete Leitstrukturen gefunden werden.

23.7 Serin, ein beliebtes Nucleophil in spaltenden Enzymen

Serinpeptidasen verwenden die OH-Gruppe eines proteineigenen Serins als angreifendes Nucleophil. Der benachbarte Histidinrest sorgt für den zwischenzeitlichen Protonentransfer und das negativ geladene Aspartat kompensiert intermediär auftretende Ladungen auf dem Imidazolring des Histidins. Besonderheit ist aber die zwischenzeitliche kovalente Verknüpfung des *N*-terminalen Teils des Substrats mit dem Enzym. Viele andere hydrolytisch spaltende Enzyme verwenden ein analoges Prinzip. **Esterasen** und **Lipasen** besitzen ebenfalls eine katalytische Triade. Teilweise ist dort das Aspartat gegen ein Glutamat ausgetauscht. Der Neurotransmitter Acetylcholin wirkt an vielen Synapsen des vegetativen Nervensystems und ist an der Übertragung von Nervenimpulsen beteiligt. Er bindet unter anderem an den nicotinischen Acetylcholinrezeptor und steuert diesen Ionenkanal (Abschnitt 30.4). Um den Übertragungsprozess zeitlich zu begrenzen und eine Synapse für eine erneute Erregungsübertragung wieder in den Ausgangszustand zu versetzen, muss Acetylcholin entfernt werden. Ein Ungleichgewicht in diesem Übertragungssystem von Nervenimpulsen führt zu anfallartigen und chronischen Bewegungsstörungen. Für den Abbau des Acetylcholins sorgt die **Acetylcholinesterase**. Hemmstoffe dieses Enzyms werden als Wirkstoffe zur Behandlung der Schüttellähmung eingesetzt. Die neuere Forschung versucht, deren Potenzial zu Behandlung der Alzheimerschen Krankheit auszuloten.

Die Acetylcholinesterase verfügt über eine katalytische Triade aus einem Serin, Histidin und Glutamat. Acetylcholin (**3.46**, Abb. 3.11) wird durch das Enzym gespalten, indem seine Acetylgruppe auf das katalytische Serin übertragen wird und anschließend durch Hydrolyse langsam in Form von Essigsäure wieder von der Esterase abgegeben wird. Der Wirkstoff (*S*)-Rivastigmin **23.36** (Abb. 23.21) wird ebenfalls von dem katalytischen Serin angegriffen, wobei ein Carba-

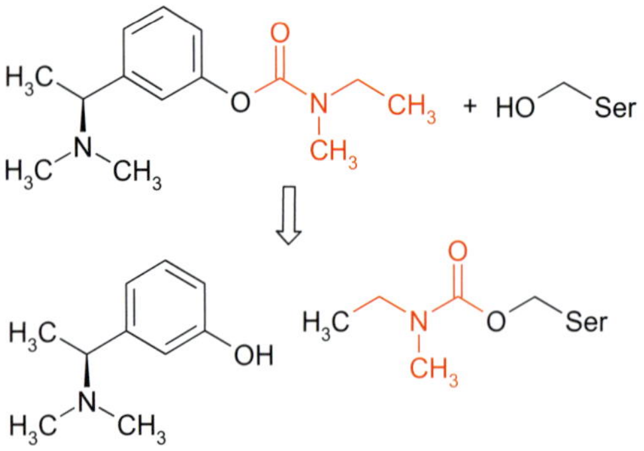

Abb. 23.21 (*S*)-Rivastigmin **23.36** überträgt in der Bindetasche der Acetylcholinesterase einen Carbamoylrest auf das katalytische Serin und blockiert damit seine Funktion, da der entstehende Carbamoyl-Esterasekomplex nur sehr langsam zerfällt. Die Cholinesterase-Inhibitoren Paraoxon **23.37**, Parathion **23.38**, Proxopur **23.39** oder Malathion **23.40** sind Phosphorsäure-, Thiophosphorsäure- oder Carbaminsäureester und werden als Insektizide eingesetzt. Auch sie reagieren mit dem katalytischen Serin und bilden eine stabile kovalente Verknüpfung aus.

23.36 *S*-Rivastigmin
23.37 X=O Paraoxon
23.38 X=S Parathion, E605
23.39 Proxopur
23.40 Malathion

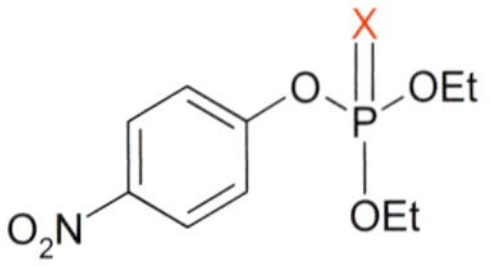

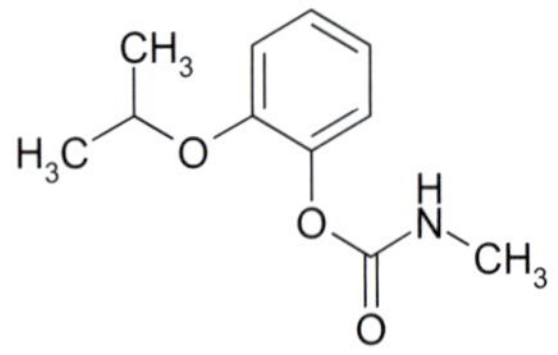

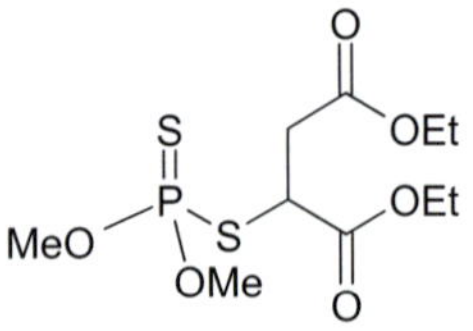

moylrest übertragen wird. Bedingt durch die erhöhte Stabilität des Carbamoyl-Enzymkomplexes, wird die Esterase nur sehr langsam deacyliert und damit für weitere Umsetzungen regeneriert. Dies kommt einer Hemmung des Zielenzyms über mehrere Stunden gleich. Cholinesteraseinhibitoren werden auch als Insektizide eingesetzt. Wirkstoffe wie Paraoxon **23.37** (Abb. 23.21), Parathion (E605) **23.38**, Proxopur **23.39** oder Malathion **23.40** enthalten Phosphorsäureester oder -thioester, die praktisch irreversibel auf das katalytische Serin übertragen werden. Durch diese Hemmung erhöht sich das Acetylcholin im Insekt auf letale Konzentration.

Analog den Esterasen hydrolysieren auch Lipasen Esterbindungen. Sie bedienen sich dazu einer analogen katalytischen Triade aus Serin, Histidin und Aspartat bzw. Glutamat. Die **Pankreas-Lipase** spaltet bei der Fettverdauung Triacylglyceride. Hemmstoffe dieses im Darm vorkommenden Enzyms werden zur Behandlung der **Adipositas** eingesetzt. Es kommt zu einer deutlich verringerten Absorption von Nahrungsfetten und deren Spaltprodukten. Der Wirkstoff Orlistat (Xenical®, **23.41** (Abb. 23.22), ein synthetisches Hydrierungsprodukt des Naturstoffs Lipstatin, trägt neben sehr langen aliphatischen Seitenketten im Zentrum einen reaktiven β-Lactonring. Im katalytischen Zentrum der Lipase greift das Serin die Carbonylgruppe des Lactonrings an und öffnet den gespannten Ring durch Bildung eines stabilisierten Acylenzym-Komplexes. Das so blockierte Enzym ist nicht mehr in der Lage Triglyceride zu spalten, was therapeutisch einer verminderten Verwertung der Nahrung gleichkommt.

Lipasen werden oft für **kinetische Racematspaltungen** eingesetzt. Meist gelingt dies durch einfache Umsetzung racemischer Ester-Gemische, wobei dann eine der beiden Formen schneller reagiert als die andere. In Abschnitt 5.4 war ein Beispiel beschrieben worden, in dem Lipasen nicht zur Hydrolyse, sondern zur Bildung einer neuen Amidbindung eingesetzt wurden. Dazu darf dem intermediär gebildeten Acylenzym-Komplex im Folgeschritt kein Wassermolekül als Nucleophil angeboten werden, sondern es muss eine Verbindung mit einer freien Aminogruppe als Nucleophil bereitstehen. Dann liefert die Umsetzung eine neue Amidbindung. Bakterien setzen eine solche

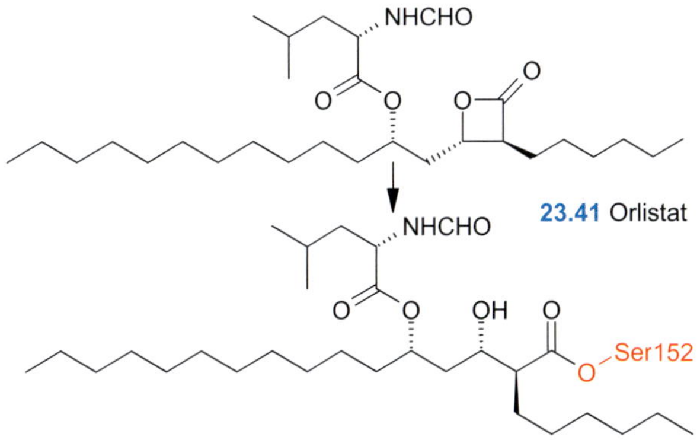

Abb. 23.22 Orlistat **23.41** entsteht als synthetisches Hydrierungsprodukt des um zwei Doppelbindungen reicheren Naturstoffs Lipstatin. Es besitzt einen reaktiven β-Lactonring, der im katalytischen Zentrum der Pankreaslipase mit dem katalytischen Serin unter Ringöffnung und Ausbildung eines Acylenzym-Komplexes reagiert. Das Enzym wird dadurch in seiner Funktion blockiert.

Transpeptidasereaktion beim Aufbau ihrer Zellwände ein. Diese besitzen einen völlig anderen Aufbau als die Zellmembranen beim Menschen, sodass die zur Zellwandsynthese eingesetzten Enzyme bakterienspezifisch sind und sich besonders als Angriffspunkte für eine nebenwirkungsarme Arzneistofftherapie eignen.

Im letzten Schritt der **Zellwandbiosynthese** erfolgt eine Quervernetzung von Peptidoglycansträngen. Dazu greift die endständige Aminogruppe einer Pentaglycinkette die Peptidbindung zwischen zwei D-Alaninresten einer anderen Peptideinheit an. Die Bindung zwischen D-Ala–D-Ala wird gespalten, dafür wird eine neue Peptidbindung zwischen D-Ala und Glycin geformt. Dieser Quervernetzungsschritt wird durch eine Glycopeptid-Transpeptidase vermittelt. Sie verfügt über eine katalytische Maschinerie, die der einer Serinprotease stark ähnelt. Neben dem katalytischen Serin befinden sich ein Lysin und Glutamat im Reaktionszentrum, auch ein O⁻-Loch ist vorhanden. **Penicilline 23.42–23.44** und **Cephalosporine 23.45** (Abb. 23.23) hemmen diese Transpeptidase nach der Strategie eines Trojanischen Pferds. Sie besitzen eine räumliche Strukturanalogie zum D-Ala–D-Ala-Dipeptid und werden deshalb als „falsche" Substrate erkannt (Abb. 23.23). Durch Angriff des katalytischen Serins auf die Amidgruppe des gespannten β-Lactamrings wird dieser geöffnet. Es

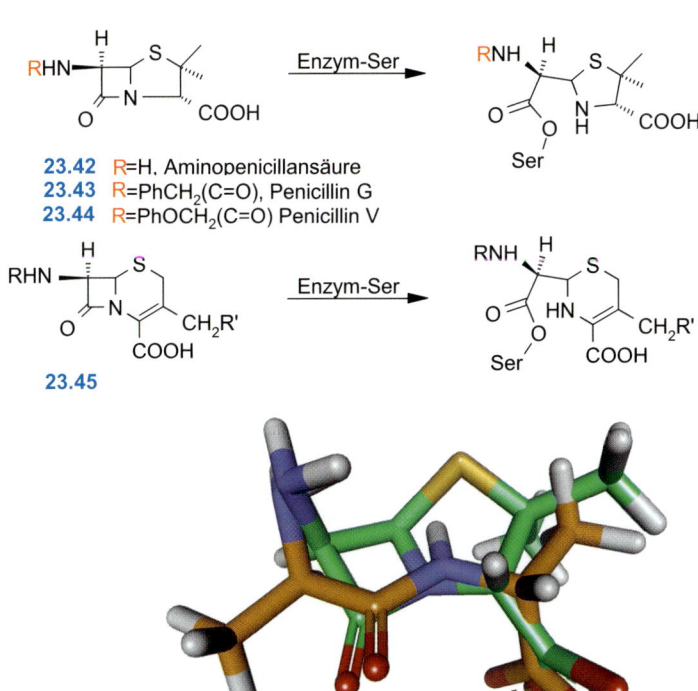

Abb. 23.23 Im letzten Schritt der bakteriellen Zellwandbiosynthese werden durch eine Glycopeptid-Transpeptidase Peptidoglycanstränge unter Spaltung der Bindung zwischen D-Ala–D-Ala-Resten gebrochen und eine neue Peptidbindung wird zwischen einem D-Ala und Glycin gebildet. Sie kann durch Lactamantibiotika vom Penicillin- (**23.42–23.44**) oder Cephalosporin-Typ (**23.45**) blockiert werden. Das Penicillingerüst (grün) ähnelt strukturell dem D-Ala–D-Ala-Rest (orange) und wird analog im Enzym gebunden. Durch nucleophile Öffnung des Lactamrings mithilfe des katalytischen Serins erfolgt eine irreversible Hemmung der Transpeptidase.

kommt zu einer irreversiblen, kovalenten Verknüpfung mit dem Enzym. Die Quervernetzung der Glycanstränge unterbleibt und die synthetisierte Zellwand erreicht nicht mehr die erforderliche mechanische Stabilität. Sie kann dem osmotischen Druck des Zellinhalts nicht standhalten, ein Absterben der Bakterienzelle ist die Folge.

Von den ersten durch Alexander Fleming entdeckten Penicillinen (Abschnitt 2.4) haben heute nur noch das Benzyl- **23.43** und Phenoxymethylpenicillin **23.44** Bedeutung (Abb. 23.23). Die Reste an der 6-Aminofunktion der Penicillinsäure wurden ausgetauscht, um Pharmakokinetik, Wirkspektrum und Säurestabilität zu verbessern. So erhöhen elektronegative Heteroatome am α-C-Atom der Acylfunktion die Stabilität gegen säurekatalysierte Inaktivierung und tragen zur Verbesserung der oralen Verfügbarkeit bei.

Bakterien entwickelten schon sehr bald Resistenzen gegen Penicilline. Sie verwenden dazu **Lactamasen**, Enzyme, die eine strukturelle Verwandtschaft mit den Transpeptidasen besitzen. Man kennt vier Klassen von Lactamasen, wobei drei im aktiven Zentrum ein katalytisches Serin aufweisen. Eine weitere Klasse gehört zu den zinkabhängigen Metalloenzymen (Kapitel 25). Auch die β-Lactamasen werden von den Penicillinen und den verwandten Cephalosporinen an ihrem katalytischen Serin acyliert (Abb. 23.23). Bis zu diesem Schritt ist der Mechanismus in den Transpeptidasen und β-Lactamasen identisch. Allerdings bilden die Transpeptidasen sehr stabile Acylenzyme, während die β-Lactamasen das kovalente Zwischenprodukt sehr schnell hydrolysieren. Das Antibiotikum zum Ausschalten der Transpeptidase ist somit unwirksam geworden. Die β-Lactamasen sind vermutlich Abkömmlinge der Transpeptidasen. Sie sind in der Natur weit verbreitet und haben sich im Konkurrenzkampf der Bakterien mit Schimmelpilzen gebildet. Das Resistenzgen für die β-Lactamasen wird leicht zwischen den Bakterien übertragen, da die Information über den Aufbau der β-Lactamasen auf einem extrachromosomalen Plasmid abgelegt wird. Solche Plasmide werden unter den Bakterien sehr schnell weitergereicht.

Wodurch unterscheiden sich nun die β-Lactamasen von den Transpeptidasen, sodass sie das kovalent gebundene, ringgeöffnete Penicillin wieder rasch loswerden können? Dessen Freisetzung setzt eine hydrolytische Abspaltung vom Protein voraus. Dazu wird ein wohl platziertes Wassermolekül im aktiven Zentrum benötigt, das den nucleophilen Angriff auf das Acylenzym einleitet. Obwohl der strukturelle Aufbau von Transpeptidasen und β-Lactamasen sehr ähnlich ist, besteht doch nur eine geringe Sequenzidentität. Es ist allerdings gelungen, durch gezielte Mutagenese eine Transpeptidase mit den hydrolysierenden Eigenschaften einer Lactamase auszustatten! Dazu sind nur wenige Aminosäureaustausche notwendig. In den Transpeptidasen sind es vor allem hydrophobe Aminosäuren wie Phenylalanin und Tryptophan, die den entstandenen Acylenzym-Komplex vor einem hydrolytischen Abbau schützen. Im Gegensatz dazu findet man in den Lactamasen an der gleichen Stelle polare Aminosäuren, z. B. Glutaminsäure (Abb. 23.24, Glu 166). Im Unterschied zu den hydrophoben Aminosäuren der Transpeptidasen fixiert und aktiviert sie in den Lactamasen ein Wassermolekül in der richtigen Position für einen nucleophilen Angriff auf den Acylenzym-Komplex. In Folge hydrolysiert der durch Ringöffnung entstandene kovalente Komplex mit dem Penicillin-Spaltprodukt in den Lactamasen, während er in den Transpeptidasen stabil bleibt.

Wie lässt sich diese durch die Lactamasen verursachte Resistenz brechen und der Abbau der Penicilline stoppen? Die unsubstituierte Penicillinsäure **23.46** wird schnell durch die TEM-1β-Lactamase gespalten (Abb. 23.24). Aufgrund struktureller Überlegungen wurde vorgeschlagen, in 6-Position eine Hydroxymethylengruppe anzufügen. Diese Gruppe sollte sich genau an die Stelle setzen, von der aus das Wassermolekül seinen nucleophilen Angriff auf die Acylenzymform startet. Das Derivat **23.47** inaktiviert tatsächlich die TEM-1β-Lactamase. In der anschließend bestimmten Kristallstruktur wird zwar weiterhin ein Wassermolekül in der Nähe der CH_2OH-Gruppe gefunden, doch es ist zu weit entfernt, um das Acylenzym erfolgreich zu hydrolysieren. Die Hydroxylgruppe blockiert somit den Angriff des Wassers auf die Estercarbonylgruppe des Acylenzyms.

Der Einbau einer solchen Hydroxymethylengruppe ist in wichtigen β-Lactamase-resistenten Penicillinen wie Imipenem **23.48** oder Meropenem **23.49** vorgenommen worden (Abb. 23.25). β-Lactamasen können aber auch irreversibel gehemmt werden. Wird ein solcher Hemmstoff zusammen mit einem Penicillin verabreicht, so lässt sich der Abbau des Penicillins durch die Lactamase blockieren und steht weiterhin zur Hemmung der Transpeptidase zur Verfügung. Der Naturstoff Clavulansäure **23.50** bildet unter Ringöffnung des Lactamrings einen Acylenzym-Komplex aus. Durch Umlagerung entsteht ein vinyloges Urethan, das gegen weitere Hydrolyse resistent ist.

Damit ist die Variationsbreite an Enzymen, die ein Serin als Nucleophil einsetzen, noch lange nicht erschöpft. Viren benötigen spaltende Enzyme. Sie müssen spezifisch die nach ihrem Bauplan von der befallenen Zelle synthetisierte Polypeptidkette in funktio-

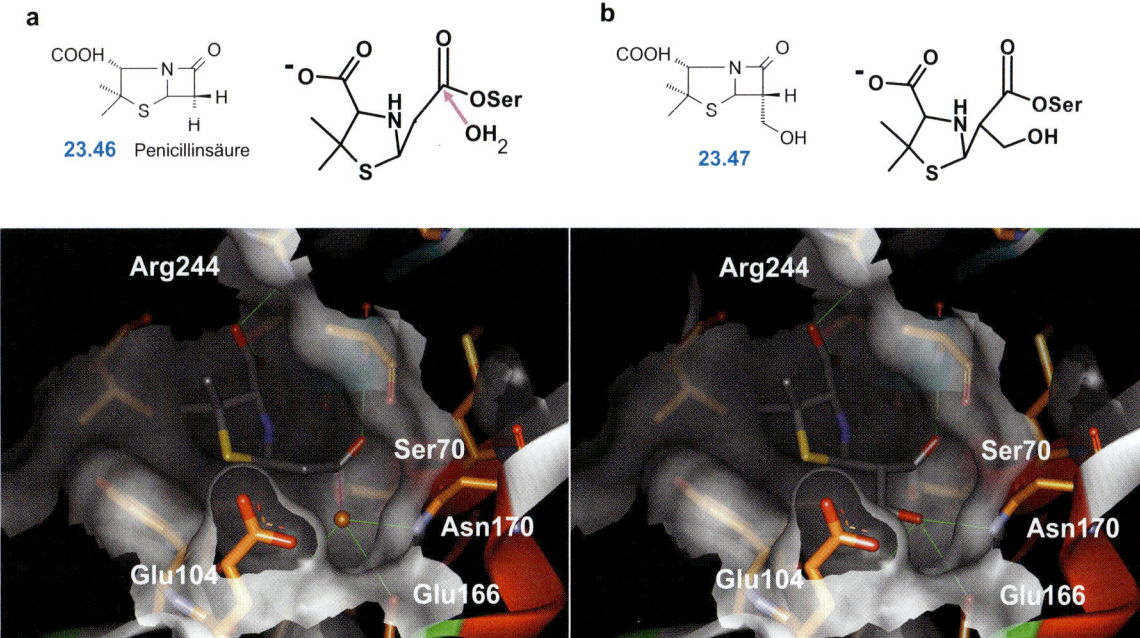

Abb. 23.24 Die unsubstituierte Penicillinsäure **23.46** wird schnell durch TEM-1β-Lactamase gespalten (a). Durch Anfügen einer Hydroxymethylengruppe in 6-Position zu **23.47** entsteht eine Verbindung, die mit dem Enzym einen hydrolysestabilen Acylenzym-Komplex ausbildet (b). Mit dieser Verbindung konnte eine Kristallstruktur bestimmt werden (b, unteres Teilbild). Die Hydroxygruppe setzt sich an die Stelle, von der aus das Wassermolekül (orange Kugel) seinen nucleophilen Angriff auf die Acylenzym-Zwischenstufe startet (a, unteres Teilbild, modellierte Struktur mit den Koordinaten der Kristallstruktur des Komplexes mit **23.47**). In den Transpeptidasen, die mit den β-Lactamasen strukturell verwandt sind, befinden sich an den Positionen 166 und 170 hydrophobe Aminosäuren wie Phenylalanin und Tryptophan.

nale Virusproteine zerschneiden. Dazu verwenden die Viren teilweise Proteasen des befallenen Wirts (vgl. Furin) oder setzen eigene **virale Proteasen** ein. Da ein einwandfreies Arbeiten der zuletzt genannten Enzyme für die Reifung neuer Viren essenziell ist und sie dazu noch virusspezifisch sind, werden diese Proteasen bevorzugt als Zielstruktur für eine Arzneistoffentwicklung aufgegriffen. Man kennt sowohl Peptidasen mit

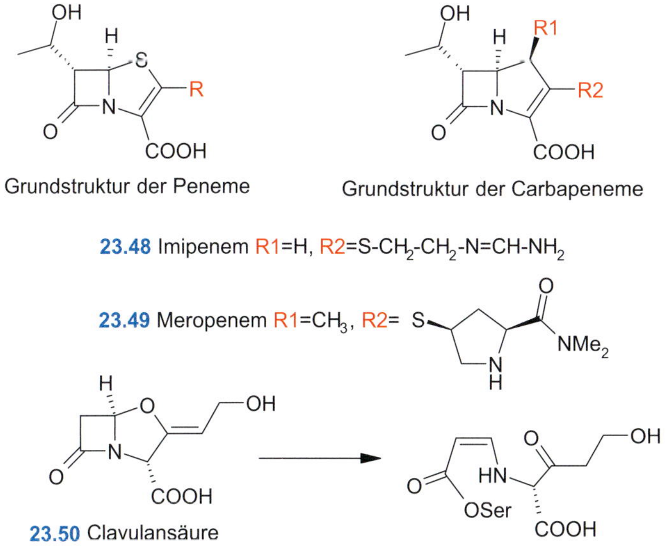

Abb. 23.25 β-Lactamase-resistente Penicilline vom Penem- und Carbapenem-Typ. Vom Carbapenem-Typ leiten sich Imipenem **23.48** und Meropenem **23.49** ab. Der Naturstoff Clavulansäure **23.50** öffnet den Lactamring und bildet mit dem Serinrest einen Acylenzym-Komplex. Durch Umlagerung entsteht ein vinyloges Urethan, das gegen weitere Hydrolyse resistent ist.

einem katalytischen Serin wie auch Cystein (Abschnitt 23.8). Wie wir in Abschnitt 24.3 sehen werden, bedienen sich andere Viren einer Aspartylprotease.

In den **Herpesviren** hat man Serinpeptidasen, die **Assembline**, gefunden. Zu dieser Gruppe gehört das Enzym aus dem Cytomegalievirus, dem Varicella-Zoster-Virus und dem Herpes-Simplex-Virus. Diese Proteasen verwenden ebenfalls ein Serin und Histidin. Als dritte Aminosäure setzen sie ein weiteres Histidin in der Triade ein. Trotz eines anderen Faltungsmusters passt ihre Triade im Raum sehr gut auf die Triade im Trypsin. Auch das O^--Loch ist in diesen viralen Proteasen vorhanden.

Eine andere Gruppe stellen die **Carboxyserinpeptidasen** (**Sedolisine**) dar, die analog dem Subtilisin (Abschnitt 14.7) gefaltet sind. Sie verfügen über eine Triade aus einem Serin, Glutamat und Aspartat. Ein Mitglied aus dieser Familie wurde kürzlich auf dem menschlichen cnl2-Gen entdeckt. Mutationen dieses Gens führen zu schwerwiegenden neurodegenerativen Erkrankungen. In diesem Enzym ist ebenfalls ein O^--Loch zu finden, zu dem interessanterweise ein Aspartat beiträgt. Es kann jedoch nur protoniert seine Aufgabe als Wasserstoffbrückendonor und Stabilisator der negativen Ladung im Übergangszustand erfüllen. Da die Enzyme dieser Familie in einem pH-Bereich von 3–5 aktiv sind, wird die Voraussetzung für diesen Protonierungszustand erfüllt.

Vermutlich gibt es noch viele weitere spaltende Enzyme zu entdecken, die über ein katalytisches Serin verfügen. Es bleibt abzuwarten, welche der entdeckten Peptidasen für eine Arzneistoffentwicklung aufgegriffen werden. Ihre katalytische Maschinerie nimmt in allen Beispielen den gleichen räumlichen Aufbau an. Somit lassen sich unter den einzelnen Mitgliedern der Familien generelle Prinzipien übertragen.

23.8 Triaden in allen Variationen: Threonin als Nucleophil

Neben dem Serin trägt noch eine weitere aliphatische Aminosäure eine OH-Gruppe, das Threonin. Auch diese Aminosäure kann katalytisch wirksam in einer Protease eingesetzt werden. Das **Proteasom** stellt die zentrale **Proteinhäckselmaschine** der Zellen dar und zerlegt Proteine, die für ihren Abbau speziell mit Ubiquitin markiert sein müssen, in kleine Oligopeptide zwischen 3 und 20 Aminosäuren. Das Etikett Ubiquitin ist selbst ein hoch konserviertes Protein aus 76 Aminosäuren. Das Proteasom spielt als zellulärer Müllschlucker eine zentrale Rolle in der Regulation des Stoffwechsels von Proteinen, die Zellwachstum und Zelltod kontrollieren. Daher ist es eine wichtige Zielstruktur für die Bekämpfung von **Krebserkrankungen**. Es ist als Multiproteasekomplex aus mehr als 30 Proteinen aufgebaut und wird sowohl im Cytoplasma als auch im Zellkern angetroffen (Abb. 23.26). Das Proteasom ist wie ein großes Fass mit zwei regulatorisch wirkenden Deckelregionen aufgebaut, die den Einlass der Substrate in die Häckselmaschine steuern. In den katalytischen Zentren der Proteasen, die eine chymotrypsinähnliche, trypsinähnliche und peptidyl-glutamylpeptid-ähnliche Substratspezifität besitzen, tritt ein Threonin auf. Die OH-Gruppe dieses Threonins übernimmt die Rolle des Nucleophils. Durch ein benachbartes, positiv geladenes Lysin und ein ausgleichendes Aspartat wird es in seiner Nucleophilie verstärkt. Da das Threonin die erste Aminosäure am *N*-Terminus ist, trägt es eine freie Aminogruppe. Sie dient im Mechanismus als Protonenakzeptor. Das nucleophile Zentrum wird noch durch zwei Serinreste und ein Aspartat ergänzt, die mit zur Stabilisierung des Übergangszustands beitragen.

Die Firma Millenium Pharmaceuticals, die als Ausgründung aus einem akademischen Forschungsinstitut entstand, konnte 2006 mit **Bortezomib 23.51** einen ersten Wirkstoff auf den Markt bringen, der die Threoninproteasefunktion des Proteasoms blockiert. Bortezomib ist chemisch ein Boronsäure-Derivat (Abb. 23.26). Über diese funktionelle Gruppe reagiert der Inhibitor mit dem Threonin der katalytischen Triade und geht eine kovalente Verknüpfung ein. Neben dieser reaktiven Gruppe kann man an dem Molekül noch einen deutlich peptidischen Charakter ablesen. Mit diesen Baugruppen ist das Molekül in der Lage, mit der Substratbindestelle im Proteasom in Wechselwirkung zu treten.

Das Proteasom ist derzeit eine wichtige Zielstruktur, die für die Tumortherapie geprüft wird. Mehr als 20 unterschiedliche Inhibitoren befinden sich zurzeit in der Entwicklung. Bortezomib dient zur Behandlung des **Multiplen Myeloms**, einer bösartigen Erkrankung des Knochenmarks. Diese Tumorerkrankung geht auf die Entartung von Plasmazellen aus dem Knochenmark zurück. Die eigentliche Aufgabe dieser Plasmazellen liegt in der Produktion von Antikörpern zur Immunabwehr. Auch wenn Bortezomib das Multiple Myelom nicht zu heilen vermag, so wirkt seine Anwendung doch lebensverlängernd für Patienten, bei denen andere Therapien bereits versagt haben. Beim Multiplen Myelom produzieren die Zellen eine Vielzahl missgefalteter Proteine, die dem Abbau

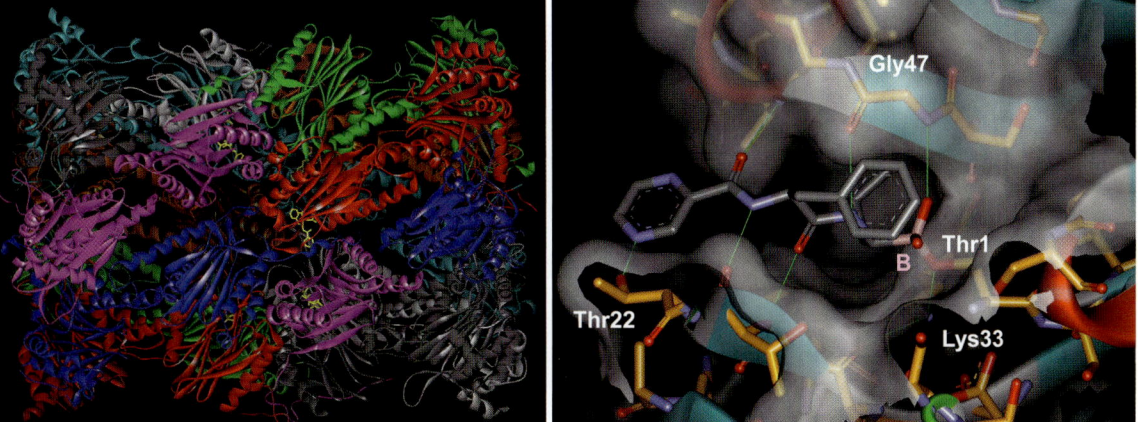

Abb. 23.26 Das Proteasom, die zelluläre Proteinhäckselmaschine, spaltet proteolytisch spezifisch ubiquitinylierte Proteine in kleine Oligopeptide zwischen 3 und 20 Aminosäuren. Links ist die Kristallstruktur des 20S-Proteasoms aus Hefe (Untereinheiten in unterschiedlichen Farben) gezeigt. Sechs dieser Einheiten werden durch Bortezomib (gelb) gehemmt. Das Boronsäure-Derivat Bortezomib **23.51** (rechts, grau) reagiert mit dem *N*-terminalen Thr 1 und bildet einen kovalenten Boronsäureester-Komplex.

durch das Proteasom zugeführt werden müssen. Daher brauchen solche Zellen ein optimal funktionierendes Proteasom, andernfalls werden sie dem programmierten Zelltod zugeführt. Ein Blockieren der Proteasomfunktion ist daher für diese Zellen wünschenswert. Sie erweisen sich als deutlich sensibler für eine Bortezomib-Therapie als normale Zellen. Weiterhin aktivieren bestimmte Tumore einen Transkriptionsfaktor, NF-κB, der das Überleben und die Proliferation der Tumorzellen steuert. Das Proteasom ist entscheidend für die Aktivierung des NF-κB, da es einen Inhibitor dieses Transkriptionsfaktors abbaut, der praktisch als Handbremse blockierend auf NF-κB wirkt. Somit führt die Hemmung des Proteasoms dazu, dass NF-κB in seiner harmlosen Form verbleibt, da sein inhibierender Bindungspartner nicht mehr abgebaut wird. Möglicherweise induziert Bortezomib auch die Apoptose von Tumorzellen, indem es Cyclin-abhängige Kinaseinhibitoren (Abschnitt 26.2) sowie den Tumorsuppressor p53 stabilisiert.

Interessanterweise hat man in Bakterien eine Protease entdeckt, die als 14mer vorliegt und deren Raumstruktur an das Proteasom erinnert. Das **ClpP-Protein** ist eine Serinprotease, die am **Abbau zellulärer Proteine** der Bakterien beteiligt ist. Sie kann durch ein Makrolid-Antibiotikum außer Kontrolle geraten und baut dann in ungeregelter Weise Proteine ab. Dies führt zum Absterben der Zellen. Bei der Firma Bayer wurde dieses Wirkprinzip erkannt und gezielt für eine **Antibiotika-Therapie** ausgenutzt. Ziel war hier allerdings nicht, die Proteasefunktion des ClpP-Proteins zu blockieren, sondern seine unkontrollierte Wirkung durch synthetische Antibiotika freizuschalten.

23.9 Cysteinproteasen: Schwefel, der große Bruder des Sauerstoffs als Nucleophil in der Triade

Neben den OH-Gruppen des Serins und Threonins ist auch die Thiolgruppe des Cysteins in der Lage, als Nucleophil einen hydrolytischen Angriff auf eine Amidbindung durchzuführen. Analog den Serinproteasen besitzen diese Enzyme eine katalytische Triade und werden als Cysteinproteasen bezeichnet. Die erste Protease dieser Familie, die strukturell genau untersucht wurde, ist Papain aus dem Milchsaft der Papaya, der Frucht des Melonenbaums (*Carica papaya*). Seine Triade ist aus einem nucleophilen Cystein sowie einem Histidin und Asparagin aufgebaut. Dabei übernimmt das Asparagin die Aufgabe des Aspartats in den Serinproteasen. Der katalytische Mechanismus gleicht dem der Serinproteasen. Auch ein O⁻-Loch (Cys 25 und Gln 19) ist in den Proteasen der Papain-Familie zu finden. Es gibt Hinweise, dass der Übergangszustand in den Cysteinproteasen strukturell und elektronisch näher an der Acylenzym-Zwischenform liegt. Es wurde versucht, in Trypsin das Serin gegen Cystein auszutauschen. Die Bindungseigenschaften für das Substrat (K_m-Wert) bleiben praktisch erhalten. Dagegen bricht die Katalysegeschwindigkeit um mehr als fünf Zehnerpotenzen ein. Obwohl die Strukturen geometrisch praktisch unverändert sind, zeigt dieses Experiment, dass der Unterschied zwischen Serin- und Cysteinproteasen mehr als ein simpler Austausch von Sauerstoff gegen Schwefel ist. Ausschlaggebend ist die Feinabstimmung von strukturellen und elektronischen Eigenschaften. So liegt im Gegensatz zu den trypsinähnlichen Serinproteasen das nucleophile Cystein mit dem benachbarten Histidin als vorgebildetes Ionenpaar vor.

Drei Familien von Cysteinproteasen sind charakterisiert worden, die alle Bedeutung als Zielstrukturen für Arzneistoffentwicklungen erlangt haben (Tabelle 23.4). Die erste Gruppe leitet sich von Papain ab. Zu ihr gehören z. B. die **Cathepsine**. Sie sind Proteasen, die unter anderem am Abbau der extrazellulären Matrixproteine und Basalmembranen beteiligt sind. Hemmung ihrer Funktion kann sehr verschiedene Therapiemöglichkeiten eröffnen, z. B. bei Entzündungen, der Tumormetastasierung, der Knochenresorption, dem Muskelschwund oder dem Myokardinfarkt. Eine andere Gruppe sind die calciumabhängigen **Calpaine**, deren hydrolytische Domänen in ihrer Faltung dem Papain ähnlich sind. Sie kommen in vielen Zellen vor und übernehmen unterschiedliche Funktionen. Calpaine treten vor allem bei Zellschädigungen vermehrt auf, z. B. bei traumatischen Hirnverletzungen, Schlaganfall oder der Entstehung von Katarakten im Auge. Calpaine scheinen regulierende Enzyme zu sein. So verringern sie beispielsweise im Falle einer Verletzung den Blutfluss durch die Gefäße, um den Blutverlust zu drosseln. Beim Schlaganfall führt diese natürliche Schutzfunktion leider zum Gegenteil: Die Aktivierung von Calpainen reduziert den Blutzufluss und Teile des Gehirns werden unterversorgt. Eine Zerstörung der betroffenen Gehirnzellen ist die Folge. Spezifische Inhibitoren können dieser überschießenden Funktion der Calpaine entgegenwirken. Aber auch in Parasiten sind Cysteinproteasen aus der Papainfamilie als Zielstrukturen entdeckt worden. So kann die Hemmung des **Cruzipains** ein Konzept zur Bekämpfung der Schlafkrankheit bedeuten. **Falcipain**, das in den Malariaerregern am Hämoglobinabbau beteiligt ist, stellt ein aussichtsreiches Zielenzym zur Malariatherapie dar.

Die zweite große Familie der Cysteinproteasen umfasst die **Caspasen**. Sie sind an der Steuerung des programmierten Zelltods, der Apoptose, beteiligt. Ist eine Zelle irreparabel geschädigt, sodass die natürlichen Reparaturmechanismen nicht mehr greifen, werden Caspasen aktiviert, die den Zelltod einleiten. Fehlregulationen der Apoptose führen zu unterschiedlichen Krankheitszuständen, die mit Tumorerkrankungen, Störungen des Immunsystems oder neurodegenerativen Schädigungen einhergehen. Inhibitoren der unterschiedlichen Caspasen haben Potenzial als Neuroprotektiva, als Wirkstoffe zur Tumortherapie oder bei der Behandlung der rheumatoiden Arthritis.

Die dritte Familie umfasst virale **3C-Proteasen**, wie sie z. B. in Picornaviren (humaner Rhinovirus, Poliomyelitis- oder Hepatitis-Virus) bzw. Coronaviren (SARS) auftreten. Die Proteasen dieser Viren prozessieren die primäre Polypeptidkette bei ihrer Reifung und erzeugen dadurch die spezifischen viruseigenen Proteine. Hemmstoffe dieser Proteasen stellen somit ein Konzept zur antiviralen Chemotherapie dar.

Tabelle 23.4 Cysteinproteasen mit physiologischer Bedeutung (X = beliebige Aminosäure). Die 3D-Strukturen aller aufgeführten Enzyme sind bekannt.

Enzym	Spaltstelle	Funktion bzw. Therapieansatz
Papain	–Val–X–X–	pflanzl. Modellenzym aus Papaya
Cathepsine B, L, K, M	–Arg–X– –Gly–X– –Ser–X– –Tyr–X–	Entzündung, Tumormetastase, Muskeldystropie, Myokardinfarkt
Calpaine	–Lys–Ser– –Arg–Thr– –Tyr–Ala–	Schlaganfall, Neuroprotektion, Katarakt
Falcipain	–Arg–Lys– –Lys–X–	Malaria
Cruzipain	–Lys/Arg– –Phe/Ala–	Schlafkrankheit
Caspasen	–Asp–X–	rheumat. Arthritis, Apoptose, Sepsis
Piconavirus 3C-Proteinase	–Gln–X–	virale Infektion
SARS-Hauptproteinase	–Gln– Ser/Ala	virale Infektion

Eine Besonderheit der Proteasen vom Papaintyp ist die Stereochemie des nucleophilen Angriffs. Im Gegensatz zu den anderen Serin- und Cysteinproteasen erfolgt er hier von der gegenüberliegenden Seite, der so genannten *Si*-Seite. In Papain ist die S_1-Tasche kaum ausgeprägt, der P_1-Rest des Substrats ist vom Protein weg gerichtet. Im Gegensatz dazu sind die benachbarten Taschen stärker ausgeprägt. Interessanterweise sind bei den Cysteinproteasen die Taschen auf der *C*-terminalen Seite (gestrichene Seite, S_1–S_4) teilweise recht stark strukturiert. Dies kann beim Design potenzieller Inhibitoren ausgenutzt werden. Papain bevorzugt Substrate mit hydrophoben P_2- und P_3-Resten. In den Caspasen aus der zweiten Faltungsfamilie wird ein Aspartat als P_1-Rest erkannt. Aus diesem Grund tragen viele der für Caspasen entwickelten Inhibitoren an dieser Position eine funktionelle Gruppe mit einem Carbonsäurerest oder ein entsprechendes Mimetikum. Ganz entscheidend für die Bindung von Cysteinprotease-Inhibitoren an ihre Zielenzyme ist die Wechselwirkung mit der Thiolgruppe des katalytischen Cysteins. Es ist interessant, dass viele der entwickelten Inhibitoren versuchen, das Schwefelatom in eine kovalente Verknüpfung einzubeziehen.

Reversible und irreversible Kopfgruppen sind dazu entwickelt worden. Der in Abb. 23.27 im Komplex mit Calpain II gezeigte Inhibitor Leupeptin **23.52** ist ein Naturprodukt, das über eine endständige Aldehydfunktion verfügt. Diese Gruppe reagiert mit der Thiolgruppe des Cysteins und bildet ein Thiohalbacetal aus. Leupeptin bindet an viele Mitglieder der Papainfamilie mit hoher Affinität. Neben der Aldehydkopfgruppe sind viele weitere Funktionalitäten (so genannte „*warheads*", engl. für Sprengköpfe) bekannt, die zur Inhibition von Cysteinproteasen eingesetzt werden (Abb. 23.28). Im Falle der viralen Proteasen sind auch irreversible Inhibitoren entwickelt worden, die über eine Michael-Akzeptorgruppierung (z. B. **23.53**) verfügen. Diese reaktive Gruppe geht eine irreversible Bindung mit dem Cystein ein und schaltet so das Enzym dauerhaft aus. Für die Cathepsine, Calpaine und Caspasen versucht man eher Inhibitoren zu entwickeln, die eine reversible kovalente Verknüpfung mit der Thiolgruppe eingehen. Meist sind es von Aldehyden oder Ketonen abgeleitete Strukturen (**23.53**–**23.57**). Aus chemischer Sicht ist der bei Vertex entwickelte Caspasehemmstoff **23.56** interessant. In einer cyclischen Baugruppe vereinigt er die aspartatähnli-

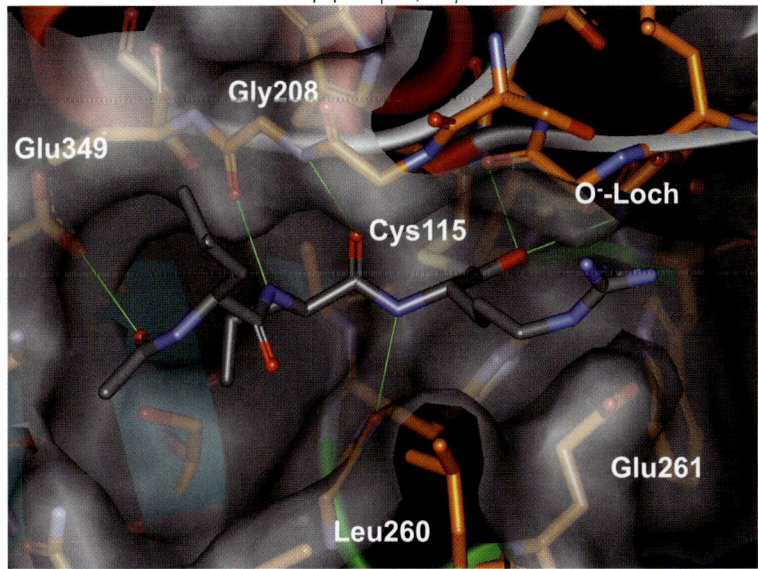

23.52 Leupeptin K_i = 0,021 µM

Abb. 23.27 Bindungsmodus von Leupeptin **23.52** in der Kristallstruktur mit Calpain II. Das Naturprodukt bindet kovalent über eine endständige Aldehydfunktion an die Thiolgruppe von Cys 115 unter Bildung eines Thiohemiacetals. Das O^--Loch wird durch die NH-Gruppe von Cys 115 und die Carboxamidgruppe von Gln 109 gebildet.

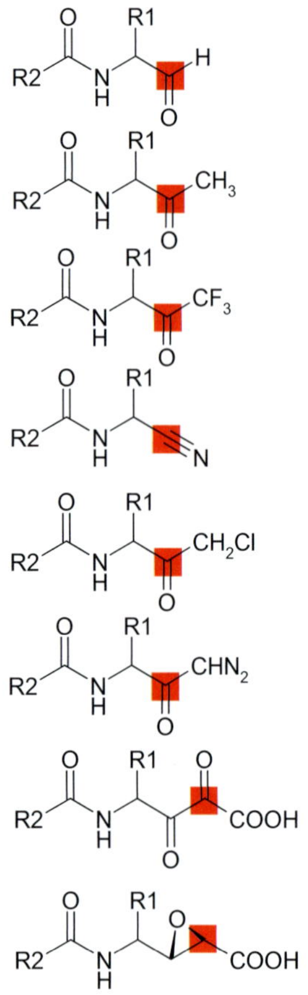

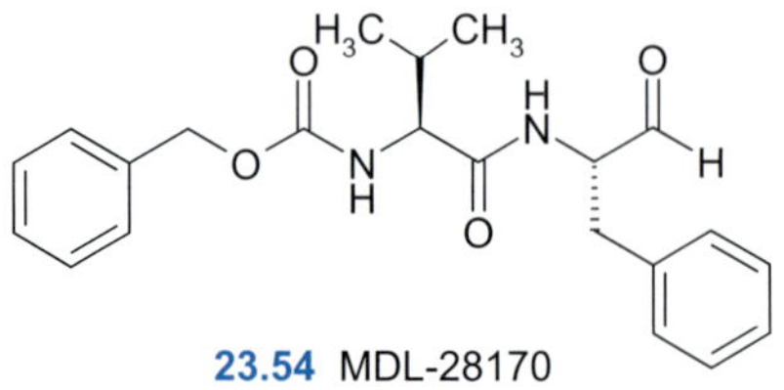

23.54 MDL-28170

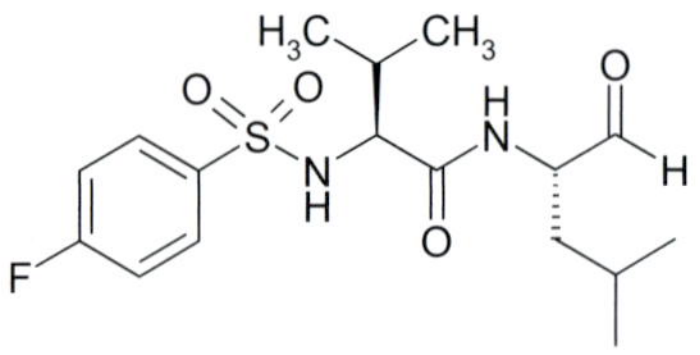

23.55 SJA-6017

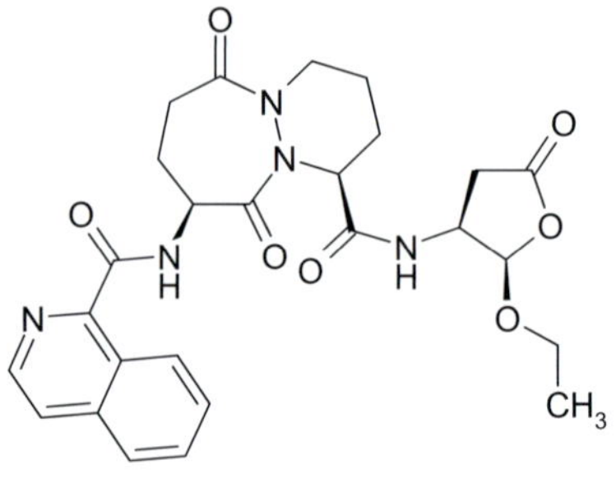

23.56 VX-740 Pralnacasan

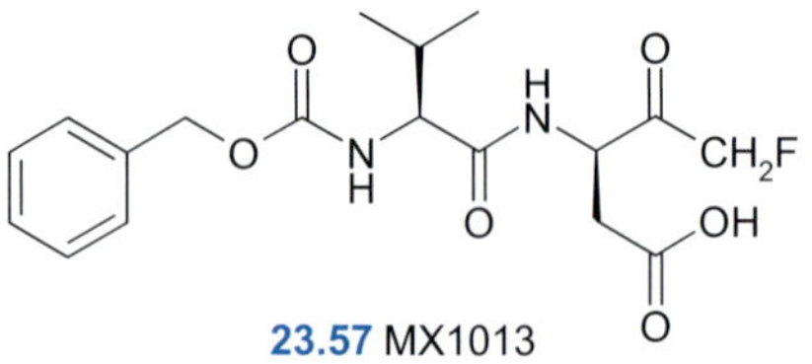

23.57 MX1013

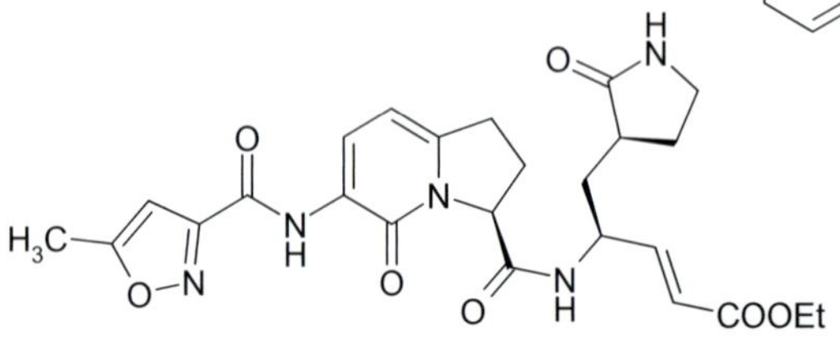

23.53

Abb. 23.28 Neben der Aldehydkopfgruppe sind viele weitere Funktionalitäten entwickelt worden, die eine reversible oder irreversible kovalente Verknüpfung (reaktives Zentrum rot markiert) mit dem katalytischen Cystein ausbilden und so Cysteinproteasen blockieren (links). Für virale Proteasen gibt es irreversible Inhibitoren wie **23.53**, die über eine Michael-Akzeptorgruppierung verfügen. Die beiden Aldehyde **23.54** und **23.55** sind Entwicklungssubstanzen zur Hemmung von Calpainen, **23.56** und **23.57** sind Inhibitoren für Caspasen. **23.56** ist ein Prodrug, das unter Ringöffnung die aspartatähnliche P_1-Seitenkette freisetzt und mit der entstehenden Aldehydfunktion ein Thiohemiacetal mit dem Protein ausbildet.

che Seitenkette für die S_1-Tasche des Enzyms und eine verkappte Aldehydfunktion in Form eines cyclisierten Acetals. Aus diesem Prodrug wird der Aldehyd als aktive Verbindung freigesetzt.

Eine weitere Gruppe Enzyme, die eigentlich zur Familie der Transferasen gehört, aber einen den Cysteinproteasen ähnlichen Mechanismus verfolgt, sind die **Transglutaminasen**. Neun Isoenzyme konnten in unserem Genom entdeckt werden. Sie sind aus vier Domänen aufgebaut und enthalten eine katalytische Domäne mit einer Cys-His-Asp-Triade. Ihre Aufgabe ist eine posttranslationale Veränderung von Proteinen (Abschnitt 26.2), d. h. sie modifizieren Proteine, nachdem sie im Ribosom synthetisiert wurden. Zum einen können sie eine Desaminierung von Gluaminresten zu Gluamat durchführen. Weiterhin katalysieren sie die **Quervernetzung** von Kettensträngen in Proteinen durch eine Transaminierungsreaktion. Dazu wird die terminale Aminogruppe eines Lysins mit einem Glutamat-Rest unter Bildung einer **Isopeptidbindung** verknüpft. Es entsteht eine proteolysestabile Quervernetzung, sodass die Transglutaminasen mit „**biologischen Klebern**" verglichen werden können. Ihr Reaktionsmechanismus ist analog den Cysteinproteasen. Das nucleophile Cystein bildet zunächst mit dem Glutamin des Substrats unter Abspaltung von Ammoniak ein Acylenzym, das im Folgeschritt durch die Aminogruppe des reagierenden Lysins gespalten wird. Die Proteinquervernetzung ist entstanden. Transglutaminasen übernehmen vielfältige Aufgaben in unserem Körper, vor allem bei der Stabilisierung von Gewebeproteinen. Im Blutgerinnungsgeschehen stabilisiert die Transglutaminase Faktor XIII das primär entstandene Blutgerinnsel durch Quervernetzung (Abschnitt 23.4). Daher können Hemmstoffe für Faktor XIII potente Antikoagulanzien abgeben. Aber auch die anderen Transglutaminasen werden als mögliche Angriffspunkte für eine Arzneistoffentwicklung geprüft. Transglutaminase-2 (TG2) spielt bei der **Zöliakie**, einer Glutenunverträglichkeit, eine wichtige Rolle. Patienten, die an dieser Krankheit leiden, sind überempfindlich für Gluten, das in vielen Getreideprodukten als Klebereiweiß vorkommt. Sie entwickeln Entzündungen in der Dünndarmschleimhaut, die zu einer Zerstörung der Darmepithelzellen führen und die Nährstoffaufnahme aus der Nahrung massiv beeinträchtigen. Hemmstoffe gegen TG2 könnten hier einen Therapieansatz darstellen. Inhibitoren für die Transglutaminasen lassen sich nach analogen Prinzipien wie bei den Cysteinproteasen entwickeln.

Bis heute hat es noch kein Cysteinproteasehemmstoff zur Marktreife geschafft, obwohl Inhibitoren für sehr viele Zielstrukturen entwickelt werden. Es bleibt abzuwarten, ob sich hier in näherer Zukunft erste Erfolge einstellen werden.

Literatur

Allgemeine Literatur

C. Branden und J. Tooze, Introduction to Protein Structure, Garland Publ. Inc., New York, 1991

L. J. Berliner, Hrsg., Thrombin: Structure and Function, Plenum Press, New York, 1992

S. D. Kimball, Challenges in the Development of Orally Bioavailable Thrombin Active Site Inhibitors, Blood Coagulation & Fibrinolysis **6**, 511–519 (1995)

J. A. Shafer, R. J. Gould, Hrsg., Design of Antithrombotic Agents, Persp. Drug Discov. Design **1**, 419–550 (1994)

R. E. Babine und S. L. Bender, Molecular Recognition of Protein-Ligand Complexes: Applications to Drug Design, Chem. Rev., **97**, 1359–1472 (1997)

T. Steinmetzer und J. Stürzebecher, Progress in the Development of Synthetic Thrombin Inhibitors as New Orally Active Anticoagulants. Curr. Med. Chem. **11**, 2297–2321 (2004)

B. Türk, Targeting Proteases: Sucesses, Failures and Future Prospects, Nature Reviews Drug Discov., **5**, 785–799 (2006)

G. Abbenante und D. P. Fairlie, Protease Inhibitors in the Clinic, Med. Chem., **1**, 71–104 (2005)

Spezielle Literatur

K. Hilpert, J. Ackermann, D. W. Banner, A. Gast, K. Gubernator, P. Hadvary, L. Labler, K. Müller, G. Schmid, T. B. Tschopp und H. van de Waterbeemd, Design and Synthesis of Potent and Highly Selective Thrombin Inhibitors, J. Med. Chem. **37**, 3889–3901 (1994)

C. A. Veale, P. R. Bernstein, C. Bryant et al., Nonpeptidic Inhibitors of Human Leukocyte Elastase. 5. Design, Synthesis, and X-Ray Crystallography of a Series of Orally Active 5-Aminopyrimidin-6-one-Containing Trifluorormethyl Ketones, J. Med. Chem. **38**, 98–108 (1995)

D. Gustafsson, R. Bylund et al., A New Oral Anticoagulant: The 50-Year Challenge, Nat. Rev. Drug Discov., **3**, 649–659 (2004)

Aspartylprotease-Inhibitoren

24

Die Aufgabe der Aspartylproteasen besteht in der Spaltung von Peptidbindungen. Sie verdanken ihren Namen dem Vorliegen zweier Aspartate, die den Katalyse-Mechanismus bestimmen. Für den Angriff auf die zu spaltende Peptidbindung verwenden sie als Nucleophil ein Wassermolekül, das sie mit den beiden Aspartatresten in geeigneter Weise polarisieren. Gleichzeitig sind diese Reste aber auch für die Stabilisierung des Übergangszustands, den Ladungsausgleich und die Übertragung von Protonen verantwortlich. Als erstes Mitglied dieser Enzymklasse wurde das Verdauungsenzym Pepsin intensiv untersucht. Es ist im stark sauren Bereich bei pH-Werten zwischen 1 und 5 aktiv. Die erste 3D-Struktur dieser Aspartylprotease wurde bereits Anfang der 1970er-Jahre in der Gruppe von Alexander Fedorov bestimmt. Im humanen Genom erweist sich die Familie der Aspartylproteasen als relativ klein, sie umfasst 15 Mitglieder. Tabelle 24.1 führt einige wichtige Aspartylproteasen auf.

24.1 Struktur und Funktion der Aspartylproteasen

Pepsin spaltet bevorzugt Peptide, die rechts und links der Spaltstelle hydrophobe Gruppen aufweisen. Seine Raumstruktur zeigt, dass sich **zwei katalytische Aspartate** direkt nebeneinander befinden. Eines dieser Aspartate hat den außergewöhnlich niedrigen pK_a-Wert von 1,5. Der des anderen Aspartats ist höher, er liegt bei 4,7. Damit ist offenbar unter den pH-Bedingungen des Magens eine der beiden Seitenketten im katalytischen Zentrum protoniert, die andere nicht. Dieser Unterschied ist entscheidend für den Katalyse-Mechanismus. In anderen Aspartylproteasen, die bei höherem pH-Wert ihrer Funktion nachkommen, liegt ein vergleichbarer Unterschied zwischen beiden Resten vor. Die pK_a-**Werte** werden zum einen durch die lokale Umgebung eingestellt (Abschnitt 4.4). Zum anderen stehen die beiden Aspartate im Raum so nahe beieinander, dass sie nicht mehr als unabhängig betrachtet werden können. Ähnlich einer Dicarbonsäure (Tabelle 24.2) verhalten sich die beiden Aspartate als gekoppeltes System, sie sind praktisch eine **zweiprotonige Säure**.

Der **Mechanismus** der Peptidspaltung durch Aspartylproteasen ist in Abb. 24.1 skizziert. Die Spaltung der Amidbindung erfolgt hier durch den nucleophilen Angriff eines Wassermoleküls auf den Carbonylkohlenstoff. Das deprotonierte Aspartat polarisiert dieses Wassermolekül, gleichzeitig bildet der protonierte Rest eine H-Brücke zur Carbonylgruppe der zu spaltenden Amidbindung aus. Dadurch wird die C=O-Bindung polarisiert und der nucleophile Angriff auf den Kohlenstoff erleichtert. Die Reaktion verläuft

Tabelle 24.1 Einige Aspartylproteasen und die von ihnen bevorzugten Spaltstellen

Enzym	Spaltstelle	Funktion
Pepsin	Phe–Phe, Leu–Phe, *etc.*	Verdauung
Renin	Leu–Val, Leu–Leu	Blutdrucksteigerung
Cathepsin D	Phe–Phe, Leu–Leu, *etc.*	Gewebeabbau
β-Sekretase	Met–Asp, Leu–Asp	proteolytische Veränderung von Membranproteinen
Chymosin	Phe–Met	Milchgerinnung
HIV-Protease	Phe–Pro, Tyr–Pro, Phe–Tyr, Leu–Phe, Phe–Leu, Met–Met, Leu–Ala	Virusreplikation
Plasmepsin	Phe–Leu	Hämoglobinabbau

Tabelle 24.2 pK_a-Werte einiger Dicarbonsäuren

Dicarbonsäure HOOC–(CH$_2$)$_n$–COOH	pK_a1	pK_a2	Abstand HOO<u>C</u>–<u>C</u>OOH (Å)
n = 0	1,46	4,40	1,40
n = 1	2,83	5,85	2,60
n = 2	4,17	5,64	3,82
n = 3	4,33	5,52	4,95
n = 8	4,55	5,52	10,00
Z-HOOC-CH=CH-COOH	1,90	6,50	3,14
E-HOOC-CH=CH-COOH	3,00	4,50	3,80
1,2-C$_6$H$_4$(COOH)$_2$	2,96	5,40	3,14
1,3-C$_6$H$_4$(COOH)$_2$	3,62	4,60	4,93
1,4-C$_6$H$_4$(COOH)$_2$	3,54	4,46	5,71

HCOOH   pK_a = 3,77
CH$_3$COOH   pK_a = 4,76
C$_6$H$_5$COOH   pK_a = 4,22

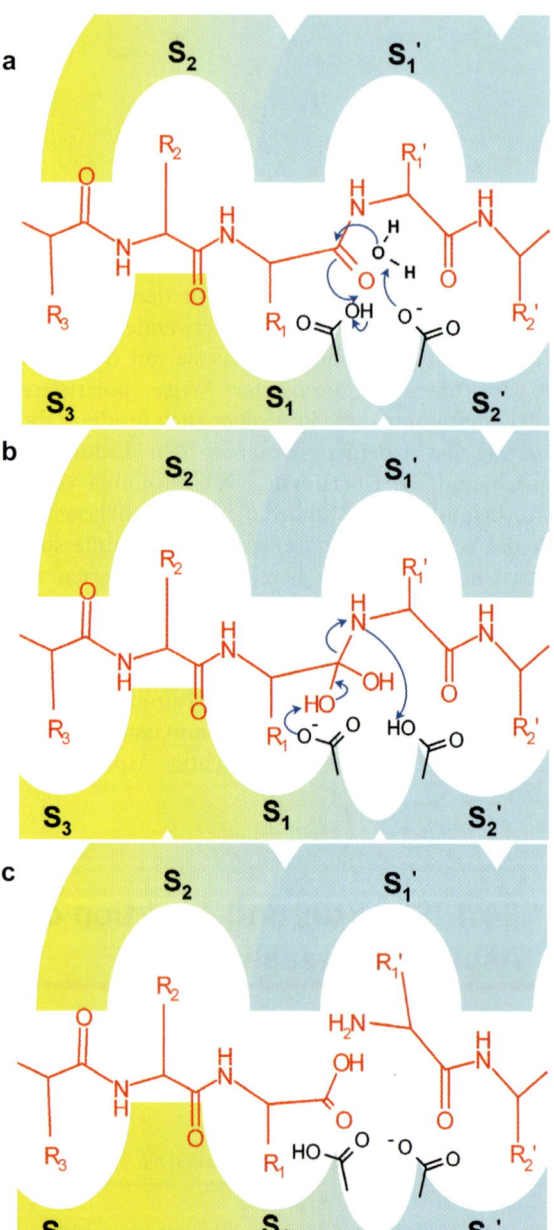

obachtung lässt sich aus dem Reaktionsmechanismus verstehen. Anders als bei den Serinproteasen entsteht hier kein kovalent mit dem Enzym verknüpftes Zwischenprodukt. Häufig sind es die Aspartylproteüber einen tetraedrischen Übergangszustand, indem das Sauerstoffatom des Wassers nucleophil am Carbonylkohlenstoff angreift und ein Proton auf das deprotonierte Aspartat übertragen wird. Ein Ansatzpunkt zum Entwurf von Inhibitoren für Aspartylproteasen besteht darin, diesen zwischenzeitlich auftretenden, instabilen **Übergangszustand eines geminalen Diols** durch ein stabiles Molekül nachzuahmen. Dafür bieten sich insbesondere Hydroxyverbindungen an (Abb. 24.2), aber auch α-Ketoamide und Phosphinate können eingesetzt werden.

In Abb. 24.3 ist ein Blick in die Bindetaschen von fünf verschiedenen Aspartylproteasen gezeigt. Substratmoleküle werden von diesen Proteasen in einem langgestreckten Kanal gebunden, der sich von der einen zur anderen Seite des Enzyms spannt und wie ein Tunnel das Substrat umfasst. Dazu muss die Protease entlang des Umsetzungspfads einen beweglichen Deckel (engl. *flap*) öffnen und dem Substrat Zugang verschaffen. In der Abbildung ist der obere Teil dieser Tunnel weg geschnitten. Auf der Oberfläche sind in blau die Bereiche gezeigt, zu denen das Protein wasserstoffbrückenbildende Gruppen orientiert. In der Mitte verstecken sich unter dem blauen Bereich die beiden katalytischen Aspartatreste. Benachbart befinden sich Regionen, in denen Wasserstoffbrücken zu dem Peptidrückgrat des Substrats ausgebildet werden. Dieses Bindungsmotiv ist allen Aspartylproteasen gemeinsam. Für die selektive Erkennung der Substrate sind wiederum Bindetaschen links und rechts der Spaltstelle verantwortlich. Sie nehmen die Seitenkettenreste der Substratmoleküle auf. Es fällt auf, dass abweichend zu den Serinproteasen hier die Taschen beiderseits der Spaltstelle gut ausgebildet sind. Diese Be-

Abb. 24.1 Katalytischer Mechanismus der Aspartylproteasen. Ein Wassermolekül wird durch eines der beiden katalytisch aktiven Aspartate polarisiert und greift als Nucleophil die zu spaltende Amidgruppe an (a). Das zweite Aspartat bildet eine H-Brücke zur Carbonylgruppe dieser Amidbindung. Dadurch wird die Elektrophilie des Carbonylkohlenstoffs erhöht. Der tetraedrische Übergangszustand (b) zerfällt unter Bildung der Spaltprodukte (c).

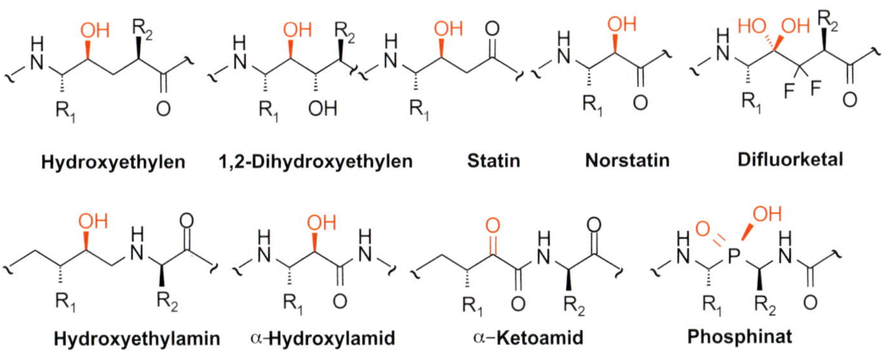

24. Aspartylprotease-Inhibitoren

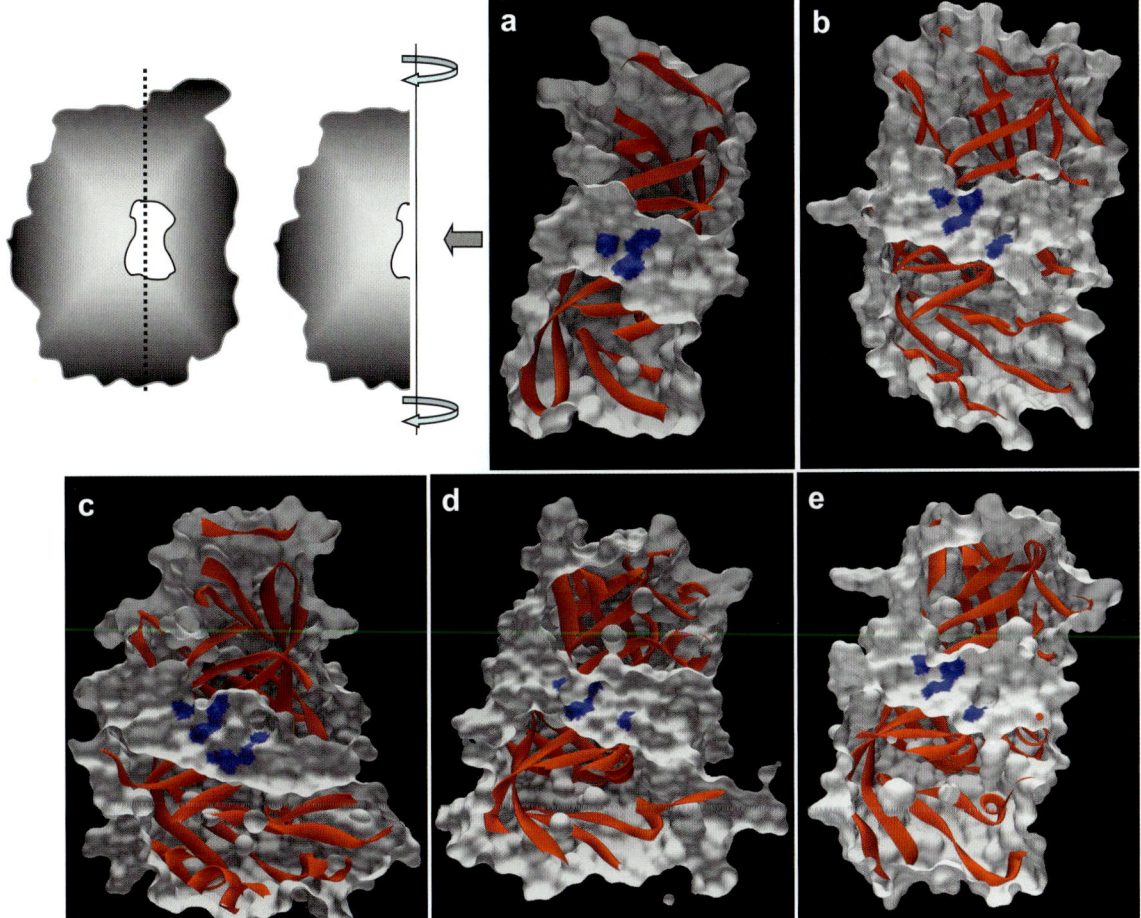

Abb. 24.2 Mögliche Isostere des Übergangszustands für den Entwurf von Aspartylprotease-Hemmern. Besonders geeignet sind Hydroxygruppen. Die nicht proteinogene Aminosäure Statin findet sich in vielen Inhibitorstrukturen.

Abb. 24.3 Ein Blick in die aufgeschnittenen Bindetaschen der fünf Aspartylproteasen HIV-Protease (a), Endothiapepsin (b), Cathepsin D (c), Plasmepsin (d) und Renin (e). Das katalytische Zentrum zieht sich wie ein Tunnel durch die Proteasen (oben links, Schema). In den Abbildungen sind die Proteine so angeschnitten, dass der Schnitt durch die Mitte der Tunnel verläuft. Durch einen Blick von der Seite (Pfeilrichtung) ist nur die Rückseite der Tunnel zu sehen, die Proteinoberflächen sind oben und unten aufgeschnitten. Die blauen Bereiche auf der Rückseite der Tunneloberflächen verweisen auf Donor- bzw. Akzeptorgruppen in den Proteinen, an denen ein gebundenes Substrat entlang seines Peptidrückgrats gebunden wird.

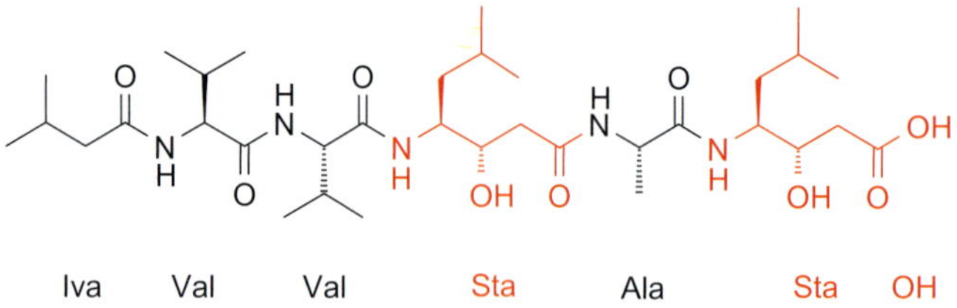

Iva   Val   Val   Sta   Ala   Sta   OH

24.1   Pepstatin

Abb. 24.4 Pepstatin **24.1** (Iva = Isovaleriansäure, Sta = Statin) ist ein Inhibitor einer großen Zahl unterschiedlicher Aspartylproteasen.

asen, die zwischen hydrophoben Aminosäuren spalten. Da zu solchen Resten keine starken gerichteten Wechselwirkungen gebildet werden können, ist eine Erkennung und Fixierung der Substratmoleküle über mehrere Positionen links und rechts der Spaltstelle wichtig. Zum Entwurf von Inhibitoren muss man daher zunächst Gruppen finden, die gut die Wechselwirkungen zu den Bindetaschen S_3, S_2, S_1 und S_1', S_2', S_3' nachahmen. An die Spaltstelle wird eine der Gruppen aus Abb. 24.2 platziert, die ein **Analogon des Übergangszustands** darstellt.

Hamao Umezawa isolierte einen der ersten potenten und spezifischen Inhibitoren für Aspartylproteasen, das Pepstatin, aus den Kulturfiltraten von *Streptomyces*-Arten. Dieses Peptid Iva–Val–Val–Sta–Ala–Sta–OH **24.1** (Abb. 24.4) ist ein guter bis hoch affiner Inhibitor für viele Mitglieder aus der Aspartylprotease-Familie. Es enthält im Zentrum die nicht proteinogene Aminosäure Statin mit einem Hydroxyethyl-Baustein. Die 3D-Struktur des Pepsin-Pepstatinkomplexes belegt, dass das Statin tatsächlich als Mimetikum des Übergangszustands an die katalytischen Aspartate bindet.

24.2 Der Entwurf von Renin-Inhibitoren

Renin ist eine aus 340 Aminosäuren aufgebaute Aspartylprotease. Es nimmt eine Schlüsselposition im körpereigenen **Regulationssystem für den Blutdruck** und den Salz- und Wasserhaushalt ein. Das Enzym spaltet das Peptid Angiotensinogen unter Bildung des Decapeptids Angiotensin I (Abb. 24.5). Dieses wird anschließend durch eine Metalloprotease, das Angiotensin-Konversionsenzym (ACE, Abschnitt 25.4), zum blutdrucksteigernden Octapeptid Angiotensin II gespalten. Eine Hemmung des Enzyms Renin führt zu einer Erniedrigung der Konzentration von Angiotensin I und somit auch von Angiotensin II. Ein Renin-Hemmer hat dadurch blutdrucksenkende Wirkung. Infolge des großen therapeutischen Erfolgs der ACE-Hemmer haben sich sehr viele Pharmafirmen Anfang der 1980er-Jahre auf die Suche nach selektiven Renin-Inhibitoren gestürzt. Renin verfügt über eine ungewöhnlich hohe Substratspezifität. **Angiotensinogen** ist das einzige bekannte natürliche Substrat, das durch

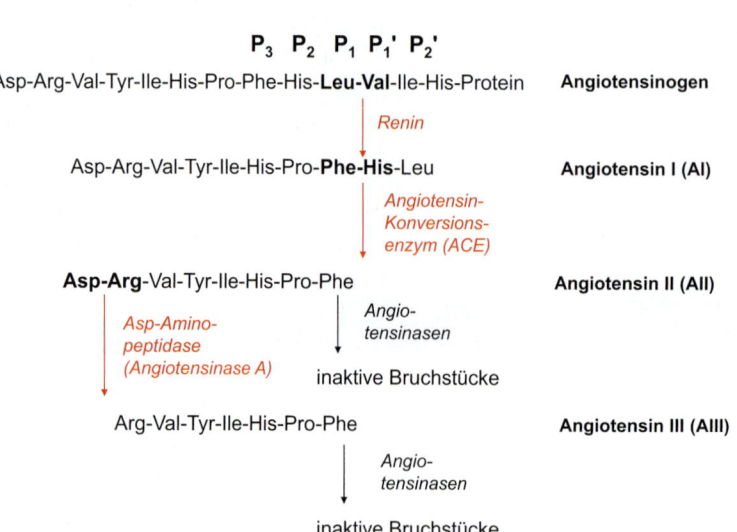

Abb. 24.5 Das Renin-Angiotensin-System. Die Umwandlung von Angiotensinogen in das blutdrucksteigernde Angiotensin II (AII) erfolgt in zwei Stufen. Abbau durch eine Asp-Aminopeptidase, die Angiotensinase A, führt zum biologisch noch aktiven Angiotensin III (AIII). Verschiedene andere Angiotensinasen (Aminopeptidasen, Carboxypeptidasen) bauen diese beiden Peptide zu inaktiven Bruchstücken ab.

dieses Enzym gespalten wird. Daher sollte es möglich sein, einen hoch spezifischen Renin-Hemmer zu finden, der keine anderen Enzyme blockiert und somit weniger Nebenwirkungen verursacht, als dies bei vielen anderen Blutdrucksenkern der Fall ist.

Startpunkt der Arbeiten war die Peptidsequenz des Substrats Angiotensinogen. Renin spaltet Angiotensinogen zwischen Leu und Val. Zunächst wurde nach einem geeigneten Ersatz für die Leu–Val-Einheit unter Beibehaltung der anderen Aminosäuren auf den Positionen P_5 bis P_3' gesucht (Tabelle 24.3). Das Octapeptid His–Pro–Phe–His–**Leu**–**Val**–Ile–His wird als Substrat von Renin gespalten. Ein Ersatz der vom Enzym angegriffenen Amidbindung des Leu–Val durch die stabilen, isosteren Gruppen –CH_2NH– bzw. –$COCH_2$– führt zu mäßig wirksamen Inhibitoren. Besser geeignet ist an dieser Stelle das Isoster mit der Hydroxyethylengruppe –$CH(OH)CH_2$–, das als Analogon des Übergangszustands einen affinen Inhibitor (IC_{50} = 3 nM) ergibt. Einen sehr gut bindenden Renin-Hemmer erhält man auch durch den Einbau der nicht natürlichen Aminosäure **Statin** (vgl. Abb. 24.4). Statin ersetzt als Dipeptidisosteres die P_1-P_1'-Einheit Leu–Val des Substrats.

Der nächste Schritt bestand in einer Optimierung des P_1-Bausteins. Als möglicher Ersatz für die Leucinseitenkette wurden verschiedene Gruppen untersucht. Die Resultate einer solchen Strukturvariation von **24.2** sind in Tabelle 24.4 aufgeführt. Der Ersatz des Isobutylrests durch die größere Cyclohexylmethylen-Gruppe steigert die Affinität um den Faktor 20. Eine Adamantylmethylen-Gruppe ist offensichtlich zu groß für die Tasche, denn das entsprechende Derivat vermag das Enzym nur noch schwach zu hemmen. Danach wurde der P_2-Baustein untersucht. Hier zeigte sich allerdings, dass ein Ersatz des Histidins durch eine andere Gruppe zu keiner nennenswerten Erhöhung der Bindungsaffinität führt. Ein Ersatz des basischen Histidins in der P_2-Position ist aber in Hinblick auf eine Verbesserung der pharmakokinetischen Eigenschaften durchaus von Interesse.

Einen signifikanten Fortschritt in der Reninforschung brachte die Entdeckung, dass Glycole potente Renin-Inhibitoren sind. Einige Verbindungen des Strukturtyps **24.3** sind in Tabelle 24.5 aufgeführt. Die Einführung einer zweiten Hydroxygruppe in der richtigen Konfiguration erhöht die Affinität um den Faktor 10–100, je nach der gewählten P_1-Seitenkette. Damit war es gelungen, Tripeptidanaloga mit einer Bindungskonstante um 1 nM zu finden. Mehrere Firmen entwickelten Renin-Hemmer bis zur klinischen Prüfung. Beispiele sind A-64662 von Abbott **24.4** (Abb. 24.6) und Ro 42-5892 **24.5** von Roche. Für A-64662 konnte als erstes gezeigt werden, dass nach intravenöser Gabe bei Patienten mit zu hohem Blutdruck eine Blutdrucksenkung eintritt.

Das gesteckte Ziel war damit allerdings noch nicht erreicht. Die Verbindungen hatten nur kurze Halbwertszeiten und waren oral nicht verfügbar. Es zeigte sich, dass die Amidbindung zwischen dem P_3-Baustein Phe und dem P_2-Baustein His durch das Verdauungsenzym Chymotrypsin schnell gespalten wird. Ein Problem war auch das hohe Molekulargewicht der Verbindungen, das eine schnelle biliäre Ausscheidung zur Folge hat. Die weiteren Arbeiten zielten nun im Wesentlichen darauf, einen geeigneten Ersatz für die P_2- und P_3-Seitenketten zu finden.

Eine Stabilität der Inhibitoren gegen einen Abbau durch Chymotrypsin ließ sich durch Abänderung des P_3-Bausteins Phenylalanin erreichen. Die Stabilität einiger an dieser Stelle abgewandelter Renin-Hemmer **24.6** ist in Tabelle 24.6 zusammengefasst. Durch Verwendung des rigiden β,β-Dimethyl-phenylalanins entsteht eine Verbindung, die von Chymotrypsin nicht mehr gespalten wird. Dies liegt daran, dass die

Tabelle 24.4 Optimierung der P_1-Seitenkette. Die Bindetasche ist lipophil und hat offensichtlich gerade die richtige Größe für eine Cyclohexylmethylengruppe.

Boc-Phe-His-NH–CH(R)–CH(OH)–CH$_2$–S–CH(CH$_3$)$_2$ **24.2**

R	IC_{50} (nM)
Isobutyl	81
Cyclohexylmethylen	4
Cyclohexyl	150
Adamantylmethylen	2500
Benzyl	15

Tabelle 24.3 Der Ersatz der spaltbaren Amidbindung Leu–Val durch stabile Isostere führt zu potenten Renin-Hemmern. Bei den Inhibitoren ist die Leu–Val-Gruppe durch eine Gruppe ersetzt, die vom Enzym nicht gespalten werden kann.

Substrat/Inhibitor	IC_{50} (nM)
His Pro Phe His **Leu Val** Ile His	300 000[a]
His Pro Phe His **Leu[COCH$_2$]Val** Ile His	500
His Pro Phe His **Leu[CH$_2$NH]Val** Ile His	200
His Pro Phe His **Statin** Ile His	20
His Pro Phe His **Leu[CHOHCH$_2$]Val** Ile His	3

[a] Substrat, K_m-Wert

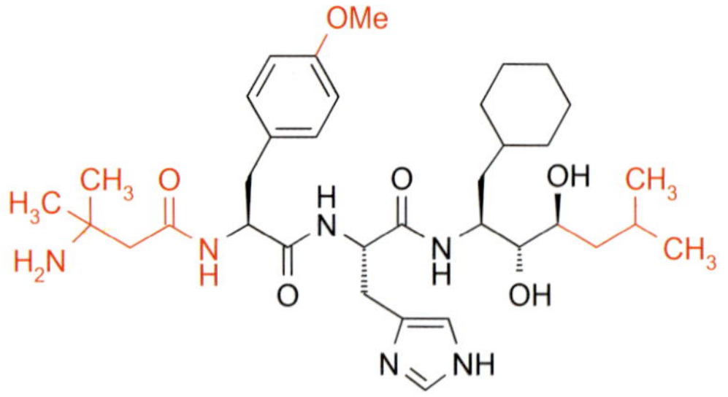

24.4 A-64662
Enalkiren
IC$_{50}$ = 14 nM

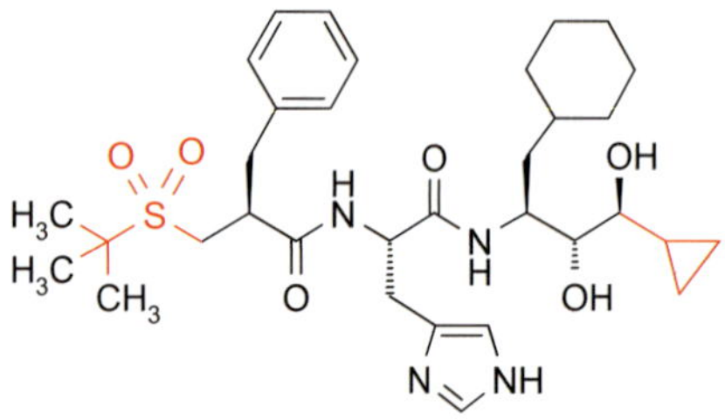

24.5 Ro 42-5892
Remikiren
IC$_{50}$ = 0.7 nM

Abb. 24.6 Enalkiren **24.4** und Remikiren **24.5** waren die ersten Renin-Inhibitoren, die einer klinischen Prüfung unterzogen wurden.

Tabelle 24.5 Die Einführung einer zweiten Hydroxygruppe in Position R2 führt zu einer signifikant höheren Bindungsaffinität

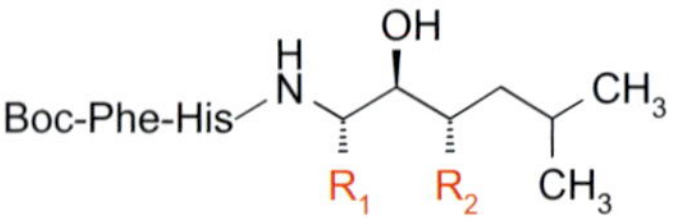

R$_1$	R$_2$	IC$_{50}$ (nM)
Isobutyl	H	1500
	OH	11
Cyclohexylmethyl	H	10
	OH	1,5

Tabelle 24.6 Durch Modifikation des P$_3$-Bausteins Phe wird die Stabilität gegen Chymotrypsin verbessert

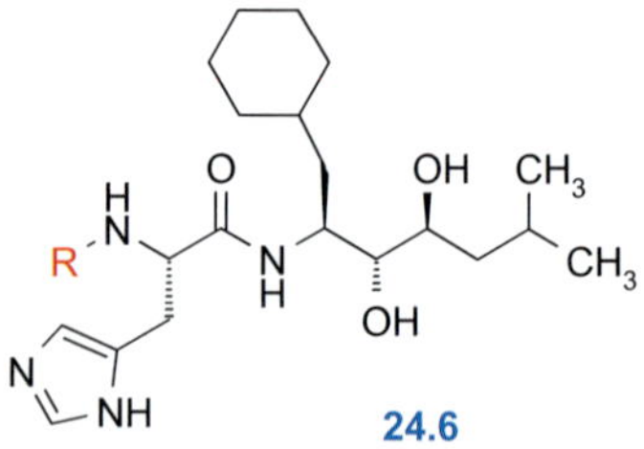

R	IC$_{50}$ (nM)	Hydrolyse durch Chymotrypsin, t$_{1/2}$ (min)
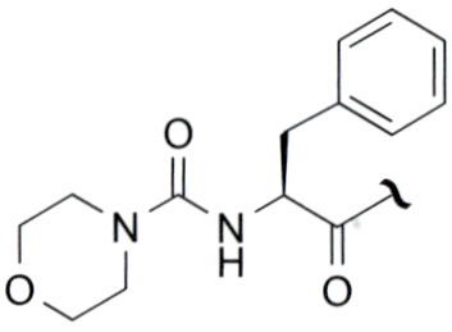 (Morpholin-Phe)	0,35	2,2
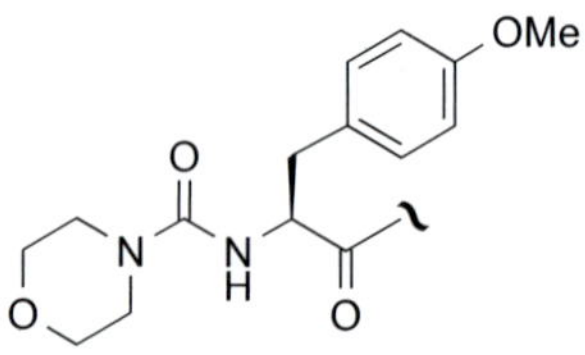 (Morpholin-Tyr(OMe))	0,76	727
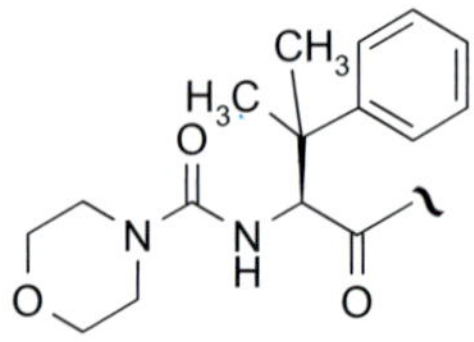 (Morpholin-tBu-Phe)	0,58	stabil

sehr voluminöse Seitenkette im Gegensatz zu Phenylalanin nicht mehr in die Spezifitätstasche des Chymotrypsins passt.

Die weitere Suche nach einem möglichen Ersatz für Phe–His als P$_3$-P$_2$-Baustein führte zu einer Fülle völlig neuartiger, nichtpeptidischer Renin-Inhibitoren mit hoher Affinität. Bei **24.7** erwies sich die Einführung einer endständigen basischen Gruppe als Schlüssel zur Erzielung einer gewissen, wenn auch nicht ausreichend befriedigenden oralen Verfügbarkeit. Weitere typische Vertreter sind **24.8** und **24.9** (Abb. 24.7).

Trotz enormen Aufwands stockte die Reninforschung weltweit, da keine Verbindung die erwünschte orale Verfügbarkeit erlangte. Alle Verbindungen enthielten mindestens noch eine Amidbindung und besaßen ein zu hohes Molekulargewicht. Hinzu kam,

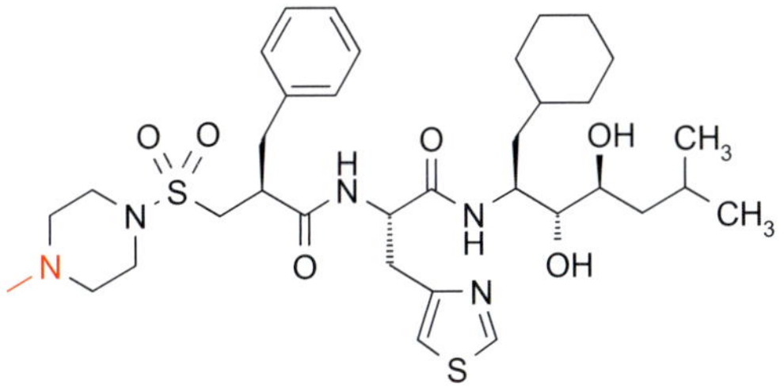

24.7 A-72517
IC$_{50}$ = 1,1 nM

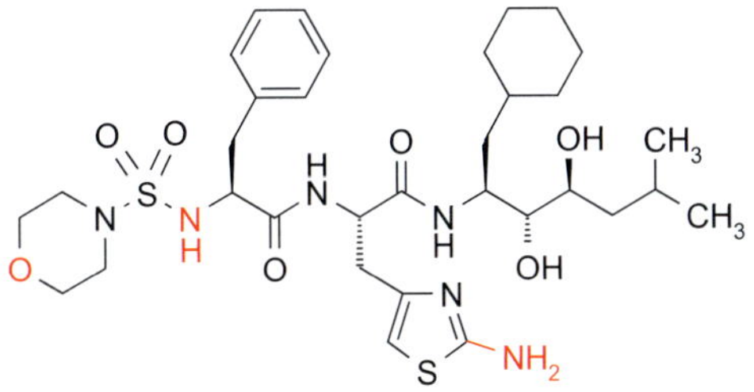

24.8 PD-134672
IC$_{50}$ = 0,57 nM

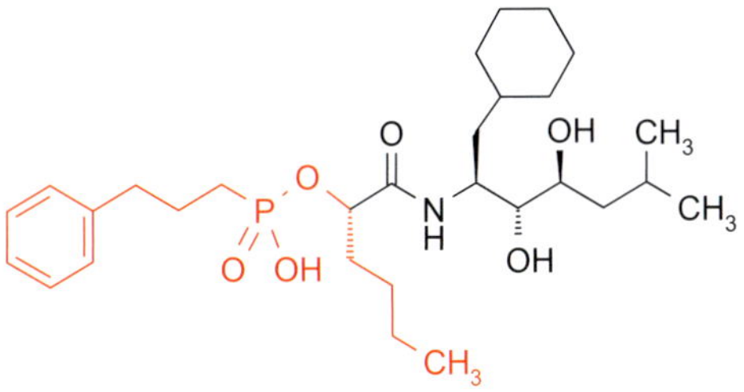

24.9 EMD-65010

Abb. 24.7 Einige mäßig oral verfügbare Renin-Inhibitoren zeigen die Strukturen **24.7–24.9**. Allen gemeinsam ist die Diol-Einheit sowie eine Cyclohexylmethylen-Seitenkette, die in die P$_1$-Tasche bindet.

dass erst relativ spät eine 3D-Strukturbestimmung des Renins Ende der 1980er-Jahre im Labor von Michael James gelang. Zuvor hatte man bereits erkannt, dass Renin eine gewisse, wenn auch geringe Sequenzhomologie von 20–30 % zu Aspartylproteasen aus Pilzen besitzt, deren 3D-Struktur bekannt war. Dies war der Startschuss für Homologiemodellierungen in mehreren Laboratorien. Das erste Modell wurde 1984 von Tom Blundells Gruppe veröffentlicht. Sie hatten die **Kristallstruktur des Endothiapepsins** als Referenz verwendet. Zuerst wurde die Reninsequenz mit den anderen Aspartylproteasen verglichen, um strukturell konservierte Regionen zu entdecken. Dann erfolgte die Modellierung im Inneren des Proteins durch Austausch der Reste im Endothiapepsin durch die des Renins. Verkürzungen und Einschübe in die Polypeptidkette mussten berücksichtigt werden. Eine besondere Bedeutung kam der *flap*-Region zu. Sie öffnet sich beim Eintritt des Substrats, um sich dann unter Ausbildung von Wasserstoffbrücken an den Liganden anzulagern. Ihr struktureller Aufbau ist somit sehr wichtig für die Ligandenbindung. Leider wich gerade hier die Reninsequenz von den Pilzenzymen ab. Ein Vergleich des Reninmodells mit der später bestimmten Kristallstruktur zeigte gute Übereinstimmung vor allem auf der Unterseite der Bindetasche nahe den beiden Aspartaten. Deutliche Abweichungen lagen aber in den Schleifenbereichen der *flap*-Region vor. Sie waren, bezogen auf das gesamte Protein, von untergeordneter Bedeutung. Aus dem Blickwinkel des Wirkstoffdesigns waren sie aber entscheidend! Fehler im Strukturmodell mussten daher zwangsläufig zu falschen Vorschlägen führen.

Die von Markus Grütter und John Priestle bei Ciba in Basel bestimmte Reninstruktur im Komplex mit dem Inhibitor CGP 38560 **24.10** ist in Abb. 24.8 gezeigt. Auf der Basis dieser Struktur gelang den Forschern bei der ehemaligen Ciba und heutigen Novartis ein Durchbruch. Betrachtet man die Anordnung der Bindetaschen im Renin, so fällt auf, dass die S$_1$- und S$_3$-Tasche praktisch zu einer großen hydrophoben Höhle verschmelzen. Die Reste in P$_1$- und P$_3$-Position, ein Cyclohexylmethylen- und ein Benzylrest, kommen sich sehr nahe. So lag folgendes Designkonzept auf der Hand: Anstatt das Molekül mit seinen Resten an einem peptidischen Rückgrat aufzuspannen, unterbrachen die Wissenschaftler die Kette an der Amidbindung. Dies schaffte einen neuen polaren Rest, eine freie geladene Aminogruppe. Die Verkettung des Moleküls wurde stattdessen auf die nahe beieinander stehenden hydrophoben Reste in der großen

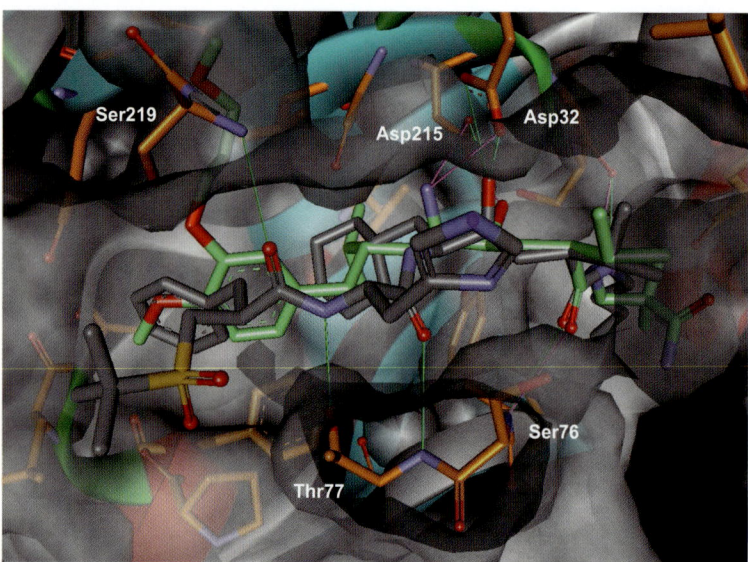

Abb. 24.8 Überlagerung der Kristallstrukturen der Komplexe von Renin mit den Inhibitoren CGP-38560 **24.10** (graue Kohlenstoffatome) und Aliskiren **24.12** (hellgrüne Kohlenstoffatome). Mit ihrem peptidähnlichen Grundgerüst binden die Inhibitoren in einer gestreckten, faltblattähnlichen Konformation. **24.10** orientiert seine Benzyl- und Cyclohexylmethylgruppe in die weite S_3/S_1-Tasche. Für den Entwurf von Aliskiren wurden die beiden hydrophoben Seitenketten von **24.10** miteinander verknüpft. Dafür konnte die Peptidkette aufgeschnitten werden und es entstand ein neuer, polarer N-Terminus.

S_3/S_1-Tasche umgelenkt. Ein völlig neues, dipeptidartiges Gerüst entstand (**24.11**, Abb. 24.8 und 24.9). Es zeigte einen IC_{50} von 6 nM. Anschließend erfolgten noch einige Stufen der Seitenkettenoptimierung am Aromaten und an der Amidbindung. Die Methoxypropoxy-Seitenkette besetzt eine etwas andere Tasche als die entsprechenden Reste in CGP-38560. Sie bringt einen deutlichen Gewinn in der Bindungsaffinität. Der optimierte Rest in P_1' nimmt nur geringen Einfluss auf die *in vitro*-Affinität, er ist aber entscheidend für die Wirkdauer. Für die P_2'-Position erwies sich eine geminale Substitution mit zwei Methylgruppen und eine terminale Carboxamidgruppe als Optimum. Subnanomolare Inhibition war damit erreicht (IC_{50} = 0,6 nM). Unter dem Namen **Aliskiren 24.12** wurde dieser Inhibitor als erster oral verfügbarer Renin-Hemmer 2006 in den Markt eingeführt. Zusätzlich zeigt Aliskiren praktisch keine Bindung an andere Aspartylproteasen wie Cathepsin D oder Pepsin.

Bei Roche gelang ein anderer Treffer auf dem Reningebiet, der sich später als sehr stimulierend für das Arbeitsgebiet erwies. Mit Remikiren **24.5** lag der Firma ein potenter Inhibitor vor, der aber leider nicht die erwünschte orale Verfügbarkeit besaß. So legte die Firma ein breites Screeningprogramm auf. Dabei wurde ein Chlorphenyl-methoxybenzyloxypiperidin **24.13** (Abb. 24.10) entdeckt mit IC_{50}-Wert von 50 μM. Diese Struktur war völlig überraschend, da sie nicht über eines der üblichen Übergangszustands-Mimetika verfügt. Die Kristallstruktur mit einem sehr ähnlichen Derivat ergab, dass der **protonierte Stickstoff des Piperidinrings** zwischen die beiden katalytischen Aspartate bindet. Der lipophile Chlorphenylteil orien-

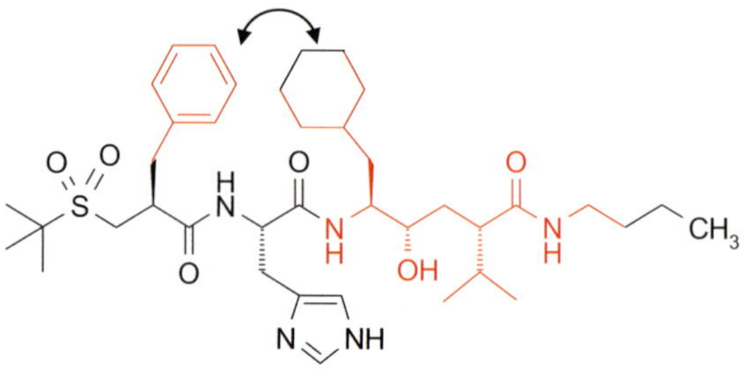

24.10 CGP-38560 IC_{50} = 2 nM

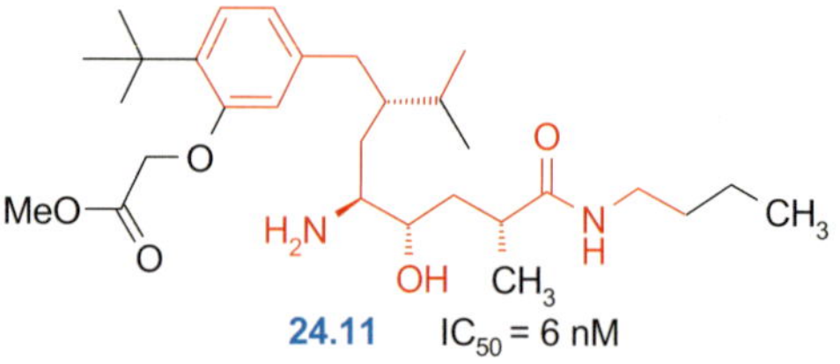

24.11 IC_{50} = 6 nM

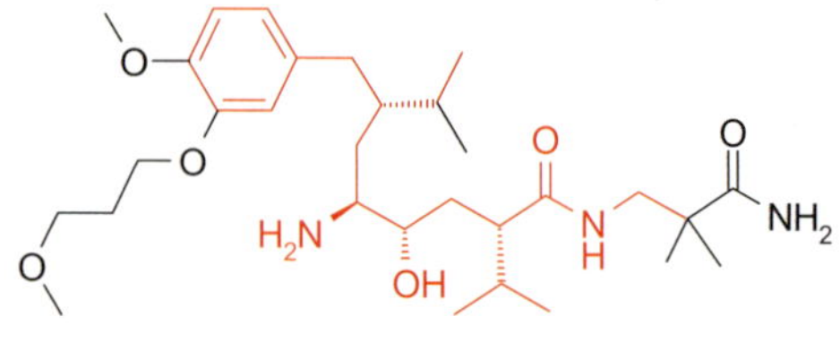

24.12 Aliskiren IC_{50} = 0,6 nM

Abb. 24.9 Zur Weiterentwicklung von **24.10** zu Aliskiren **24.12** als oral verfügbarem Renin-Hemmer wurden die Benzyl- und Cyclohexylmethyl-Seitenkettegruppe in **24.10** zu **24.11** miteinander verbrückt. Dadurch konnte die Peptidkette nach dem Stickstoff unterbrochen werden und eine neue polare Gruppe entstand, die an das katalytische Zentrum bindet. Die analogen Molekülteile in beiden Inhibitoren sind in rot dargestellt.

tiert sich in die weite S$_1$/S$_3$-Tasche, die normalerweise im Angiotensinogen-Substrat von einem Leucin und Phenylalanin eingenommen wird. Da der Platz in dieser Tasche aber bei Weitem nicht vollständig ausgefüllt wurde, konzentrierten sich die Forscher bei Roche zunächst auf Strukturvariationen in der *para*-Position des Aromaten als Ersatz für das Chloratom. Die Einführung aromatischer Gruppen, die über eine Kette variabler Länge angefügt wurden, ergab Derivate mit bis zu 100fach verbesserter Wirkstärke. Entscheidend erschien, dass nur hydrophobe Reste in diesen Bereich platziert wurden. Mit einer Propylen-dioxybenzyl-Seitenkette konnten die besten Ergebnisse erzielt werden. Die Verbindungen waren damit in den subnanomolaren Bereich der Inhibitionswerte vorgestoßen. Mit dem Derivat **24.14** gelang eine Kristallstrukturbestimmung, die einen völlig unerwarteten Bindungsmodus zeigt (Abb. 24.11). Der protonierte Piperidinring steht weiterhin mit seinem Stickstoff zwischen den beiden Aspartaten. Der lipophile Naphthylrest orientiert sich in die weite S$_1$/S$_3$-Tasche. Der in 4'-Position substituierte Phenylrest öffnet mit seiner langen hydrophoben Seitenkette eine neue Tasche im Renin. Wie alle Aspartylproteasen besitzt Renin einen beweglichen Deckel (*flap*-Bereich), der sich über die Bindetasche legt, nachdem das Substrat gebunden hat. Dieser Deckel wird durch den Inhibitor praktisch nach außen gedrückt. Das Enzym geht in eine Geometrie über, die eher der Konformation bei geöffnetem Deckel entspricht. Eine Wasserstoffbrücke zwischen Tyr 75 und Trp 39, die den Deckel verschließt, reißt auf. Gleichzeitig besetzt der 4-Phenylrest des Inhibitors eine Position, die zuvor bei geschlossenem Deckel von dem aromatischen Ring in Tyr 75 besetzt wurde. Diese Struktur lieferte den Forschern zwei wichtige Hinweise: (1) Ein **Stickstoffheterocyclus** stellt ein interessantes **Peptidomimetikum** dar, das an die katalytischen Aspartate bindet. (2) Inhibitoren können in der Familie der Aspartylproteasen nicht nur an das Proteinkonformere mit geschlossenem Deckel binden. Auch die offene Konformation kann von Inhibitoren stabilisiert werden. Diese modellhaften Studien am Renin haben wichtige Hinweise für neue Arbeiten an anderen Aspartylproteasen geliefert (Abschnitt 24.6).

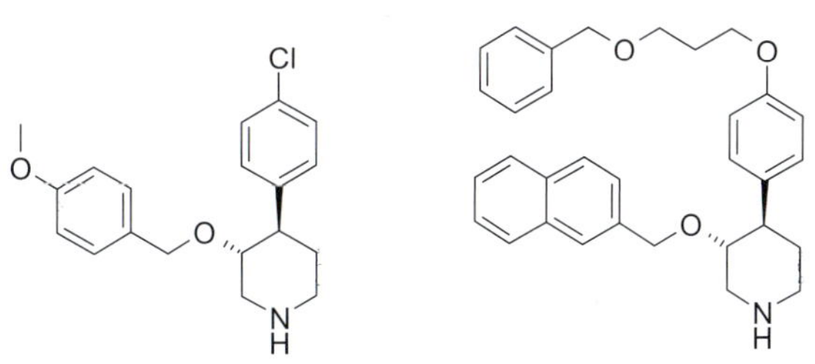

Abb. 24.10 Ein bei der Roche im Screening auf Reninhemmung gefundenes Piperidinderivat **24.13**. Von der optimierten Verbindung **24.14** ließ sich eine Kristallstruktur bestimmen.

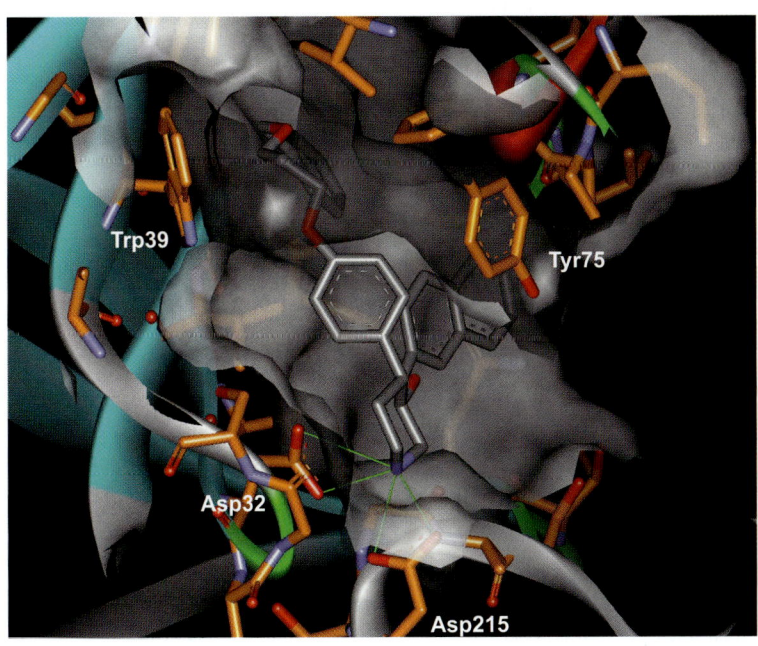

Abb. 24.11 Kristallographisch bestimmter Bindungsmodus der Piperidinleitstruktur **24.14** mit Renin. Der Inhibitor bindet mit seinem basischen Stickstoff zwischen die beiden Aspartate der katalytischen Diade. Die lipophile Seitenkette legt sich in eine neu geöffnete Bindetasche. Sie entsteht durch Aufbrechen einer ursprünglich im unkomplexierten Protein zwischen Tyr 75 und Trp 39 vorliegenden Wasserstoffbrücke. Beide Reste nehmen nach Bindung von **24.14** eine neue Position mit großem Abstand zueinander an.

24.3 Entwurf von substratanalogen HIV-Protease-Hemmern

AIDS ist eine Infektionskrankheit, die durch das **Immunschwäche-Virus HIV** (von engl. *human immunodeficiency virus*) verursacht wird. Die HIV-Protease ist ein im viralen Genom in einem größeren Pro-Protein codiertes Enzym, das zur Vervielfältigung des Virus benötigt wird. Die Funktion der HIV-Protease besteht darin, die bei der Virusvermehrung gebildeten Polypeptide in funktionale Proteine zu zerschneiden. Inhibitoren der HIV-Protease sollten somit in der Lage sein, die Vermehrung des HI-Virus zu unterdrücken. Die Existenz der HIV-Protease wurde 1985 postuliert und 1988 experimentell bestätigt.

Im Jahr 1989 wurden die ersten 3D-Strukturen sowohl des Enzyms als auch einiger Enzym-Inhibitor-Komplexe bestimmt. **HIV-Protease** ist als Homodimer aus zwei identischen Ketten aufgebaut. Je eines der beiden katalytischen Aspartate stammt aus einem der beiden Monomeren. Die Dimerstruktur der HIV-Protease mit einer zweizähligen Symmetrie ist in Abb. 24.12 dargestellt.

Bald wurde gefunden, dass HIV-Protease auch durch Pepstatin inhibiert wird. Damit war der Startschuss für die Suche nach HIV-Protease-Hemmern gegeben. Viele Firmen, die bereits auf dem Renin-Gebiet tätig waren, testeten nun die im Rahmen dieses Arbeitsgebiets synthetisierten Verbindungen auf eine Hemmung der HIV-Protease. Ausgehend von der bereits aus den Renin-Arbeiten bekannten, nicht natürlichen Aminosäure Statin wurde eine Reihe wirksamer HIV-Protease-Hemmer entdeckt. Ebenso wie bei Renin erwies sich das Hydroxyethylen-Isoster als ein besonders gut geeigneter Baustein. So ist beispielsweise H 261 **24.15** (Abb. 24.13) mit K_i = 5 nM ein potenter Inhibitor der HIV-Protease.

Als Minimalsubstrat der HIV-Protease wurden Heptapeptide identifiziert. Ser–Leu–Asn–**Phe–Pro**–Ile–Val ist ein solches Substrat. Die Spaltung der Amidbindung erfolgt zwischen den Aminosäuren Phe und Pro. Der Ersatz der spaltbaren Amidbindung durch die nicht hydrolysierbare Hydroxyethylamino-Gruppe –CHOH–CH$_2$–NH–, führte zu **24.16** (JG 365, Abb. 24.13), einem hoch affinen HIV-Protease-Inhibitor (K_i = 0,66 nM). Diese Verbindung war allerdings in Zellkulturtests unwirksam. Sie ist nicht in der Lage, in Zellen einzudringen, um dort ihre antivirale Wirkung zu entfalten.

Dass der Entwurf **substrataloger HIV-Protease-Hemmer** zu einem wirksamen Arzneimittel führen kann, bewiesen die Chemiker bei der Roche. Da in Position P$_1$' häufig Prolin auftritt (z. B. Verbindung **24.17**, Abb. 24.14), untersuchten sie Isostere von Analoga des Dipeptids Phe–Pro als HIV-Protease-Hemmer. Der Ersatz des Prolins durch Homoprolin **24.18** bzw. durch ein Decahydroisochinolin **24.19** führte zu einer deutlichen Bindungssteigerung. Sie erwies sich zudem als ausgesprochen selektiv gegenüber den anderen Aspartylproteasen Renin, Pepsin, Cathepsin D und Cathepsin E. Noch wichtiger war, dass die Verbindung auch in Zelltests wirksam ist. Sie besitzt die Fähigkeit, in Zellen einzudringen. Im Enzymtest hemmt **24.19** die HIV-Protease mit K_i < 0,12 nM. In Zellkulturen wird die Virusvermehrung mit einem EC$_{50}$-Wert von 1–10 nM blockiert. Die Aktivität in Zellen liegt also um etwa eine Größenordnung unter der reinen Enzym-Hemmwirkung. **Saquinavir 24.19** hat als erster HIV-Protease-Hemmer alle Phasen der

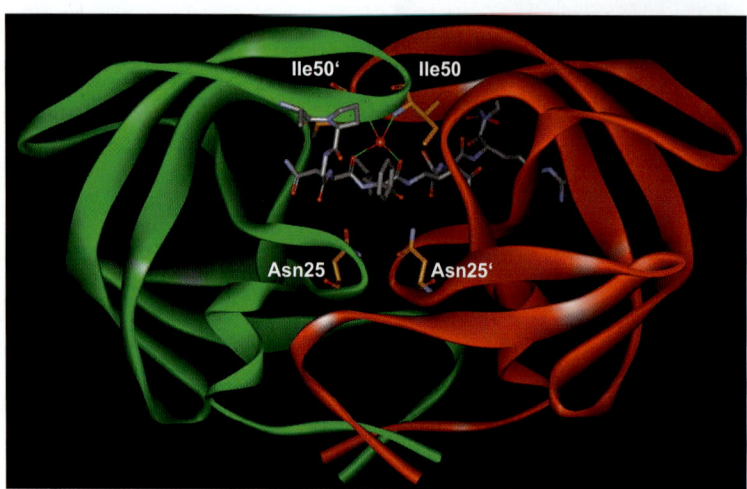

Abb. 24.12 3D-Struktur der HIV-Protease im Komplex mit dem Peptidsubstrat Arg-Pro-Gly-Asn-Phe-Leu-Gln-Ser-Arg-Pro. Die Struktur mit dem Substrat konnte mit einem katalytisch inaktiven Enzym erhalten werden, da die beiden sauren Aspartate der katalytischen Diade zu Asparagin mutiert wurden. Die Protease liegt als C_2-symmetrisches Homodimer vor. Die beiden Peptidketten sind in grün bzw. rot gekennzeichnet.

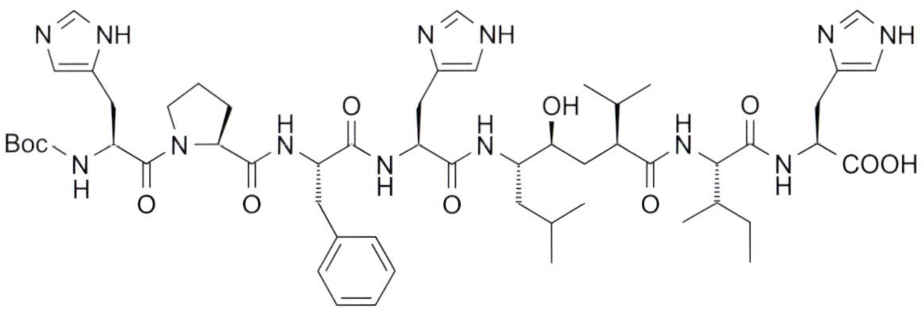

24.15 H 261 K_i = 5 nM

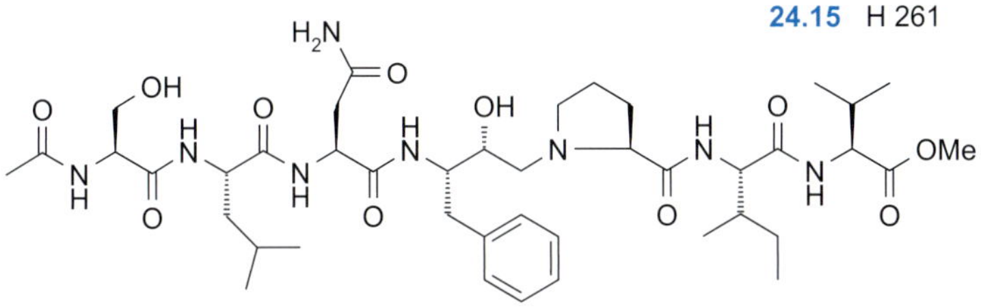

24.16 JG 365 K_i = 0,66 nM

Abb. 24.13 Die peptidischen HIV-Protease-Hemmer H 261 **24.15** und JG 365 **24.16** sind im Enzymtest starke Inhibitoren. In Zellkulturen bleiben sie ohne Wirkung.

klinischen Prüfung erfolgreich bestanden und konnte im November 1995 als Arzneimittel zugelassen werden. In den folgenden Jahren gelang es auch anderen Pharmafirmen, substratähnliche HIV-Protease-Hemmer auf den Markt zu bringen. Somit verfügt unser Arzneischatz heute über acht zugelassene Wirkstoffe (**24.19–24.27**) mit peptidähnlicher Grundstruktur (Abb. 24.15). Allerdings wurde Nelfinavir **24.24** 2007 vom europäischen Markt zurückgerufen. Tabletten, die diesen Wirkstoff enthielten, waren durch einen ungewöhnlichen Geruch aufgefallen. Die Analyse ergab den alarmierenden Befund, dass der Wirkstoff mit Ethylmesylat aus der Synthese verunreinigt war! Das nur unbefriedigend bioverfügbare Saquinavir (3–5 %) wird in Kombination mit Ritonavir **24.20** appliziert, da sich Ritonavir als potenter Inhibitor des CYP

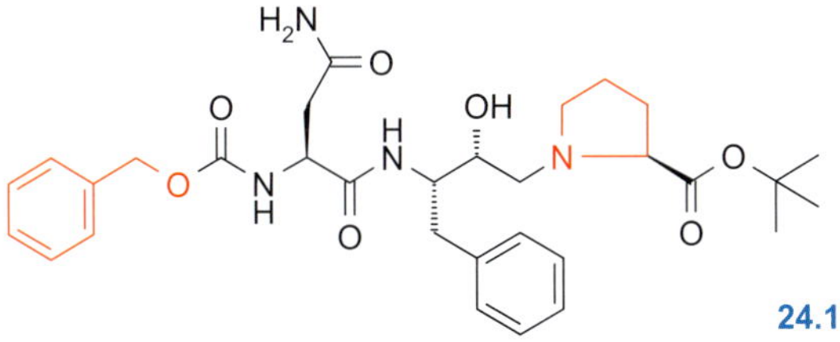

24.17 IC_{50} = 140 nM

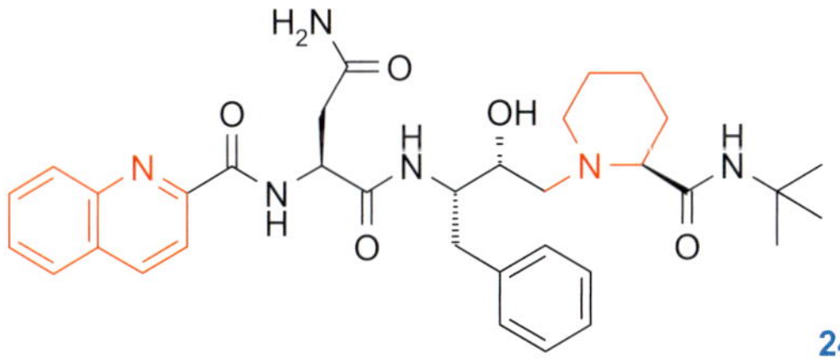

24.18 IC_{50} = 2 nM

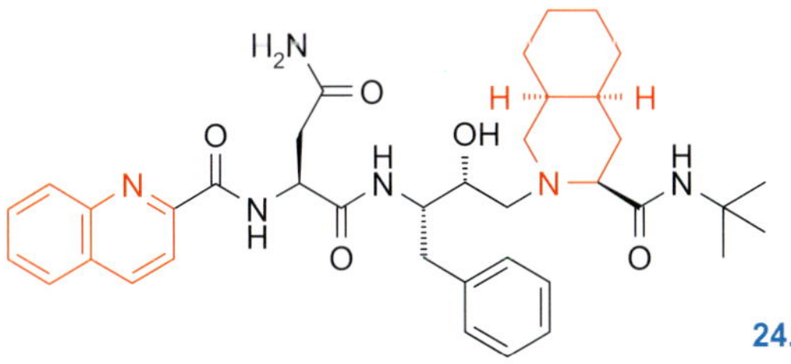

24.19 Ro 31-8959 Saquinavir IC_{50} < 0,4 nM K_i < 0,12 nM

Abb. 24.14 Die schrittweise Optimierung des substratanalogen Inhibitors **24.17** führte über **24.18** zum hoch affinen HIV-Protease-Hemmer Ro 31-8959, **24.19**. Diese Verbindung hat als erster Protease-Hemmer die klinische Prüfung bestanden und ist als Saquinavir im Handel.

3A4 (K_i = 17 nM) erweist (Abschnitt 27.6). Es vermindert deutlich den *first pass*-Effekt des gleichzeitig verabreichten Saquinavirs. Amprenavir **24.23** wurde 2004 zurückgezogen und durch sein besser lösliches Prodrug Fosamprenavir (Lexiva®) ersetzt.

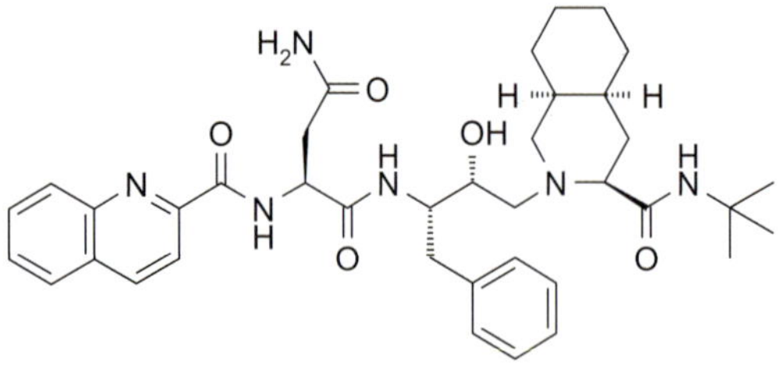

24.19 Saquinavir Invirase® (1995)

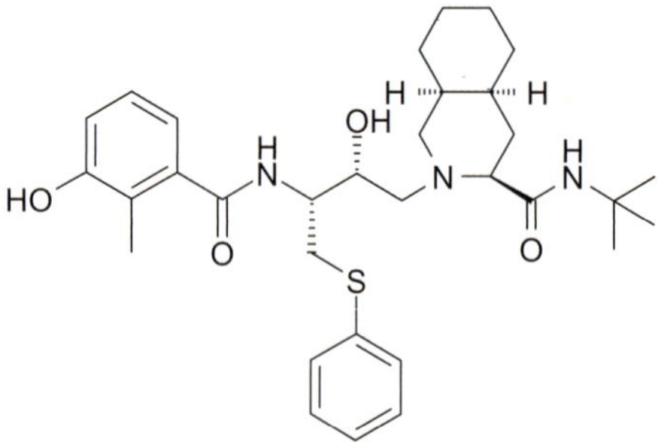

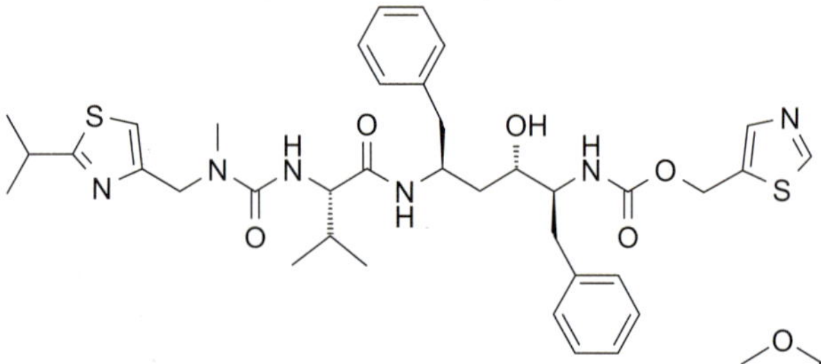

24.20 Ritonavir Norvir® (1996)

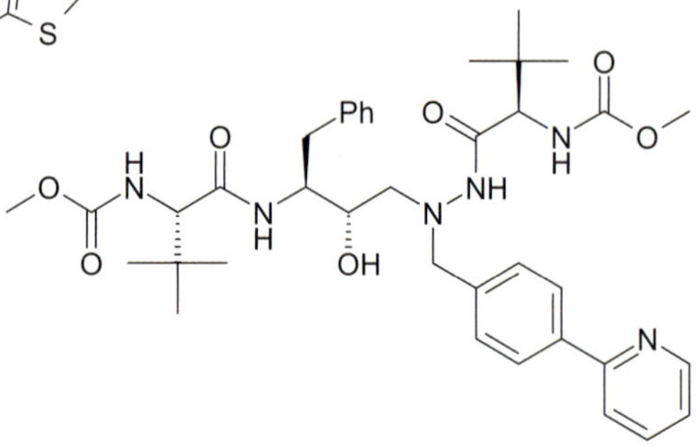

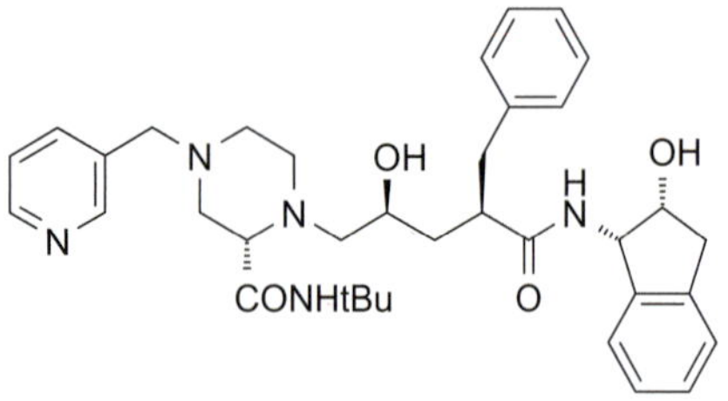

24.21 Indinavir Crixivan® (1996)

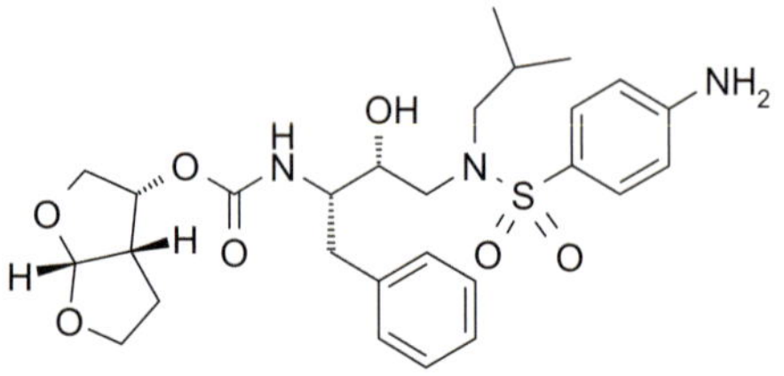

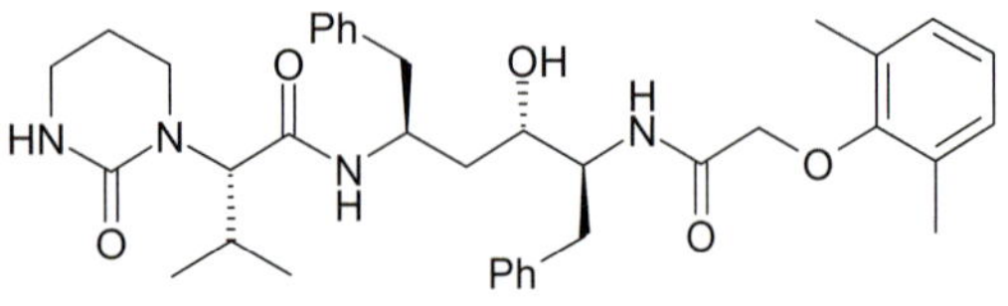

24.22 Lopinavir Kaletra®, Aluvia® (2003)

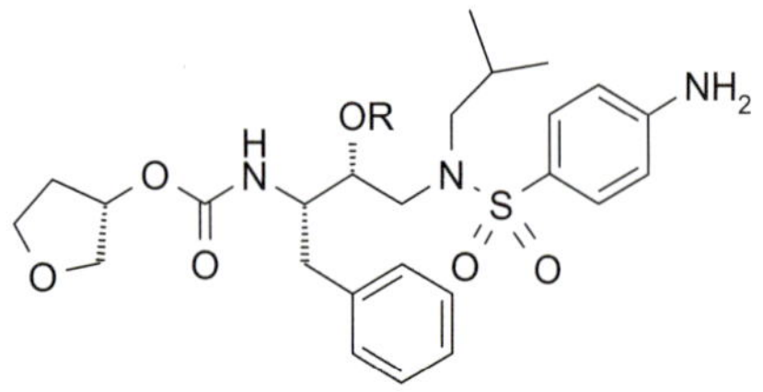

24.23 R=H Amprenavir Agenerase®, Prozei® (1999)
R=PO₃H Fosamprenavir Prodrug Lexiva® (2003)

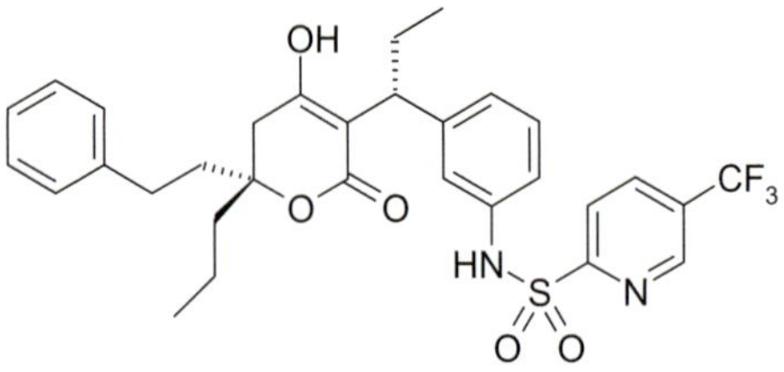

24.24 Nelfinavir Viracept® (1997)

24.25 Atazanavir Reyataz®, Zrivada® (2000)

24.26 Darunavir Prezista® (2006)

24.27 Tipranavir Aptivus® (2005)

Abb. 24.15 Inzwischen konnten neun Wirkstoffe für die Anti-AIDS-Therapie für den Markt zugelassen werden. **24.19–24.26** sind peptidähnliche Inhibitoren, alleine Tipranavir **24.27** besitzt eine völlig nichtpeptidische Struktur.

24.4 Strukturbasierter Entwurf nichtpeptidischer HIV-Protease-Hemmer

Den im letzten Abschnitt vorgestellten Inhibitoren ist die Abstammung vom Substrat noch deutlich anzusehen. Die Verbindungen sind im Grunde immer noch Peptide. In den Kristallstrukturen peptidischer HIV-Protease-Hemmer im Komplex mit dem Enzym zeigt sich, dass alle Inhibitoren in der unmittelbaren Nachbarschaft der katalytisch aktiven Aspartate das gleiche, in Abb. 24.16 gezeigte H-Brückenmuster ausbilden. Besonders interessant ist hier ein Wassermolekül, das sich in allen Strukturen wiederfindet. Dieses Wassermolekül bildet jeweils zwei Wasserstoffbrücken zum Inhibitor und zum Enzym aus. Man hoffte, über ein Verdrängen dieses Wassermoleküls durch den Inhibitor eine Erhöhung der Bindungsaffinität zu erzielen, da die Freisetzung von Wassermolekülen häufig entropisch günstig ist (Abschnitt 4.6). Zudem erwartete man von einem solchen Ansatz auch eine Erhöhung der Selektivität, da ein Wassermolekül mit ähnlicher Funktion bei anderen Aspartylproteasen nicht bekannt ist.

Bei Dupont-Merck wurde in einer 3D-Datenbank nach neuen Grundgerüsten für HIV-Protease-Hemmer gesucht. Dazu wurde aus der Kristallstruktur des Enzyms ein Pharmakophormuster abgeleitet. Es ging davon aus, dass eine Besetzung der S_1- und S_1'-Taschen und eine Wechselwirkung mit den katalytischen Aspartaten für die Bindung essenziell ist. Im Abstand von 8,5 bis 12,0 Å suchte man nach zwei lipophilen Gruppen, die 3,5 bis 6,5 Å von einem Wasserstoffbrückenakzeptor bzw. -donor entfernt sein sollten (Abb. 24.16b). Zusätzlich sollte zwischen beiden lipophilen Gruppen eine funktionelle Gruppe stehen, die das **strukturell konservierte Wassermolekül** aus der Bindetasche verdrängen könnte. Die Suche in der Cambridge-Datenbank (Abschnitt 17.11) lieferte ein Molekülgerüst, das sich von einem substituierten Phenol

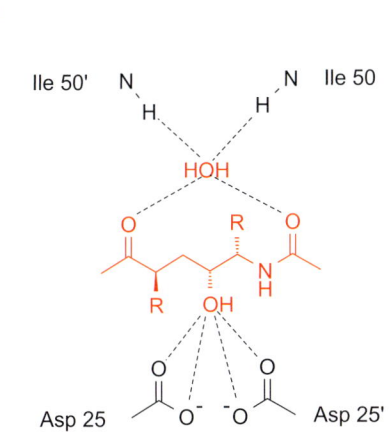

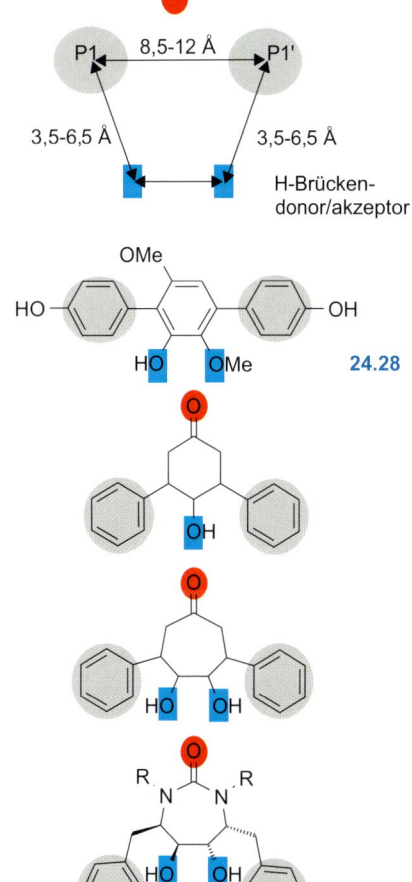

Abb. 24.16 Muster der Wasserstoff-Brücken zwischen HIV-Protease und peptidischen Inhibitoren in der Umgebung der katalytischen Aspartate (a). In der Bindetasche befindet sich ein Wassermolekül, das jeweils zwei H-Brücken zum Inhibitor und zum Protein ausbildet. Die Hydroxylgruppe des Inhibitors verdrängt das am Katalyseprozess beteiligte Wassermolekül (vgl. Abb. 24.1). Ausgehend von diesem Bindungsmodus wurde ein räumlicher Pharmakophor für einen potenziellen Inhibitor definiert (b). Mit diesem Muster wurde eine Suche in der Datenbank niedermolekularer Kristallstrukturen gestartet. Sie lieferte das substituierte Phenol **24.28** als Treffer. Daraus wurde über ein sechs- bzw. siebengliedriges Keton der cyclische Harnstoff **24.29** entwickelt. Mit ihrer Ketogruppe können diese Derivate das strukturell konservierte Wassermolekül aus der Bindetasche der Protease verdrängen.

ableitet. Daraus ergab sich die Idee, 4-Hydroxycyclohexanon **24.28** als Grundkörper für HIV-Protease-Hemmer einzusetzen (Abb. 24.16). Modellingstudien und intensive Diskussionen mit den Synthetikern führten schließlich zu einem **cyclischen Harnstoff 24.29** als Grundkörper für neue Inhibitoren **24.30–24.33** (Abb. 24.17). Das erste Ergebnis dieser Entwicklung war DMP-323 **24.32**, ein niedermolekularer HIV-Protease-Hemmer. Die 3D-Struktur von **24.31** im Komplex mit der Protease ist in Abb. 24.18 zu sehen. Sie bestätigt die Hypothese, dass die Carbonylgruppe das Wasser verdrängt und die beiden Hydroxylgruppen an die katalytischen Aspartate binden. So Erfolg versprechend das Design der cyclischen Harnstoffe als HIV-Protease-Hemmer erschien, bisher hat keine der Verbindungen alle Stadien der klinischen Prüfung bis hin zur Zulassung überstanden.

Bei Parke-Davis wurde im Screening die neue Leitstruktur **24.34** (K_i = 1,1 µM, Abb. 24.19) entdeckt. Mit dem homologen Inhibitor **24.38** gelang die Bestimmung der Raumstruktur mit der Protease (Abb. 24.18). Es zeigte sich, dass diese Struktur, ganz analog zu **24.31**, das Wassermolekül im aktiven Zentrum verdrängt und H-Brücken sowohl mit den katalytischen Aspartaten als auch mit den NH-Gruppen von Ile 50 und Ile 50' eingeht. Die Röntgenstruktur wurde benutzt, um Derivate mit verbesserten Bindungseigenschaften, z. B. **24.36**, zu entwerfen. Modellingstudien führten zur Idee, durch Einführung einer Säuregruppe die S$_3$-Tasche zu erreichen, um dort eine Salzbrücke mit Arg 8 einzugehen. Die entsprechende Verbindung mit einer –OCH$_2$COOH-Gruppe in *para*-Stellung des 6-Phenylrings wurde synthetisiert und führte zu einer deutlichen Bindungssteigerung. Der Inhibitor **24.37** (K_i = 51 nM) ist achiral, besitzt ein niedriges Molekulargewicht und kann in einer dreistufigen Synthese hergestellt werden. Der **Hydroxypyron-Baustein** erwies sich am Ende als erfolgreich für eine Hemmstoffentwicklung. Im Jahre 2005 konnte Boehringer Ingelheim mit Tipranavir **24.27** den ersten nichtpeptidischen HIV-Protease-Hemmer in den Markt einführen. Dieser Wirkstoff bindet mit der Hydroxylfunktion an die katalytische Diade, allerdings erbrachte die Seitenkettenoptimierung wieder eine weitaus komplexere Struktur als sie in **24.34** vorgegeben wurde.

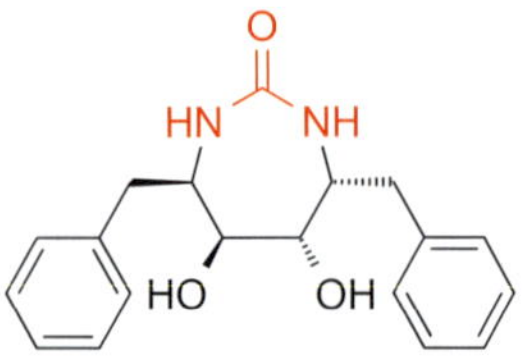

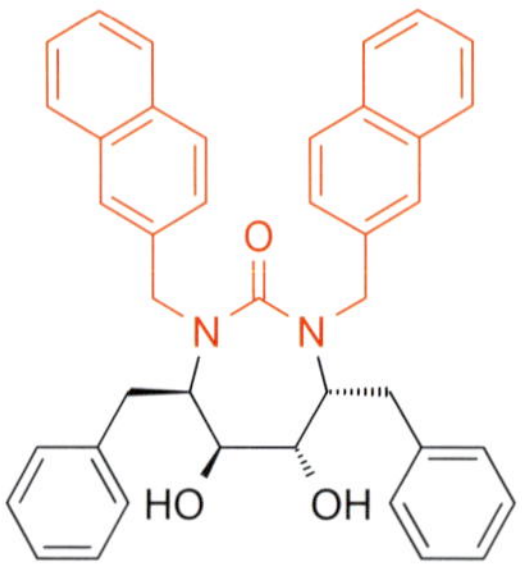

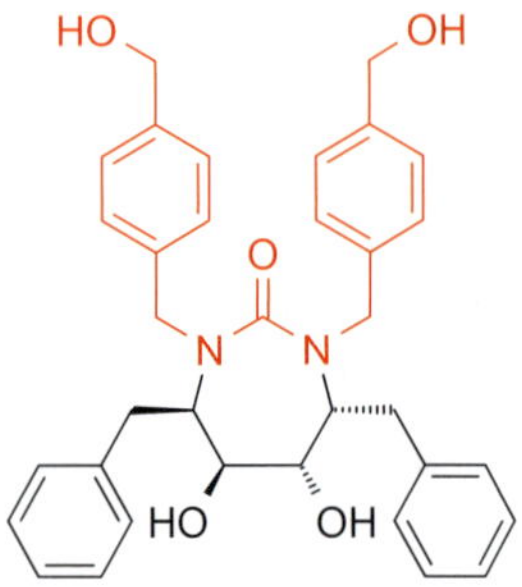

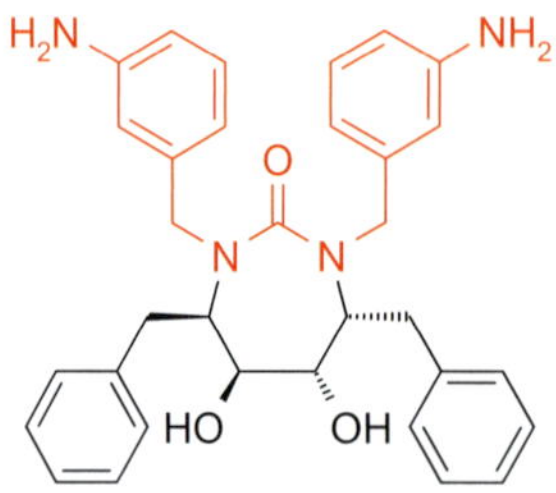

Abb. 24.17 Bei der Firma Dupont-Merck wurde die neu entdeckte Leitstruktur des cyclischen Harnstoffs **24.29** schrittweise über die Derivate **24.30** und **24.31** zu DMP-323 **24.32** und DMP-412 **24.33** optimiert.

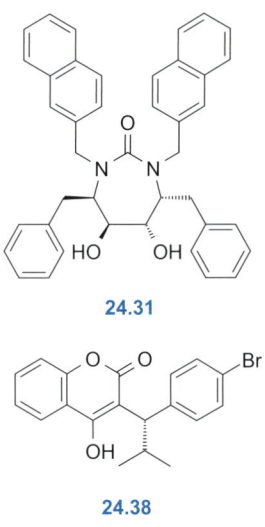

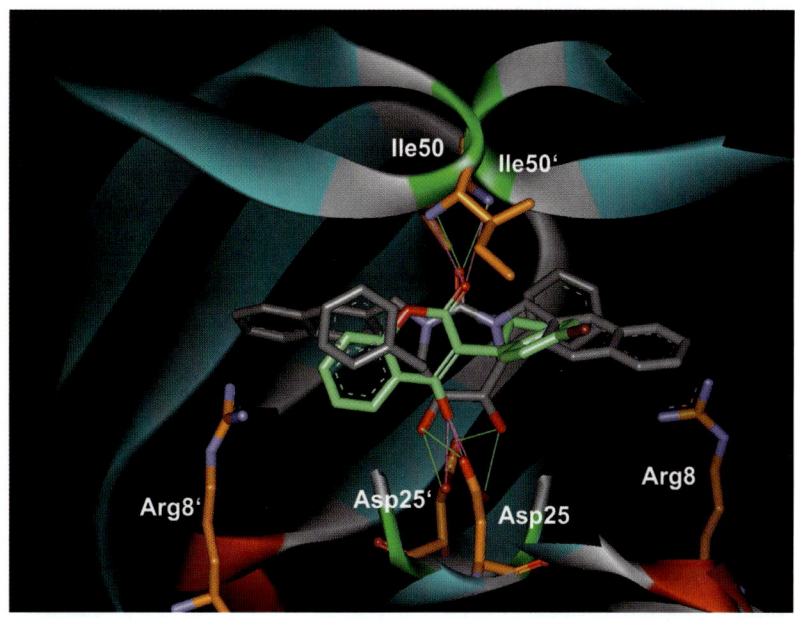

Abb. 24.18 Überlagerung der Kristallstrukturen der Komplexe von HIV-Protease mit dem harnstoffartigen Inhibitor **24.31** (grau) und dem Cumarinderivat **24.38** (hellgrün).

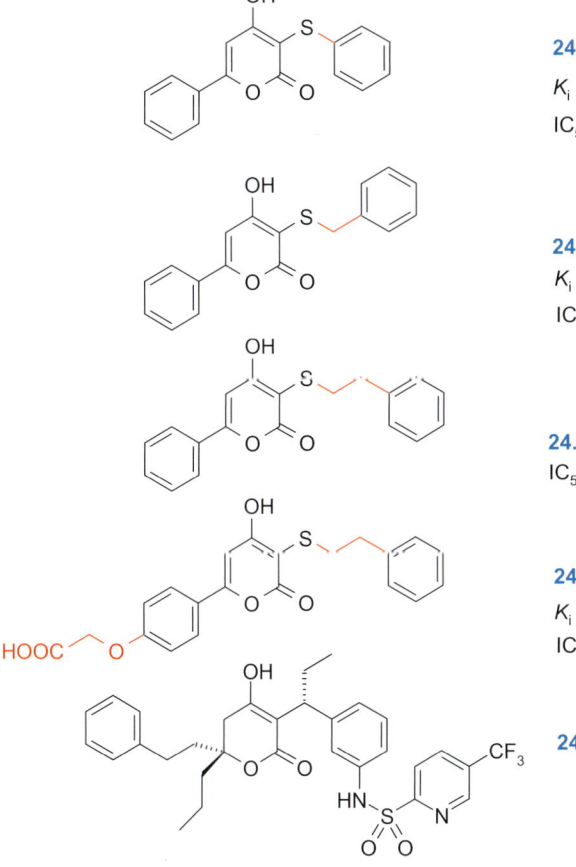

24.34
K_i = 1100 nM
IC_{50} = 3000 nM

24.35
K_i = 700 nM
IC_{50} = 1670 nM

24.36
IC_{50} = 1260 nM

24.37
K_i = 51 nM
IC_{50} = 160 nM

24.27 Tipranavir

Abb. 24.19 Optimierung des bei Parke-Davis durch Massenscreening gefundenen, cumarinähnlichen HIV-Protease-Hemmers **24.34**. Die Verlängerung der Thioetherseitenkette zu **24.35** und **24.36** sowie die Einführung einer Carboxylgruppe führen zu **24.37**. Bei Boehringer Ingelheim konnte ein hydrierter Hydroxypyron-Baustein in Tipranavir **24.27** eingebaut werden. Die Verbindung stellt den ersten nichtpeptidischen HIV-Protease-Hemmer in der Therapie dar.

24.5 Resistenzbildung gegenüber HIV-Protease-Hemmern

In weniger als acht Jahren gelang es, den ersten Hemmstoff für die Protease zu entwickeln und in den Markt einzuführen. Die folgenden zehn Jahre haben uns inzwischen neun Wirkstoffe als Marktprodukte beschert (Abb. 24.15). Es ist gelungen, strukturell vollkommen unterschiedliche Wirkstoffe zur Blockierung der HIV-Protease zu entwickeln. Somit steht inzwischen ein ganzes Arsenal nichtpeptidischer, niedermolekularer und oral verfügbarer Substanzen für die Therapie zur Verfügung. Auch für ein anderes wichtiges Enzym des Virus, die Reverse Transkriptase, wurden Inhibitoren entwickelt und in den Markt eingeführt (Abschnitt 32.5). Neben den substratanalogen Hemmern, wie beispielsweise Zidovudin (AZT **24.39**) und Didanosin (DDI **24.40**), stehen allosterische Hemmstoffe (wie Nevirapin **24.41**) zur Verfügung (Abb. 24.20). Mit der HIV-Integrase konnte ein weiteres Enzym als möglicher Angriffspunkt zur Bekämpfung des HI-Virus identifiziert werden. Raltegravir **24.42** wurde Ende 2007 als erster Wirkstoff gegen dieses Enzym zugelassen. Weiterhin sind Wirkstoffe wie Enfuvirtid und Maraviroc zu nennen, die die Fusionsvorgänge beim Eintritt des Virus in die befallenen Zellen blockieren (Abschnitt 31.5).

Bei den Hemmern der Reversen Transkriptase wurde rasche **Resistenzbildung des Virus** beobachtet. Ähnlich wie bei anderen RNA-Viren ist die Replikation des HI-Virus stark fehlerbehaftet. Der viralen Reversen Transkriptase unterläuft ungefähr ein Ablesefehler auf 10 000 Basen. Dadurch produziert das Virus eine sehr große genetische Diversität, die direkt zu der Resistenzbildung führt. Da etwa 10^8–10^9 Replikationscyclen pro Tag ablaufen, ergibt das täglich ca. 10^5 Punktmutationen in der Population der viralen Proteine in einem erkrankten Patienten. Daher darf es nicht verwundern, dass leider auch der Praxiseinsatz der HIV-Protease-Hemmer sehr viele Resistenzentwicklungen hervorgerufen hat. Verschiedene Mutationen in der Bindetasche, aber auch weiter vom aktiven Zentrum entfernt, führen zu einer starken Reduktion der Bindungsaffinität für HIV-Protease-Hemmer. Die Positionen, an denen Mutationen beobachtet wurden, sind in Abb. 24.21 dargestellt. Nimmt man alle bisher beobachteten Austausche zusammen, betrifft dies inzwischen fast die Hälfte aller Positionen der Protease. Allerdings sind es vor allem Aminosäureaustausche nahe des katalytischen Zentrums, die immer wieder beobachtet werden. Dies liegt sicher auch darin begründet, dass insbesondere die peptidartigen Inhibitoren **24.19**–**24.26** einen recht ähnlichen Bindungsmodus in der Protease einnehmen (s. Abb. 24.25).

Daher ist man bei der AIDS-Therapie zu einer **Kombinationstherapie** übergegangen. Die gleichzei-

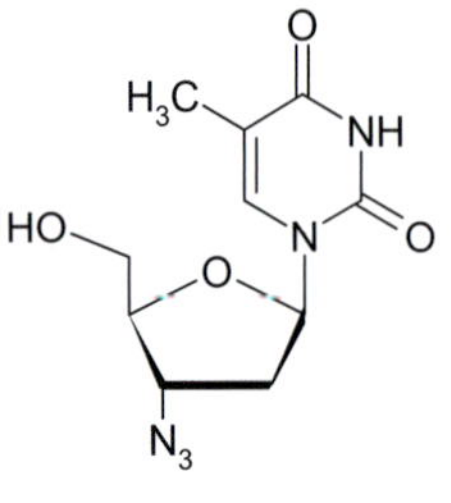

24.39 Zidovudin AZT

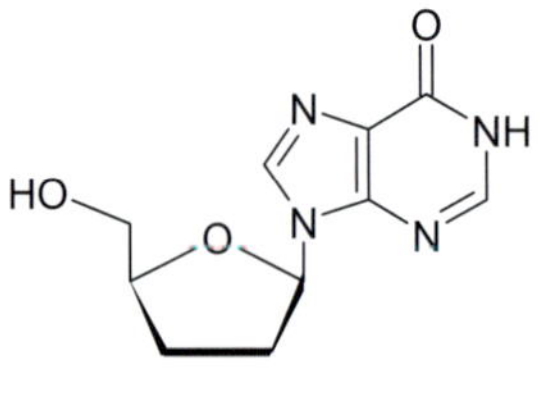

24.40 Didanosin DDI

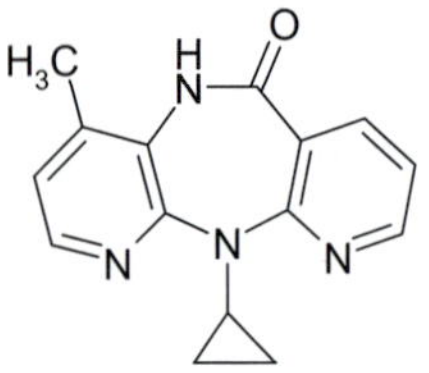

24.41 Nevirapin

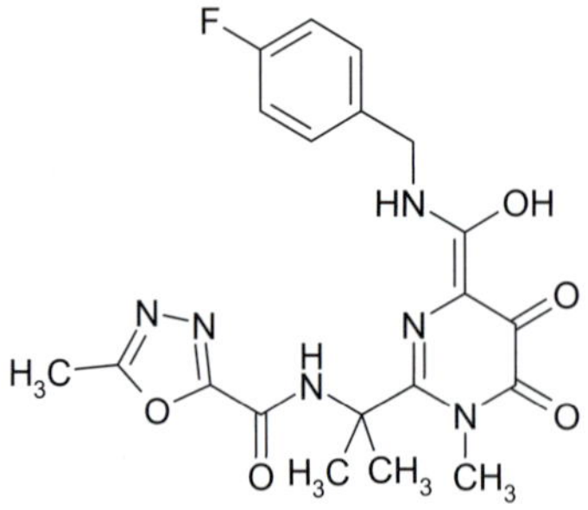

24.42 Raltegravir

Abb. 24.20 Durch die **HAART**-Therapie, eine Kombination aus einem Protease-Hemmer (Abb. 24.15) einem Reverse Transkriptase-Hemmer wie **24.39**–**24.41** oder einem Integrase-Inhibitor wie **24.42**, erhofft man sich eine Brechung der zunehmend beobachteten Resistenz gegen Wirkstoffe der AIDS-Therapie.

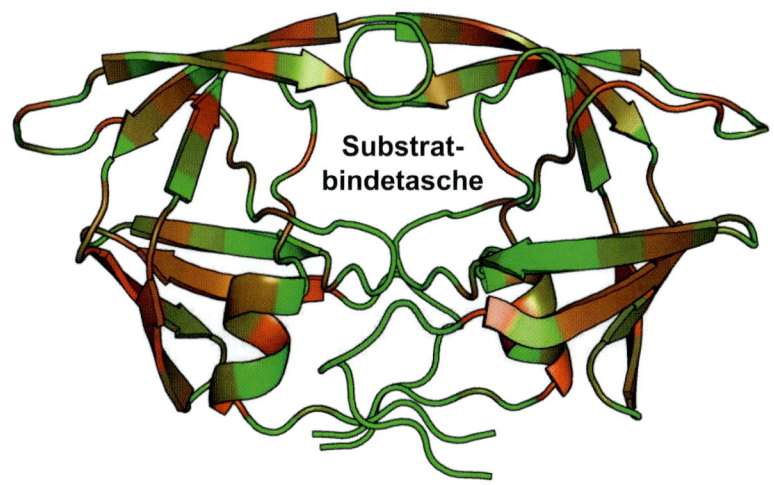

Abb. 24.21 Mutationen von Aminosäuren in der HIV-Protease führen zu einer Resistenz gegenüber Hemmstoffen. Der Verlauf der Polymerkette ist mit einer von grün nach rot verlaufenden Farbcodierung angegeben. Rot angezeigte Reste werden mit hoher Wahrscheinlichkeit mutiert, grüne Bereiche unterliegen kaum einem Austausch. Viele Mutationen befinden sich in der Nähe des aktiven Zentrums, doch einige sind auch ziemlich weit von der Substratbindetasche entfernt.

tige Gabe mehrerer Inhibitoren sollte zu einer besseren Unterdrückung der Virusvermehrung führen. Hier wird die Resistenzbildung deutlich erschwert und herausgezögert. Die besten Ergebnisse sind dabei durch die gleichzeitige Gabe antiviraler Wirkstoffe mit unterschiedlichem Wirkprinzip zu erzielen, also z. B. die Kombination eines nucleosidischen mit einem nicht nucleosidischen Reverse Transkriptase-Hemmer und einem Protease-Hemmer. Solche Therapien sind als so genannte **HAART**-Strategie (engl. *h*ighly *a*ctive *a*ntiretroviral *t*herapy) in die klinische Anwendung eingegangen.

24.6 Ein basischer Stickstoff als Partner für die Aspartate der katalytischen Diade

Wie erwähnt gelang bei der Roche in einem breit angelegten Screening die Entdeckung des Piperidinderivats 24.13 (Abb. 24.10) als Renin-Hemmer mit mikromolarer Aktivität. Es konnte zu einem subnanomolaren Treffer weiterentwickelt werden. Es bindet mit seinem Piperidinstickstoff im Angelpunkt zwischen den beiden Aspartaten (Abb. 24.10). Angeregt durch diese Arbeiten werden inzwischen **sekundäre Amine** intensiv als mögliche Bindungspartner **für die Aspartate** untersucht. Eine ganze Reihe von Bausteinen wurde bisher beschrieben (Abb. 24.22) und auf ihre Hemmungwirkung an verschiedenen Aspartylproteasen getestet. In einem rationalen Entwurf wurde statt eines sechsgliedrigen Piperidins das fünfgliedrige Pyrrolidin 24.43 entworfen. Ein solcher Ring kann sich mit dem Stickstoff zwischen die beiden Aspartate platzieren. Gleichzeitig erreicht er mit seinen Seitenketten symmetrisch die Spezifitätstaschen auf der gestrichenen und ungestrichenen Seite. Ganz ähnlich wie bei den substratähnlichen Inhibitoren 24.19–24.26 (Abb. 24.15) sah das Design auf beiden Seiten des Heterocyclus Wasserstoffbrücken-Akzeptorgruppen vor. Sie sollten Wechselwirkungen zum Deckelbereich der Protease aufnehmen. Im speziellen Fall der HIV-Protease steht dort ein konserviertes Wassermolekül (so genanntes Strukturwasser), das die Interaktion zum Deckelbereich weiterreicht. Bei den anderen Aspartylproteasen erfolgt ein direkter Kontakt zu dem Deckelbereich. Der Pyrrolidinring wurde auf beiden Seiten mit Aminomethylengruppen versehen und als Akzeptorfunktionen wurden Amid- bzw. Sulfonamidgruppen eingeführt. Gleichzeitig dienten die Amidstickstoffatome als Verzweigungspunkte, um mit daran angefügten Resten die vier Subtaschen der Protease zu erreichen.

In einer kleinen Verbindungsserie konnte Edgar Specker mikro- bis submikromolare Leitstrukturen für die HIV-Protease und Cathepsin D entwickeln. Unter Verwendung des Racemats von 24.45 gelang Jark Böttcher eine Kristallstruktur mit der HIV-Protease. Sie erbrachte eine große Überraschung (Abb. 24.23 und Abb. 24.24 a). Der Stickstoff im Pyrrolidinring des *R,R*-Enantiomers sitzt, wie konzipiert, auf dem Angelpunkt zwischen den Aspartaten. Er nimmt die gleiche Position wie die Hydroxygruppe in den zur Übergangsstruktur analogen Inhibitoren ein. Aber anders als geplant, verdrängt der Inhibitor das Strukturwasser aus der Bindetasche! Mit einem Sauerstoff seiner Sulfongruppe formt er eine direkte Wasserstoffbrücke zur NH-Gruppe von Ile 50 im Deckelbereich. Die auf der anderen Seite befindliche Carbonylgruppe der Amidbindung wird in keine Wechselwir-

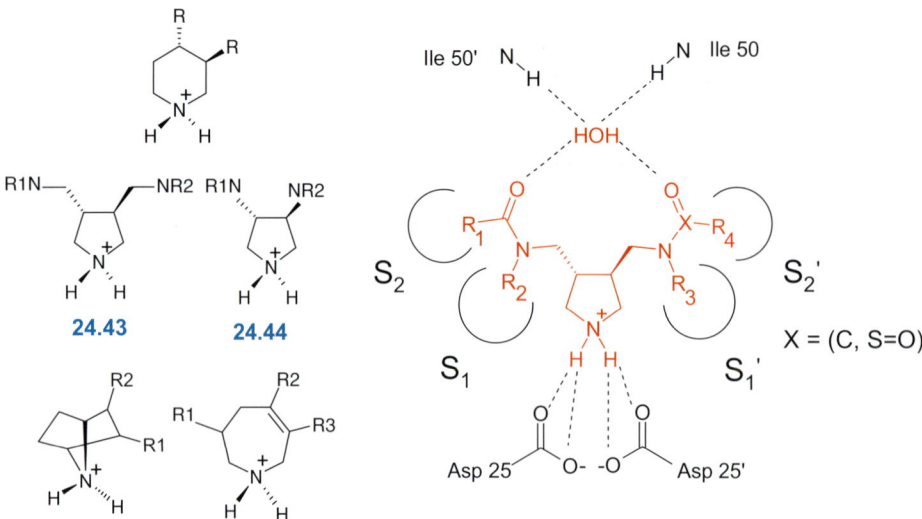

Abb. 24.22 Sekundäre Amine sind aussichtsreiche Bindungspartner für die Aspartate der katalytischen Diade von Aspartylproteasen. In einem rationalen Entwurf wurde der Stickstoff des fünfgliedrigen Pyrrolidinrings **24.43** zwischen die beiden Aspartate platziert. Gleichzeitig erreicht das Gerüst mit seinen Seitenketten symmetrisch die Spezifitätstaschen auf der gestrichenen und ungestrichenen Seite einer Protease. Für HIV-Protease sollen die eingebauten Akzeptorfunktionen H-Brücken zum strukturell konservierten Wasser in der *flap*-Region ausbilden.

kung zum Deckel einbezogen. Dagegen nimmt die eine Schleife des Deckels eine verzerrte Geometrie an und die NH-Funktion von Ile 50' findet einen H-Brückenkontakt zu der Schleife der anderen Monomereinheit. Eine solche Geometrie war zuvor noch nie beobachtet worden. Bei genauer Betrachtung scheint der Inhibitor die Subtaschen S$_2$ bis S$_2$' der Protease nicht optimal auszufüllen. Im Vergleich zu Amprenavir **24.23** (Abb. 24.15) verbleibt die S$_2$-Tasche praktisch unbesetzt. Dagegen scheint das Molekül mit sei-

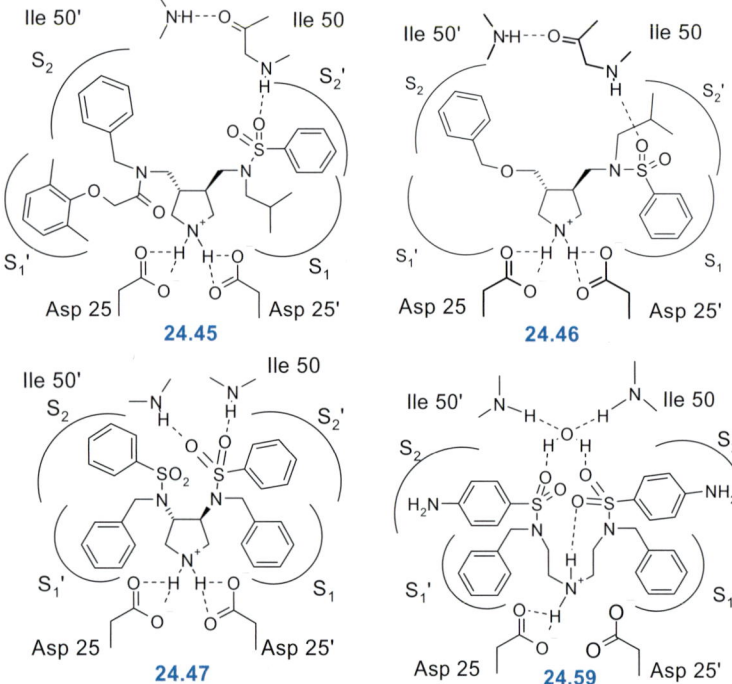

Abb. 24.23 Schematische Darstellung der Bindungsmodi der vier in Abb. 24.24 dargestellten Inhibitoren. Die drei Pyrrolidinderivate **24.45**, **24.46** und **24.47** unterscheiden sich in ihrer Verknüpfungsgeometrie am Ring und der Zahl an Substituenten. In **24.59** wurde der zentrale Heterocyclus aufgeschnitten. Interessanterweise kehrt in die Struktur mit diesem Liganden das konservierte Strukturwasser zurück.

nem sperrigen Dimethylphenoxyrest über die S$_1$'-Tasche hinaus zu ragen und gegen die eine Schleife des Deckels zu drücken. Trotz einstellig mikromolarer Affinität (K_i = 1,5 µM) scheint sich der Inhibitor in der Tasche nicht wohl zu fühlen. Er scheint so ziemlich alle „goldenen" Regeln des Wirkstoffdesigns (Abschnitt 4.11) zu verletzen. Ist der zu sperrige Dimethylphenoxyrest für den überraschenden Bindungsmodus verantwortlich? Um dies zu überprüfen, wurde ein nur dreiarmiger Inhibitor 24.46 (Abb. 24.23) synthetisiert. Durch Ersatz des verzweigenden Stickstoffatoms auf der einen Molekülseite gegen ein Ether-Sauerstoffatom ließ sich dies bewerkstelligen. Die Kristallstruktur dieses Inhibitors 24.46 mit K_i = 52 µM zeigt unverändert den überraschenden Bindungsmodus: Das Strukturwasser bleibt weiterhin verdrängt, und die Schleifenregion nimmt unverändert den verzerrten Verlauf an, obwohl jetzt offenbar kein großer Rest mehr gegen diese Region drückt (Abb. 24.24 b). Die Ausfüllung der Spezifitätstaschen erscheint bei diesem Hemmstoff alles andere als optimal.

Als nächstes wurde versucht, die Substitutenten auf beiden Seiten des zentralen Pyrrolidinrings näher zusammen zu rücken. Andreas Blum verzichtete auf die beiden Methylenbrücken, um 3,4-Diaminopyrrolidin 24.44 als Zentralbaustein zu verwenden (Abb. 24.22). Dieses Gerüst wurde symmetrisch auf beiden Seiten zu substituierten Sulfonamiden umgesetzt. Zunächst wurden Derivate der Benzolsulfonsäure im Hinblick auf ihre Substitution an den tertiären Stickstoffen optimiert (24.47–24.58, Tabelle 24.7). Dazu wurde neben der Hemmung des Wildtyp-Enzyms auch eine rasch induzierte Resistenzmutante betrachtet, die an Position 84 ein Valin statt eines Isoleucins trägt. Die vergrößerte Tasche der Resistenzmutante zeigt gegen viele Inhibitoren wegen einer verkleinerten hydrophoben Kontaktfläche eine herabgesetzte Bindungsaffinität. Es zeigt sich, dass der Wildtyp kettenverzweigte Reste (24.47–24.50) weniger toleriert als die Mutante (Tabelle 24.7). Als bester Kompromiss für eine gute Hemmung beider Isoformen zeichnete sich ein Benzylrest ab. Mit diesem Derivat 24.47 gelang eine Kristallstruktur (Abb. 24.24 c). Der Pyrrolidinstickstoff nimmt wieder die gewünschte Position zwischen beiden Aspartaten ein. Das Strukturwasser bleibt weiterhin aus der Tasche verdrängt und nur eine der beiden Sulfonamidgruppen formt Wasserstoffbrücken zur Ile 50-NH-Gruppe im Deckelbereich. Der Inhibitor sitzt weitgehend symmetrisch in der Bindetasche. Die Benzylreste an den Aminogruppen werden in die S$_1$- und S$_1$'-Tasche platziert. Die Benzolsulfonylreste besetzen die S$_2$- und S$_2$'-Taschen. Die Ausfüllung der Taschen erscheint für diesen Inhibitor viel besser als für 24.45 oder 24.46. Dennoch legt die Struktur nahe, zur Optimierung die Substituenten in S$_1$ und S$_1$' in *para*-Position zu vergrößern. Ein hinzu-

Tabelle 24.7 Durch Modifikation der Reste R1 und R2 am 3,4-Diaminopyrrolidin **24.44** werden Affinität und Resistenzprofil verbessert (WT, Wildtyp, I84V, Mutante)

24.44

Verbindung	R1	R2	K_i (µM) WT	K_i (µM) I84V
24.47	benzyl	phenyl	2,15	1,07
24.48	allyl	phenyl	12,3	84,0
24.49	isobutenyl	phenyl	74,7	53,1
24.50	isopentenyl	phenyl	1,57	5,82
24.51	benzyl	2-methylphenyl	0,67	0,46
24.52	benzyl	2-chlorophenyl	0,77	0,47
24.53	4-bromobenzyl	phenyl	0,46	0,55
24.54	4-iodobenzyl	phenyl	0,39	0,33
24.55	4-CF$_3$-benzyl	phenyl	0,80	0,50
24.56	benzyl	4-aminophenyl	0,27	0,13
24.57	benzyl	4-CONH$_2$-phenyl	0,26	0,04
24.58	4-CF$_3$-benzyl	4-CONH$_2$-phenyl	0,06	0,01

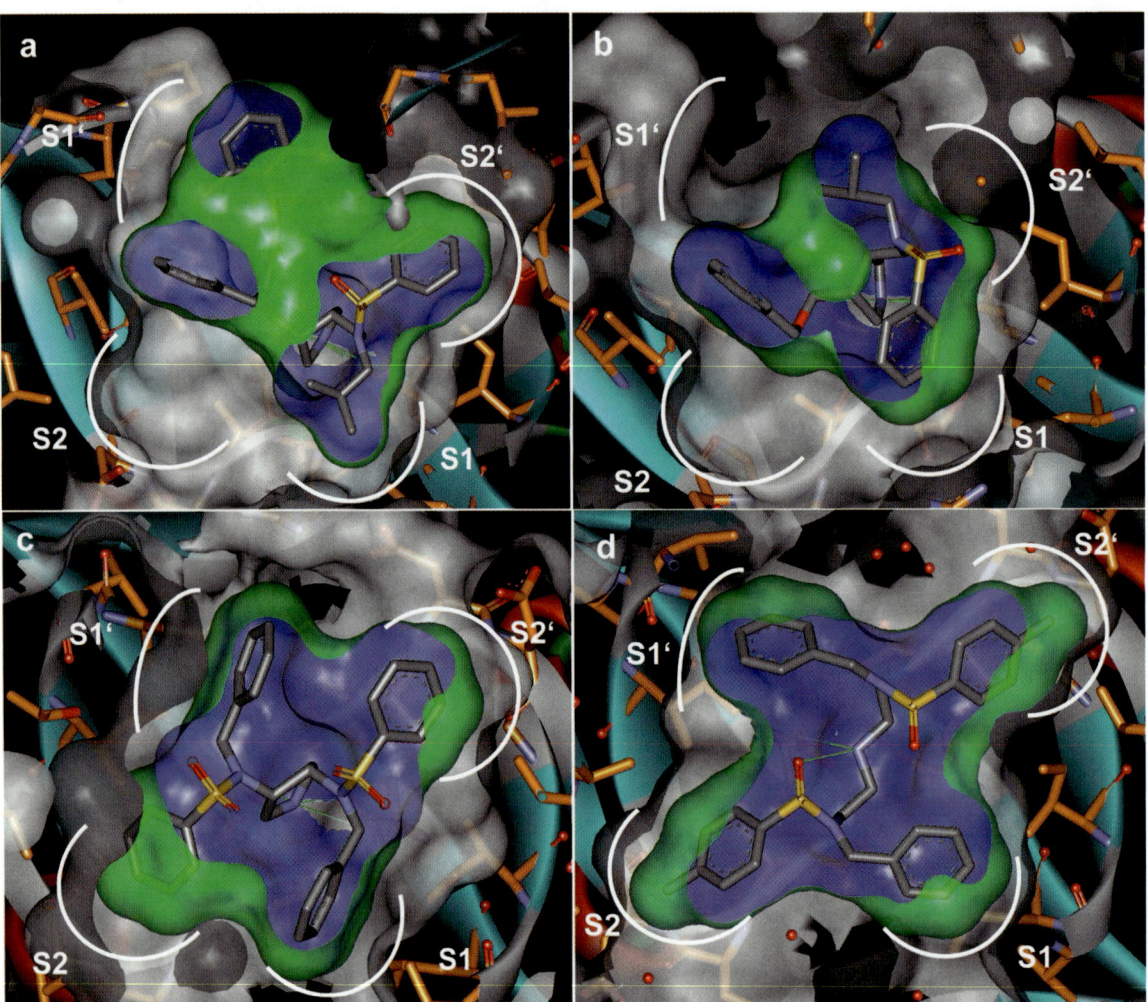

Abb. 24.24 Kristallstrukturen der Inhibitoren aus Abb. 24.23 in HIV-Protease. (a) **24.45** lässt die S$_2$-Tasche der Protease praktisch unbesetzt. Sein voluminöser *o,o'*-Dimethylphenoxy-Substituent füllt die S$_1$'-Tasche nur unvollständig aus und scheint gegen die Schleife in der *flap*-Region zu drücken. Das Strukturwasser wird aus der Bindetasche verdrängt. (b) **24.46** füllt die S$_2$- und S$_1$'-Tasche nur partiell aus. Auch in dieser Struktur wird das Wasser verdrängt und die Schleife nimmt den verzerrten Verlauf an, obwohl keine ungünstigen Kontakte zu erkennen sind. (c) **24.47** bindet annähernd C_2-symmetrisch und platziert seine Benzolsulfonylgruppen in S$_2$ and S$_2$'. Die *N*-Benzylreste werden in S$_1$ und S$_1$' angetroffen. Auch hier fehlt das Strukturwasser im Komplex. (d) **24.59** orientiert seine *p*-Aminobenzolsulfonreste in S$_2$ und S$_2$'. Die *N*-Benzylsubstituenten besetzen S$_1$- und S$_1$'. Beide SO$_2$-Gruppen bilden H-Brücken zu dem in die Struktur zurückgekehrten Strukturwasser. Der Inhibitor scheint die Bindetaschen perfekt auszufüllen, erreicht aber trotz der zusätzlichen NH$_2$-Funktionen, die H-Brücken zum Protein bilden, keine bessere Bindungsaffinität als die anderen Derivate.

gefügter Brom- oder Iodsubstituent steigert die Affinität gegenüber dem Wildtyp um ca. das Sechsfache. Die Mutante wird nur um den Faktor 2 besser gehemmt. Auch in den S$_2$- und S$_2$'-Taschen erscheint ausreichend Platz für größere Reste. Tatsächlich steigert eine Methylgruppe oder ein Chloratom in *ortho*-Stellung die Affinität um ca. den Faktor 2. Bei der Mutante fällt der Effekt etwas geringer aus. Weiterhin befinden sich am Ende dieser Taschen die sauren Aminosäuren Asp 29 und Asp 30, die sich in eine Wechselwirkung zu dem Liganden einbeziehen lassen. Dies gelingt durch Anfügen einer Amino- oder Carboxamidogruppe in *para*-Stellung. Die Bindung zu dem Enzym nimmt dabei um ca. den Faktor 10 zu. Die weitere Optimierung führte zu dem Derivat **24.58** mit einer CF$_3$-Gruppe am P$_1$-Benzylrest und einer Amidgruppe am P$_2$-Substituenten. Sie hemmt den Wildtyp mit K_i = 64 nM und die Mutante mit 14 nM. Der Bindungsmodus dieser neuen, auf einem 3,4-Diaminopyrrolidin 24.44 basierenden Inhibitoren weicht von dem aller anderen derzeit auf dem Markt befindlichen Inhibitoren ab. Vielleicht ermöglicht dies eine neue Perspektive zur Resistenzbrechung (Abb. 24.25).

In einem letzten Schritt wurde der zentrale Heterocyclus „aufgeschnitten" und durch offenkettige, sekundäre Amine ersetzt (Abb. 24.23). Zwischen die beiden zur Adressierung der *flap*-Region eingebrachten SO$_2$-Gruppen und dem zentralen Amin-Stickstoff wurden zwei- und dreigliedrige aliphatische Ketten eingebracht. Die Vermessung der Hemmkonstanten gegen verschiedene Aspartylproteasen wies auch hier ein- bis zweistellig mikromolar Inhibitoren nach. Mit der Verbindung 24.59 (K_i = 9,6 μM gegen die HIV-Protease) gelang eine Kristallstrukturbestimmung (Abb. 24.24 d). Wie erwartet bindet der basische Stickstoff zwischen die beiden Aspartate, allerdings mit H-Brückenabstand nur zu einem der beiden Säurereste. Interessanterweise kehrt das Strukturwassermolekül in den Inhibitorkomplex zurück und vermittelt zwischen den Sulfonylgruppen und den Resten der *flap*-Region einen bindenden Kontakt.

Das Studium der offenkettigen Verbindungen verdeutlicht, wie der sterisch fixierte Heterocyclus eine Ausrichtung der Hemmstoffe in der Bindetasche vorgibt. Sein Raumbedarf ist dafür verantwortlich, dass das Strukturwasser aus der Bindetasche verdrängt wird und die H-Brückenakzeptorgruppen der Inhibitoren direkt mit der *flap*-Region interagieren. Die offenkettige Verbindung 24.59 vermittelt den Eindruck, ideale Passform für die Protease zu besitzen. Scheinbar völlig entspannt legt sie sich in die Bindetasche, findet für ihre polaren Gruppen Partner im Protein und lässt das Strukturwasser zurückkehren. Obwohl sie in *para*-Stellung an den Benzolsulfonylresten über Aminogruppen verfügt, die in der Serie mit dem Grundgerüst 24.44 (Abb. 24.22) zu einer etwa zehnfachen Wirksteigerung führte, bindet 24.59 nur mikromolar. Der schönste Bindungsmodus hilft nichts, wenn sich ein offenkettiger Inhibitor erst in die notwendige Geometrie am Wirkort umlagern muss. Er verliert dabei so viele Freiheitsgrade um drehbare Bindungen, dass dies mit einem hohen Preis in der Bindungsaffinität bezahlt werden muss (Abschnitt 4.7). Inhibitoren mit einer zuvor korrekt fixierten Geometrie besitzen aus entropischer Sicht einen Vorteil.

24.7 Andere Zielstrukturen aus der Familie der Aspartylproteasen

Neben den beiden Beispielen Renin und HIV-Protease sind eine Reihe weiterer Mitglieder der Proteinfamilie für eine Arzneistoffentwicklung validiert worden. Zunächst erschien **Cathepsin D** als Protein im Proteinkatabolismus interessant und Konzepte zur Brustkrebstherapie oder Muskeldystrophie wurden verfolgt. Das bereits erwähnte **Pepsin** in unserem Magen wurde als mögliches Target für eine Therapie von peptischen Ulkuserkrankungen diskutiert. Zum Einsatz gegen Pilzerkrankungen wurden **sekretorische Aspartylproteasen** aus *Candida albicans* als mögliche Zielstrukturen in Erwägung gezogen.

Viel versprechend sehen die Wirkstoffentwicklungen auf dem Gebiet der **β-Sekretase** aus. Sie könnten zu einer wirkungsvollen Alzheimertherapie führen. Das krankmachende und zu gefährlichen Ablagerungen im Gehirn führende β-Amyloid-Protein wird aus einem größeren Vorläufer, dem *amyloid precursor protein* (APP) herausgeschnitten. Im Jahr 1999 wurde über zwei Proteasen, die β- und γ-Sekretase berichtet,

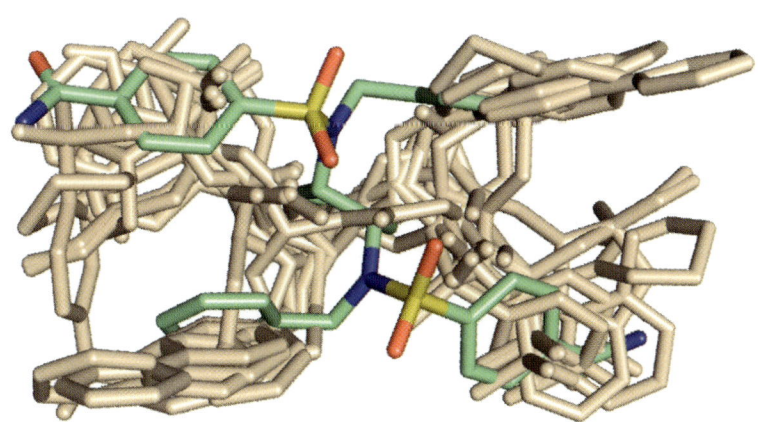

Abb. 24.25 Im Vergleich zu allen derzeit auf dem Markt befindlichen HIV-Hemmstoffen (Abb. 24.15, beige) nehmen die auf dem 3,4-Diaminopyrrolidin 24.44 basierenden Inhibitoren (hellgrün) einen abweichenden Bindungsmodus an. In Folge wird ein anderes Wirkprofil gegen Resistenzmutanten beobachtet.

die als membranständige Proteasen aus der Familie der Aspartylproteasen dieses Freisetzen des β-Amyloid-Proteins katalysieren. Daher wird intensiv nach potenten Inhibitoren dieser Proteasen gesucht. Sie werden auch als **BACE-1** und **2** bezeichnet, was sich als Abkürzung von ***b**eta-site-**A**PP-**c**leaving **e**nzymes* ableitet. Als weitere Zielstrukturen für eine Therapie werden derzeit die **Plasmepsine** untersucht. Sie dienen dem Malariaparasiten in der Nahrungsvakuole zum Abbau des Hämoglobins. Der Parasit verwendet die Bestandteile des Hämoglobins als Nahrung. Plasmepsin wird zur initialen Spaltung des Hämoglobins verwendet und trennt die α-Kette zwischen Phe 33 und Leu 34. An dem weiteren Abbau bis zu größeren Peptidbruchstücken beteiligen sich vier Isoformen des Plasmepsins. Zusätzlich sind an diesem Prozess Falcipaine, Cysteinproteasen und Falcilysin, eine Zinkprotease, beteiligt. Die Plasmepsine weisen eine strukturelle Homologie zum Cathepsin D auf. Erste Leitstrukturen leiten sich nach ganz analogen Prinzipien wie z. B. beim Renin ab. Neuere Erkenntnisse legen nahe, dass eine Malariatherapie auf der Basis von Proteaseinhibitoren des Hämoglobinabbaus mehrere der genannten Enzyme gleichzeitig ausschalten müsste, um eine effiziente Bekämpfung des Parasiten zu erreichen. Somit mag es hier angebracht sein, Inhibitoren zum gleichzeitigen, selektiven Ausschalten aller vier Plasmepsine zu entwickeln.

Literatur

Allgemeine Literatur

W. J. Greenlee und A. E. Weber, Renin Inhibitors, Drugs, News & Perspectives **4**, 332–339 (1991)

S. H. Rosenberg, Renin Inhibitors, Prog. Med. Chem. **32**, 37–144 (1995)

P. S. Anderson, G. L. Kenyon und G. R. Marshall, Hrsg., Therapeutic Approaches to HIV, Persp. Drug Discov. Design, Band 1, Escom, 1993

J. A. Martin, S. Redshaw und G. J. Thomas, Inhibitors of HIV Proteinase, Prog. Med. Chem. **32**, 239–288 (1995)

C. Hutchins und J. Greer, Comparative Modeling of Proteins in the Design of Novel Renin Inhibitors, Crit. Rev. Biochem & Mol. Biol. **26**, 77–127 (1991)

E. De Clercq, Toward Improved Anti-HIV Chemotherapy: Therapeutic Strategies for Intervention with HIV Infections, J. Med. Chem. **38**, 2491–2517 (1995)

M. L. West und D. P. Fairlie, Targeting HIV-1 Protease: A Test for Drug-Design Methodologies, Trends Pharm. Sci. **16**, 67–74 (1995)

R. E. Babine und S. L. Bender, Molecular Recognition of Protein-Ligand Complexes: Applications to Drug Design, Chem. Rev. **97**, 1359–1472 (1997)

C. Dash, A. Kulkarni, B. Dunn und M. Rao Aspartic Peptidase Inhibitors: Implications in Drug Development, Critical Rev. Biochem. Molec. Biol., **38**, 89–119 (2003)

J. Eder, U. Hommel, F. Cumin, B. Martoglio und B. Gerhartz, Aspartic Proteases in Drug Discovery, Curr. Pharmaceut. Design **13**, 271–285 (2007)

Spezielle Literatur

H. D. Kleinert, S. H. Rosenberg, W. R. Baker et al., Discovery of a Peptide-Based Renin Inhibitor with Oral Bioavailability and Efficacy, Science **257**, 1940–1943 (1992)

Y. C. Li, Inhibition of Renin: An updated Review of the Development of Renin Inhibitors, Current Opinion in Investigational Drugs **8**, 750–757 (2007)

J. M. Wood et al., Structure-based Design of Aliskiren, a Novel Orally Effective Renin Inhibitor, Biochem. Biophys. Res. Commun. **308**, 698–705 (2003)

R. Güller et al., Piperidine-Renin Inhibitors Compounds with Improved Physicochemical Properties, Bioorg. Med. Chem. Lett. **9**, 1403–1408 (1999)

J. V. N. Vara Prasad, K. S. Para, E. A. Lunney et al., Novel Series of Achiral, Low Molecular Weight, and Potent HIV-1 Protease Inhibitors, J. Am. Chem. Soc. **116**, 6989–6990 (1994)

J. P. Vacca et al., L-735,524: An Orally Bioavailable Human Immunodeficiency Virus Type I Protease Inhibitor, Proc. Natl. Acad. Sci. **91**, 4096–4100 (1994)

J. H. Condra, W. A. Schleif, O. M. Blahy et al., *In Vivo*-Emergence of HIV-1 Variants Resistant to Multiple Protease Inhibitors, Nature **374**, 569–571 (1995)

P. Y. S. Lam, P. K. Jadhav, C. J. Eyermann et al., Rational Design of Potent, Bioavailable, Nonpeptide Cyclic Ureas as HIV Protease Inhibitors, Science **263**, 380–384 (1994)

A. Blum, J. Böttcher et al., Structure-Guided Design of C_2-symmetric HIV-1 Protease Inhibitors Based on a Pyrrolidine Scaffold, J. Med. Chem. **51**, 2078–2087 (2008)

Inhibitoren von hydrolytisch spaltenden Metalloenzymen

25

Eine weitere wichtige Klasse von Enzymen, die Peptid- und Esterbindungen spalten, benötigt für ihre Funktion im **katalytischen Zentrum Metallionen**. Durch Koordination an das Metallion aktivieren diese Enzyme ein Wassermolekül für den nucleophilen Angriff auf die zu spaltende Bindung. Das Wassermolekül erfährt in diesem Zustand eine drastische pK_a-Verschiebung. Mit Abstand am häufigsten wird Zink als Metallion in diesen Enzymen eingesetzt, aber auch Eisen, Cadmium, Cobalt oder Mangan werden angetroffen. Das Vorliegen der Metallionen ist für die Wirkung der Protease oder Esterase essenziell. Wird dem Enzym das Metallion durch Hinzufügen eines starken Metallkomplexbildners entzogen, z. B. durch β-Mercaptoethanol oder durch Ethylendiamintetraessigsäure (EDTA), so lässt sich keine katalytische Aktivität mehr nachweisen.

Viele therapeutisch wichtige Enzyme sind **Metalloproteasen**. An erster Stelle sind die Zinkproteasen zu nennen, darunter vor allem das Angiotensin-Konversionsenzym (ACE). ACE-Hemmer werden seit vielen Jahren zur Behandlung des Bluthochdrucks eingesetzt. Darüber hinaus sind in den letzten Jahren weitere Metalloproteasen als mögliche Ziele für das Wirkstoffdesign identifiziert worden. Hierzu gehören unter anderem das Endothelin-Konversionsenzym, die neutrale Endopeptidase und die Matrixmetalloproteasen (Tabelle 25.1). Weitere Gruppen wichtiger Zinkenzyme stellen die Carboanhydrasen dar oder die zinkhaltigen β-Lactamasen und Phosphodiesterasen.

25.1 Struktur der Zink-Metalloproteasen

Das Verdauungsenzym Carboxypeptidase A war die erste Zinkprotease, deren 3D-Struktur 1967 von William Lipscomb bestimmt wurde. Das für die Enzymaktivität notwendige Zinkion wird von zwei His- sowie einer Glu-Seitenkette komplexiert. Die vierte Koordinationsstelle wird von einem Wassermolekül besetzt. Darüber hinaus befindet sich ein weiteres Glutamat in der Nähe des katalytischen Zinkions.

Die gleichen Aminosäuren sind auch in vielen anderen Metalloproteasen für die Bindung an das Zinkion verantwortlich. Charakteristisch für die meisten bekannten Zinkproteasen ist das Vorhandensein der Aminosäuresequenz **His–Glu**–X–X–**His** (X = beliebige Aminosäure). Sie findet sich beispielsweise in Collagenase, Thermolysin, Neutraler Endopeptidase

Tabelle 25.1 Die Funktion und bevorzugte Spaltstelle einiger Metalloproteasen

Enzym	spaltet zwischen	Funktion	3D-Struktur bekannt
Thermolysin	X–Ala, X–Val, X–Ile	bakterielle Protease	+
Carboxypeptidase	X–Tyr, X–Phe	Verdauung	+
ACE[a]	Phe–His, Phe–Leu, Pro–Phe	wandelt Angiotensin I in das blutdrucksteigernde Angiotensin II um	+
NEP 24.11[b]	Phe–Leu, Cys–Phe	multifunktionell (spaltet u. a. Enkephalin)	–
ECE[c]	Trp–Val	wandelt Big-Endothelin in blutdrucksteigerndes Endothelin um	–
Collagenase	Gly–Leu, Gly–Ile	Gewebeumbau	+
Stromelysin	Gly–Leu, Gly–Ile	Gewebeumbau	+

a) ACE = Angiotensin-Konversionsenzym
b) NEP = Neutrale Endopeptidase
c) ECE = Endothelin-Konversionsenzym

24.11 und im Endothelin-Konversionsenzym (Tabelle 25.2). Diese Folge von Aminosäuren in der Primärsequenz eines neuen Proteins ist ein deutliches Indiz dafür, dass es sich um eine Zinkprotease handelt. In den Matrixmetalloproteasen oder den Carboanhydrasen wird das Zink durch drei Histidinreste komplexiert. Die vierte Position wird auch dort von einem Wassermolekül eingenommen.

Zink liegt im Körper als zweifach positiv geladenes Kation Zn^{2+} vor. Diese positive Ladung macht sich das Enzym für die Amidspaltung zunutze. In der Gruppe von Ivano Bertini an der Universität Florenz ist es gelungen, hochaufgelöste Strukturen der unkomplexierten und vom Produkt inhibierten Matrixmetalloprotease MMP-12 zu bestimmen. Diese Strukturen lassen folgenden **Mechanismus** annehmen: In der unkomplexierten Metalloprotease wird das Zinkion neben den drei Aminosäureresten (His bzw. Glu) von drei Wassermolekülen oktaedrisch koordiniert. Eines der Wassermoleküle bildet zusätzlich eine Wasserstoffbrücke zu einem benachbarten Glutamat. Dieser Rest (Glu 219 in MMPs, Glu 270 in Carboxypeptidase und Glu 143 in Thermolysin) polarisiert das Wassermolekül zusätzlich. Wahrscheinlich liegt es deshalb als OH^--Ion vor (Abb. 25.1). Das Peptidsubstrat diffundiert in die Bindetasche und verdrängt die beiden anderen Wassermoleküle am Zinkion. Das durch das Glutamat polarisierte Wassermolekül greift die Carbonylgruppe der zu spaltenden Amidbindung des Substrats an, das durch Wasserstoffbrücken zu seinem Peptidrückgrat auf der *C*-terminalen Seite in Position gehalten wird. Am Reaktionszentrum bildet sich eine geminale Diolstruktur aus, die von dem jetzt fünffach koordinierten Zinkion stabilisiert wird. Es folgt die eigentliche Spaltung der Amidbindung, und die beiden Produktmoleküle verbleiben zunächst in der Nähe des Zinks. Der Glutamatrest übernimmt in diesem Schritt vermutlich die Rolle des Protonenüberträgers. Das Spaltprodukt des ehemaligen *N*-Terminus koordiniert mit seiner neu entstandenen Carbonsäurefunktion über einen Sauerstoff an das Zinkion (Abb. 25.2). Er bildet aber keine weiteren Wasserstoffbrü-

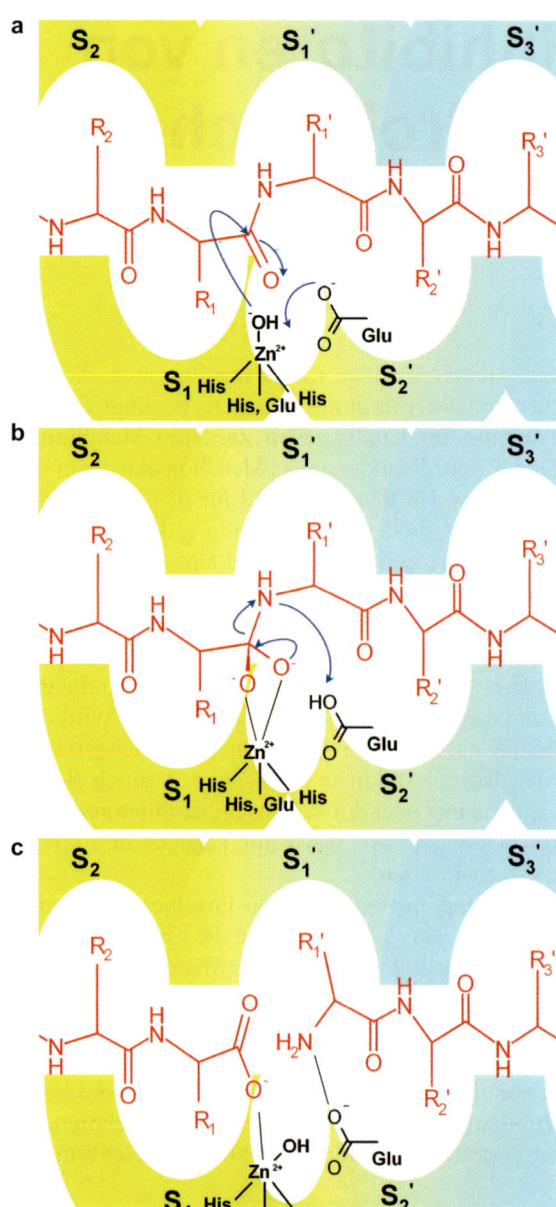

Abb. 25.1 Mechanismus der Peptidspaltung durch eine Metalloprotease. Das Peptidsubstrat bindet mit seinen P_2-, P_1-, P_1'- und P_2'-Resten in die entsprechenden Spezifitätstaschen der Protease. Die zu spaltende Amidgruppe befindet sich zwischen dem Zinkion und einem Wassermolekül (oder OH^-), das durch die Säuregruppe des benachbarten Glutamats polarisiert wird (a). Dieses Wassermolekül greift nucleophil das Carbonylkohlenstoffatom an unter Bildung eines tetraedrischen Übergangszustands (b). Das Zinkion liegt zwischenzeitlich fünffach koordiniert vor und stabilisiert die negative Ladung der entstehenden geminalen Diolstruktur. Der Übergangszustand zerfällt unter Freisetzung der beiden Spaltprodukte (c).

Tabelle 25.2 Charakteristische Aminosäuresequenzen im aktiven Zentrum verschiedener Metalloproteasen

Enzym	Position	Aminosäuren				
Thermolysin	142–146	**His**	**Glu**	Leu	Tyr	**His**
NEP 24.11	583–587	**His**	**Glu**	Ile	Thr	**His**
ECE	590–594	**His**	**Glu**	Leu	Thr	**His**
Astacin	92–96	**His**	**Glu**	Leu	Met	**His**
Collagenase	201–205	**His**	**Glu**	Phe	Gly	**His**
Stromelysin	201–205	**His**	**Glu**	Ile	Gly	**His**

cken zu dem Protein aus. Dagegen bildet das aus dem C-Terminus entstandene Spaltprodukt vier Wasserstoffbrücken zur Hauptkette des Enzyms und bindet mit seinem P$_1$'-Rest in die S$_1$'-Tasche. Die gebildete freie Aminogruppe verbleibt zunächst in der Nähe des Zinkions. Wahrscheinlich liegt sie benachbart zu dem Zinkion ungeladen vor. Dann verlässt das aus dem N-Terminus entstandene Spaltprodukt das katalytische Zentrum. Vermutlich wird es durch ein Wasser verdrängt, das seinen Platz am Zinkion einnimmt. Anschließend verlässt auch das C-terminale Produkt die Bindetasche.

Inzwischen sind von vielen Zinkproteasen die dreidimensionalen Strukturen aufgeklärt worden, darunter die des Angiotensin-Konversionsenzyms und vieler therapeutisch interessanter Matrixmetalloproteasen wie Collagenasen, Gelatinasen und Stromelysin (Tabelle 25.1). Aus der Familie der Carboanhydrasen kennt man drei Unterfamilien. Die therapeutisch wichtigsten sind die α-Carboanhydrasen, die in vielen Organen wichtige Aufgaben übernehmen und für die zahlreiche Arzneistoffe entwickelt werden konnten.

25.2 Der Schlüssel zum Entwurf von Metalloprotease-Hemmern: Bindung an das Zinkion

Das Zinkion spielt die entscheidende Rolle beim katalytischen Mechanismus. Die bekannten Raumstrukturen von Metalloprotease-Inhibitorkomplexen zeigen, dass fast alle hoch affinen Inhibitoren eine funktionelle Gruppe enthalten, die direkt an das Zinkion bindet. Lässt man diese Gruppe weg, so fällt die Bindungsaffinität deutlich ab. Daher muss beim Design neuer Inhibitoren der erste Schritt darin bestehen, zunächst nach funktionellen Gruppen Ausschau zu halten, die besonders gut an Zn^{2+} binden können. In der Literatur wurden hierfür verschiedene Gruppen beschrieben, die in Abb. 25.3 zusammengefasst sind. Phosphonamide –PO$_2$NH–, Phosphonate –PO$_2$O– und Phosphinate –PO$_2$CH$_2$– können als Analoga des Übergangszustands der Enzymreaktion angesehen werden. In der Tat sind einige potente Metalloprotease-Hemmer bekannt, die eine Phosphonamidgruppe enthalten, z. B. der Naturstoff Phosphoramidon 25.1. Für Carboxypeptidase A wurde die relative Bindungsstärke verschiedener Gruppen untersucht (Tabelle 25.3). Ebenso wurden für das Endothelin-Konversionsenzym verschiedene zinkbindende Gruppen getestet. Die Resultate dieser Untersuchungen sind in Tabelle 25.4 aufgeführt.

Bei der Bindungsstärke der funktionellen Gruppen, die mit dem Zn^{2+}-Ion in Wechselwirkung treten,

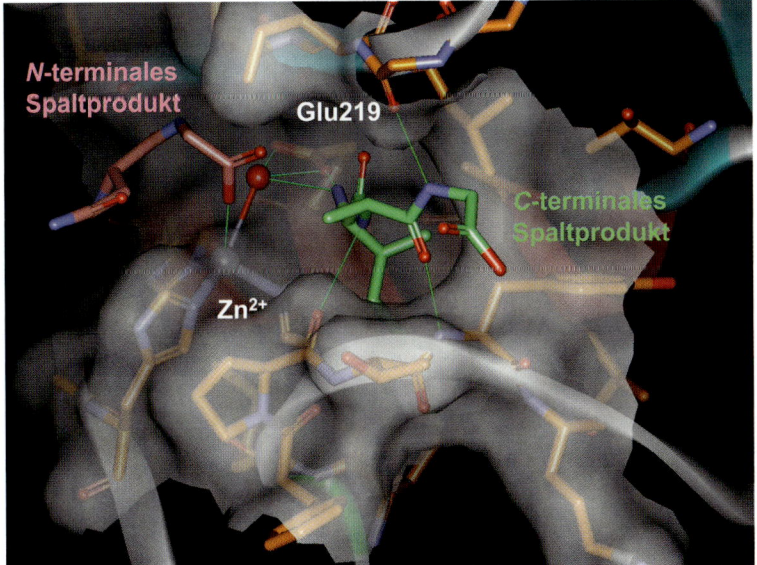

Abb. 25.2 Es ist gelungen, eine Kristallstruktur von MMP-12 mit den beiden Spaltprodukten zu bestimmen (Abb. 25.1 c). Das Spaltprodukt des ehemaligen N-Terminus (links, Kohlenstoffatome hellrot) koordiniert mit seiner neu entstandenen Carbonsäurefunktion über ein Sauerstoffatom an das Zinkion, bildet aber keine Wasserstoffbrücke zum Enzym aus. Das aus dem C-Terminus entstandene Spaltprodukt (rechts, Kohlenstoffatome hellgrün) bildet vier H-Brücken zur Hauptkette des Proteins und bindet mit seinem P$_1$'-Rest in die tief ausgebildete S$_1$'-Tasche. Die freigesetzte Aminogruppe koordiniert an Glu 219 und das Wassermolekül, das an das Zinkion bindet.

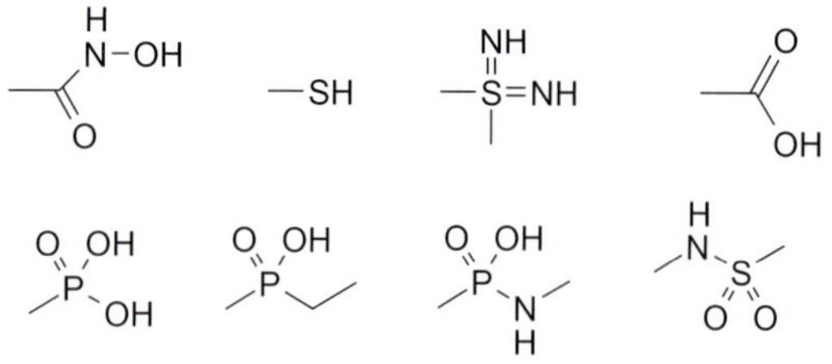

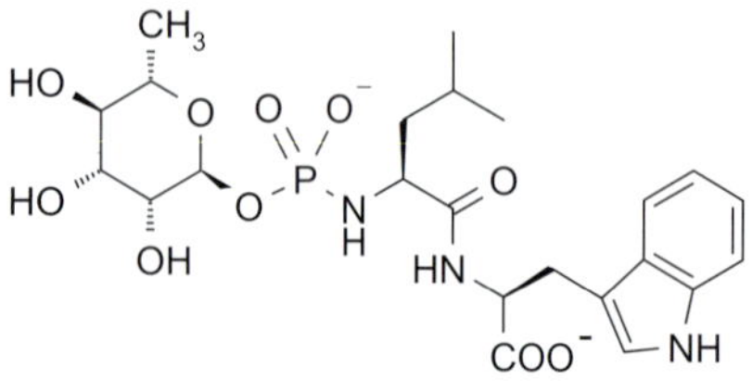

Abb. 25.3 Funktionelle Gruppen von Metalloprotease-Hemmern, die häufig zur Bindung an das Zinkion eingesetzt werden. Besonders Hydroxamsäuren und Thiole (links oben) führen zu hoch affinen Inhibitoren. In dem Naturstoff Phosphoramidon **25.1** wird eine Phosphonamidgruppe gefunden, mit der der Inhibitor an das Zinkion koordiniert. Es hemmt Thermolysin im nanomolaren Bereich.

25.1 Phosphoramidon $K_i = 2{,}8 \cdot 10^{-8}$ M

tragen. Die letztere Gruppe bindet als zweizähniger Ligand an das Zinkion. **Carbonsäuren** und **Ketone** binden schwächer an das Zinkion als die oben genannten Gruppen. Trotzdem sind sie von großem Interesse, da z. B. die Säuren in Form ihrer Ester als Prodrugs (Abschnitt 9.2) oral häufig gut verfügbar sind. Phosphonamide sind im Gegensatz zu Phosphinaten und Phosphonsäuren chemisch nicht besonders stabil und gehören daher bei der Entwicklung eines neuen Arzneistoffs nicht zur ersten Wahl. Dagegen stellen **Sulfonamide**, vor allem bei den Carboanhydrasen, sehr gute Zinkanker dar.

Wie können potenzielle Wirkstoffe für diese Metalloproteasen aussehen? Ein Vergleich bekannter Kristallstrukturen (z. B. MMP-12, Abb. 25.2) zeigt, dass in diesen Proteinen die Bindetaschen auf der gestrichenen Seite viel besser ausgebildet sind. Deshalb muss sich ein Inhibitordesign vor allem auf die Ausfüllung der S_1'- und die weiteren Taschen auf der gestrichenen Seite konzentrieren. Dennoch hat sich gezeigt, dass die Besetzung der S_1- und S_2-Taschen wichtig sein kann, auch um Inhibitoren mit einer ausreichenden Selektivität zu versehen.

Die Auswahl geeigneter Reste für diese Taschen richtet sich nach deren chemischer Zusammensetzung. Weiterhin müssen die Inhibitoren, wie beschrieben, mit einer geeigneten Kopfgruppe versehen werden, die an das Zinkion koordinieren kann. Aus dem oben beschriebenen Mechanismus der Peptidspaltung lässt sich auch hier verstehen, warum die Bindetaschen auf der ungestrichenen Seite weniger gut ausgebildet sind. Nach der Peptidspaltung entsteht auf dieser Seite ein Peptid mit terminaler Säurefunktion. Eine solche Funktion stellt aber selbst eine

wird eine beachtliche Schwankungsbreite beobachtet. Entscheidend dafür sind vermutlich abgestufte Partialladungen auf dem Zinkion und auf der Ankergruppe. Das Zinkion selbst kann sich in sehr unterschiedlichen lokalen Umgebungen befinden (z. B. $3 \times$ His; $2 \times$ His/$1 \times$ Glu oder $1 \times$ His/$1 \times$ Glu/$1 \times$ Cys). Offensichtlich sind die **Thiolgruppe** –SH und die **Hydroxamsäure** –CONHOH in besonderer Weise geeignet, zu einer starken Bindung an Metalloproteasen beizu-

Tabelle 25.3 Bindung von Phenylpropionsäuren **25.2** an Carboxypeptidase A. Die stärkste Bindung wird für das Thiol-Derivat gefunden.

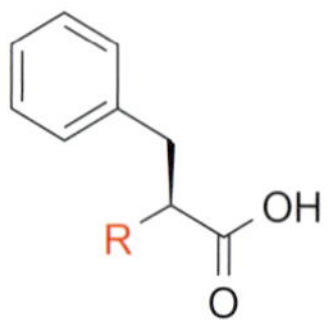

25.2

R	K_i (nM)
H	6200
CH_2COOH	450
$CH_2S(=NH)_2CH_3$	250
$OP(=O)(OH)_2$	140
CH_2SH	11

Tabelle 25.4 Hemmung des Endothelin-Konversionsenzyms durch Tryptophanderivate **25.3**. Die Hydroxamsäure (R = CONHOH) sowie die Thiolverbindung besitzen eine wesentlich höhere Affinität als die Carbonsäurederivate.

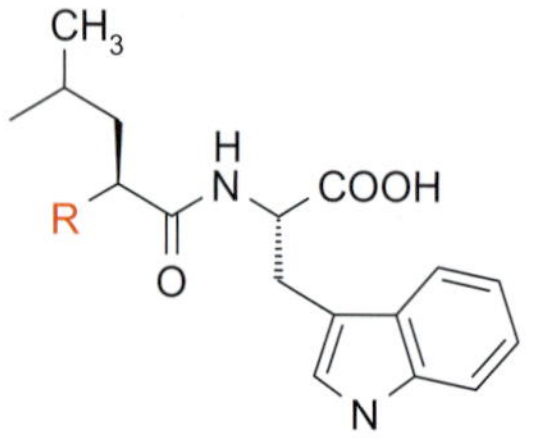

25.3

R	K_i (μM)
CONHOH	24
CH_2SH	12
COOH	≥ 100
CH_2COOH	≥ 100

gute Koordinationsgruppe für das Zink dar. Würde das N-terminale Ende des gespaltenen Peptids zusätzlich sehr stark in ausgeprägten Taschen auf der ungestrichenen Seite gebunden, käme es zu einer Selbstinhibition der Protease. In aller Regel besteht daran kein Interesse. Besitzt aber dennoch der abgespaltene N-Terminus eine schwache Affinität zu der Protease, so kann es bei hoher Produktkonzentration zu dieser Hemmung kommen. Dies kann ein von der Natur gewünschter Regelmechanismus sein („feed back-Regulation").

25.3 Thermolysin: Der gezielte Entwurf von Enzym-Inhibitoren

Thermolysin ist eine bakterielle Zinkprotease ohne unmittelbare therapeutische Bedeutung. Allerdings wurde die 3D-Struktur von Thermolysin im Komplex mit einer großen Zahl unterschiedlicher Inhibitoren bestimmt. Der Einfluss vieler elementarer Faktoren auf die Stärke von Protein-Ligand-Wechselwirkungen konnte hier untersucht werden. Damit ist dieses Enzym besonders gut zum Studium von 3D-Struktur-Wirkungsbeziehungen geeignet. Seine große Stabilität macht es weiterhin zu einem dankbaren Untersuchungsobjekt für experimentelle Arbeiten. Darüber hinaus wurde die 3D-Struktur von Thermolysin immer wieder als Basis für die Modellierung anderer Metalloproteasen herangezogen.

Eine der zentralen Annahmen des strukturbasierten Wirkstoffdesigns ist die Vorstellung, dass sich die Bindungsaffinität eines Liganden verbessern lässt, wenn die am **Rezeptor gebundene Konformation** in ein **starres Gerüst** eingebunden werden kann. Am Beispiel von Thermolysin-Inhibitoren wurde diese Arbeitshypothese in der Gruppe von Paul Bartlett näher untersucht. Als Startpunkt der Arbeiten diente die 3D-Struktur des Komplexes von Thermolysin mit dem Inhibitor Cbz–Gly^P–Leu–Leu **25.4** (K_i = 9 nM, Abb. 25.4). Der peptidische Inhibitor bindet in einer Konformation, die einer β-Schleife ähnlich ist. Dadurch schien hier der Entwurf eines **makrocyclischen Liganden** möglich, der die Schleifenkonformation stabilisiert. Aus der Analyse der 3D-Struktur dieses Inhibitors mit Thermolysin sind die essenziellen Wechselwirkungen bekannt. Die Gruppe von Bartlett suchte nun nach einem starren Strukturelement zur Bildung eines Gerüsts, in dem die Konformation der beiden Leucin-Seitenketten unverändert bleibt. Die Wahl fiel auf Chroman **25.5** (Abb. 25.4). Die zusätzliche Methylgruppe im Ring musste aus präparativen Gründen eingeführt werden.

Der Vergleich der Bindungskonstanten der Verbindungen **25.5** und **25.7** belegt, dass die Versteifung durch die Chromangruppe die Bindungsaffinität um den Faktor 50 erhöht. Dies entspricht einem Energiegewinn von ca. 10 kJ/mol. Die Röntgenstrukturanalyse des makrocyclischen Liganden **25.5** zeigt, dass die-

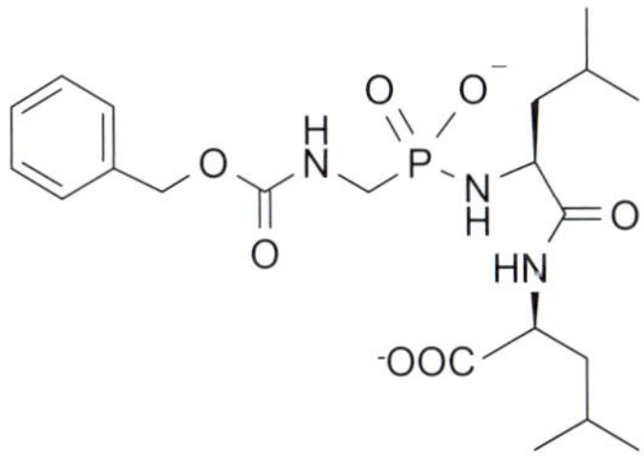

25.4 Cbz-Gly^P-Leu-Leu

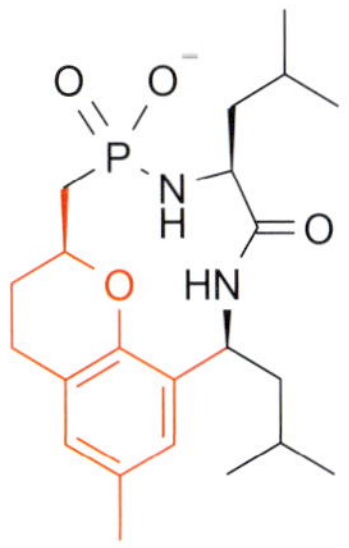

25.5
K_i = 4 nM

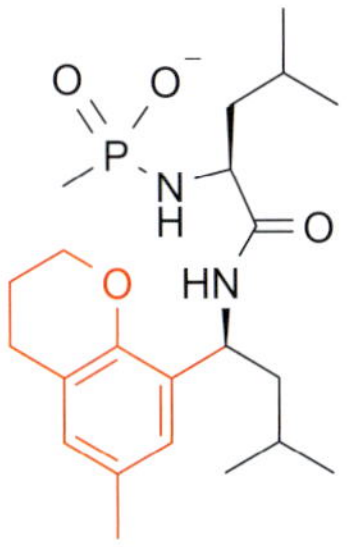

25.6
K_i = 80 nM

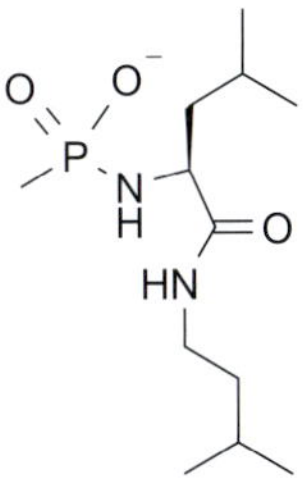

25.7
K_i = 190 nM

Abb. 25.4 Entwurf cyclischer Thermolysin-Inhibitoren ausgehend von dem offenkettigen Inhibitor Cbz–Gly^P–Leu–Leu **25.4**. Der cyclische Inhibitor **25.5** bindet 50fach fester an Thermolysin als die offenkettige Verbindung **25.7**. Verbindung **25.6** enthält ebenfalls das Chromangerüst, aber die Konformation ist hier nicht durch einen Ringschluss fixiert.

ser wie erwartet bindet. Die beiden Leucin-Seitenketten und die Hauptkettenatome befinden sich an der gleichen Stelle wie bei Cbz–Gly^P–Leu–Leu (**25.4**, Abb. 25.5). Sicherlich beruht der Gewinn an Bindungsenergie nicht nur auf der Rigidisierung des Liganden. Die direkte Wechselwirkung der Chromangruppe mit dem Enzym trägt zusätzlich zur Affinität bei. Das Ziel der Synthese von **25.6** war, zwischen beiden Effekten, der Rigidisierung und dem Affinitätszugewinn durch die Chromaneinheit, differenzieren zu können. **25.6** bindet 20-mal schwächer an Thermolysin als **25.5**. Allerdings zeigt die 3D-Struktur, dass der offenkettige Inhibitor in einer anderen Konformation an das Enzym bindet. Dies ist ein weiteres Beispiel dafür, dass vordergründig ähnliche Strukturen nicht immer im gleichen Modus binden!

25.4 Captopril, ein Metalloprotease-Hemmer zur Behandlung des Bluthochdrucks

Das Angiotensin-Konversionsenzym (engl. *angiotensin converting enzyme*, ACE) wandelt das Decapeptid **Angiotensin I** durch Abspaltung des *C*-terminalen Dipeptids His–Leu in das Octapeptid Angiotensin II um (Abb. 24.5, Abschnitt 24.2). Die Freisetzung dieses Octapeptids führt zu einer Blutdrucksteigerung. Außerdem katalysiert ACE den Abbau des blutdrucksenkenden Nonapeptids **Bradykinin** zu unwirksamen Peptiden und wirkt dadurch indirekt ebenfalls blutdrucksteigernd. Dies bedeutet, dass eine Hemmung von ACE gleichzeitig zu einer Blockade mehrerer Mechanismen der Blutdrucksteigerung führt.

Sergio Henrique Ferreira und John Robert Vane isolierten 1965 aus dem Gift der Schlange *Bothrops jararaca* (Südamerikanische Grubenotter) ein Peptidgemisch, das die Wirkung des blutdrucksenkenden Bradykinins verlängert, indem es die Protease hemmt, die Bradykinin im Körper abbaut. Es zeigte sich, dass diese Peptide (zunächst als **b**radykinin **p**otentiating **p**eptide, BPP, bezeichnet) auch die Umwandlung von Angiotensin I zu Angiotensin II hemmen. Mehrere strukturell verwandte Peptide wurden identifiziert. Am stärksten wirksam war **Teprotid**, Pyr–Trp–Pro–Arg–Pro–Gln–Ile–Pro–Pro (Pyr = Pyroglutaminsäure). Dieses Nonapeptid wurde in der Arbeitsgruppe von Miguel Ondetti bei der Firma Squibb synthetisiert. Teprotid ist ein potenter ACE-Inhibitor mit einer Bindungskonstante K_i = 100 nM. In der klinischen Prüfung zeigte sich, dass die Verbindung nicht nur in Tiermodellen, sondern auch am Menschen einen blutdrucksenkenden Effekt aufweist. Allerdings ist Teprotid als Peptid oral nicht verfügbar und damit als Arzneistoff nicht geeignet. Trotzdem war durch diese Arbeiten belegt, dass ein ACE-Hemmer ein interessanter Wirkstoff zur Behandlung des Bluthochdrucks ist. Weitere Untersuchungen zeigten, dass bereits Dipeptide wie Val–Trp (K_i = 1,8 µM) und Ala–Pro (K_i = 230 µM) ACE hemmen, wenn auch deutlich schwächer als das Nonapeptid.

Den entscheidenden Durchbruch verdankte das Arbeitsgebiet der Hypothese von Miguel Ondetti und David Cushman, dass ACE eine strukturelle Ähnlich-

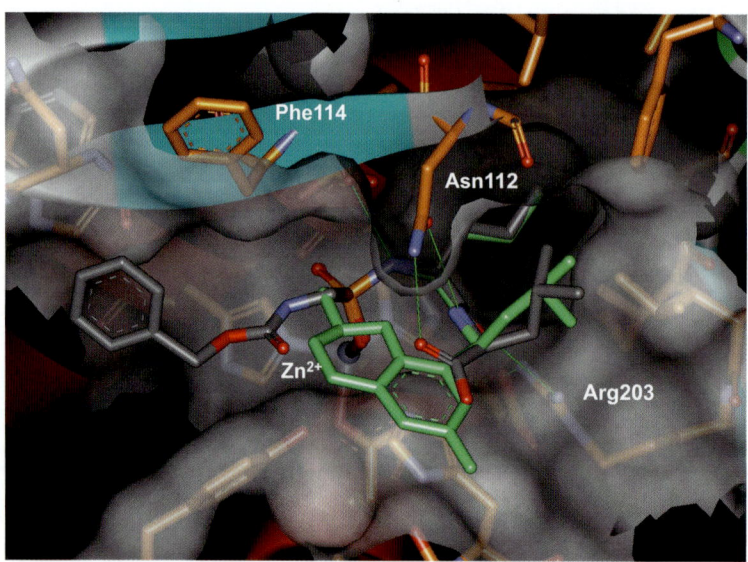

Abb. 25.5 3D-Struktur des Komplexes aus Thermolysin und Cbz–Gly^P–Leu–Leu **25.4** (Kohlenstoffatome grau). Die Leucin-Seitenkette (rechts) benachbart zur Phosphatgruppe besetzt die tiefe, ins Proteininnere gerichtete S$_1$'-Tasche, während sich der zweite Leucinrest in die flache, zur Oberfläche geöffnete S$_2$'-Tasche legt. Die Cbz-Gruppe richtet sich in die S$_1$-Tasche (links). Der makrocyclische Inhibitor **25.5** (Kohlenstoffatome grün) mit einem Chromangerüst fixiert die Konformation von **25.4** und platziert die Leucin-Seitenketten in analoger Weise in S$_1$' und S$_2$'. Obwohl dieser Inhibitor die S$_1$-Tasche völlig unbesetzt lässt, bindet er fester an Thermolysin als die offenkettige Verbindung **25.4**.

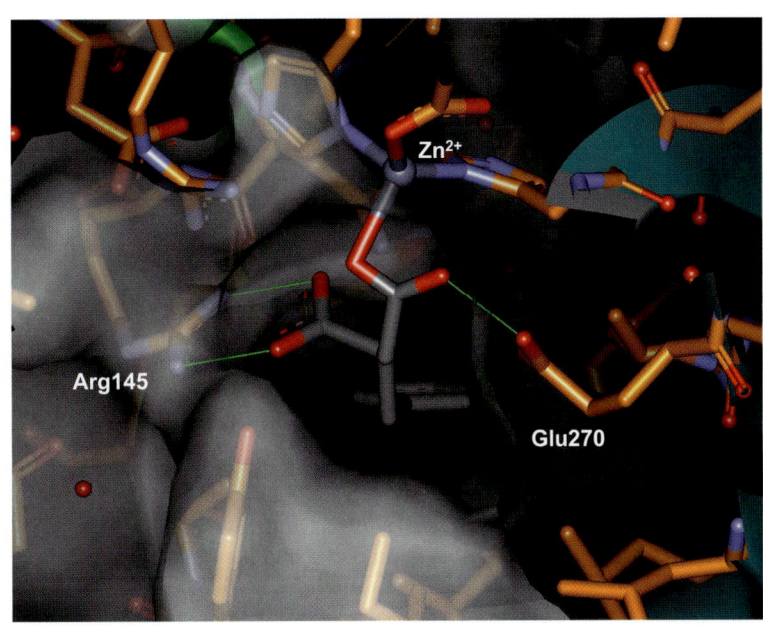

Abb. 25.6 Kristallstruktur des Carboxypeptidase-Benzylsuccinat-Komplexes. Eine der Carboxylatgruppen bindet an das Zinkion, die andere bildet mit der Argininseitenkette von Arg 145 eine chelatartige Salzbrücke. Die Phenylgruppe füllt eine lipophile Tasche aus.

keit zu der recht ausführlich untersuchten Metalloprotease Carboxypeptidase A aufweist. Von diesem Enzym hatte Lipscomb kurz zuvor die 3D-Struktur bestimmt. Zudem war Benzylbernsteinsäure als ein für seine Molekülgröße außergewöhnlich wirksamer Inhibitor der Carboxypeptidase A bekannt (Abb. 25.6). Für dieses Molekül wurde ein Bindungsmodus postuliert, in dem es Wechselwirkungen mit dem Enzym ausbildet, die auch von den beiden Spaltprodukten der Substrathydrolyse gebildet werden können (Abb. 25.7). Ondetti und Cushman übertrugen dieses Konzept auf ACE. Während Carboxypeptidase A die letzte Aminosäure eines Peptids abspaltet, trennt ACE ein Dipeptid ab. Dies bedeutete, dass ein mit einer geeigneten Aminosäure substituiertes Bernsteinsäurederivat ein starker ACE-Hemmer sein sollte (Abb. 25.8).

Nachdem bekannt war, dass Prolin als C-terminale Aminosäure bei peptidischen ACE-Hemmern zu guten Ergebnissen führt, wurden zunächst Carboxyalkanoylproline als mögliche ACE-Hemmer untersucht (Abb. 25.9). Succinoyl–L-prolin (**25.8**) war die erste Verbindung, die in diesem Projekt bei Squibb synthetisiert wurde. Wie erhofft, erwies sie sich als ACE-Hemmer, allerdings nur mit einer Affinität im mikromolaren Bereich (IC$_{50}$ = 300 µM). Der Ersatz der Prolin-Einheit durch andere Aminosäuren ergab keine Bindungssteigerung: Prolin war bereits die optimale Aminosäure. Als nächstes wurde die Länge der Säure-Seitenkette optimiert. Glutaryl–L-Prolin (**25.9**) erwies sich als bester Vertreter, mit einer moderaten Bindungssteigerung (IC$_{50}$ = 70 µM). Eine starke Erhöhung der Bindungsaffinität um den Faktor 15 ergab dann die Einführung einer Methylgruppe in die Seitenkette (**25.10** und **25.11**). Schließlich führte der Ersatz der Carboxylatgruppe durch eine Thiolgruppe (**25.12** und **25.13**) mit einer Bindungssteigerung um

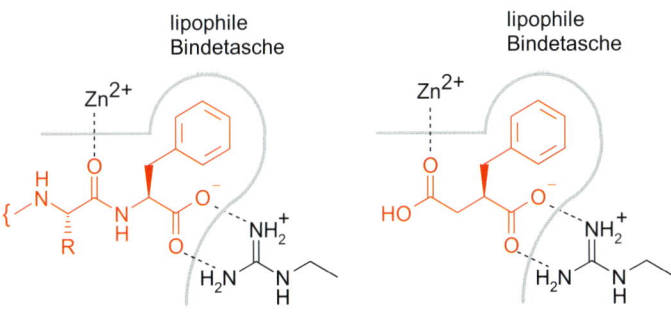

Abb. 25.7 Vergleich des Bindungsmodus des Inhibitors Benzylbernsteinsäure und des peptidischen Substrats an Carboxypeptidase A. Der Inhibitor bildet die gleichen Wechselwirkungen zum Enzym aus wie das Substrat. Lediglich die zu spaltende Amidgruppe ist durch eine Carboxylatgruppe ersetzt.

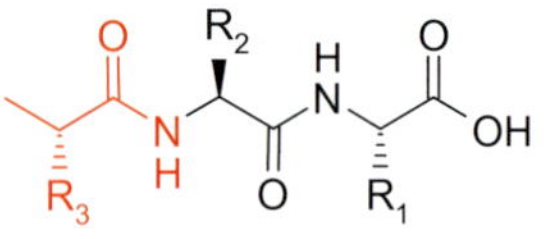

Abb. 25.8 Entwurf von ACE-Inhibitoren: Vergleich des Substrats mit der von Ondetti und Cushman untersuchten Inhibitorstruktur. In der zunächst untersuchten Struktur ist die zu spaltende Amidbindung durch eine Carboxylatgruppe ersetzt.

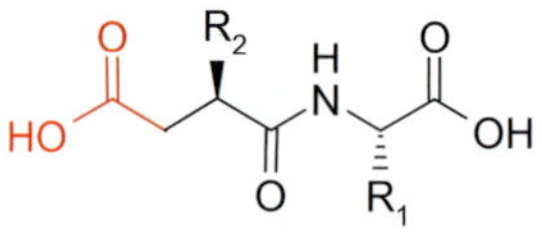

drei Größenordnungen zum Durchbruch! Die Verbindung SQ 14225, **25.13** (D-3-Mercapto-2-methylpropanoyl-L-prolin), bindet mit $K_i = 1{,}7$ nM an ACE und ist oral verfügbar. SQ 14225 hat sich seit vielen Jahren unter dem Namen **Captopril** als Mittel zur Behandlung von Bluthochdruck bewährt. Da durch die Blutdrucksenkung eine deutliche Entlastung des Herzens resultiert, wird Captopril auch mit Erfolg zur Therapie der chronischen Herzinsuffizienz eingesetzt.

Die in Abb. 25.10 aufgeführten Verbindungen belegen, dass zur festen Bindung von Captopril an ACE sowohl die freie SH-Gruppe als auch die freie Carboxylatgruppe des Prolins notwendig sind. Eine Veresterung der Carboxylgruppe zu **25.14** oder S-Methylierung zu **25.15** führen zu einem dramatischen Verlust der Affinität, ebenso der Austausch der Amidgruppe gegen eine –CH$_2$CH$_2$–Gruppe, von **25.16** zu **25.17**. Wegen ihrer Oxidationsempfindlichkeit stellen Thiolgruppen keine sehr beliebten funktionellen Gruppen in Arzneistoffen dar. Daher suchte man nach anderen Ankergruppen.

Inzwischen gibt es eine ganze Palette wirksamer ACE-Hemmer (Abb. 25.11); 17 Produkte fanden ihren Weg in die klinische Prüfung. Besonders zu erwähnen ist die von der Firma Merck & Co. entwickelte Verbindung **Enalapril 25.18**. Sie wird wie viele der anderen Handelsprodukte als Prodrug verabreicht, um die orale Verfügbarkeit zu erhöhen (Abschnitt 9.2). Im Körper wird sie wie die anderen Ethylester durch Esterasen rasch in die biologisch aktive Form, das Anion Enalaprilat der freien Säure, umgewandelt. Sowohl Enalapril als auch Lisinopril **25.19** verfügen über deutlich längere Plasma-Halbwertszeiten als Captopril.

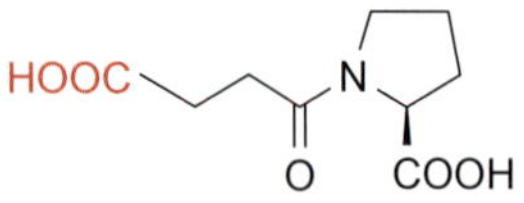

Verbindung	IC_{50}	K_i
25.8	330 µM	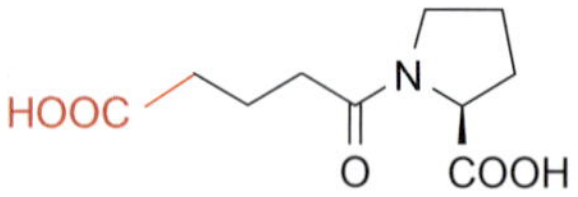
25.9	70 µM	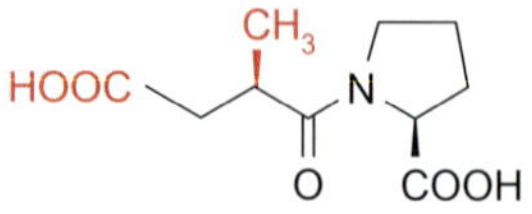
25.10	22 µM	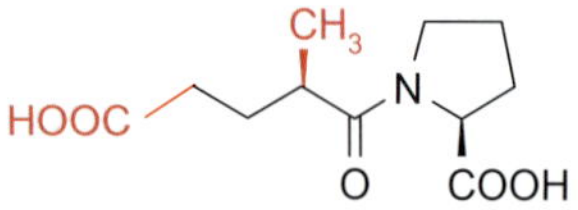
25.11	4,9 µM	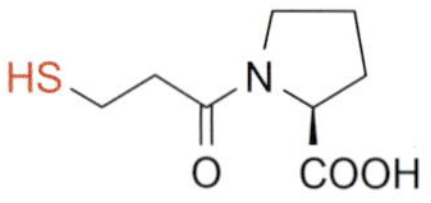
25.12	200 nM	12 nM
25.13 Captopril	23 nM	1,7 nM
25.14	17 µM	
25.15	4300 µM	
25.16	2,8 µM	
25.17	1100 µM	

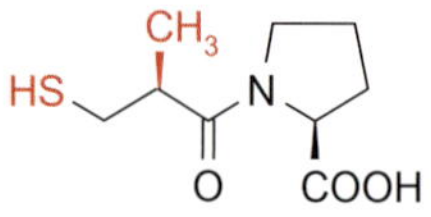

Abb. 25.9 Bindung von ACE-Inhibitoren. Die rational entworfene Leitstruktur **25.8** wird schrittweise optimiert. Entscheidend für die Affinitätssteigerung sind die Einführung einer Methylgruppe in die Seitenkette zu **25.10** sowie der Ersatz der Carboxylatgruppe durch ein Thiol. Das Ergebnis war Captopril **25.13**.

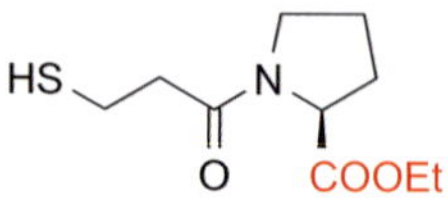

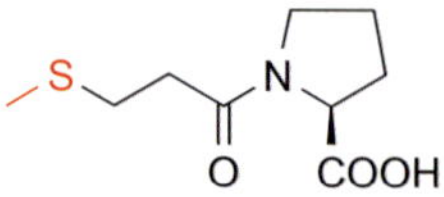

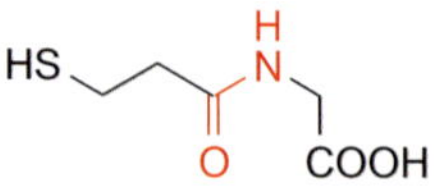

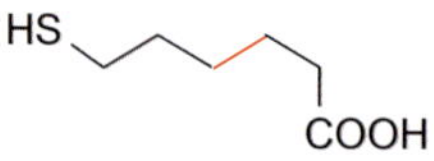

Abb. 25.10 Zur Bindung an ACE sind eine freie Thiol- und Carboxylatgruppe erforderlich. Veresterung der Säuregruppe von **25.12** (Abb. 25.9) zu **25.14** reduziert die Bindungsaffinität um fast zwei Größenordnungen. Die S-Methylierung von **25.12** ergibt **25.15**, mit einer um den Faktor 20 000 reduzierten Bindungsaffinität. **25.17** enthält lediglich die Thiol- und die Carboxylatgruppe. Die beiden Gruppen reichen gerade noch aus, um eine messbare Bindung zu erzielen.

25.5 Am Ende die Kristallstruktur von ACE: Muss eine Erfolgsstory neu geschrieben werden?

In seiner bahnbrechenden Publikation aus dem Jahr 1977 zum Entwurf von Captopril hebt David Cushman die Bedeutung eines Strukturmodells für die Arbeiten bei Squibb nochmals hervor:

> *»Die oben beschriebenen Studien zeigen beispielhaft den großen heuristischen Wert eines Modells des aktiven Zentrums für den Entwurf von Inhibitoren, auch wenn ein solches Modell hypothetisch ist. Nur wenn geeignete Informationen zur Substratspezifität sowie zum Enzymmechanismus vorliegen, kann eine sinnvolle Arbeitshypothese bezüglich der in einem Inhibitor benötigten komplementären Gruppen aufgestellt werden.«*

Hätte er sich träumen lassen, dass erst 25 Jahre später diese Struktur vorliegt? Im Jahr 2003 gelang dies der Gruppe von Edward Sturrock. Konnte sie die früheren Modelle bestätigen? Viele der aufgestellten Hypothesen erwiesen sich als korrekt. Nicht alle für die Inhibitoren angenommenen Bindungsmodi waren richtig. Aber die Struktur erbrachte entscheidende Erkenntnisse, die die Forschung auf dem Gebiet der ACE-Hemmer wieder aufleben lassen. Das humane Enzym ist stark glycosyliert. Es besteht aus 1227 Aminosäuren einer extrazellulären Domäne. Mit 28 weiteren Resten ist es in der Zellmembran verankert. Interessanterweise besitzt es **zwei katalytische Domänen**. Die *N*-terminale Domäne umfasst 612, die *C*-terminale 650 Reste. Untereinander sind sie zu 60 % identisch. Beide Domänen sind katalytisch aktiv und ihre Zentren weichen in wenigen Aminosäuren voneinander ab. Dies lässt einen Selektivitätsunterschied gegenüber potenziell zu bindenden Liganden erwarten. Außerdem ist die *C*-Domäne stark von der lokalen Chloridionen-Konzentration abhängig, die *N*-Domäne weit weniger. Neben dieser so genannten somatischen Form (s-ACE) gibt es die Testis-Form (t-ACE). Sie ist nur 701 Aminosäuren lang und besteht aus einer Domäne. Bis auf die ersten 36 Reste ist sie nahezu identisch mit der *C*-Domäne der somatischen Form. Von ihr gelang die

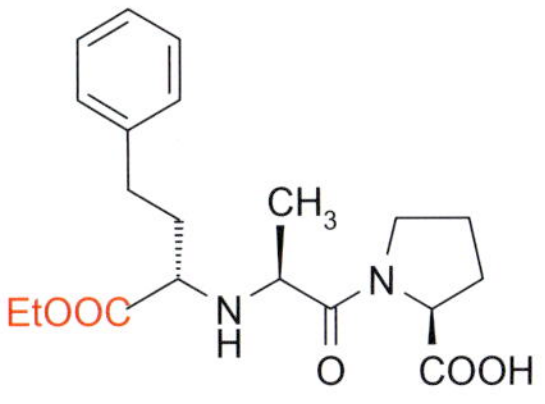

25.18 Enalapril

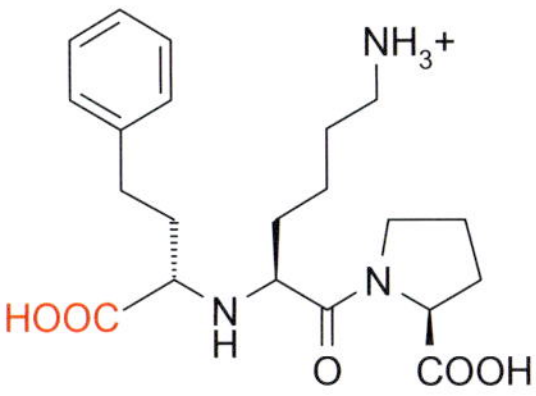

25.19 Lisinopril

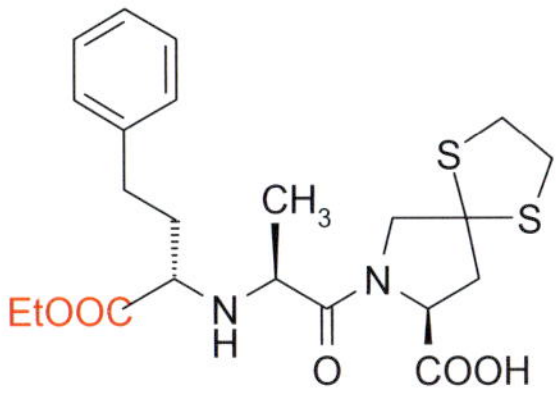

25.20 Spirapril

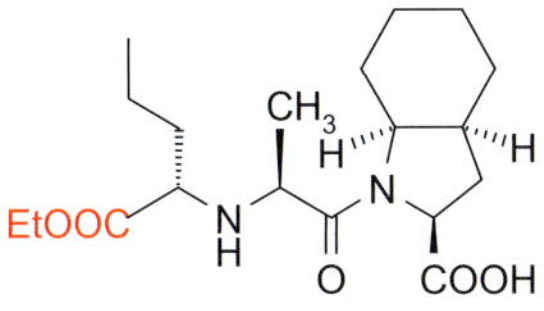

25.21 Perindopril

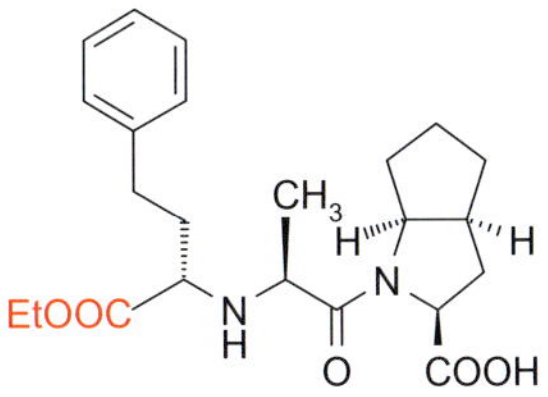

25.22 Ramipril

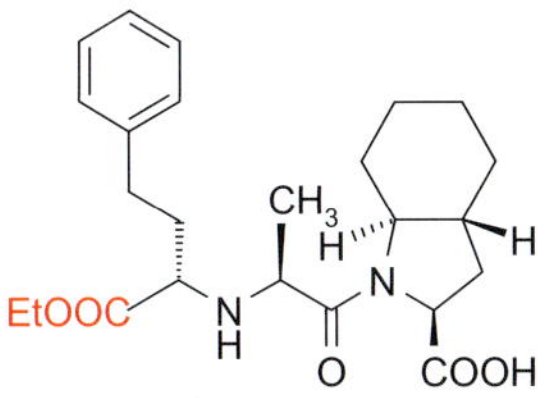

25.23 Trandolapril

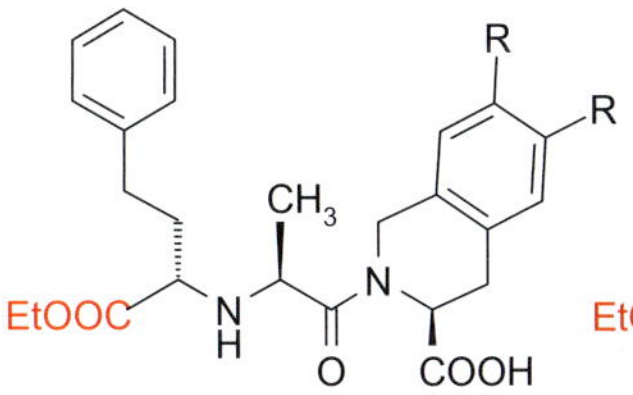

25.24 R = H Quinapril
25.25 R = OCH_3 Moexipril

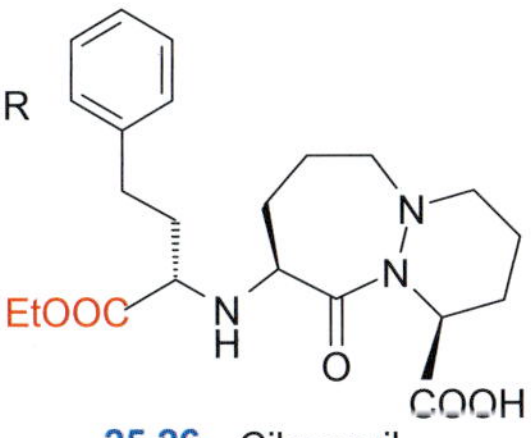

25.26 Cilazapril

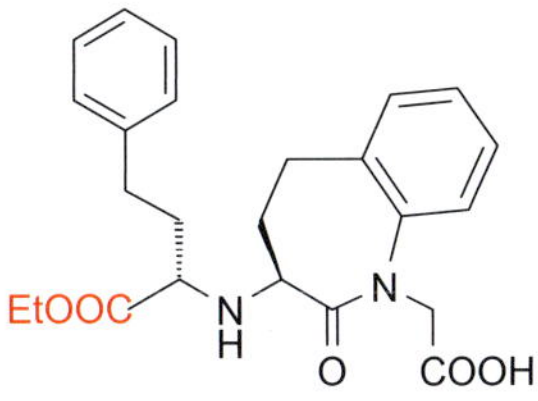

25.27 Benazepril

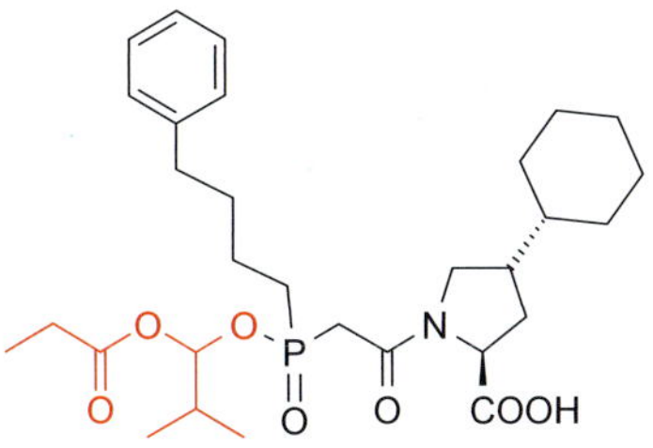

25.28 Fosinopril

Abb. 25.11 Beispiele für in der Therapie eingesetzte ACE-Hemmer.

Strukturbestimmung zusammen mit Lisinopril **25.19** (Abb. 25.12). Der Inhibitor bindet mit seiner zentralen Säuregruppe an das Zinkion. Sein Phenethylrest legt sich in die S_1-Tasche. Der lysinähnliche Rest steht in S_1' und findet mit Glu 162 einen Wechselwirkungspartner. Der Prolinteil bindet mit seiner Säuregruppe in S_2' an Lys 511 und Tyr 520.

Nun war es spannend, anhand der t-ACE Struktur die Unterschiede der *N*- und *C*-Domäne der somatischen ACE zu modellieren. Lisinopril wird von beiden Domänen mit sehr ähnlicher Affinität gebunden (Tab. 25.5). Die von Lisinopril nicht besetzte S_2-Tasche weist in der *N*-Domäne Asn 494 und Thr 496 auf. In der *C*-Domäne sitzen dort ein Serin und Valin. Außerdem befindet sich in der *N*-Domäne nahe dieser Tasche ein Asparagin, das über eine Glycosylierung den Zugang zu der S_2-Tasche einschränkt. Somit darf es nicht verwundern, dass Keto-ACE **25.29** wegen seiner sperrigen Benzamidogruppe deutlich besser mit der *C*-Domäne interagiert. Mit RXP 407 **25.30** und RXP A380 **25.31** sind zwei Verbindungen bekannt, die mit einem über 1000fachen **Selektivitätsunterschied** an die **beiden Domänen** binden (Tabelle 25.5). Sie leiten sich von Phosphinsäuren ab. Da hier die zinkbindende Gruppe in der Mitte des Moleküls liegt, können diese Inhibitoren gut alle Taschen von S_2 bis S_2' besetzen. RXP A380 verfügt über einen deutlich größeren Rest für die S_2-Tasche. An P_2'-Position besitzt dieses Molekül einen Indolbaustein, der bessere hydrophobe Wechselwirkungen in S_2' eingehen kann. Dort besitzt die *C*-Domäne einen Vorteil gegenüber der *N*-Domäne: Auf Position 379 zeigt sie ein hydrophobes Valin statt eines Serins.

Welchen Vorteil könnte eine domänenspezifische Hemmung des ACEs bringen? Das Enzym wandelt nicht nur Angiotensin I in II um. Es baut ebenfalls das blutdrucksenkende Bradykinin ab. Für weitere Signalpeptide wird seine Beteiligung an deren Spaltung angenommen. ACE-Hemmer werden in aller Regel von Patienten gut vertragen. Es sind aber einige Nebenwirkungen beschrieben. So tritt bei vielen Patienten ein unangenehmer trockener Husten auf und in einzelnen Fällen ist es zu lebensbedrohlichen Angioödemen (akuten Schwellungen im Schleimhautbereich) gekommen. Es wird vermutet, dass dies mit dem blockierten Abbau der beschriebenen Peptide in Zusammenhang steht, vor allem des Bradykinins. Unter *in vivo*-Bedingungen erscheint die katalytische Aktivität der *C*-Domäne für die Blutdruckregelung verantwortlich zu sein und Angiotensin I wird dort gespalten. Bradykinin dagegen wird von beiden Domänen gleich gut abgebaut. Bei Verwendung selektiver Inhibitoren für die *C*-Domäne könnte es möglich werden, den Blutdruck zu senken, aber einen Restabbau von Bradykinin weiterhin zu gewährleisten. Die exzessive Anreicherung dieses Peptids könnte somit vermieden werden. Die Strukturbestimmung des ACEs eröffnet daher eine neue Perspektive zur Entwicklung selektiver Hemmstoffe, die nach einem therapeutisch bewährten Prinzip eine effiziente Blutdrucksenkung erlauben. Sie werden hoffentlich weniger Nebenwirkungen aufweisen.

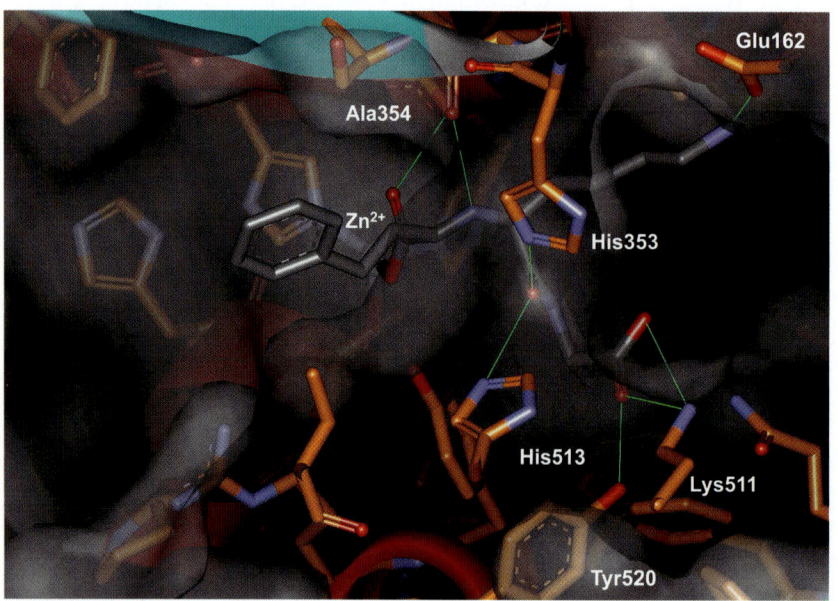

Abb. 25.12 Kristallstruktur von Lisinopril **25.19** (Abb. 25.11) mit t-ACE. Der Inhibitor koordiniert mit seiner zentralen Carboxylatgruppe an das Zinkion. Die NH-Gruppe am Lysinrest von Lisinopril bildet in der S_1'-Tasche eine H-Brücke zur C=O-Gruppe von Ala 354, wogegen die Carbonylgruppe mit His 353 und His 513 Wasserstoffbrücken eingeht. Die terminale Ammoniumgruppe des Lysin-Rests formt eine H-Brücke zu Glu 162. Die Säuregruppe am Prolin-Rest wird in H-Brückenkontakte zu Lys 511 und Tyr 520 eingebunden. Die Phenethylseitenkette platziert sich in die S_1-Tasche.

25.6 Inhibitoren von Matrix-Metalloproteasen: Ein Ansatz zur Behandlung von Krebs und rheumatischer Arthritis?

Die Familie der Matrixmetalloproteasen (MMPs) gehört zu den neutralen Zinkendopeptidasen. Sie übernehmen wichtige Aufgaben beim Aufbau, Abbau und bei der Wiederherstellung von **Bindegewebe**, z. B. nach Verletzungen oder in der Angiogenese (Wachstum von Blutgefäßen). Im gesunden Zustand werden diese Proteasen über eng regulierte Mechanismen im Gleichgewicht gehalten. So werden aktive Proteasen aus inaktiven Vorläuferformen erst bei Bedarf freigesetzt oder unser Organismus verfügt über körpereigene Inhibitoren, die zwischen **Matrixsynthese** und **Matrixabbau** ausgleichend vermitteln. Im Krankheitsfall gerät dieses komplexe Gleichgewicht aus der Balance, und verschiedene MMPs werden im Überschuss produziert. Es kommt zu pathologischen Situationen, die mit einem Ab- und Umbau des extrazellulären Gewebes einhergehen.

Die **rheumatische Arthritis** geht auf einen solchen chronischen Zerstörungsprozess zurück, der zu einem Verlust an Knochen- und Knorpelgewebe führt. Knorpelgewebe besteht aus einer Matrix von Glycoproteinen, die durch ein Netzwerk aus Collagen verstärkt ist. Die MMPs spalten solche Gerüstproteine. Bei der rheumatischen Arthritis geht die Balance zwischen Matrixsynthese und Matrixabbau offensichtlich verloren. Eine exzessive Aktivität der Matrixmetalloproteasen führt zu einem Überwiegen des Abbaus des Knorpelgewebes. Eine Inhibierung dieser Proteasen könnte also ein neuer Zugang zur Behandlung der rheumatischen Arthritis sein. Der Abbau der extrazellulären Matrix ist aber auch kritisch für das **Wachstum maligner Tumore**, den Befall von Zellen, die Metastasierung und die Angiogenese. Daher kann die Hemmung der MMPs einen Schritt zu einer Krebstherapie bedeuten.

Man kennt inzwischen fast 30 MMPs, zu denen z. B. die Collagenasen (MMP-1, -8, -13), Gelatinasen (MMP-2, -9), Stromelysine (MMP-3, -10, -11), Matrilysin (MMP-7), Makrophagen-Metalloelastasen (MMP-12, -19) und Enamelysin (MMP-20) gehören. Die Collagenasen, Gelatinasen und Stromelysine erkennen **Collagen** als Substrat. Collagen besteht aus drei miteinander verdrillten, linkshändigen α-helicalen Ketten. Jede Einzelkette ist etwas mehr als tausend Aminosäuren lang und enthält die sich wiederholende Sequenz $-(Gly-X-Y)_n-$, wobei die Position X meistens durch die Aminosäuren Prolin oder Alanin und die Position Y meistens durch Hydroxyprolin oder Alanin besetzt sind. Die **Collagenasen** spalten Collagen in seiner nativen, dreifach helicalen Struktur, **Gelatinasen** spalten Collagen in der denaturierten Form und von den **Stromelysinen** nimmt man an, dass sie Proteoglycane spalten.

Eine Reihe verschiedener Collagene werden durch Collagenasen zwischen Glycin und Leucin bzw. Isoleucin gespalten. Beim Vergleich der Substrate aus den Spezies Mensch, Rind, Maus und Huhn zeigte sich, dass je drei Aminosäuren rechts und links neben der Spaltstelle konserviert sind. Als Minimalsubstrat wur-

Tabelle 25.5 Domänenspezifische Hemmung des Angiotensin-Konversionsenzyms durch unterschiedliche Inhibitoren

25.29 Keto-ACE

25.30 RXP407

25.31 RXPA380

Verbindung	Hemmung N-Domäne (nM)	Hemmung C-Domäne (nM)
RXP A380 **25.31**	10 000,0	3,0
Captopril **25.13**[1)]	8,9	14,0
Enalapril **25.18**[2)]	26,0	6,3
RXP407 **25.30**	2,0	2500,0
Lisinopril **25.19**[2)]	44,0	2,4
Keto-ACE **25.29**	15 000,0	40,0

1) Abb. 25.9, 2) Abb. 25.11

de daher ein *N*- und *C*-terminal geschütztes Hexapeptid Ac–Pro–Leu/Gln–Gly–Leu/Ile–Leu/Ala–Gly–OEt, z. B. **25.32** (Abb. 25.13), erkannt.

Damit war ein Startpunkt für den Entwurf von Collagenase-Inhibitoren gelegt. Im Minimalsubstrat **25.32** wird die zu spaltende Peptidbindung durch ein nicht spaltbares Isoster ersetzt. Der Ersatz der Amidbindung zwischen Gly und Leu durch eine Ketomethylengruppe –COCH$_2$–, durch eine Hydroxyethylengruppe –CH(OH)CH$_2$– oder durch ein Hydroxylaminderivat führte aber in jedem Fall zu inaktiven Verbindungen. Diese Gruppen sind offensichtlich nicht in der Lage, mit dem Zinkion günstige Wechselwirkungen auszubilden. Die Verwendung einer Phosphinatgruppe ergab schließlich einen stark wirksamen **Collagenase-Hemmer 25.33**. Allerdings führt in diesem Hexapeptid bereits das Weglassen des *N*-terminalen Prolins zu einem weitgehenden Verlust der Hemmwirkung. Die Suche nach Collagenase-Hemmern auf der Basis des *N*-terminalen Tripeptidfragments führte zu nur mäßig aktiven Verbindungen, z. B. **25.34**. Wesentlich erfolgreicher war die Synthese potenzieller Inhibitoren, die als *C*-terminale Tripeptidsequenz Leu–Leu–Gly–OAlkyl enthalten. Die

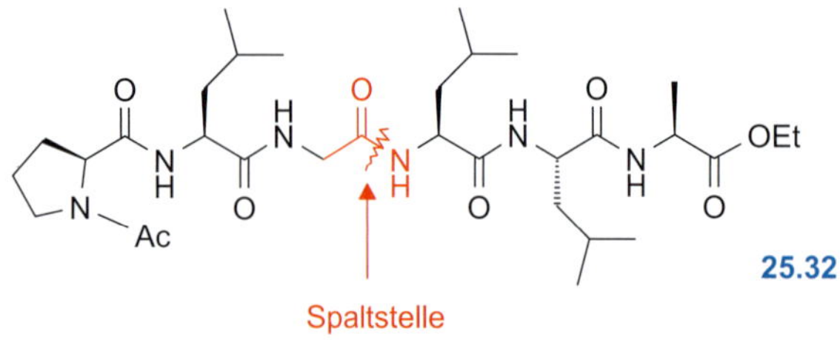

Abb. 25.13 Substratanaloge Collagenase-Inhibitoren. **25.32** deckt die Substratsequenz von P$_3$ bis P$_3$' ab. Ersatz der Amidbindung durch eine –PO$_2$-Gruppe **25.33** führt zu einem potenten Inhibitor. **25.34** enthält nur die drei Aminosäuren vor der Spaltstelle sowie eine *C*-terminale Hydroxamsäure als zinkbindende Gruppe. **25.35** und **25.36** enthalten in ihrer Struktur die drei bzw. zwei Aminosäure-Seitenketten hinter der Spaltstelle, diesmal versehen mit einer *N*-terminalen Hydroxamsäuregruppe. Die beiden Inhibitoren Marimastat **25.37** und Batimastat **25.38** befanden sich über mehrere Jahre als Wirkstoffe für die Tumorbekämpfung in der klinischen Prüfung.

25.32 Minimalsubstrat

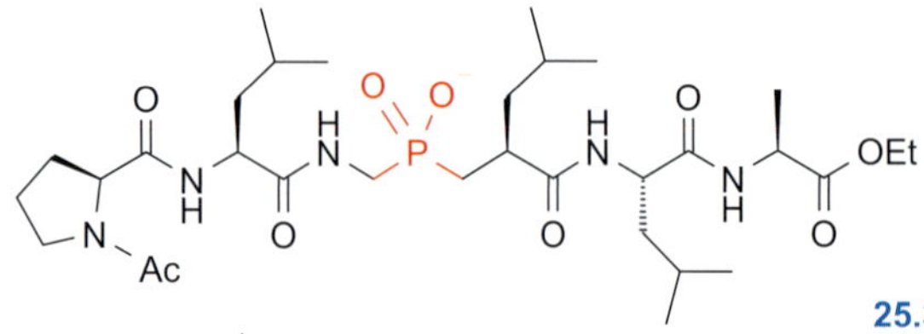

25.33 IC$_{50}$ = 70 nM

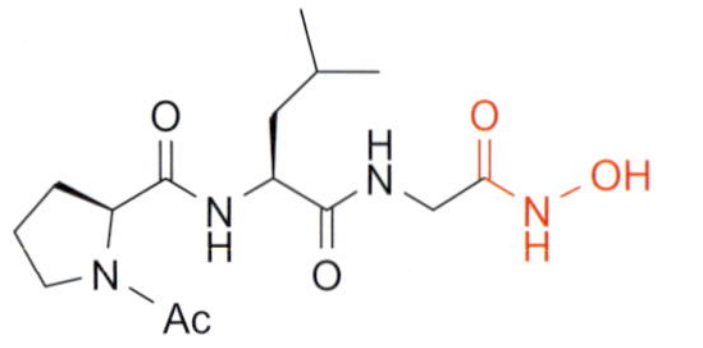

25.34 IC$_{50}$ = 10 μM

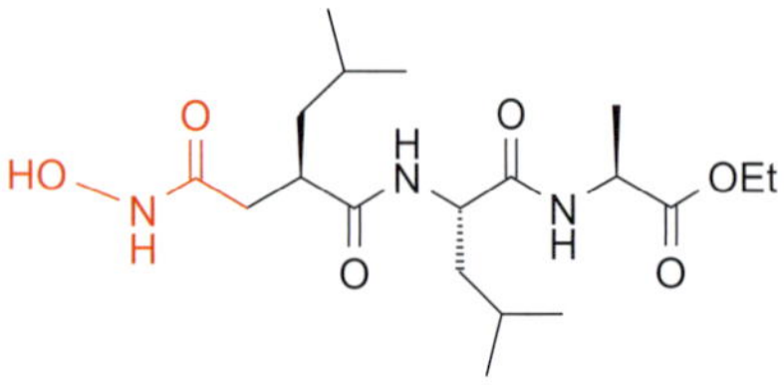

25.35 Ro 31-4724 IC$_{50}$ = 9 nM

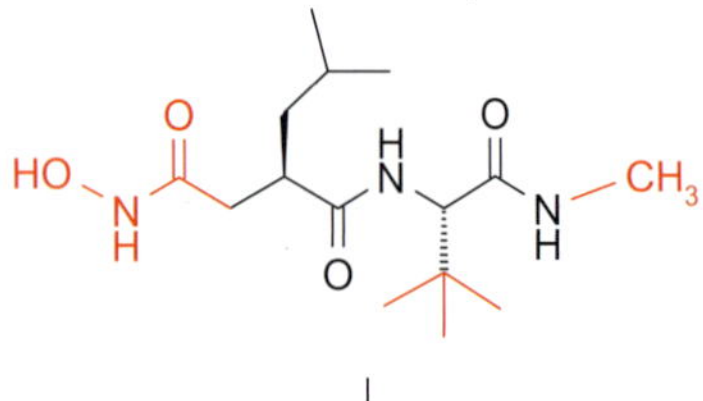

25.36 Ro 31-9790 IC$_{50}$ = 5 nM

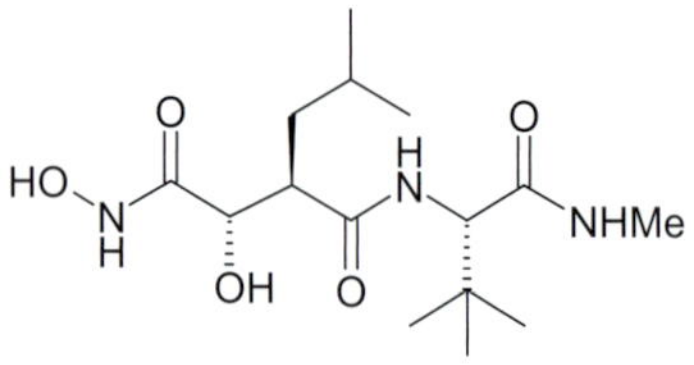

25.37 Marimastat

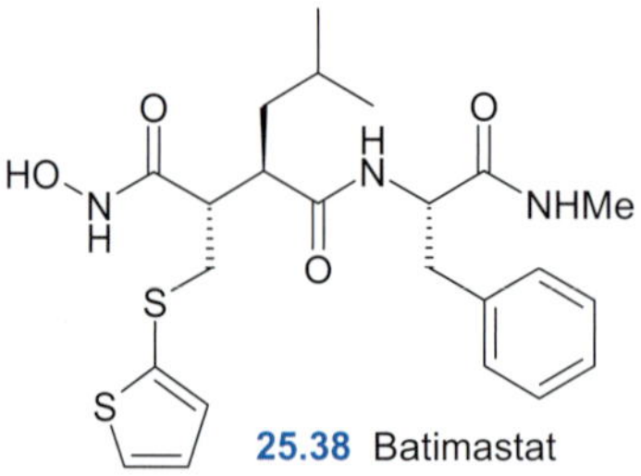

25.38 Batimastat

Kopplung dieses Strukturelements mit der affinen Kopfgruppe Hydroxamsäure zur Bindung ans Zinkion ergab Collagenase-Hemmer mit nanomolarer Affinität, z. B. Ro 31-4724, **25.35**, und Ro 31-9790 **25.36**. Die Röntgenstruktur von **25.35** wurde im Komplex mit humaner Fibroblastencollagenase aufgeklärt. Wie erwartet, bindet die Verbindung als zweizähniger Ligand an das Zinkion. Die Leucinseitenkette in der P_1'-Position füllt die S_1'-Tasche aus, die Alanin-Methylgruppe bindet in der S_3'-Tasche. Die Leucinseitenkette in Position P_2', die formal die S_2'-Tasche besetzen sollte, zeigt vom Enzym weg. Der Bindungsmodus ist in Abb. 25.14 dargestellt.

Interessanterweise führt der Austausch der Isopropylseitenkette an Position P_2' gegen eine tertiäre Butylgruppe bei **25.36** zu einer Affinitätssteigerung, obwohl die Gruppe nicht in direktem Kontakt mit dem Enzym steht. Dieser Befund wird auf eine Konformationsstabilisierung zurückgeführt. Die voluminöse tertiäre Butylgruppe schränkt die Beweglichkeit des Inhibitors ein, wobei die am Enzym eingenommene Konformation nach wie vor energetisch günstig ist. Verbindung **25.36** zeigt im Tiermodell eine gewisse Aktivität nach oraler Gabe und wurde zur klinischen Prüfung als Wirkstoff gegen Arthritis ausgewählt. Die strukturell ähnlichen Inhibitoren Marimastat **25.37** und Batimastat **25.38** von der British Biotech wurden über mehrere Jahre als Breitbandinhibitoren verschiedener MMPs zur Tumorbekämpfung entwickelt.

Inzwischen sind auf dem Gebiet der Matrixmetalloproteasen sehr viele Leitstrukturen entdeckt und zu potenten Inhibitoren weiterentwickelt worden. In Abb. 25.15 sind einige dieser Substanzen (**25.39**– **25.48**) aufgeführt, die sich fast ausschließlich von Hydroxamsäuren ableiten und an denen man kaum noch einen peptidischen Charakter ablesen kann. Nur hat bis heute keine dieser Verbindungen erfolgreich den Weg durch die klinische Prüfung bis hin zur Marktreife durchlaufen. Die Ergebnisse der klinischen Prüfungen waren eher ernüchternd. Das Entwicklungsprodukt Tanomastat **25.47** von Bayer zur Prävention von Angiogenese, Tumorwachstum und Metastasierung verhielt sich schlechter als eine Placebo-Probe. Nicht viel besser erging es CGS 27023A **25.48** von Novartis.

Woran liegt die bisherige Erfolglosigkeit einer Wirkstoffentwicklung? Einer der Gründe könnte in einer **mangelnden Selektivität** der entwickelten Verbindungen liegen. Zu der Zeit, in der diese Substanzen entwickelt wurden, kannte man nur wenige der relevanten MMPs. Die MMPs sind untereinander sehr ähnlich. Überlappende Substratprofile können beobachtet werden. Teilweise kann ein anderes Mitglied der Familie die Aufgabe einer durch Inhibition ausgeschalteten Protease übernehmen. Vergleicht man die Proteasen untereinander, fällt auf, dass praktisch nur die S_1'-Tasche tief vergraben vorliegt. Alle anderen Taschen S_3, S_2, S_1, S_2', S_3' sind relativ flach und gut von außen zugänglich. Weiterhin hat sich gezeigt, dass gerade in der S_1'-Tasche die Proteine eine hohe **Adaptionsfähigkeit** an gebundene Substrate und Inhibitoren zeigen. Dies kann zwar eine Chance zur Entwicklung selektiver Inhibitoren sein, doch wird in aller Regel die Entwicklung von Arzneistoffen für solche Taschen nicht einfacher. Für die Collagenase MMP-1 konnte gezeigt werden, dass bedingt durch eine Konformationsänderung von Arg 214 eine wesentlich größere S_1'-Tasche geöffnet wird (Abb. 25.16). In der zu-

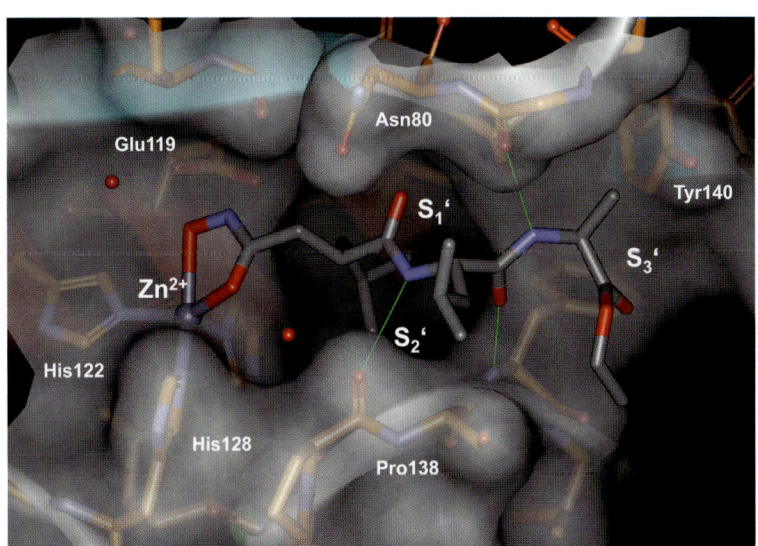

Abb. 25.14 Kristallstruktur mit dem Bindungsmodus von Ro 31-4724 (**25.35**, IC_{50} = 9 nM) an Collagenase. Die Hydroxamsäure bindet chelatartig an das Zinkion. Beide Amidgruppen bilden Wasserstoffbrücken zum Enzym aus. Die Leucin-Seitenkette des Inhibitors in der P_1'-Position füllt die ins Proteininnere ausgerichtete S_1'-Tasche aus. Die Alanin-Methylgruppe bindet in der S_3'-Tasche, wogegen die Leucinseitenkette in Position P_2' ins Lösungsmittel ragt, da die S_2'-Tasche praktisch nicht ausgebildet ist.

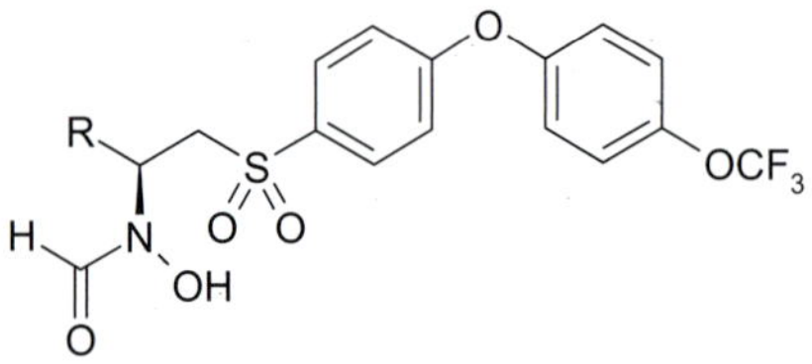

25.39 R = Ph, 2-Pyridyl, N-Morpholino-ethyl

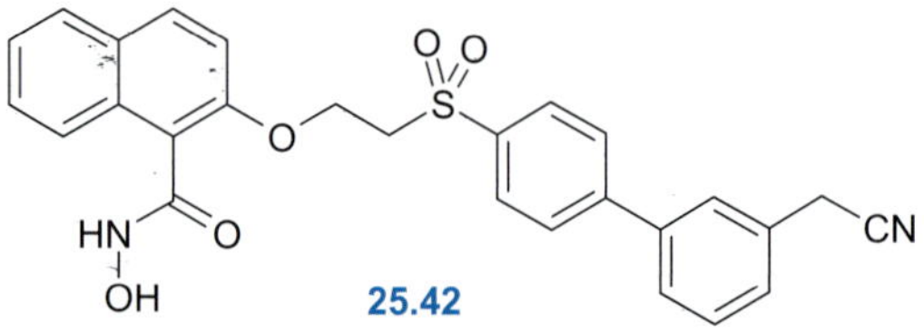

25.42

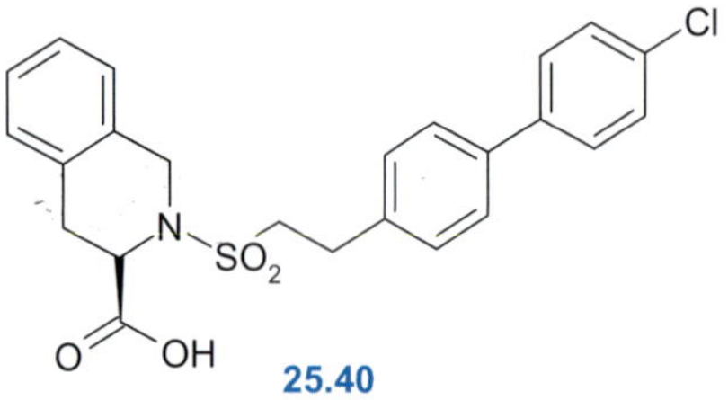

25.40

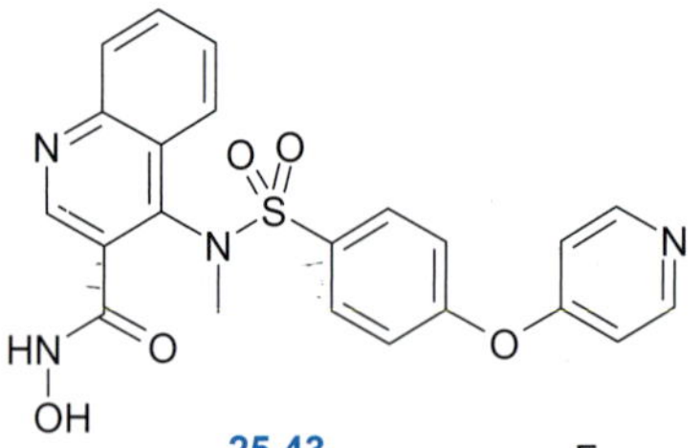

25.43

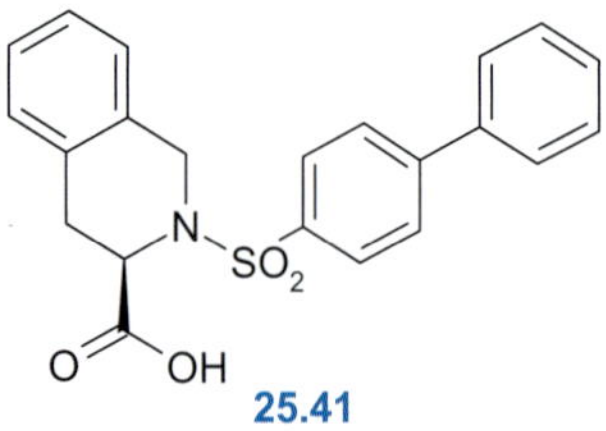

25.41

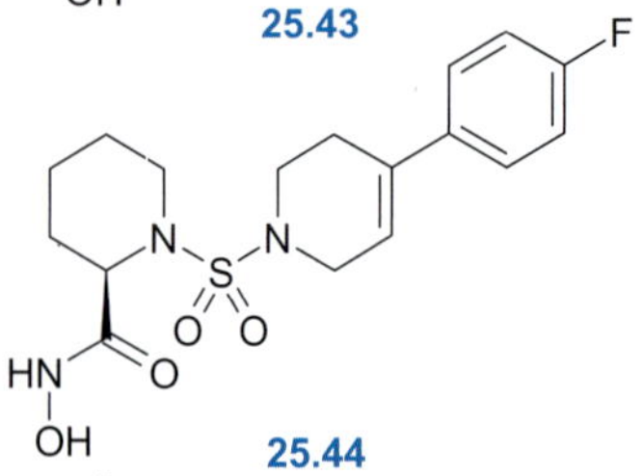

25.44

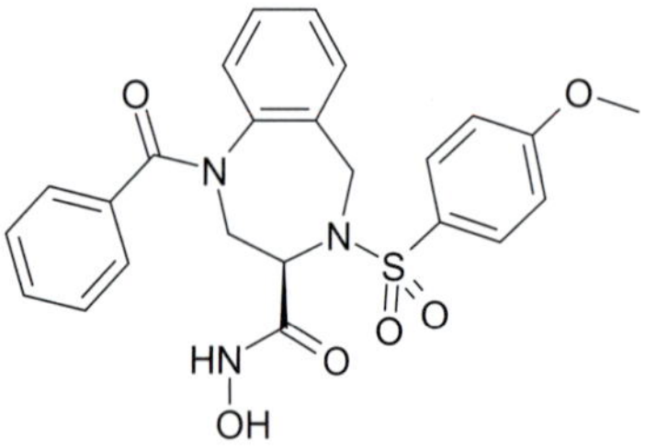

25.45

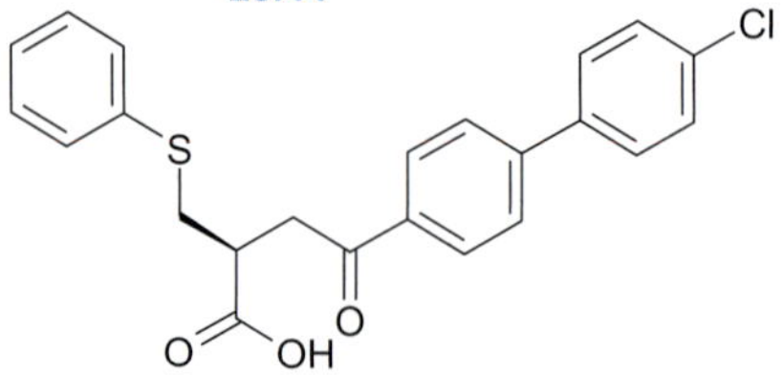

25.47 Tanomastat BAY 12-9566

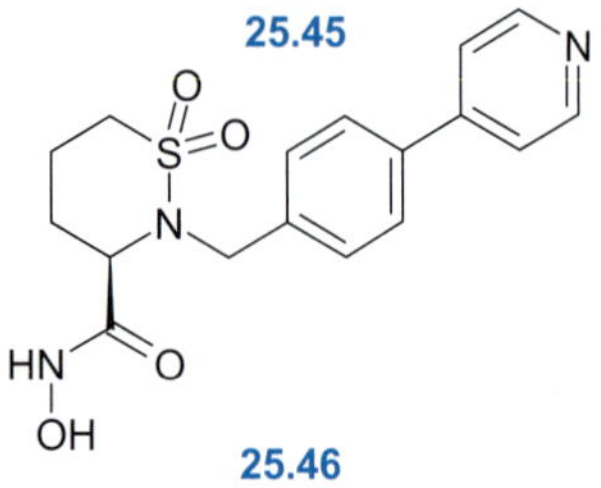

25.46

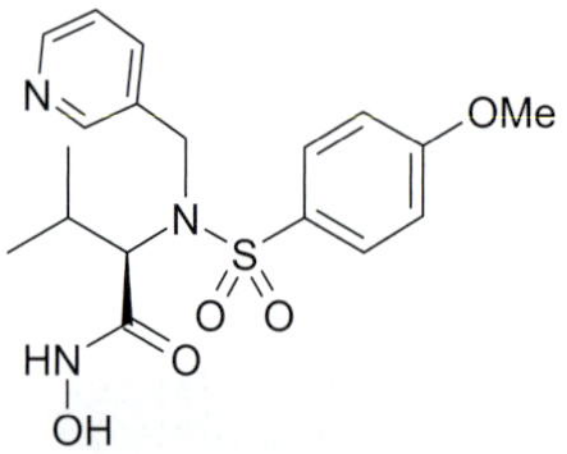

25.48 CGS 27023A

Abb. 25.15 Entwicklungskandidaten **25.39–25.48** verschiedener Firmen als potente Inhibitoren der MMP-Isoenzyme. Als Ankergruppen für das Zinkion kamen Hydroxamate, inverse Hydroxamate und Carboxylate zum Einsatz. Tanomastat **25.47** von Bayer und CGS 27023A **25.48** von Novartis wurden über mehrere Jahre klinisch entwickelt.

nächst bekannten Konformation reicht der verfügbare Platz für die Aufnahme einer *sec*-Butylgruppe wie in 25.49. Nach der Umlagerung des Arginins können aber wesentlich längere Biaryletherreste (vgl. 25.50) in der S_1'-Tasche aufgenommen werden!

Eine weitere Komplikation wird dadurch bedingt, dass es eine andere Familie von Zinkproteasen gibt, die **ADAM-Familie** (von engl. ***a** **d**isintegrin **a**nd **m**etalloprotease*, auch Adamalysine genannt), die zwar geringe Sequenzhomologie mit den MMPs aufweisen, die aber katalytische Zentren hoher Ähnlichkeit mit den MMPs besitzen. Diese Familie wurde erst entdeckt, nachdem bereits die ersten MMP-Hemmstoffe in der klinischen Prüfung waren. Zu dieser Familie gehört auch das TNF-α konvertierende Enzym (TACE). Das Ausschalten dieses Enzyms nimmt Einfluss auf die Funktion des TNF-α, das als proinflammatorisches Cytokin eine Schlüsselaufgabe in der Immunantwort übernimmt. Das Enzym selbst wird als Zielstruktur für eine Arzneistofftherapie gegen Autoimmunkrankheiten untersucht. Nur Kreuzreaktivitäten mit MMP-Inhibitoren sind unerwünscht. Leider hat sich auch gezeigt, dass MMP-Inhibitoren wirkungslos gegen fortgeschrittene und späte Tumore sind. Zu Beginn der MMP-Forschung war allerdings mit Modellen aus einer frühen Phase der Tumorentstehung gearbeitet worden.

Es bleibt abzuwarten, ob für die Familie der MMPs das Selektivitätsproblem gelöst werden kann und auf diesem Wege interessante klinische Kandidaten zu entwickeln sind, die ihren Weg in die Therapie finden.

25.7 Carboanhydrasen: Katalysatoren einer simplen, aber essenziellen Reaktion

Eine andere Gruppe von zinkabhängigen Enzymen, die einen ganz ähnlichen Katalysemechanismus wie die Zinkproteasen verfolgen, sind die Carboanhydrasen (CAs). Sie katalysieren eine sehr wichtige Reaktion in unserem Körper, die **Fixierung von Kohlendioxid als Bicarbonat** bzw. die Rückreaktion zur Freisetzung des CO_2. Insgesamt kennt man vier verschiedene Familien dieser Enzyme, die α-, β-, γ- und δ-CAs. In Säugern treten 16 Isoformen der α-CAs auf. Sie liegen teilweise in Cytosol vor, teilweise sind sie in der Membran verankert. Beteiligt sind sie an vielen physiologisch wichtigen Prozessen wie der Atmung, dem Transport von CO_2/HCO_3^- zwischen dem metabolisierenden Gewebe und der Lunge, der pH-Einstellung, der Elektrolytsekretion, an biochemischen Reaktionen, die C1-Bausteine benötigen, der Knochenresorption und Calcifizierung oder dem Tumorwachstum.

In den **α-Carboanhydrasen** befindet sich das Zinkion am Boden eines trichterförmigen katalytischen Zentrums. Es wird durch drei Histidinreste in Position gehalten. Auf der vierten Koordinationsstelle befindet sich ein Wassermolekül. Es wird durch die Koordination an das Zn^{2+} stark polarisiert und liegt höchstwahrscheinlich als OH^--Ion vor. Weiterhin fin-

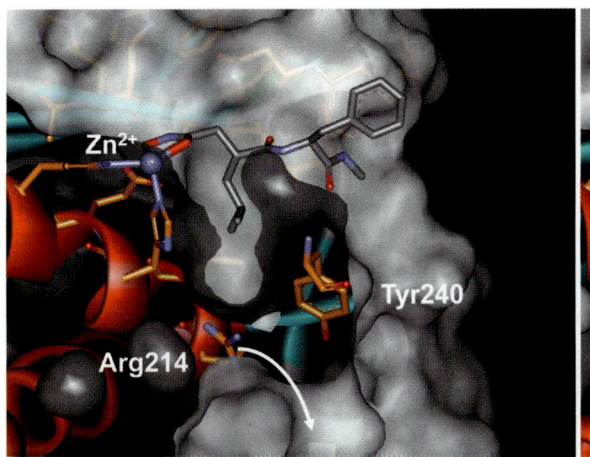
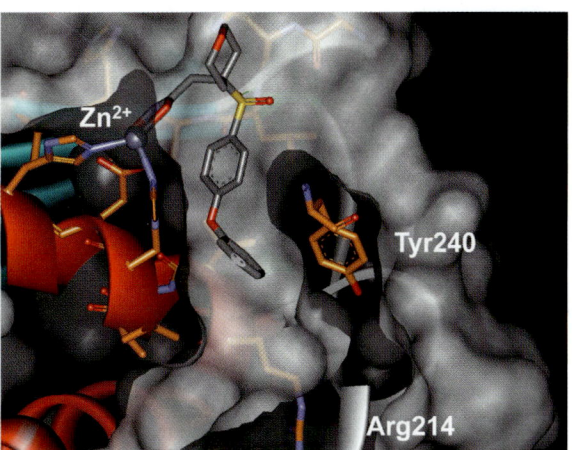

25.49

25.50

Abb. 25.16 Kristallstruktur der Collagenase MMP1 mit zwei verschiedenen Inhibitoren **25.49** und **25.50**. Durch konformative Umlagerung von Arg 241 kann die S₁'-Tasche Liganden mit wesentlich voluminöseren Resten aufnehmen. Diese Adaptationsfähigkeit der Spezifitätstaschen in MMPs macht die Entwicklung selektiver Inhibitoren extrem schwierig.

det es in dem Sauerstoff der OH-Gruppe von Thr 199 einen Wasserstoffbrückenakzeptor (Abb. 25.17). Das Proton der OH-Gruppe von Thr 199 formt eine H-Brücke zur Carboxylatgruppe von Glu 106. Das so stark in seiner Nucleophilie erhöhte Wasser bzw. OH^--Ion vollführt einen Angriff auf ein CO_2-Molekül, das bei der Reaktion in eine hydrophobe Nische nahe Val 121, Val 143 und Leu 198 am unteren Ende der Bindetasche eingelagert wird. Einer der Sauerstoffe des CO_2 findet in der NH-Funktion von Thr 199 einen Wasserstoffbrückenpartner. Das entstandene Bicarbonation wird vom zwischenzeitlich pentakoordinierten Zinkion verdrängt und ein neues Wassermolekül nimmt dessen Position am Zink ein. Ein neuer Katalysecyclus kann beginnen. CA II ist eines der schnellsten bekannten Enzyme. Geschwindigkeitsbestimmend ist das Heranschaffen bzw. Entfernen von Protonen im Reaktionscyclus. Dazu besitzen die Carboanhydrasen eine Staffel aus mehreren Histidinresten, die vom katalytischen Zentrum aus die Protonen zum Rand der trichterförmigen Bindetasche vermitteln. Gleichzeitig bedingt diese Anordnung ein amphiphiles Aussehen des Trichters: Eine Seite ist hydrophob, die andere hydrophil. Der sehr enge Bereich um das katalytische Zinkion lässt praktisch nur für ein CO_2 und HCO_3^- ausreichend Platz. Denkbare Inhibitoren müssen zum einen äquivalente Wechselwirkungen wie das Bicarbonation bilden können, zum anderen besetzen sie den sich nach oben öffnenden Trichter. Neben einfachen Ionen wie Cyanid, Rhodanid oder Isocyanat sind es vor allem **Sulfonamide**, **Sulfamate** und **Sulfamide**, die geeignete Kopfgruppen zur Koordination ins katalytische Zentrum bereitstellen. Die Aminogruppe in diesen Sulfoderivaten ist acide genug, um leicht ein Proton abzugeben und geladen, analog einem OH^--Ion, an das Zinkion zu koordinieren. Das verbleibende Proton tritt mit der Threonin OH-Gruppe in Wechselwirkung. Ein Sauerstoffatom der SO_2-Funktion sättigt die NH-Funktion dieser Aminosäure ab. Die zweite S=O-Gruppe erweitert die Koordination am Zink auf fünf Valenzen. An der vierten Bindung des zentralen Schwefelatoms befindet sich in den meisten bekannten Inhibitoren ein aromatischer Kohlenstoff, der Teil eines heterocyclischen Ringsystems ist. In anderen Beispielen ist zwischen diesem Heterocyclus noch ein Sauerstoff- oder Stickstoffatom als Brücke eingeschoben.

Im Falle der Carboanhydrasen ist eine Koordination der Liganden an das Zinkion im katalytischen Zentrum essenziell für eine gute Bindung. So erreichen kleine Liganden wie Phenylsulfonamid **25.51** oder sein Isosteres Thiophen-2-sulfonamid **25.52** bereits eine submikromolare Hemmung der Carboanhydrase II (Abb. 25.18). Der Ersatz dieser Aromaten durch andere Heterocyclen führte vor mehr als 50 Jahren zu den ersten Handelsprodukten, die als Sulfonamide unter den Namen **Acetazolamid 25.53** und **Methazolamid 24.54** in die Therapie eingeführt wurden.

Im Zulassungsjahr 1954 stellte Acetazolamid das erste nicht quecksilberhaltige Diuretikum dar (Abschnitt 30.9). Es wurde auch als systemisch wirkendes **Glaukomtherapeutikum** eingesetzt. Das Glaukom („Grüner Star") ist eine Augenkrankheit, die zu Sehstörungen und in schweren Fällen zur Erblindung

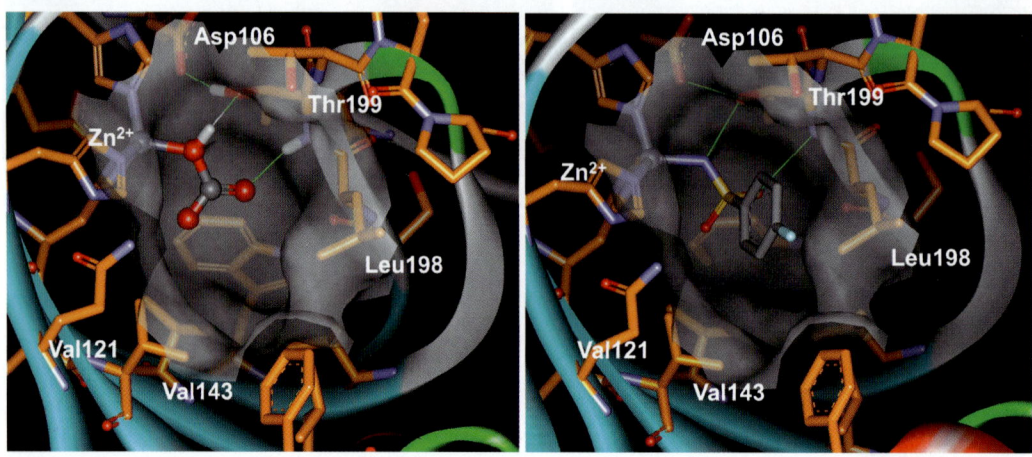

Abb. 25.17 Das katalytische Zentrum in α-Carboanhydrasen befindet sich am Ende einer trichterförmigen Bindetasche. Dort greift ein an das Zn^{2+}-Ion koordiniertes OH^--Ion ein CO_2-Molekül nucleophil an. Es bildet sich ein Bicarbonation, das durch Thr 199 in Position gehalten wird (links). In die sehr enge Bindetasche passt an Stelle eines Carbonations ein am Stickstoff deprotoniertes Sulfonamid (rechts). Durch die Vierbindigkeit des Schwefels kann dieses Zentrum noch mit einem weiteren Substituenten versehen werden, wie im vorliegenden Fall mit einer *p*-Fluorphenylgruppe.

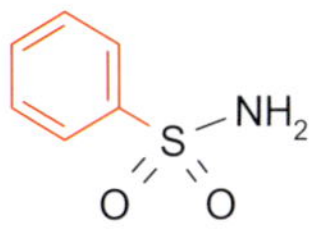

25. Inhibitoren von hydrolytisch spaltenden Metalloenzymen

25.51 K_i = 300 nM

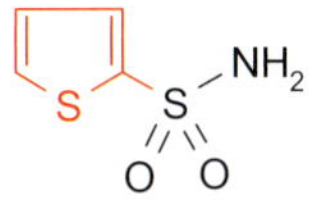

25.52

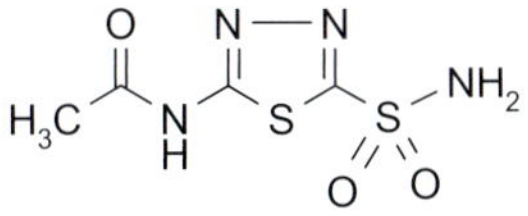

25.53 Acetazolamid

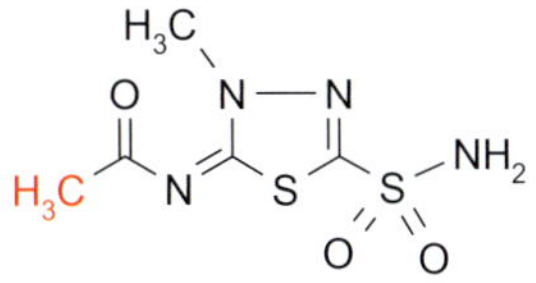

25.54 Methazolamid

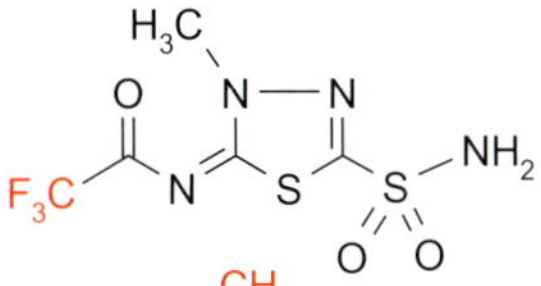

25.55

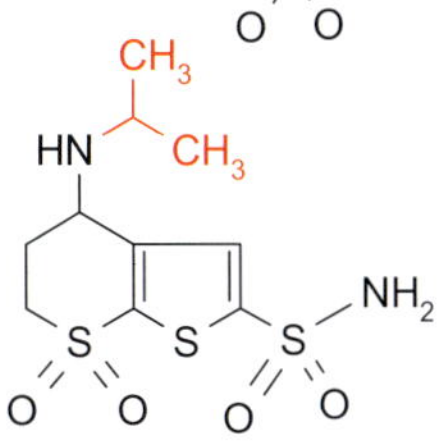

25.56 MK 927 K_i = 0,7 nM

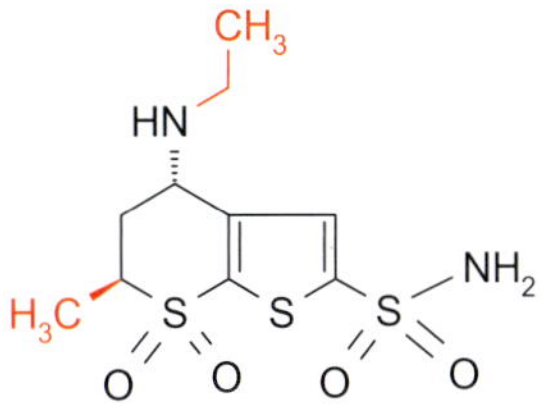

25.57 Dorzolamid K_i = 0,37 nM

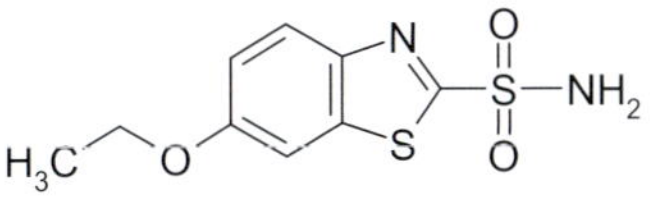

25.58 Ethoxzolamid

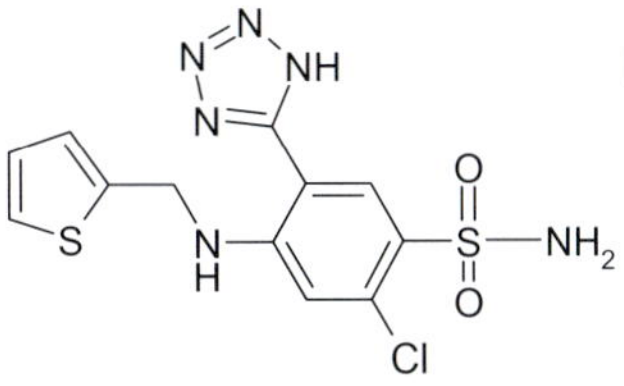

25.59 Azosemid

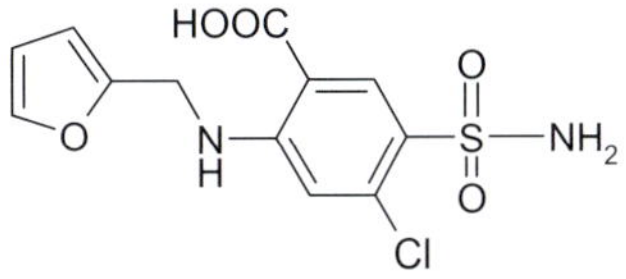

25.60 Furosemid

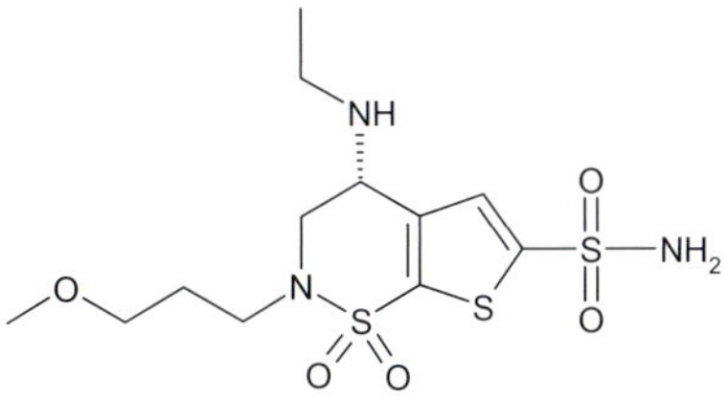

25.61 Brinzolamid

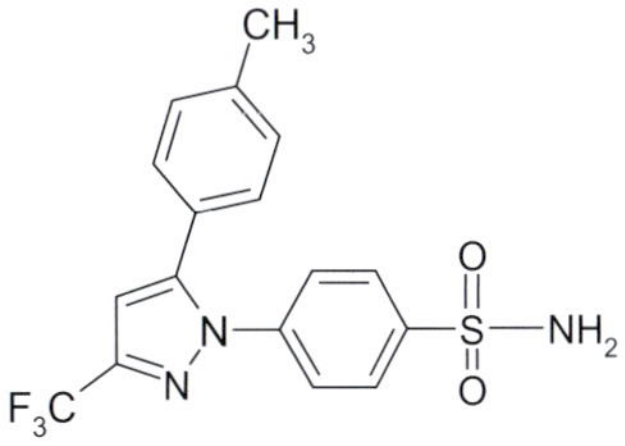

25.62 Celecoxib

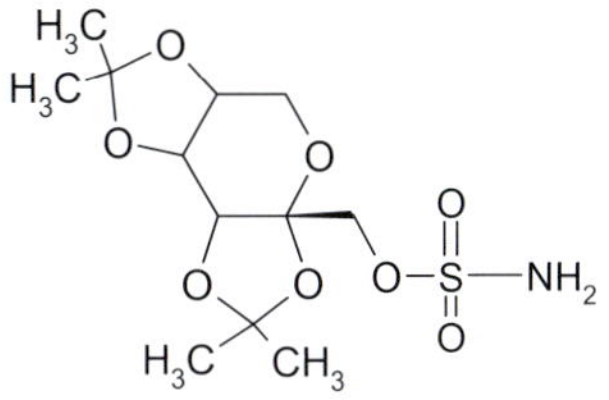

25.63 Topiramat

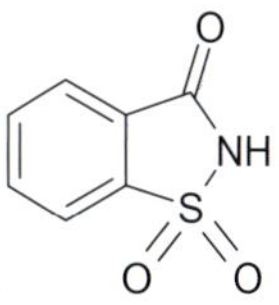

25.64 Saccharin

Abb. 25.18 Die kleinen aromatischen Sulfonamide **25.51** und **25.52** binden bereits submikromolar an Carboanhydrase II. Durch Austausch gegen einen anderen Heterocyclus entstanden Acetazolamid **25.53** und Methazolamid **25.54**. Beide Wirkstoffe wurden lange als systemische Carbonahydrase-Hemmer zur Diurese und Behandlung des Glaukoms verwendet. **25.55** war der erste topisch wirksame, d. h. zur Verwendung in Augentropfen geeignete CA-Inhibitor. Der strukturbasierte Entwurf neuer Hemmstoffe führte über **25.56** zum Marktprodukt Dorzolamid **25.57**. Die Verbindungen **25.58**–**25.61** sind weitere Arzneistoffe, die Carboanhydrasen hemmen und gegen den Grünen Star bzw. als Diuretika eingesetzt werden. Auch Celecoxib **25.62**, Topiramat **25.63** und der Süßstoff Saccharin **25.64** hemmen Carboanhydrasen und erklären beobachtete Nebenwirkungen.

führt. Sie wird bedingt durch einen behinderten Abfluss des Augenkammerwassers. Dadurch entsteht ein Überdruck im Auge, der auf Dauer den Sehnerv zerstört. Inhibitoren der Carboanhydrase II reduzieren die Bildung des Kammerwassers und können so den Augeninnendruck herabsetzen. Acetazolamid **25.53** und Methazolamid **25.54** wurden über viele Jahre zur Behandlung des Glaukoms verwendet. Sie müssen systemisch verabreicht werden. Eine direkte Anwendung in Form von Augentropfen gelingt nicht, da sie von außen nicht ins Auge einzudringen vermögen. Die systemische Anwendung und die zudem nur geringe Selektivität gegenüber den verschiedenen Isoformen der Carboanhydrase bedingt, dass diese Enzyme auch außerhalb des Auges gehemmt werden. Unerwünschte Nebenwirkungen sind die Folge. Daher sind die beiden Verbindungen heute weitgehend aus der Therapie verschwunden.

Lange nahm man an, Carboanhydrase-Hemmer könnten wegen ihrer ungünstigen physikochemischen Eigenschaften nicht als Augentropfen angewendet werden. 1983 wurde dann zur allgemeinen Überraschung zum ersten Mal über den **topisch wirksamen Carboanhydrase-Hemmer 25.55** berichtet. Einzig der Austausch einer Methylgruppe gegen einen Trifluormethylrest bedingt diesen Wandel! In Folge dieser Entdeckung wurde an einer großen Zahl Carboanhydrase-Hemmer der Lipophiliebereich charakterisiert, innerhalb dessen eine topische Anwendung möglich ist.

Es kam zu der Entwicklung des Wirkstoffs **Dorzolamid 25.57**. Sein Entwurf ist wohl das erste Beispiel für einen Arzneistoff, der mithilfe des strukturbasierten Designs unter Verwendung der Kristallstruktur optimiert wurde. Nachdem die Röntgenstruktur der Carboanhydrase II vorlag, wurde bei Merck, Sharpe & Dohme Mitte der 1980er-Jahre der strukturbasierte Entwurf von Carboanhydrase-Hemmern in Angriff genommen. Die erste aktive Verbindung aus diesen Betrachtungen war das Thienothiopyran-sulfonamid **25.56** (MK 927). Sie bindet mit einer subnanomolaren Hemmkonstante (K_i = 0,7 nM) an Carboanhydrase. Die Kristallstruktur mit dem Enzym zeigte die erwartete Koordination der Sulfonamidgruppe an das Zinkion im aktiven Zentrum. Neben Wasserstoffbrücken bildet der Inhibitor hydrophobe Wechselwirkungen zum Protein aus. Überraschend war der Befund, dass die Isopropylamino-Gruppe im gebundenen Zustand eine energetisch ungünstige axiale Position am Ring einnimmt. Die Verbindung passt nur in dieser ungünstigen Konformation in die Bindetasche. Um die Affinität zum Enzym weiter zu steigern, plante man daher Abwandlungen des Moleküls, die den Energieunterschied zwischen **equatorialer und axialer Orientierung der Seitenkette** verringern. Dies gelang durch Einführung einer weiteren Methylgruppe am Sechsring. Aus der zuvor bestimmten Kristallstruktur war sofort ersichtlich, an welchen Stellen sich Methylgruppen an dem Sechsring anfügen ließen, ohne sterische Konflikte mit dem Enzym zu verursachen. Zum Ausgleich der durch die zusätzliche Methylgruppe erhöhten Lipophilie wurde die Isopropylamino-Gruppe um eine Methylgruppe verkürzt. Das Ergebnis dieser Modellierung war Dorzolamid **25.57**. Es bindet mit K_i = 0,37 nM an Carboanhydrase II. Dorzolamid hat alle klinischen Prüfungen erfolgreich bestanden. Seit 1995 ist es unter dem Namen Trusopt® im Handel und war der erste topisch aktive Carboanhydrase-Hemmer zur Therapie des Glaukoms.

In Abb. 25.18 sind einige weitere wichtige Arzneistoffe (**25.58**–**25.61**) zur Hemmung der Carboanhydrasen aufgeführt. Sie dienen als Diuretika, Hemmstoffe gegen den Grünen Star (Glaukom), Antiepileptika, zur Behandlung der Höhenkrankheit, zur Bekämpfung von Magengeschwüren oder des Morbus Bechterew (einer chronisch entzündlichen rheumatischen Erkrankung, die zur Versteifung der Wirbelsäule führt). Da Tumore ein saures Milieu benötigen, könnten Carboanhydrasen wie CA IX und CA XII für die Einstellung dieser Bedingungen verantwortlich sein. Somit stellen sie potenzielle Targets für die Tumortherapie dar, da über die CA-Hemmung die Einstellung des sauren Milieus blockiert wird. Die 15 bisher charakterisierten humanen Isoenzyme der α-Carboanhydrasen sind untereinander stark homolog. Kleine Unterschiede wie z. B. der Austausch eines Threonins gegen ein Histidin in Position 200 unterscheiden die Isoformen CA I und CA II. Arzneistoffe müssen diese Unterschiede ausnutzen, um ihre Selektivität gegenüber diesen Isoformen zu erlangen (Abschnitt 18.14).

Inzwischen konnten einige sehr **überraschende Nebenwirkungen** bekannter Arzneistoffe durch Bindung an Carboanhydrasen festgestellt werden. Zur Verbesserung der Löslichkeit werden terminale Sulfonamidgruppen gerne als funktionelle Gruppen in Wirkstoffe eingebaut. Doch könnten diese Verbindungen über ihre endständige –SO_2NH_2-Gruppe Carboanhydrasen hemmen. Das **Schmerzmittel Celecoxib 25.62** ist ein Hemmstoff der Cyclooxygenase II (Abschnitt 27.9). Über seine Sulfonamidgruppe ist es in der Lage, nanomolar auch an Carboanhydrasen zu binden. Bei Patienten mit einer erblichen Polyposis, einer Erkrankung, die zu Polypen im Dickdarm führt, wurde klinisch mit Celecoxib eine Reduktion dieser Geschwulste beobachtet. Dies kann mit der Blockierung einer Carboanhydrase im Einklang stehen. Als Nebenwirkung für die Gabe des **Antiepileptikums Topiramat 25.63** wird unter anderem Appetitlosigkeit beschrieben. Als Sulfamat stellt die Verbindung einen potenten Inhibitor der CA V in den Mitochondrien dar. Dieses Isoenzym ist dort an der *de novo*-Lipogenese beteiligt. Diese Beobachtung führte dazu, die Hemmung der CA V als ein mögliches Therapieprinzip zur Behandlung der Adipositas genauer zu untersuchen. Selbst der uralte und weit verbreite **Süßstoff Saccharin 25.64**, der eine cyclische Sulfimideinheit enthält, kann einige Carboanhydrasen sehr potent hemmen. Von anderen klinisch eingesetzten Carboanhydrase-Hemmstoffen ist bekannt, dass sie, ähnlich dem Saccharin, einen unangenehmen metallischen Beigeschmack besitzen. Diese Eigenschaft ist vermutlich auf die Hemmung der CA VI zurückzuführen, die in der Mundhöhle sezerniert wird. Ihre Blockade nimmt Einfluss auf die Einstellung des pH-Werts und kann darüber eine bittere Geschmackskomponente bewirken. Vermutlich werden noch anderen Wirkstoffen mit terminalen Sulfonamidgruppen Wirkungen an Carboanhydrasen nachgewiesen. Umgekehrt bleibt abzuwarten, ob das große Problem, Hemmstoffe für diese Enzymklasse mit einer ausreichenden Selektivität zu versehen, befriedigend gelöst werden kann.

25.8 Ein Fall für zwei: Zink und Magnesium im katalytischen Zentrum von Phosphodiesterasen

Die **Phosphodiesterasen** (PDEs) stellen eine Klasse von Metalloenzymen aus wenigstens 12 Genfamilien dar, die die intrazellulär gebildeten *second messenger* cAMP 25.65 und cGMP 25.67 (cyclisches AMP bzw. GMP) zu den offenkettigen Analoga hydrolysieren (Abb. 25.19). Sie kommen weit verteilt in unterschiedlichen Geweben und Organen vor. Sie kontrollieren so wichtige Prozesse wie die Regelung von Calciumkanälen, des Geruchssinns, der Blutplättchenaggregation, der Aldosteronausschüttung, der Zellproliferation, der Herzkontraktilität, der Insulinausschüttung, der Entzündungsmodulation, der Kontraktion von glattem Muskelgewebe, der Stimmungslage, der Peniserektion oder des Muskelmetabolismus. Untereinander sind die Mitglieder der Familie in hohem Maße konserviert in ihrer Sequenz.

Als erstes gelang es, von den Isoformen PDE 4 und PDE 5 die Kristallstrukturen aufzuklären. Inzwischen sind bereits acht PDEs kristallographisch charakterisiert. Während die Inhibition der PDE 4 zu einer Therapie gegen Asthma, chronisch obstruktiver Lungenerkrankung oder Autoimmunerkrankungen führen könnte, ist es gelungen, mit Inhibitoren der PDE 5 Wirkstoffe zur Behandlung von **Erektionsstörungen** zu entwickeln. Das Enzym PDE 5 kommt in unterschiedlichen Geweben vor und ist spezifisch für die Hydrolyse von cGMP. Im katalytischen Zentrum tritt neben dem für die hydrolytische Spaltung essenziellen Zinkion noch ein weiteres Magnesiumion auf. Das Zinkion wird durch zwei Histidine und zwei Aspartate koordiniert. Auf der fünften Position befindet sich ein Wassermolekül, das zusammen mit einem der beiden Aspartatreste eine Verbrückung zu dem Magnesiumion vornimmt (Abb. 25.20). Die weiteren Koordinationsstellen des oktaedrisch umgebenen Mg^{2+} werden durch vier Wassermoleküle besetzt. Auch das Zn^{2+} bevorzugt in den Phosphodiesterasen eine oktaedrische Geometrie. Dazu bindet es auf der sechsten Koordinationsstelle ein Wassermolekül. Dieses Wasser übernimmt vermutlich als OH^- die Aufgabe des Nucleophils in der **hydrolytischen Spaltung des cyclischen Phosphorsäureesters**.

Für die Hemmung der PDE 5 konnten drei Inhibitoren als Mittel gegen Erektionsstörungen auf den Markt gebracht werden. Neben dem als erstes von Pfizer eingeführten **Sildenafil** 25.69 (Viagra®) bestanden Vardenafil 25.70 (Levitra®) und Tadalafil 25.71 (Cialis®) die klinischen Studien (Abb. 25.21). Interessanterweise binden diese Inhibitoren zwar in das katalytische Zentrum der PDE 5, formen aber keinen direkten Kontakt zum Zinkion (Abb. 25.20). Vielmehr wird die Bindung von dem basischen Stickstoff über zwei Wassermoleküle an das Metallion weitergereicht. Der Pyrazolopyrimidinon-Baustein im Sildenafil ersetzt die analoge Gruppierung im natürlichen Substrat cGMP. Die Verwandtschaft mit cGMP wird of-

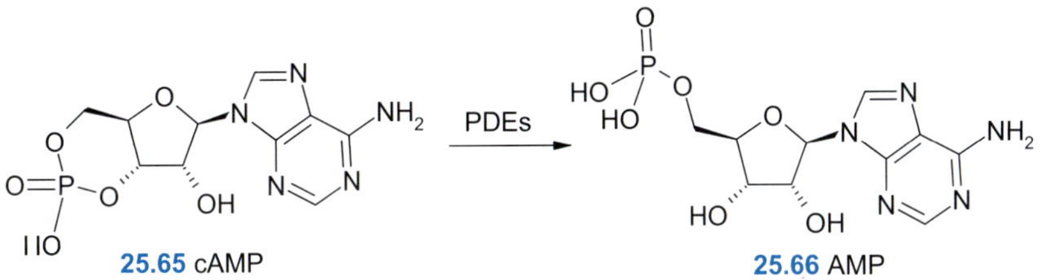

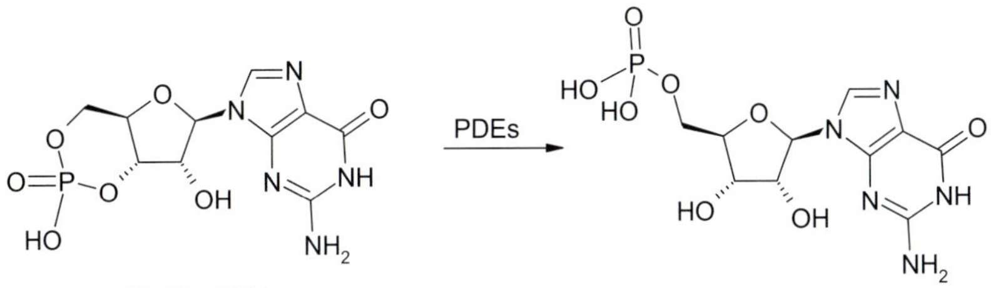

Abb. 25.19 cAMP 25.65 und cGMP 25.67 werden durch Phosphodiesterasen in die offenkettigen Analoga AMP 25.66 und GMP 25.68 hydrolysiert.

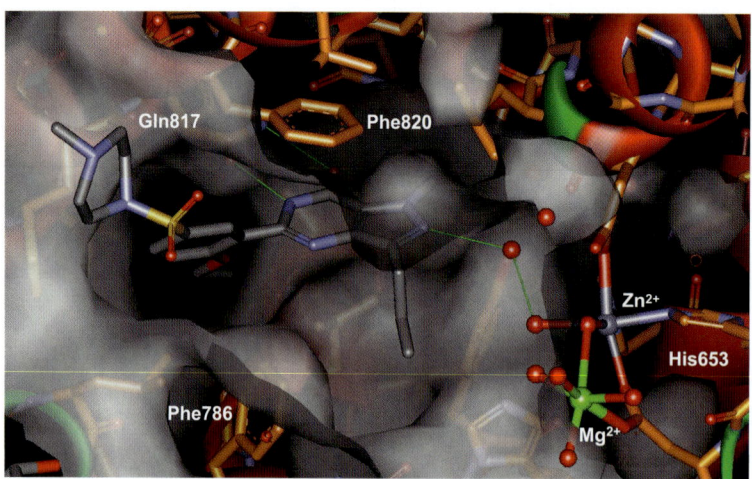

Abb. 25.20 Kristallstruktur von Sildenafil **25.69** (Abb. 25.21) in PDE 5. Der Pyrazolopyrimidinon-Baustein des Inhibitors wird von Gln 817 über zwei parallele Wasserstoffbrücken erkannt und bindet über ein Wassermolekül an das katalytische Zinkion (blaugrau). Es befindet sich in Nachbarschaft eines Magnesiumions (hellgrün), das von fünf Wassermolekülen und Asp 654 koordiniert wird. Ein verbrückendes Wassermolekül teilt sich Mg^{2+} mit dem Zn^{2+}.

fensichtlicher, wenn man berücksichtigt, dass 2-phenylsubstituierte Purine wie **25.72** als erste Leitstrukturen dienten (Abb. 25.21). Aus ihnen wurde das in Sildenafil bzw. Vardenafil enthaltene Pyrazolopyrimidin **25.73** bzw. Imidazotriazenon **25.74** entwickelt. Das chemisch stark verwandte Vardenafil nimmt einen sehr ähnlichen Bindungsmodus wie Sildenafil ein. Dagegen bindet das strukturell abweichende Tadalafil mit deutlich anderer Orientierung.

Die Entdeckung der Wirkung von Sildenafil erfolgte wieder einmal rein zufällig. Bei Pfizer war die Verbindung als Wirkstoff zu **Behandlung der Angina pectoris** in klinischer Testung. Sie erwies sich allerdings als nicht überlegen im Vergleich zu den klassischen **Nitroverbindungen** (z. B. Nitroglycerin oder Isosorbiddinitrat). Diese Nitroderivate setzen unter reduktiven Bedingungen NO frei, das die cytosolische Guanylatcyclase stimuliert. Dadurch wird vermehrt cGMP gebildet, das unter anderem Einfluss auf den Gefäßtonus nehmen kann. Ein Phosphordiesterase-Hemmer bewirkt ebenfalls eine Erhöhung des cGMP-Spiegels, da er den Abbau des Botenstoffs blockiert. Bei der klinischen Testung des Sildenafils erwies sich unter den männlichen Probanden allerdings eine Nebenwirkung als bemerkenswert, es stimulierte bei ihnen die Peniserektion. In den Schwellkörpern des Penis wird NO freigesetzt und über die Aktivierung der Guanylylcyclase wird vermehrt cGMP produziert. In der glatten Schwellkörpermuskulatur löst dies einen vermehrten Blutfluss aus und stimuliert so die Erektion des Penis. Sildenafil verstärkt den Effekt durch Hemmung des Abbaus von cGMP.

Im Jahr 1998 wurde Sildenafil zur Behandlung der erektilen Dysfunktion zugelassen. Der Markt nahm es als Viagra euphorisch auf. Bis 2005 wurden mehr als 177 Millionen Verschreibungen in 120 Ländern der Erde registriert. Neben PDE 5 wird auch PDE 6 durch Sildenafil, Vardenafil und Tadalafil gehemmt. Diese Isoform ist am Sehvorgang beteiligt, wodurch erklärbar wird, warum die Einnahme dieser Wirkstoffe mit Sehstörungen einhergehen kann. Tadalafil weist gegenüber PDE 6 eine bessere Selektivität auf, hemmt aber neben PDE 5 auch PDE 11.

Besteht für die PDE 5-Hemmer noch eine andere Karriere? Was Männern hilft, sorgt offensichtlich auch bei Schnittblumen für mehr Stehvermögen. Versuchen von Heribert Warzecha an der TU Darmstadt nach zu urteilen bleiben Gerbera-Schnittblumen länger frisch, wenn man ihrem Wasser in der Blumenvase Viagra hinzufügt! Billiger geht es allerdings mit Aspirin, von dem ebenfalls behauptet wird, dass es Schnittblumen länger frisch hält. In einer anderen Studie fand man, dass Hamster mit Viagra im Blut ihre innere Uhr schneller umstellen konnten. Ein hoher Spiegel an cGMP hilft offensichtlich der inneren Uhr, sich leichter auf Veränderungen der äußeren Bedingungen einzustellen. Ob Viagra damit auch bei Fernreisen hilft, den Jetlag schneller zu verkraften, muss noch gezeigt werden. Die Beispiele belegen, dass kein Arzneistoff „ohne Nebenwirkungen" ist. Häufig werden diese allerdings erst nach einiger Zeit in der klinischen Prüfung oder praktischen Erprobung entdeckt.

25.9 Was Zink kann, schafft Eisen auch

Was macht Zink eigentlich so besonders, dass es bevorzugt in den katalytischen Zentren von hydrolysierenden Metalloproteasen auftritt? Zink ist ein in bio-

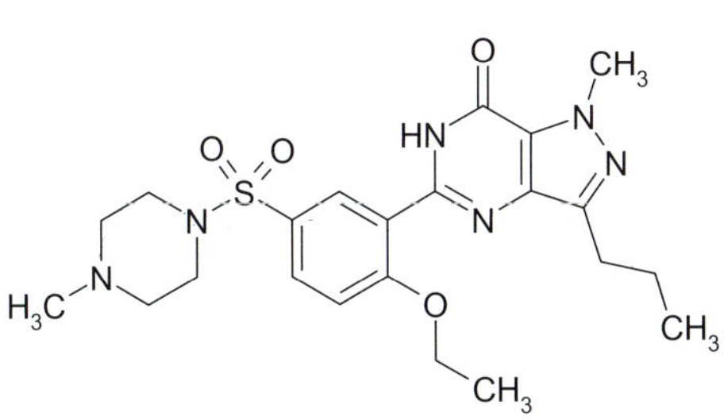

25.69 Sildenafil

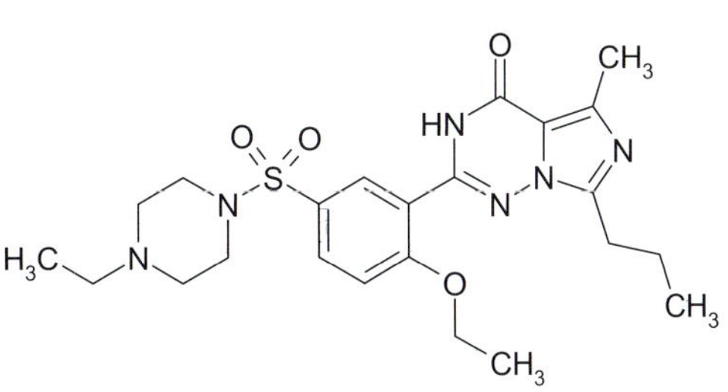

25.70 Vardenafil

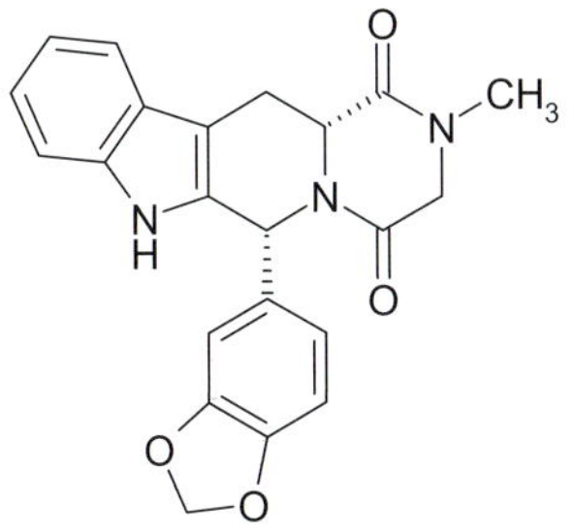

25.71 Tadalafil

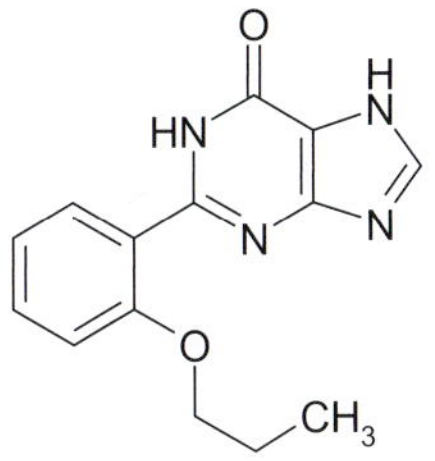

25.72 PDE 5, IC_{50} = 10 nM 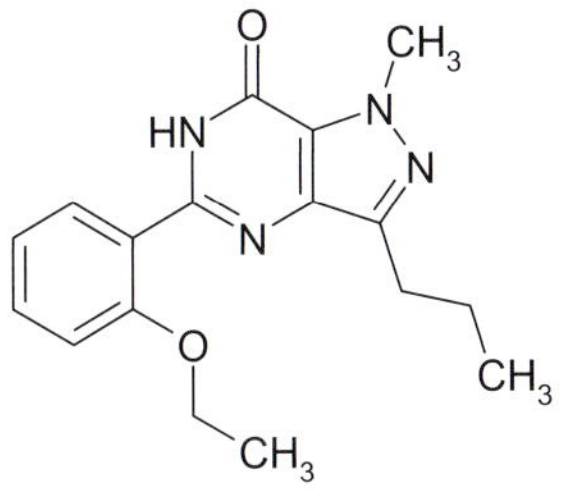   **25.73** PDE 5, IC_{50} = 40 nM 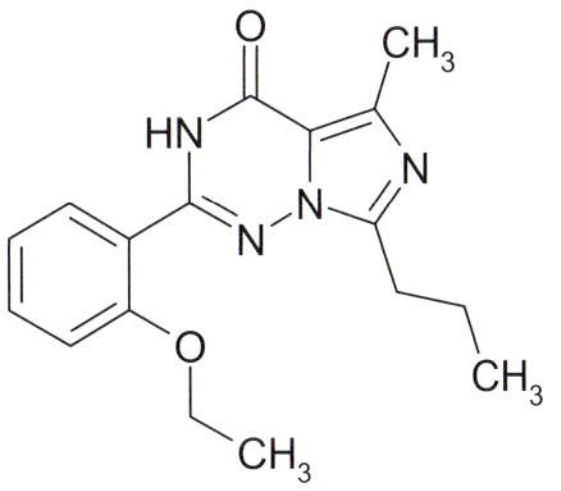   **25.74** PDE 5, IC_{50} = 5 nM

Abb. 25.21 Sildenafil **25.69**, Vardenafil **25.70** und Tadalafil **25.71** stellen potente Inhibitoren der PDE 5 dar. Die beiden ersten Verbindungen wurden aus phenylsubstituierten Purinen wie **25.72** entwickelt und zu Pyrazolopyrimidinen wie **25.73** bzw. Imidazotriazenonen wie **25.74** abgewandelt.

logischen Systemen häufig auftretendes Ion. Dies gilt aber auch für ein Element wie Eisen. Zink liegt als Ion mit zweifach positiver Ladung vor. Doch auch dies können andere Ionen wie Fe^{2+}, Co^{2+}, Ni^{2+} oder Cu^{2+} leisten. Im Gegensatz zu den zuletzt genannten Elementen ist das **Zinkion** aber aufgrund seiner **abgeschlossenen d-Elektronenschale** nicht redoxempfindlich. Betrachtet man den Reaktionsmechanismus der Ester- oder Amidspaltung, so ist neben den Koordinationseigenschaften des Zentralions nur die positive Ladung auf dem Metallion entscheidend. Sie dient zur Polarisation eines Wassermoleküls, das den nucleophilen Angriff auf das Carbonylkohlenstoffatom der zu spaltenden Ester- oder Amidbindung einleitet. Diese Aufgabe kann auch von anderen Metallionen übernommen werden. In der Tat lassen sich unter **reduktiven Bedingungen hydrolysierende Enzyme** finden, deren katalytische Zentren anstelle eines Zinkions ein Eisenion aufweisen.

Neue Polypeptidketten, die in Prokaryoten, Mitochondrien oder Plastiden synthetisiert werden, tragen zunächst am N-Terminus als erste Aminosäure ein Methionin, das mit einer Formylgruppe substituiert ist. In den anderen Kompartimenten komplexerer Organismen entstehen Proteine gleich ohne diese Formylgruppe. Bei etwa zwei Drittel aller reifen Proteine wird das beginnende Methionin durch eine Methioninaminopeptidase abgespalten. Damit auch die formylierten Ketten diesem Prozess unterworfen werden können, muss zunächst die Formylgruppe entfernt werden. Dies leisten **Peptiddeformylasen** (PDFs). In ihrem katalytischen Zentrum tragen sie ein Fe^{2+}-Ion, daher sind sie äußerst oxidationsempfindlich. Ein Austausch dieses Fe^{2+} gegen Ni^{2+} oder Co^{2+} gelingt ohne drastischen Verlust der katalytischen Aktivität. Dagegen führt der Austausch von Eisen gegen Zn^{2+}-Ionen in nahezu allen PDFs zu einem vollständigen Verlust der enzymatischen Funktion. Peptiddeformylasen kommen sowohl in Bakterien wie in den Plastiden von Pflanzen und einigen Parasiten vor. Zunächst dachte man, diese Enzyme träten beim Menschen nicht auf, sodass sie als ideale Zielstrukturen für eine **antibakterielle oder antiparasitäre Therapie** erschienen. Doch hat man sie inzwischen auch in den Mitochondrien von Tieren und damit auch beim Menschen entdeckt. Dies muss bei einer Entwicklung von PDF-Inhibitoren als mögliche Antibiotika bedacht werden. So zeigt der potente Inhibitor Actinonin **25.75** nicht nur antibakterielle Wirkung (Abb. 25.22). Er hemmt auch die Proliferation menschlicher Zellen. Dies kann zu cytotoxischen Nebenwirkungen führen, lässt sich aber auch für eine antineoplastische Wirkung ausnutzen. Weiterhin besitzen diese Inhibitoren eine Bedeutung als potenzielle Herbizide.

In den PDFs wird das Eisenion tetraedrisch von zwei Histidinen und einem Cystein koordiniert (Abb. 25.22). Die vierte Position besetzt ein Wassermolekül. Dieses Wassermolekül wird durch die direkte Koordination an das benachbarte Metallion drastisch in seinem pK_a-Wert verschoben und gewinnt durch die erleichterte Deprotonierung an Nucleophilie. Es greift vermutlich als Hydroxidion die zu spaltende Formylpeptidgruppe an. Der Mechanismus verläuft sehr ähnlich wie in den anderen Proteasen. Der Carbonylkohlenstoff der abzutrennenden Formylgruppe geht in einen tetraedrischen Übergangszustand über. Dazu wird die auf dem Sauerstoff entstehende Ladung durch ein NH der Hauptkette, eine terminale Carboxamidgruppe eines Glutamins und Koordination an das Eisen stabilisiert. Die Aminogruppe der zu spaltenden Bindung wird über H-Brücken an ein Glutamat gebunden. Es erfolgt die Abspaltung der Polypeptidkette unter Freisetzung des *N*-Terminus. Die am Eisenion verbleibende Formiatgruppe gibt die Koordinationsstelle am Metallion frei und verlässt das Enzym. An ihre Stelle treten zwei Wassermoleküle in das katalytische Zentrum ein. Inhibitoren des Enzyms besitzen Hydroxamatgruppen zur Verankerung an das Eisenion. Da in der P_1'-Positon das natürliche Peptidsubstrat ein Methionin aufweist, sind in Inhibitoren an gleicher Stelle *n*-Alkylketten mit vier bzw. fünf Kohlenstoffatomen ideal. Die S_1'-Tasche ist in den PDFs gut ausgebildet, die nachfolgenden Taschen sind weniger gut charakterisiert. Dies liegt in der Funktion der Proteine begründet. Es soll eine breite Palette von formylierten Substraten prozessiert werden, d. h. nach dem Formylmethionin folgen Aminosäuren beliebiger Zusammensetzung. Interessanterweise hemmt auch Thiorphan PDFs. Dies unterstreicht, dass auch eine Thiolgruppe an das Eisenion koordinieren kann. Die Benzylgruppe des Inhibitors füllt die S_1'-Tasche des Enzyms aus.

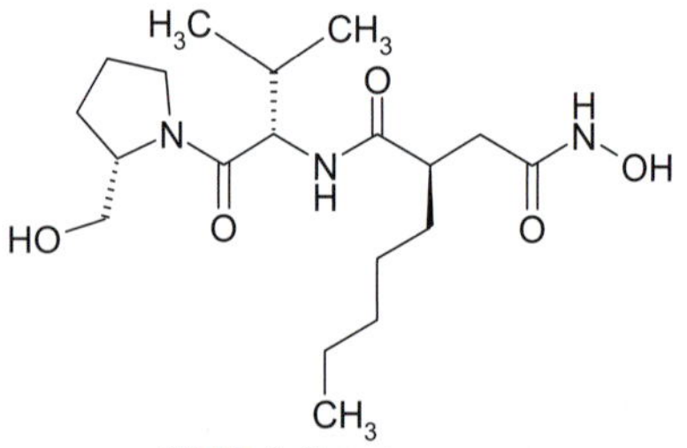

Eine andere Gruppe **deacetylierender Enzyme** wird als Zielstruktur zur Hemmung der Zellproliferation in der Krebstherapie diskutiert. Inhibitoren der **Histondeacetylasen**, die eine Abspaltung von Acetylgruppen vom terminalen Stickstoff eines Lysins durch Spaltung einer Amidbindung vornehmen, können bei Tumorzellen zum programmierten Zelltod führen. Durch die Deacetylierung wird die Struktur des Chromatins im Zellkern verändert, sodass die DNA fester an die Histone gebunden wird. Die Histondeacetylasen enthalten in ihrem aktiven Zentrum ein Zinkion, das für die hydrolysierende Funktion verantwortlich ist. Inhibitoren dieser Enzyme leiten sich ebenfalls von Hydroxamaten ab.

25.75 Actinonin

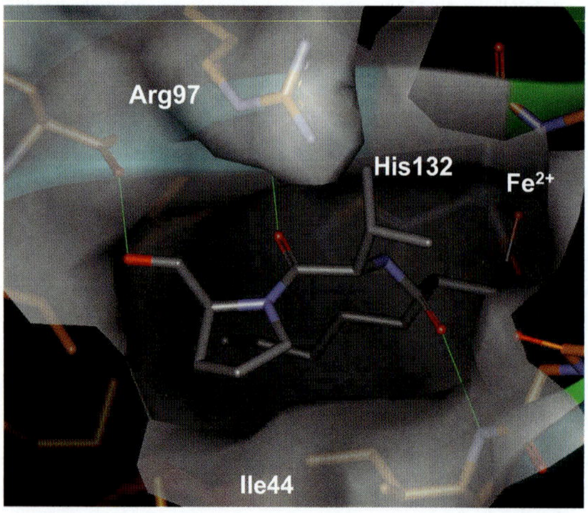

Abb. 25.22 Kristallstruktur von Actinonin **25.75** mit der Peptiddeformylase aus *Escherichia coli*. Der peptidische Inhibitor bindet mit seiner Hydroxamatfunktion an das Fe^{2+}-Ion. Seine *n*-Pentylkette ersetzt die Methionin-Seitenkette im natürlichen Substrat und kommt in der tief vergrabenen S_1'-Tasche zu liegen. Das Eisenion ist an ein Cystein und zwei Histidine gebunden.

Literatur

Allgemeine Literatur

A. Fersht, Enzyme Structure and Mechanism, W. H. Freeman, New York, 1985, Seite 416 ff.

D. H. Rich, Peptidase Inhibitors, in: Enzymes & Other Molecular Targets, P. G. Sammes, Hrsg., Band 2 von: Comprehensive Medicinal Chemistry, C. Hansch, P. G. Sammes und J. B. Taylor, Hrsg., Pergamon Press, Oxford, 1990, Seite 391–441

R. P. Becket, A. H. Davidson, A. H. Drummond, P. Huxley und M. Whittaker, Recent Advances in Matrix Metalloproteinase Inhibitor Research, Drug Discov. Today **1**, 16–26 (1996)

B. Türk, Targeting Proteases: Sucesses, Failures and Future Prospects, Nature Reviews Drug Discov. **5**, 785–799 (2006)

Spezielle Literatur

D. W. Cushman, H. S. Cheung, E. F. Sabo und M. A. Ondetti, Design of Potent Competitive Inhibitors of Angiotensin-Converting Enzyme. Carboxyalkanoyl and Mercaptoalkanoyl Amino Acids, Biochemistry **16**, 5484–5491 (1977)

K. R. Acharya, E. D. Sturrock, J. F. Riordan und M. R. W. Ehlers, ACE Revisited: A New Target for Structure-based Drug Design, Nat. Rev. Drug Discov., **2**, 891–902 (2003)

B. W. Matthews, Structural Basis of the Action of Thermolysin and Related Zinc Peptidases, Acc. Chem. Res. **21**, 333–340 (1988)

I. Bertini, V. Calderone, M. Fragai, C. Luchinat, M. Maletta, und K. J. Yeo, Snapshots of the Reaction Mechanism of Matrix Metalloproteinases, Angew. Chem. Int. Ed. **45**, 7952–7955 (2006)

S. R. Bertenshaw *et al.*, Thiol and Hydroxamic Acid Containing Inhibitors of Endothelin Converting Enzyme, Bioorg. & Med. Chem. Lett. **3**, 1953–1958 (1993)

B. P. Morgan, D. R. Holland, B. W. Matthews und P.A.Bartlett, Structure-Based Design of an Inhibitor of the Zinc Peptidase Thermolysin, J. Am. Chem. Soc. **116**, 3251–3260 (1994)

J. Hu, P. E. van den Steen, Q.-X. A. Sang und G. Opdenakker, Matrix Metalloproteinase Inhibitors as Therapy for Inflammatory and Vascular Diseases, Nat. Rev. Drug Discov. **6**, 480–498 (2007)

H. Matter und M. Schudok, Recent Advances in the Design of Matrix Metalloprotease Inhibitors, Curr. Opin. Drug Discov. Devel. **7**, 513–535, (2004)

N. Borkakoti, F. K. Winkler, D. H. Williams, A. D'Arcy, M. J. Broadhurst, P. A. Brown, W. H. Johnson und E. J. Murray, Structure of the Catalytic Domain of Human Fibroblast Collagenase Complexed with an Inhibitor, Nature Struct. Biol. **1**, 106–110 (1994)

J. R. Porter, N. R. Beeley, B. A. Boyce *et al.*, Potent and Selective Inhibitors of Gelatinase-A, 1. Hydroxamic Acid Derivatives, Bioorg. & Med. Chem. Lett. **4**, 2741–2746 (1994)

C. T. Supuran und A. Scozzafava, Carbonic Anhydrase Inhibitors and Their Therapeutic Potential, Expert Opin. Ther. Pat., **10**, 575–600 (2000)

D. P. Rotella, Phosphodiesterase 5 Inhibitors: Current Status and Potential Applications, Nat. Rev. Drug Discov. **1**, 674–682 (2002)

C. T. Supuran, A. Mastrolorenzo, G. Barbaro und A. Scozzafava, Phosphodiesterase 5 Inhibitors – Drug Design and Differentiation Based on Selectivity, Pharmacokinetic and Efficacy Profiles, Curr. Pharmaceut. Design **12**, 3459–3465 (2006)

J. J. Baldwin, G. S. Ponticello, P. S. Anderson et al., Thienothiopyran-2-sulfonamides: Novel Topically Active Carbonic Anhydrase Inhibitors for the Treatment of Glaucoma, J. Med. Chem. **32**, 2510–2513 (1989)

R. Jain, D. Chen, R. J. White, D. V. Patel und Z. Yuan, Bacterial Peptide Deformylase Inhibitors: A New Class of Antibacterial Agents, Curr. Med. Chem. **12**, 1607–1621 (2005)

25

Hemmstoffe für Transferasen

26

Ende der 1970er-Jahre erhärtete sich die Erkenntnis, dass Proteine nicht einfach nur im Ribosom übersetzt und synthetisiert werden, sondern dass eine der Translation nachgeschaltete Veränderung stattfinden kann. Neben einer Glycosylierung beobachtet man vor allem das Anfügen von Phosphatgruppen an Alkoholfunktionen, die in Serin, Threonin und Tyrosinresten vorkommen. Später hat man noch erkannt, dass auch Histidin phosphoryliert werden kann. Es zeigte sich, dass der Phosphorylierungsgrad eines Proteins in der Zelle im Verlauf der Zeit dramatische Veränderungen durchlaufen kann. Die zelluläre Reproduktion erwies sich als stark von diesen Änderungen abhängig. Somit lag es auf der Hand, die Phosphorylierung mit intrazellulären Signalvorgängen in Zusammenhang zu bringen. Als Quelle für die zu übertragenden Phosphatgruppen konnte ATP ermittelt werden. Doch lässt sich die Bindung zwischen den Phosphatgruppen des ATPs nicht so einfach auf die Alkohol- bzw. Phenolgruppe einer Aminosäure übertragen. Diese Reaktion ist in wässrigem Medium kinetisch zu langsam. Daher hat die Natur effiziente Katalysatoren für diese Aufgabe entwickelt: die Proteinkinasen. Umgekehrt ist das Abspalten einer Phosphatgruppe von einer phosphorylierten Aminosäure unter physiologischen Bedingungen ebenfalls ein sehr langsamer Vorgang. Auch er braucht effiziente Enzyme, und dafür stehen die Phosphatasen bereit. Somit ist die Proteinphosphorylierung ein reversibler Prozess, der in beiden Richtungen durch die genannten Enzymklassen „geschaltet" wird (Abb. 26.1). Obwohl diese Enzyme eine sehr generelle Reaktion katalysieren, sind sie doch in ihrer Substraterkennung sehr spezifisch. Nur so können sie Signalprozesse präzise steuern und regeln sowie Proteine in ihrer Funktion ein- und ausschalten.

Damit ist die Palette posttranslationaler Modifikationen noch lange nicht erschöpft. Jedes neu synthetisierte Protein trägt an seinem *N*-Terminus ein Formylmethionin. Zunächst wird diese Formylgruppe durch eine Deformylase (Abschnitt 25.9) abgespalten, bevor eine Methionylaminopeptidase bei vielen Proteinen auch den am Anfang der Peptidkette stehenden Methionin-Rest entfernt. Das Anfügen von Zucker-

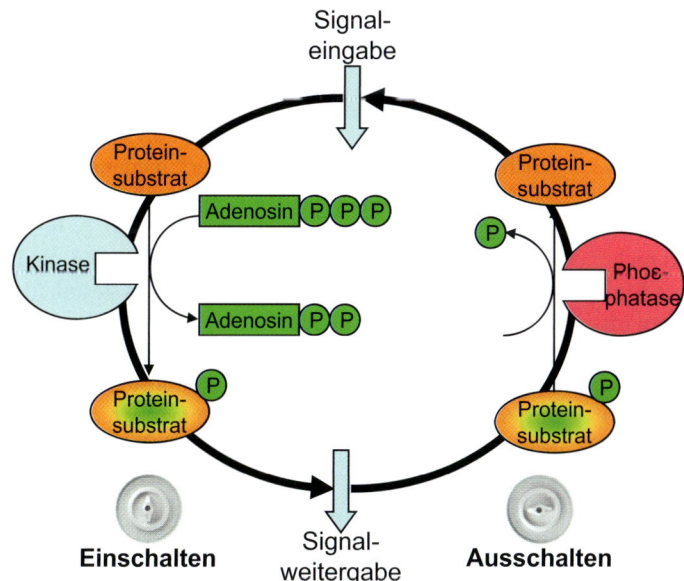

Abb. 26.1 Posttranslationale Phosphorylierungen von Proteinen sind entscheidend für das Schalten intrazellulärer Signalvorgänge, z. B. ist die zelluläre Reproduktion stark von diesem Vorgang abhängig. Von ATP (grün) wird eine Phosphatgruppe P auf die Alkoholfunktion von Serin, Threonin oder Tyrosin übertragen. Diese Aufgabe des Einschaltens einer Proteinfunktion übernehmen Kinasen. Umgekehrt können Phosphatgruppen durch eine Phosphatase wieder von einer phosphorylierten Aminosäure abgespalten werden. Die Proteinfunktion wird über diesen Schritt wieder ausgeschaltet.

resten (Glycosylierungen) hat nicht nur eine verbesserte Löslichkeit und höhere proteolytische Stabilität der Proteine zur Folge. Es dient vor allem auch dazu, Proteine über ein spezifisches Glycosylierungsmuster mit einem für Signal- und intrazelluläre Transportprozesse entscheidenden Erkennungsmerkmal zu versehen. Vor allem bei der Zell-Zellerkennung und Wechselwirkungen mit der extrazellulären Matrix sind Zuckerreste von entscheidender Bedeutung (Abschnitt 31.3). Im Abschnitt 23.9 sind die Transglutaminasen angesprochen worden, die posttranslational durch Ausbildung von Isopeptidbindungen eine Quervernetzung von Proteinen über die Seitenketten von Glutamat und Lysin vornehmen. Transferasen können aber auch Alkylreste übertragen. Zum einen sind es Methylgruppen, die zur Veränderung von Resten eingesetzt werden. Zum anderen versehen diese Transferasen Proteine mit Prenylresten, die ihnen einen hydrophoben Terpen-Anker verleihen, mit dem sie in einer Membran immobilisert werden können (Abschnitt 26.10). Als letztes soll noch das Ubiquitin genannt werden, ein Polypeptidkette, die ein Protein für den proteolytischen Abbau im Proteasom (Abschnitt 23.8) markiert.

26.1 Der Kinase-„Goldrausch"

Zunächst klingt es natürlich sehr attraktiv, Enzyme, die als Schalter in Signalkaskaden fungieren, im Krankheitsfall mit einer Arzneistofftherapie zu regulieren. Im Abschnitt 12.4 ist angedeutet worden, dass Kinasen als Enzyme erkannt wurden, die sehr häufig an Krankheitsgeschehen beteiligt sind. In Eukaryoten sind ca. 30 % aller Proteine reversibel phosphoryliert. Durch das Anheften einer Phosphatgruppe ändern sich die elektrostatischen Eigenschaften eines Proteins, konformative Umlagerungen werden induziert und es können sich neue Bindestellen ausbilden. Das Design von Kinasehemmstoffen richtete sich zunächst praktisch ausschließlich auf eine kompetitive Verdrängung des ATPs von seiner Bindestelle. Doch nicht nur Kinasen verwenden ATP als Substrat. Dieses Molekül ist das wichtigste Energieübertragungssystem im zellulären Stoffwechsel. Viele Cofaktoren verwenden einen ATP-Baustein, um ihrer zellulären Aufgabe nachzukommen. Im humanen Genom gibt es ca. 2000 Proteine, die ATP in unterschiedlicher Weise als Substrat verwenden. Die intrazelluläre Konzentration ist mit 0,01 M sehr hoch. Insgesamt bedingt der physiologische Umsatz bei einem erwachsenen Menschen ca. 75 kg ATP pro Tag! Angesichts dieser Situation fragt man sich berechtigt, wie spezifisch und selektiv die Bindetasche einer ganz bestimmten Kinase durch einen Inhibitor blockiert werden kann, wird doch in allen das gleiche Substrat ATP umgesetzt, das zudem noch in sehr hoher zellulärer Konzentration vorliegt. Die Problematik wird weiterhin dadurch erschwert, dass die Natur viele Prozesse schon alleine zur Sicherheit redundant angelegt hat. Beim Ausfall eines Signaltransduktions-Pfades kann ein ähnlicher Weg als Ersatz dienen, indem die dort eingesetzten Proteine einfach vermehrt bereitgestellt werden. So tragen sie mit zum Aufheben der blockierten Funktion bei. Gilt dies nicht vor allem für Signalkaskaden, bei denen sehr viele untereinander strukturell ähnliche Kinasen und Phosphatasen zur Informationsweitergabe verwendet werden? All diese Probleme galten bis zum Beginn der 1990er-Jahre als so komplex und kaum lösbar, dass jeder für verrückt erklärt wurde, der sich die Entwicklung selektiver Kinaseinhibitoren als Arzneistoffe auf die Fahne schrieb. Inzwischen hat sich das Blatt völlig gewendet. Heute gilt eine Pharmafirma eher als verrückt und innovationsfeindlich, wenn sie nicht mehrere Kinaseprojekte bearbeitet! Bisher gab es wohl kaum eine andere Proteinfamilie, die mit so großem Aufwand beforscht wurde. Wie kam es zu diesem Sinneswandel, der sich mit einem „Kinase-Goldrausch" der Pharmaforschung vergleichen lässt?

26.2 Struktur von Proteinkinasen: Mehr als 530 Varianten mit gleichem Aufbau

Die Proteinkinasen stellen eine der größten Targetfamilien im humanen Genom dar. Mehr als 530 Kinasen schalten in unserem Körper die verschiedensten Signalwege und versetzen Proteine vom inaktiven in den aktiven Zustand. Untereinander sind sie unterschiedlich stark sowohl auf der sequenziellen wie auch strukturellen Ebene verwandt, sodass man sie anhand eines Stammbaums in Subfamilien aufteilt (Abschnitt 26.3). Kinasen können durch weitere Bindungspartner reguliert werden. So kennt man allosterische Bindestellen und *second messenger*, die regulierend in die Kinasefunktion eingreifen. Inhibitorische oder aktivierende Proteine (z. B. Cycline) steuern über eine Komplexierung mit Kinasedomänen deren Aktivierung. Die Eigenphosphorylierung von Kinasen nimmt einen wichtigen Einfluss auf deren Konforma-

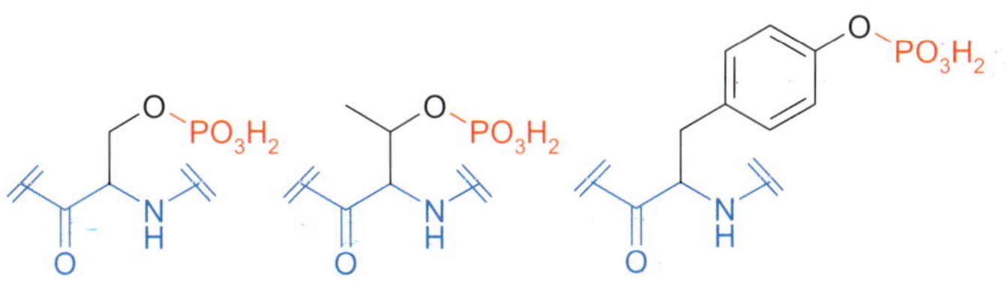

Abb. 26.2 Kinasen übertragen Phosphatgruppen (rot) auf die Alkoholfunktion von Serin, Threonin oder Tyrosin (schwarz, Peptidstrang blau).

tion und die korrekte Positionierung der katalytischen Reste für die Übertragung der γ-Phosphatgruppe vom ATP auf die Aminosäuren Serin, Threonin, Tyrosin oder Histidin (Abb. 26.2). Der konservierte Aufbau von Proteinkinasen ist in Abb. 26.3 gezeigt. Die N-terminale Domäne ist aus fünf β-Faltblattsträngen aufgebaut. Die C-terminale Domäne ist vorwiegend α-helical und enthält die Substratbindestelle. Die beiden Domänen sind über die so genannte Scharnierregion (engl. *hinge region*) miteinander verknüpft. Sie enthält das Erkennungsmotiv für den Adenosinbaustein im ATP. Der Ribosebaustein und die Triphosphatgruppe werden mit koordinierenden und für den Übertragungsmechanismus essenziellen Magnesiumionen in der Spalte zwischen den beiden Domänen aufgenommen. Wichtig für den Mechanismus ist dann noch die zum katalytischen Zentrum benachbarte Aktivierungsschleife mit dem DFG- (Asp–Phe–Gly) und APE-Motiv (Ala–Pro–Glu).

Genauere Vorstellungen über den Reaktionsmechanismus ermöglichte die Strukturbestimmung einer cAMP-abhängigen Kinase mit gebundenem ADP und Aluminiumtrifluorid. Dieses der γ-Phosphatgruppe ähnliche Molekül setzt sich zwischen die β-Phosphatgruppe des ADPs und den Serinrest der Substratpeptidkette. Beide konnten im Komplex mit dem Enzym kristallisiert werden. Zusätzlich sind zwei Magnesiumionen in der Bindetasche anzutreffen. Aus diesen Strukturdaten lassen sich genauere Vorstellungen zum Übergangszustand der Phosphatübertragung ableiten (Abb. 26.4). Das Asp 184 aus der DFG-Schleife koordiniert an eines der beiden Mg^{2+}-Ionen, die wiederum die drei Phosphatgruppen des ATPs in die richtige Position für die Reaktion bringen. Das zu phosphorylierende Serin aus dem Substrat greift nucleophil die endständige γ-Phosphatgruppe an, die unter Ausbildung einer trigonal-bipyramidalen Zwischenstufe am Phosphor übertragen wird. Das benachbarte Asp 166 polarisiert die nucleophile Serin-OH-Gruppe und übernimmt dessen Proton während der Reaktion. Stabilisierend wirken sich die positiv geladenen Reste Lys 168 der Kinase und Arg 18 der Substratkette aus. Weiterhin sind die beiden Magnesiumionen zur Kompensation der negativen Ladungen auf den Phosphatgruppen des ATPs verantwortlich. Die aromatischen Ringe von Phe 54 und Phe 187 schir-

men den Übergangszustand von der wässrigen Umgebung ab.

Grundsätzlich bieten sich drei Strategien zur Hemmung von Kinasen an: **Blockierung der Substratbindung**, **Verdrängung von ATP** aus seiner Bindestelle oder eine **allosterische Regulation** (s. unten). Im ersten Fall muss die Ausbildung eines Protein-Proteinkontakts verhindert werden, da Kinasen als Substrate andere Proteine erkennen und binden. Das Hemmen

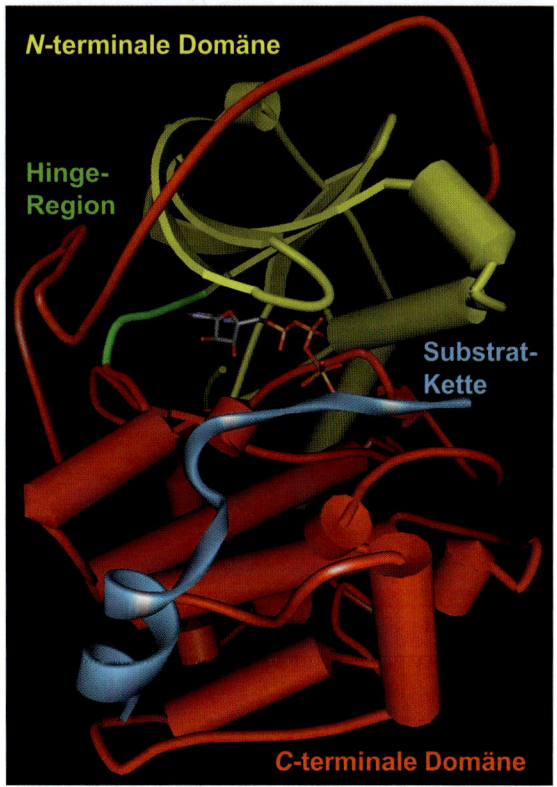

Abb. 26.3 Die katalytischen Domänen von Kinasen besitzen alle die gleiche Faltung. Die N-terminale Domäne ist aus fünf β-Faltblattsträngen und Helices (gelb), die C-terminale Domäne ist vorwiegend aus α-helicalen Abschnitten (rot) aufgebaut. Beide Domänen sind über die so genannte *hinge*-Region (Scharnierregion, grün) miteinander verknüpft. Sie enthält das Erkennungsmotiv für den Adenosinbaustein im ATP (Molekül im Zentrum). Die endständige Phosphatgruppe orientiert sich nahe der Substratkette (blau), die hier durch einen Abschnitt ihrer Polymerkette symbolisiert wird. Sie trägt, räumlich benachbart zu der Phosphatgruppe, das Ser, Thr oder Tyr, auf das die Phosphatgruppe übertragen wird.

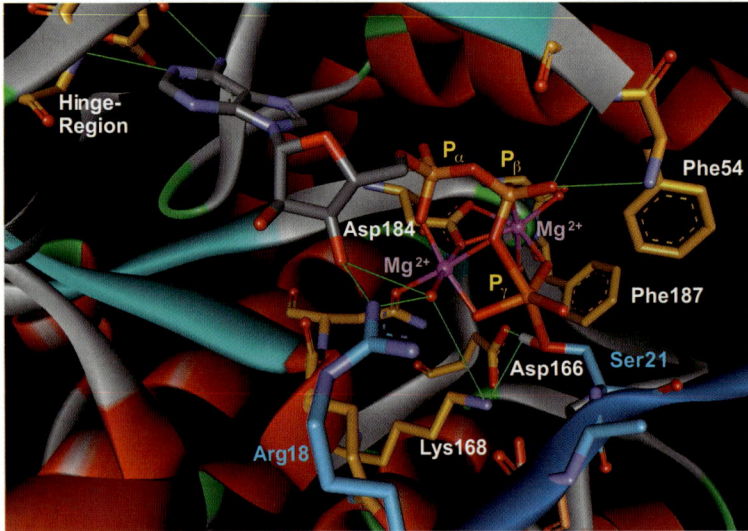

Abb. 26.4 Basierend auf einer Kristallstruktur einer cAMP-abhängigen Kinase mit gebundenem ADP und Aluminiumtrifluorid als Mimetikum des Übergangszustands lässt sich der Reaktionsschritt der Phosphatgruppenübertragung von ATP (rot) auf den Serinrest eines Substrats (blau) modellieren. Asp 184 aus der DFG-Schleife koordiniert über ein Mg^{2+}-Ion (violett) an die β- und γ-Phosphatgruppe des ATPs. Ein weiteres Mg^{2+} hilft, die drei Phosphatgruppen für die Reaktion richtig zu positionieren. Das zu phosphorylierende Serin 21 des Substrats (blau) greift nucleophil die endständige γ-Phosphatgruppe an, die unter Ausbildung einer trigonal-bipyramidalen Zwischenstufe am Phosphor übertragen wird. Das benachbarte Asp 166 übernimmt dessen Proton während dieses Reaktionsschritts. Gleichzeitig stabilisieren die positiv geladenen Reste Lys 168 der Kinase und Arg 18 auf der Substratkette diesen Zustand.

solcher Kontakte gilt wegen der Größe der sich ausbildenden Wechselwirkungsflächen als äußerst schwierig, vor allem wenn dies durch kleine Moleküle erreicht werden soll (Abschnitt 10.6). Im zweiten Fall konzentriert man sich auf eine Verdrängung von ATP aus seiner Bindetasche. Doch ist ein solches Konzept, in Anbetracht der vielen strukturell ähnlichen Kinasen, der hohen ATP-Konzentration in der Zelle und der zahlreichen weiteren Proteine, die ATP als Substrat verwenden, nicht gleich zum Scheitern verurteilt? Einige Kinasen werden allosterisch geregelt. Dort bietet sich eine dritte Strategie an, über die allosterische Bindestelle steuernd in die Funktion der Kinase einzugreifen.

26.3 Isosterie mit ATP und trotzdem Selektivität?

Eine genaue Analyse der Bindebereiche für ATP in einer Vielzahl Kinasen ergibt ein überraschendes und zunächst hoffnungsvoll stimmendes Bild: Es gibt tatsächlich unbesetzte Bereiche nahe der Erkennungsstelle des ATPs, die sich zudem noch zwischen den einzelnen Kinasen unterscheiden! Zwei hydrophobe Regionen öffnen sich, zum einen tief ins Innere der Kinase und auf der gegenüberliegenden Seite hin zu deren Oberfläche (Abb. 26.5). Der Aminopyrimidinring des Adenins formt zwei benachbarte Wasserstoffbrücken zur Peptidhauptkette in der Scharnierregion der Kinase. Eine weitere Bindeposition aus der Polymerkette zur Wechselwirkung mit einer Donorfunktion eines Liganden bleibt bei ATP **26.1** ungenutzt. Das Design von ATP-kompetitiven Kinaseinhibitoren hat viele Motive zur Wechselwirkung mit der Scharnierregion entdeckt. Sie wurden in vielen der klinisch getesteten Kinaseinhibitoren eingebaut (**26.2–26.21**, Abb. 26.6). Wegen ihres ubiquitär in allen Kinasen vorliegenden Musters ist die Wechselwirkung zur Scharnierregion nicht sehr gut geeignet, Liganden mit einer Selektivität zu versehen. Allerdings hat sich bei bestimmten MAP-Kinasen (engl. *m*itogen-*a*ctivated *p*rotein, Signaltransduktionsweg in Zelldifferenzierung, Zellwachstum und Zelltod) eine interessante Selektivität ergeben, die mit einer Konformationsänderung in der Scharnierregion einhergeht. Dabei wird die Orientierung einer Amidbindung in dieser Region räumlich vertauscht, sodass auf den gebundenen Liganden an Stelle einer Akzeptorfunktion eine Donorfunktion ausgerichtet wird (Abb. 26.5). Das Umklappen der Amidbindung ist in diesen Kinasen möglich, da sich dort in der Sequenz ein Glycin befindet. Da Glycin keine Seitenkette am C$_\alpha$-Atom besitzt, ist ihm ein größerer Konformationsraum zugänglich. Inhibitoren mit einem Dihydrochinazolinongerüst als Mimetikum für den Adeninbaustein im ATP können diese Konformationsänderung induzieren. Sie können auf diesem Weg selektiv an Kinasen binden, die in ihrer Sequenz an dieser Stelle ein Glycin tragen. Befindet sich dort in anderen Kinasen eine Aminosäure mit einer Seitenkette, kann diese Umlagerung nicht ausgelöst werden. Inhibitoren, die diesen Wechsel des H-Brückenmusters in der Scharnierregion zur Bindung voraussetzen, können daher nur mit verminderter Affinität an Kinasen binden, die eine solche konformative Umlagerung der Hauptkette aus sterischen Gründen, wegen der dort befindlichen Seitenkette, nicht zulassen.

Ein allgemein anwendbares Konzept, Kinaseinhibitoren mit Selektivität zu versehen, richtet sich auf die Besetzung der hydrophoben Taschen beiderseits der Bindestelle des Adenins (Abb. 26.5). Vor allem die tief im Protein befindliche hintere Tasche (engl. *back pocket*) wird in ihrem vorderen Teil durch eine Aminosäure begrenzt, die in den Kinasen ganz unterschiedliche Eigenschaften besitzen kann. Sie wird als Türsteherrest (engl. *gate keeper residue*) bezeichnet. Zum Beispiel befindet sich dort in der p38α- und p38β-Kinase ein Threonin. In den strukturell ähnlichen p38γ- bzw. p38δ-Kinasen trifft man an gleicher Position die größere Aminosäure Methionin an (Abb. 26.7). Die Verbindung SB 203580 **26.3** besitzt an ihrem zentralen Imidazolring in 5-Stellung einen *p*-Fluorphenylrest. Der sterische Raumbedarf dieser Gruppe ist gerade so groß, dass neben dem Threonin noch ausreichend Platz für seine Aufnahme in die Bindetasche besteht. Ein Methionin an dieser Position benötigt dagegen so viel Raum, dass für den *p*-Fluorphenylrest kein ausreichend großes Volumen mehr besteht und die Affinität von **26.3** deutlich einbricht.

In analoger Weise vermag **26.22** einen Bindungsvorteil gegen die p90-ribosomale S6-Kinase (RSK) zu erzielen, da sie mit ihrem *p*-Tolylrest eine ausreichend große Tasche vorfindet, die sowohl durch Threonin als Türsteherrest sowie ein benachbartes

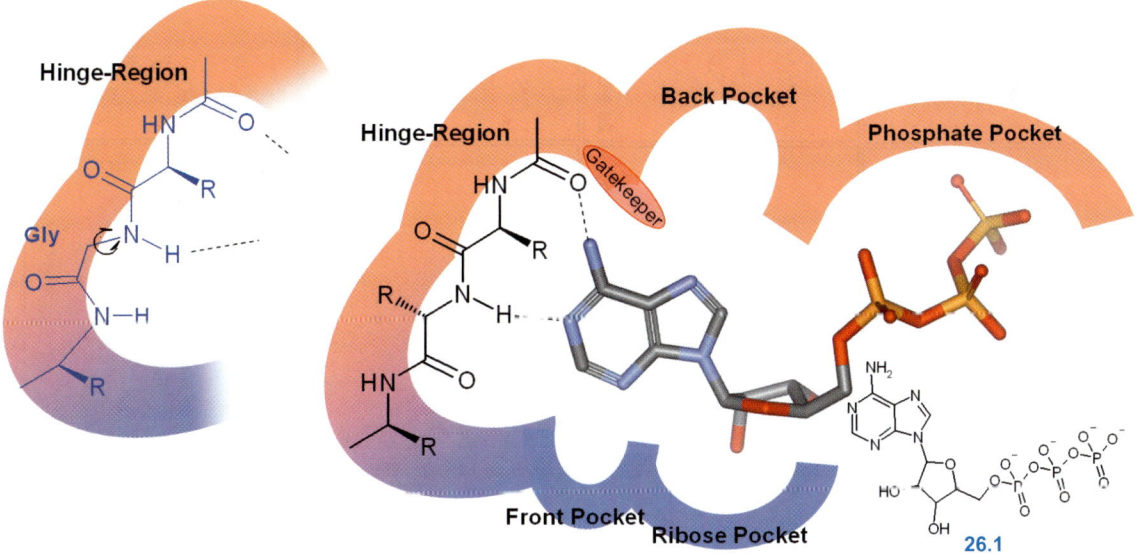

Abb. 26.5 Schematischer Überblick über die Erkennungsstelle des ATPs **26.1** in Kinasen (so genanntes Traxler-Modell). Der Adeninbaustein wird in der *hinge*-Region durch zwei parallele Wasserstoffbrücken aus dem Peptidstrang erkannt. Eine dritte Carbonylgruppe steht für Wechselwirkungen bereit, wird aber nicht in die ATP-Bindung einbezogen. In Kinasen mit einem Glycinrest an dieser Position kann durch Umklappen der Amidbindung an die dritte Stelle von einer exponierten Akzeptor- auf eine Donorfunktion gewechselt werden (links). Benachbart zur ATP-Bindestelle öffnen sich zwei in den Kinasen unterschiedlich zusammengesetzte Taschen, die so genannte *front* und *back pocket*. Die zuletzt genannte Tasche wird durch den Türsteherrest (engl. *gatekeeper residue*) begrenzt. Die Reste in diesen Taschen werden nicht zur ATP-Bindung verwandt. Daran schließt sich die Phosphatbindestelle an.

432 Teil V · Erfolge beim rationalen Design von Wirkstoffen

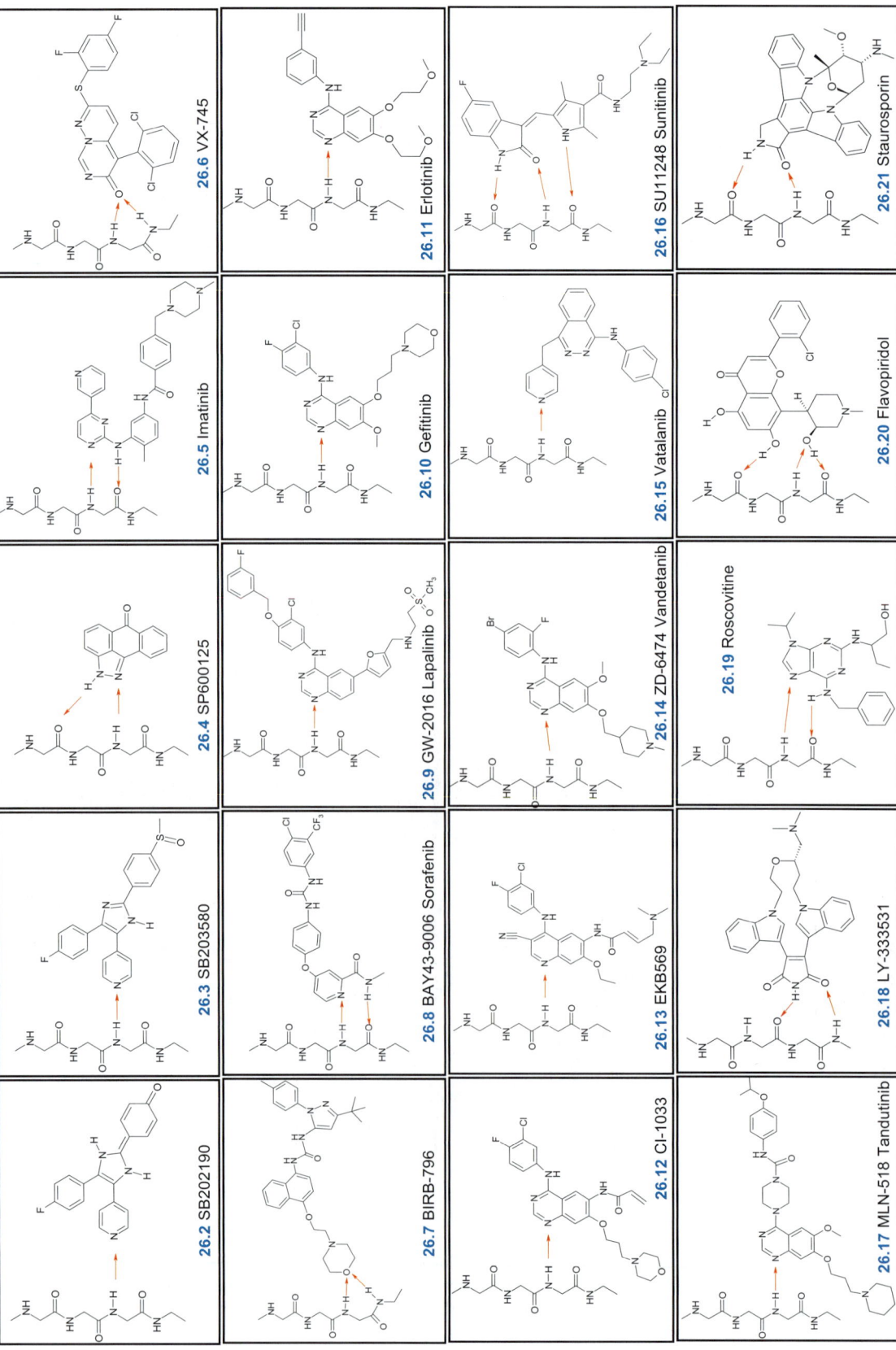

Abb. 26.6 Marktprodukte bzw. Entwicklungskandidaten von ATP-kompetitiven Kinaseinhibitoren **26.2–26.20**, Staurosporin **26.21** ist ein Naturstoff. Alle Substanzen binden über Wasserstoffbrücken an die Peptidbindungen (links) in der Scharnierregion der Kinasen.

Cystein freigegeben wird (Abb. 26.8). Die Kombination eines Thr- und Cys-Rests in diesen beiden Positionen wurde bisher nur für drei Kinasen unseres Genoms entdeckt. Wird zusätzlich wie in **26.22** eine reaktive Fluormethylengruppe eingeführt, so kann dieser Rest mit dem benachbarten Cystein reagieren und eine feste kovalente Verknüpfung zu dem Protein ausbilden.

Ein weiteres Konzept zur Entwicklung selektiver Inhibitoren nutzt die konformative Adaption der Kinasen aus. Im Verlaufe ihrer Aktivierung gehen die Kinasen über mehrere Stufen von einer inaktiven in eine aktive Konformation über (Abb. 26.9). Interessanterweise zeigen Kinasen untereinander höhere Strukturhomologie im aktiven Zustand, in dem sie ATP gebunden haben. Inhibitoren, die hohe Affinität zur aktiven Konformation aufweisen, sind weniger selektiv als Hemmstoffe, die die inaktive Konformation stabilisieren. Das liegt daran, dass die Unterschiede in den inaktiven Konformationen deutlich größer sind. Daher ist es das Ziel, vor allem Inhibitoren zu entwickeln, die an eine Kinase in ihrem inaktiven Zustand binden (Abschnitt 26.4).

Heute ist es üblich, für Entwicklungskandidaten ein so genanntes Inhibitions- oder Selektivitätsprofil zu erstellen. In möglichst vielen Bindungsassays wird ihre Hemmung gegenüber verschiedenen Kinasen bestimmt. Anschließend werden die Assayergebnisse in einen Stammbaum eingetragen, der die strukturellen Verwandtschaften zwischen Kinasen aus unterschied-

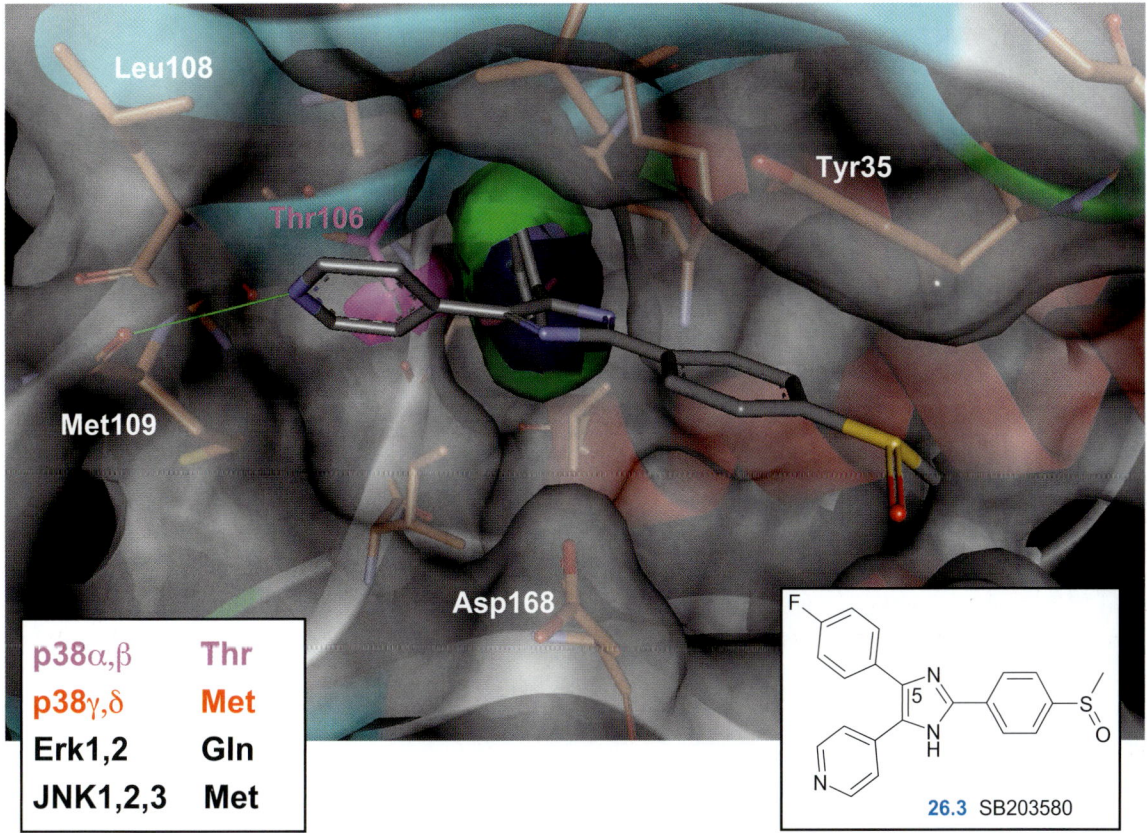

p38α,β	Thr
p38γ,δ	Met
Erk1,2	Gln
JNK1,2,3	Met

Abb. 26.7 Die Kinasen p38α und p38β besitzen als Türsteherrest ein Threonin (Thr 106, violett), in den strukturähnlichen p38γ- und p38δ-Kinasen liegt dort ein sterisch anspruchsvolleres Methionin vor. SB 203580 **26.3** bindet mit seinem *p*-Fluorphenylrest am zentralen Imidazolring in eine kleine Nische neben dem Threonin (grüne Oberfläche, Innenseite blau). Gegen die anderen Kinasen mit einer voluminöseren Aminosäure in dieser Position (Met, Gln) bricht wegen sterischer Konflikte die Wirkung ein.

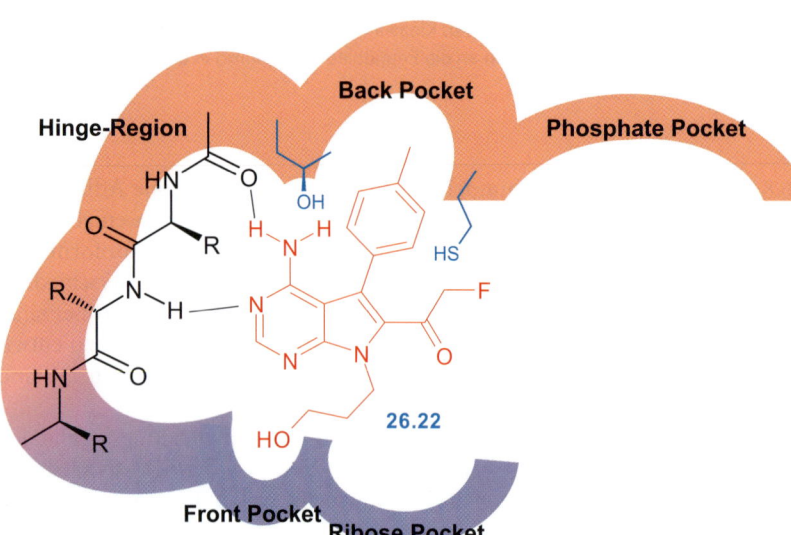

Abb. 26.8 Inhibitor **26.22** erreicht mit seinem *p*-Tolylrest eine selektive Bindung an die p90-ribosomale S6 Kinase, da er dort eine ausreichend große Nische neben dem Threonin vorfindet. Dadurch wird die benachbarte Fluormethylengruppe in die Nähe eines Cysteinrests platziert, mit dem der Inhibitor in Folge reagieren kann. Somit ergibt sich eine fest kovalente Bindung mit der Kinase. Das erforderliche Arrangement eines Thr- und Cys-Rests wurde bisher nur für drei Kinasen unseres Genoms entdeckt, sodass **26.22** hohe Selektivität gegen Kinasen mit dieser Aminosäure-Zusammensetzung in der *back pocket* erzielt.

lichen Subfamilien zusammenfasst. Die Aufspaltung und Länge der einzelnen Äste spiegelt den wechselseitigen Verwandtschaftsgrad wider. Das Ausmaß der Hemmung der einzelnen Kinasen wird durch verschieden große Kreise eingetragen, wobei ein großer Kreis starke Inhibition bedeutet (Abb. 26.10). Es fällt

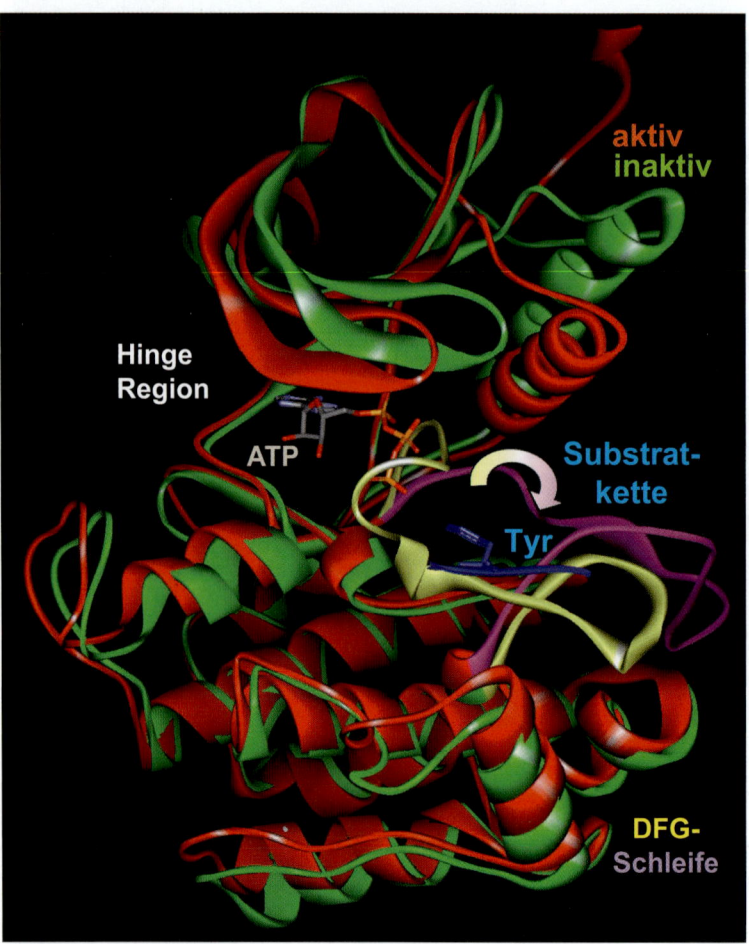

Abb. 26.9 Bei ihrer Aktivierung durchlaufen Kinasen mehrere Konformationen von einer inaktiven (grün) zu einer aktiven Form (rot). Das gezeigte ATP-Molekül bindet an die aktive Konformation. Dabei bewegt sich eine komplette Schleife, die so genannte DFG-Schleife, des Proteins (inaktive Form, gelb) von einer einwärts gerichteten Geometrie in eine exponierte Orientierung (violett, Pfeil). Gleichzeitig wird die Bindestelle für ATP freigegeben und das Substrat (blau) kann binden. Interessanterweise besitzen die Kinasen in diesem Zustand untereinander eine höhere Strukturhomologie. Daher sind Inhibitoren, die mit hoher Affinität an die aktive Konformation binden, weniger selektiv als Hemmstoffe, die die inaktive Konformation einer Kinase blockieren.

Abb. 26.10 Inhibitionsprofile der in Abb. 26.6 aufgeführten Inhibitoren **26.2–26.21** gegen 113 verschiedene Kinasen. Die Größe des roten Kreises quantifiziert die Hemmstärke. Die Daten sind auf einem Kinase-Stammbaum abgebildet. In diesem Diagramm geben die Verästelungen und die Längen der einzelnen Äste die Verwandtschaftsbeziehungen innerhalb der Kinasefamilien an. Je länger ein Abstand in dem Dendrogramm, umso geringer fällt die Verwandtschaft aus. Der Naturstoff Staurosporin **26.21** erweist sich als weitgehend unselektiver Inhibitor, wogegen **26.9** und **26.15** sehr selektiv nur wenige Kinasen hemmen. Abkürzungen: TK: Nichtrezeptor-Tyrosinkinasen, RTK: Rezeptor-Tyrosinkinase, TKL: Tyrosinkinase-ähnliche Kinase, CK: Casein-Kinasefamilie, PKA: Proteinkinase-ähnliche Familie, CAMK: Calcium/Calmodulin-abhängige Kinase, CDK: Cyclin-abhängige Kinase, MAPK: Mitogen-aktivierte Kinase, CLK: CDK-ähnliche Kinase (aus M. A. Fabian et al., Nat. Biotechn. **23**, 329–336 (2005), mit freundlicher Genehmigung durch den Autor und Verlag).

auf, dass viele der Wirkstoffe aus Abb. 26.6 einzelne Äste des Kinase-Stammbaums besonders stark treffen. Dies deutet an, dass die strukturellen Unterschiede innerhalb einer Unterfamilie, die durch einen solchen Ast beschrieben wird, häufig so gering sind, dass mit diesen Verbindungen keine Selektivität erreicht werden kann. Wie bereits oben erwähnt, bestehen zwischen Kinasen funktionelle Redundanzen. Beim Blockieren einer Kinase kann eine andere deren Funktion übernehmen, indem sie in ihrer Expression hochgeregelt wird. Daher kann es für eine erfolgreiche Arzneistofftherapie durchaus essenziell sein, dass nicht nur ein Mitglied einer Unterfamilie ausgeschaltet wird, sondern gleich alle Mitglieder gleichermaßen getroffen werden. Besonders auffällig ist, dass der Naturstoff Staurosporin (26.21, Abb. 26.6), ein hoch potentes Alkaloid bakteriellen Ursprungs, einen promiskuitiven Inhibitor der meisten Kinasen darstellt. Er bindet an die Kinasen in ihrer aktiven Konformation. In Abschnitt 26.6 wird gezeigt, wie kleine Abwandlungen dieser Leitstruktur dennoch zu hoch selektiven Inhibitoren führen können.

26.4 Glivec: Erfolgsstory sucht Nachahmer!

Bis in die 1980er-Jahre konzentrierten sich Arzneimittelentwicklungen für die Krebstherapie fast ausschließlich auf Vorgänge, die in die DNA-Synthese bzw. Zellteilung eingreifen. So wurden z. B. Antimetabolite, alkylierende Substanzen, Destabilisatoren der Mikrotubulus-Bildung oder Hemmstoffe der Biosynthese von Bausteinen der DNA entwickelt. Diese Strategien versuchen, vor allem Zellen wie Krebszellen, die eine hohe Teilungsrate aufweisen, zu treffen. Nachteil einer solchen Chemotherapie sind massive Nebenwirkungen, die den behandelten Patienten sehr stark in seiner Lebensqualität einschränken. Peter Nowell und David Hungerford erkannten 1960 als erste, dass die chronische myeloische Leukämie auf eine spezifische genetische Veränderung zurückgeht. Etwa 15 % aller Leukämieerkrankungen werden durch diesen Defekt bedingt. Sie stellt die zweithäufigste Form einer chronischen Leukämie dar und wird durch eine starke Vermehrung der weißen Blutkörperchen, speziell der Granulozyten, verursacht. Bedingt durch eine reziproke Translokation zwischen den Chromosomen 9 und 22 entsteht eine verkürzte Version des Chromosoms 22. Es wird als Philadelphia-Chromosom bezeichnet. Der Austausch hat zur Folge, dass das so genannte BCR-ABL Fusionsgen entsteht, das für ein Protein mit dauerhaft aktivierter Tyrosinkinaseaktivität codiert. Es gehört zu der Gruppe der Rezeptortyrosinkinasen (Abschnitt 29.8) und spielt eine wichtige Rolle bei der zellulären Wachstumsregulation. Ungebremste Aktivierung hat unkontrollierte Proliferation zur Folge, die Zelle ist zu einer Tumorzelle geworden. Anhand weiterer Leukämie-Modelle konnte gezeigt werden, dass nur dieses Gen für das Auslösen dieser Krebserkrankung verantwortlich ist. Somit erschien es, dass die erhöhte enzymatische Kinaseaktivität dieses fehlregulierten Gens die Krankheit verursacht. Mit einer Arzneistofftherapie sollte es daher möglich sein, in diese Übersteuerung eingreifen zu können. In Folge wurde ein Programm zur Entwicklung selektiver Hemmstoffe für die ABL-Tyrosinkinase bei Sandoz aufgenommen.

Bereits in den 1980er-Jahren hatten verschiedene Firmen Entwicklungsprogramme zur Suche nach Inhibitoren der Proteinkinase C (PKC) aufgelegt. In einer Screening-Kampagne war ein Phenylaminopyrimidin (26.23, Abb. 26.11) als gut geeignete Leitstruktur aufgefallen. Die Verbindung wurde derivatisiert (26.24) und zunächst als PKC-Inhibitor optimiert. Dabei fiel auf, dass das Anfügen einer Methylgruppe in Position 6 (26.26) die Hemmung dieser Kinase völlig aufhebt. Diese „magische" Methylgruppe beeinflusst die Konformation zwischen den über eine Aminogruppe verknüpften zentralen aromatischen Ringsystemen. In dem in der ABL-Tyrosinkinase eingenommenen Bindungsmodus mit einer gestreckten Konformation trägt sie zu einer verdrillten Anordnung zwischen den beiden Ringsysteme bei.

Verbindung 26.26 erwies sich aber als optimal für die Hemmung von Vertretern aus der Familie der Tyrosinkinasen. Zunächst besaßen diese Derivate keine ausreichende orale Bioverfügbarkeit und zu geringe Wasserlöslichkeit. Daher wurde versucht, diese Eigenschaften durch Anfügen polarer Reste wie einer N-Methylpiperazingruppe zu verbessern. Als Optimum ergab sich dabei 26.5, das alle Stufen der klinischen Prüfung bestand und 2001 als Imatinib (Glivec®) in die Therapie eingeführt werden konnte. Die Verbindung blockiert selektiv die BCR-ABL Rezeptortyrosinkinase und verhindert die Phosphorylierung der Substratproteine dieser Kinase. Später ergab sich, dass noch weitere Kinasen, wie zum Beispiel die verwandten c-Kit und PDGF-Rezeptorkinase, gehemmt werden.

Warum hat sich Imatinib zu einer solchen Erfolgsgeschichte entwickelt? Zunächst bedeutete die Entwicklung dieses Inhibitors einen komplett neuen Ansatz in der Krebstherapie. Endlich wurde ein Krank-

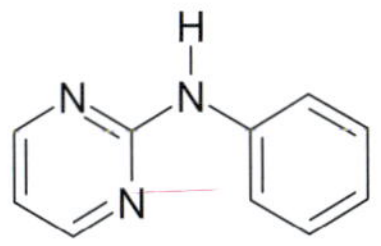

26. Hemmstoffe für Transferasen

26.23 Screeningtreffer 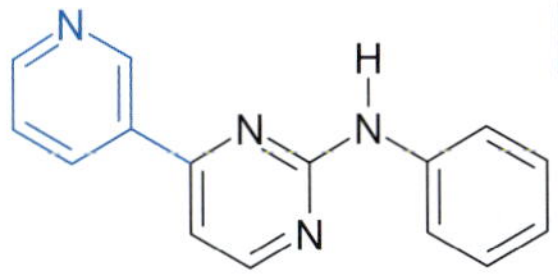 **26.24** 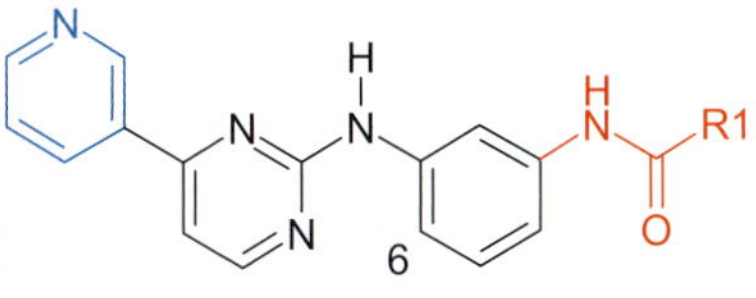 **26.25**

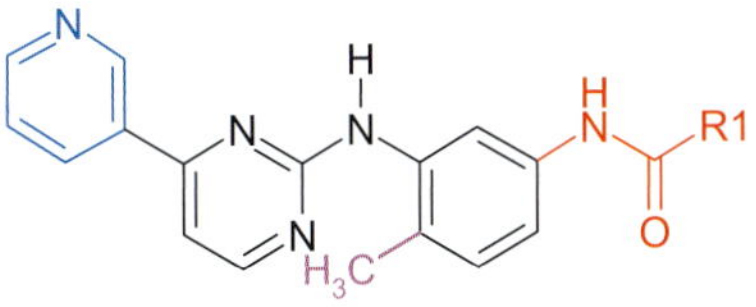

26.26 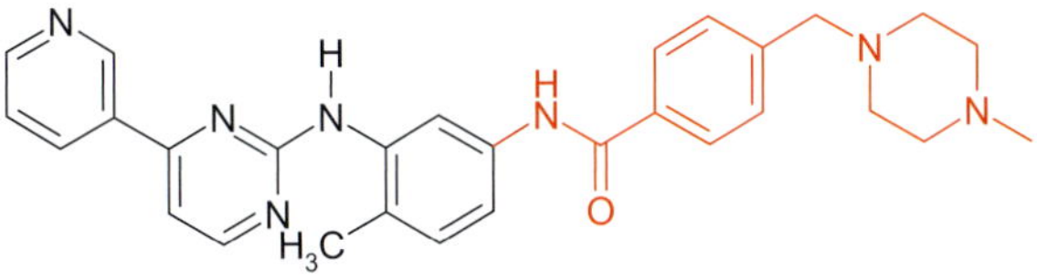 **26.5** Imatinib

Abb. 26.11 Ausgehend von dem Screeningtreffer **26.23** für die Hemmung der PKC-Kinase konnte über mehrere Stufen Imatinib **26.5** entwickelt werden.

heitsbild durch einen selektiven Ansatz behandelt. Das Präparat zeigt nur wenige Nebenwirkungen. Die Therapie mit diesem Arzneistoff ist allerdings nicht billig. Für die Firma Novartis hat er sich in Kürze zu einem „Blockbuster" entwickelt, der mehr als eine Milliarde Euro Umsatz pro Jahr erbringt. Eine solche Erfolgsgeschichte, sowohl im Hinblick auf die Therapie wie den Umsatz, ist in höchstem Maße stimulierend für das Gebiet der Kinaseforschung. Erfolgsstories suchen Nachahmer! Der anfängliche Pessimismus bezüglich der Selektivitätsproblematik und Redundanzen in den Kinasen schien wie weggeblasen. Doch die Praxis zeigte, wie schwer es ist, eine ähnliche Erfolgsgeschichte zu schreiben. Inzwischen sind neun Kinaseinhibitoren mit unterschiedlichen Indikationen (meist zur Krebstherapie) auf den Markt gekommen. Auch für Imatinib gibt es Nachfolgepräparate (s. unten). Doch hat bisher keine andere Verbindung einen ähnlichen therapeutischen wie wirtschaftlichen Erfolg verzeichnen können.

Die Bindung von Imatinib an die Kinase stabilisiert eine inaktive Konformation des Enzyms. Die für den katalytischen Mechanismus entscheidende DFG-Schleife verbleibt in einer nach auswärts gerichteten Konformation (Abb. 26.9 und 26.12). Der N-Methylpiperazinrest des Inhibitors, der zunächst nur zur Verbesserung der Löslichkeit angefügt wurde, nimmt eine Position ein, die im aktiven Zustand von dieser Schleife besetzt wird. Er ist somit entscheidend für den eingenommenen Bindungsmodus von **26.5**. In Abb. 26.12 ist ein struktureller Vergleich der Kinase im Komplex mit Imatinib **26.5** und Tetrahydrostaurosporin **26.27** (Abb. 26.13) gezeigt. Der letztere Inhibi-

tor stabilisiert das Enzym in seiner aktiven Konformation. Die DFG-Schleife nimmt einen völlig anderen Verlauf, das DFG-Sequenzmotiv ist nach innen gerichtet. Die magische Methylgruppe in 6-Position des zentralen Phenylrings von **26.5** erzwingt die senkrechte Ausrichtung dieses Phenylrings zu dem benachbarten Pyrimidinring. Dies ermöglicht zum einen günstige hydrophobe Kontakte zum Türsteherrest Thr 315, zum anderen wird eine Wasserstoffbrücke von der die Ringe verknüpfenden NH-Funktion zur Hydroxygruppe dieses Threonins ausgebildet. Die Kombination aus optimaler Wechselwirkung mit dem Türsteherrest Thr 315 und affiner Bindung an die inaktive Konformation des Proteins bedingen den Selektivitätsvorteil von Imatinib. Nur gegen die c-Kit Kinase besitzt Imatinib ebenfalls ausgeprägte Affinität. Dies erklärt sich aus der hohen Sequenzhomologie dieser Kinase mit der BCR-ABL Kinase in der DFG-Schleife und in der ATP-Bindregion. In beiden Fällen ist der Türsteherrest ein Threonin.

Unter der Therapie von Imatinib haben sich inzwischen Resistenzen entwickelt. Die beobachteten Mutationen desensibilisieren die Kinase gegen eine Hemmung durch Imatinib. Bisher wurden ca. 30 Mutationen beschrieben. Sie resultieren infolge einzelner Basenaustausche im genetischen Code und haben sich aus multiplen Zellpopulationen entwickelt, in denen die Austausche rein zufällig entstanden sind bzw. durch oxidative Schädigungen der DNA beeinflusst wurden. Unter dem Selektionsdruck, die Blockade durch Imatinib zu brechen, haben sich diese Varianten durchgesetzt. Die am häufigsten beobachtete Resistenzmutante bedingt den Austausch des Türsteher-

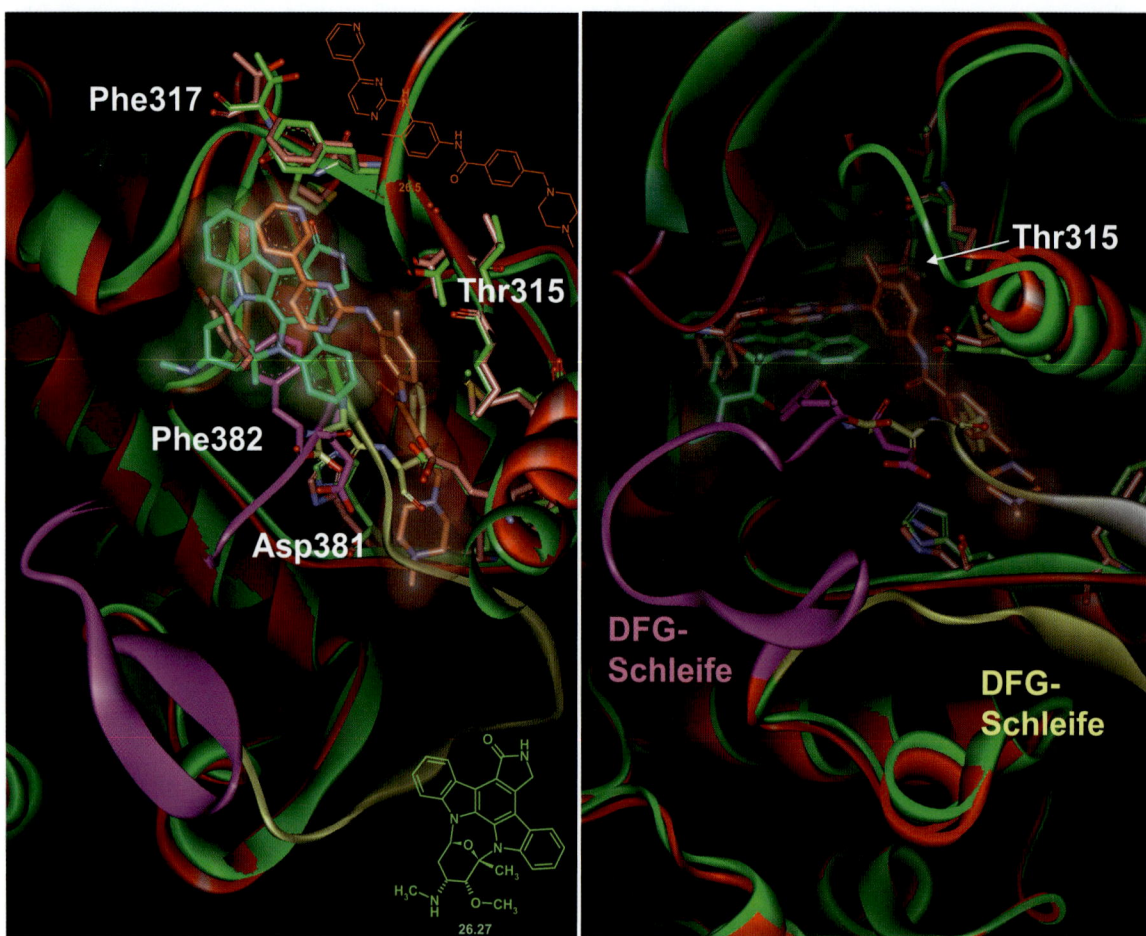

Abb. 26.12 Zwei Ansichten der überlagerten Kristallstrukturen von Imatinib **26.5** und Tetrahydrostaurosporin **26.27** (Abb. 26.13) mit der aktiven (grün) bzw. inaktiven Form (rot) der BCR-ABL Rezeptortyrosinkinase. Während **26.5** an die inaktive Form der Kinase bindet, blockiert der unselektive Hemmstoff **26.27** die aktive Konformation. Mit der so genannten magischen Methylgruppe steht Imatinib in Richtung auf den Türsteherrest Thr 315. Die zwischen beiden Ringen befindliche Aminogruppe bildet eine Wasserstoffbrücke zu dessen OH-Gruppe.

rests Thr 315 gegen Isoleucin. Bedingt durch die größere Seitenkette der ausgetauschten Aminosäure bricht die Hemmwirkung von Imatinib ein. Weiterhin kann die Wasserstoffbrücke nicht mehr gebildet werden. Die Affinität fällt von K_i = 85 nM auf 10 μM ab. In der Scharnierregion bildet Phe 317 aromatische Kontakte mit dem Pyridinring des Inhibitors. Mutation dieses Rests gegen Leucin bedingt einen Verlust an aromatischen Wechselwirkungen und reduziert die Bindungsaffinität um den Faktor 3. Die meisten der anderen beobachteten Mutationen werden damit in Zusammenhang gebracht, dass sich die Konformation der Kinase in Richtung auf eine Stabilisierung der aktiven Konformation verschiebt. Somit erweist sich der Selektivitätsvorteil von Imatinib, der durch die affine Bindung an die inaktive Konformation bedingt wird, jetzt als ein Nachteil, was die Anfälligkeit gegenüber Resistenzmutationen betrifft. Für Imatinib gibt es mit der strukturell ähnlichen Verbindung Nilotinib (Tasigna®) **26.28** (Abb. 26.13) bereits ein Nachfolgepräparat von Novartis, das ein verbessertes Resistenzprofil aufweist. Bis auf die Mutante Thr 315 → Ile zeigt es gegen alle anderen beschriebenen Resistenzaustausche gute Affinität und stabilisiert die Kinase ebenfalls in ihrer inaktiven Konformation. Mit der veränderten Seitenkette aus dem trifluormethylsubstituierten Aromaten und dem Imidazolbaustein passt Nilotinib besser in die bereitgestellte Bindetasche und erzielt so eine höhere Bindungsaffinität. Dieser Affinitätsvorteil ist vermutlich der Grund für die geringere Anfälligkeit gegen Resistenzen, da kleine Verschiebungen von inaktiver zu aktiver Konformation besser toleriert wer-

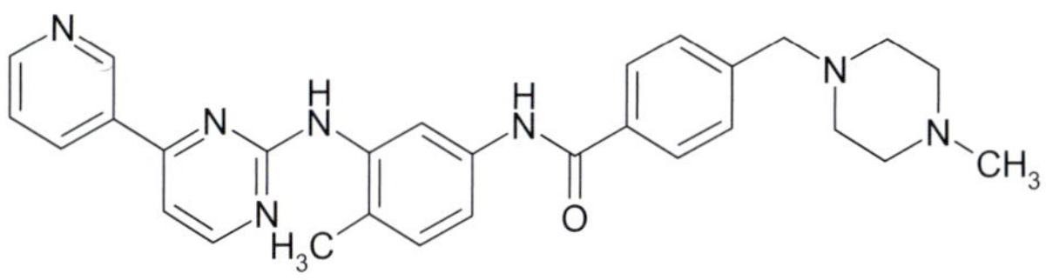

26.5 Imatinib

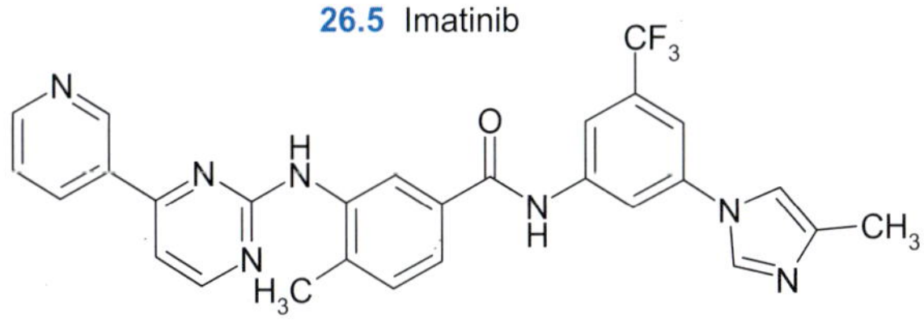

26.28 Nilotinib

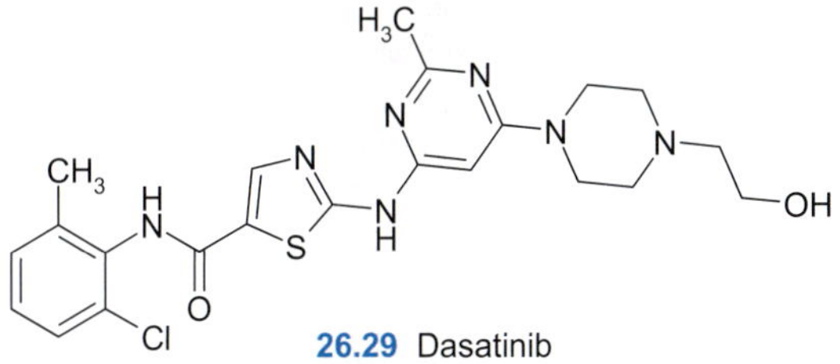

26.29 Dasatinib

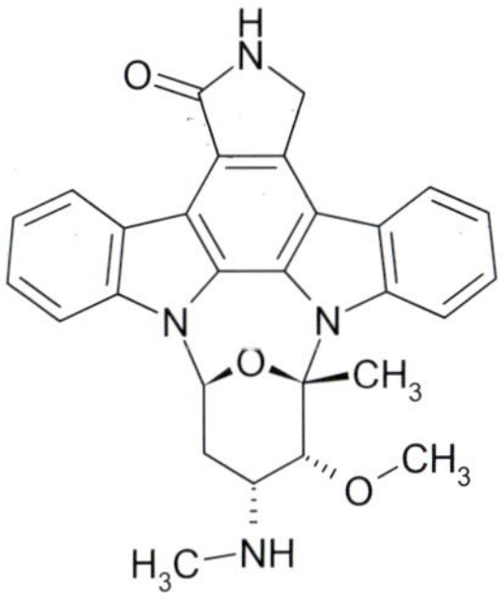

26.27 Tetrahydrostaurosporin

Abb. 26.13 Als Folgesubstanz für Imatinib **26.5** mit resistenzbrechendem Profil wurde Nilotinib **26.28** entwickelt. Diese Verbindung bindet mit nahezu gleichem Bindungsmodus, aber stärkerer Affinität an die BCR-ABL Kinase. Das bei Bristol-Myers-Squibb entwickelte Dasatinib **26.29** bindet ebenfalls an diese Kinase, nimmt aber einen ganz anderen Bindungsmodus ein.

den. Mit Dasatinib (Sprycel®) **26.29** von Bristol-Myers-Squibb steht eine weitere Verbindung bereit, die beobachteten Resistenzen gegen Imatinib zu umgehen. Sie nimmt einen ganz anderen Bindungsmodus mit der BCR-ABL Kinase ein. Daher ist auch zu verstehen, dass sie ein abweichendes Selektivitätsprofil wie Imatinib und Nilotinib besitzt und z. B. auch an Kinasen der Scr-Familie bindet.

26.5 Der Selektivität und Spezifität auf der Spur: Die *bump & hole*-Methode

Die Eigenschaften einer Zelle werden durch ein komplexes Netzwerk vieler miteinander verwobener Signalwege gesteuert. Kinasen sind dabei die Regulatoren solcher Informationskaskaden. Bedingt durch die Komplexität dieser Netzwerke ist es extrem schwierig, die einzelnen Signalwege auseinander zu halten und die im Einzelnen beteiligten Kinasen aufzuspüren. Zusätzlich wird diese Aufgabe noch durch die überlappenden Substratspezifitäten der Kinasen erschwert. Daher hat man Methoden entwickelt, die mithilfe geeigneter chemischer Sonden und unter Verwendung genetischer Verfahren Signalwege aufklären können. Prinzipiell sind diese Verfahren nicht auf Kinasen beschränkt, sie lassen sich auch zur Analyse der funktionellen Eigenschaften einzelner Vertreter anderer Proteinfamilien einsetzen. Im Abschnitt 26.2 sind die strukturellen Unterschiede zwischen Kinasen genauer beleuchtet worden, die sich zur Entwicklung selektiver Inhibitoren ausnutzen lassen. Eine Schlüsselposition übernimmt dabei der Türsteherrest. Dieser Rest unterscheidet sich in Größe und Polarität zwischen den einzelnen Kinasen. Da er sich allerdings nicht an der Bindung des ATPs beteiligt, wird ATP von allen Kinasen nahezu gleich gut als Substrat gebunden. Vergrößert man die *back pocket* durch Austausch eines gegebenen Türsteherrests gegen eine Aminosäure mit einer kleineren Seitenkette (z. B. Thr → Gly), so kann die veränderte Kinase ein chemisch modifiziertes ATP mit einer angefügten Seitenkette (**26.30**) erkennen und als Phosphorylierungsreagenz für das Proteinsubstrat verwenden (Abb. 26.14). Dieses Konzept wurde sehr anschaulich als *bump & hole*-Methode bezeichnet. Ein zu großer Ligand, der zu sterischen „Konflikten" (engl. *bumps*) mit dem Protein führen muss, wird zu einem gut passenden Liganden, wenn auf der Seite des Proteins ein entsprechendes Loch (engl. *hole*) geschaffen wird (Abb. 26.14).

Das Verfahren ist natürlich nicht auf Substrate für die Phosphorylierung beschränkt. Es kann genauso auf die Entwicklung spezifischer Inhibitoren angewendet werden. In der Gruppe von Kevan Shokat, zunächst in Princeton, dann an der UCSF in San Francisco, wurden Proteinkinasen durch Austausch des Türsteherrests gegen das sterisch kleinere Glycin bzw. Alanin modifiziert (Abb. 26.15). Durch diese Erweiterung der *back pocket* werden die mutierten Kinasen hoch sensitiv gegen eine Inhibition durch 26.31 und 26.32, die den Wildtyp nur schwach hemmen. Diese Beobachtung in einem *in vitro*-Assay wurde anschließend auf *in vivo*-Bedingungen übertragen. Dazu verwendeten die Forscher die Bäckerhefe *Saccharomyces cerevisiae* als Modellorganismus. Das Hefegenom codiert für 120 Kinasen, von denen viele mit den Kinasefamilien in Säugern verwandt sind. Ein Beispiel ist die Cdc28 Proteinkinase, die die zentrale CDK (engl. *cyclin dependent kinase*) in der Hefe darstellt. Sie spielt bei der Vermehrung der Hefe eine wichtige Rolle und steuert in entscheidendem Maße die einzelnen Phasen des Zellcyclus. Mit dem vergleichbaren Enzym CDK2 im Menschen weist sie 62 % Sequenzidentität auf. Um die hohe Spezifität der Inhibitoren 26.31 und 26.32 mit der mutierten Kinase zu zeigen, muss das veränderte Protein in das Erbgut der Hefe eingebracht werden. Dies gelingt mit in der Molekulargenetik etablierten retroviralen Verfahren (Abschnitt 12.13). Anschließend muss gezeigt werden, dass die Zellen der genetisch veränderten Hefe normales Wachstum aufweisen. Einzig eine ca. 20 % verlängerte Reduplikationszeit wurde beobachtet. Dann wurde der Inhibitor 26.32 zu den Zellen der Wildtyp-Hefe und der genetisch veränderten Hefe gegeben. Das Zellwachstum der unveränderten Hefe bleibt unbeeinflusst, nur bei Konzentrationen des Inhibitors über 50 μM ist eine Verlängerung der Reduplikation zu beobachten. Dagegen zeigt die Hefe mit dem veränderten *cdc28*-Gen eine starke Abhängigkeit von 26.32 unter *in vivo*-Bedingungen. Bereits bei Konzentrationen von 50–100 nM reduziert sich das Wachstum um 50 %, bei 500 nM kommt es zum völligen Stillstand. Offensichtlich blockiert der Inhibitor die Zellen vor dem Schritt der Mitose (Teilung des Zellkerns bei der Zellteilung), da

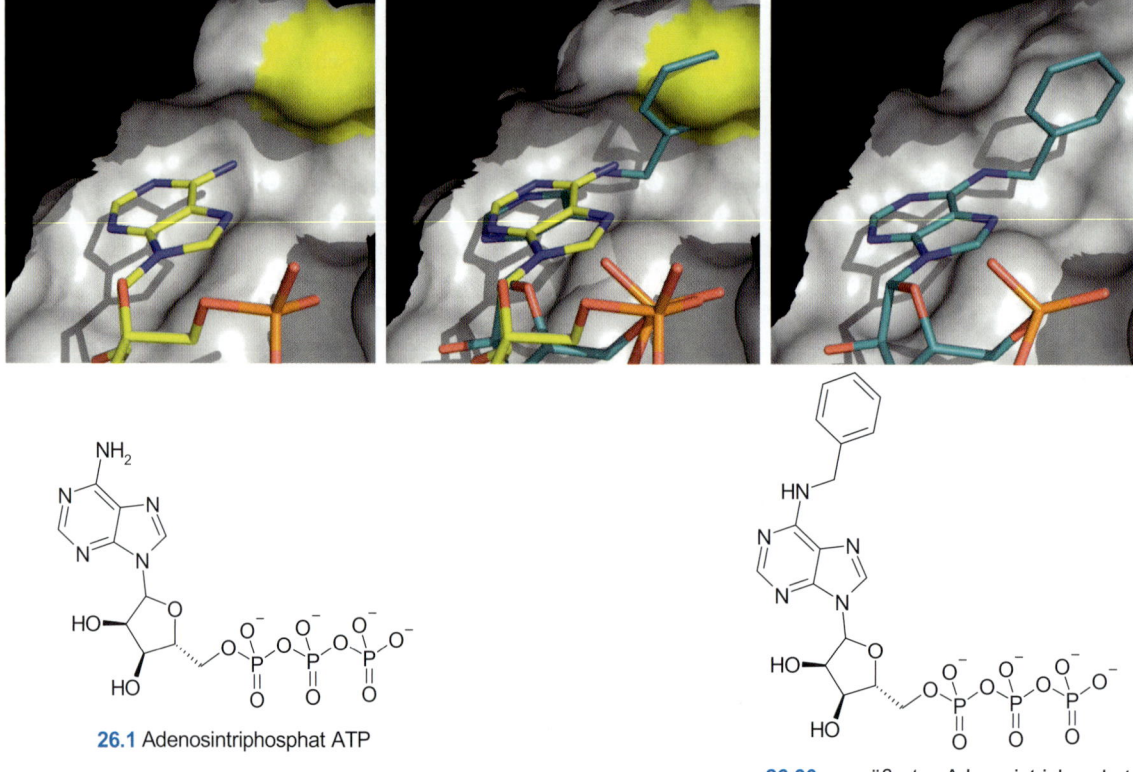

26.1 Adenosintriphosphat ATP

26.30 vergrößertes Adenosintriphosphat

Abb. 26.14 Im Rahmen der *bump & hole*-Methode vergrößert man die *back pocket* einer Kinase durch Austausch des Türsteherrests (gelb) gegen eine kleinere Aminosäure (z. B. Thr → Gly). Die veränderte Kinase kann dann chemisch modifiziertes ATP 26.30 mit einer vergrößerten Seitenkette erkennen und als Phosphorylierungsreagenz für das Proteinsubstrat verwenden.

der Phänotyp dieser gehemmten Zellen sehr ähnlich aussieht wie der von Zellen, in denen die mitotischen Cycline (Proteine mit Schlüsselfunktion in der Steuerung des Zellcyclus) ausgeschaltet wurden. Einzelne Vorgänge des Zellcyclus lassen sich über dieses Verfahren untersuchen, vor allem in welcher Phase ein bestimmter, hoch spezifischer Inhibitor eingreift. Für die Entwicklung eines therapeutisch validen Arzneistoffs sind solche Informationen von entscheidender Bedeutung. Nur liegen meist zu Beginn eines Projekts nicht ausreichend selektive Inhibitoren vor, die eine solch gezielte Studie erlauben. Dieses Problem stellt sich vor allem, wenn sehr viele Proteine mit hoher Homologie in einer Zelle auftreten. Die *bump & hole*-Methode, ein kombiniertes chemisch-genetisches Vorgehen, ermöglicht in früher Projektphase eine spezifische therapeutische Validierung an Modellorganismen, sowohl im Hinblick auf die biologische Bedeutung eines Zielproteins, als auch auf die Optimierung einer zur Entwicklung vorgesehenen Inhibitorklasse.

26.6 Metalle machen Kinaseinhibitoren selektiv

Metalle und Metallionen spielen in biologischen Systemen vornehmlich als katalytische Zentren eine wichtige Rolle. Zink- und Calciumionen können als mehrzähnige Koordinationsliganden zur Vernetzung und somit zur Stabilisierung von Proteinen beitragen (vgl. Zinkfinger, Abschnitt 28.2). Magnesiumionen dienen häufig in Strukturen mit phosphathaltigen Nucleotidbausteinen als eine Art Ladungspuffer, um den elektrostatischen Beitrag der stark negativ geladenen Phosphatgruppen abzufangen. Wie in Abschnitt 26.2 beschrieben, beteiligen sie sich am Übertragungsmechanismus von Phosphatgruppen in Kinasen von ATP auf die Hydroxylgruppen von Ser, Thr oder Tyr. In den wenigsten Fällen dienen Metalle als ein Bestandteil eines Liganden, der an das Biomolekül bin-

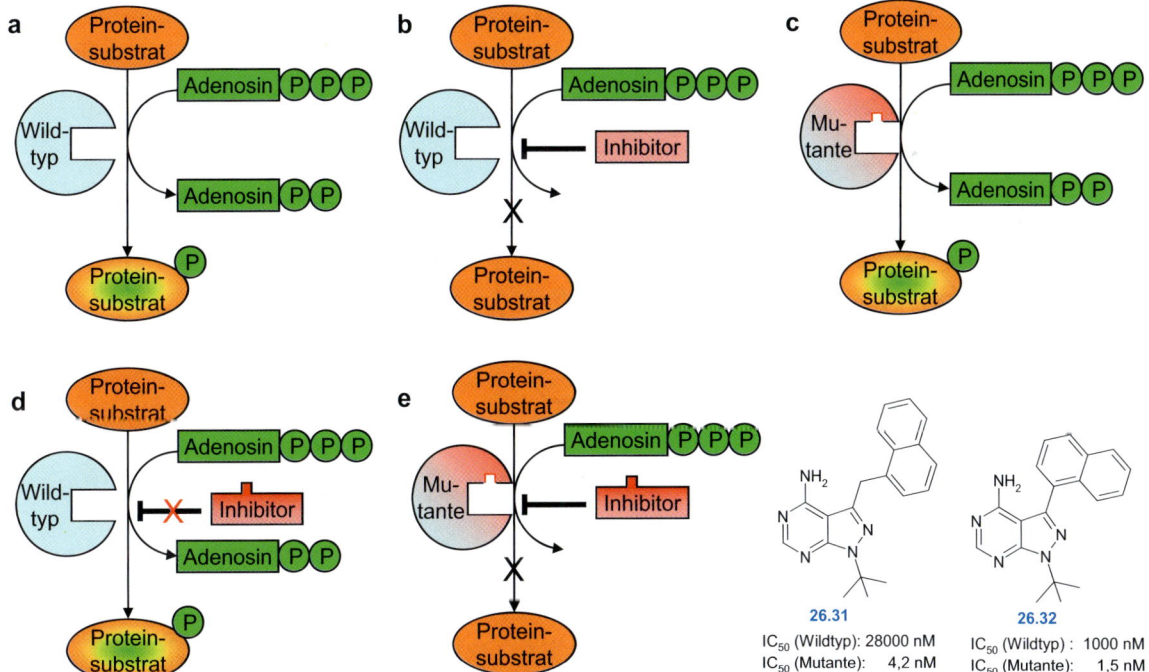

Abb. 26.15 (a) Der Wildtyp einer Kinase aktiviert ein Proteinsubstrat durch Übertragen einer Phosphatgruppe. (b) Setzt man einen potenten Inhibitor zu, wird die Phosphorylierung gehemmt. (c) Austausch des Türsteherrests gegen eine kleinere Aminosäure wie Glycin verändert die katalytische Aktivität dieser Kinase nicht. (d) Setzt man der Wildtyp-Kinase einen Inhibitor zu, der einen vergrößerten Substituenten zum Füllen der Tasche neben dem Türsteherrest aufweist, so kann er aufgrund sterischer Konflikte an den Wildtyp kaum binden. (e) Er vermag dagegen die mutierte Kinase mit der vergrößerten Tasche zu blockieren. Die beiden Inhibitoren **26.31** und **26.32** blockieren den Wildtyp kaum, sind aber in der Lage, die am Türsteherrest vergrößerte Kinase effizient zu hemmen.

det. Ein Beispiel sind Magnesiumionen, die so fest an die β-Hydroxyketogruppe in Tetracyclin **26.33** koordiniert werden, dass sie bei der Bindung an den *tet*-Repressor oder an das Ribosom mit in dem gebildeten Komplex verbleiben (Abb. 26.16). Ein anderes Beispiel ist *cis*-Platin **26.34**, das über eine Substitution am Platin eine Vernetzung im DNA-Strang über benachbarte Treppenstufen vornimmt und so die DNA für ein Ablesen im Reduplikationsvorgang unbrauchbar macht (Abschnitt 14.9, Abb. 14.19).

Doch Metalle können auch mit einer ganz anderen Absicht in Wirkstoffe eingebaut werden. Üblicherweise stellt Kohlenstoff das strukturbildende Element in Arzneistoffen dar. Allerdings ist seine Koordinationschemie ziemlich langweilig. Sie beschränkt sich auf lineare, trigonal planare und tetraedrische Geometrie. Am Tetraeder kann durch vier verschiedene Substituenten ein stereogenes Zentrum entstehen (Abschnitt 5.2), das Anlass zur Ausbildung von zwei Stereoisomeren gibt. Metalle sind an dieser Stelle viel spannender. Durch Koordinationserweiterung erschließt sich ihnen eine deutlich größere Vielfalt an Koordinationsgeometrien. Alleine für ein mit sechs unterschiedlichen Resten substituiertes oktaedrisches Zentrum ergeben sich 30 Stereoisomere! Zunächst mag jedem medizinischen Chemiker die Idee widerstreben, Metalle als strukturgebendes Zentrum in seine Wirkstoffe einzubauen. Zu groß erscheint das Risiko, dass solche Zentren den Substanzen unerwünschte toxische Eigenschaften verleihen. Doch verwendet man Metalle, die gegen Substitutionsreaktionen inerte Verknüpfungen mit ihren Koordinationspartnern eingehen, erscheint dieses Argument nicht mehr gegeben. Ruthenium erfüllt diese Voraussetzung

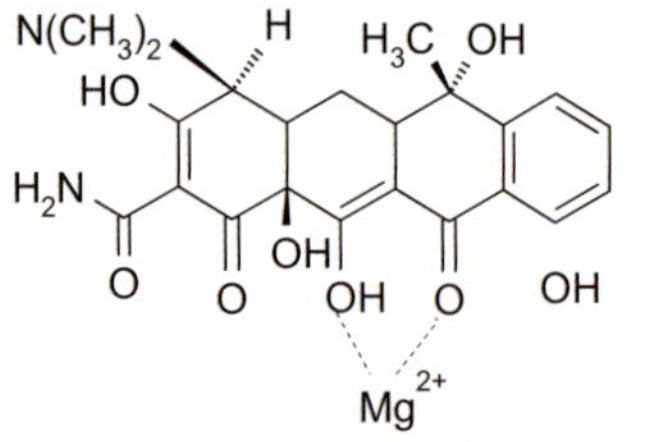

26.33 Mg^{2+} * Tetracyclin

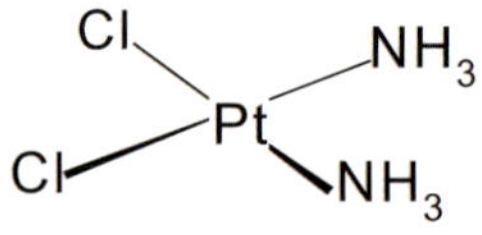

26.34 *cis*-Platin

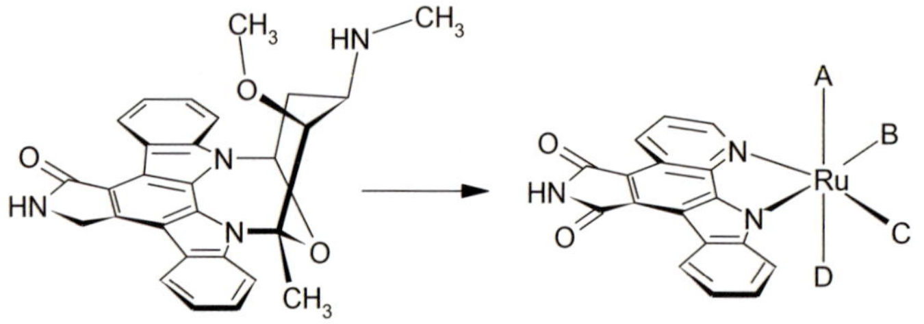

26.21 Staurosporin

26.35 Rutheniumkomplexe

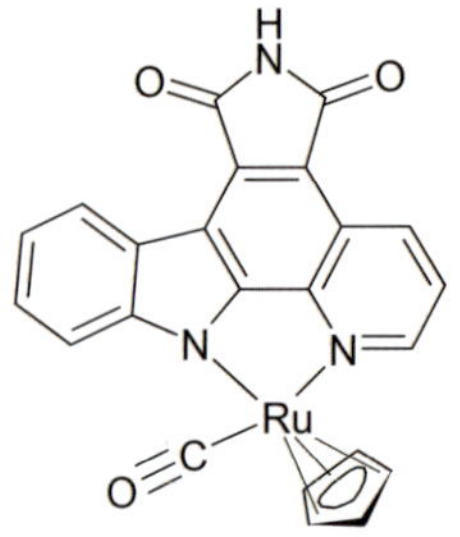

26.36 IC_{50} = 3 nM

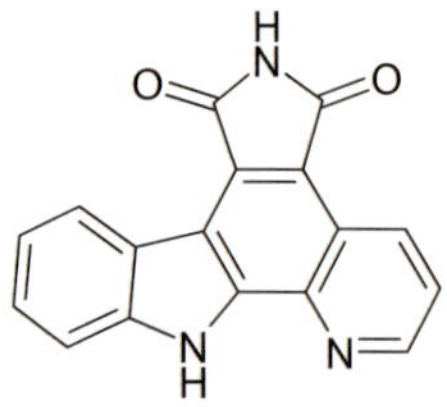

26.37 IC_{50} = 50 µM

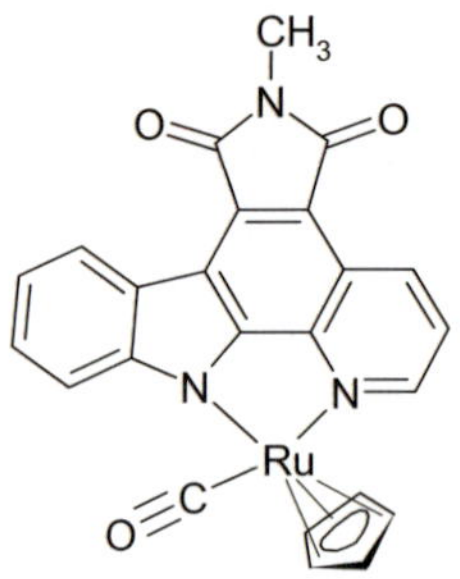

26.38 IC_{50} > 300 µM

Abb. 26.16 Beispiele für Proteinliganden, die mit dem gebundenen Metallzentrum an Proteine binden. Tetracyclin **26.33** chelatisiert Magnesiumionen so stark, dass die Proteinbindung dieses Liganden zusammen mit dem Mg^{2+}-Ion erfolgt. Cisplatin **26.34** bindet unter Substitution der Chloratome an die basischen Stickstoffatome in Nucleotidbasen der DNA. Ersatz des Zuckerbausteins in Staurosporin **26.21** führt zu chelatisierten Rutheniumkomplexen **26.35**. Sie erweisen sich als potente Kinaseinhibitoren (z. B. **26.36**).

für inertes Verhalten sehr gut. Warum sollte man daher nicht die Vorteile einer viel spannenderen Koordinationschemie zum Aufbau ganz anderer Molekülgeometrien nutzen, um so auf engem Raum abweichende Pharmakophormuster zu erzeugen? Ziel ist es dabei, das Metallzentrum als gerüstgebendes Element zu nutzen und nicht als Wechselwirkungspartner mit dem Biomolekül einzusetzen. Dieses auf den ersten Blick ungewöhnliche Konzept verfolgt Eric Meggers mit seiner Arbeitsgruppe. Im Abschnitt 26.3 war Staurosporin **26.21** als ein weitgehend unselektiver Inhibitor nahezu aller Proteinkinasen vorgestellt worden. Dieses Indolocarbazol-Alkaloid besitzt einen Molekülbaustein, der an ein Kohlenhydrat erinnert und eine dem Ribosering im ATP vergleichbare Position einnimmt (Abb. 26.16). Auf der anderen Seite lässt sich in Staurosporin aber auch ein Grundgerüst für einen Chelatliganden entdecken. Tauscht man den Zuckerbaustein gegen ein Metallzentrum aus, bekommt man Zugang zu einer interessanten Klasse neuer Gerüste. Sie können an vier Koordinationsstellen des Metalls mit geeigneten Resten dekoriert werden.

In der Gruppe von Eric Meggers wurden Derivate wie **26.35** hergestellt (Abb. 26.16). Sie erweisen sich als hoch potente Kinaseinhibitoren. Interessanterweise zeigen sie im Gegensatz zu Staurosporin sehr deutlich abgestufte Selektivitätsprofile. Auch Komplexe mit Cyclopentadienylresten konnten synthetisiert werden, wobei der gebundene Fünfring drei Koordinationsstellen abdeckt. **26.36** erweist sich in einer Hemmstudie gegen 57 verschiedene Kinasen als selektiv für die GSK-3 und PIM-1 Kinase. Verglichen mit Staurosporin (IC_{50} = 40 nM) ist **26.36** mehr als 10fach potenter (IC_{50} = 3 nM). Der metallfreie Koordinationsligand **26.37** (IC_{50} = 50 μM) bzw. die am Stickstoff methylierte Verbindung **26.38** (IC_{50} > 300 μM) sind nahezu wirkungslos. Es gelang, mit dem *R*-Stereoisomer von **26.36** eine Kristallstruktur mit der PIM-1 Kinase zu bestimmen (Abb. 26.17). Die Struktur deckt sich weitgehend mit der Geometrie des Staurosporin-Komplexes. Mit dem Carbonylrest richtet sich der Rutheniumkomplex gegen einen oberhalb der ATP-Bindestelle befindlichen β-Strang der Kinasefaltung. Der Cyclopentadienylrest ersetzt den unteren Teil des zuckerähnlichen Bausteins im Staurosporin. Die weitgehende Ähnlichkeit in der Geometrie der Komplexe gibt keine auf den ersten Blick offensichtliche Antwort, warum der Metallrest aus dem promiskuitiven Staurosporingerüst hoch selektive Inhibitoren erzeugt. Durch einen Austausch der Koordinationsliganden am Ruthenium und durch Inversion ihrer Stereochemie lässt sich zudem leicht das Selektivitätsprofil gegen andere Kinasen verschieben. Ob die auf dem Gerüst stark veränderte Ladungsverteilung für diese Verschiebung verantwortlich ist oder ob es die Wechselwirkung zu der oberhalb der ATP-Bindestelle befindlichen Polymerkette ist, bleibt ungeklärt. Interessanterweise erweisen sich die Rutheniumkomplexe als aktiv unter *in vivo*-Bedingungen und zeigen in humanen Zelllinien, Frosch- und Zebrafischembryonen Effekte, die ihr Eingreifen in Signalkaskaden des so genannten *wnt*-Signalwegs belegen. Es bleibt abzuwarten, ob solche Metallkomplexe tatsächlich eine neue Perspektive für die Arzneistoffentwicklung eröffnen oder ob sie der Grundlagenforschung als interessante Sondenmoleküle zum Studium von Signalwegen dienen. Sicher halten sie eine Antwort auf die Frage nach der Entwicklung selektiver Kinaseinhibitoren bereit, die allerdings noch gegeben werden muss.

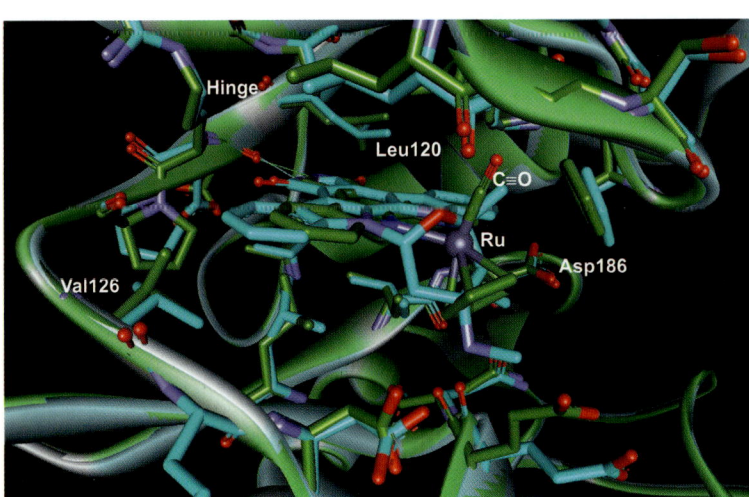

Abb. 26.17 Überlagerung der Kristallstrukturen der Komplexe von PIM-1 Kinase mit dem unselektiven Inhibitor Staurosporin **26.21** (hellblau) und dem selektiven Rutheniumcarbonylkomplex **26.36** (olivgrün). Die Bindungsgeometrie ist in beiden Fällen nahezu identisch. In **26.36** steht die Carbonylgruppe gegen den oberhalb der Bindetasche verlaufenden β-Strang.

26.7 Phosphatasen schalten Proteine wieder aus

Posttranslationale Modifikationen von Proteinen dienen der Regulation von zellulären Prozessen. Die Phosphorylierung durch Kinasen führt zur Aktivierung von Proteinen, sie werden für ihre Aufgabe eingeschaltet. Um sie wieder abzuschalten, hat die Natur als Gegenspieler zu den Kinasen die Phosphatasen entwickelt (Abb. 26.1). Durch einen Hydrolyseschritt sind sie in der Lage, Phosphatgruppen von den Aminosäuren Ser, Thr, Tyr und His wieder abzuspalten. Insgesamt unterscheidet man drei Familien von Phosphatasen. Die erste Gruppe spaltet eine Phosphatgruppe von Serin und Threonin ab. Sie besitzt in ihrem katalytischen Zentrum zwei Metallionen, vermutlich Zink-, Mangan- oder Magnesiumionen (Abb. 26.18 a). Diese werden durch Histidin- und Aspartylreste in Position gehalten. Ein Wassermolekül (oder OH^-) befindet sich als Brücke zwischen den beiden Metallionen. Es wird dabei sehr stark polarisiert und kann als Nucleophil einen Angriff auf die abzuspaltende Phosphatgruppe ausführen. Auch die Phosphatgruppe erfährt eine Polarisierung und wird auf den nucleophilen Angriff vorbereitet, in dem sie mit zwei ihrer Sauerstoffatome an die Metallionen koordiniert. Unter intermediärer Ausbildung einer Fünffachkoordination am Phosphor zerfällt die entstehende Zwischenstufe. Die Bindung zwischen dem Hydroxylsauerstoff des Ser- bzw. Thr-Rests und der Phosphatgruppe wird gespalten. Ein benachbartes Histidin assistiert bei der Spaltung, indem es das bei der Spaltung erforderliche Proton liefert. Die Reaktion erinnert an den Reaktionsmechanismus in den Phosphodiesterasen (Abschnitt 25.8). Die zweite Gruppe Phosphatasen verwendet für die Spaltreaktion keine Metallionen, sondern verfolgt einen Reaktionsmechanismus über die Ausbildung einer kovalenten Zwischenstufe (Abb. 26.18 b). Diese Phosphatasen spalten Phosphatgruppen von einem Tyrosinrest ab. Charakteristisch ist die Ausbildung einer sehr tiefen, ca. 9 Å langen Bindetasche. Sie bildet sich erst vollständig bei der Aufnahme des Substrats aus. Eine Schleife, die ein Motiv aus Tryptophan, Prolin und Aspartat (WPD-Schleife) enthält, legt sich über das ka-

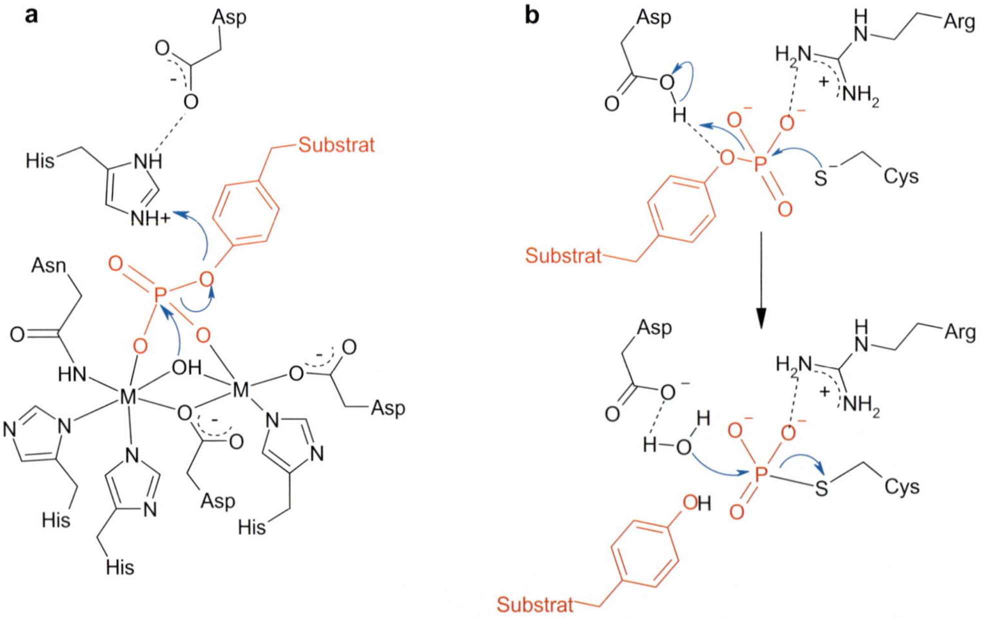

Abb. 26.18 Zwei Katalysemechanismen wurden in Phosphatasen zum Abspalten von Phosphatgruppen von Serin, Threonin und Tyrosin in Peptidsubstraten beschrieben. Die erste Gruppe (a) verwendet zwei Metallionen (vermutlich Zn^{2+} und Mn^{2+} oder Mg^{2+}), die durch Histidine bzw. Aspartate koordiniert werden. Ein Wassermolekül (vermutlich in Form einer OH^--Gruppe) greift nucleophil die Phosphatgruppe des Substrats an und leitet den Abspaltungsprozess ein. Die zweite Klasse Phosphatasen beginnt die Spaltreaktion mit einem nucleophilen Angriff einer Thiolatgruppe eines Cysteins (b, oben). Der pK_a-Wert dieses Cysteins wird durch das Dipolmoment einer auf das Zentrum ausgerichteten Helix stark verschoben, sodass die Reaktion von einem deprotonierten Zustand aus startet. Unter Ausbildung eines zwischenzeitlich pentavalenten Übergangszustands am Phosphoratom wird das dephosphorylierte Substrat freigesetzt. Anschließend leitet der Angriff eines Wassermoleküls die Abspaltung der Phosphatgruppe vom Cystein ein (b, unten).

talytische Zentrum und schließt dieses nach außen ab. Sie steuert das katalytisch wichtige Aspartat bei und ist entscheidend für die Substraterkennung (Abb. 26.18). Im geschlossenen, substratgebundenen Zustand formt das Aspartat eine H-Brücke zum phenolischen Sauerstoff des Phosphotyrosinrests. Polarisiert durch diese Wechselwirkung ist die Phosphatgruppe auf den nucleophilen Angriff vorbereitet. Er erfolgt durch ein benachbartes Cystein, das eine Position nahe dem Ende einer langen Helix einnimmt. Zusätzlich hilft ein Arginin, analog den Gruppierungen im O⁻-Loch bei den Serin- oder Cysteinproteasen, den Übergangszustand der Reaktion zu stabilisieren. Ähnlich einer Acylenzymform bei den Proteasen (Abschnitt 23.2) entsteht zwischenzeitlich ein am Schwefel phosphatiertes Protein. Das dephosphorylierte Substrat verlässt das katalytische Zentrum. Im nächsten Schritt greift ein Wassermolekül, polarisiert durch das benachbarte Aspartat, die Phosphatgruppe am Cystein an und spaltet die Phosphatgruppe ab. Damit ist der Katalysator wieder in den ursprünglichen Zustand versetzt. Der nächste Umsetzungscyclus kann beginnen.

Während die erste und zweite Gruppe Phosphatasen unterschiedliche Substrate nach völlig verschiedenen Mechanismen verarbeiten, existiert eine dritte Familie, die ähnlich der zweiten Gruppe der Tyrosinphosphatasen funktioniert. Sie besitzt eine duale Spezifität, kann demnach sowohl am Serin und Threonin sowie am Tyrosin angefügte Phosphatgruppen abspalten. Im Unterschied zu den spezifischen Tyrosinphosphatasen besitzen sie eine kürzere Bindetasche, die sowohl dem Phosphotyrosin wie dem kürzeren Phosphoserin und Phosphothreonin ein Erreichen des katalytischen Zentrums ermöglicht.

Bislang wurden in unserem Genom 107 Gene entdeckt, die für Phosphatasen codieren. Viele Phosphatasen greifen über die gezielte Dephosphorylierung in Signalkaskaden ein. Der überwiegende Teil spaltet die Phosphatgruppen wieder ab und deaktiviert so die beteiligten Rezeptoren. Da neben der Phosphatgruppe ebenfalls die phosphorylierte Aminosäure und Reste in deren direkter Umgebung an der Wechselwirkung mit der Phosphatase beteiligt sind, stellt sich die Selektivitätsproblematik hier nicht ganz so gravierend wie bei den Kinasen. Die Phosphatasen wurden als Zielstrukturen in vielen verschiedenen Krankheitsbildern charakterisiert. In Tabelle 26.1 sind einige der zugewiesenen und für Wirkstoffentwicklungen aufgegriffenen Konzepte zusammengestellt. Im nachfolgenden Abschnitt soll exemplarisch am Beispiel der PTP-1B, einer Rezeptor-Tyrosinphosphatase, die in vielen Pharmafirmen als innovatives Zielenzym für

Tabelle 26.1 Beispiele für Phosphatasen, die als Zielstrukturen für eine Arzneistofftherapie erkannt wurden

Familie	Bezeichnung	Krankheitsbild, Therapieansatz
pSer, pThr	PP1, PP2A PP2B, PP2C (Calcineurin)	Tumorsuppression Mukoviszidose Immunsuppression Asthma kardiovaskuläre Erkrankungen
pTyr	PTP1B CD45 SHP	Diabetes, Fettleibigkeit Alzheimersche Krankheit Neuroprotektion
dualspezifische Phosphatasen	VHR Cdc25	Regulierung von MAP-Kinasen Stimulation des Fortschreitens des Zellcyclus Krebstherapie

die Therapie des Diabetes und der Adipositas aufgegriffen wurde, vorgestellt werden, wie potente Inhibitoren für Phosphatasen entwickelt werden können.

26.8 Inhibitoren der PTP-1B: Behandlung von Diabetes und Adipositas?

Der **erworbene Typ II Diabetes** und die **Fettleibigkeit** (Adipositas) sind Krankheitsbilder, die in unserer Gesellschaft in den letzten Jahren in alarmierender Weise ansteigen. Sie müssen als typische Zivilisationskrankheiten gelten. Der erworbene Diabetes beruht auf einer im Alter zunehmenden Insulinresistenz, die sich in einem verminderten Ansprechen der Zellen in den Zielorganen auf Insulin ausdrückt. In Folge treten hohe Insulinwerte schon bei normaler Blutzuckerkonzentration auf. Wegen der Resistenz reagieren die Zellen allerdings nicht mehr wie erforderlich auf das Signal, das Insulin im gesunden Menschen an die Zellen übermittelt. Insulin bewirkt die Glucoseaufnahme aus der Nahrung in die Leberzellen, wo Glucose in Form des Glycogens gespeichert wird. Tritt eine zunehmende Insulinresistenz auf, entstehen pathophysiologische Veränderungen aufgrund der unzureichenden Steuerung. Die Aufnahme des Blutzuckers ins Gewebe und die Zuckerfreisetzung in der Leber entgleisen. Im Resultat steigt der Blutzuckerspiegel weiter an und führt zu Komplikationen, die sich in koronaren Herzerkrankungen, Retinopathie, Nephropathie, Störungen des zentralen Nervensystems, Katarakt und Gefäßerkrankungen manifestieren können. Die andere Zivilisationskrankheit ist viel augenscheinlicher zu beobachten. Es gibt immer mehr dicke Menschen. Kennzeichnend ist eine übermäßige Ansammlung von Fettgewebe im Körper. Alarmierend ist dabei das Faktum, dass Fettleibigkeit keinesfalls auf das Alter beschränkt ist. Schon im jungen Alter steigt die Zahl adipöser Fallbeispiele dramatisch an. Es gibt Abschätzungen, dass bis zum Jahr 2015 75 % aller Erwachsenen in den Industrienationen wie den USA übergewichtig und davon 40 % als adipös zu bezeichnen sind. Aber auch in Schwellenländern nimmt der Prozentsatz deutlich zu. Natürlich hat auch dies wieder etwas mit unseren veränderten Lebensgewohnheiten zu tun. Ein Überfluss im Nahrungsangebot, oft frei von Ballaststoffen, gekoppelt mit einem Lebensstil, der immer weniger körperliche Arbeit erfordert, bedingt diese Entwicklungen. Zudem trägt eine genetische Disposition zur Ausbildung der Fettleibigkeit bei. Interessanterweise tritt die Ausbildung von Typ II Diabetes und Adipositas sehr oft gepaart auf und verstärkt so das Gesundheitsrisiko für die Betroffenen. Man spricht bei diesem Krankheitsbild vom **metabolischen Syndrom**. Dazu müssen neben einem Bauchumfang von mehr als 80 cm bei Frauen bzw. 94 cm bei Männern zwei der folgenden Faktoren gegeben sein: Die Triglyceridwerte (> 150 mg/dL), der Nüchtern-Blutglucosespiegel (> 100 mg/dL) bzw. der Blutdruck (> 130:85 mm Hg) sind erhöht und das HDL-Cholesterin (< 40–50 mg/dL) ist reduziert (Abschnitt 27.3). Die Kosten, die infolge dieses ansteigenden Gesundheitsrisikos vermehrt auf die Gesellschaft zukommen, sind heute noch kaum abzuschätzen. Höchstwahrscheinlich werden sie aber dramatisch sein. Daher wird mit großen Anstrengungen nach möglichen Arzneistofftherapien gesucht, um dem metabolischen Syndrom und seinen Folgen entgegenwirken zu können.

Auf molekularer Ebene ist die Verknüpfung von Insulinresistenz und Ausbildung von Fettleibigkeit bisher nicht richtig verstanden. Insulin ist zwar ein Hormon, das mit dem Fettstoffwechsel in Zusammenhang gebracht wird und Einfluss auf den Fettaufbau bzw. dessen Speicherung in Fettdepots nimmt, doch führt Insulinmangel eher zu einem Gewichtsverlust. Insulin wird am Insulinrezeptor gebunden und als Antwort auf dieses Signal autophosphoryliert sich dieser Rezeptor über seine Tyrosinkinasedomänen (Abschnitt 29.8). Dadurch wird eine Kaskade mehrerer Kinasen angestoßen, die in die Synthese des Zuckerspeichers Glycogen mündet. Aber auch die Synthese von Fettsäuren und Proteinen wird induziert. Besonders wichtig ist die Überführung des Glucosetransporters GLUT-4 aus intrazellulären Vesikeln an die Zellmembran. Hierdurch wird die zelluläre Aufnahme von Glucose aus dem Plasma ermöglicht. Dephosphorylierung des Insulinrezeptors drosselt dessen Funktion. Die Abspaltung von Phosphatgruppen von zwei Tyrosinresten des Rezeptors wird durch die Tyrosinphosphatase PTP-1B bewirkt. Dies führt zu einer Inaktivierung des Insulinrezeptors und der durch den Rezeptor angestoßenen Kaskaden. Eine Blockade dieser Dephosphorylierung erscheint als ein lohnendes Konzept, der Insulinresistenz entgegenzuwirken. Wirklicher Auslöser für die Suche nach Inhibitoren gegen die PTP-1B war allerdings die Beobachtung, dass Mäuse, in denen die *ptp-1b*-Gene ausgeschaltet worden waren, Resistenz gegen Fettleibigkeit trotz unveränderter Ernährung entwickeln und die Insulinempfindlichkeit ohne negative Folgeerscheinungen erhöhen. Diese spektakuläre Beobachtung suggerierte, dass das ideale Target zur Bekämpfung der prominentesten Zivilisationskrankheit gefunden sei. Gestärkt wurde dieser Optimismus durch die Tatsache, dass Antisense-Nucleotide (Abschnitt 32.4), die die Expression von PTP-1B blockieren, ebenfalls eine Verstärkung der Insulinwirkung beobachten lassen. In Folge stürzte sich fast jede Pharmafirma mit Rang und Namen auf dieses Zielenzym, um potente Inhibitoren zu entwickeln. Alleine über 200 Patentanmeldungen verzeichnete die Literatur im Zeitraum von vier Jahren!

Hat sich die PTP-1B als eine einfach adressierbare Zielstruktur erwiesen? Der Wirkmechanismus ist im voranstehenden Abschnitt 26.7 vorgestellt worden. Das katalytische Cystein, das intermediär die abzuspaltende Phosphatgruppe übernimmt, orientiert sich an die Spitze einer langen Helix, die auf das Reaktionszentrum ausgerichtet ist. Eine solche Helix schafft dort spezielle elektrostatische Bedingungen (Abschnitt 30.2 und 30.6) und kann sehr gut negative Ladungen stabilisieren. Zusätzlich befinden sich dort ein Aspartat und Arginin. In Abbildung 26.19 ist die Struktur mit einem phosphatierten Tyrosin (grün) als Ausschnitt aus einem Substrat gezeigt. Die Struktur mit diesem Substrat gelang, da das Enzym durch Austausch des katalytischen Cys 215 gegen ein strukturanaloges Serin in seiner katalytischen Eigenschaft praktisch unwirksam gemacht wurde. Die Phosphatgruppe wird in ein enges Netzwerk von H-Brücken eingebunden. Der Phenylring des Tyrosins wird durch zwei benachbarte aromatische Reste, Tyr 46 und Phe 182, in eine hydrophobe Klammer genommen. Diese beiden Reste bedingen auch das tiefe und enge Eintrittsportal in das katalytische Zentrum der Phosphatase (Abb. 26.20 a). Als erstes wurde versucht, die Phosphatgruppe des Substrats 26.39 über den Ersatz des phenolischen Sauerstoffatoms in ein nicht hydrolysierbares Mimetikum **26.40** zu überführen (Abb. 26.21). Die Wahl fiel auf eine CF_2-Gruppe, die das Sauerstoffatom ersetzt. Die polaren Eigenschaften der Verbindung bleiben praktisch erhalten, die hydrolytische Stabilität wird aber deutlich verbessert. Fragmentbasierte Screeningverfahren unter Einsatz der Kristallographie bzw. der NMR-Spektroskopie (Abschnitt 7.8 und 7.9) entdeckten Oxalsäureanilid **26.41** bzw. *N*-Oxalyl-anthranilsäure **26.42** als Phosphotyrosin-Mimetika. Das Thiophenanalogon **26.43** erwies sich als submikromolarer Inhibitor. Überraschenderweise ließ sich in der Kristallstruktur mit dem Phosphotyrosin ein zweites Molekül (rosa) als gebunden entdecken (Abb. 26.19 und 26.20 a). Es besetzt in Nachbarschaft zum ersten Molekül (grün) im katalytischen Zentrum eine zweite Tasche, die durch Arg 24, Arg 254, Gln 262 und Asp 48 gebildet wird. Die Affinität gegenüber dieser Bindestelle erwies sich als nur millimolar. Dennoch führte diese Entdeckung zu der entscheidenden Idee, durch Verknüpfung eines Phosphotyrosin-Mimetikums für das katalytische Zentrum und eines Molekülbausteins für die zweite Bindestelle zu Inhibitoren mit einer dramatisch verbesserten Bindungsaffinität zu kommen.

Bei Abbott wurde ebenfalls an aromatischen Oxalsäurederivaten wie **26.44** und **26.45** als Mimetika für das katalytische Zentrum gearbeitet. Interessanterweise erzwingen die von Abbott verfolgten Derivate eine Konformationsänderung von Phe 182 am Eingangsportal, sodass das katalytische Zentrum nach oben geöffnet wird (Abb. 26.20b). Abbott setzte zusätzlich das bei ihnen entwickelte *SAR-by-NMR*-Verfahren (Abschnitt 7.8) ein, um potenzielle Binder für die zweite Bindestelle zu entdecken. Mit kleinen aromatischen Säuren wie **26.46–26.48** wurde man fündig (Abb. 26.21). Durch Verknüpfung eines solchen Bausteins (z. B. Naphthylcarbonsäure) und dem bereits bekannten Mimetikum **26.45** für das katalytische Zentrum erhielt man **26.49** als nanomolaren Inhibitor (K_i = 22 nM, Abb. 26.20 c und 26.21). Diese zweite Bindestelle hat in Folge die Leitstrukturoptimierung geprägt. Bei Novo Nordisk wurden die initialen Oxalsäurederivate am Thiophenring erweitert, um

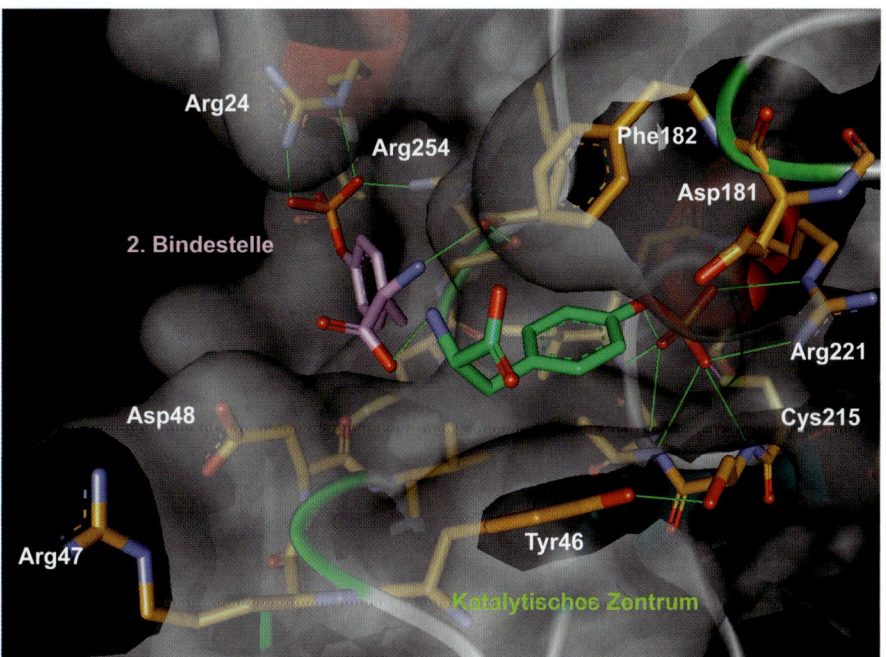

Abb. 26.19 Kristallographisch ermittelter Bindungsmodus eines phosphorylierten Tyrosins (**26.39**, grün, Abb. 26.21) als minimales Mimetikum für ein Peptidsubstrat in der humanen Phosphatase PTP-1B. Die Phosphatgruppe wird durch einen Argininrest (221) in Position gehalten und auf den nucleophilen Angriff durch Cys 215 vorbereitet. Oberhalb des Cys-Rests ist Asp 181 zu finden, das für den Ausgleich der Protonen sorgt. Der Eingang der Bindetasche wird durch die beiden aromatischen Reste Phe 182 und Tyr 46 begrenzt. Die Bindestelle des Cysteins befindet sich am Ende einer langen Helix. Die gezeigte Geometrie beruht auf einer Kristallstruktur mit der katalytisch praktisch unwirksamen Cys → Ser-Mutante. In der Kristallstruktur ist ein zweites Phosphotyrosin (rosa) zu finden, das an Arg 24 und Arg 254 in einer zweiten distalen Tasche bindet. Die Besetzung dieser zweiten Bindetasche hat im Folgenden die Entwicklung nanomolarer Inhibitoren für die PTP-1B geprägt (vgl. Abb. 26.20).

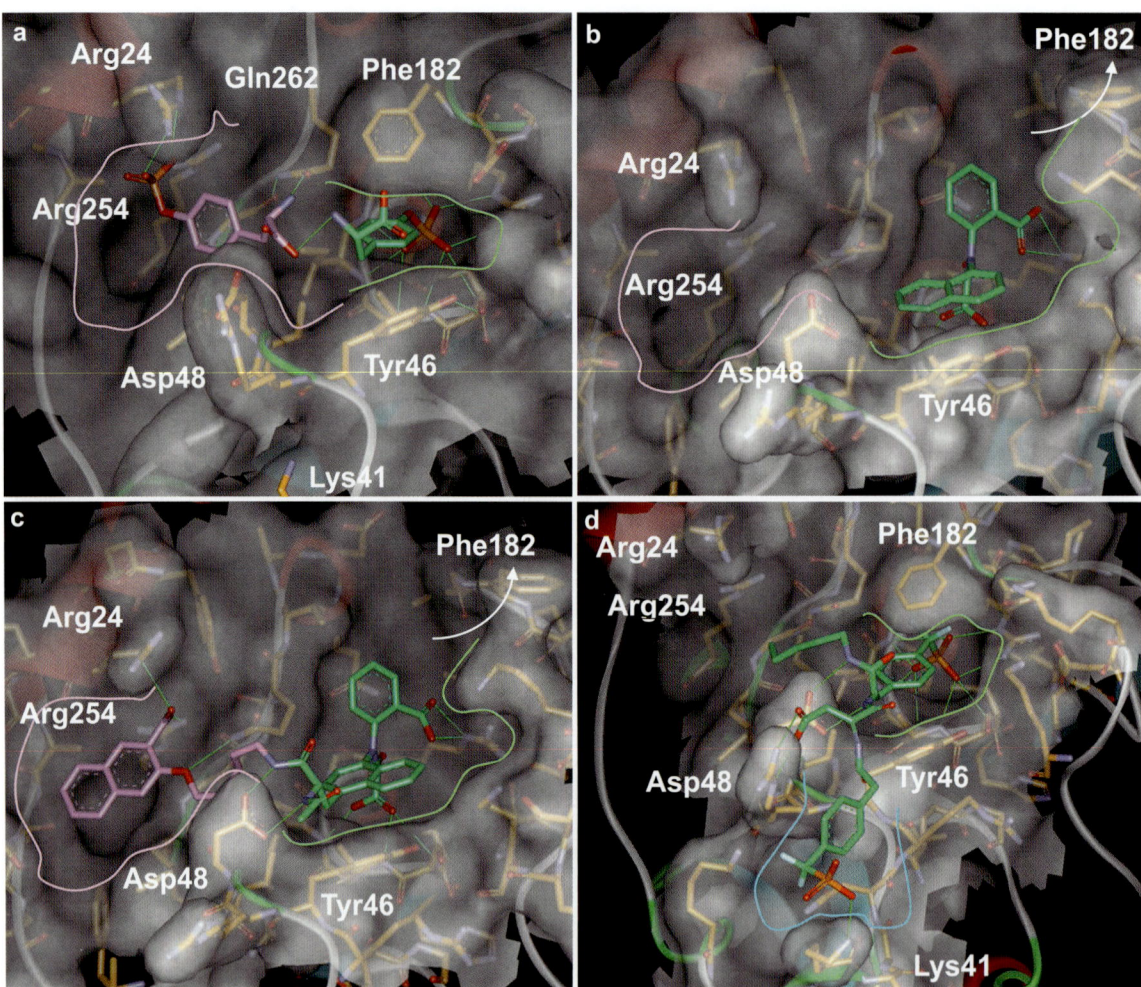

Abb. 26.20 (a) Bindungsmodus des substratanalogen Phosphotyrosins (**26.39**, Abb. 21.21) in humaner PTP-1B. Die Phosphatgruppe bindet tief in das katalytische Zentrum (grün). Die beiden hydrophoben Aminosäuren Phe 182 und Tyr 46 bilden ein enges Eingangsportal zum katalytischen Zentrum. In der Kristallstruktur konnte ein zweites Phosphotyrosin (rosa) entdeckt werden, das mit seiner Phosphatgruppe an Arg 24 und Arg 254 bindet. (b) Kristallstruktur eines bei Abbott entwickelten aromatischen Oxalsäurederivats (**26.45**) zur Besetzung des katalytischen Zentrums (grün). Die Verbindung induziert eine Umlagerung der Seitenkette von Phe 182 und öffnet das katalytische Zentrum nach oben. (c) Durch chemische Verknüpfung einer aromatischen Carbonsäure, die mit der *SAR-by-NMR*-Methode als Binder für die zweite Bindestelle (rosa) entdeckt wurde, und einem Mimetikum zum Besetzen des katalytischen Zentrums entstand der nanomolare Inhibitor **26.49** (Abb. 26.21). (d) Um selektive Bindung an PTP-1B gegenüber der strukturell sehr ähnlichen TCPTP zu erzielen, wurde der Strukturunterschied an Position 41 ausgenutzt (hellblaue Umrandung). Dort trägt PBP-1B ein Lysin, das verwandte Familienmitglied TCPTP verfügt an dieser Stelle über ein Arg. Der nanomolare Inhibitor **26.51** erzielt einen signifikanten Selektivitätsvorteil.

über eine weitere Verankerung mit Asp 48 zu affineren und selektiveren Inhibitoren des Gerüsts **26.50** (Abb. 26.21) zu gelangen.

Die Entwicklung von hoch potenten, für PTB-1B selektiven und oral verfügbaren Inhibitoren wurde durch eine andere Beobachtung getrübt. Aufgrund von Sequenzvergleichen hatte man bereits vermutet, dass es eine weitere Phosphatase gibt, die T-Zell-Protein-Tyrosinphosphatase TCPTP. Sie besitzt hohe Ähnlichkeit mit der PTP-1B. Eine solche Beobachtung ist beunruhigend, da die entwickelten PTP-1B Inhibitoren natürlich auch diese Phosphatase potent hemmen können. Die im Jahr 2002 veröffentlichte Kristallstruktur bestätigte die Vermutung: Die katalytische Domäne ist zu 74 % sequenzidentisch und auch die WPD-Schleife, die sich nach der Substratbindung über das katalytische Zentrum legt, ist identisch. Knock-out-Mäuse mit einem fehlenden *tcptp*-Gen

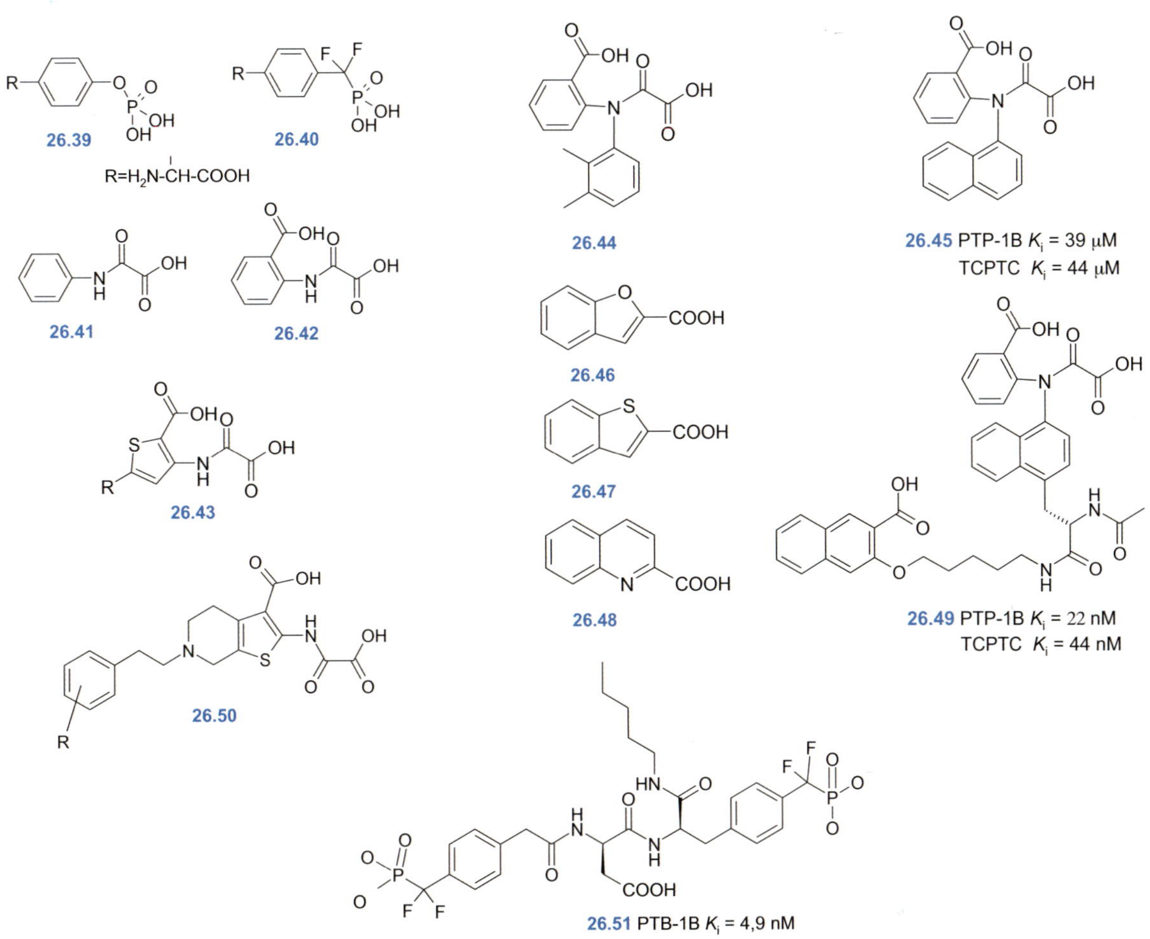

Abb. 26.21 Ausgehend von einem Substrat mit terminalem Phosphotyrosin **26.39** wurde die hydrolysestabile Verbindung **26.40** entwickelt. Ein Fragmentscreening machte auf die beiden Mimetika **26.41** bzw. **26.42** aufmerksam. Aus der letzteren Verbindung wurden analoge Thiophenderivate **26.43** entworfen. Bei Abbott entwickelte man analoge aromatische Oxalsäurederivate **26.44** und **26.45**. Ein Screening mit der *SAR-by-NMR*-Methode entdeckte aromatische Carbonsäuren wie **26.46–26.48** als Liganden für die zweite Bindestelle. Durch chemische Verknüpfung einer solchen aromatischen Carbonsäure als Binder für die zweite Bindestelle und einem Mimetikum für das Phosphotyrosin im katalytischen Zentrum entstand **26.49** als nanomolarer Hemmstoff. Auch bei Novo Nordisk wurden die ersten Leitstrukturen mit Seitenketten für die zweite Bindestelle versehen (**26.50**). Mit **26.51** gelang die Darstellung eines ca. vierfach selektiveren Inhibitors für PTP-1B im Vergleich zu TCPTP.

kommen zwar gesund zur Welt, versterben aber innerhalb von 3–5 Wochen nach der Geburt. Noch alarmierender erwies sich die Beobachtung, dass ein gleichzeitiges Ausschalten des *ptp-1b-* und *tcptp-*Gens den Mäusen keinerlei Überlebenschancen gibt. Dies unterstreicht die extreme Gefahr, dass nicht ausreichend selektive PTP-1B Inhibitoren bei gleichzeitiger Hemmung der T-Zell-Protein-Tyrosinphosphatase möglicherweise zu lebensbedrohlichen Zuständen führen könnten. Die Not war groß. Wo treten zwischen den Strukturen beider Phosphatasen Unterschiede auf, die eine Entwicklung ausreichend selektiver Verbindungen zulassen? Alle bis zu diesem Zeitpunkt entwickelten Hemmstoffe zeigten eine nahezu äquipotente Inhibition beider Proteine. Als sehr interessant erwiesen sich 2003 bekannt gewordene bidentate Inhibitoren wie **26.51** (Abb. 26.21), die zwar das katalytische Zentrum besetzen, aber die zweite Bindestelle unberücksichtigt lassen (Abb. 26.20 d). Auch diese Region erwies sich als sequenzidentisch zur TCPTP. Die neuen Inhibitoren adressieren mit einer etwas anderen Orientierung einen Lysinrest (Lys 41), der sich im TCPTP als Arginin erweist. Zumindest besitzt der nanomolare Inhibitor **26.51** einen deutlichen Selektivitätsvorteil gegen PTP-1B verglichen mit TCPTP. Die Firma Sunesis berichtete im Jahr 2004 über die Entdeckung einer allosterischen Bindestelle in 20 Å Entfernung auf der Rückseite zum katalytischen Zentrum der PTP-1B. Es gelang einen Inhibitor gegen diese Bindestelle zu entwickeln, der mikromolar an das Enzym bindet. Er blockiert dessen Funktion, indem er das Schließen der WPD-Schleife verhindert. Somit kann sich diese Schleife nicht über die Substratbindestelle legen. Die essenziellen Reste wie das katalytisch aktive Aspartat werden nicht in die Nähe des Substrats gebracht. Der potenteste Ligand **26.52** (IC$_{50}$ = 8 μM) aus dieser Serie windet sich förmlich, wie eine Kristallstrukturbestimmung beweist, mit seinen aromatischen Baugruppen um ein dort befindliches Phenylalanin (Abb. 26.22). In der strukturanalogen TCPTP befindet sich dort ein Cystein, das ganz andere Wechselwirkungen mit den aromatischen Baugruppen dieses Liganden aufbaut. Daher erzielt die Verbindung gegenüber dieser Phosphatase nur eine 280-mikromolare Hemmung. Vielleicht eröffnet die Blockierung dieser allosterischen Bindestelle eine Perspektive zur selektiven Hemmung der PTP-1B. Die Zukunft muss zeigen, ob sich das hier als gravierend abzeichnende Selektivitätsproblem auf geeignete Weise lösen lässt. Daher beruhen derzeit alle Hoffnungen zur Beeinflussung dieses auf den ersten Blick idealen Zielproteins auf einem Antisense-Nucleotid, das sich in der klinischen Erprobung befindet (Abschnitt 32.4).

26.9 Inhibitoren der Catechol-*O*-Methyltransferase

Eine große Familie transferierender Enzyme sind die Methyltransferasen, die Methylgruppen auf andere Biomoleküle übertragen. Unter diesen stellen die DNA-Methyltransferasen eine wichtige Gruppe dar. Ihre Aufgabe ist es, Nucleobasen an bestimmten Stellen der DNA durch Übertragung von Methylgruppen chemisch zu verändern. Diese Methylierungen führen zu keiner Variation des genetischen Codes, d. h. es werden weiterhin die gleichen Aminosäuren in das Genprodukt übersetzt. Sie dienen aber einer Art Markierung von DNA-Strängen, die z. B. ein Unterscheiden von zelleigener und fremder DNA erlauben oder ursprüngliche von neusynthetisierten Kettensträngen differenzieren. Eine andere Gruppe Methyltransferasen überträgt Methylgruppen auf Sauerstoff-, Stick-

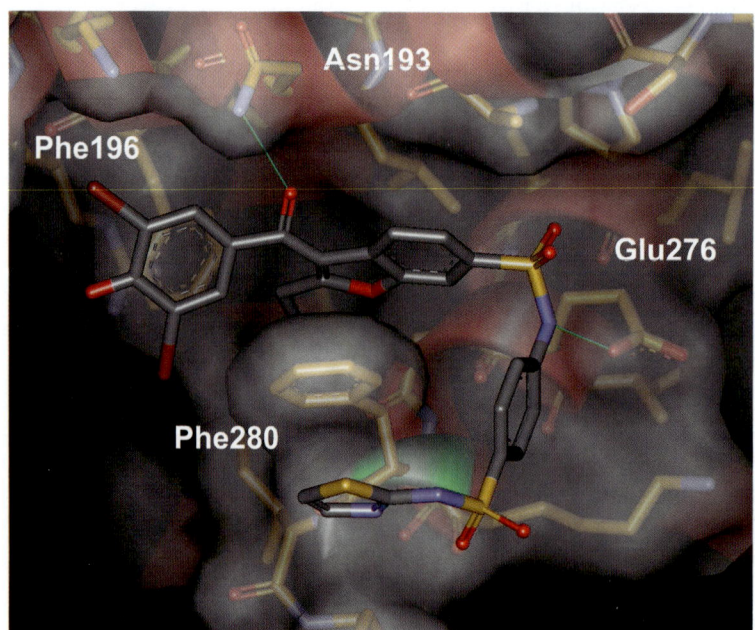

Abb. 26.22 Bei Sunesis konnte eine neue allosterische Bindestelle entdeckt werden, die in ca. 20 Å Entfernung zum katalytischen Zentrum der Phosphatase vorliegt. **26.52** hemmt die PTP-1B 16fach stärker als TCPTP. Die Kristallstruktur mit PTP-1B zeigt, dass der Inhibitor praktisch das exponierte Phe 280 umklammert. In TCPTP befindet sich an gleicher Position ein Cys-Rest.

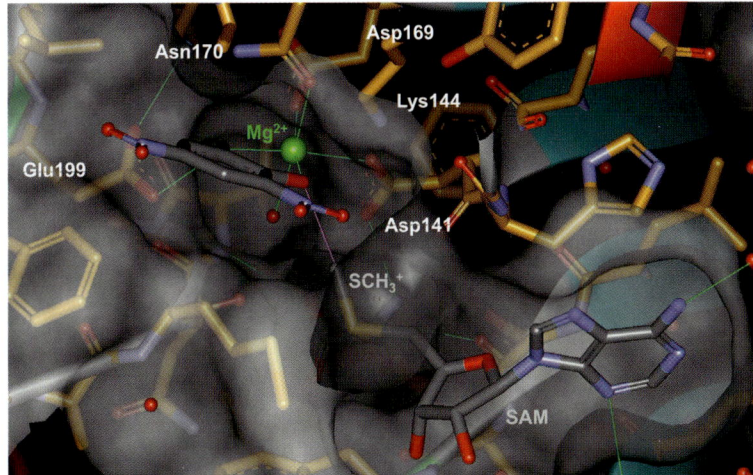

Abb. 26.23 Die Kristallstruktur von COMT mit dem Cofaktor *S*-Adenosyl-L-Methionin **26.53** und dem catecholaminanalogen nitrosubstituierten Inhibitor **26.54**. Die auf den phenolischen Sauerstoff (rot) zu übertragende Methylgruppe (rot) befindet sich in kurzer Distanz (2,63 Å). Der phenolische Sauerstoff, Nucleophil in der Übertragungsreaktion, ist vermutlich deprotoniert, bedingt durch die elektronenziehende Wirkung der Nitrogruppen und die enge Nachbarschaft zu dem Magnesiumion, der Sulfoniumgruppe und der Ammoniumgruppe von Lys 144. Die angehäuften positiven Ladungen verschieben den pK_a-Wert dieser Hydroxygruppe zusätzlich in den sauren Bereich. Die zweite phenolische OH-Gruppe liegt wahrscheinlich ungeladen vor und bildet eine H-Brücke zu Glu 199.

stoff- oder Schwefelatome in kleinen Biomolekülen. Die Methyltransferasen verwenden dazu *S*-Adenosyl-L-Methionin (SAM **26.53**) als Cofaktor (Abb. 26.23). In der Transmethylierungsreaktion wird von diesem Donormolekül die hoch reaktive Methylgruppe an der Sulfoniumgruppe übertragen.

Für die Arzneimitteltherapie haben Inhibitoren der Catechol-*O*-Methyltransferase (COMT) Bedeutung erlangt. Dieses Enzym deaktiviert die endogene Funktion von Catecholaminen wie Dopamin, Adrenalin oder Noradrenalin, indem es auf eine der phenolischen Hydroxygruppen dieser Neurotransmitter eine Methylgruppe transferiert. Polymorphismen dieses Enzyms werden mit psychischen Veränderungen in Zusammenhang gebracht, die mit Angststörungen und Schizophrenien einhergehen können. Die in der Therapie eingesetzten Hemmstoffe des Enzyms werden aber vor allem zur Behandlung des Morbus Parkinson verwendet. Diese auch als Schüttellähmung bezeichnete Krankheit tritt besonders bei älteren Menschen auf. Sie wird durch einen langsam fortschreitenden Abbau der dopaminergen Neuronen in der so genannten *Substantia nigra* im Mittelhirn verursacht. Eine ursächliche Behandlung dieses Zerfalls der Neuronen ist bis heute nicht gelungen. Daher versucht man, den Mangel an Dopamin durch eine Therapie mit von außen zugeführten Ersatzstoffen auszugleichen. Die Aminosäure L-Dopa war bereits im Abschnitt 9.4 als Vorstufe des Dopamins vorgestellt worden. Obwohl sie stärker polare Eigenschaften als Dopamin aufweist, kann sie die Blut-Hirn-Schranke überwinden, da sie für ihren Transport ins Gehirn einen Aminosäuretransporter ausnutzt. Allerdings erreicht nur ca. 1 % der verabreichten Menge wirklich das Gehirn. Der überwiegende Teil wird bereits in der Peripherie durch dort vorkommende Decarboxylasen abgebaut. Um diese Degradation zu verhindern und Nebenwirkungen aufgrund des in der Peripherie freigesetzten Dopamins zu drosseln, verabreicht man gleichzeitig einen Decarboxylase-Hemmer. Dieser muss allerdings so polar sein, dass er die Blut-Hirn-Schranke nicht überwindet (z. B. Benserazid **9.39**, Abb. 9.9). Durch diese Strategie wird die Bioverfügbarkeit des L-Dopa im Gehirn bereits erheblich gesteigert. Der Wirkstoff wird sowohl über die Monoaminoxidase (Abschnitt 27.8) wie die Catechol-*O*-Methyltransferase abgebaut. COMT erkennt das dem Dopamin strukturanaloge L-Dopa ebenfalls als Substrat. Durch Überführung einer Methylgruppe auf seine phenolische Hydroxyfunktion wird es inaktiviert. Durch Hemmung der COMT lässt sich daher die Bioverfügbarkeit von L-Dopa weiter steigern und so eine höhere Dopaminkonzentration im Gehirn erreichen.

Die Kristallstruktur des Enzyms wurde 1994 in der Gruppe von Anders Liljas aufgeklärt. Die Bindestelle des Cofaktors SAM befindet sich direkt benachbart zu der des Catecholamins (Abb. 26.23). Entscheidend für den Mechanismus ist ein tief vergrabenes Magnesiumion, das oktaedrische Koordinationsgeometrie annimmt. Die benachbarten Sauerstoffatome des Catecholamins chelatisieren das Magnesiumion. Dadurch wird der eine phenolische Sauerstoff auf kurze Distanz (2.63 Å) zu der Methylgruppe an der Sulfoniumgruppe gebracht. Vermutlich liegt diese Hydroxylfunktion durch ihre Nachbarschaft zu dem Magnesiumion, der Sulfoniumgruppe und der Ammoniumgruppe des Lys 144 deprotoniert vor, wodurch ihre Nucleophilie für die S_N2-artige Übertragung der Methylgruppe vom positiv geladenen Schwefel des SAM erleichtert wird. Die zweite, wahrscheinlich ungeladene phenolische OH-Gruppe wird in eine Wasserstoffbrücke zu Glu 199 einbezogen. Die Kristallstrukturbestimmung gelang mit dem substratähnlichen Inhibitor 26.54, in dem durch zwei elektronenziehende Nitrogruppen die Nucleophilie des Sauerstoffs sehr stark herabgesetzt ist (Abb. 26.23). Die Übertragung der Methylgruppe findet nicht mehr statt.

Schwach mikromolare Affinität gegen das Enzym zeigen Moleküle mit einem mehrfach hydroxylierten Aromaten, z. B. Pyrogallol 26.55, Gallussäure 26.56 oder Tropolon 26.57. Die Einführung von stark elektronenziehenden Nitrogruppen oder Carbonylgruppen am Aromaten führt zu einer deutlichen Affinitätssteigerung dieser substratähnlichen Inhibitoren. Die Hemmstoffe Tolcapon 26.58, Entacapon 26.59, Nitecapon 26.60 oder Nebicapon 26.61 besitzen alle ein Substitutionsmuster mit einer Nitrogruppe in *ortho*-Stellung zu der nucleophilen Hydroxylgruppe und einer zweiten elektronenziehenden Gruppe in *para*-Stellung (Abb. 26.24). Kristallographisch konnte für diese Derivate gezeigt werden, dass ihre Nitrogruppe auf der von 26.54 zu liegen kommt, die in Richtung auf das SAM-Substrat steht (Abb. 26.23). Der zweite elektronenziehende Substituent fällt auf die andere Nitrogruppe von 26.54 und orientiert sich in Richtung auf das umgebende Lösungsmittel. Tolcapon 26.58 wurde 1997 als peripher und zentral wirksamer COMT-Inhibitor zugelassen. Wegen beobachteter Lebertoxizität wurde sein therapeutischer Einsatz stark eingeschränkt. Günstiger erweist sich die gemeinsame Medikation von L-Dopa mit Entacapon 26.59, das vor allem peripher wirkt. Es ist seit 1998 auf dem Markt und trägt zu einem ausbalancierten Spiegel an L-Dopa bei.

Alle diese Wirkstoffe konkurrieren mit dem Catecholamin um die Bindestelle am Magnesiumion. In jüngster Zeit ließen sich auch nanomolare Bisubstratinhibitoren 26.62 entwickeln. Sie verdrängen sowohl den Cofaktor SAM wie das Catecholamin aus ihren Bindetaschen. An den Bisubstrathemmern kann man noch die ursprünglichen Bausteine aus den beiden molekularen Vorbildern ablesen. In Abb. 26.25 ist die Kristallstruktur eines solchen Inhibitors gezeigt. Seine Bindungsgeometrie deckt sich auf der Nucleosidseite weitgehend mit der des Adenosylteils im SAM und auf der Catecholaminseite mit dem Nitroaromaten. Kritisch für die Bindungsaffinität war die korrekte Wahl der Brücke zwischen den beiden substratanalogen Molekülgruppierungen. Eine starre fünfgliedrige Kette aus einer Amidgruppe und einer *E*-konfigurierten Doppelbindung stellt das Optimum dar. Flexibilisierung durch Hydrierung der Doppelbindung lässt die Bindungsaffinität um den Faktor 100 einbrechen. Eine Verlängerung der Kette um ein weiteres Glied führt zu einer weiteren 25fachen Reduktion der Bindungsstärke. Bisubstratanaloge Inhibitoren sollten eine höhere Selektivität gegenüber ihrem Zielenzym erlangen. Im vorliegenden Fall bedingt die starre und geometrisch aufgespannte Brücke zwischen den beiden Molekülteilen eine für die Bindung erforderliche Vororientierung der pharmakophoren Gruppen. Diese Präorganisation eines Liganden gibt ihm einen Vorteil bei der Bindung an seinen Rezeptor. Die weitere Entwicklung muss zeigen, ob solche Bisubstrathemmstoffe eine Chance besitzen, in die Arzneistoffentwicklung Eingang zu finden.

26.10 Hemmung des Transfers von Prenylankern

Kinasen sind nicht die einzigen Proteine, die eine posttranslationale Veränderung im Rahmen der Signaltransduktion vornehmen. In der Zelle ist die räumliche Lokalisierung von Proteinen häufig essenziell für deren korrekte Funktion. Manche Proteine müssen dazu in der Membran verankert werden. Neben den Beispielen, die direkt mit einem Abschnitt ihrer Polymerkette in die Membran eintauchen, kennt man Proteine, die über einen angefügten Farnesyl- 26.63 oder Geranylgeranylanker 26.64 dort fixiert werden. Diese hydrophoben Anker sind aus Isoprenoideinheiten aufgebaut (Abb. 26.26). Das Anheften an

26. Hemmstoffe für Transferasen

die Proteine erfolgt über einen Cysteinrest, der sich in der Nähe des *C*-Terminus befindet. Man kennt drei Klassen von so genannten prenylierenden Enzymen, die **Farnesyltransferasen** (FTasen) und die **Geranylgeranyltransferasen I** und **II** (GGTase I und II). Substrate dieser Katalysatoren sind u. a. GTPasen der Ras-, Rab- und Rho-Familien, Lamine und die γ-Untereinheit von heterotrimeren G-Proteinen. Um

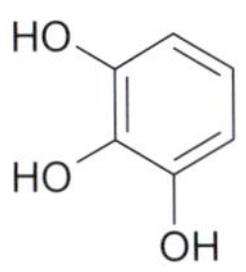

26.55 Pyrogallol 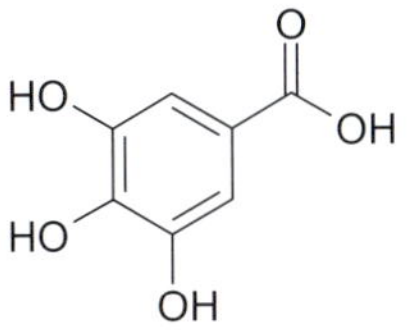   **26.56** Gallussäure 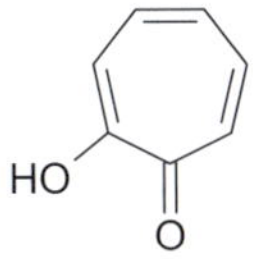   **26.57** Tropolon

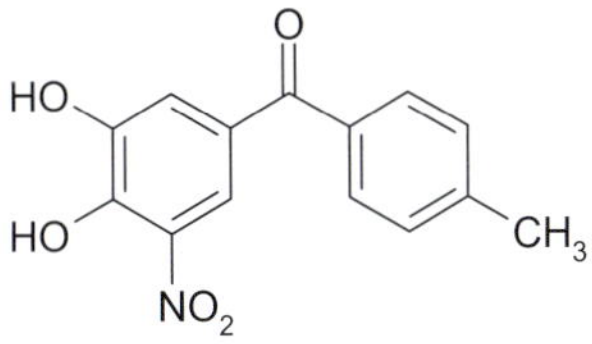

26.58 Tolcapon IC$_{50}$ = 0,3 nM 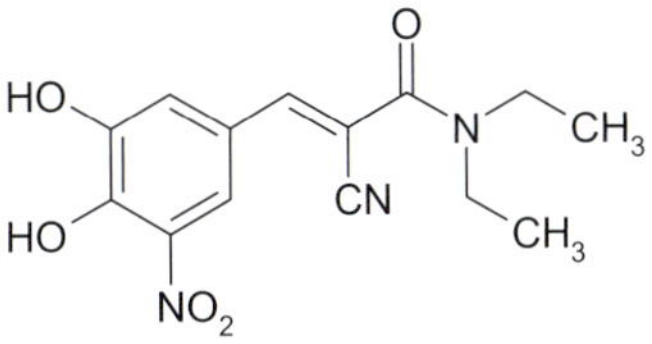   **26.59** Entacapon IC$_{50}$ = 0,3 nM

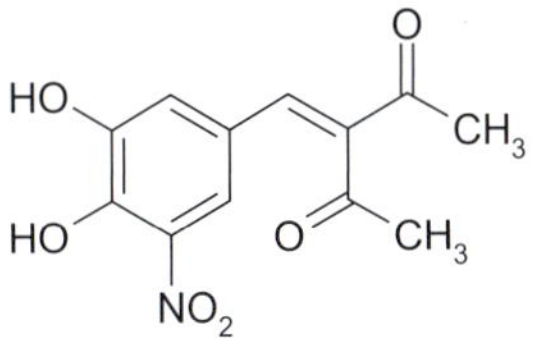

26.60 Nitecapon IC$_{50}$ = 1 nM 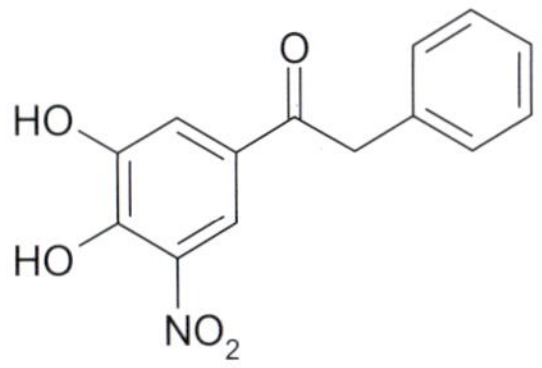   **26.61** Nebicapon

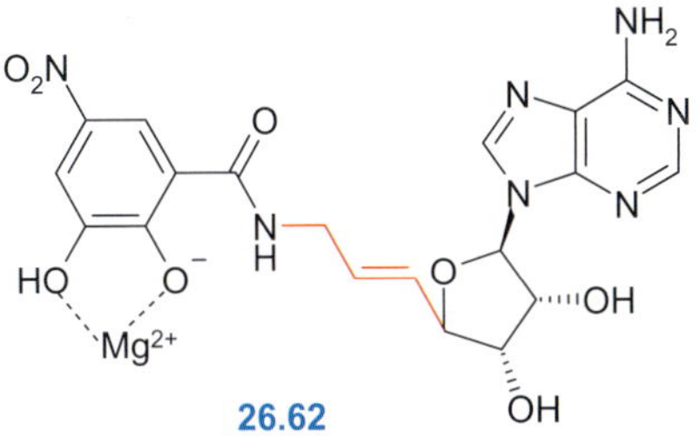

26.62

Abb. 26.24 Pyrogallol **26.55**, Gallussäure **26.56** oder Tropolon **26.57** binden mit mikromolarer Affinität an COMT. Tolcapon **26.58**, Entacapon **26.59**, Nitecapon **26.60** oder Nebicapon **26.61** besitzen stark elektronenziehende Gruppen direkt am Aromaten oder in Konjugation. Sie sind nanomolare, kompetitive Inhibitoren des Catecholamins. Die Verknüpfung eines dem Catecholamin bzw. Adenosylrest analogen Bausteins mit einer starren fünfgliedrigen Brücke (Amidbindung und Doppelbindung, rot) liefert den nanomolaren Bisubstratanalogen Hemmstoff **26.62**.

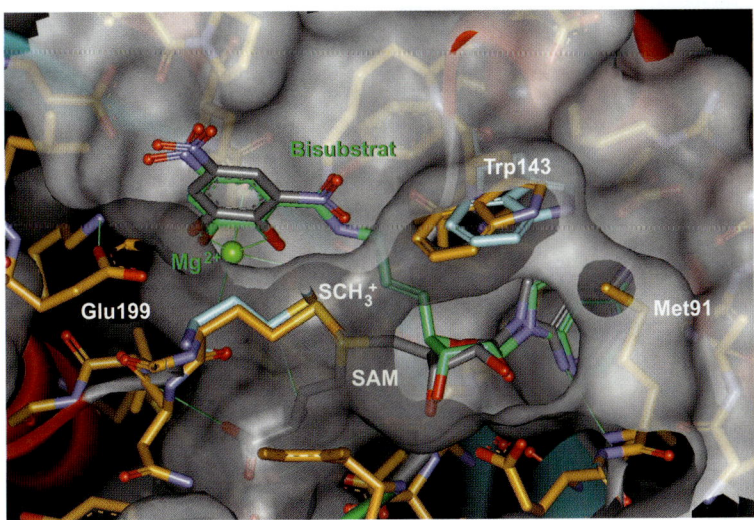

Abb. 26.25 Überlagerung der Kristallstrukturen von COMT mit SAM **26.53** und dem catecholaminähnlichen Inhibitor **26.54** (graue Kohlenstoffatome) mit dem Bisubstrathemmstoff **26.62** (grüne Kohlenstoffatome).

26

Teil V · Erfolge beim rationalen Design von Wirkstoffen

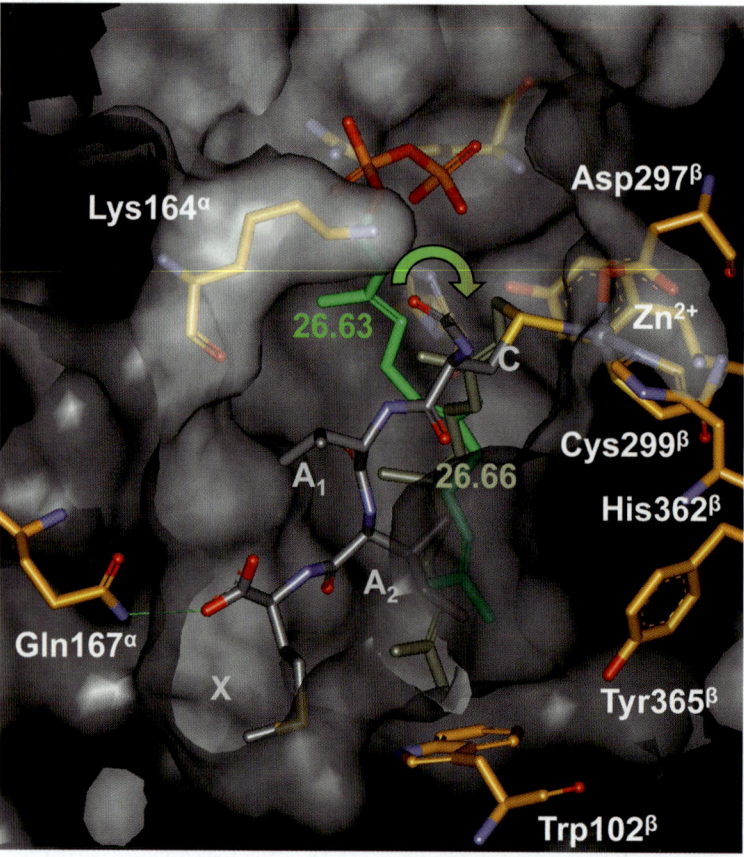

Abb. 26.26 Farnesyldiphosphat **26.63** bindet an FTase und besetzt einen Teil des großen katalytischen Zentrums. Es gelang, die Kristallstruktur des Enzyms mit diesem Substrat zu bestimmen (links, Farnesyldiphosphat grün). In GGTase werden Geranylgeranylreste **26.64** übertragen, die eine verlängerte Isoprenylkette besitzen (rot gezeichnete Isoprenylkette statt schwarzer Kette in **26.63**). In der FTase begrenzen Trp 102$^\beta$ und Tyr 365$^\beta$ die Bindetasche und sorgen für eine Substratselektivität. Nach Bindung des Farnesylsubstrats diffundiert das Substratpeptid **26.65** (grau) mit seinem CAAX-Terminus in die Bindetasche. Katalysiert über ein benachbartes Zinkion, das den Cysteinrest des Substrats koordiniert, erfolgt die Übertragung des Farnesylrests auf die Thiolgruppe des Cysteins. Die Diphosphatgruppe wird nucleophil verdrängt. Auch mit dem entstandenen Produkt **26.66** (graugrün) konnte eine Kristallstruktur bestimmt werden. Sie ist links überlagert mit dem binären Komplex gezeigt. Der Farnesylrest bewegt sich in der Tasche (Pfeil). Das entstandene Produkt koordiniert an das Zinkion. Mit seinen beiden aliphatischen Resten A$_1$ und A$_2$ des CAAX-Motivs wird die Tetrapeptideinheit von dem Enzym erkannt. Das endständige Methionin (X) bildet mit seiner Carboxylatgruppe eine Wasserstoffbrücke zu Glu 167$^\alpha$.

von FTasen und GGTasen I einen Prenylanker übertragen zu bekommen, müssen diese Substratproteine eine CAAX-Sequenz 26.65 an ihrem C-Terminus tragen (Abb. 26.26). Dabei steht C für das Cystein, auf das die Prenylgruppe übertragen wird, A ist meist eine aliphatische Aminosäure. Entspricht X einem Serin, Methionin, Glutamin oder Alanin, wird das Protein durch eine FTase prenyliert. Ein Leucin an dieser Position bevorzugt eine GGTase als Katalysator.

Inzwischen hat man über 250 Proteine entdeckt, die mit einer CAAX-Sequenz enden. Für mehr als 100 Proteine konnte nachgewiesen werden, dass ein posttranslationales Anheften eines Isoprenoidschwanzes für ihre Funktion erforderlich ist. Das Interesse an diesen prenylierenden Enzymen, vor allem FTase, entstand Anfang der 1990er-Jahre. Man hatte beobachtet, dass RAS-Proteine, die in mutierter Form bei Krebserkrankungen ein permanent wachstumsstimulierendes Signal an die Zelle vermitteln, farnesyliert werden müssen. Nur dann sind sie aktiv. Unterbleibt die Farnesylierung, lässt sich auf diesem Weg die RAS-Aktivität unterdrücken. Nach Übertragung der Prenylgruppe im Cytoplasma auf das Cystein drei Aminosäuren vor dem C-Terminus wandert das Protein an das endoplasmatische Retikulum. Dort wird proteolytisch der AAX-Tripeptid-Schwanz abgespalten und durch einen Carboxymethylierungsschritt eine Methylgruppe auf den neuen C-Terminus übertragen. Anschließend verankert sich das prenylierte Protein in der Membran. In ihrem katalytischen Zentrum enthalten die FTasen und die GGTasen ein katalytisches Zinkion, das durch ein Cystein, Aspartat und Histidin koordiniert wird. Als erstes diffundiert der Farnesyl- bzw. Geranylgeranylanker als Diphosphat in die große trichterförmige Bindetasche des Enzyms. FTasen und GGTasen bilden ein Heterodimer mit fassartigem Aufbau, zu dem nahezu ausschließlich helicale Strukturelemente beitragen. Die FTase erkennt spezifisch das kürzere Substrat Farnesyldiphosphat 26.63, da ihre Bindetasche am Boden durch Trp 102^β und Tyr 365^β begrenzt wird (Abb. 26.26). Nach erfolgreicher Bindung des Prenylsubstrats folgt die Peptidkette, die mit ihrem tetrapeptidischen C-Terminus CAAX in das katalytische Zentrum diffundiert. Das Prenylsubstrat stellt eine große Wechselwirkungsfläche für das eintretende Peptidsubstrat bereit.

Zur eigentlichen Reaktion muss sich die Farnesylkette auf das Peptidsubstrat zubewegen. Mit der Thiolgruppe seines Cysteins besetzt das CAAX-Substrat die vierte Koordinationsstelle am Zinkion. Es bindet mit seiner hydrophoben aliphatischen Seitenkette A_2 in eine vorgeformte Bindetasche des Enzyms. Die Seitenkette A_1 ragt in das umgebende Lösungsmittel. In der in Abb. 26.26 gezeigten Struktur besetzt ein Methionin die X-Position und die C-terminale Carboxylatgruppe bildet eine Wasserstoffbrücke zu Gln 167^α. Durch einen nucleophilen Angriff des Cysteins im Substrat auf das Kohlenstoffatom benachbart zu der Diphosphatgruppe wird der Prenylrest auf die Peptidkette übertragen. Das prenylierte Substrat 26.66 diffundiert aus dem katalytischen Zentrum heraus. Dieser Schritt ist interessanterweise geschwindigkeitsbestimmend. Es gibt Hinweise, dass ein neues Substratmolekül erforderlich ist, um das entstandene Produkt aus dem Enzym zu verdrängen. Dazu nimmt das Produktmolekül eine neue Position ein und bindet in einen Bereich der Bindetasche, über den es das Reaktionszentrum verlässt.

Dem Mechanismus der Umsetzungsreaktion entsprechend kann man verschiedene Konzepte zur Entwicklung von Inhibitoren für diese Enzyme verfolgen. Der erste Weg versucht mit dem Isoprenoiddiphosphat zu konkurrieren. Dies gelingt z. B. mit α-Hydroxyfarnesylphosphonsäure 26.67 (Abb. 26.27). Eine solche isoprenoidanaloge Verbindung besetzt dem Farnesyldiphosphat vergleichbar die Bindetasche und bildet ausgiebige Wechselwirkungen sowohl mit dem Enzym als auch mit dem CAAX-Peptidsubstrat. Die zweite und am häufigsten beschrittene Strategie verdrängt das Peptidsubstrat von seiner Bindestelle. Hierzu bietet sich zunächst die Entwicklung von peptidomimetischen Inhibitoren an. Ein Beispiel ist L-739750 26.68, ein Ester-Prodrug, das in Ratten eine Rückbildung von Tumoren ohne systemische Toxizität bewirkt.

Es gelang auch, vollständig von der peptidischen Leitstruktur weg zu kommen. Beispiele sind R115777 (Tipifarnib) 26.69 von Janssen Pharma oder BMS-214662 26.70 von Bristol-Myers-Squibb. Beide verwenden ihren Imidazolrest, um an das Zinkion zu koordinieren. In Abb. 26.28 ist eine Überlagerung von BMS-214662 26.70 mit dem Peptidsubstrat 26.66 gezeigt. 26.70 ersetzt an der A_1-Position die Isopropylgruppe des Peptids mit seinem Thiophenring. Für die A_2-Position verwendet der Inhibitior seinen Benzylrest, der die Seitenkette des Isoleucins nachbildet. Mit ABT-839 26.71 konnte bei Abbott eine Verbindung gefunden werden, die keine Koordination zum Zinkion aufbaut. Sie trägt am Ende einen Methioninrest, der sehr ähnlich wie der Peptidschwanz in Position X des natürlichen Substrats an das Protein bindet. Bei Schering-Plough gelang es, das tricyclische Derivat Lonafarnib 26.72 zu entwickeln, das mit seiner endständigen Harnstoffgruppe in den Bindebereich steht, über den das prozessierte Substrat die Bindetasche verlässt. Auch dieser Inhibitor blockiert das Enzym

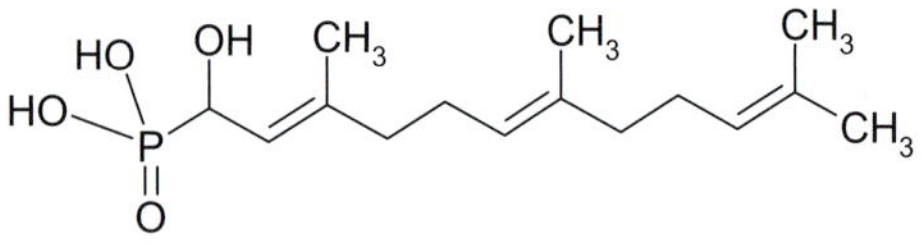

26.67 α-Hydroxyfarnesylphosphonsäure

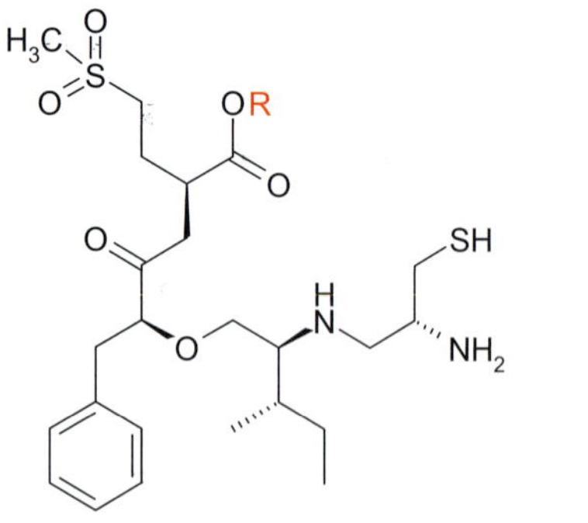

26.68 L-739750 R = H bzw. R = *i*Pr

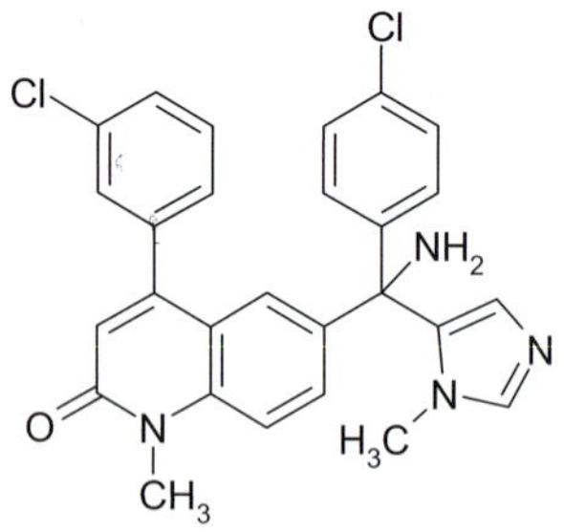

26.69 R115777 Tipifarnib

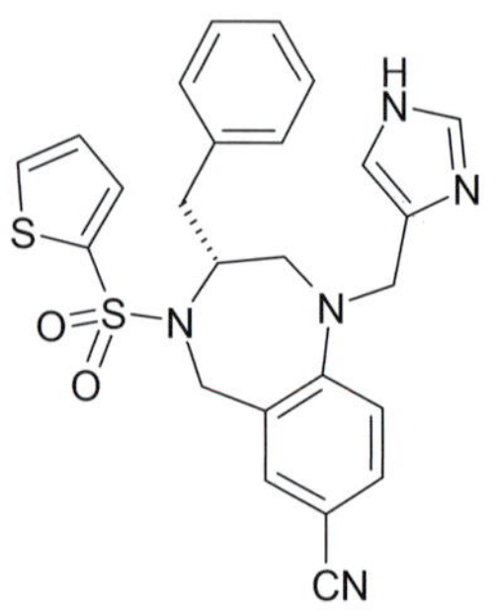

26.70 BMS-214662

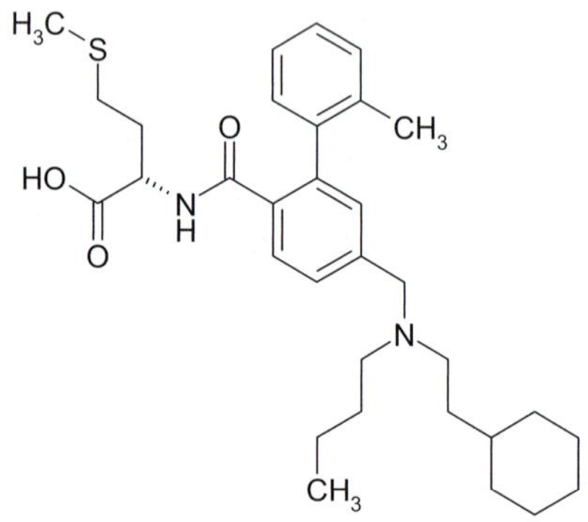

26.71 ABT-839

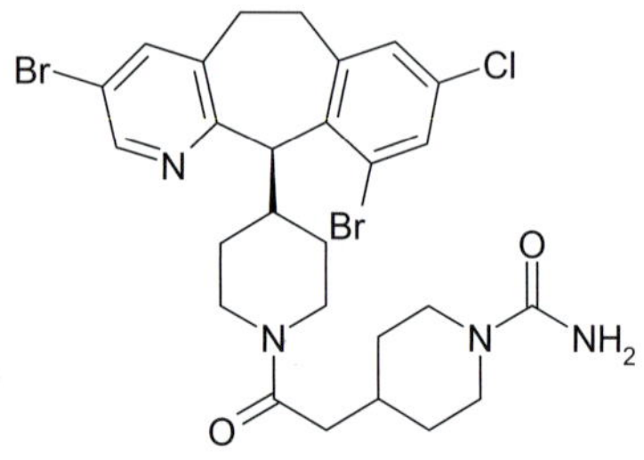

26.72 Lonafarnib

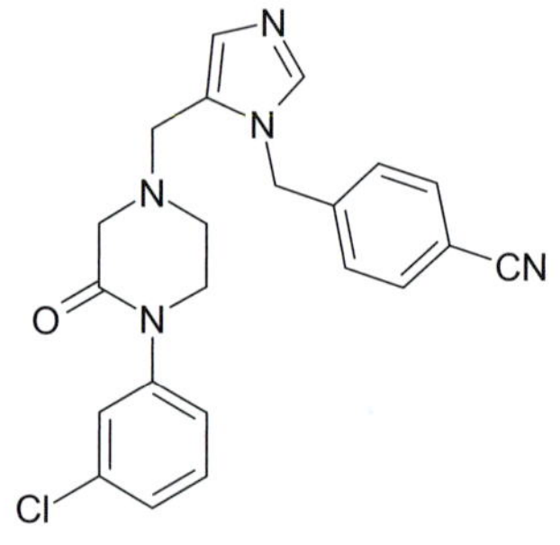

26.73 L-778123

Abb. 26.27 Entwicklungssubstanzen zur Hemmung der FTase. **26.67** stellt einen zu Farnesyldiphosphat **26.63** kompetitiven Inhibitor dar. **26.68–26.73** sind Hemmstoffe, die kompetitiv zu dem Tetrapeptidsubstrat CAAX binden. Nur zum Teil (**26.68–26.70**, **26.73**) verwenden sie eine ihrer funktionellen Gruppen (z. B. Imidazolring) zur Blockierung des Zinkions im katalytischen Zentrum. **26.71** und **26.72** hemmen FTase ohne direkte Koordination an das Zn^{2+}. **26.73** blockiert äquipotent FTase wie GGTase I.

ohne an das Zinkion zu koordinieren. Die Verbindungen **26.68–26.72** weisen alle einen Selektivitätsvorteil gegenüber der FTase auf. Mit **26.73** konnte bei Merck eine nicht peptidische Struktur entdeckt werden, die sowohl die FTase wie die GGTase I potent hemmt. Natürlich kann auch hier, ähnlich wie bei der COMT (Abschnitt 26.8), eine Strategie aufgegriffen werden, bei der ein gleichzeitiges Verdrängen beider Substrate aus der Bindetasche verfolgt wird. Diese bisubstratanalogen Inhibitoren haben allerdings mit dem Problem zu kämpfen, dass sie sehr groß werden, um erfolgreich mit den beiden ebenfalls recht großen Substraten in Konkurrenz treten zu können.

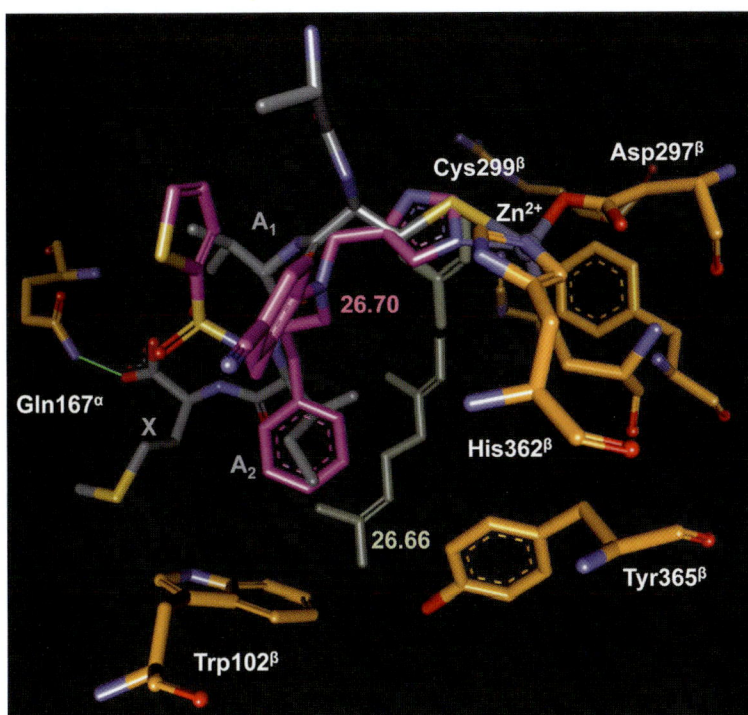
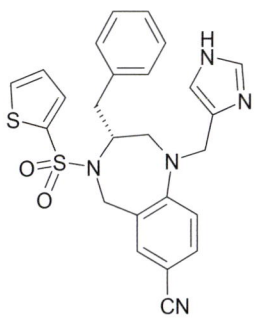

26.70 BMS-214662

Abb. 26.28 Kristallstruktur mit **26.70** (violett), das als völlig nichtpeptidische Struktur den Bindungsmodus des peptidischen Substrats **26.66** nachahmt. Mit seinem Imidazolbaustein koordiniert es an das katalytische Zinkion. Der hydrophobe Benzylrest und die Thiophengruppe ersetzen im natürlichen Substrat die Seitenketten A_1 und A_2. Der Bindebereich der terminalen Aminosäure X (hier Methionin) bleibt durch **26.70** unbesetzt.

Die klinischen Studien an den nicht peptidischen Farnesyltransferaseinhibitoren **26.68**–**26.73** sind bisher noch nicht abschließend zu beurteilen. Der alleinige Einsatz dieser Inhibitoren hat bei der Bekämpfung von soliden Tumoren ein eher enttäuschendes Bild ergeben, obwohl für Tipifarnib **26.69** viel versprechende Ergebnisse bei der Behandlung von Brustkrebs beobachtet wurden. Es bleibt abzuwarten, ob die FTase-Inhibitoren als Einzelwirkstoffe in der Tumortherapie eine Anwendung finden oder ob sich eine Kombination mit anderen Cytostatika oder Hormonpräparaten als effizienter erweist. In jüngster Zeit hat sich allerdings für die FTase-Inhibitoren ein neues Feld in der Arzneistoffentwicklung eröffnet. So scheinen sie potenzielle Leitstrukturen zur Bekämpfung von Infektionskrankheiten zu sein, die durch pathogene Mikroorganismen verursacht werden, z. B. durch Plasmodien (Malaria), Trypanosomen (Afrikanische Schlafkrankheit bzw. Chagas-Krankheit) und Leishmanien (Leishmaniose, schwarzes Fieber). Auch die Erreger von Pilzerkrankungen wie *Candida albicans* lassen sich auf diesem Weg bekämpfen. Offensichtlich ist für diese Organismen die posttranslationale Prenylierung ihrer Proteine ein essenzieller Schritt in ihrem Lebenscyclus. Es bleibt zu hoffen, dass die Sequenzunterschiede ihrer Transferasen im Vergleich zu den humanen Enzymen ausreichen, um selektive Verbindungen zu entwickeln.

Literatur

Allgemeine Literatur

A. J. Bridges, Chemical Inhibitors of Protein Kinases, Chem. Rev., **101**, 2541–2571 (2001)

B. M. Klebl und G. Müller, Second-generation Kinase Inhibitors, Expert Opin. Ther. Targets **9**, 975–993 (2005)

H. Kubinyi und G. Müller, Eds., Chemogenomics in Drug Discovery. A Medicinal Chemistry Perspective, Wiley-VCH, Weinheim, 2004

M. A. Fabian, W. H. Biggs et al., A Small Molecule-Kinase Interaction Map for Clinical Kinase Inhibitors, Nat. Biotech **23**, 329–336 (2005)

S. W. Cowan-Jacob, V. Guez, et al., Imatinib (STI571) Resistance in Chronic Myelogenous Leukemia: Molecular Basis of the Underlying Mechanisms and Potential Strategies for Treatment, Mini-Reviews in Medicinal Chemistry **4**, 285–299 (2004)

P. J. Alaimo, M. A. Shogren-Knaak und K. M. Shokat, Chemical Genetic Approaches for the Elucidation of Signalling Pathways, Curr. Opin. Chem. Biol. **5**, 360–367 (2001)

L. Bialy und H. Waldmann, Inhibitors of Protein Tyrosine Phosphatases: Next-Generation Drugs? Angew. Chem. Int. Ed. **44**, 3814–3839 (2005)

M. J. Bonifacio, P. N. Palma, L. Almeida und P. Soares-da-Silva, Catechol-*O*-methyltransferase and Its Inhibitors in Parkinson's Disease, CNS Drug Reviews **13**, 352–379 (2007)

C. L. Strickland und P. C. Weber, Farnesyl Protein Transferase: A Review of Structural Studies, Curr. Op. Drug Discov. Develop. **2**, 475–483 (1999)

K. T. Lane und L. S. Beese, Structural Biology of Protein Farnesyltransferase and Geranylgeranyltransferease Type I, J. Lipid Res. **47**, 681–699 (2006)

Spezielle Literatur

S. W. Cowan-Jacob, G. Fendrich, et al., Structural Biology Contributions to the Discovery of Drugs to Treat Chronic Myelogenous Leukaemia, Acta Cryst. **D63**, 80–93 (2007).

Madhusudan, P. Akamine, N.-H. Xuong und S. S. Taylor, Crystal Structure of a Transition State Mimic of the Catalytic Subunit of cAMP-dependent Protein Kinase, Nat. Struct. Biol. **9**, 273–277 (2002)

A. C. Bishop, J. A. Ubersax, et al. A Chemical Switch for Inhibitor Sensitive Alleles of any Protein Kinase, Nature **407**, 395–401 (2000)

E. Meggers, G. E. Atilla-Gokcumen et al. Exploring Chemical Space with organometallics: Ruthenium Complexes as protein Kinase Inhibitors, Synlett **8**, 1177–1189 (2007)

Y. A. Puius et al., Identification of a Second Aryl Phosphate-binding Site in Protein-tyrosine Phosphatase 1B: A Paradigm for Inhibitor Design, PNAS **94**, 13420–13425 (1997)

B. G. Szczepankiewicz et al. Discovery of a Potent, Selective Protein Tyrosine Phosphatase 1B Inhibitor Using a Linked-Fragment Strategy, J. Am. Chem. Soc. **125**, 4087–4096 (2003)

J. Vidgren, L. sA. Svensson und A. Liljas, Crystal Structure of Catechol-O-methyltransferase, Nature **368**, 354–358 (1994)

C. Lerner, B. Masjost et al., Bisubstrate Inhibitors for the Enzyme Catechol-O-methyltransferase (COMT): Influence of Inhibitor Preorganization and Linker Length between the Two Substrate Moieties on Binding Affinity, Org. Biomol. Chem. **1**, 42–49 (2003)

Hemmstoffe für Oxidoreduktasen

27

Chemische Reaktionen, die unter Austausch von Elektronen zwischen den Reaktanden ablaufen, werden als **Redoxreaktionen** bezeichnet. Bei biochemischen Redoxprozessen ändert meist das Kohlenstoffatom seine Oxidationsstufe. Bei **Oxidationen** wird es in aller Regel aus einer Verknüpfungsumgebung mit vermehrter Zahl von direkt gebundenen Wasserstoffatomen in Derivate mit einer zunehmenden Zahl an Kontakten zu Stickstoff, Sauerstoff und Schwefel überführt. Diese Redoxreaktionen nehmen, da über die Verknüpfungen zu den genannten elektronegativen Elementen meist polare funktionelle Gruppen eingeführt werden, entscheidenden Einfluss auf die physikochemischen Eigenschaften der oxidierten Substanzen. Beispielsweise wird ihre Wasserlöslichkeit erhöht. Dies ist zur Ausscheidung körperfremder Substanzen von großer Bedeutung. An entsprechenden **metabolischen Veränderungen** ist eine große Gruppe oxidierender Enzyme, die P450-Cytochrome, beteiligt. Aber auch **Reduktionen** sind für den Organismus von entscheidender Wichtigkeit. In solchen Reaktionsschritten werden zumeist reaktive Aldehyde oder Ketone in Alkohole überführt, die sich anschließend besser konjugieren und eliminieren lassen (Abschnitt 9.1). Übergangsmetalle sind durch die Vielzahl von Oxidationsstufen, die sie annehmen können, prädestiniert, als Elektronenspender bzw. Empfänger in Redoxreaktion zu dienen. In biologischen Systemen ist es im Wesentlichen ein Übergangsmetall, das **Eisen**, das für diese Aufgaben eingesetzt wird. Eingebettet in ein Protoporphyringerüst liegt es in einem fünf- bzw. sechsfach koordinierten Zustand vor und kann Wertigkeiten zwischen +2 und +4 durchlaufen. Weiterhin tritt es in Komplexen mit Schwefel auf. Dort bildet es interessante mehrkernige Strukturen aus, die so genannten Eisen-Schwefel-Cluster. Neben Eisen spielt Kupfer eine gewisse Rolle als Vermittler von biochemischen Redoxprozessen.

Für die enzymkatalysierten Redoxreaktionen verwendet die Natur so genannte **Cofaktoren**. Sie sind eingebettet in die spezifische Umgebung eines Proteins und bewerkstelligen, abgeschirmt vom umgebenden Lösungsmittelraum, den Elektronentransfer bzw. die Übertragung von Hydridionen von zu oxidierenden auf zu reduzierende Gruppen. Cofaktoren können fest mit dem Protein verknüpft sein. Dann spricht man von so genannten prosthetischen Gruppen. Sie verlassen das Enzym während der Reaktion nicht. Andere, locker gebundene Cofaktoren werden wie Substrate durch das Protein aufgenommen, chemisch verändert und anschließend wieder freigesetzt. Diese Cofaktoren müssen in einer weiteren unabhängigen Reaktion für den nächsten Redoxreaktionscyclus regeneriert werden.

In diesem Kapitel sollen die Enzymklassen der **Oxidoreduktasen** angesprochen werden. Sie sind in eine Vielzahl von Elektronentransferreaktionen eingebunden und benötigen Elektronen oder Wasserstoff in Form von Hydridionen. Übertragen werden diese Teilchen von Cofaktoren wie **NAD(P)$^+$** (Nicotinamid-Adenin-Dinucleotid-(Phosphat)) oder den Flavinnucleotiden **FMN** (Flavinmononucleotid) und **FAD** (Flavin-Adenin-Dinucleotid) und dem schon genannten Eisenion in der **Hämgruppe**. Da auch diese Enzyme oft an Prozessen beteiligt sind, die ursächlich mit der Entwicklung eines Krankheitsbilds in Bezug stehen, richten sich viele Arzneistofftherapien auf die Hemmung dieser Enzymsysteme.

27.1 Redoxreaktionen in biologischen Systemen verwenden Cofaktoren

Wie bereits erwähnt, setzen Enzyme Cofaktoren zur Übertragung von Elektronen bzw. Hydridionen in Redoxreaktionen ein. In vielen Proteinen dienen **NAD$^+$/NADP$^+$** 27.1 (Nicotinamid-Adenin-Dinucleotid) bzw. **NADH/NADPH** 27.2 als Akzeptor bzw. Donor für ein Hydridion (Abb. 27.1). Der Cofaktor ist aus drei Bestandteilen aufgebaut, dem Nicotinamid mit einem angefügten Ribosering, der zentralen Di-

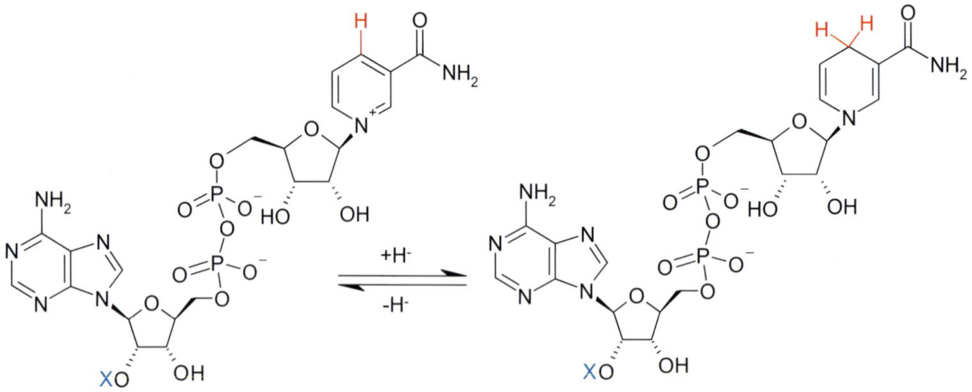

Abb. 27.1 Viele enzymatische Redoxreaktionen verwenden NAD$^+$/ NADP$^+$ **27.1** (Nicotinamid-Adenin-Dinucleotid) bzw. NADH/NADPH **27.2** als Cofaktor zur Übertragung von Elektronen bzw. Hydridionen. Er ist aus drei Bestandteilen aufgebaut, dem Nicotinamid mit einem angefügten Ribosezucker, der zentralen Diphosphateinheit und dem Adenosinbaustein. **27.1** und **27.2** unterscheiden sich durch die Phosphatgruppe (blau) an der 2'-OH-Gruppe des Riboserings. Bei Oxidationen nimmt der positiv geladene Nicotinamidbaustein in 4-Position ein Hydridion (rot) auf, bei Reduktion wird von dort ein H$^-$ abgegeben.

phosphateinheit und dem Adenosinbaustein. Diese zuletzt genannte Gruppierung kann an der 2'-OH-Gruppe einen Phosphatrest tragen, dann spricht man von NADP$^+$/NADPH. Der redoxaktive Teil ist der **Nicotinamidbaustein**, ein Pyridinderivat. Bei der Oxidation nimmt das positiv geladene NADP$^+$ in 4-Position ein Hydridion auf. Bei der umgekehrten Reduktion wird von dort ein H$^-$ abgegeben. Insgesamt werden so zwei Elektronen übertragen. NAD(P)$^+$ ist locker an das Enzym gebunden. Es kann leicht ausgetauscht und für einen folgenden Reaktionscyclus an einem anderen Protein regeneriert werden. In Abb. 27.2 sind typische Oxidations- bzw. Reduktionsreaktionen skizziert, wie sie in einer **Dehydrogenase** oder **Reduktase** ablaufen können.

In der Bindetasche eines solchen Enzyms bildet sich ein direkter Kontakt zwischen der zu oxidierenden bzw. zu reduzierenden Gruppe des Substrats und dem Nicotinamidring aus. Die Bindestelle wird in diesen Proteinen meist durch eine hydrophobe Gruppe, eine Schleife oder einen Deckel aus Aminosäuren vom wasserhaltigen Lösungsmittelraum abgeschirmt. Dies dient zum einen dazu, eine eindeutige Stereochemie bei der Hydridübertragung zu gewährleisten. Zum anderen muss der Zugang von Protonen ausgeschlossen werden, da sonst das Enzym nicht das Substrat reduzieren, sondern elementaren Wasserstoff erzeugen würde. In Abb. 27.3 ist die Wechselwirkungsgeometrie bei diesem Reaktionsschritt im Fall der Dihydrofolatreduktase gezeigt. Obwohl enzym-

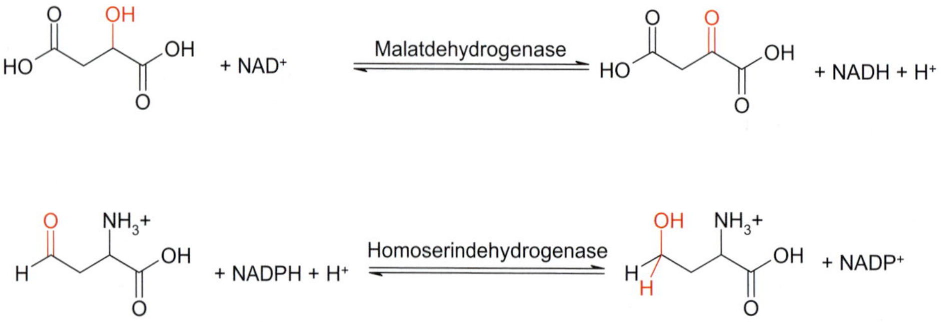

Abb. 27.2 Beispiele für eine Oxidationsreaktion mit Malatadehydrogenase (oben) bzw. für eine Reduktion mit Homoserindehydrogenase (unten). In beiden Reaktionen erfolgt die Umwandlung einer Hydroxylgruppe in eine Ketofunktion bzw. umgekehrt (rot).

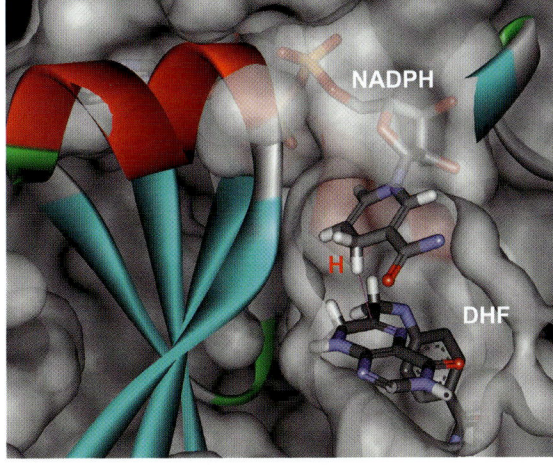

Abb. 27.3 Tief vergraben in der Proteinbindetasche erfolgt die stereochemisch eindeutige Übertragung eines Hydridions von dem Cofaktor NADPH auf die zu reduzierende Doppelbindung des Substrats. Genaue Vorstellungen über den Ablauf des Reduktionsschritts ermöglicht eine Kristallstrukturbestimmung des Enzyms Dihydrofolatreduktase mit dem gebundenen Substrat Dihydrofolsäure (DHF) und Cofaktor (NADPH). In der Struktur kommen sich die beiden Reaktionszentren räumlich sehr nahe. Von der 4-Position des reduzierten Nicotinamidrings wird ein Hydridion auf die benachbarte Doppelbindung des Substrats DHF übertragen (violette Linie).

katalysierte Reaktionen prinzipiell reversibel sind und die Umsetzungsrichtung von den vorliegenden Konzentrationen der Cofaktoren in der Umgebung abhängt, ist mit wenigen Ausnahmen NADP/H an Reduktionsreaktionen beteiligt. Oxidationsreaktionen werden fast ausschließlich unter Verwendung von NAD/H durchgeführt. Die meisten Enzyme können eindeutig zwischen den Cofaktoren unterscheiden. Dies liegt an der zusätzlichen Phosphatgruppe an der 2'-OH-Gruppe, die wie ein Marker ganz spezifisch in einer Bindestelle nahe der Cofaktorbindetasche erkannt wird. Die meisten NAD(P)H-abhängigen Enzyme verfügen über eine strukturell ähnliche Bindungsdomäne. Sie besteht aus einem zentralen sechssträngigen Faltblatt, um das sich auf der Ober- und Unterseite insgesamt vier α-Helices scharen. In der Mitte des Faltblatts erfolgt ein topologischer Wechsel der Helices von der einen auf die andere Seite (Abb. 27.4). In Verlängerung dieser Stelle bindet die geladene Diphosphatgruppe an das **konservierte Nucleotid-Bindemotiv**. Seinem Entdecker Michael Rossmann zu Ehren wird dieses Faltungsmuster als „Rossmann-Fold" bezeichnet. Die Nucleotid-Domäne werden wir in den folgenden Abschnitten bei den Enzymen Dihydrofolatreduktase, HMGCoA-Reduktase und 11β-Hydroxysteroid-Dehydrogenase wiedertreffen. Aber auch andere Faltungsmotive können eine Bindestelle für den Cofaktor NADPH bereitstellen. In der Aldose-Reduktase (Abschnitt 27.4) dient ein TIM-Barrel (Abschnitt 14.3) zur Bindung des Cofaktors. Man kennt zwei Proteinsuperfamilien, die die Reduktion bzw. Oxidation von Carbonylverbindungen in biologischen Systemen vornehmen. Die erste Gruppe umfasst die **Aldo-Keto-Reduktasen**, zu der die Aldose-Reduktase (Abschnitt 27.4) als ein Repräsentant gehört. Die zweite Superfamilie beinhaltet **kurzkettige Dehydrogenasen/Reduktasen** (engl. *short-chain dehydrogenase/reductase*) zu denen die 11β-Hydroxysteroid-Dehydrogenase (Abschnitt 27.5) gehört.

Flavoproteine verwenden **FMN 27.3** und **FAD 27.4** als Cofaktoren (Abb. 27.5). Sie leiten sich vom Vitamin B2, dem Riboflavin, ab. FAD besteht aus Adenosin, das über eine Diphosphatbrücke und den Zu-

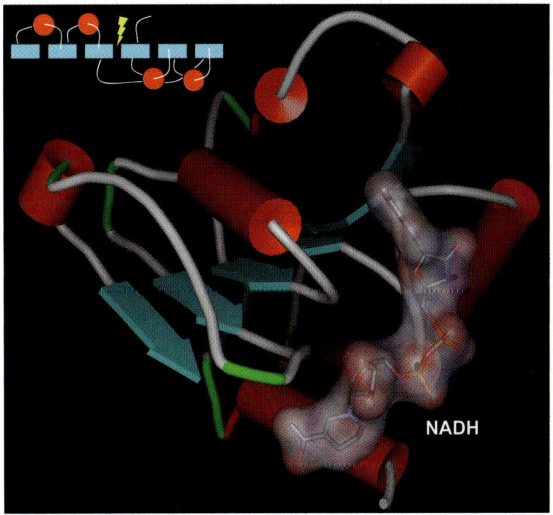

Abb. 27.4 In den meisten NAD(P)H-abhängigen Enzymen bindet der Cofaktor an eine strukturell konservierte Domäne mit so genanntem „Rossmann-Fold". Sie bildet ein zentrales, sechssträngiges Faltblatt mit mindestens vier α-Helices auf der Ober- bzw. Unterseite. In der Mitte des Faltblatts erfolgt ein topologischer Wechsel der Helices von der einen auf die andere Seite. In Verlängerung zu dieser Position (gelber Pfeil) bindet die geladene Diphosphateinheit des Cofaktors.

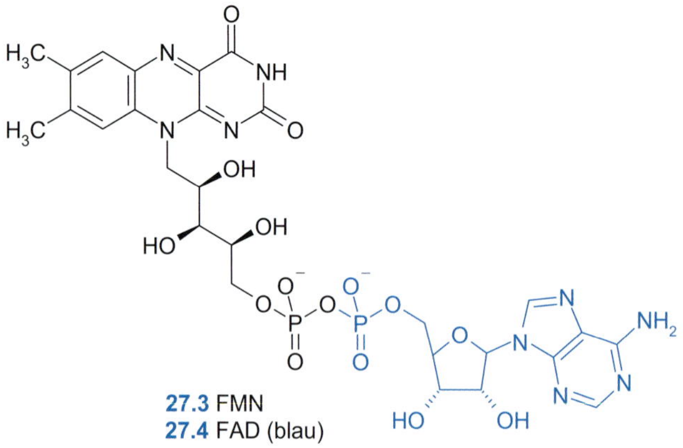

27.3 FMN
27.4 FAD (blau)

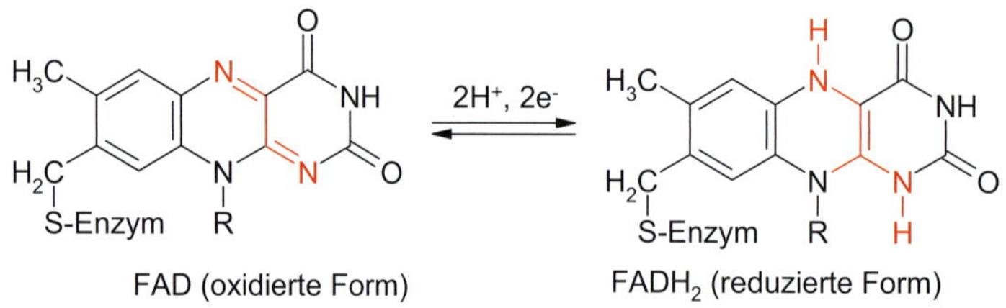

FAD (oxidierte Form) ⇌ (2H⁺, 2e⁻) FADH₂ (reduzierte Form)

Abb. 27.5 Flavoproteine verwenden FMN **27.3** bzw. FAD **27.4** (erweitert um den blauen Teil) als Cofaktor. FAD baut sich aus einem Adenosinbaustein, einer Diphosphatbrücke mit dem Zuckeralkohol Ribitol und dem tricyclischen Isoalloxazinring auf. Dieser tricyclische Heterocyclus stellt den redoxaktiven Teil dar und kann ein bzw. zwei Elektronen vom Substrat aufnehmen bzw. dorthin abgeben. Der Cofaktor ist kovalent mit dem Enzym verankert.

ckeralkohol Ribitol mit einem tricyclischen Isoalloxazinring verknüpft ist. Er stellt den redoxaktiven Teil des Cofaktors dar (Abb. 27.5). Diese Gruppe kann reversibel reduziert und oxidiert werden, wobei ein bzw. zwei Elektronen vom Substrat übernommen werden. Meist werden zwei Redoxäquivalente übertragen, beim Einelektronschritt bleibt die Reaktion auf der Stufe des Semichinons, einem stabilen Radikal, stehen. Entlang des Reaktionspfads werden radikalische Zwischenstufen durchlaufen. Um Schädigungen der Zellbestandteile durch diese reaktiven Spezies zu vermeiden, treten Flavin-Cofaktoren nie frei in Lösung auf. Stattdessen sind sie kovalent im Inneren der Enzyme verankert. Im Abschnitt 27.8 werden wir als flavinabhängige Oxidoreduktasen die Monoaminoxidasen MAO-A und MAO-B kennen lernen. Dort erfolgt der Inhibitionsmechanismus für viele in der Therapie eingesetzte Hemmstoffe durch eine irreversible Bindung an den Isoalloxazinring und entzieht ihn so weiteren Redoxvorgängen.

Als dritter wichtiger Cofaktor ist die **Häm-Gruppe 27.5** zu nennen, die vor allem in Proteinen auftritt, die Sauerstoff als Oxidationsmittel einsetzen. Die Häm-Gruppe (Abb. 27.6) liegt in Cytochrom P450-Enzymen, der Cyclooxygenase oder Sauerstofftransportproteinen wie Hämoglobin und Myoglobin vor. Ein zentrales Eisenion tritt eingebettet in ein Protoporphyrinsystem auf. Es koordiniert in planarer Geometrie an vier Pyrrolringe. Die fünfte, apicale Position wird durch ein Histidin oder ein Cystein besetzt. Der Elektronenübertrag bzw. der oxidative Angriff eines gebundenen Sauerstoffmoleküls erfolgt über die sechste Koordinationsstelle am Eisenion. Während der Redoxreaktion wechselt das Eisen seine Wertigkeit. Die Hämgruppe verbleibt dauerhaft gebunden an den Proteinen.

Zur Inhibition hämhaltiger Proteine nutzt man die Eigenschaft des Eisenions, ein guter Partner für Koordinationsliganden zu sein. So lassen sich kleine Teilchen wie Kohlenmonoxid oder Cyanidionen an der sechsten Koordinationsstelle fixieren. Diese Blockierung ist für die Giftigkeit beider Verbindungen verantwortlich. CO blockiert Hämoglobin und unterbindet den Sauerstofftransport im Blut. Cyanid reagiert mit dem Eisen in Cytochromen der Atmungskette. Aber auch Heterocyclen wie Imidazole oder Triazole können an das Eisenion koordinieren. Dieses Prinzip verfolgen potente Fungizide wie Fluconazol **27.6** oder Ketoconazol **27.7** (Abb. 27.6 und 27.7). Metyrapon **27.8**, ein Wirkstoff zur Behandlung der adrenalen Insuffizienz, stellt ebenfalls einen potenten Inhibitor vieler P450-Enzyme dar. Viele Naturstoffe sind als Inhibitoren der Cytochrome beschrieben worden, beispielsweise das Flavonoid Naringenin **27.9**, das der Grapefruit den bitteren Geschmack verleiht.

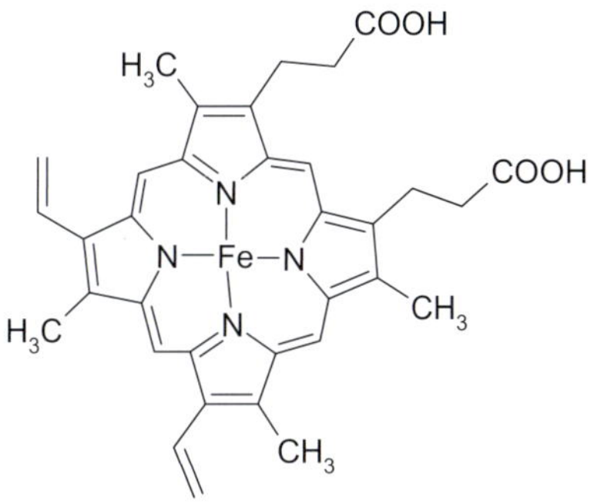

27. Hemmstoffe für Oxidoreduktasen

27.5 Häm

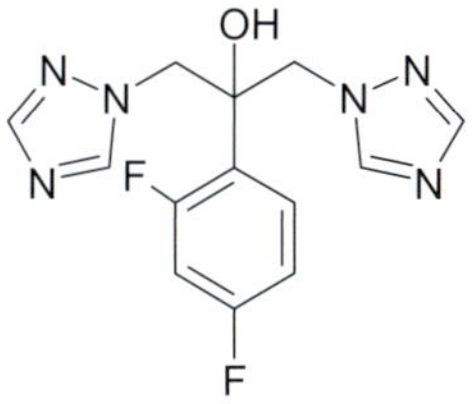

27.6 Fluconazol

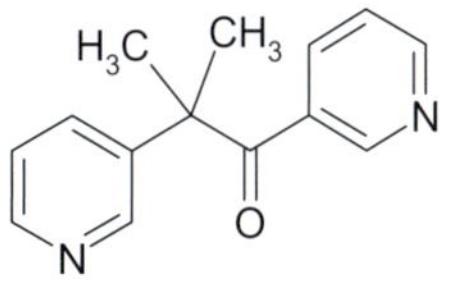

27.8 Metyrapon

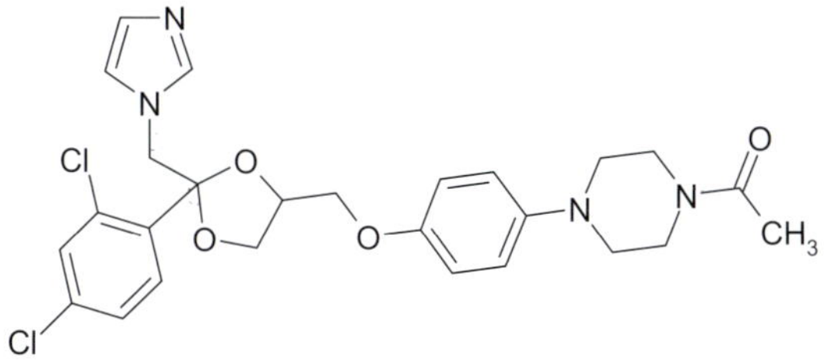

27.7 Ketoconazol CYP 3A4 K_i = 15 nM

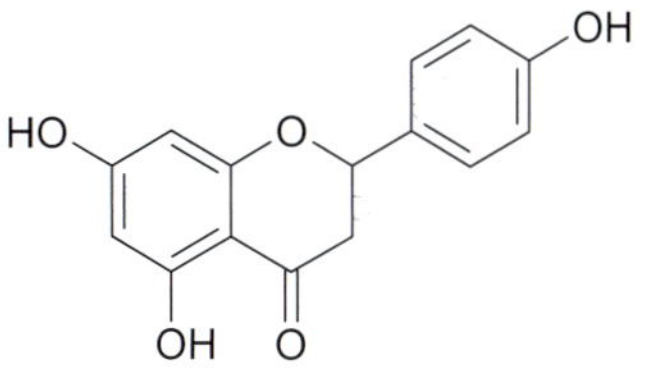

27.9 Naringenin

Abb. 27.6 Die Häm-Gruppe **27.5** tritt als Cofaktor in Proteinen auf, die Sauerstoff als Oxidationsmittel verwenden. Eingebettet in ein Protoporphyrinsystem liegt ein Eisenion in quadratisch-pyramidaler oder oktaedrischer Geometrie vor. Die vier Pyrrolringe spannen eine Ebene auf. Die fünfte, apicale Position wird durch ein Histidin oder ein Cystein besetzt, an der sechsten Position koordiniert die reaktive Sauerstoffspezies. Diese Bindestelle kann durch Stickstoffheterocyclen wie einen Triazol- bzw. Imidazolring in Fluconazol **27.6** bzw. Ketoconazol **27.7** oder Pyridinring wie im Metyrapon **27.8** blockiert werden. Auch Naturstoffe wie das Flavonoid Naringenin **27.9** stellen Inhibitoren der Cytochrome dar.

27.2 Chemotherapeutika für Krebs und Bakterien: Hemmung der Dihydrofolatreduktase

Die Dihydrofolatreduktase (DHFR) bildet zusammen mit der Thymidylatsynthase und der Serintranshydroxymethylase einen Synthesecyclus, der die **Biosynthese des Thymins** katalysiert (Abb. 27.8). Thymin ist eine Pyrimidinbase, die einen wichtigen Baustein in der DNA darstellt (Abschnitt 14.9). Zunächst wird das Nucleotid Desoxyuridylat durch die Thymidylatsynthase methyliert. Die Methylgruppe stammt aus einem Cofaktor dieses Enzyms, dem Methylentetrahydrofolat **27.10**. Nach erfolgter Übertragung der Methylgruppe verlässt der Cofaktor das Enzym als Dihydrofolat **27.11** und muss zum Tetrahydrofolat **27.12** reduziert werden. Diese Aufgabe übernimmt die Dihydrofolatreduktase.

DNA als Träger der Erbinformation wird vor allem dann in erhöhter Menge produziert, wenn eine hohe Zellteilung erforderlich ist. Dies ist zum einen bei Krebszellen der Fall. Zum anderen vermehren sich auch Bakterienzellen mit erhöhter Replikationsrate. Daher stellt die Hemmung der Enzyme des genannten Synthesecyclus einen Angriffspunkt zur **Chemotherapie von Tumorerkrankungen** dar. Steht das Enzym aus einem bakteriellen Organismus im Vordergrund, erhält man Verbindungen mit **bakterizider Wirkung**. Die Dihydrofolatreduktasen aus verschiedenen Spezies sind eher kleine Enzyme. Je nach Ursprung umfassen sie zwischen 150 und 260 Aminosäuren. Das Substrat Dihydrofolat **27.11** besteht aus einem Pteridinring, einer zentralen *para*-Aminobenzoesäure und einem terminalen L-Glutamatbaustein. Die Hydrierung der 5,6-Doppelbindung im Pteridinring erfolgt stereospezifisch durch den Angriff eines Hydridions mit anschließender Addition eines Protons an den benachbarten Stickstoff. Der Mechanismus ist im Einzelnen in Abb. 27.3 vorgestellt worden.

464 Teil V · Erfolge beim rationalen Design von Wirkstoffen

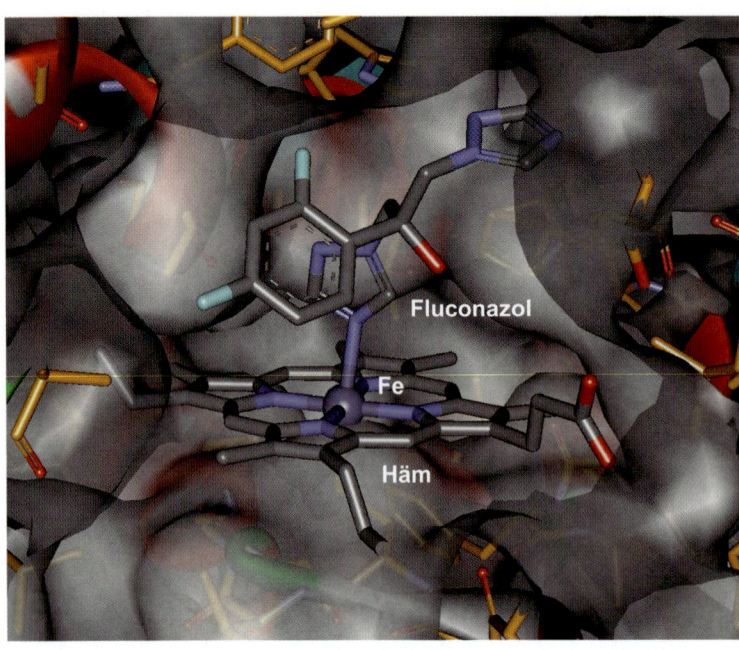

Abb. 27.7 Fluconazol **27.6** ist ein Fungizid und blockiert die sechste Bindestelle am Eisenion eines Cytochrom P450-Enzyms. Die gezeigte Bindungsgeometrie wurde kristallographisch aufgeklärt.

Schon sehr früh, lange bevor die erste Kristallstruktur dieses Enzyms in der Gruppe von Joseph Kraut in San Diego im Jahr 1982 aufgeklärt wurde, war Methotrexat **27.13** als potenter Inhibitor der Dihydrofolatreduktase bekannt geworden (Abb. 27.9). Als Analoga wurden Aminopterin **27.14** und Edatrexat **27.15** beschrieben. Sie sehen dem natürlichen Substrat Dihydrofolat **27.11** chemisch sehr ähnlich. Dennoch tritt ein entscheidender Austausch einer Akzeptorgruppe gegen eine Donorgruppe im Heterocyclus auf. Dies bedingt, wie in Abschnitt 17.6 detailliert erläutert, eine um 90° verdrehte Orientierung dieses Bausteins in der Bindetasche der Reduktase. Damit besteht kein enger Kontakt mehr zwischen dem reduzierenden Nicotinamidrest des Cofaktors NADPH und der zu hydrierenden Doppelbindung des gebundenen Ligan-

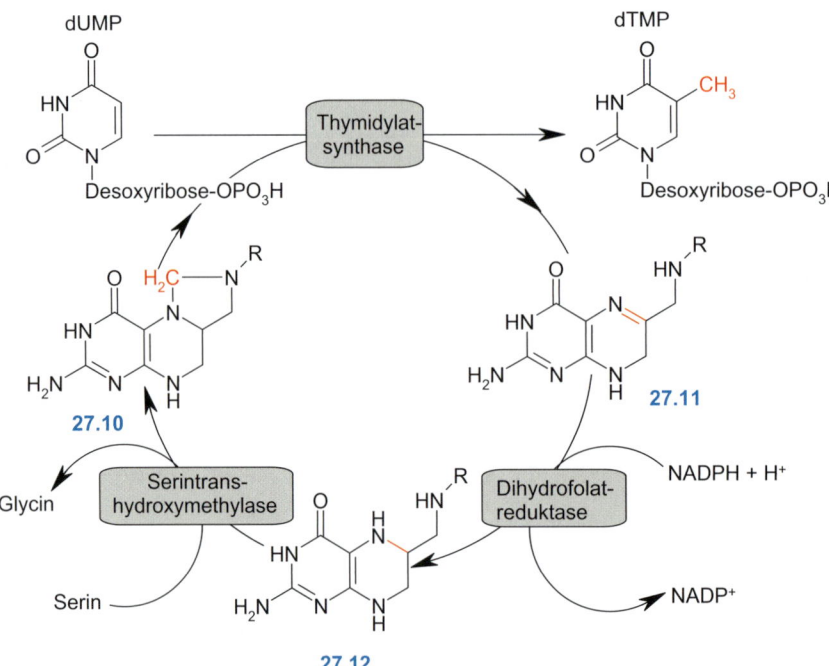

Abb. 27.8 Dihydrofolatreduktase, Thymidylatsynthase und Serintranshydroxymethylase bilden einen Synthesecyclus zur Darstellung von Thymin (TMP) aus Uracil (UMP). Die zu übertragende Methylgruppe (rot) stammt aus Methylentetrahydrofolat **27.10**, das über Dihydrofolat **27.11** und Tetrahydrofolat **27.12** regeneriert wird. Dazu wird die rot markierte Doppelbindung hydriert.

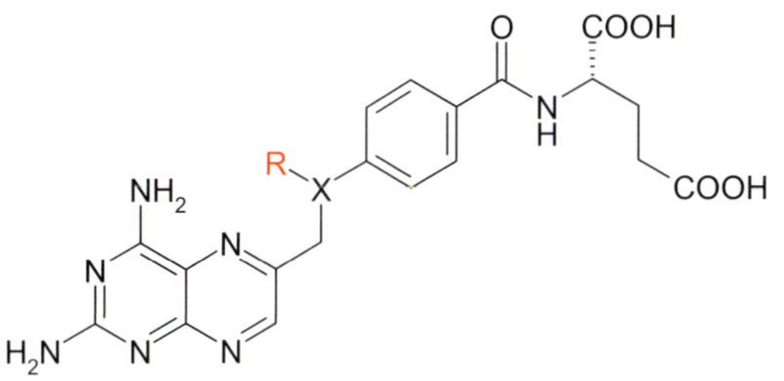

27.13 X = N, R = CH$_3$ Methotrexat K_i = 4,8 pM
27.14 X = N, R = H Aminopterin K_i = 3,7 pM
27.15 X = C, R = C$_2$H$_5$ Edatrexat K_i = 11 pM

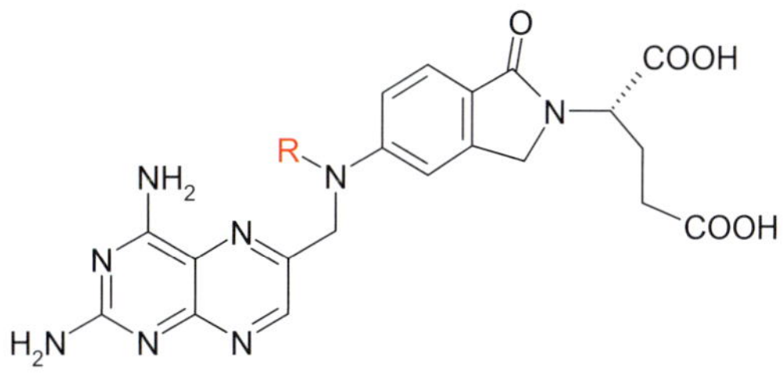

27.16 R = H K_i = 34 pM
27.17 R = CH$_3$ K_i = 2100 pM

Abb. 27.9 Hemmstoffe **27.13–27.17** der humanen DHFR, die als Chemotherapeutika in der Krebstherapie Verwendung finden.

den. Eine Umsetzung unterbleibt, das Enzym ist blockiert.

Methotrexat ist ein potentes **Chemotherapeutikum**, das in der Krebstherapie bei der Tumorbekämpfung von Brustkrebs, Sarkomen, akuter lymphatischer Leukämie und Non-Hodgin-Lymphomen eingesetzt wird. Sowohl das natürliche Substrat wie auch Methotrexat sind sehr polare Verbindungen. In die Zelle werden sie über den *reduced folate carrier* (RFC) eingeschleust. Anschließend können die Liganden mit weiteren Glutamatresten versehen werden. Voraussetzung für eine gute und effiziente Hemmung der DHFR in der Krebstherapie ist somit nicht nur eine potente Bindung an die Reduktase, sondern ebenfalls eine hochspezifische Aufnahme über den Transporter. Beispielsweise wurden an der zentralen Amidbindung cyclisierte Derivate **27.16–27.17** des Methotrexats entwickelt (Abb. 27.9), die zwar eine etwas schlechtere Bindungskonstante an DHFR aufweisen. Dies wird aber durch ihre bessere Affinität zu dem RFC-Transporter kompensiert, sodass das Tumorwachstum durch die Verbindungen äquipotent gedrosselt wird (Tabelle 27.1).

Neben den Chemotherapeutika gegen die Tumortherapie kennt man **bakteriozid** wirkende Inhibitoren wie das Trimethoprim **27.19**, die sich auf eine Hemmung bakterieller Enzyme richten. Einige dieser nicht klassischen Antifolat-Inhibitoren (**27.18–27.23**) sind in Abb. 27.10 aufgeführt. Strukturell ist auch bei diesen Hemmstoffen die Verwandtschaft mit dem natürlichen Substrat zu entdecken. Der erste Heterocyclus gleicht dem im Methotrexat, sodass auch ein identischer Bindungsmodus für diesen Baustein beobachtet wird. In allen DHFRs unterschiedlicher Spezies ist ein Aspartat bzw. Glutamat konserviert, das zur Wechselwirkung mit dem positiv geladenen Stickstoffatom im Ring und der exocyclischen 3-Aminogruppe verwendet wird. Die Aminogruppe in 1-Position findet in zwei Carbonylgruppen des Proteinrückgrats Wechselwirkungspartner (Abb. 17.7 und 17.12). Im Gegensatz zu Methotrexat weisen die trimethoprimähnlichen Antibiotika als zweiten Ringbaustein einen stärker hydrophoben Rest auf. Diese Gruppierung ist entscheidend für die **selektive Hemmung der DHFRs** aus Bakterien. In therapeutisch angewendeten Dosen inhibiert Trimethoprim die bakterielle, aber nicht die humane Dihydrofolatreduktase. Die Hemmkonzentrationen liegen je nach Bakterium um den Faktor 60 (*Neisseria gonorrhoeae*, der Erreger der Gonnorhö) bis 50 000 (für das Darmbakterium *Escherichia coli*) niedriger als für humane DHFR. Über diese enorm hohe Spezifität ist zunächst viel gerätselt worden, da Trimethoprim an alle diese Enzyme in durchaus vergleichbarer Weise bindet. Selbst die direkt an der Bindung der Liganden beteiligten Aminosäuren besitzen einen sehr ähnlichen physikochemischen Charakter.

Tabelle 27.1 Bindungskonstanten einiger Inhibitoren der Dihydrofolatreduktase (DHFR) für das humane Enzym und den RFC-Transporter bzw. Hemmung des Zellwachstums im Tumorgewebe

Verbindung	DHFR K_i (pM)	RFC K_i (μM)	Zellwachstum IC$_{50}$ (nM, 72 h)
27.16	34 ± 3,0	0,28 ± 0,10	5,1 ± 0,25
27.17	2100 ± 200	1,1 ± 0,11	140 ± 5,0
27.14	3,7 ± 0,35	5,4 ± 0,09	4,4 ± 0,10
27.13	4,8 ± 0,45	4,7 ± 1,3	14 ± 2,6

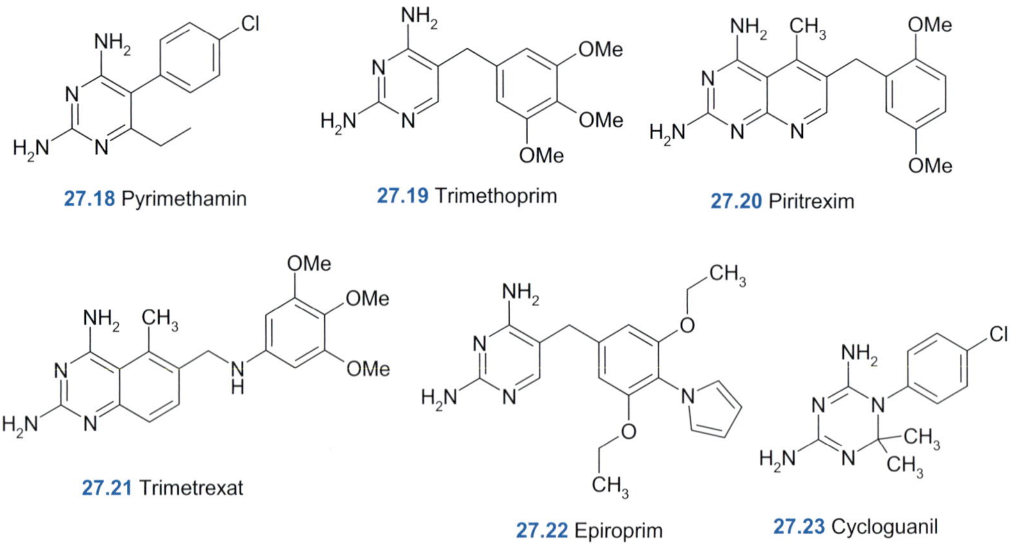

27.18 Pyrimethamin   **27.19** Trimethoprim   **27.20** Piritrexim

27.21 Trimetrexat   **27.22** Epiproprim   **27.23** Cycloguanil

Abb. 27.10 Bakteriozid wirkende Inhibitoren **27.18–27.23** bakterieller Dihydrofolatreduktasen.

Hinweise für eine Erklärung lieferten Mutanten der DHFR von *Escherichia coli*, die Trimethoprim schlechter binden als die Wildtyp-DHFR, obwohl alle direkt mit dem Inhibitor in Wechselwirkung stehenden Aminosäuren unverändert bleiben. Der Inhibitor bindet mit unveränderter Geometrie. Trimethoprim ist bei physiologischem pH-Wert positiv geladen. Ladungen in der Umgebung der Bindestelle sollten daher die Affinität dieses Liganden maßgeblich beeinflussen. In einer DHFR-Mutante wurde das negativ geladene Glutamat 118 gegen ein neutrales Glutamin ausgetauscht. Trotz eines Abstands von etwa 15 Å zwischen den gegensätzlich geladenen Gruppen bringt der Wegfall einer negativen Ladung in der weiteren Umgebung der Bindestelle einen Affinitätsverlust um den Faktor 4–5. Ein noch deutlicherer Effekt ist bei einer Doppelmutante zu beobachten, bei der im Abstand von etwa 8 Å zusätzlich noch ein neutrales Leucin gegen ein positiv geladenes Arginin ausgetauscht ist. Wegen dieser zusätzlichen ungünstigen Ladungsveränderung liegt die Hemmkonstante hier schon um den Faktor 200 niedriger als beim Wildtyp (Tabelle 27.2).

Ein Vergleich der Hühner-DHFR (aus Leber) mit *Escherichia coli*-DHFR zeigt, dass in einem Abstand von 10–16 Å vom positiv geladenen Stickstoffatom des Liganden sieben Aminosäureseitenketten ihre Ladung wechseln, zwei von negativ zu neutral und weitere fünf von neutral zu positiv. Die Umgebung der Bindestelle der Hühner-DHFR ist damit für die Anlagerung eines positiv geladenen Moleküls bezüglich sieben Ladungseinheiten ungünstiger geworden. Für die Stärke der Ligand-Protein-Wechselwirkung sind somit im vorliegenden Fall nicht nur die direkten Kontakte, sondern elektrostatische Interaktionen in der entfernten Umgebung maßgebend.

In einer anderen Modellstudie wurde die 3-Methoxygruppe im Trimethoprim durch eine ungesättigte, saure Seitenkette ausgetauscht (Abb. 27.11, **27.24**). Das modifizierte Derivat zeigt eine deutlich verbesserte Affinität (Faktor 5000) und damit Selektivität gegenüber dem bakteriellen Enzym aus *Pneumocystis carinii* im Vergleich zum Enzym aus dem Nager. Die Kristallstruktur des Inhibitors **27.24** konnte mit den Enzymen aus dem Bakterium und dem Wirbeltier aufgeklärt werden. Dort tritt ein Austausch von Asn 64 im Wirbeltierenzym gegen ein Phe 69 im bakteriellen Enzym auf. Dieser Wechsel führt zu einer stärker hydrophoben und weniger geladenen Umgebung in

Tabelle 27.2 Dissoziationskonstanten K_d von Trimethoprim **27.19** für Dihydrofolatreduktase verschiedener Spezies

Dihydrofolatreduktase aus	K_d (nM)
Escherichia coli	0,02
Escherichia coli, Gln 118-Mutante	0,09
Escherichia coli Arg 28/Gln 118–Doppelmutante	3,8
Lactobacillus casei	0,4
Neisseria gonorrhoeae	15
Huhn	3500
Maus	3500
Rind	330
Mensch	1000

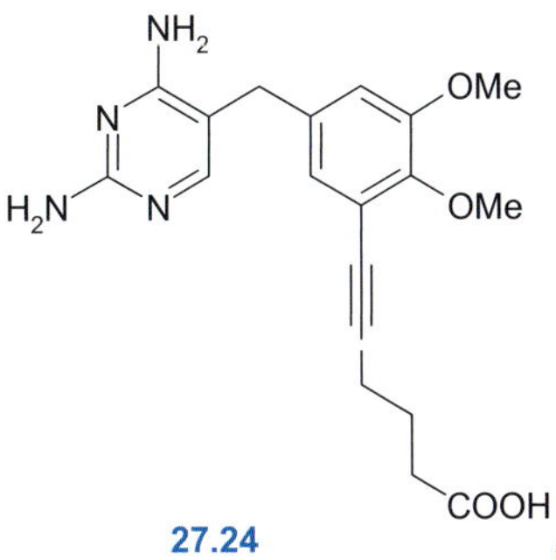

27. Hemmstoffe für Oxidoreduktasen

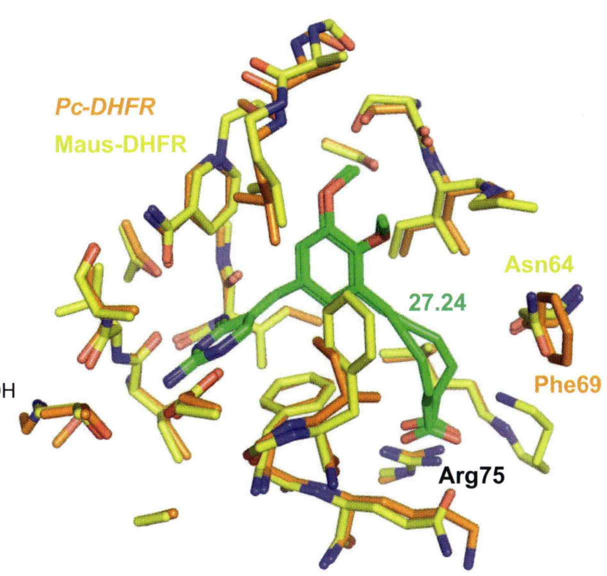

Abb. 27.11 Austausch der 3-Methoxygruppe im Trimethoprim **27.19** durch eine ungesättigte aliphatische Seitenkette zu **27.24** ergibt eine um den Faktor 5000 verbesserte Affinität und damit Selektivität gegen das bakterielle Enzym aus *Pneumocystis carinii* im Vergleich zum Maus-Enzym. In der Kristallstruktur mit dem Wirbeltierenzym befindet sich Asn 64 an der Stelle, an der im bakteriellen Enzym Phe 69 zu finden ist. Dieser Wechsel zu einer stärker hydrophoben und weniger geladenen Umgebung im bakteriellen Enzym ermöglicht den Selektivitätsvorteil für **27.24**.

der bakteriellen Reduktase und bedingt so eine gesteigerte Selektivität für das modifizierte Trimethoprimderivat. Für den Liganden ergibt sich im bakteriellen Enzym ein räumlich engerer und günstigerer Kontakt zwischen der ungesättigten Dreifachbindung und dem Aromaten des Phenylalanins. Der vergleichbare Kontakt zu Asn 64 in dem Enzym aus dem Nager erzielt nicht diesen günstigen Beitrag.

In der Pionierzeit des strukturbasierten Wirkstoffdesigns Anfang der 1980er-Jahre war DHFR das Modellprotein *par excellence*. Daher sind viele Erkenntnisse, die unser heutiges Verständnis von Selektivitätsphänomenen prägen, gerade an diesem Enzym gesammelt worden.

27.3 Hemmstoffe der HMGCoA-Reduktase: Das wechselvolle Schicksal von Arzneistoffentwicklungen

Koronare Herzkrankheit (KHK), Atherosklerose und dadurch ausgelöste Herzinfarkte und Gehirnschläge gehören in den meisten europäischen Ländern und den USA zu den häufigsten Todesursachen. Die KHK hat multifaktorielle genetische Ursachen, sie ist aber auch eine typische Zivilisationskrankheit. Risikofaktoren sind u. a. Übergewicht, Rauchen, hoher Blutdruck und zu hohe Fibrinogen- und Cholesterinspiegel im Blut. In den Ablagerungen, die zur Verengung und zum Verschluss von Blutgefäßen führen, findet sich ein hoher Anteil an Cholesterin. Die vorherrschende Lehrmeinung empfiehlt eine **Senkung des Cholesterinspiegels** als therapeutisch sinnvoll, sodass Medikamente, die hier angreifen, häufig verschrieben werden. Cholesterin erfüllt unterschiedliche Funktionen im Aufbau der Zellmembran (Abschnitt 4.2) und wird als Edukt für die Synthese der Steroidhormone und Gallensäuren benötigt (Abschnitt 28.3). Das Gehirn, die Nebennieren, die Skelettmuskel, die Haut, das Blut sowie die Leber haben einen erhöhten Bedarf an Cholesterol. Täglich benötigen wir zwischen 0,9–2 g dieser Substanz. Etwa ein Drittel davon wird über die Nahrung aufgenommen, der Rest wird in der Leber synthetisiert.

Eine Gruppe Arzneistoffe, die hemmend in die **Cholesterinbiosynthese** eingreifen, sind die **Statine**. Wie wohl an kaum einer anderen Wirkstoffklasse kann man erläutern, wie nahe in der Pharmaforschung Erfolg und Misserfolg bei der Entwicklung eines Arzneimittels zusammen liegen. Finanzielle Höhenflüge, die gigantische Umsätze erbringen, liegen oft nahe an katastrophalen Abstürzen, die eine Firma an den Rand eines finanziellen Ruins bringen können. Die Entwicklung der Statine reicht bis in die fünfziger Jahre des letzten Jahrhunderts zurück. In der amerikanischen Firma Merck & Co. hatte man begonnen, sich intensiv mit der Biochemie des Fettstoffwechsels zu beschäftigen. Den Merck-Forschern Karl Folkers und Carl Hoffman gelang 1956 die Entdeckung der Mevalonsäure 27.25, einem wichtigen Zwischenprodukt der Biosynthese des Cholesterins 27.26 (Abb. 27.12). Allerdings wurde die Bedeutung der Substanz und des Enzyms 3-Hydroxy-3-methylglutaryl-Coenzym-A-Reduktase (**HMG-CoA-Reduktase**), das HMG-Coenzym A in Mevalonsäure überführt, zu diesem Zeitpunkt noch nicht erkannt. An geschwindigkeitsbestimmender Stelle im Biosynthesepfad reduziert das Enzym unter Verwendung von zwei Äquivalenten NADPH das Substrat, das aus Acetateinheiten aufgebaut wird, zu Mevalonsäure.

Merck setzte als Therapieansatz zunächst auf die Senkung des Cholesterinspiegels über basische **Ionenaustauscherharze** (Cholestyramin), die eine hohe Affinität zu Gallensäuren aufweisen. Da **Gallensäuren** aus Cholesterin synthetisiert werden, wird über das Abfangen der Gallensäuren im Darm Cholesterin aus der Nahrung vermehrt für die Nachlieferung der Gallensäuren verbraucht. Insgesamt senkt sich dadurch der Cholesterinspiegel im Blut. Ab den 1960er-Jahren begann der Siegeszug des Clofibrats 27.27 (Abb. 27.12, Abschnitt 28.6). Diese Substanz senkt erhöhte Triglyceridspiegel, in geringem Ausmaß auch den Cholesterinspiegel. Langzeitbeobachtungen zeigten allerdings, dass die Zahl der Todesfälle in der mit Clofibrat behandelten Patientengruppe höher war als in der Kontrollgruppe. Zudem wurde in Tierversuchen Leberkrebs beobachtet.

Ab 1973 begannen Merck & Co. und andere Firmen, den Einfluss hydroxylierter Steroide auf die Cholesterinbiosynthese zu untersuchen. Obwohl diese Substanzen *in vitro* aktiv sind, waren sie in Tierversuchen unwirksam. Im gleichen Jahr wurde die Bedeutung der **low-density-Lipoproteine** (LDL) erkannt, die im Wesentlichen aus dem Apolipoprotein B-100 bestehen. Sie dienen als Transportvehikel für im Blutplasma wasserunlösliche Substanzen wie Cholesterin und führen den größten Teil der frei zirkulierenden Substanz mit sich. LDL können leicht oxidiert werden. In dieser Form werden sie an den Arterienwänden von Makrophagen aufgenommen und gespeichert. Diese Überladung der Makrophagen führt zur Bildung von Schaumzellen, die nach dem Platzen zusammen mit lokalen Gerinnungsvorgängen zu Ablagerungen (Plaques) bis hin zu einem Verschluss von

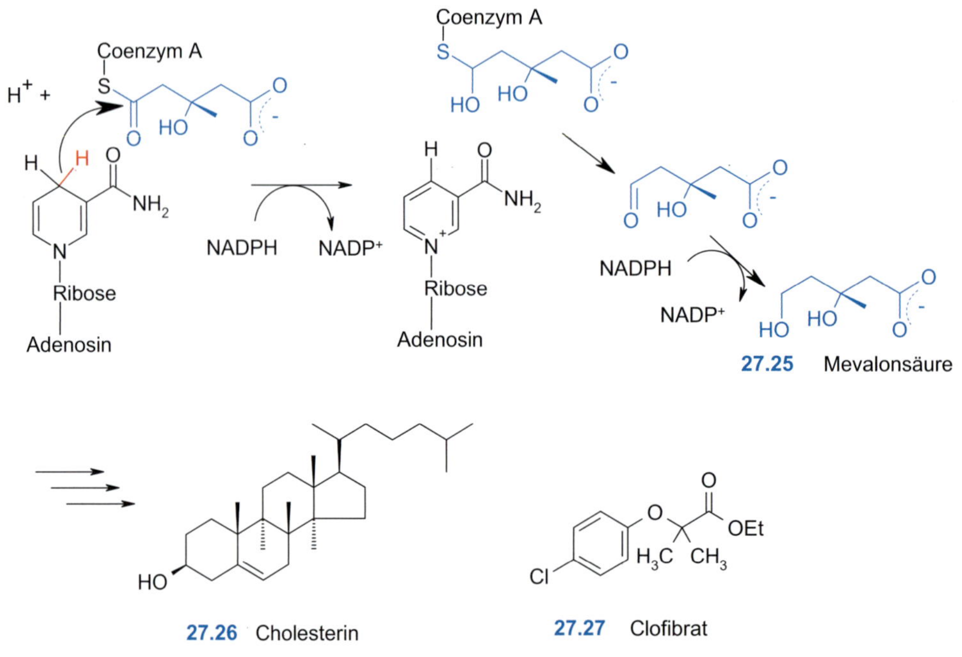

Abb. 27.12 Das Enzym 3-Hydroxy-3-methylglutaryl-Coenzym-A-Reduktase (HMG-CoA-Reduktase) überführt HMG-Coenzym A in Mevalonsäure 27.25 (blau) unter Verwendung von zwei Äquivalenten NADPH. Die Reaktion verläuft über zwei Stufen. Im ersten Schritt erfolgt die Reduktion des Thioesters zum Thioacetal, das zu Mevaldehyd hydrolysiert. Im Folgeschritt wird mit einem weiteren Äquivalent NADPH die freigesetzte Aldehydfunktion zum Alkohol reduziert. Anschließend wird Mevalonsäure über mehrere Stufen weiter zu Cholesterin 27.26 umgesetzt. Clofibrat 27.27 ist ein Agonist des PPARα-Rezeptors (Abschnitt 28.6).

Arterien führen können. Eine Verhärtung der Schlagadern ist die Folge (Atherosklerose). Löst sich eine solche Ablagerung ab und verstopft an anderer Stelle ein Gefäß, sind Herzinfarkt, Schlaganfall, Niereninsuffizienz oder *Angina pectoris* die Folge. Grob vereinfacht lässt sich sagen, dass hohe LDL-Spiegel ein hohes Gesundheitsrisiko für die Ausbildung von Atherosklerose darstellen. Interessanterweise sind hohe HDL-Spiegel (*high density*-Lipoprotein) dagegen günstig und können sogar die Auflösung von Plaques bewirken. Hohe LDL-Spiegel sind vor allem bei Patienten mit einer familiär bedingten Hypercholesterolämie und einem erblichen Apolipoprotein-B-100-Defekt gefährlich. Sie führen zu einem extrem hohen Atherosklerose-Risiko. Ein therapeutischer Ansatz zum Eindämmen dieses Risikos liegt in der Reduktion des freien Cholesterins.

Ab 1974 wurden bei Merck *in vitro*-Zelltests zur Prüfung auf Wirkstoffe zur Hemmung der Cholesterinbiosynthese, besonders der HMG-CoA-Reduktase, ausgearbeitet. Gleichzeitig begannen Akira Endo und Mitarbeiter bei Sankyo, Japan, mit der Untersuchung von Extrakten aus 8000 Mikroorganismen. Die aktivste Verbindung, die auch bei Beecham in England isoliert wurde, war Compactin 27.28 (Mevastatin, Abb. 27.13). Anfang 1979 meldete Endo ein japanisches Patent auf einen weiteren mikrobiellen HMG-CoA-Reduktase-Inhibitor, Monacolin K, an, ohne dessen Struktur zu kennen. Im Herbst 1978 hatte man bei Merck begonnen, ebenfalls mikrobielle Extrakte zu

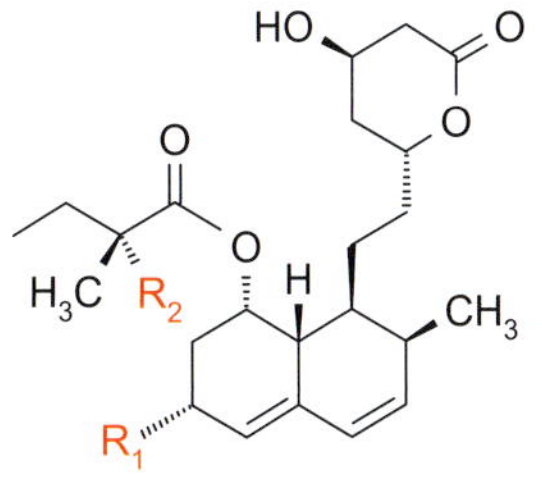

27.28 Mevastatin, R_1 = H, R_2 = H
27.29 Lovastatin, R_1 = Me, R_2 = H
27.30 Simvastatin, R_1 = Me, R_2 = Me

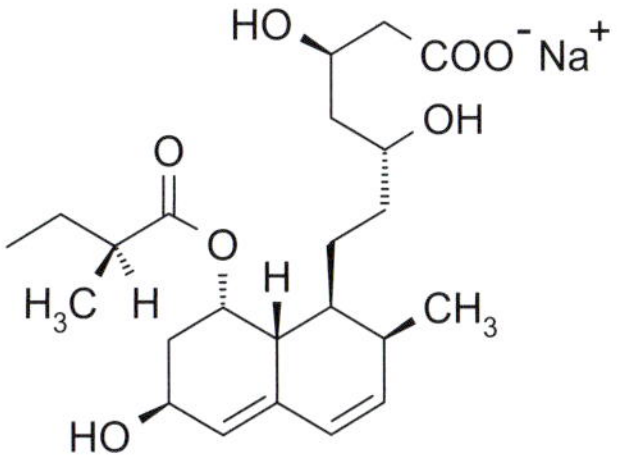

27.31 Pravastatin

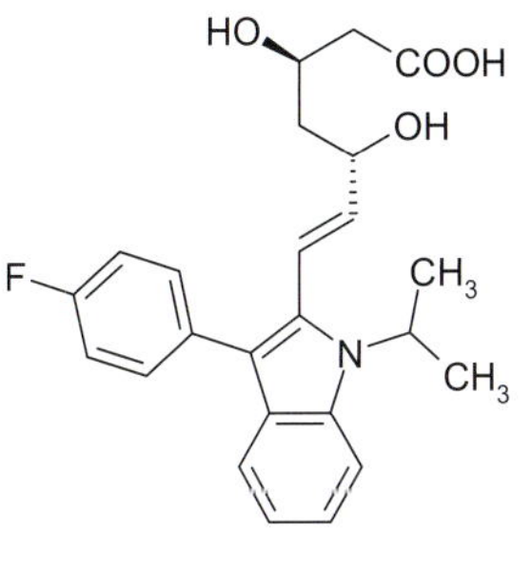

27.32 Fluvastatin

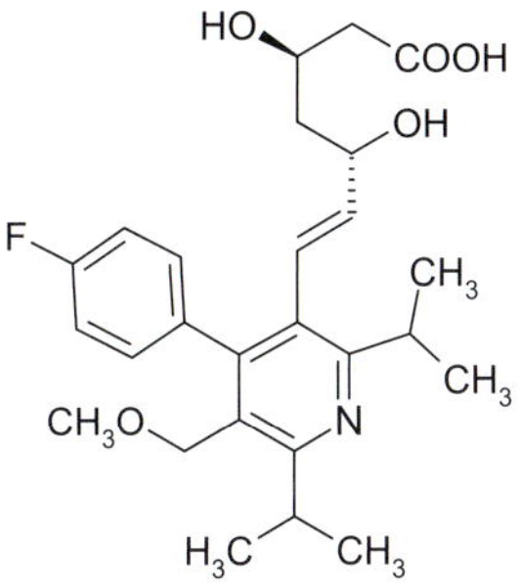

27.33 Cerivastatin

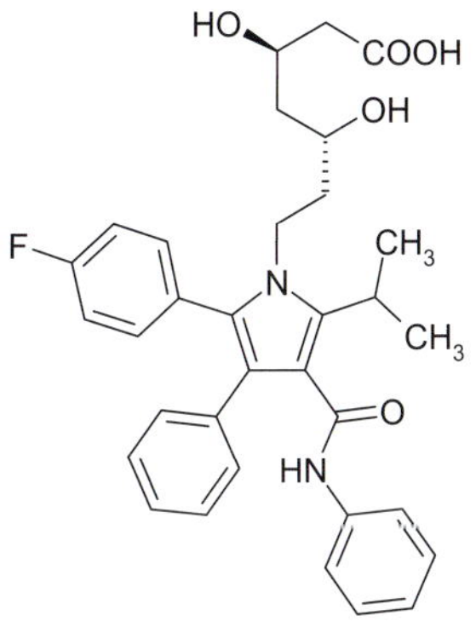

27.34 Atorvastatin

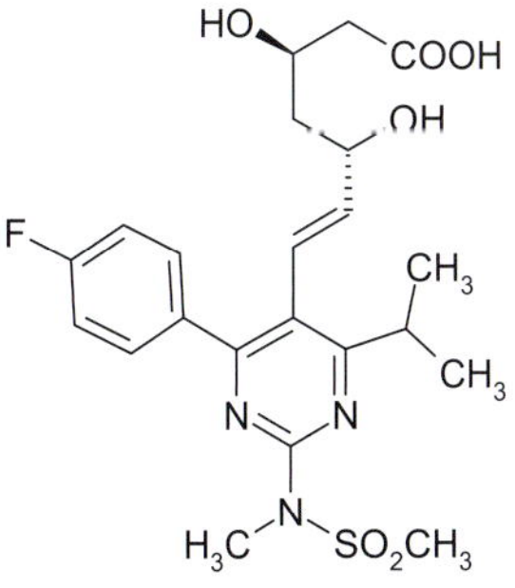

27.35 Rosuvastatin

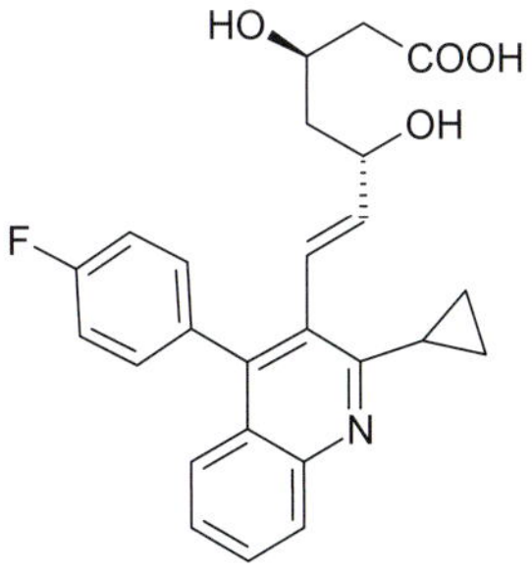

27.36 Pitavastatin

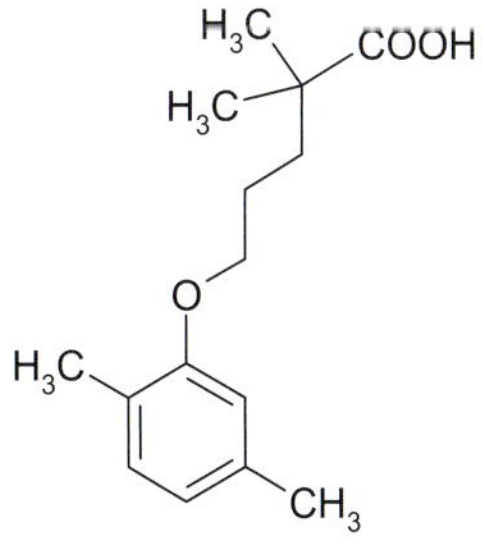

27.37 Gemfibrozil

Abb. 27.13 Die Naturstoffe Mevastatin (Compactin) 27.28 und Lovastatin 27.29 hemmen die Cholesterinbiosynthese auf der Stufe der HMG-CoA-Reduktase. Simvastatin 27.30 und Pravastatin 27.31 sind später entwickelte, partialsynthetische Analoga. Die ringoffene Form 27.31 weist gegenüber Lovastatin eine deutlich geringere Lipophilie und damit weniger zentralnervöse Nebenwirkungen auf. Der geöffnete Lactonring ist die eigentliche Wirkform des Lovastatins und seiner Analoga (Abschnitt 9.2). Als synthetisch hergestellte HMG-CoA-Reduktase Inhibitoren sind Fluvastatin 27.32, Cervastatin 27.33, Atorvastatin 27.34, Rosuvastatin 27.35 und Pitavastatin 27.36 später auf den Markt gekommen. Durch wechselseitige Blockade ihres Abbaus im Cytochrom CYP 3A4 bedingt Gemfibrozil 27.37 einen fünffach erhöhten Plasmaspiegel von Cerivastatin 27.33 bei gleichzeitiger Applikation beider Wirkstoffe.

untersuchen. Bereits in der zweiten Woche (!) dieser Experimente wurde man fündig. Im Februar 1979 wurde die Substanz isoliert und im Juni 1979 ein Patent für Lovastatin 27.29 (Abb. 27.13) mit allen strukturellen Details angemeldet. Die Substanz war identisch mit Monacolin K. Das Merck-Patent wurde Ende 1980 in den USA, später auch in weiteren Ländern erteilt. In einigen anderen Ländern gingen die Patente an Sankyo. Grund für diese abweichende Zuteilung war die unterschiedliche Auslegung der zeitlichen Prioritäten. Sankyo hatten mit der Patent-Einreichung (engl. *first-to-file*) die Nase um vier Monate vor. Merck bekam in den USA und vielen anderen Ländern den Zuschlag, da sie ein um drei Monate früheres Erfindungsdatum (engl. *first-to-invent*) nachweisen konnten.

Im April 1980 begannen bei Merck klinische Studien mit Lovastatin, die aber bereits im September 1980 wieder eingestellt wurden. Ursache waren Gerüchte, dass Compactin bei Hunden Tumore ausgelöst hätte. Aus der Toxizitätsprüfung von Lovastatin gab es keine entsprechenden Hinweise, das Gerücht konnte auch nie bestätigt werden. Trotzdem wurde das Projekt vorerst nicht weiter verfolgt. Im Juli 1982 vereinbarte Merck mit der amerikanischen Zulassungsbehörde FDA, dass Lovastatin von ausgewählten Prüfern wieder klinisch eingesetzt werden durfte. Die Anwendung wurde auf therapieresistente Fälle mit stark erhöhten Cholesterinspiegeln eingeschränkt, da hier ein besonders hohes Risiko für Herzinfarkt und Gehirnschlag besteht. Die therapeutischen Effekte waren überzeugend, sowohl beim LDL-Cholesterinspiegel als auch beim Gesamt-Cholesterinspiegel im Blut, bei geringen Nebenwirkungen. Die chronisch-toxikologischen und klinischen Untersuchungen wurden fortgesetzt. Im November 1986 wurde die Zulassung beantragt. Insgesamt 160 Bände mit präklinischen und klinischen Daten wurden an die FDA geschickt. Bereits neun Monate später erfolgte die Zulassung und die Substanz entwickelte sich zu einem Blockbuster mit Milliardenumsatz.

Jahre später gelang die Kristallstrukturbestimmung des Zielenzyms HMG-CoA-Reduktase. Das Enzym bildet in seiner aktiven Form ein Tetramer. Jedes Momomer wird aus drei Untereinheiten aufgebaut. Die *N*-terminale Domäne verfügt über einen Anker, mit dem das Enzym in der Membran des endoplasmatischen Retikulums festgehalten wird. Eingeschoben in die große L-Domäne ist die kleinere S-Domäne, die die Bindestelle des reduzierten Cofaktors NADP(H) enthält. Sie nimmt die Geometrie eines Rossmann-Folds an. Das ausgestreckte HMG-CoA-Molekül bindet an die L-Domäne. Mit seinem Pantothensäureteil ragt es tief ins Innere des Proteins, während der ADP-Teil in einer mit positiv geladenen Resten umgebenen Tasche an der Proteinoberfläche Platz findet. Die eigentliche Bindestelle der Hydroxymethylglutarylsäure (HMG) befindet sich zwischen der L- und S-Domäne. Das Produkt des ersten Reduktionsschritts, das Mevaloyl-CoA, besitzt einen negativ geladenen Sauerstoff, der durch das Enzym mit dem benachbarten Lys 691 (Abb. 27.14) stabilisiert wird. Das zwischenzeitlich durch Abspaltung des CoA-Rests freigesetzte Thiolat wird über das benachbarte und vermutlich protonierte His 752 stabilisiert. Die Aktivität der HMG-CoA-Reduktase kann durch Phosphorylierung kontrolliert werden. Dazu wird ein Serinrest in der Nähe des gebundenen Cofaktors NADP$^+$ phosphoryliert. Vermutlich führt dies zu einer Absenkung der Affinität gegen NADP(H). Über diesen Schritt kann in der Zelle die energieaufwendige Cholesterinsynthese gebremst werden.

Entsprechend den entdeckten Naturstoffen wurden die Statine als Strukturanaloga zur Carbonsäurekette des 3-Hydroxy-3-methylglutaryl-CoAs entwickelt. Sie hemmen die Reduktase kompetitiv. Allerdings ist deren Affinität gegenüber dem natürlichen Substrat tausendfach höher. Die Statine Mevastatin 27.28, Lovastatin 27.29 oder das später entwickelte Simvastatin 27.30 (Abb. 27.13) sind Prodrugs mit einer Lactonstruktur, die in der Mukosa des Magen-Darm-Trakts oder der Leber hydrolytisch in die eigentliche Wirkform geöffnet wird.

Vergleicht man die Struktur der Reduktase mit dem gebundenen Substrat und dem Inhibitor Simvastatin, so ist zuerkennen, dass der durch Lactonringöffnung gebildete langgestreckte 3,5-Dihydroxycarboxylatbaustein auf der Position des HMGs zu liegen kommt (Abb. 27.15). Alle Statine besitzen, getrennt über eine zweigliedrige Brücke, ein carbocyclisches oder heteroaromatisches Ringsystem am C5-Atom der Dihydroxycarboxylat-Einheit. Dieser Baustein bindet in den Bereich, in dem die Thiolseitenkette an dem Pantothensäurerest zu liegen kommt. Die hohe strukturelle Variation dieses Bausteins in den neueren vollsynthetischen Statinen (27.32–27.36, Abb. 27.13) unterstreicht, dass dieser Molekülteil zwar zur Affinität der Inhibitoren gegen das Enzym beiträgt, aber keine spezifischen Wechselwirkungen in der sich nach außen öffnenden Bindetasche ausgebildet werden. Die heteroaromatischen Gruppierungen weichen deutlich von den ursprünglich aus Mikroorganismen gewonnenen Vorbildern ab (27.28–27.31).

Die Geschichte der Statine wäre nicht vollständig berichtet, ohne auf die beiden Verbindungen Cerivastatin 27.33 und Atorvastatin 27.34 einzugehen (Abb.

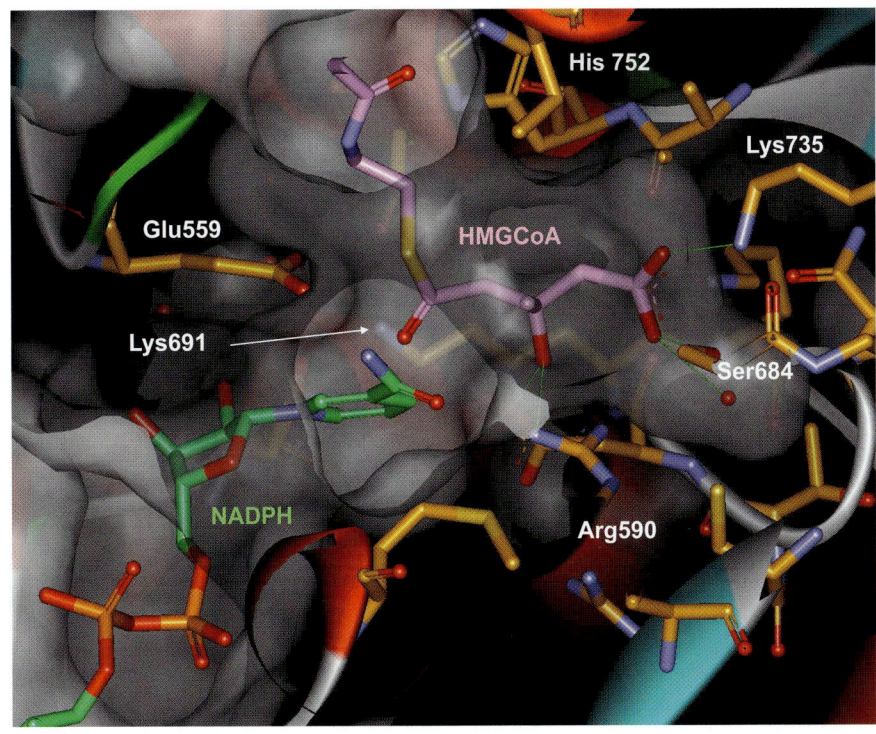

Abb. 27.14 Die Kristallstrukturbestimmung der HMG-CoA-Reduktase gelang mit gebundenen Cofaktor NADPH (grün) und HMG-Coenzym A (rosa). Der Nicotinamidring des Cofaktors kommt unter der Thioesterbindung des HMG-Coenzyms A zu liegen. Von dort wird im ersten Reduktionsschritt ein Hydridion übertragen (s. Abb. 27.12).

27.13). Beide sind Statine der jüngeren Forschung und werden vollsynthetisch hergestellt. Atorvastatin wurde bei Warner-Lambert in den USA entwickelt. Es kam 1997 in den Handel und wechselte durch die Firmenakquisition von Warner-Lambert zu Pfizer. Dort entwickelte es sich zu einer Erfolgsgeschichte *par ex-*

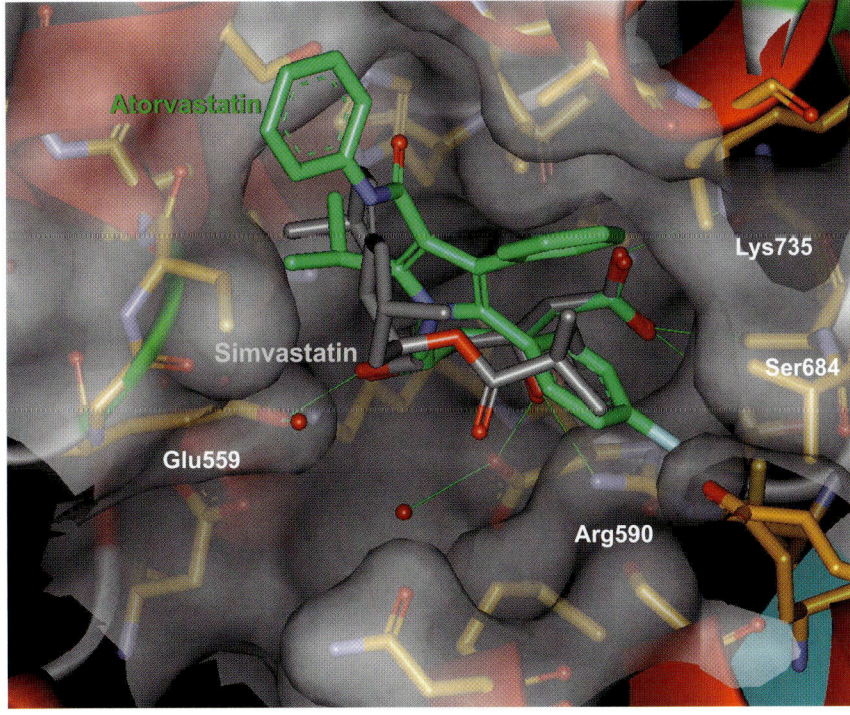

Abb. 27.15 Überlagerung der Komplexstrukturen von HMG-CoA-Reduktase mit Simvastatin **27.30** (grau) und Atorvastatin **27.34** (grün). Mit ihrem der Mevalonsäure analogen Baustein binden beide Inhibitoren vergleichbar dem natürlichen Substrat an Lys 735, Ser 684 und Arg 590. Die verbleibenden Molekülteile, die in dem naturstoffähnlichen Simvastatin und dem vollsynthetischen Atorvastatin strukturell sehr unterschiedlich sind, binden in die Region, die vom CoA-Rest im Substratkomplex besetzt wird. Die NADPH-Tasche verbleibt in den Strukturen unbesetzt.

cellence. Der Wirkstoff wurde zum umsatzträchtigsten Medikament (Sortis® bzw. Lipitor®) überhaupt. Er erlangte 2004 ca. die Hälfte des Marktanteils an Statinen. Als Umsatz ließen sich für Pfizer 2006 und 2007 jeweils fast 14 Milliarden US-Dollar verbuchen. In Deutschland erfuhr sein Verkauf, bedingt durch die Gesundheitsreform mit einem Festbetrag für Statinpräparate, einen deutlichen Umsatzeinbruch. Mit der Verbindung Cerivastatin 27.33 (Lipobay®) versprach sich die Firma Bayer einen ähnlichen Goldesel. Auch diese Verbindung wurde 1997 zunächst in Deutschland, dann in anderen europäischen Ländern und den USA zugelassen. Ende 1998 berichtete das Bundesinstitut für Arzneimittel und Medizinprodukte (BfArM) über einen Todesfall unter Cerivastatin-Therapie. Nachdem es in den USA und in Deutschland zu weiteren Todesfällen gekommen war, nahm Bayer das Präparat Mitte 2001 vom Markt. Was war geschehen? Durch Rhabdomyolyse, eine Auflösung des quergestreiften Muskelgewebes und infolge des dadurch bedingten Nierenversagens war es zu den Todesfällen gekommen. Diese Nebenwirkung trat vor allem bei Überdosierung und insbesondere bei kombinierter Gabe von Cerivastatin mit Gemfibrozil 27.37 auf, einem Wirkstoff, der zur Gruppe der Fibrate gehört. Gemfibrozil erhöht den Plasmaspiegel von Cerivastatin um den Faktor 5 und kann selbst Myopathien (Muskelentzündungen durch Überbeanspruchung) auslösen. Als Todesursache wird eine Überdosierung von Cerivastatin bei gleichzeitiger wechselseitiger Blockierung des Abbaumechanismus beider Wirkstoffe über Cytochrom CYP 3A4 (Abschnitt 27.6) angenommen. Auf die Gefahren war im Beipackzettel hingewiesen worden bzw. in den USA waren die das Präparat abgebenden Apotheker informiert worden. Cerivastatin galt als einer der Wachstumsträger des Pharmageschäfts bei Bayer. Binnen kurzer Zeit nach der Zulassung erzielte es einen Umsatz von 2,5 Milliarden Euro. Weltweit nahmen ca. sechs Millionen Menschen das Arzneimittel ein. Seine Rücknahme hatte weitreichende Konsequenzen für den Bayer-Konzern, mit denen die Firma einige Jahre zu kämpfen hatte. Die Rückrufaktion erzeugte vor allem Unmut, da Presse und Aktionäre vor Ärzten und Apothekern informiert wurden. Dieses Vorgehen war sicherlich ungeschickt, da es so leicht zu einem schwindenden Vertrauen in die Pharmabranche beiträgt und rein kommerzielle Absichten suggeriert. Die beiden Präparate Sortis® und Lipobay® zeigen aber, wie eng Erfolg und Misserfolg im Pharmageschäft beieinander liegen und welches Risiko mit der Zulassung eines neuen Präparats, trotz bekanntem und etabliertem Wirkprinzip, besteht.

27.4 Treffer auf ein bewegliches Ziel: Hemmstoffe für Aldose-Reduktase

In Abschnitt 26.8 ist auf die alarmierende **Zunahme des Typ II Diabetes** mellitus verwiesen worden. Schon heute leiden 150 Millionen Menschen unter den Folgen einer Störung ihres Zuckerstoffwechsels. Alleine in den nächsten 15 Jahren soll sich diese Zahl verdoppeln. Die Behandlung der Zuckerkrankheit und ihrer Folgen verschlingt Milliarden und stellt eine massive Belastung der Volkswirtschaft und ihrer Gesundheitssysteme dar. Der erworbene Diabetes, der sich in einer zunehmenden Insulinunempfindlichkeit von Zellen äußert, führt langfristig ohne regulierende Ersatztherapie zu gravierenden Folgeerscheinungen. Sie manifestieren sich in sekundären Komplikationen, die z. B. zu einer verstärkten Atherosklerose (Abschnitt 27.3) mit zunehmendem Infarkt- und Schlaganfallrisiko führen. Die Spätfolgen eines nicht korrekt eingestellten Blutzuckerspiegels beeinträchtigen vornehmlich Zellen in Geweben, deren Zuckeraufnahme nicht durch Insulin gesteuert wird. Dies betrifft vor allem Zellen in Blutgefäßen, in Nerven, im Auge und in der Niere. Eine exogene Insulingabe hilft diesen Zellen nicht direkt, sie sind nicht in der Lage, dadurch ihre Glucoseaufnahme herunterzuregulieren. Frühe Erblindung, Nierenschädigungen und unvollständige Durchblutung der Extremitäten können die Folge sein, die möglicherweise die Konsequenz einer Amputation von Gliedmaßen zur Folge haben.

Ein Weg, in die **Blutzuckerregulierung** einzugreifen, führt über die exogene Insulinverabreichung (Abschnitt 32.4) neben verstärktem Bemühen um eine vorbeugende Umstellung der Lebens- und Ernährungsgewohnheiten. Doch keine noch so scharf eingehaltene Insulinersatztherapie kann die Funktion des körpereigenen Insulins mit der gleichen Effizienz auffangen. Es wird immer wieder zu gefährlichen Situationen einer Überzuckerung kommen, die dann insbesondere die insulinunabhängigen Zellen trifft. Zwangsläufig werden Diabetiker trotz einer Therapie mit Spätfolgen zu rechnen haben. Gerade im Alter schränken diese Folgeerscheinungen die Lebensqualität der Betroffenen zunehmend ein. Umso mehr sucht man nach Therapieansätzen, die die Spätfolgen reduzieren können.

Einen Ansatzpunkt stellen Eingriffe in den so genannten **Polyolpfad** dar. Entlang dieses Pfads wird Glucose 27.38 zunächst zu Sorbitol 27.39 reduziert und dann weiter zu Fructose 27.40 oxidiert (Abb.

27.16). Der erste Schritt wird durch Aldose-Reduktase, der zweite durch Sorbitoldehydrogenase katalysiert. Die Umsetzung durch Aldose-Reduktase stellt den geschwindigkeitsbestimmenden Schritt dar. Er verläuft unter Verbrauch von NADPH, das zu $NADP^+$ oxidiert wird. Der Folgeschritt in der Dehydrogenase benötigt $NADH/NAD^+$ als Cofaktor-System. Es war lange diskutiert worden, ob eine Überlastung des Polyolpfads durch eine starke Anreicherung von Glucose zu einer erhöhten Konzentration polarer Reaktionsprodukte in den betroffenen Zellen führt. Infolge der ansteigenden Konzentration polarer Verbindungen müssten diese Zellen einen vermehrten osmotischen Druck verspüren, der sich durch Wasseraufnahme abbauen ließe. Dies würde allerdings zu einem Anschwellen der Zellen und so zu einem vermehrten **osmotischen Stress** ihrer Membran führen. Gravierender scheint der **oxidative Stress** zu sein, dem die Zellen aufgrund der Überfrachtung des Polyolpfads ausgesetzt werden. Der vermehrte Glucosefluss entlang dieses Abbauwegs verbraucht eine zunehmende Menge NADPH bzw. NAD^+ und belastet damit sehr stark den Haushalt mit diesen redoxaktiven Substanzen. Unser Körper muss sich gegen reaktive Sauerstoffspezies schützen, die als Nebenprodukte bei der Umsetzung der ca. 400–800 l Sauerstoff, die wir täglich aufnehmen, entstehen. Sie besitzen zellschädigendes Potenzial. Übersteigt die Produktion dieser aggressiven Sauerstoffderivate die Entgiftungskapazität der **zelleigenen antioxidativen Systeme**, spricht man von oxidativem Stress. Hauptabwehrsystem ist das Glutathion, das unter Abfangen der oxidierenden Spezies zu Glutathiondisulfid oxidiert wird. Um wieder für die Abwehrmechanismen zur Verfügung zu stehen, muss es unter NADPH-Verbrauch durch die Glutathionreduktase regeneriert werden. Steht nur eine verminderte Menge an NAPDH zur Verfügung, ist die Kapazität des Glutathion-Abwehrsystems schnell erschöpft und es kommt zu oxidativen Stresserscheinungen in der Zelle. Sie werden heute vor allem mit den Spätschäden eines ungenügend regulierten Glucosehaushalts in Verbindung gebracht.

Inhibition der Aldose-Reduktase stellt eine Möglichkeit dar, die Überlastung dieses Abbauwegs zu vermeiden. Hinweise auf die therapeutische Relevanz einer solchen Strategie konnte ein **genetischer Polymorphismus** liefern, der im Zusammenhang mit dem Risiko für diabetische Komplikationen entdeckt wurde. Variationen auf den Genen, die die Information für Aldose-Reduktase tragen, führen zu einer erhöhten bzw. reduzierten Expression der Aldose-Reduktase in den betroffenen Individuen. Vermehrte Bereitstellung des Enzyms führt zu einem verstärkten NADPH-Verbrauch. Träger des Allels für vermehrte Expression scheinen einer erhöhten Prävalenz für diabetische Folgeerscheinungen ausgesetzt zu sein. Umgekehrt entspricht eine reduzierte Bereitstellung des Enzyms einer herabgesetzten Prävalenz. Dies ist ein deutlicher Hinweis darauf, dass die Reduktion der Aktivität von Aldose-Reduktase eine brauchbare Strategie zur Vermeidung der Spätfolgen einer unzureichenden Steuerung des Blutzuckerspiegels darstellt.

Interessanterweise scheint die Aldose-Reduktase aber noch andere Aufgaben in der Zelle wahrzunehmen. Sie ist in der Lage, eine breite Palette von Substraten mit Aldehydfunktionen zu reduzieren. Dies ist eine wichtige Aufgabe im Entgiftungsmechanismus. Eine ganz ähnliche Funktion übernimmt die Aldehyd-Reduktase, ein mit der Aldose-Reduktase verwandtes Enzym. Blockade beider Enzyme führt zu erheblichen Problemen, da die **Entfernung giftiger und hoch reaktiver Aldehyde** aus der Zelle unterdrückt wird. Daher muss bei der Entwicklung potenter Inhibitoren der Aldose-Reduktase auf eine möglichst hohe Selektivität der Inhibitoren für dieses Enzym geachtet werden. Die sehr weite Substratpromiskuität der Aldose-Reduktase macht diese Aufgabe allerdings nicht einfach. Um Substrate ganz unterschiedlicher Größe verarbeiten zu können, verfügt diese Reduktase über eine erstaunli-

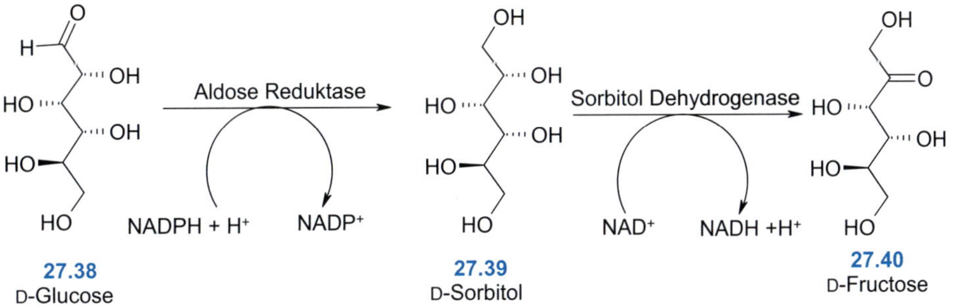

Abb. 27.16 Entlang des Polyolpfads wird D-Glucose **27.38** in Aldose-Reduktase zu D-Sorbitol **27.39** und weiter in Sorbitoldehydrogenase zu D-Fructose **27.40** abgewandelt.

che Adaptionsfähigkeit. Scheinbar ohne einen nennenswerten Preis zu zahlen, vermag dieses Enzym Bindetaschen für die Aufnahme von Substraten zu öffnen. Es ist allerdings so, dass Eigenschaften, die ihm diese Anpassungsfähigkeit an ganz unterschiedlich große Substrate verleihen, auch bei der Hemmung durch Inhibitoren zum Tragen kommen. Daher kann man den Versuch, Aldose-Reduktase mit potenten Inhibitoren in ihrer Funktion zu blockieren, auch mit der Aufgabe vergleichen, ein mobiles und ständig ausweichendes Ziel treffen zu müssen.

Aber zunächst zum Aufbau und zum Mechanismus der Aldose-Reduktase. Sie bedient sich des NADPHs als Cofaktor. Sie verfügt nicht wie die meisten Reduktasen über eine NADPH-bindende Domäne mit „Rossmann-Fold", sondern besitzt die Geometrie eines TIM-Barrels. Im Deckelbereich dieser Fassstruktur liegt das aktive Zentrum. Es teilt sich auf in ein relativ starres Katalysezentrum, die so genannte Anionenbindetasche und die adaptionsfähige Spezifitätstasche (Abb. 27.17). Dort läuft der Reduktionsschritt unter Übertragung eines Hydridions von NADPH auf die Aldehydgruppe des Substrats ab. Als Produkt entsteht ein Alkohol. Es wurde eine ganze Reihe von Kopfgruppen entdeckt, die als Mimetikum für die Geometrie im Reduktionsschritt dienen können. In erster Linie sind Carbonsäuregruppen, abgeleitet von der Essigsäure, in viele Leitstrukturen eingebaut worden (Abb. 27.18). Der pK_a-Wert dieser Verbindungen ist allerdings im Hinblick auf eine gute Bioverfügbarkeit der Hemmstoffe ungünstig. Deshalb hat man nach anderen Gruppen gesucht, die zwar auch den anionischen Charakter annehmen können, aber bezüglich Transport und Verteilung günstigere pK_a-Eigenschaften aufweisen (Abschnitt 19.4). Vor allem Hydantoine haben sich hier als brauchbar erwiesen. Andere Varianten sind in Abb. 27.18 aufgeführt.

Eine andere interessante Eigenschaft der Aldose-Reduktase wirft die Frage auf, wie es ein Enzym verstehen kann, sich an so viele unterschiedliche Substrate anzupassen. In Abb. 27.19 sind die Protein-Ligand-Komplexe von vier unterschiedlichen Inhibitoren (Abb. 27.18, 27.50, 27.44, 27.48 und 27.45) gezeigt, die alle an ein anderes **Konformeres des Proteins** binden. Für den Fall der Aldose-Reduktase nimmt man an, dass viele Proteinkonformere, die ein Öffnen und Schließen von verschiedenen Subtaschen der Spezifitätstasche bedingen, nebeneinander in einem dynamischen Gleichgewicht vorliegen. Ein Substratmolekül, aber auch ein Inhibitor greift sich eines dieser Konformere aus dem Gleichgewicht heraus und stabilisiert dessen Geometrie bei der Komplexbildung. Nur so ist es zu verstehen, dass es praktisch keinen energetischen Preis kostet, die unterschiedlichen Konformere des Enzyms zu öffnen und potent ohne Verlust an Bindungsaffinität zu blockieren.

Um Vorstellungen über die konformative Vielfalt der möglichen Geometrien des Enzyms zu erhalten, kann man MD-Simulationen durchführen. In Abschnitt 15.8 ist am Beispiel der Aldose-Reduktase vorgestellt worden, wie eine solche Studie durchzuführen

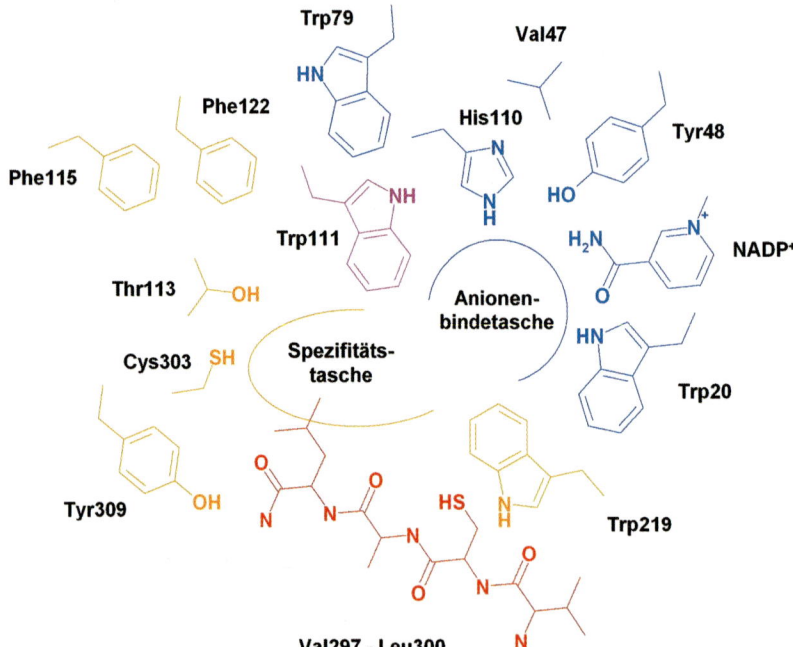

Abb. 27.17 Die Bindetasche der Aldose-Reduktase teilt sich in eine katalytische (blau) und eine Spezifitätstasche (orange) auf. Der Cofaktor NADPH/NADP$^+$ bindet auf der Unterseite der katalytischen Tasche. Für die strukturellen Anpassungen der Spezifitätstasche sind vor allem Phe 122, Trp 219 und Leu 300 verantwortlich. In der katalytischen Tasche kann Trp 20 konformative Änderungen durchlaufen. Der Abschnitt Val 297-Leu 300 (rot) gehört zu einer Schleife, die besonders hohe Adaptionsfähigkeit besitzt.

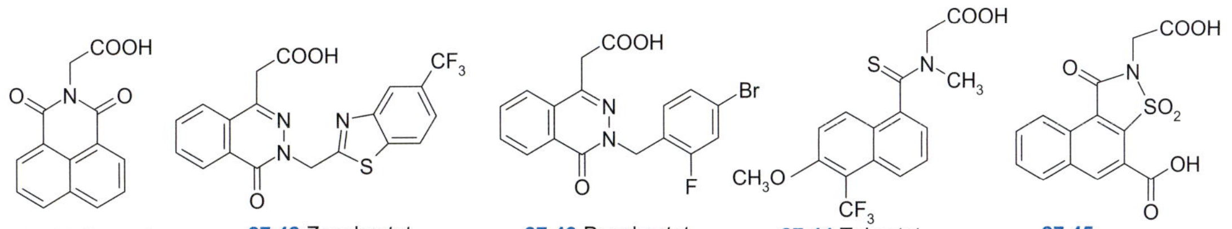

27.41 Alrestatin · 27.42 Zopolrestat · 27.43 Ponalrestat · 27.44 Tolrestat · 27.45

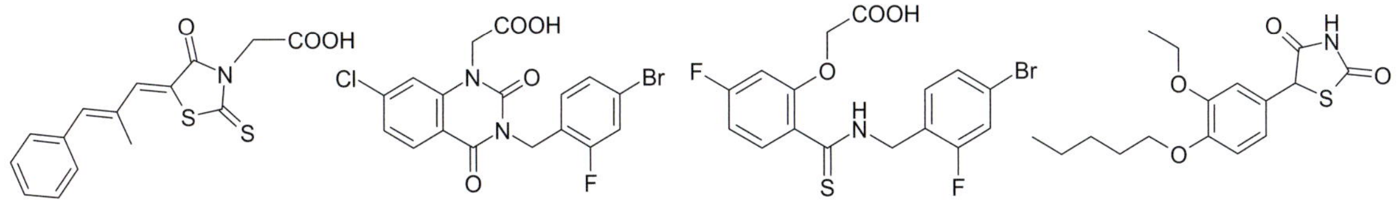

27.46 Epalrestat · 27.47 Zenarestat · 27.48 IDD594 · 27.49 Risarestat

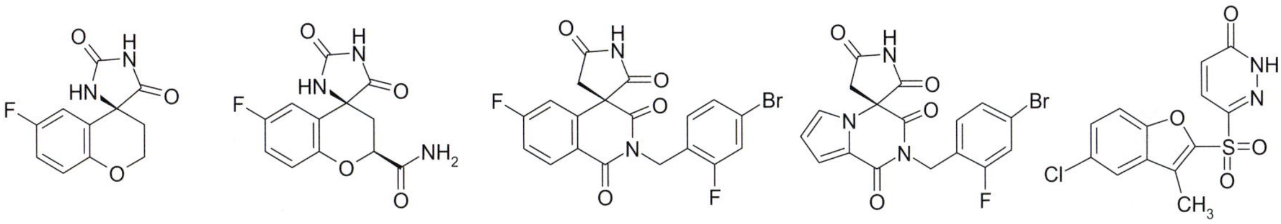

27.50 Sorbinil · 27.51 Fidarestat · 27.52 Minalrestat · 27.53 Ranirestat · 27.54

Abb. 27.18 Synthetische Inhibitoren 27.41–27.54 der Aldose-Reduktase. Einzig Epalrestat 27.46 hat es zu einem Marktprodukt geschafft.

ist. Es hat sich dabei gezeigt, dass es im Wesentlichen nur die Seitenketten ganz weniger Aminosäuren sind, die diese konformativen Adaptionen erlauben und so das Öffnen und Schließen ganzer Bereiche der Bindetasche induzieren. In Abb. 27.20 ist die Bindungsgeometrie von Sorbinil 27.50 (Abb. 27.18) gezeigt. Der Inhibitor blockiert mit seiner Hydantoingruppe das katalytische Zentrum und sitzt oberhalb des Nicotinrings im Cofaktor. Interessanterweise lässt er die Spezifitätstasche verschlossen. Phe 122 und Leu 300 orientieren sich wie zwei Flügel einer Tür zueinander und verschießen den dahinter liegenden Bereich der Spezifitätstasche.

An der Entwicklung von potenten Inhibitoren der Aldose-Reduktase wird schon seit vielen Jahren gearbeitet. Mit Erfolg haben es zahlreiche Kandidaten (Abb. 27.18) in die klinische Prüfung geschafft. Nur leider wurde für die meisten die Entwicklung in dieser Phase abgebrochen. Oft waren es unerwünschte Nebenwirkungen oder nicht ausreichende Effizienz, die zu dieser Entscheidung führten. In Japan gelang es der Firma ONO Pharmaceutical Co. 1992, Epalrestat 27.46 (Kinedak®) zur Behandlung der diabetischen Neuropathie auf den Markt zu bringen. Viele andere Derivate wie Fidarestat, 27.51, Ranirestat 27.53, Ponalrestat 27.43, Zopolrestat 27.42 oder Zenarestat 27.47 haben es bis zur Klinischen Phase II geschafft. Teilweise wurden sie allerdings auf dieser Entwicklungsstufe aufgegeben oder ihre Prüfung ist noch nicht abgeschlossen.

Es ist überraschend, dass bisher trotz intensivster Forschung und offensichtlich validem Therapieprinzip eine so geringe Ausbeute erzielt wurde. Aldose-Reduktase hält aber einen anderen Rekord. Es ist derzeit das vermutlich am besten strukturell wie physikochemisch charakterisierte Protein. Eine Kristallstruktur konnte bis 0,66 Å Auflösung mit IDD594 27.48 bestimmt werden, die fast jedes Wassermolekül und H-Atom preisgibt (vgl. Abb. 13.9). Eine gut aufgelöste Neutronenstruktur liegt ebenfalls vor. Für fast kein anderes Enzym wurden so viele quantenchemische Rechnungen und MD-Simulationen durchgeführt. Die Thermodynamik und multiple Mutationsstudien vermitteln Einblicke in die Energetik des adaptiven Verhaltens des Proteins. Doch das umfassende Wissen zu seinen Eigenschaften hat bisher noch nicht dazu verholfen, eine zuverlässige und breit einsetzbare Therapie der diabetischen Spätfolgen durch geeignete Inhibitoren dieses Enzyms zu finden.

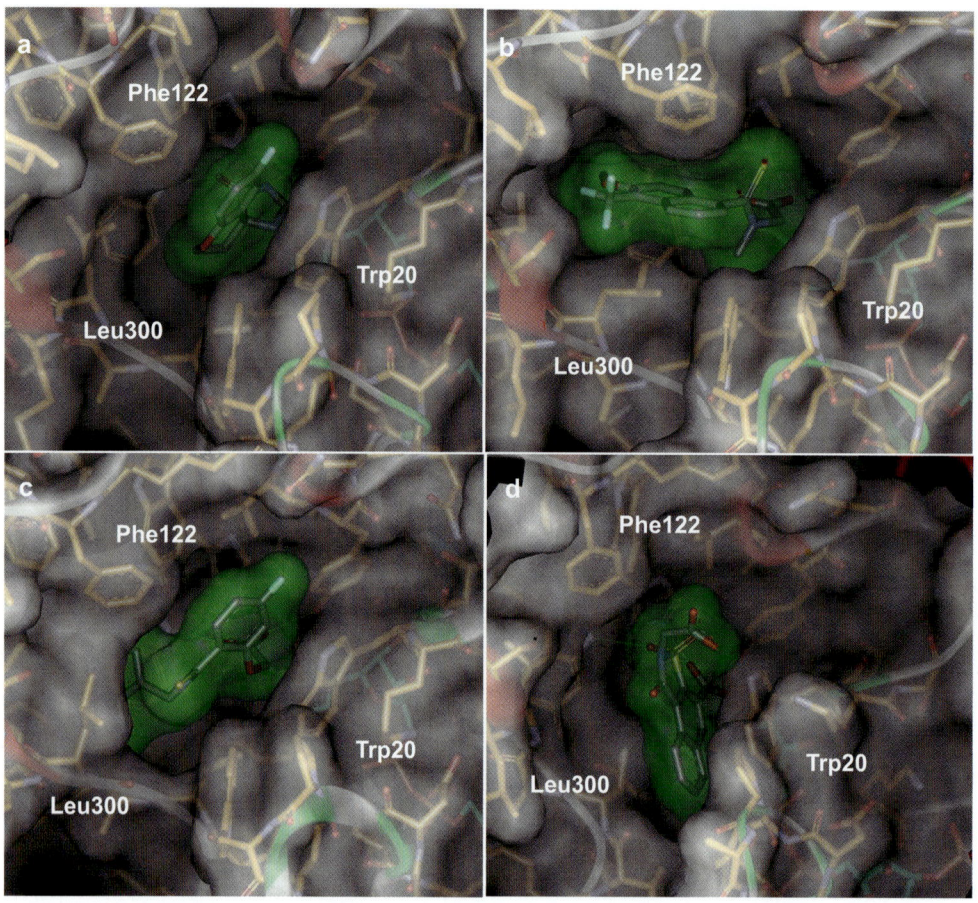

Abb. 27.19 Kristallstrukturen der Aldose-Reduktase mit (a) Sorbinil **27.50**, (b) Tolrestat **27.44**, (c) IDD594 **27.48** und (d) **27.45** (Abb. 27.18). Alle Inhibitoren binden an ein anderes Konformer des Proteins. Vor allem die Reste Trp 20, Phe 122 und Leu 300 erfahren deutliche Umlagerungen im Raum und geben strukturell veränderte Subtaschen des Enzyms frei.

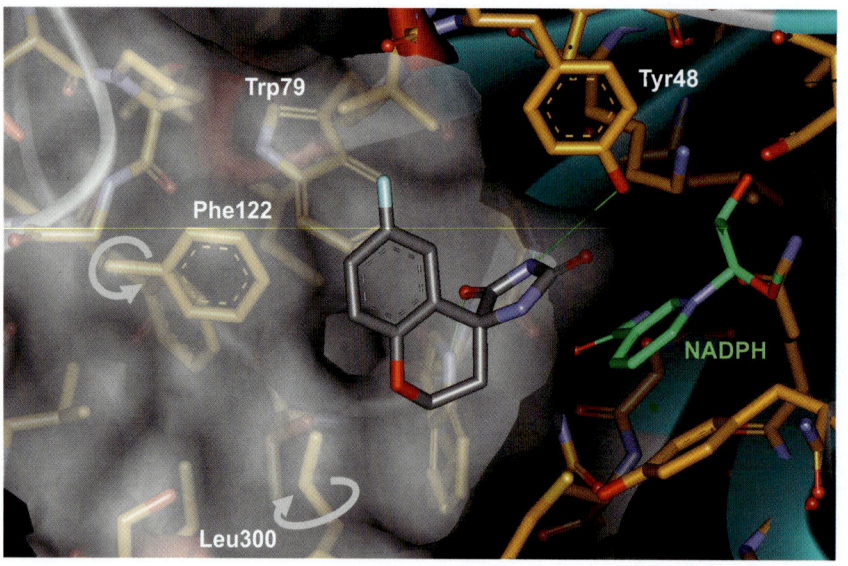

Abb. 27.20 Kristallographisch bestimmte Bindungsgeometrie von Sorbinil **27.50** an Aldose-Reduktase. Die Hydantoingruppe des Inhibitors bindet oberhalb des Nicotinamidrings des Cofaktors an Tyr 48, Trp 79 und His 110. Die Spezifitätstasche bleibt bei der Bindung dieses Inhibitors geschlossen. Durch Wegdrehen (Pfeile) der Seitenketten von Phe 122 und Leu 300 kann diese Tasche freigegeben werden.

27.5 Inhibitoren der 11β-Hydroxysteroid-Dehydrogenase

Isoformen der 11β-Hydroxysteroid-Dehydrogenase (11β-HSD) sind für die wechselseitige Umwandlung des biologisch aktiven **Glucocorticoids Cortisol 27.56** in seine inaktive 11-Ketoform **Cortison 27.55** verantwortlich (Abb. 27.21). Zwei Isoenzyme, **11β-HSD1** und **11β-HSD2**, konnten gefunden werden, die beide zu der Superfamilie der kurzkettigen Dehydrogenasen/Reduktasen gehören. Zwischen ihnen besteht eine geringe Sequenzidentität von nur 15 %. Chemisch gesehen sind sie Gegenspieler. 11β-HSD1 tritt weit verbreitet auf, allerdings mit vermehrter Expression in der Leber und in adipösem Gewebe. Das Enzym wirkt unter Verbrauch von NADPH als Reduktase und bildet aus inaktivem Cortison aktives Cortisol, das an den Glucocorticoid-Rezeptor (Abschnitt 28.5) bindet und ihn aktiviert. Umgekehrt oxidiert 11β-HSD2 als Dehydrogenase unter Verbrauch von NAD^+ Cortisol zu inaktivem Cortison. Dieses Enzym schützt den Mineralocorticoid-Rezeptor vor übermäßiger Exposition mit diesem aktivierenden Hormon. Dies spielt vor allem in der Niere und im Dickdarm eine Rolle. Eine zu starke Aktivierung dieses Rezeptors durch Cortisol führt dazu, dass zusätzlich zu Aldosteron **28.17** (Abschnitt 28.5, Abb. 28.11) auch Cortisol die Rückresorption von Natrium- und Chloridionen in der Niere erhöht. Wassereinlagerungen und ein Anstieg des Blutdrucks sind die Konsequenz. Ein angeborener Gendefekt, der Mutationen der 11β-HSD2 bedingt, kann zu einer erblichen Form des Bluthochdrucks führen. Das mutierte Enzym arbeitet weniger effizient. Es kommt zu einem Überschuss an Cortisol. Der Rezeptor wird überfrachtet und bedingt einen erhöhten Blutdruck. Interessanterweise stellt Glycyrrhizinsäure **27.59** (Abb. 27.22), ein **Inhaltsstoff des Lakritz**, einen potenten Inhibitor der 11β-HSD2 dar. Bei übermäßigem Konsum dieses in Süßigkeiten beliebten Süßholzwurzelextrakts können im schlimmsten Fall temporär Symptome auftreten, die denen des angeborenen Enzymdefekts gleichen.

Die kurzkettigen Dehydrogenasen/Reduktasen nehmen das Faltungsmuster eines Rossmann-Folds an. Für den katalytischen Mechanismus ist das Auftreten einer **Tyr–Lys–Ser-Triade** entscheidend, die in nahezu allen Mitgliedern dieser Familie vorliegt. In Abb. 27.23 ist der Ablauf der Reduktionsreaktion schematisch skizziert. Vom Nicotinring des NADPHs wird ein Hydridion auf die zu reduzierende Carbonylgruppe übertragen. Die Carbonylfunktion ist in ein Netzwerk von Wasserstoffbrücken eingebunden, das für eine Polarisation dieser Gruppe für den nucleophilen Angriff des H^--Ions sorgt. Die Hydroxylgruppe des Tyr-Rests dient als Protonendonor. Weiterhin fixiert die Ammoniumgruppe des benachbarten Lys die OH-Gruppen des Zuckerbausteins und erleichtert den Protonentransfer durch Erniedrigung des pK_a-Werts des Tyrosinrests (Abb. 27.23 und 27.24). Die verschiedenen Isoformen der 11β-HSD sind geeignet, sowohl den Oxidationsschritt (Dehydrogenase) als auch den Reduktionsschritt (Reduktase) nach sehr ähnlichem Mechanismus zu katalysieren.

Endokrinologen hatten bereits vor langer Zeit auf die phänotypische Ähnlichkeit zwischen dem relativ selten auftretenden Cushing-Syndrom und dem in den Industrienationen immer häufiger zu beobachtenden **metabolischen Syndrom** verwiesen. Das Cushing-Syndrom tritt infolge einer überhöhten Bildung von Cortisol auf und führt zu dem so genannten „Vollmondgesicht" bei gleichzeitig vermehrter Stammfettsucht. Auf die alarmierend zunehmende Zivilisationskrankheit **Adipositas** bei gleichzeitigem Anstieg der **Diabetes Typ II-Erkrankungen** ist bereits in den beiden voranstehenden Abschnitten und 26.8 verwiesen worden. Interessanterweise konnte im Fettgewebe adipöser Menschen ein erhöhter Cortisolspiegel nachgewiesen werden im Vergleich zum Gewebe von hageren Personen.

Offensichtlich besteht im adipösen Gewebe von Menschen, die zur Fettleibigkeit tendieren, eine er-

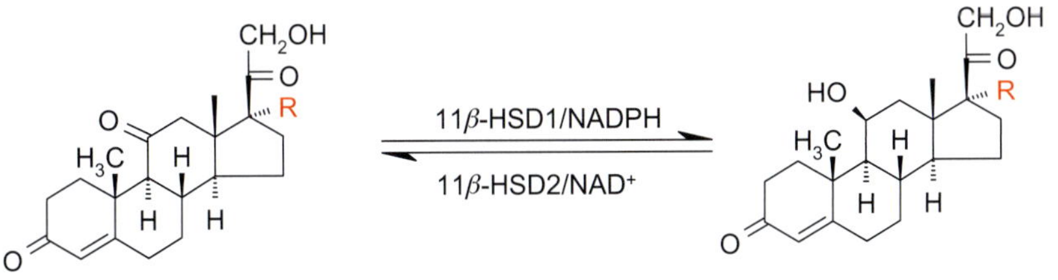

27.55 Cortison R = OH

27.57 11-Dehydrocorticosteron R = H

27.56 Cortisol, R = OH

27.58 Corticosteron, R = H

Abb. 27.21 Die beiden Isoformen HSD1 und HSD2 der 11β-Hydroxysteroid-Dehydrogenase überführen inaktives Cortison **27.55** in aktives Cortisol **27.56** und umgekehrt. In Nagern wird durch das gleiche Enzympaar das Substrat 11-Dehydrocorticosteron **27.57** in Corticosteron **27.58** überführt.

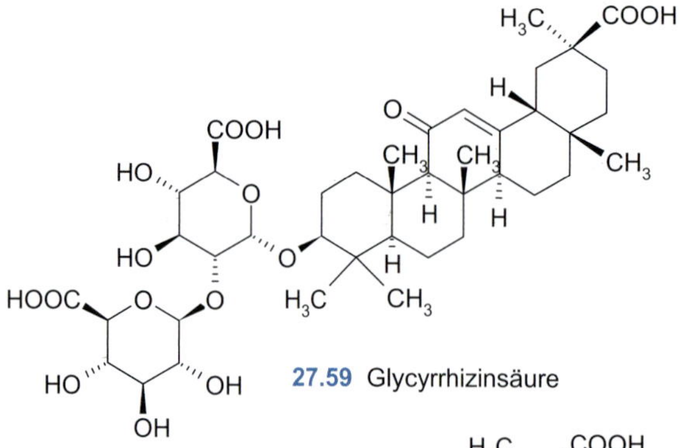

Abb. 27.22 Der Inhaltsstoff des Lakritz, Glycyrrhizinsäure **27.59**, stellt einen potenten Hemmstoff beider 11β-HSD-Isoformen dar. Auch das daraus abgeleitete Carbenoxolon **27.60** vermag beide Isoformen der 11β-HSDs zu blockieren. Als Inhibitor der 11β-HSD 1 wurde das Arylsulfonamidothiazole BVT-2733 **27.61** entwickelt. Mit einer analogen Verbindung **27.62** konnte die in Abb. 27.25 aufgeführte Kristallstruktur bestimmt werden. Bei Abbott gelang die Entwicklung von **27.63**, einem Adamantylsulfon mit zentraler Amidbindung.

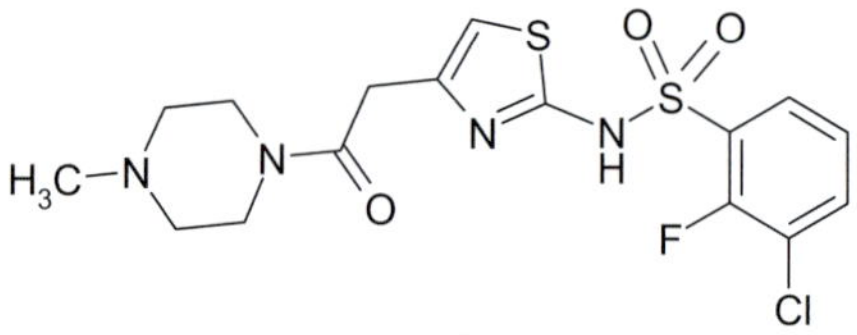

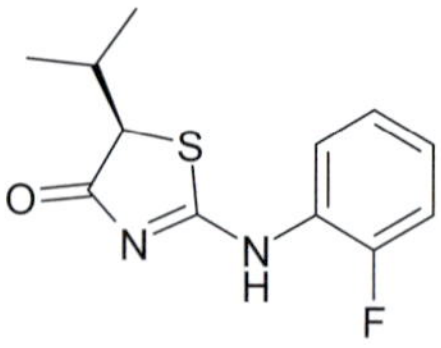

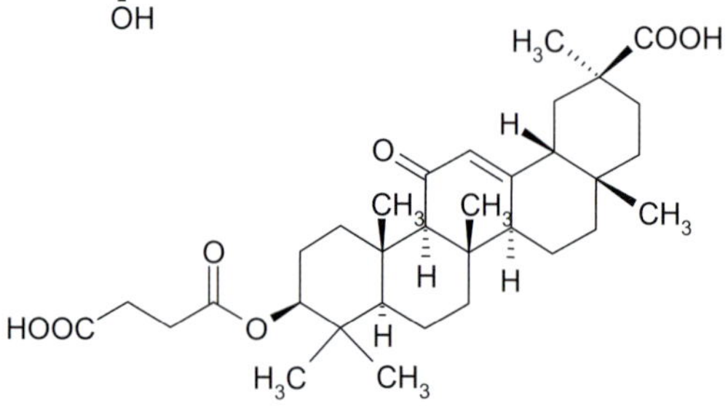

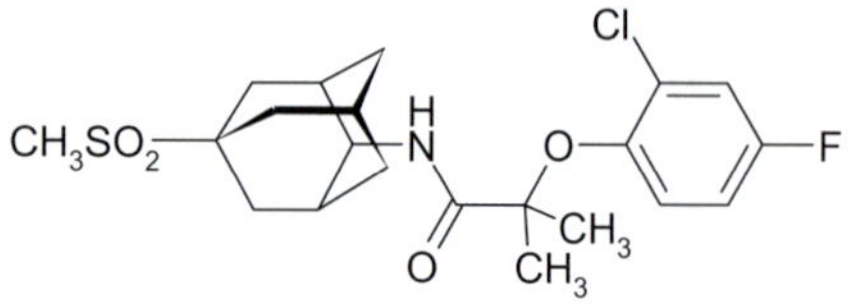

höhte 11β-HSD1 Aktivität. In gentechnologisch veränderten Mäusen mit ausgeschalteter 11β-HSD1 Aktivität konnte Resistenz gegen eine nahrungsbedingte Fettleibigkeit beobachtet werden. Diese Mäuse zeigen verbesserte Lipid- und Lipoproteinspiegel und eine erhöhte Leberinsulinempfindlichkeit. Umgekehrt stellt sich in transgenen Mäusen mit einer induzierten Überexpression von 11β-HSD1 in adipösem Gewebe eine ansteigende Insulinresistenz ein. Diese Ergebnisse legen nahe, dass eine Reduktion der 11β-HSD1-Aktivität ein aussichtsreiches Therapiekonzept zur Behandlung des metabolischen Syndroms darstellt. Diese Strategie erscheint vor allem deshalb attraktiv, weil die erhöhten 11β-HSD1 Spiegel nur in bestimmten Geweben, insbesondere dem adipösen Fettgewebe, auftreten. Zusätzlich ist festgestellt worden, dass der unselektive 11β-HSD-Inhibitor Carbenoxolon **27.60** (Abb. 27.22) die Insulinempfindlichkeit in der Leber sowohl in gesunden Probanden wie in Diabetikern erhöht, ohne dabei den Glucoseabbau in der Peripherie zu steigern.

In zahlreichen Pharmafirmen wurden daher Programme zur Entwicklung selektiver 11β-HSD1 Inhibitoren vor allem zur Behandlung des Diabetes Typ II

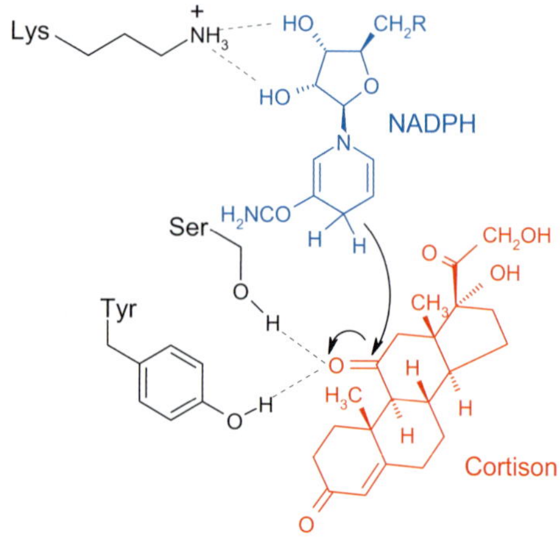

Abb. 27.23 Zur Reduktion von Cortison zu Cortisol verwendet die 11β-HSD 1 NADPH als Cofaktor. Die Carbonylgruppe des Substrats wird durch einen benachbarten Ser- und Tyr-Rest in Wasserstoffbrücken eingebunden. Dadurch wird sie für den nucleophilen Angriff durch das Hydridion vorbereitet. Zusätzlich polarisiert die positive Ladung des angrenzenden Lys-Rests die Carbonylgruppe (vgl. Abb. 27.25) und reduziert den pK_a-Wert des Tyrosins, das als Protonenspender fungiert.

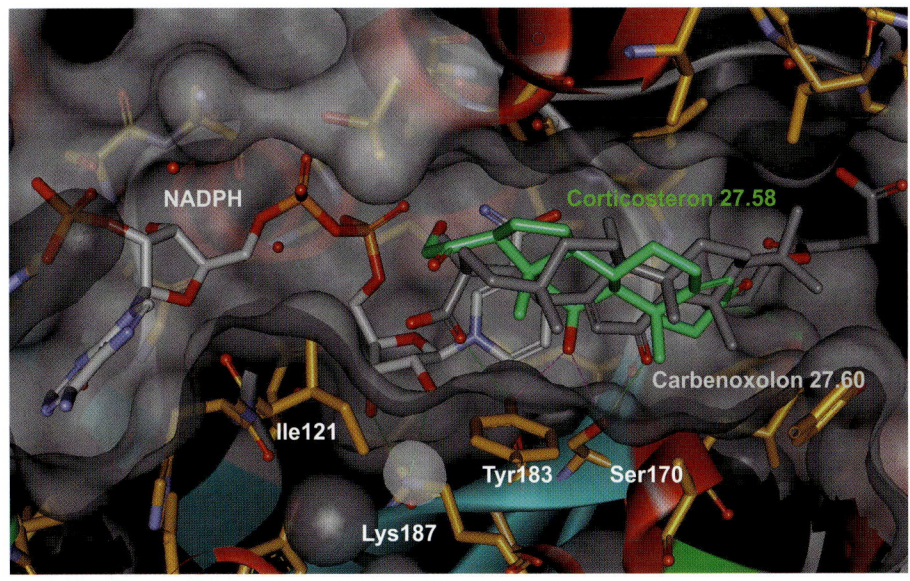

Abb. 27.24 Kristallstruktur der humanen 11β-HSD1 mit Carbenoxolon **27.60** (grau). Der Inhibitor bindet kompetitiv zu dem natürlichen Liganden Cortisol. Aus einer Kristallstruktur des murinen Enzyms wurde die Bindungsgeometrie des Corticosterons **27.58** (grün) entnommen und mit der humanen 11β-HSD1 überlagert. Sie gibt die Bindungsgeometrie des natürlichen Substrats an.

aufgelegt. Eine erste Substanzklasse ergab sich mit den Arylsulfonamidothiazolen. Aus dieser Serie stammt BVT-2733 **27.61** (Abb. 27.22) als hoffnungsvoller Entwicklungskandidat. Diese Inhibitoren besitzen eine Aminothiazol-Substruktur, mit der sie die Geometrie der 11β-Ketofunktion des natürlichen Steroids nachstellen und an den Serin- und Tyrosin-Rest der katalytischen Triade binden. In Abb. 27.25 ist die Kristallstruktur mit einem Vertreter (**27.62**) aus dieser Verbindungsklasse gezeigt. Andere Substanzklassen verwenden als Mimetikum für die Ketofunktion eine Amidgruppe, eine Harnstoffeinheit oder einen Heterocyclus. Zum Nachahmen des hydrophoben Steroidgerüsts wurden bei Abbott vom Adamantan

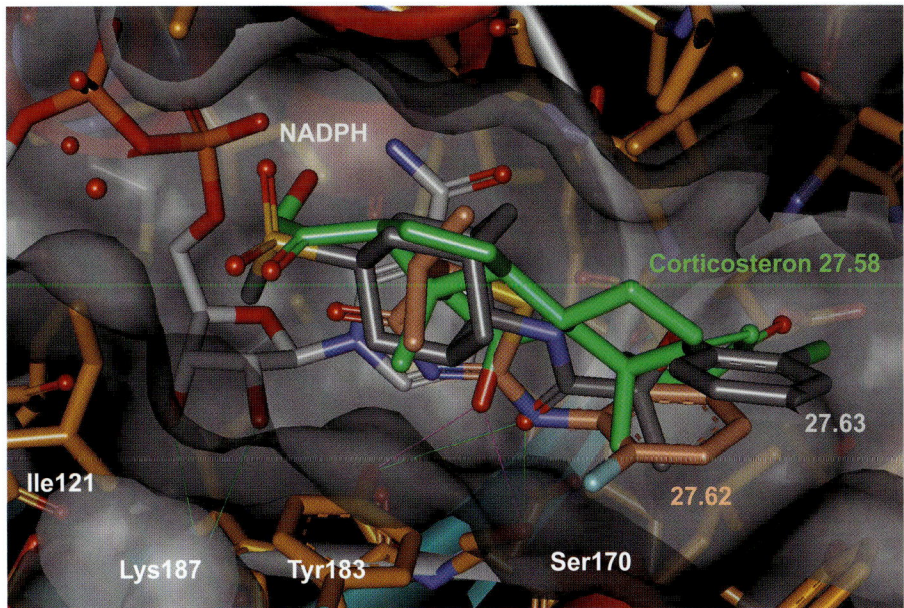

Abb. 27.25 Kristallographisch bestimmte Bindungsgeometrien der Inhibitoren **27.62** (beige) und **27.63** (grau) zusammen mit der aus der Kristallstruktur des murinen Enzyms entnommenen Bindungsgeometrie des Corticosterons **27.58** (grün). Trotz völlig abweichender Molekülgerüste nehmen die Inhibitoren weitgehend den Platz des Steroids ein. Sie binden mit ihrer amid- (**27.63**) bzw. amidinähnlichen (**27.62**) Funktion an Ser 170 und Tyr 183 der katalytischen Triade. Lys 187 hält den Ribosebaustein in Position und polarisiert die Sauerstoffgruppe des benachbarten Tyr 183.

abgeleitete Sulfone (z. B. 27.63) und Sulfonamide entwickelt. Der hydrophobe Adamantylbaustein ersetzt den C- und D-Ring des Steroidgerüsts (Abb. 27.25). Die terminale Sulfongruppe stellt den 17-COCH$_2$OH-Substituenten nach. Mit seiner Carbonylfunktion an der zentralen Amidgruppe bindet 27.63 an Ser 190 und Tyr 183 der katalytischen Triade. Auch das Beispiel dieses Enzyms unterstreicht, dass strukturell sehr verschiedene Molekülgerüste den Aufbau eines Steroids in seinen Eigenschaften nachbilden, um die Bindetasche und somit den Katalysemechanismus erfolgreich blockieren zu können.

27.6 Die Familie der Cytochrom P450-Enzyme

Die Familie der Cytochrom P450-Enzyme spielt eine zentrale Rolle im **Arzneistoffmetabolismus**. Die Grundlagen zur Verteilung, zum Transport und zum Abbau eines Arzneistoffs wurden bereits im Abschnitt 9.2 angesprochen. Hier soll der Aufbau und die Funktionsweise dieser Monooxygenasen vorgestellt werden, vor allem ihre Interaktion mit niedermolekularen Wirkstoffen. Die **Cytochrome P450** (CYPs) sind eine Superfamilie von Häm-Proteinen, die als Monooxygenasen biochemische Transformationen, meist unter Einführung von Sauerstoff auf zu oxidierende Substrate, durchführen. Im Zentrum besitzen sie ein eisenhaltiges Protoporphyrinsystem als prosthetische Gruppe. Das Eisenion ist in der fünften apicalen Position durch ein Cystein koordiniert. An der sechsten Koordinationsstelle wird intermediär der Sauerstoff gebunden und von dort in das Substrat eingeführt. Ihren Namen verdanken die Enzyme einer typischen Absorptionsbande bei 450 nm, die für den mit Kohlenmonoxid blockierten Komplex zu beobachten ist. Die Proteine sind aus ca. 500 Aminosäuren aufgebaut. Bisher hat man in der belebten Natur über 6000 Gene für CYPs beschrieben. Im Menschen sind 17 Familien charakterisiert, die sich in 57 Isoenzyme auffächern. Zur Benennung dieser Proteine hat man eine Kombination von Zahlen und Buchstaben gewählt, wobei die erste Zahl die Familie, der Buchstabe die Unterfamilie und die zweite Zahl die Isoform beschreibt. Im Körper findet man sie vor allem in der Leber, der Lunge und im Magen-Darm-Trakt. Dies verweist auf ihre Funktion, vor allem in den Metabolismus körperfremder Stoffe einzugreifen. Einige der CYPs übernehmen aber auch wichtige Transformationen von endogenen Substraten, wie CYP 2R1 im Vitamin D-Stoffwechsel, CYP 19A1 (Aromatase) beim Steroid-Stoffwechsel oder CYP 2J2 und CYP 5A1 (Thromboxansynthase) im Eicosanoid-Stoffwechsel. Körper-

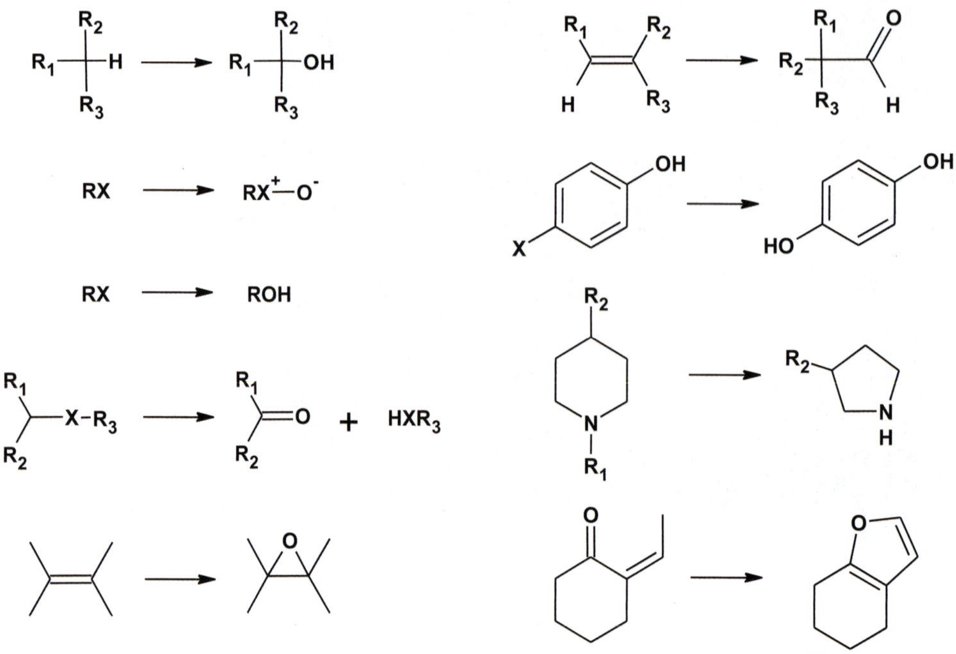

Abb. 27.26 Beispiele für typische Oxidationsreaktionen, wie sie von Cytochrom P450-Enzymen katalysiert werden, X steht allgemein für ein Heteroatom wie Stickstoff oder Schwefel.

fremde Substrate werden in so genannten Phase I-Reaktionen zu besser löslichen und bevorzugt ausscheidbaren Substanzen transformiert. Meist dienen diese Umsetzungen der Entgiftung, aber in einigen Fällen kann auch eine Giftung der Substrate erfolgen (Abschnitt 9.1). Einige typische Reaktionen, die durch CYPs katalysiert werden, sind in Abb. 27.26 aufgeführt.

Der Katalysecyclus der P450-Enzyme ist NAPDH-abhängig. Zunächst liegt das **Eisenion im Häm-Zentrum** mit der Oxidationsstufe +3 vor. Das Substrat diffundiert in die nach außen praktisch völlig abgeschirmte Reaktionshöhle (Abb. 27.27). Einlass ins Katalysezentrum ermöglicht ein helicaler Sequenzabschnitt, der sich wie ein Verschlussdeckel über das Zentrum legt. Eine NADPH-Reduktase liefert ein Elektron an das Cytochrom und reduziert dort das Eisenion. Dann koordiniert molekularer Sauerstoff an das Eisen. Im nächsten Schritt liefert die NADPH-Reduktase ein zweites Elektron. Unter Aufnahme eines Protons entsteht eine $Fe^{2+}\cdot OOH$ Spezies, die unter Freisetzung von Wasser die zu oxidierende C–H-Bindung des Substrats homolytisch spaltet. Stereoselektiv wird eine OH-Gruppe vom Eisenzentrum auf den zu oxidierenden Kohlenstoff übertragen. Das Eisen kehrt in den ursprünglichen dreiwertigen Zustand zurück und das oxidierte Produkt kann die Bindetasche verlassen. Im Detail ist der Reaktionsmechanismus bis heute nicht verstanden. Es hat sich aber gezeigt, dass die P450-Enzyme zum Teil zu extremen Adaptionen an ihre Substrate befähigt sind. Nicht nur ein Substratmolekül kann in die Bindetasche aufgenommen werden, ja selbst die Aufnahme von zwei verschiedenen Molekülen ist möglich. Wie wir noch sehen werden, hat dies weitreichende Konsequenzen für den Arzneistoffmetabolismus. Die meisten CYPs kommen in der Leber vor. Bei Säugern sind sie mit einem Anker in die Membran des endoplasmatischen Reticulums eingebettet. In Abb. 27.28 ist eine Verteilung der CYPs über die verschiedenen

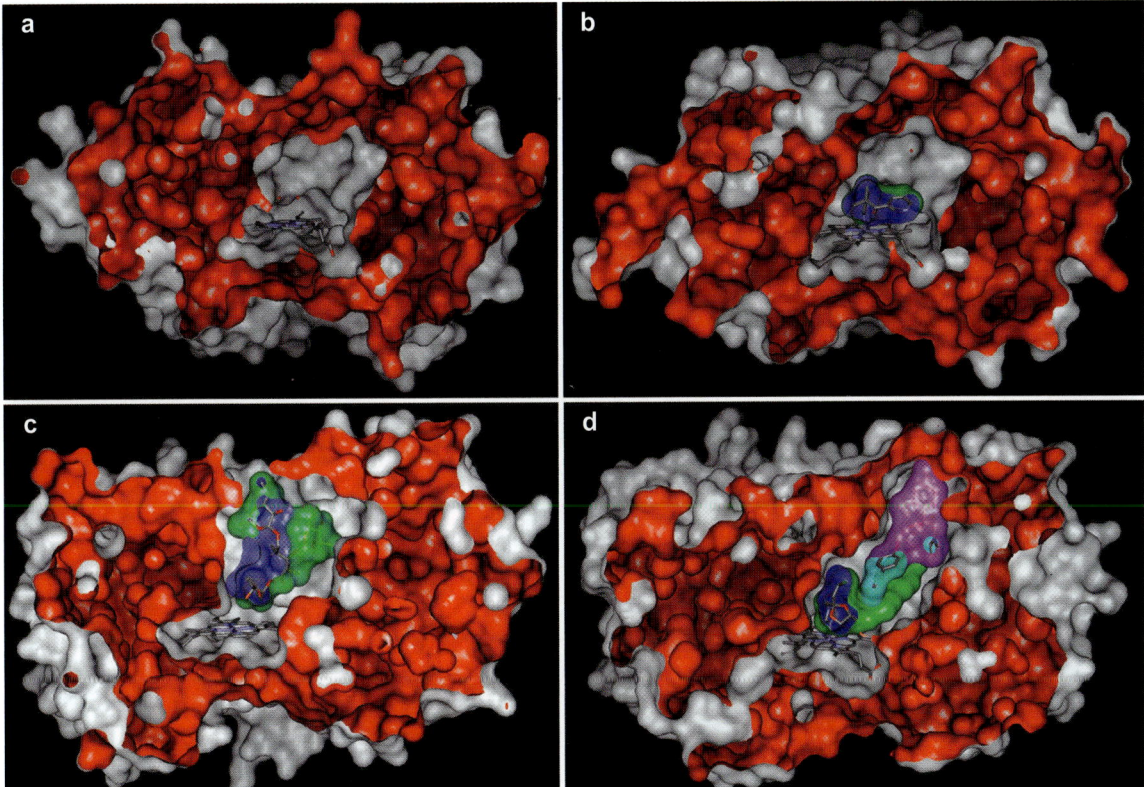

Abb. 27.27 Kristallstrukturen der humanen CYP 3A4 im unkomplexierten Zustand (a), mit gebundenem Metyrapon **27.8** (b), Erythromycin **32.29** (c) und Ketonconazol **27.7** (d). Das Protein ist mit einer weißen Oberfläche dargestellt, die auf der Innenseite rot eingefärbt ist. Die Liganden sind mit einer eigenen Oberfläche dargestellt (außen grün, innen blau). Im Falle des Ketoconazols binden zwei Liganden an das Protein (zweites Molekül mit violetter Oberfläche, innen hellblau). Die nach außen hin nahezu vollständig abgeschlossene Bindetasche (vgl. (a) und (b)) des CYP 3A4 erweist sich als extrem adaptiv. Nur so kann das Enzym Liganden ganz unterschiedlicher Größe aufnehmen.

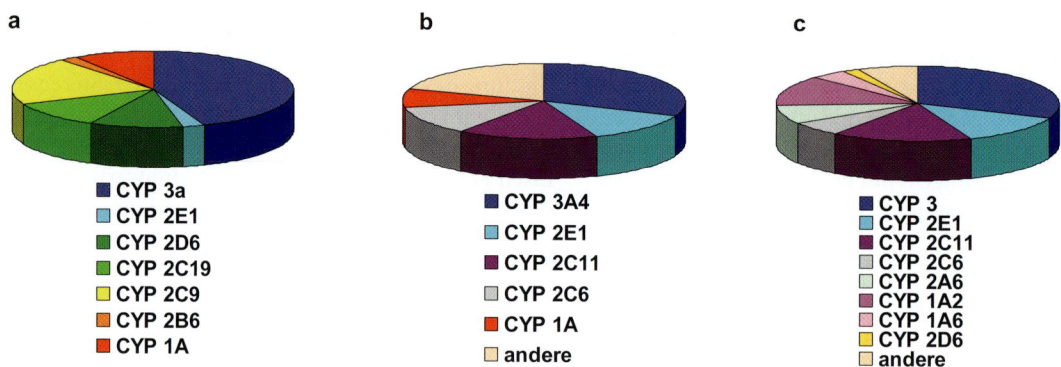

Abb. 27.28 Prozentualer Anteil der CYP P450-Enzyme am Arzneistoffmetabolismus und ihre relative Verteilung. (a) In einer Studie aus dem Jahr 2002 wurde für die 200 umsatzstärksten Arzneistoffe zusammengestellt, welchen relativen Anteil die verschiedenen CYP-Enzyme an ihrem Abbau einnehmen. (b) Anteil der verschiedenen CYP-Enzyme am Metabolismus im Dünndarm. (c) Relative Verteilung der CYP-Enzyme über die verschiedenen P450-Familien im Menschen.

Familien gezeigt. Betrachtet man ihre Beteiligung am Arzneistoffmetabolismus, übernehmen vor allem CYP 3A4, CYP 2D6 und CYP 2C9 den Löwenanteil dieser Aufgabe (Tabelle 27.3). Gerade CYP 3A4 weist eine besonders **adaptive Struktur** auf. Beim Übergang vom unkomplexierten zum mit Erythromycin komplexierten Zustand weitet sich die Bindetasche von 900 auf 2000 Å^3 auf (Abb. 27.27). Weiterhin muss sich Erythromycin in der Bindetasche komplett umlagern, da in der experimentell bestimmten Kristallstruktur die zu oxidierende Gruppe noch 17 Å vom Häm-Zentrum entfernt ist.

P450-Enzyme können auch **blockiert** werden. Vor allem Substanzen mit Heteroaromaten wie Imidazol oder Triazol neigen zu dieser Hemmung. So stellen Fluconazol 27.6 und Ketoconazol 27.7 potente Inhibitoren des CYP 3A4 (Abb. 27.6) dar. Ein weiteres Beispiel sind die im Grapefruitsaft enthaltenen Flavonoide wie Naringenin 27.9. Sie werden durch CYPs zu aktiven Hemmstoffen abgebaut und binden anschließend irreversibel an unterschiedliche CYPs, vor allem aber CYP 3A4. In Tabelle 27.3 sind weitere Beispiele aufgeführt. Diese hemmenden Eigenschaften müssen bei der gleichzeitigen Gabe eines CYP-Inhibitors mit einem anderen Arzneistoff, der über dieses

Tabelle 27.3 Beispiele für Arzneistoffe, die als Substrat, Inhibitor oder Induktor auf die CYP 3A4, CYP 1A2 und CYP 2D6 wirken

	Substrat	Inhibitor	Induktor
CYP 3A4	Amitryptilin Clarithromycin Cyclosporin Dexamethason Carbamazepin Terfenadin Ethinylestradiol	Ketoconazol Cimetidin Ciprofloxacin Erythromycin Fluconazol Ritonavir Grapefruitsaft	Barbiturate Carbamazepin Glucocorticoide Phenobarbital Rifampicin Johanniskraut
CYP 1A2	Coffein Amitryptilin Paracetamol Theophyllin Verapamil	Cimetidin Ciprofloxacin Grapefruitsaft	Insulin Omeprazol aromatische Kohlenwasserstoffe Rauchen
CYP 2D6	Amitryptilin Captopril Chlorpromazin Codein Imipramin Metoprolol Propafenon Debrisochin	Cimetidin Haloperidol Clotrimazol Chinidin Ritonavir	Dexamethason

Enzym metabolisiert wird, bedacht werden. Durch den eingeschränkten Metabolismus steigt die Plasmakonzentration dieses gleichzeitig verordneten Wirkstoffs an und kann zu gravierenden Konsequenzen bezüglich der im Körper vorhandenen Wirkdosis führen (vgl. Cerivastatin 27.33, Abschnitt 27.3). Andererseits kann ein solches Faktum auch zur reduzierten Dosierung eines teuren Arzneistoffs wie z. B. Cyclosporin (Abschnitt 10.1) ausgenutzt werden. Bei gleichzeitiger Anwendung von Ketoconazol 27.7 lässt sich eine niedrigere Dosierung des Immunsuppressivums erreichen, da Cyclosporin über CYP 3A4 abgebaut wird.

Der Organismus muss flexibel auf die Exposition mit Fremdstoffen reagieren und seine Abbaumechanismen anpassen. Daher können CYPs auch induziert werden, d. h. der Körper fährt, falls erforderlich, die Bereitstellung einer bestimmten Isoform hoch. Vermutlich bestehen mehrere Mechanismen zu dieser **Induktion**. Ein Weg führt über die Stimulation des Transkriptionsfaktors PXR, der zu der Gruppe der nucleären Rezeptoren gehört. Er wird als ein solcher Fall im Abschnitt 28.7 vorgestellt. Zum Beispiel induziert der Inhaltsstoff des Johanniskrauts, Hyperforin, eine erhöhte Expression von CYP 3A-Proteinen. In Folge wird der Metabolismus von Arzneistoffen, die über diese Proteinfamilie abgebaut werden, angekurbelt. Dies kann zu einem Abfall unter die für eine ausreichende Therapie erforderliche Dosierung führen. Für den Patienten entsteht eine gefährliche Situation, vor allem nach Absetzen der Medikation mit Johanniskraut. Weitere Beispiele für Induktoren verschiedener CYP-Isoformen sind in Tabelle 27.3 aufgeführt. Alkohol wird neben der Alkoholdehydrogenase vor allem durch CYP 2E1 metabolisiert. Bei übermäßigem Konsum, besonders bei chronischen Alkoholikern, wird dieses Enzym durch Induktion hochgeregelt und steht vermehrt für den **Alkoholmetabolismus** bereit. Dies erklärt auch den Gewöhnungseffekt, der zu einem „besseren Vertragen" von Alkohol bei starken Trinkern führt. Wollen diese allerdings am nächsten Morgen ihren rauschbedingten Kopfschmerz mit einer Paracetamol-Tablette bekämpfen, kann es zu Problemen kommen. Paracetamol 27.64 wird zum Teil über CYP 2E1 abgebaut, wobei die toxische Zwischenstufe 27.65 entsteht (Abb. 27.29). Fällt sie in geringen Konzentrationen an, kann sie mit vorhandenem Glutathion umgesetzt und entgiftet werden. Wird aber Paracetamol vermehrt über diesen Pfad metabolisiert, ist die vorhandene Menge an Glutathion nicht mehr ausreichend, es kommt zu Vergiftungserscheinungen. Diese Gefahr besteht vor allem bei starken Trinkern, deren CYP 2E1-Konzentration durch ständige Induktion dieses Cytochroms hochgeregelt ist und so Paracetamol vermehrt über diesen Weg verstoffwechselt wird.

Sättigungen und Hochregelungen durch Induktionen bzw. Blockierungen von Cytochromen im Arzneistoffmetabolismus durch eine Arzneistoffinteraktion (engl. *drug-drug interaction*) stellen ein gravierendes Gefahrenpotenzial dar. Daher ist man im Wirkstoffdesign bemüht, bereits das Metabolisierungsprofil eines Entwicklungskandidaten abzuschätzen. Gerne

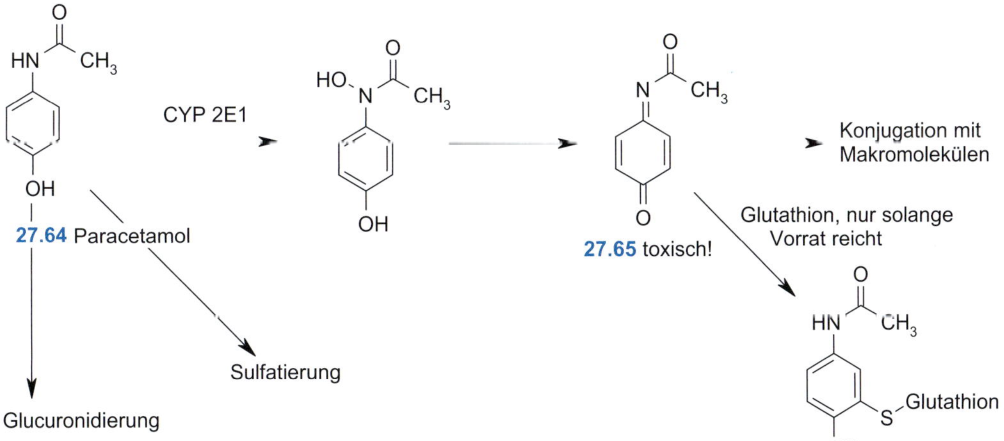

Abb. 27.29 Alkohol wird neben der Alkoholdehydrogenase vor allem durch CYP 2E1 metabolisiert. Dieses Enzym ist bei chronischen Alkoholikern durch Induktion vermehrt vorhanden. Das Schmerzmittel Paracetamol 27.64 wird zum Teil über CYP 2E1 abgebaut. Intermediär entsteht die toxische Zwischenstufe 27.65. In geringen Konzentrationen kann sie durch Glutathion umgesetzt und entgiftet werden. Mündet aber wegen hochgeregelter CYP 2E1 vermehrt Paracetamol in diesen Pfad, reicht die vorhandene Menge an Glutathion nicht mehr aus und es kommt zu Vergiftungserscheinungen.

wüsste man, an welchen Stellen er metabolisiert wird und ob für ihn eine Blockierung von Cytochromen, vor allem der Hauptvertreter im Arzneistoffmetabolismus, zu erwarten ist. Mit Hochdruck wurden die Kristallstrukturbestimmungen der essenziellen humanen CYPs vorangetrieben. Die anschließenden Erkenntnisse waren eher ernüchternd. Die Proteine verfügen über so extrem adaptive Eigenschaften, dass Vorhersagen denkbarer Bindungsmodi und damit ein Abschätzen von Hemmdaten praktisch unmöglich erscheint. Auch eine Vorhersage, wo am Molekülgerüst bevorzugt metabolisiert wird und welche Metabolite daher zu erwarten sind, ist trotz der vielen Kristallstrukturen nicht leichter geworden. Eine routinemäßige Strukturbestimmung jedes Entwicklungskandidaten mit diesen Proteinen erscheint derzeit noch utopisch. Vor allem hat sich gezeigt, dass nicht nur binäre, sondern auch ternäre Komplexe mit einem oder zwei unterschiedlichen Liganden ausgebildet werden können. Es bleibt abzuwarten, wie sich dieses Gebiet methodisch weiterentwickelt. Doch scheinen auf dem derzeitigen Stand der Technik eher empirische QSAR-Modelle und 3D-Vergleiche (Kapitel 17 und 18) eine **Abschätzung der metabolischen Eigenschaften** zu erlauben. Das Programm MetaSite von Gabriele Cruciani an der Universität Perugia versucht, zunächst durch Betrachtung möglicher komplementärer Interaktionsmuster auf der Oberfläche der Liganden und in der Bindungstasche die am besten zueinander passenden Muster heraus zu finden. Dabei werden multiple Konformationen der Liganden berücksichtigt. Als nächstes werden Vorstellungen über denkbare Bindungsmodi in der Bindetasche der metabolisierenden Cytochrome entwickelt, die die räumliche Zugänglichkeit verschiedener Zentren in den Liganden für einen oxidativen Angriff durch das Eisenzentrum abschätzen. Zusätzlich greift das Verfahren auf ein Regelsystem zum Beurteilen der Reaktivität von organischen Molekülen zurück, ganz ähnlich wie wir es für das Aufstellen der Hammett-Gleichung (Abschnitt 18.2) kennengelernt haben. Beide Konzepte reihen die einzelnen Zentren in einem Molekül in Hinblick auf ihre Wahrscheinlichkeit für eine metabolische Veränderung. Durch ihre Kombination gelingt es überraschend gut, die metabolischen Eigenschaften von Arzneistoffen abzuschätzen.

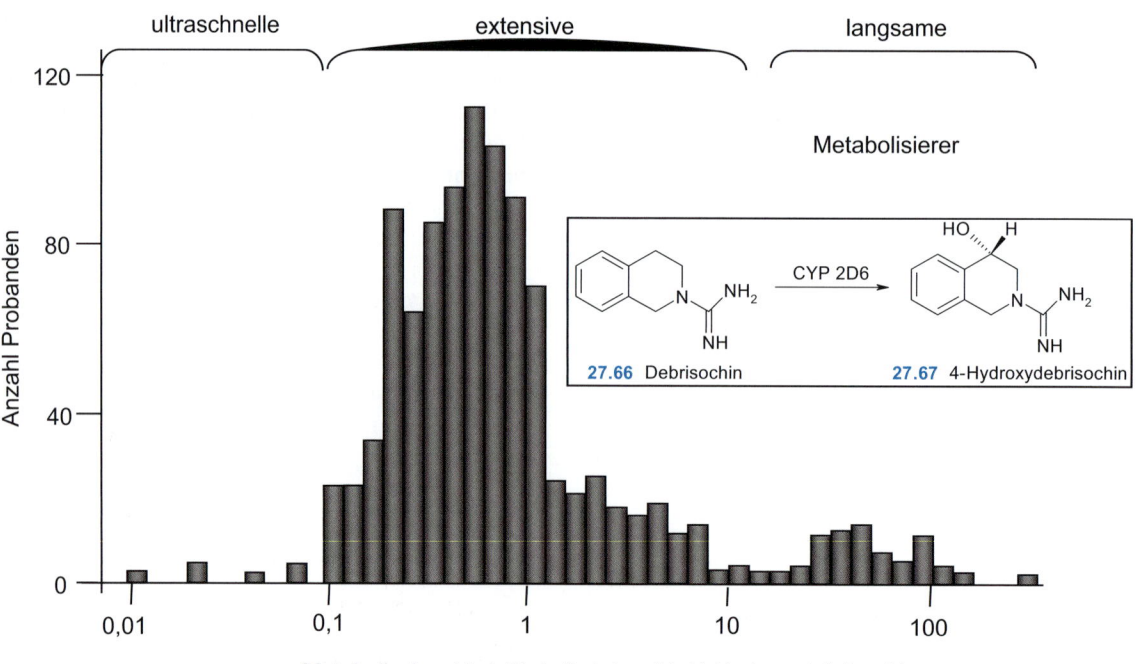

Abb. 27.30 Korrelation zwischen genetischer Variabilität und Metabolismus des Antihypertensivums Debrisochin **27.66** zu 4-Hydroxydebrisochin **27.67**. Die kaukasische Bevölkerung metabolisiert diesen Arzneistoff über CYP 2D6 und teilt sich in langsame, extensive und ultraschnelle Metabolisierer. Bei der Verordnung dieses Präparats kommen extensive Metabolisierer gut mit einer Standarddosis zurecht. Dagegen wird sich unter dieser Dosierung für die langsamen Metabolisierer ein zu hoher Plasmaspiegel einstellen, was zu Nebenwirkungen führen kann. Ultraschnelle Metabolisierer erreichen kaum den für eine Therapie erforderlichen Spiegel, die gewünschte Wirkung des Präparats bleibt aus.

27.7 Was schnelle und langsame Metabolisierer unterscheidet

Eine standardisierte Vorhersage des Metabolismus von Arzneistoffen ist alleine schon deshalb praktisch unmöglich, da wir uns alle unterscheiden. Die **Ausstattung an Cytochrom P450-Enzymen** differiert von Mensch zu Mensch. Zum einen sind es die abweichenden Konzentrationen, mit denen die einzelnen Enzyme in unserem Körper vorliegen. Zum anderen sind es **Polymorphismen**, (Abschnitt 12.10) die abweichendes metabolisches Verhalten zwischen einzelnen Individuen bedingen. Intensiv wurden diese Differenzierungen für die Isoformen CYP 2D6, CYP 2C9 und CYP 2C19 untersucht. In 1–3 % der kaukasischen Bevölkerung (darunter versteht man im Wesentlichen die Menschen mit weißer Hautfarbe) fehlt z. B. CYP 2C9. Diese Menschen haben Probleme bei der Verstoffwechselung von *S*-Warfarin oder Codein, Tramadol und Losartan werden nicht aktiviert. Die abweichende Ausstattung mit CYP 1A2 ist dafür verantwortlich, dass auf Coffein individuell sehr unterschiedlich reagiert wird. Für CYP 3A4 sind mehrere polymorphe Formen beschrieben worden. Das am besten untersuchte Beispiel für eine Korrelation zwischen **genetischer Variabilität und Wirkstoffmetabolismus** ist der Abbau von Debrisochin 27.66 zu 4-Hydroxydebrisochin 27.67, einem Antihypertensivum (Abb. 27.30). Dieser Arzneistoff wird durch CYP 2D6 abgebaut.

Die kaukasische Bevölkerung teilt sich im Hinblick auf ihr Metabolisierungsvermögen bezüglich dieses Wirkstoffs in **langsame**, **extensive** und **ultraschnelle Metabolisierer** auf. Einer in Schweden erhobenen Studie nach ergibt sich die in Abb. 27.30 aufgeführte Verteilung. Für die Verordnung des Präparats hat dies Konsequenzen. Verabreicht man allen Patienten eine Standarddosis, werden extensive Metabolisierer gut damit zurechtkommen. Für die langsamen Metabolisierer wird sich ein zu hoher Plasmaspiegel einstellen, was zu unerwünschten Nebenwirkungen führen kann. Für die ultraschnellen Metabolisierer wird sich ein für die Therapie erforderlicher Spiegel kaum einstellen, der gewünschte Effekt des Präparats bleibt aus. An dieser Stelle wäre es für den Arzt bzw. Apotheker ideal, wenn er auf einem Genchip des Patienten direkt ablesen könnte, zu welcher Gruppe Metabolisierer die Person gehört, der das Präparat verschrieben wird. Wenn ein alternatives Antihypertensivum über ein anderes CYP metabolisiert wird, kann dem Patienten vielleicht schon durch Wechsel zu einem anderen Arzneistoff geholfen werden. Es gibt bereits Chips auf dem Markt, mit denen ein Patient seine genetische Ausstattung an CYPs bestimmen kann. Allerdings muss angemerkt werden, dass die Information auf dem Genom für die Codierung eines bestimmten Enzyms nicht ausreicht zu entscheiden, zu welcher Gruppe Metabolisierer ein Individuum gehört. Entscheidend für die metabolische Effizienz ist nicht der **Genotyp**, d. h. die individuelle genetische Ausstattung an codierten Proteinen, sondern die tatsächlich exprimierte Menge eines Proteins. Sie bestimmt das Erscheinungsbild, d. h. den **Phänotyp**. Zusätzlich kann dieser Phänotyp mit den Lebensgewohnheiten und dem gesundheitlichen Zustand eines Menschen schwanken. Man denke nur an die Induktion von CYP 2E1 bei starken Alkoholtrinkern. Dieses Erscheinungsbild eines Patienten wird dann wichtig, wenn das therapeutische Fenster für den Einsatz eines Wirkstoffs eng ist. Man versteht darunter die Differenz zwischen Eintritt einer Wirkung und toxikologischer Dosis (Abschnitt 19.7).

Es sei noch erwähnt, dass nicht nur genetische Differenzen in der Ausstattung der Cytochrome zu abweichendem metabolischen Verhalten führen. Beim Abbau und der Ausscheidung von Arzneistoffen spielen weiterhin Transferasen (Kapitel 26), die z. B. Acetylgruppen, Zuckerbausteine oder Methylgruppen übertragen, eine wichtige Rolle. Auch für sie bestehen Unterschiede in der Bevölkerung, die sich z. B. in schnelle und langsame Acetylierer aufspaltet. Dem Metabolismus und der genetischen bzw. phänotypischen Variabilität wird man mehr Aufmerksamkeit widmen müssen. Auch muss bei klinischen Studien besser geklärt werden, wie sich die Probandengruppe im Hinblick auf ihr Metabolisierungsverhalten gliedert. Nur so können sichere Daten zur therapeutischen Breite eines Arzneistoffs im Vorfeld einer breiten Anwendung in der Therapie zusammengestellt werden.

27.8 Wo Glückshormone ein Ende finden: Hemmstoffe der Monoaminoxidase

Die **Monoaminoxidasen** sind ein Beispiel für Oxidoreduktasen, die in ihrem Zentrum ein **FAD-Molekül** als Cofaktor besitzen. Zwei Isoenzyme, die **MAO-A** und **MAO-B**, konnten charakterisiert werden. Zwischen beiden besteht eine Sequenzidentität von 70 %.

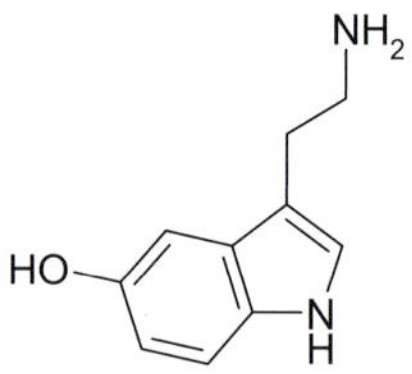

27.68 Serotonin 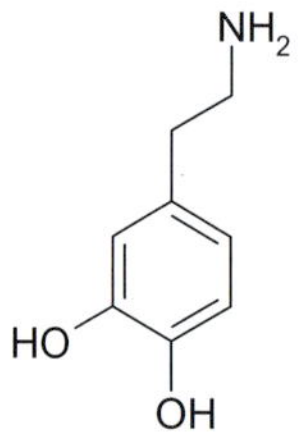   **27.69** Dopamin 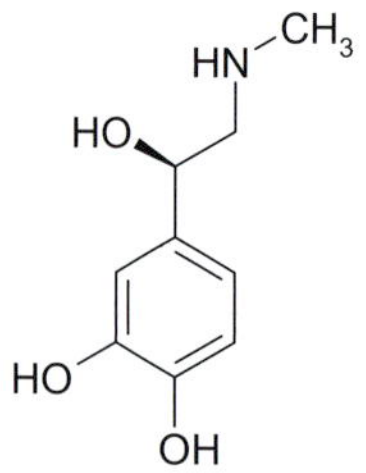   **27.70** Adrenalin 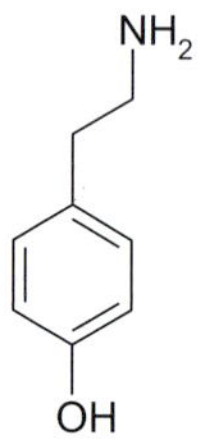   **27.71** Tyramin

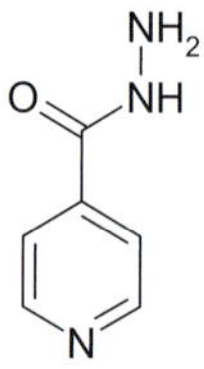

27.72 Isoniazid 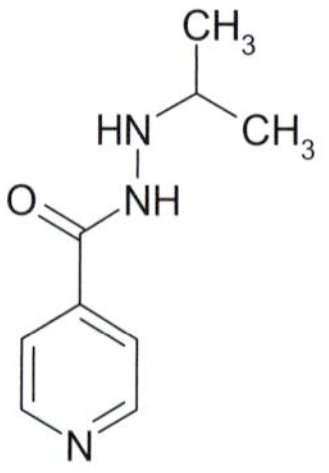   **27.73** Iproniazid 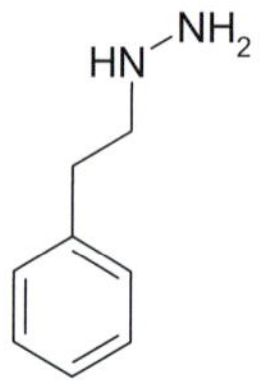   **27.74** Phenelzin 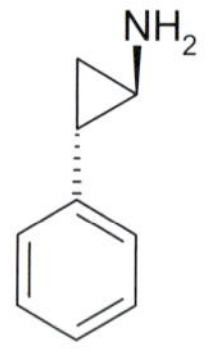   **27.75** Tranylcypromin

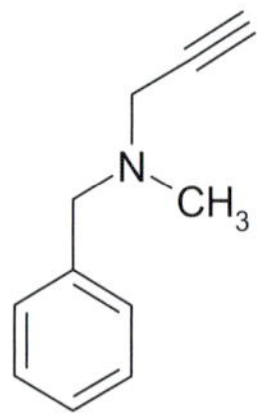

27.76 Pargylin 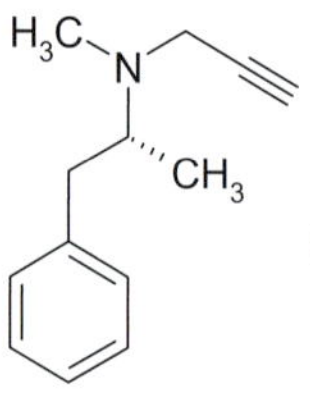   **27.77** Deprenyl Selegilin 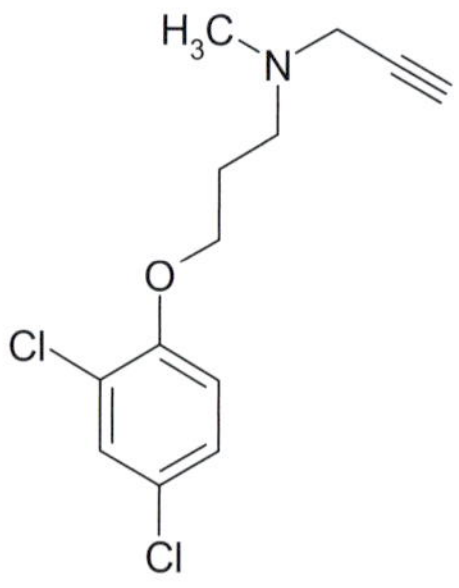   **27.78** Clorgylin

Abb. 27.31 Serotonin **27.68**, Dopamin **27.69**, Adrenalin **27.70** und Tyramin **27.71** werden durch die MAO-Enzyme metabolisiert. Als Hemmstoffe wurden zunächst Hydrazidderivate wie Isoniazid **27.72**, Iproniazid **27.73** oder das Hydrazin Phenelzin **27.74** entdeckt. Nachfolgepräparate reagieren unter Ringöffnung wie Tranylcypromin **27.75** oder über ihre Propargylgruppe (Pargylin **27.76**, L-Deprenyl (oder Selegilin) **27.77**, Clorgylin **27.78**) mit dem FAD-System des Flavoenzyms.

Sie liegen eingebettet in der äußeren Mitochondrienmembran vor. Zum ersten Mal wurden sie 1928 als Tyramin-Oxidase beschrieben. Neben Tryptaminen wie Serotonin **27.68**, die bevorzugt von MAO-A umgesetzt werden, vermögen die beiden Isoformen Dopamin **27.69**, Adrenalin **27.70** und Tyramin **27.71** zu verstoffwechseln (Abb. 27.31). Ihre biologische Aufgabe besteht in dem Abbau dieser im Volksmund oft als „Glückshormone" bezeichneten **Neurotransmitter** durch oxidative Desaminierung im synaptischen Spalt. Bei dieser Reaktion entstehen aus den Monoaminen die entsprechenden Aldehyde, Ammoniak und H_2O_2 (Abb. 27.32 a). Bei der Signalübertragung werden die Neurotransmitter in den synaptischen Spalt ausgeschüttet und binden auf der postsynaptischen Seite an einen G-Protein-gekoppelten Rezeptor (Abschnitt 22.5, Abb. 22.7). Um den Reiz wieder abzubauen, werden die Neurotransmitter aus dem Spalt durch einen Transporter in die präsynaptische Nervenzelle zurück überführt. Dort werden sie erneut in Vesikeln gespeichert oder es erfolgt ihr chemischer Abbau durch die Monoaminoxidase. Eine Hemmung der MAO-A bzw. MAO-B drosselt somit die oxidative Desaminierung der Transmitter. In Folge stehen sie vermehrt und länger für die Signalübertragung bereit. Dieses Therapieprinzip lässt sich bei Krankheitsbildern ausnutzen, bei denen z. B. im Gehirnstoffwechsel die Reizleitungsprozesse aus dem Gleichgewicht geraten sind. Beispiele dafür sind **Depressionen**, die **Alzheimersche** oder die **Parkinsonsche Krankheit**.

Eine Hemmung der MAO-A setzt den Spiegel an Serotonin herauf. Arzneistoffe, die diese Isoform hemmen, werden bei schweren Depressionen eingesetzt. Durch Blockierung der MAO-B lässt sich der Dopaminspiegel erhöhen, was einen Ansatz zur Bekämpfung der Demenz und zur Therapie der Schüttellähmung darstellt. Die Katalysereaktion liefert als Produkte H_2O_2, einen Aldehyd und freies Amin. Das Peroxid könnte als Quelle für Hydroxylradikale eine wichtige Rolle bei metabolischen Vorgängen spielen, die, abhängig von der Menge, sowohl protektive wie zerstörende Wirkung zeigen können. Für die anderen

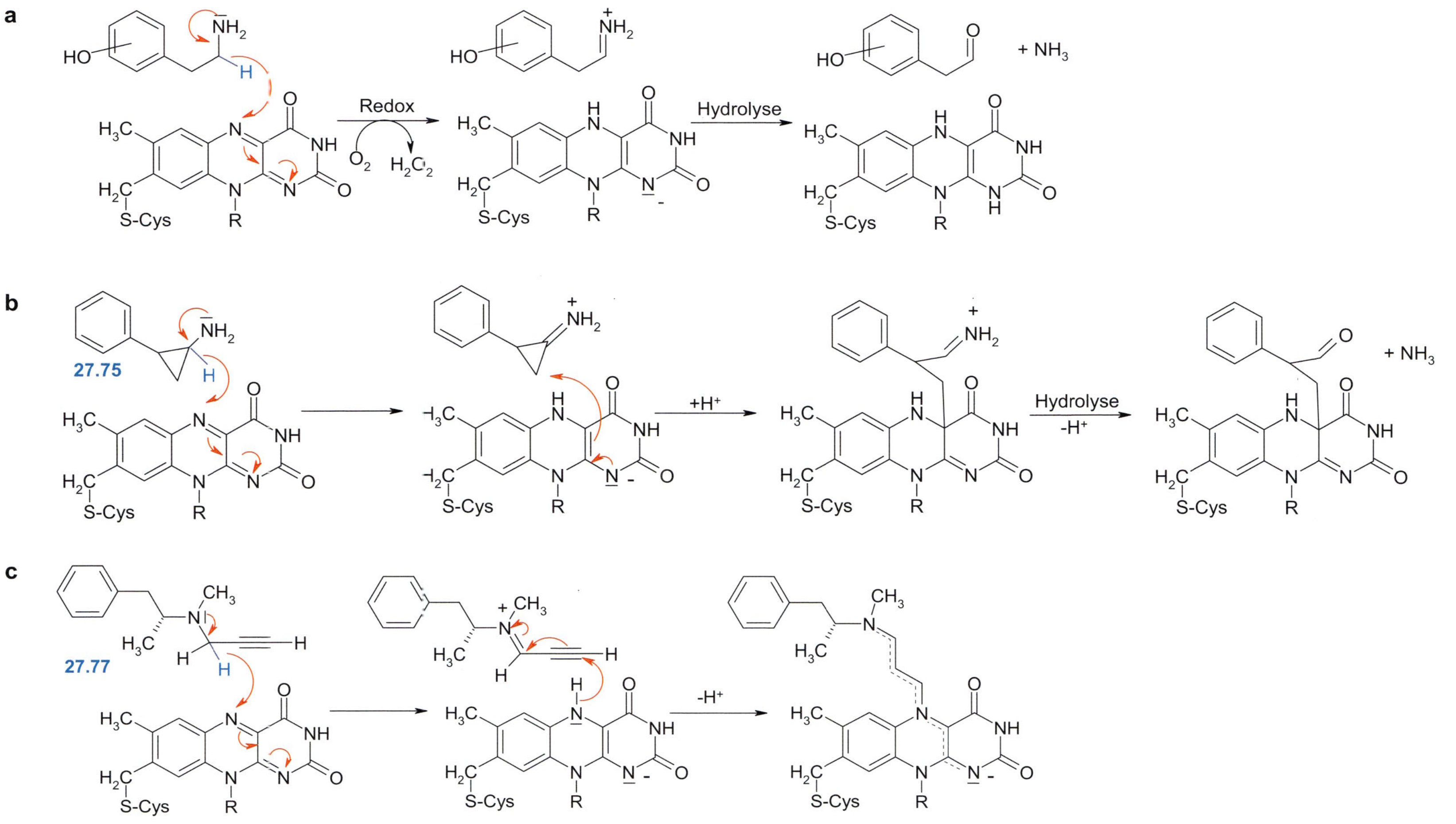

Abb. 27.32 Denkbarer Mechanismus der Desaminierung bzw. Hemmung von MAO-Enzymen. (a) In einer Redoxreaktion wird das biogene Amin durch Abstraktion eines Wasserstoffs benachbart zu der Aminogruppe in eine Immoniumverbindung überführt. Formal wird ein Hydridion auf die oxidierte Form des FAD-Systems übertragen. Nach Hydrolyse des Immoniumions entstehen ein Aldehyd und Ammoniak. Die prosthetische Gruppe wird mit molekularem Sauerstoff reoxidiert, wobei H_2O_2 entsteht. (b) Tranylcypromin **27.75** reagiert unter Ringöffnung mit der oxidierten Form des FAD-Systems und bildet zu Ringkohlenstoffatom C4a eine kovalente Verknüpfung. (c) Propargylderivate wie L-Deprenyl **27.77** übertragen einen Wasserstoff benachbart zur Dreifachbindung auf die oxidierte Form des FAD-Gerüsts. Über den Stickstoff N5 bildet sich eine kovalente Verknüpfung aus. Es entsteht ein delokalisiertes Elektronensystem zwischen FAD-Molekül und Inhibitor.

Abbauprodukte bestehen ebenfalls biologische Aufgaben. Bei zu hoher Konzentration ergibt sich aber auch hier die Gefahr eines cytotoxischen Einflusses.

Die ersten MAO-Hemmer wurden per Zufall gefunden. Isoniazid 27.72 wurde bereits 1912 durch Hans Meyer und Josef Mally an der Universität Prag synthetisiert (Abb. 27.31). Im 2. Weltkrieg erkannte man seine antibiotische Wirkung. Bis heute stellt es eine der Wirkkomponenten für die Tuberkulosetherapie dar. Bei Roche gelang die Entwicklung eines an der Hydrazidgruppe substituierten Derivats, des Iproniazids 27.73. Es kam als Marsilid® in den Handel. Schon kurz nach seiner Einführung bemerkte man seine **gemütsaufhellende Nebenwirkung** bei Tuberkulosepatienten. Es wurde daraufhin zur Therapie von unter Depressionen leidenden Patienten verschrieben. Da zuvor praktisch nur Methoden wie der Elektroschock zur Behandlung dieser Patienten zur Verfügung standen, wurde das Präparat schon bald als „*Drug of the Year*" gefeiert. Wegen zu hoher Lebertoxizitäten kam es allerdings zu Todesfällen und 1960 wurde es vom Markt zurückgezogen. Der Erfolg dieser Verbindung hatte allerdings die Suche nach anderen Hemmstoffen ohne Nebenwirkungen stimuliert. Aus diesen Arbeiten resultierten z. B. Phenelzin 27.74, Tranylcypromin 27.75, und Pargylin 27.76 (Abb. 27.31). Sie reagieren mit dem FAD-System in dem Enzym und machen es für weitere Elektronenübertragungsreaktionen unbrauchbar (Abb. 27.32 b, c).

Inzwischen ist es gelungen, von beiden Isoformen die Kristallstrukturen aufzuklären. Interessanterweise liegt die MAO-B als Dimer, die MAO-A dagegen als Monomer vor. Mit MAO-B wurde der durch Tranylcypromin 27.75 blockierte Komplex strukturell charakterisiert. In Abb. 27.33 ist zu erkennen, wie die Verbindung mit dem Flavingerüst eine irreversible kovalente Verknüpfung eingeht. Viele andere MAO-Inhibitoren verfügen in ihrem Gerüst über eine Propargylamin-Gruppe. Mit diesem Baustein reagieren sie mit dem Stickstoff des mittleren FAD-Rings

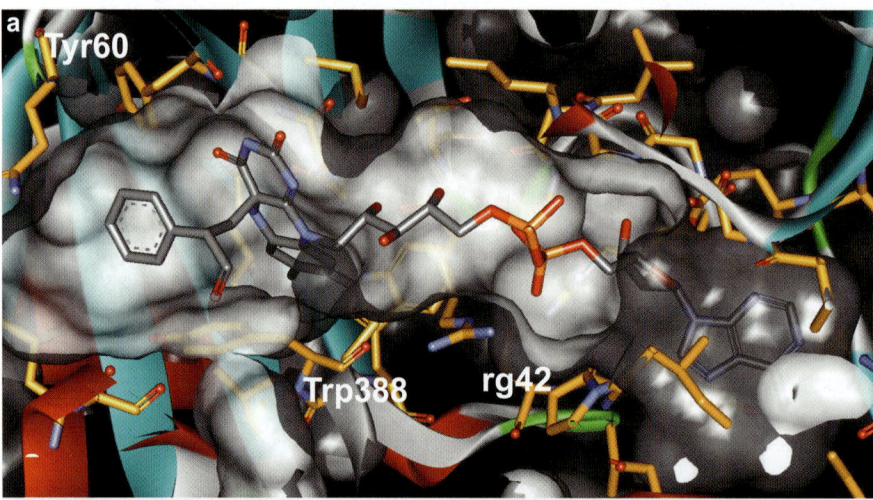

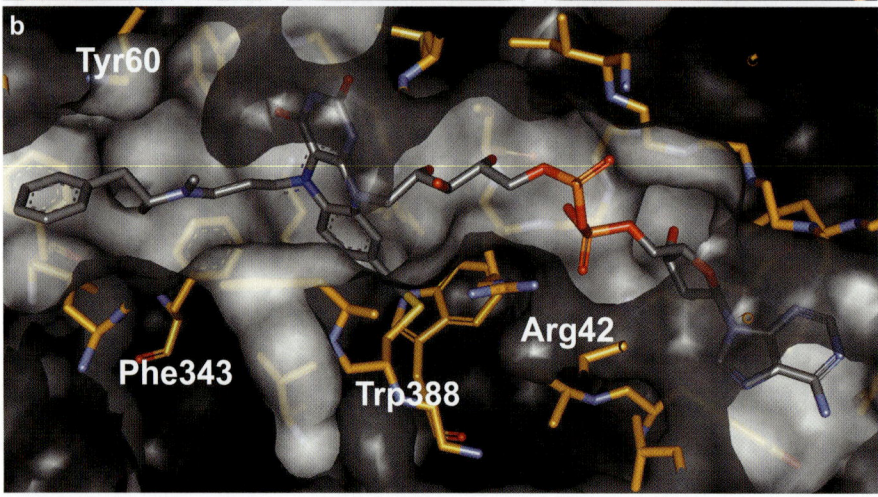

Abb. 27.33 (a) Kristallstruktur der MAO-B im Komplex mit kovalent gebundenem Tranylcypromin **27.75**. Der Inhibitor ist fest mit dem FAD-System über Kohlenstoffatom C4a verknüpft. (b) Kristallstruktur der MAO-B im Komplex mit kovalent gebundenem L-Deprenyl **27.77**, das über Stickstoffatom N5 mit dem Cofaktor verknüpft ist. Es bildet sich ein delokaliertes Elektronensystem zwischen FAD-Molekül und Inhibitor aus.

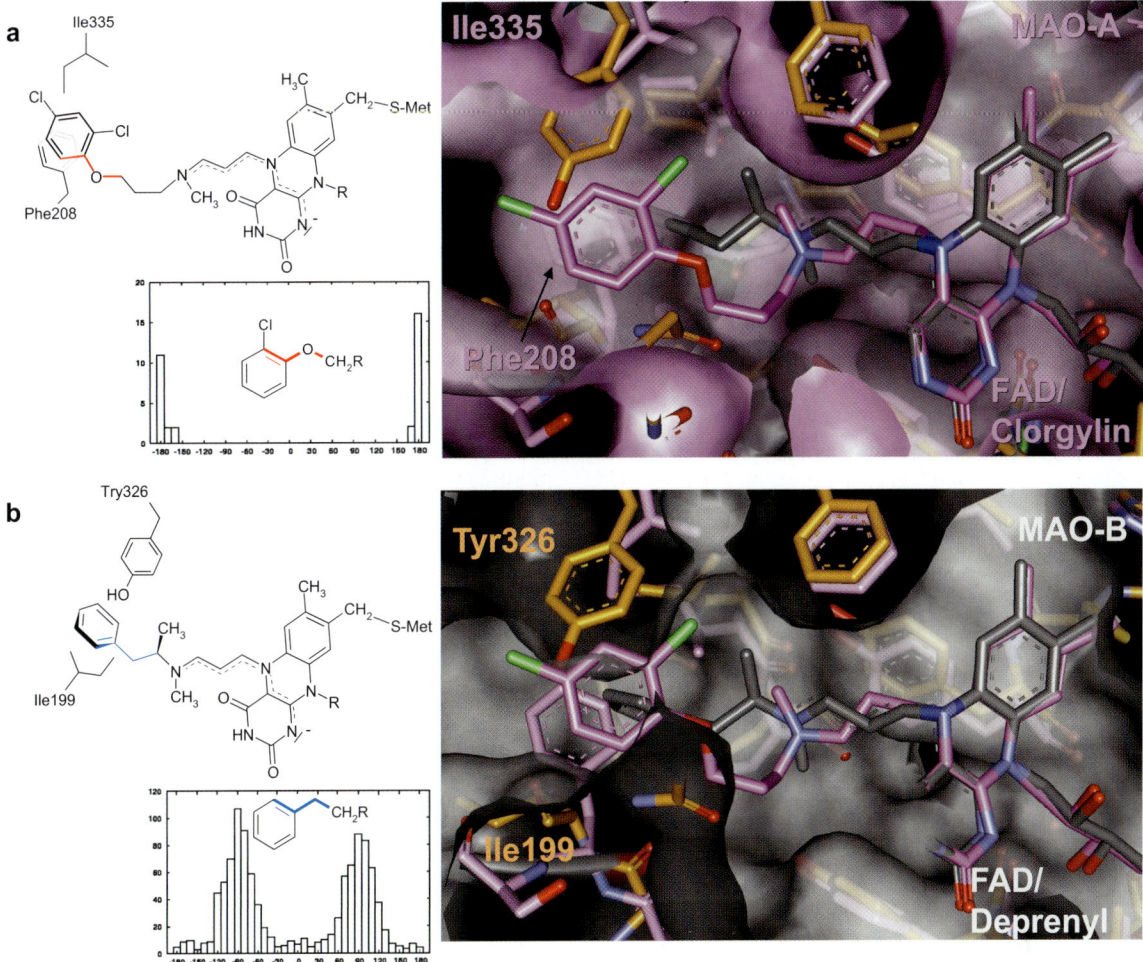

Abb. 27.34 MAO-A (a) und MAO-B (b) unterscheiden sich im Bindebereich des biogenen Amins. Die Gestalt der Bindetasche wird im Wesentlichen durch den Austausch Phe 208 → Ile 199 bzw. Ile 335 → Tyr 326 bestimmt. Im Komplex der MAO-A (Reste violett) bindet der selektive Inhibitor Clorgylin **27.78** (violett) mit seinem 2,4-Dichlorphenoxymethylrest in die flache und breite Bindetasche, die nach unten durch Phe 208 begrenzt wird. Die Kette des Inhibitors legt sich mit dem aromatischen Ring in eine Ebene. Diese Konformation der Kette zum Ring ist die bevorzugte Geometrie dieses Bausteins. Eine statistische Auswertung der Geometrie von *ortho*-Chlor-Phenoxymethylbausteinen in niedermolekularen Kristallstrukturen verweist auf Torsionswinkel (rot) ausschließlich um ± 180°. Im Komplex der MAO-B (Reste orange) mit dem selektiven Inhibitor L-Deprenyl **27.77** ist die Bindetasche durch Tyr 326 stark beschränkt und öffnet sich als eine schmale Spalte. Der Inhibitor (grau) taucht mit seinem Phenylrest mit der Kante voran in diese Spalte. Dazu muss der Aromat relativ zur Kette eine senkrechte 90°-Anordnung annehmen. Eine Geometrie, wie sie im Clorgylin der Dichlorphenoxyring einnimmt, schließt sich aus sterischen Gründen aus (vgl. überlagert gezeigte Geometrie von **27.78**). Umgekehrt kann der Phenylring an Deprenyl nicht mit dieser „abgetauchten" Orientierung an die MAO-A (a) binden, da dort sterische Konflikte mit Phe 208 entstehen würden. Auch hier verweist eine statistische Auswertung dieses Torsionswinkels (blau) auf eine klare Bevorzugung für Werte um ±90°, was genau der gewünschten senkrechten Anordnung der Phenylringebene zur Kette entspricht.

unter Ausbildung einer kovalenten Verknüpfung. Es entsteht ein über mehrere Bindungen delokalisiertes Elektronensystem (Abb. 27.32 und 27.33).

L-Deprenyl **27.77** blockiert selektiv MAO-B, wogegen Clorgylin **27.78** selektiv die Isoform MAO-A hemmt. Nahe der Bindestelle des FADs sind beide Isoformen sehr ähnlich. Abweichungen treten nur in dem Bereich der Bindetasche auf, der das biogene Amin als Substrat aufnimmt. Von den 20 Aminosäuren, die diesen Bereich bilden, sind sieben strukturell abweichend. Vor allem sind es die beiden Reste Ile 199 und Tyr 326 in MAO-B, die gegen Phe 208 und Ile 335 in MAO-A ausgetauscht sind. Sie verleihen der Bindetasche unterschiedliche Gestalt. In MAO-A ist die Ta-

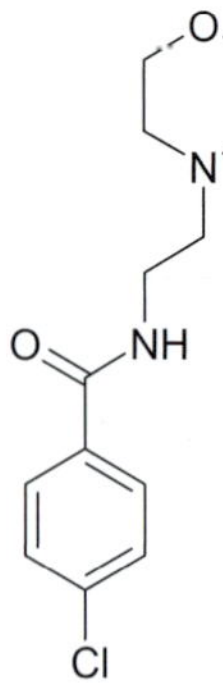

27.79 Moclobemid 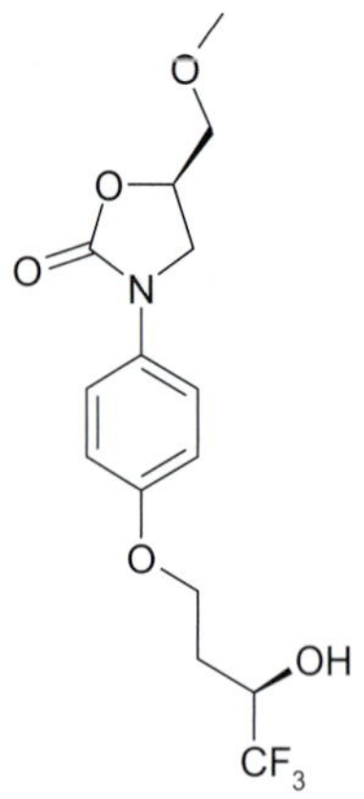 **27.80** Befloxaton 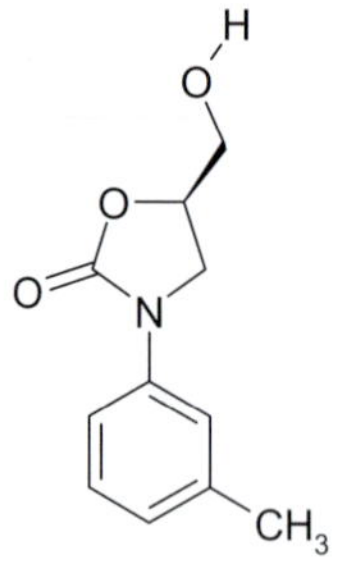 **27.81** Toloxaton 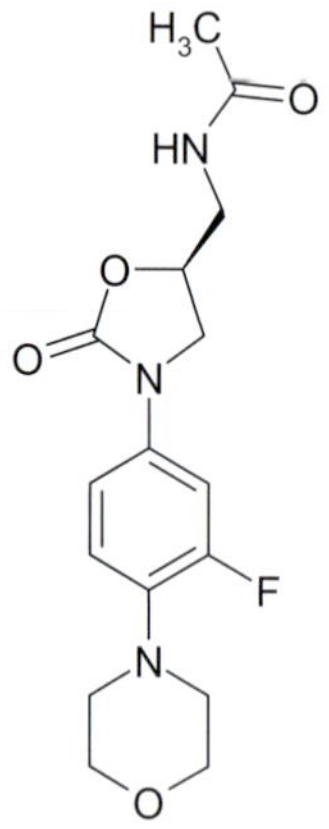 **27.82** Linezolid

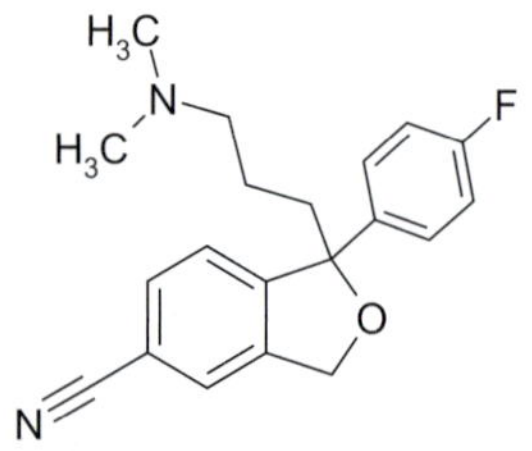

27.83 Citalopram 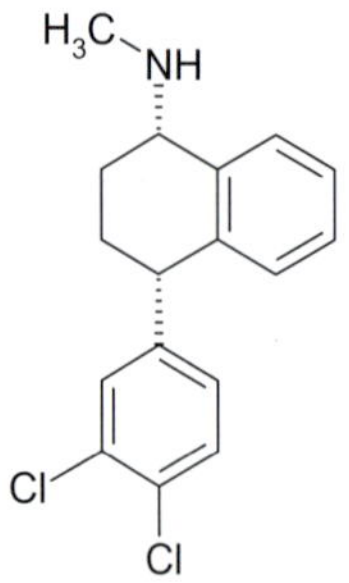 **27.84** Sertralin 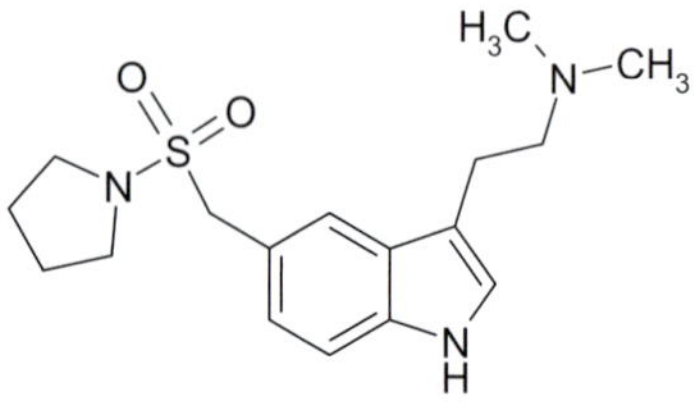 **27.85** Almotriptan

Abb. 27.35 Beispiele für reversible Inhibitoren 27.79–27.81 der MAO-Enzyme. Das Antibiotikum Linezolid 27.82 besitzt strukturelle Ähnlichkeit mit den Oxazolidinonen 27.80 und 27.81. Es blockiert ebenfalls die MAO-A. MAO-Enzyme spielen weiterhin eine Rolle im Arzneistoffmetabolismus. So werden Citalopram 27.83, Sertralin 27.84 oder Triptane wie 27.85 durch diese Enzyme abgebaut.

sche kürzer, aber breiter und flacher. Sie wird nach unten durch Phe 208 begrenzt und kann gut den 2,4-Dichlorphenoxyrest des Clorgylins aufnehmen. Konformativ muss dieser Rest in Verlängerung der aliphatischen Kette des Inhibitors parallel ausgerichtet sein. Dies wird durch die konformativen Eigenschaften der Phenoxymethylgruppe erreicht, die trotz ihrer *ortho*-Substitution den planaren Anschluss an die Kette bevorzugt (Abb. 27.34 a). In MAO-B nimmt die Tasche mehr die Gestalt einer tiefen Spalte an, in die sich ein Phenylring entlang seiner Kante einpassen lässt. Das seitlich begrenzte Volumen der Tasche wird durch den großen Tyr 326-Rest bedingt. Statt eines Phenylrings am Boden (vgl. Phe 208 in MAO-A) wird hier die Wand der Tasche durch den Ile 199-Rest gebildet. Diesem Rest werden Eigenschaften einer flexiblen Eingangspforte zugeschrieben. Die erforderliche Konformation des Inhibitors mit einer senkrechten Ausrichtung des terminalen Aromaten relativ zu der aliphatischen Kette wird durch eine Phenethylgruppe

ermöglicht, die in beiden *ortho*-Positionen keine Reste tragen darf (Abb. 27.34 b).

Neben den irreversibel kovalent bindenden Inhibitoren kennt man auch reversibel bindende Hemmstoffe wie Moclobemid 27.79, Befloxaton 27.80 oder Toloxaton 27.81 (Abb. 27.35). Sie besetzen ebenfalls den Teil der Bindetasche, der das biogene Amin als Substrat aufnimmt. Allerdings reagieren sie nicht unter Ausbildung einer kovalenten Verknüpfung mit dem FAD-Gerüst.

MAO-Hemmer werden vor allem als **Antidepressiva** und zur Behandlung der **Parkinsonschen Krankheit** eingesetzt. Die antidepressive Wirkung wird vornehmlich im Zentralnervensystem durch spezifische Blockade der MAO-A erzielt. Im Gehirn steigen die Spiegel an Dopamin, Noradrenalin und Serotonin. Die Anti-Parkinson-Therapie, häufig in Kombination mit einer L-Dopa-Strategie (Abschnitt 26.9), richtet sich auf eine Hemmung der MAO-B, da diese Isoform im Gehirn von Parkinson-Patienten vermehrt gebildet wird. Da Dopamin von beiden Isoformen gleich gut abgebaut wird, versucht man mit selektiven MAO-B-Hemmern gezielt in die Parkinson-Problematik einzugreifen.

Für die Hydrazidderivate der ersten Generation von antidepressiv wirkenden MAO-Hemmern wurden neben der erwähnten Lebertoxizität **hypertensive Krisen** infolge plötzlich auftretender Fehlregulationen des Blutdrucks beobachtet. Sie haben zur Rücknahme der Substanzen vom Markt geführt. Die Lebertoxizität lässt sich durch Verbindungen wie Tranylcypromin 27.75 oder Pargylin 27.76 (Abb. 27.31) weitgehend umgehen, doch die hypertensiven Krisen werden weiterhin beobachtet. Sie können durch eine erhöhte Konzentrationen von Tyramin im Körper ausgelöst werden, vor allem wenn diese Substanz durch den verstärkten Genuss von **Nahrungsmitteln mit viel Tyramin** (z. B. Käse, so genannter „*cheese effect*", oder Wein) angehäuft wird und die abbauenden Enzyme durch MAO-Hemmer irreversibel blockiert sind. Es kommt zu einer vermehrten Konzentration von Noradrenalin, das die Kreislaufaktivität anregt und zu Arrhythmien und Herzinfarkt führen kann. Reversible MAO-A-Hemmer können dieses Problem zu einem gewissen Grad umgehen. Sie blockieren das Enzym ausreichend im zentralen Nervensystem, um die gewünschte antidepressive Wirkung zu erreichen. In der Peripherie verdrängt das mit der Nahrung aufgenommene Tyramin den reversiblen Inhibitor und ermöglicht so den weiteren Tyraminabbau.

Oxazolidinone stellen eine neue Gruppe von antibakteriell wirksamen Substanzen dar, die die Proteinbiosynthese vermutlich im Peptidyltransferase-Zentrum des bakteriellen Ribosoms hemmen (Abschnitt

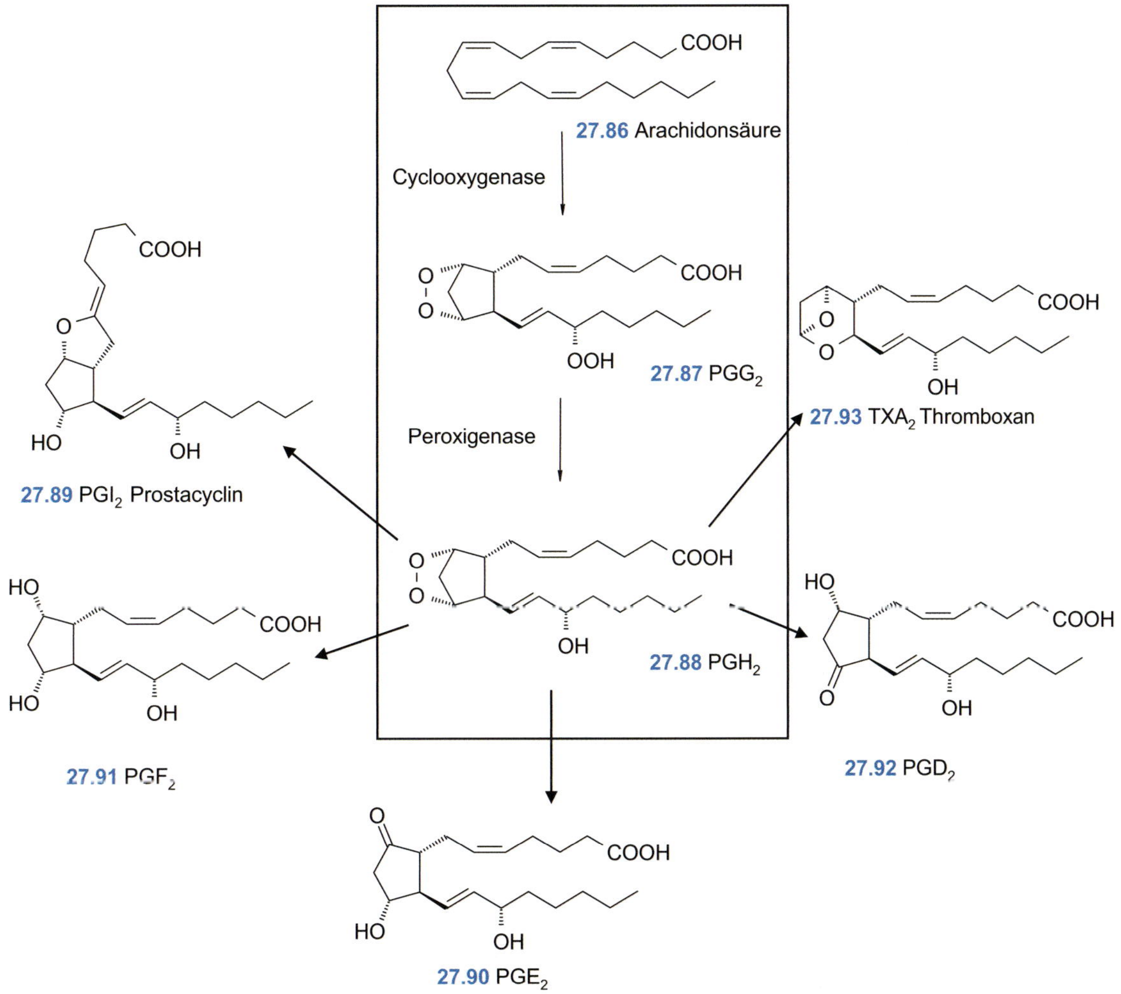

Abb. 27.36 Arachidonsäure 27.86 wird in dem bifunktionellen Enzym Cyclooxygenase über einen Cyclooxidations- und Peroxidaseschritt in Prostaglandin PGH_2 27.88 umgewandelt. Es ist Ausgangspunkt für die Synthese einer Vielfalt von Prostaglandinen 27.89–27.93, die durch spezifische Synthasen gebildet werden.

32.6). Ein Vertreter dieser Verbindungsklasse ist Linezolid 27.82 (Abb. 27.35). Bedingt durch seine strukturelle Ähnlichkeit mit dem reversiblen MAO-Hemmer Toloxaton 27.81 ist er auch ein Inhibitor der MAO-A. Deshalb können bei Gabe dieses Präparats Effekte wie die oben beschriebene hypertensive Krise ausgelöst werden. Man versucht daher, Oxazolidinone mit ausreichender Selektivität für das bakterielle Target ohne Nebeneffekte an den MAO-Enzymen zu entwickeln.

In den beiden voranstehenden Abschnitten ist die Bedeutung der Cytochrom P450-Enzyme für den Arzneistoff-Metabolismus vorgestellt worden. Auch die MAO-Enzyme übernehmen einen gewissen Teil dieser Aufgabe. So sind z. B. Citalopram 27.83, Sertralin 27.84 oder Triptane wie 27.85 Substrate der MAOs und werden durch sie metabolisiert.

27.9 Cyclooxygenase: Schlüsselenzym in der Schmerzempfindung

Aus Bestandteilen der Lipidmembran synthetisiert der Organismus eine ganze Reihe wichtiger Signalstoffe. Ausgangspunkt sind Phospholipide, aus denen durch Hydrolyse die Arachidonsäure 27.86 entsteht (Abb. 27.36). Dieses kettenförmige Molekül aus 20 Kohlenstoffatomen trägt am Ende als einzige polare Gruppe eine Carboxylatfunktion. Es zeichnet sich durch vier *cis*-Doppelbindungen aus, die untereinander nicht in Konjugation stehen. Um aus dieser Verbindung ausreichend wasserlösliche **Gewebehormone**, die **Prostaglandine** 27.87–27.93, herstellen zu können, muss Arachidonsäure oxidiert werden. Dabei werden Sauerstofffunktionen auf das Molekül übertragen. Diese Aufgabe übernehmen **Cyclooxygenasen** (**COX**). Es sind bifunktionelle Enzyme, die in einer Zweischrittreaktion die Umwandlung in Prostaglandine katalysieren. Zunächst erfolgt eine Cyclooxidation, dann eine Peroxidasereaktion (Abb. 27.36). Wegen der geringen Wasserlöslichkeit diffundiert Arachidonsäure direkt aus der Membran in das Reaktionszentrum der Cyclooxygenase. Das Enzym taucht dazu in die Membranumgebung ein. Es verwendet drei Helices, mit denen es praktisch auf der Membran schwimmt. Diese Helices fixieren das Protein aber auch in der Membran, sie durchspannen sie allerdings nicht, wie man es oft bei membranverankerten Proteinen beobachtet.

Es gibt zwei Isoformen, COX-1 und COX-2, die zu 65 % in ihrer Aminosäuresequenz gleich sind (Abb. 27.37). Ihre katalytischen Zentren sind nahezu identisch aufgebaut. Aktiv sind sie als Dimer. Zugang zu dem Katalysezentrum erfolgt über einen langen Kanal, der direkt aus der Membranumgebung zugänglich ist. Durch ihn wird das natürliche Substrat Arachidonsäure 27.86 aufgenommen. Der Kanal ist im Falle der COX-1 etwas enger als in der COX-2, da in zentraler Position ein Isoleucin gegen ein Valin ausgetauscht ist. Die in den Kanal eindiffundierte Arachi-

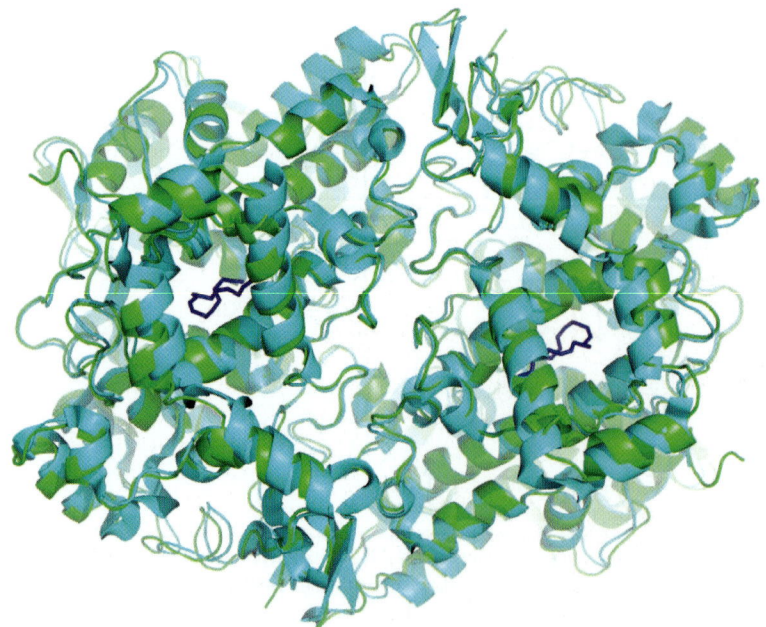

Abb. 27.37 Zwei zu 65 % sequenzhomologe Isoenzyme COX-1 (grün) und COX-2 (blau) sind bekannt. Sie sind als Dimer katalytisch aktiv und tauchen mit einem Ring aus hydrophoben Helices (auf den Betrachter zuorientiert) in die Membran ein. Er stellt die Öffnung des Kanals dar, über den Arachidonsäure 27.86 (dunkelblau) aus der Membran in das katalytische Zentrum des Proteins eindiffundieren kann. Gezeigt ist eine Überlagerung der Kristallstrukturen beider Isoformen mit einem Blick aus Richtung der Membran.

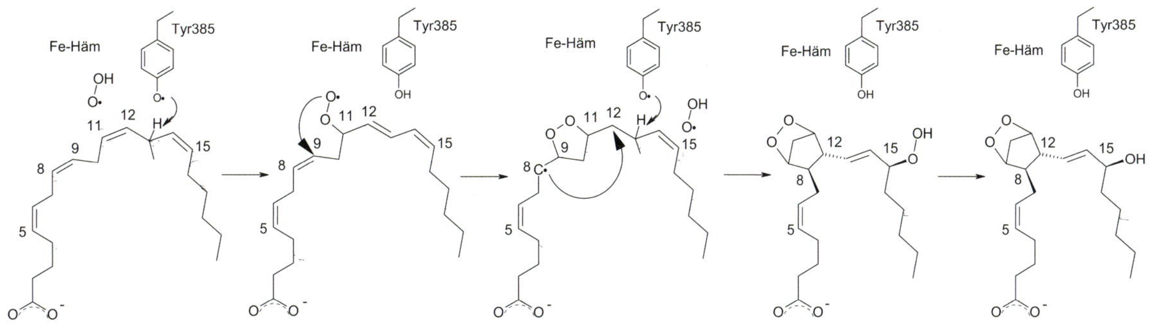

27.86 Arachidonsäure   **27.87** PGG$_2$ **27.88** PGH$_2$

Abb. 27.38 Die chemische Umwandlung der Arachidonsäure **27.86** zu PGG$_2$ **27.87** und PGH$_2$ **27.88** verläuft zunächst über einen Angriff des Tyrosylradikals 385 auf Kohlenstoffatom C13, von dem ein Wasserstoff abstrahiert wird. Das intermediär entstehende ungesättigte Radikal addiert an C11 eine Peroxidgruppe. Unter Ringschluss bildet sich mit C9 ein cyclisches Peroxid. Erneut spaltet das Tyrosylradikal von C13 einen Wasserstoff ab und C8 schließt mit C12 einen Carbocyclus zu PGG$_2$ **27.87**. Das Produkt verlässt die Bindetasche und wird auf der anderen Seite des Enzyms in einer Peroxidasereaktion zu PGH$_2$ **27.88** chemisch weiter abgewandelt.

donsäure wird unter Addition von Sauerstoff an C11 und C15 zum Endoperoxid PGG$_2$ **27.87** umgewandelt (Abb. 27.36).

Essenziell für die Umsetzung ist der Häm-Cofaktor in Nachbarschaft zum Reaktionskanal. Er ist an der 5. Koordinationsstelle durch ein Histidin besetzt. An der sechsten Position wird die oxidierende Sauerstoffspezies gebunden. Als Hydroperoxid wird in einer Zweielektronenreaktion die Sauerstoffgruppe übertragen. Dabei sorgt Tyr 385 als intermediäres Tyrosyl-Radikal für den Elektronentransfer und abstrahiert vom C13-Atom ein Wasserstoffatom (Abb. 27.38). Das intermediär vorliegende, ungesättigte Radikal addiert in Allyl-

stellung an C11 die Peroxidgruppe. Im Folgenden wird mit C9 ein cyclisches Peroxid geschlossen. C8 reagiert mit dem räumlich benachbarten C12 und bildet einen fünfgliedrigen Carbocyclus aus. Eingeleitet durch eine weitere Wasserstoffabstraktion von C13 wird auch auf C15, also wieder in Allylposition, eine Peroxidgruppe übertragen. Sie wird in einem nachfolgenden Reduktionsschritt in eine Hydroxyfunktion umgewandelt. Man vermutet, dass das auf der gegenüberliegenden Seite befindliche Peroxidase-Zentrum für diesen Reaktionsschritt von außerhalb des Proteins nahe der Membran des endoplasmatischen Retikulums erreicht wird. Dazu muss das oxidierte Sub-

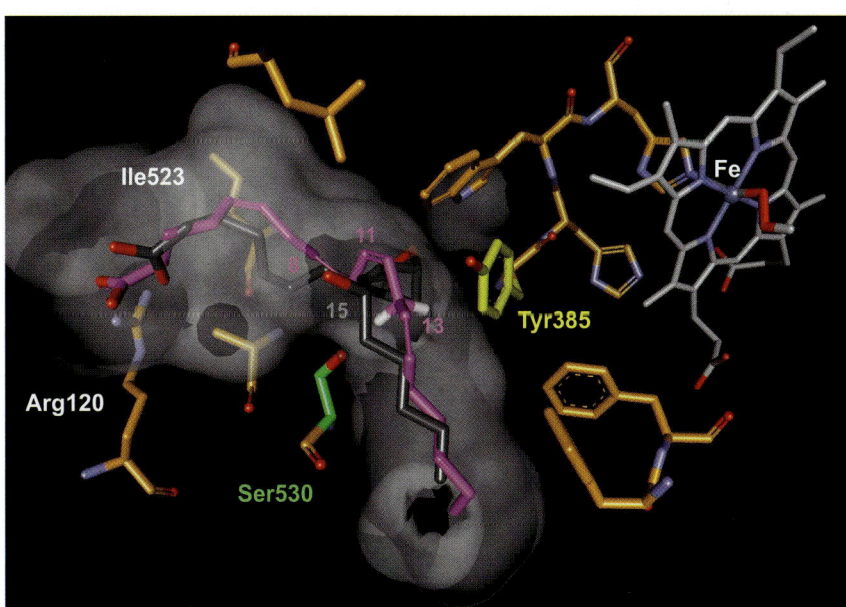

Abb. 27.39 Überlagerung der Arachidonsäure **27.86** (violett) und PGH$_2$ **27.88** (grau) im Reaktionskanal der COX. Rechts oben ist das Häm-Zentrum zu sehen, an dem Sauerstoff gebunden wird. Tyr 385 (gelb) ist für die radikalische Abstraktion eines Wasserstoffs von C13 der Arachidonsäure verantwortlich. Die Atome des Proteins sind weitgehend ausgeblendet, der Reaktionskanal ist mit transparenter Oberfläche angedeutet. Die gezeigte Geometrie basiert auf den kristallographisch bestimmten Komplexen der COX mit Arachidonsäure und PGH$_2$.

strat aus dem Arachidonsäurekanal heraus an die Stelle der Peroxidasereaktion diffundieren. Für den gesamten Reaktionsverlauf ist das tief im Protein befindliche und zu Tyr 385 benachbarte Hämzentrum entscheidend. Es katalysiert durch Wechsel der Oxidationsstufe am Eisen die Oxidations- und Reduktionsschritte. Gleichzeitig werden dort die zu übertragenden Sauerstoffspezies bereitgestellt. In der COX finden somit zwei enzymatische Prozesse statt, die mechanistisch eng miteinander verwoben sind. Die Cyclooxygenase-Aktivität benötigt Hydroperoxid als Reagens. Dem Tyrosin kommt eine besondere Aufgabe zu, da es als intermediäres Radikal beide Aktivitäten verknüpft. Es wird während der Peroxidasereaktion gebildet und leitet über die homolytische Wasserstoffabstraktion die Cyclooxygenasereaktion ein. In Abb. 27.39 sind die Kristallstrukturen der COX-1 mit dem Substrat Arachidonsäure 27.86 (violett) und dem Produkt PGH$_2$ 27.88 (grau) überlagert.

PGH$_2$ 27.88 ist die zentrale Ausgangsverbindung für die Synthese einer ganzen Reihe von Folgeprodukten (Abb. 27.36). An diesen Umsetzungen sind unterschiedliche Synthasen beteiligt, die die verschiedenen Prostaglandine entstehen lassen. Die COX katalysiert allerdings den geschwindigkeitsbestimmenden Schritt, was ihre zentrale Stellung in der Regulierung des Entzündungsgeschehens erklärt. Die Prostaglandine werden als **Mediatoren der Entzündungsvorgänge** bezeichnet. Prostacyclin PGI$_2$ 27.89 und PGE$_2$ 27.90 erhöhen die Gefäßpermeabilität. Dies führt zu einer Gewebeschwellung und infolge der höheren Durchblutung tritt Rötung auf. Durch Sensibilisierung nozizeptiver Nervenendigungen wird die Schmerzempfindung verstärkt. Im Bereich des Magens sind PGI$_2$ und PGE$_2$ an der Regulation der Magenschleim- und Magensäureproduktion beteiligt. PGE$_2$ wird mit dem Auftreten von Fieber bei Entzündungsvorgängen in Zusammenhang gebracht. Das Prostaglandin PGF$_2$ 27.91 steht mit Vorgängen bei der Reproduktion in Verbindung. So wird beim Einleiten einer Geburt COX-2 vermehrt in der Plazenta gebildet. Entstandenes PGE$_2$ ist dann an Vorgängen beteiligt, die die Muskulatur der Gebärmutter zur Kontraktion anregen. PGD$_2$ 27.92 übernimmt Aufgaben bei der Steuerung der Kontraktion bronchialer Luftwege. PGH$_2$ ist aber auch Ausgangsstoff für die Bildung von Thromboxan TXA$_2$ 27.93. Es wird durch die in Thrombozyten (Blutplättchen) vorhandene COX-1 gebildet. TXA$_2$ aktiviert durch Bindung an den Thromboxan-Rezeptor, der zu den GPCRs gehört (Abschnitt 29.1), die Thrombozytenaggregation. Dieser Schritt leitet die zelluläre Blutgerinnung ein und dient dem Verschluss verletzter Blutgefäße (Abschnitt 23.4 und 31.2). Thromboxan bewirkt weiterhin, analog dem TGD$_2$, eine Kontraktion der glatten Muskulatur an Gefäßen der Luftwege. Die Prostaglandine werden darüber hinaus mit wichtigen Steuerungsprozessen in Zusammenhang gebracht, die z. B. die Nierendurchblutung, die Regelung der Körpertemperatur, die Modulation der Immunantwort oder regulatorische Vorgänge im ovariellen Cyclus betreffen.

Durch ihre zentrale Stellung in der Steuerung verschiedenster Vorgänge im Gewebe sind die Enzyme im Synthesecyclus der Prostaglandine ideale Kandidaten für eine Arzneistofftherapie. Wie bereits erwähnt, verfügen wir über zwei Isoformen der Cyclooxygenase. Die **COX-1** wird ubiquitär in allen Geweben exprimiert. Sie ist **konstitutiv** vorhanden, d. h. ihre Produktion ist weitgehend unabhängig vom Zelltyp, dem Zellstadium oder anderen äußeren Einflüssen. In den Blutplättchen wird ausschließlich diese Isoform gefunden. COX-1 tritt in den Endothelzellen normaler Blutgefäße auf, während die Isoform COX-2 in den Endothelzellen proliferierender Blutgefäße, in entzündetem Gewebe und bei atherosklerotischer Schädigungen vorkommt. Weiterhin hat man COX-2 stark vermehrt in einigen Tumorzellen gefunden, wo sie eine Rolle beim Tumorwachstum spielen könnte. In der Niere ist sie an der Produktion von Prostacyclin PGI$_2$ beteiligt, was dort die Reninbildung (Abschnitt 24.2) aktiviert. COX-1 tritt in der Nierenrinde auf und produziert dort PGE$_2$ und PGI$_2$, die die Nierendurchblutung und die glomeruläre Filtrationsrate steigern. Überdosierte Hemmstoffe der COX-1 können daher schädigende Nebenwirkungen auf die Nierenfunktion nehmen. Die Expression der zweiten Isoform **COX-2** ist über viele Wege **induzierbar** und die Menge, mit der sie in einer Zelle vorliegt, hängt stark von dem Zustand der Zelle und ihrer Umgebung ab. Vermutlich hat sich COX-2 lange vor der Entwicklung der Wirbeltiere von COX-1 durch Genduplikation abgespalten und beide Isoformen haben sich dann parallel entwickelt. Erst seit 1972 wurde darüber spekuliert, dass es zwei Isoformen gibt. Zwanzig Jahre später war diese neue Form gefunden und sequenziert. Ihre Strukturaufklärung leitete die Entwicklung spezifischer Hemmstoffe für beide Formen ein. Im Jahr 1999 war es so weit, die ersten COX-2 selektiven Inhibitoren wurden in die Therapie eingeführt.

Hemmstoffe der Cyclooxygenase sind sehr alt und werden schon lange in der Therapie eingesetzt (Abb. 27.40). Als erstes ist die **Acetylsalicylsäure** (ASS) 27.94 zu nennen (Abschnitt 3.1). Sie verfügt über einen interessanten Wirkmechanismus, da sie beide Isoformen gleichermaßen durch eine irreversible Acetylierung der Aminosäure Ser 530 (Abb. 27.41) hemmt.

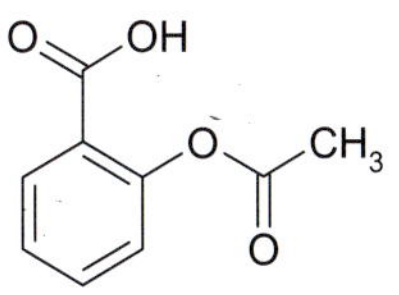

27.94 Acetylsalicylsäure ASS 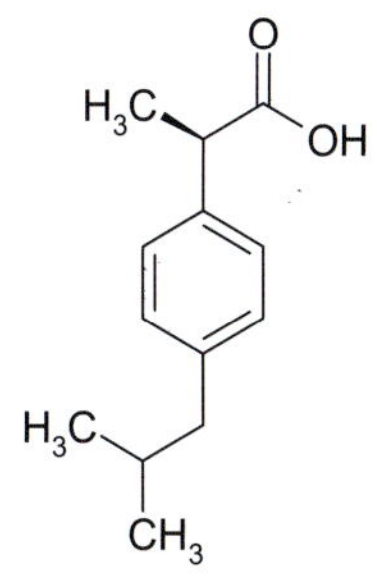 **27.95** Ibuprofen 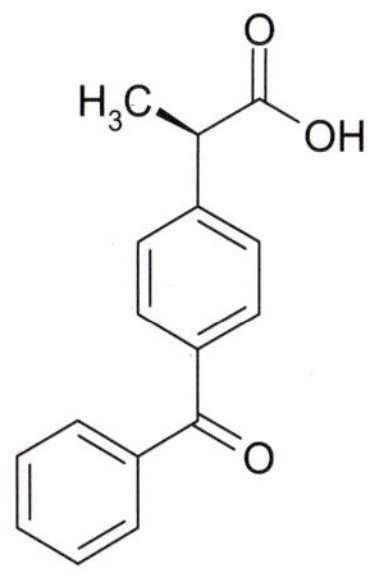 **27.96** Ketoprofen 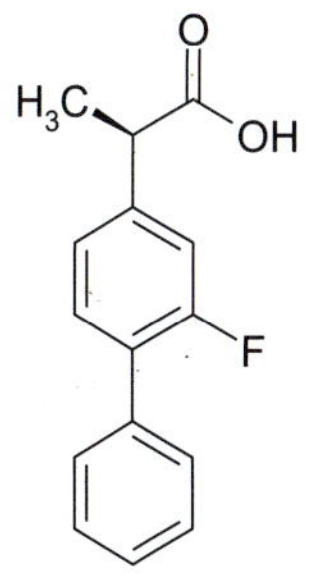 **27.97** Flurbiprofen

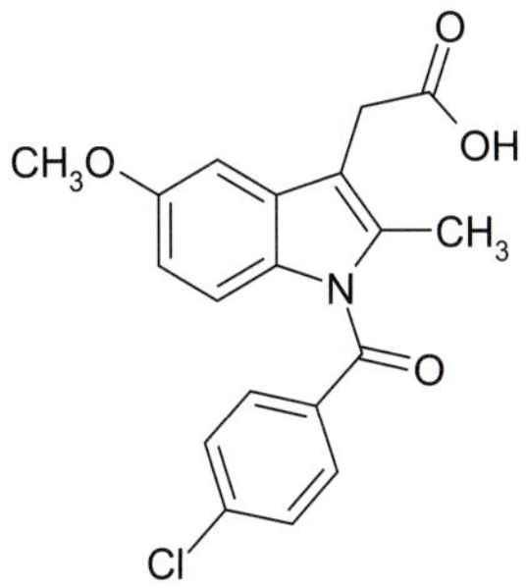

27.98 Indomethacin 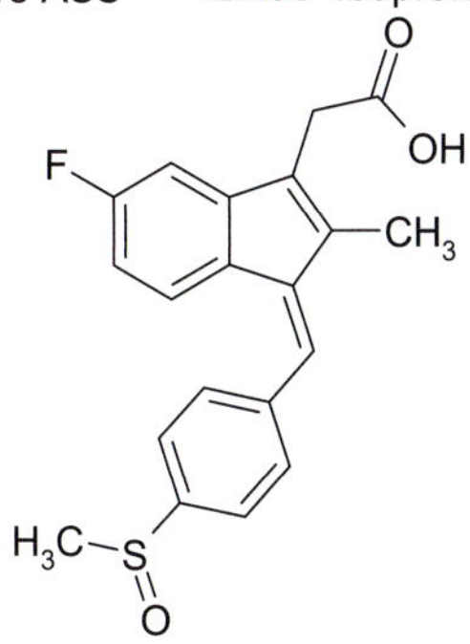 **27.99** Sulindac 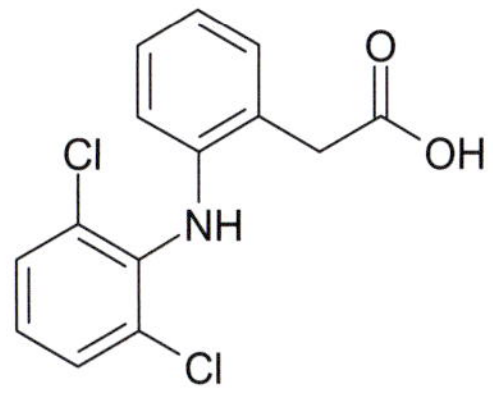 **27.100** Diclofenac 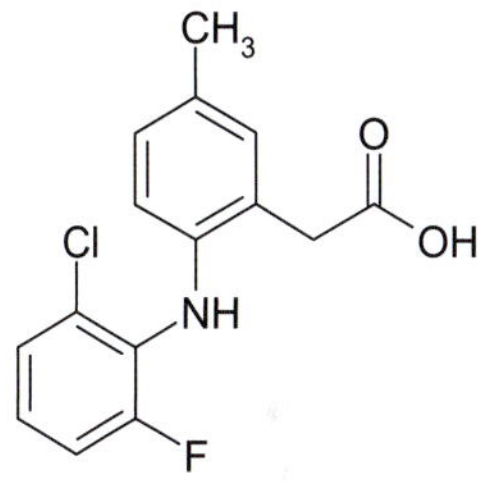 **27.105** Lumiracoxib

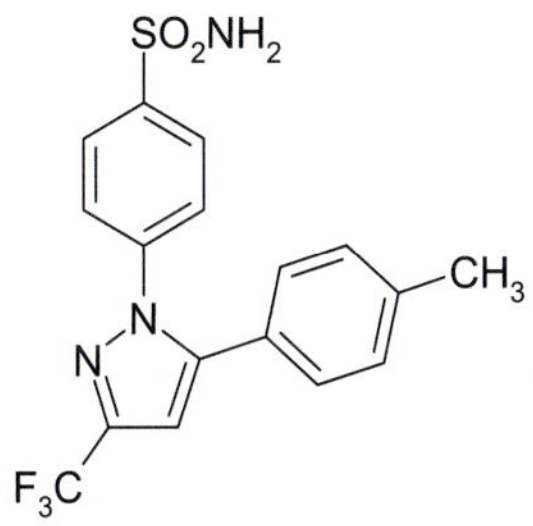

27.101 Celecoxib 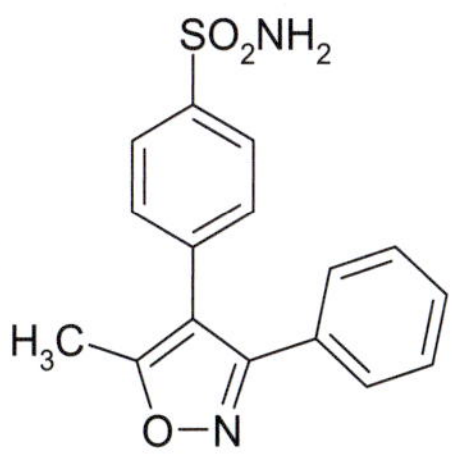 **27.102** Valdecoxib 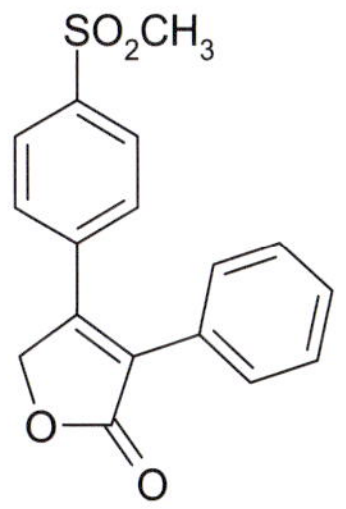 **27.103** Rofecoxib 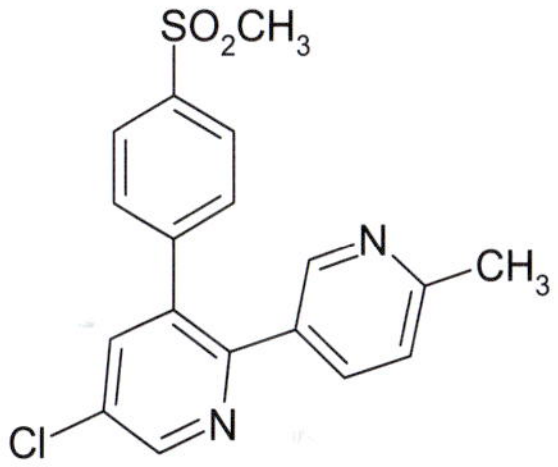 **27.104** Etoricoxib

Abb. 27.40 Inhibitoren der COX-Isoenzyme. Acetylsalicylsäure **27.94** und die Arylessig- bzw. Propionsäuren **27.95–27.100** sind unspezifische Hemmstoffe beider Isoformen. Nach Entdeckung der induzierten COX-2 wurden die Coxibe **27.101–27.104** als selektive Inhibitoren dieser Isoform entwickelt. Rofecoxib wurde wegen eines erhöhten Risikos für das Auslösen von Herz-Kreislauf-Erkrankungen wieder vom Markt genommen. Mit Lumiracoxib **27.105**, das bis auf einen Cl/F-Austausch und eine zusätzliche Methylgruppe mit Diclofenac strukturidentisch ist, konnte ein neuer COX-2-selektiver Inhibitor auf den Markt gebracht werden.

ASS diffundiert in den Reaktionskanal der COX ein. Mit Arg 120 bildet ASS höchstwahrscheinlich eine Salzbrücke aus und überträgt, praktisch vergleichbar der Reaktion in einer Serinhydrolase, seine Acetylgruppe auf die OH-Gruppe des räumlich benachbarten Ser 530. Der Kanal ist damit irreversibel verstopft und das Enzym dauerhaft blockiert. Erst durch Neubildung kann die Funktion der COX in den gehemmten Zellen wieder aufgenommen werden. Dies bedeutet z. B. in den Thrombozyten, dass durch ASS die Thromoxanbildung dauerhaft blockiert wird. Für den ca. 8–12 Tage dauernden Lebenscyclus der Blutplättchen ist deren Fähigkeit zur Bereitstellung von Thromboxan A2 (TXA_2) zum Einleiten einer Aggregation deutlich eingeschränkt. Aus diesem Effekt resultiert die blutverdünnende Wirkung des Aspirins®. Patienten werden daher vor einem operativen Eingriff befragt, ob sie in den letzten Tagen Aspirin eingenommen haben. Die Salicylsäure, der die Acetylgruppe fehlt, ist ein schwacher, aber reversibler und zu Arachidonsäure kompetitiver Inhibitor der COX. Mutiert man Ser 530 zu Ala, ist das Enzym katalytisch noch voll aktiv. Allerdings wird die Mutante durch ASS nur noch schwach inhibiert.

Neben ASS sind die **Arylessig- und Propionsäuren** als weitere Gruppe wenig selektiver und reversibler

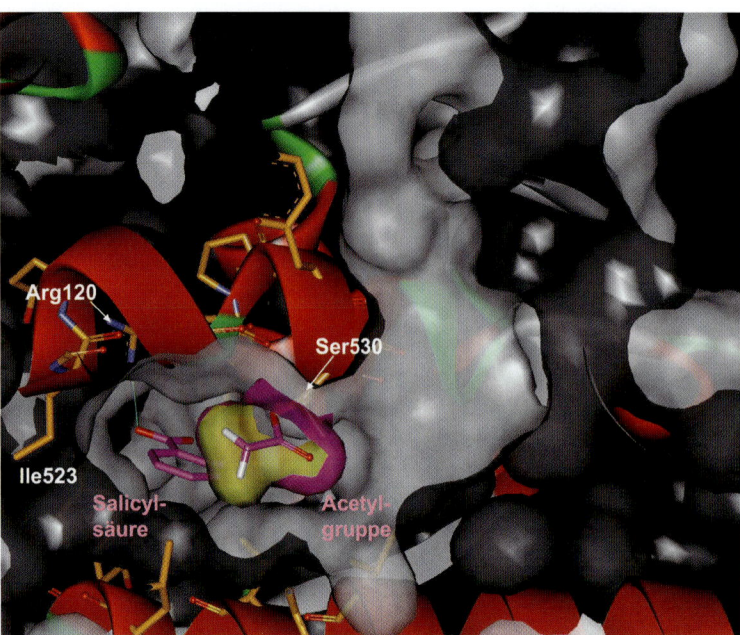

Abb. 27.41 Höchstwahrscheinlicher Bindungsmodus der Acetylsalicylsäure (ASS) **27.94** (violett) mit COX-1. ASS bindet in der Mitte des Reaktionskanals (graue Oberfläche), der normalerweise das natürliche Substrat Arachidonsäure **27.86** aufnimmt. Er zieht sich von unten links in gebogener Form durch das Protein. Mit Arg 120 bildet ASS eine Salzbrücke aus und reagiert mit Ser 530, auf dessen OH-Gruppe ASS ihre Acetylgruppe überträgt. Der Kanal ist damit irreversibel verstopft. Das blockierende Zusatzvolumen der Acetylgruppe ist durch eine violette Oberfläche (Innenseite gelb) angedeutet. Die gezeigt Geometrie basiert auf einer Kristallstruktur, die mit einem Bromanalogon der ASS bestimmt wurde.

COX-Hemmstoffe zu nennen. Hierzu gehören z. B. Ibuprofen **27.95**, Ketoprofen **27.96**, Flurbiprofen **27.97**, Indometacin **27.98**, Sulindac **27.99** oder Diclofenac **27.100** (Abb. 27.40). Ibuprofen bindet ebenfalls in den Arachidonsäurekanal und bildet über seine terminale Carboxylatfunktion eine Salzbrücke zu Arg 120 aus. Darüber hinaus sind die Oxicame, Anthranilsäure- und Pyrazolderivate wichtige Hemmstoff der COX. Sie alle werden als **NSAIDs** (engl. *non-steroidal anti-inflammatory drugs*) bezeichnet. Der Wirkmechanismus von Paracetamol **27.64**, einem ebenfalls sehr alten und millionenfach angewendeten Schmerzmittel, war lange mit den COX-Enzymen in Verbindung gebracht worden. Doch scheint dieser Wirkstoff über eine Amidierung des freigesetzten *p*-Aminophenols die Arachidonsäure chemisch zu verändern und so in die Kaskade der Schmerzmediatoren einzugreifen. Das entstandene *N*-Arachidonoyl-*p*-aminophenol ist ein nanomolarer Antagonist des Vanilloid- und CB1-Rezeptors, beide Beispiele für GPCRs, und hemmt die zelluläre Aufnahme des analgetisch wirksamen Anandamids (Arachidonylethanolamid).

Da COX-1 konstitutiv in allen Geweben vorkommt, greifen unselektive COX-Hemmer auch an Stellen ein, wo Prostaglandine für andere Aufgaben, abgesehen vom Schmerzgeschehen, benötigt werden. Als ein Beispiel mag die Hemmung der Bildung von Prostacyclin **27.89** dienen, das im Magen für die Regulation der Magenschleimproduktion verantwortlich ist. COX-Hemmstoffe blockieren als unerwünschten Nebeneffekt diese Neubildung und die

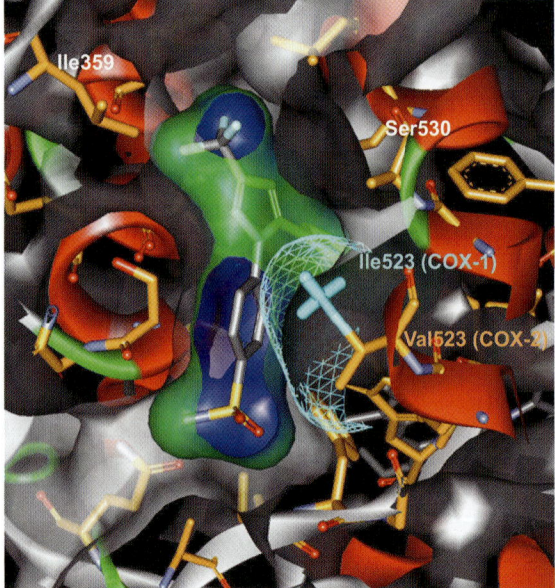

Abb. 27.42 Struktur von Celecoxib **27.101** mit COX-2. Der Inhibitor ist mit einer grünen Oberfläche (Innenseite blau) gezeigt. In COX-2 befindet sich in Position 523 ein Valin, in COX-1 ein Isoleucin. Überlagert man den Ile-Rest aus COX-1 mit dem Valin der COX-2-Struktur, so wird der vermehrte Platzbedarf dieses um eine Methylgruppe vergrößerten Ile-Rests deutlich (von hellblauem Netz umgrenzte Oberfläche). Ile beansprucht ein größeres Volumen in der Bindetasche und verhindert so die Bindung des durch seinen substituierten Fünfringheterocyclus verzweigten Inhibitors. Die gezeigte Struktur beruht auf einer Kristallstruktur, die mit einem Bromanalogon des Celecoxibs aufgeklärt wurde.

schützende Wirkung auf das Magenepithel gegen das stark acide Milieu wird gestört. Magenreizungen sind die Folge und können zu schweren Komplikationen führen.

Als Anfang der 1990er-Jahre entdeckt wurde, dass **COX-2** erst im Schmerzgeschehen durch vermehrte Expression hochgeregelt wird, war die Hoffnung groß, durch selektive Hemmung dieses Enzyms zu einer **nebenwirkungsfreien Schmerztherapie** zu kommen. Ein genauer Vergleich beider Enzyme legt einen kleinen, aber dennoch entscheidenden Unterschied offen: In Position 523 ist ein Ile in COX-1 gegen ein Val in COX-2 ausgetauscht. Weiterhin, aber von deutlich geringerer Bedeutung, ist in Position 503 in COX-1 ein Phe gegen Leu in COX-2 ersetzt. Was kann man von einem so kleinen Unterschied wie dem **Austausch einer Methylgruppe** für die Selektivität erwarten? Zumindest ist die Bindetasche von COX-2 um 17 % vergrößert und gibt eine neue Subtasche im Arachidonsäurekanal frei (Abb. 27.42). Es galt daher, gezielt strukturell vergrößerte Inhibitoren zu entwerfen, die diese zusätzliche Subtasche ausnutzen. Gegen COX-1 brechen solche Verbindungen in ihrer Hemmwirkung ein, da für sie sterische Konflikte mit dem Isoleucinrest an Position 523 entstehen. Die in der ersten Generation erfolgreich entwickelten COX-2-spezifischen Inhibitoren 27.101–27.104 weisen alle einen vergleichbaren strukturellen Aufbau auf (Abb. 27.40). Im Zentrum besitzen sie einen fünf- bzw. sechsgliedrigen Ring, der in benachbarten Positionen durch meist aromatische Substituenten funktionalisiert ist. Dies gibt den Molekülen einen gewinkelten Aufbau, mit dem sie die strukturelle Erweiterung der COX-2- im Vergleich zur COX-1-Bindetasche nachbilden.

In der Therapie zeigt sich, dass bei Einnahme selektiver COX-2-Hemmer das COX-1-Enzym weitgehend unbeeinflusst bleibt und Nebenwirkungen wie Blutungen der Magenschleimhaut oder Rückgang der Nierenfunktion nahezu völlig ausbleiben. Die ersten Verbindungen am Markt waren Celecoxib 27.101, Valdecoxib 27.102 und Rofecoxib 27.103 (Abb. 27.40). Ihr Behandlungsspektrum reicht von rheumatischen Erkrankungen über degenerative Gelenkerkrankungen zu chronischer Polyarthritis und Morbus Bechterew. Alle Krankheitsbilder gehen mit starken Schmerzen einher. Rofecoxib 27.103 (Vioxx®) erzielte schon bald Milliardenumsätze. Allerdings musste das Präparat 2004 wegen deutlicher Nebenwirkungen unter Langzeittherapie vom Markt genommen werden. Es wurde ein erhöhtes Risiko für Herz-Kreislauf-Erkrankungen beobachtet, vor allem stieg das Risiko für Herzinfarkte, instabile Angina pectoris und Schlaganfälle an. Aus diesem Grund wurde auch die Langzeitstudie vorzeitig abgebrochen. Die Firma Merck & Co. erfuhr in 2004 einen Gewinneinbruch von 29 %. Bis März 2006 waren bereits 10 000 Klagen auf Schadensersatzforderungen aufgelaufen. Interessanterweise brachte Merck allerdings kurz nach Rückruf von Rofecoxib 27.103 einen neuen COX-2-Hemmer, Etoricoxib 27.104, auf den Markt.

Insgesamt stellt sich die Frage, ob die beobachteten Nebenwirkungen nur Rofecoxib betreffen oder typisch für alle COX-2-Hemmer sind. Dem kardiovaskulären Risiko muss die Gefahr einer Magenblutung bis hin zu letalen Komplikationen unter Acetylsalicylsäure-, Diclofenac- Ibuprofen- oder Indometacin-Therapie gegenübergestellt werden. Rofecoxib gehörte zu der ersten Generation von COX-2-Hemmern, die alle im Zentrum einen fünfgliedrigen Heterocyclus aufweisen. Mit Lumiracoxib 27.105 (Prexige®) ist 2006 ein COX-2-Inhibitor auf den Markt gekommen, der strukturell eher dem allerdings weniger selektiven Diclofenac ähnelt. Es bleibt abzuwarten, ob sich hier das Nebenwirkungsprofil anders darstellt. Das Beispiel der Coxibe demonstriert aber eindrucksvoll, wie durch konsequentes Design selbst der kleine Unterschied einer Methylgruppe von Ile → Val zwischen COX-1 und COX-2 zu erfolgreichen Wirkstoffen einer neuen Verbindungsklasse führen kann.

Literatur

Allgemeine Literatur

D. C. N. Chan und A. C. Anderson, Towards Species-specific Antifolates, Curr. Med. Chem. **13**, 377–398 (2006)

A. Gangjee und H. D. Jain, Antifolates – Past, Present and Future, Curr. Med. Chem. Anti-Cancer Agents **4**, 405–410 (2004)

H. Stark, Medizinisch-chemische Aspekte von Statinen, Pharm. U. Zeit **32**, 464–470 (2003)

P. R. Vagelos, Are Prescription Drug Prices High? Science **252**, 1080–1084, (1991)

J. A. Tobert, Lovastatin and Beyond: The History of HMG-CoA Reductase Inhibitors, Nat. Rev. Drug Discov. **2**, 517–526 (2003)

P. Oates, Aldose Reductase, Still a Compelling Target for Diabetic Neuropathy, Curr. Drug Targets **9**, 14–36 (2008)

S. P. Webster und T. D. Pallin, 11β-Hydroxysteroid dehydrogenase type 1 inhibitors as Therapeutic Agents, Expert Opin. Ther. Patents **17**, 1407–1422 (2007)

F. Hoffmann und E. Maser, Carbonyl reductases and Pluripotent Hydroxysteroid Dehydrogenases of the Short-chain Dehydrogenase/Reductase Superfamily. Drug Metab. Rev. **39**, 87–144 (2007)

D. C. Lamb, M. R. Waterman, S. L. Kelly und F. P. Guengerich, Cytochromes P450 and Drug Discovery, Curr. Opin. Biotech. **18**, 504–512 (2007)

R. Weinshilboum und L. Wang, Pharmacogenomics: Bench to Bedside, Nat. Rev. Drug Discov. **3**, 739–748 (2004)

L. C. Wienkers und T. G. Heath, Predicting in vivo Drug Interactions From in vitro Drug Discovery Data, Nat. Rev. Drug Discov. **4**, 825–833 (2005)

M. B. H. Youdim, D. Edmondson und K. F. Tipton, The Therapeutic Potential of Monoamine Oxidase Inhibitors, Nat. Rev. Neurosci. **7**, 295–309 (2006)

R. J. Flower, The Development of COX-2 Inhibitors, Nat. Rev. Drug Discov. **2**, 179–191 (2003)

C. Michaux und C. Charlier, Structural Approaches for COX-2 Inhibition, Mini-Rev. Med. Chem. **4**, 603–615 (2004)

J. A. Mitchell und T. D. Warner, COX Isoforms in the Cardiovascular System: Understanding the Activities of Non-steroidal Anti-inflammatory Drugs, Nat. Rev. Drug Discov. **5**, 75–86 (2006)

Spezielle Literatur

V. Cody, J. Pace, K. Chisum and A. Rosowsky, New Insights into DHFR Interactions: Analysis of *Pneumocystis carinii* and Mouse DHFR Complexes with NADPH and Two Highly Potent 5-(ω-Carboxy(alkyloxy) Trimethoprim Derivatives Reveals Conformational Correlations with Activity and Novel Parallel Ring Stacking Interactions, Proteins **65**, 959–969 (2006)

A. Rosowsky, R. A. Forsch und J. E. Wright, Synthesis and in vivo Antifolate Activity of Rotationally Restricted Aminopterin and Methotrexate Analogues, J. Med. Chem. **47**, 6958–6963 (2004)

E. S. Istvan, M. Palnitkar, S. K. Buchanan und J. Deisenhofer, Crystal Structure of the Catalytic Portion of Human HMG-CoA Reductase: Insights into Regulation of Activity and Catalysis, EMBO J. **19**, 819–830 (2000)

M. Ekroos und T. Sjögren, Structural Basis for Ligand Promiscuity in Cytochrome P450 3A4, PNAS **103**, 13682–13687 (2006)

A. K. Daly, Pharmacogenetics of the Cytochromes P450, Curr. Top. Med. Chem. **4**, 1733–1744 (2004)

L. Bertilsson L, Y. Q. Lou, et al. Pronounced Differences between Native Chinese and Swedish Populations in the Polymorphic Hydroxylations of Debrisoquin and S-Mephenytoin, Clin. Pharmacol. Ther. **51**, 388–397 (1992)

L. De Colibus, M. Li, et al., Three-dimensional Structure of Human Monoamine Oxidase (MAO A): Relation to the Structure of rat MAO A and human MAO B, PNAS **102**, 12684–12689 (2005)

G. A. FitzGerald, COX-2 and Beyond: Approaches to Prostaglandin Inhibition in Human Disease, Nat. Rev. Drug Discov. **2**, 879–890 (2003)

Agonisten und Antagonisten für nucleäre Rezeptoren

28

Bei aller Freude über den strukturbasierten Entwurf von Enzyminhibitoren darf nicht übersehen werden, dass weniger als die Hälfte der heute verwendeten Arzneistoffe an einem Enzym angreift. Viele der anderen Wirkstoffe haben Rezeptoren, Transporter, Poren oder Ionenkanäle als Zielstruktur. Rezeptoren übernehmen die Vermittlung einer Information von außerhalb einer Zelle in das Zellinnere. Durch ihre Aktivierung bzw. Blockierung wird eine Zelle in ihrem Zustand verändert. Sie kann dadurch modifizierte Aufgaben übernehmen. Transporter, Poren und Ionenkanäle dienen dem gezielten Substanztransport über die Membran, vor allem von Substanzen, denen aufgrund ihres polaren Charakters eine passive Passage in nennenswerten Mengen nicht gelingt. Wie die Rezeptoren sind diese Proteine in die Zellmembran eingebettet. Bevor wir uns diesen membranständigen Zielstrukturen zuwenden, soll eine Klasse von Rezeptoren betrachtet werden, die sich im Inneren der Zelle befindet. Sie werden durch spezifische Liganden angesteuert. Dazu müssen diese körpereigenen Botenstoffe allerdings in die Zelle eindringen. Meist gelingt ihnen dies durch eine passive Diffusion über die Membran. Dazu besitzen diese Liganden ausreichend lipophile bzw. amphiphile Eigenschaften.

28.1 Nucleäre Rezeptoren sind Transkriptionsfaktoren

Die **nucleären Rezeptoren** (auch Kernrezeptoren genannt) sind lösliche Rezeptoren, von denen sich viele im Cytosol befinden. Als **Transkriptionsfaktoren** regulieren sie im Zellkern die Expression spezifischer Gene und sind somit für die Bereitstellung von Proteinen verantwortlich. Sie binden direkt an die DNA und übernehmen über die **Genregulation** eine wichtige Rolle in der embryonalen Entwicklung, im Zellwachstum, bei der Zelldifferenzierung und Zellspezialisierung. Fehlfunktionen dieser Rezeptoren führen zu Krankheitsbildern mit unreguliertem Zellwachstum (z. B. Krebs), Stoffwechselstörungen (Diabetes oder Fettleibigkeit) oder Störungen der Reproduktionsfähigkeit (Unfruchtbarkeit). Sie werden durch kleine Botenstoffe aktiviert. Diese natürlichen Liganden, zu denen die Steroidhormone, aber auch lipophile Liganden wie Retinsäure, verschiedene Fettsäuren, Trijodthyronin, Vitamin D, Prostaglandine, Gallensäuren und Phospholipide gehören (Abb. 28.1), müssen passiv die Zellmembranbarriere überwinden. Am Wirkort angekommen binden sie an die Ligandenbindungsdomäne der nucleären Rezeptoren. Aus dem Blickwinkel der Wirkstoffforschung sind diese Rezeptoren vor allem interessante Zielstrukturen, weil die natürlichen Liganden der typischen Größe von Arzneistoffen entsprechen. Im Jahr 2003 gehörten aus der Liste der 200 am häufigsten verordneten Arzneistoffe 34 Präparate zu der Gruppe, die ihre Funktion an einem nucleären Rezeptor entfalten. Dieser auf den ersten Blick idealen Eignung als Zielstrukturen steht die Komplexität der biologischen Steuerung des Genexpressionsprozesses entgegen. So verfügen die Rezeptoren nicht nur über eine ligandenabhängige, sondern auch eine ligandenunabhängige Domäne zur Aktivierung der Transkription. Sobald die Rezeptoren in den Zellkern eingewandert sind, rekrutieren sie weitere Proteine, die als Coaktivatoren, Corepressoren und zusätzliche Transkriptionsfaktoren zur Regulation der Genexpression beitragen. So können sie sowohl eine Hoch- als auch Herunterregulation erzielen. Auch scheinen sie mit anderen Signaltransduktionswegen zu interagieren, die z. B. durch den nucleären Faktor NF-κB oder das Aktivatorprotein AP-1 gesteuert werden. In Hinblick auf die molekulare Vielfalt erscheint die Proteinfamilie der nucleären Rezeptoren überschaubar. In unserem Genom codieren 48 Gene für die unterschiedlichen Rezeptoren.

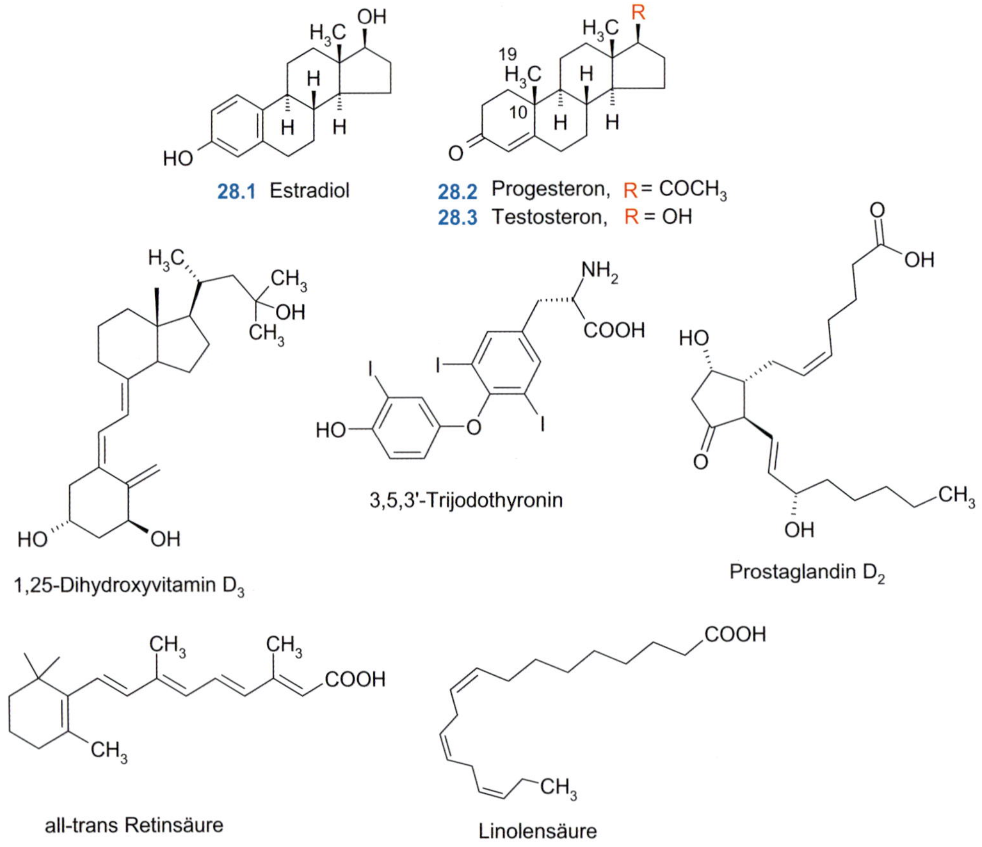

Abb. 28.1 Natürliche Liganden der nucleären Rezeptoren sind Steroide, wie Estradiol **28.1**, Progesteron **28.2** und Testosteron **28.3**, sowie Moleküle wie Retinsäure, Fettsäuren, Trijodthyronin, Vitamin D oder Prostaglandine.

28.2 Struktureller Aufbau der nucleären Rezeptoren

Die nucleären Rezeptoren sind alle nach dem gleichen Bauprinzip zusammengesetzt. Sie umfassen drei Domänen. Die aminoterminale A/B-Region erweist sich am variabelsten innerhalb der Familie. Sie enthält die Transaktivierungsdomäne und ist an der ligandenunabhängigen Erkennung von Coaktivatoren und weiteren Transkriptionsfaktoren beteiligt. Dann folgt die DNA-Bindungsdomäne, die ca. 70 Aminosäuren umfasst und zwei so genannte „Zinkfingermotive" enthält. Diese Domäne ist am stärksten konserviert in der gesamten Genfamilie. Als *C*-terminale Domäne schließt sich der Ligandenbindungsbereich an, der ca. 250 Aminosäuren umfasst. Er beherbergt die Bindestelle für die niedermolekularen Liganden und trägt ein weiteres regulatorisches Element zur Erkennung von Coaktivatoren und anderen Transkriptionsfaktoren.

Man unterteilt die nucleären Rezeptoren in die Gruppe der Steroidrezeptoren, die zu ihrer Aktivierung ein **Homodimer** bilden. Die zweite große Gruppe umfasst Rezeptoren, die zu ihrer Funktion ein **Heterodimer** mit dem promiskuitiven Retinoid-X-Rezeptor (RXR) bilden. Es gibt weiterhin Rezeptoren, die als Monomer an die DNA binden können. Die Dimerisierung erfolgt als Antwort auf die Bindung eines Agonisten, bzw. der gebundene Agonist stabilisiert die Dimerbildung. Manche der nucleären Rezeptoren liegen im Cytosol als inaktive Komplexe mit Hitzeschockproteinen vor. Die Ligandenbindung stimuliert den Zerfall dieser zunächst inaktiven Komplexe und löst das Signal zum Einwandern in den Zellkern aus. Dort bindet der dimere Rezeptor mit seinen **DNA-Bindungsdomänen** an ein so genanntes **DNA-*response*-Element**, das als Promotor- oder Repressorregion auf dem Zielgen abgelegt ist. Der nun gebildete Komplex dient als weitere Andockstelle für Coaktivatoren. Deren zusätzliche Bindung wird als auslösendes Signal für den Start der

Transkription und die anschließende Genexpression umgesetzt.

Jede DNA-Bindungsdomäne greift mit einem Motiv aus zwei Helices in der großen Furche der DNA (Abschnitt 14.9) ein spezifisches Muster aus sechs Basen ab. Es tritt spiegelsymmetrisch auf den beiden komplementären Strangabschnitten (Abb. 28.2) in entgegengesetzter Laufrichtung auf. Das Motiv aus den beiden Helices wird durch zwei Zinkfinger stabilisiert. Dazu koordiniert ein Zinkion tetraedrisch an vier benachbarte Cysteinreste und ermöglicht so eine Quervernetzung innerhalb des Peptidstranges.

Auch die **Ligandenbindungsdomänen** der nucleären Rezeptoren folgen einem gemeinsamen Bauprinzip. Sie sind aus 12 Helices aufgebaut. Die in der Sequenz am Ende stehende Helix 12 übernimmt eine besondere Aufgabe. Wie eine Tür öffnet und verschließt sie den Zugang zur Ligandenbindungstasche. Dazu vollführt sie eine räumliche Umlagerung, die das auslösende Signal für die Aktivierung des Rezeptors gibt (Abschnitt 28.4).

In den nucleären Steroidrezeptoren umfasst die Ligandenbindungstasche ca. 400–600 Å^3. An beiden Enden besitzt sie polare Aminosäuren, im Zentrum liegt ein Gürtel aus hydrophoben Resten vor. In den Rezeptoren, die mit dem RXR-Retinsäure-Rezeptor Heterodimere bilden, sind die Bindetaschen für die Liganden noch größer. In den peroxisomalen Proliferator-aktivierenden Rezeptoren PPAR kann sie bis zu 1300 Å^3 umfassen. Trotz ihrer gemeinsamen Architektur und der ziemlich weiten Variationsbreite im Volumen zur Aufnahme von Liganden verfügen viele der Ligandenbindungsdomänen über eine erstaunliche Selektivität in der Erkennung ihrer Liganden. Diese Selektivität soll im nächsten Abschnitt genauer beleuchtet werden.

28.3 Steroidhormone: Wie sich kleine Unterschiede auf die Rezeptorbindung auswirken

Die männlichen und weiblichen Geschlechtshormone und die Corticosteroide sind Substanzen mit verblüffend ähnlichen Strukturen. Alle leiten sich von einem identischen Grundgerüst ab. Mit minimalen strukturellen Variationen zaubert die Natur in virtuoser Weise ein breites Spektrum unterschiedlichster biologischer Wirkungen hervor. Dabei könnte eine Verwechslung fatale Folgen haben. Der Unterschied zwischen den Hormonen Estradiol **28.1**, Progesteron **28.2** und Testosteron **28.3** soll genauer betrachtet werden. Im ersten Ring des Steroidgerüsts tritt ein Wechsel von einer Hydroxygruppe am aromatischen Ring des Estradiols auf eine Ketogruppe im partiell hydrierten Ring des Progesterons sowie Testosterons auf. Der aromatische A-Ring des weiblichen Hormons Estradiol nimmt eine planare Struktur an, der Ring im männlichen Hormon Testosteron bildet einen Halbsessel (Abb. 28.3). Zusätzlich liegt bei den männlichen Hormonen und beim Progesteron eine Methylgruppe am Kohlenstoffatom 10 vor. Den Estrogenen fehlt an dieser Stelle die 19-Methylgruppe aufgrund des aromatischen Charakters des ersten Rings. Die 19-Me-

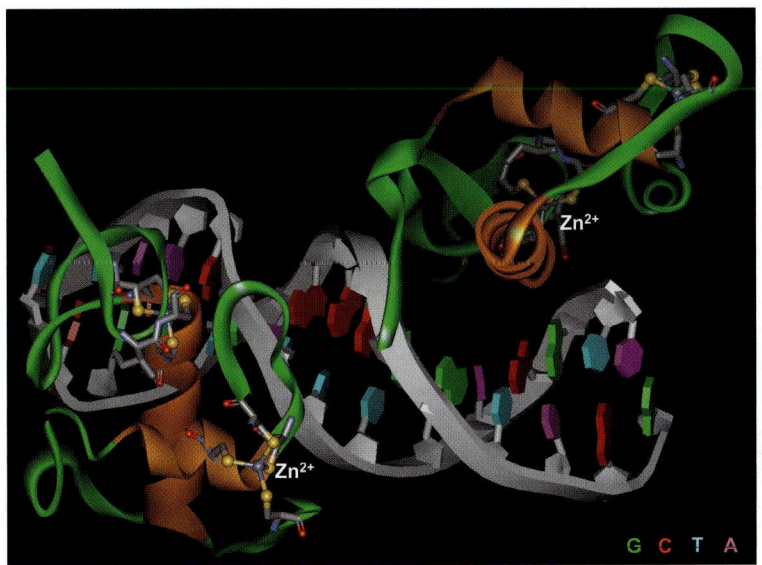

Abb. 28.2 Ausschnitt aus der Kristallstruktur der DNA-Bindungsdomäne des Estrogenrezeptors. Mit einem Motiv aus zwei Helices (braun) greift der Rezeptor mit einem Zinkfinger (grün) in der großen Furche der DNA (Rückgrat weiß, Basen farbcodiert, vgl. Abb. 14.17) ein spezifisches Muster aus sechs Basen ab. Das Motiv der beiden Helices wird über ein Zinkion (blaugrau), das tetraedrisch von räumlich benachbarten Cysteinresten koordiniert wird, quervernetzt.

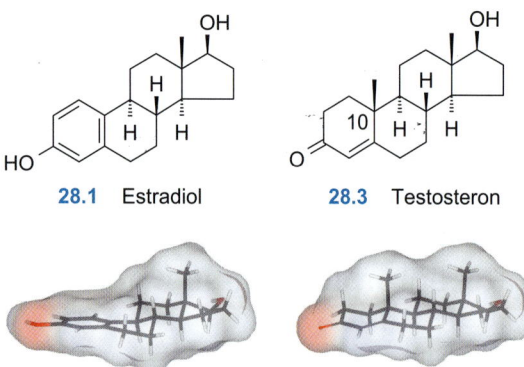

Abb. 28.3 Der Unterschied zwischen dem weiblichen Hormon Estradiol **28.1** und dem männlichen Hormon Testosteron **28.3** besteht in einem Wechsel von einer Hydroxygruppe am aromatischen Ring des Estradiols auf eine Ketogruppe im partiell hydrierten Ring des Testosterons. Der aromatische A-Ring des Estradiols nimmt planare Struktur an, der Ring im Testosteron bildet einen Halbsessel. Bei dem männlichen Hormon tritt an Kohlenstoffatom C 10 eine Methylgruppe auf, die dem Molekül einen zusätzlichen Volumenbedarf beschert.

thylgruppe schirmt den ersten Ring von oben ab und bedingt eine etwas größere Raumerfüllung im Progesteron und Testosteron.

Wie wird dieser kleine Unterschied auf der Seite des Rezeptors erkannt? Wie die Kristallstruktur des Estrogenrezeptors mit gebundenem Estradiol zeigt, wird die Hydroxygruppe am aromatischen A-Ring in ein H-Brückennetzwerk mit Glu 353 und, vermittelt über ein Wassermolekül, mit Arg 394 eingebunden (Abb. 28.4). Glu 353 liegt höchstwahrscheinlich deprotoniert vor und erkennt das Hormon über dessen Donorfunktionalität an der Hydroxygruppe. In der Struktur des Progesteronrezeptors ist an der gleichen Stelle ein Glutamin anzutreffen (Abb. 28.5). Es geht über seine Aminogruppe des Carboxamid-Terminus mit der Ketogruppe des Progesterons im A-Ring eine H-Brücke als Donor ein. Die wasservermittelte H-Brücke zu einem Arginin ist auch in diesem Rezeptor zu finden. Somit bedingt der Austausch von Glutamat zu Glutamin im Hormon einen Wechsel von einer Hydroxygruppe gegen eine Ketofunktion. H-Brückendonoren und Akzeptoren werden paarweise ausgetauscht! Wie wird der zusätzliche Volumenanspruch der 19-Methylgruppe auf Rezeptorebene übersetzt? Im zentralen Bereich sind es hydrophobe Aminosäuren, die die Kontaktflächen zu den gebundenen Hormonen ausbilden. Im Estrogenrezeptor schirmen zwei sperrige, terminal verzweigte Leucinreste den Raum oberhalb des A-Rings ab. Sie begrenzen effizient mit starrer Geometrie das Volumen der Bindetasche (Abb. 28.4). Im Progesteronrezeptor befinden sich an gleicher Stelle zwei Methioninreste (Abb. 28.5). Auch sie sind sperrig und hydrophob. Doch bedingt durch ihren linearen Aufbau können sie sich besser der Passform eines gebundenen Liganden anschmiegen und geben ein kleines Volumen für die zusätzliche 19-Methylgruppe frei. Auch die Struktur des Androgenrezeptors mit Testosteron liegt vor. Dort werden die gleichen Aminosäuren wie im Progesteronrezeptor für die molekulare Erkennung der Ketofunktion im A-Ring und in der direkten Nachbarschaft zu der 19-Methylgruppe gefunden. Über diese kleinen Änderungen erlangt der jeweilige Rezeptor die erforderliche Selektivität für seinen spezifischen Liganden. Zum Beispiel hilft der Unterschied in der

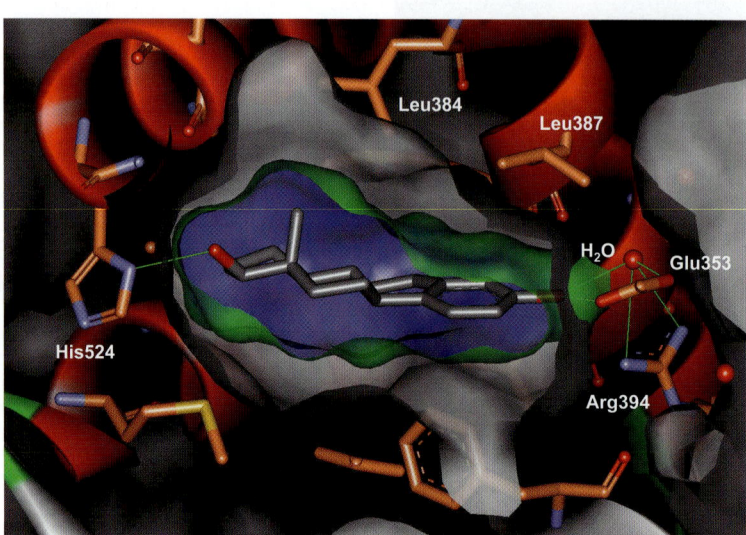

Abb. 28.4 Ausschnitt aus der Kristallstruktur des Estrogenrezeptors mit gebundenem Estradiol (Oberfläche grün, Innenseite blau). Die Hydroxygruppe am aromatischen A-Ring bildet eine H-Brücke zu Glu 353 und, vermittelt über ein Wassermolekül, zu Arg 394. Das Volumen oberhalb des planaren aromatischen A-Rings wird durch Leu 384 und Leu 387 begrenzt.

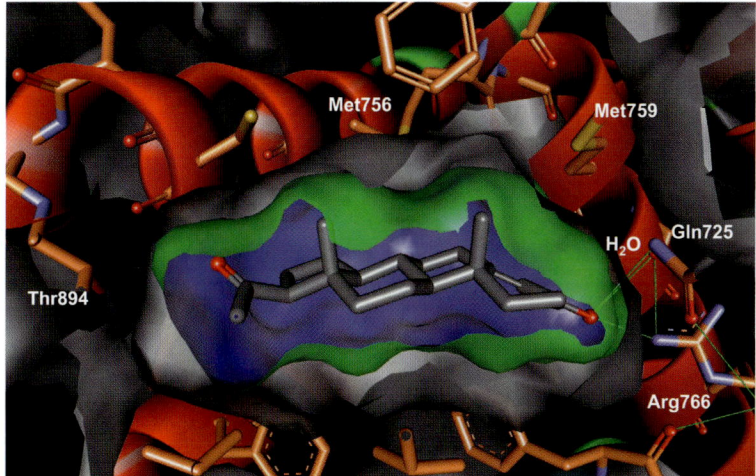

Abb. 28.5 Ausschnitt aus der Kristallstruktur des Progesteronrezeptors mit gebundenem Progesteron (Oberfläche grün, Innenseite blau). Die Ketogruppe am partiell hydrierten A-Ring akzeptiert eine H-Brücke von Gln 725 und bindet, vermittelt über ein Wassermolekül, an Arg 766. Durch die 19-Methylgruppe oberhalb des A-Rings besetzt das Steroid ein größeres Volumen, das durch die in der Seitenkette beweglicheren Met 756 und Met 759 begrenzt wird.

Seitenkette an C17, zwischen Progesteron und Testosteron zu diskriminieren.

28.4 Helix auf, Helix zu: So wird Agonist von Antagonist unterschieden

Die Ligandenbindungsdomänen der nucleären Rezeptoren sind aus 12 Helices aufgebaut (Abb. 28.6). Die zwölfte und letzte Helix in der Sequenz, auch AF-2 Helix (engl. *activation function 2*) genannt, legt sich wie eine Abschlusstür über die Eintrittsöffnung zur Ligandenbindungstasche. Um einem Liganden Zutritt zu gewähren, muss diese Helix 12 eine räumliche Umlagerung vollführen. Wird ein Agonist gebunden, verschließt sie den Eingang anschließend wieder. Gleichzeitig gibt sie durch diese Umlagerung die Erkennungsstelle für einen Coaktivator frei. Dieser Coaktivator interagiert mit dem freigegebenen Oberflächenabschnitt über ein Leu–x–x–Leu–Leu-Bindungsmotiv (kurz: LxxLL-Motiv, x steht für eine beliebige Aminosäure), das sich als ein Ausschnitt aus einer amphiphilen Helix entpuppt (Abb. 28.8). Die Bindung eines Antagonisten unterdrückt dagegen die Umlagerung der Helix 12. Sie kann den Eingangsbereich nicht mehr verschließen und blockiert so die Erkennungsstelle für das LxxLL-Motiv des Coaktivators. Damit unterbleibt die Signalvermittlung, der Rezeptor wandert nicht in den Zellkern ein, bzw. die Bindung an das Responseelement der DNA unterbleibt.

Auf molekularer Ebene ist der Unterschied zwischen Agonisten- und Antagonisten-Bindung am besten am Estrogenrezeptor untersucht. Bindet der natürliche Agonist Estradiol 28.1 oder ein synthetischer Ersatzstoff wie Diethylstilbestrol 28.4 (Abb. 28.7), so legt sich die Helix 12 in ihre aktive Position und erlaubt dem Coaktivator, über das peptidische Erkennungsmotiv zu binden. Eine wichtige Rolle bei der Stabilisierung dieser Helix-Position übernimmt Asp 351, das in der Mitte der langen Helix 3 lokalisiert ist. Es befindet sich genau gegenüber dem *N*-terminalen Ende der Helix 12. Die drei über das Helixende hinausragenden NH-Gruppen besitzen einen Abstand von 3–4 Å zu der Carboxylatgruppe dieses sauren Rests. Positionen, die einem solchen Helixende gegenüberliegen, sind für die Stabilisierung von negativen Ladungen prädestiniert. Dies wird durch ein starkes Dipolmoment, das sich entlang einer Helixachse aufbaut, bedingt. Antagonisten wie Raloxifen 28.5 oder 4-Hydroxy-Tamoxifen 28.6 besitzen eine Seitenkette, die nach Bindung des Liganden im Eintrittskanal verbleibt und so dessen Verschluss durch die Helix 12 verhindert. Die Antagonisten tragen am Ende dieser Seitenkette eine basische Gruppe. Sie liegt höchstwahrscheinlich positiv geladen vor und bildet eine Salzbrücke zu Asp 351. So gelingt es den Antagonisten, die negative Ladung der sauren Aminosäure zu kompensieren.

Die Orientierung der Helix 12 in der aktiven Position bei der Bindung eines Agonisten ist wichtige Voraussetzung dafür, dass die Erkennungsstelle für das LxxLL-Motiv auf der Oberfläche des Coaktivators freigegeben wird. Es ist gelungen, ein 11er-Peptid mit dem estradiolgebundenen Rezeptor zu kristallisieren (Abb. 28.8). Das Peptid nimmt helicale Geometrie an und orientiert die entscheidenden Leucin-Reste in eine hydrophobe Furche an der Rezeptoroberfläche.

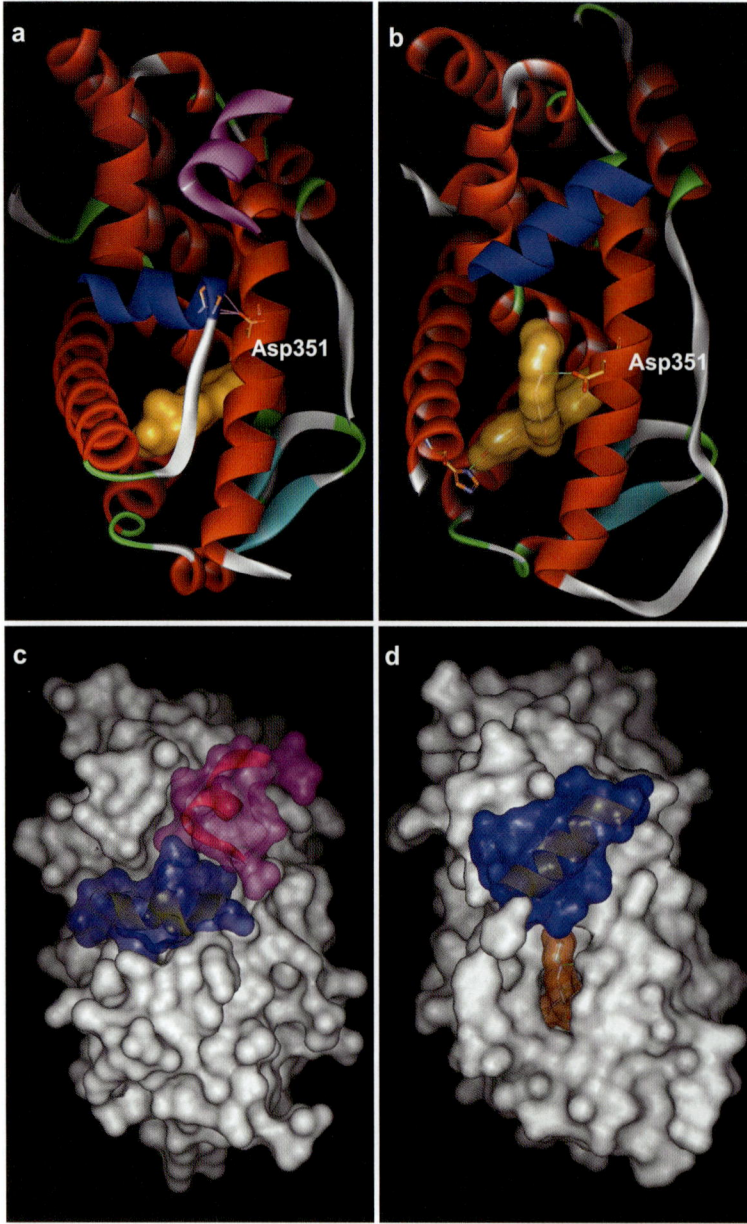

Abb. 28.6 Die Ligandenbindungsdomänen der nucleären Rezeptoren sind aus 12 Helices aufgebaut. Bei Bindung eines Agonisten wie Estradiol **28.1** legt sich die zwölfte und letzte Helix (blau) wie eine Abschlusstür über die Eintrittsöffnung zur Ligandenbindungstasche (a, c). Asp 351 orientiert sich an die Spitze der Helix und stabilisiert sie in der aktiven Position. Gleichzeitig wird die Erkennungsstelle für einen Coaktivator freigegeben, der mit dem helicalen LxxLL-Motiv (violett) an den Rezeptor bindet. Bei Bindung eines Antagonisten wie Raloxifen **28.6** kann sich Helix 12 nicht über den Eintrittskanal legen (b, d). Die endständige basische Gruppe des Antagonisten bildet eine Wasserstoffbrücke zu Asp 351.

Drei Aminosäuren der Helix 12 steuern einen Teil zu dieser Oberfläche bei. Wieder ist es eine negativ geladene Carboxylatgruppe, jetzt von Glu 448 auf Helix 12, die sich auf die gegenüberliegende Seite des *N*-terminalen Endes des helicalen Ausschnitts in dem LxxLL-Peptid legt. Diese elektrostatische Wechselwirkung stabilisiert auch hier wieder den intermolekularen Kontakt.

28.5 Agonisten und Antagonisten der Steroidhormon-Rezeptoren

Die Steroidhormone werden von endokrinen Drüsenzellen, beispielsweise in der Nebenniere, den Hoden oder den Eierstöcken, in die Blutbahn abgegeben. Dort zirkulieren sie mit dem Blutstrom, oft unterstützt durch Bindung an ein Transportprotein. Sie er-

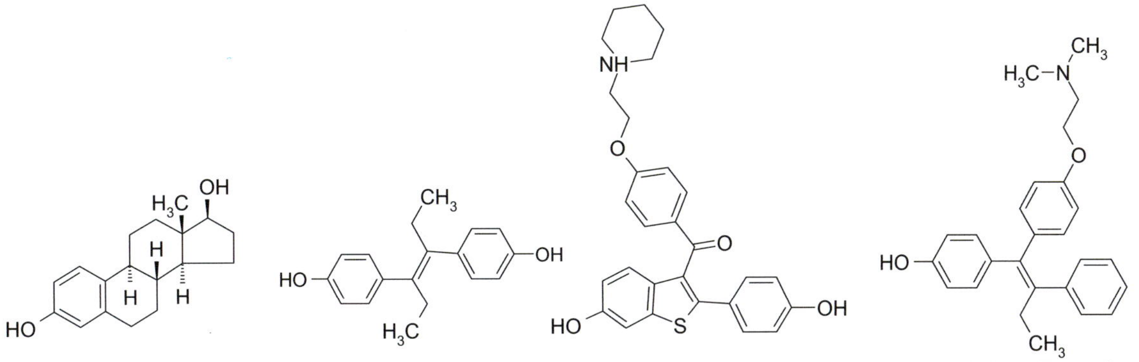

28. Agonisten und Antagonisten für Nucleäre Rezeptoren

28.1 Estradiol **28.4** Diethylstilbestrol **28.5** Raloxifen **28.6** 4-Hydroxy-Tamoxifen

Abb. 28.7 Estradiol **28.1** und Diethylstilbestrol **28.4** sind Agonisten des Estrogenrezeptors, Raloxifen **28.5** und 4-Hydroxy-Tamoxifen **28.6** sind Antagonisten.

reichen weit entfernt vom Entstehungsort ihre Zielzellen, an die sie ein Signal vermitteln sollen. Durch ihren lipophilen Charakter können sie passiv die Membran überwinden. Im Cytosol angekommen, binden sie an ihren entsprechenden Steroidrezeptor. Man unterscheidet fünf Klassen von Steroidrezeptoren, den Glucocorticoid-, Mineralocorticoid-, Androgen-, Estrogen- und Progesteron-Rezeptor. Vom Estrogenrezeptor hat man zwei Subtypen (α-ER, β-ER) entdeckt, die sich durch den Austausch eines Leucins gegen Methionin bzw. Methionin gegen Isoleucin nahe der Bindestelle der C- und D-Ringe des Steroidgerüsts unterscheiden. Die Bindungsaffinität zu ihren Rezeptoren ist extrem groß, typischerweise

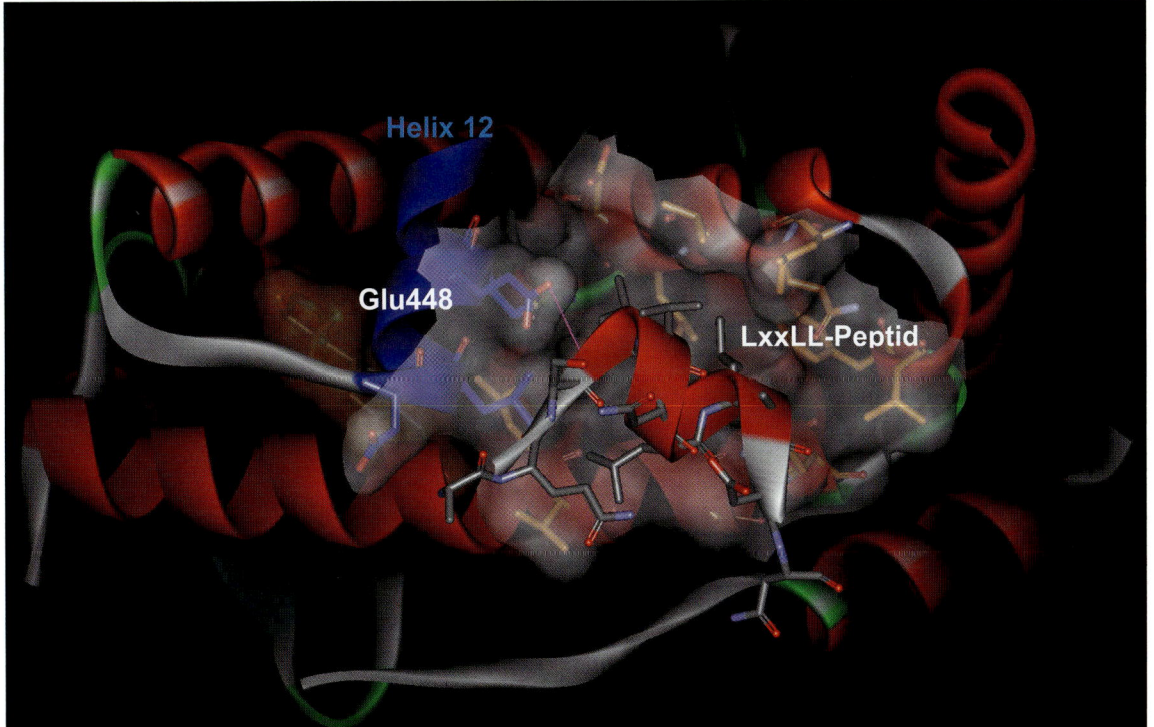

Abb. 28.8 Die Erkennungsstelle des LxxLL-Motivs auf der Oberfläche des Coaktivators wird in dieser Kristallstruktur durch ein 11er-Peptid mit dem estradiolgebundenen Rezeptor wiedergegeben. Das Peptid nimmt helicale Geometrie an und orientiert die drei Leucinreste in eine hydrophobe Furche auf der Oberfläche. Drei Aminosäuren der Helix 12 (blau) bilden einen Teil dieser Oberfläche. Glu 448 auf Helix 12 bindet an die Spitze des *N*-terminalen Endes der Helix mit dem LxxLL-Motiv.

0,05–50 nM. Infolge der Bindung wird die in den letzten Abschnitten beschriebene Genexpression eingeleitet. Die zelluläre Antwort auf diese Prozesse stellt sich im Bereich von Stunden bis Tagen ein. Neben diesen Steuerprozessen, die die direkte Genexpression zum Ziel haben, können Steroidhormone aber auch noch schnelle Regulationsvorgänge in Zellen anstoßen. Dazu erfolgt die Bindung an Rezeptoren, die sich auf der Zellaußenseite befinden. Diese Rezeptoren, die zur Klasse der G-Protein-gekoppelten Rezeptoren oder zu den dimerisierenden Rezeptoren mit einer Tyrosinkinasedomäne gehören, werden im Kapitel 29 besprochen.

Als ein Beispiel soll die Funktion des Estrogenrezeptors genauer betrachtet werden. Das Estrogen steuert den Menstruationscyclus der Frau im gebärfähigen Alter. Neben dieser Aufgabe reduzieren die Estrogene das Risiko für koronare Herzerkrankungen und unterstützen den Erhalt der Knochendichte. Nach der Menopause im Alter von ca. 50 Jahren stellen die Eierstöcke ihre Estrogenproduktion ein, sodass für Frauen ab diesem Alter das Risiko für koronare Herzerkrankungen und Knochenschwund (Osteoporose) steigt. Insgesamt verschiebt sich der Hormonhaushalt und der Organismus muss ein neues Gleichgewicht finden. Oft geht dies mit unangenehmen körperlichen und psychischen Beschwerden in den so genannten Wechseljahren einher. Als Ausweg wurde in den 1960er-Jahren eine Hormonersatztherapie vorgeschlagen. Der Körper bekommt Estradiol **28.1** oder einen analogen Rezeptoragonisten zugeführt. Hier wurde beispielsweise das nur entfernt mit einem Steroidgerüst verwandte Diethylstilbestrol **28.4** eingesetzt, das aber wegen eines erhöhten Karzinomrisikos heute nicht mehr verschrieben wird.

Die dauerhafte Einnahme von Hormonpräparaten erhöht allerdings signifikant das Risiko einer Brustkrebserkrankung. Dieses vernichtende Ergebnis wurde durch eine Studie belegt, an der eine Million Krankenschwestern in den USA teilnahmen. Dabei war der Zusammenhang zwischen der Eierstockfunktion und der Entwicklung von Brustkrebs bereits vor über hundert Jahren beschrieben worden. 1936 spekulierte Antonie Lacassagne, dass Antagonisten der estrogenen Wirkung zu einer Verhinderung von Brustkrebs führen könnten. Die Entdeckung eines ersten Antagonisten war wieder einmal purer Zufall. Die Verbindung **28.7** war in der Herzkreislaufforschung bei Merrell in den USA Ende der 1950er-Jahre synthetisiert worden (Abb. 28.9). Wegen ihrer chemischen Ähnlichkeit mit **28.8**, einem damals bekannten synthetischen Estrogenersatzstoff, wurde sie auch auf estrogene Wirkung

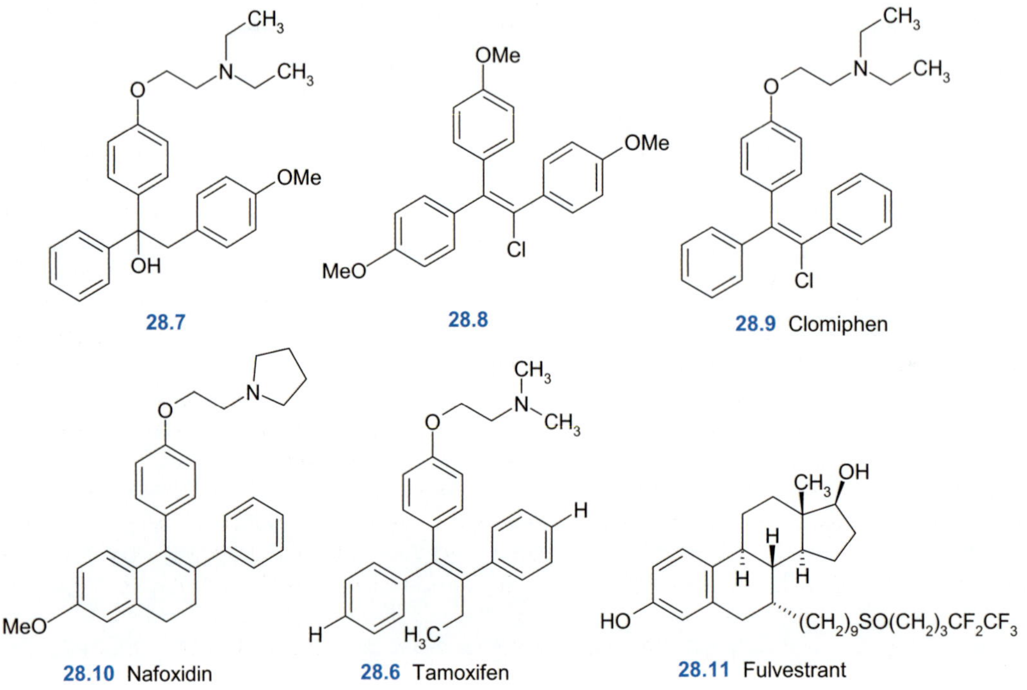

Abb. 28.9 Aus der Verbindung **28.7**, die aus der Herz-Kreislaufforschung stammte, wurde Tamoxifen **28.6** entwickelt. Das Handelsprodukt besitzt einen Wasserstoff in 4-Position, der metabolisch zu der eigentlichen Wirkform, dem 4-Hydroxyderivat **28.6**, oxidiert wird. Fulvestrant **28.11** zeigt nicht die bei Tamoxifen beobachtete Resistenzentwicklung.

getestet. Nicht diese Wirkung stellte sich ein, sondern das Gegenteil: eine antiestrogene Aktivität. Durch geringe strukturelle Abwandlung entstand Clomiphen **28.9**. Diese Verbindung, ein partieller Antagonist, kam in den 1960er-Jahren als Ovulationsauslöser zur Behandlung von Frauen, denen zuvor ein Kinderwunsch verwehrt blieb, in den Handel. Damit war das Ziel, ein Präparat gegen Brustkrebs zu erhalten, zunächst verfehlt. Auch die Entwicklung von Nafoxidin **28.10** wurde wegen ausgeprägter Nebenwirkungen abgebrochen. In England verfolgte ICI seit 1940 ein Programm zur Entwicklung von nichtsteroidalen Estrogenersatzstoffen zur Brustkrebstherapie. Da in den 1970er-Jahren das Interesse an Kontrazeptiva in den Vordergrund gerückt war, muss es als glückliche Fügung gesehen werden, dass Tamoxifen **28.6** aus diesem Programm 1973 eine Zulassung zur Therapie des Brustkrebs erhielt. Schnell erwies sich die Verbindung als ein Durchbruch in der Behandlung von Brustkrebs. Heute schätzt man, dass durch die Anwendung von Tamoxifen in den Industrieländern alljährlich ca. eine Million Lebensjahre von Frauen gerettet werden.

Erst im Nachhinein wurde entdeckt, dass Tamoxifen ein Prodrug darstellt. Durch Hydroxylierung in 4-Stellung entsteht die tatsächliche Wirkform. Sie stand Pate für die weiteren Entwicklungen, aus denen unter anderem Raloxifen **28.5** hervorging (Abb. 28.7). Alle Derivate mit einer antagonisierenden Wirkung tragen eine Seitenkette mit einer basischen Gruppe. Wie in Abschnitt 28.4 erläutert, blockiert diese Seitenkette die Rückfaltung der Helix 12 in die aktive Position. Das Beispiel Raloxifen zeigt aber auch, wie komplex Wirkungen auf den Gesamtorganismus sind. Ursprünglich wurde Raloxifen zur Brustkrebstherapie entwickelt. Doch dieses Ziel wurde in den späten 1980er-Jahren eingestellt, da die Verbindung keine Vorteile gegenüber Tamoxifen zeigte. Allerdings erwies sie sich als potentes Präparat zur Behandlung und Prävention der Osteoporose. Weiterhin könnte sie das Risiko für Brustkrebserkrankungen senken. Raloxifen gilt als selektiver Estrogenrezeptormodulator (SERM). Verbindungen mit einem solchen Profil wird hohes Potenzial zur Hormonersatztherapie nach der Menopause zugetraut, ohne das Risiko für Knochenschwund, koronare Herzerkrankungen oder Brustkrebs zu erhöhen.

Oft zeigt sich erst in der langjährigen Anwendung das ganze Profil einer Verbindung. Für Tamoxifen ergab sich die beunruhigende Beobachtung, dass ca. 50 % der Brusttumore unter einer Langzeitanwendung wieder zu wachsen beginnen. Diese Resistenzentwicklung erklärt sich aus der Tatsache, dass der Estrogenrezeptor durch die Proteinkinase A phosphoryliert wird. Die Bindung von Tamoxifen wird dadurch nicht verhindert, aber ihr antagonisierender Effekt wird aufgehoben. Ein Ausweg scheint mit dem neuen Wirkstoff Fulvestrant **28.11** bereit zu stehen, für den diese Resistenz nicht beobachtet wird (Abb. 28.9).

Eng verwandt mit dem Estrogenrezeptor ist der Progesteronrezeptor. Während Estrogen **28.1** (Follikelhormon) in der Proliferationsphase die Reifung der befruchtungsfähigen Eizelle steuert und indirekt den Eisprung auslöst, wird Progesteron **28.2** (Gelbkörperhormon) in der Sekretionsphase des Menstruationscyclus gebildet. Es steuert die cyclischen Veränderungen des Uterus und der Uterusschleimhaut, senkt die Befruchtungsfähigkeit und hält eine eingeleitete Schwangerschaft aufrecht. Gestagene, Agonisten des Progesteronrezeptors, werden zusammen mit Estrogenderivaten wie z. B. Ethinylestradiol **28.12** als hormonale Verhütungsmittel eingesetzt (Abb. 28.10). Schon in den 1950er-Jahren legten Carl Djerassi und Gregory Pincus die chemischen und medizinischen Grundlagen der oralen Kontrazeptiva. Sie beruhen auf der zeitlich gestaffelten Kombination eines Estrogens mit einem Gestagen, durch die die Ovulation (Eisprung), die Ausstoßung der reifen Eizelle zur Mitte des Menstruationscyclus, unterbunden wird. Ein Progesteronantagonist, Mifepriston **28.13** (RU486), der analog den Estrogenantagonisten eine Seitenkette mit einer Stickstofffunktion trägt, wurde bei Roussel Uclaf bei der Suche nach Antagonisten für den Glucocorticoid-Rezeptor entdeckt. Wegen seiner antigestagenen Wirkung als „Pille danach" ist die Anwendung der Substanz in vielen Ländern heftig umstritten. Für den Abbruch einer bereits bestehenden Schwangerschaft genügt die einmalige Gabe von 600 mg Mifepriston, 36–48 Stunden später gefolgt von der Gabe eines die Uteruskontraktion fördernden Prostaglandins. Diese Kombination führt bis einschließlich der 7. Schwangerschaftswoche bei 96 % der Fälle zum Abbruch. Als Nebenwirkungen treten anhaltende Blutungen auf, in seltenen Fällen auch Herzfunktionsstörungen. Die Gegner dieser Substanz mag beruhigen, dass sie sich schon aus diesen Gründen für Routineanwendungen nicht eignet.

Der Androgenrezeptor wird durch das männliche Sexualhormon Testosteron **28.3** agonisiert. Es ist verantwortlich für die Entwicklung der männlichen Geschlechtsmerkmale, greift in den Prozess der Spermienbildung ein und steuert den Eiweißaufbau. Diese Förderung der Vergrößerung von Skelettmuskelzellen durch Androgene hat zu deren Einsatz beim körperlichen Proteinaufbau (Anabolika) zur Leistungssteigerung von Sportlern, beim Bodybuilding oder in der Viehzucht geführt. Zur Behandlung von Prostata-

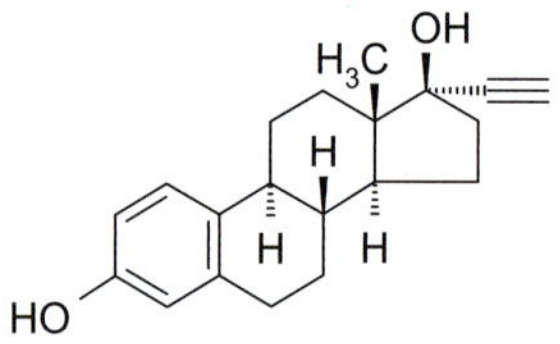

28.12 Ethinylestradiol 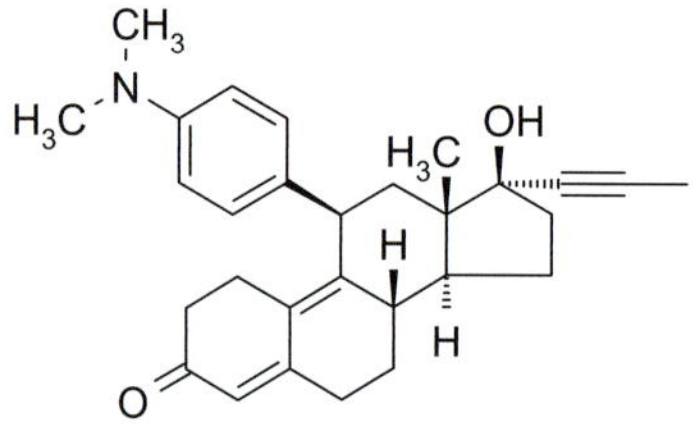 **28.13** Mifepriston RU486 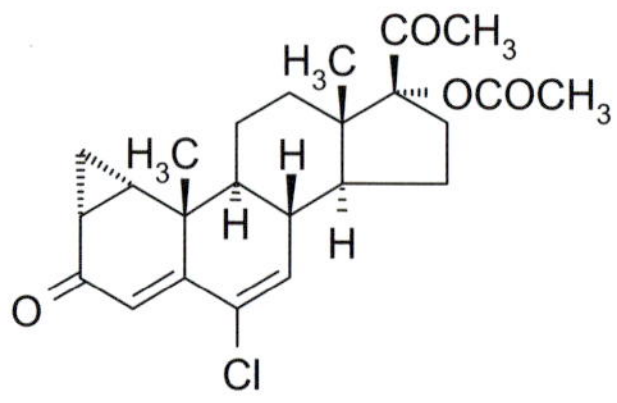 **28.14** Cyproteronacetat

Abb. 28.10 Die Einführung eines 17β-Ethinylrestes führt zu oral wirksamen Steroiden, z. B. dem Ethinylestradiol **28.12**. Der Progesteronrezeptor-Antagonist Mifepriston **28.13** wirkt als Antigestagen, als „Pille danach". Für die spezifische Therapie von Prostatakrebs hat das Antiandrogen Cyproteronacetat **28.14** Bedeutung erlangt.

krebs sind Antiandrogene wie z. B. Cyproteronacetat **28.14** geeignet.

Zusätzlich zu den Sexualhormonen stellt die Klasse der Steroide noch weitere Wirkstoffe bereit. Neben den in Pflanzen vorkommenden, herzwirksamen Glycosiden sind dies vor allem die Nebennierenhormone, die Corticosteroide oder Corticoide. Beim Ausfall der Nebennieren führt das Fehlen dieser Stoffe zum Tod, bei Unter- oder Überfunktion resultieren schwere Erkrankungen. Man unterscheidet sie nach ihrer Bindung an den zugehörigen nucleären Rezeptor in Glucocorticoide und Mineralocorticoide. In ihrem Grundgerüst sind sie dem Progesteron **28.2** nahe verwandt, sie tragen aber mehr funktionelle Gruppen (**28.15**–**28.17**) (Abb. 28.11). Die natürlichen Agonisten beider Rezeptoren sind Cortisol **28.16** und Aldosteron **28.17**. Die therapeutische Bedeutung der Glucocorticoide wurde anfangs unterschätzt. Erst spezifische Wirkstoffe ohne mineralocorticoide Nebenwirkungen, z. B. Dexamethason **28.18** und Betamethason **28.19**, erlaubten einen breiteren therapeutischen Einsatz. Glucocorticoide beeinflussen den Stoffwechsel, greifen in den Wasser- und Elektrolythaushalt ein, steuern das Herz-Kreislauf- und Nervensystem. Sie wirken entzündungshemmend, immunsuppressiv und antiallergisch. Hochwirksame Varianten werden

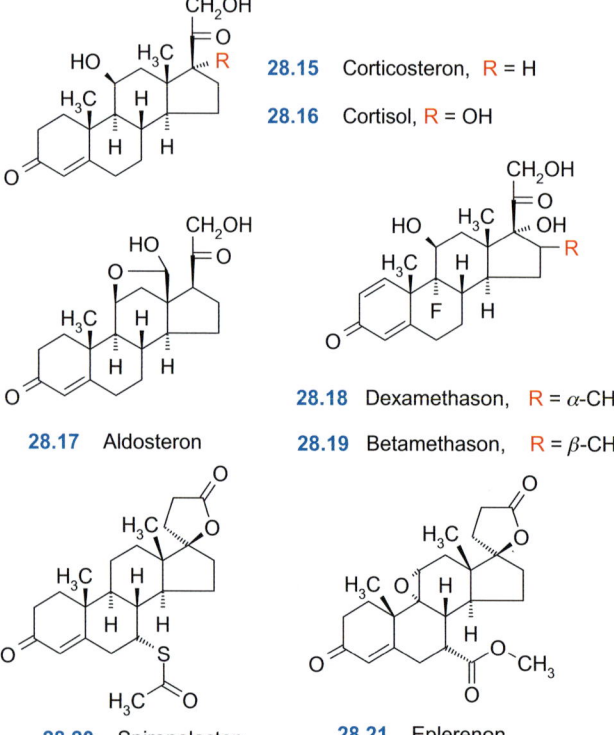

28.15 Corticosteron, R = H
28.16 Cortisol, R = OH
28.17 Aldosteron
28.18 Dexamethason, R = α-CH₃
28.19 Betamethason, R = β-CH₃
28.20 Spironolacton
28.21 Eplerenon

Abb. 28.11 Corticosteron **28.15** und Cortisol (Hydrocortison) **28.16** sind Glucocorticoide. Sie steuern die Glucosefreisetzung sowohl über eine Ankurbelung der Neusynthese als auch über die Hemmung des Abbaus. Eine stressbedingte Ausschüttung von Cortisol führt zur raschen Bereitstellung von Glucose als Energiespender. Das Mineralocorticoid Aldosteron **28.17** ist für die Steuerung des Wasser- und Elektrolythaushalts verantwortlich. Die natürlich vorkommenden Glucocorticoide wirken entzündungshemmend, sie haben aber auch mineralocorticoide Nebenwirkungen. Dexamethason **28.18** und Betamethason **28.19** sind „reine" Glucocorticoide. Bei 30fach stärker entzündungshemmender Wirkung fehlen die mineralocorticoiden Nebenwirkungen des Cortisols. Das Diuretikum Spironolacton **28.20** erreicht seine Wirkung über eine kompetitive Verdrängung des Aldosterons an seinem Rezeptor. Eplerenon **28.21** ist ein Antagonist des Mineralocorticoidrezeptors und wird zur Hypertonie und Herzinsuffizienz-Therapie eingesetzt.

bei akuten Notfällen wie anaphylaktischem Schock oder Sepsis eingesetzt. Sie haben aber auch schwere Nebenwirkungen. Ihre Anwendung muss daher unter strenger Indikationsstellung und Dosiskontrolle erfolgen.

Die Mineralocorticoide beeinflussen den Wasser- und Mineralhaushalt des Körpers. Sie steigern die Rückresorption von Natriumionen in der Niere und erhöhen die Ausscheidung von Kaliumionen. Liganden des Mineralocorticoid-Rezeptors kommen daher als Diuretika zum Einsatz. Eine kaliumsparende Diurese kann durch kompetitive Verdrängung des Aldosterons durch das strukturell verwandte Spironolacton 28.20 von seinem Rezeptor erreicht werden. Der selektive Antagonist Eplerenon 28.21 wird als selektive Verbindung zur Behandlung der Hypertonie und Herzinsuffizienz eingesetzt.

28.6 Liganden der PPAR-Rezeptoren

Aus der Gruppe der RXR-heterodimeren Rezeptoren haben die peroxisomalen Proliferator-aktivierenden Rezeptoren PPAR als Angriffspunkt für Arzneistoffe eine wichtige Bedeutung erlangt. Man unterscheidet mehrere Subtypen, PPARα, PPARδ und PPARγ, wobei man für den γ-Typ drei Isoformen beschrieben hat. Als natürliche Liganden binden sie Stoffwechselprodukte, die sich von Fettsäuren, Prostaglandinen, Leukotrienen, Cholesterol und Gallensäuren ableiten. Diese Rezeptoren dienen als Sensoren, um die Biosynthese und den Metabolismus im Lipidhaushalt zu steuern. Sie sind aber auch an der Freisetzung von Cytokinen wie TNF-α und anderen Mediatoren aus den Fettzellen beteiligt. PPARα kommt vor allem in der Leber vor. Seine Aktivierung steigert den Fettsäureabbau in diesem Organ. Künstliche Liganden dieses Rezeptortyps sind Lipidsenker aus der Gruppe der Fibrate 28.22–28.26 (Abb. 28.12). Am PPAR-Rezeptor ist es gelungen, eine Kristallstruktur mit einem gebundenen Agonisten 28.27 und Antagonisten 28.28 zu bestimmen (Abb. 28.13). Ähnlich wie im Falle des Estrogenrezeptors ist es wieder die terminale Helix 12, die sich bei Agonistenbindung geordnet über die Eintrittsöffnung des Liganden legt. Die terminale Säuregruppe des Agonisten bildet eine Wasserstoffbrücke zu Tyr 464 und stabilisiert die Helix 12 in ihrer aktiven Position. Der Antagonist 28.28 ist um eine Propionsäureamidgruppe verlängert. Sie blockiert die Rückfaltung der Helix 12 in die aktive Position. In aufgefalteter Geometrie kommt sie in einer anderen Region der Rezeptoroberfläche zu liegen.

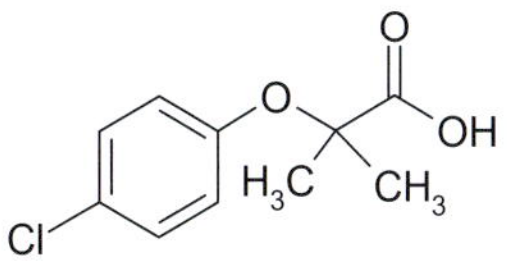

28.22 Clofibrinsäure

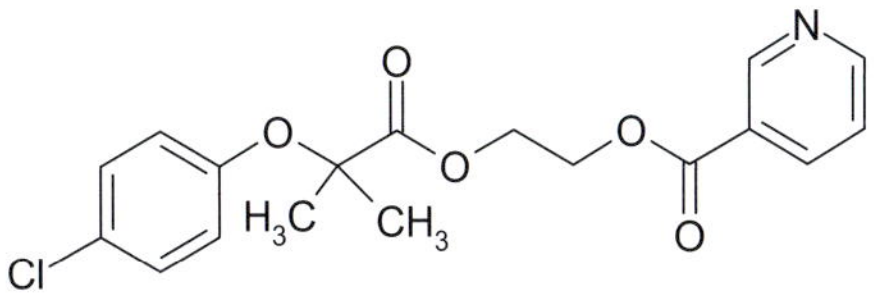

28.23 Etofibrat

28.24 Etofyllinclofibrat

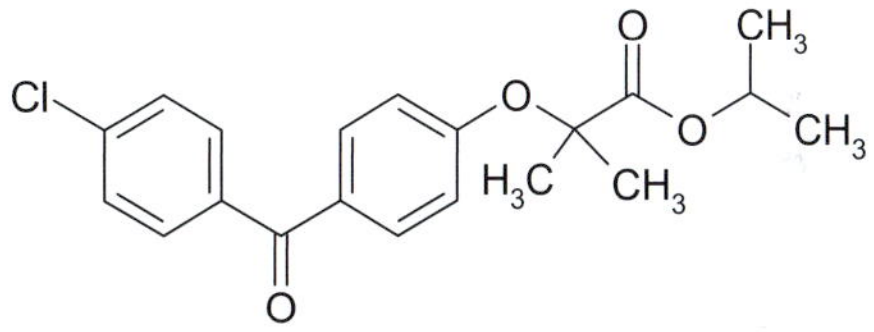

28.25 Fenofibrat

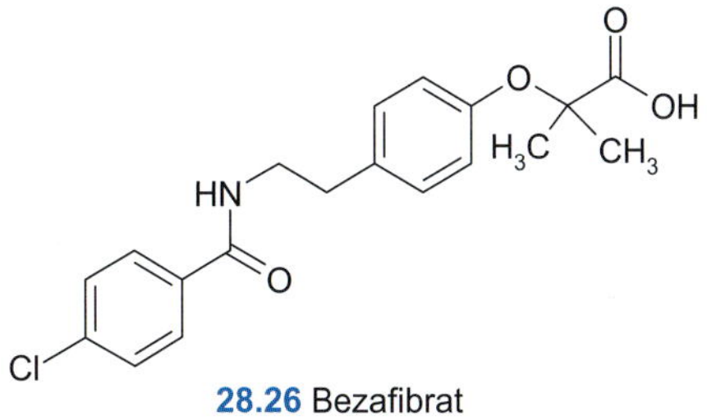

28.26 Bezafibrat

Abb. 28.12 Aktivierung des peroximalen Proliferator-aktivierenden Rezeptors PPARα steigert den Fettsäureabbau. Liganden wie die Fibrate 28.22–28.26 aktivieren diesen Rezeptor und wirken als Lipidsenker.

Aufgrund einer verminderten freien Konzentration an Fettsäuren und der verringerten Freisetzung von Mediatoren, die die Insulinabgabe hemmen, können Agonisten des PPARγ-Rezeptors einen gesteigerten Glucosestoffwechsel erreichen. Dadurch wirken sie einer Insulinresistenz entgegen, die als Hauptursache für den massiv zunehmenden Typ 2-Diabetes verantwortlich gemacht wird. Als Agonisten des PPARγ wurden unterschiedliche Thiazolidindion-Derivate entwickelt. Ausgangspunkt war der Lipidsenker Clofibrat 28.22, ein Agonist des PPARα (Abb. 28.14). Über 28.29 und 28.30 wurde bei Takeda in den 1970er-Jah-

28.27

28.28

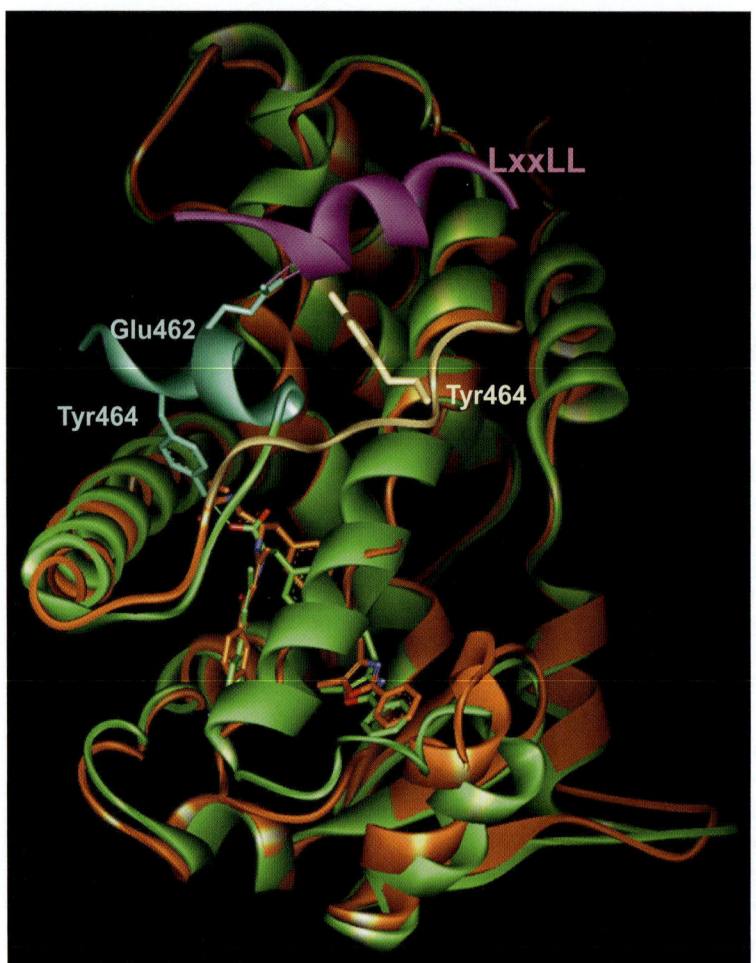

Abb. 28.13 Überlagerte Kristallstrukturen des PPARα-Rezeptors mit gebundenem Agonisten (grün) und Antagonisten (braun). Die endständige Säuregruppe des Agonisten **28.27** bildet eine Wasserstoffbrücke zu Tyr 464 und stabilisiert die Helix 12 (türkis) in ihrer aktiven Position. Dadurch wird die Erkennungsstelle für das Peptidmotiv LxxLL des Coaktivators freigegeben (violett). Glu 462 stabilisiert den helicalen Abschnitt dieses Peptidstrangs. Der Antagonist **28.28** ist um eine Propionsäureamidgruppe verlängert. Sie blockiert die Rückbildung der entfalteten Helix 12 (beige) in der aktiven Position.

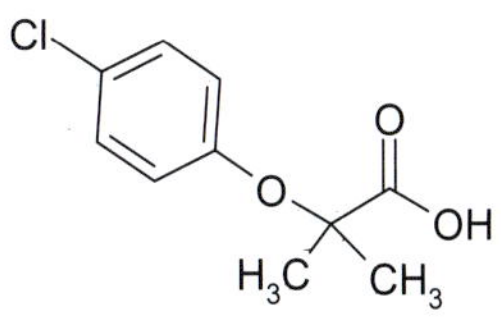

28.22 Clofibrinsäure

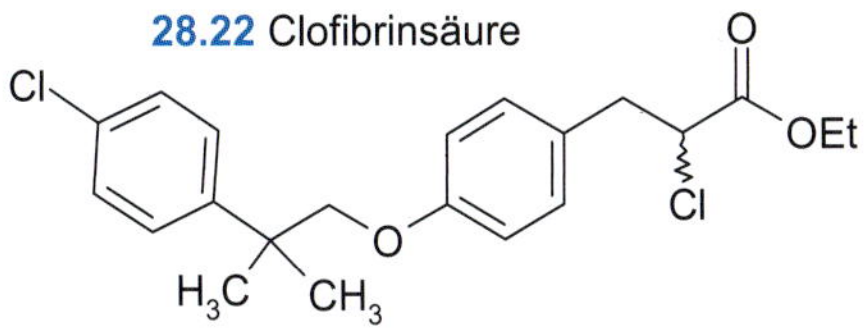

28.29

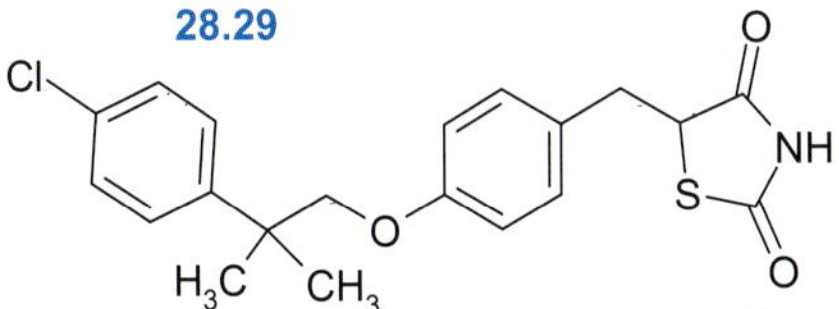

28.30

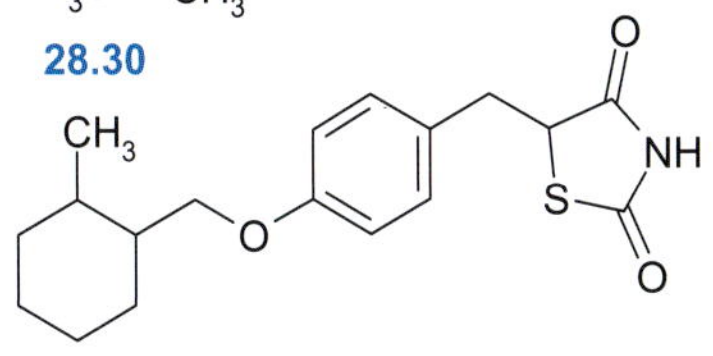

28.31 Ciglitazon

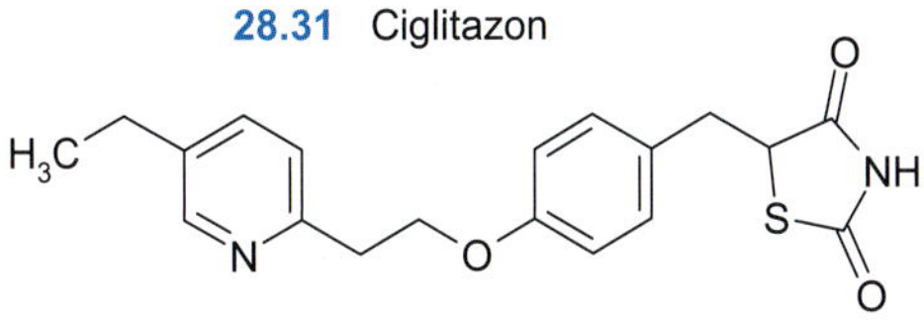

28.32 Pioglitazon

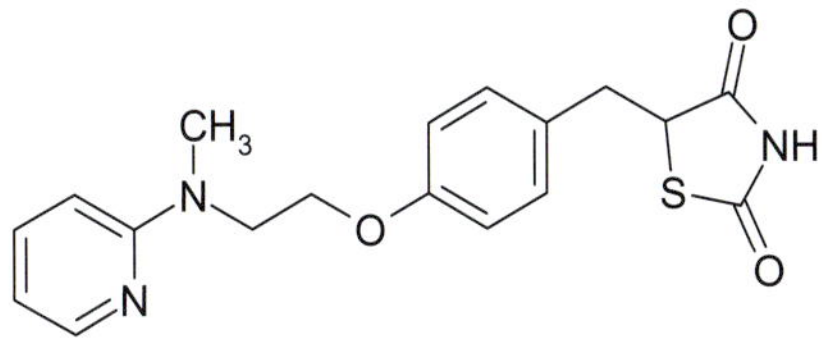

28.33 Rosiglitazon

Abb. 28.14 Aus dem Lipidsenker Clofibrat **28.22**, der einen Agonisten des Rezeptors PPARγ darstellt, wurde bei Takeda über **28.29** und **28.30** der Insulinsensitizer Ciglitazon **28.31** als PPARγ-Ligand entwickelt. Rosiglitazon **28.33** und Pioglitazon **28.32** wirken am gleichen Rezeptor.

ren Ciglitazon 28.31 als erster Insulinsensitizer entwickelt. GlaxoSmithKline folgte mit Rosiglitazon 28.33 und Takeda konnte mit Pioglitazon 28.32 kurze Zeit später eine weitere Verbindung auf den Markt bringen. Beide sind hoch selektiv für PPARγ. Sie werden als Racemate verabreicht, da im Organismus eine Isomerisierung am Stereozentrum auftritt. Die Kristallstruktur mit dem gebundenen Liganden belegt allerdings, dass das *S*-Enantiomer vom Rezeptor gebunden wird. Auch in dieser Struktur gelang es, ein Peptid mit dem LxxLL-Erkennungsmotiv zu kokristallisieren. Wieder stellt die Helix 12 in ihrer aktiven Position einen Teil der Bindetasche bereit und stabilisiert über die Positionierung von Glu 471 den helicalen Abschnitt des LxxLL Erkennungspeptids.

Auch für die Krebstherapie stellen die PPARs eine mögliche Zielstruktur dar. PPARδ wird durch Prostacyclin (Abschnitt 27.9) als natürlichem Liganden gesteuert. Seine Expression wird durch unterschiedliche onkogene Signalwege reguliert. Der Rezeptor ist in Tumorzellen häufig überexprimiert. Er fördert die Proliferation von Tumorzellen, u. a. durch Hemmung der Apoptose. Daher könnten Antagonisten dieses Rezeptors ein neues Konzept zur Entwicklung antitumoraler Wirkstoffe darstellen.

28.7 Liganden nucleärer Rezeptoren aktivieren den Metabolismus

Im Abschnitt 27.6 sind die Cytochrome P450 als metabolisierende Enzyme vorgestellt worden. Sie führen den ersten oxidativen Angriff auf körperfremde Xenobiotika durch. Sie heften polare Gruppen an lipophile Wirkstoffe und bereiten sie so für eine Elimination aus dem Körper über die Niere vor. Arzneistoffe können aber auch den eigenen oder den Metabolismus anderer Xenobiotika induzieren. Letztlich beruht diese Eigenschaft auf einer vermehrten Expression der Cytochrom P450-Enzyme in den Leber- und Darmzellen. Dieser Vorgang wird durch die nucleären Rezeptoren PXR (Pregnan-X-Rezeptor) und CAR (konstitutiver Androstanrezeptor) vermittelt. Aktiviert durch die Bindung eines solchen induzierenden Arzneistoffs binden die nucleären Rezeptoren an ein xenobiotisches *response*-Element in Promotoren für bestimmte Cytochrome und induzieren deren Transkription und Expression. Die gesteigerte Biosynthese des Cytochroms führt zu einer erhöhten metabolischen Aktivität. Diese Eigenschaft bestimmter Arzneistoffe muss bei ihrer Verschreibung bedacht werden, vor allem in Hinblick auf mögliche Arzneistoffwechselwirkungen mit anderen gleichzeitig applizierten Wirkstoffen (Abschnitt 27.7).

Der Pregnan-X-Rezeptor kann durch Liganden ganz unterschiedlicher Größe aktiviert werden (Abb. 28.15). So kann Phenobarbital 28.34 oder der Cholesterinsenker SR12813 28.35 den Rezeptor aktivieren. Die gleiche Bindetasche nimmt aber auch das wesentlich größere Paclitaxel 28.36, das Makrolid Rifampicin 28.37 oder den Naturstoff Hyperforin 28.38 aus dem Johanniskraut auf. Moleküle mit stark unter-

schiedlichem Volumen sind offensichtlich in der Lage, den PXR zu aktivieren. Die Steroidrezeptoren hatten wir als hoch selektive Proteine kennengelernt, die zwischen dem Austausch einer OH-Funktion gegen eine Ketogruppe oder das Fehlen bzw. die Präsenz einer Methylgruppe diskriminieren können. Die Architektur dieser Rezeptoren lässt die hohe Selektivität zu. Der Pregnan-X-Rezeptor gehört zur gleichen Familie und nimmt analoge Faltung an. Dennoch hat die Natur kleine Abwandlungen in die räumliche Geometrie der Sekundärstrukturelemente eingebaut, die den Übergang von einem hoch selektiven zu einem promiskuitiven, zwischen „groß" und „klein" kaum unterscheidenden Rezeptor ermöglichen (Abb. 28.16). Zwischen Helix 1 und 3 werden 45 Aminosäuren eingeschoben. Helix 2 wird durch ein mehrsträngiges Faltblatt ersetzt. Dieses Strukturelement ist deutlich vergrößert im Vergleich zum Estrogenrezeptor. Weiterhin entfaltet sich Helix 6 und liegt als eine lange Schleife vor. Diese Abwandlungen in der Architektur des generellen Faltungsmusters der nucleären Rezeptoren führen dazu, dass die im Zentrum befindliche Ligandenbindetasche ausgeprägte adaptive Eigenschaften besitzt. So gelingt es dem PXR, strukturell sehr unterschiedliche Xenobiotika als Agonisten zu binden. Interessanterweise scheint der CAR deutlich weniger promiskuitiv im Hinblick auf seine Ligandenbindungseigenschaften. Auch wenn eine Kristallstruktur dieses Rezeptors noch fehlt, scheint er über die genannten adaptiven Strukturelemente nicht zu verfügen. Sein Aufbau ähnelt mehr den Steroidrezeptoren.

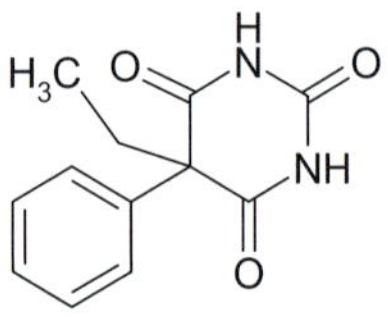

28.34 Phenobarbital

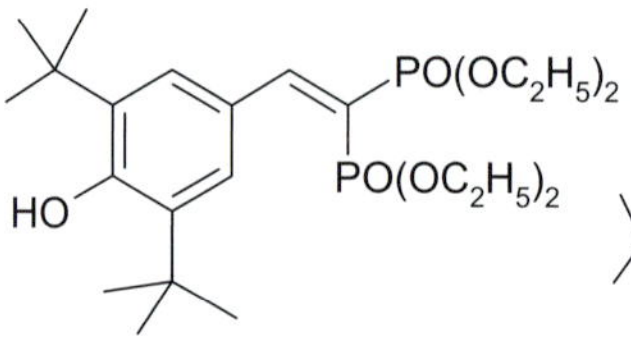

28.35 SR12813

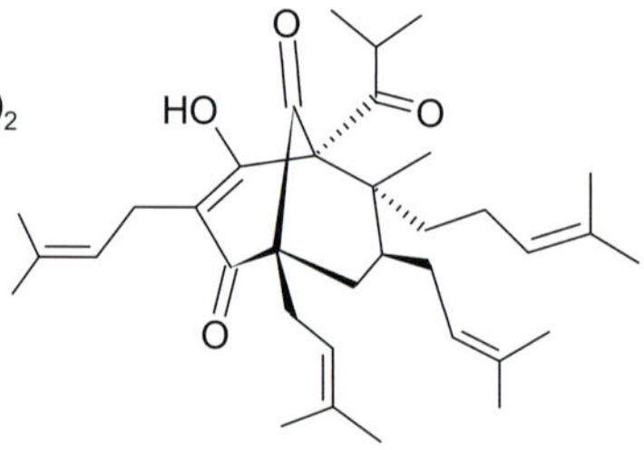

28.38 Hyperforin

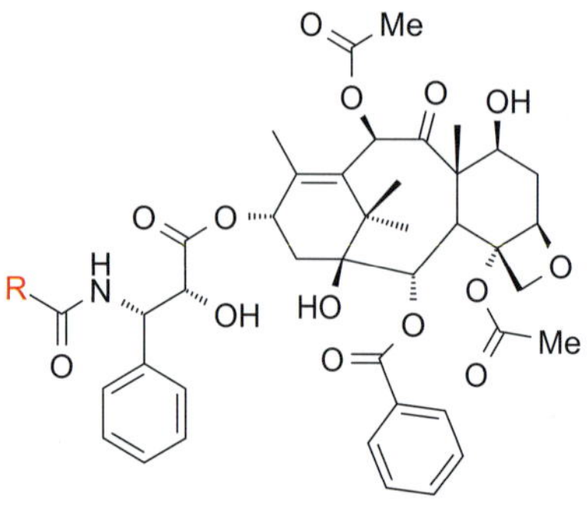

28.36 Paclitaxel   R = Phenyl
28.40 Docetaxel   R = *tert*-Butoxy

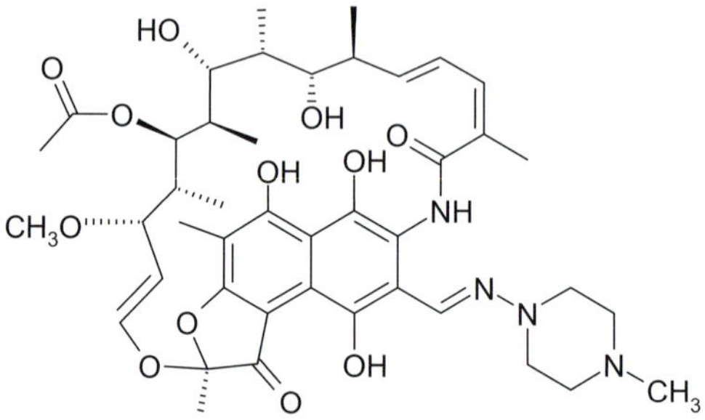

28.37 Rifampicin

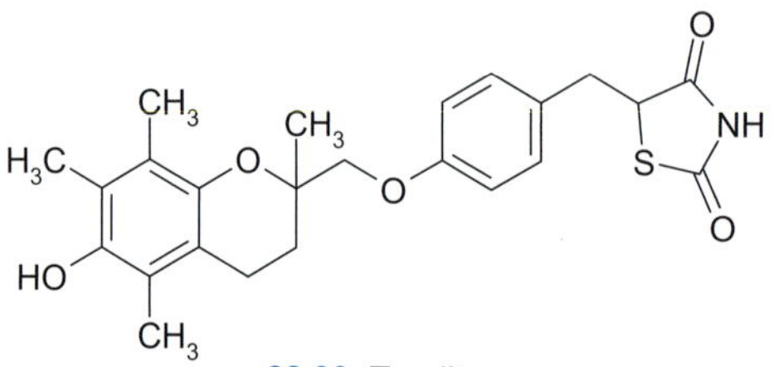

28.39 Troglitazon

Abb. 28.15 Durch Bindung eines Aktivators induziert der Pregnan-X-Rezeptor die Expression von P450-Cytochromen des Typs CYP 3A, die eine Vielzahl von Arzneistoffen metabolisieren. Kleine Liganden wie Phenobarbital **28.34** und der Cholesterinsenker SR12813 **28.35** oder große Naturstoffe wie Paclitaxel **28.36**, Hyperforin **28.38** oder das Macrolid Rifampicin **28.37** aktivieren den PXR. Der Insulinsensitizer Troglitazon wurde wegen seiner Aktivierung des PXR vom Markt genommen. Kleine Abwandlungen wie der Austausch eines Phenylrests gegen eine *tert*-Butylgruppe am Taxol können ausreichen, um dessen aktivierende Eigenschaften zu unterdrücken.

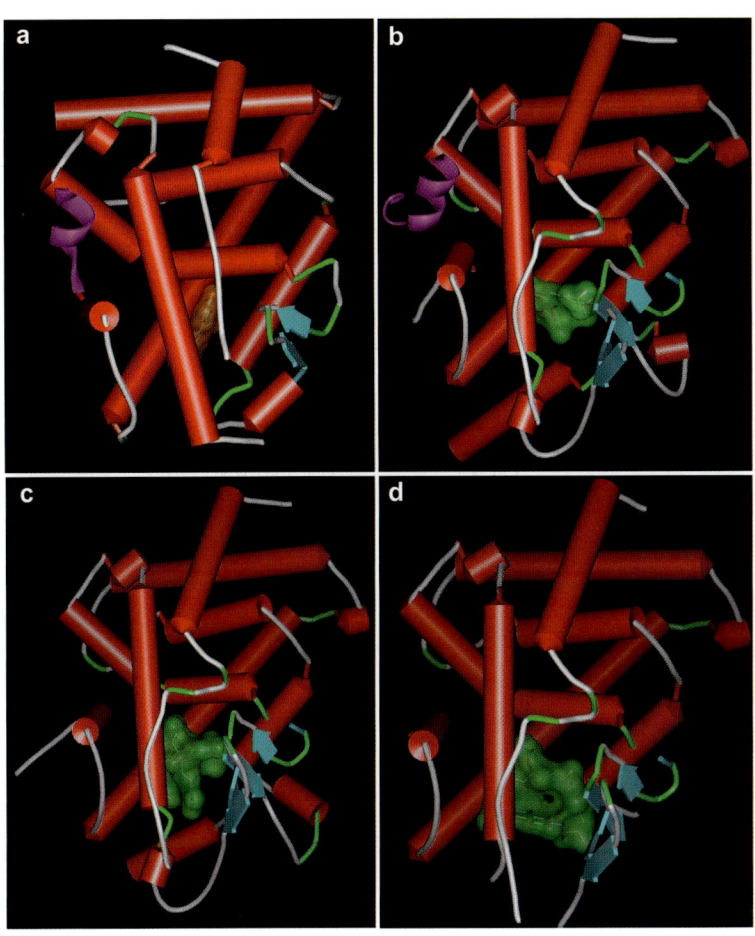

Abb. 28.16 Schematischer Verlauf der Polypeptidkette in dem Estrogenrezeptor (a) und Pregnan-X-Rezeptor (b–d). Im PXR erfolgt eine Insertion von 45 Aminosäuren, die den rechten unteren Strukturteil mit stark adaptiven Eigenschaften versieht. Dadurch kann der Rezeptor Liganden sehr unterschiedlicher Größe binden: (b) Kristallstruktur mit gebundenem SR 12813 **28.35**, (c) Kristallstruktur mit gebundenem Hyperforin **28.38**, (d) Kristallstruktur mit gebundenem Rifampicin **28.37**. Zum Vergleich ist der Estrogenrezeptor mit gebundenen Estradiol gezeigt (a).

Welche Konsequenzen können aus der Beobachtung gezogen werden, dass PXR ein Aktivator der induzierten Cytochrom P450-Expression ist? Vor allem CYP 3A-Proteine werden vermehrt bereitgestellt, die vornehmlich den Metabolismus von Arzneistoffen steuern. Im letzten Abschnitt sind die Glitazone als Insulinsensitizer vorgestellt worden. Troglitazon **28.39**, ebenfalls ein potentes Arzneimittel zur Behandlung des Diabetes, wurde vom Markt genommen, da es den PXR aktiviert. Das vermehrt bereitgestellte CYP 3A metabolisiert Troglitazon zu einem potenziell toxischen Chinon, das zu Leberschädigungen führen kann. Dies wird für Rosiglitazon **28.33** und Pioglitazon **28.32** nicht beobachtet. Auch Paclitaxel aktiviert den PXR, sodass das Chemotherapeutikum über vermehrt bereitgestelltes CYP 3A schnell aus dem Körper entfernt wird. Ersatz des terminalen Phenylrests gegen eine *tert*-Butoxy-Gruppe führt zu Docetaxel **28.40**, das den PXR nicht mehr aktiviert. Man versucht heute, gleich bei der Wirkstoffentwicklung eine potenzielle Aktivierung des PXR auszuschließen, die eine erhöhte CYP 3A-Metabolisierung induzieren könnte. Auch ist bei der Anwendung von Naturstoffen wie dem Hyperforin **28.38** aus Johanniskraut, das üblicherweise gegen Depressionen eingesetzt wird, zu beachten, dass dieser Inhaltsstoff ein potenter Aktivator des PXR ist. Er führt zum gesteigerten Metabolismus anderer Arzneistoffe wie z. B. hormoneller Kontrazeptiva, HIV-Protease Hemmstoffe oder cumarinähnlicher Blutgerinnungsstoffe. Dadurch kann deren therapeutischer Erfolg stark eingeschränkt werden.

Literatur

Allgemeine Literatur

H. Gronemeyer, J.-Å. Gustafsson und V. Laudet, Principles for Modulation of the Nuclear Receptor Superfamily, Nat. Rev. Drug Discov. **3**, 950–964 (2003)

J. T. Moore, J. L. Collins und K. H. Pearce, The Nuclear Receptor Superfamily and Drug Discovery, ChemMedChem **1**, 504–523 (2006)

E. Ottow und H. Weinmann, Hrsg., Nuclear Receptors as Drug Targets (Band 39 in Methods and Principles in Medicinal Chemistry, R. Mannhold, H. Kubinyi und G. Folkers, Hrsg.), Wiley-VCH, Weinheim, 2008

Spezielle Literatur

L. F. Fieser und M. Fieser, Steroide, Verlag Chemie, Weinheim, 1961

R. Hirschmann, Die Medizinische Chemie im Goldenen Zeitalter der Biologie: Lehren aus der Steroid- und Peptidforschung, Angew. Chem. **103**, 1305–1330 (1991)

T. M. Willson und S. A. Kliewer, PXR, CAR and Drug Metabolism, Nat. Rev. Drug Discov. **1**, 259–266 (2002)

V. C. Jordan, Tamoxifen: A Most Unlikely Pioneering Medicine, Nat. Rev. Drug Discov. **2**, 205–213 (2003)

J. Owens, Growing Concern for Tamoxifen, Nat. Rev. Drug Discov. **3**, 647 (2004)

Agonisten und Antagonisten von membranständigen Rezeptoren

29

Die Versendung und **Weiterleitung von Informationen** zwischen Zellen wird von **Botenstoffen** übernommen. Diese können so klein sein wie einzelne Ionen, aber auch die beachtliche Größe von Signalpeptiden bis hin zu Proteinen erlangen. Zur Signalweitergabe an die Zelle binden sie von der extrazellulären Seite aus an einen **membranständigen Rezeptor**. Andere Wege der Signalweitergabe erschließen sich für diese Botenstoffe kaum, da Substanzen wie Dopamin, Histidin oder Adrenalin, aber auch Peptide und Proteine wie Insulin, Interleukine, Angiotensin, Endothelin oder Neurokinin die Zellmembran nicht überwinden können. Auf der Zellinnenseite geben die Rezeptoren das Signal einer Ligandenbindung durch Verschieben ihrer Konformationszustände weiter. Im Falle einer Aktivierung stabilisiert der gebundene Ligand die aktive Rezeptorkonformation. Bei einer Hemmung bindet der Ligand von außen an den Rezeptor, aber das Konformationsgleichgewicht wird nicht verändert bzw. die inaktive Konformation wird stabilisiert. Die Signalweitergabe unterbleibt. Für die Therapie kann beides ein lohnender Ansatz sein. Im einen Fall spricht man von **Agonisten**, im anderen von **Antagonisten** bzw. **inversen Agonisten**. Eine große Gruppe membranständiger Rezeptoren umfasst die so genannten **G-Protein-gekoppelten Rezeptoren** (GPCR), die mit sieben Helices die Membran durchqueren. Agonisten stimulieren bei den GPCRs eine Aktivierung des gekoppelten G-Proteins, das Folgeprozesse in der Zelle anstößt. Die zweite Klasse wird durch Rezeptoren gebildet, die ebenfalls mit einem helicalen Abschnitt die Zellmembran durchdringen. Ihre Aktivierung setzt eine Dimerisierung voraus. Auf der Zellinnenseite beginnen die angefügten cytosolischen **Tyrosinkinase-Domänen,** sich wechselseitig zu phosphorylieren. Dadurch versetzen sie sich in einen Zustand, andere Proteine durch Phosphorylierung in ihrer Funktion anzuschalten. Eine andere Gruppe **oligomerer membranständiger Rezeptoren** bindet Interleukine als Botenstoffe. Auch sie stoßen intrazellulär infolge der Ligandenbindung kinaseabhängige Signalwege an. Etwa ein Drittel unseres derzeitigen Arzneischatzes greift regulierend an GPCRs an. Für die zweite Klasse membranständiger Rezeptoren sieht dieses Bild viel lückenhafter aus. Diese Rezeptoren werden alle durch große Liganden angesteuert, sodass die Entwicklung eines konkurrierenden, kleinen xenobiotischen Wirkstoffs äußerst schwierig ist (Abschnitt 10.6).

29.1 Die Familie der G-Protein-gekoppelten Rezeptoren

Die Familie der G-Protein-gekoppelten Rezeptoren (GPCR) stellt im humanen Genom die größte Gruppe integraler Membranproteine dar. Etwa 800 Mitglieder wurden für diese Familie gefunden. Sie vermitteln den **Informationsfluss** über die Membran und reagieren auf ganz unterschiedliche extrazelluläre Signale. Diese können sowohl durch Licht, Protonen oder einzelne Ionen, aber auch durch kleine biogene Amine (Neurotransmitter), Hormone, Prostaglandine, Signalpeptide bis hin zu Proteinen ausgelöst werden. Einmal in den aktiven Zustand überführt, stoßen sie eine Kaskade intrazellulärer Prozesse an. Der Übergang vom inaktiven in den aktiven Zustand bedeutet eine **Konformationsänderung** des Rezeptors. Beide Zustände liegen im thermodynamischen Gleichgewicht vor. Durch **Bindung** eines **Agonisten** bzw. **Antagonisten** wird der **aktive** bzw. **inaktive Zustand** stabilisiert. Auch ohne gebundenen Agonisten besitzt der Rezeptor eine Grundaktivität, die ein Antagonist nicht ausschalten kann. Er blockiert die Bindung eines Agonisten und verhindert somit dessen aktivierenden Effekt. **Inverse Agonisten** sind in der Lage, die Rezeptorfunktion vollständig zu unterdrücken.

Die Konformationsänderung des Rezeptors wird an ein intrazellulär gebundenes **heterotrimeres G-Protein** übertragen, das in der Folge in seiner α-Untereinheit ein gebundenes GDP gegen GTP austauscht. Daraufhin dissoziiert die α-Untereinheit von dem aktivierten Heterotrimer ab, bzw. der Komplex gruppiert sich räumlich um. Solange GTP gebunden ist, befindet sich das G-Protein im aktiven Zustand. Durch langsame Hydrolyse des gebundenen GTP zu GDP kehrt es in seinen inaktiven Zustand zurück. Die getrennten Untereinheiten finden wieder zu dem ursprünglichen Trimer zusammen. Von jeder der einzelnen Untereinheiten kennt man mehrere Subtyp-Familien. Sie lassen sich zu einer Vielfalt unterschiedlicher Trimere kombinieren.

Der Rezeptor verbleibt so lange im aktivierten Zustand und stößt immer wieder neue G-Proteine auf der Innenseite der Zelle zu ihrer Funktion an, wie der von außen gebundene Ligand in der Rezeptorbindetasche verweilt. Auf diesem Weg wird eine Verstärkung des Signals erreicht. Auf der anderen Seite reguliert die Geschwindigkeit der terminierenden Hydrolyse von GTP zu GDP den Vorgang und trägt so zur Intensität und Dauer des Rezeptorsignals bei.

Je nachdem, ob es sich bei der α-Untereinheit um ein aktivierendes, stimulierendes oder inhibierendes G-Protein handelt, werden ganz unterschiedliche Signalwege in der Zelle eingeschlagen. Stellt die abdissoziierte α-Untereinheit ein G_s oder $G_{q/11}$-Protein dar, so aktiviert es ein Effektorprotein, das in der Zelle einen *second messenger*, einen zweiten Botenstoff, freisetzt. Dieser ist dann für den eigentlichen Effekt verantwortlich, z. B. die Aktivierung weiterer Proteine, vor allem Kinasen oder die Steuerung eines Ionenkanals. Das bekannteste Effektorprotein, die Adenylylcyclase, bildet als *second messenger* Adenosin-3',5'-cyclophosphat (cAMP) aus ATP. Das entstandene cAMP kann nun Kinasen, wie die Proteinkinase A oder MAP-Kinasen, aktivieren. Es kann aber auch stimulierend auf Kanäle wirken. Andere *second messenger* sind Guanosin-3',5'-cyclophosphat (cGMP), Inositol-1,4,5-triphosphat (IP_3), Diacylglycerol, Arachidonsäure oder einfach Ca^{2+}-Ionen. Deren Bildung kann teilweise durch $G_{q/11}$-Proteine angestoßen werden, die die Phospholipase C-β aktivieren. Daran anschließend werden die anderen Botenstoffe über mehrere Schritte gebildet. Es gibt aber auch hemmende G-Proteine (G_i und G_o), die inhibitorische Wirkung auf die Enzyme ausüben, die für die Bereitstellung der *second messenger* verantwortlich sind. Eine weitere Familie von G-Proteinen ($G_{12/13}$) aktiviert Rho-Proteine, die zur Regulierung des Aktin-Myosin-Cytoskeletts dienen. Über einen solchen Weg wird die Muskelzellkontraktion gesteuert.

Durch ihre zentrale Rolle in der Informationsvermittlung beim Verändern des Zustands und der Funktion von Zellen werden Fehlfunktionen von **GPCRs mit vielen Krankheitsbildern** in Zusammenhang gebracht. Daher stellen GPCRs häufig Zielstrukturen für Arzneistoffe dar. Insgesamt unterscheidet man fünf Klassen von GPCRs, wovon die Klasse A die weitaus größte und wichtigste ist. Für die einzelnen Rezeptoren kennt man zahlreiche Subtypen. Sie unterscheiden sich in ihrem Vorkommen in verschiedenen Geweben, in ihrer Ligandenspezifität, aber auch in den nachgeschalteten Signalwegen, die durch die verschiedenen G-Proteine angestoßen werden. Dieses Faktum erklärt, warum eine Beeinflussung dieser Rezeptoren durch Arzneistoffe in ganz unterschiedlichen Indikationen Niederschlag findet. Adrenalin und Noradrenalin (Abschnitt 1.4) greifen an den so genannten adrenergen Rezeptoren an. Raymond Ahlquist konnte 1948 nachweisen, dass unterschiedliche Wirkungen des Adrenalins an verschiedenen Organen über zwei verschiedene Typen dieser Rezeptoren, die α- und β-Rezeptoren, zustande kommen. Später ergab sich eine Unterteilung in $α_1$- und $α_2$-, $β_1$- und $β_2$-Rezeptoren und weitere **Subtypen**. Beispielsweise wird der $β_2$-adrenerge Rezeptor gewebeabhängig mit Krankheitsbildern wie Asthma, Bluthochdruck oder dem Herzinfarkt in Zusammenhang gebracht. Für die Entwicklung spezifischer Wirkstoffe, z. B. selektiver β-Agonisten oder β-Antagonisten (Betablocker, Abschnitte 8.5, 29.3), hat diese Unterscheidung sehr geholfen. Ein überaus komplexes Spektrum unterschiedlicher Subtypen weisen die **Serotoninrezeptoren** auf, die nach der chemischen Struktur des Serotonins (5-Hydroxytryptamin, Abschnitt 1.4), auch als 5-HT-Rezeptoren bezeichnet werden (Tabelle 29.1). Ihre Fehlsteuerung wird mit Krankheitsbildern wie Migräne, pulmonaler Hypertonie, Depression, Schizophrenie, Essstörungen, Übelkeit und Erbrechen in Zusammenhang gebracht.

Zunächst ging man davon aus, dass die GPCRs ihre Funktion als Monomer ausüben. Dieses Bild hat sich gewandelt. Heute weiß man, dass die Ausbildung von Homo- und Heterodimeren ein weiteres steuerndes und regulierendes Signal zur Differenzierung der pharmakologischen Antwort einer Zelle bedeutet.

Etwa 30 % der heute am Markt befindlichen Arzneistoffe entfalten ihre Wirkung an einem GPCR. Umso mehr würde man es sich gerade auf diesem Gebiet wünschen, über gesicherte Informationen zum räumlichen Aufbau dieser Rezeptoren zu verfügen.

Tabelle 29.1 Bei den Serotoninrezeptoren kennt man besonders viele Subtypen. Die therapeutischen Möglichkeiten zur Therapie von Bluthochdruck, Migräne, Schizophrenie, Depressionen, Angst, Erbrechen und gastrointestinalen Motilitätsstörungen werden bisher nur zum Teil genutzt.

Rezeptor	Gen	Typ, möglicher Therapieansatz	moduliertes Enzym
$5\text{-}HT_{1A}$	$5\text{-}ht_{1A}$	GPCR, G_i; Behandlung zentralnervöser Erkrankungen, z. B. Angstzustände, Depression	Adenylylcyclase
$5\text{-}HT_{1B}$	$5\text{-}ht_{1B}$	GPCR, G_i; neuronale Entzündungsprozesse, Migräne	
$5\text{-}HT_{1D}$	$5\text{-}ht_{1D\alpha}$(h), $5\text{-}ht_{1D\beta}$ ≙ $5\text{-}ht_{1B}$ (R)	GPCR, G_i; neuronale Entzündungsprozesse, Migräne	
$5\text{-}HT_{1E}$	$5\text{-}ht_{1E}$	GPCR, G_i; neuronale Entzündungsprozesse, Migräne	
$5\text{-}HT_{1F}$	$5\ ht_{1F}$	GPCR, G_i; neuronale Entzündungsprozesse, Migräne	
$5\text{-}HT_{2A}$	$5\text{-}ht_{2A}$	GPCR, G_s; zentralnervöse Störungen, atypische Antipsychotika, Wundverschluss, arterielle Hypertonie	Phospholipase C
$5\text{-}HT_{2B}$	$5\text{-}ht_{2B}$	GPCR, G_s; zentralnervöse Störungen, atypische Antipsychotika, Wundverschluss, arterielle Hypertonie	
$5\text{-}HT_{2C}$	$5\text{-}ht_{2C}$	GPCR, G_s; zentralnervöse Störungen, atypische Antipsychotika, Wundverschluss, arterielle Hypertonie	
$5\text{-}HT_3$	$5\text{-}ht_3$	Ionenkanal, Unterdrückung des Zytostatika-induzierten Erbrechens	–
$5\text{-}HT_4$	$5\text{-}ht_4$	GPCR, G_s; Gastrointestinaltrakt, Behandlung des Reizdarmsyndroms	Adenylylcyclase
$5\text{-}HT_5$	$5\text{-}ht_{5A}$, $5\text{-}ht_{5B}$	GPCR, ?; circadiane Rhythmik	?
$5\text{-}HT_6$	$5\text{-}ht_6$	GPCR, G_s; Beeinflussung von Lernvorgängen	Adenylylcylase
$5\text{-}HT_7$	$5\text{-}ht_7$	GPCR, G_s; Regulation des Tag/Nacht-Rhythmus	Adenylylcylase

Abkürzungen: HT, *ht* = 5-Hydroxytryptamin (= Serotonin), R = Ratte, h = human, GPCR = G-Protein-gekoppelter Rezeptor, G_s, G_i = stimulierendes bzw. inhibierendes G-Protein

29.2 Rhodopsine liefern erste Modelle für G-Protein-gekoppelte Rezeptoren

Die kristallographische Strukturbestimmung an G-Protein-gekoppelten Rezeptoren erweist sich als äußerst schwierig. Als membranständige Proteine mit dem *N*-Terminus auf extrazellulärer und dem *C*-Terminus auf cytosolischer Seite sind sie nicht leicht aus der natürlichen Umgebung herauszulösen und in einen Kristallverband zu überführen. Weiterhin besitzen sie ausgeprägte Schleifenbereiche auf beiden Seiten der Membran, die die einzelnen, die Grenzschicht durchspannenden Strukturbausteine verbrücken. Diese Schleifen sind sowohl für die Funktion, aber auch für den intakten räumlichen Aufbau entscheidend. Zusätzlich stellt es ein großes Problem dar, ausreichende Mengen dieser Rezeptoren für eine Strukturbestimmung zu produzieren.

Eine erste Vorstellung über den Aufbau von GPCRs, die zur Gruppe der 7-Transmembran-Rezeptoren gehören, erlangte man durch die 1990 veröffentlichte Struktur des Bakteriorhodopsins (Abb. 29.1a). Richard Henderson gelang die Strukturbestimmung mithilfe der hochauflösenden Elektronenmikroskopie (Abschnitt 13.6) an zweidimensionalen Kristallen. Bakteriorhodopsin selbst ist kein GPCR, sondern eine Protonenpumpe, die an der Membran einen pH-Gradienten aufbaut. Es ist aber, wie alle GPCRs, aus sieben transmembranären Helices aufgebaut. Das Bakteriorhodopsin besitzt keine nennenswerte Sequenzhomologie mit den humanen GPCRs. Dennoch wurde diese Struktur Anfang der 1990er-Jahre intensiv zur Modellierung einer großen Zahl pharmakologisch relevanter GPCRs herangezogen. Stimuliert durch diese sehr schwierige Aufgabe wurden in dieser Zeit viele Techniken entwickelt, durch multiple Sequenzalignments, Modellierungen von Helix-Eigenschaften und der Berücksichtigung einer sehr große Zahl von Mutationsdaten bzw. Bindungsprofilen von Ligandenserien die Modelle mit einer ausreichenden Zuverlässigkeit zu versehen. Eine Schwierigkeit liegt in der genauen Festlegung des Anfangs und Endes eines Sequenzabschnitts, der einer Transmembranhelix entspricht. Eine fehlerhafte Zuweisung um eine Aminosäure führt automatisch zu einem Versatz von ca. 100° entlang der Helixachse, da im Schnitt 3,6 Aminosäuren zu einer Windung beitragen (Abschnitt 14.2). Weiterhin erwiesen sich die Schleifenbereiche als besonders problematisch. In den Modellen wurden sie teilweise gänzlich vernachlässigt oder mit wissensbasierten Methoden anhand von Datenbankinformationen modelliert. Letztlich fehlte aber immer der Beweis für die Relevanz dieser Modelle über eine tatsächliche Strukturbestimmung an einem GPCR.

Es hat weitere zehn Jahre gedauert, bis die erste hochaufgelöste Struktur eines echten GPCR bestimmt werden konnte (Abb. 29.1 b). Das bovine Rhodopsin stellt einen besonders günstigen Fall dar. Es kommt im Auge in hoher Konzentration vor und wird durch das kovalent gebundene 11-*cis*-Retinal stabilisiert. Das Rhodopsin (auch Sehpurpur genannt) ist ein durch Licht geschalteter Rezeptor. Die hochaufgelöste Strukturbestimmung gelang im inaktiven Zustand, so wie der Rezeptor in der Dunkelheit vorliegt. Dort wird kein Signal an die Zelle vermittelt. Jahre später gelang eine Strukturbestimmung mit dem photoaktivierten Rhodopsin. Aus dieser Struktur konnten Hinweise auf den Aktivierungsprozess und die Konformationsänderung des Rezeptors entnommen werden. Im inaktiven Zustand bildet sich zwischen zwei Glutamat- und einem Argininrest ein Netzwerk ladungsunterstützter Wasserstoffbrücken aus. Die als „*ionic lock*" bezeichneten Wechselwirkungen verknüpfen die Transmembranhelices 3 und 6 miteinander. Bei der Lichtaktivierung reißt dieses Netzwerk auf und führt zu einer Verschiebung der Helices 3 und 6 auf der cytosolischen Seite. Diese Verschiebung wird mit der Aktivierung des heterotrimeren G-Proteins auf der Zellinnenseite in Zusammenhang gebracht.

Die Strukturen des bovinen Rhodopsins dienten ebenfalls als Grundlage für viele Modellierungsversuche, im Wissen, dass auch dieser Rezeptor ein spezielles System eines lichtsensitiven Schalters mit einem kovalent gebundenen Liganden darstellt. Zusätzlich bauten die Modellierungen auf der Geometrie des Rezeptors im inaktiven Zustand auf.

29.3 Struktur des humanen β_2-adrenergen Rezeptors

Umso mehr war man gespannt, wie nun wirklich die Struktur eines humanen GPCRs aussieht. Im Jahr 2007 war es so weit. Gleich zwei Strukturen des humanen β_2-adrenergen GPCRs wurden unter Federführung von Brian Kobilka an der Stanford Universität in Zusammenarbeit mit einer Gruppe am Scripps Research Institute in La Jolla und am MRC in Cambridge, England, beschrieben. Das größte Problem bei der Kristallisation des Rezeptors stellte dessen hohe Flexibilität und proteolytische Instabilität dar. Besonders kritisch erwies sich die dritte intrazelluläre Schleife. Somit mussten die Wissenschaftler einen Trick anwenden. Erst nachdem ein spezifischer Antikörper gefunden war, der an diese Schleife bindet und den Rezeptor in seiner nativen funktionalen Struktur stabilisiert, gelang die Kristallisation. In einer zweiten Strategie wurde die kritische dritte Schleife aus dem Rezeptor herausgeschnitten und durch ein wohlbekanntes und gut kristallisierendes Protein ersetzt, das T4-Lysozym. Das entstandene Fusionsprotein mit dem überbrückenden T4-Lysozym an Stelle der kritischen dritten Schleife zeigt weitgehend unveränderte

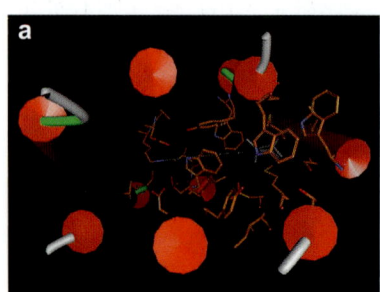 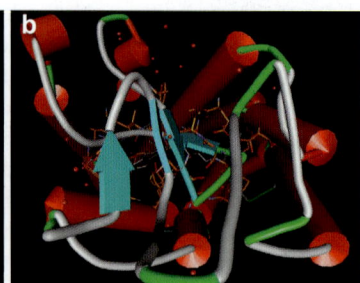 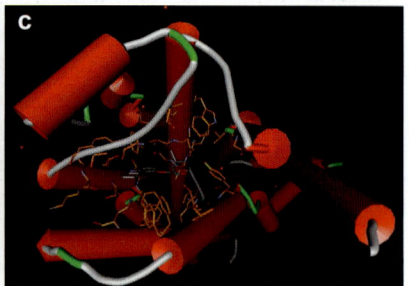

Abb. 29.1 Schematische Darstellung der räumlichen Anordnung der Transmembranhelices in Bakteriorhodopsin (a), bovinem Rhodopsin (b) und im humanen β_2-adrenergen Rezeptor (c).

pharmakologische Eigenschaften. Beide Strukturen wurden zusammen mit dem potenten, partiell inversen Agonisten Carazolol 29.1 kristallisiert (Abb. 29.2 und 29.3). Sie weichen insgesamt nur geringfügig in dem Transmembranbereich von einander ab. Allerdings sind in diesem Bereich die Differenzen zu der zuvor bestimmten Struktur des bovinen Rhodopsins fast drei Mal so groß. Dies unterstreicht die strukturellen Unterschiede zu dem Rezeptor des Rhodopsins (Abb. 29.1). Da Carazolol nur zu ca. 50 % die Grundaktivität des Rezeptors blockiert, bezeichnet man es als partiell inversen Agonisten.

Carazolol bindet mit seiner Alkylamino- und Alkoholfunktion an Asp $113^{3.32}$ und Asn $312^{7.39}$ (die Nomenklatur mit dem hochgestellten Zahlen soll verdeutlichen, auf welcher Helix an welcher Position sich die Aminosäure befindet). Über Asp 113 war aus Mutationsstudien bekannt, dass ein Austausch gegen Asparagin zum Verlust der Bindung von Antagonisten führt. Für Agonisten erschwert sich die Aktivierung des G-Proteins um vier Größenordnungen. Die Mutation von Asn 312 gegen eine unpolare Aminosäure wie Alanin oder Phenylanalin lässt die Funktion des Rezeptors zusammenbrechen, wogegen eine Aminosäure mit polarer Seitenkette (Threonin oder Glutamin) die Funktion des Rezeptors teilweise erhält. Der heteroaromatische Tricyclus von Carazolol formt über seine NH-Gruppe eine Wasserstoffbrücke zu Ser $203^{5.42}$. Auch dieser Rest war aus Mutagenesestudien als kritisch für die Bindung von Catecholamin-Agonisten erkannt worden. Für β-Blocker vom Aryloxyaminopropanol-Typ mit einem Stickstoffheterocyclus wie Pindolol 29.2 war bekannt, dass deren Affinität gegen den β-adrenergen Rezeptor deutlich beim Austausch dieses Serins gegen einen anderen Rest abfällt. Im mittleren Teil wird Carazolol durch zahlreiche Kontakte mit hydrophoben Aminosäuren (Val $114^{3.32}$, Phe $290^{6.52}$, Phe $193^{5.32}$) umschlossen. Dies erklärt, warum alle β-Blocker in diesem Bereich eine aromatische Baugruppe aufweisen (Abb. 29.3).

Viele β-Blocker erweisen sich als wenig selektiv gegen Subtypen des β-adrenergen Rezeptors. Dennoch wäre eine solche Selektivität durchaus erwünscht, da z. B. β_1-Rezeptoren in Herzkranzgefäßen, β_2-Subtypen jedoch in den Bronchien lokalisiert sind. Eine effiziente Hemmung der β_1-Rezeptoren dämpft die Frequenz und Kontraktilität des Herzen. Gleichzeitig ist dabei aber eine Bronchokonstriktion durch Blockade der β_2-Rezeptoren unerwünscht. Interessanterweise sind alle Aminosäuren, die im β_2-Rezeptor die Bindestelle des Carazolols umgeben, im β_1-Rezeptor konserviert. Die beobachteten 94 Austausche zwischen β_1- und β_2-Rezeptor werden vor allem in den Schleifenbereichen angetroffen. Deshalb nimmt man an, dass die pharmakologischen Unterschiede, die von selektiven Liganden wie Betaxolol 29.4 ausgenutzt werden, im Eingangsbereich der Bindestelle zu finden sind und sich auf kleine Änderungen in der Packung der Helices auswirken.

Da Carazolol ein partiell inverser Agonist ist, liegt der β_2-Rezeptor in der Kristallstruktur in inaktivem Zustand vor. Vergleicht man Carazolol mit dem strukturell kleineren Agonisten Isoprenalin 29.5, so liegt es auf der Hand, dass die beiden Hydroxylgruppen des Catechols mit Ser $204^{5.43}$ und Ser $207^{5.46}$ eine Wasserstoffbrücke eingehen. Weiterhin sind Asn $293^{6.55}$ und

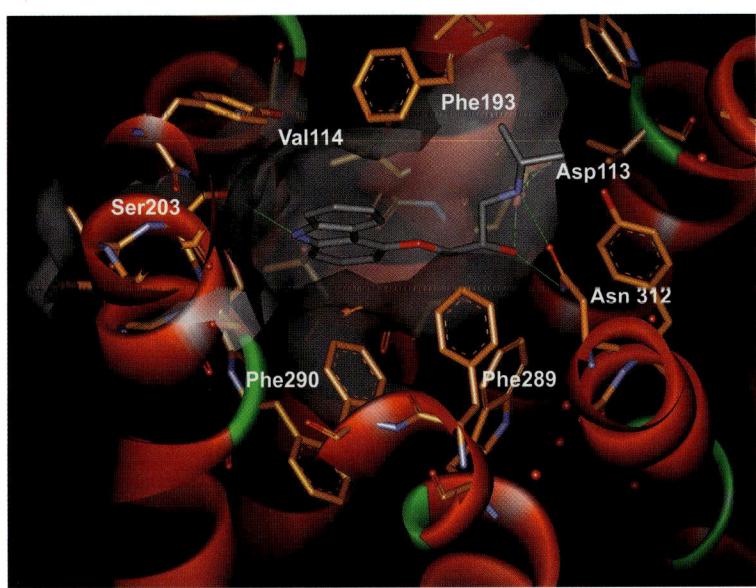

Abb. 29.2 Ausschnitt aus der Kristallstruktur des humanen β_2-adrenergen Rezeptors mit dem gebundenen, partiell inversen Agonisten Carazolol 29.1.

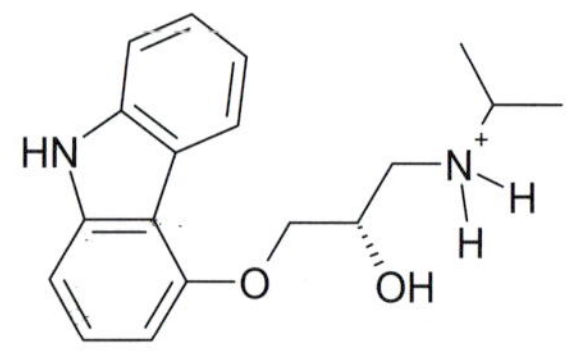

29.1 Carazolol

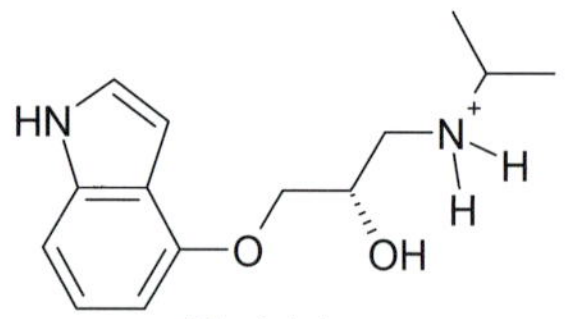

29.2 Pindolol

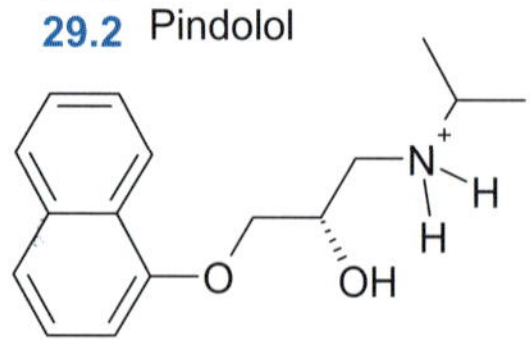

29.3 Propranolol

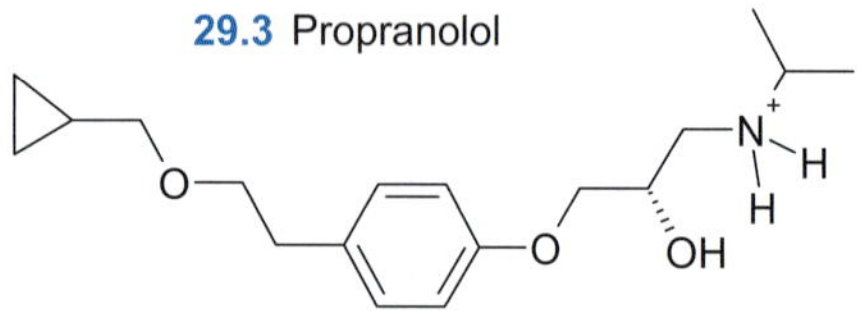

29.4 Betaxolol

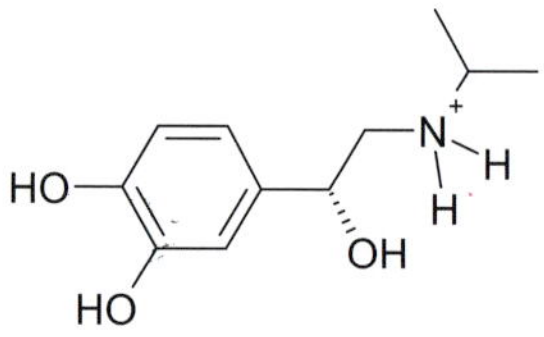

29.5 Isoprenalin

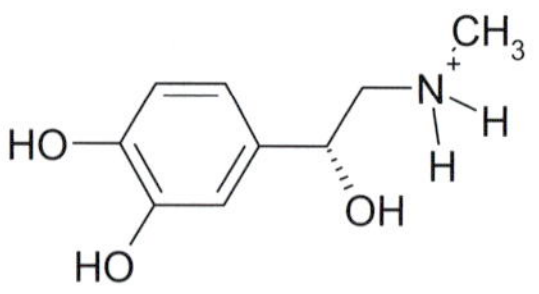

29.6 Adrenalin

Abb. 29.3 Liganden des humanen β_2-adrenergen Rezeptors. Carazolol **29.1**, Pindolol **29.2**, Propranolol **29.3** und Betaxolol **29.4** sind β-Blocker, wogegen Isoprenalin **29.5** und Adrenalin **29.6** Agonisten des Rezeptors sind.

Tyr $308^{7.35}$ als kritisch für die Agonistenbindung beschrieben worden. In der Carazolol-Struktur liegen diese Reste aber zu weit auseinander, um mit einem Agonisten wie Isoprenalin effizient interagieren zu können. Dies legt den Schluss nahe, dass der Rezeptor eine Konformationsänderung durchlaufen muss, um erfolgreich einen Agonisten aufnehmen zu können. Biophysikalischen Untersuchungen nach zu urteilen, erfolgt die Aktivierung des β_2-adrenergen Rezeptors analog wie beim Rhodopsin. Im Fall des lichtabhängigen Rezeptors wird die Aktivierung durch eine *cis/trans*-Isomerisierung des kovalent gebundenen Retinals ausgelöst. Für die GPCRs, die infolge der Bindung eines Hormons oder Neurotransmitters schalten, setzt sich die Aufnahme des Liganden auf der extrazellulären Seite in einer räumlichen Verschiebung der Enden der Helices an der zellinneren Grenzfläche fort. Dort sind die Helices recht eng gepackt. Somit erscheint ein rein starres Verschieben der Helices eher unwahrscheinlich. Vermutlich wird die Konformationsänderung eher über eine Umlagerung von Seitenketten vermittelt. Die Aminosäure Trp $286^{6.48}$ am Boden der Bindestelle wird für das Anstoßen dieser Veränderung durch konformativen Wechsel zwischen zwei rotameren Zuständen verantwortlich gemacht. Dies könnte das auslösende Moment darstellen, das sich bis auf die cytosolische Seite zur Bindestelle des G-Proteins fortsetzt. Vermutlich ist der Aktivierungsprozess eine mehrstufige Kaskade, die multiple Konformationszustände durchläuft.

Zwischen der Rhodopsin-Struktur und dem humanen β_2-adrenergen Rezeptor treten Verschiebungen zwischen den Helices auf, die zwar die Gesamttopologie der beiden GPCRs unverändert lassen, aber Konsequenzen für den unmittelbaren Aufbau haben. Es ist interessant, die zuvor konstruierten Homologiemodelle des β_2-adrenergen Rezeptors mit der inzwischen bestimmten Kristallstruktur zu vergleichen. Zunächst ist festzustellen, dass die Modelle die Gesamttopologie des Rezeptors korrekt wiedergeben und viele Beobachtungen aus den Mutationsexperimenten richtig interpretieren lassen. Die Genauigkeit im Detail, die für die Modellierung des genauen Bindungsmodus eines Liganden erforderlich ist, können die Modelle allerdings nicht leisten. Es zeigt sich, dass die Modelle alle eine größere strukturelle Ähnlichkeit mit der Templatstruktur des Rhodopsins aufweisen als mit der tatsächlichen Struktur des β_2-Rezeptors. Dieses Ergebnis stimmt zunächst natürlich sehr nachdenklich. Es verdeutlicht aber die Schwierigkeit des Modellbaus komplexer und flexibler Proteine. Es bleibt abzuwarten, ob durch die neuen Strukturen der pharmakologisch relevanten GPCRs die Modellierung einfacher und zuverlässiger wird. Ein weiterer

Puzzlestein in diese Richtung konnte durch die Strukturbestimmung des β_1-Rezeptors mit dem Antagonisten Cyanopindolol durch die Gruppe von Gebhard Schertler in Cambridge, England, hinzugefügt werden. Es ist zu hoffen, dass die auf der Basis dieser Strukturen erzeugten Modelle durch ihre erhöhte Relevanz einen größeren Stellenwert bei der Leitstruktursuche und Ligandenoptimierung erzielen.

29.4 Auf der Suche nach selektiven Dopamin D_1-Agonisten

Wie auf kaum einem anderen Gebiet der Wirkstoffforschung sind Ansätze des Wirkstoffdesigns für die Suche und Optimierung potenter Liganden für G-Protein-gekoppelte Rezeptoren eingesetzt worden. Tausende von Beispielen könnten an dieser Stelle vorgestellt werden. Doch sollen exemplarisch nur zwei Fälle diskutiert werden. Im ersten Fall handelt es sich um die Entwicklung selektiver Agonisten für einen Rezeptor, der als natürlichen Liganden einen kleinen Neurotransmitter erkennt, den Dopaminrezeptor. In den Abschnitten 29.5 und 29.6 wird dann das Beispiel eines Rezeptors vorgestellt, der durch einen peptidischen Liganden angesteuert wird.

Dopamin **29.7** (Abb. 29.4) ist ein wichtiger Neurotransmitter, der im Körper mehrere Funktionen übernimmt. Bei Patienten, die an der Parkinsonschen Krankheit leiden, wird eine Abnahme der Dopaminkonzentration in einem bestimmten Gehirnabschnitt beobachtet, bedingt durch die Zerstörung dopaminproduzierender Zellen. Die Krankheit kann durch Gabe von L-Dopa behandelt werden. Diese Verbindung wird als Aminosäure aktiv über die Blut-Hirn-Schranke transportiert und im Gehirn zum biologisch aktiven Dopamin umgewandelt (Abschnitt 9.4).

In diesem Abschnitt sollen bei der Firma Abbott durchgeführte Arbeiten zur Suche nach neuen Dopamin-Agonisten vorgestellt werden, die selektiv an den D_1-Rezeptor binden. Ziel der Arbeiten war die Suche nach einer Verbindung, die zur Behandlung der Parkinsonschen Krankheit eingesetzt werden kann, ohne die bekannten Nebenwirkungen des L-Dopa zu haben. Die von 1988 bis 1991 durchgeführten Untersuchungen belegen, dass der Einsatz computergestützter Methoden auch ohne die Kenntnis der 3D-Struktur des Proteins entscheidende Beiträge zur Entdeckung neuer Leitstrukturen liefern kann.

Zunächst wurde versucht, gesicherte Daten über die **rezeptorgebundene Konformation der D_1-Agonisten** zu erhalten, um diese Information anschließend zur gezielten Auswahl neuer Strukturen zu verwenden. Startpunkt der Arbeiten war die Verbindung einer anderen Firma, SKF 38393 (**29.8**, Abb. 29.4). Bei Abbott wurde zunächst das einfache Derivat **29.9** synthetisiert, das sich von **29.8** durch das Fehlen des Phenylsubstituenten unterscheidet. **29.9** bindet mehr als hundertmal schlechter an den D_1-Rezeptor als **29.8**. Interessanterweise bleibt die Affinität zum D_2-Rezeptor dabei nahezu unverändert. Dies legte die Vermutung nahe, dass die Phenylgruppe in eine zusätzliche Tasche des D_1-Rezeptors bindet, die beim D_2-Rezeptor nicht vorhanden ist. Da bekannt war, dass die Hydroxylgruppen und die Aminogruppe für die Rezeptorbindung wichtig sind, erhob sich die Frage: Wie liegt der Phenylring relativ zu diesen funktionellen Gruppen vor? Eine Konformationsanalyse ergab, dass **29.8** im Wesentlichen zwei unterschiedliche, energetisch günstige Konformationen einnehmen kann. In der einen liegt der Phenylsubstituent ungefähr in der Ebene des Bicyclus, in der anderen steht er deutlich über dem siebengliedrigen Ring (Abb. 29.5). Um zu entscheiden, welche der beiden Konformationen am Rezeptor eingenommen wird, wurden Paare von Verbindungen synthetisiert, jeweils mit einem Phenylsubstituenten in der Ebene bzw. oberhalb der Ebene des Rings. Auch die entsprechenden unsubstituierten Derivate wurden hergestellt. Hierbei wurden starre Verbindungen gewählt, die jeweils nur einer der beiden Konformationen ent-

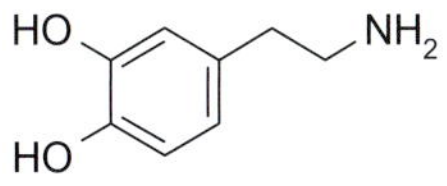

		K_i (nM)	
	R	D_1	D_2
29.8	Phenyl	63	6300
29.9	H	10000	2500

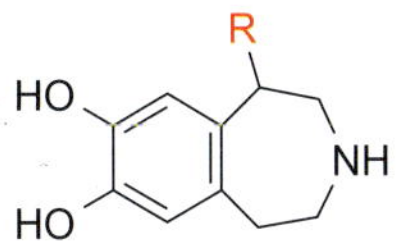

Abb. 29.4 Dopamin **29.7** und die Dopamin-Rezeptorliganden **29.8** und **29.9**. **29.8** bindet selektiv an den D_1-Rezeptor. Ein Vergleich der Bindungsaffinitäten von **29.8** und **29.9** zeigt, dass die Einführung eines Phenylsubstituenten für die D_1-Selektivität verantwortlich ist.

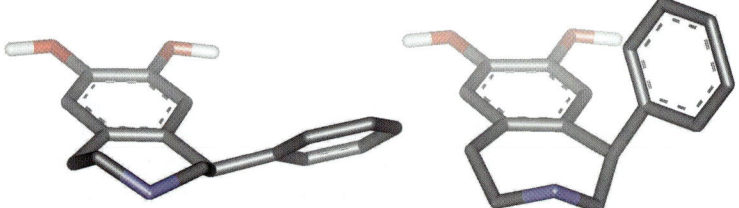

Abb. 29.5 Vergleich zweier Konformationen von **29.8** mit dem Phenylsubstituenten in der Ebene (links) bzw. oberhalb der Ebene (rechts) des siebengliedrigen Rings. Die Phenylringe besetzen unterschiedliche Raumsegmente. Es ist davon auszugehen, dass nur eine dieser beiden Konformationen zur Bindung an den Rezeptor geeignet ist.

sprechen. Es zeigte sich, dass nur die Verbindungen mit dem Phenylsubstituenten in der Ringebene des benachbarten Siebenrings eine starke Dopamin D_1-Rezeptorbindung aufweisen. Offensichtlich ist dies die **biologisch aktive Konformation**.

Parallel zu diesen Arbeiten wurde bei Abbott ein neuer Dopamin-Agonist **29.10** (Abb. 29.6) identifiziert, der allerdings unselektiv ist, d. h. etwa gleich stark an den D_1- und den D_2-Rezeptor bindet. Die zuvor erarbeiteten Kriterien für eine starke D_1-Bindung wurden nun dazu verwendet, die Position festzulegen, an der analog zu **29.8** ein Phenylsubstituent angefügt werden sollte. Aus dem Molekülvergleich ergab sich der Vorschlag **29.11** (Abb. 29.6). Diese Verbindung war ein voller Erfolg! Die Bindungsaffinität entspricht in etwa der von **29.8**, aber **29.11** ist D_1-selektiv. Die Synthese von **29.11** war allerdings nicht ganz einfach. Daher wurde nach weiteren D_1-Agonisten gesucht.

Das Problem wurde jetzt durch eine **3D-Datenbanksuche** mit dem Computer angegangen. ALADDIN, ein bei Abbott für diesen Zweck entwickeltes Programm, wurde dazu eingesetzt. Mit dem bekannten Pharmakophormuster dopaminerger Verbindungen wurden die 3D-Datenbank aller Abbott-Substanzen nach Strukturen durchsucht, die dopaminerge Aktivität haben könnten. Die Computersuche ergab unter anderem die Substanz **29.12**. Diese Verbindung bindet in der Tat an den Dopaminrezeptor. Mit der zusätzlichen Phenylgruppe in der richtigen Position resultierte **29.13**, für das eine starke Steigerung der Bindungsaffinität beobachtet wurde. Diese durch 3D-Datenbanksuche gefundene Leitstruktur wurde systematisch modifiziert. Das Resultat der Arbeiten war schließlich **29.14**. Von den bis zu diesem Zeitpunkt bekannten Analoga stellte diese Verbindung den bindungsstärksten selektiven D_1-Agonisten dar. Als Erklärung für den Erfolg des Projekts stellte Yvonne

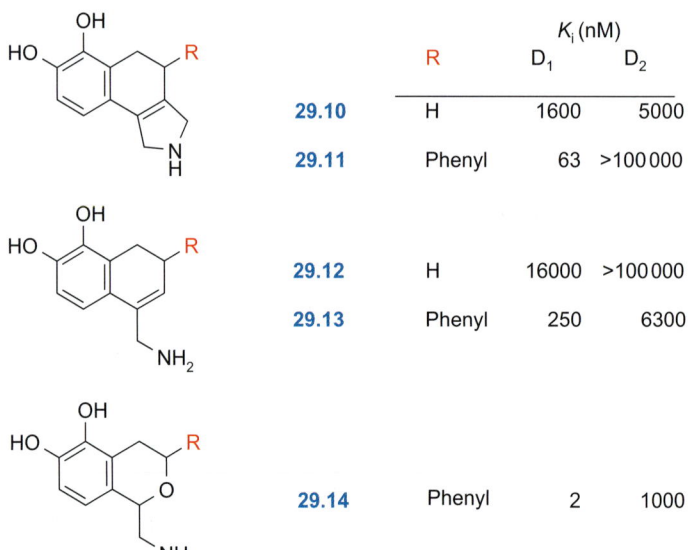

	R	K_i (nM) D_1	D_2
29.10	H	1600	5000
29.11	Phenyl	63	>100 000
29.12	H	16 000	>100 000
29.13	Phenyl	250	6300
29.14	Phenyl	2	1000

Abb. 29.6 Die bei Abbott entwickelte Pharmakophorhypothese für D_1-selektive Agonisten führte über die Verbindungen **29.10–29.13** zur Synthese der hoch affinen und selektiven Verbindung **29.14**.

Martin, die bei Abbott an den vorgestellten Arbeiten maßgeblich beteiligt war, zwei Faktoren als entscheidend hervor: Zum einen die rationale, sehr systematische Vorgehensweise, bei der durch Synthese geeigneter Modellverbindungen eine Pharmakophorhypothese festgelegt wurde, und zum anderen die sehr enge Kooperation zwischen den computerbasierten Betrachtungen und der Synthesechemie.

29.5 Peptidbindende Rezeptoren: Entwicklung von Angiotensin II-Antagonisten

Die Bedeutung des Renin-Angiotensin-Aldosteron-Systems für die Behandlung des Bluthochdrucks wurde bereits im Abschnitt 24.4 und 25.4 hervorgehoben. Durch Einwirkung der Enzyme Renin und ACE entsteht aus Angiotensinogen das gefäßverengend wirkende Octapeptid **Angiotensin II**, Asp–Arg–Val–Tyr–Ile–His–Pro–Phe. Die Blockade dieses Systems auf einer beliebigen Stufe führt zu Blutdrucksenkung. Zunächst kann durch Inhibition der β-adrenergen Rezeptoren die Reninsekretion aus der Niere unterbunden werden. Dann kann mit Renin- und ACE-Hemmern blockiert werden, aber natürlich auch auf der untersten Ebene durch Einsatz eines **Angiotensin II-Antagonisten**, der die Bindung von Angiotensin II an den AT_1-Rezeptor vereitelt. Als relativ unspezifische Protease spaltet ACE neben Angiotensin I noch andere Peptide wie Bradykinin, Enkephalin und Substanz P. Diese Reaktionen werden beim Einsatz der seit langem therapeutisch eingesetzten ACE-Hemmer (Kapitel 25.5) unterdrückt. In Folge tritt bei 5–10 % der mit ACE-Hemmern behandelten Patienten als lästige Nebenwirkung ein trockener Husten auf. Er wird auf die Hemmung des Abbaus von Bradykinin zurückgeführt. Ein Angiotensin II-Antagonist lässt den Bradykinin-Spiegel unbeeinflusst. Mit dem AT1-Rezeptorantagonisten greift man am Endpunkt der Kaskade ein und schaltet so auch die Wirkung von Angiotensin II aus, das auf Renin-ACE-unabhängigem Weg durch andere Proteasen im Organismus bereitgestellt wird.

Bereits 1971 wurde das Octapeptid **Saralasin**, **Sar**–Arg–Val–Tyr–**Val**–His–Pro–**Ala** (Sar = Sarcosin, N-Methylglycin) als erster spezifischer Angiotensin II-Antagonist identifiziert. Dieses Peptid wirkt bei Patienten mit hohen Reninspiegeln blutdrucksenkend, ist aber oral nicht verfügbar. Zudem hat es eine kurze Halbwertszeit und andere unerwünschte Eigenschaften. Damit war Saralasin nicht als Arzneistoff geeignet. Versuche, ausgehend von Saralasin und anderen Peptiden zu nichtpeptidischen Antagonisten zu gelangen, blieben erfolglos.

Bis zum Beginn der 1980er-Jahre gab es kaum Fortschritte auf diesem Arbeitsgebiet. So wurden zu diesem Zeitpunkt bei Takeda die Arbeiten zu Angiotensin II-Rezeptorantagonisten zugunsten eines ACE-Projekts eingestellt. Aber gerade von dieser Firma kam 1982 durch die Offenlegung zweier Patente der entscheidende Impuls für die weitere Forschung. Die in diesen Patenten enthaltenen nichtpeptidischen Antagonisten S 8307 **29.15**, und S 8308 **29.16** (Abb. 29.7), waren zwar nur schwach aktiv, aber als die ersten nichtpeptidischen Antagonisten erregten sie enormes Aufsehen.

Zahlreiche Firmen untersuchten diese neue Leitstruktur, so auch Dupont. Durch die umfangreichen Vorarbeiten an den peptidischen Strukturen war ein breites Wissen über die Konformation von Angiotensin II und vielen Analoga vorhanden. Die Takeda-Struktur wurde mit der angenommenen rezeptorgebundenen Konformation von Angiotensin II verglichen. Die Strukturüberlagerung führte zu dem Schluss, dass eine Modifikation der Takeda-Struktur an der Benzylgruppe in *para*-Position die größten Erfolgsaussichten für eine Affinitätssteigerung haben sollte. Das Resultat dieser Überlegungen war die Synthese von **29.17**. Die Verbindung ist zehnmal wirkstärker als S 8307 und S 8308!

Weitere systematische Variationen an dieser Stelle führten zu **29.18**, das nochmals zehnfach stärker an den AT_1-Rezeptor bindet (IC_{50} = 140 nM). Die ersten in dieser Substanzklasse hergestellten Verbindungen führten bei Ratten zu einer dosisabhängigen Senkung des Blutdrucks, allerdings waren sie oral nicht verfügbar. Das Biphenylderivat **29.19** brachte den Durchbruch zur oralen Verfügbarkeit. Die geringfügig schlechtere Bindung an den Rezeptor ist angesichts dieser wichtigen Eigenschaft bedeutungslos. Der Ersatz der Carboxylatgruppe am Aromaten durch das lipophilere Tetrazol-Isoster führte schließlich zu DuP 753, **29.20** (Losartan), das mit 19 nM an den Rezeptor bindet, oral verfügbar ist und über eine sehr lange Halbwertszeit verfügt. Losartan hat alle klinischen Prüfungen erfolgreich bestanden und ist seit 1994 als Lozaar® im Handel. Losartan war damit der erste Angiotensin II-Rezeptorantagonist, der zur Behandlung der Hypertonie zur Zulassung kam. Nur ein Jahr später folgte Novartis mit Valsartan **29.21** den Kollegen von Dupont. Inzwischen ist eine ganze Klasse von Arzneistoffen unter dem Namen Sartane für die Therapie zugelassen worden (Abb. 29.8).

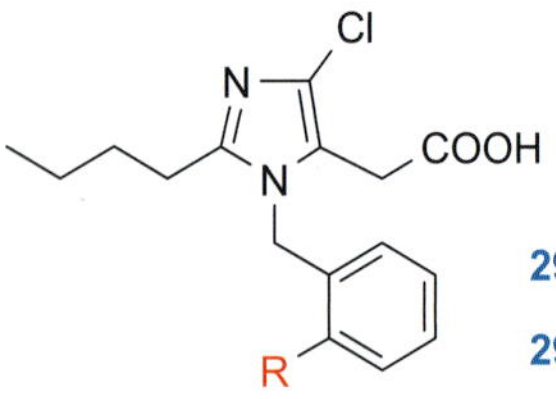

29.15 S-8307, R = Cl   IC$_{50}$ = 40 μM
29.16 S-8308, R = NO$_2$ IC$_{50}$ = 13 μM

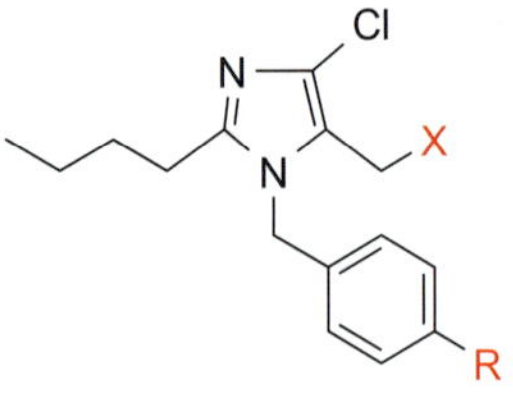

29.17 X = COOH, R = COOH
IC$_{50}$ = 1,6 μM

29.18 X = COOMe, R = –NH–C(O)–C$_6$H$_4$–COOH
IC$_{50}$ = 0,14 μM

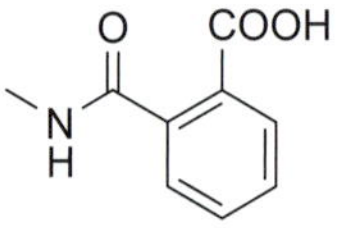

29.19 X = OH, R = –C$_6$H$_4$–COOH
IC$_{50}$ = 0,30 μM

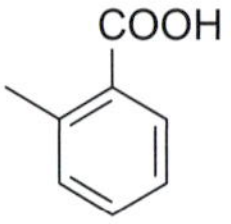

29.20 X = OH, R = –C$_6$H$_4$–(tetrazol)
IC$_{50}$ = 0,019 μM

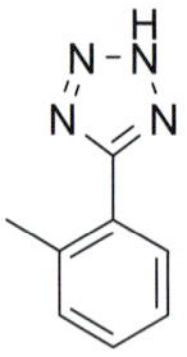

Abb. 29.7 Die wichtigsten Zwischenstufen bei der Entwicklung des Angiotensin II-Rezeptorantagonisten Losartan. Die Grundstruktur der von Takeda in einem Patent offengelegten Angiotensin II-Antagonisten **29.15** und **29.16** wurde beibehalten. Die Variation des Substituenten R orientierte sich an einer Überlagerung der Takeda-Struktur mit einem Modell der rezeptorgebundenen Konformation von Angiotensin II (Abb. 29.9). **29.19** und **29.20** sind oral verfügbare Angiotensin II-Rezeptorantagonisten. Losartan **29.20**, hat die klinische Prüfung mit Erfolg bestanden und wird seit 1994 in der Therapie eingesetzt.

29.6 Binden peptidische Agonisten und niedermolekulare Antagonisten an die gleiche Stelle im AT$_1$-Rezeptor?

Die blutdrucksteigernde Wirkung des Angiotensin II beruht auf der Bindung an den AT$_1$-Rezeptor, von dem zwei Isoformen beschrieben sind. Als Folge werden Gefäßverengungen im arteriellen System ausgelöst. Aldosteron wird zum Steuern des Mineralhaushalts ausgeschüttet, die Herzkontraktivität gesteigert und die glomeruläre Filtration des Bluts in der Niere reguliert. Der zur gleichen Familie der GPCRs gehörende AT$_2$-Rezeptor wird mit anderen Steuerprozessen in Verbindung gebracht.

Bei der Entwicklung der niedermolekularen Antagonisten vom Sartan-Typ stand das Octapeptid, das als Agonist an den Rezeptor bindet, als Referenzverbindung Pate. Wie beschrieben, beabsichtigte die Designhypothese den C-Terminus aus den Aminosäuren Ile–His–Pro–Phe mit dem Gerüst der Sartane zur Deckung zu bringen (Abb. 29.9). Auch wenn dieser Vergleich vielleicht eine erfolgreiche Arbeitshypothese abgab, so stellte er sich später als falsch heraus. Mutationsstudien am AT$_1$-Rezeptor ergaben, dass die Aminosäuren, die Einfluss auf die Bindung des Angiotensin II nehmen, alle auf den drei extrazellulären Schleifen und auf dem N-terminalen Sequenzabschnitt liegen. Im Gegensatz dazu befinden sich Mutationen, die die Losartan-Bindung verändern, tief im Inneren des transmembranären Teils des Rezeptors. Es kann somit keinen überlappenden Bindungsbereich für den peptidischen Agonisten und die niedermolekularen Antagonisten geben. Dieser Befund eines abweichenden Bindungsbereichs konnte durch eine Studie am Frosch *Xenopus laevis* untermauert werden. Der AT$_1$-Rezeptor des Froschs erkennt das Octapeptid mit nanomolarer Affinität, Losartan bindet dagegen

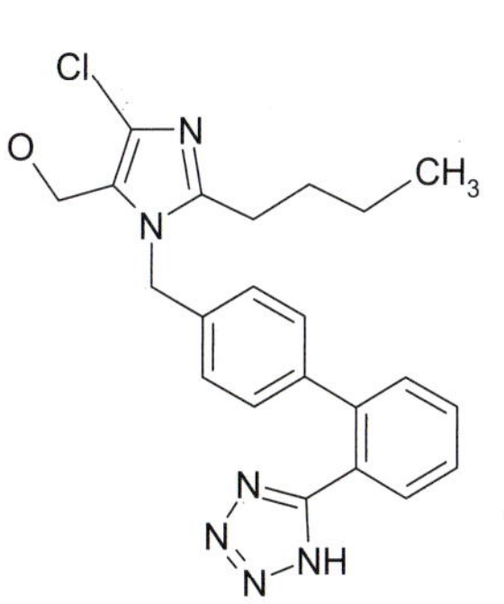

29.20 Losartan
29.21 Valsartan 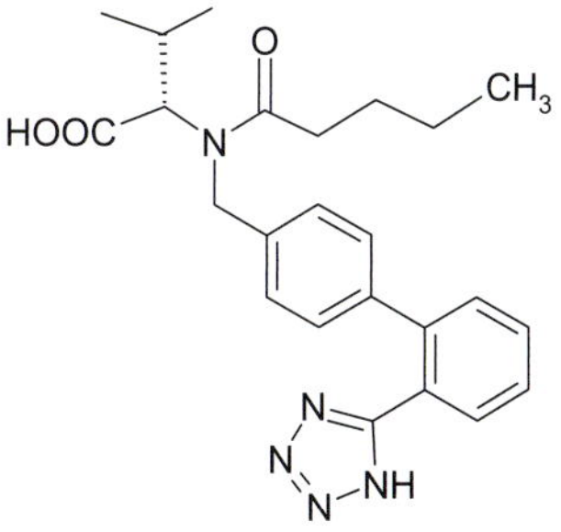
29.22 Eprosartan 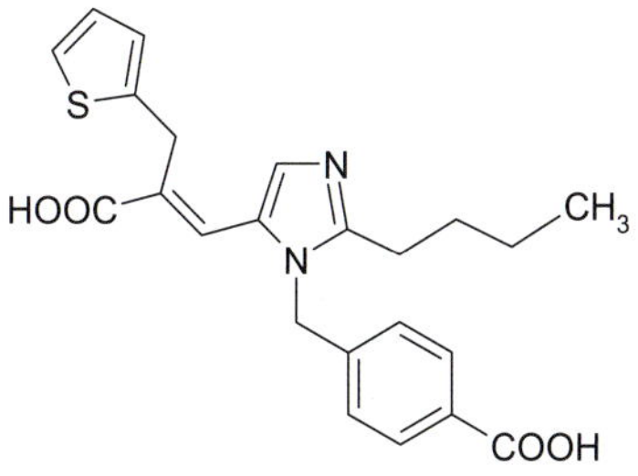
29.23 Irbesartan 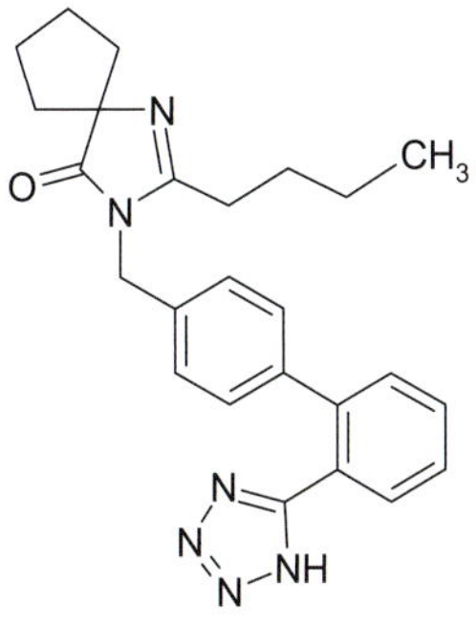
29.24 Telmisartan 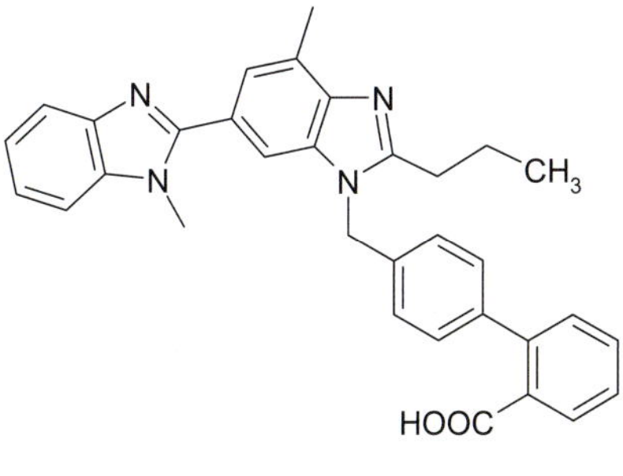
29.25 Candesartan-Prodrug 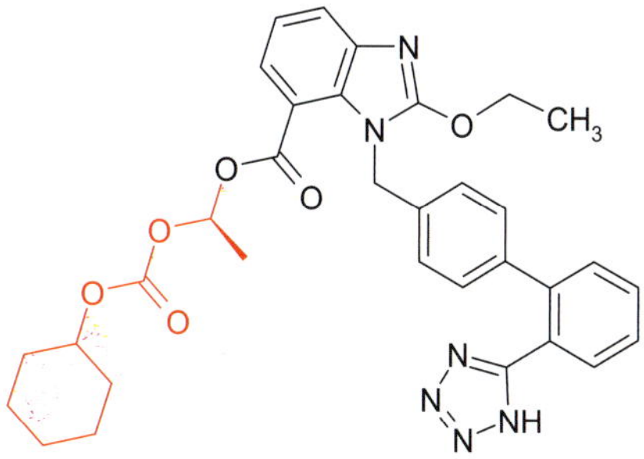

Abb. 29.8 Losartan **29.20** war der erste Angiotensin II-Rezeptorantagonist, kurze Zeit später folgte Valsartan **29.21**. Eprosartan **29.22**, Irbesartan **29.23**, Telmisartan **29.24** und Candesartan **29.25** sind weitere Vertreter aus der Gruppe der Sartane. Candesartan stellt ein Prodrug dar, aus dem durch Esterspaltung der rot gekennzeichnete Molekülteil abgespalten wird und die eigentliche Wirkform freigesetzt wird.

nur im zweistellig mikromolaren Bereich. Der am humanen Rezeptor hoch potente Antagonist versagt somit am Rezeptor des Froschs. Diese Beobachtung hat die Wissenschaftler zu dem Versuch angespornt, die Antagonistenbindestelle des humanen Rezeptors in den zunächst nicht responsiven Rezeptor des Amphibiums einzubauen. Durch gezielte Mutation von 13 für die Losartan-Bindung im humanen Rezeptor wichtigen Resten im Transmembranbereich wird der Froschrezeptor plötzlich hoch affin für den Antagonisten! Dieses elegante Experiment unterstreicht die räumliche Trennung der Bindebereiche für den peptidischen Agonisten und die niedermolekularen Antagonisten. Für den Pragmatiker bleibt festzustellen, dass manchmal falsche Designhypothesen durchaus ihren Wert haben und eine Entwicklung in die korrekte Richtung lenken können.

29.7 Von der Nase lernen: Wir riechen mit GCPRs

Der **Nuancenreichtum unseres Riechempfindens** ist beeindruckend. Fast schon poetisch bemühen wir uns, Abstufungen in den Gerüchen in Worte zu kleiden. Wahrscheinlich ist der Riechsinn das biologische System, an dem man am einfachsten verdeutlichen kann, dass biologische Wirkung etwas mit der chemischen Raumstruktur von Molekülen zu tun hat. Mit der Atemluft werden flüchtige Verbindungen in unsere Nase eingezogen und streichen an den Riechrezeptoren vorbei. Dort entfalten sie ein nuancenreiches Signal, das im Gehirn zu dem facettenreichen Riechempfinden umgesetzt wird. Es ist schon seit Langem bekannt, dass die Gestalt von Molekülen an einen vorgegebenen räumlichen Aufbau gekoppelt ist. So besitzen elliptische Moleküle einen kampferartigen Geruch. Als etherisch riechend bezeichnen wir lang ge-

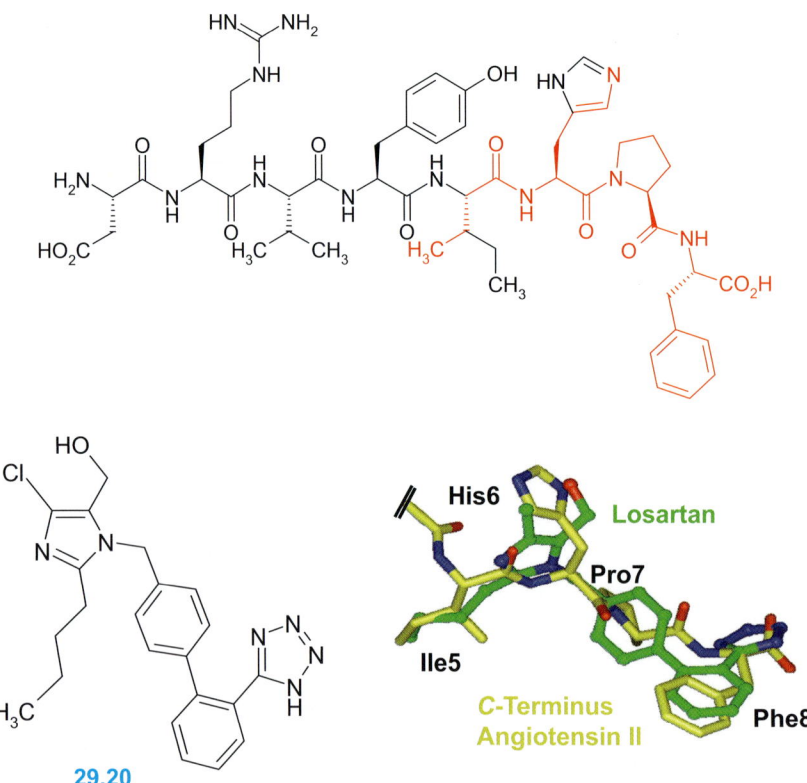

Abb. 29.9 Als Arbeitshypothese, die sich später als falsch herausstellte, wurde der *C*-terminale Teil (rot) des Octapeptids Angiotensin II (gelb, unten) mit dem strukturellen Aufbau des Losartans (grün) verglichen. Die Butylseitenkette beschreibt den Isoleucinrest, und der Imidazolring mit der angefügten CH$_2$OH-Gruppe kommt auf dem Histidin zu liegen. Das Prolin und der Phenylring des Phenylalanins werden durch die Biphenylgruppe beschrieben. Das Tetrazol stellt ein Isoster der endständigen Säurefunktion dar.

streckte Moleküle, und floraler Charakter setzt einen Aufbau voraus, der an die Form eines Geigenkastens erinnert. Allerdings können sich schon geringe Strukturänderungen eindrucksvoll auf Variationen des Geruchsempfindens auswirken (Abschnitt 5.7).

Die Aufklärung unseres Geruchssinns geht auf Arbeiten von Linda Buck und Richard Alex zurück, die 2004 für diese Leistung mit dem Nobelpreis für Medizin ausgezeichnet wurden. Geruchsstoffe werden von den Riechzellen im Riechepithel unserer Nasenhöhle wahrgenommen. Dabei werden unterschiedliche Riechzellen durch verschiedenartige Geruchsstoffe depolarisiert und somit aktiviert, d. h. die Rezeptorproteine auf den Zellen unterscheiden sich in ihrer Affinität gegenüber strukturell variierenden Geruchsstoffen. Als Signal steigt in den Zellen GTP-abhängig die Aktivität einer Adenylylcyclase. Dies wurde als ein deutlicher Hinweis auf die Beteiligung von intrazellulären G-Proteinen am Riechvorgang interpretiert. Linda Buck und Richard Alex suchten daher nach einer Familie von G-Protein-gekoppelten Rezeptoren, die im Riechepithel von Ratten exprimiert werden. Schnell wurden sie fündig. Inzwischen weiß man, dass in Mäusen etwa 1000, beim Menschen ca. 350–400 unterschiedliche **Geruchsrezeptoren vom GPCR-Typ** auftreten. Sie machen im Säugergenom ca. 1–5 % der Gene aus. Trotz ihrer sehr ähnlichen Funktion variieren sie stark in der Aminosäuresequenz.

Diese Hypervariabilität steht im Einklang mit dem nuancenreichen Erkennen und Binden von Geruchsstoffen sehr unterschiedlicher Struktur. Doch sind für eine solche Vielfalt tatsächlich die ca. 350–400 unterschiedlichen Rezeptorvarianten ausreichend? Pro Neuron wird nur eine Sorte Riechrezeptor exprimiert, d. h. jedes Neuron verfügt über ein einziges Geruchsrezeptorgen. Durch das Studium der Reaktionsprofile verschiedener Neuronen, denen strukturell abgewandelte Riechstoffe zur Erkennung angeboten werden, wurde folgendes Ergebnis erkannt: Jeder Geruchsrezeptor kann mehrere Geruchsstoffe erkennen. Umgekehrt wird aber auch ein vorgegebener Geruchsstoff an mehreren Rezeptoren erkannt, und zwar mit abweichender Intensität in der induzierten Rezeptorantwort. Dies bedeutet, dass unterschiedliche Geruchsstoffe von unterschiedlichen **Rezeptorkombinationen** registriert werden und dabei eine abgestufte Signalverteilung erzeugen. Dies entspricht einer kombinatorischen Codierung des Geruchsempfindens an den Rezeptoren. Mit diesem Trick, über zusammengesetzte **Rezeptorprofile** ein Riechsignal zu verschlüsseln, wird es möglich, eine nahezu unbegrenzte Zahl von Geruchsstoffen zu unterscheiden. Hinter diesem Geheimnis verbirgt sich die enorme Vielfalt unseres Geruchssinns. Kaum vorzustellen, welch eine Zauberwelt sich den Mäusen erschließen muss. Immerhin besitzen sie eine nahezu dreifach umfangreichere Ausstattung an Riechrezeptoren. Vielleicht würde da selbst Jean-Baptiste Grenouille aus Patrick Süskinds Roman *Das Parfüm* blass.

Es ist wohl bekannt, dass das Riechempfinden zwischen den Menschen deutlich variiert. Manche Gerüche bleiben bestimmten Menschen verschlossen. Andere empfinden Düfte als abstoßend und streng, die wiederum andere als sehr angenehm und willkommen bezeichnen. Beispielsweise wurde dies für das Steroid Androstenon beobachtet. Androstenon ist ein wichtiger Bestandteil der typisch männlichen Körperausdünstungen. Es ist ein Metabolit des männlichen Sexualhormons Testosteron und dient bei verschiedenen Säugetieren als Lockstoff. Bei Wildschweinen bringt es die rauschige Sau auf Trab und macht sie liebestoll auf ihren Eber. Einer Studie mit einer Probandengruppe von fast 400 Personen zufolge teilt sich das Geruchsempfinden in drei Bevölkerungsgruppen etwa gleicher Größe. Während ein Drittel der Testpersonen die Verbindung überhaupt nicht wahrnehmen konnte, empfand ein weiteres Drittel die Substanz als abstoßend und die verbleibenden 30 % als angenehm nach Vanille riechend.

Als eine Erklärung für diese Diskrepanz fand man genetische Unterschiede in den Geruchsrezeptoren, die durch Androstenon aktiviert werden. Der Rezeptor OR7D4 erweist sich als am stärksten sensitiv auf das Steroid. Auf der Suche nach **genetischen Polymorphismen** entdeckte man für diesen Rezeptor Variationen von einzelnen Basenpaaren im Genom unterschiedlicher Individuen (so genannte „*single nucleotide polymorphisms*", SNPs, Abschnitt 12.11). Am häufigsten treten zwei gekoppelte Austausche auf, die einen Wechsel eines Arginins zu Tryptophan bzw. eines Threonins zu Methionin bedingen. Unter *in vitro*-Bedingungen zeigen die beiden Ausprägungsformen (Allele) des mutierten Rezeptors reduzierte Antwort auf den Riechstoff. Interessanterweise scheinen Probanden, die ein Gen für einen mutierten Rezeptor tragen, gar nicht oder nur abgeschwächt den Geruch wahrzunehmen. Menschen mit der unveränderten Genvariante sind dagegen überempfindlich für den Duftstoff. Somit mag es schon in den Genen begründet liegen, dass sich manche Männer untereinander nicht riechen können!

Der Austausch eines Serins gegen ein Asparagin an einer anderen Stelle des OR7D4-Rezeptors setzt dessen Empfindlichkeit gegen das Steroid herauf. Interessanterweise unterscheidet dieser Austausch neben vier weiteren Mutationen den Rezeptor im Menschen von dem im Schimpansen. Für Affenmännchen mag das Erkennen möglicher Konkurrenten in der Wildbahn oder für Partnerinnen beim Liebesleben wichtiger sein als für uns Menschen. Vielleicht hat die Natur deshalb die Schimpansen mit einem empfindlicheren Riechrezeptor für Androstenon versehen.

Zwei Aspekte aus dem Studium des Geruchssinns lassen sich möglicherweise auf die Wirkung von Arzneistoffen an GPCRs übertragen. Insbesondere im Fall der GCPRs, die durch biogene Amine angesteuert werden, konkurrieren synthetische Agonisten und Antagonisten um die gleiche Bindestelle wie die endogenen Liganden. Meist sind die Synthetika allerdings größer und interagieren daher mit einer vermehrten Zahl Aminosäurereste wie ihre körpereigenen Konkurrenten. Polymorphien auf der Basis von einzelnen Basenaustauschen sind auch für diese Rezeptoren beschrieben worden. Daher ist damit zu rechnen, dass **abgestufte Empfindlichkeiten** für die Wirkung eines Arzneistoffs an diesen mutierten Rezeptoren auftreten. Im Ergebnis macht sich dies in einer Variation der therapeutischen Breite eines Arzneistoffs innerhalb einer Patientengruppe bemerkbar.

Der andere Aspekt, der bei der Erforschung der Riechrezeptoren aufgefallen war, ist die kombinatorische Zusammensetzung eines Bindungsprofils aus den einzelnen Wechselwirkungssignalen an den verschiedenen Riechrezeptoren. Auch für die pharmakologisch relevanten GPCRs eines bestimmten Typs, beispielsweise des Serotonin-Rezeptors, kennen wir mehrere Subtypen, die auf den Zellen exponiert werden. Man bemüht sich zwar, hoch selektive Liganden für diese Subtypen zu entwickeln. Doch ist dies keine leichte Aufgabe bei einer ausgeprägten Verwandtschaft zwischen den einzelnen **Rezeptorsubtypen**. Stets wird es zu einer abgestuften Bindung an alle verwandten Rezeptoren kommen. Somit wird sich das Signal, das der Zelle vermittelt wird, als zusammengesetzte Information aus den einzelnen Bindungsprofilen ergeben. Diese Profile differieren für unterschiedliche Liganden und ergeben abweichende **pharmakologische Wirkspektren**. Dies macht es so ungeheuerlich schwer, für Entwicklungskandidaten auf diesem Gebiet vor der klinischen Testung ihren therapeutischen Wert abzuschätzen. Es mag sogar sein, dass diese Liganden gerade durch ihren ausgewogenen Angriff auf mehrere Subtypen gleichzeitig ihren Wert für die Therapie erlangen. Ganz analog entwickelt die eine Duftkreation durch optimal abgestufte Stimulation eines Kanons mehrerer Riechrezeptoren ihr erhabenes Potenzial, wogegen es eine andere nicht über das bescheidene Niveau eines billigen Duftwässerchens hinausbringt!

29.8 Rezeptortyrosinkinasen und Cytokinrezeptoren: Wo Insulin und EPO ihre Wirkung entfalten

Nicht nur GPCRs vermitteln extrazelluläre Signale in das Innere einer Zelle. Eine weitere große Gruppe membranständiger Rezeptoren, die diese Aufgabe leisten können, sind die Klasse **dimerisierender bzw. oligomerisierender Rezeptoren**, an die **Wachstumsfaktoren** binden. Diese Rezeptoren tragen auf der cytosolischen Seite eine **Tyrosinkinasedomäne**. Daher kann man diese Rezeptortyrosinkinasen auch als allosterisch regulierte Enzyme auffassen, deren steuernde Domäne sich auf der Zellaußenseite befindet. Die Liganden für diese Rezeptoren, die Wachstumsfaktoren, sind selbst Proteine einer Größe von ca. 50–400 Aminosäuren. Durch ihre Bindung, vermutlich zunächst an einen Monomerbaustein des Rezeptors, erfolgt dessen Dimerisierung. Auf der Zellinnenseite werden Konformationsänderungen in den beiden zueinander gekommenen Tyrosinkinasedomänen induziert, die eine Autophosphorylierung des Rezeptors an mehreren Stellen bewirken. Dies ist der Auslöser für die Rekrutierung weiterer Adapterproteine, die nun ebenfalls durch Phosphorylierung aktiviert werden. Diese Prozesse münden in nachgeschaltete kinaseabhängige Signalkaskaden ein und aktivieren im Zellkern Vorgänge, die die Genexpression regulieren. In der Familie der dimerisierenden Tyrosinkinase-Rezeptoren hat man inzwischen ca. 20 Klassen charakterisiert.

Eine große Gruppe stellen darunter die insulinähnlichen Wachstumsfaktor-Rezeptoren (IGFRs) dar. Insulin, ein Protein aus 51 Aminosäuren mit einem Aufbau aus zwei Ketten, bindet an einen solchen Rezeptor. Als Besonderheit liegen die IGFRs permanent in dimerer Form vor. Beide Rezeptorhälften sind durch Disulfidbrücken miteinander verknüpft. Für eine andere Gruppe, die epidermalen Wachstumsfaktor-Rezeptoren, hat man entdeckt, dass auch Heterodimere zwischen Rezeptor-Subtypen gebildet werden können. Nicht alle Tyrosinkinasen dieser Rezeptoren sind funktionstüchtig, sodass über den Weg der Dimerisierung unterschiedlicher Einheiten eine zusätzliche Regulation der dem Rezeptor nachgeschalteten Signalkaskade ermöglicht wird.

Die therapeutische Zielsetzung, die mit einer Agonisierung bzw. Antagonisierung dieser Rezeptoren einhergeht, kann sehr verschieden sein. Die Stimulation des Insulinrezeptors stellt ein Konzept zur Behandlung des *Diabetes mellitus* dar, da dieser Rezeptor die Glucoseaufnahme in die Zellen reguliert. Zum einen konzentriert man sich dazu auf modifizierte Insulinderivate (Abschnitt 32.2), die analog dem natürlichen Insulin den Rezeptor stimulieren. Alternativ versucht man aber auch, die Tyrosinkinaseaktivität des Rezeptors zu aktivieren. Bei Merck & Co. wurde in einem zellbasierten Screeningassay der nichtpeptidische Pilzmetabolit L-783281 **29.26** entdeckt (Abb. 29.10). In einem diabetischen Mausmodell vermag die oral applizierte Verbindung den Blutzuckerspiegel zu senken. Vielleicht stellt die Bindung spezifischer niedermolekularer Liganden eine Perspektive zur Entwicklung oral verfügbarer Insulinersatzstoffe dar.

Die insulinähnlichen wie die epidermalen Wachstumsfaktor-Rezeptoren sind interessante Zielstrukturen für eine Tumortherapie. Ihre Expression ist in Tumoren hochgeregelt. Sie stimulieren das Zellwachstum und steuern dem programmierten Zelltod gegen. Hier ist es von Interesse, die Funktion dieser Rezeptoren zu blockieren. Bisher sind alle Versuche gescheitert, niedermolekulare Inhibitoren zu entwickeln, die die Erkennung des Wachstumsfaktors an den Oberflächensegmenten des dimerisierenden Rezeptors blockieren. Die Interaktion mit der großen Wechselwirkungsfläche zwischen sich erkennenden Proteinen stellt für das Design kein triviales Problem dar (Abschnitt 7.10 und 10.6 und Abb. 29.11). Allerdings konnten hoch spezifische Antikörper gefunden werden, die mit den natürlichen Liganden in Konkurrenz treten und deren Rezeptorbindung vereiteln (Abschnitt 32.3). Ein alternatives Konzept setzt auf die Hemmung der Tyrosinkinase auf der Zellinnenseite. Auch hier sind Erfolge zu verzeichnen. Mit Gefitinib **29.27** wurde ein Tyrosinkinaseinhibitor (Abschnitt 26.3) gegen den epidermalen Wachstumsfaktorrezeptor entwickelt, der in der Tumortherapie zum Einsatz kommt (Abb. 29.10). Alternative Konzepte der Thera-

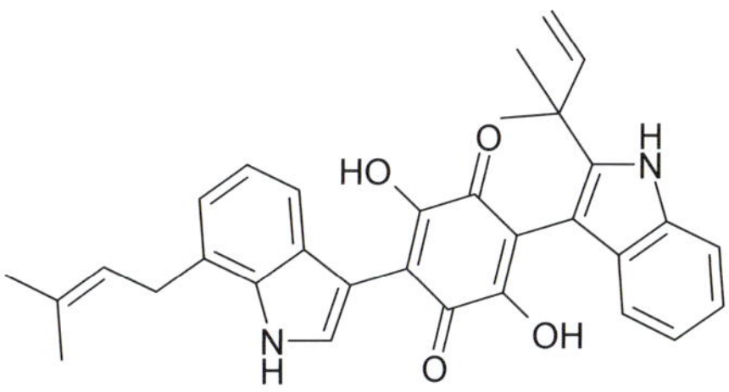

29. Agonisten und Antagonisten von membranständigen Rezeptoren

29.26 L-783 281 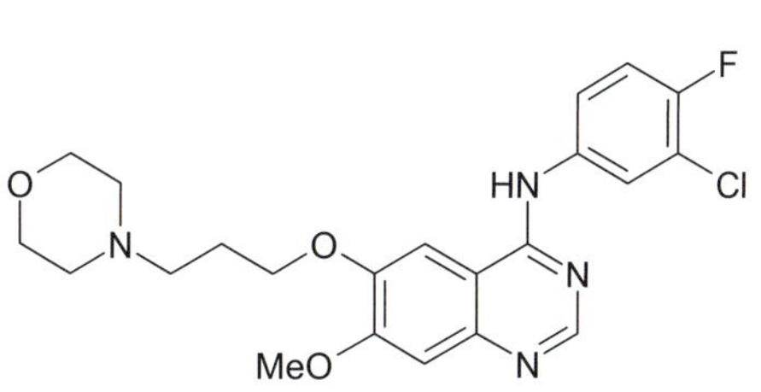 **29.27** Gefitinib

Abb. 29.10 Der pilzliche Inhaltstoff L-783 281 **29.26** wurde als niedermolekulares Insulinmimetikum entdeckt. Es stimuliert die Rezeptortyrosinkinase des Insulinrezeptors und besitzt antidiabetische Eigenschaften. Gefitinib **29.27** hemmt die Tyrosinkinasedomäne des Epidermalen Wachstumsfaktor-Rezeptors.

pie können Antisense-Nucleotide (Abschnitt 32.4) oder das Stummschalten mit siRNA (Abschnitt 12.7) darstellen, um die Expressionsrate der Zielrezeptoren herunterzudrücken.

Neben den Signalkaskaden über Rezeptortyrosinkinasen verwendet der Organismus auch Cytokine zur Signalvermittlung. Auch hier handelt es sich um proteinähnliche Signalstoffe, die häufig ein Faltungsmuster aus einem Bündel von vier Helices annehmen (Abb. 29.11). Cytokine werden von vielen Zellen freigesetzt. Ihre vornehmliche Funktion dient aber der Signalweitergabe im Immunsystem. So sind sie an Immun-, Entzündungs- und Infektionserkrankungen beteiligt. Sie signalisieren den Leukozyten und Makrophagen, zu einem Entzündungsherd zu wandern.

Sie spielen aber auch in der Zelldifferenzierung und Zellproliferation eine wichtige Rolle, sodass sie für die Krebstherapie eine Bedeutung besitzen.

Cytokine werden an Zelloberflächenrezeptoren erkannt, die auf der Zellinnenseite ebenfalls mit Proteinkinasen gekoppelt sind. Über diese Kinasen sind sie in der Lage, zelluläre Prozesse anzustoßen. Sie können zur Hoch- bzw. Herunterregulation der Genexpression führen. Für die Cytokine werden auch die Begriffe Interferone, Interleukine und Chemokine verwendet. Interferone stimulieren vor allem Zellen zur Immunabwehr bei viralen Infektionen. Interleukine wurden zunächst als ausschließlich an der Kommunikation von Leukozyten beteiligt betrachtet. Da sie aber auch an der Modulation von Zellwachstum

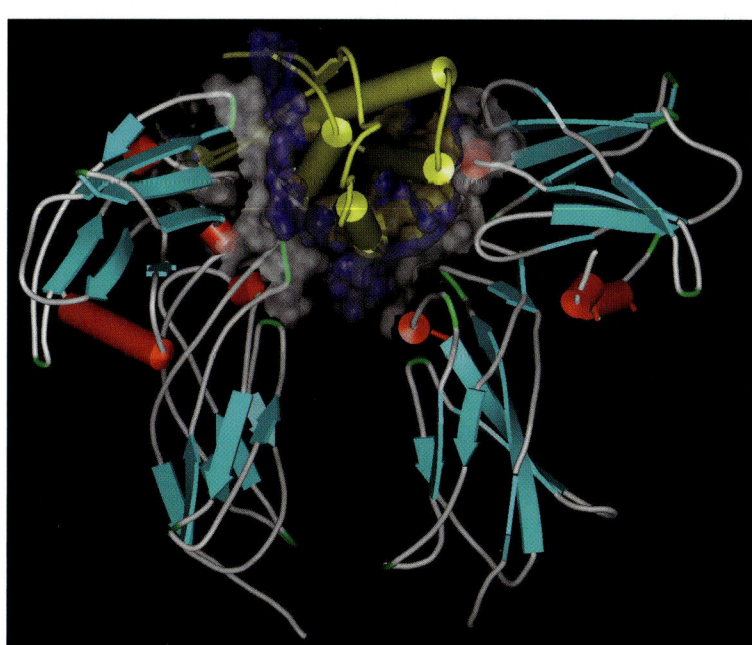

Abb. 29.11 Kristallstruktur von Erythropoietin (EPO) mit der Ligandenbindungsdomäne des Erythropoietin-Rezeptors (EPOR). Die Strukturelemente sind schematisch repräsentiert. EPO nimmt die Faltung eines tetrahelicalen Bündels an (gelb). Der dimere Rezeptor ist im Wesentlichen aus β-Faltblättern aufgebaut. Die Kontaktflächen zwischen Rezeptor und Ligand sind in weiß bzw. blau (Innenseite gelb) dargestellt.

und Zelltod beteiligt sind, werden sie ebenfalls zur Tumorbekämpfung eingesetzt. Chemokine sind chemische Signalstoffe, die Immunzellen zu einem Entzündungsherd locken.

Aus Sicht der Therapie ist es interessant, sowohl die Cytokine selbst wie auch funktionsanaloge Ersatzstoffe einzusetzen. An ihren Rezeptoren kann sowohl die Stimulation als auch die Hemmung ein Therapiekonzept abgeben. Da es sich auch hier wieder um Rezeptoren handelt, die durch Proteine angesteuert werden, ist es schwer, mit niedermolekularen Wirkstoffen einzugreifen. Daher werden die Cytokine selbst als Medikamente in der Therapie eingesetzt. So stellen Erythropoietin EPO, das die Bildung von roten Blutkörperchen anregt und deshalb von Sportlern zum Doping missbraucht wird, Interferon INF-α und INF-β zur Therapie der multiplen Sklerose und viral induzierter chronischer Leberentzündungen oder ein künstlicher TNF-α-Rezeptor zur Behandlung von Rheuma und chronischer Arthritis, Spitzenreiter im Verkauf so genannter „*Biologicals*" (Kapitel 32) dar. Anakinra, ein gentechnologisch hergestellter Interleukin 1-Rezeptorantagonist, wurde 2002 als Medikament gegen rheumatoide Arthritis zugelassen. Als Antagonist blockiert er die entzündungsauslösende Wirkung des Interleukins IL-1.

Literatur

Allgemeine Literatur

R. R. Rexler *et al.*, Nonpeptide Angiotensin II Receptor Antagonists: The Next Generation in Antihypertensive Therapy, J. Med. Chem. **39**, 625–656 (1996)

P. B. M. W. M. Timmermans, P. C. Wong, A. T. Chiu und W. F. Herblin, Nonpeptide Angiotensin II Receptor Antagonists, Trends Pharm. Sci. **12**, 55–61 (1991)

Y. C. Martin, *et al.*, Molecular Modeling-based Design of Novel, Selective, Potent D_1 Dopamine Agonists, in QSAR: Rational Approaches to the Design of Bioactive Compounds, Elsevier, Amsterdam, 1991, S. 469–482

L. B. Buck, Die Aufklärung des Geruchssinns, Angewandte Chemie **117**, 6283–6296 (2005)

Spezielle Literatur

D. M. Rosenbaum, V. Cherezov et al., GPCR Engineering Yields High-Resolution Structural Insights into β_2-adrenergic Receptor Function, Science **318**, 1266–1273 (2007)

S. G. Rasmussen et al. Crystal Structure of the Human β_2 Adrenergic G-protein coupled Receptor, Nature **450**, 383–387 (2007)

V. Cherezov et al., High-resolution Crystal Structure of an Engineered Human β_2-adrenergic G Protein-coupled Receptor, Science **318**, 1258–1265 (2007)

T. Warne, M. J. Serrano-Vega et al., Structure of a β_1-adrenergic G-protein-coupled Receptor, Nature **454**, 486–491 (2008)

P. B. M. W. M. Timermanns et al. Angiotensin II Receptors and Angiotensin II Receptor Antagonists, Pharmaco. Rev. **45** 205–242 (1993)

H. Ji, W. Zheng, Y. Zhang, K.J. Catt, K. Sandberg, Genetic Transfer of a Nonpeptidic Antagonist Binding Site to a Previously Unresponsive Angiotensin Receptor, Proc. Nat. Acad. Sci. USA **92,** 9240–9244 (1995)

A. Keller, H. Zhuang, Q. Chi, L.B. Vosshall und H. Matsunami, Genetic Variations in a Human Odorant Receptor Alters Odour Preception, Nature **449**, 468–472 (2007)

R. Bianco et al. Rational Bases for the Development of EGFR inhibitors or Cancer Treatment, Int. J. Biochem. & Cell Biol. **39**, 1416–1431 (2007)

P. De Meyts und J. Whittaker, Structural Biology of Insulin and IGF1 Receptors: Implications for Drug Design, Nat. Rev. Drug Discov. **1**, 769–783 (2002)

Ligandenfür Kanäle, Poren und Transporter 30

Die Zelle ist die kleinste strukturelle und funktionelle Einheit aller Lebewesen. Einzeller bestehen nur aus einer einzigen solchen Einheit. Bei komplexen Organismen wie dem Menschen kommen 10^{13}–10^{14} Zellen zusammen. **Zellen** sind aufgrund ihres Aufbaus zum **Stoffwechsel** befähigt. Sie besitzen eine komplexe Architektur, die direkt mit ihrer Funktion im Zusammenhang steht. Wegen des hohen **Grads der Zelldifferenzierung** in höher entwickelten Organismen kann man nicht von einer typischen repräsentativen Zelle sprechen. Alle Zellen sind mit einer Membran umgeben. Sie sorgt dafür, dass die Zellen eine eigenständige abgeschlossene Einheit darstellen. Über diese Membran müssen Signale vermittelt werden. Systeme, die dieser Aufgaben nachkommen, wurden in den Kapiteln 28 und 29 besprochen. Aber auch Stoffaustausch muss möglich sein, damit die Zelle mit den für ihre Funktion entscheidenden Substanzen versorgt wird. Der selektiven Durchlässigkeit der Membran kommt somit eine besondere Bedeutung zu. Amphiphile Stoffe können selbst passiv durch die Membran diffundieren. Beispielsweise besitzen die in Kapitel 28 diskutierten Steroidhormone diese Eigenschaft. Polare Verbindungen wie Aminosäuren, Peptide oder Zucker überwinden die Membran nicht auf passivem Weg, sie sind aber für die Versorgung der Zelle essenziell. Daher verfügen die Zellen über spezielle **Transporter**, die teilweise hoch selektiv, teilweise aber auch mit erstaunlicher Promiskuität arbeiten. Da der Substanztransport der polaren Verbindungen in aller Regel gegen Konzentrationsgradienten erfolgt, gelingt dies nur unter Einsatz von Energie. Die Natur koppelt dazu die Aufgabe eines solchen Transporters an eine energieliefernde Reaktion. In biologischen Systemen dient dazu in erster Linie die Hydrolyse der Triphosphat-Einheit im ATP.

Einer anderen Gruppe geladener Teilchen, den **Ionen**, kommt zur Steuerung und Schaltung von Zellen eine fundamentale Bedeutung zu. Ohne spezielle Proteinsysteme können auch sie die Membran nicht überwinden. Liegen im Zellinneren und auf der Zellaußenseite unterschiedliche Konzentrationen einer Ionensorte vor, so bedingt dies eine **elektrochemische Potenzialdifferenz** über die Membran. Veränderungen der Membranpermeabilität für Ionen spielen bei der Erregung und Reizleitung von Zellen eine entscheidende Rolle. Vor allem Nerven- und Muskelzellen reagieren auf solche Reize mit einer spezifischen Veränderung ihres Zustands. Beispielsweise bestimmt die Kontraktion von Muskelzellen den Herzschlag. Nervenzellen leiten Erregungen über kürzere oder weitere Strecken und dienen so im Zentralnervensystem der Informationsverarbeitung.

Das Einstellen bzw. Aufrechterhalten von Konzentrationsgefällen der beteiligten Ionen über die Membran machen den Transport dieser Ionen über die Membranbarriere erforderlich. Zunächst sind es die **Ionenpumpen**, die einen elektrochemischen Konzentrationgradienten über die Membranbarriere aufbauen. Sie arbeiten relativ langsam und verbrauchen Energie. Daher ist ihre Funktion, wie oben beschrieben, an eine energieliefernde Reaktion gekoppelt. Ionenpumpen erreichen eine Transportrate von 10^2–10^4 Teichen pro Sekunde. Ihre Belegungsdichte in der Membran ist zwar mit ca. 10^3–10^5 Molekülen pro μm^2 recht hoch, für das schnelle Schalten zellulärer Vorgänge wären die Ionenpumpen aber viel zu langsam. Daher gibt es **spezifische Ionenkanäle,** die für eine selektive Ionenpassage sorgen. Mit ihnen wird eine Fluxrate von 10^6–10^8 Ionen/sec erreicht, die damit nur wenig unter der Diffusionsgeschwindigkeit liegt. Ihre Belegungsdichte in der Membran ist mit ca. 1–10 Molekülen pro μm^2 deutlich geringer. Ionenkanäle werden entweder spannungs- oder ligandabhängig gesteuert und erlauben eine Veränderung des Membranpotenzials im Millisekundenbereich. Haben die Pumpen ein elektrochemisches Konzentrationsgefälle über die Membran eingestellt, so führt das reine Öffnen eines spezifischen Ionenkanals aus entropischen Gründen zum Ionenfluss über die Membran.

Die Zelle muss aber auch ihren Wasserhaushalt regeln. Einzelne Wassermoleküle können direkt durch die Membran diffundieren. Zum Transport größerer Wassermengen sind jedoch spezifische Poren, die

Aquaporine, erforderlich, die einen Ein- bzw. Ausstrom von Wasser in einem osmotischen Druckgefälle steuern.

Diese Systeme des spezifischen Teilchentransports über die Membran sollen in diesem Kapitel genauer betrachtet werden. Sie sind alle **integrale Membranproteine**. Strukturbiologisch charakterisierte Beispiele für diese Membranproteine werden in Aufbau und Funktion vorgestellt. Liganden sollen diskutiert werden, die Anlass zur therapeutisch-relevanten Steuerung dieser Proteine geben. Auch bakterielle Transportsysteme, die die Permeabilität von Membranen verändern und auf diese Weise als Antibiotika gegen andere Mikroorganismen wirken, sollen angesprochen werden.

30.1 Spannungen und Ionengefälle bringen Zellen auf Trab

Aus der Elektrochemie ist sicher jedem noch der Aufbau von **elektrochemischen Redoxzellen** bekannt. Füllt man in ein Gefäß mit einer für den Ionentransport permeablen Glasmembran auf beide Seiten unterschiedlich konzentrierte Lösungen, beispielsweise von wässrigem Kupfersulfat, und hält in beide Lösungen ein Kupferblech, so kann zwischen den beiden Metallblechen eine Spannungsdifferenz gemessen werden. Die anliegende Spannung ergibt sich aus der Nernstschen Gleichung. Da auf beiden Seiten der Grenzfläche eine gleich aufgebaute Halbzelle verwendet wird, bestimmen nur der Logarithmus des Konzentrationsunterschieds auf beiden Seiten und die Zahl der wandernden Ladungen das Potenzial. In einem Gedankenexperiment werden auf den unterschiedlichen Seiten des Gefäßes gleich konzentrierte Lösungen von Kalium- und Natriumchlorid vorgelegt. Die trennende Membran soll nur für Kaliumionen permeabel, für Natriumionen dagegen undurchlässig sein. Aus entropischen Gründen ist das System bestrebt, das **Konzentrationsgefälle** sowohl an Na^+- wie K^+-Ionen auszugleichen. Die eingesetzte Membran ermöglicht dies aber nur den Kaliumionen. Daher reichert sich ein Überschuss an positiven Ladungen auf der einen Seite der Membran an, auf der anderen entsteht ein Mangel. Es baut sich eine **Potenzialdifferenz** auf, die sich, wie in dem ersten Beispiel gesehen, aus dem Konzentrationsunterschied an der Grenzfläche über die Nernstsche Gleichung berechnet. Nach kurzer Zeit kommt die Nettowanderung der Kaliumionen zum Stillstand, da dem Bestreben zum Konzentrationsausgleich die sich aufbauende, abstoßende elektrische Potenzialdifferenz entgegenwirkt. Nur wenige Kaliumionen sind tatsächlich gewandert, bis sich dieses dynamische Gleichgewicht eingestellt hat.

In der belebten Natur sind es vor allem Natrium-, Kalium-, Calcium- und Chloridionen, die zwischen der Innen- und Außenseite einer Zelle eine solche Potenzialdifferenz aufbauen. Zunächst sind es die Ionenpumpen, die für ein Konzentrationsgefälle über die Membran sorgen. Wäre die Zellmembran ausschließlich für Kaliumionen durchlässig, würde sich bei dem im Organismus beobachteten ca. 30fachen Konzentrationsgefälles der K^+-Ionen zwischen Zellinnerem und Umgebung eine Spannung von ca. −90 mV ergeben (Abb. 30.1 und 30.2). Im ruhenden Zustand einer Zelle liegt diese Situation praktisch so vor. Wie in dem Gedankenexperiment beschrieben, stellt der Ausstrom von K^+-Ionen durch einen hoch spezifischen Kaliumkanal diese Spannung ein. Man misst allerdings nicht die erwähnten ca. −90 mV, sondern ein **Ruhemembranpotenzial** von ca. −70 mV (Abb. 30.2). Da auch für die anderen Ionen eine gewisse Permeabilität besteht, ergibt sich das **Membranpotenzial** zu einem bestimmten Zeitpunkt und Zustand der Zelle als ein komplexes Mischpotenzial aus den verschiedenen Beiträgen der einzelnen Ionen und ihrer Leitfähigkeiten (Abb. 30.1). Um die Zelle in einem bestimmten Zustand zu stabilisieren (z. B. in der Ruhephase), wird die zelluläre Ionenverteilung durch **Na^+/K^+-ATPasen** aufrechterhalten. Sie pumpen Ionen unter Verbrauch von ATP gegen einen elektrochemischen Konzentrationsgradienten. Pro Pumpvorgang werden dabei drei Natriumionen aus der Zelle heraus und zwei Kaliumionen in sie hinein befördert. Für die Einstellung der Calciumionenkonzentration gibt es ebenfalls solche Pumpen.

Wird eine **Erregung der Zelle** durch ein sogenanntes **Aktionspotenzial** ausgelöst, ändert sich die Membranpermeabilität für die einzelnen Ionen. Vor allem erhöht sich die Durchlässigkeit für Natriumionen dramatisch. Im Ruhezustand ist die Natriumionen-Konzentration im Außenraum um eine Zelle ca. 10fach höher als im Zellinneren. Ab einem Schwellenpotenzial von ca. −60 mV öffnet ein Natriumkanal und verschiebt das Membranpotenzial kurzfristig durch **Depolarisation** in den positiven Bereich bis auf etwa +40 mV. Doch noch bevor nach sehr kurzer Zeit das Na^+-Gleichgewichtspotenzial von ca. +60 mV erreicht ist, bricht der schnelle Einstrom von Natriumionen ab, da der Natriumkanal wieder schließt. Anschließend verändert sich das Potenzial zurück in Richtung Ruhepotenzial, wobei diese so genannte **Re-**

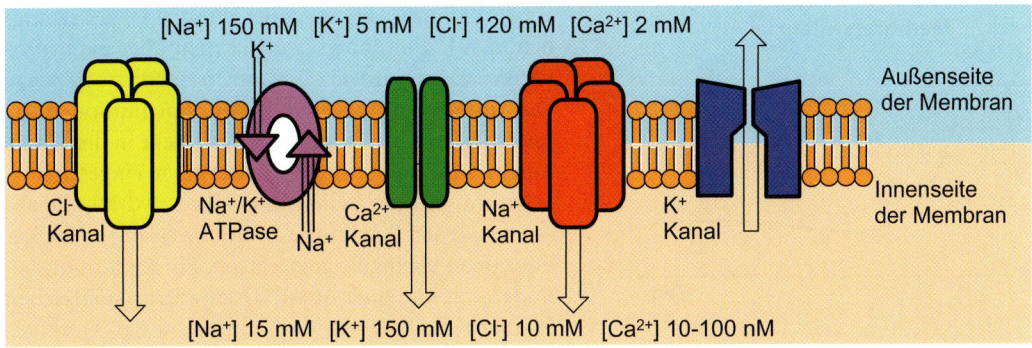

Abb. 30.1 Unterschiedliche Pumpen und Ionenkanäle sorgen für die Einstellung von Ionengradienten über die Zellmembran und bauen damit eine Potenzialdifferenz über die Membran auf. Sie können entweder ligand- oder spannungsgesteuert sein. Kaliumkanäle (blau) schleusen hoch selektiv Kaliumionen aus der Zelle. Sie sind im Wesentlichen für die Einstellung des Ruhepotenzials verantwortlich. Primär das Öffnen von schnellen Natrium- (rot), aber auch von Calciumionenkanälen (grün) verursacht ein Aktionspotenzial, das zur Depolarisation führt. Für die Wiederherstellung der Na^+/K^+-Ionenkonzentration im Ruhezustand sorgt eine Pumpe (violett), die in einem Pumpvorgang drei Na^+- gegen zwei K^+-Ionen austauscht. Chloridkanäle (gelb) ermöglichen den Einstrom von Cl^--Ionen, wodurch die Zelle hyperpolarisiert und eine Depolarisation erschwert wird. Die angegebenen Ionenkonzentrationen in mol/l (M) auf beiden Seiten der Membran entsprechen ungefähr den Werten im Ruhezustand.

polarisation wieder durch den Ausstrom von Kaliumionen aus der Zelle bedingt wird. Diese Vorgänge steuern spannungsabhängige K_v-Kaliumkanäle. Das Membranpotenzial sinkt leicht unter den Wert des Ruhemembranpotenzials und die Kaliumkanäle schließen (Abb. 30.2). Ist das Membranpotenzial auf negativere Werte als das Ruhepotenzial abgesunken, spricht man von **Hyperpolarisation**. In diesem Zustand ist die Erregbarkeit einer Zelle herabgesetzt.

Zur Erregung und zum Aktionspotenzial von Zellen können aber auch Calciumionen beitragen. Dies spielt z. B. bei Herzmuskelzellen eine entscheidende Rolle. Die extrazelluläre Konzentration an Calciumionen ist deutlich höher als im Inneren einer Zelle. Daher können zusätzlich in eine Zelle einfließende Ca^{2+}-Ionen die Depolarisation verstärken (Abb. 30.1). Zugang zum Zellinneren bekommen die Calciumionen über spezifische und hoch selektive **Calciumkanäle**. Eine Verlangsamung der Depolarisation kann durch Verbindungen erreicht werden, die die Öffnung der Natrium- bzw. Calciumkanäle blockieren. Dieses Prinzip der Hemmung von Natriumkanälen an Nervenzellen verfolgen manche Lokalanästhetika. Calciumkanalblocker verringern den Ca^{2+}-Einstrom. Dadurch verlangsamt sich z. B. die diastolische Depolarisation in Herzzellen, der Herzmuskel arbeitet ökonomischer. Deshalb setzt man solche Verbindungen, z. B. Nifedipin, Diltiazem und Verapamil, gegen Hypertonie oder Herzrhythmusstörungen ein (Abschnitt 2.6).

Die in diesem Abschnitt beschriebenen elektrophysiologischen Vorgänge geben ein stark vereinfachtes Bild wieder. Je nach Aufgabe und gewebespezifischer Lokalisation einer Zelle treten mehrere ionenspezifische Kanäle in Aktion und erzielen so eine feinabgestimmte Einstellung des erforderlichen Membranpotenzials.

30.2 Wirkungsweise eines Kaliumkanals auf atomarer Ebene

Die feinabgestufte Einstellung von Ionengradienten über die Membran zum Aufbau von Membranpotenzialen zeigt, dass Kanäle von einer hohen **Selektivität** für einzelne Ionen sein müssen. Dabei ist der Unterschied zwischen den durchzulassenden Ionen sehr gering. Natrium- und Kaliumionen besitzen die gleiche Ladung und unterscheiden sich in ihrer Größe nur um etwas mehr als 0,35 Å. Ihre **Hydratationsenthalpien** sind leicht verschieden, allerdings differieren sie in der Geometrie ihrer Hydrathülle. Das größere Kaliumion umgibt sich mit acht Wassermolekülen, wogegen das Natriumion mit sechs nächsten Nachbarn Vorlieb nimmt. Wie kann ein Protein diesen kleinen Unterschied effizient ausnutzen, sodass daraus ein selektiver Ionenfilter resultiert? Die erreichte **Trennschärfe** ist beeindruckend: Unter 10 000 Kaliumionen kann sich nur ein Natriumion schmuggeln!

Ionenkanäle sind riesige molekulare Gebilde. Sie sind eingebettet in die Membran. Es ist eine hohe

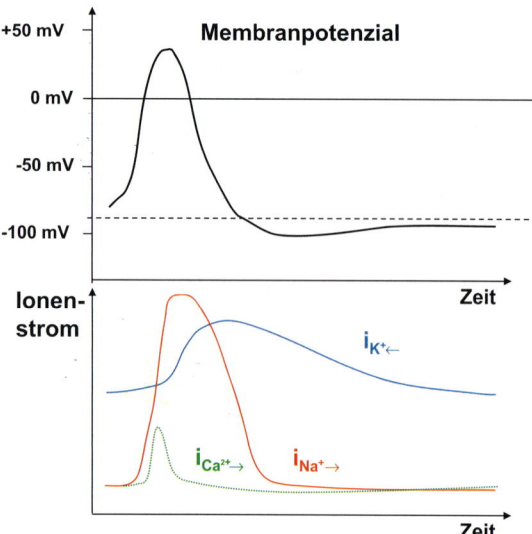

Abb. 30.2 Im Ruhezustand liegt das Aktionspotenzial bei ca. –70 mV und wird durch den Ausstrom von Kaliumionen ($i_K\leftarrow$, blau) stabilisiert. Durch Erregung öffnet ein schneller Natriumkanal. Der Einstrom von Natriumionen ($i_{Na}\rightarrow$, rot) verschiebt das Membranpotenzial um ca. 100 mV in den positiven Bereich. Ist dieser Wert erreicht, schließt sich der Natriumkanal. Ausströmende Kaliumionen repolarisieren die Zelle und verschieben das Potenzial unter die Schwelle des Ruhemembranpotenzials (Hyperpolarisation). Bei Zellen mit Calciumkanälen kann deren Öffnung ebenfalls zur Depolarisation und damit zu einem Aktionspotenzial beitragen ($i_{Ca}\rightarrow$, grün).

benen Kaliumionen aus dem Cytosol an. Dies ermöglicht den Kaliumionen den Übertritt über die hydrophobe Membranregion. Damit ist aber noch keine Diskriminierung gegenüber den Natriumionen erreicht. Nach der Beschleunigungsstrecke in den Kanal hinein wird jetzt ein Selektivitätsfilter eingeschaltet. Dazu müssen die Kaliumionen ihre Hydrathülle abstreifen. In der Strukturbestimmung gelang es, die Kaliumionen ebenfalls einzufangen. Ein Kaliumion befindet sich mit einer **quadratisch-antiprismatischen Wasserhülle** kurz vor dem Eintritt in den Selektivitätsfilter (Abb. 30.4). Dieser ist nun so aufgebaut, dass zunächst die vier Sauerstoffatome von vier Threoninresten (Thr 75) des Tetramers vier Koordinationsstellen für das achtfach koordinierte Kaliumion übernehmen. Daran anschließend bieten sich vier Carbonyl-Sauerstoffatome der Hauptkette als Koordinationsliganden an (Val 76, Gly 77 und Gly 79). Dieses Motiv von vier ringförmig um den Selektivitätsfilter angeordneten Carbonylgruppen wiederholt sich dreimal.

Kunst, sie unzerstört aus dieser Membran herauszulösen und mit Hilfsstoffen in einen geordneten Kristallverband zu überführen. Daran kann dann eine Kristallstruktur bestimmt werden. Diese Meisterleistung ist Roderick MacKinnon 1998 an der Rockefeller Universität in New York gelungen. Nur fünf Jahre später wurde diese wissenschaftliche Höchstleistung mit dem Nobelpreis ausgezeichnet.

Zunächst gelang die Strukturbestimmung an dem **Kaliumkanal KcsA** aus dem Bakterium *Streptomyces lividans*. Der Kanal ist als Homotetramer aufgebaut und durchspannt die Membran mit zwei langen Helices pro Monomer (Abb. 30.3). Eine weitere, kürzere Helix ist mit ihrem *C*-terminalen Ende auf eine Höhle im Zentrum des Kanals ausgerichtet. Eine solche Helix baut entlang ihrer Achse durch die regelmäßige Ausrichtung der Amidbindungen des Proteinrückgrats ein Dipolmoment auf (Abschnitt 14.2). Am Ende einer solchen Helix entsteht somit eine bevorzugte Bindestelle für eine positive Ladung (Abb. 30.4). Im Kaliumkanal sind vier solche Helices auf die Höhle im Inneren des Kanals ausgerichtet. Sie saugen praktisch die mit einer Hülle aus acht Wassermolekülen umge-

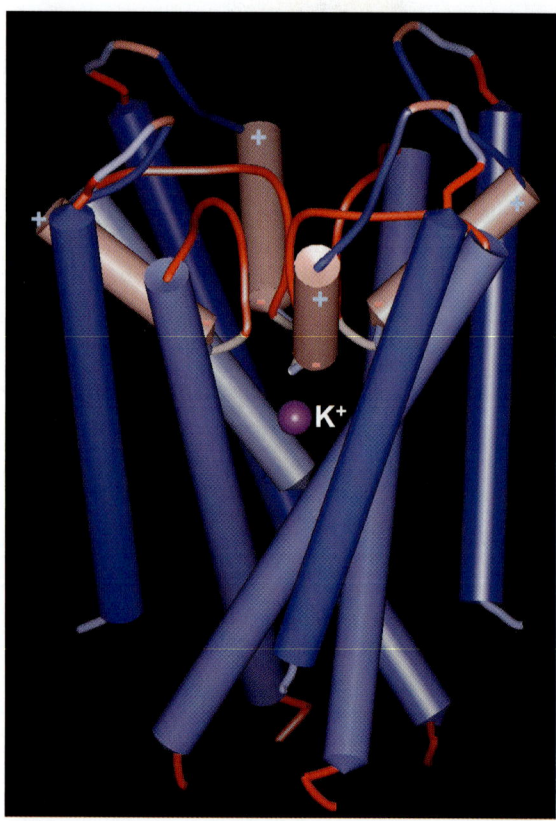

Abb. 30.3 Die vier kürzeren Helices (hellrot) aus dem tetrameren Kaliumkanal orientieren sich mit ihrem negativ polarisierten *C*-Terminus (–) auf die Bindestelle, wo die Kaliumionen (violette Kugel) ihre Wasserhülle abstreifen. Sie saugen die positiv geladenen Ionen an und stabilisieren sie im Inneren des Ionenkanals.

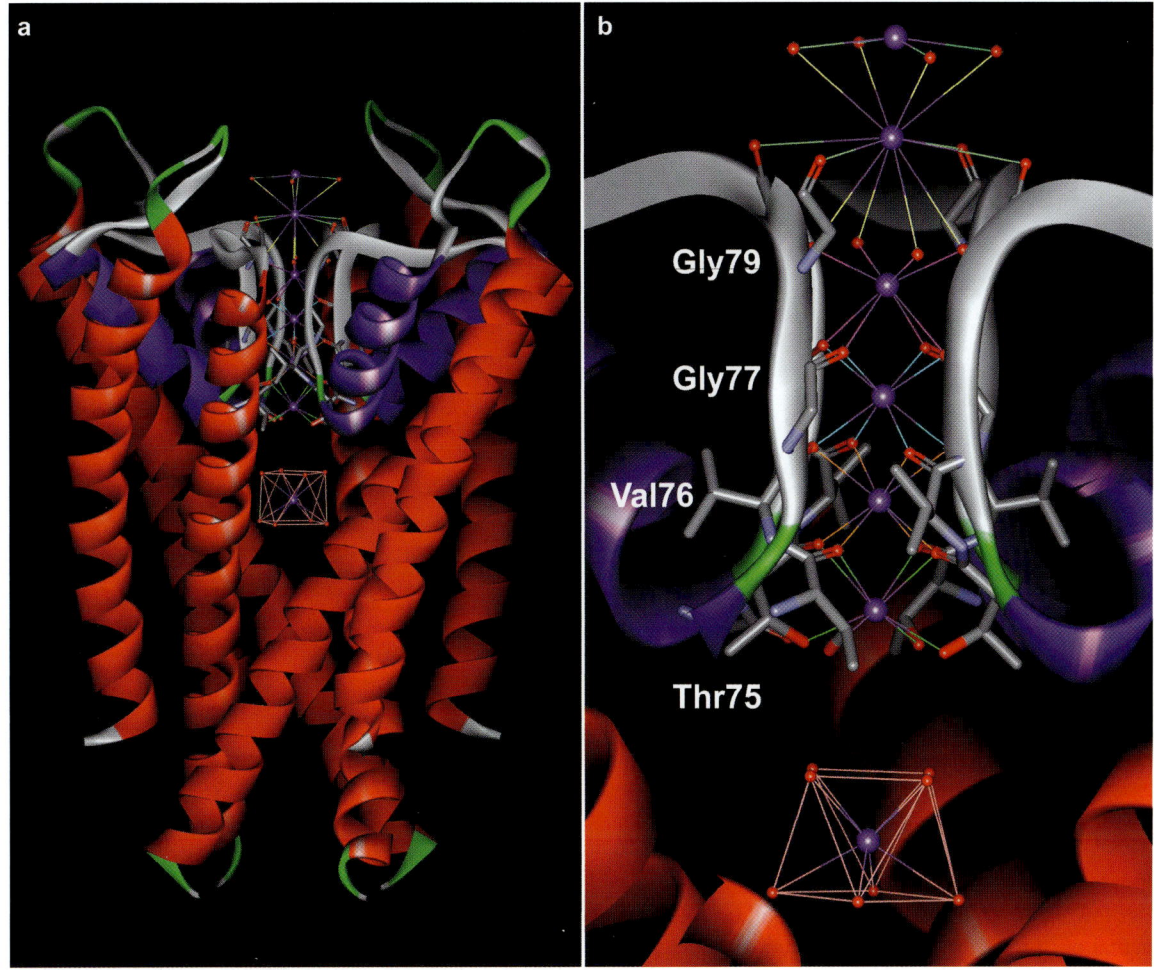

Abb. 30.4 Kristallstruktur des bakteriellen Kaliumkanals KcsA im offenen Zustand. Der Kanal bildet ein Tetramer (a) aus jeweils drei Helices. Zwei diese Helices (rot) durchspannen die gesamte Membran, während sich die dritte, kürzere Helix (blauviolett) auf eine Höhle im Inneren des Kanals ausrichtet. Dort streifen die mit acht Wassermolekülen umgebenen Kaliumionen (violette Kugeln) ihre Wasserhülle ab und treten in den Selektivitätsfilter ein (b). Unten vor dem Eintritt in den Kanal ist ein Kaliumion mit seiner quadratisch-antiprismatischen Koordination gezeigt. Die Carbonylgruppen aus der Hauptkette übernehmen die Achterkoordination um die Kaliumionen mit gleicher Geometrie und transferieren sie über die Membran.

Dabei nehmen diese ringförmig angeordneten Carbonylgruppen zueinander eine Anordnung an, die perfekt die quadratisch-antiprismatische Anordnung der Wassermoleküle in der Hydrathülle der Kaliumionen ersetzt. Die Natur hat in genialer Weise die Koordinationsgeometrie eines Kaliumions nachgebildet. Mit dieser Architektur aus einem TVGYG-Motiv gelingt es ihr, die beeindruckende Selektivität zu erreichen. Die Anordnung der Koordinationszähne passt einfach nicht für Lithium- oder Natriumionen. Die Natur hat es auch bevorzugt, Carbonylgruppen aus der Hauptkette für diese Aufgabe heranzuziehen. Sie sind in ein starres Korsett eingebunden, Sauerstoffgruppen auf Seitenketten wären für diese Aufgabe räumlich einfach zu flexibel. Sie würden die verlangte geometrische Präzision nicht erreichen. Nur am Eintritt wird über die Seitenketten-OH-Gruppen von vier Threoninen eine gewisse Mobilität eröffnet.

Inzwischen ist es gelungen, die Struktur eines Kanals aus *Bacillus cereus* mit gleicher Gesamtarchitektur aufzuklären, dem die Selektivität für Kaliumionen fehlt. Er kann kaum zwischen K$^+$- und Na$^+$-Ionen unterscheiden. Der Aufbau seines Selektivitätsfilters ist anders. Der Tyrosinrest im TVGYG-Motiv des Kaliumkanals ist durch ein Aspartat zu TVGDG ausgetauscht. Dies hat weitreichende Konsequenzen. Im unteren Teil, der durch den Threonin- und Valinrest gebildet wird, bleibt die Geometrie des Filters weitge-

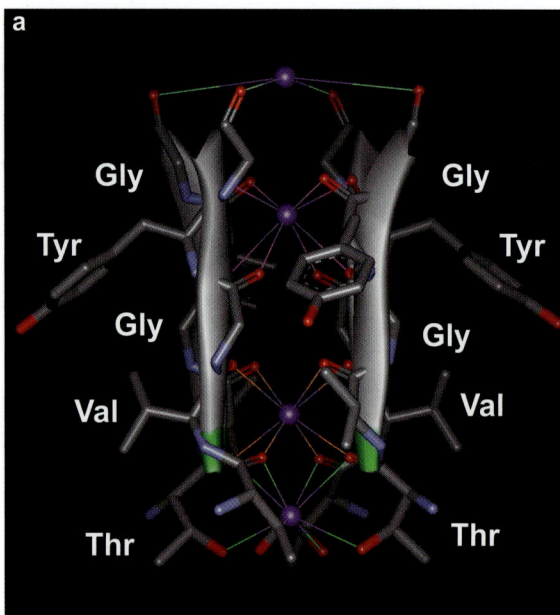 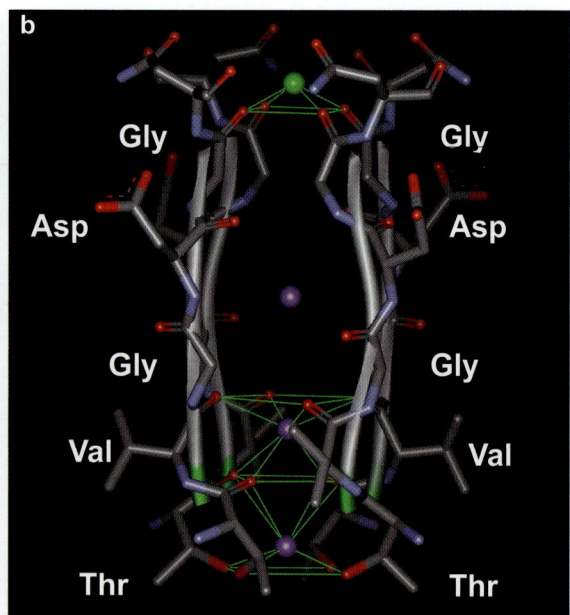

Abb. 30.5 Vergleich des tetrameren Ionenfilters im hoch selektiven Kaliumkanal KcsA aus *Streptomyces lividans* (a) und dem für Natrium- wie Kaliumionen durchlässigen Kanal aus *Bacillus cereus* (b). Der selektive Kanal bildet ein Tetramer aus einem TVGYG-Motiv, im Na$^+$/K$^+$-Kanal ist dort TVGDG zu finden. Im unteren Teil, der durch einen Threonin- und Valinrest gebildet wird, haben beide Kanäle gleiche Geometrie. Die Rückgrat-Carbonylgruppen der folgenden Aminosäuren Gly–Tyr sind im kaliumselektiven Kanal nach innen gedreht und tragen mit zum Filter bei, während im unselektiven Kanal beide C=O-Gruppen an Gly–Asp weggedreht sind. Es öffnet sich eine Kammer, die ein Ion aufnehmen kann, aber keine Selektivitätsfilterung erreicht.

hend unverändert. Die Rückgrat-Carbonylgruppen der folgenden Aminosäuren sind im kaliumselektiven Kanal nach innen gedreht und tragen mit zum Filter bei (Abb. 30.5). Im unselektiven Kanal sind beide von diesem Bereich weggedreht und eröffnen eine Kammer, die zwar ein Ion aufnehmen kann, die aber keine Selektivitätsfilterung erreicht.

Durch weitere Strukturbestimmungen, auch an Kanälen aus anderen Organismen, ist es gelungen, den Mechanismus zum Öffnen und Schließen des Kaliumkanals genauer zu verstehen. Der Kanal öffnet auf eine Änderung des Membranpotenzials von ca. 50 mV. Da diese Spannungsdifferenz auf einer Strecke von ca. 50 Å anfällt, bedeutet dies einen gewaltigen Effekt von etwa 100 000 Volt/cm. Offensichtlich sind Teile des Kanals, die auf das Spannungssignal reagieren, stark positiv geladen und schwimmen wie Paddel auf der Außenseite der Membran. Eine Änderung der Spannung über die Membran bewirkt eine Bewegung dieser Paddel und leitet das Öffnen bzw. Schließen des Kanals ein. Für den Vorgang ist ein Knick in einer der ausgedehnten Transmembranhelices verantwortlich. Durch eine kombinierte Knick- und Drehbewegung rotiert in jeder Untereinheit des Tetramers ein Helixende um ca. 30° und bewirkt den Verschluss bzw. das Öffnen des Kanals. An der Knickstelle befindet sich, hoch konserviert, ein Glycinrest. Durch die fehlende Seitenkette eröffnet sich dieser Aminosäure eine größere konformative Flexibilität. Daher ist gerade Glycin prädestiniert, an Konformationsschaltern mitzuwirken.

Eine Gruppe von Kaliumkanälen ist ATP-abhängig. Ihr struktureller Aufbau ist viel komplexer als der des beschriebenen bakteriellen Kanals. Zwei Gene, *Kir6.1* und *Kir6.2*, sind bekannt, die für den porenbildenden Teil des ATP-abhängigen Kanals codieren. Die Kanäle sind als Heterooctamere aus jeweils vier Kir-Kanalproteinen und vier regulatorischen Untereinheiten aufgebaut. Letztere werden, da sie durch **Sulfonylharnstoffe** blockiert werden, als Sulfonylharnstoffrezeptoren bezeichnet. ATP bindet an die Kir-Untereinheit, worauf der Kanal schließt. Über einen mehrstufigen Prozess wird ATP zu ADP hydrolysiert, die ATP-bedingte Schließung wird dadurch aufgehoben. Durch Dissoziation und erneutes Binden von Magnesium-ADP wird der Kanal im offenen Zustand arretiert. Sein Zustand hängt somit von dem ATP/ADP-Quotienten in der Zelle ab. Man kennt Wirkstoffe wie Pinacidil **30.1**, Diazoxid **30.2** oder Levcromakalim **30.3**, die den Kanal in der offenen Form stabilisieren (Abb. 30.6). Pinacidil wird gegen Bluthochdruck eingesetzt, Diazoxid dient zur Therapie von Inselzelltumoren. Dagegen blockiert in den insulinproduzierenden Zellen der Bauchspeicheldrüse die große Gruppe der Sulfonylharnstoffe (Abb. 30.6) die regulatorische Untereinheit und führt zum Schließen des Kaliumkanals. Erhöhte Glucosekonzentrationen stimulieren die **Insulinsekretion aus den pankreatischen β-Zellen**. Diese Freisetzung erfolgt als Antwort auf eine Reihe intrazellulärer metabolischer und elektrophysiologischer Vorgänge. Glucose gelangt über den Transporter GLUT-2 in die β-Zellen. Dort wird sie phosphoryliert und zum größten Teil abgebaut. Dabei kommt es zu einem Anstieg des intrazel-

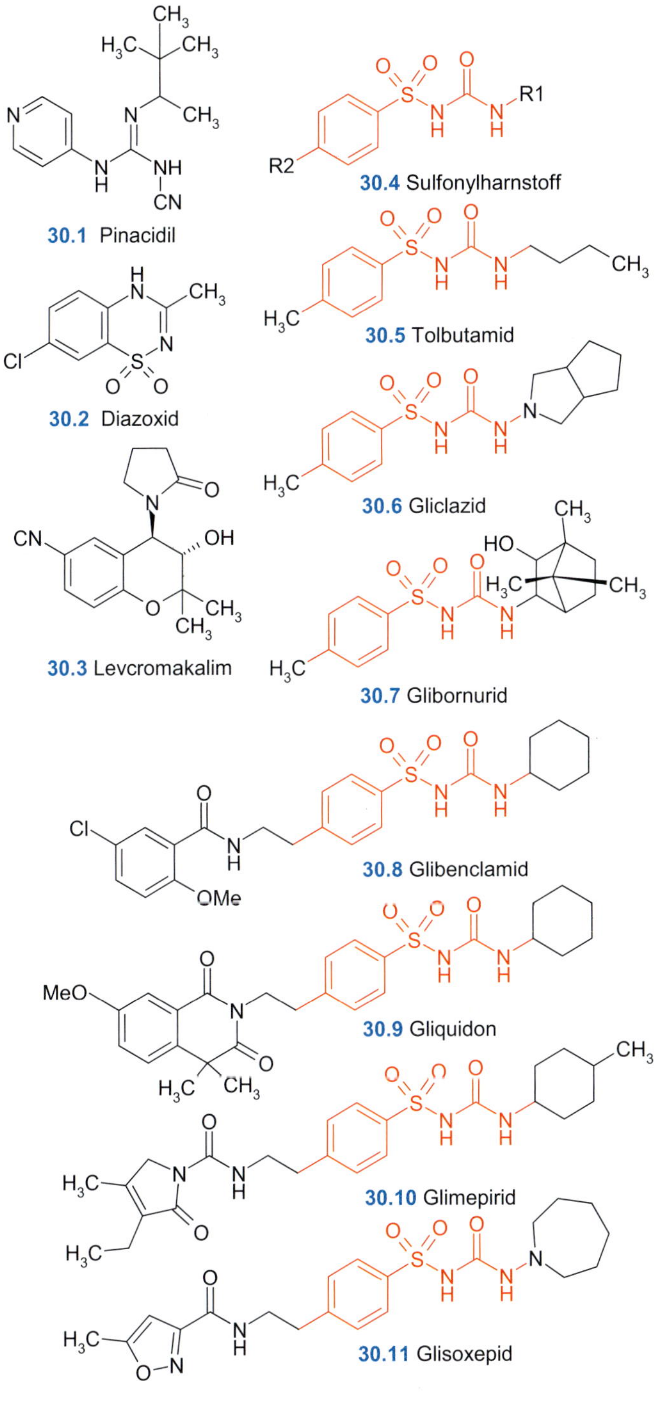

Abb. 30.6 Pinacidil **30.1**, Diazoxid **30.2** und Levcromakalim **30.3** sind Öffner des Kaliumkanals. Dagegen blockieren Sulfonylharnstoffe wie **30.4** die regulatorische Untereinheit des ATP-abhängigen Kaliumkanals in den insulinproduzierenden Zellen der Bauchspeicheldrüse. Das Grundgerüst der Sulfonylharnstoffe ist an den beiden Termini (**30.5–30.11**) strukturell breit durch aliphatische (R1) und aromatische oder andere cyclische Reste (R2) variiert worden.

lulären ATP/ADP-Verhältnisses. Diese Verschiebung wird mit dem Schließen der ATP-abhängigen Kaliumkanäle in Zusammenhang gebracht. Es kommt zu einer Depolarisation der Membran. Wenn das Schwellenpotenzial von ca. –50mV erreicht wird, öffnen spannungsabhängige Calciumkanäle. Ein durch Calciumionen ausgelöstes Aktionspotenzial entsteht. Am Ende einer komplexen Kaskade steht dann die Insulinausschüttung. Die **Sulfonylharnstoffe** blockieren die regulatorische Untereinheit und vermitteln, analog der Erhöhung des ATP/ADP-Quotienten, eine vermehrte Insulinsekretion aus den β-Zellen der Bauchspeicheldrüse. Dies nutzt man als Therapieprinzip zur Behandlung des **Diabetes mellitus Typ II**.

Strukturell konnte bis heute noch kein spannungsabhängiger Calciumkanal charakterisiert werden. Es gibt Hinweise, dass in deren Zentrum ein Selektivitätsfilter aus vier ringförmig zueinander angeordneten Glutamatresten (so genannter EEEE-Locus) auftritt. Die Selektivität und Durchlassgeschwindigkeit dieser Kanäle ist beeindruckend, zumal Natrium- und Calciumionen nahezu gleiche Größe besitzen und die Natriumionen in ca. 100fach höherer Konzentration auftreten. Dennoch wird eine Na^+/Ca^{2+}-Selektivität von 1 : 1000 erreicht. Es wird vermutet, dass die Calciumkanäle Ca^{2+}-Ionen stärker binden, woraus ihre hohe Selektivität resultiert. Die Natriumionen, die den Kanal zwar auch gut passieren können, werden durch die konkurrierenden und höher affinen Calciumionen praktisch an einem Durchtritt gehindert. Die höhere Affinität der Ca^{2+}-Ionen für ihren eigenen Kanal blockiert somit den Fluss der weniger affinen Na^+-Ionen. Die selektive Abtrennung der strukturell größeren Kaliumionen gelingt den Kanälen umso besser.

30.3 Bindung unerwünscht: hERG-Kaliumkanal als Antitarget

Im September 2007 wurde nach mehr als 45 Jahren Einsatz in der Therapie der Wirkstoff Clobutinol **30.12** vom Markt genommen (Abb. 30.7). Dieser Arzneistoff wurde zur Behandlung des trockenen Reizhustens eingesetzt. Geschätzt über die Jahre ist er bei ca. 200 Millionen Patienten zum Einsatz gekommen. Er wurde sogar rezeptfrei abgegeben. Nach neueren klinischen Studien an gesunden Erwachsenen bestand der Verdacht, dass die Verbindung **Herzrhythmusstörungen** auslöst, die im schlimmsten Fall zum Tod führen. Einen solchen Rückzug vom Markt hat schon so manch andere bekannte Arzneimittel ereilt. So wurden aus gleichem Grund Terfenadin **30.13**, Astemizol **30.14**, Sertindol **30.15**, Thioridazin **30.16**, Grepafloxacin **30.17** oder Cisaprid **30.18** zurückgezogen bzw. ihr Einsatz wurde massiv eingeschränkt (Abb. 30.7). In allen Fällen war die Gefahr einer zwar seltenen, aber dann lebensbedrohlichen Herzarrhythmie Grund für die Rücknahme. Dies ist um so beunruhigender, da es sich um Medikamente handelte, die meist nicht in lebensbedrohlichen Situationen zur Anwendung kommen, sondern z. B. gegen Reizhusten, Allergien, Infektionen oder Magen-Darmerkrankungen eingesetzt werden.

Wie kann es zu den plötzlichen Arrhythmien kommen, die vor allem bei körperlicher Belastung mit Todesfolge einhergehen können? Depolarisation bzw. Repolarisation von Herzmuskelzellen wird, wie oben beschrieben, durch den Ein- bzw. Ausstrom von Natrium- und Kaliumionen durch Ionenkanäle geregelt. Folglich kennt man Pharmaka, die als Antiarrhythmika den Natriumkanal blockieren. Andere Wirkstoffe hemmen den Kaliumkanal und verlängern so das Aktionspotenzial der Zellen. Tritt eine Verlängerung des so genannten **QT-Intervalls** zwischen Beginn und Ende der Austreibungsphase des Bluts aus dem Herzen auf, kann dies die gefährlichen Arrhythmien auslösen und zu plötzlichem Herzrasen, Kammerflimmern und Herzstillstand führen (Torsade-de-pointes-Tachykardie, Abb. 30.8). Die Verlängerung des QT-Intervalls tritt infolge des Blockierens eines Kaliumkanals, des **hERG-Kanals,** auf (engl. *h*uman *e*ther-*A*-*G*o-*G*o *r*elated *g*ene). Auf diesen Kanal wurde man durch die genauere Untersuchung des Genoms von Patienten aufmerksam, die an einem angeborenen *long*-QT-Syndrom leiden. Der gleiche Effekt kann aber auch durch eine unerwünschte Arzneimittelnebenwirkung ausgelöst werden, wobei dann der hERG-Kanal von den eingenommenen Arzneistoffen gehemmt wird. Auch wenn diese Nebenwirkung selten auftritt, so ist sie im akuten Fall extrem gefährlich. In den USA wird geschätzt, dass etwa 3000 Todesfälle pro Jahr auf solche Nebenwirkungen zurückgehen. Um die Gefahr dieser Nebenwirkung auszuschalten, versucht man heute, gleich bei der Wirkstoffentwicklung die Bindung an den hERG-Kanal auszuschließen. Eine Struktur dieses Kaliumkanals liegt bisher nicht vor. Er besitzt aber Verwandtschaft zu dem im letzten Abschnitt vorgestellten bakteriellen KcsA-Kanal.

Um zu ermitteln, welche Aminosäuren in hERG-Kanal entscheidend für die Hemmung durch Wirkstoffe sind, wurde ein Alanin-Scan durchgeführt. Überprüft wurde die veränderte Bindung des poten-

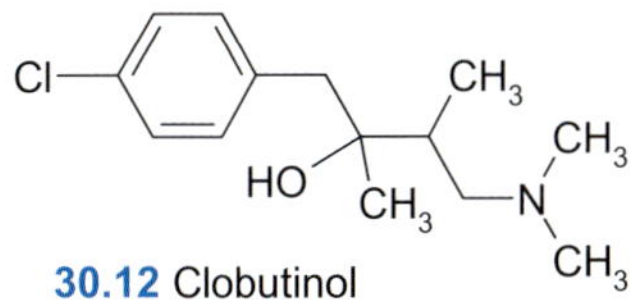

30.12 Clobutinol

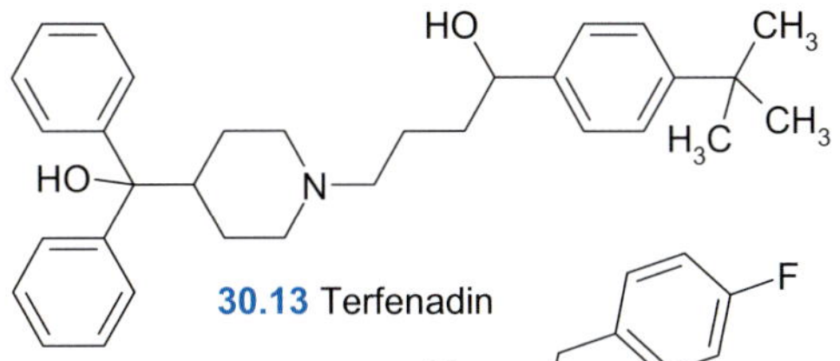

30.13 Terfenadin

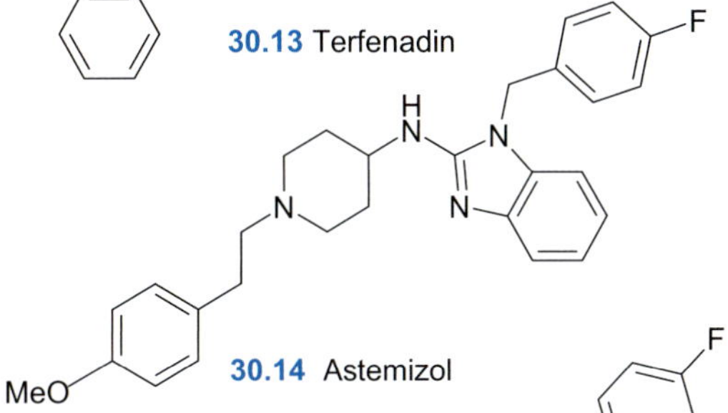

30.14 Astemizol

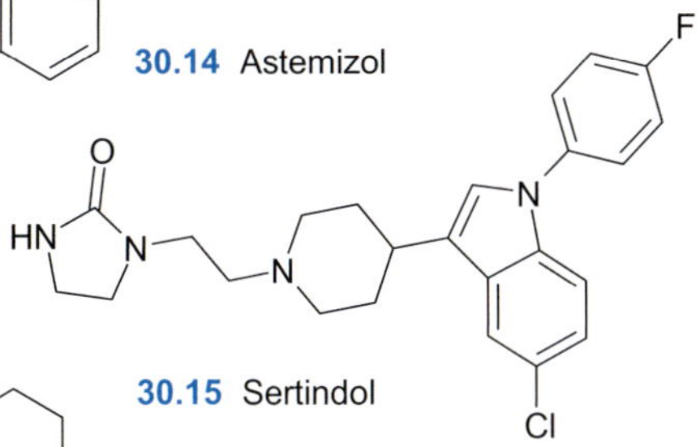

30.15 Sertindol

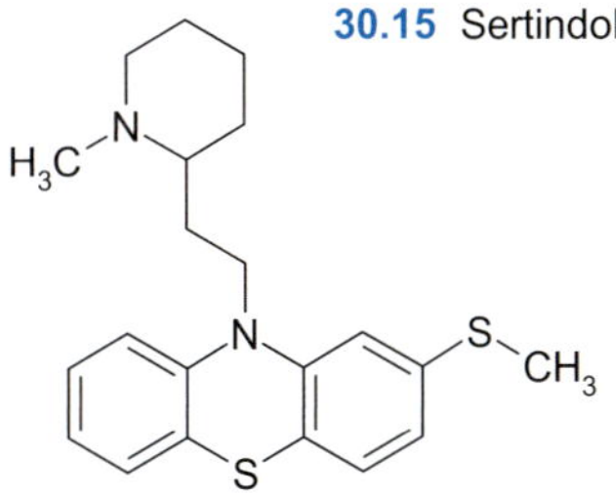

30.16 Thioridazin

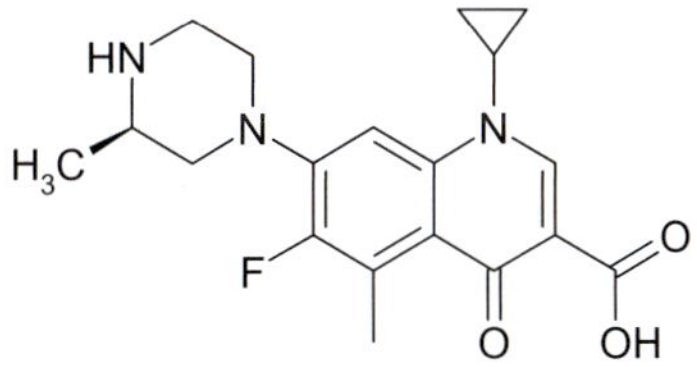

30.17 Grepafloxacin

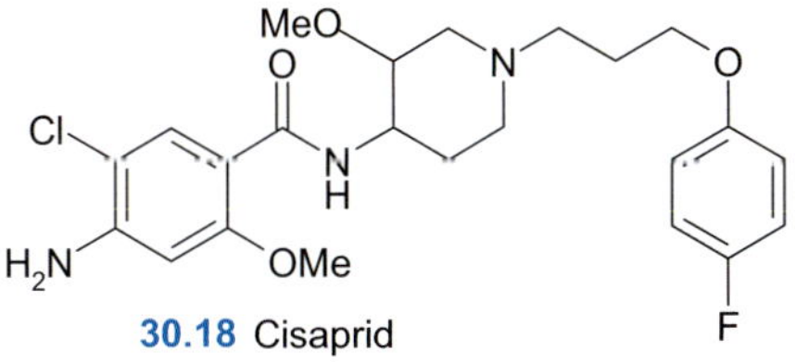

30.18 Cisaprid

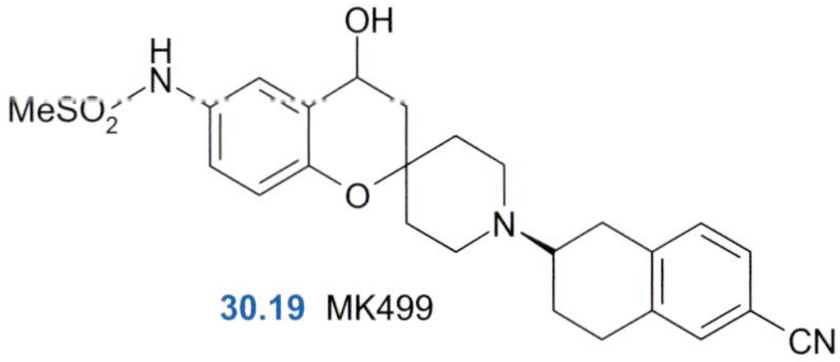

30.19 MK499

Abb. 30.7 Clobutinol **30.12** wurde nach 45 Jahren in der Therapie wegen der Gefahr des Auslösens von Herzrhythmusstörungen vom Markt genommen. Das gleiche Schicksal teilen Terfenadin **30.13**, Astemizol **30.14**, Sertindol **30.15**, Thioridazin **30.16**, Grepafloxacin **30.17** oder Cisaprid **30.18**, die entweder zurückgezogen oder massiv im Einsatz eingeschränkt wurden. MK499 **30.19** ist ein potentes Klasse II-Antiarrhythmikum und bindet an den hERG-Kaliumkanal.

ten Klasse II-Antiarrhythmikums MK499 **30.19**. Zwei aromatische Reste in diesem Kanal, Tyr 652 und Phe 656, erwiesen sich als entscheidend. Sie befinden sich auf jeder der vier Untereinheiten im Inneren der weiten Höhle vor dem Eintritt in den Selektivitätsfilter (vgl. Abb. 30.3, etwa in der Höhe der Position des dort

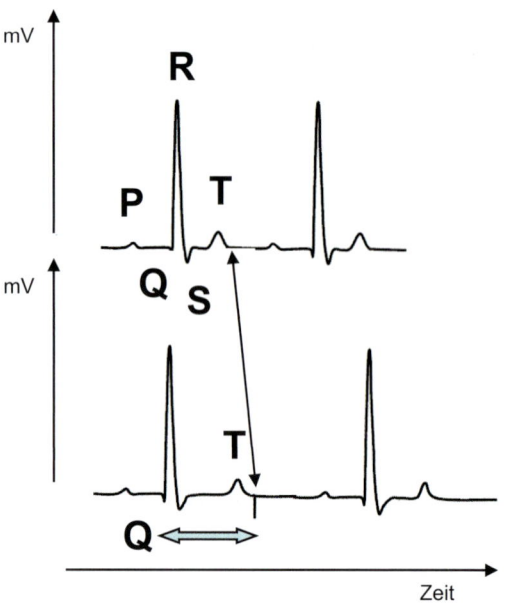

Abb. 30.8 Die Verlängerung des QT-Intervalls zwischen Beginn (Q) und Ende (T) der Austreibungsphase des Bluts aus dem Herzen kann zu gefährlichen Arrhythmien, plötzlichem Herzrasen, Kammerflimmern und Herzstillstand führen.

eingezeichneten Kaliumions). Weiterhin fiel die Bindung beim Austausch von vier weiteren Resten gegen Alanin deutlich ab. Mit dieser Information wurden Homologiemodelle des hERG-Kanals auf der Basis der Kristallstruktur des KcsA-Kanals gebaut. Die als kritisch ermittelten Reste orientieren sich alle in diese Höhle. Wirkstoffe, die für eine Verlängerung des QT-Intervalls verantwortlich gemacht werden, passen sich so in das Modell ein, dass sie vermutlich eine Wechselwirkung mit den aromatischen Resten eingehen. Die Modellbetrachtungen ermöglichen es, ein Überlagerungsmodell der bekannten Hemmstoffe aufzustellen. Sie weisen eine langgestreckte Form auf und besitzen im Zentrum ein geladenes, basisches Stickstoffatom. Er liegt in der Mitte einer pyramidalen Anordnung aus drei bis vier hydrophoben aromatischen Baugruppen. Dieses räumliche Muster versucht man immer genauer durch Struktur-Wirkungsbeziehungen zu charakterisieren. Es dient anschließend als Referenz, die potenzielle Bindung von neu entworfenen Wirkstoffen auf eine mögliche Bindung an den hERG-Kanal zu überprüfen. So lassen sich gleich bei der Entwicklung Moleküle mit Pharmakophorgeometrien vermeiden, die mit dem Kanal eine unerwünschte Bindung eingehen könnten. Ziel des Designs ist hier somit die Vermeidung einer Bindung. Der hERG-Kanal stellt daher ein **Antitarget** als Ziel-

struktur dar. Neben diesen Überlegungen beim Entwurf wird heute natürlich gleich die tatsächliche hERG-Kanalhemmung der synthetisierten Verbindungen vermessen. So versucht man in früher Phase, dem bitteren und sehr teuren Erwachen bei einer später festgestellten gravierenden Nebenwirkung zuvorzukommen.

30.4 Winzige Liganden steuern riesige Ionen-Kanäle

Es gibt mehrere Klassen von **ligandgesteuerten Ionenkanälen**. Zur ersten Klasse, der *Cys-loop*-Superfamilie, gehören der **nicotinische Acetylcholin-Rezeptor**, der **5-HT$_3$-Rezeptor** und die **inhibitorischen Glycin-** und **GABA$_A$-Rezeptoren**. Die beiden ersten exzitatorischen Rezeptoren werden durch Acetylcholin bzw. Serotonin geschaltet. Sie sind essenziell für die schnelle Nervenreizleitung an den Synapsen. Die inhibitorischen Glycin- und GABA$_A$-Rezeptoren werden durch Glycin und γ-Buttersäure (GABA) gesteuert. Diese Ionenkanäle besitzen einen einheitlichen Aufbau. Sie bilden eine Pore in der Membran, die sich als Antwort auf die Bindung eines Agonisten öffnet und den passiven Ionenfluss ermöglicht. Sie besitzen einen pentameren Aufbau. Die Zusammensetzung dieses Heteropentamers variiert. Aus einem Satz von 17 homologen Untereinheiten (10 α-, 4 β- sowie γ-, δ-, ε-Einheiten) wird eine Vielfalt verschiedener Rezeptoren zusammengesetzt. Jeweils vier Transmembranhelices finden zu einer der fünf transmembranären Domänen zusammen und umschließen in ihrem Inneren den Ionenkanal. Jedes Pentamer verfügt über zwei **extrazelluläre Ligandenbindungsdomänen**. Im Zentrum der **fünf transmembranären Domänen** bilden jeweils die innersten fünf Helices, die so genannten M2-Helices, den Kanal. Sie tragen in der Mitte hydrophobe Aminosäuren wie Valin, Phenylalanin und Leucin, die für das Öffnen und Verschließen verantwortlich gemacht werden.

Detaillierte Einblicke in den Aufbau eines Kanals aus dieser Familie, den nicotinischen Acetylcholin-Rezeptor, verdanken wir den bahnbrechenden Arbeiten von Nigel Unwin. Mithilfe der Elektronenmikroskopie an zweidimensionalen Kristallen ist es ihm gelungen, bei 4 Å Auflösung ein Bild dieses ligandgesteuerten Ionenkanals aus dem elektrischen Organ des Zitterrochens im geschlossenen Zustand zu ermitteln (Abb. 30.9) Mit fünf Untereinheiten, die sich jeweils aus vier Transmembranhelices zusammensetzen und den Ionenkanal bilden, durchspannt er die Membran. Er erhebt sich ca. 60 Å über die Membran in den synaptischen Spalt. Hier ist die aus β-Faltblättern aufgebaute Ligandenbindungsdomäne zu finden, die die Bindetasche für den Neurotransmitter Acetylcholin trägt. Nach Beladen der zweidimensionalen Kristalle mit Acetylcholin konnte Unwin die dadurch bedingten konformativen Änderungen beobachten. Er registrierte räumliche Verschiebungen, ausgelöst nahe dem Bindebereich des Acetylcholins (Abschnitt 30.5) und weitergeleitet an den transmembranären Teil des Ionenkanals. Auf diesem Weg „spürt" der Rezeptor die Ligandenbindung und gibt sie an die ca. 30 Å entfernten Pore für den Ionendurchlass weiter. Diese verbleibt nach der Ligandenbindung im offenen Zustand. Die direkt auf das Innere des Kanals ausgerichteten Transmembranhelices M2 weisen in der Mitte sperrige hydrophobe Aminosäuren auf. Sie umschließen das Kanalzentrum im geschlossenen Zustand wie ein hydrophober Gürtel (Abb. 30.9). Die verbleibende Öffnung von ca. 6 Å ist zu eng, um Na^+- oder K^+-Ionen mit ihrer sperrigen Hydrathülle durchzulassen. Da der Kanal keine polare Umgebung bereitstellt, wie beispielsweise der in Abschnitt 30.3 beschriebene Selektivitätsfilter des Kaliumkanals, können die Ionen nicht einfach ihre Hydrathülle für die Passage abstreifen. Der Membrandurchtritt bleibt für sie verschlossen.

Durch die Bindung des Liganden wird eine Kaskade von Konformationsänderungen angestoßen, die sich bis zu den M2-Helices fortsetzt. Die enge Spange des hydrophoben Gürtels löst sich. Dies gelingt durch eine konzertierte Drehung aller fünf M2-Helices um ca. 15°. Im Ergebnis weitet sich die Pore um 3 Å auf und ermöglicht im offenen Zustand den Durchtritt der Ionen mit ihrer Hydrathülle. Diese Arbeiten geben einen ersten faszinierenden Einblick in die Funktion und Dynamik eines ligandgesteuerten Ionenkanals. Riesige Proteingebilde reagieren auf die Bindung eines vergleichsweise winzigen Agonisten. Informatio-

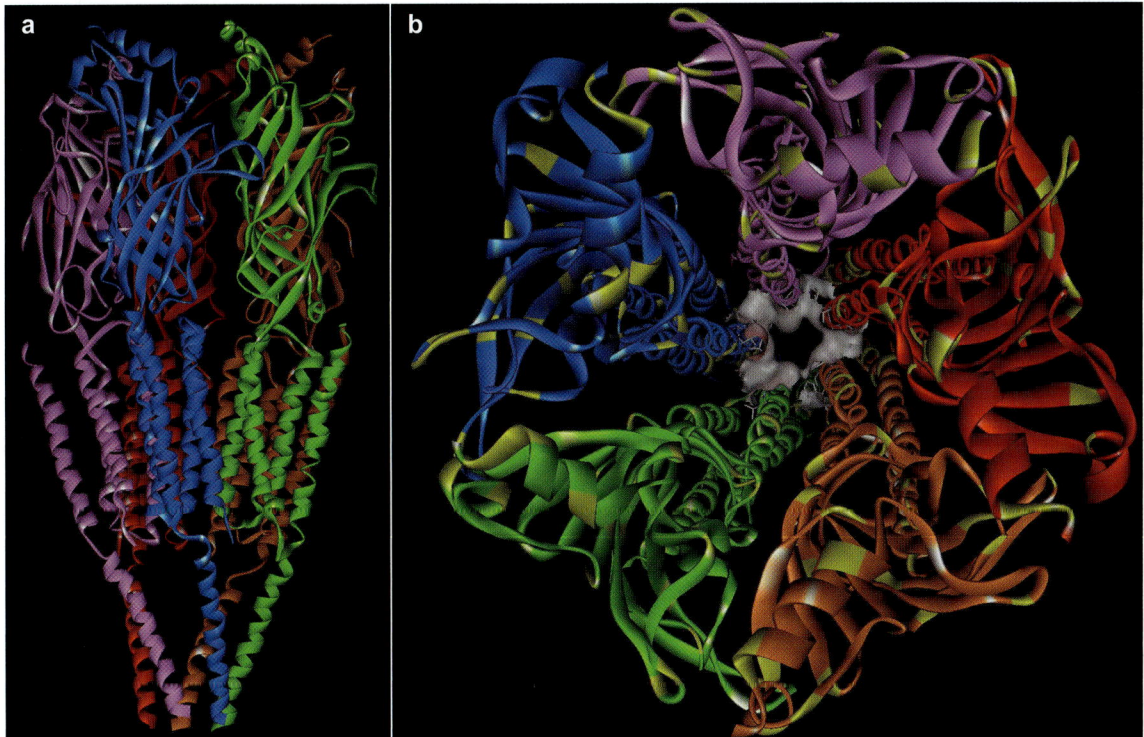

Abb. 30.9 In der Kristallstruktur besitzt der nicotinische Acetylcholin-Rezeptor einen Durchmesser von 80 Å und ist 125 Å lang (a). Er stellt ein Pentamer aus fünf Untereinheiten dar. Mit dem zentralen Bereich aus vier Helices pro Monomer durchspannt er die Membran. Eine extrazelluläre Domäne bindet den Liganden, auf cytosolischer Seite schließen sich weitere Helices an. An der engsten Stelle im Inneren des Kanals (b) verjüngt sich er sich im geschlossenen Zustand auf 6 Å (Mitte, angedeutet durch weiße Oberfläche). Dort verschnürt ein Gürtel aus hydrophoben Resten den Durchtritt der Natriumionen ab. Beim Öffnen lagern sich die Helices durch eine konzertierte Drehbewegung um und erweitern den Kanaldurchtritt um 3 Å, genug, um die Natriumionen mit ihrer Hydrathülle passieren zu lassen. Die Innenseite des Kanals ist polar und weist viele saure Aminosäuren auf (b, gelb angedeutet).

nen werden über große Distanzen weitergereicht. Es wird vermutet, dass alle Kanäle der *Cys-loop*-Familie nach diesem Prinzip arbeiten.

30.5 Liganden steuern als Agonisten oder Antagonisten die Funktion eines Ionenkanals

Inzwischen ist es gelungen, die extrazellulären Domänen verschiedener Acetylcholin-Rezeptoren zu isolieren und mit gebundenen Liganden zu kristallisieren. Diese **acetylcholinbindenden Proteine** stellen, ganz analog zu dem in Abschnitt 30.4 vorgestellten Rezeptor, ein Pentamer dar. Das Bindeprotein des kalifornischen Seehasen, einer Meeresschnecke, liegt als Homopentamer vor. Seine Struktur konnte zusammen mit Agonisten und Antagonisten aufgeklärt werden. Dies ermöglicht den Einblick in zwei sehr interessante Aspekte.

Zum einen verdeutlichen sie die molekularen Ursachen, die sich als Konformationsumlagerung von der Ligandenbindungsdomäne bis hin zu der engsten Stelle des Ionenkanals übertragen und dort das Öffnen bzw. Schließen des Kanals auslösen. Agonisten und Antagonisten unterscheiden sich im vorliegenden Beispiel stark in ihrer Größe. Der Agonist Nicotin **30.20** stellt das Hauptalkaloid des Tabaks dar (Abb. 30.10). In niedrigen Dosen wirkt es stimulierend auf die Erregungsübertragung. Bei hohen Dosen führt es zur Dauerdepolarisation und blockiert die Erregungsweiterleitung. Epibatidin **30.21** kommt in der Haut eines ecuadorianischen Giftfroschs vor und besitzt eine stark schmerzstillende Wirkung. In der Glockenblumenart *Lobelia inflata* kommt α-Lobelin **30.22** vor. Das Kraut dieser Pflanze wurde bei den Indianern als Tabak zur Behandlung des Asthmas geraucht. In höheren Dosen ist die Verbindung äußerst giftig. Infolge der Bindung dieser kleinen Agonisten legt sich eine lange Schleife über die Bindestelle am Rezeptor. Somit bekommt die extrazelluläre Domäne des Rezeptors eine kompakte Struktur. Bei der Bindung eines Antagonisten, beispielsweise des Peptids α-Conotoxin **30.23**, verbleibt diese Schleife aus sterischen Gründen abgespreizt. Das Peptid α-Conotoxin dient der fleischfressenden Kegelschnecke, die in tropischen Meeren lebt, als Gift. Da die Schnecke nicht beißen kann, verschießt sie ihr Gift aus einer Art Blasrohr, verpackt in kleine, chitinumhüllte Pfeilchen, die sogar Widerhaken tragen! Das Diterpenalkaloid Methyllycaconitin **30.24** aus dem Samen der Arzneipflanzen Eisenhut oder Rittersporn erzielt die gleiche Wirkung. Infolge der Bindung dieser Liganden wird im Rezeptorprotein eine Bewegung von mehr als 10 Å registriert (Abb. 30.11). Dieser Unterschied setzt sich über eine Kaskade von Wechselwirkungen bis zum engsten Durchlass des Kanals fort und steuert so die Passage der Natriumionen.

Als weiteren Aspekt vermitteln diese Strukturen Einblicke, wie chemisch völlig verschiedene Strukturen gleiche Effekte an einem Rezeptor auslösen können. In der in Abb. 30.12 gezeigten Struktur bindet

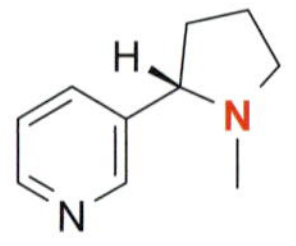

30.20 Nicotin

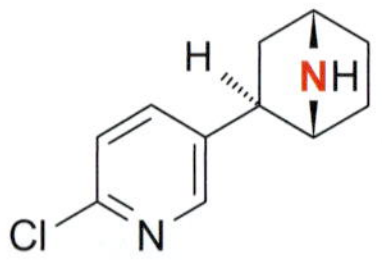

30.21 Epibatidin

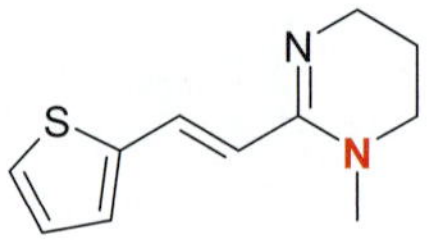

30.22 α-Lobelin

30.25 Pyrantel

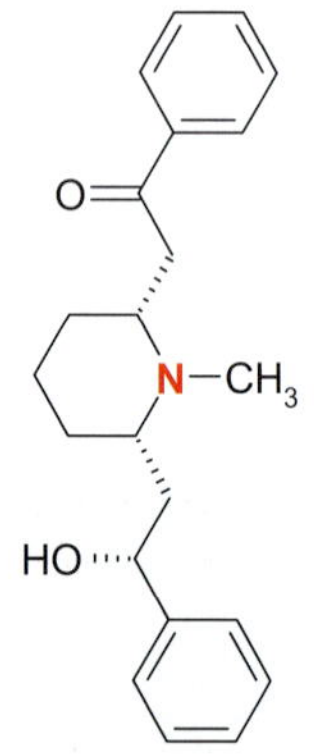

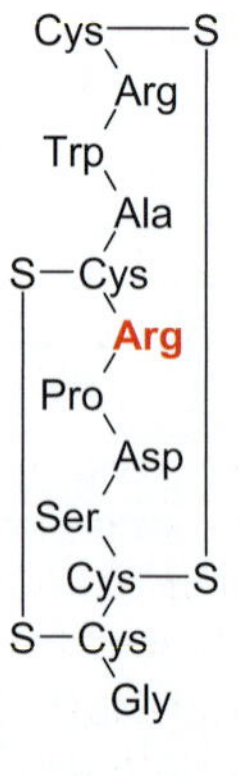

30.23 α-Conotoxin

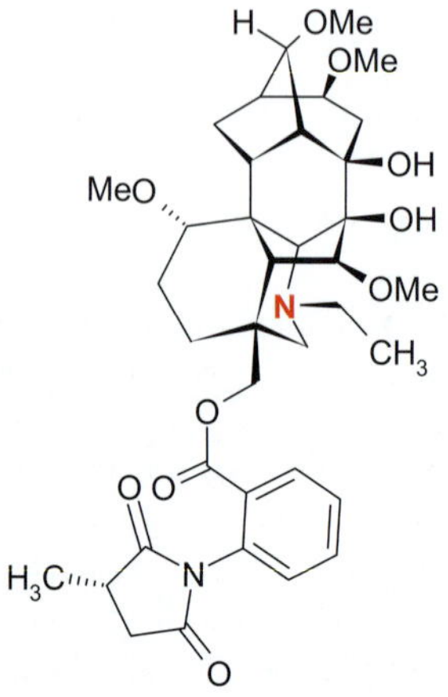

30.24 Methyllycaconitin

Abb. 30.10 Nicotin **30.20**, Epibatidin **30.21** und α-Lobelin **30.22** öffnen als Agonisten den nicotinischen Acetylcholin-Rezeptor. Das Dodecapeptid α-Conotoxin **30.23** und das Diterpenalkaloid Methyllycaconitin **30.24** blockieren den Rezeptor als Antagonisten. Alle binden an die Ligandenbindungsdomäne des pentameren Rezeptors. Sie besitzen funktionelle Gruppen, die in positiv geladenem Zustand vorliegen können (rot).

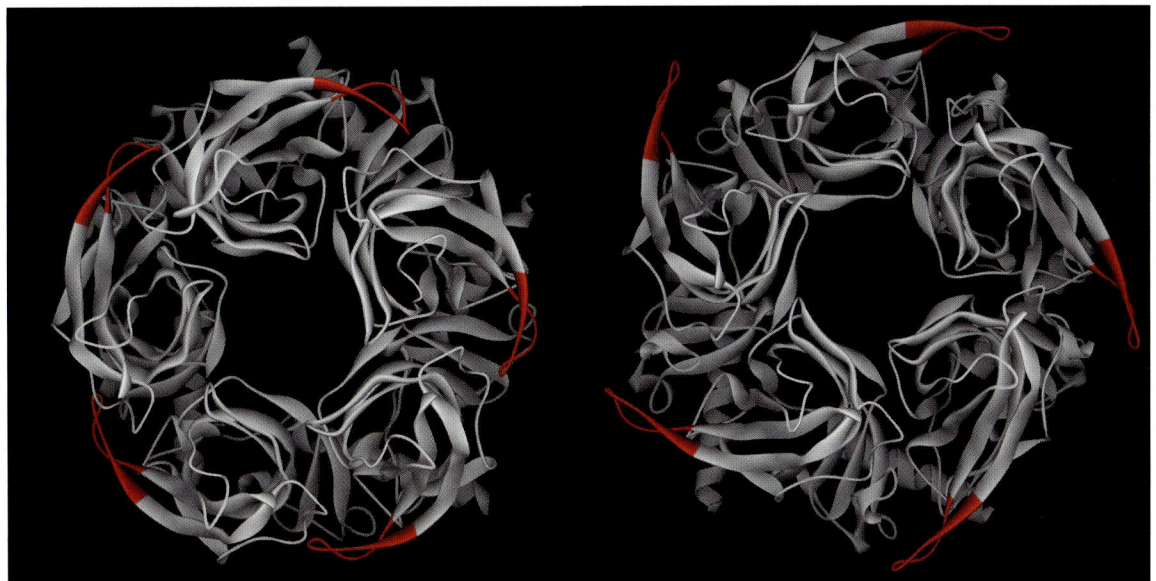

Abb. 30.11 Durch Bindung eines Agonisten oder Antagonisten an die Ligandenbindungsdomäne des nicotinischen Acetylcholin-Rezeptors wird eine Schleife (rot) entweder direkt auf die Bindestelle gelegt (links) oder sie verbleibt um ca. 10 Å abgespreizt (rechts). Dieses Konformationssignal wird auf die ca. 30 Å entfernte Verjüngungsstelle des Kanals weitergegeben und führt dort dazu, dass Kanal verschlossen bleibt oder öffnet.

der Antagonist α-Conotoxin **30.23**, ein Dodecapeptid mit zwei intramolekularen Disulfidbrücken. Das pflanzliche Alkaloid Methyllycaconitin **30.24** bindet in die gleiche Tasche, allerdings überlappen die Bindebereiche des Peptids und Alkaloids nur in der mittleren Region. Die Agonisten Epibatidin **30.21**, Nicotin **30.20** und α-Lobelin **30.22** binden ebenfalls in dieser Region. Nur belegen sie einen viel kleineren Bereich. Das Diterpen und die zuletzt genannten Agonisten besitzen alle ein sekundäres bzw. tertiäres basisches Stickstoffatom, das höchstwahrscheinlich protoniert in der Bindetasche vorliegt. In allen Strukturen kommt dieses Stickstoffatom in der Nähe eines Tryptophans zu liegen. Dort kann zum einen eine H-Brücke zu der Carbonylgruppe dieser Aminosäure ausgebildet werden, zum anderen spielen Kationen-π-Wechselwirkungen mit dem benachbarten Indolring eine wichtige Rolle. Das Peptid α-Conotoxin besitzt kein chemisch vergleichbares Stickstoffatom. Es platziert aber einen positiv geladenen Argininrest in die Nachbarschaft des Trypothans und sorgt so für ähnliche Bindungsverhältnisse. Diese Strukturen repräsentieren sicher ein extremes Beispiel für Bioisosterie. Sie zeigen aber, mit welcher Vielfalt die belebte Natur Liganden erfindet, die trotz völlig abweichenden Aufbaus das gleiche Ziel erreichen. Medizinische Chemiker können an diesen kreativen Lösungen nur lernen!

Der mit den genannten Agonisten in Größe und Struktur verwandte Wirkstoff Pyrantel **30.25** (Abb. 30.10) stellt ein Wurmmittel zur Bekämpfung von Ascariden und Oxyuren im Darm dar. Er bindet an den nicotinischen Acetylcholinrezeptor der Würmer. In Folge öffnet der Ionenkanal und führt zur Depolarisation. Im Ergebnis leitet dies eine neuromuskuläre Blockade ein und bedingt die Lähmung der Würmer. So lassen sie sich aus dem befallenen Darm ausspülen. Durch die geringe Resorption des Wirkstoffs aus dem Magen-Darmtrakt ist er für den Menschen ungefährlich und gut verträglich.

30.6 Bremskraftverstärker für GABA-gesteuerte Chlorid-Kanäle

Glycin- und **GABA$_A$-Rezeptor** werden als **inhibitorische Neurorezeptoren** bezeichnet, da sie den Einstrom von Chloridionen in die Zelle steuern. Dies führt zu deren **Hyperpolarisation** und senkt ihre spannungsabhängige Erregbarkeit; die Depolarisation einer Zelle wird erschwert. Reguliert werden diese beiden Rezeptoren durch die niedermolekularen Liganden Glycin **30.26** bzw. γ-Aminobuttersäure (GABA)

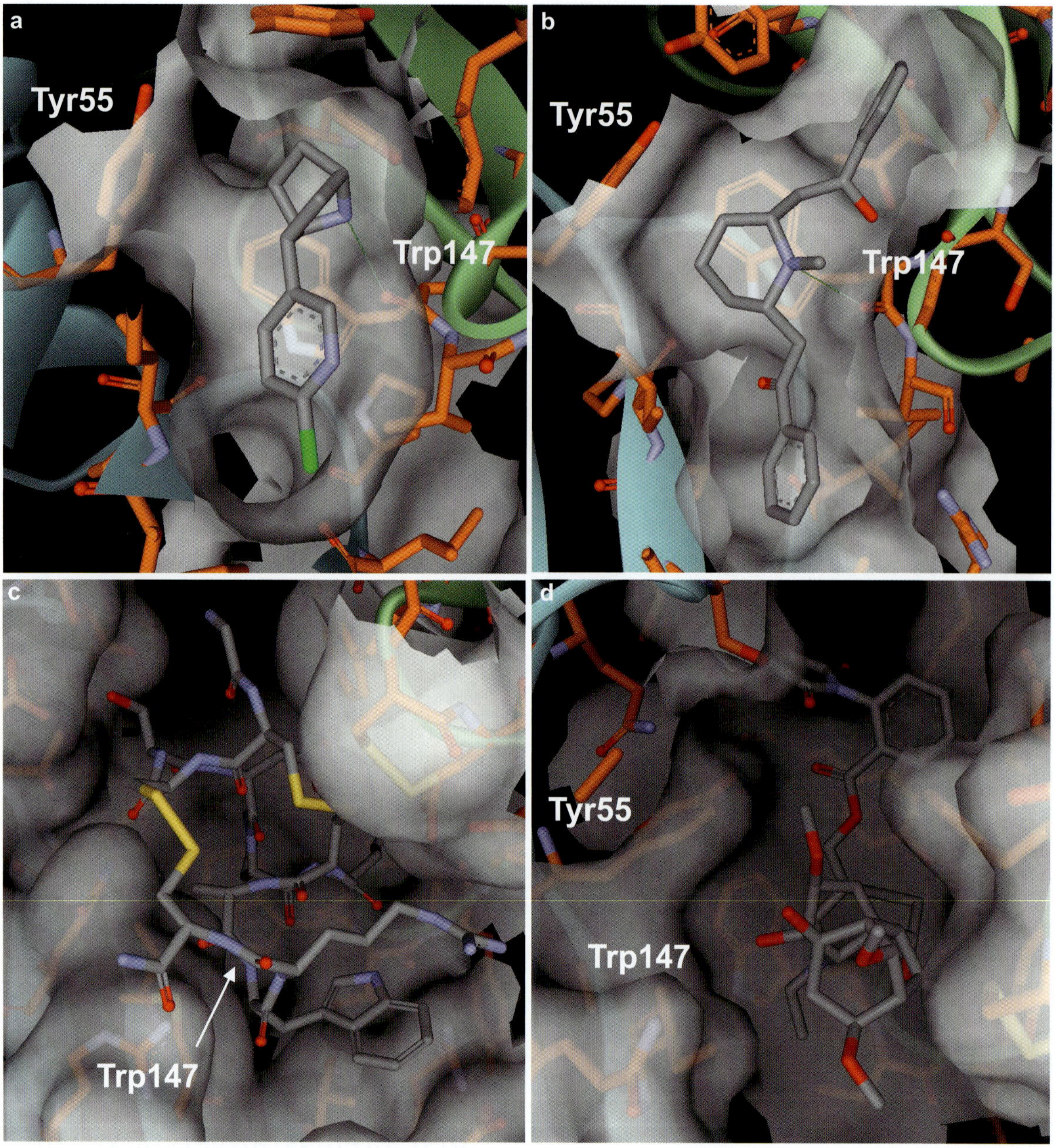

Abb. 30.12 Kristallstruktur der Ligandenbindungsdomäne des nicotinischen Acetylcholin-Rezeptors mit den gebundenen Agonisten Epibatidin **30.21** (a) und α-Lobelin **30.22** (b), dem peptidischen Antagonisten α-Conotoxin **30.23** (c) und dem Diterpenalkaloid Methyllycaconitin **30.24** (d). Trotz sehr unterschiedlicher Größe besetzen sie die gleiche Bindestelle. Bei den Agonisten legt sich eine Schleife (Abb. 30.11) über die Bindestelle, bei den Antagonisten bleibt sie abgespreizt. Alle Liganden besitzen eine positive Ladung, mit der sie in die Nähe eines Tryptophans binden und Kationen-π-Wechselwirkungen aufbauen.

30.27 (Abb. 30.13). Anästhetika sowie Alkohol modulieren die Aktivität dieser Rezeptoren und führen zu einer Stabilisierung des Kanals im geöffneten Zustand. Auch Cholesterin und andere Steroide können diesen Effekt erreichen. So öffnet das synthetische Pregnansteroid Alphaxalon **30.28** den $GABA_A$-Rezeptor für eine längere Zeit.

Der $GABA_A$-Rezeptor ist wie die anderen Mitglieder der nicotinischen Rezeptorfamilie ein Heteropentamer, wobei der gleichzeitige Einbau je einer α-, β-

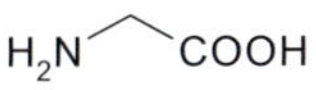

30. Liganden für Kanäle, Poren und Transporter

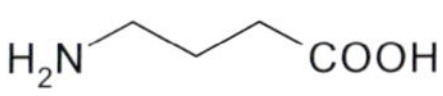

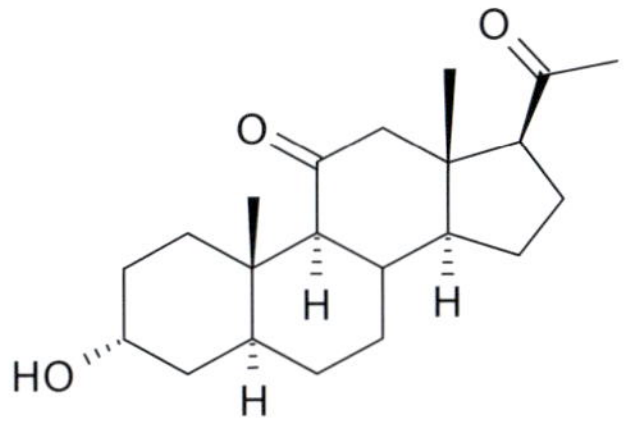

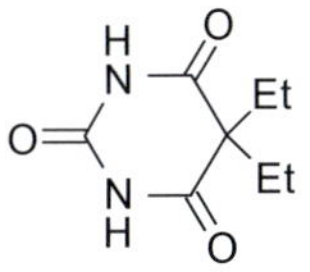

Wohl in kaum einer anderen Substanzklasse ist das Thema des **bioisosteren Ersatzes** so ausgiebig dekliniert worden, wie bei den Benzodiazepinen. Im Ergebnis steht eine Fülle von Derivaten zur Verfügung, die bedingt durch abweichendes Wirkprofil und Wirkkinetik abgestufte Therapieansätze zur Behandlung der Schlaflosigkeit, zur Beruhigung, zum Lösen von Angst- und Krampfzuständen, als Hypnotika oder Muskelrelaxanzien eröffnen (Abb. 30.14). Gemeinsam ist allen Wirkstoffen ein siebengliedriger 1,4-Diazepinring, an den ein Benzolkern kondensiert ist. Weiterhin tragen sie in 5-Position einen Phenylrest, der als Bioisoster auch durch einen Thiophenring ersetzt sein kann. Die meisten Benzodiazepine verfügen über einen Lactambaustein im Siebenring. Dieser kann durch eine Amidingruppe oder einen kondensierten heterocyclischen Fünfring ersetzt werden. Der Lactamstickstoff trägt in vielen Derivaten einen aliphatischen Substituenten. Als weiteres ungesättigtes Strukturelement tritt eine C=N-Bindung im Sieben-

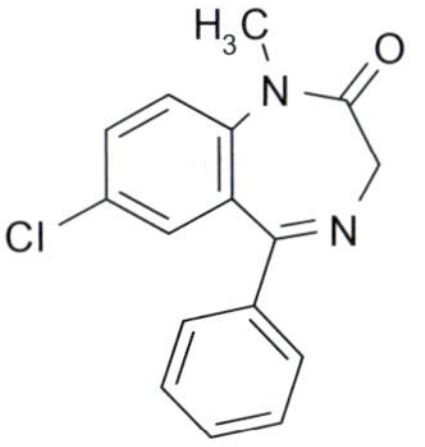

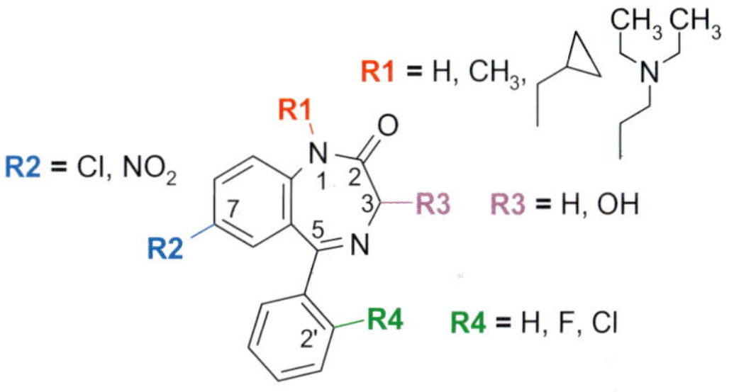

Abb. 30.13 Glycin **30.26** und γ-Aminobuttersäure (GABA) **30.27** regulieren ligandabhängige Chloridkanäle. Alphaxalon **30.28** und Barbiturate wie Barbital **30.29** öffnet den GABA$_A$-Rezeptor für längere Zeit, Benzodiazepine wie Diazepam **30.30** erhöhen die GABA-Wirkung und aktivieren den Kanal durch allosterische Regulation.

und γ-Untereinheit erforderlich ist. Der inhibitorische Effekt auf den Kanal durch Arzneistoffe wie die Barbiturate **30.29** oder Benzodiazepine **30.30** beruht auf dessen Regulation (Abb. 30.13). Vermutlich nehmen sie Einfluss auf die dynamischen Eigenschaften des Rezeptors und stabilisieren ihn in der geöffneten Form. Die Barbiturate sind Agonisten des Rezeptors und halten ihn länger im offenen Zustand. Die Benzodiazepine verstärken den Effekt des **endogenen Liganden GABA**, der durch Öffnen des Chloridkanals die Erregbarkeit von Zellen bremst. Sie sind **allosterische Regulatoren** und werden deshalb auch als „Bremskraftverstärker" bezeichnet. Die Bindestelle der **Barbiturate** liegt auf der β-Untereinheit, wogegen die **Benzodiazepine** an die α-Untereinheit binden. Sie wirken sedierend, hypnotisch, anxiolytisch (angstlösend), antikonvulsiv (krampflösend), muskelrelaxierend und anterograd amnestisch (die Erinnerung an den Zeitraum nach allmählicher Wiederaufhellung des Bewußtseins unterdrückend). Die Barbiturate haben ihre Bedeutung als Schlaf- und Beruhigungsmittel verloren, vor allem wegen ihrer erhöhten Suchtgefahr und des Risikos eines Suizidalmissbrauchs. Sie sind heute durch die besser verträglichen Benzodiazepine ersetzt, für die bei ihrer alleinigen Einnahme ein Suizid praktisch ausgeschlossen ist.

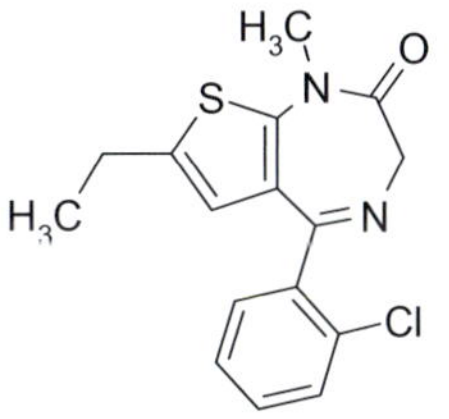

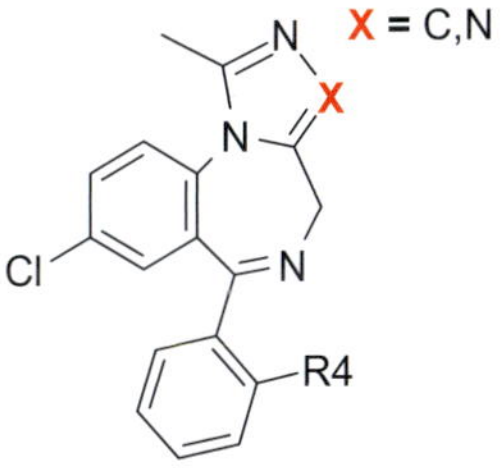

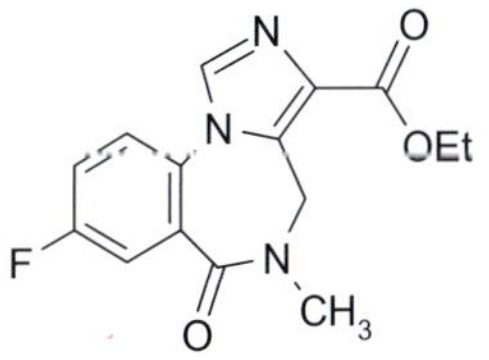

Abb. 30.14 Durch systematischen bioisosteren Ersatz unter Austausch der Reste R1–R4 stehen zahlreiche Benzodiazepine mit abweichendem Wirkprofil und Wirkkinetik für die Therapie bereit. Flumazenil **30.31** stellt einen Antagonisten dar, der die sedierende Wirkung der Benzdiazepine aufhebt.

ring auf, die auch als *N*-Oxid-Funktion ausgebildet werden kann. Im kondensierten Benzolkern wird meist die 7-Position in *para*-Stellung zum Lactamstickstoff durch Chlor, Brom oder Nitrosubstituenten blockiert. Eine solche Gruppe kann helfen, die Lipophilie einzustellen, blockiert aber auch die aktivierte Position gegen Metabolismus und reduziert die Elektronendichte im Benzolkern. 2'-Substituenten im angefügten Phenylrest dienen ebenfalls der Erhöhung der Lipophilie, haben aber auch einen konformativen Effekt. Interessant ist noch die 3-Position im Siebenring. Als enantiotope Position bedingt eine chemische Veränderung an dieser Stelle die Einführung eines stereogenen Zentrums. 3-Hydroxylierung resultiert in hydrophileren Derivaten, die langsamer resorbiert werden. Benzodiazepine mit erhöhter Lipophilie (Alkylierung an N1, Chlorsubstituenten in 7- und 2'-Position) führen zu einem rascheren Erreichen der Wirkkonzentration im Zentralnervensystem. Dadurch wird die sedativ-hypnotische Komponente verstärkt. Gesteigerte Hydrophilie (unsubstituiertes N1-Atom, 3-Hydroxylierung, keine 2'-Halogenierung) ist beim Wirkprofil als Tranquilizer gefragt.

Nahezu alle Benzodiazepine besitzen agonistische Wirkung und verstärken den Effekt von GABA. Mit der Abwandlung zu Flumazenil **30.31** ist es gelungen, eine Verbindung mit antagonistischem Wirkprofil zu entwickeln. Sie durchbricht die agonistische Wirkung der Benzodiazepine und hebt den sedierenden Effekt auf. Interessanterweise fehlt ihr der Phenylsubstituent in 5-Position.

Das oben beschriebene Wirkprofil der Benzodiazepine ist recht breit und vielschichtig. Daher wird in der Pharmaforschung an selektiven Vertretern dieser Verbindungsklasse gearbeitet, die möglichst nur eine Wirkqualität, wie z. B. die anxiolytische oder die sedierende Komponente, aufweisen.

30.7 Wirkungsweise eines spannungsgesteuerten Chloridkanals

Im Abschnitt 30.4 ist die Struktur des nicotinischen Acetylcholin-Rezeptors vorgestellt worden. Wie erwähnt, gehören auch die ligandgesteuerten Chloridkanäle zu dieser Familie und besitzen einen pentameren Aufbau. Strukturelle Details dieser Kanäle sind aber noch unbekannt, da es bisher nicht gelungen ist, eine hochaufgelöste Struktur eines solchen Kanals zu bestimmen. Dafür konnte man aber genauere Einblicke in den Aufbau eine andere Klasse, die **spannungsgesteuerten Chloridkanäle**, erhalten.

In unserem Genom kommen neun Isoformen dieser **ClC-Kanäle** vor. Sie übernehmen zahlreiche physiologische Funktionen, z. B. die Kontrolle des Ruhepotenzials in Skelettmuskelzellen und nicht erregbaren Zellen. Weiterhin nehmen sie Einfluss auf die Resorption von Kochsalz aus der Niere in den Blutstrom oder sie sind an Vorgängen beteiligt, die das Einstellen eines sauren Milieus benötigen. Fehlfunktionen und genetisch bedingte Mutationen dieser Kanäle gehen mit Krankheitsbildern wie der Myotonie, einer krankhaften Muskelanspannung oder bestimmten Formen der Epilepsie, Neuropathie und Osteopetrosie (Knochenerkrankung) einher.

In der Gruppe von Roderick MacKinnon ist es 2003 gelungen, die Kristallstruktur eines bakteriellen ClC-Kanals aufzuklären. Er ist aus zwei identischen Untereinheiten aufgebaut, die miteinander durch eine zweizählige Symmetrie verknüpft sind. Jede Untereinheit steuert eine Pore bei. Interessanterweise findet man in diesem Membranprotein keine langen, senkrecht zur Membran ausgerichteten Helices. Vielmehr liegen die 18 Helices dieses Kanals eng zueinander gepackt, mit Verkippungen von bis zu 45° zur Membranachse vor. Die Kanalpore erinnert in ihrer Gestalt an eine Sanduhr. Auf der extrazellulären und cytosolischen Seite weitet sich die Pore zu einem Vorhof, in dessen Nähe positiv geladene Argininreste zu finden sind (Abb. 30.15). In der Mitte verengt sich der Kanal über eine Strecke von ca. 15 Å. Am Scheitelpunkt befindet sich der Selektivitätsfilter zusammen mit einem konservierten Glutamatrest. Dieser Rest übernimmt die Funktion eines Türstehers. Zusätzlich sind genau auf diese Stelle mit antiparalleler Ausrichtung die Enden zweier Helices orientiert. Sie bilden dort eine bevorzugte Bindestelle für eine negative Ladung. Dazu müssen die Helices im Vergleich zum Kaliumkanal mit umgekehrter Ausrichtung platziert werden. Sie stehen hier mit ihrem *N*-terminalen Ende auf die engste Stelle des Kanals. Wie beim Kaliumkanal erzeugen die **Dipolmomente der Helices** eine besondere Bindestelle für negativ geladene Ionen. In der Kristallstruktur befindet sich genau an dieser Stelle die Carboxylatgruppe von Glu 148. Wird dieser Rest gegen ein ungeladenes Glutamin ausgetauscht, wird diese Position freigegeben und der Glutaminrest nimmt eine andere Stellung ein. An seinem ursprünglichen Platz befindet sich dann ein gebundenes Chloridion. Durch die Mutation des Glutamins wird der Kanal in einen dauerhaft geöffneten Zustand versetzt. Man nimmt an, dass die beiden Strukturen den offenen und geschlossenen Zustand des ClC-Kanals beschreiben. Dass die Gln 148-Mutante an dieser Stelle ein Chloridion zeigt, unterstreicht, wie wichtig die besondere Position zwischen den beiden gegenüberstehenden Helixenden für eine stabilisierende negative Ladung ist.

Neben diesem Chloridion in der Mutante sind sowohl in der Struktur des offenen wie geschlossenen Kanals zwei weitere Chloridionen zu finden. Das eine, tief in der Pore sitzende Ion hat seine Solvatationshülle komplett abgestreift. Es wird durch zwei NH-Gruppen aus der Hauptkette und die OH-Gruppen von Ser 107 und Tyr 445 stabilisiert (Abb. 30.15b). Das andere Chloridion befindet sich an der Eintrittsöffnung und ist noch partiell durch Wassermoleküle solvatisiert.

Die Steuerung über das Glutamat als Platzhalter ermöglicht dem Kanal, sich auf externe Signale hin zu öffnen und zu schließen. Der strukturverwandte humane ClC-0 Kanal öffnet spannungsabhängig, wenn sich das Potenzial auf der Innenseite der Zelle in den positiven Bereich verschiebt. Ein anliegendes negatives Potenzial verschließt den Kanal. Bei extrazellulärer Erhöhung der Chloridionenkonzentration öffnet sich der Kanal. Analoges lässt sich beobachten, wenn der pH-Wert in der Umgebung absinkt. Möglicherweise ändert der Glutamatrest, wenn er aus dem Scheitelpunkt der Pore herausschwingt und den Weg für Chloridionen freigibt, seinen Protonierungszustand. Dies würde seine regelnde Funktion bei der pH-Einstellung und den stöchiometrischen Austausch von

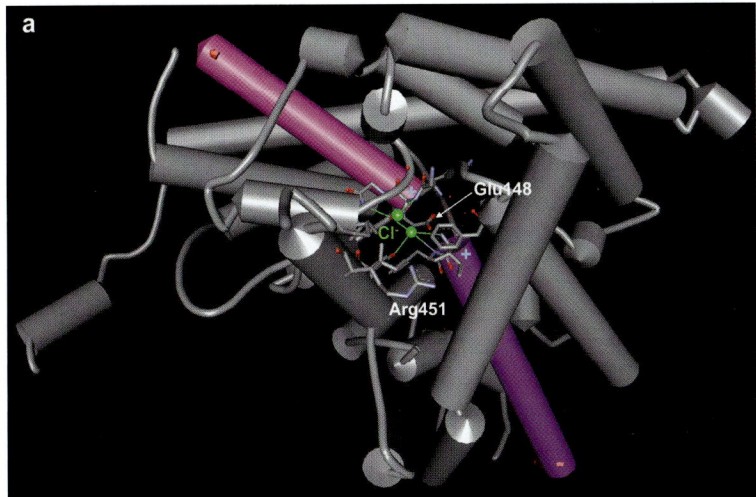

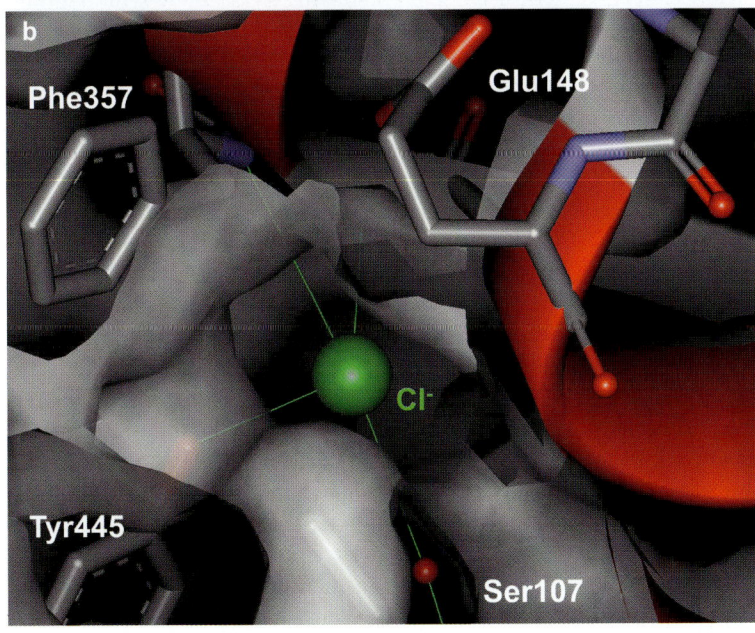

Abb. 30.15 In der Kristallstruktur des spannungsabhängigen ClC-Kanals richten sich zwei lange Helices mit ihrem N-terminalen und positiv polarisierten Ende auf die engste Stelle des Kanals aus (a). An dieser Stelle befindet sich Glu 148, das als Türsteher den Kanal öffnet und schließt. Durch eine konformative Umlagerung gibt der negativ geladene Rest die Passage für Chloridionen frei. Bei dem Durchtritt streift das Chloridion seine Wasserhülle ab. Sie wird durch Koordination an die Hydroxygruppen von Ser 107 und Tyr 445 und zwei Kontakte zu NH-Gruppen aus der Hauptkette ersetzt (b).

Cl⁻ und H⁺ erklären. Die ClC-Kanäle sind spezifisch für monovalente Anionen. Neben Chlorid werden, allerdings mit reduziertem Durchtritt, Br⁻, I⁻, NO_3^- und SCN⁻ durchgelassen. Da in biologischen Systemen die zuletzt genannten Ionen nur eine untergeordnete Rolle spielen, ist keine ausgeprägte Selektivität erforderlich. Allerdings wird divalenten Ionen wie Sulfat und Hydrogenphosphat die Passage verwehrt. Es bleibt abzuwarten, wie gut die Struktur des bakteriellen Kanals die Eigenschaften der Kanäle in höheren Organismen widerspiegelt. Es fragt sich auch, ob die Funktionen dieser Kanäle durch Liganden, die zu Arzneistoffen entwickelt werden können, zu beeinflussen sind.

30.8 Transporter: Die Schleuser der Zellen

Alle Zellen benötigen einen selektiven Substanztransport endogener und exogener Verbindungen über die Zellmembran. Eine große Klasse Proteine, die diese Aufgabe erfüllen, sind die **Membrantransporter**. Sie befördern beispielsweise Hormone, Aminosäuren, Gallensäuren, Harnsäure oder Lipide über die Membranbarriere. Mutationen in diesen Transportern gehen oft mit gravierenden genetischen Erkrankungen einher, wie z. B. der Adrenoleukodystrophie (neurologischer Verfall) oder retinalen Degenerationen. Eine wichtige Gruppe Transporter sorgt im synaptischen Spalt (Abschnitt 22.7, Abb. 22.7) für die ökonomische Rückführung von ausgeschütteten Neurotransmittern in die präsynaptische Nervenzelle. Mit Arzneistoffen kann man diesen Wiederaufnahmevorgang blockieren. So sind insbesondere für den Serotonin- und Noradrenalin-Transporter Wiederaufnahmehemmer sehr intensiv und erfolgreich in der Pharmaindustrie bearbeitet worden. Häufig besitzen diese Hemmstoffe zusätzlich eine Wirkkomponente als Antagonist gegen die entsprechenden Rezeptoren auf der postsynaptischen Seite. Diese Rezeptoren gehören zu der Familie der GPCR und fächern sich in eine breite Palette von Subtypen auf (vgl. Tab. 29.1). Aufgrund dieser Bindung an ganz unterschiedliche Wirkorte mit strukturell offensichtlich verwandten Bindestellen besitzen diese Hemmstoffe Wirkqualitäten abweichender Ausprägung und differieren im Nebenwirkungsspektrum.

Transporter dienen aber nicht nur zum Einschleusen von Verbindungen in Zellen. Sie übernehmen auch die Aufgabe, körperfremde Substanzen wieder aus den Zellen zu entfernen. Auch dazu muss eine Membranpassage erfolgen. Die allermeisten Arzneistoffe gehören zu der Gruppe körperfremder Stoffe (Xenobiotika). Häufig ergibt sich unter der Therapie eine Resistenzentwicklung, z. B. gegen Substanzen zur Behandlung von Infektionskrankheiten oder Krebs. Für das Entstehen einer **multiplen Arzneistoffresistenz** (engl. *multidrug resistance*, MDR) sind ebenfalls Transporter verantwortlich, die, vermehrt bereitgestellt, Arzneistoffe wieder aus den Zellen herausbefördern. Sie bedienen sich entweder eines Protonengradienten zur Substanzpassage oder ihr Transport ist an die energieliefernde Hydrolyse von ATP gekoppelt (in den ABC-Kassettentransportern). Die letzte Gruppe der so genannten **ABC-Transporter** stellt eine große Familie von Proteinen dar, die eine breite Palette von Substanzen wie Aminosäuren, Ionen, Zuckern, Lipiden oder anderen Wirkstoffen in Zellen hinein, aber auch wieder heraus befördern. Im Menschen konnten bisher 46 dieser ABC-Transporter identifiziert werden. Sie sind aus wenigstens zwei nucleotidbindenden (NBD) und zwei transmembranären Domänen (TMD) aufgebaut. Mehrere Strukturen von NBDs konnten aufgeklärt werden, und sie besitzen einen weitgehend ähnlichen Aufbau. Sie binden das für den Betrieb des Transporters essenzielle ATP. Für die eigentliche Membranpassage sind die TMDs entscheidend. Bei hydrophilen Substanzen sorgen sie für eine Abschirmung von der hydrophoben Membranumgebung.

Am besten untersucht ist der humane MDR-ABC Transporter **P-Glycoprotein GP 170** (MDR1/ABCB1). Wie ein hydrophober Staubsauger entfernt er sowohl Lipide als auch eine breite Palette von Wirkstoffmolekülen aus den Zellen. Erste Hinweise auf den Wirkmechanismus lieferte die Elektronenmikroskopie an 2D-Kristallen (Abschnitt 13.6). Mit 12 Helices durchspannt der Transporter die Membran. Die NBDs befinden sich auf der cytosolischen Seite. Während des Transportcyclus durchlaufen die TMDs eine dramatische Konformationsänderung. Die beiden Domänen spreizen auseinander und geben im Zentrum eine Kammer frei, die zu transportierende Moleküle direkt aus dem Randbereich der Membraninnenseite aufnehmen kann. Die Kammer scheint hochgradig adaptiv zu sein, sodass sich die hohe Substratpromiskuität des Transporters für die Beförderung sehr unterschiedlicher Moleküle erklärt. In dieser Kammer wird das Substrat von der Membraninnenseite zur Außenseite der Zelle befördert. Dazu durchläuft der Transporter eine Konformationsänderung, die die beiden transmembranären Domänen wieder zusammenbringt. Gleichzeitig vollführen die NBDs eine Drehbewegung. Sie kommen so zueinander in räumliche Nähe. Vermutlich ist die Hydrolyse des ATPs auch mit diesem Schritt verknüpft. Das zu transportierende Substrat wird im endgültigen Schritt von der transmembranären Domäne in die äußere Grenzschicht der Membran freigesetzt.

Die durch die Transporter verursachte **Resistenzentwicklung** stellt ein gravierendes Problem für die Arzneistofftherapie dar. Umso mehr bemüht man sich, die molekularen Kriterien zu untersuchen, die Moleküle zu guten Substraten für diese Transporter werden lassen. Anschließend kann man versuchen, Moleküle so abzuwandeln, dass sie keine guten Substrate mehr abgeben. Diese Aufgabe ist nicht einfach, da die Bindetaschen in diesen Transportern offensichtlich ausgeprägt adaptiv sind und somit die typischerweise kleinen für die eigentliche Wirkung tolerablen Veränderungen der Arzneistoffmoleküle keine deutlichen Effekte auf das Bindeverhalten gegen den Transporter bewirken. Umgekehrt kann man auch nach potenten Inhibitoren der Transporter suchen. Einige Verbindungen wie *R*-Verapamil (Abschnitt 2.6) konnten dazu entdeckt werden. Ihr Einsatz in der Klinik erweist sich allerdings für die Resistenzbrechung als problematisch. Denn mit der Hemmung des Transporters wird auch dessen natürliche Funktion unterbunden. Auf der anderen Seite darf nicht vergessen werden, dass die induzierbare Bereitstellung und heterologe Expression dieser Transporter einen entscheidenden Abwehrmechanismus von Zellen gegen Fremdstoffe darstellt. Nicht ohne Grund hat die Natur hier effiziente und sehr flexible Schutzmechanismen entwickelt! Somit stellt im Menschen dieser Transporter möglicherweise keine ideale Zielstruktur dar. Dieses Bild mag sich bei der Bekämpfung von Bakterien und Parasiten ganz anders stellen. Auch sie entledigen sich zu ihrer Bekämpfung eingesetzter Wirkstoffe solcher Transporter (vgl. Abschnitt 3.2). Angewandte Waffen gegen Bakterien und Parasiten werden in Folge stumpf. Zur **Resistenzbrechung** versucht man daher neuerdings, die bakteriellen und parasitären Transporter spezifisch zu hemmen. Würde dieses Ziel erreicht, wäre ein doppelter Erfolg zu verzeichnen! Einerseits wäre die Resistenz gegen ein altes und bewährtes therapeutisches Wirkprinzip gebrochen. Andererseits würde der unerwünschte Erreger zusätzlich geschädigt, da ihm der Transporter als Abwehrsystem gegen andere unliebsame Fremdstoffe der Zelle nicht mehr zur Verfügung stünde. Es bleibt abzuwarten, ob dieses in der aktuellen Forschung verfolgte Konzept zum gewünschten Erfolg führen wird.

Zu den Transportern sind auch die Ionenpumpen zu zählen, die gegen einen Konzentrationsgradienten und unter ATP-Verbrauch Ionen über die Membran befördern. Vor Kurzem konnten von ersten Vertretern dieser Proteinklasse, den so genannten P-Typ-Pumpen, Kristallstrukturen aufgeklärt werden. Eingebettet mit mehreren langen Transmembranhelices durchlaufen diese Pumpen komplexe konformative Umlagerungen, um ihrer Aufgabe nachzukommen. Auch diese Systeme sind Angriffspunkt sehr bekannter und erfolgreicher Arzneistoffe. So entfaltet Digoxin seine Wirkung an der Natrium/Kalium-Pumpe (Abschnitt 6.1). Die Protonenpumpenhemmer wie Omeprazol oder Pantoprazol wirken an der H^+/K^+-Pumpe in unserem Magen (Abschnitt 9.5).

30.9 Membranpassage in Bakterien: Poren, Carrier und Kanalbildner

Gramnegative Bakterien umgeben sich mit zwei Membranen, einer inneren Plasmamembran und einer äußeren Zellmembran. Sie werden durch den periplasmatischen Raum getrennt. Während die meisten Proteine in die innere Membran mit einem helicalen Sequenzabschnitt durchdringen, befinden sich in der äußeren Membran interessante Poren, die sich durch einen faltblattartigen Aufbau auszeichnen. Sie gehören zu den am häufigsten auftretenden Proteinen in Bakterien. Jede dieser als **Porin** bezeichneten Öffnungen stellt einen wassergefüllten Kanal dar, der eine passive Diffusion von Nahrungsbausteinen bzw. Abfallprodukten aus der Zelle zulässt. Sie sind in ihrem Durchmesser begrenzt, sodass auf diesem Weg eine Selektion gegen potenziell toxische Verbindungen erfolgt. Als Erstes wurde in der Gruppe von Georg Schulz und Wolfram Welte in Freiburg die Porinstruktur aus dem Bakterium *Rhodobacter capsulatus* aufgeklärt (Abb. 30.16). Die Pore liegt als Trimer vor, in dem die Monomere dreiecksförmig zueinander gepackt sind. Jede Pore wird aus einem 16strängigen *up-and-down* β-Barrel (Abschnitt 14.3) gebildet, in dem die einzelnen Faltblattstränge zueinander einen antiparallelen Verlauf nehmen. In Enzymen sind β-Barrel ein häufig auftretendes Faltungsmuster. Allerdings kommen dort in der Regel nur bis zu acht Faltblätter zusammen und bilden einen eng gepackten Kern einer fassartigen Struktur. Bei den Porinen bleibt ausreichend Platz, um eine innen liegende Passage zu eröffnen. Sie wird allerdings teilweise durch eine lange Schleife verschlossen, sodass durch die verbleibende Öse der maximale Durchtritt von Teilchen auf ca. 8 Å

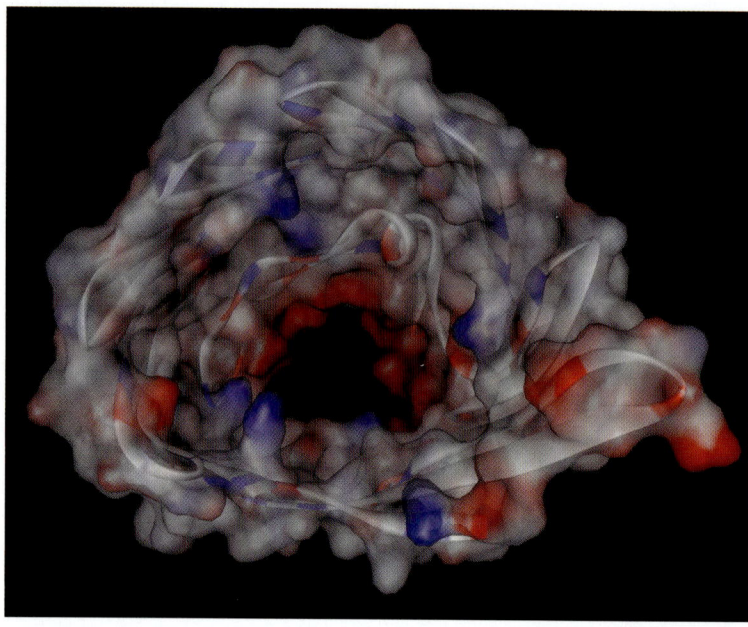

Abb. 30.16 Kristallstruktur des Porins aus dem Bakterium *Rhodobacter capsulatus*. Jede Pore des trimeren Proteins (nur ein Monomer ist gezeigt) wird aus einem 16strängigen *up-and-down* β-Barrel gebildet. Entlang der Blickrichtung durchspannt die Pore die Membran und weitet sich auf ca. 8 Å. Sie wird von positiv (blau) und negativ (rot) geladenen Aminosäuren flankiert, die einen elektrischen Feldgradienten über die Membran aufbauen.

beschränkt wird. Der Bereich der Öse wird nahezu ausschließlich durch positiv und negativ geladene Aminosäuren gebildet, die sich zu den gegenüberliegenden Seiten der Pore ausrichten. Dadurch bilden sie einen elektrischen Feldgradienten entlang der Pore. Auch diese Anordnung von geladenen Gruppen trägt zur Auswahl der Moleküle bei, die die Pore passieren können.

Bakterien synthetisieren aber auch kleinere peptidähnliche Systeme, die Membranen anderer Organismen zu durchdringen verstehen und so eine zusätzliche Möglichkeit für die Membranpassage von beispielsweise Ionen eröffnen. Diese Systeme werden als **Transportantibiotika** bezeichnet. Sie machen die Membran auf unterschiedliche Weise durchlässig. Das Antibiotikum **Gramicidin A** ist ein Oligopeptid aus 15 Aminosäuren, die alternierend L- und D-Konfiguration besitzen. Das Peptid bildet eine röhrenförmige, helicale Struktur und durchspannt die Membran als Dimer (Abb. 30.17). Im Inneren gibt es einen Kanal mit 4 Å Durchmesser frei. Er ist hoch permeabel für einwertige Kationen wie Na$^+$ und K$^+$. Dagegen wird mehrwertigen Kationen und Anionen der Durchtritt verwehrt. Es können bis zu 10^7 Kationen pro Sekunde diesen Kanal passieren, ein Transport, der nur um den Faktor 10 unter der Diffusionsgeschwindigkeit in Wasser liegt. Die Kationen müssen ihre Hydrathülle abstreifen und gleiten offensichtlich an den parallel zur Kanalachse ausgerichteten Amidbindungen durch die Öffnung. Die Seitenketten der hydrophoben Aminosäuren orientieren sich in die umgebende Lipidmembran. Ein ganz anderes Wirkprinzip verfolgt das cyclische Depsipeptid **Valinomycin**. Es besteht aus Valin-, Lactat- und Hydroxyisovaleratresten. Mit seinen polaren Gruppen nach innen orientiert verkapselt es Kaliumionen. Nach außen präsentiert es seine hydrophoben Seitenketten. In einem solchen Chelat-Komplexliganden verpackt können geladene Ionen, praktisch als hydrophobe Partikel kaschiert, die Membranbarriere überwinden. Neben dem Valinomycin kennt man noch andere solche *carrier* (engl. für Beförderer), z. B. das **Nonactin** (Abb. 30.18). Diese Transportantibiotika können Bakterienzellen zum Absterben bringen. Sie erreichen eine geänderte Ionenpermeabilität der bakteriellen Zellmembran und intrazellulärer Kompartimente. Valinomycin lagert sich z. B. in die Mitochondrienmembran ein, erhöht den Kaliumeinstrom und beeinträchtigt so den mitochondrialen Energiehaushalt und die Synthese von ATP. Die Transportantibiotika haben Bedeutung in Kombinationspräparaten zur äußeren Anwendung, z. B. bei Infektionen der Mundhöhle und des Rachenraums, erlangt.

Kürzlich wurde das **Lipopeptid Daptomycin** zur Bekämpfung von grampositiven Bakterien in die Therapie eingeführt. Das cyclische Peptid dringt mit seiner hydrophoben Seitenkette in die bakterielle Zellmembran ein. Durch Oligomerisierung bildet es einen Kanal für Ionen. Dadurch wird die Zellmembran permeabel für Kaliumionen. Ihr Ausfluss führt zur Depolarisation und letztlich zum Tod der Bakterienzelle. Einen analogen Mechanismus zeigen Peptide

res Protein entdeckt, das sich als eine **Wasserpore** herausstellte. Es dient ausschließlich dem Wassertransfer, weder Ionen noch andere kleine Moleküle wie Glycerin oder Harnstoff können passieren. Die Richtung des Wasserstroms wird allein durch das Gefälle des anliegenden osmotischen Drucks bestimmt. Dieses erste, auf den Erythrocyten entdeckte **Aquaporin** bekam die Bezeichnung AQP1.

Inzwischen hat man über 100 Aquaporine in allen möglichen Organismen entdeckt. Alleine der Mensch verfügt über zehn Isoformen, von denen sieben in der Niere an unterschiedlichen Stellen eingesetzt werden. Manche der Porine erwiesen sich ausschließlich auf Wasser spezialisiert, andere ermöglichen, trotz ähnlichem Aufbau, auch den Transfer von kleinen Molekülen wie Glycerol und Harnstoff. Die Entdeckung der Aquaporine hat unser Verständnis der **Regulation des Wasserhaushalts** von Zellen revolutioniert. Daher wurde die Leistung von Peter Agre 2003 mit dem Nobelpreis ausgezeichnet.

Sequenzanalysen der Aquaporine verweisen auf einen Aufbau aus zwei nahezu gleichen Abschnitten. Jede Hälfte enthält ein hoch konserviertes Asn–Pro–Ala- (NPA-)Motiv. Die funktionelle Einheit der Aquaporine stellt ein Tetramer dar, wobei jede Monomereinheit eine Pore umfasst. Wie eine Kristallstrukturbestimmung zeigt, wird jede Pore aus sechs Transmembranhelices gebildet. Der Kanal zieht sich schlauchförmig durch das Protein und weitet sich auf beiden Seiten trichterförmig auf 15 Å zum geöffneten extrazellulären bzw. cytosolischen Vorhof auf (Abb. 30.19b). Dazwischen verjüngt sich die Pore über eine Distanz von etwa 20 Å auf ca. 4 Å und schnürt sich an der engsten Stelle auf einen Durchmesser von 2,8 Å zusammen. Der Vorhof besitzt viele polare, meist aber ungeladene Aminosäuren. Entlang der Wandung der Pore zieht sich eine Kette freiliegender Carbonylsauerstoffatome, die vermutlich am Weiterreichen der durchtretenden Wassermoleküle beteiligt sind (Abb. 30.19a). Die ihnen gegenüber liegende Wandung wird aus hydrophoben Resten gebildet. Beides verleiht dem schlauchförmigen Selektivitätsfilter einen amphipathischen Charakter. Die Geometrie der nach innen gerichteten Carbonylgruppen erinnert an den Selektivitätsfilter im Kaliumkanal. Da sie allerdings nur von einer Seite in den Kanal stehen, können sie keine vollständige Ablösung der Hydrathülle um ein Kation bewerkstelligen. Ein in die Pore verirrtes Kation ist somit zu groß, um durch die Pore zu passen. An der engsten Einschnürungsstelle sind ein Histidin und ein Arginin zu finden. Ihnen gegenüber steht ein Phenylalanin. Diese drei Aminosäuren sind hoch konserviert unter den Porinen für spezifischen Wasserdurchlass.

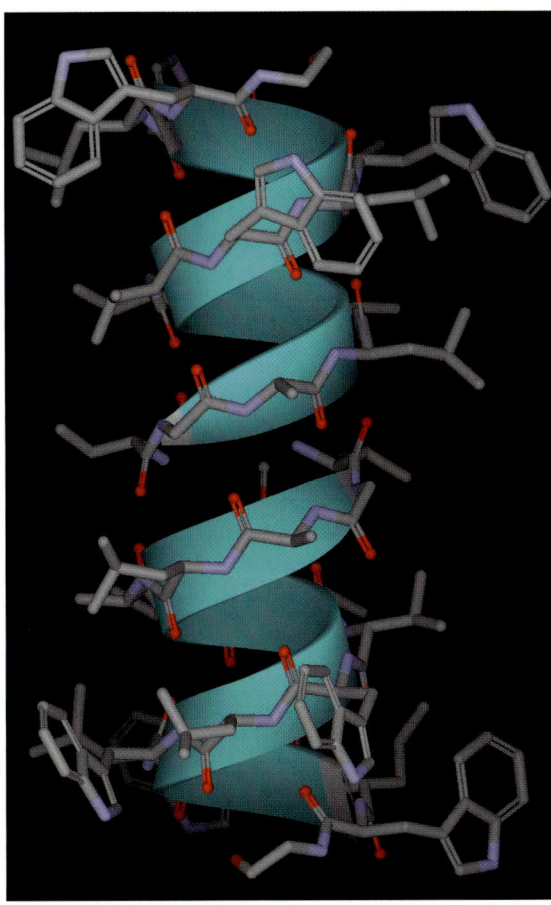

Abb. 30.17 Gramicidin A (Val-Gly-Ala-Leu-Ala-Val$_3$-(Trp-Leu)$_3$-Trp-Etanolamin) bildet aus 15 alternierend L- und D-konfigurierten Aminosäuren einen engen Kanal von ca. 4 Å durch die Membran, durch den einwertige Kationen wie Na$^+$ und K$^+$ wandern können.

mit 20–25 Aminosäuren, z. B. Maganinin (Loxilex®), die in der Membran amphipathische Helices ausbilden.

30.10 Aquaporine regulieren den zellulären Wasserhaushalt

Die zelluläre Lipiddoppelschicht stellt für Wassermoleküle eine Barriere dar. Trotz **osmotischem Gradienten** über die Membran findet keine einfache Diffusion statt, die Wassermolekülen aktiv oder passiv bzw. assoziiert an andere Teilchen den Übertritt erlaubt. In der Gruppe von Peter Agre in Baltimore wurde 1992 in der Membran von Erythrocyten ein 28 kDa schwe-

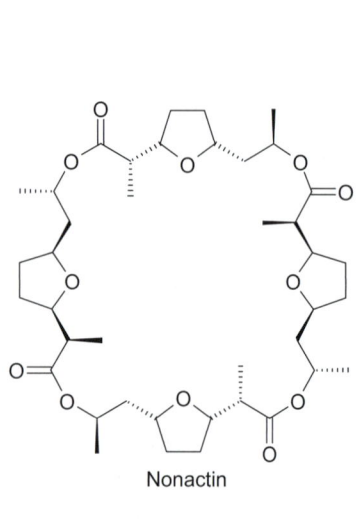
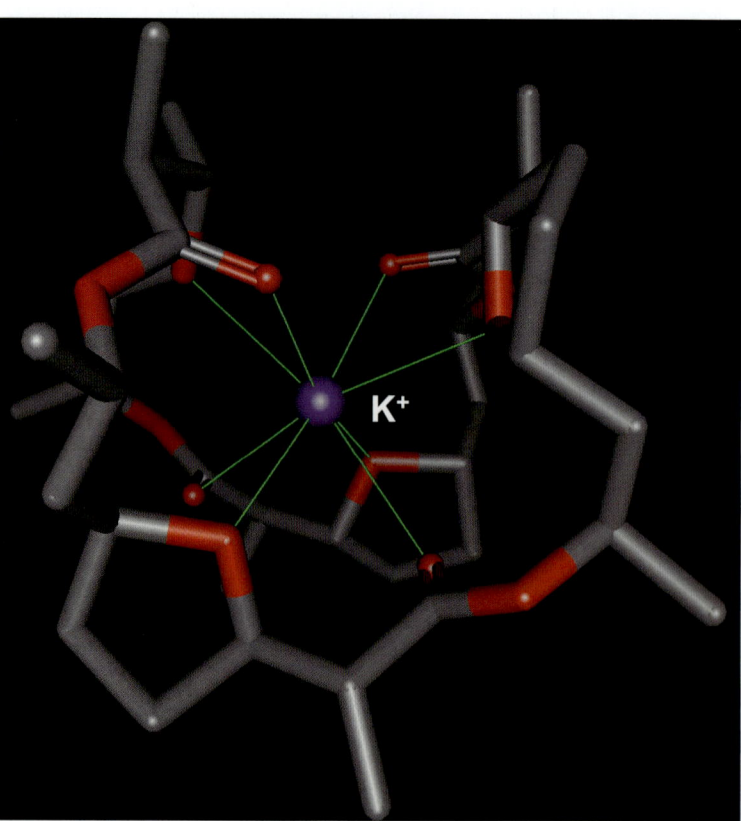

Abb. 30.18 Nonactin stellt einen Chelat-Komplexliganden für Kaliumionen dar. Es verpackt das Ion durch optimale Koordination und kann als nach außen hydrophob erscheinendes Transportantibiotikum die Membran durchdringen.

Sie bedingen, auch durch ihre Ladung, ein weiteres Herausfiltern positiv geladener Ionen wie auch H_3O^+. Negativ geladene Ionen werden bereits durch die vielen negativ polarisierten Carbonylgruppen so stark abgestoßen, dass für sie eine Passage energetisch zu ungünstig wird. Die Kanäle, die neben Wasser auch Moleküle wie Glycerin passieren lassen, weisen an der engsten Stelle einen um ca. 1 Å zusätzlich aufgeweiteten Durchtritt auf. Gleichzeitig ist das in den reinen Wasserkanälen konservierte Histidin durch ein Glycin ersetzt. Insgesamt weist der glycerinführende Kanal einen etwas hydrophoberen Charakter auf.

Aquaporine treten praktisch überall in unserem Organismus auf, in großer Zahl und Vielfalt in der Niere. Um eine schnelle Regulierung ihrer Funktion zu erreichen, werden sie teilweise in Vesikel gespeichert. Bei Bedarf verschmelzen die Vesikeln mit der Zellmembran. Auf diesem Weg wird in kurzer Zeit die Zahl aktiver Aquaporine heraufgesetzt. Die Wasserkanäle stellen hervorragende Zielstrukturen für therapeutische Eingriffe dar. Neben der Entwicklung von Diuretika werden sie für die Behandlung des Glaukoms, bei der Fettleibigkeit oder zur Bekämpfung der Angiogenese von Tumoren diskutiert. Auch als Angriffspunkt für eine Arzneimittelentwicklung zur Behandlung parasitärer Erkrankungen sind sie in den Mittelpunkt der Forschung gerückt. Interessanterweise setzte man früher Quecksilbersalze als Diuretika ein. Im oberen Porenbereich des AQP1 liegt die Thiolgruppe eines zugänglichen Cysteins vor (Abb. 30.19 b). Vermutlich blockierten die Quecksilbersalze durch Koordination an dieses Cystein die Pore. Wegen ihrer Toxizität sind Quecksilbersalze sicher keine Arzneistoffe der Wahl. Es bleibt abzuwarten, ob die Forschung potente und selektive Alternativen findet, die gezielt in die Regelung der Aquaporine eingreifen, um die Behandlung einer mit ihrer Fehlfunktion verknüpften Krankheit zu erreichen.

30. Liganden für Kanäle, Poren und Transporter

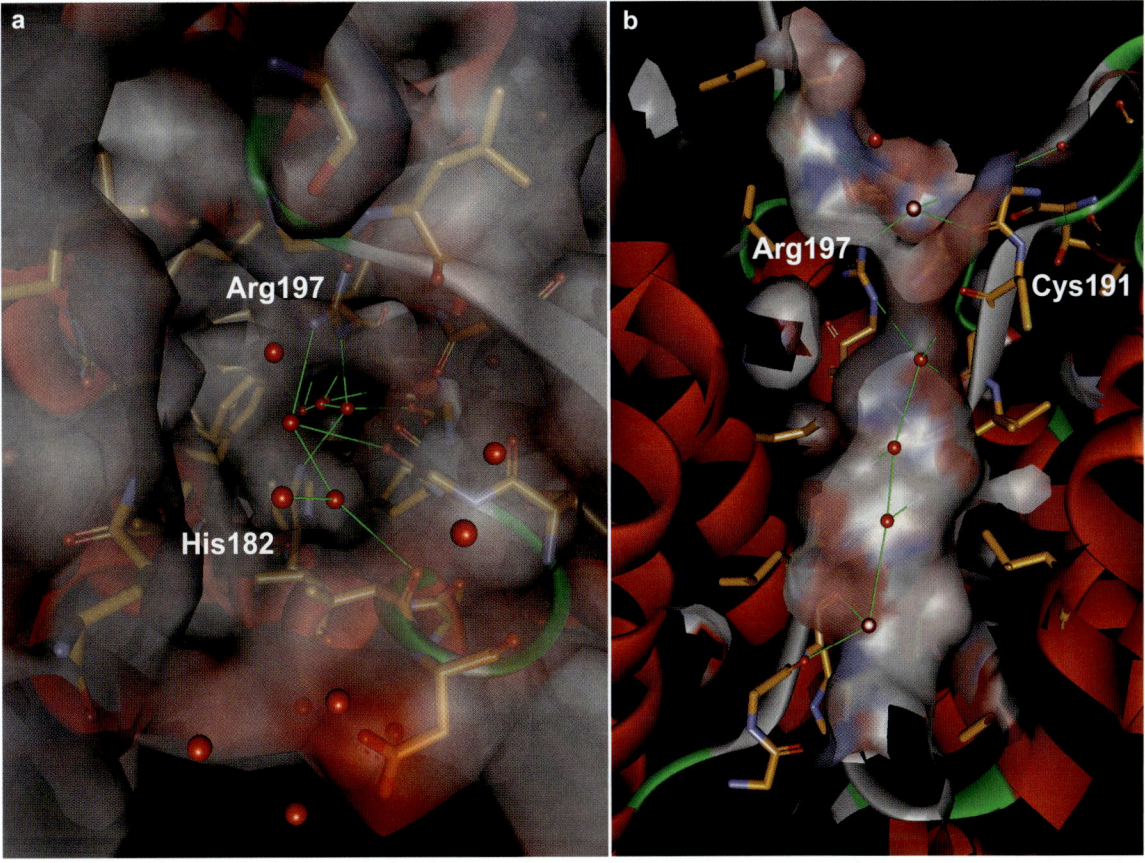

Abb. 30.19 Ein Aquaporin weitet sich trichterförmig zur extrazellulären und cytosolischen Seite (a). An der engsten Stelle verjüngt sich die Pore auf ca. 2,8 Å. An dieser Position befinden sich gegenüberstehend ein positiv geladener His- und ein Arg-Rest, die positiv geladenen Ionen die Passage verwehren. Wie an einer Schnur aufgereiht wandern die Wassermoleküle, weitergereicht durch Wasserstoffbrücken zu Carbonylsauerstoffatomen der Hauptkette, durch den Kanal (b). Die Carbonylgruppen stehen von einer Seite her in den Kanal, die gegenüberliegende Wand wird durch hydrophobe Aminosäuren gebildet. Nahe der engsten Stelle ist ein Cysteinrest zu finden, der durch Quecksilberionen komplexiert werden kann und den Kanal verstopft. So erklärt sich die diuretische Wirkung der Quecksilbersalze.

Literatur

Allgemeine Literatur

R. MacKinnon, Nobel Lecture, Potassium Channels and the Atomic Basis of Selective Ion Conduction, http://nobelprize.org/nobel_prizes /chemistry/ laureates/ 2003/mackinnon-lecture.html

M. Mark, Sulfonylharnstoffe und Glinide, Pharm. u. Zeit, **31**, 252–262 (2002)

M. C. Sanguinetti und J. S. Mitcheson, Predicting Drug-hERG Channel Interactions That Cause Aquired Long QT Syndrome, TIPS **26**, 119–124 (2005)

N. Unwin, Acetylcholine Receptor Channel Imaged in the Open State, Nature **373**, 37–43 (1995)

N. Unwin, Nicotinic Acetylcholine Receptor at 9 Å Resolution, J. Mol. Biol. **229**, 1101–1124 (1993)

N. Unwin, Structure and Action of the Nicotinic Acetylcholine Receptor Explored by Electron Microscopy, FEBS Lett. **555**, 91–95 (2003)

M. Cascio, Modulating Inhibitory Ligand-gated Ion Channels, The AAPS Journal, **8**, E353–361 (2006)

W. A. Sather und E.W. McCleskey, Permeation and Selectivity in Calcium Channels, Ann. Rev. Physiol. **65**, 133–159 (2003)

C. Higgins, Multiple Molecular Mechanisms for Multidrug Resistance Transporters, Nature **446**, 749–757 (2007)

H. Sui, B.G. Han, J.K. Lee, P. Walian und B.K. Jap, Structural Basis of Water-specific Transport Through the AQP1 Water Channel, Nature **414**, 872–878 (2001)

D. J. Triggle, M. Gopalakrishnan, D. Rampe und W. Zheng, Voltage-gated Ion Channels as Drug Targets, (Band 29 in Methods and Principles in Medicinal Chemistry, R. Mannhold, H. Kubinyi und G. Folkers, Hrsg.), Wiley-VCH, Weinheim, 2006

R. J. Vaz und T. Klabunde, Hrsg., Antitargets. Prediction and Prevention of Drug Side Effects (Band 38 in Methods and Principles in Medicinal Chemistry, R. Mannhold, H. Kubinyi und G. Folkers, Hrsg.), Wiley-VCH, Weinheim, 2008

Spezielle Literatur

D. A. Doyle, J. M. Cabral, R. A. Pfuetzner, A. Kuo, J. M. Gulbis, S. L. Cohen, B. T. Chait und R. MacKinnon, The Structure of the Potassium Channel: Molecular Basis of K^+ Conduction and Selectivity, Science **280**, 69–77 (1998)

N. Shi, S. Ye et al., Atomic Structure of a Na^+- and K^+-conducting Channel, Nature **440**, 570–574 (2006)

R. Dutzler, Structural Basis for Ion Conduction and Gating in ClC Chloride Channels, FEBS Lett. **564**, 229–233 (2004)

Liganden für Oberflächenrezeptoren

31

Im Kapitel 29 wurden Rezeptoren vorgestellt, die eine Signalvermittlung von außerhalb einer Zelle in ihr Inneres ermöglichen. Über diese Systeme werden eine Vielzahl Prozesse in einer Zelle angestoßen, die sie in einen veränderten Zustand versetzen. Neben dieser Art des Informationsaustausches muss eine Zelle noch über andere Wege verfügen, um mit ihrer sich ständig verändernden Umgebung in Kontakt zu treten. Um dieser Aufgabe nachzukommen, besitzt sie eine Vielzahl weiterer **Oberflächenrezeptoren**. Beispielsweise ermöglichen **Integrinrezeptoren** einer Zelle, nicht nur Signale von außen zu empfangen, über sie kann die Zelle auch Signale an die Umgebung abgeben. Bewegt sich eine Zelle z. B. in einem Gefäß oder im Gewebe, muss sie bei dieser Fortbewegung mit ihrer Umgebung in ständiger Kommunikation stehen. Bei der **Immunabwehr** von Krankheitserregern finden Leukozyten so ihren Weg zum Infektionsherd. Dazu empfangen sie über ihre Oberfläche Signale aus der Umgebung durch Einsatz spezieller Oberflächenrezeptoren. Bei viralen Erkrankungen versucht sich ein Virus an eine Wirtszelle anzuheften, um anschließend in die Zelle einzudringen. Dazu erfolgt zunächst eine Erkennung an zelleigenen Oberflächenrezeptoren oder speziellen Adhäsionsmolekülen, bevor die befallene Zielzelle für den **Invasionsvorgang** umprogrammiert wird. Nach Reifung und Vermehrung eines Virus muss sich dieser wieder aus der befallenen Wirtszelle herauslösen und von dieser abschnüren. Auch dieser Vorgang wird von oberflächenexponierten Proteinen gesteuert. In beide Prozesse, den Befall und das Ablösen der Viren, kann man mit Arzneistoffen eingreifen. Unser Immunsystem bedient sich spezifischer Oberflächenproteine, um eine Unterscheidung zwischen kranken und gesunden Zellen vorzunehmen. Eine Beeinflussung dieser Vorgänge führt zur **Immunstimulation**. Die angesprochenen Oberflächenrezeptoren sollen in diesem Kapitel in ihrer Struktur und Funktion vorgestellt werden. Es wird erläutert, wie spezifische Liganden die eigentliche Aufgabe dieser Oberflächenrezeptoren unterbinden bzw. umprogrammieren und so ein erfolgreiches Therapiekonzept eröffnen.

31.1 Die Familie der Integrinrezeptoren

Die Integrinrezeptoren dienen der bidirektionalen Kommunikation zwischen Zellen. Als oberflächenexponierte Rezeptoren durchdringen sie die Membran und besitzen sowohl einen intra- wie extrazellulären Aufbau. Mit dem extrazellulären Teil, der auch möglichen Wirkstoffen leicht zugänglich ist, interagieren sie mit der **extrazellulären Matrix** und vermitteln so eine **Zelladhäsion**. Diese Eigenschaft konnte bereits zur Wiederherstellung des Kontakts zwischen Knochen bzw. Knochenimplantaten und dem umgebenden Gewebe eingesetzt werden. Durch Anheften der extrazellulären Domänen von Integrinrezeptoren bzw. die Fixierung von stimulierenden Liganden für diese Rezeptoren konnte eine verbesserte Rückbildung des Gewebes um Knochen erreicht werden.

Bei Säugern sind die Integrine auf nahezu allen Zelltypen zu finden. Die Familie der Integrine spaltet sich in zahlreiche Subtypen auf, wobei mehrere dieser Subtypen gleichzeitig auf einer Zelle vorliegen können. Ihre Reaktion auf externe Signale erfolgt recht schnell und liegt unter einer Sekunde. Sie besitzen einen komplexen strukturellen Aufbau eines heterodimeren Membranproteins. Man unterscheidet eine α- und β-Untereinheit, wobei jede aus mehreren Domänen aufgebaut ist. Manche Subtypen weisen zusätzliche Insertionsdomänen auf. Essenziell für die Funktion der Integrinrezeptoren sind mehrere zweiwertige Calcium- und Magnesiumionen, die die so genannte metallionenabhängige Adhäsionsstelle (engl. *metal ion dependent adhesion site*, MIDAS) ausbilden. Für den Menschen hat man bisher 18 α- und 8 β-Untereinheiten charakterisiert. Sie können mit unterschiedlicher Zusammensetzung zu Heterodimeren kombiniert werden. Bisher gelang es, 24 unterschiedliche Kombinationen dieser Untereinheiten als Integrinrezeptoren nachzuweisen. Die Nomenklatur der Rezeptoren folgt dieser Zusammenstellung, man bezeichnet sie als $\alpha_x\beta_y$-Rezeptoren. Dabei wird x als römische, y als arabische Zahl ausgedrückt.

Die **Signalverarbeitung** verläuft über ein komplexes Schema mehrerer hintereinander geschalteter **konformativer Umwandlungen**. Die durchlaufene Transformation erinnert an das Öffnen eines Taschenmessers (Abb. 31.1). Aus einer eingeklappten Geometrie wird durch Auseinanderscheren der Klinge und des Griffs zunächst eine verschlungene Geometrie des Rezeptors erzeugt, die dann in eine hufeisenförmige offene Form übergeht. Mit dieser Geometrie präsentiert sich der Rezeptor im aktiven Zustand. Der extrazelluläre Bereich des aktivierten Rezeptors steht für Interaktionen mit anderen Proteinen bereit. Die Bindung erfolgt über eine so genannte β-propellerartige Domäne und über eine Insertionsdomäne (*I-like domain*, Abb. 31.1), die durch die skizzierte Konformationsänderung in den aktivierten Zustand versetzt wird. Gleichzeitig gibt sie in der aktiven Konformation die MIDAS-Bindestelle frei. Die beschriebenen strukturellen Vorstellungen beruhen auf Kristallstrukturbestimmungen, die von den einzelnen Domänen des Rezeptors gelungen sind. Durch Zusammensetzen dieser Einzelbausteine hat man sich ein grobes Bild des Gesamtaufbaus geschaffen. Allerdings entziehen sich diesen Überlegungen genauere Vorstellungen über die einzelnen konformativen Zwischenstufen, die bei der Rezeptoraktivierung durchlaufen werden.

Als ein Beispiel soll der Aufbau und die Funktion des $\alpha_{IIb}\beta_3$-**Rezeptors** genauer betrachtet werden. Für diesen Rezeptor ließen sich erfolgreich **Fibrinogen-Rezeptor-Antagonisten** entwickeln und in die Therapie einführen. Dieser Entwurf soll im nächsten Abschnitt beschrieben werden. Der $\alpha_{IIb}\beta_3$-Rezeptor spielt im **Blutgerinnungsgeschehen** eine wichtige Rolle. Er tritt an der Oberfläche von Blutplättchen (Thrombozyten) auf. Im ruhenden Zustand sind dort ca. 50 000–70 000 inaktive Kopien dieses Rezeptors vorhanden. Kommt es durch eine Verletzung zu einem Stimulus der Blutgerinnung, werden bei der Aktivierung der Blutplättchen weitere 50 000 Rezeptoren aus ihrem Inneren an die Oberfläche geschafft und konformativ aktiviert. Der Rezeptor kann jetzt Liganden, die ein spezifisches Motiv aus einer **Arg–Gly–Asp**-Abfolge (RGD-Motiv) enthalten, binden. Fibrinogen, ein dimeres lösliches Plasmaprotein, enthält ein solches Motiv und reagiert mit den $\alpha_{IIb}\beta_3$-Integrinrezeptoren auf der Oberfläche der aktivierten Blutplättchen. Diese Vernetzung führt zur Verklumpung der Blutplättchen und leitet das Entstehen eines Blutpfropfs für den Wundverschluss ein.

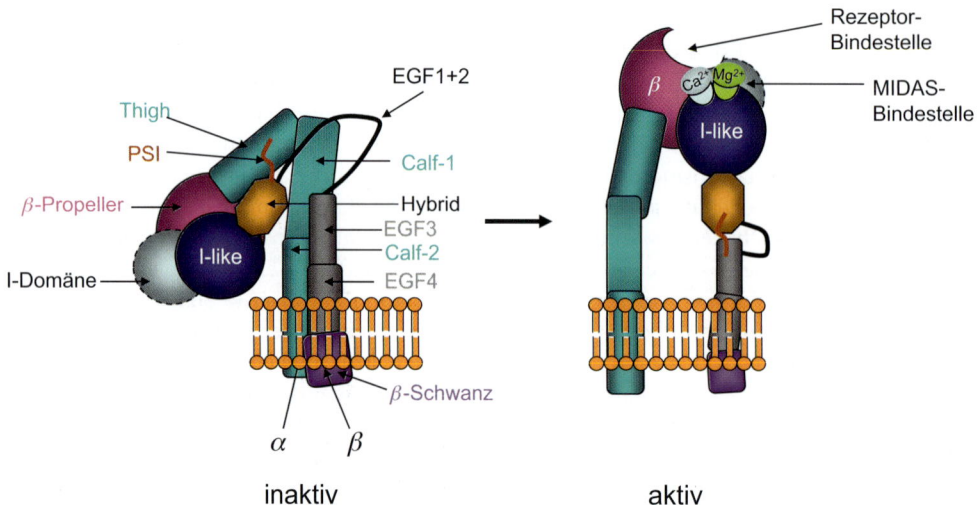

Abb. 31.1 Die Integrinrezeptoren besitzen einen komplexen strukturellen Aufbau als membranständige Heterodimere aus einer α- und β-Untereinheit. Jede Untereinheit ist wiederum aus mehreren Domänen aufgebaut, manche Subtypen weisen zusätzlich eingefügte Insertionsdomänen (I-Domänen) auf. Die Signalverarbeitung verläuft über ein komplexes Schema hintereinander geschalteter konformativer Umwandlungen, die von einer inaktiven eingeklappten zu einer aktiven hufeisenförmigen Form übergehen. Essenziell für die Funktion der Integrinrezeptoren sind mehrere zweiwertige Calcium- und Magnesiumionen, die die metallionenabhängige Adhäsionsstelle (engl. *metal ion dependent adhesion site,* MIDAS) bilden. Der Bindebereich für die Rezeptorliganden liegt auf der β-Propellerdomäne und der *I-like*-Domäne.

Eine Blockade der Oberflächenrezeptoren auf den Blutplättchen führt zum Stoppen des Gerinnungsprozesses. Breit über den gesamten Organismus angewendet, hätte dies ein inneres Verbluten zur Folge. Eine Schlange, die Gemeine Sandrasselotter (*Echis carinatus*), verwendet dieses Wirkprinzip in einem Gift, um ihre Fraßopfer zu erlegen. Da sie in Afrika und Asien oft auch in der Nähe von menschlichen Behausungen auftritt, war ihr Biss schon für manchen unserer Artgenossen tödlich. Sie verwendet als Gift ein Peptid aus 49 Aminosäuren, das im Zentrum ein RGD-Sequenzmotiv aufweist. Mit einem Arzneistoff, der dieses Hemmprinzip verfolgt, will man lokal eine antikoagulative Wirkung erzielen. Dies ist im Zusammenhang mit der Behandlung der Angina pectoris, des Myokardinfarkts, des Schlaganfalls oder der Arteriosklerose in der Akutmedizin von Interesse, vor allem zur Verhinderung von ischämischen Komplikationen (so genannte Blutleere).

31.2 Entwurf von Peptidomimetika als Fibrinogen-Rezeptor-Antagonisten

Wie im letzten Abschnitt beschrieben, stellen Antagonisten des $\alpha_{IIb}\beta_3$-Integrinrezeptors auf der Oberfläche von Thrombozyten einen lohnenden Angriffspunkt zur Entwicklung von Antikoagulanzien dar. Zum Einleiten der Gerinnung interagiert Fibrinogen mit dem in seiner Sequenz enthaltenen **Tripeptidmotiv Arg–Gly–Asp** (RGD-Motiv) mit dem $\alpha_{IIb}\beta_3$-Rezeptor. Zunächst war die Frage zu klären, in welcher Konformation dieses Tripeptid an den Rezeptor bindet. Hierzu wurden **cyclische Pentapeptide** mit der Arg–Gly–Asp-Sequenz synthetisiert. Das Peptid *cyclo*-(Arg–Gly–Asp–Phe–D-Val) **31.1** (Abb. 31.2) erwies sich mit einer Hemmkonstante von IC$_{50}$ = 2 nM als hoch affiner Ligand des $\alpha_{IIb}\beta_3$-Rezeptors. NMR-spektroskopische Untersuchungen legten nahe, dass dieses cyclische Pentapeptid eine Konformation als β-Schleife einnimmt. Jahre später konnte eine Kristallstruktur mit dem strukturverwandten Pentapeptid *cyclo*-(Arg–Gly–Asp–Phe–D-MeVal) **31.2** bestimmt werden (Abb. 31.3), die diese Geometrie bestätigte.

Weitere stark wirksame peptidische Strukturen wurden gefunden, u. a. bei der Firma SmithKline Beecham das cyclische Peptid **31.3** mit einer Disulfidbrücke (K_i = 2 nM). Ein anderes Cyclopeptid, Eptifibatid **31.4**, das ebenfalls über eine Disulfidbrücke stabilisiert wird, konnte von COR-Therapeutics als Integrilin® 1999 in die Therapie eingeführt werden. Doch das eigentliche Ziel, zu niedermolekularen, nichtpeptidischen Strukturen zu kommen, war damit noch nicht erreicht. Daher wurde nach kleinen organischen Molekülen gesucht, deren funktionelle Gruppen den Seitenketten von Arginin und Aspartat in **31.1**–**31.4** entsprechen und die gleichzeitig dieselbe Anordnung im Raum einnehmen.

Die Forscher bei SmithKline Beecham konzentrierten sich auf Benzodiazepinderivate. Diese Strukturklasse weist zwei günstige Eigenschaften auf. Zum einen sind **Benzodiazepine** chemisch intensiv untersucht, viele Derivate sind einfach zugänglich. Zum anderen sind Benzodiazepine starr und damit zur Konformationsstabilisierung hervorragend geeignet. Außerdem hatte man sie als β-Schleifen-Mimetika bereits intensiv untersucht (Abschnitt 10.5). Ein Vergleich mehrerer Benzodiazepinderivate mit der peptidischen Leitstruktur ergab schließlich, dass das Derivat **31.5** in der Lage sein sollte, die Arg- und Asp-Seitenketten genau so wie in **31.3** zueinander zu positionieren. In der Tat erwies sich **31.5** als ein potenter Fibrinogen-Rezeptorantagonist (K_i = 2,3 nM). Durch weitere Abwandlungen konnte Lotrafiban **31.6** als Kandidat für klinische Studien gefunden werden (Abb. 31.2). Die Verbindung scheiterte später allerdings mangels ausreichender Wirkung und wegen vereinzelter Todesfälle in der Klinik.

Einen etwas anderen Weg ging die Arbeitsgruppe bei Searle (Abb. 31.4). Ausgangspunkt war hier das Peptid Arg–Gly–Asp–Phe (**31.7**, IC$_{50}$ = 29 µM). Im ersten Schritt wurde das Dipeptidfragment Arg–Gly gegen einen 8-Guanidinooctanoyl-Rest ausgetauscht (**31.8**, IC$_{50}$ = 3 µM). Geleitet von Befunden bei Thrombin-Hemmern (Abschnitt 23.4), die zeigten, dass ein Alkylguanidin durch ein Benzamidin ersetzt werden kann, wurde ein solcher Baustein eingeführt. Dies ergab eine dramatische Steigerung der Bindungsaffinität (**31.9**, IC$_{50}$ = 0,072 µM). Obwohl diese Verbindung oral nicht verfügbar ist, war SC-52012 der erste Fibrinogen-Rezeptorantagonist von Searle, der für eine i.v.-Applikation einer klinischen Prüfung unterzogen wurde. Ziel der weiteren Arbeiten war nun weniger eine weitere Erhöhung der bereits ausreichenden Bindungsaffinität, als vielmehr eine Verbesserung der Bioverfügbarkeit. Hierzu wurden vorrangig Derivate mit reduziertem Molekulargewicht untersucht. Es zeigte sich, dass die C-terminale Aminosäure Phenylalanin ohne massiven Affinitätsverlust durch einen einfachen Pyridinring ersetzt werden konnte. Durch zusätzliche Veresterung der Carboxylatgruppe gelangte die Searle-Arbeitsgruppe zu einer Verbindung mit schwacher oraler Aktivität. **31.10** ist

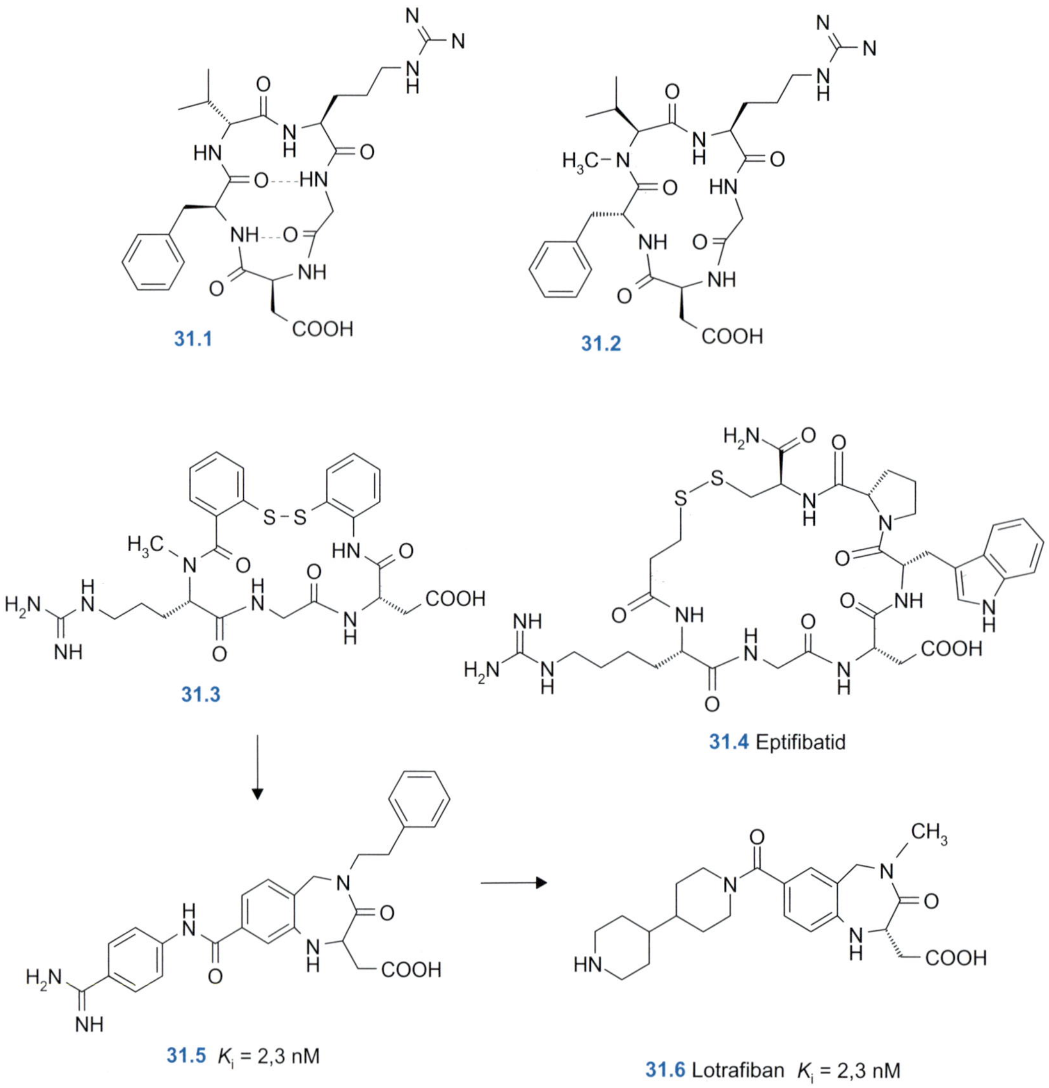

Abb. 31.2 Die gebundene Konformation des RGD-Motivs des natürlichen Liganden Fibrinogen am $\alpha_{\text{IIb}}/\beta_3$-Integrinrezeptor konnte durch strukturell fixierte Cyclopeptide aufgeklärt werden. Sie dienten als erste Leitstrukturen für die Entwicklung nichtpeptidischer Rezeptorantagonisten wie den Benzodiazepinen **31.5** und **31.6**. Das Cyclopeptid Eptifibatid **31.4** wurde als Wirkstoff in die Therapie eingeführt.

ein Prodrug, das im Körper durch Esterasen schnell in das freie Carboxylat, die eigentliche Wirkform, umgewandelt wird (IC$_{50}$ = 0,15 μM für die Verbindung mit der freien Carboxylatgruppe). Schließlich wurden Aminobenzamidinosuccinate untersucht. Hier war die Idee, durch Wiedereinführung einer Amidgruppe eine zusätzliche H-Brücke zum Rezeptor auszubilden, um so die Affinität zu steigern. In der Tat ist **31.11** ein hoch potenter Fibrinogen-Rezeptorantagonist (IC$_{50}$ = 0,067 μM für die freie Säure). Die Verbindung wird nach oraler Gabe gut resorbiert. Searle führte mit Xemilofiban **31.11**, wie die Verbindung später benannt wurde, klinische Studien durch, die allerdings ebenfalls in Phase III abgebrochen wurden.

Bei Roche hatten die Arbeiten zu dem vergleichbaren Entwicklungskandidaten Sibrafiban **31.12** geführt. Er kam als doppeltes Prodrug in die klinische Prüfung. Die Firma unterzog diese Verbindung einer breiten Studie an 9000 Risikopatienten. Bei geringen Dosen ließ sich eine dem Aspirin vergleichbare Wirkung finden (Abschnitt 27.9). Bei Einnahme größerer Mengen nahmen allerdings die Blutungsprobleme deutlich zu. Die weitere Entwicklung dieser Verbindung wurde daher aufgegeben.

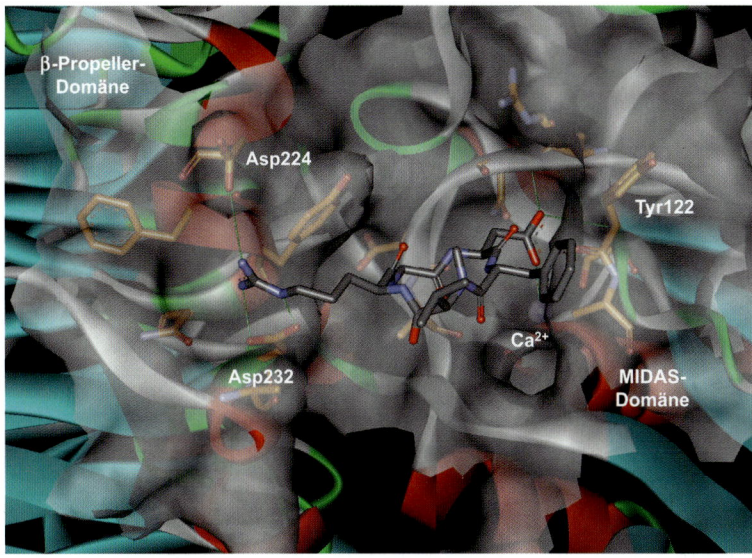

Abb. 31.3 Kristallstruktur des α_{IIb}/β_3-Integrinrezeptors mit dem Cyclopeptid **31.2**. Die Struktur bestätigte die Annahme, dass die Peptide mit einer β-Schleifenkonformation an dem Rezeptor vorliegen. Das RGD-Motiv des Peptids bindet in gestreckter Geometrie mit seinem Argininrest zwischen zwei Aspartate auf der Propellerdomäne und mit der Säuregruppe des Aspartyl-Rests an die Metallionen der MIDAS-Bindestelle.

Trotz vieler klinischer Studien mit einer großen Zahl Entwicklungskandidaten hat nur Merck einen **nichtpeptidischen Rezeptorantagonisten**, das Tirofiban **31.13** (Aggrastat®) für die **Akutmedizin** zur Verhinderung von Komplikationen nach Durchblutungsmangel durch einen Thrombus infolge eines Schlaganfalls oder Herzinfarkts in den Handel gebracht. Gemäß dem etablierten RGD-Pharmakophormuster aus basischer Gruppe, Brücke und Säuregruppe entstand **31.13** durch Ersatz der Benzamidinogruppe durch einen Piperidinring und durch Verzicht auf die Amidgruppen in der Brücke zwischen basischer Gruppe und Säurefunktion als IC_{50} = 11 nM Hemmstoff (Abb. 31.5). Da er keine ausreichende orale Verfügbarkeit besitzt, wird er intravenös verabreicht. Es bleibt abzuwarten, ob die Fibrinogen-Rezeptorantagonisten über die Anwendung in der Akutmedizin eine Bedeutung in der Therapie thrombotischer Erkrankungen erlangen werden.

31.3 Selektine: Oberflächenrezeptoren, die Kohlenhydrate erkennen

Leukozyten, weiße Blutkörperchen, werden im Blutstrom durch den Körper transportiert. Ihre vornehmliche Aufgabe ist die Abwehr von Krankheitserregern bei **Entzündungsprozessen**. Um dieser Aufgabe nachzukommen, müssen sie in einem Gefäß, das in der Nähe eines Entzündungsherds vorbeiführt, zunächst im normalen Blutfluss abgestoppt werden (Abb. 31.6). Dieses Abbremsen macht sich in einem veränderten **Rollverhalten der Leukozyten** bemerkbar. An dem Abstoppen sind Oberflächenrezeptoren beteiligt, die sich zum einen auf den rollenden Leukozyten befinden. Zum anderen werden im Entzündungsfall in der Umgebung des eigentlichen Herds auf dem Endothel der angrenzenden Gefäße Selektine vermehrt exprimiert. Für das Abbremsen sind zwischenzeitliche Kontakte verantwortlich, die sich als schwache, aber sehr selektive Zucker-Protein-Wechselwirkungen ausbilden. Zuletzt kommt es zu einem vollständigen **Abstoppen der Leukozyten**. Für diese Fixierung sind Integrine auf den Leukozyten verantwortlich, die mit interzellulären Adhäsionsmolekülen (*ICAMs* von engl. *intercellular adhesion molecules*) auf den Endothelzellen in Wechselwirkung treten. Im nächsten Schritt kommt es zum Austritt der Leukozyten aus dem Gefäß (Exvasation). Nach ihrer Wanderung zum Entzündungsherd bekämpfen sie ihn durch Ausschütten von Cytokinen und degradierenden Substanzen. Letztere greifen den Entzündungsherd oxidativ und proteolytisch an.

Manche Entzündungsvorgänge führen zu Gewebeschädigungen durch eine überschießende Leukozyteninfiltration, beispielsweise im Anschluss an einen Herzinfarkt (Reperfusionsphase), durch Dauerreizung bei der rheumatoiden Arthritis, bei der Arteriosklerose, der diabetischen Angiopathie oder bei metastasierenden Karzinomen. In solchen Situationen bietet sich als Therapiekonzept an, in die **Entzündungskaskade** einzugreifen, um die überschießende Leukozyteninfiltration zu reduzieren. Dies kann

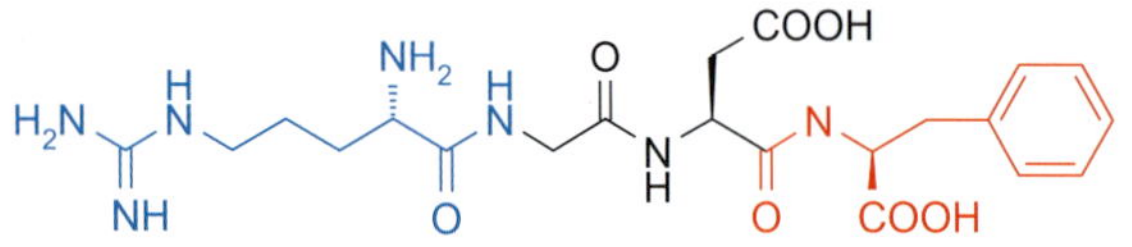

31.7

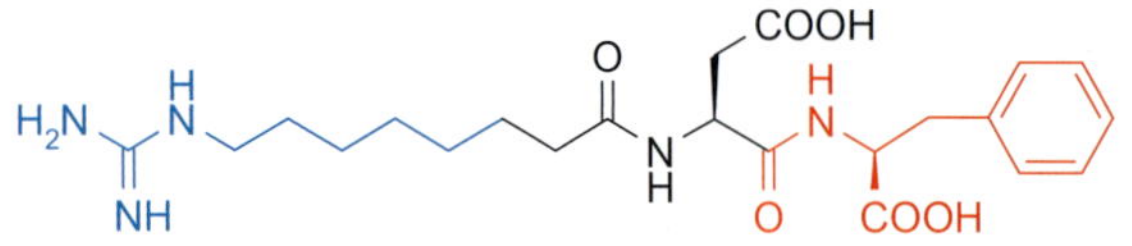

31.8

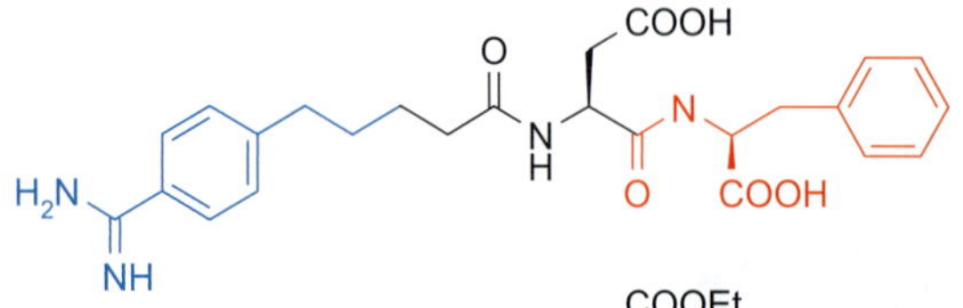

31.9
SC-52012

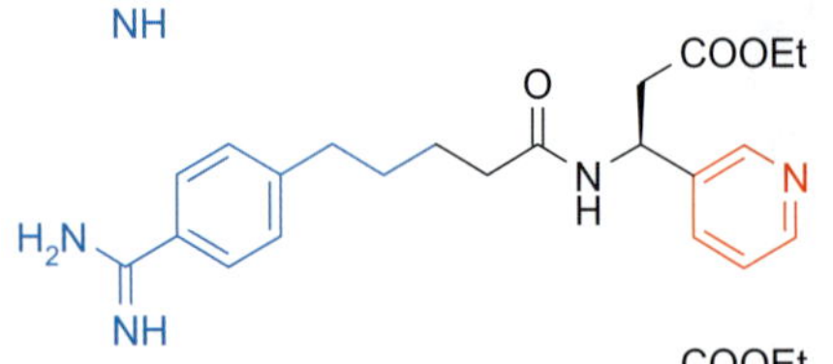

31.10

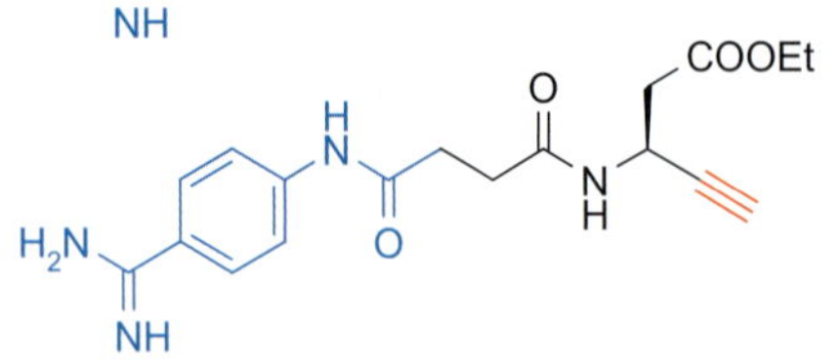

31.11 Xemilofiban

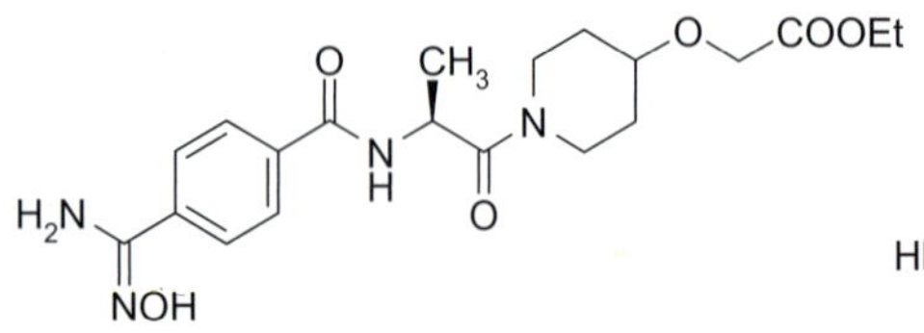

31.12 Sibrafiban

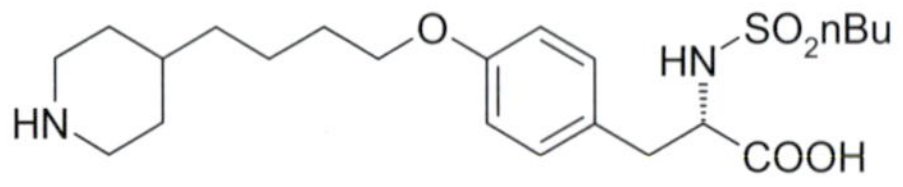

31.13 Tirofiban IC_{50} = 35,7 nM

Abb. 31.4 Ausgehend von dem linearen Peptid Arg-Gly-Asp-Phe **31.7** wird durch schrittweise Veränderungen Xemilofiban **31.11** erhalten. Die Verbindung besitzt ein deutlich reduziertes Molekulargewicht im Vergleich zur Ausgangsverbindung. Die Ethinylgruppe anstelle des Pyridinrests lässt die Bindungsaffinität unverändert, erhöht aber deutlich die Bioverfügbarkeit. Ein ähnlicher Entwicklungskandidat, Sibrafiban **31.12**, wurde breit getestet, ist aber wegen Blutungsproblemen nicht bis zum Marktprodukt entwickelt worden. Tirofiban **31.13** ist für die Akutmedizin zur Verhinderung von Komplikationen nach Blockierung der Durchblutung durch einen Thrombus infolge eines Schlaganfalls oder Herzinfarkts auf den Markt gekommen.

durch Bindung eines Antagonisten an die Selektine gelingen.

Die Selektine gehören zur großen Gruppe der Lektine, einer Familie komplexer Glycoproteine. Sie bauen Wechselwirkungen zu Kohlenhydratstrukturen auf und sind über diese Kontakte in der Lage, Verankerungen zwischen Zellen bzw. mit Zellmembranen zu erreichen. Die Selektine sind eine Untergruppe dieser Glycoproteine. Man klassifiziert sie in **E-, L- und P-Selektine**. Sie sind strukturell miteinander verwandt und unterscheiden sich durch die Anzahl bestimmter Wiederholungssequenzen (engl. *short consensus repeats*). Neben einem *C*-terminalen cytoplasmatischen Teil verfügen sie über eine Transmembrandomäne. Am *N*-Terminus befindet sich auf einer Lektindomäne die Bindestelle für Kohlenhydratmoleküle. Die Struktur einer solchen Domäne eines Selektins ist in Abb. 31.7 gezeigt.

Endogener Ligand der Selektine ist PSGL-1, ein Glycoprotein auf der Oberfläche der Leukozyten. Als exponiertes Bindungsepitop verfügt das PSGL-1-Protein in mehrfacher Kopie über ein Motiv aus vier Zuckermolekülen. Es wird als Sialyl-Lewis^x **31.14**, kurz sLe^x, bezeichnet. Die vier Zuckerbausteine bestehen aus einem *N*-Acetylglucosamin, einer Fucose, einer Galactose und einer Sialinsäure. Ihr Bindungsmodus ist schematisch in Abb. 31.7 a skizziert. Die vier Zuckermoleküle bilden mit ihren Hydroxylgruppen zahlreiche Wasserstoffbrücken zu einer flachen, wannenförmigen Bindetasche des Proteins aus. Direkt benachbart zum sLe^x-Bindungsepitop bindet ein Calciumion, das zum einen mit mehreren exponierten Resten der Bindetasche in Wechselwirkung tritt. Zum anderen baut es aber auch Kontakte zu Fucose auf. Das Bindungsepitop von sLe^x ist wegen seiner leichten Abbaubarkeit durch Glycosidasen und seiner relativ schwachen Bindung (IC$_{50}$ = 4 mM) an die Selektine als Arzneistoff ungeeignet. Daher wurde nach Mimetika der Zuckerbindung gesucht. Zunächst wurden die drei Hydroxylgruppen der Fucose, die mit Asn 82, Glu 80, Asp 106 und dem Ca^{2+}-Ion interagieren, als entscheidend für die Bindung erkannt. Weiterhin konzentrierte man sich auf die Säurefunktion an der Sialinsäure, die mit Tyr 48 und Ser 99 in Wechselwirkung

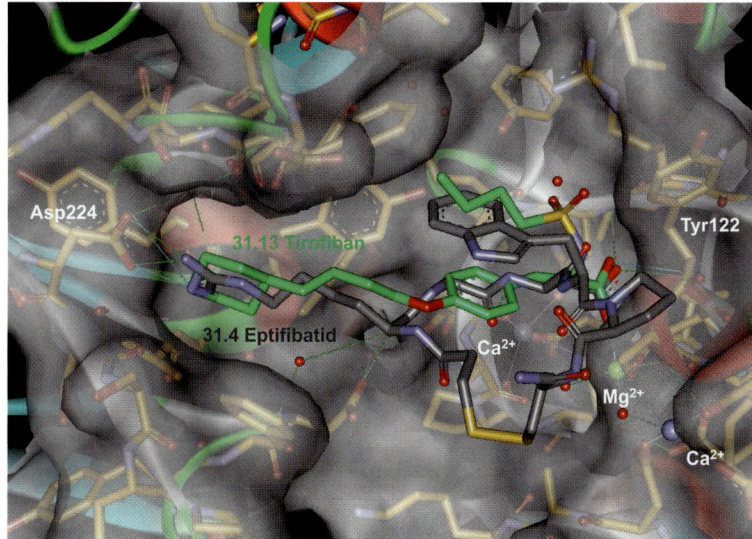

Abb. 31.5 Überlagerung der Kristallstrukturen von Eptifibatid **31.4** und Tirofiban **31.13** mit dem α_{IIb}/β_3-Integrinrezeptor. Sowohl das peptidische wie nichtpeptidische Marktprodukt binden auf der einen Seite an die Aspartate der Propellerdomäne und auf der gegenüberliegenden Seite an die Metallionen der MIDAS-Bindestelle. Das Beispiel demonstriert, wie sich Aminosäurereste durch andere, nichtpeptidische Baugruppen ersetzen lassen.

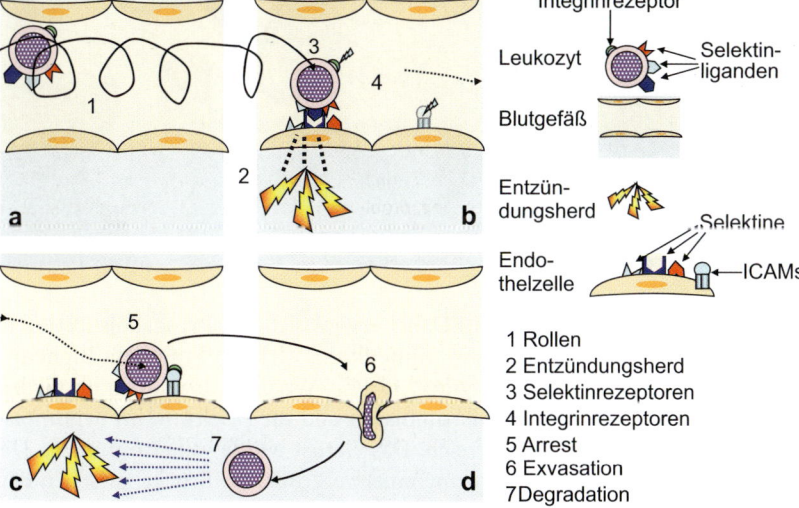

Abb. 31.6 (a) Die Leukozyten werden im Blutstrom in den Gefäßen durch den Körper transportiert (1). Führt das Gefäß an einem Entzündungsherd (2) vorbei, werden die Leukozyten im normalen Blutfluss abgestoppt. (b) Ihr Rollverhalten ändert sich durch Wechselwirkung mit Selektinrezeptoren (3), die im Entzündungsfall nahe des eigentlichen Herds auf dem Endothel benachbarter Gefäße vermehrt exprimiert werden. Auf der Leukozytenoberfläche werden Integrinrezeptoren aktiviert (4). Durch Bindung der Integrinrezeptoren an interzellulären Adhäsionsmolekülen (ICAMs) auf den Endothelzellen kommt es zur vollständigen Fixierung der Leukozyten (5, c). Die Leukozyten treten aus dem Gefäß aus (6, d) und wandern im benachbarten Gewebe zum Entzündungsherd, den sie durch Ausschütten von Cytokinen und degradierenden Substanzen wie Oxidationsmitteln und Proteasen bekämpfen (7).

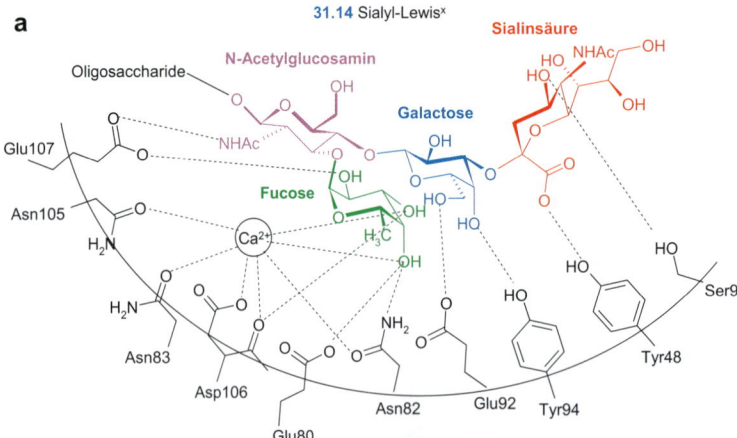

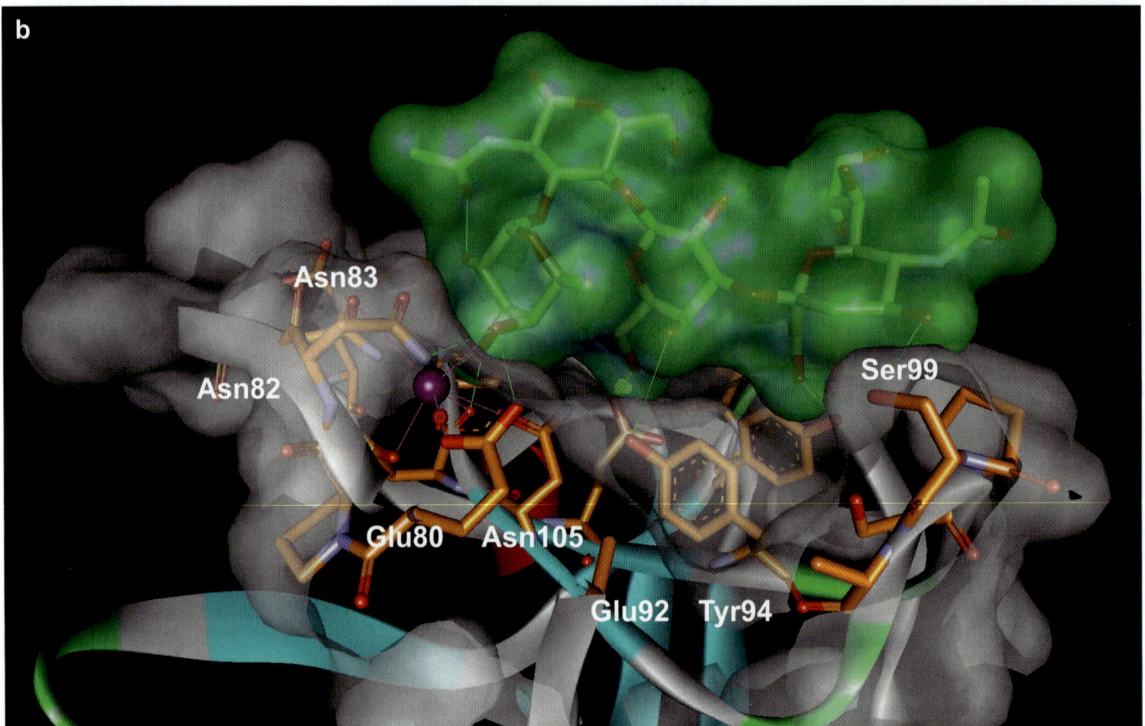

Abb. 31.7 Kristallographisch bestimmter Bindungsmodus von Sialyl-Lewis^x **31.14**, exponiertes Bindungsepitop des PSGL-1-Proteins, an die Oberflächendomäne eines Selektins (a). Die vier Zuckerbausteine *N*-Acetylglucosamin (violett), Fucose (grün), Galactose (blau) und Sialsäure (rot) bilden mit ihren Sauerstofffunktionen zahlreiche Wasserstoffbrücken zu dem Protein in einer flachen, wannenförmigen Bindetasche aus (b). An der Bindung ist ein Calciumion (violette Kugel) beteiligt, das zum einen mit mehreren Resten des Proteins, aber auch mit der Fucose des Liganden interagiert.

tritt. Diese beiden polaren Bindungsregionen des Liganden sollten durch einen hydrophoben Biphenylbaustein miteinander verknüpft werden. Anstelle der Fucose wurde die leichter zugängliche Mannose verwendet und mit **31.15** (Abb. 31.8) war ein Hemmstoff mit IC$_{50}$ = 500 μM gefunden. Durch Anfügen einer zweiten, strukturähnlichen Gruppierung zu **31.16** lässt sich die Affinität nochmals um den Faktor 5 verbessern.

Einen anderen Weg schlug man bei Revotar Biopharmaceuticals ein. Man griff **31.15** als Referenzverbindung auf. Zum Ersatz des Mannosebausteins wurde nach kleinen, mehrfach hydroxylierten Aromaten gesucht. Dabei erwies sich ein Pyrogallolsubstituent als bestes Mimetikum. Verknüpft mit dem Biphenylrest zeigte **31.17** IC$_{50}$-Werte für L-Selektin im niedrigen mikromolaren und für P-Selektin im nanomolaren Bereich. Das Gerüst wurde weiter optimiert. Die Einführung einer vergrößerten Brücke zwischen den beiden terminalen Ankergruppen und Austausch eines Phenylrings gegen Thiophen führten zu **31.18**. Diese Verbindung zeigt *in vitro*-Affinität im oberen nanomolaren Bereich bei einer Molmasse unter 500 Da. In Anbetracht der sehr flachen und nach oben hin weit geöffneten Bindetasche ist dies für einen so kleinen Antagonisten eine beachtliche Bindungsaffinität

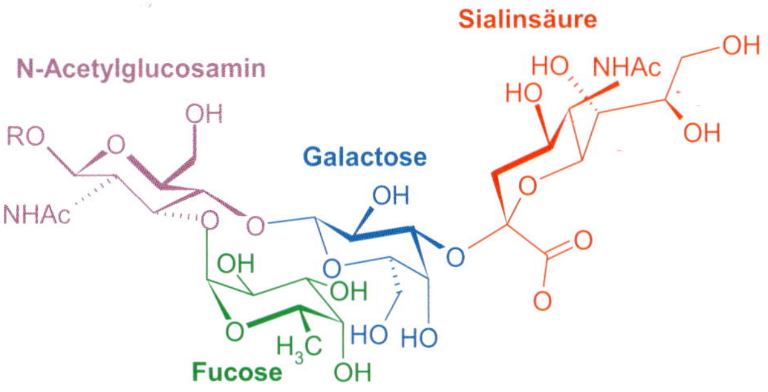

31.14 Sialyl-Lewis^x IC$_{50}$ = 4 mM

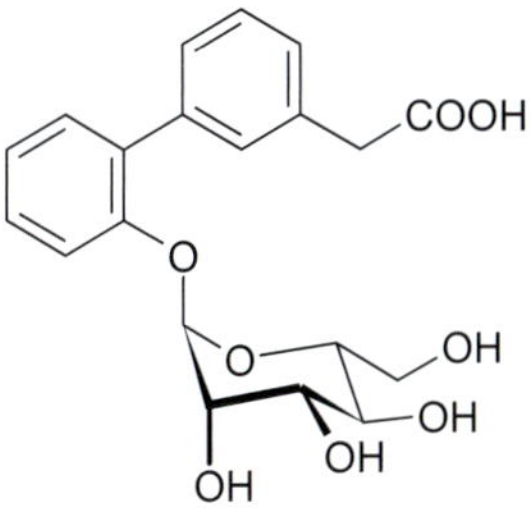

31.15 TBC265 IC$_{50}$ = 500 µM

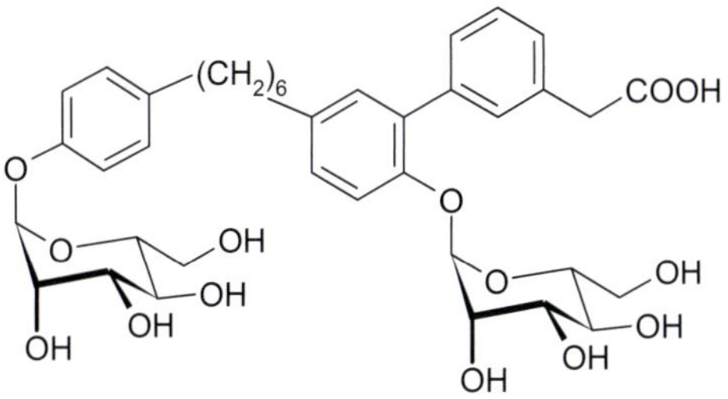

31.16 Bimosiamose IC$_{50}$ = 95 µM

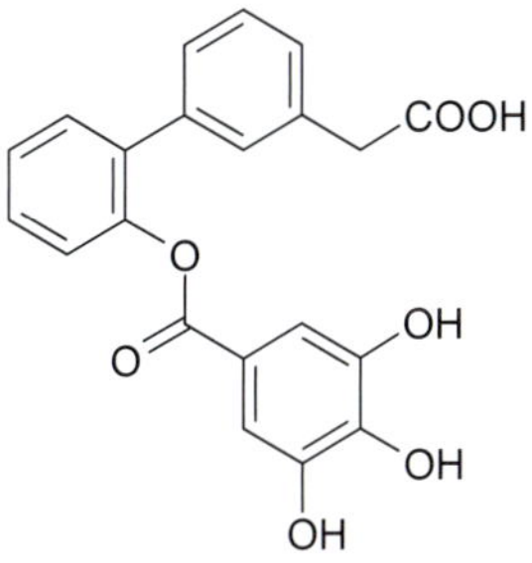

31.17 IC$_{50}$ = 1 µM

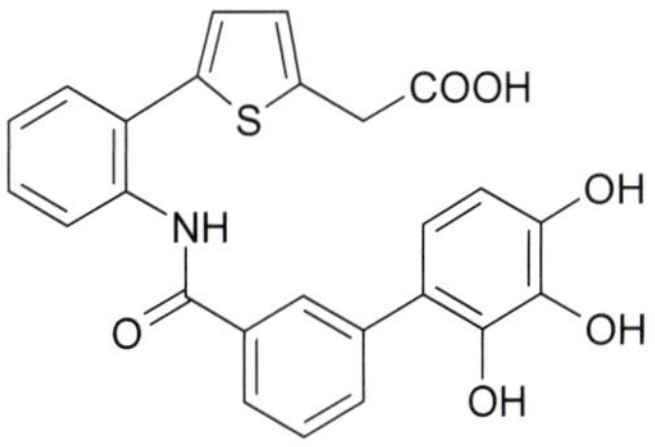

31.18 IC$_{50}$ = 0,75 µM

Abb. 31.8 Aus Sialyl-Lewis^x **31.14** wurde durch Austausch von Fucose gegen Mannose und Anfügen einer hydrohoben Brücke mit terminaler Säuregruppe eine mikromolare Leitstruktur **31.15** entwickelt. Sie lässt sich durch Anfügen eines zweiten, strukturanalogen Bausteins zu Bimosiamose **31.16** in ihrer Affinität verbessern. Ausgehend von einem Pyrogallolgerüst gelang es, zu völlig zuckerunähnlichen Strukturen mit submikromolarer Affinität zu kommen (**31.17, 31.18**).

gegenüber dem Zielprotein. Beim derzeitigen Stand der Forschung bleibt abzuwarten, ob die eingeschlagene Strategie letztlich zu Verbindungen führt, die sich in der Praxis als erfolgreiches Therapieprinzip erweisen.

31.4 Fusionshemmstoffe vereiteln die Virusinvasion

Da Viren über keinen eigenen Stoffwechsel und Vermehrungsapparat verfügen, sind sie darauf angewiesen, eine Wirtszelle für diese Aufgaben zu beschlagnahmen. Sie selbst enthalten allerdings das Programm und Informationsmaterial für ihre Vermehrung, abgespeichert in Form einer eigenen DNA bzw. RNA. Um **Zugang zu einer Wirtszelle** zu erlangen, müssen sie an dieser Zelle andocken und ihre Hülle mit der des Wirts verschmelzen. Nehmen wir uns ein Beispiel. Das HI-Virus fusioniert mit den T-Lymphozyten und leitet so eine AIDS-Infektion ein (Abb. 31.9). Das Virus hat einen Durchmesser von ca. 120 nm (1200 Å). In seiner Membranhülle sind über 70 Glycoproteine eingebettet. Jedes dieser Oberflächenproteine besteht aus so genannten gp120- und gp41-Untereinheiten, die sich zu Trimeren zusammenlagern. Vergleichbar mit einer Stecknadel stecken die gp41-Einheiten als Schaft in der Membranhülle, während die gp120-Einheiten den annähernd sphärischen externen Kopf dieser Nadeln bilden. Beide Untereinheiten konnten strukturbiologisch charakterisiert werden. Das aus Faltblättern und Helices aufgebaute gp120-Protein wirkt als Wurfanker für das Virus. Er bindet an den CD4-Rezeptor auf der Oberfläche der T-Lymphozyten. Es erfolgt eine Konformationsänderung des gp120-Proteins. Dadurch wird eine nachgeschaltete Interaktion mit dem in der Nähe befindlichen CCR5- bzw. CXCR4-Corezeptor des Lymphozyten eingeleitet. Die Bindung an diese Chemokinrezeptoren bedingt eine weitere Konformationsänderung des stecknadelförmigen „Rammbocks" auf der Hülle des Virus. Die Monomere der als trimeres **Helixbündel** ausgebildeten gp41-Untereinheit bestehen aus jeweils drei Abschnitten, der HR1-, HR2- und FP-Domäne. Mit den drei FP-Domänen dringt das Virusprotein in die Membran der Wirtszelle ein. Das Bündel der drei HR1-Domänen stellt an seiner Oberfläche drei Furchen bereit, die optimal zur Aufnahme der HR2-Domänen geeignet sind (Abb. 31.9 und 31.10). Dazu müssen sie selbst eine helicale Geometrie annehmen. Die drei zunächst gestreckt und parallel zueinander ausgerichteten HR1- und HR2-Peptidketten schnurren zusammen (engl. *zipping*) und packen sich zu einem engen Bündel aus sechs Helices. Durch dieses Zusammenschnurren werden die Membranen des Virus und der Wirtszelle aufeinander zugezogen. Der **Fusionsprozess** ihrer Hüllen ist eingeleitet!

Kann man diesen Fusionsvorgang blockieren und so den Beginn des Infektionsprozesses unterbinden? Das eng gepackte Bündel der HR1-Helices stellt auf der Oberfläche Furchen bereit, in die die HR2-Peptide mit helicalem Aufbau hinein passen. Deshalb begann man an der Duke Universität in Durham, North Carolina, Peptide zu synthetisieren, die Sequenzen der HR2-Domäne nachahmen. In der anschließend ausgegründeten Firma Trimeris wurde man 1996 mit einem dieser Peptide fündig. DP-178, ein 36er-Peptid, ist wie das HR2-Peptid in der Lage, sich in die bereitgestellten Furchen des HR1-Peptids einzulagern und das Zusammenschnurren des gp41 zu blockieren. Das als Leitstruktur entdeckte Peptid wurde in Kooperation mit Roche zu dem Wirkstoff Enfuvirtide, einem Peptid aus 36 Aminosäuren (Ac–Tyr–Thr–Ser–Leu–Ile–His–Ser–Leu–Ile–Glu–Glu–Ser–Gln–Asn–Gln–Gln–Glu–Lys–Asn–Glu–Gln–Glu–Leu–Leu–Glu–Leu–Asp–Lys–Trp–Ala–Ser–Leu–Trp–Asn–Trp–Phe–NH$_2$) und einem Molekulargewicht von 4492 Da weiterentwickelt. Es konnte unter dem Handelsnamen Fuzeon® als erster Fusionshemmer einer viralen Erkrankung auf den Markt gebracht werden. Es muss unter die Haut gespritzt werden und wird zurzeit als Ersatztherapie angewendet, wenn sich gegen die HAART-Therapie (Abschnitt 24.5) Resistenzen entwickelt haben.

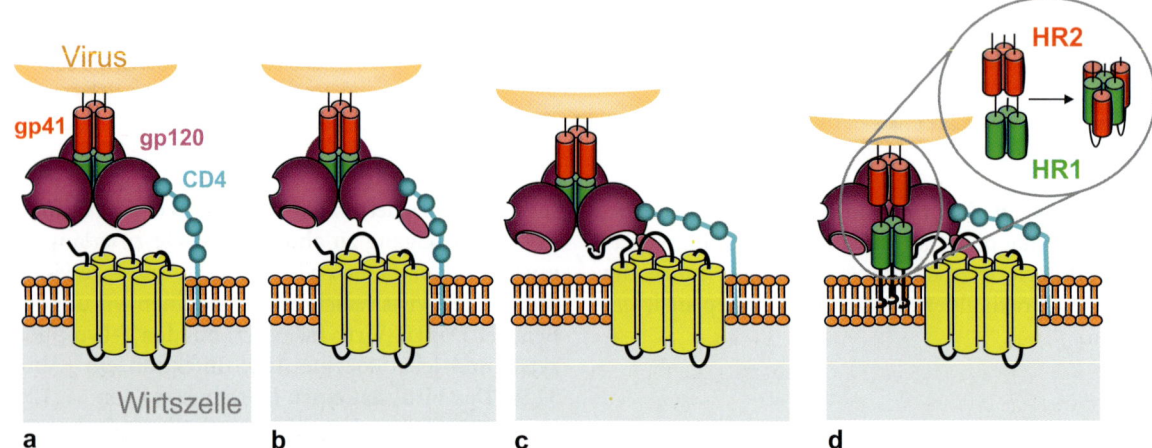

Abb. 31.9 Eine AIDS-Infektion wird durch den Angriff des HI-Virus (orange) auf die T-Lymphozyten (grau) eingeleitet (a). Er verwendet dazu ein Trimer aus gp120- (violett) und gp41-Untereinheit (rot/grün) seiner Oberflächenproteine. Das gp120-Protein bindet an den zelleigenen CD4-Rezeptor (blau). Es erfolgt eine Konformationsänderung des gp120-Proteins (b). Dadurch wird eine Interaktion mit dem in der Nähe des CD4-Rezeptors vorliegenden Corezeptor CCR5 oder CXCR4 (gelb) ausgebildet (c). Beide Rezeptoren gehören zu der Klasse der GPCR. Durch die Bindung an diese Chemokinrezeptoren erfolgt eine Konformationsänderung des stecknadelförmigen „Rammbocks" gp41, der aus einem Helixbündel (rot/grün) mit drei Abschnitten besteht. Mit diesem Helixbündel schiebt sich das Virus in die Membran der Wirtszelle ein, der Fusionsprozess ihrer Hüllen ist eingeleitet (d). Anschließend schnurren die zunächst gestreckt ausgerichteten Peptidketten zusammen und packen sich zu einem engen Bündel aus sechs Helices. Dadurch werden Virus und Wirtszelle noch enger zueinander gebracht (d, kleines Bild).

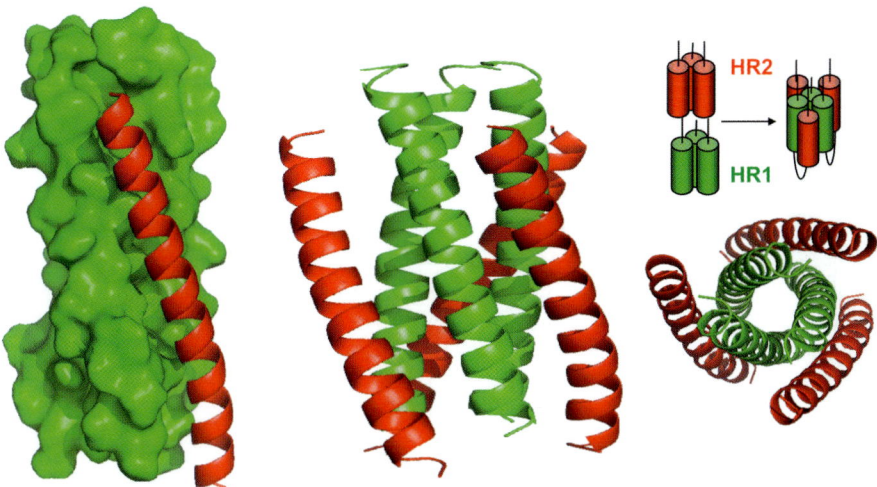

Abb. 31.10 Das Bündel der drei HR1-Domänen (grün) stellt an seiner Oberfläche drei Furchen bereit, die optimal zur Aufnahme der HR2-Domänen (rot) geeignet sind, wenn diese in eine helicale Geometrie übergegangen sind. Die drei zuvor gestreckt und parallel zueinander ausgerichteten Peptidketten falten sich zusammen und bilden ein enges Bündel aus sechs Helices. Durch dieses Zusammenschnurren werden die Membranen des Virus und der Wirtszelle aufeinander zu gezogen.

Die Wechselwirkungen der helicalen Struktur des HR2-Peptidstrangs mit dem Bündel der HR1-Domänen haben die Suche nach **niedermolekularen Fusionshemmern** stimuliert. Vor allem sind es drei hydrophobe Aminosäuren, Trp 628, Trp 631 und Ile 635, die den Kontakt zwischen den Helixsträngen bedingen. Bisher sind im Screening nur einige relativ hoch geladene Strukturen wie **31.19** und **31.20** entdeckt worden, die die Ausbildung des Kontakts beim Zusammenschnurren blockieren (Abb. 31.11). Da aber schon bei anderen Projekten, wie den im Abschnitt 10.6 beschriebenen Helixmimetika für das BCL-X_L-Protein, erfolgreich niedermolekulare Inhibitoren zur Kompetition mit einem Kontakt zwischen einer Helix und einer langgestreckten Furche entwickelt wurden, besteht die Hoffnung, auch hier zu niedermolekularen Leitstrukturen zu kommen. Es bleibt abzuwarten, ob sich Resistenzen gegen diese Verbindungen entwickeln.

An dieser Stelle sei noch erwähnt, dass der für den Eintrittsvorgang wichtige Corezeptor, der **Chemokinrezeptor CCR5**, durch niedermolekulare Liganden antagonisiert werden kann (Abb. 31.9). Der Chemokinrezeptor gehört zu der Klasse der GPCRs (Abschnitt 29.1). Seine Funktion kann durch Liganden wie das von Pfizer in 2007 in die Therapie eingeführte Maraviroc **31.21** ausgeschaltet werden. Auch über dieses Konzept lässt sich der virale Fusionsprozess unterbinden.

31.5 Neuraminidase-Hemmer verhindern das Abschnüren von ausknospenden Viren

Die **Influenzaviren** gehören zu der Familie der behüllten Viren und müssen analog dem HI-Virus für ihre Vermehrung die biochemische Synthesemaschinerie einer befallenen Wirtszelle ausnutzen. Man kennt die drei Subtypen A, B und C dieser Viren. Verbreitet werden sie über die Atemwege. Meist bei einer Niesattacke werden die Viren freigesetzt und von einem Menschen zu dem nächsten weitergegeben. In den Atemwegen eines neuen Opfers angekommen, heften sie sich mit ihrem an der Oberfläche befindlichen Hämagglutinin-Protein an die Schleimhäute. Die Hüllen der Influenzaviren enthalten neben dem Andockprotein **Hämagglutinin** die **Neuraminidase** und das **M2-Protein** (Abb. 31.12). Von Hämagglutinin sind 15 Subtypen (H1–H15), von der Neuramidinidase 9 Varianten (N1-N9) charakterisiert worden. Aus diesen Varianten entstehen immer wieder neue Kombinationen, die als neue Subtypen bei einer **Virusgrippe** auf die Bevölkerung zurollen.

Man unterscheidet **Antigendrifts** und **Antigenshifts**. Bei einem Drift treten genetische Veränderungen auf, meist infolge von Kopierfehlern im Laufe des nur wenig perfekten Abschreibevorgangs der Erbin-

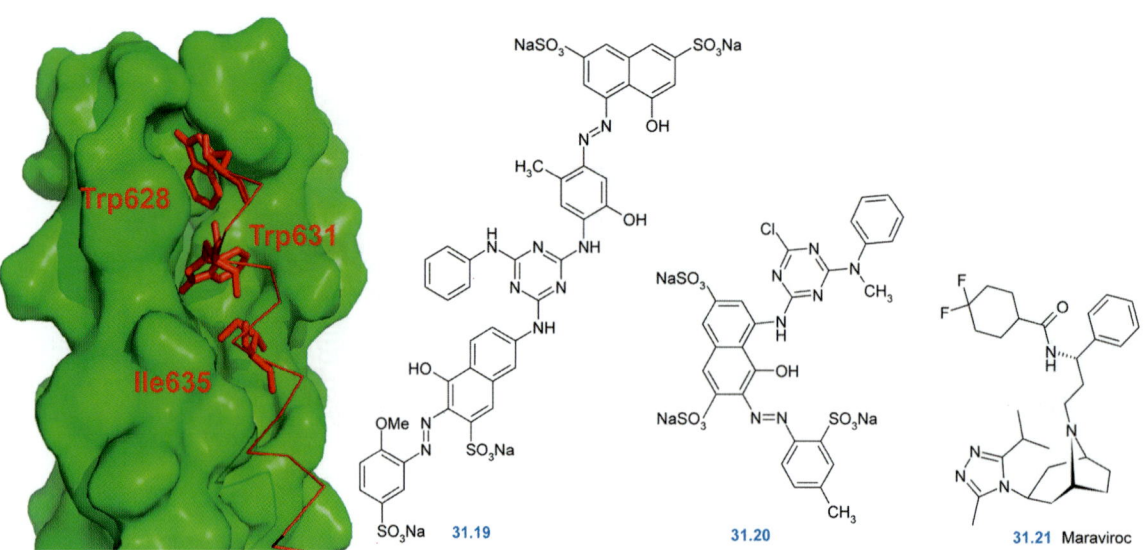

Abb. 31.11 Der HR2-Peptidstrang (rot) tritt vor allem über die drei hydrophoben Aminosäuren Trp 628, Trp 631 und Ile 635 mit der helicalen Bündelstruktur der HR1-Domänen (grün) in Wechselwirkung. Im Screening wurden die relativ hoch geladenen Strukturen **31.19** und **31.20** als Mimetika entdeckt, die die gemeinsame Packung der Helices blockieren können. Maraviroc **31.21** ist ein Antagonist des Cytokin-Rezeptors, der am Einleiten des Fusionsprozesses zwischen HI-Virus und T-Lymphozyten beteiligt ist (Abb. 31.9).

formation in Viren. Das Virus wandelt langsam und rein zufällig seine Oberflächenproteine ab. Da der Organismus gegen sie eigene Antikörper entwickelt (Abschnitt 32.3) bzw. das Immunsystem durch eine **Grippeschutzimpfung** zur Produktion solcher Antikörper stimuliert wird, können diese bei geringen Veränderungen der Hüllproteine die Viren ausreichend erkennen und unschädlich machen. Viel gefährlicher sind Antigenshifts, die durch einen Austausch genetischer Informationen zwischen Virusarten oder Virussubtypen entstehen. Da neue Kombinationen von Oberflächenproteinen entstehen, fällt es dem Immunsystem schwer, die so abgewandelten Viren als Fremdstoffe zu erkennen und unschädlich zu machen. Solche Antigenshifts können zu **Pandemien** führen. Ursprung nehmen sie meist in Regionen, in denen zahlreiche Spezies, wie Enten, Hühner, Schweine, Katzen, Hunde und Menschen, auf engem Raum zusammenleben und Viren zwischen den Lebewesen leicht ausgetauscht werden. Gerade der ostasiatische Raum Südchinas mit hohen Bevölkerungszahlen und einer Tradition der Vieltierhaltung unter einem Dach mit dem Menschen erwies sich immer wieder als Brutstätte für solche genetisch variierten Virusformen. In der Vergangenheit ist es zu zahlreichen Pandemien gekommen. Die weltweit gravierendste war sicher die so genannte Spanische Grippe im Jahr 1918, die mindestens 25 Millionen Todesopfer gefordert hat. Die Influenzaviren dieser Pandemie verfügten über den besonders virulenten Subtyp H1N1.

Die übliche vorbeugende Therapie gegen Grippeviren besteht heute in einer Antikörperschutzimpfung. Die Impfseren werden gegen die Oberflächenproteine Hämagglutinin und Neuraminidase, teilweise aber auch gegen weiterhin vorhandene Matrixproteine entwickelt. Die Herstellung eines neuen Impfstoffs dauert einige Zeit und bedeutet einen hohen finanziellen Aufwand. Daher versucht man, vor einer aufkommenden Grippewelle abzuschätzen, welche Virusstämme daran beteiligt sein werden. Aus ihnen werden die Hüllproteine isoliert, gegen die die Antikörper der nächsten Impfkampagne gerichtet werden sollen.

Für eine Abwehrtherapie mit niedermolekularen Verbindungen kann man sich auf alle drei Oberflächenproteine konzentrieren. Schon recht alt sind Wirkstoffe wie Amantadin **31.22** und Rimantadin **31.23** (Abb. 31.12), die das M2-Kanalprotein verstopfen. Bei diesem Protein handelt es sich um eine Pore, die für Protonen durchlässig ist. Sie wird pH-abhängig durch einen Ring aus vier Histidinresten geöffnet und verriegelt. Liegen die vier Histidine deprotoniert vor, ist die Pore durch ein Netzwerk von H-Brücken zwischen den Histidinen geschlossen. Werden die Histidine protoniert und liegen geladen vor, ändern sie ihre räumliche Orientierung, und das H-Brückennetzwerk reißt auf. In Folge wird der Kanal des M2-

Proteins freigegeben. Die beiden Liganden **31.22** und **31.23** sind nicht sehr spezifisch und erlauben keine effiziente Therapie. Als Weiteres erscheint das Andockprotein Hämagglutinin zunächst ideal als eine Zielstruktur für niedermolekulare Liganden. Würde dieses Protein in seiner Funktion unbrauchbar gemacht, ließe sich die Virusinfektion noch vor dem Eindringen in die Wirtszelle stoppen. Nur verändert sich dieses Protein durch ständige Mutationen des Virus so stark, dass es schwierig ist, längerfristig verwendbare Liganden gegen dieses Protein zu entwickeln. Bleibt die Neuraminidase als weitere Zielstruktur. Sie spielt nicht bei der Penetration eines Virus in die Wirtszelle eine Rolle. Dagegen steuert sie beim Ausknospen eines neu entstandenen **Virus** dessen **Abschnüren von der Wirtszelle**. Im letzten Schritt des Abschnürens ist das neu entstandene Virus noch über eine Zuckerkette mit der Wirtszelle verknüpft (Abb. 31.12). Die beiden letzten Zuckerreste dieses Ankers sind eine Galactose und, über eine glycosidische Sauerstoffbrücke verknüpft, eine Sialinsäure **31.24** (oder *N*-Acetylneuraminsäure). Damit sich das Virus von der Wirtszelle endgültig ablösen kann, verwendet es seine Neuraminidase. Da dieses Protein spezifisch eine Sialinsäure erkennen muss, hat das Virus an dieser Stelle kaum die Möglichkeit, sich strukturell stark zu verändern, ohne eine effiziente Erkennung der Sialinsäure und den katalytischen Prozess der Zuckerspaltung aufzugeben. Dabei läuft es Gefahr, seine eigene Überlebensfähigkeit zu opfern.

Die Neuraminidase verfügt über eine enzymatische Glycosidasefunktion. Solche Enzyme besitzen eine Diade aus zwei Aspartat- oder Glutamatresten. Schon in Abschnitt 21.3 haben wir den Mechanismus eines solchen Enzyms kennen gelernt. Mit dem Rest Glu 277 greift die Neuraminidase die glycosidische Bindung zwischen der **terminalen Sialinsäure** und der Galactose an. Es bildet sich ein Kation **31.25** (Abb. 31.13) aus, das intermediär über das räumlich benachbarte Tyr 406 stabilisiert wird. Im Jahr 1983 wurde die Kristallstruktur der Influenzaneuraminidase mit einem Sialinsäureanalogon **31.26** aufgeklärt (Abb. 31.14). Es soll den Übergangszustand der Enzymreaktion nachstellen. **31.26** blockiert das Protein mit $K_i = 4\,\mu M$. Um weitere Schlüsselpositionen für zusätzliche funktionelle Gruppen in der Bindetasche zu entdecken, wurde das Programm GRID von Peter Goodford (Abschnitt 17.10) konsultiert. Nahe der 4-OH-Gruppe, benachbart zu Glu 119 und Glu 227, deutet sich eine bevorzugte Position für eine große, positiv geladene Gruppe an. Austausch gegen eine aliphatische Aminogruppe führt zu **31.27** mit einer verstärkten Wasserstoffbrücke zum Protein. Die Bindungsaffinität verbessert sich in den nanomolaren Bereich. Erweitert man die Aminogruppe zu einer Guanidinogruppe in **31.28**, so kann man die beiden in Nachbarschaft befindlichen Glutamatreste in eine Wechselwirkung zu dem Liganden einbinden. **31.28** bindet mit $K_i = 0{,}2$ nM an das Protein. Die Substanz wurde von GlaxoSmithKline (GSK) übernommen und als Zanamivir unter dem Handelsnamen Relenza® 1999 in die Therapie eingeführt. Bedingt durch seine hohe Polarität, ist der Wirkstoff oral schlecht bioverfügbar. Er lässt sich nur inhalativ anwenden.

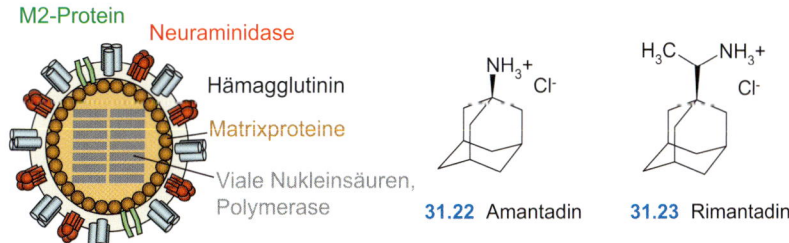

31.22 Amantadin   **31.23** Rimantadin

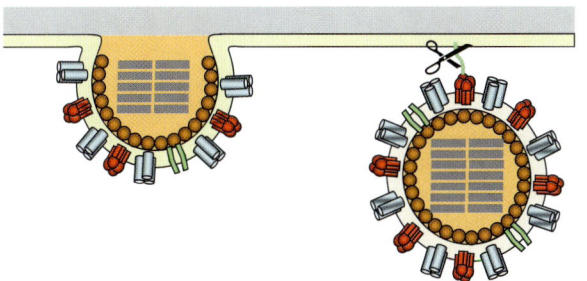

Abb. 31.12 Die Hüllen der Influenzaviren enthalten neben dem Andockprotein Hämagglutinin (blau), von dem 15 Subtypen (H1–H15) bekannt sind, eine Neuraminidase (rot) mit neun Varianten (N1–N9) und das M2-Kanalprotein (grün). Diese Pore lässt sich durch Amantadin **31.22** und Rimantadin **31.23** hemmen. Bei Reifen und Ausknospen eines neu entstehenden Virus wird dessen Abschnüren von der Wirtszelle (grau) im letzten Schritt durch Spalten einer Zuckerkette (grün) durch die glycolytische Aktivität seiner Neuraminidase erreicht.

Ein spezielles Inhaliergerät musste für die Abgabe als Fertigarzneimittel entwickelt werden.

Es verblieb der Wunsch, einen oral verfügbaren Wirkstoff auf den Markt zu bringen. Bei der Firma Gilead Sciences ging man daher einen anderen Weg mit dem Ziel, die hohe Polarität von Zanamivir zu reduzieren (Abb. 31.14). Zunächst wechselte man in 31.26 den zentralen Pyranring gegen einen Carbocyclus (31.29) und verschob die Doppelbindung um eine Position. Damit sollte 31.30 den Übergangszustand der Reaktion viel besser imitieren können. Als nächste wurde die Glycerolfunktion gegen eine stärker hydrophobe iso-Pentylethergruppierung in 31.31 getauscht. Dadurch wird zwar die Ausbildung von Wasserstoffbrücken von der Glycerolgruppe zu Glu 276 aufgegeben. Der Säurerest dieser Aminosäure findet aber infolge einer geringfügigen Umlagerung in Arg 224 einen neuen Partner zur Ausbildung einer Wasserstoffbrücke (Abb. 31.15). Gleichzeitig richtet er jetzt seine hydrophobe Seite senkrecht zu einer Ebene durch die Säurefunktion in Richtung auf die iso-Pentyl-Seitenkette von 31.31. Um die Bioverfügbarkeit von 31.31 noch weiter zu verbessern, entschied man sich bei Roche zu einer Prodrug-Strategie. Durch Verestern der freien Säurefunktion resultierte der neue, oral verfügbare Inhibitor Oseltamivir 31.32. Als Tamiflu® führte Roche diese einlizensierte Verbindung 1999 in den Markt ein.

Nach fast zehn Jahren Praxiseinsatz sind die ersten Resistenzen gegen Oseltamivir beschrieben worden. An der Position 274 wurde ein His → Tyr Austausch beobachtet. Dadurch wird in der Virusmutante die für die Bindung von Oseltamivir erforderliche Umorientierung von Glu 276 blockiert. Eine signifikant reduzierte Bindungsaffinität ist die Folge. Gegen Zanamivir sind bisher noch keine Resistenzen beschrieben worden. Vielleicht ist dies dadurch bedingt, dass Zanamivir dem Substrat Sialinsäure strukturell stärker ähnlich sieht und das Virus nur schwer eine Mutante entwickeln kann, ohne dabei die Bindung seines eige-

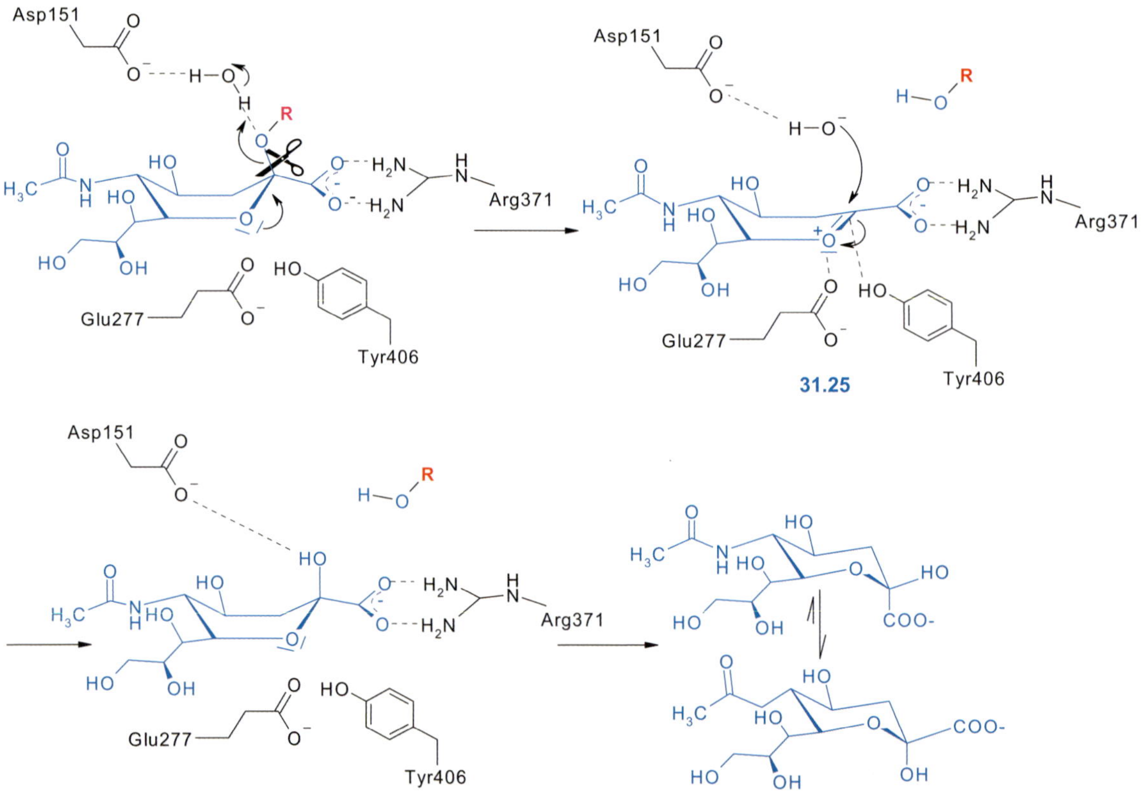

Abb. 31.13 Reaktionsmechanismus der glycolytischen Abspaltung eines Sialinsäurerests. Dieser Rest steht am Ende einer Zuckerkette, über die das Virus mit der Wirtszelle verknüpft ist. Die Sialinsäure bindet an die Neuraminidase des Virus. Assistiert durch die beiden benachbarten sauren Aminosäuren Glu 277 und Asp 151 wird die glycosidische Bindung zu der verbleibenden Zuckerkette gespalten (R). Es entsteht ein Sialosylkation, das intermediär über Tyr 406 stabilisiert wird. Nach Übertragung einer OH⁻-Gruppe auf das trigonale Zentrum wird der Zucker freigesetzt. Durch Ringöffnung und Rückbildung des cyclischen Zuckers entsteht das stabilere Stereoisomer.

nen Substrats drastisch einzuschränken. Ein solches Konzept ist sicher der Königsweg, um eine allzu schnelle Entwicklung von Resistenzen gegen einen hoffnungsvollen neuen Arzneistoff zu vermeiden. Schon wird nach Folgepräparaten gesucht. Das divalente Zanamivir **31.33** ist beschrieben worden. Es benötigt eine deutlich geringere Anwendungsfrequenz, praktisch analog einer Depotform. Für spezielle Anwendungen konnte mit Peramivir **31.34** ein intravenös applizierbarer Wirkstoff gefunden werden.

31.6 Dem gemeinen Schnupfen einen Riegel vorschieben: Hemmstoffe für das Hüllprotein des Rhinovirus

Der gemeine oder banale Schnupfen wird durch Rhinoviren verursacht, die zu der Familie der **Picornaviren** (*RNA*-Viren, *pico* = klein) gehören. Sie sind nackte Viren, die keine Lipidhülle besitzen. Ihr Erbgut speichern sie auf einem positiven RNA-Strang, der in einer ikosaedrischen Hülle verpackt wird. Sie besitzen einen Durchmesser von ca. 250–300 Å. Für ihre Vermehrung bevorzugen sie Temperaturen zwischen 3 °C und 33 °C, d. h. bei höheren Temperaturen wie Körpertemperatur ist ihr Wachstum gehemmt. Sie fühlen sich daher bei kühlerem Wetter besonders wohl und infizieren uns bevorzugt an nasskalten Tagen. Insbesondere befallen sie unsere Nase, da sich dort durch lokale Auskühlung eine ideale Brutstätte ergibt. Meist werden die **Rhinoviren** durch direkten Kontakt über kontaminierte Hände (so genannte Schmierinfektion) weitergegeben. Für Ansteckungen sind vor allem Menschen prädestiniert, deren Abwehrkräfte durch ihre augenblickliche Gesamtkonstitution geschwächt sind, oder Kleinkinder, deren Immunsystem noch nicht voll ausgebildet ist. Die Inkubationszeit für einen Schnupfen beträgt nur 12 Stunden. Bereits dann verlassen die ersten neu gebildeten Viren die befallenen Wirtszellen. Rhinoviren bleiben streng lokalisiert

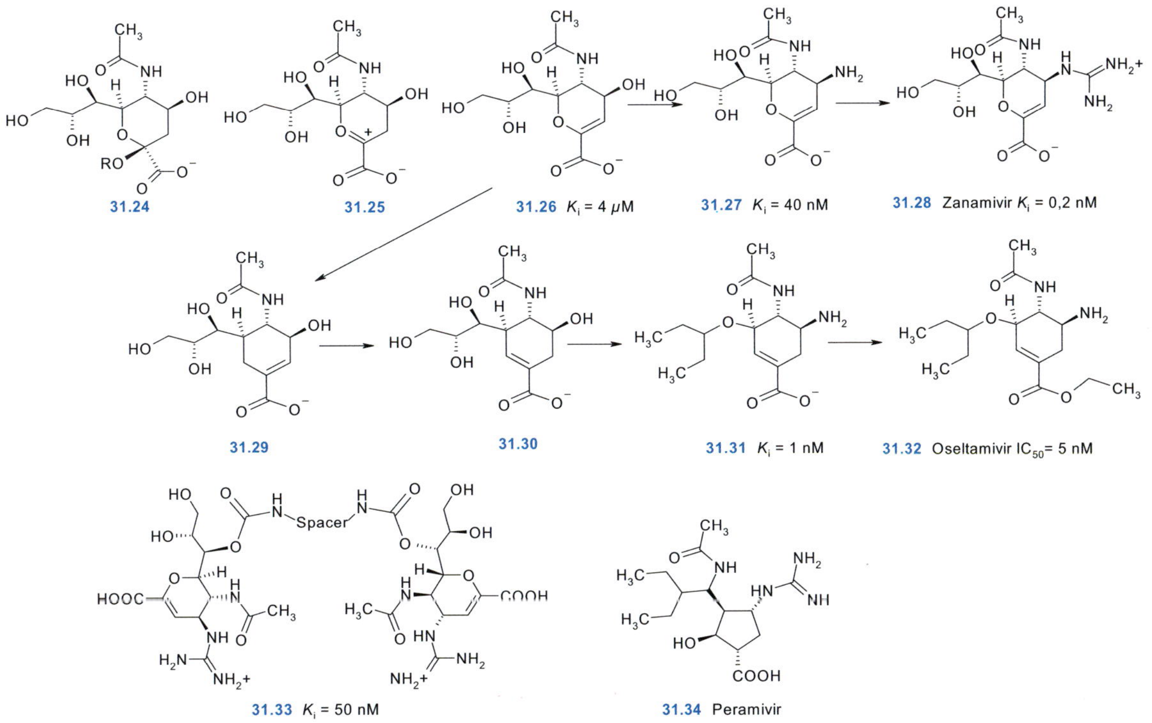

Abb. 31.14 Entwicklung der Neuraminidase-Hemmer Zanamivir **31.28** und Oseltamivir **31.32**. Als stabiles Strukturanalogon des Sialosylkations **31.25** wurde **31.26** entwickelt. Durch Austausch der OH- gegen eine NH$_2$-Gruppe entsteht **31.27** mit K_i = 40 nM. Weitere Verbesserung der Wirkstärke erlaubt die Einführung einer Guanidiniumgruppe zu **31.28**. Bei Roche wurden die carbocyclischen Analoga **31.29** und **31.30** synthetisiert und durch den Austausch OH/NH$_2$ zu **31.31** weiter optimiert. Zur besseren Bioverfügbarkeit kommt **31.32** als Ethylester-Prodrug in die Therapie. Mit **31.33** konnte eine Depotform entwickelt werden. Peramivir **31.34** ist ein intravenös anwendbarer Neuraminidase-Hemmstoff.

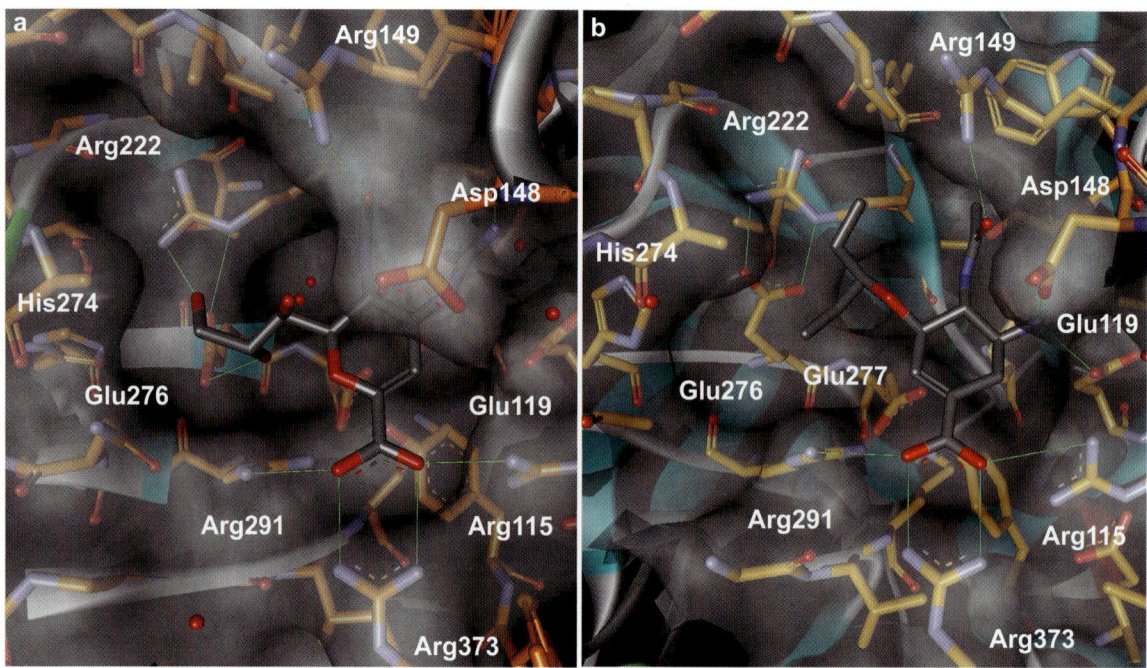

Abb. 31.15 Kristallographisch bestimmte Bindungsgeometrie von Zanamivir **31.28** (a) und Oseltamivir **31.32** (b) in Neuraminidase. Die Säurefunktion der Inhibitoren wird durch Arg 115, Arg 291 und Arg 373 fixiert. Die gegenüberliegende *N*-Acetylgruppe tritt mit Arg 149 in Wechselwirkung. Asp 148 bildet mit der Guanidiniumgruppe von Zanamivir eine gestapelte Geometrie, wogegen die in Oseltamivir an gleicher Position befindliche Aminogruppe eine Wasserstoffbrücke zu Asp 148 ausbildet. **31.28** formt über seine Glycerolgruppe Wasserstoffbrücken zu Glu 276, wogegen die stärker hydrophobe *iso*-Pentylethergruppe in Oseltamivir eine Umlagerung von Glu 276 zur Bildung einer Salzbrücke mit Arg 222 induziert. Interessanterweise tritt Resistenz gegen den Wirkstoff durch Austausch von His 274 gegen Tyr auf, da dann die für die Oseltamivir-Bindung erforderliche Umlagerung nicht mehr stattfinden kann.

auf den Nasen- und Rachenraum. Der Mensch reagiert mit einer Entzündungsreaktion seiner Schleimhäute auf die Virusattacke. Die Nase wird rot, schwillt zu und ihre Temperatur steigt an. Es erfolgt ein allgemeines Unwohlsein mit Kopfschmerzen und Schlappheit. Häufig setzt sich auf eine solche primäre Virusinfektion eine sekundäre bakterielle Ansteckung oder ein Befall mit deutlich pathogeneren Viren, woraus sich in Folge eine wirkliche Gesundheitsgefährdung ergeben kann.

In aller Regel wird unser Immunsystem alleine mit den Rhinoviren fertig und nach einer Woche hat der Körper die viralen Eindringlinge besiegt. Es gibt eine große Zahl von über 100 viralen **Serotypen**. Darunter versteht man Variationen der Oberflächenproteine dieser Viren, die das Immunsystem immer wieder zwingen, mit anderen Antikörpern die Abwehr aufzunehmen. Auch wenn der gemeine Schnupfen in den seltensten Fällen eine wirklich dauerhafte gesundheitliche Gefährdung für uns bedeutet, darf nicht vergessen werden, dass eine Volkswirtschaft gerade durch dieses Krankheitsbild massiv belastet wird. Man schätzt, dass über 40 Millionen Arbeitstage aufgrund des gemeinen Schnupfens als Fehlzeiten jährlich verloren gehen!

Die Picornaviren sind eine der größten Virus-Familien, zu denen neben den eher harmlosen Rhinoviren auch für den Menschen sehr gefährliche Viren zählen, wie das **Poliovirus**, die **Hepatitis A-** und **B-**Viren oder Viren, die Meningitis, Myocarditis oder Enzephalitis auslösen. Auch das so genannte **Maul- und Klauenseuche-Virus** gehört zu dieser Familie. Für den Menschen weitgehend ungefährlich, kann es bei Paarhufern wie Rindern, Schweinen oder Schafen sehr schnell epidemieartig verbreitet werden. Schon mehrfach ist es zu gravierenden Bedrohungen der Viehzucht in ganzen Landstrichen gekommen, vor allem da immer wieder stark virulente Varianten mit bösartiger Verlaufsform und hoher Letalitätsrate auftreten. Bei den überlebenden Tieren kann es bleibende Herzmuskelschäden hinterlassen. Das Poliovirus, bis in die 1960er-Jahre weltweit eine massive Bedrohung der Menschheit, konnte durch Einführung einer erfolgreichen Schluckimpfung weitgehend besiegt werden.

Bei dieser auch als **Kinderlähmung** bezeichneten Infektion befällt das Poliovirus die muskelsteuernden Nervenzellen des Rückenmarks und führt zu bleibenden Lähmungserscheinungen, die bis zum Tod führen können. Der Siegeszug über dieses Virus wird sich aber nur erfolgreich aufrechterhalten lassen, wenn zukünftige Generationen eine hohe Disziplin bei der Impfprophylaxe zeigen. Allzu oft schleicht sich hier Nachlässigkeit ein, wenn die aktuelle Bedrohung durch ein solches Krankheitsbild durch verschwindende Fallzahlen aus dem Blickwinkel der Bevölkerung rückt.

Die 30 Å dicke Hülle der Picornaviren ist aus 180 Polypeptidketten aufgebaut, wobei jeweils 60 Kopien identisch vorkommen. Dies wird durch die ikosaedrische Architektur des Virus bedingt (Abb. 31.16 a). Drei Polypeptidketten VP1, VP2 und VP3 ordnen sich auf einer der **20 Dreiecksflächen des Ikosaeders** an. Zwischen ihnen bildet sich ein ca. 25 Å tiefer Oberflächengraben aus, der als „Canyon" (Schlucht) bezeichnet wird. Eine vierte, kurze Peptidkette VP4 schließt sich an VP2 an. Sie orientiert sich in das Innere des Virus und hat keine Kontakte zu seiner Außenseite. Das Genom des Virus umfasst 7500 Basen, die für die Hüllproteine, zwei Proteasen, eine Polymerase, eine ATPase und vier weitere Proteine codieren. Dem **oberflächenexponierten Canyon** kommt in dem Bereich, der durch VP1 gebildet wird, besondere Bedeutung zu. Zum einen bildet der Canyon die Bindestelle für Adhäsionsmoleküle (ICAM-1, vgl. Abschnitt 31.3), die sich auf der Oberfläche der befallenen Wirtszelle befinden. Da dort das Virus seine Oberflächenzusammensetzung nicht massiv verändern darf, richten sich Antikörper von Impfseren (Abschnitt 32.1) ebenfalls in diese Bereiche des Canyons. Bei Viren mit einer weniger breiten Streuung von Serotypen als beim Rhinovirus kann eine solche Strategie sehr erfolgreich sein. Zum anderen besitzt der Canyon im Bereich von VP1 eine Öffnung ins Innere der Virushülle, die für die Freisetzung des viralen Genoms wichtig ist. In der Gruppe von Michael Rossmann an der Purdue Universität sind die Proteine der Virushülle im Detail studiert worden. Es ist auch gelungen, mit der Cryo-Elektronenmikroskopie (Abschnitt 13.6) eine Struktur der Hüllproteine mit dem Adhäsionsmolekül zu bestimmen. Dieser Komplex ist nur von reduzierter Auflösung, aber er beweist die Bindung des Adhäsionsmoleküls ICAM-1 in dem tiefen Graben des Canyons (Abb. 31.17).

Durch die gleiche Architektur der Picornaviren kann eine antivirale Therapie gegen diese Viren nach gleichen Konzepten entwickelt werden. Eine Strategie, die zunächst bei Sterling-Winthrop entwickelt und verfolgt wurde, richtet sich auf eine langgezogene Tasche, die sich unterhalb des Canyons in VP1 befindet (Abb. 31.16 b). Einlagerung von **antiviralen Verbindungen** in diese Tasche bedingt eine konformative Änderung auf der Unterseite des Canyons. Dadurch wird dessen Geometrie für die Wechselwirkung mit dem Adhäsionsmolekül auf der Oberfläche der befallenen Wirtszelle verändert. Es ist kein stabiler Kontakt mehr mit der Wirtszelle möglich, und das Virus kann

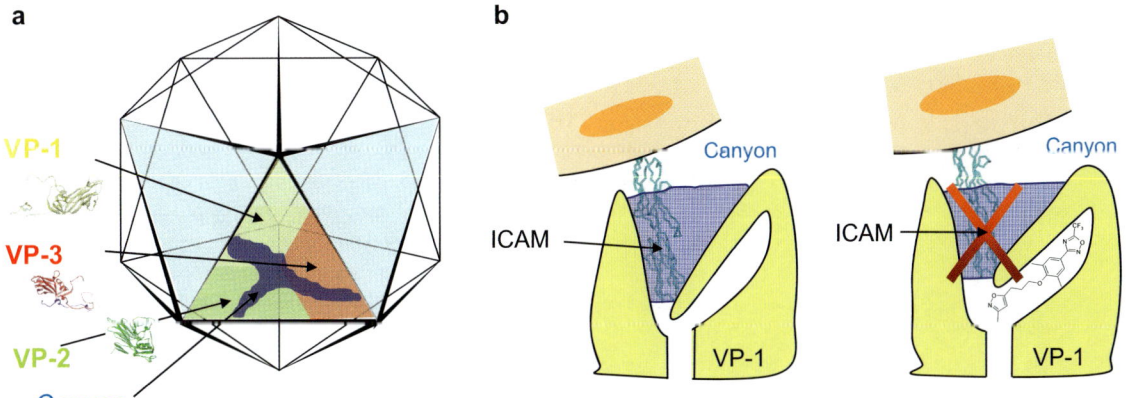

Abb. 31.16 Die Hülle der Picornaviren besitzt eine ikosaedrischen Aufbau (a). Jede der 20 Dreiecksflächen des Ikosaeders wird aus drei viralen Oberflächenproteinen VP1 (gelb), VP2 (grün) und VP3 (rot) gebildet. Eine vierte Kette VP4 schließt sich VP2 an und ist in das Innere der Virushülle gerichtet (daher nicht in der Abbildung zu sehen). In der Oberfläche der viralen Hüllproteine bildet sich eine tiefe Furche („Canyon", blau) aus, die wichtig für die Erkennung von Adhäsionsproteinen (ICAM-1, blaue Kette) der befallenen Wirtszelle (orange) ist (b). Durch die Bindung einer antiviralen Verbindung wie Pleconaril (**31.40**, Abb. 31.19) unterhalb des Canyons wird dessen Konformation so stark verändert, dass die Bindung des Oberflächenproteins der Wirtszelle nicht mehr erfolgen kann.

seine virale RNA nicht mehr in die befallene Zelle überführen. Der viralen Infektion ist praktisch ein Riegel vorgeschoben.

Die ersten Leitstrukturen bei Sterling-Wintrop waren β-Diketone **31.35**, die als Zwischenstufen in einem Forschungsprojekt zur Entwicklung für Mimetika des Juvenilhormons synthetisiert wurden (Abb. 31.18). Aus diesen Leitsubstanzen resultierte Arildon **31.36**, das die Replikation des Poliovirus erfolgreich blockiert. Da der β-Diketonbaustein unbefriedigende chemische wie metabolische Stabilität aufweist, wurde er durch einen Oxazolring ersetzt. Weitere Optimierung führte zu Disoxaril **31.37**, das in Tierversuchen für mehrere Picornaviren eine Blockade der Virusinfektion erreicht.

Schon Ende der 1980er-Jahre gelang es Michael Rossmann, die Bindungsgeometrie der Winthrop-Verbindungen im Komplex mit den viralen Hüllproteinen aufzuklären. Die Strukturen zeigen die Besetzung einer langgestreckten Tasche unterhalb des Canyons. Disoxaril **31.37** besitzt keine Aktivität gegen das Rhinovirus, und seine Bioverfügbarkeit von weniger als 15 % erschien auch nicht befriedigend. Die Entwicklung führte zu Derivaten mit einer Di-*ortho*-Substitution am zentralen Phenylring. WIN54954 **31.38** ist deutlich potenter und besser bioverfügbar. Allerdings verfügt es nicht über die gewünschte breite Wirkung gegen alle Virusstämme, und seine metabolische Stabilität lässt zu wünschen übrig. Das Methylderivat **31.39** mit einem terminalen Oxadiazolring besitzt auch noch nicht die erhoffte Stabilität. Erst der Ersatz durch eine CF_3-Gruppe führte zum Erfolg. Die Verbindung Pleconaril **31.40** wurde in die klinische Prüfung gegeben. Ihr Bindungsmodus im Hüllprotein ist in Abb. 31.19 gezeigt. Ihre Anwendung an 2100 Patienten mit einer Rhinovirus-Infektion ergab im Vergleich zu einer Placebo-Gruppe einen verkürzten und in ihrer Heftigkeit abgeschwächten Verlauf der Ansteckung. Die Zulassungsbehörde FDA (*Food and Drug Administration*, USA) lehnte dennoch die Markteinführung von Pleconaril im Jahr 2002 ab. Es wurden Bedenken bezüglich der Sicherheit des Arzneistoffs geäußert. Bei Frauen gab es Hinweise auf Komplikationen mit oralen Kontrazeptiva.

Bei einem Krankheitsbild wie dem gemeinen Schnupfen, mit dem unser Körper in aller Regel auch ohne Arzneistofftherapie zurecht kommt, ist es sicher mehr als angebracht, sehr genau auf die Wirkung und das Risiko einer Arzneimittelgabe zu schauen. Sicher kann durch eine Verbindung wie Pleconaril der unreflektierte Einsatz von Antibiotika oder die Gefahr einer schweren bakteriellen Infektion in Folge des viralen Infekts reduziert werden. Auch kann eine solche Verbindung Asthmatikern und Patienten mit einer COPD (engl. *chronic obstructive pulmonary disease*, chronisch obstruktive Lungenerkrankung) bei einem Infekt helfen. Schering-Plough führt derzeit weitere klinische Studien mit der Verbindung als Nasenspray

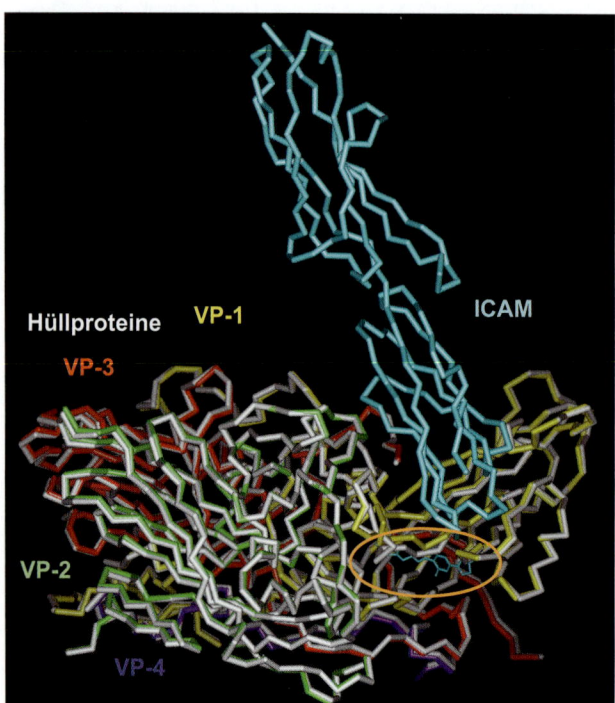

Abb. 31.17 Überlagerung der Kristallstruktur der Hüllproteine VP1 (gelb), VP2 (grün), VP3 (rot) und VP4 (violett). Unten rechts ist der gebundene Hemmstoff Pleconaril zu sehen. Das Protein ist durch den Verlauf seiner Cα-Kette wiedergegeben. Überlagert mit dieser Struktur ist der Kettenverlauf einer cryo-elektronenmikroskopischen Strukturbestimmung der Virusproteine (weißer Kettenverlauf) und des Adhäsionsproteins ICAM-1 (blau) der Wirtszelle dargestellt. Es ist zu erkennen, dass der Kettenverlauf nahe der Bindestelle von Pleconaril einen etwas abweichenden Verlauf (gelber bzw. weißer Strang, orange eingekreist) nimmt. Er reicht aus, den Canyon für die Wechselwirkung mit ICAM-1 so stark zu verändern, dass der Befall der Wirtszelle nicht mehr gelingt.

durch. Die Erkenntnisse über das Wirkprinzip dieser Verbindung, das sich auf andere Picornaviruserkrankungen übertragen lässt, können von großer Bedeutung sein. Sie können helfen, für andere Infektionen mit weitaus höherem Gesundheitsrisiko erfolgreich Wirkstoffe zu entwickeln. Allerdings wird sich dafür wohl kaum ein vergleichbar lukrativer Absatzmarkt eröffnen.

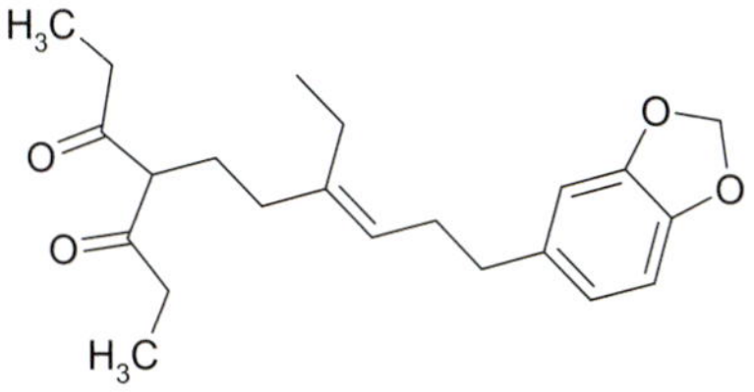

31.7 MHC-Moleküle: Wo das zelluläre Immunsystem Peptidbruchstücke zur Schau stellt

Unser Immunsystem dient der Abwehr potenziell schädlicher Eindringlinge (**Antigene**) bzw. der Aussonderung von Zellen, die entweder durch Befall oder Transformation in einen potenziell krankheitsauslösenden Zustand gebracht wurden. Man unterscheidet sowohl **unspezifische** als auch **spezifische Abwehrmechanismen**, die sowohl der **zellulären** als auch der **humoralen** (in Körperflüssigkeiten) **Bekämpfung** dienen. Die unspezifischen Abwehrmechanismen versuchen bereits beim ersten Kontakt, die Krankheitserreger und Fremdstoffe auszuschalten. Dazu besitzen wir in der Blutbahn und im Gewebe verschiedene Glycoproteine und Interferone, die als so genanntes „humorales **Komplementsystem**" den ersten Angriff ausführen. Ihre Abwehrmaßnahmen sind nicht zielgerichtet und dienen der Degradation dieser Fremdstoffe (vgl. Abschnitt 31.3). Beispielsweise heften sie sich an Bakterien und sorgen für eine Öffnung von Membranporen, die zum Einfließen von Flüssigkeit bzw. Salzen führt. Dies bringt die Bakterienzellen zum Anschwellen und anschließendem Platzen. Einen weiteren Faktor stellt Lysozym dar, das enzymatisch die Zellwand bestimmter Bakterien hydrolysiert. Zusätzlich werden Interferone ausgeschüttet, die immunstimulierende Wirkung auf benachbarte Zellen besitzen. Dadurch werden in diesen Zellen Proteine produziert, die eine Vielzahl ganz unterschiedlicher Mechanismen zur Bekämpfung der Fremdstoffe einleiten.

Darüber hinaus besitzt der Organismus einen weiteren, sehr wirkungsvollen und **spezifischen Schutzwall**, der allerdings erst aufgebaut bzw. „erlernt" werden muss. Diese immunologischen Abwehrmechanismen treten erst dann ein, wenn ein Schadstoff als solcher erkannt wurde. Die in Folge eingeleitete Immunantwort wird im Wesentlichen von drei Zellarten, den **Makrophagen**, den **B-** und den **T-Lymphozyten**, übernommen. Diese Abwehrmechanismen sind hoch spezifisch und führen in der Regel zu einer Immunität. Damit ist der Körper unempfindlich gegenüber Fremdstoffen geworden, denen er einmal ausgesetzt war. Im Rahmen der humoralen Abwehr

31.35 β-Diketon-Mimetikum des Juvenilhormons

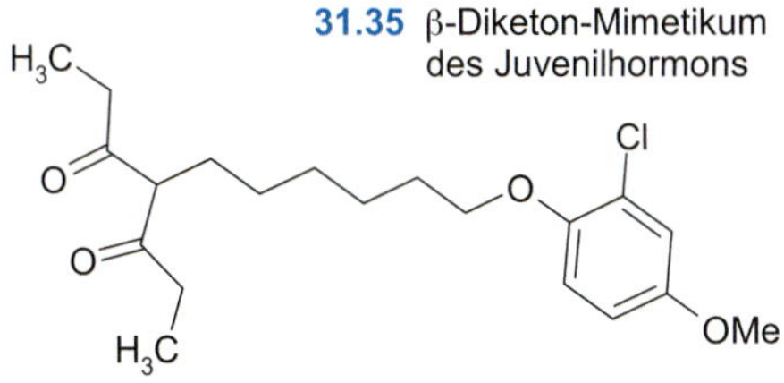

31.36 Arildon

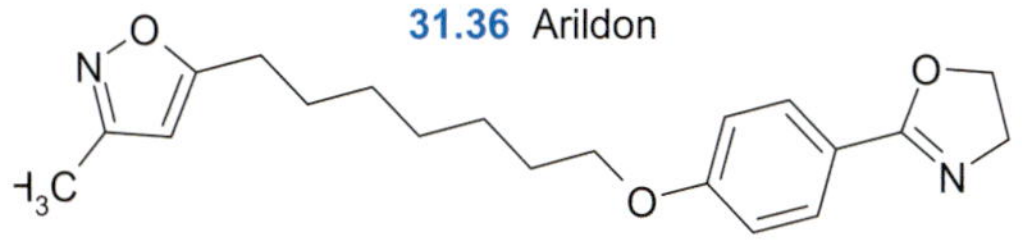

31.37 Disoxaril

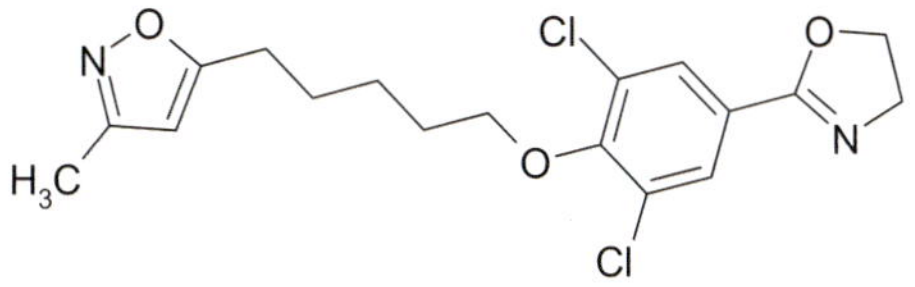

31.38 WIN 54954

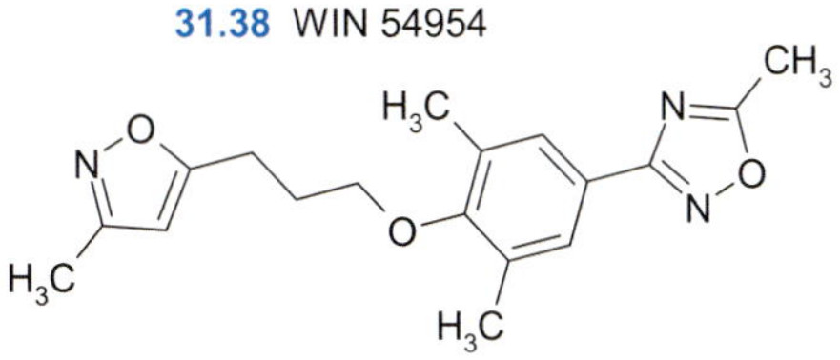

31.39 WIN 61893

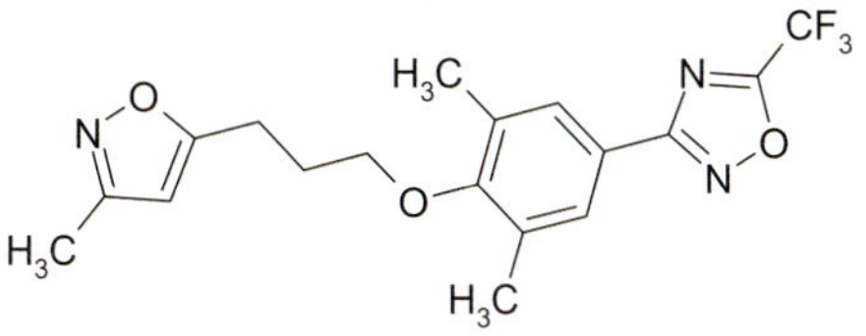

31.40 WIN 63843 Pleconaril

Abb. 31.18 In einem Syntheseprogramm zur Entwicklung von Mimetika des Juvenilhormons waren β-Diketone (**31.35**, **31.36**) hergestellt worden, die Hemmung der viralen Aktivität von Picornaviren zeigen. Durch Einführung terminaler Heterocyclen, Variation der Kettenlänge und Blockierung von Positionen an den Heterocyclen (**31.37**–**31.39**) zur Verbesserung der metabolischen Stabilität konnte Pleconaril **31.40** als Hemmstoff des viralen Angriffs auf Wirtszellen entwickelt werden.

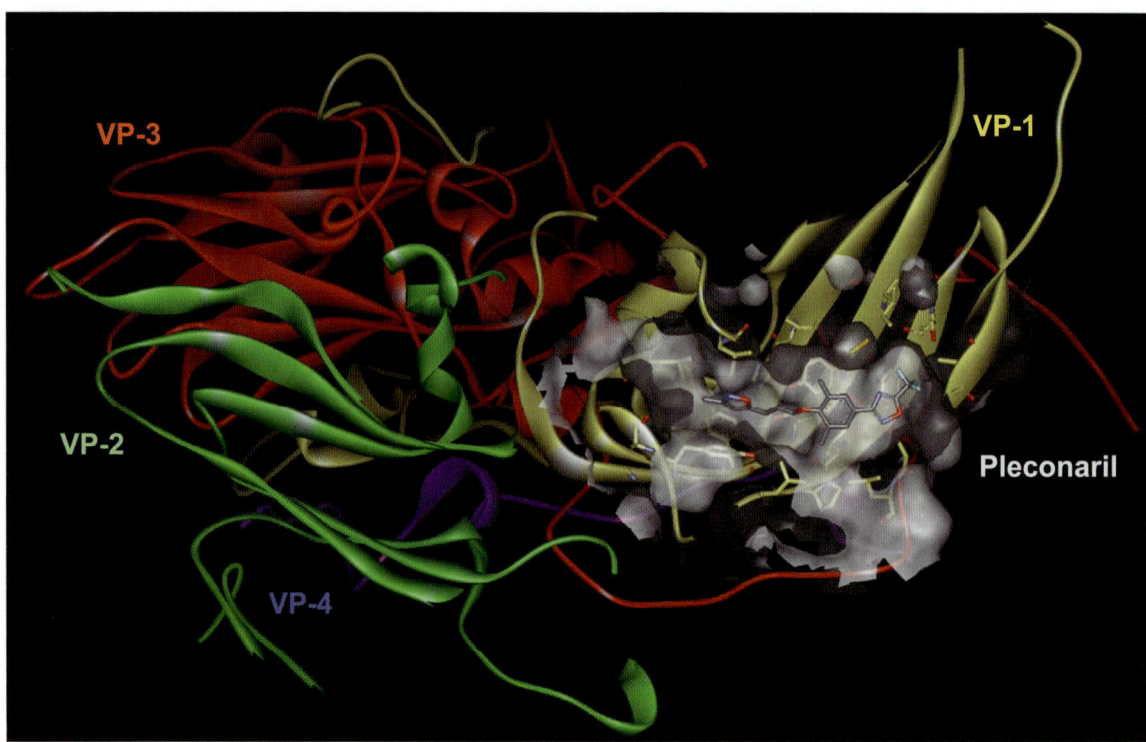

Abb. 31.19 Kristallstruktur der viralen Hüllproteine des Rhinovirus HRV-14 mit dem Hemmstoff Pleconaril. Der antivirale Wirkstoff bindet an VP1 (gelb) unterhalb des Canyons (in der Abbildung weggeschnitten) in eine schmale, langgestreckte Tasche, die durch zahlreiche hydrophobe Aminosäuren gebildet wird. Sie sitzt oberhalb einer Öffnung in das Innere der Virushülle. Der Wirkstoff induziert durch seine Bindung eine Konformationsänderung von VP1 und stört dadurch die Erkennung des Adhäsionsproteins der zu befallenden Wirtszelle.

übernehmen Antikörper (Abschnitt 32.3) diese Aufgabe. Sie entstehen etwa 5–7 Tage nach Kontakt eines Antigens mit immunologisch kompetenten B-Lymphozyten. Nach ihrer Erstbegegnung mit dem Eindringling bilden sich neben den **Effektorzellen** zur Produktion der Antikörper auch **Gedächtniszellen**, die weiter in der Blutbahn zirkulieren. Bei einer erneuten Exposition des Körpers kann so die Abwehr unmittelbar greifen, auch wenn die Antigene bereits vor Jahren erkannt wurden.

Zur zellulären Abwehr haben Wirbeltiere ein adaptives System entwickelt, das zwischen gesunden und infizierten Zellen unterscheiden kann. Bei der zellulären Immunantwort spielen die T-Lymphozyten, kurz T-Zellen, eine entscheidende Rolle. Sie gehören zur Gruppe der weißen Blutkörperchen. In den Stammzellen des Knochenmarks produziert, reifen sie im Thymus zu den eigentlichen T-Zellen heran. Auf ihrer Oberfläche tragen sie einen **T-Zellrezeptor**, der für die Erkennung von Antigenen verantwortlich ist. Beim Durchmustern von Zellen auf „krank oder gesund" finden sie diese Antigene in Form von kurzen Peptidsequenzen, die auf der Oberfläche der Zellen durch **MHC-Moleküle** (engl. *m*ajor *h*istocompatibility *c*omplex) präsentiert werden. Man unterscheidet zwei Typen von MHC-Molekülen, die als Klasse I bzw. II bezeichnet werden. MHC-I präsentieren 8–10er Peptide, die vornehmlich aus dem Cytosol einer kernhaltigen Zelle stammen. MHC-II verwenden längere Peptide, die vor allem beim endosomalen Proteinabbau gebildet werden. Sie kommen auf spezialisierten antigenpräsentierenden Zellen wie Makrophagen oder B-Zellen vor. Sie stellen ihre Antigene den T-Helferzellen „zur Schau", die die Immunantwort auf fremde Antigene regulieren. Die Bezeichnung dieser Moleküle steht für „Gewebeverträglichkeitskomplex", da zunächst erkannt wurde, dass sie bei Organtransplantationen durch das Präsentieren körperfremder Eiweiße die Abstoßungsreaktion einleiten. Deshalb führt man vor einer geplanten Transplantation die **Verträglichkeitstypisierung** der Antigenmuster zwischen Spender und Empfänger durch. Inzwischen weiß man, dass die MHC-Moleküle für das zelluläre Immunsystem die Unterscheidung zwischen gesunden und infizierten Zellen durchführen. Ganz analog wie beim Lernprozess der B-Lymphozyten bilden auch die T-Lymphozyten nach Erstkontakt mit einem Antigen Tochterzellen. Diese dienen als langlebige Gedächtniszellen und können bei erneuter Exposition mit einem Antigen schnell die Abwehr einleiten.

Der Entstehungsweg, der für die Klasse I-MHCs beschritten wird, soll genauer betrachtet werden (Abb. 31.20). Die MHC-I-Moleküle werden im Wesentlichen mit Peptiden beladen, die ursprünglich aus cytosolischen Proteinen stammen. Sie werden im **Proteasom**, der zellulären Häckselmaschine (Abschnitt 23.8), in Peptidbruchstücke von 8–10 Aminosäuren zerschnitten. In gesunden Zellen entstehen auf diese Weise ausschließlich Peptide, die aus zelleigenen Proteinen stammen. Wurde die Zelle dagegen durch einen Virus befallen oder haben Transformationen in der Zelle stattgefunden, die zur Bildung mutierter Proteine führen, so entstehen zellfremde oder veränderte Peptidbruchstücke. Auch diese werden durch die MHC-Moleküle gebunden und an der Zelloberfläche präsentiert. Für den T-Zellrezeptor wird bei seinen Durchmusterungen daher gleich von außerhalb einer Zelle transparent, welche Zellen durch einen Virusbefall bzw. eine Entartung in einen kranken Zustand übergegangen sind. Der Beladungsprozess der MHC-Moleküle mit den im Proteasom gebildeten Peptiden erfolgt im endoplasmatischen Retikulum (ER). Dazu werden die Peptide durch einen spezifischen Transporter (TAP) in das ER eingeschleust. Die Passage der beladenen, membranverankerten MHC-Moleküle an die Zelloberfläche besorgen Vesikel, die mit der Membran des ER bzw. der Zelle fusionieren. Trägt eine körperfremde oder virusinfizierte Zelle bzw. eine Tumorzelle ein solches **antigenes Peptidfragment** im Komplex mit dem MHC-I-Molekül, so werden diese von so genannten CD8$^+$-T-Lymphozyten erkannt. Zu diesem Zelltyp gehören **cytotoxische T-Killerzellen**, die nach ihrer Bindung Cytokine, porenbildende Perforine sowie Proteasen ausschütten. In Folge lysieren sie die als krank erkannten Zellen und leiten ihren Zelltod ein.

An dieser Stelle setzt das Interesse an den Molekülen der zellulären **Immunabwehr für eine Arzneistofftherapie** an. Tumorerkrankungen sind heute, insbesondere im hohen Alter, eine der häufigsten Todesursachen. Als Therapie stehen bislang der chirurgische Eingriff, der Einsatz von Chemotherapeutika oder die Bestrahlung mit gewebezerstörender Wirkung im Vordergrund. Die jüngsten Erkenntnisse über die Rolle des Immunsystems in der Kontrolle bösartiger Entartungen von Zellen, der molekularen Wechselwirkung von antigenpräsentierenden Tumorzellen mit Immunzellen sowie die Einblicke in die Antigenprozessierung und Präsentation eröffnen ganz neue Perspektiven der **Tumortherapie**. Das Immunsystem erkennt und zerstört viele zu Tumorzellen entartete Zellen. Doch verfolgen die Tumorzellen unterschiedlichste Strategien, sich der Immunantwort zu entziehen. Eine Vorgehensweise zur Entwicklung einer Arzneistofftherapie versucht, durch spezifische Tumorantigene die Immunantwort zu stimulieren. Dazu werden peptidartige Impfstoffe entwickelt, die in der Lage sind, die Immunabwehr gegen Tumorzellen auszulösen. Erste Erfolge einer solchen Therapie sind bei Melanompatienten (mit bösartiger Entartung

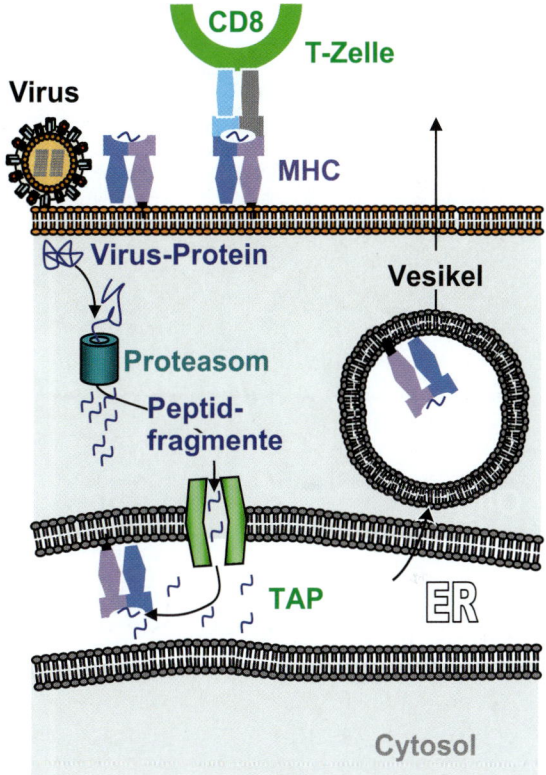

Abb. 31.20 Durch den Virusbefall einer Zelle kommen virale Proteine in ihr Cytosol (grau). Sie werden zusammen mit den zelleigenen Proteinen im Proteasom abgebaut und in kleine Peptidbruchstücke zerschnitten. Über den TAP-Transporter (grün) werden diese Bruchstücke in das endoplasmatische Retikulum (ER) befördert. Dort wird das membranverankerte MHC-Klasse I-Molekül (blau/violett) mit diesen 8–10er Peptiden beladen. Eingeschlossen in Vesikeln wird das peptidpräsentierende MHC-Molekül an die Zelloberfläche befördert und dort in der Membran verankert. T-Zellen (grün) durchmustern die präsentierenden MHC-Moleküle durch Komplexbildung mit ihrem T-Zellrezeptor (hellblau/grau) und erkennen, ob Bruchstücke von körpereigenen oder fremden Proteinen präsentiert werden. Bei Fremdproteinbefall oder übermäßiger Produktion zelleigener Proteine (z. B. Tumorzellen) wird die Immunabwehr ausgelöst.

von Pigmentzellen) beschrieben worden. Zielstruktur der **peptidischen Vakzine** sind die antigen- präsentierenden MHC-I-Moleküle im Komplex mit den CD8+-T-Zellrezeptoren. Die T-Zellen sind in der Lage, nachdem sie durch so genannte dendritische Zellen zu T-Effektorzellen stimuliert wurden, auf Körperzellen präsentierte Peptide sowohl qualitativ als auch quantitativ zu erfassen. So werden einerseits die Fremdproteine erkannt, andererseits gelingt es den cytotoxischen Killerzellen auch, überexprimierte Eigenproteine aufgrund der hohen Dichte präsentierter Peptide als abweichend herauszufiltern.

Diese Eigenschaft macht man sich bei Peptidvakzinen zu nutze. Durch Anbieten einer großen Menge an Selbstpeptiden soll die Immuntoleranz gegen Eigenproteine überwunden werden. Die Killerzellen werden spezifisch zu einer verstärkten Immunabwehr gegen die entarteten Tumorzellen stimuliert. Ziel der Entwicklung solcher spezifischer Impfseren ist der **Ersatz der Selbstpeptide** durch Analoga, die zwar die

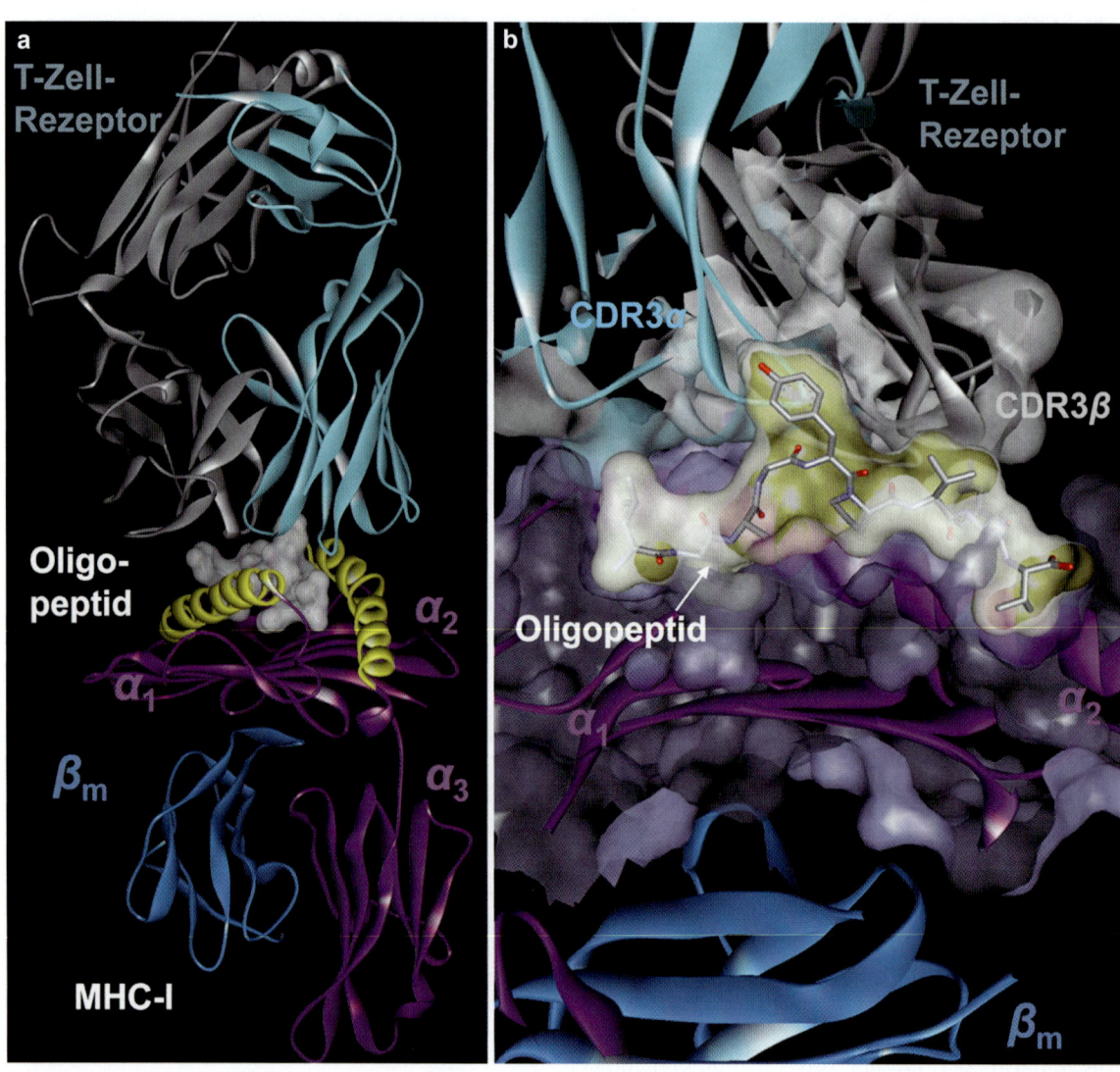

Abb. 31.21 Kristallstruktur des Komplexes aus einem MHC-I-Molekül mit dem gebundenen Nonapeptid Leu–Leu–Phe–Gly–Tyr–Pro–Val–Tyr–Val (grau) und dem T-Zellrezeptor: (a) Gesamtstruktur, (b) Ausschnitt um die Peptidbindestelle. Das MHC-Molekül besteht aus einer schweren Kette mit den Domänen α_1, α_2 und α_3 (violett) und der leichten β_m-Kette (blau). Die Faltblattstruktur aus der α_1/α_2-Domäne bildet eine nach oben hin offene Schale, die durch zwei lange, parallel zueinander ausgerichtete α-Helices (gelb) begrenzt wird. Sie nimmt das Antigenpeptidfragment auf und präsentiert dessen Oberseite zum T-Zellrezeptor. Dieser heterodimere Rezeptor aus einer α- (hellblau) und β-Kette (grau) besitzt ebenfalls einen faltblattähnlichen Aufbau. Mit seinen hypervariablen Schleifen CDR3α und CDR3β erkennt er die Aminosäure Tyrosin in Position 5 des Antigenpeptids.

gleiche oder eine **erhöhte Immunstimulation** auslösen, aber z. B. durch Einbau nicht proteinogener Aminosäuren oder peptidomimetischer Gruppen in ihrer Stabilität und Bioverfügbarkeit deutlich verbessert werden.

Zunächst soll die Architektur des Komplexes aus einem MHC-I-Molekül mit präsentiertem Peptid und dem T-Zellrezeptor genauer betrachtet werden (Abb. 31.21) Das MHC-I-Molekül ist aus einer schweren (ca. 360 Aminosäuren) und einer leichten Kette (90 Aminosäuren) aufgebaut. Die schwere Kette ist mit der Membran verankert und wird durch die drei Domänen α_1, α_2 und α_3 gebildet. Die α_1- und α_2-Domänen formen zusammen eine Art Schale, deren Boden aus einem sechssträngigen, antiparallelen Faltblatt besteht. Gesäumt wird diese Schale durch zwei lange Helices, die parallel zueinander ausgerichtet sind. Zwischen den Helices öffnet sich eine Spalte, die das Antigenpeptidfragment aufnimmt. Peptide der Länge 8–10 Å passen in diesen Bereich. Die Bindung der Peptide erfolgt vor allem über Wasserstoffbrücken zum N- und C-Terminus. Weiterhin sind die Peptidbindungen benachbart zu den Termini in Wechselwirkungen einbezogen. Die MHC-Moleküle sind bei

Abb. 31.22 Zur Entwicklung von Peptidomimetika als Kandidaten für ein immunstimulierendes Impfserum gegen Melanome wurde das aus Patienten isolierte Decapeptid **31.41** durch Austausch eine Alanins gegen Leucin in Position 2 zu **31.42** optimiert. Es diente klinischen Impfstudien. Durch schrittweisen Ersatz von Bausteinen in **31.42** konnte die peptidische Leitstruktur zu einem stabilisierten Peptidomimetikum abgewandelt werden, das unverändert an das MHC-Molekül bindet, aber eine verstärke Immunabwehr durch Bindung des T-Zellrezeptors auslöst. Vier Abwandlungen wurden schrittweise zur Entwicklung von **31.43** vorgenommen: Austausch des N-terminalen Glutamats gegen β-Alanin (rot) erhöht die proteolytische Stabilität. Ersatz der ersten Gly-Ile-Einheit durch ein 2-Aminoethylen (blau) zusammen mit dem Wechsel zu einer CO–CH$_2$-Indoyl-Gruppe steigert die Immunantwort am T-Zellrezeptor. Der Austausch der zweiten Gly-Ile-Einheit gegen den peptidomimetischen Baustein 3-Aminomethylbenzoesäure (grün, AMBA) ermöglicht den gleichen Verlauf des Peptidrückgrats.

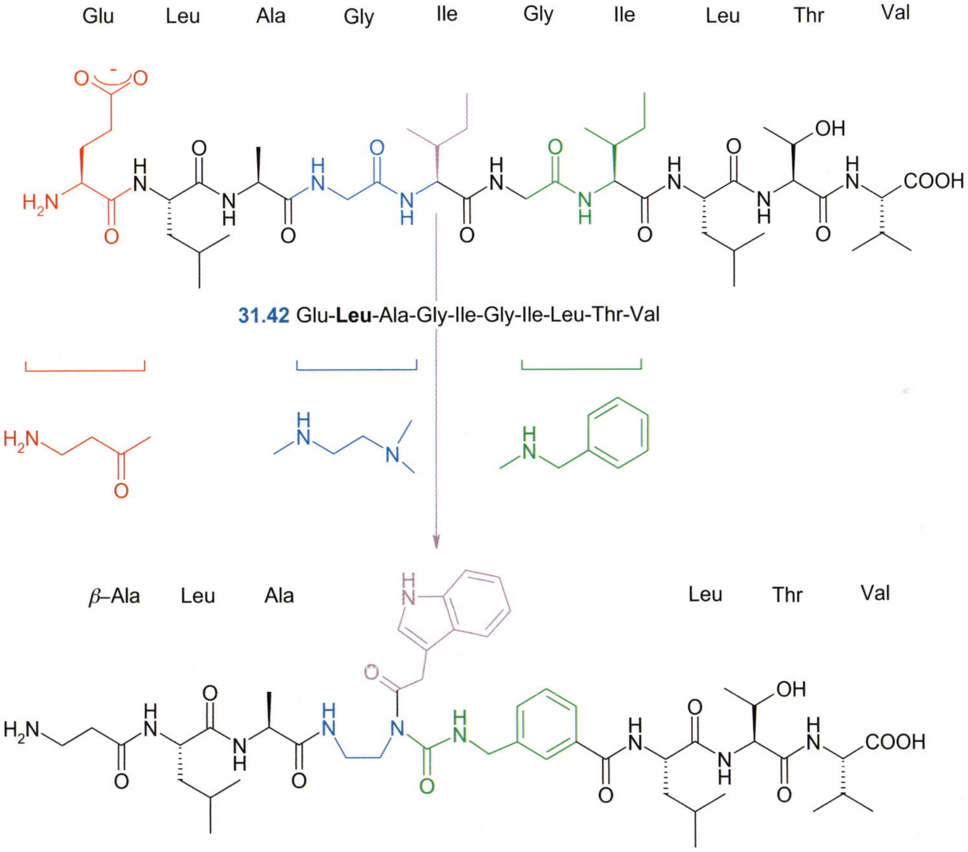

gleicher Architektur hochgradig polymorph in ihrer Aminosäurezusammensetzung, sodass für ihre Bindung in der Spalte vor allem Wechselwirkungen über das Rückgrat verwendet werden, die allgemein von Peptiden gebildet werden können. Im mittleren Sequenzabschnitt kann sich das Antigenpeptid etwas aus der Bindetasche der α_1/α_2-Domäne herauswölben. Reste am Anfang und am Ende des Oligopeptids orientieren sich dagegen in kleine Taschen des MHC-Moleküls. Sie bestimmen die Bindungsaffinität des jeweiligen Peptids an das Protein. Die herausgewölbten Reste in der Mitte tragen nicht viel zur Bindung an das MHC-Molekül bei, sie sind aber entscheidend für die Erkennung und Wechselwirkung mit dem T-Zellrezeptor. Während die β-Kette praktisch invariant ist, treten die meisten genetischen Abwandlungen in der α-Kette auf. Außerdem sind dort Polymorphismen (Abschnitt 12.10) entdeckt worden, die sich von Mensch zu Mensch unterscheiden. Hier liegt begründet, warum die Gewebeverträglichkeit bei Organtransplantationen sehr stark von Spender und Empfänger abhängt. Auch kann die Anfälligkeit gegen Infektionen und Autoimmunkrankheiten in dieser Tatsache eine Erklärung finden.

Die MHC-Moleküle binden die Antigenpeptide aufgrund ihrer Sequenz. Sie zwingen sie in eine ausgestreckte Konformation und exponieren die zentralen Aminosäurereste der Peptide nach außen zur molekularen Erkennung durch den T-Zellrezeptor. Der T-Zellrezeptor ist ein heterodimeres Transmembranglycoprotein, das ausschließlich auf T-Zellen vorkommt. Er wird aus einer α- und β-Kette gebildet. Das Faltungsmuster der beiden Ketten erinnert an den strukturellen Aufbau der leichten Kette in Antikörpern (Abschnitt 32.3). Die Antigen-Bindestelle befindet sich in den Schleifenbereichen zwischen den einzelnen Faltblättern der Domänen. Diese Schleifen erweisen sich als hypervariabel und legen die Erkennungseigenschaften des jeweiligen Rezeptors fest. Im Komplex mit dem MHC-Molekül und dem Peptid legt sich der Rezeptor diagonal über die Bindestelle des Peptids. Er erfasst mit seinen variablen Schleifen, vor allem CDR3α und CDR3β, die vom MHC-Molekül weg zeigenden Aminosäurereste des Antigenpeptids.

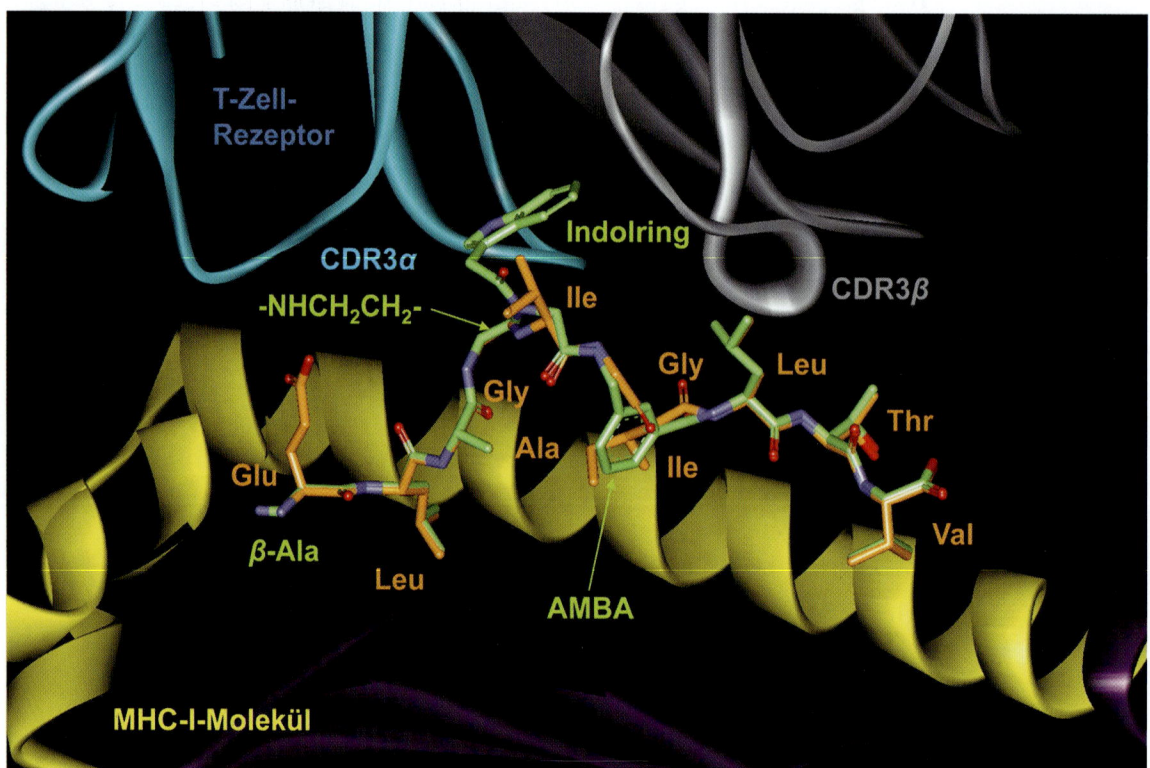

Abb. 31.23 Modellierte Bindungsgeometrie des Referenzpeptids **31.42** (braun) überlagert mit dem entwickelten Peptidomimetikum **31.43** (grün) in der Bindetasche des ternären Komplexes mit dem MHC-Molekül (gelb) und dem T-Zellrezeptor (α-Kette hellblau, β-Kette grau). Mit den hypervariablen Schleifen CDR3α und CDR3β erkennt der Rezeptor die Seitenkette des ersten Isoleucins oder der CO–CH$_2$-Indoyl-Gruppe. Der eingefügte AMBA-Baustein ermöglicht den unveränderten Verlauf der Peptidkette und füllt das Volumen der ersetzten Ile-Seitenkette mit seinem Phenylring aus.

Gleichzeitig steht der T-Zellrezeptor auch mit Oberflächenanteilen der flankierenden Helices des MHC-Moleküls in Kontakt.

Der Entwurf von **Peptidomimetika** als Kandidaten für eine **Impfstofftherapie** zur Stimulation der Immunabwehr soll am Beispiel von Melan-A/MART-1 Antigenen vorgestellt werden. Diese Antigene werden auf Melanomtumorzellen durch einen MHC-I-Komplex präsentiert. Aus Patienten mit diesem Krankheitsbild konnten das Nonapeptid Ala–Ala–Gly–Ile–Gly–Ile–Leu–Thr–Val und das Decapeptid Glu–Ala–Ala–Gly–Ile–Gly–Ile–Leu–Thr–Val 31.41 aus Melan-A isoliert werden (Abb. 31.22). Beide Oligopeptide binden mit geringer Affinität an das MHC-Molekül. Ein Austausch des Alanins in Position 2 gegen Leucin erhöht die Bindungsaffinität deutlich. Das Leucin tragende Peptid 31.42 erweist sich dazu als deutlich stärker immunogen als 31.41. Es wurde daher für klinische Impfstudien an Melanompatienten ausgewählt. Als Peptid besitzt es allerdings geringe Stabilität im Organismus und wird schnell abgebaut.

Daher setzte sich die Gruppe von Francine Jiotereau und Stephane Quidean in Bordeaux, Frankreich, das Ziel, ein Peptidomimetikum zu entwickeln. Es sollte die gleiche Bindungsaffinität gegen das MHC-Molekül aufweisen, den T-Zellrezeptor gleich gut oder besser erkennen und eine deutlich erhöhte Stabilität besitzen. Da mit 31.42 nur eine Kristallstruktur des binären Komplexes mit dem MHC-Molekül ohne den T-Zellrezeptor vorlag, wurde mithilfe des ternären Komplexes eines strukturähnlichen Peptids ein Modell abgeleitet. Das Design sah vor, den Glutamatrest in der ersten Position durch eine **peptidasestabile Baugruppe** zu ersetzen. Die Wahl fiel auf β-Alanin, das proteolytisch kaum abgespalten wird. Das Leucin in Position 2 und Valin in Position 10 sollten erhalten bleiben, da sie für die Verankerung im MHC-I-Molekül entscheidend sind. Für den Verlauf des Rückgrats sah das Design einen konservierten Verlauf im Raum vor. Die Gruppe ging schrittweise vor. Die Aminosäure in Position 5, ein Isoleucin im Referenzpeptid 31.42, erschien kritisch für die Wechselwirkung mit den CDR3-Schleifen des T-Zellrezeptors. Die sec-Butylgruppe des Isoleucins wurde gegen aromatische Reste ausgetauscht, wobei sich ein Indolrest als Optimum erwies. Als nächstes wurde versucht, die zentralen Peptidbindungen des Gly–Ile–Gly–Ile Motivs durch Reduktion zu verändern. Letztlich fiel die Wahl auf eine N-(2-Aminoethyl)-Brücke für den ersten Abschnitt. Die zweite Gly–Ile-Einheit konnte durch die bekannte **peptidomimetische Gruppe** 3-Aminomethylbenzoesäure (AMBA) ersetzt werden. Als Ergebnis dieser Optimierung wurde 31.43 als Peptidomimetikum erhalten, das praktisch die gleiche Bindungsaffinität wie das Referenzpeptid 31.42 gegen das MHC-Molekül aufweist. Sein modellierter Bindungsmodus ist in Abb. 31.23 dargestellt. Im Assay zur Überprüfung der Stimulation einer Immunantwort löst diese Verbindung unter allen Testverbindungen die stärkste Ausschüttung von γ-Interferon aus. Vermutlich ist dies auf eine intensivere Interaktion mit dem T-Zellrezeptor zurückzuführen. Weitere Entwicklungen müssen zeigen, ob 31.43 eine aussichtsreiche Leitstruktur zur Entwicklung peptidomimetischer Impfstoffe für eine Immuntherapie gegen Melanomtumore darstellt.

Literatur

Allgemeine Literatur

M. Shimaoka und T. A. Springer, Therapeutic Antagonists and Conformational Regulation of Integrin Function, Nat. Rev. Drug Discov. **2**, 703–716 (2003)

S. A. Andronati, T. L. Karaseva und A. A. Krysko, Peptidomimetics – Antagonists of the Fibrinogen Receptors: Molecular Design, Structures, Properties and Therapeutic Applications, Current Medicinal Chemistry **11**, 1183–1211 (2004)

W. S. Somers, J. Tang, G. D. Shaw und R. T. Camphausen, Insights into the Molecular Basis of Leukocyte Tethering and Rolling Revealed by Structures of P- and E-Selectin Bound to SLeX and PSGL-1, Cell **103**, 467–479 (2000)

S. R. Chhabra, A. S. Abdul Rahim und B. Kellam, Recent Progress in the Design of Selectin Inhibitors, Mini Reviews in Medicinal Chemistry **3**, 679–687 (2003)

T. Matthews, M. Salgo et al., Enfuvirtide: The First Therapy to Inhibit the Entry of HIV-1 into Host CD4 Lymphocytes, Nat. Rev. Drug Discov. **3**, 215–225 (2004)

B. J. Doranz,; S. W. Baik, R. W. Doms, Use of a gp120 Binding Assay to Dissect the Requirements and Kinetics of Human Immunodeficiency Virus Fusion Events, J. Virology. **12**, 10346–10358 (1999)

M. von Itzstein, The War Against Influenza: Discovery and Development of Sialidase Inhibitors, Nat. Rev. Drug Discov. **6**, 967–974 (2007)

G. Kolata, Influenza: Die Jagd nach dem Virus, Fischer Verlag, Frankfurt (2001)

A. M. De Palma, I. Vliegen, E. De Clercq und J. Neyts, Selective Inhibitors of Picornavirus Replication, Med. Research Reviews **28**, 823–884 (2008)

E. Lazoura und V. Apostolopoulos, Rational Peptide-based Vaccine Design for Cancer Immunotherapeutic Applications, Curr. Med. Chem. **12**, 629–639 (2005)

Spezielle Literatur

J. A. Zablocki, J. G. Rico, R. B. Garland et al., Potent in Vitro and in Vivo Inhibitors of Platelet Aggregation Based Upon the Arg-Gly-Asp Sequence of Fibrinogen. (Aminobenzamidino)succinyl (ABAS) Series of Orally Active Fibrinogen Receptor Antagonists, J. Med. Chem. **38**, 2378–2394 (1995)

T. W. Ku, F. E. Ali, L. S. Barton et al., Direct Design of a Potent Non-peptide Fibrinogen Receptor Antagonist Based on the Structure and Conformation of a Highly Constrained Cyclic RGD Peptide, J. Am. Chem. Soc. **115**, 8861–8862 (1993)

R. Kranich, A. S. Busemann et al., Rational Design of Novel, Potent Small Molecule Pan-Selectin Antagonists, J. Med. Chem. **50**, 1101–1115 (2007)

S. Jiang, Q. Zhao und A. K. Debnath, Peptide and Non-peptide HIV Fusion Inhibitors, Curr. Pharmaceut. Design **8**, 563–580 (2002)

P. W. Smith, S. L. Sollis, et al. Novel Inhibitors of Influenza Sialaidases Related To GGI67, Bioorg. Med. Chem. Lett. **6**, 2931–2936 (1996)

M. A. Williams, W. Lew, et al., Structure-Activity Relationships of Carbocyclic Influenza Neuraminidase Inhibitors, Bioorg. Med. Chem. Lett. **7**, 1837–1842, (1997)

C. U. Kim, W. Lew, et al, Influenza Neuraminidase Inhibitors Possessing a Novel Hydrophobic Interaction in the Enzyme Active Site: Design, Synthesis and Structural Analysis of Carbocyclic Sialic Acid Analogues with Potent Anti-influenza Activity, J. Am. Chem. Soc. **119,** 681–690 (1997)

C. U. Kim, W. Lew, et al. Structure-Activity Relationship Studies of Novel Carbocyclic Influenza Neuraminidase Inhibitors, J. Med. Chem. **41**, 2451–2460 (1998)

P. R. Kolatkar et al. Structural Studies of Two Rhinovirus Serotypes Complexed with Fragments of their Cellular Receptor, EMBO J. **18**, 6249–6259 (1999)

Y. Zhang et al. Structural and Virological Studies of the Stages of Virus Replication that are Affected by Antirhinovirus Compounds, J. Virol., **78**, 11061–11069 (2004)

D. N. Garboczi et al. Structure of the Complex between Human T-cell Receptor, Viral Peptide and HLA-A2, Nature **384**, 134–141 (1996)

C. Douat-Casassus, N. Marchand-Geneste, E. Diez, N. Gervois, F. Jotereau und S. Quideau, Synthetic Anticancer Vaccine Candidates: Rational Design of Antigenic Peptide Mimetics That Activate Tumor-Specific T-Cells, J. Med. Chem. **50**, 1598–1609 (2007)

Biopharmaka: Peptide, Proteine, Nucleotide und Makrolide als Wirkstoffe

32

In vielen Kapiteln dieses Buchs ist die Bedeutung von Peptiden, Proteinen, Zuckern oder Nucleotiden für funktionelle Abläufe in unserem Körper angesprochen worden. Mit niedermolekularen, von außerhalb zugeführten Arzneistoffen versucht man, im Krankheitsfall steuernd oder korrigierend in Vorgänge einzugreifen, an denen diese körpereigenen Stoffe beteiligt sind. Umgekehrt kann man natürlich die Frage stellen, ob nicht bei manchen Krankheitsgeschehen die exogene Zugabe der körpereigenen Biomoleküle selbst ein aussichtsreiches Therapiekonzept abgibt? Dies gilt besonders für Erkrankungen, bei denen einzelne dieser Stoffe vom Organismus nicht in ausreichenden Mengen bereitgestellt werden oder in einer Form produziert werden, die nicht funktionsfähig ist, z. B. aufgrund der Mutation einer Aminosäure. Erst die Methoden der Gentechnologie (Kapitel 12) haben die Perspektive eröffnet, Polypeptide und Proteine mit ganz bestimmten Eigenschaften gezielt und in ausreichenden Mengen herzustellen.

Bei der Strategie, körpereigene Proteine und Peptide als Wirkstoffe einzusetzen, kann es auch sinnvoll sein, die endogene Substanz in ihren Eigenschaften geringfügig abzuwandeln, um sie mit zusätzlichen Qualitäten wie einer längeren Halbwertzeit, höherer Stabilität oder besserer Bioverfügbarkeit zu versehen. Oft ergibt sich das gravierende Problem, dass insbesondere Peptide und Proteine eine viel zu geringe Stabilität und zu schlechte Bioverfügbarkeit bei oraler Applikation besitzen. Dennoch gibt es viel versprechende Anwendungsbereiche, wie beispielsweise die Behandlung von Verdauungsproblemen durch eine direkte Gabe von Lipasen. Auch für Hauterkrankungen stellt sich die Frage nach der Bioverfügbarkeit anders als bei einer oralen Einnahme und systemischen Anwendung von Arzneistoffen. Allerdings verfügt auch die Haut über einen enzymatischen Schutzwall, der von empfindlichen Biomolekülen nicht so einfach überwunden werden kann. In der klinischen Arzneimittelanwendung, bei der die intravenöse Applikation durch die behandelnden Ärzte leicht vorgenommen werden kann, stellt sich das Problem nur in untergeordnetem Maß. Am Beispiel des Insulins, dessen tägliche exogene Zugabe für Diabetiker essenziell ist, soll diese Problematik genauer diskutiert werden.

Ein weiteres Arzneistoffkonzept in Hinblick auf eine Anwendung exogen zugeführter Biomoleküle macht sich die Prinzipien der eigenen Immunabwehr unseres Körpers zunutze. Meist setzt der Körper makromolekulare Strukturen für die Erkennung und das gezielte Ausschalten von krankheitsauslösenden Substanzen ein. Eine Arzneistofftherapie kann diese Prinzipien kopieren und nach gleichen Konzepten Erreger oder entartete Zellen bekämpfen. Diese dem humoralen Abwehrsystem entnommenen Antikörperproteine sind aufgrund ihrer Größe nicht oral bioverfügbar und verlangen eine intravenöse Applikation.

Im Bereich der Nucleotide lassen sich Arzneistoffkonzepte entwickeln, die in die Übersetzung der RNA bzw. Umschrift der DNA eingreifen. Hierzu entwickelt man Oligonucleotide bzw. Nucleosid-Analoga. Ziel der Umschrift des Erbguts in die mRNA ist deren anschließende Übersetzung am Ribosom in die Aminosäuresequenz eines Proteins. Mikroorganismen haben vielseitige Strategien entwickelt, um sich gegen Konkurrenten, oft andere Mikroorganismen oder Parasiten, durchzusetzen. Dazu verfügen sie über einen eigenen Multienzymkomplex, der unter Verwendung kombinatorischer Prinzipien den Aufbau komplexer, häufig makrocyclischer Verbindungen erlaubt. Sie erreichen ihren cyclischen Aufbau in Form großer, vielgliedriger Ringe über eine Lactonbindung. Viele dieser als Makrolide bezeichneten Substanzen blockieren die Ribosomen feindlicher Organismen. Andere Mitglieder aus dieser Substanzfamilie hemmen Vorgänge im Zellcyclus. Auch hier bietet es sich an, diese Naturstoffe als Biopharmaka, teilweise unter geringer chemischer Abwandlung, für die Therapie bereitzustellen. An einigen exemplarischen Beispielen sollen solche Biopharmaka in diesem Kapitel vorgestellt werden.

32.1 Die gentechnologische Produktion von Proteinen

Körpereigene Proteine werden schon seit längerer Zeit zur **Substitutionstherapie** verwendet. Beim Insulin zur Therapie des *Diabetes mellitus* wurde früher Material aus tierischen Bauchspeicheldrüsen verwendet, das sich in einer Aminosäure (Schweine-Insulin) bzw. drei Aminosäuren (Rinder-Insulin) von menschlichem Insulin unterscheidet. Obwohl diese Insuline für die Therapie geeignet sind und Verfahren existieren, die strukturell abweichende Aminosäure des Schweine-Insulins gegen die des humanen Insulins auszutauschen, würden alle Schlachthöfe dieser Welt nicht ausreichen, um sämtliche Zuckerkranke mit dem nötigen Insulin zu versorgen. Der Faktor VIII-Mangel bei Blutern wurde früher durch eine Therapie mit Blutkonzentraten kompensiert. Heute verwendet man ausschließlich rekombinant hergestelltes Protein, das Risiko einer möglichen Verunreinigung solcher Isolate mit Viren ist zu groß. Oft viel zu spät erkannt, waren früher Faktor VIII-Konzentrate aus Blutkonserven mit Hepatitis-Viren und AIDS auslösenden HI-Viren verseucht.

Man hat sich daher schon früh um die **gentechnologische Produktion humaner Proteine** bemüht. Als erstes derart erzeugtes Protein wurde Insulin aus dem Bakterium *Escherichia coli* von Eli Lilly 1982 in die Therapie eingeführt. Obwohl auch Hoechst ein entsprechendes Verfahren bis zur industriellen Herstellung ausgearbeitet hatte, konnte die Produktion erst 1994 aufgenommen werden. So lange hatte es gedauert, bis in Deutschland alle Einsprüche gegen die Herstellungsgenehmigung ausgeräumt waren. Dem gentechnisch hergestellten Insulin folgten das menschliche Wachstumshormon, ein Hepatitis B-Impfstoff, der Gewebe-Plasminogenaktivator und viele andere Proteine. Einen Überblick über die wichtigsten gentechnisch hergestellten Proteine in der Pharmaindustrie gibt Tabelle 32.1.

Die Produktion in Bakterien und Zellkulturen ist nur eine Möglichkeit zur Herstellung humaner Proteine. Seit einigen Jahren geht man daran, die genetische Information in lebende Tiere einzubringen. In den Niederlanden hat der Stier Herman Berühmtheit erlangt. In seinem Erbgut trug das 2004 verstorbene Tier die Information für das menschliche Lactoferrin, einen Bestandteil der Muttermilch, der Kleinkinder vor Magen- und Darm-Infektionen schützt. Auch Patienten, deren Immunsystem geschwächt ist, z. B. durch AIDS oder während einer Chemotherapie, kann das Lactoferrin helfen. Die weiblichen Nachkommen von Herman produzieren Lactoferrin enthaltende Milch. Die Firma Genzyme Transgenics züchtet transgene Schafe. Sie produzieren in ihrer Milch den zur Auflösung von Blutgerinnseln eingesetzten Gewebs-Plasminogenaktivator t-PA (engl. *tissue plasminogen activator*) in einer Menge von bis zu drei Gramm pro Liter Milch. Dadurch reduzieren sich die Kosten, die bei der Herstellung in Zellkultur einige hundert Dollar pro Gramm betragen, auf wenige Dollar. Der nächste Schritt könnte die Übertragung der genetischen Information auf Nutzpflanzen sein. Man stelle sich einmal einen Acker mit Zuckerrüben vor, die Insulin oder ein anderes menschliches Protein in großer Menge produzieren!

Neben der Produktion von Proteinen zur Therapie von Krankheiten, bei denen bestimmte Proteine ersetzt werden müssen, und den schon genannten Anwendungen in der Arzneimittelforschung (Kapitel 12) spielt die Gentechnologie eine wichtige Rolle in der Herstellung von

- Antikörpern und Impfstoffen,
- Enzymen für die medizinische Diagnostik,

Tabelle 32.1 Wichtige gentechnisch hergestellte Proteine der Pharmaindustrie, ihre Anwendung sowie ihre Hersteller

Wirkstoff	Anwendung	Hersteller
Insulin	Diabetes	Novo-Nordisk, Eli Lilly, Hoechst u. a.
Wachstumshormon	Wuchsstörungen	Pharmacia, Novo-Nordisk, Eli Lilly u. a.
Hepatitis B-Vakzin	Impfung	SmithKline Beecham, Merck & Co.
Gewebs-Plasminogenaktivator	Thrombolyse	Genentech, Boehringer Ingelheim
Alpha-Interferon	Hepatitis, Leukämie u. a. Tumoren, AIDS	Sumitomo, Schering-Plough, Roche u. a.
Erythropoietin, EPO	Anämie, bei Dialyse	Amgen, Johnson & Johnson, Chugai u. a.
Faktor VIII	Hämophilie	Baxter, Cutter/Miles (Bayer)
Granulocyten stimulierender Faktor, G-CSF	Chemotherapie	Amgen, Chugai, Sankyo, Immunex u. a.
Glucocerebrosidase	Gaucher-Krankheit	Genzyme

- Proteinen für Bio-Sensoren und
- Proteinen für biotechnologische Prozesse, z. B. zur enzymatischen Herstellung optisch aktiver Zwischenprodukte (Kapitel 5).

32.2 Maßgeschneiderte Änderungen beim Insulin

Diabetes wird durch einen Mangel des Bauchspeicheldrüsen-Hormons Insulin verursacht. Dieses Polypeptid besteht aus zwei Ketten mit 21 (A-Kette) bzw. 30 Aminosäuren (B-Kette), die über drei Disulfidbrücken verknüpft sind. Es greift als Agonist am Insulinrezeptor an, der strukturell mit der Gruppe der Wachstumshormonrezeptoren (Abschnitt 29.8) verwandt ist. Frederick Banting und Charles Best isolierten 1921 das Insulin erstmalig in reiner Form. Sein therapeutischer Einsatz erfolgte bereits zwei Jahre später, als ein 13 Jahre alter Junge durch Injektion von Insulin vor dem sicheren Tod bewahrt wurde. Seit dieser Zeit wurde Insulin aus den Bauchspeicheldrüsen von Schweinen und Rindern isoliert und therapeutisch eingesetzt. Seit 1982 ist auch gentechnologisch hergestelltes humanes Insulin verfügbar.

Firmen, die Insulin gentechnologisch herstellen, haben Konzepte aufgegriffen, die Eigenschaften des humanen Insulins durch gezielte Veränderungen zu verbessern. Besonderes Interesse besteht an einer längeren Wirkung des Insulins. Eine solche Depotwirkung lässt sich z. B. durch Herabsetzung der Löslichkeit eines Proteins erzielen. Insulin hat wegen des Überwiegens saurer Aminosäuren seinen isoelektrischen Punkt bei pH = 5,5. Da die Löslichkeit eines Peptids oder Proteins an seinem isoelektrischen Punkt am niedrigsten ist, sollte eine Verschiebung dieses Werts zum Neutralpunkt bei pH = 7, so auch beim Insulin, zu einer Abnahme der Löslichkeit führen. Dieses Konzept lässt sich in der Praxis tatsächlich erfolgreich umsetzen. Die Einführung eines zusätzlichen Arginins in die B-Kette (Arg B31) ändert die biologischen Eigenschaften nicht, führt aber zu einem etwas verstärkten Depoteffekt. Fügt man ein weiteres Arginin B32 an, so ist dieses modifizierte Insulin nicht mehr wirksam. Es kristallisiert nach der Injektion aus und steht dem Körper daher nicht in ausreichender Menge zur Verfügung. Röntgenstrukturanalysen des zweifach modifizierten Insulins zeigen, dass die Kristallpackung aufgrund zusätzlicher Kontakte stabiler als im nativen Insulin geworden ist. Ein zusätzlicher Aminosäureaustausch, der diese Kontakte schwächt, führte zu einem Insulin mit optimalen Depot-Eigenschaften. Seine Gabe muss nur einmal täglich erfolgen.

Bei Eli Lilly wurde Insulin ebenfalls am C-terminalen Ende der B-Kette abgeändert. Es wurden aber keine Aminosäuren angefügt, sondern nur die beiden vorletzten Aminosäuren Pro 28 und Lys 29 miteinander vertauscht. Diese Doppelmutante hat die gleichen blutzuckersenkenden Eigenschaften wie natives Human-Insulin, überraschenderweise erfolgt der Wirkungseintritt aber deutlich schneller. Damit steht ein rasch resorbierbares, kurz wirksames und deshalb gut steuerbares Insulin zur Verfügung. Es stellt einen riesigen Vorteil für den Patienten dar, da sich der Abstand zwischen Injektion und Essenseinnahme deutlich verkürzt.

32.3 Monoklonale Antikörper als Impfstoffe, Chemotherapeutika und Rezeptorantagonisten

Im Abschnitt 31.7 ist der Aufbau und die Funktion unseres **Immunsystems** zur Abwehr körperfremder Substanzen, so genannter Antigene, vorgestellt worden. Es spaltet sich in eine unspezifische und spezifische Abwehr auf. Bei der spezifischen Immunantwort unterscheidet man das humorale und zellspezifische System. Die MHC-Moleküle im Komplex mit den T-Zellrezeptoren als Kontrollsystem zum Entdecken und Aussondern kranker und gesunder Zellen wurde im Einzelnen diskutiert. In den Körperflüssigkeiten (**humorales System**) übernehmen die Antikörper eine entsprechende Funktion, indem sie körperfremde Substanzen entdecken und der Degradation in Fresszellen, wie den Makrophagen, zuführen. Analog dem zellspezifischen System ist die humorale Abwehr mit Antikörpern ein „erlerntes" System. Einmal als Fremdstoff erkannt, merkt sich das Immunsystem in Form latenter Gedächtniszellen den ehemaligen Eindringling und kann bei erneuter Exposition auch noch nach vielen Jahren die sofortige Abwehr einleiten. Die **Antikörper produzierenden Zellen** können immer nur einen ganz bestimmten Antikörper herstellen. Im menschlichen Organismus liegen gleichzeitig etwa 10^{12} verschiedene Antikörper vor. Beim Erscheinen eines Antigens werden nur solche Immunzellen für eine rasche Vermehrung selektiert, die für das Abfangen des Antigens geeignete Antikörper produzieren. Auf diesem Weg erkannt, werden die Eindringlinge über ihre Oberfläche gebunden und durch das Immunsystem dem Abbau zugeführt.

Die Antikörper besitzen einen einheitlichen strukturellen Aufbau. Ihre Geometrie lässt sich in grober Näherung mit der Form des Buchstabens Y vergleichen. Die Äste des Y werden durch zwei identische Kopien einer leichten und schweren Kette gebildet, die im Zentrum durch mehrere Disulfidbrücken miteinander verknüpft sind (Abb. 32.1). Die leichte Kette faltet in zwei Domänen (V_L und C_L) mit ausgeprägt faltblattartigem Aufbau. Die schweren Ketten V_H und C_{H1} nehmen eine sehr ähnliche Struktur im Raum an. Diese Bereiche der Antikörper werden als **F_{ab}-Domäne** (von engl. *antigen binding*), bezeichnet. Dann gibt es noch den Stamm des Y, der ebenfalls einen faltblattartigen Aufbau aus zwei Ketten annimmt (C_{H2} und C_{H3}). Er wird als **F_c-Domäne** (von engl. *constant*) bezeichnet. Auf der zuletzt genannten Domäne liegen die Erkennungsbereiche, mit denen die Antikörper von den Fresszellen detektiert werden.

An den beiden Enden des gegabelten Y befinden sich Schleifenbereiche, von denen sich vor allem drei Schleifen in ihrer Länge und Sequenz als sehr stark variabel zwischen unterschiedlichen Antikörpern erweisen. Mit diesen **hypervariablen Schleifen** oder die Komplementarität bestimmenden Regionen (engl. *complementarity determining regions,* CDR) sind die Antikörper in der Lage, Bindestellen für sehr unterschiedliche **Antigene** bereitzustellen. Den Fingern einer Hand entsprechend, umgreifen oder erfassen diese variablen Schleifen das zu bindende Antigen. In Abb. 32.2 sind die acht CDR-Schleifen mit unterschiedlichen Farben wiedergegeben. Es sind zwei Antikörperstrukturen gezeigt, die trotz weitgehend identischer Faltung zwei völlig verschiedene Antigene binden. Die eine Struktur erfasst das kleine Antigen Phosphocholin 32.1, wohingegen die andere das Protein Lysozym (129 Aminosäuren) über eine große Oberfläche erkennt und bindet (Abb. 32.3). Phosphocholin orientiert seine geladene quartäre Ammoniumgruppe zur Wechselwirkung mit zwei Glutamatresten und einem

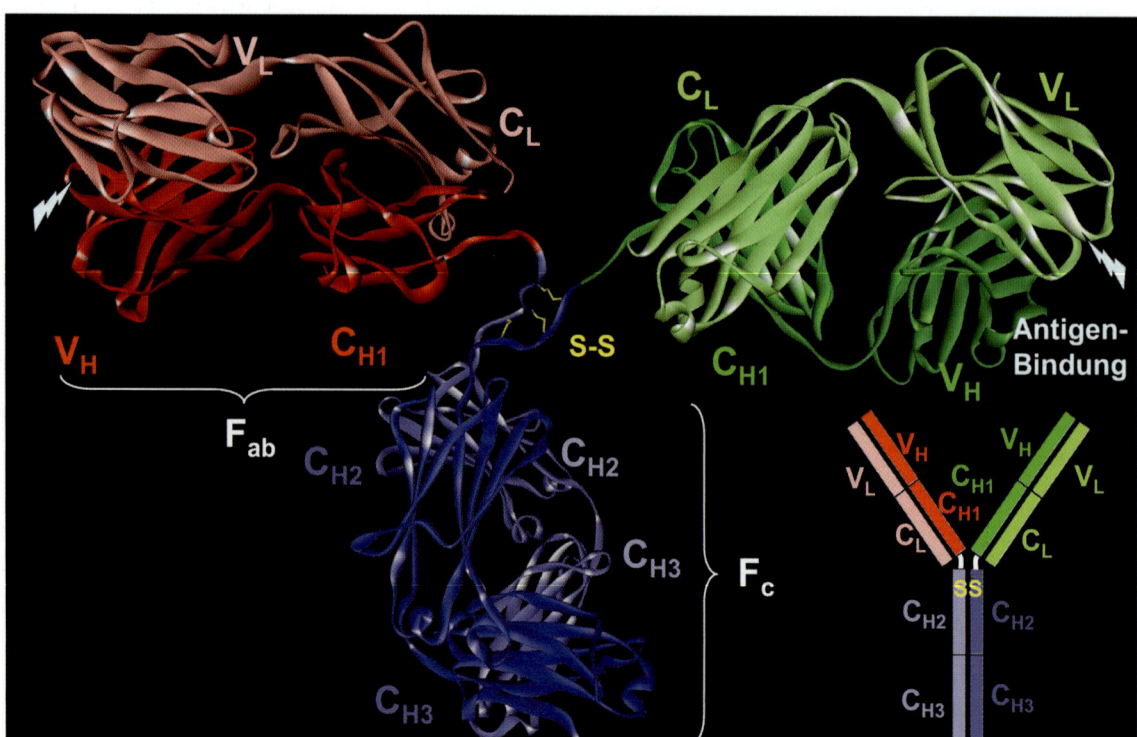

Abb. 32.1 Kristallstruktur eines kompletten IgG-Antikörpers. Die beiden F_{ab}-Regionen bilden den linken und rechten Ast (rot, grün) des Y-förmigen Moleküls. Sie setzen sich aus einer leichten (helle Farbe) und schweren Kette (dunkle Farbe) zusammen. Am Ende der beiden Äste befinden sich die Antigen-Bindestellen (hellblaue Pfeile). Sie werden durch acht Schleifenbereiche gebildet. Über eine Scharnierregion mit mehreren Disulfidbrücken schließt sich die F_c-Domäne an. Sie bildet praktisch den Stamm des Y-förmigen Moleküls. Auch hier lagern sich zwei Kettenstränge mit faltblattartigem Aufbau gegeneinander. Rechts unten ist der schematische Aufbau des Antikörpers mit gleicher Farbcodierung aufgeführt.

32. Biopharmaka: Peptide, Proteine, Nucleotide und Makrolide als Wirkstoffe

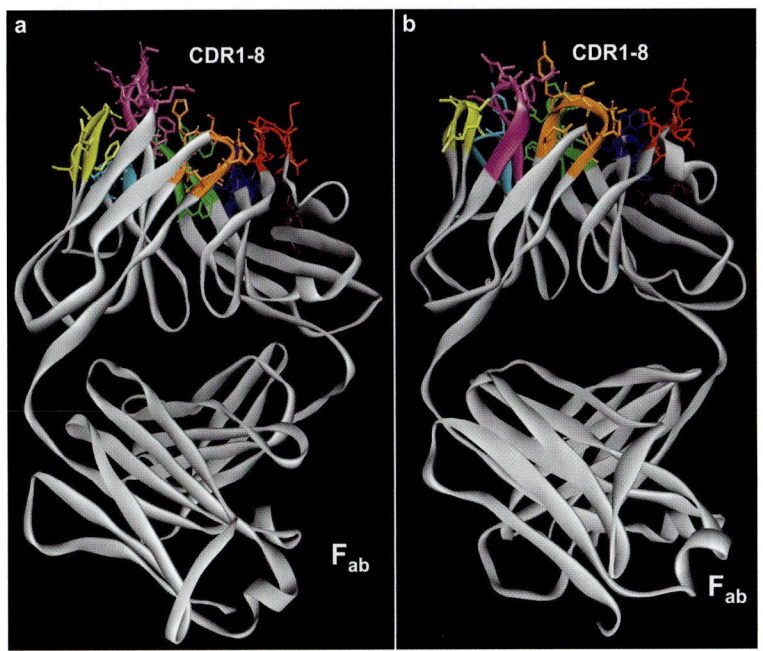

Abb. 32.2 Vergleich der Kristallstrukturen von zwei F_{ab}-Domänen, die durch proteolytische Abspaltung mit Papain freigesetzt wurden. Mit unterschiedlichen Farben sind die acht variablen Schleifenregionen dargestellt, die die Antigenbindestelle formen. Die Struktur (a) bindet ein kleines Molekül als Antigen, (b) dagegen erkennt die Oberfläche eines Proteins als Fremdstoff.

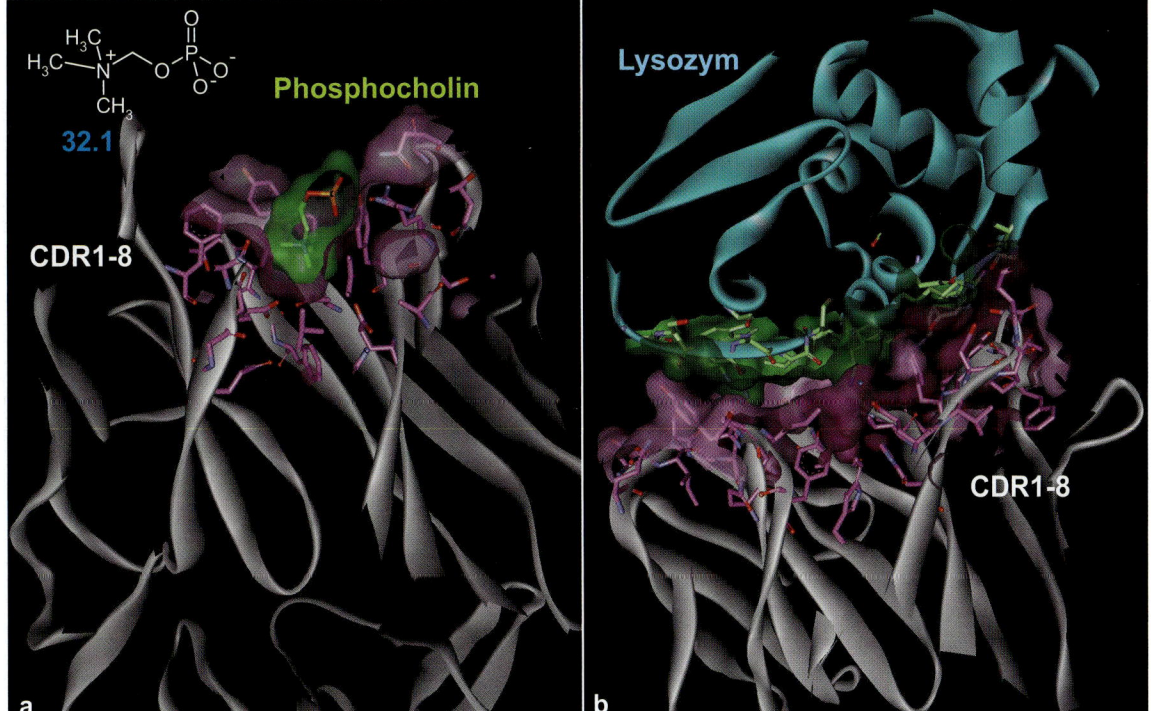

Abb. 32.3 Für die beiden in Abb. 32.2 aufgeführten F_{ab}-Domänen sind die Kontaktflächen mit den gebundenen Antigenen gezeigt. (a) Das kleine Molekül Phosphocholin (grüne Oberfläche) wird in einer tiefen Tasche des Antikörpers gebunden. Es taucht tief in die violett angedeutete Oberfläche des Antikörpers ein. Im Falle des Antigens Lysozym (b) bildet sich eine 20 × 30 Å große Kontaktfläche aus und 16 bzw. 17 Reste der beiden Bindungspartner sind in die Interaktion involviert. Eine weite Kontaktfläche des Antigens (grün) steht mit der Oberfläche des Antikörpers (violett) in direkter Nachbarschaft.

Asparagin. Die Ethylenbrücke wird durch aromatische Aminosäuren flankiert. Die terminale Phosphatgruppe formt H-Brücken mit einem Tyrosin- und Argininrest. Die Schnittstelle zwischen dem Antikörper und Lysozym erstreckt sich über einen Bereich von ca. 20 × 30 Å. Die stark strukturierte Kontaktfläche nimmt einen flachen Verlauf. Siebzehn Reste des Antikörpers stehen mit sechzehn Resten des Lysozyms in direktem Kontakt. Nur wenige Reste des Antigens vergraben sich tiefer in der Antikörperoberfläche und bilden an ihrem Ende Wasserstoffbrücken aus.

Ihre Fähigkeit, chemische Strukturen ganz unterschiedlicher Größe und Zusammensetzung mit hoher Effizienz und Selektivität zu binden, lässt Antikörper ideal für das Erkennen und Aussondern von krankheitsauslösenden Fremdstoffen und in ihrer Funktion entarteter bzw. fehlgeleiteter Zellen erscheinen. Um sie in der Diagnostik oder Therapie einzusetzen, muss man sie gezielt gegen bestimmte Antigenoberflächenstrukturen entwickeln und in ausreichenden Mengen produzieren.

Die Entwicklung geeigneter Antikörper kann das Immunsystem eines Spenderorganismus übernehmen. Aus dem Blutserum eines auf diesem Weg immunisierten Säugers werden Antikörperzellen entnommen und aufgereinigt. Um daraus größere Mengen an Antikörpern produzierenden Zellen zu gewinnen, wurde versucht, sie in Kultur zu vermehren. Unter diesen Bedingungen wachsen diese Zellen allerdings nur über einige wenige Generationen, dann sterben sie ab. Georges Köhler hielt sich im Jahr 1975 im Laboratorium von César Milstein in Cambridge, England, auf, um die Technologie zur Herstellung von Antikörpern in Zellkulturen zu verbessern. Hier entstand die Idee, normale Antikörper produzierende Zellen mit leicht vermehrbaren Tumorzellen zu **Hybridomzellen** zu verschmelzen, um auf diese Weise beide Eigenschaften in einer Zelle zu vereinen. Wieder einmal half der glückliche Zufall. Köhler hatte sich für Mauszellen entschieden. Später stellte sich heraus, dass diese Zellen 100fach besser mit Tumorzellen fusionieren als andere Zellen. Die Hybridomzellen produzieren die gewünschten Antikörper und sie teilen sich über beliebig viele Generationen. Sie sind zu „unsterblichen" Antikörper-Produzenten geworden. Aus dieser Methode zur **Herstellung monoklonaler Antikörper** hat sich in der Zwischenzeit ein Milliardengeschäft entwickelt. Georges Köhler und César Milstein erhielten den Nobelpreis. Das war ihr ganzer Lohn. Sie hatten ihre Methode weder patentiert, noch hatten sie versucht, über eine Firmengründung Gewinn aus ihrer Erfindung zu schlagen.

So gewonnene Antikörper dienen einerseits als **medizinische Diagnostika**. Andererseits lassen sie sich zum Beispiel zur Behandlung von Tumoren oder des septischen Schocks einsetzen. Allgemein kann man sie als Strategie zur Bekämpfung von Krankheiten einsetzen, bei denen ein Protein im Körper neutralisiert werden soll. Ein Problem bei der Anwendung von Antikörpern beim Menschen entsteht, wenn die Antikörper aus einem Tierorganismus isoliert wurden. Sie können selbst antigen wirken und rufen damit eine Immunantwort hervor. Hier hilft die Bildung von **Chimären**, d. h. Kombinationen von Teilen eines Maus-Antikörpers mit Teilen humaner Antikörper. Eleganter ist die so genannte **Humanisierung**, bei der nur die (variable) Antigen-Bindestelle eines Maus-Antikörpers mit einem menschlichen Antikörper verknüpft wird. Ein weiterer Weg ist die *in vitro*-Produktion kompletter humaner Antikörper mit bestimmten Viren. Ebenso wie therapeutisch wichtige Proteine lassen sich auch humane Antikörper aus der Milch von Schafen gewinnen. Firmen wie Genzyme Transgenics züchten transgene Schafe, die in ihrer Milch einen humanen monoklonalen Antikörper produzieren.

Ein großes Anwendungsfeld für Antikörper ergibt sich in der Vorbeugung und Behandlung von Krankheiten mit **Impfstoffen**. Einen ganz entscheidenden Fortschritt hat dabei die Entwicklung der Gentechnologie zur Impfstoffherstellung geleistet. Beispielsweise wurde früher ein **Impfstoff** gegen **Hepatitis B** aus dem Blut chronisch infizierter Patienten gewonnen, ein sehr aufwendiges und gefährliches Verfahren. Aber für einen Impfstoff braucht man nicht das komplette Virus. Für die Erkennung durch einen Antikörper reicht es aus, einen typischen Oberflächenabschnitt seiner Hülle nachzubilden. Die genetische Information für diese Bereiche wird dem Virus entnommen und in Plasmide eingebaut (Abschnitt 12.1). Der Hüllprotein-Abschnitt wird nun wie jedes andere Protein in Bakterien oder in anderen geeigneten Zellen produziert. Gentechnische Impfstoffe gegen AIDS und andere virale und bakterielle Krankheiten, ja sogar gegen Erkrankungen, die durch Parasiten verursacht werden, wie die Malaria, werden intensiv beforscht.

Antikörper haben in den letzten Jahren eine zunehmende Bedeutung als Arzneistoffe erlangt. Weit über 200 Beispiele befinden sich in der klinischen Entwicklung. Immer mehr **rekombinant hergestellte Antikörper**, meist mit zungenbrecherischen Namen, die mit der Endung -mab schließen (von engl. *monoclonal antibody*) kommen auf den Markt. Antikörper haben, wie erwähnt, den riesigen Vorteil, dass man sie spezifisch praktisch gegen jede Oberflächenstruktur richten kann. Hoch selektiv fischen sie dann die entsprechenden Antigene aus dem Organismus heraus und führen sie, nachdem sie sie gebunden haben, den üblichen Abbaupfaden des Immunsystems in den Fresszellen zu. Auf diesem Weg werden nicht nur unerwünschte Eindringlinge ausgeschaltet, es lassen sich genauso auch Krebszellen oder unerwünschte Signal- und Steuerproteine aus dem Organismus entfernen. Umgekehrt kann man mit Antikörpern auch eine den proteinogenen Signalstoffen analoge Wirkung an zellspezifischen Rezeptoren auslösen oder blockieren. Man kann sie weiterhin als eine Art Spürhund verwenden, um sie, mit einem geschickt konzipierten Fährsystem versehen, zum Transport aktiver Moleküle zu einem Wirkort auszunutzen. Dort angekommen, werden die transportierten Moleküle effizient und in hoher lokaler Konzentration zur Abwehr eingesetzt.

Ein Nachteil der Antikörper darf nicht unerwähnt bleiben. Die Zellmembran stellt für sie in nahezu allen Krankheitsbildern eine nicht überwindliche Barriere dar. Sie bleiben auf die Erkennung von Strukturen auf Zelloberflächen beschränkt bzw. können nur gegen extrazellulär gelöste Stoffe gerichtet werden. Will man mit ihnen intrazelluläre Prozesse beeinflussen, so muss dies über die Wechselwirkung mit Oberflächenrezeptoren erfolgen, die am Anfang einer Signalkaskade stehen. Dazu muss natürlich gewährleistet sein, dass sie spezifisch an die richtigen Rezeptoren auf den gewünschten Zellen im korrekten Kompartiment unseres Körpers binden.

Cetuximab ist ein gentechnologisch hergestellter Antikörper. Seine Antigenbindestelle wurde auf die **Blockierung des Rezeptors** des **Epidermalen Wachstumsfaktors** (EGF) ausgerichtet. Dieser Rezeptor wird vermehrt auf den Zellen solider Tumore exprimiert. An seinem Wirkort angekommen, bindet der Antikörper spezifisch an die extrazelluläre Domäne des Rezeptors (Abb. 32.4). Damit blockiert der Antikörper vollständig die Anlagerung des eigentlichen Liganden, des Epidermalen Wachstumsfaktors. Damit sind die Folgeschritte zur Signalweitergabe, die die Zellteilung stimulieren, ausgeschaltet. Zusätzlich zu dieser therapeutisch indizierten **Hemmung der Signaltransduktion** werden die mit dem Antikörper markierten Zellen den Fresszellen zu ihrer endgültigen Eliminierung zugeführt. Nach dieser am Cetuximab beschriebenen Strategie entfalten viele Antikörper ihre Wirkungen. Neben der Therapie vieler Krebserkrankungen wird versucht, überschießende bzw. unerwünschte Immunreaktionen mit Antikörpern abzufangen. Basiliximab und Daclizumab richten sich gegen die α-Untereinheit des IL-2-Rezeptors auf T-Zellen. Erst nach ihrer Aktivierung bilden T-Zellen die α-Untereinheit aus, und die Bindungsaffinität gegenüber IL-2 steigt deutlich an. Nach einer Organtransplantation werden durch Präsentation der Antigene des Organspenders T-Zellen aktiviert, die sich gezielt gegen das neue Organ richten. Vorgänge, die letztlich zur Abstoßung des transplantierten Organs führen, werden eingeleitet. Setzt man die spezifischen Antikörper gegen die α-Untereinheit des IL-2-Rezeptors ein, so gelingt es, selektiv

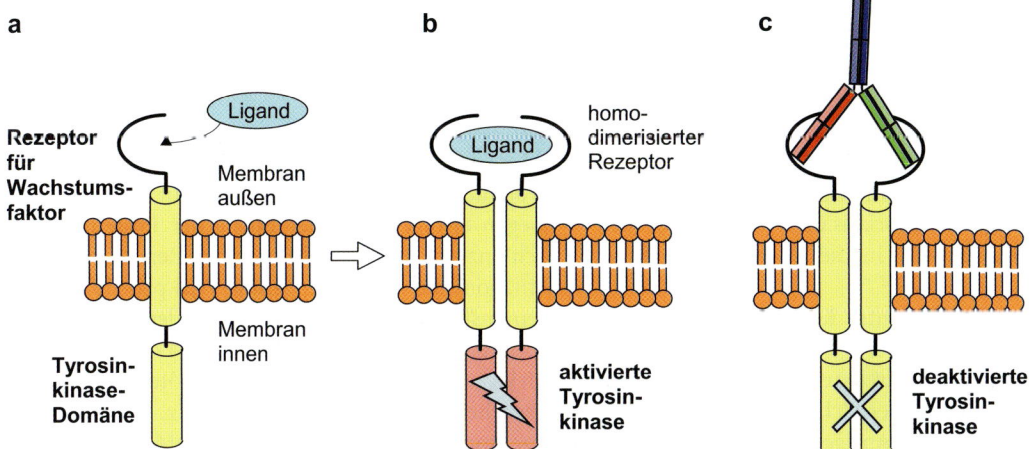

Abb. 32.4 (a) Der Rezeptor des epidermalen Wachstumsfaktors wird durch Bindung seines makromolekularen Liganden stimuliert. (b) Durch Autophosphorylierung wird intrazellulär eine Tyrosinkinasekaskade angestoßen und das Signal in der Zelle weitergeleitet. (c) Ein spezifisch gegen die Oberflächenstrukturen des Rezeptors entwickelter Antikörper kann so fest an den Rezeptor binden, dass er die Aufnahme des natürlichen Liganden blockiert. Die Signalkaskade ist antagonisiert, eine Weiterleitung der Information unterbleibt.

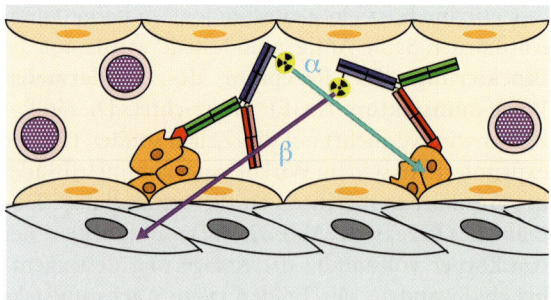

Abb. 32.5 Ein gegen Oberflächenproteine (rot) von Tumorzellen (orange) gerichteter Antikörper findet solche Zellen im Organismus. Koppelt man über eine kovalente Verknüpfung einen Metallionen-Komplexbildner, der ein radioaktives Isotop gebunden hat, an diesen Antikörper, kann man spezifisch eine Strahlenquelle in unmittelbare Nähe der entarteten Krebszellen bringen. Durch den radioaktiven Zerfall werden lokal ionisierende und gewebezerstörende Strahlen freigesetzt. Direkt vor Ort erfolgt eine Bekämpfung des Tumorgewebes durch Strahlentherapie.

nur die zur Immunantwort gegen das transplantierte Organ gerichteten T-Zellen aus dem Blutkreislauf zu eliminieren.

Der **Tumornekrose-Faktor** TNF-α ist ein wichtiger Indikator in der Pathogenese infektiöser und neoplastischer Erkrankungen einschließlich Autoimmunerkrankungen. Ein Ausschalten bzw. Herunterregeln dieses Faktors stellt eine lohnende therapeutische Option für diese Krankheitsbilder dar. TNF-α bindet an einen Rezeptor, der aus drei identischen Domänen aufgebaut ist. Zum Abfangen des TNF-α hat man die extrazelluläre lösliche Ligandenbindungsstelle dieses Rezeptors herausgeschnitten und mit dem F_c-Teil eines Antikörpers fusioniert. Erhalten wurde ein lösliches Hybridprotein, das spezifisch über die ursprünglichen Rezeptordomänen TNF-α erkennt und analog einem Antikörper über die F_c-Domänen den Fresszellen zuführt. Diese Hybridmoleküle sind als Etanercept zur Behandlung rheumatischer Erkrankungen und schwerer Formen der Psoriasis von Amgen unter dem Handelsnamen Enbrel® in die Therapie eingeführt worden.

Ein anderes interessantes Konzept zur Effizienzsteigerung von Antikörpern wurde in der Krebstherapie aufgegriffen. Auf Krebszellen werden vermehrt **CD20-Antigene** als Oberflächenproteine ausgebildet. Gegen diese CD20-Antigene kann man spezifische Antikörper entwickeln, die im Körper die CD20 präsentierenden Tumorzellen finden. Diese Therapiemaßnahme lässt sich mit einer **lokalen Strahlentherapie** kombinieren. Dazu markiert man den anti-CD20-Antikörper mit einem radioaktiven Metallion. Entsprechend der Halbwertszeit der verwendeten Isotope kommt es zur lokalen Freisetzung ionisierender Strahlung durch den radioaktiven Zerfall der instabilen Kerne. Je nach Kernreaktion werden α- bzw. β-Strahlen ausgesandt. Diese Strahlen können in der direkten Umgebung ihre gewebezerstörende Wirkung entfalten und so Tumorgewebe zum Absterben bringen (Abb. 32.5). Durch das Anheften des **radioaktiv markierten Antikörpers** an Krebszellen mit CD20-Antigenen ist gewährleistet, dass nur in der Nähe des Tumors hohe Konzentrationen an Isotopen entstehen, die ionisierende Strahlung aussenden. Als radioaktive Isotope werden meist Ionen der Metalle Kupfer, Yttrium, Rhenium, Lutetium, Wismuth oder Astatium verwendet. Die feste Kopplung der Metallionen an die Antikörper gelingt durch geeignete Komplexbildungsliganden. Zusätzlich versieht man das organische Gerüst des Komplexbildners mit einer reaktiven Gruppe, die z. B. mit einem exponierten Lysinrest auf der Oberfläche der F_c-Domäne des Antikörpers unter Bildung einer kovalenten Verknüpfung reagieren kann. Tositumomab und Ibritumomab sind zwei gegen CD20 gerichtete Antikörper, die ^{131}I bzw. ^{90}Y als radioaktive Strahlenquelle mitführen. Über diesen Therapieansatz koppelt man eine Strahlentherapie mit der körpereigenen Immunabwehr.

32.4 Antisense-Oligonucleotide als Arzneimittel?

Bei Krebserkrankungen, überschießender Immunreaktion und septischem Schock, aber auch bei einigen anderen Krankheiten, z. B. Bluthochdruck, Lungenemphysem oder Bauchspeicheldrüsen-Entzündung, will man die unerwünschten Effekte ganz bestimmter Proteine unterbinden. Dies kann auf verschiedenen Wegen erfolgen. Auf der Ebene der Proteine lassen sich Enzyme durch Inhibitoren und Rezeptoren durch Antagonisten blockieren. Diese Wirkprinzipien wurden ausführlich in den voranstehenden Kapiteln diskutiert. Man kann aber auch auf der DNA-Ebene einwirken, durch Hemmung der Proteinbiosynthese. Lösliche (cytosolische) Rezeptoren, z. B. die Steroidrezeptoren, wirken direkt auf die DNA ein, indem sie bestimmte Genabschnitte regulieren (Abschnitt 28.1). Agonisten und Antagonisten dieser Rezeptoren steuern damit indirekt die Neusynthese der durch die entsprechenden Gene produzierten Enzyme. Auf diesem Weg braucht man also nicht die Funktion des Proteins zu unterbinden, vielmehr verhindert man seine Biosynthese.

Wie bereits in Abschnitt 12.7 erläutert, gibt es einen weiteren Weg, die Bildung eines bestimmten Proteins zu blockieren, und zwar durch den Eingriff auf der Ebene der **messenger-RNA** (Boten-RNA, mRNA). Bei der Expression eines Proteins erfolgt zuerst die Transkription der doppelsträngigen DNA in die mRNA. Nur einer der beiden DNA-Stränge, und zwar der „sinnvolle" Strang (engl. *sense*), der die Erbinformation trägt, wird umgesetzt. Die mRNA liegt dementsprechend einzelsträngig vor. Nach ihrer Anlagerung an die Ribosomen (Abschnitt 32.6) erfolgt als letzter Schritt die Translation der Basenabfolge in die Aminosäuresequenz des codierten Proteins. Dieser Schritt kann durch Zugabe eines zur Sequenz der mRNA komplementären, „gegensinnigen" **Antisense-Oligonucleotids** (engl. *antisense*) verhindert werden. Bei ausreichender Länge von ca. 12–28 Basen bildet es über den Abschnitt der komplementären Sequenz mit der mRNA einen Doppelstrang. Das aus der Basenpaarung resultierende Hybrid wird entweder durch eine zelleigene RNAse H abgebaut (s. unten) oder es kann bei der Proteinbiosynthese in diesem Sequenzabschnitt nicht abgelesen werden. Infolgedessen wird das Protein von der Zelle nicht mehr produziert. Die Natur verwendet selbst ein analoges Prinzip bei der **RNA-Interferenz** und stellt über kurze RNA-Sequenzen von ca. 20–23 Basen die Genexpression stumm (engl. RNA-*silencing*, Abschnitt 12.7).

Die mRNA lässt sich mit einem **Antisense-DNA- oder -RNA-Abschnitt** komplexieren. Dies führt zu einem enzymatischen Abbau der mRNA. Eine weitere Möglichkeit bietet die Herstellung eines Antisense-mRNA-Abschnitts, der bei der ribosomalen Proteinsynthese mit der nativen mRNA konkurriert. Bei viralen Erkrankungen bietet es sich an, komplementäre Oligonucleotid-Sequenzen zu synthetisieren, die direkt gegen einzelne virale Gene gerichtet sind.

So einfach das Prinzip der komplementären Komplexierung einer Nucleinsäure klingt, so schwierig ist es in der Praxis umzusetzen. **Oligonucleotide** (Abb. 32.6) sind wegen ihres **Zuckerphosphat-Gerüsts** sehr polare, mehrfach negativ geladene Moleküle, die so ohne Weiteres die Zellmembranen nicht durchdringen können. Ihr Gerüst muss chemisch verändert werden, z. B. durch Austausch eines Sauerstoffatoms der Phosphatgruppen gegen ein Schwefelatom. Diese einfache Modifikation führt zwar zu einer höheren Stabilität gegen Nucleasen, aber auch zu einer schlechteren Komplexierung der komplementären mRNA. Neben vielen weiteren Modifikationen dieser Art, z. B. zu Carbonaten, Carbamaten, Acetalen, Iminen oder Oximen, wurden auch die Zuckerbausteine chemisch modifiziert. Methylierung oder Methoxyethylierung der 2'-OH-Gruppe des Riboserings führen zu herabgesetzter Toxizität und höherer Stabilität gegen RNase H. Dieses Enzym hat die Aufgabe, die für den Genexpressionsvorgang benötigte und nach dem Ablesen nicht mehr gebrauchte RNA wieder abzubauen. Durch Spaltung der Bindungen im Zuckerphosphat-Rückgrat zerlegt die Nuclease die mRNA wieder in ihre Monomerbausteine. Auch durch Ausbildung eines cyclischen Ethers zwischen der 2'-OH-Gruppe und C4 des Riboserings kann mit so genannten *locked* **Nucleinsäuren** (LNA) die gewünschte Stabilität erreicht werden. Ein sehr weitgehender Austausch ist der Ersatz der Zuckerphosphatgruppen durch einen **Oligoglycin-Strang**. Die gebildeten **Peptid-Nucleinsäuren** (PNA) können sehr gut mit der mRNA komplexieren. In Abb. 32.6 ist die Kristallstruktur eines doppelsträngigen Hybrids aus einem DNA- und PNA-Strang gezeigt. Die PNA-Stränge zeichnen sich durch hohe biologische Stabilität und geringe Toxizität aus, aber durch ihre schlechte Löslichkeit bestehen Probleme bei ihrer Aufnahme in die Zellen. Auch chimäre Strukturen aus LNA-/PNA- mit DNA-Oligomeren sind als Alternativen in Erwägung gezogen worden.

Wichtige Kriterien, die ein Antisense-Arzneimittel erfüllen muss, sind:

- leichte chemische Herstellbarkeit,
- ausreichende *in vivo*-Stabilität,
- gute Membranpermeation und Verteilung im Organismus,
- ausreichende intrazelluläre Halbwertszeit,
- feste und sequenzspezifische Bindung an die Ziel-mRNA,
- gute Nuclease-Stabilität und
- keine unspezifische Bindung an andere biologische Makromoleküle.

Die **Antisense-Therapie** kann sowohl lokal wie systemisch eingesetzt werden. Die lokale Applikation ermöglicht eine hohe Konzentration der Antisense-Nucleotide am Wirkort. Im Jahr 1998 wurde Fomivirsen (Vitravene®) durch Novartis Ophthalmics als erstes Antisense-Nucleotid für die Therapie der induzierten Retina-Infektion durch das Cytomegalievirus zugelassen. Diese Erkrankung tritt als opportunistische Infektion bei immundefizienten AIDS-Patienten auf. Die Verbindung muss direkt in den Glaskörper des Auges eingespritzt werden und verhindert durch Bindung an die virale mRNA die Produktion von Vi-

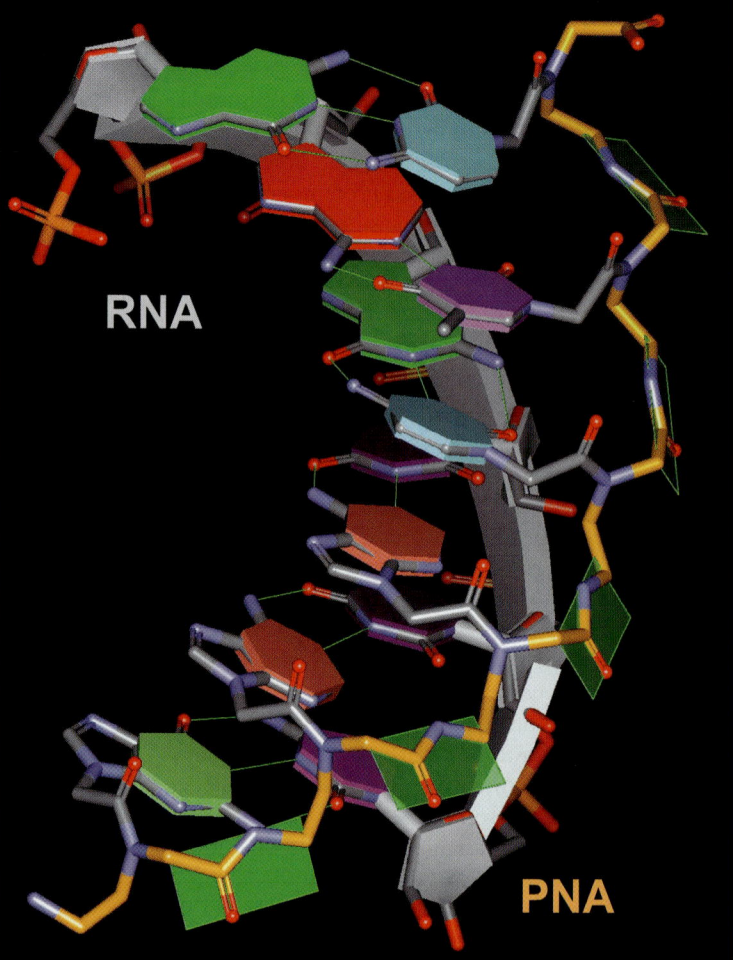

Abb. 32.6 Zur Reduktion der Polarität und Erhöhung der Stabilität sind Veränderungen des Rückgrats im Oligonucleotid-Strang vorgenommen worden. Ein Komplettaustausch der Ribosephosphatkette gelingt durch einen Oligoglycinpeptid-Strang. Ein solcher PNA-Strang zeigt hohe geometrische Analogie zum RNA-Strang. Wie die rechts dargestellte Kristallstruktur eines Doppelstrangs aus RNA (grauer Pfeil für Phosphatzuckerstrang) und PNA (orangefarbener Strang mit grün markierten Amidbindungen) beweist, können beide Gerüste erfolgreich miteinander hybridisieren.

rusproteinen. Im Jahr 2002 verzichtete die Firma aus kommerziellen Gründen auf eine weitere Vermarktung. Andere lokale Therapien haben Hauterkrankungen wie die Psoriasis zum Ziel. Die systemische Applikation ist in den meisten Fällen auf eine Behandlung verschiedener Krebserkrankungen ausgerichtet. So werden Antisense-Nucleotide gegen das Bcl-2 Protein entwickelt, das bei vielen malignen Erkrankungen exprimiert wird. Andere Ansätze richten sich gegen TGF-β2 (engl. *transforming growth factor β2*), da dieses Protein nicht nur für das Wachstum und die Metastasierung von Tumoren verantwortlich gemacht wird, sondern Tumorzellen auch vor dem Angriff durch körpereigene Immunzellen schützt (Abschnitt 31.7). Weiterhin werden Antisense-Nucleotide zur Krankheitsbekämpfung im Entzündungsgeschehen (Morbus Crohn, Colitis ulcerosa, Asthma) und des metabolischen Syndroms entwickelt. In Abschnitt 27.8 war angesprochen worden, dass zur Blockierung der Expression der Phosphatase PTP-1B derzeit Hoffnung auf eine Antisense-Strategie gelegt wird.

Anzumerken ist, dass die **Antisense-DNA-Technologie** bei Pflanzen bereits gut ausgearbeitet ist und ein wichtiges Hilfsmittel für die Aufklärung spezifischer Stoffwechselwege darstellt. Hier wird kein mRNA-Nucleotid zugegeben, sondern eine Antisense-DNA, die z. B. auf kleine Goldpartikel aufgezogen und in die Zellen „eingeschossen" wird. Transkription der Antisense-DNA liefert eine Antisense-mRNA, die mit der "richtigen" mRNA einen Komplex bildet und auf diesem Weg die Biosynthese des entsprechenden Proteins verhindert. Das erste gentechnisch veränderte Nahrungsmittel, die länger haltbare „*Flavr-Savr*"-Tomate, wurde auf diesem Weg erzeugt.

32.5 Wenn der Schein trügt: Hemmung durch Nucleoside und Nucleotide als falsche Substrate

Den Nucleosiden als Monomerbausteinen der DNA und RNA kommt eine ähnliche Bedeutung zu wie den Aminosäuren für den Aufbau der Proteine. Als Träger der Erbinformation bzw. Codierungsvorschrift für die Proteinbiosynthese sind DNA und RNA essenzielle Biomoleküle für eine Vielzahl von Vorgängen in unserem Körper. Eingriffe in die Synthese dieser Biomoleküle, vor allem bei Vorgängen, die ein Bereitstellen

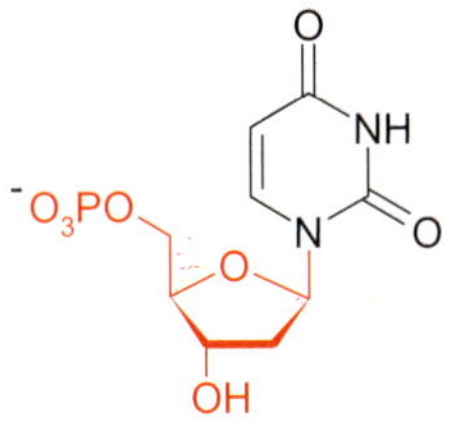

32.2 Uracil-desoxymonophosphat
32.3 5-Fluorouracil-desoxymonophosphat 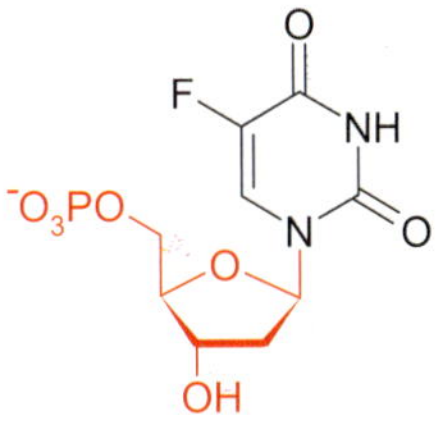
32.4 Tegafur 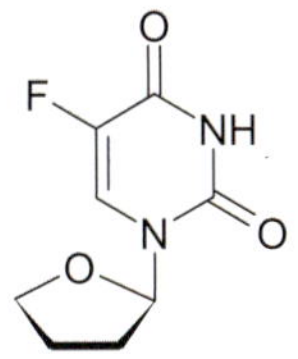
32.5 Capecitabin 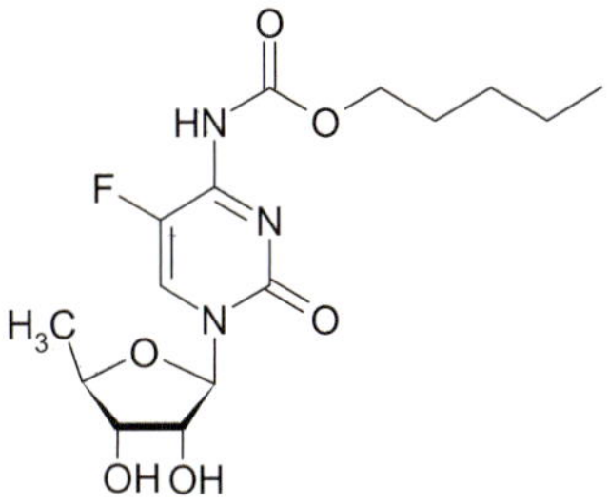
32.6 6-Mercaptopurin 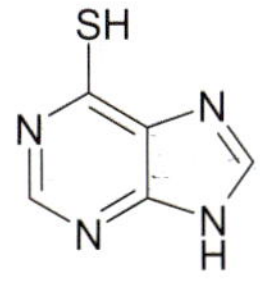
32.7 6-Thioguanin 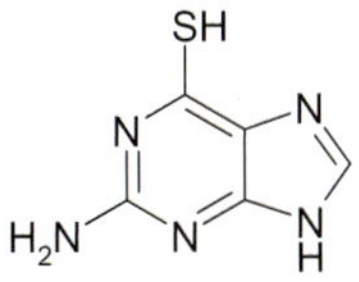
32.8 Fludarabin 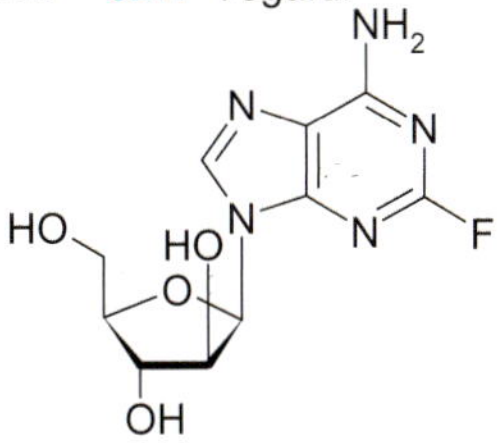
32.9 Cladribin 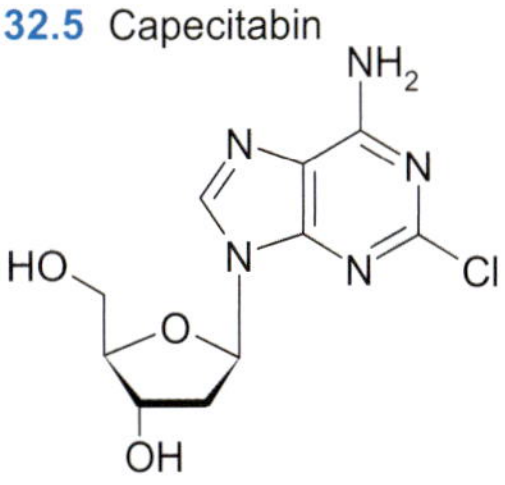
32.10 Pentostatin 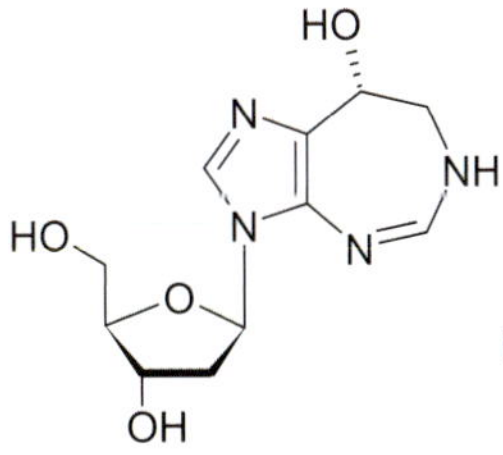
32.11 Aciclovir 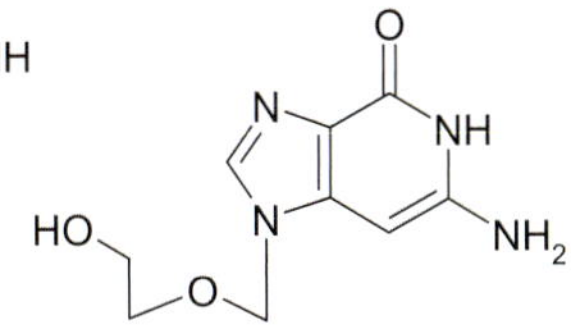
32.12 Thymidin 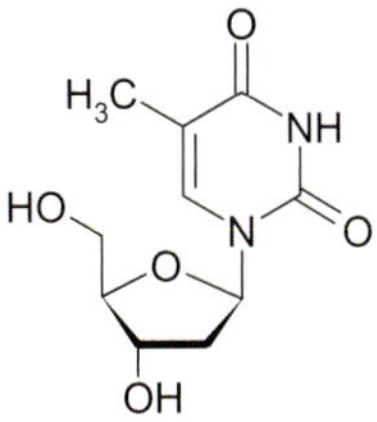
32.13 AZT Zidovudin 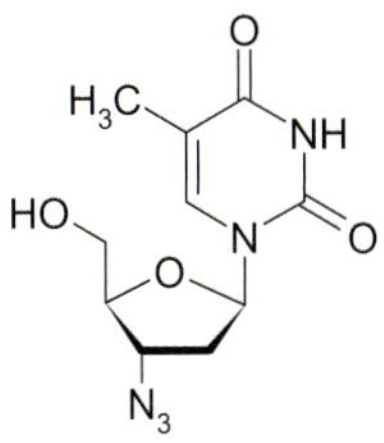
32.14 Zalcitabin 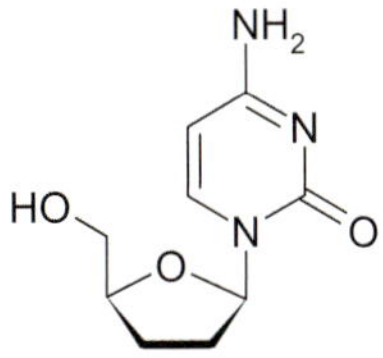
32.15 Stavudin 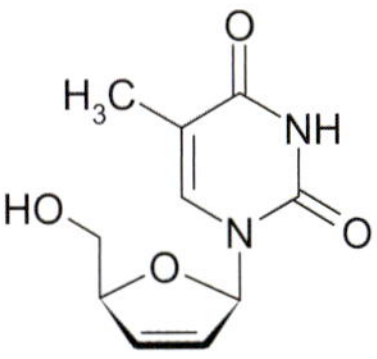
32.16 Tenofovir 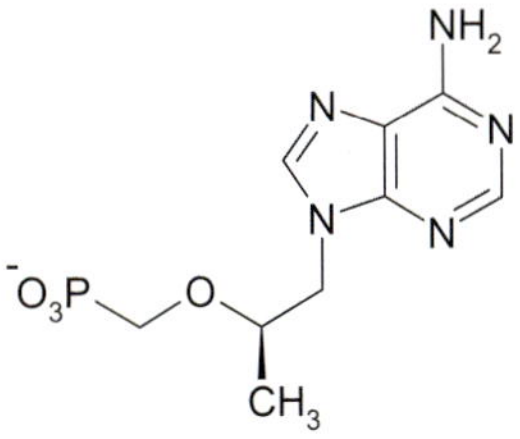

Abb. 32.7 Nucleosidanaloge Inhibitoren der Thymidylatsynthase, verschiedener Deaminasen und der Reversen Transkriptase.

großer Mengen dieser Moleküle benötigen, können wichtige Prinzipien für eine Arzneistofftherapie liefern. Von Interesse ist vor allem ein Hemmen dieser Vorgänge. Dies gelingt in erster Linie mit Molekülen, die den Nucleosiden sehr ähnlich sehen, aber an entscheidenden Stellen abgewandelt sind. Als **falsche Substrate** werden sie zwar weiterhin durch Enzyme in der Biosynthese der Ausgangsstoffe für die DNA und RNA erkannt, in einem Folgeschritt führt dies allerdings zum Abbruch der Synthese. Insbesondere bei der Vermehrung von Krebszellen bzw. bei der Verbreitung von Viren wird eine hohe Syntheseleistung an DNA und RNA benötigt. Ein Drosseln der Syntheserate dieser Moleküle kann zu einer wirkungsvollen Strategie bei der Bekämpfung von Krebserkrankungen bzw. von viralen Infektionen führen.

Die Nucleoside sind aus einer **Purin**- (Adenin und Guanin) bzw. **Pyrimidinbase** (Cytosin und Thymin bei DNA bzw. Cytosin und Uracil bei RNA) und einer **Pentose** aufgebaut. Fehlt in 2-Position des cyclischen Fünfringzuckers die OH-Gruppe, wird das Nucleosid als Baustein für die DNA verwendet. In der hydroxylierten Form dient es der RNA als Monomerbaustein. Durch Überführung in einen Phosphatester an der exocyclischen Hydroxymethylengruppe wird aus dem Nucleo**s**id ein Nucleo**t**id.

In Abschnitt 27.2 wurde die Biosynthese des Thymins vorgestellt. Das Enzym **Thymidylatsynthase** überführt eine Methylgruppe auf die Pyrimidinbase Uracil, um es in Thymin umzuwandeln (Abb. 27.8). Bietet man der Thymidylatsynthase ein nur geringfügig abgeändertes Substrat an, so wird dieses Molekül von dem Enzym zwar erkannt und gebunden, die weitere Biosynthese wird aber abgebrochen. Daher werden solche Pyrimidin-Analoga als **Chemotherapeutika** in der Tumortherapie eingesetzt. Ein Austausch des Wasserstoffs durch Fluor in 5-Position des Uracilgerüsts 32.2 zum 5-Fluorouracilderivat 32.3 wird wegen der sehr ähnlichen Größe von H und F zunächst nicht erkannt (Abb. 32.7). So wird die modifizierte Base im Stoffwechsel über das Mono- und Diphosphat zum 5-Fluor-2'-desoxyuridindiphosphat umgesetzt. Nach Abspaltung einer Phosphatgruppe wird es als falsches Substrat durch die Thymidylatsynthase aufgenommen. Dort reagiert es mit Cys 146 unter Ausbildung einer kovalenten Verknüpfung und blockiert das Enzym irreversibel. Tegafur 32.4 stellt ein Prodrug des 5-Fluorouracils dar, das in der Leber durch Cytochrom CYP 3A4 (Abschnitt 27.6) aktiviert wird. Als Vorteil zu 5-Fluorouracil lässt sich Tegafur als Chemotherapeutikum peroral verabreichen und kann so zur palliativen Therapie außerhalb der Klinik eingesetzt werden. Ein anderes Prodrug zur Behandlung von Dickdarmkrebs stellt Capecitabin 32.5 dar. Es muss im Tumorgewebe über mehrere Schritte aktiviert werden. Unter Abspaltung der Urethangruppe und Austausch der NH$_2$-Funktion gegen eine Carbonylgruppe in einer Cytidindeaminase wird Fluorouracil freigesetzt, das dann weiter biotransformiert werden kann.

Von den Purinbasen sind ebenfalls einige Analoga wie 6-Mercaptopurin 32.6 oder 6-Thioguanin 32.7 beschrieben worden. Nach Biotransformation und Phosphorylierung stellen sie kompetitive Hemmstoffe der Purinbiosynthese dar. Entsprechende Nucleoside wie Fludarabin 32.8, Cladribin 32.9 und Pentostatin 32.10 hemmen die Adenosindeaminase und werden als Chemotherapeutika bei Leukämieerkrankungen verwendet.

Ein ganz anderes Wirkprinzip wird bei vielen **Virustatika** verfolgt. Da Viren zwar das Programm über ihre Vermehrung und Ausbreitung gespeichert haben, aber keinen eigenen Stoffwechsel besitzen, müssen sie eine befallene Wirtszelle für ihre Zwecke ausnutzen. Dazu programmieren sie die Wirtszelle so um, dass diese die Produktion der notwendigen Virusbestandteile übernimmt. Als Voraussetzung muss die virale Erbinformation in das Erbgut der befallenen Zelle eingebracht werden. Diese Aufgabe übernehmen, je nach Virusart, eine **Reverse Transkriptase (RT)** oder eine **DNA-Polymerase**. Diese Enzyme benötigen zur Synthese bzw. Umschrift der RNA/DNA Nucleoside als Ausgangsmaterial. Gelingt es hier, diesen Enzymen falsche Substrate als Nucleotidbausteine anzubieten, kann dies zum Abbruch der Vermehrung der viralen Erbinformation durch den Syntheseapparat der Wirtszelle führen. Ein wirksames Prinzip zur Behandlung viraler Infektionen ist damit erreicht.

Die Gruppe der **Herpesviren** speichert ihre Erbinformation auf einer doppelsträngigen DNA, die über eine virale DNA-Polymerase synthetisiert wird. Bietet man dieser viralen Polymerase falsche Substrate an, die für eine Fortsetzung des Kettenaufbaus ungeeignet, aber ansonsten den Nucleosiden sehr ähnlich sind, kann dies zu einem Abbruch der DNA-Synthese führen. Wichtig ist, dass diese Wirkstoffe eine ausreichende Selektivität für die virale Polymerase besitzen, um nicht parallel die zelleigene DNA-Polymerase übermäßig zu hemmen. Betrachtet man das Rückgrat eines DNA-Strangs, so sind für den Kettenaufbau die OH-Gruppen in 5'- und 3'-Position entscheidend. Wirkstoffe, die zu einem Kettenabbruch bei der Replikation der DNA führen sollen, sind vor allem an dem Pentosering in **3'-Stellung verändert**. In Abschnitt 9.5 wurde Aciclovir 32.11 als Prodrug zur Bekämpfung von viralen Infektionen vorgestellt (Abb. 32.7). Formal ist in diesem Nucleosid der Fünfringzucker aufgeschnitten und die OH-Gruppe in 3'-Stellung fehlt. Dennoch wird das Guanosidanalogon zunächst durch die virale Thymidinkinase phosphoryliert und damit nur in virusinfizierten Zellen in das 5'-Monophosphat überführt. Die weitere Umsetzung zum Triphosphat übernehmen zelleigene Kinasen. Auf diesem Weg aktiviert, kann es unter Hydrolyse des Triphosphats mit der viralen DNA-Polymerase in den heranwachsenden DNA-Strang eingebaut werden. Im nachfolgenden Schritt kommt es dann allerdings zum **Kettenabbruch**, da für das weitere Anfügen eines Nucleosidbausteins die zur Verknüpfung erforderliche 3'-OH-Gruppe fehlt.

In den so genannten **Retroviren**, einer großen Gruppe behüllter Viren, liegt die Erbinformation in Form eines einzelnen RNA-Strangs vor. Diese Viren sind Erreger einiger weit verbreiteter Infektionskrankheiten. Sie infizieren sowohl Menschen wie Tiere, sind jedoch meist sehr spezifisch auf einen bestimmten Wirt beschränkt. Beim Menschen ist es vor allem das HI-Virus, Auslöser der Immunschwäche AIDS und das eine tödliche Gefahr darstellt.

Um sich vermehren zu können, müssen die Retroviren ihre RNA in DNA umschreiben und in das Genom der befallenen Wirtszelle einbauen. Dazu verfügen sie über entsprechende Enzyme, eine **Reverse Transkriptase (RT)** und eine **Integrase**. Das Prinzip einer Reversen Transkriptase wurde von Howard Temin und David Baltimore unabhängig voneinander erstmals 1970 beschrieben, wofür sie 1975 mit dem Nobelpreis belohnt wurden. Diese Entdeckung kippte das zuvor allgemein anerkannte Dogma, dass der Informationsfluss in der Biologie immer von der DNA über die RNA zu Proteinen verlaufen muss. Die RT synthetisiert zunächst einen **RNA/DNA-Hybridstrang**. Dazu nutzt das Enzym seine DNA-Polymerasefunktion. Die Synthesevorschrift liest es allerdings von seiner viralen Einzelstrang-RNA ab. Dann muss das Hybrid noch in eine reine doppelsträngige DNA abgewandelt werden. Dazu setzt die RT eine zweite Domäne ein, die eine RNAse H-Funktion besitzt. Proteine mit dieser Aktivität dienen dem Abbau von RNA, nachdem sie bei der Proteinbiosynthese abgelesen wurde und nicht mehr gebraucht wird. Die verbleibende Einzelstrang-DNA wird anschließend durch die DNA-Polymerase-Aktivität der RT zu einem Doppelstrang vervollständigt. Die entstandene DNA mit dem viralen Konstruktionsplan wird dann durch eine Integrase in die Chromosomen der Wirtszelle eingebaut.

Die Reverse Transkriptase des **HI-Virus** stellt seit ihrer Entdeckung und strukturellen Charakterisierung ein bevorzugtes Zielenzym für Arzneistoffentwicklungen dar und soll im Folgenden genauer betrachtet werden. Das Enzym ist als Heterodimer aus einer p66- und p51-Untereinheit aufgebaut (Abb. 32.8). Beide Untereinheiten werden von dem *gag-pol* Gen codiert und durch die HIV-Protease aus dem primären Genprodukt herausgeschnitten. Die p66-Untereinheit trägt die Reste für die Polymerase und RNase-Aktivität. Die p51-Domäne ist wichtig für den strukturellen Aufbau des Proteins und ergänzt die

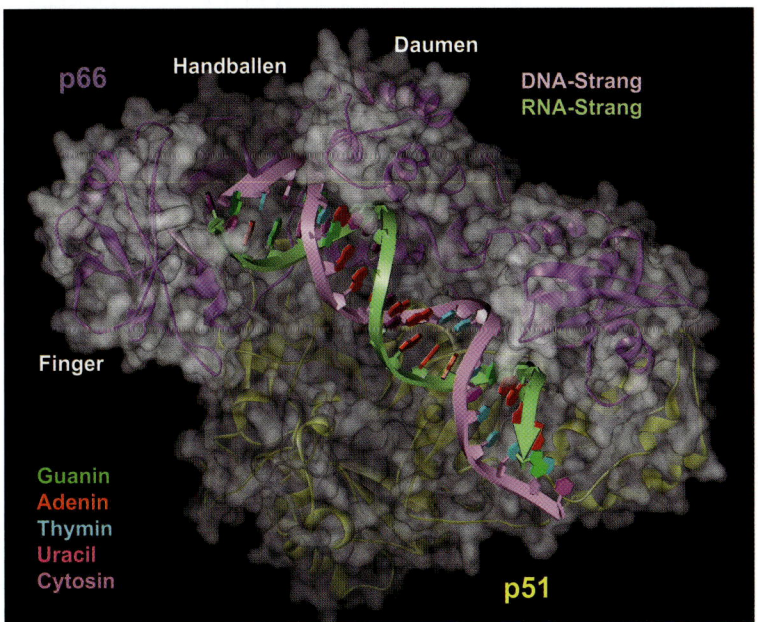

Abb. 32.8 Kristallstruktur der Reversen Transkriptase des HI-Virus. Das Protein ist aus der p66- (purpur) und p51-Untereinheit (gelb) aufgebaut. Eingelagert in die Proteinstruktur ist ein oligomerer Hybrid-Doppelstrang aus DNA (rosa) und RNA (hellgrün). Zwischen dem Finger- und Daumenbereich liegt der Handballenbereich, in dem die Polymeraseaktivität der Transkriptase ausgeführt wird.

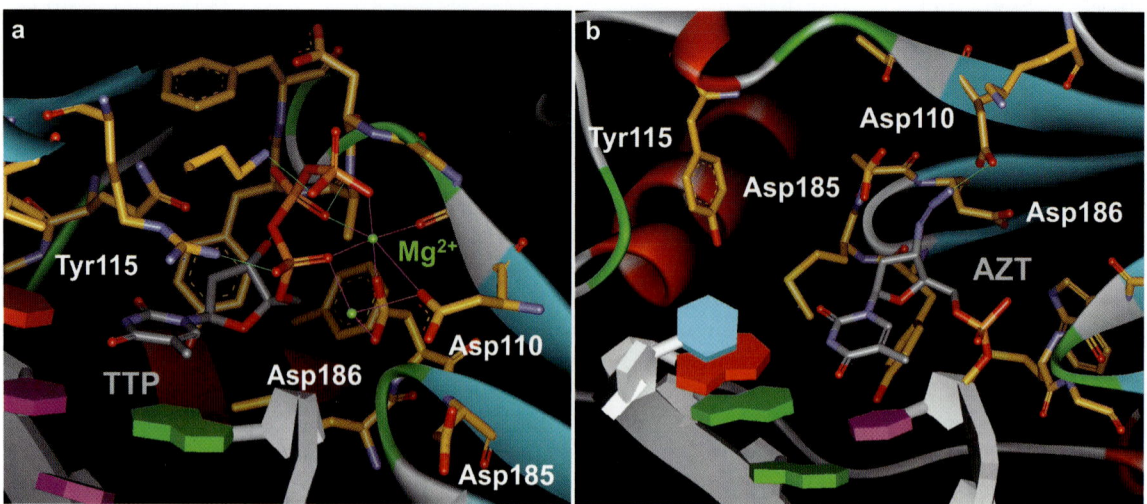

Abb. 32.9 (a) Kristallstruktur der Reversen Transkriptase mit einem kovalent angefügten DNA-Strang. Im Polymerasezentrum ist zusammen mit zwei Magnesiumionen ein Thymidin-5'-triphosphat (TTP) gebunden. In der fortschreitenden Reaktion wird dieses Substrat TTP an das Rückgrat der Phosphat-Zuckerkette des neusynthetisierten DNA-Strangs angefügt. (b) Bindungsmodus von AZT-Monophosphat im binären Komplex von Reverser Transkriptase und DNA-Strang. Das AZT-Substrat wird an den heranwachsenden DNA-Strang angefügt. Im Folgeschritt bricht jetzt die Kettenverlängerung ab, da die Azidgruppe für ein Anfügen der nächsten Phosphatgruppe ungeeignet ist.

Bindestelle für die doppelsträngige DNA bzw. den DNA/RNA-Hybridstrang. Der Aufbau der p66-Untereinheit ist mit der Gestalt einer Hand verglichen worden. Man zerlegt die Struktur in einen Finger-, Daumen- und Handballenbereich. Zum Ausüben ihrer Funktion muss die RT deutliche Konformationsänderungen durchlaufen. Vor allem Daumen- und Fingerbereiche müssen sich umlagern, um den DNA-Strang zu umgreifen und das neu in die DNA-Sequenz einzubauende Nucleotid in Form eines Triphosphats aufzunehmen. In Abb. 32.8 ist die Kristallstruktur der HIV-RT zusammen mit dem RNA/DNA-Hybridstrang gezeigt. Durch eine künstlich eingeführte kovalente Verankerung des DNA-Strangs mit dem Enzym ist es gelungen, eine Kristallstruktur des ternären Komplexes aus Protein, DNA und neu aufzunehmendem Nucleosidtriphosphat zu bestimmen (Abb. 32.9a). Koordiniert über zwei Magnesiumionen wird das einzubauende Nucleotid über seinen Triphosphatrest in eine Position am Ende des entstehenden DNA-Strangs gebracht. Die beiden Magnesiumionen, die die Bindung vermitteln, werden durch die Aspartatreste 110 und 185 im Raum fixiert.

Die RT kann durch strukturell abgewandelte Nucleosid-Analoga gehemmt werden. Zidovudin oder Azidothymidin (AZT) **32.13** wurde 1987 als erster Inhibitor der HIV-RT für die Therapie zugelassen (Abb. 32.7). Dieses Thymidinanalogon besitzt an Stelle der 3'-Hydroxylgruppe eine Azidofunktion. Zunächst wird das abgewandelte Analogon entsprechend dem natürlichen Substrat Thymidin **32.12** phosphoryliert und in den DNA- Strang eingebaut (Abb. 32.9b). Die Azidofunktion orientiert sich in den Bindungsbereich der beiden Aspartate und induziert Umlagerungen dieser Reste. Beim Einbau des nächsten Nucleotids in die heranwachsende DNA kommt es zum **Kettenabbruch**. Durch die fehlende 3'-OH-Gruppe kann die nächste erforderliche Phosphorsäureesterbindung des Rückgrats nicht gebildet werden.

Neben AZT **32.13** sind eine ganze Reihe weiterer Nucleosidanaloga **32.14–32.16** entwickelt worden, denen allen das Fehlen bzw. die chemische Abwandlung der 3'-OH-Gruppe gemeinsam ist (Abb. 32.7). Der offenkettige Inhibitor Tenofovir **32.16** trägt bereits eine terminale Phosphatgruppe. Für seine Wirkung wird die Verbindung ebenfalls zunächst als ein falsches Substrat in ein Triphosphat überführt. Analog zur HIV-Protease stellt die hohe Mutationsrate des Virus ein großes Problem für die Arzneistoffentwicklung dar. Sehr schnell entstehen **resistente Stämme**, die die Inhibition eines potenten Nucleosidanalogons zunichte machen. Als erstes werden Reste direkt benachbart zum katalytischen Zentrum mutiert, wodurch eine bessere Unterscheidung im Polymerisationsschritt zwischen dem natürlichen und falschen Substrat gelingt. Am Wirkort liegen beide in Konkurrenz vor. Sowohl ihre lokale Konzentration als auch ihre Bindungsaffinität bestimmen, ob das korrekte

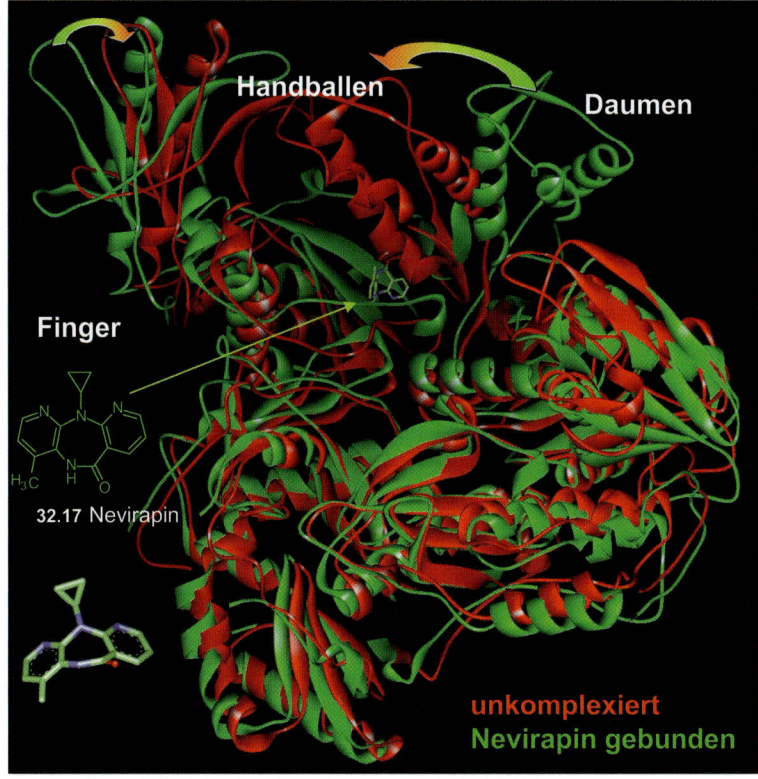

Abb. 32.10 Im Screening wurde Nevirapin **32.17** als allosterischer Inhibitor der Reversen Transkriptase gefunden. Das starre Molekül bindet in einer schmetterlingsförmigen Konformation (unten links) an das Protein in einer kleinen hydrophoben Tasche. Vergleichbar einem Keil führt die Besetzung dieser Tasche zu einem Fixieren der geöffneten Konformation des Enzyms (grün). Daumen und Fingerbereich stehen weit auseinander. Bei der Bindung des RNA-/DNA-Hybriddoppelstrangs müssen sich beide Bereiche aufeinander zu bewegen (grün → rot), um die Doppelhelix zu umfassen. Der allosterische Inhibitor unterbindet diese Bewegung und lässt das Protein nicht in seine aktive Konformation umlagern.

oder falsche Substrat vermehrt eingebaut wird. Hier kann bereits eine kleine Verminderung der Bindungsaffinität gegenüber dem falschen Substrat zu deutlichen Effekten führen. Ein weiterer Mechanismus der **Resistenzbrechung** wird dadurch erreicht, dass der durch das falsche Substrat in seinem Wachstum blockierte DNA-Strang durch eine erhöhte katalytische Aktivität phosphorolytisch abgebaut wird. Mutationen zur Verbesserung dieses Abbauschritts sind ebenfalls nachgewiesen worden.

Zunächst zufällig im Screening entdeckt, konnte ein zweiter Inhibitionsmechanismus der HIV-RT aufgeklärt werden. Er stellt eine **allosterische**, mit den natürlichen Nucleosiden **nichtkompetitive Blockierung** des Enzyms dar. Im Handballenbereich kann das Protein eine hydrophobe Tasche öffnen, in die sich kleine organische Moleküle einlagern können. Vergleichbar einem Keil fixieren sie das Enzym in einer weiter **geöffneten Konformation**, die ein Schließen des Proteins bei der Aufnahme des RNA/DNA-Hybridstrangs verhindert (Abb. 32.10). Somit wird durch diese allosterischen Hemmstoffe zwar nicht die Aufnahme der Nucleosidtriphosphat-Substrate verhindert, aber der Reaktionsschritt, der den Einbau des Nucleotids in den heranwachsenden DNA-Strang bedingt, wird unterbunden. Die kleine allosterische Bindestelle wird durch aromatische und hydrophobe Reste gebildet, die nahezu ausschließlich von der p66-Untereinheit stammen. Interessanterweise vermag diese Bindetasche chemisch sehr unterschiedliche Liganden aufzunehmen (Abb. 32.11). Die ersten entdeckten Inhibitoren Nevirapin **32.17**, TIBO **32.18** und Lovirid **32.19** nehmen eine schmetterlingsförmige Geometrie in der Bindestelle an.

Auch an dieser allosterischen Bindestelle wurden sehr schnell **Resistenzmutationen** beobachtet. Sie verändern die Gestalt und den aromatischen Charakter der Bindetasche und führen schnell zum Einbruch der Bindungsaffinität gegen die allosterischen Inhibitoren. Bei Janssen Pharmaceutical in Beerse, Belgien, unter der Regie von Paul Janssen und in enger Kooperation mit der Gruppe von Edward Arnold an der Rutgers Universität in New Jersey, wurde ausgehend von Lovirid **32.19** und Indolylthioharnstoffen (ITU) **32.22** ein Triazinbaustein **32.23–32.26** als zentrales Strukturelement in die Inhibitoren eingebaut (Abb. 32.11). Systematisch wurden die neuen Derivate kristallographisch analysiert. Zur großen Überraschung der Wissenschaftler ließen sich an den strukturell sehr ähnlichen Derivaten **32.23** und **32.24** unterschiedliche Bindungsmodi nachweisen (Abb. 32.12). Im Hinblick auf ein Ausweichen von Resistenzmutanten ist

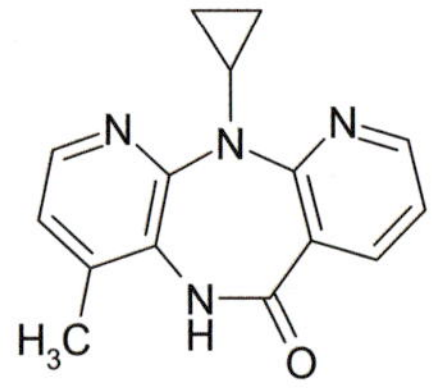

32.17 Nevirapin

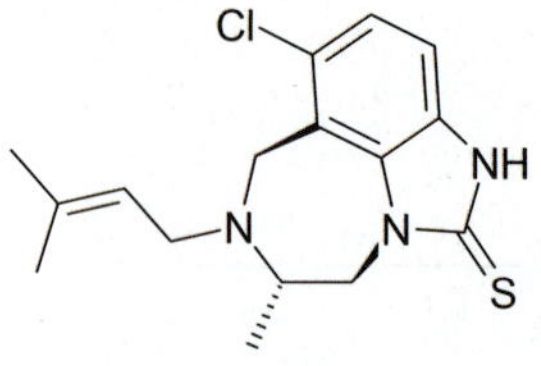

32.18 TIBO, Tivirapin

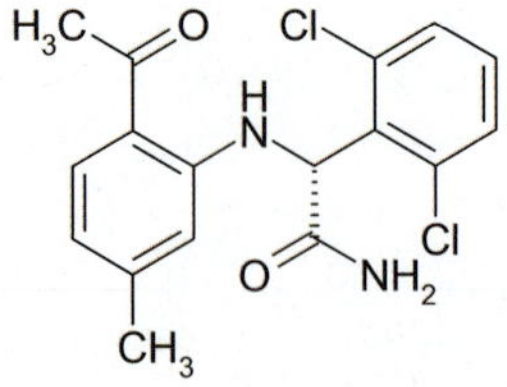

32.19 Lovirid

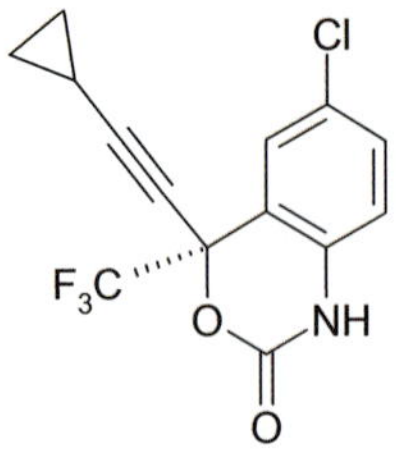

32.20 Efavirenz

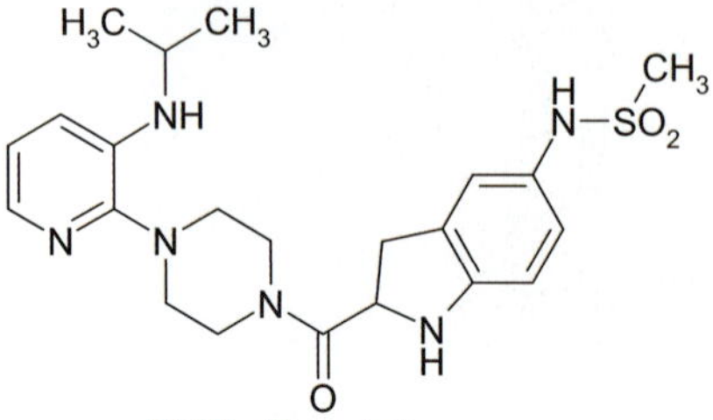

32.21 Delavirdin

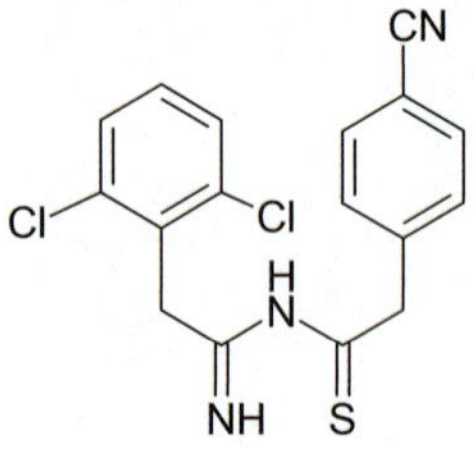

32.22 ITU

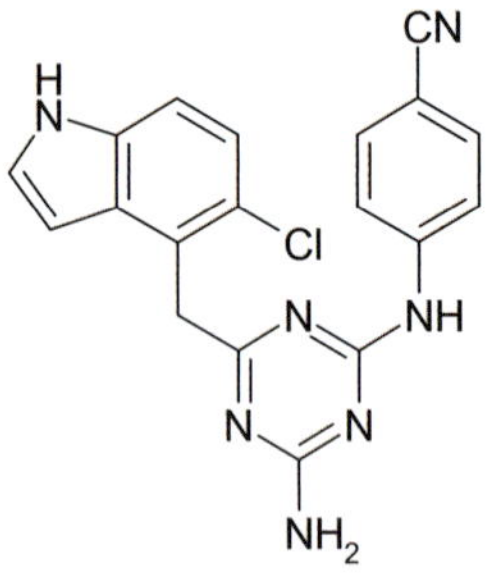

32.23

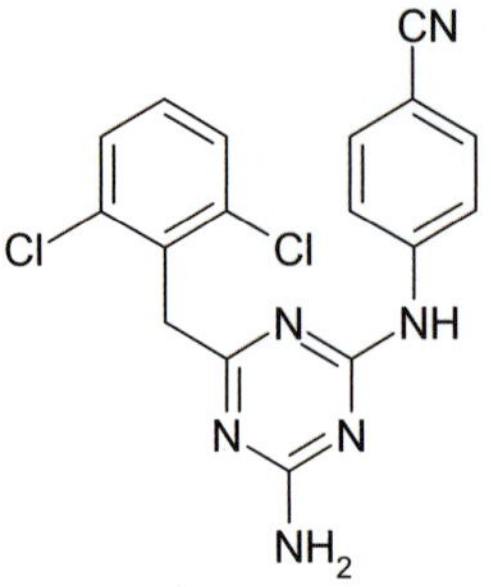

32.24

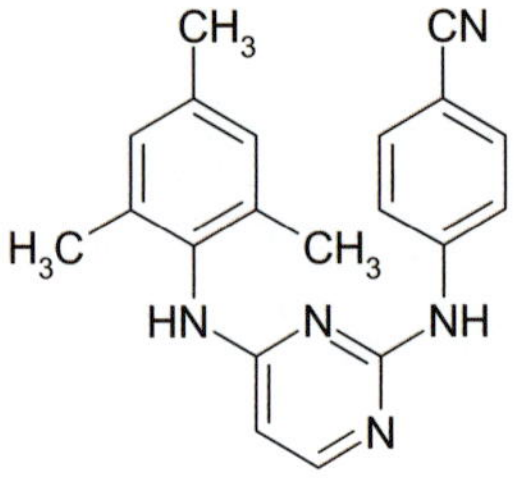

32.25 Dapivirin

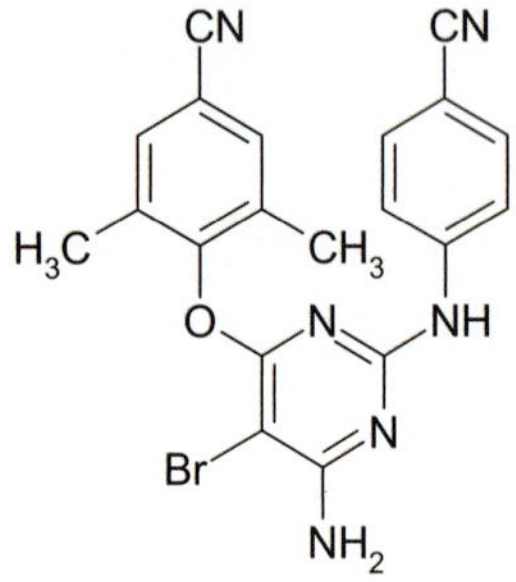

32.26 Etravirin

Abb. 32.11 Nichtnucleosidische, allosterisch wirkende Inhibitoren der Reversen Transkriptase.

ein solcher Befund ideal! Gegen Verbindungen mit einem chamäleonartigen Adaptionsverhalten in ihren Bindungsmodi wird es für das Virus ungleich schwerer, wirkungsvolle Resistenzmutanten zu entwickeln. Konsequent nutzten die Forscher dieses Verhalten aus. Es wurden Verbindungen entwickelt, die zum einen die Eigenschaften der **Reorientierung in alternativen Bindungsmodi** leisten können (engl. *jiggling*, rütteln, wackeln). Zum anderen aber verfügen sie über ausreichend viele **konformative Freiheitsgrade**, sodass sie kleinen Adaptionen des Enzyms, z. B. beim Austausch einer kleineren gegen eine größere Aminosäure, ausweichen können (engl. *wiggling*, schlängeln). Als Ergebnis konnten Dapivirin 32.25 und Etravirin 32.26 entwickelt werden, die, verglichen mit allen Vorläuferverbindungen, ein beeindruckend invariantes **Resistenzprofil** aufweisen. Etravirin befindet sich als Kandidat in klinischen Studien. Dieses Beispiel zeigt, dass insbesondere adaptive Inhibitoren einen klaren Vorteil besitzen. Dies gilt vor allem dann, wenn Substanzen entwickelt werden sollen, die ein hohes Toleranzprofil gegen eine breite Palette von mutierten Varianten eines viralen Proteins aufweisen.

32.6 Makrolide: Wie aus mikrobiellen Kampfstoffen potente Cytostatika, Antimykotika, Immunsuppressiva oder Antibiotika werden

Biomoleküle steuern und regeln nicht nur Organismen in ihrer Funktion, sie können auch als **chemische Kampfstoffe** im Überlebenskampf gegen unerwünschte Konkurrenten eingesetzt werden. Gerade **Mikroorganismen** wie Bakterien und Pilze produzieren eine Vielfalt von außergewöhnlichen Substanzen,

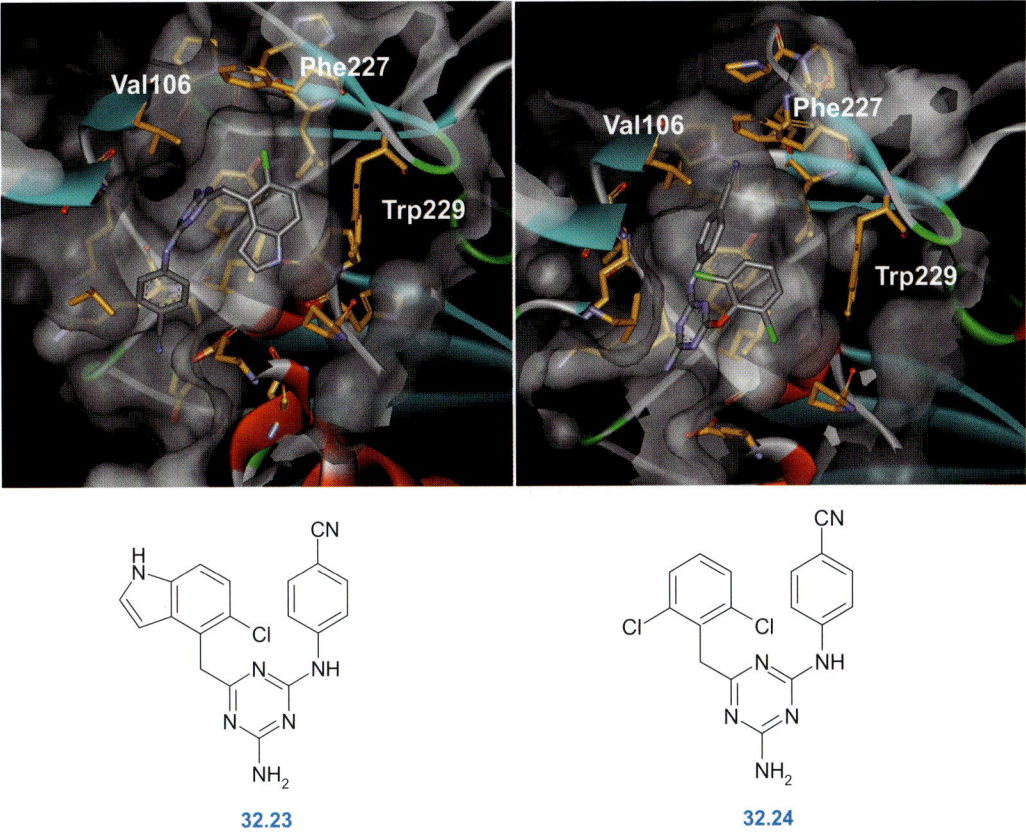

Abb. 32.12 Die beiden Triazine **32.23** und **32.24** blockieren die allosterische Bindestelle der Reversen Transkriptase des HI-Virus. Überraschenderweise nehmen die beiden von ihrer chemischen Struktur her weitgehend analogen Liganden zwei völlig verschiedene Bindungsmodi ein. Aus dieser Verbindungsreihe konnten klinische Kandidaten entwickelt werden, die ein erstaunliches, resistenzbrechendes Profil besitzen. Dies lässt sich auf die multiple Anpassung der adaptiven Liganden auf die durch Mutagenese veränderte Bindetasche zurückführen.

die sie im Konkurrenzkampf gegen ihre Gegner richten. Diese Feinde, oft andere Bakterien und Pilze, sollen vernichtet werden, um im ewigen Streit um limitierte Ressourcen als Sieger hervorzugehen. Auch der Mensch wird durch Mikroorganismen in seiner Gesundheit attackiert. In der Zeit vor der modernen Arzneimittelforschung waren **Infektionskrankheiten** eine der Haupttodesursachen (Abschnitt 1.3). Umso mehr liegt es auf der Hand, sich die Strukturen und Wirkmechanismen dieser mikrobiellen Kampfstoffe genauer anzuschauen, um ihr Potenzial für eine Arzneistofftherapie für den Menschen z. B. gegen bakterielle Erreger auszuloten.

Zur Synthese dieser Substanzen verfügen Mikroorganismen über einen einzigartigen bei uns nicht vorkommenden Multienzymkomplex, der ihnen, unabhängig von der weiter hinten beschriebenen Peptid- und Proteinsynthese im Ribosom, die Produktion strukturell komplexer, häufig **makrocyclischer Substanzen** peptidischen Charakters erlaubt. Diese Stoffe besitzen eine Größe zwischen einigen hundert bis tausend Dalton. Der Multienzymkomplex (die so genannte **nichtribosomale Peptidsynthese-Maschinerie**) verwendet neben den 20 proteinogenen Aminosäuren noch viele weitere Aminosäuren und niedermolekulare Synthesebausteine als Substrate, oft auch mit ungewöhnlicher Stereochemie. Weiterhin werden beim Peptidaufbau und Ringschluss nicht nur Amidbindungen geknüpft, auch Esterbindungen können geschlossen werden. Der Multienzymkomplex für diese Synthesen ist **modular** aus mehreren **funktionsspezifischen Domänen** aufgebaut. Abhängig vom gebildeten Produkt werden diese Domänen mit der notwendigen Multiplizität in dem Komplex zusammengeführt. Ein einzelnes Modul setzt sich aus Domänen für die Erkennung, Aktivierung und den Einbau einer bestimmten Substratkomponente in das entstehende Produkt zusammen. Sie stellen die Grundfunktion zur Verlängerung des zu bildenden Peptids dar. Zusätzlich entdeckt man immer wieder neue Synthetasedomänen, die ein deutliches Abweichen von einer einfachen linearen Synthesesequenz ermöglichen. Syntheseprodukte, die durch den Einsatz solcher Enzyme entstehen, weisen im Peptidrückgrat häufig Variationen auf, die Anlass zu Verzweigungen und letztlich einer **Makrocyclisierung** geben. Ein anderer Synthesepfad, der ähnlich komplexe und pharmakologisch interessante Naturstoffe bereitstellt, ist der **Polyketid-Syntheseweg**. Er verwendet keine Aminosäuren, sondern stellt eine Abwandlung der Fettsäurebiosynthese dar. Es werden C2-Einheiten aus decarboxyliertem Malonyl-CoA als Ausgangsmaterialien eingesetzt.

Viele auf diesem Weg synthetisierte Substanzen sind Makrocyclen variabler Ringgröße. Es wurden relativ kleine Ringe mit neun Gliedern bis hin zu 30 oder 40 Atome umfassende Cyclen entdeckt. Gerade die **Makrolide** mit 14–16 Ringgliedern werden als **Antibiotika** zur Bekämpfung bakterieller Infektionen eingesetzt.

Doch Makrolide können auch in ganz andere Mechanismen eingreifen, die beispielsweise den **Zellcyclus**, die Integrität von **Zellmembranen** oder die **Immunstimulation** betreffen. Das makrocyclische Undecapeptid Cyclosporin (Abschnitt 10.1) hat die Transplantationsmedizin erst möglich gemacht. Seine Gabe verhindert die Abstoßung eines Spenderorgans als Fremdgewebe im Empfänger. Cyclosporin wirkt **immunsuppressiv**, indem es sowohl die humorale wie auch die zelluläre Immunabwehr hemmt und die Freisetzung von Interleukin-2 (IL-2) aus den T-Zellen unterdrückt. Durch die unterbliebene Abgabe von IL-2 kommt es nicht zur Ausreifung der T-Zellen zu cytotoxischen Killerzellen (Abschnitt 31.7). Cyclosporin bindet nach Eindringen in die T-Zellen an das cytosolische Protein Cyclophilin. Der so gebildete binäre Komplex hemmt die calciumabhängige Phosphataseaktivität des Calcineurin-Calmodulin-Komplexes, der in T-Zellen für die Dephosphorylierung eines aktivierenden nucleären Faktors verantwortlich ist. Infolgedessen unterbleibt das Einwandern dieses Transkriptionsfaktors in den Zellkern und die IL-2-Synthese ist gehemmt. Makrolide wie Nystatin, Natamycin oder Amphotericin B lagern sich an Ergosterol in der Zellmembran von Pilzen an. Über dieses **antimykotische Prinzip** beeinflussen sie die Membranintegrität und machen die Zellhülle permeabel für Kaliumionen. Dies kann zum Zelltod der entsprechenden Pilze führen. Rhizopodin, Sphinxolid B, Kabiramid C oder Jaspisamid A interagieren mit der Actinpolymerisation. Dadurch stören sie die **Entwicklung des Cytoskeletts** von Zellen und zeichnen sich durch cytostatische Wirkung aus. Aus der Gruppe der Schimmelpilztoxine hat man Substanzen wie Zearalenon entdeckt, die eine dem Estrogen vergleichbare Wirkung zeigen.

Die größte Gruppe makrolidischer Verbindungen richtet ihre Wirkung allerdings gegen die **Funktion des Ribosoms.** In dieser Synthesemaschinerie wird die genetische Erbinformation in die Produktion neuer Proteine umgesetzt. Aufgrund seiner zentralen Bedeutung für das Aufrechterhalten allen Lebens rückte das Ribosom schon vor vielen Jahren in den Focus intensiver Forschung. In den 1950er-Jahren entdeckt, begann die Gruppe um Ada Yonath am Weizmann-Institut in Israel schon vor mehr als 25 Jahren mit der Kristallisation und Strukturaufklärung dieses wohl größten und vielschichtigsten Komplexes der Natur. In kleinen Schritten konnten den Beugungsdaten immer mehr Informationen über den räumlichen Auf-

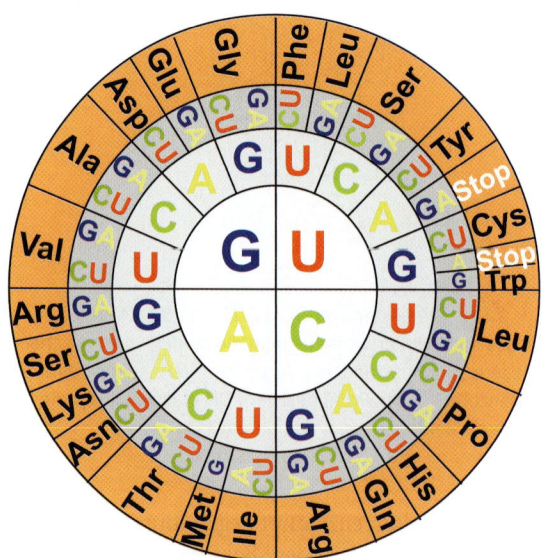

Abb. 32.13 Mit den vier Basen Guanin (G), Uracil (U), Adenin (A) und Cytosin (C) lassen sich prinzipiell 64 Tripletts bilden. In dem Diagramm werden sie von innen nach außen gehend zusammengesetzt. Man beginnt in einem der zentralen Quadranten, z. B. mit U. Dann verwendet man eine Base aus dem ersten Ring, z. B. wieder U. Aus dem zweiten, dunkelgrau unterlegten Ring wählt man die dritte Base aus. Ist dies wiederum U, so steht das Codon UUU für Phenylalanin. Drei Tripletts werden bei der Translation als Stopp-Codons interpretiert (UAG, UAA, UGA). Da nur 20 proteinogene Aminosäuren vorkommen, können bis zu sechs Codons für eine Aminosäure chiffrieren (z. B. Arg oder Leu). Tryptophan (UGG) und Methionin (AUG) werden nur durch ein einziges Triplett wiedergegeben. In einigen wenigen Enzymen, wie z. B. Glutathion-Peroxidase, befindet sich im aktiven Zentrum das redox-aktive Selenocystein. Diese 21. proteinogene Aminosäure wird in einem bestimmten Kontext von dem Codon UGA chiffriert, das ansonsten als Stopp-Codon dient.

bau dieses Ribonucleoproteinkomplexes entlockt werden. Doch der wirkliche Durchbruch erfolgte erst im Jahr 2000, als die Kristallstrukturbestimmung mit einer Auflösung von 2,4 Å in der Gruppe von Tom Steitz an der Yale University in New Haven gelang. Die ersten hochaufgelösten Strukturanalysen glückten mit dem Ribosom aus den sehr robusten Bakterien *Thermus thermophilus* und *Haloarcula marismortui*. In jüngster Zeit erwies sich das Ribosom aus dem Eubakterium *Deinococcus radiodurans* als dankbares und gut kristallisierendes Arbeitspferd. Viele Strukturbestimmungen von Komplexen mit Antibiotika-Makroliden gelangen mit diesem System (s. unten), das zudem eine hohe Sequenzhomologie zu Ribosomen aus pathogenen Organismen aufweist.

Nach der ersten hochaufgelösten Strukturbestimmung war die Überraschung groß. Zwar ist das Ribosom ein Molekülkomplex aus Proteinen und Nucleinsäuren, doch muss man es aufgrund seiner katalytischen Funktionsweise nicht als „Enzym", sondern vielmehr als „**Ribozym**" bezeichnen. Die entscheidenden Syntheseschritte werden nicht durch Proteine katalysiert. Vielmehr sind es RNA-Moleküle, die diese Funktion übernehmen. Diese Tatsache legt nahe, dass das Ribosom einer der entwicklungsgeschichtlich ältesten Katalysatoren der belebten Natur ist. Trotz seiner stattlichen Größe von über zwei Millionen Dalton ist es hoch konserviert und kommt von Archaebakterien über Prokaryoten bis zu den hoch entwickelten Eukaryoten mit großer Ähnlichkeit vor. Die Organis-

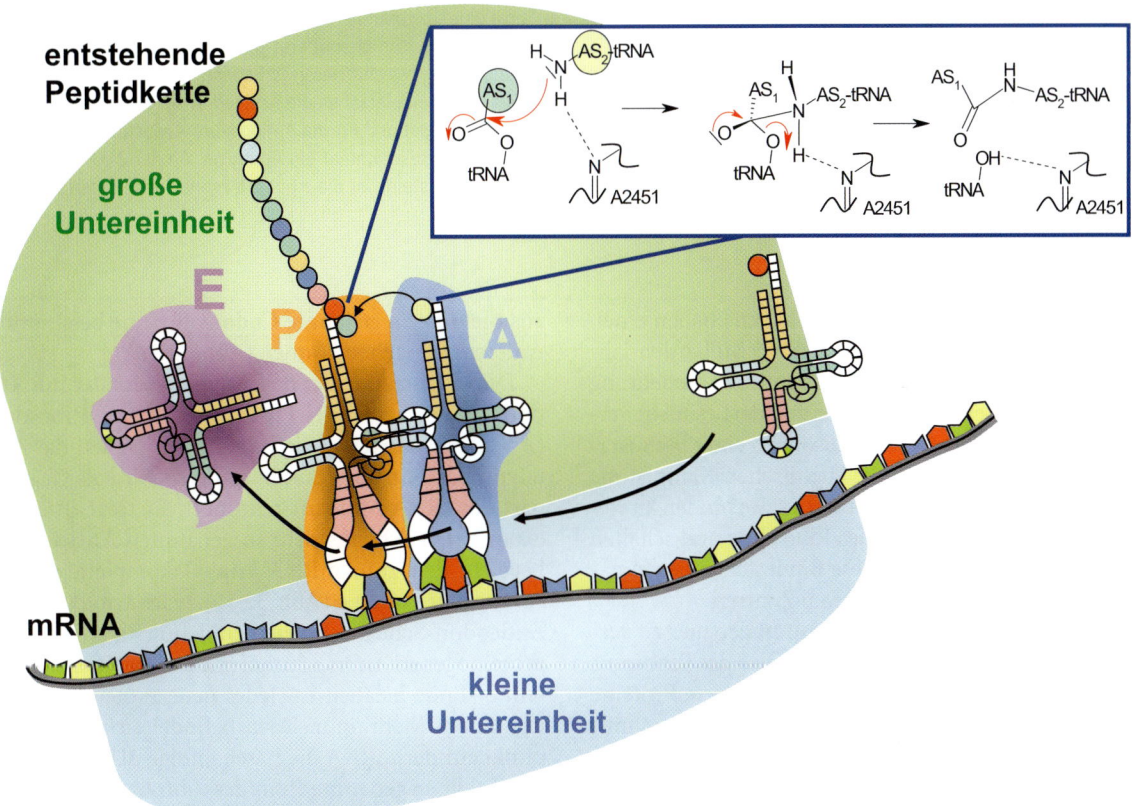

Abb. 32.14 Die mRNA trägt als Einzelstrang die genetische Übersetzungsvorschrift für die Synthese neuer Proteine in das Ribosom. Die tRNAs sind entsprechend ihrer Codon-Zusammensetzung in der Anticodon-Schleife mit einer der 20 proteinogenen Aminosäuren beladen. Das Ribosom verfügt über drei tRNA-Bindestellen, die *A-*, *P-* und *E-sites*. Die *A-site* nimmt die aminoacylierte-tRNA auf, die *P-site* bindet die Peptidyl-tRNA, und über die *E-site* verlässt die entladene tRNA das Ribosom. Die Energie für die Bildung der Polypeptidkette liefert eine gekoppelte GTPase-Aktivität. Zur korrekten Erkennung muss die in die *A-* bzw. *P-site* aufgenommene tRNA in ihrer Anticodon-Schleife ein komplementäres Basentriplett aufweisen. Im Peptidyltransferase-Zentrum des Ribosoms wird zwischen der Aminosäure der *P-* und *A-site* eine neue Amidbindung geknüpft. Die Aminogruppe der Aminosäure AS_2 auf der aminoacylierten tRNA führt einen nucleophilen Angriff auf die Carbonylgruppe der Aminosäure AS_1 der Peptidyl-tRNA aus. Über einen intermediären tetraedrischen Übergangszustand bildet sich eine trigonale Geometrie am Carbonylkohlenstoffatom aus. Für die Polarisierung und Stabilisierung des zwischenzeitlich geladenen Übergangszustandes sind die umgebenden Nucleoside, z. B. A2451, verantwortlich.

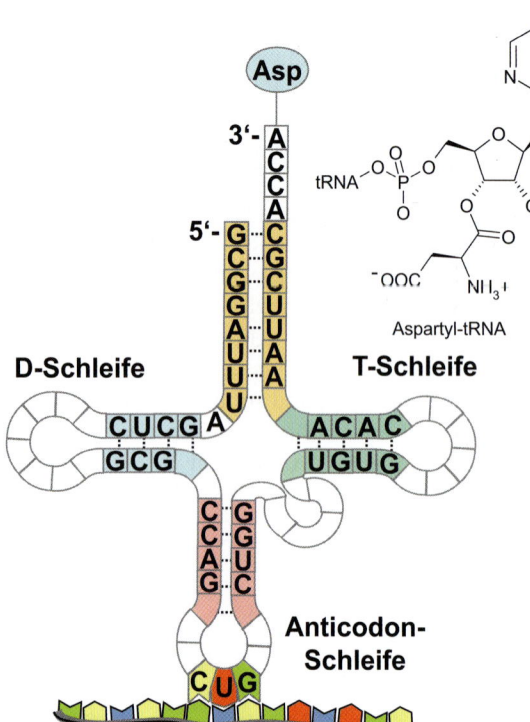

Abb. 32.15 Die schematisch kleeblattähnliche tRNA besteht aus ca. 80 Nucleotiden, die über einige Sequenzabschnitte gepaart als Doppelstrang vorliegen. Zusätzlich weist die räumlich in Form eines L gefaltete tRNA Schleifen auf, die Basen nach außen orientieren. Von besonderer Bedeutung ist die Anticodon-Schleife, in der das chiffrierende Basentriplett zu finden ist. Im vorliegenden Beispiel ist es die Anticodon-Abfolge CUG, die zum Codon GAC passt und für die Aminosäure Aspartat steht. Die Base am 3'-Ende ist immer ein Adenosin. An der 2'-OH-Gruppe des Ribosebausteins ist die zu übertragende Aminosäure als Ester angefügt.

men aus den drei Domänen des Lebens haben einen gemeinsamen Ursprung, der über 3,5 Milliarden Jahre zurückreicht! Wegen seiner zentralen Bedeutung für die Bereitstellung von Proteinen darf es nicht verwundern, dass gerade das Ribosom zu einer herausragenden Zielstruktur für die chemischen Kampfstoffe der Mikroorganismen geworden ist. Sie binden an wenige neuralgische Punkte des Ribosoms und schalten so dessen Funktion aus. Diese Bindestellen liegen nahe bei den mechanistisch aktiven Zentren.

Um die Bedeutung dieser Zentren genauer zu verstehen, muss zunächst die Arbeitsweise des Ribosoms betrachtet werden. Die Baupläne für unsere Proteine sind als Erbgut auf der DNA gespeichert (Abschnitt 12.3). Zur Übersetzung dieser Information in Proteine wird bei Eukaryoten zunächst im Zellkern eine **Abschrift** auf einen **RNA-Strang** vorgenommen, aus dem dann nicht codierende Bereiche herausgeschnitten werden. Die entstandene Abschrift, die so genannte mRNA, wandert aus dem Zellkern heraus, um am Ribosom in Proteine übersetzt zu werden. Bei Prokaryoten kann die Proteinbiosynthese direkt beginnen. Auf den ersten Blick ist der genetische Code auf der DNA eine reine Abfolge der vier Nucleinsäuren Guanin, Adenin, Thymin und Cytosin. In der RNA übernimmt Uracil die Rolle des Thymins. Jeweils drei dieser Basen codieren für eine Aminosäure, wobei durchaus mehrere so genannte **Codons** für eine bestimmte Aminosäure stehen können (Abb. 32.13).

Die Übersetzung der **Basentripletts** auf der mRNA und die Synthese eines Proteins erfolgt am Ribosom (Abb. 32.14). Erreicht ein bestimmtes Triplett das katalytische Zentrum des Ribosoms, so wird als Gegenpart ein **tRNA-Molekül** rekrutiert. Es trägt in einer exponierten Schleife, dem so genannten **Anticodonbereich**, den zum mRNA-Triplett komplementären Satz an Nucleobasen (Abb. 32.15). Jedes Triplett in der Anticodon-Schleife chiffriert eindeutig für eine der 20 proteinogenen Aminosäuren, mit der die tRNA an ihrem 3'-Ende beladen ist. Jedes neue Protein beginnt mit einem Methionin. Dazu befindet sich als Startpunkt auf der mRNA die Basenabfolge AUG. In Folge besetzt die so genannte *P-site* des Ribosoms eine tRNA mit dem Muster UAC in der Anticodon-Schleife. Sie führt die Aminosäure Methionin mit. Als nächstes befindet sich z. B. das Triplett CGC auf der mRNA. Dies führt dazu, dass die der *P-site* benachbarte *A-site* eine tRNA mit der Sequenz GCG in der Anticodon-Schleife aufnimmt. Eine solche tRNA ist mit der Aminosäure Arginin beladen. Die beiden Aminosäuren am 3'-Ende der eingelagerten tRNAs orientieren sich in das katalytische **Peptidyltransferase-Zentrum** (Abb. 32.14). Dort wird die Ausbildung einer Peptidbindung zwischen den beiden Aminosäuren katalysiert,

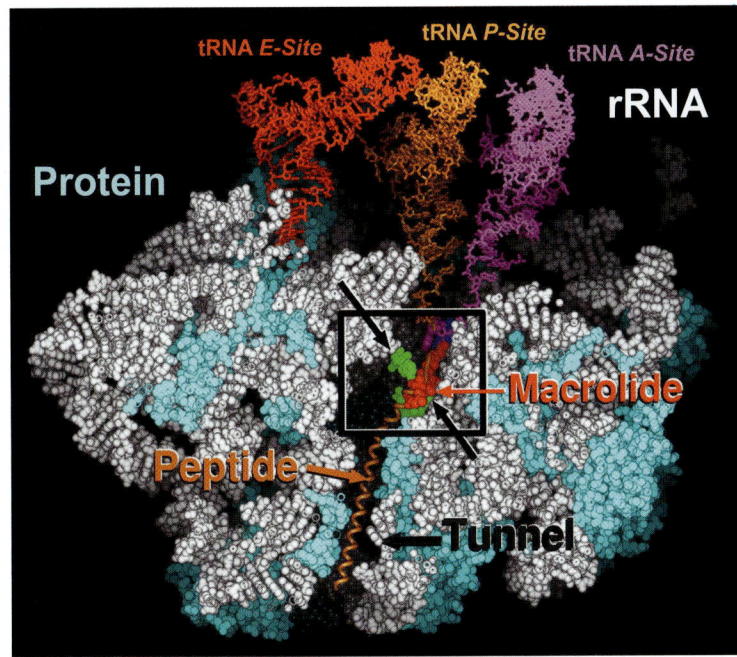

Abb. 32.16 Blick auf die 50S-Untereinheit des Ribosoms, RNA-Anteile in weiß, Proteinanteile in hellblau. In das auf Kristallstrukturdaten beruhende Modell sind die drei tRNAs in der A- (violett), P- (orange) und E-site (rot) eingepasst worden. Der schwarze Rahmen umgrenzt das Peptidyltransferase-Zentrum, in das die tRNAs mit ihren Anticodon-Schleifen hineinragen. Weiterhin wird dort die Amidbindung der neu entstehenden Polypeptidkette ausgebildet. Durch den ribosomalen Tunnel verlässt diese Kette (braun) das katalytische Zentrum. Die Makrolide binden im vorderen Teil des Peptidtunnels und bringen so die Kettensynthese bereits nach wenigen Syntheseschritten zum Erliegen. In rot, grün, violett und blau sind in Kalottendarstellung die Bindungsbereiche strukturell abweichender Antibiotika bzw. die an der Bindung beteiligten Nucleotide angedeutet (Abb. aus Hansen et al., Molecular Cell **10**, 117–128 (2002), mit freundlicher Genehmigung durch den Verlag).

und es entsteht die erste Verknüpfung im Rückgrat des neuen Proteins. Der dazu beschrittene Reaktionsmechanismus erinnert in seiner Abfolge an die Reaktion in Proteasen. Allerdings wird er in umgekehrter Reihenfolge durchlaufen, und an der Substraterkennung im katalytischen Zentrum sind ausschließlich Nucleinsäuren beteiligt (Abb. 32.14). Die durch Abgabe des Methionins entladene tRNA verlässt die *P-site* über die benachbarte *E-site*. Die tRNA aus der *A-site* wandert zur benachbarten *P-site*. Dies ist gleichbedeutend einem Fortschreiten auf der sequenziellen Abfolge der mRNA. Die freigewordene *A-site* wird nun durch eine neue tRNA besetzt, deren Basentriplett im Anticodonbereich der Triplettsequenz auf der mRNA komplementär ist. Entsprechend dieser Synthesesequenz wächst das neue Protein heran und verlässt durch den so genannten **ribosomalen Tunnel** das Ribosom (Abb. 32.16). Trifft das Ribosom auf eine Triplettsequenz, die einem Stopp-Codon entspricht, wird die Proteinsynthese beendet.

Die Biosynthese erfolgt mit atemberaubender Geschwindigkeit. Nicht mehr als 50 Millisekunden sind für einen Synthesecyclus erforderlich. Das Ribosom, wie erwähnt ein Mischkomplex aus ca. zwei Drittel RNA und einem Drittel Protein, besteht aus zwei verschiedenen Untereinheiten. Die kleine Untereinheit (**30S** in Prokaryoten) ist für die Interpretation des genetischen Codes verantwortlich. Die große Untereinheit (**50S** in Prokaryoten) fügt die einzelnen Aminosäuren entsprechend dem Bauplan auf der mRNA zu der heranwachsenden Peptidkette zusammen.

Wie bereits oben erwähnt, wird das riesige Ribosom durch **Antibiotika** nur an wenigen neuralgischen Punkten blockiert. Obwohl die Antibiotika untereinander strukturell deutliche Unterschiede aufweisen, binden sie in überlappenden Bereichen, die weitgehend aus ribosomalen RNA-Molekülen zusammengesetzt werden. Neben der großen Gruppe von Makroliden hat man auch Liganden mit völlig anderem Aufbau gefunden, die blockierend in diesen Regionen der 50S-Untereinheit binden. Dazu gehören Chloramphenicol **32.27** und Clindamycin **32.28** (Abb. 32.17). Beide binden in der Nähe des Peptidyltransferase-Zentrums und konkurrieren mit den tRNA um die *A-site* bzw. *P-site*. Tetracycline **6.13** und Aminoglycoside **6.14** (Abschnitt 6.4, Abb 6.3) greifen ebenfalls am Ribosom an, allerdings hemmen sie die Funktion in der 30S-Untereinheit. Die makrocyclischen Substanzen **32.29**–**32.34** binden am Eingang des ribosomalen Tunnels, nicht weit entfernt vom Peptidyltransferase-Zentrum. Ihre inhibitorische Wirkung entfalten sie durch ein Blockieren des Wachstums der entstehenden Polypeptidkette. Je nach ihrer Größe lassen sie noch die Synthese eines Proteinfragments von 3–7 Aminosäuren zu, bevor die Synthese zum Erliegen kommt.

Der wichtigste Vertreter aus dieser Stoffgruppe ist Erythromycin **32.29**, ein Makrolacton mit einem 14-

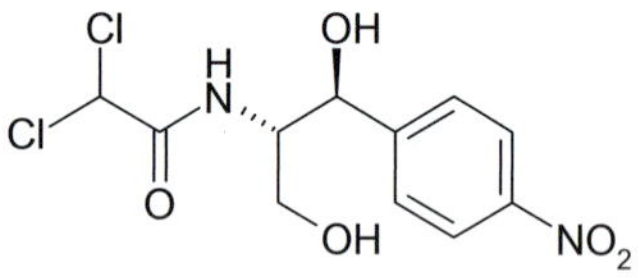

32.27 Chloramphenicol 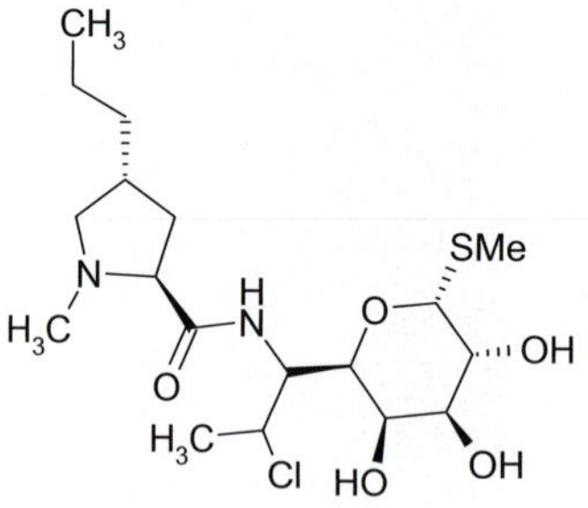   **32.28** Clindamycin 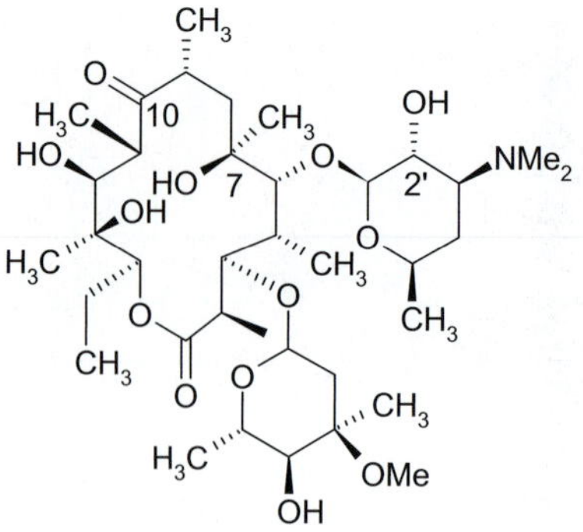   **32.29** Erythromycin

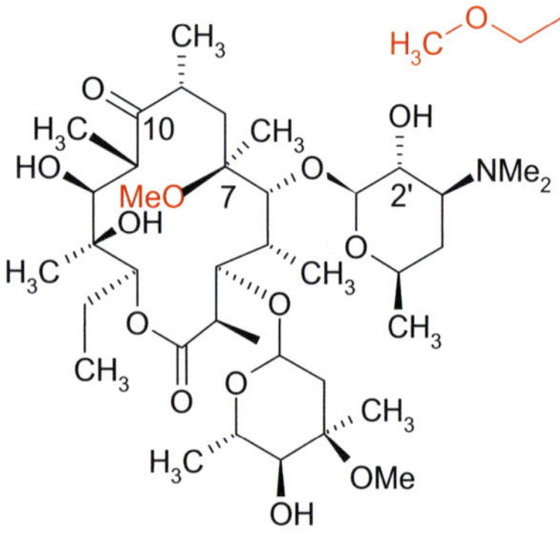

32.30 Clarithromycin 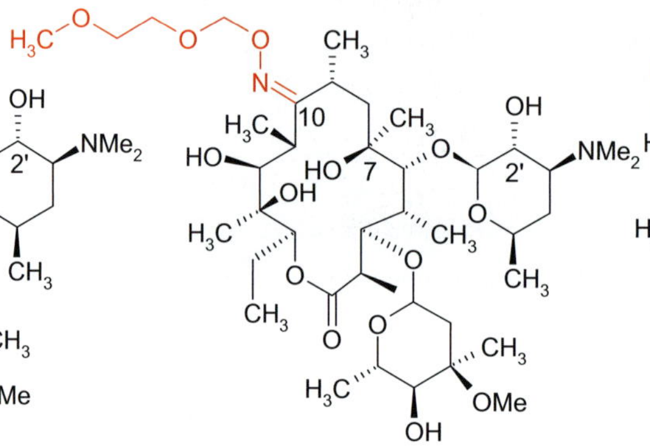   **32.31** Roxithromycin 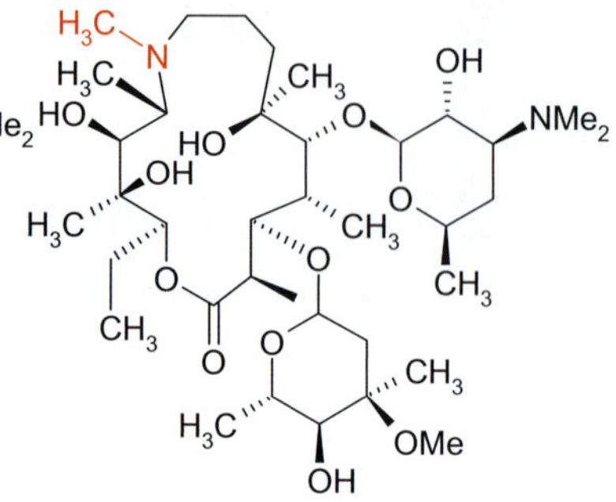   **32.32** Azithromycin

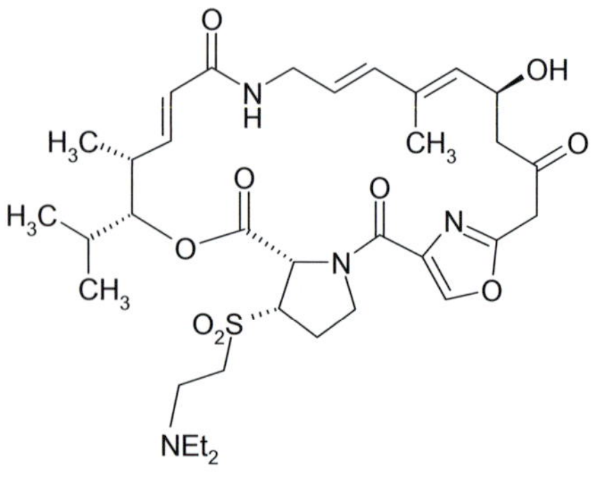

32.33 Dalfopristin 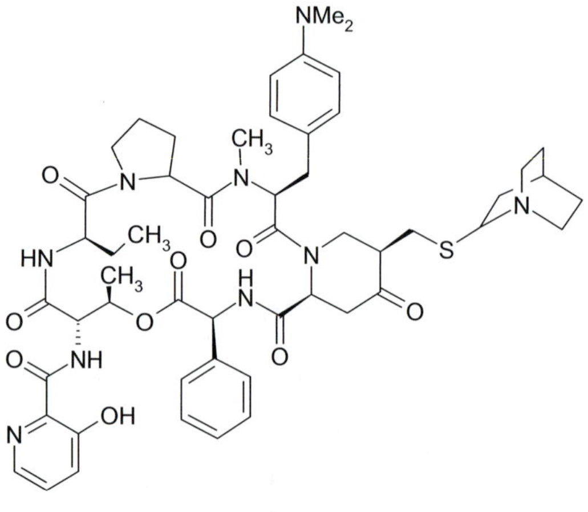   **32.34** Quinupristin

Abb. 32.17 Formeln einiger Antibiotika, die an die 50S-Untereinheit des Ribosoms binden. Die Substanzen **32.29–32.34** stellen Makrolid-Antibiotika dar.

gliedrigen Ring. Der philippinische Wissenschaftler Abelardo Aguilar schickte 1949 Bodenproben aus der Provinz Iloilo an Lilly. Dort isolierte man ein Stoffwechselprodukt, das sich durch antibiotische Wirkung auszeichnete. Das Naturprodukt wurde ab 1952 als Iloson® vermarktet. Seine Totalsynthese forderte die Synthetiker heraus. Aber erst 1981 gelang der Arbeitsgruppe von Robert Woodward, Erythromycin aus einfachen Grundstoffen zu synthetisieren. Die Substanz ist gut verträglich, besitzt aber keine ausreichende Säurestabilität. Schnell reagiert die freie OH-Gruppe in 7-Stellung unter intramolekularer Ketali-

32. Biopharmaka: Peptide, Proteine, Nucleotide und Makrolide als Wirkstoffe

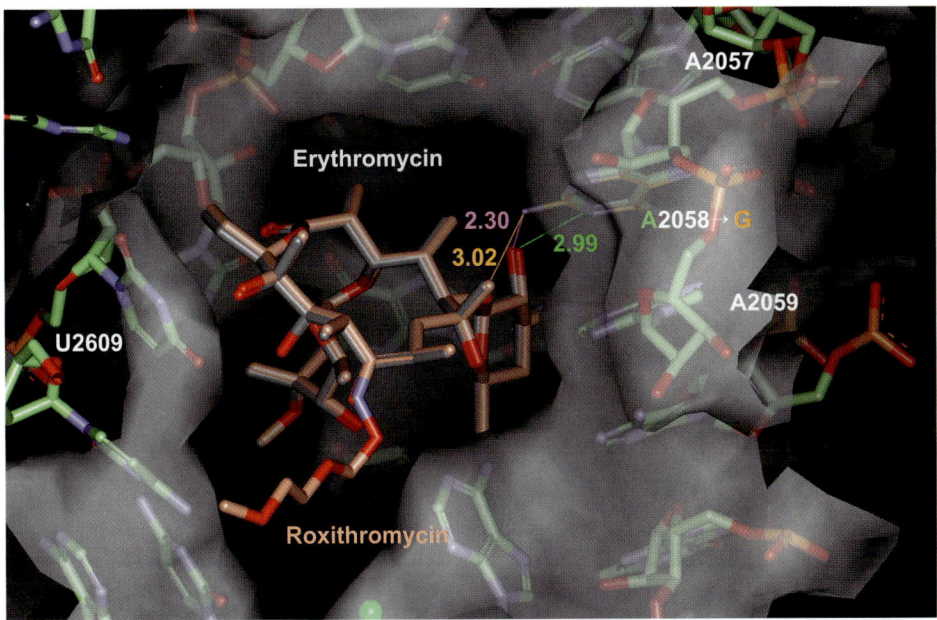

Abb. 32.18 Kristallographisch ermittelte Bindungsgeometrie von Erythromycin **32.29** (grau) bzw. Roxithromycin **32.31** (braun) am Anfang des Peptidtunnels nahe dem Peptidyltransferase-Zentrum. Eine essenzielle Wasserstoffbrücke wird von der 2'-OH-Gruppe des Aminozuckerbausteins zu Adenosin 2058 gebildet (grün, 2,99 Å). Durch Resistenzmutation von A2058 zu Guanosin (orange) wird eine Aminogruppe in direkte Nachbarschaft des Makrolids gebracht. Der repulsive Abstand von 2,30 Å (violett) verweist auf ungünstige Wechselwirkungen. Mit einem Abstand von 3,02 Å ist die Distanz zwischen der Aminogruppe und dem Ethersauerstoff kaum günstig. Im Ergebnis bricht die Bindung der Makrolide zu der A → G Resistenzmutante um fünf Zehnerpotenzen ein.

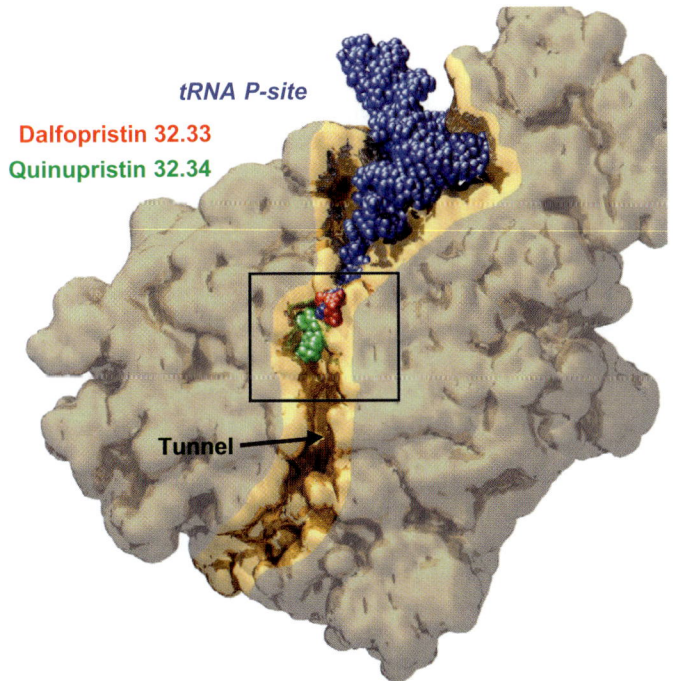

Abb. 32.19 Die Bindestellen von Dalfopristin **32.33** und Quinupristin **32.34** liegen eng benachbart zum Peptidyltransferase-Zentrum (schwarzer Rahmen). Damit wird der Durchgang durch den ribosomalen Tunnel versperrt. Beide Makrolide stehen untereinander über einen hydrophoben Oberflächenabschnitt in Kontakt (Abb. aus J.M. Harms et al., BMC Biology 2, 4 (2004), mit freundlicher Genehmigung durch den Autor und Verlag).

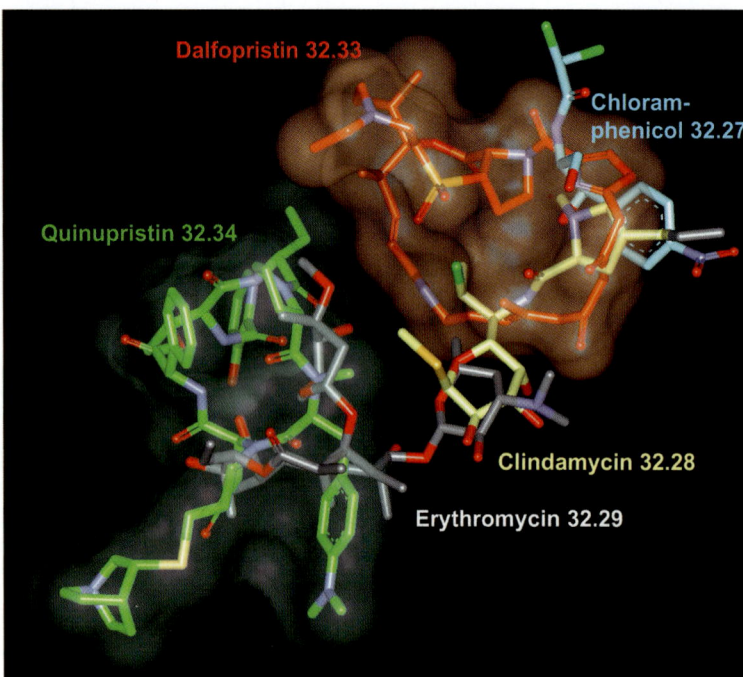

Abb. 32.20 In ihrer kristallographisch ermittelten Bindungsgeometrie mit transparenter Oberfläche sind Dalfopristin **32.33** (rot) und Quinupristin **32.34** (grün) zu sehen. Überlagert mit diesen Strukturdaten sind mit analoger Ausrichtung die Bindungsmodi von Erythromycin **32.29** (grau), Clindamycin **32.28** (gelb) und Chloramphenicol **32.27** (hellblau) zu sehen. Quinupristin bindet analog dem Erythromycin in den ribosomalen Tunnel. Dalfopristin platziert sich vergleichbar dem Chloramphenicol ins Peptidyltransferase-Zentrum und blockiert die Aufnahme der tRNAs in die A- bzw. P-site.

sierung mit der 10-Carbonylgruppe. Dieser Schritt leitet den Abbau der Substanz zu antibakteriell unwirksamen Produkten ein. Daher muss Erythromycin in Form magensaftresistenter Tabletten appliziert werden. Clarithromycin **32.30** leitet sich von Erythromycin durch Veretherung der 7-OH-Gruppe ab. Dadurch wird die Labilität gegen saure Bedingungen unterbunden. Ganz analog erreicht Roxithromycin **32.31** durch Austausch der 10-Carbonylgruppe gegen eine Oximgruppierung eine vergleichbare Stabilisierung. Im Azithromycin **32.32** ist der Lactonring auf 15 Glieder erweitert, und die Carbonylgruppe wird gegen eine chemisch durch die OH-Gruppe nicht mehr angreifbare Aminomethylfunktion ausgetauscht.

Das Anwendungsspektrum dieser Makrolide gegen grampositive Erreger unterscheidet sich etwas, auch bedingt durch ihre Unterschiede in der Bioverfügbarkeit. Erythromycin kann gut topisch angewendet werden. Deshalb wird es sehr häufig bei Hauterkrankungen eingesetzt. Clarithromycin, Roxithromycin und Azithromycin sind säurestabil und besser gewebegängig. Sie werden häufig zur Behandlung von Infektionen der Atemwege und im Hals-Nasen-Ohren-Bereich eingesetzt. Erythromycin und Clarithromycin sind potente Inhibitoren der CYP 3A P450-Cytochrome (Abschnitt 27.6). Daher kann der Abbau zahlreicher anderer Arzneistoffe, der durch Mitglieder dieser Enzymfamilie erfolgt, blockiert werden. Bleibt diese Tatsache bei der Dosierung unberücksichtigt, kann es zu einem bedrohlichen Anstieg der Konzentrationen dieser gleichzeitig applizierten Arzneistoffe kommen.

In Abb. 32.18 ist der Bindungsmodus von Erythromycin **32.29** und Roxithromycin **32.31** gezeigt. Wie erwähnt, verstopfen sie den Auslasstunnel der entstehenden Peptidkette nahe des Peptidyltransferase-Zentrums im Ribosom. Die Nachbarschaft wird ausschließlich durch RNA-Bausteine gebildet und die Bindung erfolgt im Wesentlichen über ausgeprägte van der Waals-Kontakte mit der Tunnelwand. Eine entscheidende Wechselwirkung wird in Form einer H-Brücke zu dem Nucleosid Adenosin 2058 über die 2'-OH-Gruppe des Aminozuckerrests aufgebaut. Die Entwicklung von **Resistenzen** spielt auch beim Einsatz dieser Antibiotika eine wichtige Rolle. Austausch der Adeninbase gegen Guanin lässt die Hemmwirkung von Erythromycin um fünf Zehnerpotenzen einbrechen. Ein Guanin an Position 2058 führt aus sterischen Gründen zu repulsiven Wechselwirkungen mit dem Ribosom (Abb. 32.18). Gerade dieser Austausch wurde bei Resistenzmutanten gegen klinische Pathogene beobachtet. Interessanterweise zeigen Eukaryoten ebenfalls an dieser Position ein Guanin. Dieses Faktum erklärt, warum die 14-gliedrigen Makrolide sehr gute Selektivität für die Hemmung bakterieller Ribosome besitzen, da sie dort ein Adenin aufweisen.

In vielen Beispielen dieses Buches wurde gezeigt, dass kleine Moleküle aufgrund ihres passenden sterischen Aufbaus, aber auch ihrer korrekten Verteilung von wechselwirkenden funktionellen Gruppen, genau den für sie vorbestimmten Wirkort unter vielen makromolekularen Zielmolekülen finden. Vielleicht hat sich der eine oder andere Leser bereits gefragt, ob es nicht auch zu Situationen kommen kann, bei denen zwei Liganden erst durch ihre **synergistische Bindung** an eine Zielstruktur ihre Wirkung entfalten. Tatsächlich gibt es diese Fälle. Vermutlich sind viele davon bisher nicht erkannt, vor allem dann, wenn die Affinität beider Komponenten stark abgestuft ist. Auch nur in ganz wenigen Fällen ist der Wirkmechanismus eines solchen **potenzierten Effekts** genau charakterisiert. Ein solches Beispiel soll zum Abschluss vorgestellt werden. Die makrocyclischen Streptogramine A und B, Dalfopristin 32.33 und Quinupristin 32.34, binden beide in enger Nachbarschaft an das Ribosom (Abb. 32.19). Quinupristin 32.34 platziert sich, vergleichbar dem Erythromycin, in den vorderen Teil des ribosomalen Tunnels. Dadurch können noch sehr kurze Peptidketten durch das Ribosom synthetisiert werden. Dalfopristin 32.33 verhindert durch seine direkte Bindung in das Peptidyltransferase-Zentrum zusätzlich auch noch diesen Syntheseschritt, und die Bindung der tRNA-Moleküle wird unterbunden. Vergleicht man die Bindeposition von Dalfopristin 32.33 mit der von Chloramphenicol 32.27 (Abb. 32.20), so okkupieren beide ein ähnliches Volumensegment. Die sich wechselseitig verstärkende Bindung der beiden Makrolide erklärt sich durch eine ausgeprägte gemeinsame hydrophobe Kontaktfläche, die für beide die lösungsmittelzugängliche Oberfläche reduziert. Zusätzlich wird eine veränderte Konformation für den hoch konservierten, katalytisch wichtigen Rest U2585 beobachtet. Dadurch ergibt sich eine stabile Verzerrung des Peptidyltransferase-Zentrums. Dieser zusätzliche Effekt trägt zu der synergistischen Inhibition des Ribosoms durch beide Makrolide gleichzeitig bei. Beide Verbindungen kamen in einer 70 : 30 Mischung von Dalfopristin zu Quinupristin im Jahr 2000 unter dem Handelsnamen Synercid® auf den Markt. Das Präparat stellt ein potentes Antibiotikum vor allem gegen hochgradig resistente Bakterienstämme dar.

Literatur

Allgemeine Literatur

I. Zündorf und T. Dingermann, Vom Rinder-, Schweine-, Pferde-Insulin zum Humaninsulin: Die biotechnische und gentechnische Insulin-Herstellung, Pharm. u. Zeit **30**, 27–32 (2001)

D. E. Milenic, E. D. Brady und M. W. Brechbiel, Antibody-Targeted Radiation Therapy, Nat. Rev. Drug Discov. **3**, 488–498 (2004)

O. H. Brekke und I. Sandlie, Therapeutic Antibodies for Human Diseases at the Dawn of the Twenty-First Century, Nat. Rev. Drug Discov. **2**, 52–62 (2003)

J. Kurreck, Antisense Technologies: Improvement Through Novel Chemical Modifications, Eur. J. Biochem. **270**, 1628–1644 (2003)

T. Aboul-Fadl, Antisense Oligonucleotides: The State of the Art, Curr. Med. Chem. **12**, 2193–2214 (2005)

K. Das, P. J. Lewi, S. H. Hughes und E. Arnold, Crystallography and the Design of Anti-AIDS Drugs: Conformational Flexibility and Positional Adaptability are Important in the Design of Non-nucleoside HIV-1 Reverse Transcriptase Inhibitors, Progress in Biophysics & Mol. Biol. **88**, 209–231 (2005)

V. Vivet-Boudou, J. Didierjean, C. Isel, and R. Marquet, Nucleoside and Nucleotide Inhibitors of HIV-1 Replication, Cell. Mol. Life Sci. **63**, 163–186 (2006)

T. Dürfahrt und M. A. Marahiel, Peptidantibiotika vom molekularen Fließband, Nachr. Chem. **53**, 507–513 (2005)

J. Poehlsgaard und S. Douthwaite, The Bacterial Ribosome as a Target for Antibiotics, Nat. Rev. Microbiol. **3**, 870–881 (2005)

A. Yonath und A. Bashan, Ribosomal Crystallography: Initiation, Peptide Bond Formation, and Amino Acid Polymerization are Hampered by Antibiotics, Annu. Rev. Microbiol. **58**, 233–251 (2004)

Spezielle Literatur

T. Forst, Schnell wirkende Insulinanaloga, Pharm. u. Zeit **30**, 118–123 (2001)

M. Schubert-Zsilavecz und M. Wurglics, Insulin glargin – ein langwirksames Insulinanalogon, Pharm. u. Zeit **30**, 125–130 (2001)

J. Graham, M. Muhsin und P. Kirkpatrick, Cetuximab, Nat. Rev. Drug Discov. **3**, 549–550 (2004)

I. Zündorf und T. Dingermann, Kineret®, Enbrel®, Remicade® und Co., Rekombinante Wirkstoffe bei Rheumatoider Arthritis, Pharm. u. Zeit **5**, 376–383 (2003)

F. Schlunzen, R. Zarivach et al., Structural Basis for the Interaction of Antibiotics with the Peptidyl Transferase Centre in Eubacteria, Nature **413**, 814–821 (2001)

J. L. Hansen, J. A. Ippolito et al., The Structures of Four Macrolide Antibiotics Bound to the Large Ribosomal Subunit, Molecular Cell **10**, 117–128 (2002)

J. M. Harms, F. Schlünzen, P. Fucini, H. Bartels und A. Yonath, Alterations at the Peptidyl Transferase Centre of the Ribosome Induced by the Synergistic Action of the Streptogramins Dalfopristin and Quinupristin, BMC Biology **2**, 4 (2004)

Bildnachweise

Titelbild: Kristallstruktur der tRNA Guanintransglycosylase TGT mit gebundener tRNA (PDB-Code: 1Q2S) und einem Inhibitor für dieses Enzym (der Autor dankt Dr. Matthias Zentgraf, der in seiner Arbeitsgruppe promoviert hat, für den Entwurf dieser Grafik).

Abb. im Buchrücken: Verschiedene Darstellungen der Kristallstruktur von Carboanhydrase II mit *p*-Fluorphenylsulfonamid (PDB-Code: 1IF4) mit dem Computergrafikprogramm DS Visualizer V2.0.1.7347 von Accelrys Inc., Copyright 2005–2007.

Abb. 1.4: nach C. R. Noe und A. Bader, Chem. Britain **29**, 126–128 (1993).

Abb. 4.1: Ausschnitt aus der Kristallstruktur des Komplexes von Retinol-Bindeprotein mit Retinol (PDB-Code 1RBP).

Abb. 4.7: nach P. R. Andrews et al., J. Med. Chem. **27**, 1648–1657 (1984).

Abb. 5.8: Kristallstrukturen der *Candida antarctica* Lipase mit zwei zueinander enantiomeren, dem Übergangszustand analogen Inhibitoren aus Bocola et al., Protein Eng. **16**, 319–322 (2003).

Abb. 5.12: nach H. Caner et al., Drug Discov. Today **9**, 105–110 (2004).

Abb. 5.15: Ausschnitt aus der Kristallstruktur des Komplexes von Trypsin mit DX9065a (PDB-Codes 1MTS und 1MTU).

Abb. 5.16: Ausschnitt aus der Kristallstruktur eines Inhibitorkomplexes von Carboanhydrase II (PDB-Code 1CIL und J. Greer, et al., J. Med. Chem. **37**, 1035–1054 (1994)).

Abb. 5.17: Ausschnitt aus der Kristallstruktur des Komplexes des Retinsäure-Rezeptors hRARγ mit BMS270394/5 (PDB-Codes 1EXX und 1EXA).

Abb. vor Kapitel 6: Ankündigungsposter aus der Arbeitsgruppe des Autors anlässlich einer Tagung 2003, Rauischholzhausen, Marburg.

Abb. 7.7: Ausschnitte aus den NMR-Strukturen von Stromelysin und zwei Fragmenten **7.1** und **7.2**, bzw. dem vereinigten Produkt **7.3** (P. J. Hajduk, et al., J. Am. Chem. Soc. **119**, 5818–5827 (1997), die Koordinaten wurden freundlicherweise von P. Hajduk, Abbott, zur Verfügung gestellt).

Abb. 7.8: Ausschnitt aus den Kristallstrukturen von Thermolysin mit unterschiedlichen gebundenen Molekülsonden (PDB-Codes:1FJQ (Aceton), 1FJU (Acetonitril), 8TLI (Isopropanol), 1FJW (Phenol)) bzw. mit gebundener Benzylbernsteinsäure (PDB-Code: 1HYT).

Abb. 7.12: Überlagerung der Kristallstrukturen von Thymidylatsynthase mit *N*-Tosyl-D-Prolin-Derivaten (PDB-Codes:1F4C, 1F4D, 1F4E).

Abb. 10.10: Ausschnitt aus der NMR-Struktur des BCL-X_L-Komplexes mit einem 16er Peptid aus dem BAK-Protein (PDB-Code: 1BXl).

Abb. 10.14: nach P. A. Bartlett, Caveat User Manual, San Francisco, 1992.

Abb. vor Kapitel 11: © Dr. Dirk Bossemeyer, Deutsches Krebsforschungszentrum Heidelberg.

Abb. 11.3: nach H. R. Christen und F. Vögtle, Organische Chemie, Bd. II, Abb. 24.5, S. 131, Otto Salle + Sauerländer Verl., 2. Aufl., 1992.

Abb. 11.4: nach M. A. Gallop, et al., Abb. 2, Applications of Combinatorial Libraries, J. Med. Chem. **37**, 1233–1251 (1994).

Abb. 11.9: nach O. Ramström und J.-M. Lehn, Abb. 1, Nat. Rev. Drug Discov. **1**, 27–36 (2002).

Abb. 11.10: Überlagerung der Kristallstrukturen von Acetylcholinesterase mit einem *syn*- und *anti*-Click-Chemie-Reaktionsprodukt (PDB-Codes: 1Q83, 1Q84).

Abb. 12.4: Abbildung aus F. Lottspeich, Angew. Chem. **111**, 2630–2647, (1999), Abb. 6, mit freundlicher Genehmigung durch Autor und Verlag.

Abb. 12.5: Nach einer Abbildung des Fonds der Chemischen Industrie im Verband der Chemischen Industrie e. V., Mainzer Landstraße 55, 60329 Frankfurt am Main, Biotechnologie – kleinste Helfer – große Chancen.

Abb. 13.2: Kristallpackung der Struktur mit dem Refcode FUXBIJ (Cambridge Crystallographic Database).

Abb. 13.3: entnommen aus I. Hargittai und M. Hargittai, Symmetry Through the Eyes of a Chemist, 2nd Ed., Abb. 8–23, S. 363, Springer US, New York, 1995, mit freundlicher Genehmigung durch Autor und Verlag.

Abb. 13.4: entnommen aus R. W. Pohl, Einführung in die Physik, Bd. 1, Mechanik, Akustik und Wärmelehre, Abb. 380, S. 198, 18. Aufl., 1983, mit freundlicher Genehmigung durch Autor und Verlag.

Abb. 13.5: nach J. P. Glusker und K. N. Trueblood, Crystal Structure Analysis, A Primer, Abb. 5, S. 19, Oxford Univ. Press, New York, 1972.

Abb. 13.6 und **13.7:** nach E. Keller, Chemie in unserer Zeit **16**, 71–88 (1982) Abb. 7 und 25, mit freundlicher Genehmigung durch Autor und Verlag.

Abb. 13.9: Elektronendichte aus der Kristallstruktur der Aldose-Reduktase (PDB-Code: 1US0).

Abb. 13.10: mit freundlicher Genehmigung durch die Firma Siemens (b), den Autor und Verlag, entnommen aus R. Boese, Chemie in unserer Zeit **23**, 77–85 (1989), Abb. 11, (c), (d), (e), Kristallpackung der Struktur mit dem Refcode OXACDH06 (Cambridge Crystallographic Database) (f).

Abb. 13.11: mit freundlicher Genehmigung durch die Firma Bruker AXS GmbH (b), Kristallstruktur von TNF (c–f), (PDB-Code 1TNF).

Abb. 13.14: NMR-Struktur einer Domäne des Guanin-Nucleotid-Austauschfaktors (PDB-Code: 1B64).

Abb. 13.15: nach J. A. Montgomery und S. Niwas, ChemTech 1993 (November) 30–37, Abb. 4, S. 34.

Abb. 14.1: E. D. Stevens, Acta Crystallogr. **B34**, 544–551 (1978), Abb. 1, mit freundlicher Genehmigung durch den Verlag.

Abb. 14.2: nach G. Zubay, Biochemistry, 2. Auflage, Abb. 2.7, S. 66 und Abb. 2.10, S. 68, MacMillan Publ. Comp., New York, 1988.

Abb. 14.4: nach G. Zubay, Biochemistry, 2. Auflage, Abb. 2.12, S. 70 und Abb. 2.15, S. 73, MacMillan Publ. Comp., New York, 1988.

Abb. 14.5: entnommen aus A. Lesk, Protein Architecture, Abb. 4.1, Teile b und c, Oxford Univ. Press, Oxford, 1991, mit freundlicher Genehmigung durch den Verlag.

Abb. 14.7: freundlicherweise zur Verfügung gestellt durch Herrn Prof. R. Zimmer, LMU München (angefertigt mit dem Programm Molscript; Proteinstrukturen mit den PDB-Codes 1TIM, 4FXN, 1I1B, 3MBA, 2RHE, 2STV, 1UBQ, 1APS, 256B).

Abb. 14.8: nach C. Branden und J. Tooze, Introduction to Protein Structure, Abb. 5.2, S. 60, Abb. 5.14, 5.15, S. 69, Abb. 5.17, S. 71, Abb. 5.19, S. 72, Garland Publ. Inc., New York 1991 und G. Zubay, Biochemistry, 2. Auflage, Abb. 2.26, S. 82, MacMillan Publ. Comp., New York, 1988.

Abb. 14.9: Kristallstrukturen von Triosephosphat-Isomerase (PDB-Code 1TIM) und Flavodoxin (PDB-Code 3FXN).

Abb. 14.10: nach G. Zubay, S. 70, Biochemistry, 2. Auflage, Abb. 2.12, MacMillan Publ. Comp., New York, 1988, und Darstellung der Kristallstruktur eines F_{ab}-Fragments mit Phosphocholin (PDB-Code: 2MCP).

Abb. 14.13: entnommen aus K. Vyas, H. Monahar und K. Venkatesan, J. Phys. Chem. **94**, 6069–6073 (1990), Abb. 1, mit freundlicher Genehmigung durch den Verlag.

Abb. 14.14: nach einer Vorlage, deren Quelle nicht zu recherchieren war.

Abb. 14.15: entnommen aus H. B. Bürgi und J. D. Dunitz, Structure Correlation, Bd. 2, Abb. 13.24, Wiley-VCH Verlag GmbH & Co. KGaA., 1994, S. 585, mit freundlicher Genehmigung durch den Verlag.

Abb. 14.16: Verteilung von H-Brückendonor- und -Akzeptorgruppen um einen Imidazolbaustein, Eintrag aus der IsoStar-Datenbank, Cambridge Crystallographic Data Center, http://www.ccdc.cam.ac.uk/products/csd_system/isostar/.

Abb. 14.17: Kristallstrukturen von Trypsin (PDB-Code: 3PTB) und Subtilisin (PDB-Code: 1SBC).

Abb. 14.20: Kristallstrukturen von DNA-Oligonucleotid-Strängen mit Cisplatin und Daunorubicin (PDB-Code: 1A2E und 1AL9).

Abb. 15.1: Discover Manual, Teil 1, Abb. 3.5, San Diego, 1994.

Abb. 16.1: nach H. R. Christen und F. Vögtle, Organische Chemie, Band I, 2. Auflage, Ab. 2.3, S. 71, Otto Salle + Sauerländer Verlag, 1992.

Abb. vor Kapitel 17: Ankündigungsposter aus der Arbeitsgruppe des Autors anlässlich einer Tagung 2005, Rauischholzhausen, Marburg.

Abb. 17.1: entnommen aus M. F. Mackay und M. Sadek, Austr. J. Chem. **36**, 2111–2117 (1983), Abb. 1, mit freundlicher Genehmigung durch den Verlag.

Abb. 17.7: Überlagerung der Kistallstrukturen von Dihydrofolatreduktase mit Dihydrofolat und Methotrexat (PDB-Codes: 1DHF, 3DFR).

Abb. 17.9: entnommen aus W. Seidel, H. Meyer, S. Kazda und W. Dompert, Abb. 6, in J. Seydel, Ed., QSAR and Strategies in the Design of Bioactive Compounds, Wiley-VCH Verlag GmbH & Co. KGaA., 1984, S. 366–369, mit freundlicher Genehmigung durch den Verlag.

Abb. 17.10: Ausschnitt aus den Kristallstrukturen von Thermolysin mit unterschiedlichen gebundenen Molekülsonden (vgl. Abb. 7.8) überlagert mit „hot spots" aus einer Berechnung mit DrugScore.

Abb. 17.11: Verteilung von Wasserstoffbrückendonorgruppen um eine Carbonsäure-, Ester, Keto- und Ethergruppierung aus der Datenbank IsoStar, http://www.ccdc.cam.ac.uk/products/csd_system/isostar/, Cambridge Crystallographic Data Center.

Abb. 17.12: Überlagerung der Kristallstruktur von DHFR mit MTX (PDB-Code: 3DFR) mit Verteilungen von Wasserstoffbrücken-Geometrien aus IsoStar http://www.ccdc.cam.ac.uk/products/csd_system/isostar/, Cambridge Cyrstallographic Data Center.

Abb. 18.4: nach R. D. Cramer, D. E. Patterson und J. D. Brunce, J. Am. Chem. Soc. **110**, 5959–5967 (1988), Abb. 1.

Abb. 18.9 und **18.10:** nach A. Weber et al., J. Chem. Inf. Model. **46**, 2737–2760 (2006), Abb. 7 und 8.

Abb. 20.6: Überlagerung der Kristallstrukturen dreier Cytochrom C-Enzyme (PDB-Code: 3C2C, 5CYT, 155C).

Abb. 20.7: nach C.L.M.J. Verlinde und W.G.J. Hol, Structure **2**, 577–587 (1994).

Abb. 20.8: nach H. J. Böhm, in C. G. Wermuth, Ed., Trends in QSAR and Molecular Modelling 92, ESCOM Science Publisher, Leiden, 1993, Abb. 3, S. 30.

Abb. 21.2: Kristallstruktur der TGT mit gebundener tRNA (PDB-Code: 1Q2S).

Abb. 21.6: Kristallstruktur der TGT mit gebundenem **21.3** (PDB-Code: 1ENU).

Abb. 21.8: Kristallstruktur der TGT mit gebundenem **21.9** (PDB-Code: 1N2V).

Abb. 21.13: Kristallstruktur der TGT mit gebundenem **21.14** (PDB-Code: 1Y5V).

Abb. vor Kapitel 22: Ankündigungsposter aus der Arbeitsgruppe des Autors anlässlich einer Tagung 2007, Rauischholzhausen, Marburg.

Abb. 22.1: nach A. L. Hopkins und C. R. Groom, Nat. Rev. Drug Discov. **1**, 727–730 (2002).

Abb. 22.4: Ausschnitt aus der Kristallstruktur des Komplexes von Kreatinase mit Carbamoylsarkosin (PDB-Code: 1CHM).

Abb. 23.2: Bindetaschen aus den Kristallstrukturen von Trypsin (PDB-Code: 1PPC), Thrombin (PDB-Code: 1DWD), Faktor VIIa (PDB-Code: 1W7X) und Faktor Xa (PDB-Code: 2P93).

Abb. 23.5: Ausschnitt aus der Kristallstruktur des Komplexes von Thrombin mit dem Inhibitor aus dem Meeresschwamm *Theonella sp.* Cyclotheonamid A (PDB-Code: 1TMB).

Abb. 23.6: Modellierte Geometrie nach einer Kristallstruktur von Thrombin mit dem Fibrinopeptid (PDB-Code: 1FPH).

Abb. 23.7: Überlagerung der Kristallstrukturen von Thrombin mit dem Fibrinopeptid (PDB-Code: 1FPH) und PPACK (PDB-Code: 1PPB).

Abb. 23.10: Ausschnitt aus der Kristallstruktur des Komplexes von Thrombin mit NAPAP (PDB-Code: 1DWD).

Abb. 23.12: Vergleich der Kristallstrukturen von NAPAP mit Trypsin und Thrombin (PDB-Code: 1PPC und 1DWD).

Abb. 23.17: Ausschnitt aus der Kristallstruktur des Komplexes von Elastase mit einem Pyridon-ählichen Inhibitor (PDB-Code: 1EAT).

Abb. 23.18: Ausschnitt aus der Kristallstruktur des Komplexes von Faktor Xa mit Rivaroxaban (PDB-Code: 2W26).

Abb. 23.24: Ausschnitt aus der Kristallstruktur des Komplexes von 1β-Lactamase (PDB-Code: 1TEM).

Abb. 23.26: Kristallstruktur des Hefe-Proteasoms mit Bortezomib (PDB-Code: 2F16).

Abb. 23.27: Ausschnitt aus der Kristallstruktur von Calpain II mit Leupeptin (PDB-Code: 1TL9).

Abb. 24.3: Kristallstruktur der Aspartylproteasen Cathepsin D (PDB-Code: 1LYB), Endothiapepsin (PDB-Code: 4ER1), HIV Protease (PDB-Code: 5HPV), Plasmepsin (PDB-Code: 1SME), und Renin (PDB-Code: 4APR).

Abb. 24.8: Überlagerung der Kristallstrukturen von Renin mit CGP-38560 (PDB-Code: 1RNE) und Aliskiren (PDB-Code: 2V0Z).

Abb. 24.11: Ausschnitt aus der Kristallstruktur von Renin mit einen piperidinartigen Inhibitor (PDB-Code: 1UTH).

Abb. 24.12: Kristallstruktur von HIV-Protease mit einem Peptidsubstrat (PDB-Code: 1MT9).

Abb. 24.18: Überlagerung der Kristallstrukturen von HIV-Protease mit einem Harnstoff-ähnlichen (PDB-Code: 1HVR) und Coumarin-ähnlichen Inhibitor (PDB-Code: 1UPJ).

Abb. 24.24: Kristallstrukturen der HIV-Protease mit Inhibitoren mit einem sekundären Aminstickstoffatom (PDB-Codes: 1XL2, 3BHE, 2PQZ, 3BGB).

Abb. 24.25: Überlagerung der Liganden in den Kristallstrukturen mit HIV-Protease von Ritonavir (PDB-Code: 1HXW), Atazanavir (PDB-Code: 2AQU), Darunavir (PDB-Code: 1T3R), Amprenavir (PDB-Code: 1HPV), Indinavir (PDB-Code: 1HSG), Nelfinavir (PDB-Code: 1OHR), Saquinavir (PDB-Code: 1HXB), Lopinavir (PDB-Code: 2O4S) und Tipranavir (PDB-Code: 2O4P) und **24.58** (PDB-Code: 2QQN).

Abb. 25.2: Ausschnitt aus der Kristallstruktur des Komplexes der Matrixmetalloproteinase MMP-12 mit den Spaltprodukten der Proteasereaktion (PDB-Code: 2OXZ).

Abb. 25.5: Ausschnitt aus den überlagerten Kristallstrukturen der Komplexe von Thermolysin mit dem Inhibitor Cbz-GlyP-Leu-Leu (PDB-Code: 5TMN) und einem daraus abgeleiteten cyclisierten Inhibitor (PDB-Code: 1PE5).

Abb. 25.6: Ausschnitt aus der Kristallstruktur des Komplexes von Carboxypeptidase mit Benzylsuccinat (PDB-Code: 1CBX).

Abb. 25.12: Ausschnitt aus der Kristallstruktur des Komplexes von Lisinopril mit t-ACE (PDB-Code: 1O86).

Abb. 25.14: Ausschnitt aus der Kristallstruktur des Komplexes von Fibroblastencollagenase mit Ro 31-4724 (PDB-Code: 2TCL).

Abb. 25.16: Ausschnitt aus den Kristallstrukturen der Komplexe von Fibroblastencollagenase mit einem peptidischen (**25.49**) und nichtpeptidischen Inhibitor (**25.50,** PDB-Codes: 1HFC und 966C).

Abb. 25.17: Ausschnitt aus der Kristallstruktur des Komplexes von Carboanhydrase II mit p-Fluorphenylsulfonamid und modellierte Geometrie eines Carbonations in CA II (PDB-Code: 1IF4).

Abb. 25.20: Ausschnitt aus der Kristallstruktur des Komplexes von Phosphodiesterase-5 und Sildenafil (PDB-Code: 1UDT).

Abb. 25.22: Ausschnitt aus der Kristallstruktur des Komplexes von Peptiddeformylase aus *Escherichia coli* mit Actinonin (PDB-Code: 1G2A).

Abb. 26.3: Kristallstruktur der cAMP-abhängigen Proteinkinase (PDB-Code: 1L3R).

Abb. 26.4: Modellierte Geometrie des Übergangszustands auf den Koordinaten der Kristallstruktur der cAMP-abhängigen Proteinkinase (PDB-Code: 1L3R).

Abb. 26.7: Kristallstruktur des Komplexes der MAP-Kinase p38 mit SB203580 (PDB-Code: 1A9U).

Abb. 26.9: Überlagerung der inaktiven und aktiven Form der Tyrosinkinase-Domäne des humanen Insulinrezeptors PDB-Codes: 1IRK und 1IR3).

Abb. 26.10: Nach einer Abb. aus M. A. Fabian et al., Nat. Biotechn. **23**, 329–336 (2005) mit freundlicher Genehmigung durch Autor und Verlag.

Abb. 26.12: Überlagerung der Kristallstrukturen der BCR-ABL-Proteinkinase mit gebundenem Gleevec und Tetrahydrostaurosporin (PDB-Codes: 2HYY und 2HZ4).

Abb. 26.14: Ausschnitte aus den Kristallstrukturen der Src-Kinase mit ANP und der mutierten Src-Kinase mit N6-Benzyl-ADP (PDB-Codes: 1KSW und 2SRC).

Abb. 26:17: Überlagerung der Kristallstrukturen der Ser/Thr-Kinase PIM-1 mit Staurosporin und einem Rutheniumkomplex (PDB-Codes: 1YHS und 2BZH).

Abb. 26.19: Ausschnitt aus der Kristallstruktur von humaner Tyrosinphosphatase PTP-1B (PDB-Code: 1PTY).

Abb. 26.20: Ausschnitt aus den Kristallstrukturen der humanen Tyrosinphosphatase PTP-1B mit verschiedenen Inhibitoren (PDB-Codes: 1PTY, 1NO6, 1NNY, 1N6W).

Abb. 26.22: Ausschnitt aus der Kristallstruktur der humanen Tyrosinphosphatase PTP-1B mit einem allosterischen Inhibitor (PDB-Code:1T4J).

Abb. 26.23: Kristallstruktur der COMT mit einem substratanalogen Inhibitor und S-Adenosyl-L-Methionin (PDB-Code: 1VID).

Abb. 26.25: Überlagerung der Kristallstrukturen der COMT (PDB-Code: 1VID und 1JR4).

Abb. 26.26: Überlagerung der Kristallstrukturen der FTase mit Farnesyldiphosphat und dem farnesylierten Tetrapeptid CAAX (PDB-Codes: 1FT2 und 1D8D).

Abb. 26.28: Überlagerung der Kristallstrukturen der FTase mit BMS-214662 und dem farnesylierten Tetrapeptid CAAX (PDB-Codes: 1SA5 und 1D8D).

Abb. 27.3: Ausschnitt aus der Kristallstruktur von Dihydrofolatereduktase aus *Lactobacillus casei* mit Methotrexat (PDB-Code: 3DFR).

Abb. 27.4: Ausschnitt aus der Kristallstruktur von Pferdeleber Alkoholdehydrogenase mit gebundenem NADPH (PDB-Code: 1HET).

Abb. 27.7: Ausschnitt aus der Kristallstruktur des Cytochrom P450 14-α-Steroldemethylase (CYP51) aus *Mycobacterium tuberculosis* komplexiert mit Fluconazol **27.6** (PDB-Code: 1EA1).

Abb. 27.11: Überlagerung der Bindetaschen aus *Pneumocystis carinii* und Maus-DHFR (PDB-Codes: 2FZI und 2FZJ).

Abb. 27.14: Ausschnitt aus der Kristallstruktur der HMGCoA-Reduktase mit gebundenen HMGCoA und Mevalonsäure (PDB-Codes: 1DQA, 1DQ9).

Abb. 27.15: Ausschnitt aus der Kristallstruktur der HMGCoA-Reduktase mit den gebundenen Inhibitoren Simvastatin und Atorvastatin (PDB-Codes: 1HW9, 1HWK).

Abb. 27.19: Ausschnitt aus vier Kristallstrukturen von Aldose-Reduktase mit Sorbinil, Tolrestat, IDD594, und **27.46** (PDB-Codes: 1AH0, 2FZD, 1US0, 2NVD).

Abb. 27.20: Bindetasche aus der Kristallstruktur von Aldose-Reduktase mit Sorbinil (PDB-Codes: 1AH0).

Abb. 27.24: Kristallstruktur der humanen 11β-HSD1 mit Carbenoxolon überlagert mit dem Komplex einer murinen 11β-HSD1 mit gebundenem Corticosteron (PDB-Codes: 2BEL, 1Y5R).

Abb. 27.25: Überlagerung der Kristallstrukturen der humanen 11β-HSD1 im Komplex mit zwei Inhibitoren und dem Komplex einer murinen 11β-HSD1 mit gebundenem Corticosteron (PDB-Codes: 2ILT, 2RBE, 1Y5R).

Abb. 27.27: Kristallstrukturen des humanen CYP 3A4 unkomplexiert und im Komplex mit Metyrapon, Erythromycin und Ketonconazol (PDB-Codes: 1W0E, 1W0G, 2J0D, 2V0M).

Abb. 27.30: nach Abb. 3 aus Weinshilboum und Wang, Nat. Rev. Drug Discov. **3**, 739–748 (2004).

Abb. 27.33: Kristallstrukturen der humanen MAO-B im Komplex mit Tranylcypromin und L-Deprenyl (PDB-Codes: 1OJB und 2BYB).

Abb. 27.34: Kristallstrukturen der humanen MAO-A im Komplex mit Clorcylin (PDB-Code: 2BXR) und MAO-B mit L-Deprenyl (PDB-Code: 2BYB).

Abb. 27.37: Überlagerung der Kristallstrukturen von Cyclooxygenase-1 und -2 im Komplex mit Arachidonsäure (PDB-Codes: 1PRH und 1CVU).

Abb. 27.39: Ausschnitt aus den Kristallstrukturen der Cyclooxygenase mit Arachidonsäure (PDB-Code: 1DIY) und dem Prostaglandin PGH_2 (PDB-Code: 1DDX).

Abb. 27.41: Ausschnitt aus der Kristallstruktur der Cyclooxygenase-1 mit einem Bromanalogen der Acetylsalicylsäure (PDB-Code: 1PTH).

Abb. 27.42: Ausschnitt aus der Kristallstruktur der Cyclooxygenase-2 mit einem Bromanalogen des Celecoxibs (PDB-Code: 6COX).

Abb. 28.2: Kristallstruktur der DNA-Bindedomäne des Erstogenrezeptors mit einem gebundenen Oligonucleotidstrang (PDB-Code: 1BY4).

Abb. 28.4: Ausschnitt aus der Kristallstruktur der Ligandenbindungsdomäne des Estrogenrezeptors mit gebundenem Estradiol (PDB-Code: 1ERE).

Abb. 28.5: Ausschnitt aus der Kristallstruktur der Ligandenbindungsdomäne des Progesteronrezeptors mit gebundenem Progesteron (PDB-Code: 1A28).

Abb. 28.6: Vergleich der Kristallstrukturen des Estrogenrezeptors mit gebundenem Estradiol bzw. Raloxifen (PDB-Codes: 2J7X und 1ERR).

Abb. 28.8: Ausschnitt aus der Kristallstruktur der Ligandenbindungsdomäne des Estrogenrezeptors mit gebundenem Estradiol und dem LxxLL-Bindemotiv (PDB-Code: 2J7X).

Abb. 28.13: Überlagerung der Kristallstrukturen der Ligandenbindungsdomänen des PPARγ-Rezeptors mit einem gebundenen Agonist (PDB-Code: 1K7L) und Antagonist (PDB-Code: 1KKQ).

Abb. 28.16: Schematischer Verlauf der Sekundärstrukturelemente in den Kristallstrukturen des Estrogenrezeptors (PDB-Code: 2J7X) und drei Beispielen für den PXR-Rezeptor (PDB-Codes: 1NRL, 1M13, 1SKX).

Abb. 29.1: Faltungsmuster, wie sie in den Kristallstrukturen des Bakteriorhodopsins (PDB-Code: 1BRD), bovinem Rhodopsin (PDB-Code: 1U19) und humanem β_2-adrenergen Rezeptor (PDB-Code: 2RH1) gefunden werden.

Abb. 29.2: Ausschnitt aus der Kristallstruktur des humanen β_2-adrenergen Rezeptors (PDB-Code: 2RH1).

Abb. 29.11. Kristallstruktur des Erythropoietin Rezeptors mit gebundenem Erythrpoietin (EPO) (PDB-Code: 1CN4).

Abb. 30.3: Schemadarstellung der Kristallstruktur des bakteriellen Kaliumkanals KcsA (PDB-Code: 1K4C).

Abb. 30.4: Ausschnitt aus der Kristallstruktur des bakteriellen Kaliumkanals KcsA (PDB-Code: 1K4C).

Abb. 30.5: Ausschnitt aus den Kristallstrukturen eines selektiven und unselektiven bakteriellen Kaliumkanals (PDB-Codes: 1K4C, 2AHY).

Abb. 30.9: Kristallstruktur (Elektronendiffraktion) des nicotinischen Acetylcholin-Rezeptor im geschlossenen Zustand aus dem elektrischen Organ des Zitterrochens (PDB-Code: 2BG9).

Abb. 30.11: Kristallstrukturen der Ligandenbindungsdomäne des nicotinischen Acetylcholin-Rezeptors aus dem kalifornischen Seehasen mit gebundenen α-Conotoxin (PDB-Code: 2BYP) und Epibatidin (PDB-Code: 2BYQ).

Abb. 30.12: Ausschnitt aus den Kristallstrukturen der Komplexe der Ligandenbindungsdomäne des nicotinischen Acetylcholin-Rezeptors aus dem kalifornischen Seehasen mit gebundenen α-Conotoxin (PDB-Code: 2BYP), Methyllycaconitin (PDB-Code: 2BYR), α-Lobelin (PDB-Code: 2BYS) und Epibatidin (PDB-Code: 2BYQ).

Abb. 30.15: Kristallstruktur des bakteriellen ClC-Kanals aus *Escherichia coli* (PDB-Code: 1OTS).

Abb. 30.16: Kristallstruktur des Porins aus dem Bakterium *Rhodobacter capsulatus* (PDB-Code: 2POR).

Abb. 30.17: Kristallstruktur des Gramacidin A (PDB-Code: 1GRM).

Abb. 30.18: Modell des Nonactins auf der Basis einer Kristallstruktur (CSD-Refcode: NONKSC).

Abb. 30.19: Kristallstruktur des bovinen Aquaporin 1 (PBD-Code: 1J4N).

Abb. 31.3: Ausschnitt aus der Kristallstruktur des $\alpha_{IIb}\beta_3$-Integrinrezeptors mit einem Cyclopeptid (PBD-Code: 1L5G).

Abb. 31.5: Überlagerung des Ausschnitts aus den Kristallstrukturen des $\alpha_{IIb}\beta_3$-Integrinrezeptors mit Eptifibatide (PBD-Code: 1TY6/2VDN) und Tirofiban (PBD-Code: 1TY5/2VDM).

Abb. 31.6: nach eine Zeichnung der Arbeitsgruppe Prof. B. Ernst, Univ. Basel (http://www.pharma.uni-bas.ch/molpharm/index.html).

Abb. 31.7: Ausschnitt aus der Kristallstruktur von Sialyl-Lewis^X und einem Selektin (PDB-Code: 1G1R).

Abb. 31.9: Schemazeichnung analog Doranz et al., J. Virology **12**, 10346–10358 (1999).

Abb. 31.10 und **31.11:** Ausschnitt aus der Kristallstruktur des gp41-Proteins (PBD-Code: 1AIK).

Abb. 31.15: Ausschnitte aus den Kristallstrukturen der Neuraminidase mit Zanamivir (PDB-Code: 1A4G) und Oseltamivir (PDB-Code: 2HT8).

Abb. 31.17: Überlagerung der Kristallstrukturen der Hüllproteine des HRV-14 im Komplex mit Pleconaril (PDB-Code: 1NA1) und des kryoelektronenmikroskopisch bestimmten Komplex mit Domänen des Adhesionsproteins (PDB-Code: 1D3I).

Abb. 31.19: Kristallstruktur der Hüllproteine des HRV-14 im Komplex mit Pleconaril (PDB-Code: 1NA1).

Abb. 31.21: Kristallstruktur des ternären Komplex des MHC I-Moleküls mit einem Nonapeptid und dem T-Zellrezeptor (PDB-Code: 1BD2).

Abb. 31.23: Modellierter Komplex von **31.42** (braun) und **31.43** (grün) auf der Basis der Kristallstruktur eines ternären Komplex (PDB-Code: 1AO7), nach C. Douat-Casassus et al., J. Med. Chem. **50**, 1598–1609 (2007), Koordinaten freundlicherweise von den Autoren zur Verfügung gestellt.

Abb. 32.1: Kristallstruktur eines kompletten IGG-Antikörpers (PBD-Code: 1IGT).

Abb. 32.2 und **32.3:** Vergleich der Kristallstrukturen der F$_{ab}$-Domänes eines Antikörpers mit Phosphocholin (PBD-Code: 2MCP) bzw. Lysozym (PBD-Code: 1FBI).

Abb. 32.5: nach Abb. 3 aus D. E. Milenic et al, Nat. Rev. Drug Discov. **3**, 488–498 (2004).

Abb. 32.6: NMR-Struktur eines oligomeren Doppelstrangs aus RNA und PNA (PBD-Code: 176D).

Abb. 32.8: Kristallstruktur der Reversen Transkriptase des HI-Virus mit einen gebunden RNA-DNA-Hybriddoppelstrang (PBD-Code: 1HYS).

Abb. 32.9: Strukturvergleich der Kristallstrukturen der Reversen Transkriptase des HI-Virus mit einen gebunden DNA-Doppelstrang und gebundenen Thymidin-5'-triphosphat (PBD-Code: 1RTD) und AZT (PBD-Code: 1N5Y).

Abb. 32.10: Überlagerung der Kristallstrukturen der Reversen Transkriptase des HI-Virus in unkomplexierter und mit Nevirapin gebundener Form (PBD-Code: 1DLO und 1VRT).

Abb. 32.12: Kristallstrukturen der Reversen Transkriptase des HI-Virus mit zwei allosterisch wirkenden Triazinen (PBD-Code: 1S9E und 1S9G).

Abb. 32.16: Abbildung entnommen aus J. L. Hansen et al., Molecular Cell **10**, 117–128 (2002), Abb. 4, mit freundlicher Genehmigung des Verlags und der Autoren.

Abb. 32.18: Kristallographisch ermittelte Bindungsmodi von Erythromycin und Roxithromycin im Ribosom (PBD-Code: 1JZY und 1JZZ).

Abb. 32.19: Abbildung entnommen aus J.M. Harms et al., BMC Biology **2**:4 (2004), Abb. 3, mit freundlicher Genehmigung des Verlags und der Autoren.

Abb. 32.20: Überlagerung der kristallographisch ermittelten Bindungsmoden von Dalfopristin, Quinupristin (PBD-Code: 1SM1), Erythromycin (PBD-Code: 1JZY), Chloramphenicol (PBD-Code: 1K01) und Clindamycin (PBD-Code: 1JZX).

Personen, Firmen und Institutionen

A
Abbott   106, 144, 305, 385, 447, 455, 479, 521 f.
Abraham, Donald   273
Accelrys   263
Affymax   161
Agre, Peter   551
Aguilar, Abelardo   602
Ahlquist, Raymond   516
Alex, Richard   526
Alexander der Große   36
Allen and Hanburys   46
Amgen   588
Anderson, E. S.   170
Andromachus   10
Arber, Werner   170
Ariëns, Everhardus J.   76–78
Arnold, Edward   595
Arnold, H.   130
Astra   20, 47
AstraZeneca   20, 362–366

B
Babbage, Charles   169
Bajusz, Sándor   358 f.
Baltimore, David   593
Ban, T.   269
Banting, Frederick   583
Bartlett, Paul   61, 148, 407
BASF   313
Bayer   23, 25 f., 28, 39, 41, 92, 127, 259, 366, 375, 415, 472
Bayer-Schering   20
Beddell, Chris   303
Beecham   469
Behringwerke   361
Bell Aldrich, Thomas   13
Bentham, Jeremy   300
Berger, Arieh   214
Bernard, Claude   265
Bernays, Martha   44
Berney, W.   28
Bertini, Ivano   404
Best, Charles   583
Biot, Jean Baptiste   69
Black, James W.   12, 45
Bloch, Felix   189

Blow, David   352
Blum, Andreas   399
Blundell, Tom   309, 387
Bocola, Marco   74
Bode, Wolfram   358 f.
Boehringer Ingelheim   363, 394
Böhm, Hans-Joachim   313
Bossert, Friedrich   28
Böttcher, Jark   397
Boyer, Herbert   170
Bragg, William   225
Bragg, William Henry   189
Bragg, William Lawrence   189
Breggin, Peter   20
Brenk, Ruth   324
Brenner, Sydney   101
Bristol-Myers-Squibb   20, 367, 439, 455
British Biotech   415
Brodie, B. B.   288
Buck, Linda   526
Bürgi, Hans-Beat   218

C
Cahn, Arnold   23
Cambridge Crystallographic Data Center   203, 218, 260
Capecchi, Mario   177
Capote, Truman   34
Carson, Rachel   38
Carter, Paul   352
Caruso, Enrico   34
Caventou, Joseph Bienaimé   11
Celera Genomics   173
Chain, Ernst Boris   26
Chiron   160
Christie, Agatha   34
Ciba   387
Clement, Bernd   363
Clinton, Bill   173
Coca-Cola   43
Cohen, Stanley   170
COR-Therapeutics   557
Craig, Paul   115
Cramer, Friedrich   51
Cramer, Richard   271
Crick, Francis   170, 225

Cruciani, Gabriele   484
Crum-Brown, Alexander   265
Cushman, David   408–411

D
da Vinci, Leonardo   169
Danielson, Helena   124
Davy, Humphry   23
de la Vega, Garcilaso   43
Dengel, Ferdinand   28
DeSilva, Ashanti   187
Diederich, François   317, 364
Dioskurides   10
Dixon, Scott   262
Djerassi, Carl   507
Domagk, Gerhard   26, 92
Dominik, Hans   169
Dreser, Heinrich   41, 127
Duisberg, Carl   23
Duke Universität in Durham   564
Dunitz, Jack   189, 218
Dupont   523
Dupont-Merck   263, 393
Dürer, Albrecht   36

E
Ehrlich, Paul   25, 49, 92
Eli Lilly   20, 62, 582 f., 602
Elisabeth II.   34
Ellman, Jonathan   216
EMBL in Heidelberg   277
Endo, Akira   469
Erlenmeyer, Emil   17
Ernst, Richard   202
ETH Zürich   363

F
Fedorov, Alexander   381
Ferreira, Sergio Henrique   408
Fersht, Alan   60
Fesik, Steven   107
Fink, Tobias   156
Fire, Andrew   178
Fischer, Emil   49, 225, 249
Fleckenstein, Albrecht   28
Fleming, Alexander   26, 372
Florey, Howard   26

Folkers, Karl   468
Fraser, Claire   173
Fraser, Thomas   265
Free, S. R.   269
Freire, Ernesto   123
Freud, Siegmund   43
Friedrich, Walter   189
Fujita, Toshio   267 f.

G
Galvani, Luigi   11
Ganellin, Robin   287
Gasteiger, Johann   227
Gates, Bill & Melinda   13
Gates, Marshall   41
Genentech   170, 352
Genzyme Transgenics   582, 586
Gerber, Hans-Dieter   323
Geysen, H. Mario   157
Gilead Sciences   568
Giulio Superti-Furga   181
GlaxoSmithKline   20, 46, 511, 567
GMD in St. Augustin   257
Gohlke, Holger   277
Goodford, Peter   17, 259, 272, 303, 567
Gotenkönig Alarich   36
Grädler, Ulrich   323
Greene, Graham   34
Grenouille, Jean-Baptiste   527
Groom, Colin   335
Grünenthal   130
Grütter, Markus   387
Guareschi, Giovanni   34

H
Hamilton, Andrew   144
Hammett, Louis P.   266
Hansch, Corwin   267 f.
Hasek, Jaroslav   34
Heinrich VI.   37
Henderson, Richard   517
Hepp, Paul   23
Hillebrecht, Alexander   280
Hoechst   26, 582
Hogben, C. A.   288
Hoffman, Carl   468
Hoffmann-La Roche   28, 361
Hofmann, Albert   27, 299
Höltje, Hans-Dieter   271
Hopkins, Andrew   335
Hörner, Simone   325
Howe, Jeffrey   313
Huber, Robert   337
Hungerford, David   436
Huxleys, Aldous   169

I
ICI   364, 507
I.G. Farbenindustrie AG   23
Imming, Peter   336
Irwin, John   263

J
James, Michael   387
Janssen Pharmaceutical   455, 595
Janssen, Paul   15, 43, 595
Januvia   369
Jiotereau, Francine   579
Johns Hopkins Universität in Baltimore   123
Jones, Gerrith   312

K
Kafka, Franz   34
Kaiserliche Universität in Dorpat   12
Kalle & Co.   23
Karplus, Martin   261
Kearsley, Simon   257
Kekulé, Friedrich August   17
Kendrew, John   225
Kent, Stephen   81
Kessler, Horst   142
Kier, Lemont B.   271
Kirst, Hans Helmut   34
Klarer, Josef   26
Klibanov, Alexander   305
Knipping, Paul   189
Kobilka, Brian   518
Koch, Oliver   209
Koch, Robert   25
Köhler, Georges   586
Koller, Carl   44
Koshland, Daniel E.   51
Kramer, Peter   20
Kraut, Joseph   464
Kubinyi, Hugo   285
Kuntz, Irwin   311
Kuschinski, Gustav   299

L
Lacassagne, Antonie   506
Ladenburg, Albert   11
Le Bel, Joseph Achille   69, 225
Lehn, Jean-Marie   164
Lemmen, Christian   257
Lengauer, Thomas   312
Liebreich, Oskar   24
Liljas, Anders   452
Lipinski, Chris   156, 292
Lippold, Bernhard   284
Lipscomb, William   403, 409
Li Shizhen   10
Loewi, Otto   13
Long, Crawford W.   24

Loschmidt, Joseph   17

M
MacKinnon, Roderick   534, 546
Mally, Josef   488
Mann, Thomas   12, 34
Mares-Guia, Marcos   354
Mariani, Angelo   43
Marquardt, Fritz   359
Marshall, Garland   254 f.
Martin, Yvonne   522
Max-Planck-Institut für Biochemie in Martinsried   359
Meggers, Eric   443
Mello, Craig   178
Merck   147, 469 f., 559
Merck & Co.   47, 366, 410, 468, 497, 528
Merck, Sharp und Dohme (MSD)   148, 420
Merrell   506
Merrifield, Robert Bruce   156
Meyer, Emanuel   325
Meyer, Hans Horst   266, 488
Mietzsch, Fritz   26
Millenium Pharmaceuticals   374
Milne, M.   271
Milstein, César   586
Moon, Joseph   313
Morto, William T.   24
MRC in Cambridge, England   518
Mullis, Kary   170

N
Nagai, Nagayoshi   11
Napoleon   33
National Institute of Health   173
Nicchols, Anthony   257
Niemann, Albert   11
Novartis   20, 387, 415, 437 f., 523
Novartis Ophthalmics   589
Novo Nordisk   323, 447
Nowell, Peter   436

O
Olson, Art   312
Olson, P. N.   142
Ondetti, Miguel   408
ONO Pharmaceutical Co.   365, 475
OpenEye   257
Oprea, Tudor   292, 336
Ortega y Gasset, José   33
Otto II.   37
Overton, Charles Ernest   266

P
Papyrus Ebers   10
Paracelsus   10, 298

Parke-Davis 146, 148, 394
Pasteur, Louis 69
Pauling, Linus 51, 225
Pearlman, Robert 227
Pelletier, Pierre Joseph 11
Pemberton, John S. 43
Perkins, William Henry 25
Petzko, Greg 108
Pfizer 20, 30, 156, 292, 422, 471, 565
Pincus, Gregory 507
Popper, Sir Karl 113
Power Cobbe, Frances 301
Pravaz, Charles G. 41
Priestle, John 387
Purcell, Edward 189
Purdue Universität 571

Q
Quidean, Stephane 579

R
Rarey, Matthias 262, 312
Revotar Biopharmaceuticals 562
Reymond, Jean-Louis 156
Richet, Charles 266
Ringe, Dagmar 108, 305
Ritschel, Tina 325
Roche 20, 145, 385, 388–390, 488, 558, 564, 568
Rockefeller Universität in New York 534
Rolling Stones 16
Roosevelt, Theodor D. 26
Rossmann, Michael 461, 571 f.
Runge, Friedlieb 11
Rutgers Universität in New Jersey 595
Ruzicka, Leopold 189

S
Šali, Andrej 310
Sadowski, Jens 227
Sakel, Manfred 15
Sandoz 27, 91, 436
Sanger-Institut in Cambridge, England 336
Sankyo 20, 469 f.
Sanofi-Aventis 20
Schanker, L. S. 288
Schechter, Israel 214
Schering-Plough 455, 572
Schertler, Gebhard 521
Schiller, Friedrich 299
Schmiedeberg, Oswald 24
Schulz, Georg 549
Scripps-Research Institute in La Jolla 518
Searle 30, 557

Seidel, Wolfgang 259
Seiler, P. 287
Sertürner, Friedrich Wilhelm Adam 11, 41
Sharpless, Barry 164
Shaw, Elliott 354
Shoichet, Brian 263
Shokat, Kevan 440
Singer, Peter 301
Smith, Graham 257
SmithKline & French 12, 45
SmithKline Beecham 557
Specker, Edgar 397
Squibb 408 f., 411
Stanford Universität 518
Steinbeck, John 34
Steitz, Tom 599
Stengl, Bernhard 323, 325
Sterling-Winthrop 33, 571 f.
Sternbach, Leo 28
Stevenson, Robert Louis 43
Strout, Robert 109
Stubbs, Milton 358
Sturrock, Edward 411
Stürzebecher, Jörg 359
Sumner, James B. 196
Sunesis 109, 449
Superti-Furga, Giulio 181
Süskind, Patrick 527

T
Takamine, Jokichi 13
Takeda 509, 523
Temin, Howard 593
The Institute for Genomic Research 173
Theophrastus Bombastus 10
TIGR 173
Topliss, John 114, 116
Trimeris 564
Tripos 263
Tschudi, Gilg 41
TU Darmstadt 422
Tucholsky, Kurt 34

U
Uclaf, Roussel 507
UCSF in San Francisco 263, 440
Umezawa, Hamao 358, 384
Universität Florenz 404
Universität Kiel 363
Universität in Utah 177
Universität Perugia 484
Universität Prag 488
Universität Edinburgh 204
University of California in Berkeley 148, 216
Unwin, Nigel 540

Upjohn 27, 313

V
v. Baeyer, Adolf 13
v. Hofmann, August Wilhelm 24
van de Waterbeemd, Han 284
van't Hoff, Jacobus Henricus 69, 225
Vane, John Robert 408
Varrus, Marcus Terrentius 37
Venter, Craig 173, 185
Verne, Jules 169
Vertex 377
von Laue, Max 189
von Vámossy, Zoltán 25

W
Wade, Rebecca 277
Waksman, Selman A. 12
Walkinshaw, Malcolm 204
Wallace, Edgar 34
Walpole, Horace 30
Walter Reed-Armee-Forschungsinstitut 39
Warner-Lambert 471
Warzecha, Heribert 422
Watson, James 170, 225
Weltgesundheitsorganisation WHO 38
Weizmann-Institut in Israel 598
Wellcome 303
Wells, Horace 23
Wells, James 109, 352
Welte, Wolfram 549
Wermuth, Camille G. 249
Willett, Peter 312
Williams-Smith, H. 170
Willstätter, Richard 11
Wilson, J. W. 269
Wisconsin Alumni Research Foundation 95
Withering, William 87
Wood, Alexander 41
Woodward, Robert 602

Y
Yale University 144, 599
Yonath, Ada 598

Z
Zeneca 20, 365
Zentgraf, Matthias 234

Sachregister

1,3-dipolare Cycloaddition 164
11β-HSD1 und 11β-HSD2 477
11β-Hydroxysteroid-Dehydrogenasen (11β-HSD) 477
2D-Gelelektrophorese 181
3C-Proteasen 376
3D-Datenbank 393
3D-Datenbanksuche 522
3D-QSAR-Methoden 270
3D-Strukturmodell 225
5-Fluoruracil 130, 591
5-HT$_3$-Rezeptor 540
5-HT-Rezeptoren 516
6-Mercaptopurin 592
6-Thioguanin 592
7-Transmembran-Rezeptoren 517

A

ab initio-Rechenverfahren 230
ab initio-Vorhersage der Raumstruktur 303
ABC-Transporter 548
Ablesemuster 220
Absorption 119, 125, 286, 291
Absorptionsmodelle 292
absorptionsspektroskopische Assays 98
Absorptionsvorgänge 283
Abstandsbereiche 254
ABT-839 455
Abwandlung der Hauptkette 140
Abwehrmechanismus 549, 573
Abwehrstoffe 89
ACD/pKa 292
ACE 162, 258, 408
ACE-Inhibitoren 255
Acetaminophen 23
Acetanilid 23
Acetazolamid 418
Acetonitril 305
Acetylcholin 44, 369, 541
acetylcholinbindende Proteine 542
Acetylcholinesterase 165, 369
Acetylcholinrezeptoren 341
Acetylsalicylsäure 19, 33, 128, 494
AChE 165
Aciclovir 132, 592

Actinonin 424
active analog approach 254
Acylenzym 352, 372
Acylenzym-Form 351
Acyl-Enzymkomplex 73
ADAM-Familie 416
Adaption 481
Adaption der Aminosäurereste 325
Adaption der Proteine 312
Adaptionsfähigkeit 233, 415, 417, 473
adaptive Eigenschaften 512
adaptive Proteine 234
Additivitätsregeln 66
Adenin 222
Adenosin-3',5'-cyclophosphat (cAMP) 516
Adenosin 429
Adenosindesaminase 187
Adenosinmonophosphat 240
Adenoviren 187
Adenylylcyclase 341, 516
Adhäsionsmoleküle 555, 571
Adhäsionsstelle 555
Adipositas 370, 420, 445, 477
ADME-Eigenschaften 305
ADME-Parameter 2, 283
ADME-Tox-Eigenschaften 283
Adrenalin 451, 486, 516
α-adrenerge Rezeptoren 116
β-adrenerger Rezeptor 298
β$_2$-adrenerger Rezeptor 518
adrenerger Rezeptor 71, 161
Aflatoxine 126
AFMoC 277
Afrikanische Schlafkrankheit 457
Aggrastat® 559
Aggregationsverhalten 99
β-Agonisten 294
Agonisten 14, 118, 341, 500, 503, 509, 515, 542
Ähnlichkeitsanalyse 258
Ähnlichkeitsfelder 276
Ähnlichkeitsmaß 258, 276
AIDS 13, 187, 347, 390, 563, 589, 593
akademischer Bereich 2

Aktionspotenzial 532
aktive Konformation 258, 307, 341
Aktivierung 433
Aktivierungsenergie 336
Aktivierungsprozess 518, 520
Akzeptor 307
Akzeptoreigenschaften 277
Akzeptorgruppen 255
D-Ala-D-Ala 371
β-Alanin 579
Alanin-Scan 139, 144, 538
Alchemisten 9
Aldehyd-Reduktase 473
Aldo-Keto-Reduktasen 461
Aldose-Reduktase 60, 122, 234, 472 f.
Aldosteron 477, 508, 524
Aliskiren 388
Alkaloide 88, 91, 436
Alkohol 9
Alkoholmetabolismus 483
alkylierende Agenzien 345
Alkylierung von Nucleinsäuren 130
Allel 184, 186, 473, 527
Allergie 45
Allopurinol 93
allosterisch regulierte Enzyme 528
allosterische Bindestelle 304, 428, 449
allosterische Hemmstoffe 396, 595
allosterische Inhibitoren 340
Alphaxalon 544
alternative Bindungsmodi 596
alternatives Spleißen 174
Alzheimersche Krankheit 178, 369, 486
Alzheimertherapie 401
Amantadin 567
Amidbindung 207
Amidbindung, Versteifung 208
Amidbindungsdipole 230
Amidinopiperidin 362
Amidoximen 129
Aminobuttersäure 543
Aminochinazolinon 324
Aminoglycosid 601
Aminophthalsäurehydrazid 323

Aminopterin 464
Aminosäure 76, 82
β-Aminosäuren 141
Aminosäuren, saure und basische 55
Aminosäure-Transporter 116, 132, 451
Amodiaquin 39
Amphetamin 78, 116
Amplitude 192
Amprenavir 398
β-Amyloid-Protein 401
Anabolika 507
Anakinra 530
Analytik 182
Ancrod 90
Androgenrezeptor 502, 507
Androstenon 527
Angina pectoris 422, 469
Angiogenese 413
Angiogenese von Tumoren 552
Angioödem 412
Angiotensin 390, 408, 412
Angiotensin II 523
Angiotensin II-Antagonisten 523
Angiotensin-Konversionsenzym 162, 252, 408
Angiotensinogen 384
Angststörungen 451
Anopheles-Mücke 36
Anpassungsfähigkeit 249
Antacida 44
Antagonisten 14, 118, 341, 503, 509, 515, 542
Anthranilsäure 496
Antiarrhythmika 43, 538
antibakterielle Farbstoffe 25
antibakterielle Sulfonamide 92
antibakterielles Wirkungsspektrum 223, 424
Antibiotika 12, 47, 317, 345, 347, 372, 424, 598, 601
Anticholinergika 44
Anticodonbereich 600
Anticodon-Schleife 318, 600
Antidepressiva 490
Antidiabetes-Therapie 368
Antiepileptika 420
Antifebrin 23
Antigen 214, 573, 583
Antigenbindestelle 587
Antigendrifts 565
Antigenmuster 574
Antigenpeptide 578
Antigenshifts 565
Antihistamine 29, 44
Antikoagulanzien 379, 557

Antikörper 214, 347, 518, 528, 566, 571, 581, 583
– als Arzneistoffe 586
Antikörper-Antigen-Wechselwirkung 98
antikörpergekoppelter Wirkstoff 133
antikörperproduzierende Zellen 585
Antimetabolite 345
antimykotisches Prinzip 598
antiparasitäre Therapie 424
antiparasitäre Farbstoffe 25
Antisense-DNA-Technologie 589
Antisense-Nucleotid 446, 450, 529
Antisense-Oligonucleotid 345, 588
Antisense-Prinzip 179
Antisense-Therapie 589
Antitarget 121, 538
Antithrombotika 365
Antra® 47
Apixaban 367
Apolipoprotein 468
Apoptose 376, 511
Appetitlosigkeit 420
Aprepitant 148
Aprotinin 90
Aquaporine 532, 551
Arabidopsis thaliana 173
Arachidonsäure 491 f., 516
Arbeitshypothese 1
Arcanum 9
Argatroban 362
Arildon 572
Aromatase 480
Arsphenamin 26
Artemisinin 39, 88
Arteriosklerose 559
Artesunat 39
Aryloxyaminopropanol 519
Arzneimittelforschung 2
Arzneimittelforschung, Geschichte 9
Arzneimittelmarkt 3, 20, 335
Arzneimittelmissbrauch 300
Arzneimitteltherapie 335
Arzneistoffinteraktion 483
Arzneistoffkatastrophe 300
Arzneistoffmetabolismus 125, 479, 481
Ascariden 543
A-site 600
Aspartam 30, 82
Aspartylproteasen 381
Aspartylprotease, sekretorische 401
Asperlicin 91
Aspirin® 33, 422, 495, 558
ASS 33, 128, 494

Assay 321
Assaysystem PAMPA 291
Assemblin 374
Assoziationsenergie 56
Assoziationskonstante 53
Astemizol 538
Asthma 421, 542
Asthmabehandlung 368
Asymmetriezentrum 69
asymmetrische Einheit 190, 192
AT_1-Rezeptor 523
Atherosklerose 467, 469, 472
Atomorbital (AO) 230
Atorvastatin 20, 470
Atovaquon 40
ATP 427 f., 439, 516, 531
Atropin 11, 42
Auflösung 196
Augeninnendruck 418
Ausknospen 567
Aussalzen 190
Ausscheidungsvorgang 283
Ausscheidungsweg 292
AutoDock 312
Autoimmunerkrankung 588
automatisierte Parallelsynthese 153
automatisierte Testsysteme 97
Autophosphorylierung 446, 528
Azathioprin 92
Azidothymidin 594
Azithromycin 604
Azo-Bindung 129
Azofarbstoffe 26
AZT 396, 594

B

BACE 402
back pocket 431, 439
Bäckerhefe 173
Bakterien 549
Bakteriophage M13 154
Bakteriorhodopsin 517
bakterizide Wirkung 463
Bambuterol 128
Barbital 24
Barbiturat 24, 77, 343, 545
β-Barrel 211
Base 287
Basenaustauschreaktion 321
Basentriplett 318
Basiliximab 587
Batimastat 415
Batrachotoxin 89
Bauchspeicheldrüsen-Entzündung 588
Bauprinzipien 207
Bcl-2 Protein 590
BCL-X_L-Protein 144

Sachregister

BCR-ABL Fusionsgen 436
bead 158
Befloxaton 490
Beilstein-Datenbank 156, 227
Benserazid 451
Benzamidin 359, 557
Benzodiazepine 142, 343, 545, 557
Benzylbernsteinsäure 409
Besetzungsdichte 205
Betamethason 508
Betäubung 9
Betaxolol 519 f.
Beugungsbilder 195
Beugungsmuster 193
Beugungsverfahren 189
Bewertungsfunktion 277, 312
Bibliothek 159, 308
Bicarbonat 417
bilineares Modell 285
Bimosiamose 563
Bindestellen 51
Bindestellen, bevorzugte 305
Bindungsgeometrien, Bewertung der erzeugten 312
Bindetasche 120, 233, 241, 249, 307, 384
Bindung, enthalpiegetriebene 59
Bindungsaffinität 54, 121, 234, 270 f., 313
Bindungsaffinität, Enthalpie- und Entropiebeiträge 313
Bindungsgeometrie 256, 303
Bindungskinetik 123
Bindungskonstante 52
Bindungsmodus 80, 323, 401, 561
Bindungsprofile 185, 527
Bindungspromiskuität 66
Bindungsstreckung 228
Bindungsvorgang, thermodynamische Größen 106
bioaktive Konformation 276, 522
Bioanalytik 183
biochemische Funktion 175
biogene Amine 490, 515, 527
Bioinformatik 173
bioisosterer Ersatz 114, 545
Bioisosterie 543
Biokatalysator 336
biologische Baupläne 172
biologische Funktion 212
Biologischer Raum 174, 335
Biopharmaka 581
Biophysik 104
Biosynthese des Cholesterins 128
Biosynthese des Thymins 463, 592
Biosyntheseweg 336
Biotin 183
Biotransformation 126

Bioverfügbarkeit 101, 119, 125, 292, 362, 365 f., 451, 581
Bioverfügbarkeitsmodelle 292
bisubstratanaloge Inhibitoren 456
Bisubstratinhibitoren 452
Blockbuster 437, 470
β-Blocker 118, 298, 519
Blocker 14
Blutdruck 91, 384, 408, 446, 479, 491
Blutdrucksenker 385
Blutdrucksenkung 523
Blutegel 89
Bluterfaktor VIII 90
Blutgerinnsel 379
Blutgerinnung 35, 357, 379, 556
Blutgerinnungsenzyme 351
Blutglucosespiegel 446
Blut-Hirn-Schranke 116, 125, 127, 131 f., 286 f.
Bluthochdruck 523, 588
Blutkörperchen 574
Blutplättchen 35, 556
Bluttransfusion 185
blutverdünnende Wirkung, ASS 495
Blutzuckerregulierung 472
blutzuckersenkende Wirkung 117
Blutzuckerspiegel 445, 473
BMS-214662 455
Boltzmann-Verteilung 233
Boronsäure 374
Bortezomib 374
Boten-RNA 178
Botenstoffe 137, 515
bovines Rhodopsin 518
Bradykinin 408, 412, 523
Breitbandwirkung 294
Brückenakzeptor-Eigenschaften 279
Brustkrebs 457, 506
bump & hole-Methode 439 f.
Burimamid 45
Butaclamol 77
n-Butan 239
Buttersäure 540
BVT-2733 479

C

CA II 279
CAAX-Sequenz 455
Caco-2-Modell 285, 291
Caenorhabditis elegans 101
Cahn-Ingold-Prelog-Regel 71
Calciumantagonisten 28
Calciumkanalblocker 533
Calciumkanäle 343, 533
Calpaine 376
Cambridge Crystallographic Database 227

Cambridge-Datenbank 259, 263, 393
cAMP 421
Cancerogene 127
Cancerogenität 299
Candesartan 525
Candida albicans 457
Candida antarctica Lipase 74
Canyon 571
Capecitabin 130, 592
Captopril 162, 410
Carazolol 519
Carbapenem-Typ 373
Carbenoxolon 478
Carboanhydrase 277, 417
Carboanhydrase II 80, 165
Carboxypeptidasen 351
Carboxypeptidase A 403, 409
Carboxyserinpeptidasen 374
Carbutamid 117
Carrier 550
Carvon 82
Caspasen 376
Catalyst 263
Catecholamine 451
Catechol-O-Methyltransferase (COMT) 451
Cathepsin D 401
Cathepsine 376
Cavbase 307
CAVEAT 148
CA I 279
CCR5 564
CD20-Antigen 588
CD4-Rezeptor 564
CD8$^+$-T-Lymphozyten 575
Cdc28 Proteinkinase 440
CDK2 440
cDNA 170, 178, 184
Celecoxib 128, 420, 497
Cephalosporin 26, 371
Cerivastatin 470, 472, 483
Cetus 170
cGMP 421
CGP-38560 387
Chagas-Krankheit 457
cheese effect 16, 491
Chelatliganden 443
Chemical Abstracts 156
Chemie in Lösung 156
Chemikalienkatalog 323
chemische Kampfstoffe 596
Chemischer Raum 155, 335
chemische Verschiebung 201
chemischer Friedhof 189
chemische Promiskuität 51
chemoenzymatische Synthesestrategie 138

Chemokine 529
Chemokinrezeptor 565
Chemotherapeutika 221, 463
Chemotherapie 436
Chimäre 586
chinesische Volksmedizin 10
Chinin 11, 25
chiral 69
chirale Katalysatoren 73
chiraler Pool 72
Chloralhydrat 24
Chloramphenicol 128, 601
Chlordiazepoxid 16, 28
Chloridkanal 250, 343
Chloridkanäle, spannungsgesteuerte 544
Chloroform 24
Chloroquin 39
Chlorproguanil 40
Chlorpromazin 16, 119, 295
Cholecystokinin (CCK) 91
Cholesterin 446
Cholesterinbiosynthese 467
Cholesterinsenker SR12813 511
Chromatin 424
chromatographische Trennung von Racematen 73
chronische myeloische Leukämie 436
chronische Arthritis 530
chronische Polyarthritis 497
chronisch-myeloischen Leukämie 181
Chymotrypsin 215, 351 f., 354, 385
Cialis® 421
Ciglitazon 511
Cimetidin 45
Cisaprid 538
cis-Platin 442
Cisplatin 221
Citalopram 492
Clarithromycin 604
Clavulansäure 372
ClC-Kanäle 546
Clenbuterol 117
Click-Chemie 164 f.
Clindamycin 601
Clobutinol 538
Clofibrat 127, 468, 509
CLOGP 292
Clomiphen 506
Clonidin 30
Clorgylin 490
Clozapin 295
ClpP-Protein 375
Coaktivator 503
Cocain 11, 43, 83
Cocktail 109

Codein 41, 485
Codon 600
Cofaktor 459
Cofaktor SAM 452
Coffein 11, 82, 485
Colchicin 11
Collagen 413
Collagenase-Inhibitoren 414
Collagenasen 413
COMBINE-Methode 277
CoMFA-Methode 271
Compactin 469
Compliance 348
Computer 102
Computermodelle 292
Computerscreening 314
Computersimulationen 236
Computersimulationen der Moleküldynamik 74
CoMSIA-Methode 276
COMT-Inhibitor 452
CONCORD 227
Coniin 11
α-Conotoxin 542
Contergan® 77, 300
CORINA 227
Coronaviren 376
Corticosteroide 27, 501, 508
Cortisol 508
Cortison 477
Coulomb-Gesetz 228
Coulomb-Potenzial 271 f.
COX-1 34, 492
COX-2 34, 492
CPK-Modelle 232
Crack 43
CRC220 361
Crossover 186
Cruzipain 376
Cumarin 99
Curare 265
Cushing-Syndrom 477
CXCR4-Corezeptor 564
Cyclamat 30, 82
Cyclin-abhängige Kinase 375
cyclische Pentapeptide 557
cyclischer Harnstoff 394
cyclischer Phosphorsäureester 421
cyclisches Peptid 142
Cycloguanil 129
Cyclohexan/Wasser 287
Cyclooxidation 492
Cyclooxygenasen 492
Cyclophosphamid 130
Cyclosporin 91, 138, 346, 483, 598
Cyclotheonamid A 355
CYP 2C9 482
CYP 2D6 482

CYP 2E1 483
CYP 3A 513, 604
CYP 3A4 46, 392, 482, 592
Cyproteronacetat 508
Cysteinprotease 375
Cysteinrest 109
Cytochrom 479
Cytochrom C 307
Cytochrom CYP 3A4 472
Cytochrom P450 126, 293
Cytochrom P450-Enzyme 46, 479, 485, 511
Cytokine 416, 429, 559, 575
Cytokinrezeptoren 528
Cytomegalievirus 374, 589
Cytosin 222
cytotoxische Wirkung 130

D

D_1-Rezeptor 521
D_2-Rezeptor 521
Dabigatran 363
Daclizumab 587
Dalfopristin 605
Dapivirin 596
Dapson 40
Daptomycin 550
Dasatinib (Sprycel) 439
Datenbank 102, 148, 156, 242
Datenbank Isostar 218, 260
Datenbank Relibase 306
Datenbanksuche 249, 262 f.
Datenbankwerkzeuge 306
Daumenkino 218 f.
Daunorubicin 221
DDT 38
Debrisochin 485
Decarboxylase-Hemmer 451
Decarboxylase-Hemmer Benserazid 132
Deformylase 428
degenerative Gelenkerkrankungen 497
Dehydrogenase 460
Deletionen 308
Delysid® 27
de novo-Design 306, 313
de novo-Designprogramme 310
Depolarisation 532
L-Deprenyl 489
Depressionen 95, 486
Desaminierung 486
Designcyclus 306
Designhypothese 330, 524
Deskriptoren, eindimensionale 281
Desolvatation 56, 312
Desoxyform von Hämoglobin 304
Desoxyribonucleinsäure 170

Devazepid 91
Dexamethason 508
DFG 429
DHF 255
Diabetes 177, 445, 477, 509, 528, 583
Diabetes mellitus 472
Diabetes mellitus Typ II 368, 538
Diacylglycerol 516
Diastereomere 71 f.
Diazepam 16
Diazoxid 537
Dibenzodioxin 299
Dicarbonsäure 381
Dicer 179
Dichtefunktionaltheorie 230
Diclofenac 495 f.
Dicoumarol 95
Dicyclohexylcarbodiimid 157
Didanosin 396
Diederwinkel 228
Dielektrizitätskonstante 228
Diels-Alder Reaktion 164
Diethylstilbestrol 503, 505
Differenzvolumina 250
Diffraktometer 193
Diffusion 233, 531
Diffusionsgeschwindigkeit 550
Diffusionsgesetz 285
Digitalis, Wirkung 87
Dihydrofolat 255, 463
Dihydrofolatreduktase 92, 255, 460, 463
Dihydrofolsäure 26, 255, 463
Dihydropyridin 132
Diisopropylfluorophosphat 351
Diltiazem 533
dimerisierender Rezeptor 528
Diol 382
Dioxine 299
Dipeptidylaminopeptidase IV 368
Diphenhydramin 11, 119
Diphosphateinheit 460
Diphosphoglycerinsäure (DPG) 304
Dipol 230
Dipolmoment 534, 546
direkte Methoden 196
dirty drugs 295
Disoxaril 572
Dissoziationskonstante 53
Distanzgeometrie 202
Distickstoffmonoxid 23
Distomere 76
Distributionskoeffizient D 290
Disulfidanker 109
Disulfidbrücke 183
Disulfiram 94

Diuretika 94, 117, 418, 509, 552
Diversität 214
DNA 170, 220, 335, 442, 450, 588
DNA-Bindestelle 342
DNA-Bindungsdomäne 500
DNA-Methyltransferase 450
DNA-Neusynthese 171
DNA-Polymerase 592 f.
DNA-*response*-Element 500
DNA-Synthese 436
Dobutamin 117
Docetaxel 513
DOCK 312
Docking 102
Dockingprogramm 102, 310, 312
Docking-Verfahren 303
Dolastatine 89
Domäne 211
Donor 218
L-Dopa 116, 131 f., 451, 521
Dopamin 43, 131, 451, 486
Dopaminrezeptor 43, 295, 521
Doppelhelix 220
Doppelspalt 193
doppelsträngige RNA-Stücke 179
Dorzolamid 420
Dosis-Effektbeziehung 348
DPP IV 368
Drehimpuls 200
Drehwert 70
Dreiding-Modell 231
Drug 97
Drug Targeting 132
drug-drug interaction 483
DrugScore 261, 277
Durchblutungsmangel 559
Durchmustern riesiger Substanzbestände 96
Dynamik 216
dynamisches Austauschgleichgewicht 165

E
E605 370
eclipsed 239
Ecstasy 116
Edatrexat 464
ee-Wert 73
Efegatran 359
Eicosanoid-Stoffwechsel 480
eindimensionale Deskriptoren 281
Eingangsfilter 292
eingelagertes Wassermolekül 323
Einschlusskörper 178
Einzeller mit Zellkern 174
Einzeller ohne Zellkern 174
Eisenhut 542
Eisenion 423

Elaspol 365
Elastase 305, 354
elektrische Feldgradienten 550
elektrochemische Potenzialdifferenz 531
elektrochemische Konzentrationsgradienten 343
elektrochemische Redoxzellen 532
Elektronendichte 196
Elektronenmikroskopie 189, 200, 517, 540, 548, 571
Elektronentransfer 459
elektronische Delokalisation 337
elektronische Struktur 229
elektronische Eigenschaften 266
elektronische Molekülbaukästen 227
elektrostatische Feldbeiträge 276
elektrostatische Interaktionen 466
elektrostatisches Potenzial 256
elektrostatische Wechselwirkung 54, 56, 228
Elementarzelle 190
ELISA-Verfahren 99, 183
Emesis 148
Enalapril 127, 410
Enalkiren 386
Enantiomere 70
enantiomere Substrate 73
enantiomerenreine Wirkstoffe 77, 79
enantiomorph 69
Enantiopräferenz 75
Enbrel® 588
endogen 87
Endopeptidasen 351
endoplasmatisches Retikulum 455, 481, 575
Endorphin 139
Endothelzellen 317
Endothiapepsin 387
Endozytose 179
energieliefernde Reaktion 531
Energieminima 240
Enfuvirtid 396, 564
Enkephalin 42
Entacapon 452
Entfaltungsprozess 104
Entgiftungsmechanismus 473
enthalpie- oder entropiegetriebene Binder 121
Enthalpie- und Entropiebeiträge der Bindungsaffinität 313
Enthalpie 53, 106
Enthalpie/Entropie-Kompensation 121
enthalpiegetriebene Bindung 59
enthalpisch 63, 271

enthalpische Wechselwirkung 330
enthalpischer Vorteil 74
Entropie 54, 57, 106, 234, 272
entropisch 74
entropische Gründe 330
entropische Optimierung 63
entropischer Anteil 271
Entwurf von Wirkstoffen 1
Entzündungen 374, 494
Entzündungsherd 529, 559
Entzündungsprozess 559
enzymaktivierte Prodrug-Therapie 134
enzymatische und biotechnologische Verfahren 73
Enzyme 335 f.
Enzyme Linked Immunosorbent Assay, ELISA 99
Enzymkinetik 340
Enzym-Klassifizierung 337
Enzymmechanismus 354
Enzymsubstrate 137
Epalrestat 475
Ephedrin 11, 73
Epibatidin 89, 542
Epidermaler Wachstumsfaktor (EGF) 342, 587
Epitope 154
Epitop-Mapping 157
Eplerenon 509
Epothilon 175, 346
Eprosartan 525
Eptifibatid 557
Erbinformation 172
Erbkrankheiten 177, 186
Erektionsstörungen 421
Erfindungsdatum 470
Ergotamin 91
Erhalt der Knochendichte 506
Erregung der Zelle 531 f.
Ersatz von Amidbindungen 140
Erythromycin 601
Erythropoietin 90, 531, 582
Escherichia coli 170
Ester 127
Esterasen 351, 369
Estradiol 501, 503
Estrogenrezeptor 502 f.
Estrogenrezeptormodulator 507
Etanercept 588
Ether 24
Etoricoxib 497
Etorphin 42
Etravirin 596
Etikettieren der Harzkugeln 160
eudismisches Verhältnis 76
eudismischer Index 76
Eukaryoten 174

Eutomere 76
Evolution 186
evolutive Strategie 116
Exanta® 363
Expressionsmuster 184
extrinsische Aktivierung 357
Exvasation 559

F
F_{ab}-Domäne 584
FAD 459
FAD-Molekül 485
Fadenwurm 101, 173, 301
Fährsystem 179
Faktor VIIa 357, 367
Faktor VIII 582
Faktor Xa 215, 351, 357, 365
Faktor XIII 357, 379
Falcilysin 402
Falcipain 376, 402
falsche Substrate 371, 591
falsch-positiver und falsch-negativer Treffer 102
β-Faltblatt 208
Faltblattstränge 212
Faltung 233
Faltung der Polymerkette 208
Faltungsgerüst 310
Faltungsmuster 211, 352
Faltungsproblem 303
Famotidin 46
farbgebende Reaktionen 98
Farbstoffe 24
Farnesyl 452
Farnesyldiphosphat 455
Farnesylrest 346
Farnesyltransferasen (FTasen) 346, 453
F_c-Domäne 584, 588
FCS 100
FDA 572
Feature-Trees 262
feed back-Regulation 407
Fehlergrenzen 198
Feldbeiträge, elektrostatische 276
Feldgradient, elektrischer 550
Fenster, therapeutisches 485
Festphasensynthese für Peptide 156
Fettleibigkeit 445, 477, 552
Fettsäuren 499
Fettstoffwechsel 446
Fibrate 472, 509
Fibrin 357
Fibrinogen 346, 357, 556
Fibrinogen- und Cholesterinspiegel 467
Fibrinogen-Rezeptor-Antagonisten 556 f.

Fibrinopeptid 358
Fidarestat 60, 475
first pass-Effekt 125, 392
first-to-file 470
first-to-invent 470
Fischerkonvention 70
Fixierung von Kohlendioxid 417
flap 382
flap-Region 387, 401
Flavin-Cofaktoren 462
Flavingerüst 488
Flavone 88
Flavoproteine 461
Flexibilität 233
flexible Anpassung 51
FlexS 257
FlexX 312
Fließgleichgewicht 284
Fluconazol 462
Flumazenil 546
Fluoreszenzanisotropie 99
Fluoreszenz-Korrelationsspektroskopie 100
Fluoreszenzmessverfahren 99
Fluoxetin 20
Flurbiprofen 496
Fluxrate 531
FMN 459
Fomivirsen 589
Formamid 207
Formylmethionin 424, 427
Fosmidomycin 40
Fouriertransformation 195
fragmentbasierte Screeningverfahren 447
Fragmentbibliotheken 313
Fragmente 104, 109, 310
Fraßfeinde 88
Free-Wilson-Analyse 269
freie Bindungsenthalpie 53, 121
Freie Enthalpie 106, 234
Freiheitsgrade 57, 271 f.
Freisetzung von Wassermolekülen 56, 57, 393
FRET-Messverfahren 100
front pocket 431
Fruchtfliege 301
Fructose 472
Fugu-Fisch 89
Fulvestrant 507
Fünffachkoordination am Phosphor 444
funktionelle Redundanzen 436
funktionelle Verwandtschaften 307
Furchen 220
Furin 368
Furosemid 117
Fusionsprozess 564

Sachregister

Fuzeon® 564

G
GABA 132, 540, 543
GABA$_A$-Rezeptor 343, 543
Gallensäuren 467
Gallussäure 452
Galvus® 369
Ganztiermodell 101
Gastrin 44
gate keeper residue 431
gauche 239
Gauß-Funktion 276
Gebärmutter-Kontraktion 494
gebundene Konformation 336
Gedächtniszellen 574
Gefitinib 528
Gehirnschläge 467
Gelatinasen 413
Gelbkörperhormon 507
Gemfibrozil 472
Genchip 485
Gendichte 174
genetische Ausstattung 485
genetische Polymorphismen 184, 527
genetischer Code 450, 600
genetischer Fingerabdruck 171
Genexpression 220, 499
Genexpressionsmuster 101
Genfamilie 116
Genom 173, 227, 303, 335
Genomprojekte 172
Genotyp 485
Genregulation 180, 499
Gentechnik 169
Gentechnologie 169, 582
Gentherapie 187
Geometrie nichtkovalenter Wechselwirkungen 218
Geranylgeranylanker 452
Geranylgeranyltransferasen I und II (GGTase I und II) 453
gerichtete Wechselwirkungen 241
Geruch 82
Geruchsstoff 526
Gerüstmimetikum 142
Geschichte der Arzneimittelforschung 9
Geschlechtshormone 501
Geschwindigkeitskonstanten des Substanztransports 284
Geschwüre 44
Gesundheitsreform 472
Gewebehormone 492
gewebespezifische Rezeptoren 100
Gewebeverträglichkeit 578
Gewebs-Plasminaktivator tPA 90

GFP 100
Gibbs free energy 53
Gicht 93
Giftung 126
Glaukom 133, 418, 552
Glibenclamid 118
Glockenblumenart 542
Glucocorticoide 477, 508
Glucose 445, 472
Glucoseaufnahme 445, 528
Glucosestoffwechsel 509
Glucosetransporter GLUT-4 446
Glucuronsäure 125
Glutathion 126, 473, 483
Glutathiondisulfid 473
Glutathionreduktase 473
Glutathion-Transferasen 126
Glycerol 551
Glycin 125, 309, 543
Glycogen 445
Glycoprotein 121, 560
Glycoprotein GP 170 293, 344, 348
Glycosidase 567
Glycoside 88
Glycosylierung 427
Glycyrrhizinsäure 477
GOLD 312
goldene Regel im Wirkstoffdesign 325, 399
gp120 563
gp41 563
GPCR 161, 335, 341
G-Protein 516
G-Protein-gekoppelte Rezeptoren (GPCR) 161, 176, 341, 515
Grad der Zelldifferenzierung 531
Grafikprogramm 232
Gramicidin A 550
Grapefruit 462, 482
Greek key-Barrel 213
Grenzwert 276
Grepafloxacin 538
GRID 259, 272, 567
Grippeschutzimpfung 566
Grippevirus 346
GROW 313
Grünfluoreszierendes Protein 100
druggable Genom 336
GSK-3 443
GTPasen der Ras-, Rab- und Rho-Familien 453
Guanin 222, 318
Guanosin-3',5'-cyclophosphat (cGMP) 516
Gyki 359

H
H$^+$/K$^+$-ATPase 47, 132, 345

H$_2$-Antagonisten 44 f.
HAART-Strategie 397
Haftgruppen 113
Halbwertszeit 292, 581
Halofantrin 39
Haloperidol 29, 43, 295
Hämagglutinin 346, 368, 565
Häm-Cofaktor 493
Hämgruppe 459, 462
Hammett-Gleichung 266, 484
Hammett-Konstante σ 266
Hämoglobin 186, 303, 402, 462
Häm-Proteine 480
Hansch-Analyse 268
harmonisches Potenzial 228
Harnstoff 551
Hartree-Fock-Verfahren 230
Harzkügelchen 158
Häufigkeitsverteilung 244, 261
H-Brücke 54
H-Brückendonor 255
α-Helices 208
Helices 546
Helicobacter pylori 13, 47
Helixbrecher 308
Helixbündel 564
Helixmimetika 145
Hemmstoff für Enzyme 338
Hemmstoffe der Proteinbiosynthese 345
Heparin 90
Hepatitis 376, 570, 586
hERG-Kaliumkanal 293, 538
Heroin 41, 83, 127
Herpes-Simplex-Virus 374
Herpesviren 374, 592
Herstellung von Proteinen 172
Herzarrhythmie 538
Herzglycoside 299
Herzinfarkt 95, 357, 467, 469, 559
Herzinsuffizienz 87, 410, 508 f.
Herzkontraktivität 524
Herzmuskelzellen 538
Herzrasen 538
Herzrhythmusstörungen 39, 533, 538
Herzschwäche 87
Herzstillstand 538
herzwirksame Glycoside 508
heterozygote Träger 186
n-Hexan 240
high density-Lipoprotein 469
high-throughput screening 97
hinge region 429
HINT 273
Hirudin 89
Histamin 44, 119
Histondeacetylasen 424

Hits 97
Hitzeschockprotein 500
hitzestabile DNA-Polymerase 171
HIV-Integrase 396
HI-Virus 347, 390, 563, 593
HIV-Protease 82, 390, 593
HIV-Proteaseinhibitoren 121, 124
HMG-CoA-Hemmer 121
HMG-CoA-Reduktase 128, 467 f.
Hochdurchsatz-Screening 97
Höhenkrankheit 420
Homologiemodelle 487, 520, 540
Homologiemodellierungsprogramme 310
homozygote Träger 186
homozygot 304
horizontaler Gentransfer 186
Hormone 13, 293, 515
Hormonersatztherapie 506
hot spot-Analyse 324
hot spots 102, 144, 218, 259, 261, 304, 310
HTS 97, 102
Huisgen-Reaktion 164
Human Genome Organization (HUGO) 172
Humane Leukozyten-Elastase 364
humane Plasmaproteine 121
humanes Genom 173
humanes Insulin 170
Humanisierung 586
Humantoxizität 298
humorales System 573, 583
Humulin® 170
Huperzin A 88
Hybridisierungszustand 230
Hybridomzellen 585
Hydantoine 474
Hydratationsenthalpien 533
Hydrathülle 287, 541, 550 f.
Hydridübertragung 460
Hydrochlorothiazid 117
Hydrolasen 351
hydrophobe Eigenschaften 273, 276
hydrophobe Molekülteile 249
hydrophobe Oberfläche 58, 210
hydrophobe Wechselwirkungen 56, 252
hydrophobe Oberflächenbereiche 267
hydrophobe Testverbindungen 99
Hydroxamsäure 415
Hydroxyethylengruppe 142
Hydroxypyron 394
Hygiene 13
Hyperforin 511, 513
Hyperpolarisation 533, 543
hypertensive Krise 492

Hypertonie 509, 523, 533
hypervariable Schleifen 584

I
Ibritumomab 588
Ibuprofen 79, 496
IC_{50}-Wert 53
ICI 200880 364
Ideengenerator 263, 314
IgG 584
Ikosaeder 571
IL-2-Rezeptor 587
Iloson® 602
Imatinib (Glivec®) 436
Imipenem 372, 373
Imipramin 16, 29, 119
Immobilisierung 104, 182
Immunabwehr 374, 529, 555, 575
Immunantwort 416, 583
Immunassay 99
Immunglobuline 214
Immuninsuffizienz 187
Immunreaktion 179, 588
Immunstimulation 577, 598
Immunsuppressivum 91, 93
Immunsystem 185, 187, 214, 347, 376, 529, 573, 583
Immunzellen 583
Impfstoffe 575, 586
in vitro-Modelle 14, 283
in vitro-Modelle für die Absorption 291
in vitro-Tests 178
in vitro-Testsystemen 97
individuelle Arzneimittel 2
individuelle Therapie 185
Indometacin 496
induced fit 249
Induktion 483
induzieren 494, 511
induzierte Anpassung 51
Infarkt- und Schlaganfallrisiko 472
Infarkte 36
Infektionserkrankungen 9
Infektionsherd 555
Infektionskrankheit 12, 390, 597
Influenzaviren 565
Informationsaustausch 340, 555
Informationsfluss 515
Informationskaskaden 439
INF-α 530
INF-β 530
Inhaltsstoffe von Pflanzen 88
Inhibitions- oder Selektivitätsprofil 433
Inhibitionskonstante 53
inhibitorische Neurorezeptoren 543

inhibitorische Glycin- und $GABA_A$-Rezeptoren 540
Inkretinhormone 368
innere Energie 53
innere Uhr 422
Inositol-1,4,5-triphosphat (IP_3) 516
Insektizide 370
Insertionen 308
Insulin 90, 342, 368, 509, 528, 537, 582, 583
Insulinausschüttung 538
Insulinresistenz 445 f., 509
Insulinsekretion 537
Insulinsensitizer 511
Insulinunempfindlichkeit 472
Integrine 145, 335, 346, 555
Integrinrezeptoren 555
Interaktionen, elektrostatische 466
Interaktionsgruppen 249
Interferenz 192
γ-Interferon 579
Interferon 529
Interkalation 223
interkalierende Tumortherapeutika 346
Interleukin 1-Rezeptorantagonist 530
Interleukin IL-1 530
Interleukin IL-2 598
Interleukine 529
intramolekulare Wasserstoffbrücken 243
intrazelluläre Signalvorgänge 427
Invasin 317
Invasionsvorgang 555
inverse Agonisten 341, 515
Inversion des Stereozentrums 79
Ionen 531
Ionenaustauscherharze 468
Ionenkanal hERG 121
Ionenkanäle 176, 335, 340, 343
Ionenpaar 287
Ionenpumpen 531
Ionen-Transporter 344
ionische Wechselwirkungen 54
Iproniazid 16, 95, 486
Irbesartan 525
irreversible Acetylierung 494
irreversible Hemmung 352
irreversible Inhibitoren 340, 377
Isoalloxazinring 462
Isoamylcarbamat 24
isoelektrische Fokussierung 181
isoelektrischer Punkt 180
Isoniazid 92, 486
Isopeptidbindung 379
Isoprenalin 117 f., 519
Isoprenoid 452, 455

Isoprenoidsynthese 40
Isosorbiddinitrat 422
Isostar 218, 260
isosterer Ersatz 113, 307
isosteres Fluoratom 120
isothermale Titrationskalorimetrie 106
Isotope 588
iteratives Design 303
iterativer Prozess 314

J
jelly roll 213
junk DNA 173

K
Kaliumkanal KcsA 534
Kaliumkanäle 343, 533, 536
Kalorimeter 105
Kammerflimmern 538
Kammerwasser 418
Karzinome 559
katalytische Triade 219, 352
katalytische Zentren 336
Katarakt 376
kaukasische Bevölkerung 484
Kernrezeptoren 499
Keto-ACE 412
Ketoconazol 462, 482
Ketomethylengruppe 142
Ketoprofen 496
Kettenabbruch 593
Kinase 294, 336, 342, 428, 433
kinaseabhängige Signalkaskaden 528
Kinase-Goldrausch 428
Kinaseinhibitoren 181, 428
Kinase-Stammbaum 435 f.
Kinderlähmung 571
Kinedak® 475
kinetische Bindungsprofile 123
kinetische Racematspaltungen 73, 370
klinische Diagnostik 182
Knochendichte, Erhalt 506
Knochenresorption 376
Knock-In 177
Knock Out 177
Knorpelgewebe 413
knowledge-based 227
Kochsalz 189
Kohlehydratmoleküle 560
Kokkelskörner 250
Kombinationspräparate 348
Kombinationstherapie 396
kombinatorische Explosion 153
Kombinatorischen Chemie 153
Kompartimente 52

Kompartimentierung 15, 293
Kompensation von Enthalpie und Entropie 63, 65, 123
kompetitive Inhibitoren 340
komplementäre DNA 178
Komplementsystem 573
Kondensation 164
Konfiguration 69, 70
Konformation 137, 229, 233, 239
Konformation, aktive/inaktive 259, 307, 341
Konformation, bioaktive 276, 522
Konformation, gebundene 336
Konformationen der Polymerkette 309
Konformationsanalyse 241, 521
Konformationsänderung 431, 447, 520, 528, 541, 548, 564
Konformationsänderung des Rezeptors 515, 518
Konformationsenergie 231, 239
Konformationsfamilien 308
Konformationsraum 241, 255
Konformationsschalter 536
Konformationssuche 254
Konformationszustände 59
konformative Adaption 433
konformative Änderung 541, 571
konformative Beweglichkeit 254
konformative Eigenschaften 249
konformative Einschränkung 148
konformative Fixierung 276, 285
konformative Flexibilität 256 f., 263
konformative Freiheitsgrade 58, 596
konformative Umwandlung 556
Konformere 257
Konjugation 125
Konjugationsstelle 126
Konsensus-Sequenz 173
konserviertes Nucleotid-Bindemotiv 461
konstitutiver Androstanrezeptor 511
Kontaktfläche 584
Kontaktgeometrien 218, 260
Kontraktion bronchialer Luftwege 494
Kontrazeptiva 506 f., 572
Konturdiagramme 275 f.
konvergente Synthesestrategie 163
Konzentrationsgefälle 532
Konzentrationsgradient 531
Konzentrationsgradient, elektrochemischer 343
Koordinationschemie 442 f.
koronare Herzerkrankungen 467, 506

Körpertemperatur 494
Korrelationskoeffizient 269
Kraftfeld 240, 243, 252
Kraftfeldmethode 227
Kraftfeldrechnung 226 f.
Kraftkonstante 229
Kräutertherapie 87
Kreatinase 337
Krebserkrankungen 374
Krebsmittel 368
Krebstherapeutikum 134
Krebstherapie 145, 221, 413, 423, 511, 529
Krebszellen 587
Kreuzreaktivität 293, 307
Kreuzvalidierung 275
Kriminalistik 171
Kristall 189
Kristallgitter 191
Kristallisation 172, 518
Kristallisation aus Lösung 189
Kristallisationskeime 190
Kristallisationstechniken 190
Kristallisationsverfahren 189
Kristallmodifikation 291
Kristallstrukturanalyse 189
Kupfersulfat-Kristalle 189
kurzkettige Dehydrogenasen 461

L
L-739750 455
Labetalol 71, 77
lab-on-a-chip 164
Lachgas 23
β-Lactamase 26, 347, 351
Lactamasen 372
β-Lactamring 370 f.
Lactoferrin 582
Lactonring 128
Lactonstruktur 470
ladungsunterstützte Wasserstoffbrücke 54, 331
Lakritz 477
Laue-Technik 205
Laxans 25
lead discovery by shopping 263
lead 97
Leberpassage 125
Lebertoxizität 488, 491
Lee-Richards-Oberfläche 232
Leishmanien 457
Leishmaniose 457
Leitstrukturen 303
Lektine 560
Lennard-Jones 272
Leukämie 92
Leukämieerkrankungen 436
Leukozyten 346, 555, 559

Leukozytenprotease-Inhibitor 364
Leupeptin 377
Leuprolid 138
Levamisol 30
Levcromakalim 536
Levitra® 421
Levomethadon 42
Librium® 28
Lidocain 44
ligand efficiency 98, 104, 121
ligandabhängig gesteuert 531
ligandbasierter Pharmakophor 249
Liganden 52, 105
Liganden-Bindestelle 342
Ligandenbindungsbereich 500
Ligandenbindungsdomäne 499, 501, 503, 540 f.
Ligandendesign 310
Ligandenfischen 105
ligandgesteuert 343
ligandgesteuerte Ionenkanäle 540
Ligasen 170
lin-Benzoguanin 325
Linker 158
linkshändige Helices 81
Lipasen 73, 351, 369, 581
Lipid-Doppelschicht 52
Lipidlöslichkeit 283
Lipidmembranen 267, 283
Lipidsenker 509
Lipidtheorie der Narkose 266
Lipitor® 472
Lipobay® 472
lipophile Gruppen 56
lipophile Oberfläche 62
Lipophilie 113, 125, 267, 281, 286, 291
Lipophilie des Gegenions 287
Lipophilieparameter 267
Lipophilie-Verteilung 273
Lipophilie-Wirkungsbeziehungen 268
Liposomen 179
Lipstatin 370
Lisinopril 410
Lithiumsalz 29
Lobelin 542
locked Nucleinsäuren (LNA) 589
Lockstoff 527
log D 290
log P 267, 284
Lokalanästhetika 9, 43, 533
lokale Strahlentherapie 588
Lonafarnib 455
long-QT-Syndrom 538
loop 209
Loperamid 42
Losartan 485, 523, 525

Losec® 47
Lösegeschwindigkeit 291
Löslichkeit 125
Löslichkeit in wässrigen Phasen 291
Löslichkeitsvorhersage 292
Lösungsmittelmoleküle 108
lösungsmittelzugängliche Oberfläche 232
Lotrafiban 557
Lovastatin 20, 91, 128, 470
Lovirid 595
low-density-Lipoproteine (LDL) 468
Lozaar® 523
LSD 27, 83, 299
LUDI 313, 323
Lumefantrin 39
Lumiracoxib 497
Lungenemphysem 364, 588
LxxLL-Motiv 503
Lymphozyten 574
Lysergsäurediethylamid 27, 91, 299
Lysozym 27, 573, 584

M
M2-Protein 566
MACCS *keys* 281
Maganinin 551
Magen 44
Magendarmflora 186
Magengeschwüre 420
Magensäureproduktion 494
Magenschleimproduktion 496
magische Methylgruppe 436 f.
makrocyclische Liganden 407
Makrolide 138, 345, 375, 581, 598, 601
Makrophagen 468, 573, 583
Malaria 12, 186, 376, 402, 457
Malariatherapie 376
Malarone® 40
Malathion 370
maligner Tumor 413
MAO-A 485
MAO-B 485
MAOs 492
MAP-Kinasen 430, 516
Maraviroc 396, 565
markierte Verbindungen 98
Marsilid® 488
maschinelles Lernen 292
Massenspektrometrie 104, 181
Massenwirkungsgesetz 53
mathematische Modelle 265
Matrilysin 413
Matriptase 368
Matrixmetalloproteasen 413
Matrixproteine 376

Maul- und Klauenseuche-Virus 570
Mauvein 25
MCSS-Methode 261
MDM2-Protein 145
MDMA 116
MD-Simulationen 474
Mechanismus 404
Medikamente, personalisierte 185
medizinische Diagnostik 171, 586
Meerzwiebel 10
Mefloquin 39
mehrdimensionales NMR-Spektrum 203
Mehrfachresistenz 348
Mehrkompartmentsysteme 285
Melagatran 362
Melanompatienten 575
Membranbarrieren 127
Membrandurchtritt 541
Membrangängigkeit 287
Membranpermeabilität für Ionen 531
Membranpotenzial 531 f.
membranständige Rezeptoren 340, 515
Membransysteme 285
Membrantransporter 548
Menopause 506
Menstruationscyclus 506 f.
Mepivacain 44
Mercaptopurin 92
Meropenem 372 f.
MEROPS-Datenbank 336
Merrifield-Peptidsynthese 157
meso-Weinsäure 70
messenger-RNA 589
metabolische Eigenschaften 484
metabolische Stabilität 115, 138
metabolische Veränderungen 459
metabolisches Syndrom 446, 477
Metabolisierer 185, 485
Metabolisierungsprofil 482
Metabolismus 121, 283, 513
Metabolite 125, 300
Metabolom 182
Metabolomik 180, 182
Metacholin 77
Metalle 441
Metallionen 441
metallischer Beigeschmack 420
Metalloenzyme 372, 403
Metalloprotease 402, 405
MetaSite 484
Metastasierung 413
Methamphetamin 78
Methaqualon 71
Methazolamid 418
Methotrexat 92, 255, 464

Sachregister

Methylenblau 26
Methylentetrahydrofolat 463
Methyllycaconitin 542
Methyltransferasen 450
Metiamid 45 f.
me too-Forschung 115
Metoprolol 118
Metyrapon 462
Mevalonsäure 468
Mevastatin 469 f.
MHC-Moleküle 573
Michael-Akzeptor 377
MIDAS 555
Mifepriston 507
Migränetherapie 91
Mikroarray-Technologie 182
Mikroorganismen 90, 186, 581, 596
Mikrotiterplatten 99
Mimikry 93
Mineralocorticoide 508
Mineralocorticoid-Rezeptor 477
miniaturisierte Reaktionsautomaten 162
Minimalsubstrat 414
Mitochondrienmembran 486
MK499 539
MM-GBSA-Verfahren 229
MMP-12 404
MM-PBSA-Verfahren 229
MMPs 413
Moclobemid 490
Modell 211, 225, 303, 518, 520
Modellbau 307, 310, 335
Modeller 310
Modellierung 520
Modifizierung der Seitenketten 139
MOE 281
Mohn 10
molekularer Ersatz 196
Moleküldeskriptoren 313
Moleküldynamik 232, 241
Moleküldynamiksimulationen 202
Moleküle als kleine Sonden 108
Molekülfelder 274
Molekülgraphen 156, 281
Molekülmechanik 227
Molekülmodell 225, 239
Molekülorbital (MO) 230
Molekülpackung 191
Molekülvergleiche 249, 252
Monacolin K 469
Monoaminoxidase 16, 486
Monoaminoxidase-Hemmer 78, 132
monoklonaler Antikörper 134, 586
Monooxygenasen 480
Monte Carlo-Verfahren 241
Morbus Bechterew 420, 497

Morbus Parkinson 451
Morphin 11, 41, 127, 139
Motive 211
mRNA 178
mRNA-Moleküle 184
MTX 255
Multienzymkomplex 597
multifaktorielle genetische Ursache 186
Multipin-Synthese 157
multiple Arzneistoffresistenz 548
multiple Konformationszustände 520
multiple Sequenzvergleiche 309
multiple Sklerose 530
Multiples Myelom 374
muscarinische Acetylcholinrezeptor 44
Muskelschwund 376
Mutagenesestudien 519
mutagenesis 172
Mutagenität 299
Mutationen 186
Mutationsexperimente 520
Mutterkorn 91
Mutterkornalkaloide 27
Myoglobin 462
Myokardinfarkt 376

N

Na^+/K^+-ATPase 344, 532
nAChR 343
nACh-Rezeptor 89
$NAD(P)^+$ 459
NAD^+ 473
$NAD^+/NADP^+$ 459
NADH/NADPH 459
NADPH 473
Nafoxidin 506
Naftifin 29
Naloxon 41
NAPAP 359
Naphthalin 23
Napsagatran 362
Naringenin 462, 482
Narkose 9
Narkotika 23
Natriumdodecylsulfat 181
Natriumkanal 532
Naturprodukt 377
Naturstoffe 87, 156, 581
Nebennieren 508
Nebenwirkung 78, 87, 94, 101, 113, 292, 294 f., 298 f., 345, 420, 451, 494, 497, 523, 538
nebenwirkungsfreie Schmerztherapie 497
Nebenwirkungsprofil 182, 497

Nebicapon 452
Nebularin 93
Nelfinavir 391
NEP 24.11. 258
Nernstsche Gleichung 532
Nervenreizleitung 540
Neuraminidase 346, 565
Neuraminsäure 567
neurodegenerative Schädigungen 376
Neuroprotektiva 376
Neurotransmitter 13, 293, 340, 343, 369, 486, 515, 521, 541
Nevirapin 396, 595
Newtonsche Bewegungsgleichungen 233
NF-κB 375
nichtkompetitive Blockierung 595
nichtkompetitive Hemmung 340
nichtkovalente Wechselwirkungen 54
– Geometrie 218
nichtpeptidische Antagonisten 523
nichtpeptidisches Templat 142
nichtribosomale Peptidsynthese 138, 597
Nicotin 89, 542
Nicotinamid 459
nicotinischer Acetylcholin-Rezeptor 89, 343, 369, 540
Nicotinsäurediethylamid 27
Nierendurchblutung 494
Niereninsuffizienz 469
Nierenversagen 472
Nifedipin 28, 259, 343, 532
NIH 173
Nilotinib 438
Nitecapon 452
Nitroglycerin 422
Nitrogruppen 452
Nitroverbindungen 422
Nizatidin 46
NK_1-Antagonist 297
NK-Rezeptorantagonisten 146
N-Lost 130
NMR 557
NMR-Methode 144
NMR-Signal 106
NMR-Spektroskopie 106, 189
NO-Biosynthese 347
Nomenklatur 215
D/L-Nomenklatur 70
Nonactin 550
Noradrenalin 451
NSAIDs 496
nucleäre Hormonrezeptoren 335
nucleäre Rezeptoren 341, 499
Nucleophil 320, 351, 375

nucleophile Addition 218, 220
nucleophiler Angriff 337, 352, 381
nucleophiles Serin 73
Nucleophilie 352, 374, 417
Nucleosid-Analoga 581
Nucleoside 591
Nucleotide 581, 591
nuklearer Overhauser-Effekt (NOE) 202

O

Oberflächen-Plasmonenresonanz 104, 123, 183
Oberflächenrezeptoren 555
n-Octanol 267
Octanol/Wasser-System 285
offene Blattstrukturen 212
Öffnen und Schließen des Kaliumkanals 536
Oligoglycin-Strang 589
oligomerer membranständiger Rezeptoren 515
Oligonucleotide 159, 581, 589
Oligopeptid-bindendes Protein A (OppA) 51, 258
Oligopeptid-Transporter 128
O^--Loch 352
Omeprazol 20, 47, 132
one-bead-one-compound 158
ONO-5046 365
ONO-6818 365
Opiate 139
Opiatrezeptor 161
Opioide 41
Opium 9, 41
optimal divers 160
Optimierung 87, 113
optisch aktive Naturstoffe 72
optische Aktivität 69
orale Verfügbarkeit 286
Ordnungszahl 71
Organ 133
Organtransplantation 578, 587
Orlistat 370
Oseltamivir 568
osmotischer Gradient 551
osmotischer Druck 372
osmotischer Stress 473
Osteoporose 506
Ovulationsauslöser 506
Oxicame 496
Oxidation 459
oxidativer Stress 473
Oxidoreduktasen 459
oxyanion hole 352
Oxyform 304
Oxytocin 138
Oxyuren 543

P

P_1-Position 354
p38β-Kinase 431
P450-Cytochrome 121, 459
P450-Familie 349
Packungsdichte 211
Packungsproblem 190
Paclitaxel 88, 346, 511, 513
Pallas/pKa 292
PAMPA 285
Pandemien 566
Pankreas-Lipase 370
Papain 376
Paracetamol 23, 483, 496
Paradigmenwechsel 2
Parallelsynthese 162
Paraoxon 370
Parasiten 376, 549
Parathion 370
Pargylin 488, 491
Parkinsonsche Krankheit 131, 295, 486, 490, 521
Partialladung 228
passiv 531
patch-clamp-Techniken 100
Patent-Einreichung 470
Pathogenitätsentwicklung 317
PCR 170
PDB 227
PDE 4 421
PDE 5 421
PDFs 423
Penem 373
Penicillin 26, 372
Penicillinsäure 372
Peniserektion 421
Pentostatin 93
Pepsin 381, 401
Pepstatin 384, 390
Peptidaldehyde 358
Peptid-Antibiotika 76
Peptidasen 351
Peptidbruchstücke 181
Peptiddeformylasen 423
Peptide 137, 159, 581
Peptidkonformation 142
Peptid-Nucleinsäuren (PNA) 589
Peptidoglycanstränge 371
Peptidomimetika 42, 120, 137, 389, 557, 578
peptidomimetische Gruppe 579
peptidomimetische Inhibitoren 455
Peptidschalter 324
Peptidylprolyl-Isomerase 204
Peptidyltransferase-Zentrum 600
Peptoide 160
Peramivir 569
Perforine 575

periodische Randbedingungen 233
Permeabilitätsmodelle 292
Peroxidasereaktion 492
peroxisomale Proliferator-aktivierende Rezeptoren PPAR 509
personalisierte Medikamente 185
persönliches Genom 185
Pethidin 29, 42
P-Glycoprotein GP 170 548
pH-Absorptionsprofil 288
Phänotyp 180, 184, 485
Pharmakodynamik 283
Pharmakokinetik 283
pharmakokinetische Eigenschaften 120
pharmakologische Wirkungsspektren 528
Pharmakophor 113, 120, 249, 258, 262, 324
Pharmakophorhypothesen 249
Pharmakophormuster 393, 443, 522
Phasendifferenz 192
Phasenproblem 196
Phasenverschiebung 192
Phenacetin 23, 300
Phenelzin 488
Phenobarbital 511
Phenolphthalein 25
Phenylbutazon 29
Philadelphia-Chromosom 436
Phosphatase PTP-1B 590
Phosphatasen 427 f., 444
β-Phosphatgruppe 429
Phosphinate 405
Phosphocholin 584
Phosphodiesterase-Hemmstoffe 30
Phosphodiesterasen 421, 444
Phospholipide 492, 499
Phosphonamide 142, 405
Phosphonate 405
Phosphoramidon 405
Phosphorylierungsgrad 427
Phosphotyrosin 445, 447
Phosphotyrosin-Mimetika 447
pH-Verhältnisse 229
pH-Verteilungsprofil 288, 290
physikochemische Eigenschaften 116, 265
Picornaviren 376, 569
Picrotoxinin 250
Pille danach 508
Pilzbefall 88
Pilzerkrankungen 455
PIM-1 441
PIM-1 Kinase 441
Pinacidil 536
Pindolol 517 f.
Pioglitazon 511

Piperidin 387
Pirenzepin 44
pK$_a$-Verschiebung 55, 329
pK$_a$-Wert 55, 229, 288, 379, 422, 472
Plaques 466
Plasmepsine 400
Plasmid 370
Plasmin 215
Plasminogenaktivator t-PA 580
Plasmodien 455
Pleconaril 570
PLS-Analyse 275
Polarisationswechselwirkung 56
Poliomyelitis 374
Poliovirus 570
Polyacrylsäure-Gel 180
Polyketid-Syntheseweg 598
Polymerase-Kettenreaktion 159, 170
Polymorphismus 184, 451, 473, 485, 578
Polyolpfad 470
Polyposis 418
Polystyrole 156
Ponalrestat 473
Pore 549, 566
Porin 547
postsynaptisch 486
posttranslationale Modifikationen 174, 333, 376, 425, 442, 450
Potenzial, elektrostatisches 256
Potenzialdifferenz 530
Potenzialdifferenz, elektrochemische 529
Potenzialgebirge 240
potenzierter Effekt 605
potenziometrische Titration 288
PPAR-Rezeptoren 507
Practolol 118
Praorganisation 450
präsynaptisch 486
Präzession 201
Praziquantel 30
Pregnan-X-Rezeptor 121, 511
Prenylanker 452
Prenylreste 428
preQ1 318
Prilosec® 47
Primer 171
Prodrug 47, 362, 410, 507, 558, 568, 592
Progabid 132
Progesteron 501
Progesteronrezeptor 502
Programm MOE 281

programmierter Zelltod 144 f., 375, 528
Proguanil 40, 129
Prokaryoten 174
Prolin 308
Promethazin 119
promiskuitiver Inhibitor 436
Promotoren 100
Prontosil rubrum® 26
Propranolol 520
Propoxyphen 77
Prostacyclin 496, 511
Prostaglandine 492, 494, 499, 515
Prostatakrebs 508
prosthetische Gruppe 459, 480
Protease-Inhibitor 364
Proteasen 215
Protease-Substrate 157
Proteasom 374, 575
proteinbasierter Pharmakophor 249
Proteinbiosynthese 154, 600
Proteinbiosynthese, Hemmstoffe 343
Protein-Datenbank (PDB) 227, 306
Proteinfamilie 294
Proteinhäckselmaschine 374
Proteinkinase A 516
Proteinkinase C 436
Proteinkinasen 176, 427
Proteinkonformere 324, 474
Protein-Ligand-Wechselwirkungen 49
Proteinoberflächen 109
proteinogene Aminosäuren 139, 153
Protein-Protein-Kontaktflächen 111
Protein-Proteinkontakt 429
Protein-Protein-Wechselwirkungen 143
Proteinzusammensetzung 180
proteolytische Stabilisierung 141
Proteom 180
Proteomik 180
Protonenpumpe 47, 133, 345, 517
Protonenpumpen-Hemmer 44
Protonierungszustand 55, 229, 323
Protoporphyringerüst 459
Proxopur 370
Prozac® 20
PSGL-1 560
P-site des Ribosoms 600
psychische Erkrankung 15
Pteridin 324
PTP-1B 445
Punktladungsmodell 230
Punktmutationen 172

Purin-Nucleosid-Phosphorylase 204
PXR-Rezeptor 121, 511
Pyramidalisierung 338
Pyrantel 543
Pyrazolderivate 496
Pyridazinon 324
Pyridone 364
Pyrimethamin 39
Pyrimidone 365
Pyrogallol 452
Pyrrolidin 397

Q
q^2-Wert 275
QM/MM-Methoden 231
QSAR 265
QSAR-Modelle 292, 484
QT-Intervall 538
quadratisch-antiprismatische Wasserhülle 534
quantenchemische Verfahren 226
Quantenmechanik 201
Quantitative Struktur-Wirkungsbeziehungen 265
Quartärstruktur 211
Quarzkristalle 69
Quecksilbersalze 552
Quecksilberverbindungen 94
Quervernetzung 379
Queuin 318
Quinupristin 605

R
Racemat, chromatographische Trennung 73
Racematspaltung 75
radioaktiv markierter Antikörper 588
Radioaktivität 321
Radiosender 162
Raloxifen 503, 507
Raltegravir 396
Ramachandran-Plot 208
Ranirestat 475
Ranitidin 20, 46
RAS-Proteine 176, 346, 455
Raumgruppen 191
Reaktion, energieliefernde 531
Reaktionskapseln 162
Reaktionskinetik 321
Reaktionsmechanismus 429, 444, 568
Reaktionspfad 216
Reaktionsschema 320
reaktive Sauerstoffspezies 473
Reaktivität 216, 266

Reaktivität von organischen Molekülen 484
rechtshändige α-Helices 81
redoxempfindlich 423
Redoxprozesse 459
Redoxreaktion 459
Redoxzellen, elektrochemische 532
reduced folate carrier 465
Reduktase 460
Reflexion an Gitterebenen 193
Regelsatz für Optimierungsstrategien 65
Regelwerk für nichtbindende Wechselwirkungen 260
Regelwerk, Austauschwahrscheinlichkeit 309
Regressionsanalyse 268
regressionsbasierte *Scoring*-Funktionen 313
Regulation der Genexpression 174
Reizleitung 531
rekombinante Proteine 172
Rekombination 170
Relaxation 201
Relenza® 567
Remikiren 297, 386, 388
Rendix® 363
Renin 297, 385
Renin-Angiotensin-Aldosteron-System 523
Reninbildung 494
Renin-Inhibitoren 384
Replikationsrate 463
Repolarisation 533
Reporter- oder Spionliganden 106
Reportergene 100
Reserpin 11, 15
residence time 123
resistente Parasiten 39
Resistenz 39, 186, 317, 347, 372, 437, 507, 568, 595, 604
Resistenzbildung 124, 396
Resistenzbrechung 401, 549
Resistenzentwicklung 349, 549
Resistenzmutationen 66, 438
Resistenzprofil 123, 596
Resonanzabsorption 201
Resonanzanregung 189
Resonanzenergietransfer 100
Restmobilität 64
Restriktionsenzyme 170
Retinal 518, 520
Retinoid-X-Rezeptor (RXR) 498
Retinol 51
Retinol-Bindeprotein 51
Retinsäure 497
Retinsäurerezeptor 81
Retro-inverso-Austausch 141

Retro-inverso-Konfiguration 76
retro-Thiorphan 258
retrovirales Verfahren 438
Retroviren 187, 593
Reverse Transkriptase 590 f.
reversibel 338
reversibel-kovalent 375
$\alpha_{IIb}\beta_3$-Rezeptor 556
Rezeptor, dimerisierender 526
Rezeptorbindungsstudien 98
Rezeptorbindungstests 172
Rezeptoren 340, 499, 528, 587
Rezeptoren von Wachstumsfaktoren 340
rezeptorgebundene Konformation 242, 259, 519
Rezeptorprofile 295, 525
Rezeptortyrosinkinasen 436, 526
Rezeptor-Tyrosinphosphatase 443
RFC-Transporter 463
RGD-Motiv 344, 554
Rhabdomyolyse 470
Rheuma 178, 530
rheumatische Arthritis 411
rheumatische Erkrankungen 497
rheumatoide Arthritis 374, 528, 557
Rhinoviren 376, 569
Rhodopsine 515 f.
Ribosebaustein 427
Ribosering 457
Ribosom 318, 343, 440, 596
ribosomaler Tunnel 601
Ribozym 599
Riechempfinden 523
Riechrezeptor 524
Rifampicin 511
Rigidisierung 406
Rimantadin 565
Ringschlussreaktionen 164
RISC-Komplex 179
Ritonavir 389
Rittersporn 540
Rivaroxaban 364
RNA 599
RNA, doppelsträngig 179
RNA/DNA-Hybridstrang 593 f.
RNA-Interferenz 178, 589
RNA-Komplementärstrang 179
RNA-Molekül 179
RNAse H 589, 593
RNA-Strang 600
Roboter 97
ROCS 257
Rofecoxib 497
Röntgenstrahlung 189
Rosiglitazon 509
Rossmann-Fold 461, 470, 474, 477
Rotationsfreiheitsgrade 58

Rotationsisomere 70
Roter Fingerhut 87
Roxithromycin 604
Rubredoxin 82
Rückrufaktion 472
Ruhemembranpotenzial 532
rule of five 156, 292
rule of three 156
Ruthenium 443
Rutheniumkomplex 443

S
S_1-Tasche 353 f.
Saccharin 30, 82, 420
S-Adenosyl-L-Methionin 451
Salbutamol 117
Salicin 128
Salvarsan 26
Salzbrücke 54, 329
SAM 451
Sandrasselotter 557
Saquinavir 390
Saralasin 523
SAR-by-NMR 107
SAR-by-NMR-Methode 310, 447
SARS 376
Sartane 523, 525
Sättigungspunkt der Lösung 189
Sättigungstransferdifferenz-Spektren 106
Säuren 287
Saxagliptin 369
SB 203580 431
SCF-Verfahren 230
Scharnierregion 429 f.
Schaumzellen 468
Schizophrenie 43, 451
Schlafkrankheit 376
Schlafmittel 23
Schlafmohn 41
Schlaganfall 95, 357, 376, 469, 559
Schlaganfallprävention 363
Schlangengift 89
β-Schleifen 142
β-Schleifen-Konformation 142
β-Schleifen-Mimetika 142, 557
Schleifenbereich 209, 517, 578, 584
Schleifenregionen 308, 310
Schlüssel und Schloss 49
Schlüssel/Schloss-Prinzip 50, 249
Schmelztemperatur 104
schmerzstillende Wirkung 41, 542
Schmerztherapie 21
Schnappschüsse 234
Schnittblumen länger frisch 422
Schnupfen 569
Schrödingergleichung 229
Schrotflintenmethode 173

Schüttellähmung 131, 369, 451
Schutz vor Mikroorganismen 88
Schwefel 376
Schweratome 196
Schwingungsfreiheitsgrade 54
Scoring-Funktion 303, 313
Screening 97, 104, 109, 215
Screening-Bibliothek 98
Screening-Kampagne 436
Screeningverfahren, fragmentbasierte 447
SDS-Page 181
SEAL 257
second messenger 341, 421, 428, 516
Sedolisine 374
β-Sekretase 401
sekretorische Aspartylprotease 401
Sekundärstrukturen 210, 308
Selbstinhibition 407
Selbstpeptide 576
Selegilin 78, 132
Selektine 346, 560
Selektinrezeptoren 561
Selektionsdruck 186
selektive Agonisten 521
selektive Hemmung 465
selektive Wirkung 133
Selektivität 116, 125, 216, 294 f., 315, 361, 415, 439, 497, 502, 512
Selektivität für einzelne Ionen 533
Selektivitätsfilter 534, 551
Selektivitätsphänomen 467
Selektivitätsproblematik 437
Selektivitätsprofile 116, 277, 443
Selektivitätsunterschied 277, 279
Selektivitätsvorteil 437
Selenocystein 598
Selenomethionin 196
self-consistent field 230
semiempirische Methoden 230
Senfgas 130
Sensorchip 104
septischer Schock 588
Sequenzierautomaten 173
Sequenzierung des humanen Genoms 1, 172
Sequenzmustern 306
Sequenzunterschiede 307
Sequenzvariation 184
serendipity 30
Ser-His-Asp 352
Serinpeptidasen 369
Serinproteasen 176, 219, 351
Serintranshydroxymethylase 463
Serotonin 486
Serotoninrezeptoren 516
Serotypen 570
Sertindol 538

Sertralin 492
Serumalbumin 121
Seveso-Unglück 299
Shigellen 317
Shigellen-Ruhr 317
Sialinsäure 561, 567
Sialyl-Lewis X 560
Sibrafiban 130, 558, 560
Sichelzellanämie 186, 304
Signalkaskade 100, 428, 443
Signalpeptide 515
Signaltransduktion 452, 587
Signalwege 439, 516
Signalweitergabe 515
Sildenafil 20, 30, 421
Simulation 235
Simvastatin 470
single nucleotide polymorphisms 184, 527
siRNA 179, 529
Sitagliptin 369
Sivelestat 365
SNP-Markern 185
SNPs 184, 527
soaking 109, 204
Solanaceenalkaloide 9
solide Tumoren 457
Solvatation 229, 271, 327
Solvatationsenthalpien 292
Solvatisierung 271
Solvatstruktur 305
solvent accessible surface 232
Sonden 259
Sondenmoleküle 261
Sorbinil 60, 475
Sorbitol 472
Sorbitoldehydrogenase 473
Sortis® 472
Sostril® 46
Spaltstelle 215
Spanische Grippe 12
spannungsabhängig 531
spannungsgesteuert 343
spannungsgesteuerte Chloridkanäle 546
Spenderorgane 185
spezifische Ionenkanäle 531
Spezifität 294, 439
Spezifität der Wirkung 15, 293
Spezifitätstaschen 404
Spin 200
Spineinstellung 201
Spironolacton 509
Spleißen 335
split-and-combine 158
Sprycel 439
(S)-Rivastigmin 369
Stäbchendarstellung 232

Stabilität 125
staggered 239
Stammzellen 177
Standardabweichung 269
Statine 122, 384, 467
statistische Parameter 269
Staurosporin 436, 443
STD 106
Stereochemie 460
stereoelektronisch komplementäre Umgebung 338
stereogenes Zentrum 69, 442
Stereoisomere 442
Stereophobie 77
sterisch 276
sterische Raumerfüllung 256
Steroidhormone 467, 499, 501, 503
Steroidrezeptor 505
Stickstoffheterocyclus 389
Stoffaustausch 531
Stoffwechsel 531
Stoffwechselvorgänge 336
Streptavidin 154, 182
Streptogramine 605
Streptokinase 92
Streptomycin 90
Streuvermögen 193
Stromelysine 413
struktur- und computergestütztes Design 2, 18
strukturbasiertes Design 303, 317, 420
Strukturbestimmung 189
Strukturbibliothek 313
strukturelle Diversität 160
strukturelle Genomik 1
strukturelle Überlagerungen 270
Strukturformel 225
Strukturhomologie 308, 433
Strukturraum aller Proteine 335
Strukturüberlagerung 523
Strukturwasser 397, 401
Struktur-Wirkungsbeziehung 299, 305 f., 325, 540
Stummstellen von Genen 178
Subfamilie 428, 434
Substantia nigra 451
Substanz P 146
Substanzbibliothek 154, 158
Substanzbibliotheken auf festem Trägermaterial 156
Substanztransport 499, 531
Substituentenbeiträge 270
Substitutionstherapie 582
Substratbibliotheken 215
Substrate, falsche 371, 591
Substratmolekül 338
Substratprofil 215, 415

Substratpromiskuität 473, 548
Substratspezifitäten 354, 439
substratunterstützte Katalyse 353
Subtilisin 219, 352
Subtilisin-Familie 368
β_2-Subtypen 519
Subtypen 516, 555
Suchtpotenzial 41
Südamerikanische Grubenotter 408
Sulfachrysoidin 26
Sulfadoxin 39
Sulfanilamid 26, 129
Sulfonamide 26, 117, 418
Sulfoniumgruppe 452
Sulfonylharnstoffe 536
Sulindac 129, 496
Sulpirid 295
SuperStar 260
Suramin 92
Symmetrieoperationen 190
symptomatisch 9
synaptischer Spalt 340
Synchrotron 205
Synercid® 605
synergistische Bindung 605
Syntheseregeln 313
System Octanol/Wasser 267
systematische Variation 115

T
T4-Lysozym 518
TACE 416
Tachykinine 146
Tadalafil 421
Tafenoquin 39
Tagamet® 46
Tamiflu® 568
Tamoxifen 503, 507
Tanomastat 415
TAP 575
Tapetenmuster 190
Targetfamilie 428
Targets 335
Tasigna® 438
TCDD 299
Teebeutel-Methode 157
Tegafur 592
Teilbibliotheken 158
Telmisartan 525
TEM-1β-Lactamase 372
Tenofovir 594
Teprotid 408
teratogene Wirkung 76
Terbinafin 29
Terbutalin 128
Terfenadin 119, 538
Terpene 88
Tertiärstruktur 211

Testdatensatz 275
Testosteron 501 f., 507
tethering 111
Tetracyclin 90, 442, 561
tetraedrischer Kohlenstoff 69
tetraedrischer Übergangszustand 352
Tetrahydrofolat 463
Tetrahydrostaurosporin 437
Tetrazol-Isoster 523
tet-Repressor 442
Tetrodotoxin 89
TGT 317
Thalidomid 78, 300
Theorie des *induced fit* 51
therapeutische Breite 12, 292, 527
Therapiemöglichkeiten 94
Theriak 10
thermodynamisches Gleichgewicht 53
Thermolysin 61, 108, 258 f., 407
Thiazetazon 92
Thiazolidindion 509
Thioamid 141
Thiolgruppe 375
Thioridazin 538
Thiorphan 78, 258
Threonin 374
Thrombin 351, 356
Thrombininhibitor 62, 122, 358, 362
Thrombocyten 35
thrombotische Erkrankungen 559
Thromboxan 494
Thromboxansynthase 480
Thrombozyten 556
Thrombozytenaggregation 494
Thrombus 355, 557
Thymidinkinase 593
Thymidylatsynthase 109, 463, 592
Thymin 222
Thyroidhormonrezeptor 115
Thyrotropin-Releasing-Hormon 142
TIBO 595
Tiermodell 177, 293, 296
Tierschutzgesetz 301
Tierversuch 11, 293, 301
TIM-Barrel 212, 474
Tipifarnib 455
Tipranavir 394
titrierbare Gruppe 55, 229
T-Killerzellen 575
T-Lymphozyten 563
Tolbutamid 118
Tolcapon 452
Toloxaton 490
Topiramat 420

topisch wirksam 420
Torsionswinkel 239
Tositumomab 588
Toxine 176
toxischer Metabolit 292
Toxizität 113, 298
Toxizitätsstudien 283
Toxizitätsunterschied 299
traceless linker 163
Trainingsdatensatz 275
Trajektorie 233, 241
Tramadol 485
Tranquilizer 28
Transaminierungsreaktion 379
Transferasen 378, 427 f.
transgene Maus 177
transgene Schafe 582
transgene Tiere 177
Transglutaminase 357, 378, 428
Transkription 100, 589
Transkriptionsfaktor 317, 340, 375, 483, 499
Transkriptom 180
Translationsfreiheitsgrade 58
Transmembranbereich 519
Transpeptidasen 351
Transpeptidasereaktion 370
Transplantationschirurgie 91
Transport 43, 121, 283, 335, 343, 531, 575
Transport, bilineare Abhängigkeit 285
Transport und Verteilung 113
Transportantibiotika 550
Transportprotein 39
Transportvorgänge 285
Tranylcypromin 488, 491
Trennschärfe 534
Triacylglyceride 370
Trichlorethanol 24
Trifluormethylketon 364
Triglyceride 370
Triglyceridspiegel 468
Triglyceridwerte 446
trigonal-bipyramidale Zwischenstufe 429
Trijodthyronin T3 115
Trimethoprim 82, 465
Tripeptidaldehyde 358
Triptane 492
tRNA-Guanintransglycosylase 317
tRNA-Molekül 318, 600
tRNAs 175
Troglitazon 513
Trojanisches Pferd 371
Tropolon 452
Trypanosomen 92, 457
Trypsin 80, 216, 219, 354

Sachregister

Trypsin-Inhibitoren 354
Tryptaminen 486
Tryptase 368
Tuberkulose 92
Tuberkulosetherapie 488
tuberkulostatische Wirkung 92
Tubulin 346
Tumore 586
Tumormetastasierung 376
Tumornekrose-Faktor TNF-α 588
Tumor-Suppressorprotein p53 145, 375
Tumortherapie 374, 376, 420, 575
turn-Klassen 209
turns 142, 209
Türsteher 546
Türsteherrest 431, 437, 439
TVGYG-Motiv 535
Twistan 71
Tyramin 16, 486, 491
Tyramin-Oxidase 486
Tyr–Lys–Ser-Triade 477
Tyrosinkinasedomäne 528
Tyrosinkinaseinhibitor 528
Tyrosinphosphatase PTP-1B 446
Tyrosyl-Radikal 493
Tyrosyl-RNA-Synthase 60
T-Zellen 187, 574, 587, 598
T-Zell-Protein-Tyrosinphosphatase TCPTP 448
T-Zellrezeptor 576

U

Übergangszustand 51, 93, 336 f., 352, 383 f., 404 f., 429, 445
Übergangszustandsanalogon 74
Übergangszustandsinhibitoren 218
Übergangszustands-Mimetika 93
Überlagerung 250, 252, 276
Überlagerungsverfahren 257
Überlappungsvolumen 257
Übersetzungsvorschrift eines Basentripletts 184
Übertragung von Magnetisierung 106
Übertragung von Hydridionen 459
Ubiquitin 374
Ulcustherapie 44
ungeordneter Zustand 54
unidirektional 114
UNITY 263
Unordnung 199
Unterfamilie 436
up-and-down-Barrel 213
uptake 344
Urease 47
Urethan 24
Urokinase 90, 368

V

Vakzine 576
Valaciclovir 133
Valdecoxib 497
Valinomycin 550
Valsartan 523, 525
van der Waals-Energie 241
van der Waals-Oberfläche 232
van der Waals-Potenzial 271
van der Waals-Wechselwirkungen 228
Vardenafil 421
Varicella-Zoster-Virus 374
Vaterschafts-Untersuchungen 171
Venenthrombosen 357
Verapamil 28, 78, 533
Verbindungsbibliothek 104, 109
Verdauungsenzym Trypsin 351
Verfahren, enzymatische und biotechnologische 73
Vergleich der Sequenz- und Faltungsstruktur 306
Verhütungsmittel 507
Versteifung der Amidbindung 208
Versteifung des Rückgrats 142
Verteilung der H-Brückendonorgruppen 260
Verteilungskoeffizient 267, 284
Verteilungskoeffizient des Ionenpaars 287
Verteilungsvorgänge 283
Verträglichkeit 125
Verträglichkeitstypisierung 574
Vesikel 552
Viagra® 30, 421
Vier-Ziffern-Code 336
Vildagliptin 369
Vioxx® 497
virale Proteasen 373
virale Erkrankungen 555, 589
virale Infektionen 529
virtuelles Screening 102, 263, 310, 324
Virulenzfaktor 317
Virus 366, 373, 390, 563, 582
Virusgrippe 565
Virus-Hüllprotein Hämagglutinin 368
virusspezifische Thymidinkinase 132
Virustatika 592
Vitravene® 589
Vogelgrippe-Virus 368
Volksmedizin 10, 88
Volumenarbeit 53
Volumenvergleiche 251
Vorhersagekraft 282

Vorhersagekraft eines trainierten Modells 275
Vorhofkammerflimmern 357, 363

W

Wachstumsfaktoren 528
Wachstumshormon 90
Wachstumshormonrezeptoren 583
Warfarin 95
warheads 377
Wärmetönung 105
Wasser beim Docking 312
Wasser- und Mineralhaushalt 509
Wasser- und Octanolphase 284
Wassereinlagerungen 477
Wasserhülle 57, 190, 233, 287
Wasserkanäle 345
Wasserlöslichkeit 128, 266 f., 283, 459
Wassermolekül 123, 272, 327
Wassernetzwerk 327
Wasserpore 551
Wasserstoffatomkern 189
Wasserstoffbrücken 54, 60, 207, 210, 243, 249, 252, 255, 286
Wasserstoffbrücken-Akzeptor 54, 218
Wasserstoffbrücken-Donor 54, 307
Wasserstoffbrückenmuster 220
Wasserstoffbrückennetz 57
Wasserstoffbrückenpartner 218
Wasserstruktur 307
Wechseljahre 506
Wechselwirkung, elektrostatische 54, 56, 228
Wechselwirkungsflächen 430
Wechselwirkungsmodelle 271
Wechselwirkungsprofil 182
Wechselwirkungszentren 313
Weidenrindenextrakte 33
Weinpanscher 25
Weinsäure 70
Wellennatur 191
Wiederaufnahme 344
Wiederaufnahmehemmer 548
Winkeldeformation 228
Wirkdauer 113, 119, 125
Wirkmechanismen 336
Wirkoptimum 114
Wirkort 49
Wirkprinzipien 336
Wirkqualität 76
Wirkspektrum 116
Wirkstärke 76, 87, 265
Wirkstoffdesign 1, 335
Wirkstoffdesign, goldene Regel 325, 399
Wirkstoffe 119

Wirkungs-Wirkungsbeziehungen 293, 296
Wirkverlängerung 120
Wirtszelle 563, 565
wissensbasierte Potenziale 260
wissensbasierter Ansatz 227, 244
wissensbasiertes Konzept 313
wnt-Signalweg 443
WOMBAT-Datenbank 336

X
Xamoterol 118
Xarelto® 366
Xemilofiban 558
Xenical® 370
Xenopus laevis 524
Ximelagatran 130, 362

Z
Zanamivir 567
Zantac® 46
Zelladhäsion 555
Zellcyclus 440 f., 598
Zelle 182, 531
Zellkulturen 100
Zelllinien 291
Zellmembran 52, 179, 210, 467, 549, 598
Zellmembranbarriere 499
Zellschädigungen 376
Zellteilung 436
zelluläre Blutgerinnung 494
Zellwandbiosynthese 345, 371
Zellwände 370
Zenarestat 475

Zidovudin 396, 594
Zielstrukturen 335
ZINC 263
Zinkfinger 176, 441, 500
Zinkion 403
Zinkprotease 404
Zitronensäure 243
Zivilisationskrankheit 446
Zöliakie 379
Zopolrestat 475
Zustandssumme 234, 312
zweidimensionale periodische Gitter 195
Zwischenprodukt 92
Zymogen 351

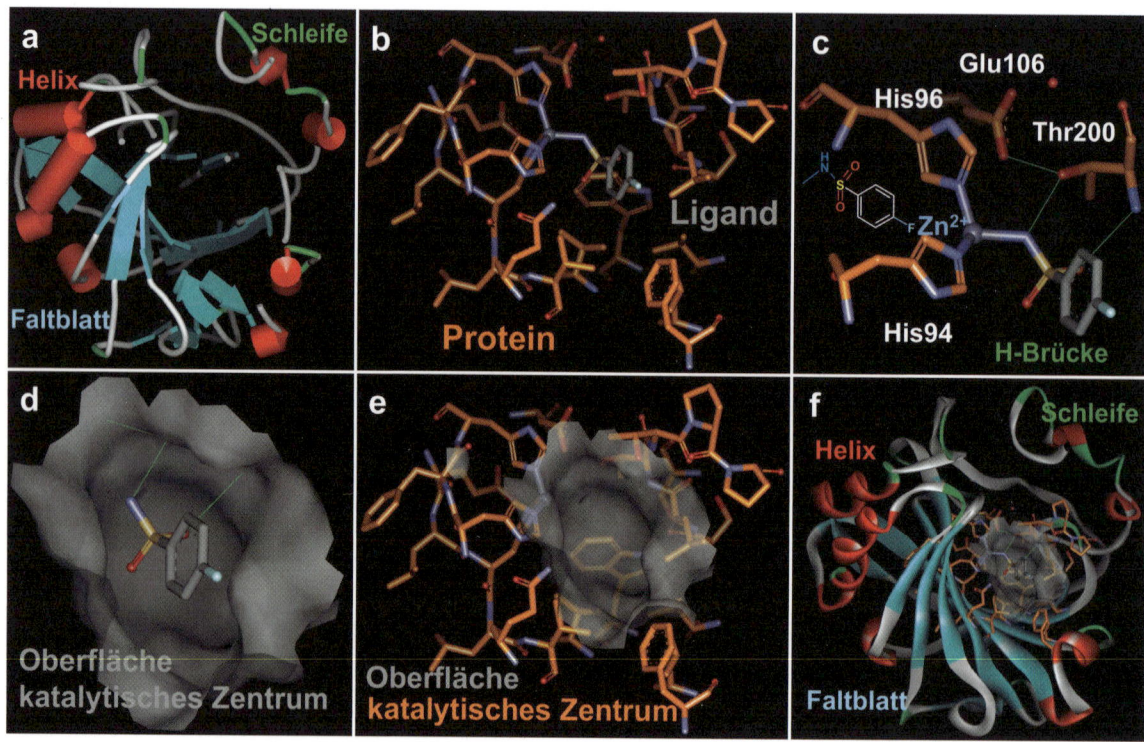

Diese Abbildung erklärt, wie die Proteinstrukturen zusammen mit den gebundenen Liganden in vielen Abbildungen dieses Buchs dargestellt sind. (a) Das Protein wird schematisch durch den Verlauf seiner Hauptkette repräsentiert. Abschnitte der Polymerkette mit Faltblattstruktur (Pfeile) sind hellblau, helicale Segmente (Zylinder) in rot und Schleifenbereiche in grün hervorgehoben. (b) Die Aminosäurereste im aktiven Zentrum sind in einer Stäbchendarstellung gezeigt. Dabei werden, wenn nicht anders genannt, die Kohlenstoffatome des Proteins in orange, die des Liganden in grau, Sauerstoffatome in rot, Stickstoffatome in blau, Schwefelatome in gelb, Phosphoratome in orange, Fluoratome in türkis, Chloratome in grün, Bromatome in braun, Iodatome in violett und Metallionen in graublau wiedergegeben. Für Wasserstoffatome wählt man weiß, doch werden sie meist aus Gründen der Übersichtlichkeit weggelassen. (c) Die Aminosäuren sind mit einem Dreibuchstaben-Code (s. vordere Buchklappe) zusammen mit ihrer Position in der Sequenz (z. B. His 94) benannt. Wasserstoffbrücken zwischen dem Liganden (hier p-Fluorphenylsulfonamid) und den Aminosäuren des Proteins werden als dünne hellgrüne Linien angegeben. (d) Um die Bindetasche ist als Ausschnitt die lösungsmittelzugängliche Oberfläche berechnet worden (vgl. Abschnitt 15.6) und als durchsichtige weiße Oberfläche angegeben. (e) Analoge Darstellung der transparenten Oberfläche, jetzt zusammen mit den Aminosäureresten der Bindetasche. (f) Gesamtübersicht des Proteins (hier Carboanhydrase II, Abschnitt 25.7) mit der angedeuteten Bindetasche des katalytischen Zentrums, das durch einen Inhibitor blockiert wird. Er bindet koordiniert an das Zinkion und bildet drei Wasserstoffbrücken zum Protein aus. Die Polymerkette ist hier als kontinuierliches Band dargestellt. Die Farbcodierung mit hellblauen, roten und grünen Abschnitten entspricht der in (a). Die Darstellungen wurden mit dem Programm DS Visualizer V2.0.1.7347 von Accelrys Inc., Copyright 2005–2007, angefertigt. Zusammen mit diesem Buch werden dem Leser diese Abbildungen in Form von Strukturdaten aus dem Programm zur Verfügung gestellt und können mit der beiliegenden DVD auf einem Windows-Rechner installiert werden. Zur Darstellung muss entweder eine Version von Powerpoint oder der Internet-Explorer von Microsoft auf dem Rechner vorhanden sein.